W0259911

## Periodic Table of the Elements with the Gmelin System Numbers

| | | | | | | | | | | | | | | | | | |
|---|---|---|---|---|---|---|---|---|---|---|---|---|---|---|---|---|---|
| 1 H 2 | | | | | | | | | | | | | | | | 1 H 2 | 2 He 1 |
| 3 Li 20 | 4 Be 26 | | | | | | | | | | | 5 B 13 | 6 C 14 | 7 N 4 | 8 O 3 | 9 F 5 | 10 Ne 1 |
| 11 Na 21 | 12 Mg 27 | | | | | | | | | | | 13 Al 35 | 14 Si 15 | 15 P 16 | 16 S 9 | 17 Cl 6 | 18 Ar 1 |
| 19 * K 22 | 20 Ca 28 | 21 Sc 39 | 22 Ti 41 | 23 V 48 | 24 Cr 52 | 25 Mn 56 | 26 Fe 59 | 27 Co 58 | 28 Ni 57 | 29 Cu 60 | 30 Zn 32 | 31 Ga 36 | 32 Ge 45 | 33 As 17 | 34 Se 10 | 35 Br 7 | 36 Kr 1 |
| 37 Rb 24 | 38 Sr 29 | 39 Y 39 | 40 Zr 42 | 41 Nb 49 | 42 Mo 53 | 43 Tc 69 | 44 Ru 63 | 45 Rh 64 | 46 Pd 65 | 47 Ag 61 | 48 Cd 33 | 49 In 37 | 50 Sn 46 | 51 Sb 18 | 52 Te 11 | 53 I 8 | 54 Xe 1 |
| 55 Cs 25 | 56 Ba 30 | 57** La 39 | 72 Hf 43 | 73 Ta 50 | 74 W 54 | 75 Re 70 | 76 Os 66 | 77 Ir 67 | 78 Pt 68 | 79 Au 62 | 80 Hg 34 | 81 Tl 38 | 82 Pb 47 | 83 Bi 19 | 84 Po 12 | 85 At 8a | 86 Rn 1 |
| 87 Fr 25a | 88 Ra 31 | 89*** Ac 40 | 104 71 | 105 71 | | | | | | | | | | | | | * $NH_4$ 23 |

| | | | | | | | | | | | | | | |
|---|---|---|---|---|---|---|---|---|---|---|---|---|---|---|
| **Lanthanides 39 | 58 Ce | 59 Pr | 60 Nd | 61 Pm | 62 Sm | 63 Eu | 64 Gd | 65 Tb | 66 Dy | 67 Ho | 68 Er | 69 Tm | 70 Yb | 71 Lu |
| ***Actinides | 90 Th 44 | 91 Pa 51 | 92 U 55 | 93 Np 71 | 94 Pu 71 | 95 Am 71 | 96 Cm 71 | 97 Bk 71 | 98 Cf 71 | 99 Es 71 | 100 Fm 71 | 101 Md 71 | 102 No 71 | 103 Lr 71 |

A Key to the Gmelin System is given on the Inside Back Cover

# Gmelin Handbuch der anorganischen Chemie

Ab 1. Januar 1974 Alleinvertrieb durch den Springer-Verlag
Berlin · Heidelberg · New York

As of January 1, 1974 Sole Distributor Springer-Verlag
Berlin · Heidelberg · New York

Library of Congress Catalog Card Number: Agr 25-1383

ISBN 3-540-93141-4 Springer-Verlag, Berlin · Heidelberg · New York
ISBN 0-387-93141-4 Springer-Verlag, New York · Heidelberg · Berlin



Reprint 1986

SPRINGER-VERLAG BERLIN HEIDELBERG GMBH

# GMELINS HANDBUCH
# DER ANORGANISCHEN CHEMIE

ACHTE AUFLAGE

# GMELINS HANDBUCH
# DER ANORGANISCHEN CHEMIE

ACHTE VÖLLIG NEU BEARBEITETE AUFLAGE

BEGONNEN VON

R. J. MEYER

IM AUFTRAGE DER

DEUTSCHEN CHEMISCHEN GESELLSCHAFT

FORTGEFÜHRT VON

E. H. ERICH PIETSCH

HERAUSGEGEBEN VOM

GMELIN-INSTITUT
FÜR ANORGANISCHE CHEMIE UND GRENZGEBIETE IN DER
MAX-PLANCK-GESELLSCHAFT ZUR FÖRDERUNG DER WISSENSCHAFTEN

IN VERBINDUNG MIT DER

GESELLSCHAFT DEUTSCHER CHEMIKER

HAUPTREDAKTEUR

ALFONS KOTOWSKI

WISSENSCHAFTLICHE REDAKTEURE

ANNA BOHNE-NEUBER, KARL-CHRISTIAN BUSCHBECK, GERHART HANTKE, ARTHUR HIRSCH, GERHARD KIRSCHSTEIN, HERBERT LEHL, WOLFGANG MÜLLER, LUDWIG ROTH, WERNER SCHAFFERNICHT, FRANZ SEUFERLING, HILDEGARD WENDT

STÄNDIGE WISSENSCHAFTLICHE MITARBEITER

KRISTA VON BACZKO, HILDEGARD BANSE, KARL BEEKER, LIESELOTTE BERG, HARTMUT BERGMANN, ERICH BEST, ELISABETH BIENEMANN-KÜSPERT, HUBERT BITTERER, ERNA BRENNECKE, GERHARD CZACK, MARIANNE DRÖSSMAR-WOLF, RALF ENGELMANN, HELLMUT FEICHT, INGE FLACHSBART, ROSTISLAW GAGARIN, HERMANN GEDSCHOLD, GERTRUD GLAUNER-BREITINGER, RICHARD GLAUNER, VERA HAASE, ELISABETH VON HERMANNI, WINFRIED HOFFMANN, KONRAD HOLZAPFEL, LORE IWAN-HILTERHAUS, ARDUIN JUNKER, WILFRIED KARL, RUDOLF KEIM, ELEONORE KIRCHBERG, MARIE-LUISE KLAAR, ERNST KOCH, PAUL KOCH, KARL KOEBER, DIETER KOSCHEL, IRMINGARD KREUZBICHLER, ISA KUBACH, HANS KARL KUGLER, ADOLF KUNZE, MARGARETE LEHL-THALINGER, IRMBERTA LEITNER, LOTHAR MÄHLER, ANNE-LISE NEUMANN, GERTRUD PIETSCH-WILCKE, FRITHJOF PLESSMANN, KARL REHFELD, FRIEDEMANN REX, HEINZ RIEGER, KARL RUMPF, EDITH SCHLEITZER-STEINKOPF, WILHELM SCHRÖDER, PETER SCHUBERT, MANFRED SIEGLING, PHILIPP STIESS, KURT SWARS, LEOPOLD THALER, ERHARD ÜHLEIN, URSULA VETTER, JOACHIM WAGNER, SUSANNE WASCHK, HERTHA WINKLER

1966

SPRINGER-VERLAG BERLIN HEIDELBERG GMBH

# GMELINS HANDBUCH DER ANORGANISCHEN CHEMIE

ACHTE VÖLLIG NEU BEARBEITETE AUFLAGE

# NICKEL

TEIL B - LIEFERUNG 2

VERBINDUNGEN BIS NICKEL-POLONIUM

MIT 106 FIGUREN

SYSTEM-NUMMER

57

1966

SPRINGER-VERLAG BERLIN HEIDELBERG GMBH

REDAKTEURE DIESER LIEFERUNG

HERBERT LEHL
HILDEGARD BANSE, ANNA BOHNE-NEUBER, KARL-CHRISTIAN BUSCHBECK, GERHARD KIRSCHSTEIN, KURT SWARS

MITARBEITER DIESER LIEFERUNG

HILDEGARD BANSE, HELLMUT FEICHT, KONRAD HOLZAPFEL, GERHARD KIRSCHSTEIN, ERNST KOCH, KARL KOEBER, GOTTHARD KRAUSE, MARGARETE LEHL-THALINGER, HEINZ RIEGER, WERNER SCHAFFERNICHT, URSULA VENZKE-SANTE, SUSANNE WASCHK

ENGLISCHE FASSUNG DER STICHWÖRTER NEBEN DEM TEXT

H. J. KANDINER, SUMMIT, N.J.

Die Literatur ist vollständig ausgewertet bis Ende 1962
und in Einzelfällen bis 1964 ergänzt

LIBRARY OF CONGRESS CATALOG CARD NUMBER: Agr 25—1383

Die vierte bis siebente Auflage dieses Werkes erschien im Verlage von
Carl Winter's Universitätsbuchhandlung in Heidelberg

ISBN 978-3-662-13303-3 ISBN 978-3-662-13302-6 (eBook)
DOI 10.1007/978-3-662-13302-6


Ursprünglich erschienen bei Verlag Chemie, GmbH, Weinheim/Bergstr. 1966
Softcover reprint of the hardcover 8th edition 1966

# Inhaltsverzeichnis - Table of Contents

# Reihenfolge (Systemnummern) der im Gesamtwerk behandelten Elemente

***Gmelin System of Elements and Compounds***

$HCl$ $ZnCl_2$

| System-Nr. | Symbol | Element |
|---|---|---|
| 1 | | Edelgase |
| 2 | H | Wasserstoff |
| 3 | O | Sauerstoff |
| 4 | N | Stickstoff |
| 5 | F | Fluor |
| **6** | **Cl** | **Chlor** |
| 7 | Br | Brom |
| 8 | J | Jod |
| | At | Astat |
| 9 | S | Schwefel |
| 10 | Se | Selen |
| 11 | Te | Tellur |
| 12 | Po | Polonium |
| 13 | B | Bor |
| 14 | C | Kohlenstoff |
| 15 | Si | Silicium |
| 16 | P | Phosphor |
| 17 | As | Arsen |
| 18 | Sb | Antimon |
| 19 | Bi | Wismut |
| 20 | Li | Lithium |
| 21 | Na | Natrium |
| 22 | K | Kalium |
| 23 | $NH_4$ | Ammonium |
| 24 | Rb | Rubidium |
| 25 | Cs | Caesium |
| | Fr | Francium |
| 26 | Be | Beryllium |
| 27 | Mg | Magnesium |
| 28 | Ca | Calcium |
| 29 | Sr | Strontium |
| 30 | Ba | Barium |
| 31 | Ra | Radium |
| **32** | **Zn** | **Zink** |
| 33 | Cd | Cadmium |
| 34 | Hg | Quecksilber |

$CrCl_2$ $ZnCrO_4$

| System-Nr. | Symbol | Element |
|---|---|---|
| 35 | Al | Aluminium |
| 36 | Ga | Gallium |
| 37 | In | Indium |
| 38 | Tl | Thallium |
| 39 | | Seltene Erden |
| 40 | Ac | Actinium |
| 41 | Ti | Titan |
| 42 | Zr | Zirkonium |
| 43 | Hf | Hafnium |
| 44 | Th | Thorium |
| 45 | Ge | Germanium |
| 46 | Sn | Zinn |
| 47 | Pb | Blei |
| 48 | V | Vanadium |
| 49 | Nb | Niob |
| 50 | Ta | Tantal |
| 51 | Pa | Protactinium |
| **52** | **Cr** | **Chrom** |
| 53 | Mo | Molybdän |
| 54 | W | Wolfram |
| 55 | U | Uran |
| 56 | Mn | Mangan |
| 57 | Ni | Nickel |
| 58 | Co | Kobalt |
| 59 | Fe | Eisen |
| 60 | Cu | Kupfer |
| 61 | Ag | Silber |
| 62 | Au | Gold |
| 63 | Ru | Ruthenium |
| 64 | Rh | Rhodium |
| 65 | Pd | Palladium |
| 66 | Os | Osmium |
| 67 | Ir | Iridium |
| 68 | Pt | Platin |
| 69 | Tc | Technetium[1]) |
| 70 | Re | Rhenium |
| 71 | | Transurane |

Dem einzelnen Element werden alle Verbindungen mit denjenigen Elementen zugeordnet, die im Gmelin-System vor diesem Element stehen. Bei dem Element Zink mit der System-Nr. 32 stehen z. B. alle Verbindungen mit den Elementen der System-Nr. 1 bis 31.

*The material under each element number contains all information on the element itself as well as on all compounds with other elements which preceed this element in the Gmelin System.*

*For example, zinc (system number 32) as well as all zinc compounds with elements numbered from 1 to 31 are classified under number 32.*

[1]) Diese System-Nr. ist im Jahre 1941 unter der Bezeichnung „Masurium“ erschienen.

# Die Verbindungen des Nickels

*The Compounds of Nickel*

## Nickel und Edelgase

*Nickel and Rare Gases*

*Adsorption*

**Adsorption.** Helium wird bei Drucken von 0 bis 1 atm und Tempp. von +110 bis −109°C an Ni (aus NiO) nach Angabe von A. F. BENTON, T. A. WHITE (*J. Am. Chem. Soc.* **52** [1930] 2325/36, 2327/8) nicht merklich adsorbiert. — Theoret. Berechnung der Adsorptionswärme für die physikal. Adsorption von He an Ni-Oberflächen s. F. E. BELLAS (*Diss. Pennsylvania State Univ.* 1956, S. 1/92 nach *Diss. Abstr.* **17** [1957] 378/9).

Durch Beschießung von Ni-Targets mit Ionenstrahlen (Energie 60 keV) von Neon-Isotopen im Massenspektrographen und darauffolgende Entgasung mit Hilfe von Erhitzung durch Hochfrequenzinduktion im Vak. können relativ große Ne-Mengen isoliert werden, die nur ein Isotop enthalten, J. KOCH (*Nature* **161** [1948] 566/7). Über derartige Verss. bei geringeren Energien mit Adsorption von Ne und Ar an Ni-Targets s. H. B. GREENE (ORNL-2275 [1957] 1/19, 3/4). — He-, Ne-, Ar- und Kr-Ionen mit einer Energie von ~100 eV werden von einem Ni-Target aufgenommen und bei nachfolgendem Ionenbombardement mit einem anderen Edelgas teilweise wieder freigemacht. Die massenspektrograph. Unters. der hierbei stattfindenden Vorgänge ergibt, daß die eingefangenen Edelgasatome wohl kaum direkt durch ein bombardierendes Atom ersetzt werden, sondern daß Zerstäubungsprozesse maßgebend sind für die Gasabgabe. Die nähere Aufklärung der Tiefenverteilung und der Sättigungserscheinungen für die untersuchten Gase läßt darauf schließen, daß He-Atome nahezu in jede Gitterlücke eingelagert werden können, die übrigen Edelgase jedoch nur an Störstellen des Ni-Gitters, J. H. CARMICHAEL, E. A. TRENDELENBURG (*J. Appl. Phys.* **29** [1958] 1570/7).

Ni-Schichten, die durch Zerstäubung in Argon auf NaCl niedergeschlagen sind, zeigen anstatt der normalen kubisch-flächenzentrierten Struktur eine hexagonale mit annähernd dichtester Packung; vgl. hierzu die gleiche Beobachtung und ihre Deutung beim Zerstäuben von Ni in $H_2$ (S. 369) und in $N_2$ (S. 497, 499), G. P. THOMSON (*Nature* **123** [1929] 912). — Vergleich der Adsorptionsisothermen für Ar bei −195 und −183°C an Ni-Pulver, das durch mehrmalige Red. mit $H_2$ bei 350°C aus mit Oxid bedecktem Pulver erhalten wurde, mit den entsprechenden am Ausgangsprod. aufgenommenen zeigt, daß die Ar-Adsorption unabhängig ist von vorheriger Sorption von Wasserstoff, A. ZETTLEMOYER, YUNG-FANG YU, J. J. CHESSICK (*J. Phys. Chem.* **59** [1955] 588/92). — An durchsichtigen Ni-Schichten (Dicke 98 Å, entsprechend 45 Atomschichten), die im Hochvak. auf Glas aufgedampft sind, wird reinstes Ar bei 90.3°K und $10^{-2}$ Torr in einer Menge von max. 0.06 Atomen je Ni-Oberflächenatom irreversibel adsorbiert. Hierbei wird der elektr. Widerstand der Ni-Filme weder bei 90°K noch bei 273°K und $10^{-2}$ bis $10^{-3}$ Torr verändert. Diese Verss. ergeben somit keine elektron. Wechselwrkg. zwischen Ni und Ar. Auch an einer bei 90.6°K mit $H_2$ (0.34 Molekeln je Ni-Oberflächenatom) vorbelegten dünnen Ni-Schicht wird Ar bei $6.5 \times 10^{-4}$ Torr nicht adsorbiert, R. SUHRMANN, K. SCHULZ (*Naturwissenschaften* **40** [1953] 139/40; *Z. Physik. Chem.* [*Frankfurt*] [2] **1** [1954] 69/97, 69, 78, 90; *J. Colloid Sci. Suppl.* **1** [1954] 50/6). — Dagegen wird für das Kontaktpot. eines im Hochvak. auf Ni-Folie oder Pyrexglas aufgedampften Ni-Films durch Einw. von Ar von 1 Torr eine Änderung von etwa +0.03 V beobachtet, J. C. P. MIGNOLET (*Discussions Faraday Soc.* Nr. 8 [1950] 105/14, 109, 113).

Die für die Adsorption von Krypton an der (110)-Ebene von im Vak. aufgedampften orientierten Ni-Schichten (mittlere Dicke 1.6 $\mu$) in niedrigen Druckbereichen (0 bis $10^{-2}$ Torr) aufgenommenen Isothermen für 76.8 und 90.2°K folgen der LANGMUIRschen Gleichung. Partielle Desorptionsverss. ergeben reversible Adsorption, die Isothermen zeigen keine Hysteresis. Die aus den Isothermen ermittelte isostere Adsorptionswärme ändert sich mit der Oberflächenbedeckung und geht bei einem Bedeckungsgrad $\Theta < 0.5$ durch ein flaches Minimum; bei $\Theta = 0.5$ ist $\Delta H = -3.57$ kcal/mol, die entsprechende freie Energie $\Delta G = -1.90$ kcal/mol. Entropie der adsorbierten Phase von Kr an Ni: 12.9 cal·mol$^{-1}$·grd$^{-1}$. Dieser Wert liegt niedriger als sich für einen beweglichen zweidimensionalen Film ergeben würde, woraus auf Behinderung der freien Translationsenergie geschlossen wird. Trotzdem kann die zweidimensionale VAN DER WAALSsche Gleichung für reale Gase auf diese Isothermen an-

gewendet werden. Hieraus wird gefolgert, daß die Kr-Molekeln durch das starke elektr. Feld der Ni-Oberfläche polarisiert und die so induzierten Dipole parallel orientiert adsorbiert werden. Das für das adsorbierte Kr ber. Dipolmoment nimmt bei beiden untersuchten Tempp. mit steigender Bedeckung der Ni-Oberfläche ab, ebenso die elektrostat. Energie, J. L. Shereshefsky, Bibhuti R. Mazumder (*J. Phys. Chem.* **63** [1959] 1630/8). Graph. Wiedergabe der vollständig reversiblen Adsorptionsisotherme bei 77°K an einem aufgedampften Ni-Film und Erörterung der Gitterpackung des in monoatomarer Schicht an der (111)-, (100)- und (110)-Fläche der Ni-Kristallite adsorbierten Kr, wobei sich die mittlere von einem Kr-Atom bedeckte Ni-Oberfläche zu 17.9 $Å^2$ ergibt, J. R. Anderson, B. G. Baker (*J. Phys. Chem.* **66** [1962] 482/9, 486/7).

Die graphisch wiedergegebenen, bei 80 und 90°K in verschiedenen Druckbereichen bestimmten Adsorptionsisothermen für Xenon an aufgedampften Ni-Filmen, die teilweise vorher mit einer $H_2$-Schicht bedeckt wurden, sind gut reproduzierbar; in beiden Fällen wird beim Abpumpen ~90% des Xe wieder desorbiert. Die Erörterung der Gitterpackung des an unbedeckten Ni-Filmen in monoatomarer Schicht an der (111)-, (100)- und (110)-Fläche der Ni-Kristallite adsorbierten Xe ergibt als mittlere von einem Xe-Atom bedeckte Ni-Oberfläche 19.5 $Å^2$, J. R. Anderson, B. G. Baker (*l. c.* S. 483/7). Das Oberflächenpot. eines im Hochvak. auf Ni-Folie oder Pyrexglas aufgedampften Ni-Films, an dem eine van der Waals-Schicht von Edelgas adsorbiert ist, beträgt bei −196°C für Xe von, $2 \cdot 10^{-3}$ Torr $+0.85 \pm 0.01$ V, an einer mit $C_2H_4$ vorbedeckten Ni-Schicht $0 \pm 0.02$ V. Die für Schichten von unpolaren Teilchen auf nicht vorbedeckten Oberflächen beob. positiven Werte werden einer durch die elektr. Doppelschicht an der Metalloberfläche in den Edelgasatomen induzierten Polarisation zugeschrieben, J. C. P. Mignolet (*l. c.*). Später wird jedoch angenommen, daß es sich um Donor-Akzeptor-Wrkg. handelt, J. C. P. Mignolet (*J. Chem. Phys.* **21** [1953] 1298). Die starke Zunahme des Kontaktpot. bzw. Abnahme der Elektronenaustrittsarbeit $\varphi$ bei der Adsorption von Xe wird an durchsichtigen Ni-Schichten durch photoelektr. Messungen (spektrale Empfindlichkeitskurven) quantitativ bestätigt. Die Messungen ergeben bei 90°K und $10^{-2}$ Torr eine Adsorption von $23.8 \times 10^{14}$ Atomen Xe/$cm^2$ Oberfläche (für Ar nur $2.0 \times 10^{14}$). Die photoelektr. Empfindlichkeit der ~180 Å dicken Ni-Filme nimmt mit steigender Xe-Adsorption exponentiell zu, während $\varphi$ zuerst rasch, dann langsamer abnimmt bis zu einem Grenzwert von $\varphi = 0.73$ V. Beim Abpumpen des Xe geht dieser nur wenig zurück; etwa 20% des Xe bleiben bei 90°K irreversibel adsorbiert. Bestt. des elektr. Widerstandes von ~130 Å dicken Ni-Schichten während der Adsorption von Xe bei 90°K und $10^{-6}$ bis $10^{-2}$ Torr ergeben einen exponentiellen Anstieg um max. 6‰. Beide Erscheinungen sind zu deuten durch die Annahme, daß die auftreffenden Xe-Atome in atomare Lücken der Oberfläche des Ni-Films eindiffundieren, wobei durch Wechselwrkg. mit dem Gitter einerseits die Xe-Atome polarisiert, andererseits die seitlich benachbarten Ni-Atome auseinandergedrückt werden, so daß $\varphi$ erniedrigt und der Stromtransport behindert wird, R. Suhrmann, E.-A. Dierk, B. Engelke, H. Hermann, K. Schulz (*Naturwissenschaften* **43** [1956] 127/8; *J. Chim. Phys.* **54** [1957] 15/8). — Die mit Hilfe der Ladungsübergangskomplextheorie für Xe an Ni-Oberflächen bei der Bedeckung Null ber. Adsorptionswärme beträgt 2.8 kcal/mol, R. J. Brodd (*J. Phys. Chem.* **62** [1958] 54/5).

*Diffusion*

**Diffusion.** Für He wird keine meßbare Diffusion durch Ni beobachtet, jedenfalls ist die Diffusionsgeschw. mindestens $10^5$ mal geringer als bei gewöhnl. Gasen, C. J. Smithells, C. E. Ransley (*Proc. Roy. Soc.* [*London*] A **150** [1935] 172/97, 193). Die Permeabilität von Ni-Blechen von 0.16 und 0.31 mm Dicke ist bei 400 bis 500°C für Ar von gleicher Größenordnung wie für $N_2$, für He beträgt sie bei 408°C fast das Dreifache, bei 543°C etwa das 18fache wie für Ar, V. Lombard (*J. Chim. Phys.* **25** [1928] 587/604, 588/9). Durch elektrolytisch unter bestimmten Bedingungen abgeschiedene und vom Elektrodenmetall abgelöste Ni-Schichten (mittlere Dicke $2.54 \times 10^{-3}$ mm), die keine optisch nachweisbaren Fehlstellen aufweisen, diffundiert He entlang den Korngrenzen. An gewalztem Ni-Blech von gleicher Dicke wird dagegen bei gewöhnl. Temp. keine meßbare Permeabilität beobachtet. Die an den elektrolyt. Schichten für He gem. Permeabilitätskonstt. liegen bei 1 atm Überdruck in der Größenordnung $10^{-8}$ l/$cm^2 \cdot$min und nehmen mit steigender Dicke der Ni-Schichten ab. Diese Abnahme, die bei vielen kompakten Metallen einschließlich gewalztem Ni-Blech bei hoher Temp. umgekehrt proportional der Dicke erfolgt, gehorcht bei elektrolyt. Ni-Ndd. dieser einfachen Beziehung nicht. Offensichtlich ändert sich die Mikrostruktur dieser Ni-Schichten so, daß sie mit steigender Dicke weniger durchlässig werden als einer linearen Abhängigkeit entspricht. Die Ergebnisse sind in Übereinstimmung mit dem Grahamschen Diffusionsgesetz. Das besagt, daß die Poren, durch die die Diffusion entlang den Korngrenzen erfolgt, so klein sind, daß molekulare und keine turbulente Strömung stattfindet, D. T. Ewing, J. M. Tobin, D. G. Foulke (*J. Electrochem. Soc.* **103** [1956]

545/8), J. M. TOBIN (*Diss. Michigan State Univ.* 1955, S. 1/81, *Diss. Abstr.* **19** [1959] 1539). Unters. des Einflusses verschiedener weiterer Vers.-Bedingungen (pH und Temp. des Elektrolytbades, kathod. Stromdichte, Konz. des Elektrolyten an Ni-Salzen und zugesetzter Borsäure, Zusatz von organ. Verbb. und von kolloiden und metall. Verunreinigungen zum Bad bei der Abscheidung) auf die Durchlässigkeit solcher elektrolyt. Ni-Schichten für He s. J. M. TOBIN (*l. c.*).

# Nickel und Wasserstoff

*Nickel and Hydrogen*

*Review*

**Übersicht.** Im System Metall–Gas ist zwischen der Gasaufnahme an der Oberfläche und im Innern des Metalls, der Adsorption und Absorption, zu unterscheiden. Die Adsorption von $H_2$ an Ni besteht aus mehreren sich weitgehend überlagernden Teilprozessen und ist auch von der Absorption nicht streng abzugrenzen. Übergänge zwischen beiden Sorptionsarten werden bei der Adsorption behandelt. Diese ist wegen ihrer Wichtigkeit in der Katalyse sehr eingehend untersucht und interpretiert. Die experimentellen Beobachtungen sind in ihrer Gesamtheit aber zu heterogen, um eine generelle Klärung dieses Adsorptionsprozesses zu erbringen.

Der sowohl von der Adsorption als auch von Diffusionsprozessen bestimmte Durchgang des Wasserstoffs durch Ni wird, einschließlich der Diffusion, unter „Permeabilität von Nickel für Wasserstoff" (ab S. 360) nach der Adsorption gebracht.

## Adsorption von Wasserstoff an Nickel

*Adsorption of Hydrogen on Nickel*

Allgemeine Literatur:


D. A. DOWDEN, *Chemisorption and Valency* in: W. E. GARNER, *Chemisorption, London* 1957, S. 3/16.

G. C. A. SCHUIT, N. H. DE BOER, G. J. H. DORGELO, L. L. VAN REIJEN, *The Thermodynamics of the Adsorption of Hydrogen and the Exchange Reaction with $D_2$ over Metal Catalysts* in: W. E. GARNER, *Chemisorption, London* 1957, S. 39/50.

J. H. DE BOER, *The Cause of the Decrease in the Heat of Chemisorption on Metals with Coverage* in: W. E. GARNER, *Chemisorption, London* 1957, S. 27/38.

B. M. W. TRAPNELL, *Chemisorption, London* 1955.

D. D. ELEY, *Catalysis and the Chemical Bond, Notre Dame, Ind.*, 1954.

A. WHEELER in: R. GOMER, C. S. SMITH, *Structure and Properties of Solid Surfaces, Chicago* 1952, S. 439/63.

A. NIKURADSE, R. ULBRICH, *Das Zweistoffsystem Gas–Metall, München* 1950.

A. R. MILLER, *The Adsorption of Gases on Solids, Cambridge* 1949.

P. M. GUNDRY, F. C. TOMPKINS, *Chemisorption of Gases on Metals, Quart. Rev.* [*London*] **14** [1960] 257/91.

R. V. CULVER, F. C. TOMPKINS, *Surface Potentials and Adsorption Process on Metals, Advan. Catalysis* **11** [1959] 68/131.

G. EHRLICH, *Molecular Dissociation and Reconstitution on Solids, J. Chem. Phys.* **31** [1959] 1111/26.

R. SUHRMANN, Y. MIZUSHIMA, A. HERMANN, G. WEDLER, *Zur elektronischen Wechselwirkung bei der Chemisorption von Wasserstoff an aufgedampften Nickelfilmen, Z. Physik. Chem.* [*Frankfurt*] [2] **20** [1959] 332/52.

T. TAKAISHI, *The Nature of the Chemisorption Bond of Hydrogen on Metals, Z. Physik. Chem.* [*Frankfurt*] [2] **14** [1958] 164/72.

R. WORTMAN, R. GOMER, R. LUNDY, *Adsorption and Diffusion of Hydrogen on Nickel, J. Chem. Phys.* **27** [1957] 1099/107.

J. H. DE BOER, *Adsorption Phenomena, Advan. Catalysis* **8** [1956] 17/161.

T. KWAN, *Some General Aspects of Chemisorption and Catalysis, Advan. Catalysis* **6** [1954] 67/123.

D. D. ELEY, *Molecular Hydrogen and Metallic Surfaces, J. Phys. Chem.* **55** [1951] 1017/36.

M. E. WINFIELD, *Adsorption and Hydrogenation of Gases on Transition Metals, Austral. J. Sci. Res.* A **4** [1951] 385/405.


*General*

**Allgemeines.** Obwohl die Absorption von $H_2$ durch Ni nur bei höheren Tempp. merklich wird, läßt sich eine scharfe Trennung von Absorption und Adsorption hinsichtlich des Temp.-Bereichs und des Materialzustandes im allgemeinen nicht durchführen. — Nach einer Analyse der Temp.-Abhängigkeit der Gleichgew.-Konst. für den Sorptionsprozeß an einem Ni-Draht (vgl. S. 324) herrscht oberhalb 250°C die Absorption, unterhalb 250°C die Chemisorption vor, A. MATSUDA (*J. Research Inst. Cata-*

*lysis, Hokkaido Univ.* **5** [1957] 71/86, 77). — In einer Reihe von älteren Arbeiten wird die langsame „Nachadsorption", s. S. 319, durch die Auflösung von $H_2$ im Metall erklärt, z. B. bei E. W. R. STEACY (*J. Phys. Chem.* **35** [1931] 2112/7; *Trans. Faraday Soc.* **28** [1932] 617/8), A. F. BENTON (*Trans. Faraday Soc.* **28** [1932] 202/18, 214), A. MAGNUS, G. SARTORI (*Z. Physik. Chem.* A **175** [1936] 329/41, 338), vgl. auch S.-I. IIJIMA (*Sci. Papers Inst. Phys. Chem. Res.* [*Tokyo*] **26** [1935] 45/69, 65), J. H. v. DUHN (*Ann. Physik* [5] **43** [1943] 37/52, 50). Diese Deutung wird vor allem deshalb kritisiert, weil die dabei aufgenommenen $H_2$-Mengen wesentlich größer sind, als der Löslichkeit bei den betreffenden Tempp. entspricht, H. S. TAYLOR (*Trans. Faraday Soc.* **28** [1932] 444/5) oder weil einer Diffusion ins Innere die beob. Sorptionsgeschw. widerspricht, A. VAN ITTERBEEK, W. VAN DINGENEN (*Physica* [2] **8** [1941] 810/24, 814), A. VAN ITTERBEEK (*Meded. Kon. Vlaamsche Acad. Wetensch., Letteren Schoone Kunsten Belgie, Klasse Wetensch.* **3** Nr. 10 [1941] 3/20), A. VAN ITTERBEEK, P. MARIENS, O. VAN PAEMEL (*Ann. Phys.* [*Paris*] [11] **18** [1943] 135/44, 138), A. VAN ITTERBEEK, P. MARIENS, I. VERPORTEN (*Mededel. Koninkl. Vlaam. Acad. Wetenschap. Belg.* **8** Nr. 1 [1946] 8/24, 16); vgl. auch O. I. LEYPUNSKY (*Acta Physicochim. URSS* **2** [1935] 737/60). In anderen Arbeiten wird der langsame Sorptionsprozeß mit Verunreinigungen der Oberfläche in Verbindung gebracht; s. hierzu S. 320.

Die alte „Lösungstheorie" wird später jedoch wieder aufgegriffen, um Besonderheiten des Verlaufs der Isobaren (vgl. S. 333) zu erklären. Es wird festgestellt, daß die langsame Wasserstoffaufnahme eher vom Gew. der untersuchten Filme als von deren Oberfläche abhängt, erstmals bei ~120°K eintritt, dann aber auch bei tieferer Temp., und zwar im erhöhten Maße, weitergeht. Bei längeren Vers.-Zeiten liegt der Beginn wahrscheinlich schon bei 70 bis 80°K. Der Prozeß ist also exotherm, zu seinem Eintritt ist Keimbldg. erforderlich (möglicherweise Hydridbldg.). Das Einsetzen des Vorganges hängt auch vom Bedeckungsgrad ab und wird z. B. bei gewöhnl. Temp. erst beobachtet, wenn mehr als 75% der Oberfläche mit Wasserstoff besetzt ist. Andererseits läuft der Prozeß auch dann ab, wenn die Oberfläche irreversibel mit CO bedeckt ist. Es läßt sich so eine Trennung des adsorbierten und „absorbierten" Anteiles des Wasserstoffs erreichen, indem man die an der mit CO belegten Oberfläche gem. Wasserstoff-Isotherme von der an der reinen Oberfläche erhaltenen Isotherme subtrahiert. Es dürfte sich bei dem langsamen Sorptionsvorgang nicht um eine Auflösung des Wasserstoffs im Kristallgitter handeln, da die beteiligten Mengen, wie oben argumentiert, erheblich (~1000 mal) größer sind als die bei Messungen der Löslichkeit im kompakten Ni gefundenen; vielmehr dürfte sich der Wasserstoff auf den Grenzflächen zwischen den Kristalliten ansammeln. Bei hohen Tempp. kann möglicherweise ein zweiter, endothermer Absorptionsvorgang auftreten, der jedoch bei Drucken < einige cm Hg zweifellos nur klein ist, O. BEECK, A. W. RITCHIE, A. WHEELER (*J. Colloid Sci.* **3** [1948] 505/10), O. BEECK, J. W. GIVENS, A. W. RITCHIE (*J. Colloid Sci.* **5** [1950] 141/7), O. BEECK (*Discussions Faraday Soc.* Nr. 8 [1950] 194), O. BEECK, W. A. COLE, A. WHEELER (*Discussions Faraday Soc.* Nr. 8 [1950] 314/21, 317), O. BEECK (*Advan. Catalysis* **2** [1950] 151/95, 161).

Auch von anderen Autoren wird das Eindringen von Wasserstoff ins Metallinnere als Ursache oder zumindest als mitbestimmend für die langsame Nachadsorption angesehen, s. C. W. GRIFFIN (*J. Am. Chem. Soc.* **61** [1939] 270/3), G. C. A. SCHUIT, N. H. DE BOER (*Rec. Trav. Chim.* **72** [1953] 909/30, 923), W. SCHEUBLE (*Z. Physik* **135** [1953] 125/40, 135), G. RIENÄCKER, N. HANSEN (*Z. Anorg. Allgem. Chem.* **284** [1956] 162/76, 168), P. M. GUNDRY, F. C. TOMPKINS (*Trans. Faraday Soc.* **52** [1956] 1609/17, 1617, **53** [1957] 218/28, 219), P. FEJES, F. NAGY, G. SCHAY (*Acta Chim. Acad. Sci. Hung.* **20** [1958] 451/75 nach *C.A.* **1960** 20409), R. SUHRMANN, Y. MIZUSHIMA, A. HERMANN, G. WEDLER (*Z. Physik. Chem.* [*Frankfurt*] [2] **20** [1959] 332/52, 342, 350), Y. MIZUSHIMA (*J. Phys. Soc. Japan* **15** [1960] 1614/31, 1623), P. W. SELWOOD (*Actes Congr. Intern. Catalyse, 2ᵉ, Paris* 1960 [1961], *Bd.* 2, S. 1795/1809, Diskussion S. 1810/3, 1812); über Tempp., bei denen dieser Lsg.-Vorgang beginnt oder auftritt, s. die einzelnen Arbeiten. — Der die Adsorption begleitende Lsg.-Vorgang muß von der Absorption von $H_2$ in Pt charakteristisch verschieden sein, da er im Gegensatz zu dieser die elektr. Leitfähigkeit von Ni-Filmen erhöht, J. H. SINGLETON (*J. Phys. Chem.* **60** [1956] 1606/11). Möglicherweise tritt bei diesem Prozeß eine Adsorption an der inneren Oberfläche von eingeschlossenen Poren ein, die von der äußeren Oberfläche durch dünne Metallschichten getrennt sind, durch die der Wasserstoff in Form von Atomen oder Protonen diffundieren muß, bevor er die Poren erreicht, J. N. WILSON in Diskussion zu P. W. SELWOOD (*Advan. Catalysis* **9** [1957] 93/106, 163/8, 164).

Selbst wenn man eine Diffusion des Wasserstoffs ins Innere des Metalls bei Tempp., bei denen die Adsorptionsmessungen im allgemeinen ausgeführt werden, ausschließt, kann der langsame Sorptionsvorgang wegen der Lage der Zentren, die bei diesem besetzt werden, als Vorstufe der Absorption angesehen werden. Als solche Zentren kommen z. B. tiefer als die Ni-Oberfläche gelegene Gitterleerstellen oder Zwischenräume zwischen Makrokristallen in Frage, s. S. 321. Doch müs-

sen sich diese genügend dicht an der geometr. Oberfläche befinden, damit ihre Zahl der Oberflächengröße proportional bleibt, da die durch langsame Nachadsorption aufgenommenen Wasserstoffmengen entgegen den Angaben auf S. 318 von der Oberfläche und nicht vom Vol. des Metalls abhängen, M. W. ROBERTS, K. W. SYKES (*Trans. Faraday Soc.* **54** [1958] 548/56, 555). In einer Interpretierung des Sorptionsvorganges wird angenommen, daß bei der langsameren, als s-Typ bezeichneten Art der Adsorption der Wasserstoff in Form von Protonen in die Oberflächenschicht eindiffundiert und in einer Entfernung von ~0.5 Å von der Oberfläche lokalisiert bleibt, T. TOYA (*J. Res. Inst. Catalysis, Hokkaido Univ.* **8** [1960] 209/63, 209); vgl. auch V. PONEC, Z. KNOR (*Actes Congr. Intern. Catalyse, 2e, Paris* 1960 [1961], *Bd.* 1, S. 195/211, 205), Z. KNOR, V. PONEC (*Collection Czechoslov. Chem. Commun.* **26** [1961] 37/51, 49). Über die Lage der bei der langsamen Adsorption besetzten Zentren s. auch S. 321. Über Diffusionsvorgänge als Ursache der langsamen Nachadsorption bei Ni-$SiO_2$-Katalysatoren s. W. A. DOERNER (*Diss. Univ. Michigan* 1952 nach *Diss. Abstr.* **13** [1953] 360), P. W. SELWOOD (*Advan. Catalysis* **9** [1957] 93/106, 103), E. L. LEE (*Diss. Northwestern Univ. Evanston, Ill.*, 1957, S. 1/95 nach *Diss. Abstr.* **18** [1958] 83); Kritik dazu bei J. H. SINGLETON in Diskussion zu P. W. SELWOOD (*l. c.* S. 163/8, 163).

## Kinetik

*Kinetics*

Die umfangreiche Lit. hierzu kann nur in Auswahl berücksichtigt werden. Die Angaben der Autoren widersprechen sich häufig, so daß die Kinetik der Wasserstoff-Adsorption noch nicht als geklärt angesehen werden kann.

*Experimental Observations and Their Interpretation*

**Experimentelle Beobachtungen und ihre Interpretierung.** Im allgemeinen verläuft die Adsorption von $H_2$ an Ni anfänglich sehr rasch und wird im Laufe des Vers. immer langsamer. Die zur Einstellung des Gleichgew. erforderliche Zeit ist bei der Temp. der fl. Luft und niedrigen Drucken gering, nimmt bei höheren Tempp. und höheren Drucken zu, bei weiterer Temp.-Erhöhung wieder ab. Angaben darüber, die z. T. nicht ganz übereinstimmen. s. bei A. F. BENTON, T. A. WHITE (*J. Am. Chem. Soc.* **52** [1930] 2325/36, 2329), A. F. BENTON (*Trans. Faraday Soc.* **28** [1932] 202/18, 214), E. B. MAXTED, N. HASSID (*J. Chem. Soc.* **1932** 1532/9, 1534; *Trans. Faraday Soc.* **28** [1932] 253/61, 253), J. SMITTENBERG (*Rec. Trav. Chim.* **52** [1933] 112/22, 120), O. I. LEYPUNSKY (*Acta Physicochim. URSS* **5** [1936] 807/12; *Zh. Fiz. Khim.* **9** [1937] 143/6), S.-I. IIJIMA (*Sci. Papers Inst. Phys. Chem. Res. [Tokyo]* **26** [1935] 45/69, 47; *Rev. Phys. Chem. Japan* **14** [1940] 128/36, 132), W. VAN DINGENEN (*Verh. Kon. Vlaam. Acad. Wetensch., Letteren schoone Kunsten Belg., Kl. Wetensch.* **4** Nr. 4 [1942] 5/59, 32), H. S. TAYLOR (*Advan. Catalysis* **1** [1948] 1/26, 13), T. KWAN (*J. Res. Inst. Catalysis* **1** [1949] 81/94, 82, 86), A. EUCKEN (*Naturwissenschaften* **36** [1949] 48/53, 74/81, 74; *Z. Elektrochem.* **53** [1949] 285/90; *Discussions Faraday Soc.* Nr. 8 [1950] 128/34), O. BEECK (*Advan. Catalysis* **2** [1950] 151/95), W. A. DOERNER (*Diss. Univ. Michigan* 1952 nach *Diss. Abstr.* **13** [1953] 360), M. McD. BAKER, G. I. JENKINS, E. K. RIDEAL (*Trans. Faraday Soc.* **51** [1955] 1592/6), J. H. SINGLETON (*J. Phys. Chem.* **60** [1956] 1606/11), G. RIENÄCKER, N. HANSEN (*Z. Anorg. Allgem. Chem.* **284** [1956] 162/76, 168), P. M. GUNDRY, F. C. TOMPKINS (*Trans. Faraday Soc.* **52** [1956] 1609/17, 1610, **53** [1957] 218/28, 218), A. MATSUDA (*J. Research Inst. Catalysis, Hokkaido Univ.* **5** [1957] 71/86, 74), N. N. KAVTARADZE (*Dokl. Akad. Nauk SSSR* **114** [1957] 822/5; *Proc. Acad. Sci. USSR, Phys. Chem. Sect.* **114** [1957] 359/62; *Z. Physik. Chem. [Frankfurt]* [2] **28** [1961] 376/92, 378), L. G. ANTONOVA, A. I. KRASIL'SHCHIKOV (*Trudy Gos. Nauch.-Issled. i Proekt. Inst., Azotn. Prom.* **1957** Nr. 7, S. 292/304 nach *C. A.* **1960** 21961), M. W. ROBERTS, K. W. SYKES (*Trans. Faraday Soc.* **54** [1958] 548/56, 549), R. SUHRMANN, Y. MIZUSHIMA, A. HERMANN, G. WEDLER (*Z. Physik. Chem. [Frankfurt]* [2] **20** [1959] 332/52, 335), E. RIDEAL, F. SWEETT (*Proc. Roy. Soc. [London]* A **257** [1960] 291/301, 293), P. W. SELWOOD (*Actes Congr. Intern. Catalyse, 2e, Paris* 1960, *Bd.* 2, S. 1795/1809, Diskussion S. 1810/3, 1812), Y. MIZUSHIMA (*J. Phys. Soc. Japan* [dtsch.] **15** [1960] 1614/31, 1616), Z. KNOR, V. PONEC (*Collection Czchoslov. Chem. Commun.* **26** [1961] 37/51, 38).

Die Isobaren zeigen auf ihrem aufsteigenden Ast (erster Übergang von niedrigen zu hohen Tempp.) Max. und Minima, s. S. 333. Die bei einer bestimmten Temp. $t_1$ aufgenommene $H_2$-Menge ist größer, wenn die Temp. während des Vers. vorübergehend erhöht wird, und zwar ist die zusätzlich adsorbierte Menge b um so größer, je tiefer $t_1$ und je größer die Temp.-Erhöhung $t_2-t_1$ ist, s. **Fig. 142,** S. 320, in der Messungen bei 1 atm mit 7.0 g durch Red. von NiO mit $H_2$ bei 300°C erhaltenem Ni-Pulver wiedergegeben sind, E. B. MAXTED, N. HASSID (*J. Chem. Soc.* **1932** 1532/9, 1534). Weitere Angaben über die vor und nach Durchlaufen eines Temp.-Zyklus aufgenommenen $H_2$-Mengen s. bei O. I. LEYPUNSKY (*Acta Physicochim. URSS* **5** [1936] 807/12), P. M. GUNDRY, F. C. TOMPKINS (*Trans. Faraday

*Soc.* **53** [1957] 218/28, 218) und bei den Isobaren auf S. 333. Es liegt also nahe, den Adsorptionsvorgang in zwei oder mehrere Teilprozesse zu zerlegen, die nacheinander oder gleichzeitig ablaufen und von denen der eine momentan verläuft, also keine oder nur eine geringe Aktivierungsenergie erfordert, während der andere oder die anderen einer therm. Aktivierung bedürfen. Angaben über die bei den einzelnen Teilprozessen bei bestimmten Tempp. aufgenommenen $H_2$-Mengen s. A. F. Benton (*Trans. Faraday Soc.* **28** [1932] 202/18, 214), E. B. Maxted, N. J. Hassid (*Trans. Faraday Soc.* **28** [1932] 253/61, 256), S.-I. Iijima (*Sci. Papers Inst. Phys. Chem. Res.* [*Tokyo*] **22** [1933] 285/300, **26** [1935] 45/69, 47; *Rev. Phys. Chem. Japan* **14** [1940] 128/36,134), O. I. Leipunskii (*J. Phys. Chem. USSR* **9** [1937] 143/6), C. W. Griffin (*J. Am. Chem. Soc.* **61** [1939] 270/3), W. A. Doerner (*Diss. Univ. Michigan* 1952 nach *Diss. Abstr.* **13** [1953] 360), W. Scheuble (*Z. Physik* **135** [1953] 125/40, 136), P. M. Gundry, F. C. Tompkins (*Trans. Faraday Soc.* **52** [1956] 1609/17, 1610), P. W. Selwood (*J. Am. Chem. Soc.* **78** [1956] 3893/7; *Actes Congr. Intern. Catalyse, 2e, Paris* 1960 [1961], *Bd.* 2, S. 1795/1809, 1801), N. N. Kavtaradze (*Proc. Acad. Sci. USSR, Phys. Chem. Sect.* **114** [1957] 359/62; *Dokl. Akad. Nauk SSSR* **114** [1957] 822/5; *Z. Physik. Chem.* [*Frankfurt*] [2] **28** [1961] 376/92, 383), L. Vaska, P. W. Selwood (*J. Am. Chem. Soc.* **80** [1958] 1331/5), Z. Knor, V. Ponec (*l. c.* S. 38). Über die Möglichkeit der Trennung und Charakterisierung der verschiedenen Adsorptionsarten nach Geschw.-Konst., Anteil und jeweils besetzten Adsorptionszentren durch sinusförmige Änderung des Druckes in einem im Gleichgew. befindlichen System und Verfolgung der Abhängigkeit der Adsorptionsamplitude und der Phasenverschiebung von der Frequenz s. L. M. Naphtali, L. M. Polinski (*J. Phys. Chem.* **67** [1963] 369/75), vgl. auch G. C. A. Schuit, N. H. de Boer (*Rec. Trav. Chim.* **70** [1951] 1067/84, 1072).

Fig. 142.

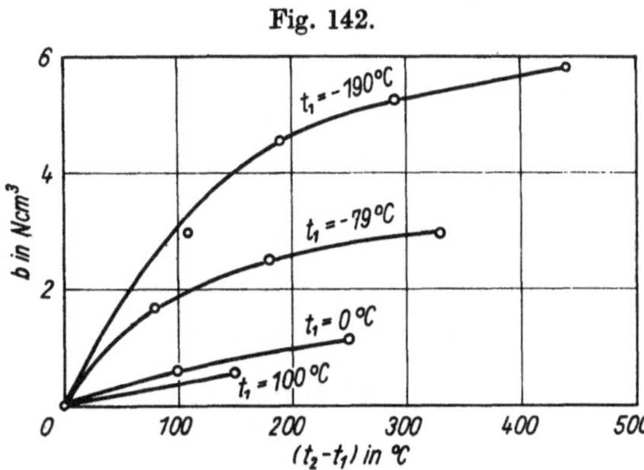


**Zusätzliche Adsorption nach vorübergehender Temp.-Erhöhung.**

Der bei tieferen Tempp. anfangs rasch verlaufende Prozeß wird zunächst als physikal. Adsorption gedeutet, die bei höheren Tempp. immer geringer wird. Ihm schließt sich eine Chemisorption an aktiven Zentren der Oberfläche an, S.-I. Iijima (*Sci. Papers Inst. Phys. Chem. Res.* [*Tokyo*] **26** [1935] 45/69, 65; *Rev. Physic. Chem. Japan* **12** [1938] 1/14, 7, **14** [1940] 128/36), A. F. Benton, T. A. White (*J. Am. Chem. Soc.* **52** [1930] 2325/36, 2334), vgl. aber S. 317; s. auch A. Magnus, G. Sartori (*Z. Physik. Chem.* A **175** [1936] 329/41, 332). In einer vielbeachteten Arbeit von H. S. Taylor (*J. Am. Chem. Soc.* **53** [1931] 578/97, 579/86) wird die Theorie aufgestellt, daß die verschiedenen Arten der Adsorption, die ihr Gepräge durch die zugehörigen Adsorptions- und Aktivierungswärmen erhalten, an verschiedenen Stellen der Oberfläche stattfinden. Diese sind so geartet, daß von einer Stelle (mit geringer Aktivierungsenergie und Adsorptionswärme) schon in einem Temp.-Bereich Gas abgegeben wird, in dem an einer anderen die Adsorption erst beginnt; vgl. auch O. I. Leypunsky (*Acta Physicochim. URSS* **2** [1935] 737/60, 746, **5** [1936] 807/12). Bei späteren Unterss. ergibt sich jedoch, daß im System Ni–$H_2$ physikal. Adsorption nur bei sehr niedrigen Tempp. auftritt, s. S. 351, so daß schon bei den bei der Messung der Adsorption üblicherweise angewendeten Tempp. von $>80°K$ das Auftreten von Chemisorption angenommen werden muß, die zumindest anfangs keiner oder nur einer geringen Aktivierungsenergie bedarf. Um die langsame Nachadsorption zu erklären, sind daher weitere, im folgenden skizzierte Theorien entwickelt worden.

Die Chemisorption von Wasserstoff an Ni soll generell unmeßbar schnell verlaufen, wenn die Oberfläche des Metalls nicht verunreinigt ist. Verunreinigungen treten bei im Vak. aufgedampften Ni-Filmen aber schon auf, wenn das Vak. schlechter als $10^{-6}$ Torr ist, W. M. H. Sachtler (*J. Chem. Phys.* **25** [1956] 751/2), W. M. H. Sachtler, G. J. H. Dorgelo (*J. Chim. Phys.* **54** [1957] 27/36, 29; *Bull. Soc. Chim. Belges* **67** [1958] 465/88, 478). Bei Unterss. der Chemisorption von $H_2$ an sorgfältig reduziertem Ni wird beobachtet, daß schon sehr geringe Mengen von Fett- und Hg-Dämpfen aus der Meßapp. die Adsorptionsgeschw. beträchtlich verringern und eine langsame Nachadsorption bedingen. Unvollständige Red. des Oxids verursacht einen ähnlichen Effekt, T. Kwan (*Advan. Catalysis*

6 [1954] 67/123, 70; *J. Res. Inst. Catalysis Hokkaido Univ.* **1** [1949] 81/94, 82). Der ursächliche Zusammenhang zwischen Oxidverunreinigungen und langsamer Nachadsorption wird auch dadurch bewiesen, daß bei einem vollständig reduzierten Ni-Präp. aktivierte Adsorption nach Zugabe von $O_2$ erneut auftritt und durch anschließende Red. wieder beseitigt werden kann. Die stöchiometr. Verhältnisse weisen darauf hin, daß es sich bei dem langsam verlaufenden Prozeß um Hydroxidbldg. handelt. Die fortschreitende Reinigung der Oberfläche bei zunehmender Red.-Dauer beruht jedoch nicht allein auf der Entfernung von Oxid, sondern auch auf der Abscheidung von $SiO_2$-Verunreinigungen in getrennten Phasen oder auf Abwanderung derselben in das Innere des Metalls, M. W. Roberts, K. W. Sykes (*Trans. Faraday Soc.* **54** [1958] 548/56, 548; *Proc. Roy. Soc.* [*London*] A **242** [1957] 534/43, 537, 541). Über analoge Beobachtungen bei auf $SiO_2$ aufgebrachten Ni s. G. C. A. Schuit, N. H. de Boer (*Rec. Trav. Chim.* **70** [1951] 1067/84, 1072, 1079; *Nature* **168** [1951] 1040/1); gleichsinnige Angaben über den Einfluß von Red.-Dauer und Red.-Grad auf die Adsorptionskinetik schon bei E. B. Maxted, N. J. Hassid (*Trans. Faraday Soc.* **28** [1932] 253/61, 256), S.-I. Iijima (*Sci. Papers Inst. Phys. Chem. Res.* [*Tokyo*] **23** [1934] 164/72, 165); vgl. auch W. Scheuble (*Z. Physik* **135** [1953] 125/40, 135), P. M. Gundry, F. C. Tompkins (*Trans. Faraday Soc.* **53** [1957] 218/28, 221), P. Fejes, F. Nagy, G. Schay (*Acta Chim. Acad. Sci. Hung.* **20** [1958] 451/75 nach *C.A.* **1960** 20409), L. M. Naphtali, L. M. Polinski (*J. Phys. Chem.* **67** [1963] 369/75), V. Ponec, Z. Knor (*Collection Czechoslov. Chem. Commun.* [dtsch.] **26** [1961] 29/36, 30).

Auf der Annahme von Lsg.-Vorgängen oder zumindest von Diffusion des Wasserstoffs ins Innere des Metalls basierende Erklärung der langsamen Nachadsorption s. S. 318. — Von anderen Autoren wird die langsame Nachadsorption auf Oberflächendiffusion zurückgeführt. So wird z. T. an dem Taylorschen Prinzip der Heterogenität der Oberfläche festgehalten, aber angenommen, daß die beob. Aktivierungsenergie nicht von den verschiedenen Adsorptionselementen, sondern von der Diffusion adsorbierter Molekeln zu aktiven Stellen mit größerer Adsorptionswärme beansprucht wird, O. I. Leypunsky (*Acta Physicochim. URSS* **2** [1935] 737/60, 756). Die für die langsame, reversible Adsorption in Frage kommenden Stellen (mit $N_S$ bezeichnet) sollen Gitterleerstellen, die tiefer liegen als die Ni-Oberflächenatome, oder Zwischenräume zwischen Makrokristallen sein. Direkte Adsorption von Wasserstoff aus der Gasphase an $N_S$ ist nicht möglich; die Besetzung von $N_S$ erfolgt durch Diffusion von H-Atomen aus normalen Adsorptionslagen N. Die Energiedifferenz zwischen $N_S$ und N (sie ist $\leqq E_A$, Aktivierungsenergie der langsamen Adsorption) bestimmt das Verteilungsverhältnis der adsorbierten Atome, sie wird kleiner bei zunehmender Besetzung (höherem Gasdruck), so daß die Anzahl der besetzten $N_S$-Stellen zunimmt. Bei −183°C können die H-Atome höchstens in geringem Ausmaß zwischen den beiden verschiedenen Adsorptionslagen wandern; bei 20°C werden sie jedoch beweglich, so daß bei meßbaren $H_2$-Drucken die $N_s$-Stellen gefüllt werden. Weitere Ausführung der Theorie zur Erklärung des Verlaufs der Isothermen nach anschließendem Abkühlen auf −183°C sowie Abpumpen bei 20°C und erneutem Abkühlen auf −183°C s. Original, M. McD. Baker, G. I. Jenkins, E. K. Rideal (*Trans. Faraday Soc.* **51** [1955] 1592/6). Die Vorstellung einer Diffusion der H-Atome von leichter zu schwerer zugänglichen Adsorptionsstellen wird noch weiter ausgebaut und verfeinert durch die Annahme, daß die beiden nach ihrem Charakter verschiedenen Stellen zusätzlich jede für sich noch hinsichtlich der Adsorptionswärme differenziert sind, V. Ponec, Z. Knor (*Actes Congr. Intern. Catalyse, 2e, Paris* 1960 [1961], *Bd.* 1, S. 195/211), Z. Knor, V. Ponec (*Collection Czechoslov. Chem. Communs.* **26** [1961] 37/51, 46); Kritik dieser Theorie s. P. M. Gundry, F. C. Tompkins in Diskussion zu V. Ponec, Z. Knor (*l. c.* S. 212/5, 214); vgl. auch S. 357.

Besser als mit der Taylorschen Vorstellung vom Auftreten verschiedener aktiver Zentren lassen sich einige bei Unterss. der Adsorptionskinetik beob. Effekte mit der Annahme verschiedener Adsorptionszustände erklären. Der Wasserstoff soll danach zunächst in Form chemisorbierter Molekeln gebunden werden, die anschließend bis zur Erreichung eines Gleichgew.-Zustandes mit verschieden hoher Geschw. in die Atome dissoziieren, welche anfänglich dicht gepackt sind, später aber — bei Temp.-Erhöhung beschleunigt — auseinander diffundieren, da die gleichmäßige Verteilung über die ganze Oberfläche einem Minimum an potentieller Energie entspricht. Die Oberflächenaktivität für weitere Adsorption wird dabei zunehmend verringert. So führt Vorbelegung bei höheren Tempp. zu einer Vergiftung der gesamten Oberfläche in dem Sinne, daß die in diesem Falle ziemlich gleichmäßig verteilten Atome sowohl die zusätzliche primäre Adsorption von $H_2$-Molekeln als auch deren Dissoz. und das Auseinanderdiffundieren der gebildeten Atome erschweren. **Fig. 148**, S. 322, zeigt verschiedene, bei 0°C an 23.0 g Ni (aus NiO im $H_2$-Strom bei 280°C erhalten) aufgenommene Geschw.-Isothermen, wobei einmal reines, völlig entgastes Ni, die anderen Male bei höherer Temp. mit $H_2$ vorbelegtes Ni

als Adsorbens dient. Die mit vorbelegtem Ni erhaltenen Meßpunkte liegen zunächst oberhalb der bei reinem Ni gefundenen Kurve. Die Gesamtadsorption ist aber bei Vorbelegung erheblich geringer, so daß sich die Kurven nach $\sim 1^1/_2$ Std. durchschneiden, A. Eucken (*Discussions Faraday Soc.* Nr. 8 [1950] 128/34; *Z. Elektrochem.* **53** [1949] 285/90); vgl. auch S.-I. Iijima (*Sci. Papers Inst. Phys. Chem. Res.* [*Tokyo*] **26** [1935] 45/69, 55) und S. 333. Verschiedene, aber anders als oben charakterisierte Bindungszustände an weitgehend homogener Oberfläche werden auch in einer neueren Arbeit postuliert. Danach muß bei der Adsorption zunächst ein nur die d-Bänder beeinflussender intermediärer ($C_A$-)Zustand durchlaufen werden, bevor der durch festere Bindungen vom dsp-Hybridtyp gekennzeichnete End-($C_E$-)Zustand erreicht wird. Die rasche Adsorption entspricht somit einer Auffüllung der $C_E$-Zustände und endet, wenn die freie Aktivierungsenergie für den Übergang aus dem $C_A$-Zustand $>0$ wird. Der langsame Adsorptionsvorgang stellt dann den Abschluß des Prozesses dar und schreitet in dem Maße voran, wie die erforderliche Energie verfügbar wird, P. M. Gundry, F. C. Tompkins (*Trans. Faraday Soc.* **52** [1956] 1609/17, 1614, **53** [1957] 218/28, 221), vgl. auch

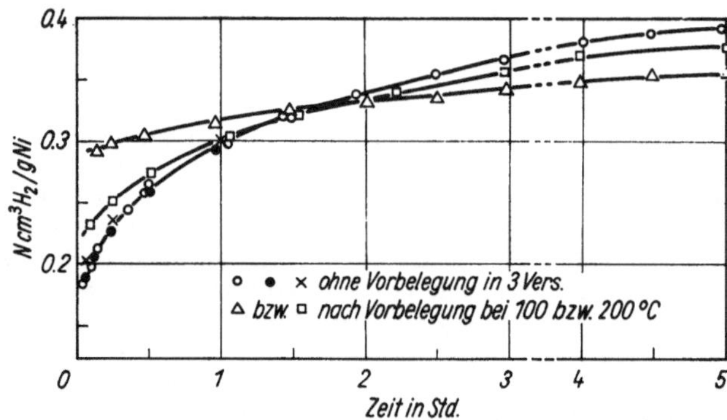


Fig. 143.

Isothermen der Adsorptionsgeschw. bei 0°C und 0.01 Torr.

Y. Mizushima (*J. Phys. Soc. Japan* **15** [1960] 1614/31, 1626). — Die langsame Adsorption im Temp.-Bereich von 175 bis 305°C wird auch auf Änderungen der Verteilung der Kristallflächen in der Metalloberfläche zurückgeführt, M. W. Roberts, K. W. Sykes (*Trans. Faraday Soc.* **54** [1958] 548/56, 553). — Weitere Theorien über den Charakter der langsamen Chemisorption s. A. Eucken, W. Hunsmann (*Z. Physik. Chem.* B **44** [1939] 163/84, 182), D. F. Klemperer, F. S. Stone (*Proc. Roy. Soc.* [*London*] A **243** [1958] 375/99, 395), J. Pace, H. S. Taylor (*J. Chem. Phys.* **2** [1934] 578/80), J. H. de Boer (*Advan. Catalysis* **8** [1956] 17/161, 137).

*Rate Equations. Activation Energy*

**Geschwindigkeitsgleichungen. Aktivierungsenergie** E. Der Zeitverlauf der Gesamtadsorption bei 0°C entspricht ungefähr einer Rk. 1. Ordnung. Auch der langsame Teilprozeß (s. oben) läßt sich angenähert durch eine Geschw.-Gleichung 1. Ordnung beschreiben, doch wird stets eine Abnahme der Geschw.-Konst. gegen Ende des Adsorptionsprozesses beobachtet. Bei 0°C fällt die Konst. schon nach Aufnahme von zwei Dritteln der insgesamt langsam adsorbierbaren Menge merklich ab, E. B. Maxted, N. J. Hassid (*Trans. Faraday Soc.* **28** [1932] 253/61, 257); analoge Angabe über die Rk.-Ordnung der Gesamtadsorption bei P. Fejes, F. Nagy, G. Schay (*Acta Chim. Acad. Sci. Hung.* **20** [1958] 451/75 nach *C.A.* **1960** 20409).

Bei 0°C kann die Adsorptionsgeschw., die durch die Zunahme der Oberflächenbedeckung $\Theta_H$ je Sek. ($\Theta_H$ = Bruchteil der bei vollständiger monoatomarer Bedeckung aufgenommenen $H_2$-Menge) ausgedrückt wird, durch die empir. Gleichung $d\Theta_H/d\tau = (1-\Theta_H)\cdot 0.85\times 10^4 p_{H_2}\cdot \exp[(-5600+9200\,\Theta_H)/RT]$ mit p in Torr und $\tau$ = Zeit beschrieben werden. Geschwindigkeitsbestimmend ist in dieser Beziehung die Dissoz. der adsorbierten Molekeln in die Atome, für die man die Formel $d\Theta_H/d\tau = (1-\Theta_H)\cdot 0.257\times 10^9\cdot \Theta_{H_2}\cdot \exp[(-12600+9200\,\Theta_H)/RT]$ erhält, worin die Oberflächendichte der $H_2$-Molekeln $\Theta_{H_2} \sim 3\cdot 10^{-5} p_{H_2}\cdot \exp(6000/RT)$ ist, A. Eucken (*Z. Elektrochem.* **53** [1949] 285/90). Die Zeitabhängigkeit des durch Chemisorption (aktivierte Adsorption nach Temp.-Erhöhung auf Vers.-Temp.) bei −145 und −118°C verursachten Druckabfalls läßt sich angenähert durch folgende, unter Zugrundelegung der Langmuirschen Vorstellungen abgeleitete Gleichung wiedergeben, in die ein ster. Faktor f (vgl. S. 324) eingeht: $-dp/d\tau = K\,p_a\,(1-\Theta)$, wobei $p_a$ = Anfangsdruck in Torr, $K = 6.7\times 10^5\, f e^{E/RT} T^{-1/2}$ (E = 2.05 kcal/mol, $f = 2.2\times 10^{-4}$), O. I. Leypunsky (*Acta Physicochim. URSS* **5** [1936] 807/12; *Zh. Fiz. Khim.* **9** [1937] 143/6). Bei Vergleich der Adsorptionsgeschww. an Ni-Filmen bei

gleichen Tempp. und Oberflächenbedeckungen und verschiedenen Drucken wird dagegen festgestellt, daß die Geschw. von $\sqrt{p}$ abhängt, P. M. GUNDRY, F. C. TOMPKINS in Diskussion zu V. PONEC, Z. KNOR (*Actes Congr. Intern. Catalyse, 2ᵉ, Paris* 1960 [1961], *Bd.* 1, S. 195/211); gleiche Angabe für die Druckabhängigkeit der Anfangsgeschw. der Adsorption an Ni-Draht bei A. MATSUDA (*J. Research Inst. Catalysis, Hokkaido Univ.* **5** [1957] 71/86, 78). Der langsam verlaufende Adsorptionsvorgang soll auch bei tiefen Tempp. nicht vom herrschendem Druck beeinflußt werden und auch nach Abpumpen der $H_2$-Atm. weitergehen, Y. MIZUSHIMA (*J. Phys. Soc. Japan* **15** [1960] 1614/31, 1616). Die Gleichung $\log p/(p-p_e) = K\tau + C$ (worin p = jeweilig herrschender Druck, $p_e$ = Enddruck im Adsorptionsgleichgew., $\tau$ = Zeit), die auch theoretisch abgeleitet ist, soll die Meßergebnisse im Temp.-Bereich von −23 bis +130°C gut darstellen; lediglich die Anfangs- und Endwerte weichen ab. Die Adsorption kann auch hier wieder in mehrere Teilvorgänge mit verschiedenen Geschww. und verschiedenen Gleichgew.-Enddrucken zerlegt werden, die sich jeder für sich durch diese Gleichung beschreiben lassen. Für −78°C ber. Geschw.-Konstt. der einzelnen Adsorptionsvorgänge s. im Original. Für den ersten der Teilprozesse werden die Geschw.-Konstt. auch für weitere Tempp. berechnet und aus ihrer Temp.-Abhängigkeit E = 7.1 kcal/mol ermittelt, S.-I. IIJIMA (*Rev. Phys. Chem. Japan* **12** [1938] 1/14, 3; *Bull. Inst. Phys. Chem. Research* [*Tokyo*] **17** [1938] 286/98, 288); vgl. dazu auch T. KWAN (*J. Phys. Chem.* **60** [1956] 1033/7), S.-I. IIJIMA (*Rev. Phys. Chem. Japan* **14** [1940] 128/36, 134). Annahme einer logarithm. Geschw.-Beziehung für den langsamen Adsorptionsprozeß bei D. F. KLEMPERER, F. S. STONE (*Proc. Roy. Soc.* [*London*] A **243** [1958] 375/99, 385). Versuchsweise Formulierung von Geschw.-Gleichungen für 2 Teilprozesse und den Gesamtvorgang s. auch bei A. MAGNUS, G. SARTORI (*Z. Physik. Chem.* A **175** [1936] 329/41, 333), für nur einen der diskutierten Teilprozesse bei S.-I. IIJIMA (*Sci. Papers Inst. Physic. Chem. Res.* [*Tokyo*] **26** [1935] 45/69, 54). — Weitere Angaben über Geschw.-Beziehungen s. W. A. DOERNER (*Diss. Univ. Michigan* 1952 nach *Diss. Abstr.* **13** [1953] 360), W. VAN DINGENEN (*Verh. Kon. Vlaamsche Acad. Wetensch., Letteren schoone Kunsten Belg., Kl. Wetensch.* **4** Nr. 4 [1942] 5/59, 32).

Gut läßt sich die Kinetik der Adsorption von $H_2$ an Ni durch die auf S. YU. ELOVICH, G. M. ZHABROVA (*Zh. Fiz. Khim.* **13** [1939] 1775/86, 1776) zurückgehende Formel $dq/d\tau = a \cdot e^{-bq}$ (q = adsorbierte Gasmenge, a = Anfangsgeschw. der Adsorption, b = Konst.) wiedergeben. Die Integration ergibt $q = (1/b)\ \ln(\tau + \tau_0) - (1/b)\ \ln(b \cdot a)$, worin $\tau_0 = 1/b \cdot a$, N. P. KEIJER, S. S. ROGINSKI (*Izv. Akad. Nauk SSSR, Otd. Khim. Nauk* **1950** 27/38, 27); vgl. auch Y. MIZUSHIMA (*l. c.* S. 1627), A. MATSUDA (*Shokubai* Nr. 13 [1956] 17/28 nach *C. A.* **1957** 9253). Da $\tau_0$ in diesem Falle sehr klein ist, läßt sich die letzte Gleichung vereinfachen zu $q = (1/b)\ \ln(b \cdot a \cdot \tau)$. Die Parameter b und $\ln \tau_0$ sind annähernd proportional dem Anfangsdruck (10 bis 760 Torr) und der reziproken Temp. (433 bis 598°K); umfangreiches Zahlenmaterial s. Original. Die die Abhängigkeit vom Druck wiedergebenden Geraden ändern aber bei $p < 100$ Torr ihre Neigung (b und $-\ln \tau_0$ nehmen bei kleinen Drucken bei Druckzunahme stärker ab). Die gleiche Diskontinuität wird auf den $q$–$\ln\tau$-Kurven beobachtet. Diese Erscheinungen sind vermutlich auf Änderungen im Adsorptionsvorgang zurückzuführen, die mit dem Auftreten eines neuen Typs von Adsorptionszentren zusammenhängen, welche dann in dem betreffenden Druckbereich wirksam werden. Der Oberflächenzustand wird also nicht nur durch die Temp., sondern auch durch den Druck des adsorbierten Gases beeinflußt. Diskussion der Ergebnisse auf der Grundlage des TAYLOR-THONschen Chemisorptionsmechanismus s. Original; s. dort auch Angaben über die Aktivierungsenergie der Adsorption, L. LEIBOWITZ, M. J. D. LOW, H. A. TAYLOR (*J. Phys. Chem.* **62** [1958] 471/8, 472). Nach anderen Unterss. sollen sich die b-Werte nur unterhalb 195°K umgekehrt mit der Temp. ändern; oberhalb 195°K werden höhere b-Werte, die bei Temp.-Erhöhung leicht zunehmen, gefunden, P. M. GUNDRY, F. C. TOMPKINS (*Trans. Faraday Soc.* **53** [1957] 218/28, 222). Weitere Angaben über die Abhängigkeit von an Ni-Filmen gem. b-Werten von der Vers.-Temp. und von der Sintertemp. des Films sowie über die Änderung von b nach Durchlaufen des Temp.-Zyklus 78→273→78°K mit und ohne Abpumpen bei der höheren Temp. s. P. M. GUNDRY, F. C. TOMPKINS (*Trans. Faraday Soc.* **52** [1956] 1609/17, 1611). Bei Ni-Filmen sind die b-Werte auch stark von der Kondensationstemp. $T_k$ abhängig. Die für den Bereich 78 bis 273°K ermittelte b–$T_k$-Kurve durchläuft bei $T_k \sim 170$°K ein Max. bei Filmen, die nach der Kondensation 90 Min. bei 330°K gesintert sind. Der Parameter b wird um so größer, je schwieriger einzelne Oberflächenbezirke für die Adsorption zugänglich werden (s. S. 321); über Deutung des Max. auf den b–$T_k$-Kurven sowie der Reproduzierbarkeit von b nach teilweiser Desorption s. Original, V. PONEC, Z. KNOR (*Actes Congr. Intern. Catalyse 2ᵉ, Paris* 1960 [1961], *Bd.* 1, S. 195/211, 195, 204). Bei $\Theta > 0.99$ wird die Adsorption sehr verlangsamt. Die Kinetik des Adsorptionsvorganges läßt sich dann zwar immer noch durch die obige Beziehung beschreiben, die Konst. b besitzt aber einen wesentlich höheren Wert, Z. KNOR, V. PONEC

(*Collection Czechoslov. Chem. Communs.* **26** [1961] 37/51, 38). Aus der Temp.-Abhängigkeit der Adsorptionsgeschw. bei konst. Druck und annähernd konst. adsorbierter Menge q ergibt sich die Aktivierungsenergie $E_s$ für den langsamen Adsorptionsprozeß im Temp.-Bereich von 78 bis 90°K zu (703 q—60.5) kcal/mol, von 90 bis 147.5°K zu (462 q—39.1) kcal/mol. $E_s$ wird also Null bei q = 0.0860 bzw. 0.0846 mmol/g Ni; bis zum völligen Aufbau einer monoatomaren Schicht nimmt der untersuchte Film 0.0918 mmol/g Ni auf, P. M. GUNDRY, F. C. TOMPKINS (*l. c.* S. 1612). Eine nach $dq/d\tau = k \cdot p^{1/2} \cdot e^{-b'q/RT}$ modifizierte Form der obigen Gleichung wird für die Adsorptionsgeschw. von Wasserstoff an Ni-Draht (bei 420°C tagelang mit $H_2$ behandelt und entgast) angegeben. Die Temp.-Abhängigkeit der Geschw.-Konst. k zeigt **Fig. 144**, daraus abgeleitete Aktivierungsenergien: 0.37 und 5.5 kcal/mol bei Tempp. < bzw. > 120°C. Die Formelgröße b′ besitzt zwischen —78 und +250°C den gleichen Wert und ist unabhängig vom Druck. Die Aktivierungsentropie der Adsorption R(dT lnk/dT) ändert sich linear mit $E(=RT^2(d\ln k/dT))$, A. MATSUDA (*J. Research Inst. Catalysis* **5** [1957] 71/86, 80, 85; vgl. auch *Shokubai* Nr. 13 [1956] 17/28 nach *C.A.* **1957** 9253).

Fig. 144.

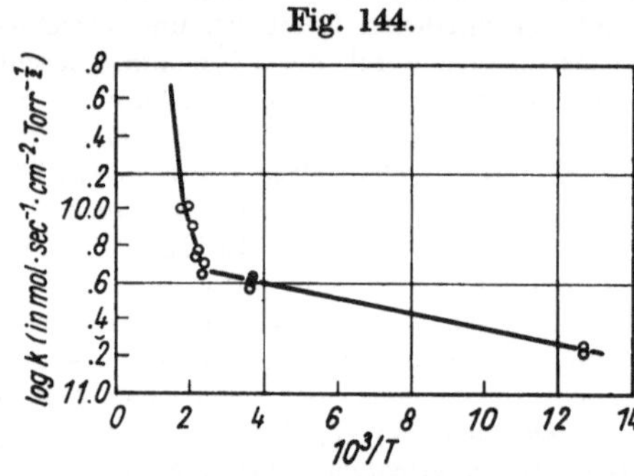


Temp.-Abhängigkeit der Adsorptionsgeschw.-Konst. k.

Die Kinetik der aktivierten Adsorption soll durch das Auftreten eines beträchtlichen ster. Faktors gekennzeichnet sein, der auf Diffusionsprozesse hinweist, mit denen die aktivierte Adsorption verbunden ist. Für diese ist eine besondere Strukturausbldg. erforderlich. Es werden 2 Adsorptionstypen für verschiedene Tempp. (—183 bzw. —78 bis +100°C) unterschieden. Für den bei den höheren Tempp. ablaufenden Prozeß ist E = 3.0 kcal/mol, O. I. LEYPUNSKY (*Acta Physicochimica URSS* **2** [1935] 737/60). Aus Geschw.-Messungen im Temp.-Bereich von ~20 bis 500°C ermittelte Aktivierungswärmen für den Adsorptionsvorgang s. W. VAN DINGENEN (*Verhandel. Koninkl. Vlaam. Acad. Wetenschap. Belg., Kl. Wetenschap.* **4** Nr. 4 [1942] 1/59 nach *C.A.* **1944** 4849). Weitere Angaben über Aktivierungsenergien bei A. EUCKEN (*Naturwissenschaften* **36** [1949] 48/53, 74/81, 75), R. SUHRMANN, Y. MIZUSHIMA, A. HERMANN, G. WEDLER (*Z. Physik. Chem.* [*Frankfurt*] [2] **20** [1959] 332/52, 340), Y. MIZUSHIMA (*J. Phys. Soc. Japan* **15** [1960] 1614/31, 1618). — Quantenmechan. Berechnungen unter der Annahme, daß sich die Oberflächenatome wie isolierte Atome verhalten, ergeben zu hohe Werte für E, die sich merklich mit dem Abstand der Oberflächenatome ändern, A. SHERMAN, C. E. SUN, H. EYRING (*J. Chem. Phys.* **3** [1935] 49/55), G. OKAMOTO, T. HORIUTI, K. HIROTA (*Sci. Papers Inst. Phys. Chem. Res.* [*Tokyo*] **29** [1936] 223/51, 224, 248), s. dazu T. KWAN (*Advan. Catalysis* **6** [1954] 67/123, 74). Aufstellung von Morsekurven (Pot.-Kurven) für adsorbierte $H_2$-Molekeln unter Verwendung zweier Pot.-Flächen für die Adsorption von $H_2$ an Ni auf der Grundlage der Energiediagramme von G. OKAMOTO u. a. (*l. c.*) und J. E. LENNARD-JONES (*Trans. Faraday Soc.* **28** [1932] 333/59) s. G. M. SCHWAB, E. KILLMANN (*Bull. Soc. Chim. Belges* **67** [1958] 305/42; *Z. Physik. Chem.* [*Frankfurt*] [2] **24** [1960] 119/29). — Berechnung der Aktivierungsenergie mit Hilfe einer empir. Formel, S. KUME, K. OTOZAI (*Bull. Chem. Soc. Japan* **24** [1951] 257/61). Theoret. Behandlung der Kinetik des Adsorptionsvorganges, G. EHRLICH (*J. Chem. Phys.* **31** [1959] 1111/26); vgl. auch J. H. DE BOER (*Advan. Catalysis* **8** [1956] 17/161, 52, 68), B. M. W. TRAPNELL (*Chemisorption, London* 1955, S. 49, 86). Aus dem beob. Druck-Zeit-Produkt der Wasserstoffeinw., die nötig ist, um die auf S. 355 beschriebene Oberflächenstruktur zu erzeugen, wird geschlossen, daß die anfängliche Haftwahrscheinlichkeit des Wasserstoffs mindestens gleich 0.1 und vielleicht sogar annähernd 1 ist, L. H. GERMER, A. U. MACRAE (*J. Chem. Phys.* **37** [1962] 1382/6); vgl. auch Z. ODA, H. ARATA (*J. Phys. Chem.* **62** [1958] 1471/4). — Über die mittlere Verweilzeit der adsorbierten H-Atome s. N. N. KAVTARADZE (*Z. Physik. Chem.* [*Frankfurt*] [2] **28** [1961] 376/92, 389). Die mittlere Verweilzeit der (physikalisch adsorbierten) $H_2$-Molekeln an der Oberfläche ist gering und von der Größenordnung einer einzigen Schwingungsdauer, A. EUCKEN, W. HUNSMANN (*Z. Physik. Chem.* B **44** [1939] 163/84, 179).

*Effect of Impurities and Pretreatment*

**Einfluß von Verunreinigungen und Vorbehandlung.** Der Einfluß von Verunreinigung oder Vorbelegung der Ni-Oberfläche durch Sauerstoff sowie der des Red.-Grades auf den langsamen Adsorptionsvorgang ist S. 320 beschrieben. Vgl. auch die Angaben über die Abhängigkeit der Geschw.-Konst. der Chemisorption von der Vorbelegung der Oberfläche mit Sauerstoff bei V. PONEC, Z. KNOR (*Actes Congr.

*Intern. Catalyse 2^e^, Paris* 1960 [1961], *Bd.* 1, S. 195/211, 201; *Collection Czechoslov. Chem. Communs.* [dtsch.] **26** [1961] 29/36, 30) und die über den Einfluß der Red.-Temp. auf die Geschw. der Gleichgew.-Einstellung bei J. Smittenberg (*Rec. Trav. Chim.* **52** [1933] 112/22, 339/51, 346), A. Matsuda (*J. Research. Inst. Catalysis, Hokkaido Univ.* **5** [1957] 71/86, 72). Über Unterss. des Einflusses der Wärmebehandlung bei Tempp. bis 500°C s. auch S.-I. Iijima (*Sci. Pap. Inst. Physic. Chem. Res.* **23** [1934] 164/72, 165). Angaben über die Kinetik der Wasserstoffadsorption an mit Dicyan, CO und Hg vergiftetem Ni s. bei S.-I. Iijima (*Rev. Phys. Chem. Japan* **12** [1938] 148/55, 150, **13** [1939] 1/11, 1).

Der Anteil der rasch aufgenommenen $H_2$-Menge scheint bei Ni-Filmen stark von den Aufdampfbedingungen und deshalb offenbar von Gitterstörungen im Metall abzuhängen, J. H. Singleton (*J. Phys. Chem.* **60** [1956] 1606/11). Über den Einfluß von Aufdampf- und Sintertemp. bei Ni-Filmen auf die Anteile der verschiedenen Adsorptionsarten s. Y. Mizushima (*J. Phys. Soc. Japan* **15** [1960] 1614/31, 1622). Über die Abhängigkeit des Verhältnisses von langsamer zu rascher Adsorption von der Sintertemp. von Filmen s. auch P. M. Gundry, F. C. Tompkins (*Trans. Faraday Soc.* **52** [1956] 1609/17, 1613, **53** [1957] 218/28, 219).

*Comparison of Heavy and Light Hydrogen*

**Vergleich von schwerem und leichtem Wasserstoff.** Die Adsorptionsgeschww. von $D_2$ und $H_2$ bei 110°C an Ni auf Kieselgur (6std. Red. bei 500°C) sind gleich groß. Der Unterschied der Nullpunktsenergien der beiden Isotopen dürfte also bei dem die Geschw. bestimmenden Teilprozeß keine Rolle spielen. Nach diesen Ergebnissen haben weder die Auftreff-Geschw. der Gasmolekeln auf die Oberfläche noch Diffusionsprozesse ins Innere und Oberflächendiffusion Einfluß auf die Adsorptionsgeschw., J. Pace, H. S. Taylor (*J. Chem. Phys.* **2** [1934] 578/80). Nach Unterss. an reinem Ni-Pulver sollen die Adsorptionsgeschww. von $D_2$ und $H_2$ im Temp.-Bereich von 0 bis 100°C z. T. erhebliche Unterschiede aufweisen. Die momentane Adsorption ist für $D_2$ stets größer als für $H_2$. Die Geschw. der daran anschließenden langsamen Adsorption nimmt mit steigender Temp. bei $H_2$ bis 55°C, bei $D_2$ bis 70°C zu; sie ist bis 55°C für $H_2$ größer als für $D_2$, sinkt dann vorübergehend ab, wird nach erneutem Anstieg bei etwa 100°C für beide Isotope gleich groß und bei 200°C für $D_2$ größer als für $H_2$. Gleichheit der Adsorptionsgeschww. ist also nur in einem kleinen Temp.-Intervall um 100°C vorhanden und kommt durch Kompensation verschiedener entgegengesetzt gerichteter Einflüsse zustande. Als solche kommen vor allem die höhere Adsorptionswärme und die höhere Aktivierungsenergie für die langsame Adsorption bei $D_2$ in Frage, R. Klar (*Naturwissenschaften* **22** [1934] 822). Zwischen 0 und 25°C ist die Adsorptionsgeschw. von $D_2$ an Ni-Pulver sehr viel kleiner als die von $H_2$; $D_2$ wird bei 25°C ebenso schnell aufgenommen wie $H_2$ bei 0°C. Die Aktivierungsenergie beträgt bei $H_2$ $\sim$1, bei $D_2$ $\sim$1.7 kcal/mol, A. Magnus, G. Sartori (*Z. Physikal. Chem.* A **175** [1936] 329/41, 339). Bei $-45$, $-78$ und $+112$°C und einem Druck von $\sim$155 Torr ist die Adsorptionsgeschw. des $D_2$ an Ni-Pulver etwas kleiner als die des $H_2$ (Zahlenangaben s. Original). Die Aktivierungsenergie soll bei $D_2$ im Gegensatz zu den obigen Angaben kleiner sein als bei $H_2$; der aus den Geschw.-Konstt. mit Hilfe der kinet. Gastheorie ber. Unterschied beträgt jedoch weniger als 0.1 kcal/mol, S.-I. Iijima (*Rev. Physic. Chem. Japan* **12** [1938] 83/89, 84, 86).

Das Verhältnis der Adsorptionsgeschw. von $H_2$ und $D_2$ an Ni bei 250°C nach einer Absolutberechnung beträgt 3.3. Bei dieser Berechnung hebt sich der Unterschied der Nullpunktsenergie im Anfangs- und Übergangszustand fast völlig gegeneinander auf, so daß daraus kein Unterschied in den Adsorptionsgeschww. resultieren sollte. Der Faktor 3.3 ergibt sich vielmehr hauptsächlich aus der Summendifferenz der Rotations- und Translatationszustände der $H_2$- und $D_2$-Molekeln, G. Okamoto, T. Horiuti, K. Hirota (*Sci. Pap. Inst. Phys. Chem. Res. Tokyo* **29** [1936] 223/51, 248).

*Kinetics of the Desorption Process*

**Kinetik des Desorptionsvorganges.** Qualitative Angaben für die einzelnen Adsorptionstypen s. auch S. 339. Bei 0°C läßt sich der adsorbierte Wasserstoff nur sehr langsam abpumpen, B. Foresti (*Gazz. Chim. Ital.* **53** [1923] 487/93). Unters. der Desorption des $H_2$ von Ni auf $SiO_2$ bei gewöhnl. Temp. an der Zunahme der Magnetisierung s. L. E. Moore, P. W. Selwood (*J. Am. Chem. Soc.* **78** [1956] 697). Über die Entgasungsgeschw. von Ni-Pulver bei verschiedenen Tempp. nach Adsorption von $H_2$ bei $-253$, $-78$ und 0°C s. A. Eucken, W. Hunsmann (*Z. Physik. Chem.* B **44** [1939] 163/84, 168). Über Änderung der Desorptionsgeschw. mit der Temp. und Verlauf des Desorptionsvorganges an einer Ni-Spitze im Feldelektronenmikroskop s. R. Wortman, R. Gomer, R. Lundy (*J. Chem. Phys.* **27** [1957] 1099/1107, 1107). — Die kinet. Unters. der Widerstandsänderung von mit Wasserstoff belegten Ni-Filmen während der Desorption ergibt gleich nach Beginn des Abpumpens eine Rk. zweiter Ordnung, die offenbar auf einer Rekombination benachbarter H-Atome beruht; ihr schließt sich eine Rk. erster Ordnung an, für die entweder der eigentliche Desorptionsprozeß oder ein Diffusionsvorgang geschwindigkeitsbestimmend ist, R. Suhrmann u. a. (*Z. Physik. Chem.* [2]

**20** [1959] 332/52, **344**), R. SUHRMANN in Diskussion zu W. M. H. SACHTLER, G. J. H. DORGELO (*Bull. Soc. Chim. Belges* **67** [1958] 465/88, 487); vgl. auch R. SUHRMANN, G. WEDLER, D. SCHLIEPHAKE (*Z. Physik. Chem.* [*Frankfurt*] [2] **12** [1957] 128/31). Bei 0°C verläuft die Desorption nach der ELOVICH-Gleichung, s. S. 323, bei —183°C gilt diese Beziehung nicht mehr, da bei dieser Temp. fast nur der molekular gebundene Wasserstoff und zwar innerhalb weniger Min. desorbiert wird, Y. MIZUSHIMA (*J. Phys. Soc. Japan* **15** [1960] 1614/31, 1618, 1620). Die erforderliche Zeit $\tau_{1/2}$, um eine vorgegebene Belegungsdichte $\Theta_0$ auf die Hälfte zu reduzieren, sollte durch die Beziehung $\tau_{1/2} = (1/\Theta_0)\cdot(h/kT)\cdot e^{Q_0/RT}$ mit $Q_0$ = Adsorptionswärme auf blanker Oberfläche bei 0°K gegeben sein, wenn die relativ ungünstige Annahme eines starren Übergangszustandes gemacht wird. Bei $\Theta = 0.01$ beträgt $\tau_{1/2}$ danach nur $5\cdot10^{-3}$ Sek., so daß in Wirklichkeit die Desorptionsgeschw. wohl durch Diffusion bestimmt wird, M. W. ROBERTS, K. W. SYKES (*Proc. Roy. Soc.* [*London*] A **242** [1957] 534/43, 540).

Die Aktivierungsenergie für die Wasserstoff-Desorption $E_d$ ist bei geringer Belegung sehr hoch. Desorption findet deshalb zunächst noch nicht statt, auch wenn abgepumpt wird, Y. MIZUSHIMA (*l. c.* S. 1627). Bei $\Theta \ll 0.1$ und sehr tiefen Tempp. wird $E_d$ aus der Änderung der Desorptionsgeschw. mit der Temp. zu $46 \pm 3$ kcal/mol $H_2$ ermittelt. Über die Änderung von $E_d$ mit der Bedeckung s. Original, R. WORTMAN, R. GOMER, R. LUNDY (*J. Chem. Phys.* **26** [1957] 1334/5, **27** [1957] 1099/1107, 1107). Hinsichtlich der $E_d$-Werte, die aus der Desorptionsgeschw. bei verschiedenen Tempp. ermittelt werden, existieren zwei ziemlich scharf voneinander getrennte Arten von Adsorptionszentren, ~14% mit $E_d$ = 9 bis 10 kcal/mol und ~70% mit $E_d$ = 18 bis 22 kcal/mol, während im Zwischengebiet offenbar nur relativ wenige Zentren vorhanden sind, A. EUCKEN, W. HUNSMANN (*l. c.* S. 181); vgl. dazu A. EUCKEN (*Naturwissenschaften* **36** [1949] 48/53, 74/81, 75), H. S. TAYLOR (*Advan. Catalysis* **1** [1948] 1/26, 19). Die ber. Desorptionswärme für annähernd blanke Oberfläche beträgt 16.2 kcal/mol $H_2$ (Werte für zunehmende Bedeckung s. Original), I. HIGUCHI, T. REE, H. EYRING (*J. Am. Chem. Soc.* **79** [1957] 1330/7, 1334). Über die Theorie der Kinetik des Desorptionsvorganges s. auch G. EHRLICH (*J. Chem. Phys.* **31** [1959] 1111/26, 1112, 1118), B. M. W. TRAPNELL (*Chemisorption, London* 1955, S. 49, 86).

Atomarer Wasserstoff. Unters. der $H_2$-Abgabe von Ni-Filmen im Temp.-Bereich von —180 bis 0°C nach Einw. von atomarem Wasserstoff s. O. I. LEYPUNSKY (*Acta Physicochim. URSS* **2** [1935] 737/60, 754, **5** [1936] 271/98, 283).

*Adsorption Equilibrium*

## Gleichgewichtsbeziehungen

*Isotherms. Films*

**Isothermen. Filme.** Die Adsorptionsisothermen von $H_2$ an einem bei 306°K gesinterten Ni-Film bei Drucken p von ~$10^{-4}$ bis $10^{-1}$ Torr zeigt **Fig. 145**. Die Meßwerte sind den Isobaren auf ihrem absteigenden Ast (vgl. S. 333) entnommen. Zwischen Filmgew. und adsorbierter $H_2$-Menge q besteht ein linearer Zusammenhang. Für $p < 8\cdot10^{-2}$ Torr ist q proportional log p, oberhalb dieses Druckes steigt q stärker an. Dieser Anstieg ist um so ausgeprägter, je höher die Sintertemp. und demnach je kleiner die Oberfläche der untersuchten Filme im Verhältnis zum Gew. ist. Dies weist darauf hin, daß bei den höheren Tempp. ein Lsg.-Vorgang eintritt, während bei den tieferen Tempp. wohl merkliche VAN DER WAALSsche Adsorption auf der chemisorbierten H-Schicht stattfindet, P. M. GUNDRY, F. C. TOMPKINS (*Trans. Faraday Soc.* **53** [1957] 218/28, 224). Weitere Angaben über Isothermen an Ni-Filmen, die auf Glas aufgedampft und unterschiedlich vorbehandelt sind:

| Herst. und Vorbehandlung der Filme | | | Charakteristiken der Isothermen | | | Lit. |
|---|---|---|---|---|---|---|
| Aufdampf-temp. in °C | Druck-Bedingungen in Torr | Sintertemp. in °C | Meßtemp. in °C | Druckbereich in Torr | Ordinaten-werte in: | |
| 23 | Inertgas*) | — | 23 | $<10^{-4}$ bis $3\cdot10^{-4}$ | Bedeckungsgrad | 1) |
| — | — | — | 21 | $10^{-5}$ bis $10^{-1}$ | Bedeckungsgrad | 2) |
| 0 | $\leqq 10^{-6}$ | —183 bis +20**) | —183, +20 | $<10^{-6}$ bis 200 | Anzahl Molekeln***) | 3) |
| 5, 7, 10 | Hg-Pumpe | ungesintert | gewöhnl. Temp. | $<0.02$ bis 0.16 | Anzahl Molekeln/0.1 g Ni | 4) |
| —183 | $<10^{-9}$ | 100 | —196, —183, 0, 19 | $10^{-5}$ bis $10^{-2}$ | Anzahl Molekeln/cm² | 5) |
| 20 | 2 bis $5\cdot10^{-7}$ | ungesintert | —183 | $<4$ bis ~$15\cdot10^{-4}$ | Anzahl Molekeln/11.0 g Ni | 6) |

*) Ar oder $N_2$ unter reduziertem Druck. — **) Wiederholtes Abkühlen und Erwärmen zwischen den Grenztempp. der Versuche. — ***) Vom Film insgesamt adsorbierte Molekeln; die verwendeten Filme haben stets das gleiche Gewicht.

1) O. Beeck, A. E. Smith, A. Wheeler (*Proc. Roy. Soc.* [*London*] A **177** [1941] 62/90, 78). — 2) M. Wahba, C. Kemball (*Trans. Faraday Soc.* **49** [1953] 1351/60, 1353). — 3) M. McD. Baker, G. I. Jenkins, E. K. Rideal (*Trans. Faraday Soc.* **51** [1955] 1592/6). — 4) D. F. Klemperer, F. S. Stone (*Proc. Roy. Soc.* [*London*] A **248** [1958] 375/99, 386). — 5) R. Suhrmann, Y. Mizushima, A. Hermann, G. Wedler (*Z. Physik. Chem.* [*Frankfurt*] [2] **20** [1959] 332/52, 339, 349). — 6) J. R. Anderson, B. G. Baker (*J. Phys. Chem.* **66** [1962] 482/9, 484). Übereinstimmend mit den obigen Angaben wird eine direkte Proportionalität zwischen adsorbierter Menge und Filmgew. bzw. Filmdicke gefunden von O. Beeck u. a. (*l. c.* S. 70, 78), D. F. Klemperer, F. S. Stone (*l. c.* S. 391), K. C. Campbell,

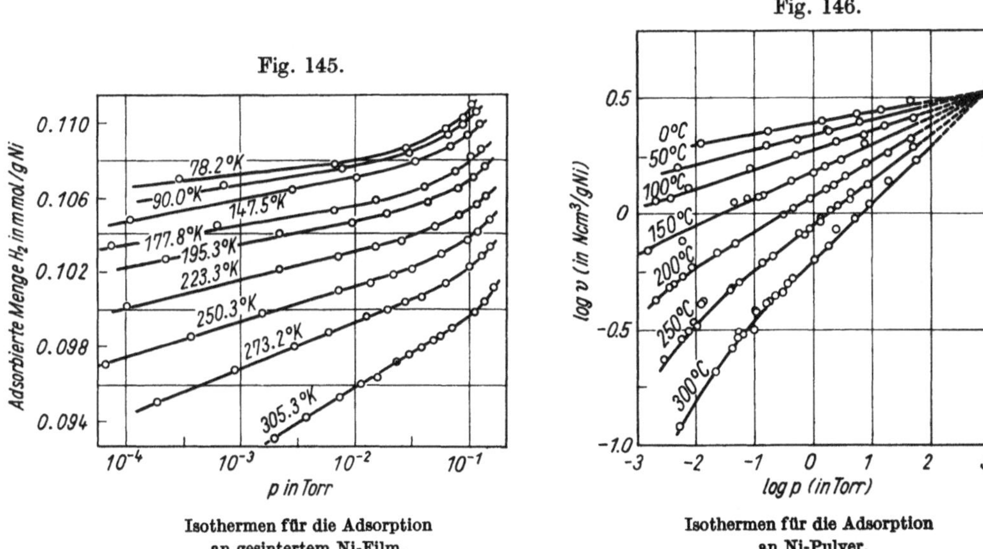


Isothermen für die Adsorption an gesintertem Ni-Film.

Isothermen für die Adsorption an Ni-Pulver.

S. J. Thomson (*Trans. Faraday Soc.* **55** [1959] 306/14, 307). Die diese Abhängigkeit wiedergebende Gerade geht bei —195°C nicht durch den Koordinatenursprung. Die Neigung der Geraden ändert sich mit der Kondensationstemp. $t_k$ des Films. Ein Max. tritt bei $t_k$ = —103 bis —73°C auf, V. Ponec, Z. Knor (*Actes Congr. Intern. Catalyse 2ᵉ, Paris* 1960 [1961], *Bd.* I, S. 195/211, 198), Z. Knor, V. Ponec (*Collection Czechoslov. Chem. Communs.* [dtsch.] **26** [1961] 37/51, 43). Angaben über den Einfluß der Vorbehandlung der Filme auf das Adsorptionsvermögen s. auch bei O. Beeck u. a. (*l. c.* S. 63, 73), O. Beeck, A. W. Ritchie (*Discuss. Faraday Soc.* Nr. 8 [1950] 159/66, 159), D. F. Klemperer, F. S. Stone (*l. c.* S. 392). Über Isothermen der reversiblen molekularen Chemisorption von $H_2$ auf Ni s. S. 352.

Über die Adsorption von atomarem Wasserstoff auf Ni-Filmen s. O. I. Leypunsky (*Acta Physicochimica URSS* **2** [1935] 737/60, 753, **5** [1936] 271/98, 281; *J. Phys. Chem. URSS* 8 [1936] 438/57 nach *C. A.* **1937** 1272).

**Ni-Pulver.** An einem durch 2wöchige Red. des Oxids (dargestellt durch 24 std. Glühen von bas. Ni-Carbonat an der Luft) bei 350°C in $H_2$-Atm. von 200 bis 300 Torr erhaltenem Ni-Präp. im Temp.-Bereich von 0 bis 300°C gem. Isothermen sind in **Fig. 146** in log v—log p-Aufzeichnung (v = adsorbiertes Gasvol.) wiedergegeben. Der extrapolierte Schnittpunkt der Isothermen liegt bei ~3.4 N $cm^3$/g Ni, entsprechend einem Gleichgew.-Druck von $10^3$ Torr und einer Belegung von $1.2 \times 10^{15}$ Atomen/$cm^2$ (bezogen auf B. E. T. -Oberfläche[1])), d. h. bei annähernd vollständiger Oberflächenbedeckung mit einer Monoschicht, T. Kinuyama, T. Kwan (*J. Res. Inst. Catalysis, Hokkaido Univ.* **4** [1957] 199/205). Angaben zu weiteren Isothermen an verschiedenen Ni-Proben aus Oxid: *Ni Powder*

[1]) Nach dem Verf. von Brunauer-Emmett-Teller ausgewertet.

| Red.-Behandlung | Bemerkungen | Meßtemp. in °C | Druckbereich in Torr | Angaben in: | Lit. |
|---|---|---|---|---|---|
| Bei 300 °C | Nicht vollständig reduziert | 25, 80.5, 184, 218, 305 | < 100 bis 700 | $Ncm^3$ je 15 g Ni | 1) |
| 30 Std. bei 340 bis 350°C | Nicht vollständig reduziert | −185, 19, 336 | ∼50 bis 700 | $Ncm^3$ je 5 g Ni | 2) |
| 96 Std. bei 320 bis 340°C | — | 21 | < 100 bis 760 | $cm^3$ | 3) |
| Jeweils 24 Std. bei 200, 250 und 300°C | NiO bei 400°C aus $Ni(NO_3)_2$. O war nicht völlig entfernt | −209, −191.5, −183, −78.5, −35, 0, 56.5, 110 | < 100 bis 760 | $Ncm^3$ je 23 g Ni | 4) |
| Bis 234 Std. bei 300 bis 320°C | Nicht vollständig reduziert | 15, 123, 210, 300 | ∼1 bis 800 | $Ncm^3$ je 17 oder 13 g Ni | 5) |
| 24 Std. bei 300°C, dann 10 Std. bei 400°C (∼5.5 g NiO) | — | 50, 100, 150, 200, 300 | <0.1 bis 130 | $cm^3$ je 5.41 g NiO als Ausgangsmaterial | 6) |
| 24 Std. bei 300°C, dann 10 Std. bei 400°C (∼5.5 g NiO) | — | −183.5, −112, −78.5, −45.2 | <0.1 bis 750 | $cm^3$ je 5.6 g NiO als Ausgangsmaterial | 7) |
| 10 Tage in $H_2$ von mehreren 100 Torr bei 350°C (0.5 g NiO) | NiO aus bas. Carbonat bei 500°C | 100, 120, 220, 280, 300 | $10^{-3}$ bis 1 | $cm^3$ bzw. Bedeckungsgrad | 8) |
| Bei 280°C | NiO aus Nitrat bei ∼500°C an Luft; spezif. Oberfläche 1.60 $m^2/g$ | 235, 266 | 0.01 bis 0.25 | Bedeckungsgrad | 9) |
| — | — | −193, −79 | < 100 bis∼700 | $Ncm^3/g$ Ni | 10) |
| 3 Wochen bei 200°C | NiO aus Nitrat. Red. nach 2 Wochen vollständig | 100, 120 | $\sim 10^{-4}$ bis $10^{-1}$ | $Ncm^3/g$ Ni | 11) |
| Bei 450°C in $H_2$ von 1 atm | Angaben über Änderung der Adsorption mit Red.-Grad | −183, 175, 245, 305 | $< 10^{-3}$ bis $10^{-1}$ | $mm^3/g$ Ni | 12) |
| Bis 12 Std. bei 450°C | Angaben über Änderung der Adsorption mit Red.-Grad | −183, 20 | $< 10^{-5}$ bis $10^{-1}$ | $mm^3/g$ Ni | 13) |
| Bei 400°C | NiO aus Hydroxid bei 400°C im Luftstrom | 260, 280, 290 | ∼11 bis 750 | $cm^3/g$ Ni | 14) |

1) A. W. Gauger, H. S. Taylor (*J. Am. Soc.* **45** [1923] 920/8, 924). — 2) N. Nikitin (*Z. Anorg. Allgem. Chem.* **154** [1926] 130/43, 137; *Zh. Russ. Fiz. Khim. Obshchestva* **58** [1926] 1081/94). — 3) B. Foresti (*Gazz. Chim. Ital.* **59** [1929] 243/58, 250). — 4) A. F. Benton, T. A. White (*J. Am. Chem. Soc.* **52** [1930] 2325/36, 2329). — 5) J. Smittenberg (*Rec. Trav. Chim.* **52** [1933] 112/22, 118, 339/51, 341). — 6) S.-I. Iijima (*Sci. Papers Inst. Physic. Chem. Res.* [*Tokyo*] **22** [1933] 285/300, 295). — 7) S.-I. Iijima (*Sci. Papers Inst. Phys. Chem. Res.* [*Tokyo*] **23** [1933/34] 34/43, 35). — 8) T. Kwan (*J. Res. Inst. Catalysis, Hokkaido Univ.* **1** [1949] 81/94, 87, 90). — 9) A. Eucken (*Z. Elektrochem.* **53** [1949] 285/90). — 10) J. M. Dallavalle, C. Orr, H. G. Blocker (PB-124027 [1953] 1/19, 4, 16, *N.S.A.* 8 [1954] Nr. 6657). — 11) T. Takeuchi, M. Sakaguchi (*Bull. Chem. Soc. Japan* **30** [1957] 182/6). — 12) M. W. Roberts, K. W. Sykes (*Trans. Faraday Soc.* **54** [1958] 548/56, 551). — 13) M. W.

ROBERTS, K. W. SYKES (*Proc. Roy. Soc.* [*London*] A **242** [1957] 534/43, 537). — 14) P. TETENYI, J. KIRALY, L. BABERNICS (*Acta Chim. Acad. Sci. Hung.* [engl.] **29** [1961] 35/45, 40). Isothermen für den 1. Teilprozeß der Adsorption für den Temp.-Bereich von —112 bis —78°C s. S.-I. IIJIMA (*Rev. Physic. Chem. Japan* **12** [1938] 1/14, 12; *Bull. Inst. Phys. Chem. Research* [*Tokyo*] **17** [1938] 286/98, 298).

Bei —191 und —183°C werden diskontinuierlich verlaufende Isothermen erhalten, A. F. BENTON, T. A. WHITE (*J. Am. Chem. Soc.* **52** [1930] 2325/36, 2329, **53** [1931] 3301/14, 3303). Ein zickzackförmiger Verlauf ist auf zu rasches Zuströmen des Gases zurückzuführen, wodurch die Temp. des Metalls vorübergehend erhöht wird. Der bei der erhöhten Temp. aktiviert gebundene Wasserstoff bleibt nach Absinken der Temp. gebunden. Die Erscheinung tritt bei langsamem Zuströmen des $H_2$ nicht auf, S.-I. IIJIMA (*Sci. Papers Inst. Phys. Chem. Res.* [*Tokyo*] **23** [1933/34] 34/43, 41). Die bei 19°C von N. NIKITIN (*l. c.*) beob. Unabhängigkeit der Adsorption vom Druck, aus der dieser auf die Bldg. eines Hydrids schließt, trifft erst für höhere Drucke zu. Die Isotherme bei 19°C unterscheidet sich nicht charakteristisch von denen bei anderen Tempp., so daß die Schlußfolgerung auf Hydridbldg. hinfällig wird, S.-I. IIJIMA (*l. c.*). — Über den Einfluß der Red.-Temp. auf die adsorbierte $H_2$-Menge s. S.-I. IIJIMA (*Rev. Phys. Chem. Japan* **14** [1940] 128/36, 130), J. SMITTENBERG (*Rec. Trav. Chim.* **52** [1933] 112/22, 339/51, 345), H. S. TAYLOR, R. M. BURNS (*J. Am. Chem. Soc.* **43** [1921] 1273/87, 1278), B. FORESTI (*Gazz. Chim. Ital.* **55** [1925] 185/201, 189, 198). Durch sehr lange Red.-Dauer lassen sich aus NiO bei 450°C Pulverpräpp. erhalten, die sich zwar bezüglich der Adsorptionskinetik ähnlich wie auf Glas im Hochvak. aufgedampfte Filme verhalten, deren Oberfläche aber nur bestenfalls zu 88% aus Ni-Atomen besteht. Der Rest der Oberfläche dürfte von $SiO_2$-Verunreinigungen eingenommen werden. Eine Verbesserung der Oberflächenreinheit läßt sich weder durch Red. bei 600°C, welche starke Sinterung verursacht, noch durch abwechselnde Ox. und Red. bei 450°C erreichen, M. W. ROBERTS, K. W. SYKES (*Proc. Roy. Soc.* [*London*] **242** [1957] 534/43, 536; *Trans. Faraday Soc.* **54** [1958] 548/56); vgl. auch J. SMITTENBERG (*l. c.*). Die starke Abnahme des Adsorptionsvermögens der Präpp. bei Herst.-Tempp. oberhalb 300°C kann nicht auf Sinterung zurückgeführt werden, da die Oberflächengröße bis 400°C hinauf konstant bleibt. Es wird angenommen, daß bei der Red. unterhalb ~300°C sich in den der Oberfläche naheliegenden Schichten eine metastabile hexagonale Ni-Modifikation mit erhöhter Affinität zu Wasserstoff bildet. Diese kann in einem speziellen Präp. durch Elektronenbeugungsaufnahmen nachgewiesen werden, A. EUCKEN (*Naturwissenschaften* **36** [1949] 48/53, 74/81, 81), s. auch S. 356. Eine wichtige Rolle bei Adsorptionsverss. an Ni spielt nicht nur die Temp. und Dauer der Red., sondern auch die Entgasungstemp. vor den Verss., und zwar beeinflußt diese nicht nur die bei bestimmtem Druck adsorbierte Gasmenge, sondern auch den Verlauf der Isothermen, B. FORESTI (*Gazz. Chim. Ital.* **59** [1929] 243/58, 256).

Fig. 147.

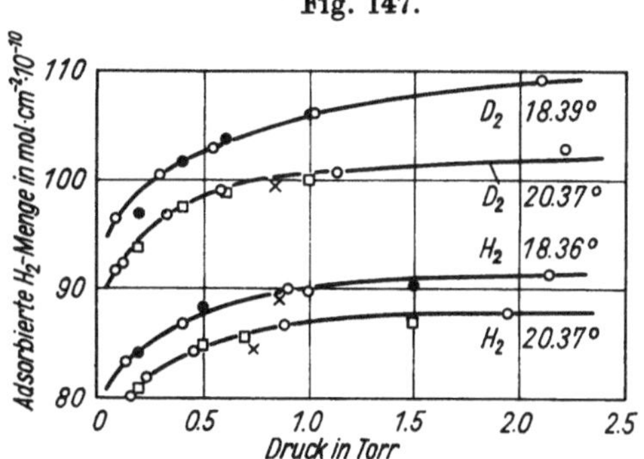


Adsorption von $H_2$ und $D_2$ an aktivierten Ni-Folien bei tiefen Tempp. (in° K).

**Folien. Drähte.** Adsorption von $H_2$ und $D_2$ an Ni-Plättchen von 0.02 mm Stärke, die wiederholt bei ~ 350°C 48 Std. mit $H_2$ behandelt und ebenso lange bei gleicher Temp. im Diffusionspumpenvak. gehalten wurden, s. **Fig. 147**, für ~18.4 bzw. 20.37°K (Kurven für 60.10, 64.09 und 68.70°K s. Original), A. VAN ITTERBEEK, J. BORGHS (*Z. Physik. Chem.* B **50** [1942] 128/42, 133). **Fig. 148**, S. 330, gibt im Temp.-Bereich von 260 bis 400°C an Ni-Folien von 0.01 mm Dicke bestimmte Isothermen für die Adsorption von $H_2$ wieder. Das Metall ist vorher, wie folgt, aktiviert: 2tägiges Erhitzen im Vak., dann 24std. Behandlung mit $H_2$ bei 300°C und 2std. Evakuieren im erhitzten Zustand; mehrmalige Wiederholung der Gesamtoperation. Die Form der Kurven zeigt, daß Oberflächensättigung in dem untersuchten Druckbereich nicht erreicht wird, A. VAN ITTERBEEK, P. MARIENS, I. VERPOORTEN (*Mededel. Koninkl. Vlaam. Acad. Wetenschap., Belg.* **8** Nr. **1** [1946] 8/24, 12). Isothermen an Ni-Folien gleicher Stärke für Tempp. von 20 bis 450°C bei Drucken von ~$10^{-2}$ bis 2 Torr s. W. VAN DINGENEN (*Verhandel. Koninkl. Vlaam. Acad. Wetenschap., Belg., Kl. Wetenschap.* **4** Nr. 4 [1942] 5/59, 30). An Ni-Plättchen von 0.03 mm Stärke im Druckbereich von < 1 bis 4 Torr und Temp.-Bereich von 250 bis 460°C ermittelte Isothermen s. A. VAN ITTERBEEK, P. MARIENS, O. VAN PAEMEL (*Ann. Physique* [11] 18 [1943] 135/44, *Foiles. Wires*

140, 141). Vorstehende Beobachtungen, nach denen die adsorbierte Menge bei höheren Tempp. mit steigender Temp. zunimmt, werden durch neuere Unterss. an Ni-Draht nicht bestätigt; siehe die Sorptionsisothermen zwischen 190 und 369°C sowie Gleichgew.-Konstt. der Sorption zwischen 150 und 800°C bei A. MATSUDA (*J. Res. Inst. Catalysis, Hokkaido Univ.* **5** [1957] 71/86, 75).

Deuterium. Die physikal. Adsorption von $D_2$ ist bei 18.39 und 20.37°K (vgl. Fig. 147, S. 329) um ~15%, bei 60 bis 69°K (Isothermen s. Original) nur noch um ~10% größer als für $H_2$, während durch aktivierte Adsorption bei gewöhnl. Temp. von $H_2$ größere Mengen gebunden werden als von $D_2$, A. VAN ITTERBEEK, J. BORGHS (*l. c.*). An 0.03 mm dicken, durch Erhitzen bei 350°C in $D_2$ akti-

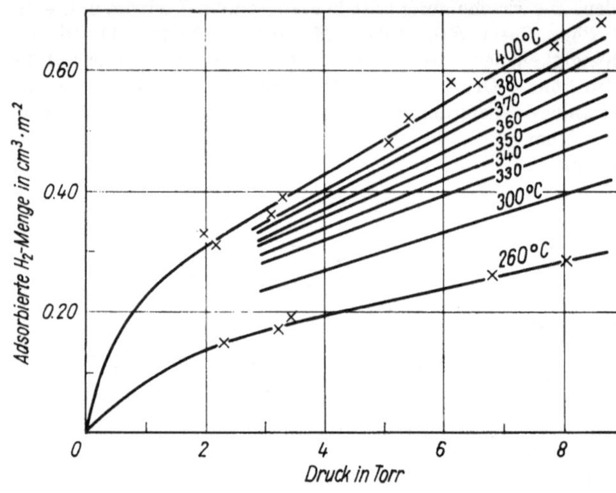


**Fig. 148.**

**Adsorption von $H_2$ an aktivierten Ni-Folien bei hohen Tempp.**

vierten Ni-Folien im Temp.-Bereich von 302 bis 469°C gem. Isothermen sind in **Fig. 149** wiedergegeben (weitere Isothermen für 356, 389, 441 und 529°C s. Original), A. VAN ITTERBEEK, P. MARIENS, O. VAN PAEMEL (*l. c.* S. 141, 142).

*Ni on Carriers*

**Ni auf Trägern.** Adsorptionsmessungen an auf Trägern (wie $SiO_2$ in verschiedenen Formen) aufgebrachtem Ni werden gewöhnlich nur im Zusammenhang mit einer Unters. der katalysierenden Wrkg. des Metalls auf Hydrierungsrkk. durchgeführt. Solche Ni-Präpp. werden für Unterss. dieser Art oft einfachen Präpp. aus reduziertem NiO vorgezogen, da höhere Red.-Tempp. angewendet werden können, wodurch ein höherer Red.-Grad erreicht wird, ohne daß die Oberfläche des Ni durch Sinterungserscheinungen merklich verringert wird. Außerdem wirkt das Trägermaterial selbst im Verlaufe des Darst.-Prozesses oberflächenvergrößernd. — Es zeigt sich jedoch, daß die Trägersubst. über den erwähnten Effekt der Oberflächenvergrößerung hinaus die Adsorptionseigg. des Metalls verändern kann, H. S. TAYLOR, R. M. BURNS (*J. Am. Chem. Soc.* **43** [1921] 1273/87, 1276); vgl. auch D. A. DOWDEN in Diskussion zu G. C. A. SCHUIT, N. H. DE BOER, G. J. H. DORGELO, L. L. VAN REIJEN (in: W. E. GARNER, *Chemisorption, London* 1957, S. 39/50, 53/55), D. D. ELEY in Diskussion zu G. C. A. SCHUIT u. a. (*l. c.*).

Fig. 149.

**Adsorption von $D_2$ an aktivierten Ni-Folien bei hohen Tempp.**

Vollständige Wiedergabe der Lit. ist hier nicht möglich; Angaben über Isothermen bei gewöhnl. Temp. und Drucken bis ~80 atm s. beispielsweise L. VASKA, P. W. SELWOOD (*J. Am. Chem. Soc.* **80** [1958] 1331/5), P. W. SELWOOD (*J. Am. Chem. Soc.* **79** [1957] 3346/51), G. MARTIN, R. GIBERT (*Compt. Rend.* **256** [1963] 4889/90), bei −78.5 und 0°C, C. W. GRIFFIN (*J. Am. Chem. Soc.* **61** [1939] 270/3), bei 0 bis 300°C und Drucken bis 30 at, W. A. DOERNER (*Diss. Univ. Michigan* 1952 nach *Diss. Abstr.* **13** [1953] 360), bei 210°C und Drucken von 0.2 bis 656.4 Torr, M. PRETTRE, O. GOEPFERT (*Compt.

*Rend.* **225** [1947] 737/8). Adsorptionsisothermen für Ni auf $SiO_2$-$Al_2O_3$ für Tempp. zwischen 0 und 400°C und Drucke bis ~800 Torr s. J. E. BENSON, T. KWAN (*J. Phys. Chem.* **60** [1956] 1601/5). — Über Adsorption von $H_2$ an Ni auf ZnO s. D. V. SOKOL'SKII, N. M. POPOVA (*Tr. Inst. Khim. Nauk, Akad. Nauk Kaz. SSSR* **5** [1959] 15/19 nach *C.A.* **1961** 6107).

*Effect of Pretreatment and Impurities*

**Einfluß von Vorbehandlung und Verunreinigungen.** Angaben über die Abhängigkeit des Adsorptionsvermögens von der Vorbehandlung s. unter den einzelnen Präp.-Formen S. 326, 327, 329, 330; vgl. auch S.-I. IIJIMA (*Sci. Pap. Inst. Physic. Chem. Res.* **23** [1934] 164/72, 165), B. FORESTI (*Gazz. Chim. Ital.* **53** [1923] 487/93, 492). — Über die Beeinflussung der $H_2$-Adsorption durch Vorbelegung mit CO s. A. F. BENTON, T. A. WHITE (*J. Am. Chem. Soc.* **53** [1931] 3301/14, 3303, 3313), T. A. WHITE, A. F. BENTON (*J. Phys. Chem.* **35** [1931] 1784/9), O. BEECK (*Discussions Faraday Soc.* Nr. 8 [1950] 194; *Advan. Catalysis* **2** [1950] 151/95, 181), O. BEECK, A. E. SMITH, A. WHEELER (*Proc. Roy. Soc.* [*London*] A **177** [1941] 62/90, 80), durch Vorbelegung mit $O_2$ s. O. BEECK (*Advan. Catalysis* **2** [1950] 151/95, 181/2), O. BEECK u. a. (*l. c.*), V. PONEC, Z. KNOR (*Collection Czechoslov. Chem. Communs.* [dtsch.] **26** [1961] 29/36, 31).

*Adsorption Equations*

**Adsorptionsgleichungen.** Die an Ni-Pulver im Temp.-Bereich von 0 bis 300°C erhaltenen Isothermen lassen sich bei Drucken <200 Torr durch die FREUNDLICHsche Gleichung wiedergeben. Bei tiefen Tempp. (—45.2 bis —183.5°C) bestehen die Kurvenzüge in der log-log-Aufzeichnung aus zwei Geraden (entsprechend zwei verschiedenen Adsorptionsarten), die beide für sich bei entsprechender Wahl der Konstt. ebenfalls nach dieser Gleichung darstellbar sind, S.-I. IIJIMA (*Sci. Papers Inst. Phys. Chem. Res.* [*Tokyo*] **22** [1933] 285/300, 295, **23** [1933/34] 34/43, 38); vgl. auch B. FORESTI (*Gazz. Chim. Ital.* **59** [1929] 243/58, 250). Die 300°-Isotherme (Ni-Pulver) läßt sich zwischen 760 und 5 Torr durch die Beziehung von FREUNDLICH und die von A. M. WILLIAMS (*Proc. Roy. Soc.* [*London*] A **96** [1919] 287/311, 287), bei tieferen Drucken besser durch letztere beschreiben, während eine formelmäßige Erfassung der Isothermen bei 15, 123 und 210°C nicht gelingt, J. SMITTENBERG (*Rec. Trav. Chim.* **52** [1933] 112/22, 339/51, 349). Die Vers.-Ergebnisse an Ni-Pulver im Temp.-Bereich von 100 bis 300°C werden nur in einigen Fällen durch die FREUNDLICHsche Gleichung richtig wiedergegeben. Die adsorbierte Menge ist bei niedrigen Drucken in jedem Falle $p^{1/2}$ proportional; der Exponent von p nimmt bei steigendem Druck immer mehr ab. Im $\Theta$–$\sqrt{p}$-Diagramm schneidet der lineare Kurventeil die Ordinate aber nicht bei $\Theta = 0$, sondern bei $\Theta = 0.01$, was auf nicht völlige Entfernung des Wasserstoffs nach 3std. Evakuieren bei 350°C vor dem Vers. zurückgeführt wird, T. KWAN (*J. Res. Inst. Catalysis, Hokkaido Univ.* **1** [1949] 81/94, 88, 90). Später wird dagegen festgestellt, daß der Isothermenverlauf in diesem Temp.-Bereich nur bei höherem Bedeckungsgrad der FREUNDLICHschen Formel entspricht, während er sich bei niedriger Oberflächenbedeckung besser durch die LANGMUIRsche Gleichung für Adsorption unter gleichzeitiger Dissoz. beschreiben läßt. Die Vers.-Ergebnisse an 2 Ni-Präpp. (I: 1g NiO bei 350°C 2 Wochen in $H_2$ vo 200 bis 300 Torr reduziert; II: 76.6g NiO ~5 Wochen bei 350°C im $H_2$-Strom reduziert) können für den größten Tl. der Oberflächenbedeckung durch die der FREUNDLICHschen Formel ähnliche Beziehung $\ln \Theta = (1/n) \ln p/p_s$ wiedergegeben werden (Bedeckungsgrad $\Theta = 1$ bei Sättigung, $p_s$ = Sättigungsdruck in Torr), wenn für n folgende Werte eingesetzt werden:

| Temp. in °C | 0° | 50° | 100° | 150° | 200° | 250° | 300° |
|---|---|---|---|---|---|---|---|
| Ni I | 21.6 | 16.2 | 12.2 | 7.90 | 6.50 | 5.00 | 4.20 |
| Ni II | — | — | 11.0 | 8.64 | 6.92 | 6.25 | 4.82 |

T. KINUYAMA, T. KWAN (*J. Res. Inst. Catalysis, Hokkaido Univ.* **4** [1957] 199/205); vgl. auch P. M. GUNDRY, F. C. TOMPKINS (*Trans. Faraday Soc.* **53** [1957] 218/28, 224), J. E. BENSON, T. KWAN (*J. Phys. Chem.* **60** [1956] 1601/5), P. TETENYI, J. KIRALY, L. BABERNICS (*Acta Chim. Acad. Sci. Hung.* [engl.] **29** [1961] 35/45, 40). Proportionalität zwischen adsorbierter Menge q und $\sqrt{p}$ (s. oben) beobachtet schon O. SCHMIDT (*Z. Physik. Chem.* **118** [1925] 193/239, 230), vgl. aber B. FORESTI (*Gazz. Chim. Ital.* **59** [1929] 243/58). Nach Unterss. an Ni-Filmen ist die adsorbierte $H_2$-Menge q bei gewöhnl. Temp. bis $p \sim 5 \cdot 10^{-3}$ Torr proportional $\sqrt{p}$, während bei höheren Drucken q proportional p wird und schließlich Sättigung eintritt. Bei —183°C besteht für $p = 10^{-3}$ bis $10^{-2}$ Torr Linearität zwischen q und p, bei noch kleineren Drucken ist q weder p noch $\sqrt{p}$, proportional. Eine Sättigung tritt in diesem Falle bei höheren Drucken nicht ein, da sich offenbar leicht eine mehrmolekulare Belegung bildet, wie auch aus der Gleichheit von Adsorptionswärme und Verdampfungswärme bei hohem Druck hervorgeht, R. SUHRMANN, Y. MIZUSHIMA, A. HERMANN, G. WEDLER (*Z. Physik. Chem.* [*Frankfurt*] [2] **20** [1959] 332/52, 339, 349). Auch bei Ni-Draht wird bei Drucken bis $\sim 2 \cdot 10^{-3}$ Torr und Tempp. zwischen 150 und 830°C sowohl für die Adsorption als auch für die Absorption (Tempp.

>250°C) Proportionalität zwischen sorbierter Menge $H_2$ und $\sqrt{p}$ festgestellt, A. MATSUDA (*J. Research Inst. Catalysis, Hokkaido Univ.* **5** [1957] 71/86, 76); vgl. auch W. VAN DINGENEN (*Verhandel. Koninkl. Vlaam. Acad. Wetenschap., Belg., Kl. Wetenschap.* **4** Nr. 4 [1942] 5/59, 31). Keine Übereinstimmung des Isothermenverlaufs bei 100 und 120°C mit der FREUNDLICHschen Formel wird entgegen den obigen Angaben für durch Red. bei 200°C erhaltenes Ni-Pulver von T. TAKEUCHI, M. SAKAGUCHI (*Bull. Chem. Soc. Japan* **30** [1957] 182/6) gefunden.

Eine Reihe von Autoren stellt fest, daß ihre Vers.-Ergebnisse sich gut durch die LANGMUIRsche Gleichung beschreiben lassen. So wird bereits von O. I. LEYPUNSKY (*Acta Physicochim. URSS* **2** [1935] 737/60, 746) angemerkt, daß die Isothermen (Ni-Pulver) im Temp.-Bereich von —183 bis +100°C am besten durch diese Gleichung wiedergegeben werden; vgl. auch O. I. LEYPUNSKY (*Acta Physicochim. URSS* **10** [1939] 529/38; *J. Phys. Chem. USSR* **13** [1939] 1058/63). Die Beobachtung wird durch Unterss. an Ni-Filmen bestätigt von O. BEECK, A. E. SMITH, A. WHEELER (*Proc. Roy. Soc.* [*London*] A **177** [1941] 62/90, 78), bei Ni auf Kieselgur, Temppp. von 0 bis 300°C und Drucken >1 at von W. A. DOERNER (*Diss. Univ. Michigan* 1952 nach *Diss. Abstr.* **13** [1953] 360), L. VASKA, P. W. SELWOOD (*J. Am. Chem. Soc.* **80** [1958] 1331/5).

Die Adsorption von $H_2$ an auf Kieselgur aufgebrachtem Ni im Temp.-Bereich um 200°C läßt sich durch die Summe der LANGMUIR-Isothermen für 3 Bezirke, denen verschiedene Sättigungsvol. und verschiedene Konstt. zukommen, beschreiben, an denen der Adsorptionsvorgang zu gleicher Zeit vor sich geht. Die für jeden Bezirk charakterist. Konst. b ist mit der entsprechenden Adsorptionswärme $Q_d$ durch die Beziehung $b = k \cdot \exp(Q_d/RT)$ verknüpft, M. PRETTRE, O. GOEPFERT (*Compt. Rend.* **225** [1947] 681/2, 737/8). Die Isothermen des reversiblen, molekularen Anteils der Chemisorption (s. dazu S. 352) bei —78 bis +100°C lassen sich bei höheren Drucken durch die LANGMUIRsche Beziehung ebenfalls gut wiedergeben. Nur der Anfangsteil weicht etwas ab und ist besser durch eine von A. SCHLYGIN, A. FRUMKIN (*Acta Physicochim. URSS* **3** [1935] 791/818, 811) aufgestellte logarithm. Beziehung beschreibbar, N. N. KAVTARADZE (*Poverkhn. Khim. Soedin. i ikh Rol v Yavleniyakh Adsorbtsii, Sb. Tr. Konf. po Adsorbtsii* 1957, S. 73/8; AEC-tr-3750 [1957] 76/81; *Dokl. Akad. Nauk SSSR* **114** [1957] 822/5; *Zh. Fiz. Khim.* **32** [1958] 1055/8). Die auf Grund der LANGMUIRschen Theorie für atomare Adsorption entwickelte Beziehung $\Theta = p^{1/2}/\{p^{1/2} + \exp[{}^1/_2 R(Q_d(\Theta)/T + \Delta S)]\}$ soll die Abhängigkeit der Adsorption von Druck und Temp. im Bereich von 50 bis 250°C gut wiedergeben; hierin ist $Q_d(\Theta) = 21.2 - 18.0\,\Theta$ kcal/mol und $\Delta S$ die Entropiedifferenz zwischen gasf. molekularem und adsorbiertem atomarem Wasserstoff, E. WICKE (*Discussions Faraday Soc.* Nr. 8 [1950] 191/211, 199). — Ausgewählte Angaben für Sättigungsdrucke bei verschiedenen Temppp. (die entsprechenden adsorbierten $H_2$-Mengen werden oft als Bezugseinheit für den Bedeckungsgrad verwendet): $2 \cdot 10^{-2}$ Torr bei —195°C, N. N. KAVTARADZE (*Proc. Acad. Sci. USSR, Phys. Chem. Sect.* **114** [1957] 359/62), $>10^{-4}$ bzw. $10^{-1}$ Torr bei —183°C, J. R. ANDERSON, B. G. BAKER (*J. Phys. Chem.* **66** [1962] 482/9, 484) bzw. M. W. ROBERTS, K. W. SYKES (*Trans. Faraday Soc.* **54** [1958] 548/56, 552), 600 Torr bei —110 bis 0°C, A. F. BENTON, T. A. WHITE (*J. Am. Chem. Soc.* **52** [1930] 2325/36, 2334), $10^{-2}$ bis $2 \cdot 10^{-2}$ Torr bei —195 bis +27°C, V. PONEC, Z. KNOR (*Collection Czech. Chem. Commun.* **25** [1960] 2913/5), 0.1 Torr bei 21°C für Ni-Filme, M. WAHBA, C. KEMBALL (*Trans. Faraday Soc.* **49** [1953] 1351/60, 1354), dagegen erst ~100 atm für Ni auf Kieselgur, L. VASKA, P. W. SELWOOD (*J. Am. Chem. Soc.* **80** [1958] 1331/5), $> {}^1/_3$ atm bzw. >100 Torr bei 25 bis 218°C, H. S. TAYLOR, R. M. BURNS (*J. Am. Chem. Soc.* **43** [1921] 1273/87, 1279) bzw. A. W. GAUGER, H. S. TAYLOR (*J. Am. Chem. Soc.* **45** [1923] 920/8, 926).

Bei sehr tiefen Temppp. (ab ~—180 bis —200°C) tritt offenbar Mehrschichtenbldg. des molekularen $H_2$ auf dem Ni ein, wie sie der Theorie von BRUNAUER, EMMETT, TELLER entspricht, A. VAN ITTERBEEK, J. BORGHS (*Z. Physik. Chem.* B **50** [1942] 128/42, 133), R. SUHRMANN, Y. MIZUSHIMA, A. HERMANN, G. WEDLER (*Z. Physik. Chem.* [*Frankfurt*] [2] **20** [1959] 332/52, 350), vgl. auch A. F. BENTON, T. A. WHITE (*J. Am. Chem. Soc.* **52** [1930] 2325/36, 2334).

Die Gleichung $(\Theta/1-\Theta)^2 = p \cdot 10^{0.5} \cdot T^{-3.5} \cdot e^{(Q_d^\circ - \alpha\Theta)/RT}$, worin p den Gleichgew.-Druck in Torr, $Q_d^\circ$ die Adsorptionswärme bei 0°K auf blanker Oberfläche und $\alpha$ eine Konst. darstellen, soll den Verlauf der Hochtemp.-Isothermen gut wiedergeben, M. W. ROBERTS, K. W. SYKES (*Proc. Roy. Soc.* [*London*] A **242** [1957] 534/43, 540). Aus Adsorptionsmessungen an Ni auf Trägern aus $SiO_2$ ergibt sich für den Zusammenhang zwischen $\Theta$, p, T und der Adsorptionswärme die für den Temp.-Bereich 195 bis 673°K und den Druckbereich 0.1 bis 100 Torr gültige Beziehung

$$R\,T \ln p + T\left[\frac{G_T^\circ - H_0^\circ}{T}\right] - 2\,R\,T \ln \frac{\Theta_H}{1-\Theta_H} = -Q_d(\Theta) = -24000 + 14400\,\Theta_H \text{ cal/mol}$$

mit p in atm, $(G_T^\circ - H_0^\circ)/T$ = Freie Energie-Funktion von gasf. Wasserstoff und $\Theta$ = Bedeckungsgrad, wenn vollständige Bedeckung bei 195°K und 1 atm angenommen wird, G. C. A. SCHUIT, N. H. DE BOER (*Rec. Trav. Chim.* **72** [1953] 909/30, 917), G. C. A. SCHUIT, N. H. DE BOER, G. J. H. DORGELO, L. L. VAN REIJEN (in: W. E. GARNER, *Chemisorption, London* 1957, S. 39/50, 40).

Berechnung der Adsorptionsisothermen für das System Ni–$H_2$ aus der $\Theta$-Abhängigkeit der isosteren differentiellen Adsorptionswärme s. S. UMEDA, S. TERANISHI, K. TARAMA (*Bull. Inst. Chem. Res., Kyoto Univ.* **32** [1954] 109/25). Statistisch-mechan. Ableitung der Isothermen der Adsorption von H auf Ni auf der Grundlage eines homogenen Oberflächenmodells unter Berücksichtigung der Abstoßung zwischen den adsorbierten Atomen s. JURO HORIUCHI, KOZO HIROTA (*J. Res. Inst. Catalysis, Hokkaido Univ.* 8 [1960] 51/72), JURO HORIUCHI (*J. Res. Inst. Catalysis, Hokkaido Univ.* 8 [1960] 167/9, **9** [1961] 143/58, 145). Eine weitere theoret. Ableitung auf thermodynam. Grundlage mit Hilfe der statist. Mechanik s. T. KWAN (*J. Res. Inst. Catalysis, Hokkaido Univ.* **1** [1949] 81/94, 91).

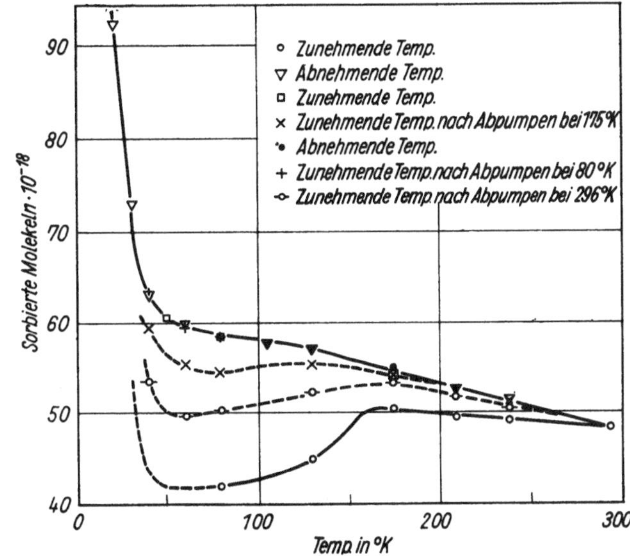


**Fig. 150.**

Sorptionsisobaren bei 0.1 Torr für einen getemperten Film.

Deuterium. Die Adsorptionsisothermen des $D_2$ bei 18.39 und 20.37°K an aktivierten Ni-Plättchen können analytisch durch die Beziehung von BRUNAUER, EMMETT, TELLER dargestellt werden, bei den Isothermen im Gebiet von ~60 bis 69°K gelingt dies nicht, da bei diesen Tempp. wahrscheinlich schon Chemisorption auftritt, A. VAN ITTERBEEK, J. BORGHS (*l. c.* S. 131).

**Isobaren.** Wird bei Aufnahme der Isobaren an unvorbelegter Metalloberfläche ein Temp.-Zyklus, ausgehend von tiefen Tempp., durchlaufen, so sind die im Gleichgew. sorbierten $H_2$-Mengen bei allen Präp.-Formen im ersten Vers.-Gang bei steigender Temp. (aufsteigender Ast) wesentlich kleiner als bei fallender Temp. (absteigender Ast). Bei Wiederholung des Zyklus folgt die Sorption der bei fallender Temp. erhaltenen Kurve; die Sorption ist also auf dem absteigenden Ast reversibel. Die Erscheinung wird durch die zusätzliche Adsorption von Wasserstoff bei erhöhter Temp. durch therm. Aktivierung oder durch die ebenfalls eine Aktivierungsenergie erfordernde Auflösung von $H_2$ im Innern des Metalls erklärt, s. dazu S. 318. Auf dem aufsteigenden Ast treten ein oder mehrere Max. und Minima auf, die auf eine Überlagerung verschiedener Teilprozesse des Sorptionsvorganges zurückgeführt werden, s. hierzu S. 320. *Isobars*

**Filme.** Isobaren bei 0.1 Torr für ansteigende und fallende Tempp. zwischen 20 und 296°K im ersten Zyklus[1]) sowie nach 15 Min. langem Abpumpen bei verschiedenen Tempp. gibt **Fig. 150** wieder. Die Messungen unter den verschiedenen Bedingungen sind in der in der Fig. angegebenen Reihenfolge durchgeführt. Auf dem aufsteigenden Ast der ersten Isobare stellt sich das Gleichgew. nur langsam ein (Werte sind nach 30 Min. bestimmt), so daß bei längeren Vers.-Zeiten das Max. bei 170°K sich möglicherweise nach tieferen Tempp. verschiebt. Rasche Gleichgew.-Einstellung tritt auf dem *Films*

[1]) Der Film ist bei 273°K unter einem Vak. von $10^{-8}$ Torr aufgedampft und bei 296°K getempert.

absteigenden Ast ein. Ein bei 473°K getemperter Film nimmt bei gleichem Gew. auf dem aufsteigenden Ast bei 80°K nur $^1/_9$ der von dem bei 296°K getemperten Film sorbierten Menge auf. Dagegen ist die Differenz zwischen auf- und absteigendem Ast bei dieser Temp. für beide Filme gleich. Weiterhin ist das Verhältnis der Sorption bei 80°K zu der bei gewöhnl. Temp. auf dem absteigenden Ast für beide Filme gleich, d. h. die relative Abnahme der Sorption mit der Temp. ist unabhängig von der Oberfläche. Dies weist darauf hin, daß der größere Tl. der Sorption bei dem bei 473°K getemperten Film bei gewöhnl. Temp. aus einem Lsg.-Vorgang im Metallinnern besteht (nähere Angaben zur physikal. Adsorption s. S. 351), O. BEECK, J. W. GIVENS, A. W. RITCHIE (*J. Colloid Sci.* **5** [1950] 141/7, 142); weitere Diskussion der Vers.-Ergebnisse dieser Arbeit s. bei O. BEECK (*Advan. Catalysis* **2** [1950] 151/95, 165). Den Einfluß der Sintertemp. $t_s$ auf den Verlauf der Isobaren bei 0.1 Torr in einem größeren Temp.-Bereich veranschaulicht **Fig. 151.** Obwohl der 400°C-Film $^1/_2$ Std. im Hochvak. getempert ist, tritt in $H_2$-Atm. offenbar weitere Sinterung ein. Die gestrichelte Linie zeigt den bei fallender Temp. zu erwartenden Kurvenverlauf, wenn die Sinterung ausbleiben würde. Die Filme sind bei gewöhnl. Temp. aufgedampft, O. BEECK, A. W. RITCHIE, A. WHEELER (*J. Colloid Sci.* **3** [1948] 505/10); vgl. auch O. BEECK (*l. c.* S. 162). Über die Temp.-Abhängigkeit des Sorptionsvermögens von Filmen, die bei Tempp. zwischen 78 und 673°K getempert werden, s. P. M. GUNDRY, F. C. TOMPKINS (*Trans. Faraday Soc.* **53** [1957] 218/28, 219), von denen ein Lsg.-Vorgang erst oberhalb 306°K angenommen wird. — Die Abhängigkeit des Isobarenverlaufs bei Drucken von 1 bis $2 \cdot 10^{-2}$ Torr von der Aufdampftemp. $T_a$ bei 330°K getemperter Filme zeigt **Fig. 152**; Ordinatenangabe $\varepsilon = q^m_T/q^m_{78°K}$ bzw. $q^n_T/q^m_{78°K}$ mit $q^m_T$ bzw. $q^n_T$, den im Gleichgew.-Zustand auf dem aufsteigenden bzw. absteigenden Ast bei T°K adsorbierten $H_2$-Mengen. Eine vergleichende Gegenüberstellung von Isobaren für Filme, die bei 210°K im Vak. bzw. unter einem Kr-Druck von 0.15 Torr aufgedampft sind, s. im Original. Das Verhältnis $q^n_{78°K}/q^m_{78°K}$ ist, entgegen den Beobachtungen von O. BEECK u. a. (*l. c.*), eine vom Gew. der Filme unabhängige Konst., die sich nur mit der Aufdampftemp. ändert. Bei Vorbelegung der Oberfläche mit Sauerstoff ändert sich die Form der Isobaren in charakterist. Weise, V. PONEC, Z. KNOR (*Actes Congr. Intern. Catalyse, 2e, Paris* 1960 [1961], *Bd.* I, S. 195/211, 196), Z. KNOR, V. PONEC (*Collection Czechoslov. Chem. Communs.* **26** [1961] 37/51, 40).

Fig. 151.

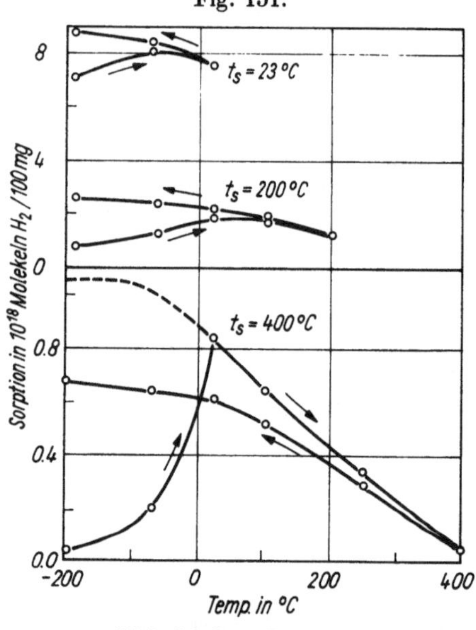


Abhängigkeit des Isobarenverlaufs von der Sintertemp. der Filme.

Fig. 152.

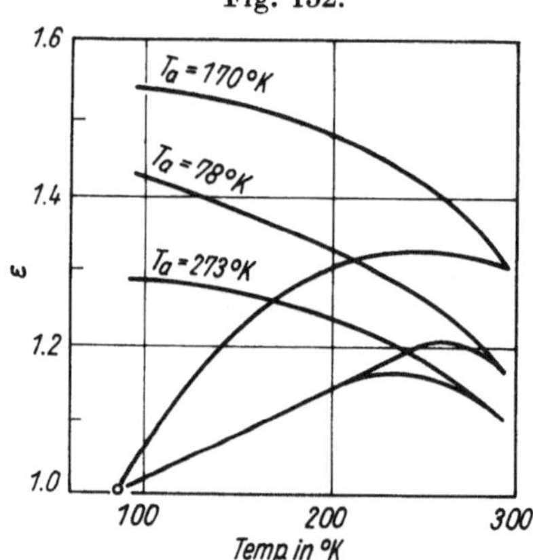


Abhängigkeit des Isobarenverlaufs von der Aufdampftemp. der Filme.

Bei sehr niedrigen Drucken sollen die Isobaren mit ansteigender Temp. fallen, bei höherem Druck wird in Übereinstimmung mit den obigen Angaben ein Max. durchlaufen. Die Lage des Max. verschiebt sich mit Anwachsen des Drucks nach höheren Tempp., wobei sich die ihm entsprechende Menge des adsorbierten Wasserstoffs vergrößert. Das Max. selbst wird durch die Koexistenz von atomar und molekular chemisorbiertem Wasserstoff erklärt, deren relativer Anteil an der Gesamtadsorption sich mit der Temp. ändert. Nur die Menge des molekular chemisorbierten Wasserstoffs ist druckabhängig.

Die Temp.-Hysteresis der Isobaren wird auf die Auflösung von $H_2$ im Metall bei erhöhter Temp. zurückgeführt, auf dem absteigenden Ast wird ein Max. beobachtet, N. N. KAVTARADZE (*Dokl. Akad. Nauk SSSR* **114** [1957] 822/5; *Poverkhn. Khim. Soedin. i ikh Rol v Yavleniyakh Adsorbtsii, Sb. Tr. Konf. po Adsorbtsii* 1957, S. 73/8; *Zh. Fiz. Khim.* **32** [1958] 909/12; *Izv. Akad. Nauk SSSR, Otd. Khim. Nauk* **1958** 1045/53; *Bull. Acad. Sci. USSR, Div. Chem. Sci.* **1958** 1015/23, 1016; *Z. Physik. Chem.* [*Frankfurt*] [2] **28** [1961] 376/92, 380, 383); s. dazu auch S. 351. — Über Isobaren im Temp.-Bereich von —183 bis +20°C bei $4 \cdot 10^{-2}$ Torr s. auch M. McD. BAKER, G. I. JENKINS, E. K. RIDEAL (*Trans. Faraday Soc.* **51** [1955] 1592/6).

*Powder*

**Pulver.** Die Isobaren an 5.6 g Ni-Pulver, das durch 24std. Erhitzen bei 300°C und anschließendes 10std. Erhitzen bei 400°C in $H_2$-Atm. aus NiO gewonnen ist, zeigt **Fig. 153.** Die Meßwerte sind den

Fig. 153.

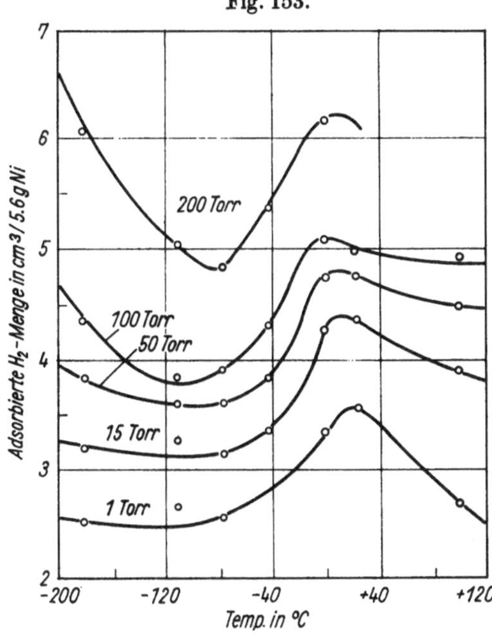


Isobarenverlauf im aufsteigenden Ast für Ni-Pulver.

Fig. 154.

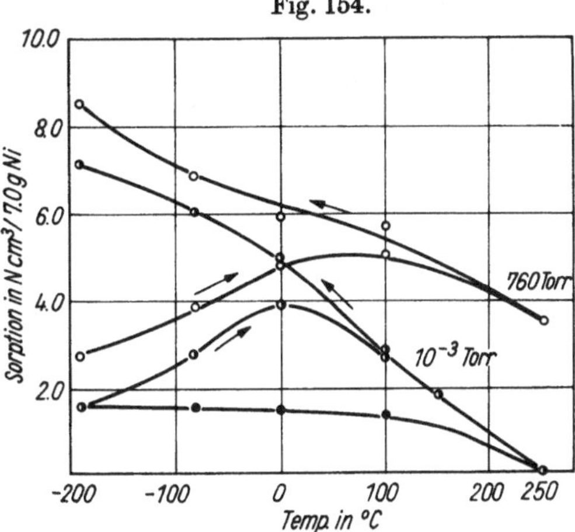


Isobarenverlauf im auf- und absteigenden Ast für Ni-Pulver.
Die Kurve (schwarze Meßpunkte) gibt die Adsorption bei $10^{-3}$ Torr nach $H_2$-Einw. bei —190°C und anschließendem Abpumpen wieder.

Isothermen entnommen, gelten daher, da diese stets ausgehend von völlig entgaster Oberfläche aufgenommen sind, nur für den aufsteigenden Ast. Die Kurven besitzen Minima bei ~—180 bis —80°C und Max. bei 0 bis 20°C, S.-I. IIJIMA (*Sci. Papers Inst. Phys. Chem. Res.* [*Tokyo*] **23** [1933/34] 34/43, 40). Einen weitgehend analogen Verlauf haben an Ni-Pulver (durch bei 300°C zu Ende geführte Red. von NiO erhalten) bestimmte Isobaren bei 25, 200 und 600 Torr im gleichen Temp.-Bereich mit Minima bei ~—200 bis —175°C und einem Max. bei ~—100°C. Bei der 600 Torr-Isobare ist die adsorbierte $H_2$-Menge zwischen —110 und 0°C von der Temp. nur sehr wenig abhängig, A. F. BENTON, T. A. WHITE (*J. Am. Chem. Soc.* **52** [1930] 2325/36, 2332). Isobaren für Drucke von $10^{-3}$ und 760 Torr sind in **Fig. 154** wiedergegeben (NiO bei 300°C reduziert). Entgegen den obigen Angaben läßt die Kurve für 760 Torr auf dem aufsteigenden Ast keine erhöhte Adsorption bei sehr tiefer Temp. erkennen, sondern steigt monoton bis zu einem Max. bei ~50°C an, O. BEECK (*Advan. Catalysis* **2** [1950] 151/95, 168) nach Vers.-Daten von E. B. MAXTED, N. J. HASSID (*Trans. Faraday Soc.* **28** [1932] 253/61, 256, 260; *J. Chem. Soc.* **1932** 1532/9, 1534, 1537). Bei höheren Tempp. fällt die Adsorption nach Angaben aller genannten Autoren mit steigender Temp. ab, vgl. auch A. W. GAUGER, H. S. TAYLOR (*J. Am. Chem. Soc.* **45** [1923] 920/8, 922), M. W. ROBERTS, K. W. SYKES (*Trans. Faraday Soc.* **54** [1958] 548/56, 540), und zwar um so steiler, je geringer der Druck ist, J. SMITTENBERG (*Rec. Trav. Chim.* **52** [1933] 112/22, 118, 339/51, 341). — Die Lage der Minima und Max. verschiebt sich mit abnehmendem Druck nach tieferen Tempp., A. F. BENTON, T. A. WHITE (*l. c.*), und ist außerdem stark von der Red.-Temp. und damit der Akt. des Ni abhängig, S.-I. IIJIMA (*Rev. Phys. Chem. Japan* **14** [1940] 128/36, 132; *Sci. Papers Inst. Phys. Chem. Res.* [*Tokyo*] **38** [1940/41] 183). Zwei Max. bei

~ —73 und 0°C auf dem aufsteigenden Ast der Isobaren, von denen das erste wenig ausgeprägt ist und nur bei relativ niedrigen Drucken (~$10^{-2}$ Torr) auftritt, beobachtet A. EUCKEN (*Discussions Faraday Soc.* Nr. 8 [1950] 128/34, 129; *Z. Elektrochem.* **53** [1949] 285/90). — Über die therm. Hysterese der Isobaren an Ni-Pulver werden in den älteren Arbeiten nur qualitative Angaben gemacht oder vereinzelte Zahlenangaben gebracht, die nicht in Kurvenform ausgewertet sind; vgl. aber Fig. 154, S. 335. Entgegen den Beobachtungen anderer Autoren ist bei einer bei $10^{-2}$ Torr aufgenommenen Isobare die auf dem absteigenden Ast zwischen ~+ 90 und —10°C adsorbierte Menge Wasserstoff kleiner als auf dem aufsteigenden Ast, A. EUCKEN (*l. c.*). Nach Durchlaufen des Temp.-Zyklus —183° → + 20° → —183° unter $H_2$ von $10^{-2}$ bis $10^{-1}$ Torr beträgt die von einem Ni-Pulver, das durch 86std. Red. des Oxids bei 450°C erhalten wird, zusätzlich aufgenommene $H_2$ Menge 12 bis 14 mm³ (20°C, 760 Torr) je g Ni (Vergleich dieser Zusatzadsorption mit der bei anderen Präp.-Formen unter gleichen Bedingungen von anderen Autoren beobachteten s. Original), M. W. ROBERTS, K. W. SYKES (*l. c.* S. 555).

*Foiles*

**Folien.** Entgegen den Beobachtungen bei anderen Präp.-Formen wird bei aktivierten Ni-Folien zunehmende Adsorption bei höheren Tempp. festgestellt, die nach kinet. Unterss. nicht durch Lsg. von $H_2$ im Metall erklärbar sein soll. — **Fig. 155** zeigt Isobaren zwischen gewöhnl. Temp. und 500°C

Fig. 155.

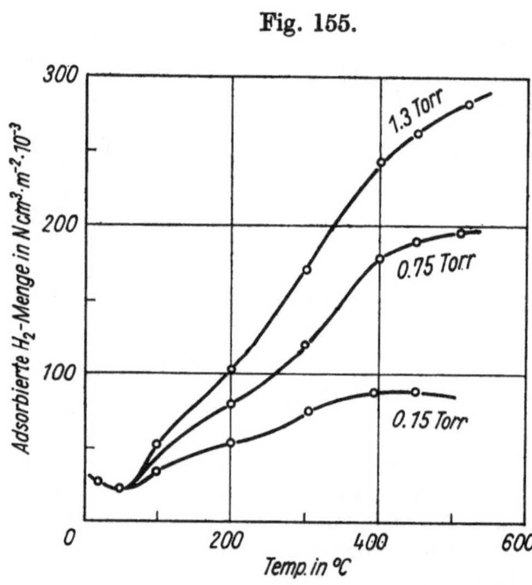


**Isobaren für die Adsorption von $H_2$ an aktivierten Ni-Folien.**

Fig. 156.

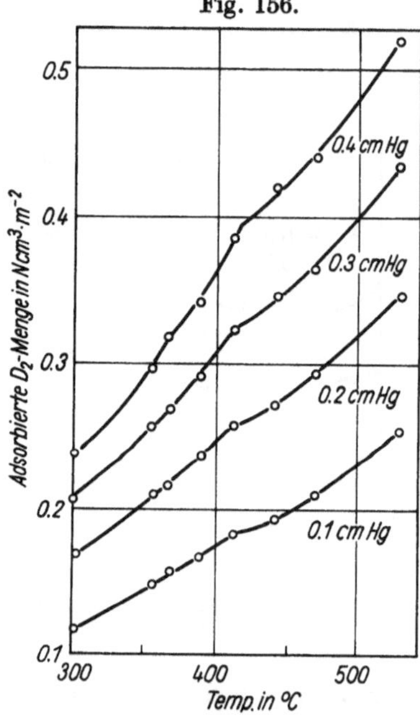


**Isobaren für die Adsorption von $D_2$ an aktivierten Ni-Folien.**

für Drucke von 1.3, 0.75 und 0.15 Torr (Ni-Folien von ~0.01 mm Stärke, 48 Std. mit $H_2$ bei 500°C behandelt, dann ebenso lange bei gleicher Temp. entgast). Sie verlaufen zunächst wie die Isobaren für Ni-Pulver nach den Messungen von A. F. BENTON, T. A. WHITE (*J. Am. Chem. Soc.* **52** [1930] 2325/36, 2332), passieren jedoch bei 60°C ein Minimum und steigen dann stetig an, A. VAN ITTERBEEK, W. VAN DINGENEN (*Physica* [2] 8 [1941] 810/24, 815), A. VAN ITTERBEEK (*Mededel. Koninkl. Vlaam. Acad. Wetenschap., Belg., Kl. Wetenschap.* **3** Nr. 10 [1941] 3/20), W. VAN DINGENEN (*Verhandel. Koninkl. Vlaam. Acad. Wetenschap., Belg., Kl. Wetenschap.* **4** Nr. 4 [1942] 5/59, 36, 42). Genauer festgelegte Hochtemp.-Isobaren (für 4, 6 und 8 Torr) lassen eine Diskontinuität in der Nähe des CURIE-Punktes (~360°C) erkennen, die entweder durch eine Änderung der interatomaren Abstände im Metallgitter oder aber durch eine solche der Elektronenspin-Konfiguration verursacht sein soll, A. VAN ITTERBEEK, P. MARIËNS, I. VERPOORTEN (*Mededel. Koninkl. Vlaam. Acad. Wetenschap., Belg., Kl. Wetenschap.* 8 Nr. 1 [1946] 8/24, 12). Die Erscheinung wird auch noch bei kleineren Drucken bis herab zu 0.2 Torr beobachtet, A. VAN ITTERBEEK, P. MARIËNS, O. VAN PAEMEL (*Ann. Physique* [11] **18** [1943] 135/44, 139), A. VAN ITTERBEEK, P. MARIËNS, I. VERPOORTEN (*Nature* **155** [1945] 668).

Deuterium. **Fig. 156** zeigt aus den Isothermen im Temp.-Bereich von ~300 bis 500°C (s. S. 330) abgeleitete Isobaren für Drucke von 0.1 bis 0.4 cm Hg. Die Diskontinuität am CURIE-Punkt (s. S. 336) erscheint hier erst bei Drucken um 0.4 cm Hg. Dafür tritt ein weiterer Buckel bei 400°C auf, für den keine Erklärung gefunden wird, A. VAN ITTERBEEK, P. MARTENS, O. VAN PAEMEL (*l. c.*).

**Ni auf Trägern.** Adsorptionsisobaren an auf Trägern aus $SiO_2$ aufgebrachtem Ni s. beispielsweise bei H. SADEK, H. S. TAYLOR (*J. Am. Chem. Soc.* **72** [1950] 1168/75, 1170, 1172), G. C. A. SCHUIT, N. H. DE BOER (*Rec. Trav. Chim.* **70** [1951] 1067/84, 1076), G. C. A. SCHUIT, N. H. DE BOER, G. J. H. DORGELO, L. L. VAN REIJEN (in: W. E. GARNER, *Chemisorption, London* 1957, S. 39/50, 42). Isobaren an Ni auf Kieselgur und $Cr_2O_3$ s. H. S. TAYLOR (*Advan. Catalysis* **1** [1948] 1/26, 13). *Ni on Carriers*

**Isosteren.** Zu ihrer Festlegung werden die Änderungen des Druckes p mit der Temp. von ~ −120 bis +200°C (1000/T = 6.5 bis 2) für nahezu konst. Bedeckungsgrade $\Theta$ zwischen 0.005 und 0.767 für zwei bei −195°C aufgedampfte und 30 Min. bei 204°C getemperte Filme gemessen; die Resultate zeigt Fig. 157. *Isosteres*

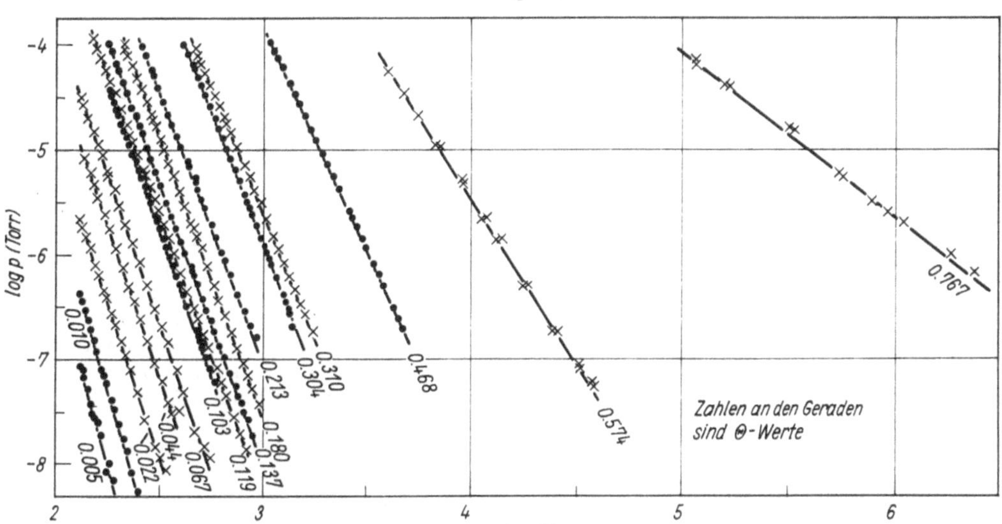


Änderung des Druckes mit der absol. Temp. bei konst. Bedeckungsgraden Θ.

**Fig. 157.** $\Theta = 1$ entspricht dabei der Gasmenge, die von Ni bei −195°C und $1.5 \times 10^{-3}$ Torr nach gleichmäßiger Abkühlung in $H_2$ von gewöhnl. Temp. auf −195°C (Dauer 3 Std.) aufgenommen wird; sie beträgt $1.45 \times 10^{-4}$ bzw. $1.85 \times 10^{-4}$ Mol $H_2$/g Ni. Bei Drucken $> 10^{-4}$ Torr sind die Messungen wegen der größeren Temp.-Abhängigkeit von $\Theta$ weniger zuverlässig. Die Isosteren lassen sich durch die Beziehung $\ln p = [(\tilde{S}_g - \bar{S}_f)/R] - [(\tilde{H}_g - \bar{H}_f)/RT]$ beschreiben, worin $\tilde{H}_g$, $\tilde{S}_g$ = molare Wärmeinhalt bzw. Entropie des gasf. Wasserstoffs bei 1 atm und T°K, $\bar{H}_f$, $\bar{S}_f$ = differentielle Wärmeinhalt bzw. Entropie des adsorbierten Wasserstoffs bei bestimmtem $\Theta$, E. RIDEAL, F. SWEETT (*Proc. Roy. Soc. [London]* A **257** [1960] 291/301, 294, 298), F. SWEETT, E. RIDEAL (*Actes Congr. Intern. Catalyse, 2e, Paris* 1960 [1961], *Bd.* 1, S. 175/87). Zur Erreichung von $\Theta = 0.068$ (Oberfläche bestimmt mit Ar bei 90°K nach B.E.T.) bei dem S. 328 beschriebenen Ni-Pulver erforderliche $H_2$-Drucke in $10^{-4}$ Torr: 9 bei 419.5°K, 16.8 bei 444°K, 108 bei 483°K, A. EUCKEN (*Z. Elektrochem.* **53** [1949] 285/90). Isosteren für den Temp.-Bereich von 260 bis 290°C und den Druckbereich von ~11 bis 750 Torr an durch Red. des Oxids bei 400°C gewonnenem Ni s. P. TETENYI, J. KIRALY, L. BABERNICS (*Acta Chim. Acad. Sci. Hung.* [engl.] **29** [1961] 35/45, 41). Über Druckverhältnisse, die der Adsorption bestimmter $H_2$-Vol. bei 438 und 456°K an Ni auf Kieselgur entsprechen, s. M. PRETTRE, O. GOEPFERT (*Compt. Rend.* **225** [1947] 737/8).

**Reversibilität der Adsorption. Gesamtprozeß.** Über die Temp.-Hysterese der Adsorption s. „Isobaren" S. 333, vgl. auch S. 319. Wie dort ausgeführt, erhält man bei isobarem Arbeiten reproduzierbare Ergebnisse nur nach Durchlaufen eines Temp.-Zyklus und innerhalb des durchlaufenen Temp.- *Reversibility of Adsorption. Total Process*

Bereiches. — Bei isothermem Arbeiten ist die Druckeinstellung und damit die adsorbierte $H_2$-Menge nach Zugabe einer bestimmten $H_2$-Portion bei einem bestimmten Präp. innerhalb gleicher Vers.-Zeiten dagegen stets ohne weiteres reproduzierbar, ebenso wird nach Einstellen des Adsorptionsgleichgew. nach vorübergehender Druckänderung stets die gleiche adsorbierte Menge gefunden, A. F. Benton, T. A. White (*J. Am. Chem. Soc.* **52** [1930] 2325/36, 2329, 2334), N. Nikitin (*Z. Anorg. Allgem. Chem.* **154** [1926] 130/43); vgl. aber W. van Dingenen (*Verh. Kon. Vlaamsche Acad. Wetensch., Letteren schoone Kunsten Belgie, Kl. Wetensch.* **4** Nr. 4 [1942] 5/59, 31). Ohne Temp.-Erhöhung abpumpbar und in diesem Sinne reversibel gebunden ist dagegen stets nur ein Tl. des adsorbierten Wasserstoffs. Bei $H_2$-Zugabe in kleinen Portionen wird eine große Gasmenge bei extrem niedrigem Druck in der Gasphase adsorbiert. Nach Erreichen einer bestimmten Belegungsdichte nimmt der Gasdruck meßbare Werte an. Die bei weiterer Gaszugabe aufgenommene Menge kann durch Abpumpen entfernt werden und wird bei Druckerhöhung auf den Wert vor dem Abpumpen vollständig wieder aufgenommen, M. McD. Baker, G. I. Jenkins, E. K. Rideal (*Trans. Faraday Soc.* **51** [1955] 1592/6), J. H. Singleton (*J. Phys. Chem.* **60** [1956] 1606/11) in Diskussion zu P. W. Selwood (*Advan. Catalysis* **9** [1957] 93/106, 163/8, 163), R. Suhrman (in: W. E. Garner, *Chemisorption, London* 1957, S. 106/17, 114), W. M. H. Sachtler, G. J. H. Dorgelo (*Bull. Soc. Chim. Belges* **67** [1958] 465/88, 478, 481), R. Suhrmann, Y. Mizushima, A. Hermann, G. Wedler (*Z. Physik. Chem. [Frankfurt]* [2] **20** [1959] 332/52, 335, 345), Y. Mizushima (*J. Phys. Soc. Japan* **15** [1960] 1614/31, 1616), N. N. Kavtaradze (*Zh. Fiz. Khim.* **32** [1958] 909/12; *Z. Physik. Chem.* **28** [1961] 376/92, 378), G. Martin, R. Gibert (*Compt. Rend.* **256** [1963] 4889/90), vgl. auch A. Farkas, L. Farkas (*J. Am. Chem. Soc.* **64** [1942] 1594/9), A. van Itterbeek, P. Mariëns, I. Verpoorten (*Nature* **155** [1945] 668), G. Rienäcker, N. Hansen (*Z. Anorg. Allgem. Chem.* **284** [1956] 162/76, 166, 168; *Z. Elektrochem.* **60** [1956] 887/91), B. Hahn (*Diss. Hannover T. H.* 1957, S. 13). Dem „irreversiblen Grenzpunkt", oberhalb dessen eine Desorption durch Abpumpen möglich ist, entsprechen folgende Drucke bzw. Belegungsdichten bei verschiedenen Tempp.: $<10^{-6}$ Torr bei $-183$ bis $+20$°C, M. McD. Baker u. a. (*l. c.*), J. H. Singleton (*l. c.*), $\Theta \sim 0.63$ ($\sim 11.1 \times 10^{14}$ Molekeln/cm²) bei 0°C, $\Theta \sim 0.78$ ($\sim 13.7 \times 10^{14}$ Molekeln/cm²) bei $-183$°C, R. Suhrmann u. a. (*l. c.* S. 337, 347), Y. Mizushima (*l. c.* S.1618, 1621).

Fig. 158.

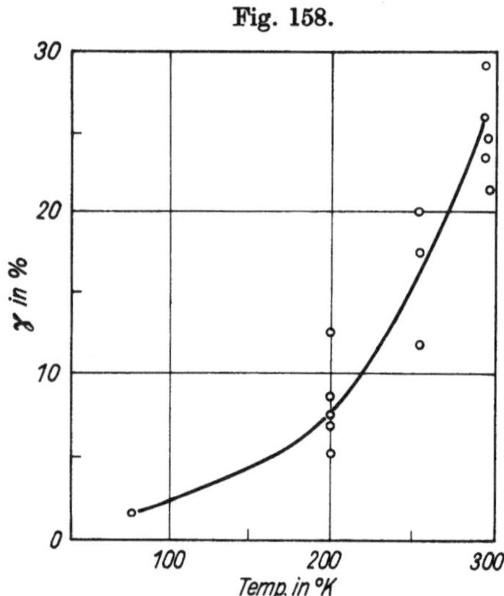


Abhängigkeit des reversiblen Anteils der Adsorption γ von der Adsorptionstemp.

Von bei 110°C getemperten Ni-Filmen bei $-183$ und $+20$°C und verschiedenen Beladungsdrucken irreversibel aufgenommene $H_2$-Mengen s. R. Suhrmann, K. Schulz (*Z. Physik. Chem. [Frankfurt]* [2] **1** [1954] 69/97, 86), Angaben für $-183$°C und Ni-Pulver s. S.-I. Iijima (*Rev. Phys. Chem. Japan* **14** [1940] 128/36, 134). Über den irreversiblen Anteil der Adsorption bei verschiedenen Tempp., der mit der zuerst bis zu einem Gleichgew. auftretenden atomaren Chemisorption identisch sein soll, s. auch S. 352. Der reversible Anteil der Adsorption $\gamma$ bei Ni-Filmen (bei $\sim 60$°C getempert) wird in **Fig. 158** für den oberen Isobarenast bei einem Druck von $1 \cdot 10^{-2}$ bis $2 \cdot 10^{-2}$ Torr für verschiedene Tempp. gezeigt. Er nimmt (bei 25°C) mit steigender Kondensationstemp. $T_k$ des Films für $T_k$ bis $\sim 170$°K zunächst um $\sim 1$% ab, und für $T_k$ $\sim 170$ bis 270°K um $\sim 6$% zu, Z. Knor, V. Ponec (*Collection Czech. Chem. Commun.* **26** [1961] 37/51, 44). Über den bei verschiedenen Tempp. im Bereich von $-190$ bis $+100$°C vor und nach Durchlaufen eines Temp.-Zyklus abpumpbaren Anteil des unter einem Druck von 1 at an Ni-Pulver adsorbierten Wasserstoffs, s. E. B. Maxted, N. Hassid (*J. Chem. Soc.* **1932** 1532/9, 1537). Über im Vak. bei Tempp. von $-78$ bis $+330$°C von Ni-Pulver nach Adsorption bei $-78$°C abgegebene $H_2$-Mengen s. A. Eucken, W. Hunsmann (*Z. Physik. Chem.* B **44** [1939] 163/84, 169); vgl. auch Fig. 150, S. 333, und die Angaben auf S. 352. Bei gewöhnl. Temp. lassen sich von Ni-Filmen von dem im Sättigungszustand aufgenommenen Wasserstoff 12% nach K. C. Campbell, S. J. Thomson (*Trans. Faraday Soc.* **55** [1959] 306/14, 308), 20% nach O. Beeck,

A. E. SMITH, A. WHEELER (*Proc. Roy. Soc. [London]* A **177** [1941] 62/90, 78) durch Abpumpen desorbieren. — Über die von Ni auf $SiO_2$ im Temp.-Bereich von —110 bis +120°C durch Überleiten eines He-Stromes desorbierbare $H_2$-Menge s. P. FEJES, F. NAGY, G. SCHAY (*Acta Chim. Acad. Sci. Hung.* **20** [1958] 451/75 nach *C.A.* **1960** 20409). Zur Verdrängung von an Ni-Filmen adsorbiertem Wasserstoff durch Hg-Dampf s. P. M. GUNDRY, F. C. TOMPKINS (*Trans. Faraday Soc.* **52** [1956] 1609/17, 1613), K. C. CAMPBELL, S. J. THOMSON (*Trans. Faraday Soc.* **55** [1959] 306/14, **57** [1961] 279/88); über Desorption von H durch langsame Elektronen s. Y. OHTA (*Oyo Butsuri* **29** [1960] 834/7 nach *C.A.* **1961** 7966).

Das Verhältnis der reversiblen und irreversiblen Anteile der Adsorption ist für Ni-Filme bei bestimmter Temp. unabhängig von ihrer Dicke und Oberfläche, N. N. KAVTARADZE (*Dokl. Akad. Nauk SSSR* **114** [1957] 822/5). Detaillierte Angaben über den Einfluß von Aufdampf- und Sinter-Temp. sowie der Schichtdicke von Ni-Filmen auf die bis zum irreversiblen Grenzpunkt aufgenommene bzw. die bei einem Druck von $5\times10^{-3}$ Torr innerhalb 1 Std. reversibel adsorbierte $H_2$-Menge bei —183 und 0°C s. Y. MIZUSHIMA (*J. Phys. Soc. Japan* **15** [1960] 1614/31, 1621). Die Angaben über die Temp.-Grenze, bei der eine Ni-Oberfläche im Vak. völlig von adsorbiertem Wasserstoff befreit werden kann, schwanken stark ,wie folgende ausgewählte Daten zeigen: 150°C (Film), N. N. KAVTARADZE (*l. c.*; *Zh. Fiz. Khim.* **32** [1958] 909/12; *Z. Physik. Chem. [Frankfurt]* [2] **28** [1961] 376/92, 380), 250°C (Pulver), E. B. MAXTED, N. HASSID (*l. c.*), 350°C (Pulver), T. KWAN (*J. Res. Inst. Catalysis, Hokkaido Univ.* **1** [1949] 81/94, 82), ~350°C (Ni auf $SiO_2$), P. W. SELWOOD (*Actes Congr. Intern. Catalyse, 2^e, Paris* 1960 [1961], *Bd.* 2, S. 1795/809, Diskussion S. 1810/3, 1812), 450°C (Pulver), M. W. ROBERTS, K. W. SYKES (*Proc. Roy. Soc. [London]* A **242** [1957] 534/43, 537). Über Tempp., die nötig sind, um die (110)-Fläche eines Ni-Einkristalls bei bestimmten vorgegebenen Drucken von adsorbiertem Wasserstoff zu befreien, s. L. H. GERMER, A. U. MACRAE (*J. Chem. Phys.* **37** [1962] 1382/6; *Proc. Natl. Acad. Sci. U.S.* **48** [1962] 997/1000).

**Teilprozesse.** Der bei —253°C physikalisch adsorbierte Wasserstoff läßt sich bereits etwas oberhalb dieser Temp. vollständig wieder abpumpen, A. EUCKEN, W. HUNSMANN (*Z. Physik. Chem.* B **44** [1939] 163/84, 166). Dagegen soll sich bei —183°C durch VAN DER WAALSsche Bindungen fixierter Wasserstoff durch Abpumpen nur sehr langsam entfernen lassen, S.-I. IIJIMA (*Rev. Phys. Chem. Japan* **14** [1940] 128/36, 133; *Sci. Papers Inst. Phys. Chem. Res. [Tokyo]* **38** [1941] 183); abweichende Angabe für —196°C bei C. W. GRIFFIN (*J. Am. Chem. Soc.* **61** [1939] 270/3). *Partial Processes*

Mit Hilfe therm. Aktivierung adsorbierter Wasserstoff kann ohne Erhöhung der Temp. nicht desorbiert werden, E. B. MAXTED, N. HASSID (*J. Chem. Soc.* **1932** 1532/9, 1537), vgl. auch O. I. LEYPUNSKY (*Acta Physicochim. URSS* **5** [1936] 271/98, 286), A. VAN ITTERBEEK, J. BORGHS (*Z. Physik. Chem.* B **50** [1942] 128/42, 131). Dieser Beobachtung entspricht, daß der damit identifizierte absorbierte Wasserstoff (s. S. 318) ebenfalls irreversibel gebunden sein soll, E. W. R. STEACIE (*J. Phys. Chem.* **35** [1931] 2112/7). Nach anderen Angaben soll gerade der gelöste Wasserstoff allein abpumpbar sein, so daß die Sorption an Ni-Filmen zwar bei Tempp. um 20°C und höher, nicht aber um —183°C teilweise reversibel ist, O. BEECK (*Discussions Faraday Soc.* Nr. 8 [1950] 194), R. SUHRMANN, K. SCHULZ (*Z. Physik. Chem. [Frankfurt]* [2] **1** [1954] 69/97, 84; *J. Colloid Sci. Suppl.* **1** [1954] 50/56), G. RIENÄCKER, N. HANSEN (*Z. Anorg. Allgem. Chem.* **284** [1956] 162/76, 168), B. HAHN (*Diss. Hannover T.H.* 1957, S. 13), R. SUHRMANN (in: W. E. GARNER, *Chemisorption, London* 1957, S. 106/17, 114). Bei höheren Tempp. sind sowohl Adsorption als auch exotherme Absorption (s. S. 318) reversibel; letztere ist wegen der kleineren Wärmetönung leichter umkehrbar, O. BEECK (*Advan. Catalysis* **2** [1950] 151/95, 171). Nach anderen Unterss. ist ein vor allem bei höheren Tempp. auftretender Lsg.-Vorgang nur einer und zwar der langsamere von zwei reversiblen Teilprozessen der $H_2$-Sorption, P. M. GUNDRY, F. C. TOMPKINS (*Trans. Faraday Soc.* **53** [1957] 218/28), J. H. SINGLETON (*J. Phys. Chem.* **60** [1956] 1606/11).

Autoren, die einen Lsg.-Vorgang bei ihren Vers.-Tempp. von <20 bzw. 0°C ausschließen, stimmen mit der vorstehenden Ansicht überein, daß gerade der bei dem langsamer verlaufenden, thermisch aktivierten Adsorptionstyp gebundene Wasserstoff durch Abpumpen vorzugsweise desorbiert wird, M. McD. BAKER, G. I. JENKINS, E. K. RIDEAL (*Trans. Faraday Soc.* **51** [1955] 1592/6), W. M. H. SACHTLER, G. J. H. DORGELO (*Bull. Soc. Chim. Belges* **67** [1958] 465/88, 478), vgl. aber V. PONEC, Z. KNOR (*Actes Congr. Intern. Catalyse, 2^e, Paris* 1960 [1961], *Bd.* 1, S. 195/211, Diskussion S. 212/5, 212), s. auch P. M. GUNDRY, F. C. TOMPKINS in Diskussion zu V. PONEC, Z. KNOR (*l. c.* S. 214). Bei Ni auf $SiO_2$ sind sowohl der langsame als auch der rasche Teilprozeß der Adsorption nur teilweise reversibel, E. L. LEE, J. A. SABATKA, P. W. SELWOOD (*J. Am. Chem. Soc.* **79** [1957] 5391/7, 5393), E. L. LEE (*Diss. Northwestern Univ., Evanston, Ill.*, 1957, S. 1/95 nach

*Diss. Abstr.* **18** [1958] 83). Nach N. N. Kavtaradze (*Z. Physik. Chem.* [*Frankfurt*] [2] **28** [1961] 376/92) ist der reversible Anteil der Adsorption gleichzusetzen der Chemisorption molekularen Wasserstoffs, vgl. auch A. Eucken (*Z. Elektrochem.* **53** [1949] 285/90; *Naturwissenschaften* **36** [1949] 74/81; *Discussions Faraday Soc.* Nr. 8 [1950] 128/34), W. M. H. Sachtler, G. J. H. Dorgelo (*l. c.*). Aus Messungen des elektr. Widerstandes bei −183 und +20°C ergibt sich, daß der molekular gebundene Wasserstoff zwar zuerst und sehr rasch desorbiert wird, daß aber auch der atomar gebundene Wasserstoff nach Rekombination, vor allem bei der höheren Temp., z. T. abgepumpt werden kann, R. Suhrmann, Y. Mizushima, A. Hermann, G. Wedler (*Z. Physik. Chem.* **20** [1959] 332/52, 337, 350), Y. Mizushima (*J. Phys. Soc. Japan* **15** [1960] 1614/31, 1627). Die Desorption des atomaren H beginnt etwas oberhalb 0°C, A. Eucken (*Z. Elektrochem.* **53** [1949] 285/90).

Über die Kinetik des Desorptionsvorganges s. S. 325.

*Thermodynamic Data of the Adsorption Process*

## Thermodynamische Daten des Adsorptionsprozesses

*Heat of Adsorption*

### *Adsorptionswärme.*

Differentielle und integrale Adsorptionswärme $Q_d$ bzw. $Q_i$ in kcal/mol $H_2$.

*Total Process. Films*

**Gesamtprozeß. Filme.** Differentielle Adsorptionswärme. Calorimetrisch bei 23°C an bei gleicher Temp. aufgedampften Filmen bestimmte Werte für $Q_d$ in Abhängigkeit vom Bedeckungsgrad ($\Theta = 1$ bei 0.1 Torr und 23°C) werden in **Fig. 159** gezeigt. Die Filme sind z. T. im Hochvak. aufgedampft und unorientiert, z. T. in $N_2$ von 1 Torr aufgedampft und dann so orientiert, daß die der Gasphase zugewandte (110)-Fläche parallel zur tragenden Glaswand liegt. Die Werte für orientierte Filme sind um ~2 bis 3% größer. Bei gewöhnl. Temp. und $\Theta > 0.75$ wird eine kleine Menge Wasserstoff absorbiert, so daß die gem. $Q_d$-Werte um einen geringen Betrag zu hoch ausfallen. Dies wird deutlich bei einem Vergleich der bei +23 und −183°C gem. Adsorptionswärmen. Die entsprechenden Kurven beginnen bei $\Theta \sim 0.75$ auseinander zu streben; die Werte bei −183°C fallen bei $\Theta \to 1$ wesentlich rascher auf $Q_d < 10$ kcal/mol $H_2$ ab. Gleichheit für $Q_d$ bei den verschiedenen Tempp. muß erwartet werden, da die Aktivierungsenergie der Adsorption nur sehr gering ist. Bei einem bei 150°C getemperten Film sind die bei gewöhnl. Temp. bestimmten Werte wesentlich kleiner, weil die von einer beträchtlich kleineren Wärmetönung begleitete Absorption in diesem Falle mit einem bedeutend höheren Anteil an der Gesamtsorption beteiligt ist, O. Beeck (*Rev. Modern Phys.* **17** [1945] 61/71, 66; *Discussions Faraday Soc.* Nr. 8 [1950] 118/28, 119; *Advances in Catalysis* **2** [1950] 151/95, 173, 184), O. Beeck, W. A. Cole, A. Wheeler (*Discussions Faraday Soc.* Nr. 8 [1950] 314/21, 317), vgl. auch O. Beeck, A. W. Ritchie (*Discussions Faraday Soc.* Nr. 8 [1950] 159/66, 160). Kritik an diesen Adsorptionswärmen s. bei J. A. Becker (*Advances in Catalysis* **7** [1955] 135/211, 208). Etwas niedrigere calorimetr. Werte, aber sonst ähnlichen $Q_d$-$\Theta$-Verlauf bei 21°C finden M. Wahba, C. Kemball (*Trans. Faraday Soc.* **49** [1953] 1351/60, 1356). Höhere Werte von ~40 bei $\Theta = 0$ und niedrigere von ~10 kcal/mol $H_2$ bei $\Theta = 1$ bei annähernd linearem Kurvenverlauf werden für gewöhnl. Temp. angegeben von D. F. Klemperer, F. S. Stone (*Proc. Roy. Soc.* A **243** [1958] 375/99, 385). Aus den Isosteren in Fig. 157, S. 337, für 25°C ber. $Q_d$-Werte sind als Funktion von $\Theta$ in **Fig. 160,** Kurve I wiedergegeben. Sie sind im experimentell untersuchten Bereich von $\Theta = 0$ bis 0.77 unabhängig von der Temp. (vgl. oben), E. Rideal, F. Sweett (*Proc. Roy. Soc.* A **257** [1960] 291/301, 296), F. Sweett, E. Rideal (*Actes Congr. Intern. Catalyse, 2ᵉ, Paris* 1960 [1961], *Bd.* 1, S. 175/87, Diskussion S. 187, 94, 192). Isostere Adsorptionswärmen für ungefähr einer Monoschicht entsprechende Bedeckungsgrade ($\Theta = 1$ bei 0.1 Torr und 273°K) zeigt **Fig. 161**; der Ni-Film ist bei 306°K getempert. Im größten Tl. des untersuchten Bereiches fallen die $Q_d$-Werte linear mit zunehmendem $\Theta$ und sind oberhalb 147.5°K temperaturunabhängig. Sie sind bei tieferen Tempp. um 1 bis 2 kcal/mol $H_2$

Fig. 159.

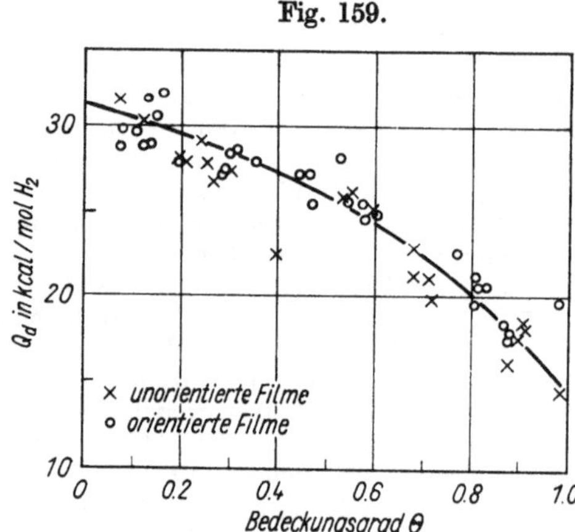


Differentielle Adsorptionswärmen bei 23°C für einen Film nach calorimetr. Messungen.

kleiner, wahrscheinlich infolge von physikal. Adsorption auf der chemisorbierten H-Schicht. Der niedrigste gem. Wert von 0.2 kcal/mol $H_2$ entspricht ziemlich genau der Verdampfungswärme des Wasserstoffs. Oberhalb $8 \cdot 10^{-2}$ Torr ergibt der vor allem auf einen endothermen Lsg.-Vorgang zurückgeführte stärkere Anstieg der Isothermen (s. S. 326) $Q_d$-Werte, die um ~5 kcal/mol $H_2$ niedriger

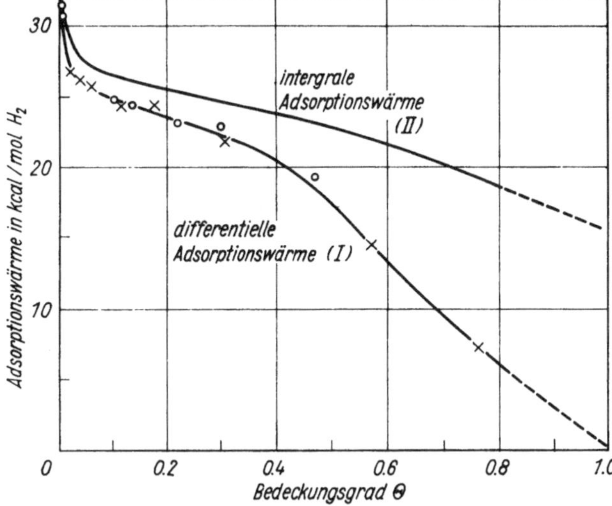


**Fig. 160.**

**Differentielle und integrale Adsorptionswärmen bei 25°C aus Isosteren berechnet.**

sind als der aus dem linearen Tl. der Isothermen für $Q_d$ abgeleitete Mittelwert. An bei 250.3 und 195°K getemperten Filmen bestimmte $Q_d$-Werte zeigen ebenfalls linearen Abfall mit zunehmender Bedekkung, der für beide Sintertempp. gleich steil, jedoch merklich geringer ist als bei dem bei 306°K ge-

Fig. 161.

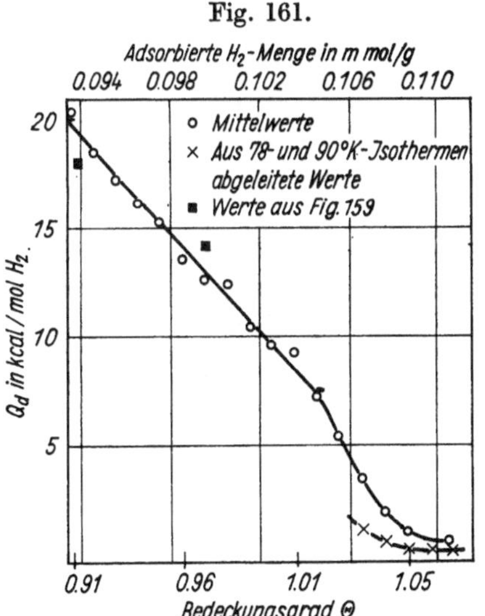


**Differentielle Adsorptionswärmen bei Bedeckungsgraden nahe 1 für einen bei 306°K getemperten Film.**

Fig. 162.

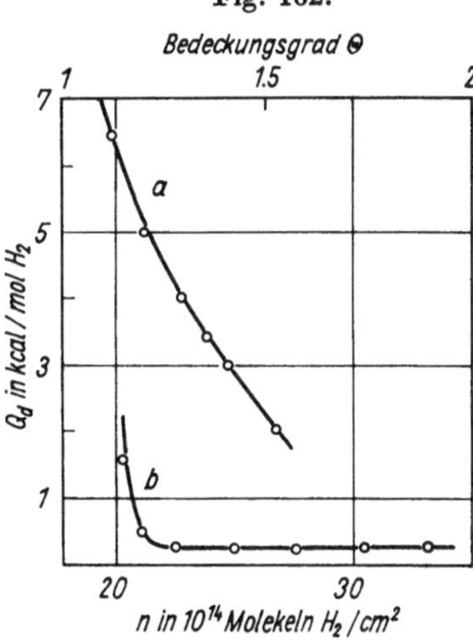


**Differentielle Adsorptionswärmen bei etwa 280(a) und 85°K(b) und Bedeckungsgraden > 1 für getemperte Filme.**

sinterten Film, während bei einem bei 373°K getemperten Film der Abfall noch steiler ist. Werden die Filme bei Vorbehandlung und Messung in Ggw. von $H_2$ Tempp. > 250°K ausgesetzt, sind die $Q_d$-Werte um einen dem oben erwähnten Lsg.-Vorgang zuzuordnenden Betrag verfälscht, der zu einem steileren Abfall der $Q_d$–Θ-Kurven führt, P. M. Gundry, F. C. Tompkins (*Trans. Faraday Soc.* **53** [1957] 218/28, 226). Wie **Fig. 162** zeigt, sind bei Bedeckungsgraden, die $\Theta = 1$ wesentlich überschreiten

($\Theta$ als Belegung in H-Atomen je Ni-Oberflächenatom definiert (Rauhigkeitsfaktor = 2.5), die aus den Isothermen bei 77 bis 90°K ermittelten $Q_d$-Werte (Kurve b) bei gleicher Belegung wesentlich kleiner als die bei 273 bis 292°K gefundenen (Kurve a). Im Tieftemp.-Bereich wird $Q_d$ bei $\Theta > 1.25$ (Molekelzahl je $cm^2$ Makrooberfläche $n > 22 \cdot 10^{14}$) konstant und mit nur 0.2 kcal/mol $H_2$ gleich der Verdampfungswärme des Wasserstoffs, der also unter diesen Bedingungen molekular gebunden vorliegen dürfte (vgl. oben). Die Filme sind bei 90°K aufgedampft und 1 Std. lang bei 373°K getempert, R. Suhrmann, Y. Mizushima, A. Hermann, G. Wedler (*Z. Physik. Chem.* [*Frankfurt*] [2] **20** [1959] 332/52, 340, 348).

Integrale Adsorptionswärme. In Fig. 160, S. 341, sind die bei 25°C durch planimetr. Auswertung der Aufzeichnung $Q_\alpha$ gegen $\Theta$ gewonnenen Werte als Kurve II eingezeichnet. — Calorimetrisch werden bei gewöhnl. Temp. an bei 7 und 10°C aufgedampften Filmen Werte von 20.2 bzw. 23.9 kcal/mol $H_2$ gefunden, die den aus Fig. 159, S. 340, und aus $Q_d$-Werten von M. Wahba, C. Kemball (*Trans. Faraday Soc.* **49** [1953] 1351/60, 1356) bestimmten $Q_i$-Werten von 25 bzw. 23 kcal/mol $H_2$ gegenübergestellt werden, D. F. Klemperer, F. S. Stone (*Proc. Roy. Soc.* A **243** [1958] 375/99, 385). Aus Isothermen ber. $Q_i$-Werte in kcal/mol $H_2$: ~4 bei −183°C, ~13 bei 0°C und 16 bis 17 bei 100°C, O. I. Leypunsky (*Acta Physicochim. URSS* **2** [1935] 737/60, 746).

*Powder*

**Pulver.** Differentielle Adsorptionswärme. Calorimetr. $Q_d$-Werte für 20°C fallen annähernd linear von 24, bei $\Theta = 0$, bis 8 kcal/mol $H_2$ bei $\Theta = 0.6$ ($\Theta$ berechnet unter der Annahme, daß jedes H-Atom an je ein Ni-Oberflächenatom gebunden ist und daß die Flächen (100), (110) und (111) gleich häufig sind). Die Präpp. werden durch stufenweise Red. des Carbonats bei 140 bis 150, 400 und 500°C erhalten, nach Abkühlen und Adsorption von $CO_2$ ins Calorimeter überführt und dann noch einmal bei 350°C mit $H_2$ behandelt, L. S. Shield, W. W. Russell (*J. Phys. Chem.* **64** [1960] 1592/4). $Q_d$ = 24.2 kcal/mol $H_2$ bei $\Theta \to 0$ aus den Isothermen bei 100 und 120°C für das S. 328 beschriebene Präp. berechnen T. Takeuchi, M. Sakaguchi (*Bull. Chem. Soc. Japan* **30** [1957] 182/6). Aus den Isothermen Fig. 146, S. 327 (dort auch nähere Angaben zum Präp.), ergibt sich der in **Fig. 163** wiedergegebene $Q_d$–$\Theta$-Verlauf. Der Abfall von $Q_d$ mit zunehmendem $\Theta$ ist um so ausgeprägter, je höher die Temp. ist. Die Temp.-Abhängigkeit von $Q_d$ ist wahrscheinlich nicht durch Absorption, sondern durch Oberflächendiffusion des Wasserstoffs bedingt, T. Kinuyama, T. Kwan (*J. Res. Inst. Catalysis, Hokkaido Univ.* **4** [1957] 199/205, 204). Gleiche Anfangswerte und ähnlichen Kurvenverlauf für gleiche Tempp. bei einem unter weitgehend analogen Bedingungen hergestellten Präp. findet T. Kwan (*J. Res. Inst. Catalysis, Hokkaido Univ.* **1** [1949] 81/94, 88); vgl. auch T. Takaishi, A. Kobayashi (*J. Chem. Phys.* **26** [1957] 1542/4). Einen linearen Abfall von $Q_d$ mit zunehmenden $\Theta$ für 298°K beinhaltet die aus den 245°C- und 305°C-Isothermen nach der Gleichung von G. C. A. Schuit, N. H. de Boer (*Rec. Trav. Chim.* **72** [1953] 909/30, 917), vgl. S. 332, in vereinfachter Form abgeleitete Beziehung $Q_d = 24.93 - 6.4\ \Theta + 3.5\ RT$ für $\Theta$-Werte bis 0.5 ($\Theta = 1$ bei −83°C und 0.1 Torr). Die aus der 175°C-Isotherme ermittelte Beziehung ergibt um ~2 kcal/mol $H_2$ niedrigere Werte. Insgesamt gesehen liegen die $Q_d$-Werte bei $\Theta$ ~0 für das durch Red. bei 450°C gewonnene Pulver um 3 bis 4 kcal/mol $H_2$ niedriger als die von O. Beeck, W. A. Cole, A. Wheeler (*Discussions Faraday Soc.* Nr. 8 [1950] 314/21, 317) calorimetrisch an Filmen gemessenen und die von G. C. A. Schuit, N. H. de Boer (*l. c.* S. 920/5) für Ni auf $SiO_2$-Trägern bestimmten; die Werte fallen außerdem mit zunehmender Bedeckung weniger stark ab, M. W. Roberts, K. W. Sykes (*Trans. Faraday Soc.* **54** [1958] 548/56, 552). Ebenfalls linear, aber wesentlich steiler fallen calorimetrisch gem. $Q_d$-Werte gemäß der für 0 bis 20°C und $\Theta$ = 0 bis 0.5 gültigen Formel $Q_d = 21.2 - 18.0\ \Theta$, A. Eucken (*Z. Elektrochem.* **53** [1949] 285/90); Kritik s. J. H. de Boer (*Advan. Catalysis* 8 [1956] 17/161, 108, 147). Nach früheren Angaben werden die ersten Gasmengen von einem durch 4tägige Red. bei 300°C erhaltenen Pulver bei 90, 195 und 273°K mit annähernd gleicher Wärmetönung adsorbiert. $Q_d$ fällt mit steigender Belegungsdichte bei 195°K

Fig. 163.

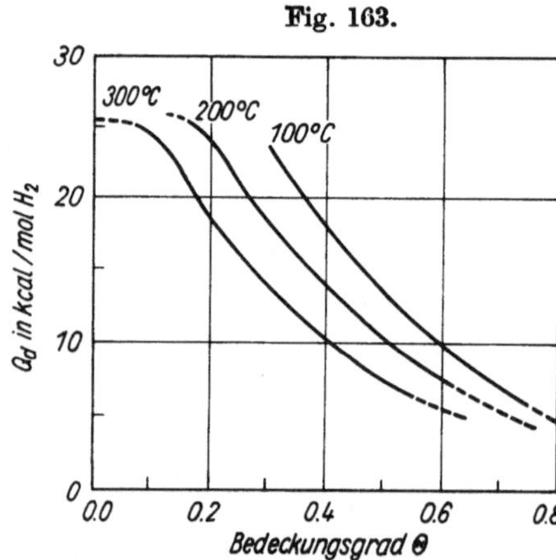


**Abhängigkeit der differentiellen Adsorptionswärme vom Bedeckungsgrad für Ni-Pulver.**

steiler ab als bei 273°K. Wird das Ni bei 323°K teilweise mit Wasserstoff vorbeladen, werden etwas höhere Werte für $Q_d$ gefunden (Zahlenwerte und Kurven s. im Original), A. EUCKEN, W. HUNSMANN (*Z. Physik. Chem.* B **44** [1939] 163/84, 177). $Q_d$–$\Theta$-Abhängigkeit aus Isosteren um 280°C bei P. TETENYI, J. KIRALY, L. BABERNICS (*Acta Chim. Acad. Sci. Hung.* [engl.] **29** [1961] 35/45, 39, 41). Weitere Angaben s. C. ORR, H. G. BLOCKER, J. B. GARRET (AD-34004 [1954] 1/48 nach *N.S.A.* **9** [1955] Nr. 234), C. F. FRYLING (*J. Phys. Chem.* **30** [1926] 818/29, 822), R. A. BEEBE, H. S. TAYLOR (*J. Am. Chem. Soc.* **46** [1924] 43/52, 50).

Integrale Adsorptionswärme. Totale Adsorptionswärme: 16.5 kcal/mol $H_2$, aus $Q_d$-Werten von A. EUCKEN (*l. c.*) für ein bei 280°C durch Red. von NiO gewonnenes Ni-Pulver berechnet; Unterschiede zwischen den $Q_i$-Werten von Filmen und Pulvern werden auf Gitterstörungen und -spannungen zurückgeführt, D. F. KLEMPERER, F. S. STONE (*Proc. Roy. Soc.* A **243** [1958] 375/99, 397). Ein annähernd gleicher Wert bei 273°K ergibt sich für ein bei 300°C dargestelltes Präp., A. EUCKEN, W. HUNSMANN (*l. c.*). $Q_i$-Werte verschiedener Präpp. für −193 und +79°C s. J. M. DALLAVALLE, C. ORR, H. G. BLOCKER (PB-124027 [1953] 1/19, 4, 16, *N.S.A.* 8 [1954] Nr. 6657). Ältere Werte für Tempp. ≥0°C liegen zum größten Tl. in der gleichen Größenordnung, s. A. MAGNUS, G. SARTORI (*Z. Physik. Chem.* A **175** [1936] 329/41, 335), S.-I. IIJIMA (*Sci. Pap. Inst. Phys. Chem. Res.* **22** [1933] 285/300, 298), W. A. DEW, H. S. TAYLOR (*J. Phys. Chem.* **31** [1927] 277/90, 287), C. F. FRYLING (*J. Phys. Chem.* **30** [1926] 818/29, 821), B. FORESTI (*Gazz. Chim. Ital.* **53** [1923] 487/93, 492, **55** [1925] 185/201, 190), R. A. BEEBE, H. S. TAYLOR (*J. Am. Chem. Soc.* **46** [1924] 43/52, 49), A. W. GAUGER, H. S. TAYLOR (*J. Am. Chem. Soc.* **45** [1923] 920/8, 926), E. K. RIDEAL (*J. Chem. Soc.* **121** [1922] 309/18, 318). Angaben über die Änderung von $Q_i$ mit zunehmender Belegungsdichte s. in den Arbeiten von A. MAGNUS, G. SARTORI (*l. c.*), C. F. FRYLING (*l. c.*), Angaben über die Wärmetönung des ersten Teilprozesses der Adsorption bei S.-I. IIJIMA (*Rev. Phys. Chem. Japan* **12** [1938] 1/14, 12; *Bull. Inst. Phys. Chem. Res.* **17** [1938] 286/98, 298), A. MAGNUS, G. SARTORI (*l. c.*).

**Einkristall.** Angabe über die isostere Adsorptionswärme von $H_2$ auf der (110)-Fläche eines Ni-Einkristalls s. L. H. GERMER, A. U. MACRAE (*J. Chem. Phys.* **37** [1962] 1382/6). *Single Crystal*

**Ni auf Trägern.** Angaben über die differentielle Adsorptionswärme für Ni auf $SiO_2$-Trägern s. z. B. E. L. LEE (*Diss. Northwestern Univ., Evanston, Ill.*, 1957, S. 61/70, *Diss. Abstr.* **18** [1958] 83), E. L. LEE, J. A. SABATKA, P. W. SELWOOD (*J. Am. Chem. Soc.* **79** [1957] 5391/7, 5392), G. C. A. SCHUIT, N. H. DE BOER (*Rec. Trav. Chim.* **72** [1953] 909/30, 920/5), G. C. A. SCHUIT (*Proc. Intern. Symposium Reactivity of Solids, Gothenburg* 1952 [1954], S. 571/81 nach *C.A.* **1954** 11869; *Chem. Weekblad* **47** [1951] 453/65, 461), G. C. A. SCHUIT, N. H. DE BOER, G. J. H. DORGELO, L. L. VAN REIJEN (in: W. E. GARNER, *Chemisorption, London* 1957, S. 39/50, 41), C. ORR, H. G. BLOCKER, J. B. GARRET (AD-34004 [1954] 1/48 nach *N.S.A.* **9** [1955] Nr. 234). — Über isostere Adsorptionswärmen von $H_2$ an Ni auf $SiO_2$-$Al_2O_3$-Trägern s. J. E. BENSON, T. KWAN (*J. Phys. Chem.* **60** [1956] 1601/5). *Ni on Carriers*

Aus Daten für $Q_d$ von G. C. A. SCHUIT, N. H. DE BOER (*l. c.*) ergibt sich die totale Adsorptionswärme für Ni auf $SiO_2$-Trägern zu 18 kcal/mol $H_2$, D. F. KLEMPERER, F. S. STONE (*Proc. Roy. Soc.* A **243** [1958] 375/99, 396).

**Vergleich von schwerem und leichtem Wasserstoff.** $Q_d$ von $H_2$ und $D_2$ an Ni-Filmen ist bei gewöhnl. Temp. innerhalb der Fehlergrenzen der calorimetr. Messungen gleich, O. BEECK (*Advan. Catalysis* **2** [1950] 151/95, 176); analoge Angabe für isostere Adsorptionswärme an der (110)-Fläche eines Ni-Einkristalls, L. H. GERMER, A. U. MACRAE (*J. Chem. Phys.* **37** [1962] 1382/6). Die $Q_i$-Werte von $D_2$ an Ni-Pulver bei 0 und 25°C sind dagegen, zumal bei sehr kleinen Anfangsdrucken, etwas größer als die von $H_2$; Zahlenangaben s. Original, A. MAGNUS, G. SARTORI (*Z. Physik. Chem.* A **175** [1936] 329/41, 339). Zur Adsorptionswärme des $D_2$ vgl. auch R. KLAR (*Naturwissenschaften* **22** [1934] 822). *Comparison of Heavy and Light Hydrogen*

**Teilprozesse. Molekulare Chemisorption.** Aus den reduzierten Isothermen der Chemisorption von molekularem Wasserstoff an Filmen (s. S. 352) nach der Formel $Q_d^m = RT^2\ (\partial \ln p/\partial T)\ \Theta_{red}$ berechnete Werte für $Q_d^m$ in kcal/mol bei −78 und 0°C ($\Theta_{red}$ bezieht sich auf den von atomarer Adsorption freien Tl. der Oberfläche): *Partial Processes. Molecular Chemisorption*

| $\Theta_{red}$ | 0.3 | 0.4 | 0.5 | 0.6 | 0.7 | 0.8 | 0.9 |
|---|---|---|---|---|---|---|---|
| $Q_d^m$ −78°C | 5.9 | 5.4 | 4.7 | 4.2 | 3.8 | 3.4 | 3.0 |
| $Q_d^m$ 0°C | 9.3 | 8.4 | 7.3 | 6.9 | 6.0 | 5.2 | — |

Sie übertreffen bei weitem die Kondensationswärme von $H_2$ (~200 cal/mol), andererseits sind sie kleiner als die Wärmen der atomaren Chemisorption, obwohl sie der Größenordnung nach der Bil-

dungswärme chem. Verbb. entsprechen. Der Abfall mit zunehmender Bedeckung erfolgt anfangs wahrscheinlich nach einem logarithm. Gesetz. Wie **Fig. 164** zeigt, führt das Auftreten der molekularen Chemisorption nach Erreichen einer für jede gegebene Temp. charakterist. max. Bedeckung der Oberfläche mit atomar chemisorbiertem Wasserstoff zu einer Diskontinuität im $Q_d$–$\Theta$-Verlauf bei $A_1$ bzw. $A_2$; $a_1$ und $a_2$ sind die $Q_d$-Kurven der atomaren Chemisorption bei 0 und —78°C, $b_1$ und $b_2$ die entsprechenden Kurven der molekularen Chemisorption, N. N. Kavtaradze (*Zh. Fiz. Khim.* **32** [1958] 1055/8; *Z. Physik. Chem.* [*Frankfurt*] [2] **28** [1961] 376/92, 388).

*Physical Adsorption of $H_2$ and $D_2$*

**Physikalische Adsorption von $H_2$ und $D_2$.** Die differentiellen Werte für ein bei 300°C durch 4tägige Red. von NiO gewonnenes Pulver bei 20°K sinken von ~1.8 bei $\Theta$~0 linear auf 0.4 kcal/mol $H_2$ bei größerer Belegungsdichte ab. Der Mittelwert beträgt 0.8 kcal/mol $H_2$, A. Eucken, W. Hunsmann (*Z. Physik. Chem.* B **44** [1939] 163/84, 177). Der Wert stimmt gut mit dem nach der Heitler-Londonschen Behandlung der Austauschkräfte zwischen neutralen Molekeln und einer Metalloberfläche berechneten Wert von 0.795 kcal/mol $H_2$ überein, W. G. Pollard (*Phys. Rev.* [2] **60** [1941] 578/85, 584).

Fig. 164.

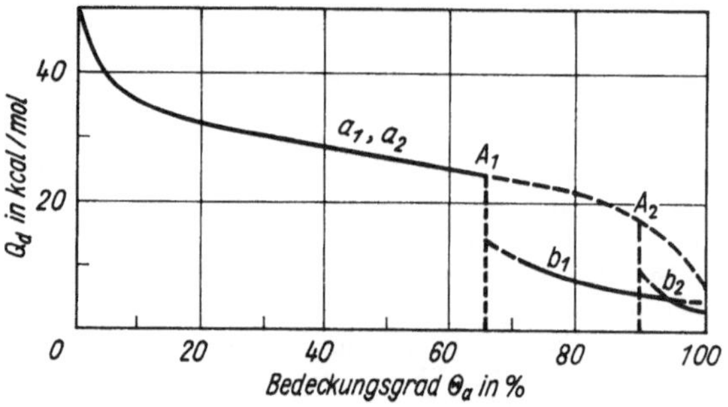

Änderung der differentiellen Adsorptionswärme beim Übergang von der atomaren zur molekularen Chemisorption.

Aus Isothermen an 0.02 mm dicken Ni-Folien (zur Vorbehandlung s. S. 329) nach der Clausius-Clapeyronschen Formel ber. Adsorptionswärmen für $H_2$ und $D_2$ bei ~19.4°K in cal/mol $H_2$ bzw. $D_2$ in Abhängigkeit von der Belegung q:

| | | | | | |
|---|---|---|---|---|---|
| q in $cm^3 \cdot m^{-2}$ | 1.833 | 1.856 | 1.889 | 1.930 | 1.945 |
| $Q_{H_2}$ | 390 | 352 | 327 | 310 | 319 |
| $Q_{D_2}$ | 495 | 443 | 403 | 388 | 400 |
| $Q_{D_2}/Q_{H_2}$ | 1.27 | 1.26 | 1.23 | 1.25 | 1.25 |

Das Verhältnis $Q_{D_2}/Q_{H_2}$ ist also bei gleicher Belegungsdichte konstant; zum Vergleich angegebenes Verhältnis der Verflüssigungswärmen der beiden Isotopen = 1.38, A. van Itterbeek, J. Borghs (*Z. Physik. Chem.* B **50** [1942] 128/42, 139). — Über Endwerte von $Q_d$ des Gesamtprozesses bei hohen Belegungsdichten und tieferen Tempp., die der physikal. Adsorption entsprechen sollen, s. auch S. 341, 342.

*Theoretical Considerations. Calculated Heats of Adsorption*

**Theoretisches. Berechnete Werte der Adsorptionswärme.** Differentielle atomare Adsorptionswärmen (s. oben) $Q_d^a$, berechnet nach der halbempir. Beziehung $Q_d^a = (89.9 \times 10^{-3}/9.08) \cdot (2.72 \log (\Theta_a/1-\Theta_a)$, sind als Kurve $a_1$, $a_2$ der Fig. 164 wiedergegeben. Zur Ableitung der Formel werden Gleichungen für die mittlere Verweilzeit der adsorbierten Atome und die Temp.-Abhängigkeit von $\Theta_a$ herangezogen, N. N. Kavtaradze (*Poverkhn. Khim. Soedin. i ikh Rol v Yavleniyakh Adsorbtsii, Sb. Tr. Konf. po Adsorbtsii* 1955 [1957] S. 73/8; AEC-tr-3750 [1957] 76/81; *Zh. Fiz. Khim.* **32** [1958] 1055/8; *Z. Physik. Chem.* [*Frankfurt*] [2] **28** [1961] 376/92, 389). — Auf der Basis der Paulingschen Gleichung für kovalente Bindungsenergien ber. Werte für $Q_d$ bei $\Theta \rightarrow 0$ in kcal/mol $H_2$: 17.2, wenn die Elektronegativitätsdifferenz $X_{Ni}$–$X_H$ näherungsweise dem Dipolmoment der Adsorptionsbindung gleichgesetzt wird, das aus dem gem. Kontaktpot. bei Vorliegen einer Monoschicht ermittelt wird, D. D. Eley (*Discussions Faraday Soc.* Nr. 8 [1950] 34/8), 28.9, wenn $X_{Ni}$ nach der Formel $X_{Ni} = 0.355\ \varphi_{Ni}$ (eV/Atom) aus der Austrittsarbeit $\varphi$ berechnet und für $X_H$ der Paulingsche Wert 2.10 eingesetzt wird, D. P. Stevenson (*J. Chem. Phys.* **23** [1955] 203), 23.8, wenn die aus thermochem. Daten abgeleiteten Elektronegativitäten verwendet werden, M. Haissinsky (*J. Chim. Phys.* **54** [1957] 655/8). Die Bindungsenergie des Metalls wird jeweils aus der Sublimationswärme berechnet. Vgl. auch B. M. W. Trapnell (*Chemisorption, London* 1955, S. 148), B. E. Conway, J. O'M. Bockris (*J. Chem. Phys.* **26** [1957] 532/41, 534), P. Rüetschi, P. Delahay (*J. Chem. Phys.* **23** [1955] 195/9), G. Ehrlich (*J. Chem. Phys.* **31** [1959] 1111/26, 1113), G.-M. Schwab, E. Killmann (*Bull. Soc. Chim. Belges* **67** [1958] 305/42, 314), J. H. de Boer (*Advan. Catalysis* 8 [1956] 17/161, 48). — Differentielle Adsorptionswärme für geringe Oberflächenbedeckung bei Annahme von kovalenter sd-

Bindung ohne Resonanz 16, mit Resonanz 26 bis 36 kcal/mol $H_2$, M. E. WINFIELD (*Austral. J. Sci. Res.* A **4** [1951] 385/405, 392). — Auf quantenmechan. Grundlage ber. Werte s. auch bei H. DUNKEN, H. MÜLLER (*Z. Chem.* **1** [1961] 344/5), JURO HORIUCHI, KOZO HIROTA (*J. Res. Inst. Catalysis, Hokkaido Univ.* 8 [1960] 51/72, 68), J. HORIUCHI (*J. Res. Inst. Catalysis, Hokkaido Univ.* **9** [1961] 143/58, 147), TOMIJUKI TOYA (*J. Res. Inst. Catalysis, Hokkaido Univ.* 8 [1960] 209/63, 209), P. M. GUNDRY, F. C. TOMKINS (*Trans. Faraday Soc.* **56** [1960] 846/53, 849), R. J. BRODD (*J. Phys. Chem.* **62** [1958] 54/5), I. HIGUCHI, T. REE, H. EYRING (*J. Am. Chem. Soc.* **79** [1957] 1330/37, 1334), A. SHERMAN, C. E. SUN, H. EYRING (*J. Chem. Phys.* **3** [1935] 49/55, 53). Über Berechnung der Chemisorptionswärme s. auch F. E. BELLAS (*Diss. Pennsylvania State Univ.* 1956 nach *Diss. Abstr.* **17** [1957] 378/9), G. C. A. SCHUIT, L. L. VAN REIJEN (*Advan. Catalysis* **10** [1958] 242/317, 274). Eine gute Übersicht über die verschiedenen Berechnungsmethh. s. bei P. M. GUNDRY, F. C. TOMPKINS (*Quart. Rev.* [*London*] **14** [1960] 257/91, 259).

*Interpretation of Decrease in Heat of Adsorption with Coverage*

**Deutung der Abnahme der Adsorptionswärme mit dem Bedeckungsgrad.** Eine umfassende Berücksichtigung der diesbezüglichen Arbeiten und eingehende Wiedergabe der verschiedenen Theorien ist nicht möglich, da meistens die Metall–Gas-Systeme ganz allgemein behandelt werden und nur in Einzelfällen auf das hier allein interessierende System Nickel–Wasserstoff bezug genommen wird. Zusammenfassende Übersichten s. bei P. M. GUNDRY, F. C. TOMPKINS (*Quart. Rev.* [*London*] **14** [1960] 257/91, 269/72), R. V. CULVER, F. C. TOMPKINS (*Advan. Catalysis* **11** [1959] 68/131, 123), J. H. DE BOER (in: W. E. GARNER, *Chemisorption, London* 1957, S. 27/38; *Advan. Catalysis* 8 [1956] 17/161, 98, 107), R. E. DIETZ (*Diss. Northwestern Univ.* 1960, S. 2/11), B. M. W. TRAPNELL (*Chemisorption, London* 1955, S. 155/67), G. C. A. SCHUIT, L. L. VAN REIJEN (*Advan. Catalysis* **10** [1958] 242/317, 274).

Die Abnahme der differentiellen Adsorptionswärme mit zunehmender Belegungsdichte läßt sich auf folgende 4 Ursachen zurückführen: 1) Abstoßende gegenseitige Beeinflussung der adsorbierten Teilchen, die von verschiedener Art sein kann, V. M. GAVRILYUK (*Kinetika i Kataliz.* **2** [1961] 497/506; *Kinetics and Catalysis* **2** [1961] 453/9), TOMIJUKI TOYA (*J. Res. Inst. Catalysis, Hokkaido Univ.* **6** [1958] 308/26, 8 [1960] 209/63), JURO HORIUCHI, K. HIROTA (*l. c.* S. 51), J. HORIUCHI (*J. Res. Inst. Catalysis, Hokkaido Univ.* 8 [1960] 167/9), G. C. A. SCHUIT (*Proc. Intern. Symposium Reactivity of Solids, Gothenburg* 1952 [1954], S. 571/81 nach *C.A.* **1954** 11869), O. BEECK (*Advances in Catalysis* **2** [1950] 151/95, 173/6), T. KWAN (*J. Res. Inst. Catalysis, Hokkaido Univ.* **1** [1949] 81/94, 93), A. EUCKEN (*Z. Elektrochem.* **53** [1949] 285/90), A. R. MILLER (*Proc. Cambridge Phil. Soc.* **37** [1941] 82/94), A. R. MILLER, J. K. ROBERTS (*Proc. Cambridge Phil. Soc.* **37** [1941] 82/94); vgl. auch SHOJI UMEDA, KIMIO TARAMA (*Bull. Inst. Chem. Res., Kyogo Univ.* **39** [1961] 267/77 nach *C.A.* **57** [1962] 11884). 2) Änderung der Elektronenaustrittsarbeit, J. H. DE BOER (in: W. E. GARNER, *Chemisorption, London* 1957, S. 27/38, 30, 33), M. J. BOUDART (*J. Am. Chem. Soc.* **74** [1952] 3556/61), J. C. P. MIGNOLET (*Bull. Soc. Chim. Belges* **64** [1955] 126/43; *J. Chem. Phys.* **23** [1955] 753, **20** [1952] 341/2), Diskussion bei W. E. GARNER (*Chemisorption, London* 1957, S. 169/77, 175); vgl. auch R. GOMER (*J. Chem. Phys.* **21** [1953] 1869/76). 3) Änderung des Bindungscharakters, D. A. DOWDEN (in: W. E. GARNER, *Chemisorption, London* 1957, S. 3/16, 10), P. M. GUNDRY, F. C. TOMPKINS (*Trans. Faraday Soc.* **53** [1957] 218/28, **52** [1956] 1609/17, 1616), R. CULVER, J. PRITCHARD, F. C. TOMPKINS (*Proc. Intern. Congr. Surface Activity, 2nd, London* 1957, *Bd.* 2, S. 243/51, 250). 4) Von Anfang an vorhandene Heterogenität der Oberfläche, B. M. W. TRAPNELL (*l. c.* S. 165); vgl. auch T. TAKAISHI (*Z. Physik. Chem.* [*Frankfurt*] [2] **14** [1958] 164/72, 170), G. HALSEY, H. S. TAYLOR (*J. Chem. Phys.* **15** [1947] 624/30).

### *Entropie des adsorbierten Wasserstoffs.*

*Entropy of the Adsorbed Hydrogen*

**Fig. 165, S. 346, zeigt die Entropie des adsorbierten Wasserstoffs in Abhängigkeit vom Bedeckungsgrad bei 25°C: 1) ber. Translationsentropie, 2) differentielle Entropie $\bar{S}_a$; ausgezogene Kurve: aus der experimentellen integralen Entropie abgeleitet, Kreise: direkt aus Isosteren ber. Werte, 3) experimentelle integrale Entropie $\tilde{S}_a$ nach der Beziehung**

$$\tilde{S}_a = \tilde{S}_g - \frac{R}{\Theta}\int_0^\Theta \ln p \, d\,\Theta - (\tilde{H}_g - \tilde{H}_a)/T$$

**$\tilde{S}_g$ = Entropie von gasf. $H_2$ bei 1 atm und T°K (= 31.211 cal·mol⁻¹·grd⁻¹ bei 298.16°K), p = Gleich-gew.-Druck in atm, $\tilde{H}_g - \tilde{H}_a$ = integrale Adsorptionswärme, 4) ber. Konfigurationsentropie. Im Bereich $\Theta = 0$ bis 0.4 ist die integrale Entropie annähernd gleich der Konfigurationsentropie von auf energetisch gleichwertigen Adsorptionslagen lokalisierten H-Atomen. Die niedrigen Werte am Anfang**

deuten jedoch darauf hin, daß eine geringe Anzahl (1.5%) von Lagen mit höherem Adsorptionspot. vorhanden sind. Im Bereich $\Theta = 0.4$ bis 1 zeigt die beob. integrale Entropie einen zunehmenden Anteil von über die Oberfläche wanderndem Wasserstoff an, E. Rideal, F. Sweett (*Proc. Roy. Soc.* A **257** [1960] 291/301, 295), F. Sweett, E. Rideal (*Actes Intern. Congr. Catalyse, 2e, Paris* 1960 [1961], S. 175/87). Die unter Annahme zweier Adsorptionsarten (auf verschiedenen Flächen) und Lokalisierung des Wasserstoffs in Oberflächenmulden zwischen den Ni-Atomen ber. Kurve der differentiellen Konfigurationsentropie zeigt steilen Abfall bei $\Theta > 1$ ($\Theta = 1$ in der Mitte des Anstiegs), stimmt sonst aber gut mit Kurve 2 in Fig. 165 überein. Das Auftreten von Oberflächendiffusion wird deshalb in Frage gestellt, J. C. P. Mignolet (*Actes Intern. Congr. Catalyse, 2e, Paris* 1960 [1961], Discussion S. 187/94, 187). Die zweite Abnahme von $\bar{S}$ soll aber nur bei sehr hohen Drucken eintreten, so daß die Existenz von zwei Adsorptionsarten bestritten wird, F. Sweett (*Actes Intern. Congr. Catalyse, 2e, Paris* 1960 [1961], Discussion S. 187/94, 190). Der Anteil der differentiellen Entropie der Schwingungen parallel zur Oberfläche liegt bei Ni-Pulver zwischen den Grenzen 1.8 bis 4.3 cal·mol$^{-1}$·grd$^{-1}$; die Schwingungsfrequenz beträgt $3.6 \times 10^{12}$ bis $14 \times 10^{12}$ je Sek. Die Schwingungen senkrecht zur Oberfläche liefern wegen ihrer hohen Frequenz keinen merklichen Beitrag zur Entropie. Kurven, die den Ausdruck $\bar{S}_a + 2R\ln(\Theta/1-\Theta)$ bei 100, 200 und 300°C darstellen, worin das zweite Glied die Lokalisierungsentropie auf homogener Oberfläche (die bei Ni nicht vorliegen soll) wiedergibt, s. Original, T. Takaishi, A. Kobayashi (*J. Chem. Phys.* **26** [1957] 1542/4); vgl. dazu auch F. Sweett (*l. c.* S. 192). — Weitere Entropiewerte s. A. Eucken (*Z. Elektrochem.* **53** [1949] 285/90), M. Wahba, C. Kemball (*Trans. Faraday Soc.* **49** [1953] 1351/60, 1356), P. M. Gundry, F. C. Tompkins (*Trans. Faraday Soc.* **53** [1957] 218/28, 227), G. C. A. Schuit, L. L. van Reijen (*Advan. Catalysis* **10** [1958] 242/317, 278).

Fig. 165.

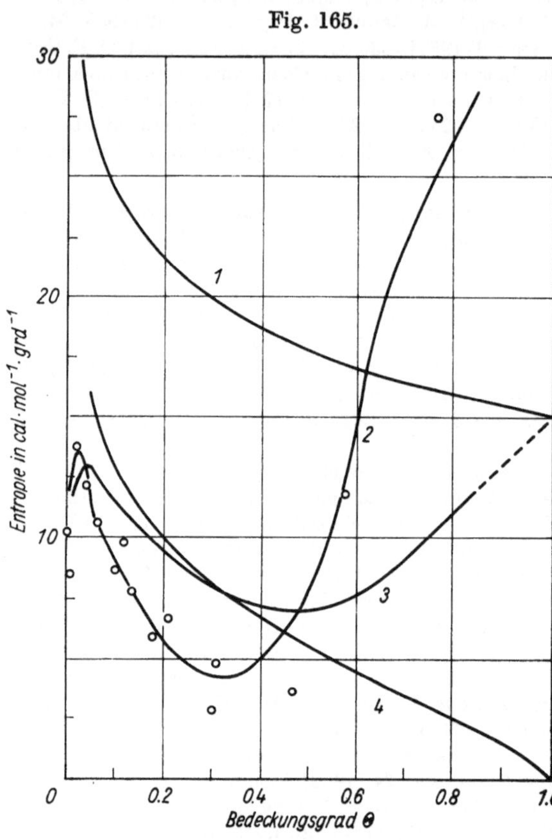


Experimentelle und ber. Entropie des adsorbierten Wasserstoffs bei 25°C.

*Changes in Ni Physical Properties by $H_2$ Adsorption*

## Änderungen physikalischer Eigenschaften des Ni durch $H_2$-Beladung

Es werden hier nur diejenigen Eigg. berücksichtigt, die Rückschlüsse auf die Bindungsverhältnisse zwischen Adsorbens und Adsorbat ziehen lassen. Die Wiedergabe beschränkt sich somit im wesentlichen auf die elektr. und magnet. Eigenschaften. Angaben zur Änderung der Oberflächenstruktur des Ni bei der Adsorption von $H_2$ und $D_2$ s. S. 355.

*Changes in Surface Potential*

**Oberflächenpotentialänderung** P = Differenz der Elektronenaustrittsarbeiten des Ni vor und nach der Adsorption. Als Übersichtsarbeiten s. R. V. Culver, F. C. Tompkins (*Advan. Catalysis* **11** [1959] 68/131), A. E. Eberhagen (*Fortschr. Physik* 8 [1960] 245/94). Für Wasserstoffschichten auf Ni-Filmen, bei $t_a$ aufgedampft, mit verschiedenen Meth. gem. P-Werte (In der Tabelle angegebene Meth.: a = Elektronenemissions-(Kurvenverschiebungs-)Meth., b = photoelektr. Meth., c = Schwingkondensator-Meth.):

| | | | | | | | | | |
|---|---|---|---|---|---|---|---|---|---|
| P in V | −0.33*) | −0.33 | −0.39 | −0.36 | −0.12 | ∼−0.1 | ∼−0.1 | −0.4 | −0.345 |
| Meth. | a | — | b | b | b | a, c | b | c | c |
| $H_2$-Druck in Torr | $10^{-5}$ | — | $<10^{-7}$ | $<10^{-4}$ | $<10^{-1}$ ($\Theta=1$) | ∼1 | 1 (?) | 0.1 bis 0.5 | $>2$ ($\Theta\rightarrow 1$) |
| Meßtemp. in °C | −183 | −183 | −183 | 0 | 20 | 60, 70 | ∼20 | ∼20 | 20 |
| $t_a$ in °C | −183 | −183 | −183 | −183**) | 0 | 20, 60***) | ∼20 | — | −196 |
| Lit. | 1) | 2) | 3) | 3) | 4) | 5) | 6) | 7) | 8) |

*) Maximalwert. — **) Bei 100°C getempert. — ***) Näheres über Vorbehandlung s. Original.

1) R. Culver, J. Pritchard, F. C. Tompkins (*Proc. 2nd Intern. Congr. Surface Activity, London* 1957, S. 243/51, 247). — 2) F. Sweett laut R. Culver u. a. (*l. c.*). — 3) R. Suhrmann (*Z. Elektrochem.* **60** [1956] 804/15, 813), vgl. auch G. Günzler (*Diss. Braunschweig T.H.* 1956). — 4) M. McD. Baker, E. K. Rideal (*Nature* **174** [1954] 1185/6), M. McD. Baker, G. I. Jenkins, E. K. Rideal (*Trans. Faraday Soc.* **51** [1955] 1592/6). — 5) K. Azuma, A. Kobayashi (*Shokubai* [*Tokyo*] **10** [1954] 1/10 nach *C.A.* **1955** 6707, **13** [1956] 45/56 nach *C.A.* **1957** 9277; *J. Res. Inst. Catalysis, Hokkaido Univ.* **4** [1957] 152/9, 156, 210/21, 215). — 6) W. M. H. Sachtler, G. J. H. Dorgelo (*J. Chim. Phys.* **54** [1957] 27/36, 29). — 7) Iwao Ogawa, Tadayoshi Doke, Ichiro Nakada (*Oyo Butsuri* **21** [1952] 223/4 nach *C.A.* **1952** 10776, **22** [1953] 101/6 nach *C.A.* **1953** 10380). — 8) J. C. P. Mignolet (*Discussions Faraday Soc.* Nr. 8 [1950] 105/14, 107, 326/31). An einer Ni-Spitze wird im Feldelektronenmikroskop bei 20°K ein P-Wert von ∼−0.5 V erhalten, R. Wortman, R. Gomer, R. Lundy (*J. Chem. Phys.* **27** [1957] 1099/1107, 1102); weitere Angabe für kompaktes Ni s. J. H. v. Duhn (*Ann. Physik* [5] **43** [1943] 37/52, 45). Die negativen Werte von P entsprechen einer Doppelschicht, bei der der adsorbierte Wasserstoff negativ gegenüber dem Metall geladen ist, vgl. J. J. Broeder u. a. (*Z. Elektrochem.* **60** [1956] 838/47, 840, 844), M. McD. Baker u. a. (*l. c.*), K. Azuma, A. Kobayashi (*l. c.*).

Über Änderung von P bei −183 und 0°C mit der Bedeckung, die nicht linear verläuft, s. R. Culver u. a. (*l. c.* S. 251), M. McD. Baker, E. K. Rideal (*l. c.*). Lineare Abhängigkeit der P-Werte von der Bedeckung bei 20°C findet J. C. P. Mignolet (*l. c.* S. 108), vgl. auch J. H. v. Duhn (*l. c.*). Bei 20°C führen $H_2$-Zugaben, die den Druck auf $\geq 10^{-1}$ Torr erhöhen, zu einer leichten Verringerung des P-Wertes bei $\Theta=1$ (s. vorstehende Tabelle) um max. 0.02 V; diese ist bei längerem Abpumpen reversibel, M. McD. Baker u. a. (*l. c.*); über Änderung von P bei gewöhnl. Temp. im Druckbereich von $10^{-2}$ bis $10^{-1}$ Torr s. auch K. Azuma, A. Kobayashi (*J. Res. Inst. Catalysis, Hokkaido Univ.* **4** [1957] 210/21, 220). Eine wesentlich stärkere Verschiebung von P um max. +0.1 V (bei 10 Torr) durch $H_2$-Zugabe nach fast vollständiger monoatomarer Bedeckung der Ni-Oberfläche wird bei −196°C festgestellt. Zur Deutung wird die Bldg. einer zweiten, („positiven“) van der Waalsschen Schicht in Vertiefungen der ersten, chemisorbierten Wasserstoffschicht angenommen, wo eine Polarisierung mit entgegengesetztem Vorzeichen eintritt. Das Dipolmoment der Teilchen der zweiten Schicht ist erheblich größer, J. C. P. Mignolet (*l. c.*). In einer späteren Arbeit wird der Effekt durch „nichtstöchiometrische“ Chemisorption erklärt, wobei nach Besetzung sämtlicher Oberflächenlagen noch zusätzlich H-Atome unter Gitterverzerrung und Verschiebung der bereits adsorbierten Atome aus ihren Lagen niedrigster Energie aufgenommen werden. Dabei nimmt das Dipolmoment infolge Verringerung der Überlappung der Orbitale ab, J. C. P. Mignolet (*J. Chem. Phys.* **20** [1952] 341/2). Für ungeordnete Filme nimmt P bei $\sim 10^{-3}$ Torr um 0.21 V ab. Für durch Tempern (100°C) geordnete Filme wird bei −183°C und Drucken $>10^{-4}$ bis $10^{-3}$ Torr eine Änderung um nur einige hundertstel V gefunden, R. Suhrmann (*l. c.*), G. Günzler (*l. c.*). Zur Theorie vgl. auch M. J. Boudart (*J. Am. Chem. Soc.* **74** [1952] 3556/61), Tomiyuki Toya (*J. Res. Inst. Catalysis, Hokkaido Univ.* 8 [1960] 209/63, 209), M. McD. Baker u. a. (*l. c.*), F. C. Tompkins (*S. African. Ind. Chemist* **17** [1963] 78/82). An verunreinigten Oberflächen (Vak. bei Aufdampfen $\sim 10^{-5}$ Torr) werden positive P-Werte gemessen, dagegen führt Tempern der Filme nicht zu einer Änderung des Vorzeichens, W. M. H. Sachtler (*J. Chim. Phys.* **54** [1957] 27/36, 28; *J. Chem. Phys.* **25** [1956] 751/2), s. auch J. C. P. Mignolet in Diskussion zu F. Sweett, E. Rideal (*Actes Intern. Congr. Catalyse, 2e, Paris* 1960 [1961], S. 175/87, 187/94, 187).

*Electric Resistance of Films*

**Elektrischer Widerstand von Filmen.** Die Anwesenheit adsorbierter Atome ändert die Periodizität des Oberflächenpot. und sollte stets eine Erhöhung des Widerstandes bewirken. Bei (Oberflächen-) Hydrid-Bldg. wird außerdem ein Elektron aus dem Leitungsband entfernt und am $H^-$-Ion lokalisiert. Ein ähnlicher Verlust tritt bei Bldg. einer kovalenten Bindung ein. In beiden Fällen müßte der Widerstand deutlich zunehmen, s. P. M. Gundry, F. C. Tompkins (*Quart. Rev.* [*London*] **14** [1960] 257/91, 285). Im Falle der Bldg. positiver Ionen wird zunächst eine Abnahme des Widerstandes voraus-

gesetzt, da an das Metall zusätzliche Leitungselektronen abgegeben werden, vgl. z. B. R. SUHRMANN, K. SCHULZ (*Naturwissenschaften* **42** [1955] 340); einleuchtender ist jedoch die Annahme, daß diese Elektronen in unmittelbarer Nachbarschaft der Wasserstoff-Ionen lokalisiert bleiben, so daß die Leitf. höchstens unbedeutend verändert wird, P. M. GUNDRY, F. C. TOMPKINS (*l. c.* S. 286), P. ZWIETERING, H. L. T. KOKS, C. VAN HEERDEN (*J. Phys. Chem. Solids* **11** [1959] 18/25, 24).

An getemperten Filmen werden zwischen −190 und +200°C zunächst nur Widerstandsabnahmen beobachtet. Diese werden mit der Adsorption positiv polarisierter H-Atome erklärt, die vor allem bei höherer Temp. teilweise in Protonen und Elektronen zerfallen, welche in das Metallgitter eindringen. Das Auftreten der Elektronen führt dann zu einer besonders starken Widerstandsabnahme, R. SUHRMANN (*Z. Elektrochem.* **56** [1952] 351/60, 355; *Advan. Catalysis* **7** [1955] 303/52, 332), R. SUHRMANN, K. SCHULZ (*Z. Physik. Chem.* [*Frankfurt*] [2] **1** [1954] 69/97, 84; *J. Colloid Sci. Suppl.* **1** [1954] 50/6), G. RIENÄCKER, N. HANSEN (*Z. Anorg. Allgem. Chem.* **284** [1956] 162/76, 166; *Z. Elektrochem.* **60** [1956] 887/91), B. HAHN (*Diss. Hannover T.H.* 1957, S. 13). An ungetemperten Filmen jedoch wird bei 90°K (−183°C) Widerstandszunahme festgestellt. Sie wird mit der Anwesenheit einer wesentlich größeren Anzahl von Zentren relativ kleiner Elektronenaustrittsarbeit in Verbindung gebracht, die beim Tempern verschwinden und an denen eine Polarisation der Ni–H-Bindung in umgekehrter Richtung erfolgt, R. SUHRMANN, K. SCHULZ (*Naturwissenschaften* **42** [1955] 340), R. SUHRMANN (in: W. E. GARNER, *Chemisorption, London* 1957, S. 106/17, 114).

Eine bei getemperten Filmen bei −78°C und sehr niedrigen Drucken beob. Widerstandserhöhung wird auf Selbsterwärmung des Films zurückgeführt. Ihr folgt eine irreversible Widerstandsabnahme und bei höheren Drucken ($10^{-5}$ bis 600 Torr) eine erneute Zunahme. Die Abnahme wird auf die Existenz von Gitterfehlstellen zurückgeführt, die als Elektronenfallen wirksam sind, während die Zunahme versuchsweise mit einer Änderung der Berührungswiderstände zwischen den Kristalliten durch die Adsorption erklärt wird. Letzterer überlagert sich besonders bei höheren Tempp. eine den Widerstand verringernde Sorption ins Innere des Metalls, J. H. SINGLETON (*J. Phys. Chem.* **60** [1956] 1606/11). Die erwähnte Widerstandszunahme bei sehr niedrigen Belegungsdichten soll jedoch für alle reinen Ni-Filme — unabhängig davon, ob formiert oder nicht — charakteristisch sein, während verunreinigte Filme (Aufdampfvak. $>10^{-6}$ Torr) stets nur Widerstandsabnahmen aufweisen sollen. Im übrigen wird der von J. H. SINGLETON (*l. c.*) festgestellte Verlauf der Widerstandsänderung mit Max. und Minimum für −78 und 0°C bestätigt und, wie auf S. 352 beschrieben, gedeutet. Ein Sorptionsvorgang wird (auch bei 0°C) ausgeschlossen, W. M. H. SACHTLER (*J. Chem. Phys.* **25** [1956] 751/2), W. M. H. SACHTLER, G. J. H. DORGELO (*J. Chim. Phys.* **54** [1957] 27/36, 28; *Bull. Soc. Chim. Belges* **67** [1958] 465/88, 475; *Z. Physik. Chem.* [*Frankfurt*] [2] **25** [1960] 69/74), vgl. auch K. AZUMA, A. KOBAYASHI (*J. Res. Inst. Catalysis, Hokkaido Univ.* **4** [1957] 152/9, 210/21, 221), Z. ODA, H. ARATA (*J. Phys. Chem.* **62** [1958] 1471/4). Tatsächlich kann auch bei getemperten Filmen für Zugabedrucke von etwa $10^{-5}$ Torr eine Zunahme des Widerstandes nachgewiesen werden. Sie wird damit begründet, daß auch nach dem Tempern noch eine geringe Anzahl von Flächen mit kleiner Elektronenaustrittsarbeit vorliegt, an der die Adsorption bevorzugt erfolgt. Aus der ermittelten Beanspruchung der Leitungselektronen durch die adsorbierten Molekeln ergibt sich, daß die Zunahme auf eine Polarisierung des Wasserstoffs in Richtung $H^-$, die darauf folgende Abnahme des Widerstandes auf eine Polarisierung in Richtung $H_2^+$ zurückzuführen ist. Bei Drucken $>10^{-3}$ Torr und gewöhnl. Temp. überlagert sich noch ein Diffusionsvorgang, wahrscheinlich in das Innere des Films, der mit einer Widerstandsabnahme verbunden ist und einer Geschw.-Gleichung 1. Ordnung gehorcht, R. SUHRMANN, G. WEDLER, D. SCHLIEPHAKE (*Z. Physik. Chem.* [*Frankfurt*] [2] **12** [1957] 128/31). Unters. der Abhängigkeit der Polarisierung des adsorbierten Wasserstoffs und des elektr. Widerstandes der Filme vom Temperzustand und von der Schichtdicke bei 90 und 273°K, s. D. SCHLIEPHAKE (*Diss. Hannover T.H.* 1957). — Mit den früheren Beobachtungen von J. H. SINGLETON (*l. c.*) und W. M. H. SACHTLER, G. J. H. DORGELO (*l. c.*) sowie späteren Unterss. von V. PONEC, Z. KNOR (*Actes Intern. Congr. Catalyse, 2e, Paris* 1960 [1961], *Bd.* 1, S. 195/211; *Collection Czech. Chem. Commun.* **25** [1960] 2913/5) im wesentlichen in Einklang stehende $\Delta R/R$–$\Theta$–Kurven werden in **Fig. 166** und **Fig. 167** für 90 und 293°K gezeigt. Gleichzeitig wird die Änderung der lichtelektr. Empfindlichkeit mit der Bedeckung wiedergegeben. Die Filme sind bei 90°K und $<10^{-9}$ Torr aufgedampft und 1 Std. bei 373°K getempert. Rauhigkeitsfaktor 2.5, Schichtdicke 100 Å. Das Ausgangsmaterial enthält ~2% Verunreinigungen (hauptsächlich Co, Al, Si). Aus spektralreinem Ni hergestellte Filme zeigen qualitativ das gleiche Verh., nur die Extrempunkte sind z. T. bezüglich Höhe und Lage verschoben. Der Verlauf der Kurven läßt sich durch Annahme von 3 verschiedenen Adsorptionstypen erklären, die bei zunehmender Belegung nacheinander und teilweise auch nebeneinander auftreten: 1) atomar adsorbierter, negativ polarisierter Wasserstoff,

der den Mechanismus der Stromleitung behindert; 2) atomar adsorbierter, zumindest z. T. in Protonen und Elektronen zerfallener Wasserstoff, der bei gewöhnl. Temp. bis zu einem gewissen Grade in die Filmoberfläche eindiffundieren kann und die Stromleitung begünstigt; 3) molekular adsorbierter Wasserstoff, der hauptsächlich bei 90°K nachgewiesen werden kann und zumindest teilweise positiv polarisiert ist; er behindert im Gegensatz zu den Angaben auf S. 348 die Stromleitung. Wegen des Fehlens des molekularen Wasserstoffs bei gewöhnl. Temp. wird im untersuchten Druckbereich kein Minimum beobachtet, R. SUHRMANN, Y. MIZUSHIMA, A. HERMANN, G. WEDLER (*Z. Physik. Chem.* [*Frankfurt*] [2] **20** [1959] 332/52, 341, 351), vgl. auch Y. MIZUSHIMA (*J. Phys. Soc. Japan* **15** [1960] 1614/31, 1616). Bei ungetemperten Filmen ist die durch molekularen Wasserstoff bedingte zweite Widerstandszunahme viel größer als bei getemperten (weitere Einzelheiten über den Einfluß von Temper- und Aufdampf-Temp. sowie von Schichtdicke und Arbeitsbedingungen auf die Widerstandsänderung s. Original), Y. MIZUSHIMA (*l. c.*). Das Max. der $\Delta R/R$–$\Theta$-Kurven von bei −73°C kondensierten und bei ~60°C getemperten Filmen tritt (untersucht bei −195, −73 und +27°C) stets an der gleichen Stelle auf, nur die Höhe ist verschieden. Auch bei verschiedenen Filmen läßt sich die Lage des Max., nicht aber die Größe der entsprechenden relativen Widerstandsänderung reproduzieren. Die Existenz verschiedener Adsorptionstypen wird angezweifelt; zur Erklärung des komplexen Verlaufs der $\Delta R/R$-Kurven soll die Annahme einer Änderung der relativen Beteiligung der d-Orbitale an der Chemisorptionsbindung im Verlaufe der Adsorption ausreichen, V. PONEC, Z. KNOR (*Actes Intern. Congr. Catalyse, 2*ᵉ, *Paris* 1960 [1961], *Bd.* 1, S. 195/211, 199, 207; *Collection Czech. Chem. Commun.* **25**

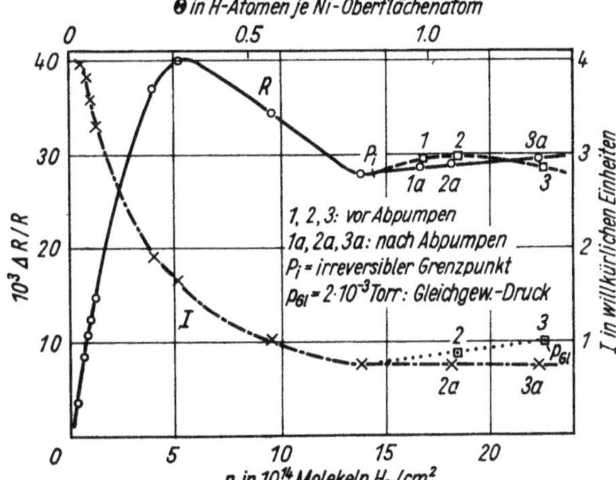


Fig. 166.

Änderung von Widerstand R und lichtelektr. Empfindlichkeit I mit zunehmender Belegungsdichte bei 90° K.

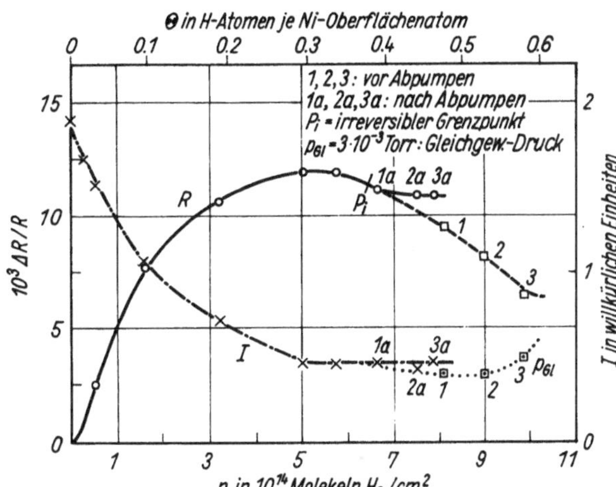


Fig. 167.

Änderung von Widerstand R und lichtelektr. Empfindlichkeit I mit zunehmender Belegungsdichte bei 293° K.

[1960] 2913/5), V. PONEC in Diskussion zu V. PONEC, Z. KNOR (*l. c.* S. 212/5, 213), vgl. auch S. 353. Weitere Beiträge zur Theorie der Leitf.-Änderung von Ni durch Adsorption von Wasserstoff s. TOMIJUKI TOYA (*J. Res. Inst. Catalysis, Hokkaido Univ.* 8 [1960] 209/63, 209), P. ZWIETERING, H. L. T. KOKS, C. VAN HEERDEN (*J. Phys. Chem. Solids* 11 [1959] 18/25, 20), vgl. auch R. SUHRMANN (*Advan. Catalysis* 7 [1955] 303/52; *Z. Elektrochem.* 60 [1956] 804/15), F. C. TOMPKINS (*S. African. Ind. Chemist* 17 [1963] 78/82).

*Photoelectric Sensitivity*

**Lichtelektrische Empfindlichkeit.** Messungen der lichtelektr. Empfindlichkeit bei 90 und 293°K an Ni-Filmen, vgl. Fig. 166 und 167, S. 349, bestätigen im wesentlichen die durch Widerstandsmessungen gewonnenen und auf S. 348 diskutierten Ergebnisse hinsichtlich des Auftretens verschiedener Adsorptionstypen (nähere Einzelheiten im Original), R. SUHRMANN u. a. (*l. c.* S. 342, 350); vgl. auch D. SCHLIEPHAKE (*Diss. Hannover T.H.* 1957, S. 84, 95), G. GÜNZLER (*Diss. Braunschweig T.H.* 1956), B. HAHN (*Diss. Hannover T.H.* 1957), R. SUHRMANN (*Z. Elektrochem.* 56 [1952] 351/60, 354). Ältere Unterss. s. S. ROGINSKII (*Acta Physicochim. URSS* 1 [1934] 473/82 nach *C.A.* 1935 6494), O. I. LEYPUNSKY (*Acta Physicochim. URSS* 2 [1935] 737/60, 752).

*Magnetization*

**Magnetisierung.** Da die Chemisorption vermutlich leere d-Orbitale des Metalls (oder Löcher im d-Band) beansprucht, sollte die eine Spinpaarung bewirkende kovalente Bindung des Adsorbats die Magnetisierung verringern. Ein ähnlicher Effekt muß beim Vorliegen des Adsorbats in Form positiver Ionen erwartet werden; dagegen sollte Elektronenabgabe des Metalls zu einer Erhöhung der Magnetisierung führen, vgl. P. M. GUNDRY, F. C. TOMPKINS (*Quart. Rev. [London]* 14 [1960] 257/91, 289). — Chemisorbierter Wasserstoff verringert die Magnetisierung von Ni auf $SiO_2$-Trägern. Außer bei sehr niedrigen und sehr hohen Belegungsdichten ist die Abnahme der aufgenommenen Wasserstoffmenge (bzw. dem Logarithmus des $H_2$-Drucks) direkt proportional, L. E. MOORE, P. W. SELWOOD (*J. Am. Chem. Soc.* 78 [1956] 697/701), P. W. SELWOOD (*J. Am. Chem. Soc.* 78 [1956] 3893/7, 79 [1957] 3346/51, 4637/40; *Advan. Catalysis* 9 [1957] 93/106, 102; *Actes Intern. Congr. Catalyse, 2e, Paris* 1960 [1961], *Bd.* 2, S. 1795/1809, 1800), J. A. SABATKA (*Diss. Northwestern Univ.* 1956 nach *Diss. Abstr.* 16 [1956] 2301), E. L. LEE, J. A. SABATKA, P. W. SELWOOD (*J. Am. Chem. Soc.* 79 [1957] 5391/7), L. VASKA, P. W. SELWOOD (*J. Am. Chem. Soc.* 80 [1958] 1331/5), E. L. LEE (*Diss. Northwestern Univ.* 1957, S. 36, 45, *Diss. Abstr.* 18 [1958] 83), R. J. LEAK, P. W. SELWOOD (*J. Phys. Chem.* 64 [1960] 1114/20), R. E. DIETZ, P. W. SELWOOD (*J. Appl. Phys.* 30 [1959] 101/102 S), R. E. DIETZ (*Diss. Northwestern Univ.* 1960 nach *Diss. Abstr.* 21 [1960] 1076; PB-150536 [1959] nach *C.A.* 57 [1962] 4168), J. J. BROEDER, L. L. VAN REIJEN, A. R. KORSWAGEN (*J. Chim. Phys.* 54 [1957] 37/44, 39), G. MARTIN, R. GIBERT (*Compt. Rend.* 256 [1963] 4889/90). Die aus den Messungen gezogenen Schlüsse über Art und Lokalisierung der Bindung s. S. 353. — Der vor allem bei hohen Bedeckungsgraden beob. langsame Sorptionsvorgang, s. S. 319, ruft ebenfalls eine Erniedrigung der Magnetisierung hervor, die bei gewöhnl. Temp. je $cm^3$ sorbiertes $H_2$ wesentlich kleiner ist als die durch den raschen Sorptionsprozeß bewirkte, die aber bei sinkender Temp. stark zunimmt. Man nimmt an, daß es sich hierbei ebenfalls um einen Chemisorptionsprozeß an kleinen, schwer zugänglichen Teilchen handelt, dessen Geschw. durch Diffusion bestimmt wird, P. W. SELWOOD (*J. Am. Chem. Soc.* 78 [1956] 3893/7; *Actes Intern. Congr. Catalyse, 2e, Paris* 1960 [1961], *Bd.* 2, S. 1795/1809, 1801), E. L. LEE u. a. (*l. c.*), L. VASKA, P. W. SELWOOD (*l. c.*), E. L. LEE (*l. c.*). Bei niedrigen Tempp. tritt eine Erhöhung der Magnetisierung durch chemisorbierten Wasserstoff ein, die zunächst auf $H^-$-Ionenbildung an sehr kleinen Teilchen zurückgeführt wird, L. E. MOORE, P. W. SELWOOD (*l. c.*), E. L. LEE u. a. (*l. c.*), E. L. LEE (*l. c.*). Der „positive“ Effekt wird aber auch mit Abweichungen vom superparamagnet. Verh. infolge magnet. Anisotropie erklärt, R. E. DIETZ (*l. c.*), R. E. DIETZ, P. W. SELWOOD (*l. c.*), P. W. SELWOOD (*Actes Intern. Congr. Catalyse, 2e, Paris* 1960 [1961], *Bd.* 2, S. 1795/1809, 1801), vgl. auch R. J. LEAK (NP-7197 [1958] nach *N.S.A.* 13 [1959] Nr. 5291).

*Infrared Absorption Spectrum*

**Ultrarotabsorptionsspektrum.** Eine chemisorbiertem Wasserstoff zuzuordnende Bande im UR-Absorptionsspektrum wird bei Ni–$H_2$ (Ni auf $SiO_2$-Träger) nicht beobachtet. Es wird daraus geschlossen, daß der Wasserstoff wahrscheinlich in Vertiefungen zwischen den Oberflächenmetallatomen angeordnet und an 3 bis 4 Ni-Atome gleichzeitig gebunden ist. Eine solche Mehrfachbindung setzt voraus, daß der Wasserstoff Elektronen abgibt und vorwiegend Proton-Charakter besitzt. Dies führt zu einer Verschiebung der entsprechenden Absorptionsbande nach längeren Wellenlängen, wo die Absorption des Trägers stark bemerkbar wird; außerdem dürfte eine solche Bande nur geringe Intensität aufweisen, R. P. EISCHENS, W. A. PLISKIN (*Advan. Catalysis* 10 [1958] 1/56, 26), vgl. dazu auch P. M. GUNDRY, F. C. TOMPKINS (*Quart. Rev. [London]* 14 [1960] 257/91, 275).

## Bindungszustand des adsorbierten Wasserstoffs

*State of Bond of the Adsorbed Hydrogen*

*Type of Bond. Physical Adsorption*

**Bindungsart. Physikalische Adsorption.** Rein physikal. Adsorption von $H_2$ an Ni tritt erst unterhalb 20°K auf nach O. BEECK (*Advan. Catalysis* **2** [1950] 151/95, 167), O. BEECK, J. W. GIVENS, A. W. RITCHIE (*J. Colloid Sci.* **5** [1950] 141/7, 144), A. EUCKEN (*Z. Elektrochem.* **53** [1949] 285/90), A. VAN ITTERBEEK, J. BORGHS (*Z. Physik. Chem.* B **50** [1942] 128/42, 133), A. EUCKEN, W. HUNSMANN (*Z. Physik. Chem.* B **44** [1939] 163/84, 170), vgl. auch N. N. KAVTARADZE (*Izv. Akad. Nauk SSSR, Otd. Khim. Nauk* **1958** 1045/53; *Bull. Acad. Sci. USSR, Div. Chem. Sci.* **1958** 1015/23, 1015). Bei feldelektronenmikroskop. Unterss. wird bei hoher Belegung eine feldabhängige Verschiebung des Gleichgew. zwischen $H_2$-Molekeln und Atomen sogar noch zwischen 2 und 4°K beobachtet (theoret. Unterss. s. Original), R. WORTMAN, R. GOMER, R. LUNDY (*J. Chem. Phys.* **27** [1957] 1099/1107, 1100, 1104). Nach anderer Auffassung soll nahezu rein physikal. Adsorption schon unterhalb ~90°K vorliegen, S.-I. IIJIMA (*Rev. Phys. Chem. Japan* **14** [1940] 128/36, 134; *Sci. Papers Inst. Phys. Chem. Res.* [*Tokyo*] **38** [1940/41] 183), O. I. LEYPUNSKY (*Acta Physicochim. URSS* **5** [1936] 807/12), A. F. BENTON, T. A. WHITE (*J. Am. Chem. Soc.* **53** [1931] 3301/14, 3310). In einem Zwischengebiet treten physikalisch und chemisch adsorbierter Wasserstoff nebeneinander auf, vgl. beispielsweise R. SUHRMANN (*Z. Elektrochem.* **56** [1952] 351/60, 355), A. VAN ITTERBEEK, J. BORGHS (*l. c.* S. 131), A. J. GOULD, W. BLEAKNEY, H. S. TAYLOR (*J. Chem. Phys.* **2** [1934] 362/373, 370), A. F. BENTON, T. A. WHITE (*J. Am. Chem. Soc.* **52** [1930] 2325/36, 2334). Physikal. Adsorption soll nach kinet. Theorien als Teilprozeß am Anfang des Adsorptionsvorganges, s. S. 320, nach Unterss. des Isothermenverlaufs und der Abhängigkeit der Adsorptionswärmen vom Bedeckungsgrad, eventuell unter Bldg. einer zweiten Adsorbatschicht, an dessen Ende auftreten, vgl. S. 326, 340.

Die gesamte physikal. Adsorption, die als Differenz der Sorption zwischen 20 und 80°K gemessen wird, ist bei Filmen für die auf- und absteigenden Äste der Isobaren (vgl. S. 333/334) praktisch gleich. Sie ist bei einem bei 23°C getemperten Film 4 mal größer als bei einem bei 200°C getemperten; dieses Verhältnis entspricht nicht dem der Oberflächen (Zahlenangaben für die Anteile der physikal. und chem. Adsorption an der Gesamtadsorption bei 20°K s. Original), O. BEECK u. a. (*l. c.* S. 141/7), O. BEECK (*l. c.*). Bei 77°K aufgedampfte, unorientierte Filme enthalten bei der gleichen Temp. und $4 \cdot 10^{-3}$ Torr in der zuerst sich bildenden Chemisorptionsschicht ~33mal so viel Wasserstoff wie in der darüber befindlichen VAN DER WAALS-Schicht, J. C. P. MIGNOLET (*Discussions Faraday Soc.* Nr. 8 [1950] 105/14, 108). Die Größe der physikal. Adsorption bei 90°K wird bei Pulvern, die aus NiO bei 280 bis 460°C hergestellt sind, durch die Höhe der Red.-Temp. nur wenig verändert, S.-I. IIJIMA (*l. c.* S. 130; *l. c.*). Das Verhältnis der beiden Adsorptionsarten bei 78°K ist für Ni auf $SiO_2$-, $Cr_2O_3$-, $ThO_2$- und BeO-Trägern sehr unterschiedlich, H. SADEK, H. S. TAYLOR (*J. Am. Chem. Soc.* **72** [1950] 1168/75, 1173). — Angaben über die obere Grenze des Koexistenzbereiches der beiden Adsorptionsarten weichen stark voneinander ab (in Auswahl): ~78°K nach N. N. KAVTARADZE (*Izv. Akad. Nauk SSSR, Otd. Khim. Nauk* **1958** 1045/53; *Bull. Akad. Sci. USSR, Div. Chem. Sci.* **1958** 1015/23, 1016), O. BEECK u. a. (*l. c.*), O. BEECK (*l. c.*), P. W. SELWOOD (*J. Am. Chem. Soc.* **78** [1956] 3893/7), 147.5°K nach P. M. GUNDRY, F. C. TOMPKINS (*Trans. Faraday Soc.* **53** [1957] 218/28, 226), gewöhnl. Temp. nach R. SUHRMANN, Y. MIZUSHIMA, A. HERMANN, G. WEDLER (*Z. Physik. Chem.* [*Frankfurt*] [2] **20** [1959] 332/52, 342), Y. MIZUSHIMA (*J. Phys. Soc. Japan* **15** [1960] 1614/31, 1624, 1630), 473°K nach W. VAN DINGENEN (*Verh. Kon. Vlaamsche Acad. Wetensch., Letteren schoone Kunsten Belgie, Kl. Wetensch.* **4** Nr. 4 [1942] 5/59, 31). Ein Tunneleffekt bei tiefen Tempp. beim Übergang von der physikal. zur chem. Adsorption ist nicht nachweisbar, A. EUCKEN, W. HUNSMANN (*Z. Physik. Chem.* B **44** [1939] 163/84, 166).

*Positive Polarized Molecular Hydrogen (Chemisorbed?)*

**Positiv polarisierter, molekularer Wasserstoff (chemisorbiert?).** Der bei hohen Bedeckungsgraden vor allem bei tiefen Tempp. molekular adsorbierte Wasserstoff (s. im vorstehenden) muß nach Messungen des Kontaktpot., des elektr. Widerstandes und der lichtelektr. Empfindlichkeit wenigstens z. T. positiv polarisiert sein (s. S. 352); er ist nach calorimetr. Unterss. nur schwach gebunden, vgl. S. 343. — Die Frage der Bindungsart bei diesem Adsorptionstyp wird meistens offengelassen. Diskutiert wird eine Festlegung der Molekeln an der Oberfläche durch „charge-transfer no-bond"-Resonanz, also eine Art VAN DER WAALSsche Bindung, J. C. P. MIGNOLET (*Chemisorption, London* 1957, S. 118/24; *J. Chem. Phys.* **21** [1953] 1298), oder aber eine Ein-Elektronenchemisorptionsbindung ($Ni^- \cdot H_2^+$), N. N. KAVTARADZE (*l. c.*). Um das Max. der Isobaren (vgl. S. 333/335) und die kinet. und thermochem. Besonderheiten des Adsorptionsvorganges zu erklären, wird der Teilprozeß, der bei niedriger Bedeckung momentan und irreversibel abläuft, der Adsorption atomaren Wasserstoffs, der darauf folgende reversibel ablaufende der Chemisorption molekularen Wasserstoffs zugeordnet. Die molekulare Adsorption ist

stark druckabhängig, die atomare Adsorption im wesentlichen nur temperaturabhängig. Ein Gleichgew. zwischen beiden Adsorptionsarten liegt schon bei —195°C vor und verschiebt sich bei steigender Temp. (entgegen den Angaben anderer Autoren) zur molekularen Adsorption, indem ein Tl. der H-Atome unter Rekombination zu Molekeln desorbiert und die freiwerdenden Stellen von molekularem Wasserstoff besetzt werden, wodurch sich in einem gewissen Temp.-Bereich die Größe der Gesamtadsorption erhöht. Bei 150°C wird die Ni-Oberfläche frei von Wasserstoff. **Fig. 168** zeigt auf den von atomarer Adsorption freien Tl. der Oberfläche bezogene (reduzierte) Isothermen der molekularen Chemisorption. Die Temp.-Abhängigkeit der Belegungsdichte $\Theta_a$ durch atomaren Wasserstoff läßt sich durch die Beziehung $\log(\Theta_a/1-\Theta_a) = 2.72-9.08 \times 10^3T$ beschreiben. Angaben über prozentuale Anteile der einzelnen Adsorptionsarten an der Gesamtadsorption bei verschiedenen Tempp. und Gleichungen, die den Zusammenhang zwischen der Anzahl der chemisorbierten H-Atome bzw. Molekeln und den thermodynam. Größen des Systems erfassen, s. im Original. Alle Angaben gelten für im Hoch-Vak. auf Glas aufgedampfte Filme, N. N. Kavtaradze (*Z. Physik. Chem.* **28** [1961] 376/92, 383; *Izv. Akad. Nauk SSSR, Otd. Khim. Nauk* **1958** 1045/53; *Bull. Acad. Sci. USSR, Div. Chem. Sci.* **1958** 1015/23; *Zh. Fiz. Khim.* **32** [1958] 909/12, 1055/8; *Dokl. Akad. Nauk SSSR* **114** [1957] 822/5; *Proc. Acad. Sci. USSR, Phys. Chem. Sect.* **114** [1957] 359/62; *Poverkhn. Khim. Soedin. i ikh Rol v Yavleniyakh Adsorbtsii, Sb. Tr. Konf. po Adsorbtsii, Moscow* 1955 [1957], S. 73/8). Kritik der vorstehenden Vorstellungen s. Z. Knor, V. Ponec (*Collection Czech. Chem. Commun.* **26** [1961] 37/51, 50).

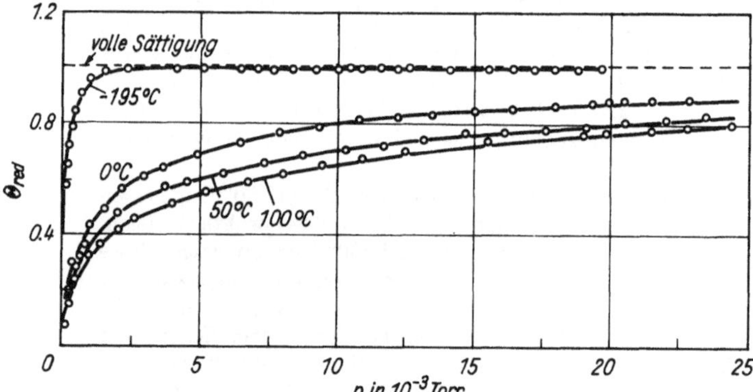


Fig. 168.
**Reduzierte Isothermen der molekularen Chemisorption.**

Aus der Zunahme der lichtelektr. Empfindlichkeit wird geschlossen, daß der bei 90°K bei hoher Belegung molekular adsorbierte Wasserstoff z. T. positiv polarisiert ist. Die gleichzeitige Widerstandszunahme zeigt an, daß bei dieser Adsorption auch Metallelektronen im Sinne einer Vergrößerung der Elektronen-Konz. zwischen Molekel und Metall beansprucht werden, R. Suhrmann, Y. Mizushima, H. Hermann, G. Wedler (*Z. Physik. Chem. [Frankfurt]* [2] **20** [1959] 332/52, 350), Y. Mizushima (*J. Phys. Soc. Japan* **15** [1960] 1614/31, 1625), vgl. S. 348/350. Das durch eigene Messungen bestätigte Auftreten von positiven Molekeln, die mit zunehmender Belegung an Stelle der zuerst adsorbierten Atome treten, soll nach anderen Angaben jedoch keine Leitungselektronen des Ni beanspruchen. Das bei der Ionenbldg. abgegebene Elektron andererseits kann zu keiner Erhöhung der Leitf. beitragen, da es durch die positive Gegenladung immobilisiert wird, P. Zwietering, H. L. T. Koks, C. van Heerden (*J. Phys. Chem. Solids* **11** [1959] 18/25, 24). Einen ähnlichen Widerstandsverlauf mit Max. und Minimum wie R. Suhrmann u. a. (*l. c.*) finden W. M. H. Sachtler, G. J. H. Dorgelo (*Bull. Soc. Chim. Belges* **67** [1958] 465/84, 473, 482, 484/8) bei rascher $H_2$-Zugabe. Die anfängliche Widerstandszunahme wird auf die Chemisorption von H-Atomen auf der leicht zugänglichen äußeren Oberfläche zurückgeführt. Bei annähernd vollständiger Besetzung dieser Oberfläche tritt ein zweiter Adsorptionstyp auf, der eine Widerstandsabnahme verursacht. Der hierbei schwächer gebundene Wasserstoff kann an die innere Oberfläche des porösen Filmes wandern und dort in Atome dissoziieren, die den Widerstand erhöhen. Bei sehr langsamer Gaszugabe nimmt der Filmwiderstand kontinuierlich zu, da die Diffusion mit der Adsorption Schritt zu halten vermag. Die im zweiten Bindungszustand vorliegende Wasserstoffmenge beträgt 10% der in der ersten Schicht vorhandenen. Adsorption der zweiten Art findet nach feldelektronenmikroskop. Aufnahmen bevorzugt an den (111)-Flächen statt, der Einfluß auf die Leitf. ist größer als bei der ersten Bindungsart. Eine Deutung des Charakters dieses Adsorptionskomplexes ist auf topograph. Wege möglich, wenn man annimmt, daß zwei energetisch ver-

schiedene Adsorptionsstellen A und B in Vertiefungen der Oberfläche existieren. Nachdem ein großer Tl. der zuerst in Aktion tretenden A-Stellen mit negativ polarisierten H-Atomen besetzt ist, bilden sich Komplexe aus, die aus einem positiv geladenen H-Atom auf einer B-Stelle und drei es im Abstand von 1.44 Å umgebenden Atomen auf A-Stellen bestehen und durch Resonanz zwischen drei molekularen Formen stabilisiert sind (Näheres s. Original), W. M. H. SACHTLER, G. J. H. DORGELO (*l. c.*), vgl. auch P. M. GUNDRY, F. C. TOMPKINS (*Quart. Rev.* [*London*] **14** [1960] 257/91, 287), F. C. TOMPKINS (*S. African Ind. Chemist* **17** [1963] 78/82); eine ähnliche Deutung der „positiven" Adsorbatschicht durch Annahme nichtstöchiometr. Chemisorption unter Gitterverzerrung s. S. 347. Kritik der Theorie von W. M. H. SACHTLER, G. J. H. DORGELO (*l. c.*) und vor allem der Annahme von schwächer gebundenen $H_2^+$-Partikeln, die eine Widerstandsabnahme hervorrufen sollen, s. bei V. PONEC, Z. KNOR (*Collect. Czech. Chem. Commun.* **25** [1960] 2913/5; *Actes Intern. Congr. Catalyse, 2ᵉ, Paris* 1960 [1961], *Bd.* 1, S. 195/211, 207). Die Existenz eines zweiten Bindungstyps wird auch durch magnet. Messungen nicht gestützt, denn die Magnetisierung ist bis zu hohen Bedeckungsgraden der adsorbierten $H_2$-Menge proportional. Es läßt sich dabei außerdem zeigen, daß die Magnetisierungsänderung je adsorbierte Molekel jede Bindungsform ausschließt, bei der nur eine einzige Spinpaarung stattfindet, P. W. SELWOOD (*Actes Intern. Congr. Catalyse, 2ᵉ, Paris* 1960 [1961], *Bd.* 2, S. 1795/1809, 1802), vgl. auch R. E. DIETZ (*Diss. Northwestern Univ.* 1960 nach *Diss. Abstr.* **21** [1960] 1076/7; PB-150536 [1959] nach *C. A.* **57** [1962] 4168). — Positiv polarisierte, chemisorbierte $H_2$-Molekeln auf Ni werden zuerst von A. EUCKEN (*Z. Elektrochem.* **53** [1949] 285/90; *Discussions Faraday Soc.* Nr. 8 [1950] 128/34) angenommen; Vorstellungen in dieser Richtung schon bei O. I. LEYPUNSKY (*Acta Physicochim. URSS* **2** [1935] 737/60, 753), A. MAGNUS, G. SARTORI (*Z. Physik. Chem.* A **175** [1936] 329/41, 332). — Über die Existenz verschiedener Typen der Chemisorptionsbindung s. auch S. 321 und im folgenden Abschnitt.

**Chemisorption.** Die zur Frage der Bindungsform und des Bindungscharakters von an Ni chemisorbiertem Wasserstoff vorliegende umfangreiche Lit., wovon wichtige theoret. Arbeiten sich ganz allgemein auf das Metall–Gas-System beziehen, kann an dieser Stelle nicht vollständig berücksichtigt werden; Übersichtsarbeiten zu diesem Problem s. bei der „Allgemeinen Literatur" S. 317. Die Autoren kommen in vielen Fällen zu widersprüchlichen Ergebnissen, stimmen aber im allgemeinen in der Auffassung überein, daß der chemisorbierte Wasserstoff zumindest bei nicht allzu hohen Belegungsdichten und höheren Tempp. atomar vorliegt und hauptsächlich kovalent gebunden ist, vgl. z. B. Y. MIZUSHIMA (*J. Phys. Soc. Japan* **15** [1960] 1614/31, 1623), P. ZWIETERING, H. L. T. KOKS, C. VAN HEERDEN (*J. Phys. Chem. Solids* **11** [1959] 18/25, 24), W. M. H. SACHTLER, G. J. H. DORGELO (*J. Chim. Phys.* **54** [1957] 27/36, 33), I. HIGUCHI, T. REE, H. EYRING (*J. Am. Chem. Soc.* **79** [1957] 1330/37, 1330), J. J. BROEDER, L. L. VAN REIJEN, W. M. H. SACHTLER, G. C. A. SCHUIT (*Z. Elektrochem.* **60** [1956] 838/47, 844), J. C. P. MIGNOLET (*J. Chem. Phys.* **23** [1955] 753), M. J. BOUDART (*J. Am. Chem. Soc.* **74** [1952] 3556/61), M. E. WINFIELD (*Austral. J. Sci. Research* A **4** [1951] 385/405, 389), D. D. ELEY (*J. Phys. Chem.* **55** [1951] 1017/36), s. aber A. I. KRASIL'SHIKOV (*Kinetika i Kataliz* **1** [1960] 212/20; *Kinetics Catalysis* [*USSR*] **1** [1960] 193/9, 194). Bei der Ausbildung der Chemisorptionsbindung werden, wie vor allem die Abnahme der Magnetisierung mit zunehmender Adsorption zeigt, das d-Band des Metalls (Theorie von MOTT, JONES) bzw. leere atomare d-Orbitale des Metalls (Theorie von PAULING) aufgefüllt, vgl. P. M. GUNDRY, F. C. TOMPKINS (*Quart. Rev.* [*London*] **14** [1960] 257/91, 289), B. M. W. TRAPNELL (*Chemisorption, London* 1955, S. 172), M. E. WINFIELD (*l. c.* S. 390). Verschiedene Anzeichen deuten aber darauf hin, daß diese lediglich leere d-Atomorbitale beanspruchende Bindungsform nur eine schwache Fixierung des Wasserstoffs bewirkt und als Zwischenstufe bei der Adsorption anzusehen ist, während im stabilen Endzustand spd-Hybridbindungen der Art vorliegen, wie sie den Zusammenhalt des Metalls selbst bedingen, D. A. DOWDEN (in: W. E. GARNER, *Chemisorption, London* 1957, S. 3/16, 8), R. CULVER, J. PRITCHARD, F. C. TOMPKINS (*Proc. 2ⁿᵈ Intern. Congr. Surface Activity, London* 1957, *Bd.* 2, S. 243/51, 247, 250), P. M. GUNDRY, F. C. TOMPKINS (*Trans. Faraday Soc.* **52** [1956] 1609/17, 1614, **53** [1957] 218/28, 221), vgl. auch V. PONEC in Diskussion zu V. PONEC, Z. KNOR (*Actes Intern. Congr. Catalyse, 2ᵉ, Paris* 1960 [1961], *Bd.* 1, S. 195/211, Diskussion S. 212/5, 213), R. E. DIETZ (*Diss. Northwestern Univ.* 1960 nach *Diss. Abstr.* **21** [1960] 1076/7), R. E. DIETZ, P. W. SELWOOD (*J. Appl. Phys.* **30** [1959] 101/102 S), Y. MIZUSHIMA (*l. c.*).

*Chemisorption*

Magnet. und elektr. Befunde werden z. T. so interpretiert, daß das chemisorbierte H-Atom vorwiegend nur mit einem Ni-Atom in elektron. Wechselwrkg. tritt, P. W. SELWOOD (*Actes Intern. Congr. Catalyse, 2ᵉ, Paris* 1960 [1961], *Bd.* 2, S. 1795/1809, 1803), R. E. DIETZ (*l. c.*), R. E. DIETZ, P. W. SELWOOD (*l. c.*), R. SUHRMANN, G. WEDLER, D. SCHLIEPHAKE (*Z. Physik. Chem.* [*Frankfurt*] [2] **12** [1957] 128/31). Auch die von anderen Autoren durchgeführte Berechnung der Bindungsenergie nach der PAULINGschen Gleichung setzt eine Bindung des Adsorbatatoms an ein einziges Ni-Atom voraus,

s. S. 344; vgl. auch S. 355. Einige Kriterien weisen jedoch darauf hin, daß das H-Atom in Vertiefungen der Oberfläche lokalisiert ist und mit mehreren Ni-Atomen durch Resonanz stabilisierte Bindungen eingeht, F. SWEETT in Diskussion zu F. SWEETT, E. RIDEAL (*Actes Intern. Congr. Catalyse, 2e, Paris* 1960 [1961], *Bd.* 1, S. 175/87, 187/94, 192), J. C. P. MIGNOLET in Diskussion zu F. SWEETT, E. RIDEAL (*l. c.* S. 187), T. TAKAISHI (*Z. Physik. Chem.* [*Frankfurt*] [2] **14** [1958] 164/72, 168), R. P. EISCHENS, W. A. PLISKIN (*Advan. Catalysis* **10** [1958] 1/56, 26), W. M. H. SACHTLER, G. J. H. DORGELO (*Bull. Soc. Chim. Belges* **67** [1958] 465/88, 482, 486), R. CULVER u. a. (*l. c.*), M. J. BOUDART (*J. Am. Chem. Soc.* **74** [1952] 3556/61), D. D. ELEY (*Catalysis and the Chemical Bond, Notre Dame, Ind.*, 1954) nach P. M. GUNDRY, F. C. TOMPKINS (*l. c.* S. 261, 272), M. E. WINFIELD (*Australian J. Sci. Res.* A **4** [1951] 385/405, 389, 392), vgl. auch TOMIJUKI TOYA (*J. Res. Inst. Catalysis, Hokkaido Univ.* **8** [1960] 209/63, 209), D. A. DOWDEN (*l. c.*). Der prozentuale Ionencharakter der Bindung ist zweifellos nur gering; er beträgt 20%, A. SHERMAN, C. E. SUN, H. EYRING (*J. Chem. Phys.* **3** [1935] 49/55, 53), 7%, B. M. W. TRAPNELL (*Chemisorption, London* 1955, S. 151) bzw. 5.4%, H. DUNKEN, H. MÜLLER, H.-J. SPANGENBERG (*Z. Chem.* **1** [1961] 282/3). Dafür spricht auch die geringe Größe des Dipolmomentes: $\mu = 0.183$ D (aus Kontaktpotentialmessungen), I. HIGUCHI, T. REE, H. EYRING (*J. Am. Chem. Soc.* **79** [1957] 1330/7, 1334), $\mu = 0.40$ D (quantenmechanisch ber.), H. DUNKEN u. a. (*l. c.*), $\mu = 0.15$ D (aus Elektronegativitäten), H. DUNKEN, H. MÜLLER (*Z. Chem.* **1** [1961] 344/5); vgl. auch G. C. A. SCHUIT, L. L. VAN REIJEN (*Advan. Catalysis* **10** [1958] 243/317, 270, 272).

*Energy of Bond*

**Bindungsenergie.** Die aus den Isothermen der physikal. Adsorption im Temp.-Gebiet von ~18 bis 20°K (s. S. 329) nach der POLANYIschen Theorie ber. Pot.-Energie von $H_2$ und $D_2$ gegenüber der Oberfläche von Ni-Plättchen zeigt eine lineare Abhängigkeit vom Adsorptionsvol. v (= m/D, wobei m = adsorbierte Menge, D = Dichte des verflüssigten Gases bei der betreffenden Temp.). Entgegen der Theorie fallen die Geraden für verschiedene Tempp. jedoch nicht zusammen, sondern sind parallel gegeneinander verschoben. Die Pot.-Funktion für $H_2$ ist größer als die für $D_2$, was sicherlich dem Einfluß der Nullpunktsenergie zuzuschreiben ist. Bei Extrapolation der Geraden bis v = 0 wird das Verhältnis der Pot.-Energien von $H_2$ und $D_2$ ~1, während nach der Theorie ein Wert von 1.41, entsprechend der Wurzel aus dem Quotienten der korrespondierenden VAN DER WAALSschen Konstt., zu erwarten wäre (über Vereinbarkeit der Adsorptionsmessungen mit der Theorie von BRUNAUER, EMMETT und TELLER s. Original), A. VAN ITTERBEEK, J. BORGHS (*Z. Physik. Chem.* B **50** [1941] 128/42, 136). Auf Grund der PAULINGschen Gleichung für kovalente Bindungen ber. Bindungsenergien für chemisorbierten Wasserstoff in kcal/g-Atom: 60.2, D. D. ELEY (*Discussions Faraday Soc.* Nr. 8 [1950] 34/8; vgl. auch *J. Phys. Chem.* **55** [1951] 1017/36), 62.3 bis 63.9, B. E. CONWAY, J. O'M. BOCKRIS (*J. Chem. Phys.* **26** [1957] 532/41, 534), 60.2 auch bei Vernachlässigung der Elektronegativitätsdifferenz, P. RÜETSCHI, P. DELAHAY (*J. Chem. Phys.* **23** [1955] 195/9). Aus der experimentell bestimmten differentiellen Adsorptionswärme $Q_d = 31$ kcal/mol bei $\Theta \to 0$ errechnet sich nach der Beziehung $Q_d = 2D(Ni–H)–D(H–H)$, worin D(H–H) die Dissoz.-Wärme des Wasserstoffs bedeutet, die Bindungsenergie D(Ni–H) zu 67.1 kcal/g-Atom, D. D. ELEY (*l. c.*). Deutung des Unterschiedes zwischen ber. und experimentellen Werten bei B. E. CONWAY, J. O'M. BOCKRIS (*l. c.*). Wird die Bindungsenergie nicht wie in der PAULINGschen Beziehung dem arithmet., sondern dem geometr. Mittel der Bindungsenergien von Ni und $H_2$ unter Berücksichtigung der Elektronegativitäten gleichgesetzt, erhält man einen Wert von 42 kcal/g-Atom (ausführliche Diskussion s. Original), G. EHRLICH (*J. Chem. Phys.* **31** [1959] 1111/26, 1116). Quantenmechanisch ber. Werte in kcal/g-Atom: 59.8, I. HIGUCHI, T. REE, H. EYRING (*J. Am. Chem. Soc.* **79** [1957] 1330/7, 1334), 93.7, H. DUNKEN, H. MÜLLER (*Z. Chem.* **1** [1961] 344/5). Berechnung der Bindungsenergie nach einer kinet. Theorie aus der experimentell verfolgten Umwandlung $p\text{-}H_2 \to o\text{-}H_2$ und dem Austausch $H \rightleftharpoons D$ an Ni ergibt Werte zwischen 50.1 und 58.7 kcal/g-Atom, S. L. KIPERMAN, A. A. BALANDIN (*Zh. Fiz. Khim.* **33** [1959] 828/34; *Kinetika i Kataliz, Akad. Nauk SSSR, Sb. Statei* **1960** 159/68 nach *C.A.* **57** [1962] 7967), S. L. KIPERMAN, I. R. DAVYDOVA (*Kinetika i Kataliz* **2** [1961] 762/72; *Kinetics Catalysis* [*USSR*] **2** [1961] 687/95, 694); vgl. auch A. A. BALANDIN (*Acta Physicochim. URSS* **17** [1942] 73/81). Weitere Angaben s. M. E. WINFIELD (*Australian J. Sci. Res.* A **4** [1951] 385/405). Zur Berechnung der Bindungsenergie vgl. auch G.-M. SCHWAB, E. KILLMANN (*Bull. Soc. Chim. Belges* **67** [1958] 305/42, 314), T. TOYA (*J. Res. Inst. Catalysis, Hokkaido Univ.* **6** [1958] 308/26, 8 [1960] 209/63), H. DUNKEN, H. MÜLLER, H. J. SPANGENBERG (*Z. Chem.* **1** [1961] 282/3) sowie die auf S. **344** zitierte Literatur. — Deutung der Abnahme der Bindungsenergie mit der Belegungsdichte s. in den auf S. 345 angeführten Arbeiten; vgl. auch R. WORTMAN, R. GOMER, R. LUNDY (*J. Chem. Phys.* **27** [1957] 1099/1107, 1107).

**Anordnung des adsorbierten Wasserstoffs und Deuteriums.** Um den zickzackförmigen Verlauf der Isothermen bei tiefen Tempp. zu erklären, wird angenommen, daß die physikal. Adsorption vom Rand der einzelnen Kristallflächen ausgehend diskontinuierlich in konzentr. Reihen erfolgt, A. F. Benton, T. A. White (*J. Am. Chem. Soc.* **53** [1931] 3301/14, 3309). Der von anderen Autoren bei —183 bis —196°C nur bei hohen Belegungsdichten beob. physikalisch adsorbierte Wasserstoff soll in Schichten oberhalb der zuerst gebildeten Chemisorptionsschicht angeordnet sein (vgl. S. 347), J. C. P. Mignolet (*Discussions Faraday Soc.* Nr. 8 [1950] 105/14, 108), R. Suhrmann u. a. (*Z. Physik. Chem. [Frankfurt]* [2] **20** [1959] 332/52, 348); vgl. dazu aber S. 352 sowie J. H. v. Duhn (*Ann. Physik* [5] **43** [1943] 37/52, 48, 50). — Über den Sitz des bei dem „langsamen" Sorptionsprozeß aufgenommenen Wasserstoffs s. S. 318 und 321.

*Arrangement of the Adsorbed Hydrogen and Deuterium*

Während einige Autoren eine Bindung der chemisorbierten H-Atome an jeweils ein Ni-Atom und Anordnung derselben oberhalb der Ni-Oberflächenatome vermuten, nehmen andere eine Lokalisierung der H-Atome in bestimmten Vertiefungen zwischen den Ni-Atomen an; in diesem Fall sind die H-Atome an mehrere Ni-Atome gleichzeitig gebunden und die Bindung ist durch Resonanz stabilisiert, s. die hierzu auf S. 354 zitierte Lit., vgl. auch O. Beeck (*Rev. Modern Phys.* **17** [1945] 61/71, 63), O. Beeck, A. W. Ritchie (*Discussions Faraday Soc.* Nr. 8 [1950] 159/66, 160), Z. Knor, V. Ponec (*Collect. Czechoslov. Chem. Commun.* **26** [1961] 961/6), J. Horiuchi, K. Hirota (*J. Research Inst. Catalysis, Hokkaido Univ.* 8 [1960] 51/72, 52), J. C. P. Mignolet (*l. c.* S. 113), J. H. de Boer (in: W. E. Garner, *Chemisorption, London* 1957, S. 27/38, 34, Diskussion S. 52), M. Eley in Diskussion zu W. M. H. Sachtler, G. J. H. Dorgelo (*Bull. Soc. Chim. Belges* **67** [1958] 465/88, 487), Y. Mizushima (*J. Phys. Soc. Japan* [dtsch.] **15** [1960] 1614/31, 1625). In weiteren Arbeiten werden beide Anordnungsmöglichkeiten oberhalb und unterhalb der Elektronenwolke an der Metalloberfläche in Betracht gezogen, um die Änderung verschiedener physikal. Eigg. und der Adsorptionswärme mit der Belegungsdichte zu erklären, F. C. Tompkins (*S. African Ind. Chemist* **17** [1963] 78/82), P. M. Gundry, F. C. Tompkins (*Trans. Faraday Soc.* **52** [1956] 1609/17, 1617), M. J. Boudart (*J. Am. Chem. Soc.* **74** [1952] 3556/61), R. Suhrmann (*Z. Elektrochem.* **56** [1952] 351/60, 355; in: W. E. Garner, *Chemisorption, London* 1957, S. 106/17, 114), M. McD. Baker, G. I. Jenkins, E. K. Rideal (*Trans. Faraday Soc.* **51** [1955] 1592/6), W. E. Garner (*Discussions Faraday Soc.* Nr. 8 [1950] 194), M. Kemball in Diskussion zu W. M. H. Sachtler, G. J. H. Dorgelo (*l. c.* S. 486). Eine Deutung dieser Phänomene ist jedoch auch durch die Annahme zweier Vertiefungen mit verschiedenem Adsorptionspot. möglich (über Zahl und Nachbarschaftsverhältnisse dieser Adsorptionsstellen s. Original), W. M. H. Sachtler, G. J. H. Dorgelo (*l. c.* S. 482), s. auch S. 352 und J. C. P. Mignolet in Diskussion zu F. Sweett, E. Rideal (*Actes Intern. Congr. Catalyse, 2^e, Paris* 1960 [1961], *Bd.* 1, S. 175/87, 187/94, 187). Nach der Theorie von T. Toya (*J. Research Inst. Catalysis, Hokkaido Univ.* 8 [1960] 209/63) ist bei der zuerst ablaufenden „r-Adsorption", die von einer höheren Wärmetönung begleitet ist und eine Erhöhung des elektr. Widerstandes und der Austrittsarbeit bewirkt, das H-Atom (Resonanz zwischen den Grenzzuständen Ni–H, $Ni^-$–$H^+$, $Ni^+$–$H^-$) in einem Gleichgew.-Abstand von ~1 Å von der Metalloberfläche angeordnet. Bei der später vorherrschenden „s-Adsorption", die eine Erniedrigung des elektr. Widerstandes und der Austrittsarbeit hervorruft, dringt der Wasserstoff als $H^+$ in das Metallgitter ein und bleibt in einer Entfernung von ~0.5 Å von der Oberfläche lokalisiert. — Fremdatome von größerem Durchmesser als dem des Ni (beispielsweise O) sollen die Ni-Oberflächenatome zusammenschieben und so den Durchtritt des Wasserstoffs durch die Metalloberfläche verhindern, W. E. Garner (*l. c.*).

Bei niedrigen Tempp. soll der adsorbierte Wasserstoff in Form von diskreten (zweidimensionalen) Phasen auf der Oberfläche verteilt sein. Die (110)-Fläche soll z. B. bei sehr niedrigen Drucken z. T. unbedeckt, z. T. mit einer Phase bedeckt sein, bei der der Abstand zwischen den H-Atomen doppelt so groß ist wie der zwischen den Ni-Atomen. Bei zunehmendem Druck tritt später eine Phase von der doppelten Dichte auf, bei der alle oktaedr. Lücken der Oberfläche besetzt sind. Es kommt dann auf jedes Ni-Oberflächenatom ein Gasatom, M. E. Winfield (*Austral. J. Sci. Res.* A **4** [1951] 385/405, 389), vgl. auch S. 353. Nach Besetzung aller normalen Oberflächenlagen kann weiterer Wasserstoff „nicht-stöchiometrisch" unter zunehmender Gitterverzerrung aufgenommen werden; vgl. dazu S. 347. Über die Anordnung des auf verschiedenen Kristallflächen adsorbierten Wasserstoffs s. auch Y. Mizushima (*J. Phys. Soc. Japan* [dtsch.] **15** [1960] 1614/31, 1626). — Auf der (110)-Fläche eines Ni-Einkristalls führt die Adsorption von Wasserstoff und Deuterium bei gewöhnl. Temp., wie Rückstrahlbeugungsaufnahmen mit langsamen Elektronen ergeben, zu einer Neuanordnung der Ni-Atome in der Oberfläche, wobei der Identitätsabstand in einer Richtung verdoppelt wird (nähere Beschreibung der Nachbarschaftsverhältnisse s. Original). Die Lage der H-

und D-Atome läßt sich aus den Beugungsaufnahmen wegen ihres geringen Streuvermögens nicht entnehmen. Diese dürften jedoch symmetrisch zwischen den Ni-Atomen der Oberflächenhalbschicht angeordnet sein. Auf den dichter besetzten (111)- und (100)-Flächen tritt die Umgruppierung nicht ein. Sie wird durch leichtes Erwärmen beschleunigt, durch höheres Erhitzen aber augenblicklich wieder rückgängig gemacht. Die Höhe der Temp., die nötig ist, um die Umgruppierung zum Verschwinden zu bringen, ist im Original in Abhängigkeit vom $H_2$- und $D_2$-Druck näher untersucht. Auch durch Zugabe von Sauerstoff kann der adsorbierte Wasserstoff verdrängt werden. Es bildet sich dann eine weitere, für adsorbierten Sauerstoff charakterist. Oberflächenstruktur aus, die bei Erhitzen in $H_2$ auf 200°C wieder verschwindet und durch die für $H_2$ charakterist. Struktur ersetzt wird, L. H. GERMER, A. U. MACRAE (*Proc. Nat. Acad. Sci. U.S.* **48** [1962] 997/1000; *J. Chem. Phys.* **37** [1962] 1382/6). Unters. der Anordnung von Wasserstoff in einer ~10 Netzebenenabstände dicken Oberflächenschicht eines Ni-Einkristalls ((111)-Fläche) nach $H_2$-Einw. bei gewöhnl. Temp. und $10^{-5}$ Torr durch Elektronenrückstrahlbeugungsaufnahmen s. E. RUPP (*Z. Elektrochem.* **35** [1929] 586/90). Wasserstoffbehandlung von Ni bei Tempp. >250°C kann zumindest in den Oberflächenschichten zur Bldg. einer hexagonalen Ni-Modifikation führen, A. EUCKEN (*Naturwissenschaften* **36** [1949] 48/53, 74/81, 81), O. BEECK (*Advan. Catalysis* **2** [1950] 151/95, 162).

Aus dem Vergleich der experimentellen Entropie des adsorbierten Wasserstoffs mit der ber. Translations- und Konfigurationsentropie (s. S. 345) ergibt sich, daß im $\Theta$-Bereich von 0.4 bis 1 der Anteil des in jedem Augenblick auf der Oberfläche frei beweglichen Wasserstoffs mit $\Theta$ immer mehr zunimmt. Bei $\Theta = 1$ besitzt der adsorbierte Wasserstoff den Charakter eines 2 dimensionalen Gases. Im Bereich $\Theta = 0.5$ bis 1 wird die Bindungsenergie der H-Atome zudem nur wenig von ihrer momentanen Lage in bezug auf die Ni-Oberflächenatome beeinflußt. Dem Begriff festgelegter Adsorptionszentren kommt also in diesem Gebiet keine große Bedeutung mehr zu, F. SWEETT, E. RIDEAL (*Actes Intern. Congr. Catalyse, 2e, Paris* 1960 [1961], *Bd.* 1, S. 175/83). Analoges Ergebnis einer theoret. Arbeit über die Kinetik der Oberflächenprozesse bei der Adsorption und Desorption, in der auch der Charakter der Adsorptionszentren diskutiert wird, s. G. EHRLICH (*J. Chem. Phys.* **31** [1959] 1111/26, 1117), s. auch S. 357 sowie P. T. LANDSBERG in Diskussion zu G. C. A. SCHUIT, N. H. DE BOER, G. J. H. DORGELO, L. L. VAN REIJEN (in: W. E. GARNER, *Chemisorption, London* 1957, S. 39/50, 53/5), G. C. A. SCHUIT in Diskussion zu G. C. A. SCHUIT u. a. (*l. c.*).

*Number and Area of Adsorption Sites*

**Anzahl und Flächenausdehnung der Adsorptionsstellen.** Aus statistisch-mechan. Berechnungen der Adsorptionsisotherme in Kombination mit experimentellen Daten für adsorbiertes Vol. bei 50°C und B. E. T.-Oberfläche abgeleitete Zahl der Adsorptionszentren für Wasserstoff an Ni, das bei 350°C durch Red. des Oxids gewonnen ist: $0.8 \times 10^{15}$ cm$^{-2}$; Ausdehnung der Berechnungen auf das Temp.-Gebiet von 0 bis 300°C führt zu einem Wert von $1.1 \times 10^{15}$ cm$^{-2}$, der sich auch aus den kristallograph. Daten des Ni für die betrachtete (110)-Fläche ergibt, wenn angenommen wird, daß über jedem Ni-Atom ein Wasserstoffatom angeordnet ist, J. HORIUCHI, K. HIROTA (*J. Research Inst. Catalysis, Hokkaido Univ.* 8 [1960] 51/72, 68), J. HORIUCHI (*J. Research Inst. Catalysis, Hokkaido Univ.* **9** [1961] 143/58, 147); vgl. auch T. KWAN (*J. Res. Inst. Catalysis, Hokkaido Univ.* **1** [1949] 81/94, 90), T. KINUYAMA, T. KWAN (*J. Res. Inst. Catalysis, Hokkaido Univ.* **4** [1957] 199/205), R. SUHRMANN u. a. (*Z. Physik. Chem.* [*Frankfurt*] [2] **20** [1959] 332/52, 341, 348). Anzahl der Zentren für die H-Adsorption an einer Ni-Elektrode: ~$10^{13}$ cm$^{-2}$, G. OKAMOTO, T. IIJIMA (*Bull. Inst. Phys. Chem. Res.* [*Tokyo*] **16** [1937] 1426/36 nach *C.A.* **1938** 7828). Aus der auf S. 322 angegebenen Geschw.-Gleichung für aktivierte Adsorption an Ni-Filmen ergibt sich die Anzahl der zugänglichen Zentren zu $1.2 \times 10^{15}$ cm$^{-2}$, die Zahl der tatsächlich adsorbierten Gaspartikel ist jedoch 2.4mal so groß, O. I. LEYPUNSKY (*Acta Physicochim. URSS* **5** [1936] 807/12; *Zh. Fiz. Khim.* **9** [1937] 143/6). Weitere Angabe s. O. BEECK, A. W. RITCHIE (*Discussions Faraday Soc.* Nr. 8 [1950] 159/66, 161).

Der Mittelwert für die Fläche der H-Adsorptionsstelle bei −196°C beträgt bei unorientierten Filmen 6.17 Å$^2$ und ist unabhängig von der Molekelgröße des bei der Oberflächenbest. nach B.E.T. verwendeten Gases. Bei orientierten, in Inertgas-Atm. aufgedampften Filmen, bei denen der Gasphase nur die (110)-Fläche zugewendet ist, erhält man 8.65 Å$^2$ in guter Übereinstimmung mit dem kristallographisch errechneten Wert von 8.70 Å$^2$. Wegen des geringen Durchmessers der Poren muß in diesem Fall das Ergebnis auf eine Molekelgröße des Bezugsgases von 1 Å$^2$ extrapoliert werden, O. BEECK, A. W. RITCHIE (*l. c.*) vgl. auch O. BEECK (*Advan. Catalysis* **2** [1950] 151/95, 161); s. dazu die Kritik von G. L. KINGTON, J. M. HOLMES (*Trans. Faraday Soc.* **49** [1953] 417/25, 422). Mit den obigen Werten für unorientierte Filme gut übereinstimmende Angaben bei N. N. KAVTARADZE (*Z. Physik. Chen..* [*Frankfurt*] [2] **28** [1961] 367/92, 381). Ein Wert von 8.3 Å$^2$ wird an bei ~60°C getemperten Filmen unabhängig von den Kondensationsbedingungen und dem Filmgew. gefunden, wenn der

Anteil des molekularen $H_2$ bei der Vers.-Temp. von —195°C als sehr klein angenommen und gleiche Zugänglichkeit der ganzen Oberfläche für Wasserstoff und Krypton als Bezugsgas vorausgesetzt wird. Im Gegensatz zu den obigen Angaben soll das Verhältnis Krypton : Wasserstoff auch durch die Ggw. eines Inertgases beim Aufdampfen der Filme nicht beeinflußt werden. Weitere Angabe über den Flächenbedarf der an unter verschiedenen Bedingungen hergestellten Filmen adsorbierten H-Atome s. Original, V. PONEC, Z. KNOR (*Actes Intern. Congr. Catalyse, 2e, Paris* 1960 [1961], *Bd.* 1, S. 195/211, 207), Z. KNOR, V. PONEC (*Collect. Czechoslov. Chem. Commun.* **26** [1961] 37/51, 43, 961/6). Verschiedene Zugänglichkeit der Metalloberfläche für verschiedene Gase wird dagegen auch bei Ni auf $SiO_2$-Trägern festgestellt. Der von einem H-Atom eingenommene Platz von ~6 Å² zeigt bevorzugtes Auftreten von (100)- und (111)-Flächen in den Oberflächen der Ni-Kristalle an, G. C. A. SCHUIT, N. H. DE BOER (*J. Chim. Phys.* **51** [1954] 482/90, 489).

**Oberflächendiffusion.** Wird oft als Teilprozeß des Adsorptions- und Desorptionsvorganges angenommen, S.-I. IIJIMA (*Sci. Papers Inst. Phys. Chem. Res.* **22** [1933] 285/300, 288, **23** [1934] 164/72, 65, **26** [1935] 45/69, 65), O.I. LEYPUNSKY (*Acta Physicochim. URSS* **5** [1936] 271/98, 274, 288), G. OKAMOTO, T. IIJIMA (*Bull. Inst. Phys. Chem. Res.* [*Tokyo*] **16** [1937] 1426/36 nach *C.A.* **1938** 7828), M. McD. BAKER, G. I. JENKINS, E. K. RIDEAL (*Trans. Faraday Soc.* **51** [1955] 1592/6), R. SUHRMANN (in: W. E. GARNER, *Chemisorption, London* 1957, S. 106/17, 114), M. W. ROBERTS, K. W. SYKES (*Proc. Roy. Soc.* [*London*] A **242** [1957] 534/43, 540), W. M. H. SACHTLER, G. J. H. DORGELO (*Bull. Soc. Chim. Belges* **67** [1958] 465/88, 477), R. SUHRMANN, Y. MIZUSHIMA, A. HERMANN, G. WEDLER (*Z. Physik. Chem.* [*Frankfurt*] [2] **20** [1959] 332/52, 345), V. PONEC, Z. KNOR (*Actes Intern. Congr. Catalyse, 2e, Paris* 1960 [1961], *Bd.* 1, S. 195/211, 204). Dies ist in vielen Fällen eine reine Hypothese, um qualitativ die kinet. Beobachtungen und die Änderungen der physikal. Eigg. während des Adsorptionsvorganges zu deuten. In anderen Fällen ergeben sich jedoch aus der beob. Rk.-Ordnung und durch Vergleich der beob. mit der ber. Geschw. der Prozesse einigermaßen fundierte Hinweise, z. B. bei O. I. LEYPUNSKY (*l. c.*), M. W. ROBERTS, K. W. SYKES (*l. c.*), W. M. H. SACHTLER, G. J. H. DORGELO (*l. c.*), R. SUHRMANN in Diskussion zu W. M. H. SACHTLER, G. J. H. DORGELO (*l. c.* S. 487), R. SUHRMANN u. a. (*l. c.*), s. aber P. M. GUNDRY, F. C. TOMPKINS (*Trans. Faraday Soc.* **52** [1956] 1609/17, 1613), J. PACE, H. S. TAYLOR (*J. Chem. Phys.* **2** [1934] 578/80); vgl. auch G. EHRLICH (*J. Chem. Phys.* **31** [1959] 1111/26), M. E. WINFIELD (*Austral. J. Sci. Res.* A **4** [1951] 385/405, 389). *Surface Diffusion*

Für physikalisch adsorbierten Wasserstoff wird freie Beweglichkeit auf der Oberfläche vermutet, A. F. BENTON, T. A. WHITE (*J. Am. Chem. Soc.* **53** [1931] 3301/14, 3312). Gleiches Verh. wird für chemisorbierten Wasserstoff aus der Größe des Anfangswertes der differentiellen Adsorptionswärme und deren Abnahme mit zunehmender Belegungsdichte gefolgert. Aus der Konstanz der Adsorptionswärme im Temp.-Bereich von +23 bis —183°C wird geschlossen, daß der Wasserstoff auch bei den tieferen Tempp. noch wandert, O. BEECK (*Rev. Modern Phys.* **17** [1945] 61/71, 67; *Advan. Catalysis* **2** [1950] 151/95, 177, 194; *Discussions Faraday Soc.* Nr. 8 [1950] 118/28, 119). Dagegen soll nach einer kinet. Theorie der Wasserstoff bei —183°C nicht mehr beweglich sein, M. McD. BAKER u. a. (*l. c.*). Die Oberflächendiffusion ist bei der hohen Bindungsenergie nur deshalb möglich, weil jedes adsorbierte H-Atom gleichzeitig an drei Ni-Oberflächenatome gebunden ist. Um die Wanderung einzuleiten ist jeweils nur die Lösung einer einzigen der drei Resonanzbindungen nötig, M. E. WINFIELD (*l. c.* S. 392). Zum Problem, ob und wie weit aus der Abnahme der Adsorptionswärme mit der Bedeckung auf Beweglichkeit der Adsorbatschicht geschlossen werden kann, s. A. R. MILLER, J. K. ROBERTS (*Proc. Cambridge Phil. Soc.* **37** [1941] 82/94). — Aus der Übereinstimmung der experimentellen integralen Entropie des adsorbierten Wasserstoffs mit der ber. Konfigurationsentropie (s. S. **345**) läßt sich entnehmen, daß dieser bei 25°C und $\Theta = 0$ bis 0.4 noch nicht wandert. Der weitere Verlauf der Entropiekurve für $\Theta = 0.4$ bis 1.0 zeigt dagegen einen ständig zunehmenden Anteil an frei beweglichen Wasserstoff an:

| | | | | | | |
|---|---|---|---|---|---|---|
| Belegungsdichte $\Theta$ . . . . . . . . . | 0.4 | 0.5 | 0.6 | 0.7 | 0.8 | 0.9 |
| Anteil des diffundierenden H . . . . | 0.015 | 0.064 | 0.17 | 0.34 | 0.56 | 0.88 (extrapoliert) |

E. RIDEAL, F. SWEETT (*Proc. Roy. Soc.* [*London*] A **257** [1960] 291/301, 298), F. SWEETT, E. RIDEAL (*Actes Intern. Congr. Catalyse, 2e, Paris* 1960 [1961], *Bd.* 1, S. 175/87, 187/94), Kritik an diesen Ergebnissen durch J. C. P. MIGNOLET in Diskussion zu F. SWEETT, E. RIDEAL (*l. c.* S. 187). Anwendung der Differential-Isotopen-Meth. (s. S. 359) auf das System Ni–$H_2$ ergibt begrenzte Beweglichkeit des adsorbierten Wasserstoffs nur bei höheren Tempp., N. P. KEIER, S. S. ROGINSKII (*Izv. Akad. Nauk SSSR, Otd. Khim. Nauk* **1950** 27/38, 28). Aus der Änderung des Oberflächen-Pot. des Ni bei zunehmender Adsorption von $H_2$ bei —183°C wird dagegen auf eine bewegliche Adsorbatschicht ge-

schlossen, R. CULVER, J. PRITCHARD, F. C. TOMPKINS (*Proc. 2nd Intern. Congr. Surface Activity, London* 1957, *Bd.* 2, S. 243/51, 248).

Eine direkte Beobachtung der Wanderung des adsorbierten $H_2$ auf einer Ni-Spitze ist im Feldelektronenmikroskop möglich. Bei Adsorption einer ausreichenden Menge breitet sich der Wasserstoff schon bei 2.0 bis 4.2°K über die ganze Spitze aus. Bei richtiger Dosierung ist es möglich, nur eine teilweise Ausbreitung über die von der Wasserstoffquelle bestrichene Zone hinaus zu erhalten. Das bedeckte Gebiet ist dann durch eine scharfe Grenze markiert. Solche Belegungen enthalten keinen bei tiefen Tempp. beweglichen Anteil. Verss., einen beweglichen Anteil auf einer teilweise bedeckten Spitze abzulagern, führen nur zu einer Ausdehnung der bereits vorhandenen mit Adsorbat bedeckten Flächen. Es wird angenommen, daß sich über einer sehr fest gebundenen Schicht aus chemisorbierten Atomen zunächst eine oder mehrere Schichten aus physikalisch adsorbierten Molekeln bilden. Die Molekeln wandern über die erste Schicht hinweg und werden an der oben erwähnten Grenze in die erste Schicht aufgenommen und unter Dissoz. chemisorbiert. Dadurch weitet sich das bedeckte Gebiet immer mehr aus, bis keine Molekeln mehr vorhanden sind. Oberhalb 240 bis 250°K breitet sich der adsorbierte Wasserstoff auch ohne erneute Gaszugabe rasch weiter aus. In diesem Falle sind dann (im Gegensatz zum System W–$H_2$) keine Diffusionsfronten erkennbar, R. WORTMAN, R. GOMER, R. LUNDY (*J. Chem. Phys.* **26** [1957] 1334/5, **27** [1957] 1099/107, 1100). — Bei dem Adsorptionsvorgang tritt nicht nur eine Wanderung der H-Atome, sondern auch der Ni-Oberflächenatome ein, L. H. GERMER, A. U. MACRAE (*J. Chem. Phys.* **37** [1962] 1382/6).

Aktivierungsenergie der Oberflächendiffusion $E_D$ bei 25°C in Abhängigkeit von der Bedeckung:

| Belegungsdichte $\Theta$ | 0.4 | 0.5 | 0.6 | 0.7 | 0.8 | 0.9 |
|---|---|---|---|---|---|---|
| $E_D$ in kcal/mol | 2.5 | 1.6 | 1.0 | 0.63 | 0.34 | 0.076 (extrapoliert) |

Die Daten sind aus Entropiewerten abgeleitet, E. RIDEAL, F. SWEETT (*l. c.* S. 299). — Die Auswertung feldelektronenmikroskop. Beobachtungen (s. oben) nach der ARRHENIUSschen Gleichung ergibt $E_D = 7 \pm 1$ für die Hochtemp.-Diffusion gegenüber einem ber. Wert von 8.8 kcal/mol, R. WORTMAN u. a. (*l. c.* S. 1102). — Bei Annahme gleichzeitiger Bindung eines H-Atoms an 3 Ni-Atome sollte $E_D$ gleich dem Verlust an Resonanzenergie sein, der auftritt, wenn statt 3 Ni-Nachbarn nur 2 vorhanden sind; d. h. $E_D$ sollte weniger als 7 kcal/mol betragen, M. E. WINFIELD (*Austral. J. Sci. Res.* A **4** [1951] 385/405, 389). Ältere, aus Messungen und Berechnungen der Rekombinationsgeschw. von atomarem H auf Ni abgeleitete $E_D$-Werte s. O. I. LEYPUNSKY (*Acta Physicochim. URSS* **5** [1936] 271/98, 288).

*Surface Heterogeneity*

**Heterogenität der Oberfläche.** Die Frage, ob die Oberfläche des Ni in den verschiedenen Präp.-Formen von vornherein[1]) homogen oder heterogen bezüglich ihres Adsorptionspot. für Wasserstoff ist, kann nach den vorliegenden Unterss. nicht definitiv beantwortet werden. Eine möglicherweise nur geringe (s. S. 356) Fluktuation der Adsorptionsfähigkeit von Punkt zu Punkt ist zumindest im Falle der Chemisorption nach allen Modellvorstellungen vorhanden. Die Stellen mit besonders hoher Adsorptionsfähigkeit entsprechen dabei den „Adsorptionszentren" oder „Adsorptionslagen" im eigentlichen Sinne. Nicht geklärt ist dagegen das Problem, ob auch zwischen den einzelnen Adsorptionszentren oder zwischen zwei oder mehreren Gruppen der Adsorptionszentren Energieunterschiede bestehen. Indirekte Hinweise auf die Existenz verschiedener aktiver Zentren, deren Anzahl und Energiespektrum durch die Vorbehandlung beeinflußbar ist, ergeben sich aus Unterss. der Adsorptionsgeschw., der Abhängigkeit der Adsorptionswärme vom Bedeckungsgrad und des Adsorptionsgleichgew., der Änderung verschiedener physikal. Eigg. infolge und während der Adsorption sowie aus Unterss. der katalyt. Wirksamkeit. Alle vorliegenden Beobachtungen lassen sich, soweit sie nicht durch Vers.-Fehler verfälscht sind, jedoch sowohl qualitativ als auch quantitativ genau so gut durch andere Effekte erklären. Als Übersichtslit. s. H. S. TAYLOR (*Advan. Catalysis* **1** [1948] 1/26), B. M. W. TRAPNELL (*Chemisorption, London* 1955), J. H. DE BOER (*Advan. Catalysis* **8** [1956] 17/161, 109, 113), P. M. GUNDRY, F. C. TOMPKINS (*Quart. Rev.* [*London*] **14** [1960] 257/291), vgl. auch. S. 320, 331, 345, 352. Eine geringe Heterogenität kann aber bei keinem Ni-Präp. ausgeschlossen werden. Sie wird hervorgerufen durch: 1) Ecken, Kanten und Korngrenzen der Kristalle sowie durch Gitterfehler und Poren; größere Unterschiede in der Bindungsfestigkeit sollen dadurch nur bei physikal. Adsorption, nicht aber bei der Chemisorption bedingt sein, 2) Auftreten von verschiedenen Kristallflächen mit verschiedener Austrittsarbeit in der Oberfläche, an denen möglicherweise der Bindungszustand und

[1]) Die Betrachtungen beziehen sich nicht auf diejenige Heterogenität, die — besonders bei unbeweglichem Adsorbat — durch den Adsorptionsvorgang selbst erzeugt wird.

vor allem die Polarisierung, weniger die Bindungsenergie und die Adsorptionswärme verschieden sind, 3) Anwesenheit von Verunreinigungen auf der Oberfläche oder im Metall selbst; s. dazu die zitierten Übersichtsarbeiten, vgl. auch S. 347, 348 sowie O. Beeck (*Advan. Catalysis* **2** [1950] 151/95).

Ein direkter Nachweis der Homogenität oder Heterogenität ist mit Hilfe der verschiedenen Wasserstoffisotopen möglich, da bei diesen Bindungscharakter und Bindungsfestigkeit nicht wesentlich verschieden sind. Läßt man $H_2$ und $D_2$ nacheinander von einer Metalloberfläche adsorbieren, danach wieder portionsweise durch Erwärmen und Erniedrigung des Druckes desorbieren (Differential-Isotopen-Meth.), dann müssen bei Vorliegen einer homogenen Oberfläche alle abgepumpten Gasportionen die gleiche Zus. aus $H_2$, $D_2$ und HD aufweisen, die dem thermodynam. Gleichgew. bei der Desorptionstemp. entspricht. Bei heterogener Oberfläche wird dagegen zunächst das zuletzt adsorbierte Isotop vorwiegend desorbiert. Auf diese Weise wird an durch Red. aus dem Oxid gewonnenem Ni bei Belegungsdichten bis 10% der Monoschicht Heterogenität der Oberfläche nachgewiesen; Verteilungsfunktion der aktiven Zentren $\rho$ (E) $= H \cdot e^{\alpha \cdot E}$ mit E = Aktivierungsenergie, H und $\alpha$ = Konstt., N. P. Keier, S. Z. Roginskii (*Izv. Akad. Nauk SSSR Otd. Khim. Nauk* **1950** 27/38, 28), N. P. Keier (*Problemy Kinetiki i Kataliza, Akad. Nauk SSSR* **8** [1955] 224/32). Analoge Ergebnisse mit Wasserstoff und Tritium bei Toyosaburo Takeuchi, Masakazu Sakaguchi, Masaru Tatsushima (*Radioisotopes* [*Tokyo*] **10** [1961] 106/11 nach *N.S.A.* **15** [1961] Nr. 27825). Dagegen werden an sorgfältig reduziertem Ni auf $SiO_2$ unabhängig von der Reihenfolge der Adsorption Gleichgew.-Konzz. von $H_2$ und $D_2$ erhalten, G. C. A. Schuit (*Proc. Intern. Symposium Reactivity of Solids, Gothenburg* 1952 [1954], S. 571/81 nach *C.A.* **1954** 11869). Voraussetzung für die Anwendbarkeit der Meth. ist, daß die Aktivierungsenergie für die Oberflächendiffusion ausreichend hoch ist, so daß das Adsorbat bei der Desorptionstemp. noch nicht wandert, J. H. de Boer (*Advan. Catalysis* **8** [1956] (17/161, 116), P. M. Gundry, F. C. Tompkins (*Quart. Rev.* [*London*] **14** [1960] 257/91, 281). Nach feldelektronenmikroskop. Beobachtungen beginnt die Oberflächendiffusion bei Ni–$H_2$ bereits oberhalb 240°K, s. S. 358. Obige Ergebnisse von Keier, Roginskii, die Beweglichkeit der adsorbierten Atome erst bei wesentlich höheren Temppp. annehmen, sind daher wahrscheinlich auf unvollständige Red. der Oberfläche zurückzuführen, P. M. Gundry, F. C. Tompkins (*l. c.*); vgl. auch G. C. A. Schuit, L. L. van Reijen (*Advan. Catalysis* **10** [1958] 242/317, 287). Sie sind nach statistisch-mechan. Berechnungen der Abnahme des Adsorptions-Pot. mit der Bedeckung und dessen Verteilung auf die auf der (110)-Fläche des Ni adsorbierten Wasserstoffatome zumindest qualitativ sowohl mit einem heterogenen als auch homogenen Oberflächenmodell vereinbar. Trotz homogener Oberfläche und gleichmäßiger Abnahme der Adsorptionsenergie für einen bestimmten Adsorptionstyp mit zunehmender Bedeckung kann auch das Auftreten verschiedener Adsorptionstypen in verschiedenen Stadien der Adsorption zu einer bevorzugten Desorption des zuletzt adsorbierten Isotops führen, T. Toya (*J. Research Inst. Catalysis, Hokkaido Univ.* **9** [1961] 134/42, 135). — Bei einer zweiten Variante der Isotopen-Meth. läßt man das eine Isotop über dem mit dem zweiten Isotop bedeckten Adsorbens zirkulieren und verfolgt die Geschw. des Austausches. Bei Ni auf $SiO_2$-Trägern wird bei Tempp. $< 293$°K ein Tl. des adsorbierten Isotops sehr rasch, ein anderer mit meßbarer Geschw., ein dritter überhaupt nicht ausgetauscht, so daß keine vollständige Gleichgew.-Einstellung zwischen den Isotopen in der Gasphase erfolgt. Die ausgetauschte Menge hängt stark von der Temp. ab. Bei 77°K findet fast überhaupt kein Austausch statt, während sich bei 293°K die gesamte Menge des adsorbierten Isotops mit der Gasphase ins Gleichgew. setzt. Es wird daraus auf Heterogenität der Oberfläche und Unbeweglichkeit der adsorbierten Atome bei den tieferen Tempp. geschlossen (über die zugrunde liegende Theorie s. Original), G. C. A. Schuit, N. H. de Boer, G. J. H. Dorgelo, L. L. van Reijen (in: W. E. Garner, *Chemisorption, London* 1957, S. 39/50, s. auch die Diskussion S. 51/6), vgl. auch P. M. Gundry, F. C. Tompkins (*l. c.* S. 281).

Feldelektronenmikroskop. Aufnahmen zeigen bei Ni (für Tempp. $> 240$°K und $\Theta < 1$) nicht die bei W beob. Diffusionsfronten, die dort auf das Vorhandensein von sog. Einfangzentren (Stellen mit hohem Adsorptions-Pot.) zurückgeführt werden, die erst abgesättigt sein müssen, bevor die Diffusion fortschreiten kann. Es wird daraus geschlossen, daß bei dem wesentlich dichter gepackten Ni die Oberfläche weitgehend homogen ist. Der Anteil dieser besonders aktiven Zentren an der Gesamtzahl aller vorhandenen Adsorptionszentren wird auf nur ~2% geschätzt, R. Wortman, R. Gomer, R. Lundy (*J. Chem. Phys.* **26** [1957] 1334/5, **27** [1957] 1099/107, 1102). Ein ähnlicher Wert von 1.5% ergibt sich bei einer vergleichenden Betrachtung der beob. und ber. Adsorptionsentropie, s. S. 345.

Eine Unters. der Oberflächenbeschaffenheit durch Vergleich der aus den Isothermen bei verschiedenen Tempp. abgeleiteten Verteilungsfunktionen der Adsorptionsenergie ergibt keine Stütze für ein heterogenes Oberflächenmodell, J. Horiuchi (*J. Res. Inst. Catalysis, Hokkaido Univ.* **9** [1961]

108/29, 109). Weitere Unterss. der Oberflächen-Eigg. von verschieden vorbehandeltem Ni-Pulver s. bei K. TARAMA, S. UMEDA (*Nippon Kagaku Zasshi* **82** [1961] 818/24 nach *C.A.* **56** [1962] 5436).

*Hydrogen Permeability of Nickel*

## Permeabilität von Nickel für Wasserstoff

Allgemeine Literatur:

R. M. BARRER, *Diffusion in and through Solids, Cambridge* 1951. Im folgenden zitiert als: BARRER (*Diffusion*).

S. DUSHMAN, *Scientific Foundations of Vacuum Technique, London* 1949. Im folgenden zitiert als: DUSHMAN (*Scientific Foundations*).

W. JOST, *Diffusion in Solids, Liquids, Gases, New York* 1960.

*General*

**Allgemeines.** Um den Durchtritt von $H_2$ durch Ni-Wände zu beschreiben, werden die Begriffe „Permeabilität" („Durchlässigkeit") und „Diffusion" verwendet. Dabei bezieht sich „Permeabilität" auf den Gesamtvorgang, „Diffusion" auf die Wanderung der H-Atome bzw. Protonen im Metallgitter selbst. Die Diffusion im hier gebrauchten Sinne stellt somit nur einen Teilprozeß dar, der jedoch in den meisten Fällen geschwindigkeitsbestimmend ist, vgl. beispielsweise YU. I. BELYAKOV, N. I. IONOV (*Zh. Tekhn. Fiz.* **31** [1961] 204/10; *Soviet Phys.-Tech. Phys.* **6** [1961] 146/50), J. K. GORMAN, W. R. NARDELLA (*Vacuum* **12** [1962] 19/24). Es liegen jedoch Beobachtungen vor, die darauf hinweisen, daß auch die Grenzflächenrkk. Einfluß auf die Durchtrittsgeschw. des Wasserstoffs gewinnen können, s. dazu S. 361. — Der Durchtritt von $H_2$ durch Ni ist außerdem nicht unbedingt an die Diffusion durch das Metallgitter gebunden, sondern kann auch durch Wanderung längs Korngrenzen und durch Poren erfolgen, s. S. 363 und 364. Der Begriff „Permeabilität" umfaßt auch diese Vorgänge.

*Atomic Hydrogen*

### Atomarer Wasserstoff

Ni zeigt nur geringe Durchlässigkeit gegenüber kathodisch entwickeltem Wasserstoff, G. C. SCHMIDT, T. LÜCKE (*Z. Physik* **8** [1922] 152/9, 159), H. B. WAHLIN (*J. Appl. Phys.* **22** [1951] 1503), vgl. auch D. ALEKSEEV, L. SAVININA (*Zh. Russ. Fiz.-Khim. Obshchestva* **56** [1924] 560/71 nach *C.A.* **1926** 2446), H. B. WAHLIN, V. O. NAUMANN (*J. Appl. Phys.* **24** [1953] 42/44), L. I. FREIMAN, V. A. TITOV (*Zh. Fiz. Khim.* **30** [1956] 882/8), M. SMIALOWSKI (*Bull. Acad. Polon. Sci. Ser. Sci. Chim. Geol. Geograph.* **6** [1958] 427/32 nach *N.S.A.* **13** [1959] Nr. 13579; *J. Chim. Phys.* **55** [1958] 716), S. SCHULDINER, J. P. HOARE (NRL-5333 [1959] nach *N.S.A.* **13** [1959] Nr. 20178), A. T. SANZHAROVSKII, O. S. POPOVA (*Zh. Fiz. Khim.* **34** [1960] 2601/2; *Russ. J. Phys. Chem.* **34** [1960] 1225/6). Ein Ni-Blech von 0.2 mm Dicke ist bei ~22°C auch bei hohen Stromstärken und Anwesenheit von Hydridbildnern für in $H_2SO_4$-Lsg. kathodisch entwickeltes H undurchlässig, W. BAUKLOH, G. ZIMMERMANN (*Arch. Eisenhüttenw.* **9** [1935] 459/65); dagegen sollen Ni-Rohre von gleicher Wandstärke bei 85 bis 90°C und Stromstärken von 11 bis 120 A/dm² durchlässig sein, C. G. FINK, H. C. UREY, B. D. LAKE (*J. Chem. Phys.* **2** [1934] 105/6). Keine Diffusion von Wasserstoff wird bei 0.05 mm starkem Ni in einem Bad aus 1%iger wss. $H_2SO_4$ bei gewöhnl. Temp. und einer Stromdichte von 0.2 A/cm² während 1 Std. festgestellt, H. R. HEATH (*Brit. J. Appl. Phys.* **3** [1952] 13/8). — Über den Zusammenhang zwischen Wasserstoffüberspannung und Eindringtiefe von H in Ni-Kathoden s. J. N. PRING (*Z. Elektrochem.* **19** [1913] 255/62).

Über die Durchlässigkeit von Ni-Wänden gegenüber von in Flammen auftretendem atomarem H s. F. W. THOMPSON, A. R. UBBELOHDE (*Proc. Roy. Soc.* [*London*] A **216** [1953] 193/202, 198).

*Molecular Hydrogen*

### Molekularer Wasserstoff

*Dependence of Permeability on Pressure and Temperature*

**Abhängigkeit der Permeabilität von Druck und Temperatur.** Zu ihrer Beschreibung verwendet man meist die Beziehung[1]) $V_P = k \cdot d^{-1} \cdot (\sqrt{p_E} - \sqrt{p_A})\, T^{1/2} e^{-b/T}$ mit $V_P$ = Durchtrittsgeschw. durch die Einheit der Oberfläche, k = Materialkonst., d = Schichtdicke, $p_E$, $p_A$ = Druck auf der Eintritts- bzw. Austrittsseite, T = absol. Temp., b = charakterist. Konst. für das System Ni–$H_2$, oft durch $E_P/R$ ersetzt, worin $E_P$ die Aktivierungsenergie der Permeabilität darstellt. Die theoret. Ableitung der Beziehung geht auf O. W. RICHARDSON (*Phil. Mag.* [6] **7** [1904] 266/74), O. W. RICHARDSON, J. NICOL, T. PARNELL (*Phil. Mag.* [6] 8 [1904] 1/29) zurück. Ihre Brauchbarkeit wird zuerst eingehender geprüft von G. BORELIUS, S. LINDBLOM (*Ann. Physik* [4] **82** [1927] 201/26), B. C. HENDRICKS, R. R. RALSTON (*J. Am. Chem. Soc.* **51** [1929] 3278/85), W. R. HAM (*J. Chem. Phys.* **1** [1933] 476/81), C. J.

[1]) Im folgenden als RICHARDSONsche Gleichung bezeichnet.

SMITHELLS, C. E. RANSLEY (*Proc. Roy. Soc.* [*London*] A **150** [1935] 172/97). Während die Formel die Abhängigkeit der Durchlässigkeit von T im allgemeinen gut wiedergibt, wird die Abhängigkeit von p weniger befriedigend beschrieben, s. dazu C. J. SMITHELLS, C. E. RANSLEY (*l. c.* S. 173). Daher wird in einigen Arbeiten die allgemeinere Gleichung $V_P = A(p_E^y - p_A^y)T^z e^{-b/T}$ bevorzugt, W. R. HAM, J. D. SAUTER (*Bull. Am. Phys. Soc.* **10** Nr. 5 [1935] 6; *Phys. Rev.* [2] **49** [1936] 195), W. R. HAM (*Trans. Am. Soc. Metals* **25** [1937] 536/70, 557), C. B. POST, W. R. HAM (*J. Chem. Phys.* **6** [1938] 598/605, 599), W. R. HAM, C. B. POST (*Phys. Rev.* [2] **53** [1938] 935). Die Formel $V_P = 1.72 \times 10^{(0.005\,t-5)}\sqrt{p}\cdot d^{-1}$ mit t in °C, p in Torr (auf anderer Seite Vak.) wird empirisch erhalten, V. LOMBARD (*J. Chim. Phys.* **25** [1928] 587/604, 597; *Rev. Mét.* [*Paris*] **26** [1929] 343/50, 349). Proportionalität zwischen $V_P$ und $\sqrt{p}$, wie sie die RICHARDSONsche Gleichung fordert, wird für das System Ni–$H_2$ zuerst von V. LOMBARD (*Compt. Rend.* **177** [1923] 116/9) beobachtet. Doch stellen schon G. BORELIUS, S. LINDBLOM (*l. c.* S. 208) fest, daß, selbst wenn auf der einen Seite der Metallschicht Vak. aufrechterhalten wird, die Durchlässigkeitsisothermen der Beziehung $V_P = k\,(\sqrt{p} - \sqrt{p_t})$ zu gehorchen scheinen, in der $p_t$ einen von der Temp. abhängigen Schwellendruck darstellt, unterhalb dessen kein Gasdurchtritt stattfindet. Die

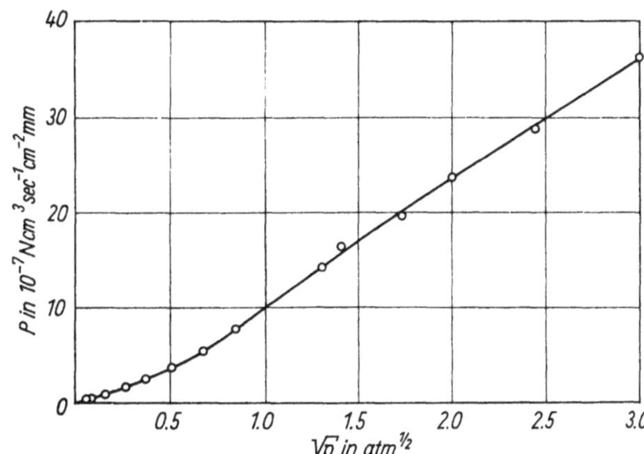


Fig. 169.

Permeabilität von Ni für $H_2$ bei 248°C und niedrigen Drucken.

Abweichungen des $H_2$-Durchgangs von der Proportionalität mit $\sqrt{p}$ wird von ihnen auf die Begrenzung der freien Weglängen der Wasserstoffatome in dem Metall durch fremde Einschlüsse oder durch Korngrenzen zurückgeführt. — Nach anderen Beobachtungen biegen die P–$\sqrt{p}$-Isothermen (P = Permeabilitätskonst., s. S. 362) bei niedrigen Drucken um und gehen durch den Koordinatenursprung, s. **Fig. 169.** Zur Erklärung wird angenommen, daß der Diffusion eine Adsorption vorausgeht und $V_P$ sowohl der Oberflächenbedeckung $\Theta$ als auch $\sqrt{p}$ proportional ist: $V_P = k\cdot\Theta\cdot\sqrt{p}$. Mit $\Theta = a\sqrt{p}/(1 + a\sqrt{p})$ (nach LANGMUIR) erhält man für niedrige Drucke eine die Vers.-Ergebnisse befriedigend wiedergebende Proportionalität zwischen $V_P$ und p, für hohe Drucke eine solche zwischen $V_P$ und $\sqrt{p}$, C. J. SMITHELLS, C. E. RANSLEY (*Nature* **134** [1934] 814; *Proc. Roy. Soc.* [*London*] A **150** [1935] 172/97, 186, **157** [1936] 292/302, 292). In seiner Kritik der vorstehenden Beziehung weist aber BARRER (*Diffusion*, S. 171) darauf hin, daß $\Theta$ nach den Kurven und Berechnungen dieser Autoren bei um so niedrigeren Drucken gegen 1 geht, je höher die Vers.-Temp. ist, dies aber nur möglich ist, wenn die Adsorption ein endothermer Vorgang wäre. — Eine andere Theorie führt die Abweichungen vom $\sqrt{p}$-Gesetz auf Verunreinigungen im Ni zurück, mit denen sich ein Tl. des diffundierenden Wasserstoffs in Form von Atompaaren oder Ionen (z. B. $H_2^+$) assoziiert. Die Neigung der $V_P$–p-Isothermen ist nämlich bei reinem Ni außer in einem kleinen Temp.-Bereich von 3° am CURIE-Punkt gleich 0.5, bei mit C, O oder N verunreinigtem Ni aber z. T. erheblich größer, wie **Fig. 170**, S. 362, am Beispiel von 2 Proben aus Handels-Ni zeigt. Die Differenz zu 0.5 ist am CURIE-Punkt am größten und der Menge an Verunreinigungen direkt proportional. Bei fortschreitender Entkohlung des Ni, wie sie auch bei sehr langen Vers.-Zeiten eintritt, sinkt der Exponent von p in diesen Fällen langsam auf 0.5 ab, C. B. POST, W. R. HAM (*J. Chem. Phys.* **6** [1938] 598/605, 601, 603). — Eine völlig befriedigende Erklärung für den Verlauf der Isothermen läßt sich nach BARRER (*Diffusion*, S. 174) durch Berücksichtigung der Grenzflächenrkk. an der Eintritts- und Austrittsoberfläche geben. Diese führen, wenn ihre Geschw. mit der Diffusionsgeschw. vergleichbar wird, dazu, daß das bei der Ableitung der RICHARDSONschen Gleichung vorausgesetzte Sättigungsgleichgew. auch bei sehr hohen Drucken (100 atm) nicht erreicht

oder überschritten wird. Ein erster Vers., mögliche Phasengrenzenrkk. in die Gleichung für die Permeabilität einzuführen, wird von H. W. MELVILLE, E. K. RIDEAL (*Proc. Roy. Soc.* [*London*] A **153** [1935] 89/103, 98) unternommen. Sie vermuten, daß das Eindringen der H-Atome in das Metall einer Aktivierung bedarf. — Der Beweis für die Beteiligung von H-Atomen an dieser die Geschw. des Gesamtvorgangs mitbestimmenden Teilrk. ergibt sich aus der Beobachtung, daß sich die Permeabilität nicht ändert, wenn zwischen Ni und Gasphase eine Pd-Schicht eingeschoben wird. Die weitere Berechnung, die insgesamt 3 Teilprozesse berücksichtigt (s. Original), ergibt bei im Vergleich zur Eindringgeschw. niedriger Diffusionsgeschw. Proportionalität zwischen $V_P$ und $\sqrt{m}$, wobei m die in Molekelform adsorbierte Gasmenge ist, bei kleinem $\Theta$, d. h. bei tiefen Drucken oder hoher Diffusionsgeschw., Proportionalität zwischen $V_P$ und m selbst. Die Ableitung beinhaltet jedoch, daß bei $\Theta \geqq 1$ die Permeabilität unabhängig vom Druck werden müßte. Um den jedoch fortdauernden Druckeinfluß zu erklären, wird von C. J. SMITHELLS, C. E. RANSLEY (*Proc. Roy. Soc.* [*London*] A **157** [1936] 292/302, 300) angenommen, daß $V_P$ bei höheren Drucken hauptsächlich vom Auftreffen von Molekeln aus der Gasphase auf die an der Oberfläche adsorbierten Atome abhängt, wobei die Energie der Molekeln größer sein muß als die Energiebarriere zwischen Metalloberfläche und adsorbierten Atomen, und offenbar nur solche Zusammenstöße wirksam sind, bei denen die auftreffende Molekel gleichzeitig adsorbiert wird. Auf der Grundlage dieser Überlegung abgeleitete Beziehung in vereinfachter Form $V_P = A\sqrt{1+k\Theta p} - 1$ (A und K sind Ausdrücke, die $\Theta$ enthalten) gibt experimentelle Ergebnisse gut wieder. — Über weitere Beziehungen, bei deren Ableitung insgesamt 6 Teilrkk. an der Eintrittsoberfläche berücksichtigt werden s. J. S. WANG (*Proc. Cambridge Phil. Soc.* **32** [1936] 657/62), R. M. BARRER (*Phil. Mag.* [7] **28** [1939] 148/62, 149, 353/8). Eine Bestätigung dafür, daß Grenzflächenrkk. eine merkliche Rolle spielen können, ergibt sich aus der Beobachtung, daß bei Vergrößerung der Oberfläche durch Aufrauhen die Permeabilität steigt, s. S. 364. Zur Theorie der Abhängigkeit der Permeabilität vom Druck vgl. auch A. F. H. WARD (*Proc. Roy. Soc.* [*London*] A **133** [1931] 522/35, 531).

Fig. 170.

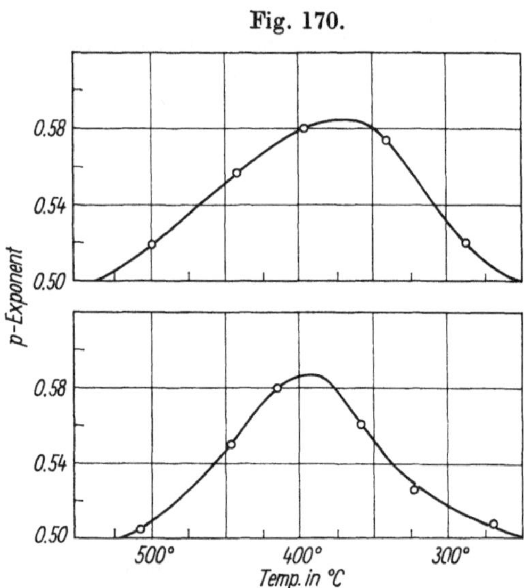


Temp.-Abhängigkeit des Druckexponenten bei zwei Proben Handels-Ni.

Die Temp.-Abhängigkeit der Permeabilität wird durch die RICHARDSONsche Gleichung gut wiedergegeben, vgl. S. 360. Die Beziehung von V. LOMBARD, s. S. 361, entbehrt der theoret. Grundlage und wird auch bezüglich ihrer prakt. Brauchbarkeit bereits von B. C. HENDRICKS, R. R. RALSTON (*J. Am. Chem. Soc.* **51** [1929] 3278/85, 3282) kritisiert. Für den Exponenten z in ihrer auf S. 361 angegebenen Beziehung ermitteln C. B. POST, W. R. HAM (*J. Chem. Phys.* **6** [1938] 598/605, 598), W. R. HAM, C. B. POST (*Phys. Rev.* [2] **53** [1938] 935) einen Wert von + 0.5, womit sich bezüglich der Temp.-Abhängigkeit von $V_P$ völlige Übereinstimmung mit der RICHARDSONschen Gleichung ergibt. — $T^{1/2}$ kann gewöhnlich gegenüber der Exponentialfunktion vernachlässigt werden, C. J. SMITHELLS, C. E. RANSLEY (*Proc. Roy. Soc.* [*London*] A **150** [1935] 172/97, 173), obwohl dann die $\log V_P$–1/T-Aufzeichnung keine völlige Gerade mehr ergibt, C. B. POST, W. R. HAM (*l. c.* S. 601); vgl. aber YU. I. BELYAKOV, N. I. IONOV (*Zh. Tekhn. Fiz.* **31** [1961] 204/10; *Soviet Phys.-Tech. Phys.* **6** [1961] 146/50). Die Permeabilitätsmessungen werden daher üblicherweise in Form der vereinfachten Gleichung $P = P_0 e^{-E_P/RT}$ wiedergegeben, worin P die Permeabilitätskonst. ($H_2$-Menge in $Ncm^3$, die je Sek., $cm^2$ Oberfläche und mm Schichtdicke bei $\sqrt{p_E} - \sqrt{p_A} = 1$ $Torr^{1/2}$ durchgelassen wird), $P_0$ eine für das System charakterist. Konst. und $E_P$ die Aktivierungsenergie der Permeabilität bedeuten. Werte für $P_0$ in $10^{-2}$ $cm^3 \cdot sec^{-1} \cdot cm^{-2} \cdot mm \cdot Torr^{-1/2}$, $E_P$ in kcal/g-Atom aus Messungen im Temp.-Bereich $t_1$ bis $t_2$ mit Ni-Proben unterschiedlichen Reinheitsgrades, angegeben in Gew.-% Ni:

| | | | | | |
|---|---|---|---|---|---|
| $P_0$ | 2.3 | 0.85 | 1.4 | 1.05 | 1.44 |
| $E_P$ | 15.42 | 13.86 | 13.80 | 13.40 | 13.26 |
| $t_1$ bis $t_2$ in °C | 370 bis 698 | 400 bis 750 | 200 bis 550 | 376 bis 600 | 248 bis 400 |
| Gew.-% Ni | — | — | — | 97.5 | 99.65 |
| Lit. | 1) | 2) | 3) | 4) | 5) |
| $P_0$ | 17 | 3.3 | 1.91*) | 1.10*) | 0.91*) |
| $E_P$ | 13.20 | 11.23 | 13.50 | 12.70 | 13.2 |
| $t_1$ bis $t_2$ in °C | 150 bis 360**) | 360 bis 1100 | 250 bis 600 | 350 bis 600 | 400 bis 850 |
| Gew.-% Ni | 99.99***) | 99.99***) | — | — | 99.4 |
| Lit. | 6) | 6) | 7) | 7) | 8) |

*) Umgerechnet aus Angaben in $cm^3 \cdot cm^{-2} \cdot sec^{-1} \cdot cm \cdot atm^{-1/2}$ bzw. $\mu l \cdot cm^{-2} \cdot sec^{-1} \cdot cm \cdot atm^{-1/2}$. — **) Temp. des CURIE-Punktes. — ***) Anoden-Nickel.

Die ersten 5 Werte entstammen einer Übersicht von C. J. SMITHELLS, C. E. RANSLEY (*Proc. Roy. Soc.* [*London*] A **157** [1936] 292/302, 296) nach Messungen bei Drucken ≤ 1 atm. bzw. 10 bis 100 atm von 1) V. LOMBARD (*Compt. Rend.* **177** [1923] 116/9), 2) H. G. DEMING, B. C. HENDRICKS (*J. Am. Chem. Soc.* **45** [1923] 2857/64, 2862), 3) G. BORELIUS, S. LINDBLOM (*Ann. Physik* [4] **82** [1927] 201/26, 205), 4) W. R. HAM (*J. Chem. Phys.* **1** [1933] 476/81) bzw. 5) C. J. SMITHELLS, C. E. RANSLEY (*l. c.*). — 6) C. B. POST, W. R. HAM (*J. Chem. Phys.* **6** [1938] 598/605, 603). — 7) YU. I. BELYAKOV, N. I. IONOV (*Zh. Tekhn. Fiz.* **31** [1961] 204/10; *Soviet Phys.-Tech. Phys.* **6** [1961] 146/50). — 8) J. K. GORMAN, W. R. NARDELLA (*Vacuum* **12** [1962] 19/24). Messungen 6) bis 8) bei Drucken ≤ 1 atm. Weitere Angaben für die Durchlässigkeit von Ni in größeren Temp.-Bereichen, die nicht im Sinne der obigen Beziehung nach $E_P$ und $P_0$ ausgewertet sind, s. V. LOMBARD (*Compt. Rend.* **182** [1926] 463/4; *J. Chim. Phys.* **25** [1928] 501/30, 521, 587/604, 598), B. C. HENDRICKS, R. R. RALSTON (*J. Am. Chem. Soc.* **51** [1929] 3278/85, 3281), W. BAUKLOH, H. KAYSER (*Z. Metallk.* **26** [1934] 156/8, **27** [1935] 281/5), W. BAUKLOH (*Gießerei* **22** [1935] 406/9), W. BAUKLOH, H. GUTMANN (*Z. Metallk.* **28** [1936] 34/40, 38), C. J. SMITHELLS (*Nature* **139** [1937] 1113), K. LANDECKER, A. J. GRAY (*Rev. Sci. Instr.* **25** [1954] 1151/3), D. W. RUDD (TID-5832 [1960] 1/7, 4, *N.S.A.* **14** [1960] Nr. 14067; TID-5982 [1960] 1/10, 4, *N.S.A.* **14** [1960] Nr. 17003). Einzelangaben für 750°C s. C. J. SMITHELLS, C. E. RANSLEY (*Proc. Roy. Soc.* [*London*] A **150** [1935] 172/97, 183, 192), für 860°C s. E. R. HARRISON, L. C. W. HOBBIS (*Rev. Sci. Instr.* **27** [1956] 332). — Eine deutliche, von Temp.-Hysteresis begleitete Änderung der Neigung der $\log V_P$–$1/T$-Geraden tritt in der Nähe des CURIE-Punktes bei ~350°C ein, W. R. HAM, J. D. SAUTER (*Bull. Am. Phys. Soc.* **10** Nr. 5 [1935] 6; *Phys. Rev.* [2] **49** [1936] 195), W. R. HAM (*Trans. Am. Soc. Metals* **25** [1937] 536/70, 543), W. R. HAM, C. B. POST (*Phys. Rev.* [2] **53** [1938] 935), C. B. POST, W. R. HAM (*J. Chem. Phys.* **6** [1938] 598/605, 598), YU. I. BELYAKOV, N. I. IONOV (*l. c.*).

*Dependence on Layer Thickness*

**Abhängigkeit von der Schichtdicke.** Meist wird vorausgesetzt, daß die Permeabilität bei konst. Temp. und Druck der Schichtdicke d umgekehrt proportional ist. Experimentelle Bestätigung dieses Zusammenhanges s. V. LOMBARD (*J. Chim. Phys.* **25** [1928] 501/30, 525/8). Dagegen weisen W. BAUKLOH, W. WENZEL (*Arch. Eisenhüttenw.* **11** [1937] 273/8) darauf hin, daß Messungen bei $d < 2$ bis 3 mm unsicher werden. Über den Zusammenhang zwischen Schichtdicke und Abnahme der Durchlässigkeit infolge Alterung s. unten. — Die Permeabilitätskonstt. P (s. S. 362) von Proben mit $d = 0.040$ cm werden um 30 bis 100% größer gefunden als die von Proben mit $d = 0.157$ cm. Zur Erklärung wird im ersten Falle eine verstärkte Diffusion entlang der Korngrenzen angenommen, wofür auch der niedrigere Temp.-Koeff. von P (entsprechend $E_P = 10.8$ gegenüber 13.2 kcal/g-Atom im zweiten Falle) spricht, J. K. GORMAN, W. R. NARDELLA (*Vacuum* **12** [1962] 19/24).

*Dependence on Nickel Pretreatment and Duration of Test*

**Abhängigkeit von der Vorbehandlung des Nickels und der Versuchsdauer.** Die Angaben für die Aktivierungsenergie der Permeabilität in der obigen Tabelle stimmen verhältnismäßig gut überein, was für einen geringen Einfluß der Herkunft und Vorbehandlung[1]) des untersuchten Materials auf die Vers.-Ergebnisse spricht, s. dazu BARRER (*Diffusion*, S. 167), C. J. SMITHELLS, C. E. RANSLEY (*Proc. Roy. Soc.* [*London*] A **150** [1935] 172/97, 181, **157** [1936] 292/302, 295). Die Durchlässigkeit eines Ni-Bleches von gleichmäßiger Stärke ist nicht an allen Stellen gleich; sie variiert jedoch nicht um mehr als 15 bis 20%. Auch bei gleich starken Blechen verschiedener Herkunft liegen die Werte für die Durchlässigkeit innerhalb dieser Schwankungsbreite. Sie sind auch nach Temp.-Wechsel reproduzierbar, V. LOMBARD (*J. Chim. Phys.* **25** [1928] 501/30, 513).

[1]) Über den Einfluß von Verunreinigungen auf die Durchtrittsgeschw. s. S. 361.

Konst. Werte für die Durchlässigkeit werden für 0.423 mm dicke Proben bei Tempp. bis 800°C selbst nach mehr als 100std. Vers.-Dauer gefunden, B. C. HENDRICKS, R. R. RALSTON (*J. Am. Chem. Soc.* **51** [1929] 3278/85, 3281), vgl. auch H. W. MELVILLE, E. K. RIDEAL (*Proc. Roy. Soc.* [*London*] A **153** [1935] 89/103, 97), V. LOMBARD (*l. c.* S. 511), S.-I. IIJIMA (*Sci. Papers Inst. Phys. Chem. Res.* [*Tokyo*] **23** [1934] 164/72, 171). Da sich Permeabilität und Korngröße auch bei längerem Erhitzen bei 600°C und darüber bei Ni nicht ändern und dieses außerdem nicht die Hysteresis- und Versprödungserscheinungen zeigt, wie sie bei Pd nach längerem Kontakt mit $H_2$ bei höheren Tempp. auftreten, werden vorzugsweise Ni-Rohre anstelle von Pd-Rohren zur Reindarst. von $H_2$ durch Diffusion verwendet, E. R. HARRISON, L. C. W. HOBBIS (*Rev. Sci. Instr.* **26** [1955] 305/6, **27** [1956] 332), K. LANDECKER, A. J. GRAY (*Rev. Sci. Instr.* **25** [1954] 1151/3), vgl. auch L. C. W. HOBBIS, E. R. HARRISON (*Rev. Sci. Instr.* **27** [1956] 238), M. DE LACOSTE LAREYMONDIE, J. SALMON, J. WAJSBRUM (*J. Phys. Radium* [8] **15** [1954] 117/21). Gasreinigungsapp. dieser Art weisen eine innerhalb von $<2\%$ konst. Durchflußgeschw. auf, R. WEISBECK (*Vakuum-Tech.* **10** [1961] 54/5) und besitzen selbst bei Betriebstempp. von 950°C eine Lebensdauer von mehreren 100 Std., J. L. SNOEK, E. J. HAES (*Vide* **8** [1953] 1353/4). Eine konst. Durchflußgeschw. stellt sich jedoch beim ersten Gebrauch des Materials erst nach einigen Std. Betriebsdauer ein. Sie wird sofort erreicht, wenn das Ni vorher 5 bis 10 Min. bei 900°C im Vak. entgast wird, E. R. HARRISON, L. C. W. HOBBIS (*Rev. Sci. Instr.* **27** [1956] 332). — Während sich in Übereinstimmung mit den obigen Angaben bei längerem Erhitzen bei 600°C noch keine Änderung der Permeabilität feststellen läßt, wird bei 950 bis 1050°C eine deutliche Abnahme derselben im Verlaufe von länger dauernden Verss. beobachtet. Die Abnahme ist um so stärker je höher die Vers.-Temp. und je geringer die Wandstärke ist. Bei 1 mm Wandstärke sinkt die Durchlässigkeit bei 950°C nach 30 Std. auf etwa die Hälfte, bei 0.4 mm Wandstärke nach 25 Std. sogar auf ein Sechstel des Anfangswertes. Der Einfluß der Vers.-Temp. auf die Durchlässigkeit ist nicht völlig reproduzierbar, so wird bei einer Probe von 0.4 mm Wandstärke sogar schon bei 680°C eine Abnahme der Permeabilität nachgewiesen. Der Wasserstoffdurchtritt durch Ni erfolgt nicht kontinuierlich, sondern periodisch, möglicherweise infolge augenblicklicher Übersättigungen. Die Abnahme der Permeabilität mit der Vers.-Zeit wird auf das Kornwachstum des Metalls zurückgeführt, durch welches die Zahl der aktiven Zentren für die der Diffusion vorausgehende Adsorption (mit gleichzeitiger Dissoz.) verringert wird, W. BAUKLOH, H. KAYSER (*Z. Metallk.* **26** [1934] 156/8, **27** [1935] 281/5). Für den Einfluß der Adsorption auf den Gesamtvorgang des $H_2$-Durchtritts durch Ni spricht auch die Zunahme der Durchlässigkeit $V_P$ bei Aufrauhen der Oberfläche durch abwechselnde Ox. und Red.; $V_P$ in $Ncm^3 \cdot sec^{-1} \cdot cm^{-2}$ je mm Dicke bei 750°C und 0.042 sowie 0.091 Torr bei polierten Proben: $1.39 \times 10^{-6}$ bzw. $2.91 \times 10^{-6}$, nach Ox. und Red.: $2.70 \times 10^{-6}$ bzw. $4.23 \times 10^{-6}$, C. J. SMITHELLS, C. E. RANSLEY (*Proc. Roy. Soc.* [*London*] A **150** [1935] 172/97, 192).

*Permeability of Electrolytic Nickel*

**Durchlässigkeit von Elektrolytnickel.** Die Permeabilität von elektrolytisch abgeschiedenen Ni-Folien unterscheidet sich von der von Folien aus gegossenem und anschließend gewalztem Ni in charakterist. Weise: sie wird bereits bei sehr viel tieferen Tempp. und geringeren Druckunterschieden merkbar und ist bei Drucken $p > 50$ Torr proportional p, nicht aber $\sqrt{p}$. Es wird angenommen, daß bei Elektrolyt-Ni Wanderung von molekularem Wasserstoff durch feine Poren von 1 bis 1000Å Durchmesser längs der Korngrenzen stattfindet. Bei niedrigeren Drucken ist die Permeabilität größer als der Proportionalität mit p entspricht, wahrscheinlich infolge zusätzlich auftretender Oberflächendiffusion. Bei Ni-Abscheidungen aus einem wss. $NiSO_4$-$NiCl_2$-Borsäure-Bad nimmt die Permeabilität mit zunehmender Schichtdicke d stärker ab, als bei Proportionalität zwischen Permeabilität und l/d zu erwarten ist. Dies wird mit einer Änderung des Gefügecharakters bei zunehmender Stärke der Abscheidungen in Verbindung gebracht. Permeabilitätskonst. K[1]) von aus einem solchen Bad (60°C, $\sim$4.4 A/dm$^2$, pH 2.2) abgeschiedenen Ni-Folien von 0.025 mm Stärke bei 25°C: $\sim 9 \cdot 10^{-8}$ $l \cdot m^{-2} \cdot min^{-1}$. Metallurg. Ni-Folien von gleicher Dicke weisen bei 25°C noch keine meßbare Durchlässigkeit für $H_2$ auf. Über den Einfluß der Herstellungsbedingungen auf die Durchlässigkeit von Elektrolyt-Ni s. Originale, D. T. EWING, J. M. TOBIN, D. G. FOULKE (*J. Elektrochem. Soc.* **103** [1956] 545/8), J. M. TOBIN (*Diss. Michigan State Univ.* 1955, S. 1/72, *Diss. Abstr.* **19** [1959] 1539/40), R. H. FAY (*Diss. Michigan State Univ.* 1954, S. 1/75, *Diss. Abstr.* **19** [1959] 1577).

*Real Diffusion. Experimental Determinations*

**Eigentliche Diffusion. Experimentelle Bestimmungen.** Verwendete Meth. setzen voraus, daß die Grenzflächenrkk. keinen Einfluß auf die Geschw. des Gesamtvorganges haben. Besprechung von verschiedenen Best.-Meth. s. BARRER (*Diffusion*, S. 208), S. DUSHMAN (*Scientific Foundations*, S. 618),

[1]) $K = V/F \times 1/p \times \Delta p/\Delta\tau$; V = Vol. der Meßapp. auf der Niederdruckseite, F = Fläche der Membran, p = Überdruck in Torr, $\Delta p$ = Druckänderung auf der Niederdruckseite, $\Delta\tau$ = Zeit in Minuten.

W. Jost (*Diffusion in Solids, Liquids, Gases, New York* 1960, S. 309). Diffusionskoeff. D in $cm^2 \cdot sec^{-1}$ bei gewöhnl. Temp.: $\sim 9 \cdot 10^{-10}$, M. Smialowski (*Bull. Acad. Polon. Sci. Ser. Sci. Chim. Geol. Geograph.* **6** [1958] 427/32 nach *N.S.A.* **13** [1959] Nr. 13579; *J. Chim. Phys.* **55** [1958] 716), bei 450°C: $\sim 7.7 \times 10^{-6}$, bei 850°C: $\sim 1.1 \times 10^{-4}$, H. H. Grimes (*Acta Met.* **7** [1959] 782/6). Für die Temp.-Abhängigkeit von D gilt $D = D_0 e^{-E_D/RT}$; Werte für $D_0$ und $E_D$ aus Messungen der Permeabilität (P), Entgasungsgeschw.(E), Absorptionsgeschw. (A) und Einstellungsdauer des Diffusions-Gleichgew. (G) über verschiedene Temp.-Bereiche $t_1$ bis $t_2$:

| | | | | | | | |
|---|---|---|---|---|---|---|---|
| $D_0$ in $10^{-3} cm^2 \cdot sec^{-1}$*) | 200 | 17 | 1.1 | 15 | 3.7 | 23 | 1.0 |
| $E_D$ in kcal/g-Atom*) | 14.8 | 10.8 | 8.4 | 10.6 | 9.0 | 10.8 | 5.5 |
| $t_1$ bis $t_2$ in °C . . . | 458 bis 598 | 200 bis 550 | 478 bis 798 | 376 bis 600 | 85 bis 165 | 248 bis 400 | 400 bis 600 |
| Meth., Lit. . . . . | P, 1) | P, 2) | P, 3) | P, 4) | E, 5) | P, 6) | A, 7) |
| $D_0$ in $10^{-3} cm^2 \cdot sec^{-1}$ . | 4.5 | 7.6 | 11 | 9.5 | 4.22 | 5.73 | 4.21 |
| $E_D$ in kcal/g-Atom . | 8.6 | 9.88 | 10.1 | 10.3 | 8.4 | 9.6 | 8.9 |
| $t_1$ bis $t_2$ in °C . . . | 380 bis 986 | — | 162 bis 496 | 430 bis 850 | 303 bis 694 | 250 bis 350 | 350 bis 600 |
| Meth., Lit. . . . . | E, 8) | E, 9) | E, 10) | P, 11) | E, 12) | G, 13) | G, 13) |

*) Zahlenangaben nach der Auswertung von M. L. Hill, E. W. Johnson (*Acta Met.* **3** [1955] 566/71, 570).

Lit. der zugrundeliegenden Meßdaten: 1) V. Lombard (*Compt. Rend.* **177** [1923] 116/9). — 2) G. Borelius, J. Lindblom (*Ann. Physik* [4] **82** [1927] 201/26, 205). — 3) B. C. Hendricks, R. R. Ralston (*J. Am. Chem. Soc.* **51** [1929] 3278/85, 3281). — 4) W. R. Ham (*J. Chem. Phys.* **1** [1933] 476/81). — 5) G. Euringer (*Z. Physik* **96** [1935] 37/52). — 6) C. J. Smithells, C. E. Ransley (*Proc. Roy. Soc.* [*London*] A **157** [1936] 292/302, 296). — 7) K. H. Lieser, H. Witte (*Z. Physik. Chem.* **202** [1954] 321/51, 341). — 8) M. L. Hill, E. W. Johnson (*Acta Met.* **3** [1955] 566/71, 570). — 9) C. E. Ransley, D. E. J. Talbot (*Z. Metallk.* **46** [1955] 328/37, 329). — 10) A. G. Edwards (*Brit. J. Appl. Phys.* 8 [1957] 406/9). — 11) H. H. Grimes (*Acta Met.* **7** [1959] 782/6). — 12) W. Eichenauer (*Mem. Sci. Rev. Met.* **57** [1960] 943/8). — 13) Yu. I. Belyakov, N. I. Ionov (*Zh. Tekhn. Fiz.* **31** [1961] 204/10; *Soviet Phys.-Tech. Phys.* **6** [1961] 146/50). Die D-Werte sind unabhängig von der therm. Vorgeschichte der Proben und von der Wasserstoffkonz., M. L. Hill, E. W. Johnson (*l. c.*). Sie ändern sich auch bei Zugdeformation der untersuchten Proben bis zu 10% nicht, H. H. Grimes (*l. c.*). Legieren von Ni mit $N_2$ erhöht die Diffusionsgeschw. und erniedrigt die Arbeitsfunktion, W. R. Ham (*Trans. Am. Soc. Metals* **25** [1937] 536/70). Ebenso wie bei den P-Werten (s. S. 363) tritt auch bei den D-Werten eine von Temp.-Hysteresis begleitete diskontinuierliche Änderung am Curie-Punkt (350 ± 10°C) ein, Yu. I. Belyakov, N. I. Ionov (*l. c.*). — Am Schmp. des Ni ist $D = 0.4 \times 10^{-3} cm^2 \cdot sec^{-1}$, C. E. Ransley, D. E. J. Talbot (*l. c.*).

*Mechanism of Diffusion*

**Mechanismus der Diffusion.** Die Wanderung des Wasserstoffs durch das Ni-Gitter erfolgt in atomarer Form. Dies ergibt sich aus der Proportionalität zwischen Permabilität (sowie Löslichkeit) und $\sqrt{p}$, s. S. 360, sowie aus der Konstanz der Permeabilität, wenn zwischen Ni und Gasphase eine Schicht aus Pd eingeschoben wird. — Wahrscheinlich sind die H-Atome teilweise oder völlig in Richtung $H^+$ ionisiert, vgl. Barrer (*Diffusion*, S. 147), C. B. Post, W. R. Ham (*J. Chem. Phys.* **5** [1937] 913/9, 913), M. L. Hill, E. W. Johnson (*Acta Met.* **3** [1955] 566/71), W. Eichenauer (*Mem. Sci. Rev. Met.* **57** [1960] 943/8). Der Charakter der Bindung zwischen Ni-Ionen und diffundierenden Protonen ist sehr ähnlich dem der Bindung zwischen den Ni-Ionen selbst, d. h. das Elektron des H wird anteilig am freien Elektronengas des Metalls, W. R. Ham (*Trans. Am. Soc. Metals* **25** [1937] 536/70), C. B. Post, W. R. Ham (*l. c.*). Die H-Atome oder Protonen sind statistisch auf Potentialmulden auf den oktaedr. Zwischengitterplätzen verteilt. Diffusion erfolgt durch Sprünge von einer Mulde zur anderen, wenn die Aktivierungsenergie zugeführt wird, die zur Überwindung der Potentialschwelle zwischen den Mulden ausreicht. Ausführliche Interpretierung s. z. B. bei W. Eichenauer (*l. c.*), M. L. Hill, E. W. Johnson (*l. c.*), R. M. Barrer (*Trans. Faraday Soc.* **38** [1942] 78/85). — Am Curie-Punkt tritt eine diskontinuierliche Abnahme der Zahl der oktaedr. Lücken ein und bedingt eine sprunghafte Änderung der Diffusionseigg., Yu. I. Belyakov, N. I. Ionov (*Zh. Tekhn. Fiz.* **31** [1961] 204/10; *Soviet Phys.-Tech. Phys.* **6** [1961] 146/50), vgl. aber C. B. Post, W. R. Ham (*l. c.*). Aktivierungsentropie $\Delta S_D$ und freie Aktivierungsenergie $\Delta F_D$, ber. für 500°C: $\Delta S_D = -5.3$ cal $\cdot mol^{-1} \cdot grd^{-1}$, $\Delta F_D = 7710$ cal$\cdot mol^{-1}$, R. M. Barrer (*Diffusion*, S. 85). Negative Werte für $\Delta S_D$ werden damit erklärt, daß die diffundierenden Wasserstoffteilchen das Metallgitter nicht merklich verzerren und daß $\Delta S_D$ in der Hauptsache durch die Änderung der Schwingungsfrequenz der Teil-

chen während des Sprunges von einem Zwischengitterplatz zum anderen bestimmt wird. Auf Grund dieser Annahme aus Angaben über die Ladungsdichte und aus Diffusionskoeff. ber. $\Delta S_D$-Werte stimmen befriedigend überein, M. L. HILL, E. W. JOHNSON (*l. c.*).

Die Entgasungsgeschw. von mit Wasserstoff beladenen Ni-Drähten, untersucht durch Messung des elektr. Widerstandes, befolgt ein Gesetz erster Ordnung. Es werden aber zwei Stadien mit den verschiedenen Aktivierungsenergien $0.23 \pm 0.04$ bzw. $0.39 \pm 0.03$ eV festgestellt. Unter der Annahme, daß der Wasserstoffaustritt über Versetzungen erfolgt, wird das 1. Stadium mit der Wanderung über Zwischengitterplätze zu den Versetzungen hin, das 2. mit einer Diffusion entlang der Versetzungen, für die die Aktivierungsenergie wesentlich höher sein muß, in Verbindung gebracht, A. MARCHAND (*Compt. Rend.* **254** [1962] 4284/6). Dagegen können M. L. HILL, E. W. JOHNSON (*Acta Met.* **3** [1955] 566/71) keinen langsam diffundierenden oder „restlichen" Wasserstoff feststellen.

*Deuterium*

## Deuterium

Die Durchtrittsgeschw. von $D_2$ durch Ni ist höchstens um die Hälfte kleiner als die von $H_2$, K. LANDECKER, A. J. GRAY (*Rev. Sci. Instr.* **25** [1954] 1151/3). Vergleichende Gegenüberstellung der Temp.-Abhängigkeit der Permeabilitätskonst. P und des Diffusionskoeff. D für $D_2$ und $H_2$, ausgedrückt durch die Beziehungen $P = P_o \cdot e^{-E_P/RT}$ und $D = D_o \cdot e^{-E_D/RT}$; $P_o$ in $Ncm^3 \cdot cm \cdot cm^{-2} \cdot sec^{-1} \cdot atm^{-1/2}$, $D_o$ in $cm^2 \cdot sec^{-1}$, $E_P$, $E_D$ in kcal/g-Atom:

| Gas | Temp.-Bereich(°C) | $P_o \cdot 10^2$ | $D_o \cdot 10^3$ | $E_P$ | $E_D$ | Lit. |
|---|---|---|---|---|---|---|
| $D_2$ | 250 bis 350 | 3.70 | 4.15 | 14.4 | 9.6 | 1) |
| | 350 bis 600 | 2.13 | 2.99 | 13.5 | 8.9 | 1) |
| | 303 bis 694 | — | 4.56 | — | 8.94 | 2) |
| $H_2$ | 250 bis 350 | 5.25 | 5.73 | 13.5 | 9.6 | 1) |
| | 350 bis 600 | 3.02 | 4.21 | 12.7 | 8.9 | 1) |
| | 303 bis 694 | — | 4.22 | — | 8.40 | 2) |

1) Eine diskontinuierliche Änderung im sonst geradlinigen ln P–1/T- und ln D–1/T-Verlauf tritt am CURIE-Punkt bei $350 \pm 10$°C auf. Das Verhältnis der $D_o$- und $P_o$-Werte für $H_2$ und $D_2$ ist gleich $\sqrt{2}$, d. h. gleich $\sqrt{M_D/M_H}$ (M = Isotopenmassen). $E_P$ und die Lösungswärme (vgl. S. 368) sind für $D_2$ um 0.8 bis 0.9 kcal/g-Atom größer als für $H_2$, die Differenz stimmt annähernd mit dem Unterschied der Dissoz.-Wärmen der $D_2$- und $H_2$-Molekeln überein, YU. I. BELYAKOV, N. I. IONOV (*Zh. Tekhn. Fiz.* **31** [1961] 204/10; *Soviet Phys.-Tech. Phys.* **6** [1961] 146/50). — 2) W. EICHENAUER (*Mem. Sci. Rev. Met.* **57** [1960] 943/8), nach dessen Messungen für $D_2$ jedoch $D_o$ größer und die Lösungswärme kleiner (um 0.21 kcal/g-Atom) als für $H_2$ sind. — $E_P$ von auf Pd als Träger (beeinflußt Durchtrittsgeschw. nicht) aufgebrachtem Ni ist im Temp.-Bereich von 228 bis 320°C für $D_2$ mit 14.9 kcal/g-Atom um 0.6 kcal/g-Atom größer als für $H_2$, H. W. MELVILLE, E. K. RIDEAL (*Proc. Roy. Soc.* [*London*] A **153** [1935] 89/103, 97). Über die Bldg. von Selbsttargets für die Kernrk. D(d,n) $^3$He und ihr Zusammenhang mit der Deuteriumdiffusion in Ni s. K. FIEBIGER (*Z. Angew. Phys.* **9** [1957] 213/23).

*Absorption of Hydrogen in Nickel*

## Absorption von Wasserstoff in Nickel

Allgemeine Literatur:

A. NIKURADSE, R. ULBRICH, *Das Zweistoffsystem Gas–Metall, München* 1950, S. 49/50, 97/8, 101, 103, 121, 145/8.

D. P. SMITH, *Hydrogen in Metals, Chicago* 1948, S. 24/39, 62/73; in: *Gases in Metals, Cleveland, Ohio,* 1953, S. 1/22.

C. R. CUPP, *Gases in Metals, Progr. Metal Phys.* **4** [1953] 105/73.

O. KUBASCHEWSKI, *Die Löslichkeit von Gasen in Metallen, Z. Elektrochem.* **44** [1938] 152/67.

Bei der Absorption wird Wasserstoff von Ni in geringer Menge in echter Lsg. und in erheblich größeren Mengen auch in anderer Form an Korngrenzen oder in Rissen (~100 mal > Gitterkonst.) aufgenommen. Hohe Aufnahme erfolgt unter bestimmten Vers.-Bedingungen, z. B. bei kathod. Wasserstoffbeladung (vgl. S. 369), oder von geeigneten, z. B. ausreichend kaltbearbeiteten Proben. Diskussion verschiedener Ansichten über diese zusätzliche $H_2$-Absorption s. D. P. SMITH (*l. c.* S. 67/71); vgl. auch YU. V. BAIMAKOV, L. M. EVLANNIKOV (*Zh. Fiz. Khim.* **25** [1951] 483/94), D. G. KELEMEN (*Diss. Princeton Univ.* 1951, *Diss. Abstr.* **15** [1955] 346). Große $H_2$-Mengen enthält Raney-Ni absorbiert,

ein Katalysator, der durch Herauslösen von Al aus Ni-Al-Legg. mit Alkalilauge gewonnen wird; bis zu 1H/1Ni nach H. A. SMITH, A. J. CHADWELL, S. S. KIRSLIS (*J. Phys. Chem.* **59** [1955] 820/2), YU. A. PODVYAZKIN, A. I. SHLYGIN (*Zh. Fiz. Khim.* **31** [1957] 1305/10). Der Wasserstoff wird beim Erhitzen wieder ausgetrieben. Er liegt atomar im Gitter vor, wahrscheinlich Ni-Atome substituierend, ähnlich wie Cu in Cu-Ni-Legg., R. J. KOKES, P. H. EMMETT (*J. Am. Chem. Soc.* 81 [1959] 5032/7). Weitere Angaben über die Absorptionsfähigkeit dieses Katalysators s. M. PILKUHN, A. WINSEL (*Z. Elektrochem.* **63** [1959] 1056/63) und in der in vorstehenden Arbeiten zitierten Literatur. — Angaben über vermutete Hydridbldg. in Raney-Nickel und in reinem Ni, das durch Red. von NiO mit $H_2$ hergestellt ist, s. S. 371/2.

Die ins Gitter eingebauten H-Atome sind weitgehend ionisiert, K. H. LIESER, H. WITTE (*Z. Elektrochem.* **61** [1957] 367/76), H. WITTE (*Neue Hütte* **2** [1957] 749/56); vgl. auch O. SCHMIDT (*Z. Physik. Chem.* A **165** [1933] 133/46).

**Löslichkeit.** Der Anstieg der Löslichkeit mit der Temp. (annähernd linear) und mit $\sqrt{p}$ (genau linear) wird erstmals von A. SIEVERTS, J. HAGENACKER (*Ber. Deut. Chem. Ges.* **42** [1909] 338/47), A. SIEVERTS, W. KRUMBHAAR (*Ber. Deut. Chem. Ges.* **43** [1910] 893/900), A. SIEVERTS (*Z. Physik. Chem.* **77** [1911] 591/613, 606/12) nachgewiesen; vgl. auch A. SIEVERTS, E. JURISCH (*Ber. Deut. Chem. Ges.* **45** [1912] 221/9, 225). Die Art der Temp.-Abhängigkeit wird bestätigt von O. SCHMIDT (*Z. Physik. Chem.* **118** [1925] 193/239, 231, **133** [1928] 263/303, 295), L. LUCKEMEYER-HASSE, H. SCHENCK (*Arch. Eisenhüttenw.* **6** [1932] 209/14), J. SMITTENBERG (*Rec. Trav. Chim.* **52** [1933] 112/22, 339/51), K. IWASE, M. FUKUSHIMA (*Nippon Kinzoku Gakkaishi* **1** [1937] 202/13, *C.A.* **1938** 5750), G. A. MOORE, D. P. SMITH (*Trans. Electrochem. Soc.* **71** [1937] 545/63, 557), C. A. ZAPFFE, C. E. SIMS (*Trans. Am. Foundrymen's Assoc.* **51** [1944] 517/56), I. A. DYAKOVA, A. SAMARIN (*Izv. Akad. Nauk SSSR, Otd. Tekhn. Nauk* **1945** 813/20, *C.A.* **1947** 2367). *Solubility*

Abhängigkeit des Vol. (unter Normalbedingungen) der von 100 g Ni („Nickelpulver reduziert", mit $H_2$ bei hohen Tempp. vorbehandelt und bei 1160°C entgast) bei 1 atm absorbierten Menge $H_2$ ($v_H$) und $D_2$ ($v_D$) von der Temp.:

| t in °C | 200° | 300° | 400° | 500° | 600° | 700° | 800° | 900° | 1000° | 1120° |
|---|---|---|---|---|---|---|---|---|---|---|
| $v_H$ in $cm^3$ | 1.34 | 2.51 | 3.55 | 4.53 | 5.70 | 6.74 | 7.78 | 8.97 | 10.42 | 12.65 |
| $v_D$ in $cm^3$ | 0.73 | 1.88 | 2.81 | 3.72 | 4.93 | 5.84 | 6.99 | 8.30 | 9.86 | 11.80 |

Die Löslichkeit ist also sehr gering. Wie für $H_2$ sind auch für $D_2$ die bei konst. Temp. gelösten Mengen $\sqrt{p}$ proportional, A. SIEVERTS, W. DANZ (*Z. Anorg. Allgem. Chem.* **247** [1941] 131/4), W. DANZ (*Diss. Jena* 1938); vgl. auch A. SIEVERTS (*Z. Metallk.* **21** [1929] 37/44), H. SCHÄFER (in: *Fiat Rev.*, *Bd.* 27, 1948, S. 107/12). Für 518.7°C ist $v_H = 4.74$ ml je 100 g Ni, W. HOFMANN, J. MAATSCH (*Z. Metallk.* **47** [1956] 89/95). Bei 400°C entfallen in der gesätt. festen Lsg. auf $10^4$ Ni-Atome 1.676 H-Atome, bei 500°C 2.302, bei 600°C 2.818 ($p_{H_2} = 1$ atm), K. H. LIESER, G. RINCK (*Z. Elektrochem.* **61** [1957] 357/9). Damit sind entsprechende frühere Werte (1.70, 2.34, 2.86) von K. H. LIESER, H. WITTE, (*Z. Physik. Chem.* **202** [1954] 321/51, 338) im wesentlichen bestätigt. — Für das Molverhältnis $n(H_2)/n(Ni) = L$ gilt zwischen 303 und 694°C $L = L_0 \cdot e^{-\Delta H/RT}$ mit $L_0 = 1.06 \times 10^{-3}$, $\Delta H = 3550$ für $H_2$, $L_0 = 0.82 \times 10^{-3}$, $\Delta H = 3340$ cal/g-Atom für $D_2$, W. EICHENAUER (*Mem. Sci. Rev. Met.* **57** [1960] 943/8).

Wesentlich höher ist der H-Gehalt in Proben, die durch Kathodenzerstäubung von Ni in $H_2$-Atm., s. S. 369, oder durch Herauslösen von Al aus Ni-Al-Legg., s. oben, hergestellt werden, sowie in kathodisch beladenem Ni, G. TAMMANN, J. SCHNEIDER (*Z. Anorg. Allgem. Chem.* **172** [1928] 43/64, 63), T. FRANZINI (*Rend. Istit. Lombardo Sci. Lettere* [2] **63** [1930] 465/82). Wenn die Rekombination der H-Atome zu Molekeln durch Inhibitoren verhindert wird, können bei gewöhnl. Temp. bis zu 70 H-Atome je 100 Ni-Atome eingebaut werden, B. BARANOWSKI, Z. SZKLARSKA-SMIAŁOWSKA, M. SMIAŁOWSKI (*Actes Intern. Congr. Catalyse, 2ᵉ, Paris* 1960 [1961], *Bd.* 2, S. 2269/82); Einzelheiten über die Abhängigkeit der Löslichkeit von der Stromdichte (bis 0.1 A/$cm^2$) und der Temp. (—30 bis +70°C) sowie über die Elektrolysendauer, die zur Erreichung des Atomverhältnisses 7:10 erforderlich ist, s. bei B. BARANOWSKI (*Bull. Acad. Polon. Sci. Ser. Sci. Chim. Geol. Geograph.* **7** [1959] 897/905, 907/10, *C.A.* **1961** 14011, 15065); vgl. auch Z. SZKLARSKA-SMIAŁOWSKA, B. BARANOWSKI (*Bergakademie* **14** [1962] 272/3).

Über die massenspektroskop. Best. der Löslichkeit s. V. I. FISTUL (*Tr. Komis. po Analit. Khim. Akad. Nauk SSSR* **10** [1960] 71/81, *C.A.* **1961** 6250).

Die Druckabhängigkeit der Löslichkeit in sorgfältig gereinigten und entgasten dünnen Ni-Streifen wird zwischen $10^{-3}$ und 1.5 Torr bei 400, 500 und 600°C von M. H. ARMBRUSTER (*J. Am. Chem. Soc.*

**65** [1943] 1043/54, 1049) gem., wobei die Gültigkeit des $\sqrt{p}$-Gesetzes bestätigt wird; die Werte für die Löslichkeit S bei den 3 Tempp. sind durch die Beziehung log $(S/p^{1/2}) = 1.732 - 645/T$ wiederzugeben. Ein auf diesen Ergebnissen beruhendes Nomogramm s. bei D. S. Davis (*Chem. Processing* **19** [1956] Nr. 8, S. 176). Die Meßwerte von J. Smittenberg (*Rec. Trav. Chim.* **53** [1934] 1065/83, 1074) an Ni-Drähten bei 300 und 600°C und $H_2$-Drucken von 0.5 bis 176 Torr liegen um ~10 bis 15% höher. Messungen zwischen 300 und 750°C ergeben log $(S/p^{1/2}) = 1.763 - 715.7/T$ für $H_2$, $1.697 - 737.9/T$ für $D_2$, $1.823 - 856.7/T$ für 93.6% $T_2$ + 6.4% $H_2$; somit nimmt das Verhältnis $S(H_2)/S(D_2)$ von 1.256 bei 400°C auf 1.228 bei 700°C ab, entsprechend für das $T_2$-$H_2$-Gemisch: 1.411 bei 400°C, 1.216 bei 700°C, N. J. Hawkins (KAPL-868 [1953] 1/27, 22/3, *N.S.A.* **7** [1953] Nr. 4137).

Am Schmp. steigt die Löslichkeit von Wasserstoff in Ni wie in mehreren anderen Metallen sprungartig auf etwa das Doppelte an, A. Sieverts (*Z. Physik. Chem.* **77** [1911] 591/613, 611).

In flüssigem Ni nimmt die Löslichkeit von Wasserstoff nach Messungen bei Atm.-Druck zwischen 1523 und 1709°C linear um 2.8 ppm je 100 grd zu; bei 1600°C beträgt sie 40.7 ppm, M. Weinstein, J. F. Elliott (*Trans. AIME* **227** [1963] 285/6). Zunahme der Löslichkeit von 35.0 ppm bei 1465°C auf 38.7 ppm bei 1600°C, A. Sieverts (*l. c.*). Einzelwert für 1600°C: 38.2 ppm, entsprechend $v_H$ = 42.5 $Ncm^3$ $H_2$ je 100 g Ni, T. Busch, R. A. Dodd (*Trans. AIME* **218** [1960] 488/90). Die Werte $v_H = 38.5 \pm 4.5$ bei 1500°C, $38.8 \pm 4.4$ bei 1570°C, $40.3 \pm 3.4$ bei 1600°C lassen sich durch die Formel log $v_H = 1.8844 - 455/T$ erfassen, H. Schenck, H. Wünsch (*Arch. Eisenhüttenw.* **32** [1961] 779/90, 787). Eine etwas größere Löslichkeit bei 1600°C finden F. de Kazinczy, O. Lindberg (*Jernkontorets Ann.* **144** [1960] 288/96). — Im Druckbereich von 480 bis 973 Torr ist bei 1500°C die Löslichkeit proportional $\sqrt{p}$, A. Sieverts (*l. c.* S. 609). Dieselbe Druckabhängigkeit findet J. H. Moore (*Metal Progr.* **64** Nr. 4 [1953] 103/5) bei 1580°C und Drucken ≦250 Torr. Ein Diagramm für den Druckbereich von $10^{-3}$ bis $10^3$ Torr s. bei I. Pfeiffer (*Schweizer Arch. Angew. Wiss. Tech.* **28** [1962] 443/51, 449).

Energet. Betrachtungen über die Löslichkeit von H in fl. Metallen, darunter Ni, s. bei Y. L. Yao (*J. Chem. Phys.* **21** [1953] 1308/9). — Desoxydierende Zusätze erhöhen die Löslichkeit von H in fl. Ni, I. A. Gnezdilov (*Liteinoe Proizv.* **1963** Nr. 3, S. 16/8).

*Heat of Solution*

**Lösungswärme** $\Delta H$ in kcal/mol $H_2$. Für die Isotope ergibt sich aus Löslichkeitsbestt. zwischen 300 und 750°C $\Delta H = 6.58$ ($H_2$), 6.79 ($D_2$), 7.88 ($T_2$), N. J. Hawkins (KAPL-868 [1953] 1/27, 26, *N.S.A.* **7** [1953] Nr. 4137), zwischen 400 und 600°C $\Delta H = 6.18$ ($H_2$), K. H. Lieser, H. Witte (*Z. Physik. Chem.* **202** [1954] 321/51, 340). $\Delta H = 5.90$ ($H_2$) folgt aus Werten von A. Sieverts, W. Danz (*Z. Anorg. Allgem. Chem.* **247** [1941] 131/4), $\Delta H = 6.07$ ($H_2$), 6.99 ($D_2$) aus denen von M. H. Armbruster (*J. Am. Chem. Soc.* **65** [1943] 1043/54, 1050). Leitf.-Messungen bei 20°K führen zu $\Delta H \approx 6$, A. Marchand (*Compt. Rend.* **254** [1962] 4284/6). Aus Daten von J. Smittenberg (*Rec. Trav. Chim.* **53** [1934] 1065/83, 1074) berechnen R. H. Fowler, C. J. Smithells (*Proc. Roy. Soc.* [*London*] A **160** [1937] 37/47, 43) $\Delta H = 5.60$, dagegen K. H. Lieser, H. Witte (*l. c.* S. 339) $\Delta H = 6.30$. — Auf 1/2 Mol $H_2$ bezogen ergibt sich bei 500°C $\Delta H = 3.0$ und die Lösungsentropie zu 16.6 $cal \cdot mol^{-1} \cdot {}^\circ K^{-1}$, H. Witte (*Neue Hütte* **2** [1957] 749/56, 751), K. H. Lieser, H. Witte (*Z. Elektrochem.* **61** [1957] 367/76, 368). $\Delta H = 3.9$ und 3.8 ($H_2$) sowie $\Delta H = 4.8$ und 4.6 ($D_2$) ergibt sich als Differenz der Aktivierungsenergien für Durchdringung und Diffusion (vgl. S. 366) im Temp.-Bereich 250 bis 350°C bzw. 350 bis 600°C, Yu. I. Belyakov, N. I. Ionov (*Zh. Tekhn. Fiz.* **31** [1961] 204/10; *Soviet Phys.-Tech. Phys.* **6** [1961] 146/50). Zur Berechnung von $\Delta H$ s. T. Toya (*J. Res. Inst. Catalysis, Hokkaido Univ.* 8 [1960] 209/63, 217).

Für fl. Ni ergibt sich $\Delta H = 4.80 \pm 0.15$ kcal/g-Atom, M. Weinstein, J. F. Elliott (*Trans. AIME* **227** [1963] 285/6).

*Formation and Preparation of Solid Solutions*

**Bildung und Darstellung fester Lösungen.** Die stabilen festen Lsgg. mit geringem H-Gehalt entstehen nicht nur bei der Einw. von $H_2$ auf Ni, sondern beispielsweise auch bei gemeinsamer Abscheidung, s. T. C. Franklin, A. Blackburn (*J. Electrochem. Soc.* **109** [1962] 338/9); zum Einfluß organ. Zusätze auf die gemeinsame Abscheidung s. T. C. Franklin, J. R. Goodwyn (*J. Electrochem. Soc.* **109** [1962] 288/92), J. R. Goodwyn (PB 155732 [1961] 1/130, *C.A.* **56** [1962] 15283). Die in Form von Ionenstrahlen in das Ni-Gitter eingedrungenen Protonen werden nur dann festgehalten, wenn die Probe mit einer Oxidschicht überzogen ist, J. Morrison, J. J. Lander (*J. Electrochem. Soc.* **105** [1958] 145/8). Auch Ni-Pulver, das durch Kathodenzerstäubung entsteht, absorbiert eingestrahlte Protonen nicht, A. A. Rodina (*Tr. Komis. po Analit. Khim. Akad. Nauk SSSR* **10** [1960] 238/44, *C.A.* **1961** 6310). Dagegen entsteht bei Kathodenzerstäubung von Ni in $H_2$ eine Hydridphase, deren Gitterkonst. (s. S. 369) etwas größer als die des reinen Ni ist, L. R. Ingersoll, J. D. Hanawalt (*Phys. Rev.* [2] **34** [1929] 972/7), L. R. Ingersoll (*J. Am. Chem. Soc.* **53** [1931] 2008/9).

Die unter normalen Bedingungen instabile, H-reiche Hydridphase entsteht vor allem bei kathod. Beladung dünner Ni-Schichten z. B. auf Cu. Als Elektrolyt wird 1n-$H_2SO_4$ verwendet mit Zusatz von 0.2 g Thioharnstoff je Liter. Das Atomverhältnis H:Ni wächst mit Abnahme der Dicke der Ni-Schicht bis zu 0.7 bei d $\approx$ 30 $\mu$ und bleibt bei dünneren Schichten konstant, B. BARANOWSKI, M. SMIAŁOWSKI (*Bull. Acad. Polon. Sci. Ser. Sci. Chim. Geol. Geograph.* **7** [1959] 663/7, *C.A.* **1960** 18126; *J. Phys. Chem. Solids* **12** [1959/60] 206/7), B. BARANOWSKI (*Naturwissenschaften* **46** [1959] 666). Die H-reiche Hydridphase ist bei der Elektrolyse in 0.1n- bis 1n-$H_2SO_4$ mit 200 $\mu$ dicken Streifen aus Mond-Nickel als Kathode nach 2 Std. nachweisbar. Wenn der Elektrolyt 0.04 g $As_2O_3$ je l enthält, dauert die Hydridbldg. bei 0.3 A/cm² nur einige Minuten. Nach 48std. Elektrolyse bildet sich bei $As_2O_3$-Zusatz ein ~10 $\mu$ dicker Hydridüberzug, in dem das Verhältnis H:Ni $\approx$ 0.8 ist. In 90°C heißem Bad zerfällt das gebildete Hydrid ziemlich schnell, T. BONISZEWSKI, G. C. SMITH (*J. Phys. Chem. Solids* **21** [1961] 115/8). Krit. Bemerkungen zur Priorität s. bei B. BARANOWSKI, M. SMIAŁOWSKI (*J. Phys. Chem. Solids* **23** [1962] 429/30). — Analoge Darst. einer Ni-Deuteridphase s. A. STROKA, B. BARANOWSKI (*Bull. Acad. Polon. Sci. Ser. Sci. Chim.* **10** [1962] 147/52).

$NiH_{0.7}$ entsteht auch, wenn bei 25°C $H_2$ mit 20000 at in Ni hineingepreßt wird, B. BARANOWSKI *Bull. Acad. Polon. Sci. Ser. Sci. Chim.* **10** [1962] 451/5).

**Physikalische Eigenschaften der festen Lösungen. Gitterstruktur.** Die normalerweise sehr geringe H-Menge in den festen Lsgg. führt zu keiner Änderung der Gitterkonst., E. RAUB (*Metalloberfläche* **9** [1955] 88/93). Die H-Atome sind wahrscheinlich auf Zwischengitterplätzen eingebaut, E. RAUB, F. SAUTTER (*Metalloberfläche* **13** [1959] 129/32). — Für die Zus. $NiH_{0.6}$, durch kathod. Beladung dargestellt, bleibt das kubisch flächenzentrierte Gitter des Ni erhalten, wobei auf den Kanten der Elementarzelle (1/2, 0, 0) H-Atome eingebaut sind, E. O. WOLLAN, J. W. CABLE, W. C. KOEHLER (*J. Phys. Chem. Solids* **24** [1963] 1141/3), J. W. CABLE, E. O. WOLLAN, W. C. KOEHLER (*J. Phys.* **25** [1964] 460). Diese Struktur dürfte auch noch bei der Zus. $NiH_{0.7}$ vorliegen; röntgenograph. Unterss. ergeben eine um ~6% größere Gitterkonst. als bei reinem Ni, also a = 3.72 Å, A. JANKO (*Naturwissenschaften* **47** [1960] 225; *Bull. Acad. Polon. Sci. Ser. Sci. Chim.* **8** [1960] 131/6), B. BARANOWSKI, J. SZKLARSKA-SMIAŁOWSKA, M. SMIAŁOWSKI (*Actes Intern. Congr. Catalyse, 2e, Paris* 1960 [1961], *Bd.* 2, S. 2269/82). Aus Elektronenbeugungsaufnahmen folgt a = 3.70 Å, A. JANKO, P. MICHEL (*Compt. Rend.* **251** [1960] 1001/3), aus Neutronenbeugungsunterss. a = 3.717 Å, E. O. WOLLAN u. a. (*l. c.*). Die röntgenograph. Strukturbest. eines $NiH_{0.7}$-Einkristalls beschreibt A. JANKO (*Bull. Acad. Polon. Sci. Ser. Sci. Chim.* **10** [1962] 613/5). — Solange die Zus. $NiH_{0.6}$ nicht erreicht ist, liegt, wie röntgenograph. Unterss. zeigen, ein Gemisch von Ni mit dieser Phase (a = 3.721 ± 0.001 Å bei 16 bis 22°C) vor, T. BONISZEWSKI, G. C. SMITH (*J. Phys. Chem. Solids* **21** [1961] 115/8). Eine Hydridphase mit einer um ~6% größeren Gitterkonst. als der des Ni entsteht auch bei Kathodenzerstäubung von Ni in $H_2$-Atm., L. R. INGERSOLL, J. D. HANAWALT (*Phys. Rev.* [2] **34** [1929] 972/7, 975), J. D. HANAWALT, L. R. INGERSOLL (*Nature* **119** [1927] 234/5), L. R. INGERSOLL (*J. Am. Chem. Soc.* **53** [1931] 2008/9).

*Physical Properties of Solid Solutions. Lattice Structure*

Systemat. Strukturunterss. an Ni-Schichten, die durch Kathodenzerstäubung in verschiedenen Gasen hergestellt sind, ergeben, daß das Gitter nur solange kubisch bleibt, bis ~1 H-Atom auf 2 Ni-Atome eingebaut ist (a = 3.559 Å); bei höherem H-Gehalt entsteht eine Phase mit hexagonalem Gitter (a = 2.645, c = 4.312 Å), die jedoch beim Erwärmen auf > 400°C verschwindet, W. BÜSSEM, F. GROSS (*Z. Physik* **87** [1934] 778/99, 781). Damit ist der Befund von G. BREDIG, R. ALLOLIO (*Z. Physik. Chem.* **126** [1927] 41/71, 53) bestätigt; Gitterkonstt.: a = 2.66, c = 4.29 Å, G. BREDIG, E. SCHWARZ v. BERGKAMPF (*Z. Physik. Chem. Bodenstein-Festbd.* 1931, S. 172/6). Auch bei Verdampfung von Ni in $H_2$-Atm. und gleichzeitiger Glimmentladung entsteht die hexagonale Hydridphase, W. BÜSSEM, F. GROSS (*Metallwirtschaft* **16** [1937] 669/71).

**Gitterstörungen. Gefüge.** Durch das Eindringen von Wasserstoff wird das Gefüge von Ni gelockert. Nach der Desorption ist die Gesamtoberfläche der Kristallite so angewachsen, daß bei wiederholter Beladung, wie sich aus Widerstandsmessungen schließen läßt, mehr $H_2$ an den Korngrenzen festgehalten wird als bei der 1. Beladung, H. J. BAUER (*Z. Physik.* **177** [1964] 1/9). Der so okkludierte Wasserstoff bewirkt innere Deformationen, die möglicherweise zur Entstehung von Versetzungen führen, D. G. KELEMEN (*Diss. Princeton Univ.* 1951, *Diss. Abstr.* **15** [1955] 346). Dagegen vertreten E. RAUB, F. SAUTTER (*Metalloberfläche* **13** [1959] 129/32) die Ansicht, daß Gitterstörungen nicht die Folge, sondern die Voraussetzung für die H-Absorption in Elektrolyt-Ni sind.

*Lattice Distortions. Structure*

Von anderer Art sind die inneren Spannungen, die bei starker Absorption bis zur Zus. $NiH_{0.6}$ wegen dessen vergrößerter Gitterkonst. entstehen; sie sind die Ursache für die Verbiegung von

beladenen Ni-Kathoden, Z. SZKLARSKA-SMIAŁOWSKA, M. SMIAŁOWSKI (*Bull. Acad. Polon. Sci. Ser. Chim. Geol. Geograph.* **6** [1958] 427/32).

*Density*

**Dichte** D. Aus den Gitterkonstt. der hexagonalen Phase ergibt sich $D = 7.37$ g/cm³, W. BÜSSEM, F. GROSS (*Z. Physik* **87** [1934] 778/99, 781).

*Hardness*

**Härte.** An Elektrolytnickel läßt sich ein sicherer Zusammenhang zwischen der Menge des absorbierten H und der Härte nicht nachweisen, M. GUICHARD, P. CLAUSMANN, J. BILLON, LANTHONY (*Compt. Rend.* **190** [1930] 1417/9, **192** [1931] 1096/8; *Bull. Soc. Chim. France* [5] **1** [1934] 679/88, 683/5). Die Änderung der Härte von Ni bei Einwirkung von $H_2$ beruht wahrscheinlich auf Gitterstörungen, die durch eingedrungene $H_2$-Molekeln erzeugt werden, E. RAUB (*Metalloberfläche* **9** [1955] 88/93). Einzelheiten über den Einfluß von $H_2$ auf die Härte von Ni s. in „*Nickel*" *Tl.* A.

*Saturation Magnetization*

**Sättigungsmagnetisierung** $J_s$. An kathodisch beladenen Ni-Folien ist lineare $J_s$-Abnahme von $\sim$460 für reines Ni auf $\sim$100 G beim Atomverhältnis H : Ni = 0.6 festzustellen; bei weiterer Erhöhung der H-Konz. auf $\approx$ 0.65 sinkt $J_s$ sehr schnell auf 0. Die Elektronen der H-Atome füllen also die Lücken im 3d-Band auf; zugleich ändert sich wegen Vergrößerung des Abstandes zwischen je 2 Ni-Atomen der Betrag des Austauschintegrals, H. J. BAUER, E. SCHMIDBAUER (*Naturwissenschaften* **48** [1961] 425; *Z. Physik* **164** [1961] 367/73).

*Specific Resistance*

**Spezifischer Widerstand** $\rho$. Die geringe, aus der Gasphase ins Ni-Gitter eindringende H-Menge ändert $\rho$ kaum, O. SCHMIDT (*Z. Physik. Chem.* A **165** [1933] 133/46, 140). Wenn eine Widerstandszunahme beobachtet wird, wie beispielsweise von T. FRANZINI (*Rend. Istit. Lombardo Sci. Lettere* [2] **63** [1930] 803/13, **64** [1931] 709/23) und A. SIEVERTS, H. BRÜNING (*Z. Physik. Chem.* A **174** [1935] 365/9), dürfte sie durch Deformationen und Gitterfehler bedingt sein, die von $H_2$-Molekeln an Korngrenzen oder an inneren Rissen verursacht werden. Über diesbezügliche Messungen bei 77°K s. J. D. VAN OOIJEN (*J. Phys. Chem. Solids* **23** [1962] 1173/5).

Während der kathod. Beladung mit H nimmt der Widerstand einer Ni-Elektrode für Wechselstrom ab, maximal um 2.7% bei 50 Hz, G. A. MOORE laut D. P. SMITH (*Hydrogen in Metals, Chicago* 1948, S. 263). Wird vom gem. Widerstand R der Restwiderstand subtrahiert, so ist die Temp.-Abhängigkeit unmittelbar nach der Beladung durch eine deutlich flachere Kurve als zuvor darstellbar, die bei 273°K um 35 bis 40% unter der für reines Ni liegt. Oberhalb 0°C setzt unmittelbar nach Abschluß der Beladung die Zers. ein, während R zunächst (bei gewöhnl. Temp. 1 bis 3 Std. lang) ansteigt, danach allmählich abfällt, H. J. BAUER (*Z. Physik* **177** [1964] 1/9). Zwischen 77 und 273°K nimmt R, gem. an 5 Proben der Zus. $NiH_x$ mit $x = 0.64 \pm 0.05$, etwas schwächer zu als bei reinem Ni, B. BARANOWSKI (*Acta Met.* **12** [1964] 322/4). Das Max. von R wird erreicht, wenn etwa die Hälfte des in $NiH_{0.7}$ eingebauten H ausgeschieden ist, Z. SZKLARSKA-SMIAŁOWSKA (*Bull. Acad. Polon. Sci. Ser. Sci. Chim.* 8 [1960] 305/11, *C.A.* **56** [1962] 8118).

*Thermoelectric Power*

**Thermokraft.** Mit steigender Wasserstoffmenge ($x = 0.15$ bis 0.7) steigt die Thermokraft von $NiH_x$ gegen Ni bei 201°K stärker als bei 77°K, B. BARANOWSKI (*Phys. Status Solidi* **7** [1964] K 141/3). Über die Thermospannung zwischen reinem Ni und einer mit H beladenen Probe s. T. FRANZINI, G. B. GAZZANIGA (*Rend. Istit. Lombardo Sci. Lettere* [2] **66** [1933] 105/14, *C.* **1933** II 1849).

*Electrode Potential*

**Elektrodenpotential** E. Der Verlauf von E, gemessen in 0.1n-$H_2SO_4$, als Funktion des H-Gehalts bis zur Zus. $NiH_{0.7}$ zerfällt in 3 Teile, die am Beginn und Ende der H-armen bzw. H-reichen Phase und in der Mitte (horizontal) der Mischungslücke beider Phasen entsprechen. Für die Zus. $NiH_{0.4}$ ist E eine lineare Funktion des pH-Wertes und um $\approx$ 0.13V unedler als E der H-Elektrode, Z. SZKLARSKA-SMIAŁOWSKA, M. SMIAŁOWSKI (*J. Electrochem. Soc.* **110** [1963] 444/8).

*Desorption. Decomposition*

**Desorption. Zersetzung.** Durch Erhitzen auf 850°C können nach T. SAITO (*Fuso Metals* **2** [1950] 156/62, *C.A.* **1954** 12644) alle in einem Ni-Blech absorbierten Gase einschließlich $H_2$ entfernt werden. Bei einer 40 Min. langen Glühbehandlung bei 1000°C gibt eine Ni-Probe 28 mm³ $H_2$ je g ab, J. RICHARD (*Vide* **9** Nr. 51 [1954] 28/32); vgl. auch J. CHALLANSONNET (*Vide* **9** Nr. 51 [1954] 22/7). Unterhalb 450°C ist $H_2$ das einzige Gas, das aus handelsüblichen Ni-Proben entweicht, T. ARIZUMI, S. MAEKAWA (*J. Phys. Soc. Japan* 8 [1953] 87/91). Über die Entgasung verschiedener Ni-Sorten s. auch K. HASHIMOTO, H. IWAYANAGI, H. FUKUSHIMA (*Vacuum* **10** [1960] 92/9, *C.A.* **1960** 23542). Von dem in Elektrolytnickel absorbierten Wasserstoff werden 22% zwischen 450 und 500°C, der Rest erst zwischen 700 und 1200°C abgegeben, YU. V. BAIMAKOV, L. M. EVLANNIKOV (*Zh. Fiz. Khim.* **25** [1951] 483/94). — Läßt man Ni-Schmelze in $H_2$ erkalten, so wird der Regulus blasig; ein Tl. des gelösten $H_2$ wird in Hohl-

räumen zurückgehalten und erst beim Erhitzen im Vak. wieder abgegeben, A. Sieverts, W. Krumbhaar (*Chem. Ber.* **43** [1910] 893/900, 897). Zur Entgasung einiger bei 1550 bis 1850°C und 0.02 Torr mit Wasserstoff gesätt. Ni-Proben nach Abkühlen auf 800°C s. A. Villachon, G. Chaudron (*Compt. Rend.* **189** [1929] 324/8). Unters. der Entgasung an verschiedenen Sorten von Ni-Pulver bei Tempp. bis 1800°F (~980°C) s. J. F. Watson (*Diss. Univ. of Michigan* 1958, *Diss. Abstr.* **19** [1958] 1334).

Bei der durch kathod. Beladung sich bildenden H-reichen Phase setzt die Desorption sofort nach der Stromunterbrechung ein. Zur Kinetik dieser Desorption an Ni-Drähten bei 20°C s. B. Baranowski, Z. Szklarska-Smiałowska, M. Smiałowski (*Bull. Acad. Polon. Sci. Ser. Chim. Geol. Geograph.* **6** [1958] 179/86, *C.A.* **1958** 15211). Zum Einfluß einer vorangegangenen Kaltverformung auf die Desorptionskinetik s. Z. Szklarska-Smiałowska, M. Smiałowski (*Bull. Acad. Polon. Sci. Ser. Sci. Chim. Geol. Geograph.* **6** [1958] 187/90, *C.A.* **1958** 15211). Entsprechende Unterss. an dünnen Schichten bei 15 bis 45°C zeigen, daß für die Desorptionsgeschw. die Gleichung $dV/d\tau = -kV$ mit V = absorbiertes Gasvol. und $\tau$ = Zeit gilt, B. Baranowski (*Bull. Acad. Polon. Sci. Ser. Sci. Chim. Geol. Geograph.* **7** [1959] 891/6, *C.A.* **1961** 14011). Abhängigkeit der Desorptionsgeschw. vom pH-Wert des umgebenden wss. Mediums s. Z. Szklarska-Smiałowska, M. Smiałowski (*J. Electrochem. Soc.* **110** [1963] 444/8). Die Zers. von $NiH_{0.7}$ wird mit steigenden $H_2$-Drucken langsamer; bei 19000 atm ist sie kaum mehr nachweisbar, B. Baranowski (*Bull. Acad. Polon. Sci. Ser. Chim.* **10** [1962] 451/5, *C.A.* **58** [1963] 6201). Sie findet auch nicht statt bei —190 und —79°C, sondern erst bei 0°C, H. J. Bauer (*Z. Physik* **177** [1964] 1/9, 4). — Bei gewöhnl. Temp. ist röntgenographisch der Beginn des Zerfalls der H-reichen Phase nach 2 bis 3 Std. deutlich feststellbar; bis zum völligen Zerfall vergehen mehr als 40 Std. Bei 100°C dauert der Zerfall nur 1 bis 2 Std., T. Boniszewski, G. C. Smith (*J. Phys. Chem. Solids* **21** [1961] 115/8). — Über den Einfluß einer Deformation durch Stauchung auf die $H_2$-Abgabe von kathodisch mit $H_2$ beladenen Ni-Proben bei 20°C s. F. Erdmann-Jesnitzer (*Bergakademie* **13** [1961] 8/16). Als Maß für die Desorption kann auch die zeitliche Änderung der H-Überspannung an Ni bei konst. Stromstärke dienen, O. Riisoeen (*Acta Chem. Scand.* **17** [1963] 657/66).

Theoret. Betrachtungen über die verschiedenen Rkk., die während der Desorption ablaufen, s. bei N. I. Kobozev (*Zh. Fiz. Khim.* **26** [1952] 438/50). Möglicherweise sammeln sich die zunächst auf Zwischengitterplätzen befindlichen H-Atome allmählich an Versetzungen und diffundieren an ihnen entlang nach außen, A. Marchand (*Compt. Rend.* **254** [1962] 4284/6).

### *Nickelhydride.*

*Nickel Hydrides*

Allgemeine Literatur:

T. R. P. Gibb, *Primary Solid Hydrides* in: *Progress in Inorganic Chemistry, Bd.* 3, *New York-London* 1962, S. 315/509, 365, 481.

V. I. Mikheeva, *Gidridy Perekhodnykh Metallov, Moskva* 1960; *Hydrides of the Transition Metals*, AEC-tr-5224 [1962] 1/211, 21, 102, 109, *N.S.A.* **15** [1961] Nr. 22311.

M. D. Banus, T. R. P. Gibb, *Third Topical Report* [*on*] *Appraisal of the Weichselfelder Method for Preparation of Iron and Nickel Hydrides*, NEPA-1550 [1950] 1/15, *N.S.A.* **7** [1953] Nr. 553.

T. R. P. Gibb, *Compounds of Hydrogen with Metals and Metalloids, Trans. Electrochem. Soc.* **93** [1948] 198/211, 199/200, 203/6.

**Übersicht.** Ni-Hydride stöchiometr. Zus. sind bisher im Gleichgew. von festem oder fl. Ni mit $H_2$ als Gasphase nicht erhalten worden (s. unter „Löslichkeit" S. 367). Die Verb. NiH ist einerseits als Molekel spektroskopisch nachgewiesen (s. S. 372), andererseits als therm. Abbauprod. des höheren Hydrids $NiH_2$ beschrieben worden (s. S. 372). Am gesichertsten erscheint die Existenz der Verb. $NiH_2$, die durch chem. Umsetzung von festen Ni-Salzen in feinverteilter Form mit organ. Mg-Verbb. (z. B. $C_6H_5MgBr$) in Ggw. von gasf. $H_2$ gebildet wird (s. S. 373), bisher aber noch nicht in reinem Zustand, sondern stets durch die sonstigen anorgan. und organ. Rk.-Prodd. verunreinigt erhalten wurde. Nach anderen Angaben soll jedoch nach der gleichen Meth. stets $NiH_4$ über die intermediäre Bldg. der beiden niederen Hydride (s. S. 376) entstehen. Die Existenz der einzelnen angegebenen Ni-Hydride ist daher noch ziemlich zweifelhaft. *Review*

***Hydride variierender Zusammensetzung.*** Bisweilen als Hydride bezeichnete Ni-H-Phasen, die sich bei kathod. Zerstäubung von Ni in $H_2$ oder bei elektrolyt. H-Beladung von Ni-Kathoden bilden, sind unter „Absorption von Wasserstoff in Nickel" ab S. 366 abgehandelt. *Hydrides of Various Composition*

Ni-Katalysatoren, die durch Red. von NiO mit $H_2$ hergestellt sind, sollen je nach der Red.-Temp. ($t_{red}$) zahlreiche verschiedene instabile Ni-Hydride in verschiedenen Mengenverhältnissen gleichzeitig

enthalten, und zwar folgender hypothet. Zuss.: $NiH_4$, $NiH_2$, $Ni_2H_2$ bei $t_{red} = 250°$ bis 450°, $NiH_2$, $Ni_2H_2$, $Ni_3H_2$, $Ni_4H_2$, $Ni_5H_2$ bei $t_{red} = 550°$, $NiH_2$ bis $Ni_9H_2$ bei $t_{red} = 650°$ und $NiH_2$ bis $Ni_{10}H_2$ bei $t_{red} = 700°$, B. KUBOTA, K. YOSHIKAWA (*Sci. Papers Inst. Phys. Chem. Res.* [*Tokyo*] **3** [1925] 223/31, 225; *Japan. J. Chem.* **2** [1926] 45/62, 47/8, 99/107, 99/101). Daß bei dieser Red. intermediär instabile Hydride gebildet werden, die die katalyt. Aktivität des red. Ni bedingen, wird bereits von P. SABATIER (*Ber. Deut. Chem. Ges.* **44** [1911] 1984/2001, 1998) angenommen. Die Hydride werden um so leichter erhalten, bei je niedrigerer Temp. und in je stärkerem Verteilungsgrad das zur Rk. benutzte Metall hergestellt wird, z. B. durch elektrolyt. Abscheidung unter bestimmten Bedingungen als Schlamm; während des Verlaufs der katalyt. Hydrierungsrkk. regenerieren sich die Hydride laufend durch molekulares $H_2$, F. COTTO (*F.P.* 776986 [1933/35], *C.* **1935** II 3962). In Ni-Katalysatoren, die aus Ni-Al-Legg. durch Auflösen des Al in NaOH-Lsg. hergestellt sind (sog. Raney-Nickel), liegt das Ni vermutlich in Form des Hydrids $NiH_2$ vor, da der Gew.-Verlust des in Aceton getrockneten pyrophoren Präp. beim therm. Zerfall dieser Zus. entsprechen würde, M. RANEY (*Ind. Eng. Chem.* **32** [1940] 1199/203). Die katalyt. Aktivität des Raney-Nickels wird auch von C. VANDAEL (*Ind. Chim. Belge* **17** [1952] 581/5) der Bldg. eines Hydrids der Zus. $NiH_2$ zugeschrieben, die analytisch bestätigt wird. Nach J. BOUGAULT, E. CATTELAIN, P. CHABRIER (*Bull. Soc. Chim. France* [5] **5** [1938] 1699/712, 1700/6) ist Raney-Nickel ein Hydrid der angenäherten Zus. $Ni_2H$ oder enthält zumindest ein oder mehrere Ni-Hydride und ist daher fähig, zahlreiche organ. Verbb. ohne äußere H-Zufuhr zu hydrieren. Angaben zum Raney-Nickel s. auch S. **366/7**.

*NiH. Molecule*

***NiH.* Molekel.** Im Grundzustand ist die Elektronenkonfiguration wahrscheinlich $(3d\sigma)^2$ $(3d\pi)^4$ $(3d\delta)^3$ $(4s\sigma)^2$; Grundterm $^2\Delta$. Die Anregungsterme sind, soweit bekannt, ebenfalls $^2\Delta$-Terme; alle sind aufgespalten in $^2\Delta_{5/2}$ und $^2\Delta_{3/2}$, A. G. GAYDON, R. W. B. PEARSE (*Proc. Roy. Soc.* [*London*] A **148** [1935] 312/35, 324/5). Die beiden untersten $^2\Delta_{5/2}$-Terme ($\nu = 0$) liegen um 15520.1 bzw. 15977.3 $cm^{-1}$ über dem $^2\Delta_{5/2}$-Grundterm, A. HEIMER (*Z. Physik* **105** [1937] 56/72, 68). Der nächste $^2\Delta_{5/2}$-Term liegt bei 23760.8 $cm^{-1}$ (NiH) bzw. 23830.5 $cm^{-1}$ (NiD); die entsprechenden $^2\Delta_{3/2}$-Terme liegen bei 23100.8 bzw. 23171.7 $cm^{-1}$ über dem $^2\Delta_{3/2}$-Grundterm, der 980 $cm^{-1}$ (für NiH und NiD) über $^2\Delta_{5/2}$ liegt. Rotationskonstt. für $X^2\Delta_{5/2}$, $_{3/2}$ (in $cm^{-1}$): B = 7.699, 7.784 (NiH), 3.995, 3.998 (NiD), E. ANDERSEN, A. LAGERQVIST, H. NEUHAUS, N. ÅSLUND (*Proc. Phys. Soc.* [*London*] **82** [1963] 637/8). Kernabstand im $^2\Delta_{5/2}$-Grundzustand: $r_e = 1.472$ Å, Schwingungszahl: $\omega_0 = 1926.6$ $cm^{-1}$, im mittleren Anregungszustand: $\omega_e = 1587.4$ $cm^{-1}$, A. HEIMER (*l. c.* S. 71).

Die Kraftkonst. läßt sich aus $\omega_0 = 1926.6$ $cm^{-1}$ zu k = 2.1666 mdyn/Å abschätzen, R. K. SHELINE (*J. Chem. Phys.* **18** [1950] 927/32). Nach SLATER berechnet: k = 1.64 mdyn/Å, J. R. PLATT (*J. Chem. Phys.* **18** [1950] 932/5); aus den THOMAS-FERMI-Funktionen abgeleitet: k = 2.72 mdyn/Å, T. TIETZ (*J. Chem. Phys.* **30** [1959] 1104/5), vgl. auch Y. P. VARSHNI (*Ann. Physik* [7] **19** [1956] 233/41).

Den Übergängen von den 3 Anregungstermen entsprechen 3 Bandensysteme im roten, gelben und violetten Spektralbereich. Es handelt sich um den ersten bekannt gewordenen Fall von $^2\Delta$-$^2\Delta$-Übergängen. Die erste Analyse von A. G. GAYDON, R. W. B. PEARSE (*l. c.*; *Nature* **134** [1934] 287) wird weitgehend bestätigt und um einige Banden ergänzt. Wellenlänge der (0,0)-Bande des langwelligsten Systems: 6442 Å; im nächsten System sind die Banden (0,0), (1,0), (2,0) und (3,0) bei 6257, 5723, 5299 und 4961 Å analysiert worden; sie bestehen aus doppelten P-, Q- und R-Zweigen. Die Linien sind infolge des Isotopieeffekts ($^{58}$NiH, $^{60}$NiH) aufgespalten, A. HEIMER (*l. c.*). Vom violetten System wird die (0,0)-Bande schon von A. HEIMER (*Naturwissenschaften* **24** [1936] 413) bei 4205 Å registriert. Eine neuere Unters. ergibt für die Banden (0,0) und (0,1) im $^2\Delta_{5/2}$–$^2\Delta_{5/2}$-Teilsystem $\lambda = 4207$, 4579 Å sowie die Wellenlängen zweier (0,0)-Banden $\lambda = 4238$ Å ($^2\Delta_{3/2}$–$^2\Delta_{3/2}$) und 5151 Å ($^2\Delta_{3/2}$–$^2\Delta_{5/2}$). Entsprechende Werte für NiD ($^2\Delta_{5/2}$–$^2\Delta_{5/2}$): $\lambda = 4195$ Å (0,0), 4039 Å (1,0), 4455 Å (0,1); im Teilsystem $^2\Delta_{3/2}$–$^2\Delta_{3/2}$ ist $\lambda = 4314$ Å der (0,0)-Bande, $\lambda = 4183$ Å möglicherweise der (1,0)-Bande zuzuordnen, E. ANDERSEN u. a. (*l. c.*). — Im Sonnenspektrum sind keine NiH-Banden nachweisbar, G. STENVINKEL, E. SVENSSON, E. OLSSON (*Arkiv Mat. Astron. Fysik* A **26** Nr. 10 [1938] 1/15, 15).

*Solid Phase*

**Feste Phase.** Bei der therm. Zers. von $NiH_2$ findet zwischen 54.8° und 56° Übergang in NiH statt nach $2NiH_2 \rightleftharpoons 2NiH + H_2$; der Vorgang ist reversibel, aber die Rk. verläuft rascher von links nach rechts als umgekehrt, R. C. RAY, R. B. N. SAHAI (*J. Indian Chem. Soc.* **23** [1946] 61/6); vgl. auch R. B. N. SAHAI, R. C. RAY (*J. Indian Chem. Soc.* **20** [1943] 213/7). — Bei der kinet. Unters. der Bldg. von $NiH_4$ aus $NiCl_2$ und organ. Mg-Verbb. in Ggw. von $H_2$ (Näheres s. S. 376) wird aus der Form der Kurven auch auf die Existenz eines niederen Hydrids der Zus. NiH geschlossen, A. A. BALANDIN, B. V. EROFEEV, K. A. PECHERSKAYA, M. S. STAKHANOVA (*Zh. Obshch. Khim.* **11** [1941] 577/89, 584/5; *Acta Physicochim. URSS* **18** [1943] 300/10, 302, 305). Die aktiven Zentren, an denen die NiH-Bldg.

beginnt, liegen geometrisch auf den Flächen der vorher gebildeten Ni-Kristalle. Die Bldg.-Rk. von NiH wird weniger leicht vergiftet als die von $NiH_4$, A. A. BALANDIN, B. V. EROFEEV (*Zh. Obshch. Khim.* **12** [1942] 168/70; *Acta Physicochim. URSS* **18** [1943] 494/8).

Bldg.-Enthalpie nach krit. Berechnung aus vorliegenden Lit.-Daten: $\Delta H = -2.7$ kcal/mol bei 298°K für festes NiH, $\Delta H° = 93$ kcal/mol für gasf. NiH sowohl bei 298.16 als auch bei 0°K, F. D. ROSSINI, D. D. WAGMAN, W. H. EVANS, S. LEVINE, I. JAFFE (*Nat. Bur. Std.* [*U.S.*], *Circ.* Nr. 500 [1952] 245). Der erste Wert ist aus Messungen des Zers.-Drucks von NiH (s. unten) von R. C. RAY, R. B. N. SAHAI (*l. c.*) berechnet, dort jedoch mit —8.835 kcal/mol angegeben. — Angenäherte Berechnung der freien Enthalpie $\Delta G°$ für die Bldg. nach $Ni + {}^1/_2 H_2 = NiH$ mit Hilfe einer linearen Gleichung aus $\Delta H°_{298}$ s. M. KH. KARAPET'YANTS (*Zh. Fiz. Khim.* **28** [1954] 353/8, *C.A.* **1955** 5953).

Beim Erhitzen zerfällt NiH in Ni und $H_2$; Zers.-Druck p in Torr bei der Temp. t, Mittelwerte aus mehreren Meßreihen:

| t in °C | 33.2° | 38.4° | 46.9° | 54.0° | 56.0° | 60.0° | 64.2° | 71.3° | 75.5° | 82.6° | 90.2° | 98.9° |
|---|---|---|---|---|---|---|---|---|---|---|---|---|
| p | 32.3 | 41.5 | 57.5 | 80.5 | 87.0 | 103.0 | 121.7 | 164.0 | 192.0 | 226.0 | 266.0 | 318.0 |

R. C. RAY, R. B. N. SAHAI (*J. Indian Chem. Soc.* **23** [1946] 61/6). Die früheren Messungen von R. B. N. SAHAI, R. C. RAY (*J. Indian Chem. Soc.* **20** [1943] 213/7) sind hiermit überholt.

NiH sieht kristallin aus und wird durch verd. Säuren vollständig zersetzt, R. B. N. SAHAI, R. C. RAY (*l. c.*).

*$NiH_2$. Formation. Preparation*

***$NiH_2$*. Bildung und Darstellung.** Bildet sich bei Umsetzung von $NiCl_2$ mit $C_6H_5MgBr$ in äther. Lsg. in Ggw. von gasf. $H_2$ als tiefschwarzer Nd. Hierzu werden ~0.17 g wasserfreies feinstgepulvertes $NiCl_2$ mit einer ~0.15 m äther. $C_6H_5MgBr$-Lsg. unter $H_2$ von 1 atm in einer Schüttelente bei 14° geschüttelt und das absorbierte $H_2$ gemessen. Nach 8std. Schütteln ist die Umsetzung vollständig, im Mittel werden 4 Atome H/Atom Ni aufgenommen. Die Fl. wird dekantiert, der restliche Äther im trocknen $H_2$-Strom verdampft. Die bei der Zers. des trocknen Rk.-Prod. im Rk.-Gefäß mit 20 ml Alkohol + 30 ml 20%igem $H_2SO_4$ + 50 ml $H_2O$ entwickelte $H_2$-Menge (vgl. S. 375), entspricht stets der Zus. $NiH_2$, W. SCHLENK, T. WEICHSELFELDER (*Ber. Deut. Chem. Ges.* **56** [1923] 2230/4). Es wird angenommen, daß die Rk. über $Ni(C_6H_5)_2$ als unbeständiges Zwischenprod. verläuft, das sich mit $2H_2$ zu $NiH_2$ und $2C_6H_6$ oder zu $NiH_4 + (C_6H_5)_2$ umsetzt, und daß das entstandene $NiH_4$ sich beim Trocknen zu $NiH_2 + H_2$ zersetzt. Da die Analyse des nicht getrockneten Nd. jedoch auch für $NiH_2$ spricht, wird die Bldg. von $NiH_4$, die später von BALANDIN u. a. (s. S. 375) beobachtet wird, für unwahrscheinlich gehalten, T. WEICHSELFELDER, B. THIEDE (*Ann. Chem.* **447** [1926] 64/77, 66/9). Wenn man die Rk. zwischen $NiCl_2$ und $C_6H_5MgBr$ zunächst unter $H_2$-Ausschluß verlaufen läßt, erhält man durch Zerfall des als Zwischenprod. angenommenen $Ni(C_6H_5)_2$ metall. Ni neben $(C_6H_5)_2$. Bei nachträglicher $H_2$-Zufuhr geht das Ni noch in Hydrid über, und zwar nach 1 bzw. 2 Std. zu 75 bzw ~80%, während 50 bzw. 33% des insgesamt aufgenommenen $H_2$ zur Bldg. von $C_6H_6$ verbraucht werden. Nach 4 Std. bildet sich Hydrid noch zu ~70%, während kein $H_2$ mehr zur $C_6H_6$-Bldg. verbraucht wird, da in dieser Zeit das gesamte $Ni(C_6H_5)_2$ bereits in $Ni + (C_6H_5)_2$ zerfallen ist. Daß die Hydridbldg. bei späterer $H_2$-Zugabe nicht mehr quantitativ erfolgt, ist vermutlich durch die rasche Zusammenballung des zunächst atomar entstehenden Ni verursacht, T. WEICHSELFELDER, M. KOSSODO (*Ber. Deut. Chem. Ges.* **62** [1929] 769/71).

Die vorstehenden Ergebnisse werden bestätigt von A. JOB, R. REICH (*Compt. Rend.* **177** [1923] 1439/41) sowie von W. HENLE (*Dipl.-Arbeit München T.H.* 1952) laut Privatmitteilung von E. WIBERG, der als Rk.-Gleichung $NiCl_2 + 2C_6H_5MgBr + 4H \xrightarrow{\text{Äther}} NiH_2 + 2C_6H_6 + 2MgBrCl$ angibt. Nach gleicher Meth. werden auch von R. B. N. SAHAI, R. C. RAY (*J. Indian Chem. Soc.* **20** [1943] 213/7) unter Variation der Vers.-Bedingungen (Temp. 0° bis 25°, geringere Konz. der frisch hergestellten äther. $C_6H_5MgBr$-Lsg., verschieden lange Einw. von $H_2$, Umsetzung nach 3 bis 4 Std. vollständig) in allen Fällen Prodd. der Zus. $NiH_2$ erhalten.

Die Möglichkeit der Bldg. von Ni-Hydriden nach vorstehender Meth. wird angezweifelt, da nach eigenen Unterss. die aufgenommenen H-Mengen bei den einzelnen Verss. variieren und keiner definierten Verb. entsprechen. Wenn anstelle von $C_6H_5MgBr$ Cyclohexylmagnesiumbromid benutzt wird unter Ausschluß aller Spuren ungesätt. organ. Verbb., so wird keine H-Absorption mehr beobachtet. Diese läßt sich also erklären durch Hydrierung von ungesätt. organ. Verbb. infolge der katalyt. Einw. des entstehenden fein verteilten Ni, durch das auch die beob. $H_2$-Entw. bei der Zers. durch Säure bedingt ist, C. HAENNY, E. LEVI (*Chimia* [*Aarau*] **1** [1947] 203). Infolge dieser als Nebenrk. verlaufenden Hydrierung kann aus dem $H_2$-Verbrauch bei der Umsetzung nicht auf den Gehalt des Rk.-Prod. an Hydridwasserstoff geschlossen werden, B. SARRY (*Naturwissenschaften* **41** [1954] 115/6). Eine systemat.

Unters. verschiedener Einflüsse auf den Rk.-Verlauf und der möglichen Fehlerquellen (s. im folgenden) ergibt, daß die Darst. von reinem $NiH_2$ nach diesem Verf. nicht möglich ist, B. SARRY (*Z. Anorg. Allgem. Chem.* **280** [1955] 78/99, 78).

Zur Erzielung einer vollständigen Umsetzung sind die Darst.-Bedingungen von ausschlaggebender Bedeutung. Unter den von W. SCHLENK, T. WEICHSELFELDER (*Ber. Deut. Chem. Ges.* **56** [1923] 2230/4) angegebenen Bedingungen reagiert nur ein kleiner Tl. des angewandten $NiCl_2$, und das schwarze Rk.-Prod. enthält, wie durch mikroskop. und Röntgenunterss. bestätigt wird, neben eventuell gebildetem $NiH_2$ noch beträchtliche Mengen in Äther unlösl. $NiCl_2$. Es muß daher sehr feinkrist. $NiCl_2$ verwendet werden, das durch Sublimation in sehr raschem Gasstrom bei Tempp. weit oberhalb des Sublimationspunktes hergestellt wird. Die damit erhaltenen Rk.-Prodd. sind fast ausnahmslos nicht kristallin, sondern dunkle, zähe Öle neben kolloid gelöster Subst. Ausreichende Durchmischung kann nicht durch Schütteln erreicht werden, sondern nur durch intensives Rühren unter absolutem Ausschluß von Luft und Feuchtigkeit in einem Spezialgefäß. Die nach der Rk.-Gleichung

$$NiCl_2 + 2\,C_6H_5MgBr + 2\,H_2 \rightarrow NiH_2 + 2\,C_6H_6 + 2\,MgClBr$$

stöchiometrisch notwendige Menge äther. $C_6H_5MgBr$-Lsg. reicht wegen der vorher eintretenden katalyt. Hydrierung nicht zum vollständigen Umsatz aus; dieser wird erst erreicht mit der doppelten theoret. Menge. Der notwendige Überschuß kann jedoch das Rk.-Prod. verunreinigen. Die von W. SCHLENK, T. WEICHSELFELDER (*l. c.*) erhaltenen Prodd. müssen aus nur oberflächlich umgesetzten $NiCl_2$-Kristallen bestanden haben; daß trotzdem die nach obiger Gleichung theoretisch zu erwartende $H_2$-Aufnahme gefunden wurde, ist nach vorstehenden Beobachtungen nur erklärbar durch zufällige Kompensation von verschiedenen Fehlerquellen bei den von ihnen gewählten Vers.-Bedingungen, die nicht variiert wurden, B. SARRY (*Z. Anorg. Allgem. Chem.* **280** [1955] 65/77, 78/99, 79, **288** [1956] 48/61, 56). Das bei einer Vers.-Temp. von 10° als Öl anfallende Rk.-Prod., das durch Auswaschen mit Äther und Einw. tiefer Tempp. zu einer röntgenamorphen Masse verfestigt werden kann, und dessen H-Gehalt nach Zers.-Verss. etwa der Zus. $NiH_2$ entspricht, enthält Mg-Halogenid als Beimengung und außerdem noch eine konst. Menge von 39 bis 40% organ. Subst., wahrscheinlich in komplexer Bindung. Falls eine schwarze kolloide Lsg. entsteht, ist eine Abtrennung des Rk.-Prod. als zähfl. Öl durch 30 bis 40 Min. langes Kühlen mit fl. Luft erreichbar. Nach dem Dekantieren, mehrmaligen Auswaschen mit wasserfreiem Äther und Verdampfen des restlichen Äthers im $H_2$-Strom erhält man die Subst. in fester Form als lockeres grauschwarzes Pulver. In keinem Fall wird das aufgenommene $H_2$ bei Zers. des Rk.-Prod. mit Säure wieder vollständig abgegeben, wodurch bewiesen ist, daß das über die theoret. Menge hinaus aufgenommene $H_2$ nicht vom Ni unter Bldg. einer H-reicheren Verb., sondern von der organ. Subst. aufgenommen wird, B. SARRY (*Z. Anorg. Allgem. Chem.* **280** [1955] 78/99, 78/81, 85, 92/9).

Bei der kinet. Unters. der Bldg. von $NiH_4$ (Näheres s. S. 376) wird aus der Form der Kurven auf die Existenz eines Hydrids der Zus. $NiH_2$ geschlossen, A. A. BALANDIN, B. V. EROFEEV, K. A. PECHERSKAYA, M. S. STAKHANOVA (*Zh. Obshch. Khim.* **11** [1941] 577/89, 584/5; *Acta Physicochim. URSS* **18** [1943] 300/10, 302, 305). Die aktiven Zentren, an denen die $NiH_2$-Bldg. beginnt, liegen an den Kanten der vorher gebildeten NiH-Kristalle in Übereinstimmung mit dem autokatalyt. Charakter der $NiH_2$-Bldg., A. A. BALANDIN, B. V. EROFEEV (*Zh. Obshch. Khim.* **12** [1942] 168/70; *Acta Physicochim. URSS* **18** [1943] 494/8).

*Formation Enthalpy*

**Bildungsenthalpie.** $\Delta H = -6.2$ kcal/mol für die Bldg. aus den Elementen bei 25° und 1 atm, F. D. ROSSINI, D. D. WAGMAN, W. H. EVANS, S. LEVINE, I. JAFFE (*Nat. Bur. Std.* [*U.S.*], *Circ.* Nr. 500 [1952] 245). Dieser Wert ist aus den von R. C. RAY, R. B. N. SAHAI (*J. Indian Chem. Soc.* **23** [1946] 61/6) gem. Zers.-Drucken von $NiH_2$ (s. S. 375) berechnet und dort mit $-7.312$ kcal/mol angegeben; überholte Angabe bei R. B. N. SAHAI, R. C. RAY (*J. Indian Chem. Soc.* **20** [1943] 213/7).

*Chemical Reactions*

**Chemisches Verhalten.** Die Angaben beziehen sich auf das Rk.-Prod. aus $NiCl_2$, $C_6H_5MgBr$ und $H_2$.

Beim Erhitzen auf $\sim$300° wird eine der Zus. $NiH_2$ entsprechende $H_2$-Menge abgegeben; bei noch höheren Tempp. nimmt die entwickelte $H_2$-Menge zu und übersteigt teilweise sogar die höchste bei der Darst. mit großem $C_6H_5MgBr$-Überschuß aufgenommene $H_2$-Menge (vgl. oben). Dabei wird nicht nur das an das Metall gebundene $H_2$ abgegeben, sondern auch die im Rk.-Prod. enthaltene organ. Komponente (s. oben) unter $H_2$-Entw. und Abscheidung von C zersetzt, B. SARRY (*Z. Anorg. Allgem. Chem.* **280** [1955] 78/99, 90, **288** [1956] 48/61, 57). — Zers.-Druck p in Torr in Abhängigkeit von der Temp. t; Mittelwerte aus mehreren Vers.-Reihen:

| t in °C . . . . . . | 31.0° | 32.6° | 37.2° | 42.7° | 47.8° | 50.3° | 54.8° |
|---|---|---|---|---|---|---|---|
| p . . . . . . . . | 49.7 | 53.0 | 63.0 | 80.5 | 94.0 | 101.0 | 115.0 |

Zwischen 54.8° und 56° findet Übergang in NiH statt; die lg p—1/T-Kurve der beiden Hydride besteht aus 2 Geraden, die sich bei dieser Temp. schneiden (vgl. auch die Messungen des Zers.-Drucks von NiH, S. 373), R. C. RAY, R. B. N. SAHAI (*J. Indian Chem. Soc.* **23** [1946] 61/6). Die früheren Messungen von R. B. N. SAHAI, R. C. RAY (*J. Indian Chem. Soc.* **20** [1943] 213/7) sind hiermit überholt.

Zur Löslichkeit von Wasserstoff in $NiH_2$ s. S. 376.

Gegen Luft und Sauerstoff ist das Prod. unter Äther bei Tempp. $<0°$ ziemlich stabil, zersetzt sich bei gewöhnl. Temp. aber langsam in trockner und rasch in feuchter Luft, R. B. N. SAHAI, R. C. RAY (*l. c.*). Es ist stark pyrophor und verbrennt an der Luft mit weißem Rauch, der nach Diphenyl riecht, T. WEICHSELFELDER, B. THIEDE (*Ann. Chem.* **447** [1926] 64/77, 67). An der Luft anfangs keine Veränderung, nach einiger Zeit Zerfließen, wohl wegen des Gehalts an hygroskop. Mg-Halogenid. Brennt im Bunsenbrenner ruhig ab mit stark leuchtender und rußender Flamme (organ. Bestandteile, vgl. S. 374), B. SARRY (*Z. Anorg. Allgem. Chem.* **280** [1955] 78/99, 81).

Die Zers. durch Wasser ist eine katalyt. Rk., die nach $NiH_2(+H_2O) \rightarrow Ni + H_2(+H_2O)$ verläuft; dabei stammt das freiwerdende $H_2$ ausschließlich aus dem Ni-Hydrid, B. SARRY (*l. c.* S. 86/7); s. auch die übereinstimmenden Angaben bei R. B. N. SAHAI, R. C. RAY (*J. Indian Chem. Soc.* **20** [1943] 213/7). Verss. zur röntgenograph. Identifizierung der Zers.-Prodd. s. B. SARRY (*Z. Anorg. Allgem. Chem.* **288** [1956] 48/61, 59).

Gegen Säuren. In verd. HCl nicht vollständig lösl., in verd. $HNO_3$ nur beim Erwärmen unter Abscheidung eines organ. Bestandteils, T. WEICHSELFELDER, B. THIEDE (*Ann. Chem.* **447** [1926] 64/77, 67). Mit Säure wird das entsprechende Ni-Salz gebildet und 4 Atome H je Mol Hydrid entwickelt, R. B. N. SAHAI, R. C. RAY (*l. c.*). Die Zers. mit Säure verläuft beispielsweise nach $NiH_2 + 2HCl = NiCl_2 + 2H_2$, d. h. außer dem Hydridwasserstoff wird noch 1 Mol $H_2$ je g-Atom Ni beim Lösen des Ni zu $NiCl_2$ frei. Zers. des isolierten, mit Äther gewaschenen, festen Rk.-Prod. mit 20%igem HCl ergibt Abscheidung von organ. Subst., die aber durch Verwendung eines Gemisches von wss. und äther. HCl-Lsg. vermieden werden kann, beim Absieden des Äthers jedoch wieder auftritt, B. SARRY (*Z. Anorg. Allgem. Chem.* **280** [1955] 78/99, 84/6).

Gegen organische Verbindungen. Äthylen wird durch das trockne oder in Äther suspendierte unzersetzte Hydrid schon bei gewöhnl. Temp. in wenigen Tagen hydriert, bei teilweiser oder starker Zers. des Hydrids (durch Alkohol oder $H_2O$) tritt die Hydrierung viel rascher ein; der H-Gehalt des Hydrids ist dabei ohne Einfluß, das H wird nie vollständig abgegeben, T. WEICHSELFELDER, M. KOSSODO (*Ber. Deut. Chem. Ges.* **62** [1929] 769/71). — Mit Dioxan, das nicht hydrierbar ist, tritt keine Veränderung ein. In Pyridin innerhalb 24 bis 48 Std. vollständig lösl., wobei offenbar der Hydridwasserstoff zur Hydrierung des Pyridins verbraucht wird, B. SARRY (*l. c.* S. 82/3).

***$NiH_4$*.** Verss. zur Darst. von Ni-Hydrid nach der von SCHLENK, WEICHSELFELDER für $NiH_2$ angegebenen Meth. (s. S. 373) durch Umsetzung von $\sim$0.5m-$C_6H_5MgBr$-Lsg. mit 0.05 bis 0.15 g $NiCl_2$ in Äther als Lsgm. ergeben für die aufgenommene $H_2$-Menge keineswegs stets das dort angegebene Verhältnis H:Ni = 4, sondern von $<4$ bis 17. Die Werte $<4$ werden durch Bldg. niederer Hydride gedeutet, $>4$ durch sonstige $H_2$ verbrauchende Prozesse, nämlich bei kleinen $H_2$-Mengen Auflösung von H im Hydrid, bei großen $H_2$-Mengen katalyt. Hydrierung des Benzolkerns im Überschuß des $C_6H_5MgBr$ oder in den organ. Rk.-Prodd., die experimentell bestätigt wird durch Verss. in Benzol, Toluol und Xylol als Lsgm. Bei Verwendung von nicht hydrierbarem n-Hexylmagnesiumbromid in n-Butyläther als Lsgm. wird H:Ni stets annähernd 4 gefunden. Auch bei der Analyse durch Zers. des Rk.-Prod. mit Alkohol und Säure tritt teilweise Hydrierung des Benzolkerns ein, wie durch die eintretende rasche $H_2$-Aufnahme nach anfänglicher $H_2$-Entw. bewiesen wird, so daß zu niedriger H-Gehalt der entstehenden Verbb. gefunden wird. Analyse durch therm. Zers. des von Äther befreiten Rk.-Prod. auf dem Wasserbad und Best. der entwickelten $H_2$-Menge ergibt die Zus. $NiH_4$, auch in den Fällen, wo bei der Bldg. des Hydrids die absorbierte H-Menge $>4$H je Ni ist. Als Rk.-Gleichung wird daher *$NiH_4$*

$$NiCl_2 + 2C_6H_5MgBr + 2H_2 = NiH_4 + (C_6H_5)_2 + MgBr_2 + MgCl_2$$

angenommen. Die Existenz der Verb. $NiH_2$ wird hierdurch nicht widerlegt, sie bildet sich aber nicht als Endprod. bei der Rk. von $NiCl_2$ mit $C_6H_5MgBr$, sondern entsteht beim Trocknen des entstandenen Ni-Hydrids nach $NiH_4 \rightarrow NiH_2 + H_2$, A. A. BALANDIN, B. V. EROFEEV, K. A. PECHERSKAYA, M. S. STAKHANOVA (*Zh. Obshch. Khim.* **11** [1941] 577/89, 577/82; *Acta Physicochim. URSS* **18** [1943] 157/66). Eine Diskussion der möglichen primären Entstehung von $NiH_4$ s. auch bei der Bldg. von $NiH_2$ auf

S. 373. Beim Mischen der Lsgg. von $NiCl_2$ und $C_6H_5MgBr$ wird zunächst kolloides metall. Ni gebildet, das die $NiCl_2$-Teilchen umhüllt, so daß sie nur langsam weiter reagieren, in dem Maße wie das Ni in Hydrid übergeht, das loser an der Oberfläche des $NiCl_2$ haftet und Diffusion von $H_2$ gestattet. Die Rk.-Stufe der Verb.-Bldg. zwischen dem durch Red. entstandenen Ni und $H_2$ wird kinetisch untersucht durch Messung der Absorptionsgeschw. des $H_2$, die graphisch aufgetragen wird gegen die Zus. des Nd. ($H_2$/Ni). Die Kurve zeigt Maxima und Minima. Die Hydridbldg. erfolgt also in mehreren Stufen. Die Rk. ist vollständig, wenn die Zus. $NiH_4$ erreicht ist. Minima bei den Zuss. $NiH_2$ und NiH lassen auf die Existenz auch dieser Hydride schließen. Alle diese Hydride bilden außerdem noch mit $H_2$ feste Lsgg., $NiH_2$ z. B. bis zur Zus. $NiH_{2.7}$. Wenn aromat. Verbb. anwesend sind, werden sie durch das kolloide Ni katalytisch hydriert. Diese Vorgänge sind empfindlich gegen Vergiftung, und zwar wird zuerst die katalyt. Hydrierung vergiftet, dann erst die Hydridbldg. und am schwersten die Auflösung von $H_2$ in den Ni-Hydriden, A. A. BALANDIN u. a. (*Zh. Obshch. Khim.* **11** [1941] 577/89, 582/9; *Acta Physicochim. URSS* **18** [1943] 300/10).

Die Hydrierung der kolloiden Ni-Teilchen (nacheinander zu NiH, $NiH_2$, $NiH_4$) muß an der Trennungsfläche fest-fl. erfolgen. Da Vergiftungsverss. beweisen, daß die gleichzeitig verlaufende katalyt. Hydrierung der anwesenden organ. Verbb. die Hydridbldg. nicht behindert, müssen die aktiven Zentren für beide Prozesse getrennt sein. Die Zentren, an denen die Bldg. von $NiH_4$ beginnt, liegen an den Kanten der $NiH_2$-Kristalle in Übereinstimmung mit dem autokatalyt. Charakter der $NiH_4$-Bldg. Die Bldg. von $NiH_4$ wird leichter vergiftet als die von NiH, A. A. BALANDIN, B. V. EROFEEV (*Zh. Obshch. Khim.* **12** [1942] 168/70; *Acta Physicochim. URSS* 18 [1943] 494/8). — Der aus der festen Lsg. in $NiH_2$ (s. oben) stammende Wasserstoff setzt das $NiH_2$ leichter zu $NiH_4$ um als der im Dispersionsmittel gelöste, A. A. BALANDIN, B. V. EROFEEV, K. A. PECHERSKAYA, M. S. STAKHANOVA (*Zh. Obshch. Khim.* **11** [1941] 577/89, 585; *Acta Physicochim. URSS* 18 [1943] 300/10, 304/5).

Der kolloide Charakter dieser Lsgg. von Ni-Hydriden wird bewiesen. Kolloide Lsgg. entstehen stets bei $C_6H_5MgBr$-Konzz. $> 0.5$ m, in 0.5 bis 0.3 m-Lsgg. wird gleichzeitig ein Nd. gebildet, bei $< 0.3$ m-Lsgg. nur Niederschlag. Das Sol ist in Inertgas-Atm. monatelang haltbar, koaguliert aber rasch bei Einw. von Spuren von Luft oder Feuchtigkeit, die die organ. Mg-Verbb. zersetzen und damit deren Schutzwrkg. zerstören. Durch Kühlen mit Eis-NaCl-Gemisch entsteht im Äthersol ein dunkler Nd. Der Vorgang ist beim Erwärmen auf gewöhnl. Temp. reversibel. Ebenso koaguliert das Äthersol beim Verd. mit Äther und löst sich wieder beim Abdestillieren des Äthers. Die Hydridteilchen sind ungeladen, da keine Elektrophorese beobachtet wird. Auf die gleiche Art wie in Äther können auch Hydridsole in n-Butyläther, Benzol, Toluol und Xylol erhalten werden, die bei Einw. von Luft erst in 2 bis 3 Std. koagulieren, während dies bei Äthersolen sofort geschieht. Das Toluolsol koaguliert nicht beim Abkühlen, die Oberfläche der Hydridteilchen ist also lyophil gegen Toluol, gegen Äther dagegen lyophob, A. A. BALANDIN u. a. (*l. c.* S. 588/9; *l. c.* S. 308/10).

*Nickel and Oxygen*

# Nickel und Sauerstoff

*General*

**Allgemeines.** Nickel und Sauerstoff bilden nachweisbar die Verb. NiO, die sowohl überschüssiges Ni als auch O aufnehmen kann. Der Homogenitätsbereich dieser Phase ist noch nicht sicher abgegrenzt, s. beispielsweise L. BREWER (*Chem. Rev.* **52** [1953] 1/75, 33). Angaben über die Existenz weiterer krist., $H_2O$-freier Verbb. wie $Ni_3O_4$, $Ni_2O_3$, $NiO_2$ sind noch unsicher, s. beispielsweise O. GLEMSER, J. EINERHAND (*Z. Anorg. Allgem. Chem.* **261** [1950] 26/42, 27), E. YA. RODE (*Zh. Neorgan. Khim.* **1** [1956] 1430/9; *Russ. J. Inorg. Chem.* **1** Nr. 6 [1956] 326/36, 332), J. LABAT (*Ann. Chim.* [*Paris*] [13] **9** [1964] 399/427, 426; *J. Chim. Phys.* **60** [1963] 1253/63, 1257). Ob das röntgenamorphe, wasserhaltige $NiO_2$, s. S. 492, dessen Isolierung in reiner Form noch nicht gelungen ist, ein reines Oxid ist, oder noch Wasserstoff als OH oder $H_2O$ gebunden enthält, ist nicht geklärt, O. GLEMSER, J. EINERHAND (*l. c.* S. 38).

In der älteren Lit. beschriebene Ni-Suboxide wie $Ni_2O$ sind nach röntgenograph. Unterss. Gemische aus Ni und NiO, Angaben hierüber s. S. 379. Auch bei Angaben nach Handels- und anderen Präpp., die als $Ni_2O_3$ oder $Ni_3O_4$ bezeichnet werden und die nicht röntgenographisch identifiziert sind, kann nicht ausgeschlossen werden, daß Gemische verschiedener Oxide und keine Verbb. vorliegen. Angaben über diese Präpp. s. beim $NiO_{1.33\ \text{bis}\ 2}$, S. 430.

Weiter werden Substt. beliebiger Zus. zwischen NiO und $NiO_2$ beschrieben. Hierbei sollen Mischkristallphasen in Form von fester Lsg. von NiO in $NiO_2$, NiO in $Ni_2O_3$ und $Ni_2O_3$ in $NiO_2$ vorliegen, s. beispielsweise D. P. BOGATSKII, I. A. MINEEVA (*Zh. Obshch. Khim.* **29** [1959] 1382/9; *J. Gen. Chem. USSR* **29** [1959] 1358/65); Angaben hierüber s. unter $NiO_{1.33\ \text{bis}\ 2}$.

Auf elektrochem. Wege aus wss. Lsg. dargestellte und mit NiO, $Ni_3O_4$, $Ni_2O_3$, $NiO_2$ charakterisierte Präpp. sind nach röntgenograph. Unterss. keine $H_2O$-freien Oxide, s. beispielsweise O. GLEMSER, J. EINERHAND (*Z. Elektrochem.* **54** [1950] 302/4), J. LABAT (*J. Chim. Phys.* **60** [1963] 1253/63, 1257/62). Darst. und elektrochem. Verh. s. S. 474, 467, 487, 493.

Über Chemiesorption von Sauerstoff an Ni s. „*Nickel*“ *Tl.* A unter chem. Verh. gegen $O_2$.

## Das System Ni–O

*The Ni–O System*

Allgemeine Literatur:

M. HANSEN, *Constitution of Binary Alloys*, 2. *Aufl.*, *New York-Toronto-London* 1958, S. 1024/6. Im folgenden zitiert als: HANSEN.

*The Ni–NiO Partial System*

**Teilsystem Ni–NiO.** Das Zustandsdiagramm bei geringen Sauerstoffgehalten mit einem Eutektikum bei 1435°C und 0.22 Gew.-% O nach E. N. SKINNER (in: T. LYMAN, *Metals Handbook, Cleveland* 1948, S. 1231) zeigt **Fig. 171**. Das bereits von R. RUER, K. KANEKO (*Metallurgie* [*Halle*] **9** [1912] 419/22; *Ferrum* **10** [1913] 257/61) beob. Eutektikum liegt bei 1438°C und 0.87 At.-%, 0.24 Gew.-% O (1.1Gew.-% NiO), P. D. MERICA, R. G. WALTENBERG (*Trans. AIME* **71** [1925] 709/19, 716), s. auch H. NISHIMURA, M. MORINAGA, T. IKEDA (*Suiyokaishi* **9** [1937] 251/5, *C.* **1939** II 1366, *C. A.* **1937** 6599), J. COURNOT (*Rev. Met.* [*Paris*] *Mem.* **24** [1927] 740/63, 744), anonyme Veröff. (*Natl. Bur. Std.* [*U.S.*], *Circ.* Nr. 100 [1924] 42). Nach Daten für die Löslichkeit von O in Ni wird angenommen, daß die Liquiduskurve mit steigendem Sauerstoffgehalt zunehmend langsamer bis zum Max. beim Schmp. von NiO (~2000°C und 21.42 Gew.-% O) ansteigt, HANSEN (S. 1025), M. FOEX (*Bull. Soc. Chim. France* **1952** 373/9), 1990°C, E. N. SKINNER (*l. c.*), H. v. WARTENBERG, H. J. REUSCH (*Z. Anorg. Allgem. Chem.* **208** [1932] 380/1) dort auch Richtigstellung der Angaben von H. v. WARTENBERG, W. GURR (*Z. Anorg. Allgem. Chem.* **196** [1931] 374/83, 377, 382), an handelsüblichem reinem NiO, H. v. WARTENBERG, E. PROPHET (*Z. Anorg. Allgem. Chem.* **208** [1932] 369/79, 377), 1960, 1955 ± 20°C, an NiO das durch Glühen von Co-freiem $Ni(NO_3)_2$ dargestellt ist, H. v. WARTENBERG, H. J. REUSCH, E. SARAN (*Z. Anorg. Allgem. Chem.* **230** [1937] 257/76, 261, 274), Max. bei 2230 ± 20°K (1957°C), L. BREWER (*Chem. Rev.* **52** [1953] 1/75, 9), 1666°C, P. D. MERICA, R. G. WALTENBERG (*l. c.*), J. COURNOT (*l. c.*), anonyme Veröff. (*l. c.*). Nach graph. Darst. liegt der Schmp. etwa bei 1660°C, G. G. URAZOV, D. P. BOGATSKII (*Izv. Akad. Nauk SSSR Otd. Khim. Nauk* **1956** 1159/67; *Bull. Acad. Sci. USSR, Div. Chem. Sci.* **1956** 1187/93, 1188), D. P. BOGATSKII (*Zh. Obshch. Khim.* **21** [1951] 3/10, 9; *Structure Reports, Bd.* 15, 1957, S. 177/8). — Eine Ni-Schmelze, die 44.46 Gew.-% NiO enthält, erstarrt bei etwa 1650°C, C. v. BOHLEN und HALBACH, W. LEITGEBEL (*Metall Erz* **38** [1941] 117/23, 120). — Über möglichen Ni-Überschuß im NiO durch Verdampfen von O beim Erhitzen auf 1800°C s. L. BREWER (*l. c.* S. 33), L. BREWER, D. F. MASTICK (*J. Chem. Phys.* **19** [1951] 834/43, 839).

Fig. 171.

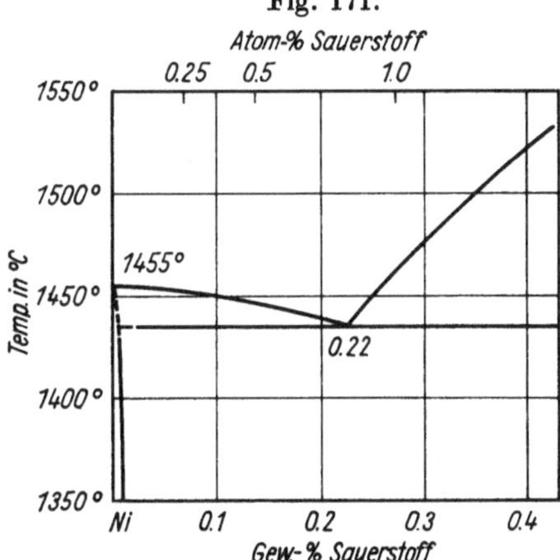


Ni-O-Zustandsdiagramm bei kleinen Sauerstoffgehalten.

Löslichkeit von O in festem Ni bei 900 bis 1100°C etwa 0.013 Gew.-%, 0.048 Mol-%, A. U. SEYBOLDT, R. L. FULLMANN (*Trans. AIME* **200** [1954] 548/9). Sie fällt mit steigender Temp. t:

| t in °C . . . . . . . . . | 600° | 800° | 1000° | 1200° |
|---|---|---|---|---|
| Löslichkeit in Gew.-% O . | 0.020 | 0.019 | 0.014 | 0.012 |
| Löslichkeit in At.-% O . . | 0.073 | 0.070 | 0.051 | 0.044 |

A. U. SEYBOLDT (*Diss. Yale Univ.* 1936) nach E. N. SKINNER (in: T. LYMAN, *Metals Handbook, Cleveland* 1948, S. 1025), s. auch HANSEN (S. 1025). Die Löslichkeit von O in festem Ni ist geringer als in fl. Ni, P. D. MERICA, R. G. WALTENBERG (*Trans. AIME* **71** [1925] 709/19, 716). — Aus Gleichgew.-Messungen ergibt sich eine steigende Löslichkeit von Ni mit zunehmender Temp. in NiO. Bei 1629°C soll die Phasengrenze der NiO-Phase bei der Zus. $NiO_{0.995}$ liegen, bei 1800°C bei kleinerem O-Gehalt, L. BREWER, D. F. MASTICK (*l. c.*). Das Homogenitätsgebiet der NiO-Phase beginnt bei der Zus.

~$NiO_{0.98}$, S. M. Ariya, E. Vol'f, G. Grossman (*Zh. Obshch. Khim.* **26** [1956] 2102/6; *J. Gen. Chem. USSR* **26** [1956] 2347/50).

Im Ni–NiO-Eutektikum sind die NiO-Kristalle stets gleichmäßig verteilt; Bilder der Mikrostruktur von erstarrten Schmelzen die 64.5 und 14.6 Gew.-% NiO enthalten s. C. v. Bohlen und Halbach, W. Leitgebel (*l. c.*), Bilder der Mikrostruktur s. auch P. D. Merica, R. G. Waltenberg (*l. c.*), anonyme Veröff. (*Natl. Bur. Std. [U.S.], Circ.* Nr. 100 [1924] 22), J. Cournot (*Rev. Met. [Paris] Mem.* **24** [1927] 740/63, 744), F. R. Hensel, J. A. Scott (*Trans. Am. Inst. Mining Met. Engers.* **1932** 1/15, 5), H. Nishimura, M. Morinaga, T. Ikeda (*Shviyokaishi* **9** [1937] 251/5, *C.A.* **1937** 6599), R. Ruer, K. Kaneko (*Metallurgie* **9** [1912] 419/22).

*The NiO–$NiO_2$ Partial System*

**Teilsystem NiO–$NiO_2$.** Sicher nachgewiesen ist nur die NiO-Phase, deren Homogenitätsbereich sich bis zur Zus. $NiO_{1.32}$ erstreckt, A. N. Kuznetsov (*Zh. Fiz. Khim.* **34** [1960] 32/7; *Russ. J. Phys. Chem.* **34** [1960] 15/8), und die auch als Bunsenitphase bezeichnet wird, E. Ya. Rode (*Zh. Neorgan. Khim.* **1** [1956] 1430/9; *J. Inorg. Chem. USSR* **1** Nr. 6 [1956] 326/36, 332). Sie schließt die Verb. NiO ein, ist bei $NiO_{>1}$ ein Halbleiter vom p-Typ. Der max. mögliche Sauerstoffgehalt ist nicht sicher bekannt, L. Brewer (*Chem. Rev.* **52** [1953] 1/75, 33). — Das Gitter von NiO, ein rhomboedrisch verzerrtes NaCl-Gitter, wird bei der Neel-Temp. 245°C in ein kub. Gitter umgewandelt. Einzelheiten s. unter physikal. Eigg. von NiO (s. S. 391). — Mit steigender Darst.-Temp. nimmt der Sauerstoffgehalt der Oxide ab. Zus. der Oxide, die durch therm. Zers. von $Ni(NO_3)_2$ bei verschiedenen Tempp. dargestellt sind, in Abhängigkeit von der Temp. t:

| t in °C | 555° | 650° | 800° | 850° | 1250° |
|---|---|---|---|---|---|
| Verhältnis O:Ni | 1.20 | 1.09 | 1.05 | 1.02 | 1.0033 |

Y. Shimomura, I. Tsubokawa, M. Kojima (*J. Phys. Soc. Japan* **9** [1954] 521/4). Zus., Dichte D und Gitterkonst. a für das kub. Gitter als Funktion der Darst.-Temp., Werte in Auswahl:

| t in °C | 500° | 600° | 700° | 800° | 900° | 1000° | 1100° | 1250° |
|---|---|---|---|---|---|---|---|---|
| Zus. in At.-% O | 54.0 | 52.2 | 50.5 | 50.3 | 50.1 | 50.1 | 50.0 | — |
| D in g/cm³ | 5.74 | 5.90 | 6.02 | 6.15 | 6.28 | 6.41 | 6.46 | — |
| a in Å | 4.184 | 4.183 | 4.181 | 4.180 | 4.180 | 4.180 | 4.172 | 4.172 |

D. P. Bogatskii, I. A. Mineeva (*Zh. Obshch. Khim.* **29** [1959] 1382/90; *J. Gen. Chem. USSR* **29** [1959] 1358/65, 1363). Hiervon etwas abweichende Daten für a und α bei rhomboedr. Indizierung des Gitters und pyknometrisch bestimmte Werte für D korrigiert mit dem Faktor 1.010 s. **Fig. 172**. Bis $NiO_{1.09}$ ist das Gitter rhomboedrisch verzerrt $\alpha > 90°$, bei $NiO_{>1.09}$ liegt kub. Struktur vor, die Gitterkonstt. bleiben nahezu konstant. Die Temp.-Funktion der spezif. magnet. Susz. zeigt bei Präpp. von $NiO_{\leqq 1.09}$ antiferromagnet., bei höherem Sauerstoffgehalt unterhalb etwa 200°C ferromagnet., darüber wiederum antiferromagnet. Charakteristik (Einzelheiten s. S. 400), Y. Shimomura u. a. (*l. c.*).

Neben der Bunsenitphase sollen durch Erhitzen von $Ni(NO_3)_2$ auf Tempp. unterhalb 500°C, durch Trocknen von $NiO_2 \cdot aq$, mit $P_2O_5$ in der Kälte oder durch Erhitzen unter hohem $O_2$-Druck die Verbb. $Ni_2O_3$ bzw. $NiO_2$ darstellbar sein und zusammen mit NiO eine kontinuierliche Reihe von Mischkristallen bilden, die nach **Fig. 173** beim Erhitzen mit zunehmendem Sauerstoffgehalt bei sukzessive tieferen Tempp. zerfallen. Fig. 173 ist im Zustandsdiagramm bei D. P. Bogatskii (*Zh. Obshch. Khim.* **21** [1951] 3/10, 9) als nicht unterbrochene Schmelzkurve gezeichnet und wird in (*Structure Reports, Bd.* 15, 1957, S. 177/8) als Liquiduskurve wiedergegeben, dagegen ist bei G. G. Urazov, D. P. Bogatskii (*Izv. Akad. Nauk SSSR Otd. Khim. Nauk* **1956** 1159/67, 1160; *Bull. Acad. Sci. USSR, Div. Chem. Sci.* **1956** 1187/93) gestrichelt als Phasengrenze wiedergegeben; s. auch die Angaben zum therm. Zerfall der Phasen bei D. P. Bogatskii, I. A. Mineeva (*Zh. Obshch. Khim.* **29** [1959] 1382/90; *J. Gen. Chem. USSR* **29** [1959] 1358/65, 1363). Sämtliche Verbb. und Mischkristallphasen sollen in kub. Gittern kristallisieren, wobei die Gitterkonst. von $Ni_2O_3$ nach weiterer Aufnahme von O bis zur Zus. $NiO_2$ stark ansteigen soll, D. P. Bogatskii, I. A. Mineeva (*l. c.*; *Fiz. Tverd. Tela, Akad. Nauk SSSR, Otd. Fiz. Mat. Nauk, Sb. Statei* **2** [1959] 301/5, *C.A.* **56** [1962] 2054), D. P. Bogatskii (*Zh. Obshch. Khim.* **21** [1951] 3/10; *Structure Reports, Bd.* 15, 1957, S. 177/8; *Zh. Obshch. Khim.* **7** [1937] 1397/1401, *C.* **1938** I 4432; *Metallurg* **12** Nr. 4 [1937] 58/65, Nr. 7 [1937] 90/7). — Beim Erhitzen von $Ni(NO_3)_2$ wird kein $Ni_2O_3$, $NiO_2$ und auch kein $Ni_3O_4$ erhalten; die Angaben von D. P. Bogatskii sind nicht reproduzierbar, M. Le Blanc, H. Sachse (*Z. Elektrochem.* **32** [1926] 204/10), E. Ya. Rode (*Zh. Neorgan. Khim.* **1** [1956] 1430/9; *J. Inorg. Chem. USSR* **1** Nr. 6 [1956] 326/36, 332). Die therm. Zers. von $Ni(NO_3)_2$ bleibt bei tieferen Tempp. unvollständig, bei vollständiger Zers. wird der max. Sauerstoffgehalt entsprechend der Zus. $NiO_{1.32}$ nicht überschritten. Vollständige Entwässerung

höherer Ni-Hydroxide ist ohne erheblichen Verlust an Sauerstoff nicht möglich, A. N. KUZNETSOV (*Zh. Fiz. Khim.* **34** [1960] 32/7; *J. Russ. Phys. Chem.* **34** [1960] 15/8). Bei therm. Zers. von $Ni(NO_3)_2 \cdot 6H_2O$ entstehen zunächst bas. Salze, dann NiO, J. LABAT (*Ann. Chim.* [*Paris*] [13] **9** [1964] 399/427, 415).

*Melt*

**Schmelze.** Im untersuchten Bereich, bis 13.8 Gew.-% O ist die Schmelze homogen, C. v. BOHLEN UND HALBACH, W. LEITGEBEL (*Metall Erz* **38** [1941] 117/23, 120). Angaben über eine Mischungslücke bei 1.1 Gew.-% NiO von H. NISHIMURA, M. MORINAGA, T. IKEDA (*Suiyokaishi* **9** [1937] 251/5, *C.* **1939** II 1366) werden nicht bestätigt, HANSEN (S. 25). Schon P. D. MERICA, R. G. WALTENBERG (*Trans. AIME* **71** [1925] 709/19, 716) konnte keine Mischungslücke feststellen.

Löslichkeit von Sauerstoff in fl. Ni in Abhängigkeit von der Temp. t:

| t in °C . . . . . . . . . . . . | 1450° | 1500° | 1550° | 1600° | 1650° | 1700° |
|---|---|---|---|---|---|---|
| Löslichkeit in Gew.-% . . . . | 0.28 | 0.40 | 0.58 | 0.82 | 1.15 | 1.59 |

nach Unters. der Schmelzen in NiO- und MgO-Tiegeln. Die Zunahme der Löslichkeit steigt nach lg Gew.-% $O = -10.270/T + 5.40$, lg At.-% $O = 10.270/T + 3.95$, H. A. WRIEDT, J. CHIPMAN (*Trans. AIME* **203** [1955] 477/9). Damit übereinstimmende Ergebnisse sowie Einfluß von Zusätzen s. A. M. SAMARIN, V. P. FEDOTOV (*Izv. Akad. Nauk SSSR, Otd. Tekhn. Nauk* **1956** Nr. 6, S. 119/25 nach *C.A.* **1956** 14485), V. P. FIEDOTOV, A. M. SAMARIN (*Arch. Hutnictwa* **1** [1956] 183/93, *C.A.* **1957** 3404), V. V. AVERIN, A. YU. POLYAKOV, A. M. SAMARIN (*Izv. Akad. Nauk SSSR, Otd. Tekhn. Nauk Met. i Toplivo* **1959** Nr. 1, S. 13/21, *C.A.* **1960** 4300), G. SCHARF, W. W. AWERIN, A. J. POLYAKOW, A. M. SAMARIN (*Bergakademie* **11** [1959] 699/703). Bei 1465, 1550 und 1650°C lösen sich 0.294, 0.423 bzw. 0.526 Gew.-% Sauerstoff, F. R. HENSEL, J. A. SCOTT (*Trans. Am. Inst. Mining Met. Engers.* **1932** 1/15, 5), bis zu 50% abweichende Angaben s. A. KRUPKOWSKI, S. BALIKI (*Ann. Acad. Sci. Tech. Varsovie* **5** [1938] 130/50, 143). — Bei 1500° befinden sich im Schmelzgleichgewicht $Ni + O \rightleftharpoons NiO$ bei einem O-Partialdruck von $5.4 \times 10^{-2}$ Torr 0.4 Gew.-% Sauerstoff, I. PFEIFFER (*Z. Metallk.* **49** [1958] 455/60, 459).

Fig. 172.

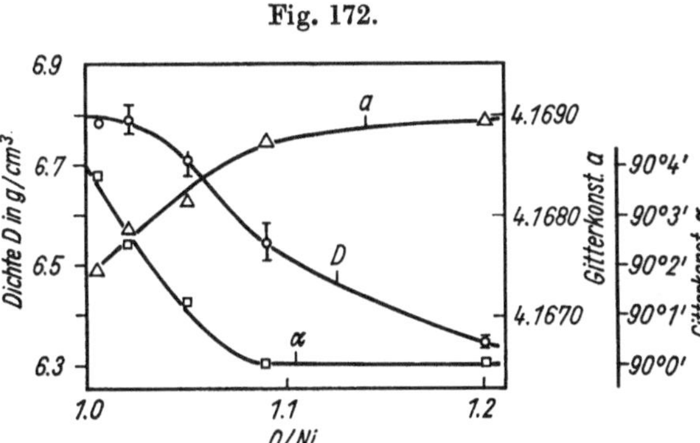


Abhängigkeit der Gitterkonstt. und der Dichte vom Sauerstoffüberschuß im NiO.

Fig. 173.

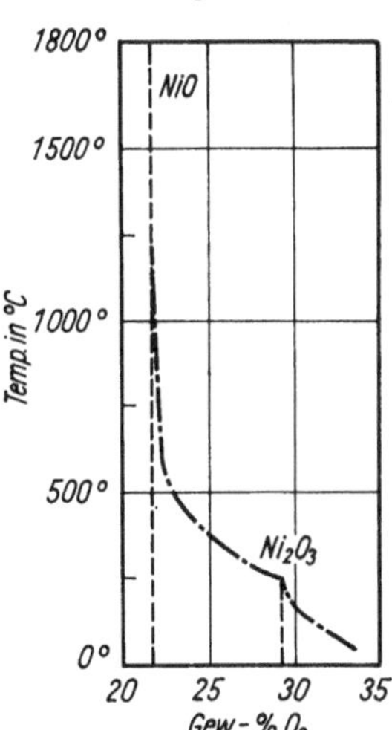


Zers.-Temp. als Funktion des Sauerstoffgehaltes von $NiO_x$ (x = 1 bis 2).

Die Lsg.-Wärme von NiO in fl. Ni beträgt 47 kcal/mol, H. A. WRIEDT, J. CHIPMAN (*Trans. AIME* **203** [1955] 477/9). Änderung der freien Energie $\Delta G$ für die Rk. $^1/_2 O_2 = O$ gelöst in fl. Ni, $\Delta G = -14.3 - 0.3T$, berechnet aus Gleichgeww. der Ni-Schmelze mit $H_2O$-$H_2$-Gemischen, H. A. WRIEDT, J. CHIPMAN (*Trans. AIME* **206** [1956] 1195/9).

*Nickel Suboxides*

***Nickelsuboxide.***

*$NiO_{<1}$ (?)*

***$NiO_{<1}$ (?).*** Präpp. der Zus. $Ni_4O$ bis $Ni_2O$, die durch Glühen von Ni an der Luft, R. TUPPUTI (*Ann. Chim.* [*Paris*] **78** [1811] 133/76, 144/7, **79** [1811] 153/98, 157), F. GLASER (*Z. Anorg. Allgem. Chem.* **36** [1903] 1/35, 24, 34) durch Red. von NiO oder sog. höheren Ni-Oxiden wie $Ni_2O_3$, $Ni_3O_4$ mit $H_2$ bei 230° bis 300°, W. MÜLLER (*Ann. Physik* [2] **136** [1869] 51/65, 59), F. GLASER (*l. c.*), E. BERGER

(*Compt. Rend.* **174** [1922] 1341/3, **158** [1914] 1798/1801), G. TAMMANN, C. F. MARAIS (*Z. Anorg. Allgem. Chem.* **135** [1924] 127/42, 140), mit CO, I. L. BELL (*Chem. News* **23** [1871] 258/60), erhalten werden, sind keine definierten Verbb., sondern Gemische variabler Zus. aus NiO und Ni, wie sich aus der röntgenograph. Unters. ergibt, G. R. LEVI, E. TACCHINI (*Gazz. Chim. Ital.* **55** [1925] 28/32). Zweifel an der Existenz dieser Verbb. äußern bereits O. L. ERDMANN (*J. Prakt. Chem.* **7** [1836] 249/68, 249), J. B. SENDERENS, J. ABOULENC (*Bull. Soc. Chim. France* [4] **11** [1912] 641/6), E. BERGER (*l. c.*), P. SABATIER, L. ESPIL (*Compt. Rend.* **158** [1914] 668/75; *Bull. Soc. Chim. France* [4] **13** [1913] 877/8, **15** [1914] 228), L. WÖHLER, O. BALZ (*Z. Elektrochem.* **27** [1921] 406/19). — Über die Anwendung derartiger Präpp. bei der katalyt. Hydrierung ungesättigter Fette s. beispielsweise F. BEDFORD, E. ERDMANN (*J. Prakt. Chem.* [2] **87** [1913] 425/55), W. NORMANN (*Seifensieder-Ztg.* **43** [1916] 804/5), W. MEIGEN (*J. Prakt. Chem.* [2] **92** [1915] 390/411), W. SIEGMUND (*Österr. Chemiker-Ztg.* **19** [1916] 88/92).

*Nickel(II) Oxide*

## *Nickel(II)-oxid NiO*

Über Vorkommen in der Natur als Bunsenit s. „*Nickel*“ *Tl.* A. Die Verb. kann bis zur Zus. $NiO_{1.32}$ Sauerstoff aufnehmen, s. S. 378. Dabei wird die grüne Subst. schwarz.

*The NiO Molecule*

**Die NiO-Molekel.** In einer Bogenentladung zwischen Ni-Elektroden durch $O_2$ sind zahlreiche Banden zu beobachten. Die 13 rotabschattierten Banden im UR ($\nu_0 = 12655\,cm^{-1}$) sind vermutlich dem Übergang zwischen dem Grundzustand X ($\omega_e \approx 615\ cm^{-1}$) und dem 1. Anregungszustand ($\omega_e \approx 475\ cm^{-1}$) zuzuordnen. Ein weiteres Bandensystem ($\nu_0 = 16420\ cm^{-1}$) entspricht dem Übergang vom 2. Anregungszustand ($\omega_e \approx 560\ cm^{-1}$) zum Grundzustand; ferner ist ein Übergang zwischen 2 höheren Anregungszuständen mit $\omega_e \approx 570$ bzw. 825 ($\nu_0 = 21135\ cm^{-1}$) nachweisbar. Drei weitere Bandensysteme sind nur andeutungsweise erkennbar; $\nu_0 = 13638$, 19314, 19602 $cm^{-1}$, L. MALET, B. ROSEN (*Bull. Soc. Roy. Sci. Liege* **14** [1945] 382/9); vgl. auch B. ROSEN (*Nature* **156** [1945] 570), G. HERZBERG (*Spectra of Diatomic Molecules, 2. Aufl., New York-Toronto-London* 1950, S. 557). Über einige der Banden im sichtbaren Bereich berichten schon A. G. GAYDON, R. W. B. PEARSE (*Proc. Roy. Soc.* [*London*] A **148** [1935] 312/35, 334); vier einzelne Banden registriert J. MEUNIER (*Compt. Rend.* **152** [1911] 1760/2).

Der Dissoziation von NiO in die Atome im Grundzustand $Ni(^3F) + O(^3P)$ entspricht das bei 3270 Å einsetzende Absorptionskontinuum; die Absorption bei $\lambda \leq 2380$ Å führt zu $Ni(^3F) + O(^1D)$, H. TRIVEDI (*Proc. Acad. Sci. United Provinces Agra Oudh* **5** [1935] 27/33). Aus dem Gleichgewicht in der Gasphase berechnen R. T. GRIMLEY, R. P. BURNS, M. G. INGHRAM (*J. Chem. Phys.* **35** [1961] 551/4) die Dissoziationsenergie zu $86.5 \pm 5$ kcal/mol.

*Formation. Preparation*

### Bildung und Darstellung

Allgemeines. Die Verb. wird meist in sehr feinteiliger, scheinbar amorpher Form erhalten. Über Darst. gut krist. Präpp. s. S. 385. — Übliche Darst.-Methh. sind Ox. von Ni mit $O_2$ oder Luft und therm. Zers. von Ni-Salzen mit flüchtigem Säurerest wie $Ni(NO_3)_2$ oder Ni-Carbonat, O. GLEMSER (in: G. BRAUER, *Handbuch der präparativen anorganischen Chemie, 2. Aufl., Bd. 2, Stuttgart* 1962, S. 1346). Aus schwarzen Ni-Oxidpräpp. wird der überschüssige Sauerstoff durch Erhitzen im $H_2$-Strom bei etwa 100° entfernt, s. beispielsweise O. L. ERDMANN (*J. Prakt. Chem.* **7** [1836] 249/68, 250), O. GLEMSER (*l. c.*) oder durch Glühen in indifferenter Atm. bei 750° und Abkühlen, s. beispielsweise D. P. BOGATSKII, I. A. MINEEVA (*Fiz. Tverd. Tela, Akad. Nauk SSSR, Otd. Fiz. Mat. Nauk Sb. Statei* **2** [1959] 301/5). Auf über 700° erhitztes NiO nimmt beim Abkühlen aus der Luft keinen Sauerstoff auf, M. LE BLANC, H. SACHSE (*Z. Elektrochem.* **32** [1926] 58/62).

*From Nickel. With Oxygen or Air*

**Aus Nickel. Mit Sauerstoff oder Luft.** Darst. nach der Meth. von H. H. v. BAUMBACH, C. WAGNER (*Z. Physik. Chem.* B **24** [1934] 59/67, 61) durch Erhitzen von Ni-Plättchen an der Luft auf 1000° ist möglich, O. GLEMSER (*l. c.* S. 1347). Durch Ox. von Ni-Folie an der Luft wird die Zus. $Ni_{0.9967}O$ erhalten, Y. SHIMOMURA, I. TSUBOKAWA, M. KOJIMA (*J. Phys. Soc. Japan* **9** [1954] 521/4). Zur Affinität der Rk. s. R. FRICKE, G. WEITBRECHT (*Z. Elektrochem.* **48** [1942] 87/110, 94). — Pyrophores Ni reagiert mit $O_2$ rasch unter Bldg. von NiO, W. IPATIEV (*J. Prakt. Chem.* [2] **77** [1908] 513/32, 521/4; *Zh. Russ. Fiz.-Khim. Obshchestva* **40** [1908] 1/63 nach *C.* **1908** II 480). Dem widersprechende Angaben von MOISSAN (*Ann. Chim.* [*Paris*] [5] **21** [1880] 199/255, 238/42) sind nicht reproduzierbar, M. LE BLANC, H. SACHSE (*l. c.*), W. IPATIEV (*l. c.*). Bei Ox. von feinteiligem, durch Red. mit $H_2$ bei 250° bis 300° hergestelltem Ni in feuchter oder trockner Luft werden graue bis schwarze Präpp. erhalten, W. IPATIEV (*l. c.*). Da die Rk.-Prodd. neben NiO noch Ni und überschüssigen Sauerstoff ent-

halten, der einem Betrag von 0.3 bis 3% $Ni_2O_3$ entsprechen könnte, ist die Meth. zur Darst. reiner Präpp. nicht geeignet, M. LE BLANC, H. SACHSE (*l. c.*). Zur Darst. aus Ni-Pulver und $O_2$ sind Tempp. >290° erforderlich, die Ox. mit $O_2$ erfolgt rascher als die mit Luft oder NO, M. CENTNERSZWER, H. ZYSKOWICZ (*Z. Anorg. Allgem. Chem.* **206** [1932] 252/6). Weitere Angaben s. „*Nickel*" *Tl.* A unter chem. Verh. „Verhalten gegen Sauerstoff".

**Mit Wasserdampf.** Bldg. von NiO durch Rk. von Ni bei dunkler Rotglut mit $H_2O$-Dampf beobachtet bereits V. REGNAULT (*J. Prakt. Chem.* **10** [1837] 129/67, 141; *Ann. Chim.* [*Paris*] [2] **62** [1837] 337/88, 352). Temp.-Abhängigkeit der Gleichgew.-Rk.: $Ni + H_2O \rightleftharpoons H_2 + NiO$ untersuchen von 150° bis 300°, O. D. GONZALEZ, G. PARRAVANO (*J. Am. Chem. Soc.* **78** [1956] 4533/7), von 450° bis 700°, A. SKAPSKI, J. DABROWSKI (*Z. Elektrochem.* **38** [1932] 365/70), von 450° bis 1000°, D. P. BOGATSKII (*Metallurg* **12** Nr. 7 [1937] 90/7), 485° bis 600°, R. N. PEASE, R. S. COOK (*J. Am. Chem. Soc.* **48** [1926] 1199/206). Gleichgew. von Ni-Schmelze und $H_2O$ bei 1470° bis 1720°, V. P. FIEDOTOV, A. M. SAMARIN (*Arch. Hutnictwa* **1** [1956] 183/93). Einzelheiten und weitere Lit. s. beim chem. Verh. von NiO, S. 419. *With Steam*

**Mit Nichtmetalloxiden.** Durch Rk. von Ni-Pulver mit *NO* wird bei Tempp. bis max. 290° dunkelblaues, bei höheren Tempp. gelbgrünes NiO erhalten. Die Rk.-Geschw. ist kleiner als bei Ox. von Ni mit Luft. Wird Ni-Blech anstatt Ni-Pulver angewendet, findet keine Umsetzung statt, M. CENTNERSZWER, H. ZYSKOWICZ (*l. c.*). Grünes NiO aus Ni-Pulver und NO, P. SABATIER, J.-B. SENDERENS (*Compt. Rend.* **114** [1892] 1429/32), F. EMICH (*Monatsh. Chem.* **15** [1894] 375/90, 378). *With Nonmetal Oxides*

Durch Ox. mit $SO_2$ bei 600° bis 800° wird NiO neben NiS erhalten, V. V. IPAT'EV, D. V. ZELTUKHIN (*Zh. Prikl. Khim.* **30** [1957] 1281/6; *J. Appl. Chem. USSR* **30** [1957] 1355/60; *Metalloved. i Obrabotka Metal.* **1958** Nr. 12,S. 42/5 nach *N.S.A.* **13** [1959] Nr. 3895). NiO bildet sich in der Gleichgew.-Rk.: $7\,Ni + 2SO_2 \rightleftharpoons Ni_3S_2 + 4NiO$. Die Rk. wird nachweisbar ab 460°, vollständige Umsetzung ist bei 600° bis 800° erreicht, bei höheren Tempp. ist das Gleichgew. nach links verschoben, YU. V. RUMYANTSEV, D. V. CHIZHIKOV (*Izv. Akad. Nauk SSSR, Otd. Tekhn. Nauk* **1955** Nr. 10, S. 147/51, *C.A.* **1956** 3859). Einzelheiten s. S. 428 und „*Nickel*" *Tl.* A unter chem. Verh. „Schwefeldioxid".

$CO_2$ oxydiert Ni nach der Gleichgew.-Rk. $Ni + CO_2 \rightleftharpoons CO + NiO$. Abhängigkeit der Gleichgew.-Konstt. von der Temp. zwischen 600° und 1000° s. R. FRICKE, G. WEITBRECHT (*Z. Elektrochem.* **48** [1942] 87/105, 91/5, 106/10), D. P. BOGATSKII (*Metallurgist* **13** [1938] 18/25), A. F. KAPUSTINSKII, A. ZIL'BERMANN (*Acta Physicochim. USSR* **5** [1936] 605/16), M. WATANABE (*Sci. Rept. Tohoku Imp. Univ.* **22** [1933] 436/47), R. SCHENCK, H. WESSELKOCK (*Z. Anorg. Allgem. Chem.* **184** [1929] 39/57, 41). Einzelheiten und weitere Lit. s. chem. Verh. von NiO gegen CO, S. 423.

Über Bldg. durch Rk. von fl. Ni mit $SiO_2$ nach $2Ni + SiO_2 \rightleftharpoons Si + 2NiO$ bei 1900° s. W. OELSEN, G. KREMER (*Mitt. Kaiser-Wilhelm-Inst. Eisenforsch. Düsseldorf* **18** [1936] 89/108, 101).

**Mit Metalloxiden.** Ni reagiert mit MnO, CoO und FeO unter Bldg. von NiO und entsprechendem Metall bei Tempp. zwischen 1400° und 1800°. Über die Temp.-Abhängigkeit der Gleichgew.-Konstt. und den Einfluß von Verunreinigungen bei Rk. mit MnO s. W. OELSEN, G. KREMER (*l. c.*), mit CoO s. W. JANDER, A. KRIEGER (*Z. Anorg. Allgem. Chem.* **232** [1937] 39/56, 49/52), mit FeO s. W. OELSEN, G. KREMER (*l. c.*), W. JANDER, H. SENF (*Z. Anorg. Allgem. Chem.* **217** [1934] 48/52, **210** [1933] 316/24). Einzelheiten und weitere Angaben s. chem. Verh. von NiO gegen Metalloxide, S. 425. *With Metal Oxides*

**Mit Alkalihydroxiden.** NaOH reagiert mit Ni bei 715°. Dabei bildet sich unter anderem NiO und $H_2$, M. LE BLANC, L. BERGMANN (*Ber. Deut. Chem. Ges.* **42** [1909] 4728/47, 4740). Bei Tempp. bis 1000° entsteht nur dann NiO, wenn der gebildete Wasserstoff dem System entzogen wird, da in Ggw. von $H_2$ sonst Ni wieder zurückgebildet wird, D. D. WILLIAMS, J. A. GRAND, R. R. MILLER (*J. Am. Chem. Soc.* **78** [1956] 5150/5), D. D. WILLIAMS, R. R. MILLER (WADC-TR-54-185 [1955] 1/64 nach *N.S.A.* **10** [1956] Nr. 586). NiO bildet sich so im Vak. bei Tempp. von 600° bis nahe 1000°, jedoch nicht im geschlossenen System. Die Rk. erfolgt über $Na_2NiO_2$ als Zwischenprod., D. M. MATHEWS, R. F. KRUH (*Ind. Eng. Chem.* **49** [1957] 55/8) (Näheres s. beim „$Na_2NiO_2$"). Bldg. von NiO durch Rk. von Ni mit KOH-Schmelzen wird nicht beobachtet, M. LE BLANC, O. WEYL (*Ber. Deut. Chem. Ges.* **45** [1912] 2300/15, 2310). — Bei Einw. von wss. n-KOH-Lsg. auf Ni bei 100° unter Luftausschluß entsteht unter anderem NiO neben $Ni_3O_2(OH)_4$ und $H_2$, J. HORIUCHI, Y. KOMOBUCHI (*J. Res. Inst. Catalysis, Hokkaido Univ.* **6** [1958] 92/6 nach *C.A.* **1959** 9982). *With Alkali Hydroxides*

**Aus Nickellegierungen.** Sog. Ni-Amalgam (in Hg suspendiertes $NiHg_4$), das 0.5% Ni enthält, reagiert langsam mit $O_2$ unter Bldg. von NiO. Erst nach vollständiger Ox. des Ni entsteht HgO. Umsetzung in einer mit Füllkörpern beschickten Vibrationsmühle beschleunigt die Rk., G. JANGG (*Z. Anorg. Allgem. Chem.* **311** [1961] 186/97, 186, 190/2). Zur Darst. auf diesem Wege s. auch D. P. ROYCHOUDHURI, A. K. BOSE (*Sci. Cult.* [*Calcutta*] **3** [1937] 118 nach *C.* **1937** II 3288). NiO bildet sich *From Nickel Alloys*

bei wochenlangem Schütteln von Ni-Amalgam bei gewöhnl. Temp. in NO-Atm., H. HOHN, V. GUTMANN, O. SOVA (*Monatsh. Chem.* **88** [1957] 502/16, 513).

Bei Ox. von Ni-Legg. entstehen häufig Oberflächenschichten, die NiO enthalten oder ganz aus NiO bestehen. Näheres s. bei den Ni-Legg. unter chem. Verhalten.

*From Nickel Compounds. By Thermal Decomposition*

**Aus Nickelverbindungen. Durch thermische Zersetzung.** $Ni(OH)_2$ zersetzt sich unter Bldg. von NiO, J. L. PROUST (*Neues Allgem. J. Chem. Gehlen* **3** [1807] 410/51, 442), bei Tempp. > 210° und $10^{-3}$ Torr. Nahezu wasserfreies NiO wird oberhalb 300° erhalten, A. MERLIN, S. TEICHNER (*Compt. Rend.* **236** [1953] 1892/4), S. TEICHNER, R. P. MARCELLINI, P. RUÉ (*Advan. Catalysis* **9** [1957] 458/71, 460). Dunkelgrünes NiO wird durch 24std. Glühen von reinem $Ni(OH)_2$ bei 1050° an der Luft dargestellt, R. FRICKE, G. WEITBRECHT (*Z. Elektrochem.* **48** [1942] 87/105, 88). Bei tieferen Tempp. enthalten die Präpp. noch überschüssigen Sauerstoff. Sauerstoffüberschuß in Abhängigkeit von der Temp. t nach 2std. Glühen im $N_2$-Strom:

| t in °C . . . . . | 250° | 300° | 350° | 400° | 500° | 600° | 700° | 1300° |
|---|---|---|---|---|---|---|---|---|
| O-Überschuß in % | 0.36 | 0.37 | 0.32 | 0.33 | 0.15 | 0.11 | 0.03 | 0.00 |

Mit zunehmender Glühtemp. verschiebt sich die Farbe der Präpp. von Schwarz bei 250° zu Gelbgrün nach Glühen bei 1300°. Die Bldg. wird durch Messung der magnet. Susz. verfolgt, J. T. RICHARDSON, W. O. MILLIGAN (*Phys. Rev.* [2] **102** [1956] 1289/94, 1290, 1293). Der Sauerstoffüberschuß nach 2std. Glühen unter $N_2$ bei 300° beträgt 0.37%, bei 1100° 0.02%, H. P. HANSON, W. O. MILLIGAN (*J. Phys. Chem.* **60** [1956] 1144/5). Durch 600std. Tempern bei 300° in $N_2$-Strom werden Präpp. mit der spezif. Oberfläche 66 $m^2/g$, durch 500std. Tempern bei 250° mit 96 $m^2/g$ erhalten, C. TSANGARAKIS, R. SIBUT-PINOTE (*J. Chim. Phys.* **51** [1954] 446/50). Unters. der Bldg. von NiO mit Hilfe der HAHNschen Emaniermeth. s. G. M. ZHABROVA, M. B. SHIBANOVA (*Kinetika i Kataliz.* **2** [1961] 668/73, *C. A.* **56** [1962] 9463), mit der Thermowaage s. beispielsweise R. DUVAL, C. DUVAL (*Anal. Chim. Acta* **5** [1951] 71/81, 73), Z. SZMAL (*Wiadomosci Chem.* **8** [1954] 241/67, 259). Einzelheiten und weitere Angaben unter chem. Verh. von $Ni(OH)_2$ bei Erhitzen, S. 455.

Nickelhydroxide, die höherwertiges Nickel enthalten (s. ab S. 465), und sog. wasserfreie höhere Nickeloxide (s. ab S. 430) geben beim Erhitzen Sauerstoff, gegebenenfalls auch $H_2O$ ab unter Bldg. von NiO. — Darst. aus sog. $Ni_2O_3$ durch Glühen an der Luft bei 1150° bis das Gew. konstant bleibt, D. P. BOGATSKII (*Zh. Obshch. Khim.* **21** [1951] 3/10). $Ni_2O_3 \cdot aq$ gibt beim Erhitzen auf 500° bis 600° NiO, S. VEIL (*Compt. Rend.* **180** [1925] 211/2). $Ni_2O_3 \cdot aq$ mit der Gitterstruktur von $Ni_3O_2(OH)_4$ zersetzt sich nach magnet. Unters. oberhalb 130° unter Bldg. von NiO, bei tieferer Temp. wird nur $H_2O$ abgegeben, J. T. RICHARDSON (*J. Phys. Chem.* **67** [1963] 1377/8). Einzelheiten und weitere Angaben s. beim Chem. Verh., S. 481 und ab S. 489.

Zur Darst. durch therm. Zers. von Ni-Salzen mit flüchtigem Säurerest wird bas. Ni-Carbonat oder $Ni(NO_3)_2 \cdot 6H_2O$ im Pt-Tiegel 6 Std. auf 1000° bis 1100° erhitzt und in $O_2$-freier Atm. abgekühlt. Die beim Abkühlen entstandene schwarze Oberflächenhaut wird mit $H_2$ bei 100° entfernt, M. LE BLANC, H. SACHSE (*Z. Elektrochem.* **32** [1926] 58/62), O. GLEMSER (in: G. BRAUER, *Handbuch der präparativen anorganischen Chemie*, 2. *Aufl.*, *Bd.* 2, *Stuttgart* 1962, S. 1346/7). Ein Präp. mit hoher spezif. Oberfläche wird aus gefälltem Ni-Carbonat durch 90minütiges Erhitzen im Hochvak. auf 350° dargestellt. Zuvor wird das Carbonat im Rk.-Gefäß wiederholt mit $O_2$-freiem $N_2$ gespült und bei 100° im Hochvak. entgast. Dieses NiO färbt sich bei Luftzutritt sofort schwarz, O. GLEMSER (*l. c.*). Aus $Ni(NO_3)_2 \cdot 6H_2O$ wird erst bei Tempp. oberhalb 1100° reines NiO erhalten, D. P. BOGATSKII (*Zh. Obshch. Khim.* **7** [1937] 1397/401). Darst. von Präpp. mit spezif. Oberflächen von 0.8 $m^2/g$ bzw. 0.6 $m^2/g$ und einem NiO-Gehalt von 99.9 bzw. 100% NiO durch Glühen von $Ni(NO_3)_2 \cdot 6H_2O$ bei 800° bzw. 900°, F. I. OPREA (*Acad. Rep. Populare Romine, Studii Cercetari Met.* **5** [1960] 203/17 nach *C. A.* **1961** 8002). Bei tieferen Tempp. hergestellte Präpp. enthalten überschüssigen Sauerstoff, M. LE BLANC, H. SACHSE (*l. c.*). Der die Formel NiO übersteigende Sauerstoffgehalt x als Funktion der Temp. t nach 2- bis 2.5std. Erhitzen:

| t in °C. . . . . . | 555° | 650° | 800° | 850° | 1250° |
|---|---|---|---|---|---|
| x . . . . . . . . | 0.20 | 0.09 | 0.05 | 0.02 | 0.0033 |

Y. SHIMOMURA, I. TSUBOKAWA, M. KOJIMA (*J. Phys. Chem. Soc. Japan* **9** [1954] 521/4). Sauerstoffüberschuß in %:

| t in °C. . . . . . | 505° | 600° | 692° | 790° | 882° | 1400° |
|---|---|---|---|---|---|---|
| %. . . . . . . . | 7.3 | 3.1 | 1.7 | 0.65 | 0.2 | 0.0 |

Das bei 505° hergestellte Präp. enthält noch 0.1% $NO_2$, M. FOEX (*Bull. Soc. Chim. France* **1952** 373/9). Zers. bei 300° gibt ein Präp. der Zus. $NiO_{1.32}$, bei 900° der von $NiO_{1.02}$, E. YA. RODE (*Zh. Neorgan.*

*Khim.* **1** [1956] 1430/9; *J. Inorg. Chem. USSR* **1** [1956] Nr. 6, S. 332/6, 331). Zwischenprodd. beim Zers. von $Ni(NO_3)_2 \cdot 6H_2O$ im Vak. sind bei 10tägiger Zers.-Dauer zunächst niedrigere Hydrate, bei 160° wird wasserfreies $Ni(NO_3)_2$ erhalten, bei 200° 0.27 NiO neben 0.73 $Ni(NO_3)_2$. Das Nitrat ist bei 300° nur noch in Spuren und bei 400° nicht mehr nachweisbar. Beim Erhitzen an der Luft entsteht das Oxid ab 200° über die Zwischenprodd. $Ni(NO_3)_2 \cdot 2H_2O$ bei 100° und $Ni(NO_3)_2 \cdot 2Ni(OH)_2$ bei 120° bis 180°. Bei 300° ist das Ni-Hydroxidnitrat nur noch in Spuren nachweisbar. Die Analysen werden durch röntgenograph., thermogravimetr. und magnet. Unters. bestätigt, J. LABAT (*Ann. Chim. [Paris]* [13] **9** [1964] 399/427, 411/7). Bldg. zwischen 265° und 370° nach Unters. mit der Thermowaage, W. W. WENDLANDT (*Texas J. Sci.* **10** [1958] 392/8), Bldg. ab 300° über Ni-Hydroxidnitrat, D. WEIGEL, B. IMELIK, P. LAFFITTE (*Bull. Soc. Chim. France* **1962** 345/9), oberhalb 250° aus $Ni(OH)NO_3$, P. L. BOURGAULT, PH. E. LAKE, E. J. CASEY, A. R. DUBOIS (*Can. J. Technol.* **34** [1956] 495/502, 496, 500). Weitere Angaben s. beim bas. Ni-Nitrat, S. 524.

Aus $NiSO_4$ wird durch Glühen bei 600° bis 760° NiO erhalten; beispielsweise bei 600° nach Unters. mit der Thermowaage im Vak., J. CUIELLERON, O. HARTMANSHENN (*Bull. Soc. Chim. France* **1959** 168/72). Bldg. neben $H_2SO_4$ in strömendem $H_2O$-Dampf bei 600°, A. B. SUCHKOV, B. A. BOROK, Z. I. MOROZOVA (*Zh. Prikl. Khim.* **32** [1959] 1616/8; *J. Appl. Chem. USSR* **32** [1959] 1646/8), Bldg. bei 675°, A. G. OSTROFF (*J. Inorg. Nucl. Chem.* **9** [1959] 45/50, 46), bei 730°, R. FRUCHART, A. MICHEL (*Compt. Rend.* **246** [1958] 1222/4), bei 760°, I. I. KUSHIMA, N. ASANO (*Nippon Kogyo Kaishi* **73** [1957] 103/8). Weitere Angaben s. beim Ni-Sulfat, S. 685. — Über Bldg. aus Ni-Hydroxidsulfaten s. beispielsweise J. BESSON, H. BERGER (*Bull. Soc. Chim. France* **1955** 1286/9) sowie beim bas. Ni-Sulfat, S. 733.

$3NiO \cdot As_2O_5$ zersetzt sich oberhalb 850° in die Komponenten, H. GUÉRIN, J. MASSON, A. ARTUR (*Bull. Soc. Chim. France* **1957** 545/7). $NiO \cdot As_2O_5$ zerfällt im Vak. bei 850° über $6NiO \cdot As_2O_5$ unter Bldg. von NiO. Durch Erhitzen an der Luft wird erst oberhalb 1000° NiO erhalten, J. B. TAYLOR, R. D. HEYDING (*Can. J. Chem.* **36** [1958] 597/606).

Darst. aus Ni-Carbonat durch Tempern an der Luft 8 Std. bei 150° bis 270° und danach 6std. Glühen in $CO_2$-Atm. bei 500° bis 1000°, T. I. BULGAKOVA, O. S. ZAITSEV (*Vestn. Mosk. Univ., Ser. II Khim.* **16** Nr. 4 [1961] 33/5 nach *C.A.* **56** [1962] 15114), durch 2.5std. Glühen bei 900° an der Luft, N. P. KEIER, L. N. KUTSEVA (*Dokl. Akad. Nauk SSSR* **117** [1957] 259/62, *C.A.* **1958** 12506). Ein Präp. mit der spezif. Oberfläche 0.79 $m^2/g$ und 98.5% NiO wird durch Glühen von $NiCO_3 \cdot 6H_2O$ bei 700° dargestellt, F. I. OPREA (*Acad. Rep. Populare Romine, Studii Cercetari Met.* **5** [1960] 203/17 nach *C.A.* **1961** 8002). NiO wird bereits durch Erhitzen von Ni-Carbonat auf 300° erhalten, auch unter 100 atm $O_2$ soll so NiO und kein höheres Ni-Oxid entstehen, S. B. HENDRICKS, M. E. JEFFERSON, J. F. SHULTZ (*Z. Krist.* **73** [1930] 376/80). — Durch Erhitzen auf 500° wird aus $4NiCO_3 \cdot 5Ni(OH)_2 \cdot 10H_2O$ das Oxid frei von $CO_2$ und $H_2O$ erhalten, J. FRANÇOIS (*Compt. Rend.* **230** [1950] 2183/4). Durch therm. Zers. von bas. Ni-Carbonat bei 800° bis 1000° erhaltenes NiO, das bei 300 Torr $O_2$-Druck und 400° bis 500° Sauerstoff aufgenommen hat, gibt im Vak. bei gewöhnl. Temp. 20% des überschüssigen Sauerstoffs ab. Weitere Desorption von Sauerstoff wird erst oberhalb 300° beobachtet. Nach 8std. Evakuieren bei 500° enthält die Probe noch 40% des ursprünglichen Sauerstoffüberschusses. Annähernd stöchiometrisch zusammengesetzte Präpp. werden erst durch 2std. Glühen im Vak. bei 1000° erhalten. Aus dem Verh. bei der Sorption und Desorption von Sauerstoff an NiO wird geschlossen, daß 20% des überschüssigen Sauerstoffs nur physikalisch adsorbiert sind, während die restlichen 80% stärker gebunden sind als im Falle einer normalen Chemisorption; dies wird auf Randschicht- und Volumenfehlordnung zurückgeführt. Bei durch Glühen $\geqq$1000° hergestellten Präpp. überwiegt die Randschichtfehlordnung, s. auch S. 390, H. GOSSEL (*Z. Elektrochem.* **65** [1961] 98/102; *Ber. Bunsenges. Physik. Chem.* **69** [1965] 736/41). Sauerstoffüberschuß über die Formel NiO von Präpp., die durch Erhitzen bas. Ni-Carbonate hergestellt sind, in Abhängigkeit von der Temp. t:

| t in °C | 550° | 675° | 725° | 800° | 1000° | 1100° | 1220° |
|---|---|---|---|---|---|---|---|
| O-Überschuß in Gew.-% | 0.137 | 0.132 | 0.059 | 0.060 | 0.019 | 0.017 | 0.013 |
| $H_2O$-Gehalt in Gew.-% | 1.3 | 0.6 | 0.4 | 0.4 | 0.3 | 0.3 | — |

Bei 550° bis 600° hergestellte Präpp. sind grau, bei 600° bis 700° silbergrau, bei 800° graugrün und oberhalb 1000° hellgrün, wenn an der Luft geglüht und abgekühlt wird, M. LE BLANC, H. SACHSE (*Z. Elektrochem.* **32** [1926] 58/62). Nach Differential-Thermo-Analyse und thermogravimetr. Unters. wird bei der Zers. von $Ni(OH)_2 \cdot NiCO_3$ zwischen 300° und 350° NiO gebildet, J. FRANÇOIS-ROSETTI, M.-TH. CHARTON, B. IMÉLIK (*Bull. Soc. Chim. France* **1957** 614/5). Thermogravimetr. Unters. der Bldg. von NiO durch Erhitzen bas. Ni-Carbonate s. J. FRANÇOIS-ROSETTI, B. IMÉLIK (*Bull. Soc.*

*France* **1957** 1115/22; *J. Chim. Phys.* **51** [1954] 451/60). Zur Darst. aus Ni-Carbonat und bas. Ni-Carbonat s. chem. Verh. von Ni-Carbonaten und bas. Ni-Carbonaten.

Aus Ni-Oxalat wird im Vak. bei 290° NiO erhalten, J. ROBIN (*Bull. Soc. Chim. France* **1953** 1078/84, 1082), rasch bei 305°, langsam bei 235°, R. DAVID (*Bull. Soc. Chim. France* **1960** 719/36, 732). Bei der Zers. wird leicht Ni neben NiO erhalten, A. BOULLÉ, R. DAVID (*Compt. Rend.* **243** [1953] 495/8). Weitere Angaben s. unter chem. Verh. von Ni-Oxalat beim Erhitzen. — Wss. Lsg. von Ni-Formiat in Einschmelzrohr unter 180 atm $H_2$ als Schutzgas zersetzt sich beim Erhitzen auf 300° unter Bldg. von NiO, bei 200° und 90 atm entsteht nur Ni, W. IPATIEW, N. K. KONDYREW (*Ber. Deut. Chem. Ges.* **59** [1926] 1412/26, 1421). Weitere Angaben zur Bldg. aus Ni-Formiat s. V. P. KORNIENKO (*Ukr. Khim. Zh.* **18** [1952] 579/88, *C.A.* **1954** 4945), A. BROCHET (*Bull. Soc. Chim. France* [4] **27** [1920] 897/8), sowie unter chem. Verh. von Ni-Formiat beim Erhitzen.

Aus den Hexahydraten der Doppelsulfate von Ni mit K, Rb und Cs wird bei 880° NiO erhalten; das $H_2O$ wird bereits bei tieferen Temppp. abgespalten, N. DEMASSIEUX, C. MALARD (*Compt. Rend.* **245** [1957] 1544/6). Darst. von reinem NiO ist durch Glühen von $NiSO_4 \cdot (NH_4)_2SO_4 \cdot 6H_2O$ bei 800° bis 900° möglich, T'UNG-YUNG CHU, CH'ANG I HO, HUI-CHIU WÊNG, I.-YÜN P'ÊNG, KUO-TSU LIU, KUO-PÊN CHANG (*Wu Han Ta Hsueh, Tzu Jan K'o Hsueh Hsueh Pao* **5** [1959] 126/7 nach *C.A.* **1960** 5310). Die Hexahydrate der Doppelselenate von Ni mit K, Rb und Cs zersetzen sich oberhalb 650° bis 700° unter Bldg. von NiO, N. DEMASSIEUX, C. MALARD (*Compt. Rend.* **248** [1959] 805/7). — $Ba_2[Ni(OH_6)]$ zerfällt bei 245° in NiO, $Ba(OH)_2$ und $H_2O$, R. SCHOLDER, E. GIESLER (*Z. Anorg. Allgem. Chem.* **316** [1962] 237/46, 240).

*By Reaction with Elements or Compounds*

**Durch Reaktion mit Elementen oder Verbindungen.** Handelsübliches $Ni_2O_3$ wird durch $H_2$ zwischen 95° und 118° zu NiO reduziert, bei höheren Temppp. zu Ni, G. GALLO (*Ann. Chim. Appl.* **27** [1927] 535/43). Bei Red. der sog. höheren Ni-Oxide mit $H_2$ bildet sich zwischen 111° und 229° NiO, D. P. BOGATSKII (*Metallurgist* **12** Nr. 4 [1937] 58/65). Über die Kinetik der Red. derartiger Präpp. zwischen 225° und 350° durch $H_2$, das in einem geschlossenen System bei 300 Torr zirkuliert, s. G. I. CHUFAROV, M. G. ZHURAVLEVA, E. P. TATIEVSKAYA (*Dokl. Akad. Nauk SSSR* [2] **73** [1950] 1209/12, *C.A.* **1951** 426). Sog. $NiO_2$ reagiert mit C beim Erhitzen auf 320° bis 390° unter Bldg. von NiO, D. P. BOGATSKII (*Bull. Acad. Sci. URSS, Classe Sci. Tech.* **1947** 105/12, *C.A.* **1947** 5367). — Unters. der Red. von $Ni_2O_3 \cdot H_2O$ bei 82° bis 346° durch $H_2$ von 760 Torr, das im geschlossenen System zirkuliert, ergibt oberhalb 150° Red. zum Ni über Bodenkörper der Zus. $NiO_{1.32\ bis\ 1}$. Jedoch ist das Oxid nicht vollständig $H_2O$-frei. Bevor die Zus. NiO erreicht ist, beginnt Bldg. von Ni, A. N. KUZNETSOV (*Zh. Fiz. Khim.* **34** [1960] 32/7; *Russ. J. Phys. Chem.* **34** [1960] 15/8).

$NiCl_2$ reagiert mit $O_2$ bei 400° bis 650° in einer Gleichgew.-Rk. unter Bldg. von NiO und $Cl_2$, K. JELLINEK, A. RUDAT (*Z. Anorg. Allgem. Chem.* **155** [1926] 73/83, 79). Zur Temp.-Abhängigkeit der Gleichgew.-Konst. in diesem Temp.-Bereich s. V. I. SMIRNOV, A. I. TIKHONOV (*Izv. Akad. Nauk SSSR, Otd. Tekh. Nauk* **1956** Nr. 9, S. 48/54). Beim Erhitzen auf 400° bis 480° reagiert $NiCl_2$ mit an der Phasengrenze sorbiertem $H_2O$ unter Bldg. von NiO, A. GLASNER, I. MAYER (*Bull. Res. Council Israel* A **8** [1959] 27/40).

$Ni_2B$ reagiert mit $BaCO_3$ und Luft beim Erhitzen im offenen Ofen auf 820° unter Bldg. von NiO neben $Ba_2B_2O_5$, Ni und $CO_2$, M. D. LYUTAYA, T. N. NAZARCHUK, K. D. MODYLEVSKAYA (*Zh. Neorgan. Khim.* **6** [1961] 2738/43; *Russ. J. Inorg. Chem.* **6** [1961] 1384/7). — Über Bldg. beim Verbrennen von $Ni(CO)_4$ mit Sauerstoff oder Luft s. A. C. EGERTON, S. RUDRAKANCHANA (*Proc. Roy. Soc.* [*London*] A **225** [1954] 427/43, 439), E. I. SMAGINA, B. F. ORMONT (*Zh. Obshch. Khim.* **25** [1955] 224/30; *J. Gen. Chem. USSR* **25** [1955] 207/12) sowie beim chem. Verh. von $Ni(CO)_4$. — Aus NiAs wird durch 5std. Glühen bei 400° bis 500° mit $NaNO_3$ und NaOH im Überschuß NiO neben $Na_3AsO_4$, $NaNO_2$, und $H_2O$ erhalten, G. A. FESTER (*Rev. Fac. Ing. Quim.* **25** [1956] 143/51, *C.A.* **1958** 1826).

$LiNiO_2$ zersetzt sich in heißem $H_2O$ oder in kalter wss. LiOH-Lsg. langsam unter Bldg. von NiO, L. D. DYER, B. S. BORIE, G. P. SMITH (*J. Am. Chem. Soc.* **76** [1954] 1499/503). Wird $Ni(OH)_2$ in äther. $CHJ_3$-Lsg. eine Woche der Einw. von diffusem Licht ausgesetzt, entsteht NiO durch Rk. des Hydroxids mit aus Zers. von $CHJ_3$ gebildetem J oder HJ, E. MONTIGNIE (*Bull. Soc. Chim. France* [5] **3** [1956] 704/5).

*By Electrochemical Methods*

**Auf elektrochemischem Wege.** Bei der Schmelzelektrolyse in $Al_2O_3$-Tiegeln mit Ni-Elektroden und NaOH als Elektrolyt bei 650° bis 850°, 3 bis 4 V und anod. Stromdichte von 1 bis 20 A/cm², wird in 1 bis 3 Std. NiO, das etwas Na in fester Lsg. enthält, neben $NaNiO_2$ abgeschieden. Aus KOH wird bei 600° NiO in Form langer schwarzer Nadeln neben anderen Verbb. erhalten, M. DODERO, C. DÉPORTES (*Compt. Rend.* **242** [1956] 2939/41).

## Besondere Formen des NiO

*Special Forms of NiO*

*Well-crystallized Nickel Oxide*

**Gut kristallisiertes Nickeloxid.** Darst. schwarzer NiO-Nadeln auf elektrochem. Weg s. S. 384. Aus scheinbar amorphem NiO oder $Ni(OH)_2$ erfolgt Krist. durch wiederholtes Erhitzen auf 1000° in Ggw. von größerem KCl-Überschuß, J. A. HEDVALL (*Z. Anorg. Allgem. Chem.* **120** [1922] 327/40, 334, **92** [1915] 381/4; *Arkiv Kemi Mineral. Geol.* **6** Nr. 2 [1915] 1/5), R. W. CAIRNS, E. OTT (*J. Am. Chem. Soc.* **55** [1933] 527/33). Durch Zusätze von CaO und $B_2O_3$ wird das Wachstum der Kristalle in NiO-Preßlingen beim Sintern beschleunigt, jedoch verzögert hierbei $B_2O_3$ die Zunahme der Dichte der Proben. Aus $NiSO_4$ dargestelltes NiO kristallisiert rascher als Präpp., die durch therm. Zers. von $Ni(OH)_2$, $Ni(NO_3)_2$ oder Ni-Carbonat entstanden sind, Y. IIDA, S. OZAKI (*J. Am. Ceram. Soc.* **42** [1959] 219/28). Zur Kinetik der Krist. und der Verdichtung s. T. KUBO, K. SHINRIKI, K. KUTAKA (*Kogyo Kagaku Zasshi* **61** [1958] 918/22, *C.A.* **1961** 21515). — Darst. durch Glühen von Ni im $H_2O$-Dampf oder in Ggw. von $KNO_3$ s. V. REGNAULT (*J. Prakt. Chem.* **10** [1837] 129/67, 141; *Ann. Chim.* [*Paris*] [2] **62** [1837] 337/88, 352), durch Glühen von $NiCl_2$ in strömendem $H_2O$-Dampf, FERRIERES (in: BOURGEOIS, *Réproduction Artificielle des Mineraux, Paris* 1884, S. 51) laut P. GROTH (*Chemische Kristallographie, Tl.* I, *Leipzig* **1906**, S. 70), durch Glühen einer Mischung von $NiCl_2$ und $Na_2CO_3$, V. REGNAULT (*l. c.*), einer Mischung aus $NiSO_4$ und $K_2SO_4$ im Pt-Tiegel, H. GRANDEAU (*Ann. Chim.* [*Paris*] [6] 8 [1886] 193/233, 216), H. DEBRAY (*Compt. Rend.* **52** [1861] 985/6), durch Schmelzen von Ni-Phosphaten mit $K_2SO_4$, H. GRANDEAU (*l. c.*; *Compt. Rend.* **95** [1882] 921/2), durch Glühen von Ni-Boraten mit Kalk, EBELMEN (*Compt. Rend.* **33** [1851] 525/9), durch Erhitzen von Ni-Cyaniden in wss. Lsg. unter 80 atm $H_2$ auf 160° bis 180°, W. IPATIEW, N. K. KONDYREW (*Ber. Deut. Chem. Ges.* **59** [1926] 1412/26, 1421), von wss. $Ni(NO_3)_2$-Lsg. unter $H_2$-Druck in Au- und Quarzröhren bei Tempp. über 330°. Bei 2- bis 3tägiger Rk.-Dauer bildet sich jedoch Ni, W. IPATIEW, B. MUROMZEW (*Ber. Deut. Chem. Ges.* **63** [1930] 160/6). Zur Bldg. aus Ni-Acetatlsg. auf diesem Wege s. W. IPATIEW (*Ber. Deut. Chem. Ges.* **44** [1911] 3452/9). — Zur Darst. von NiO-Kugeln durch Schmelzen von NiO im Lichtbogen s. P. P. BUDNIKOV, S. G. TRESVYATSKII (*Dopovidi Akad. Nauk Ukr. RSR* **1955** Nr. 5, S. 478/9 [ukrain. Text], S. 479/80 [russ. Text] nach *C.A.* **1956** 12698).

### Einkristalle.

*Single Crystals*

Allgemeine Literatur:

K. T. WILKE, *Methoden der Kristallzüchtung, Frankfurt a. M.-Zürich* 1963, S. 322, 420.
A. SMAKULA, *Einkristalle, Berlin-Göttingen-Heidelberg* 1962.
W. D. LAWSON, S. NIELSEN, *Preparation of Single Crystals, London* 1958.

Darst. nach der Flammenschmelzmeth. von A. VERNIEUL (*Compt. Rend.* **135** [1902] 791/4) durch Schmelzen von Ni-Pulver in der Knallgasflamme. Es werden so Stäbchen von 2 bis 5 cm Länge und 8 mm Durchmesser hergestellt, E. J. SCOTT (*J. Chem. Phys.* **23** [1955] 2459). Die Verwendung eines Dreidüsenbrenners und $O_2$-Überschuß in der Knallgasflamme ist vorteilhaft, R. E. CECH, E. I. ALESSANDRINI (*Trans. Am. Soc. Metals* **51** [1959] 150/7). Das Gitter weist Ni-Fehlstellen auf, da die Kristalle überschüssigen Sauerstoff enthalten. Aus NiO-Pulver werden auf diesem Wege bei der Schmelztemp. 1600° bis 1700°, und Krist. bei 200° bis zu 27 g schwere Kristalle von 47 mm Länge und 17 mm max. Durchmesser hergestellt, Y. NAKAZUMI (*Kogyo Kagaku Zasshi* **59** [1956] 1304/8, *C.A.* **1958** 15177). Darst. eines mehrere cm langen Einkristalls von 0.5 cm Durchmesser, R. NEWMAN, R. M. CHRENKO (*Phys. Rev.* [2] **114** [1959] 1507/13). Ohne Keim gewonnene Einkristalle haben runden Querschnitt. Wenn ein Keim verwandt wird, dessen [001]-Achse in Wachstumsrichtung zeigt, resultiert ein viereckiger Querschnitt, H. KONDOH, E. UCHIDA, Y. NAKAZUMI, T. NAGAMIYA (*J. Phys. Soc. Japan* **13** [1958] 579/86). Zur Darst. nach der Flammenschmelzmeth. s. auch G. W. CLARK, O. C. KOPP u. a. (ORNL-2988 [1961] 3/5, *N.S.A.* **15** [1961] Nr. 531), Y. SHIMOMURA, M. KOJIMA, S. SAITO (*J. Phys. Soc. Japan* **11** [1956] 1136/46). — Über eine Meth. zur Best. von Sauerstoffüberschuß bis minimal $10^{-6}$ Mol O je Mol NiO in NiO-Einkristallen s. H. B. SACHSE (*Ultrapurif. Semicond. Mater. Proc. Conf., Boston* 1961 [1962], S. 423/33 nach *C.A.* **1962** 6606).

Über Verwendung von NiO-Einkristallen s. beispielsweise H. KONDOH (*J. Phys. Soc. Japan* **17** [1962] 1316/7), H. KONDOH, E. UCHIDA, Y. NAKAZUMI (*J. Phys. Soc. Japan* **17** [1962] 1318/9), T. TAKEDA, H. KONDOH (*J. Phys. Soc. Japan* **17** [1962] 1315/6, 1317/8), S. SAITO (*J. Phys. Soc. Japan* **17** [1962] 1287/99), Y. SHIMOMURA, M. KOJIMA, S. SAITO (*J. Phys. Soc. Japan* **11** [1956] 1136/46), Y. SHIMOMURA, S. SAITO (*Bull. Univ. Osaka Prefect.* A **4** [1956] 111/6), R. W. JOHNSTON, D. C. CRONEMEYER (*Phys. Rev.* [2] **93** [1954] 634/5), G. A. SLACK (*J. Appl. Phys.* **31** [1960] 1571/82, 1571), W. L. ROTH (*J. Appl. Phys.* **31** [1960] 2000/11), J. R. SINGRER (*Phys. Rev.* [2] **104** [1956] 929/32).

*Single Crystal Layers*

**Einkristallschichten.** Eine 50 $\mu$ dicke Einkristallschicht auf der (001)-Ebene eines MgO-Kristalls wird durch Zers. von $NiBr_2$ in $H_2O$-Dampf von 25 Torr hergestellt, R. E. CECH (*Trans. Am. Inst. Mining Met. Engrs.* **215** [1959] 719/81, 770), R. E. CECH, E. I. ALESSANDRINI (*Trans. Am. Soc. Metals* **51** [1959] 150/7; *Acta Met.* **7** [1959] 787/92). Darst. bei 700°, R. NEWMAN, R. M. CHRENKO (*Phys. Rev.* [2] **114** [1959] 1507/13), G. A. SLACK (*l. c.*).

*Thin Layers*

**Dünne Schichten.** Auf Ni werden dünne NiO-Schichten bei Einw. von Luft oder $O_2$ auf das kompakte Metall erhalten. — Das Wachstum der Schicht ist bei Ni-Einkristallen von der Orientierung des Kristalls abhängig. Die Ox.-Geschw. ist am größten in der Nachbarschaft der (100)-Ebene in der [011]-Zone und zwar zunehmend langsamer auf den (310)-, (211)-, (100)-, (110)- und (111)-Ebenen. H im Ni verzögert die Bldg. der Schicht, K. R. LAWLESS, F. W. YOUNG, A. T. GWATHMEY (*J. Chim. Phys.* **53** [1956] 667/74). Auf Ni-Folien werden $10^{-6}$ bis $10^{-4}$ inch ($2.5 \times 10^{-5}$ bis $10^{-3}$ mm) dicke Oxidschichten durch Erwärmen der Folie, die sich in einer Vakuumkammer bei 10 bis 150 Torr Sauerstoff befindet, durch das Licht einer 1000-Watt-Lampe hergestellt, H. D. HOLMGREN, J. M. BLAIR, K. F. FAMULARO, T. F. STRATTON, R. V. STUART (*Rev. Sci. Instr.* **25** [1954] 1026/7). Schichtdicken bis max. 3400 Å werden bei Ox. der Folie zwischen 307° und 442° erreicht, H. H. UHLIG, J. PICKETT, J. Mc NAIRN (*Acta Met.* **7** [1959] 111/7). NiO-Schichten von 0.7 mm Dicke mit einem Sauerstoffüberschuß entsprechend $NiO_{1.028}$ erhält man bei 900° an der Luft, L. CZERSKI (*Arch. Gornictwa Hutnictwa* **2** Nr. 1 [1954] 3/25 nach *C.A.* **1954** 13579). Herst. dünner NiO-Schichten durch Ox. von Ni mit $O_2$ s. auch „*Nickel*" *Tl.* A, chem. Verh. „Verhalten gegen Sauerstoff". — Schichten der Zus. $Ni_7O_8$, die im Spinellgitter kristallisieren sollen, werden durch elektrochem. Abscheidung von Ni auf poliertem polykristallinem Pt, wobei die (100)-Ebene des kub. Ni parallel zu der des Substrats orientiert ist, nach 2 std. Erhitzen an der Luft auf 500° erhalten, G. I. FINCH, K. P. SINHA (*Trans. Faraday Soc.* **53** [1957] 623/7). Über Bldg. dünner Schichten auf Ni beim anod. Polieren von Ni in verd. $H_2SO_4$ s. T. P. HOAR, J. A. S. MOWAT (*Nature* **165** [1950] 64/5). Sehr dünne Schichten werden durch elektrochem. Abscheidung von Ni auf Cu und Ablösen des Cu mit Chromschwefelsäure erhalten, H. PFISTERER, H. POLITYCKI, E. FUCHS (*Naturwissenschaften* **45** [1958] 182/3).

Auf Korund werden orientierte Schichten durch Kondensation von gasf. NiO erhalten. Dagegen entstehen durch Aufdampfen von Ni und anschließende Ox. keine orientierten Schichten, H. R. THIRSK, E. J. WHITMORE (*Trans. Faraday Soc.* **36** [1950] 565/74). Über Abscheidung 20 bis 200 Å dicker Schichten auf Bleiglanz bei 350° bis 450° s. S. MIYAKE, M. KUBO (*J. Phys. Soc. Japan* **2** [1947] 15/9). Orientierte NiO-Schichten auf NaCl werden durch Aufdampfen von Ni auf die (002)-Ebene von NaCl und 10 Sek. dauernden Beschuß mit auf 10 kV beschleunigten Ionen erhalten, J. J. TRILLAT, L. TERTIAN, N. TERAO (*Cahiers Phys.* **12** [1958] 161/2 nach *C.A.* **1961** 26623). Zur Abscheidung von NiO auf Glas wird Ni bei hohem Vak. in Ggw. von $O_2$ verdampft, LIBBEY-OWENS-FORD GLASS Co., W. H. COLBERT, W. L. MORGAN (*U.S.P.* 2949387 [1960], *C.A.* **1960** 25669). Zur Herst. der Schicht auf Glas s. auch K. E. CULLOH (*Rev. Sci. Instr.* **31** [1960] 780/1). Schichten auf Zelluloid werden durch Aufdampfen von Ni bei $10^{-6}$ Torr und Ox. des Ni bei 10 bis 12 Torr $O_2$ erhalten, P. V. CHURAEV (*Uch. Zap. Rostovsk. na Donu Gos. Ped. Inst.* **1957** Nr. 1, S. 143/57 nach *C.A.* **1959** 13934).

*Colloidal Nickel Oxide*

**Kolloides Nickeloxid.** Beim Brennen eines Lichtbogens zwischen Ni-Elektroden entsteht NiO-Aerosol. Bei röntgenograph. Unters. zeigen die Teilchen NiO-Interferenzen, H. P. WALMSLEY (*Phil. Mag.* [7] **7** [1929] 1097/112, 1101). Unters. der kub., etwa 200 Å großen Teilchen, die bei 130° bis 150° kristallisieren, durch Elektronenbeugung, Angabe ihrer Röntgeninterferenzen und elektronenmikroskop. Abbildung s. R. HARVEY, H. I. MATTHEWS, H. WILMAN (*Discussions Faraday Soc.* Nr. 30 [1960] 113/23). Beim Erhitzen von Ni-Carbonyl mit CO und $O_2$ auf 200° entsteht ein gelbgrünes Pulver hoher Dispersion, das als kolloides NiO bezeichnet wird, L. MOND, H. HIRTZ, M. D. COWAP, R. L. MOND (*J. Chem. Soc.* **97** [1910] 798/810). — NiO-Hydrosol wird durch Zusatz von 0.25 bis 20 Mol Na-, K-, oder $NH_4$-Phytat im pH-Bereich 6.7 bis 8.5 stabilisiert; UNITED STATES ATOMIC ENERGY COMMISSION, C. WOHLBERG (*U.S.P. Appl.* 17122 [1951] nach *C.A.* **1952** 6778). Über die Herst. von NiO-Dispersionen und ihr Abscheidungsverh. durch ein Lsg.-Gemisch von Isopropylalkohol und Nitromethan, das Zein (pflanzliches Eiweiß aus der Gruppe der Prolamine) enthält, s. H. F. REICHARD, H. G. SCHEIBLE, M. KIBRICK, H. KATZ (KLX-10029 [1956/57] 13 S, *N.S.A.* **11** [1957] Nr. 11572). Über das Verh. von NiO-Dispersionen in Alkohol ohne und mit Zusätzen von $NiCl_2$-Lsg. bei der Elektrophorese s. anonyme Veröff. (KLX-1737 [1954/57] 1/47 nach *N.S.A.* **11** [1957] Nr. 13093).

## Thermodynamische Daten der Bildung

*Thermodynamic Formation Data*

Allgemeine Literatur:

O. Kubaschewski, E. L. Evans, *Metallurgical Thermochemistry*, 3. *Aufl.*, *London-New York-Paris-Los Angeles* 1958. Im folgenden zitiert als: Kubaschewski, Evans.

F. R. Bichowsky, F. D. Rossini, *The Thermochemistry of Chemical Substances*, *New York* 1936. Im folgenden zitiert als: Bichowsky, Rossini.

F. D. Rossini, D. D. Wagman, W. H. Evans, S. Levine, I. Jaffee, *Selected Values of Chemical Thermodynamic Properties*, *Natl. Bur. Std.* [*U.S.*] *Circ.* Nr. 500 [1952]. Im folgenden zitiert als: Rossini u. a.

M. W. Kellog Co., *Res. Develop. Rept.* SPD — 125 [1948] 170/308. Im folgenden zitiert als: Kellog.

W. Lange, *Die thermodynamischen Eigenschaften der Metalloxyde*, *Berlin-Göttingen-Heidelberg* 1949. Im folgenden zitiert als: Lange.

M. de Kay Thompson, *The Total and Free Energies of Formation of Oxides of Thirty-two Metals*, *New York* 1942. Im folgenden zitiert als: de Kay Thompson.

Werte für die Bildungsenthalpie $\Delta H$ und die freie Energie $\Delta G$ sind in kcal/mol NiO, für die Bildungsentropie $\Delta S$ in $cal \cdot mol^{-1} \cdot {}^{\circ}K^{-1}$ angegeben.

### $Ni_{fest} + {}^1/_2\, O_{2\,gasf} = NiO_{fest}$

Werte für 0°K: $\Delta H = -57.8$ nach Lit.-Werten, Rossini u. a. (S. 245), mit α-Ni: $\Delta H = -59.65$, mit β-Ni: $\Delta H = 58.06$, nach Lit.-Werten berechnet, Lange (S. 106).

Für α-Ni: In Abhängigkeit von der Temp. gilt für Bldg. aus α-Ni: $\Delta H = [-59650 + 6.74\,T - 3.96 \times 10^{-3}\,T^2 + 0.27 \times 10^5\,T^{-1}]10^{-3}$, $\Delta G = [-59650 - 15.53\,T \lg T + 3.96 \times 10^{-3}\,T^2 + 0.14 \times 10^5\,T^{-1} + 65.65\,T]10^{-3}$, Lange (S. 58), $\Delta H = -62.650 + 4.796\,T - 2.877 \times 10^{-3}T^2 + 42.83\,T^{1/2} + 2.915 \times 10^5\,T^{-1}$, $\Delta G = -62.650 - 4.796\,T \ln T + 2.877 \times 10^{-3}T^2 + 85.66 \times T^{1/2} + 1.457 \times 10^5\,T^{-1} + 56.30\,T$, De Kay Thompson (S. 61), $\Delta H = -60.400 + 5.295\,T - 2.849 \times 10^{-3}\,T^2 + 1.978 \times 10^5\,T^{-1}$, $\Delta G = -60.400 - 5.295\,T \ln T + 58.065\,T + 2.35 \times 10^{-3}T^2 + 0.989 \times 10^5 T^{-1}$, $\Delta S = -52.77 + 5.295 \ln T - 5.699 \times 10^{-3}\,T + 0.989 \times 10^5\,T^{-2}$, Kellog (S. 221), bis 626°K: $\Delta G = -60.387 - 5.29\,T \ln T + 2.85 \times 10^{-3}\,T^2 + 0.988 \times 10^5\,T^{-1} + 52.84\,T$, H. Seltz, B. J. de Witt, H. J. McDonald (*J. Am. Chem. Soc.* **62** [1940] 88/9).

Für β-Ni: $\Delta H = [-58060 + 2.88\,T - 0.58 \times 10^{-3}\,T^2 - 3.48 \times 10^{-5}\,T^{-1}]10^{-3}$, $\Delta G = [-58060 - 6.64\,T \lg T + 0.58 \times 10^{-3}T^2 - 1.74 \times 10^5 T^{-1} + 40.83\,T]10^{-3}$, Lange (S. 58), $\Delta H = -61.648 + 2.064\,T - 1.298 \times 10^{-3}\,T^2 + 42.83\,T^{1/2} + 2.915 \times 10^5\,T^{-1}$, $\Delta G = -61.648 - 2.064\,T \ln T + 0.1298 \times 10^{-3}\,T^2 + 85.66\,T^{1/2} + 1.457 \times 10^5\,T^{-1} + 38.81\,T$, de Kay Thompson (S. 61/2), $\Delta H = -62.287 + 2.565\,T - 0.102 \times 10^{-3}\,T^2 + 1.987 \times 10^5\,T^{-1}$, $\Delta G = -62.287 - 2.565\,T \ln T + 41.245\,T + 0.102 \times 10^{-3}\,T^2 + 0.989 \times 10^5\,T^{-1}$, $\Delta S = -38.68 + 2.565 \ln T - 0.204 \times 10^{-3}T + 0.989 \times 10^5 T^{-2}$, Kellog (S. 222) oberhalb 626°K: $\Delta G = -59.692 - 2.55\,T \ln T + 0.102 \times 10^{-3}\,T^2 + 0.988 \times 10^5 T^{-1} + 35.80\,T$, H. Seltz u. a. (*l. c.*).

Für 298 bis 1725°K: $\Delta G = -58.450 + 23.55\,T$, Kubaschewski, Evans (S. 336, 341), $\Delta G = -57.950 - 3.45\,T \lg T + 32.3\,T$, O. Kubaschewski, J. A. Catterall (*Thermochemical Data of Alloys*, *London-New York* 1956, S. 176). — Nach eigener Formel ber. Werte für $-\Delta G$ in Abhängigkeit von der Temp. T:

| T in °K | 298° | 400° | 500° | 600° | 700° | 800° | 900° |
|---|---|---|---|---|---|---|---|
| $-\Delta G$ | 49.231 | 46.972 | 44.761 | 42.577 | 40.390 | 38.210 | 36.033 |

| T in °K | 1000° | 1100° | 1200° | 1300° | 1400° | 1500° |
|---|---|---|---|---|---|---|
| $-\Delta G$ | 33.859 | 31.687 | 29.512 | 27.337 | 25.159 | 22.977 |

A. Krupkowski (*Hutnicke Listy* **3** [1948] 357/61). Nach Lit.-Werten in Auswahl:

| T in °K | 298° | 400° | 500° | 633° | 1000° | 1300° |
|---|---|---|---|---|---|---|
| $-\Delta H$ | 57.30 | 57.24 | 57.22 | 57.27 | 56.96 | 56.62 |
| $-\Delta G$ | 50.62 | 48.35 | 46.14 | 43.18 | 35.08 | 28.56 |

Genauigkeit der Daten bei $\Delta H$: ±0.1, bei $\Delta G$: ±0.14, J. P. Coughlin (*U.S. Bur. Mines Bull.* Nr. 542 [1954] 1/80, 32), $-\Delta G$ bei 500 und 1000°C: 43.0 bzw. 32.1 nach der Gleichung von de Kay Thompson berechnet, L. F. Epstein, J. Nigriny (*U.S. Atomic Energy Comm.* AECD-3709 [1948/55] 1/18, 10). Aus eigenen EK-Messungen der Kette: $Fe_{\text{wüstit}}$ | $0.85\,ZrO_2 + 0.15\,CaO$ | Ni, NiO berechnet, Werte in Auswahl:

| Temp. in °C | 750° | 800° | 900° | 950° | 1000° | 1050° | 1100° | 1140° |
|---|---|---|---|---|---|---|---|---|
| $-\Delta G$ | 35.20 | 34.23 | 32.15 | 31.19 | 30.15 | 29.12 | 28.11 | 27.22 |

bei ±0.1 für $\Delta$G; die Ursache der Abweichungen gegen die Daten von J. P. Coughlin (*l. c.*) kann nicht geklärt werden, K. Kiukkola, C. Wagner (*J. Electrochem. Soc.* **104** [1957] 379/87, 382; *U.S. Atomic Energy Comm.* NYO-7009 [1956] 1/41, *N.S.A.* **11** [1957] Nr. 6236). Bei 840°C: $-\Delta$H = 85.4, $-\Delta$G = 55.4 berechnet aus dem Wert für das Zers.-Potential von in Boraxschmelze gelöstem NiO, Yu. K. Delimarskii, G. D. Nazarenko (*Zh. Neorgan. Khim.* **2** [1957] 890/6; *J. Inorg. Chem. USSR* **2** Nr. 4 [1957] 279/89, 283). — Graph. Darst. der Temp.-Funktion von $\Delta$G von 0 bis 1450°C berechnet nach $\Delta G = -58.45 + 23.55T$ s. bei F. D. Richardson, J. H. E. Jeffes (*J. Iron Steel Inst.* [*London*] **160** [1948] 261/70, 263, 268).

Einzelwerte für t = 25°C, wenn nicht anders angegeben:

| $-\Delta$H | $-\Delta$G | $-\Delta$S | Bemerkungen | Literatur |
|---|---|---|---|---|
| 57.5 ±0.5 | — | — | $NiO_{1.005}$ nach Lit.-Werten | Kubaschewski, Evans (S. 262) |
| 58.4 | 51.7 | — | nach Lit.-Werten | Rossini u. a. (S. 245) |
| 58.0 ±0.5 | 51.3 | 22.4 | nach Lit.-Werten | L. Brewer (*Chem. Rev.* **52** [1953] 1/75, 9, 34) |
| 57.9 | 51.14 | 22.68 | nach Lit.-Werten | Lange (S. 58, 106) |
| 57.4 ±0.4 | — | 22.3 | nach Lit.-Werten | O. Kubaschewski, J. A. Catterall (*l. c.*) |
| 58.4 | 51.485 | 28.26 | nach Lit.-Werten | Kellog (S. 216/8) |
| 58.4 | — | — | nach Lit.-Werten, 18°C | Bichowsky, Rossini (S. 84) |
| — | 53.04 | 18.0 | nach Lit.-Werten mit $-\Delta$H = 58.4 | H. Seltz, B. J. de Witt, H. J. McDonald (*J. Am. Chem. Soc.* **62** [1940] 88/9) |
| 57.3 ±0.1 | 50.6 ±0.1 | — | verbrennungscalorimetr. Best. | B. J. Boyle, E. G. King, K. C. Conway (*J. Am. Chem. Soc.* **76** [1954] 3835/7) |
| 58.15 | 50.594 | — | aus Bestt. der Wärmekapazität | A. F. Kapustinskii, K. A. Novoel'tsev (*Zh. Fiz. Khim.* **11** [1937] 61/7) |

Experimentell bestimmte $\Delta$H-Werte für 25°C:

| $-\Delta$H | Bemerkungen | Literatur |
|---|---|---|
| 57.9 | $Na_2O_2$-Methode | W. G. Mixter (*Am. J. Sci.* [4] **30** [1910] 193/201) |
| 58.65 ±0.45 | verbrennungscalorimetr. Best. ohne Temp.-Angabe | W. A. Roth, D. Müller (*Z. Angew. Chem.* **42** [1929] 981/4) |
| 58.91 | aus dem Gleichgew.: $NiO + CO = Ni_\beta + CO_2$ | R. Fricke, W. Weitbrecht (*Z. Elektrochem.* **48** [1942] 87/106, 95) |
| 57.6 | aus dem Gleichgew.: $NiO + CO = Ni_\beta + CO_2$ | Neu berechnet aus den vorstehenden Unterss., O. Kubaschewski, J. A. Catterall (*Thermochemical Data of Alloys, London-New York* 1956, S. 176) |
| 57.11 | aus dem Gleichgew.: $NiO + CO = Ni_\beta + CO_2$ | M. Watanabe (*Sci. Rept. Res. Inst. Tohoku Univ.* **22** [1933] 436/47, 441, 446) |
| 58.30 | aus dem Gleichgew.: $NiO + CO = Ni_\beta + CO_2$ | D. P. Bogatskii (*Metallurgist* **13** Nr. 2 [1938] 18/25, 23, *C.* **1938** II 279) |
| 57.45 | aus dem Gleichgew.: $NiO + H_2 = Ni_\beta + H_2O$ | Aus den Daten von R. N. Pease, R. S. Cook (*J. Am. Chem. Soc.* **48** [1926] 1199/205) berechnet, L. Brewer (*Chem. Rev.* **52** [1953] 1/75, 34) |

Weitere Daten s. A. F. Kapustinskii, A. Zilbermann (*Acta Physicochim. URSS* **5** [1936] 605/16), A. F. Kapustinsky, L. Schamowsky (*Z. Anorg. Allgem. Chem.* **216** [1933] 10/6, 15), L. Brewer, D. F. Mastick (*J. Chem. Phys.* **19** [1951] 834/43, 836), A. Skapski, J. Dabrowsky (*Z. Elektrochem.* **38** [1932] 365/76, 369), M. Watanabe (*l. c.*; *Bull. Inst. Phys. Chem. Research* [*Tokyo*] **9** [1930] 477/83,

480), W. A. Roth (*Arch. Eisenhüttenw.* **3** [1929/30] 339/46, 344; *Stahl Eisen* **49** [1929] 1763/5), F. Giordani, E. Mattias (*Rend. Accad. Sci. Fis. Mat. Nat. Soc. Reale Napoli* **35** [1929] 172/82 nach *C.* **1930** I 21), K. Murata (*Bull. Chem. Soc. Japan* **3** [1928] 267/76, 274), W. D. Treadwell (*Z. Elektrochem.* **22** [1916] 414/21, 418), O. Ruff, E. Gersten (*Ber. Deut. Chem. Ges.* **46** [1913] 400/13, 408/11), Dulong (*Compt. Rend.* **7** [1838] 871/7, 877), zur Umrechnung vorstehender Angabe s. O. Ruff, E. Gersten (*l. c.*).

$$\mathbf{Ni}_{fl} + {}^1/_2\mathbf{O}_{2\,gasf} = \mathbf{NiO}_{fest}$$

Für Tempp. von 1725 bis 1903°K gilt: $\Delta H = -64.508 + 0.506\,T + 0.323 \times 10^{-3}\,T^2 + 42.82\,T^{1/2} + 2.915 \times 10^5\,T^{-1}$, $\Delta G = -64.508 + 0.506\,T\ln T - 0.323 \times 10^{-3}\,T^2 + 85.66\,T^{1/2} + 2.915 \times 10^5\,T^{-1}$, de Kay Thompson (S. 62), $\Delta H = -63.170 + 2.0 \times 10^{-3}\,T$, $\Delta G = -63.170 - 4.61 \times 10^{-3}\,T\,\lg T + 38.38 \times 10^{-3}\,T$, Lange (S. 58), von 1725 bis 2200°K: $\Delta G = -62.650 - 25.98\,T$, Kubaschewski, Evans (S. 341), F. D. Richardson, J. H. E. Jeffes (*J. Iron Steel Inst.* [*London*] **160** [1948] 261/70, 268), Näherungsformel für 1700 bis 2000°K: $\Delta G = -59.400 + 21.72T$, J. Bochenek, E. Ptak (*Arch. Gornictwa Hutnictwa* **2** Nr. 1 [1954] 57/67 [engl. Text S. 68/9]). — Graph. Wiedergabe der Temp.-Abhängigkeit von $\Delta G$ nach der oben angegebenen eigenen Formel bis 2000°C s. F. D. Richardson, J. H. E. Jeffes (*l. c.* S. 263).

$$\mathbf{Ni}_{gasf} + {}^1/_2\,\mathbf{O}_{2\,gasf} = \mathbf{NiO}_{gasf}$$

Für 0°K: $\Delta H = 59.3$, für 298°K: $\Delta H = 59.3$, $\Delta G = 51.8$, nach Lit.-Werten berechnet, Rossini u. a. (S. 245).

## Physikalische Eigenschaften

*Physical Properties*

### Kristallographische Eigenschaften

*Crystallographic Properties*

*Type of Bond*

**Bindungsart.** Das NiO-Gitter besteht aus Ni- und O-Ionen, von denen wahrscheinlich keins genau 2 Elementarladungen hat. Somit beruht der Zusammenhalt des Gitters nicht auf elektrostat. Kräften allein, d. h. in NiO herrscht keine reine Ionenbindung, D. F. C. Morris, L. H. Ahrens (*J. Inorg. Nucl. Chem.* **3** [1956/57] 263/9). Auf teilweise kovalente Bindung schließt D. O. Murray (*Diss. Ohio State Univ.* **1962**; *Diss. Abstr.* **23** [1962] 668/9) aus der Differenz zwischen dem beob. und dem bei reiner Ionenbindung theoretisch ber. magnet. Formfaktor von $Ni^{2+}$. Nach J. B. Goodenough, A. L. Loeb (*Phys. Rev.* [2] **98** [1955] 391/408, 405) können semikovalente Bindungen bestehen. — Unterhalb des Néel-Punkts existiert ferner Austauschwechselwirkung, höchstwahrscheinlich in der Form von „superexchange" (vgl. *„Eisen"* *Tl.* D, *Erg.-Bd.* *„Magnetische Werkstoffe"* S. 18). Näheres s. S. 393.

Zur Erklärung mancher Eigenschaften ist es praktischer, die Abweichung von der reinen Ionenbindung zu ignorieren und ein aus $O^{2-}$-Ionen und Ni-Ionen aufgebautes Gitter als Modell zugrundezulegen. Dabei sind den meisten Ni-Ionen 2 Ladungen, einigen auch 3 Ladungen zuzuschreiben; die Anzahl der Ni-Ionen ist dementsprechend etwas kleiner als die der O-Ionen; vgl. nachstehend unter „Fehlordnung".

*Lattice Defects. Vacancies*

**Fehlordnung. Leerstellen.** Je nach der Darst.-Meth. (Ausgangssubst., Glühtemp., $O_2$-Druck) bleibt ein mehr oder weniger großer Bruchteil der Kationenplätze im NiO-Gitter leer; diese Leerstellen werden als $Ni_{\square}$, ihre Konz. durch $[Ni_{\square}]$ bezeichnet. Die an jeder Leerstelle fehlenden 2 positiven Ladungen verteilen sich auf 2 benachbarte $Ni^{2+}$-Ionen, die dadurch zu $Ni^{3+}$-Ionen werden. Dieses einfache Modell wird von J. H. de Boer, E. J. W. Verwey (*Proc. Phys. Soc.* [*London*] **49** [1937] *Sonderh.* S. 59/71, 63) zur Deutung der elektr. Eigg. entwickelt. Vielleicht wird der Ladungsausgleich auch durch Bldg. einiger $O^-$-Ionen hergestellt, W. J. Moore (*J. Electrochem. Soc.* **100** [1953] 302/13, 304). — $[Ni_{\square}]$ hängt entscheidend vom Sauerstoffdruck p bei der Darst. ab, wenn die Temp. dabei $>600$°C liegt: $[Ni_{\square}] = 0.11 \cdot p^{1/6} \cdot \exp(-17800/RT)$; hierbei ist p in atm einzusetzen, $[Ni_{\square}]$ ist bezogen auf die Anzahl der Ionenpaare im ideal besetzten Gitter. Die Konz. der Leerstellen kann hiernach 0.001 bis 0.1% betragen, S. P. Mitoff (*J. Chem. Phys.* **35** [1961] 882/9, 888). Von den meisten Autoren wird dieses Strukturmodell anerkannt; dagegen nehmen Y. Shimomura, I. Tsubokawa, M. Kojima (*J. Phys. Soc. Japan* **9** [1954] 521/4) an, daß Proben mit O-Überschuß nicht nur Ni-Leerstellen, sondern auch zusätzliche O-Ionen enthalten; über die Art des Einbaus dieser O-Ionen in das Gitter besteht jedoch Unklarheit.

Die Abweichung von der stöchiometr. Zus. kommt nicht durch O-Überschuß, sondern durch ein Ni-Defizit zustande. In der Lit. werden solche Proben meist durch den Sauerstoffüberschuß gekennzeichnet, formelmäßig: $NiO_{1+\varepsilon}$ oder $(NiO) \cdot O_{\varepsilon}$. Statt dessen müßte besser $Ni_{1-\delta}O$ geschrieben werden; solange $\varepsilon < 0.01$, ist $\delta \approx \varepsilon$; bei größeren Abweichungen ist $\varepsilon > \delta$, z. B. $\varepsilon = 0.05$, $\delta = 0.0476$.

Die Leerstellen entstehen wahrscheinlich dadurch, daß das Gitter der O-Ionen durch Anlagerung von $O_2$-Molekeln aus der Gasphase vergrößert wird, und daß auf die dadurch gebildeten Kationenplätze Ni-Ionen aus dem Kristallinnern diffundieren, H. H. v. BAUMBACH, C. WAGNER (*Z. Physik. Chem.* B **24** [1934] 59/67, 59), vgl. auch C. WAGNER (*Physik. Z.* **36** [1935] 721/5), K. HAUFFE (*Ergeb. Exakt. Naturw.* **25** [1951] 193/292, 238/40). Daher ist, wie Desorptionsverss. zeigen, die Fehlordnung in der Nähe der Oberfläche größer als im Kristallinneren, H. GOSSEL (*Ber. Bunsenges. Physik. Chem.* **69** [1965] 736/41).

Bei der Darst. aus Nitrat entsteht ein Prod. mit $>97$ Gew.-% NiO, wenn die Darst.-Temp. $t_d$ oberhalb 600°C liegt. Mit $t_d = 1000$°C ergibt sich eine Probe mit 99.77 Gew.-% NiO, D. P. BOGATSKII (*Zh. Obshch. Khim.* **7** [1937] 1397/401). Schon bei 882°C erhalten C. H. LA BLANCHETAIS (*J. Phys. Radium* [8] **12** [1951] 765/71) einen NiO-Gehalt von 99.96 Gew.-%. Nach Y. SHIMOMURA u. a. (*l. c.*), die ebenfalls vom Nitrat ausgehen, fällt $\varepsilon$ von 0.09 bei $t_d = 650$°C auf 0.02 bei $t_d = 850$°C und auf 0.0033 bei $t_d = 1250$°C. — Beim Vergleich von Proben, die aus Nitrat, und solchen, die aus Carbonat dargestellt sind, zeigt sich bei den letzteren ein größerer O-Überschuß, z. B. $\varepsilon = 0.03$ bei $t_d = 1000$°C, YU. G. SHIROKOV, I. P. KIRILLOV (*Izv. Vysshikh Uchebn. Zavedenii Khim. i Khim. Tekhn.* **4** [1961] 599/603); vgl. auch Y. IIDA, K. SHIMADA, S. OZAKI (*Bull. Chem. Soc. Japan* **33** [1960] 1372/5, *C. A.* **1961** 13148). Einzelangaben s. bei E. J. W. VERWEY (*Bull. Soc. Chim. France* **1949** D 122), E. J. SCOTT (*J. Chem. Phys.* **23** [1955] 2459), A. BIELAŃSKI, J. DEREŃ, J. HABER, J. SŁOCZYŃSKI (*Z. Physik. Chem.* [*Frankfurt*] [2] **24** [1960] 345/58).

Solange [Ni□] in den Grenzen $\varepsilon = 0.0007$ und $\varepsilon = 0.0196$ bleibt, sind die betreffenden Kristalle in ihren Eigg. so ähnlich, daß man sie gemeinsam als „Nickelmonoxid" bezeichnen kann, N. PERAKIS (*J. Phys. Radium* [8] **23** [1962] 96/104, 103). In einer durch langsame Ox. von Ni erhaltenen Probe geht $\varepsilon$ beim Glühen an der Luft bei 1000°C allmählich auf den Grenzwert 0.002, V. I. ARCHAROV, K. M. GRAEVSKII (*Zh. Tekhn. Fiz.* **14** [1944] 133/45, 137), $\varepsilon = 0.0033$, Y. SHIMOMURA u. a. (*l. c.*). — Ein bei 300°C aus bas. Carbonat erhaltenes gelbes Präp. nimmt bei 250°C aus der Luft soviel $O_2$ auf, daß $\varepsilon$ auf 0.05 steigt, M. LE BLANC, H. SACHSE (*Ber. Verhandl. Saechs. Akad. Wiss. Leipzig, Math.-Naturw. Kl.* **82** [1930] 133/40).

[Ni□] wird nicht nur durch Wärmebehandlung, sondern auch durch Bestrahlung verändert. In Proben, in denen infolge Zusatz von Li oder B (n,α)-Rkk. an $^6$Li bzw. $^{10}$B stattfinden können, wird [Ni□], wie das Nachlassen der katalyt. Aktivität zeigt, durch Neutronenbeschuß (3 Std. $10^{11}$ Neutronen je cm² und Sek.) verringert, vermutlich deswegen, weil die α-Teilchen O-Ionen aus dem Gitter herausschlagen, Y. SAITO, Y. YONEDA, S. MAKISHIMA (*Nature* **183** [1959] 388/9). — Auch die nach Beschuß mit Protonen festgestellten Fehlstellen sind möglicherweise Leerstellen; sie können durch Erhitzen auf $>400$°C zum Verschwinden gebracht werden, M. T. SIMNAD, R. SMOLUCHOWSKI, A. SPILNERS (*J. Appl. Phys.* **29** [1958] 1630/2). — In Präpp., die bei $t_d = 500$ bzw. 600°C aus Carbonat hergestellt sind[1]), wird der jodometrisch bestimmbare Gehalt an überschüssigem Sauerstoff durch Neutronenbestrahlung von 0.5 auf 0.8 bzw. von 0.3 auf 0.4 At.-% erhöht, bei $t_d = 700$°C bleibt er 0.07 At.-%; 3std. Tempern bei 90°C stellt die ursprüngliche O-Konz. wieder her, I. MAXIM, T. BRAUN (*Phys. Chem. Solids* **24** [1963] 537/48).

*Dislocations*

**Versetzungen.** Auf (100)-Flächen liegen, wie die durch heiße $HNO_3$-Lsg. erzeugten Ätzfiguren zeigen, $10^7$ bis $10^8$ Versetzungen je cm²; die Versetzungsdichte wird durch Polieren und durch Anlassen in Luft oder Ar verändert, T. TAKEDA, H. KONDOH (*J. Phys. Soc. Japan* **17** [1962] 1315/6, 1317/8). Über Ätzfiguren s. auch Y. SHIMOMURA, S. SAITO (*Bull. Univ. Osaka Prefect.* A **4** [1956] 111/6).

*Foreign Cations*

**Fremdkationen.** Durch Ionen, die nicht zweifach geladen sind, wird die Konz. der $Ni^{3+}$-Ionen verändert: einfach geladene erhöhen sie, dreifach geladene verringern sie. Entsprechende Unterss. an NiO mit $Li^+$- und $Cr^{3+}$-Zusätzen beschreiben K. HAUFFE, A. L. VIERK (*Z. Physik. Chem.* **196** [1950] 160/80, 177); vgl. auch C. WAGNER (*J. Phys. Chem.* **57** [1953] 738/42). $Li^+$-Ionen können $Ni^{2+}$-Plätze ohne Strukturänderung besetzen, da sie denselben Radius (0.78 Å) wie $Ni^{2+}$ haben; die maximal beob. $Li^+$-Konz. beträgt 30%, E. J. W. VERWEY, F. A. KRÖGER (*Philips Tech. Rundschau* **13** [1951] 90/6). Über den Mechanismus des Einbaus von $Li^+$ s. auch L. D. BROWNLEE, E. W. J. MITCHELL (*Proc. Phys. Soc.* [*London*] B **65** [1952] 710/6). — $In^{3+}$-Ionen haben einen ähnlichen Einfluß wie $Cr^{3+}$-Ionen, K. HAUFFE (*Naturwissenschaften* **44** [1957] 299/303).

*Self-diffusion*

**Selbstdiffusion.** Die Diskrepanz zwischen den Ergebnissen, die M. T. SHIM, W. J. MOORE (*J. Chem. Phys.* **26** [1957] 802/4) und R. LINDNER, Å. ÅKERSTRÖM (*Z. Physik. Chem.* [*Frankfurt*] [2] **6** [1956] 162/77, 171; *Discussions Faraday Soc.* Nr. 23 [1957] 133/6) bei Verwendung von $^{63}$Ni erhielten, kann

[1]) Nach YU. G. SHIROKOV, I. P. KIRILLOV (*l. c.*) ist für solche Proben $\varepsilon = 0.08$ bis 0.09.

durch besondere Auswertungsmethoden geklärt werden. Danach ist in der Formel $D = D_0 \cdot \exp(-E/RT)$ für die Diffusion der Ni-Ionen zwischen 1000 und 1470°C das $D_0 = 1.83 \times 10^{-3}$ cm²/s, E = 45.6 kcal/mol zu setzen, J. S. Choi, W. J. Moore (*J. Phys. Chem.* **66** [1962] 1308/11). Zusammenfassender Bericht über die Unters. der Diffusion von Metallionen in Oxiden mit Hilfe radioaktiver Isotope, N. S. Gorbunov, V. I. Izvekov (*Usp. Fiz. Nauk* **72** [1960] 273/306; *Soviet Phys. Usp.* **3** [1960] 778/97). Bei der Ox. einer $^{63}$Ni-haltigen Schicht bei 1194 bis 1400°C ergibt sich $D_0 = 0.48 \times 10^{-3}$ cm²/s, E = 48.4 ± 2.0 kcal/mol, S. M. Klotsman, A. N. Timofeev, I. Sh. Trakhtenberg (*Fiz. Metal. i Metalloved.* **14** [1962] 428/33; *Phys. Metals Metallog.* **14** [1962] Nr. 3, S. 91/5); nach der gleichen Meth. bei 900 und 1000°C erhaltene Werte s. bei H. H. v. Baumbach, C. Wagner (*Z. Physik. Chem.* B **24** [1934] 59/67).

Die Diffusion der Leerstellen läßt sich an der Farbänderung feststellen, die beim Erhitzen einer schwarzen Probe bei geringem $O_2$-Druck eintritt. Aus der Geschw., mit der die Grenze des grünen Teils der Probe vorrückt, läßt sich $D = 40 \cdot \exp(-50600/RT)$ abschätzen, G. A. Slack laut S. P. Mitoff (*J. Chem. Phys.* **35** [1961] 882/9, 888). Die mit den Platzwechselprozessen verknüpften Enthalpie- und Entropieänderungen sowie damit zusammenhängende thermodynam. Größen sind in den meisten der vorstehend zitierten Arbeiten berechnet worden, ferner von W. J. Moore (*J. Chim. Phys.* **53** [1956] 845/54, 847), E. A. Gulbransen, K. F. Andrew (*J. Electrochem. Soc.* **101** [1954] 128/40), A. Dravnieks (*J. Electrochem. Soc.* **100** [1953] 95/102, 97).

Für die Diffusion von O gilt nach Messungen mit $^{18}$O zwischen 1100 und 1500°C bei einem $O_2$-Druck von 50 Torr die Gleichung $D = 1.0 \times 10^{-5} \exp(-54.0/RT)$, M. O'Keeffe, W. J. Moore (*J. Phys. Chem.* **65** [1961] 1438/9).

**Gitterstruktur.** Oberhalb der Néel-Temp. $T_N$ (~250°C, s. S. 399) kristallisiert NiO im NaCl-Gitter, Raumgruppe: $Fm3m-O_h^5$, Z = 4, H. E. Swanson, E. Tatge (*Circ. Nat. Bur. Std.* Nr. 539, *Bd.* 1 [1953] 1/95, 47). Die Stabilisationsenergie, die als Maß für die Neigung der $Ni^{2+}$-Ionen, in einem O-Ionengitter die Oktaederplätze zu besetzen, gelten kann, beträgt 29.3 kcal/mol, D. S. MacClure (*Phys. Chem. Solids* **3** [1957] 311/7), $2.0 \times 10^{-12}$erg je Formeleinheit (≙ 28.8 kcal/mol), N. S. Hush, M. H. L. Pryce (*J. Chem. Phys.* **28** [1958] 244/9). Gitterkonst. bei 275°C: a = 4.1946 ± 0.0005 Å, H. P. Rooksby (*Acta Cryst.* **1** [1948] 226), M. Foex (*Bull. Soc. Chim. France* **1952** 373/9). *Lattice Structure*

Unterhalb $T_N$ ist das Gitter leicht rhomboedrisch[1]) verzerrt, H. P. Rooksby (*Nature* **152** [1943] 304). Raumgruppe: $C\bar{3}1m-D_{3d}^1$, Y. Shimomura, Z. Nishiyama (*Mem. Inst. Sci. Ind. Res. Osaka Univ.* **6** [1948] 30/4). Über die Symmetrie mit Berücksichtigung der Spinorientierung s. Y. le Corre (*J. Phys. Radium* [8] **19** [1958] 750/64, 760). — Da die Verzerrung nur gering ist, ist sie nur nachweisbar, wenn die Interferenzen dafür scharf genug sind, und daher früher, z. B. von W. P. Davey, E. O. Hoffman (*Phys. Rev.* [2] **15** [1920] 333), nicht bemerkt worden; andere Autoren begnügen sich mit der Angabe der Kantenlänge der Elementarzelle. Der Zahlenwert des a hängt von der Konz. der Leerstellen ab, die, wie S. 389/90 bemerkt, durch die Meth. und Temp. der Darst. bestimmt wird. Gitterkonstt. für Proben mit fast genau stöchiometr. Zus. bei gewöhnl. Temp., ausgewählte Werte:

| a | α | Bemerkungen und Literatur |
|---|---|---|
| 4.176 | — | Mittel für 2 verschieden dargestellte Einkristalle, R. Newman, R. M. Chrenko (*Phys. Rev.* [2] **114** [1959] 1507/13) |
| 4.176 | — | S. van Houten (*J. Phys. Chem. Solids* **23** [1962] 1049/8) |
| 4.1761 | 90°3.8 ± 0.3′ | Pulveraufnahmen, Y. Shimomura, Z. Nishiyama (*Mem. Inst. Sci. Ind. Res. Osaka Univ.* **6** [1948] 30/4; *Nippon Kinzoku Gakkaishi* **13** Nr. 4 [1949] 2/3) |
| 4.1767 | — | G. Parravano (*J. Chem. Phys.* **23** [1955] 5/10) |
| 4.1769 | — | erhalten an einer 50 μ dicken, aus $NiBr_2$ erhaltenen NiO-Schicht, R. E. Cech (*Trans. Am. Ind. Mining Metallurg. Engrs.* **215** [1959] 769/81, 770) |
| 4.1770 | 90°3.8′ | Pulveraufnahmen, H. P. Rooksby (*l. c.*), J. Wyart (in: *Structure Reports* 1958 [1963], *Bd.* 17, S. 382/3) |
| 4.177 | — | Pulveraufnahmen, H. E. Swanson, E. Tatge (*Circ. Nat. Bur. Std.* Nr. 539, *Bd.* 1 [1953] 1/95, 47) |

[1]) Nach W. L. Roth (*J. Appl. Phys.* **31** [1960] 2000/11, 2001) müßte die wahre Symmetrie von NiO unterhalb $T_N$ orthorhombisch sein; dieser durch die Spinrichtung in den (111)-Ebenen bedingte Effekt ist jedoch sehr klein und bisher experimentell nicht nachgewiesen.

Wenn die Verzerrung nicht stattfinden würde, wäre a wahrscheinlich etwas größer (4.18 Å), M. FOËX (*Bull. Soc. Chim. France* [5] **19** [1952] 373/9). Einkristalle ohne Verzerrung sollen nach Y. SHIMOMURA, S. SAITO (*Bull. Univ. Osaka Prefect.* A **4** [1956] 111/6) nach der Flammenschmelzmeth. darstellbar sein. — Unverzerrt kub. Symmetrie hat eine NiO-Schicht auf unvollständig oxydierter Ni-Folie, Y. SHIMOMURA, Z. NISHIYAMA (*Mem. Inst. Sci. Ind. Res. Osaka Univ.* **6** [1948] 30/4). Weitere Angaben über die Gitterkonstt. von NiO-Pulver s. bei G. A. SLACK (*J. Appl. Phys.* **31** [1960] 1571/82, 1577), Z. S. VOLCHENKOVA, S. F. PAL'GUEV (*Tr. Inst. Khim. Akad. Nauk SSSR Ural. Filial* **1958** Nr. 2, S. 201/7), A. DURIF-VARAMBON, E. F. BERTAUT, R. PAUTHENET (*Ann. Chim.* [*Paris*] [13] **1** [1956] 525/43, 528), Y. SHIMOMURA (*Bull. Naniwa Univ.* A **3** [1955] 175/84; *Nippon Kinzoku Gakkaishi* **17** [1953] 421/4), Y. SHIMOMURA, J. TSUBOKAWA, M. KOJIMA (*J. Phys. Soc. Japan* **9** [1954] 521/4). — An Einkristallen erhalten Y. SHIMOMURA, M. KOJIMA, S. SAITO (*J. Phys. Soc. Japan* **11** [1956] 1136/46) a = $4.168_2$kX, $\alpha = 90°3.6'$ im antiferromagnet. Zustand, dagegen im ferrimagnet. Zustand a = 4.1717 kX, $\alpha = 90°3.8'$; vgl. auch Y. SHIMOMURA, S. SAITO (*Bull. Univ. Osaka Prefect.* A **4** [1956] 111/6), Y. NAKAZUMI (*Kogyo Kagaku Zasshi* **59** [1956] 1304/8 nach *C. A.* **1958** 15177). — Gitterkonstt. verschiedener Präpp. (überwiegend Pulver) s. auch bei H. R. THIRSK, E. J. WHITMORE (*Trans. Faraday Soc.* **36** [1940] 565/74), J. H. DE BOER, E. J. W. VERWEY (*Proc. Phys. Soc.* **49** [1937] *Sonderh.* S. 59/71, 64), R. W. CRAINS, E. OTT (*J. Am. Chem. Soc.* **55** [1933] 527/44, 533), C. J. KSANDA (*Am. J. Sci.* [5] **22** [1931] 131/8), S. B. HENDRICKS, M. E. JEFFERSON, J. F. SCHULTZ (*Z. Krist.* **73** [1930] 376/80), L. PASSERINI (*Gazz. Chim. Ital.* **59** [1929] 144/54, 146), J. BRENTANO, W. E. DAWSON (*Phil. Mag.* [7] **3** [1927] 411/8), S. HOLGERSON (*Lunds Univ. Arsskr.* [2] **23** Nr. 9 [1927] 1/112, 63/4), G. LUNDE (*Z. Anorg. Allgem. Chem.* **163** [1927] 345/54, 352), F. M. BRAVO (*Anales Real Soc. Espan. Fis. Quim.* [*Madrid*] **24** I [1926] 611/46, 631), G. L. CLARK, W. C. ASBURY, R. M. WICK (*J. Am. Chem. Soc.* **47** [1925] 2661/71), G. R. LEVI, G. TACCHINI (*Gazz. Chim. Ital.* **55** [1925] 28/32), W. P. DAVEY (*Phys. Rev.* [2] **17** [1921] 402/3).

An Schichten, die durch Ox. von 99.89%igem Ni gebildet sind, ergibt sich bei vollständiger Ox. a = $4.168_8$ kX, $\alpha = 90°3.6'$, bei unvollständiger Ox. a = $4.171_1$ kX, $\alpha = 90°$, Y. SHIMOMURA (*Bull. Naniwa Univ.* A **3** [1955] 175/84). Weitere Angaben für Oxidschichten auf Ni s. bei V. I. ARCHAROV, K. M. GRAEVSKII (*Zh. Tekhn. Fiz.* **14** [1944] 133/45), S. SHIRAI (*Proc. Phys.-Math. Soc. Japan* [3] **25** [1943] 637/8), N. SMITH (*J. Am. Chem. Soc.* **58** [1936] 173/9), C. D. PRESTAN (*Phil. Mag.* [7] **17** [1934] 466/70). Die NiO-Schicht auf einer Ni–Cr-Leg. zeigt den gleichen Wert a = 4.17 kX, J. MOREAU, J. BÉNARD (*Publ. Inst. Rech. Siderurgie* [*Saint-Germain-en-Laye*] A **109** [1955] 1/26, 15).

Angabe mehrerer Netzebenenabstände, A. M. RUBINSHTEIN, V. M. AKIMOV, L. P. KRETALOVA (*Izv. Akad. Nauk SSSR Otd. Khim. Nauk* **1958** 929/36), J. A. DARBYSHIRE (*Trans. Faraday Soc.* **27** [1931] 675/8), J. A. HEDVALL (*Z. Anorg. Allgem. Chem.* **120** [1922] 327/40). — Graph. Darst. der Röntgenstrahlenstreuung, W. C. WHITE (*Am. Mineralogist* **28** [1943] 99/102), Best. der Linienbreite, C. G. SHULL (*Physik. Ber.* [2] **70** [1946] 679/84), Fotografien der Beugungsringe, W. O. MILLIGAN, L. MERTEN (*J. Phys. Chem.* **50** [1946] 465/70).

Abweichungen von der stöchiometr. Zus. haben Änderungen der Gitterkonstt. zur Folge. In Proben mit O-Überschuß (d. h. in Proben, die bei niedrigen Tempp. dargestellt sind) ist a etwas größer als in reinem NiO, D. BOGATSKII (*Zh. Obshch. Khim.* **7** [1937] 1397/401), D. P. BOGATSKII, I. A. MINEEVA (*Zh. Obshch. Khim.* **29** [1959] 1382/90; *J. Gen. Chem. USSR* **29** [1959] 1358/65), A. M. RUBINSHTEIN u. a. (*l. c.*). Wenn der O-Überschuß von 9 auf 20 Mol-% steigt (Zus. $NiO_{1.09}$ bzw. $NiO_{1.20}$), ändert sich a kaum noch, Y. SHIMOMURA, I. TSUBOKAWA, M. KOJIMA (*J. Phys. Soc. Japan* **9** [1954] 521/4). Vgl. auch E. YA. RODE (*Zh. Neorgan. Khim.* **1** [1956] 1430/9; *Russ. J. Inorg. Chem.* **1** [1956] Nr. 6, S. 326/36, 332). In dem Maße, wie eine Wärmebehandlung die Leerstellenkonz. verändert, beeinflußt sie auch die Größe von a; von L. D. BROWNLEE, E. W. J. MITCHELL (*Proc. Phys. Soc.* [*London*] B **65** [1952] 710/6) werden Werte zwischen 4.1675 und 4.1715 kX angegeben. — Wird die Konz. von $Ni^{3+}$ durch $Li^{+}$-Zusatz erhöht, so nimmt a ab, vermutlich deswegen weil $Ni^{3+}$-Ionen einen wesentlich kleineren Radius (s. „*Nickel*“ *Tl.* A) haben als $Ni^{2+}$-Ionen, A. CIMINO (*J. Phys. Chem.* **61** [1957] 1676/7). So geht beispielsweise a von 4.177 auf 4.175 Å bei 0.86% $Ni^{3+}$ und auf 4.168 Å bei 5.31% $Ni^{3+}$ (jeweils $\pm 0.001$) zurück, G. G. LIBOWITZ, S. H. BAUER (*J. Phys. Chem.* **59** [1955] 214/7); vgl. auch E. J. W. VERWEY, F. A. KRÖGER (*Philips Tech. Rundschau* **13** [1951] 90/6). Das Gitter behält seine kub. Symmetrie bis zur Zus. $Li_{0.3}Ni_{0.7}O$, J. B. GOODENOUGH, D. W. WICKHAM, W. J. CROFT (*J. Appl. Phys.* **29** [1958] 382/3). Aus der Abnahme von a bei der Erhöhung der $Li^{+}$-Konz. von $1 \cdot 10^{20}$ auf $17 \cdot 10^{20}$ $cm^{-3}$ würde sich durch Extrapolation rückwärts der angeblich für reines NiO geltende Wert a = 4.1726 kX ergeben, L. D. BROWNLEE, E. W. J. MITCHELL (*l. c.*). — Ein

Zusatz von $15.9 \times 10^{20}$ $Ag^+$-Ionen je $cm^3$ vergrößert a von 4.1767 auf 4.1775 Å, G. PARRAVANO (*J. Chem. Phys.* **23** [1955] 5/10).

Mischkristalle mit 5 bis 10 Mol-% FeO, CoO, ZnO, MnO, CuO sind weniger oder gar nicht verzerrt, H. P. ROOKSBY (*Acta Cryst.* **1** [1948] 226; *Trans. Brit. Ceram. Soc.* **56** [1957] 581/9). Über Mischkristalle mit höherem CuO-Gehalt s. Y. SHIMOMURA (*Nippon Kinzoku Gakkaishi* **17** [1953] 421/4; *Bull. Naniwa Univ.* A **3** [1955] 185/92), Y. SHIMOMURA, I. TSUBOKAWA (*J. Phys. Soc. Japan* **9** [1954] 19/21).

Bei 78°K ist a = 4.171 Å und $\alpha = 90°6'$, G. A. SLACK (*J. Appl. Phys.* **31** [1960] 1571/82, 1576); bei 90°K ist a etwas größer, H. P. ROOKSBY (*l. c.*).

Das Gitter von NiO-Kristallen, die sich ferrimagnetisch verhalten, hat eine geringere Symmetrie; mögliche Raumgruppen: $I4_1/amd-D_{4h}^{19}$ (tetragonal) und $C2/m-C_{2h}^3$ (monoklin), Y. SHIMOMURA, M. KOJIMA, S. SAITO (*J. Phys. Soc. Japan* **11** [1956] 1136/46, 1145), Y. SHIMOMURA, S. SAITO (*Bull. Univ. Osaka Prefect.* A **4** [1956] 111/6).

**Gitterschwingungen.** Die Energie der transversalen und longitudinalen Schwingungen ergibt sich bei 300°K aus dem Reststrahlenspektrum zu 0.044 bzw. 0.076 eV, R. NEWMAN, R. M. CHRENKO (*Phys. Rev.* [2] **114** [1959] 1507/13, 1513). *Lattice Vibrations*

**Spinkopplung.** Die erstmals von H. A. KRAMERS (*Physica* [2] **1** [1934] 182/92) beschriebene, von P. W. ANDERSON (*Phys. Rev.* [2] **79** [1950] 350/6, **115** [1959] 2/13) näher untersuchte und als „superexchange" bezeichnete Wechselwirkung zwischen 2 auf entgegengesetzten Seiten eines O-Ions gelegenen Ni-Ionen bewirkt, daß die magnet. Momente solcher Ni-Ionen sich antiparallel einstellen. Die antiparallele Ausrichtung der Spins wird meist damit begründet, daß das $Ni^{2+}$-Ion mehr als fünf 3d-Elektronen besitzt, vgl. F. J. MORIN (*Bell System Techn. J.* **37** [1958] 1047/84). Nach W. S. FYFE, J. VERHOOGEN (*Nature* **187** [1960] 1108) soll jedoch der Umstand entscheidend sein, daß die Anzahl der 3d-Elektronen gerade ist. — Im Rahmen eines zusammenfassenden Berichts über die Ursachen der an Verbb. beobachtbaren magnet. Erscheinungen behandeln S. KOIDE, T. OGUCHI (*Advan. Chem. Phys.* **5** [1963] 189/240) auch die verschiedenen Typen der Austauschwechselwirkung, besonders für Oxide der Übergangsmetalle; vgl. auch R. K. NESBET (*Phys. Rev.* [2] **119** [1960] 658/62). — Nach Neutronenbeugungsunterss. haben alle in einer (111)-Ebene befindlichen Ni-Ionen parallele Spins und sind die Spins der Ionen auf benachbarten (111)-Ebenen antiparallel ausgerichtet, C. G. SHULL, W. A. STRAUSER, E. O. WOLLAN (*Phys. Rev.* [2] **83** [1951] 333/45). Diese Art der Kopplung wird durch Unters. an Pulvern bei gewöhnl. Temp. und bei 77°K bestätigt. Aus der Intensität der Beugungsmaxima ist zu schließen, daß die magnet. Momente der Ni-Ionen verschiedene Richtungen innerhalb der {111}-Ebenen haben können. Die Ordnung bleibt in Einkristallen bis 533°K bestehen, bei höheren Tempp. nur noch in Bereichen von 100 bis 200 Å, W. L. ROTH (*Phys. Rev.* [2] **110** [1958] 1333/41, **111** [1958] 772/81). — Abschätzung des Austauschintegrals, J. A. HOFMANN, A. PASKIN, K. J. TAUER, R. J. WEISS (*Phys. Chem. Solids* **1** [1956] 45/60, 56), P. W. ANDERSON (*Phys. Rev.* [2] **115** [1959] 2/13). Zur Austauschenergie s. auch J. KANAMORI (*Progr. Theoret. Phys.* [*Kyoto*] **17** [1957] 197/222, 218). — Über andere Formen der Austauschwechselwirkung in NiO s. J. M. ZIMAN (*Proc. Phys. Soc.* [*London*] A **66** [1953] 89/94), J. B. GOODENOUGH (*Phys. Rev.* [2] **117** [1960] 1442/51). *Spin Coupling*

**Elementarbezirke.** Die Austauschwechselwirkung hat zur Folge, daß die Raumdiagonalen der kub. Elementarzellen sich geringfügig verkürzen, so daß die Zellen rhomboedr. werden, S. SMART, S. GREENWALD (*Phys. Rev.* [2] **82** [1951] 113/4). Infolgedessen entstehen in einem Kristall Bereiche mit verschieden gerichteten rhomboedr. Achsen (Zwillingsbldg.); die Grenzen zwischen solchen Bereichen sind zugleich Grenzen zwischen magnet. Elementarbezirken und werden daher T-Wände genannt (T als Abkürzung von twinning). Innerhalb dieser Bezirke sind benachbarte (111)-Ebenen regelmäßig mit antiparallelen Spins besetzt. Jedoch sind nicht alle Spins in einer (111)-Ebene parallel, sondern es gibt mehrere stabile Richtungen, die um 60°, 120° oder 180° gegeneinander geneigt sind. Die Grenze zwischen Bezirken mit verschieden ausgerichteten Spins wird durch Wände gebildet, in denen die Spinrichtungen auf einer Strecke von $\sim$100 Atomabständen von der des einen in die des andern Bezirks übergehen, also gleichsam „gedreht" werden; diese Wände heißen daher S-Wände (S als Abkürzung von Spindrehung). Die möglichen Orientierungen der T- und S-Wände werden von W. L. ROTH (*J. Appl. Phys.* **31** [1960] 2000/11) eingehend experimentell, vor allem durch Neutronenbeugung, untersucht und theoretisch erörtert; vgl. auch W. L. ROTH (*Phys. Rev.* [2] **111** [1958] 772/ *Weiss Domains*

81). Ausführliche theoret. Überlegungen über die energetisch möglichen und günstigen Positionen der Bezirkswände s. bei T. YAMADA (*J. Phys. Soc. Japan* **18** [1963] 520/30).

Die T-Wände können, da sie Grenzen zwischen optisch verschieden wirkenden Kristallbereichen darstellen, mit sichtbarem Licht beobachtet werden, s. G. A. SLACK (*J. Appl. Phys.* **31** [1960] 1571/82), H. KONDOH (*J. Phys. Soc. Japan* **17** [1962] 1316/7, **18** [1963] 595/6).

Röntgenograph. Unterss. des Gefüges der von T-Wänden begrenzten Elementarbezirke und seiner Änderung nach Erhitzen über den NÉEL-Punkt und Abkühlen in den antiferromagnet. Zustand, S. SAITO (*J. Phys. Soc. Japan* **17** [1962] 1287/99). — Die Verteilung der Elementarbezirke auf die Richtungen der 4 Raumdiagonalen hängt von der therm. Vorbehandlung ab, wie Neutronenbeugungsunterss. ergeben, W. L. ROTH, G. A. SLACK (*J. Appl. Phys.* **31** [1960] 352/3 S), H. A. ALPERIN (*J. Appl. Phys.* **31** [1960] 354/5 S).

Zum Einfluß der elast. Beanspruchung auf die Lage der T-Wände, insbesondere im Hinblick darauf, wie Elementarbezirke bestimmter Orientierung verkleinert und zum Verschwinden gebracht werden können, s. W. L. ROTH (*l. c.*), G. A. SLACK (*l. c.*), S. SAITO (*l. c.*), H. KONDOH (*l. c.*), W. L. ROTH, G. A. SLACK (*l. c.*).

Zur Wandverschiebung unter dem Einfluß äußerer Felder s. W. L. ROTH (*l. c.*), H. KONDOH (*l. c.*), G. A. SLACK (*l. c.*). Die T-Wände sind leicht beweglich und werden nur dort festgehalten, wo durch Versetzungen Spannungszustände erzeugt werden, S. SAITO (*l. c.*). Über die Fixierung von T- und S-Wänden durch Fehlstellen im Gitter s. auch W. L. ROTH (*l. c.*). Wie die T-Wände an Versetzungen festgehalten werden, ist auch auf elektronenmikroskop. Bildern zu erkennen, P. DELAVIGNETTE, S. AMELINCKX (*Appl. Phys. Letters* **2** [1963] 236/8).

*Crystal Form*

**Kristallform.** NiO bildet Oktaeder mit (111)- und (100)-Flächen und Kombinationen, GROTH (*Bd.* 1, 1906, S. 67, 70). — Die Ox. von Ni bei 525°C führt zur Bldg. von Lamellen oder Nadeln, die in 12 Std. ~20 μ lang werden, G. PFEFFERKORN (*Naturwissenschaften* **40** [1953] 551/2; *Z. Metallk.* **46** [1955] 204/7; *Z. Wiss. Mikroskopie* **62** [1955] 109/15). Nach Ox. von Ni in trocknem $O_2$ bei 500°C werden unter dem Elektronenmikroskop Büschel von NiO-Fäden mit einer mittleren Länge von 1.5 μ und einer Dichte von 300 bis 800 Å beobachtet, nach Ox. bei 800°C daneben auch 7 μ lange und ~0.2 μ dicke Nadeln in einer Dichte von $2 \cdot 10^7$ je $cm^2$ Oberfläche, E. A. GULBRANSEN, T. P. COPAN, D. VAN ROOYEN, K. F. ANDREW (*Am. Chem. Soc. Div. Petrol. Chem. Preprints* **3** Nr. 4 A [1958] 39/55, 44). In Form schwarzer Nadeln entsteht NiO bei 650°C auf Ni-Elektroden bei der Elektrolyse in KOH-Schmelze, M. DOREDO, C. DÉPORTES (*Compt. Rend.* **242** [1956] 2939/41). Einzelne NiO-Kristallite bilden sich bei 1100°C an Ni-Korngrenzen beim Erhitzen einer polierten Ni-Oberfläche im $H_2$-Strom, dem etwas $H_2O$-Dampf beigemengt ist; bei längerer Ox. entsteht dann eine zusammenhängende Schicht, U. M. MARTIUS (*Can. J. Phys.* **33** [1955] 466/72); s. auch R. M. DELL (*J. Phys. Chem.* **62** [1959] 1139/41). Durch Zers. von Ni-Carbonyl gewonnenes NiO erscheint unter dem Elektronenmikroskop in Form von Kugeln mit einem Durchmesser von 50 Å und mehr, die zu Ketten aneinander gelagert sind, J. TURKEVICH, J. HILLER (*Anal. Chem.* **21** [1949] 475/85).

*Twinning*

**Zwillingsbildung.** Die rhomboedrisch verzerrten Kristalle sind nach (100) verzwillingt; der Winkel zwischen entsprechenden Achsen in den angrenzenden Kristallbereichen beträgt ~20′. Unverzerrte Einkristalle zeigen keine Struktur, Y. SHIMOMURA, S. SAITO (*Bull. Univ. Osaka Prefect.* A **4** [1956] 111/6), Y. NAKAZUMI (*Kogyo Kagaku Zasshi* **59** [1956] 1304/8, *C.A.* **1958** 15177), H. KONDOH, E. UCHIDA, Y. NAKAZUMI, T. NAGAMIYA (*J. Phys. Soc. Japan* **13** [1958] 579/86). Die Zwillingsstruktur ist durch Kontraktion entlang der [111]-Achsen bedingt und verschwindet daher beim Erhitzen über die NÉEL-Temp. hinaus. Zwillingsebenen sind außer den Würfelflächen auch (110)-Ebenen; makroskop. Zwillingsscherung erfolgt in [110]-Richtung bei (001)-Zwillingen, in [001]-Richtung bei (110)-Zwillingen, s. beispielsweise S. SAITO (*J. Phys. Soc. Japan* **17** [1962] 1287/99). Die beob. Bezirke stellen Bereiche mit gleicher [111]-Kontraktionsachse dar. Wo Bezirke mit verschiedenen [111]-Kontraktionsachsen aneinanderstoßen, entstehen sichtbare „Wände". Die Neigungswinkel liegen zwischen 2.5′ und 12′, G. A. SLACK (*J. Appl. Phys.* **31** [1960] 1571/82, 1573).

Über die Änderung der Zwillingsstruktur durch Druck oder Zug s. H. KONDOH (*J. Phys. Soc. Japan* **17** [1962] 1316/7).

*Lattice Energy*

**Gitterenergie** $U_{kr}$ in kcal/mol. Aus vorliegenden experimentellen Daten nach dem BORN-HABERschen Kreisprozeß ber. Werte:

965 R. PAMPUCH (*Silicates Ind.* **23** [1958] 119/24, 191/5).

965.3 K. B. YATSIMIRSKII (*Zh. Obshch. Khim.* **17** [1947] 169/74).

966 J. SHERMAN (*Chem. Rev.* **11** [1932] 94/170, 154), A. KAPUSTINSKII, B. VESELOVSKII (*Z. Physik. Chem.* B **22** [1933] 261/6; *Zh. Fiz. Khim.* **5** [1934] 64/72, 67).
1003.8 P. E. HARE, L. BREWER (UCRL-3138 [1955] 1/14, 5).

Wenn in die Formel von M. BORN (*Z. Physik* **7** [1921] 124/40) gewisse Korrekturterme eingefügt werden, ergibt sich $U_{kr} = 940.5$, E. S. SARKISOV (*Zh. Fiz. Khim.* **28** [1954] 627/36), $U_{kr} = 934$, P. E. HARE, L. BREWER (*l. c.* S. 6). — Die Differenz der Bldg.-Wärmen von krist. NiO und der freien Ionen ist $U_{kr} = 990$, K. B. YATSIMIRSKII (*Zh. Neorgan. Khim.* **3** [1958] 2244/52). — Nach der Formel von A. KAPUSTINSKII (*Z. Physik. Chem.* B **22** [1933] 257/60; *Zh. Fiz. Khim.* **5** [1934] 59/63) ergibt sich mit den von PAULING bzw. GOLDSCHMIDT angegebenen Ionenradien $U_{kr} = 979.9$ bzw. 975.2, A. KAPUSTINSKII, B. VESELOVSKII (*l. c.*).

**Orientierung und Gefüge dünner Schichten.** Beim Erhitzen einer Ni-Einkristallkugel in Luft oder $O_2$ von Atm.-Druck bei 500 bis 800°C werden unter dem Elektronenmikroskop zunächst Anlaufmuster beobachtet, dann sind 1 μ große NiO-Körner zu erkennen, die bevorzugt am (001)-Pol, dann auf (111)-Flächen entstehen und deren Anzahl mit der Zeit wächst. Die Gitterverwachsungen sind im wesentlichen antiparallel. Angabe der beob. Orientierungen sowie Abbildungen s. M. OTTER (*Z. Naturforsch.* **14a** [1959] 355/61). Eine auf polierten (100)-, (110)- oder (111)-Flächen von Ni-Einkristallen in einer Schmelze aus $KNO_3$ und $NaNO_3$ gebildete Oxidhaut zeigt nach dem Ablösen unter dem Elektronenmikroskop wegen der Symmetrie des Ni-Gitters (kubisch-flächenzentriert) Hexaeder- und Oktaederfigg., S. YAMAGUCHI (*Werkstoffe Korrosion* **8** [1957] 733/5). Durch Ox. einer dünnen Ni-Schicht entsteht NiO zunächst in einkristalliner, dann in polykristalliner Form, unterhalb 300°C liegen die (111)-Ebenen von NiO parallel zu den Würfelflächen des Ni-Gitters, oberhalb 400°C wird ein paralleles Wachstum an allen Ebenen beobachtet, L. E. COLLINS, D. S. HEAVENS (*Proc. Phys. Soc.* [*London*] A **70** [1957] 265/81, 278). Ein Ni-Einkristallfilm geht beim Erhitzen auf 600°C in eine NiO-Schicht über, deren (111)-Ebene und [01$\bar{1}$]-Achse parallel zur (001)-Ebene und [110]-Achse des Ni orientiert sind, S. SHIRAI (*Proc. Phys.-Math. Soc. Japan* [3] **25** [1943] 637/8). Auf Korundkristalle aufgedampftes NiO orientiert seine (111)-Ebene meist parallel zur Prismenfläche und die [11$\bar{2}$]-Achse parallel zur c-Achse des Korunds, H. R. THIRSK, E. J. WHITMORE (*Trans. Faraday Soc.* **36** [1940] 565/74). Auf einer Leg. von Ni mit 4.6% Cr gebildetes NiO zeigt nach dem Elektronenreflexionsdiagramm eine faserförmige Struktur in [111]-Richtung, J. MOREAU, J. BÉNARD (*Publ. Inst. Rech. Siderurgie* [*Saint-Germain-en-Laye*] A **109** [1955] 1/26, 15). — Bei der Sauerstoffaufnahme auf einer reinen (110)-Fläche von Ni entstehen nacheinander mehrere Schichten verschiedener Zus. Bei gewöhnl. Temp. gebildete Schichten zeigen gleiche Periodizität wie das Ni-Gitter, bei höherer Temp. gebildetes NiO ist mit seiner [100]-Richtung senkrecht zur (110)-Oberfläche und mit seiner [110]-Richtung parallel zur [100]-Richtung der Oberfläche des Ni orientiert, L. H. GERMER, A. U. MACRAE (*J. Appl. Phys.* **33** [1962] 2923/32, 2929).

*Orientation and Structure of Thin Layers*

Elektronenmikroskop. Abbildungen des Gefüges einer NiO-Schicht, die durch 2std. Erhitzen von Ni an Luft bei 1400°C gebildet ist, s. bei F. W. GÜNTHER, D. RAAB (*Neue Hütte* **4** [1959] 113/5). Abbildungen von NiO-Schichten, die durch Ox. bei 1000 bis 1150°C auf reinem Ni entstehen, zeigen eine Mikrostruktur; es sind Einkristalle zu erkennen, die gleiche Abmessungen wie Ni-Körner der Unterlage zeigen, sowie „Barrieren", deren Auftreten durch plast. Verformung der NiO-Körner beim Gleiten auf der Oberfläche bei ihrer Entstehung erklärt wird, J. PAIDASSI (*Colloq. Met. 3e Centre Etudes Nucl. Saclay* [*Gif-sur-Yvette, France*] 1959 [1960], S. 70/81, 78, 83/95, 86, 93, 97/110, 106).

**Teilchengröße, Oberflächenentwicklung.** Aus $Ni(OH)_2$ gewonnenes NiO zeigt unter dem Elektronenmikroskop kleinere Teilchendurchmesser als das $Ni(OH)_2$ selbst, Abbildungen s. J. T. MCCARTNEY, B. SELIGMAN, W. K. HALL, R. B. ANDERSON (*J. Phys. Chem.* **54** [1950] 505/19). Teilchengröße von 27 Å zeigt NiO, das bei 400°C aus $NiCO_3$ dargestellt wird, J. FRANÇOIS (*Compt. Rend.* **230** [1950] 1282/4). In NiO-Kieselgur-Katalysatoren haben die NiO-Teilchen einen Durchmesser von 160 Å, R. B. ROOF (*J. Chem. Phys.* **20** [1952] 1181/2). Die Kristallitgröße wächst mit der Darst.-Temp., H. P. ROOKSBY (*Trans. Brit. Ceram. Soc.* **56** [1957] 581/9). Kantenlänge der NiO-Kristalle in Abhängigkeit von der Zers.-Temp. des Ausgangsmaterials ($Ni(OH)_2$):

*Particle Size, Surface Formation*

| Zers.-Temp. in °C | 400° | 600° | 750° | 900° |
|---|---|---|---|---|
| Kantenlänge in Å | 220 | 550 | 900 | 2500 |

A. M. RUBINSHTEIN, V. M. AKIMOV, L. P. KRETALOVA (*Izv. Akad. Nauk SSSR Otd. Khim. Nauk* **1958** 929/36). NiO, das durch 10std. Erhitzen von Ni-Oxalat, -Carbonat oder -Nitrat bei 900°C, Pressen und Sintern an der Luft bei 1500°C dargestellt wird, zeigt Teilchengrößen von 0.1 bis 0.3 μ, dagegen

Teilchengrößen von 0.01 bis 0.03 $\mu$, wenn von $Ni(OH)_2$ oder $NiSO_4$ ausgegangen wird; Zusätze anderer Oxide beeinflussen die Korngröße, Y. IIDA, S. OZAKI (*J. Am. Ceram. Soc.* **42** [1959] 219/28). Die Teilchengröße wächst bei $Li^+$-Zusatz, G. G. LIBOWITZ, S. H. BAUER (*J. Phys. Chem.* **59** [1955] 214/7). Mit Hilfe von Röntgenstrahlenkleinwinkelstreuung ermittelte Teilchengrößen stimmen mit den aus der Linienverbreiterung der Röntgeninterferenzen ermittelten etwa überein, C. G. SHULL, L. C. ROESS (*J. Appl. Phys.* **18** [1947] 295/307, 303), M. C. BOSWELL, R. K. ILER (*J. Am. Chem. Soc.* **58** [1936] 924/9); nach Sintern bei 1050°C sind die Kristallite $>1\,\mu$ groß, nach darauffolgender Red. mit $H_2$ und erneuter Ox. mit $CO_2$ bei 700°C $>0.1\,\mu$, R. FRICKE, G. WEITBRECHT (*Z. Elektrochem.* **48** [1942] 87/110, 99). Nach Sintern bei 1000°C beträgt der mittlere Teilchendurchmesser 4 $\mu$, nach Sintern bei 1250°C 14 $\mu$, R. PAMPUCH (*Silicates Ind.* **23** [1958] 119/24, 191/5). Beim Sintern in Ar- oder $O_2$-Atm., im Vak. oder in Luft tritt zunächst Schrumpfung, dann Kornwachstum auf. Teilchengröße a von NiO, das aus $Ni(NO_3)_2$ bei 700°C dargestellt wird, in Abhängigkeit von der Sintertemp. t:

| t in °C . . . . . . | 0° | 1400° | 1500° | 1600° | 1700° |
|---|---|---|---|---|---|
| a in $\mu$ . . . . . . | 0.1 | 1 bis 2 | 5 | 10 | 14 |

Y. IIDA (*J. Am. Ceram. Soc.* **41** [1958] 397/406). Über die Teilchengröße s. auch Y. IIDA, S. OSAKI, K. SHIMADA (*Nagoya Kogyo Gijutsu Shikensho Hokoku* **6** [1957] 569/82 nach *Met. Abstr.* **26** [1958/59] 182).

Durch Zers. von bas. Nickelcarbonat bei 100 bis 400°C werden NiO-Präpp. mit spezif. Oberflächen (A) von 90 bis 330 $m^2/g$ erhalten, J. FRANÇOIS-ROSSETTI, B. IMELIK (*Bull. Soc. Chim. France* **1957** 1115/22), B. IMELIK, J. FRANÇOIS-ROSSETTI (*Bull. Soc. Chim. France* **1957** 153/8). Nach Zers. bei 250°C ist A = 150 $m^2/g$; durch Sintern des entstandenen NiO bei 400 bis 1000°C wird A auf 3 bis 30 $m^2/g$ verringert, R. L. FARRAR, H. A. SMITH (*J. Phys. Chem.* **59** [1955] 763/8). Nach Zers. und Sintern bei 850°C ergeben sich aus Adsorptionsmessungen mit verschiedenen organ. Dämpfen für A-Werte zwischen 2.81 und 4.98 $m^2/g$, G. D. L. SCHREINER, C. KEMBALL (*Trans. Faraday Soc.* **49** [1953] 190/4); mit Butan erhält man wesentlich größere A-Werte als mit Methanol, K. WENCKE (*J. Prakt. Chem.* **5** [1957] 182/95). Für Proben, die aus $Ni(OH)_2$ bei 450°C gewonnen und bei 400°C getempert sind, beträgt A = 17.9 $m^2/g$, D. A. DOWDEN, N. MACKENZIE, B. M. W. TRAPNELL (*Proc. Roy. Soc.* [*London*] A **237** [1956] 245/54). 16 $m^2/g$, A. M. RUBINSHTEIN, A. A. SLINKIN, N. A. PRIBYTKOVA (*Izv. Akad. Nauk SSSR Otd. Khim. Nauk* **1958** 814/21); A = 130 $m^2/g$, S. J. TEICHNER, J. A. MORRISON (*Trans. Faraday Soc.* **51** [1955] 961/6). Für eine aus $Ni(NO_3)_2$ bei 350 bis 500°C erhaltene und bei 1100°C getemperte Probe ist A = 1.41 $m^2/g$, G. PARRAVANO, C. A. DOMENICALI (*J. Chem. Phys.* **26** [1957] 359/66). An einer aus $Ni(NO_3)_2 \cdot 6H_2O$ erhaltenen Probe fällt A von 38.5 auf 2.8 $m^2/g$, wenn die Sintertemp. von 400 auf 1000°C erhöht wird, P. ROYEN, A. ORTH, K. RUTHS (*Z. Anorg. Allgem. Chem.* **281** [1955] 1/17, 7).

*Mechanical and Thermal Properties*

## Mechanische und thermische Eigenschaften

*Density*

**Dichte** D in $g/cm^3$. Für eine durch vollständige Ox. einer Ni-Folie erhaltene Probe mit rhomboedr. Gitter der Zus. $Ni_{0.9967}O$ ergibt sich aus der bei 26°C gem. Gitterkonst. a = 4.1688 kX D = 6.842 ± 0.002. In einer Oxidschicht mit kub. Gitter, in der die Fehlstellenkonz. [$Ni_\square$] etwa halb so groß ist, ergibt sich aus der bei 10°C gem. Gitterkonst. a = 4.1711 kX (auf 25°C umgerechnet 4.1717 kX) der gleiche Wert, wenn [$Ni_\square$] = 0.12% angenommen wird, Y. SHIMOMURA (*Bull. Naniwa Univ.* A **3** [1955] 175/84). Werte der Röntgendichte s. auch C. J. KSANDA (*Am. J. Sci.* [5] **22** [1931] 131/8), S. HOLGERSON (*Lunds Univ. Arsskr.* [2] **23** Nr. 9 [1927] 1/112, 63).

An einem Einkristall mit a = 4.168 kX findet Y. NAKAZUMI (*Kogyo Kagaku Zasshi* **59** [1956] 1304/8 nach *C.A.* **1958** 15177) D = 6.82. Alle sonst angegebenen D-Werte sind kleiner, z. B. 6.67 für eine durch Ox. von Ni entstandene Probe, R. F. TYLECOTE (*J. Iron. Steel Inst.* [*London*] **196** [1960] 135/41). Durch Glühen eines Oxidhydrats bei 1100°C wird NiO mit D = 6.46 erhalten; liegt die Glühtemp. tiefer (1000 bis 500°C), so liegt D zwischen 6.41 und 5.74, D. P. BOGATSKII, I. A. MINEEVA (*Zh. Obshch. Khim.* **29** [1959] 1382/90, 1388; *J. Gen. Chim. URSS* **29** [1959] 1358/65, 1363). — Ältere Angaben für größere Kristalle s. bei M. LACHAUD, C. LEPIERRE (*Bull. Soc. Chim. France* [3] **7** [1892] 600/3), EBELMEN (*Compt. Rend.* **33** [1851] 526/9), C. RAMMELSBERG (*Ann. Physik* [2] **78** [1849] 93/6).

Die Dichte von Sinterkörpern hängt von den Sinterbedingungen ab. Systemat. Unterss. bei Sintertempp. zwischen 1000 und 1500°C und Drucken bis zu 5000 at an Proben verschiedener Reinheit s. Y. IIDA, S. OZAKI (*J. Am. Ceram. Soc.* **42** [1959] 219/28). Einzelwerte: 6.2, R. LINDNER, Å. ÅKERSTRÖM (*Discussions Faraday Soc.* Nr. 23 [1957] 133/6), 5.05, W. D. KINGERY, J. FRANCL, R. L. COBLE,

T. Vasilos (*J. Am. Ceram. Soc.* **37** [1954] 107/10). Für verschieden dargestellte pulverförmige Proben liegt D zwischen 5.19 und 5.6, S. S. Bhatnagar, G. S. Bal (*J. Indian Chem. Soc.* **11** [1934] 603/16).

**Thermische Ausdehnung.** Zwischen —200 und +200°C nimmt der lineare Ausdehnungskoeff. $\alpha$ linear schwach zu ($\sim 10\cdot 10^{-6}$ grd$^{-1}$ bei 20°C), erreicht bei 250°C ein Max. ($23\cdot 10^{-6}$ grd$^{-1}$) und fällt bei höheren Tempp. schnell auf $\sim 12\cdot 10^{-6}$ grd$^{-1}$ ab, M. Foëx (*Compt. Rend.* **227** [1948] 193/4; *Bull. Soc. Chim. France* [5] **19** [1952] 373/9). Zwischen 20 und 720°C dehnt sich das NiO-Gitter, wie aus der Änderung der Feinstruktur der Röntgenabsorptionskante zu schließen ist, um 1% aus, J. Veldkamp (*Z. Physik* **82** [1932] 776/84, 782). — An einem Sinterkörper, der durch 20std. Glühen in Luft bei 1400°C unter 24.3 tons/inch$^2$ ($\sim$3830 at) erhalten wird, ergibt sich der mittlere Ausdehnungskoeff. im Bereich von 20 bis 1000°C zu $17.1\times 10^{-6}$ grd$^{-1}$, R. F. Tylecote (*J. Iron Steel Inst.* [*London*] **196** [1960] 135/41, 140).

*Thermal Expansion*

Fig. 174.

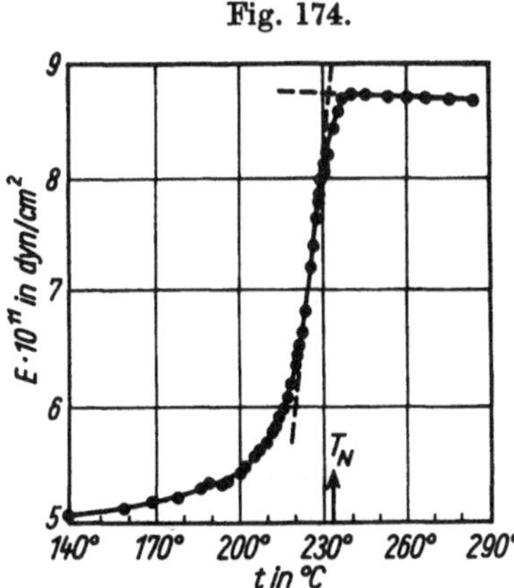


Temp.-Abhängigkeit des Elastizitätsmoduls E von NiO.

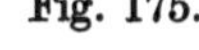


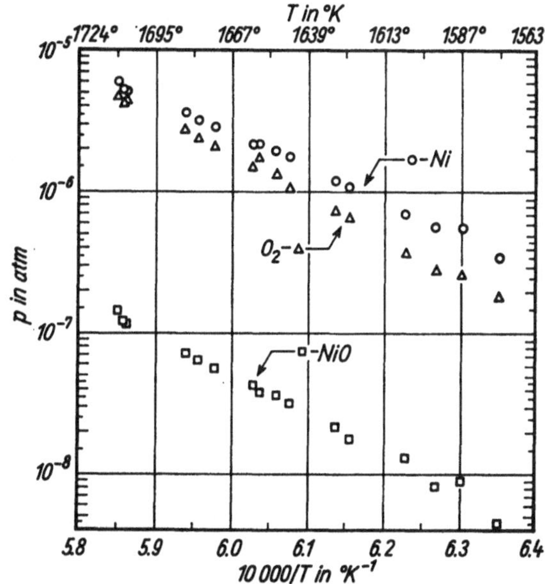


Temp.-Abhängigkeit der Partialdrucke von Ni, $O_2$ und NiO über festem NiO.

**Elastische Parameter.** Nach Messungen zwischen 140 und 280°C nimmt der Elastizitätsmodul in der Nähe der Néel-Temp. ($\sim$235°C), da die magnet. Spannungen verschwinden, plötzlich um 75% zu, s. **Fig. 174**. Das logarithm. Dekrement, ermittelt für Longitudinalschwingungen fällt schon bei 160°C stark ab, R. Street, B. Lewis (*Nature* **168** [1951] 1036/7); vgl. auch R. Street, B. Lewis (*Phil. Mag.* [8] **1** [1956] 663/8).

*Modulus of Elasticity*

**Härte.** Mohs-Härte: 5.5, G. I. Finch (*Proc. Phys. Soc.* [*London*] B **65** [1950] 465/83, 477), von Einkristallen 6.0, Y. Nakazumi (*Kogyo Kagaku Zasshi* **59** [1956] 1304/8 nach *C.A.* **1958** 15177).

*Hardness*

**Zugfestigkeit.** Temp.-Abhängigkeit der Belastung p, bei der ein durch Ox. von Ni erhaltener NiO-Draht reißt:

*Tensile Strength*

| t in °C | 500° | 700° | 900° | 1100° |
|---|---|---|---|---|
| p in kg/cm$^2$ | 210 | 563 | 655 | 457 |

R. F. Tylecote (*J. Iron Steel Inst.* [*London*] **196** [1960] 135/41, 139).

**Verflüchtigung.** In der Gasphase ist NiO weitgehend dissoziiert, L. Brewer, D. F. Mastick (*J. Chem. Phys.* **19** [1951] 834/43). Die gegenteilige Behauptung von H. L. Johnston, A. L. Marshall (*J. Am. Chem. Soc.* **62** [1940] 1382/90) ist damit widerlegt. Die in **Fig. 175** wiedergegebenen Ergebnisse von massenspektroskop. Unterss. zeigen, daß der Dampf über NiO fast ausschließlich aus Ni und $O_2$ besteht; die Konz. von NiO ist rund 100mal kleiner. Ausgewählte Werte für den Dampfdruck p (in atm): $p_{NiO} = 4.46\times 10^{-9}$ bei 1575°K gegenüber $p_{Ni} = 3.47\times 10^{-7}$ und $p_{O_2} = 1.83\times 10^{-7}$; bei 1684°K

*Volatilization*

ergeben 2 Messungen $p_{Ni} \cdot 10^6 = 3.59, 3.61$, $p_{O_2} \cdot 10^6 = 2.71, 3.30$, $p_{NiO} \cdot 10^6 = 0.0706, 0.0743$, R. T. GRIMLEY, R. P. BURNS, M. G. INGHRAM (*J. Chem. Phys.* **35** [1961] 551/4).

*Heat of Sublimation*

**Sublimationswärme** $L_s$ in kcal/mol. Aus den oben erwähnten massenspektroskop. Unterss. folgt, daß $L_s$ zwischen 1575 und 1709°K von ~130.3 auf ~129.1 abnimmt; auf 0°K extrapoliert: $L_s = 129.5 \pm 5$, R. T. GRIMLEY u. a. (*l. c.*). Aus der Absorption im UV (s. S. 414) berechnet H. TRIVEDI (*Proc. Acad. Sci. United Provinces Agra Oudh* **5** [1935] 27/33) $L_s = 111.5$ bei 0°K.

*Melting Point*

**Schmelzpunkt** $t_f$. Aus 16 Einzelmessungen erhalten H. v. WARTENBERG, H. J. REUSCH, E. SARAN (*Z. Anorg. Allgem. Chem.* **230** [1937] 257/76, 274) $t_f = 1955° \pm 20°C$ und korrigieren damit den von H. v. WARTENBERG, E. PROPHET (*Z. Anorg. Allgem. Chem.* **208** [1932] 369/79, 377) gefundenen Wert $t_f = 1990°C$. — Schmp. von Einkristallen etwas oberhalb 1900°C, R. W. JOHNSTON, D. C. CRONEMEYER (*Phys. Rev.* [2] **93** [1954] 634/5).

Fig 176.

Temp.-Abhängigkeit der Wärmeleitf. λ eines NiO-Einkristalls.

*Thermal Conductivity*

**Wärmeleitfähigkeit** λ. Die Temp.-Abhängigkeit von λ ist nach Messungen an einem aus $NiCO_3$ hergestellten, ungetemperten Einkristall zwischen 3 und 300°K in **Fig. 176** dargestellt. Die Streuung der Phononen erfolgt unterhalb des Max. (~40°K) an Leerstellen, bei höheren Tempp. an Spinwellen. Ihre mittlere freie Weglänge beträgt 30 μ. Für 410°K (DEBYE-Temp.) läßt sich theoret. der gut auf die Verlängerung der Kurve passende Wert λ = 0.19 W $cm^{-1} \cdot grd^{-1}$ berechnen, G. A. SLACK, R. NEWMAN (*Phys. Rev. Letters* **1** [1958] 359/60), G. A. SLACK (*Proc. Intern. Conf. Semicond. Phys., Prague* **1960** [1961], S. 630/3, *C. A.* **56** [1962] 2059). Wärmeleitf. λ eines Sinterkörpers der Dichte 5.05 und auf einen Kristall der Dichte 6.8 umgerechnete Werte λ' (beide in $cal \cdot cm^{-1} \cdot grd^{-1} \cdot s^{-1}$) für verschiedene Tempp.:

| t in °C | 100° | 200° | 400° | 600° | 800° | 1000° |
|---|---|---|---|---|---|---|
| λ | 0.0220 | 0.0176 | 0.0127 | 0.0100 | 0.0082 | 0.0075 |
| λ' | 0.0296 | 0.0237 | 0.0171 | 0.0136 | 0.0110 | 0.0107 |

W. D. KINGERY, J. FRANCL, R. L. COBLE, T. VASILOS (*J. Am. Ceram. Soc.* **37** [1954] 107/10).

*Thermodynamic Functions*

**Thermodynamische Funktionen.** Enthalpie H in cal/mol, molare Wärmekapazität $C_p$ in $cal \cdot mol^{-1} \cdot grd^{-1}$, Entropie S in $cal \cdot mol^{-1} \cdot °K^{-1}$, freie Energie G in cal/mol.

*Solid NiO*

**Festes NiO.** Temperaturabhängigkeit von $C_p$:

| T in °K | 54.28° | 58.93° | 63.49° | 68.10° | 72.47° | 76.74° | 80.22° | 83.81° | 94.66° | 114.57° |
|---|---|---|---|---|---|---|---|---|---|---|
| $C_p$ | 0.900 | 1.112 | 1.341 | 1.582 | 1.818 | 2.051 | 2.248 | 2.444 | 3.056 | 4.158 |
| T in °K | 124.60° | 135.88° | 145.55° | 155.86° | 165.78° | 175.84° | 185.78° | 195.94° | 206.13° | 216.19° |
| $C_p$ | 4.691 | 5.269 | 5.737 | 6.221 | 6.639 | 7.041 | 7.427 | 7.785 | 8.134 | 8.457 |
| T in °K | 225.85° | 236.07° | 245.63° | 256.29° | 266.15° | 276.01° | 286.43° | 295.94° | | |
| $C_p$ | 8.762 | 9.050 | 9.306 | 9.597 | 9.845 | 10.08 | 10.32 | 10.55 | | |

Aus diesen Meßwerten und dem für 51°K extrapolierten Wert ($S_{51} = 0.27$) ergibt sich $S_{298.15} = 9.08 \pm 0.04$, E. G. KING (*J. Am. Chem. Soc.* **79** [1957] 2399/400). Aus den von H. SELTZ, B. J. DEWITT, H. J. McDONALD (*J. Am. Chem. Soc.* **62** [1940] 88/9, 3527) zwischen 68.05 und 296.68°K gem. $C_p$-Werten (1.607 bis 10.56) ergibt sich $S_{298.1} = 9.24$, K. K. KELLEY (*U.S. Bur. Mines Bull.* Nr. 477 [1950] 67). Ohne Angabe der verwendeten Ausgangsgrößen: $S_{298.1} = 8.02$, D. P. BOGATSKII (*Zh. Obshch. Khim.* **21** [1951] 3/10, 9).

Zwischen gewöhnl. Temp. und dem NÉEL-Punkt $T_N$ haben in der Formel $H_T - H_{298.15} = aT + bT^2 + c/T + d$ die Parameter die Werte a = 0.4257, b = 0.0142, c = $1.46 \times 10^5$, d = $-641.3 + H_{298.15} - H_{273.16}$; zwischen 523 und 620°K scheint $C_p$ abzunehmen. Für T > 620°K gilt $H_T - H_{273.16} = 12.91\ T - 3494$. Daraus abgeleitete Entropiewerte (in Auswahl):

| T in °K . . . . | 273.16° | 300° | 400° | 500° | 523.16° | 600° | 700° | 800° | 900° | 1000° | 1100° |
|---|---|---|---|---|---|---|---|---|---|---|---|
| $S_T-S_0$ . . . . | 8.33 | 9.30 | 12.62 | 15.72 | 16.42 | 18.31 | 20.30 | 22.04 | 23.56 | 24.92 | 26.15 |

J. R. TOMLINSON, L. DAMASH, R. G. HAY, C. W. MONTGOMERY (*J. Am. Chem. Soc.* **77** [1955] 909/10). Weitere Messungen sind für $T < T_N$ durch a = —4.99, b = 0.01879, c = —3.89 × $10^5$, d = 1122 erfaßbar; für 525 bis 565°K ist a = 13.88, b = c = 0, d = —4347, für 565 bis 1800°K a = 11.18, b = 1.01 × $10^{-3}$, c = 0, d = —3144. Nach diesen Formeln interpolierte Werte für H und abgeleitete Werte für S:

| T in °K . . . . . . | 400° | 500° | 525° | 565° | 600° | 700° | 800° | 900° | 1000° |
|---|---|---|---|---|---|---|---|---|---|
| $H_T-H_{298.15}$ . . . . | 1165 | 2535 | 2940 | 3495 | 3940 | 5220 | 6500 | 7780 | 9070 |
| $S_T-S_{298.15}$ . . . . . | 3.35 | 6.39 | 7.18 | 8.20 | 8.97 | 10.94 | 12.65 | 14.16 | 15.52 |

| T in °K . . . . . . | 1100° | 1200° | 1300° | 1400° | 1500° | 1600° | 1700° | 1800° |
|---|---|---|---|---|---|---|---|---|
| $H_T-H_{298.15}$ . . . . | 10370 | 11700 | 13060 | 14450 | 15860 | 17300 | 18770 | 20260 |
| $S_T-S_{298.15}$ . . . . . | 16.76 | 17.91 | 19.00 | 20.03 | 21.00 | 21.93 | 22.82 | 23.68 |

E. G. KING, A. U. CHRISTENSEN (*J. Am. Chem. Soc.* **80** [1958] 1800/1). Überholte Messungen von A. F. KAPUSTINSKII, K. A. NOVOSELTSEV (*Zh. Fiz. Khim.* **11** [1938] 61/7) zwischen 100 und 1122°C, sind von H. SELTZ u. a. (*l. c.*) in einer Formel zusammengefaßt worden. — Für 1400, 1500, 1600 und 1700°K beträgt $-(G°-H°_0)/T$ = 17.64, 18.44, 19.19 bzw. 19.92 cal·mol$^{-1}$·°K$^{-1}$, R. T. GRIMLEY, R. P. BURNS, M. G. INGHRAM (*J. Chem. Phys.* **35** [1961] 551/4).

**Gasförmiges NiO.** Bei 1400, 1500, 1600 und 1700°K ist $-(G°-H°_0)/T$ = 62.52, 63.10, 63.65, 64.18 cal·mol$^{-1}$·°K$^{-1}$, R. T. GRIMLEY u. a. (*l. c.*). Aus Kernabstand 1.64 Å, Wellenzahl der Grundschwingung $\omega_e$ = 875 cm$^{-1}$ (ungenaue Molekelgrößen) ergibt sich $-(G°_{298}-H°_0)/T$ = 49.11; weitere Werte für 1000, 1500, 2000, 2500, 3000°K 60.16, 63.75, 66.33, 68.30, 70.07 cal·mol$^{-1}$·°K$^{-1}$, L. BREWER, M. S. CHANDRASEKHARAIAH (UCRL-8713 [1960], *N.S.A.* **14** [1960] Nr. 18900). *Gaseous NiO*

## Magnetische und elektrische Eigenschaften

*Magnetic and Electric Properties*

NiO ist unterhalb ~250°C antiferromagnetisch. Über das Zustandekommen der antiparallelen Spinausrichtung und der Bezirksstruktur s. S. 393.

**Néel-Temperatur $T_N$.** Die durch Neutronenbeugung nachweisbare Spinausrichtung besteht nur unterhalb 533°K, W. L. ROTH (*Phys. Rev.* [2] **111** [1958] 772/81). Die magnet. Anisotropie und die Magnetostriktion verschwinden schon bei ~523°K, H. KONDOH, E. UCHIDA, Y. NAKAZUMI, T. NAGAMIYA (*J. Phys. Soc. Japan* **13** [1958] 759/86), K. P. BELOV, R. Z. LEVITIN (*Zh. Eksperim. i Teor. Fiz.* **37** [1959] 565/6). — Das Max. der Susz. wird nicht, wie erwartet, bei $T_N$ beobachtet, sondern erst bei ~647°K, M. FOËX, C. H. LA BLANCHETAIS (*Compt. Rend.* **228** [1949] 1579/80). — Am NÉEL-Punkt hat die therm. Ausdehnung ein Max.: dieses wird von M. FOËX (*Compt. Rend.* **227** [1948] 193/4) bei 250°C gefunden. Ebenfalls dilatometrisch wird die Verschiebung von $T_N$ mit steigendem Druck von T. P. JANUSZ (NP-8692 [1960] 1/31, 20, *N.S.A.* **14** [1960] Nr. 16077) gemessen; bis p = 10000 atm ist $dT_N/dp < 2 \cdot 10^{-3}$ grd/atm. — Aus dilatometr. Messungen an Co-Ni-Mischoxiden läßt sich für reines NiO eine tiefere NÉEL-Temp. (507.2°K) extrapolieren, G. ASSAYAG, H. BIZETTE (*Compt. Rend.* **239** [1954] 238/40). Zur Berechnung von $T_N$ s. P. W. ANDERSON (*Phys. Rev.* [2] **115** [1959] 2/13). *Néel Temperature*

**Spezifische Suszeptibilität** $\chi$ in $10^{-6}$ cm$^3$/g. Die Zahlenwerte von $\chi$ sowie die Art der Temp.-Abhängigkeit hängen in starkem Maße von der Zus. der Proben ab. Sauerstoffüberschuß erhöht $\chi$, ebenso erwartungsgemäß kolloides Ni, das sich nicht nur bei Ni-Überschuß, sondern auch bei genau stöchiometr. Zus. ausscheidet. Demnach hängt $\chi$, abgesehen von der Anisotropie (s. unten), entscheidend von den Darst.-Bedingungen ab. Bei den reinsten Proben liegt $\chi$ bei gewöhnl. Temp. zwischen 9 und 10. *Specific Susceptibility*

**Reines Nickeloxid.** Auffallend ist, daß das Max. von $\chi$ nicht, wie bei Antiferromagnetika sonst bei der NÉEL-Temp., sondern erst bei etwas höherer Temp. erreicht wird. Wie **Fig. 177**, S. 400, zeigt, ist die Temp.-Abhängigkeit von $\chi$ bei $NiO_{1.0007}$ und $NiO_{1.0025}$ praktisch dieselbe; für $NiO_{1.0196}$ ist sie ähnlich, aber $\chi$ nimmt unterhalb 600°K höhere Werte an. Oberhalb 800°K sind alle Proben paramagnetisch; die Susz. ist umgekehrt proportional T + 2580, N. PERAKIS (*J. Phys. Radium* [8] **23** [1962] 96/104, 97). An Einkristallen findet J. R. SINGER (*Phys. Rev.* [2] **104** [1956] 929/32) das Max. von $\chi$ (12.9) bei 640°K. Den Anstieg von $\chi$ unterhalb $T_N$ bemerken schon R. B. JANES (*Phys. Rev.* [2] **48** [1935] 78/83) bei Messungen zwischen 82.3 und 297.3°K sowie W. KLEMM, K. HASS (*Z. Anorg. Allgem. Chem.* **219** [1934] 82/6) im Bereich von 90 bis 660°K. Bei ähnlichen Verss. zwischen 50 und 400°K erhält H. BIZETTE (*Ann. Phys.* [*Paris*] [12] **1** [1946] 233/334, 299/300) an einer bei 1300°C *Pure Nickel Oxide*

aus $Ni(NO_3)_2$ hergestellten Probe unter anderem $\chi = 9.57$ bei 300°K; vgl. auch S. S. BHATNAGAR, G. S. BAL (*J. Indian Chem. Soc.* **11** [1934] 603/16).

Von der Feldstärke hängt $\chi$ normalerweise nicht ab. Nur an einer ferrimagnet. Probe nimmt die Magnetisierung nicht ständig zu, sondern erreicht bei ~8000 Oe einen Sättigungswert, Y. SHIMOMURA, M. KOJIMA, S. SAITO (*J. Phys. Soc. Japan* **11** [1956] 1136/46). Da die Feldabhängigkeit von $\chi$ auch oberhalb 647°K zu beobachten ist, ist sie vermutlich auf ferromagnet. Verunreinigungen zurückzuführen, C. H. LA BLANCHETAIS (*J. Phys. Radium* [8] **12** [1951] 765/71).

Die Abhängigkeit der Susz. von $Ni_{1-\delta}$ O-Proben von $\delta$ (s. S. 389) wird erstmals von M. FOËX, C. H. LA BLANCHETAIS (*Compt. Rend.* **228** [1949] 1579/80) nachgewiesen[1]). Aus Nitrat bei 505°C dargestelltes pulvriges Oxid enthält nur 98.35% NiO und hat eine größere Susz. (11.19 bei gewöhnl. Temp.) als die zwischen 822 und 1200°C dargestellten Proben, die mindestens 99.96% NiO enthalten ($\chi = 8.94$ bis

Fig. 177.

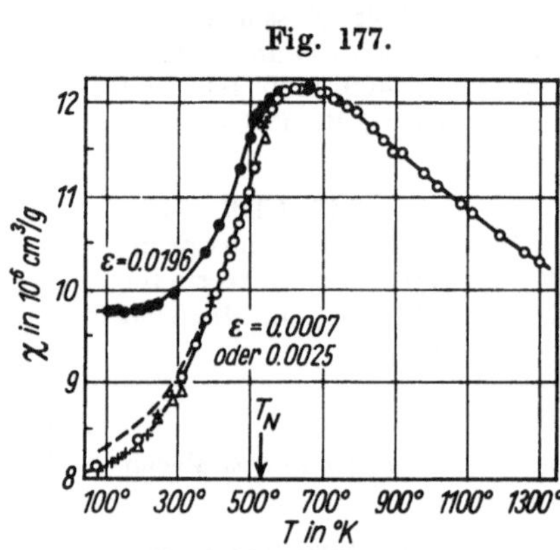


Temp.-Abhängigkeit der spezif. Susz. $\chi$ von $NiO_{1+\varepsilon}$-Proben.

Fig. 178.

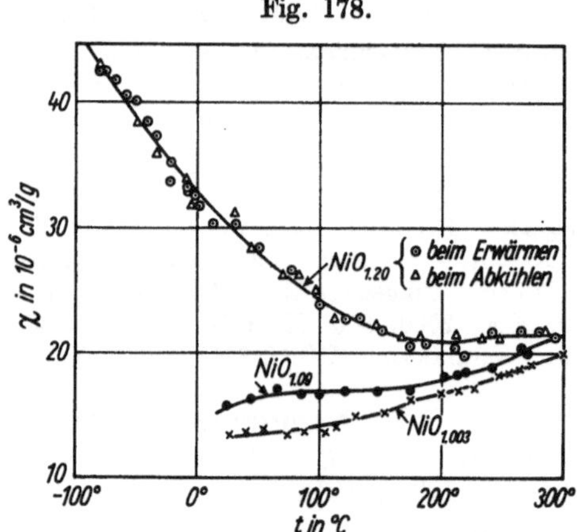


Temp.-Abhängigkeit der spezif. Susz. $\chi$ von 3 Ni-Oxiden.

9.00). Wird der O-Gehalt durch Glühen bei noch höherer Temp. (1400°C) weiter verringert, so scheidet sich Ni aus, so daß $\chi$ auf 9.18 steigt; s. auch C. H. LA BLANCHETAIS (*l. c.*), M. FOËX (*Bull. Soc. Chim. France* [5] **19** [1952] 373/9). Die Abnahme von $\chi$ bei Erhöhung der Darst.-Temp. (Ausgangssubstt. $NiCO_3$ und Ni $(NO_3)_2$) bestätigen YU. G. SHIROKOV, I. P. KIRILLOV (*Izv. Vysshikh Uchebn. Zavedenii Khim. i Khim. Tekhnol.* **4** [1961] 599/603). — Die katalyt. aktive NiO-Probe, für die D. A. DOWDEN, N. MACKENZIE, B. M. W. TRAPNELL (*Proc. Roy. Soc.* [*London*] A **237** [1956] 245/54) $\chi = 10.7$ angeben, dürfte überschüssigen Sauerstoff enthalten haben. — Aus den hohen $\chi$-Werten und ihrer Abnahme oberhalb 360 bis 370°C, die von W. KLEMM, W. SCHÜTH (*Z. Anorg. Allgem. Chem.* **210** [1933] 33/56, 34) und D. P. ROYCHOUDHURI, A. K. BOSE (*Sci. Cult.* [*Calcutta*] **3** [1937] 118) gefunden werden, ist zu entnehmen, daß die untersuchten NiO-Proben durch Ni verunreinigt waren. Ähnliche Beobachtungen an einer oxydierten Ni-Folie könnten mit einer Fehlordnung ($Ni^{2+}$ auf Tetraederplätzen) statt mit der Ggw. von metall. Ni erklärt werden, K. IGAKI (*Bull. Naniwa Univ.* A **3** [1955] 113/23, 120). Bei größerem O-Überschuß fällt $\chi$ unterhalb $T_N$ mit fallender Temp. nicht ab; die Temp.-Abhängigkeit der Susz. einer $NiO_{1.20}$-Probe und, zum Vergleich, zweier Proben mit geringem O-Überschuß zeigt **Fig. 178**, Y. SHIMOMURA, J. TSUBOKAWA, M. KOJIMA (*J. Phys. Soc. Japan* **9** [1954] 521/4).

Der ebenfalls an Pulvern beob. Anstieg von $\chi$ unterhalb 500°K dürfte durch Gitterfehler hervorgerufen sein, die um so stärker ausgeprägt sind, je niedriger die Temp. der Darst. $t_d$ und je kleiner infolgedessen die Teilchengröße (im Mittel 170 Å bei $t_d = 500$°C, 80 Å bei $t_d = 250$°C) ist, s. **Fig. 179**. Wegen der Gitterfehler kompensieren sich die magnet. Momente der Teilgitter nicht, und die Magnetisierung kann unter sonst gleichen Bedingungen größere Werte erreichen, J. T. RICHARDSON, W. O. MILLIGAN (*Phys. Rev.* [2] **102** [1956] 1289/94). Zu ähnlichen Ergebnissen gelangen T. TAKADA, N. KAWAI (*J. Phys. Soc. Japan* **17** [1962] *Suppl.* B I, S. 691/4) bei Messungen an Teilchen von 50 bis >1200 Å Durchmesser bei Tempp. zwischen 0 und —150°C.

1) Eine Beziehung zwischen der Magnetisierbarkeit von NiO und der Vorbehandlung des zu seiner Darst. verwendeten Hydroxids wird zwar schon von S. VEIL (*Compt. Rend.* **178** [1924] 842/4, **180** [1925] 932/4) bemerkt, jedoch nicht mit der Abweichung von der stöchiometr. Zus. erklärt.

**Nickeloxid mit Zusätzen.** $Mg^{2+}$-Ionen ändern $\chi$ kaum, da sie das Verhältnis der Konzz. von $Ni^{2+}$ und $Ni^{3+}$ nicht beeinflussen. Zwischen 2.1 und 7.7 kOe ist die Susz. von $Ni_{0.99}Mg_{0.01}O_{1.003}$ von der Feldstärke unabhängig; bis ~150°K bleibt $\chi$ konst. ~9 und steigt dann auf 12.53 bei ~604°K, N. PERAKIS, A. SERRES, G. PARRAVANO, J. WUCHER (*Compt. Rend.* **242** [1956] 1275/7). Der Mg-Zusatz scheint die Abscheidung von Ni zu verhindern; denn auch nach Erhitzen auf 1526°K bleiben Mg enthaltende Proben oberhalb 800°K paramagnetisch; die Temp. des Max. von $\chi$ erhöht sich etwas, und bei 220°K tritt ein Minimum von $\chi$ auf, N. PERAKIS (*J. Phys. Radium* [8] **23** [1962] 96/104, 98). *Nickel Oxide with Additives*

$Li^+$-Ionen in geringer Konz. ändern die Temp.-Abhängigkeit von $\chi$ nur wenig; nach Messungen an Proben mit $1.07 \times 10^{20}$ und $5.6 \times 10^{20}$ Li-Atomen je $cm^3$ zwischen 81 und 1079°K wird das Max. von $\chi$ bei 560 bzw. 565°K ($\chi = 13.0$ bzw. 12.18) erreicht. Unterhalb 780°K fällt $\chi$ mit steigender Feldstärke (bis 7.3 kOe gem.) ab. An einer Probe mit $10.2 \times 10^{20}$ Li-Ionen je $cm^3$ ist ein Minimum von $\chi$ bei 265°K und das Max. schon bei 440°K zu beobachten; feldabhängig ist $\chi$ nur unterhalb 265°K, N. PERAKIS u. a. (*l. c.*). — Proben der Zus. $Li_x^+Ni_{1-2x}^{2+}Ni_x^{3+}O$ sind ferrimagnetisch, wenn $x \geq 0.3$ ist, J. B. GOODENOUGH, D. G. WICKHAM, W. J. CROFT (*J. Appl. Phys.* **29** [1958] 382/3).

Die Magnetisierbarkeit von MgO-, $Al_2O_3$- und $TiO_2$-Pulver, die nach Benetzen mit $Ni(NO_3)_2$-Lsg. bei 450°C geglüht wurden, soll nach F. N. HILL, P. W. SELWOOD (*J. Am. Chem. Soc.* **71** [1949] 2522/9) mit der Bldg. von NiO-Überzügen auf den betreffenden Teilchen zu erklären sein, wobei die Ni-Ionen dieselbe Ladung wie die anderen Metall-Ionen haben sollen.

Fig. 179.

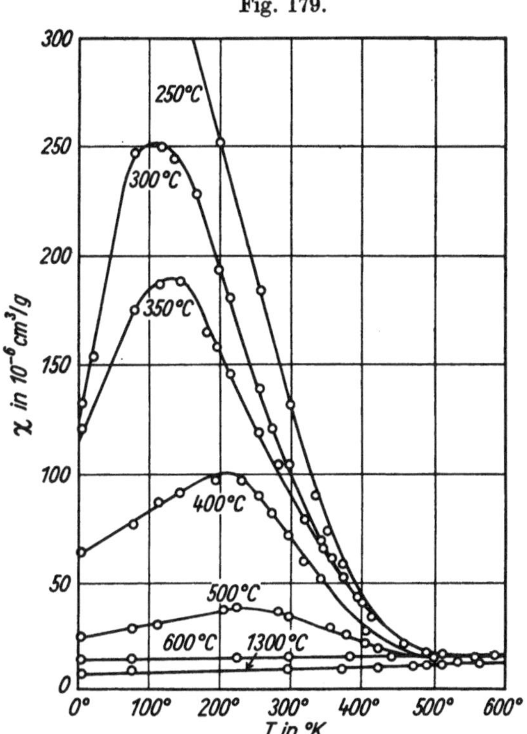


Temp.-Abhängigkeit der spezif. Susz. $\chi$ von bei verschiedenen Tempp. dargestellten NiO-Pulvern.

**Permanente Magnetisierung.** Wegen der Kompensation der magnet. Momente auf benachbarten (111)-Ebenen hat antiferromagnet. NiO im feldfreien Raum kein resultierendes Moment. Eine Magnetisierung kommt in NiO entweder dadurch zustande, daß beim Abkühlen von einer Temp. oberhalb $T_N$ ein Magnetfeld einwirkt („Thermoremanenz"), oder daß die antiferromagnet. Spinordnung stark gestört wird; dies ist z. B. in sehr kleinen Teilchen der Fall. — Bei der Reduktion mit $H_2$ nimmt die Magnetisierung proportional zur entstehenden Ni-Konz. zu, T. I. BARRY (AERE-R-3493 [1960] 1/6, *N.S.A.* **15** [1961] Nr. 23928). *Permanent Magnetization*

Thermoremanenz ist offenbar nur in Proben mit der üblichen Fehlordnung (Sauerstoffüberschuß) möglich. Wenn ein kleiner Tl. der Ni-Ionen eine höhere Ladung hat als die übrigen (idealisiert: wenn einige Kationenplätze mit $Ni^{3+}$- statt mit $Ni^{2+}$-Ionen besetzt sind), kompensieren sich die Momente in den beiden Teilgittern nicht vollständig, und das resultierende Moment wird durch die Einw. eines Magnetfelds beim Abkühlen aufrecht erhalten. Umfangreiche Messungen an Proben mit verschiedenem O-Überschuß $\varepsilon$ ($NiO_{1.0007}$, $NiO_{1.0025}$, $NiO_{1.0196}$) ergeben, daß das auf eine Formeleinheit bezogene Sättigungsmoment proportional $\varepsilon$ ist: $m_s/\varepsilon = 0.009\ \mu_B$. Die spezif. Sättigungsmagnetisierung $\sigma$ erreicht bei Proben mit $\varepsilon = 0.0196$ ihr Max., wenn sie von $T > 529$°K in einem Feld von $> 6.5$ kOe abgekühlt werden; sie beträgt dann bei gewöhnl. Temp. $8.33 \times 10^{-3}$ G $cm^3/g$, bei 0°K $13.2 \times 10^{-3}$ G $cm^3/g$, N. PERAKIS (*J. Phys. Radium* [8] **23** [1962] 96/104). Wenn 1% der Ni-Ionen durch Mg-Ionen ersetzt wird, tritt in Feldern bis 7550 Oe keine Sättigung ein; die stärkste Thermoremanenz ist nach Abkühlen von $\geq 543$°K zu beobachten, N. PERAKIS, J. WUCHER, G. PARRAVANO, R. WENDLING (*Compt. Rend.* **246** [1958] 3037/40). Eine schwache Thermoremanenz ist auch ohne Einw. eines

künstlichen Magnetfelds zu beobachten; bei geeigneter Wärmebehandlung entstehen Proben, die parallel zum Erdfeld magnetisiert sind, K. IGAKI (*Bull. Naniwa Univ.* A **3** [1955] 113/23).

Die Abhängigkeit des resultierenden Moments vom O-Gehalt zeigt sich darin, daß das Moment um so größer ist, je niedriger die Temp. ist (800 bis 300°C), bei der das Oxid aus dem Hydroxid oder Carbonat hergestellt wird, YU. G. SHIROKOV, J. R. KIRILLOV (*Izv. Vysshikh Uchebn. Zavedenii Khim. i Khim. Tekhnol.* **4** [1961] 599/603).

Unterss. an Pulvern mit Teilchengrößen von 20 bis 400 Å ergeben bei gewöhnl. Temp. $\sigma \approx 0.5$ G cm³/g; bei 20.4°K liegt $\sigma$ für die kleinsten Teilchen nahe bei 5 G cm³/g, während bei den größeren Teilchen $\sigma$ sich nur wenig mit der Temp. ändert. Abkühlung im Magnetfeld (20 kOe) verstärkt die Magnetisierung nur bei Teilchen mit Durchmessern von 80 bis 400 Å, dagegen nicht bei kleineren; diese zusätzliche Magnetisierung wird durch Erwärmung verringert und verschwindet bei 190°K (400 Å) bzw. ~120°K (80 Å), J. COHEN, R. PAUTHENET, K. G. SRIVASTAVA (*J. Phys. Radium* [8] **23** [1962] 471/3). Modellmäßige Deutung für die magnet. Eigg. solcher Pulver s. bei L. NÉEL (*J. Phys. Soc. Japan* **17** [1962] *Suppl.* B I, S. 676/85, *C.A.* **57** [1962] 15961). — Auch in Einkristallen könnte die Fehlordnung so stark sein, daß die Teilgitter sich nicht kompensieren und die Proben sich ferrimagnetisch verhalten, Y. SHIMOMURA, M. KOJIMA, S. SAITO (*J. Phys. Soc. Japan* **11** [1956] 1136/46). — Der Ausgleich der Momente der beiden Teilgitter wird auch durch Zusatz von Li-Ionen verhindert, weil dann einige Ni-Ionen eine größere Ladung und ein größeres Moment erhalten. Die Sättigungsmagnetisierung von Mischoxiden der Zus. $Li^+_x Ni^{2+}_{1-2x} Ni^{3+}_x O$ ist bei $x \approx 0.43$ am größten (Moment ~0.28 $\mu_B$); der CURIE-Punkt liegt für $x = 0.45$ zwischen 100 und 150°K, für $x = 0.35$ bis 0.40 zwischen 200 und 250°K, J. B. GOODENOUGH, D. G. WICKHAM, W. J. CROFT (*J. Appl. Phys.* **29** [1958] 382/3).

*Anisotropy*

**Anisotropie.** Die Richtungsabhängigkeit der Susz. ist vor allem durch die Lage der Bezirkswände (T, S; s. S. 393) bestimmt. Da diese leicht beweglich sind und durch Tempern oder mechan. Belastung verschoben werden können, hängen die Zahlenwerte für die Komponenten von $\chi$ sowie die Art der Drehung der Kristalle in einem Magnetfeld von der Vorbehandlung ab. Reproduzierbare Ergebnisse sind nur an Proben ohne Bezirkswände (d. h. ohne Zwillingsstruktur) zu erhalten; außerdem muß darauf geachtet werden, daß auch von außen, z. B. durch die Befestigung der Proben, keine Spannungen auf den NiO-Kristall einwirken. Unter diesen Voraussetzungen stellen H. KONDOH, E. UCHIDA, Y. NAKAZUMI, T. NAGAMIYA (*J. Phys. Soc. Japan* **13** [1958] 579/86) fest, daß es in den (111)-Ebenen keine Vorzugsrichtung für die Magnetisierbarkeit gibt. Durch Unterss. an einer bei 1600°C in Ar geglühten Probe wird die Isotropie in den (111)-Ebenen bestätigt; durch Felder von $\geqq 2400$ Oe werden die Momente in diesen Ebenen gedreht, so daß die S-Wände sich verschieben, W. L. ROTH, G. A. SLACK (*J. Appl. Phys.* **31** [1960] 352/3 S). Zur Feldabhängigkeit der Anisotropie (3220 bis 8080 Oe) s. H. KONDOH, E. UCHIDA, Y. NAKAZUMI (*J. Phys. Soc. Japan* **17** [1962] 1318/9). Den Einfluß einer während des Abkühlens in [111]-Richtung wirkenden Zugspannung auf die Anisotropie der Susz. untersucht J. R. SINGER (*Phys. Rev.* [2] **104** [1956] 929/32). Theoretisch müßte die Susz. $\chi$ 3 Komponenten haben: $\chi_{\parallel}$ parallel zur bevorzugten Spinrichtung, $\chi_{\perp 1}$ und $\chi_{\perp 2}$ senkrecht dazu, und zwar $\chi_{\perp 2}$ in der (111)-Ebene, $\chi_{\perp 1}$ in [111]-Richtung. Die Susz. erweist sich in der (111)-Ebene als isotrop: $(\chi_{\perp 2} + \chi_{\parallel})/2$. Die Differenz zwischen $\chi_{\perp 1}$ und diesem Mittelwert ergibt sich in Feldern von $\leqq 1000$ Oe zu $\Delta\chi = 3.3 \times 10^{-6}$ cm³/g (Dichte: 6.80 g/cm³). Mit zunehmender Feldstärke nimmt $\Delta\chi$ ab, G. A. SLACK (*J. Appl. Phys.* **31** [1960] 1571/82, 1579). Die Anisotropiekonst. ergibt sich für 0°K zu $4.96 \times 10^6$ erg/cm³, H. KONDOH (*J. Phys. Soc. Japan* **15** [1960] 1970/5).

*Antiferromagnetic Resonance*

**Antiferromagnetische Resonanz.** In NiO gibt es, da die Anisotropieachse in die sog. „schwere" Richtung zeigt (d. h. die Richtung, in die sich die magnet. Momente erst bei sehr hohen Feldern allmählich einstellen), Präzessionsbewegungen mit 2 verschiedenen Frequenzen. Eine Abschätzung zeigt, daß die höhere davon im fernen UR liegt. Diese Schwingung bewirkt, daß das Gesamtmoment in den (111)-Flächen um einen Mittelwert oszilliert. Die Kopplung dieses Moments mit der UR-Strahlung ruft die Resonanzabsorption hervor. Bei 2°K liegt das Absorptionsmax. bei 36.6 cm⁻¹ (theoretisch 43.0 cm⁻¹). Mit steigender Temp. wird die Wellenzahl des Max. kleiner: 34.1 cm⁻¹ bei 300°K, A. J. SIEVERS, M. TINKHAM (*Phys. Rev.* [2] **129** [1963] 1566/71). Damit sind die Ergebnisse von H. KONDOH (*J. Phys. Soc. Japan* **15** [1960] 1970/5), wonach bei 291°K das Absorptionsmax. bei 34.1 cm⁻¹ liegt und aus Messungen zwischen 90 und 430°K auf die Resonanzfrequenz 36.5 cm⁻¹ bei 0°K extrapoliert werden kann, praktisch genau bestätigt. — Allgemeine Berechnung der Anteile an der Breite der Resonanzlinie (Spin-Spin- und Spin-Phononen-Wechselwirkung) und näherungsweise Bestimmung für NiO s. G. M. GENKIN, N. G. GOLUBEVA, V. M. CUKERNIK (*Fiz. Tverd. Tela* **6** [1964] 818/26).

**Magnetostriktion.** Messungen an einem scheibenförmigen Einkristall parallel (227) ergeben, daß der Magnetostriktionskoeff. $\lambda$ zunächst proportional dem Quadrat der Feldstärke, in hohen Feldern linear mit der Feldstärke zunimmt. In [$\bar{1}$10]-Richtung ist $\lambda$ positiv, quer dazu negativ. Anzeichen einer Sättigung sind bei 20 kOe kaum zu erkennen, so daß die Sättigungsmagnetostriktion schwer zu extrapolieren ist; sie dürfte $\sim 20 \cdot 10^{-6}$ betragen. Die Magnetostriktion kommt durch die Verschiebung von Bezirkswänden zustande; bei 21 kOe sind die Magnetisierungsrichtungen der Elementarbezirke etwa zur Hälfte parallel gerichtet, L. ALBERTS, E. W. LEE (*Proc. Phys. Soc.* [*London*] **78** [1961] 728/33). Die Ursache der Magnetostriktion wird ebenfalls von T. NAKAMICHI, M. YAMAMOTO (*J. Phys. Soc. Japan* **16** [1961] 126/7) erkannt, die bei 10.2 kOe die Abhängigkeit der Größe von $\lambda$ vom Winkel zwischen Magnetfeld und [100]-Richtung registrieren und zwischen gewöhnl. Temp. und der Temp. der fl. Luft eine Zunahme von $\lambda_{100}$, dagegen eine Abnahme von $\lambda_{110}$ finden. *Magnetostriction*

An einer polykrist. Probe wird $\lambda$ erst in Feldern von $> 5$ kOe meßbar und nimmt dann linear mit der Feldstärke (Meßbereich bis 14.2 kOe) zu. Die Kontraktion quer zur Feldrichtung nimmt mit steigender Temp. (bis 74°C gem.) ab, K. P. BELOV, R. Z. LEVITIN (*Zh. Eksperim. Teor. Fiz.* **37** [1959] 565/6; *Soviet Phys. JETP* **10** [1960] 400/1).

**Dielektrizitätskonstante** $\varepsilon$. Die Vermutung von F. J. MORIN (*Bell. System Techn. J.* **37** [1958] 1047/84, 1076), daß $\varepsilon$ wahrscheinlich $> 5$ ist, wird durch opt. Unterss., wonach für Gleichspannung $\varepsilon = 12$, in hochfrequenten Feldern $\varepsilon = 5.4$ ist, bestätigt. Aus der Kapazität eines Kondensators ergibt sich bei 1 MHz $\varepsilon = 11.8 \pm 0.5$, R. NEWMAN, R. M. CHRENKO (*Phys. Rev.* [2] **114** [1959] 1507/13). — Ohne Angabe der Frequenz: für reines NiO soll $\varepsilon$ zwischen 100 und 1000, für NiO mit 0.1 bis 1.0 Mol-% $Li_2O$ zwischen $10^4$ und $10^6$ liegen, J. M. ONO, T. NAKAYAMA, K. NONAKA, K. SUGIYAMA, K. KANEMATSU (*Busseiron Kenkyu* Nr. 96 [1956] 138/45 nach *C. A.* **1957** 5487). Vgl. ferner R. W. SILLARS (*Electrician* **143** [1949] 735/6), R. PARKER, M. S. SMITH (*J. Electron. Control* **5** [1958] 354/61). *Dielectric Constant*

**Ladungsträger. Leitungsmechanismus.** NiO ist, wie die Richtung der Thermokraft erkennen läßt, ein p-Leiter, H. H. v. BAUMBACH, C. WAGNER (*Z. Physik. Chem.* B **24** [1934] 59/67). Ionen sind am Stromtransport nicht beteiligt, R. W. WRIGHT, J. P. ANDREWS (*Proc. Phys. Soc.* [*London*] A **62** [1949] 446/55, 449), Z. S. VOLCHENKOVA, S. F. PAL'GUEV (*Tr. Inst. Khim. Akad. Nauk SSSR Ural'sk. Filial* Nr. 2 [1958] 201/7). Rein qualitative Vorstellungen über den Stromtransport s. J. H. DE BOER, E. J. W. VERWEY (*Proc. Phys. Soc.* [*London*] **49** [1937] *Sonderh.* S. 59/71), E. J. W. VERWEY, P. W. HAAIJMAN, F. C. ROMEIJN, G. W. VAN OOSTERHOUT (*Philips Res. Rep.* **5** [1950] 173/87, 180). Verss., für NiO ein Bändermodell der üblichen Form mit Valenz- und Leitungsband zu konstruieren, erwiesen sich jedoch als erfolglos, vor allem deswegen, weil reines NiO bei tiefen Tempp. einen sehr hohen Widerstand hat, während im Bändermodell ein nicht voll besetztes 3d-Band anzusetzen ist, woraus sich gute Leitf. ergibt. Dieser Widerspruch zeigt, daß die BLOCHsche Näherungsmeth. auf NiO nicht anwendbar ist. Die Leitungselektronen sind vielmehr nach der HEITLER-LONDON-Meth. zu erfassen, d. h. die 3d-Elektronen sind nicht durch den ganzen Kristall verteilt, sondern an den Ni-Ionen lokalisiert. Die Leitf. kommt dadurch zustande, daß Elektronen von einem Ni-Ion zu einem benachbarten springen, N. F. MOTT (*Proc. Phys. Soc.* [*London*] A **62** [1949] 416/22). Diese Bewegung ist als thermisch aktivierte Diffusion von Defektelektronen aufzufassen, deren Aktivierungsenergie q den spezif. Widerstand $\rho$ bestimmt: $\rho = \rho_0 \cdot T \cdot \exp(q/kT)$. Diese Energie (0.1 bis 0.2 eV) ist jeweils aufzubringen, um den Defektelektronen einen Sprung zu ermöglichen; an der Stelle, wo dieser Sprung endet, wird jedes Defektelektron durch die von ihm erzeugte Polarisation festgehalten (self-trapping), R. R. HEIKES, W. D. JOHNSTON (*J. Chem. Phys.* **26** [1957] 582/7). Weitere energet. Überlegungen über die Bewegung der Ladungsträger und ihre Beeinflussung durch die Spinorientierung s. bei M. SH. GITERMAN, YU. P. IRKHIN (*Fiz. Tverd. Tela* **2** [1960] 144/52; *Soviet Phys. Solid State* **2** [1960] 134/41); vgl. auch M. I. KLINGER (*Izv. Akad. Nauk SSSR Ser. Fiz.* **25** [1961] 1342/6; *Bull. Acad. Sci. USSR Phys. Ser.* **25** [1961] 1354/7). Nach diesem Modell ergibt sich, wenn die Frequenz der Gitterschwingungen (geschätzt) zu $8.5 \times 10^{12}\,s^{-1}$ angenommen wird, die Beweglichkeit $\mu_p$ der Löcher zu $2 \cdot 10^{-5}$ bis $6 \cdot 10^{-4}$ $cm^2 \cdot V^{-1} \cdot s^{-1}$, S. VAN HOUTEN (*Phys. Chem. Solids* **17** [1960] 7/17, 15). Für reines NiO mit einer Löcherkonz. von $2 \cdot 10^{-6}$ je Formeleinheit ist $\mu_p = 3.4 \times 10^{-3}\,cm^2 \cdot V^{-1} \cdot s^{-1}$, K. HAUFFE, A. L. VIERK (*Z. Physik Chem.* **196** [1950] 160/80, 177). Die Beweglichkeit der Elektronen $\mu_n$ in den Akzeptorniveaus ist bei 200°K um 3 bis 4 Größenordnungen kleiner als $\mu_p$, nimmt jedoch mit der Temp. so stark zu, daß wegen der Abnahme von $\mu_p$ bei $\sim 500$°K der Unterschied zwischen $\mu_e$ und $\mu_p$ nicht mehr sehr groß ist, YA. M. KSENDZOV, L. N. ANSEL'M, L. L. VASIL'EVA, V. M. LATYSHEVA (*Fiz. Tverd. Tela* **5** [1963] 1537/47, 1546). Weitere Daten über die Bewegung der Stromträger aus der Temp.-Abhängigkeit der *Carriers. Conduction Mechanism*

inneren Reibung s. S. VAN HOUTEN (*Phys. Chem. Solids* **23** [1962] 1045/8). Über die HALL-Beweglichkeit s. S. 410. — Die Aktivierungsenergie, die in die Formel für die Temp.-Abhängigkeit von $\mu$ eingeht, kann auch, da Elektronen praktisch nur zwischen Ionen mit parallelen Spins übergehen können, als die Energie aufgefaßt werden, die zur Parallelstellung der Spins benachbarter Ionen benötigt wird, G. L. SEWELL (*Proc. Phys. Soc.* [*London*] **76** [1960] 985/7); vgl. auch R. R. HEIKES (*Phys. Rev.* [2] **98** [1955] 225, **99** [1955] 1232/4).

Das nach HEITLER und LONDON entwickelte Modell stellt zwar eine Idealisierung der tatsächlich vorliegenden Energieverhältnisse dar; jedoch kann mit diesem Modell das Verhalten Li-haltiger NiO-Proben hinreichend beschrieben werden, J. YAMASHITA, T. KUROSAWA (*J. Phys. Soc. Japan* **15** [1960] 802/21, 812); vgl. auch J. YAMASHITA, T. KUROSAWA (*Phys. Chem. Solids* **5** [1958] 34/43).

Obwohl das atomist. Modell sich für NiO als eher zutreffend erwies als das normale Bändermodell, in dem die Kristalle eher als Kontinua aufgefaßt werden, ist doch, da die Theorie hierfür besser entwickelt ist, immer wieder versucht worden, mit dem Modell des „tight binding" (BLOCH-Wellen) die Energiezustände der Ladungsträger in NiO zu beschreiben. Systemat. Darst. dieses Modells s. bei J. R. REITZ (in: F. SEITZ, D. TURNBULL, *Solid State Physics, Bd.* 1, *New York* 1955, S. 1/95, 46/60). — Nach einer von F. STERN (*Phys. Rev.* [2] **116** [1959] 1399/417) eingeführten Näherung versucht J. YAMASHITA (*J. Phys. Soc. Japan* **18** [1963] 1010/6) die Breite des 3d-Bandes in NiO zu berechnen; dafür ergibt sich zwar der plausible Wert 0.4 eV, jedoch liegt das 3d-Band theoretisch mitten zwischen den 2p-Bändern, und dieses äußerst unwahrscheinliche Ergebnis zeigt deutlich, daß die Beschreibung mit BLOCH-Wellen auf NiO nicht anwendbar ist.

Mit Hilfe eines atomist. Modells ist das Verh. von NiO folgendermaßen zu beschreiben. Statt eines 3d-Bandes gibt es voll besetzte $3d^8$-Niveaus[1]) und bei einer ~5.4 eV höheren Energie leere $3d^9$-Niveaus; daher ist NiO bei gewöhnl. Temp. kein Eigenhalbleiter. Stromtransport kommt zustande, wenn Elektronen von den $3d^8$ ($Ni^{2+}$)-Niveaus auf Akzeptorniveaus übergehen, die durch Leerstellen oder $Li^+$-Ionen gebildet werden. Die $Li^+$-Niveaus liegen ~0.035 eV über den $Ni^{2+}$-Niveaus. Die geringe Leitf. in NiO ist wahrscheinlich durch zufällige Verunreinigungen bedingt, die als hohe Akzeptorniveaus (1 bis 2 eV) fungieren. Das 2p-Band der O-Ionen ist am Stromtransport nicht beteiligt, S. VAN HOUTEN (*Phys. Chem. Solids* **17** [1960] 7/17, 15). Damit sind ältere Vorstellungen von F. J. MORIN (*Phys. Rev.* [2] **93** [1954] 1199/204; *Bell System Tech. J.* **37** [1958] 1047/84, 1065/78) als unzutreffend erkannt. Die Energiedifferenzen zwischen den verschiedenen Niveaus ergeben sich auch aus den Max., die im Energiespektrum von an NiO reflektierten Elektronen auftreten, s. P. E. BEST (*Proc. Phys. Soc.* [*London*] **80** [1962] 1308/21). Weitere Daten für Bändermodelle s. bei R. W. WRIGHT, J. P. ANDREW (*Proc. Phys. Soc.* [*London*] A **62** [1949] 446/55), R. W. WRIGHT (*Proc. Phys. Soc.* [*London*] A **64** [1951] 984/99), G. PARRAVANO (*J. Chem. Phys.* **23** [1955] 5/10), K. KANEMATSU (*Busseiron Kenkyu* Nr. 84 [1955] 69/76). Die krit. Bemerkungen, die E. G. SCHLOSSER (*Z. Elektrochem.* **65** [1961] 453/62) gegen das von F. J. MORIN (*l. c.*) vorgeschlagene Modell vorbringt, betreffen nur gewisse Einzelheiten. Die Grundvorstellung eines Valenz- und eines Leitungsbandes wird beibehalten, und für die Lage des FERMI-Potentials, der Akzeptor- und der Donatorniveaus im Bereich der verbotenen Zone werden Werte aus Meßdaten abgeleitet und zur Berechnung der Stromträgerkonz. und der Beweglichkeit verwendet, wobei unter anderem für die Defektelektronen $\mu \approx 1000\ cm^2 \cdot V^{-1} \cdot s^{-1}$ erhalten wird. Auch A. W. CZANDERNA (*Thesis Purdue Univ., Lafayette, Ind.*, 1957, S. 1/197, 105/16) benutzt bei der Berechnung der Stromträgerkonz. das Modell von F. J. MORIN (*l. c.*).

Über die Abnahme der Beweglichkeit der Defektelektronen bei Kompression mit 10000 bis 60000 atm s. A. P. YOUNG, W. B. WILSON, C. M. SCHWARTZ (*Phys. Rev.* [2] **121** [1961] 77/82).

*Specific Conductivity*

**Spezifische Leitfähigkeit** $\varkappa$ in $\Omega^{-1} \cdot cm^{-1}$. Spezifischer Widerstand $\rho$ in $\Omega \cdot cm$.

Die Fehlordnung im NiO-Gitter ($Ni^{2+}$-Leerstellen, $Ni^{3+}$-Gehalt, Gehalt an Fremdionen) beeinflußt sowohl $\varkappa$ als auch seine Temp.-Abhängigkeit außerordentlich stark. Reines NiO ist bei 0°K ein Isolator. Bei gewöhnl. Temp. ist $\rho > 5 \cdot 10^{14}$, S. VAN HOUTEN (*Phys. Chem. Solids* **17** [1960] 7/17, 7). Durch geeignete Wärmebehandlung in $O_2$ kann $\rho$ auf $< 100$ verringert werden. Die Faktoren, die die Fehlstellenkonz. bestimmen, nämlich die Darst.-Bedingungen (Ausgangsmaterial, Temp., Sinterdruck), die Zwischenbehandlung, der Druck von $O_2$ oder anderen Gasen bei der Messung sowie die Konz. von Zusätzen ($Li_2O$, $Ga_2O_3$ usw.), beeinflussen somit indirekt auch die Leitf. Allerdings können Pulverproben so gut gepreßt und gesintert werden, daß Meßfehler auf Grund mangelnder Kontakte gegenüber kompaktem Material zu vernachlässigen sind, E. G. SCHLOSSER (*Z. Elektrochem.* **65**

[1]) Über die Aufspaltung der Energieterme des $Ni^{2+}$-Ions s. „*Nickel*" *Tl.* A im Abschnitt „Atom und Atomionen".

[1961] 453/61). Außerdem hängt $\varkappa$ davon ab, ob während einer Messung sich das Gleichgew. zwischen der untersuchten Probe und der umgebenden Atm. einstellen kann oder nicht. So kann aus der Widerstandsänderung von NiO-Schichten während der Adsorption von $O_2$ und der darauf folgenden Prozesse auf die Kinetik der Ox. geschlossen werden, s. T. J. GRAY, P. W. DARBY (*J. Phys. Chem.* **60** [1956] 201/9, 209/17). — Einzelwerte von $\rho$ oder $\varkappa$ haben daher, wenn die Zus. der untersuchten Probe und die übrigen $\varkappa$ beeinflussenden Daten nicht genau angegeben sind, den Charakter von Zufallsgrößen und werden hier nicht zitiert.

Allgemeine Erörterungen über diese Sachverhalte s. beispielsweise bei C. WAGNER (*Z. Physik. Chem.* B **22** [1933] 181/94; *Physik. Z.* **36** [1935] 721/5; *Z. Tech. Phys.* **16** [1935] 327/31), F. HUND (*Physik. Z.* **36** [1935] 725/9), K. HAUFFE (*Ergeb. Exakt. Naturw.* **25** [1951] 193/292, 238, 266; *Naturwissenschaften* **44** [1957] 299/303).

**Abhängigkeit vom Sauerstoffgehalt.** *Dependence on Oxygen Content* Unterhalb 600°C stellt sich das Gleichgew. zwischen NiO und $O_2$ so langsam ein, daß H. H. v. BAUMBACH, C. WAGNER (*Z. Physik. Chem.* B **24** [1934] 59/67) an einer durch Ox. von Ni hergestellten Probe und S. P. MITOFF (*J. Chem. Phys.* **35** [1961] 882/9) an einem Einkristall in diesem Temp.-Bereich $\varkappa$ unabhängig vom $O_2$-Druck p finden. — Theoretisch müßte im Gleichgew. $\varkappa$ proportional $p^{1/6}$ sein. Es werden jedoch oft Beziehungen gefunden, wonach $\varkappa$ einer anderen Potenz des Druckes $p^{1/n}$ proportional ist, wobei n zwischen 1 und 14 liegt. Mit steigender Temp. nimmt n nach Messungen an einer ursprünglich grünen Probe bei $O_2$-Drucken von 0.01 bis 767 Torr ab von 12.0 bei 400°K auf 6.4 bei 700°K und 5.9 bei 800°K, C. A. HOGARTH (*Proc. Phys. Soc.* [*London*] B **64** [1951] 691/700). Dagegen ergibt sich an Proben der Zus. $NiO_{1.0005}$ und $NiO_{1.005}$ (bei gewöhnl. Temp.) bei 900 und 1000°C $n \approx 4$, H. H. v. BAUMBACH, C. WAGNER (*l. c.*). Diese Druckabhängigkeit wird an Proben, die durch Ox. von Ni oder durch Zers. von $Ni(OH)_2$ und nachfolgendes Sintern erhalten sind, bei Tempp. von ~800 bis 1000°C bestätigt, R. LINDSAY, J. J. BANEWICZ (*Phys. Rev.* [2] **99** [1955] 636). Erst bei 1300°C wird $n = 6$, S. P. MITOFF (*l. c.*).

Die geringe Abhängigkeit von p ($n \approx 14$) bei 300°C, die an einer bei 600°C aus $NiCO_3$ hergestellten Probe beobachtet wird, läßt sich dadurch erklären, daß der O-Gehalt trotz Senkung des $O_2$-Druckes auf 0.01 Torr so hoch bleibt, daß er durch Steigerung von p kaum weiter erhöht werden kann. Wird der O-Gehalt durch Glühen bei 600°C verringert und durch Abkühlen unter niedrigem Druck gering gehalten, so bewirkt eine Erhöhung von p bei 300°C eine irreversible Zunahme von $\varkappa$ proportional $p^{1/3}$, A. BIELAŃSKI, J. DEREŃ, J. HABER, J. SŁOCZYŃSKI (*Z. Physik. Chem.* [*Frankfurt*] [2] **24** [1960] 345/58, 347); vgl. auch A. BIELAŃSKI, J. DEREŃ, J. HABER, J. SŁOCZYŃSKI, T. WILKOWA (*Bull. Acad. Polon. Sci. Ser. Sci. Chim. Geol. Geograph.* **7** [1959] 333/8). — An Preßkörpern wird bei 300 und 400°C gefunden, daß n von p abhängt; bei $p < 10$ Torr ist $n \approx 2$, bei $p > 10$ Torr ist $n \approx 6$; möglicherweise ist bei kleinen $O_2$-Drucken die Fehlordnung in den äußeren Schichten der Probe so stark beeinflußbar, daß $\varkappa$ stärker von p abhängt, K. HAUFFE, G. MICUS, E. G. SCHLOSSER (*Z. Elektrochem.* **61** [1957] 163/73).

In Li-haltigen Proben $Li_xNi_{1-x}O$ mit $x = 0.005$ oder 0.01 hängt $\varkappa$ bei 800°C nicht von p (0.1 bis 760 Torr) ab. Zusätze von 0.5 bzw. 1.0 Mol-% $Cr_2O_3$ bewirken, daß bei 800°C $n = 4.5$ bzw. 4 ist, K. HAUFFE, J. BLOCK (*Z. Physik. Chem.* **196** [1951] 438/46). — Die Ergebnisse von umfangreichen Unterss. an verschieden hergestellten Proben bei verschiedenen Tempp. werden von A. W. CZANDERNA (*Thesis Purdue Univ., Lafayette, Ind.*, 1957, S. 1/197, 106/16, 166) nicht in Formeln zusammengefaßt, sondern nur tabellarisch wiedergegeben; beispielsweise ergibt sich an einem Einkristall zwischen 508 und 523°C bei Verringerung von p von 150 auf $5 \cdot 10^{-5}$ Torr eine Zunahme von $\rho$ von $2.8 \times 10^4$ auf $\sim 10^7$ und an einer aus dem Nitrat dargestellten und bei 800°C geglühten Probe zwischen 470 und 478°C, daß $\rho$ von 71 bei 149 Torr auf $1.37 \times 10^5$ bei 0.010 Torr zunimmt. — Ähnliche Angaben für den Temp.-Bereich von 20 bis 300°C s. bei Z. I. KIRYASHKINA, V. N. KOTELKOV (*Uch. Zap. Saratovsk. Gos. Univ.* **69** [1960] 131/8).

Bei der Zersetzung des Ni-Carbonats zwischen 500 und 1000°C bleibt der O-Überschuß so groß, daß $\rho$ zwischen 171 und 355 liegt; wird die Darst.-Temp. auf 1350 bzw. 1500°C erhöht, so steigt $\rho$ auf $8.86 \times 10^6$ bzw. $28.9 \times 10^6$, S. KOIDE, H. TAKEI (*J. Phys. Soc. Japan* **18** [1963] 319/20). Entsprechende Daten für Proben, die aus dem Nitrat zwischen 500 und 2000°C dargestellt sind, s. bei M. FOËX (*Bull. Soc. Chim. France* [5] **19** [1952] 373/9).

Eine unerwartete Änderung von n mit der Temp. ergibt sich an einer durch Ox. von Ni bei 1000°C erhaltenen Probe, nämlich $n = 3.7$ bei 1000°C und $n = 1$ bei 300°C. Dieselbe Probe, deren Widerstandszunahme bei der Bldg. aus Ni stufenweise erfolgt, soll sogar, wenn sie mehrere Std. lang bei 1000°C unter $10^{-5}$ Torr $O_2$ geglüht ist, beim Abkühlen auf 500°C n-leitend ($\rho \sim 0.1$) werden; je

nach der Wärmebehandlung ist die Umwandlung zwischen p- und n-Leitung reversibel oder irreversibel, S. TAKEUCHI, K. IGAHI (*Nippon Kinzoku Gakkaishi* B **14** [1950] Nr. 2, S. 16/21 [japan.]), K. IGAHI (*Bull. Naniwa Univ.* A **3** [1955] 113/23). — Der O-Gehalt kann nicht nur durch Änderung des $O_2$-Drucks, sondern auch durch Einw. anderer Gase beeinflußt werden. Da die Beziehung zwischen dem O-Überschuß und $\rho$ aus den vorstehend zitierten Arbeiten in großen Zügen bekannt ist, wird die Widerstandsänderung bei der Einw. anderer Gase vor allem deswegen gemessen, um die Rk. der betreffenden Gase mit NiO bzw. deren katalyt. Umwandlung zu verfolgen. — Den Einfluß von $H_2$ oder Luft auf reines sowie Li- oder Cr-haltiges NiO untersuchen bei verschiedenen Tempp. K. HAUFFE, A. RAHMEL (*Z. Physik. Chem.* [*Frankfurt*] **1** [1954] 104/28). Zur Änderung von $\rho$ beim Erhitzen in reiner oder $H_2$-haltiger Luft sowie in Äthanoldampf s. A. BIELAŃSKI, J. DEREŃ, J. HABER, J. SŁOCZYŃSKI, T. WILKOWA (*Bull. Acad. Polon. Sci. Ser. Sci. Chim. Geol. Geograph.* **7** [1959] 333/8). Reines $H_2$ bewirkt bei 300°C zunächst eine Zunahme von $\rho$ infolge Verringerung des O-Überschusses; die anschließende Abnahme von $\rho$ und der Übergang zur Elektronenleitung sind durch Ausscheidung von Ni zu erklären, L. F. HECKELSBERG, G. C. BAILEY, A. CLARK (*J. Am. Chem. Soc.* **77** [1955] 1373/4). Auch $NH_3$ bewirkt bei nicht zu kleinen Drucken Übergang zur n-Leitung, während $SO_2$ den Widerstand bei 300°C erhöht, K. HAUFFE, G. MICUS, E. G. SCHLOSSER (*Z. Elektrochem.* **61** [1957] 167/73). Sintern in $N_2$ bei hoher Temp. verringert $\varkappa$, F. J. MORIN (*Phys. Rev.* [2] **93** [1954] 1199/204). — Über den Einfluß von CO, $CO_2$ und Gemischen daraus auf $\varkappa$ s. A. BIELAŃSKI, J. DEREŃ, J. HABER, J. SŁOCZYŃSKI (*Z. Physik. Chem.* [*Frankfurt*] **24** [1960] 345/58). Einw. dieser Gase sowie von $O_2$ und $C_2H_2$ auf Li-haltiges NiO wird mit Hilfe von Leitf.-Messungen verfolgt, L. N. KUTSEVA, N. P. KEIER (*Probl. Kinetiki i Kataliza Akad. Nauk SSSR* Nr. 10 [1960] 82/7); analoge Verss. mit KW-Stoffen, L. YA. MARGOLIS (*Probl. Kinetiki i Kataliza Akad. Nauk SSSR* Nr. 10 [1960] 410/4).

Theoret. Erörterungen über die Änderung von $\varkappa$ während des Ablaufs von katalyt. Rkk. s. bei K. HAUFFE (*Angew. Chem.* **67** [1955] 189/207), A. KRAUSE (*Bull. Acad. Polon. Sci. Ser. Sci. Chim. Geol. Geograph.* **8** [1960] 83/8 [dtsch.]).

*Effect of Foreign Ions*

**Einfluß von Fremdionen.** Einfach geladene Kationen erhöhen die Leitf., Kationen mit 3 oder mehr Ladungen verringern sie, K. HAUFFE, A. L. VIERK (*Z. Physik. Chem.* **196** [1950] 160/80, 177). Die Abnahme von $\rho$ bei Li-Zusatz war der Ansatzpunkt, von dem aus der Leitungsmechanismus (s. S. 403) von NiO allmählich geklärt wurde. — Meßwerte für Proben der Zus. $Li_xNi_{1-x}O$ (oder genauer: $Li^+_xNi^{2+}_{1-2x}Ni^{3+}_xO$):

| x | 0.0025 | 0.01 | 0.05 | 0.1 | 0.5 | 2.42 | 4.75 | 9.05 |
|---|---|---|---|---|---|---|---|---|
| $\rho$ | 9530 | 5170 | 128.5 | 100 | 21 | 4.37 | 2.34 | 1.27 |

E. J. W. VERWEY, P. W. HAAYMAN, F. C. ROMEYN (*Chem. Weekblad* **44** [1948] 705/8; *Bull. Soc. Chim. France* **1949** D 122); vgl. auch E. J. W. VERWEY, P. W. HAAYMAN, F. C. ROMEYN, G. W. VAN OOSTERHOUT (*Philips Res. Rep.* **5** [1950] 173/87, 176, 179), E. J. W. VERWEY, F. A. KRÖGER (*Philips Tech. Rdsch.* **13** [1951] 90/6). Die in diesen Arbeiten enthaltenen Ergebnisse sowie die von F. J. MORIN (*Phys. Rev.* [2] **93** [1954] 1199/204) an Proben mit $x = 10^{-4}$ und $10^{-3}$ erhaltenen Meßdaten liegen auf einer Kurve und sind gut miteinander vereinbar, F. J. MORIN (*Bell System Tech. J.* **37** [1958] 1047/84, 1071). Zwischen x = 0.02 und 0.20 nimmt lg $\rho$ linear mit x ab, S. VAN HOUTEN (*Phys. Chem. Solids* **17** [1960] 7/17, 10). An dünnen Schichten mit x = 0.02 bis 0.48 ergibt sich ein Minimum bei x = 0.30, T. R. KOHLER, N. C. JAMISON (*Phys. Rev.* [2] **81** [1951] 322). Der Sättigungswert von $\varkappa$ wird bei $Li_2O$-Zusatz um so eher erreicht, je höher die Temp. (50 bis 400°C) ist; die durch $Ga_2O_3$ erreichbare Leitf.-Abnahme wird dagegen fast unabhängig von der Temp. (100 bis 600°C) schon bei einem Gehalt von ~0.5 Mol-% beobachtet, E. G. SCHLOSSER (*Z. Elektrochem.* **65** [1961] 453/62).

*Temperature Dependence*

**Temperaturabhängigkeit.** Wenn der Stromtransport als ein Diffusionsprozeß aufzufassen ist (s. S. 403), ist die Temp.-Abhängigkeit von $\rho$ durch die Formel $\rho = \rho_0 \cdot T \cdot \exp(q/kT)$ gegeben, R. R. HEIKES, W. D. JOHNSTON (*J. Chem. Phys.* **26** [1957] 582/7). Zur Wiedergabe ihrer Meßergebnisse benutzen dagegen die meisten Autoren die für Halbleiter übliche Formel $\rho = \rho_0' \cdot \exp(q'/kT)$. Der Unterschied zwischen q und q′ kann meist vernachlässigt werden, ausgenommen bei Erfassung größerer Temp.-Bereiche bei hohen Tempp. Wie stark q von geringen Verunreinigungen beeinflußt wird, zeigt **Fig. 180**, in der für 4 sehr reine Proben $\rho$/T als Funktion von 1/T dargestellt ist. Mit zunehmendem (durch Li-Zusatz bewirkten) $Ni^{3+}$-Gehalt wird der Anstieg der Geraden, die $\rho$ als Funktion von 1/T darstellen, flacher, S. VAN HOUTEN (*Phys. Chem. Solids* **17** [1960] 7/17, 9/10). Ähnliche $\rho$/T–1/T-Kurven, erhalten an Preßkörpern zwischen 300 und 800°K, s. bei S. KOIDE, H. TAKEI (*J. Phys. Soc. Japan* **18** [1963] 319/20).

Die von den einzelnen Autoren erhaltenen $\rho$–1/T-Kurven verlaufen sehr verschieden, so daß die daraus ermittelten Anregungsenergien q verschieden sind. Auch dieser Befund ist eine Folge des starken Einflusses des Sauerstoffgehalts und anderer Fehlordnungsgrößen auf die Bewegung der Stromträger. Der O-Gehalt wird z. B. durch mehrmaliges Erhitzen an der Luft oder durch Steigerung des $O_2$-Druckes erhöht; dadurch werden nicht nur die $\rho$–1/T-Kurven gesenkt, sondern auch die Stellen, an denen sich die Steigung ändert, verschoben. An einem Sinterkörper ergeben sich die in **Fig. 181** dargestellten Kurven; erst die **4.** Meßreihe ergibt reproduzierbare Werte, Z. S. Volchenkova, S. F. Pal'guev (*Tr. Inst. Khim. Akad. Nauk SSSR Ural. Filial* Nr. 2 [1958] 201/7). Der Umstand, daß die Temp.-Abhängigkeit (gem. zwischen 20 und 300°C) bei aufeinanderfolgenden Meßreihen nicht dieselbe ist, kann mit der Änderung des O-Gehalts zu erklären sein, Z. I. Kiryashkina, V. N. Kotelkov (*Uch. Zap. Saratovsk. Gos. Univ.* **69** [1960] 131/8, *C.A.* **58** [1963] 99). Ähnlich verschieben sich die an einem Einkristall erhaltenen $\rho$–1/T-Kurven bei Erhöhung des $O_2$-Druckes von 0.02 auf 150 Torr im Bereich von 500 bis 924°C, A. W. Czanderna (*Thesis Purdue Univ., Lafayette, Ind.*, 1957, S. 1/97, 110). Weitere, im wesentlichen übereinstimmende Angaben über den Einfluß des Sauerstoffüberschusses auf den Verlauf der lg $\rho$–1/T-Kurven s. bei E. R. S. Winter (*J. Chem. Soc.* **1955** 3824/34, 3830; *Discussions Faraday Soc.* Nr. 28 [1959] 183/91), S. Takeuchi, K. Igaki (*Nippon Kinzoku Gakkaishi* B **14** Nr. 2 [1950] 16/21 [japan.]), K. Igaki (*Bull. Naniwa Univ.* A **3** [1955] 113/23), R. Lindsay, J. J. Banewicz (*Phys. Rev.* [2] **99** [1955] 636), C. A. Hogarth (*Proc. Phys. Soc.* [*London*] B **64** [1951] 691/700), M. G. Harwood, N. Herzfeld, S. L. Martin (*Trans. Faraday Soc* **.46** [1950] 650/63). Nach T. J. Gray, P. W. Darby (*J. Phys. Chem.* **60** [1956] 209/17, 210) hängt der Betrag von q vom Zustand der Oberflächenschicht ab, die z. B. stärker mit O angereichert sein kann als das Kristallinnere. — Unterschiede im O-Gehalt sind offenbar auch die Ursache dafür, daß Y. Iida, S. Ozaki (*J. Am. Ceram. Soc.* **42** [1959] 219/28) an Proben, die aus $Ni(OH)_2$, $Ni(NO_3)_2$, $NiCO_3$, $NiC_2O_4$ oder $NiSO_4$ hergestellt, aber sonst gleich behandelt (5 Std. bei 1200°C gesintert) sind, verschiedene q-Werte finden; vgl. auch Y. Iida, K. Shimada, S. Ozaki (*Bull. Chem. Soc. Japan* **33** [1960] 1372/5, *C.A.* **1961** 13148).

Fig. 181.

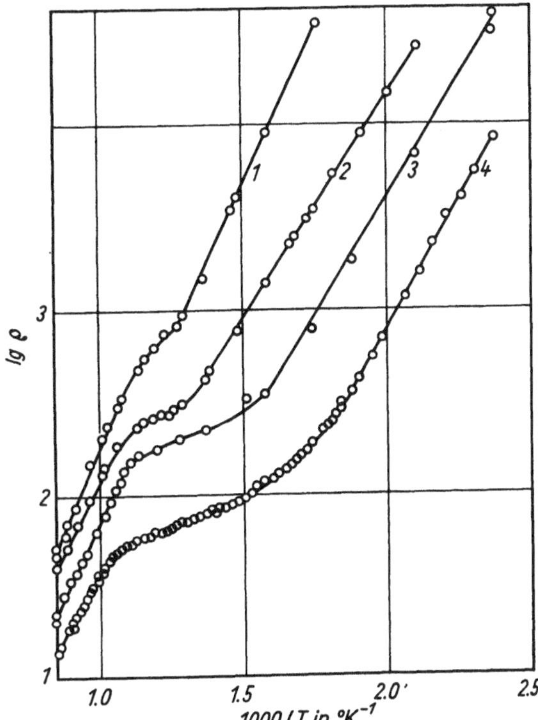


Temp.-Abhängigkeit des spezif. Widerstandes $\rho$ eines NiO-Sinterkörpers in mehreren aufeinanderfolgenden Meßreihen (1 bis 4).

Fig. 180.

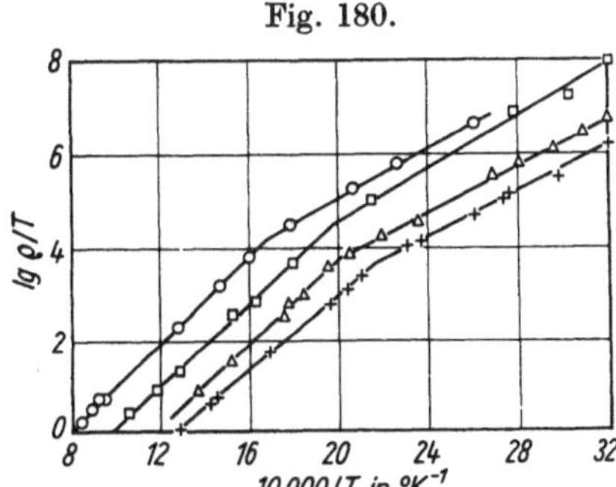


Temp.-Abhängigkeit von $\rho$/T, gem. an 4 sehr reinen NiO-Proben.

Messungen an einer Probe der Zus. $NiO_{1.002}$ zwischen 125 und 500°C, A. Bielański, J. Dereń, J. Haber, J. Słoczyński (*Z. Physik. Chem.* [*Frankfurt*] [2] **24** [1960] 345/58, 347); s. auch A. Bie-

LAŃSKI, J. DEREŃ, J. HABER, J. SŁOCZYŃSKI, T. WILKOVA (*Bull. Acad. Polon. Sci. Ser. Sci. Chim. Geol. Geograph.* **7** [1959] 333/8). — Einzelwerte für q, erhalten an NiO-Proben ohne Angabe der genauen Zus., s. R. W. WRIGHT, J. P. ANDREWS (*Proc. Phys. Soc.* [*London*] A **62** [1949] 446/55), M. KAMI-

Fig. 182.

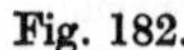

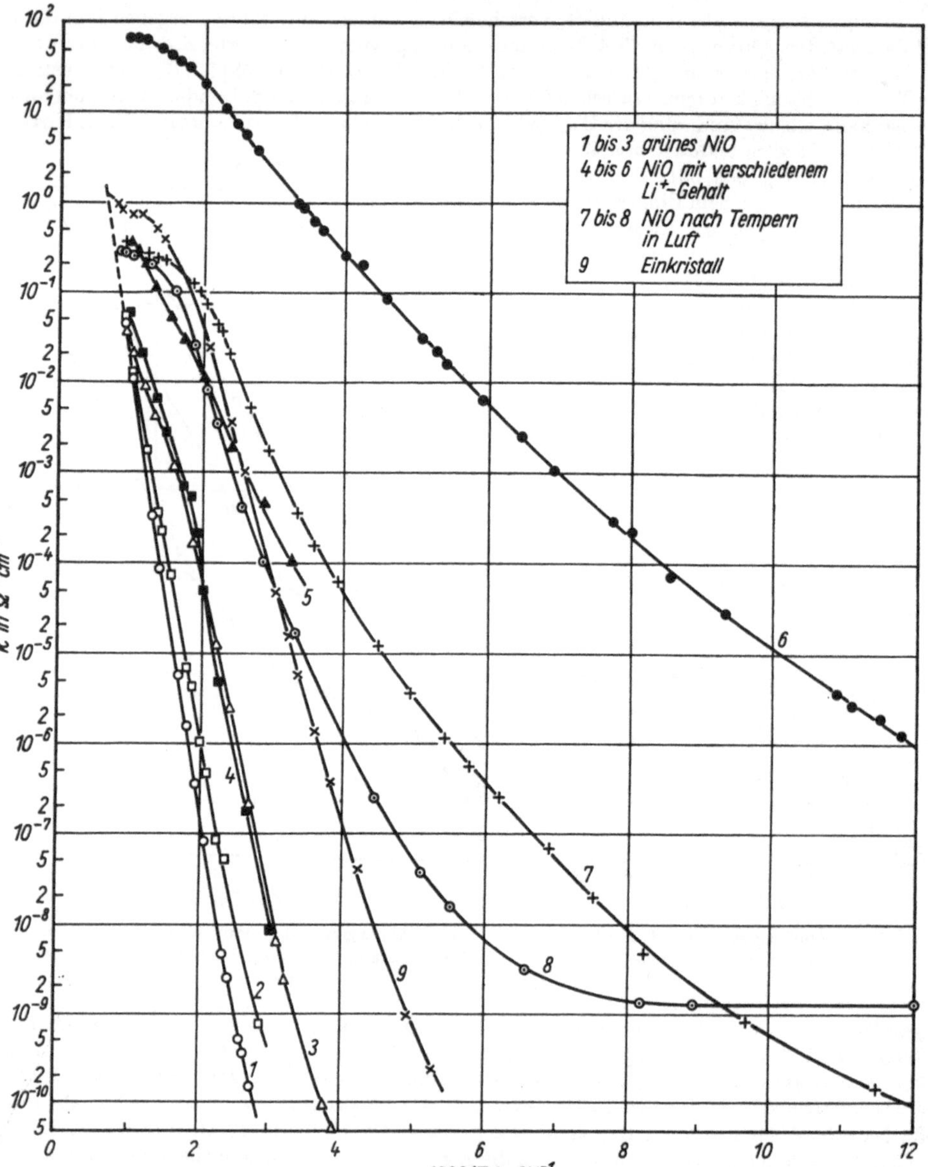

Temp.-Abhängigkeit der spezif. elektr. Leitf. ϰ von 8 NiO-Sinterkörpern (1 bis 8) und einem NiO-Einkristall (9).

YAMA, Z. NARA (*Oyo Butsuri* **21** [1952] 400/2 [japan.]), S. P. MITOFF (*J. Chem. Phys.* **35** [1961] 882/9).

In einem ϰ-1/T-Diagramm verlaufen die Kurven um so höher, je größer der O-Überschuß oder der Li-Gehalt ist, s. **Fig. 182.** Die Kurven sind erhalten an einem Einkristall (9) und 8 Sinterkörpern (1 bis 8); Einzelheiten über die Sinterbedingungen (Temp. $t_s$, Dauer $D_s$ in Std., Atm.):

| Proben-Nr. | Ausgangsmaterial | $t_s$ | $D_s$ | Atm. |
|---|---|---|---|---|
| 1 | $NiCO_3$ | 1250°C | 15 | $N_2$ mit 0.1% $H_2$ |
| 2 | $NiC_2O_4$ | 1250°C | 15 | $N_2$ mit 0.03% $H_2$ |
| 3 | $NiCO_3$ | 1150°C | 15 | $N_2$ mit 0.2% $H_2$ |
| 4, 5 | $NiC_2O_4 + Li_2CO_3$ | 1250°C | 15 | $N_2$ mit 0.03% $H_2$ |
| 6 | $Ni(NO_3)_2 + LiNO_3$ | 1100°C | 16 | $O_2$ |
| 7 | $Ni(NO_3)_2$ | 1200°C | 16 | $O_2$ |
| 8 | $Ni(NO_3)_2$ | 1500°C | 2 | Luft |

In Probe 5 ist der Li-Gehalt etwa 10mal so groß wie in Probe 4, F. J. Morin (*Phys. Rev.* [2] **93** [1954] 1199/204). Den Einfluß verschiedener Zusätze auf die Temp.-Abhängigkeit von $\varkappa$ veranschaulichen die Kurven in **Fig. 183.** Alle Proben sind durch Zers. der Nitrate erhalten und nach dem Zermahlen 4 Std. lang in Luft geglüht; Konz. der Fremdionen in $cm^{-3}$: $1.07 \times 10^{20} Li^+$(1), $5.6 \times 10^{20} Li^+$(2), $10.2 \times 10^{20} Li^+$(3), $15.9 \times 10^{20} Ag^+$(4), $6.0 \times 10^{20} Cr^{3+}$(5), $8.0 \times 10^{20} W^{3+}$(6), $10.5 \times 10^{20} Ce^{4+}$(7); die Werte für die Ag-haltige Probe (×) liegen auf der an reinem NiO erhaltenen Kurve, G. Parravano (*J. Chem. Phys.* **23** [1955] 5/10). Der Einfluß der Konz. der Li-Zusätze ist schon lange bekannt und, da er schwer reproduzierbar ist, immer wieder untersucht worden. Ergebnisse, die außer vom Li-Gehalt auch von anderen Faktoren, vor allem vom O-Gehalt (der jedoch nicht immer angegeben wird) abhängen, s. bei E. J. W. Verwey, P. W. Haaijman, F. C. Romeijn, G. W. van Oosterhout (*Philips Res. Rep.* **5** [1950] 173/87, 176/82), T. R. Kohler, N. C. Jamison (*Phys. Rev.* [2] **81** [1951] 322), R. R. Heikes, W. D. Johnston (*J. Chem. Phys.* **26** [1957] 582/7), T. P. Janusz, R. R. Heikes, W. D. Johnston (*J. Chem. Phys.* **26** [1957] 973/4), N. P. Keier, S. Z. Roginskii, I. S. Sazonova (*Izv. Akad. Nauk SSSR Ser. Fiz.* **21** [1957] 183/91; *Bull. Acad. Sci. USSR Phys. Ser.* **21** [1957] 184/91), E. R. S. Winter (*Discussions Faraday Soc.* Nr. 28 [1959] 183/91), Y. Iida, K. Shimada (*Bull. Chem. Soc. Japan* **33** [1960] 8/11), Ya. M. Ksendzov, L. N. Ansel'm, L. L. Vasil'eva, V. M. Latysheva (*Fiz. Tverd. Tela* **5** [1963] 1537/47, 1539).

Fig. 183.

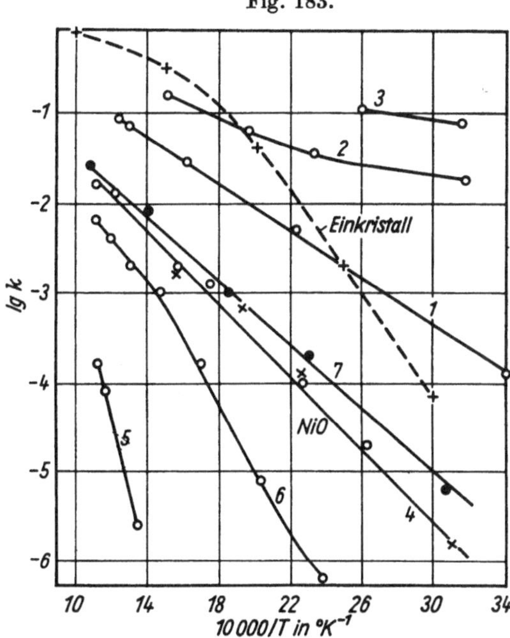


Einfluß verschiedener Zusätze (s. Text) auf die Temp.-Abhängigkeit der spezif. elektr. Leitf. von NiO.

Durch $Cr_2O_3$-Zusatz (1 Mol-%) wird $\rho$ erhöht, die Steigung der lg $\varkappa$–1/T-Kurve zwischen 280 und 500°C jedoch kaum verändert, K. Hauffe, A. L. Vierk (*Z. Physik. Chem.* **196** [1950] 160/80, 177). — Einzelangaben für Mischoxide mit 5 Mol-% $Al_2O_3$ oder CuO s. Y. Iida, K. Shimada (*l. c.*). Mit steigendem CuO-Gehalt (gem. bis 26 Mol-%) wird der Knickpunkt der lg $\rho$–1/T-Kurven zu tieferen Tempp. (bis 20°C) verschoben, Y. Shimomura, I. Tsubokawa (*J. Phys. Soc. Japan* **9** [1954] 19/21).

Da die Temp., bei der einige lg $\rho$–1/T-Kurven einen Knickpunkt haben, in der Nähe der Néel-Temp. liegt, ist versucht worden, die Differenz der q-Werte für die beiden Temp.-Bereiche mit der Energie der Austauschwechselwrkg. in Zusammenhang zu bringen, s. beispielsweise M. Foëx (*Bull. Soc. Chim. France* **1952** 373/9), E. Yamaka, K. Sawamoto (*Phys. Rev.* [2] **112** [1958] 1861/2). Eine unmittelbare Beziehung dürfte jedoch kaum bestehen, da solche Knickpunkte nicht selten bei erheblich höheren Tempp. liegen oder nur mit einer gewissen Willkür fixiert werden können. — Eine stetige Änderung der Steigung der lg $\varkappa$–1/T-Kurve kommt bei tiefen Tempp. ($\lesssim$230°K) dann zustande, wenn die Korngrenzen an der Leitf. beteiligt sind, F. J. Morin (*Phys. Rev.* [2] **93** [1954] 1199/204, 1204).

Ältere Angaben über die Temp.-Abhängigkeit von $\varkappa$, A. I. Belyaev, Ya. E. Studentsov (*Legkie Met.* **6** [1937] Nr. 3, S. 17/24), H. H. v. Baumbach, C. Wagner (*Z. Physik. Chem.* B **24** [1934] 59/67),

M. LE BLANC, H. SACHSE (*Ber. Verhandl. Saechs. Akad. Wiss. Leipzig, Math.-Naturw. Kl.* **82** [1930] 133/40; *Physik. Z.* **32** [1931] 887/9), S. VEIL (*Compt. Rend.* **170** [1920] 939).

*Pressure Dependence*

**Druckabhängigkeit.** Der spezif. Widerstand einer aus $NiCO_3$ bei 1000°C an der Luft dargestellten Probe verringert sich zwischen p = 10000 und p = 50000 kg/cm² bei 25°C von $10^8$ bis $10^9$ auf $\sim 10^5$, bei 100°C auf $\sim 10^4$, bei 200°C auf $\sim 10^{-3}$, P. W. BRIDGMAN (*Proc. Am. Acad. Arts Sci.* **79** [1950/51] 127/48, 134). Handelsprodd. von grünem und schwarzem Ni sowie spektroskopisch reines NiO zeigen mit steigendem Druck zunächst eine verschieden große Erhöhung von $\rho$ bis $p \approx 60000$ atm, dann ein Absinken; an gesinterten und dann gepulverten Präpp. aus NiO und $Li^+$-haltigem NiO ist eine langsame Abnahme von $\rho$ festzustellen. Durch mehrmalige Kompression auf $p > 100000$ atm gelangen die Proben in einen Zustand, in dem $\rho$ bei gegebener Temp. konstant ist und, mit Ausnahme des spektroskopisch reinen NiO, mit steigendem Druck fällt. Alle Proben bleiben p-Leiter, A. P. YOUNG, W. B. WILSON, C. M. SCHWARZ (*Phys. Rev.* [2] **121** [1961] 77/82).

*Frequency Dependence*

**Frequenzabhängigkeit.** Im Rahmen von systemat. Unterss. an verschiedenen Halbleitern wird von R. PARKER, M. S. SMITH (*J. Electron. Control* **5** [1958] 354/61, 358) auch ein NiO-Sinterkörper untersucht.

*Hall Effect*

**Hall-Effekt.** In Feldern bis H = 30 kOe ist die HALL-Spannung, gem. an Einkristallen und an einem Sinterkörper der Zus. $Li_{0.034}Ni_{0.966}O$, proportional H, d. h. die Größe des HALL-Koeff. R ist von H unabhängig. Mit steigender Temp. nimmt R ab; lg R ist eine lineare Funktion von 1/T bis $\sim$150°C, bei höheren Temppp. wird der Abfall von lg R steiler. Die HALL-Beweglichkeit $\mu$ der Stromträger fällt ebenfalls mit steigender Temp. Bei 300°K ist $\mu = 0.20$ $cm^2 \cdot V^{-1} \cdot s^{-1}$ (Einkristall) bzw. 0.07 $cm^2 \cdot V^{-1} \cdot s^{-1}$ (NiO mit $Li_2O$-Zusatz); auch zwischen 700 und 1000°C bleibt $\mu < 1$ $cm^2 \cdot V^{-1} \cdot s^{-1}$, V. P. ZHUZE, A. I. SHELYCH (*Fiz. Tverd. Tela* **5** [1963] 1756/9; *Soviet Phys. Solid State* **5** [1963] 1278/80). Zu den gleichen Ergebnissen (R > O, Art der Temp.-Abhängigkeit von lg R) gelangen auch YA. M. KSENDZOV, L. N. ANSEL'M, L. L. VASIL'EVA, V. M. LATYSHEVA (*Fiz. Tverd. Tela* **5** [1963] 1537/47, 1541; *Soviet Phys. Solid State* **5** [1963] 1116/23) an Proben der Zus. $Li_{0.0285}Ni_{0.971}O$ und $Li_{0.093}Ni_{0.908}O$; dagegen ist die Temp.-Abhängigkeit von R für $Li_{0.011}Ni_{0.988}O$ wegen techn. Schwierigkeiten nicht feststellbar. Mit zunehmendem Li-Gehalt wird R kleiner. $\mu$ liegt in der Größenordnung $10^{-2}$ und hat in der Nähe der gewöhnl. Temp. ein Max.; mit zunehmender Temp. nimmt $\mu$ exponentiell ab. — Ein Einzelwert von R, den S. FUJIME, M. MURAKAMI, E. HIRAHARA (*J. Phys. Soc. Japan* **16** [1961] 183/6) bei 16°C erhalten, liegt etwas unterhalb der für Einkristalle erhaltenen Kurven. Dagegen sind die von R. W. WRIGHT, J. P. ANDREWS (*Proc. Phys. Soc.* [*London*] A **62** [1949] 446/55) erhaltenen R-Werte (Meßbereich 150 bis 450°C) um einige Größenordnungen größer, offenbar deswegen, weil die durch Ox. von Ni bei 1000°C erhaltenen Proben noch Spuren von Ni enthielten. Die Rückschlüsse, die F. MORIN (*Bell System Tech. J.* **37** [1958] 1047/84, 1071) aus diesen Ergebnissen zieht, können daher nicht für reines NiO gelten.

*Thermoelectric Power*

**Thermokraft** $\alpha$ in $\mu$V/grd. Wie die spezif. Leitf. wird auch $\alpha$ von allen Faktoren beeinflußt, die Abweichungen von der stöchiometr. Zus. oder Änderungen der Konz. der Fehlstellen bewirken. Daher differieren die in der Lit. vorliegenden Werte ziemlich stark (für NiO ohne Fremdionen zwischen 300 und 700), und die Angaben über den Temp.-Koeff. widersprechen sich. Zusätze, die die Leitf. erhöhen (Li), sowie Sauerstoffüberschuß verringern meistens $\alpha$, dreiwertige Ionen (Cr, W) erhöhen $\alpha$ im allgemeinen. Durch $Ga_2O_3$ wird auch das Vorzeichen von $\alpha$ umgekehrt ($\alpha < 0$), während sonst wegen der p-Leitung $\alpha$ immer positiv ist.

*Dependence on Oxygen Content*

**Abhängigkeit vom Sauerstoffgehalt.** Theoretisch müßte $\alpha$ mit dem Sauerstoffdruck p nach $\alpha = \alpha_0 - b \cdot p^{1/6}$ abnehmen, C. A. HOGARTH (*Nature* **161** [1948] 60/1; *Phil. Mag.* [7] **39** [1948] 260/7). Eine solche Änderung wird an grünem NiO angenähert beobachtet; im 2. Term der obigen Formel $b \cdot p^{1/n}$ ergibt sich n = 5.7, 5.5, 5.4, 5.2 bei T = 500, 600, 700, 800°K. Dagegen ist die Thermokraft einer schwarzen Probe der Zus. $NiO_{1.05}$ von p fast unabhängig: n = 20, C. A. HOGARTH (*Proc. Phys. Soc.* [*London*] B **64** [1951] 691/700). Wie die allmähliche Änderung des O-Gehalts unter der Einw. verschiedener Gase ($O_2$, CO, $CO_2$, $N_2O$, $H_2O$, $H_2$) die Größe von $\alpha$ beeinflußt, wird in zahlreichen Meßreihen an grünem NiO bei verschiedenen Drucken und Temppp. von G. PARRAVANO, C. A. DOMENICALI (*J. Chem. Phys.* **26** [1957] 359/66) untersucht; unter He bleibt $\alpha$ erwartungsgemäß unverändert. — Mit steigender Temp. wird nach Messungen an einem Einkristall der Einfluß von p (in Torr) auf $\alpha$ geringer, s. **Fig. 184**; bei 924°C ist $\alpha$ von p unabhängig, A. W. CZANDERNA (*Thesis Purdue Univ., Lafayette, Ind.*, 1957, S. 1/197, 105/16). — Ältere Angaben über die Thermokraft von NiO gegen Pt in $O_2$, Luft und $N_2$ zwischen 950 und 1000°C s. H. H. v. BAUMBACH, C. WAGNER (*Z. Physik. Chem.* B **24**

[1934] 59/67). Über die Zunahme von $\alpha$ infolge Glühbehandlung bei 1000°C (Verringerung des O-Überschusses) s. F. FISCHER, K. DEHN, H. SUSTMANN (*Ann. Physik* [5] **15** [1932] 109/26, 118).

**Einfluß von Zusätzen und Temperaturabhängigkeit.** Zwischen 50 und 200°C wird $\alpha$ durch 0.05 Mol-% $Ga_2O_3$ stärker verringert als durch 0.05 Mol-% $Li_2O$; bei höherem $Ga_2O_3$-Gehalt wird $\alpha$ negativ, erreicht bei 1 Mol-% Extremwerte und fällt dann (dem Betrage nach) bis 2 Mol-% stark ab. Bei

*Effect of Additives and Temperature Dependence*

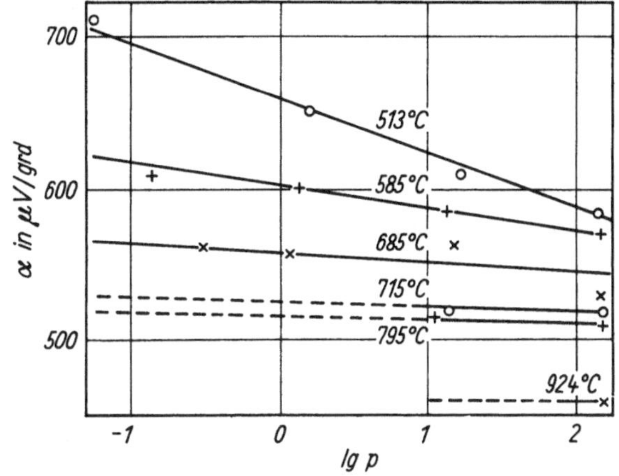


Fig. 184.

Abhängigkeit der Thermokraft $\alpha$ vom $O_2$-Druck p (in Torr) bei verschiedenen Tempp.

höherem $Li_2O$-Gehalt nimmt $\alpha$ weiterhin, jedoch allmählich schwächer ab, E. G. SCHLOSSER (*Z. Elektrochem.* **65** [1961] 453/62, 455).

Für NiO und einige Proben mit Zusätzen (zur Kennzeichnung s. S. 409, Probe 8 mit einem kleinen MgO-Gehalt) ist die Temp.-Abhängigkeit von $\alpha$ in **Fig. 185** dargestellt, G. PARRAVANO (*J. Chem.*

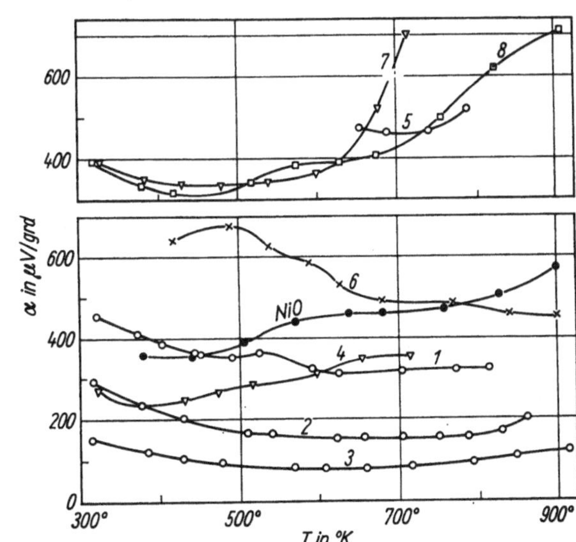


Fig. 185.

Temp.-Abhängigkeit der Thermokraft von reinem NiO und von einigen Proben aus NiO und Oxidzusätzen (vgl. Fig. 182, S. 408).

*Phys.* **23** [1955] 5/10). Ähnliche Ergebnisse an Proben mit 7.5 bis 20% Li im Bereich bis 1300°K findet S. VAN HOUTEN (*Phys. Chem. Solids* **17** [1960] 7/17, 9), vgl. S. 406/7. Bei tiefen Tempp. hat $\alpha$ ein Max., das mit wachsendem Li-Gehalt flacher wird und sich zu tieferen Tempp. verschiebt ($\sim$150°K bei 1 At.-% Li, $\sim$95°K bei 20 At.-% Li); bei $\sim$50°K scheint ein Vorzeichenwechsel von $\alpha$ stattzufinden, YA. M. KSENDZOV, L. N. ANSEL'M, L. L. VASIL'EVA, V. M. LATYSHEVA (*Fiz. Tverd. Tela* **5** [1963] 1537/47, 1540; *Soviet Phys. Solid State* **5** [1963] 1116/23). Im Vakuum ist $\alpha$, gem. an einem Einkristall, zwischen $\sim$500 und 900°K eine lineare Funktion von 1/T; mit zunehmendem $O_2$-Druck

wird die Steigung der entsprechenden Geraden unterhalb ~820°K kleiner, bei höheren Tempp. jedoch nicht, so daß in der Nähe dieser Temp. ein Knickpunkt auftritt, A. W. CZANDERNA (*l. c.*). Nach Messungen zwischen 350 und 650°C ist auch bei Proben, die durch Ox. von Ni bei 1000°C dargestellt sind, $\alpha$ eine lineare Funktion von 1/T, R. W. WRIGHT, J. P. ANDREWS (*Proc. Phys. Soc.* [*London*] A **62** [1949] 446/55, 450). — Eine Reihe von Unregelmäßigkeiten auf $\alpha$–t-Kurven, darunter Unstetigkeiten in der Nähe des NÉEL-Punkts an 2 aus dem Nitrat bei 640 bzw. 950°C dargestellten Proben, beobachten A. CIMINO, E. MOLINARI, G. ROMEO (*Z. Physik. Chem.* [*Frankfurt*] [2] **16** [1958] 101/25, 114/6; *Atti Acad. Naz. Lincei Rend. Classe Sci. Fis. Mat. Nat.* **24** [1958] 49/54).

Über die Verwendbarkeit von $Li_{0.04}Ni_{0.96}O$ zur thermoelektr. Stromerzeugung zwischen 800 und 1100°C s. J. C. DANKO, G. R. KILP, H. M. FERRARI (*Solid-State Electron.* **3** [1961] 233/8, *C.A.* **57** [1962] 1660).

*Pressure Dependence*

**Druckabhängigkeit.** Zwischen 10000 und 65000 atm wird $\alpha$ im Bereich von 65 bis 90°C um 100 bis 150 verringert, A. P. YOUNG, W. B. WILSON, C. M. SCHWARTZ (*Phys. Rev.* [2] **121** [1961] 77/82).

*Electron Emission. Work Function*

**Elektronenemission. Austrittsarbeit** $\varphi$ in eV. Bei der Ox. nimmt die Austrittsarbeit einer Ni-Oberfläche von $\varphi \approx 5.0$ auf $\varphi = 6.36$, den offenbar für NiO geltenden Wert, zu, R. C. L. BOSWORTH (*Trans. Faraday Soc.* **35** [1939] 397/402). Die durch den Oxidüberzug bedingte Erhöhung von $\varphi$ ist um so größer, je tiefer die Temp. ist (Meßbereich bis −190°C), O. BÖTTGER (*Z. Physik* **144** [1956] 269/95, 287). — Über die Änderung von $\varphi$ unter dem Einfluß adsorbierter Gase s. R. SUHRMANN (*Arbeitstagung Festkörperphysik, Dresden* **1954** [1955], S. 188/95), V. I. LYASHENKO, I. I. STEPKO (*Izv. Akad. Nauk SSSR Ser. Fiz.* **21** [1957] 201/5; *Bull. Acad. Sci, USSR Phys. Ser.* **21** [1957] 201/5). Theoret. Überlegungen hierzu s. F. F. VOL'KENSHTEIN (*Zh. Fiz. Khim.* **32** [1958] 2383/91).

Das Kontaktpotential gegen Au müßte ~1.5 V betragen; an einer nicht näher bezeichneten Probe findet A. V. IOFFE (*J. Phys. USSR* **10** [1946] 49/60, 52) 0.28 V. — Durch $Li_2O$-Zusatz wird $\varphi$ bei 8% um ~0.4 eV verringert; Zusatz von 1% $Fe_2O_3$ erhöht $\varphi$ um ~0.14 eV; ein MgO-Zusatz verändert $\varphi$ nur wenig, E. KH. ENIKEEV, L. YA. MARGOLIS, S. Z. ROGINSKII (*Dokl. Akad. Nauk SSSR* **130** [1960] 807/9; *Proc. Acad. Sci. USSR Phys. Chem. Sect.* **130** [1960] 99/101).

*Photoelectric Electron Emission*

**Lichtelektrische Elektronenemission.** Wegen der großen Austrittsarbeit ist eine Photokathode aus oxydiertem Ni gegen Sonnenlicht sehr wenig empfindlich. Im UV nimmt die Quantenausbeute zwischen 2537 und 2200 Å um den Faktor 10 zu, L. DUNKELMAN (*J. Opt. Soc. Am.* **45** [1955] 134/5). An einer dünnen NiO-Schicht auf Ni setzt der Photoeffekt bei ~5.6 eV (~2200 Å) ein; adsorbiertes CO verringert die langwellige Grenze um ~1 eV, F. WILESSOW, A. TERENIN (*Naturwissenschaften* **46** [1959] 167/8). Einzelheiten über die Energieverteilung der Photoelektronen als Funktion der Energie der Photonen (6.3 bis 9.8 eV) s. F. I. VILESOV (*Dokl. Akad. Nauk SSSR* **141** [1961] 1068/71; *Soviet Phys. Dokl.* **6** [1961] 1078/80). — Die Unters. der Abhängigkeit der spektralen Empfindlichkeit vom O-Gehalt (variiert durch Sorption von $O_2$ oder $H_2$) zeigt, daß die Oberfläche anscheinend aus Bezirken mit verschiedenen Austrittsarbeiten besteht; für eine Gruppe liegt $\varphi$ zwischen 5.04 und 5.41, für die andere zwischen 5.70 und 5.88, J. S. ANDERSON, D. F. KLEMPERER (*Proc. Roy. Soc.* [*London*] A **258** [1960] 350/76, 370).

*Secondary Emission*

**Sekundäremission.** Über die Ausbeute als Funktion des Einfallswinkels der Primärelektronen s. YU. M. KUSHNIR, SH. M. RACHIMOV, N. A. LAZUKOV (*Zh. Tekhn. Fiz.* **16** [1946] 1105/10). Zur Aktivierung von NiO-Kathoden durch das Auftreffen von Elektronen s. G. S. MIKHAILOV (*Ukr. Fiz. Zh.* **3** [1958] 112/5). Max. im Energiespektrum der Sekundärelektronen lassen sich als AUGER-Effekt in den Ni- und O-Atomen deuten, J. J. LANDER (*Phys. Rev.* [2] **91** [1953] 1382/7).

*Exoelectron Emission*

**Exoelektronenemission.** Bei Oxidpulvern, darunter NiO, die nach Anregung mit Röntgenstrahlung aufgeheizt werden, erreicht die Exoelektronenemission ein Max. bei 160°C, H. HIESLMAYR, H. MÜLLER (*Z. Physik* **152** [1958] 642/54, 651).

*Optical Properties*

## Optische Eigenschaften

*Transparency. Absorption Coefficient. Color*

**Durchlässigkeit** T in %. **Extinktionsmodul** $\alpha$ in $cm^{-1}$. **Farbe.** Im fernen UR ($h\nu < 0.1$ eV) ist die Absorption durch Gitterschwingungen (s. S. 393) und magnet. Schwingungen (s. S. 402) bedingt. Im ultraroten und sichtbaren Bereich setzt sich die Absorption aus einem Kontinuum und einzelnen Linien zusammen. Die Stärke der kontinuierlichen Absorption hängt entscheidend von der Zus. der Proben, d. h. von der Konz. der Fehlstellen bzw. vom O-Überschuß ab; sie ist proportional $(h\nu\text{–}4\,eV)^{-4}$. Die erste Absorptionslinie bei 0.24 eV (~1940 $cm^{-1}$) verschwindet oberhalb der NÉEL-Temp., ist

also durch die Spinorientierung bedingt, R. Newman, R. M. Chrenko (*Phys. Rev.* [2] **114** [1959] 1507/13). Über das Zustandekommen dieser Linie s. Y. Mizuno, S. Koide (*Phys. Kondensierten Materie* **2** [1964] 166/79). Die weiteren Absorptionslinien (s. **Fig. 186**) entstehen beim Übergang des $Ni^{2+}$ in angeregte Zustände (vgl. „*Nickel*" *Tl.* A unter „Atom und Atomionen"):

| Anregungszustand . . . | $^3T_{2g}$ | $^1E_g$ | $^3T_{1g}$ | — | $^1T_{2g}$ | $^3T_{1g}$ | $^1A_{1g}$ | $^1T_{1g}$ |
|---|---|---|---|---|---|---|---|---|
| $h\nu$ in eV . . . . . . . . | 1.13 | 1.75 | 1.95 | 2.15 | 2.75 | 2.95 | 3.25 | 3.52 |
| $\alpha$ in $cm^{-1}$ . . . . . . . . | 380 | 950 | 450 | 230 | 950 | 1900 | 9000 | 12000 |

Bei genau stöchiometr. Zus. ist die kontinuierliche Absorption schwach, so daß die gute Durchlässigkeit zwischen 1.75 und 2.75 eV (~14100 bis 22200 $cm^{-1}$) die seit langem bekannte grüne Färbung bedingt, R. Newman, R. M. Chrenko (*l. c.*), V. Regnault (*Ann. Chim. Phys.* [2] **62** [1836] 337/88,

Fig. 186.

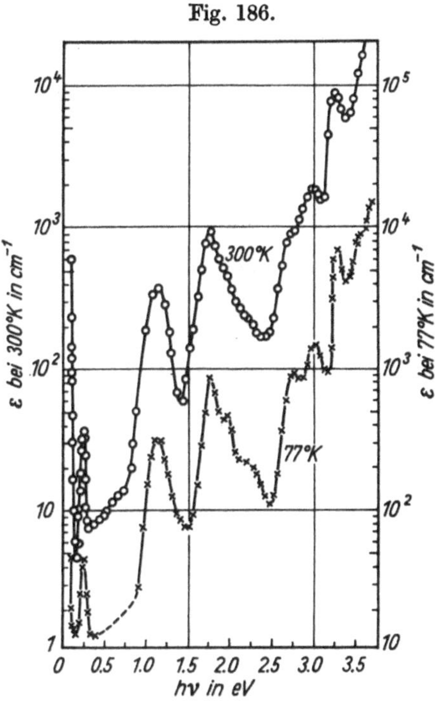


Absorptionsspektrum (Extinktionsmodul als ε bezeichnet) von NiO bei 77 und 300° K.

Fig. 187.

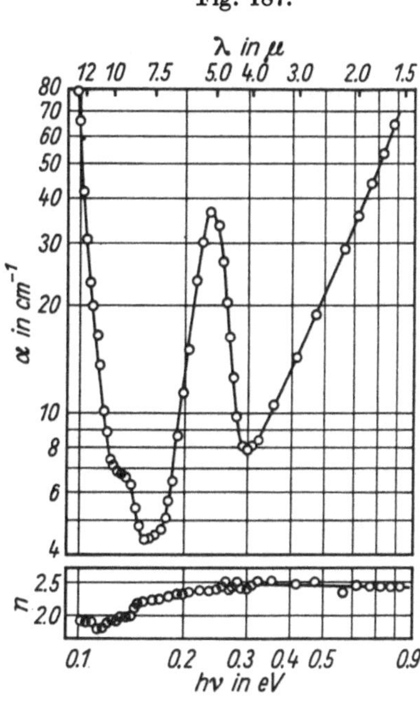


Extinktionsmodul α und Brechungszahl n von NiO im UR.

353), Berthier (*Schweiggers J. Chem. Phys.* **28** [1820] 148/54, 154), Ebelmen (*Compt. Rend.* **33** [1851] 526/9). Mit zunehmendem O-Überschuß wird die Durchlässigkeit auch im grünen Bereich immer geringer; derartige Proben sind dunkelgrün bis schwarz, S. S. Bhatnagar, G. S. Bal (*J. Indian Chem. Soc.* **11** [1934] 603/16), R. Newman, R. M. Chrenko (*l. c.*). Die Übergänge zu den 7 genannten Anregungszuständen, jedoch mit etwas abweichender Zuordnung, beobachtet auch D. S. McClure (*Phys. Chem. Solids* **3** [1957] 311/7). Mehr Einzelheiten über die Absorption im UR zeigt **Fig. 187** nach R. W. Johnston, D. C. Cronemeyer (*Phys. Rev.* [2] **93** [1954] 634/5). Absorptionsmax. bei 8600, 15400 und oberhalb 22000 $cm^{-1}$ entsprechend den Übergängen nach $^3T_{2g}$, $^1E_g$ bzw. $^1T_{2g}$ findet auch F. J. Morin (*Bell System Tech. J.* **37** [1958] 1047/84, 1055). Zur vorläufigen Deutung der Lage der Absorptionsmax. anhand des Bändermodells s. F. J. Morin (*Phys. Rev.* [2] **93** [1954] 1199/204).

Wie der O-Gehalt hängt auch die Farbe von NiO-Proben von der Darst.-Temp. ab; über diesen Zusammenhang berichten beispielsweise W. Klemm, W. Schüth (*Z. Anorg. Allgem. Chem.* **210** [1933] 33/56, 34), D. P. Bogatsky (*Zh. Obshch. Khim.* **7** [1937] 1397/401), M. Foëx (*Bull. Soc. Chim. France* **1952** 373/9). Da der O-Gehalt auch auf andere Weise als die Darst.-Temp. beeinflußt werden kann, wird der Farbwechsel auch bei anderen Einww. bemerkt, z. B. bei Absorption von $O_2$ in einer ober-

flächennahen Schicht von M. LE BLANC, H. SACHSE (*Ber. Verhandl. Saechs. Akad. Wiss. Leipzig, Math.-Naturw. Kl.* **82** [1930] 133/40), E. R. S. WINTER (*J. Chem. Soc.* **1955** 3824/34, 3830). Umgekehrt wird schwarzes NiO bei Tempern im Vak. bei 250°C oder in $H_2$-Atm. bei 100°C grüngelb, M. C. BOSWELL, R. K. ILER (*J. Am. Chem. Soc.* **58** [1936] 924/9).

Auch $Li^+$-Zusatz verstärkt die kontinuierliche Absorption, so daß Li-haltiges NiO schwarz aussieht, E. J. W. VERWEY, F. A. KRÖGER (*Philips Tech. Rundschau* **13** [1951] 90/6), R. NEWMAN, R. M. CHRENKO (*l. c.* S. 1511). — Über die Änderung der Extinktion zwischen 13000 und 25000 $cm^{-1}$ durch Mg-Zusatz s. H. GÖSSLING (*Diss. Bonn* 1957, S. 43). — Im UV ist NiO undurchlässig, A. BERTON (*Compt. Rend.* **207** [1938] 625/7). Die Absorption bei $h\nu > 4$ eV dürfte durch den Elektronenübergang $Ni^{2+} + O^{2-} \rightarrow Ni^+ + O^-$ bedingt sein, R. NEWMAN, R. M. CHRENKO (*l. c.* S. 1509/10).

*Reflectivity*

**Reflexionsvermögen** R. Zwischen einem Max. ($R \approx 85\%$) bei 0.65 eV und einem Minimum ($R \approx 0$) bei 0.8 eV fällt R steil ab; im nahen UR und im sichtbaren Bereich ist $R \approx 16\%$; im UV tritt bei ~4 eV ein kleines Max. auf, R. NEWMAN, R. M. CHRENKO (*l. c.* S. 1508).

*Emissivity*

**Emissionsvermögen.** Das Gesamtemissionsvermögen E, bezogen auf das des schwarzen Körpers, nimmt für einen Oxidüberzug auf Ni von 54% bei 600°C auf 87% bei 1300°C zu, G. K. BURGESS (*J. Wash. Acad. Sci.* **4** [1914] 279/80), G. K. BURGESS, P. D. FOOTE (*Physik. Z.* **15** [1914] 721/3). Etwas niedriger (43.2% bis 67.9%) liegen die Werte von M. KAHANOWICZ (*Atti Accad. Naz. Lincei Rend. Classe Sci. Fis. Mat. Nat.* [5] **30** [1921] 132/7). Das spektrale Emissionsvermögen nimmt bei 650 mμ zwischen 700 und 1300°C linear ab, bei gegebener Temp. mit der Wellenlänge zu, z. B. bei 1160°C von 86.5% bei 500 mμ auf 88.2% bei 700 mμ, G. K. BURGESS (*l. c.*), G. K. BURGESS, P. D. FOOTE (*l. c.*). Die Wellenlänge, bei der schwarzes NiO am stärksten emittiert, beträgt 3.5 μ bei 770°C, 2.65 μ bei 1043°C, A. CARELLI (*Atti Accad. Naz. Lincei Rend. Classe Sci. Fis. Mat. Nat.* [6] **29** [1939] 435/41). An grünem NiO sind so deutliche Emissionsmax. nicht festzustellen, A. CARELLI (*Atti Reale Accad. Italia Rend. Classe Sci. Fis. Mat. Nat.* [7] **2** [1940/41] 51/5).

*Refractive Index*

**Brechungszahl** n. Dispersion im UR ist in Fig. 187, S. 413 dargestellt, R. W. JOHNSTON, D. C. CRONEMEYER (*Phys. Rev.* [2] **93** [1954] 634/5). Bei 6708 Å ist n = 2.37, C. J. KSANDA (*Am. J. Sci.* [5] **22** [1931] 131/8). An dünnen Schichten ist bei λ = 5900 Å unterhalb der NÉEL-Temp. geringe Doppelbrechung ($n_e - n_o \approx 0.003$) festzustellen, weil offenbar die T-Bezirke (vgl. S. 393) sich wie optisch einachsige Kristalle verhalten, wobei die opt. Achse parallel [111] liegt, W. L. ROTH (*J. Appl. Phys.* **31** [1960] 2000/11). — Ältere Angaben für rotes und blaues Licht s. bei KUNDT (*Sitz.-Ber. Preuß. Akad. Wiss. Physik.-Math. Klasse* **1888** 255, 1387).

*Electrochemical Behavior*

## Elektrochemisches Verhalten

Über Normalpotentiale s. bei „*Nickel*" *Tl.* A, *Lfg.* 3 „Normalpotential".

*Cells*

**Ketten.** Die EK ist mit E bezeichnet und in V angegeben.

1) Ni, NiO | CaO in $LiSO_4$-$K_2SO_4$-Schmelze | $O_2$, Pt . . . . . . . . . E (658°) = 0.788 ±0.005
Der aus der freien Bildungsenergie für NiO ber. Wert beträgt E = 0.792. Die Schmelze besteht aus dem eutekt. Gemisch der beiden Sulfate mit 0.1 bis ~1% CaO. Der Gleichgewichtswert kann mit glänzendem Ni-Draht als Elektrode nicht erreicht werden. Auf dem Ni-Draht muß zuerst bei höherer Temp. schwarzes Nickeloxid hergestellt werden. Bei Herabsetzung der Temp. wird die schwarze Verb. schnell grün, und das Pot. fällt rasch auf den Wert des NiO. Dieses grüne NiO entsteht als dichte Schicht mit extrem hohem Widerstand, D. G. HILL, B. PORTER, A. S. GILLESPIE (*J. Electrochem. Soc.* **105** [1958] 408/12, 411; AEC Rept. Contract AT-(40-1)-1526 [1953] 1/65, 14/7, 39/42).

2) $Ni_{fest}$, $NiO_{fest}$ | Boratschmelze | $O_2$ . . . . . . . . . . . . . . . . E (780°) = 0.71
Aus Angaben von K. KIUKKOLA, C. WAGNER (*J. Electrochem. Soc.* **104** [1957] 379/87) berechnet. Die Schmelze enthält (in Mol-%) 65 $Na_2B_4O_7$ und 35 $K_2B_4O_7$, C. ILSCHNER-GENSCH (*J. Electrochem. Soc.* **105** [1958] 635/8).

3) Ni, NiO | LiCl-KCl-Schmelze | Mg . . . . . . . . . . . . . . . . . E = 1.70
Im Bereich ~380° bis ~500° bei ansteigenden und fallenden Tempp. gemessen bei Benutzung einer Nickel-Sinterelektrode, in die NiO eingerieben worden ist. Elektrolyt ist ein eutekt. Gemisch

aus (in Mol-%) 58 LiCl, 42 KCl, S. M. SELIS, G. R. B. ELLIOTT, L. P. MCGINNIS (*J. Electrochem. Soc.* **106** [1959] 134/7). Wird gesintertes Ni mit handelsüblichem schwarzem Nickeloxid eingerieben, so beträgt E = 1.76 bei 440°. Dieser Wert fällt nach einer Weile plötzlich auf E = 1.70. Gleichzeitig geht die Farbe des Überzugs von Schwarz in Grün über. Bei Einreiben des Sinter-Nickels mit grünem NiO stellt sich gleich das Pot. 1.70 ein, S. M. SELIS, L. P. MCGINNIS (*J. Electrochem. Soc.* **106** [1959] 900/3).

4) Ni, NiO | 0.15 CaO, 0.85 $ZrO_2$ | Wüstit, Fe

| Temp. in °C . | 750° | 800° | 850° | 900° | 950° | 1000° | 1050° | 1100° | 1140° |
|---|---|---|---|---|---|---|---|---|---|
| E in $V \cdot 10^{-3}$ . | 261±2 | 266±1 | 271±1 | 276±1 | 281±1 | 286±2 | 291±2 | 296±2 | 300±1 |

Der feste Elektrolyt wird durch Eindampfen eines in $HNO_3$ gelösten Lösungsgemisches von Zirkonylnitrat und Calciumcarbonat, Trocknen, Glühen, Pulvern und Pressen in Tabletten hergestellt. Zur Herst. der Elektroden werden die gemischten pulverförmigen Bestandteile in Tabletten gepreßt, K. KIUKKOLA, C. WAGNER (*J. Electrochem. Soc.* **104** [1957] 379/87, 382; *U.S.At. Energy Comm.* NYO-7009 [1956] nach *C.A.* **1957** **13**528).

5) Ni | NiO in $NaPO_3$-Schmelze | Porzellan | CuO in $NaPO_3$-Schmelze | Cu . . E (720°) = 0.15

6) Ni | NiO in $Na_4P_2O_7$-Schmelze | Porzellan | CuO in $Na_4P_2O_7$-Schmelze | Cu . E (1000°) = 0.12
5 Mol-% NiO in der Schmelze, V. N. ANDREEVA (*Ukr. Khim. Zh.* **21** [1955] 569/75, 574, *C.A.* **1956** 9176).

7) Ni | NiO, Borax | Porzellan | Borax, Cu-Oxid | Cu . . . . . . . . . . . . . . . . E = ~0.7
~850° bis 1000°, E. BAUR, A. PETERSEN, G. FÜLLEMANN (*Z. Elektrochem.* **22** [1916] 409/14, 413).

8) Ni | NiO in Schmelze | Porzellan | Ag-Schmelze mit $O_2$ gesätt. . . . . . . E (1000°) = 0.855
Messungen im Temp.-Bereich 980° bis 1193°. Die Schmelze besteht aus Borax- oder Glaspulver. Anstatt Porzellan kann auch Quarz genommen werden, W. D. TREADWELL (*Z. Elektrochem.* **22** [1916] 414/21, 419).

9) Ni | $NiO_{fest}$, $Li_2O$ oder CaO in LiCl-KCl-Schmelze || $Pt^{II}$ | Pt
450°. Die Schmelze enthält (in Mol-%) 59 LiCl, 41 KCl und variierende Mengen $Li_2O$ oder CaO. Die Ni | NiO, $O^{2-}$-Elektrode zeigt kein reversibles Verhalten. Vielleicht entstehen höhere Ni-Oxide, z. B. $Ni_2O_3$, so daß es sich infolge Anwesenheit von NiO und $Ni_2O_3$ um Mischpott. handelt, H. A. LAITINEN, B. B. BHATIA (*J. Electrochem. Soc.* **107** [1960] 705/10, 708).

**Polarographische Untersuchung.** Red. von NiO in Schmelzen eines eutekt. $Li_2CO_3$-$K_2CO_3$-Gemisches bei 600° bis 680° an stationärer Pt-Elektrode. Angaben über Diffusionsstrom und Halbwellenpot., YU. K. DELIMARSKII, N. KH. TUMANOVA (*Ukr. Khim. Zh.* **29** [1963] 387/93 nach *C.* **1965** Nr. 35-0343). An periodisch benetzter amalgamierter Pt-Draht-Elektrode ist NiO in geschmolzenem $KNO_3$ polarographisch nicht bestimmbar, es gibt keine Pot.-Welle, YU. S. LYALIKOV, V. I. KARMAZIN (*Zavodsk. Lab.* **14** [1948] 144/8 nach *C.* **1949** I 1145, *C.A.* **1949** 8947). *Polarographic Investigation*

**Polarisation.** Die Kurven der anod. und kathod. Pott. in Abhängigkeit von der Zeit in n-KOH-Lsg. sind bei Polarisation von NiO-Elektroden, die durch Erhitzen von elektrolytisch auf Ni-Substrat niedergeschlagenem $Ni(OH)_2$ bei 250° bis 290° hergestellt worden sind und deren Pulverdiagramm bei Röntgenaufnahmen nur aus NiO-Linien besteht, weniger reproduzierbar als die entsprechenden Kurven mit $Ni(OH)_2$-Elektroden. NiO scheint nicht an der Rk. im alkal. Akkumulator teilzunehmen, G. W. D. BRIGGS, W. F. K. WYNNE-JONES (*Trans. Faraday Soc.* **52** [1956] 1272/81, 1275, 1280). *Polarization*

**Elektrolyse.** Bei der Elektrolyse von NiO in Schmelzen von Alkali- und Erdalkalitetraboraten bei 1150° oder von K-Fluoborat bei 900° entstehen Ni-Boride verschiedener Zus., S. MARION (*Bull. Soc. Chim. France* **1957** 522/5), vgl. auch S. ALÉONARD (*Bull. Soc. Chim. France* **1958** 827/9). *Electrolysis*

**Zersetzungspotential.** Das aus der freien Bildungsenergie bei 25° ber. Zersetzungspot. des NiO beträgt 1.12 V, D. HART (*J. Phys. Chem.* **56** [1952] 202/14, 207). Das aus der Strom–Spannungskurve von 5 Mol-% NiO in $Na_2B_4O_7$-Schmelze mit Pt-Anode und Ni-Kathode bei 840° bestimmte Zersetzungspot. des NiO beträgt 1.20 V, auf 1000° umgerechnet 1.11 V. Der Temp.-Koeff., wohl für den Temp.-Bereich 840° bis 940°, beträgt —0.0006 V/grd. Auf der Kathode bilden sich schwarze und graue Ndd., YU. K. DELIMARSKII, G. D. NAZARENKO (*Zh. Neorgan. Khim.* **2** [1957] 890/6, 891, 895; *J. Inorg. Chem.* **2** Nr. 4 [1957] 279/89, 282, 286). — Zersetzungspot. E in V in $NaPO_3$-Schmelze mit 5 Mol-% NiO bei 720°: E = 1.12, bei 820°: E = 1.06, bei 920°: E = 1.01; für 1000° ber. Wert: E = 0.96; $\Delta E/\Delta t$ *Decomposition Potential*

= —0.0006 V/grd. In $Na_4P_2O_7$-Schmelze mit 5 Mol-% NiO bei 1000°: E = 1.11. Aus Stromstärke-Spannungskurven mit Pt-Draht als Anode und Wo-Draht als Kathode, V. N. ANDREEVA (*Ukr. Khim. Zh.* **21** [1955] 569/75, 571), vgl. auch YU. K. DELIMARSKII, B. F. MARKOV (*Electrochemistry of Fused Salts, Washington* 1961, S. 148). — In geschmolzenem Kryolith bei 1020°: E = 0.00. An der Graphit-Kathode wird bei der Elektrolyse Ni gebildet, unabhängig von der Konz. des NiO in der Schmelze. Die Zersetzungsspannung der Oxide nimmt ab in der Reihenfolge: Al, Mn, Cr, Fe, Co, Ni in kryolith. Schmelze, P. MERGAULT (*Compt. Rend.* **241** [1955] 1568/71).

*Chemical Reactions*

## Chemisches Verhalten

*With Electrons*

**Gegen Elektronen.** NiO-Filme auf Ni werden durch Elektronenstrahlung von ≧2.5 eV zersetzt, D. A. WRIGHT (*Brit. J. Appl. Phys.* **5** [1954] 108/11). NiO-Anlaufschichten werden wegen ihrer Elektronenleitf. auch bei mehrstd. Elektroneneinw. nicht angegriffen, G. TAMMANN, G. VESZI (*Z. Anorg. Allgem. Chem.* **168** [1928] 41/5, 44).

*Thermal Dissociation*

**Thermische Dissoziation.** Bei 800° erfolgt, auch in strömender $CO_2$-Atm., keine merkliche Dissoz., L. WÖHLER, O. BALZ (*Z. Elektrochem.* **27** [1921] 406/19, 414). Bei längerem Erhitzen auf 1000°, selbst in $O_2$-Atm., teilweiser Zerfall in die Elemente, M. FOËX (*Bull. Soc. Chim. France* [5] **19** [1952] 373/9, 373); bei >2000°, L. BREWER (*Chem. Rev.* **52** [1953] 2/75, 9). Die angebliche Verdampfung von NiO bei höheren Tempp. ist im wesentlichen auf dessen therm. Dissoziation zurückzuführen, zumal auch konstant verdampfende NiO-Phasen beim Abkühlen teilweise in Ni und $NiO_{>1}$ disproportionieren, L. BREWER, D. F. MASTICK (*J. Chem. Phys.* **19** [1951] 834/43, 837/9). Nach massenspektrograph. Unterss. dissoziiert NiO bei Tempp. zwischen 1575 und 1710°K in eine Dampfphase mit den Ionen $Ni^+$, $NiO^+$, $O_2^+$ und $O^+$ unter Bldg. eines festen Rückstandes, der neben einer Lsg. von Ni in NiO freies Ni enthält, R. T. GRIMLEY, R. P. BURNS, M. G. INGHRAM (*J. Chem. Phys.* **35** [1961] 551/4).

Der Dissoz.-Druck von NiO nimmt mit steigender Temp. nach einer Exponentialfunktion zu, W. ROHN (*Am. Inst. Mining Met. Engrs., Techn. Publ.* Nr. 470 [1932] 1/8, 4, *C.* **1932** I 2232), s. auch M. AUWÄRTER (*Plansee Proc.* **1952** [1953] 1/7, 4). Zahlenangaben für den Temp.-Bereich von 1450° bis 1700° s. bei I. PFEIFFER (*Z. Metallk.* **49** [1958] 455/60, 459). Drucke $p_{O_2}$, $p_{Ni}$ und $p_{NiO}$ in Atm bei der Temp. T nach massenspektrograph. Bestt., ausgewählte Werte:

| T in °K. . . . . | 1575° | 1587° | 1606° | 1625° | 1646° | 1659° | 1673° | 1684° | 1709° |
|---|---|---|---|---|---|---|---|---|---|
| $p_{Ni} \cdot 10^6$ . . . . | 0.347 | 0.566 | 0.697 | 1.09 | 1.78 | 2.19 | 2.84 | 3.60 | 5.52 |
| $p_{O_2} \cdot 10^6$ . . . . | 0.183 | 0.271 | 0.348 | 0.655 | 1.07 | 1.52 | 2.02 | 3.00 | 4.23 |
| $p_{NiO} \cdot 10^8$ . . . . | 0.446 | 0.898 | 1.33 | 1.77 | 3.23 | 4.45 | 5.78 | 7.25 | 8.10 |

R. T. GRIMLEY u. a. (*l. c.*). Drucke $p_{O_2}$ in Atm. im Gleichgew. $2NiO \rightleftharpoons 2Ni + O_2$ in Abhängigkeit von der Temp. nach Einstellungen von beiden Seiten, Mittelwerte:

| T in °K. . . . . . | 1373° | 1473° | 1573° | 1673° |
|---|---|---|---|---|
| $-\log p_{O_2}$ . . . . . | 8.977 | 7.742 | 6.688 | 5.738 |

W. C. HAHN, A. MUAN (*Phys. Chem. Solids* **19** [1961] 338/48, 342). $p_{O_2}$ in Atm. und Konst. $K_p$ in Abhängigkeit von der Temp. nach Bestt. im Hochvak.:

| T in °K. . . . . | 1420° | 1450° | 1510° | 1530° | 1610° |
|---|---|---|---|---|---|
| $p_{O_2}$ . . . . . . | $2.24 \times 10^{-6}$ | $3.41 \times 10^{-6}$ | $1.68 \times 10^{-5}$ | $3.21 \times 10^{-5}$ | $1.97 \times 10^{-4}$ |
| $\log K_p$ . . . . . | −5.650 | −5.466 | −4.774 | −4.493 | −3.705 |

Hieraus ergibt sich $\log K_p = -23250/T + 10.678 \pm 0.110$ für 1420 bis 1610°K, A. KAPUSTINSKY, L. SCHAMOWSKY (*Z. Anorg. Allgem. Chem.* **216** [1933] 10/6, 13); s. hierzu auch das System Ni–O, S. 377. — Ältere Angaben für Tempp. von 800° bis 1245°, sowie die Berechnung von log p nach der NERNSTschen Näherungsgleichung s. H. W. FOOTE, E. K. SMITH (*J. Am. Chem. Soc.* **30** [1908] 1344/50, 1348), W. STAHL (*Met. Erz* **4** [1907] 682/90, 687). Berechnung von log p aus den gegen die $O_2$-Silberelektrode bestimmten Pott. $\pi_{NiO/Ni}$ nach Gleichung $\log p = -\pi \cdot 10^5/T$ s. W. D. TREADWELL (*Z. Elektrochem.* **22** [1916] 414/21, 418), aus der Summe der Wärmeinhalte (a) von NiO, Ni und $O_2$, der Standardbldg.-Enthalpie (H) und -Entropie (S) von NiO nach $\log \sqrt{p_{O_2}} = -0.2187\ [(H_{298}/T - S_{298}) - a(f)T/298]$, G. I. CHUFAROV, M. G. ZHURAVLEVA, Y. P. TATIEVSKAYA (*Dokl. Akad. Nauk SSSR* [2] **73** [1950] 1209/12, *C.* **1951** I 1429). Weitere Angaben zum Dissoz.-Druck s. bei B. LUSTMAN (*Steel Processing* **32** [1946] 669, 676, *C. A.* **1947** 332), A. P. LYUBAN (*Soviet Met.* **9** Nr. 4 [1937] 56/64, 59, *C.* **1938** I 1645), G. B. BAXTER, L. W. PEARSONS (*J. Am. Chem. Soc.* **43** [1920] 507/18, 508).

## Gegen Nichtmetalle

*With Nonmetals*

*Hydrogen. Start of Reaction*

**Wasserstoff. Reaktionsbeginn.** Die Temp. des Red.-Beginns von NiO durch $H_2$ hängt von der Vorbehandlung, insbesondere der Darst., Alterung und Wärmebehandlung ab. Sie beträgt 95° bis 100° für Präpp., die durch Red. höherer Ni-Oxide (z. B. $Ni_2O_3$) mit $H_2$ erhalten werden, wobei nach 2.5std. $H_2$-Einw. bei 118° nachweisbar metall. Ni auftritt, G. GALLO, M. DELGUERRA (*Ann. Chim.* [*Rome*] **41** [1951] 51/60, 59), G. GALLO (*Ann. Chim.* [*Rome*] **17** [1927] 535/44, 541), S. HAUSER (*Diss. Straßburg* 1907, S. 38); 182° für NiO, das durch Abspaltung von $H_2O$ aus $Ni(OH)_2$ im Vak. erhalten wird, die Red. zu Ni ist nach 70 Std. quantitativ, E. BERGER (*Compt. Rend.* **158** [1914] 1798/800); ~190° für sehr feindisperse Präpp., die Red. zu Ni ist bei 260° quantitativ, W. NORMAN, W. PLUNGS (*Chem. Ztg.* **39** [1915] 29/31); ~195° für Präpp., die durch Glühen von $Ni(OH)_2$ unter Luftausschluß dargestellt werden, das zunächst entstehende Rk.-Prod. hat etwa die Zus. $Ni_2O$ und läßt sich erst bei 270° zu Ni weiterreduzieren, W. MÜLLER (*Pogg. Ann.* **136** [1869] 51/65, 58/60); 200° für Präpp., die durch 10std. Glühen von $NiSO_4$ bei 850° erhalten werden. Dabei sind nach 4std. $H_2$-Einw. ~35%, bei vorheriger Druckbehandlung mit 2000 Atm ~96%, bei 1000 Atm und anschließendem Pulvern sowie bei gemahlenen Einkristallen 100% NiO zum Metall reduziert, Y. IIDA, K. SHIMADA (*Bull. Chem. Soc. Japan* **33** [1960] 1194/6). Bei 229° bis 230° beginnt die Red. von Präpp., die durch Glühen von $Ni(NO_3)_2$ bei 1100° oder nach 1std. Red. höherer Ni-Oxide mit $H_2$ bei 115° bis 120° erhalten werden, D. P. BOGATSKII (*Metallurg* **12** Nr. 4 [1937] 58/65, 59, *C.A.* **1938** 3285), s. auch H. MOISSAN (*Ann. Chim. Phys.* [5] **21** [1880] 199/250, 238), F. GLASER (*Z. Anorg. Allgem. Chem.* **36** [1905] 1/35, 18). Die Red. wird bei 250° nach 10 Min. merklich, N. SASAKI, R. UEDA, N. ARAI (*Electron Microscopy, Proc. Regional Conf. Asia Oceania, Tokyo* 1956 [1957], S. 284/7, *C.A.* **1959** 20959). Bei ~270° Red. von Einkristallen, V. IIDA, K. SHIMADA (*Bull. Chem. Soc. Japan* **33** [1960] 790/3). Bei 300° rasche Red., H. SAITO (*Sci. Rep. Tohoku* I **16** [1927] 37/200, 188), V. A. KOMAROV (*Zh. Fiz. Khim.* **27** [1953] 1748/59, 1750, *C.A.* **1954** 1799), von grünem, durch Red. höherer Oxide mit $H_2$ bei 200° erhaltenem NiO. Die Rk. wird bei 380° lebhaft, bleibt aber im letzten Drittel fast stehen und geht erst bei 420° zu Ende. Die Red. von hochgeglühtem NiO setzt erst bei ~420° ein und erfordert zu vollständigem Ablauf Rotglut, J. B. SENDERENS, J. ABOULENC (*Bull. Soc. Chim. France* [4] **11** [1912] 641/6). Red.-Beginn eines bei 1000° aus $Ni(NO_3)_2 \cdot 6H_2O$ dargestellten Präp. bei 344° bis 346°, D. P. BOGATSKII (*Metallurg* **13** Nr. 1 [1938] 84/90, 85, *C.A.* **1938** 1898). Zum Rk.-Ablauf s. A. SIEVERTS, J. HAGENACKER (*Ber. Deut. Chem. Ges.* **42** [1909] 338/47, 344), F. GLASER (*l. c.*). Ältere Angaben bei J. J. BERZELIUS (*Schweiggers J.* **32** [1821] 156/98, 170). Zum Einfluß der Kaltwalzung auf die Red. von NiO durch $H_2$ s. G. NAESER, W. SCHOLZ (*Kolloid-Z.* **156** [1958] 1/8, 4).

Kolloide NiO-Dispersionen in fetten Ölen werden durch $H_2$ bei 180° bis 200° bis zur Zus. $Ni_2O$ reduziert, W. NORMAN, W. PLUNGS (*l. c.*). Die Red. von NiO auf Kieselgur erfolgt erst bei höheren Tempp. und weit langsamer als bei Präpp. ohne Trägermaterial, G. B. TAYLOR, H. W. STARKWEATHER (*J. Am. Chem. Soc.* **52** [1930] 2314/25, 2316).

*Kinetics*

**Kinetik.** Die Red., deren Verlauf stark von der Vorbehandlung des NiO abhängt, geht ohne Auftreten von Zwischenverbb. direkt zum Ni. Die in der älteren Lit. auf Grund starker Verzögerungen des Rk.-Ablaufes zwischen 230° und 300° vermutete Verb. $Ni_2O$ (s. S. 379) erweist sich nach röntgenograph. Unterss. als Gemisch aus Ni und NiO, G. R. LEVI, G. TACCHINI (*Gazz. Chim. Ital.* **55** [1925] 28/32). Bei 209.5° wird NiO, das durch Entwässerung des $Ni(OH)_2$ bei ~210° oder durch Red. höherer, hydratisierter Oxide mit $H_2$ bei ~100° dargestellt ist, innerhalb 100 Std. quantitativ zu Ni reduziert, wobei die zunächst hohe Red.-Geschw. nach ~10 bis 30 Std., d. h. nach ~60- bis 80%iger Red., rasch abnimmt. Dagegen benötigen Präpp., die durch Zers. von $Ni(NO_3)_2$ bei 250° bis 500° erhalten werden zur vollständigen Red. >200 Std.; bei 1000° geglühtes, olivgrünes NiO ist nach 1000std. $H_2$-Einw. erst zu ~85% reduziert, E. BERGER (*Compt. Rend.* **174** [1922] 1341/3). Red.-Geschw. für aus $Ni(OH)_2$ im Vak. bei 218° hergestelltes NiO, s. **Fig.** 188, S. 418; die Red.-Temp.-Kurve zeigt bis 390° 2 Max., oberhalb 390° steigt sie dann stetig an, G. NURY (*Compt. Rend.* **234** [1952] 946/8). Das 1. Max. (265°) entspricht hierbei einer Diskontinuität der therm. Ausdehnung, das 2. Max. (350°) dem magnet. CURIE-Punkt, G. NURY, H. FORESTIER (*Proc. Intern. Symposium Reactivity of Solids, Gothenburg* 1952 [1954], S. 189/93, 191). Das Max. bei 250° fällt mit dem Max. der Vol.-Kontraktion zusammen und ist wahrscheinlich auf eine sog. λ-Umwandlung des NiO zurückzuführen, M. FOËX (*Bull. Soc. Chim. France* [5] **19** [1952] 373/9, 378). Für Präpp., die durch 100std. Erhitzen von $Ni(NO_3)_2$ oder Ni-Pulver auf 400° im Luftstrom erhalten werden, ist das Max. der Red.-Geschw. bei 188° nach 2 Std., bei 206° bereits nach 20 Min. erreicht. Höher geglühtes NiO und Handelspräpp. werden sehr viel langsamer reduziert. Der Verlauf der NiO-Red. durch $H_2$ weist auf eine an den Grenzflächen der festen Phasen Ni und

NiO katalysierte Rk. hin, A. F. BENTON, P. H. EMMETT (*J. Am. Chem. Soc.* **46** [1924] 2728/37, 2731, **48** [1926] 632/40, 634); s. auch A. N. KUZNETSOV (*Zh. Fiz. Khim.* **34** [1960] 32/8; *Russ. J. Phys. Chem.* **34** [1960] 15/9), F. I. OPRYA (*Rev. Roumaine Met. Acad. Rep. Populaire Roumaine* **5** [1960] 321/34 nach *C. A.* **1961** 16085). Die Rk.-Geschw. ist von den Darst.-Bedingungen des NiO unabhängig und der gegen 1/T aufgetragene logarithm. Wert steigt zwischen 155° und 200° bei $p_{H_2}$ = 470 Torr linear an, G. PARRAVANO (*J. Am. Chem. Soc.* **74** [1952] 1194/8); dies gilt auch für Tempp. zwischen 270° und 360° bei $p_{H_2}$ von 650 Torr, K. HAUFFE, A. RAHMEL (*Z. Physik. Chem.* [*Frankfurt*] [2] **1** [1954] 104/28, 112). Die Max. der Red.-Geschw. werden für bei 950° aus $Ni(NO_3)_2$ dargestelltes NiO vor allem bei Tempp. >250° zunehmend schärfer, G. I. CHUFAROV, M. G. ZHURAVLEVA, Y. P. TATIEVSKAYA (*Dokl. Akad. Nauk SSSR* [2] **73** [1950] 1209/12, *C.* **1951** I 1429). Durch Zers. von $Ni(NO_3)_2$ bei 550° dar-

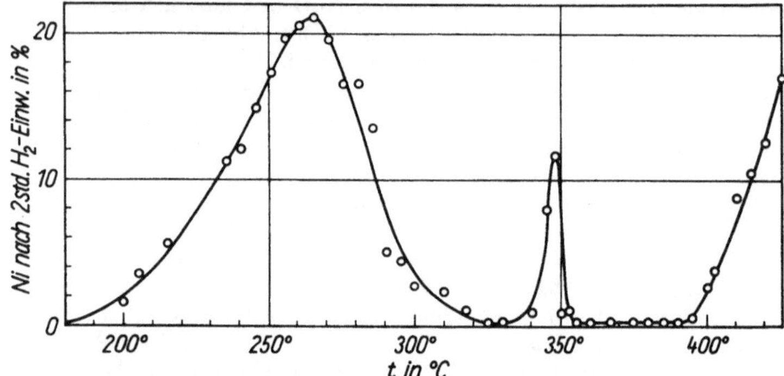


Fig. 188.
**Temp.-Abhängigkeit der Red. von NiO durch $H_2$.**

gestelltes NiO wird gegenüber einem längere Zeit auf Rotglut erhitzten NiO bei 240° 3mal, bei 155° 20mal so rasch durch $H_2$ reduziert. Durch Erhöhen der Strömungsgeschw. des $H_2$ läßt sich die Red. ebenfalls beschleunigen. Mit steigender Temp. nimmt die Red.-Geschw. sehr rasch zu, P. SABATIER, L. ESPIL (*Compt. Rend.* **158** [1914] 668/75), so sind z. B. nach 3std. $H_2$-Einw. bei 200° 10.55%, bei

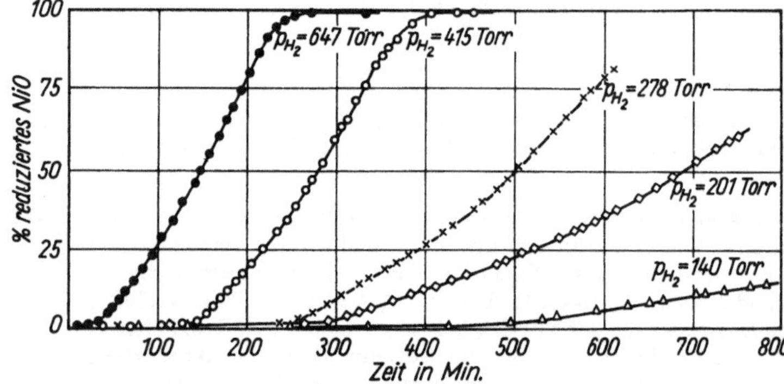


Fig. 189.
**Red. von NiO bei verschiedenen $H_2$-Partialdrucken.**

250° 95.80%, bei 500° 99% und bei 700° 100% des NiO, hergestellt aus höheren Ni-Oxiden, zu Ni reduziert. Bei 800° ist die Red. bereits nach 1 Std. beendet, D. P. BOGATSKII (*Metallurg* **12** Nr. 4 [1937] 58/65, 63, *C. A.* **1938** 3285). Zur Aufstellung einer Beziehung zwischen Red.-Verlauf und Strömungsgeschw. sowie Rk.-Temp. s. A. KIVNICK, A. N. HIXSON (*Chem. Eng. Progr.* **48** [1952] 394/400). Für Einkristalle erreicht die Red.-Geschw. (50%ige Red.) ein Max. bei 350°, fällt auf ein Minimum bei 500° und nimmt >500° wieder zu, Y. IIDA, K. SHIMADA (*Bull. Chem. Soc. Japan* **33** [1960] 790/3). Mit steigendem $H_2$-Partialdruck nimmt die Red.-Geschw. (k) bei 300° von 140 bis 647 Torr entsprechend einer empir. Beziehung $k \sim p_{H_2}^{1/2}$ cm·sec$^{-1}$ zu, s. **Fig. 189**, K. HAUFFE, A. RAHMEL (*Z. Physik. Chem.* [*Frankfurt*] [2] **1** [1954] 104/28, 106/12). Messungen ergeben bei 192° im Bereich von 200 bis 500 Torr eine lineare Abhängigkeit, G. PARRAVANO (*l. c.*).

Die Aktivierungsenergie für Red. eines durch Glühen von $Ni(NO_3)_2$ bei 950° hergestellten NiO bei einem $H_2$-Partialdruck ($p_{H_2}$) von 300 Torr, ber. aus der Temp.-Abhängigkeit der Red.-Geschw. zwischen 225° und 350°, beträgt in kcal/mol 16, G. I. CHUFAROV u. a. (*l. c.*), bei $p_{H_2}$ = 650 Torr

und Tempp. von 270° bis 360° 23, bei $p_{H_2}$ = 250 Torr zwischen 310° und 360° 16, zwischen 270° und 310° 7 bis 8, K. HAUFFE, A. RAHMEL (*l. c.* S. 112); bei $p_{H_2}$ = 470 Torr zwischen 155° und 200° für ein 3 Std. bei 640° geglühtes NiO 26.4, G. PARRAVANO (*l. c.*).

Eine Inkubationszeit für den Red.-Beginn tritt vor allem bei den bei tieferen Tempp. hergestellten Präpp. auf. Diese ist um so länger, je tiefer die zur Darst. oder Vorbehandlung und Red. der Präpp. angewandte Temp., je geringer der $H_2$- und je größer der $H_2O$-Partialdruck ist. Für die Abhängigkeit der Inkubationszeit ($\tau_i$) vom $H_2$-Druck gilt nach tensimetr. Bestt. bei 300° die empir. Beziehung: $\tau_i \sim p_{H_2}^{-1.8}$ Min. (Fehlergrenze ±10 bis 15%). Eine Inkubationszeit von 70 bis 80 Min. zeigt NiO, das 12 Std. bei 300° an der Luft getempert ist. Ab 500° werden diese Zeiten, deren Länge vorwiegend durch eine Verminderung der Nickelleerstellenkonz. innerhalb oberflächennaher Bezirke des NiO-Gitters bestimmt ist, von Art und Druck der anwesenden Gasphase unabhängig, K. HAUFFE, A. RAHMEL (*l. c.* S. 111/5, 128), vgl. G. PARRAVANO (*l. c.*). Deutung des Red.-Vorgangs als topochem. Rk., s. V. V. BOLDYREV, A. S. ERMOLAEV (*Zh. Fiz. Khim.* **31** [1957] 2562/9, *C.A.* **1958** 8705/6). Die Inkubationszeit läßt sich durch Bestrahlung mit Protonen von hoher Energie (260 MeV) verkürzen, M. T. SIMNAD, R. SMOLUCHOWSKI, A. SPILNERS (*J. Appl. Phys.* **29** [1958] 1630/2). Nach T. I. BARRY (*At. Energy Estab.* R-3493 [1960] 1/3, *C.A.* **1961** 21728) ist die zu Anfang der NiO-Red. festgestellte Verzögerung des Red.-Ablaufs nicht auf eine Inkubationszeit zurückzuführen. — Über Einfluß von Beimengungen auf die Inkubationszeit s. auch das Folgende.

Einfluß von Beimengungen. In Ggw. von *$H_2O$* wird die Red. des NiO verzögert. Durch Erhöhung der Strömungsgeschw. des $H_2$ läßt sich das bei der Rk. gebildete $H_2O$ entfernen und damit die Red. beschleunigen, P. SABATIER, L. ESPIL (*Compt. Rend.* **159** [1914] 137/42; *Bull. Soc. Chim. France* [4] **13** [1914] 877, **15** [1914] 228), s. auch die Beobachtungen an dünnen NiO-Schichten bei G. TAMMANN, C. F. MARAIS (*Z. Anorg. Allgem. Chem.* **135** [1924] 127/42, 129/30). Durch $H_2O$-Dampf wird die Red.-Geschw. nur wenig vermindert, die Inkubationszeit jedoch ebenso wie durch *$O_2$* beträchtlich verlängert. Das Ausmaß dieser Einflüsse ist dabei sehr von den Bildungsbedingungen des NiO abhängig, A. F. BENTON, P. H. EMMETT (*J. Am. Chem. Soc.* **46** [1924] 2728/37, 2732). Mit steigendem $H_2O$-Partialdruck nimmt die Red.-Geschw. allmählich ab, die Inkubationszeit zu. Beide Funktionen sind linear, K. HAUFFE, A. RAHMEL (*l. c.* S. 111/2); s. auch G. GALLO (*Ann. Chim.* [*Rome*] **17** [1929] 535/43, 541). — Behandlung des NiO mit *$Hg(NO_3)_2$*-Lsg. oder Ggw. von *Hg-Dampf* sind ohne Einfluß auf die Red.-Geschw. und Inkubationszeit, V. V. BOLDYREV, A. S. ERMOLAEV (*l. c.*). — Durch Zusätze von *$Ag_2O$* wird die Red. von NiO beschleunigt, G. PARRAVANO (*J. Am. Chem. Soc.* **74** [1952] 1194/8), ebenso durch *CuO*, während *$Li_2O$* und *$Al_2O_3$* verzögernd wirken. Die Halbleitereigg. des NiO haben demnach nur geringe Bedeutung für seine Red. durch $H_2$, Y. IIDA, K. SHIMADA (*Bull. Chem. Soc. Japan* **33** [1960] 8/11). Verminderung der Red.-Geschw. bewirken ferner *MgO*, *$Cr_2O_3$*, *$NiCl_2$*, sowie besonders *$WO_3$* durch Bldg. von $NiWO_4$, dagegen ist *$ThO_2$* zwischen 155° und 200° ohne Einfluß, G. PARRAVANO (*l. c.*). Ebenso wird die Red. von NiO in Gemischen mit *$ZrO_2$*, *$CeO_2$*, *$V_2O_5$*, *$Nb_2O_5$* und *$Ta_2O_5$* nur wenig beeinflußt, dafür werden diese Zusätze in Ggw. von NiO leichter reduzierbar. Geringe Beimengungen von *$MoO_3$* oder *$WO_3$* erleichtern die Red., größere (>40% Mo oder W) erschweren sie infolge Bldg. schwerreduzierbarer Verbb., K. GRASSMANN, E. J. KOHLMEYER (*Z. Anorg. Allgem. Chem.* **222** [1935] 257/78, 262/5). Zusätze von 0.1 bis 0.5 Mol-% *$Cr_2O_3$* ergeben eine Verdoppelung bis Verdreifachung der Red.-Geschw. von NiO, solche von 1.0% dagegen eine Verzögerung. Die Inkubationszeit für ein bei 300° im Hochvak. getempertes Präp. mit 0.1 Mol-% $Cr_2O_3$ beträgt bei $p_{H_2}$ = 400 Torr und 300° 5 Std., erreicht bei 0.5 Mol-% ein Max. mit 6 Std. und nimmt bei höheren $Cr_2O_3$-Gehalten allmählich wieder ab. Höher getemperte Präpp. verhalten sich analog und erfordern gegenüber reinem NiO ebenfalls weit längere Inkubationszeiten, K. HAUFFE, A. RAHMEL (*Z. Physik. Chem.* [*Frankfurt*] [2] **1** [1954] 104/28, 115/8).

**Gleichgewichte.** Bei 450° bis 650° für die Rk. $NiO_{fest} + H_{2\,gasf} \rightleftharpoons Ni_{fest} + H_2O_{gasf}$ durch Messung des $H_2$-Druckes nach der stat. Meth. ermittelte Gleichgew.-Konst. $K = p_{H_2O}/p_{H_2}$ in Abhängigkeit von der Temp. T: *Equilibria*

| T in °K . . . | 723° | 773° | 873° | 923° | 973° |
|---|---|---|---|---|---|
| K . . . . . . | 21.6 | 17.3 | 13.4 | 11.7 | 9.8 |

Hieraus abgeleitete Temp.-Funktion log K = (4211/4.571 T) + 0.0578, A. SKAPSKI, J. DABROWSKI (*Z. Elektrochem.* **38** [1932] 365/70); ältere Angabe für K bei 450°, s. L. WÖHLER, O. BALZ (*Z. Elektrochem.* **27** [1921] 406/19, 413/4). Bei Bestt. des Vol.-Verhältnisses $H_2O/H_2$ nach dynam. Meth. beträgt dagegen K = 330 bei 485°, K = 240 bei 600°; hieraus ber. Rk.-Enthalpie $\Delta H$ = −3.647 kcal/mol, Rk.-Entro-

pie $\Delta S = 6.722$ cal/mol·grd, freie Rk.-Enthalpie $\Delta G = -3647 - 6.722 T$ cal/mol (bei 25° $\Delta G = -5.651$ kcal/mol), R. N. PEACE, R. S. COOK (*J. Am. Chem. Soc.* **48** [1926] 1199/206), s. auch die Kritik bei A. SKAPSKI, J. DABROWSKI (*l. c.* S. 369). Für einen Rk.-Ablauf unter Bldg. von Ni-Dampf errechnet sich $\Delta H$ zu $+66.6$ kcal/mol, A. R. UBBELOHDE (*Trans. Faraday Soc.* **29** [1933] 532). Weitere Angaben für $\Delta H$ und $\Delta G$ nach Berechnungen aus anderen thermodynam. Daten s. V. A. KOMAROV (*Zh. Fiz. Khim.* **27** [1953] 1748/59, 1750, *C.A.* **1954** 9799; *Uch. Zap. Leningr. Gosud. Univ., Ser. Khim. Nauk* Nr. 13 [1953] 29/35, 33, *C.A.* **1955** 10038). Der Gleichgew.-Druck von $H_2$ für $2NiO + H_2 \rightleftharpoons Ni(OH)_2 + Ni$ bei 25° wird zu 0.2 Torr errechnet, M. W. ROBERTS, K. W. SYKES (*Proc. Roy. Soc.* [*London*] A **242** [1957] 534/43, 541).

*Atomic Hydrogen*

**Atomarer Wasserstoff.** NiO-Überzüge auf Ni werden bei gewöhnl. Temp. auch nach längerer Einw. nicht reduziert, M. R. PIGGOTT (*Acta Cryst.* **10** [1957] 364/8, 366), NiO nur oberflächlich, da das entstandene Ni die H-Atome katalytisch in $H_2$ überführt, H. KROEPELIN, E. VOGEL (*Z. Anorg. Allgem. Chem.* **229** [1936] 1/15, 7). Im elektr. Feld erfolgt keine zur Red. von NiO führende $H_2$-Aktivierung, A. DE HEMPTINNE (*Bull. Acad. Belg.* **14** [1928] 8/17, 15).

*Deuterium*

**Deuterium.** Die Red. von NiO durch $D_2$ setzt bei 180° bereits nach 45 Min. ein (mit $H_2$ erst nach 75 Min.), sie verläuft 1.4- bis 1.6mal rascher als mit $H_2$; dieser Isotopeneffekt nimmt mit steigender Temp. zu, V. A. SHUSHUNOV, B. YA. ANDREEV (*Doklady Akad. Nauk SSSR* **121** [1958] 689/92, *N.S.A.* **12** [1958] Nr. 16258).

*Oxygen*

**Sauerstoff.** NiO wird bei gewöhnl. Temp. an der Luft bald schwarz und schwerer, H. MOISSAN (*Ann. Chim. Phys.* [5] **21** [1880] 199/255, 240). In $O_2$-Atm. bildet sich selbst an der Oberfläche von NiO-Filmen kein höheres Oxid; das aufgenommene $O_2$ dient zur Auffüllung von Leerstellen im NiO-Gitter, W. J. MOORE (*J. Electrochem. Soc.* **100** [1953] 302/13, 310). Die Aufnahme von $O_2$ ist bei gewöhnl. Temp. teilweise irreversibel und führt unter Schwarzfärbung der Subst. zur Ausbldg. von $Ni^{3+}$-Ionen, S. J. TEICHNER, J. A. MORRISON (*Trans. Faraday Soc.* **51** [1955] 961/5), s. dazu auch S. P. TEVOSOV (*Izv. Azerb. Filiala Akad. Nauk SSSR* **1940** Nr. 3, S. 85/6 nach *C.A.* **1943** 2254/5). Die $O_2$-Absorption erfolgt rasch und führt bei Atm.-Druck zu Phasen der Zus. $NiO_{1.052}$, bei 300 Atm wird die Zus. $NiO_{1.06}$ bis $NiO_{1.07}$ erreicht, G. B. HOLTERMANN (*Ann. Chim.* [*Paris*] [11] **14** [1940] 121/206, 200), s. auch J. MILBAUER (*Chem.-Ztg.* **40** [1916] 587). Ältere Angaben zur vermeintlichen Bldg. von $Ni_3O_4$, s. L. WÖHLER, O. BALZ (*Z. Elektrochem.* **27** [1921] 406/19, 413), von $Ni_2O_3$, V. IPATIEV (*Zh. Russk. Fiz.-Khim. Obshch.* **40** [1908] 1/27; *J. Prakt. Chem.* [2] **77** [1908] 513/32, 519).

Fig. 190.

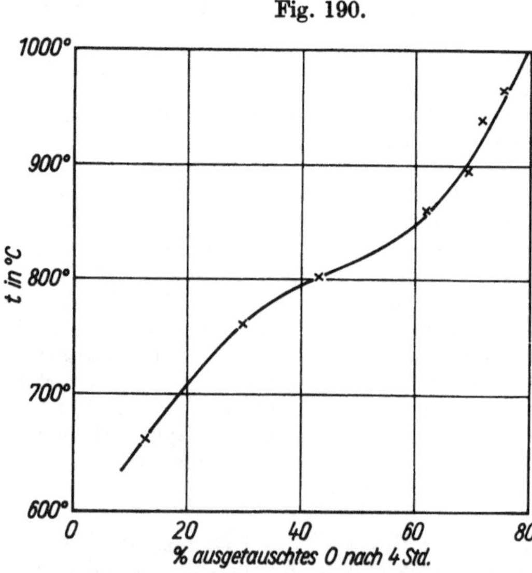


Temp.-Abhängigkeit des O-Isotopenaustauschs bei NiO.

Der Sauerstoffaustausch zwischen NiO und $O_2$ nimmt in einer mit 1.4% $^{18}O$ angereicherten Sauerstoffatm. mit steigender Temp. zu, s. **Fig. 190**, J. A. ALLEN, I. LAUDER (*Nature* **164** [1949] 142/3), ebenso die Eindringtiefe, N. P. KEIER (*Kinetika i Kataliz* **1** Nr. 2 [1960] 221/8, 224; *Kinetics Catalysis* [*USSR*] **1** [1960] 200/6, 203). Die Austauschquote ist bei 300° vom $O_2$-Druck unabhängig, nimmt aber bei steigender Sättigung der NiO-Oberfläche mit $O_2$ ab. Die Akt. des O-Austausches im Vergleich mit anderen Oxiden verringert sich in der Reihenfolge $Co_3O_4 > NiO > CuO > Fe_2O_3 > V_2O_5$, V. V. POPOVSKII, G. K. BORESKOV (*Kinetika i Kataliz* **1** [1960] 566/75, 569; *Kinetics Catalysis* [*USSR*] **1** [1960] 530/9, 533/4). Die scheinbare Aktivierungsenergie für das Austauschgleichgew. ist von 390° bis 590° vom $O_2$-Druck im Bereich von 15 bis 100 Torr unabhängig und beträgt $35 \pm 2$ kcal/mol, E. R. S. WINTER (*J. Chem. Soc.* **1955** 3824/34, 3830). Zur Berechnung der Aktivierungsenergie und des Verteilungsfaktors für die O-Austauschrk. nach empir. Gleichungen s. V. V. POPOVSKII, G. K. BORESKOV (*l. c.*). Durch Zusätze von $Li_2O$ werden

Geschw. und Intensität des O-Austausches zwischen NiO und $O_2$ stark erhöht, N. P. Keier (*l. c.* S. 223; *l. c.* S. 202).

**Ozon.** Es erfolgt keine Bldg. höherer Ni-Oxide, M. Leblanc, H. Sachse (*Z. Elektrochem.* **32** [1926] 204/10, 208), s. dagegen Mailfert (*Compt. Rend.* **94** [1882] 860/3). *Ozone*

**Halogene. Fluor.** Es erfolgt bei 300° kaum merkliche, bei 325° sehr weitgehende und bei 375° quantitative Umsetzung zu $NiF_2$, H. M. Haendler, W. L. Patterson, W. J. Bernard (*J. Am. Chem. Soc.* **74** [1952] 3167/8). *Halogens. Fluorine*

**Chlor.** Im $Cl_2$-Strom erfolgt bereits bei Tempp. > 200° ziemlich rasche, bei 700° quantitative Umsetzung zu $NiCl_2$, die durch Kohlenstoffzusätze beschleunigt wird, R. Wasmuht (*Z. Angew. Chem.* **43** [1930] 98/101, 125/9, 101). Die Rk. führt zu dem Gleichgew. $2NiO + 2Cl_2 \rightleftharpoons 2NiCl_2 + O_2$, das sich oberhalb 640° in 4 Std. einstellt. Nach der stat. Meth. aus der ausgeglichenen Dampfdruckkurve von $Cl_2$ ermittelte Gleichgew.-Konstt. $K_{p_1} = p_{O_2}/p_{Cl_2}$ (festes $NiCl_2$) und $K_{p_2} = p_{O_2} \cdot p^2_{NiCl_2}/p^2_{Cl_2}$ (gasf. $NiCl_2$) in Abhängigkeit von der Temp. t (ausgewählte Werte): *Chlorine*

| t in °C | 646° | 753° | 817° | 839° | 905° | 930° | t in °C | 946° | 977° | 1008° | 1020° |
|---|---|---|---|---|---|---|---|---|---|---|---|
| $K_{p_1} \cdot 10^3$ | 2.77 | 1.96 | 1.44 | 1.27 | 1.25 | 1.13 | $K_{p_2}$ | 1.69 | 2.05 | 2.39 | 2.46 |

Fehlergrenze für $K_{p_2}$ ±4.5%. Die hieraus ber. Rk.-Enthalpie $\Delta H_1$ (mit festem $NiCl_2$) beträgt nach Messungen zwischen 646° und 930° = 90 ± 4 kcal, auf 20° umgerechnet = 31.2 kcal, $\Delta H_2$ (mit gasf. $NiCl_2$) zwischen 946° und 1020° = −7 ± 2 kcal je Formelumsatz, H. W. Wieking (*Diss. Braunschweig T.H.* 1938, S. 1/26, 11, 20). Zur Kinetik der Rk. mit $Cl_2$ in Ggw. von $O_2$ und $H_2O$-Dampf s. S. J. Denisov (*Nauchn.-Tekhn. Inform. Byul. Leningr. Politekhn. Inst.* **1959** Nr. 10, S. 18/27 nach *C.A.* **1961** 16091).

In $CCl_4$ gelöstes $Cl_2$ reagiert mit NiO unter merklicher Wärmeentw., dabei erhält man $Ni_2O_3$ und $NiCl_2$ im Gew.-Verhältnis 5:4, A. Michael, A. Murphy (*Am. Chem. J.* **44** [1910] 365/84, 375). — NiO wird von Gemischen aus CO und $Cl_2$ bei Dunkelrotglut zu $NiCl_2$ umgesetzt, H. Quantin (*Compt. Rend.* **104** [1887] 223/4).

**Brom.** Keine Rk., E. Montignie (*Bull. Soc. Chim. France* [5] **9** [1942] 654/8, 655). *Bromine*

**Jod.** Setzt sich mit einer Lsg. von $J_2$ und $SO_2$ in Methanol (Karl Fischers Reagens) nur zu ~0.05 Mol-% um, J. M. Mitchell, D. M. Smith, E. C. Ashby, W. M. D. Bryant, (*J. Am. Chem. Soc.* **63** [1941] 2927/30). *Iodine*

**Schwefel.** Durch S-Dampf wird NiO bei 500° innerhalb 2 Std., bei 800° bereits nach 35 Min. zu 90% zu $NiS_{>1}$ umgesetzt, D. M. Chizhikov, R. M. Serebryanaya (*Izv. Akad. Nauk SSSR, Ser. Techn.* **1949** 1660/6, *C.A.* **1950** 2349), s. auch F. T. Eggertsen, R. M. Roberts (*Anal. Chem.* **22** [1950] 924/6). Reagiert mit S bei hohen Tempp. unter Bldg. von NiS und $SO_2$, J. J. B. van Eijk van Voorthuijsen, P. Franzen (*Rec. Trav. Chim.* **70** [1951] 793/812, 805). Bei 790° bis 810° entsteht zunächst Ni, später auch NiS. Die Rk.-Geschw. nimmt wegen der erschwerten Diffusion des S durch die aus den Rk.-Prodd. Ni und NiS gebildeten Überzüge allmählich ab, N. G. Moleva, P. S. Kusakin, E. M. Rapoport (*Izv. Sibirsk. Otd. Akad. Nauk SSSR* **1958** Nr. 2, S. 57/61, *C.A.* **1959** 6864). *Sulfur*

**Kohlenstoff.** Durch C wird frisch aus $NiSO_4$ bei 750° hergestelltes NiO rascher reduziert als Handelspräpp.; dabei wirkt Holzkohle stärker reduzierend als Lampenruß und Aktivkohle. Vollständige Red. des NiO wird mit 25 Gew.-% Holzkohle bei 1000° nach 30 Min., bei 1100° nach 15 Min., in kohlereicheren Gemischen entsprechend dem Massenwirkungsgesetz früher erreicht, R. A. Sharma, P. P. Bhatnagar, T. Banerjee (*J. Sci. Ind. Res.* [*India*] **16** A [1957] 255/9, *C.A.* **1957** 16228/9). Nach differentialthermoanalyt. Unterss. scheint die Red. durch C als endotherme Rk. bei 585° bis 600° allmählich einzusetzen, wobei das neben Ni zunächst entstehende CO weiteres NiO reduziert. Bei 775° bis 825° läuft die Red. des NiO mit der Rückbldg. des CO aus C und $CO_2$ parallel, bei höheren Tempp. erfolgt die Red. des NiO zum größten Tl. über das sich aus dem festen C regenerierende CO, D. P. Bogatskii (*Izv. Akad. Nauk SSSR, Otd. Khim. Nauk* **1947** 105/12, 108, *C.A.* **1947** 5367). Die Red. durch Holzkohle beginnt bei 700°, sie wird durch Temp.-Erhöhung stark beschleunigt und ist bei 865° nach 4.5 Std. quantitativ, A. Krupkowski (*Ann. Acad. Sci. Techn. Varsovie* **3** [1936] 238/63, 242/9, *C.* **1937** II 2327; *Hutnik* **9** [1937] 541/59 nach *C.* **1939** II 2464), s. auch L. F. Epstein, J. Nigriny (*U.S. At. Energy Comm.* AECD-3709 [1948] 1/18, 8, *C.A.* **1956** 9891/2), G. Tammann, A. Sworykin (*Z. Anorg. Allgem. Chem.* **170** [1928] 62/70, 70). Die Red. durch Graphit beginnt bei 650° und verläuft bei 650° bis 700° autokatalytisch, M. G. Zhuravleva, G. I. Chufarov (*Tr. Inst. Met. Akad.* *Carbon*

*Nauk SSSR Ural. Filial* **1959** Nr. 3, S. 63/6 nach *C.A.* **1961** 282), s. auch G. I. Chufarov, E. P. Tatievskaya, M. G. Zhuravleva, B. D. Averbukh, S. S. Lisnyak, V. K. Antonov, V. N. Bogoslovskii, N. M. Stafeeva (*Tr. Inst. Met. Akad. Nauk SSSR Ural. Filial* **1958** Nr. 2, S. 9/40 nach *C.A.* **1960** 9462). Die Red. besteht aus 3 Tl.-Vorgängen: 1) $NiO + CO \rightleftharpoons Ni + CO_2$, 2) $C + CO_2 \rightleftharpoons 2CO$, 3) die Diffusion von CO und $CO_2$ durch den bei der Red. des NiO entstehenden Ni-Film. Der letzte Vorgang ist bei gewöhnl. Druck der langsamste. Die Diffusion läßt sich durch Druckerhöhung soweit beschleunigen, daß die Einstellung des Gleichgew. nach 2) der zeitbestimmende Vorgang wird. Für jede Temp. zwischen 600° und 900° gibt es daher einen optimalen Gesamtgasdruck (1 bis 2 Atm), bei dem die Red. mit max. Geschw. abläuft. Die direkte Red. des NiO durch C nach $2NiO + C \rightarrow 2Ni + CO_2$ hat hierbei nur geringe Bedeutung, E. Iwanciw (*Arch. Gornictwa i Hutnictwa* **1** [1953] 131/80, 164/8, *C.A.* **1954** 13578/9; *Bull. Acad. Polon. Sci. Classe* IV 1 [1953] 60/4). Zur Abhängigkeit der Red.-Geschw. von der Diffusion des C durch das bei der Red. entstandene Ni, wobei deren Intensität mit dem Quadrat der Schichtdicke des Ni abnimmt, s. W. Baukloh, F. Springorum (*Z. Anorg. Allgem. Chem.* **230** [1937] 315/20, 318), J. H. Lander, H. E. Kern, A. L. Beach (*Phys. Rev.* [2] **85** [1952] 389). Zum Verhältnis $CO_2$:CO in dem bei der Red. von NiO durch Graphit auftretenden Gasgemisch s. W. Baukloh, R. Durrer (*Z. Anorg. Allgem. Chem.* **222** [1935] 189/200, 196; *Carnegie Scholarship Mem.* **23** [1935] 1/12, 9/11).

*Silicon*

**Silicium.** NiO wird durch Si im Lichtbogen reduziert. Enthalpie der Rk. $0.2\,NiO + 0.1\,Si \rightarrow 0.2\,Ni + 0.1\,SiO_2$ ist −36.4 kcal, K. Joule, G. Starck (*Elementa* [*Stockholm*] **35** [1952] 251/6, 256).

*Arsenic*

**Arsen.** NiO reagiert mit As in NaOH-Schmelzen bei 400°C unter Red. zu Ni und Bldg. von $Na_3AsO_4$, G. M. Kirsebom (*Tidskr. Kjemi Bergvesen* **20** [1940] 1/7, 5, *C.* **1940** II 813).

*With Nonmetal Compounds*

## Gegen Nichtmetallverbindungen

*Hydrogen Peroxide*

**Wasserstoffperoxid.** Die zersetzende Wrkg. von NiO auf $H_2O_2$ wird auf die intermediäre Bldg. eines sog. „ozonidischen Nickelperoxids" zurückgeführt, C. F. Schönbein (*J. Prakt. Chem.* [1] **93** [1864] 24/60, 56).

*Ammonia*

**Ammoniak.** Bei 25° unlösl. in fl. $NH_3$, R. B. Holt, G. W. Watt (*J. Am. Chem. Soc.* **65** [1943] 988/9), s. auch G. Gore (*Proc. Roy. Soc.* **21** [1873] 140/7, 144). Wird durch $NH_3$ nicht reduziert,

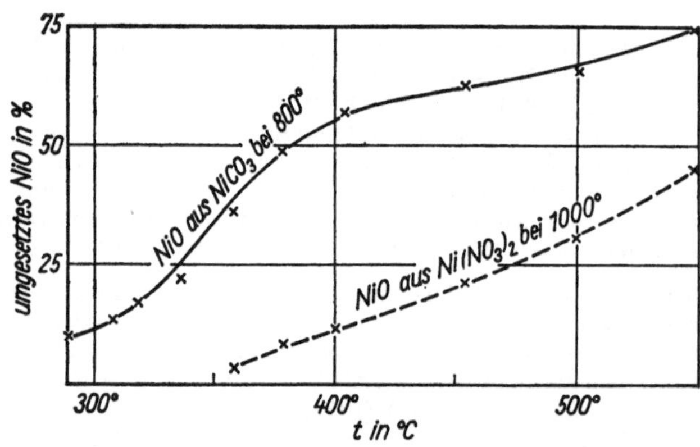


Fig. 191.

Temp.-Abhängigkeit der Umsetzung von NiO mit HCl.

S. Hauser (*Diss. Straßburg* 1907, S. 86). Gibt im trockenen $NH_3$-Strom bei Rotglut Nickelnitrid, H. N. Warren (*Chem. News* **55** [1887] 155/6), s. auch T. Vorster (*Diss. Göttingen* 1861, S. 21/2; *Jber.* **1861** 310).

*Halogen Compounds*

**Halogenverbindungen.** Aus $NiCO_3$ bei 800° im Vak. dargestelltes NiO reagiert mit trockenem *HCl* rascher als durch Glühen von $Ni(NO_3)_2 \cdot 6H_2O$ bei 1000° erhaltenes, s. **Fig. 191**. Zur Kinetik der Rk. mit HCl bei 1000° bis 1200° im Vergleich mit der ZnO-Red. s. R. A. Sharma, P. P. Bhatnagar, T. Banerjee (*J. Sci. Ind. Res.* [*India*] **15** B [1956] 378/82, *C.A.* **1959** 5629). Für die Rk. $NiO + 2HCl \rightleftharpoons NiCl_2 + H_2O$ ber. freie Rk.-Energie: $\Delta G_{773} = -10.8$, $\Delta G_{1273} = +0.2$ kcal je Formelumsatz, H. H. Kellogg (*Trans. Met. Soc. AIME* 188 [1950] 862/72, 869). In Ggw. von $H_2O$ erfolgt bereits

bei 95° fast quantitative Umsetzung zu $NiCl_2 \cdot 2H_2O$, C. Chaleroux (*Ann. Chim.* [*Paris*] [13] **5** [1960] 1069/1104, 1080/2).

Mit *$ClF_3$* reagiert NiO unter Bldg. von $NiF_2$, $Cl_2$ und $O_2$. Die Rk.-Geschw. wird von der Diffusion des $ClF_3$ durch den auf dem NiO entstandenen $NiF_2$-Film bestimmt, R. Lynn-Farrar, H. A. Smith, (*J. Phys. Chem.* **59** [1955] 763/8). Mit *$BrF_3$* ist die Umsetzung zu $NiF_2$ bei 127° noch unvollständig, bei 315° jedoch nach 15 Std. quantitativ, I. Sheft, A. F. Martin, J. J. Katz (*J. Am. Chem. Soc.* **78** [1956] 1557/9).

**Schwefelverbindungen.** NiO setzt sich mit luftfreiem *$H_2S$* bei Dunkelrotglut quantitativ zu Ni-Sulfid um, M. Hale (*Chemist-Analyst* **19** Nr. 5 [1930] 10/11). Im $H_2S$-$N_2$-Strom mit 50 Vol.-% $H_2S$ erhält man bei 500°K ein Gemisch aus NiS und $NiS_2$, D. Delafosse, P. Barret (*Compt. Rend.* **251** [1960] 2964/6). In $H_2S$-$H_2$-Gemischen erhält man mit zunehmendem $H_2$-Gehalt nacheinander NiS, $Ni_7S_6$ und $Ni_3S_2$, D. Delafosse, P. Barret (*Compt. Rend.* **252** [1961] 280/1). Aus $NiCO_3$ bei 650°C in $O_2$-Atm dargestelltes NiO setzt sich mit $H_2S$ bereits bei 600°, in $N_2$-Atm. dargestellte Präpp. dagegen erst bei 700° quantitativ zu $NiS_{<1}$ um, G. Ströhl (*Diss. Braunschweig T.H.* 1957, S. 56/9).

*Sulfur Compounds*

Reagiert mit einem *$SO_2$-$O_2$-Gemisch* bei 600° unter Bldg. von $NiSO_4$, L. L. Klyachko-Gurvich, T. I. Bulgakova, Ya. I. Gerasimov (*Zh. Obshch. Khim.* **18** [1948] 1580/9, 1587, *C.A.* **1949** 6931). Bei 8std. Erhitzen mit der 4fachen Menge *$S_2Cl_2$* auf 350°C im verschlossenen Rohr entsteht gelbbraunes $NiCl_2$, H. Funk, K. H. Berndt, G. Henze (*Wiss. Z. Martin-Luther Univ. Halle-Wittenberg* **6** [1957] 815/22, 822, *C.A.* **1960** 12860).

**Selen- und Tellurverbindungen.** NiO reagiert mit *$SeOCl_2$* bei gewöhnl. Temp. nur sehr langsam unter Bldg. von $NiCl_2$ und $SeO_2$, W. L. Ray (*J. Am. Chem. Soc.* **45** [1923] 2090/4, 2093); ebenso langsam mit *$Se_2Cl_2$*, wobei ebenfalls $NiCl_2$ entsteht, V. Lenher, C. H. Kao (*J. Am. Chem. Soc.* **48** [1926] 1550/6, 1555). Mit *$TeO_2$* entsteht Ni-Tellurit, E. Montignie (*Bull. Soc. Chim. France* [5] **13** [1946] 175/6).

*Selenium and Tellurium Compounds*

**Borverbindungen.** Die Rk. mit *$B_2O_3$* setzt bei 760° ein und ergibt beim Molverhältnis 1:1 die Verb. $Ni(BO_2)_2$. Beim Molverhältnis 3:1 verläuft die Rk. zwischen 770° und 875° sehr lebhaft unter Bldg. von grünem $Ni_3(BO_3)_2$, C. Mazzetti, F. de Carli (*Atti Linc.* [5] **33** I [1924] 512/5). Lsgg. von NiO in geschmolzenem $B_2O_3$ bilden bei 1200° in bestimmten Konz.-Bereichen 2 fl. Phasen, s. dazu das System NiO–$B_2O_3$. Aus der schwereren, NiO-reichen Phase kristallisieren beim Erkalten Ni-Borate, die leichtere Phase enthält 1.55 Mol-% NiO. Durch Oxide von Alkalimetallen und Schwermetallen in niederer Ox.-Stufe wird die Löslichkeit des NiO in $B_2O_3$ erhöht, durch $P_2O_5$, $V_2O_5$, $MoO_3$ und $WO_3$ infolge Bldg. schwerlösl. Ni-Salze erniedrigt, M. Foëx (*Ann. Chim.* [*Paris*] [11] **11** [1939] 359/452, 378, 390/3; *Compt. Rend.* **206** [1938] 349/50). Keine Löslichkeit in geschmolzenem $B_2O_3$ finden C. A. Burgess, A. Holt (*Proc. Chem. Soc.* **19** [1903] 221/2). — Bei gemeinsamem Überleiten von *$BCl_3$*-Dampf und $H_2$ über erhitztes NiO wird die Bldg. eines Ni-Borids von W. J. Deiss, P. Blum (*Compt. Rend.* **244** [1957] 464/7) vermutet.

*Boron Compounds*

**Kohlenstoffverbindungen.** NiO läßt sich durch CO bei Tempp. $>300°$ zu Ni reduzieren, H. Adkins, W. A. Lalier (*J. Am. Chem. Soc.* **46** [1924] 2291/305, 2292). Auf die Einw. von CO ist auch die bei der Porzellanherst. im Ofen beob. NiO-Red. zurückzuführen, J. v. Liebig, F. Wöhler (*Pogg. Ann.* **21** [1831] 578/86, 584), A. Laurent (*Ann. Chim. Phys.* [2] **65** [1834] 417/27, 424). Die Red. eines aus $Ni(NO_3)_2 \cdot 6H_2O$ bei 600° hergestellten Präp. durch CO beginnt bei 250°, sie verläuft zunächst langsam, zwischen 350° und 450° jedoch sehr rasch und ist bei 900° in 1 Std. beendet, D. P. Bogatskii (*Metallurg* **13** Nr. 1 [1938] 84/90, *C.A.* **1938** 1898); ältere Angaben s. G. Charpy (*Compt. Rend.* **148** [1909] 560/1), Goebel (*J. Prakt. Chem.* [1] **6** [1836] 386/8). Bei Hellrotglut ist die Red. auch in Gemischen aus gleichen Vol.-Tl. CO und $CO_2$ innerhalb 3 Std. beendet, J. L. Bell (*Chem. News* **23** [1871] 258/60). Bei 600° werden 1.8 g NiO in reinem CO nach 40 Min., in Gemischen von CO mit 30 Vol.-% $CO_2$ in 50 Min. reduziert, wobei die Red.-Geschw. im Verlauf der Rk. stark abnimmt, A. Juliard, R. Rayet, A. Lude (*Discussions Faraday Soc.* Nr. 4 [1948] 193/6). Im Gemisch von NiO und $Fe_3O_4$ wird NiO durch CO bevorzugt reduziert, V. I. Arkharov, A. D. Varskaya, M. G. Zhuravleva, G. I. Chufarov (*Doklady Akad. Nauk SSSR* [2] **87** [1952] 49/52, *C.A.* **1953** 5224). Mit steigender Temp. nimmt die Red.-Geschw. sehr rasch zu, da sich das Gleichgew. $NiO + CO \rightleftharpoons Ni + CO_2$ zunehmend nach rechts verlagert und rascher einstellt, E. Iwanciw (*Arch. Gornictwa i Hutnictwa* **1** [1953] 131/80, 153/73, *C.A.* **1954** 13578; *Bull. Acad. Polon. Sci. Classe* IV **1** [1953] 60/4). Bei 900° werden in der Gasphase noch $\sim$1 % CO gefunden. Zusätze von MnO und $Al_2O_3$ verlagern das Gleichgew. im gleichen Sinne, R. Schenck,

*Carbon Compounds*

H. Wesselkock (*Z. Anorg. Allgem. Chem.* **184** [1929] 39/57, 41/2). Die bei Ox.- und Red.-Verss. an Ni bzw. NiO nach der stat. Meth. ermittelten Gleichgew.-Konstt. $K_p = p_{CO_2}/p_{CO}$ weichen vor allem bei tieferen Tempp. erheblich voneinander ab, hervorgerufen durch eine irreversible Disproportionierung des CO in $CO_2$ und C, das sich z. T. im Ni löst. Die im folgenden genannten Zahlenwerte für $K_p$ und die daraus abgeleiteten Rk.-Enthalpien können daher nur als Näherungswerte gelten. Für die Temp.-Abhängigkeit von $K_p$ zwischen 770° und 1020° gilt die Beziehung $\log K_p = 2349/T - 0.03$; daraus ber. Rk.-Enthalpie $\Delta H = -10.736$ kcal je Formelumsatz, R. Fricke, G. Weitbrecht (*Z. Elektrochem.* **48** [1942] 87/110, 92, 107); $\log K_p = 1735.1/T + 0.49935$ gültig für Tempp. von 500° bis 1100°, Bestt. nach der Zirkulationsmeth. mit Gleichgew.-Einstellungen in beiden Richtungen, D. P. Bogatskii (*Metallurg* **13** Nr. 2 [1938] 18/25, 22, *C.* **1938** II 279). Rk.-Enthalpie nach EMK-Bestt. an der Kette Pt | Ni + NiO | Festelektrolyt | $CO + CO_2$ + Fe-Oxid | Pt, gültig für t = 880° bis 1300°C, $\Delta H = -12.48 \pm 0.09$ kcal/Formelumsatz, Rk.-Entropie $\Delta S = -0.66 \pm 0.07$ cal/grad, H. Peters, G. Mann (*Naturwissenschaften* **45** [1958] 209). Weitere Angaben s. M. Watanabe (*Sci. Rep. Tohoku Univ.* I **22** [1933] 436/47, 437/9), A. F. Kapustinskii, A. Zil'bermann (*Acta Physicochim. USSR* **5** [1936] 605/16, *C.A.* **1937** 7349), Landolt-Börnstein (*Bd.* 2, *Tl.* 2a, 1960, S. 831). Für die Temp.-Abhängigkeit der Rk.-Enthalpie $\Delta H$ und der freien Rk.-Enthalpie, $\Delta G$ in cal je Formelumsatz gilt unter Verwendung von $K_p$:

$$\Delta H = 12293 - 46000\,T^{-1} - 9.21\,T + 0.025\,T^2 - 0.066\,T^3$$

$$\Delta G = 12293 - 23000\,T^{-1} - 21.21\,T \log T - 61.29\,T - 0.025\,T^2 + 0.063\,T^3$$

D. P. Bogatskii (*Zh. Obshch. Khim.* **21** [1951] 3/10, *C.A.* **1952** 7861). Vgl. hiermit M. Watanabe (*l. c.* S. **444**; *Bull. Inst. Phys. Chem. Res.* **9** Nr. 6 [1930] 477/83, *C.A.* **1930** 5582).

Der Zerfall von CO in C und $CO_2$, wird durch NiO katalysiert, wobei dieses selbst reduziert wird. Die C-Abscheidung erreicht ein Max. bei 450° und ein weiteres, weniger ausgeprägtes bei 750°. Die Zers. des CO bei ~450° ist bereits nach 30 Min. gut nachweisbar, W. Baukloh, G. Hieber (*Z. Anorg. Allgem. Chem.* **226** [1936] 321/32, 329), W. Baukloh (*Chem. Fabrik* **13** [1940] 1/4); s. auch F. Olmer, (*Rev. Met.* **38** [1941] 129/34, 133). — In fetten Ölen suspendiertes NiO reagiert mit CO bei 30° langsam, rascher bei 50° bis 90° unter Bldg. von Ni, W. Norman, W. Pungs (*Chem.-Ztg.* **39** [1915] 29/31, 41/2).

*Silicon Compounds*

**Siliciumverbindungen.** NiO reagiert bei 700°C noch nicht mit $SiO_2$, F. Feigl, L. J. Miranda, H. A. Suter (*Anais Acad. Brasil. Cienc.* **15** [1943] 151/86, 174, *C.A.* **1944** 910). Bei 800°C setzt die Rk. ein und ist bei 1000° bis 1100° unter Bldg. von $Ni_2SiO_4$ nach ~1 Std. beendet, V. I. Smirnov, A. P. Serikov (*Tr. Ural'sk. Ind. Inst.* **1940** Nr. 14, S. 69/78, *C.A.* **1943** 841). Die Bldg. von $Ni_2SiO_4$ wird durch polymorphe Umwandlungen des $SiO_2$ begünstigt, J. A. Hedvall, G. Schiller (*Z. Anorg. Allgem. Chem.* **221** [1934] 97/102, 100). Auch bei Überschuß von NiO oder $SiO_2$ entsteht außer $Ni_2SiO_4$ kein anderes Ni-Silicat, H. Hayashi, S. Naka (*Nagoya Kogyo Gijutsu Shikensho Hokoku* **9** [1960] 196/201, *C.A.* **1960** 10620). — In Ggw. von NiO wird SiC durch $O_2$ bei 800° bis 1300° unter Bldg. von Ni-Silicat und $CO_2$ umgesetzt, G. J. Kulcsár, M. Kulcsár-Novakova (*Acad. Rep. Populare Romine Filiala Cluj Studii Cercetari Chim.* 8 Nr. 1/2 [1957] 59/73, 62/5 [franz. Auszug S. 72/3], *C.A.* **1958** 12352).

*Arsenic and Antimony Compounds*

**Arsen- und Antimonverbindungen.** Mit $As_2O_3$ erhält man bei 600°C die Verb. $Ni_3(AsO_3)_2$, mit $Sb_2O_3$ eine 20%ige Umsetzung der Oxide zu $NiSb_2O_4$ unter starker Sinterung der Subst., G. Tammann, H. Kalsing (*Z. Anorg. Allgem. Chem.* **149** [1925] 21/98, 80, 86). Zur Bldg. von $NiAs_2O_4$ und $NiSb_2O_4$ aus NiO und $As_2O_3$ bzw. $Sb_2O_3$ bei 500° s. S. Stahl (*Arkiv Kemi Mineral. Geol.* **17** B Nr. 5 [1943] 1/7, 5). In geschmolzenem $SbBr_3$ ist NiO nahezu unlöslich, G. Jander, J. Weis (*Z. Elektrochem.* **61** [1957] 1275/83, 1277). Mit $SbF_5 \cdot BrF_3$ setzt es sich bei 500°C innerhalb 5 Std. quantitativ zu $NiF_2$ um, I. Sheft, A. F. Martin, J. J. Katz (*J. Am. Chem. Soc.* **78** [1956] 1557/9).

*With Metals*

## Gegen Metalle

Die metallotherm. Red.-Reihe entspricht der Spannungsreihe der Elemente. Auf 1 g-Atom O bezogene Rk.-Enthalpien $\Delta H$ (in kcal) für die Rk. Ni-Oxid + A → Ni + A-Oxid:

| A . . . . . . . | Th | Ca | Mg | Li | Be | Al | Si |
|---|---|---|---|---|---|---|---|
| $\Delta H$ . . . . . . . | −105.2 | −94.2 | −86 | −85.4 | −77.1 | −73.2 | −39.6 |

| A . . . . . . . | Zn | $Fe^{II}$ | Co | Pb | C | Cu | $Au^{III}$ |
|---|---|---|---|---|---|---|---|
| $\Delta H$ . . . . . . . | −27.1 | −6.7 | +0.4 | +5 | +9 | +20.8 | +23.4 |

I. I. Iskol'dskii T. G. Shokhor (*Zh. Prikl. Khim.* **19** [1946] 693/704, 701, *C.A.* **1947** 4423).

**Leichtmetalle.** NiO wird bei 250° durch *Na* zu Ni reduziert, L. F. Epstein, J. Nigriny (*U.S. At. Energy Comm.* AECD-3709 [1948] 1/18, 8, *C.A.* **1956** 9891/2), durch eine Lsg. von *K* in fl. $NH_3$ bei 0°, R. B. Holt, G. W. Watt (*J. Am. Chem. Soc.* **65** [1943] 988/9). Die Red. mit *Be* setzt bei 710° ein und verläuft bei 725° sehr heftig, manchmal explosiv. Für die Temp.-Abhängigkeit der freien Rk.-Enthalpie der Rk. $NiO + Be \rightarrow Ni + BeO$ zwischen 298 und 1557°K gilt $\Delta G = -85000 - 1.66T \log T + 4.50\,T$ cal je Formelumsatz, C. R. Mason, J. D. Walton (NP-7117, *Summary Rep.* Nr. 2 [1957/58] 1/113, 4, 47/9, *N.S. A.* **13** [1959] Nr. 4714). Mit *Mg* erfolgt Red. bei Tempp. $\geq 600°$. Thermograph. Bestt. ergeben hierfür $\Delta H = -106.5$ kcal je Formelumsatz, B. Garre (*Metall Erz* **24** [1917] 230). Die Red. durch *Cerit-Mischmetall*, bestehend aus Ce, La, Pr und Nd, verläuft äußerst heftig und ergibt einen kompakten, cerfreien Ni-Regulus, O. Aichel (*Diss. München T.H.* 1904, S. 18). *Light Metals*

**Schwermetalle.** Die Geschw. der Red. durch *W* nach $2NiO + W \rightarrow 2Ni + WO_2$ wird bei Tempp. $< 780°$ durch Art und Menge der an W adsorbierten Gase bestimmt, sie ist um so geringer, je kleiner der Druck des adsorbierten Gases und je tiefer dessen Sdp. unter Normalbedingungen ist, d. h. für $CO_2 > Ar > N_2 > Ne > He >$ Vak. Der Einfluß der adsorbierten Gase auf die den Rk.-Verlauf bestimmende $\alpha \rightarrow \beta$-Umwandlung des W nimmt oberhalb 780° rasch ab und wird bei 850° bedeutungslos, J. P. Kiehl (*Compt. Rend.* **232** [1951] 1666/8), H. Forestier, J. P. Kiehl, J. Maurer, P. Stahl (*Proc. Intern. Symposium Reactivity of Solids, Gothenburg* 1952, S. 41/61, 46, *C.A.* **1954** 11896). NiO wird durch *U* bei 1100° unter Bldg. einer Ni-U-Leg. und mehrerer Uranoxidphasen, darunter $UO_2$, reduziert, J. Williams, K. H. Westmacott (*Rev. Met.* **53** [1956] 189/204, 192). Die Red. durch Co führt zu dem von der Konz. unabhängigen Gleichgew. $NiO + Co \rightleftharpoons Ni + CoO$, für dessen Konst. K zwischen 1740° und 1910° die Beziehung $\log K = -(3630/T + 1.8)$, bei Zusätzen von $> 25$ Gew.-% $SiO_2$ zwischen 1650° und 1850° $\log K = -(8440/T + 4.04)$ gilt, W. Jander, A. Krieger (*Z. Anorg. Allgem. Chem.* **232** [1937] 39/56, 49/52). Die Red. durch *Fe* im Vak. oder $O_2$-freier Atm. verläuft vermutlich über die therm. Dissoz. des NiO, L. B. Pfeil (*J. Iron Steel Inst.* **119** I [1929] 501/47, 539). Gleichgew.-Konst. K (Molverhältnis NiO/FeO) der Rk. $NiO + Fe \rightleftharpoons Ni + FeO$ nach Einstellung bei Tempp. t zwischen 1560 und 1790°C: *Heavy Metals*

| t in °C . . . . | 1560° | 1600° | 1620° | 1650° | 1710° | 1790° |
|---|---|---|---|---|---|---|
| $K \cdot 10^2$ . . . . | 1.02 | 1.26 | 1.45 | 1.91 | 2.37 | 2.73 |

daraus $\log K = -7.700\ T^{-1} + 2.208 \pm 10\%$, W. Jander, H. Senf (*Z. Anorg. Allgem. Chem.* **210** [1933] 316/24, 32). Bei Zusätzen von $SiO_2$ wird K kleiner und ereicht bei $> 12$ Mol-% $SiO_2$ und 1600° den Wert 0.0083, W. Jander, H. Senf (*Z. Anorg. Allgem. Chem.* **217** [1933] 48/52), s. auch H. zur Strassen (*Z. Anorg. Allgem. Chem.* **191** [1930] 209/45, 226/9), R. M. Spriggs (*Thesis Univ. of Illinois*, L. C. Card Nr. 58-1742 [1958] 1/71, 55, *Diss. Abstr.* **18** [1958] 2089).

### Gegen Metallverbindungen

*With Metal Compounds*

**Oxide und Hydroxide.** Siehe auch die entsprechenden Oxidsysteme. *Oxides and Hydroxides*

Die Löslichkeit von *$Li_2O$* in NiO nimmt mit steigender Temp. zu und beträgt bei 800° 27 Gew.-%, Y. Iida (*J. Am. Ceram. Soc.* **43** [1960] 117/8). Die Rk. mit *$Na_2O$* setzt bei 250° ein und ist bei 350° unter Bldg. von dunkelgrünem $Na_2NiO_2$ nach einigen Tagen beendet. Daneben wird noch eine NiO-reichere Verb. vermutet, G. Woltersdorf (*Z. Anorg. Allgem. Chem.* **252** [1943] 126/35, 128), E. Zintl, H. Morawietz, G. Woltersdorf (*Naturwiss.* **23** [1935] 197). NiO wird von geschmolzenem $Na_2O$ bei 1000° rasch gelöst, selbst kompaktes NiO wird stark angegriffen, E. G. Bunzel, E. J. Kohlmeyer (*Z. Anorg. Allgem. Chem.* **254** [1947] 1/30, 5). — Handelspräpp. reagieren nicht mit *NaOH*-Schmelzen, D. D. Williams, J. A. Grand, R. R. Miller (*J. Am. Chem. Soc.* **78** [1956] 5150/3). — Mit $KO_{\sim 0.7}$ entsteht bei 500° bis 550° in $O_2$-Atm., jedoch nur beim Mischungsverhältnis 2K:1Ni, die Verb. $K_2NiO_3$, K. Wahl, W. Klemm, G. Wehrmeyer (*Z. Anorg. Allgem. Chem.* **285** [1956] 322/36, 330).

Reagiert bei 1200° noch nicht mit *BeO* und *MgO*. Auf NiO aufgepreßte Scheiben von geschmolzenem BeO oder MgO zeigen nach 3- bis 4std. Glühen in $O_2$- oder $H_2$-Atm. keine Farbänderung, L. Narias (*J. Am. Ceram. Soc.* **19** [1936] 1/7, 4, 6). Gibt mit MgO bei 3- bis 4std. Erhitzen auf 900° bis 1000° in KCl-Schmelzen eine lückenlose Mischkristallreihe, J. A. Hedvall (*Z. Anorg. Allgem. Chem.* **103** [1918] 249/52), S. Holgersson, A. Karlsson (*Z. Anorg. Allgem. Chem.* **182** [1929] 255/71, 263), H. v. Wartenberg, E. Prophet (*Z. Anorg. Allgem. Chem.* **208** [1932] 369/81, 377); übereinstimmend mit röntgenograph. Unterss. von L. Passerini (*Gazz. Chim. Ital.* **59** [1929] 144/54, 150). — Mit *SrO* erfolgt auch bei 1300° und in Ggw. von BaO keine Bldg. eines Doppeloxids. Mit äquimolarer Menge *BaO* erhält man nach 22std. Glühen bei 920° im Hochvak. das Doppeloxid $BaNiO_2$, H. Bauer

(*Diss. Karlsruhe T.H.* 1956, S. 14/8; *VDI-Z.* **98** [1956] 1948). Gibt bei 24std. Erhitzen mit der äquimolaren Menge *$BaO_2$* auf 730° (Rk.-Beginn bei 450°) oder *$Ba(OH)_2$* auf 700° in feuchter $O_2$-Atm. tiefschwarzes $BaNiO_3$ neben einer weiteren Oxidphase etwa der Zus. $Ba_2Ni_2O_5$, die bei höherer Temp. überwiegt, J. J. LANDER, L. A. WOOTEN (*J. Am. Chem. Soc.* **73** [1951] 2452/4).

Durch Glühen mit *ZnO* erhält man kub. Mischkristalle, die bei 1250° max. 40, bei 1000° max. 30 Mol-% ZnO enthalten, H. KEDESDY, A. DRUKALSKY (*J. Am. Chem. Soc.* **76** [1954] 5941/6). Ihre Bldg. setzt bei 500° ein, H. KEDESDY, G. KATZ (*Ceram. Age* **62** [1953] 29/34). Zur Kinetik der Rk. s. H. KEDESDY, A. DRUKALSKY (*l. c.*).

Mit *$\gamma$-$Al_2O_3$* reagiert NiO unter Bldg. des Spinells $NiAl_2O_4$. Die Rk. setzt bei 800° ein und ist nach 15std. Glühen an der Luft bei 900° quantitativ, D. V. IGNATOV (*Kristallografiya* **2** [1957] 484/8, *C.A.* **1957** 17279). Beim Molverhältnis 1 NiO:1.5 $Al_2O_3$ ist sie bereits nach 3 Std. beendet, G. YAMAGUCHI (*Yogyo Kyokai Shi* **61** [1953] 594/9, *C.A.* **1954** 4789/90). Wenn das NiO bei 350° aus $Ni(OH)_2$ hergestellt wird, setzt die Rk. schon wesentlich früher ein, A. M. RUBINSHTEIN, L. KH. FREIDLIN, N. V. BORUNOVA (*Izv. Akad. Nauk SSSR Otdel Khim. Nauk* **1955** 6/7, *C.A.* **1956** 2262). Mit *$\alpha$-$Al_2O_3$* beginnt die Spinellbldg. bei 1000° und ist bei 1100° nach 6 Std. beendet, W. JANDER, K. GROB (*Z. Anorg. Allgem. Chem.* **245** [1940] 67/84, 69). Langsamer Einsatz bei 900°, H. R. THIRSK, E. J. WHITMORE (*Trans. Faraday Soc.* **36** [1940] 565/74, 571) s. auch J. A. HEDVALL (*Z. Anorg. Allgem. Chem.* **103** [1918] 249/52). Bei 1200° sind äquimolare NiO-$\alpha$-$Al_2O_3$-Gemenge nach 20 Min. zu 90%, nach 1 Std. quantitativ zu $NiAl_2O_4$ umgesetzt. Mit hochgeglühtem NiO, überschüssigem $Al_2O_3$ oder Zusätzen von $Ga_2O_3$ und $Li_2O$ verläuft die Rk. weit langsamer, W. E. BROWNELL (ONR-TR-54 [1953]; NP-4878 [1953] 1/105, 44/96; *Bibliog. Techn. Rept.* **22** [1954] 124/5). Die Spinellbldg. erfolgt durch Eindiffundieren des leichter beweglichen NiO in das $Al_2O_3$-Gitter, sie läßt sich durch die Blaufärbung an der Kontaktstelle erkennen, K. HAUFFE, K. PSCHERA (*Z. Anorg. Allgem. Chem.* **262** [1950] 147/59, 153/4), s. auch L. LECUIR, H. BILDÉ, J. DEVAUX (*Compt. Rend.* **232** [1951] 1556/8), G. I. FINCH, K. P. SINHA (*Proc. Roy. Soc.* [*London*] A **239** [1947] 145/53, 151) und das System NiO–$Al_2O_3$. Zur Rk.-Enthalpie s. unter $NiAl_2O_4$.

Mit *$La_2O_3$* entsteht bei 9std. Erhitzen auf 1100° bis 1200° im Vak. oder in $N_2$-Atm. tiefschwarzes $NiLa_2O_4$, ein O-reicheres Doppeloxid mit max. 0.64% aktivem O wird im trocknen $O_2$-Strom bei 880° erhalten, H. BAUER (*Diss. Karlsruhe T.H.* 1956, S. 22/4; *VDI-Z.* **98** [1956] 1948). Mit $Na_2CO_3$ als Flußmittel erhält man nach 72std. Glühen an der Luft bei 800° die Verb. $NiLaO_3$. Mit *$Nd_2O_3$* entsteht eine Phase, die 40% ihres Ni als $Ni^{3+}$ enthält. Mit *$Sm_2O_3$* entsteht kein Doppeloxid, A. WOLD, B. POST, E. BANKS (*J. Am. Chem. Soc.* **79** [1957] 4911/3).

Mit *$ZrO_2$* entstehen bei Tempp. bis 1450° keine Doppelverbb. oder Mischkristalle, nur die Erhöhung des $ZrO_2$-Umwandlungspunktes auf 1160° läßt eine geringe Löslichkeit des NiO in $ZrO_2$ vermuten, I. A. DIETZEL, H. TOBER (*Ber. Deut. Keram. Ges.* **30** Nr. 3 [1953] 71/82, 71/2). NiO reagiert mit *$SnO_2$* bei 900° sehr langsam unter Bldg. von $Ni_2SnO_4$, J. A. HEDVALL (*Z. Anorg. Allgem. Chem.* **103** [1918] 249/52), mit *$PbO_2$* bei $\sim$300° unter Wärmeentw., F. DE CARLI (*Gazz. Chim. Ital.* **56** [1926] 55/8). Die Rk. mit *$V_2O_5$* setzt bei 515° ein und gibt bei 605° ein stark zusammengesintertes, gelbes Rk.-Prod., das als $Ni_3(VO_4)_2$ angesehen wird, G. TAMMANN, H. KALSING (*Z. Anorg. Allgem. Chem.* **149** [1925] 21/98, 70). Mit *$Cr_2O_3$* entsteht der Spinell $NiCr_2O_4$, die Rk. setzt bei 700° ein und ist bei 800° beendet D. V. IGNATOV (*Kristallografiya* **2** [1957] 484/8, *C.A.* **1957** 17279), L. THOMASSEN (*J. Am. Chem. Soc.* **62** [1940] 1134/6); ihr Verlauf wird durch die im Vergleich zu NiO höhere Flüchtigkeit des $Cr_2O_3$ bestimmt, K. HAUFFE, K. PSCHERA (*Z. Anorg. Allgem. Chem.* **262** [1950] 147/59, 154); s. auch G. I. FINCH, K. P. SINHA (*Proc. Roy. Soc.* [*London*] A **239** [1957] 145/53, 151), ferner das System NiO–$Cr_2O_3$. Zur Rk.-Enthalpie s. unter $NiCr_2O_4$. — In Mischungen mit *$MoO_2$*, Molverhältnis 2NiO : 3$MoO_2$, entsteht durch 48std. Glühen bei 1050° bis 1150° die Verb. $Ni_2Mo_3O_8$, W. H. MCCARROL, L. KATZ, R. WARD (*J. Am. Chem. Soc.* **79** [1957] 5410/4). Die Rk. mit der äquimolaren Menge *$MoO_3$* setzt bei 400° ein, ihre Geschw. nimmt bei 440° bis 450° rasch zu, bei 500° sind nach 48 Std. 80% der Oxide in $NiMoO_4$ übergegangen, A. SILVENT, Y. TRAMBOUZE (*Compt. Rend.* **246** [1958] 1416/8), s. auch F. DE CARLI (*Atti Accad. Naz. Lincei, Rend. Classe Sci. Fis. Mat. Nat.* [6] **1** [1925] 533/7). Die Rk. verläuft um so rascher, je höher der Gehalt des NiO an überschüssigem „aktiven" O und je niedriger die Temp. bei seiner Darst. aus $Ni(OH)_2$ war, A. SILVENT, Y. TRAMBOUZE (*Bull. Soc. Chim. France* **1957** 1305/6), und je höher der normale Sdp. der an NiO adsorbierten Gase liegt, A. SILVENT, Y. TRAMBOUZE (*Bull. Soc. Chim. France* **1959** 1113). Die Rk. wird bei 400° bis 900° durch Zusatz von $Li_2O$ stark beschleunigt, durch $Cr_2O_3$ jedoch beträchtlich verzögert (Zahlenangaben s. im Original), G. M. SCHWAB, M. RAU (*Z. Physik. Chem.* [*Frankfurt*] [2] **17** [1958] 257/73, 260/6). — Über das Verh. beim Erhitzen mit *$WO_3$* s. G. M. SCHWAB, W. KOHLER (*Z. Anorg. Allgem. Chem.* **301** [1959]

1/6, 5), F. DE CARLI (*Atti Accad. Naz. Lincei, Rend. Classe Sci. Fis. Mat. Nat.* [6] **1** [1925] 533/7). Zur Rk.-Enthalpie bei der Rk. mit $WO_3$ s. unter $NiWO_4$. — Beim Erhitzen mit $UO_2$ auf 900° bis 1200° unter hohem Druck (60000 Atm) entsteht $NiUO_4$, A. P. YOUNG, C. M. SCHWARTZ (BMI-1585 [1962] 1/12, 9, *N.S.A.* **16** [1962] Nr. 25302), mit *$UO_3$* wird bei Tempp. > 340° grünes $NiUO_4$ gebildet, G. TAMMANN, W. ROSENTHAL (*Z. Anorg. Allgem. Chem.* **156** [1926] 20/6, 21).

Beim Erhitzen mit *MnO* bilden sich feste Lsgg., die max. 20 Mol-% MnO enthalten, L. PASSERINI (*Gazz. Chim. Ital.* **59** [1929] 144/54, 151/3), s. auch J. A. HEDVALL (*Z. Anorg. Allgem. Chem.* **103** [1918] 249/52), mit $MnO_2$ oder $Mn_2O_3$ bildet sich bei 3std. Erhitzen auf 1200° der Spinell $NiMn_2O_4$, N. P. POTAPOV (*Tr. Odessk. Gidrometeorol. Inst.* **1956** Nr. 8, S. 37/43 nach *C.A.* **1960** 19181/2).

Gibt mit *CoO* bei 3- bis 4std. Erhitzen auf 900° bis 1000° eine lückenlose Mischkristallreihe, S. HOLGERSSON, A. KARLSSON (*Z. Anorg. Allgem. Chem.* **182** [1929] 255/71, 260), L. PASSERINI (*Gazz. Chim. Ital.* **59** [1929] 144/54, 145/7). Mit *$Co_3O_4$* entsteht beim Erhitzen auf 350° bis 500° ein metastabiler Spinell der Zus. $NiCo_2O_4$, bei höheren Tempp. werden unter $O_2$-Entw. Mischkristalle (Ni, Co)O gebildet, J. ROBIN (*Ann. Chim.* [*Paris*] [12] **10** [1955] 389/412, 394/7).

NiO wird bei 800° durch *FeO* und *$Fe_3O_4$* nach $NiO + 3FeO \rightarrow Ni + Fe_3O_4$ bzw. $4NiO + 2Fe_3O_4 \rightarrow Ni + 3NiFe_2O_4$ reduziert, J. BÉNARD (*Ann. Chim.* [*Paris*] [11] **12** [1939] 5/92, 72), J. BÉNARD, G. CHAUDRON (*Compt. Rend.* **204** [1937] 766/8). Beim Erhitzen mit *$Fe_2O_3$* entsteht der Spinell $NiFe_2O_4$, wobei Beginn und Verlauf der Rk. stark von der Vorbehandlung der Oxide abhängen. Nach röntgenograph. Unterss. setzt die Red. von Oxiden, die vor dem Mischen 3 Std. bei 800° geglüht werden, bei 700° ein, wird bei 800° stark beschleunigt und ist bei 1150° in 5 Std. beendet, T. OKAMURA, J. SHIMOIZAKA (*Sci. Rept. Res. Inst. Tohoku Univ.* A **2** [1950] 673/89, 676), s. auch T. I. BULGAKOVA, Y. I. GERASIMOV, Y. P. SIMANOV, L. L. KLYACHKO-GURVICH (*Zh. Obshch. Khim.* 18 [1948] 154/64, 158, *C.A.* **1949** 3304), H. KEDESDY, G. KATZ (*Ceram. Age* **62** [1953] 29/34). Die Spinellbldg. läßt sich bei 675° durch magnet., bei 750° auch durch röntgenograph. Unterss. bestätigen, I. KUSHIMA, T. AMANUMA, K. TANAKA (*Mem. Fac. Eng. Kyoto Univ.* **19** [1957] 191/206, 192/7, *C.A.* **1958** 145/6). Sie verläuft in 3 durch ihre Geschw. deutlich unterscheidbaren Stufen (s. dazu Fig. im Original), von denen die Grenzflächendiffusion des $Fe^{3+}$ in NiO (1. Stufe, langsame Rk.) bei 600° bis 800°, die Diffusion im Innern (2. Stufe, rasche Rk.), bei 700° bis 900° und die Ausbldg. eines relativ fehlerfreien Spinellgitters bei Tempp. > 950° stattfindet. Die Aktivierungsenergie für die Grenzflächendiffusion beträgt 30, für die Diffusion im Innern 18 kcal/mol, R. C. TURNBULL (*J. Appl. Phys.* **32** [1961] *Suppl.* Nr. 3, S. 380/1).

Die Spinellbldg. gemeinsam gefällter und im Hochvak. bei 110° getrockneter Oxide setzt bei 400° ein und nimmt mit steigender Temp. rasch zu, T. OKAMURA, J. SHIMOIZAKA (*l. c.* S. 674), T. I. BULGAKOVA u. a. (*l. c.*). Nach magnet. Unterss. setzt die Rk. bereits bei 200° ein und verläuft > 300° mit stark zunehmender Geschw., J. LONGUET, H. FORESTIER (*Compt. Rend.* **216** [1943] 562/4). Max. der Rk.-Geschw. werden in der Nähe der magnet. Umwandlungspunkte von $NiFe_2O_4$ (590°) und $Fe_2O_3$ (676°) gefunden. Sie sind vermutlich auf eine erhöhte chem. Akt. der Verbb. an solchen Punkten zurückzuführen, H. FORESTIER, G. NURY (*Bull. Soc. Chim. France* **1949** D 193/6). Die Spinellbldg. aus den bei 320° im Hochvak. getrockneten Oxiden wird gefördert durch adsorbierte Gase: $H_2O > CO_2 > O_2$, Ar > Luft > $N_2$ > Ne > He > Vak. von $10^{-6}$ Torr. Die Geschw. der Spinellbldg. nimmt mit steigendem Druck der Gasphase nach einer Exponentialfunktion zu. Es wird daher vermutet, daß die Oxide sich in den adsorbierten Gasen wie in einem Lsgm. lösen und die Rk. in dieser Lsg. abläuft, H. FORESTIER, J.-P. KIEHL (*Compt. Rend.* **229** [1949] 47/9, 197/9; *J. Chim. Phys.* **47** [1950] 165/9), H. FORESTIER, J. P. KIEHL, J. MAURER, P. STAHL (*Proc. Intern. Symp. Reactivity of Solids, Gothenburg* 1952 [1954], S. 41/61, 44, *C.A.* **1954** 11896). Besonders wirksam ist $H_2O$-Dampf, der, selbst in Spuren zugesetzt, die Rk. bei Tempp. von 300° bis 500° sehr stark beschleunigt, oberhalb 625° jedoch kaum mehr beeinflußt, G. HAASSER, H. FORESTIER (*Compt. Rend.* **227** [1948] 123/5). Auch die Rk. der bei 750° vorgeglühten Oxide wird durch $H_2O$ beschleunigt, jedoch weniger als bei Präpp., die bei 100° im Vak. erhalten werden, H. FORESTIER, C. HAASSER (*Compt. Rend.* **225** [1947] 188/9), H. FORESTIER, N. PERBET (*Compt. Rend.* **223** [1946] 575/6).

Beim Erhitzen mit *CuO* entstehen feste Lsgg., die bei 400° max. 27.5 und bei 750° max. 13 Mol-% CuO enthalten, W. K. HALL, L. ALEXANDER (*J. Phys. Chem.* **61** [1957] 242/4). Zur angeblichen Bldg. einer Verb. oder festen Lsg. der Zus. NiO·CuO bei Tempp. > 600° s. A. A. TSEIDLER, N. I. ZAREMA (*Tsvetn. Metal.* **20** Nr. 2 [1947] 43/3, *C.A.* **1948** 4103).

**Nitrate.** NiO wird von geschmolzenem *$KNO_3$* nur wenig gelöst, YU. S. LYALIKOV, V. I. KARMAZIN (*Zavodsk. Lab.* **14** [1948] 144/8; AWRE-Trans.-2 [1948] 1/12, *N.S.A.* **12** [1958] Nr. 4712). Reagiert *Nitrates*

mit geschmolzenem $NH_4NO_3$, T. SHIRAI, T. ISHIBASHI (*Sci. Papers Coll. Gen. Educ. Univ. Tokyo* **6** [1956] 45/8, *C.A.* **1957** 2364).

*Halogenides*

**Halogenide.** Wird von eutekt. *LiCl-KCl*-Schmelzen nur sehr wenig gelöst, G. DELARUE (*J. Electroanal. Chem.* **1** [1960] 285/300, 289); das gelöste NiO ist zumindest teilweise in die Ionen $Ni^{2+}$ und $O^{2-}$ dissoziiert, G. DELARUE (*Bull. Soc. Chim. France* **1960** 792; *Rec. Trav. Chim.* **79** [1960] 510/7, 512). Die Löslichkeit beträgt nach polarograph. Messungen $3.2 \times 10^{-4}$ Mol/l, nach potentiometr. Bestt. $3.3 \times 10^{-4}$ Mol/l, H. A. LAITINEN, B. B. BHATIA (*J. Electrochem. Soc.* **107** [1960] 705/10, 708). Durch Verminderung der $O^{2}$-Ionenkonz. infolge Ox. oder Komplexbldg. (z. B. $SO_4^{2-}$) läßt sich die Löslichkeit von NiO in solchen Schmelzen erhöhen, G. DELARUE (*Bull. Soc. Chim. France* **1960** 1653/9). Äquimolare *NaCl-KCl-Schmelzen* zerfallen bei Zusatz von NiO in 2 fl. Phasen, wobei die schwerere 20 bis 25%, die leichtere 0.05 bis 0.15% NiO enthält. Bei hohen NiO-Zusätzen geht der Anteil der leichteren Phase bis zum völligen Verschwinden zurück, O. A. ESIN, S. E. LYUMKIS (*Zh. Neorgan. Khim.* **2** [1957] 1145/8; *Russ. J. Inorg. Chem.* **2** Nr. 5 [1957] 248/53). Siehe auch das System NiO–KCl–NaCl. Die Löslichkeit in *Kryolith*-Schmelzen bei 1000° beträgt 0.30 Gew.-%, E. I. KHAZANOV (*Legkie Metal.* **5** Nr. 12 [1936] 16/21, 19, *C.A.* **1937** 7727). Eine Dissoz. des NiO in $Ni^{2+}$ und $O^{2-}$-Ionen läßt sich in geschmolzenem Kryolith nicht nachweisen, M. ROLIN (*J. Four Elec.* **62** [1953] 11/4, *C.A.* **1953** 5824), aus $CrF_3$-haltigen Kryolithschmelzen wird durch NiO jedoch $Cr_2O_3$ abgeschieden, P. MARGAULT (*Compt. Rend.* **239** [1954] 1215/7). — NiO reagiert mit $CuCl_2$ in eutekt. LiCl–KCl-Schmelzen nach $NiO + 2CuCl_2 \rightarrow NiCl_2 + 2CuCl + {}^1/_2O_2$, G. DELARUE (*l. c.*). Setzt sich mit $KBrF_4$ bei 500° innerhalb 2 Std. quantitativ zu $NiF_2$ um, I. SHEFT, A. F. MARTIN, J. J. KATZ (*J. Am. Chem. Soc.* 78 [1956] 1557/9).

*Sulfides. Sulfates*

**Sulfide. Sulfate.** Setzt sich mit *MgS* bereits in festem Zustand zu NiS und MgO um, J. A. HEDVALL, J. HEUBERGER (*Z. Anorg. Allgem. Chem.* **140** [1924] 243/52, 248). Reagiert mit $Ni_3S_2$ bei Tempp. ab 1400° nach $4NiO + Ni_3S_2 \rightarrow 7Ni + 2SO_2$, bei 1550° ist die Rk. bereits nach 10 Min. weitgehend abgelaufen, YU. A. YABLONSKII, V. I. SMIRNOV (*Tr. Ural'sk. Politekhn. Inst.* **5** B [1957] 145/52, 148, *C.A.* **1958** 16107). Die Rk. wird bereits bei 950° bis 1000° merkbar und verläuft bei 1050° bis 1150° quantitativ, N. A. FILIN, A. M. ZYKOV, N. G. MIRONOV (*Nauchn.-Tekhn. Inform. Byul. Leningrad. Politekh. Inst.* **1959** Nr. 10, S. 9/17 nach *C.A.* **56** [1962] 159). — Beim Erhitzen mit *FeS* auf 790° bis 810° erhält man zunächst Ni, später NiS neben $SO_2$ und $Fe_3O_4$, N. G. MOLEVA, P. S. KUSAKIN, E. M. RAPOPORT (*Izv. Sibirsk. Otd. Akad. Nauk SSSR* **1958** Nr. 2, S. 57/61, *C.A.* **1959** 6864). Reagiert mit geschmolzenem FeS bei 1400° sehr rasch nach $NiO + FeS \rightleftharpoons NiS + FeO$. Gleichgew.-Konst. 5 bis $8 \cdot 10^3$; das Gleichgew. wird durch schlackenbildende Zuschläge weit nach rechts verschoben, D. I. DERKACHEV, A. A. TSEIDLER (*Tsvetn. Metal.* **13** Nr. 7 [1938] 66/71, 70, *C.* **1939** I 2861), s. auch E. DONATH (*Dinglers Polytech. J.* **236** [1880] 327/36, 328). — Beim Erhitzen mit $Cu_2S$ entstehen Ni, Cu und $SO_2$; die Rk. beginnt bei 600° und verläuft bei 1200° unter merklicher, bei 1300° unter stürmischer Gasentw., die nach einiger Zeit aufhört und erst bei höheren Tempp. wieder einsetzt, V. TAFEL, W. KLEWETA (*Metall u. Erz* **27** [1930] 85/8).

Wird von schmelzendem $K_2S_2O_7$ unter Bldg. von $NiSO_4$ oder $K_2Ni(SO_4)_2$ gelöst, YU. S. LYALIKOV, V. I. KARMAZIN (*Zavodsk. Lab.* **14** [1948] 144/8; AWRE-Trans. **2** [1948] 1/12, *N.S.A.* **12** [1958] Nr. 4712), G. DELARUE (*Bull. Soc. Chim. France* **1960** 792). Die Lsg. ist in der Hitze tiefbraun und wird beim Erkalten gelb, J. L. C. ZIMMERMANN (*Liebigs Ann. Chem.* **232** [1886] 324/47, 344).

*Borates*

**Borate.** Die Lsg. von NiO in geschmolzenem $LiBO_2$ zeigt bei kryoskop. Unterss. nur die für undissoziierte Verbb. typ. Schmp.-Erniedrigung, E. DARMOIS, G. ZARZYCKI (*Compt. Rend.* **233** [1951] 1110/2), M. ROLIN (*J. Four Elec.* **62** [1953] 11/4, *C.A.* **1953** 5824), die möglicherweise auch durch $O^{2-}$-Ionen bedingt ist, G. ZARZYCKI (*Ann. Phys.* [*Paris*] [12] 8 [1953] 392/440, 427/9). Die Löslichkeit in *Alkaliboratschmelzen* nimmt mit steigender Temp. rasch zu; es lassen sich daraus Ni-Borate der Zus. $2NiO \cdot B_2O_3$ isolieren, M. FOËX (*Ann. Chim.* [*Paris*] [11] **11** [1939] 359/452, 393).

*Carbonates. Cyanides. Thiocyanates*

**Carbonate. Cyanide. Thiocyanate.** Reagiert auch bei über 100std. Tempern bei 750° bis 950° nicht mit $Li_2CO_3$. Mit $BaCO_3$ erhält man nach 50std. Tempern bei 900° bis 1000° ein Doppeloxid der Zus. $BaNiO_2$, H. BAUER (*Diss. Karlsruhe T.H.* 1956, S. 14, 20/1; *VDI-Z.* **98** [1956] 1948).

Wird durch *NaCN* bei 560° bis 750° unter Entw. von CO und $N_2$ rasch zu Ni reduziert, L. HACKSPILL, R. GRANDADAM (*Compt. Rend.* **180** [1925] 930/2). Wird durch $Ni(CN)_2$ bei Tempp. $< 1000°$ unter Entw. von CO und $N_2$ zu Ni reduziert. Bei der Temp. des elektr. Lichtbogens reagiert es nach $2NiO + Ni(CN)_2 \rightarrow Ni_3N_2 + 2CO$. Bei 2000° ist die Umsetzung zu $Ni_3N_2$ quantitativ, A. C. VOURNASOS (*Compt. Rend.* **168** [1919] 889/91). Durch $^1/_2$std. Verschmelzen mit der 5fachen Gew.-Menge *KSCN*

bei Rotglut erhält man einen Regulus der Zus. $K_2Ni_{11}S_{10}$, J. MILBAUER (*Z. Anorg. Allgem. Chem.* **42** [1904] 433/49, 447/8).

**Silicate.** Unlösl. in *Anorthit* $CaAl_2Si_2O_8$. Bei Zusätzen von >5.5 Gew.-% (>21 Mol-%) NiO zu *Al-Silicat*-Schmelzen kristallisiert NiO und $NiAl_2O_4$ aus, N. L. DILAKTORSKII (*Tr. Tret'ego Soveshch. Exptl. Mineralog. i Petrogr. Inst. Geol. Nauk* **1940** 79/82, *C.A.* **1943** 2675). Zur rotvioletten Färbung von Alkali-Kalkgläsern durch NiO s. O. PŘIDAL (*Sklářské Rozhledy* **18** [1941] 77/84, 79, *C.A.* **1942** 232), von Glasuren und Porzellan s. C. E. RAMSDEN, L. SOLON (*Trans. Ceram. Soc.* **7** [1909/10] 27/36; *Sprechsaal* **42** [1910] 743/4), F. K. PENCE (*Trans. Am. Ceram. Soc.* **14** [1912] 143/51, 144/6). *Silicates*

**Phosphate.** Die Löslichkeit von NiO beträgt bei 720° in $(NaPO_3)_x$-Schmelzen 8.91 Mol-% oder 11.79 Gew.-%, die Lsg. ist gelb und enthält vermutlich eine Verb. vom Typ $(NiO)_m \cdot (Na_6P_6O_{18})_n$, V. N. ANDREEVA (*Ukr. Khim. Zh.* **24** [1958] 23/8, 23; CEA-tr-R-679 [1958] 1/16, *N.S.A.* **13** [1959] Nr. 19846), V. N. ANDREEVA, YU. K. DELIMARSKII (*Zh. Neorgan. Khim.* **5** [1960] 2076/83; *Russ. J. Inorg. Chem.* **5** [1960] 1008/11). In $Na_4P_2O_7$-Schmelzen lösen sich bei 1000° ~11.6 Gew.-% NiO, dabei entstehen Na- und Ni-Orthophosphate, V. N. ANDREEVA (*l. c.* S. 27; *l. c.*). *Phosphates*

**Arsenide.** Reagiert mit *NiAs* in NaOH-Schmelzen bei 400°C nach $5NiO + 2NiAs + 6NaOH \rightarrow 7Ni + 2Na_3AsO_4 + 3H_2O$, G. M. KIRSEBOM (*Tidsskr. Kjemi Bergvesen* **20** [1940] 1/7, 6, *C.* **1940** II 813). *Arsenides*

## Gegen Wasser

*With Water*

Die Löslichkeit von NiO in überhitztem $H_2O$-Dampf bei 500° und 1020 bis 2040 atm Druck beträgt $2.0 \times 10^{-8}$ und steigt in Ggw. von 7 Vol.-% $CO_2$ auf $4.3 \times 10^{-8}$ Gew.-%, G. W. MOREY (*Econ. Geol.* **52** [1957] 225/51, 242, 248; *J. Phys. Chem.* **60** [1956] 718/24, 723). Die aus Gitterenergie und Hydratisierungswärme von Ni und O ber. Lsg.-Wärme beträgt —2.0 kcal/mol, K. B. YATSIMIRSKII (*Zh. Obshch. Khim.* **17** [1947] 169/74, *C.A.* **1948** 25).

## Gegen Laugen und Säuren

*With Acids and Alkaline Solutions*

Wird selbst bei längerer Einw. sd., hochkonz. *NaOH*-Lsgg. nicht merklich gelöst, J. L. C. ZIMMERMANN (*Liebigs Ann. Chem.* **232** [1886] 324/47, 344).

Löst sich in $HNO_3$- (D = 1.32) und *HCl*-Lsg. beliebiger Konz. erst beim Erwärmen, J. L. C. ZIMMERMANN (*l. c.*), in verd. HCl-Lsg. nur langsam, W. FEITKNECHT (*Chimia* [*Aarau*] **6** [1952] 3/13, 10), jedoch um so leichter, je weniger hoch das NiO bei der Darst. geglüht wird und je höher sein Gehalt an $Ni^{3+}$ ist. Die Lsg.-Geschw. nimmt in HCl-Lsg. allmählich ab. Deutung dieses Verh. durch Hemmungen beim Lösen der Ni–O-Bindungen, W. FEITKNECHT, P. GRAF (*Chimia* [*Aarau*] **6** [1952] 20/1). Löst sich in $HClO_4$- (D = 1.155) und konz. $H_2SO_4$-Lsg. (D = 1.835) allmählich beim Erwärmen, J. L. C. ZIMMERMANN (*l. c.* S. 345). Die Auflösung in $H_2SO_4$ erfolgt um so rascher, je weniger hoch das NiO bei der Darst. geglüht wird, S. PRASAD, M. G. TENDULKAR (*J. Chem. Soc.* **1931** 1403/7) und je höher Konz. und Temp. der Säure sind, H. MASE (*Kogyo Kagaku Zasshi* **58** [1955] 92/5, *C.A.* **1955** 14283).

## Gegen Salzlösungen

*With Salt Solutions*

Durch NiO werden aus den Lsgg. der Nitrate von Zn, Ce und $Mn^{II}$, sowie der Chloride von Zn, Hg, Ce, $U^{IV}$, $Mn^{II}$ und $Fe^{II}$ die entsprechenden Oxide bzw. Aquoxide ausgefällt, J. PERSOZ (*Ann. Chim. Phys.* [2] **58** [1835] 180/203, 193). Auch bei Siedehitze unlösl. in wss. Lsgg. von $NH_4Cl$ und $NH_4SCN$, J. L. C. ZIMMERMANN (*Liebigs Ann. Chem.* **232** [1886] 324/47, 345); wird beim Erhitzen mit $NH_4Cl$-Lsg. zu Ni reduziert, L. SANTI (*Boll. Chim. Farm.* **43** [1904] 673/81, 676). NiO verhält sich gegen eine Lsg. von $NH_4Cl$ in 25%iger $NH_4OH$-Lsg., ähnlich Ni, wobei beim NiO die Löslichkeit bis 150° ansteigt, dann abnimmt, V. G. TRONEV, S. M. BOMDIN, A. L. KHRENOVA (*Izv. Sektora Platiny i Drug. Blagorodn. Metal., Inst. Obshch. i Neorgan. Khim. Akad. Nauk SSSR* Nr. **23** [1949] 116/22, *C.A.* **1951** 2807/8). — Setzt sich mit gesätt. $HgCl_2$-Lsg. zu $NiCl_2$ und HgO um. Mit $NiCl_2$ entsteht ein bas. Salz der Zus. $NiCl_2 \cdot 8Ni(OH)_2 \cdot 5H_2O$, s. S. 594, E. MONTIGNIE (*Bull. Soc. Chim. France* [5] **1** [1934] 697/8). Löst sich in überschüssiger KCN-Lsg. als K-Cyanoniccolat, J. v. LIEBIG (*Liebigs Ann. Chem.* **41** [1842] 285/94, 291). Unlösl. in einer Lsg., die auf 80 g KCN 18.5 g $HgCl_2$ enthält und mit HCl auf $p_H = 9$ eingestellt ist, C. EK (*Anal. Chim. Acta* **14** [1956] 311/7). Über eine angebliche Ox. von $K_4[Fe(CN)_6]$-Lsgg. durch NiO s. A. KUTZELNIGG (*Ber. Deut. Ges.* **63** [1930] 1753/8, 1758).

*With Organic Compounds*

### Gegen organische Verbindungen

*Hydrocarbons*

**Kohlenwasserstoffe.** Wird durch $CH_4$ bei $\sim$400° nach $4\,NiO + CH_4 \rightarrow 4\,Ni + CO_2 + 2\,H_2O$ reduziert, die Rk. wird durch Zumischen von CO verzögert. Präpp., die in $O_2$-Atm. geglüht sind oder Zusätze von $Li_2O$ bzw. $Cr_2O_3$ enthalten, lassen sich erst bei höherer Temp. reduzieren, S. Bransom, A. Dandy (*Trans. Faraday Soc.* **55** [1959] 1195/9). Bei 830° erhält man außer den obengenannten Rk.-Prodd. auch C und $C_2H_2$, J. Racine (*Compt. Rend.* **220** [1945] 823/5). — Wird durch $C_2H_6$ bei 300° und einem $CO_2$-Partialdruck von $< 10^{-22}$ Torr oberflächlich zu Ni reduziert. Die Rk. führt zu einem Gleichgew. nach $7\,NiO + C_2H_6 \rightleftharpoons 7\,Ni + 2\,CO_2 + 3\,H_2O$, W. J. Thomas (*Trans. Faraday Soc.* **55** [1959] 624/31, 630, Anhang S. 1 nach S. 1992).

*Alcohols. Carboxylic Acids*

**Alkohole. Carbonsäuren.** Wird durch Methanol, Äthanol oder Butanol bei 350° bis 420° zu Ni reduziert, bei 420° ist die Red. nach 30 bis 60 Min. quantitativ, H. Adkins, W. A. Lazier (*J. Am. Chem. Soc.* **46** [1924] 2291/305, 2292). Bei der Red. durch Äthanol bei 400° treten als gasf. Rk.-Prodd. nur $CO_2$ und $H_2O$ auf. Die freie Rk.-Enthalpie $\Delta$ G für die Rk. nach Gleichung $6\,NiO_{fest} + C_2H_5OH_{gasf} \rightarrow 6\,Ni_{fest} + 2\,CO_{2\,gasf} + 3\,H_2O_{gasf}$ beträgt bei 25° —4.3, bei 400° —63 kcal/mol. Isopropanol wird durch NiO z. T. auch zu Propen und Isopropyläther dehydratisiert, D. J. Wheeler, P. W. Darby, C. Kemeball (*J. Chem. Soc.* **1960** 332/40, 337/8). — Wird von Essigsäure (D = 1.065) auch in der Siedehitze nicht gelöst, J. L. C. Zimmermann (*Liebigs Ann. Chem.* **232** [1886] 324/47, 345). Ein dunkelblaues Präp. der Zus. $NiO_{0.97}$, das durch Ox. von Ni bei 280 bis 290° an der Luft entsteht, wird dagegen von organ. Säuren beim Erwärmen gelöst, M. Centnerszwer, H. Zyskowicz (*Z. Anorg. Allgem. Chem.* **206** [1932] 252/6, 252).

*Other Compounds*

**Weitere Verbindungen.** In Furfurol bei 25° zu $<$0.01 Gew.-% lösl., F. Trimble (*Ind. Eng. Chem.* **33** [1941] 660/2). Wird von geschmolzenem $C_5H_5N \cdot HCl$ unter Bldg. von $NiCl_2$ und $H_2O$ rasch gelöst, L. F. Audrieth, A. Long, R. E. Edwards (*J. Am. Chem. Soc.* **58** [1936] 428/9). — Reagiert mit Chlorkohlenwasserstoffen bei Dunkelrotglut unter Bldg. von $NiCl_2$, H. Quantin (*Compt. Rend.* **104** [1887] 223/4), dagegen tritt bei 400° mit $CCl_4$ noch keine Rk. ein, K. Knox, S. Young Tyree, R. D. Srivastava, V. Norman, J. Y. Bassett, J. H. Holloway (*J. Am. Chem. Soc.* **79** [1957] 3358/61).

*Compounds of Composition $NiO_{1.33\ to\ 2}$ (?)*

## *Nickeloxide der Zusammensetzung $NiO_{1.33\ bis\ 2}$ (?)*

*Formation. Preparation*

### Bildung und Darstellung

Die Angaben über die Darst. von $Ni_3O_4$ durch Ox. von NiO in der Hitze im $O_2$-Strom, L. Wöhler, O. Balz (*Z. Elektrochem.* **27** [1921] 406/19), durch Zers. von $Ni(OH)_2$ bei 240°, W. L. Dudley (*J. Am. Chem. Soc.* **18** [1896] 901/3), Erhitzen von $NiCl_2$ im trocknen oder feuchten $O_2$-Strom auf 400°, H. Baubigny (*Compt. Rend.* **141** [1905] 1232/3), Red. von $Ni_2O_3$ oder höher oxydierten Präpp. mit $H_2$, F. Glaser (*Z. Anorg. Allgem. Chem.* **36** [1903] 1/35, 24, 34), H. Baubigny (*l. c.*), von $Ni_2O_3$ aus $Ni(OH)_2$ bei 250° bis 300° durch Ox. mit $O_2$, F. Glaser (*l. c.*), Zers. von bas. Ni-Carbonat bei 300°, H. Rose (*Ann. Physik* [2] **84** [1851] 547/72, 571), aus pyrophorem Ni durch Ox. mit $O_2$, H. Moissan (*Ann. Chim. [Paris]* [5] **21** [1880] 199/255, 239), sowie von $NiO_2$ durch Befeuchten von $Ni(OH)_2$, $NiCO_3$ oder $Ni(NO_3)_2$ mit $HNO_3$ und Abrauchen der Stickoxide bei 280° bis 330°, Vaubel (*Chemiker-Ztg.* **46** [1922] 978), sind nicht reproduzierbar. Präpp. mit Sauerstoffgehalten $>$1.32 je Ni werden dabei nicht erhalten, M. Le Blanc, H. Sachse (*Z. Elektrochem.* **32** [1926] 204/10). Auch durch Erhitzen von $NiCO_3$ auf 300° an der Luft oder bei 200° unter 100 atm $O_2$ oder durch Schmelzen einer Mischung von $NiCl_2$ und $KClO_3$ und Auslaugen der abgekühlten Schmelze mit $H_2O$ kann kein höheres Oxid dargestellt werden, S. B. Hendricks, M. E. Jefferson, J. F. Shultz (*Z. Krist.* **73** [1930] 376/80).

Durch therm. Zers. von $Ni(NO_3)_2$ oder $Ni(NO_3)_2 \cdot 6\,H_2O$ sollen wasserfreie Oxide beliebiger Zus. zwischen NiO und $NiO_2$ mit Sauerstoffgehalt nach Tempern bei 250° von 30.33%, nach Tempern bei 1000° von 21.45% entstehen; dabei soll es sich um feste Lsgg. von NiO in $NiO_2$ handeln, D. P. Bogatskii (*Zh. Obshch. Khim.* **7** [1937] 1397/402, *C.* **1938** I 4432). $Ni_2O_3$ wird bei 250° aus $Ni(NO_3)_2$ dargestellt, D. P. Bogatskii (*Zh. Obshch. Khim.* **21** [1951] 3/10), feste Lsgg. von NiO in $Ni_2O_3$ bei höheren Tempp. und feste Lsgg. aus $Ni_2O_3$ und $NiO_2$ bei 220° bis 230°, D. P. Bogatskii, I. A. Mineeva (*Zh. Obshch. Khim.* **29** [1959] 1382/9; *J. Gen. Chem. USSR* **29** [1959] 1358/65; *Fiz. Tverd. Tela Akad. Nauk SSSR Otd. Fiz. Mat. Nauk Sb. Statei* **2** [1959] 301/5). Bereits durch Sonnenlicht soll sich durch dessen UV-Strahlung in wss. $Ni(NO_3)_2$-Lsg. $Ni_2O_3$ neben $Ni(NO_2)_2$ und $O_2$ bilden, K. Veeriah (*Current Sci. [India]* **27** [1958] 298/9). — Bldg. von Oxiden mit $NiO_{>1.33}$ durch therm. Zers. von $Ni(NO_3)_2$

ist nicht möglich. Bei 250° ist die Zers. noch nicht vollständig, A. N. KUZNETSOV (*Zh. Fiz. Khim.* **34** [1960] 32/8; *Russ. J. Phys. Chem.* **34** [1960] 15/8), E. YA. RODE (*Zh. Neorgan. Khim.* **1** [1956] 1430/9; *J. Inorg. Chem. USSR* **1** Nr. 6 [1956] 326/36, 332). Die analyt., röntgenograph. und magnet. Unters. der Zers. von $Ni(NO_3)_2 \cdot 6H_2O$ von 20° bis 400° im offenen Ofen und im Vak. gibt keinen Hinweis auf die Bldg. dieser Ni-Oxide, Einzelheiten s. S. 383, J. LABAT (*Ann. Chim.* [*Paris*] [13] **9** [1964] 399/427, 411/7).

$NiO_2$ soll bei tiefen Tempp. aus $NiO_2 \cdot aq$ oder bei 250° bis 300° unter so hohem $O_2$-Druck, daß kein Sauerstoff abgespalten wird, darstellbar sein. Durch Erhitzen an der Luft (Tempp. s. Fig. 173, S. 379) werden daraus Präpp. beliebiger Zus. zwischen NiO und $NiO_2$ hergestellt, D. P. BOGATSKII (*l. c.*), D. P. BOGATSKII, I. A. MINEEVA (*l. c.*). Dagegen ist nach A. N. KUZNETSOV (*l. c.*) eine Entwässerung der Ni-Hydroxide, die Ni höherer Wertigkeit enthalten, ohne Abspaltung von Sauerstoff nicht möglich.

Bldg. von $NiO \cdot Ni_2O_3$ bei Ox. einer 1% Ni enthaltenden Cu-Ni-Leg. an der Luft unter vermindertem Druck vermutet auf Grund der Gitterstruktur der Rk.-Prodd. G. HONJO (*J. Phys. Soc. Japan* **8** [1953] 113/8). $Ni_2O_3$ und $NiO_2$ sollen durch Rk. von $KNO_3$-, $Ba(NO_3)_2$-, $BaO_2$-, $K_2O_4$- oder $Na_2O_2$-Schmelzen mit Ni darstellbar sein, B. A. PETROV, B. ORMONT (*Zh. Obshch. Khim.* 8 [1938] 563/71, *C.* **1938** II **2406**). $NiO_2$ soll sich an Ni-Oberflächen bei Einw. von wss. Alkalilaugen bei 360° bilden, P. A. HEMBOLD (*Corrosion Anti-Corrosion* **4** [1956] 271/5). Aus $Ni(ClO_4)_2 \cdot 2H_2O$ soll sich beim Erhitzen auf 252° $Ni_2O_3$ neben $O_2$, $Cl_2$ und Chloroxiden bilden, A. A. ZINOV'EV, V. I. NAUMOVA (*Zh. Neorgan. Khim.* **4** [1959] 2009/14; *Russ. J. Inorg. Chem.* **4** [1959] 910/3).

Auf elektrochem. Wege soll durch Elektrolyse von Ätzalkalischmelzen an Ni-Elektroden die Abscheidung von $Ni_2O_3$ und $NiO_2$ möglich sein. Noch höher oxydierte Präpp. wie $Ni_2O_5$ werden nicht erhalten, B. A. PETROV, B. ORMONT (*l. c.*).

*Colloids*

**Kolloide.** Wss. Suspensionen von $Ni_2O_3$ werden durch Zugabe von HCl stabilisiert. Optimale Stabilisierung wird erreicht von 0.3 g $Ni_2O_3$ mit 20 ml 0.01n-HCl, von 1.2 g $Ni_2O_3$ mit 20 ml 0.05n-HCl und von 1.0 bis 1.5 g $Ni_2O_3$ mit 20 ml 0.11n-HCl-Lsg. Die Bedingungen der OSTWALDschen Bodenkörperregel, s. beispielsweise W. OSTWALD, W. GAMM (*Kolloid-Z.* **62** [1933] 180/98), sind erfüllt, N. YERMOLENKO (*Kolloid-Z.* **72** [1935] 312/20; *Kolloidn. Zh.* **1** Nr. 2 [1935] 16/27). Dieser Stabilisierung liegt keine isotherme Sol-Gel-Umwandlung im Sinne der REHBINDERschen Koagulationsthixotropie, sondern das isotherme Stabilisations-Sedimentations-Gleichgew., die Sedimentationsthixotropie, zu Grunde, N. F. YERMOLENKO (*Discussions Faraday Soc.* Nr. 18 [1954] 145/51, 147).

## Thermodynamische Daten der Bildung

*Thermodynamic Formation Data*

Für die Rk. $Ni_2O_3 = 2NiO + {}^1/_2O_2$ bei 25°: Bildungsenthalpie $\Delta H = -58.285$ kcal/mol, Änderung der freien Energie $\Delta G = -52.591$ kcal/mol, Änderung der Entropie $\Delta S = 8.02$ $cal \cdot mol^{-1} \cdot {}^\circ K^{-1}$, D. P. BOGATSKII (*Zh. Obshch. Khim.* **21** [1951] 3/10, 9, *C.A.* **1952** 7861). Über mögliche Werte für die Bldg.-Wärme von $Ni_2O_3$ s. G. TAMMANN, A. SWORYKIN (*Z. Anorg. Allgem. Chem.* **170** [1928] 62/70, 69).

## Physikalische Eigenschaften

*Physical Properties*

Wenn über die Herkunft der untersuchten Proben keine Angaben gemacht werden, liegen solche nicht vor oder es handelt sich um handelsübliche Präparate.

*Structural and Crystallographic Properties*

**Strukturelle und kristallographische Eigenschaften.** Über die Existenz der Verbb. s. S. 376.

$Ni_3O_4$ ist röntgenamorph, G. L. CLARK, W. C. ASBURY, R. M. WICK (*J. Am. Chem. Soc.* **47** [1925] 2661/71, 2666). Nach I. BELLUCCI, E. CLAVARI (*Atti Reale Accad. Nazl. Lincei Rend. Classe Sci. Fis. Mat. Nat.* [5] **14** [1905] 234/42, 241) hergestellte Präpp. geben bei der röntgenograph. Unters. Interferenzen von NiO, G. NATTA, F. SCHMID (*Atti Reale Accad. Nazl. Lincei Rend. Classe Sci. Fis. Mat. Nat.* [6] **4** [1926] 145/9, 146). $Ni_3O_4$ kristallisiert kubisch und ist eine feste Lsg. aus NiO und $Ni_2O_3$ mit einer Gitterkonst. zwischen 4.186 und 4.172 Å, untersucht an durch therm. Zers. von $NiO_2$ oder $Ni(NO_3)_2$ hergestellten Proben (s. S. 430 und oben), D. P. BOGATSKII, I. A. MINEEVA (*Zh. Obshch. Khim.* **29** [1959] 1382/9; *J. Gen. Chem. USSR* **29** [1959] 1358/65, 1363; *Fiz. Tverd. Tela Akad. Nauk SSSR, Otd. Fiz. Mat. Nauk Sb. Statei* **2** [1959] 301/5), D. P. BOGATSKII (*Zh. Obshch. Khim.* **21** [1951] 3/10; *Structure Reports, Bd.* 15, 1961, S. 177). Für $NiO \cdot Ni_2O_3$, Darst. s. oben, wird nach Ergebnissen der Unters. durch Elektronenbeugung ein Spinellgitter mit einer Gitterkonst. $8.24 \pm 0.02$ Å vermutet, G. HONJO (*J. Phys. Soc. Japan* 8 [1953] 113/8; *Structure Reports, Bd.* 17, 1963, S. 427).

$Ni_2O_3$, erhalten durch Zers. von $Ni(NO_3)_2$, gibt NiO-Interferenzen, G. LUNDE (*Z. Anorg. Allgem. Chem.* **163** [1927] 345/54, 352), G. L. CLARK, W. C. ASBURY, R. M. WICK (*J. Am. Chem. Soc.* **47** [1925] 2661/71, 2665). Die untersuchten Proben waren jedoch kein $Ni_2O_3$, sondern enthielten weniger Sauerstoff, M. LE BLANC, H. SACHSE (*Z. Anorg. Allgem. Chem.* **168** [1927] 15/6; *Z. Elektrochem.* **32** [1926] 204/10), S. B. HENDRICKS, M. E. JEFFERSON, I. F. SHULTZ (*Z. Krist.* **73** [1930] 376/80). Kubisch flächenkonzentriertes Gitter mit der Gitterkonst. 4.186 Å (Darst. der Proben analog wie oben) finden D. P. BOGATSKII, I. A. MINEEVA (*l. c.*), D. P. BOGATSKII (*l. c.*). An auf NaCl aufgedampften dünnen Schichten von Ni werden neben Ni- und NiO-Interferenzen weitere Interferenzen beobachtet und als hexagonales $Ni_2O_3$ mit den Gitterkonstt. a = 4.61, c = 5.61 Å entsprechend dem $Co_2O_3$ (s. „*Kobalt*" *Tl.* A, *Erg.-Bd.*, S. 496) interpretiert, P. S. AGGARWAL, A. GOSWAMI (*J. Phys. Chem.* **65** [1961] 2105).

$NiO_2$ ist röntgenamorph, G. L. CLARK u. a. (*l. c.* S. 2667). Durch therm. Zers. oder in der Kälte aus $NiO_2 \cdot aq$ hergestellte Proben kristallisieren in einem kub. Gitter mit a = 4.620 Å, feste Lsgg. aus $Ni_2O_3$ und $NiO_2$ ergeben entsprechend kleinere Gitterkonstt., D. P. BOGATSKII, I. A. MINEEVA (*l. c.*).

*Mechanical Properties*

**Mechanische Eigenschaften.** Graph. Wiedergabe der Dichte von Präpp. die auf Grund der Temp. bei der Darst. und auf Grund der Gitterkonstt. weniger Sauerstoff als $Ni_2O_3$ enthalten, s. D. P. BOGATSKII, I. A. MINEEVA (*Zh. Obshch. Khim.* **29** [1959] 1382/9; *J. Gen. Chem. USSR* **29** [1959] 1358/65, 1364). Über die durch Pressen von $Ni_2O_3$-Pulver erreichbare Dichte der Probenkörper als Funktion des Preßdrucks von 832 bis 6430 atm s. Z. I. KIR'IASHKINA, F. M. POPOV, D. N. BILENKO, V. I. KIR'IASHKIN (*Zh. Tekhn. Fiz.* **27** [1957] 85/9; *Soviet Phys.-Tech. Phys.* **2** [1957] 69/73). — Über die Benetzbarkeit von $Ni_2O_3$ durch Glasschmelzen s. K. P. AZAROV (*Dokl. Akad. Nauk USSR* [2] **82** [1952] 79/82, *C.A.* **1953** 4169).

*Electric and Magnetic Properties*

**Elektrische und magnetische Eigenschaften.** Angaben zum spezif. Widerstand von Proben, die weniger Sauerstoff als $Ni_2O_3$ enthalten, wobei der Widerstand mit abnehmendem Sauerstoffgehalt ansteigt, s. in graph. Darst. bei D. P. BOGATSKII, I. A. MINEEVA (*l. c.*). Die elektr. Leitf. von $NiO_2$ steigt in $O_2$-Atm., durch Einbau von Kationen niedrigerer Valenz als die von $Ni^{4+}$ oder von Anionen höherer Valenz als die von $O^{2-}$ an. $NiO_2$ ist ein Halbleiter, T. FØRLAND (*Tidsskr. Kjemi Bergvesen* **10** [1950] 191/3). Während J. VREDE (*Physik. Z.* **31** [1930] 323/32, 328) keine Gleichrichtereffekte an reinem $Ni_2O_3$ findet, ist es nach V. I. TURKULETS (*Poluprov. Termosoprot. Sb. Statei* **1959** 12/32 nach *C.A.* **1960** 13869) zur Herst. von Thermistoren verwendbar. — Dielektrizitätskonst. durch Dichte von gepreßtem $Ni_2O_3$-Pulver liegt bei 3.62 bis 4.58, Z. I. KIR'IASHKINA u. a. (*l. c.*). — Max. der paramagnet. Resonanzabsorption werden in Feldern bis 15000 Gauss bei gewöhnl. Temp. nicht beobachtet, F. W. LANCASTER, W. GORDY (*J. Chem. Phys.* **19** [1951] 1181/91, 1188).

*Optical Properties*

**Optische Eigenschaften.** Unabhängig vom Sauerstoffgehalt sind die Präpp. schwarz, D. P. BOGATSKII, I. A. MINEEVA (*l. c.*), D. P. BOGATSKII (*Zh. Obshch. Khim.* **7** [1937] 1397/402), I. BELLUCCI, E. CLAVARI (*Atti. Reale Accad. Nazl. Lincei Rend. Classe Sci. Fis. Mat. Nat.* [5] **14** [1905] 234/42, 241).

Wellenlänge des Energiemax. $\lambda_m$ (in $\mu$) der von $Ni_2O_3$ ausgesandten Strahlung in Abhängigkeit von der absol. Temp. T:

| T in °K . . . . . . . | 770° | 838° | 855° | 1043° |
|---|---|---|---|---|
| $\lambda_m$ . . . . . . . . . | 3.50 | 3.25 | 2.82 | 2.65 |

Aus den Werten ergibt sich für die Konst. des WIENschen Verschiebungsgesetzes $\lambda_m \cdot T = 0.269$ bis 0.276 cm, A. CARELLI (*Atti Reale Accad. Nazl. Lincei Rend. Classe Sci. Fis. Mat. Nat.* [6] **29** [1939] 381/8, 435/41, 440).

Nach der Reststrahlmeth. werden für die Absorption im fernen UR Max. bei 28.5, 33, 42.6 und 52 $\mu$ ermittelt, M. PARODI (*Compt. Rend.* **205** [1937] 906/8; *J. Phys. Radium* [7] **9** [1938] 92/3 S), s. auch die Wiedergabe bei L. KELLNER (*Rept. Progr. Phys.* 8 [1941] 200/11). — Über den Einfluß kleiner $Ni_2O_3$-Mengen auf die spektrale Durchlässigkeit von Gläsern s. G. S. BACHMANN (*Rev. Sci. Instr.* 18 [1947] 588/9).

*Electrochemical Behavior*

## Elektrochemisches Verhalten

Ni, Ni-Oxid | CaO in $Li_2SO_4$-$K_2SO_4$-Schmelze | $O_2$, Pt

Die EK steigt mit der Temp. und beträgt 0.932 bei 692° und 1.032 bei 708°. Das schwarze Ni-Oxid, das Ni in höherer Wertigkeit als 2 zu enthalten scheint, wird durch Erhitzen des Ni-Drahts in der Schmelze auf Tempp. von mehr als 663° als gut leitende Schicht erhalten. Vielleicht handelt es sich um eine feste Lsg. von $LiNO_2$ in NiO, D. G. HILL, B. PORTER, A. S. GILLESPIE (*J. Electrochem. Soc.*

**105** [1958] 408/12, 410; AEC Rep. Contract AT-(40-1)-1526 [1953] 1/65, 14/17). Vgl. hierzu NiO, Kette Nr. 1, S. 414, und Kette Nr. 9, S. 415.

## Chemisches Verhalten

*Chemical Reactions*

*On Irradiation*

**Gegen Strahlung.** Durch Einw. von $10^9$ bis $4 \cdot 10^9$ r/g aus einem $^{60}$Co-Strahler auf ein Gemisch von $ZrO_2$ und $Ni_3O_4$ wird Ni und Zr gebildet, die in einem heterogenen Gleichgew. vorliegen, UNION CARBIDE CORP., S. L. RUSKIN (*U.S.P.* 2934481 [1960] nach *C.A.* **1960** 16696).

*On Heating*

**Beim Erhitzen.** Mit steigender Temp. (s. Fig. 173, S. 379) wird zunehmend Sauerstoff bis zur Zus. NiO abgespalten, s. beispielsweise D. P. BOGATSKII (*Zh. Obshch. Khim.* **21** [1951] 3/10, *C.A.* **1952** 7861), D. P. BOGATSKII, I. A. MINEEVA (*Zh. Obshch. Khim.* **29** [1959] 1382/9; *J. Gen. Chem. USSR* **29** [1959] 1358/65, 1359/61).

*With Elements. Hydrogen*

**Gegen Elemente. Wasserstoff.** Bei 300° wird $Ni_3O_4$ durch $H_2$ zu Ni reduziert. CuO- beschleunigt, $Al_2O_3$-Gehalt verzögert die Red., A. T. SGIBNEV (*Zh. Fiz. Khim.* **28** [1954] 1770/3, *C.A.* **1956** 1430). Handelsübliches $Ni_2O_3$ wird bei 235° vollständig zu Ni reduziert, R. FRICKE, G. WEITBRECHT (*Z. Elektrochem.* **48** [1942] 87/106, 88); Red. oberhalb 95° zu NiO und ab 118° zu Ni findet G. GALLO (*Ann. Chim. Appl.* **27** [1927] 535/43), während nach D. P. BOGATSKII (*Metallurgist* **12** Nr. 4 [1937] 58/65, *C.A.* **1938** 3285) bei Red. der festen Lsgg. sogenannter höherer Ni-Oxide durch $H_2$ ab 111° NiO entsteht und dieses erst oberhalb 229° zu Ni reduziert wird. Zur vollständigen Red. von $Ni_2O_3$ im $H_2$-Strom sind bei 700° 2 Std. bei 800° 1 Std. erforderlich. — Jedoch wird bei Red. von Präpp. der Bunsenitphase (bis $NiO_{<1.32}$) Bldg. von reinem NiO als stöchiometr. Verb. bei diesen Tempp. nicht beobachtet, s. S. 417, A. N. KUZNETSOV (*Zh. Fiz. Khim.* **34** [1960] 32/7; *Russ. J. Phys. Chem.* **34** [1960] 15/8). Beim therm. Sauerstoffabbau im geschlossenen System unter zirkulierendem $H_2$ von 300 Torr zeigen die Kurven für die Abhängigkeit der O-Abspaltung je Min. von der Zus. des Oxids 2 Max., die der Red. von $Ni_2O_3$ und der autokatalyt. Red. von NiO zugeordnet werden, G. I. CHUFAROV, M. G. ZHURAVLEVA, E. P. TATIEVSKAYA (*Dokl. Akad. Nauk SSSR* [2] **73** [1950] 1209/12, *C.A.* **1951** 426).

*Carbon*

**Kohlenstoff.** Beim Erhitzen höherer Ni-Oxide mit C auf 115° bis 200° ist die Red. von $NiO_2$ nur wenig stärker als ohne C, bei 320° bis 390° entsteht NiO, während C oxydiert wird; bei weiterer Temp.-Erhöhung wird NiO reduziert, D. P. BOGATSKII (*Bull. Acad. Sci. USSR, Classe Sci. Tech.* **1947** 105/12, *C.A.* **1947** 5367). Am besten geeignete Tempp. für Red. höherer Ni-Oxide zu Ni sind 500° bis 700°, untersucht durch Red. mit $^{14}$C markiertem Kohlenstoff, V. P. ELYUTIN, YU. A. PAVLOV, R. F. MERKULOVA (*Primenenie Radioaktivn. Izotopov v Met. Sb.* **34** [1955] 48/52 nach *C.A.* **1957** 14501). Red. zum Metall erfolgt langsam bei 800°, rasch bei 950°, W. BAUKLOH, F. SPRINGORUM (*Z. Anorg. Allgem. Chem.* **230** [1937] 315/20), Rk. zu NiO oberhalb 625° bis 820°, G. TAMMANN, A. SWORYKIN (*Z. Anorg. Allgem. Chem.* **170** [1928] 62/70, 69).

*With Compounds. Ammonia*

**Gegen Verbindungen. Ammoniak.** Mit Lsgg. von $NH_4NO_3$ oder $NH_4Cl$ in fl. $NH_3$ reagiert handelsübliches $Ni_3O_4$ unter Bldg. von $[Ni(NH_3)_6](NO_3)_2$ bzw. $[Ni(NH_3)_6]Cl_2$ und wenig NiO; mit Lsgg. von $KNH_2$ in fl. $NH_3$ wird ebenfalls eine Umsetzung beobachtet. $Ni_3O_4$ beschleunigt katalytisch die Bldg. von $KNH_2$, wenn K in fl. $NH_3$ gelöst vorliegt, R. B. HOLT, G. W. WATT (*J. Am. Chem. Soc.* **65** [1943] 988/9).

*Boron Nitride*

**Bornitrid.** $Ni_2O_3$ reagiert mit BN im abgeschmolzenen Rohr beim Erhitzen auf 700° bis 900° unter Bldg. von $B_2O_3$, NiO und $N_2$, U. SBORGI, A. G. NASANI (*Gazz. Chim. Ital.* **52** I [1922] 369/87, 381), U. SBORGI, E. GAGLIARDO (*Ann. Chim. Appl.* **14** [1924] 113/23).

*Carbon Monoxide*

**Kohlenmonoxid.** Die Temp.-Abhängigkeit des Zerfalls von CO nach $2CO = CO_2 + C + 39$ kcal zeigt für die C-Bldg. an $Ni_2O_3$ ein Max. bei 450° und ein Minimum bei 550°. Es wird aus letzterem auf Bldg. von Ni geschlossen, W. BAUKLOH, G. HIEBER (*Z. Anorg. Allgem. Chem.* **226** [1936] 321/32, 328).

*Silicon Nitride*

**Siliciumnitrid.** Es reduziert beim Erhitzen auf 900° bis 1300° $Ni_2O_3$ unter Bldg. von NO und $SiO_2$, A. G. NASINI, A. CARALLINI (*IX. Congr. Intern. Quim. Pura Apl., Madrid* 1934, *Bd.* 3, S. 280/93 nach *C.* **1936** II 2320).

*Aluminum Iodide*

**Aluminiumjodid.** Unter vermindertem Druck reagiert ein Gemisch aus $Ni_2O_3$ und $AlJ_3$ bei 24std. Erhitzen auf 230° unter Bldg. von $NiJ_2$, $J_2$ und $Al_2O_3$, M. CHAIGNEAU (*Bull. Soc. Chim. France* **1957** 886/8).

Nickel Hydroxides and Hydrated Oxides

# *Nickelhydroxide und -aquoxide*

Über Vork. in der Natur s. „*Nickel*" *Tl.* A unter „Vorkommen". Nickel bildet das echte Hydroxid $Ni(OH)_2$, die Verb. $4Ni(OH)_2 \cdot NiOOH$, die mit wechselndem Wassergehalt auftreten kann, sowie $Ni_3O_2(OH)_4$, $\alpha$-NiOOH, $\beta$-NiOOH und $\gamma$-NiOOH. Die Existenz von $NiO_2 \cdot aq$ wird diskutiert. Ein schemat. Diagramm zum System Ni–O–H s. bei E. YA. RODE (*Zh. Neorgan. Khim.* **1** [1956] 1430/9; *J. Inorg. Chem. USSR* **1** Nr. 6 [1956] 326/36). Über weitere Verbb., deren Existenz nicht sicher nachgewiesen ist, s. unten unter NiOH und S. 465.

Allgemeine Literatur:

R. FRICKE, G. F. HÜTTIG, *Hydroxyde und Oxydhydrate, Leipzig* 1937, S. 358/63. Im folgenden zitiert als: FRICKE, HÜTTIG.

H. B. WEISER, *Inorganic Colloid Chemistry, Bd. 2, The Hydrous Oxides and Hydroxides, New York* 1935, S. 167/8. Im folgenden zitiert als: WEISER.

NiOH (?)

***NiOH(?).*** Ein blauer Nd. dieser Zus. wird bei Einw. von KOH auf wss. Lsgg. des violetten Rk.-Prod. aus $NaHSO_3$ und $NaNO_2$ sowie Waschen und Trocknen unter $H_2$ erhalten. Mit $Na_2S$ Rk. unter Bldg. von $Ni_2S$; lösl. in wss. KCN-Lsg. unter Bldg. von $K_2Ni(CN)_3$, L. TSCHUGAEFF, W. I. CHLOPIN (*Compt. Rend.* **159** [1914] 62/4).

Verbb. wie $Ni_3O \cdot 2H_2O$, $Ni_3O_2 \cdot H_2O$ sollen bei Red. von wss. $K_2[Ni(CN)_4]$-Lsg. durch $NH_4Cl$, T. MOORE (*Chem. News* **71** [1895] 81/2, **68** [1894] 295), oder bei Elektrolyse cyankal. Ni-Salzlsgg., die etwas Alkali im Überschuß enthalten, entstehen, C. TUBANDT, W. RIEDEL (*Z. Anorg. Allgem. Chem.* **72** [1911] 219/32, 229). So gefälltes $Ni_3O \cdot 2H_2O$ ist ein Gemisch aus Ni und Ni-Hydroxid, dessen Zus. mit Änderungen der Darst.-Meth. wechselt, I. BELLUCCI (*Gazz. Chim. Ital.* **49** II [1919] 285/93, 289, 293).

Nickel(II) Hydroxide

## *Nickel(II)-hydroxid $Ni(OH)_2$*

Die stets kristalline, jedoch häufig als Gel beschriebene Verb. ist an der Luft bis etwa 200° beständig, s. S. 455. — Es ist nur eine Modifikation bekannt. Eine dem $\alpha$-$Zn(OH)_2$ analoge Verb. konnte nicht erhalten werden, W. FEITKNECHT (*Helv. Chim. Acta* **21** [1938] 766/84, 780). Hydrate definierter Zus. sind nicht bekannt, W. FEITKNECHT (*Kolloid-Z.* **92** [1940] 257/76, 259). Zur Konstit. von $Ni(OH)_2$ s. O. GLEMSER, E. HARTERT (*Z. Anorg. Allgem. Chem.* **283** [1956] 111/22; *Naturwissenschaften* **40** [1953] 199/200, 552/3), K. V. ASMACHOV, A. G. ELITSUR, K. M. NIKOLAEV (*Zh. Obshch. Khim.* **21** [1951] 1753/63), s. auch S. 456, 452, 463.

Formation. Preparation

### Bildung und Darstellung

From Nickel Salt and Alkali Hydroxide Solutions

**Aus Nickelsalzlösung und Alkalihydroxidlösungen.** Die beste Darst. ist die durch Fällung aus Ni-Salzlsg. mit Alkalilaugen, FRICKE, HÜTTIG (S. 358), z. B. mit Kalilauge, J.-L. LASSAIGNE (*J. Pharm.* [2] **9** [1823] 49/53; *Ann. Chim.* [*Paris*] [2] **21** [1822] 255/60). Fällungen wss. $NiCl_2$-, $Ni(NO_3)_2$- oder $NiSO_4$-Lsgg. mit Kalilauge oder Natronlauge führen zu ident. Präpp., wie röntgenograph. Strukturunterss. zeigen, S. OKADA, T. SHIRAISHI, K. WATANABE (*Kogyo Kagaku Zasshi* **51** [1948] 129/30, *C.A.* **1950** 9274). Beispielsweise werden zur Darst. 25 g KOH in 250 ml $CO_2$-freiem $H_2O$ gelöst und unter kräftigem Rühren tropfenweise zu einer etwa 35° warmen Lsg. von 60 g $Ni(NO_3)_2 \cdot 6H_2O$ in 250 ml $H_2O$ gegeben. Dann wird wiederholt mit je 5 l warmem $CO_2$-freiem $H_2O$ bis zum Verschwinden der alkal. Rk. anschließend zunächst mit 5 l $CO_2$-freiem $H_2O$, dem etwas $NH_3$ zugesetzt ist, dann wieder mit je 5 l $CO_2$-freiem $H_2O$ so oft dekantiert, bis Nd. und Waschwasser frei von $K^+$ und $NO_3^-$ sind. Der Nd. wird im Vak. über konz. $H_2SO_4$ getrocknet und enthält danach etwa 1 Mol adsorptiv gebundenes $H_2O$ je $Ni(OH)_2$, das durch Erhitzen auf 200° entfernt werden kann. Sämtliche Operationen bis einschließlich Abfiltrieren sind unter $CO_2$-Ausschluß auszuführen. Als Ausgangsmaterial ist auch $Ni(NO_3)_2 \cdot 6NH_3$ geeignet, O. GLEMSER (in: G. BRAUER, *Handbuch der präparativen anorganischen Chemie*, 2. *Aufl.*, *Bd.* 2, *Stuttgart* 1962, S. 1347/8), G. F. HÜTTIG, A. PETER (*Z. Anorg. Allgem. Chem.* **189** [1930] 183/9, 183).

Excess Alkali Hydroxide

**Alkalihydroxidüberschuß.** Bei monatelangem Stehen von sublimiertem $NiCl_2$ unter wss. Kalilauge bildet sich $Ni(OH)_2$, rascher jedoch durch Kochen mit Kalilauge oder durch Versetzen einer ammoniakal. $NiCl_2$-Lsg. mit Kalilauge, O. L. ERDMANN (*J. Prakt. Chem.* **7** [1836] 248/68, 261). Gelatinöses $Ni(OH)_2$ entsteht beim Versetzen einer Lsg. von 50 mg $NiCl_2$ in 15 ml $H_2O$ mit 5 ml wss. 3n-NaOH-Lsg., R. K. ALPINE (*J. Chem. Educ.* **23** [1946] 301/5). Über Darst. aus dem durch Erhitzen von

$Ni(NO_3)_2 \cdot 6H_2O$ auf 180° bis 250° entstandenen $Ni(OH)NO_3$ durch Einw. von Kalilauge bei 75° bis 85° s. P. L. BOURGAULT, P. E. LAKE, E. J. CASEY, A. R. DUBOIS (*Can. J. Technol.* **34** [1956] 495/502, 496, 500). Der $H_2O$-Gehalt des Hydroxids ist höher als der Formel $Ni(OH)_2$ entspricht, wenn aus wss. $NiSO_4$-Lsg. mit überschüssiger wss. Natronlauge gefällt und bei 120° getrocknet wird, L. SCHAFFNER (*Liebigs Ann. Chem.* **51** [1844] 168/85, 179). Über $H_2O$-Gehalt von $Ni(OH)_2$ s. S. 455.

Aus wss. Ni-Salzlsgg. mit überschüssigen wss. Alkalilaugen gefälltes $Ni(OH)_2$ enthält als Verunreinigung Alkali, das mit heißem Wasser ausgewaschen werden kann. Fällungen aus heißer Lsg. enthalten auch Anionen aus dem Ni-Salz. Bei Ndd. aus $Ni(NO_3)_2$-Lsgg. kann das $NO_3^-$ durch gründliches Waschen mit Wasser vollständig entfernt werden, nicht dagegen $Cl^-$ und $SO_4^{2-}$ aus den aus entsprechenden Ni-Salzlsgg. gefällten Hydroxiden. Jedoch lassen sich diese Anionen mit verd. wss. $NH_3$-Lsg. auswaschen, H. TEICHMANN (*Liebigs Ann. Chem.* **156** [1904] 17/8). Auch durch Umfällen des Nd. in wss. $NH_3$-Lsg., wobei das $Ni(OH)_2$ beim Aufkochen wieder ausfällt, wird die Verb. nahezu völlig frei von $Cl^-$ erhalten, R. PARIS (*Compt. Rend.* **232** [1951] 840/1). Durch Erhitzen im $H_2$-Strom unterhalb der Zers.-Temp. von $Ni(OH)_2$ gelingt es nicht, $Cl^-$ aus dem Nd. zu entfernen, C. TSANGARAKIS, R. SIBUT-PINOTE (*J. Chim. Phys.* **51** [1954] 446/50). Wird mit Natronlauge aus $NiSO_4$-Lsg. gefällt, kann $Ni(OH)_2$ trotz NaOH-Überschuß nicht sulfatfrei dargestellt werden, da sich Ni-Hydroxidsulfate bilden, W. BONSDORFF (*Z. Anorg. Allgem. Chem.* **41** [1904] 132/92, 136, 165). Die Bldg. von Ni-Hydroxidsulfat wird bestätigt, J. HEUBEL (*Ann. Chim.* [*Paris*] [12] **4** [1949] 699/744, 713/6). Die Ni-Hydroxidsulfate zerfallen beim Altern unter Bldg. von $Ni(OH)_2$, das jedoch $NiSO_4$ einschließt, J. LAMURE (*Compt. Rend.* **220** [1945] 601/3).

Die Bldg. von Ni-Hydroxidsalzen soll durch Eintropfen der wss. Ni-Salzlsgg. in die Lauge verhindert werden, FRICKE, HÜTTIG (S. 358). Dies bestätigt die potentiometr. Unters. über die $Ni(OH)_2$-Bldg. beim Titrieren einer Alkalilauge mit wss. $NiCl_2$-Lsg., R. NÄSÄNEN (*Ann. Acad. Sci. Fennicae* A **59** Nr. 2 [1943] 1/9). Wird wss. $NiSO_4$-Lsg. zu überschüssiger Lauge gegeben, fällt kein reines $Ni(OH)_2$ aus, Z. KSANDR, M. HEJTMÁNEK (*Sb. Celostatni Pracovni Konf. Anal. Chemiku, 1st, Prague* 1952 [1953], S. 42/5), F. ČŮTA, Z. KSANDR, M. HEJTMÁNEK (*Chem. Listy* **48** [1954] 1341/5; *Collection Czech. Chem. Commun.* **20** [1955] 381/6). Beim Eintropfen wss. $NiSO_4$-Lsg. in Natronlauge bildet sich primär Ni-Hydroxidsulfat, das mit dem Alkalihydroxid zu $Ni(OH)_2$ weiterreagiert. Jedoch wird so weder mit viel Lauge noch bei großer Verd. reines $Ni(OH)_2$ erhalten, J. HEUBEL (*l. c.*). Bei calorimetr. Unters. der Fällung wird die Bldg. von Ni-Hydroxidsulfaten nicht nachgewiesen, B. CHANDRA HALDAR (*J. Indian Chem. Soc.* **25** [1948] 445/7). **Fig. 192**, S. 436, zeigt die Zus. der Ndd. in [OH]/[Ni] als Funktion des pH des Rk.-Mediums für Fällungen bei gewöhnl. Temp. durch Eintropfen von $Ni(NO_3)_2$-, $NiCl_2$- oder $NiSO_4$-Lsg. in wss. KOH-Lsg. Der pH-Wert wird durch gleichzeitige Zugabe von wss. KOH-Lsg. konstant gehalten. Zur Fällung von $Ni(OH)_2$ ist danach bei $Ni(NO_3)_2$- und $NiCl_2$-Lsg. eine Lauge mit pH $>12$, bei $NiSO_4$ $>14$ erforderlich. Die bei niedrigeren pH-Werten metastabilen Ni-Hydroxidsalze lagern sich bei erhöhter Temp. rascher in $Ni(OH)_2$ um. **Fig. 193**, S. 436, zeigt die Zus. (Verhältnis [OH]/[Ni]) nach Fällung aus $NiCl_2$-Lsg. als Funktion des pH-Wertes, der Temp., Zeit und Konz. der Cl-Ionen im Rk.-Medium. Ein $KNO_3$-, KCl- oder $K_2SO_4$-Zusatz zum Rk.-Medium beim Fällen mit $Ni(NO_3)_2$-, $NiCl_2$- bzw. $NiSO_4$-Lsg. verschiebt die Zus. der Ndd. zu kleinerem OH-Gehalt, W. J. SINGLEY, J. T. CARRIEL (*J. Am. Chem. Soc.* **75** [1953] 778/81). Bei der potentiometr. Titration wss. NaOH-Lsg. mit wss. $NiSO_4$-Lsg. wird aus dem starken Abfall des Pot. bei $[NiSO_4]/[NaOH] = 1.1$ auf die Bldg. eines Ni-Hydroxidsulfates geschlossen, das im alkal. Gebiet ziemlich stabil ist, I. V. TANANAEV, M. YA. BOKMEL'DER (*Zh. Neorgan. Khim.* **2** [1957] 2700/8; *J. Inorg. Chem. USSR* **2** Nr. 12 [1957] 19/33). Potentiometr. Titration einer n-NaOH-Lsg. mit 0.5n-$NiSO_4$-Lsg. ergibt einen Knick der Titrationskurve bei $OH^-/Ni^{2+} = 1.73$, J. BESSON, H. BERGER (*Bull. Soc. Chim. France* **1955** 1286/9).

**Äquivalente Mengen oder geringer Alkalihydroxidüberschuß.** Beim Eingießen von Alkalihydroxidlsg. in wss. Ni-Salzlsg. wird $Ni(OH)_2$ als erstes Fällungsprod. nur mit $Ni(ClO_4)_2$-Lsg. erhalten, da diese kaum zur Bldg. von Hydroxidsalzen neigt, W. FEITKNECHT (*Kolloid-Z.* **136** [1954] 52/66, 56). Nach potentiometr. und nephelometr. Unters. der Fällung mit Natronlauge aus 0.00418n- bis 0.542n-$Ni(ClO_4)_2$-Lsgg., denen etwas $HClO_4$ zugesetzt ist, wird erst bei einem Laugenüberschuß von etwa 3% über die zur Neutralisation erforderliche Menge der TYNDALL-Effekt beobachtet, und erst bei einem pH $>7$ trübt sich die Lsg. Der pH-Wert am Knick der Titrationskurven ist von der Ni-Salzkonz. abhängig. Abhängigkeit des pH-Wertes des Rk.-Mediums nach Zugabe der Natronlauge in 0.6% Überschuß über die zur Neutralisation der Säure erforderliche Menge von der ursprünglichen Normalität der $Ni(ClO_4)_2$-Lsg., der geringe Mengen $HClO_4$ zugesetzt sind:

*Equivalent Amounts or Slight Excess of Alkali Hydroxide*

| Normalität der $Ni(ClO_4)_2$-Lsg. . | 0.542 | 0.1360 | 0.0680 | 0.0170 | 0.00418 |
|---|---|---|---|---|---|
| pH-Wert . . . . . . . . . . . | 6.3 | 6.82 | 6.99 | 7.39 | 7.7 |

Die $ClO_4$-Ionenkonz. ist durch Zusatz von $NaClO_4$ konstant gehalten. Die Bldg. von $Ni(OH)_2$ über $Ni(ClO_4)_2 \cdot Ni(OH)_2$ in Lsgg. höherer $Ni^{2+}$-Konz. wird diskutiert. Bei höherem pH-Wert soll $Ni(OH)_2$ direkt durch Hydrolyse aus $Ni(ClO_4)_2$ entstehen, F. Čůta, Z. Ksandr, M. Hejtmánek (*Chem. Listy* **48** [1954] 1341/5, **50** [1956] 1064/71; *Collection Czech. Chem. Commun.* **20** [1955] 381/6, **21** [1956] 1388/96).

Wird zu $Ni(NO_3)_2$-, $NiCl_2$- oder $Ni(ClO_4)_2$-Lsg. die äquiv. Menge Alkalilauge gegeben, fällt bei 90° alles Ni als $Ni(OH)_2$ aus. Bei tieferer Temp. kann der Nd. noch Ni-Hydroxidsalze enthalten. Bei 25° ist aus $NiCl_2$-Lsg. alles $Ni^{2+}$ nach Zutropfen von 1.86 Äquiv. NaOH gefällt, bei 50° sind 1.93 Äquiv. erforderlich, Z. Ksandr, M. Hejtmánek (*Sb. Celostatni Pracovni Konf. Anal. Chemiku, 1st, Prague* 1952 [1953], S. 42/5), F. Čůta, Z. Ksandr, M. Hejtmánek (*Chem. Listy* **48** [1954] 1341/5; *Collection Czech. Chem. Commun.* **20** [1955] 381/6). **Fig. 194** zeigt den pH-Wert der Rk.-Lsg. als Funktion der bei 17° zu einer wss. 0.025 m-$NiCl_2$-Lsg. tropfenweise zugegebenen 0.0967 m-NaOH-Lsg.

Fig. 192.

Zus. des Nd. in Abhängigkeit vom pH des Rk.-Mediums.

Fig. 193.

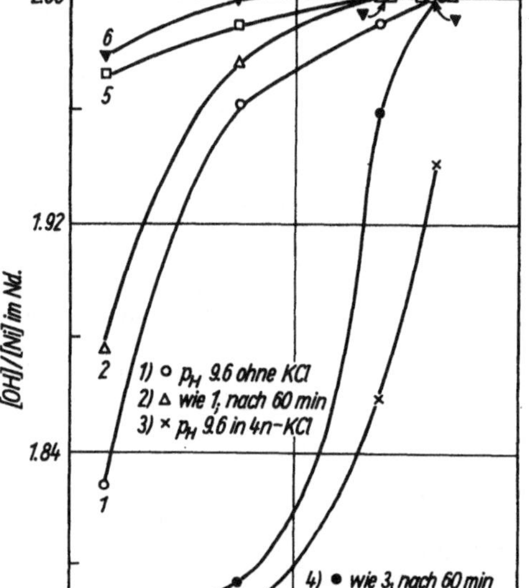


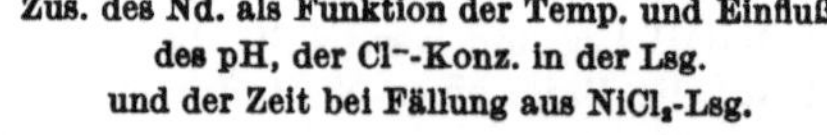
Zus. des Nd. als Funktion der Temp. und Einfluß des pH, der $Cl^-$-Konz. in der Lsg. und der Zeit bei Fällung aus $NiCl_2$-Lsg.

nach Messungen mit der Wasserstoffelektrode. Die Fällung beginnt bei pH 6.66 und ist beim 2. Knick der Kurve nach Zugabe von 83% der theoretisch erforderlichen Menge NaOH beendet, H. T. S. Britton (*J. Chem. Soc.* **127** [1925] 2110/20, 2116). Damit gut übereinstimmende Werte, A. L. Rotinyan, V. Ya. Zel'des (*Zh. Prikl. Khim.* **23** [1950] 717/23; *J. Appl. Chem. USSR* **23** [1950] 757/63). Aus diesen Meßwerten wird für die Zus. des primär ausfallenden Ni-Hydroxidchlorids die Formel $NiCl_2 \cdot 5Ni(OH)_2$ abgeleitet. Hiervon etwas abweichende Werte ergeben sich auf Grund der unterschiedlichen Arbeitsweise bei langsamer Zugabe von Natronlauge zu 0.25 m-$NiCl_2$-Lsg.; pH-Wert nach Zusatz von 30% der erforderlichen Lauge 7.8 und nach Zusatz von 90% 8.1, dann steiler pH-Anstieg. Demnach beginnt die Bldg. von $Ni(OH)_2$ nach Zusatz von 80% der theoretisch erforderlichen Laugenmenge, während vorher ein $NiCl_2$ mit 6 bis 7 $Ni(OH)_2$ ausfällt, W. Feitknecht, A. Collet (*Helv. Chim. Acta* **22** [1939] 1428/44, 1430). Wird bei der Titration 0.1 m-$NiCl_2$-Lsg. mit 0.1 n-NaOH-Lsg. die Gleichgew.-Einstellung nicht abgewartet, fällt $Ni(OH)_2$ beim pH 8.25, nach Gleichgew.-Einstellung bereits bei 7.75 aus, G.-M. Schwab, K. Polydoropoulos (*Z. Anorg. Allgem. Chem.* **274** [1953] 234/49, 237). Über die Fällung einer HCl-haltigen $NiCl_2$-Lsg. mit NaOH-Lsg. im Bereich von

pH 5.3 bis 8.0 nach Extinktionsmessungen und potentiometr. Unters. s. K. AZUMA, H. KAMETANI, I. OKEDA (*J. Mining Met. Inst. Japan* **51** [1948] 129/30, *C.A.* **1954** 13362).

Wird verd. wss. $Ni(NO_3)_2$-Lsg. mit Natronlauge versetzt, so bildet sich $Ni(OH)_2$ erst nach vollständiger Fällung des $Ni^{2+}$ als $Ni(NO_3)_2 \cdot 7$ bis $8\,Ni(OH)_2$ durch Zers. dieser Verb., W. FEITKNECHT, A. COLLET (*Helv. Chim. Acta* **23** [1940] 180/97, 181). Aus 0.01m-$Ni(NO_3)_2$-Lsg. fällt bei Zugabe der theoretisch erforderlichen Menge Natronlauge zunächst $Ni(NO_3)_2 \cdot 19\,Ni(OH)_2$ aus, das durch einstd. Rühren in der Mutterlauge unter Bldg. von $Ni(OH)_2$ zerfällt, wie durch konduktometr. und potentiometr. Unterss. gezeigt wird, I. TANANAEV, M. YA. BOKMEL'DER (*Zh. Neorgan. Khim.* **2** [1957] 2700/8; *J. Inorg. Chem. USSR* **2** Nr. 12 [1957] 19/33), in guter Übereinstimmung mit W. J. SINGLEY, J. T. CARRIEL (*J. Am. Chem. Soc.* **75** [1953] 778/81). Die potentiometr. Titration 0.1m-$Ni(NO_3)_2$-Lsg. mit 0.1n-Natronlauge ergibt für den pH-Wert der Fällung 8.4 und des Wendepunktes der Kurve 10.6, G.-M. SCHWAB, K. POLYDOROPOULOS (*l. c.*). Nach konduktometr. und potentiometr. Unters. der Fällung aus 0.0025n- bis 0.25n-$Ni(NO_3)_2$-Lsg. mit 0.2n- bis 1n-Natronlauge sind zur Fällung als $Ni(OH)_2$ mehr als 50° erforderlich, Z. KSANDR, M. HEJTMÁNEK (*Sb. Celostatni Pracovni Konf. Anal. Chemiku, 1st, Prague* 1952 [1953], S. 42/5). Titrationskurven und Meßwerte für 25°, 50° und 90° s. bei F. ČŮTA, Z. KSANDR, M. HEJTMÁNEK (*Chem. Listy* **48** [1954] 1341/5; *Collection Czech. Chem. Commun.* **20** [1955] 381/6).

Fig. 194.

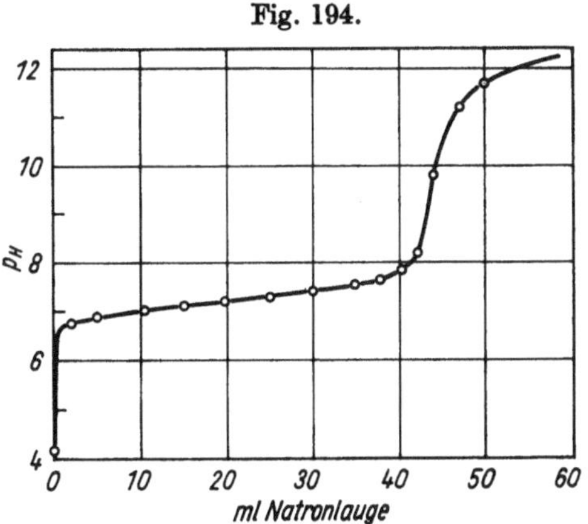


pH-Wert der Rk.-Lsg. als Funktion der Laugenmenge bei Fällung aus $NiCl_2$-Lsg.

Wird zu 0.01m-$NiSO_4$-Lsg. Natronlauge gegeben, fällt bei pH 6.66 ein Nd. aus, H. T. S. BRITTON, W. L. GERMEN (*J. Chem. Soc.* [*London*] **1931** 709/17, 710, 1429/35, 1430), s. auch V. L. CHEIFEC, A. L. ROTINYAN (*Zh. Obshch. Khim.* **24** [1954] 930/6), A. L. ROTINYAN, V. YA. ZEL'DES (*Zh. Prikl. Khim.* **24** [1951] 604/9; *J. Appl. Chem. USSR* **24** [1951] 675/80), I. M. KORENMAN (*Zh. Obshch. Khim.* **21** [1951] 10/8). Jedoch fällt der Nd. weder bei gewöhnl. Temp. noch bei 90° als reines $Ni(OH)_2$ aus. Die zur Fällung des gesamten $Ni^{2+}$ erforderliche Laugenmenge nimmt mit der Fällungsdauer zu; z. B. sind zur Abscheidung in 5 Min. 1.6 Mol NaOH für 1 Mol $NiSO_4$ und in 75 Min. 1.75 Mol erforderlich. Da der Laugenverbrauch stets unter 98% der theoret. Menge bleibt, wird angenommen, daß sich zunächst verschiedene Ni-Hydroxidsulfate neben $Ni(OH)_2$ bilden können, Z. KSANDR, M. HEJTMÁNEK (*l. c.*), F. ČŮTA u. a. (*l. c.*). Bei 0° fällt aus einer Lsg. von 1 Mol $NiSO_4$ mit 1.5 Mol NaOH alles Ni. Nach Zugabe von 2 Mol NaOH enthält der Nd. noch viel $SO_4^{2-}$. Dieses liegt teils als $NiSO_4 \cdot 3\,Ni(OH)_2$, teils auf Grund der schleimigen Beschaffenheit des Nd. als schwer auswaschbares $NiSO_4$ vor. Nach potentiometr. Titration über jeweils 8 bis 10 Std. von 0.01n- bis 0.2n-$NiSO_4$-Lsg. mit 0.02n- bis 4n-NaOH-Lsg. ist der Einfluß der $NiSO_4$-Konz. auf die Zus. des Nd. gering; mit zunehmender Verd. sinkt dessen $NiSO_4$-Gehalt. Bei Fällung aus 0.01n-$NiSO_4$-Lsg. mit 0.02n-NaOH-Lsg. enthält der Nd. auf 15.7 Mol $Ni(OH)_2$ noch 1 Mol $NiSO_4$. Abweichende Werte von S. U. PICKERING (*J. Chem. Soc.* **91** [1907] 1981/8, 1985) werden nicht bestätigt, G. DENK, W. DEWALD (*Z. Anorg. Allgem. Chem.* **266** [1951] 83/90). Damit übereinstimmende qualitative Angaben, C. S. SHAW, S. GHOSH (*J. Indian Chem. Soc.* **27** [1950] 679/82). Aus potentiometr. Titration wird abgeleitet, daß primär $NiSO_4 \cdot 3\,Ni(OH)_2$ ausfällt. Dies zerfällt jedoch unter $Ni(OH)_2$-Abscheidung bei gewöhnl. Temp. und pH 7 nur, wenn die fällende Lsg. weniger als 0.1 g Ni/l enthält. Bei 75° zerfällt das Ni-Hydroxidsulfat bereits bei weniger als 0.2 g Ni/l Lsg., G. N. DOBROKHOTOV (*Zh. Prikl. Khim.* **27** [1954] 1056/66; *J. Appl. Chem. USSR* **27** [1954] 995/1004). $Ni(OH)_2$ soll aus $NiSO_4 \cdot 3\,Ni(OH)_2$ bei Zusatz weiterer Lauge entstehen, G. DENK, W. DEWALD (*l. c.*). Dieses Ni-Hydroxidsalz entsteht nach calorimetr. Unters. der Fällung, B. CHANDRA HALDAR (*J. Indian Chem. Soc.* **25** [1948] 445/7). Ein $NiSO_4 \cdot 4\,Ni(OH)_2$ als erstes Rk.-Prod. wird angenommen auf Grund von potentiometr., konduktometr. und volumetr. Unters. sowie auf Grund von Löslichkeitsbestt. des bei der Fällung aus 0.005- bis 0.2m-$NiSO_4$-Lsg. mit Natronlauge entstehenden Prod. Dieses instabile bas. Salz zerfällt dann durch Hydrolyse oder Rk. mit Alkalihydroxid unter Bldg. von Hydroxidsalzen mit höherem $Ni(OH)_2$-Gehalt und wechselnder Zus. Letztere ist eine Funktion der Konz. der Ausgangslsg. sowie anderer Rk.-Bedin-

gungen, da die partielle Hydrolyse schneller erfolgt als die Konz.-Änderungen in der Lsg. Nach Zugabe von 1.8 NaOH je $NiSO_4$ ist alles $Ni^{2+}$ als $NiSO_4 \cdot 9Ni(OH)_2$ abgeschieden. Diese Verb. ist in überschüssiger Lauge relativ beständig, zerfällt jedoch rasch in Wasser. Wird nur mit 1.8 NaOH je $NiSO_4$ gefällt, kann das Sulfat durch tagelanges Waschen mit Wasser nahezu ganz entfernt werden. Abhängigkeit des pH-Werts der Lsg. und Zus. des Nd. beim Versetzen einer 0.01 n-$NiSO_4$-Lsg. mit Natronlauge als Funktion der Laugenmenge in Äquiv. NaOH je $Ni^{2+}$; Werte in Auswahl:

| Laugenmenge . . . . . . . . . | 0.25 | 1.0 | 1.5 | 1.7 | 1.8 | 2.0 | 3.0 |
|---|---|---|---|---|---|---|---|
| pH . . . . . . . . . . . . . . | 6.7 | 6.7 | 6.8 | 6.9 | 7.2 | 9.9 | 11.7 |
| OH-Gehalt im Nd. je $Ni^{2+}$ . . . . | 1.48 | 1.55 | 1.68 | 1.73 | 1.8 | 2.0 | — |
| $SO_4$-Gehalt im Nd. je $Ni^{2+}$ . . . . | 0.131 | 0.139 | 0.138 | 1.09 | 0.09 | 0.07 | 0.057 |

Auch in verd. $NiSO_4$-Lsg. fällt primär kein $Ni(OH)_2$ aus, I. V. TANANAEV, M. YA. BOKMEL'DER (*Zh. Neorgan. Khim.* **2** [1957] 2700/8; *J. Inorg. Chem. USSR* **2** Nr. 12 [1957] 19/33). Als erstes Fällungsprod. tritt $NiSO_4 \cdot 4Ni(OH)_2$ auf, S. U. PICKERING (*J. Chem. Soc.* **91** [1907] 1981/8, 1985; *Proc. Chem. Soc.* **23** [1907] 261); wird bei schneller Zugabe von Natronlauge zu 0.1 m- bis 0.5 m-$NiSO_4$-Lsg. durch konduktometr. Unters. der Fällung bestätigt. Bei langsamerer Fällung entstehen Ni-Hydroxidsulfate mit kleinerem Sulfatgehalt, die sich in $H_2O$ langsam unter Bldg. von $Ni(OH)_2$ zersetzen. Das Sulfat läßt sich nicht vollständig auswaschen, J. HEUBEL (*Ann. Chim.* [*Paris*] [12] **4** [1949] 699/744, 713). Damit übereinstimmende Ergebnisse nach calorimetr. und potentiometr. Unters. mit wss. 0.01 m- bis 2 m-$NiSO_4$-Lsg., J. BESSON, H. BERGER (*Bull. Soc. Chim. France* **1955** 1286/9), nach potentiometr. Unters. mit $NiSO_4$-Lsgg. geringer Konz., A. L. ROTINYAN, V. YA. ZEL'DES (*Zh. Prikl. Khim.* **23** [1950] 712/23, **24** [1951] 604/9, 680; *J. Appl. Chem. USSR* **23** [1950] 757/63, **24** [1951] 674/80, 771), konduktometr. und potentiometr. Messungen von A. L. ROTINYAN, V. L. KHEIFETS, E. S. KOZICH, E. N. KALNINA (*Zh. Obshch. Khim.* **24** [1954] 1294/302; *J. Gen. Chem. USSR* **24** [1954] 1277/83). Bei guter Übereinstimmung mit den Daten von N. V. AKSEL'RUD, YA. A. FIALKOV (*Ukr. Khim. Zh.* **16** [1950] 283/95, 296/30 [russ. Text], *C.A.* **1955** 9360, 3711), soll aus wss. Lsgg., die bis 0.1 molar an $NiSO_4$ sind, bei Zugabe von NaOH-Lsg. auch als Primärprod. $Ni(OH)_2$ ausfallen, bei höherer $NiSO_4$-Konz. dagegen erst die Verb. $3NiSO_4 \cdot 4Ni(OH)_2$, die danach unter Bldg. von $Ni(OH)_2$ zerfällt, A. L. ROTINYAN u. a. (*l. c.*), A. L. ROTINYAN, V. YA. ZEL'DES (*Zh. Prikl. Khim.* **24** [1951] 604/9; *J. Appl. Chem. USSR* **24** [1951] 674/80). Nach N. V. AKSEL'RUD, YA. A. FIALKOV (*l. c.*) soll jedoch unabhängig von der $NiSO_4$-Konz. stets $Ni(OH)_2$ als erstes Rk.-Prod. ausfallen. — Kritik an diesen Angaben und weitgehende Bestätigung der Ergebnisse von W. J. SINGLEY, J. T. CARRIEL (*J. Am. Chem. Soc.* **75** [1953] 778/81), nach denen zuerst ein bas. Salz ausfällt, s. bei I. V. TANANAEV, M. YA. BOKMEL'DER (*Zh. Neorgan. Khim.* **2** [1957] 2700/8; *J. Inorg. Chem. USSR* **2** Nr. 12 [1957] 19/33). Nach nephelometr. Unters. entsteht bereits bei pH 3 bis 5 kolloides $Ni(OH)_2$, das bei pH $>6.5$ teilweise als $Ni(OH)_2$, teilweise als Ni-Hydroxidsulfat ausfällt, A. I. ZHURIN, M. G. SHOIKHET (*Zh. Prikl. Khim.* **29** [1956] 583/8; *J. Appl. Chem. USSR* **29** [1956] 641/6). Da bei der Fällung von $Ni(OH)_2$ aus Ni-Salzlsgg. mit Alkalilauge keine scharfe Konz.-Schwelle zwischen dem Hydroxid und dem Ni-Hydroxidsalz beobachtet wird und nur zwischen 0.0025 m- und 0.25 m-$NiSO_4$-Lsgg. die zur Fällung erforderliche Laugenmenge kontinuierlich abnimmt, bilden sich möglicherweise keine Hydroxidsalze bei der Fällung, sondern $Ni(OH)_2$, welches Neutralsalz adsorbiert, G.-M. SCHWAB, K. POLYDOROPOULOS (*Z. Anorg. Allgem. Chem.* **274** [1953] 234/49, 243).

Zusätze von Puffersubstanzen beeinflussen den Verlauf der Fällung, wie durch potentiometr. Unterss. gezeigt wird. Die Ndd. fallen bereits bei kleinen pH-Werten aus. Der Beginn der Fällung wird vom pH $>5.3$ nach 3.9 durch Zusatz von 10 g $(NH_4)_2SO_4$/l Lsg. und nach 3.4 durch 40 g/l verschoben. Der Einfluß von $H_3BO_3$, $NH_4Cl$ und $NH_4NO_3$ ist etwas geringer sowohl bei Fällung aus $Ni(NO_3)_2$- als auch aus $NiCl_2$- und $NiSO_4$-Lösungen. Titrationskurven werden durch Zusätze von $(NH_4)_2SO_4$ flach und zeigen keinen Knick bei beginnender Fällung, A. L. ROTINYAN, V. YA. ZEL'DES (*Zh. Prikl. Khim.* **24** [1951] 604/9; *J. Appl. Chem. USSR* **24** [1951] 674/80). Nephelometr. Unters. der Fällung aus $NiSO_4$-Lsgg. verschiedener Konz. mit 20 g $H_3BO_3$/l Lsg. durch Natronlauge bei 50° s. A. L. ROTINYAN, V. YA. ZEL'DES (*Zh. Prikl. Khim.* **23** [1950] 717/23, **24** [1951] 680; *J. Appl. Chem. USSR* **23** [1950] 757/63, **24** [1951] 771). Dagegen soll nach älteren Unterss. mit der Hydrochinonelektrode durch Zusatz von $H_3BO_3$ oder $(NH_4)_2SO_4$ der Beginn der Fällung etwas nach höheren pH-Werten verschoben werden, in $H_3BO_3$-haltiger Lsg. nach 6.3 bis 6.8 und bei $(NH_4)_2SO_4$-haltiger Lsg. nach 7.2 bis 7.5, W. BLUM (*Trans. Am. Electrochem. Soc.* **39** [1921] 459/81, 467), D. J. MACNAUGHTAN, A. W. HOTHERSALL (*Trans. Faraday Soc.* **24** [1928] 387/400, 395/8), D. J. MACNAUGHTAN, R. A. F. HAMMOND (*Trans. Faraday Soc.* **27** [1931] 633/48, 635). Diese abweichenden Ergebnisse sind

teilweise auf Unterschiede der Meßmeth., teilweise auf die visuelle Best. des Fällungsbeginns bei den älteren Unterss. zurückzuführen und lassen sich aus dem kolloidchem. Verh. der $Ni(OH)_2$-Ndd. erklären, A. I. ZHURIN, M. G. SHOIKHET (*Zh. Prikl. Khim.* **29** [1956] 583/8; *J. Appl. Chem. USSR* **29** [1956] 641/6). Bei Fällung aus $NiSO_4$-Lsg., die 0.5 bis 60 g $NiSO_4$ und 2 bis 55 g $H_3BO_3$/l Lsg. enthalten, wird aus der potentiometr. Fällungskurve auf das Primärprod. $Ni(OH)_2 \cdot 2H_3BO_3$ geschlossen. Ni-Hydroxidsalze sollen bei 20° bis 50° nicht entstehen, V. L. KHEIFETS, A. L. ROTINYAN, E. S. KOZICH, E. N. KALNINA (*Zh. Obshch. Khim.* **24** [1954] 1486/90; *J. Gen. Chem. USSR* **24** [1954] 1471/4).

Wird bei 50° mit Natronlauge aus $NiSO_4$-Lsgg. verschiedener Konz. gefällt, so ist ohne NaCl-Zusatz die erste Trübung der Lsg. beim pH 5.8 und 21 g Ni/l Lsg. oder bei pH 5.1 und 61 g Ni/l Lsg., jedoch bei Zugabe von 50 g NaCl/l bei pH 5.1 bis 5.0 unabhängig von der $NiSO_4$-Konz. nachweisbar. Erste Fällung aus Lsgg., die 20 bis 80 g $Na_2SO_4$/l Lsg. enthalten, bei pH 5.2 bis 5.3. Zusätze eines Gemisches von NaCl und $Na_2SO_4$ beeinflussen die Fällung wie NaCl allein, während der Einfluß von NaCl zusammen mit $H_3BO_3$ nach Verss. bei 20°, 50° und 70° geringer ist als der von $H_3BO_3$ allein und stärker als der von NaCl. Der pH-Wert fällt mit steigender Temp. um 0.1 je 10°, A. L. ROTINYAN, V. YA. ZEL'DES (*Zh. Prikl. Khim.* **23** [1950] 717/23, **24** [1951] 680; *J. Appl. Chem. USSR* **23** [1950] 757/63, **24** [1951] 771). Beim Fällen aus 0.01 m-$Ni(NO_3)_2$-Lsg., die 0.005 molar an $Na_2SO_4$ ist, entsteht ein Nd. der Zus. $NiSO_4 \cdot 9Ni(OH)_2$ ähnlich wie bei der Fällung aus $NiSO_4$-Lsg., I. V. TANANAEV, M. YA. BOKMEL'DER (*Zh. Neorgan. Khim.* **2** [1957] 2700/8; *J. Inorg. Chem. USSR* **2** Nr. 12 [1957] 19/33). Wird bei konst. pH durch Zugabe von Salzlsg. zur Lauge gefällt, enthalten die Ndd. mehr Ni-Hydroxidsalze, wenn den Salzlsgg. noch $NaNO_3$, NaCl oder $K_2SO_4$ zugesetzt wird, s. Fig. 193, S. 436, W. J. SINGLEY, J. T. CARRIEL (*J. Am. Chem. Soc.* **75** [1953] 778/81).

Mischfällungen. Über gemeinsame Fällung von Ni-Hydroxid und -Silicat s. J. J. B. VAN EYK VAN VOORTHUIJSEN (*Rec. Trav. Chim.* **70** [1951] 793/812, 810), M. PRASAD, B. N. CHHAYA (*Proc. Indian Acad. Sci. Sect.* A **32** [1951] 74/84), von $Ni(OH)_2$ und $Mg(OH)_2$ s. A. KRAUSE, E. WOSINSKA (*Roczniki Chem.* **28** [1954] 351/8 [dtsch. Zusammenfassung S. 357/8]). Bei der gemeinsamen Fällung von $Al^{3+}$ und $Ni^{2+}$ aus heißer wss. Lsg. der Nitrate mit Natronlauge oder durch Eintropfen alkal. $Al(NO_3)_3$-Lsg. in wss. $Ni(NO_3)_2$-Lsg. werden im Nd. mit Hilfe von Elektronenbeugung und elektronenmikroskop. Unters. $Ni(OH)_2$-Kristalle nachgewiesen, T. YAMANAKA (*J. Sci. Res. Inst. [Tokyo]* **49** [1955] 243/8). Bei gemeinsamer Fällung von Ni- und Al-Hydroxid aus wss. Lsg., die 0.5 molar an Ni- und Al-Salz ist, mit 3.77 m-Natronlauge bei pH 7.5 beeinflußt $Al(OH)_3$ die Kristallform von $Ni(OH)_2$, W. O. MILLIGAN, J. T. RICHARDSON (*J. Phys. Chem.* **59** [1955] 831/3). Die gemeinsame Fällung von Ni- und Cr-Hydroxid aus $Cr_2(SO_4)_3$- und $NiSO_4$-haltiger Lsg. verläuft nach potentiometr. Unters. in zwei Stufen, wobei zuerst bei pH 5.7 $Ni_3(CrO_3)_2$ und später das überschüssige $Ni^{2+}$ als Hydroxid ausfällt, G.-M. SCHWAB, K. POLYDOROPOULOS (*Z. Anorg. Allgem. Chem.* **274** [1953] 234/49, 244). Aus $NiSO_4$-Lsg., die neben 35 g Ni/l noch $FeSO_4$ (0.008 g Fe/l) enthält, fällt mit Natronlauge $Ni(OH)_2$ gemeinsam mit $Fe(OH)_2$ aus, A. L. ROTINYAN, V. YA. ZEL'DES (*Zh. Prikl. Khim.* **23** [1950] 936/42; *J. Appl. Chem. USSR* **23** [1950] 991/5). Über Fällung von $Ni(OH)_2$ zusammen mit $Fe(OH)_2$ oder $Fe(OH)_3$ aus einer Lsg. der Sulfate mit Natronlauge s. V. P. CHALYI, S. P. ROZHENKO (*Zh. Neorgan. Khim.* **3** [1958] 2523/38, 2529; *J. Inorg. Chem. USSR* **3** Nr. 11 [1958] 128/41, 135/7), zusammen mit $Fe(OH)_3$ s. A. KRAUSE, M. RYCHLEVSKA (*Roczniki Chem.* **27** [1953] 417/25 [dtsch. Zusammenfassung S. 424/5]), zusammen mit FeOOH aus neutraler oder schwach alkal. Lsg. s. A. KRAUSE (*Przemysl Chem.* **12** [1956] 623/5). Aus wss. Lsg., die 0.1 m an $Ni(NO_3)_2$ und $Cu(NO_3)_2$ ist, fällt bei rascher Zugabe von Natronlauge $Ni(OH)_2$ erst bei pH 8, nachdem das $Cu^{2+}$ bei pH 6.1 bis 6.8 vollständig als Ni-haltiges $Cu(OH)_2$ ausgefallen ist. Analog verläuft die Fällung aus einer Lsg. der Chloride. Wird jedoch langsam gefällt, stellen sich Gleichgeww. zwischen Cu-Hydroxidchloriden und $Ni(OH)_2$ ein. Aus einer Sulfatlsg. fällt bei pH 5.5 alles Cu frei von Ni als Cu-Hydroxidsulfat und bei pH 8.3 $Ni(OH)_2$. Enthält die Lsg. Ni in 19fachem Überschuß, wird es z. T. in das Gitter des ausfallenden Nd. von $Cu(OH)_2$ eingebaut, G.-M. SCHWAB, K. POLYDOROPOULOS (*l. c.*). Über gemeinsame Fällung von Ni-Hydroxid mit $Cu(OH)_2$ s. auch A. KRAUSE, E. WOSINSKA (*Roczniki Chem.* **28** [1954] 351/8 [dtsch. Zusammenfassung S. 357/8]).

*Insufficient Alkaline Solution*

**Alkalilaugeunterschuß.** Während sich die zunächst ausfallenden Ni-Hydroxidsalze bei Laugenüberschuß meist rasch in $Ni(OH)_2$ umwandeln, verläuft die Bldg. von $Ni(OH)_2$ unter der Mutterlauge nach unvollständiger Fällung des $Ni^{2+}$ langsam. Sie ist abhängig von Temp. und Salzkonz. der Mutterlauge. Bei zu hoher Konz. entsteht kein $Ni(OH)_2$, sondern die Ni-Hydroxidsalze durchlaufen Alterungsprozesse, W. FEITKNECHT, A. COLLET (*Helv. Chim. Acta* **22** [1939] 1428/44, 1429/32). Die ersten Fällungsprodd. aus wss. Lsgg. von $Ni(NO_3)_2$, $NiCl_2$ und $NiBr_2$ mit Natronlauge zeigen nach

röntgenograph. Unters. infolge einer Anionensorption, möglicherweise auch durch Sorption von $(OH)^-$ und $Ni^{2+}$-Ionen, verursacht durch die Schichtenstruktur des $Ni(OH)_2$-Gitters, Zwischenschichten mit starker Fehlordnung. Diese sind relativ unbeständig und lagern sich rasch in gewöhnl. $Ni(OH)_2$ um. $Ni^{2+}$-Überschuß in der Lsg. verzögert jedoch diese Umlagerung, W. Feitknecht (*Kolloid-Z.* **136** [1954] 52/66, 56).

In Ndd. aus wss. $Ni(NO_3)_2$-Lsg. ist auch nach jahrelangem Altern bei gewöhnl. Temp. unter der Fällungslauge kein Hydroxid nachzuweisen, wenn diese noch etwas überschüssiges $Ni^{2+}$ enthält. Dagegen bildet sich $Ni(OH)_2$ langsam bei 50° unter einer Lauge, deren $Ni(NO_3)_2$-Konz. kleiner als 0.3 molar ist, neben dem Ni-Hydroxidnitrat $Ni(NO_3)_2 \cdot 7$ bis $8\,Ni(OH)_2 \cdot aq$ (V) und bei 100° in Fällungslaugen, welche 0.4 bzw. 0.1 molar an $Ni(NO_3)_2$ sind, neben den Ni-Hydroxidnitraten $Ni(NO_3)_2 \cdot 5\,Ni(OH)_2 \cdot 6$ bis $7\,H_2O$ (IIIa) bzw. (V). Bei allen Tempp. ist bis zu sehr niedrigen Ni-Konzz. Ni-Hydroxidnitrat neben $Ni(OH)_2$ stabil. Gleichgeww. zwischen diesen beiden Komponenten des Bodenkörpers werden nicht nachgewiesen, W. Feitknecht, A. Collet (*Helv. Chim. Acta* **23** [1940] 180/97, 191/5). Die Zahlenangaben sind die Bezeichnungen der Präpp. in dieser Arbeit; s. Tabelle S. 524.

Bei gewöhnl. Temp. soll aus dem mit Laugenunterschuß gefällten Ni-Hydroxidchlorid mit der Zus. etwa $NiCl_2 \cdot 6$ bis $7\,Ni(OH)_2 \cdot aq$ (Va) unter 0.2 m-$NiCl_2$-Lsg. ein sehr voluminöses, schleimiges, schwer filtrierbares, laminardisperses $Ni(OH)_2$ entstehen. Bei 50° setzt sich Ni-Hydroxidchlorid unter 0.25 m-$NiCl_2$-Lsg. langsam zu $Ni(OH)_2$ um, während unter 0.5 m-Lsg. neben $Ni(OH)_2$ noch Ni-Hydroxidchlorid (V) derselben Zus. gebildet wird. Bei 100° entsteht noch unter 0.35 m-$NiCl_2$-Lsg. $Ni(OH)_2$, dagegen tritt es unter 0.43 m-Lsg. nur intermediär als Zwischenprod. der Alterung zu anderen Ni-Hydroxidchloriden auf, W. Feitknecht, A. Collet (*Helv. Chim. Acta* **22** [1939] 1428/44, 1433/7), die Bezeichnungen in runden Klammern entsprechen der Kennzeichnung der Präpp. in dieser Arbeit. — Über Bldg. von $Ni(OH)_2$ bei 100° aus den Ni-Hydroxidchloriden unter $NiCl_2$-Lsg. s. auch W. Feitknecht (*Helv. Chim. Acta* **19** [1936] 831/41, 832). Über Ni-Hydroxidchloride s. S. 590/4.

Ndd. von Ni-Hydroxidbromid, erhalten durch unvollständige Fällung aus $NiBr_2$-Lsg. mit Natronlauge, verhalten sich ähnlich denen aus Ni-Hydroxidchloriden. Bei gewöhnl. Temp. bildet sich unter 0.16 m-$NiBr_2$-Lsg. voluminöses, laminardisperses $Ni(OH)_2$, wobei der pH-Wert um eine Einheit abnimmt. Bei 50° und 100° erfolgt vollständige Umsetzung zu $Ni(OH)_2$ unter einer Mutterlauge, die max. 0.25 molar an Ni-Salz ist, während sich unter bis zu 0.5 molarer Lsg. nur noch teilweise $Ni(OH)_2$ bildet. Der stationäre Zustand wird in Std. bis Tagen erreicht, W. Feitknecht, A. Collet (*Helv. Chim. Acta* **22** [1939] 1444/55, 1445/8). Über Bldg. und Alterung der Ni-Hydroxidbromide s. S. 612/4.

$NiSO_4 \cdot 4\,Ni(OH)_2$, dargestellt durch unvollständige Fällung aus einer $NiSO_4$-Lsg. mit Natronlauge, ist gegen Wasser instabil und zerfällt unter Bldg. von $Ni(OH)_2$, J. Heubel (*Ann. Chim. [Paris]* [12] **4** [1949] 699/744, 713/6), J. Besson, H. Berger (*Bull. Soc. Chim. France* **1955** 1286/9). Bei Unterss. über die Alterung von Ni-Hydroxidsulfaten unter 0.25 m- bis 1.5 m-$NiSO_4$-Lsgg. bei gewöhnl. Temp. bis 100° wird die Bldg. von $Ni(OH)_2$ von W. Feitknecht, A. Collet (*Helv. Chim. Acta* **23** [1940] 180/97, 194) nicht erwähnt; s. auch S. 730/5.

*Precipitation by Aqueous Ammonia Solution*

**Fällung mit wäßriger Ammoniaklösung.** Durch Versetzen von wss. Ni-Salzlsg. mit konz. wss. $NH_3$-Lsg. und Erhitzen wird $Ni(OH)_2$ erhalten, s. beispielsweise S. Okada, T. Shiraishi, K. Watanabe (*Kogyo Kagaku Zasshi* **51** [1948] 129/30, *C.A.* **1950** 9274). Mit $NH_3$ aus $NiCl_2$-Lsg. gefälltes $Ni(OH)_2$ kann bis zu 2% Cl enthalten, das durch mehrstd. Kochen aus dem Nd. entfernt werden muß. Über Gitterstörungen an so dargestellten Ndd. s. beispielsweise J. Longuet (*Compt. Rend.* **223** [1946] 150/1). Aus wss. $NiCl_2$-Lsg. fällt $NH_3$ bei gewöhnl. Temp. nur wenig $Ni(OH)_2$, das viel Cl enthält; mehr Hydroxid fällt in der Siedehitze aus, jedoch löst sich dieser Nd. kaum in $NH_3$ oder Äthylendiamin. Wird bei 60° gefällt und danach auf 75° erwärmt, enthält der Nd. bei Fällung aus sehr verd. Lsg. 5.47% und bei höherer Konz. über 7.8% Cl, G. Jayme, K. Neuschäffer (*Papier* **9** [1955] 563/74, 566). Um den Nd. nahezu völlig Cl-frei zu erhalten, wird aus verd. $NiCl_2$-Lsg. gefällt, der Nd. mit Wasser durch Dekantieren gewaschen, bei 100° bis 110° 48 Std. getrocknet, erneut mit Wasser gewaschen, das Hydroxid in konz. $NH_3$-Lsg. gelöst und durch Kochen wieder ausgefällt, R. Paris (*Compt. Rend.* **232** [1951] 840/1). Fällung aus $NiCl_2$- oder $Ni(NO_3)_2$-Lsg. mit $NH_3$-Überschuß und Aufkochen, C. Cabannes-Ott (*Ann. Chim. [Paris]* [13] **5** [1960] 905/60, 907, 917).

Ndd., die 1.17 $H_2O$ je NiO enthalten, werden durch Einw. von 120 ml 10 m-$NH_3$-Lsg. auf eine Lsg. von 20 g $Ni(NO_3)_2$ in 1.5 l $H_2O$ und Zersetzen der Ni-Komplexverb. durch Kochen bei gewöhnl. oder vermindertem Druck oder durch Behandlung mit $H_2O$-Dampf erhalten. Nach Waschen mit Wasser, bis im Waschwasser kein $NH_3$ und $NO_3^-$ mehr nachgewiesen werden kann, und nach Trocknen bei 60° bis zum konst. Gew. enthält der Nd. 1.07 $H_2O$/NiO und weniger als 0.08% $NH_3$ und $N_2O_5$.

Spezif. Oberfläche 13 bis 20 $m^2$/g nach Trocknen im Vak. bei gewöhnl. Temp. bis 190°, A. MERLIN, S. TEICHNER (*Compt. Rend.* **236** [1953] 1892/4), S. TEICHNER, J. A. MORRISON (*Trans. Faraday Soc.* **51** [1955] 961/6). $Ni(OH)_2$ genauer stöchiometr. Zus. wird durch Versetzen einer wss. $Ni(NO_3)_2$-Lsg. mit $NH_3$ im Überschuß und vollständiges Verkochen der Base erhalten; es zeigt keine Porenstruktur bei einer spezif. Oberfläche von 34 $m^2$/g, S. TEICHNER, R. P. MARCELLINI, P. RUÉ (*Advan. Catalysis* **9** [1957] 458/71, 460). Fällung mit $NH_3$ erwähnt bereits O. L. ERDMANN (*J. Prakt. Chem.* **7** [1836] 248/68, 261).

*Precipitation by Alkali Carbonates*

**Fällung mit Alkalicarbonaten.** Beim Versetzen einer Ni-Salzlsg. mit wss. gesätt. $K_2CO_3$-Lsg. fällt ein Nd. aus. Er ist im Überschuß des Fällungsmittels löslich, jedoch trübt sich die Lsg. beim Aufkochen oder Verd., C. ARNOLD (*Chem. Ber.* **38** [1905] 1173/6). Wird zu einer $NiSO_4$-Lsg. gesätt. Alkalicarbonatlsg. im Überschuß gegeben, bildet sich $Ni(OH)_2$, S. PICKERING (*Proc. Chem. Soc.* **23** [1907] 261), s. auch F. FOERSTER (*Z. Elektrochem.* **13** [1907] 414/34, 418). Aus $NiCl_2$-Lsg. mit $Na_2CO_3$-Lsg. gefälltes $Ni(OH)_2$ kann bis zu 2% Cl enthalten und zeigt demzufolge Abweichungen in der Gitterstruktur, J. LONGUET (*Compt. Rend.* **223** [1946] 150/1). Über Fällung mit gesätt. Ammoniumcarbonatlsg. s. C. ARNOLD (*l. c.*). Fällung aus wss. $NiCl_2$-Lsg. mit Soda sowie mit Gemischen von $Na_2CO_3$ und bis zu 80% Natronlauge untersucht O. BAGNO (*Compt. Rend.* **236** [1953] 1275/8); Einzelheiten s. S. 448. Wird durch gleichzeitiges Zutropfen einer wss. $NiCl_2$-Lsg. und Kalilauge zu wss. $K_2CO_3$-Lsg. (10facher Überschuß der theoretisch erforderlichen Laugenmenge) bei konst. pH-Wert gefällt, so bildet sich nur bei pH-Werten oberhalb 10.5 das Hydroxid, während in weniger alkal. Lsgg. Ni-Hydroxidcarbonate entstehen, J. T. CARRIEL, W. J. SINGLEY (*J. Am. Chem. Soc.* **76** [1954] 3839/43).

*Precipitation by Alkaline Earth Hydroxides*

**Fällung mit Erdalkalihydroxiden.** Wird zu 0.01 m-$NiCl_2$-Lsg. gesätt. wss. $Ca(OH)_2$-Lsg. in starkem Überschuß gegeben, und die dabei entstandene Suspension mit Wasser verdünnt, so fällt $Ni(OH)_2$ aus, A. YU. PROKOPCHIK, B. V. BERETSKIS (*Tr. Akad. Nauk Lit. SSR, Ser.* B [2] Nr. 14 [1958] 51/60), A. YU. PROKOPCHIK, P. K. NORKUS (*Tr. Akad. Nauk Lit. SSR, Ser.* B [2] Nr. 14 [1958] 61/9, 62). Aus $NiSO_4$-Lsg. fällt mit $Ca(OH)_2$ kein $Ni(OH)_2$, S. PICKERING (*l. c.*). Zur Fällung mit $Ba(OH)_2$ aus einer $NiSO_4$-Lsg. s. J. THOMSEN (*Thermochemische Untersuchungen, Bd.* 1, *Leipzig* 1882, S. 339). Nach konduktometr. Unters. der Fällung aus wss. $NiSO_4$-Lsg. mit wss. $Ba(OH)_2$-Lsg. entstehen bei gewöhnl. Temp. nur Ni-Hydroxidsulfate, jedoch in heißer Lsg. $Ni(OH)_2$ neben $BaSO_4$, H. S. HARNED (*J. Am. Chem. Soc.* **39** [1917] 252/66, 262).

*Other Precipitants*

**Weitere Fällungen.** Über die Fällung von $Ni(OH)_2$ aus einer Lsg. von $NiCl_2$ in Chlorwasser durch Zutropfen von Natronlauge, wobei die Fällung von $Ni(OH)_2$ neben $Ni_2O_3 \cdot aq$ nach Extinktionsmessungen bei 660 mμ bei pH 2.5 beginnt und bei pH 7.5 beendet sein soll, s. K. AZUMA, H. KAMETANI, I. OKEDA (*J. Mining Inst. Japan* **70** [1954] 259/63, *C.A.* **1954** 13362). Über die Fällung aus $NiSO_4$-Lsg. mit $MgCO_3$ bei der technolog. Aufbereitung von Erzen s. M. I. GUTMAN, A. D. MAYANTZ (*Tsvetn. Metal.* **9** [1934] 792/800, *C.A.* **1935** 4527). — $Ni(OH)_2$ fällt aus NaCl-haltiger Ni-Salzlsg. beim Kochen in Ggw. von aufgeschlämmtem HgO, s. C. ZIMMERMANN (*Lieb. Ann. Chem.* **232** [1886] 342/7, 341), aus neutraler $NiSO_4$-Lsg. bei Rk. mit metall. Zn- oder Fe-Pulver, S. A. PLETENEV, Z. E. FISHKOVA (*Zh. Prikl. Khim.* **9** [1936] 1394/9, *C.* **1938** I 4019), aus neutraler Ni-Salzlsg. beim Kochen mit KJ und überschüssigem $KJO_3$, S. E. MOODY (*Z. Anorg. Allgem. Chem.* **51** [1906] 121/31, 127).

*Hydrolysis of Nickel Salts*

**Hydrolyse von Nickelsalzen.** In wss. Lsg. zerfällt $Ni(ClO_4)_2$ auch unterhalb 0° unter Bldg. von flockigem $Ni(OH)_2$, H. GOLDBLUM, F. TERLIKOWSKI (*Bull. Soc. Chim. France* [4] **11** [1912] 103/11, 103). Über Gleichgeww. bei der Hydrolyse einer 0.01 m-$Ni(ClO_4)_2$-Lsg. s. F. ACHENZA (*Ann. Chim.* [*Rome*] **49** [1959] 624/34, 848/52), s. auch F. ČŮTA, Z. KSANDR, M. HEJTMÁNEK (*Chem. Listy* **50** [1956] 1064/71; *Collection Czech. Chem. Commun.* **21** [1956] 1388/96). — Bldg. aus $Ni(NO_3)_2 \cdot 6H_2O$ mit viel sd. Wasser, T. W. RICHARDS, A. S. CUSHMAN (*Z. Anorg. Allgem. Chem.* **16** [1896] 167/83, 177, **20** [1899] 352/76, 363). Bei der Hydrolyse 0.0029 bis 0.0165 m-$Ni(NO_3)_2$-Lsgg. bei 25° werden nach Messungen mit der Glaselektrode, wobei die Zeitfunktion des pH-Wertes nicht von der Ni-Konz. als Parameter richtungsabhängig ist, zwei Hydrolysestufen angenommen und deren Gleichgew.-Konstt. berechnet, F. ACHENZA (*l. c.*). — Mikrokristallines $Ni(OH)_2$ wird mit sd. Wasser aus der Tieftemp.-Modifikation von $Na_2[Ni(OH)_4]$ sowie $Ba_2[Ni(OH)_6]$ und $Sr_2[Ni(OH)_6]$ erhalten, R. SCHOLDER, E. GIESLER (*Z. Anorg. Allgem. Chem.* **316** [1962] 237/46, 244). Bei Einw. von $H_2O$ auf $NaNiO_2$, nicht jedoch auf $LiNiO_2$, entsteht $Ni(OH)_2$ neben γ-NiOOH. Als Zwischenprodd. bilden sich Mischkristalle von γ-NiOOH mit $NaNiO_2$, L. D. DYER, B. S. BORIE, G. P. SMITH (*J. Am. Chem. Soc.* **76** [1954] 1499/503). Über Bldg. aus $NiCl_2 \cdot 6NH_3$ durch Kochen in wss. Lsg. s. H. ROSE (*Ann. Physik* [2] **20** [1830] 147/67), aus $NiBr_2$

$\cdot 6NH_3$ beim Kochen in $H_2O$, s. T. W. RICHARDS, A. S. CUSHMAN (*Z. Anorg. Allgem. Chem.* **16** [1896] 167/83, 175; *Chem. News* **76** [1897] 293/6; *Proc. Am. Acad. Arts Sci.* **33** [1898] 97/111, 103), C. RAMMELSBERG (*Ann. Physik* [2] **55** [1842] 237/53). $NiBr_2 \cdot 2NH_3$ in $H_2O$ gelöst, trübt sich nach kurzer Zeit unter $Ni(OH)_2$-Abscheidung, W. BILTZ (*Z. Physik. Chem.* **82** [1913] 688/94). Wasser hydrolysiert $NiJ_2 \cdot 6NH_3$ zu J-haltigem $Ni(OH)_2$, C. RAMMELSBERG (*Ann. Physik* [2] **48** [1839] 151/84, 159). $Ni(ClO_4)_2 \cdot 6NH_3$ zersetzt sich bei langem Stehen an der Luft oder Kochen mit $H_2O$ zu $Ni(OH)_2$ und $(NH_4)ClO_4$, R. SALVADORI (*Gazz. Chim. Ital.* **42** I [1912] 458/94, 472). $Ni(BrO_3)_2 \cdot 2NH_3$ wird von $H_2O$ unter $Ni(OH)_2$-Abscheidung hydrolysiert, C. RAMMELSBERG (*Ann. Physik* [2] **55** [1842] 63/88, 71), ebenso $NiS_2O_6 \cdot 6H_2O$, C. RAMMELSBERG (*Ann. Physik* [2] **58** [1843] 295/9) und $NiSO_4 \cdot 6NH_3$, H. ROSE (*l. c.*), dagegen $NiSO_4 \cdot N_2H_4 \cdot 3H_2O$ erst beim Kochen in $H_2O$, F. SOMMER, K. WEISE (*Z. Anorg. Allgem. Chem.* **94** [1916] 51/91, 79), entsprechend $Ni(SCN)_2 \cdot 4NH_3$, MEITZENDORFF (*Ann. Physik* [2] **56** [1842] 63/94, 79). Über Bldg. von $Ni(OH)_2$ aus Komplexverbb. des Ni mit organ. Liganden s. „*Nickel*" *Tl.* C.

*From Nickel and Nickel Alloys*

**Aus Nickel und Nickellegierungen.** Bei Einw. von $H_2O$ auf metall. Ni bildet sich auf dessen Oberfläche $Ni(OH)_2$. Die Bldg.-Geschw. ist von der Wassertemp. abhängig. An frisch reduzierten Oberflächen verläuft die Rk. rascher, wenn Ni mit Pt in Kontakt steht. Das Hydroxid geht teilweise kolloid in Lsg., T. W. RICHARDS, A. S. CUSHMAN (*Proc. Am. Acad. Arts Sci.* **34** [1899] 327/48, 33; *Z. Anorg. Allgem. Chem.* **20** [1899] 352/76, 363; *Chem. News* **79** [1899] 174/5). Einzelheiten und weitere Angaben über Rk. von Wasser mit Ni s. „*Nickel*" *Tl.* A unter „Chemisches Verhalten" von Ni. — $Ni(OH)_2$ bildet sich nach Einw. einer NaOH-Schmelze auf Ni durch Hydrolyse der Rk.-Prodd. Die Reinheit des Ni beeinflußt die Rk. nicht. NiO oder $NaNiO_2$ werden als Zwischenprodd. diskutiert, D. D. WILLIAMS, J. A. GRAND, R. R. MILLER (*J. Am. Chem. Soc.* **78** [1956] 5150/5). Wird metall. Ni mehrere Std. unter $N_2$ in geschmolzenem KOH auf 475° bis 568° erhitzt und die Schmelze in $H_2O$ aufgenommen, entsteht $Ni(OH)_2$. Dabei ist keine $H_2$-Entw. feststellbar, M. LE BLANC, O. WEYL (*Chem. Ber.* **45** [1912] 2300/15). Auch bei Hydrolyse der Rk.-Prodd. beim Schmelzen von Alkaliperoxiden mit Ni kann sich das Hydroxid bilden, O. GLEMSER, J. EINERHAND (*Z. Anorg. Allgem. Chem.* **261** [1950] 26/42, 36). Beim elektroosmot. Reinigen von alkalihydroxidfreiem Raney-Ni scheidet sich an Pergamentmembran $Ni(OH)_2$ ab; am Ni entwickelt sich $H_2$. Bei 100° reagiert $Na_2SO_3$-Lsg. mit Raney-Ni unter Bldg. von $Ni(OH)_2$ neben NaOH und S. Entsprechende Rk. von Lsgg. der Na-Selenite und -Selenate in der Wärme, von Na-Arsenit- und -Arsenatlsg. bereits bei gewöhnl. Temp., J. AUBRY (*Bull. Soc. Chim. France* [5] **5** [1938] 1333/8).

Bei Zers. von Ni-Al-Legg. mit Natronlauge wird aus pH-Messungen im Waschwasser auf Bldg. von $Ni(OH)_2$ geschlossen, R. HEILMANN, Y. ARMAND (*Compt. Rend.* **248** [1959] 2342/4). Entsprechende Ergebnisse nach Einw. von Essigsäure auf Ni-Mg-Legg. und bis zu 60mal wiederholtem Spülen des Rückstands mit Wasser s. Y. ARMAND (*Compt. Rend.* **248** [1959] 2205/7). Durch Einw. von Wasser auf Ni-Ag-Legg. entstandenes $Ni(OH)_2$ ist durch Elektronenbeugung nachgewiesen, L. H. GERMER (*Z. Krist.* **100** [1939] 277/84). Korrosionsprodd. eines durch Ölasche an der Luft korrodierten Ni-Stahls enthalten nach röntgenograph. Unters. $Ni(OH)_2$, H. L. LOGAN (*Corrosion* **15** [1959] 443/6t).

*By Reduction of Higher Valence Nickel Hydroxides*

**Durch Reduktion der höherwertigen Nickelhydroxide.** $Ni(OH)_2$ ist häufig das Endprod. bei der Red. dieser Verbb.; s. hierüber beispielsweise O. GLEMSER, J. EINERHAND (*Z. Anorg. Allgem. Chem.* **261** [1950] 26/42), M. P. PIERRON (*Bull. Soc. Chim. France* [5] **17** [1950] 291/3). $NiO_2 \cdot aq$, dargestellt aus $NiSO_4$-Lsg. mit alkal. NaOCl-Lsg., zerfällt beim Erhitzen unter seiner Mutterlauge rasch zu $Ni(OH)_2$. Die Rk.-Geschw. ist unabhängig von Basizität und NaOCl-Gehalt der Lsg., O. R. HOWELL (*J. Chem. Soc.* **123** [1923] 1772/83); Einzelheiten s. S. 476, 490. Bei Elektrolyse einer Borsäurelsg. mit darin suspendiertem $Ni(OH)_2$ geht an der Pt-Anode abgeschiedenes $NiO_2 \cdot aq$ nach $H_2O_2$-Zusatz wieder als $Ni(OH)_2$ in Lsg., M. HAISSINSKY, M. COTTIN (*Compt. Rend.* **224** [1947] 467/9). — Hydrazin reduziert $NiO_2 \cdot aq$, gefällt aus Ni-Salzlsg. mit Natronlauge und NaOCl-Lsg., rasch zu $Ni(OH)_2$, auch wenn es erst nachträglich in der Mutterlauge durch Zugabe von $NH_3$ oder $NH_4Cl$ gebildet wird. Beim Schütteln der Suspension wird der Nd. erst dunkelgrün und hellt sich dann auf. Entsprechend reagiert eine $NiO_2 \cdot aq$-Suspension, dargestellt durch Ox. einer Ni-Salzlsg. mit $K_2S_2O_8$ und Zusatz von Alkalilauge, beim Schütteln mit NaOCl- und $NH_3$-Lsg., R. K. ALPINE (*J. Chem. Educ.* **23** [1946] 301/5). — $NiO_2 \cdot aq$, erhalten durch Einw. von gasf. $SO_2$ auf frisch gefälltes, nicht gewaschenes und noch alkal. $Ni(OH)_2$, reagiert mit überschüssigem $H_2SO_3$ unter Rückbildung von $Ni(OH)_2$, C. WICKE (*Z. Chem.* **1** [1865] 86/9). Einzelheiten über den Rk.-Mechanismus s. beispielsweise W. BÖTTGER, E. THOMÄ (*J. Prakt. Chem.* [2] **147** [1937] 11/21).

Auch beim Zerfall von $Ni_2O_3 \cdot aq$, das neben $NiO_2 \cdot aq$ bei Zugabe von Natronlauge und NaOCl-Lsg. zu einer $NiSO_4$-Lsg. gebildet wird, entsteht $Ni(OH)_2$, O. R. HOWELL (*l. c.*). — $Ni_2O_3 \cdot 2H_2O$ wird im $H_2$-Strom bei 109° bis 112° in 5 Std. zu $Ni(OH)_2$ reduziert. Die Rk. setzt bei 50° ein, F. GLASER (*Z. Anorg. Allgem. Chem.* **36** [1903] 2/35, 16/9).

*By Electrolysis*

**Durch Elektrolyse.** An einer Ni-Anode in alkal. Lsg. wird bei Stromdurchgang $Ni(OH)_2$ abgeschieden, wie durch Elektronenbeugungsinterferenzen nachgewiesen wird, T. SEIYAMA, M. MATSUDA, W. SAKAI (*Kogyo Kagaku Zasshi* **55** [1952] 426/8, *C.A.* **1954** 3819). Wird eine neutrale KCl-Lsg. zwischen Ni-Anode und Pt-Kathode elektrolysiert, geht anodisch Ni zunächst als $Ni^{2+}$ in Lsg. und scheidet sich als $Ni(OH)_2$ am Boden des Elektrolysiergefäßes wieder ab. Wird wss. $KNO_3$-Lsg. als Elektrolyt angewendet, entsteht kein Hydroxid, da infolge Ox. der Anode zu wenig Ni in Lsg. geht, R. LORENZ (*Z. Anorg. Allgem. Chem.* **12** [1896] 436/41). Über Bldg. eines braungrünen Schaums von $Ni(OH)_2$ bei Elektrolyse von $H_2O$, Ni-Anode, 240 V, s. R. SAXON (*Chem. News* **142** [1931] 149/50). Bei Elektrolyse wss. Lsgg. von NaOH, KOH, $Na_2CO_3$ oder $K_2CO_3$, denen wenig Alkohol oder Aldehyd zugesetzt ist, mit Ni-Elektroden entsteht $Ni(OH)_2$ nach Polarisation der Anode. Ohne diesen Zusatz wird das zunächst an der Anode abgeschiedene Hydroxid schwarz. Die Bldg.-Geschw. ist abhängig von der Elektrolytkonz., sie ist in $\geqq 0.2$n-Lsgg. klein; bei $< 0.025$n-Lsg. ist zwar die Stromausbeute gut, jedoch die elektr. Leitf. der Lsgg. schlecht, S. IKI (*Ind. Eng. Chem.* **20** [1928] 472/3). Die Stromdichte-Spannungskurven der anod. Polarisation von Ni in 80° warmer, wss. 0.1 und 5n-NaOH-Lsg., die mit $H_2$ gesättigt ist, zeigen Unstetigkeiten in der 0.1n-Lsg. bei 0.07 und 1.41 V sowie in der 5n-Lsg. bei 0.18 und 1.31 V. Innerhalb dieser Grenzen bildet sich $Ni(OH)_2$. Bei höheren Spannungen wird das $Ni(OH)_2$ oxydiert, L. M. VOLCHKOVA, L. G. ANTONOVA, A. I. KRASIL'SHCHIKOV (*Zh. Fiz. Khim.* **23** [1949] 714/8). Wird eine NaCl und KOH im Gew.-Verhältnis 9:1 enthaltende 1.5%ige Lsg. unter Verwendung von Ni-Elektroden bei 1.9 V und 0.5 $A/cm^2$ und gewöhnl. Temp. elektrolysiert, geht das Ni der Anode in Lösung. Von der Anode rollt der $Ni(OH)_2$-Nd. ab, M. LE BLANC, M. G. LEVI (*Festschrift L. Boltzmann, Leipzig* 1904, S. 183/95). — Bei Elektrolyse mit wss. Alkalisalzlsgg. als Elektrolyt bilden sich durch Nebenrkk. leicht Ni-Hydroxidsalze. Dies wird durch waagerechte Anordnung der Elektroden verhindert, wobei durch Einleiten von $H_2$ der Elektrolyt ständig in Zirkulation gehalten wird, ASHAI BEMBERG KENSHI KABUSHIKI KAISHA (*It.P.* 366495 [1938] nach *C.* **1940** I 1254). Über Stromausbeute der Elektrolyse des Bades beim elektrolyt. Lösen von Ni-Feinstein und der elektrochem. Gewinnung von $Ni(OH)_2$ s. A. G. LOSKAREV, L. F. ETIEMEZ (*Tsvetn. Metal.* **1940** 115/7).

Bei der Elektrolyse von wss. 0.005n- bis 0.02n-$NiSO_4$-Lsg. wird $H_2$ neben $Ni(OH)_2$ abgeschieden, das nicht an der Kathode haftet. Ist die Konz. der Lsg. höher, so geht die $Ni(OH)_2$-Abscheidung zurück, da Ni und Ni-Hydroxidsulfate niedergeschlagen werden, A. NICOL (*Compt. Rend.* **222** [1946] 1034/5; *Ann. Chim.* [12] **2** [1947] 670/738, 686/94, 723/30, 734). Aus acetatgepufferter wss. 0.925n-$NiCl_2$-Lsg. scheidet sich an Pt- oder Ag-Kathoden und Reinnickelanode bei einer kathod. Stromdichte von 25 $mA/cm^2$ und 18° bis 20° von pH 4 bis 6 $Ni(OH)_2$ erst kleinflockig und mit steigendem pH-Wert schuppig auf der Kathode ab. Ab pH 6 erfolgt reine $Ni(OH)_2$-Abscheidung. Die Bereiche verschieben sich mit steigendem Ni-Gehalt der Lsgg. zu etwas kleineren pH-Werten. Auch durch Zusätze zur Lsg., wie $H_3BO_3$, können geringe Verschiebungen bewirkt werden. Gelatine ist ohne Einfluß, K. M. OESTERLE (*Z. Elektrochem.* **35** [1929] 505/19, 510). Bei einer Badtemp. von 75° und 280 g $NiSO_4$/l sowie 31 g $H_3BO_3$/l im Elektrolyten fällt $Ni(OH)_2$ bei pH $> 5.9$ aus, B. C. BANERJEE, A. GOSWAMI (*J. Sci. Ind. Res. [India]* B **14** [1955] 322/4). Über den Einfluß von Anionen und Kationen im Bad auf die Flockung von kolloid vorliegendem $Ni(OH)_2$ s. D. J. MACNAUGHTAN, G. E. GARDAM, R. A. F. HAMMOND (*Trans. Faraday Soc.* **29** [1933] 729/54, 741). Über die Abhängigkeit der Abscheidung von kolloidem $Ni(OH)_2$ an der kathod. Grenzschicht vom pH-Wert s. A. L. ROTINYAN, V. A. ZEL'DES (*Zh. Prikl. Khim.* **24** [1951] 604/9; *J. Appl. Chem. USSR* **24** [1951] 675/80).

*Other Formation Methods*

**Weitere Bildungsweisen.** Aus mit Ni-Carbonyl bei 12° gesätt. Benzol fällt nach 2 Tagen $Ni(OH)_2$ aus, W. OSTWALD (*Kolloid-Z.* **15** [1914] 204). Das durch Red. von $K_2Ni(CN)_4$-Lsg. mit K-Amalgam dargestellte, rote Cyansalz $K_2Ni(CN)_3$ zersetzt sich durch Ox. an Luft teilweise zu $Ni(OH)_2$. Ebenso zersetzt sich feuchtes NiCN bei Luftzutritt zu $Ni(OH)_2$, I. BELLUCCI, R. CORELLI (*Atti Acad. Nazl. Lincei Rend. Classe Sci. Fis. Mat. Nat.* [5] **22** [1913] 485/9; *Gazz. Chim. Ital.* **43** II [1913] 569/86, 582; *Z. Anorg. Allgem. Chem.* **86** [1914] 88/104, 100). Werden wss. Lsgg. von Ni-Acetat oder $Ni(NO_3)_2$ mit $H_2$ unter etwa 100 atü ungefähr 24 Std. lang in Quarz oder Glasgefäßen erhitzt, kann sich $Ni(OH)_2$ bilden. Die Bldg. ist von der Temp. abhängig und die erforderliche Temp. wiederum vom Ni-Salz, dessen Konz. und dem Gefäßmaterial. Es fällt z. B. unter oben genannten Bedingungen aus 0.2n-Ni-Acetatlsg. bei 120° $Ni(OH)_2$, dagegen bei 165° Ni aus, W. IPATIEW (*Chem. Ber.* **44** [1911] 3452/9).

Das Hydroxid wird als Endprod. des Abbaus von $[Ni(NH_3)_6](OH)_2$ bei 262.5° unter 760 Torr $NH_3$ über die Zwischenprodd. $Ni(OH)_2 \cdot 4NH_3$ und $Ni(OH)_2 \cdot 3NH_3$ erhalten, R. PARIS (*Ann. Chim.* [*Paris*] [12] **10** [1955] 353/88, 383).

Preparation in Pure State

## Reindarstellung

Hierzu wird aus wss. $Ni(NO_3)_2$-Lsg. mit $CO_2$-freier Natronlauge in geringem Überschuß gefällt, der Nd. durch Aufschlämmen und Dekantieren erst mit reinem $H_2O$, dann mit $NH_3$-haltigem $H_2O$ und zuletzt mehrmals mit warmem, $CO_2$-freiem $H_2O$ in einer verschlossenen Flasche geschüttelt, bis die Leitf. des Wassers konstant bleibt. Nach Fällung aus lauwarmer Lsg. ist der Nd. weniger voluminös als nach Fällung in der Kälte und läßt sich dadurch rascher auswaschen. Noch schneller erhält man reines $Ni(OH)_2$ durch Fällen aus lauwarmer Ni-Ammoniumnitratlsg., W. BONSDORFF (*Z. Anorg. Allgem. Chem.* **41** [1904] 132/92, 136). Da $Ni(OH)_2$ mit $CO_2$ reagiert, muß zur Darst. von völlig $CO_2$-freiem $Ni(OH)_2$ unter Schutzgas mit $CO_2$-freien Reagenzien gefällt und gewaschen werden. Arbeitsvorschriften s. z. B. bei E. HARTERT (*Diss. Aachen* **1953**, S. 1/39, 10), K. H. GAYER, A. B. GARRETT (*J. Am. Chem. Soc.* **71** [1949] 2973/5), R. W. CAIRNS, E. OTT (*J. Am. Chem. Soc.* **55** [1933] 527/33), G. F. HÜTTIG, A. PETER (*Z. Anorg. Allgem. Chem.* **189** [1930] 183/9).

Beim Waschen mit $H_2O$ peptisiert $Ni(OH)_2$ leicht, besonders wenn aus konz. Ni-Salzlsg. gefällt wird. So peptisiert aus 0.5m-Ni-Salzlsg. gefälltes $Ni(OH)_2$ ziemlich stark, dagegen der aus 0.1m-Lsg. gefällte Nd. praktisch nicht, W. FEITKNECHT, R. SIEGNER, A. BERGER (*Kolloid-Z.* **108** [1942] 12/20), A. BERGER (*Kolloid-Z.* **103** [1943] 185/202, 192). Die Peptisation von aus $Ni(NO_3)_2$-Lsg. mit Natronlauge gefälltem $Ni(OH)_2$ wird durch geringen Laugenzusatz zum Waschwasser verhindert. Der Nd. wird gewaschen, bis kein Nitrat mehr nachweisbar ist, und dann die Lauge durch Elektrodialyse entfernt, M. C. BOSWELL, R. K. ILER (*J. Am. Chem. Soc.* **58** [1936] 924/7). Kompaktes, schnell filtrierbares $Ni(OH)_2$ wird durch Ausfrieren des Nd. aus der Mutterlauge oder nach dem Waschen mit $H_2O$ durch Dekantieren erhalten, S. UNO (*J. Soc. Chem. Ind. Japan* **43** [1940] 197/8 nach *C. A.* **1940** 7699). Auch durch einstd. Tempern bei 190° im Autoklaven wird $Ni(OH)_2$ gut filtrierbar, T. KATSURAI (*Bull. Chem. Soc. Japan* **18** [1943] 277/9). — Über die Darst. von reinem $Ni(OH)_2$ durch Fällung aus Ni-Salzlsgg. mit wss. $NH_3$-Lsg. s. S. 440. — Sehr reines Hydroxid wird durch Versetzen einer 63%igen wss. NaOH-Lsg. mit wss. $Ni(ClO_4)_2$-Lsg., mehrtägiges Erhitzen des Nd. unter seiner Mutterlauge auf 110° und Waschen der gut filtrierbaren Mikrokristalle mit viel Wasser dargestellt, R. SCHOLDER, E. GIESLER (*Z. Anorg. Allgem. Chem.* **316** [1962] 237/46, 244).

Extrem reines $Ni(OH)_2$ wird aus Ni-Salzen in wss. Lsg. mit Alkalihydroxiden oder starken organ. Basen bei $pH > 12.5$ gefällt. Ni-Salz und Lauge muß in organ. Lsgmm. löslich sein. Nach Trocknen des Nd. werden die Verunreinigungen mit organ. Lsgmm. extrahiert. Zur Extraktion sind Methanol, Äthanol und Äthyläther besonders geeignet, INTERNATIONAL NICKEL CO. INC., W. J. KIRKPATRIK (*U.S.P.* 2602070 [1950/52]), MOND NICKEL COMP. (*D.P.* 903692 [1951/54]). Über Fällung aus Ni-Salzlsgg. oder Suspensionen in organ. Lsgmm. s. DEUTSCHE GOLD- UND SILBERSCHEIDEANSTALT, F. SIEGMANN (*D.P.* 706449 [1939/41]).

Bei der Reinigung durch Elektrofiltration wird diese durch die Eigg. des Nd. beeinflußt. Während der Elektrofiltration erfolgt gleichzeitig Elektrodialyse. Als Anode dient die Pb-Unterlage des Filters, als Kathode ein Cu-Netz über dem Nd.; 25 Vol.-Tl. einer 2n-Lauge, die aus NaOH und $Na_2CO_3$ im Äquiv.-Verhältnis 90:10 bis 75:25, und 25 Vol.-Tl. einer wss. 2n-$NiSO_4$-Lsg. besteht, werden 25 Min. gekocht, dann filtriert. Elektrodenabstand 20 mm. Die Spannung von 8 bis 32 V wird 10 bis 30 Min. nach Beginn der Filtration angelegt, SHUMPEI OKA (*Ryojun Coll. Eng. Publ.* **151** [1937] 394 B, *C.* **1938** II 498). $Ni(OH)_2$ wird am besten durch Elektrodialyse mit positiv geladenem anod. Diaphragma gereinigt. Nach Verss. mit 19 verschiedenen Diaphragmen ist es vorteilhaft, an der Anode durchlässigere und an der Kathode dichtere Diaphragmen zu verwenden. Arbeitsbedingungen: Rk.-Gemisch 2n-$NiSO_4$-Lsg. und 2n-Natronlauge. Im Anodenraum 0.1n-$HNO_3$, im Kathodenraum 0.1n-NaOH. Stromstärke 2A, SHUMPEI OKA (*Ryojun Coll. Eng. Publ.* **151** [1937] 393 B, *C.* **1938** II 498). Über Entfernung von Alkalihydroxid durch Elektrodialyse aus $Ni(OH)_2$ s. auch M. C. BOSWELL, R. K. ILER (*J. Am. Chem. Soc.* **58** [1936] 924/7).

Special Forms

## Besondere Formen

Well-crystallized Preparations

**Gut kristallisierte Präparate.** Sie werden durch hydrothermale Behandlung bei 250° eines mit Alkalilaugen aus $Ni(NO_3)_2$-Lsg. gefällten Nd. erhalten, P. FRANZEN, J. J. B. VAN EYK VAN VOORTHUIJSEN (*Trans. 4th Intern. Congr. Soil Sci., Amsterdam* 1950, *Bd.* 3, S. 34/7, *C. A.* **1952** 5475). Über Darst. durch 3tägige hydrothermale Behandlung bei 200° s. L. A. ROMO (*J. Phys. Chem.* **60** [1956] 1021/2).

Grobkristallines $Ni(OH)_2$, dessen Habitus der Hochtemp.-Form von $Na_2[Ni(OH)_4]$ entspricht, wird aus dieser Verb. durch Hydrolyse in sd. Wasser erhalten, nicht dagegen aus der Tieftemp.-Form, R. Scholder, E. Giesler (*Z. Anorg. Allgem. Chem.* **316** [1962] 237/46, 244). — Kristallines $Ni(OH)_2$ bildet sich an einem Ni-Draht, der in eine Hg-Lsg. und eine darüber stehende wss. NaCl-Lsg. taucht. Die Vers.-Dauer beträgt einige Std. bis Tage. Sie ist von der NaCl-Konz. abhängig, C. A. Peter (*Am. J. Sci.* [4] **32** [1911] 386/7; *Z. Anorg. Allgem. Chem.* **74** [1912] 170/1).

*Thin Layers*

**Dünne Schichten.** An kalt zu Folien gewalzten und geätzten Ni-Blechen werden beim Durchstrahlen mit Elektronenstrahlen $Ni(OH)_2$-Interferenzen beobachtet. Die Lagen der Interferenzringe streuen erheblich. Mit zunehmendem Walzgrad werden die Periodenwerte kleiner, da die zweidimensionalen Mikrokristalle nur unvollständig ausgebildet sind, H. Richter, H. Knödler (*Z. Naturforsch.* **9a** [1954] 147/64, 148, 162). Werden Ni-Folien auf einer Kunststoffunterlage bei 12° bis 40° 0.5 bis 6.5 Std. in 1 bis 6n-Kalilauge getaucht, so entsteht auf der Oberfläche der Folien eine dünne $Ni(OH)_2$-Schicht; diese verhindert die weitere Rk. der Lauge mit dem Metall, T. Seiyama, H. Kumabe, W. Sakai (*Kogyo Kagaku Zasshi* **57** [1954] 257/8). Darst. durch Einw. von $NH_3$ auf die Oberfläche einer wss. $NiSO_4$-Lsg., N. Smith (*J. Am. Chem. Soc.* **58** [1936] 173/81), durch elektrophoret. Abscheidung des Hydroxids zusammen mit Ni, Bell Telephone Laboratories Inc., J. M. Snyder (*U.S.P.* **2530546** [1950] nach *C.A.* **1951** 1441), durch Eintauchen von Al oder Al-Legg. 5 bis 30 Sek. in eine 50° bis 60° warme 10%ige wss. NaOH-Lsg. und danach 3 bis 5 Min. in eine Lsg. von 500 g $NiCl_2$ und 20 g $H_3BO_3$ in 1000 ml $H_2O$ bei 25° bis 35°, Chiyoda Optical & Fine Mechanical Co., Yoshizo Tajima (*Japan.P.* 306 [1959] nach *C.A.* **1959** 19640). Auch bei elektrolyt. Korrosion von Ni-Blech, das an der Luft erhitzt wird bis Interferenzstreifen 1. Ordnung auftreten, entsteht in KCl-Lsg. über $NiCl_2$ das Hydroxid, N. Smith (*l. c.*). Zur Darst. dünner Schichten durch kathod. Abscheidung beispielsweise auf Ni oder Pt aus mit Acetat gepufferter wss. $NiSO_4$-Lsg. s. H. K. Embay, A. A. Moussa (*J. Chem. Soc.* **1958** 4027/31).

*Gels*

**Gele.** Auf übliche Weise aus wss. Ni-Salzlsgg. gefälltes $Ni(OH)_2$ wird häufig als Gel bezeichnet. — Trotz des gallertigen Aussehens ist der gefällte Nd. jedoch stets kristallin wie z. B. bei $Mg(OH)_2$, $Cd(OH)_2$, $Co(OH)_2$, $Fe(OH)_2$, R. Fricke (*Kolloid-Z.* **69** [1934] 312/24, 313). — Auch in kolloider Form liegt Nickelhydroxid als $Ni(OH)_2$ und nicht als $NiO \cdot H_2O$ vor, O. F. Tower (*J. Phys. Chem.* **28** [1924] 176/8). Im Elektronenmikroskop erkennt man, daß die Primärteilchen kristallin, laminardispers und plättchenförmig sind. Häufig werden sie als 6eckige Blättchen abgebildet, W. Feitknecht, R. Siegner, A. Berger (*Kolloid-Z.* **101** [1942] 12/20).

$Ni(OH)_2$, aus wss. $NiCl_2$-Lsg. mit Natronlauge gefällt, bildet unter dem 4. Dekantationswasser nach 2tägigem Stehen ein klares, durchsichtiges, thixotropes Gel. Erwärmen oder erhöhte Rührgeschw. beim Fällen beschleunigt die Entw. des Gels, W. Feitknecht u. a. (*l. c.*). Über das Teilchenwachstum im Gel unter dem 4. bis 5. Dekantationswasser s. auch bei W. Feitknecht (*Vierteljahresschr. Naturforsch. Ges. Zürich* **96** [1949] 161/81). Über Herst. von elektrolytfreien $Ni(OH)_2$-Gelen durch Ausfrieren von Gelen, die durch Fällung aus $NiCl_2$-Lsg. mit Natronlauge in der Kälte dargestellt sind s. A. Lottermoser, F. Langenscheidt (*Kolloid-Z.* **58** [1932] 336/41), A. Lottermoser, E. Lottermoser (*Kolloid Beih.* **38** [1933] 1/39). Ein $Ni(OH)_2$-Gel entsteht beim Zerreiben von 14 g $NiSO_4 \cdot 7H_2O$ mit 8 g NaOH im Mörser langsam unter Wärmeentw. und Farbänderung von Grün nach Gelbgrün. Es ist sehr viscos und kompakter als naß hergestellte Gele sowie unlöslich in Wasser, in dem es sich rasch absetzt, T. Katsurai, M. Fuda (*Sci. Papers Inst. Phys. Chem. Res.* [*Tokyo*] **36** [1939] 458/62). Aus Lsgg. von $Ni(NO_3)_2$, $NiCl_2$, $NiSO_4$ oder $Ni(CH_3CO_2)_2$ in Glyzerin wird mit wss. KOH-Lsg. kein Gel erhalten. Dies ist nur mit alkohol. Kalilauge möglich. Hier bildet sich das klare Gel in wenigen Min., nach 24 Std. wird es opak; in 10 bis 12 Tagen erfolgt Synärese und anschließend Peptisation des hierdurch entstandenen festen Anteils. Aus diesem Sol wird nach Verd. mit Wasser durch Dialyse ein $Ni(OH)_2$-Gel dargestellt, das weder $K^+$ noch organ. Verunreinigungen enthält. Das zuerst erhaltene alkal. Gel ist gegen $H_2O$ und 90%igem Alkohol nicht stabil, es fällt $Ni(OH)_2$ aus, O. F. Tower, M. C. Cooke (*J. Phys. Chem.* **26** [1922] 728/35). Arbeitsvorschriften zur Darst. verschiedenartiger Gele und Gallerten auf diesem Wege bei unterschiedlicher Konz. der Ausgangsstoffe s. bei O. F. Tower (*J. Phys. Chem.* **28** [1924] 176/8). Aus Ni-Salzlsgg. mit Na-Tartrat hergestellte Gele übertreffen an Stabilität die mit Mannit hergestellten, A. W. Dumanski, B. G. Saprometow (*Zh. Russ. Fiz.-Khim. Obshchestva* **62** [1930] 747/62 nach *C.* **1930** II 1960). Jedoch wird beim Versetzen einer übersättigten Lsg. von Ni-Tartrat in Weinsäure mit wss. Kalilauge kein $Ni(OH)_2$-Gel, sondern ein Ni-Tartratgel erhalten, O. F. Tower, M. C. Cooke (*l. c.*). — Darst. aus Na-Acetat enthaltender

wss. $Ni(NO_3)_2$- oder $NiCl_2$-Lsg. mit $(NH_4)_2SO_4$ und wenig $NH_3$ gelingt nicht, S. Prakash, N. R. Dhar (*J. Indian Chem. Soc.* **7** [1930] 591/606, 604).

*Mixed Gels*

**Mischgele.** Über gemeinsames Fällen von beispielsweise $Ni^{2+}$ und $Mg^{2+}$ als Ni-Mg-Hydroxidgel s. M. Kröger, K. Fischer (*Kolloid-Z.* **47** [1929] 5/10), von $Ni^{2+}$ und $Fe^{3+}$ durch Wechselwrkg. von negativem $Ni(OH)_2$-Sol und positiv geladenem $Fe(OH)_3$-Sol, S. D. Mehta (*J. Univ. Bombay* **18** III [1949] 33/8), M. Prasad, S. D. Mehta (*Current Sci.* [*India*] **12** [1943] 19), von $Ni^{2+}$ und $Al^{3+}$ mit positiv geladenem $Al(OH)_3$-Sol, M. Prasad, S. D. Mehta (*l. c.*; *J. Indian Chem. Soc.* **20** [1943] 166/8), mit positiv geladenen Solen von Cu- und Sn-Hydroxid, M. Prasad, V. Swaminathan (*J. Colloid Sci.* **7** [1952] 25/36). Ein klares, grünes, sehr festes Mischgel wird durch Zusammengießen von positiv geladenem $SiO_2$- und negativ geladenem $Ni(OH)_2$-Sol dargestellt, M. Prasad, B. N. Chhaya (*Proc. Indian Acad. Sci.* A **32** [1951] 74/84). Bei gemeinsamer Fällung von $Ni(OH)_2$ mit $Fe(OH)_3$ werden nach röntgenograph. Unters. des Gels keine Interferenzen erhalten; möglicherweise wirkt $Fe(OH)_3$ als Schutzkolloid und vermindert die Ordnungsgeschwindigkeit von $Ni(OH)_2$, A. Krause, M. Rychlewska (*Roczniki Chem.* **27** [1953] 417/25). Über die Darst. eines dunkelgrünen, magnet. Gels durch Zermahlen einer Mischung von 28.1% $NiSO_4 \cdot 7H_2O$, 29.4% $FeCl_3 \cdot 6H_2O$ und 42.5% $Na_2SO_4 \cdot 7H_2O$ s. T. Katsurai (*Sci. Papers Inst. Phys. Chem. Res.* [*Tokyo*] **36** [1939] 458/62).

*Suspension. Hydrosol. Preparation*

**Suspension, Hydrosol. Darstellung.** Hydrosole von $Ni(OH)_2$ treten wohl immer als Zwischenstufe beim Fällen des Hydroxids aus Ni-Salzlsgg. mit Alkalilaugen auf. Jedoch wird das Sol unter gewöhnl. Bedingungen durch die stark elektrolythaltige Umgebung sofort wieder ausgeflockt, A. Kurtenacker (in: Abegg, *Bd.* 4, *Abt.* 3, *Tl.* 4, 1939, S. 822). Messung der Lichtstreuung bei der Fällung aus gepufferter und ungepufferter saurer $NiSO_4$-Lsg. mit Natronlauge ergibt für die Bldg. des Hydroxids 3 Bereiche. Mit dem Pulfrich-Refraktometer wird bei pH 3 eine Trübung der Lsg. nachgewiesen, vom pH 3 bis 5 nimmt diese zunächst zu, da kolloides $Ni(OH)_2$ entsteht, bei höherem pH nimmt die Trübung durch Umwandlungen in der kolloiden Phase zunächst ab und steigt durch Zunahme der Teilchenzahl und Größe wieder bei höherem pH an. Koagulation wird dann in ungepufferter Lsg. bei pH 6.5 bis 7 und in $(NH_4)_2SO_4$-haltiger Lsg. bei pH 7.2 bis 7.3 beobachtet. Der pH-Bereich, in dem die kolloide Phase beständig ist, wird mit steigendem Zusatz an Puffersubstanzen in Richtung höherer pH-Werte breiter. Der Einfluß von NaCl-Zusätzen ist bei gleicher Konz. geringer als von $Na_2SO_4$, A. I. Zhurin, M. G. Shoikhet (*Zh. Prikl. Khim.* **29** [1956] 583/8; *J. Appl. Chem. USSR* **29** [1956] 641/6).

Frisch aus $NiCl_2$-Lsg. mit geringen Überschuß an Kalilauge gefälltes Hydroxid geht nach wiederholtem Waschen mit Wasser durch Dekantieren in Lsg. und bildet ein opalescentes, KCl-haltiges, positiv geladenes Sol, das 1.5 g $Ni(OH)_2$/l Lsg. enthält. Seine Stabilität ist von einer geringen KCl-Konz. abhängig. Maximal ist es 6 bis 8 Wochen beständig. Durch Dialyse wird hieraus ein elektrolytfreies Sol erhalten, jedoch fällt bald $Ni(OH)_2$ aus, O. F. Tower, M. C. Cooke (*J. Phys. Chem.* **26** [1922] 728/35). Ein auf Grund seines KCl-Gehaltes besonders stabiles Sol wird erhalten, wenn beim Waschen des Nd. zentrifugiert wird, O. F. Tower (*J. Phys. Chem.* **28** [1924] 176/8). So dargestellte Sole sind meist trübe, ihre Sedimentationsgeschw. beträgt 0.5 bis 1 mm/Tag. Beim Zentrifugieren setzt sich die Hauptmenge des Hydroxids ab. Eine optimale Konz. an $Ni(OH)_2$ im Sol von 0.8 g/l wird beim 4. Waschen des Nd. erreicht, W. Feitknecht, R. Siegner, A. Berger (*Kolloid-Z.* **101** [1942] 12/20). Zur Darst. von $Ni(OH)_2$-Suspensionen nach Fällung aus wss. $NiSO_4$-Lsg. mit Alkalilauge im Überschuß oder Unterschuß bei gewöhnl. Temp., Waschen des Nd. mit Wasser und Schütteln bis zur Peptisation s. C. S. Shaw, S. Ghosh (*J. Indian Chem. Soc.* **27** [1950] 679/82, **28** [1951] 185/9), nach Fällen bei 80° bis 90°, C. S. Shaw, S. Ghosh (*J. Indian Chem. Soc.* **28** [1951] 185/9, 190/2).

Klare Sole werden erhalten, wenn man den frisch gefällten Hydroxidnd. 2 Tage unter dem 4. Dekantationswasser altern läßt und das dadurch erhaltene Gel mit der überstehenden Lsg. schüttelt. Die $Ni(OH)_2$-Konz. in so dargestellten Solen erreicht 5 g/l. Auf Grund von röntgenograph. Teilchengrößenbest., Trübungsmessungen, Elektronenbeugungsaufnahmen, elektronenmikroskop., viscosimetr. und strömungsopt. Messungen und von Analysen erfolgt die Peptisation zum klaren Sol in 4 Stufen: 1) Ordnung der amorphen Materie, Ni-Hydroxidsalze werden hierbei noch zu Hydroxiden umgesetzt. 2) Auflockerung und Quellung des Nd., die Primärteilchen wachsen rasch, bevorzugt in der Blättchenebene. 3) Bei weiterem Teilchenwachstum zerbrechen die Teilchenagglomerate (Flocken oder Sekundärteilchen) an den Kittstellen der Kristallite, wodurch die Flocken in Teilchen von kolloiden Dimensionen zerfallen. 4) Bei weiterem Wachsen der Primärteilchen und Zerfall der Sekundärteilchen entsteht ein klares Sol. Die Rührgeschw. beim Fällen des Nd., aus dem das Sol erhalten wird, beeinflußt die Größe der monodispersen Teilchen im Sol, W. Feitknecht u. a. (*l. c.*). Frisch gefälltes

$Ni(OH)_2$ peptisiert im Verlauf von 2 Tagen bei 20°, wobei aus den Hydroxidflocken 50 Å große Teilchen entstehen, O. BAGNO, J. LONGUET-ESCARD, A. MATHIEU-SICAUD (*Compt. Rend.* **232** [1951] 1350/2; *Mem. Serv. Chim. Etat* [*Paris*] **36** [1951] 81/3). Wird $Ni(OH)_2$ mit wss. $NH_3$-Lsg. gelöst, soll nach N. R. DHAR, K. C. SEN (*J. Phys. Chem.* **27** [1923] 376/83) die klare Fl. einen Tl. des Hydroxids durch Adsorption von $NH_4OH$ an $Ni(OH)_2$ als negativ geladenes Kolloid enthalten, s. dagegen O. F. TOWER, M. C. COOKE (*J. Phys. Chem.* **26** [1922] 728/35), die beim Aufnehmen mit wss. $NH_3$- oder $(NH_4)_2CO_3$-Lsg. und anschließender Dialyse kein Kolloid erhalten.

Über die Bldg. von kolloidem $Ni(OH)_2$ bei der Elektrolyse von schwach saurer Ni-Salzlsg. an der Grenzschicht der Kathode bei entsprechend hohem pH-Wert s. beispielsweise bei D. T. EWING, J. M. TOBIN (*J. Electrochem. Soc.* **103** [1956] 648/51), A. I. ZHURIN, M. G. SHOIKHET (*Zh. Prikl. Khim.* **29** [1956] 538/8; *J. Appl. Chem. USSR* **29** [1956] 641/6), H. J. REISER, H. FISCHER (*Z. Elektrochem.* **59** [1955] 768/72), A. L. ROTINYAN, V. YA. ZEL'DES (*Zh. Prikl. Khim.* **23** [1950] 712/23, **24** [1951] 604/9; *J. Appl. Chem. USSR* **23** [1950] 757/63, **24** [1951] 675/80), D. J. MACNAUGHTAN, G. E. GARDAM, R. A. F. HAMMOND (*Trans. Faraday Soc.* **29** [1933] 729/54).

Geschützte Sole werden durch Versetzen von Ni-Tartratlsg. mit Alkalilauge und anschließende Dialyse dargestellt. Die Lsgg. dürfen hierbei nicht konzentrierter als 1 normal sein, da sonst nach kurzer Zeit das Gel ausfällt, WEISER (S. 168). Jedoch ist die chem. Zus. des kolloid gelösten Anteils noch nicht untersucht, so daß nicht feststeht, wieviel organ. Subst. die kolloiden Teilchen einschließen, A. KURTENACKER (in: ABBEG, *Bd.* 4, *Abt.* 3, *Tl.* 4, 1939, S. 822). Dies gilt auch für Sole, die aus einer Zucker, Natriumacetat oder Glyzerin enthaltenden Ni-Salzlsg. mit Alkalilauge ausfallen.

Über mit Glyzerin, Zucker oder Stärke stabilisierte Sole s. N. G. CHATTERJI, N. R. DHAR (*Trans. Faraday Soc.* **16** [1920] *Phys. Chem. Colloids*, S. 122/7; *Kolloid-Z.* **28** [1921] 235/9), K. C. SEN, N. R. DHAR (*Kolloid-Z.* **33** [1923] 193/202), N. R. DHAR (*J. Phys. Chem.* **29** [1925] 1394/9), N. R. DHAR, S. GHOSH (*Z. Anorg. Allgem. Chem.* **152** [1926] 405/12), O. F. TOWER, M. C. COOKE (*J. Phys. Chem.* **26** [1922] 728/35). Ausführliche Angaben zur Darst. s. O. F. TOWER (*J. Phys. Chem.* **28** [1924] 176/8). — Über mit Weinsäure stabilisierte, negativ geladene alkal. Sole s. O. F. TOWER, M. C. COOKE (*l. c.*), O. F. TOWER (*l. c.*), M. PRASAD, S. D. MEHTA (*Current Sci.* [*India*] **12** [1943] 19; *J. Indian Chem. Soc.* **20** [1943] 166/8). Derartige Sole werden durch Dialyse gereinigt, s. M. PRASAD, B. N. CHHAYA (*Proc. Indian Acad. Sci.* A **32** [1951] 74/84), M. PRASAD, V. SWAMINATHAN (*J. Colloid Sci.* **7** [1952] 25/36). — Ein Vergleich zwischen Tartrat- und Mannitsolen ergibt, daß Farbe, Trübung und Ladung der Sole von der Konz. der bei der Darst. angewandten verschiedenen Lsgg. abhängig sind. Tartratsole sind stabiler und intensiv gefärbt; der Absorptionskoeffizient ist nach Blau verschoben. Mannitsole haben eine höhere Viscosität, die Färbung ist mit der Farbe der reinen Lsg. identisch. Gemeinsam ist beiden Solen die negative Ladung. Die Peptisation wird bei Zusatz von Alkalilaugen begünstigt; jedoch ist der Übergang vom Gel zum Sol nicht scharf ausgeprägt, A. W. DUMANSKI, B. G. SAPROMETOV (*Zh. Fiz. Khim.* **62** [1930] 747/62 nach *C.* **1930** II 1960).

Wird eine Ni-Salzlsg. mit lyalbinsaurem oder protalbinsaurem Na gefällt und der Nd. mit Natronlauge peptisiert, werden durch Dialyse reine, durch die organ. Stoffe stabilisierte $Ni(OH)_2$-Sole erhalten, C. PAAL, G. BRÜNJES (*Chem. Ber.* **47** [1914] 2200/2); über die Red. des Hydroxids in diesen Solen durch Schütteln mit $H_2$ s. C. PAAL, W. HARTMANN (*Chem. Ber.* **47** [1914] 2202/16, 2209). — Über mit Glykogen stabilisierte Sole s. L. HOGOUENG, J. LOISELEUR (*Compt. Rend.* **182** [1926] 851/2).

Über den Einfluß von Chromsalzen auf die Bldg. von $Ni(OH)_2$-Solen aus Ni-Salzlsg. mit wss. Alkalilaugen s. H. KNOCHE (*Kolloid-Z.* **68** [1934] 37/41).

**Koagulation.** Siehe hierzu auch bei Alterung, S. 448. Negativ geladenes $Ni(OH)_2$-Sol wird durch positiv geladenes $SiO_2$-Sol koaguliert. Mit zunehmender Reinheit des $Ni(OH)_2$-Sols, die durch längerdauernde Dialyse erreicht wird, sind steigende Mengen des $SiO_2$-Sols zur Koagulation erforderlich. Auch die Beschleunigung der Koagulation mit steigender Temp. wird untersucht, M. PRASAD, B. N. CHHAYA (*Proc. Indian Acad. Sci.* A **32** [1951] 74/84). Über Koagulation von negativ geladenem $Ni(OH)_2$-Sol durch positiv geladenes $Sn(OH)_4$-Sol s. M. PRASAD, V. SWAMINATHAN (*J. Colloid Sci.* **7** [1952] 26/36). Über Koagulation durch Einw. von $CO_2$ auf $Ni(OH)_2$-Sole s. beispielsweise O. BAGNO, J. LONGUET-ESCARD, A. MATHIEU-SICAUD (*Compt. Rend.* **232** [1951] 1350/2), J. LONGUET-ESCARD, J. MÉRING (*Compt. Rend.* **246** [1958] 1231/4). *Coagulation*

**Eigenschaften. Alterung.** $Ni(OH)_2$-Sole, dargestellt durch Fällen von Ni-Salzlsg. mit Alkalilauge und Peptisieren des Nd. durch wiederholtes Waschen mit Wasser, sind positiv geladen, O. F. TOWER, M. C. COOKE (*l. c.*), A. BERGER (*Kolloid-Z.* **103** [1943] 185/202, 201). Dagegen ist die Ladung des Hydroxids beim Fällen zunächst negativ, des mit Laugenüberschuß aus Chlorid- und Nitratlsg. *Properties. Aging*

gefällten Nd. positiv, jedoch so aus Sulfatlsg. gefällt, negativ. Beim Waschen mit Wasser lädt sich der negativ geladene Nd. um. Die Lage des Umwandlungspunktes ist von den Fällungsbedingungen des Hydroxids abhängig. $Ni(OH)_2$ verhält sich damit analog den Hydroxiden von Mg, Al, Cr, Co, Cu, I. I. ZHUKOV, Z. D. PIGAREVA (*Kolloidn. Zh.* **6** [1940] 491/506). Tartratsole sind negativ geladen, s. beispielsweise M. PRASAD, V. SWAMINATHAN (*l. c.*).

Elektronenmikroskopisch werden in den klaren reinen Solen sechseckige, kristalline Plättchen beobachtet. Sie sind etwa 16 bis 20 Å dick, bei einem Durchmesser von etwa 500 Å. Die Abmessungen sind von der Rührgeschwindigkeit beim Fällen des Nd. abhängig, W. FEITKNECHT, R. SIEGNER, A. BERGER (*Kolloid-Z.* **101** [1942] 12/20, 16/20), experimentelle Einzelheiten und ausführliche Meßergebnisse, A. BERGER (*l. c.*). Die Form und Größe der Teilchen ist von der Temp., bei der der Nd. peptisiert, der Zeitdauer der Peptisation und der Konz. des Sols abhängig, O. BAGNO u. a. (*l. c.*), W. FEITKNECHT, H. STUDER, H. MEYER (*Kolloid-Z.* **139** [1954] 131/3), W. BEDERET (*Kolloid-Z.* **139** [1954] 133/46).

Das bei 20° aus einer 7%igen Gallerte peptisierte Sol ist nach 2 Tagen thixotrop und bleibt in diesem Zustand etwa 4 Wochen, dann wird es trüb. Wird bei 40° peptisiert, wird ebenfalls Thixotropie beobachtet. Die Trübung beginnt nach 2 Tagen, wobei die Thixotropie langsam abnimmt. Nach 4 Wochen flockt $Ni(OH)_2$ aus. Bei 57° ist die Peptisation zum klaren Gel nach wenigen Std. beendet. Nach einen Tag trübt sich das Sol und flockt nach 1 Monat aus, W. FEITKNECHT u. a. (*l. c.*).

Die Alterung des Sols ist hauptsächlich durch das Teilchenwachstum gekennzeichnet. Es ist abhängig von den Fällungsbedingungen des Hydroxids, dem Einfluß von Verunreinigungen, besonders von $CO_2$, und der Temp. beim Fällen des Nd. und beim Altern, J. LONGUET-ESCARD, O. BAGNO (*Compt. Rend.* **232** [1951] 1205/6), W. FEITKNECHT, R. SIEGNER, A. BERGER (*Kolloid-Z.* **101** [1942] 12/20). **Fig. 195** zeigt den pH-Wert der Fällungslsg. als Funktion der zu einer 0.2n wss. $NiCl_2$-Lsg. gegebenen Äquivv. an 2n-Natronlauge. Die Änderungen des pH-Wertes beim Altern bis zu 50 Tagen bei $NiCl_2$-Überschuß werden auf die Abgabe des bei der Fällung am Hydroxid sorbierten $NiCl_2$ zurückgeführt. Das Teilchenwachstum soll von der $NiCl_2$-Abspaltung beim Kristallwachstum abhängig sein, O. BAGNO (*Compt. Rend.* **236** [1953] 699/701). Röntgenographisch wird an 1, 8 und 15 Tagen gealterten Solen auf orientierte Teilchen aus je nach Dauer der Alterung 1 bis 4 geordneten Elementarschichten aus $Ni(OH)_2$ geschlossen, die durch ungeordnete Bereiche getrennt sind. Die Anordnung der fehlgeordneten Bereiche ist jedoch nicht regellos, J. LONGUET-ESCARD, J. MÉRING (*Compt. Rend.* **236** [1953] 1683/5), ältere Angaben s. J. LONGUET (*Compt. Rend.* **223** [1946] 150/1). Durch Analyse einer Gruppe von Reflexen bei Teilchen mit einem Durchmesser von 50 Å, die durch ungleichen Abstand der Schichten hervorgerufen werden, ergibt sich ein Abstand, welcher dem von sorbiertem $Ni^{2+}$ entspricht, J. LONGUET-ESCARD, J. MÉRING (*Compt. Rend.* **246** [1958] 440/3, 790/2); zur Methodik und Auswertung der Messungen s. J. LONGUET-ESCARD, J. MÉRING (*J. Chim. Phys.* **51** [1954] 440/5), J. MÉRING, J. LONGUET-ESCARD (*Compt. Rend.* **236** [1953] 1501/3), J. MÉRING, J. ESCARD-LONGUET (*Chim. Ind.* [*Paris*] **69** [1953] 649/52). Qualitative röntgenograph. Unters. der Sole bis zum Ausflocken bestätigt die von A. BERGER (*Kolloid-Z.* **103** [1943] 185/202, 192/202) nach anderen Methh. gewonnenen Ergebnisse, J. LONGUET-ESCARD, O. BAGNO (*Compt. Rend.* **232** [1951] 1205/6). Abnormale DEBYE-SCHERRER-Interferenzen werden einem Wachstum der Micellen beim Altern der Sole zugeschrieben, J. LONGUET-ESCARD, O. BAGNO (*Mem. Serv. Chim. Etat* [*Paris*] **36** [1951] 77/9).

Nach elektronenmikroskop. Unters. steigt der Teilchendurchmesser bei 20° im Sol von 50 Å im frisch peptisierten Präp. in 5 Tagen auf 150 Å bei weiterem Wachstum bis zum einheitlichen Durchmesser von etwa 1000 Å bei jedoch unterschiedlicher Dicke an. Peptisieren bei 40° bis 80° führt zu Teilchen unterschiedlicher Größe. Altern bei 80° ergibt wieder einheitlichen Durchmesser der Teilchen, O. BAGNO, J. LONGUET-ESCARD, A. MATHIEU-SICAUD (*Compt. Rend.* **232** [1951] 1350/2; *Mem. Serv. Chim. Etat* [*Paris*] **36** [1951] 81/3). Über den Einfluß von $Ni(OH)_2$-Konz. sowie der Temp. beim Peptisieren und beim Altern des Sols s. bei W. FEITKNECHT, H. STUDER, H. MEYER (*Kolloid-Z.* **139** [1954] 131/33); qualitative Teilchengrößenstatistik hierzu s. W. BEDERET (*Kolloid-Z.* **139** [1954] 133/46). Ältere Angaben, W. FEITKNECHT, R. SIEGNER, A. BERGER (*Kolloid-Z.* **101** [1942] 12/20), A. BERGER (*l. c.*).

Unters. der Alterung einer $Ni(OH)_2$-Suspension und Einfluß des pH-Wertes der Mutterlauge am katalyt. Zerfall von $CaOCl_2$ s. A. YU. PROKOPCHIK, B. V. BERETSKIS (*Lietuvos TSR Mokslu Akad. Darbai* B **2** [1958] Nr. 14, S. 51/60, *Ref. Zh. Chim.* **1959** Nr. 516).

$CO_2$ verzögert das Altern von $Ni(OH)_2$-Sol. **Fig. 196** zeigt den pH-Wert der Fällungslsg. beim Versetzen einer $NiCl_2$-Lsg. mit Lsgg. unterschiedlichen Gehalts an NaOH und $Na_2CO_3$ als Funktion der Laugenäquivalente. Der flache Verlauf der Kurve bei hohem $Na_2CO_3$-Gehalt der Lauge wird auf

Sorption von $CO_3^{2-}$ am Hydroxid zurückgeführt. Das $CO_3^{2-}$ wird erst im Verlauf von 24 Std. abgespalten. Nach röntgenograph. Unters. entsteht hierbei kein bas. Carbonat, O. Bagno (*Compt. Rend.* **236** [1953] 1275/8), der Abstand zwischen $Ni(OH)_2$-Schichten in den Teilchen des Sols entspricht einem Einbau der $CO_3^{2-}$-Ionen in Mulden der OH-Schicht des Hydroxidgitters, J. Longuet-Escard, J. Méring (*Compt. Rend.* **246** [1958] 1231/4).

*Self-supporting Layers*

**Freitragende Schichten.** An der Phasengrenze von $Ni(OH)_2$-Hydrosolen mit Luft bilden sich 60 bis 100 Å dicke $Ni(OH)_2$-Schichten durch Koagulation der positiv geladenen Teilchen im Sol an der Oberfläche der Schicht. Die Schichten können mit Hilfe einer Drahtschlinge abgehoben werden. Schneller bilden sich derartige abhebbare Schichten an der Phasengrenze des Hydrosols mit aufgebrachtem Benzol, Toluol, o-Xylol und Nitrobenzol, T. A. Degtyareva, S. G. Mokrushin (*Izv. Vysshykh Uchebn. Zavedenii, Khim. i Khim. Tekhnol.* **1** [1958] Nr. 6, S. 3/8; *Kolloidn. Zh.* **20** [1958] 159/62;

Fig. 195.

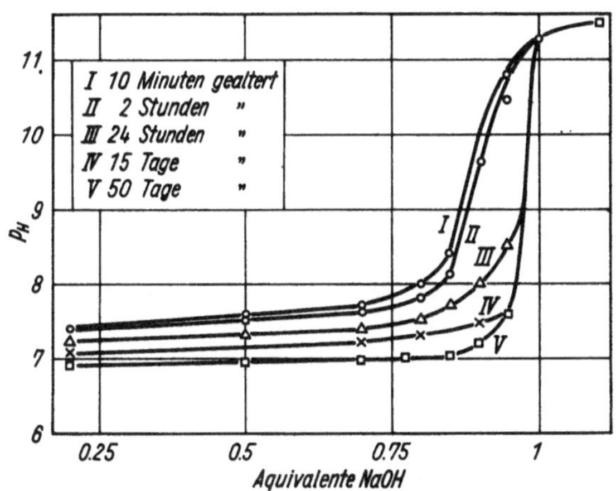


pH-Wert der Rk.-Lsg. als Funktion der Laugenmenge und unterschiedlicher Alterung des Sols.

Fig. 196.

Abhängigkeit des pH des Rk.-Mediums von Laugenmenge und $CO_2$-Gehalt.

*Colloid J.* [*USSR*] **20** [1958] 153/5). Die Schichten werden auch aus wss. $NiSO_4$-Lsg. nach Zugabe von überschüssigem $NH_3$ und oberflächenaktiven Substt., z. B. Ölsäure in einmolekularer Schicht, bei pH-Werten der Lsg. zwischen 10 und 11 erhalten, S. G. Mokrushin, G. Kitaev (*Kolloidn. Zh.* **21** [1959] 80/4; *Colloid J.* [*USSR*] **21** [1959] 71/5). Allgemeine Angaben zur Herst. und Unters.-Meth. s. S. G. Mokrushin (*Kolloid-Z.* **70** [1935] 48/51), N. Demenev, N. Demyanova (*Kolloidn. Zh.* **3** [1937] 579/80).

Bei Herst. aus $Ni(OH)_2$-Sol nimmt die Schichtdicke mit der Zeit zunehmend langsamer zu. Eine max. Dicke wird an der Luft nach 48 Std., mit polaren Lsgmm. nach 8 Std. und mit nichtpolaren nach 16 Std. erreicht. Die Schichtdicke wird geringer mit kleineren Werten der Dielektrizitätskonst. des Lsgm., T. A. Degtyareva, S. G. Mokrushin (*Izv. Vysshykh Uchebn. Zavedenii, Khim. i Khim. Tekhnol.* **1** [1958] Nr. 6, S. 3/8). Durch Verd. des Sols mit Wasser wird die Geschw.-Konst. des Dickenwachstums kleiner, z. B. wird nach 8facher Verd. eines Sols mit 0.158 g Ni/l in 24 Std. an der Phasengrenze mit Benzol nicht die Schichtdicke von 97 Å erreicht, wie sie in 8 Std. aus der unverd. Lsg. erhalten wird, T. A. Degtyareva, S. G. Mokrushin (*Kolloidn. Zh.* **20** [1958] 159/62; *Colloid J.* [*USSR*] **20** [1958] 153/5). Zusätze von Neutralsalzen zum Sol bewirken höhere Schichtdicke und rascheres Dickenwachstum der Schicht. Werte für die Phasengrenze des Hydrosols mit Benzol:

| Zusatz an Elektrolytlsg. je 1 Sol . | — | 3ml 0.1n-KCl | 3ml 0.1n-KBr | 3ml 0.1n-KJ |
|---|---|---|---|---|
| Schichtdicke in Å . . . . . . . | 99.0 | 103.6 | 127.4 | 114.3 |
| Geschw.-Konst. . . . . . . . . | 0.845 | 1.930 | 2.125 | 2.617 |

| Zusatz an Elektrolytlsg. je 1 Sol . | 0.4ml 0.01n-$K_3[Fe(CN)_6]$ | 0.4ml 0.01n-$K_4[Fe(CN)_6]$ |
|---|---|---|
| Schichtdicke in Å . . . . . . . | 114.3 | 114.9 |
| Geschw.-Konst. . . . . . . . . | 2.187 | 4.350 |

Organ., in Wasser unlösl. Säuren verursachen keine Koagulation, T. A. Degtyareva, S. G. Mokrushin (*Izv. Vysshykh Uchebn. Zavedenii, Khim. i Khim. Tekhnol.* **2** [1959] Nr. 1, S. 30/3, *C.A.* **1959**

16646; *Tr. Ural'sk. Politekhn. Inst.* **1959** Nr. 81, S. 91/6 nach *C. A.* **1961** 9002). Zusätze ungesättigter organ. Säuren, z. B. Ölsäure oder Brassidinsäure verkleinern die max. Schichtdicke bis 21 Å und vermindern die Geschw.-Konst. für das Wachstum der Schicht, T. A. DEGTYAREVA, S. G. MOKRUSHIN (*Tr. Urals'sk. Politekhn. Inst.* **1959** Nr. 81, S. 87/107 nach *C. A.* **1961** 9002). — Über den Einfluß der Temp., der Ni- und $NH_3$-Konz. auf die Kinetik der Koagulation an der Phasengrenze aus ammoniakal. $NiSO_4$-Lsg. s. bei S. G. MOKRUSHIN, G. KITAEV (*Kolloidn. Zh.* **21** [1959] 80/4; *Colloid J. [USSR]* **21** [1959] 71/5).

*Thermodynamic Formation Data*

## Thermodynamische Daten der Bildung

Werte für die bei der Rk. $Ni_{fest} + O_{2\,gasf} + H_{2\,gasf} = Ni(OH)_{2\,fest}$ eintretende Änderung der Enthalpie $\Delta H$ und der freien Energie $\Delta G$ in kcal/mol, für die Entropieänderung $\Delta S$ in cal·mol⁻¹·°K⁻¹. Alle Werte bei 298°K:

| $\Delta H$ | $\Delta G$ | $\Delta S$ | Bemerkungen und Literatur |
|---|---|---|---|
| −128.6 | −108.3 | — | aus den von J. THOMSEN (*Thermochemische Untersuchungen, Bd.* I, *Leipzig* 1882, S. 337, 339, 359) gemessenen Neutralisationswärmen von $NiSO_4$ mit $Ba(OH)_2$ oder KOH, berechnet von F. D. ROSSINI, D. D. WAGMAN, W. H. EVANS, S. LEVINE, I. JAFFE (*Natl. Bur. Std. Circ.* Nr. 500 [1952] 245) |
| −129.1 | −112.3<br>−112.8 | −56.5 | aus eigenen EK-Messungen und Daten von J. THOMSEN (*l. c.*) berechnet, K. MURATA (*Bull. Chem. Soc. Japan* **3** [1928] 57/69, 267/76, 273, 275) |
| — | −109.2 | — | für den $H_2$-Druck 1 Torr nach dem aus experimentellen Daten von H. T. S. BRITTON (*J. Chem. Soc.* **127** [1925] 2110/20, 2115/9) neu errechneten Löslichkeitsprod., K. MURATA (*l. c.*) |

Die vorliegenden thermochem. Daten sind noch unbefriedigend und können zur Berechnung der Stabilitätsverhältnisse nicht herangezogen werden, FRICKE, HÜTTIG (S. 361). Für 291°K ergibt sich aus den Werten für die Lösungswärme von $Ni(OH)_2$ in wss. HCl-Lsg. bzw. wss. $H_2SO_4$-Lsg. von F. GIORDANI, E. MATTIAS (*Rend. Accad. Sci. Fis. Mat.* [*Soz. Nazl. Sci. Napoli*] [4] **35** [1929] 172/82, *C. A.* **1930** 1019) für $\Delta H = -133$ kcal/mol, F. R. BICHOWSKY, F. D. ROSSINI (*The Thermochemistry of the Chemical Substances, New York* 1936, S. 84, 302). — Ältere Angaben bei J. THOMSEN (*J. Prakt. Chem.* [2] **14** [1876] 413/42, 428, **21** [1880] 46/77, 59) und F. GIORDANI, E. MATTIAS (*l. c.*).

*Physical Properties*

# Physikalische Eigenschaften

*Crystallographic Properties. Polymorphism*

**Kristallographische Eigenschaften. Polymorphie.** Nur eine einzige kristalline Modifikation ist mit Sicherheit nachgewiesen. Ein dem $\alpha$-$Zn(OH)_2$ analog kristallisierendes Hydroxid wird bei reinem $Ni(OH)_2$ nicht erhalten, W. FEITKNECHT (*Helv. Chim. Acta* **21** [1938] 766/84, 780); s. dagegen über ein angeblich existierendes $\alpha$-$Ni(OH)_2$ nach H. RICHTER, H. KNÖDLER (*Z. Naturforsch.* **9a** [1954] 147/64, 148, 162) bei dünnen Schichten, S. 445 und 451. Nach Pulveraufnahmen an frisch gefälltem Hydroxid soll dieses in ganz jungem Zustand kurze Zeit die Struktur der Ausgangs-Nickelhydroxidsalze besitzen, A. BERGER (*Kolloid-Z.* **103** [1943] 185/202, 197). Aus geringen Abweichungen einzelner Interferenzen, der therm. Abbaukurven und geringen Farbunterschieden an bei 0° gefälltem Hydroxid vor und nach Erhitzen im Bombenrohr auf 200° wird auf 2 Modifikationen geschlossen, analog $\alpha$- und $\beta$-$Co(OH)_2$, G. F. HÜTTIG, A. PETER (*Z. Anorg. Allgem. Chem.* **189** [1930] 183/9). — Möglicherweise handelt es sich hier um laminardisperse, durch Aufrauhung der Netzebenen stark fehlgeordnete Proben, s. O. GLEMSER (*Fortschr. Chem. Forsch.* **2** [1950/53] 273/310, 288).

*Crystal Form*

**Kristallform.** Hexagonal-holoedrisch s. *Strukturber., Bd.* 1, 1913/28, S. 161/3. Elektronenmikroskopisch sind in $Ni(OH)_2$-Gelen und Solen 6eckige Scheibchen nachgewiesen, s. beispielsweise W. FEITKNECHT, R. SIEGNER, A. BERGER (*Kolloid-Z.* **101** [1942] 12/20, 18), deren Durchmesser etwa $10^{-5}$ cm beträgt, A. BERGER (*l. c.* S. 200). Über das Wachstum dieser Teilchen s. S. 446. Wird auf übliche Weise gefälltes Hydroxid unter seiner Mutterlauge oder dem Waschwasser ausgefroren, entstehen Ndd. aus groben Körnern oder Platten mit gut ausgebildeten irregulären Kanten, S. UNO (*J. Soc. Chem. Ind. Japan* **43** [1940] 197/8 B). Über den Einfluß von $Al(OH)_3$ auf die Ausbildung der Kristallform s. W. O. MILLIGAN, J. T. RICHARDSON (*J. Phys. Chem.* **59** [1955] 831/3). — Grobkristallines

$Ni(OH)_2$, unter dem Mikroskop in Form 6eckiger dünner Blättchen mit dem Habitus der Hochtemp.-Form von $Na_2[Ni(OH)_4]$ wird aus letzterer Verb. durch Hydrolyse erhalten, R. SCHOLDER, E. GIESLER (*Z. Anorg. Allgem. Chem.* **316** [1962] 237/46, 244).

**Gitterstruktur.** Raumgruppe $P\bar{3}ml-D^3_{3d}$; Z = 1, G. NATTA (*Atti Accad. Naz. Lincei Rend. Classe Sci. Fis. Mat. Nat.* [6] **2** [1925] 495/501; *Gazz. Chim. Ital.* **58** [1928] 344/58); *Strukturber., Bd.* 1, 1913/28, S. 161/3. Gitterkonstanten in kX und Parameter z der OH-Ionen: *Lattice Structure*

| a | c | z | Bemerkungen und Literatur |
|---|---|---|---|
| 3.07 | 4.61 | 0.25 | G. NATTA (*Gazz. Chim. Ital.* **58** [1928] 344/58, 355) |
| 3.075 | 4.61 | — | G. NATTA, L. PASSERINI (*Gazz. Chim. Ital.* **58** [1928] 597/618, 617) |
| 3.114 ±0.005 | 4.617 ±0.005 | 0.25 | $Ni(OH)_2$ aus wss. $Ni(NO_3)_2$-Lsg. bei 100° mit Kalilauge gefällt. Pulveraufnahme, Cu-Kα-Strahlung, KCl-Eichung, R. W. CAIRNS, E. OTT (*J. Am. Chem. Soc.* **55** [1933] 527/33) |
| 3.114 ±0.002 | 4.595 ±0.004 | 0.220 | $Ni(OH)_2$ mit Natronlauge gefällt. Pulveraufnahme FeKα-Strahlung; z an β-$Co(OH)_2$ bestimmt, W. LOTMAR, W. FEITKNECHT (*Z. Krist.* **93** [1936] 368/78, 369, 375) |
| 3.114 ±0.003 | — | — | Elektronenbeugung an dünner Schicht, L. H. GERMER (*Z. Krist.* **100** [1939] 277/84, 281) |

Aus wss. $NiCl_2$-Lsg. mit $NH_3$-Lsg. oder $K_2CO_3$-Lsg. gefälltes Hydroxid a = 3.13, c = 4.47 Å, J. LONGUET (*Clay Minerals Bull.* **1** [1947] 21/2).

$Ni(OH)_2$ bildet ein typ. Schichtengitter entsprechend der $CdJ_2$ Modifikation 1; Typbeschreibung s. „*Cadmium*" *Erg.-Bd.*, S. 549. Netzebenen aus J-Ionen entsprechen hier Ebenen aus OH-Ionen, s. G. NATTA (*Atti Accad. Naz. Lincei Rend. Classe Sci. Fis. Mat. Nat.* [6] **2** [1925] 495/501). Über die Polarisierbarkeit der OH-Gruppe und Schichtgitterbldg. s. V. M. GOLDTSCHMIDT, T. BARTH, G. LUNDE, W. ZACHARIASEN (*Skrifter Norske Videnskaps-Akad. Oslo Mat. Naturw. Kl.* **1926** Nr. 1, S. 21, 15/7, *C.* **1926** I 3592). Über Isomorphie mit zahlreichen Hydroxiden, Bromiden, Jodiden, Sulfiden, Seleniden und Telluriden s. R. W. G. WYKOFF (*Crystal Structures, Bd.* 1, *New York* 1951, Kapitel 4, S. 19/20). — Unterss. über Abweichungen der Interferenzen bei frisch gefälltem Hydroxid mit Teilchengrößen im kolloiden Bereich s. S. 448.

Beim Durchstrahlen geätzter Ni-Folien mit Elektronenstrahlen werden mit zunehmendem Walzgrad Verschiebungen der 100- und 110-Interferenzen beobachtet. Es wird angenommen, daß α-$Ni(OH)_2$ mit a = 3.06 vorliegt, da Fremdatome die Ausbildung des $C_6$-Gitters verhindern, H. RICHTER, H. KNÖDLER (*Z. Naturforsch.* **9a** [1954] 147/64, 148, 162).

**Gitterenergie** in kcal/mol. Berechnet aus experimentellen Daten mit Hilfe des BORN-HABERschen Kreisprozesses und nach eigener Formel, wobei die Bindung als zu gleichen Tl. homöopolar und heteropolar angenommen wird: 731, K. B. YATSIMIRSKII (*Izv. Akad. Nauk SSSR, Otd. Khim. Nauk* **1948** 590/8), aus experimentellen Werten für die Bldg.-Enthalpie der festen Verb. und Lit.-Werten für die gasf. Ionen: 757 bei einem Anteil des Kristallfelds von 32 kcal/mol, K. B. YATSIMIRSKII (*Zh. Neorgan. Khim.* **3** [1958] 2244/52; *Russ. J. Inorg. Chem.* **3** Nr. 10 [1958] 26/35, 29/31). Nach eigener Formel: 677, M. KH. KARAPET'YANTS (*Zh. Fiz. Khim.* **28** [1954] 1136/52). *Lattice Energy*

**Diffusion.** Austausch von Ni zwischen $Ni(OH)_2$ als Bodenkörper und wss. $NiCl_2$-Lsg. ist mit Hilfe von $^{63}Ni$ untersucht; für die Austauschgeschw. wird $10 \times 10^6$ und $6.1 \times 10^{-7}$ angegeben, G. K. SCHWEITZER, P. B. BAUM (*J. Am. Chem. Soc.* **74** [1952] 6131/2). Hierbei muß zwischen der Oberflächendiffusion und der langsamen Gitterdiffusion unterschieden werden. Diffusionskoeff. D in $cm^2$/sec der Gitterdiffusion nach $D = 2.5 \times 10^{-13} \exp(-14100/RT)$ als Funktion der Temp. t: *Diffusion*

| t in °C . . . . . | 25° | 50° | 76° | 95° |
|---|---|---|---|---|
| D . . . . . . . | $1.2 \times 10^{-23}$ | $7.4 \times 10^{-23}$ | $1.6 \times 10^{-22}$ | $1.6 \times 10^{-21}$ |

A. WYTTENBACH (*Helv. Chim. Acta* **44** [1961] 418/28, 426). Über Diffusion von H nach Unterss. mit Deuterium und Tritium markiertem $H_2O$ s. S. 464.

**Mechanische Eigenschaften.** Dichte D in $g/cm^3$ = 3.94, röntgenografisch bestimmt, R. W. CAIRNS, E. OTT (*J. Am. Chem. Soc.* **55** [1933] 527/33), D = 4.09, G. NATTA, L. PASSERINI (*Gazz. Chim. Ital.* **58** [1928] 597/618, 617), pyknometrisch bestimmt: D = 3.56, R. W. CAIRNS, E. OTT (*l. c.*), D = 3.60, G. NATTA (*Gazz. Chim. Ital.* **58** [1928] 344/58, 355). Unters. von Teilchengrößen des $Ni(OH)_2$ mit der *Mechanical Properties*

Emaniermethode s. O. HAHN (*Naturwissenschaften* **12** [1924] 1140/5), O. HAHN, O. ERBACHER, N. FEICHTINGER (*Ber. Deut. Chem. Ges.* **59** [1926] 2014/25, 2019), P. PARCHOMENKO (*Collection Czech. Chem. Commun.* **10** [1938] 54/9, *C.* **1938** II 3301), mit Hilfe der Kleinwinkelstreuung s. L. KAHOVEC, G. POROD, H. RUCK (*Kolloid-Z.* **133** [1953] 16/26).

*Magnetic Properties*

**Magnetische Eigenschaften.** $Ni(OH)_2$ ist paramagnetisch. Spezif. Susz. $\chi$ in $10^{-6}$ $cm^3/g$ bei gewöhnl. Temp. einer aus $NiCl_2$-Lsg. mit Kalilauge gefällten Probe: $\chi = 30.9$, A. QUARTAROLI (*Gazz. Chim. Ital.* **46** II [1917] 219/34), dagegen $\chi = 48.3$, E. F. HERROUN, E. WILSON (*Proc. Phys. Soc.* [*London*] **33** [1921] 196/206, 204). $\chi$ in Abhängigkeit von der Temp. t an Proben die 58% Ni enthalten:

| t in °C . . . . | +25° | −44° | −89° |
|---|---|---|---|
| $\chi$ . . . . . . . | 48.3 | 65.6 | 91.5 |

P. W. SELWOOD, M. ELLIS, C. F. DAVIS (*J. Am. Chem. Soc.* **72** [1950] 3549/57, 3553). Für die Temp.-Funktion von $\chi$ gilt von 300 bis 90°K das CURIE-WEISSsche Gesetz mit $\chi = 1.07/(T-36)$. Unterhalb 90°K steigt $\chi$ mit abnehmender Temp. langsamer an bis $\chi = 2000$ bei 4°K; in diesem Bereich ist $\chi$ etwas von der Feldstärke abhängig, so daß Ferromagnetismus vermutet wird, J. T. RICHARDSON, W. O. MILLIGAN (*Phys. Rev.* [2] **102** [1956] 1289/94, 1292, 1294).

Die magnet. Eigg. sind von Darst.-Meth. und Reinigung der Probe abhängig. So wird durch Kochen des Hydroxids in $H_2O$ $\chi$ kleiner, S. VEIL (*Compt. Rend.* **184** [1927] 1171/2, **178** [1924] 842/4; *Rev. Sci.* **64** [1926] 8/10). $Ni(OH)_2$ ist stärker magnetisch als $Ni(OH)_3$, A. QUARTAROLI (*Gazz. Chim. Ital.* **46** II [1917] 219/34), S. VEIL (*Compt. Rend.* **180** [1925] 211/2). Die magnet. Eigg. sind denen von NiS ähnlich, S. VEIL (*Compt. Rend.* **186** [1928] 80/1). Beim katalyt. $H_2O_2$-Zerfall am $Ni(OH)_2$ wird $\chi$ des Hydroxids kleiner, S. VEIL (*Compt. Rend.* **184** [1927] 1171/2, **180** [1925] 932/4; *Rev. Sci.* **64** [1926] 8/10).

*Optical Properties. Color*

**Optische Eigenschaften. Farbe.** Grün, O. L. ERDMANN (*J. Prakt. Chem.* **7** [1836] 248/68, 249), C. F. SCHÖNBEIN (*J. Prakt. Chem.* **93** [1864] 24/60, 54), apfelgrün, J. L. LASSAIGNE (*J. Pharm.* **9** [1823] 49/53), W. BONSDORFF (*Z. Anorg. Allgem. Chem.* **41** [1904] 132/92, 136). Bei 0° unter $CO_2$-Ausschluß aus wss. $Ni(NO_3)_2$-Lsg. mit Kalilauge gefällte Präpp. sind hellgrün mit einem leichten Gelbstich, nach Erhitzen mit $H_2O$ auf 200° im Bombenrohr jedoch mehr blaustichig, ebenso nach Trocknen bei 100°, G. F. HÜTTIG, A. PETER (*Z. Anorg. Allgem. Chem.* **189** [1930] 183/9). — Ein schwarzes $Ni(OH)_2$, das noch 2 $H_2O$ enthalten soll, und ein graugrünes Hydroxid mit 1 $H_2O$ erwähnt M. ROLOFF (*Z. Elektrochem.* **11** [1905] 950).

*Absorption Spectra*

**Absorptionsspektren.** Von 2000 bis 300 m$\mu$ werden ähnlich wie bei $[Ni(H_2O)_6]^{2+}$ in wss. Lsg. aufgespaltene Banden beobachtet, W. FEITKNECHT, A. LUDI (*Chimia* [*Aarau*] **15** [1961] 533/4). **Fig. 197** zeigt die Spektren von 300 bis 3700 $cm^{-1}$. Sie sind von der Darst. der Präpp. etwas abhängig. Darst. aus $Ni(NO_3)_2$-Lsg. mit $NH_3$ oder aus $NiSO_4$-Lsg. mit Alkalilauge gefällt. Max. bei 350 (schwach), 455 (stark), 530 (sehr stark), ~1375 und 1420 (schwach), 1625 (sehr schwach), 3570 (sehr schwach),

Fig. 197.

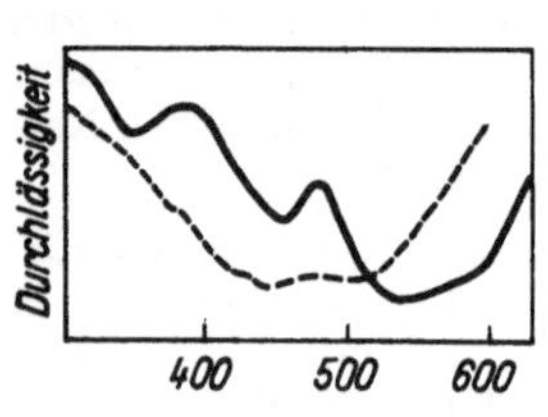

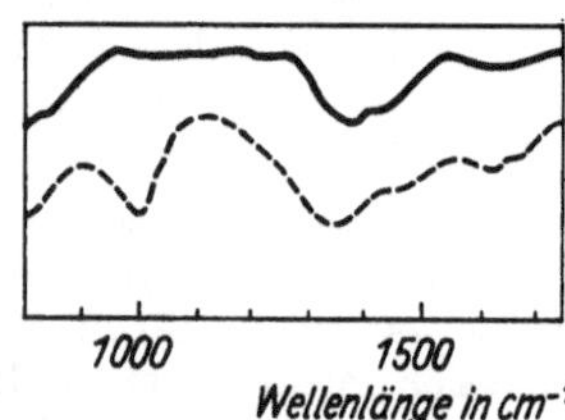

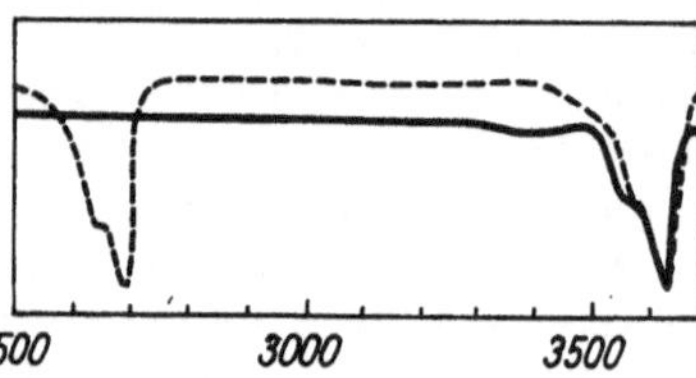


Absorptionsspektrum von $Ni(OH)_2$ (--- teilweise deuteriert).

3530 (sehr stark), 4034 und 4271 $cm^{-1}$ (sehr schwach). Die Absorption bei 1400 $cm^{-1}$ ist wahrscheinlich auf den $CO_2$-Gehalt der Proben zurückzuführen. Die gestrichelte Kurve zeigt das Absorptionsspektrum von teilweise deuteriertem $Ni(OH)_2$, C. CABANNES-OTT (*Ann. Chim.* [*Paris*] [13] **5** [1960] 906/60, 918, 945). Die Deformationsschwingungen der Hydroxylgruppen liegen bei 340 und 530 $cm^{-1}$, die der Ni-Schwingungen bei 455 $cm^{-1}$. Absorption bei 1375 bis 1420 $cm^{-1}$ wird durch den kleinen $CO_2$-Gehalt der Proben, bei 1625 durch etwas $H_2O$ verursacht, H. DUPUIS (*Mikrochim. Acta* **1962** 803/6). Im Bereich 13 bis 2$\mu$ liegt das Absorptionsmax. bei 2.79$\mu$, O. GLEMSER, E. HARTERT (*Naturwissenschaften* **40** [1953] 199/200, 552/3; *Z. Anorg. Allgem. Chem.* **283** [1956] 111/22), E. HARTERT (*Diss. Aachen T.H.*

1953). Zur Zuordnung zu einer O-H···H-Brückenbindung s. auch L. HOFACKER (*Z. Elektrochem.* **61** [1957] 1048/53), E. SCHWARZMANN (*Z. Anorg. Allgem. Chem.* **317** [1962] 176/85). Von 14 bis 6μ (700 bis 1660 $cm^{-1}$) tritt ein intensives Absorptionsmax. bei 1399 und weniger deutliche Max. bei 830 und 1050 $cm^{-1}$ auf. Über die Zuordnung zu Deformationsschwingungen der OH-Gruppen s. C. DUVAL, J. LECOMTE (*Bull. Soc. Chim. France* 8 [1941] 713/24). Krit. Diskussion hierzu s. O. GLEMSER, E. HARTERT (*l. c.*), s. auch C. CABANNES-OTT (*l. c.* S. 945). Schemat. Wiedergabe des Spektrums von 3200 bis 3700 $cm^{-1}$ mit 2 Max. verschiedener Intensität nahe 3.600 $cm^{-1}$ s. C. DUVAL, J. LECOMTE (*J. Chim. Phys.* **50** [1953] C 64/71, C 65). Über den Einfluß der Darst.-Meth. der Proben und der Temp. auf diese Max. s. C. OTT (*Compt. Rend.* **240** [1955] 68/70). Über Spektren von 300 bis 2000 $cm^{-1}$ s. C. CABANNES-OTT (*Compt. Rend.* **242** [1956] 2825/7). — Die Grenze der kontinuierlichen Absorption im UV von der größten Wellenlänge her liegt bei 2600 Å, A. BERTON (*Compt. Rend.* **207** [1938] 625/7).

**Fluorescenz.** Bis 220mμ kann Fluorescens nicht nachgewiesen werden, A. ROBL (*Z. Angew. Chem.* **39** [1926] 609/11), M. KIMURA, M. TAKEWAKI (*Sci. Papers Inst. Phys. Chem.. Res.* [*Tokyo*] **9** [1928] 57/64). *Fluorescence*

## Elektrochemisches Verhalten

*Electrochemical Behavior*

Über Normalpot. s. „Normalpotential" in „*Nickel*" *Tl.* A.

**Potentiale.** Vergleich der Reihenfolge der Redox-Pott. mit der Reihenfolge der freien Bldg.-Energien von Metallhydroxiden, darunter auch $Ni(OH)_2$, D. HART (*J. Phys. Chem.* **56** [1952] 202/14, 207). *Potentials*

Das als E bezeichnete Pot. ist in V angegeben, $E_h$ bezieht sich auf die Normalwasserstoffelektrode.

1) Ni | $Ni(OH)_2$ | 0.1n-NaOH . . . . . . . . . . . . . . . . . . . . . . . . . . . $E_h = -0.60$
25° ± 0.01°, pH = 13, in $N_2$-Atm. gemessen. Das als NiO bezeichnete Hydroxid wird mit 0.1n-NaOH-Lsg. geschüttelt. In den entstehenden Schlamm wird eine Ni-Elektrode ganz eingetaucht, S. E. S. EL WAKKAD, S. H. EMARA (*J. Chem. Soc.* **1953** 3504/8, 3506).
Im Dunkeln gemessen: E = −0.135, $E_1$ = −0.131. Nach UV-Bestrahlung: E = 0.076, $E_1$ = 0.108. Werte auf gesätt. Kalomelelektrode bezogen. Die benutzte Elektrode besteht aus mit Hydroxid bedecktem Ni, das sich entweder im Elektrolyten auf dem Metall selbst gebildet hat (E) oder durch Polarisation bei 0.8 V im Elektrolyten erzeugt worden ist ($E_1$). Durch UV-Bestrahlung wird das Pot. des p-Halbleiters Ni-Oxid im positiven Sinne verschoben, A. V. BYALOBZHESKII, V. D. VAL'KOV (*Dokl. Akad. Nauk SSSR* **134** [1960] 121/4; *Proc. Acad. Sci. USSR Phys. Chem. Sect.* **134** [1960] 811/4).

2) $Ni(OH)_2$ | 25%iges KOH. . . . . . . . . . . . . . . . . . . . . . . . . . . . E = −0.33
gegen Normalkalomelelektrode gemessen. Das aus $Ni(NO_3)_2$-Lsg. mit KOH-Lsg. gefällte Hydroxid ist mit Graphit gemischt, M. DEKAY THOMPSON, H. K. RICHARDSON (*Trans. Am. Electrochem. Soc.* **7** [1905] 95/114, 107).

3) Ni | $Ni(OH)_2$ | n-$Na_2CO_3$ . . . . . . . . . . . . . . . . . . . . . . . . . . $E_h = -0.51$
25° ± 0.01°, pH = 11.5, S. E. S. EL WAKKAD, S. H. EMARA (*l. c.*).

**Polarisation.** Frisch hergestellte $Ni(OH)_2$-Schichten auf Ni-Trägern werden anodisch schnell oxydiert, Elektrolyt n-KOH-Lsg., und zwar, wie Röntgenunterss. zeigen, zuerst zu β-NiO(OH) und dann zu höheren wasserhaltigen Oxiden, die leicht zu $Ni(OH)_2$ reduziert werden. Gealtertes $Ni(OH)_2$, z. B. durch Behandlung in KOH-Lsg., ist schwerer elektrolytisch zu oxydieren als frisch hergestelltes, G. W. D. BRIGGS, W. F. K. WYNNE-JONES (*Trans. Faraday Soc.* **52** [1956] 1272/81, 1274, 1279), E. JONES, W. F. K. WYNNE-JONES (*Trans. Faraday Soc.* **52** [1956] 1260/72, 1270). Die Kurven des Polarisationspot. als Funktion der Zeit und als Funktion der Stromdichte, aufgenommen mit $Ni(OH)_2$-Elektroden in n-KOH-Lsg. bei 25°, werden durch Altern des $Ni(OH)_2$ zu positiveren Pott. verschoben. Die schnellste Verschiebung findet statt innerhalb der ersten 3 bis 4 Tage nach der Herst. des Hydroxids. Vielleicht handelt es sich um Verschiebung des Gleichgew.-Pot. infolge Rekristallisation des $Ni(OH)_2$, entsprechend $Ni(OH)_2$ ungeordnet → $Ni(OH)_2$ geordnet, G. W. D. BRIGGS, G. W. STOTT, W. F. K. WYNNE-JONES (*Electrochim. Acta* **7** [1962] 249/56, 249, 254), vgl. auch G. W. D. BRIGGS, W. F. K. WYNNE-JONES (*Electrochim. Acta* **7** [1962] 241/8), G. W. D. BRIGGS (*Electrochim. Acta* **1** [1959] 297/9). *Polarization*

Bei Pot.–Zeit-Kurven der anod. Ox. von blaßgrünen $Ni(OH)_2$-Schichten in n-NaOH-Lsg. mit 0.5 A/cm² könnte das vor dem Anstieg auf das Pot. der Sauerstoff-Entw. liegende Kurvenstück von etwa gleichbleibendem Pot. dem Übergang vom 2- zum 3wertigen Ni entsprechen. Seine Länge ist, nach der hindurchgegangenen Elektrizitätsmenge zu urteilen, etwa proportional der Dicke der Hydroxidschicht. Die $Ni(OH)_2$-Schichten sind aus 0.1n-$NiSO_4$-Lsg. mit 0.1n Na-Acetat und 0.001n NaOH kathodisch auf Pt- oder Ni-Substrat abgeschieden worden, Abscheidungsdauer 5, 10 oder 15 Minuten. Die Kurven bei Verwendung eines Ni-Trägers sind verschieden von denen bei Verwendung eines Pt-Trägers, H. K. Embaby, A. A. Moussa (*J. Chem. Soc.* **1958** 4027/31, 4028). — Bei der anod. Ox. eines grünen $Ni(OH)_2$-Korns, das zwischen Pt-Drähten als Stromzuführung eingeklemmt ist, in alkal. Lsg. schwärzt sich das Korn und zwar zuerst an der Anode. Die Schwärzung kann durch kathod. Polarisation nicht rückgängig gemacht werden. Die elektrochem. Ox. und Red. sowie die Sauerstoffabscheidung verläuft in der gesamten Masse des Korns an der Oberfläche der Ni-Oxidkriställchen, E. M. Kuchinskii, B. V. Ershler (*Zh. Fiz. Khim.* **20** [1946] 539/46, 540, 544).

Fig. 198.

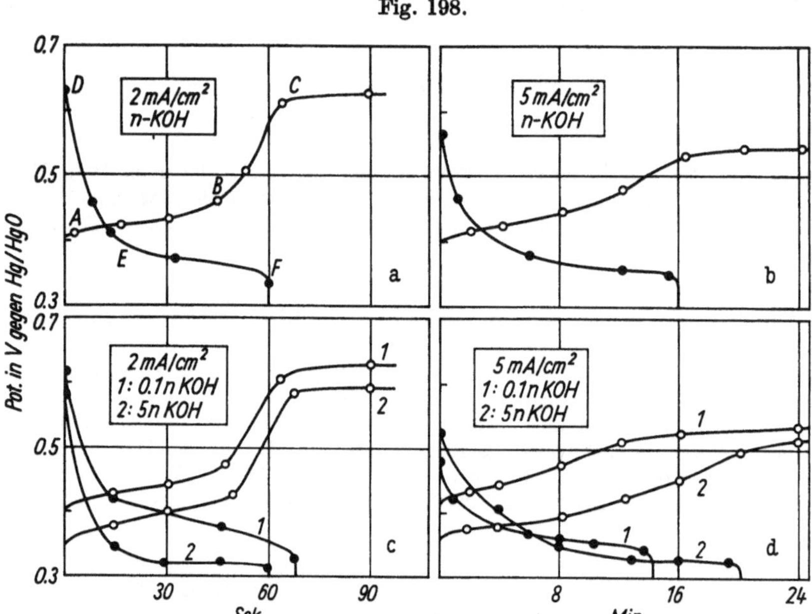


Pot.-Zeit-Kurven in KOH-Lsg. bei anod. (Kreise) und kathod. (Punkte) Polarisation.

Pot.–Zeit-Kurven an $Ni(OH)_2$-Schichten bei anod. und kathod. Polarisation in KOH-Lsg. sind aus **Fig. 198** ersichtlich. Die Kurven in a und c sind mit Hydroxidelektroden aufgenommen, die bei 25° bei abwechselnder anod. und kathod. Polarisation aus 0.1n-$NiSO_4$-Lsg. mit 0.1n Na-Acetat und 0.001n KOH auf Ni abgeschieden worden sind, die Kurven in b und d mit Elektroden, die durch 2 Min. langes Eintauchen von Ni in NaClO mit 10% aktivem Chlor bei 70° bis 80° gewonnen wurden. In a enthält die Schicht $\sim 10^{-6}$ g-Atom Ni/cm², in b $\sim 10^{-4}$ g-Atom Ni/cm². Wie Tl. a der Fig. 198 zeigt, folgt dem Gebiet langsamer Steigung des Pot., AB, ein steilerer Anstieg, BC, bis zum konst. Wert bei C. Die $O_2$-Entw. beginnt im Gebiet BC und erreicht bei C konst. Geschwindigkeit. Beim Entladen tritt zwischen D und E steiler Pot.-Abfall auf, gefolgt von einer ziemlich flachen Pot.-Stufe, die bei $E_h \sim 0.47$ V beginnt und mit plötzlichem Abfall auf $E_h \sim -1.1$ V endet, wo $H_2$-Entw. einsetzt. Eine zweite Potentialstufe bei $E_h \sim 0.00$ V, die der intermediären Bldg. von $Ni_3O_2(OH)_4$ entspricht, s. S. 481, 488, wird nicht beobachtet. Verd. des Elektrolyten (Kurven in c und d) verursacht Verschiebung zu positiveren Potentialen, Änderung der Stromdichte bei anod. Polarisation Verschiebung zu positiveren, bei kathod. zu negativeren Werten, aber die Gestalt der Kurven bleibt unverändert, G. W. D. Briggs, E. Jones, W. F. K. Wynne-Jones (*Trans. Faraday Soc.* **51** [1955] 1433/42, 1439).

Weitere Angaben über anod. Ox. von $Ni(OH)_2$ s. S. 467.

## Chemisches Verhalten

*Chemical Reactions*

*Aging*

**Alterung.** Das Hydroxid altert langsam, mit steigender Temp. rascher, wie durch Sedimentationsgeschw. und röntgenograph. Unters. gezeigt wird. Ob bei der Darst. Ni-Salzlsg. zur Lauge oder diese zur Ni-Salzlsg. gegeben wird, beeinflußt die Alterung nicht, A. Lottermoser, E. Lottermoser (*Kolloid-Beih.* **38** [1933] 1/39, 29/39). Über den Verlauf der Alterung auf Grund des kolloidchem. Verh. der $Ni(OH)_2$-Gele, -Sole und -Suspensionen, verfolgt durch elektronenmikroskop. Unters. der Teilchengröße und Form sowie der röntgenograph. Unters. von Gitterstörungen auch in Abhängigkeit von der Darst.-Meth. s. S. **448.** Die Löslichkeitsprodd. in $H_2O$ von jungem und gealtertem Hydroxid unterscheiden sich erheblich, s. S. **463.** Über den Einfluß der Alterung auf die Löslichkeit in wss. $NH_3$-Lsg. s. S. **459.** — Obwohl röntgenographisch keine Differenzen der Korngrößen junger und gealterter Präpp. nachgewiesen werden, sind die Lsg.-Wärmen junger Präpp. etwa um 1 kcal/mol größer als die von gealterten Präpp., die sich in der $8n\text{-}H_2SO_4$-Lsg. langsamer lösen, S. Okada, T. Shiraishi, T. Yasuhara (*Kogyo Kagaku Zasshi* **53** [1950] 5/7, *C.A.* **1952** 8540). Zur Best. des Grads der Alterung auf Grund der katalyt. Aktivität beim Zerfall von $CaOCl_2$ s. A. Yu. Prokopchik, P. K. Norkus (*Tr. Akad. Nauk Lit. SSR Ser.* B 2 Nr. 14 [1958] 61/9). Unters. zur Kinetik und zum Mechanismus der Alterung mit Präpp. unterschiedlicher Darst. auf Grund der Rk. mit Fe-Hydroxiden zu $Ni_2Fe_2O_4$ s. V. P. Chalyi, S. P. Rozhenko (*Zh. Neorgan. Khim.* **3** [1958] 2523/31; *J. Inorg. Chem. USSR* **3** Nr. 11 [1958] 128/40).

*On Heating*

**Beim Erhitzen.** Bei höherer Temp. wird $H_2O$ unter Bldg. von NiO abgegeben, J. L. Proust (*Gehlen J.* **3** [1807] 410/51, 442). An Luft bei 255° bis 300° erhitzt, bildet sich eine tiefschwarze Substanz, deren Zus. $Ni_2O_3$ entsprechen soll; beim Glühen entsteht NiO, F. Glaser (*Z. Anorg. Allgem. Chem.* **36** [1903] 2/35, 16/9). Die $H_2O$-Abspaltung ist bei 250° bis 300° nahezu vollständig, bei 950° liegt völlig wasserfreies NiO vor, A. Nicol (*Ann. Chim.* [*Paris*] [12] **2** [1947] 410/51, 442); Zers.-Temp. von $Ni(OH)_2$, das aus $Ni(NO_3)_2$-Lsg. mit Natronlauge gefällt ist, an Luft im offenen System: 255° ± 5°, L. A. Romo (*J. Phys. Chem.* **60** [1956] 1021/2). Nach Unters. mit der Thermowaage ist mit Natronlauge gefälltes $Ni(OH)_2$ an der Luft von 106° bis 166° gewichtskonstant, bei höherer Temp. gibt es $H_2O$ ab und ab 250° entsteht NiO. Die $H_2O$-Abgabe ist jedoch von der Darst. des Hydroxids abhängig, R. Duval, C. Duval (*Anal. Chim. Acta* **5** [1951] 71/81). Über den thermogravimetr. Abbau an Luft von reinem, mit $NH_3$-Lsg. aus $Ni(NO_3)_2$-Lsg. und $NiCl_2$-Lsg. gefällten $Ni(OH)_2$ s. C. Cabannes-Ott (*Ann. Chim.* [*Paris*] [13] **5** [1960] 905/60, 917), J. Besson, H. Berger (*Bull. Soc. Chim. France* **1955** 1286/9), von nach der Jodid-Jodat-Meth. dargestellten Präpp. s. Z. Szmal (*Wiadomosci Chemi.* 8 [1954] 241/67, 255/7). — $CO_2$-freies Hydroxid gibt im $N_2$-Strom bei 220° ± 5° fast alles $H_2O$ ab. Nach wenigen Min. liegt nahezu röntgenamorphes NiO vor, M. C. Boswell, R. K. Iler (*J. Am. Chem. Soc.* **58** [1936] 924/7). Bei einer Temp.-Steigerung von 0.5°/Min. ist $CO_2$- und Cl-haltiges $Ni(OH)_2$ erst oberhalb 580° völlig $H_2O$-frei, bis 200° werden nur 5% $H_2O$ abgespalten. Bei 96std. Erhitzen und weiteren 94, 793 und 515 Std. auf 150°, 185°, 210° und 250° werden 9.55, 20.2, 21.42, bzw. 22.43% $H_2O$ abgespalten. Geringe Abweichungen gegenüber den von A. Merlin, S. Teichner (*Bull. Soc. Chim. France* **1953** 914/5; *Compt. Rend.* **236** [1953] 1892/4) gefundenen Werten sind durch die Verunreinigungen der Präpp. bedingt, C. Tsangarakis, R. Sibut-Pinote (*J. Chim. Phys.* **51** [1954] 446/50). Nach J. T. Richardson, W. O. Milligan (*Phys. Rev.* [2] **102** [1956] 1289/94, 1290) liegt bei 200° im $N_2$-Strom noch $Ni(OH)_2$, bei 250° NiO und eine Spur $Ni(OH)_2$ vor, wie durch röntgenograph. Unters. gezeigt wird. Die Präpp. enthalten noch überschüssiges O. Werte für Temp. t und O-Überschuß je NiO, Werte in Auswahl:

| t in °C | 250° | 300° | 350° | 500° | 700° | 1300° |
|---|---|---|---|---|---|---|
| überschüssiges O/NiO in Gew.-% | 0.36 | 0.37 | 0.32 | 0.15 | 0.03 | 0.00 |

Nach Unters. mit Differential-Thermoanalyse zersetzt sich $Ni(OH)_2$ bei 330° bis 360° unter NiO-Bldg. Bei tieferen Tempp. soll nur adsorbiertes $H_2O$ abgegeben werden. Jedoch wird bei 125° bis 175° eine endotherme Unstetigkeit im Verlauf der Kurve beobachtet, P. Franzen, J. J. B. van Eijk van Voorthuijsen (*Trans. 4th Intern. Congr. Soil Sci., Amsterdam* 1950, *Bd.* 3, S. 34/7), J. J. B. van Eijk van Voorthuijsen, P. Franzen (*Rec. Trav. Chim.* **70** [1951] 793/812, 801). Die Gleichgew.-Temp. für die Entwässerung von $Ni(OH)_2$ bei einem $H_2O$-Druck von 1500 psi (~105 kg/cm²) ist 300°, C. Klingsberg, R. Roy (*Am. Mineralogist* **44** [1959] 819/38, 834). **Fig. 199**, S. 456, zeigt die Zers.-Temp. für $H_2O$-Dampfdrucke bis über 100 kbar mit dem invarianten Punkt bei 103 ± 6 kbar und 347° ± 10°, C. W. F. T. Pistorius (*Z. Physik. Chem.* [*Frankfurt*] [2] **34** [1962] 287/94, 291). Zers.-Temp. als Funktion des $H_2O$-Drucks bis 1800 kg/cm² bei Tempp. von 250° bis etwa 310° nach graph. Darst. s. L. A. Romo (*J. Phys. Chem.* **60** [1956] 1021/2).

Isobare Entwässerungskurven bei 10 Torr zeigt **Fig. 200**. Präp. I, Zus. NiO·1.862 $H_2O$, ist bei 0° aus $Ni(NO_3)_2$-Lsg. mit Kalilauge unter $CO_2$-Ausschluß gefällt und über $H_2SO_4$ getrocknet; Präp. II, Zus. NiO·2.052 $H_2O$, aus I durch Erhitzen im Bombenrohr mit $H_2O$ auf 200° und Trocknen über verd. $H_2SO_4$; Präp. III, Zus. NiO·2.439 $H_2O$, entsprechend aus I durch Erhitzen auf 330° dargestellt. I und II zeigen bei röntgenograph. Unters. keine, III nur minimale NiO-Interferenzen. Bis 50° stellen sich bei den Präpp. I und II die Gleichgew.-Drucke rasch und reversibel ein, darüber bis 150° nur langsam. Bei den bis auf 150° erhitzten Präpp. I und II erfolgt auch die Wasseraufnahme langsam und bleibt unvollständig. Oberhalb 150° ist die Druckeinstellung sehr träge, $H_2O$ wird praktisch nicht mehr aufgenommen. Bei 230° und 10 Torr rasche $H_2O$-Abspaltung für alle 3 Präpp. Oberhalb dieser Temp. enthalten die Präpp. 0.2 bis 0.3 $H_2O$ je NiO, das erst bei 360° vollständig abgespalten ist, G. F. Hüttig, A. Peter (*Z. Anorg. Allgem. Chem.* **189** [1930] 183/9). Damit z. T. gute Übereinstimmung, S. Okada, T. Shiraishi, K. Watanabe (*Kogyo Kagaku Zasshi* **51** [1948] 129/30, *C.A.* **1950** 9274), R. W. Cairns, E. Ott (*J. Am. Chem. Soc.* **55** [1933] 527/33).

Fig. 199.

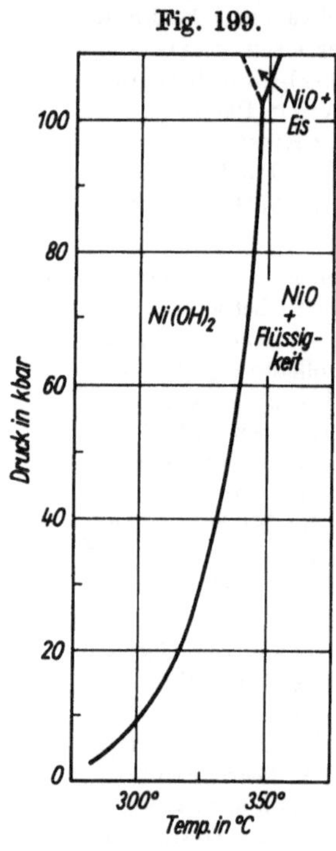


Temperaturfunktion des Zers.-Drucks von $Ni(OH)_2$.

Fig. 200.

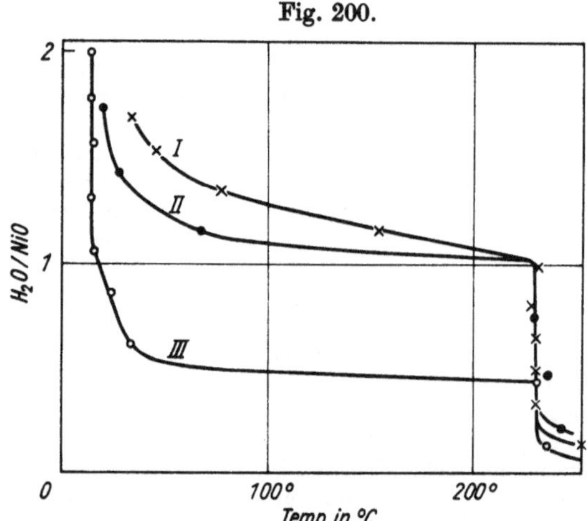


Isobare des $H_2O$-Abbaus von $Ni(OH)_2$ für 3 Präpp.

Beim Erhitzen unter $10^{-3}$ Torr setzt die $H_2O$-Abspaltung ab 150° ein, C. Tsangarakis, R. Sibut-Pinote (*J. Chim. Phys.* **51** [1954] 446/50). Bis 100° bei sehr reinem Präp. der Zus. NiO·1.05 $H_2O$ keine Zers., darüber bis 200° nur geringe, ab 200° sehr rasche Zers., S. J. Teichner, J. A. Morrison (*Trans. Faraday Soc.* **51** [1955] 961/6), Zers. ab 210° bei $10^{-3}$ Torr, gibt schwarzes NiO, das überschüssiges O enthält. Dagegen wird bei $10^{-6}$ Torr gelbgrünes NiO mit einem $H_2O$-Gehalt von 0.16 Gew.-% bereits bei 200° erhalten, S. J. Teichner, R. P. Marcellini, P. Rué (*Advan. Catalysis* **9** [1957] 458/71, 460). $H_2O$-Gehalt, spezif. Oberfläche in $m^2/g$ nach der B.E.T.-Meth. und Gitterstruktur als Funktion der Temp. t, Werte in Auswahl:

| t in °C | 20° bis 190° | 200° | 210° | 230° | 280° | 300° |
|---|---|---|---|---|---|---|
| $H_2O$/NiO | 1.07 | 0.7 | 0.06 | 0.06 | 0.03 | 0.01 |
| $m^2/g$ | 20 | 75 | 170 | 170 | 158 | 150 |
| Struktur | $Ni(OH)_2$ | 70% $Ni(OH)_2$ + 30% NiO | NiO, Spur $Ni(OH)_2$ | | | NiO |

A. Merlin, S. Teichner (*Compt. Rend.* **236** [1953] 1892/4).

Der Zerfall von $Ni(OH)_2$ beim Erhitzen ist eine topochem. Rk. Aus Unterss. der $H_2O$-Abspaltung unter He von 5 Torr als Funktion der Zeit ergibt sich für die Rk.-Ordnung $^2/_3$ (Einfluß von Oberfläche und Schichthöhe wird diskutiert), S. J. Teichner u. a. (*l. c.*), S. Teichner (*Bull. Soc. Chim. France*

**1957** 868, 1308), P. Barret, R. de Hartoulari (*Compt. Rend. Congr. Soc. Savantes Paris Depts. Sect. Sci.* **84** [1959] 181/94, 187).

Enthalpieänderung bei der Rk.: $Ni(OH)_2 = NiO + H_2O$ für 250° bis 300°, berechnet aus $\Delta p/\Delta T$-Daten, bei Zers. unter hydrothermalen Bedingungen $12.0 \pm 1.5$ kcal/mol, L. A. Romo (*J. Phys. Chem.* **60** [1956] 1021/2). Weitere Werte s. G. F. Hüttig, A. Peter (*Z. Anorg. Allgem. Chem.* **189** [1930] 183/9).

**Gegen Elemente. Wasserstoff.** Reines $Ni(OH)_2$ wird bei 200° und 300° im $H_2$-Strom von 5 l/Std. vollständig zu Ni reduziert. Bei 250° wird die Rk. durch NiO-Bldg. verzögert, z. B. werden bei dieser Temp. in 16 Std. nur 83% umgesetzt gegenüber 100% bei 225°. Auch ein $SiO_2$-Gehalt des Hydroxids verzögert die Umsetzung, J. J. B. van Eijk [Eyk] van Voorthuijsen [Voorthuysen], P. Franzen (*Rec. Trav. Chim.* **70** [1951] 793/812, 805), P. Franzen, J. J. B. van Eijk van Voorthuijsen (*Trans. Intern. 4th Congr. Soil Sci., Amsterdam* 1950, *Bd.* 3, S. 34/7). Red. bei 192° bis 197° und oberhalb 270°, W. Müller (*Ann. Physik* [2] **136** [1869] 51/65, 58/60). Bei 182° bis 238° soll als Zwischenphase $Ni_2O$ gebildet werden, E. Berger (*Compt. Rend.* **158** [1914] 1798/801). Bei 250° bis 400° wird Bldg. definierter Suboxide nicht beobachtet, E. F. Armstrong, T. P. Hilditch (*Proc. Roy. Soc.* [*London*] A **99** [1921] 490/5). Unterhalb 300° wird jedoch $Ni(OH)_2$ durch $H_2$ nicht vollständig reduziert, J. B. Senderens, J. Aboulenc (*Bull. Soc. Chim. France* [4] **11** [1912] 641/6). Eine definierte Temp. für den Beginn der Red. kann nicht angegeben werden. Cl- und $CO_2$-haltiges Hydroxid wird etwa ab 150° reduziert, bei 350° werden in 4 Std. 20 Gew.-% $H_2O$ abgespalten. Cl wird hierbei nicht als HCl frei, $CO_2$ wird in 2 Stufen abgegeben, unter Bldg. von NiO und Red. zu Ni, s. C. Tsangarakis, R. Sibut-Pinote (*J. Chim. Phys.* **51** [1954] 446/50).

*With Elements. Hydrogen*

**Sauerstoff, Luft.** Bei Einw. von Luft oder $O_2$ auf feuchtes, frisch gefälltes $Ni(OH)_2$ bilden sich kleine Mengen höherer Ni-Hydroxide, wie $Ni_2O_3 \cdot aq$, da sich derartige Präpp. mit KJ und Stärke blau färben. Bei Einw. von stark $O_3$-haltiger Luft wird das feuchte Hydroxid schwarz und reagiert oxydierend, C. F. Schönbein (*J. Prakt. Chem.* **93** [1864] 24/60, 53/7). Durch Pot.-Messungen bei der elektrochem. Entladung in alkal. Lsg. ist Bldg. geringer Mengen $Ni_3O_4 \cdot aq$ nachgewiesen, an denen $O_3$ zerfällt, J. Besson (*Ann. Chim.* [*Paris*] [12] **2** [1947] 527/98, 545, 574). Röntgenographisch ist bei Ox. durch Luft keine Veränderung im $Ni(OH)_2$-Gitter nachgewiesen, A. Berger (*Kolloid-Z.* **103** [1943] 185/202, 198), s. hierzu jedoch S. 460.

*Oxygen. Air*

In Ggw. von $SO_2$-Dampf unterliegt $Ni(OH)_2$ einer induzierten Oxydation durch Luftsauerstoff. Die bereits von C. Wicke (*Z. Chem.* 8 [1865] 85/9) beob. Schwarzfärbung von alkalihaltigem $Ni(OH)_2$, das sich in einer Schale neben wss. $H_2SO_3$-Lsg. befindet, oder von Hydroxid, das beim Schütteln mit Sulfit und Luft in einer Flasche unter Bldg. von $Na_2SO_4$ und einem höheren Ni-Oxid entsteht, ist bei längerer Dauer rückläufig, da dieses mit $Na_2SO_3$ unter Bldg. von $Ni(OH)_2$ und $Na_2SO_4$ reagiert. Demnach wird der Sauerstoff zunächst je zur Hälfte für die Ox. des Hydroxids und des Sulfats verbraucht, was durch die 2. Rk. verdeckt wird. Die Rk.-Geschw. ist vom Alkalihydroxidgehalt des Hydroxids abhängig, F. Haber, F. Bran (*Z. Physik. Chem.* **35** [1900] 81/93, 86). Zu viel KOH verzögert die Rk., W. Reinders, S. I. Vles (*Rec. Trav. Chim.* **44** [1925] 249/68, 263/8). Nicht gewaschenes, KOH-haltiges Hydroxid verzögert Rk. und Rückrk., W. Böttger, E. Thomä (*J. Prakt. Chem.* [3] **147** [1937] 11/21). Die Temp. bei der Fällung von $Ni(OH)_2$ beeinflußt den Rk.-Ablauf nicht; mit getrocknetem Hydroxid findet keine Rk. statt. Mit steigendem $Na_2SO_3$-Zusatz nimmt die Stärke der Ox. zu, der Rk.-Beginn wird jedoch verzögert, N. R. Dhar, N. Kishore (*Proc. Natl. Acad. Sci. India* A **19** [1950] 12/5). Zusatz von Glukose verzögert die Reaktion. Durch Zugabe von Arsenit wird die Wrkg. von $Ni(OH)_2$ aufgehoben, S. I. Vles (*Rec. Trav. Chim.* **46** [1927] 743/53). Weitere Unters. zur Klärung des Rk.-Mechanismus s. N. N. Mittra, N. R. Dhar (*J. Phys. Chem.* **29** [1925] 376/94, 381; *Z. Anorg. Allgem. Chem.* **122** [1922] 146/50), N. R. Dhar, N. N. Mittra (*Trans. Faraday Soc.* **17** [1921] 676/80), W. P. Jorissen, C. van den Pol (*Rec. Trav. Chim.* **44** [1925] 805/9), G. Pellini, D. Meneghini (*Z. Anorg. Allgem. Chem.* **60** [1908] 178/90, 180/2). Über die Anwendung in der Analyse, F. Feigl, E. Fränkel (*Chem. Ber.* **65** [1932] 539/46), F. Feigl (*J. Chem. Educ.* **21** [1944] 347/9). Zusammenfassende Darst. s. W. P. Jorissen (*Induced Oxidation, Amsterdam-London-New York-Princeton* 1959, S. 32) sowie „*Schwefel*" *Tl.* B, S. 1515/9.

**Gegen Nichtmetallverbindungen. Wasser.** Beim Erhitzen unter Druck mit $H_2O$ werden keine Hydrate von $Ni(OH)_2$ erhalten, s. beispielsweise G. F. Hüttig, A. Peter (*Z. Anorg. Allgem. Chem.* **189** [1930] 183/9), R. W. Cairns, E. Ott (*J. Am. Chem. Soc.* **55** [1933] 527/33). Über Zers. bei höheren Tempp. und Drucken s. S. 456, über die Löslichkeit s. S. 463.

*With Nonmetal Compounds Water*

Lösungswärme. Die aus experimentellen Werten für die Fällung aus einer $NiSO_4$-Lsg. mit Hilfe von Lit.-Werten ber. Lsg.-Wärme in $H_2O$ beträgt 6.7 kcal/mol, G. N. DOBROKHOTOV (*Zh. Prikl. Khim.* **27** [1954] 1056/66; *J. Appl. Chem. USSR* **27** [1954] 995/1004, 1001).

*Oxygen Difluoride*

**Fluoroxid.** In Wasser suspendiertes Hydroxid reagiert bei Einw. von gasf. $OF_2$ bei gewöhnl. Temp. unter Bldg. von Ni-Peroxiden, O. RUFF, W. MENZEL (*Z. Anorg. Allgem. Chem.* **198** [1931] 39/52, 47).

*Carbon Compounds*

**Kohlenstoffverbindungen.** Kohlenmonoxid reagiert bei pH 7 mit frisch gefälltem Hydroxid, dem wenig $Na_2S$ oder 5 bis 25 Mol-% Alkalicyanid je $Ni(OH)_2$ zugesetzt ist, unter hohem Druck bei 50° bis 200° unter Bldg. von $Ni(CO)_4$, RÖHM & HAAS Co. (*U.S.P.* 2548727 [1948/51], 2548728 [1949/51] nach *C.A.* **1952** 2565). Rk. mit CO in Ggw. von $NH_3$ und $H_2O$ (keine weiteren Zusätze) im Autoklaven bei 120 kg/cm² CO-Druck bei gewöhnl. Temp. und Erhitzen auf 157° gibt Ni-Carbonyle, AJINOMOTO Co., H. KAGEYAMA, Y. MAKITA, T. YOSHIDA (*Japan. P.* 6311 [1956] nach *C.A.* **1958** 10520). Weitere Angaben s. $Ni(CO)_4$, „Darstellung".

Mit Kohlendioxid werden bas. Carbonate gebildet. Für das Rk.-Prod. mit $CO_2$ im Überschuß wird die Formel $Ni_3H_2(CO_3)_4$ angegeben, P. N. RAIKOW (*Chemiker Z.* **31** [1907] 141/3).

Mit Schwefelkohlenstoff und $NH_3$ Rk. beim Erwärmen, wobei die Lsg. braun wird und später rubinrote Kristalle der Zus. $NiCS_3(NH_3)_3$ ausfallen, O. F. WIEDE, K. A. HOFMANN (*Z. Anorg. Allgem. Chem.* **11** [1896] 379/84).

*Silicon Compounds*

**Siliciumverbindungen.** Siliciumdioxid. Im Einschmelzrohr in Ggw. von $H_2O$ Rk. bei 200° mit dem Glas teilweise unter Bldg. einer blaßgrünen, in konz. Salzsäure in der Hitze unlösl. Subst., deren Zus. etwa $5NiO \cdot 8SiO_2 \cdot 8H_2O$ entspricht, W. FEITKNECHT, A. BERGER (*Helv. Chim. Acta* **25** [1942] 1543/7). Rk. mit $SiO_2$ und $H_2O$ wird bei Tempp. von 120° bis 125° beobachtet. Zur vollständigen Umsetzung sind bei 200°, 150° und 135° 72 Std., 15 bzw. 30 Tage erforderlich. Unterhalb 120° keine Rk., Zus. des Rk.-Prod. etwa $3NiO \cdot 2SiO_2 \cdot 2H_2O$, J. LONGUET (*Compt. Rend.* **225** [1947] 869/72), J. LONGUET-ESCARD (*Bull. Soc. Chim. France* **1949** 153/6). Unter hydrothermalen Bedingungen reagiert frisch gefälltes $Ni(OH)_2$, mit Silicagel im Molverhältnis 1.16 zu 1 gemischt, unter Bldg. von Ni-Antigonit und Ni-Montmorillonit, Rk.-Temp. 250°, Dauer 50 Std. Beim Fällen von $SiO_2$ aus Na-Silicatlsg., in denen $Ni(OH)_2$ suspendiert ist, wird keine Umsetzung nachgewiesen, P. FRANZEN, J. J. B. VAN EIJK [EYK] VAN VOORTHUIJSEN [VOORTHUYSEN] (*Trans. Intern. 4th Congr. Soil Sci., Amsterdam* 1950, *Bd.* 3, S. 34/7), J. J. B. VAN EIJK VAN VOORTHUIJSEN, P. FRANZEN (*Rec. Trav. Chim.* **70** [1951] 793/812).

Siliciumtetrachlorid. Mit Natronlauge aus wss. Ni-Salzlsg. gefälltes und bei 170° bis 180° getrocknetes Hydroxid reagiert bei gewöhnl. Temp. in Ggw. von Äther heftig mit $SiCl_4$ unter Bldg. von teilweise hydrolysierten Si-Chloriden wie $SiCl_3OH$, $Cl_3SiOSiCl_3$ und deren Polymeren. Ohne Äther oder bei höherer Temp. findet keine Rk. statt, J. GOUBEAU, R. WARNKE (*Z. Anorg. Allgem. Chem.* **259** [1949] 109/20, 117, 120).

*With Metal Compounds*

**Gegen Metallverbindungen.** Durch mehrstd. Erhitzen von $Ni(OH)_2$ mit MgO, ZnO, MnO, $Al_2O_3$ oder $SnO_2$ auf 900° und Zusatz der doppelten Gew.-Menge KCl als Flußmittel werden Mischkristalle bzw. $NiO \cdot Al_2O_3$ oder Ni-Stannat erhalten, J. A. HEDVALL (*Z. Anorg. Allgem. Chem.* **103** [1918] 249/52). — Gemeinsam gefälltes $Ni(OH)_2$ und $Fe(OH)_3$ reagiert bei stundenlangem Kochen in Wasser unter Bldg. von Ferriten, J. LONGUET-ESCARD (*Bull. Soc. Chim. France* **1949** 153/6). Es entsteht $Ni_2Fe_2O_4$ auch aus gemeinsam gefälltem $Ni(OH)_2$ und $Fe(OH)_2$ beim wochenlangen Kochen und Ox. durch Luftsauerstoff, V. P. CHALYI, S. P. ROZHENKO (*Zh. Neorgan. Khim.* **3** [1958] 2523/31; *J. Inorg. Chem. USSR* **3** Nr. 11 [1958] 128/40, 135). Ein gemeinsam gefälltes Gemisch von $Cr(OH)_3$ und $Ni(OH)_2$ reagiert in etwa 15 Tagen bei gewöhnl. Temp. unter Bldg. von Ni-Chromit. Eine wss. Aufschlämmung von getrennt gefälltem $Al(OH)_3$ und $Ni(OH)_2$ gibt beim Erhitzen auf 100° wasserhaltiges Aluminat, aber keine Spinelle, J. LONGUET-ESCARD (*l. c.*).

Einw. von $NH_3$ bis zur Sättigung auf eine Paste aus $Ni(OH)_2$ und $5(NH_4)_2O \cdot 12MoO_3 \cdot 7H_2O$ mit dem Verhältnis Ni zu O = 1 gibt $[NiH_2O(NH_3)_3]MoO_4$; analoge Rk. mit Ammoniumparawolframat gibt $Ni(WO_4) \cdot 6NH_3 \cdot 8H_2O$, mit Zinkchromat $NiCrO_4 \cdot 6NH_3 \cdot 4H_2O$ und $NiCrO_4 \cdot 5NH_3 \cdot H_2O$, mit Na-Selenat und $NH_3$ entsteht ein blauer und ein weißer Nd., F. EPHRAIM, F. MÜLLER (*Chem. Ber.* **54** [1921] 973/9).

*With Acids*

**Gegen Säuren.** Leicht lösl. in Säuren, J. L. PROUST (*Neues Allgem. J. Chem. Gehlen* **3** [1807] 410/51, 442). Rk.-Enthalpie in kcal/mol beim Lösen in Salpetersäure —22.53, J. THOMSEN (*Thermochemische Untersuchung, Bd.* 1, *Leipzig* 1882, S. 351), in 20%iger Flußsäure —28.01, O. MULERT (*Z. Anorg. Allgem. Chem.* **75** [1912] 198/240, 232), s. auch E. PETERSEN (*Z. Physik. Chem.* **5** [1890] 259/66, 265,

4 [1889] 384/412, 396), in Salzsäure —22.58, J. Thomsen (*J. Prakt. Chem.* [2] **21** [1880] 46/77, 61), in Schwefelsäure —26.11, J. Thomsen (*J. Prakt. Chem.* [2] **14** [1876] 413/42, **21** [1880] 46/77, 61). — Löslichkeit von $Ni(OH)_2$ in wss. HCl-Lsg., Werte in Auswahl:

| | | | | | | |
|---|---|---|---|---|---|---|
| Mol HCl/1000 g $H_2O$ . . . . . | 0.0000 | 0.0056 | 0.0100 | 0.0236 | 0.4470 | 0.1001 |
| Mol $Ni(OH)_2$/1000 g $H_2O$ . . . | 0.0010 | 0.0029 | 0.0053 | 0.0120 | 0.0230 | 0.0511 |

K. H. Gayer, A. B. Garrett (*J. Am. Chem. Soc.* **71** [1949] 2973/5). In wss. 0.1135m-, 0.1513m- und 0.1892m-HCl-Lsg. lösen sich bei 24° bis 26° 0.05772, 0.07714 bzw. 0.09501 Mol $Ni(OH)_2$, P. K. Jena, B. Prasad (*J. Indian Chem. Soc.* **33** [1956] 122/4). $Ni(OH)_2$ ist löslich in verd. Essigsäure, P. K. Jena, S. Aditya, B. Prasad (*J. Indian Chem. Soc.* **30** [1953] 735/8).

Löslichkeit in mol/l in mit Na-Acetat gepufferter wss. Essigsäurelsg., Konz. in mol/l:

| | | | | | |
|---|---|---|---|---|---|
| Essigsäurelsg. . . . | 0.040 | 0.080 | 0.120 | 0.160 | 0.200 |
| $Ni(OH)_2$ . . . . . | 0.020 | 0.040 | 0.060 | 0.080 | 0.100 |

P. K. Jena, B. Prasad (*l. c.*).

*With Alkaline Solutions. Alkali Solutions*

**Gegen Laugen. Alkalilaugen.** Die Löslichkeit ist gering, auch in 15m-Lsg., L. Woontner, K. H. Gayer (*Record Chem. Progr.* [*Kresge-Hooker Sci. Lib.*] **11** [1950] 171/5). Löst sich nicht in sd. Natronlauge hoher Konz., jedoch lösl. in stark gekühlter, konz. Lauge, der 0.5 Mol Brenzkatechin je Mol $Ni(OH)_2$ zugesetzt wird, R. Scholder, E. Giesler (*Z. Anorg. Allgem. Chem.* **316** [1962] 237/46, 237), wobei ein komplexes Brenzcatechinhydroxoanion entsteht, R. Scholder (*Z. Anorg. Allgem. Chem.* **220** [1934] 209/18, 218). — Löslichkeit von $Ni(OH)_2$ in Natronlauge bei 25°, Konz. und Löslichkeit in Mol/1000 g $H_2O$, Werte in Auswahl:

| | | | | | |
|---|---|---|---|---|---|
| Konz. der Lauge . | $1.6 \times 10^{-3}$ | $1.0 \times 10^{-2}$ | $1.10 \times 10^{-1}$ | 1.0 | 8 bis 15 |
| $Ni(OH)_2$ . . . . . | $1 \times 10^{-7}$ | $4 \times 10^{-7}$ | $2 \times 10^{-6}$ | $6 \times 10^{-6}$ | $\sim 6 \times 10^{-6}$ |

K. H. Gayer, A. B. Garrett (*J. Am. Chem. Soc.* **71** [1949] 2973/5). — In 61.5- bis 76.8%iger Natronlauge durch Zugabe kleiner Mengen wss. $Ni(ClO_4)_2$-Lsg. gefälltes $Ni(OH)_2$ reagiert mit der Lauge unter Bldg. von $Na_2[Ni(OH)_4]$. Die Rk. findet statt in 77- bis 73%iger Lauge bei Tempp. bis 170°, in 70 bis 66% NaOH bis 110° und bei niedrigerer Konz. nur bis 65° bis 70°. Bei 140° bis 170° wird dabei die Hochtemp.-Modifikation von $Na_2[Ni(OH)_4]$ gebildet. Rk.-Dauer ist von Temp. und Laugenkonz. abhängig, z. B. 14 Std. in 70.6%iger Lauge bei 110°, R. Scholder, E. Giesler (*l. c.* S. 241/3).

*Aqueous Ammonia Solution*

**Wäßrige Ammoniaklösung.** Das Hydroxid löst sich unter blauvioletter Färbung der Lsg., J. Schlossberger (*Liebigs Ann. Chem.* **107** [1858] 21/3). Nur lösl. bei großem $NH_3$-Überschuß, W. Bonsdorff (*Z. Anorg. Allgem. Chem.* **41** [1904] 132/92, 165). Die Löslichkeit ist von der Reinheit der $NH_3$-Lsg. und des Hydroxids abhängig, H. Teichmann (*Liebigs Ann. Chem.* **156** [1870] 17/8). Löslichkeit in g $Ni(OH)_2$/l Lsg. als Funktion der $NH_3$-Konz. an reinen Substt., die nur unwesentliche Mengen Cl enthalten:

| | | | | | | | | | |
|---|---|---|---|---|---|---|---|---|---|
| Normalität der $NH_3$-Lsg. . | 0.28 | 0.62 | 1.13 | 1.85 | 2.53 | 3.06 | 4.88 | 6.33 | 10.20 |
| $Ni(OH)_2$ in g/l Lsg. . . . | 0.23 | 0.37 | 0.84 | 3.26 | 5.21 | 6.23 | 11.81 | 20.46 | 29.57 |

R. Paris (*Compt. Rend.* **232** [1951] 840/1; *Ann. Chim.* [*Paris*] [12] **10** [1955] 353/88, 356). In einer Lsg. von 193 g $NH_3$/l sind 14.5 g des Hydroxids löslich, M. I. Arkhipov, A. B. Paksver, N. I. Podbornova (*Zh. Prikl. Khim.* **23** [1950] 650/6; *J. Appl. Chem. USSR* **23** [1950] 685/91). Weitere Werte s. W. Bonsdorff (*l. c.* S. 185/7), G. Starck (*Chem. Ber.* **36** [1903] 3840). Die Werte stimmen nicht überein, da die Löslichkeit von den Bedingungen bei der Fällung abhängig ist, wie bei Fällung aus $NiSO_4$-Lsg. mit unterschiedlichen Mengen Natronlauge nachgewiesen wird. Die Korngröße im Nd. beeinflußt die Löslichkeit nicht, C. S. Shaw, S. Ghosh (*J. Indian Chem. Soc.* **27** [1950] 679/82). Gegenüber kalt gefälltem Hydroxid aus $NiSO_4$-Lsg. lösen sich heiß gefällte Präpp. besser, durch Trocknen oder Altern wird die Löslichkeit geringer. Zahlenwerte für die Löslichkeit in 0.5 bis 3m-$NH_3$-Lsgg. bei 30° s. Original, C. S. Shaw, S. Ghosh (*J. Indian Chem. Soc.* **28** [1951] 185/9). Zusammenfassende Übersicht und Theorie s. C. S. Shaw, A. K. Dey, S. Ghosh (*Proc. Natl. Acad. Sci., India Sect.* B **2** [1950] 71/5). Zugabe von Ammonsalzen zur Ammoniaklsg. erhöht die Löslichkeit, während Na- und K-Salze keine Änderung hervorrufen, C. S. Shaw, S. Ghosh (*J. Indian Chem. Soc.* **28** [1951] 190/2). — Bei zweiwertigen Metallhydroxiden nimmt die Löslichkeit in wss. $NH_3$-Lsg. in der Reihenfolge $Zn(OH)_2$, $Cu(OH)_2$, $Ni(OH)_2$ ab, M. I. Arkhipov u. a. (*l. c.*).

Beim Erhitzen in Autoklaven mit $NH_3$ und $H_2O$ auf Drucke bis zu 70 atm keine Rk. Dagegen reagiert eine alkohol. wss. $NH_3$-Lsg. mit dem Ni-Hydroxid, wobei eine Komplexverb. in Form von lila Nadeln auskristallisiert, R. Paris (*Ann. Chim.* [*Paris*] [12] **10** [1955] 353/88, 362).

Über das Dampf-Fl.-Gleichgew. im System $Ni(OH)_2$–$NH_3$–$H_2O$–N auf Grund von Best. der Gesamtnickel-, $Ni^{2+}$-Konz. und Messungen des $NH_3$-Druckes bei 40° und 60° s. C. H. Muendel, H. B. Linford, W. A. Selke (*Am. Inst. Chem. Engrs. J.* **7** [1961] 133/7 nach *C. A.* **56** [1962] 6713).

*Barium Hydroxide*

**Bariumhydroxid.** In 54%iger wss. Lsg. reagiert $Ni(OH)_2$ beim Kochen unter Bldg. von $Ba_2[Ni(OH)_6]$. Bei geringerer Konz. findet auch nach 20 Std. noch keine vollständige Umsetzung statt, R. Scholder, E. Giesler (*Z. Anorg. Allgem. Chem.* **316** [1962] 237/46, 240).

*With Aqueous Salt Solutions. Nonoxidizing*

**Gegen wäßrige Salzlösungen. Nichtoxydierend.** In heißer neutraler Lsg. von $NH_4F$ löst sich $Ni(OH)_2$, beim Eindampfen scheidet sich hellgelbes $(NH_4)_2[NiF_4]\cdot 2H_2O$ aus, H. v. Helmolt (*Z. Anorg. Allgem. Chem.* **3** [1893] 115/52, 133). — Kalte, gesätt. $NH_4Cl$-Lsg. reagiert mit $Ni(OH)_2$ unter Bldg. von $NiCl_2$, mit überschüssigem Hydroxid unter Bldg. von Oxidchloriden der Zus. $NiCl_2\cdot 8NiO\cdot 13H_2O$, E. Montignie (*Bull. Soc. Chim. France* [5] **3** [1936] 1388/9). Alkalichlorat- und Alkalibromatlsg. reagieren nicht mit dem Hydroxid, G. R. Levi, E. R. Garrini (*Gazz. Chim. Ital.* **87** [1957] 7/10). In alkal., KCN enthaltender Lsg. Gleichgew.-Rkk. nach: $Ni(OH)_2 + 4KCN \rightleftharpoons K_2[Ni(CN)_4] + 2KOH$, s. J. Besson (*Ann. Chim.* [*Paris*] [12] **2** [1947] 527/98, 542). Bei Einw. von frischgefälltem, reinem Ni-Hydroxid auf sd. 10%ige $(NH_4)_2SCN$-Lsg. wird $NH_3$ frei und das Hydroxid gelöst, H. Grossmann (*Chem. Ber.* **37** [1904] 559/69, 565), wobei eine blaugrüne Koordinationsverb. entsteht, H. Grossmann (*Z. Anorg. Allgem. Chem.* **58** [1908] 265/71). — Alkal. Hypophosphitlsg. reduziert in Ggw. von pyrophorem Ni bei 55° $Ni(OH)_2$ zu pyrophorem Ni, P. Hersch (*J. Chem. Educ.* **20** [1943] 376).

In 10n-$NiCl_2$-Lsg. sind 0.5 $Ni(OH)_2$, ausgedrückt in % der Molarität der Lsg., löslich, E. Hayek (*Z. Anorg. Allgem. Chem.* **219** [1934] 296/300). Austausch von Ni zwischen $Ni(OH)_2$ als Bodenkörper und $NiCl_2$-Lsg. ist mit Hilfe von $^{63}Ni$ untersucht, s. S. 451. — In $Ni(ClO_4)_2$-Lsg. ist $Ni(OH)_2$ nur wenig löslich. Aus einer solchen Lsg. wird kein bas. Salz sondern $Ni(OH)_2$ ausgeschieden, F. Čůta, Z. Ksandr, M. Hejtmánek (*Chem. Listy* **50** [1956] 1064/71; *Collection Czech. Chem. Commun. Suppl.* **21** [1956] 1388/96). In 0.005 bis 0.001n-$NiSO_4$-Lsg. lösen sich 3 mg $Ni(OH)_2$/l Lsg., A. Nicol (*Compt. Rend.* **222** [1946] 1034/5).

$Fe^{3+}$-Salzlsg. setzt sich mit $Ni(OH)_2$ zu $Ni^{2+}$-Salz und $Fe(OH)_3$ um, Z. A. Pletenev, T. E. Fishkova (*Zh. Prikl. Khim.* **9** [1936] 1394/9, 1396, *C.* **1938** I 4018). — Mit $CuSO_4$-Lsg. bilden sich bas. Salze, O. Binder (*Compt. Rend.* **198** [1934] 2167/9).

*Oxidizing*

**Oxydierend.** Allgemeines. Sowohl bei chem. als auch bei elektrochem. Ox. werden der Oberfläche der $Ni(OH)_2$-Kristalle Elektronen entzogen, die aus dem Innern der Kristalle nachgeliefert werden. Zugleich werden Protonen an OH-Ionen der Lsg. unter Bldg. von $H_2O$ abgegeben. Dabei bleibt das $Ni(OH)_2$-Gitter zunächst erhalten, wobei bei kleinen bis mittleren Ox.-Werten des zugesetzten Ox.-Mittels $Ni^{2+}$ und $(OH)^-$ teilweise auf ihren Gitterplätzen durch $Ni^{3+}$ bzw. $O^{2-}$ in jeweils statist. Verteilung ersetzt werden. Das $Ni(OH)_2$-Gitter ist theoretisch noch bei vollständigem Austausch von $Ni^{2+}$ stabil. Bei Ox. mit Bromnatronlauge oder aus elektrochem. Wege bricht das Gitter schon vorher zusammen, wobei die Schichten kontrahiert und deformiert werden und sich gegeneinander verschieben. Dabei entstehen ein $Ni_3O_2(OH)_4$-Gitter mit ungeordneter Schichtenstruktur und deformierte Schichten. Auch diese Gitter sind bei vollständigem Ersatz von $Ni^{2+}$ durch $Ni^{3+}$, also der Zus. NiO(OH), noch stabil. Jedoch besteht die Tendenz zu weiterer Kontraktion durch hexagonale Anordnung der Ni-Ionen im β-NiO(OH)-Gitter. Die vollständige Umwandlung ist nicht realisiert, W. Feitknecht, H. R. Christen, H. Studer (*Z. Anorg. Allgem. Chem.* **283** [1956] 88/95, 94). Über einen hiervon abweichenden Rk.-Mechanismus, der sich aus der Ox. durch Versetzen von Ni-Salzlsgg. mit Ox.-Mittel und anschließende Fällung mit Lauge ergibt, s. S. **474**.

Im folgenden sind Verbb., deren Gitterstrukturen nicht angegeben sind, entsprechend der analyt. Zus. gebracht. Zur Unterscheidung von den wasserfreien Ni-Oxiden sind wasserhaltige Verbb. auch wenn diese in der Lit. mit der reinen Oxidformel wiedergegeben sind, mit dem Zusatz aq gekennzeichnet. Übersicht über die verschiedenen Formulierungen s. S. 465.

*$H_2O_2$*. Das Peroxid wird katalytisch am $Ni(OH)_2$ zersetzt, wobei sich die Farbe des Hydroxids nach Graugrün verschiebt. Dies wird auf den erhöhten O-Gehalt nach beendeter Rk. zurückgeführt, J. Besson (*Ann. Chim.* [*Paris*] [12] **2** [1947] 527/98, 540), R. K. Alpine (*J. Chem. Educ.* **23** [1946] 301/5), C. F. Schönbein (*J. Prakt. Chem.* **93** [1864] 26/60, 53/7). Zus. nach Rk.-Ende bei gewöhnl. Temp. beträgt $NiO_{1.06}$, 24 Std. nach Rk. bei 0° $NiO_{1.21}$. Auch in wss.-alkohol. Lsg. wird kein höherer O-Gehalt erhalten. Angaben von G. Pellini, D. Meneghini (*Z. Anorg. Allgem. Chem.* **60** [1908] 178/90, 186) und S. Tanatar (*Chem. Ber.* **42** [1909] 1516/7), wonach $NiO_2\cdot aq$ oder $Ni(OH)_2\cdot H_2O_2$ gebildet werden sollen, werden nicht bestätigt. Die Bldg. geringer Mengen $Ni_2O_3\cdot aq$ wird auf elektro-

chem. Wege nachgewiesen, J. Besson (*l. c.* S. 542, 573). In kalter natronalkal. $H_2O_2$-Lsg. ist $Ni(OH)_2$ und $H_2O_2$ beständig, T. Baylay (*Phil. Mag.* [5] **7** [1879] 126/9). — Der katalyt. $H_2O_2$-Zerfall an Pb-Verbb., $Fe(OH)_3$ und $MnO_2$ wird durch $Ni(OH)_2$ gebremst, die Wrkg. von $Ag_2O$ verstärkt, A. Quartaroli (*Gazz. Chim. Ital.* **57** [1927] 234/42).

*NaOCl.* Die Aufnahme von Sauerstoff durch $Ni(OH)_2$ in alkal. Lsg. bei gewöhnl. Temp. zeigt die in **Fig. 201** mit Meth. a bezeichnete Kurven. Das Hydroxid ist aus $NiSO_4$-Lsg. mit Natronlauge im Überschuß gefällt und nach Zugabe des gelösten Ox.-Mittels 1 Monat (ausgezogene Kurve) oder nur wenige Std. (gestrichelte Kurve) unter der Mutterlauge bei Luftausschluß belassen. Bei Meth. b ist das Hydroxid nach Zugabe des Ox.-Mittels zur $NiSO_4$-Lsg. gefällt. In der Fig. ist das Molverhältnis O zu Ni im Nd. (ber. für wasserfreies Oxid) gegen die Menge des zugesetzten Ox.-Mittels (im Atomverhältnis von dessen aktivem Sauerstoff zum Ni-Gehalt des Systems) aufgetragen. Nach Meth. a dargestellte Ndd. sind grobkörniger und in salzsaurer $As_2O_3$-Lsg. weniger löslich als die nach Meth. b erhaltenen. Die Ox.-Mittel werden nicht nur durch die Rk., sondern auch katalytisch an den Rk.-

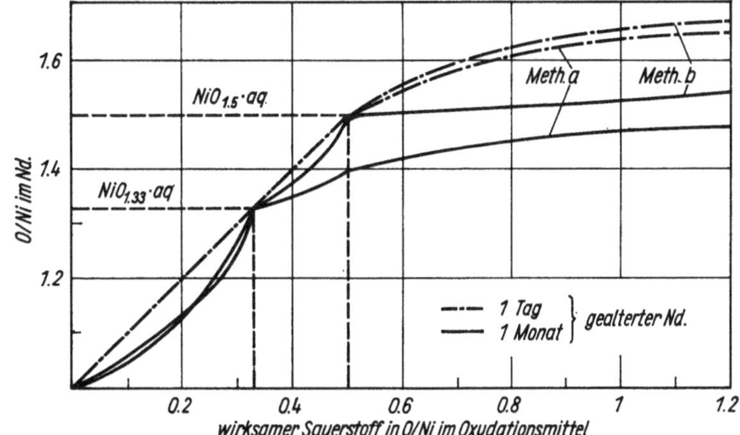


Fig. 201.

**Ox. von $Ni^{2+}$ in wss. alkal. Lsg. in Abhängigkeit von der zugesetzten Menge Alkalihypochlorit, -hypobromit oder -persulfat. Meth. a: Zugabe des Ox.-Mittels nach der Hydroxidfällung. Meth. b: Zugabe des Ox.-Mittels vor der Hydroxidfällung.**

Prodd. zersetzt. Die Ox. ist quantitativ bis zur Zus. $Ni_2O_3$, mit mehr Ox.-Mittel wird max. $NiO_{1.7}$ erreicht. Da $Ni_2O_3\cdot aq$ in der Mutterlauge stabil ist, wird der geringere Ox.-Grad des gealterten Hydroxids auf Zers. des $Ni_2O_3\cdot aq$ durch $Ni(OH)_2$-Einschlüsse zurückgeführt. Die Zers. geht nur bis zur Zus. $Ni_3O_4\cdot aq$, das stets entsteht, wenn genügend Ox.-Mittel zugegeben wird. Ox.-Prodd. mit noch weniger Sauerstoff zersetzen sich bis zum $Ni(OH)_2$, J. Besson (*l. c.* S. 534/8, 546, 557). Auch durch Vergleich der Entladungskurven elektrochemisch und chemisch oxydierter $Ni(OH)_2$-Anoden, s. **Fig. 202, S. 469**, kann auf den jeweils erreichten Ox.-Grad geschlossen werden, J. Besson (*l. c.* S. 559/70; *Proc. Intern. 11th Congr. Pure Appl. Chem., London* 1947 [1950], *Bd.* 5, S. 687/93). Durch Erhöhung der Temp. bei der Ox. wird die Menge aktiven Sauerstoffs im Nd. erniedrigt, mit steigender Konz. der Lauge nimmt der Sauerstoffgehalt im Nd. zu, Ya. M. Pessin, O. Ya. Andreeva, A. A. Moreno, M. P. Shmantzar (*Tsvetn. Metal.* **16** Nr. 8 [1941] 29/35, *C.* **1943** I 1602). Ältere Angaben s. bei D. K. Goralevich (*Zh. Obshch. Khim.* **63** [1931] 973/90 nach *C.* **1933** I 919), O. R. Howell (*J. Chem. Soc.* **123** [1923] 669/76, 1772/83), L. Clark, W. C. Asbury, R. M. Wick (*J. Am. Chem. Soc.* **47** [1925] 2661/71), A. Carnot (*Compt. Rend.* **108** [1889] 610/2), T. Carnelly, J. Walker (*J. Chem. Soc.* **53** [1888] 59/101, 60, 79), C. Wicke (*Z. Chem.* **8** [1865] 89/94). In Ggw. von $NH_3$ wird so kein $Ni(OH)_3$ erhalten, A. Wachter (*J. Am. Chem. Soc.* **49** [1927] 791/2). Bldg. eines kubisch-krist. NiO nach O. G. Bennet, R. W. Cairns, E. Ott (*J. Am. Chem. Soc.* **53** [1931] 1179/80) wird nicht bestätigt; der Nd. von in Natronlauge suspendiertem $Ni(OH)_2$ enthält nach Einleiten von Chlor noch aktiven Sauerstoff und Wasser, R. W. Cairns, E. Ott (*J. Am. Chem. Soc.* **55** [1933] 527/33, 528).

*$ClO_2^-$, $ClO_3^-$.* Die Ox. zu schwarzem $NiO_{1.30}$ verläuft in der Kälte rascher als in der Hitze. Auch bei 80° zersetzt sich hierbei das $ClO_2^-$ katalytisch in $Cl^-$ und $ClO_3^-$, G. R. Levi, E. R. Garrini (*Gazz. Chim. Ital.* **87** [1957] 7/10).

*NaOBr.* Das Verh. gegen NaOBr-Lsg. und 1tägigem und 1monatigem Altern in der Fällungslauge entspricht dem gegen NaOCl-Lsg., s. oben sowie Fig. 201, J. Besson (*Ann. Chim.* [*Paris*] [12] **2**

[1947] 527/98, 538). $Ni(OH)_2$-Sol oder Suspension in Wasser wird von Bromnatronlauge in einer topochem. Rk. oxydiert. $Ni(OH)_2$-Sol, hergestellt durch Fällung aus wss. $NiCl_2$-Lsg. mit Natronlauge nach W. FEITKNECHT, H. STUDER, H. MEYER (*Kolloid-Z.* **139** [1954] 131/3), und die Suspensionen gealterter Präpp. verhalten sich bei der Ox. gleich. Werte für den Ox.-Grad und Gitterstruktur in Abhängigkeit von der Menge Ox.-Mittel in Br-Äquiv. je Ni-Äquiv. für die Ox. bei 80°:

| Äquiv. Br | Ox.-Meth. | Zus. | Gitterstruktur |
|---|---|---|---|
| 25 | Br + NaOH-Lsg. zu $Ni(OH)_2$ | $NiO_{1.14}\cdot1.1H_2O$ | $Ni(OH)_2$ |
| 50 | | $NiO_{1.25}\cdot1.2H_2O$ | $Ni(OH)_2 + Ni_3O_2(OH)_4$ |
| 100 | | $NiO_{1.46}\cdot1.0H_2O$ | $Ni_3O_2(OH)_4 + Ni(OH)_2$ |
| 150 | | $NiO_{1.47}\cdot1.2H_2O$ | $Ni_3O_2(OH)_4$ |
| 150 | | $NiO_{1.50}\cdot1.0H_2O$ | $Ni_3O_2(OH)_4$ |
| 200 | | $NiO_{1.37}\cdot1.1H_2O$ | $Ni(OH)_2 + Ni_3O_2(OH)_4$ |
| | $NiO_{1.37}$ nachoxydiert | $NiO_{1.40}\cdot0.9H_2O$ | $Ni(OH)_2 + Ni_3O_2(OH)_4$ |
| 200 | $Ni(OH)_2$ zu Br + NaOH-Lsg. | $NiO_{1.23}\cdot1.2H_2O$ | $Ni(OH)_2$ |

W. FEITKNECHT, H. R. CHRISTEN, H. STUDER (*Z. Anorg. Allgem. Chem.* **283** [1956] 88/96, 90, 92).

Im $H_2O$-Gehalt ist etwas sorbiertes $H_2O$ eingeschlossen. Wird $Ni(OH)_2$ zu dem Ox.-Mittel gegeben, so ist der Ox.-Grad geringer als bei umgekehrter Meth. Im Gegensatz zur Ox. durch Zugabe von Bromnatronlauge, wo 4 verschieden krist. Verbb. erhalten werden (s. S. **473**), entstehen hierbei nur 2 Kristallarten. Werden diese gemeinsam erhalten, so steht das Verhältnis $Ni(OH)_2$ zu $Ni_3O_2(OH)_4$ in keiner Beziehung zum Ox.-Grad, da sich die Homogenitätsbereiche der Verbb. überschneiden. Nach elektronenmikroskop. Unters. bleibt der Habitus der $Ni(OH)_2$-Kristalle bei der Ox. erhalten, das Ox.-Mittel bewirkt lediglich Koagulation der Teilchen zu lockeren Flocken, W. FEITKNECHT u. a. (*l. c.*). Ein Hydroxid der Zus. $NiO_{1.38}\cdot1.5H_2O$, wird bei gewöhnl. Temp. aus einer Lsg. von 50 g $Ni(NO_3)_2$ in 250 ml $H_2O$ durch Zutropfen von 20 g KOH in 250 ml $H_2O$, Zusatz von 6 g KOH und 6 ml Br in 500 ml $H_2O$, 5std. Altern der Suspension und 3tätiges Trocknen über $CaCl_2$ bei etwa 1 Torr erhalten, R. W. CAIRNS, E. OTT (*J. Am. Chem. Soc.* **55** [1933] 534/44, 537). Bei analoger Fällung und Ox. entsteht $Ni_3O_{4.14}\cdot2.93H_2O$ ($NiO_{1.38}\cdot0.98H_2O$). Auch die Röntgeninterferenzen stimmen überein, jedoch wird aus ihnen auf ein $Ni_3O_2(OH)_4$-Gitter geschlossen, O. GLEMSER, J. EINERHAND (*Z. Anorg. Allgem. Chem.* **261** [1950] 26/42, 32). Ältere Angaben s. D. K. GORALEVICH (*Zh. Obshch. Khim.* **63** [1931] 973/90 nach *C.* **1933** I 919), I. BELLUCCI, E. CLAVARI (*Atti Accad. Nazl. Lincei, Rend., Classe Sci. Fiz. Mat. Nat.* **16** [1907] 647/54; *Gazz. Chim. Ital.* **37** I [1907] 409/17).

*$J_2$ + KOH.* Ox. des Hydroxids analog $Co(OH)_2$, s. „*Kobalt*" *Tl.* A *Erg.-Bd.*, S. 506, wird nicht beobachtet. Hypojodit zerfällt katalytisch am $Ni(OH)_2$, vermutlich nach Bldg. einer Spur $Ni_2O_3\cdot aq$, J. BESSON (*Ann. Chim.* [*Paris*] [12] **2** [1947] 527/98, 539, 574).

*$Na_5JO_6$, $K_5JO_6$* reagiert nicht, sondern zerfällt katalytisch nach Bldg. geringer Mengen $Ni_2O_3\cdot aq$ wie durch elektrochem. Pot.-Messungen gezeigt wird, J. BESSON (*l. c.* S. 573).

*$Na_2S_2O_8$, $K_2S_2O_8$.* Das Verh. entspricht dem gegen NaOCl, s. S. **461** und Fig. 201, S. **461**. Mit Na- und K-Verbb. verlaufen die Rkk. gleich, J. BESSON (*l. c.* S. **534**, 557, 572). Über calorimetr. Unters. der Ox. zum Nachweis von $NiO_2\cdot aq$ als erstes Rk.-Prod. s. J. BESSON (*l. c.* S. 584/6). Ältere Angaben s. F. FRANÇOIS, M.-L. DELWAULLE (*Compt. Rend.* **204** [1937] 1042/4), L. DEDE (*Chemiker-Z.* **35** [1911] 1077). — Wird zu einer Suspension von $Ni(OH)_2$ in konz. Kalilauge eine wss. Lsg. von $KJO_4$ gegeben und mit Persulfat oxydiert, entstehen keine komplexen $Ni^{3+}$ enthaltende Perjodate, L. MALAPRADE (*Compt. Rend.* **204** [1937] 979/80).

*$KMnO_4$, $K_3[Fe(CN)_6]$.* Mit $KMnO_4$ nur geringfügige Ox., dann katalyt. Zerfall des Ox.-Mittels wie bei $JO_6^{5-}$, s. oben, J. BESSON (*l. c.* S. 559); s. hierzu auch F. FEIGL, E. FRÄNKEL (*Chem. Ber.* **65** [1932] 539/46, 542). — Stark alkal. $K_3[Fe(CN)_6]$-Lsg. oxydiert nur langsam, mit 6 bis 8 $K_3[Fe(CN)_6]$ je $Ni(OH)_2$ wird kein höheres Ni-Oxid erhalten, D. BHADURI, P. RAY (*Quart. J. Indian Chem. Soc.* **3** [1926] 213/28 nach *C.* **1927** I 577).

*With Organic Compounds*

**Gegen organische Verbindungen.** Lösl. in wss. Weinsäurelsg. in der Hitze, WERTHER (*J. Prakt. Chem.* **32** [1844] 384/411, 400), frisch gefällt gut lösl., O. F. TOWER (*J. Am. Chem. Soc.* **22** [1900] 501/21, 503), bildet leicht übersättigte Ni-Tartratlsgg., O. F. TOWER, M. C. COOKE (*J. Phys. Chem.* **26** [1922] 728/35, 728).

Mit Pyridin kann wie bei $Cd(OH)_2$ und $Cu(OH)_2$ kein $H_2O$ aus den Hydroxidgruppen abgespalten werden. Nachweis mit der Hydridmeth. (s. Original), K. W. ASTAKHOV, A. G. ELITSUR, K. M. NIKOLAEV (*Zh. Obshch. Khim.* **21** [1951] 1753/63; *J. Gen. Chem. USSR* **21** [1951] 1935/43). — Wird frisch gefälltes Hydroxid 6 Std. mit wss. Hexamethylendiaminlsg. gekocht, setzt es sich unvollständig in $3Ni(OH)_2 \cdot N(CH_2 \cdot OH)_3$ um, J. C. DUFF, E. J. BILLS (*J. Chem. Soc.* **1929** 411/9, 415). — Lösl. in Äthylendiamin unter Bldg. einer komplexen Verb., G. JAYME, K. NEUSCHÄFFER (*Papier* **9** [1955] 563/74, 568). — Mit Dicyandiamidinchlorhydrat (Guanylharnstoff) Rk. unter Bldg. gelber Kristalle von $Ni(C_2H_5N_4O)_2 \cdot 4HCl \cdot 2H_2O$, J. V. DUBSKÝ, M. STRNAD (*Chem. Obzor* **17** [1942] 69/77 nach *C.* **1944** I 350). Aus wss. Lsg. von Ni-Acetat und Succinimid mit NaOH gefälltes $Ni(OH)_2$ löst sich beim Schütteln in der Mutterlauge. Aus dieser Lsg. fällt krist. $Ni(NC_4H_4O_2)_2 \cdot 8H_2O$ aus, H. LEY, F. WERNER (*Chem. Ber.* **39** [1906] 2177/80). — Phenolphthalein färbt frisch gefälltes $Ni(OH)_2$ himbeerrot, unabhängig, ob mit 10%igem Über- oder Unterschuß an Lauge gefällt wird, G. SACHS (*J. Am. Chem. Soc.* **62** [1940] 3514/5).

## Löslichkeit in Wasser

*Solubility in Water*

Allgemeines. Die erheblichen Unterschiede zwischen den Löslichkeitsangaben für $Ni(OH)_2$ werden auf verschieden aktive Zustandsformen und auf Verwendung ungeeigneter Best.-Methh. zurückgeführt, W. FEITKNECHT, L. HARTMANN (*Chimia [Aarau]* 8 [1954] 95/6). Über irreführende Werte infolge mangelhafter Einstellung der Gleichgeww. bei Best. durch potentiometr. Titration oder Unsicherheit der Werte für Bldg.-Enthalpie und freie Energie der Bldg. bei Berechnung aus thermodynam. Daten s. z. B. bei N. V. AKSEL'RUD, YA. A. FIALKOV (*Ukr. Khim. Zh.* **16** [1950] 283/95, 288/90, *C.A.* **1955** 9360).

**Löslichkeitsprodukt** beim pH-Wert 7: Löslichkeitsprod. $K_s$ für festes Hydroxid im Gleichgew. mit $Ni^{2+}$ und 2 $(OH)^-$, Temp. t in °C:

*Solubility Product*

| $K_s$ | t | Bemerkungen und Literatur |
|---|---|---|
| $1.9 \times 10^{-15}$ | gewöhnl. Temp. | aktivste Form des frisch aus $NiCl_2$-Lsg. gefällten Hydroxids; Meth.: punktweise Titration, W. FEITKNECHT, P. SCHINDLER (*Pure Appl. Chem.* **6** [1963] 130/99, 170, 195), W. FEITKNECHT, L. HARTMANN (*l. c.*) |
| $7.5 \times 10^{-18}$ | 25° | vorstehendes $Ni(OH)_2$ bei 110° gealtert, W. FEITKNECHT, P. SCHINDLER (*l. c.*), W. FEITKNECHT, L. HARTMANN (*l. c.*) |
| $1 \times 10^{-15}$ | 20° | aus $Ni(ClO_4)_2$ gefälltes $Ni(OH)_2$; Meth. punktweise Titration, F. ČŮTA, Z. KSANDR, M. HEJTMÁNEK (*Chem. Listy* **50** [1956] 1064/71; *Collection Czech. Chem. Commun.* **21** [1956] 1388/96, 1391) |
| $1.0 \times 10^{-16}$ | 28° bis 30° | 1 Woche bei gewöhnl. Temp. gealtertes $Ni(OH)_2$; Meth.: Ni-Analyse und pH-Wert, P. K. JENA, B. PRASAD (*J. Indian Chem. Soc.* **71** [1949] 2973/5) |
| $10^{-15.5} \pm 0.5$ | 25° | aus Lit.-Werten berechnet, G. N. DOBROKHOTOV (*Zh. Prik. Khim.* **27** [1954] 1056/66; *J. Appl. Chem. USSR* **27** [1954] 995/1004, 1002) |
| $10^{-16.2}$ | 75° | potentiometr. Messung mit Glaselektrode, G. N. DOBROKHOTOV (*l. c.*; *l. c.* S. 1001) |
| $1.6 \times 10^{-16}$ | — | aus thermodynam. Daten von $Ni(OH)_2$ berechnet, W. L. LATIMER (*The Oxidation State of the Elements and Their Potentials in Aqueous Solutions, New York* 1952, S. 200) |
| $4 \times 10^{-17}$ | — | punktweise Titration, I. M. KORENMAN (*Zh. Obshch. Khim.* **21** [1951] 10/8) |
| $1.36 \times 10^{-15}$ | 18° | Fällung aus $NiSO_4$-Lsg.; Meth.: potentiometr. Titration und Ni-Analyse, N. V. AKSEL'RUD, YA. A. FIALKOV (*l. c.*) |
| $6.5 \times 10^{-18}$ | 25° | gealtertes Hydroxid, K. H. GAYER, A. B. GARRETT (*J. Am. Chem. Soc.* **71** [1949] 2973/5) |
| $6.2 \times 10^{-16}$ | 25° | durch potentiometr. Titration einer Alkalilauge mit wss. $NiCl_2$-Lsg. bestimmt, R. NÄSÄNEN (*Ann. Acad. Sci. Fennicae* A **59** Nr. 2 [1943] 1/5, *C.A.* **1947** 21) |

Weiter z. T. stärker abweichende Werte für Löslichkeitsprod. sowie Löslichkeit von $Ni(OH)_2$ in $H_2O$ bei pH 7, und z. T. krit. Diskussion der Werte und Methh. s. N. V. Aksel'rud, V. B. Spivakovskii (*Ukr. Khim. Zh.* **25** [1959] 14/7), Y. Oka (*J. Chem. Soc. Japan* **61** [1940] 311/20, *C.A.* **1940** 5369), G.-M. Schwab, K. Polydoropoulos (*Z. Anorg. Allgem. Chem.* **274** [1953] 234/49, 237), W. Feitknecht (*Chimia [Aarau]* **6** [1952] 3/13, 10; *Helv. Chim. Acta* **16** [1933] 1302/15, 1304/12), W. Feitknecht, A. Collet (*Helv. Chim. Acta* **22** [1939] 1428/44, 1431, 1433), S. I. Sobol' (*Zh. Fiz. Khim.* **26** [1952] 862/5, *C.A.* **1952** 10962), A. L. Rotinyan, V. Ya. Zel'des (*Zh. Prikl. Khim.* **23** [1950] 717/23, 936/41, **24** [1951] 604/9), H. J. de Wijs (*Rec. Trav. Chim.* **44** [1925] 663/74), H. T. S. Britton (*J. Chem. Soc. London* **127** [1925] 2110/20), H. T. S. Britton, R. A. Robinson (*Trans. Faraday Soc.* **28** [1932] 531/45), G. Almkvist (*Z. Anorg. Allgem. Chem.* **103** [1918] 240/2), G. Kullgren (*Z. Physik. Chem.* **85** [1913] 466/80), S. Labendzinski, R. Abegg (*Z. Elektrochem.* **10** [1904] 77/81). — Löslichkeitsprod. im Meerwasser: $1.6 \times 10^{-16}$, K. B. Krauskopf (*Geochim. Cosmochim. Acta* **9** [1956] 1/32 B, 6 B).

Zusammenstellung älterer und neuerer Lit.-Werte s. L. G. Sillén, A. E. Martell (*Stability Constants of Metal-Ion Complexes, London* 1964, S. 56).

Abhängigkeit des Löslichkeitsprod. in $H_2O$ von der Azidität s. in graph. Darst. bei I. M. Korenman (*Zh. Obshch. Khim.* **21** [1951] 10/8, 14).

Löslichkeit von $Ni(OH)_2$ in Mol Ni/l Lsg. als Funktion der Azidität der Lsg.:

| pH . . . . . . . | 6.82 | 7.00 | 7.42 | 7.75 | 9.8 |
|---|---|---|---|---|---|
| (Mol Ni/l)·$10^2$ . . . | 1.833 | 1.833 | 0.8455 | 0.4043 | 0.1466 |

P. K. Jena, B. Prasad (*J. Indian Chem. Soc.* **33** [1956] 122/4) in guter Übereinstimmung mit K. H. Gayer, A. B. Garrett (*J. Am. Chem. Soc.* **71** [1949] 2973/5). — Lit. für ältere Angaben bei pH 7 s. unter Löslichkeitsprodukt.

*$Ni(OD)_2$ and $Ni(OT)_2$*

## *$Ni(OD)_2$ und $Ni(OT)_2$*

$Ni(OD)_2$ wird aus einer Lsg. von $Ni(NO_3)_2$ in Wasser, das 90% $D_2O$ enthält, mit KOD, gelöst in 90%igem $D_2O$, gefällt. Der Nd. wird 6mal mit 90%igem $D_2O$ gewaschen und die Flüssigkeit jeweils durch Zentrifugieren entfernt. Zur Krist. wird die in 90% $D_2O$ suspendierte Verb. 14 Tage auf 60° und 24 Tage auf 80° im PVC-Behälter erhitzt. Entsprechend wird $Ni(OT)_2$-haltiges $Ni(OH)_2$ mit T-haltigem $H_2O$ mit der Tritiumaktivität 90 mC/ml und KOH dargestellt. Die Verbb. bestehen nach elektronenmikroskop. Unters. und B.E.T.-Adsorptionsmessungen aus Blättchen von 1150 Å Durchmesser und 127 Å Dicke bei einer Oberfläche von 48 $m^2/g$, W. Feitknecht, A. Wyttenbach, W. Buser (*Proc. Intern. Symp. Reactivity Solids, Amsterdam* 1960 [1961], S. 234/9, 235). Ausführliche Angaben zur Darst. von tritiertem $Ni(OH)_2$ sowie mit T und $^{63}Ni$ markiertem Hydroxid s. A. Wyttenbach (*Helv. Chim. Acta* **44** [1961] 418/28, 418).

Absorptionsspektrum von teilweise deuteriertem $Ni(OH)_2$ s. Fig. 197, S. 452. Abweichungen gegen $Ni(OH)_2$: Max. der Absorption bei 350 und 500 $cm^{-1}$ sind stark geschwächt, Schulter bei 410 mit Max. bei 440 $cm^{-1}$, Max. bei 820 ist vermutlich durch $CO_2$-Aufnahme der Probe verursacht, das Max. bei 3630 ist nach 2680 $cm^{-1}$ verschoben mit einer Absorptionsstufe bei 2640 $cm^{-1}$; $\nu_{OH}/\nu_{OD}$ für die OH Valenzschwingung: 3630/2680 = 1.35, C. Cabannes-Ott (*Ann. Chim. [Paris]* [13] **5** [1960] 906/10, 919).

Die Kinetik des Austauschs von T zwischen tritiumhaltigem $Ni(OH)_2$ und fl. und gasf. $H_2O$ verläuft in 2 Mechanismen. Der Oberflächenaustausch ist wesentlich rascher als die geschwindigkeitsbestimmende Gitterdiffusion. Der Diffusionskoeff. D als Funktion der Temp. t folgt $D = 1.9 \times 10^{-7}$ exp (—23100/RT) $cm^2/sec$; Einzelwerte:

| t in °C . . . . . | 50° | 100° | 126° | 160° | 174° |
|---|---|---|---|---|---|
| D ($cm^2$/sec) . . . | $1.8 \times 10^{-21}$ | 4.7 bis $7.5 \times 10^{-21}$ | $2.6 \times 10^{-20}$ | $3 \times 10^{-19}$ | $1.3 \times 10^{-18}$ bis $7.3 \times 10^{-19}$ |

A. Wyttenbach (*Helv. Chim. Acta* **44** [1961] 418/25), W. Feitknecht, A. Wyttenbach, W. Buser (*Proc. Intern. Symp. Reactivity Solids, Amsterdam* 1960 [1961], S. 234/9), W. Feitknecht, W. Buser, A. Wyttenbach (*Angew. Chem.* **72** [1960] 594). — Messungen des Austauschs von D zwischen $Ni(OD)_2$ und $H_2O$ sind zu ungenau und ermöglichen keine quantitativen Angaben, W. Feitknecht, A. Wyttenbach, W. Buser (*l. c.* S. 234).

Laden von $Ni(OD)_2$-Elektroden in n-KOD-Lsg. in 99.76%igem $D_2O$ bis zur $O_2$-Entw., also bis zu einem Ladungszustand $NiO_x$, bei dem $x > 1.5$ ist. Unters. der Potentialzerfallsgeschw. bei geöffnetem Stromkreis. Potentialzerfallskurven an teilweise geladenen $Ni(OD)_2$-Elektroden vom Ladungszustand $\sim NiO_{1.25}$, wo keine Sauerstoffentw. auftritt. Vergleich mit entsprechenden Kurven an $Ni(OH)_2$-Elektroden in n-KOH-Lösung. Die Polarisation ist in $H_2O$ immer größer als in $D_2O$, B. E. Conway

(in: E. Yeager, *Trans. Symp. Electrode Processes, Philadelphia* 1959, *New York-London*, 1961, S. 267/90, 280, 287). — Die Geschw. der Sauerstoffentw. ist bei gegebener Sauerstoffüberspannung in D-haltigem Lsgm. größer als in $H_2O$. Die Nickeloxidelektroden werden hergestellt durch Imprägnieren von Sinternickel unter Vak. mit gesätt. Lsg. von wasserfreiem $NiSO_4$ in 99.76%igem $D_2O$ bzw. $H_2O$ mit anschließendem Ausfällen mit KOD in $D_2O$ bzw. wss. KOH-Lsg., B. E. Conway, P. L. Bourgault (*Can. J. Chem.* **40** [1962] 1690/707, 1691, 1695), P. L. Bourgault, B. E. Conway (*Can. J. Chem.* **38** [1960] 1557/75, 1560, 1564).

## *Hydroxide mit $Ni(OH)_2$ überschreitendem O-Gehalt*

*Hydroxides with an O Content Exceeding $Ni(OH)_2$*

### Überblick

*Review*

*General*

**Allgemeines.** In der neueren Lit. werden folgende Ni-Hydroxide bzw. Ni-Oxidaquate mit Sauerstoffüberschuß beschrieben: $Ni(OH)_2$ mit Sauerstoffüberschuß, $4Ni(OH)_2\cdot NiO(OH)$, $Ni_3O_2(OH)_4$, $\alpha$-NiO(OH), $\beta$-NiO(OH), $\gamma$-NiO(OH) und $NiO_2\cdot aq$[1]). Mit Ausnahme des vermutlich röntgenamorphen $NiO_2\cdot aq$ kristallisieren alle anderen Verbb. in Schichten-, Doppelschichtengittern oder in Gittern mit Bandstruktur. $NiO_2\cdot aq$ ist lediglich dadurch nachgewiesen, daß es sich durch den Ox.-Grad von Gemischen aus Ni-Hydroxiden höherer Wertigkeit unterscheidet, ferner durch calorimetr. Titration von wss. $Ni^{2+}$-Salzlsgg. mit oxydierenden alkal. Lsgg., ist aber in reiner Form nicht isoliert worden. Für diese Verbb. sind folgende Formeln üblich:

| Bezeichnung | Konstitutionsformel | Oxydationsgrad | Andere Formeln |
|---|---|---|---|
| $NiO_{>1\ bis\ 1.33}\cdot aq$ | — | $NiO_{>1\ bis\ 1.33}$ | $Ni(OH)_2$ mit O-Überschuß |
| $4Ni(OH)_2\cdot NiO(OH)$ | $4Ni(OH)_2\cdot NiO(OH)$ | $NiO_{>1.07\ bis\ 1.22}$ | $NiO_{1.07\ bis\ 1.22}\cdot aq$ |
| $Ni_3O_2(OH)_4$ | — | $NiO_{1.33}$ | $NiO_{1.33}\cdot aq$, $Ni_3O_4\cdot 2H_2O$ |
| $\alpha$-NiO(OH) | $4NiO(OH)\cdot NiO(OH)$ | $NiO_{1.5}$ | $NiO_{1.5}\cdot aq$, $Ni_2O_3\cdot H_2O$ |
| $\beta$-NiO(OH) | — | $NiO_{1.5}$ | $NiO_{1.5}\cdot aq$, $Ni_2O_3\cdot H_2O$, $Ni(OH)_3$ |
| $\gamma$-NiO(OH) | $3NiO(OH)\cdot NiO(OH)$ | $NiO_{1.5}$ | $NiO_{1.5}\cdot aq$, $Ni_2O_3\cdot H_2O$ |
| $NiO_2\cdot aq$ | — | $NiO_2$ | — |

Weiterhin werden noch Verbb. beschrieben, deren Existenz unsicher ist oder die vermutlich mit oben angegebenen Verbb. oder Phasen identisch sind. Formeln entsprechend dem variablen Sauerstoffgehalt:

$6NiO\cdot N_2O_3\cdot aq$ ($NiO_{1.125}\cdot aq$), $Ni_6O_7\cdot 5.01H_2O$ ($NiO_{1.17}\cdot aq$), $Ni_9O_{11}\cdot 12H_2O$ ($NiO_{1.22}\cdot aq$), $Ni_4O_5\cdot H_2O$ ($NiO_{1.25}\cdot aq$), $Ni_8O_{11}\cdot 9H_2O$ ($NiO_{1.375}\cdot aq$), $Ni_5O_7\cdot aq$ ($NiO_{1.4}\cdot aq$), $Ni_3O_5\cdot aq$ ($NiO_{1.667}\cdot aq$) $Ni_4O_7\cdot aq$ ($NiO_{1.75}\cdot aq$), $NiO_4\cdot aq$.

$6NiO\cdot Ni_2O_3\cdot aq$ ist ein schwarzes Pulver, das 2.65 Gew.-% $H_2O$ enthält, und beim Erhitzen von bas. Ni-Carbonat auf 300° entstehen soll, H. Rose (*Ann. Physik* [2] **84** [1851] 547/72, 571), s. jedoch beim chem. Verh. von Ni-Carbonat. — $Ni_9O_{11}\cdot 12H_2O$ ($NiO_{1.22}\cdot aq$) wird durch Einw. von Hypochloriten auf Ni-Salzlsg. erhalten, C. R. Wright, A. P. Luff (*J. Chem. Soc. London* **33** [1878] 504/45, 536), $Ni_8O_{11}\cdot 9H_2O$ ($NiO_{1.375}\cdot aq$) durch Behandeln von $Ni_3O_5\cdot aq$ mit $H_2O$, Th. Bayley (*Chem. News* **39** [1879] 81/3), $Ni_5O_7\cdot aq$ ($NiO_{1.4}\cdot aq$) durch Versetzen einer Ni-Salzlsg. mit $Br_2$ und danach mit Kalilauge, G. Schröder (*Diss. Berlin* 1889 nach *C.* **1890** I 933), $Ni_3O_5\cdot aq$ ($NiO_{1.667}\cdot aq$) durch Einw. von Hypochloriten auf Ni-Salzlsgg., Th. Bayley (*l. c.*), $Ni_4O_7\cdot aq$ ($NiO_{1.75}\cdot aq$), durch Ox. von $Ni_2O_3\cdot 3H_2O$ in alkal. Lsg. mit NaOCl bei gewöhnl. Temperatur. Die Verb. gibt beim Erwärmen Sauerstoff ab unter Rückbldg. von $Ni_2O_3\cdot aq$. Ist bei der Behandlung von $Ni_2O_3\cdot 3H_2O$ mit NaOCl zu wenig Alkalilauge vorhanden, erfolgt $Cl_2$-Entw., C. Wicke (*Z. Chemie* 8 [1865] 86/9). — Bei dem von R. W. Cairns, E. Ott (*J. Am. Chem. Soc.* **55** [1933] 534/44, 536/40) beschriebenen $NiO_{1.17}\cdot aq$, $Ni_6O_7\cdot 5.01H_2O$ handelt es sich um ein Gemisch verschiedener Substt., O. Glemser, J. Einerhand (*Z. Anorg. Allgem. Chem.* **261** [1950] 26/42, 33). Bldg. von $Ni_4O_5\cdot H_2O$, ($NiO_{1.25}\cdot aq$) an der Anode bei der Entladung des Edison-Sammlers vermutet F. Foerster (*Z. Elektrochem.* **13** [1907] 414/34, 428). Auch aus den Lsg.-Wärmen verschieden hoch oxydierter Ni-Hydroxide wird auf die Existenz einer Verb. dieses Ox.-Grades geschlossen, F. Giordani, E. Mattias (*Rend. Accad. Sci. Fis. Mat.* [*Soc. Nazl. Sci. Napoli*] [4] **35** [1929] 172/82, *C.* **1930** I 21). — Über die Herst. einer Subst. der Zus. $NiO_4$ durch 54std. Elektrolyse einer in 300 ml 0.05 g Ni enthaltenden Alkalipyrophosphatlsg. unter Chromat-

[1]) Zur Unterscheidung von den wasserfreien Ni-Oxiden wird dieser stets, auch wenn im Original der Wassergehalt nicht angegeben ist, mit aq charakterisiert.

zusatz bei 70°, 0.1 A an Pt-Netzelektrode, Trocknen bei 120° bis 170° s. A. Hollard (*Compt. Rend.* **136** [1903] 229/31; *Bull. Soc. Chim. France* [3] **29** [1903] 151/6, 155). Vermutlich wurde der $H_2O$-Gehalt des Nd. übersehen, A. Kurtenacker (in: Abegg, *Bd.* 4, *Abt.* 3, *Tl.* 4, 1939, S. 747).

Häufig wird der Wassergehalt der Präpp. zu hoch angegeben, da infolge der leichten Zersetzlichkeit der Verbb. eine vollständige Trennung vom adsorbierten Wasser nicht gelingt. Als Folge der teilweise erheblichen Phasenbreite, s. unten, ist bei Angaben in der älteren Lit. die Zuordnung der Hydroxide zu einer bestimmten Verb. nach den analyt. Formeln unsicher. Sie erfolgt auf Grund der Darst.-Meth., dies ist jedoch nicht in jedem Fall möglich. Soweit durch Strukturunters. und Analyse die Präpp. eindeutig charakterisiert sind, wird im Folgenden als Formel die unter „Bezeichnung" s. S. 465, angegebene Formel oder der Ox.-Grad gebracht, auch wenn im Original eine andere Formel benutzt ist. Angaben, die nicht einer dieser Formeln zugeordnet werden können, sind nach dem Ox.-Grad eingeordnet. Über die Angabe des Wassergehalts siehe Fußnote, S. 465.

*Phase Composition Ranges for the Compounds*

**Phasenbreite der Verbindungen.** Der Ox.-Wert der krist. Verbb. schwankt teilweise erheblich. — $Ni(OH)_2$ kann bereits durch Luftsauerstoff oxydiert werden, ohne auch nur in geringem Umfang Farbe und Struktur zu ändern, W. Feitknecht, A. Collet (*Helv. Chim. Acta* **22** [1939] 1428/44, 1433), A. Berger (*Kolloid-Z.* **103** [1943] 185/202, 198), W. Feitknecht, H. R. Christen, H. Studer (*Z. Anorg. Allgem. Chem.* **283** [1956] 88/95, 88). Durch Ox. von $Ni(OH)_2$ mit Bromnatronlauge wird bis zur Zus. $NiO_{1.22}\cdot aq$ noch das $Ni(OH)_2$-Gitter nachgewiesen, W. Feitknecht u. a. (*l. c.* S. 89, 91). Der Sauerstoffgehalt der mit $4\,Ni(OH)_2\cdot NiO(OH)$ bezeichneten Verb. ist von $NiO_{1.07}\cdot aq$ bis $NiO_{1.22}\cdot aq$ variabel, O. Glemser, J. Einerhand (*Z. Anorg. Allgem. Chem.* **261** [1950] 26/42, 31), W. Feitknecht u. a. (*l. c.* S. 89). Das $Ni_3O_2(OH)_4$-Gitter wird bei Ox. einer $NiCl_2$-Lsg. mit Bromnatronlauge ab der Zus. $NiO_{1.28}\cdot aq$ erhalten und bei Ox. von $Ni(OH)_2$ sogar bis $NiO_{1.5}\cdot aq$, W. Feitknecht u. a. (*l. c.* S. 89, 91), bis $NiO_{1.59}\cdot aq$, O. Glemser, J. Einerhand (*l. c.* S. 32). Die Phasenbreite von NiO(OH) kann nicht bestimmt werden, da Beimengungen von $NiO_2\cdot aq$ röntgenographisch nicht nachweisbar sind. Über mögliche höhere Ox.-Grade s. H. Bode (*Angew. Chem.* **73** [1961] 553/60, 557).

Theoretisch ist Ox. des $Ni(OH)_2$ bis zur Zus. NiO(OH) möglich, jedoch bricht das Gitter des $Ni(OH)_2$ bei chem. oder elektrochem. Ox. der Verb. schon bei kleinerem Sauerstoffgehalt zusammen, s. S. 460, W. Feitknecht u. a. (*l. c.* S. 95). Nach elektrochem. Unters. der Ox. von $Ni(OH)_2$ erfolgt der Übergang vom hexagonalen $Ni(OH)_2$ über die Zus. $Ni_3O_2(OH)_4$ in das isotype β-NiO(OH) kontinuierlich, H. Bode (*l. c.*). Damit stimmen überein Ergebnisse magnet. und röntgenograph. Unterss. an durch Ox. von aus wss. $Ni(NO_3)_2$-Lsg. mit natronalkal. $Na_2S_2O_8$-Lsg. dargestellten Proben, sowie die Unters. der elektrochem. Ox. von $Ni(OH)_2$, s. J. Labat (*Ann. Chim.* [*Paris*] [13] **9** [1964] 399/427, 400/11, 418/26). Bei Definition der chem. Verb. als Phase, die im stöchiometrisch abgegrenzten Bereich nur kontinuierliche Veränderungen der Eigg. zeigt, wird für $Ni(OH)_2$ bis β-NiO(OH) die Existenz einer $\beta\text{-}NiO_x(OH)_{2-x}$-Phase angenommen, mit $x = 0$ bis 1. Jedoch wird bei x nahe 1 eine Störstruktur (s. S. 474, 486) beobachtet, H. Bode (*l. c.*).

Analog können die Verbb. $4\,Ni(OH)_2\cdot NiO(OH)$ und γ-NiO(OH) von $NiO_{1.07}\cdot aq$ bis $NiO_{>1.5}\cdot aq$ als $\gamma\text{-}NiO_x(OH)_{2-x}$-Phase bezeichnet werden. Diese Annahme stützt sich jedoch nur auf die Gitterstruktur (s. S. 486), wobei sowohl die von O. Glemser, J. Einerhand (*Z. Anorg. Allgem. Chem.* **261** [1950] 43/51, 44/7) vorgeschlagene, dem C 19-Typ ähnliche Struktur als auch ein monoklines oder rhomb. Gitter denkbar sind, H. Bode (*Angew. Chem.* **73** [1961] 553/60, 558).

Dagegen nimmt E. Ya. Rode (*Zh. Neorgan. Khim.* **1** [1956] 1430/9; *J. Inorg. Chem. USSR* **1** [1956] Nr. 6, S. 326/36, 334) neben den Verbb. $Ni(OH)_2$, $Ni_3O_4\cdot aq$, $NiO_2\cdot aq$, α-, β-, und $\gamma\text{-}Ni_2O_3\cdot aq$ noch eine α-Phase von $NiO_{1.05}$ bis $NiO_{1.25}\cdot aq$ und eine γ-Phase von $NiO_{1.5}\cdot aq$ bis $NiO_{1.85}\cdot aq$ an. Diese γ-Phase soll aus festen Lsgg. von $NiO_2\cdot aq$ in Ni(OH) bestehen. Beim Erhitzen zerfällt sie ab 120° bei der Zus. $NiO_{1.5}\cdot aq$, mit höheren Sauerstoffgehalten bei entsprechend tieferen Temperaturen. Präpp. der Zus. zwischen $NiO_{1.33}\cdot aq$ und $NiO_{1.5}\cdot aq$ werden als Gemische aus $NiO_{1.33}\cdot aq$ und NiO(OH) angesehen.

Feste Lsgg. von $NiO_2\cdot aq$ in β-NiO(OH) werden bereits von F. Foerster (*Z. Elektrochem.* **13** [1907] 414/34, 427, 433) und O. Glemser, J. Einerhand (*Z. Anorg. Allgem. Chem.* **261** [1950] 26/42, 39) bei Präpp. mit $NiO_{>1.5}$ angenommen. Ob bei $Ni_3O_2(OH)_4$-Präpp. mit Ox.-Graden von $NiO_{>1.33}\cdot aq$ feste Lsgg. mit β-NiO(OH) vorliegen, kann auf Grund der ähnlichen Gitterstrukturen röntgenographisch nicht entschieden werden. Aus den elektrochem. Entladungskurven von β-NiO(OH) und $Ni_3O_2(OH)_4$ ergibt sich kein Anhaltspunkt für eine Mischkristallphase zwischen den beiden Verbb. Der Sauerstoffanteil über $NiO_{1.33}$ wird demnach durch Beimengungen von β-NiO(OH) verursacht, O. Glemser, J. Einerhand (*l. c.* S. 39). Auf Grund seiner Gitterstruktur kann γ-NiO(OH) in den ungeordnet

eingefügten NiO(OH)-Schichten leicht weiteren Sauerstoff aufnehmen, O. GLEMSER, J. EINERHAND (*Z. Anorg. Allgem. Chem.* **261** [1950] 26/42, 41, 43/51, 47).

Nach mikroskop. Unters. sollen höhere Ni-Hydroxide nicht kristallisiert, sondern amorph sein und aus festen Lsgg. von $Ni(OH)_4$ in $Ni(OH)_2$ bestehen, S. I. SOBOL' (*Zh. Obshch. Khim.* **23** [1953] 901/6; *J. Gen. Chem. USSR* **23** [1953] 941/3).

## Elektrochemisches Verhalten

*Electrochemical Behavior*

Vgl. hierzu auch „*Nickel*" *Tl.* A, „Verhalten als Anode", „In Natriumhydroxid", „In Kaliumhydroxid".

*Potentials*

**Potentiale.** Die an der Nickeloxidelektrode gem. Pott. sind im allgemeinen Mischpotentiale. Das Elektrodenpot. ist gewöhnlich höher als das der reversiblen Sauerstoffelektrode, so daß ein Selbstentladungsprozeß auftreten kann, der aus Red. des Nickeloxids und Sauerstoffentwicklung besteht. Die Sauerstoffentwicklung ist der anod. Prozeß, die Red. des Oxids der kathodische, B. E. CONWAY (*Theory and Principles of Electrode Processes, New York* 1965, S. 199). Für KOH-Lsgg. mit Konz. $< 7.3$n sind die Mischpott. um 5 bis 30 mV weniger anodisch als die „wahren reversiblen Potentiale". Das „wahre reversible Potential" wird durch Extrapolation anod. und kathod. Pot.-Zerfallskurven bestimmt. Diese Extrapolationsmeth. ist nur in einem begrenzten Gebiet des Ox.-Grades und zwar für Elektroden des Ladungszustandes $NiO_{1.10}$ bis $NiO_{1.30}$ anzuwenden, P. L. BOURGAULT, B. E. CONWAY (*Can. J. Chem.* **38** [1960] 1557/75, 1558, 1571), B. E. CONWAY, E. GILEADI (*Can. J. Chem.* **40** [1962] 1933/42, 1933). Wahres reversibles Pot. $E_r$ in V von Ni-Hydroxidelektroden auf gesinterten Nickelplatten bei 25° gegen Hg | HgO-Elektrode in n-KOH-Lsg gemessen:

$$NiO_{1.10},\ E_r = 0.423; \quad NiO_{1.20},\ E_r = 0.427; \quad NiO_{1.25},\ E_r = 0.423 \pm 0.005$$

B. E. CONWAY, E. GILEADI (*l. c.* S. 1934). $E_r$ an halbgeladener Elektrode mit 50% $Ni^{II}$ und 50% $Ni^{III}$, also $NiO_{1.25}$:

| KOH-Konz.. . . | 0.01n | 0.1n | 1.01n | 7.3n | 14.6n | 0.08n gesätt. mit KF |
|---|---|---|---|---|---|---|
| $E_r$ . . . . . . . | 0.429 | 0.425 | 0.419 | 0.390 | 0.297 | 0.362 |

Unter Berücksichtigung der Akt. der KOH-Lsg. und des $H_2O$ wird für mit KF gesätt. 0.08n-KOH-Lsg. $E_r = 0.364$ berechnet. Für den Elektrodenprozeß an der Nickeloxidelektrode dürfte die Gleichung gelten:

$$[2NiO(OH)]\ (0.14\ \text{adsorbiertes KOH}) + 4.56H_2O + 2\ominus \rightleftharpoons 2[Ni(OH)_2 \cdot 1.28H_2O] + 0.14KOH \cdot aq + 2OH^-$$

P. L. BOURGAULT, B. E. CONWAY (*l. c.* S. 1562, 1563, 1572). Das reversible Pot. des Systems $Ni^{II}$–$Ni^{III}$ ist in einem weiten Bereich des Oxydationsgrades unabhängig von dem Oxidationszustand der Masse des Oxids. Die Eigg. der Elektrode werden durch den Zustand der Oberflächenphase bestimmt, B. E. CONWAY, E. GILEADI (*l. c.* S. 1936). Die benutzten Nickelhydroxidelektroden werden durch Imprägnieren von Sinternickelplatten mit gesätt., Co-freier $Ni(NO_3)_2$-Lsg. und anschließendes Eintauchen in 20%ige KOH-Lsg. hergestellt. Nach Reinigen und Waschen werden die Elektroden in der beim Experiment benutzten Lsg. aufgeladen, B. E. CONWAY, E. GILEADI (*l. c.* S. 1934), P. L. BOURGAULT, B. E. CONWAY (*l. c.* S. 1558), B. E. CONWAY, P. L. BOURGAULT (*Can. J. Chem.* **37** [1959] 292/307, 293).

*Charging and Discharging Processes*

**Vorgänge beim Laden und Entladen.** Wie aus dem $E_h$-pH-Diagramm des Systems Ni–$H_2O$ bei 25° zu ersehen ist, erreicht während des Ladens das Pot. der Nickeloxidelektrode etwa den Wert $E_h = 0.6$ V unter Bldg. von $NiO_2 \cdot aq$. Das instabile $NiO_2 \cdot aq$ zersetzt sich nach Öffnen des anod. Polarisationsstroms schnell in NiO(OH) und $O_2$. Dabei fällt das Pot. progressiv auf $E_h = 0.48$ V. Die Anode ist nach vollständiger Zers. des $NiO_2 \cdot aq$ mit einem Gemisch von $Ni_2O_3 \cdot aq$ und $Ni_3O_4 \cdot aq$ bedeckt. Nach vollständigem Zerfall des NiO(OH) in $Ni_3O_4 \cdot aq$ erfolgt zunächst Red. zu $NiO_2H^-$ mit 2wertigem Ni, dann mit wachsendem Nickelgehalt des Elektrolyten Red. zu $Ni(OH)_2$; der Wert des Pot. bleibt konst. $E_h = 0.07$ bis die Red. von $Ni_3O_4 \cdot aq$ zu $Ni(OH)_2$ vollständig ist. Bei schnellerer Entladung findet direkte Red. von NiO(OH) zu $Ni(OH)_2$ statt, M. POURBAIX, N. DE ZOUBOV, E. DELTOMBE (*Proc. 7th Meeting Intern. Comm. Electrochem. Thermodyn. Kinet., Lindau* 1955 [1957], S. 193/215, 212), E. DELTOMBE, N. DE ZOUBOV, M. POURBAIX (in: M. POURBAIX, N. DE ZOUBOV, J. VAN MUYLDER, *Atlas d'Equilibres Electrochimiques, Paris* 1963, S. 330/42, 340). Die beim Laden und Entladen der Nickeloxidelektrode in Alkali hauptsächlich reagierenden Phasen sind $Ni(OH)_2$ und NiO(OH); NiO (durch Zersetzen von $Ni(OH)_2$ hergestellt) nimmt wohl an den Rkk. nicht teil, G. W. D. BRIGGS, W. F. K. WYNNE-JONES (*Trans. Faraday Soc.* **52** [1956] 1272/81, 1280). Der Ladevorgang ist nicht die Umkehr des Entladevorgangs, die Pot.-Differenz beim Laden ist höher als die beim Entladen zu

erreichende, O. GLEMSER, J. EINERHAND (*Z. Elektrochem.* **54** [1950] 302/4), F. FOERSTER (*Z. Elektrochem.* **13** [1907] 414/34, 429). Nach E. JONES, W. F. K. WYNNE-JONES (*Trans. Faraday Soc.* **52** [1956] 1260/72, 1270), G. W. D. BRIGGS, E. JONES, W. F. K. WYNNE-JONES (*Trans. Faraday Soc.* **51** [1955] 1433/42, 1440), handelt es sich um reversible Vorgänge.

*Charging*

**Laden.** Bei der Ladung der Nickeloxidelektrode entsteht als Primärprod. das röntgenamorphe, instabile $NiO_2 \cdot aq$, aus dem durch Zers. oder durch Rk. mit $Ni(OH)_2$ sich $\beta$-NiO(OH) bildet. Der über $NiO_{1.5}$ ($Ni_2O_3$) hinausgehende Sauerstoffgehalt wird durch $NiO_2 \cdot aq$ hervorgerufen. Ob dieses mit $\beta$-NiO(OH) eine feste Lsg. eingeht, ist unentschieden, O. GLEMSER, J. EINERHAND (*l. c.*). Da $NiO_2 \cdot aq$ röntgenamorph ist, kann direkter Nachweis auf einer Elektrode nicht geführt werden, doch gilt für den Ladevorgang die Auffassung, daß primär $NiO_2 \cdot aq$ gebildet wird, H. BODE (*Angew. Chem.* **73** [1961] 553/60, 557), F. FOERSTER (*l. c.* S. 427, **14** [1908] 17/19). Die Ox. des Hydroxids kann bis zur Zus. $NiO_{1.8}$ führen. Das entspricht der Anwesenheit von ~60% vierwertigem und 40% dreiwertigem Nickeloxid, G. W. D. BRIGGS u. a. (*l. c.* S. 1441).

Das Pot. beim Aufladen liegt größtenteils anodischer als das der reversiblen Sauerstoffelektrode, so daß in allen 3 Gebieten, s. Fig. 198, Tl. a Kurve ABC, S. 454, $O_2$-Entwicklung auftritt, die aber erst merklich wird, wenn die Masse des Hydroxids aufgeladen ist. Das elektrochem. Verh. der Elektrode wird augenscheinlich durch die elektrochemisch aktive Oberflächenphase bestimmt. Erst wenn 1.5% der Ladungskapazität erreicht sind, setzt merkliches Aufladen der Elektrodenmasse im Innern ein. Die Oberflächenphase ist bei 10% der totalen Ladungskapazität vollständig geladen. Weitere Ox. betrifft nur noch das Innere der Elektrodenmasse, B. E. CONWAY, E. GILEADI (*Can. J. Chem.* **40** [1962] 1933/42, 1933, 1940). Die Wertigkeit des Ni in den sich bei anod. Ox. bildenden Oxyhydroxiden ist um so niedriger, je geringer die KOH-Konz. und je höher die Temp. ist. Graph. Darst. der Existenzbereiche des bei Polarisation entstehenden $Ni(OH)_2$, $\alpha$- und $\beta$-NiO(OH) und $Ni_3O_2(OH)_4$ als Funktion der KOH-Konz. und Temp. des Elektrolyten s. T. SEIYAMA, M. ABO, W. SAKAI (*Kogyo Kagaku Zasshi* **57** [1954] 343/6, *C.A.* **1955** 5160).

*Discharging*

**Entladen.** Bei der Entladung sinkt das Pot. zuerst schnell infolge Zers. des $NiO_2 \cdot aq$ bis das Pot. des $\beta$-NiO(OH) erreicht ist, vgl. Fig. 202, S. 469, AB, und sinkt dann nach einiger Zeit auf das Pot. des $Ni(OH)_2$ ab, DE in Fig. 202. Bei geeignet geführter, langsamer Entladung tritt auch $Ni_3O_2(OH)_4$ mit einer besonderen Entladestufe auf, s. Fig. 206, S. 489. $Ni_3O_2(OH)_4$ kann auch bei längerem Stehenlassen der Elektrode durch Zers. aus $\beta$-NiO(OH) gebildet werden und durch Umsetzung von $\beta$-NiO(OH) mit $Ni(OH)_2$ entstehen, O. GLEMSER, J. EINERHAND (*l. c.*). Die anfängliche Spannungsspitze, die von dem in frisch geladenem Zustand vorhandenen $NiO_2 \cdot aq$ herrührt, ist bei der Entladungskurve des $\beta$-NiO(OH) nicht vorhanden. Wird eine geladene Ni-Hydroxidelektrode bei 100° erhitzt, so hat sie bei anschließender Entladung zwar praktisch die volle Kapazität, aber nicht die Spannungsspitze der Entladungskurve, wohl infolge beschleunigten Selbstzerfalls des $NiO_2 \cdot aq$ durch das Erhitzen. Auch nach längerer Zeit zwischen Aufladung und Entladung erreicht die Spannungskurve nicht mehr die für $NiO_2$ charakterist. Spitze, H. WINKLER (*Proc. 8th Meeting Intern. Comm. Electrochem. Thermodyn. Kinet., Madrid* 1956 [1958], S. 383/93, 383, 385).

*Interpretation of Discharge Curve*

**Interpretation der Entladekurve.** **Fig. 202** zeigt schematisch das Entladepot. einer geladenen Nickeloxidelektrode in Abhängigkeit von der Entladezeit. Eine Zusammenstellung der Interpretationen dieser Entladekurve ist in der Tabelle gegeben, J. LABAT (*J. Chim. Phys.* **60** [1963] 1253/63, 1261).

| Kurventeil | Reaktionsmechanismus | Lit. |
|---|---|---|
| AB | $NiO_2$ mit $Ni_2O_3$ [oder $\beta$-NiO(OH)] $\rightarrow$ $Ni_2O_3$ [oder $\beta$-NiO(OH)] | 2, 3, 5, 8 |
| AB | Konzentrationspolarisation des Elektrolyten | 7 |
| AB | $\beta$-NiO(OH) mit adsorbiertem Sauerstoff $\rightarrow$ $\beta$-NiO(OH) | 1 |
| BC | $Ni_2O_3$ [oder $\beta$-NiO(OH)] $\rightarrow$ $Ni_3O_4$ [oder $Ni_3O_2(OH)_4$] | 3, 6, 8 |
| BC | $Ni_2O_3$ [oder $\beta$-NiO(OH)] $\rightarrow$ $Ni(OH)_2$ [oder NiO] | 1, 2, 4, 7 |
| DE | $Ni_3O_2(OH)_4$ [oder $Ni_3O_4$] $\rightarrow$ $Ni(OH)_2$ [oder NiO] | 3, 6, 8 |
| DE | $Ni(OH)_2$ mit adsorbiertem Sauerstoff $\rightarrow$ $Ni(OH)_2$ | 1, 4, 7 |

1) Mit Hilfe von Röntgendiagrammen während der Ladung und Entladung an Sinterelektroden S. U. FALK (*J. Electrochem. Soc.* **107** [1960] 661/7, 662/3). Der hier angenommene Rk.-Verlauf wird durch die Beobachtung von A. L. PITMAN, G. W. WORK (NRL-Rep. 4845 [1956]), zitiert nach S. U. FALK (*l. c.*), gestützt, daß das Pot. der geladenen Elektrode direkt linear mit abnehmender Sauerstoffkonz. abnimmt, S. U. FALK (*l. c.*).

2) Das Oxyhydroxid mit Sauerstoffüberschuß wird als feste Lsg. von NiO(OH) mit $NiO_2$ angesprochen. Röntgenograph. Verss. zum Nachweis von $Ni^{4+}$ sind nicht überzeugend, E. JONES, W. F. K. WYNNE-JONES (*Trans. Faraday Soc.* **52** [1956] 1260/72, 1269), G. W. D. BRIGGS, W. F. K. WYNNE-JONES (*Trans. Faraday Soc.* **52** [1956] 1272/81, 1279), G. W. D. BRIGGS, E. JONES, W. F. K. WYNNE-JONES (*Trans. Faraday Soc.* **51** [1955] 1433/41).

3) Je geringer die Entladestromstärke ist, um so mehr wird die sonst direkt von $Ni^{3+}$ zum $Ni^{2+}$ verlaufende Red. über $Ni_3O_2(OH)_4$ gehen, O. GLEMSER, J. EINERHAND (*Z. Elektrochem.* **54** [1950] 302/4).

4) S. OKADA, T. SHIRAISHI, K. WATANABE (*J. Chem. Soc. Japan Ind. Chem. Sect.* **51** [1948] 130/2).

5) A. P. ROLLET (*Ann. Chim.* [*Paris*] [10] **13** [1930] 137/252, 224). Diese Stufe konnte nicht nachgewiesen werden, J. BESSON (*Compt. Rend.* **223** [1946] 28/30).

6) Aus Entladekurven der durch Aufladung hergestellten Kette Ni-Oxid auf Pt | 6n-KOH | K-Amalgam. Vergleich mit durch chem. Ox. hergestellten Ni-Oxiden, J. BESSON (*Compt. Rend.* **223**

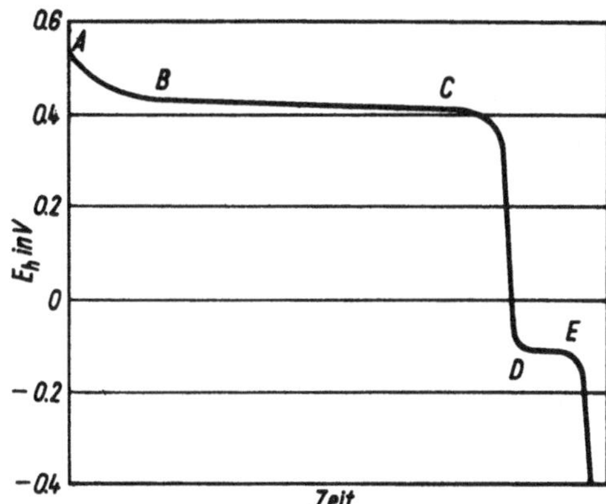


Fig. 202.

Schemat. Entladungskurve einer geladenen Nickeloxidelektrode.

[1946] 28/30, 288/90); vgl. auch J. BESSON (*Proc. 11th Intern. Congr. Pure Appl. Chem., London* 1947 [1953], *Bd.* 5, S. 687/93, 690).

7) J. ZEDNER (*Z. Elektrochem.* **11** [1905] 809/13, **12** [1906] 463/76, **13** [1907] 752/5).

8) F. FOERSTER (*Z. Elektrochem.* **13** [1907] 414/34, **14** [1908] 17/9). Zu Nr. 8 vgl. auch F. FOERSTER (*Z. Physik. Chem.* **69** [1909] 236/71, 238/41).

Die Existenz des β-NiO(OH) im geladenen und des $Ni(OH)_2$ im entladenen Zustand der Elektrode wird wohl einheitlich anerkannt; die Anwesenheit von $NiO_2$ und $Ni_3O_2(OH)_4$ wird von den Autoren bezweifelt, die Sauerstoffadsorption durch die aktive Materie annehmen, J. LABAT (*J. Chim. Phys.* **60** [1963] 1253/63, 1262). — Vergleich magnet., chem. und röntgenograph. Unterss. der chem. Ox. von $Ni(OH)_2$ mit Unterss. der magnet. Susz. während der elektrochem. Ox. von $Ni(OH)_2$ in Ggw. von Graphit oder auf Pt-Elektrode zeigt, daß von Anfang der Ox. an $Ni^{IV}$-Ionen auftreten. Prüfung der Gültigkeit der verschiedenen Hypothesen über die Vorgänge beim Laden und Entladen der Nickeloxidelektrode an Hand der Ergebnisse der magnet. Unterss., J. LABAT (*Ann. Chim.* [*Paris*] [13] **9** [1964] 399/427, 424).

*Concentrations Alkaline Solution*

**Konzentration der Lauge.** Beim Laden einer Nickelhydroxidelektrode wird die KOH-Konz. des Elektrolyten kleiner, beim Entladen wächst sie infolge Adsorption bzw. Desorption des KOH durch die Ni-Hydroxidmasse, wie sich mit Hilfe von $K_2CO_3$, KCl oder KBr als Bezugssubst. nachweisen läßt, F. KORNFEIL (*Proc. 12th Ann. Battery Res. Develop. Conf., Fort Monmouth* 1958, S. 18/22), B. V. ERSHLER, G. S. TYURIKOV, A. D. SMIRNOVA (*Zh. Fiz. Khim.* **14** [1940] 985/8). Geladene Nickeloxidelektroden adsorbieren je Gramm aktiver Masse ~6 mg KOH aus 0.05n- bis 3n-KOH-Lösungen. Ungeladene Elektroden adsorbieren kein KOH aus diesen Lsgg., B. C. BRADSHAW (*Proc. 12th Ann. Battery Res. Develop. Conf., Fort Monmouth* 1958, S. 22/5).

*Electrode Changes, Oxygen Absorption*

**Änderungen an der Elektrode, Sauerstoffabsorption.** Während der Entladung ändert sich in der Elektrodenmasse der Gehalt an $H_2O$, $K_2CO_3$ und KOH, wie durch Analyse festzustellen ist. Das Gew. der Elektrode nimmt zu Beginn der Entladung bis zu einem Max. zu, fällt auf ein Minimum und steigt wieder an (benutzt wird eine Taschenplattenelektrode). Das Gew. der Elektrode kann nur zunehmen,

wenn das entsprechend der Gleichung $2NiO_2 + H_2O \rightarrow 2NiO(OH) + {}^1/_2O_2$ entwickelte $O_2$ nicht abgegeben wird, sondern das geladene Ni-Hydroxid in der Lage ist, Sauerstoff zu absorbieren. Zur Bestätigung kann die Entladung der Ni-Hydroxidelektrode unterbrochen und an einem in die Elektrodenmasse eingeführten Pt-Draht Sauerstoff entwickelt werden, dann zeigt sich, daß die Elektrode bei gleichbleibender Kapazität nach Wiederbeginn der Entladung schwerer geworden ist. Wenn sich $NiO_2$ in NiO(OH) umsetzt, bleiben etwa $^2/_3$ des entstandenen Sauerstoffs im Nickelhydroxid, etwa $^1/_3$ diffundiert in den Elektrolyten, H. WINKLER (*Proc. 8th Meeting Intern. Comm. Electrochem. Thermodyn. Kinet., Madrid* 1956 [1958], S. 383/93, 385, 386, 388/92), vgl. auch E. GILEADI, B. E. CONWAY (in: J. O'M. BOCKRIS, B. E. CONWAY, *Modern Aspects of Electrochemistry*, Nr. 3, *London* 1964, S. 347/442, 427, 429/32).

*Oxygen Formation Potential and Rate*

**Potential und Geschwindigkeit der Sauerstoffentwicklung.** Die Pott. der Sauerstoffentw. an Nickeloxiden, die auf Ni oder Pt anodisch niedergeschlagen worden sind, stimmen bei gleicher Schichtdicke und gleicher Stromdichte überein und nehmen mit wachsender Schichtdicke ab, E. JONES, W. F. K. WYNNE-JONES (*Trans. Faraday Soc.* **52** [1956] 1260/72, 1261, 1270).

Geschw. der Sauerstoff-Entw., bestimmt aus automatisch registriertem $O_2$-Volumen bei geöffnetem Stromkreis, in Abhängigkeit vom Elektrodenpot. in 0.015n- bis 16.6n-KOH-Lsg. bei 25° an Hydroxidelektroden auf Sinternickel (Herst. s. S. 467) im Gebiet der „Überladung", wo nur der anod. Teilprozeß der $O_2$-Entw. auftritt, also bei Pott., die anodischer sind als das Pot. der reversiblen $O_2$-Entw., B. E. CONWAY, P. L. BOURGAULT (*Trans. Faraday Soc.* **58** [1962] 593/607, 596).

**Sauerstoffüberspannung.** Vergleich der Sauerstoffüberspannung $\eta$ in 0.22n- bis 4.31n-KOH-Lsg. bei 20° bis 60° an aus $Ni(OH)_2$-Pulver und Graphit gepreßten Elektroden mit der Sauerstoffüberspannung an glattem Ni. Die Neigung der $\eta$-lg i-Kurve ist für eine unvollständig geladene Nickeloxidelektrode kleiner als für eine vollständig geladene. Anscheinend ändert sich der Mechanismus der Sauerstoffabscheidung mit zunehmender Ladung der Elektrode, S. A. GANTMAN, P. D. LUKOVTSEV (*Tr. Soveshch. po Elektrokhim. Akad. Nauk SSSR Otd. Khim. Nauk, Moscow* 1950 [1953], S. 504/12, *C.A.* **1955** 12159). Best. der Sauerstoffüberspannung und Berechnung der Konst. b der TAFELschen Gleichung für 4.4n-KOH-Lsg. und Elektroden, die aus einer Mischung von Nickeloxid und Graphit gepreßt sind. Anod. und kathod. Polarisation mit 2 bis 10 mA und Zerfallskurven nach Unterbrechen des Stroms, P. D. LUKOVTSEV, S. A. TEMERIN (*Tr. Soveshch. po Elektrokhim. Akad. Nauk SSSR Otd. Khim. Nauk, Moscow* 1950 [1953], S. 494/503, *C.A.* **1955** 12159). Vergleich der Neigung der Sauerstoffüberspannungskurven mit den Kurven des Pot. als Funktion der Zeit nach Unterbrechung des Polarisationsstroms an glatten Nickeloxidschichten, die anodisch in dem zu untersuchenden Elektrolyten auf Ni-Folie mit Schichtdicken von 100 bis 400 Å niedergeschlagen worden sind, in 2n-LiOH-, 2n-NaOH-, 2n- oder 3.3n-KOH-Lsg. und in 3.3n-KOH-Lsg. mit Zusatz von ZnO oder $WO_3$ (10 g/l Zn oder W). Die Sauerstoffüberspannung ist größer in 2n-LiOH-Lsg. als in 2n-NaOH-Lsg. und diese wiederum größer als in 2n-KOH-Lsg., die Zerfallskurve verschiebt sich entsprechend der Änderung des Elektrolyten zu weniger positiven Werten. Sie hat eine kleinere Neigung als die Sauerstoffüberspannungskurve. Vergleich mit entsprechenden Messungen von B. E. CONWAY, P. L. BOURGAULT (*Can. J. Chem.* **37** [1959] 292/307, 298) in KOH-Lsg. mit $Ni(OH)_2$-Elektroden, die auf porösen Nickelsinterplatten durch Tränken mit gesätt. kobaltfreier $Ni(NO_3)_2$-Lsg. und Eintauchen in 20%ige KOH-Lsg. hergestellt worden sind, P. D. LUKOVTSEV, G. YA. SLAIDIN' (*Zh. Fiz. Khim.* **36** [1962] 2268/71; *Russ. J. Phys. Chem.* **36** [1962] 1227/30). E-lg i-Kurve für die Sauerstoffüberspannung an auf Ni-Folie niedergeschlagenen Oxidfilmen in 3.3n-KOH-Lsg. Die Neigung der Geraden ändert sich bei ~0.55 V (aus der Fig. entnommen). Zusatz von ZnO vergrößert die Sauerstoffüberspannung, Zusatz von $Al^{3+}$ noch stärker. Durch Zusatz von $WO_3$ oder $MoO_3$ wird bei Pott. $>\sim$0.52 V (aus der Fig. entnommen) die Überspannung herabgesetzt, bei niedrigeren Pott. vergrößert. Alle Zusätze, berechnet auf Metall, werden in einer Konz. von 10 g/l zugegeben, P. D. LUKOVTSEV, G. YA. SLAIDIN' (*Zh. Fiz. Khim.* **38** [1964] 556/61; *Russ. J. Phys. Chem.* **38** Nr. 3 [1964] 299/301). Zugabe von 10 bis 50 g LiOH/l zu 2.8n-KOH-Lsg. scheint die Sauerstoffüberspannung und damit die Kapazität der aufgeladenen Nickeloxidelektrode zu erhöhen, S. OKADA, T. SHIRAISHI, T. YASUHARA (*J. Chem. Soc. Japan Ind. Chem. Sect.* **53** [1950] 378/9, *C.A.* **1953** 418), durch Zusatz von Fe wird die Sauerstoffüberspannung und damit die Kapazität erniedrigt, P. D. LUKOVTSEV (*Tr. 4-go Soveshch. po Elektrokhim., Moscow* 1956 [1959], S. 773/80; *Soviet Electrochem. Proc. 4th Conf. Electrochem., Moscow* 1956 [1959], *Bd.* 3, *New York* 1961, S. 156/62, 161).

*Potential Loss Curves*

**Potentialzerfallskurven.** Bei Unterbrechung des polarisierenden Stromes treten an Nickeloxidelektroden Verluste an Sauerstoff und Pot.-Zerfall ein. Die untersuchten Elektroden entsprechen einem Lade-

zustand der Formel $NiO_x$, wo x von ~1.4 bis 1.8 variiert, je nach Stromdichte und Temperatur. Die Kurven des Pot. in Abhängigkeit vom Logarithmus der um einen Korrektionsfaktor vermehrten Zerfallszeit, bei 25° in 0.0015n- bis 14.6n-KOH-Lsgg. aufgenommen, haben 2 lineare Gebiete mit verschiedenen Neigungen und geben dadurch Änderung des die Geschw. bestimmenden Mechanismus bei der Selbstentladung an. Das Pot. oder die Zeit, bei der Änderung der Neigung eintritt, hängt von der KOH-Konz. ab. Vergleich mit Kurven des während des Zerfalls entwickelten Sauerstoffvol. als Funktion der Zerfallszeit und des Pot., B. E. CONWAY, P. L. BOURGAULT (*Can. J. Chem.* **37** [1959] 292/307, 295, 298, 304). Über Herst. der Hydroxidelektrode s. S. 467.

Anod. und kathod. Pot.-Zerfallskurven in 0.01n- bis 14.6n-KOH-Lsg. an halbgeladenen Hydroxidelektroden, die 50% $Ni^{II}$ und 50% $Ni^{III}$ enthalten und der Formel $NiO_{1.25} \cdot aq$ entsprechen. Die ber. Oberflächenkapazität, die mit dem elektrochem. Prozeß beim Zerfall verbunden ist, beträgt je Gramm $Ni(OH)_2$ in 7n-KOH-Lsg. 500 und in 0.01n-KOH-Lsg. 3000 Farad. Die Kapazitätswerte scheinen einer Oberflächenschicht von eingelagerten Substt., vielleicht adsorbierten Hydroxid- und Sauerstoffradikalen, zu entsprechen, die an den Vorgängen im Inneren der Elektrode teilnehmen, P. L. BOURGAULT, B. E. CONWAY (*Can. J. Chem.* **38** [1960] 1557/75, 1558, 1565).

*Effect of Additives*

**Einfluß von Zusätzen.** Bei Ni als Substrat von durch abwechselnde anod. und kathod. Polarisation aus alkal., Na-Acetat enthaltendem $NiSO_4$-Bad hergestellten Hydroxidschichten haben $F^-$, $NO_3^-$, $ClO_4^-$ bei Konzz. von $10^{-4}$ bis $10^{-1}$n und $Cl^-$ bis zu Konzz. von $10^{-2}$n keinen Einfluß auf Aussehen, Zus. und Verhalten der während der anod. Ox. in n-NaOH-Lsg. mit 0.5 mA/cm² gebildeten Schicht. Bei $2 \cdot 10^{-2}$n $Cl^-$ steigt die Schichtdicke, der Ni-Gehalt der Schicht nimmt zu von $\sim 3.9 \times 10^{-6}$ auf $\sim 7.5 \times 10^{-6}$ g-Atom/cm², während der Gehalt an aktivem Sauerstoff stark abnimmt; die Schicht sieht grau-grün aus, H. K. EMBADY, A. A. MOUSSA (*J. Chem. Soc.* **1958** 4027/31).

Die Kapazität der Nickelhydroxidelektrode kann durch Zugabe von LiOH zur Kalilauge oder von Co-Hydroxid zur Elektrodenmasse erhöht werden, H. WINKLER (*Elektrotechnik* **9** [1955] 300/4); vgl. auch P. D. LUKOVTSEV (*Tr. 4-go Soveshch. po Elektrokhim., Moscow* 1956 [1959], S. 773/80; *Soviet Electrochem. Proc. 4th Conf. Electrochem., Moscow* 1956 [1959], *Bd.* 3, *New York* 1961, S. 156/62, 160). Zugabe von Co vergrößert die Stabilität der sich beim Laden bildenden Oxidhydrate, J. P. HARIVEL, J. F. LAURENT (*Electrochim. Acta* **9** [1964] 703/10). Die Co-haltige Nickelhydroxidelektrode verbindet hohe Akt. mit schneller Stabilisierung. Nickelhydroxidelektrode auch mit Zusätzen von Mg, Zn, Cd, Mn, R. J. DORAN (*Proc. Intern. Symp. Batteries Christchurch, Hants, Engl.*, 1958, *Paper* (y) 10 S., *C.A.* **1960** 1120). Vgl. hierzu auch Einfluß von LiOH auf die Sauerstoffüberspannung, S. 470.

*Mechanism of Oxidation and Reduction*

**Mechanismus der Oxidation und Reduktion.** Erklärung des Mechanismus der Ox. von $Ni(OH)_2$ in alkal. Lsg. und der Red. der entstehenden Oxidhydrate beim Laden und Entladen der Nickeloxidelektrode durch die Halbleitereigg. der auftretenden Verbb. ($Ni(OH)_2$ soll ein p-Typ, $NiO_2$ ein n-Typ Halbleiter sein), P. D. LUKOVTSEV (*Tr. 4-go Soveshch. po Elektrochim. Moscow* 1956 [1959], S. 773/80; *Soviet Electrochem. Proc. 4th Conf. Elektrochem., Moscow* 1956 [1959], *Bd.* 3, *New York* 1961, S. 156/62). Die verunreinigenden Ionen der Zusätze, s. oben, werden wohl aus dem Elektrolyten im Austausch für die Ni-Ionen in das Nickeloxidgitter eintreten, dabei verändern sich die Halbleiter- und die elektrochem. Eigg. des Films, P. D. LUKOVTSEV, G. YA. SLAIDIN' (*Zh. Fiz. Khim.* **38** [1964] 556/61; *Russ. J. Phys. Chem.* **38** Nr. 3 [1964] 299/301).

*Rate of Proton Diffusion*

**Diffusionsgeschwindigkeit der Protonen als der die Reduktionsgeschwindigkeit begrenzende Schritt.** Der Mechanismus der Red. an der Nickeloxidelektrode in alkal. Lsg. kann wohl in 2 Schritte zerlegt werden. Beim 1. Schritt wird die Kornoberfläche reduziert infolge Protonenübertritts von der Lsg. auf die Oberfläche des Oxidhydratkorns. Beim 2. Schritt diffundiert das Proton von der Oberfläche in das Innere des Korns, begleitet von entsprechendem Elektronenübertritt, P. D. LUKOVTSEV, G. J. SLAIDIN (*Electrochim. Acta* **6** [1962] 17/21), vgl. auch B. E. CONWAY, P. L. BOURGAULT (*Can. J. Chem.* **37** [1959] 292/307, 304), E. JONES, W. F. K. WYNNE-JONES (*Trans. Faraday Soc.* **52** [1956] 1260/72, 1269).

Der langsamere, die Red.-Geschw. begrenzende Schritt ist die Diffusionsgeschw. der Protonen in das Oxidhydrat. Diese kann bestimmt werden als Zunahme des anod. Stromes, der erforderlich ist, um einen Nickeloxidfilm auf einer Ni-Folie auf einem konst. Pot. zu halten, wenn die andere Seite der Folie kathodisch polarisiert wird. Der Nickeloxidfilm ist auf der Nickelfolie durch 18std. anod. Polarisation in der Vers.-Lsg., 4n-KOH-Lsg., mit $2.2 \times 10^{-5}$ A/cm² bei 20° bis 22° hergestellt worden und hat eine Schichtdicke von 50 bis 60 Molekeln. Die Diffusionsgeschw. der Protonen steigt mit zunehmendem Pot. des Oxidfilms, P. D. LUKOVTSEV, G. J. SLAIDIN (*l. c.*). Die Geschw. der Protonendiffusion wächst in 3.3n-KOH-Lsg. bei 0.550 V praktisch linear mit Vergrößerung des kathod.

Polarisationsstroms auf der anderen Seite der Folie. Zwischen Protonendiffusionsstrom und Dicke der Hydroxidschicht, sie beträgt 20 bis 120 Molekelschichten (als NiO(OH)-Schicht berechnet), wird keine Abhängigkeit gefunden, P. D. LUKOVTSEV, G. YA. SLAIDIN' (*Zh. Fiz. Khim.* **38** [1964] 556/61; *Russ. J. Phys. Chem.* **38** Nr. 3 [1964] 299/301).

Diffusionsgeschw. der Protonen als Funktion des Pot. in LiOH-, NaOH- und KOH-Lsgg., G. YA. SLAIDIN', P. D. LUKOVTSEV (*Dokl. Akad. Nauk SSSR* **142** [1962] 1130/3 nach *C.A.* **57** [1962] 1706).

Der der Geschw. der Diffusion der Protonen entsprechende Strom wird durch Zugabe von $Zn^{2+}$ im untersuchten Pot.-Gebiet, $E_h = \sim 0.43$ bis 0.60 V, vermindert, durch Zugabe von $Al^{3+}$ noch stärker herabgesetzt. Bei Pott. $>0.54$ V ist der Protonendiffusionsstrom in Ggw. von $W^{6+}$ oder $Mo^{6+}$ größer als in 3.3n-KOH-Lsg. allein. Alle Zusätze werden in einer Konz. von 10 g/l zugesetzt, P. D. LUKOVTSEV, G. YA. SLAIDIN' (*l. c.*).

*Rate-Determining Step in Self-discharge*

**Geschwindigkeitsbestimmender Vorgang bei der Selbstentladung.** Der die Geschw. bestimmende Vorgang bei der Selbstentladung der Nickeloxidelektrode ist die anod. Tl.-Rk. der Sauerstoffentw. und nicht der kathod. Tl.-Prozeß der Red. der höheren Nickeloxide zu $Ni(OH)_2$ wie A. L. PITMAN, G. W. WORK (*U. S. Naval Res. Lab. Rept.* 4845 [1956], 5031 [1957]), zitiert nach B. E. CONWAY, P. L. BOURGAULT (*Can. J. Chem.* **40** [1962] 1690/707, 1696), annehmen. Dies zeigen Unterss. des Prozesses der Sauerstoffentw. bei geöffnetem Stromkreis und bei aufgezwungener anod. Polarisation der entsprechend dem Oxidationszustand von $\sim NiO_{1.5}$ und auch $\sim NiO_{1.25}$ geladenen Nickeloxidelektrode und zwar der Vergleich der Aktivierungswärme der Sauerstoffentw. bei geöffnetem Stromkreis mit der Aktivierungswärme bei anod. Gleichstrompolarisation bis zur Sauerstoffentw., ebenso der Vergleich der Stromspannungskurven bei anod. Polarisation von Nickeloxid in 7n-KOH-Lsg. bei verschiedenen Tempp. mit der Geschw. der Sauerstoffentwicklung bei geöffnetem Stromkreis sowie der Vergleich des Pot.-Abfalls bei geöffnetem Stromkreis in Lsg. von KOH in $H_2O$ mit dem an geladenen $Ni(OD)_2$-Elektroden in Lsg. von KOD in $D_2O$, B. E. CONWAY, P. L. BOURGAULT (*Can. J. Chem.* **40** [1962] 1690/707, 1692, 1695, **37** [1959] 292/307, 292, 304), P. L. BOURGAULT, B. E. CONWAY (*Can. J. Chem.* **38** [1960] 1557/75, 1560/4), B. E. CONWAY (in: E. YEAGER, *Trans. Symp. Electrode Processes, Philadelphia* 1959, *New York-London* 1961, S. 267/90, 280, 284, 287).

*β-$NiO_x(OH)_{2-x}$ Phase*

## β–$NiO_x(OH)_{2-x}$–Phase

### Bildung und Darstellung

*Formation. Preparation From Nickel(II) Compounds. By Oxidation of Nickel Hydroxide*

**Aus Nickel(II)-Verbindungen. Durch Oxydation von Nickelhydroxid.** Bei Einw. starker Ox.-Mittel wie Na- und K-Salze von HOCl, HOBr, $H_2S_2O_8$ in wss. oder alkal. Lsg. auf frisch gefälltes $Ni(OH)_2$ werden Präpp. erhalten, deren Ox.-Grad von der Temp. der Herst., der Menge des zugegebenen Ox.-Mittels und von der Temp. und Zeitdauer beim Altern der Rk.-Prodd. unter der oxydierenden Lsg. abhängig ist. Einzelheiten unter chem. Verh. von $Ni(OH)_2$ gegen oxydierende Lsgg. s. S. 460.

*By Precipitation in Presence of Oxidizing Agents*

**Durch Fällung in Gegenwart von Oxydationsmitteln.** H y p o c h l o r i t e. Wird bei gewöhnl. Temp. $NiSO_4$-Lsg. zu einer Lsg. von überschüssigem NaOH und NaOCl gegeben, so reagiert der wirksame Sauerstoff im Ox.-Mittel quantitativ bis zum Ox.-Grad $NiO_{1.5} \cdot aq$ des Niederschlages. Mehr NaOCl bewirkt nur eine geringfügige Steigerung des Sauerstoffgehaltes, maximal enthält der Nd. 1.7 O je Ni nach Zugabe von etwa 1.2 wirksamen O je $Ni^{2+}$, s. die gestrichelte Kurve Meth. b in Fig. 201, S. 461; hierbei ist der Sauerstoffgehalt einige Std. nach der Ox. bestimmt, J. BESSON (*Ann. Chim.* [*Paris*] [12] **2** [1947] 527/98, 537, 545). Zur Ox. wss. $NiSO_4$-Lsg. s. auch O. R. HOWELL (*J. Chem. Soc.* **123** [1923] 1772/83). Bei ähnlicher Arbeitsweise und Analyse der Ndd. 12 Std. nach der Fällung wird maximal ein Ox.-Grad von $NiO_{1.393} \cdot aq$ erreicht, bei Analyse gleich nach der Fällung bis zu $NiO_{1.741} \cdot aq$, J. LABAT (*Ann. Chim.* [*Paris*] [13] **9** [1964] 399/427, 400/3). Mit steigender Konz. der Lsgg. ist der Ox.-Grad höher, besonders bei höherer Laugenkonz., da vermutlich der Zerfall der Rk.-Prodd. verlangsamt wird. Fällung bei höheren Tempp. gibt Ndd. mit geringerem Sauerstoffgehalt. Zus. des Nd. bei Fällung mit überschüssigem $Ca(OH)_2$ und $Ca(OCl)_2$ weicht nicht von der Zus. bei Fällung mit Alkalilaugen und NaOCl ab. Fällung mit $Na_2CO_3$- und NaOCl-Lsg. bleibt unvollständig. Hypochlorite ohne Zugabe von Lauge reagieren mit $NiSO_4$-Lsg. nur sehr langsam unter Bldg. höherer Ni-Hydroxide, O. R. HOWELL (*J. Chem. Soc.* **123** [1923] 669/76). — Bei calorimetr. Titration einer alkal. NaOCl-Lsg. mit $NiSO_4$-Lsg. wird bei der Zus. $NiO_{1.5} \cdot aq$ kein Knick der Titrationskurve erhalten, wie das bei der Titration von $Na_2S_2O_8$-Lsg. mit $NiSO_4$ der Fall ist, J. BESSON (*l. c.* S. 588).

Zur Fällung aus wss. alkal. $K_2[Ni(CN)_4]$-Lsg. ist ein hoher NaOCl-Überschuß erforderlich. **Fig. 203** zeigt den Ox.-Grad in Abhängigkeit vom Zusatz an wirksamem Sauerstoff nach Ox. bei 7° und 10-

bis 15tägigem Altern unter der Fällungslauge bei Luftabschluß. Zur Umsetzung sind mehrere Std. erforderlich. Geringe Änderungen der Temp. bei der Fällung beeinflussen die Zus. des Nd. kaum, J. BESSON (*l. c.* S. 542).

Hypobromite. Der Einfluß der Menge des zugesetzten Ox.-Mittels NaOBr, KOBr, NaOH + $Br_2$, KOH + $Br_2$ auf den Ox.-Grad entspricht dem bei Fällung bei gewöhnl. Temp. mit NaOCl, s. oben und Fig. 201, S. 461, J. BESSON (*l. c.* S. 538, 588). Über den Einfluß der Menge des Ox.-Mittels und der Natronlaugenkonz. auf den Ox.-Grad beim Versetzen einer Bromnatronlauge mit wss. $Ni(NO_3)_2$-Lsg. und Zugabe der Bromnatronlauge zur $Ni(NO_3)_2$-Lsg. bei gewöhnl. Temp., wobei Präpp. mit maximal $NiO_{1.46}$·aq Sauerstoff 12 Std. nach der Fällung erhalten werden, während bei rascher Best. des O-Gehalts ein Ox.-Grad von $NiO_{1.726}$·aq nachgewiesen wird, s. J. LABAT (*Ann. Chim.* [*Paris*] [13] **9** [1964] 399/427, 400/3). Einzelangaben zur Darst. von Präpp. unterschiedlicher Zus. bei 0°

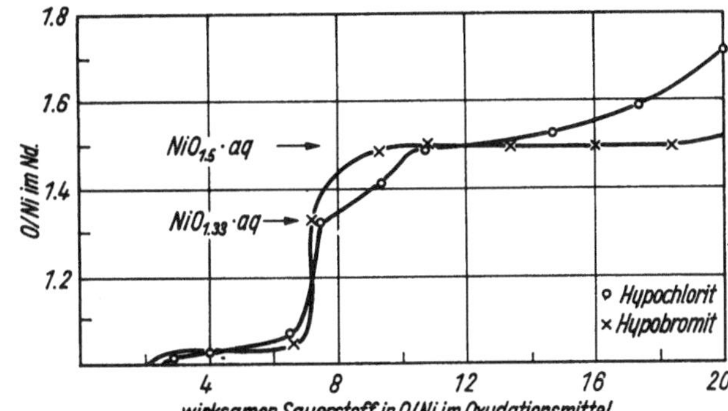


Fig. 203.

**Sauerstoffaufnahme bei der Fällung von Ni-Hydroxid aus $K_2[Ni(CN)_4]$-Lsg. mit Alkalihypochlorit und -hypobromit.**

und bei gewöhnl. Temp. s. beispielsweise G. F. HÜTTIG, A. PETER (*Z. Anorg. Allgem. Chem.* **189** [1930] 190/5), R. W. CAIRNS, E. OTT (*J. Am. Chem. Soc.* **55** [1933] 534/44, 536), O. GLEMSER, J. EINERHAND (*Z. Anorg. Allgem. Chem.* **261** [1950] 26/42, 32).

Fällung aus einer auf 70° erhitzten 0.1m-$NiCl_2$-Lsg. mit 0.2n-Natronlauge, in 10%igem Überschuß, der unterschiedliche Mengen Br zugesetzt sind, gibt nach raschem Abzentrifugieren der Ndd. von der Mutterlauge und Trocknen über $CaCl_2$ und $P_2O_5$ Präpp. folgende Zus. und Gitterstruktur:

| Äquivalente $Br_2$/Ni | Oxydationsgrad | Gitterstruktur[1]) |
|---|---|---|
| 0.20 | $NiO_{1.04}·2.8H_2O$ | $Ni(OH)_2$ |
| 0.25 | $NiO_{1.12}·1.8H_2O$ | $Ni(OH)_2$, $4Ni(OH)_2·NiO(OH)$ |
| 0.40 | $NiO_{1.19}·1.6H_2O$ | $4Ni(OH)_2·NiO(OH)$ |
| 0.47 | $NiO_{1.22}·1.8H_2O$ | $4Ni(OH)_2·NiO(OH)$ |
| 0.50 | $NiO_{1.28}·1.5$ bis $2H_2O$ | $Ni_3O_2(OH)_4$, $4Ni(OH)_2·NiO(OH)$ |
| 1.00 | $NiO_{1.28}·2H_2O$ | $Ni_3O_2(OH)_4$ |
| 1.50 | $NiO_{1.37}·1.1H_2O$ | $Ni_3O_2(OH)_4$ |

Ein mit 0.5 Äquivv. $Br_2$/Ni gefällter Nd. hat nach 72 Std. die Zus. $NiO_{1.15}·1.3H_2O$ und $Ni(OH)_2$-Gitterstruktur. Durch erneute Ox. der mit 0.47 $Br_2$/Ni gefällten Probe wird $NiO_{1.48}·1.3H_2O$ mit den Interferenzen von β-NiO(OH) neben wenig $4Ni(OH)_2·NiO(OH)$ erhalten. Ox.-Grad und zugesetzte Menge an Ox.-Mittel nehmen nicht parallel zu, da vermutlich das entstandene Ox.-Prod. die Umsetzung von Hypobromit zu Bromat katalytisch beschleunigt, W. FEITKNECHT, H. R. CHRISTEN, H. STUDER (*Z. Anorg. Allgem. Chem.* **283** [1956] 88/95, 89).

Bei calorimetr. Titration einer alkal. NaOBr-Lsg. mit $NiSO_4$-Lsg. wird bei der Zus. $NiO_{1.5}$·aq kein deutlicher Knick der Titrationskurve erhalten wie dies bei Titration einer $K_2S_2O_8$-Lsg. der Fall ist, J. BESSON (*Ann. Chim.* [*Paris*] [12] **2** [1947] 527/98, 588).

Zur Fällung höherer Ni-Hydroxide aus alkal. $K_2[Ni(CN)_4]$-Lsg. ist ein hoher Überschuß an Ox.-Mittel erforderlich wie bei Ox. mit NaOCl, s. Fig. 203, S. 473, die Umsetzung erfolgt rascher, J. BESSON (*l. c.* S. 542).

Alkaliperoxodisulfat. Fällung durch $Na_2S_2O_8$ oder $K_2S_2O_8$ erfolgt bei gewöhnl. Temp. aus wss. $NiSO_4$-Lsg. wie mit NaOCl, s. S. 460 und Fig. 201, S. 461, Ox. mit Na- oder K-Salzen und NaOH bzw.

[1]) Siehe S. 451, 474, 477, 480.

KOH gibt übereinstimmende Ergebnisse, J. BESSON (*l. c.* S. 533/7). Zus. des Nd., aus einer Lsg. von 100 g $Ni(NO_3)_2 \cdot 6H_2O$, max. 84 g $Na_2S_2O_8$ in 500 ml $H_2O$ und 80 g NaOH in 500 ml $H_2O$ bei gewöhnl. Temp. gefällt, Analyse 12 Std. nach der Fällung in Abhängigkeit von der zugegebenen Menge $Na_2S_2O_8$:

| g $Na_2S_2O_8$. . . . | 0 | 8 | 16 | 24 | 32 | 40 | 48 | 56 | 84 |
|---|---|---|---|---|---|---|---|---|---|
| O/Ni im Nd. . . | 1 | 1.071 | 1.151 | 1.236 | 1.318 | 1.380 | 1.422 | 1.448 | 1.455 |

Röntgenographisch werden hierbei keine verschiedenen Gitterstrukturen sondern ein steigender Übergang vom $Ni(OH)_2$ zum $\beta$-NiO(OH)-Gitter gefunden. Bei rasch auf die Fällung folgender Analyse wird ein Ox.-Grad bis zu $NiO_{1.71} \cdot aq$ beobachtet, J. LABAT (*Ann. Chim.* [*Paris*] [13] **9** [1964] 399/427, 400/3). Bei Einw. von $Na_2S_2O_8$-Lsg. auf eine alkal. $K_2[Ni(CN)_6]$-Lsg. in der Kälte werden keine höheren Ni-Hydroxide erhalten, J. BESSON (*l. c.* S. 544).

*By Electrochemical Method*

**Auf elektrochemischem Wege.** Höhere Ni-Hydroxide bilden sich anodisch bei Ladung und Entladung der NiO-Elektrode im alkal. Elektrolyten, Einzelheiten s. ab S. 467. — Bei Elektrolyse einer Lsg. von 15 g $NiSO_4 \cdot 7H_2O$ und 30 g Na-Acetat in 200 ml $H_2O$, die sich in einer als Anode geschalteten Pt-Schale mit Pt-Scheibe als Kathode befinden, scheiden sich in Abhängigkeit von der Temp. der Lsg. Ndd. verschiedenen Ox.-Grades anodisch ab. Während der Elektrolyse wird ständig 1 n-Natronlauge so rasch zugetropft, daß die Lsg. durch ausgeschiedenes $Ni(OH)_2$ ständig leicht getrübt erscheint. Zus., Farbe und Gitterstruktur des Nd. als Funktion der Temp. t des Elektrolyten:

| t in °C . . . . . | 24° | 40° | 50° | 55° | 60° | 70° | 75° | 80° | 90° |
|---|---|---|---|---|---|---|---|---|---|
| O/Ni im Nd. . . | 1.51 | 1.41 | 1.40 | 1.38 | 1.30 | 1.22 | 1.12 | 1.07 | 1.02 |
| Farbe . . . . . | schwarz (24° bis 60°) | | | | | blauschwarz (70° bis 80°) | | | grün |
| Gitterstruktur[1]) | $\beta$-NiOOH | $Ni_3O_2(OH)_4$ (40° bis 60°) | | | | $4Ni(OH)_2NiO(OH)$ (70° bis 80°) | | | $Ni(OH)_2$ |

O. GLEMSER, J. EINERHAND (*Z. Anorg. Allgem. Chem.* **261** [1950] 26/42, 31). Die Ausbeuten sind schlecht, so daß die Darst. durch Fällung mit alkal. Ox.-Mitteln vorzuziehen ist, O. GLEMSER (in: G. BRAUER, *Handbuch der präparativen Anorganischen Chemie*, 2. *Aufl.*, *Bd.* 2, *Stuttgart* 1962, S. 1349).

*Course of Oxidation Reaction*

**Reaktionsverlauf bei der Oxydation.** Hierzu liegen widersprechende Angaben vor. — Bei Darst. durch Ox. von $Ni(OH)_2$ ist ein stetiger Übergang des Gitters theoretisch bis zur Zus. $NiO_{1.5} \cdot aq$ möglich (s. S. 460), W. FEITKNECHT, H. R. CHRISTEN, H. STUDER (*Z. Anorg. Allgem. Chem.* **283** [1956] 88/95, 94). Dies stimmt mit den Ergebnissen der elektrochem. Ox. von $Ni(OH)_2$ im Edison-Sammler überein, wobei $Ni_3O_2(OH)_4$ nicht nachgewiesen wird, H. BODE (*Angew. Chem.* **73** [1961] 553/60, 557), s. auch ab S. 467. Die röntgenograph. Unters. von Ndd., die aus Ni-Salzlsgg. mit alkal. Lsgg. von NaOCl, $Br_2$, und $Na_2S_2O_8$ gefällt sind und unterschiedliche Ox.-Grade entsprechend der Menge an Ox.-Mittel bei der Fällung aufweisen, ergibt einen stetigen Übergang der Interferenzen vom $Ni(OH)_2$ nach $\beta$-NiO(OH). Nach den magnet. Eigg. dieser Präpp. wird durch Rk. mit $Na_2S_2O_8$ das $Ni^{2+}$ zunächst vollständig zu $Ni^{3+}$ oxydiert und erst danach zu $Ni^{4+}$ während mit NaOCl oder KOCl das $Ni^{2+}$ gleichzeitig teils zu $Ni^{3+}$, teils zu $Ni^{4+}$ oxydiert wird, J. LABAT (*Ann. Chim.* [*Paris*] [13] **9** [1964] 399/427, 406/11, 426). Durch calorimetr. Titration alkal. Alkaliperoxodisulfatlsgg. mit Ni-Salzlsg. ist als erstes Rk.-Prod. $NiO_2 \cdot aq$, als zweites $NiO_{1.5} \cdot aq$ nachgewiesen, s. **Fig. 204** nach O. GLEMSER, J. EINERHAND, (*Z. Anorg. Allgem. Chem.* **261** [1950] 26/42, 29), s. auch J. BESSON (*Ann. Chim.* [*Paris*] [12] **2** [1947] 527/98, 541; *Compt. Rend.* **222** [1946] 390/2). Ein weiterer Knick der Titrationskurve bei der Zus. $NiO_{1.33} \cdot aq$ wird von O. GLEMSER, J. EINERHAND (*l. c.*) beobachtet. — Deswegen wird angenommen, daß das zum Ox.-Mittel gegebene $Ni^{2+}$ zunächst vollständig zu $Ni^{4+}$ oxydiert wird, bis alles Ox.-Mittel verbraucht ist; $Ni^{4+}$ reagiert dann mit neu zugegebenem $Ni^{2+}$ bis das gesamte Ni als $Ni^{3+}$ vorliegt. Danach erst reagiert dieses mit weiterem $Ni^{2+}$ unter Bldg. von $NiO_{1.33} \cdot aq$. Diese Annahme wird durch das Verhalten der Präpp. beim Altern unter der Mutterlauge s. S. 476 und Fig. 201, S. 461 gestützt. Das hiermit nicht übereinstimmende Verhalten von anderen Präpp., die durch Ox. von $Ni(OH)_2$ hergestellt sind, wird auf Zers. der oxydierten Hydroxide durch $Ni(OH)_2$-Einschlüsse zurückgeführt, J. BESSON (*l. c.* S. 536, 557, 586).

*Physical Properties*

## Physikalische Eigenschaften

*Crystallographic Properties*

**Kristallographische Eigenschaften.** Aus Lit.-Werten ergibt sich beim stetigen Übergang vom hexagonalen $Ni(OH)_2$ in das isotype $\beta$-NiO(OH) für die Zus. $NiO_{1.33} \cdot aq$, die der Verb. $Ni_3O_2(OH)_4$ entspricht, für die Gitterkonstt.: a = 3.04, c = 4.82 Å, wobei einige schwache Interferenzen, welche durch chem. Ox. entstandene Präpp. zeigen und die bei durch elektrochem. Ox. hergestellten Präpp.

[1]) Siehe S. 451, 476, 480, 486.

nicht beobachtet werden, zu vernachlässigen sind, H. BODE (*Angew. Chem.* **73** [1961] 553/60, 557). Graph. Wiedergabe der Interferenzen über nahezu den ganzen Bereich der Phase von Präpp., die aus $Ni(NO_3)_2$-Lsgg. mit Natronlauge und NaOCl, $Br_2$ oder $Na_2S_2O_8$ gefällt sind, s. J. LABAT (*Ann. Chim.* [*Paris*] [13] **9** [1964] 399/427, 402).

**Magnetische Eigenschaften.** Spezif. Suszeptibilität $\chi_{Ni}$ in $cm^3/g$ bei 25°. Abhängigkeit der für Diamagnetismus korrigierten Werte von der Zus.: *Magnetic Properties*

| O/Ni | 1 | 1.018 | 1.209 | 1.216 | 1.269 | 1.320 | 1.425 | 1.444 | 1.545 | 1.680 | 1.741 |
|---|---|---|---|---|---|---|---|---|---|---|---|
| $\chi_{Ni} \cdot 10^6$ | 4765 | 4040 | 3420 | 3445 | 3100 | 2895 | 2315 | 2135 | 1545 | 1035 | 885 |

Die Proben sind in der Meßapparatur mit NaOCl und Natronlauge gefällt. Wie **Fig. 205** zeigt, ergibt sich für Präpp., die mit Bromnatronlauge bzw. mit alkal. Hypochloritlsg. gefällt sind, gute Übereinstimmung der Werte, nicht dagegen für Proben, die mittels alkal. $Na_2S_2O_8$-Lsg. hergestellt werden. Über die Deutung dieser Abweichung s. S. 474.

Fig. 204.

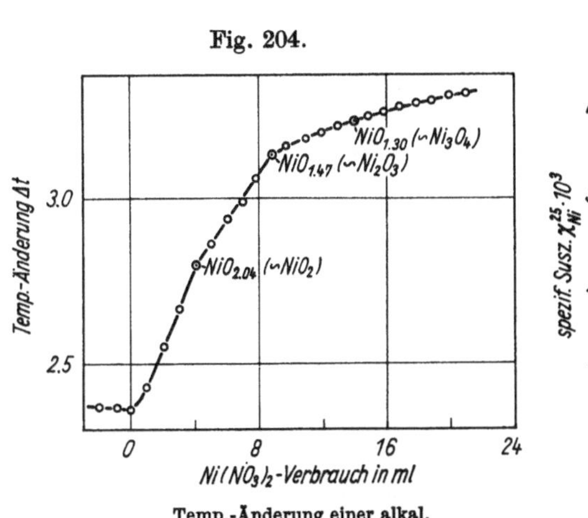


Temp.-Änderung einer alkal. Alkaliperoxidisulfatlsg. als Funktion der zugetropften $Ni(NO_3)_2$-Lsg.

Fig. 205.

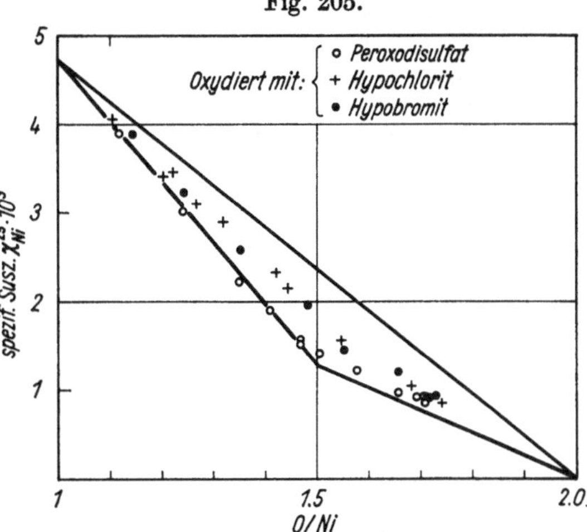


Magnet. Susz. in Abhängigkeit von der Zus. der Proben und vom Ox.-Mittel.

Temp.-Funktion von $\chi_{Ni}$ für mit Bromnatronlauge und großem NaOH-Überschuß gefällte Proben; Werte in Auswahl:

| O/Ni | 1.122 | | | | 1.267 | | | |
|---|---|---|---|---|---|---|---|---|
| T in °K | 77 | 127 | 183 | 292 | 77 | 119 | 197 | 291 |
| $\chi_{Ni} \cdot 10^6$ | 19420 | 9730 | 6440 | 3940 | 14150 | 7720 | 4400 | 2960 |

| O/Ni | 1.357 | | | | 1.361 | | | |
|---|---|---|---|---|---|---|---|---|
| T in °K | 77 | 123 | 204 | 294 | 77 | 123 | 182 | 294 |
| $\chi_{Ni} \cdot 10^6$ | 11340 | 5900 | 3430 | 2405 | 11010 | 5650 | 3760 | 2440 |

| O/Ni | 1.404 | | | | 1.464 | | | |
|---|---|---|---|---|---|---|---|---|
| T in °K | 77 | 125 | 181 | 290 | 77 | 118 | 178 | 293 |
| $\chi_{Ni} \cdot 10^6$ | 10150 | 5190 | 3490 | 2255 | 7380 | 4310 | 2880 | 1860 |

J. LABAT (*Ann. Chim.* [*Paris*] [13] **9** [1964] 399/427, 403/11). — Die Abhängigkeit von $\chi_{Ni}$ bei Ladung und Entladung von Ni-Oxidelektroden in alkal. Lsg. von Potential und von der Dauer der Polarisation zeigt bemerkenswerte Parallelität, J. LABAT (*l. c.* S. 418/26, 422).

*Aging*

## Alterung

Mit alkal. Lsgg. von NaOCl, NaOBr und $Na_2S_2O_8$ aus $NiSO_4$-Lsgg. gefällte Ndd. der Zus. $NiO_{>1.5}$·aq geben beim Altern unter ihrer Mutterlauge Sauerstoff nur bis zur Zus. $NiO_{1.5}$·aq ab, wie Fig. 201, S. 461, zeigt. Ob bei der Darst. Ni-Salzlsg. zur alkal. $Na_2S_2O_8$-Lsg. gegeben wird oder Alkalilauge zu einer Lsg. von Ox.-Mittel und Ni-Salz, beeinflußt die Alterung nicht. Zwischen $NiO_{1.5}$·aq und $NiO_{1.33}$·aq wird nur langsam Sauerstoff abgegeben, J. Besson (*Ann. Chim.* [*Paris*] [12] **2** [1947] 527/98, 535/7, 557). So gibt ein Präp. mit $NiO_{1.59}$·aq bei gewöhnl. Temp. in $H_2O$ oder 0.1n-Natronlauge Sauerstoff ab bis die Zus. in etwa 2 Monaten auf $NiO_{1.33}$·aq gesunken ist. Eine weitere Alterung in den folgenden 6 Monaten wird nicht beobachtet. Entsprechend verhält sich das Präp., wenn es, durch Trocknen auf die Zus. $NiO_{1.49}$·aq gebracht, in $H_2O$ altert, O. Glemser, J. Einerhand (*Z. Anorg. Allgem. Chem.* **261** [1950] 26/42, 33). $NiO_{1.33}$·aq ist stabil. Präpp. mit noch geringerem Sauerstoffgehalt zersetzen sich zu $Ni(OH)_2$. Die stärkere Zers. von Proben, die durch Einw. von Ox.-Mitteln auf $Ni(OH)_2$ dargestellt sind, Meth. a in Fig. 201, S. 461, wird vermutlich durch Einlagerungen von $Ni(OH)_2$ verursacht, J. Besson (*l. c.*).

Bei erhöhter Temp. wird Sauerstoff rasch abgegeben. 10 Min. nach der Fällung aus $Na_2S_2O_8$-haltiger $Ni(NO_3)_2$-Lsg. mit Natronlauge bei 50°, 75° und 100° enthalten die Ndd. noch 1.64, 1.63 bzw. 1.48 O je Ni, nach 12std. Altern unter der Mutterlauge bei diesen Tempp. noch 1.65, 1.30 bzw. 1.16 O je Ni. Beim Kochen wird der Sauerstoff bereits in einer Std. abgespalten, O. Glemser, J. Einerhand (*l. c.* S. 34). Über den Einfluß der Zus. der Mutterlauge und deren Temp. auf die Alterung von mit alkal. Hypochloritlsgg. gefällten Ndd. s. auch O. R. Howell (*J. Chem. Soc.* **123** [1923] 1782/3).

*$NiO_{>1 \text{ to } 1.23}$·aq with $Ni(OH)_2$ Lattice Structure*

## $NiO_{>1 \text{ bis } 1.23}$·aq

### Mit $Ni(OH)_2$-Gitterstruktur

Bldg. von $Ni(OH)_2$, das noch überschüssigen Sauerstoff enthält, durch Einw. von Luft auf frisch gefälltes $Ni(OH)_2$ erwähnen W. Feitknecht, A. Collet (*Helv. Chim. Acta* **22** [1939] 1428/44, 1433), jedoch werden an diesen Präpp. keine Abweichungen von der $Ni(OH)_2$-Gitterstruktur beobachtet, A. Berger (*Kolloid-Z.* **103** [1943] 185/202, 198). Darst. von Präpp. der Zus. bis zu $NiO_{1.23}$·aq durch Ox. von $Ni(OH)_2$ mit Bromnatronlauge bei 80°, s. S. 462, von $NiO_{1.15}$·aq und $NiO_{1.04}$·aq durch Ox. von $NiCl_2$-Lsg. bei 70° mit Bromnatronlauge, s. S. 473, W. Feitknecht, H. R. Christen, H. Studer (*Z. Anorg. Allgem. Chem.* **283** [1956] 88/95, 89/92). $NiO_{1.02}$·aq wird bei 90° auf elektrochem. Wege anodisch aus $NiSO_4$-Lsg. abgeschieden, s. S. 474, O. Glemser, J. Einerhand (*Z. Anorg. Allgem. Chem.* **261** [1950] 26/42, 31). — Die Farbe von Präpp. mit geringem Sauerstoffgehalt ist grün, A. Berger (*l. c.*), W. Feitknecht u. a. (*l. c.*), O. Glemser, J. Einerhand (*l. c.*).

*$NiO_{>1.07 \text{ to } 1.22}$·aq with $4Ni(OH)_2$·NiO(OH) Lattice Structure*

### Mit $4Ni(OH)_2$·NiO(OH)-Gitterstruktur

Allgemeines. Über Verbb. dieser Zus., die jedoch im $Ni(OH)_2$-Gitter kristallisieren, s. vorhergehendes Kapitel, über Zers.-Prod. entsprechender Zus. aus β-NiO(OH) und $Ni_3O_2(OH)_4$ s. oben unter Alterung sowie S. 481, ältere Angaben, deren Formeln dieser Zus. entsprechen, s. S. 465.

Der $H_2O$-Gehalt ist von der Darst.-Meth. abhängig, da die Präpp. z. T. beträchtliche Mengen $H_2O$ adsorbiert enthalten, W. Feitknecht, H. R. Christen, H. Studer (*Z. Anorg. Allgem. Chem.* **283** [1956] 88/95, 89). Die Formel $4Ni(OH)_2$·NiO(OH) ist aus der chem. Analyse und der Gitterstruktur abgeleitet, O. Glemser, J. Einerhand (*Z. Anorg. Allgem. Chem.* **261** [1950] 26/42, 38, 43/51, 45).

*Formation. Preparation*

**Bildung und Darstellung.** Die Verb. wird bei unvollständiger alkal. Ox. von Ni-Salzlsgg. erhalten, s. S. 472. In reiner Form fällt sie aus 0.1m-$NiCl_2$-Lsg. bei 70° nach Zugabe von Natronlauge in 10%igem Überschuß der zur Fällung des $Ni^{2+}$ erforderlichen Menge und 0.40 bis 0.47 Äquiv. $Br_2$ je $Ni^{2+}$. Durch Ox. von festem $Ni(OH)_2$ ist Darst. nicht möglich, da zur Bldg. gemeinsame Abscheidung von $Ni^{2+}$ und $Ni^{3+}$ erforderlich ist, W. Feitknecht u. a. (*l. c.*).

Auf elektrochem. Wege wird es in reiner Form nach der auf S. 474 beschriebenen Meth. bei 70° bis 80° erhalten. Der Sauerstoffgehalt nimmt mit steigender Temp. ab. Der Nd. wird bis zum Ausbleiben der $SO_4^{2-}$-Rk. im Waschwasser gewaschen und über $CaCl_2$ getrocknet, O. Glemser, J. Einerhand (*l. c.* S. 30).

*Physical Properties. Crystallographic Properties*

**Physikalische Eigenschaften. Kristallographische Eigenschaften.** $4Ni(OH)_2$·NiO(OH), das aus $Ni^{II}$-Salzlsg. durch Ox. erhalten wird, ist polymorph mit dem Hydroxid gleicher Zus., das durch Ox. von festem $Ni(OH)_2$ erhalten werden kann.

Die 1. Modifikation bildet ein hexagonal-rhomboedr. Gitter ähnlich dem des C 19-Typ ($CdCl_2$-Typ, s. *„Cadmium“ Erg.-Bd.*, S. 467). Bei ihr ist NiO(OH) ungeordnet in Zwischenschichten zwischen die rhomboedrisch angeordneten Schichten von $4Ni(OH)_2$ eingelagert. Die 2. Modifikation entspricht dem C 27-Typ ($CdJ_2$-Typ Modifikation II, s. *„Cadmium“ Erg.-Bd.*, S. 550). Hier sind die $Ni^{3+}$- und $O^{2-}$-Ionen statistisch auf die hexagonal angeordneten $Ni^{2+}$- und $(OH)^-$-Gitterplätze verteilt. Über die 2. Modifikation s. S. 474 und 451.

Gitterstruktur. Schemat. Wiedergabe der Interferenzen nach Pulveraufnahmen neben denen der anderen Ni-Hydroxide mit $Ni(OH)_2$ übersteigendem Sauerstoffgehalt s. beispielsweise O. Glemser, J. Einerhand (*Z. Anorg. Allgem. Chem.* **261** [1950] 26/42, 307), T. Seiyama, M. Abo, W. Sakai (*Kogyo Kagaku Zasshi* **57** [1954] 343/6), H. Bode (*Angew. Chem.* **73** [1961] 553/60, 557). — Gitterkonstanten der rhomboedr. Zelle: a = 7.93 Å, $\alpha = 22°19'$, der hexagonalen Zelle: a = 3.07 ± 0.01, c = 23.2 ± 0.1 Å, kleinster Abstand Ni↔O = 1.97 Å nach Pulveraufnahmen mit CuKα-Strahlung und Al-Folie zur Verminderung der Untergrundschwärzung, O. Glemser, J. Einerhand (*Z. Anorg. Allgem. Chem.* **261** [1950] 43/51, 44).

Die Interferenzen sind mit zunehmenden Ablenkungswinkeln stark geschwächt, da durch aufgerauhte Netzebenen Gitterstörungen auftreten. Analog zum grünen Co-Hydroxid, s. *„Kobalt“ Tl.* A *Erg.-Bd.*, S. 506, findet in der rhomboedr. Elementarzelle keine ganze Zahl von Molekeln Platz, so daß, wie dort angenommen wird, sich von 1 $Ni(OH)_2 \cdot {}^1/_4 NiO(OH)$ der ganzzählige Anteil 1 $Ni(OH)_2$ auf Punktlagen gemäß Typ C 19 mit dem Parameter u = 0.370 befindet, während der Bruchteil $^1/_4$NiO(OH) dazwischen ungeordnet eingelagert ist und keine Reflexe geben kann. Es liegt also Doppelschichtenstruktur vor, deren Konstitutions-Formel $4Ni(OH)_2$ <=> NiO(OH) der Zus. $NiO_{1.1} \cdot 0.9H_2O$ entspricht. Diese liegt innerhalb des Homogenitätsbereichs der Verb. $4Ni(OH)_2 \cdot NiO(OH)$, ist isostrukturell mit $4Co(OH)_2 \cdot Co(OH)Cl$, $4Ni(OH)_2 \cdot Ni(OH)Br$ und $4Co(OH)_2 \cdot CoO(OH)$, O. Glemser, J. Einerhand (*Z. Anorg. Allgem. Chem.* **261** [1950] 26/42, 41, 43/51, 44). — Der Homogenitätsbereich entsprechend $NiO_{1.07\ \text{bis}\ 1.22} \cdot aq$ wird durch einen variablen Gehalt an ungeordnet eingebautem NiO(OH) hervorgerufen. Dabei wird mit zunehmendem Sauerstoffgehalt eine Dehnung der hexagonalen c-Achse bis 23.9 Å beobachtet, O. Glemser, J. Einerhand (*Z. Anorg. Allgem. Chem.* **261** [1950] 43/51, 44). — Die Darst.-Meth. ist ohne Einfluß auf Gitterstruktur und Homogenitätsbereich, W. Feitknecht, H. R. Christen, H. Studer (*Z. Anorg. Allgem. Chem.* **283** [1956] 88/95, 907).

Im Zusammenhang mit Betrachtungen über die Existenz einer $\gamma$-$NiO_x(OH)_{2-x}$-Phase, s. S. 466, wird analog zur Gitterstruktur von $Mn(OH)_2$, $\alpha$-MnO(OH), $\gamma$-MnO(OH) und $\delta$-$MnO_2$ sowie anderer Oxidhydroxide dreiwertiger Metalle bei monokliner Indizierung der von O. Glemser, J. Einerhand (*l. c.*) bestimmten Interferenzen eine Ketten-, Doppelketten- oder Bänderstruktur diskutiert mit monokliner oder rhomb. Elementarzelle. Gitterkonstanten in Å für die Zus. $NiO_{0.2} \cdot Ni(OH)_{1.8}$, ($NiO_{1.1} \cdot 0.9H_2O$): a = 15.4, b = 3.07, c = 4.60, H. Bode (*Angew. Chem.* **73** [1961] 553/60, 558).

**Dichte** D in g/cm³. Bei 20° pyknometrisch bestimmt 2.95, aus der Gitterstruktur berechnet 2.96, O. Glemser, J. Einerhand (*l. c.* S. 41). Aus den röntgenograph. Daten von O. Glemser, J. Einerhand (*Z. Anorg. Allgem. Chem.* **261** [1950] 26/42, 42, 43/51, 44) neu berechnet 3.04, *Structure Reports, Bd.* 13, 1950 [1954], S. 213. *Density*

**Farbe.** Blauschwarz im Gegensatz zu den anderen höheren Ni-Hydroxiden, O. Glemser, J. Einerhand (*l. c.* S. 31). *Color*

**Chemisches Verhalten.** Beim Altern kann $Ni(OH)_2$ mit erhöhtem Sauerstoffgehalt entstehen; beispielsweise entspricht ein Präp. der Zus. $NiO_{1.28} \cdot 1.5$ bis $2H_2O$, das Röntgeninterferenzen von $4Ni(OH)_2 \cdot NiO(OH)$ neben $Ni_3O_2(OH)_4$ zeigt, nach 72 Std. noch der Zus. $NiO_{1.5} \cdot 1.3H_2O$ und gibt $Ni(OH)_2$-Interferenzen, W. Feitknecht, H. R. Christen, H. Studer (*Z. Anorg. Allgem. Chem.* **283** [1956] 88/95, 89). — In verd. $H_2SO_4$ ist $4Ni(OH)_2 \cdot NiO(OH)$ löslich und wirkt dabei oxydierend auf KJ und $As^{III}$-Verbb., O. Glemser, J. Einerhand (*Z. Anorg. Allgem. Chem.* **261** [1950] 26/42, 28). *Chemical Reactions*

## $NiO_{1.33} \cdot aq$, $Ni_3O_2(OH)_4$, $Ni_3O_4 \cdot aq$

*$NiO_{1.33} \cdot aq$, $Ni_3O_2(OH)_4$, $Ni_3O_4 \cdot aq$*

Allgemeines. Die Präpp. enthalten häufig mehr Sauerstoff als der Zus. $NiO_{1.33} \cdot aq$ entspricht. Dies wird zurückgeführt entweder auf Beimengungen höher oxydierter Ni-Hydroxide, O. Glemser, J. Einerhand (*Z. Anorg. Allgem. Chem.* **261** [1950] 26/42, 39) oder auf ein Kristallgitter, das bis zur Zus. $NiO_{1.5} \cdot aq$ stabil ist, W. Feitknecht, H. R. Christen, H. Studer (*Z. Anorg. Allgem. Chem.* **283**

[1956] 88/95, 95), s. auch S. 466. Der $H_2O$-Gehalt der Verb. ist unsicher, s. S. 466, jedoch ergibt sich ein Gehalt von $2H_2O$ je $3NiO_{1.33}$ aus der Isobaren der $H_2O$-Abspaltung von $\beta$-NiO(OH), wenn bei der Auswertung der mit dem $H_2O$ abgespaltene Sauerstoff berücksichtigt wird, Näheres s. S. 490. Hieraus und aus dem analytisch bestimmten Verhältnis Ni/O ist die Konstitutionsformel $Ni_3O_2(OH)_4$ abgeleitet. Die Verb. unterscheidet sich von höher oxydierten Ni-Hydroxiden durch ihre Beständigkeit, s. chem. Verh., S. 481, O. GLEMSER, J. EINERHAND (*l. c.* S. 34, 38).

*Formation. Preparation*

## Bildung und Darstellung

*From Nickel(II) Compounds. By Oxidation of Nickel Hydroxide*

**Aus Nickel(II)-Verbindungen. Durch Oxydation von Nickelhydroxid.** $Ni_3O_2(OH)_4$ entsteht durch Einw. starker Ox.-Mittel, beispielsweise Na- oder K-Salz von HOCl, HOBr, $H_2S_2O_8$ in wss. oder alkal. Lsg., wenn das Ox.-Mittel in theoret. Menge oder im Überschuß zugesetzt wird. Einzelheiten s. S. 460 bis 462 und Fig. 201, S. 461.

*By Precipitation in Presence of Oxidizing Agents*

**Durch Fällung in Gegenwart von Oxydationsmitteln.** Alkalihypochlorite. Fällung bei gewöhnl. Temp. durch Zugabe einer wss. $NiSO_4$-Lsg. zu einer wss. Lsg., die NaOCl oder KOCl in der theoretisch erforderlichen Menge und Alkalihydroxid im Überschuß enthält, Einzelheiten s. S. 472 und Fig. 201 S. 461. Ein Nd. der Zus. $NiO_{1.332}\cdot 1.11H_2O$ wird in geschlossener App. unter $CO_2$-Ausschluß dargestellt durch Eintropfen einer Lsg. von 27 g Na(OH) und 85 ml 4n-NaOCl-Lsg. in 500 ml $H_2O$ in eine Lsg. von 100 g $Ni(NO_3)_2\cdot 6H_2O$ in 500ml $H_2O$ unter ständigem Rühren, danach Zugabe weiterer 53 g NaOH in 500 ml $H_2O$. Der abdekantierte Nd. wird mit $H_2O$ gewaschen und über $CaCl_2$ getrocknet, J. LABAT (*Ann. Chim.* [*Paris*] [13] **9** [1964] 399/416, 400). — Wie bereits von J. LIEBIG (*Liebigs Ann. Chem.* **87** [1853] 128) beobachtet, fallen aus wss. $K_2[Ni(CN)_4]$-Lsg. nach Zugabe stark alkal. Hypochloritlsgg. im Überschuß schwarze höhere Ni-Hydroxide aus. Zur Fällung von $NiO_{1.33}\cdot aq$ ist ein 6.5facher Überschuß des Ox.-Mittels erforderlich. Mit mehr Hypochlorit entsteht $NiO_{1.5}\cdot aq$, Einzelheiten s. S. 472 und Fig. 203, S. 473, J. BESSON (*Ann. Chim.* [*Paris*] [12] **2** [1947] 527/98, 541/4).

Alkalihypobromite. Aus den Einzelwerten für die Zus. ergibt sich weder eine gegenseitige Abhängigkeit von Sauerstoff- und $H_2O$-Gehalt noch ein Einfluß der Fällungstemp. auf die Zusammensetzung.

Darst. aus wss. $NiSO_4$-Lsg. mit NaOBr und KOBr, NaOH + $Br_2$ oder KOH + $Br_2$ erfolgt wie die mit NaOCl, s. oben sowie S. 473, Fig. 201, S. 461, J. BESSON (*l. c.* S. 538, 588). Durch Zutropfen einer Lsg. von 100 g $Ni(NO_3)_2\cdot 6H_2O$ in 500 ml $H_2O$ zu Lsgg., die in 500 ml $H_2O$ 80 g NaOH und bis zu 20 ml $Br_2$ enthalten, wird die Ox.-Stufe $NiO_{1.33}\cdot aq$ nicht erreicht. Wird dagegen die Bromnatronlauge zur Ni-Salzlsg. gegeben, so wird nach Zusatz von 36 g NaOH und 8 ml $Br_2$ in 500 ml $H_2O$ und anschließend weiteren 53 g NaOH in 500 ml $H_2O$ ein Präp. der Zus. $NiO_{1.325}\cdot 1.24H_2O$ erhalten. App. und Reinigung wie bei der Darst. mit NaOCl, J. LABAT (*l. c.*). Fällung aus einer Lsg. von 100 g $Ni(NO_3)_2\cdot 6H_2O$ in 150 ml $H_2O$ durch Zutropfen einer Lsg. von 12 ml $Br_2$ und 55 g KOH in 500 ml $H_2O$ unter starkem Rühren gibt Ndd., die nach Waschen mit $H_2O$ und 3tägigem Trocknen bei gewöhnl. Temp. im Vak. über $CaCl_2$ die Gitterstruktur von $Ni_3O_2(OH)_4$ besitzen, deren Zus. jedoch der Formel $NiO_{1.495\ \text{bis}\ 1.59}$ mit 1 bis $1.8H_2O$ entspricht. Nur bei sehr rascher Unters. der Präpp. werden $\beta$-NiO(OH)-Interferenzen nachgewiesen. Der hohe Sauerstoffgehalt wird vermutlich von Beimengungen an $NiO_2\cdot aq$ und kleineren Mengen $\beta$-NiO(OH) vorgetäuscht, O. GLEMSER, J. EINERHAND (*Z. Anorg. Allgem. Chem.* **261** [1950] 26/42, 32, 39/41). — Fällung bei 0° gibt einen Nd. von $NiO_{1.5}\cdot 2.12H_2O$, G. F. HÜTTIG, A. PETER (*Z. Anorg. Allgem. Chem.* **189** [1930] 190/5). Bei 50°, 75° und 100° gefällte, gewaschene und 3 Tage über $CaCl_2$ im Vak. bei gewöhnl. Temp. getrocknete Ndd. geben die Röntgeninterferenzen von $Ni_3O_2(OH)_4$ bei Zuss. $NiO_{1.34\ \text{bis}\ 1.38}\cdot 0.91$ bis $1.83H_2O$, O. GLEMSER, J. EINERHAND (*l. c.* S. 32). — Bei 70° ist zur Fällung aus wss. $NiCl_2$-Lsg. ein Überschuß an $Br_2$ erforderlich, Einzelheiten s. S. 473, W. FEITKNECHT, H. R. CHRISTEN, H. STUDER (*Z. Anorg. Allgem. Chem.* **283** [1956] 88/95).

Zur Darst. eines geeigneten Präp. wird eine Lsg. von 100 g $Ni(NO_3)_2\cdot 6H_2O$ in 1500 ml $H_2O$ bei 50° unter starkem Rühren zu einer Lsg. von 55 g KOH und 12 ml $Br_2$ in 300 ml $H_2O$ getropft. Der Nd. wird 5mal durch Dekantieren mit warmem $CO_2$-freiem $H_2O$ ausgewaschen und anschließend mehrmals so lange unter Zuhilfenahme einer Zentrifuge dekantiert, bis $NO_3^-$ und $K^+$ im Wasch-$H_2O$ und Nd. nicht mehr nachweisbar sind. Das nasse Prod. wird 3 Tage über konz. $H_2SO_4$ und danach 2 Wochen über halbkonz. $H_2SO_4$ getrocknet. Sämtliche Operationen sind in $CO_2$-freier Atmosphäre auszuführen, O. GLEMSER (in: G. BRAUER, *Handbuch der präparativen Anorganischen Chemie, 2. Aufl., Bd. 2, Stuttgart* 1962, S. 1349), O. GLEMSER, J. EINERHAND (*l. c.*). Bei den ähnlich von R. W. CAIRNS, E. OTT (*J. Am. Chem. Soc.* **55** [1933] 534/44, 536, 539) bei 25°, 50° und 75° gefällten Präpp. handelt es sich nicht, wie diese angeben, um $NiO_{1.5}\cdot aq$ mit Beimengungen von $Ni(OH)_2$, sondern um $Ni_3O_2(OH)_4$.

Das dort als $Ni_3O_{4.14} \cdot 3.34 H_2O$ angegebene Präp. ist keine reine Verb., O. GLEMSER, J. EINERHAND (*l. c.*). Über einen bei 75° gefällten Nd. der Zus. $Ni_3O_4 \cdot 5.4H_2O$, s. M. LE BLANC, E. MÖBIUS (*Z. Elektrochem.* **39** [1933] 753/4).

Auf wss. $K_2[Ni(CN)_4]$-Lsg. wirkt Bromkalilauge schon bei gewöhnl. Temp. unter Bldg. höherer Ni-Hydroxide ein, O. GLEMSER, J. EINERHAND (*l. c.* S. 36). Die Darst. erfolgt wie mit NaOCl, s. S. 478 sowie Fig. 203, S. **473**, verläuft jedoch rascher, J. BESSON (*Ann. Chim.* [*Paris*] [12] **2** [1947] 527/98, 541/5).

Alkaliperoxodisulfat. Durch calorimetr. Titration einer wss. alkal. $K_2S_2O_8$-Lsg. mit wss. $Ni(NO_3)_2$-Lsg. wird die Bldg. von $NiO_{1.33} \cdot aq$ nachgewiesen; über den Rk.-Mechanismus s. S. **474** und Fig. **204**, S. 475, O. GLEMSER, J. EINERHAND (*Z. Anorg. Allgem. Chem.* **261** [1950] 26/42, 26, 29). Fällung bei gewöhnl. Temp. wie bei Darst. mit NaOCl, s. S. **478** und Fig. 201, S. **461**, J. BESSON (*l. c.* S. 533/7). Über die Abhängigkeit der Zus. des Nd. bei Fällen durch Zutropfen von Natronlauge zu einer $Ni(NO_3)_2$-Lsg. die unterschiedliche Mengen $Na_2S_2O_8$ enthält s. S. **474**, J. LABAT (*Ann. Chim.* [*Paris*] [13] **9** [1964] 399/426, 400). Die Verb. bildet sich bei gewöhnl. Temp. durch Zutropfen von 15 ml $Ni(NO_3)_2$-Lsg., die 14.10 mg Ni/ml $H_2O$ enthält, zu 100 ml n-Kalilauge und 20 ml 0.1 n-$K_2S_2O_8$-Lsg., entsprechend dem Knick bei $NiO_{1.47} \cdot aq$ der Kurve in Fig. **204**, S. 475, O. GLEMSER, J. EINERHAND (*l. c.* S. 29). — Aus kochender $Ni(NO_3)_2$-Lsg., die $K_2S_2O_8$ im Überschuß enthält, wird mit Natronlauge gefällt und der Nd. 15 Min. mit $H_2O$ am Rückflußkühler erhitzt, O. GLEMSER, J. EINERHAND (*l. c.* S. 35). — Über Ndd., die mit überschüssigem Ox.-Mittel gefällt sind und die beim Altern unter $H_2O$ oder Alkalilauge sich in $NiO_{1.33} \cdot aq$ umwandeln, s. unten und S. **476**.

Wird eine wss. $K_2[Ni(CN)_4]$-Lsg. von 80° mit Kalilauge und $K_2S_2O_8$ versetzt und bei dieser Temp. noch 1 Std. gerührt, so fällt ein schwarzer Nd. der Zus. $NiO_{1.40} \cdot 1.12 H_2O$, der nach Waschen und Trocknen über $CaCl_2$ Röntgeninterferenzen des $Ni_3O_2(OH)_4$ zeigt, O. GLEMSER, J. EINERHAND (*l. c.* S. 36). Bei gewöhnl. Temp. wird so kein $Ni_3O_2(OH)_4$ erhalten, J. BESSON (*Ann. Chim.* [*Paris*] [12] **2** [1947] 527/98, 544).

Wasserstoffperoxid. Bei 0° fallen aus wss., alkohol. $NiSO_4$-Lsg., die je Ni bis zu 80 $H_2O_2$ enthält, mit Natronlauge Ndd. der Zus. $NiO_{1.20 \text{ bis } 1.31} \cdot aq$. Diese sollen z. T. aus $NiO_{1.33} \cdot aq$ bestehen. Bei gewöhnl. Temp. ist der Sauerstoffgehalt kleiner. Aus alkal. $K_2[Ni(CN)_4]$-Lsg. fällt mit $H_2O_2$ kein $NiO_{1.33} \cdot aq$, sondern $Ni(OH)_2$ aus, J. BESSON (*l. c.* S. 540, 544).

*From Nickel(III) Compounds*

**Aus Nickel(III)-Verbindungen.** Entsteht beim Altern von β-NiO(OH) unter $H_2O$ oder Basen sowie durch Erhitzen von β-NiO(OH) im Vak., O. GLEMSER, J. EINERHAND (*Z. Anorg. Allgem. Chem.* **261** [1950] 26/42, 33), O. GLEMSER (in: G. BRAUER, *Handbuch der präparativen Anorganischen Chemie, 2. Aufl., Bd. 2, Stuttgart* 1962, S. 1349). Darst. durch Rk. von $NiO_{1.5} \cdot aq$ mit $Ni(OH)_2$, J. BESSON (*l. c.* S. 536, 557, 586). Beim Zerfall von $NiO_{1.5} \cdot aq$ unter $H_2O$ entsteht $NiO_{1.33} \cdot aq$ als Endprod. bei Temp. von maximal 40°; bei höherer Temp. entsteht es nur als Zwischenprod. beim Zerfall in $Ni(OH)_2$, F. FRANÇOIS, M.-L. DELWAULLE (*Compt. Rend.* **205** [1937] 282/4).

Durch Hydrolyse der Verb., die beim Erhitzen einer Mischung von $Na_2O_2$ und Ni-Pulver im Ni-Tiegel auf Kirschrotglut, Abkühlen der Schmelze nach 2 Std. und Ausziehen der Alkalilauge aus dem Rk.-Prod. entsteht, mit sd. $H_2O$ soll eine krist. schwarze Subst. der Zus. $NiO_{1.33} \cdot 1.3 H_2O$ erhalten werden, W. L. DUDLEY (*J. Am. Chem. Soc.* 18 [1896] 901/3). Zur Darst. ist Alkaliperoxidüberschuß und 4- bis 5std. Erhitzen vorteilhaft, wobei die Temp. so hoch sein soll, daß das Rk.-Gemisch stets flüssig bleibt. Das höherwertige Ni-Hydroxid bildet sich über die Verb. $Na_2Ni_3O_6$, I. BELLUCCI, S. RUBEGNI (*Atti Accad. Nazl. Lincei, Rend. Classe Sci. Fis. Mat. Nat.* [5] **15** [1907] 778/87; *Gazz. Chim. Ital.* **37** II [1907] 250/60). Ein so dargestelltes Präp. zeigt bei röntgenograph. Unters. noch NiO-Interferenzen, möglicherweise handelt es sich um ein Gemisch mehrerer Verbb., G. NATTA, F. SCHMID (*Atti Accad. Nazl. Lincei, Rend. Classe Sci. Fis. Mat. Nat.* [6] **4** [1926] 145/9).

*By Electrochemical Method*

**Auf elektrochemischem Wege.** Entsteht anodisch bei der Elektrolyse acetatgepufferter wss. $NiSO_4$-Lsg. von 40° bis 60°; Abhängigkeit der Zus. des Nd. von der Temp. und Einzelheiten der Elektrolyse s. S. **474**, O. GLEMSER, J. EINERHAND (*l. c.* S. 30). Die Ausbeute ist gering. Die Darst. ist auch durch Elektrolyse von $Ni(NO_3)_2$-Lsg. möglich, O. GLEMSER (in: G. BRAUER, *l. c.* S. 1349). — Über Bldg., bestimmt durch Gitterstruktur, bei anod. Ox. von Ni-Elektroden in 0.006 bis 3 n-Kalilauge bei 5° bis 80° nach $>10$ Tagen s. T. SEIYAMA, M. ABO, W. SAKAI (*Kogyo Kagaku Zasshi* **57** [1954] 343/6), T. MINE, T. SEIYAMA, W. SAKAI (*Kogyo Kagaku Zasshi* **58** [1955] 725/8). Bldg. von $NiO_{1.33} \cdot aq$ durch elektrochem. Ox. von $Ni(OH)_2$ in Alkalilaugen s. J. BESSON (*Ann. Chim.* [*Paris*] [12] **2** [1947] 527/98,

559, 574; *Compt. Rend.* **223** [1946] 28/30, 288/90), S. E. S. EL WAKKAD, S. H. EMARA (*J. Chem. Soc.* [*London*] **1953** 3504/8). Über Bldg. bei Ladung und Entladung der NiO-Elektrode in alkal. Lsg. s. S. 468.

*Enthalpy of Formation*

### Bildungsenthalpie

ΔH in kcal/mol, ber. aus den elektrochem. Daten von O. GLEMSER, J. EINERHAND (*Z. Elektrochem.* **54** [1950] 302/4), s. S. 481, für $Ni_3O_4$ ΔH = −170, für $Ni_3O_4 \cdot 2H_2O$ ΔH = −283.5, E. DELTOMBE, N. DE ZOUBOV, M. POURBAIX (*Centre Belge Etude Corrosion Rapp. Tech.* Nr. 23 [1955] 2/6, 3; in M. POURBAIX, N. DE ZOUBOV, J. VAN MUYLDER, *Atlas d' equilibres elektrochimiques, Paris* 1963, S. 331).

### Physikalische Eigenschaften

*Physical Properties*

*Crystallographic Properties. Crystal Form*

**Kristallographische Eigenschaften. Kristallform.** Nach elektronenmikroskop. Aufnahmen kristallisiert $Ni_3O_2(OH)_4$ in dünnen Blättchen. Diese können bei einer Dicke von etwa 50 bis 100 Å parallel zur Basis bis zu 15000 Å lang sein, O. GLEMSER, J. EINERHAND (*Z. Anorg. Allgem. Chem.* **261** [1950] 43/51, 50). Durch Ox. von Ni mit $Na_2O_2$ hergestelltes $NiO_{1.33} \cdot aq$ besteht aus hexagonalen Blättchen, W. L. DUDLEY (*J. Am. Chem. Soc.* 18 [1896] 901/3). — In $H_2O$ suspendiertes, röntgenamorphes $NiO_{1.33} \cdot aq$ kristallisiert im Verlauf von 16 Monaten, J. BESSON (*l. c.* S. 592).

*Lattice Structure*

**Gitterstruktur.** Es werden 3 verschiedene Gitterstrukturen vorgeschlagen. 1) Schichtenstruktur ähnlich $4Ni(OH)_2 \cdot NiO(OH)$, s. S. 476; denn aus den ähnlichen Werten der Gitterkonst. a bei hexagonaler Indizierung kann auf gleiche Anordnung der Schichten, jedoch unterschiedlicher Schichtenfolge geschlossen werden. Man erhält dann für die Gitterkonst. (in Å): a = 3.04 ± 0.02, c = 14.6 ± 0.1; Z = 1 für $Ni_3O_2(OH)_4$, (s. S. 477), O. GLEMSER, J. EINERHAND (*l. c.*). — 2) Rhombisch deformierte Schichtenstruktur, da sich das Röntgendiagramm, abgesehen von einer sehr schwachen Linie, die häufig nicht erhalten wird, durch (hk0)-Aufspaltung vom β-NiO(OH)-Diagramm unterscheidet. Die Gitterkonstt. (in Å) sind dann: a = 4.81, b = 3.00, c = 4.65. Jedes Ni hat in der Schicht 4 Nachbarn im Abstand 2.83 und 2 Nachbarn in 3.00 Å, $Ni_3O_2(OH)_4$ krist. danach in einer ungeordneten Schichtenstruktur mit deformierten Schichten; der Abstand Ni↔Ni liegt zwischen dem von $Ni(OH)_2$ und β-NiO(OH), W. FEITKNECHT, H. R. CHRISTEN, H. STUDER (*Z. Anorg. Allgem. Chem.* **283** [1956] 88/95, 94). — 3) $CdJ_2$-Struktur analog $Ni(OH)_2$ (s. S. 450), im Zusammenhang mit Überlegungen über die Existenz einer β-$Ni(OH)_{2-x}O_x$-Phase s. S. 406, wobei einige schwache Interferenzen vernachlässigt werden. Für die Gitterkonstt. (in Å) wird dann erhalten: a = 3.04, c = 4.82, H. BODE (*Z. Angew. Chem.* **73** [1961] 553/60, 557). Siehe hierzu auch S. 460.

Schemat. Wiedergabe des Pulverdiagramms neben denen der anderen Ni-Hydroxide s. beispielsweise O. GLEMSER, J. EINERHAND (*Z. Anorg. Allgem. Chem.* **261** [1950] 26/42, 30), H. BODE (*l. c.*), J. LABAT (*J. Chim. Phys.* **60** [1963] 1253/63, 1255), T. SEIYAMA, M. ABO, W. SAKAI (*Kogyo Kagaku Zasshi* **57** [1954] 343/6). Daten für beob. und ber. Intensitäten, O. GLEMSER, J. EINERHAND (*Z. Anorg. Allgem. Chem.* **261** [1950] 43/51, 50).

Die Basisreflexe sind als Folge der laminaren Ausbildung der Kristallite stark verbreitert. Fehlende Reflexe deuten auf ARNFELT-Struktur. Ferner sind Gitterstörungen durch aufgerauhte Netzebenen nachgewiesen, O. GLEMSER, J. EINERHAND (*l. c.* S. 43, 50). Qualitative Unters. über Gitterstörungen an $Ni_3O_2(OH)_4$, s. T. SEYAMA u. a. (*l. c.*).

*Density*

**Dichte** D in $g/cm^3$. An $Ni_3O_2(OH)_4$ pyknometrisch bei 20° bestimmt, D = 3.33, aus der Gitterstruktur berechnet, D = 3.91. Die Abweichung ist durch den Feinbau des Hydroxids bedingt, O. GLEMSER, J. EINERHAND (*l. c.* S. 51). An $NiO_{1.33} \cdot aq$, hergestellt durch Ox. von Ni mit $Na_2O_2$, pyknometrisch bei 32° bestimmt, D = 3.41, W. L. DUDLEY (*J. Am. Chem. Soc.* 18 [1896] 901/3).

*Color*

**Farbe.** $NiO_{1.33} \cdot aq$ ist schwarzglänzend mit schwacher bronzebrauner Tönung, W. L. DUDLEY (*l. c.*); $Ni_3O_2(OH)_4$ ist schwarz, O. GLEMSER, J. EINERHAND (*Z. Anorg. Allgem. Chem.* **261** [1950] 26/42, 31).

*Magnetic and Electric Properties*

**Magnetische und elektrische Eigenschaften.** Spezif. magnet. Susz. χ in $cm^3/g$ (auf die Masse des Ni-Gehaltes bezogen) bei 25° und bei tieferen Tempp. von Präpp. unterschiedlicher Darst., deren Zus. etwa $NiO_{1.33} \cdot aq$ entspricht, s. S. 475, weitere Werte, J. LABAT (*Ann. Chim.* [*Paris*] [13] **9** [1964] 399/427, 403/11). $\chi \sim 46 \cdot 10^{-4}$ bei gewöhnl. Temp. nach graph. Darst. Die Abhängigkeit von $1/\chi$ von der absol. Temp. an Präpp. der Zus. $NiO_{1.5 \text{ bis } 1.503} \cdot 0.75$ bis $1.14H_2O$, dargestellt durch Fällung

aus Ni-Salzlsgg. mit Bromkalilauge (s. S. 478, 473), entspricht dem CURIE-WEISSschen Gesetz mit $\mu_{eff} = 2.48$ BOHRschen Magnetonen und der WEISSschen Konst. $\Theta = 21$°K nach Messungen von −196° bis 100°C. Demnach liegen die Präpp. in homogener Phase vor. Aus dem positiven Wert der WEISSschen Konst. wird auf ferromagnet. Kupplung der Ni-Atome im Gitter geschlossen, J. T. RICHARDSON (*J. Phys. Chem.* **67** [1963] 367/8).

Nach Leitfähigkeitsmessungen und den Werten für den Temp.-Koeff. der Thermokraft sind $Ni_3O_2(OH)_4$-Präpp. mit Sauerstoffgehalten entsprechend der Zus. $NiO_{1.5}\cdot aq$ Halbleiter vom p-Typ J. T. RICHARDSON (*l. c.*).

## Elektrochemisches Verhalten

*Electrochemical Behavior*

Über Normalpot. vgl. auch „*Nickel*" *Tl.* A, „Normalpotential". Die mit $E_h$ bezeichneten Pott. beziehen sich auf die Normalwasserstoffelektrode und sind in V angegeben. Normalpot. des Vorgangs $Ni_3O_2(OH)_4 + 2H^+ + 2\ominus \rightleftharpoons 3Ni(OH)_2$ . . . . . . . . . . . . . . . . . . . . . . . $_0E_h = -0.07$
O. GLEMSER, J. EINERHAND (*Z. Elektrochem.* **54** [1950] 302/4).

1) Pt | $Ni(OH)_2$, $Ni_3O_2(OH)_4$ | 0.1n-NaOH . . . . . . . . . . . . . . . . . . . . . $E_h = -0.35$
25° ± 0.01°, pH = 13. In $N_2$-Atm. gemessen. Die als NiO und $Ni_3O_4$ bezeichneten Hydroxide werden mit 0.1n-NaOH-Lsg. geschüttelt. In den entstehenden Schlamm wird ein Pt-Draht eingetaucht, S. E. S. EL WAKKAD, S. H. EMARA (*J. Chem. Soc.* **1953** 3504/8, 3506).

2) Pt | $Ni(OH)_2$, $Ni_3O_2(OH)_4$ | n-$Na_2CO_3$ . . . . . . . . . . . . . . . . . . . . . $E_h = -0.26$
25° ± 0.01°, pH = 11.5, S. E. S. EL WAKKAD, S. H. EMARA (*l. c.*).
Angaben über elektrochem. Red. von $Ni_3O_2(OH)_4$ s. S. 468, 488.

## Chemisches Verhalten

*Chemical Reactions*

*With Electron Beams*

**Gegen Elektronenstrahlen.** Bei elektronenopt. Aufnahmen wird der blättchenförmige Habitus von $Ni_3O_2(OH)_4$ durch Einw. der Elektronen über 15 Min. nicht verändert, jedoch ergibt Elektronenbeugung, daß hierbei in einer topochem. Rk. NiO gebildet wird, O. GLEMSER, J. EINERHAND (*Z. Anorg. Allgem. Chem.* **261** [1950] 43/51, 49).

*On Heating*

**Beim Erhitzen.** Geht bei 140° in NiO, $H_2O$ und $O_2$ über, O. GLEMSER (in: G. BRAUER, *Handbuch der präparativen Anorganischen Chemie, 2. Aufl., Bd. 2, Stuttgart* 1962, S. 1349); durch isobaren Abbau aus $Ni_2O_{3.18}\cdot 3.07H_2O$ entstandenes $Ni_3O_2(OH)_4$ zerfällt bei 136°, O. GLEMSER, J. EINERHAND (*Z. Anorg. Allgem. Chem.* **261** [1950] 26/42, 37) s. S. 490. Durch Rk. von Ni mit $Na_2O_2$ dargestelltes $NiO_{1.33}\cdot aq$ soll zwischen 130° und 240° in $H_2O$-freies $Ni_3O_4$ und $H_2O$ zerfallen, W. L. DUDLEY (*J. Am. Chem. Soc.* 18 [1896] 901/3). Nach magnet. Messungen der spezif. Susz. ist $Ni_3O_2(OH)_4$ der Zus. $NiO_{1.5}\cdot aq$ trotz Gewichtsabnahme beim Erhitzen auf Temppp. bis 100° stabil, bei höherer Temp. Zers. unter Bldg. von NiO, J. T. RICHARDSON (*J. Phys. Chem.* **67** [1963] 367/8).

*With Ozone*

**Gegen Ozon.** In $H_2O$ suspendiert, zerfällt es katalytisch an zunächst gebildetem $NiO_{1.33}\cdot aq$ zu $Ni(OH)_2$ und $O_2$, J. BESSON (*Ann. Chim.* [*Paris*] [12] **2** [1947] 527/98, 545).

*With Water, Alkaline Solutions*

**Gegen Wasser, Alkalilaugen.** Bei gewöhnl. Temp. ist $Ni_3O_2(OH)_4$, in $H_2O$ oder wss. 0.1n-NaOH-Lsg. suspendiert, stabil. Auch beim Trocknen geben Präpp. der theoret. Zus. kein $H_2O$ ab. In sd. $H_2O$ oder Alkalilaugen fällt dagegen der Sauerstoffgehalt in wenigen Std. auf die Zus. $NiO_{1.16}\cdot aq$ ab. Dem widersprechende Angaben von L. DEDE, H. ZIERIAKS (*Z. Anal. Chem.* **124** [1942] 25/7) sind vermutlich auf ständige Neuoxydation der Zerfallsprodd. durch von der Darst. her noch vorhandenes überschüssiges Ox.-Mittel zurückzuführen, O. GLEMSER, J. EINERHAND (*l. c.* S. 35). Unlöslich in $H_2O$ und Alkalilaugen, W. L. DUDLEY (*l. c.*). — Bei Ggw. starker Ox.-Mittel wie $Br_2$, $Na_2S_2O_8$, NaOBr, NaOCl bildet sich in alkal. Lsg. β-NiO(OH), O. GLEMSER, J. EINERHAND (*l. c.* S. 28, 32, 39), in Ggw. von festem $Ni(OH)_2$ wird in alkal. Lsg. $O_2$ unter Bldg. von $Ni(OH)_2$ abgespalten, J. BESSON (*l. c.* S. 534/8, 556).

*With Acids*

**Gegen Säuren.** $Ni_3O_2(OH)_4$ ist in Säuren leicht lösl., O. GLEMSER (*l. c.*), lösl. in verd. $H_2SO_4$, wobei zugegebenes KJ oder $As^{3+}$ oxydiert wird, O. GLEMSER, J. EINERHAND (*l. c.* S. 28). Durch Umsetzung von Ni mit $Na_2O_2$ erhaltenes $NiO_{1.33}\cdot aq$ löst sich in Salzsäure unter $Cl_2$-, in Schwefelsäure und Salpetersäure unter $O_2$-Entwicklung, W. L. DUDLEY (*J. Am. Chem. Soc.* 18 [1896] 901/3).

*$NiO_{1.5} \cdot aq$ or $NiO(OH)$, $Ni(OH)_3$, $Ni_2O_3 \cdot H_2O$*

## $NiO_{1.5} \cdot aq$ oder $NiO(OH)$, $Ni(OH)_3$, $Ni_2O_3 \cdot H_2O$

Allgemeines. NiO(OH) tritt in mindestens 3 Modifikationen auf, die als α-, β- und γ-NiO(OH) bezeichnet werden. Der Sauerstoffgehalt ist häufig höher als der Formel $NiO_{1.5} \cdot aq$ entspricht. Der $H_2O$-Gehalt schwankt erheblich mit der angewandten Trocknungs-Meth. Die Formel NiO(OH) ist aus der Zus. und der Auswertung der Röntgeninterferenzen der Verb. abgeleitet. Präpp. dieser Zus. zeigen häufig Röntgeninterferenzen von $Ni_3O_2(OH)_4$, s. S. 486. Über angebliche Hydrate $Ni_2O_3 \cdot H_2O$ s. S. 491.

Über $H_2SO_4$ getrocknetes $Ni_2O_3 \cdot nH_2O$ (n = 1.1 bis 1.3) ist lange Zeit unzersetzt haltbar, F. Foerster (*Z. Elektrochem.* **13** [1907] 414/34, 418, 433). Wird über $H_2SO_4$ im Vak. nicht rasch genug getrocknet, nimmt der Sauerstoffgehalt der Präpp. ab, I. Bellucci, E. Clavari (*Atti Accad. Nazl. Lincei, Rend. Classe Sci. Fis. Mat. Nat.* [5] **16** I [1907] 647/54, 652; *Gazz. Chim. Ital.* **37** I [1907] 409/17, 415). Aus $Ni(NO_3)_2$-Lsgg. bei 0° mit Bromkalilauge gefällte Präpp. trocknen im Vak. über $H_2SO_4$ erheblich langsamer als $Ni(OH)_2$, Zus. nach 4 bis 5 Tagen $Ni_2O_3 \cdot 3.5\ H_2O$, G. F. Hüttig, A. Peter (*Z. Anorg. Allgem. Chem.* **189** [1930] 190/5). Bei gewöhnl. Temp. analog gefällte Präpp. zeigen nach Trocknen über konz. Schwefelsäure und 2 Wochen langem Nachtrocknen über mit $H_2O$ verd. $H_2SO_4$ (1:1) einen $H_2O$-Gehalt zwischen 2.84 und 3.61. Über $CaCl_2$ wird im Vak. nach 3 Tagen die Zus. $Ni_2O_3 \cdot 2H_2O$ erreicht. Jedoch geben die Präpp. das Röntgendiagramm von $Ni_3O_2(OH)_4$ und bestehen demnach nur teilweise aus β-NiO(OH), O. Glemser, J. Einerhand (*Z. Anorg. Allgem. Chem.* **261** [1950] 26/42, 32).

*Formation. Preparation α-NiO(OH)*

### Bildung und Darstellung

*α-NiO(OH).*

Ein Nd. der Zus. $Ni_2O_{3.36} \cdot 3H_2O$ wird aus 25 ml $K_2[Ni(CN)_4]$-Lsg. nach Zusatz von 100 ml n-Kalilauge und 20 g $K_2S_2O_8$ beim $^1/_2$std. Erhitzen auf 70°, Waschen und Trocknen bei gewöhnl. Temp. über $CaCl_2$ erhalten. Die Konz. der $K_2[Ni(CN)_4]$-Lsg. ergibt sich aus ihrer Darst. Hierzu wird $Ni(NO_3)_2$-Lsg., die 14.04 mg Ni/ml enthält, mit 0.5m-KCN-Lsg. titriert, O. Glemser, J. Einerhand (*Z. Anorg. Allgem. Chem.* **261** [1950] 26/42, 36).

Auf elektrochem. Wege wird an Ni-Anoden aus alkal. Lsg. nach röntgenograph. Unters. neben anderen höheren Ni-Hydroxiden möglicherweise auch α-NiO(OH) abgeschieden (s. auch anod. Verhalten von Ni „*Nickel*“ *Tl.* A), T. Seiyama, M. Abo, W. Sakai (*Kogyo Kagaku Zasshi* **57** [1954] 343/6).

*β-NiO(OH) From Nickel(II) Compounds. By Oxidation of Nickel Hydroxide*

*β-NiO(OH).*

**Aus Nickel(II)-Verbindungen. Durch Oxydation von Nickelhydroxid.** Entsteht bei Einw. starker Ox.-Mittel wie Na- oder K-Salze von HOCl, HOBr und $H_2S_2O_8$ in wss. oder alkal. Lsg. auf frisch gefälltes $Ni(OH)_2$, wenn das Ox.-Mittel in der theoretisch erforderlichen Menge oder im Überschuß zugegeben wird. Einzelheiten s. unter chem. Verh. von $Ni(OH)_2$ gegen oxydierende Lsgg., S. 460. — Bldg. durch Ox. von $Ni(OH)_2$ mit $Na_2CO_3$ und $Cl_2$, C. Winkelblech (*Ann. Chem.* **13** [1835] 253/83, 262), J.-L. Lassaigne (*Ann. Chim.* [*Paris*] [2] **21** [1822] 255/60), mit Alkalilaugen und $Cl_2$ oder $Br_2$, D. K. Goralevich (*Zh. Obshch. Khim.* **63** [1931] 973/90), mit NaOH und NaOCl, A. Wachter (*J. Am. Chem. Soc.* **49** [1927] 791/2).

*By Precipitation in Presence of Oxidizing Agents*

**Durch Fällung in Gegenwart von Oxydationsmitteln.** Alkalihypochlorite. Wird bei gewöhnl. Temp. wss. $NiSO_4$-Lsg. zu einer wss. Lsg. gegeben, die NaOH im Überschuß und NaOCl in der theoretisch erforderlichen Menge enthält, entspricht die Zus. des Nd. $NiO_{1.5} \cdot aq$. Überschuß an Ox.-Mittel gibt Ndd. mit höherem Sauerstoffgehalt, jedoch geben diese beim Altern unter der Fällungslauge Sauerstoff ab bis zur Zus. $NiO_{1.5} \cdot aq$, Einzelheiten s. S. 476 und Fig. 201, S. 461. Bei calorimetr. Titration einer alkal. HOCl-Lsg. mit $NiSO_4$-Lsg. wird für die Zus. $NiO_{1.5} \cdot aq$ kein scharfer Knick in der Titrationskurve erhalten, wie dies mit $Na_2S_2O_8$-Lsg. der Fall ist, J. Besson (*Ann. Chim.* [*Paris*] [12] **2** [1947] 527/98, 537, 589). Wird zu einer Lsg. von 100 g $Ni(NO_3)_2 \cdot 6H_2O$ in 500 ml $H_2O$ zunächst eine Lsg. von 27 g NaOH und 170 ml 4n-NaOCl-Lsg. in 500 ml $H_2O$, danach eine Lsg. von 53 g NaOH in 500 ml $H_2O$ gegeben und der Nd. nach 12 Std. gewaschen und getrocknet, ist dessen Zus. $NiO_{1.393} \cdot 1.5H_2O$. Sofort nach der Fällung analysierte, mit überschüssigem Ox.-Mittel gefällte Ndd. enthalten mehr Sauerstoff als $NiO_{1.5} \cdot aq$ (s. Fig. 205, S. 475), J. Labat (*Ann. Chim.* [*Paris*] [13] **9** [1964] 399/427, 400/3). Zur Beständigkeit in Alkalilaugen s. auch S. 476. — Wird zu salzsaurer $Cl_2$-haltiger $NiCl_2$-Lsg. 0.1 n-NaOH gegeben und die Fällung durch Messung der Extinktion bei 660 mμ in Abhängigkeit vom

pH-Wert untersucht, so ergibt sich für den Beginn der Fällung ein pH-Wert 2.5 und für das Ende ein pH-Wert von 7.5. Mit zunehmender $Ni^{2+}$-Konz. wird die Hydrolyse nach kleineren pH-Werten verschoben. Erst nach vollständiger Fällung koaguliert das ausgeschiedene $NiO_{1.5}\cdot aq$, K. AZUMA, H. KAMETANI, I. OKEDA (*J. Mining Met. Inst. Japan* **70** [1954] 259/63, *C.A.* **1954** 13362). Weitere Angaben s. J. BESSON (*Compt. Rend.* **219** [1944] 130/2, **220** [1945] 320/2, **222** [1946] 390/2), O. R. HOWELL (*J. Chem. Soc.* **123** [1923] 669/76, 1772/83), F. GLASER (*Z. Anorg. Allgem. Chem.* **36** [1903] 2/35, 16/9), G. SCHRÖDER (*Diss. Berlin* 1889 nach *C.* **1890** I 931), A. CARNOT (*Compt. Rend.* **108** [1889] 610/2), T. BAYLEY (*Chem. News* **39** [1879] 81/3), E. FLEISCHER (*J. Prakt. Chem.* [2] **2** [1870] 48/50), C. WICKE (*Z. Chem.* 8 [1865] 86/9, 303/5).

Zur Fällung aus wss. $K_2[Ni(CN)_4]$-Lsg. bei 7° ist ein 10facher Überschuß an Hypochlorit erforderlich, da sich sonst neben $NiO_{1.55}\cdot aq$ noch $NiO_{1.33}\cdot aq$ bildet (Einzelheiten s. S. 472 und Fig. 203, S. 473), J. BESSON (*Ann. Chim.* [*Paris*] [12] **2** [1947] 527/98, 542). Über Bldg. durch Rk. von Ni-Salzlsg. mit KCN und $Cl_2$ s. A. KLAYE, A. DEUS (*Z. Anal. Chem.* **10** [1871] 190/202, 202).

Alkalihypobromite. Fällung aus wss. $NiSO_4$-Lsg. bei gewöhnl. Temp. mit NaOBr und KOBr wie Darst. mit NaOCl (s. S. 482 und Fig. 201, S. 461), J. BESSON (*l. c.* S. 538, 588). Aus einer Lsg. von 100 g $Ni(NO_3)_2\cdot 6H_2O$ in 500 ml $H_2O$ wird durch Zugabe von 57 g NaOH und 20 ml $Br_2$ in 500 ml $H_2O$, danach von weiteren 53 g NaOH in 500 ml $H_2O$ ein Nd. erhalten, der, nach etwa 12std. Stehen unter der Mutterlauge bis zur vollständigen Zers. des überschüssigen Ox.-Mittels, nach Waschen und Trocknen über $CaCl_2$ die Zus. $NiO_{1.464}\cdot 1.51\,H_2O$ hat. Durch Eintropfen von $Ni(NO_3)_2$-Lsg. in Bromnatronlauge werden Ndd. mit erheblich geringerem Ox.-Grad erhalten. Sofort nach der Fällung untersuchte Ndd. enthalten bis zu 1.726 O je Ni, J. LABAT (*Ann. Chim.* [*Paris*] [13] **9** [1964] 399/427, 400/3). — Zur Darstellung wird eine Lsg. von 100 g $Ni(NO_3)_2\cdot 6H_2O$ in 1500 ml $H_2O$ unter starkem Rühren zu einer Lsg. von 55 g KOH und 12 ml $Br_2$ in 300 ml $H_2O$ getropft. Die Temp. der Lsg. soll dabei nicht über 25° ansteigen. Der Nd. wird 5mal mit $CO_2$-freiem $H_2O$ durch Dekantieren und anschließend durch Zentrifugieren gewaschen, bis $NO_3^-$ und $K^+$ im Waschwasser und im Nd. nicht mehr nachweisbar sind. Das nasse Präp. wird 3 Tage über konz. $H_2SO_4$ und danach 2 Wochen über halbkonz. $H_2SO_4$ getrocknet. Fällen, Dekantieren und Filtrieren muß in $CO_2$-freier Atmosphäre erfolgen. Da der Nd. schnell zu $Ni_3O_2(OH)_4$ altert, ist rasches Arbeiten erforderlich, O. GLEMSER (in: G. BRAUER, *Handbuch der präparativen Anorganischen Chemie, 2. Aufl., Bd. 2, Stuttgart* 1962, S. 1348), s. auch O. GLEMSER, J. EINERHAND (*Z. Anorg. Allgem. Chem.* **261** [1950] 26/42, 32), G. F. HÜTTIG, A. PETER (*Z. Anorg. Allgem. Chem.* **189** [1930] 190/5). Der O-Gehalt der Präpp. schwankt zwischen $Ni_2O_{2.99}$ und $Ni_2O_{3.18}$, der $H_2O$-Gehalt zwischen 2 und 3.07 $H_2O$, O. GLEMSER, J. EINERHAND (*l. c.*). Zus. $Ni_2O_3\cdot 3.5$ bis $4.24\,H_2O$, G. F. HÜTTIG, A. PETER (*l. c.*). Damit sind die Angaben von R. W. CAIRNS, E. OTT (*J. Am. Chem. Soc.* **55** [1933] 534/44, 536) über die Zus. von auf diesem Wege hergestellten Präpp. bestätigt. Jedoch handelt es sich bei deren Präpp. nicht um β-NiO(OH), sondern um $Ni_3O_2(OH)_4$ oder um mit $Ni_3O_2(OH)_4$ verunreinigtes β-NiO(OH), wie sich aus den angegebenen Röntgeninterferenzen ergibt, O. GLEMSER, J. EINERHAND (*l. c.*). Bei calorimetr. Titration alkal. HOBr-Lsg. mit wss. $NiSO_4$-Lsg. wird kein Knick in der Titrationskurve beobachtet, wie dies mit $Na_2S_2O_8$ der Fall ist (s. Fig. 204, S. 475), J. BESSON (*Ann. Chim.* [*Paris*] [12] **2** [1947] 527/98, 589).

Bei höheren Tempp. wird durch Fällung mit Bromalkalilauge aus Ni-Salzlsgg. kein β-NiO(OH) erhalten, da dieses bei höherer Temp. unter $H_2O$ oder alkal. Lsgg. zerfällt, s. S. 490. Bei so dargestellten Präpp., wie z. B. denen von R. W. CAIRNS, E. OTT (*l. c.*), M. LE BLANC, E. MÖBIUS (*Z. Elektrochem.* **39** [1933] 753/4), handelt es sich nicht um β-NiO(OH), sondern um Substt. von niedrigerem Ox.-Grad oder einem Gemisch verschiedener Verbb., O. GLEMSER, J. EINERHAND (*l. c.*). Darst. durch Fällung mit Alkalicarbonat und $Br_2$, F. FOERSTER (*Z. Elektrochem.* **13** [1907] 414/34, 418), E. D. CAMPBELL, P. F. TROWBRIDGE (*J. Anal. Appl. Chem.* **7** [1893] 301/7 nach *C.* **1893** II 748), mit Alkalilaugen und Hypobromit oder $Br_2$, J. BESSON (*Compt. Rend.* **219** [1944] 130/2, **220** [1945] 320/2, **222** [1946] 390/2), O. RUFF, E. GERSTEN (*Chem. Ber.* **46** [1913] 400/13, 408), G. SCHROEDER (*Diss. Berlin* 1889 nach *C.* **1890** I 931), E. FLEISCHER (*J. Prakt. Chem.* [2] **2** [1870] 48/50), mit KCN und $Br_2$, GOUTAL (*Z. Angew. Chem.* **11** [1898] 177/9).

Aus wss. $K_2[Ni(CN)_4]$-Lsg. wird $NiO_{1.5}\cdot aq$ bei 7° erst nach Zugabe des Ox.-Mittels in 10fachem Überschuß erhalten (Einzelheiten s. S. 473 und Fig. 203, S. 473), J. BESSON (*Ann. Chim.* [*Paris*] [12] **2** [1947] 527/98, 542).

Alkaliperoxodisulfat. Wie Fig. 204, S. 475, zeigt, ist β-$NiO_{1.5}\cdot aq$ bei der calorimetr. Titration alkal. $K_2S_2O_8$-Lsg. mit wss. $Ni(NO_3)_2$-Lsg. als 2. Rk.-Prod. nach $NiO_2\cdot aq$ nachgewiesen, J. BESSON (*Ann. Chim.* [*Paris*] [12] **2** [1947] 527/98, 585). Entsprechend entsteht die Verb. bei gewöhnl. Temp.

durch Zutropfen von etwa 9 ml wss. $Ni(NO_3)_2$-Lsg., die 14.1 mg Ni/ml $H_2O$ enthält, zu einer Lsg. aus 100 ml 1n-Kalilauge und 20 ml 0.1n-$K_2S_2O_8$-Lsg., O. GLEMSER, J. EINERHAND (*Z. Anorg. Allgem. Chem.* **261** [1950] 26/42, 29). Bei Titration der Ni-Salzlsg. mit Alkaliperoxodisulfatlsg. wird kein deutlicher Knick der Titrationskurve beobachtet, da vermutlich zunächst $Ni(OH)_2$ ausfällt, J. BESSON (*l. c.*). Über die Zus. des getrockneten Nd. in Abhängigkeit von den zugetropften Mengen alkal. $Na_2S_2O_8$-Lsg. s. S. 474. Der frisch gefällte Nd. enthält bis zu 1.710 O/Ni, J. LABAT (*Ann. Chim.* [*Paris*] [13] **9** [1964] 399/427, 400/3). — Angaben von L. DEDE, H. ZIERRIACKS (*Z. Anal. Chem.* **124** [1942] 25/7) über Darst. von $NiO_{1.5}\cdot aq$ durch Kochen wss. Ni-Salzlsg., die KOH und $K_2S_2O_8$ in großem Überschuß enthält, stehen im Gegensatz zu der Instabilität von β-NiO(OH) in heißen Alkalilaugen und $H_2O$, s. S. 490. Es wird angenommen, daß bei dieser Darst.-Meth. zerfallenes $NiO_{1.5}\cdot aq$ durch den noch nicht vollständig zersetzten großen $K_2S_2O_8$-Überschuß ständig erneut oxydiert wird, O. GLEMSER, J. EINERHAND (*l. c.* S. 35).

Aus $K_2[Ni(CN)_4]$-Lsg. fällt alkal. $K_2S_2O_8$-Lsg. bei Tempp. unterhalb 70° kein Nd. aus. β-NiO(OH) der Zus. $Ni_2O_{3.07}\cdot 2.35H_2O$ wird erhalten aus 30 ml $K_2[Ni(CN)_4]$-Lsg., Ni-Konz. wie bei Darst. von α-NiO(OH), 100 ml 1n-Kalilauge und 10 g $K_2S_2O_8$ durch Erhitzen auf 70°, Waschen des Nd. und Trocknen über $CaCl_2$; bei höherer Temp. bildet sich $Ni_3O_2(OH)_4$, O. GLEMSER, J. EINERHAND (*l. c.* S. 36). — Über Ox. von Ni-Salzlsgg. mit alkal. $Na_2S_2O_8$-Lsg. s. auch F. FRANÇOIS, M.-L. DELWAULLE (*Compt. Rend.* **204** [1937] 1042/4, **205** [1937] 282/4).

Darst. aus $NiS_2O_8\cdot 6NH_3$ durch Lösen in $H_2O$, G. A. BARBIERI, F. CALZOLARI (*Z. Anorg. Allgem. Chem.* **71** [1911] 347/55).

Weitere Oxidationsmittel. $Ni^{2+}$ wird in wss. Lsg. durch $K_3[Fe(CN)_6]$ unter Bldg. von $NiO_{1.5}\cdot aq$ oxydiert. $Na_2O_2$ oxydiert Ni-Salzlsgg. nicht, S. R. BENEDIKT (*J. Am. Chem. Soc.* **26** [1904] 695/700). Über den Mechanismus der Ox. durch $O_3$, $H_2O_2$ und HOJ auf Grund des elektrochem. Verh. der Ndd. s. J. BESSON (*Ann. Chim.* [*Paris*] [12] **2** [1947] 527/98, 545).

*From $Ni_3O_2(OH)_4$, $NiO_2\cdot aq$*

**Aus $Ni_3O_2(OH)_4$, $NiO_2\cdot aq$.** Wird bei 100° gefälltes $Ni_3O_2(OH)_4$ nach dem Dekantieren der Mutterlauge noch feucht bei gewöhnl. Temp. erneut mit Bromkalilauge oxydiert, erhält man β-NiO(OH); Zus. der Präpp. $Ni_2O_{2.98\,bis\,3.04}\cdot 2.80$ bis $1.64H_2O$, O. GLEMSER, J. EINERHAND (*Z. Anorg. Allgem. Chem.* **261** [1950] 26/42, 33), Zus. $Ni_2O_{3.10}\cdot 1.57H_2O$, R. W. CAIRNS, E. OTT (*J. Am. Chem. Soc.* **55** [1933] 534/44, 541). Damit übereinstimmende Ergebnisse s. W. FEITKNECHT, H. R. CHRISTEN, H. STUDER (*Z. Anorg. Allgem. Chem.* **283** [1956] 88/95, 89). $NiO_2\cdot aq$, gefällt aus alkal. $K_2S_2O_8$ mit Ni-Salzlsg., reagiert mit frisch ausfallendem $Ni(OH)_2$ unter Bldg. von β-NiO(OH), O. GLEMSER, J. EINERHAND (*l. c.* S. 29). Damit übereinstimmende Angaben, J. BESSON (*l. c.*).

*By Electrochemical Method*

**Auf elektrochemischem Wege.** Durch anod. Abscheidung aus acetatgepufferter $NiSO_4$-Lsg. bei gewöhnl. Temp. (Einzelheiten der Elektrolyse s. S. 474), O. GLEMSER, J. EINERHAND (*l. c.*), s. auch J. ZEDNER (*Z. Elektrochem.* **11** [1905] 809/13, **12** [1906] 463/76), oder aus acetatgepufferter $Ni(NO_3)_2$-Lsg. Nachteilig ist bei der elektrochem. Darst. die geringe Ausbeute, O. GLEMSER (in: G. BRAUER, *Handbuch der präparativen Anorganischen Chemie, 2. Aufl., Bd. 2, Stuttgart* 1962, S. 1348).

Elektrolyt. Abscheidung an Ni aus 0.5n-$Ni(NO_3)_2$-Lsg., die 1n an Na-Acetat ist, bei etwa 10 mA/cm² gibt β-NiO(OH), dessen Röntgendiagramm zusätzliche Interferenzen zeigt, welche als Überstruktur gedeutet werden. Entsprechendende Präpp. werden durch Zusatz von $Li^+$, $Ca(NO_3)_2$ oder $Sr(NO_3)_2$, neben Na-Acetat, bis die Lsgg. 1n sind, erhalten. Wird an Stelle von Na-Acetat mit K-Acetat gepuffert, zusätzlich $KNO_3$ zugegeben, bis die Lsg. an $NO_3^-$ 1n ist, $Ba(NO_3)_2$ bis zur Sättigung oder $Cs^+$ zugesetzt, werden Präpp. mit z. T. abweichenden Röntgeninterferenzen beobachtet. Da Fremdionen mit steigendem Ionenradius schwerer auswaschbar sind, wie die Zus. der Präpp. $Na_{0.005}Ni_2O_{3.03}\cdot 2.6H_2O$, $Ca_{0.08}Ni_2O_{3.01}\cdot 2.8H_2O$, $K_{0.06}Ni_2O_{2.94}\cdot 2.7H_2O$, $Ba_{0.17}Ni_2O_{3.17}\cdot 3.3H_2O$ zeigt, wird Einbau der Fremdionen im Gitter als Ursache vermutet, G. W. D. BRIGGS (*J. Chem. Soc.* **1957** 1846/7), s. auch G. W. D. BRIGGS, E. JONES, W. F. K. WYNNE-JONES (*Trans. Faraday Soc.* **52** [1956] 1272/81, 1276).

Bldg. von $NiO_{1.5}\cdot aq$ bei der Elektrolyse von Ni- und Na-Tartrat in $H_2O$, W. WERNICKE (*Ann. Physik* [2] **141** [1870] 109/23, 121), von $NiSO_4$-Lsg. durch anod. Ox. der primär abgeschiedenen $Ni(OH)_2$, H. RIESENFELD (*Z. Elektrochem.* **12** [1906] 621/3), von KOH-Lsgg. an Ni-Anoden (Einzelheiten wie bei $Ni_3O_2(OH)_4$, S. 479), T. SEYAMA, M. ABO, W. SAKAI (*Kogyo Kagaku Zasshi* **57** [1954] 343/6), T. MINE, T. SEIYAMA, W. SAKAI (*Kogyo Kagaku Zasshi* **58** [1955] 725/8). Bldg. durch anod. Ox. von $Ni(OH)_2$ in Alkalilaugen, J. BESSON (*Ann. Chim.* [*Paris*] [12] **2** [1947] 527/98, 562/74; *Compt. Rend.* **223** [1946] 28/30, 288/90), A. O. ROLLET (*Ann. Chim.* [*Paris*] [10] **13** [1930] 137/252, 223/6), S. E. S. EL WAKKAD, S. H. EMARA (*J. Chem. Soc. London* **1953** 3504/8), bei Elektrolyse von $H_2O$ an

Ni-Elektroden, R. SAXON (*Chem. News* **142** [1931] 149/50). Aus Elektrolyten, die $Ni^{2+}$- und $Mg^{2+}$ enthalten, wird bei der Elektrolyse $Ni_2O_3 \cdot aq$ allein abgeschieden, nicht dagegen aus $Ni^{2+}$- und $Co^{2+}$-haltigen Lsgg., R. SAXON (*Chem. News* **131** [1925] 129/31). Über Abscheidung an aktiven Stellen von Ni-Elektroden s. K. GEORGI (*Z. Elektrochem.* **39** [1933] 736/43, 742), über das erforderliche elektrochem. Potential s. K. GEORGI (*Z. Elektrochem.* **38** [1932] 714/31), zur Abscheidung auf Stahl s. J. HAAS (*Metal Industry New York* **19** [1921] 23/5, 73/4). — Über Bldg. im Zusammenhang mit Unterss. über das elektrochem. Verh. der NiO-Elektrode in alkal. Lsgg. s. S. 467.

### γ-NiO(OH).

*γ-NiO(OH)*

Wird aus $NaNiO_2$ durch Hydrolyse mit $H_2O$ neben $Ni(OH)_2$ gebildet, O. GLEMSER, J. EINERHAND (*Z. Anorg. Allgem. Chem.* **261** [1950] 26/42, 36). Durch vorsichtige Hydrolyse in kalter alkal. Lsg. läßt sich der $Ni(OH)_2$-Anteil erheblich verringern. Als Zwischenprod. nach kurzer $H_2O$-Einw. ist röntgenographisch Bldg. über eine Mischphase von γ-NiO(OH) (mit $NaNiO_2$ als Zwischenprod.) nachgewiesen, L. D. DYER, B. S. BORIE, G. P. SMITH (*J. Am. Chem. Soc.* **76** [1954] 1499/1503). — Zur Darst. wird ein Reinnickeltiegel zu $^1/_3$ seines Vol. mit einer Mischung aus 1 Tl. $Na_2O_2$ und 3 Tl. NaOH gefüllt und 4 Std. auf 600° erhitzt. Nach dem Erkalten wird die Schmelze vorsichtig, ohne daß Erwärmung eintritt, mit eiskaltem $H_2O$ ausgezogen und dann mit $H_2O$ dekantiert, bis die alkal. Rk. verschwunden ist. Die Kriställchen von γ-NiO(OH) setzen sich gut ab, der flockenartige Nd. von $Ni(OH)_2$ wird durch Schlämmen entfernt, O. GLEMSER (in: G. BRAUER, *Handbuch der präparativen Anorganischen Chemie, 2. Aufl., Bd. 2, Stuttgart* 1962, S. 1349). Zus. nach Trocknen über $CaCl_2$ im Vak. $Ni_2O_{3.01} \cdot 2.44 H_2O$. Wird dieses Präp. 2 Tage mit einer Lsg. von 55 g KOH und 12 ml $Br_2$ in 500 ml $H_2O$ behandelt, wird nach Trocknen die Zus. $Ni_2O_{3.48} \cdot 2.27\, H_2O$ erreicht, deren $H_2O$-Gehalt beim Erhitzen auf 110° auf $Ni_2O_{3.30} \cdot 2.28\, H_2O$ absinkt, O. GLEMSER, J. EINERHAND (*l. c.* S. 37). — Entsprechend durch Schmelzen von $Na_2O_2 + NaOH$ im Ni-Tiegel dargestellte Präpp. zeigen die Zus. $NiO_{1.499} \cdot 1.15 H_2O$, J. LABAT (*Ann. Chim. [Paris]* [13] **9** [1964] 399/427, 413). Ox. von Ni ist auch mit $K_2O_2$ möglich, aus dem Rk.-Prod. wird durch Hydrolyse γ-NiO(OH) erhalten, O. GLEMSER, J. EINERHAND (*l. c.* S. 36). Schwarze Prismen der Zus. $Ni_2O_3 \cdot 2H_2O$ werden dargestellt durch Verbrennen von K im Luftstrom auf einem Ni-Blech, Eintragen des Rk.-Prod. in eiskaltes $H_2O$, Waschen des entstandenen Hydroxids mit $H_2O$ und Trocknen im Vak. über $P_2O_5$, K. A. HOFMANN, A. HIENDLMAIER (*Chem. Ber.* **39** [1906] 3184/7). γ-NiO(OH) bildet sich auch nach Erhitzen von β-NiO(OH) mit $Na_2O_2$ im Korundtiegel beim Behandeln der erkalteten Schmelze mit $H_2O$, O. GLEMSER, J. EINERHAND (*l. c.* S. 36). Dagegen wird durch Hydrolyse von erkalteten Schmelzen aus $Ni(OH)_2$, NaOH und $Na_2O_2$ kein γ-NiO(OH) erhalten, J. LABAT (*l. c.* S. 414), auch nicht bei Hydrolyse von $LiNO_2$ durch kaltes oder heißes $H_2O$ oder wss. LiOH-Lsg., L. D. DYER, B. S. BORIE, G. P. SMITH (*J. Am. Chem. Soc.* **76** [1954] 1499/1503).

Auf elektrochem. Wege bildet es sich beim Laden des Edison-Sammlers in der Anodenmasse, W. FEITKNECHT, H. R. CHRISTEN, H. STUDER (*Z. Anorg. Allgem. Chem.* **283** [1956] 88/95, 92).

#### Thermodynamische Daten der Bildung

*Thermodynamic Formation Data*

Bldg.-Enthalpie ΔH (in kcal/mol) für Standardbedingungen berechnet aus den elektrochem. Daten (s. S. 487) von O. GLEMSER, J. EINERHAND (*Z. Elektrochem.* **54** [1950] 302/4) für $Ni_2O_3$: $\Delta H = -112$, für $Ni_2O_3 \cdot H_2O$: $\Delta H = -168.96$, F. DELTOMBE, N. DE ZOUBOV, M. POURBAIX (*Centre Belge Etude Corrosion Rapp. Tech.* Nr. 23 [1953] 2/6, 3; in: M. POURBAIX, N. DE ZOUBOV, J. VAN MUYLDER, *Atlas d'Equilibres Electrochimiques, Paris* 1963, S. 331), für die Rk. $2Ni + 1.5O_2 + 3H_2O = 2Ni(OH)_3$: $\Delta H = -120.38$, für $2Ni(OH)_2 + 0.5O_2 + H_2O = 2Ni(OH)_3$: $\Delta H = 1.3$, J. THOMSEN (*J. Prakt. Chem.* [2] **14** [1876] 413/42, 428). Diese Werte sind sehr unsicher, F. FOERSTER (*Z. Elektrochem.* **13** [1907] 414/34, 428), F. GIORDANI, E. MATTIAS (*Rend. Accad. Sci. Fis. Mat. [Soc. Nazl. Sci. Napoli]* [4] **35** [1929] 172/82, *C.* **1930** I 21). Für Standardbedingungen: $\Delta H = -162.1$, aus den Werten von J. THOMSEN (*l. c.*) berechnet, F. D. ROSSINI, D. D. WAGMAN, W. H. EVANS, S. LEVINE, I. JAFFE (*Natl. Bur. Std. [U.S.], Circ.* Nr. 500 [1952] 245).

#### Physikalische Eigenschaften

*Physical Properties*

*Structural and Crystallographic Properties. Polymorphism. Crystal Form*

**Strukturelle und kristallographische Eigenschaften. Polymorphie. Kristallform.** $NiO_{1.5} \cdot aq$ existiert in 3 krist. Formen, die mit α-, β- und γ-NiO(OH) bezeichnet werden, O. GLEMSER, J. EINERHAND (*Z. Anorg. Allgem. Chem.* **261** [1950] 26/42, 42). — β-NiO(OH)-Kristalle sind nach elektronenopt. Unters. blättchenförmig, ähnlich einer stark geknitterten Al-Folie. Die Daten für Länge und Dicke der Blätt-

chen sind sehr unsicher. Durch die therm. Wrkg. der Elektronenstrahlen bilden sich neben runden Teilchen hexagonale Blättchen von 300 bis 5000 Å Länge. Nach 15 Min. Einw. wird nur noch ein Haufwerk der runden Teilchen beobachtet, O. GLEMSER, J. EINERHAND (*Z. Anorg. Allgem. Chem.* **261** [1950] 43/51, 48).

γ-NiO(OH) wird beim Aufarbeiten der Schmelze in Form sechseckiger Blättchen oder nadelartiger Kristalle erhalten, je nach Behandlung der Schmelze, O. GLEMSER, J. EINERHAND (*Z. Anorg. Allgem. Chem.* **261** [1950] 26/42, 36). Die Präpp. der Zus. $Ni_2O_3 \cdot 2H_2O$ von K. A. HOFMANN, H. HIENDLMAIER (*Chem. Ber.* **39** [1906] 3184/7) bestehen aus prismenförmigen Kristallen.

*Lattice Structure*

**Gitterstruktur.** Bei R. W. CAIRNS, E. OTT (*J. Am. Chem. Soc.* **55** [1933] 534/44, 537) für $Ni_2O_3 \cdot 2H_2O$ angegebene Interferenzen nach Pulveraufnahmen sind nicht für diese Verb., sondern für $Ni_3O_2(OH)_4$ charakteristisch, O. GLEMSER, J. EINERHAND (*Z. Anorg. Allgem. Chem.* **261** [1950] 26/42, 32).

*α-NiO(OH).* Pulveraufnahmen mit CuKα-Strahlung und Al-Folie auf dem Film, um die Untergrundschwärzung zu schwächen, zeigen die Interferenzen von β-NiO(OH), jedoch ohne Basisreflexe, also nur die von $(10\bar{1}0)$ und $(11\bar{2}0)$, sowie noch eine starke Untergrundschwärzung. Werden diese Linien als Kreuzgitterinterferenzen betrachtet, liegt analog zu den α-Metallhydroxiden (s. beispielsweise „*Zink*“ *Erg.-Bd.*, S. 827) Doppelschichtenstruktur im Sinn der Konstit.-Formel 4NiO(OH) <≡>NiO(OH) vor. Vorläufig wird angenommen, daß sich 1NiO(OH) auf festen Gitterplätzen der hexagonalen Elementarzelle des C 19-Typs (s. S. 451) mit den Gitterkonstt. a = 2.81 Å, c = 7.7 bis 8 Å befindet und $^1/_4$NiO(OH) dazwischen ungeordnet eingelagert ist. Im Gegensatz zu γ-NiO(OH) sind die Schichtabstände nicht konstant und die Schichten gegeneinander verschoben. Die Präpp. zeigen Gitterstörungen durch aufgerauhte Netzebenen, O. GLEMSER, J. EINERHAND (*Z. Anorg. Allgem. Chem.* **261** [1950] 43/51, 43, 49, 26/42, 42). Schemat. Wiedergabe der Interferenzen neben denen der anderen höheren Ni-Hydroxide s. T. SEIYAMA, M. ABO, W. SAKAI (*Kogyo Kagaku Zasshi* **57** [1954] 343/6).

*β-NiO(OH).* Aus Pulveraufnahmen wie oben ber. und beob. Interferenzen sowie relative Intensitäten und schemat. Wiedergabe der Interferenzen und Intensitäten neben denen der anderen Ni-Hydroxide s. O. GLEMSER, J. EINERHAND (*l. c.* S. 30, 48), T. SEIYAMA u. a. (*l. c.*), H. BODE (*Angew. Chem.* **73** [1961] 553/60, 557), J. LABAT (*J. Chim. Phys.* **60** [1963] 1251/63, 1255). Auf Grund der Pulveraufnahmen wird Kristallisation im C 19-Typ, analog $Ni(OH)_2$ angenommen mit den Gitterkonstt. a = 2.81 ± 0.01 Å, c = 4.84 Å; Z = 1 für NiO(OH). Aus dem Fehlen der Pyramidenreflexe wird auf Verschiebung einzelner Schichten und Schichtpakete geschlossen (ARNFELT-Struktur). Die Kristalle zeigen Gitterstörungen durch aufgerauhte Netzebenen; als Folge ihres blättchenförmigen Habitus ist der Basisreflex (0001) verbreitert, O. GLEMSER, J. EINERHAND (*l. c.* S. 43,47). Über Gitterstörungen s. auch T. SEIYAMA u. a. (*l. c.*). — Zusätzliche Interferenzen an auf elektrochem. Wege hergestellten Präpp. beobachten G. W. D. BRIGGS, W. F. K. E. JONES, W. F. K. WYNNE-JONES (*Trans. Faraday Soc.* **52** [1956] 1272/81, 1276). Zur Deutung der zusätzlichen Interferenzen wird Überstruktur mit verdoppeltem Wert für c vorgeschlagen, G. W. D. BRIGGS (*J. Chem. Soc.* **1957** 1846/7), H. BODE (*l. c.* S. 558). Über abweichende Röntgendiagramme an K-, Cs- und Ba-haltigem $NiO_{1.5} \cdot aq$, s. G. W. D. BRIGGS (*l. c.*).

*γ-NiO(OH).* Nach dem Pulverdiagramm mit CuKα-Strahlung und Al-Folie auf dem Film zur Abschwächung der Untergrundschwärzung (Wiedergabe der ber. und beob. Interferenzen im Original) wird hexagonal-rhomboedr. Schichtengitter, ähnlich dem C 19-Typ ($CdCl_2$-Typ, s. „*Cadmium*“ *Erg.-Bd.*, S. 467) angenommen. Gitterkonstt. rhomboedrisch indiziert: a = 7.07 Å; α = 23°, hexagonal indiziert: a = 2.82 ± 0.01 Å, c = 20.65 ± 0.05 Å; Z = 1NiO(OH)·$^1/_3$NiO(OH) für die rhomboedrische Elementarzelle. Ähnlich dem grünen Co-Hydroxid (s. „*Kobalt*“ *Erg.-Bd. Tl.* A, S. 506) soll sich 1NiO(OH) auf Punktlagen in Anordnung entsprechend dem C 19-Typ befinden, (Parameter u = 0.377) Ni↔Ni = 1.87 Å. Zwischen diesen Schichten ist $^1/_3$NiO(OH) ungeordnet eingelagert und gibt keine Reflexe. Demnach liegt Doppelschichtenstruktur vor mit der Konstitutionsformel 3NiO(OH)<≡> NiO(OH). Pulveraufnahmen zeigen häufig Fremdlinien von $Ni(OH)_2$ oder abweichende Gitterkonstt., beispielsweise a = 2.84, c = 21.3 Å bei der Zus. $Ni_2O_{3.01} \cdot 2.44H_2O$. Durch Nachoxydation der Präpp. mit Bromkalilauge verschwinden die $Ni(OH)_2$-Interferenzen, d. h., es schrumpft die Elementarzelle, O. GLEMSER, J. EINERHAND (*Z. Anorg. Allgem. Chem.* **261** [1950] 43/51, 45, 26/42, 41). Erhöhter Sauerstoffgehalt gibt nur geringfügige Verschiebungen schwacher Interferenzen, da vermutlich die ungeordnet eingebauten Schichten oxydiert werden und $Ni^{4+}$ stark polarisiert ist, O. GLEMSER, J. EINERHAND (*l. c.* S. 26, 37). Aus dem starken Intensitätsabfall der Interferenzen mit steigendem Ablenkungswinkel wird auf eine Aufrauhung der Netzebenen geschlossen. Die Verbreiterung der Zone

[10$\bar{1}$1] mit zunehmendem Ablenkungswinkel deutet auf eine geringe Verschiebung der Schichten parallel zur Basis, O. GLEMSER, J. EINERHAND (*l. c.* S. 43, 47).

Monokline oder rhomb. Indizierung mit den Gitterkonstt. a = 13.8, b = 2.82, c = 4.40 Å schlägt H. BODE (*Angew. Chem.* **73** [1961] 553/60, 558) vor. Es sind mehrere Gitterstrukturen, wie bei monoklin indiziertem $4Ni(OH)_2 \cdot NiO(OH)$ (s. S. 477) angegeben, möglich.

*Mechanical and Optical Properties*

**Mechanische und optische Eigenschaften.** Dichte D in $g/cm^3$:

| Modifikation | α-NiO(OH) | β-NiO(OH) | γ-NiO(OH) |
|---|---|---|---|
| $D_4$ bei 20° pyknometrisch bestimmt | 3.204 | 4.15 | 3.85 |
| D röntgenographisch bestimmt | 3.49 | 4.62 | 3.89 |

O. GLEMSER, J. EINERHAND (*Z. Anorg. Allgem. Chem.* **261** [1950] 26/42, 31, 36). Stark abweichende Angaben s. W. WERNICKE (*Ann. Physik* [2] **141** [1870] 109/23, 122). Das Vol. röntgenamorpher Nd. der Zus. $NiO_{1.5} \cdot aq$ wird mit steigender Konz. der Ausgangslsgg. kleiner, N. A. TONOMAJEW (*Zavodsk. Lab.* **4** [1935] 1348/50 nach *C.* **1936** I 4884).

$NiO_{1.5} \cdot aq$ ist schwarz, H. ROSE (*Ausführliches Handbuch der Analytischen Chemie, 5. Aufl., Bd.* 1, *Braunschweig* 1851, S. 113). α- und β-NiO(OH) sind schwarz, γ-NiO(OH) ist schwarz glänzend, O. GLEMSER, J. EINERHAND (*l. c.*), $Ni_2O_3 \cdot 2H_2O$, vermutlich γ-NiO(OH), ist schwarz mit hellem metall. Glanz, K. A. HOFMANN, A. HIENDLMAIER (*Chem. Ber.* **39** [1906] 3184/7).

*Magnetic and Electric Properties*

**Magnetische und elektrische Eigenschaften.** Spezif. magnet. Susz. χ in $cm^3/g$ (auf die Masse des Ni-Gehaltes bezogen). Werte von χ für β-NiO(OH) in Abhängigkeit von der Darst.-Meth. s. Fig. 205, S. 475, von der Temp. s. S. 475, weitere Daten J. LABAT (*Ann. Chim.* [*Paris*] [13] **9** [1964] 399/427, 403/11). — Für γ-NiO(OH) der Zus. $NiO_{1.499} \cdot 1.15H_2O$ beträgt χ bei 25° $2060 \cdot 10^{-6}$, korr. für Diamagnetismus. χ in Abhängigkeit von der Temp. T in °K:

| T in °K | 77 | 103 | 124 | 147 | 173 | 201 | 204 | 240 | 290 |
|---|---|---|---|---|---|---|---|---|---|
| $\chi \cdot 10^6$ | 11980 | 7300 | 5780 | 4620 | 3740 | 3170 | 3140 | 2610 | 2120 |

1/χ ist linear von der absol. Temp. abhängig entsprechend dem CURIE-WEISSschen Gesetz mit $\mu_{eff}$ = 2.09 BOHRsche Magnetonen und der WEISSschen Konstt. Θ = 30°K, J. LABAT (*l. c.*).

Angaben über Präpp. der Zus. $NiO_{1.5} \cdot aq$, deren Gitterstruktur aber nicht bekannt ist, s. S. VEIL (*Compt. Rend.* **186** [1928] 80/1, **180** [1925] 211/2; *Rev. Sci.* **64** [1926] 8/10), A. QUARTAROLI (*Gazz. Chim. Ital.* **46** II [1917] 219/34). Die Angaben von J. T. RICHARDSON (*J. Phys. Chem.* **67** [1963] 1377/8) über χ und Eigenschaften als Halbleiter an Präpp. der Zus. $Ni_2O_3 \cdot 2H_2O$ gelten für $Ni_3O_2(OH)_4$ (s. S. 480, 481), da die Gitterstruktur mit der vom $Ni_2O_3 \cdot 2H_2O$ von R. W. CAIRNS, E. OTT (*J. Am. Chem. Soc.* **55** [1933] 534/44) übereinstimmt, und diese ist nach O. GLEMSER, J. EINERHAND (*Z. Anorg. Allgem. Chem.* **261** [1950] 26/42, 32) mit $Ni_3O_2(OH)_4$ identisch.

## Elektrochemisches Verhalten

*Electrochemical Behavior*

*Standard Potential*

**Normalpotential.** Über Normalpot. vgl. auch „Normalpotential" in „*Nickel*" *Tl.* A.

Normalpot. der Vorgänge:

$Ni^{2+} + 3H_2O = Ni(OH)_3 + 3H^+ + \ominus$ . . . . . . . . . . . . . . . . $_0E_h = 2.08$ V

A. PROKOPCIKAS (*Lietuvos TSR Moksl ų Akad. Darbai.* B **1962** Nr. 2, S. 31/6 nach *C. A.* 58 [1963] 1915).

$3NiO(OH) + H^+ + \ominus \rightleftharpoons Ni_3O_2(OH)_4$ . . . . . . . . . . . . . . . . $_0E_h = -0.478$ V

Es stimmt überein mit dem von F. FOERSTER (*Z. Elektrochem.* **13** [1907] 414/34, 421) für das Pot. der $Ni_2O_3$-Elektrode in 2.8n-KOH-Lsg. angegebenen Wert $E_h = -0.47$ bis $-0.49$ V, O. GLEMSER, J. EINERHAND (*Z. Elektrochem.* **54** [1950] 302/4).

*Potentials*

**Potentiale.** Das als E bezeichnete Pot. ist in V angegeben. $E_h$ bezieht sich auf die Normalwasserstoffelektrode.

1) Ni, NiO(OH) | n-$NiCl_2$ pH = 5.0 . . . . Anfangswert: $E_h = 1.17$, nach einiger Zeit: $E_h = 0.44$
2) Ni, NiO(OH) | n-$Ni(ClO_4)_2$ pH = 5.0 . . . . . . . . . . . . . . . . $E_h = 1.19$
3) Ni, NiO(OH) | n-$NiBr_2$ pH = 5.0 . . . . Anfangswert: $E_h = 1.02$, nach einiger Zeit: $E_h = 0.52$
4) Ni, NiO(OH) | n-$NiSO_4$ pH = 5.0 . . . . . . . . . . . . . . . . $E_h = 1.19$
5) Ni, NiO(OH) | 2.8n-KOH . . . . . . . Anfangswert: $E_h = 0.60$, nach einiger Zeit: $E_h = 0.51$

In den Ni-Salzlsgg. Messungen auch bei pH = 1. Das als $Ni(OH)_3$ bezeichnete Hydroxid wird durch anod. Polarisation in Na-Acetat-haltiger $NiSO_4$-Lsg. auf Ni abgeschieden, K. GEORGI (*Z. Elektrochem.* **38** [1932] 681/8, 685).

6) 8 Tl. $Ni_2O_3$, 3 Tl. Graphit | 25%iges KOH . . . . . . . . . . . . . . E = −0.37 bis −0.15
In Ni-Tasche gegen Normalkalomelelektrode gemessen, M. DE KAY THOMPSON, H. K. RICHARDSON (*Trans. Am. Electrochem. Soc.* **7** [1905] 95/114, 107).

7) Pt | $Ni_3O_2(OH)_4$, NiO(OH) | 0.1 n-NaOH . . . . . . . . . . . . . . . . . . . . . $E_h = 0.15$
25° ± 0.01°, pH = 13. In $N_2$-Atm. gemessen. Die als $Ni_3O_4$ und $Ni_2O_3$ bezeichneten Hydroxide werden mit 0.1 n-NaOH-Lsg. geschüttelt. In den entstehenden Schlamm wird ein Pt-Draht ganz eingetaucht, S. E. S. EL WAKKAD, S. H. EMARA (*J. Chem. Soc.* **1953** 3504/8, 3506).

8) Pt | $Ni_3O_2(OH)_4$, NiO(OH) | n-$Na_2CO_3$ . . . . . . . . . . . . . . . . . . . . . $E_h = 0.24$
25° ± 0.01°, pH = 11.5, S. E. S. EL WAKKAD, S. H. EMARA (*l. c.*).

9) Ni, NiO(OH) | Elektrolyt

| Elektrolyt | 0.1 n-$Na_2B_4O_7$ | n-$Na_2CO_3$ | n-NaOH |
|---|---|---|---|
| pH | 9.2 | 12 | 13.8 |
| $E_h$ in V | 0.85 | 0.68 | 0.56 |
| $E'_h$ in V | 0.49 | 0.32 | 0.22 |

$E_h$ bei 20° gemessen mit Ni-Oxidhydrat, das durch langsame Zugabe von in NaOH-Lsg. gelöstem $Br_2$ zu $Ni(NO_3)_2$-Lsg. hergestellt worden ist. Der schwarze Nd. wird nach Auswaschen mit gepulvertem Ni gemischt und mit dem Meß-Elektrolyten geschüttelt. In den Schlamm taucht ein kurzer Pt-Draht vollständig ein. Die Werte sind reproduzierbar, könnten aber vielleicht dem Redox-Pot. des Systems $Ni(OH)_2$–$Ni_2O_3 \cdot H_2O$ entsprechen, A. HICKLING, J. E. SPICE (*Trans. Faraday Soc.* **43** [1947] 762/9, 765). $E'_h$ ist der mit Hilfe der freien Bldg.-Enthalpie bei 25° ber. Wert für das System $Ni(OH)_2$–$Ni_2O_3 \cdot H_2O$. Der beträchtliche Unterschied zwischen $E_h$ und $E'_h$ könnte darauf hindeuten, daß es sich um Redox-Pot. des Systems $Ni_2O_3 \cdot H_2O$–$NiO_2 \cdot H_2O$ (s. Pot. Nr. 3, S. 494) handelt, M. POURBAIX, N. DE ZOUBOV, E. DELTOMBE (*Proc. 7th Meeting Intern. Comm. Electrochem. Thermodyn. Kinet., Lindau* 1955 [1957], S. 193/215, 204).

*Cells*

**Ketten.** Die EK ist mit E bezeichnet und in V angegeben.

1) NiO(OH) | 25%iges KOH | $H_2$ . . . . . . . . . . . . . . E (10°) = 1.305; E (65°) = 1.266
Aus der Wärmetönung der Red. $Ni(OH)_3 \rightarrow Ni(OH)_2$ berechnet sich E (10°) = 1.308, J. ZEDNER (*Z. Elektrochem.* **12** [1906] 463/73, 466, **13** [1907] 752/55, 754).

2) NiO(OH) | 25%iges KOH mit 20 g/l $Zn(OH)_2$ | Zn-Amalgam . . . . . . . . . . . . E = 1.75
10° bis 20°, Amalgam mit 10% Zn, 90% Hg. Das als $Ni_2O_3 \cdot aq$ bezeichnete Hydroxid ist auf Pt-Drahtnetz aus alkal. $NiSO_4$-, Na-Acetat-Lsg. anodisch abgeschieden worden. Messungen mit chemisch dargestelltem Hydroxid geben übereinstimmende Werte, J. ZEDNER (*Z. Elektrochem.* **11** [1905] 809/13, 812).

3) NiO(OH) | Elektrolyt | Zn . . . . . . . . . . . . . $E_1 = 1.630$; $E_2 = 1.643$
4) NiO(OH) | Elektrolyt | Pb . . . . . . . . . . . . . $E_1 = 1.139$; $E_2 = 1.138$
5) NiO(OH) | Elektrolyt | Ni . . . . . . . . . . . . . $E_1 = 1.086$; $E_2 = 1.075$
6) NiO(OH) | Elektrolyt | Cu . . . . . . . . . . . . . $E_1 = 0.551$; $E_2 = 0.560$

Bei $E_1$ besteht der Elektrolyt aus n-$NiSO_4$-Lsg., bei $E_2$ aus gesätt. $(NH_4)_2Ni(SO_4)_2$-Lösung. Kette Nr. 3 auch mit Zusatz von $H_2SO_4$ zum Elektrolyten gemessen. Das als $Ni(OH)_3$ bezeichnete Hydroxid wird durch anod. Ox. von Ni in $(NH_4)_2Ni(SO_4)_2$-Lsg. hergestellt, W. PFANHAUSER (*Z. Elektrochem.* **7** [1901] 698/710, 705).

7) NiO(OH), $Ni(OH)_2$ | KOH | HgO, Hg
EK gemessen bei 25° für 0.01 n- bis 8 n-KOH-Lsgg. Die unter Berücksichtigung der Hydratation der Hydroxide und ihrer Adsorption von KOH ber. EK nimmt mit steigender Konz. linear mit dem Logarithmus der KOH-Konz. ab bis zu Konzz. von ~1 molal. Bei höheren Konzz. treten Abweichungen auf, die z. T. bedingt sind durch wachsende Unterschiede zwischen Akt. und Konz. Die gem. Werte stimmen zufriedenstellend mit den ber. überein, F. KORNFEIL (*Proc. Ann. Battery Res. Develop. Conf. 12th, Fort Monmouth* 1958, S. 18/22).

*Discharge Curve*

**Entladekurve.** β-NiO(OH) betätigt sich elektrochemisch ohne vorangegangene Aufladung. **Fig. 206** zeigt die Entladekurve von β-NiO(OH) bei 0.003 A und 0.001 A in 2.8 n-KOH-Lsg. Die 2. Entladungsstufe dauert bei kleinerer Entladungsstromstärke länger und kommt der Bldg. von $Ni_3O_2(OH)_4$ zu; denn je langsamer entladen wird, um so mehr dürfte die sonst direkt verlaufende Red. $Ni^{3+} \rightarrow Ni^{2+}$ über $Ni_3O_2(OH)_4$ verlaufen. Das β-NiO(OH) ist anodisch aus Na-Acetatlsg. auf einer Pt-Doppel-

netzelektrode abgeschieden worden (nähere Angaben über die Darst. s. S. 474), O. GLEMSER, J. EINERHAND (*Z. Elektrochem.* **54** [1950] 302/4). Daß β-NiO(OH) ohne vorherige Aufladung die Entladekurve der Nickeloxidelektrode gibt, wird von H. WINKLER (*Elektrotechnik* **9** [1955] 300/5, 302) bestätigt. Die Entladekurve des β-NiO(OH) unterscheidet sich von der Entladekurve der geladenen Nickeloxidelektrode dadurch, daß die anfängliche Spannungsspitze nicht vorhanden ist, H. WINKLER (*Proc. 8th Meeting Intern. Comm. Electrochem. Thermodyn. Kinet., Madrid* 1956 [1958], S. 383/93, 383).

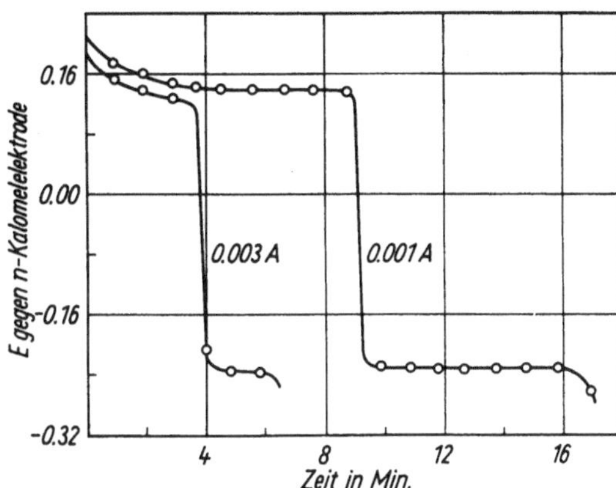


Fig. 206.
Entladen von β-NiO(OH).

**Sauerstoffüberspannung.** An NiO(OH) ist die Sauerstoffüberspannung groß. Kurven des Zerfalls der Sauerstoffüberspannung und der ihm entsprechenden Gasdesorption nach Stromunterbrechung als Funktion der Zeit. Die Sauerstoffüberspannung an Nickelhydroxid wird hauptsächlich bestimmt durch stark adsorbierten, teilweise entladenen Sauerstoff in verschiedenem Zustand, der verhältnismäßig langsam desorbiert wird, R. F. AMLIE, J. B. OCKERMAN, P. RÜETSCHI (*J. Electrochem. Soc.* **108** [1961] 377/83, 380). *Oxygen Overvoltage*

## Chemisches Verhalten

*Chemical Reactions*

Die Angaben gelten, wenn die Kristallart ohne Zus. nicht angegeben ist, auch für die anderen höher oxydierten schwarzen Ni-Hydroxide.

**Gegen Elektronenstrahlen.** Durch therm. Wrkg. der Elektronenstrahlen zerfällt β-NiO(OH) in topochem. Rk. unter Bldg. von NiO. Im Ablauf der Rk. beob. Änderungen der Teilchenformen s. S. 485. Ob die bereits nach kurzem Bestrahlen beob. hexagonalen Blättchen eine Pseudomorphose von NiO nach β-NiO(OH) sind oder noch nicht umgewandeltes β-NiO(OH), ist noch nicht geklärt, O. GLEMSER, J. EINERHAND (*Z. Anorg. Allgem. Chem.* **261** [1950] 43/51, 49). *With Electron Beams*

**Beim Erhitzen.** β-NiO(OH) geht beim Erhitzen im Vak. in $Ni_3O_2(OH)_4$ über, O. GLEMSER (in: G. BRAUER, *Handbuch der präparativen Anorganischen Chemie, 2. Aufl., Bd. 2, Stuttgart* 1962, S. 1348), verliert bei 115° Sauerstoff unter Bldg. von $Ni_3O_2(OH)_4$. Nachoxydiertes γ-NiO(OH) der Zus. $Ni_2O_{3.48}\cdot 2.28H_2O$ ist bei 110° noch stabil, jedoch wird $O_2$ abgegeben bis zur Zus. $Ni_2O_{3.30}\cdot 2.28H_2O$, bei 150° entsteht NiO, O. GLEMSER, J. EINERHAND (*Z. Anorg. Allgem. Chem.* **261** [1950] 26/42, 33, 37, 39). γ-NiO(OH) zersetzt sich bei 138° bis 140°, O. GLEMSER (*l. c.* S. 1349). Über magnet. Unters. des Zerfalls beim Erhitzen durch J. T. RICHARDSON (*J. Phys. Chem.* **67** [1963] 1377/8) s. S. 487, 480. Angaben über Präpp. mit nicht bekannter Kristallart, wobei die Ergebnisse entsprechend den unterschiedlichen Darst.-Methh. und Zuss. der Präpp. nicht immer übereinstimmen, s. beispielsweise R. DUVAL, C. DUVAL (*Anal. Chim. Acta* **5** [1951] 71/81, 73), R. W. CAIRNS, E. OTT (*J. Am. Chem. Soc.* **55** [1933] 534/44, 527/33, 529), D. K. GORALEVICH (*Zh. Russ. Fiz.-Khim. Obshchestva* [*Chast Khim.*] **62** [1930] 1577/625 nach *C.* **1931** I 2597; *Zh. Obshch. Khim.* **1** [1931] 973/90, *C.* **1933** I 919), H. RIESENFELD (*Z. Elektrochem.* **12** [1906] 621/3), I. BELLUCCI, E. CLAVARI (*Atti Accad. Nazl. Lincei, Rend. Classe Sci. Fis. Mat. Nat.* [5] **16** I [1906] 647/54, 652; *Gazz. Chim. Ital.* **37** I [1907] 409/17, 414), O. BRUNK (*Z. Anorg. Allgem. Chem.* **10** [1895] 227/47, 240), T. CARNELLY, J. WALKER (*J. Chem. Soc.* **53** [1888] 59/101, 59, 91), W. J. RUSSEL (*J. Chem. Soc.* **16** [1863] 51/62, 58; *Ann. Chem.* **126** [1863] 322/37, *On Heating*

334), J. L. PROUST (*Neues Allgem. J. Chem. Gehlen* **3** [1807] 410/51, 442; *J. Phys. Chim. Hist. Natur Arts* **63** [1806] 421/49, 447).

Den isobaren Abbau von β-NiO(OH) an einem Präp. der Zus. $Ni_2O_{3.18} \cdot 3.07\,H_2O$ zeigt **Fig. 207**. Da beim Abbau neben $H_2O$ auch Sauerstoff frei wird, ist der Gesamtdruck von 10 Torr gleich der Summe der Partialdrucke von $O_2$ und $H_2O$. Der Abbau verläuft irreversibel. Zur Einstellung konst. Drucke sind lange Wartezeiten erforderlich, z. B. bei 136° 2 Wochen. Zusätzlich zur kontinuierlichen $H_2O$-Abspaltung wird schon unterhalb 136° Sauerstoff frei in Übereinstimmung mit dem Auftreten der $Ni_3O_2(OH)_4$-Interferenzen bei 115° und dem Sauerstoffgehalt des Präp. bei 136°, dessen Zus. dann der Formel $Ni_3O_4 \cdot aq$ entspricht. Demnach wird β-NiO(OH) bis 136° kontinuierlich zu $Ni_3O_2(OH)_4$ abgebaut. Letzteres zerfällt bei dieser Temp. diskontinuierlich in 3 NiO, 2 $H_2O$ und 0.5 $O_2$, O. GLEMSER, J. EINERHAND (*l. c.* S. 37). Weitere Abbaukurven an Präpp. unterschiedlicher Vorbehandlung s. G. F. HÜTTIG, A. PETER (*Z. Anorg. Allgem. Chem.* **189** [1930] 190/5). — Durch isothermen Abbau werden keine definierten Zers.-Drucke für die $H_2O$- und Sauerstoffabspaltung gefunden. Bei 360° tritt Abbau bis NiO ein, M. LE BLANC, R. MÜLLER (*Z. Elektrochem.* **39** [1933] 204/9).

Fig. 207.

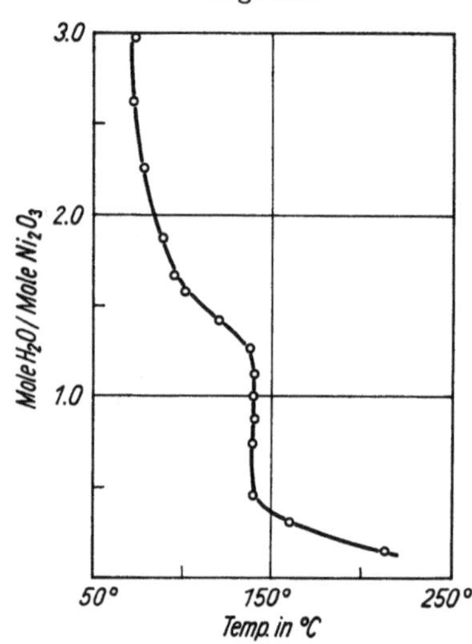


Isobarer Abbau von $Ni_2O_{3.18} \cdot 3.07\,H_2O$ bei 10 Torr.

*With Elements. Hydrogen*

**Gegen Elemente. Wasserstoff.** Red. von $Ni_2O_3 \cdot H_2O$ zu Ni im zirkulierenden $H_2$-Strom bei etwa 760 Torr setzt bei Tempp. von 82° bis 346° ohne Induktionsperiode unter zunächst starker Wärmeentw. ein. Zwischenprodd. wie $Ni_3O_4$ und NiO als Unstetigkeiten der Red.-Kurven werden nicht nachgewiesen, auch keine autokatalyt. Beschleunigung der Rk. wie beim NiO. Scheinbare Aktivierungsenergie bei 25%iger Red. 33.0 kcal/mol, A. N. KUZNETSOV (*Zh. Fiz. Khim.* **34** [1960] 32/8; *Russ. J. Phys. Chem.* **34** [1960] 15/8). Stufenweise Red. über $NiO_{1.33}$, NiO zu Ni nehmen an, F. GLASER (*Z. Anorg. Allgem. Chem.* **36** [1903] 1/35, 16/9), MOISSAN (*Ann. Chim.* [*Paris*] [5] **21** [1880] 199/255, 238/42), W. MÜLLER (*Ann. Physik* [2] **136** [1869] 51/65, 58); unterschiedliche Tempp. für Beginn der Red. geben O. RUFF, E. GERSTEN (*Ber. Deut. Chem. Ges.* **46** [1913] 400/13, 408), C. R. WRIGHT, A. P. LUFF (*J. Chem. Soc.* **33** [1878] 504/45, 539). Unters. von handelsüblichen Präpp. bei gewöhnl. und hohen Drucken, W. IPATIEV (*J. Prakt. Chem.* [2] **77** [1908] 513/32).

*Oxygen, Carbon*

**Sauerstoff, Kohlenstoff.** Beim Erhitzen unter 10 Atm $O_2$ verhält sich $NiO_{1.5} \cdot aq$ wie beim Erhitzen unter Luft oder $O_2$ bei gewöhnl. Druck, R. W. CAIRNS, E. OTT (*J. Am. Chem. Soc.* **55** [1933] 534/44, 537). — Gemischt mit Kohle erfolgt Red. ab 145° zu Ni, C. R. WRIGHT, A. P. LUFF (*l. c.*), s. auch K. IKASÉ, M. FUKUSIMA (*Sci. Rept. Tohoku Univ.* I **22** [1933] 501/27, 522).

*With Compounds*

**Gegen Verbindungen.** Kohlenmonoxid reduziert bereits ab 30°, C. R. WRIGHT, A. P. LUFF (*l. c.*). Mit Schwefelkohlenstoff und $NH_3$ bildet $Ni(OH)_3$ eine rote Verb. ähnlich dem Rk.-Prod. mit $Ni(OH)_2$, O. F. WIEDE, K. A. HOFMANN (*Z. Anorg. Allgem. Chem.* **11** [1896] 379/84, 382). — Zur Rk. mit Nickelhydroxid unter Bldg. von $NiO_{1.33} \cdot aq$ bzw. $Ni_3O_2(OH)_4$ s. J. BESSON (*Ann. Chim.* [*Paris*] [12] **2** [1947] 527/98, 536, 557, 586), O. GLEMSER, J. EINERHAND (*Z. Anorg. Allgem. Chem.* **261** [1950] 26/42, 29).

*With Water. Alkaline Solutions*

**Gegen Wasser. Alkalilaugen.** Über die Alterung unter $H_2O$, Alkalilaugen oder den Mutterlaugen s. S. 476. Bei gewöhnl. Temp. sind höher oxydierte Ni-Hydroxide in Wasser oder verd. Alkalilaugen nur bis zur Zus. $NiO_{1.33}$ stabil, bei 100° bis zur Zus. $NiO_{1.16} \cdot aq$, O. GLEMSER, J. EINERHAND (*Z. Anorg. Allgem. Chem.* **261** [1950] 26/42, 34). Zum Teil widersprechende Angaben s. J. BESSON (*Ann. Chim.* [*Paris*] [12] **2** [1947] 527/98, 533/41, 546, 557). Bei 40° bis 100° in $H_2O$ Zers. unter Bldg. von $Ni(OH)_2$ über $NiO_{1.33} \cdot aq$ als Zwischenprodukt. Beim Erwärmen bis auf 40° wird $NiO_{1.33} \cdot aq$ als stabiles Rk.-Prod. erhalten, F. FRANÇOIS, M.-L. DELWAULLE (*Compt. Rend.* **205** [1937] 282/4). Zur Sauerstoffabspaltung in $H_2O$ oder Alkalilaugen bei gewöhnl. oder höherer Temp. s. auch D. K. GORALEVICH (*Zh. Russ. Fiz.-Khim. Obshchestva* [*Chast Khim.*] **62** [1930] 1577/625 nach *C.* **1931** I 2597), O. R. HOWELL (*J. Chem. Soc.* **123** [1923] 669/76, 1772/83), F. FOERSTER (*Z. Elektrochem.* **13** [1907] 414/34,

418), I. Bellucci, E. Clavari (*Atti Accad. Nazl. Lincei Rend. Classe Sci. Fis. Mat. Nat.* [5] **14** II [1905] 234/42, 238/40, **16** I [1906] 647/54, 653; *Gazz. Chim. Ital.* **36** I [1906] 58/106, 98, **37** I [1907] 409/17, 414), G. Schröder (*Diss. Berlin* 1889 nach *C.* **1890** I 933).

Beim Erhitzen im Bombenrohr mit $H_2O$ sollen mit Bromkalilauge gefällte Ndd. bei 130° bis 150° bis zur Zus. $Ni(OH)_2$ Sauerstoff abgegeben, R. W. Cairns, E. Ott (*J. Am. Chem. Soc.* **55** [1933] 534/44). Dagegen verliert ein über $H_2SO_4$ getrockneter Nd. der Zus. $Ni_2O_3 \cdot 4.244\,H_2O$ beim Tempern im abgeschmolzenen Rohr bei 120° nur $H_2O$ bis zur Zus. $Ni_2O_3 \cdot 3.38\,H_2O$, bei 200° bis zur Zus. $Ni_2O_3 \cdot 0.956\,H_2O$, G. F. Hüttig, A. Peter (*Z. Anorg. Allgem. Chem.* **189** [1930] 190/5).

*With Acids*

**Gegen Säuren.** β-NiO(OH) ist in verd. Säuren leicht lösl., γ-NiO(OH) löst sich in verd. $H_2SO_4$-Lsg. unter $O_2$-Abgabe, O. Glemser (in: G. Brauer, *Handbuch der präparativen Anorganischen Chemie*, 2. *Aufl.*, *Bd.* 2, *Stuttgart* 1962, S. 1348/9), lösl. in Salzsäure unter $Cl_2$-Entw., J. L. Proust (*Neues Allgem. J. Chem. Gehlen* **3** [1807] 410/51, 443; *J. Phys. Chim. Hist. Natur Arts* **63** [1806] 421/49, 447), in Essigsäure löslich, H. Rose (*Ausführliches Handbuch der Analytischen Chemie*, 5. *Aufl.*, *Bd.* 1, *Braunschweig* 1851, S. 113), in Salpeter- und Schwefelsäure unter Entw. von $O_3$-haltigem Sauerstoff, A. Kurtenacker (in: Abegg, *Bd.* 4, *Abt.* 3, *Tl.* 4, 1939, S. 744). Über Bldg. von $H_2O_2$ beim Lösen in $H_2SO_4$, s. S. Tanatar (*Chem. Ber.* **33** [1900] 205/8, **36** [1903] 1893/7, **42** [1909] 1516/7, **47** [1914] 87/8). Hierbei soll kein $H_2O_2$ sondern $H_2SO_5$ entstehen, C. Tubandt, W. Riedel (*Chem. Ber.* **44** [1911] 2565/70). Oxydiert in geringem Umfang schweflige Säure zu $[S_2O_6]^{2-}$, G. Cavicchi (*Ann. Chim.* [*Rome*] **41** [1951] 411/4).

*With Other Aqueous Solutions*

**Gegen weitere wäßrige Lösungen.** Wss. $H_2O_2$-Lsg. wird unter Sauerstoff-Entw. zersetzt, s. beispielsweise C. F. Schönbein (*J. Prakt. Chem.* **93** [1864] 24/60, 53/7), T. Bayley (*Phil. Mag.* [5] **7** [1879] 126/9). Zers. von $H_2O_2$-Lsg. an $Ni_2O_3 \cdot 2H_2O$ (nach Darst.-Meth. γ-NiO(OH)), s. K. A. Hofmann, H. Hiendlmaier (*Chem. Ber.* **39** [1906] 3184/7). Wss. Lsgg. von $NH_3$ oder Ammoniumcarbonat werden unter $N_2$-Entw. oxydiert, wobei Ni in Lsg. geht, T. H. Vorster (*Diss. Göttingen* 1861, S. 27; *Jahresber.* **1861** 310), J. Berzelius (*Ann. Physik* **82** [1821] 156/98, 159), J. L. Proust (*l. c.*). $J^-$, $SO_3^{2-}$, $AsO_3^{3-}$, $H_2O_2$, Oxalsäure und andere Red.-Mittel werden durch die schwarzen Ni-Hydroxide oxydiert, diese selbst zur $Ni^{II}$-Verb. reduziert, A. Kurtenacker (*l. c.*), s. auch Schultze (*Jenaische Z.* **1** [1864] 428 nach *Jahresber.* **1864** 270), C. Wicke (*Z. Chem.* 8 [1865] 86/9). Über Ox. von $Mn^{2+}$ in schwefel-, salpeter- oder phosphorsaurer Lsg. mit $NiO_{1.5} \cdot aq$, s. C. Tubandt, W. Riedel (*l. c.*), R. Lang (*Z. Anorg. Allgem. Chem.* **158** [1926] 370/6), von $Ce^{3+}$ und $Pb^{2+}$ zu $Ce^{4+}$ und $PbO_2$, R. Lang, J. Zwerina (*Z. Anal. Chem.* **91** [1933] 5/12, 8). $NiO_{1.5} \cdot aq$ oxydiert stärker als die analogen Co-Verbb., H. Rose (*l. c.*). Es ist in KCN-Lsg. löslich. Beim Lösen in äquimolaren Mengen KCN und HCN entsteht $H_2O_2$, J. Mai, M. Silberberg (*Chemiker-Ztg.* **27** [1903] 13/4). Mit $Ni^{2+}$ Rk. unter Bldg. von $NiO_{1.33} \cdot aq$ und $Ni_3O_2(OH)_4$, s. S. 474, J. Besson (*Ann. Chim.* [*Paris*] [12] **2** [1947] 527/98, 536, 557, 586), O. Glemser, J. Einerhand (*Z. Anorg. Allgem. Chem.* **261** [1950] 26/42, 29).

*With Organic Compounds*

**Gegen organische Verbindungen.** Wird durch Cellulose reduziert, Alkohole werden in Ggw. von $H_2SO_4$ zu Aldehyden oxydiert, K. A. Hofmann, H. Hiendlmaier (*l. c.*). Bei Zugabe von $Ni(OH)_3$ zu einer wss. Lsg. von Dimethylglyoxim wird dieses unter Rotfärbung der Lsg. oxydiert, A. K. Babko (*Zh. Neorgan. Khim.* **1** [1956] 485/8; *J. Inorg. Chem.* [*USSR*] **1** Nr. 3 [1956] 142/6).

### *Hydrate des $Ni_2O_3$.*

*$Ni_2O_3$ Hydrates*

Es liegen Angaben über Hydrate mit 1 bis 6 $H_2O$ vor. Jedoch ergibt sich aus dem isobaren Abbau eines Präp. der Zus. $Ni_2O_{3.18} \cdot 3.07\,H_2O$ kein Anhaltspunkt für die Existenz von Hydraten mit 2 und 3 $H_2O$ (s. S. 490), C. Glemser, J. Einerhand (*Z. Anorg. Allgem. Chem.* **261** [1950] 26/42, 38), G. F. Hüttig, A. Peter (*Z. Anorg. Allgem. Chem.* **189** [1930] 190/5), M. Le Blanc, E. Möbius (*Z. Elektrochem.* **39** [1933] 753/4). Präpp. der Zus. $Ni_2O_3 \cdot H_2O$ sind nach ihrem Kristallgitter und der Konstit.-Formel NiO(OH) keine Hydrate. Die Existenz von Hydraten mit 4 bis 6 $H_2O$ ist nur aus der Zus. der Präpp. abgeleitet und deshalb sehr unsicher. Über die Schwierigkeiten bei der Best. des $H_2O$-Gehaltes s. S. 466, 482. Folgende Hydrate werden beschrieben:

$Ni_2O_3 \cdot 6H_2O$, J. Zedner (*Z. Elektrochem.* **12** [1906] 463/73, 464), als $H_4Ni_2O_5 \cdot 4H_2O$ formulierte Verb., D. K. Goralevich (*Zh. Obshch. Khim.* **1** [1931] 973/90, *C.* **1933** I 919).

$Ni_2O_3 \cdot 5H_2O$, als $H_4Ni_2O_5 \cdot 3H_2O$ formulierte Verb., D. K. Goralevich (*l. c.*).

$Ni_2O_3 \cdot 4H_2O$, H. Riesenfeld (*Z. Elektrochem.* **12** [1906] 621/3). Als $H_2Ni_2O_4 \cdot 3H_2O$ formulierte Verb., D. K. Goralevich (*l. c.*).

$Ni_2O_3 \cdot 3H_2O$, J. ZEDNER (*l. c.*), s. jedoch F. FOERSTER (*Z. Elektrochem.* **13** [1907] 414/34, 419); als $H_2Ni_2O_4 \cdot 2H_2O$ formulierte Verb., D. K. GORALEVICH (*l. c.*).

$Ni_2O_3 \cdot 2H_2O$, R. W. CAIRNS, E. OTT (*J. Am. Chem. Soc.* **55** [1933] 534/44), H. RIESENFELD (*l. c.*), F. GLASER (*Z. Anorg. Allgem. Chem.* **36** [1903] 2/35, 17).

$Ni_2O_3 \cdot H_2O$, G. F. HÜTTIG, A. PETER (*l. c.*), F. FOERSTER (*l. c.* S. 433), J. T. RICHARDSON (*J. Phys. Chem.* **67** [1963] 1397/9).

Auf elektrochem. Wege hergestellte Präpp. der Zus. $Ni_2O_3 \cdot 1$ bis $11H_2O$ beschreibt J. ZEDNER (*Z. Elektrochem.* **11** [1905] 809/13). Weitere Lit. s. bei A. KURTENACKER (in: ABEGG, *Bd.* 4, *Abt.* 3, *Tl.* 4, 1939, S. 744), in GMELIN-HANDBUCH, 7. *Aufl.*, *Bd.* 5, *Tl.* 1, 1909, S. 50/5.

*$NiO_2 \cdot aq$ General*

## *$NiO_2 \cdot aq$*

**Allgemeines.** Über den $H_2O$-Gehalt der schwarzen, röntgenamorphen Verb. liegen keine sicheren Angaben vor. Als Folge der leichten Zersetzlichkeit gelingt die Darst. reiner Präpp. nicht, O. GLEMSER, J. EINERHAND (*Z. Anorg. Allgem. Chem.* **261** [1950] 26/42, 38). Die Bldg. bei Rk. von überschüssigem Ox.-Mittel in alkal. Lsg. bei gewöhnl. Temp. mit $Ni^{2+}$ ist durch calorimetr. Titration alkal. $Na_2S_2O_8$-Lsg. mit wss. Ni-Salzlsg. nachgewiesen (s. Fig. 204, S. 475), O. GLEMSER, J. EINERHAND (*l. c.* S. 29), J. BESSON (*Ann. Chim.* [*Paris*] [12] **2** [1947] 527/98, 541). Hiervon abweichende Angaben s. S. 474, J. LABAT (*Ann. Chim.* [*Paris*] [13] **9** [1964] 399/427, 406/11, 426). Weiter wird die Existenz der Verb. aus dem elektrochem. Verh. elektrochemisch oxydierter Ni-Elektroden (s. S. 467) abgeleitet, H. BODE (*Angew. Chem.* **73** [1961] 553/60, 558), F. FOERSTER (*Z. Elektrochem.* **13** [1907] 414/34, 427, **14** [1908] 17).

*Formation. Preparation. By Oxidation of Nickel Hydroxide*

**Bildung und Darstellung. Durch Oxydation von Nickelhydroxid.** Darst. von Präpp. mit $NiO_{>1.5} \cdot aq$ gelingt bei Ox. von $Ni(OH)_2$ mit $Na_2S_2O_8$-Lsg. nur in alkal. Lsg. und mit Überschuß an Ox.-Mittel bei gewöhnl. Temp., da die Rk. durch katalyt. Zerfall des Ox.-Mittels am Rk.-Prod. nicht quantitativ ist. Der Ox.-Grad steigt mit der Laugenkonz., max. wird mit 4.2n-Natronlauge $NiO_{1.88}$ erreicht, F. FRANÇOIS, M.-L. DELWAULLE (*Compt. Rend.* **204** [1937] 1042/8). So hergestellte Präpp. geben jedoch bereits in der Mutterlauge sehr rasch Sauerstoff ab durch Rk. von $NiO_2 \cdot aq$ mit $Ni(OH)_2$; nach etwa 12std. Stehen liegt die Zus. nicht über $NiO_{1.5}$. Entsprechende Angaben auch für die Ox. mit NaOCl und NaOBr (s. ab S. 460 und Fig. 201, S. 461), J. BESSON (*Ann. Chim.* [*Paris*] [12] **2** [1947] 527/98, 534/8, 546). Bei höheren Tempp. können ohne Zers. keine trocknen Präpp. mit $NiO_{>1.5}$ erhalten werden, auch nicht durch erneute Ox. mit Bromnatronlauge, W. FEITKNECHT, H. R. CHRISTEN, H. STUDER (*Z. Anorg. Allgem. Chem.* **283** [1956] 88/95, 90). Beim Erhitzen wird der Sauerstoffgehalt rasch kleiner, F. FRANÇOIS, M.-L. DELWAULLE (*Compt. Rend.* **205** [1937] 282/4). — B. BRAUNER (*Z. Anal. Chem.* **55** [1916] 225/67, 259) will den Ox.-Grad $NiO_2 \cdot aq$ durch Einw. von $Cl_2$ auf $Ni(OH)_2$ erreicht haben.

*By Precipitation from Nickel(II) Salt Solutions with Oxidizing Agents*

**Durch Fällung aus Nickel(II)-Salzlösungen mit Oxydationsmitteln.** Entsteht bei gewöhnl. Temp. aus wss. $NiSO_4$-Lsg. mit NaOCl, NaOBr, $Na_2S_2O_8$, $K_2S_2O_8$ und Alkalilauge (S. 472 bis 474), nach Analyse der feuchten Ndd., aus wss. $K_2[Ni(CN)_4]$-Lsg. mit KOH und HOCl (s. S. 472), J. BESSON (*l. c.* S. 534/8, 541, 546). Zus. frisch gefällter feuchter Ndd. bei Ox. mit Überschuß an Ox.-Mittel und Alkalilauge aus $Ni(NO_3)_2$-Lsgg. bei gewöhnl. Temp. gefällt: $NiO_{1.741} \cdot aq$ bei Ox. mit NaOCl, $NiO_{1.726} \cdot aq$ bei Ox. mit NaOBr, $NiO_{1.710} \cdot aq$ bei Ox. mit $Na_2S_2O_8$. Dagegen haben 12 Std. alte, gewaschene und bei gewöhnl. Temp. getrocknete Präpp. die Zus. $NiO_{<1.5} \cdot aq$, J. LABAT (*Ann. Chim.* [*Paris*] [13] **9** [1964] 399/427, 402). Der Ox.-Grad der feuchten Ndd. fällt mit zunehmender Fällungstemp. der Lsg. und mit der Ox.-Dauer. Höhere Werte werden mit $Na_2CO_3$ an Stelle von NaOH sowie durch Auswaschen des Nd. mit wss. $Na_2CO_3$-Lsg. an Stelle von $H_2O$ erreicht. Verwendung von $Br_2$ + NaOH zur Ox. ist günstiger als NaOBr, NaOCl und $Na_2S_2O_8$, max. Ox.-Grad mit Bromkalilauge bei 0° $NiO_{1.907} \cdot aq$, I. BELLUCCI, E. CLAVARI (*Atti Accad. Nazl. Lincei Rend. Classe Sci. Fis. Mat. Nat.* [5] **14** II [1905] 234/42; *Gazz. Chim. Ital.* **36** I [1906] 58/106, 74/81). Dieser Wert ist nicht reproduzierbar, M. LE BLANC, R. MÜLLER (*Z. Elektrochem.* **39** [1933] 204/9). Bei Fällung mit alkal. NaOCl-Lsg. aus $NiSO_4$-Lsg. wird durch Verwendung von $Na_2CO_3$ statt NaOH der Sauerstoffgehalt geringer, mit steigender Laugenkonz. höher, während die Höhe des NaOCl-Überschusses ohne Einfluß sein soll. Um Sauerstoffverluste klein zu halten, werden die Ndd. am besten mit Eiswasser, oder 5%igen Alkalilaugen gewaschen, YA. M. PESIN, O. I. ANDREEVA, A. A. MORENO, M. P. SHMANTSAR (*Tsvetnye Metal.* **16** Nr. 8 [1941] 29/35). Durch Ox. von $Ni^{2+}$ mit $CaOCl_2$ und in Ggw. von $Ca(OH)_2$ wird ein höherer Ox.-

Grad erreicht als mit den Alkaliverbb. Graph. Wiedergabe von Temp.-Einfluß, Zeit, Konz. und Art der Lauge s. O. R. HOWELL (*J. Chem. Soc.* **123** [1923] 669/76). Über Fällung mit NaOCl, s. auch F. GIORDANI, E. MATTIAS (*Rend. Accad. Sci. Fis. Mat.* [*Soc. Nazl. Sci. Napoli*] [4] **35** [1929] 172/82).

*By Electrochemical Method*

**Auf elektrochemischem Wege.** Um zur optimalen Ox., Zus. $NiO_{1.71}\cdot aq$, zu kommen, soll der Elektrolyt über 5n an NaCl und 0.025n an NaOH sein und je 1000 ml wss. Lsg. 25 g NiO als $Ni(OH)_2$ suspendiert enthalten. Es wird bei 16 A/l Elektrolyt zwischen Graphitelektroden bei 0.075 $A/cm^2$ kathod. und 0.1 bis 1 $A/cm^2$ anod. Stromdichte oxydiert. Zur Bindung von 1 kg O sind 20 bis 30 kWh erforderlich. Elektrolyse eines Elektrolyten, der 5n an NaCl ist, mit Ni- oder Graphitanode und Ni-Kathode erfordert mehr Energie, da das gebildete HOCl zum großen Teil zerfällt. Das Rk.-Prod. enthält weniger Sauerstoff, N. P. FEDOT'EV, V. V. SVECHNIKOVA (*Zh. Prikl. Khim.* **15** [1942] 105/19, *C.A.* **1943** 2273). Günstige Bedingungen zur Ox. sind Abscheidung aus Cl-freier, mit $NaBO_3 + H_3BO_3$ gepufferter Lsg. bei pH 8.5 an $PbO_2$-, Pt-, oder Ni-Anode. An Anoden aus Au oder Graphit haftet der Nd. schlecht, M. HAISSINSKY, M. QUESNEY (*J. Chim. Phys.* **49** [1952] 302/7), s. auch M. HAISSINSKY (*J. Chim. Phys.* **46** [1949] 148), M. HAISSINSKY, M. COTTIN (*Compt. Rend.* **224** [1947] 467/9).

*Enthalpy of Formation*

**Bildungsenthalpie** $\Delta H$ in kcal/mol berechnet aus den elektrochem. Daten von O. GLEMSER, J. EINERHAND (*Z. Elektrochem.* **54** [1950] 302/4) für $NiO_2$: $\Delta H = -51$, für $NiO_2\cdot 2H_2O$: $\Delta H = -164.8$, E. DELTOMBE, N. DE ZOUBOV, M. POURBAIX (*Centre Belge Etude Corrosion Rapp. Tech.* Nr. 23 [1955] 2/6, 3; in M. POURBAIX, N. DE ZOUBOV, J. VAN MUYLDER, *Atlas de' Equilibres Electrochimiques, Paris* 1963, S. 331).

### *Kolloides $NiO_2\cdot aq$.*

*Colloidal $NiO_2\cdot aq$*

*Formation. Preparation*

**Bildung und Darstellung.** Hydrosole von $NiO_2\cdot aq$ sollen die roten, braunen bis schwarzen Lsgg. sein, wie sie erhalten werden bei 0° durch Einw. von $O_3$ auf konz. wss. Lsgg. von Ni-Salz und $KHCO_3$, durch Lösen von $NiO_2\cdot aq$ in 90%iger Essigsäure oder 5%iger ortho- oder meta-Phosphorsäure, bei der Elektrolyse von $KHCO_3$-haltigen Ni-Salzlsgg. zwischen Pt-Elektroden im durch ein Diaphragma abgetrennten Anodenraum, oder aus $KHCO_3$-Lsg. an einer Ni-Anode. Diese so dargestellten Lsgg. zersetzen sich beim Verd. mit Eiswasser nicht, wirken stark oxydierend, zersetzen sich aber bei gewöhnl. Temp. in einigen Std. unter Grünfärbung, C. TUBANDT, W. RIEDEL (*Z. Anorg. Allgem. Chem.* **72** [1911] 219/32).

Nach opt. und elektronenmikroskop. Unterss. werden bei der Fällung aus $NiSO_4$-Lsg. mit NaOCl-Lsg. Gele gefällt. Die wechselnde Zus. der Ndd. wird auf das Entstehen von festen Lsgg. zwischen $Ni(OH)_4$ und $Ni(OH)_2$ zurückgeführt, S. I. SOBOL' (*Zh. Obshch. Khim.* **23** [1953] 901/6; *J. Gen. Chem. USSR* **23** [1953] 941/4).

*Physical Properties*

**Physikalische Eigenschaften.** Die schwarzen Substt. sind röntgenamorph, G. L. CLARK, W. C. ASBURY, R. M. WICK (*J. Am. Chem. Soc.* **47** [1925] 2661/71, 2666), O. GLEMSER, J. EINERHAND (*Z. Anorg. Allgem. Chem.* **261** [1950] 26/42, 38). Spezif. magnet. Susz. von Präpp. der ungefähren Zus. $NiO_{1.7}\cdot aq$, s. S. 475 sowie Fig. 205, S. 475, weitere Werte s. J. LABAT (*Ann. Chim.* [*Paris*] [13] **9** [1964] 399/427, 402/11).

*Electrochemical Behavior*

**Elektrochemisches Verhalten.** Über Normalpot. s. unter „*Nickel*" *Tl.* A, „Elektrochemisches Verhalten", „Normalpotential".

*Potentials*

**Potentiale.** Das Pot. einer frisch geladenen $NiO_2\cdot aq$-Elektrode ist mindestens 0.1 V anodischer als das von $Ni_2O_3\cdot aq$ in derselben Alkalilsg. gleicher Konz., F. FOERSTER (*Z. Elektrochem.* **14** [1908] 17/9; *Z. Physik. Chem.* **69** [1909] 236/71, 238).

Die Pott. sind mit E bezeichnet und in V angegeben, die auf die Normalwasserstoffelektrode bezogenen werden mit $E_h$ bezeichnet.

1) $Ni_2O_3\cdot aq$, $NiO_2\cdot aq$ | 0.1n-NaOH . . . . . . . . . . . . . . . . . . . . . . . $E_h = 0.47$

pH = 13. Aus Angaben über das System $Ni(OH)_2$–$NiO_2\cdot aq$ von F. FOERSTER (*Z. Elektrochem.* **13** [1907] 414/34, **14** [1908] 17/9, 285/92) und über das System $Ni(OH)_2$–$Ni_2O_3\cdot aq$ von A. HICKLING, J. E. SPICE (*Trans. Faraday Soc.* **43** [1947] 762/9) berechnet, S. E. S. EL WAKKAD, S. H. EMARA (*J. Chem. Soc.* **1953** 3504/8, 3506).

2) $Ni_2O_3\cdot aq$, $NiO_2\cdot aq$ | n-$Na_2CO_3$ . . . . . . . . . . . . . . . . . . . . . . . $E_h = 0.56$

pH = 11.5. Berechnung wie bei Pot. Nr. 1, S. E. S. EL WAKKAD, S. H. EMARA (*l. c.*).

3) $Ni_2O_3 \cdot aq$, $NiO_2 \cdot aq$ | Elektrolyt

| | | | |
|---|---|---|---|
| pH des Elektrolyten . . . . . . . . | 9.2 | 12 | 13.8 |
| $E_h$ . . . . . . . . . . . . . . . . | 0.89 | 0.72 | 0.62 |

Werte mit Hilfe der freien Bldg.-Enthalpien bei 25° berechnet. Vergleich mit Pot.-Messungen von A. HICKLING, J. E. SPICE (*l. c.* S. 765) mit einer Ni, NiO(OH)-Elektrode in entsprechenden Elektrolyten, s. Pot. Nr. 9, S. 488, M. POURBAIX, N. DE ZOUBOV, E. DELTOMBE (*Proc. 7th Meeting Intern. Comm. Electrochem. Thermodyn. Kinet., Lindau* 1955 [1957], S. 193/215, 204).

4) $NiO \cdot aq$, $NiO_2 \cdot aq$ | 0.1 n-NaOH . . . . . . . . . . . . . . . . . . . . . $E_h = 0.55$

pH = 13. Aus Angaben über das System $Ni(OH)_2$–$NiO_2 \cdot aq$ von F. FOERSTER (*l. c.*) berechnet, S. E. S. EL WAKKAD, S. H. EMARA (*l. c.*).

5) $NiO \cdot aq$, $NiO_2 \cdot aq$ | n-$Na_2CO_3$ . . . . . . . . . . . . . . . . . . . . . . $E_h = 0.64$

pH = 11.5. Berechnung wie bei Kette Nr. 4, S. E. S. EL WAKKAD, S. H. EMARA (*l. c.*).

6) $NiO_x \cdot aq$ | Pufferlsg. mit suspendiertem $Ni(OH)_2$.

Nach anfänglich schnellem Abfall wird das Pot. stabiler unter langsamer Zers. des $NiO_x \cdot aq$. Ist die Elektrode nicht mehr vollständig bedeckt, erfolgt schneller Pot.-Abfall. $NiO_x \cdot aq$ wird so dicht als möglich auf Pt-Blechen oder -Gittern elektrochemisch abgeschieden, s. S. 493, M. HAISSINSKY, M. QUESNEY (*J. Chim. Phys.* **49** [1952] 302/7, 306).

*Deposition Potential*

**Abscheidungspotential.** Das krit. Pot., bei dem die anod. Abscheidung des $NiO_2 \cdot aq$ (als Ni-Peroxid-Hydroxid bezeichnet) anfängt, variiert mit dem Anodenmaterial. Bei Pt und $PbO_2$ als Anode besteht lineare Beziehung zwischen krit. Pot. E und pH. Bei Ni als Anode verläuft die E–pH-Kurve linear bei pH < 12.5. Messungen im Bereich pH = 8 bis 14 (über Herst. des $NiO_2 \cdot aq$ s. S. 493), M. HAISSINSKY, M. QUESNEY (*Compt. Rend.* **223** [1946] 792/4, **224** [1947] 831/3). Bei pH > 13, d. h. NaOH-Konz. > 0.1 n, ist das Abscheidungspot. unabhängig vom pH und stimmt mit dem Pot. überein, das nach F. FOERSTER (*Z. Elektrochem.* **13** [1907] 414/34, **14** [1908] 17/9) in konz. NaOH-Lsg. unmittelbar nach Unterbrechung des Ladestromes an einer Nickeloxidelektrode auftritt. Die anod. Bldg. von $NiO_2 \cdot aq$ erfolgt unter Überspannung, deren Größe mit dem Anodenmaterial variiert; am größten ist sie auf Pt, dann folgt $PbO_2$, am kleinsten ist sie auf Ni, M. HAISSINSKY, M. QUESNEY (*J. Chim. Phys.* **49** [1952] 302/7, 305).

*Chemical Reactions*

**Chemisches Verhalten.** Über die rasche Alterung der Präpp. s. S. 492, 476. Zersetzt sich bereits beim Abfiltrieren des Nd. unter $O_3$-Entw., B. BRAUNER (*Z. Anal. Chem.* **55** [1916] 225/67, 259). Über Rk. mit $Ni(OH)_2$ unter Bldg. von β-NiO(OH) s. O. GLEMSER, J. EINERHAND (*l. c.*), mit $Ni^{2+}$-Ionen unter Bldg. $NiO_{1.5} \cdot aq$ s. J. BESSON (*Ann. Chim.* [*Paris*] [12] **2** [1947] 527/98, 541). Lösl. in fast gesätt. wss. $KHSO_4$-Lsg. mit grüner Farbe, C. TUBANDT, W. RIEDEL (*Z. Anorg. Allgem. Chem.* **72** [1911] 219/32, 221). Weiteres Verh. wie beim chem. Verh. von $NiO_{1.5} \cdot aq$ (s. ab S. 489), soweit dort nicht ausdrücklich andere Zus. der Verb. angegeben ist.

*Nickel Peroxide(?)*

## *Nickelperoxid (?)*

Im Gegensatz zum schwarzen $NiO_2 \cdot aq$, das in der Lit. ebenfalls häufig als Ni-Peroxid bezeichnet wird, soll noch ein grünes echtes Peroxid derselben Zus. existieren. Es soll z. B. durch Einw. von $H_2O_2$ auf frisch gefälltes $Ni(OH)_2$ oder schwarzes $NiO_2 \cdot aq$ oder beim Versetzen einer auf −50° abgekühlten alkohol. $NiCl_2$-Lsg. mit 30%iger wss. $H_2O_2$-Lsg. und danach mit der theoretisch erforderlichen Menge alkohol. KOH-Lsg. entstehen. Zus. des graugrünen Pulvers $NiO_{1.46\,\text{bis}\,1.98} \cdot aq$. Diese Angaben zur Darst. werden von J. BESSON (*Ann. Chim.* [*Paris*] [12] **2** [1947] 527/98, 540) nicht bestätigt. Die Substanz ist röntgenamorph, G. L. CLARK, W. C. ASBURY, R. M. WICK (*J. Am. Chem. Soc.* **47** [1925] 2661/71, 2667). — Zersetzt sich durch Einw. von Luftfeuchtigkeit, lösl. in Säuren unter Bldg. von $H_2O_2$, G. PELLINI, D. MENEGHINI (*Gazz. Chim. Ital.* **39** I [1908] 163/75; *Z. Anorg. Allgem. Chem.* **60** [1908] 178/90). — Über Rk. mit Dimethylglyoxim unter Bldg. rotorange und rotviolett gefärbter Lsgg., s. M. HOOREMAN (*Anal. Chim. Acta* **3** [1949] 635/41), F. FEIGL (*Chem. Ber.* **57** [1924] 758/61).

# Nickel und Stickstoff

*Nickel and Nitrogen*

## Das System Ni–N

*The Ni–N System*

*Sorption*

**Sorption.** Bei der Sorption handelt es sich bei tiefer Temp. (—196°) um Chemosorption, O. Beeck (*Advan. Catalysis* **2** [1950] 151/95, 157, 194). Keine Chemosorption zwischen 20° und —183° bei $10^{-8}$ bis $10^{-2}$ Torr an reinen aufgedampften Ni-Filmen, B. M. W. Trapnell (*Proc. Roy. Soc.* [*London*] A **218** [1953] 566/77, 569). An aufgedampften, durchsichtigen, 1 Std. bei 100° getemperten Ni-Schichten findet bei $8.3 \times 10^{-2}$ Torr bei gewöhnl. Temp. keine Chemosorption statt; bei —183° wird bei max. $1.0 \times 10^{-2}$ Torr etwa die Hälfte des $N_2$ reversibel, die andere Hälfte irreversibel adsorbiert, bei gewöhnl. Temp. jedoch wieder vollständig abgegeben, wie die Änderung des elektr. Widerstands ergibt. Die in elektron. Wechselwrkg. mit der Ni-Oberfläche tretenden $N_2$-Molekeln beanspruchen das Metallelektronengas also in Richtung der adsorbierten Molekeln, R. Suhrmann, K. Schulz (*Z. Naturforsch.* **10a** [1955] 517/21). Die Isotherme für die van der Waals-Adsorption bei —183° von $10^{-5}$ bis $3 \cdot 10^{-4}$ Torr verläuft fast genau wie die für $H_2$; das bedeutet wahrscheinlich, daß die $N_2$-Molekeln flach auf der Oberfläche liegen und 2 Plätze des Ni-Gitters besetzen, O. Beeck, A. E. Smith, A. Wheeler (*Proc. Roy. Soc.* [*London*] A **177** [1940] 62/90, 78/9). Die Adsorption von $N_2$ an unter verschiedenen Bedingungen aufgedampften Ni-Schichten wird in Abhängigkeit von der Herst.-Art der Schichten und damit von Fehlordnungserscheinungen im Ni-Gitter und von deren Stabilisierung durch Wärmebehandlung untersucht. Die Fehlstellen ergeben sich dabei als die aktiven Zentren für die Adsorption. Die Adsorptionsisotherme bei —183° entspricht dem Langmuir-Typ, die Sättigung wird bei 0.02 Torr erreicht; das adsorbierte $N_2$ läßt sich im Vak. bei —183° nicht vollständig entfernen, Z. Oda (*Oyo Butsuri* **22** [1953] 142/6 nach *C.A.* **1953** 10950). Die Adsorptionsisotherme bei —196° zeigt anschließend an den flachen Tl. einen Wiederanstieg der Adsorption oberhalb 0.1 Torr, O. Beeck (*l. c.* S. 158/9).

Bei der Strukturbest. durch Elektronenbeugung werden bei $N_2$-Einw. auf der (111)-Fläche eines Ni-Kristalls 3 verschiedene Anordnungen der $N_2$-Atome in einer monoatomaren Schicht beobachtet und beschrieben, wobei jedoch nicht sicher ist, ob es sich bei dem adsorbierten Gas wirklich um $N_2$ handelt, L. H. Germer, E. J. Scheibner, C. H. Hartman (*Phil. Mag.* [8] **5** [1960] 222/36, 227/31). Aus den Adsorptionsisothermen bei —196° (Druckbereich 0 bis 0.01 Torr), die an aufgedampften Ni-Schichten teils in unbedecktem Zustand, teils mit unvollständiger Bedeckung durch einen $H_2$-Film ermittelt sind, ergibt sich für den letzteren Fall ein Rückgang der Oberflächenbedeckung auf ~20% der an unbedeckten Schichten beobachteten. Die van der Waals-Adsorptionsschichten auf unbedecktem Ni sind im Vak. beständig. Das Oberflächenpot. solcher Schichten beträgt bei —196° und $10^{-3}$ Torr $+0.21 \pm 0.01$ V und steigt bei vorher teilweise mit $H_2$ bedeckten Schichten auf etwa den doppelten Wert an, J. C. P. Mignolet (*Discussions Faraday Soc.* Nr. 8 [1950] 105/14, 108/10). Über den zeitlichen Verlauf der Kontaktpot.-Differenz zwischen Pt und einem aufgedampften Ni-Film von 250 Å Dicke vor und nach der Behandlung mit 0.05 Torr $N_2$ s. N. Hackerman, E. H. Lee (*J. Phys. Chem.* **59** [1955] 900/6, 903). Bei gewöhnl. Temp. und Druck von $5 \cdot 10^{-5}$ Torr beträgt die Haftwahrscheinlichkeit des $N_2$ an aufgedampften Ni-Schichten $10^{-4}$ derjenigen des CO, die Anfangsgeschw. der Sorption $< 1\ cm^3 \cdot s^{-1} \cdot cm^{-2}$, S. Wagener (*J. Phys. Chem.* **61** [1957] 267/71).

*Heat of Sorption*

**Sorptionswärme.** Bei der Temp. des fl. $N_2$ beträgt die Sorptionswärme für die schwach bedeckte Oberfläche ~10, für die vollständig bedeckte ~5 kcal/mol, O. Beeck, W. A. Cole, A. Wheeler (*Discussions Faraday Soc.* Nr. 8 [1950] 314/21, 320). Ungefähre Sorptionswärme bei tiefer Temp. an Ni-Pulver s. J. M. Dallavalle, C. Orr, H. G. Blocker, D. J. Barrett (AD-21860 [1953] 28 S. nach *N.S.A.* 8 [1954] Nr. 5189). — Die Sorptionswärme der N-Atome an Ni-Oberflächen beträgt nach Berechnung aus der Temp.-Abhängigkeit des Rekombinationskoeff. $55 \pm 2$ kcal/mol bei 1300 bis 1400°K, N. Buben, A. Schechter (*Acta Physicochim. URSS* **10** [1939] 371/8, 377).

*Solubility*

**Löslichkeit.** Beim Erhitzen bis 1400° löst Ni kein $N_2$, A. Sieverts, W. Krumbhaar (*Ber. Deut. Chem. Ges.* **43** [1910] 893/900, 894), P. Herrmann (*Diss. Berlin* 1907, S. 33), auch bei 1500° in geschmolzenem Zustand nicht, A. Sieverts, E. Bergner (*Ber. Deut. Chem. Ges.* **45** [1912] 2576/83, 2580). Bei 1600° und 1 atm $N_2$-Druck ist $N_2$ in fl. Ni (99.85%ig) unlöslich, T. Busch, R. A. Dodd (*Trans. AIME* **218** [1960] 488/90). Unter gleichen Bedingungen wird von H. Schenck, M. G. Frohberg, H. Graf (*Arch. Eisenhüttenw.* **30** [1959] 533/7, 534) eine Löslichkeit von 0.0024 Gew.-%, bezogen auf N-Atome, und von J. C. Humbert, J. F. Elliott (*Trans. AIME* **218** [1960] 1076/88, 1082) eine solche von ~0.001 ± 0.001 Gew.-% N angegeben. Bei 600° werden von sehr reiner Ni-Folie (Dicke 0.1 mm) im Gleichgew.

mit $NH_3$-$H_2$-Gemischen mit 2 bis 20% $NH_3$ unabhängig vom Verhältnis $NH_3:H_2$ nur 0.0001 bis 0.0002% $N_2$ aufgenommen, E. T. TURKDOGAN, S. IGNATOWICZ (*Nat. Phys. Lab. G. Brit. Proc. Symp.* Nr. 9 [1959], *Bd.* 2, *Paper* 6 C, S. 2/8, 5/6). Löslichkeit wegen des geringen Absolutwertes nicht genau meßbar, T. SAITO (*Sci. Rep. Res. Inst. Tohoku Univ.* A 1 [1949] 419/24, 419). Die von G. HÄGG (*Nova Acta Regiae Soc. Sci. Upsaliensis* [4] 7 [1929] 3/95, 22) angegebene Löslichkeit von 0.3% $N_2$ in Ni läßt sich wohl zu $^3/_4$ auf $Ni_3N$-Bldg. zurückführen, da die mit Hilfe der verursachten Aufweitung des Ni-Gitters ermittelte nur 0.07% beträgt, R. JUZA, W. SACHSZE (*Z. Anorg. Allgem. Chem.* **251** [1943] 201/12, 210, 212). Die Löslichkeit von $N_2$ in fl. Ni bei 1580° ist proportional der Quadratwurzel aus dem $N_2$-Partialdruck, J. H. MOORE (*Metal Progr.* **64** Nr. 4 [1953] 103/5).

*Diffusion*

**Diffusion.** Die Diffusionsgeschw. von $N_2$ durch Folien aus Elektrolyt-Nickel steigt bei Überdrucken $>50$ Torr linear mit dem Überdruck an und entspricht dem GRAHAMschen Gesetz. Die Diffusionsgeschw. ist zu groß, um Capillardiffusion anzunehmen, R. H. FAY (*Diss. Michigan Univ.* 1954, L. C. Card Nr. Mic 58-5710 [1954] 1/75, 34/5, 37/9, *Diss. Abstr.* **19** [1959] 1577). Die Diffusionsgeschw. von $N_2$ durch 0.05 cm starkes Ni-Blech beträgt bei 500° den 2000sten Tl. derjenigen von $H_2$, die sich auf 3 $ml \cdot h^{-1} \cdot cm^{-2}$ bei einer Druckdifferenz von 1 atm beläuft, K. LANDECKER, A. J. GRAY (*Rev. Sci. Instr.* **25** [1954] 1151/3). Nach Messungen an Ni-Blechen von 0.160 und 0.250 mm Dicke beträgt die Durchlässigkeit für $N_2$, umgerechnet auf 0.1 mm Dicke, bei ~500° und 1 atm Überdruck 0.013 $cm^3 \cdot h^{-1} \cdot cm^{-2}$, also etwa $^1/_{100}$ derjenigen für $H_2$, V. LOMBARD (*J. Chim. Phys.* **25** [1928] 587/604, 588/9).

*Nickel Nitrides*

## *Nickelnitride*

*General*

**Allgemeines.** Ni bleibt in $N_2$ bei ~700° unverändert, G. TAMMANN (*Z. Anorg. Allgem. Chem.* **124** [1922] 25/35, 26). Zwischen 0° und 1050° keine Nitridbldg. aus den Elementen, P. GRANDADAM (*Ann. Chim.* [*Paris*] [11] **4** [1935] 83/146, 107), auch nicht beim Überleiten von $N_2$ über glühendes Ni oder bei 2- bis 3std. Erhitzen von Ni in $N_2$ bei 100 atm auf 400° bis 750°, E. B. MAXTED (*Diss. Berlin* 1911, S. 18/21). Auch durch Zers. von $Ni(CO)_4$ erhaltenes feinverteiltes Ni reagiert nicht mit $N_2$, M. MATHIS (*Bull. Soc. Chim. France* **1951** 443/51, 446), ebensowenig reagieren dünne aufgedampfte Ni-Schichten beim Erhitzen im $N_2$-Strom, J.-J. TRILLAT, L. TERTIAN, N. TERAO, C. LECOMTE (*Bull. Soc. Chim. France* **1957** 804/9, 806). Bei der Lichtbogenentladung in reinem trocknem $N_2$ von ~0.5 atm zwischen einer gekühlten Cu-Anode und einer Kathode aus geschmolzenem Ni wird gleichfalls kein Nitrid gebildet, F. FISCHER, F. SCHRÖTER (*Ber. Deut. Chem. Ges.* **43** [1910] 1465/79, 1474).

Beobachtungen über Bldg. undefinierter Nitride: Bei der kathod. Zerstäubung von Ni bei 1500 V und 0.5 $mA/cm^2$ in $N_2$ von 0.5 Torr wird $N_2$ rasch aufgenommen und Nitrid gebildet, L. R. INGERSOLL (*Nature* **126** [1930] 204; *J. Am. Chem. Soc.* **53** [1931] 2008/9). — Eine innige Mischung von $Mg_3N_2$ und wasserfreiem $NiCl_2$ reagiert bei einer bestimmten Temp. heftig unter Erglühen und Bldg. eines Nitrids, A. SMITS (*Rec. Trav. Chim.* **15** [1896] 135/7). Negative Verss. nach gleicher Meth. unter Durchleiten von $NH_3$ bei 350° bis 400° s. P. HERMANN (*Diss. Berlin* 1907, S. 34). — Bei Elektrolyse von $NH_4NO_3$-Lsg. mit Ni-Anode entsteht eine sehr geringe Menge eines schwammförmigen Körpers, der als Ni-Nitrid angesehen wird, W. R. GROVE (*Phil. Mag.* [3] **19** [1841] 97/104, 101; *Ann. Physik* [2] **54** [1841] 101/10, 106). — $NiCO_3$ reagiert mit $Li_3N$ in geringem Überschuß im 4- bis 5fachen Vol. einer eutekt. LiCl-KCl-Schmelze (mit 55 Gew.-% KCl, Schmp. 354°) in strömendem $NH_3$ unter Bldg. von Nitrid mit 4 bis 5 Gew.-% N-Gehalt (vom Autor als $Ni_2N$ bezeichnet), das aber wegen seiner Zersetzlichkeit durch $H_2O$ nicht isoliert werden kann, P. GRANDADAM (*Ann. Chim.* [*Paris*] [11] **4** [1935] 83/146, 113/4).

*$Ni_4N$*

### *$Ni_4N$.*

Beim Erhitzen von auf $ThO_2$ dispergiertem Ni mit $NH_3$ wird N in das kub. Ni-Gitter eingelagert. Da bei der ferromagnet. Verb. zwischen je 4 Ni-Atomen Raum für 1 N-Atom vorhanden ist, wird auf das Vorliegen einer Verb. der Grenzkonz. $Ni_4N$ geschlossen. Kub. $Ni_4N$ entsteht beim Erhitzen von $Ni_3N$ im Vak. auf 190°, R. BERNIER (*Ann. Chim.* [*Paris*] [12] **6** [1951] 104/61, 126, 130, 160). Läßt man trocknes $NH_3$ bei 230° 1 Std. lang auf dünne, auf NaCl aufgedampfte Schichten von poly- oder monokristallinem Ni einwirken, so wird nach Elektronenbeugungsaufnahmen zunächst das Ni-Gitter durch Einlagerung von N aufgeweitet. Der Gitterabstand erhöht sich von 3.52 Å auf 3.72 Å unter Bldg. eines kubisch-flächenzentrierten Überstrukturgitters, das der Verb. $Ni_4N$ zugeschrieben wird, N. TERAO, A. BERGHEZAN (*J. Phys. Soc. Japan* **14** [1959] 139/48, 142), J.-J. TRILLAT, L. TERTIAN, C. LECOMTE (*Compt. Rend.* **244** [1957] 596/8). Atomlagen: 4 Ni in 0, 0, 0; $^1/_2$, $^1/_2$, 0; 0, $^1/_2$, $^1/_2$; $^1/_2$, 0, $^1/_2$, 1 N in $^1/_2$, $^1/_2$, $^1/_2$, N. TERAO, A. BERGHEZAN (*l. c.*). Beim Erhitzen von $Ni_4N$ im Vak. ($3 \cdot 10^{-4}$ Torr) geht dieses in $Ni_3N$, dann in Ni über, J.-J. TRILLAT u. a. (*l. c.*).

Bei der Nitrierung eines Ni-Films durch Einw. von $NH_3$ bei 230° bis 240° tritt nach Elektronenbeugungsaufnahmen außer der kub. Form des $Ni_4N$ noch eine tetragonale Form auf mit den Gitterkonstt. a = b = 3.72 Å, c = 7.28 Å. Die neue tetragonale Zelle entsteht aus 2 Elementarzellen des kub. $Ni_4N$ unter Kontraktion längs der c-Achse, N. Terao (*J. Phys. Soc. Japan* **15** [1960] 227/30). Das Auftreten eines tetragonalen Gitters wird an durch kathod. Zerstäubung von Ni in $N_2$ erhaltenen Schichten bereits von L. R. Ingersoll, J. D. Hanawalt (*Phys. Rev.* [2] **34** [1929] 972/7, 975) und W. Büssem, F. Gross (*Z. Physik* **86** [1933] 135/6, **87** [1934] 778/99, 788/99) beobachtet, ebenso beim Bombardement von dünnen Ni-Schichten mit Sauerstoff- und Stickstoff-Ionen von N. Terao (*l. c.*). Die beob. tetragonale Phase wird jedoch von W. Büssem, F. Gross (*Z. Physik* **87** [1934] 778/99, 797/9) einer hypothet. Verb. NiNH zugeschrieben, deren Entstehung aus Ni- und N-Atomen sowie H-Atomen, die aus der Wasserhaut der Gefäßwände und aus der Ni-Kathode stammen, angenommen wird.

*$Ni_3N$.* — *$Ni_3N$*

## Bildung und Darstellung

*Formation. Preparation*

**Aus den Elementen.** Beim Bombardement von im Vak. aufgedampften dünnen Ni-Schichten (400 bis 500 Å) mit Luft-Ionen (10 bis 12 kV, 0.25 mA) bei $10^{-3}$ Torr geht, wie durch Elektronenbeugungsaufnahmen nachgewiesen wird, das kub.-flächenzentrierte Gitter des Ni in wenigen Min. in das hexagonale Gitter von $Ni_3N$ über, J.-J. Trillat, L. Tertian, N. Terao, C. Lecomte (*Bull. Soc. Chim. France* **1957** 804/9, 807/9), J.-J. Trillat, L. Tertian, C. Lecomte (*Compt. Rend.* **244** [1957] 596/8), vgl. auch J.-J. Trillat, L. Tertian, N. Terao (*Compt. Rend.* **243** [1956] 666/8). Bildet sich bei der kathod. Zerstäubung von spektralreinem Ni in spektralreinem $N_2$, H. Gärtner (*Z. Naturforsch.* **18a** [1963] 380/9, 381/3). — *From the Elements*

**Durch thermischen Zerfall von Ni-Verbindungen.** $Ni_3N$ entsteht beim Erhitzen von $Ni_4N$ im Vak. ($3 \cdot 10^{-4}$ Torr), J.-J. Trillat, L. Tertian, N. Terao, C. Lecomte (*Bull. Soc. Chim. France* **1957** 804/9, 807), J.-J. Trillat, L. Tertian, C. Lecomte (*Compt. Rend.* **244** [1957] 596/8), beim Erhitzen der tetragonalen Form des $Ni_4N$ (s. oben) auf $>200°$, W. Büssem, F. Gross (*Z. Physik* **87** [1934] 778/99, 792), von $Ni(OH)_2 \cdot 2NH_3$ in $NH_3$-Atm. auf $\sim450°$, R. Paris (*Ann. Chim.* [*Paris*] [12] **10** [1955] 353/88, 385), sowie bei 362° bei der therm. Zers. von $Ni(NH_2)_2 \cdot 2NH_3$ im Vak. ($10^{-3}$ Torr), die über $Ni_3N_2$ verläuft, G. W. Watt, D. D. Davies (*J. Am. Chem. Soc.* **70** [1948] 3753/5). — *By Thermal Decomposition of Ni Compounds*

**Aus Nickel und Ammoniak.** Bei Tempp. zwischen 400° und 600°, am besten bei 500°, entsteht aus feinverteiltem Ni im $NH_3$-Strom ein Nitrid der ungefähren Zus. $Ni_3N$ als mattschwarzes Pulver, G. T. Beilby, G. G. Henderson (*J. Chem. Soc.* **79** [1901] 1245/56, 1251/2). Erhitzt man nur die Stelle des Ofens, an der das Ni-Pulver sich befindet, so kann das aus $NH_3$ dort katalytisch entstehende N in statu nascendi die nitrierende Wrkg. ausüben. Mit pyrophorem Ni beginnt die Rk. bei 325°, mit gewöhnl. Ni-Pulver bei 400° und mit 0.3 mm starkem Draht bei 435°. Sie verläuft am günstigsten bei 500° bis 540°. Das Rk.-Prod. ist nicht einheitlich, es wird unvollständige Bldg. von $Ni_3N_2$ angenommen, P. Laffitte, P. Grandadam (*Compt. Rend.* **200** [1935] 1039/41), P. Grandadam (*Ann. Chim.* [*Paris*] [11] **4** [1935] 83/146, 111/3, 135/9). Ni reagiert mit $NH_3$ bei 600° unter Bldg. von 10% $Ni_3N$, G. Rienäcker, K.-H. Hohl (*Monatsber. Deut. Akad. Wiss. Berlin* **2** [1960] 105/8). Läßt man $NH_3$ bei 170° auf durch Red. gewonnenes Ni, das auf $ThO_2$ dispergiert ist, einwirken, so bildet sich neben einer kubisch-flächenzentrierten eine hexagonale kompakte Phase mit der Grenzkonz. $Ni_3N$ aus. Die hexagonale Phase wird als durch Einlagerung von N in ein kompaktes hexagonales Ni-Gitter entstandene feste Lsg. gedeutet, R. Bernier (*Ann. Chim.* [*Paris*] [12] **6** [1951] 104/61, 125/30), R. Bernier, A. Michel (*Bull. Soc. Chim. France* **1949** 365/6). Beim Erhitzen von im Vak. aufgedampften dünnen Ni-Schichten (400 bis 500 Å) im trocknen $NH_3$-Strom tritt nach Elektronenbeugungsaufnahmen zunächst bei 150° eine Aufweitung des kubisch-flächenzentrierten Ni-Gitters ein, oberhalb 175° tritt daneben und bei $>200°$ bis 500° allein das hexagonale Gitter des $Ni_3N$ auf, J.-J. Trillat, L. Tertian, N. Terao, C. Lecomte (*Bull. Soc. Chim. France* **1957** 804/9, 805, 807), J.-J. Trillat, L. Tertian, C. Lecomte (*Compt. Rend.* **244** [1957] 596/8). Bei Einw. von $NH_3$ auf einen Ni-Film bildet sich bei 230° in 1 Std. $Ni_4N$, in 3 Std. $Ni_3N$; die Umwandlung des $Ni_4N$ in $Ni_3N$ wird durch Gleitverschiebung der Ni-Atome und Diffusion der N-Atome erklärt, N. Terao, A. Berghezan (*J. Phys. Soc. Japan* **14** [1959] 139/48, 143/8). — *From Nickel and Ammonia*

Zur Reindarstellung werden 10 bis 20 mg feinteiliges Ni, aus $Ni(CO)_4$ gewonnen, in einem Korundschiffchen im Quarzrohr in einem trocknen $NH_3$-Strom von 22 cm/sec 3 Std. auf 445° erhitzt, nach

dem Erkalten im $NH_3$-Strom das Rk.-Prod. in einer Achatreibschale zerrieben, wiederum 2 Std. unter den gleichen Bedingungen mit $NH_3$ behandelt und im kalten Tl. des Quarzrohres auf gewöhnl. Temp. abgekühlt, R. JUZA, W. SACHSZE (*Z. Anorg. Allgem. Chem.* **251** [1943] 201/12, 202); 12std. Erhitzen auf 435° bis 445° im $NH_3$-Strom von 15 cm/sec, M. MATHIS (*Bull. Soc. Chim. France* **1951** 443/51, 445).

*From Nickel Oxide and Ammonia*

**Aus Nickeloxid und Ammoniak.** Beim Erhitzen von NiO in einem $NH_3$-Strom von 20 cm/sec auf 410° erhält man in 16 Std. ein Prod. mit 5.7% N statt des theoret. Wertes von 7.37% für $Ni_3N$ (theoret. Wert für $Ni_4N$ ist 5.62), M. MATHIS (*l. c.*).

*From Nickel Halogenides and Ammonia*

**Aus Nickelhalogeniden und $NH_3$.** Bei 20std. Erhitzen von $NiF_2 \cdot 2NH_4F$ auf 390° bis 410° im $NH_3$-Strom erhält man nahezu reine $Ni_3N$-Präpp. (bis 7.30% N); bei Verwendung von $NiBr_2$ als Ausgangsmaterial bildet sich zunächst bei 80° bis 120° ein Ammoniakat, das sich bei weiterem Erhitzen zersetzt und dabei $NiBr_2$-Kriställchen in sehr feiner Verteilung liefert, die sich bei 420° in 4 Std. mit $NH_3$ verhältnismäßig leicht zu $Ni_3N$ umsetzen. Die Darst. aus den Halogeniden bietet gegenüber der aus Ni keine Vorteile, R. JUZA, W. SACHSZE (*l. c.* S. 203). $NiCl_2$ liefert bei 18std. Erhitzen auf 390° im trocknen $NH_3$-Strom (20 cm/sec) ein Prod. mit 6.8% N; ein Zusatz von $NH_4Cl$ verbessert das Ergebnis auf 7.1%N. Die Reindarstellung gelingt am besten durch 8std. Erhitzen von 2 g $NiCl_2 \cdot 6NH_3$ im $NH_3$-Strom (10 cm/sec) auf 370° bis 380°. Das Ausgangsprod. bläht sich auf, die Farbe geht von Violett über Weiß in Grau über, während $NH_4Cl$ entweicht. Das entstandene $Ni_3N$ läßt man bis 150° in einem langsameren $NH_3$-Strom abkühlen; Ausbeute 548 mg, M. MATHIS (*l. c.*). Ältere Angaben s. H. N. WARREN (*Chem. News* **55** [1887] 155/6). Beim therm. Abbau von $NiCl_2 \cdot NH_3$ in einer $NH_3$-Atm. geht das bei 364° entstehende $NiCl_2$ unmittelbar in $Ni_3N$ über, während $Ni(SCN)_2 \cdot NH_3$ unter gleichen Bedingungen zuerst bei 197° $Ni(SCN)_2$, dann oberhalb 390° ein schlecht definiertes Nitrid liefert, R. PARIS (*Ann. Chim.* [*Paris*] [12] **10** [1955] 353/88, 385).

*Enthalpy of Formation*

**Bildungsenthalpie.** Aus direkter calorimetr. Best. der Zers.-Wärme ergibt sich die Bldg.-Enthalpie von $Ni_3N$ aus den Elementen bei 18° bis 20° zu $+0.2 \pm 0.1$ kcal/mol, H. HAHN, A. KONRAD (*Z. Anorg. Allgem. Chem.* **264** [1951] 181/3).

*Physical Properties*

## Physikalische Eigenschaften

*General*

**Allgemeines.** Mattschwarzes Pulver, G. T. BEILBY, G. G. HENDERSON (*J. Chem. Soc.* **79** [1901] 1245/56, 1252). Schwarzgrau und leicht zerreiblich, R. JUZA, W. SACHSZE (*Z. Anorg. Allgem. Chem.* **251** [1943] 201/12, 204). Metallisch aussehendes Pulver, grauschwarz, dunkler als Ni, M. MATHIS (*Bull. Soc. Chim. France* **1951** 443/51, 445).

*Density*

**Dichte.** $D_4^{25} = 7.66$, pyknometrisch an einem aus Ni und $NH_3$ hergestellten Prod. mit 7.06% N bestimmt und auf Ni-freies $Ni_3N$ umgerechnet, D = 7.91, nach röntgenograph. Best., R. JUZA, W. SACHSZE (*l. c.* S. 205). D = 7.90, an einem aus Amid hergestellten Prod. bestimmt, G. W. WATT, D. D. DAVIES (*J. Am. Chem. Soc.* **70** [1948] 3753/5). D = 7.61, pyknometrisch bestimmt, M. MATHIS (*l. c.* S. 447).

*Lattice Structure*

**Gitterstruktur.** $Ni_3N$ ist eine typ. Einlagerungsverb. mit sehr geringer Phasenbreite. Pulveraufnahmen mit Fe-Strahlung ergeben hexagonal dichteste Packung der Ni-Atome. Gitterkonstanten in Å: $a = 2.670 \pm 0.0012$, $c = 4.307 \pm 0.0025$, $c/a = 1.613$, $Z = {}^2/_3$. Unter Berücksichtigung einer schwachen Überstrukturlinie, die auf einen orientierten Einbau des N deutet, ergeben sich die hexagonalen Gitterkonstt. für die verdreifachte Elementarzelle zu a = 4.625, c = 4.307, c/a = 0.931; Z = 2. Raumgruppe $P6_322\text{–}D_6^6$. Atomlagen: 2 N in (c) $^1/_3$, $^2/_3$, $^1/_4$; $^2/_3$, $^1/_3$, $^3/_4$ oder in (d) $^1/_3$, $^2/_3$, $^3/_4$; $^2/_3$, $^1/_3$, $^1/_4$; 6 Ni in (g) x,0, 0; 0, x, 0; $\bar{x}$, $\bar{x}$, 0; $\bar{x}$, 0, $^1/_2$; 0, $\bar{x}$, $^1/_2$; x, x, $^1/_2$ mit $x = {}^2/_3$. Die Kristallstruktur ist in **Fig. 208** wiedergegeben. Das N-Atom befindet sich in der Mitte eines Oktaeders aus Ni-Atomen, um jedes Ni-Atom sind 2 N-Atome angeordnet. Atomabstände in Å: Ni↔N = 1.88, Ni↔Ni = 2.67 und 2.65, N↔N = 3.43, R. JUZA, W. SACHSZE (*l. c.* S. 205/9, 211). 6 weitere im Röntgendiagramm von R. JUZA, W. SACHSZE (*l. c.*) nicht auftretende Linien, G. W. WATT, D. D. DAVIES (*l. c.*). Genaue Intensitätsmessungen und Beobachtungen von 10 Überstrukturlinien ergeben, daß $Ni_3N$ isomorph ist mit $\varepsilon\text{-}Fe_3N$ und $\varepsilon\text{-}Fe_3(C, N)$; Gitterkonstt. in Å: $a = 2.6677 \pm 0.0005$, $c = 4.3122 \pm 0.0005$, c/a = 1.6165, K. H. JACK (*Acta Crist.* **3** [1950] 392/4). Vgl. hierzu auch *Structure Rept., Bd.* 13, 1950, S. 140/1, wo die älteren Angaben aus kX in Å umgerechnet sind. $a = 2.66_8$, $c = 4.29_4$, $c/a = 1.60_9$, R. BERNIER (*Ann. Chim.* [*Paris*] [12] **6** [1951] 104/61, 126, 160), R. BERNIER, A. MICHEL (*Bull. Soc. Chim. France* **1949** 365). $a = 2.66_0$, $c = 4.30_4$, c/a = 1.618, N. TERAO, A. BERGHEZAN (*J.

*Phys. Soc. Japan* **14** [1959] 139/48, 142). Elektronenbeugungsaufnahmen an durch kathod. Zerstäubung von Ni in $N_2$ hergestellten dünnen Schichten zeigen 14 Linien, von denen 4 als Überstrukturlinien gedeutet werden, H. GÄRTNER (*Z. Naturforsch.* **18a** [1963] 380/9, 384/5).

Fig. 208.

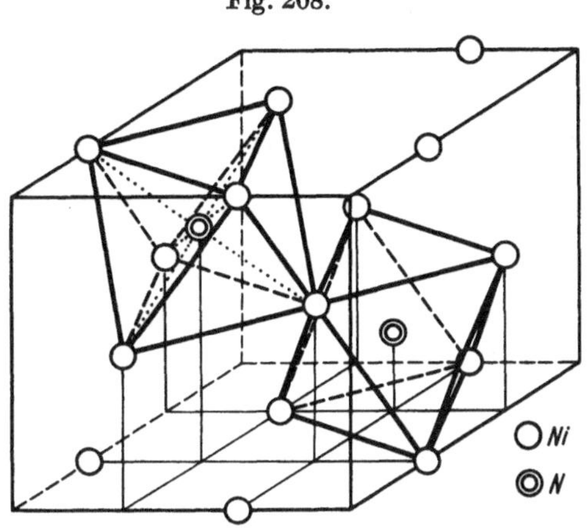


Kristallstruktur von $Ni_3N$.

Das beispielsweise von G. P. THOMSON (*Nature* **123** [1929] 912), G. BREDIG, E. SCHWARZ v. BERGKAMPF (*Z. Physik. Chem. Bodenstein-Festbd.* 1931, S. 172/6, 174), W. BÜSSEM, F. GROSS (*Z. Physik* **87** [1934] 778/99, 788/98), J.-J. TRILLAT, L. TERTIAN, N. TERAO (*Compt. Rend.* **243** [1956] 666/8), L. REIMER (*Z. Physik* **149** [1957] 425/31) an kathodisch in $N_2$ zerstäubten Ni-Schichten beob. und dem Ni zugeschriebene hexagonale Gitter kommt wahrscheinlich dem $Ni_3N$ zu, L. E. COLLINS, O. S. HEAVENS (*Proc. Phys. Soc.* [*London*] B **70** [1957] 265/81, 268), vgl. auch J.-J. TRILLAT, L. TERTIAN, N. TERAO, C. LECOMTE (*Bull. Soc. Chim. France* **1957** 804/9, 804), H. GÄRTNER (*Z. Naturforsch.* **18a** [1963] 380/9, 384/6). Das gleiche gilt für das bei therm. Verdampfung von spektralreinem Ni bei $3\cdot10^{-5}$ bis $7\cdot10^{-5}$ Torr Restdruck (Luft oder Ar) zu dünnen Schichten von C. BONNELLE, F. JACQUOT (*Compt. Rend.* **252** [1961] 1448/50) und das bei Bestrahlung von dünnen Ni-Filmen mit schnellen Neutronen im Vak. ($10^{-4}$ Torr) von I. TEODORESCU, A. GLODEANU (*Phys. Rev. Letters* **4** [1960] 231/2) durch Elektronenbeugungsaufnahmen identifizierte hexagonale Gitter, H. GÄRTNER (*l. c.*).

*Electric Conductivity*

**Elektrische Leitfähigkeit.** $Ni_3N$ ist metallisch leitend. Spezif. Widerstand bei 0°: $2.8\times10^{-3}\,\Omega\cdot$cm; Temp.-Koeff. zwischen $-78°$ und $+20°$: $+0.73\times10^{-3}$ grd$^{-1}$, R. JUZA, A. RABENAU (*Z. Anorg. Allgem. Chem.* **285** [1956] 212/20, 215).

*Magnetic Properties*

**Magnetische Eigenschaften.** $Ni_3N$ ist paramagnetisch, R. BERNIER (*Ann. Chim.* [*Paris*] [12] **6** [1951] 104/61, 126).

## Chemisches Verhalten

*Chemical Reactions*

Beim Erhitzen von $Ni_3N$ im Vak. mit einer Erhitzungsgeschw. von 5° je Min. erfolgt die anfangs langsame Zers. bei 440° in wenigen Min. Die isotherme Zers.-Geschw. bei 360°, 405° und 445° ist konstant; die gem. Drucke sind weit von den Gleichgew.-Drucken entfernt, R. JUZA, W. SACHSZE (*Z. Anorg. Allgem. Chem.* **251** [1943] 201/12, 204). Der therm. Zerfall im Vak. beginnt bei 290°; die Abbauisothermen bei 360°, 390°, 415° und 465° verlaufen regelmäßig und kontinuierlich bis zum vollständigen Zerfall in $N_2$ und Ni, M. MATHIS (*Bull. Soc. Chim. France* **1951** 443/51, 445/6). Im Vak. von $10^{-3}$ bis $10^{-4}$ Torr findet bei 480° direkter Zerfall zu kub. Ni statt ohne zwischenzeitliches Auftreten der $Ni_4N$-Phase (s. S. 496), J.-J. TRILLAT, L. TERTIAN, N. TERAO, C. LECOMTE (*Bull. Soc. Chim. France* **1957** 804/9, 806/7). Beim Erhitzen im Vak. auf 190° tritt Zerfall zu $Ni_4N$ ein. In Ggw. von $N_2$ setzt erst bei 380° partieller, bei 450° vollständiger Zerfall ein, R. BERNIER (*Ann. Chim.* [*Paris*] [12] **6** [1951] 104/61, 126, 130, 160). Die therm. Zers. des $Ni_3N$ zu Ni unter Atm.-Druck erfolgt bei $585°\pm5°$, G. W. WATT, D. D. DAVIES (*J. Am. Chem. Soc.* **70** [1948] 3753/5).

$Ni_3N$ wird von 250° an von $H_2$ reduziert zu porösem Ni, in 23 Std. bei 350° vollständig, P. G. GRANDADAM (*Ann. Chim.* [*Paris*] [11] **4** [1935] 83/146, 137). Die Red. zu Ni und $NH_3$ findet zwischen 190° und 280° in regelmäßiger und kontinuierlicher Weise statt, M. MATHIS (*l. c.* S. 446); bei 155° zunächst Übergang in $Ni_4N$, dann Red. zu Ni, R. BERNIER (*l. c.* S. 128/30). — Mit $H_2O$ allmähliche Zers. unter Bldg. von $NH_3$, R. BERNIER (*l. c.* S. 125). Gegen $O_2$ und Feuchtigkeit beständig. Reagiert in der Kälte nur langsam mit 2n-Lsgg. von $HNO_3$, HCl und $H_2SO_4$, mit konz. Lsgg. von $HNO_3$ stürmisch, von HCl schnell, von $H_2SO_4$ kaum. In der Wärme ist die Einw. von 2n-Lsgg. von $HNO_3$ schnell, von HCl oder $H_2SO_4$ stürmisch, mit konz. Lsgg. von $HNO_3$ oder HCl explosionsartig, von $H_2SO_4$ schnell. $Ni_3N$ löst sich in verd., nicht oxydierenden Säuren unter $H_2$-Entw.; konz. Lsgg. von $H_2SO_4$ werden in der Hitze zu $SO_2$, die 70%ige Lsg. zu $H_2S$ reduziert, R. JUZA, W. SACHSZE (*l. c.*). 52%ige Salpetersäure von 80° reagiert

äußerst heftig mit $Ni_3N$; Salzsäure, Perchlorsäure, Schwefelsäure und Phosphorsäure reagieren mehr oder weniger schnell je nach Konz. und Temp. unter Bindung des gesamten N als $NH_4$-Salz und Entw. von je 3 Mol $H_2$ auf 2 Mol Nitrid. Geschmolzenes NaOH oder 40%ige wss. Natronlauge von 80° greifen $Ni_3N$ nicht an, M. MATHIS (*l. c.*). Mit verd. oder konz. NaOH-Lsg. findet weder in der Kälte noch in der Wärme Rk. statt, R. JUZA, W. SACHSZE (*l. c.*).

*$Ni_3N_2$*

### *$Ni_3N_2$*.

Durch Zerstäubung einer gekühlten Ni-Kathode bei Glimmentladung in reinem, $O_2$-freiem $N_2$ werden bei 1000 bis 1500 V in 5.5 Std. 38.6 mg reines $Ni_3N_2$ gebildet, W. JANEFF (*Z. Physik* **142** [1955] 619/36, 628). Entsteht beim Erhitzen von $Ni(NH_2)_2$ im Vak. auf ~120° nach $3Ni(NH_2)_2 = Ni_3N_2 + 4NH_3$. Da es leicht unter $N_2$-Abgabe weiter zerfällt, ist es schwer rein zu erhalten, G. S. BOHART (*J. Phys. Chem.* **19** [1914/15] 537/63, 561). Wird $Ni(NH_2)_2 \cdot 2NH_3$ auf 119.3° im Vak. von $10^{-3}$ Torr erhitzt, so bildet sich reines $Ni_3N_2$, G. W. WATT, D. D. DAVIES (*J. Am. Chem. Soc.* **70** [1948] 3753/5). Entsteht beim schnellen Erhitzen kleiner Anteile einer Mischung von vollkommen trockenem $Ni(CN)_2$ und NiO im trocknen $N_2$-Strom auf 2000° im elektr. Lichtbogen, A.-C. VOURNASOS (*Compt. Rend.* **168** [1919] 889/91).

Leichtes dunkelgraues Pulver, unmagnetisch, bei 2000° unschmelzbar und nicht zersetzlich, A.-C. VOURNASOS (*l. c.*); schwarze, anscheinend amorphe Subst., G. S. BOHART (*l. c.*). $D_4^{25} = 8.35$, G. W. WATT, D. D. DAVIES (*l. c.*); Dichte pyknometrisch unter Petroleum bestimmt: 6.0 $g/cm^3$. Der spezif. elektr. Widerstand bei 18° beträgt $10.46 \times 10^{-4}\,\Omega \cdot cm$, sein Temp.-Koeff. zwischen +18° und −185°: $+0.566 \times 10^{-3}\,grd^{-1}$. Keine lichtelektr. Empfindlichkeit, W. JANEFF (*l. c.* S. 632/3, 635/6).

Zersetzt sich oberhalb 120°, G. S. BOHART (*l. c.*), bei 362° im Vak. unter Bldg. von $Ni_3N$ und $N_2$, G. W. WATT, D. D. DAVIES (*l. c.*). Bei ~450° Übergang in $Ni_3N$, R. PARIS (*Ann. Chim.* [*Paris*] [12] **10** [1955] 353/88, 385). Reagiert mit $H_2O$ sehr langsam, wenn überhaupt; löst sich langsam in verd. Säuren, z. B. in HCl zu $NiCl_2$ und $NH_4Cl$, G. S. BOHART (*l. c.*). Keine Rk. mit sd. $H_2O$; verbrennt in $O_2$ zu NiO und $NO_2$; wird in der Hitze von $Cl_2$ unter Bldg. von $NiCl_2$ angegriffen, von geschmolzenem NaOH unter $NH_3$-Entw. zersetzt, A.-C. VOURNASOS (*l. c.*).

*Nickel(II) Azide*

### *Nickel(II)-azid $Ni(N_3)_2 \cdot xH_2O$.*

*Formation. Preparation*

**Bildung und Darstellung.** Versetzt man die beim Auflösen von $Ni(OH)_2$ in überschüssigem starkem $HN_3$ entstehende grüne Lsg. zuerst mit Äthanol, dann mit Äther, so fällt sofort ein pulvriger hellgrüner Nd. von $Ni(N_3)_2$ mit etwas mehr als 1 Mol $H_2O$ aus, T. CURTIUS, A. DARAPSKY (*J. Prakt. Chem.* [2] **61** [1900] 408/22, 418). Aus trocknem, feinstverteiltem (kalt gefälltem) $NiCO_3$ und einer äther. Lsg. von $HN_3$ fällt nach mehrtägigem Schütteln $H_2O$-haltiges $Ni(N_3)_2$ als sandiges grünes Pulver aus, L. WÖHLER, F. MARTIN (*Ber. Deut. Chem. Ges.* **50** [1917] 586/96, 593).

*Heat of Formation*

**Bildungswärme** aus den Elementen unter Standardbedingungen (25° und 1 atm): 45.3 kcal/mol $Ni(N_3)_2 \cdot H_2O$, F. D. ROSSINI, D. D. WAGMAN, W. H. EVANS, S. LEVINE, I. JAFFE (*Nat. Bur. Std.* [*U.S.*], *Circ.* Nr. 500 [1952] 249). Detonationswärme s. unten.

*Physical Properties*

**Physikalische Eigenschaften.** Zeigt in wss. Lsg. Absorptionsmax. bei 1160, 700 und 410 mμ mit lg ε = 0.99, 0.94 bzw. 1.48, J. CSÁSZÁR, J. BALOG (*Nature* 188 [1960] 402/3).

*Chemical Reactions*

**Chemisches Verhalten.** Höchst explosiv, in trockenem Zustand schwierig zu handhaben, T. CURTIUS, A. DARAPSKY (*J. Prakt. Chem.* [2] **61** [1900] 408/22, 418). Die Schlagempfindlichkeit ist abhängig von der untersuchten Menge oder Schichthöhe; Unters. von $H_2O$-haltigem Material (Fallgew. 0.600 kg) ergibt ein Max. für 0.02 g mit 175 mm Fallhöhe, während für 0.01 g 195 mm und für 0.03 g 295 mm gemessen werden, also höchste Empfindlichkeit bei mittlerer Schichtdicke, L. WÖHLER, F. MARTIN (*Z. Angew. Chem.* **30** [1917] 33/9, 37). Reibungsempfindlichkeit: Schon schwaches Drücken oder Reiben zwischen Metall und Glas führt zu heftigster Explosion; daher ist größte Vorsicht im Umgang mit dieser Verb. erforderlich, L. WÖHLER, F. MARTIN (*Ber. Deut. Chem. Ges.* **50** [1917] 586/96, 593). Verpuffungstemperatur 200°, bestimmt an mikrokristallinem, zu Pastillen gepreßtem Material, L. WÖHLER, F. MARTIN (*Z. Angew. Chem.* **30** [1917] 33/9, 36). Detonationswärme (direkt im Vak. gem. Wärmetönung der Rk. $Ni(N_3)_2 \cdot H_2O_{fest} = Ni_{fl} + 3N_{2\,gasf} + H_2O_{Dampf}$): 656 cal/g = 91.948 kcal/mol ± 1%, L. WÖHLER, F. MARTIN (*Ber. Deut. Chem. Ges.* **50** [1917] 586/96, 595; *Z. Ges. Schieß- u. Sprengstoffw.* **12** [1917] 1/3).

Hygroskopisch. Das Hydratwasser (zwischen 1 und 1.5 Mol) wird außerordentlich festgehalten, teilweise noch nach mehrwöchigem Stehen im Vak. neben $P_2O_5$. Da $Ni(N_3)_2$ schon bei 60° unter

$N_2$-Entw. zerfällt, läßt es sich $H_2O$-frei nicht unzersetzt erhalten, L. Wöhler, F. Martin (*Ber. Deut. Chem. Ges.* **50** [1917] 586/96, 593). In wenig kaltem $H_2O$ klar löslich; setzt bei Erwärmen oder bei längerem Stehen grüne Flocken eines in $H_2O$ schwerlösl. bas. Salzes unter Entw. von $HN_3$ ab, T. Curtius, A. Darapsky (*J. Prakt. Chem.* [2] **61** [1900] 408/22, 418), L. Wöhler, F. Martin (*l. c.*). Schwerlöslich in Äthanol und Äther, T. Curtius, A. Darapsky (*l. c.*). Wie die spektrophotometr. Titration ergibt, bildet sich in einer Mischung von 20 Vol.-% $H_2O$ und 80 Vol.-% 2-Äthoxyäthanol als Lsgm. aus $Ni(ClO_4)_2$ und $NaN_3$ das komplexe $NiN_3^+$ mit wesentlich geringerer Beständigkeit als $CuN_3^+$; die Komplexbildungskonst. beträgt ~10 bei 20°, G. Saini, G. Ostacoli (*J. Inorg. Nucl. Chem.* 8 [1958] 346/52, 351).

### *Nickel(II)-hydroxidazid $Ni(OH)N_3$.*

*Nickel(II) Hydroxide Azide*

Entsteht bei der Hydrolyse von $Ni(N_3)_2$, bei unvollständiger Fällung von $Ni(N_3)_2$-Lsg. mit NaOH-Lsg. oder bei Umsetzung von $Ni(OH)_2$ oder NiO mit einer zur Bldg. des normalen Azids ungenügenden Menge $HN_3$, W. Feitknecht, H. Zschaler (*16e Congr. Intern. Chim. Pure Appl., Paris* 1957 [1958], *Mem. Sect. Chim. Minérale*, S. 237/42, 238). Bldg. eines in $H_2O$ schwerlöslichen bas. Salzes (ohne nähere Angaben) beim längeren Stehen oder Erwärmen einer wss. Lsg. von $Ni(N_3)_2$ wurde bereits von T. Curtius, A. Darapsky (*J. Prakt. Chem.* [2] **61** [1900] 408/22, 418) beobachtet. Aus einem Gemisch der wss. Lsgg. von $NiSO_4$ und $NaN_3$ fällt beim Kochen das bas. Salz anscheinend im Gemisch mit $Ni(N_3)_2$ aus, ebenso beim Eindunsten einer Lsg. von $NiCO_3$ in $HN_3$ als grüner krist. Nd., der nicht schlagempfindlich ist, aber heftig beim Erhitzen auf einer Metallplatte explodiert, in der Schmelzpunktscapillare zwischen 247° und 271°; in $H_2O$ unlöslich, in wss. $HN_3$-Lsg. lösl., T. Curtius, J. Rissom (*J. Prakt. Chem.* [2] **58** [1898] 261/309, 299). Gitterkonstt.: a = ~3.1 Å, c = c′ = ~7.2 Å. Die Struktur kann als ein ungeordnetes Schichtengitter aufgefaßt werden, das sowohl auf den $Mg(OH)_2$ - wie auf den $CdCl_2$ - oder auf einen neuen Typ ($Co(OH)N_3$, $Zn(OH)N_3$) zurückgeführt werden kann. Liegt bisher nur in stark fehlgeordneter Form vor, bei der die Schichten unregelmäßig gegeneinander verschoben sind, W. Feitknecht, H. Zschaler (*l. c.* S. 239/40).

### *Nickel(II)-amid $Ni(NH_2)_2$.*

*Nickel(II) Amide*

Bildet sich in fl. $NH_3$ aus überschüssigem $Ni(SCN)_2$ und $KNH_2$ wohl zunächst als Diammin, das durch Erhitzen im Vak. auf 40° vom $NH_3$ befreit wird, G. S. Bohart (*J. Phys. Chem.* **19** [1915] 537/63, 560), R. Paris (*Ann. Chim.* [*Paris*] [12] **10** [1955] 353/88, 365/6). Entsteht in kleinen Mengen neben feinverteiltem Ni bei der Red. von Ni-Salzlsgg. in fl. $NH_3$ mit metall. Na, K oder Ca, wenn $Ni^{2+}$ im Überschuß vorliegt und mit dem sich bildenden $NaNH_2$, $KNH_2$ oder $Ca(NH_2)_2$ reagieren kann, W. M. Burgess, J. W. Eastes (*J. Am. Chem. Soc.* **63** [1941] 2674/6). $Ni(NH_2)_2$ hydrolysiert zu $Ni(OH)_2$ und $NH_3$, G. S. Bohart (*l. c.*). Im feuchten $NH_3$-Strom bildet $Ni(NH_2)_2$ bei gewöhnl. Temp. $[Ni(NH_3)_6](OH)_2 \cdot 8H_2O$, R. Paris (*l. c.*).

***$Ni(NH_2)_2 \cdot 2NH_3$.*** Erhält man durch Zusatz von 0.8301 g $NiJ_2 \cdot 6NH_3$ zu einer Lsg. von $KNH_2$, hergestellt aus 0.1939 g K (~25% Überschuß) in 25 ml fl. $NH_3$; der rote Nd. wird mit fl. $NH_3$ gewaschen und 12 Std. bei $10^{-3}$ Torr und 25° getrocknet; bei 42.3° im Vak. wird das addierte $NH_3$ abgegeben, bei 119.3° findet Übergang zu $Ni_3N_2$ statt, G. W. Watt, D. D. Davies (*J. Am. Chem. Soc.* **70** [1948] 3753/5). *$Ni(NH_2)_2 \cdot 2NH_3$*

### *Nickel(II)-hyponitrit $NiN_2O_2$.*

*Nickel Hyponitrite*

Aus dem Lösungsgemisch eines Ni-Salzes mit $H_2N_2O_2$, das durch Titration mit NaOH-Lsg. allmählich neutralisiert wird, fällt bei pH 6.5 bis 7.5 $NiN_2O_2$ als hellgrünes neutrales Salz aus, C. N. Polydoropoulos, T. Yannakopoulos (*Chem. Chronika* [*Athen*] **26** Nr. 4 [1961] 70/3 nach *C. A.* **1961** 23179). Bei der Red. von $Ni(NO_3)_2$ mit $H_2$ in der stillen elektr. Entladung wird keine Bldg. von Hyponitrit beobachtet, S. Miyamoto (*Nippon Kagaku Zasshi* **54** [1933] 202/12, 203/4; *J. Sci. Hiroshima Univ.* **3** A [1933] 347/66, 350/2).

### *Nickelnitrosylhydroxid $Ni(NO)OH \cdot 1.5$ bis $2\,H_2O(?)$.*

*Nickel Nitrosyl Hydroxide*

Beim Einleiten von NO in fl. $Ni(CO)_4$ oder bei Einw. von NO auf ein Gemisch von $Ni(CO)_4$-Dampf mit $N_2$ nach Zusatz von wenig $O_2$ entstehen geringe Mengen einer blauen Verb., M. Berthelot (*Compt. Rend.* **112** [1891] 1343/9, 1347/8; *Bull. Soc. Chim. France* [3] **7** [1892] 431/4, 433), die nach R. L. Mond, A. E. Wallis (*J. Chem. Soc.* **121** [1922] 32/5) die Zus. 37 bis 42% Ni, 15 bis 16% N und 10 bis 15% Feuchtigkeit hat und für $Ni(NO)_2$ gehalten wird, doch handelte es sich wahrscheinlich immer um die Bldg. von Ni(NO)OH mit 1.5 bis 2 Mol $H_2O$, J. S. Anderson (*Z. Anorg. Allgem. Chem.*

**229** [1936] 357/68). Eine 1%ige Lsg. von $Ni(CO)_4$ in $CHCl_3$ oder Xylol bildet mit NO-Gas bei gewöhnl. Temp. eine blaue Lsg., aus der beim Eindampfen unter Luftabschluß ein blaßblaues Pulver erhalten wird; aus konz. Lsg. oder reinem $Ni(CO)_4$ entsteht mit NO in sehr geringer Ausbeute ein blauer Nd. wechselnder Zus., R. L. MOND, A. E. WALLIS (*l. c.*), A. JOB, R. REICH (*Compt. Rend.* **177** [1923] 1439/41). Die Rk. von fl. oder gasf. $Ni(CO)_4$ mit NO wird durch CO gehemmt. In $N_2$ hört die Rk. bald auf. Reines NO und $Ni(CO)_4$-Dampf reagieren rasch, aber unvollständig bei gewöhnl. Temp., auch unter Ausschluß von Licht, jedoch nicht bei 0°. Die größte Ausbeute wird erzielt durch 25std. Überleiten von NO über fl. $Ni(CO)_4$ bei 0°, J. C. W. FRAZER, W. E. TROUT (*J. Am. Chem. Soc.* **58** [1936] 2201/4). Beim Einleiten von NO in Lsgg. von $Ni(CO)_4$ in $C_6H_6$, Hexan, $CHCl_3$ oder Äther werden in Ggw. von $H_2O$ auf je 1 g $Ni(CO)_4$ 15 mg einer tiefblauen, feinverteilten Subst. abgeschieden, die mit Petroläther gewaschen und bei gewöhnl. Temp. im Vak. getrocknet wird. Die Rk. verläuft etwa nach $4Ni(CO)_4 + 6NO + 4H_2O = 4Ni(NO)OH + N_2 + 2H_2O + 16CO$, da sich Feuchtigkeit oder Bldg. von $H_2O$ bei den Rkk. von $Ni(CO)_4$ mit Stickoxid nicht ausschließen läßt, J. S. ANDERSON (*Z. Anorg. Allgem. Chem.* **229** [1936] 357/68, 358/62, 366/7). Blaßblaues Pulver, das nach Mandeln riecht und bei 90° zerfällt unter glänzender Lichterscheinung, bedingt durch die Wiedervereinigung der dissoziierenden Bestandteile; ist in $H_2O$ oder anderen gewöhnl. Lsgmm. unlöslich, wird jedoch von verd. $H_2SO_4$ unter Entw. von NO und $NO_2$ sofort zersetzt, R. L. MOND, A. E. WALLIS (*l. c.*). Das aus fl. $Ni(CO)_4$ zwischen −11° und 0° hergestellte Prod. ist blau und gelatinös und wird hellblau, fast weiß, wenn $Ni(CO)_4$ entfernt wird. Es ist unlöslich in $H_2O$, löslich in verd. $H_2SO_4$ unter Entw. von N-Oxiden. Beim Erhitzen in $H_2$ tritt langsame Braunfärbung, bei 140° rasche Rk. unter NO-Entw. und Bldg. einer dunkelbraunen Subst. ein, in $O_2$ bei 150° rasche Braunfärbung und $NO_2$-Entw., J. C. W. FRAZER, W. E. TROUT (*l. c.*). Hellblaues Pulver, das im Hochvak. nicht flüchtig ist, sich jedoch bei 90° lebhaft zersetzt unter Bldg. von NiO. In Ggw. von Spuren $O_2$ sehr rasche Zersetzung. $Ni(NO)OH \cdot xH_2O$ ist nur lösl., wenn es frei von $Ni(OH)_2$ und Ox.-Prodd. ist, und zwar mit tiefblauer Farbe und alkal. Rk. gegen Phenolphthalein, sonst mit $H_2O$ langsamer, mit Säuren rascher Zerfall unter Bldg. von $Ni^{2+}$-Salz, NO, $N_2O$ und $N_2$. Die wss. Lsg. entfärbt $KMnO_4$-Lsg. und reduziert neutrale oder ammoniakal. $AgNO_3$-Lsg. zu Metall. Die Lsg. setzt sich mit KCN zu $K_2[Ni(NO)(CN)_3]$, mit $K_2S_2O_3$ zu $K_3[Ni(NO)(S_2O_3)_2] \cdot 2H_2O$ um. $Ni(NO)OH \cdot xH_2O$ ist unlöslich in inaktiven, organ. Lsgmm., aber leicht löslich in Methanol oder Äthanol. Löst sich in Pyridin zu einer Verb. auf, deren Zus. nach dem Eindampfen der Formel $Ni(NO)OH \cdot C_5H_5N$ nahekommt, J. S. ANDERSON (*l. c.* S. 362).

*Nickel(II) Nitrite*

### *Nickel(II)-nitrit $Ni(NO_2)_2$.*

Bei der Einw. von Sonnenlicht oder Hg-Bogenstrahlung auf $Ni(NO_3)_2$-Lsgg. bildet sich Nickelnitrit neben etwas $O_2$ und $Ni_2O_3$, K. VEERIAH (*Current Sci.* [*India*] **27** [1958] 298/9). Beim Eindunsten eines Gemisches von $Ba(NO_2)_2$-Lsg. und $NiSO_4$-Lsg. bei gewöhnl. Temp. entstehen rotgelbe Kristallkrusten von $Ni(NO_2)_2$, J. LANG (*Kgl. Svenska Vetenskapsakad. Handl.* [2] **3** [1859/60] Nr. 11, S. 1/39, 15); *Ann. Physik* [2] **118** [1863] 282/302, 290). Bei Einw. von Alkalinitrit in Ggw. von $NH_4$-Acetat auf Ni-Acetat in möglichst konz. wss. Lsg. unter starkem Rühren oder am besten in Äthanol-, Aceton- oder $NH_3$-Lsg. bildet sich zuerst $Ni(NO_2)_2 \cdot 4NH_4NO_2$, das im Vak. nach einigen Std. in $Ni(NO_2)_2$ übergeht, C. DUVAL (*Compt. Rend.* **182** [1926] 1156/8). Aus $Ni(CO)_4$ und $NO_2$ entsteht oberhalb −78° unter Wärmeentw. $Ni(NO_2)_2$ neben $Ni(NO_3)_2$, 1) wenn $NO_2$ bei niederem Druck in $Ni(CO)_4$ expandiert, 2) wenn beide Gase in CO oder $N_2$ im Gegenstrom aufeinandertreffen, 3) wenn mit $N_2$ verd. $NO_2$ bei $\sim$0° über fl. $Ni(CO)_4$ geleitet wird oder 4) wenn $NO_2$ in Lsgg. von $Ni(CO)_4$ in Hexan eingeleitet wird, wobei in allen Fällen Luft und Feuchtigkeit ausgeschlossen werden; die Methh. 2) und 3) liefern die befriedigendsten Resultate, J. C. W. FRAZER, W. E. TROUT (*J. Am. Chem. Soc.* **58** [1936] 2201/4). Reines $Ni(NO_2)_2$ erhält man bei gewöhnl. Temp. in der Gasphase nach $Ni(CO)_4 + N_2O_4 \rightarrow Ni(NO_2)_2 + 4CO$ zunächst als Nebel, der sich dann als blaßgrüner Nd. abscheidet; Bldg. von Nitrat, wie sie in fl. $N_2O_4$ stattfindet, tritt bei dieser Gasrk. nicht ein, C. C. ADDISON, B. F. G. JOHNSON, N. LOGAN, A. WOJCICKI (*Proc. Chem. Soc.* **1961** 306/7).

Das UR-Absorptionspektrum des festen $Ni(NO_2)_2$ zeigt $NO_2$-Banden bei 830, 1240, 1333 und 1388 $cm^{-1}$, außerdem starke Banden bei 1575 $cm^{-1}$ (wie bei organ. Nitroverbb. R-$NO_2$ beobachtet) und bei 1080 $cm^{-1}$ (nur bei Nitrito-Metall-Bindung Me–O–N=O beobachtet). Die $NO_2$-Gruppen sind also teilweise kovalent gebunden. Die beiden letzten Banden verschwinden, wenn das Nitrit der Luft ausgesetzt wird, C. C. ADDISON u. a. (*l. c.*). In wss. Lsg. liegen Absorptionsmax. bei 1175, 700 und 383 m$\mu$ mit lg $\varepsilon = 0.91$, 0.27 bzw. 0.30, J. CSÁSZÁR, J. BALOG (*Nature* **188** [1960] 402/3); im UV liegt ein Absorptionsmax. bei 357 m$\mu$ mit $\varepsilon = 51.1$, C. C. ADDISON u. a. (*l. c.*). — Stabil bis 260° in einer Ar-Atm., im Vak. Zers. bei 220°, C. C. ADDISON u. a. (*l. c.*). An der Luft und bis 100° beständig. In wss. Lsg. tritt

schon bei 80° bis 90° Zers. ein. Die wss. Lsg. ist grün und wird von Äthanol nicht gefällt. Beim Erhitzen entsteht ein grüner Nd., J. LANG (*Ann. Physik* [2] **118** [1863] 282/302, 290). Die aus $Ba(NO_2)_2$ und reinem $NiSO_4$ erhaltene grüne Lsg. zersetzt sich langsam schon bei gewöhnl. Temp. und schnell beim Sieden unter Abscheidung eines grünen bas. Salzes, W. HAMPE (*Ann. Chem.* **125** [1863] 334/53, 342). In Ammoniak mit blauer Farbe löslich, J. LANG (*l. c.*). In Lsg. in fl. $N_2O_4$ wird $Ni(NO_2)_2$ leicht zu Nitrat oxydiert, C. C. ADDISON u. a. (*l. c.*).

***Basisches Nickel(II)-nitrit*** $Ni(NO_2)_2 \cdot NiO$.

*Basic Nickel Nitrite*

Bildet sich durch Zers. der aus $Ba(NO_2)_2$ und $NiSO_4$ hergestellten Lsg. als grüner Nd., der mit Säuren NO entwickelt, W. HAMPE (*l. c.*).

***„Nitronickel"*** $Ni_2NO_2$ ***(?)***.

*„Nitronickel" $Ni_2NO_2$(?)*

Diese von P. SABATIER, J.-B. SENDERENS (*Ann. Chim. Phys.* [7] **7** [1896] 348/415, 411) durch Rk. von $NO_2$ mit frisch reduziertem metall. Ni erhaltene angebliche Verb., die im Gemisch mit NiO vorliegen soll, existiert nach A. KLEMENC, A. SCHROTH (*Ber. Deut. Chem. Ges.* **58** [1925] 168/75, 172) wahrscheinlich ebensowenig wie die entsprechende Cu-Verb. (s. *„Kupfer" Tl.* B, S. 157).

***Nickel(II)-nitrat*** $Ni(NO_3)_2$.

*Nickel(II) Nitrate*

*Formation. Preparation*

**Bildung und Darstellung.** Entsteht neben dem bas. Nitrat $Ni(NO_3)_2 \cdot 2Ni(OH)_2$ beim raschen Erhitzen von $Ni(NO_3)_2 \cdot 6H_2O$ auf 240° bis 260°, D. WEIGEL, B. IMELIK, P. LAFFITTE (*Bull. Soc. Chim. France* **1962** 345/9). Im Gemisch mit $Ni(NO_2)_2$ erhält man das Nitrat aus $Ni(CO)_4$ und $NO_2$ nach den bei $Ni(NO_2)_2$ (s. S. 502) angegebenen Methh. von J. C. W. FRAZER, W. E. TROUT (*J. Am. Chem. Soc.* **58** [1936] 2201/4). Die Darst. geschieht durch Entwässern des Hexahydrats. Dampft man das in seinem Hydratwasser geschmolzene Salz mit einem Überschuß von konz. $HNO_3$ ein, so erhält man einen dicken dunkelgrünen Sirup, den man noch heiß unter Schütteln zur Feinverteilung in 100%iges $HNO_3$ gießt. Der unlösl. Rückstand wird sofort mit 100%igem $N_2O_5$-haltigem $HNO_3$ in der Wärme behandelt. Das durch Dekantieren abgetrennte wasserfreie Nitrat wird getrocknet und im Vak.-Exsiccator mittels $P_2O_5$ und CaO von den letzten Spuren $H_2O$ und Säure befreit, A. GUNTZ, F. MARTIN (*Bull. Soc. Chim. France* [4] **5** [1909] 1004/11, 1008). Über Darst. in wss. Lsg. s. S. 511.

*Thermodynamic Formation Data*

**Thermodynamische Daten der Bildung.** Enthalpieänderung $\Delta H$ in kcal/mol bei der Bldg. von krist. $Ni(NO_3)_2$ aus den Elementen unter Standardbedingungen (25°, 1 atm): $\Delta H = -102.2$, F. D. ROSSINI, D. D. WAGMAN, W. H. EVANS, S. LEVINE, I. JAFFE (*Nat. Bur. Std.* [*U.S.*], *Circ.* Nr. 500 [1952] 249), bei 18° und 1 atm: $\Delta H = -101.5$, F. R. BICHOWSKI, F. D. ROSSINI (*The Thermochemistry of the Chemical Substances, New York* 1936, S. 85). Für die Bldg. aus $NiO + N_2O_{5\,gasf}$ ist $\Delta H^\circ_{291} = -46.1 \pm 0.2$, für $NiO + 2HNO_3 = Ni(NO_3)_2 + H_2O$ ist $\Delta H^\circ_{291} = -28.5 \pm 0.2$, C. V. SCHWARZ (*Arch. Eisenhüttenw.* **24** [1953] 285/306, 302). Angenäherte Berechnung der freien Enthalpie der Bldg. aus den Elementen nach einer linearen Gleichung aus $\Delta H^\circ_{298}$ s. M. KH. KARAPET'YANTS (*Zh. Fiz. Khim.* **28** [1954] 353/8, 355, *C. A.* **1955** 5953).

*Properties and Reactions*

**Eigenschaften und Verhalten.** Gitterstruktur kubisch mit a = 7.31 Å, Raumgruppe $Pa3-T_h^6$, Z = 4. Atomlagen: 4 Ni in 0, 0, 0; 0, $^1/_2$, $^1/_2$; ↻, 8 N in $\pm$ u, u, u; $\bar{u}$, u + $^1/_2$, $\bar{u}$ + $^1/_2$; ↻, 24 O in $\pm$ x, y, z; ↻, $\bar{x}$, $\bar{y}$ + $^1/_2$, z + $^1/_2$; ↻, x + $^1/_2$, y + $^1/_2$, z; ↻, x + $^1/_2$, $\bar{y}$, $\bar{z}$ + $^1/_2$; ↻ mit u = 0.338, $x_0 = 0.245$, $y_0 = 0.280$, $z_0 = 0.467$. Die Koordinationszahl des Ni beträgt 6, D. WEIGEL, B. IMELIK, P. LAFFITTE (*Bull. Soc. Chim. France* **1962** 544/9). Gitterenergie U in kcal/mol: U = 564, ber. nach der Gleichung von A. F. KAPUSTINSKII (*Zh. Obshch. Khim.* **13** [1943] 497/502, 499); U = 627, ber. nach eigener Gleichung, U = 626, ber. nach dem BORN-HABERschen Kreisprozeß, K. B. JAZIMIRSKI (*Thermochemie von Komplexverbindungen, Berlin* 1956, S. 81). U = 626.5, ber. nach der Gleichung von A. F. KAPUSTINSKII (*l. c.*) von D. WEIGEL, B. IMELIK, P. LAFFITTE (*Bull. Soc. Chim. France* **1962** 345/9). U = 647, ermittelt als Differenz zwischen den Bldg.-Wärmen der gasf. Ionen und der krist. Verb., K. B. JATSIMIRSKII (*Zh. Neorgan. Khim.* **3** [1958] 2244/52, 2246; *Russ. J. Inorg. Chem.* **3** Nr. 10 [1958] 26/36, 29). — Das wasserfreie Nitrat ist sehr schwach grüngelb gefärbt, A. GUNTZ, F. MARTIN (*Bull. Soc. Chim. France* [4] **5** [1909] 1004/11, 1008). Das UR-Spektrum zwischen 15 und 2 $\mu$ zeigt Aufspaltung der $\nu_3$-Frequenz und eine stark hervortretende $\nu_1$-Frequenz, was auf kovalente Bindung zwischen Ni und $NO_3$ schließen läßt, F. VRATNY (*Appl. Spectr.* **13** [1959] 59/70, 60).

Beim Erhitzen auf 105° bis 110° gibt die Verb. NO und $NO_2$ ab und geht allmählich in Oxid über, A. GUNTZ, F. MARTIN (*l. c.* S. 1009). Das entwässerte $Ni(NO_3)_2$ ist zerfließlich, A. SEYEWETZ, BRISSAUD (*Compt. Rend.* **190** [1930] 1131/3). Löst sich sehr wenig in $HNO_3$, lösl. in fl. $NH_3$ mit purpurroter

Färbung, in konz. Lsg. violett, A. Guntz, F. Martin (*l. c.*). Mit Tributylphosphat bildet $Ni(NO_3)_2$ in Butanol einen Komplex 1:2 mit der Komplexbildungskonst. 0.8, S. Minc, Z. Libus (*Radiokhimiya* **2** [1960] 643/52 nach *C.A.* **1961** 25573).

*The $Ni(NO_3)_2$–$H_2O$ System*

## Das System $Ni(NO_3)_2$-$H_2O$

Im Gleichgew. mit wss. $Ni(NO_3)_2$-Lsgg. treten im Temp.-Bereich von −34.1° bis +119.8° folgende Hydrate als Bodenkörper auf: $Ni(NO_3)_2 \cdot 9H_2O$ (abgekürzt Ni·9), $Ni(NO_3)_2 \cdot 6H_2O$ (Ni·6), $Ni(NO_3)_2 \cdot 4H_2O$ (Ni·4) und $Ni(NO_3)_2 \cdot 2H_2O$ (Ni·2). Die älteren Angaben über die Existenz eines 3-Hydrats (s. S. 510) werden von A. Sieverts, L. Schreiner (*Z. Anorg. Allgem. Chem.* **219** [1934] 105/12) nicht bestätigt.

Die nach den Löslichkeitsbestt. von A. Sieverts, L. Schreiner (*l. c.*) und R. Funk (*Z. Anorg. Allgem. Chem.* **20** [1899] 393/418, 409/12; *Wiss. Abhandl. Physik.-Techn. Reichsanstalt* **3** [1900] 435/43)

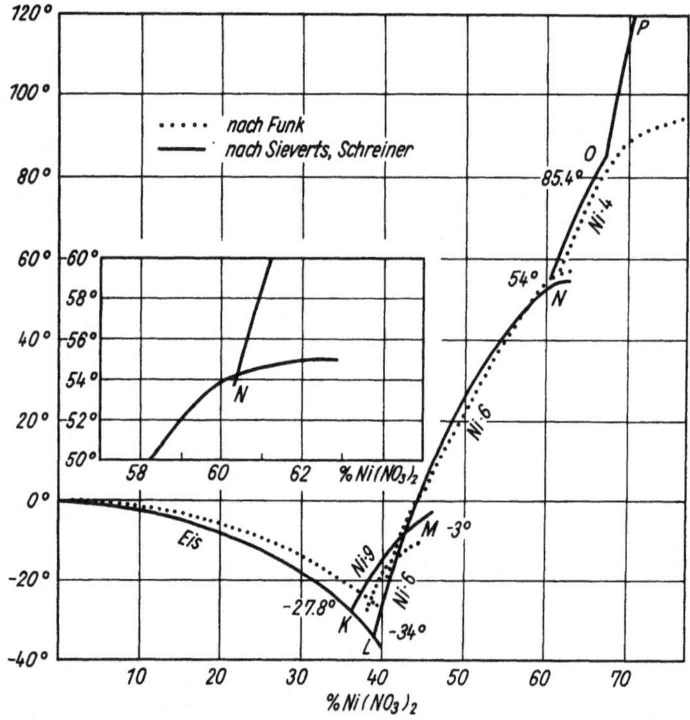


Fig. 209.

Löslichkeitsdiagramm $Ni(NO_3)_2$–$H_2O$.

aufgestellte Polytherme ist in **Fig. 209** wiedergegeben. Löslichkeit w in Gew.-% $Ni(NO_3)_2$ und m in Mol $H_2O$/Mol $Ni(NO_3)_2$ zwischen −34.1° und +119.8°, Werte in Auswahl:

| t in °C | −1.6° | −6.0° | −10.3° | −15.0° | −19.4° | −21.3° | −27.8° | −23.7° |
|---|---|---|---|---|---|---|---|---|
| w | 8.7 | 16.2 | 22.3 | 27.4 | 30.9 | 32.2 | 36.0 | 37.2 |
| m | 106.4 | 52.5 | 35.3 | 26.9 | 22.7 | 21.4 | 18.1 | 17.1 |
| Bodenkörper | Eis | Eis | Eis | Eis | Eis | Eis | Eis + Ni·9 | Ni·9 |

| t in °C | −20.0° | −13.8° | −11.1° | −34.1° | −25.9° | −18.1° | −13.1° | −2.9° | 0.0° | +20.0° |
|---|---|---|---|---|---|---|---|---|---|---|
| w | 38.3 | 40.2 | 41.2 | 38.7 | 40.0 | 41.2 | 42.6 | 43.6 | 44.2 | 48.5 |
| m | 16.3 | 15.1 | 14.5 | 16.1 | 15.2 | 14.5 | 13.7 | 13.1 | 12.8 | 10.8 |
| Bodenkörper | Ni·9 | Ni·9 | Ni·9 | Eis + Ni·6 | Ni·6 | Ni·6 | Ni·6 | Ni·6 | Ni·6 | Ni·6 |

| t in °C | 30.0° | 40.0° | 50.0° | 54.0° | 60.0° | 75.4° | 85.4° | 95.0° | 110.5° | 119.8° |
|---|---|---|---|---|---|---|---|---|---|---|
| w | 51.3 | 54.3 | 58.2 | 60.0 | 61.2 | 64.3 | 67.2 | 68.2 | 69.7 | 70.6 |
| m | 9.6 | 8.5 | 7.3 | 6.8 | 6.4 | 5.6 | 4.9 | 4.7 | 4.4 | 4.2 |
| Bodenkörper | Ni·6 | Ni·6 | Ni·6 | Ni·6 + Ni·4 | Ni·4 | Ni·4 | Ni·4 + Ni·2 | Ni·2 | Ni·2 | Ni·2 |

A. SIEVERTS, L. SCHREINER (*l. c.*). Die Werte von R. FUNK (*l. c.*) bis 95° stimmen im wesentlichen hiermit überein, lassen aber nicht das 4- und 2-Hydrat erkennen. Die gesätt. Lsg. enthält bei 20° 49.1 Gew.-% $Ni(NO_3)_2$ oder 96.47 g je 100 g $H_2O$, J. SCHUMPELT (*Diss. Halle a. d. S.* 1931, S. 24). Kryohydrat. Temp.: −27.8°, A. SIEVERTS, L. SCHREINER (*l. c.*), −27°, R. FUNK (*l. c.* S. 411; *l. c.* S. 441). Übergangspunkte: Ni·9→Ni·6 bei ∼−3° und 44 Gew.-% $Ni(NO_3)_2$, Ni·6→Ni·4 bei 54.0° und 60.0 Gew.-% $Ni(NO_3)_2$, Ni·4→Ni·2 bei 85.4° und 67.2 Gew.-% $Ni(NO_3)_2$. Bei 55.2° bis 55.4° wird zuweilen ein Haltepunkt beobachtet, der als kongruenter Erstarrungspunkt des hier metastabilen 6-Hydrats gedeutet wird. Einmal wird ein instabiler kryohydrat. Punkt (L) zwischen Eis und 6-Hydrat bei −34° gefunden, A. SIEVERTS, L. SCHREINER (*l. c.*). Unter dem Heizmikroskop wird erstmalig ein instabiles 6-Hydrat mit einem enantiotropen Umwandlungspunkt bei 46° und einem kongruenten Schmp. bei 55° beobachtet; das stabile 6-Hydrat geht bei 54° in das 4-Hydrat über und hat im metastabilen Gebiet einen kongruenten Schmp. bei 57°, der Übergangspunkt Ni·4→Ni·2 wird mit dieser Meth. zu 86° und ein kongruenter Schmp. des 4-Hydrats im metastabilen Gebiet zu 93° bestimmt, A. KOFLER (*Chem. Ber.* **83** [1950] 594/9, 597/8). Damit wird die Angabe von R. FUNK (*Z. Anorg. Allgem. Chem.* **20** [1899] 393/418, 410) bestätigt, der den Schmp. des angenommenen 3-Hydrats (s. hierzu S. 510) zu 95° bestimmt. Weitere Angaben über Schmelz- und Umwandlungspunkte s. S. 506.

Der Temperaturkoeffizient der Löslichkeit beträgt bei 0° 0.039 mol/grd, bei 10° 0.045 mol/grd, S. S. CHIN (*Zh. Fiz. Khim.* **26** [1952] 1225/32, 1228/30).

## Hydrate von $Ni(NO_3)_2$

*Hydrates of $Ni(NO_3)_2$*

***$Ni(NO_3)_2 \cdot 9H_2O$.*** Tritt im System $Ni(NO_3)_2$–$H_2O$ bei tiefen Tempp. als Bodenkörper auf, s. S. 504.

*$Ni(NO_3)_2 \cdot 9H_2O$*

***$Ni(NO_3)_2 \cdot 6H_2O$.***

*$Ni(NO_3)_2 \cdot 6H_2O$*

**Bildung und Darstellung.** Wird schon von T. BERGMAN (*De Niccolo, Stockholm* 1775; *Opuscula, Bd.* 2, *Leipzig* 1788, S. 253; *Opuscules, Bd.* 2, *Dijon* 1785, S. 273) erwähnt. Bildet sich als Bodenkörper im System $Ni(NO_3)_2$–$H_2O$, s. S. 504. — Entsteht aus Ni und feuchter Luft bei Bestrahlung in einem Kernreaktor in zugeschmolzenen Quarzröhrchen bei ∼40°, W. PRIMAK, L. H. FUCHS (*Nucleonics* **13** Nr. 3 [1955] 38/41). Darst. durch Lösen von Ni in heißer verd. oder konz. $HNO_3$-Lsg. und nachfolgende Krist., R. TUPPUTI (*Ann. Chim.* [*Paris*] **78** [1811] 133/76, 154). Die Lsg. muß mit Ni-Carbonat neutralisiert werden, da aus stark saurer Lsg. ein $H_2O$-ärmeres Hydrat auskristallisieren könnte, H. LESCOEUR (*Ann. Chim.* [*Paris*] [7] **7** [1896] 416/32, 416/7). Durch Umkristallisation kann $Ni(NO_3)_2 \cdot 6H_2O$ bis auf einen geringen Co-Gehalt gereinigt werden, F. MYLIUS, HÜTTNER (*Z. Elektrochem.* **21** [1915] 286/95, 294). Das 6-Hydrat bildet sich aus dem 4- oder 2-Hydrat in feuchter Luft, wie durch Röntgenunters. festgestellt wird, C. RIGOLLET (*Thèse Paris* 1934, S. 14).

*Formation. Preparation*

**Reinigung.** $Ni(NO_3)_2$ „kobaltfrei" wird aus schwach saurer Lsg. umkristallisiert, dann aus der wss. Lsg. des Prod. durch Einleiten von $NH_3$-Gas die Hexamminkomplexverb. gefällt, abgeschleudert, aus $NH_3$-haltigem $H_2O$ umkristallisiert und in konz. $NH_3$-Lsg. der Elektrolyse unterworfen. Das abgeschiedene Ni wird anodisch in dest. $HNO_3$ gelöst und aus der Lsg. Ni-Nitrat auskristallisiert, G. P. BAXTER, L. W. PARSONS (*J. Am. Chem. Soc.* **43** [1921] 507/18, 509). Wegen der starken Zerfließlichkeit werden die Kristalle zwischen Filtrierpapier von der anhaftenden Mutterlauge befreit und in einer Flasche unter Petroleum aufbewahrt, A. JAYARAMAN (*Proc. Indian Acad. Sci.* A **45** [1957] 263/7).

*Purification*

**Reinheitsprüfung.** Zur Prüfung auf $SO_4^{2-}$ wird dieses als $BaSO_4$ in glycerinhaltiger Lsg. gefällt und die Trübung photoelektrisch gemessen, P. v. STEIN (*Chemist-Analyst* **32** [1943] 62/3). Reinheitsprüfung durch Emissionsspektralanalyse, S. GROCHOWSKI, W. KORPAK, M. KOWALCZYK, J. KUBALA (*Chem. Anal.* [*Warsaw*] **2** [1957] 282/3, *C.A.* **1958** 1825). Polarograph. Best. von Co-Spuren s. L. MEITES (*Anal. Chem.* **28** [1956] 404/6). Der Wassergehalt von Einkristallen liegt nach Analysen mit der FISCHERschen Meth. zwischen 5.95 und 6.75 $H_2O$, D. WEIGEL, B. IMELIK, P. LAFFITTE (*Bull. Soc. Chim. France* **1962** 345/9, 345).

*Purity Testing*

**Thermodynamische Daten der Bildung.** Enthalpieänderung $\Delta H$ in kcal/mol bei der Bldg. aus den Elementen unter Standardbedingungen bei 25°: $\Delta H° = -531.4$, F. D. ROSSINI, D. D. WAGMAN, W. H. EVANS, S. LEVINE, I. JAFFE (*Nat. Bur. Std.* [*U.S.*], *Circ.* Nr. 500 [1952] 249), bei 18°: $\Delta H° =$

*Thermodynamic Formation Data*

—531.0, K. B. Jazimirski (*Thermochemie von Komplexverbindungen, Berlin* 1956, S. 146), bei der Bldg. aus $Ni(NO_3)_2$ und $6H_2O$ bei 18°: $\Delta H° = -19.1 \pm 0.2$, aus vorliegenden Daten berechnet, C. V. Schwarz (*Arch. Eisenhüttenw.* **24** [1953] 285/306, 302). Für die Bldg. aus $Ni(NO_3)_2$ und Eis ergibt sich $\Delta H = -10.65$, für diejenige aus $Ni(NO_3)_2$ und Wasser $\Delta H = -19.29$, A. Guntz, F. Martin (*Bull. Soc. Chim. France* [4] **5** [1909] 1004/11, 1009). — Aus Messungen des $H_2O$-Dampfdrucks bei der therm. Zers. von $Ni(NO_3)_2 \cdot 6H_2O$ ber. Werte für die Änderung der Enthalpie, der freien Enthalpie und der Entropie bei Standardbedingungen für die Rk. $Ni(NO_3)_2 \cdot 3H_2O + 3H_2O = Ni(NO_3)_2 \cdot 6H_2O$ s. K. Sano (*Nippon Kagaku Zasshi* **58** [1937] 1149/50, *C. A.* **1938** 856). Über die Nichtexistenz des 3-Hydrats s. jedoch S. 504, 510.

*Physical Properties. Crystallographic Properties*

**Physikalische Eigenschaften. Kristallographische Eigenschaften.** Kristallisiert bei schnellem Wachstum nadelartig, bei langsamem in großen langgestreckten Platten der pinakoidalen Klasse des triklinen Systems, Raumgruppe P $\bar{1}$–$C_i^1$. Nach Drehkristall- und Weissenberg-Aufnahmen mit CuKα-Strahlung betragen die Gitterkonstt. a = 5.79, b = 7.69 und c = 11.89 Å, a:b:c = 0.753:1:1.546, die Achsenwinkel $\alpha = 106°38'$, $\beta = 80°32'$ und $\gamma = 101°27'$, Z = 2. Spaltbar nach (001), A. Jayaraman (*Proc. Indian Acad. Sci.* A **45** [1957] 263/7). Schiefe Prismen, Blättchen oder flache Nadeln, die längs der a-Achse gestreckt sind; Schwenkaufnahmen an Einkristallen ergeben ein triklines Gitter mit a = 5.70 ± 0.03, b = 11.91 ± 0.03, c = 7.65 ± 0.03 Å, $\alpha = 111° \pm 15'$, $\beta = 100°30' \pm 15'$, $\gamma = 78°40' \pm 15'$, D. Weigel, B. Imelik, P. Laffitte (*Bull. Soc. Chim. France* **1962** 544/9). Ist entgegen älteren Angaben, beispielsweise von B. Gossner (*Z. Krist.* **43** [1907] 130/47, 136, **44** [1908] 417/518, 465), nicht isomorph mit $Co(NO_3)_2 \cdot 6H_2O$, G. I. Gorshtein, N. I. Silant'eva (*Zh. Obshch. Khim.* **24** [1954] 201/3). Ältere kristallograph. Angaben bei R. Tupputi (*Ann. Chim.* [*Paris*] **78** [1811] 133/76, 154), C. de Marignac (*Ann. Mines* [5] **9** [1856] 1/51, 30) und P. Groth (*Chemische Kristallographie, Bd.* 2, *Leipzig* 1908, S. 111, 121). Raumgruppe: $C_{2h}$, P. H. Egli (*Am. Mineralogist* **33** [1948] 622/33, 631). — Gitterenergie U in kcal/mol: U = 363, ber. mit Hilfe des Born-Haberschen Kreisprozesses und der Bldg.-Wärme des komplexen Kations $[Ni(H_2O)_6]^{2+}$; U = 365, ber. nach der Formel von A. F. Kapustinskii (*Zh. Obshch. Khim.* **13** [1943] 497/502, 499) unter Verwendung der Ionenradien, K. B. Yatsimirskii (*Zh. Obshch. Khim.* **17** [1947] 2019/23). U = 366, ber. nach der Formel von A. F. Kapustinskii (*l. c.*) von D. Weigel, B. Imelik, P. Laffitte (*Bull. Soc. Chim. France* **1962** 345/9).

*Mechanical and Thermal Properties*

**Mechanische und thermische Eigenschaften.** Dichte:

| | |
|---|---|
| D = 2.085 | röntgenographisch bestimmt, D. Weigel u. a. (*l. c.* S. 544/9). |
| $D_4^{25}$ = 2.002 | pyknometrisch unter Toluol bestimmt, J. G. Viana, E. Moles (*Anales Real Soc. Espan. Fis. Quim.* [*Madrid*] **27** [1929] 157/64, 159). |
| $D_{24.4}^{24.4}$ = 1.993 | P.-A. Favre, C.-A. Valson (*Compt. Rend.* **79** [1874] 968/76, 974). |
| D = 2.020 g/cm³ | bei 15° bis 20° nach der Schwebemeth. bestimmt, B. Gossner (*Z. Krist.* **43** [1907] 130/47, 136, **44** [1908] 417/518, 465). |
| $D_4^{22}$ = 2.037<br>$D_4^{14}$ = 2.065 | pyknometrisch unter Benzol bestimmt, F. W. Clarke, H. Laws (*Am. J. Sci.* [3] **14** [1877] 280/6, 282). |
| D = 2.050 | angegeben bei E.-N. Gapon (*J. Chim. Phys.* **25** [1928] 154/6). |

Dichte des geschmolzenen Salzes bei 95° 1.77 g/cm³, P. L. Bourgault, P. E. Lake, E. J. Casey, A. R. Dubois (*Can. J. Technol.* **34** [1956] 495/502, 497).

Schmilzt in seinem Kristallwasser bei 56.7°, J. M. Ordway (*Am. J. Sci.* [2] **27** [1859] 14/9, 17), R. Funk (*Z. Anorg. Allgem. Chem.* **20** [1899] 393/418, 410), bei 55.5°, J. G. Viana, E. Moles (*l. c.*), bei 57.5°, C. Rigollet (*Thèse Paris* **1934**, S. 12), bei 56°, A. Benrath, P. Hartung, M. Wilden (*J. Prakt. Chem.* [2] **143** [1935] 298/304, 300/1), bei ~50°, J. Jaffray, N. Rodier (*J. Rech. Centre Nat. Rech. Sci., Lab. Bellevue* [*Paris*] **6** [1954/55] 252/5). — Thermoanalyt. und dilatometr. Messungen ergeben für $Ni(NO_3)_2 \cdot 6H_2O$ 5 Umwandlungspunkte unterhalb 0°, und zwar bei —123°, —104°, —67.5°, —35° und —14°. Die drei ersten entsprechen Anomalien des therm. Ausdehnungskoeff., die beiden letzten beruhen auf polymorphen Gitterumwandlungen, J. Jaffray, N. Rodier (*l. c.*; *Compt. Rend.* **238** [1954] 1975/7). Weitere Angaben über Schmelz- und Umwandlungspunkte s. beim System $Ni(NO_3)_2$–$H_2O$, S. 505. Annahme einer polymorphen Umwandlung zwischen 21° und 22°, S. Jakubsohn, M. Rabinowitsch (*Z. Physik. Chem.* [*Leipzig*] **116** [1925] 359/70, 364). Durch Auswertung der Flächen unterhalb der Max. in den $C_p$–t-Kurven (Zahlenwerte s. S. 507) ergeben sich die Umwandlungswärmen für die polymorphen Umwandlungen bei —31° zu 340 cal/mol und bei —10° zu 400 cal/mol mit ~10% Genauigkeit, J. Jaffray, N. Rodier (*J. Rech. Centre Nat. Rech. Sci., Lab. Bellevue* [*Paris*] **6** [1954/55] 252/5).

Schmelzwärme. 36.4 cal/g, direkt calorimetrisch bestimmt, E. H. RIESENFELD, C. MILCHSACK (*Z. Anorg. Allgem. Chem.* **85** [1914] 401/29, 421, 426). Daraus ber. molare Schmelzwärme 10.6 kcal/mol, F. R. BICHOWSKY, F. D. ROSSINI (*The Thermochemistry of the Chemical Substances, New York* **1936**, S. 304). Entropieänderung beim Schmelzen 32.1 cal·mol$^{-1}$·grd$^{-1}$, E. H. RIESENFELD, C. MILCHSACK (*l. c.* S. 427), G. SUTRA (*J. Chim. Phys.* **49** [1952] C 38/40). Die Beziehung, wonach die Schmelzentropie numerisch gleich der Anzahl der Atome in der Molekel ist, ist für $Ni(NO_3)_2 \cdot 6H_2O$ mit 27 Atomen annähernd erfüllt, S. PROCOPIU (*Compt. Rend.* **224** [1947] 264/6).

Spezifische Wärme des festen Salzes $c_p = 0.3402$ cal·g$^{-1}$·grd$^{-1}$, berechnet nach dem KOPP-NEUMANNschen Gesetz, $c_p = 0.3641$ cal·g$^{-1}$·grd$^{-1}$, berechnet nach NERNST aus $\bar{c}_{p\,fl}$, Schmelzwärme und Schmelztemp. Mittlere spezif. Wärme des fl. Salzes zwischen ~99° und 64°: $\bar{c}_{p\,fl} = 0.4745$ cal ·g$^{-1}$·grd$^{-1}$, bestimmt mit dem Mischungscalorimeter, E. H. RIESENFELD, C. MILCHSACK (*l. c.* S. 421, 427). Molwärme $C_p$ in cal·mol$^{-1}$·grd$^{-1}$ in Abhängigkeit von der Temp. t (Messungen der mittleren Molwärme $\bar{C}_p$ jeweils über einen Bereich von 4°), Genauigkeit 3 bis 4%, Werte in Auswahl:

| t in °C | −127° | −122.5° | −118.0° | −108.0° | −103.5° | −90.5° | −78.0° | −74.0° | −70.0° |
|---|---|---|---|---|---|---|---|---|---|
| $C_p$ | 44.6 | 51.4 | 51.0 | 56.6 | 61.1 | 63.4 | 69.7 | 73.2 | 76.8 |
| t in °C | −65.5° | −54.0° | −42.5° | −35.0° | −31.5° | −28.0° | −24.0° | −20.0° | −17.0° |
| $C_p$ | 73.1 | 76.9 | 80.4 | 100.2 | 123.4 | 127.7 | 63.8 | 82.8 | 91.4 |
| t in °C | −13.0° | −9.5° | −5.5° | −2.0° | +2.0° | +9.0° | +17.0° | | |
| $C_p$ | 115.8 | 184.3 | 90.1 | 98.5 | 106.0 | 115.4 | 121.2 | | |

Die hiernach konstruierte $C_p$–t-Kurve zeigt geringe Anomalien bei −123°, −104° und −67.5° und starke Anomalien bei −31° und −10° in Übereinstimmung mit den obigen Angaben über Umwandlungspunkte, J. JAFFRAY, N. RODIER (*l. c.*). Spezif. Wärme $c_p$ in cal·g$^{-1}$·grd$^{-1}$ für verschiedene Tempp. T, Werte in Auswahl:

| T in °K | 65° | 80° | 100° | 120° | 140° | 145° | 150° | 155° | 170° |
|---|---|---|---|---|---|---|---|---|---|
| $c_p$ | 0.102 | 0.128 | 0.160 | 0.188 | 0.220 | 0.237 | 0.244 | 0.222 | 0.217 |
| T in °K | 200° | 240° | 280° | 300° | | | | | |
| $c_p$ | 0.269 | 0.323 | 0.365 | 0.382 | | | | | |

H. D. VASILEFF, H. GRAYSON-SMITH (*Can. J. Res.* A **28** [1950] 367/76, 374). Die sich aus diesen Messungen ergebende $c_p$–T-Kurve zeigt lediglich ein Max. bei 149°K, das mit dem von J. JAFFRAY, N. RODIER (*l. c.*) bei −123°C angegebenen übereinstimmt; die 4 übrigen Anomalien sind vermutlich deshalb nicht beobachtet, weil die Meßtempp. zu große Abstände aufweisen, J. JAFFRAY, N. RODIER (*l. c.*). — Wie die Unters. der elektrischen Polarisierbarkeit ergibt, ist der Umwandlungspunkt bei 149°K wahrscheinlich durch Rotation der $NO_3$-Gruppen verursacht, H. GRAYSON-SMITH, R. F. STURROCK (*Can. J. Phys.* **30** [1952] 26/34, 31, 33). Bei Tempp. von −180 bis +20°C ergibt sich nach A. T. JENSEN, C. A. BEEVERS (*Trans. Faraday Soc.* **34** [1938] 1478/82) kein Anhalt für das Vorliegen einer Rotationsumwandlung.

Entropie. Die Entropieänderung zwischen 273 und 65°K beträgt $S_{273} - S_{65} = 87.1$ cal·mol$^{-1}$ ·grd$^{-1}$, H. D. VASILEFF, H. GRAYSON-SMITH (*l. c.*).

*Optical Properties*

**Optische Eigenschaften.** Die Kristalle sind 2achsig negativ; Achsenwinkel 2V = 41°12'. Brechungszahl für Na-Licht: $n_\alpha = 1.422$, $n_\beta = 1.555$, $n_\gamma = 1.577$, A. JAYARAMAN (*Proc. Indian Acad. Sci.* A **45** [1957] 263/7). $n_\alpha = 1.47$, $n_\beta = 1.55$, $n_\gamma = 1.56$, W. PRIMAK, L. H. FUCHS (*Nucleonics* **13** Nr. 3 [1955] 38/41). Starker Pleochroismus wird auf der (010)-Fläche beobachtet; für Schwingungen ‖a ist die Farbe bläulichgrün, ‖b gelblichgrün, A. JAYARAMAN (*l. c.*).

Durchlässigkeit T im sichtbaren Gebiet in Abhängigkeit von der Wellenlänge λ in mμ:

| λ | 420 | 440 | 460 | 480 | 500 | 520 | 540 | 560 | 580 | 600 |
|---|---|---|---|---|---|---|---|---|---|---|
| T in % | 8.6 | 35.5 | 53.1 | 63.7 | 67.1 | 64.9 | 60.8 | 55.5 | 45.4 | 33.6 |
| λ | 620 | 640 | 660 | 680 | 700 | 720 | 740 | 760 | 780 | 800 |
| T in % | 23.2 | 14.5 | 11.6 | 9.2 | 7.8 | 8.0 | 9.8 | 11.6 | 13.2 | 16.3 |

Danach liegt ein Minimum der Absorption bei 505, ein Max. bei 705 mμ, C. H. REHBERG, K. SCHLOSSMACHER (*Neues Jahrb. Mineral. Monatsh.* A **1944** 81/5).

Absorption. Das mit Hilfe der Reflexionsmeth. zwischen 2400 und 4000 Å untersuchte UV-Absorptionsspektrum von pulverförmigem $Ni(NO_3)_2 \cdot 6H_2O$ zeigt bei 3240 Å den Anfang der breiten,

für die $NO_3^-$-Gruppe charakterist. Absorptionsbande; das Bandenmax. liegt bei 2840 Å, das Minimum bei 2585 Å, A. BERTON (*Compt. Rend.* **213** [1941] 653/5). Nach gleicher Meth. wird an Pulver ein Absorptionsmax. bei 3900 Å ermittelt, D. WEIGEL, B. IMELIK, P. LAFFITTE (*Bull. Soc. Chim. France* **1962** 544/9). Schwache Absorption in der Gegend von 2900 Å beobachten W. H. WAGGONER, M. E. CHAMBERS (*Talanta* **5** [1960] 121/6, 123, 125). — Die Grenze der UV-Absorption liegt bei 3200 Å, eine Absorptionsbande bei ~4000 Å, M. KIMURA, M. TAKEWAKI (*Sci. Papers Inst. Phys. Chem. Res.* [*Tokyo*] **9** [1928] 57/64, 59, 63/4). Das Reflexionsspektrum des gepulverten Salzes zeigt ziemlich gute Übereinstimmung der Absorptionsmax. mit dem Absorptionsspektrum des $NiSO_4$ als 7- oder 6-Hydrat sowie in Lsg.; das spricht für ein $Ni^{2+}$-Ion mit 6 $H_2O$ in koordinativer Bindung als absorbierenden Komplex, E. PLŠKO (*Acta Univ. Szeged., Acta Phys. Chem.* **5** Nr. 3/4 [1959] 58/66 [dtsch.] nach *C. A.* **1961** 9040). Graph. Darst. der Absorption des festen 6-Hydrats, berechnet aus derjenigen in Lsg., im UV zwischen 3300 und ~2400 Å s. I. HEGEDÜS (*Acta Univ. Szeged. Acta Chem. Mineral. Phys.* **7** [1939] 7/25, 13 [ungar., dtsch. Auszug S. 22/3]). Weitere Angaben s. V. AGAFONOV (*Arch. Sci. Phys. et Nat.* [4] **2** [1896] 349/64, 356; *Zh. Russ. Fiz.-Khim. Obshchestva* [*Chast Fiz.*] **28** [1896] 200/15, 213; *Compt. Rend.* **123** [1896] 490/2).

Das UR-Absorptionsspektrum zeigt im Bereich von 300 bis 665 $cm^{-1}$ keine Banden, F. A. MILLER, G. L. CARLSON, F. F. BENTLEY, W. H. JONES (*Spectrochim. Acta* **16** [1960] 135/235, 147). Bei 837, 1048 und 1383 $cm^{-1}$ werden Banden beobachtet, die dem $NO_3^-$-Ion zuzuordnen sind; wenn etwas $H_2O$ entfernt wird, treten starke Banden auf, die dafür sprechen, daß kovalent gebundene $ONO_2$-Gruppen in das Koordinationsoktaeder eingetreten sind, C. C. ADDISON, B. M. GATEHOUSE (*J. Chem. Soc.* **1960** 613/6). An Pulver wird zwischen 3200 und 3400 $cm^{-1}$ eine sehr starke Bande, bei 3500 $cm^{-1}$ eine schwache Bande beobachtet. Unter Einbeziehung der entsprechenden Ergebnisse für das 4- und 2-Hydrat (s. S. 510, 511) wird geschlossen, daß im 6-Hydrat wahrscheinlich 12 H-Brückenbindungen je Molekel vorliegen, und zwar 6 davon zwischen den $H_2O$-Molekeln des $[Ni(H_2O)_6]^{2+}$-Ions und die 6 übrigen zwischen diesen $H_2O$-Molekeln und den O-Atomen der $NO_3^-$-Ionen, D. WEIGEL u. a. (*l. c.*). — Im auffallenden Licht des Fe-Bogens wird $Ni(NO_3)_2 \cdot 6H_2O$ zu schwacher, uncharakterist. Fluorescenz angeregt, M. HAITINGER, F. FEIGL, A. SIMON (*Mikrochemie* **10** [1931] 117/28, 126).

*Magnetic and Electric Properties*

**Magnetische und elektrische Eigenschaften.** Die spezif. Susz. $\chi \cdot 10^6$, korrigiert für Verunreinigungen, beträgt bei 77.2°K 61.2, bei 90.3°K 49.2, bei 169.1°K 23.7, bei 295.8°K 12.7; CURIE-Temp. $\Theta = 21$°K, A. F. JOHNSON, H. GRAYSON-SMITH (*Can. J. Res.* A **28** [1950] 229/41, 238). Messungen an Kristallpulver in Abhängigkeit von der absol. Temp., korrigiert für den diamagnet. Anteil mit 0.37/g:

| T in °K | 293.5° | 230.0° | 205.6° | 169.0° | 149.3° | 83.0° |
|---|---|---|---|---|---|---|
| $\chi \cdot 10^6$ | 15.14 | 19.10 | 21.28 | 25.78 | 29.03 | 51.73 |

R. B. JANES (*Phys. Rev.* [2] **48** [1935] 78/83, 79). Die Unters. des Einflusses eines gleichförmigen magnet. Feldes von ~5000 Oe während der Krist. stark paramagnet. Salze wie Ni-Nitrat auf die spezif. Susz. des erhaltenen polykristallinen Prod. ergibt für $\chi \cdot 10^6$ bei 22°C bei Krist. ohne magnet. Feld: $15.08 \pm 0.25$, bei Krist. ‖ zum Feld: $15.37 \pm 0.28$, bei Krist. ⊥ zum Feld: $15.02 \pm 0.29$; die beob. Anisotropie ist auf vorwiegende Orientierung der Kristalle mit der Achse max. Susz. ‖ zum Feld zurückzuführen, G. MAYR (*Rend. Ist. Lombardo Sci. Lettere* **78** [1944/45] 459/71, 462; *Z. Naturforsch.* **6a** [1951] 467). An reinem $Ni(NO_3)_2 \cdot 6H_2O$ wird $\chi = 18.4 \times 10^{-6}$ bei 24°C gemessen; wird das Salz in monomolekularer Schicht an Holzkohle adsorbiert, so steigt dieser Wert mit abnehmender Oberflächenbedeckung auf das 19fache an, V. B. EVDOKIMOV, I. N. OZERETSKOVSKII, N. I. KOBOZEV (*Zh. Fiz. Khim.* **26** [1952] 135/44, 143). Erklärung dieses starken Anstiegs in der Adsorptionsschicht, N. I. KOBOZEV, V. B. EVDOKIMOV, I. A. ZUBOVICH, A. N. MAL'TSEV (*Zh. Fiz. Khim.* **26** [1952] 1349/73, 1356, *C. A.* **1953** 5745).

Bis 15000 Oe bei 34798 MHz keine paramagnet. Resonanzabsorption, F. W. LANCASTER, W. GORDY (*J. Chem. Phys.* **19** [1951] 1181/91, 1188). — Die Polarisierbarkeit ändert sich nicht am Umwandlungspunkt bei 149°K, H. GRAYSON-SMITH, R. F. STURROCK (*Can. J. Phys.* **30** [1952] 26/34, 31).

Nicht piezoelektrisch, A. HETTICH, H. STEINMETZ (*Z. Physik* **76** [1932] 688/706, 691).

Spezif. elektr. Leitf. $\varkappa$ in $\Omega^{-1} \cdot cm^{-1}$ in Abhängigkeit von der Temp. t für festes $Ni(NO_3)_2 \cdot 5.79\,H_2O$, Werte in Auswahl:

| t in °C | −15° | −10° | −5° | 0.0° | +4.0° | 8.0° | 13.0° | 17.0° | 20° | 24° |
|---|---|---|---|---|---|---|---|---|---|---|
| $\varkappa \cdot 10^5$ | 0.87 | 1.13 | 1.34 | 1.60 | 1.88 | 2.13 | 2.48 | 2.80 | 3.15 | 3.53 |

S. JAKUBSOHN, M. RABINOWITSCH (*Z. Physik. Chem.* [*Leipzig*] **116** [1925] 359/70, 364). Für geschmolzenes $Ni(NO_3)_2 \cdot 6H_2O$ wird vollständige elektrolyt. Dissoz. angenommen, G. SUTRA (*J. Chim. Phys.* **49** [1952] C 38/40).

*Chemical Reactions*

**Chemisches Verhalten.** Der Zers.-Druck des trocknen 6-Hydrats beträgt bei 20° ~10 Torr, H. LESCOEUR (*Ann. Chim. Phys.* [7] **7** [1896] 416/32, 426). — Für die Temp.-Abhängigkeit des Zers.-Drucks $p_{H_2O}$ (in Torr) über $Ni(NO_3)_2 \cdot 6H_2O$ bei einem angenommenen Übergang in $Ni(NO_3)_2 \cdot 3H_2O + 3H_2O$ gilt: $\lg p_{H_2O} = -2785.03/T + 9.977$; über die Existenz des 3-Hydrats s. jedoch S. 510, K. SANO (*Nippon Kagaku Zasshi* **58** [1937] 1149/50 nach *C.A.* **1938** 856). Der Grad des Zerfalls des $Ni(NO_3)_2 \cdot 6H_2O$ in das angenommene 3-Hydrat und $H_2O$ in der Nähe des Schmp. läßt sich zu 8% berechnen, E. H. RIESENFELD, C. MILCHSACK (*Z. Anorg. Allgem. Chem.* **85** [1914] 401/29, 409).

Bei der Entwässerung im Exsiccator über $P_2O_5$ tritt bereits bei gewöhnl. Temp. Zers. ein unter Entw. von N-Oxiden und Bldg. eines bas. Salzes, K. SCHAEFER (*Z. Wiss. Phot.* **8** [1910] 212/34, 257/87, 274).

Beim Erhitzen beginnt die $H_2O$-Abgabe bei 50° und ist bei 205° vollständig; bei 505° verläuft der Zerfall bis zu NiO, W. W. WENDLANDT (*Texas J. Sci.* **10** [1958] 392/8, 396). Zwischen 127° und 162° wird ein Tl. des Hydratwassers abgegeben und zwischen 162° und 259° findet teilweise Zers. unter Wärmeverbrauch statt. Zwischen 290° und 337° wird nochmals Wärme verbraucht. Bei 138° treten $HNO_3$-Dämpfe auf, deren max. Konz. bei 235° 3.22% beträgt. Bei Zers. über $SiO_2$-Gel treten bei 45° bis 132°, 147° bis 156° und bei 272° bis 290° endotherme Effekte auf, M. M. KARAVAEV, I. P. KIRILLOV (*Izv. Vysshikh Uchebn. Zavedenii Khim. i Khim. Tekhnol.* **2** [1959] 231/7 nach *C.A.* **1959** 18718).

Der therm. Zerfall wird thermogravimetrisch untersucht sowohl bei rascher Erhitzung (50° bis 200°/h) als auch bei langsamer diskontinuierlicher Temp.-Erhöhung (täglich 5° bis 20°) oder durch Differential-Thermoanalyse mit linearem Temp.-Anstieg von 600°/h. Bei der langsamen Erhitzung finden nur Umwandlungen in fester Phase statt. Das 6-Hydrat geht bei ~45° zunächst in 4-Hydrat über, bei ~80° findet Umwandlung zu 2-Hydrat statt, zwischen 120° und 145° Zers. zu bas. Nitrat $(Ni(NO_3)_2 \cdot 2Ni(OH)_2$, das bis ~200° stabil bleibt, bei >200° tritt NiO als Zers.-Prod. auf. Bei der raschen kontinuierlichen Erhitzung schmilzt das 6-Hydrat bei 57° in seinem Kristallwasser zu einer sirupartigen Fl., die $[Ni(H_2O)_6]^{2+}$-Ionen enthält. Zwischen 90° und 240° findet Dehydrierung der Kationen zu $[Ni(H_2O)_4]^{2+}$ und $[Ni(H_2O)_2]^{2+}$ statt. Zwischen 240° und 260° entsteht unter Verfestigung eine Mischphase aus bas. Nitrat und wasserfreiem $Ni(NO_3)_2$, deren Zus. zwischen den Grenzen $Ni(NO_3)_2$ und $4Ni(NO_3)_2 \cdot Ni(OH)_2$ schwankt. Zwischen 310° und 340° tritt Zerfall zu NiO ein. Alle diese Übergänge verlaufen endotherm, D. WEIGEL, B. IMELIK, P. LAFFITTE (*Bull. Soc. Chim. France* **1962** 345/9, 544/9).

Beim Erhitzen des 6-Hydrats im trocknen Luftstrom werden bei 30° bis 40° in 88 Std. ~4 Mol $H_2O$ abgegeben, bei 60° bis 70° in 18 Std. 4.24 Mol $H_2O$, daneben beginnt Abspaltung von $N_2O_5$, die mit steigender Temp. rasch zunimmt. Bei 90° bis 100° werden in 75 Std. 5.48 Mol $H_2O$ und 0.43 Mol $N_2O_5$ abgegeben. Der $N_2O_5$-Verlust setzt genau dann ein, wenn der $H_2O$-Gehalt auf 2 Molekeln abgebaut ist (zur Deutung des Vorganges s. bei der therm. Dissoz. des 2-Hydrats, S. 511), J. G. VIANA, E. MOLES (*Anales Real Soc. Espan. Fis. Quim.* [*Madrid*] **27** [1929] 157/64, 160, 162, 164). Bei vier- bis fünftägigem Erhitzen in trocknem Luftstrom geht das Hexahydrat bei 15° bis 20° in das Tetrahydrat über, bei 40° in einigen Tagen in das Dihydrat. Bei fortwährendem Erhitzen des 6-Hydrats bei langsam steigender Temp. erhält man bei 180° eine viscose Lsg., die bei 190° schmutzig grün wird, und von 200° bis 270° steigende Mengen $HNO_3$ abgibt. Bei 290° wird die Subst. fest und hellgrün, bei 300° schwarz unter Abgabe von NO. Bei 120°, auch bei 170° entsteht $Ni(NO_3)_2 \cdot 4H_2O$, bei 125° bis 130° in vier Tagen, bei 200° in zwei Tagen das 2-Hydrat. Bei 370° bildet sich wasserhaltiges NiO. Das Prod., das sich bei 30tägigem Erhitzen auf 125° bis 130° bildet, entspricht der Zus. eines Gemisches von $Ni(NO_3)_2 \cdot 4NiO \cdot 6H_2O$ mit $Ni(NO_3)_2 \cdot 3NiO \cdot 2.5H_2O$, C. RIGOLLET (*Thèse Paris* 1934, S. 12/6).

Beim Erhitzen auf Rotglut färbt sich das Salz erst gelb, dann olivgrün unter Übergang in bas. Nitrat, bei längerem Erhitzen tritt schwarzgraue Färbung infolge Bldg. von Oxid auf, R. TUPPUTI (*Ann. Chim.* [*Paris*] **78** [1811] 133/76, 155), Bldg. von NiO, S. KOMATSU, B. MASUMOTO (*Mem. Coll. Sci. Eng. Kyoto Imp. Univ.* A **9** [1925] 15/21, 17). Beim Erhitzen auf 250° bis 1000° erhält man feste Lsgg. von NiO und $NiO_2$, bei 1100° reines NiO, D. P. BOGATZKII (*Zh. Obshch. Khim.* **7** [1937] 1397/1401). Beim 1std. Erhitzen auf 1350° entsteht NiO, das zuweilen im Röntgendiagramm diffuse Linien infolge $O_2$-Überschusses aufweist, Y. SHIMOMURA, Z. NISHIYAMA (*Mem. Inst. Sci. Ind. Res. Osaka Univ.* **6** [1948] 30/4). Beim Glühen von $Ni(NO_3)_2 \cdot 6H_2O$ bei Weißglut wird an der Luft ein gelbgrünes Oxid mit einer dunkelgefärbten Oberflächenschicht gebildet, die aktives $O_2$ enthält, R. W. CAIRNS, E. OTT (*J. Am. Chem. Soc.* **55** [1933] 527/33, 528). Weitere Angaben s. bei Bldg. und Darst. der einzelnen Oxide.

Die Unters. der Kinetik der Dehydrierung im Vak. ($\leq 10^{-5}$ Torr) ergibt bei 40° eine Kurve für den Gew.-Verlust in Abhängigkeit von der Zeit, die zunächst rasch und linear ansteigt bis etwa zur Zus. des Tetrahydrats, dann mit geringerer Neigung linear weiter verläuft und schließlich ab-

sinkt. Die entsprechenden Kurven für höhere Tempp. verlaufen ähnlich, die Neigungen der linearen Abschnitte nehmen mit steigender Temp. zu. Als Endprod. erscheint das Dihydrat. Wenn die Dehydrierung bei steigendem $H_2O$-Druck ausgeführt wird, tritt bei der Zus. des Tetrahydrats eine Induktionsperiode auf, gefolgt von einem langsamen und allmählichen Anstieg der Zers.-Geschw., die dem Übergang in das Dihydrat entspricht, R. C. WHEELER, G. B. FROST (*Can. J. Chem.* **33** [1955] 546/61, 552/3).

Bei trocknem Wetter zerfließt das 6-Hydrat nicht, C. DE MARIGNAC (*Ann. Mines* [5] **9** [1856] 1/51, 30). Je nach dem Feuchtigkeitsgehalt der Luft schwach verwitternd oder stark zerfließlich, R. TUPPUTI (*Ann. Chim.* [*Paris*] **78** [1811] 133/76, 155). Über die Zerfließlichkeit des entwässerten Salzes s. S. 503.

Die Red. mit $H_2$ in der stillen elektr. Entladung führt zu Ni, $Ni(OH)_2$, Nitrit und $NH_4$-Salzen, S. MIYAMOTO (*Nippon Kagaku Zasshi* **54** [1933] 202/12, 203/4; *J. Sci. Hiroshima Univ.* **3** A [1933] 347/66, 350/2). Mit atomarem H findet an der Oberfläche teilweise Red. zu $Ni(OH)_2$ und Ni statt, H. KROEPELIN, E. VOGEL (*Z. Anorg. Allgem. Chem.* **229** [1936] 1/15, 8). — In einem molaren Gemisch 1:3 mit Zn-Staub findet von 95° aufwärts Rk. des Zn mit dem Kristallwasser des Salzes statt unter Entw. einer $H_2$-Menge, die sowohl bei 100° als auch bei 200° 0.36 Mol $H_2O$ (5.99% des Hydratwassers) entspricht; daneben teilweise Entw. von $NO_2$, V. I. SEMISHIN (*Zh. Obshch. Khim.* **10** [1940] 328/34, 331). In einem molaren Gemisch 1:2 mit Al-Pulver reagiert das Al unter $H_2$-Entw. bei 100° mit 0.44 Mol (7.4%), bei 200° mit 0.53 Mol (8.9%) des Hydratwassers, V. I. SEMISHIN (*Zh. Obshch. Khim.* **10** [1940] 319/27, 324). Al-Aquoxid (50% $\beta$-$Al_2O_3 \cdot 3H_2O$ + 50% $\alpha$-$Al_2O_3 \cdot H_2O$) bildet bei ~18std. Erhitzen mit $Ni(NO_3)_2 \cdot 6H_2O$ in äquimolarem Gemisch von 870° an $NiAl_2O_4$, wasserfreies $\alpha$-$Al_2O_3$ dagegen erst bei 1200°, J. N. PATTISON, W. M. KEELY, H. W. MAYNOR (*J. Chem. Eng. Data* **5** [1960] 433/4).

*$Ni(NO_3)_2 \cdot 4H_2O$*

### *$Ni(NO_3)_2 \cdot 4H_2O$.*

Tritt als Bodenkörper im System $Ni(NO_3)_2$–$H_2O$ zwischen 54.0° und 85.4° auf (s. S. 504), im System Ni $(NO_3)_2$–$HNO_3$–$H_2O$ (s. S. 521) bereits bei 25° bei $HNO_3$-Konzz. von 52.0 bis 80.5 Gew.-%. — Entsteht beim therm. Abbau des 6-Hydrats bei raschem Erhitzen oberhalb 100°, bei langsamem Erhitzen bei ~45°, D. WEIGEL, B. IMELIK, P. LAFFITTE (*Bull. Soc. Chim. France* **1962** 345/9), im Vak. ($\leq 10^{-5}$ Torr) ziemlich rasch bereits bei 40°, R. C. WHEELER, G. B. FROST (*Can. J. Chem.* **33** [1955] 546/61, 552), bei 15° bis 20° im trocknen Luftstrom in 4 bis 5 Tagen oder durch langsames Erhitzen des 6-Hydrats auf 120°, C. RIGOLLET (*Thèse Paris* 1934, S. 10, 13), ferner bei der Entwässerung des geschmolzenen Hexahydrats durch $1^1/_2$- bis 2std. Durchleiten eines langsamen Luftstromes bei 100° bis 110°, A. SIEVERTS, L. SCHREINER (*Z. Anorg. Allgem. Chem.* **219** [1934] 105/12, 106). — Dichte: D = 2.06, experimentell bestimmt (ohne nähere Angaben). Nach der Gleichung von A. F. KAPUSTINSKII (*Zh. Obshch. Khim.* **13** [1943] 497/502, 499) ber. Gitterenergie U = 385 kcal/mol, D. WEIGEL u. a. (*l. c.*). — Messungen der Lichtreflexion an Pulver ergeben ein gegenüber dem des 6-Hydrats leicht nach längeren Wellen verschobenes Absorptionsmax. im UV bei 4000 Å; das UR-Absorptionsspektrum zeigt eine sehr breite Bande bei 3200 bis 3400 $cm^{-1}$, die aber schwächer ist als beim 6-Hydrat, und eine im Gegensatz zum 6-Hydrat starke Bande bei 3500 $cm^{-1}$, D. WEIGEL u. a. (*l. c.* S. 544/9). Ist bei gewöhnl. Temp. an trockner Luft stabil und an feuchter Luft bis ~120° beständig, C. RIGOLLET (*l. c.* S. 10).

*$Ni(NO_3)_2 \cdot 3H_2O$ (?)*

### *$Ni(NO_3)_2 \cdot 3H_2O$ (?).*

Tritt nach A. SIEVERTS, L. SCHREINER (*Z. Anorg. Allgem. Chem.* **219** [1934] 105/12) weder im System $Ni(NO_3)_2$–$H_2O$ (s. S. 504) noch im System $Ni(NO_3)_2$–$HNO_3$–$H_2O$ (s. S. 520) als stabiler Bodenkörper auf. — Auch beim therm. Abbau von $Ni(NO_3)_2 \cdot 6H_2O$ ergibt sich die Instabilität des 3-Hydrats bei Tempp. bis ~30°, J. G. VIANA, E. MOLES (*Anales Real Soc. Espan. Fis. Quim.* [*Madrid*] **27** [1929] 157/64, 162, 164). Angaben über ein 3-Hydrat s. bei J. M. ORDWAY (*Am. J. Sci.* [2] **27** [1859] 14/9), H. LESCOEUR (*Ann. Chim. Phys.* [7] **7** [1896] 416/32, 426), J. SCHUMPELT (*Diss. Halle a. d. S.* 1931, S. 11) und R. FUNK (*Z. Anorg. Allgem. Chem.* **20** [1899] 393/418, 410; *Wiss. Abhandl. Physik.-Tech. Reichsanstalt* **3** [1900] 435/43). Die letztere ist wahrscheinlich darauf zurückzuführen, daß das angebliche 3-Hydrat vor der Analyse bei 37° getrocknet war, wo das Eutektikum von 2- und 4-Hydrat vorliegt, das die analyt. Zus. des 3-Hydrats vortäuscht, A. SIEVERTS, W. PETZOLD (*Z. Anorg. Allgem. Chem.* **212** [1933] 49/60, 55). Beim therm. Abbau des 6-Hydrats wird von K. SANO (*Nippon Kagaku Zasshi* **58** [1937] 1149/50) Bldg. des 3-Hydrats lediglich angenommen ohne Analyse und sonstige Angaben. Die thermogravimetr. Unters. des therm. Abbaus von 6-Hydrat ergibt keinen Anhaltspunkt für die Existenz eines 3-Hydrats, D. WEIGEL u. a. (*l. c.* S. 345/9).

***$Ni(NO_3)_2 \cdot 2H_2O$.*** *$Ni(NO_3)_2 \cdot 2H_2O$*

Tritt im System $Ni(NO_3)_2$–$H_2O$ oberhalb 85°, im System $Ni(NO_3)_2$–$HNO_3$–$H_2O$ schon bei 25° als stabiler Bodenkörper auf, A. Sieverts, L. Schreiner (*l. c.* S. 106, 110). Bildet sich durch therm. Abbau des 6-Hydrats bei raschem Erhitzen auf ~170°, bei langsamem Erhitzen auf ~80°, D. Weigel, B. Imelik, P. Laffitte (*Bull. Soc. Chim. France* **1962** 345/9), im Vak. ($\leq 10^{-5}$ Torr) bei 40°, R. C. Wheeler, G. B. Frost (*Can. J. Chem.* **33** [1955] 546/61, 552/3), in beiden Fällen über das 4-Hydrat als Zwischenstufe. Entsteht durch Erhitzen des 6-Hydrats im trocknen Luftstrom bei 30° bis 70° bis zur Gew.-Konstanz, J. G. Viana, E. Moles (*Anales Real Soc. Espan. Fis. Quim* [*Madrid*] **27** [1929] 157/64, 162, 164), bei 40° nach einigen Tagen, C. Rigollet (*Thèse Paris* 1934, S. 13). Durch Einleiten von $HNO_3$-haltigen Gasen bei 120° bis 130° in geschmolzenes 6-Hydrat erhält man das 2-Hydrat, A. Sieverts, L. Schreiner (*l. c.* S. 106). Darst. durch Zugabe eines Überschusses (4 ml) von wasserfreier Salpetersäure zu ~1 g $NiCl_2$ bei 0° und langsame Erwärmung auf gewöhnl. Temp., wobei HCl-Entw. eintritt. Die Mischung wird über Nacht stehen gelassen, dann auf −80° gekühlt und der $HNO_3$-Überschuß im Vak. verdampft, während die Temp. auf die gewöhnl. steigt. Das Prod. ist ein kristallines, laubgrünes Pulver, B. J. Hathaway, A. E. Underhill (*J. Chem. Soc.* **1960** 648/54, 649). Dichte D = 2.25, experimentell bestimmt (ohne nähere Angaben). Nach der Gleichung von A. F. Kapustinskii (*Zh. Obshch. Khim.* **13** [1943] 497/502, 499) ber. Gitterenergie U = 413 kcal/mol, D. Weigel u. a. (*l. c.*). — Messungen der Lichtreflexion an Pulver ergeben im UV ein gegenüber dem des 6-Hydrats leicht nach längeren Wellen verschobenes Absorptionsmax. bei 4000 Å; das UR-Absorptionsspektrum zeigt eine breite, aber schwache Bande bei 3200 bis 3400 $cm^{-1}$ und eine im Gegensatz zum 6-Hydrat starke Bande bei 3500 $cm^{-1}$. Der Vergleich mit den entsprechenden Ergebnissen für das 6-Hydrat (s. S. 508) läßt darauf schließen, daß im 2-Hydrat die H-Brückenbindungen weniger zahlreich und spezifischer sind als im 6-Hydrat. Wie besonders die Verstärkung der UR-Bande bei 3500 $cm^{-1}$ beim 2-Hydrat zeigt, sind bei diesem die $H_2O$-Molekeln nicht mehr untereinander gebunden, sondern es bestehen nur noch H-Brücken zwischen den $H_2O$-Molekeln einerseits und den O-Atomen der $NO_3^-$-Ionen andererseits, D. Weigel u. a. (*l. c.* S. 544/9). Erhitzt man $Ni(NO_3)_2 \cdot 2H_2O$ im trocknen Luftstrom 75 Std. lang auf 90° bis 100°, so werden 0.43 Mol $N_2O_5$ und 5.48 Mol $H_2O$ abgegeben. Die therm. Dissoz. des Dihydrats, das als saures Orthonitrat $Ni(NO_3 \cdot OH_2)_2$ aufgefaßt wird, verläuft unter den angegebenen Bedingungen bis zu $Ni_3(NO_4)_2 \cdot 1.5H_3NO_4$ als Zwischenprod. und würde als Endprod. zum neutralen Orthonitrat $Ni_3(NO_4)_2$ führen, J. G. Viana, E. Moles (*l. c.* S. 164). Gegen diese Hypothese sprechen jedoch die vorstehenden opt. Unterss. von D. Weigel u. a. (*l. c.*).

## Wäßrige Lösung von Nickel(II)-nitrat

*Aqueous Solution of Nickel(II) Nitrate*

*Preparation*

**Darstellung.** Zur Darst. einer 4m-$Ni(NO_3)_2$-Lsg. löst man feinverteiltes metall. Ni bei 90° bis 105° in 10m-$HNO_3$-Lsg. auf. Die Umsetzung vollzieht sich in 10 Min., USA Atomic Energy Commission, D. B. Poll (*U.S.P. Appl.* 590431, *Official Gaz. U.S.Pat. Office* Nr. 639 [1950] 607 nach *C. A.* **1952** 1949). Um Nickelnitratlsgg. von Fe zu befreien, leitet man beim Sdp. der Lsg. $CH_2O$ ein. Dadurch wird $NO_3^-$ zersetzt, und infolge $p_H$-Anstiegs fällt Fe als bas. Verb. aus, während $Ni(NO_3)_2$ in Lsg. bleibt, T. V. Healy (*B.P.* 761252 [1953/54]).

*Thermodynamic Formation Data*

**Thermodynamische Daten der Bildung.** Bldg.-Enthalpie $\Delta H$ in kcal/mol aus den Elementen unter Standardbedingungen (18°, 1 atm) in wss. Lsg. in 6 Mol $H_2O$ $\Delta H = -110.2$, in 200 Mol $H_2O$ $\Delta H = -113.3$, F. R. Bichowski, F. D. Rossini (*The Thermochemistry of the Chemical Substances, New York* 1936, S. 85), bei 25° und 1 atm in verd. wss. Lsg. $\Delta H = -114.0$, F. D. Rossini, D. D. Wagman, W. H. Evans, S. Levine, I. Jaffe (*Nat. Bur. Std.* [*U.S.*], *Circ.* Nr. 500 [1952] 249). Die additive Berechnung von $\Delta H$ aus der Bldg.-Wärme der festen Verb. und der Lsg.-Wärme ergibt gute Übereinstimmung mit dem experimentellen Wert, R. Lautié (*Bull. Soc. Chim. France* [5] **6** [1939] 178/83, 181).

### Wärmetönungen

*Thermal Effects*

Definitionen s. in „*Kalium*“ S. 294.

*Heat of Solution*

**Lösungswärme.** Integrale Lösungswärme $L_I$ in kcal beim Auflösen von 1 Mol wasserfreiem $Ni(NO_3)_2$ in 280 Mol $H_2O$ bei 8°: 11.82, A. Guntz, F. Martin (*Bull. Soc. Chim. France* [4] **5** [1909] 1004/11, 1009), bei 18°: 11.70, C. V. Schwarz (*Arch. Eisenhüttenw.* **24** [1953] 285/306, 302), für 1 Mol

$Ni(NO_3)_2 \cdot 6H_2O$ beim Lösen in 400 Mol $H_2O$ bei 18°: −7.47, J. THOMSEN (*J. Prakt. Chem.* [2] **17** [1878] 165/83, 177), für 1 Mol $Ni(NO_3)_2 \cdot 6H_2O$ beim Lösen in x Mol freiem $H_2O$ von 11° bis 12°:

| x | 400 | 616 | 808.3 | 1100 |
|---|---|---|---|---|
| $L_i$ | −7.64 | −7.65 | −7.66 | −7.67 |

J. PERREU (*Compt. Rend.* **212** [1941] 701/4). $L_i$, berechnet aus der ersten Lösungswärme und der integralen Verd.-Wärme, und differentiale Lösungswärme $L_d$ bei 11° bis 12° für Konzz. c in g $Ni(NO_3)_2 \cdot 6H_2O$ je 100 g freies $H_2O$ bzw. c′ in Mol gesamtes $H_2O$/Mol Salz bzw. c″ in Mol Salz/100 Mol gesamtes $H_2O$; Werte in Auswahl:

| c | 0 | 5 | 25 | 50 | 100 | 150 | 200 | 250 | 290*) |
|---|---|---|---|---|---|---|---|---|---|
| c′ | ∞ | 329.33 | 70.67 | 38.33 | 22.17 | 16.44 | 14.08 | 12.47 | 11.57 |
| c″ | 0 | 0.30 | 1.41 | 2.61 | 4.51 | 6.08 | 7.10 | 8.02 | 8.64 |
| $L_i$ | — | −7.63 | −7.42 | −7.17 | −6.93 | −6.92 | −7.01 | −7.11 | −7.20 |
| $L_d$ | −7.66**) | −7.55 | −7.00 | −6.72 | −6.85 | −7.17 | −7.45 | −7.66 | −7.78***) |

*) gesätt.; **) erste Lösungswärme Endkonz. c = 2, c′ = 814.33, c″ = 0.123; ***) letzte Lösungswärme, extrapoliert.
Die $L_d$–c′-Kurve geht durch ein Max. bei c′ = 38.33, J. PERREU (*l. c.*).

*Heat of Dilution*

**Verdünnungswärme.** Integrale Verd.-Wärme $Q_i$ in cal/mol $Ni(NO_3)_2 \cdot 6H_2O$ beim Verd. einer Lsg. der Anfangskonz. c in g $Ni(NO_3)_2 \cdot 6H_2O$ je 100 g $H_2O$ auf c′ = 2 g $Ni(NO_3)_2 \cdot 6H_2O$ je 100 g $H_2O$[1]) und differentiale Verd.-Wärme $Q_d$ in cal/mol $H_2O$ bei 11° bis 12°:

| c | 5 | 10 | 25 | 50 | 100 | 125 | 150 | 200 | 225 | 250 | 290 (gesätt.) |
|---|---|---|---|---|---|---|---|---|---|---|---|
| $Q_i$ | −30 | −85 | −240 | −490 | −730 | −750 | −740 | −650 | −570 | −555 | −460 |
| $Q_d$ | 0 | −0.3 | — | −11.5 | −8.9 | −0.5 | +7.6 | +39.5 | +56.3 | +70 | +96.9 |

Die integrale Verd.-Wärme zeigt ebenso wie die von $K_2CO_3$ mit einem Minimum bei c = 125 ein anomales Verh., J. PERREU (*Compt. Rend.* **212** [1941] 701/4).

*Mechanical and Thermal Properties*

## Mechanische und thermische Eigenschaften

*Density*

**Dichte.** Dichte $D_4^t$ bei verschiedenen Tempp. t in °C, auf $H_2O$ von 4° bezogene und auf Vak. reduzierte Werte:

| Gew.-% $Ni(NO_3)_2$ | $D_4^{18}$ | $D_4^{20}$ | $D_4^{25}$ | Gew.-% $Ni(NO_3)_2$ | $D_4^{18}$ | $D_4^{20}$ | $D_4^{25}$ |
|---|---|---|---|---|---|---|---|
| 1 | $1.007_0$ | $1.006_5$ | $1.005_5$ | 14 | $1.127_7$ | $1.127_0$ | $1.12_{30}$ |
| 2 | $1.015_5$ | $1.015_0$ | $1.014_1$ | 16 | $1.148_4$ | $1.14_{80}$ | $1.14_{30}$ |
| 4 | $1.033_0$ | $1.032_5$ | $1.031_6$ | 18 | $1.169_6$ | $1.16_{90}$ | $1.16_{40}$ |
| 6 | $1.050_8$ | $1.050_3$ | $1.049_4$ | 20 | $1.191_4$ | $1.19_{10}$ | $1.18_{60}$ |
| 8 | $1.069_3$ | $1.068_8$ | $1.067_5$ | 25 | $1.249_3$ | $1.24_{90}$ | $1.24_{30}$ |
| 10 | $1.088_2$ | $1.087_7$ | $1.08_{50}$ | 30 | $1.311_4$ | $1.31_{10}$ | $1.30_{40}$ |
| 12 | $1.107_6$ | $1.107_0$ | $1.10_{40}$ | 35 | $1.377_7$ | $1.37_{70}$ | $1.37_{00}$ |

Nach den Messungen von A. HEYDWEILLER (*Z. Anorg. Allgem. Chem.* **116** [1921] 42/4) kritisch ber. von W. C. SCHUMB (in: *Int. Crit. Tables, Bd.* 3, 1928, S. 69); s. dort auch zahlreiche Angaben über ältere Lit. zwischen 1872 und 1909.
Dichte bei 15° in Abhängigkeit von der Konz. c in Gew.-%, bestimmt mit einer Auftriebsmeth.:

| c | 2.0 | 4.0 | 6.0 | 8.0 | 10.0 | 12.0 | 14.0 |
|---|---|---|---|---|---|---|---|
| $D^{15}$ | 1.0162 | 1.0334 | 1.0510 | 1.0690 | 1.0885 | 1.1082 | 1.1287 |

| c | 16.0 | 18.0 | 20.0 | 22.0 | 24.0 | 26.0 |
|---|---|---|---|---|---|---|
| $D^{15}$ | 1.1496 | 1.1713 | 1.1930 | 1.2160 | 1.2398 | 1.2640 |

Diese Messungen lassen sich durch die Gleichung $W = 1.1853(D^{15}_{lsg} - D^{15}_{H_2O}) - 0.765(D^{15}_{lsg} - D^{15}_{H_2O})^2$ wiedergeben, wenn W = g Salz/g Lsg. bedeutet, B. CABRERA, J. GUZMÁN, V. ÁLVAREZ, L. VEGAS (*Anales Real Soc. Espan. Fis. Quim.* [*Madrid*] **12** [1914] 284/95, 293). Weitere Bestt. s. A. DUPERIER (*Anales Real Soc. Espan. Fis. Quim.* [*Madrid*] **22** [1924] 383/97, 391/2, 395/6), B. CABRERA, A. DUPERIER (*J. Phys. Radium* [6] **6** [1925] 121/38, 135), L. M. BLANC (*Anales Asoc. Quim. Arg.* **4** [1916] 294/314,

[1]) Entsprechende Konz.-Angaben in anderen Einheiten s. vorstehende Tabelle.

296), A. E. OXLEY (*Proc. Cambridge Phil. Soc.* **16** [1912] 421/7, 423), H. C. JONES, J. N. PEARCE (*Am. Chem. J.* **38** [1907] 683/743, 720; *Carnegie Inst. Wash. Publ.* Nr. 180 [1913] 57/88, 75), H. C. JONES (*Z. Physik. Chem.* [*Leipzig*] **55** [1906] 385/434, 409/10), H. C. JONES, H. P. BASSETT (*Am. Chem. J.* **33** [1905] 534/86, 574), J. WAGNER (*Ann. Physik* [3] **18** [1883] 259/89, 269). Dichte der gesättigten Lösung bei 18° (mit 48.59 Gew.-% $Ni(NO_3)_2$): 1.586, R. FUNK (*Wiss. Abhandl. Physik.-Techn. Reichsanstalt* **3** [1900] 435/43, 442), bei 0.3° (mit 43.53 Gew.-%): 1.5315, T. KOEPPLOWNA (*Arch. Mineral. Towarzystwa Naukowego Warszawsk.* **7** [1931] 8/20, 17 [poln.]).

**Kompressibilität.** Die adiabat. Kompressibilität weicht bei Auftragung gegen die molale Konz. des $Ni(NO_3)_2 \cdot 6H_2O$ von der Linearität ab. Die scheinbare molale Kompressibilität steigt linear an mit der Quadratwurzel der molalen Konz., K. SUBBA RAO, B. RAMACHANDRA RAO (*J. Sci. Ind. Res.* [*India*] **17** B [1958] 444/7 nach *C.A.* **1961** 7013). Die Ultraschallgeschwindigkeit nimmt in wss. Lsg. linear zu mit wachsender molaler Konz. des $Ni(NO_3)_2 \cdot 6H_2O$, K. SUBBA RAO, B. RAMACHANDRA RAO (*l. c.*). *Compressibility*

**Innere Reibung.** Messungen der relativen Viscosität $\eta/\eta_{H_2O}$, bezogen auf $H_2O$ von gleicher Temp., bestimmt nach der Ausflußmeth. bei gewöhnl. Temp.: *Viscosity*

| $c_{val}$ | 0.125 | 0.25 | 0.5 | 1 |
|---|---|---|---|---|
| $\eta/\eta_{H_2O}$ | 1.0195 | 1.0422 | 1.0840 | 1.1800 |

J. WAGNER (*Z. Physik. Chem.* [*Leipzig*] **5** [1890] 31/52, 39). Auf Grund dieser Angaben hergestelltes Nomogramm, D. S. DAVIS (*Chem. Met. Eng.* **43** [1936] 485). Weitere Bestt. von $\eta/\eta_{H_2O}$ an Lsgg. mit 16.5 bis 41 Gew.-% $Ni(NO_3)_2$ bei 15° bis 45° s. J. WAGNER (*Ann. Physik* [3] **18** [1883] 259/89, 269). Ohne nähere Angaben wird für übersätt. Lsgg. festgestellt, daß die Viscositätskurve unterhalb der Übergangstemp. vom niederen zum höheren Hydrat regelmäßig bleibt und kein Anzeichen für eine Konstit.-Änderung der Lsg. vorliegt, D. S. RAMA RAO (*J. Indian Chem. Soc.* **36** [1959] 188/90). Einfluß eines Wechselfeldes von 10 bis 80 V/cm und 1 kHz bei 19° auf die Viscosität von verd. $Ni(NO_3)_2$-Lsgg. bis 0.015 m, Y. BJÖRNSTÅHL, K. O. SNELLMAN (*Kolloid-Z.* **78** [1937] 258/72, 267).

**Diffusion.** Diffusionskoeff. D in $cm^2$/Tag gegen reines $H_2O$, Mittelwerte für 20°, ermittelt aus Meßwerten bei 24.4°, 20° bis 21° und 15°: *Diffusion*

| $c_{val}$ | 0.1 | 0.25 | 0.5 | 1 | 2 | 3 |
|---|---|---|---|---|---|---|
| D | 0.800 | 0.767 | 0.752 | 0.744 | 0.757 | 0.768 |

Für 20° und unendliche Verd. ist D = 1.159, L. W. ÖHOLM, A. HIETANEN (*Finska Kemistsamfundets Medd.* **45** [1936] 133/41, 139 [schwed.]). Die von E. RONA (*Z. Physik. Chem.* [*Leipzig*] **95** [1920] 62/5) angegebenen Werte sind in Ggw. von Glycerin und Harnstoff gemessen, wodurch die Diffusionsgeschw. beeinflußt sein kann, L. W. ÖHOLM, A. HIETANEN (*l. c.* S. 141).

**Dampfdruck.** Dampfdruck der gesätt. Lsg. bei 20° 8.55 Torr, H. LESCOEUR (*Ann. Chim. Phys.* [7] **7** [1896] 416/32, 426, 432). Dampfdruck $p_0$ bei 0° und $p_{100}$ bei 100° in Torr für Konzz. m in Mol $Ni(NO_3)_2$ je 1000 g $H_2O$: *Vapor Pressure*

| m | 0.556 | 0.787 | 0.908 | 1.359 | 1.659 | 2.198 | 2.312 | 3.372 | 3.827 | 4.395 | |
|---|---|---|---|---|---|---|---|---|---|---|---|
| $p_0$ | 4.476 | 4.420 | 4.388 | 4.256 | 4.158 | 3.956 | 3.910 | — | — | — | 1) |
| $p_{100}$ | 741.6 | 731.4 | 726.4 | 705.9 | 687.7 | 657.7 | 649.0 | 578.1 | 538.5 | 504.2 | 2) |

1) C. DIETERICI, JUBITZ (*Ann. Physik* [4] **70** [1923] 617/21, 620). — 2) G. TAMMANN (*Mém. Acad. Pétersb.* [7] **35** Nr. 9 [1887] 1/172, 118). Siedepunkt der durch Schmelzen des 6-Hydrats in seinem Kristallwasser erhaltenen Lsg.: 278°F (136.7°C), J. M. ORDWAY (*Am. J. Sci.* [2] **27** [1859] 14/9, 17).

Dampfdruckerniedrigung $\Delta p$ in Torr:

bei 0° für Konzz. m in Mol $Ni(NO_3)_2$/1000 g $H_2O$

| m | 1.001 | 1.969 | 2.981 | 3.649 |
|---|---|---|---|---|
| $\Delta p$ | 0.216 | 0.534 | 0.980 | 1.377 |

Lit.: D. DIETERICI, JUBITZ (*l. c.* S. 619).

bei 100°, auf abgerundete Konzz. m in Mol/1000 g $H_2O$ interpolierte Werte

| m | 0.5 | 1 | 2 | 3 | 4 |
|---|---|---|---|---|---|
| $\Delta p$ | 16.1 | 37.3 | 91.3 | 156.2 | 235.0 |

Lit.: G. TAMMANN (*l. c.* S. 127; *Z. Physik. Chem.* [*Leipzig*] **2** [1887] 42/7, 45).

**Gefrierpunkt** s. System $Ni(NO_3)_2$–$H_2O$, S. 504. Gefrierpunktserniedrigung $\Delta T_f$ und molare Gefrierpunktserniedrigung $\Delta T_{f\,mol}$ in °C, Konz. m = Mol $Ni(NO_3)_2$/1000 g $H_2O$: *Freezing Point*

| m . . . . | 0.050 | 0.075 | 0.100 | 0.125 | 0.150 | 0.175 | 0.200 | 0.225 | 0.250 | 0.275 | 0.300 |
|---|---|---|---|---|---|---|---|---|---|---|---|
| $\Delta T_f$ . . . | 0.266 | 0.392 | 0.520 | 0.648 | 0.774 | 0.892 | 1.008 | 1.134 | 1.259 | 1.389 | 1.521 |
| $\Delta T_{f\,mol}$ . . | 5.32 | 5.23 | 5.20 | 5.18 | 5.16 | 5.10 | 5.04 | 5.04 | 5.04 | 5.05 | 5.07 |

H. J. S. KING, A. W. CRUSE, F. G. ANGELL (*J. Chem. Soc.* **1932** 2928/31, 2930). Messungen bei höheren Konzz. s. F. RÜDORFF (*Ann. Physik* [2] **145** [1872] 599/622, 616). — Weitere Messungen mit Konz.-Angaben in mol/l s. bei H. C. JONES, F. H. GETMAN (*Am. Chem. J.* **31** [1904] 303/59, 318), H. C. JONES, H. P. BASSETT (*Am. Chem. J.* **33** [1905] 534/86, 573), H. C. JONES (*Z. Physik. Chem.* [*Leipzig*] **55** [1904] 385/434, 409), H. C. JONES, J. N. PEARCE (*Am. Chem. J.* **38** [1907] 683/743, 720/1; *Carnegie Inst. Wash. Publ.* Nr. 180 [1913] 57/88, 75), in den beiden letzten s. auch auf mol/1000 g $H_2O$ umgerechnete Werte.

*Specific Heat*

**Spezifische Wärme** $c_p$ in cal·g⁻¹·grd⁻¹ bei 11° bis 13° für Konzz. c, c′ und c″, definiert wie bei Lsg.-Wärmen, S. 512:

| c . . . . . . | 5 | 10 | 25 | 50 | 100 | 125 | 150 | 200 | 225 | 250 | 290 (gesätt.) |
|---|---|---|---|---|---|---|---|---|---|---|---|
| c′ . . . . . . | 329.33 | 167.67 | 70.67 | 38.33 | 22.17 | 18.93 | 16.44 | 14.08 | 13.18 | 12.47 | 11.57 |
| c″ . . . . . . | 0.30 | 0.60 | 1.41 | 2.61 | 4.51 | 5.28 | 6.08 | 7.10 | 7.58 | 8.02 | 8.64 |
| $c_p$ . . . . . . | 0.960 | 0.923 | 0.851 | 0.775 | 0.694 | 0.664 | 0.650 | 0.628 | 0.618 | 0.610 | 0.599 |

Die Konz.-Abhängigkeit von $c_p$ ist gegeben durch $c_p = (9.694 + c')/(22.743 + c')$, J. PERREU (*Compt. Rend.* **212** [1941] 701/4).

Mittlere spezif. Wärme $\bar{c}_p$ zwischen 24° und 55° für Konzz. c′ in Mol $H_2O$/Mol $Ni(NO_3)_2$:

| c′ . . . | 200 | 100 | 50 | 25 |
|---|---|---|---|---|
| $\bar{c}_p$ . . . | 0.941 | 0.895 | 0.823 | 0.717 |

C. MARIGNAC (*Ann. Chim. Phys.* [*Paris*] [5] 8 [1876] 410/30, 417).

*Optical Properties*

## Optische Eigenschaften

*Color*

**Farbe.** Sowohl konz. als auch verd. Lsgg. von $Ni(NO_3)_2$ sind grasgrün gefärbt, die Färbung ist unabhängig von der Temp., E. MÜLLER (*Ann. Physik* [4] **12** [1903] 767/86, 783/4). Hellgrün, in der Hitze gelblich grün, E. J. HOUSTON (*Chem. N.* **24** [1871] 177/80). Einfluß von Verd. und Erhitzen auf die Färbung der Lsgg. s. H. M. VERNON (*Chem. N.* **66** [1892] 104/5, 114/5, 141/4, 152/4). Die grüne Farbe von 0.5m-$Ni(NO_3)_2$-Lsgg. verändert sich beim Erhitzen auf 100° bis 200° nach Gelbgrün, T. KATSURAI, K. SONE (*Kolloid-Z.* **163** [1959] 70/1). Dreifarbencharakteristik für wss. $Ni(NO_3)_2$-Lsgg. nach der Meth. der internationalen Kommission für Beleuchtung s. W. CIUSA, G. NEBBIA (*Chim. Ind.* [*Milan*] **31** [1949] 288/90).

*Optical Refraction*

**Lichtbrechung.** Brechungszahlen $n_D$ für Na-Licht (λ = 5893 Å) sowie $n_\alpha$, $n_\beta$ und $n_\gamma$ für die entsprechenden Wasserstofflinien ($H_\alpha$ = 6563, $H_\beta$ = 4861, $H_\gamma$ = 4340 Å) bei 18° für Konzz. $c_{mol}$ = mol/l Lsg., aus der Differenz gegen $n_{H_2O}$ bei gleicher Temp. umgerechnete Werte:

| $c_{mol}$ . . . . . . | 0.15 | 0.25 | 0.5 | 1 | 2 | 3 |
|---|---|---|---|---|---|---|
| $n_\alpha$ . . . . . . . | — | 1.33868 | 1.34566 | — | — | — |
| $n_D$ . . . . . . . | 1.33769*) | 1.34058 | 1.34763 | 1.36130 | 1.38743 | 1.41222 |
| $n_\beta$ . . . . . . . | — | 1.34491 | 1.35214 | 1.36618 | 1.39273 | 1.41853 |
| $n_\gamma$ . . . . . . . | — | 1.34827 | — | — | — | — |

*) Messung von A. HEYDWEILLER (*Physik. Z.* **26** [1925] 526/56, 533).

G. LIMANN (*Z. Physik* 8 [1922] 13/9, 14). Einzelmessungen bei 20° an einer Lsg. mit 1.84 Gew.-% $Ni(NO_3)_2$: $n_\alpha$ = 1.33443, $n_D$ = 1.33630, $n_\beta$ = 1.34047, $n_\gamma$ = 1.34361, L. M. BLANC (*Anales Asoc. Quim. Arg.* **4** [1916] 294/314, 302), an einer Lsg. mit 5.041 Gew.-% $Ni(NO_3)_2$ ($D_4^{20}$ = 1.0427): $n_\alpha$ = 1.33900, $n_\beta$ = 1.34201, bei 21°: $n_D$ = 1.34134, A. BROMER (*Sitzber. Akad. Wiss. Wien* IIa **110** [1901] 929/46, 940).

$n_D$ bei 17.5° in Abhängigkeit von der Konz. $c_{mol}$ in mol/l und $c_g$ in Gew.-% $Ni(NO_3)_2 \cdot 6H_2O$, im Original auch in Gew.-% $Ni(NO_3)_2$; Werte in Auswahl:

| $c_{mol}$ . . | 0.002 | 0.015 | 0.050 | 0.105 | 0.160 | 0.220 | 0.300 | 0.410 | 0.470 |
|---|---|---|---|---|---|---|---|---|---|
| $c_g$ . . . | 0.05 | 0.42 | 1.43 | 3.08 | 4.65 | 6.40 | 8.70 | 11.92 | 13.68 |
| $n_D$ . . | 1.33359 | 1.33474 | 1.33589 | 1.33742 | 1.33895 | 1.34047 | 1.34236 | 1.34500 | 1.34650 |

| $c_{mol}$ . | 0.550 | 0.640 | 0.700 | 0.800 | 0.900 | 1.005 | — | — |
|---|---|---|---|---|---|---|---|---|
| $c_g$ . . . | 15.95 | 18.50 | 20.30 | 23.20 | 26.15 | 29.15 | 30.80 | 31.80 |
| $n_D$ . . | 1.34836 | 1.35058 | 1.35205 | 1.35461 | 1.35715 | 1.36181 | 1.36464 | 1.36640 |

(Die Umrechnungstabelle auf Tempp. von 0° bis 30° im Original ist wahrscheinlich mit der für $NiCl_2$ vertauscht) P. Csokán, Z. Osztényi (*Z. Anal. Chem.* **121** [1941] 29/38, 35/6). Die vorstehenden $n_D$-Werte sind aus den Angaben des Originals in Skalenteilen mit Hilfe der Umrechnungstafeln zum Eintauchrefraktometer, Carl Zeiss, Oberkochen, berechnet. — Weitere $n_D$-Werte ohne Angabe der Temp. für molare Konzz. von 0.0761 bis 1.5220 s. H. C. Jones, F. H. Getman (*Am. Chem. J.* **31** [1904] 303/59, 318). $n_D$ bei 15.5° für eine Lsg. mit ~28 Gew.-% $Ni(NO_3)_2$, s. J. H. Gladstone (*Phil. Trans.* **160** [1870] 9/32, 31). $n_D$ in Abhängigkeit von der Temp. t für 3 verd. Lsgg. der Konz. c in Gew.-% $Ni(NO_3)_2$; Werte in Auswahl:

| t in °C | 15° | 18° | 20° | 25° | 30° |
|---|---|---|---|---|---|
| c = 1.84 | 1.3387 | 1.3384 | 1.3381 | 1.3375 | 1.3369 |
| c = 0.92 | 1.3373 | 1.3370 | 1.3368 | 1.3363 | 1.3358 |
| c = 0.37 | 1.3363 | 1.3360 | 1.3358 | 1.3353 | 1.3346 |

L. M. Blanc (*Anales Asoc. Quim. Arg.* **4** [1916] 294/314, 299).

*Molar Refraction*

**Molrefraktion** (Lorentz-Lorenz) für Na-Licht bei 18°: $R_{mol} = 22.62$, G. Limann (*Z. Physik* **8** [1922] 13/9, 14), $R_{mol} = 22.66$ im Mittel für $c_{mol} = 0.1$ bis 2.5, $R_{mol} = 22.91$ für $c_{mol} = 0$; Nullrefraktion $R^{\circ}_{mol} = 22.05$ für $c_{mol} = 0$ und $\lambda = \infty$, A. Heydweiller (*Physik. Z.* **26** [1925] 526/56, 539, 546); bei 21°: $R_{mol} = 20.98$, A. Bromer (*Sitzber. Akad. Wiss. Wien* IIa **110** [1901] 929/46, 940).

*Optical Absorption*

**Lichtabsorption.** Das Absorptionsspektrum weist im UR ein flaches Max. (bei ~1170 mμ) auf, im sichtbaren Gebiet ein flaches (bei ~700 mμ) und ein steiles (bei ~400 mμ), die dem $Ni^{2+}$-Ion zugeschrieben werden, im UV ein sehr stark ausgeprägtes (bei ~300 mμ), das dem $NO_3^-$-Ion zuzuordnen ist. — Vollständige Undurchsichtigkeit bei 1400 mμ wegen der Absorption des $H_2O$ beobachten W. W. Coblentz, W. B. Emerson, M. B. Long (*Bull. Bur. Std.* **14** [1916/18] 653/73, 658).

Zusammenstellung der beob. Max. und Minima (mit * versehene Werte) der Absorption in mμ unter Angabe der Konzz. der untersuchten Lsgg. und gegebenenfalls der Zahlenwerte des Extinktionskoeff. ε:

| UR | Sichtbares Gebiet | UV | Konz. | Lit. |
|---|---|---|---|---|
| 1170 (lg ε = 0.28) | 710 (lg ε = 0.26) 397 (lg ε = 0.66) | — | ~0.33 n ? | 1) |
| 1200 | 720 650 392 | — | 0.05 m | 2) |
| 1170 ~900* | ~700 ~500* | — | 0.52 m, 1.56 m, 4.15 m | 3) |
| | ~500* | — | 0.2 m, 0.053 m | 4) 7) |
| | ~500* 386 bis 402.3 | — | 0.208 m bis 4.16 m | 5) |
| 1170 900* | 710 | — | 0.25 m ? | 6) |
| ~880* | 700 | — | 100 g $Ni(NO_3)_2$/l $H_2O$ | 8) |
| >1100 900* | ~700 540* | — | 0.84 m | 9) |
| | 735 505* | — | ohne Angabe | 10) |
| | 520* 395 | ~348* ~303 ~265* | 0.05 n und 0.1 n | 11) |
| | | 345* 295 265* | 0.001 n | 12) |
| | ~720 ~500* 405 | 301 (ε = 725) | 0.2 m | |
| | | 298 (ε = 6.46) | 2.0 m | 13) |
| | | 295.5 (ε = 5.43) | 4.0 m | |
| 1210 | 690 405 | ~350* 300 ~265 | 0.04 m bis 0.20 m | 14) |
| | 394 (lg ε = 0.325) | 298 (lg ε = 0.988) | 0.2 m | |
| | 396 (lg ε = 0.658) | 296 (lg ε = 0.765) | 2.0 m | |
| | 398 (lg ε = 0.745) | 288 (lg ε = 2.398) | 4.2 m + 10.0 Mol $HNO_3$/l | 15) |
| | 392 (lg ε = 0.689) | — | 0.2 m + 14.5 Mol $HNO_3$/l | |
| | 740* 500* | 350* | ohne Angabe | 16) |

1) J. Császár, J. Balog (*Nature* **188** [1960] 402/3). —2) S. Kato (*Sci. Papers Inst. Phys. Chem. Res.* [*Tokyo*] **13** [1930] 49/58, 51). — 3) R. A. Houstoun (*Proc. Roy. Soc. Edinburgh* **31** [1910/11] 538/46, 539/40, 543; *Physik. Z.* **14** [1913] 424/9). — 4) V. W. Bolie (*J. Franklin Inst.* **267** [1959] 143/8, 145/6). — 5) W. V. Bhagwat (*J. Indian Chem. Soc.* **11** [1934] 5/11, 7, 9/11, **17** [1940] 53/9, 57/8; *Bull. Acad. Sci. United Provinces Agra Oudh, India* **2** [1932/33] 67/74, 68/9). — 6) T. Dreisch, W. Trommer (*Z. Physik. Chem.* [*Leipzig*] B **37** [1937] 37/59, 42/3). — 7) E. Müller (*Ann. Physik* [4] **12** [1903] 767/86, 783). — 8) W. W. Coblentz, W. B. Emerson, M. B. Long (*Bull. Bur. Std.* **14** [1916/18] 653/73, 658). — 9) J. S. Guy, H. C. Jones (*Am. Chem. J.* **50** [1913] 257/308, 292/3, 294/5, 307). — 10) C. H. Rehberg, K. Schlossmacher (*Neues Jahrb. Mineral. Monatsh.* A **1944** 81/5). — 11) K. Schaefer (*Z. Wiss. Phot.* **8** [1910] 212/34, 257/87, 273/7). — 12) J. Angerstein (*Diss. Zürich* 1914, S. 43). — 13) I. Hegedüs

(*Acta Univ. Szeged. Acta Chem. Mineral. Phys.* **7** [1939] 7/25, 13, 16, 20 [ungar., dtsch. Auszug S. 22/3], *C.A.* **1939** 4126). — 14) R. A. HOUSTOUN, J. S. ANDERSON (*Proc. Roy. Soc. Edinburgh* **31** [1910/11] 547/58, 553, 555). — 15) E. MAJOR (*Acta Univ. Szeged. Acta Chem. Phys.* [2] **1** [1942] 17/34, 23, 25, [ungar., dtsch. Auszug S. 32/3]). — 16) F. JUSTON-COUMAT (*Compt. Rend.* **244** [1957] 59/62).

Die bei 1170 mμ beob. Bande besteht aus 4 Einzelbanden bei 1125, 1150, 1172 und 1218 mμ, T. DREISCH, W. TROMMER (*l. c.*). — Die Absorptionskurve einer Lsg. mit 26.1 g $Ni(NO_3)_2$/l verläuft zwischen 504 und 705 mμ stufenförmig, V. I. BLINOV (*Zh. Fiz. Khim.* **1** [1930] 149/62, 157). — Kurve für die relative Durchlässigkeit einer 0.02 m-$Ni(NO_3)_2$-Lsg. im Gebiet von 400 bis 700 mμ s. E. C. GILBERT, W. H. EVANS (*J. Am. Chem. Soc.* **73** [1951] 3516/8). Weitere Messungen der Durchlässigkeit einer 1.68 n-Lsg. zwischen 1060 und 544 mμ s. J. S. GUY, H. C. JONES (*Am. Chem. J.* **50** [1913] 257/308, 292/5). Ältere qualitative Angaben s. D. BREWSTER (*Phil. Mag.* [4] **24** [1862] 441/7, 446), H. EMSMANN (*Ann. Physik Erg.-Bd.* **6** [1874] 334/5; *Phil. Mag.* [4] **46** [1873] 329/30).

*Effect of Concentration and Additives*

**Einfluß von Konzentration und Zusätzen.** Im sichtbaren Bereich (7000 bis 4400 Å) ist das BEERsche Gesetz für 1.04 bis 4.16 m-Lsgg. ausgezeichnet erfüllt, W. V. BHAGWAT (*J. Indian Chem. Soc.* **17** [1940] 53/9, 57/8). Angenäherte Gültigkeit im UV für 0.05 bis 2 n-Lsgg. beobachtet auch K. SCHAEFER (*l. c.*); vgl. auch K. SCHAEFER, A. HAFIZ (*Z. Wiss. Phot.* **17** [1918] 193/217, 211, 215).

Die Durchlässigkeit (opt. Dichte) für die Wellenlänge 436 mμ steigt im Konz.-Bereich 0 bis 0.20 m linear mit der Konz. an, I. D. MUZYKA (*Zh. Neorgan. Khim.* **4** [1959] 695/9; *Russ. J. Inorg. Chem.* **4** [1959] 315/7). Vergleich der Absorption in Abhängigkeit von der Wellenlänge λ im Sichtbaren und UR für Lsgg. verschiedener Konzz. (0.208, 1.04, 2.08 und 4.16 m) s. W. V. BHAGWAT (*Bull. Acad. Sci. United Provinces Agra Oudh, India* **2** [1932/33] 67/74, 68/9, 72; *J. Indian Chem. Soc.* **11** [1934] 5/11, 10, **17** [1940] 53/9, 57/8). — Die langwellige Grenze der UV-Absorption liegt in 0.05 m-Lsg. bei 260 mμ, in 0.01 m-Lsg. bei 248 mμ, S. KATO (*l. c.*). Verschiebung der Absorptions- und Durchlässigkeitsbereiche mit der Verd. von 0.05 bis 0.01 n, W. N. HARTLEY (*J. Chem. Soc.* **83** [1903] 221/46, 224, 228), R. A. HOUSTOUN (*l. c.*). Erweiterung der Durchlässigkeitsbereiche im Sichtbaren und UV bei Verd. von 4.16 auf 2.08 m, W. V. BHAGWAT (*Bull. Acad. Sci. United Provinces Agra Oudh, India* **2** [1932/33] 67/74, 73). Zusatz von 10 oder 14.5 mol $HNO_3$/l zu einer 0.2 m-$Ni(NO_3)_2$-Lsg. verschiebt die Max. der Extinktionskurven bei ~400 und ~700 mμ zu etwas höheren, das Minimum bei ~500 mμ zu etwas niederen negativen Werten von lg ε, I. HEGEDÜS (*l. c.* S. 16). — Nach einer Gleichung ber. Werte für die prozentuale Durchlässigkeit einer Mischung von 0.2 m-$CoSO_4$- und $Ni(NO_3)_2$-Lsgg. im Verhältnis 1:1, 3:1 und 1:3 ergeben gute Übereinstimmung mit den experimentell bestimmten Daten, V. W. BOLIE (*J. Franklin Inst.* **267** [1959] 143/8, 147).

*Effect of Temperature*

**Einfluß der Temperatur.** Bei Erhöhung der Temp. von 20° auf 80° steigt die Absorption einer 0.05 n-Lsg. etwas an, K. SCHAEFER (*Z. Wiss. Phot.* **8** [1910] 257/87, 273). Das Durchlässigkeitsgebiet, das bei 18° zwischen 462 und 557 mμ liegt, verschiebt sich bei Erwärmung auf 100° nach Rot hin auf 464 bis 560 mμ, W. H. HARTLEY (*Sci. Trans. Roy. Dublin Soc.* [2] **7** [1902] 253/312, 258).

*Magnetic Rotation of Polarization Plane*

**Magnetische Drehung der Polarisationsebene.** Das spezif. magnet. Drehungsvermögen des gelösten Salzes, gemessen an Lsgg. mit 24.45 und 43.17 Gew.-% $Ni(NO_3)_2$ für grünes Hg-Licht beträgt $[\omega] = +0.0088\ \mathrm{min \cdot cm^{-1} \cdot Gauss^{-1}}$ und nimmt mit steigender Temp. langsam ab, H. OLLIVIER (*Ann. Phys.* [*Paris*] [11] **11** [1939] 461/503, 501). — Messungen der VERDETschen Konst. $\omega_1$ für eine Lsg. mit 25.02 Gew.-% $Ni(NO_3)_2$ bei 18.9° und $\omega_2$ für eine Lsg. mit 13.95 Gew.-% bei 16.9° in Abhängigkeit von der Wellenlänge λ in Å und daraus nach Mitteln mit verschiedenem Gew. erhaltene Werte für das molekulare Drehungsvermögen $[M]_\omega$ des gelösten Salzes, das positiv und von der Konz. unabhängig ist; Werte in Auswahl:

| λ | 4654 | 4854 | 5094 | 5231 | 5461 | 5739 | 5941 | 6179 | 6310 |
|---|---|---|---|---|---|---|---|---|---|
| $\omega_1 \cdot 10^3$ | 24.35 | 22.19 | 19.96 | 18.79 | 17.12 | 15.44 | 14.26 | — | — |
| $\omega_2 \cdot 10^3$ | 23.17 | 21.11 | 19.02 | 17.93 | 16.33 | 14.70 | 13.60 | 12.49 | 11.89 |
| $[M]_\omega$ | 2.23 | 2.07 | 1.87 | 1.72 | 1.57 | 1.41 | 1.27 | 1.13 | 0.99 |

(Im Original auch interpolierte Werte für abgerundete Zahlen von λ). Die $[M]_\omega$-λ-Kurve verläuft im untersuchten Bereich stetig abfallend, aber nicht ganz linear, M. J. M. VAN EYCK (*Natuurw. Tijdschr.* [*Ghent*] **29** [1947] 115/20, 116/7). Nach Messungen an einer Lsg. mit der Dichte $D^{18} = 1.175$ verläuft diese Kurve im Gebiet der Durchlässigkeit (λ = 436 bis 643 mμ) stetig abfallend und annähernd parallel der für $H_2O$ bis ~600 mμ, bei 620 mμ zeigt sie einen Wendepunkt mit anschließendem Anstieg; im Rot und UR wird kein magnet. Dichroismus beobachtet, M. SCHÉRER (*Publ. Sci. Tech. Min. Air* [*France*], *Notes Tech.* Nr. 50 [1934] 1/91, 81/2, 84).

Abhängigkeit von $\omega_1$ und $\omega_2$ sowie der wie in vorstehender Tabelle ber. Mittelwerte von $[M]_\omega$ von der Temp. t bei $\lambda = 4854$ Å; aus den entsprechenden Kurven für abgerundete Tempp. interpolierte Werte:

| t in °C | 15° | 25° | 35° | 45° | 55° | 65° | 75° | 85° | 95° |
|---|---|---|---|---|---|---|---|---|---|
| $\omega_1 \cdot 10^3$ | 22.26 | 22.10 | 21.96 | 21.82 | 21.68 | 21.55 | 21.42 | 21.29 | 21.16 |
| $\omega_2 \cdot 10^3$ | 21.10 | 21.00 | 20.91 | 20.82 | 20.72 | 20.62 | 20.51 | 20.40 | 20.27 |
| $[M]_\omega$ | 2.09 | 2.05 | 2.02 | 1.98 | 1.96 | 1.94 | 1.93 | 1.91 | 1.90 |

Die $\omega_2$–t-Kurve ist weniger stark gekrümmt als die für $H_2O$, die $\omega_1$–t-Kurve ist nur ganz schwach gekrümmt im entgegengesetzten Sinn, auch die Neigung beider Kurven ist etwas verschieden; $[M]_\omega$ steigt mit 1/T langsam aber nicht linear an. Die gleichfalls tabellierten Werte für die spezif. Drehung $[\omega] = \omega/D$ sind sehr wenig temperaturabhängig, die $[\omega]_1$–t-Kurve zeigt eine Andeutung eines sehr flachen Minimums bei ~60°, während die $[\omega]_2$-Werte höchstens 1‰ vom Mittelwert abweichen, M. J. M. van Eyck (*l. c.* S. 119/20). — Messungen an einer Lsg. der Dichte $D^{30} = 1.311$ bei 30° und 75° ergeben, daß die magnet. Drehung nahezu umgekehrt proportional der absol. Temp. verläuft; zwischen der Temp.-Abhängigkeit des Faraday-Effekts und derjenigen der magnet. Susz. besteht keine allgemeine Beziehung, P. K. Pillai (*Indian J. Phys.* **6** [1932] 573/9, 575/7).

## Magnetische Eigenschaften

*Magnetic Properties*

*Magnetic Susceptibility*

**Magnetische Suszeptibilität** $\chi$. Vol.-Susz. verd. Lsgg. bei 17.1° in Abhängigkeit von der Konz. in g $Ni(NO_3)_2$/l:

| Konz. | 1.0 | 1.9 | 3.9 | 7.8 | 15.6 |
|---|---|---|---|---|---|
| $\chi \cdot 10^6$ | −0.73 | −0.70 | −0.65 | −0.54 | −0.33 |

Die Abnahme von $\chi$ mit steigender Konz. erfolgt linear, A. E. Oxley (*Proc. Cambridge Phil. Soc.* **16** [1912] 421/7, 423/4). Ausgewählte Werte für $\chi$ bei Konzz. w in Gew.-% $Ni(NO_3)_2 \cdot 6H_2O$ bei den angegebenen Tempp. t:

| t in °C | 18° | 14.5° | 13° | 20° | 14.9° | 13.8° | 13.5° | 12° | 13.2° | 13.2° |
|---|---|---|---|---|---|---|---|---|---|---|
| w | 1.06 | 3.63 | 5.63 | 11.20 | 15.78 | 19.80 | 24.88 | 28.41 | 41.04 | 55.58 |
| $\chi \cdot 10^6$ | −0.54 | −0.21 | +0.15 | +0.93 | +1.66 | +2.28 | +3.09 | +3.96 | +5.76 | +8.24 |

J. M. Alameda (*Anales Real Soc. Espan. Fis. Quim.* [*Madrid*] **42** [1946] 17/34, 27, **43** [1947] 689/710, 696/9). Die Werte werden mit einer Genauigkeit von ~2% durch die Gleichung $\chi = 0.1683w - 0.888$ wiedergegeben. Ferner wird der Einfluß von Licht, therm. Behandlung, Zusatz von HCl und $H_2O_2$ auf $\chi$ untersucht, J. M. Alameda (*Anales Real Soc. Espan. Fis. Quim.* [*Madrid*] **43** [1947] 689/710, 697/9, 702). — Bei 20° ist für eine Lsg. mit 12.425 Gew.-% $Ni(NO_3)_2$ $\chi = 2.35 \times 10^{-6}$, für eine solche mit 44.4 Gew.-% $\chi = 10.25 \times 10^{-6}$, A. Duperier (*Anales Real Soc. Espan. Fis. Quim.* [*Madrid*] **22** [1924] 383/97, 391/2, 395/6), B. Cabrera, A. Duperier (*J. Phys. Radium* [6] **6** [1925] 121/38, 135).

Nach Messungen an 4 Lsgg. verschiedener Konzz. zwischen 19.2° und 19.6° ist die Molsusz. unabhängig von der Konz. und beträgt im Mittel $\chi_{mol} = 0.004403$, B. Cabrera, E. Moles, J. Guzman (*Arch. Sci. Phys. Nat.* [4] **37** [1914] 324/34, 330). Bei 18°: $\chi_{mol} = 0.00425$, nach Messungen von O. Liebknecht, A. P. Wills (*Ann. Physik* [4] **1** [1900] 178/88, 186) umgerechnet mit dem neuen Wert für $H_2O$ ($\chi = -0.72 \times 10^{-6}$) von B. Cabrera u. a. (*l. c.* S. 325). — Weitere Angaben s. G. Wiedemann (*Ann. Physik* [2] **126** [1865] 1/38, 18, 22), J. Plücker (*Ann. Physik* [2] **74** [1848] 321/79, 341, 353). Die Susz. erreicht den Wert 0 bei einer Konz. von 30.92 g $Ni(NO_3)_2$/l $H_2O$ bei 22°, G. Salceanu (*Z. Physik* **108** [1938] 439/43), von 0.1610 g-Atom Ni (entsprechend 29.4 g $Ni(NO_3)_2$) je l Lsg., ohne Angabe der Temp., A. Quartaroli (*Gazz. Chim. Ital.* **45** II [1915] 406/23, 416), von 30.95 g/1000 g $H_2O$ bei 18°, O. Liebknecht, A. P. Wills (*l. c.*).

Messungen der Temperaturabhängigkeit der Magnetisierungszahl zwischen 2.1° und 82.0° für eine 1.21m- und eine 2.47m-Lsg. s. G. Jaeger, S. Meyer (*Ann. Physik* [3] **63** [1897] 83/90, 88).

## Elektrochemisches Verhalten

*Electrochemical Behavior*

*Electric Conductivity*

**Elektrische Leitfähigkeit.** Die spezif. Leitf. $\varkappa$ in $\Omega^{-1} \cdot cm^{-1}$ beträgt für eine 0.2m-Lsg. bei 25° $\varkappa = 0.028$, bei 50° $\varkappa = 0.042$, für eine 0.1m-Lsg. bei 25° $\varkappa$ ~0.015 (aus den Kurven im Original entnommen), I. D. Muzyka (*Zh. Neorgan. Khim.* **4** [1959] 695/9; *Russ. J. Inorg. Chem.* **4** [1959] 315/7).

Äquiv. Leitf. $\Lambda$ in $cm^2 \cdot \Omega^{-1} \cdot val^{-1}$ bei 18° für Konzz. $C_{val}$ in Äquiv./l Lsg.:

| $C_{val}$ | 0.5 | 1 | 2 | 3 | 4 | 5 | 6 |
|---|---|---|---|---|---|---|---|
| $\Lambda_{18}$ | 66.9 | 57.6 | 46.0 | 37.2 | (29.3) | (22.7) | 16.0 |

A. HEYDWEILLER (*Z. Anorg. Allgem. Chem.* **116** [1921] 42/4). Ältere Messungen von $\Lambda$ bei 25° in reziproken Siemens-Einheiten für Verdd. $V_{val}$ = 32 bis 1024 l/Äquiv. s. E. FRANKE (*Z. Physik. Chem.* [*Leipzig*] **16** [1895] 463/92, 472), umgerechnet auf reziproke Ohm bei F. KOHLRAUSCH, L. HOLBORN (*Das Leitvermögen der Elektrolyte*, 2. *Aufl.*, *Leipzig-Berlin* 1916, S. 174). $\Lambda$ bei 0° und 50°:

| $C_{val}$ | 0.002 | 0.005 | 0.01 | 0.02 | 0.05 | 0.07 | 0.1 | 0.2 | 0.5 | 0.7 | 1 |
|---|---|---|---|---|---|---|---|---|---|---|---|
| $\Lambda_0$ | (60.0) | 57.4 | 55.5 | 53.5 | 50.3 | 49.2 | 47.9 | 45.1 | 40.3 | 38.2 | 35.7 |
| $\Lambda_{50}$ | 183 | 177 | 171 | 163 | 151 | 147 | 141.5 | 130 | 113 | 106 | 97 |

angegeben bei H. FALKENHAGEN, G. KELBY, E. SCHMUTZER (in: LANDOLT-BÖRNSTEIN, 6. *Aufl.*, *Bd.* 2, *Tl.* 7, 1960, S. 101) nach Messungen von H. C. JONES, A. P. WEST, E. J. SHAEFFER (*Carnegie Inst. Wash. Publ.* Nr. 170 [1912] 5/148, 51). Für $C_{val}$ = 2.000, 3.000 bzw. 4.000 beträgt $\Lambda_0$ = 28.8, 22.8 bzw. 17.3, angegeben bei H. FALKENHAGEN u. a. (*l. c.*).

Die Konzentrationsabhängigkeit von $\Lambda$ ist gegeben durch die Beziehung $1-\Lambda/\Lambda_\infty = a\sqrt{C} + bC$, worin C die Konz. in mol/l bedeutet und die Konstt. bei 0° a = 1.32 und b = −1.7 und bei 25° a = 1.37 und b = −1.8 betragen (die bei diesen Tempp. einzusetzenden $\Lambda_\infty$-Werte s. unten), J. LANGE (*Z. Physik. Chem.* [*Leipzig*] A **188** [1941] 284/315, 292, 298).

Molare Leitf. $\mu$ in $cm^2 \cdot \Omega^{-1} \cdot mol^{-1}$ bei 25° für Verdd. $V_{mol}$ in l/mol:

| $V_{mol}$ | 1024 | 512 | 128 | 32 | 16 | 8 | 2 |
|---|---|---|---|---|---|---|---|
| $\mu_{25}$ | 228 | 230 | 213 | 192.9 | 180.9 | 168.3 | 133.6 |

nach Messungen von H. C. JONES, A. P. WEST (*Carnegie Inst. Wash. Publ.* Nr. 170 [1912] 5/148, 51), H. C. JONES, A. P. WEST (*Am. Chem. J.* **34** [1905] 357/422, 408) in reziproken Siemens-Einheiten, umgerechnet auf reziproke Ohm bei H. FALKENHAGEN, G. KELBY, E. SCHMUTZER (in: LANDOLT-BÖRNSTEIN, 6. *Aufl.*, *Bd.* 2, *Tl.* 7, 1960, S. 68). Weitere $\mu$-Werte: für 5 Konzz. zwischen $V_{mol}$ = 1024 bis 64 bei 25° ohne Angabe der Dimension, A. ROSENHEIM, V. J. MEYER (*Z. Anorg. Allgem. Chem.* **49** [1906] 13/27, 24), in reziproken Siemens-Einheiten für $V_{mol}$ von 1024 bis 2 bei 0°, 6°, 25° und 35°, H. C. JONES, A. P. WEST (*l. c.*), für $V_{mol}$ = 13.13 bis 0.40 bei 0°, H. C. JONES (*Z. Physik. Chem.* **55** [1906] 385/434, 409), H. C. JONES, H. P. BASSETT (*Am. Chem. J.* **33** [1905] 534/86, 574), H. C. JONES, F. H. GETMAN (*Am. Chem. J.* **31** [1904] 303/59, 318), für $V_{mol}$ = 100 bis 0.5 bei 0°, H. C. JONES, J. N. PEARCE (*Am. Chem. J.* **38** [1907] 683/743, 720; *Carnegie Inst. Wash. Publ.* Nr. 180 [1913] 57/88, 75), für $V_{mol}$ = 2048 bis 4 bei 35°, 50° und 65°, H. H. HOSFORD, H. C. JONES (*Am. Chem. J.* **46** [1911] 240/78, 263), für $V_{mol}$ = 4096 bis 2 bei 35°, 50° und 65°, E. J. SHAEFFER, H. C. JONES (*Am. Chem. J.* **49** [1913] 207/53, 237).

*Limiting Values of Equivalent and Molar Conductivity*

**Grenzwerte der äquivalenten und molaren Leitfähigkeit** $\Lambda_\infty$ bzw. $\mu_\infty$. Nach einer empir. Beziehung ber. Werte für 0°: $\Lambda_\infty$ = 63.2, für 25°: $\Lambda_\infty$ = 122.4, J. LANGE (*Z. Physik. Chem.* [*Leipzig*] A **188** [1941] 284/315, 292, 298). Nach dem Kubikwurzelgesetz berechnet für 18°: $\Lambda_\infty$ = 106, umgerechnet auf 25°: $\Lambda_\infty$ = 122.8, A. HEYDWEILLER (*Z. Physik. Chem.* [*Leipzig*] **89** [1915] 281/6, 284, 286). — Werte für $\mu_\infty$ bei 0° in reziproken Siemens-Einheiten s. H. C. JONES (*l. c.*), H. C. JONES, H. P. BASSETT (*l. c.*).

*Effect of Temperature*

**Einfluß der Temperatur.** Angaben für den Temp.-Koeff. der molaren Leitf. in reziproken Siemens-Einheiten und in % für die Temp.-Bereiche 0° bis 6°, 6° bis 25° und 25° bis 35° und Verdd. $V_{mol}$ = 1024 bis 2, H. C. JONES, A. P. WEST (*Am. Chem. J.* **34** [1905] 357/422, 408), für die Temp.-Bereiche 35° bis 50° und 50° bis 65° und $V_{mol}$ = 2048 bis 4, H. H. HOSFORD, H. C. JONES (*Am. Chem. J.* **46** [1911] 240/78, 263), für die gleichen Temp.-Bereiche und $V_{mol}$ = 4096 bis 2, E. J. SHAEFFER, H. C. JONES (*Am. Chem. J.* **49** [1913] 207/53, 238).

*Decomposition Voltage*

**Zersetzungsspannung.** Für eine ~0.1 n-$Ni(NO_3)_2$-Lsg. beträgt die Zers.-Spannung bei 0° 2.36 V, A. A. GROENINC, H. P. CADY (*J. Phys. Chem.* **30** [1926] 1597/615, 1612).

*Chemical Reactions*

## Chemisches Verhalten

*Nature of Solution*

**Konstitution der Lösung.** Aus den an wss. $Ni(NO_3)_2$-Lsgg. erhaltenen Röntgenbeugungsaufnahmen mit CuKα-Strahlung wird auf regelmäßige Ionenanordnung („Überstrukturanordnung") zumindest für die Kationen geschlossen, J. A. PRINS, R. FONTEYNE (*Physica* [2] **2** [1935] 1016/28, 1022).

*Degree of Dissociation*

**Dissoziationsgrad** $\alpha$ (im Sinne der klass. Theorie von ARRHENIUS) in % bei 18° für Konzz. $C_{val}$ in Äquiv./l Lsg.:

| $C_{val}$ | 0.5 | 1 | 2 | 4 |
|---|---|---|---|---|
| $\alpha_{18}$ | 63 | 54 | 44 | 28 |

aus Leitf.-Messungen von A. HEYDWEILLER (*Z. Anorg. Allgem. Chem.* **116** [1921] 42/4) (s. S. 517) ber. von L. W. ÖHOLM (*Finska Kemistsamfundets Medd.* **45** [1936] 133/41, 134 [schwed.]).

$\alpha_t$ bei verschiedenen Tempp. t in °C in Abhängigkeit von der Verd. $V_{mol}$ in l Lsg./mol:

| $V_{mol}$ . . . | 2 | 8 | 16 | 32 | 128 | 512 | 1024 | 2048 | Lit. |
|---|---|---|---|---|---|---|---|---|---|
| $\alpha_0$ . . . . | 61.6 | 75.4 | 80.9 | 85.6 | 93.5 | 100.0 | 100.0 | — | 1) |
| $\alpha_{25}$ . . . . | 58.5 | 73.7 | 79.2 | 84.4 | 93.4 | 100.0 | 100.0 | — | 1) |
| $\alpha_{35}$ . . . | 50.9 | 66.0 | — | 76.4 | 85.2 | 91.7 | 93.6 | 100.0 | 2) |
| $\alpha_{35}$ . . . | — | 65.8 | — | 79.0 | 89.8 | 95.4 | — | 100.0 | 3) |
| $\alpha_{50}$ . . . . | 49.4 | 64.8 | — | 75.3 | 84.0 | 91.0 | 93.2 | 100.0 | 2) |
| $\alpha_{50}$ . . . . | — | 65.6 | — | 78.6 | 87.9 | 95.2 | — | 100.0 | 3) |

1) H. C. JONES, A. P. WEST (*Am. Chem. J.* **34** [1905] 357/422, 408). — 2) E. J. SHAEFFER, H. C. JONES (*Am. Chem. J.* **49** [1913] 207/53, 237). — 3) H. H. HOSFORD, H. C. JONES (*Am. Chem. J.* **46** [1911] 240/78, 263). In 1) auch Angaben für 35°, in 2) und 3) für 65°. Weitere Angaben für 0° und $V_{mol} = 0.40$ bis 13.13 s. H. C. JONES (*Z. Physik. Chem.* [*Leipzig*] **55** [1906] 385/434, 409), H. C. JONES, H. P. BASSETT (*Am. Chem. J.* **33** [1905] 534/86, 574), für $C_{mol} = 0.05$ bis 2.0 mol/l aus Leitf.-Messungen und für $C_{mol} = 0.01$ bis 0.075 aus Gefrierpunktsmessungen s. H. C. JONES, J. N. PEARCE (*Am. Chem. J.* **38** [1907] 683/743, 720/1; *Carnegie Inst. Wash. Publ.* Nr. 180 [1913] 57/88, 75). VAN'T HOFFscher Faktor $i = nf_0 = 3f_0$ in Abhängigkeit von der Konz. C in mol/l nach Gefrierpunktsmessungen:

| C . . . . . | 0.01 | 0.025 | 0.05 | 0.075 | 0.10 | 0.25 | 0.5 | 0.75 | 1.0 | 1.5 | 2.0 |
|---|---|---|---|---|---|---|---|---|---|---|---|
| i . . . . . . | 2.9607 | 2.7950 | 2.6744 | 2.6265 | 2.6667 | 2.6901 | 2.8524 | 3.0205 | 3.2801 | 3.7910 | 4.5334 |

H. C. JONES, J. N. PEARCE (*l. c.* S. 720).

**Aktivitätskoeffizient** $f_a$ (stöchiometr. Aktivitätskoeff.) bei ~0°, ber. aus in der Lit. vorliegenden Daten der Gefrierpunktserniedrigung, Molalität m = mol/1000 g $H_2O$:

*Activity Coefficient*

| m . . . | 0.001 | 0.002 | 0.005 | 0.01 | 0.02 | 0.05 | 0.1 | 0.2 | 0.5 | 1 |
|---|---|---|---|---|---|---|---|---|---|---|
| $f_a$ . . . | 0.90 | 0.86 | 0.805 | 0.76 | 0.70 | 0.63 | 0.58 | 0.53 | 0.515 | 0.58 |

O. REDLICH, P. ROSENFELD (in: LANDOLT-BÖRNSTEIN, 5. *Aufl.*, *Erg.-Bd.* 2, 1931, S. 1127).

**Hydratation.** Zahlenangaben über die Hydratation in wss. Lsg. in mol $H_2O$/mol Salz bei 0° für Konzz. von 0.05 bis 2.5 mol/l und deren theoret. Auswertung s. H. C. JONES, F. H. GETMAN (*Am. Chem. J.* **31** [1904] 303/59, 318/22, 346/8), H. C. JONES, H. P. BASSETT (*Am. Chem. J.* **33** [1905] 534/86, 573/4, 581/5), H. C. JONES (*Z. Physik. Chem.* [*Leipzig*] **55** [1906] 385/434, 410, 427/8), H. C. JONES, J. N. PEARCE (*Am. Chem. J.* **38** [1907] 683/743, 721/2, 734/43; *Carnegie Inst. Wash. Publ.* Nr. 180 [1913] 57/88, 75/6, 82/8).

*Hydration*

**Hydrolyse.** Hydrolysenkonst. $[Ni(H_2O)_6](NO_3)_2 \rightleftharpoons [Ni(H_2O)_5OH]NO_3 + HNO_3$ bei 25°, nach 2 verschiedenen Methh. mit der Glaselektrode gemessen, $10^{-10.92}$ ($1.20 \times 10^{-11}$), F. ACHENZA (*Ann. Chim.* [*Rome*] **49** [1959] 624/34, 631/2). Geschw.-Konst. der 2. Hydrolyse $[Ni(H_2O)_5OH]NO_3 \rightleftharpoons [Ni(H_2O)_4(OH)_2] + HNO_3$ bei 25° $0.028\,t^{-1}$ (t in Min.), Gleichgew.-Konst. $\sim 10^{-4}$, F. ACHENZA (*Ann. Chim.* [*Rome*] **49** [1959] 848/52, 852).

*Hydrolysis*

Hydrolysenkonst. von $Ni(NO_3)_2$-Lsgg. bei 25° $0.595 \times 10^{-9}$, Z. KSANDR, M. HEJTMÁNEK (*Sb. Celostatni Pracovni Konf. Anal. Chemiku 1st Prague* 1952 [1953], S. 42/5). Der $p_H$-Wert der 0.2m-$Ni(NO_3)_2$-Lsg. beträgt 4.85, I. D. MUZYKA (*Zh. Neorgan. Khim.* **4** [1959] 695/9; *Russ. J. Inorg. Chem.* **4** [1959] 315/7). Nach Bestt. mit Indicatoren ist sowohl für eine 0.1m- als auch für eine 0.01m-Lsg. $p_H = 6$, N. A. TANANAEV, S. YA. SHNAIDERMAN (*Zh. Prikl. Khim.* **10** [1937] 924/31, 928).

## Chemische Reaktionen.

**Bei Bestrahlung.** Sonnenlicht und Hg-Bogenlicht erzeugen in $Ni(NO_3)_2$-Lsgg. Ni-Nitrit, etwas atomares O und damit $Ni_2O_3$ anstatt NiO; die Photolyse wird durch Essigsäure verzögert und durch NaOH beschleunigt, K. VEERIAH (*Current Sci.* [*India*] **27** [1958] 298/9).

*Chemical Reactions. On Irradiation*

**Beim Erhitzen.** Erhitzt man $Ni(NO_3)_2$-Lsg. unter 50 atm Druck in $N_2$ 24 Std. auf 150° bis 300°, so tritt Hydrolyse ein, J. H. WEIBEL (*Diss. Zürich* 1923, S. 14).

*On Heating*

**Mit Wasserstoff.** Die Red. mit $H_2$ im geschlossenen Rohr (Anfangsdruck 100 atm) verläuft in 10- bis 20%igen $Ni(NO_3)_2$-Lsgg. oberhalb 200° unter Abscheidung von bas. Nitraten (s. S. 525, 526). Bei ≥270° tritt daneben NiO auf. Zwischen 330° und 360° bildet sich NiO in kleinkörniger krist. Form. Nach 2 bis 3 Tagen entsteht außerdem metall. Ni in glänzenden Körnern, W. IPATIEW, B. MUROMTZEW (*Ber. Deut. Chem. Ges.* **63** [1930] 160/6, 162), W. IPATIEW (*Zh. Russk. Fiz.-Khim.*

*With Hydrogen*

*Obshchestva* [*Chast Khim.*] **43** [1911] 1746/54, **44** [1912] 1712/5; *Ber. Deut. Chem. Ges.* **44** [1911] 3452/9, 3457/8), vgl. auch W. IPATIEW, B. ZRJAGIN (*Ber. Deut. Chem. Ges.* **45** [1912] 3226/9). Durch ein Gemisch von $H_2$ und CO wird bei 50 atm in 24 Std. aus einer 0.2n-$Ni(NO_3)_2$-Lsg. von 200° bis 250° grünes $Ni(OH)_2$ abgeschieden neben steigenden Mengen von metall. Ni, das bei 300° das einzige Rk.-Prod. ist. Bei 200° ist die Lsg. noch wenig sauer, bei 250° ist alles $NO_3^-$ zu $NH_3$ reduziert, das entweder frei oder durch $CO_2$ zu $(NH_4)_2CO_3$ gebunden vorliegt, J. H. WEIBEL (*l. c.*).

*With Metal Compounds*

**Mit Metallverbindungen.** Sauerstoffverbindungen. Schwach geglühtes MgO wird von konz. $Ni(NO_3)_2$-Lsg. bei ~50° in beträchtlicher Menge aufgelöst; aus dieser Lsg. scheidet sich ein sehr unbeständiges bas. Ni-Nitrat aus (s. S. 524), W. FEITKNECHT, A. COLLET (*Helv. Chim. Acta* **23** [1940] 180/97, 182, 195). — HgO reagiert mit ziemlich konz. $Ni(NO_3)_2$-Lsg. bei gewöhnl. Temp. in mehreren Monaten unter Bldg. von grünem, in $H_2O$ zersetzlichem $2Hg(NO_3)_2 \cdot 3NiO \cdot 8H_2O$ in Form von mikroskopisch kleinen hexagonalen Blättchen, A. MAILHE (*Compt. Rend.* **132** [1901] 1273/5); in der Wärme tritt teilweise Zers. zu NiO ein, und es entsteht grünes hexagonales $Hg(NO_3)_2 \cdot NiO \cdot 2H_2O$, aus dessen Filtrat das vorbeschriebene Salz kristallisiert, A. MAILHE (*Bull. Soc. Chim. France* [3] **25** [1901] 786/93, 788). Mit sehr konz. $Ni(NO_3)_2$-Lsgg. bildet HgO in der Kälte und beim Kochen grünes $Hg(NO_3)_2 \cdot NiO \cdot 4H_2O$, A. MAILHE (*Ann. Chim. Phys.* [*Paris*] [7] **27** [1902] 362/97, 369). — Braunes $Cu^{II}$-Aquoxid (s. „*Kupfer*" *Tl.* B, S. 117) reagiert mit $Ni(NO_3)_2$-Lsg. beliebiger Konz. langsam in der Kälte, sehr rasch beim Kochen unter Bldg. krist. Blättchen von $Ni(NO_3)_2 \cdot 3CuO \cdot 3H_2O$, mit $Cu(OH)_2$ entsteht ein amorphes Prod. ähnlicher Zus., A. MAILHE (*l. c.* S. 381/2).

Stickstoffverbindungen. Mit Hilfe von Messungen der Grenzflächenspannung gegen organ. Fll. wird in Gemischen von verd. $Ni(NO_3)_2$- und $LiNO_3$-Lsgg. je nach Konz. und Verhältnis der Komponenten die Bldg. folgender Doppelverbb. nachgewiesen: $4LiNO_3 \cdot Ni(NO_3)_2$, $2LiNO_3 \cdot Ni(NO_3)_2$ und $LiNO_3 \cdot Ni(NO_3)_2$, mit verd. $NH_4NO_3$-Lsg. die entsprechenden Verbb. mit 4, 2 und 1 $NH_4NO_3$, H. KAZI (*J. Indian Chem. Soc.* **31** [1954] 763/4), in gleicher Weise mit $Mg(NO_3)_2$-Lsgg. die Bldg. von $4Mg(NO_3)_2 \cdot Ni(NO_3)_2$, $2Mg(NO_3)_2 \cdot Ni(NO_3)_2$, $Mg(NO_3)_2 \cdot Ni(NO_3)_2$, $Mg(NO_3)_2 \cdot 2Ni(NO_3)_2$ und $Mg(NO_3)_2 \cdot 4Ni(NO_3)_2$, mit $Cd(NO_3)_2$-Lsgg. die Bldg. von $2Cd(NO_3)_2 \cdot Ni(NO_3)_2$, $Cd(NO_3)_2 \cdot Ni(NO_3)_2$, $Cd(NO_3)_2 \cdot 2Ni(NO_3)_2$ und $Cd(NO_3)_2 \cdot 4Ni(NO_3)_2$, mit $Co(NO_3)_2$- und $Cu(NO_3)_2$-Lsg. Bldg. der gleichen Doppelsalztypen wie mit $Mg(NO_3)_2$-Lsg., C. M. DESAI (*J. Indian Chem. Soc.* **31** [1954] 957/60).

Kohlenstoffverbindungen. Bei Zusatz von $Na_2CO_3$-Lsg. zu $Ni(NO_3)_2$-Lsg. bildet sich bas. Ni-Carbonat (Näheres über Fällungsbedingungen s. dort), I. M. VASSERMAN, E. A. FOMINA, KH. Z. BRAININA (*Zh. Prikl. Khim.* **32** [1959] 2619/24; *J. Appl. Chem.* **32** [1959] 2697/701). — Aus $Hg(CN)_2$- und $Ni(NO_3)_2$-Lsg. im Überschuß entsteht das Doppelsalz $2Hg(CN)_2 \cdot Ni(NO_3)_2 \cdot 7H_2O$, C. W. G. NYLANDER (*Öfvers. Kongl. Vetenskaps-Akad. Förhandl.* **16** [1859] 281), aus heißen gesätt. Lsgg.

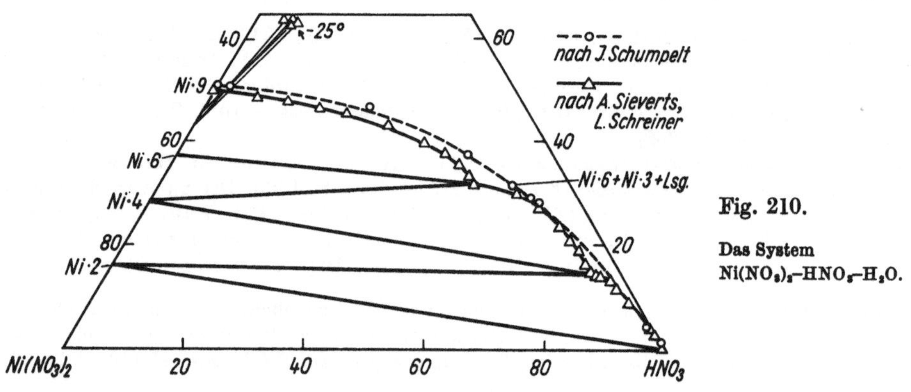


Fig. 210.

Das System $Ni(NO_3)_2$–$HNO_3$–$H_2O$.

$4Hg(CN)_2 \cdot 2Ni(NO_3)_2 \cdot 13H_2O$, S. PAPIERMEISTER (*Diss. Bern* 1897, S. 27). Beim Kochen konz. Lsgg. der Komponenten entsteht ein Prod. der annähernden Zus. $Hg(CN)_2 \cdot Ni(NO_3)_2 \cdot 6H_2O$, G. SCAGLIARINI, E. BONINI (*Gazz. Chim. Ital.* **50** II [1920] 114/7).

*The $Ni(NO_3)_2$–$HNO_3$–$H_2O$ System*

## Das System $Ni(NO_3)_2$–$HNO_3$–$H_2O$

Bei 25° tritt als Bodenkörper $Ni(NO_3)_2 \cdot 6H_2O$ (abgekürzt Ni·6), bei höheren Säurekonzz. $Ni(NO_3)_2 \cdot 4H_2O$ (Ni·4) und $Ni(NO_3)_2 \cdot 2H_2O$ (Ni·2) auf; ein Anhydrid wird auch bei sehr hohen Säurekonzz.

nicht beobachtet, ebensowenig bei einer Einzelmessung bei 50°. Die Löslichkeitsisotherme bei 25.0° ist in **Fig. 210** nach Messungen von A. Sieverts, L. Schreiner (*Z. Anorg. Allgem. Chem.* **219** [1934] 105/12, 110/2) wiedergegeben unter Einbeziehung der Messungen bei 20° von J. Schumpelt (*Diss. Halle a. d. Saale* 1931, S. 24) und einiger Bestt. bei —25° von A. Sieverts, L. Schreiner (*l. c.*), bei denen 9-Hydrat als Bodenkörper vorliegt. Neben dem 6-Hydrat wird von J. Schumpelt (*l. c.*) bei höheren $HNO_3$-Konzz. ein 3-Hydrat als Bodenkörper angenommen, die geringe Anzahl seiner Messungen genügt jedoch nicht für die genaue Festlegung der Kurve, A. Sieverts, L. Schreiner (*l. c.*). 25°-Isotherme; $w_1$ = Gew.-% $Ni(NO_3)_2$, $w_2$ = Gew.-% $HNO_3$; Werte in Auswahl:

| | | | | | | | | |
|---|---|---|---|---|---|---|---|---|
| $w_1$ . . . . . . | 43.5 | 34.3 | 24.7 | 17.9 | 15.9 | 15.9 | 9.9 | 5.9 |
| $w_2$ . . . . . . | 7.6 | 19.1 | 32.1 | 44.3 | 50.9 | 52.0 | 60.2 | 70.5 |
| Bodenkörper . | Ni·6 | Ni·6 | Ni·6 | Ni·6 | Ni·6 | Ni·6 + Ni·4 | Ni·4 | Ni·4 |
| $w_1$ . . . . . . | 4.8 | 5.0 | 5.0 | 4.1 | 2.7 | 1.3 | 0.3 | 0.05 |
| $w_2$ . . . . . . | 76.2 | 78.8 | 80.5 | 81.6 | 84.3 | 89.8 | 95.3 | 99.5 |
| Bodenkörper . | Ni·4 | Ni·4 | Ni·4 | Ni·2 | Ni·2 | Ni·2 | Ni·2 | Ni·2 |

A. Sieverts, L. Schreiner (*l. c.*).

## Nichtwäßrige Lösung von Nickel(II)-nitrat

*Nonaqueous Solution of Nickel(II) Nitrate*

### Anorganische Lösungsmittel

*Inorganic Solvents*

*Liquid Ammonia*

**Flüssiges Ammoniak.** Ni-Nitrat ist in fl. $NH_3$ mäßig löslich zu einer purpurroten Lsg., E. C. Franklin, C. A. Kraus (*Am. Chem. J.* **20** [1898] 820/36, 828). Im Gegensatz dazu soll es nach H. Hunt, L. Boncyk (*J. Am. Chem. Soc.* **55** [1933] 3528/30) bei 25° unlösl. sein. Die Lsgg. von wasserfreiem $Ni(NO_3)_2$ in trocknem fl. $NH_3$ sind purpurrot gefärbt, konz. Lsgg. fast violett, A. Guntz, F. Martin (*Bull. Soc. Chim. France* [4] **5** [1909] 1004/11, 1008), bei Ggw. einer Spur $H_2O$ färben sie sich blau, A. A. Groening, H. P. Cady (*J. Phys. Chem.* **30** [1926] 1597/615, 1602). Die Zers.-Spannung einer ~0.1 n-$Ni(NO_3)_2$-Lsg. beträgt beim Sdp. des fl. $NH_3$ 2.19 V und ist um 0.17 V kleiner als in wss. Lsg., A. A. Groening, H. P. Cady (*l. c.* S. 1612). Die Lsg. von $Ni(NO_3)_2$ in fl. $NH_3$ reagiert mit darin gelösten Sulfiden unter Abscheidung von weißen (mit $As_2S_3$) oder gelben Ndd. (mit $As_2S_5$, $Sb_2S_3$ und $SnS_2$), M. Martin, R. Daudel (*Bull. Soc. Chim. France* **1946** 172/3).

*Hydrazine*

**Hydrazin.** In 1 ml $H_2O$-freiem $N_2H_4$ lösen sich 0.03 g $Ni(NO_3)_2$ zu einer violetten Fl. unter Bldg. eines schwarzen Nd.; die Lsg. zeigt mittlere elektr. Leitf., bei der Elektrolyse entsteht an der Kathode ein schwarzer, in HCl lösl. Nd., T. W. B. Welsh, H. J. Broderson (*J. Am. Chem. Soc.* **37** [1915] 816/24, 821).

*Acids and Bases*

**Säuren und Basen.** Die grünen Lsgg. von $Ni(NO_3)_2 \cdot 6H_2O$ in konz. $H_3PO_4$, konst. sd. HCl-$H_2O$-Gemisch oder mit HCl angesäuertem $H_2O$ sowie die blaßgrüne Lsg. in konz. $HClO_4$ zeigen im Tageslicht, im Sonnenlicht oder bei 2std. UV-Bestrahlung keine Veränderung, die blaue Lsg. in mit $NH_4OH$ alkalisch gemachtem $H_2O$ ist im Tageslicht und im UV-Licht beständig, verblaßt aber im Sonnenlicht und zeigt einen hellen Nd., M. G. Mellon, V. Foster (*J. Phys. Chem.* **34** [1930] 963/72, 968/70; *Z. Anal. Chem.* **91** [1933] 112/6).

### Organische Lösungsmittel

*Organic Solvents*

*Methanol*

**Methanol.** Kaltes und heißes sowie sd. Methanol lösen $Ni(NO_3)_2 \cdot 6H_2O$ sehr schnell auf, entwässern es aber nicht, A. Racousine (*Bull. Soc. Chim. France* [4] **49** [1931] 1585/90, 1587/8). Die grüne Lsg. von $Ni(NO_3)_2 \cdot 6H_2O$ in Methanol ist im zerstreuten Tageslicht, im Sonnenlicht und bei 2std. UV-Bestrahlung beständig, M. G. Mellon, V. Foster (*J. Phys. Chem.* **34** [1930] 963/72, 965; *Z. Anal. Chem.* **91** [1933] 112/6).

*Ethanol*

**Äthanol.** Äthanol löst $Ni(NO_3)_2 \cdot 6H_2O$ bei gewöhnl. Temp. sehr leicht auf, entwässert es jedoch nicht, A. Racousine (*l. c.*). Die grüne Lsg. ist im zerstreuten Tageslicht, im Sonnenlicht und bei 2std. UV-Bestrahlung beständig, M. G. Mellon, V. Foster (*l. c.* S. 966; *l. c.*). In absol. Äthanol löst sich $Ni(NO_3)_2$ mit deutlich intensiverer gelbgrüner Farbe auf als in $H_2O$ oder in 90%igem Äthanol. Das Absorptionsspektrum von $Ni(NO_3)_2$-Lsg. in Äthanol zwischen 850 und 380 mμ und seine Änderung durch steigende Zusätze von $H_2O$ wird bei 25° untersucht. Es zeigt eine schwächere Doppelbande

bei ~750 bis 650 mμ und eine starke Bande bei ~400 mμ. Die Intensität der Banden nimmt mit steigendem $H_2O$-Gehalt wesentlich ab. Das beob. flache Minimum im Rot ist charakteristisch für die Spektra von Äthanolsolvaten. Eine ähnliche Änderung des Spektrums mit dem $H_2O$-Gehalt wird in $CCl_4$-Lsgg. beobachtet. Die Änderungen des Spektrums beruhen nicht auf Nitratokomplexbldg., C. K. JØRGENSEN (*Acta Chem. Scand.* 8 [1954] 175/91, 183/4). Messungen des molekularen Extinktionskoeff. einer 0.094 m-Lsg. von teilweise entwässertem $Ni(NO_3)_2 \cdot 6H_2O$ in Äthanol zwischen 667 und 432 mμ ergeben, daß die Absorption in Abhängigkeit von der Wellenlänge analog derjenigen der wss. Lsg. verläuft, aber höher liegt als diese, R. A. HOUSTOUN, A. H. GRAY (*Pr. Roy. Soc. Edinburgh* **33** [1912/13] 137/46, 139, 141/2). In Äthanol-$H_2O$-Gemischen verstärken sich die Absorptionsbanden mit zunehmendem Äthanolgehalt; die Bande im Sichtbaren verbreitert sich nach dem UV hin schwach, nach dem UR hin stark. In reinem Äthanol hört die selektive Absorption des $NO_3^-$ auf, K. SCHAEFER (*Z. wiss. Phot.* 8 [1910] 257/87, 275/6). Die spezif. magnet. Susz. $\chi \cdot 10^6$ beträgt bei 22° bis 23° für Lsgg. von 34.8, 45.5 und 57.2 g $Ni(NO_3)_2 \cdot 6H_2O$ in 1000 g absol. Äthanol −0.30, −0.03 bzw. +0.19, J. M. ALAMEDA (*Anales Real Soc. Espan. Fis. Quim.* [*Madrid*] **43** [1947] 689/710, 698). Messungen der molaren elektr. Leitf. (ohne Angabe der Dimension) bei 25° für Verdd. von 64 bis 1024 l/mol s. A. ROSENHEIM, V. J. MEYER (*Z. Anorg. Allgem. Chem.* **49** [1906] 13/27, 24). — Eine heißgesätt. Lsg. von $Ni(NO_3)_2$ in Äthanol reagiert bei 36std. Kochen mit P unter Bldg. von hellgrünem $NiH_3P_3O_{10} \cdot 3H_2O$, J. W. SCHMOSS (*Bul. Soc. Chim. Romania* **7** [1925] 32/5 nach *C.* **1925** II 1139).

*Higher Alcohols*

**Höhere Alkohole.** Propyl-, Isopropyl-, Butyl- und Amylalkohol lösen $Ni(NO_3)_2 \cdot 6H_2O$ bei gewöhnl. Temp. ziemlich rasch, ohne es zu entwässern, A. RACOUSINE (*Bull. Soc. Chim. France* [4] **49** [1931] 1585/90, 1587). Die grünen Lsgg. des $Ni(NO_3)_2 \cdot 6H_2O$ in n-Propyl- und n-Butylalkohol verändern sich nicht im zerstreuten Tageslicht, im Sonnenlicht und bei 2std. UV-Bestrahlung, M. G. MELLON, V. FOSTER (*J. Phys. Chem.* **34** [1930] 963/72, 966). Wiedergabe des UV-Absorptionsspektrums zwischen 340 und 220 mμ für $Ni(NO_3)_2$, gelöst in Isopropanol, s. L. I. KATZIN (*J. Inorg. Nucl. Chem.* **4** [1957] 187/204, 193). Die Änderungen des UV-Absorptionsspektrums der $NO_3$-Gruppe in Lsgg. von $Ni(NO_3)_2 \cdot 6H_2O$ in wasserfreiem tertiär-Butanol gegenüber denen des freien $NO_3^-$-Ions in verd. wss. Lsg. werden durch Bldg. von undissoziiertem Salz gedeutet, L. I. KATZIN (*J. Chem. Phys.* 18 [1950] 789/91; *Nature* **166** [1950] 605).

*The $Ni(NO_3)_2$–$H_2O$–Hexyl Alcohol System*

**Das System $Ni(NO_3)_2$–$H_2O$–Hexylalkohol.** Das System ist bei 25° untersucht und die Ergebnisse im Dreiecksdiagramm wiedergegeben. Gleichgew.-Zuss. der beiden Phasen im 2phasigen Gebiet in Gew.-%, Werte in Auswahl:

| | | | | | | | | | |
|---|---|---|---|---|---|---|---|---|---|
| $H_2O$-reiche Phase | $Ni(NO_3)_2$ . . . | 47.7*) | 42.5 | 37.8 | 29.5 | 26.4 | 18.2 | 15.8 | 10.18 |
| | $H_2O$ . . . . . | 46.9 | 56.8 | 61.3 | 67.5 | 69.6 | 77.3 | 82.3 | 85.0 |
| hexanolreiche Phase | $Ni(NO_3)_2$ . . . | 10.31*) | 4.80 | 1.23 | 0.55 | 0.346 | 0.177 | 0.0464 | 0.0104 |
| | Hexanol-(1) . | 82.34 | 89.45 | 94.16 | 94.75 | 94.90 | 94.33 | 94.19 | 93.91 |

*) gesätt. Lsg.

Im Gleichgew. mit beiden gesätt. fl. Phasen liegt $Ni(NO_3)_2 \cdot 6H_2O$ als fester Bodenkörper vor, C. C. TEMPLETON, L. K. DALY (*J. Phys. Chem.* **56** [1952] 215/7); s. dort auch die Verteilungskurve für $Ni(NO_3)_2$ zwischen $H_2O$ und Hexanol-(1) bei 25°.

*Glycine*

**Glykol.** In $C_2H_4(OH)_2 \cdot H_2O$ ist pulverisiertes $Ni(NO_3)_2 \cdot 6H_2O$ bei 15° in 8 Tagen zu 7.5% löslich, W. OECHSNER DE CONINCK (*Bull. Classe Sci. Acad. Roy. Belg.* **1905** 359). Im zerstreuten Tageslicht und im Sonnenlicht ändert sich die grüne Lsg. von $Ni(NO_3)_2 \cdot 6H_2O$ in Glykol nicht, bei 2std. UV-Bestrahlung wird sie schwach gelblich, M. G. MELLON, V. FOSTER (*J. Phys. Chem.* **34** [1930] 963/72, 966).

*Glycerine*

**Glycerin.** Glycerin löst $Ni(NO_3)_2 \cdot 6H_2O$ in der Kälte auf, A. RACOUSINE (*Bull. Soc. Chim. France* [4] **49** [1931] 1585/90, 1587). Die grüne Lsg. ändert ihre Farbe weder im zerstreuten Tageslicht noch im Sonnenlicht noch bei 2std. UV-Bestrahlung, M. G. MELLON, V. FOSTER (*l. c.* S. 967).

*Ether*

**Äther.** Die Löslichkeit in Äther beträgt bei 15° bei Verteilung zwischen einer 52% $NH_4NO_3$ und 6% $HNO_3$ enthaltenden wss. Phase und dem gleichen Vol. Äther <0.5 mg je 325 ml; Verteilungskoeff. $<10^{-4}$, B. A. NIKITIN, V. M. VDOVENKO, M. A. GOLUTVINA (*Tr. Radievogo Inst. Akad. Nauk SSSR* 8 [1958] 3/7, *C.A.* **1959** 9788). Beim Sdp. des Äthers werden von 200 ml Äther mit 2% $H_2O$-Gehalt 1.29 mg Nitrat gelöst, M. KAUFMANN (*Diss. Zürich T.H.* 1952, S. 58). Zwischen einer wss. Lsg., die 0 bis 3 n an HCl ist, und Äther beträgt der Verteilungskoeff. $<0.4 \times 10^{-5}$, M. KAUFMANN (*l. c.* S. 73). Löslichkeit des $Ni(NO_3)_2 \cdot 6H_2O$ in Äther, dem 25 Vol.-% $HNO_3$ (D = 1.38) beigemischt sind,

bei 23° 76 mg $Ni(NO_3)_2$/l, M. BACHELET, E. CHEYLAN, LE BRIS (*J. Chim. Phys.* **47** [1950] 62/4). Beim Auswaschen einer Cellulose-Säule, an der $Ni(NO_3)_2$ adsorbiert ist, mit einer Mischung von 87.5 Vol.-% Äther und 12.5 Vol.-% $HNO_3$-Lsg. (D = 1.42) verschiebt sich das $Ni(NO_3)_2$ um höchstens 2 cm nach unten, N. F. KEMBER (*Analyst* **77** [1952] 78/85, 79).

**Aceton.** $Ni(NO_3)_2 \cdot 6H_2O$ ist wenig lösl. in Aceton, W. H. KRUG, K. P. MCELROY (*Z. Anal. Chem.* **32** [1893] 69/72). Aus der Lsg. in reinem Aceton wird die $Ni(NO_3)_2$-Molekel als Ganzes von der Nitratform des Anionen-Austauschharzes Dowex A-1 so stark adsorbiert, daß die überstehende Fl. farblos wird, L. I. KATZIN, E. GEBERT (*J. Am. Chem. Soc.* **75** [1953] 801/3). Messungen des molekularen Extinktionskoeff. einer 0.033 m-Lsg. von teilweise entwässertem $Ni(NO_3)_2 \cdot 6H_2O$ in Aceton zwischen 667 und 432 m$\mu$ ergeben, daß die Absorption in Abhängigkeit von der Wellenlänge ähnlich derjenigen der wss. Lsg. verläuft, aber wesentlich höher liegt als diese, R. A. HOUSTOUN, A. H. GRAY (*Proc. Roy. Soc. Edinburgh* **33** [1912/13] 137/46, 139, 141/2). Die spezif. Leitf. der gesätt. Lsg. in Aceton beträgt höchstens 0.004 $\Omega^{-1} \cdot cm^{-1}$; die Leitf. erfährt im elektr. Feld mit wachsender Feldstärke eine Zunahme („Spannungseffekt"), die nach Berücksichtigung der durch die Erwärmung bedingten Widerstandsänderung bis zu hohen Feldstärken qualitativ der für wss. Lsgg. gültigen Gesetzmäßigkeit gehorcht, F. BAUER (*Ann. Physik* [5] **6** [1930] 253/72, 258, 265). Die spinmagnet. Relaxationszeit der Protonen in der 0.2 m- bis 0.5 m-Lsg. von $Ni(NO_3)_2$ in wasserfreiem Aceton beträgt bei 290°K und 2300 Oe $4.62 \pm 0.25$ sec·mol·$l^{-1}$ und ist damit 15.6mal länger als in wss. Lsg., A. I. RIVKIND (*Dokl. Acad. Nauk SSSR* **117** [1957] 448/51; *Proc. Acad. Sci. USSR Phys. Chem. Sect.* **117** [1957] 707/10). Die grüne Lsg. des $Ni(NO_3)_2 \cdot 6H_2O$ in Aceton ist im zerstreuten Tageslicht beständig, verblaßt aber im UV- oder Sonnenlicht unter Bldg. eines hellen Nd., M. G. MELLON, V. FOSTER (*J. Phys. Chem.* **34** [1930] 963/72, 968; *Z. Anal. Chem.* **90** [1932] 112/6, 114). *Acetone*

**Isobutylmethylketon.** In Gemischen von Isobutylmethylketon mit 0.5 m- bis 10 m-$HNO_3$-Lsg. wird $Ni(NO_3)_2$ von Fließpapier adsorbiert und wandert nicht ($R_f = 0$, unabhängig von der $HNO_3$-Konz.), A. S. KERTES (*J. Chromatogr.* **1** [1958] 62/6). *Isobutyl Methyl Ketone*

**Eisessig.** Die grüne Lsg. des $Ni(NO_3)_2 \cdot 6H_2O$ verändert sich im Tageslicht oder bei 2std. UV-Bestrahlung nicht, im Sonnenlicht verblaßt sie unter Abscheidung eines hellen Nd., M. G. MELLON, V. FOSTER (*l. c.*). *Glacial Acetic Acid*

**Essigsäureanhydrid.** In Essigsäureanhydrid gelöst, wirkt überschüssiges $Ni(NO_3)_2 \cdot 6H_2O$ auf Benzol nitrierend; die Ausbeute an Nitrobenzol beträgt bei 80° in 1/2 Std. max. ~60%, während in Eisessig keine Nitrierung oder Ox. stattfindet, J. B. MENKE (*Rec. Trav. Chim.* **47** [1928] 668/72). *Acetic Anhydride*

**Essigsäuremethylester.** In wasserfreiem Methylacetat ist $Ni(NO_3)_2$ schwer lösl., A. NAUMANN Ber. Deut. Chem. Ges. **42** [1909] 3789/96, 3790). *Methyl Acetate*

**Essigsäureäthylester.** In wasserfreiem Äthylacetat ist $Ni(NO_3)_2$ bei 18° unlösl., A. NAUMANN (*Ber. Deut. Chem. Ges.* **43** [1910] 313/21, 314). Die grüne Lsg. von $Ni(NO_3)_2 \cdot 6H_2O$ in Äthylacetat bleibt im zerstreuten Tageslicht unverändert, bei 2std. Bestrahlung mit UV-Licht oder im Sonnenlicht wird sie blasser und bildet einen grünlichen Nd., M. G. MELLON, V. FOSTER (*J. Phys. Chem.* **34** [1930] 963/72, 967). *Ethyl Acetate*

**Essigsäure-n-butylester.** Die grüne Lsg. von $Ni(NO_3)_2 \cdot 6H_2O$ in Butylacetat verändert ihre Farbe weder im zerstreuten Tageslicht noch im Sonnenlicht noch bei 2std. Bestrahlung mit UV-Licht, M. G. MELLON, V. FOSTER (*l. c.*). *Butyl Acetate*

**Diäthanolamin.** Die Äquiv.-Leitf. bei unendlicher Verd. und 30° beträgt für die Lsg. von $Ni(NO_3)_2 \cdot 6H_2O$ in Diäthanolamin 1.345 $cm^2 \cdot \Omega^{-1} \cdot val^{-1}$, S. K. BHATTACHARYA, A. K. BHADRA (*Current Sci.* [*India*] **16** [1947] 117). *Diethanolamine*

**Benzonitril.** In wasserfreiem Benzonitril ist $Ni(NO_3)_2$ unlöslich, A. NAUMANN (*Ber. Deut. Chem. Ges.* **47** [1914] 1369/76, 1370). *Benzonitrile*

**Pyridin.** In Pyridin ist $Ni(NO_3)_2$ sehr schwer löslich, A. NAUMANN, J. SCHROEDER (*Ber. Deut. Chem. Ges.* **37** [1904] 4609/14, 4609). Die blaue Lsg. von $Ni(NO_3)_2 \cdot 6H_2O$ in Pyridin bildet im zerstreuten Tageslicht einen blauen Nd., im UV- oder Sonnenlicht wird sie gelb unter Abscheidung *Pyridine*

eines hellen Nd., M. G. MELLON, V. FOSTER (*J. Phys. Chem.* **34** [1930] 963/72, 968; *Z. Anal. Chem.* **90** [1932] 112/6, 114).

*Tri n-Butyl Phosphate*

**Tri-n-butylphosphat.** Die Löslichkeit von $Ni(NO_3)_2 \cdot 6H_2O$ in Tri-n-butylphosphat beträgt 10.5 g wasserfreies Salz je 100 g Lsg. und beruht wahrscheinlich auf Komplexbldg. mit dem Lsgm., W. W. WENDLANDT, J. M. BRYANT (*J. Phys. Chem.* **60** [1956] 1145/6).

*Basic Nickel (II) Nitrates*

## Basische Nickel(II)-nitrate

Bei vorsichtigem Erhitzen von $Ni(NO_3)_2 \cdot 6H_2O$ erhält man grünes, in $H_2O$ unlösl. bas. Nitrat, J. L. PROUST laut M. E. CHEVREUL (*Ann. Chim.* [*Paris*] **60** [1806] 260/79, 272; *Gehlen J.* **3** [1807] 410/51, 436; *Phil. Mag.* **30** [1808] 337/47, 343).

Beim Fällen von $Ni(NO_3)_2$-Lsgg. mit NaOH-Lsg. entstehen stets zunächst laminardisperse bas. Nitrate. Beim Altern unter der Mutterlauge treten je nach Konz. und Temp. Veränderungen im Verhältnis Nitrat: Hydroxid und im Kristallwassergehalt ein. Auf diesem Wege werden die folgenden 5 Verbb. erhalten, die im Text abgekürzt mit den angegebenen Zahlen bezeichnet werden:

I) $Ni(NO_3)_2 \cdot Ni(OH)_2 \cdot 6H_2O$
II) $Ni(NO_3)_2 \cdot 3Ni(OH)_2$
III) $Ni(NO_3)_2 \cdot$ 3.8 bis 7.4 $Ni(OH)_2 \cdot$ 1.3 bis 9 $H_2O$
IV) $Ni(NO_3)_2 \cdot 4Ni(OH)_2 \cdot 7H_2O$
V) $Ni(NO_3)_2 \cdot$ 7 bis 8 $Ni(OH)_2 \cdot xH_2O$

Existenzbereiche und Übergänge der einzelnen Verbb. in andere[1]) in Abhängigkeit von der Konz. der Nitratlsg. und der Temp. bei der Alterung:

| Molarität der $Ni(NO_3)_2$-Lsg. | frisch gefällt | bei 20° gealtert | bei 50° gealtert | bei 100° gealtert |
|---|---|---|---|---|
| | | | | o— |
| 3 m | | | o—I→III→II | |
| 2.5 m | o— | | o— | o |
| 2 m | | | o III | III |
| | IIIa | o— | | |
| | | IIIa→IV | | |
| 1.5 m | | o— | o— | o |
| | | IIIa | | |
| | | o— | | o |
| 1 m | | | o IIIa—III | |
| | o— | | | o— |
| 0.5 m | | o— | o—IIIa | o—III—IIIa |
| | V | V | o— | o—IIIa+Hydroxid |
| | | o— | o—V+Hydroxid | o— |
| | | o— | | V+Hydroxid |
| | | o—V+Hydroxid | | o— |

Bei höherer Temp. findet eine langsame Teilchenvergrößerung statt und ein Übergang der stark laminar ausgebildeten Teilchen in fast vollkommene Mikrokristalle, W. FEITKNECHT, A. COLLET (*Helv. Chim. Acta* **23** [1940] 180/97, 185, 195/6). Die Unters. der Fällung bei konstant gehaltenem $p_H$ ergibt, daß die anfängliche Zus. des bei gewöhnl. Temp. mit KOH-Lsg. gefällten bas. Nitrats vom jeweiligen $p_H$ des Rk.-Mediums abhängt, und zwar steigt das Verhältnis OH : Ni im Nd. linear mit steigendem $p_H$ von 0.88 bei $p_H$ 8 auf 1.00 bei $p_H \sim 13$ (Werte aus der Kurve des Originals entnommen). Die zunächst entstehenden metastabilen bas. Nitrate gehen in Berührung mit der Mutterlauge allmählich in $Ni(OH)_2$ über mit einer Geschw., die von der Temp. und vom $p_H$ der Lsg. abhängt. Zusatz eines Neutralsalzes ($KNO_3$, Konz. in der Ausgangslsg. 1.0n) bei $p_H$ 11 hat keinen wesentlichen Einfluß auf diese Geschw., verschiebt aber das Verhältnis OH : Ni im frisch gefällten Nd. von 0.95 auf 0.93. W. J. SINGLEY, J. T. CARRIEL (*J. Am. Chem. Soc.* **75** [1953] 778/81).

*$Ni(NO_3)_2 \cdot Ni(OH)_2 \cdot 6H_2O$*

***$Ni(NO_3)_2 \cdot Ni(OH)_2 \cdot 6H_2O$*** (I) oder $Ni(NO_3)_2 \cdot NiO \cdot 7H_2O$. Diese Verb. bildet sich aus gesätt. $Ni(NO_3)_2$-Lsg., die mit einer wss. Aufschlämmung von schwach geglühtem MgO versetzt und 3 Std. auf 50° erwärmt wird, in Form von je nach der Konz. der Lsg. mehr oder weniger großen, länglichen, sechseckigen Tafeln der Zus. $Ni(NO_3)_2 \cdot 1.11Ni(OH)_2 \cdot 5.5H_2O$. Diese geben ein sehr linienreiches

[1]) Kreise bezeichnen die ausgeführten Verss., Striche geben die Grenzen der einzelnen Existenzbereiche an.

Röntgendiagramm. Die Konstit. entspricht möglicherweise der Formel $[Ni(NO_3)_2(OH)_2] \cdot [Ni(H_2O)_6]$. Ist in $H_2O$ zunächst löslich, aus der Lsg. scheidet sich allmählich unlösl., höher bas. Salz aus. Ist in Berührung mit der Mutterlauge bei allen Konzz. instabil und wandelt sich rasch in stabilere Verbb. um, beispielsweise nach eintägigem Erwärmen in konz. Lsg. auf 50° in das bas. Nitrat(III) (s. Tabelle, S. 524). Löst sich unzersetzt in Äthanol, jedoch nicht in Aceton, W. Feitknecht, A. Collet (*Helv. Chim. Acta* **23** [1940] 180/97, 182, 184, 186). Wenn $Ni(NO_3)_2 \cdot 6H_2O$ für mäßige Dauer auf 180° bis 250° erhitzt wird, bildet sich $Ni(OH)NO_3$, P. L. Bourgault, P. E. Lake, E. J. Casey, A. R. Dubois (*Canad. J. Technol.* **34** [1956] 495/502, 496).

*$Ni(NO_3)_2 \cdot 2NiO$*

***$Ni(NO_3)_2 \cdot 2NiO$.*** Entsteht beim Erhitzen von $Ni(NO_3)_2 \cdot 6H_2O$ bis zum Schmelzen und weiter bis zur Entw. von $N_2O_5$ und bleibt nach dem Auflösen des in $H_2O$ lösl. Anteils zurück in Form eines glänzenden hellgrünen krist. Pulvers, A. Ditte (*Ann. Chim. Phys.*[*Paris*] [5] **18** [1879] 320/45, 341).

*$Ni(NO_3)_2 \cdot 2Ni(OH)_2$*

***$Ni(NO_3)_2 \cdot 2Ni(OH)_2$.*** Entsteht beim therm. Zerfall von $Ni(NO_3)_2 \cdot 6H_2O$ nach intermediärer Bldg. des 4- und des 2-Hydrats neben einer weiteren kub. Phase, die jedoch nur beim raschen Erhitzen auftritt. Ist schwer rein zu erhalten, enthält meist Spuren von NiO. Struktur hexagonal, kann aus der des $Ni(OH)_2$ abgeleitet werden durch Einführung von $NO_3^-$-Ionen anstatt der $OH^-$-Ionen, wobei der Abstand der Ni-Ebenen von 4.61 Å beim Hydroxid auf 6.92 Å beim bas. Nitrat zunimmt. Wahrscheinlich existieren 2 Arten von Kristalliten mit $a = 3.07$ bzw. 3.13 Å, $c = 6.92$ Å bei beiden. Raumgruppe $P\bar{3}m1\text{-}D_{3d}^3$. Die aus den bekannten Gitterenergien von $Ni(NO_3)_2$ und $Ni(OH)_2$ additiv ber. Gitterenergie des bas. Nitrats beträgt angenähert 695.5 kcal/mol. Unlösl. in wasserfreiem Äthanol, während die kub. Phase löslich ist, D. Weigel, B. Imelik, P. Laffitte (*Bull. Soc. Chim. France* **1962** 345/9, 544/9).

*$Ni(NO_3)_2 \cdot 3Ni(OH)_2$*

***$Ni(NO_3)_2 \cdot 3Ni(OH)_2$*** (II). Diese Verb. entsteht beim Altern von I unter 3m-Lsg. bei 50° über das bas. Nitrat III (s. vorstehende Tabelle). Doppelbrechende Teilchen, teilweise ohne charakterist. Kristallform, teilweise Aggregate von Nadeln der Zus. $Ni(NO_3)_2 \cdot 2.77Ni(OH)_2$. Die Struktur ist sehr ähnlich der von III (s. unten). Das Röntgendiagramm zeigt neben den Linien von III noch eine Anzahl Überstrukturlinien, die sich zwanglos indizieren lassen, wenn a und c doppelt so groß angenommen werden wie bei III. Danach liegt bei II ebenfalls ein „Einfachschichtengitter" vor, jedoch mit regelmäßiger Anordnung der $NO_3^-$-Ionen, während sie bei III statistisch verteilt vorliegen. Die Verb. kann als Endglied der Mischphase $Ni(NO_3)_2 \cdot xNi(OH)_2 \cdot yH_2O$ (bas. Nitrat III) gelten. Beim Auslaugen mit $H_2O$ findet langsame Abgabe von Nitrat und Übergang in III statt, W. Feitknecht, A. Collet (*l. c.* S. 184, 187, 191/2).

*$Ni(NO_3)_2 \cdot 3NiO$*

***$Ni(NO_3)_2 \cdot 3NiO$.*** Eine Verb. von etwa der angegebenen Zus. bildet sich zuweilen, wenn $Ni(NO_3)_2$-Lsg. im geschlossenen Rohr mit $H_2$ unter 50 bis 80 atm Anfangsdruck auf 245° erhitzt wird; grüne faserige watteartige Subst., die unter dem Mikroskop seidenglänzende Nadeln erkennen läßt, W. Ipatiew, B. Muromtzew (*Ber. Deut. Chem. Ges.* **63** [1930] 160/6, 162).

*$Ni(NO_3)_2 \cdot 3NiO \cdot 2.5H_2O$*

***$Ni(NO_3)_2 \cdot 3NiO \cdot 2.5H_2O$.*** Diese weißgrüne Verb. entsteht bei der Fällung einer sd. konz. $Ni(NO_3)_2$-Lsg. mit stark verd. $NH_4OH$-Lsg. Der mit $H_2O$ gewaschene und über CaO getrocknete Nd. ist bröcklig, geht beim Erhitzen unter Schwärzung in die wasserfreie Verb. über, nimmt aus der Luft begierig $CO_2$ auf, ist unlösl. in kaltem oder heißem $H_2O$, lösl. in verd. $HNO_3$-, HCl- und $H_2SO_4$-Lsg., J. Habermann (*Monatsh. Chem.* **5** [1884] 432/50, 433/5, 442).

*$Ni(NO_3)_2 \cdot 3.8$ to $7.4Ni(OH)_2 \cdot 1.3$ to $9.0H_2O$*

***$Ni(NO_3)_2 \cdot 3.8$ bis $7.4Ni(OH)_2 \cdot 1.3$ bis $9.0H_2O$*** (III). Diese Verb. ist ihrer Zus. nach nicht einheitlich, innerhalb der angegebenen Grenzen der Zus. läßt sich $Ni(NO_3)_2 \cdot 5Ni(OH)_2 \cdot 6$ bis $7H_2O$ (IIIa) als besondere Verb. herausheben (s. S. 526). Über Bldg. und Existenzbereiche der Verb. III und ihre Umwandlung in andere bas. Nitrate oder Hydroxid s. die Tabelle S. 524. Aus Kristallen von bas. Nitrat I entsteht sie beispielsweise nach eintägigem Erwärmen unter der Mutterlauge auf 50° in disperser, flockiger Form. Bei 100° wird sie in einem weiten Konz.-Gebiet bei allen angewandten Erhitzungszeiten als alleiniges Endprod. erhalten. Bei mittleren Konzz. scheint III die stabile Verb. zu sein, während IIIa und die verschiedenen Übergangsformen zwischen IIIa und III metastabilen Zuständen entsprechen. Die Verb. III hat einen weiten Homogenitätsbereich, der sich von ~79 bis 89 Mol-% $Ni(OH)_2$ erstreckt. Gleichzeitig mit dem $Ni(OH)_2$-Gehalt ändert sich auch der $H_2O$-Gehalt, und zwar bedingt anscheinend der Ersatz von $NO_3^-$ durch $OH^-$ eine Vermehrung des $H_2O$-Gehaltes. Mit zunehmendem $OH^-$-Gehalt vermindert sich auch der Ordnungsgrad. Nach röntgenograph. Unterss. liegt ein hexagonales „Einfachschichtengitter" mit $a = 3.10 \pm 0.01$, $c = 6.95 \pm 0.05$ Å vor.

Die Verb. ist isomorph mit $Co(NO_3)_2 \cdot 3Co(OH)_2$; ihr Gitter entspricht dem $C_6$-Typ ($CdJ_2$ Modifikation I, s. „*Cadmium*" *Erg.-Bd.*, S. 549) wie das des $\beta$-$Co(OH)_2$ (s. „*Kobalt*" *Tl.* A *Erg.-Bd.*, S. 501), jedoch sind darin statistisch verteilt wechselnde Mengen, höchstens aber 21% der $OH^-$-Ionen durch $NO_3^-$ ersetzt. Dabei ist der durch Erhöhung des Schichtabstandes gewonnene Raum nicht voll besetzt, was erst bei 25%igem Ersatz der $OH^-$-Ionen eintreten würde. Die bei niedrigem Nitratgehalt verbleibenden Leerstellen werden von $H_2O$-Molekeln eingenommen. Mit der Änderung der Zus. gehen geringe Verschiebungen des Gitterabstandes parallel. So wächst der Abstand c bei den Präpp. IIIa auf 7.3 Å. Diese durch den höheren $H_2O$-Gehalt bedingte Vergrößerung des Schichtenabstandes bei den $NO_3$-ärmeren Präpp. kann durch intensives Trocknen bei 100° teilweise oder ganz rückgängig gemacht werden („eindimensionale innerkristalline Entquellung"), W. Feitknecht, A. Collet (*l. c.* S. 184/6, 188/90).

Die Verb. $Ni(NO_3)_2 \cdot 5Ni(OH)_2 \cdot 6$ bis $7H_2O$ (IIIa) entsteht nach der Tabelle S. 524 hauptsächlich aus Lsgg. mittlerer Konz., beispielsweise bei 100° bei > 2tägigem Erhitzen der Verb. V unter 0.37 m-Lsg. neben Hydroxid, rasch unter 0.5 m-Lsg. Anschließend findet bei 100° langsamer Übergang in III statt. Bei genügend langem Altern bei 50° werden bei mittleren Konzz. alle Übergangsformen zwischen IIIa und III durchlaufen. Bei gewöhnl. Temp. findet erst nach jahrelangem Altern unter 1.5 m-Lsg. Übergang in die Verb. IV statt, W. Feitknecht, A. Collet (*l. c.* S. 181, 183/6).

*$Ni(NO_3)_2 \cdot 4Ni(OH)_2 \cdot 7H_2O$*

***$Ni(NO_3)_2 \cdot 4Ni(OH)_2 \cdot 7H_2O$*** (IV) oder $Ni(NO_3)_2 \cdot 4NiO \cdot 11H_2O$. Entsteht beim Altern von IIIa (s. vorstehend) bei gewöhnl. Temp. unter 1.5 m- und 2 m-Lsgg. in 5 Jahren in Form von hellgrünen kleinen Nadeln, die zu Klumpen zusammengewachsen sind. Das Röntgendiagramm ist linienreich. Es kann auf ein Doppelschichtengitter mit einem Gitterebenenabstand von 9.55 Å geschlossen werden. Wird von $H_2O$ nicht zersetzt und gibt praktisch kein Nitrat ab, W. Feitknecht, A. Collet (*Helv. Chim. Acta* **23** [1940] 180/97, 183/4, 186, 192/3).

*$Ni(NO_3)_2 \cdot 4NiO \cdot 4H_2O$*

***$Ni(NO_3)_2 \cdot 4NiO \cdot 4H_2O$***. Erhitzt man $Ni(NO_3)_2 \cdot 6H_2O$ im zugeschmolzenen Rohr auf 200° bis 300° und fügt man Marmor zur Säurebindung hinzu, so erhält man einen grünen Nd. von Ni-Oxidaquat. Wird die Temp. auf 350° erhöht, so wandelt sich dieses in 2 bis 3 Tagen in krist. grünes, doppelbrechendes $Ni(NO_3)_2 \cdot 4NiO \cdot 4H_2O$ um; wird durch sd. $H_2O$ nicht zersetzt, G. Rousseau, G. Tite (*Compt. Rend.* **114** [1892] 1184/6).

*$Ni(NO_3)_2 \cdot 4NiO \cdot 2H_2O$*

***$Ni(NO_3)_2 \cdot 4NiO \cdot 2H_2O$***. Beim Erhitzen von $Ni(NO_3)_2$-Lsg. im Au-Röhrchen mit $H_2$ unter einem Anfangsdruck von 50 bis 80 atm entsteht oberhalb 200° ein Prod. mit annähernd der angegebenen Zus. in Form von hellgrünen, mikroskopisch kleinen Würfeln, die sich sehr schwer in sd. Schwefelsäure, leicht in schmelzendem $KHSO_4$ lösen, W. Ipatiew, B. Muromtzew (*Ber. Deut. Chem. Ges.* **63** [1930] 160/6, 162).

*$Ni(NO_3)_2 \cdot 5NiO \cdot xH_2O$*

***$Ni(NO_3)_2 \cdot 5NiO \cdot xH_2O$***. Entsteht beim Erhitzen von $Ni(NO_3)_2$-Lsgg. mit $H_2$ unter hohem Druck auf 200° bis 240° im Quarzröhrchen in Form von grünen, mäßig langen, seidenglänzenden Nadeln, die teilweise zu Büscheln vereinigt sind; der $H_2O$-Gehalt beträgt 11.6%; beim Erwärmen langsam in konz. Säuren löslich, W. Ipatiew, B. Muromtzew (*l. c.*).

*$Ni(NO_3)_2 \cdot 7$ to $8Ni(OH)_2 \cdot xH_2O$*

***$Ni(NO_3)_2 \cdot 7$ bis $8Ni(OH)_2 \cdot xH_2O$*** (V). Aus verd. $Ni(NO_3)_2$-Lsgg., (bis 0.75 m) wird durch NaOH bei gewöhnl. Temp. diese metastabile Verb. gefällt. Das Röntgendiagramm erweist hexagonale Struktur mit a = 3.05, c = 23.7 Å. Isomorph mit Übergangsformen des bas. $NiCl_2$ und $NiBr_2$ wie $NiCl_2 \cdot 6$ bis $7Ni(OH)_2 \cdot nH_2O$ und $NiBr_2 \cdot 6$ bis $7Ni(OH)_2 \cdot xH_2O$, s. S. 593, 613. Die Schichten des „Doppelschichtengitters" sind von gleichem Bau wie beim $Ni(OH)_2$, aber mit einem um 0.07 Å kleineren Abstand der Ni-Ionen, und sind rhomboedrisch gegeneinander verschoben mit einem Schichtenabstand von 7.9 Å. In der Zwischenschicht befindet sich ungeordnetes Nickelhydroxidnitrat. Beim Altern bei gewöhnl. Temp. und Konzz. von 0.12 m bis 0.5 m jahrelang unverändert, bei 50° und 100° findet teilweise Übergang in $Ni(OH)_2$ statt. Unter 0.37 m-Lsg. tritt erst nach länger als zweitägigem Erhitzen auf 100° Übergang in IIIa und Hydroxid ein, unter 0.5 m-Lsg. rasche Umwandlung in IIIa und weiter in III, W. Feitknecht, A. Collet (*Helv. Chim. Acta* **23** [1940] 180/97, 181, 183/6, 193, 196).

*$Ni(NO_3)_2 \cdot 19Ni(OH)_2$*

***$Ni(NO_3)_2 \cdot 19Ni(OH)_2$***. Bei der Rk. von NaOH mit 0.03 m-$Ni(NO_3)_2$-Lsg. bildet sich vermutlich das bas. Salz $Ni(NO_3)_2 \cdot 19Ni(OH)_2$, das sich bei 25° in 1 Std. im Gemisch mit der Mutterlauge in $Ni(OH)_2$ umwandelt, I. V. Tananaev, M. Ya. Bokmel'der (*Zh. Neorgan. Khim.* **2** [1957] 2700/8, 2706, 2708; *Russ. J. Inorg. Chem.* **2** Nr. 12 [1957] 19/33, 27, 29, 32).

# Nickel und Fluor

*Nickel and Fluorine*

*Nickel Monofluoride*

**Die NiF-Molekel.** Die in einer Starkstromentladung beobachtbaren Banden zwischen 20550 und 22145 $cm^{-1}$ lassen sich einem $^2\Pi$-$^2\Sigma$-Übergang zuordnen; die Schwingungsfrequenz im Grundzustand beträgt ~740 $cm^{-1}$, V. G. KRISHNAMURTY (*Indian J. Phys.* **27** [1953] 354/8). Einzelheiten über das Spektrum werden hier nicht wiedergegeben, da die Angaben anscheinend nicht besser begründet sind als die für NiCl (s. S. 537).

## *Nickel(II)-fluorid $NiF_2$*

*Nickel(II) Fluoride*

*$NiF_2$ Molecule*

**Die $NiF_2$-Molekel.** Aus experimentellen Daten für zahlreiche Dihalogenide läßt sich für $NiF_2$ abschätzen, daß der Kernabstand 1.72 Å beträgt und die Molekelschwingungen die Wellenzahlen 550, 71 und 707 $cm^{-1}$ haben, L. BREWER, G. R. SOMAYAJULU, E. BRACKETT (*Chem. Rev.* **63** [1963] 111/21, 114). Aus diesen Daten leitet G. NAGARAJAN (*J. Mol. Spectry* **13** [1964] 361/92, 372) die Amplituden der Molekelschwingungen bei 1000 bis 1500°K ab. — Beim Erhitzen in $F_2$-Atm. auf 1054°K tritt Ionisation und Dissoz. ein; massenspektrometrisch werden die Ionen $NiF_2^+$, $NiF^+$ und $Ni^+$ nachgewiesen, T. C. EHLERT, R. A. KENT, J. L. MARGRAVE (*J. Am. Chem. Soc.* **86** [1964] 5093/5).

### Bildung und Darstellung

*Formation. Preparation*

*By Decomposition of Ni Compounds*

**Durch Zerfall von Ni-Verbindungen.** Wasserfreies $NiF_2$ wird durch mehrstd. Erhitzen der hydratisierten Verb. im HF-Strom auf 1000°C erhalten, R. A. ALIKHANOV (*Zh. Eksperim. Teor. Fiz.* **37** [1959] 1145/7; *Soviet Phys. JETP* **10** [1959] 814/6), sowie in $CO_2$-Atm. bei 500°C, YU. K. DELIMARSKII, F. GRIGORENKO (*Ukr. Khim. Zh.* **22** [1956] 567/73). $NiF_2 \cdot 3NH_3$ zerfällt beim Trocknen über konz. $H_2SO_4$ bei 40°C in $NiF_2$ und $NH_3$, G. L. CLARK, H. K. BUCKNER (*J. Am. Chem. Soc.* **44** [1922] 230/44, 233). — Bildet sich neben $NH_4F$ beim Erhitzen des Doppelfluorids $NiF_2 \cdot 2NH_4F$ in einem inerten Gas, J. H. SIMONS (*Fluorine Chemistry, Bd.* 1, *New York* 1950, S. 68), O. RUFF (*Z. Angew. Chem.* **41** [1928] 737/40), C. POULENC (*Compt. Rend.* **114** [1892] 1426/9), oder beim Glühen, W. BILTZ, E. RAHLFS (*Z. Anorg. Allgem. Chem.* **166** [1927] 351/76, 374). — Beim therm. Zerfall des Ni-Hexamminborfluorids bildet sich $NiF_2$ gemäß $[Ni(NH_3)_6][BF_4]_2 = NiF_2 + 2(BF_3 \cdot NH_3) + 4NH_3$, G. BALZ, W. ZINSER (*Z. Anorg. Allgem. Chem.* **221** [1935] 225/48, 227). Die Hydrate von Na-, $NH_4$- und Tl-Nickelhexafluoroferraten zerfallen bei ~100°C unter Bldg. von $NiF_2$, den entsprechenden Fluoroferraten und Wasser, G. MITRA (*J. Indian Chem. Soc.* **35** [1958] 257/60).

*By Fluorination of Ni and Ni Compounds. Reaction with Fluorine*

**Durch Fluorierung von Ni und Ni-Verbindungen. Einwirkung von Fluor.** Bildet sich bei Rotglut aus Ni und $F_2$, O. RUFF (*l. c.*), O. RUFF, E. ASCHER (*Z. Anorg. Allgem. Chem.* **183** [1929] 193/213, 202). Bei 400°C reagiert feinverteiltes Ni mit $F_2$ nur teilweise unter $NiF_2$-Bldg.; nach dreimaligem Fluorieren bei 550°C ist die Umsetzung vollständig, H. M. HAENDLER, W. L. PATTERSON, W. J. BERNARD (*J. Am. Chem. Soc.* **74** [1952] 3167/8). Als Verunreinigung von $<1$ Gew.-% bilden sich gelbe $NiF_2$-Flocken bei der Fluorierung von $PuF_4$ mit reinem $F_2$ im Ni-Ofen bei Tempp. $>500$°C, C. J. MANDLEBERG, H. K. RAE, R. HURST, G. LONG, D. DAVIES, K. E. FRANCIS (*J. Inorg. Nucl. Chem.* **2** [1956] 358/67, 366). Die Störung des Gleichgew. bei der therm. Zers. von $PuF_6$ bei 540°C in einer Ni-App. wird auf die Bldg. von $NiF_2$ zurückgeführt, A. E. FLORIN, I. R. TANNENBAUM, J. F. LEMONS (*J. Inorg. Nucl. Chem.* **2** [1956] 368/79, 379). Beim Erhitzen von Ni-Drähten in $F_2$ bildet sich $NiF_2$ oberhalb 700°C als Schutzschicht, E. U. FRANCK, W. SPALTHOFF (*Z. Elektrochem.* **58** [1954] 374/81, 381).

Bei Fluorierung von NiO oder $Ni_2O_3$ mit $F_2$ bildet es sich nach H. MOISSAN (*Das Fluor und seine Verbindungen, Berlin* 1900, S. 226) schon bei gewöhnl. Temp. unter heftiger Wärmeentwicklung. Eine quantitative Umsetzung zwischen NiO und $F_2$ erfolgt erst bei 375°C. Bei 325°C ist die Rk. fast vollständig, während bei 300°C keine merkliche Rk. beobachtet wird, H. M. HAENDLER u. a. (*l. c.*). — Entsteht ebenfalls durch Fluorierung von $Ni_2O_3 \cdot 3.5H_2O$ mit $F_2$ bei Temp.-Steigerung auf 350°C, H. M. HAENDLER u. a. (*l. c.*).

Darst. von $NiF_2$ durch Rk. von wasserfreiem $NiCl_2$ mit $F_2$ in der Wärme s. R. N. HASZELDINE, A. G. SHARPE (*Fluorine and its Compounds, London-New York* 1951, S. 52), bei 150°C, O. RUFF, E. ASCHER (*l. c.*), O. RUFF (*Z. Angew. Chem.* **41** [1928] 737/40), J. H. SIMONS (*Fluorine Chemistry, Bd.* 1, *New York* 1950, S. 68). Bei Einw. von $F_2$ auf $NiCl_2$ bildet sich zunächst ein kaffeebraunes Prod., dessen Zus. etwa der Formel $NiF_{2.5}$ entspricht; beim Erhitzen auf 400 bis 500°C in $N_2$ oder $CO_2$ wird reines gelbgrünes $NiF_2$ erhalten, P. HENKEL, W. KLEMM (*Z. Anorg. Allgem. Chem.* **222**

[1935] 73/7). — Aus hydratisiertem Nickelchlorid erhält man $NiF_2$ als homogenes gelbes Pulver durch Überleiten von $F_2$ bei 350°C bis zur $Cl_2$-Freiheit des resultierenden Gases, Abkühlen im $F_2$-Strom und Durchspülen mit $N_2$, H. F. PRIEST, C. F. SWINEHART (in: L. AUDRIETH, *Inorganic Syntheses, Bd.* 3, *New York-Toronto-London* 1950, S. 173).

Auf $NiJ_2$ wirkt $F_2$ schon bei gewöhnl. Temp. unter Bldg. von $NiF_2$ und $JF_5$ ein, O. RUFF, E. ASCHER (*l. c.*). — Das bei gewöhnl. Temp. unter heftiger Rk. aus NiS und $F_2$ entstehende Rk.-Prod. ergibt bei nochmaliger Fluorierung bei 350°C reines $NiF_2$, H. M. HAENDLER u. a. (*l. c.*).

Über die $NiF_2$-Bldg. bei der Elektrolyse einer KF·HF-Schmelze durch Korrosion der Ni-Anode s. S. 537.

*Reaction with HF*

**Einwirkung von HF.** Nach C. POULENC (*Ann. Chim. Phys.* [7] **2** [1894] 5/77, 12) reagiert Ni selbst bei erhöhter Temp. kaum mit wasserfreiem HF. — $NiF_2$ bildet sich jedoch beim Einleiten von HF in eine U-haltige NaF-$ZrF_4$-Schmelze als Korrosionsprod. der aus Ni bestehenden App., R. E. BLANCO, W. K. EISTER (CF-56-5-101 [1956/57] 5, *N.S.A.* **11** [1957] Nr. 10820), sowie bei der Passivierung von Cr-Ni-Stählen durch HF in rauchendem $HNO_3$ neben $CrF_3$ auf der Stahloberfläche, C. E. LEVOE, D. M. MASON, J. B. RITTENHAUS (*Corrosion* [*Houston, Tex.*] **13** [1957] 321/8 t, 322 t). — Entsteht bei Zusatz von feinverteiltem Ni oder einer Ni-Cu-Leg. zu einer wss. Lsg. mit mindestens 0.5 Gew.-% HF unter Einleiten von Luft und $SO_2$ in die Rk.-Mischung unterhalb des Sdp., J. D. HILL (*B.P.* 800868 [1955/58]).

$NiF_2$ bildet sich aus NiO und gasf. HF beim Erhitzen auf Tempp. $>$1000°C, C. POULENC (*l. c.* S. 41). — Nach der Meth. von C. POULENC (*l. c.* S. 41) und auf Grund der Angaben von L. DOMANGE (*Ann. Chim.* [*Paris*] [11] **7** [1937] 225/97, 276) wird $NiF_2$ durch 1std. Überleiten von wasserfreiem HF über sublimiertes $NiCl_2$ bei 500°C dargestellt, H. BIZETTE (*Ann. Phys.* [*Paris*] [12] **1** [1946] 233/334, 320), P. ALLAMAGNY (*Bull. Soc. Chim. France* **1960** 1099/106, 1099). Zwischen 100 und 500°C verläuft die Rk. nicht vollständig, G. C. HOOD, M. M. WOYSKI (*J. Am. Chem. Soc.* **73** [1951] 2738/41). Die $NiF_2$-Ausbeute nimmt mit steigender Temp. zu, P. ALLAMAGNY (*l. c.* S. 1103). Herst. durch 16std. Einw. von HF auf $NiCl_2$ bei 850°C, B. H. GUGGENHEIM (*J. Phys. Chem.* **64** [1960] 938/9). Bei 1std. Erhitzen äquimolarer Mengen $NiCl_2$ und Alkalichlorid im HF-Strom bilden sich bei 400°C nach Röntgenunterss. $NiF_2$ und Alkalifluorid; bei 500 bis 600°C werden daneben Doppelfluoride (beispielweise $Li_2NiF_4$, $NaNiF_3$) erhalten, P. ALLAMAGNY (*l. c.* S. 1100). Darst. durch Einw. von fl. wasserfreiem HF auf $NiCO_3$, A. W. JACHE, G. H. CADY (*J. Phys. Chem.* **56** [1952] 1106/9).

*Reaction with Other F Compounds*

**Einwirkung weiterer F-Verbindungen.** Die Fluorierung von bei 250°C im $N_2$-Strom vorbehandeltem $NiCl_2$-Pulver mit $ClF_3$ in $N_2$-Atm. ist beendet, wenn die $Cl_2$-Entw. aufhört. Aus dem $NiF_2$ wird überschüssiges $ClF_3$ durch $N_2$ entfernt, E. G. ROCHOW, I. KUKIN (*J. Am. Chem. Soc.* **74** [1952] 1615/6). Darst. durch Behandlung von $NiCl_2 \cdot 2H_2O$ mit $BrF_3$, I. SHEFT, H. H. HYMAN, J. J. KATZ (*J. Am. Chem. Soc.* **75** [1953] 5221/3), aus der Schmelze von wasserhaltigem Nickelchlorid und $NH_4F$ in $CO_2$-Atm. bei 260°C, W. J. DE HAAS, B. H. SCHULTZ, J. KOOLHAAS (*Physica* [*Amsterdam*] [2] **7** [1940] 57/69, 63 [engl.]). — Die Bldg. von $NiF_2$ beim Mischen von äquiv. Mengen $NiSO_4$ und Alkalifluorosilicat (Li, Na, K) und Erwärmen auf mindestens 200°C wird durch Überleiten eines inerten Gases beschleunigt, W. A. LALANDE, I. MOCKRIN (*U.S. P.* 2659658 [1952/53]). — Wird beim Erhitzen einer Mischung von Nickelselenid und Schwefeltetrafluorid im Bombenrohr erhalten, W. C. SMITH (*U.S. P.* 2952514 [1957/60], *C.A.* **1961** 3939).

*Preparation of Special Forms*

## Darstellung besonderer Formen

*Single Crystals*

**Einkristalle.** Nach der Meth. von D. C. STOCKBARGER (*Rev. Sci. Instr.* **10** [1939] 205/11) wird ein mit $NiF_2$ gefülltes Pt-Rohr zur Entfernung von Feuchtigkeit und $O_2$ bei 250°C evakuiert, anschließend mit Ar gefüllt und mit einer Geschw. von 0.2 cm/Std. durch eine heiße Zone von 1420°C gezogen. Nach 100 Std. werden klare Stücke von $\sim$1.7 $cm^3$ erhalten. Durch langsames Abkühlen des im Rohr befindlichen Kristalls in einer einheitlichen Temp.-Zone wird das Entstehen von Sprüngen verhindert oder vermindert, B. H. GUGGENHEIM (*J. Phys. Chem.* **64** [1960] 938/9). — Um die Subst. völlig wasserfrei zu erhalten, wird bei 900°C 1 Std. lang HF übergeleitet. Dabei entstehen $NiF_2$-Einkristalle mit 0.005 bis 0.01 mm Durchmesser (spektrochem. Analyse s. Original), E. CATALANO, J. W. STOUT (*J. Chem. Phys.* **23** [1955] 1284/9, 1286).

*Powder*

**Pulver.** Sehr poröses $NiF_2$-Pulver wird durch Einw. von $ClF_3$ auf pulverförmiges NiO bei 26 bis 180°C dargestellt. Die Rk. kann nach den Gleichungen

$$6\,NiO + 4\,ClF_3 = 6\,NiF_2 + 2\,Cl_2 + 3\,O_2 \text{ und } 2\,NiO + 2\,ClF_3 = 2\,NiF_2 + 2\,ClF + O_2$$

verlaufen. Es bildet sich zunächst ein dünner $NiF_2$-Film, der durch einen Diffusionsvorgang dicker wird. Ist eine krit. Dicke erreicht, so findet Rekristallisation statt. Hierdurch entsteht ein mosaikartiges Netz von Kristalliten, das den weiteren Angriff des $ClF_3$ auf die NiO-Oberfläche ermöglicht. Die $ClF_3$-Molekeln wandern an den Korngrenzen entlang bis zur Grenzzone $NiF_2$-NiO, wo die Fluorierung weitergeführt wird. Daraufhin findet Diffusion des $ClF_3$ durch die Grenzzone statt. Das vollständig umgewandelte $NiF_2$ enthält überschüssiges, vermutlich zwischen den Kristalliten sorbiertes $ClF_3$, das durch Verdampfen entfernt wird, R. L. Farrar, H. A. Smith (*J. Phys. Chem.* **59** [1955] 763/8).

## Thermodynamische Daten der Bildung

*Thermodynamic Formation Data*

Bildungswärme Q in kcal/mol nach Messungen anderer Autoren: 159.5 für die Bldg. von $NiF_2$ aus den Elementen unter Standardbedingungen (25°, 1 Atm.), F. D. Rossini, D. D. Wagman, W. H. Evans, S. Levine, I. Jaffe (*Circ. Nat. Bur. Stand.* Nr. 500 [1952] 246), W. M. Latimer (*The Oxidation States of the Elements and their Potentials in Aqueous Solutions, New York* 1952, S. 199), L. H. Long (*Quart. Rev. [London]* **7** [1953] 134/74, 155), D. F. C. Morris (*J. Inorg. Nucl. Chem.* **4** [1957] 8/12), 158 ± 1, L. Brewer, L. A. Bromley, P. W. Gilles, N. L. Lofgren (*Nat. Nucl. Energy Ser. Div.* IV **19** B [1950] 76/192, 110), S. A. Shchukarev, M. A. Oranskaya (*Zh. Obshch. Khim.* **24** [1954] 2109/19, 2116), 187.8), J. Sherman (*Chem. Rev.* **11** [1932] 93/170, 153). $Ni_{fest} + F_{2\,gasf} = NiF_{2\,fest} + 158.5$, indirekt aus dem Gleichgew. $NiF_2 + H_2O = 2HF + NiO$ berechnet, L. Domange (*Ann. Chim. [Paris]* [11] **7** [1937] 225/97, 291). Q = 7.2 ± 0.3 (165.6 ± 6.9 kcal/mol) und 8.2 ± 0.3 eV (188.7 ± 6.9 kcal/mol), bei gewöhnl. Temp. calorimetrisch bestimmt bzw. nach dem Haber-Bornschen Kreisprozeß für 0°K berechnet, E. Thilo (*Die Valenz der Metalle Fe, Co, Ni und Cu und ihre Verbindungen mit Dioximen, Stuttgart* 1932, S. 17). Q = 148 ± 15, ebenfalls nach dem Haber-Bornschen Kreisprozeß ber., K. B. Yatsimirskii (*Izv. Akad. Nauk SSSR Otd. Khim. Nauk* **1948** 590/8, 596 nach *C. A.* **1949** 2829). Aus den Fluortensionen zwischen 300 und 500°C wird für 400°C Q = 157.5 errechnet, K. Jellinek, A. Rudat (*Z. Anorg. Allgem. Chem.* **175** [1928] 281/320, 308), F. R. Bichowski, F. D. Rossini (*The Thermochemistry of the Chemical Substances, New York* 1952, S. 85). Q = 159.86, berechnet mit Hilfe bekannter Bldg.-Wärmen zweier anderer Ni-Halogenide aus der Anzahl der Atome und der Anzahl der Bindungen, s. H. W. Anderson, L. A. Bromley (*J. Phys. Chem.* **63** [1959] 1115/8). Q = 156.2, berechnet aus den Bldg.-Wärmen ähnlicher Verbb. nach $(Q_{MgF_2} - Q_{MgCl_2}) : (Q_{MgCl_2} - Q_{MgBr_2}) = (Q_{NiF_2} - Q_{NiCl_2}) : (Q_{NiCl_2} - Q_{NiBr_2})$, V. V. Fomin (*Zh. Fiz. Khim.* **27** [1953] 1689/92). Q = 187.8 bezogen auf gewöhnl. Temp. und 2 Atome F, wird in der vergleichenden Zusammenstellung von W. Kroll (*Metall u. Erz* **37** [1940] 63/67) angegeben.

Änderung der freien Energie bei der Bldg. von $NiF_2$: $\Delta G_{298} = -148.8$ kcal/mol, W. M. Latimer (*l. c.*). Aus Berechnungen des Red.-Gleichgew. mit $H_2$ von K. Jellinek, A. Rudat (*l. c.* S. 309) ergibt sich $\Delta G_{298} = -147.820$ kcal/mol für festes $NiF_2$, W. Jahn-Held, K. Jellinek (*Z. Elektrochem.* **42** [1936] 401/21, 420). Aus dem $\Delta H^\circ_{298}$-Wert von F. D. Rossini u. a. (*l. c.*), s. oben, wird nach $\Delta G^\circ_{298} = -A \cdot Q_{298} + B$ mit den Konstt. A = 0.980 und B = 7.08 der Näherungswert $\Delta G^\circ_{298} = -149.2$ kcal/mol errechnet, M. Ch. Karapet'yants (*Zh. Fiz. Khim.* **28** [1954] 353/8, 356). Auf Grund thermodynam. Daten von L. Brewer (*Nat. Nucl. Energy Ser. Div.* IV **19** B [1950] 193/275, 202) geschätzte Werte für 25, 227, 727 und 1227°C: −147.3, −140 ± 3, −124 ± 5 und −108.5 kcal/mol, H. H. Kellogg (*Trans. AIME* **191** [1951] 137/41).

Entropieänderung $\Delta S_{298} = -32.5$ $cal \cdot mol^{-1} \cdot {}^\circ K^{-1}$, berechnet aus den Gleichgew.-Bedingungen der Rk. $NiF_2 + H_2 \rightleftharpoons Ni + 2HF$, W. Jahn-Held, K. Jellinek (*l. c.*). Der Wert $(\Delta G - \Delta H_{298})/T$ berechnet sich für T = 298.1 und 500°K zu 36, für 1000 und 1500°K zu 34 bzw. 33 $cal \cdot mol^{-1} \cdot {}^\circ K^{-1}$, L. Brewer, L. A. Bromley, P. W. Gilles, N. L. Lofgren (*l. c.*).

## Physikalische Eigenschaften

*Physical Properties*

**Kristallographische Eigenschaften. Kristallform.** Kristallisiert in tetragonalen Prismen, bildet leicht Zwillinge und ist spaltbar nach (110), A. de Schulten (*Compt. Rend.* **152** [1911] 1261/3).

*Crystallographic Properties. Crystal Form*

**Gitterstruktur.** $NiF_2$ ist isomorph mit Rutil, Raumgruppe: $P4_2/mnm$-$D^{14}_{4h}$, V. M. Goldschmidt, T. Barth, D. Holmsen, G. Lunde, W. Zachariasen (*Geochemische Verteilungsgesetze der Elemente VI, Oslo* 1926, S. 1/21, 6). Die $6F^-$-Ionen um jedes Ni-Ion bilden ein verzerrtes Oktaeder mit 2 kürzeren $Ni-F_I$- und 4 längeren $Ni-F_{II}$-Abständen, J. W. Stout, S. A. Reed (*J. Am. Chem. Soc.* **76** [1954] 5279/81). Ausführliche Beschreibung der Gitterstruktur von im Rutiltyp kristallisierenden Verbb. s. H. Baur (*Acta Cryst.* **14** [1961] 209/14).

*Lattice Structure*

Gitterkonstt. a = 4.6505, c = 3.0837, beide ± 0.0003 Å, a/c = 1.508, H. M. HAENDLER, W. L. PATTERSON, W. J. BERNARD (*J. Am. Chem. Soc.* **74** [1952] 3167/8); bei 25°C: a = 4.6505 ± 0.0002, c = 3.0836 ± 0.0004 Å. Parameter u für die Lage der F-Ionen: u = 0.310 ± 0.003, J. W. STOUT, S. A. REED (*l. c.*), u = 0.302 ± 0.002. Damit ber. Atomabstände r (in Å): r ($Ni–F_I$) = 1.986 ± 0.013, r ($Ni–F_{II}$) = 2.018 ± 0.009, r (F–F) = 2.604 ± 0.026, 2.832 ± 0.005, 3.0836 ± 0.0004; die beiden Achsen $F_{II}–Ni–F_{II}$, auf denen die Achse $F_I–Ni–F_I$ genau senkrecht steht, bilden einen Winkel von 80.4°, W. H. BAUR (*Acta Cryst.* [*Copenhagen*] **11** [1958] 488/90 [dtsch.]). Nach der Kristallfeldtheorie läßt sich die Differenz der Ni–F-Abstände befriedigend erklären, N. S. HUSH, M. H. L. PRYCE (*J. Chem. Phys.* **28** [1958] 244/9). — Die Werte für Gitterkonstt. (a = 4.65 ± 0.02, c = 3.08 ± 0.02 Å) von V. M. GOLDSCHMIDT (*Geochemische Verteilungsgesetze der Elemente VIII, Oslo* 1927, S. 1/156, 54, 148) sind mit den oben zitierten in Einklang; abweichende, von A. FERRARI (*Atti Accad. Naz. Lincei Rend. Classe Sci. Fis. Mat. Nat.* [6] **3** [1926] 324/31) angegebene Werte werden noch von R. GLOCKER (*Materialprüfung mit Röntgenstrahlen*, 4. *Aufl., Berlin-Göttingen-Heidelberg* 1958, S. 275) übernommen.

*Lattice Energy*

**Gitterenergie** $U_{kr}$ in kcal/mol. Aus thermochem. Daten nach dem Modell des BORN-HABERschen Kreisprozesses erhaltene Werte: 728, T. C. WADDINGTON (*Advan. Inorg. Chem. Radiochem.* **1** [1959] 157/221, 210), D. F. C. MORRIS (*J. Inorg. Nucl. Chem.* **4** [1957] 8/12), 724, M. CH. KARAPET'YANTS (*Zh. Fiz. Khim.* **28** [1954] 1136/52, 1151), 712 ± 5%, K. MOLIÈRE (in: LANDOLT-BÖRNSTEIN, 6. *Aufl., Bd.* 1, *Tl.* 4, 1955, S. 542), 731, L. H. AHRENS, D. F. C. MORRIS (*J. Inorg. Nucl. Chem.* **3** [1956] 270/80, 271). $U_{kr}$ = 733.5, berechnet nach dem Modell des BORNschen Kreisprozesses, A. F. KAPUSTINSKII, B. K. VESELOVSKII (*Zh. Fiz. Khim.* **5** [1934] 64/72, 66; *Z. Physik. Chem.* B **22** [1933] 261/6). $U_{kr}$ = 697.1, berechnet mit Hilfe der Elektronenaffinitäten der Halogene, J. SHERMAN (*Chem. Rev.* **11** [1932] 93/170, 153), $U_{kr}$ = 664.6, aus Angaben über die Elektronenstruktur der gitterbildenden Atome erhalten, E. S. SARKISOV (*Zh. Fiz. Khim.* **28** [1954] 627/36, 632), $U_{kr}$ = 680, nach der Formel von LENNARD-JONES berechnet, W. H. BAUR (*l. c.*). $U_{kr}$ = 687 ± 5%, unter Verwendung gemittelter Werte für den Abstoßungskoeff. nach BORN, PAULING und SHERMAN berechnet, K. MOLIÈRE (*l. c.*). Weitere Werte, meist aus der Wertigkeit der Ionen, der LOSCHMIDTschen Zahl, der MADELUNGschen Konst., den Atomabständen und dem Abstoßungskoeff. errechnet, liegen zwischen 683 und 697.1; s. hierzu A. F. KAPUSTINSKII, B. K. VESELOVSKII (*l. c.*), J. SHERMAN (*l. c.*), A. F. KAPUSTINSKII (*Zh. Obshch. Khim.* **13** [1943] 497/502), D. F. C. MORRIS (*l. c.*). — $U_{kr}$ = 749 bzw. 727.9 nach einer einfachen Formel von A. F. KAPUSTINSKII (*Zh. Fiz. Khim.* **5** [1934] 59/63) erhalten A. F. KAPUSTINSKII, B. K. VESELOVSKII (*l. c.*), $U_{kr}$ = 698 nach dem korr. und erweiterten KAPUSTINSKIIschen Ansatz s. K. B. YATSIMIRSKII (*Izv. Akad. Nauk SSSR Otd. Khim. Nauk* **1948** 590/8, 596).

Der COULOMBsche Anteil der Gitterenergie beträgt 785.3, K. MOLIÈRE (*l. c.*). Werden die Gitterenergien der Difluoride der Übergangsmetalle als Funktion der Ordnungszahl aufgetragen, so ergibt sich für $NiF_2$ der interpolierte Wert 682. Der Energiebetrag, um den der nach BORN-HABER ber. Wert größer ist (~45 bis 50), ist die Kristallfeld-Stabilisierungsenergie, d. h. die durch die Aufspaltung der Energieniveaus der d-Elektronen zusätzlich gewonnene Energie, K. B. YATSIMIRSKII (*Zh. Neorg. Khim.* **3** [1958] 2244/52, 2246); s. auch M. F. C. LADD, W. H. LEE (*J. Chem. Soc.* **1962** 2837/40).

*Spin Orientation*

**Spinorientierung.** Unterhalb der NÉEL-Temp. (s. S. 531) sind die Spins der Ni-Ionen annähernd antiparallel ausgerichtet. Die beiden Teilgitter werden von den an den Ecken bzw. in den Zentren der Elementarzellen befindlichen Ni-Ionen gebildet. Die Spins liegen in der (001)-Ebene und bilden mit der a-Achse kleine Winkel, so daß sich die Gesamtmagnetisierungen der beiden Teilgitter nicht völlig kompensieren. Diese von T. MORIYA (*Phys. Rev.* [2] **117** [1960] 635/47) zwecks Deutung älterer Meßdaten theoretisch abgeleitete Modellvorstellung wird durch Kernresonanzunterss. zwischen 4.2 und 298°K von R. G. SHULMAN (*Phys. Rev.* [2] **121** [1961] 125/43) bestätigt, ebenso durch Neutronenbeugungsaufnahmen zwischen 4 und 75°K von R. A. ALIKHANOV (*Zh. Eksperim. Teor. Fiz.* **37** [1959] 1145/7; *Soviet Phys. JETP* **10** [1960] 814/6). Wegen unzureichenden Auflösungsvermögens des Neutronenspektrometers gelangte R. A. ERICKSON (*Phys. Rev.* [2] **90** [1953] 779/85) zu abweichenden Ergebnissen, die schon von I. E. DZYALOSHINSKII (*Zh. Eksperim. Teor. Fiz.* **33** [1957] 1454/6; *Soviet Phys. JETP* **6** [1957] 1120/2) im Rahmen von systemat. Überlegungen über die Möglichkeiten der Spinorientierung in den Gittern von Salzen der Übergangsmetalle bezweifelt wurden; nach dem dabei entwickelten Schema befindet sich $NiF_2$ bei tiefen Tempp. im Zustand $II_1$, R. A. ALIKHANOV (*l. c.*).

*Mechanical and Thermal Properties. Density. Molar Volume*

**Mechanische und thermische Eigenschaften. Dichte** D in g/cm³. **Molvolumen** $V_{mol}$ in cm³/mol. $D^{25}$ = 4.814, ber. aus den Gitterkonstt., s. oben; hieraus $V_{mol}$ = 20.085; D = 4.72 ± 0.05, pyknometrisch in Benzol bestimmt, H. M. HAENDLER, W. L. PATTERSON, W. J. BERNARD (*J. Am. Chem. Soc.* **74**

[1952] 3167/8). — Ältere Werte s. bei C. POULENC (*Compt. Rend.* **114** [1892] 1426/9), A. FERRARI (*Atti Accad. Naz. Lincei Rend. Classe Sci. Fis. Mat. Nat.* [6] **3** [1926] 324/31, 329), W. BILTZ, E. RAHLFS (*Z. Anorg. Allgem. Chem.* **166** [1927] 351/76, 374), O. RUFF (*Z. Angew. Chem.* **41** [1928] 737/40), O. RUFF, E. ASCHER (*Z. Anorg. Allgem. Chem.* **183** [1929] 193/213, 197), I. I. ZASLAVSKII (*Zh. Obshch. Khim.* 8 [1938] 1008/21, 1017).

**Dampfdruck** p in atm. **Siedepunkt** $T_V$. **Sublimationswärme** $L_S$ in kcal/mol. $p = 10^{-2}$, $10^{-4}$ und $10^{-6}$ bei 1400, 1185 bzw. 1032°K, L. BREWER, G. R. SOMAYAJULU, E. BRACKETT (UCRL-9840 [1963] 12). Zwischen 1054 und 1106°K steigt lg p von −5.864 auf −5.111; daraus ber. Mittelwert für $L_S$: 79.35 ± 0.05, T. C. EHLERT, R. A. KENT, J. L. MARGRAVE (*J. Am. Chem. Soc.* **86** [1964] 5093/5). Zwischen 1026 und 1349°K gilt $\lg p = 6.8 - 13100/T$; daraus extrapoliert: $T_V > 1950$°K. Für den untersuchten Temp.-Bereich ergibt sich $L_S \approx 60$, M. FARBER, R. T. MEYER, J. L. MARGRAVE (*J. Phys. Chem.* **62** [1958] 883/4). Für 298°K gibt D. F. C. MORRIS (*J. Inorg. Nucl. Chem.* **4** [1957] 8/12) $L_S = 101.61$ an. *Vapor Pressure. Boiling Point. Heat of Sublimation*

**Schmelzpunkt** $T_f = 1725$°K, J. W. STOUT, S. A. REED (*J. Am. Chem. Soc.* **76** [1954] 5279/81), >1365°K, M. FARBER u. a. (*l. c.*). *Melting Point*

**Wärmeinhalt** H in cal/mol. **Wärmekapazität** $C_p$ in cal·mol⁻¹·grd⁻¹. **Entropie** S in cal·mol⁻¹·°K⁻¹. Meßwerte für den Bereich von 15 bis 300°K (in Auswahl): *Enthalpy. Heat Capacity. Entropy*

| T in °K | 15 | 25 | 35 | 45 | 55 | 65 | 73 | 80 | 90 | 100 |
|---|---|---|---|---|---|---|---|---|---|---|
| $H-H_0$ | 0.44 | 2.98 | 12.10 | 31.92 | 65.53 | 115.8 | 175.2 | 217.8 | 278.7 | 344.8 |
| $C_p$ | 0.094 | 0.500 | 1.393 | 2.626 | 4.127 | 6.025 | 9.23 | 5.943 | 6.316 | 6.925 |
| S | 0.050 | 0.171 | 0.469 | 0.961 | 1.631 | 2.467 | 3.320 | 3.878 | 4.595 | 5.290 |

| T in °K | 120 | 140 | 160 | 180 | 200 | 220 | 240 | 260 | 280 | 298 |
|---|---|---|---|---|---|---|---|---|---|---|
| $H-H_0$ | 2.532 | 3.222 | 3.911 | 4.595 | 5.273 | 5.942 | 6.600 | 7.264 | 7.879 | 8.44 ± 0.02 |
| $C_p$ | 8.286 | 9.592 | 10.73 | 11.72 | 12.57 | 13.31 | 13.90 | 14.41 | 14.89 | 15.31 |
| S | 6.672 | 8.049 | 9.407 | 10.729 | 12.009 | 13.243 | 14.427 | 15.560 | 16.646 | 17.59 ± 0.04 |

E. CATALANO, J. W. STOUT (*J. Chem. Phys.* **23** [1955] 1284/9). **Fig. 211** zeigt die Temp.-Abhängigkeit der molaren Wärmekapazität zwischen 0 und 550°K, K. J. TAUER, R. J. WEISS (*Phys. Rev.* [2] **100** [1955] 1223/4). Der Wärmeinhalt $H_T - H_{298}$ beträgt bei 500, 1000 und 1500°K 4, 13 und 34 ($NiF_{2\,fl}$) kcal/mol; für die Entropie-Inkremente $S_T - S_{298}$ werden für diese Tempp. die Werte 9, 22 und 38 ($NiF_{2\,fl}$) berechnet; Unsicherheit 20%. Für festes bzw. fl. $NiF_2$ beträgt $-(G - H_{298})/T$ bei 298.1, 500, 1000 und 1500°K 20, 21, 29 und 35 cal·mol⁻¹·°K⁻¹; Unsicherheit ±5, L. BREWER, L. A. BROMLEY, P. W. GILLES, N. L. LOFGREN (*Nat. Nucl. Energy Ser. Div.* IV **19** B [1950] 76/192, 83). Angaben über die freie Energie s. E. CATALANO, J. W. STOUT (*l. c.*), über die Aufteilung der $C_p$- und S-Werte in die vom Gitter und die von den Elektronen herrührenden Anteile s. J. W. STOUT, E. CATALANO (*J. Chem. Phys.* **23** [1955] 2013/22); vgl. auch J. A. HOFMANN, A. PASKIN, K. J. TAUER, R. J. WEISS (*Phys. Chem. Solids* **1** [1956] 45/60, 51), J. A. EISELE, F. KEFFER (*Phys. Rev.* [2] **96** [1954] 929/33), K. J. TAUER, R. J. WEISS (*Phys. Rev.* [2] **100** [1955] 1223/4). — Für gasf. $NiF_2$ wird die freie Energie zwischen 298 und 1500°K abgeschätzt von L. BREWER, G. R. SOMAYAJULU, E. BRACKETT (*Chem. Rev.* **63** [1963] 111/21, 115).

**Debye-Temperatur** $\Theta_D \approx 450$°K, J. A. EISELE, F. KEFFER (*l. c.*). *Debye Temperature*

**Optische Eigenschaften. Farbe.** $NiF_2$ ist grüngelblich, P. HENKEL, W. KLEMM (*Z. Anorg. Allgem. Chem.* **222** [1935] 73/7), E. CATALANO, J. W. STOUT (*J. Chem. Phys.* **23** [1955] 1284/9). Gelb bis hellbraun gefärbtes „amorphes“ $NiF_2$ wandelt sich bei 1200 bis 1300°C im HF-Strom in das kristalline grünlichgelbe Salz um, C. POULENC (*Compt. Rend.* **114** [1892] 1426/9; *Ann. Chim. Phys.* [7] **2** [1894] 5/77, 41). *Optical Properties. Color*

**Brechungszahl.** $NiF_2$-Einkristalle sind einachsig positiv, $n_\omega = 1.526$, $n_\varepsilon = 1.560$, H. INSLEY, T. N. McVAY, R. E. THOMA, G. D. WHITE (ORNL-2192 [1956] 9, *N.S.A.* **11** [1957] Nr. 1202); vgl. auch E. CATALANO, J. W. STOUT (*l. c.*). *Refractive Index*

**Luminescenz.** Im Licht des Eisenbogens wird an $NiF_2$-Pulver rotviolette Fluorescenz beobachtet, M. HAITINGER, F. FEIGL, A. SIMON (*Mikrochemie* **10** [1931/32] 117/28, 126). Bei Röntgenbestrahlung tritt keine Thermoluminescenz auf, J. K. RIEKE (*J. Phys. Chem.* **61** [1957] 633/5). *Luminescence*

**Lichtabsorption.** Im Absorptionsspektrum von in LiF-NaF-KF-Schmelze (eutekt. Zus.) gelöstem $NiF_2$ (1 Gew.-%) werden bei ~500°C Max. bei 850 und 434 mμ beobachtet, J. P. YOUNG, H. C. WHITE (*Anal. Chem.* **32** [1960] 799/802; CF-59-3-112 [1959] 5, *N.S.A.* **15** [1961] Nr. 7314). *Optical Absorption*

*Electric and Magnetic Properties. Magnetic Susceptibility*

**Elektrische und magnetische Eigenschaften. Magnetische Suszeptibilität** $\chi_{mol}$ in $10^{-6}$ cm³/mol. Wie **Fig. 212** zeigt, hat $1/\chi_{mol}$ nach Messungen bei 60 kHz bei der NÉEL-Temp. $\Theta_N$ = 73.22°K ein Minimum und steigt mit fallender Temp. nur sehr langsam an, J. C. BURGIEL, V. JACCARINO, A. L. SCHAWLOW (*Phys. Rev.* [2] **122** [1961] 429/36, 434). Damit ist der bei calor. Messungen von E. CATALANO, J. W. STOUT (*J. Chem. Phys.* **23** [1955] 1284/9) erhaltene Befund, daß bei 73.22°K eine Phasenumwandlung stattfindet, bestätigt. Aus Neutronenbeugungsunterss. läßt sich die Temp., bis zu der die Spinorientierung bestehen bleibt, zu 78.5°K extrapolieren, R. A. ALIKHANOV (*Zh. Eksperim. Teor. Fiz.* **37** [1959] 1145/7; *Soviet Phys. JETP* **10** [1960] 814/6); weniger genaue Messungen von R. A. ERICKSON (*Phys. Rev.* [2] **90** [1953] 779/85, 783) ergeben $\Theta_N$ = 83°K.

Da bei T < $\Theta_N$ die Spins nicht genau antiparallel ausgerichtet sind (s. S. 530), ist $NiF_2$ nicht antiferromagnetisch im strengen Sinne. Die Zuordnung zu den Metamagnetika nach H. BIZETTE (*Ann. Phys.* [*Paris*] [12] **1** [1946] 233/334, 320) ist jedoch nicht so gut begründet wie beim $CoCl_2$ (vgl. „*Kobalt*" *Tl.* A *Erg.-Bd.*, S. 542), weil bei $NiF_2$ die paramagnet. CURIE-Temp. $\Theta_p$ (s. unten) negativ ist wie bei allen Antiferromagnetika. Die Abweichung besteht im Auftreten eines kleinen ferromagnet. Moments, das bei Torsionsmessungen von L. M. MATARRESE, J. W. STOUT (*Phys. Rev.* [2] **94** [1954] 1792/3) nachgewiesen wird und von T. MORIYA (*Phys. Rev.* [2] **117** [1960] 635/47) theoretisch gedeutet wird. — Eingehende Unterss. über die Wechselwrkg. zwischen den Kernspins der F-Atome und den Valenzelektronen beschreibt R. G. SHULMAN (*Phys. Rev.* [2] **121** [1961] 125/43).

Fig. 211.

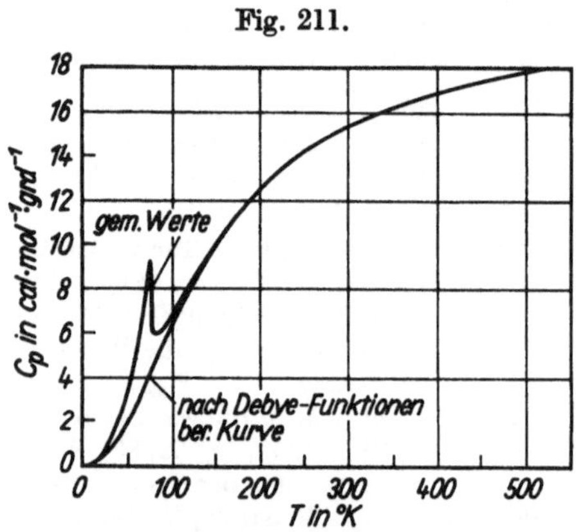


Temp.-Abhängigkeit der Molwärme des $NiF_2$.

Fig. 212.

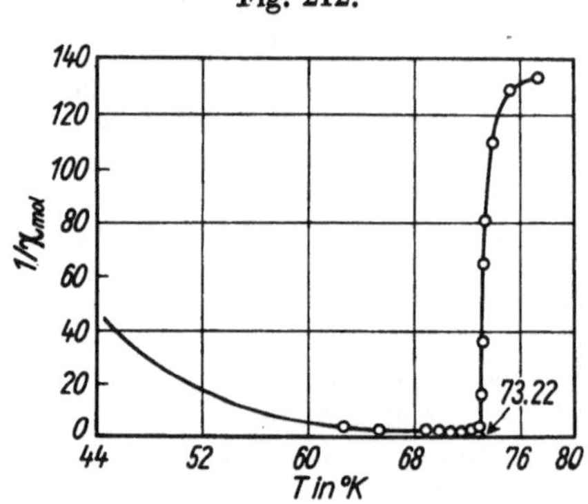


Molsusz. des $NiF_2$ in Abhängigkeit von der Temp.

Auch im Bereich oberhalb $\Theta_N$ ist die Susz. von $NiF_2$ mit demselben Modell zu erklären wie bei tiefen Tempp., T. MORIYA (*l. c.*). Mit dem kleinen ferromagnet. Moment ist möglicherweise auch die auffallende Verbreiterung der Absorptionslinie der kernmagnet. Resonanz dicht oberhalb $\Theta_N$ zu erklären, V. JACCARINO, R. G. SHULMAN, J. W. STOUT (*Phys. Rev.* [2] **106** [1957] 602/3). Die Gültigkeit des CURIE-WEISSschen Gesetzes $1/\chi_{mol} = (T-\Theta_p)/C_{mol}$ ist schon durch B. CABRERA, A. DUPERIER (*Anales Real Soc. Espan. Fis. Quim.* **29** [1931] 5/14) nachgewiesen worden. — Die Parameter ergeben sich nach Messungen zwischen 100 und 300°K zu $\Theta_p$ = −115.6°K, $C_{mol}$ = 1.528°K cm³/mol, H. BIZETTE (*l. c.*), nach Messungen zwischen 290 und 553°K zu $\Theta_p$ = −174.4°K, $C_{mol}$ = 1.141°K cm³/mol, A. SERRES (*Ann. Phys.* [*Paris*] [10] **20** [1933] 441/77, 467). — Einzelwerte für den Bereich von 77.9 bis 293°K s. bei W. J. DE HAAS, B. H. SCHULTZ, J. KOOLHAAS (*Physica* [*den Haag*] **7** [1940] 57/69, 62), P. HENKEL, W. KLEMM (*Z. Anorg. Allgem. Chem.* **222** [1935] 73/7).

Wegen der Kopplung zwischen den Spins der Ni-Ionen ist in Einkristallen die Susz. senkrecht zur c-Achse größer als parallel dazu: $\chi_{mol\perp} > \chi_{mol\parallel}$. Zwischen 90.07 und 301.15°K fällt $\chi_{mol\perp} - \chi_{mol\parallel}$ von 0.1890 auf 0.1102, L. M. MATARRESE, J. W. STOUT (*l. c.*). Nach unveröffentlichten Daten von A. H. COOKE, R. LAZENBY ist bei 298°K $\chi_{mol\perp}$ = 3.53, demnach $\chi_{mol\parallel}$ = 3.42, R. G. SHULMAN (*l. c.* S. 130).

*Hysteresis*

**Hysterese.** Die nach Aufmagnetisieren mit 5000 Oe zurückbleibende Magnetisierung kann bei ~20°K durch ein Gegenfeld von ~3000 Oe beseitigt werden, W. J. DE HAAS u. a. (*l. c.*). Hysterese wird bei 63, 20 und 4°K beob., H. BIZETTE, B. TSAI (*Bull. Inst. Intern. Froid* **1955** *Annexe* 149/52).

## Chemisches Verhalten

*Chemical Reactions*

*In the Air*

**An der Luft.** An der Luft geht $NiF_2$ beim Erhitzen auf höhere Tempp. in NiO über, C. POULENC (*Compt. Rend.* **114** [1892] 1426/9), O. RUFF, E. ASCHER (*Z. Anorg. Allgem. Chem.* **183** [1929] 193/213, 201), L. DOMANGE (*Ann. Chim.* [*Paris*] [11] **7** [1937] 225/97, 277); bei Rotglut ist es flüchtig, O. RUFF (*Ber. Deut. Chem. Ges.* **52** [1919] 1223/38, 1224).

*With Nonmetals*

**Gegen Nichtmetalle.** Gegen Helium ist in $NaF\text{-}ZrF_4$-Schmelze gelöstes $NiF_2$ bis 625°C beständig; oberhalb 700°C nimmt die $NiF_2$-Konz. kontinuierlich ab, G. EVERSOLE, C. M. BLOOD (ORNL-2157 [1959] 97/100, *N.S.A.* **14** [1960] Nr. 14573). Durch Wasserstoff wird festes $NiF_2$ ohne Zwischenstufe zu Ni reduziert. Die Best. des Red.-Gleichgew. der Rk. $NiF_2 + H_2 \rightleftharpoons Ni + 2HF$ nach der Strömungsmeth. ergibt für 573, 673, 723 und 773°K und eine Atm. Druck nach Extrapolation auf die Strömungsgeschw. Null in der Gasphase HF-Konzz. von 5.6, 30.8, 51.7 und 73.7 Vol.-%. Das Gleichgew. ist nur von der $H_2$-Seite erreichbar. Aus den Gleichgeww. der Red. und der HF-Bldg. für obige Tempp. ber. Gleichgew.-Drucke $p_{F_2}$ in Atm. über festem $NiF_2$ und festem Ni: $\lg p_{F_2} = -52.40$, $-43.51$, $-40.04$, $-36.96$, K. JELLINEK, A. RUDAT (*Z. Anorg. Allgem. Chem.* **175** [1928] 281/320, 290, 306). Extrapolation für 298.1°K ergibt $\lg p_{F_2} = -108.3$; eigener Wert: $-110.56$, W. JAHN-HELD, K. JELLINEK (*Z. Elektrochem.* **42** [1936] 401/21, 410). Red. zu Ni durch trocknes $H_2$ erfolgt bei dunkler Rotglut, C. POULENC (*l. c.*), O. RUFF, E. ASCHER (*Z. Anorg. Allgem. Chem.* **183** [1929] 193/213, 201). Unters. des Red.-Gleichgew. in $NaF\text{-}ZrF_4$-Schmelze, C. M. BLOOD (ORNL-2106 [1956] 99/101, ORNL-2157 [1959] 96/7, *N.S.A.* **14** [1960] Nr. 14573), in $LiF\text{-}BeF_2$-Schmelze, C. M. BLOOD (ORNL-2551 [1958] 93/5).

Im Sauerstoff-Strom wird beim Erhitzen von $NiF_2$ keine Rk. beobachtet, H. SCHULZE (*J. Prakt. Chem.* [2] **21** [1880] 407/43, 422). — Gegen Fluor ist eine auf Ni haftende $NiF_2$-Schicht resistent, H. F. PRIEST, A. V. GROSSE (*Can. P.* 483281 [1944/52]). — Mit Brom-Dampf oder Jod reagiert $NiF_2$ nicht, O. RUFF, E. ASCHER (*l. c.* S. 199). — Mit Schwefel bildet sich schwarzes Ni-Sulfid, C. POULENC (*Compt. Rend.* **114** [1892] 1426/9), O. RUFF, E. ASCHER (*l. c.* S. 199). Mit Kohlenstoff, Phosphor oder Arsen findet keine Umsetzung statt, mit Silicium reagiert $NiF_2$ bei starkem Erhitzen unter Erglühen, O. RUFF, E. ASCHER (*l. c.* S. 201).

*With Metals*

**Gegen Metalle.** Die Rk. von $NiF_2$ mit Na erfolgt beim Erhitzen unter Feuererscheinung, mit Mg explosionsartig, mit Zn unter Erglühen. Mit Al erhitzt, verpufft $NiF_2$ mit weißer Flamme; mit Fe und Cu wird keine Rk. beobachtet, O. RUFF, E. ASCHER (*Z. Anorg. Allgem. Chem.* **183** [1929] 193/213, 201).

*With Nonmetal Compounds*

**Gegen Nichtmetallverbindungen.** Beständig gegen $NH_3$ sowohl bei $-78.5$°C wie bei gewöhnl. Temp., W. BILTZ, E. RAHLFS (*Z. Anorg. Allgem. Chem.* **166** [1927] 351/76, 353), G. GORE (*Proc. Roy. Soc.* [*London*] **21** [1872/73] 140/7, 144), G. BALTZ, W. ZINSER (*Z. Anorg. Allgem. Chem.* **221** [1935] 225/48, 232), L. HIESINGER, K. RUTHARDT, E. MÜLLER (*D.P.* 828340 [1948/52]). Bei starker Erwärmung wird $NiF_2$ von $NH_3$-Gas zu Ni reduziert, O. RUFF, E. ASCHER (*l. c.*). — Beständig zwischen $-17$ und $-7$°C gegen HF, G. GORE (*J. Chem. Soc.* **22** [1869] 368/406, 393). In 100 g fl. HF lösen sich bei 11.9, $-9.7$ und $-25$°C 0.037, 0.040 bzw. $0.035 \pm 0.002$ g $NiF_2$, A. W. JACHE, G. H. CADY (*J. Phys. Chem.* **56** [1952] 1106/9). — Bei der Einw. von $H^{18}F$ auf $NiF_2$ findet kein Fluoraustausch statt, J. E. BOGGS, E. R. VAN ARTSDALEN, A. R. BROSI (*J. Am. Chem. Soc.* **77** [1955] 6505/6). Durch gasf. HCl wird $NiF_2$ zwischen 500 und 600°C unter Bldg. von $NiCl_2$ zersetzt, C. POULENC (*Ann. Chim. Phys.* [7] **2** [1894] 5/77, 42), O. RUFF, E. ASCHER (*Z. Anorg. Allgem. Chem.* **183** [1929] 193/213, 203), C. POULENC (*Compt. Rend.* **114** [1892] 1426/9). Unters. des Gleichgew. $^1/_2\, NiF_{2\,fest} + HCl_{gasf} \rightleftharpoons {}^1/_2\, NiCl_{2\,fest} + HF_{gasf}$ s. S. 550.

Beständig gegen $H_2S$, L. HIESINGER, K. RUTHARDT, E. MÜLLER (*l. c.*). Durch $NiF_2$-Pulver (bei 125 bis 150°C im Vak. von $< 10^{-4}$ Torr entgast) adsorbierte Mengen $ClF_3$:

| Zeit in Std. | 0.4 | 1.3 | 2.8 | 19.6 | 27.0 | 48.6 | 67.6 | 92.5 |
|---|---|---|---|---|---|---|---|---|
| mg $ClF_3$/g $NiF_2$ | 15.9 | 19.7 | 20.1 | 22.1 | 22.7 | 23.7 | 24.6 | 25.1 |

$ClF_3$ kann durch Evakuierung bei gewöhnl. Temp. oder durch Erwärmen auf 125 bis 150°C wieder entfernt werden, R. L. FARRAR, H. A. SMITH (*J. Am. Chem. Soc.* **77** [1955] 4502/5). Der F-Austausch zwischen $NiF_2$ und $^{18}F$-haltigem $ClF_3$ und $BrF_5$ vermindert sich zwischen 25 und 321°C mit steigender Temp., R. B. BERNSTEIN, J. J. KATZ (*J. Phys. Chem.* **56** [1952] 885/8). Eine gesätt. Lsg. von $NiF_2$ in $BrF_3$ enthält bei 25°C 0.002, bei 70°C 0.001 Gew.-% Ni, I. SHEFT, H. H. HYMAN, J. J. KATZ (*J. Am. Chem. Soc.* **75** [1953] 5221/3). Bei Rotglut reagiert $NiF_2$ mit $H_2S$ unter Bldg. von gelbem

Ni-Sulfid und HF, C. POULENC (*Compt. Rend.* **114** [1892] 1426/9). — Bei Einw. von $SO_2$ tritt bei Rotglut Dunkelfärbung der Verb. ein, O. RUFF, E. ASCHER (*l. c.*). — Die Rk. zwischen $NiF_2$, fl. $NH_3$ und $BF_3 \cdot NH_3$ im Bombenrohr ergibt $[Ni(NH_3)_6][BF_4]_2$, G. BALZ, W. ZINSER (*l. c.*). — Beim Erhitzen von $NiF_2$ mit $SiO_2$ bildet sich NiO, E. CATALANO, J. W. STOUT (*J. Chem. Phys.* **23** [1955] 1284/9).

*With Metal Compounds*

**Gegen Metallverbindungen.** Bei Zusatz von $NiF_2$ zu geschmolzenem NaF entsteht eine hellgrüne Schmelze, die beim Abkühlen ihre Farbe nicht ändert, F. M. HORNYAK (*J. Am. Chem. Soc.* **79** [1957] 5435/7). In einer Schmelze von 61 Mol-% LiF und 39 Mol-% $BeF_2$ ist $NiF_2$ kaum löslich, C. M. BLOOD (ORNL-2551 [1958] 93/5). Aus Schmelzen von $NiF_2$ mit Alkalichloriden werden Doppelfluoride gemäß $2\,NiF_2 + 3\,KCl = NiF_2 \cdot 2\,KF + NiCl_2 + KCl$ erhalten, C. POULENC (*Ann. Chim. Phys.* [7] **2** [1894] 5/77, 43). Mit Schmelzen von Alkalicarbonaten entsteht NiO neben Alkalifluorid, C. POULENC (*Compt. Rend.* **114** [1892] 1426/9), s. auch O. RUFF, E. ASCHER (*l. c.* S. 199). Nach petrograph. und röntgenograph. Unterss. liegt in einer gesätt. Lsg. des Salzes in LiF-$BeF_2$-Schmelze (62 : 38 Mol-%) reines $NiF_2$ vor, H. G. MACPHERSON (ORNL-2799 [1959] 87). — In NaF-$ZrF_4$-Schmelze (50 : 50 Mol-%) ist $NiF_2$ nahezu unlöslich. Bei Zusatz von $\sim$1 Gew.-% $NiF_2$ bilden sich viscose Dispersionen, die nach 72 Std. sedimentiert sind. Mit 2 Gew.-% $NiF_2$ wird eine sich nur sehr langsam absetzende Disperion erhalten. Durch Zusatz von $\sim$6 Gew.-% $NiF_2$ bei 600°C entsteht eine viscose, relativ beständige Dispersion. Ähnliche Ergebnisse werden bei Verwendung einer NaF-$ZrF_4$-$UF_4$-Schmelze beobachtet, G. I. CATHERS, M. R. BENNETT, R. L. JOLLEY (ORNL-2661 [1959] 15).

*With Water*

**Gegen Wasser.** Wasserfreies $NiF_2$ ist nicht hygroskopisch, H. F. PRIEST (in: L. F. AUDRIETH, *Inorganic Syntheses, Bd.* 3, *New York-Toronto-London* 1950, S. 171/83, 175); in $H_2O$ ist es nur wenig löslich, C. POULENC (*Compt. Rend.* **114** [1892] 1426/9). Zwischen 10 und 90°C beträgt die Löslichkeit 2.49 bis 2.52 Gew.-% $NiF_2$, A. KURTENACKER, W. FINGER, F. HEY (*Z. Anorg. Allgem. Chem.* **211** [1933] 83/97, 87). Löslichkeit bei 25°C: 3.863 Gew.-% $NiF_2$, A. DAMIENS (*Bull. Soc. Chim. France* [5] **3** [1936] 1/21, 20), 4.030 g/100 ml Lsg., R. H. CARTER (*Ind. Eng. Chem.* **20** [1928] 1195); bei 20°C: 2.6 g $NiF_2$ je 100 ml Lsg., F. D. LOOMIS (in: KIRK, OTHMER, *Bd.* 6, 1951, S. 710). Der Bodenkörper besteht in allen Fällen aus $NiF_2 \cdot 4\,H_2O$, A. SEIDELL (*Solubilities of Inorganic and Metalorganic Compounds, Bd.* 1, *New York* 1940, S. 1344). Auf Ag aufgedampfte $NiF_2$-Schichten sind gegen $H_2O$-Dampf beständig, L. HIESINGER, K. RUTHARDT, E. MÜLLER (*l. c.*), während bei Einw. von $H_2O$-Dampf auf kristallines $NiF_2$ schwarzes NiO entsteht. Bei höherer Temp. bildet sich krist. grünes Oxid, C. POULENC (*Compt. Rend.* **114** [1892] 1426/9), O. RUFF, E. ASCHER (*l. c.* S. 201). Die Unters. des Gleichgew. $NiF_{2\,fest} + H_2O_{gasf} = NiO_{fest} + 2\,HF_{gasf} + Q_p$ ergibt nach Extrapolation auf die Strömungsgeschw. Null nachstehende Werte für die HF-Konz. in der Gasphase (bezogen auf das Gesamtvol. von $H_2O$-Dampf und HF) bei 1 atm Gesamtdruck; daraus ber. Gleichgew.-Konstt. $K_p = p^2_{HF}/p_{H_2O}$ und Rk.-Wärmen $Q_p$ in cal:

| t in °C | 500° | 550° | 600° | 650° | 700° |
|---|---|---|---|---|---|
| Vol.-% HF | 14 | 24.5 | 38 | 53 | 67 |
| lg $K_p$(atm) | −1.64221 | −1.09963 | −0.63282 | −0.22393 | +0.13356 |
| $Q_p$ | −31600 | −30710 | −30160 | −29390 | |

(Die $Q_p$-Werte stehen jeweils zwischen zwei Temperaturspalten.)

Für 373°K wird $Q_p = -31630$ nach $Q_{p(T)} - 1.29\,T = Q_{p(873°)}$ mit $Q_{p(873°)} = -30500$ (Mittelwert für T = 773 bis 973°K) berechnet, L. DOMANGE (*Ann. Chim.* [*Paris*] [11] **7** [1937] 225/97, 277, 286; *Compt. Rend.* **202** [1936] 1276/7).

*With Alkaline Solutions and Acids*

**Gegen Laugen und Säuren.** In verd. wss. $NH_3$-Lsg. ist $NiF_2$ lösl., H. F. PRIEST (*l. c.*). Beim Kochen mit 33%iger Natronlauge entsteht eine grüne, $F^-$-Ionen enthaltende Lsg. und ein grüner, in HCl lösl. Bodenkörper, O. RUFF E. ASCHER (*Z. Anorg. Allgem. Chem.* **183** [1929] 193/213, 199).

Durch sd. wss. $HNO_3$-Lsg. wird $NiF_2$ kaum angegriffen, C. POULENC (*Ann. Chim. Phys.* [7] **2** [1894] 5/77, 42). Gew.-Anteil von Ni und F in gesätt. Lsgg. von $NiF_2$ in rauchendem $HNO_3$ (14 Gew.-% $NO_2$, 3 Gew.-% $H_2O$) bei verschiedenen Tempp.:

| t in °C | 0° | 15° | 30° | 45° |
|---|---|---|---|---|
| Gew.-% Ni | 0.11 | 0.14 | 0.16 | 0.19 |
| Gew.-% F | 2.1 | 2.0 | 1.8 | 1.3 |

D. M. MASON, J. B. RITTENHOUSE (*Corrosion* [*Houston Tex.*] **14** [1958] 345/7 t). — $NiF_2$ löst sich in wss. HF, F. D. LOOMIS (in: KIRK, OTHMER, *Bd.* 6, 1951, S. 710). Löslichkeit s. S. 536. Aus einer flußsauren Lsg. lassen sich durch Äther nur geringe Mengen $NiF_2$ ausschütteln. Bei einem Vol.-Verhältnis Äther : HF = 1 : 1 werden für den Verteilungskoeff. bei 20.0 ± 0.5°C in Lsgg. mit 0.1 mol Ni/l und

1.0 bis 10, 15 und 20 mol HF/l die Werte 0.0005, 0.5 bzw. 0.7 erhalten, R. BOCK, M. HERRMANN (*Z. Anorg. Allgem. Chem.* **284** [1956] 288/304, 292, 303). In mit LiF gesätt. konz. HF (>90 Gew.-% HF) lösen sich 0.01 bis 1.3 mg $NiF_2$ je g Lsgm.; bei niedrigeren HF-Konzz. ist die Löslichkeit größer, D. O. CAMPBELL, G. I. CATHERS (*Ind. Eng. Chem.* **52** [1960] 41/4). Ein grünes wasserlösl. Hydrat bildet sich beim Abrauchen mit 40%igem HF, O. RUFF, E. ASCHER (*l. c.* S. 199). $NiF_2$ reagiert mit $HJO_3$ in Ggw. von $Ni(OH)_2$ unter $NiJO_3F$-Bldg., A. RAY, G. MITRA (*J. Indian Chem. Soc.* **35** [1958] 211/2); s. auch S. 626. Durch sd. wss. HCl und $H_2SO_4$ wird $NiF_2$ kaum angegriffen, C. POULENC (*Ann. Chim. Phys.* [7] **2** [1894] 5/77, 42), O. RUFF, E. ASCHER (*l. c.* S. 199), O. RUFF (*Z. Angew. Chem.* **41** [1928] 737/40). Durch Molybdänsäure wird es unter Bldg. von $MoO_2F_2$ zersetzt, H. SCHULZE (*J. Prakt. Chem.* [2] **21** [1880] 407/43, 442). — Beim Kochen in 12%iger Essigsäure bleibt $NiF_2$ unverändert, O. RUFF, E. ASCHER (*l. c.* S. 199). Die Löslichkeit von $NiF_2$ in Trifluoressigsäure liegt in der Größenordnung 0.1 bis 1.0 g $NiF_2$ je 100 g $CF_3COOH$, R. HARA, G. H. CADY (*J. Am. Chem. Soc.* **76** [1954] 4285/7).

*With Aqueous Solutions*

**Gegen wäßrige Lösungen.** $NiF_2$ löst sich in heißen wss. Lsgg. von $NH_4F$ und KCN, F. D. LOOMIS (*l. c.*). Löslichkeit in wss. $NH_4F$- und KF-Lsgg. bei 20 und 50°C s. „*Nickel*" *Tl.* B, *Lfg.* 3.

*With Organic Compounds*

**Gegen organische Verbindungen.** Im Gegensatz zu Angaben von C. POULENC (*Compt. Rend.* **114** [1892] 1426/9), O. RUFF, E. ASCHER (*l. c.*), S. KITAHARA (*Kagaku Kenkyusho Hokoku* **25** [1949] 165/7) ergibt sich aus Bestt. der Verteilung von $NiF_2$ zwischen wss. HF und Äther von R. BOCK, M. HERRMANN (*Z. Anorg. Allgem. Chem.* **284** [1956] 288/304), daß $NiF_2$ in Äther in geringem Maße lösl. ist. — In Benzol ist $NiF_2$ unlösl., O. RUFF, E. ASCHER (*l. c.*). Über chem. Verh. gegen Essigsäure und Trifluoressigsäure s. oben.

### *Nickel (II)-fluoridtetrahydrat $NiF_2 \cdot 4H_2O$.*

*Nickel(II) Fluoride Tetrahydrate*

*Formation. Preparation*

**Bildung und Darstellung.** Aus der Lsg. von frischgefälltem NiO in überschüssigem 40%igem wss. HF scheidet sich nach längerem Stehen über konz. $H_2SO_4$-Lsg. $NiF_2 \cdot 4H_2O$ aus. Beim Eindampfen der flußsauren Lsg. wird immer das Tetrahydrat, nie das von E. BÖHM (*Z. Anorg. Allgem. Chem.* **43** [1905] 326/40, 330) und F. EDMISTER, H. C. COOPER (*J. Am. Chem. Soc.* **42** [1920] 2419/34, 2431) beschriebene $NiF_2 \cdot 5HF \cdot 6H_2O$ (s. S. 536) erhalten, N. COSTACHESCU (*Ann. Sci. Univ. Jassy* **7** [1911/13] 5/13, 7, 13). Bildet sich bei der Behandlung des Ni-Oxidhydrats mit konz. wss. HF, W. BILTZ, E. RAHLFS (*Z. Anorg. Allgem. Chem.* **166** [1927] 351/76, 358). Nach der Meth. von A. KURTENACKER, W. FINGER, F. HEY (*Z. Anorg. Allgem. Chem.* **211** [1933] 83/97, 87) wird frisch gefälltes $NiCO_3$ in wss. HF gelöst. Aus der Lsg. kristallisiert das Tetrahydrat; bei Zugabe von Äthanol wird eine größere Ausbeute erhalten, E. CATALANO, J. W. STOUT (*J. Chem. Phys.* **23** [1955] 1284/9), s. auch W. JAHN-HELD, K. JELLINEK (*Z. Elektrochem.* **42** [1936] 401/21, 410).

*Thermodynamic Formation Data*

**Thermodynamische Daten der Bildung.** Die Änderung der freien Energie bei der Bldg. gemäß $Ni + F_2 + 4H_2O = NiF_2 \cdot 4H_2O$ wird aus EK-Messungen bei 25°C zu −150.906 kcal/mol errechnet, W. JAHN-HELD, K. JELLINEK (*l. c.* S. 411). Für die Bldg. aus den Elementen wird $\Delta G_{298} = -379.9$ kcal/mol erhalten. Gleichgew.-Konst. der Bldg. aus den Elementen bei 25°C: $\lg K = 278.46$, F. D. ROSSINI, D. D. WAGMAN, W. H. EVANS, S. LEVINE, I. JAFFE (*Circ. Nat. Bur. Stand.* Nr. 500 [1952] 246).

*Physical Properties*

**Physikalische Eigenschaften.** $NiF_2 \cdot 4H_2O$ ist ein hellgrünes, mikrokristallines Pulver, N. COSTACHESCU (*l. c.* S. 13), A. KURTENACKER, W. FINGER, F. HEY (*l. c.*). — $D_4^{25} = 2.219$, daraus ber. Molvol. 76.04, W. BILTZ, E. RAHLFS (*Z. Anorg. Allgem. Chem.* **166** [1927] 351/76, 375).

*Chemical Reactions*

**Chemisches Verhalten.** Das Tetrahydrat ist sowohl an der Luft, N. COSTACHESCU (*l. c.*), als auch im Vak. über konz. $H_2SO_4$ beständig, A. KURTENACKER, W. FINGER, F. HEY (*l. c.*). Beim Erwärmen auf 120°C wird unter $H_2O$-Abspaltung $NiF_2 \cdot \sim 1H_2O$ (s. unten) gebildet. Vollständige Entwässerung wird durch Überleiten von wasserfreiem HF bei 350 bis 400°C in einer Ni-App. erreicht, E. CATALANO, J. W. STOUT (*l. c.*); bei stärkerem Erhitzen tritt Zers. unter HF-Entw. und NiO-Bldg. ein, A. KURTENACKER, W. FINGER, F. HEY (*l. c.*). — Löslich in $H_2O$, N. COSTACHESCU (*l. c.*). Das frisch hergestellte Salz wird schon bei 50°C von $H_2O$ unter Hydroxidbldg. zersetzt, A. KURTENACKER, W. FINGER, F. HEY (*l. c.* S. 88). — Unlöslich in Äthanol. Beim Erhitzen mit überschüssigem Pyridin $C_5H_5N$ entsteht eine Lsg., aus der sich beim Abkühlen blaue Kristalle abscheiden mit der Zus. $[Ni(H_2O)_2(C_5H_5N)_4]F_2 \cdot H_2O$, N. COSTACHESCU (*l. c.*). — Reinheitsprüfung s. A. JEWSBURY (*Analyst* **75** [1950] 256/63, 263).

*Other Hydrates*

***Weitere Hydrate.***

Die von F. W. CLARKE (*Am. J. Sci.* [3] **13** [1877] 290/5) und J. J. BERZELIUS (*Ann. Physik* [2] 1 [1824] 1/48, 26) beschriebenen Hydrate $NiF_2 \cdot 3H_2O$ bzw. $NiF_2 \cdot 2H_2O$ können nicht dargestellt werden. Nach dem Verlauf der Löslichkeitskurven im Temp.-Bereich von 20 bis 100°C scheinen diese Verbb. nicht zu existieren, A. KURTENACKER, W. FINGER, F. HEY (*Z. Anorg. Allgem. Chem.* **211** [1933] 83/97, 83). — $NiF_2 \cdot \sim 1H_2O$ entsteht beim Trocknen des Tetrahydrats bei 120°C, E. CATALANO, J. W. STOUT (*J. Chem. Phys.* **23** [1955] 1284/9).

*Aqueous Solution of Nickel(II) Fluoride*

## Wäßrige Lösung von Nickel(II)-fluorid

*Heat of Formation*

**Bildungswärme** Q in kcal/mol. Q von $NiF_2$ in wss. Lsg. aus den Elementen unter Standardbedingungen (1 atm, 25°C): 171.5, F. D. ROSSINI, D. D. WAGMAN, W. H. EVANS, S. LEVINE, I. JAFFE (*Circ. Natl. Bur. Stand.* Nr. 500 [1952] 246). Q = 171.4 für eine verd. wss. Lsg. bei 18°C, ber. aus der von E. PETERSEN (*Z. Physik. Chem.* **4** [1888] 384/412, 395) mitgeteilten Neutralisationswärme der Rk. $2AgF + NiCl_2 = NiF_2 + 2AgCl$ in wss. Lsg. (s. S. 578), F. R. BICHOWSKY, F. D. ROSSINI (*The Thermochemistry of the Chemical Substances, New York* 1936, S. 85), H. v. WARTENBERG (*Z. Anorg. Allgem. Chem.* **151** [1926] 326/30). Eine additive Berechnung der Bldg.-Wärme in stark verd. wss. Lsg. (171.2) ergibt gute Übereinstimmung mit dem experimentell erhaltenen Wert 171.4, R. LAUTIÉ (*Bull. Soc. Chim. France* [5] **6** [1939] 178/83, 181).

*Properties*

**Eigenschaften.** Beim Erwärmen wss. $NiF_2$-Lsgg. sind Trübungserscheinungen zu beobachten, die auf der Ausscheidung wasserfreier oder wasserarmer Verbb. beruhen, P. NUKA (*Z. Anorg. Allgem. Chem.* **180** [1929] 235/40). — Das Absorptionspektrum einer ~0.1 m-Lsg. ist dem anderer Ni-Salze ähnlich. Im Diagramm molarer Extinktionskoeff. gegen Wellenlänge treten Max. bei 405, 690 und ~1150 mμ auf, R. A. HOUSTOUN (*Physik. Z.* **14** [1913] 424/9; *Proc. Roy. Soc. Edinburgh* **31** [1910/11] 538/46, 539, 543, 547/58, 554). Aus salpeter- oder essigsauren Lsgg. von äquimolaren Mengen $NiF_2$ und $Ni(ClO_4)_2$ kristallisiert $NiClO_3F \cdot 7H_2O$ (vgl. S. 601), G. MITRA, A. RAY (*Sci. Cult.* [*Calcutta*] **21** [1955/56] 379/80).

*The $NiF_2$–$HF$–$H_2O$ System*

## Das System $NiF_2$–$HF$–$H_2O$

Zur Best. der Löslichkeit von $NiF_2$ in wss. HF werden flußsaure Lsgg. bis zu 10 Wochen im Thermostaten geschüttelt. Bei 20°C ergeben sich bei verschiedenen HF-Konzz. folgende Werte:

| | | | | | | |
|---|---|---|---|---|---|---|
| Gew.-% HF. . . . . . . | 0 | 9.25 | 12.39 | 17.46 | 28.51 | 30.10 |
| Gew.-% $NiF_2$ . . . . . . | 2.50 | 7.73 | 10.02 | 11.45 | 13.72 | 13.30 |

Mit wachsender HF-Konz. nimmt die Löslichkeit rasch zu. Der Bodenkörper besteht aus $NiF_2 \cdot 4H_2O$, A. KURTENACKER, W. FINGER, F. HEY (*Z. Anorg. Allgem. Chem.* **211** [1933] 83/97, 88).

Das von E. BÖHM (*Z. Anorg. Allgem. Chem.* **43** [1905] 326/40, 330) und F. EDMISTER, H. C. COOPER (*J. Am. Chem. Soc.* **42** [1920] 2419/34) beschriebene saure Fluorid $NiF_2 \cdot 5HF \cdot 6H_2O$ existiert nicht. Nach kristallograph. Unterss. und Dichtemessungen ist zu vermuten, daß die Zus. der Verb. $Ni[SiF_6] \cdot 6H_2O$ ist, B. GOSSNER (*Z. Kryst.* **42** [1907] 475/88, 488).

*Fluoroniccolate Complex Ions*

## *Fluoroniccolat-Komplex-Ionen*

*$[NiF_4]^{2-}$*

***$[NiF_4]^{2-}$.***

Die Anzahl der je Zentralion vorhandenen Liganden in $K_2[NiF_4]$ genügt nicht zur Bldg. isolierter komplexer Ionen. Einzelne $F^-$-Ionen gehören daher gleichzeitig zwei oder mehreren Zentralionen zu. Die Verknüpfung zu Riesenanionen erfolgt zweidimensional, R. HOPPE (*Z. Anorg. Allgem. Chem.* **294** [1958] 135/45, 139, 142).

*$[NiF_6]^{4-}$*

***$[NiF_6]^{4-}$.***

Das im UR-Spektrum von Alkali-Ni-Fluoriden bei 445 $cm^{-1}$ beob. Absorptionsmax. wird dem komplexen Ion $[NiF_6]^{4-}$ zugeschrieben, R. D. PEACOCK, D. W. A. SHARP (*J. Chem. Soc.* **1959** 2762/7).

*$[NiF_6]^{3-}$ and $[NiF_6]^{2-}$*

***$[NiF_6]^{3-}$ und $[NiF_6]^{2-}$.***

Aus Bestt. des magnet. Moments von $K_3NiF_6$ bei 90.2, 194.7 und 295°K wird geschlossen, daß Übergangszustände zwischen dem normalen Komplex $[NiF_6]^{3-}$ und dem Durchdringungskomplex $[NiF_6]^{2-}$ vorliegen. Bei tiefen Tempp. existiert $[NiF_6]^{2-}$ in nahezu reiner Form, bei höheren Tempp.

wird der normale Komplex gebildet, W. BRANDT (*Diss. München* 1955, S. 29). Im Kristallgitter von $K_2[NiF_6]$ liegen als Anionen nur die einkernigen Komplexe $[NiF_6]^{2-}$ vor, H. HOPPE (*Z. Anorg. Allgem. Chem.* **294** [1958] 135/45, 139). Das im UR-Spektrum von Alkali-Ni-Fluoriden bei 654 $cm^{-1}$ auftretende Absorptionsmax. wird dem $[NiF_6]^{2-}$-Ion zugeordnet, R. D. PEACOCK, D. W. A. SHARP (*J. Chem. Soc.* **1959** 2762/7). Dieser in der Reihe der Übergangsmetalle bisher einzige bekannte Komplex mit reinem Durchdringungscharakter ist diamagnetisch, W. BRANDT (*l. c.*).

### *Nickel(III)-fluorid $NiF_3$ (?)*

*Nickel(III) Fluoride(?)*

Bei der Elektrolyse einer KF·HF-Schmelze bei 250°C mit Ni-Elektroden werden von dem in der Schmelze anodisch gelösten Ni 70 bis 80% als Nd. an der Kathode abgeschieden, während der Rest teils als $NiF_2$ in der Schmelze gelöst bleibt, teils als rosa Nd. der Zus. $NiF_3$ ausfällt. Der Nd. zersetzt sich mit $H_2O$ unter $O_3$-Bldg. und entwickelt mit wss. HCl- und HBr-Lsg. $Cl_2$ bzw. $Br_2$, H. R. NEUMARK (*Trans. Electrochem. Soc.* **91** [1947] 367/85, 368).

# Nickel und Chlor

*Nickel and Chlorine*

*NiCl Molecule*

**Die NiCl-Molekel.** Gasförmiges NiCl bildet sich in der Flamme eines teilweise mit $CHCl_3$ oder $CCl_4$ gesätt. Gasstroms beim Einsprühen einer verd. wss. $Ni^{2+}$-Salzlsg. (Flammentemp. 1500 bis 2600°K), E. M. BULEWICZ, L. F. PHILLIPS, T. M. SUDGEN (*Trans. Faraday Soc.* **57** [1961] 921/31, 921). Bei der Rk. von $Cl_2$ mit auf 1500°K erhitztem Ni-Draht im Vak. treten im Spektralbereich von 2500 bis 5500 Å für NiCl charakterist. Bandensysteme auf. Wahrscheinlich wird Ni von der Drahtoberfläche als NiCl entfernt, das in einer Sekundärrk. in $NiCl_2$ übergeht, J. D. MCKINLEY, K. E. SHULER (*J. Chem. Phys.* **28** [1958] 1207/12). Für die Bldg.-Enthalpie von gasf. NiCl bei Bldg. aus den Elementen wird mit Hilfe der aus dem Bandenspektrum durch Extrapolation ermittelten Dissoz.-Enthalpie der Wert $\Delta H = 15 \pm 46$ kcal/mol erhalten. Thermochem. Daten ergeben $\Delta H_{1300} = 40 \pm 92$ kcal/mol, $\Delta S_{1300} = 28.1$ cal $\cdot mol^{-1} \cdot grd^{-1}$ für die Bldg. nach $\beta\text{-Ni} + NiCl_{2\,gasf} = 2\,NiCl_{gasf}$. Nach Unterss. des Metalltransports zwischen Ni und $NiCl_2$ bei 600 bis 1000°C liegt die Bldg.-Enthalpie bei ~55 kcal/mol, H. SCHÄFER, K. ETZEL (*Z. Anorg. Allgem. Chem.* **301** [1959] 137/53, 148).

Aus den vorliegenden Ergebnissen von spektroskop. Unterss. kann das Termschema noch nicht erschlossen werden, auch über die Multiplizität der Terme (Dubletts oder Quartetts) sind zuverlässige Aussagen noch nicht möglich. Die Annahme von K. R. MORE (*Phys. Rev.* [2] **51** [1937] 1019, **54** [1938] 122/5), daß der Grundterm ein $^2\Pi$-Term sei, wird von V. G. KRISHNAMURTY (*Current Sci.* [*India*] **21** [1952] 37/8; *Indian J. Phys.* **26** [1952] 207/25) korrigiert: dem Grundzustand ist ein $^4\Sigma$-Term zuzuordnen. Bei neueren Unterss. lassen es S. PADDI REDDY, P. TIRUVENGANNA RAO (*Proc. Phys. Soc.* [*London*] **75** [1960] 275/9) offen, welches der Grundterm ist. Unter diesen Umständen wird auf die Wiedergabe von Molekelkonstt. an dieser Stelle verzichtet.

Das Bandenspektrum besteht nach S. PADDI REDDY, P. TIRUVENGANNA RAO (*l. c.*) aus 9 Systemen mit Nullinien zwischen 21639 und 24613 $cm^{-1}$, von denen 8 auch von V. G. KRISHNAMURTY (*Current Sci.* [*India*] **21** [1952] 66) gefunden werden. Fünf weitere Bandensysteme liegen im nahen UR (Nullinien zwischen 11508.0 und 14434.2 $cm^{-1}$), S. V. KRISHNAMURTY RAO, S. PADDI REDDY, P. TIRUVENGANNA RAO (*Z. Physik* **166** [1962] 261/4 [engl.]). Bei den ersten Messungen findet K. R. MORE (*l. c.*) 6 Banden, von denen 4 mit Nullinien zwischen 22738 und 24614 $cm^{-1}$ analysierbar, die beiden übrigen dagegen zu schwach sind. Auch von P. MESNAGE (*Compt. Rend.* **200** [1935] 2072/4; *Ann. Phys.* [*Paris*] [11] **12** [1939] 5/87, 36) werden außer den analysierten Banden einige schwächere beobachtet, ohne daß eine Zuordnung zu einem sicheren Termschema möglich ist.

Die Dissoz.-Energie schätzt A. GAYDON (*Dissociation Energies*, 2. *Aufl., London* 1953, S. 229) auf Grund der Daten von K. R. MORE (*l. c.*) zu $5 \pm 2$ eV; vgl. auch L. ALLEN (*J. Chem. Phys.* **26** [1957] 1644/7). Ein genauerer Wert, $88 \pm 5$ kcal/mol ($3.8 \pm 0.2$ eV) wird für 0°K aus flammenphotometr. Unterss. erhalten, E. M. BULEWICZ u. a. (*l. c.* S. 929).

## *Nickel(II)-chlorid $NiCl_2$*

*Nickel(II) Chloride*

*$NiCl_2$ Molecule*

**Die $NiCl_2$-Molekel.** Absorptionsmessungen bei 850°C ergeben ein Max. bei 505 $cm^{-1}$, das sich der asymmetr. Valenzschwingung in $NiCl_2$ zuordnen läßt; die aus der Wellenzahl ber. Kraftkonst. beträgt 2.41 mdyn/Å, S. P. RANDALL, F. T. GREENE, J. L. MARGRAVE (*J. Phys. Chem.* **63** [1959]

758/9). Außer diesem Max. ($\nu = 515 \pm 15$ cm$^{-1}$) tritt ein weiteres bei $417 \pm 10$ cm$^{-1}$ auf, das einer Schwingung in $Ni_2Cl_4$ zuzuordnen ist, G. E. LEROI, T. C. JAMES, J. T. HOUGEN, W. KLEMPERER (*J. Chem. Phys.* **36** [1962] 2879/83). Ber. Amplituden der Molekelschwingungen s. bei G. NAGARAJAN (*J. Mol. Spectry.* **13** [1964] 361/92, 372). — Im UV liegt nach Messungen zwischen 600 und 1100°C ein Absorptionskontinuum mit einem Max. bei 345 m$\mu$, das von der Dissoz. $NiCl_2 \rightarrow NiCl + Cl$ herrührt, E. MIESCHER (*Helv. Phys. Acta* **11** [1938] 463/8 [dtsch.]). — Aus Atomabständen und magnet. Daten wird auf vorwiegend ion. Bindung geschlossen, D. F. C. MORRIS, L. H. AHRENS (*J. Inorg. Nucl. Chem.* **3** [1956] 263/9). Nach K. B. YATSIMIRSKII (*Izv. Akad. Nauk SSSR Otd. Khim. Nauk* **1948** 590/8) beträgt der ion. Anteil der Bindung 53%, K. YAMAMOTO, K. SATO (*Bull. Chem. Soc. Japan* **27** [1954] 496/501). Die Bindungsenergie berechnet T. L. ALLEN (*J. Chem. Phys.* **26** [1957] 1644/7) zu 86.5 kcal/mol. — In $NiCl_2$-Dampf von 767°K entstehen bei Elektronenbeschuß die massenspektroskopisch nachgewiesenen Ionen $NiCl_2^+$, $NiCl^+$ und $Ni^+$, R. C. SCHOONMAKER, A. H. FRIEDMAN, R. F. PORTER (*J. Chem. Phys.* **31** [1959] 1586/9).

*Formation. Preparation*

## Bildung und Darstellung

*Dry Methods. By Dehydration of the Hexahydrate*

**Auf trocknem Wege. Durch Entwässerung des Hexahydrats.** Wird beim Erhitzen von $NiCl_2 \cdot 6H_2O$ an der Luft erhalten, N. V. SIDGWICK (*The Chemical Elements and their Compounds, Bd.* 2, *Oxford* 1950, S. 1433), W. FISCHER, R. GEWEHR (*Z. Anorg. Allgem. Chem.* **222** [1935] 303/11, 310), A. SEYEWITZ, BRISSAUD (*Compt. Rend.* **190** [1930] 1131/3), J.-P. LASSAIGNE (*J. Pharm.* **9** [1823] 49/53). Fein gemahlenes, handelsübliches $NiCl_2 \cdot 6H_2O$ wird durch Erhitzen auf 120°C entwässert, W. D. BEAVER, L. E. TREVORROW, W. E. ESTILL, P. C. YATES, T. E. MOORE (*J. Am. Chem. Soc.* **75** [1953] 4556/60). Nach W. BILTZ, E. BIRK (*Z. Anorg. Allgem. Chem.* **127** [1923] 34/42, 34) wird die Entwässerung bei einer etwas unter Rotglut liegenden Temp., nach D. I. RIABCHIKOV, V. M. SHULMAN (*Zh. Prikl. Khim.* **7** [1934] 1162/5) unterhalb 200°C durchgeführt. Die Darst. von $NiCl_2$ durch Erhitzen des Hexahydrats im HCl-Strom s. W. KLEMM, W. SCHÜTH (*Z. Anorg. Allgem. Chem.* **210** [1933] 33/56, 44), J. T. HOUGEN, G. E. LEROI, T. C. JAMES (*J. Chem. Phys.* **34** [1961] 1670/7, 1671), erfolgt bei 180 bis 200°C, A. GLASNER, I. MAYER (*Bull. Res. Council Israel Sect.* A **8** [1959] 27/40, 27), bei 210°C, R. T. MORRISON, M. WISHMAN (*J. Am. Chem. Soc.* **76** [1954] 1059/61). Das Hexahydrat wird mehrere Std. auf 110°C erhitzt und durch Überleiten von trocknem HCl in $5^1/_2$ Std. entwässert, C. N. MULDROW (*Diss. Univ. Virginia* 1958, S. 29). Durch längeres Erhitzen von $NiCl_2 \cdot 6H_2O$ auf 550°C im HCl-Strom erhaltenes $NiCl_2$ enthält adsorbiertes HCl, das bei der gleichen Temp. im Vak. von $5 \times 10^{-5}$ Torr entfernt wird, J. W. JOHNSON, D. CUBICCIOTTI, C. M. KELLEY (*J. Phys. Chem.* **62** [1958] 1107/9). Durch je 6std. Erhitzen auf 175 und 250°C und 8std. Erhitzen auf 500°C im HCl-Strom erhaltenes $NiCl_2$ wird im Vak. von den letzten flüchtigen Bestandteilen befreit, M. NEHMÉ, S. J. TEICHNER (*Bull. Soc. Chim. France* **2** [1960] 389/90). Wasserfreies $NiCl_2$ bildet sich beim Erhitzen von $NiCl_2 \cdot 6H_2O$ im $N_2$-haltigen HCl-Strom, C. G. MAIER (*Technol. Pap. Bur. Mines* Nr. 360 [1925] 1/54, 31), im trocknen $CO_2$-Strom, E. BECKMANN (*Z. Anorg. Allgem. Chem.* **51** [1906] 236/44, 243). Vollständige Entwässerung erfolgt beim Erhitzen mit $COCl_2$ im Bombenrohr auf ~230°C, H. HECHT (*Z. Anorg. Allgem. Chem.* **254** [1947] 37/51, 51), beim Kochen mit $SOCl_2$ unter Rückfluß, G. BRAUER (*Handbuch der präparativen anorganischen Chemie, Stuttgart* 1954, S. 1154), P. ALLAMAGNY (*Bull. Soc. Chim. France* **1960** 1099/106, 1099), H. HECHT (*l. c.*). Über die Entwässerung des 6-Hydrats durch $SOCl_2$ bei gewöhnl. Temp. s. H. F. PRIEST, C. F. SWINEHART (in: L. F. AUDRIETH, *Inorganic Syntheses, Bd.* 5, *New York-Toronto-London* 1950, S. 154). Gelbes, wasserfreies $NiCl_2$ bildet sich bei Behandlung von $NiCl_2 \cdot 6H_2O$ mit Benzoylchlorid bei 150°C neben Benzoesäure und flüchtigem HCl. $NiCl_2$ wird abfiltriert, mit Äther gewaschen und im Vak. getrocknet, V. GUTMANN, H. TANNENBERGER (*Monatsh. Chem.* 88 [1957] 216/27, 218).

Darst. aus $NiCl_2 \cdot 2H_2O$ durch 6std. Erhitzen auf 175° im HCl-Strom, B. B. BOSE, M. H. KHUNDKAR (*J. Indian Chem. Soc. Ind. News Ed.* **14** [1951] 45/9).

*By Decomposition of Solid Ni Compounds*

**Durch Zersetzung fester Ni-Verbindungen.** Beim Erhitzen von $Ni(ClO_4)_2 \cdot 6H_2O$ auf Tempp. >240°C und bei mäßigem Erwärmen von $Ni(ClO_4)_2 \cdot 6NH_3$ bildet sich $NiCl_2$, R. SALVADORI (*Gazz. Chim. Ital.* **42** I [1912] 458/94, 470). — $NiCl_2 \cdot NH_3$ zerfällt beim Erhitzen auf 373°C unter $NiCl_2$-Bldg., W. BILTZ, B. FETKENHEUER (*Z. Anorg. Allgem. Chem.* **83** [1913] 163/76, 167). Der therm. Abbau des Diammins (s. „*Nickel*" *Tl.* C) wird in geringem Maße durch die Bldg. von $NH_4Cl$ gestört, das bei der Rk. des $NiCl_2$ mit abgespaltenem $NH_3$ entsteht, H. H. FRIKER (*Diss. Bonn* 1953, S. 50). Wird $NiCl_2 \cdot 6NH_3$ (s. „*Nickel*" *Tl.* C) im HCl-Strom auf 450°C erhitzt, so entsteht reines, nur $NH_4Cl$-Spuren enthaltendes $NiCl_2$, G. CRUT (*Bull. Soc. Chim. France* [4] **35** [1924] 550/84, 552). Der Abbau des Hexammins

erfolgt bei langsamer Steigerung der Temp. von 60 auf 235°C und gleichzeitiger Entfernung des gebildeten $NH_3$, W. BILTZ, E. BIRK (*Z. Anorg. Allgem. Chem.* **127** [1923] 34/42, 35), beim Erhitzen auf 200°C, S. A. SHCHUKAREV, T. A. TOLMACHEVA, M. A. ORANSKAYA (*Zh. Obshch. Khim.* **24** [1954] 2093/109, 2096), sowie beim Glühen, s. S. P. L. SÖRENSEN (*Z. Anorg. Allgem. Chem.* **5** [1894] 354/73, 364). Wird $NiCl_2 \cdot C_4H_8O_2$ 6 Std. im Vak. auf 100°C erhitzt, so werden nur 17% des gesamten Dioxans abgespalten; auch durch 4std. Erhitzen auf 160°C bei einem Druck von 2 Torr gelingt keine vollständige Zers., R. C. OSTHOFF, R. C. WEST (*J. Am. Chem. Soc.* **76** [1954] 4732/4).

*By Chlorination of Nickel*

**Durch Chlorierung von Nickel.** Beim Erwärmen von Ni-Pulver im trocknen $Cl_2$-Strom bildet sich eine zusammengebackene Masse, aus der durch mehrmaliges Pulverisieren und Erwärmen im $Cl_2$-Strom reines $NiCl_2$ entsteht, A. POTILITZIN (*Ber.* **17** [1884] 1308/24, 1309). Die $NiCl_2$-Bldg. vollzieht sich dabei unter lebhafter Feuererscheinung, H. ROSE (*Ann. Physik* [2] **20** [1830] 147/64, 156), N. V. SIDGWICK (*The Chemical Elements and their Compounds, Bd.* 2, *Oxford* 1950, S. 1433). Wird $Cl_2$-Gas bei 1010°C durch ein Ni enthaltendes Quarzrohr geleitet, so kondensiert sich an der kalten Wand des Rohres $NiCl_2$, M. F. LEE (*J. Phys. Chem.* **62** [1958] 877/8). Bei Einw. von $Cl_2$ auf Ni beginnt die $NiCl_2$-Bldg. bei 400°C; von 450° an nimmt der Chlorierungsgrad proportional dem Temp.-Anstieg zu. Nach 2std. Einw. sind 78.6% des Metalls chloriert, I. DENISOV (*Izv. Vysshikh Uchebn. Zavedenii Chernaya Met.* Nr. 2 [1959] 58/68, 61). Kinet. Unterss. über die Chlorierung von Ni in Ggw. von $O_2$ oder $H_2O$-Dampf s. S. I. DENISOV (*Nauchn.-Tekhn. Inform. Byul. Leningr. Politekhn. Inst.* **1959** 18/27, *C.A.* **1961** 16091).

Die beim Überleiten eines $Cl_2$-Stroms über einen erhitzten Ni-Draht erfolgende Rk. $Ni_{fest} + Cl_{2\,gasf} = NiCl_{2\,gasf}$ wird bei Tempp. zwischen 1200 und 1728°K, verschiedenen Strömungsgeschww. und Drucken untersucht. Das an der Drahtoberfläche zunächst gebildete NiCl reagiert in gasf. Phase mit $Cl_2$ unter $NiCl_2$-Bldg., J. D. MCKINLEY, K. E. SHULER (*J. Chem. Phys.* **28** [1958] 1207/12). Bei der Korrosion von Ni in trocknem $Cl_2$ soll sich bei 500°C erst nach 6std. Einw. ein matter, dünner $NiCl_2$-Film bilden; oberhalb 540°C entsteht eine dicke, zähe Schicht, zwischen 660° und 740° bilden sich gelbe $NiCl_2$-Flocken, CH. L. ZEITLIN (*Zh. Prikl. Khim.* **28** [1955] 490/6; *J. Appl. Chem. USSR* **28** [1955] 467/72, 468, 471; *Zh. Prikl. Khim.* **27** [1954] 953/8). Im Gegensatz zu diesen Angaben wird die Bldg. von dünnen, dichten $NiCl_2$-Schichten auf Ni in Ggw. von $Cl_2$ schon unterhalb 300°C beobachtet, G. CHAUVIN, H. CORIOU, J. HURE (*Métaux & Corrosion* **32** [1957] 10/17, 15). — $NiCl_2$ entsteht in sehr langsamer Rk. bei der Einw. von trocknem HCl-Gas auf Ni. Bei Verwendung von feinverteiltem, durch Red. von NiO bei tiefer Temp. gewonnenen Ni beginnt die Chloridbldg. schon bei 100°C, G. CRUT (*Bull. Soc. Chim. France* [4] **35** [1924] 550/84, 563). $NiCl_2$ wird durch 2std. Erhitzen von Ni im trocknen HCl-Strom auf 1000°C erhalten, H. SCHÄFER, K. ETZEL (*Z. Anorg. Allgem. Chem.* **301** [1959] 137/53, 145). Beim Zutropfen von geschmolzenem JCl zu feinem Ni-Pulver bildet sich $NiCl_2$ in unvollständiger Rk., V. GUTMANN (*Z. Anorg. Allgem. Chem.* **280** [1955] 78/99, 95). Bldg. von $NiCl_2$ mit ~5.8% NiS-Gehalt durch Umsetzung von Ni-Pulver mit $S_2Cl_2$ bei 400°C im Einschlußrohr, H. FUNK, K.-H. BERNDT, G. HENZE (*Wiss. Z. Martin-Luther-Univ., Halle-Wittenberg* **6** [1957] 815/22, 818).

*By Chlorination of Ni Compounds*

**Durch Chlorierung von Ni-Verbindungen.** Die $NiCl_2$-Bldg. aus NiO und $Cl_2$ beginnt schon unterhalb 400°C. Bei Temp.-Erhöhung auf 600°C werden in 2 Std. 87% des im NiO enthaltenen Ni chloriert. Die bei verschiedener Rk.-Dauer und verschiedenen Tempp. erhaltenen Ausbeuten stimmen mit den Ergebnissen von A. I. TICHONOV, V. I. SMIRNOV (*Vestn. Akad. Nauk Kaz. SSR* **13** [1957] Nr. 6, S. 74/8) überein, während die Resultate von D. P. BOGATSKII (*Zh. Prikl. Khim.* **17** [1944] 346/53, 351) abweichen, I. DENISOV (*Izv. Vysshikh Uchebn. Zavedenii Chernaya Met.* Nr. 2 [1959] 58/68, 61). Über die Kinetik der Chlorierung von NiO in Ggw. von $O_2$ und $H_2O$-Dampf s. S. I. DENISOV (*Nauchn.-Tekhn. Inform. Byul. Leningr. Politekhn. Inst.* **1959** 18/27, *C. A.* **1961** 16091). Die beim Überleiten eines trocknen HCl-Stromes über NiO bei 500°C gebildete $NiCl_2$-Menge ist von der Oxidmenge kaum abhängig und wird durch „Verdünnung" des NiO mit $SiO_2$ nicht beeinflußt, C. CHALÉROUX (*Ann. Chim.* [*Paris*] [13] **5** [1960] 1069/104, 1071, 1080). Darst. durch 8std. Erhitzen von NiO mit $S_2Cl_2$ auf 350°C, H. FUNK, K.-H. BERNDT, G. HENZE (*Wiss. Z. Martin-Luther-Univ., Halle-Wittenberg* **6** [1957] 815/22, 822). Durch $CaCl_2$ wird NiO im Vak. bei 800°C chloriert. Durch Zusätze von $Al_2O_3$, $SiO_2$ und $B_2O_3$ zur Rk.-Mischung wird die Ausbeute verbessert, N. F. NEUMANN (*Diss. Univ. Missouri* 1955, S. 77). Die Chlorierung von NiO mit Chloriden des Kohlenstoffs oder einer Mischung von $Cl_2$ und CO führt bei Rotglut zur Bldg. von $NiCl_2$, H. QUANTIN (*Compt. Rend.* **104** [1887] 223/4), mit $CCl_4$, P. CAMBOULIVES (*Compt. Rend.* **150** [1910] 175/7), und $COCl_2$ bei 550°C, E. CHAUVENET (*Compt. Rend.* **152** [1911] 87/9). Bei 3std. Erhitzen von 20 g $Ni_2O_3$ in 100 ml Hexa-

chlorpropylen unter Rückfluß entsteht $NiCl_2$ in 2%iger Ausbeute neben NiO, B. M. PITT, E. L. WAGNER, A. J. MILLER (AECD-3965 [1955] 6 S., *N.S.A.* **10** [1956] Nr. 3546).

An der Oberfläche von Ni(NO)Br (s. S. 615) bildet sich bei Einw. von $Cl_2$ bei gewöhnl. Temp. eine dünne $NiCl_2$-Schicht. Bei 200°C enthält das Endprod. neben $NiCl_2$ noch unzersetztes Ni(NO)Br; die Rk. zwischen Ni(NO)J (s. S. 626) und $Cl_2$ verläuft bei erhöhter Temp. quantitativ, W. HIEBER, R. NAST (*Z. Anorg. Allgem. Chem.* **244** [1940] 23/47, 40). — $NiCl_2$ bildet sich bei der Rk. von NiS mit $Cl_2$, L. R. v. FELLENBERG (*Ann. Physik* [2] **50** [1840] 61/80, 75). Die Rk. beginnt unterhalb 300°C; vollständiger Umsatz erfolgt in $^1/_2$ Std. bei 500 bis 600°C, I. DENISOV (*l. c.* S. 61, 63). Über die Kinetik der $NiCl_2$-Bldg. bei Einw. von $Cl_2$ auf NiS in Ggw. von $O_2$ und $H_2O$-Dampf s. S. I. DENISOV (*Nauchn.-Tekhn. Inform. Byul. Leningr. Politekhn. Inst.* **1959** 18/27, *C.A.* **1961** 16091). $Ni_3S_2$ wird durch $Cl_2$ in $2^1/_2$ Std. bei 640°C, durch $S_2Cl_2$ in 2 Std. bei 500°C vollständig chloriert, G. G. URAZOV, I. S. MOROZOV, G. V. USTASHCHIKOVA (*Tsvetn. Metal* **1** [1935] 109/30, 111).

$Ni(CO)_4$ und $Cl_2$ reagieren unter Bldg. von $NiCl_2$, das durch Sublimation im $Cl_2$-Strom gereinigt wird, H. SCHÄFER, H. JACOB, K. ETZEL (*Z. Anorg. Allgem. Chem.* **286** [1956] 42/55, 44). Bei der in der Kälte heftig verlaufenden Rk. zwischen $Ni(CO)_4$ und $SOCl_2$ entsteht unter $SO_2$- und $CO_2$-Entw. eine braune, $NiCl_2$ und Schwefel enthaltende Masse, aus der der Schwefel mit $CS_2$ extrahiert werden kann, H. S. TASKER, H. O. JONES (*J. Chem. Soc.* **95** [1909] 1910/8, 1912). Bei vollständigem Umsatz von $Ni(CO)_4$ mit Oxalylchlorid in der Gasphase nach $Ni(CO)_4 + (COCl)_2 \rightleftharpoons NiCl_2 + 6CO$ beträgt der resultierende Dampfdruck das Dreifache des anfänglichen Drucks; in fl. Phase erfolgt die Rk. unter lebhafter Gasentw., H. O. JONES, H. S. TASKER (*J. Chem. Soc.* **95** [1909] 1904/9). Die über $P_2O_5$ getrockneten Verbb. $Ni(CO)_4$ und $CSCl_2$ reagieren in fl. und gasf. Phase miteinander unter $NiCl_2$-Bldg., J. DEWAR, H. O. JONES (*Proc. Roy. Soc.* [*London*] A **88** [1910] 408/13).

Bei Einw. von $Cl_2$ auf $2NiO \cdot SiO_2$ beginnt die Chloridbldg. unterhalb 500°C. Bei 700°C und 2std. Rk.-Dauer werden 44.6% des im Silicat enthaltenen Ni chloriert. Bei der Rk. zwischen $NiFe_2O_4$ und $Cl_2$ setzt die $NiCl_2$-Bldg. bei 500°C ein; bei 700° liegt der Chlorierungsgrad unterhalb 10%, I. DENISOV (*l. c.* S. 64), s. auch D. P. BOGATSKII (*Zh. Prikl. Khim.* **17** [1944] 346/53, 351).

*From Solutions*

**Aus Lösungen.** Ein Gemisch von 8 g Ni-Pulver und 100 ml Äthanol wird unter Rückfluß und Durchleiten eines trocknen $Cl_2$-Stroms erwärmt. Ein Zusatz von weiteren 40 ml Äthanol bewirkt, daß die anfänglich pastöse Mischung während der gesamten Rk.-Zeit von 150 Min. flüssig bleibt. Nach 25 Min. beginnt die Bldg. eines hellgelben $NiCl_2$-Nd., der nach Beendigung der Rk. abfiltriert, durch Dest. auf dem Dampfbad und Absaugen vom Alkohol getrennt, mit wasserfreiem Äther gewaschen und im Vak. 2 Std. bei 100°C getrocknet wird; Ausbeute 39%, R. C. OSTHOFF, R. C. WEST (*J. Am. Chem. Soc.* **76** [1954] 4732/4).

Eine Lsg. von Ni in konz. HCl wird eingedampft; der aus $NiCl_2$ bestehende Rückstand wird bei ~200°C getrocknet, J. THOMSEN (*J. Prakt. Chem.* **13** [1876] 413/28, 417), durch starkes Erhitzen sublimiert, O. L. ERDMANN (*J. Prakt. Chem.* **7** [1836] 249/68, 252). Ein elektrochem. Verf. beruht auf der anod. Auflösung von Ni in einer Zelle, in der die Elektroden horizontal angeordnet und nicht durch ein Diaphragma getrennt sind. Katholyt (~200 g HCl je l) und Anolyt (bis zu 500 g $NiCl_2$ je l) vermischen sich wegen ihrer unterschiedlichen Dichte (1.09 bzw. 1.45) nicht. In der Zelle entsteht eine konz. $NiCl_2$-Lsg., aus der sehr reaktionsfähiges $NiCl_2$ erhalten wird, S. N. LUR'E, N. F. BASHKINA (*Sb. Statei Vses. Nauchn.-Issled. Inst. Khim. Reaktivov i Osobo Chistykh Khim. Veshchestv* **1961** 144/9 nach *C.A.* **57** [1962] 4461). Das durch Fällung einer verd. wss. $NiSO_4$-Lsg. mit $Na_2CO_3$ gebildete $NiCO_3$ wird mit konz. HCl unter $NiCl_2$-Bldg. abgeraucht, K. JELLINEK, R. ULOTH (*Z. Physik. Chem.* [*Leipzig*] **119** [1926] 161/200, 171). — Bei der Rk. einer $Ni(CF_3COO)_2$-Lsg. in $CF_3COOH$ mit in $CF_3COOH$ gelöstem wasserfreiem HCl bildet sich $NiCl_2$ in stöchiometr. Ausbeute, G. S. FUJIOKA, G. H. CADY (*J. Am. Chem. Soc.* **79** [1957] 2451/4).

Gemäß $Ni(CH_3COO)_2 + xH_2O + (2+x)CH_3COCl \rightarrow NiCl_2 + 2(CH_3CO)_2O + xCH_3COOH + xHCl$ wird $NiCl_2$ durch Zusetzen von hydratisiertem Ni-Acetat zu Benzol und Zugabe von überschüssigem Acetylchlorid hergestellt. Nach 30 Min. langem Rühren der Rk.-Mischung wird die überstehende Lsg. vom ausgefallenen $NiCl_2$ abfiltriert. Um vollständige Umsetzung zu erzielen, wird der Rückstand 5 Min. mit Benzol und $CH_3COCl$ gekocht und 12 Std. bei gewöhnl. Temp. gerührt. Nach Abfiltrieren wird das $NiCl_2$ mehrmals in $N_2$-Atm. mit wasserfreiem Benzol gewaschen und bei 200°C in $N_2$-Atm. getrocknet, G. W. WATT, P. S. GENTILE, E. P. HELVENSTON (*J. Am. Chem. Soc.* **77** [1955] 2752/3). — $NiCl_2$ entsteht bei Einw. von $CSCl_2$ auf $Ni(CO)_4$ in trocknem Äther, Petroläther, $CCl_4$ oder $CHCl_3$, J. DEWAR, H. O. JONES (*Proc. Roy. Soc.* [*London*] A **83** [1910] 408/13).

Beim Stehen einer Lsg. von $[(C_2H_5)_4N]_2[NiCl_4]$ in Nitromethan setzt sich wasserfreies $NiCl_2$ in geringen Mengen ab, N. S. GILL, R. S. NYHOLM (*J. Chem. Soc.* **1959** 3997/4007, 4000).

Ni-Dimethylglyoxim reagiert mit wss. HCl unter $NiCl_2$-Bldg., A. K. BABKO, P. B. MIKHEL'SON (*Ukr. Khim. Zh.* 18 [1952] 265/71, 269 nach *C.A.* **1954** 4361).

Über die Abtrennung von wasserfreiem $NiCl_2$ aus einem Gemisch verschiedener Metallhalogenide durch Lösen in einer $LiNO_3$-$KNO_3$-Schmelze und Adsorption an $\gamma$-$Al_2O_3$ s. UNITED STATES ATOMIC ENERGY COMMISION, D. M. GRUEN (*U.S.P.* 2869983 [1957/59], *C.A.* **1959** 8559).

*Preparation in Pure State*

**Reindarstellung.** Aus handelsüblichem $NiCl_2$ wird durch Umkrist. aus wss. HCl, Trocknen in HCl-Atm. und Sublimation im HCl-Strom das Salz rein erhalten, G. C. HOOD, M. M. WOYSKI (*J. Am. Chem. Soc.* **73** [1951] 2738/41).

Reines $NiCl_2 \cdot 6H_2O$ wird im Vak. auf 100 bis 200°C erhitzt und anschließend das $NiCl_2$ bei ~650° sublimiert, C. STARR, F. BITTER, A. R. KAUFMANN (*Phys. Rev.* [2] **58** [1940] 977/83, 978); Durchführung der Sublimation im Vak. bei 800°, J. W. LEECH, A. J. MANUEL (*Proc. Phys. Soc.* [*London*] B **69** [1956] 210/9, 214), B. SARRY (*Z. Anorg. Allgem. Chem.* **280** [1955] 169/73). — Das Hexahydrat wird bei 400° entwässert, anschließend sublimiert und im Vak. bei 160°C über KOH zur Entfernung von HCl getrocknet, G. BRAUER (*Handbuch der präparativen anorganischen Chemie, Stuttgart* 1954, S. 1154), s. auch W. BILTZ, E. BIRK (*Z. Anorg. Allgem. Chem.* **127** [1923] 34/42, 34). Reinigung durch Sublimation bei 800 bis 900°C in HCl-Atm., C. R. BOSTON, G. P. SMITH (*J. Phys. Chem.* **62** [1958] 409/14, 410). Zur Entwässerung und Entfernung von Fe-Spuren wird $NiCl_2 \cdot 6H_2O$ im $Cl_2$-Strom auf 600 bis 700°C erhitzt. Durch anschließendes Erhitzen im $N_2$-Strom bis zur beginnenden Sublimation entsteht bei Zusatz von elektrolytisch gereinigter Ni-Folie reines $NiCl_2$, C. G. MAIER (*Bur. Mines Techn. Pap.* Nr. 360 [1925] 1/54, 31).

$Ni(OH)_2$ wird unter gleichzeitiger Ox. von Co-Verunreinigungen in das Ammoniakat übergeführt. Bei der Fällung des Ammoniakats mit $NH_4Cl$ entsteht $NiCl_2 \cdot 6NH_3$, das sich bei ~250°C unter $NiCl_2$- und $NH_3$-Bldg. zersetzt. $NiCl_2$ wird im trocknen HCl-Strom sublimiert, A. A. BALANDIN, B. V. EROFEEV, K. A. PECHERSKAYA (*Acta Physicochim. URSS* 18 [1943] 157/66, 159).

Durch mehrmaliges Abrauchen von $Ni(NO_3)_2$ mit wss. HCl und Trocknen im $CO_2$-Strom bei 150°C oder im HCl-Strom wird $NiCl_2$ nitratfrei erhalten, K. JELLINEK, A. RUDAT (*Z. Anorg. Allgem. Chem.* **155** [1926] 73/83, 79), K. JELLINEK, G. v. PODJASKI (*Z. Anorg. Allgem. Chem.* **171** [1928] 261/70, 267). Aus einer salzsauren $NiCO_3$-Lsg. werden Co mit NaOCl, Cu und As mit $H_2S$ gefällt. Nach Fällung des Ni aus dem Filtrat mit $Na_2CO_3$ wird der Nd. in wss. HCl gelöst, die Lsg. eingedampft und das als Rückstand erhaltene $NiCl_2$ in reinem $Cl_2$ sublimiert, C. WINKLER (*Z. Anal. Chem.* **6** [1867] 18/21).

## Thermodynamische Daten der Bildung

*Thermodynamic Data of Formation*

*Heat of Formation*

**Bildungswärme** Q in kcal/mol: 75.5 für die Bldg. von $NiCl_2$ aus den Elementen unter Standardbedingungen (25°C, 1 atm), F. D. ROSSINI, D. D. WAGMAN, W. H. EVANS, S. LEVINE, I. JAFFE (*Circ. Natl. Bur. Stand* Nr. 500 [1952] 690), W. M. LATIMER (*The Oxidation States of the Elements and their Potentials in Aqueous Solutions, 2. Aufl., New York* 1952, S. 199); 72.101, K. SANO (*Sci. Rep. Tohoku Univ.* I **37** [1953] 1/8, 7), 73 ± 2, L. BREWER, L. A. BROMLEY, P. W. GILLES, N. L. LOFGREN (*Nat. Nucl. Energy Ser. Div.* IV **19 B** [1950] 76/192, 110). Q = 75.0 für 18°C, 1 atm, F. R. BICHOWSKI, F. D. ROSSINI (*The Thermochemistry of the Chemical Substances, New York* 1936, *Neudruck* 1951, S. 85), G. BECK (*Z. Anorg. Allgem. Chem.* **182** [1929] 332/42, 334), V. V. FOMIN (*Zh. Fiz. Khim.* **27** [1953] 1689/92). Q = 73.6 ± 6.9 (aus der Angabe 3.2 ± 0.3 eV im Original in kcal umgerechnet), calorimetr. bei gewöhnl. Temp. bestimmt: Q = 66.7 ± 6.9 (im Original 2.9 ± 0.3 eV) für 0°K, berechnet nach dem BORN-HABERschen Kreisprozeß, E. THILO (*Die Valenz der Metalle Fe, Co, Ni, Cu und ihre Verbindungen mit Dioximen, Stuttgart* 1932, S. 17). Q = 74.6 bei gewöhnl. Temp., 76.1 bei 0°K, P. MESNAGE (*Ann. Chim.* [*Paris*] [11] **12** [1939] 5/87, 29). Aus dem Wärmeinhalt nach Angaben von P. COUGHLIN (*J. Am. Chem. Soc.* **73** [1951] 5314/5) und E. V. BRICKE, A. F. KAPUSTINSKII (*Thermochemische Konstanten anorganischer Verbindungen, Moskau* 1949, S. 859, 975, 798) wird $Q_{298}$ = 70.5 errechnet, S. A. SHCHUKAREV, T. A. TOLMACHEVA, M. A. ORANSKAYA (*Zh. Obshch. Khim.* **24** [1954] 2093/109, 2104, *C.A.* **1956** 5439), S. A. SHCHUKAREV, M. A. ORANSKAYA (*Zh. Obshch. Khim.* **24** [1954] 2109/19, 2112, 2116, *C.A.* **1956** 6110). $Q_{298.16}$ = 72.974 und $Q_0$ = 73.075, berechnet aus der Bldg.-Wärme von HCl bei Bldg. aus den Elementen und der Wärmetönung der Red. von $NiCl_2$ mit $H_2$, R. H. BUSEY, W. F. GIAUQUE (*J. Am. Chem. Soc.* **75** [1953] 1791/4). Aus dem Red.-Gleichgew. wird für den Temp.-Bereich 573 bis 823°K Q = 69.5 erhalten, S. A. SHCHUKAREV, T. A. TOLMACHEVA,

M. A. ORANSKAYA (*l. c.*). Q = 74.530 für 18 bis 20°C, ber. aus der beim Lösen von Ni in stark verd. HCl auftretenden Lsg.-Wärme, J. THOMSEN (*J. Prakt. Chem.* [2] **13** [1876] 413/28, 428; *Thermochemische Untersuchungen, Bd.* 3, *Leipzig* 1883, S. 298; *Systematisk Gennemførte Thermokemiske Undersøgelsers, Kopenhagen* 1905, S. 306; *Systematische Durchführung thermochemischer Untersuchungen, Stuttgart* 1906, S. 247), G. BRAUER (*Handbuch der präparativen anorganischen Chemie, Stuttgart* 1954, S. 1154), W. HIEBER, H. BEHRENS, U. TELLER (*Z. Anorg. Allgem. Chem.* **249** [1942] 26/42, 33), C. F. BONHOEFFER, H. GRÜSS (in: LANDOLT-BÖRNSTEIN, 5. *Aufl., Bd.* **2**, 1923, S. 1530). Q = 87.7, berechnet aus der Lsg.-Wärme von $NiCl_2 \cdot 6H_2O$ in wss. 6.24 m-HCl bei 25°C, K. B. YATSIMIRSKII, V. V. KHARITONOV (*Zh. Fiz. Khim.* **27** [1953] 799/804, *C. A.* **1955** 2851). Q = 74.69 (Berechnungsmeth. s. S. 529), H. W. ANDERSON, L. A. BROMLEY (*J. Phys. Chem.* **63** [1959] 1115/8).

Für die Rk. $Ni_{gasf} + 2Cl_{gasf} = NiCl_{2\,gasf}$ ergibt sich Q = 176.7 kcal/mol, P. MESNAGE (*l. c.*). — Vergleichende Zusammenstellung der Bldg.-Wärmen wasserfreier Chloride bei gewöhnl. Temp. s. bei W. KROLL (*Metall u. Erz* **36** [1939] 101/6). Über konst. Differenzen zwischen den Bldg.-Wärmen von Verbb. mit gleichem Anionenpaar, wie beispielsweise $CoCl_2$-$CoBr_2$ und $NiCl_2$-$NiBr_2$, s. K. B. YATSIMIRSKII (*Zh. Neorgan. Khim.* **3** [1958] 2244/52, 2250, *C. A.* **1960** 21973). Beziehungen zwischen den Bldg.-Wärmen von Halogeniden und den Vol. der Komponenten, s. O. SCHÜTZ, F. EPHRAIM (*Helv. Chim. Acta* **9** [1926] 920/3). Über die Reihenfolge der Bldg.-Wärmen von Metallhalogeniden im Zusammenhang mit der Spannungsreihe der Metalle, s. G. TAMMANN, H. O. v. SAMSON-HIMMELSTJERNA (*Z. Anorg. Allgem. Chem.* **216** [1934] 288/302). — Aus Rkk. in wss. Lsg. ber. Bldg.-Wärme s. S. 563.

*Free Energy of Formation*

**Freie Bildungsenergie** in kcal/mol $\Delta G^0_{298} = -65.1$, F. D. ROSSINI u. a. (*l. c.* S. 246), W. M. LATIMER (*l. c.*); —61.871, K. SANO (*l. c.*); —62.923, aus dem Red.-Gleichgew. mit $H_2$ berechnet, W. JAHN-HELD, K. JELLINEK (*Z. Elektrochem.* **42** [1936] 401/21, 413); —60.01, S. A. SHCHUKAREV, T. A. TOLMACHEVA, M. A. ORANSKAYA (*l. c.*). Werte für die Änderung der freien Energie $\Delta G$ in kcal/mol, die Gleichgew.-Konst. Kp und die $Cl_2$-Endkonz. c in Vol.-% für die Rk. $Ni + Cl_2 \rightleftharpoons NiCl_2$ im Temp.-Bereich von t = 500 bis 700°C:

| t in °C . . . . . | 500° | 550° | 600° | 650° | 700° |
|---|---|---|---|---|---|
| $-\Delta G$ . . . . . | 49.350 | 47.880 | 46.600 | 45.200 | 44.000 |
| log Kp . . . . | 13.80 | 12.70 | 11.70 | 10.70 | 9.85 |
| c . . . . . . . . | $1.59 \times 10^{-12}$ | $2 \times 10^{-11}$ | $2 \times 10^{-10}$ | $2 \times 10^{-9}$ | $1.43 \times 10^{-9}$ |

I. DENISOV (*Izv. Vysshikh Uchebn. Zavedenii Chernaya Met.* Nr. 2 [1959] 58/68, 61). — Aus thermodynam. Daten wird für $\Delta G°$ (in cal) der Rk. $Ni_{fest} + Cl_{2\,gasf} = NiCl_{2\,fest}$ im Temp.-Bereich (I) 298 bis 626°K, (II) 626 bis 1260°K die Gleichung $\Delta G^0_T = a + b\,T + c\,T^2 + dT\,logT$ abgeleitet; Konst. I) a = —76680, II) —76140; I) b = 64.13, II) 47.40; I) c × $10^3$ = 1.92, II) —0.83; I) d = —10.44, II) —4.15. Für die Rk. $Ni_{fest}$ bzw. $Ni_{fl} + Cl_{2\,gasf} = NiCl_{2\,gasf}$ zwischen 1) 1260 und 1725°K, 2) 1725 und 2273°K wird $\Delta G°$ durch die Formel $\Delta G^0_T = a + bT + cT \cdot logT$ wiedergegeben, wobei die Konstt. a, b und c folgende Werte annehmen: a = 1) —19840; 2) —23200; b = 1) —35.91, 2) —37.62; c = 1) 7.97, 2) 9.10, H. H. KELLOGG (*J. Metals* **2** [1950] *Trans.* **188** 862/72, 869). $\Delta G^0_{1073°K} = -39.723$, berechnet mit der von H. H. KELLOGG (*l. c.*) für das Temp.-Gebiet II abgeleiteten Gleichung, N. F. NEUMANN (*Diss. Univ. Missouri* 1955, S. 34). In Fehlergrenzen von ± 4 bzw. ± 5 kcal kann $\Delta G°$ in den Temp.-Gebieten 298 bis 1260°K und 1260 bis 1800°K nach $\Delta G^0_T = -75\,900 + 54.94T - 6.9\,T\,logT$ bzw. $\Delta G^0_T = 20670 - 25.95T + 5.0T\,logT$ berechnet werden, H. VILLA (*J. Soc. Chem. Ind.* [*London*] *Suppl.* Nr. 1 **69** [1950] 9/18, 15).

*Entropy of Formation and Equilibrium Constant of Formation*

**Bildungsentropie und Gleichgewichtskonstante der Bildung.** $\Delta S_{298} = -34.33$ cal·mol⁻¹·grd⁻¹, aus dem Gleichgew. $NiCl_2 + H_2 \rightleftharpoons Ni + 2HCl$ berechnet, K. SANO (*Sci. Rep. Tohoku Univ.* I **37** [1953] 1/8, 7), $\Delta S = -31.5$ $cal \cdot mol^{-1} \cdot grd^{-1}$ zwischen 573 und 823°K, S. A. SHCHUKAREV, T. A. TOLMACHEVA, M. A. ORANSKAYA (*Zh. Obshch. Khim.* **24** [1954] 2093/109, 2104). — Gleichgew.-Konst. der Bldg. bei 25°C: lgK = 47.72, F. D. ROSSINI, D. D. WAGMAN, W. H. EVANS, S. LEVINE, I. JAFFE (*Circ. Natl. Bur. Stand.* Nr. 500 [1952] 246). Der Wert $(\Delta G - \Delta H_{298})/T$ in cal/grd ergibt für die Tempp. 298.1, 500 und 1000°K 34.8, 35.0 und 33.9; für $NiCl_{2\,fl}$ gilt bei 1500°K der Wert 31.2, L. BREWER, L. A. BROMLEY, P. W. GILLES, N. L. LOFGREN (*Nat. Nucl. Energy Ser. Div.* IV **19 B** [1950] 76/192, 110).

*Physical Properties*

## Physikalische Eigenschaften

*Structural and Crystallographic Properties. Lattice Structure*

**Strukturelle und kristallographische Eigenschaften.** **Gitterstruktur.** $NiCl_2$ besitzt eine rhomboedr. Elementarzelle, bildet ein Schichtengitter vom C 19-Typ, s. „*Cadmium*" *Erg.-Bd.*, S. 467, R. GLOCKER

(*Materialprüfung mit Röntgenstrahlen*, 4. *Aufl.*, *Berlin-Göttingen-Heidelberg* 1958, S. 284). Raumgruppe R3m–$D_{3d}^5$; die von V. M. GOLDSCHMIDT, T. BARTH, G. LUNDE, W. ZACHARIASEN (*Geochemische Verteilungsgesetze der Elemente VII*, *Oslo* 1926, S. 1/117, 76) geäußerte Vermutung, daß $NiCl_2$ zum $MoS_2$-Typ gehört, wird auf Grund der OFTEDALschen Strukturunterss. widerrufen, V. M. GOLDSCHMIDT (*Geochemische Verteilungsgesetze der Elemente VIII*, *Oslo* 1926, S. 1/156, 53). Jedes Ni-Ion ist von 6 Cl-Ionen umgeben, die ungefähr an den Ecken eines regulären Oktaeders sitzen, das 6 Kanten mit anderen Oktaedern gemeinsam hat, so daß eine Schicht gebildet wird, L. PAULING (*Proc. Nat. Acad. Sci. U.S.* **15** [1929] 709/12). — Über Struktur und Wachstum dünner, auf $NH_4Cl$ aus wss. Lsg. adsorbierten $NiCl_2$-Schichten s. D. BALAREV, E. KIROVA (*Annuaire Fac. Sci. Phys. Mat. Chem.* [*Sofia*] **47** [1952] 53/67, *C.A.* **1953** 9711).

Für die rhomboedr. Elementarzelle (Z = 1) ergibt sich a = 6.13 kX, $\alpha$ = 33°36′, für die hexagonale (Z = 3) a = 3.54, c = 17.32 kX, c/a = 4.89, G. BRUNI, A. FERRARI (*Z. Krist.* **89** [1934] 499/504, 503), A. FERRARI, G. BRUNI (*Atti Accad. Naz. Lincei Rend. Classe Sci. Fis. Mat. Nat.* [6] **6** [1927] 56/9). Zum Vergleich mit den Achsenverhältnissen der isomorphen Verbb. $MgCl_2$, $ZnCl_2$, $MnCl_2$, $CdCl_2$ und $FeCl_2$ s. A. FERRARI (*Atti III° Congr. Naz. Chim. Pura Appl.* 1929, S. 452/60, 455). — Der kleinste Abstand zwischen 2 Ni-Atomen derselben Ni-Ebene beträgt **3.544 kX**, in zwei aufeinanderfolgenden Ni-Ebenen, die durch zwei Cl-Schichten getrennt sind, 5.78 kX, C. STARR (*Phys. Rev.* [2] **58** [1940] 984/92, 988). — Zahlenwerte für die Abstände von 18 Netzebenen im $NiCl_2$-Gitter und quantitative Kennzeichnung ihrer relativen Intensitäten im Röntgendiagramm mit MoK$\alpha$-Strahlung s. bei J. D. HANAWALT, H. W. RINN, L. K. FREVEL (*Ind. Eng. Chem. Anal. Ed.* **10** [1938] 457/512, 496).

**Bindungsart.** Nach Bestt. der Elektronendichte und Berechnung der Elektronenverteilung in verschiedenen Richtungen des Kristallgitters ist die chem. Bindung in einfachen Verbb. wie $NiCl_2$ komplex, N. V. AGEEV (*Izv. Akad. Nauk SSSR Otd. Khim. Nauk* **1954** 176/83). *Type of Bond*

**Gitterenergie** $U_{kr}$ in kcal/mol. Aus thermochem. Daten nach dem Modell des BORN-HABERschen Kreisprozesses ergibt sich $U_{kr}$ = 658, L. H. AHRENS, D. F. C. MORRIS (*J. Inorg. & Nucl. Chem.* **3** [1956] 270/80, 271), 660, M. KH. KARAPET'YANTS (*Zh. Fiz. Khim.* **28** [1954] 1136/52, 1151); Werte zwischen 629 und 647 s. bei A. F. KAPUSTINSKII, B. K. VESELOVSKII (*Zh. Fiz. Khim.* **5** [1934] 64/72, 66; *Z. Physik. Chem.* B **22** [1933] 261/6, 263), K. B. YATSIMIRSKII (*Zh. Obshch. Khim.* **17** [1947] 169/74; *Izv. Akad. Nauk SSSR Otd. Khim. Nauk* **1948** 590/8, 593), S. A. SHCHUKAREV, M. A. ORANSKAYA (*Zh. Obshch. Khim.* **24** [1954] 2109/19, 2112), YA. A. UGAI (*Trudy Voronezh. Univ.* **42** [1956] 35/6). — Halbempirische Werte: $U_{kr}$ = 578, A. F. KAPUSTINSKII (*Zh. Obshch. Khim.* **13** [1943] 497/502, 499; *Acta Physicochim. URSS* **18** [1943] 370/7); mit Hilfe von Ionisierungsarbeiten und Grenzlösungswärme ber.: $U_{kr}$ = 642, K. B. YATSIMIRSKII (*l. c.*). Aus der Elektronenstruktur der gitterbildenden Atome ergibt sich $U_{kr}$ = 571.0, E. S. SARKISOV (*Zh. Fiz. Khim.* **28** [1954] 627/36, 632). *Lattice Energy*

Die Kristallfeld-Stabilisierungsenergie (s. S. 530) ermittelt K. B. YATSIMIRSKII (*Zh. Neorgan. Khim.* **3** [1958] 2244/52, 2245, 2247; *Russ. J. Inorg. Chem.* **3** Nr. 10 [1958] 26/36, 29) zu 31 kcal/mol.

**Paramagnetische Resonanzabsorption.** Infolge der Wechselwrkg. mit den umgebenden Ionen ist die bei 9516 MHz registrierte Absorptionslinie des $Ni^{2+}$-Ions sehr breit (Halbwertsbreite 2020 Oe), der effektive g-Faktor ist 2.21, Y. TING, D. WILLIAMS (*Phys. Rev.* [2] **82** [1951] 507/10). *Paramagnetic Resonance Absorption*

**Kristallform.** $NiCl_2$ kristallisiert in pseudokub. Rhomboedern, G. BRUNI, A. FERRARI (*Z. Krist.* **89** [1934] 499/504, 503), A. FERRARI (*Atti Accad. Naz. Lincei Rend. Classe Sci. Fis. Mat. Nat.* [6] **6** [1927] 56/9). Es bildet kristalline Schuppen, L. R. v. FELLENBERG (*Ann. Physik* [2] **50** [1840] 61/80, 75), O. L. ERDMANN (*J. Prakt. Chem.* **7** [1836] 249/68, 252), oder Kristallblättchen, W. BILTZ, E. BIRK (*Z. Anorg. Allgem. Chem.* **127** [1923] 34/42, 34), W. FISCHER, R. GEWEHR (*Z. Anorg. Allgem. Chem.* **222** [1935] 303/11, 310), A. NEUHAUS (*Chem. Erde* **5** [1930] 554/624, 579). $NiCl_2$-Schüppchen von weicher talkartiger Beschaffenheit entstehen bei der Darst. aus den Elementen, H. ROSE (*Ann. Physik* **20** [1830] 147/64, 156), Pseudomorphosen nach den regulären Oktaedern der Ausgangssubst. bei Abbau des Hexammins, W. BILTZ, E. BIRK (*l. c.* S. 35). — $NiCl_2$ ist isomorph mit den Chloriden $MgCl_2$, $CoCl_2$, $FeCl_2$, $MnCl_2$ und $CdCl_2$, bei denen das Achsenverhältnis c/a mit zunehmendem Radius der Metall-Ionen regelmäßig abnimmt, A. FERRARI (*l. c.*), O. TRAPEZNIKOWA, G. MILJUTIN (*Physik. Z. Sowjetunion* **11** [1937] 55/9). *Crystal Form*

**Mechanische und thermische Eigenschaften. Dichte** D in g/cm³. Röntgendichte D = 3.54, A. FERRARI, G. BRUNI (*Atti Accad. Naz. Lincei Rend. Classe Sci. Fis. Mat. Nat.* [6] **6** [1927] 56/9). — Pyknometrisch in Toluol bestimmte Dichte: $D^{25}$ = **3.544**, G. P. BAXTER, F. A. HILTON (*J. Am.* *Mechanical and Thermal Properties. Density*

*Chem. Soc.* **45** [1923] 700/2). Analog wie bei $NiBr_2$ unterscheiden W. Biltz, E. Birk (*Z. Anorg. Allgem. Chem.* **127** [1923] 34/42, 37) 2 Formen: sublimiertes $NiCl_2$ und durch Abbau des Hexammins hergestelltes $NiCl_2$ mit den Werten $D^{25} = 3.521$ bzw. 3.508. — Wert ohne Temp.-Angabe: D = 3.444, H. Ollivier (in: Centre National de la Recherche Scientifique, *Le magnétism, Bd.* 1, *Paris* 1940, S. 141/82, 176). Ältere Angaben für D s. bei H. Schiff (*Liebigs Ann. Chem.* **108** [1858] 21/32, 26), J. H. Long (*Ann. Physik* [3] **9** [1880] 613/41, 634).

*Vapor Pressure. Sublimation Temperature. Heat of Sublimation*

**Dampfdruck** p in Torr. **Sublimationstemperatur** $T_s$. **Sublimationswärme** $L_s$ in kcal/mol. Nach der Mitführungsmeth. bestimmter Dampfdruck zwischen 973 und 1056°K:

| T in °K . . . . | 973 | 993 | 1010 | 1015 | 1025 | 1036 | 1056 |
|---|---|---|---|---|---|---|---|
| p . . . . . . . . | 1.59 | 3.04 | 4.94 | 5.28 | 6.66 | 9.54 | 13.29 |

Interpolationsformel lg p = A—B/T mit A = 12.051 ± 0.32, B = 11499 ± 330; mit Hilfe von neueren Enthalpiewerten ergibt sich (p in atm) $\lg p = 16.5399 - 13263.4/T + 0.1300 \times 10^5/T^2 - 0.3453 \times 10^{-3}T - 1.7615 \lg T$ und hieraus $T_s = 1243$°K, $L_s = 53.81$ bei 1 atm, $L_s = 59.11$ bei 298°K. Durch direkte Messung ergibt sich $T_s = 1241$°K bei 730 Torr, H. Schäfer, L. Bayer, G. Breil, K. Etzel, K. Krehl (*Z. Anorg. Allgem. Chem.* **278** [1955] 300/9). Ausführliche Beschreibung der Vorverss. und Vergleiche mit den von C. G. Maier (*U.S. Bur. Mines Techn. Pap.* Nr. 360 [1925] 1/54, 32) erhaltenen Meßergebnissen s. bei G. Breil (*Diss. Stuttgart T.H.* 1952, S. 45/76). Aus den Ergebnissen einer der beiden Meßreihen von C. G. Maier (*l. c.*) leitet K. K. Kelley (*U.S. Bur. Mines Bull.* Nr. 383 [1935] 1/132, 73) $T_s = 1260$°K, $L_s = 54.700 - 3.07\ T - 1.56 \times 10^{-3}\ T^2$ und für die freie Sublimationsenergie die Formel $\Delta F_s = 54.700 + 7.07\ T \lg T + 1.56 \times 10^{-3}\ T^2 - 67.29\ T$ ab; s. auch L. Brewer (*Nat. Nucl. Energy Ser. Div. IV* **19** B [1950] 192/275, 202). Zwischen 615 und 735°K steigt p von $1.7 \times 10^{-7}$ auf $2.2 \times 10^{-4}$, R. H. Busey, W. F. Giauque (*J. Am. Chem. Soc.* **75** [1953] 1791/4). — Über den $Cl_2$-Druck über wasserfreiem $NiCl_2$ zwischen 573 und 723°K s. K. Jellinek, R. Uloth (*Z. Physik. Chem.* **119** [1926] 161/200, 176), E. Berger, G. Crut (*Compt. Rend.* **173** [1921] 977/9).

Ber. Wert für 0°K: $L_s = 62.96$, K. V. Butkov, I. A. Voitsekhovskaya (*Zh. Fiz. Khim.* **18** [1944] 409/18; *Z. Physik. Chem.* B **49** [1941] 131/44, 138).

*Melting Point. Heat of Fusion*

**Schmelzpunkt** $t_f$. **Schmelzwärme** $L_f$ in kcal/mol. $NiCl_2$ schmilzt bei 1009.1 ± 0.3°C, J. W. Johnson, D. Cubicciotti, C. M. Kelley (*J. Phys. Chem.* **62** [1958] 1107/9). Dadurch praktisch bestätigte Werte: $t_f = 1001$°C, W. Fischer, R. Gewehr (*Z. Anorg. Allgem. Chem.* **222** [1935] 303/11, 308), 1007 bis 1010°C, G. P. Jones (*Royal School of Mines, Private Communication*). Bei der Best. des Wärmeinhalts von sehr reinem $NiCl_2$ findet J. P. Coughlin (*J. Am. Chem. Soc.* **73** [1951] 5314/5) $t_f = 1030$°C, $L_f = 18.47$. — Aus der beim Lösen von Ni in $NiCl_2$-Schmelze auftretenden Gefrierpunktserniedrigung und der Konz. des gelösten Ni wird $L_f$ zu 9.150 berechnet, J. W. Johnson u. a. (*l. c.*).

*Enthalpy. Specific Heat. Entropy*

**Wärmeinhalt** H in cal/mol. **Wärmekapazität** $C_p$ in cal·mol⁻¹·grd⁻¹. **Entropie** S in cal·mol⁻¹·°K⁻¹. Bei calorimetr. Unterss. zwischen 376.3 und 1336°K ergeben sich:

| T in °K . . . | 400 | 500 | 600 | 700 | 800 | 900 | 1000 | 1100 | 1200 | 1300 | 1303 |
|---|---|---|---|---|---|---|---|---|---|---|---|
| $H_T-H_{298.16}$ . . | 1800 | 3650 | 5545 | 7465 | 9400 | 11360 | 13350 | 15390 | 17510 | 19750 | 19820 |
| $S_T-S_{298.16}$ . . | 5.18 | 9.31 | 12.76 | 15.72 | 18.30 | 20.61 | 22.71 | 24.65 | 26.50 | 28.29 | 28.34 |

Interpolationsformel: $H_T - H_{298.16} = 17.50\ T + 1.58 \times 10^{-3}T^2 + 1.19 \times 10^5/T - 5757$; für fl. $NiCl_2$ gilt $H_T - H_{298.16} = 24.00\ T + 7020$ und $S_T - S_{298.16} = 42.52$ bei 1303°K, 43.37 bei 1350°K, J. P. Coughlin (*J. Am. Chem. Soc.* **73** [1951] 5314/5). Dadurch sind die um durchschnittlich 6% höheren Werte von A. N. Krestovnikov, G. A. Karetnikov (*Zh. Obshsch. Khim.* **6** [1936] 955/61, 959) überholt.

Meßwerte für den Bereich 15 bis 300°K (in Auswahl):

| T in °K . . | 15 | 25 | 35 | 45 | 50 | 52 | 52.35 | 54 | 60 | 70 | 80 |
|---|---|---|---|---|---|---|---|---|---|---|---|
| $(H_T-H_0)/T$ | 0.115 | 0.391 | 0.777 | 1.304 | 1.640 | 1.799 | 1.830 | 1.949 | 2.327 | 2.938 | 3.549 |
| $C_p$ . . . . | 0.461 | 1.206 | 2.352 | 4.052 | 5.385 | 6.321 | 6.825 | 5.529 | 6.017 | 7.216 | 8.411 |
| $S_T$ . . . . | 0.168 | 0.563 | 1.140 | 1.932 | 2.413 | 2.640 | 2.683 | 2.860 | 3.464 | 4.479 | 5.522 |

| T in °K . . | 100 | 120 | 140 | 160 | 180 | 200 | 220 | 240 | 260 | 280 | 298.16 |
|---|---|---|---|---|---|---|---|---|---|---|---|
| $(H_T-H_0)/T$ | 4.732 | 5.826 | 6.809 | 7.680 | 8.447 | 9.125 | 9.729 | 10.265 | 10.744 | 11.175 | 11.531 |
| $C_p$ . . . . | 10.46 | 12.07 | 13.29 | 14.22 | 14.92 | 15.52 | 15.97 | 16.34 | 16.65 | 16.91 | 17.13 |
| $S_T$ . . . . | 7.626 | 9.681 | 11.637 | 13.475 | 15.192 | 16.797 | 18.298 | 19.703 | 21.023 | 22.266 | 23.334 |

(Angaben für die freie Energie $(G_T - H_0)/T = (H_T - H_0)/T - S_T$ im Original), R. H. Busey, W. F. Giauque (*J. Am. Chem. Soc.* **74** [1952] 4443/6). Bei den Messungen von O. Trapeznikowa,

L. Schubnikow, G. Miljutin (*Physik. Z. Sowjetunion* **9** [1936] 237/53, 245) im Bereich von 12.86 bis 128.93°K muß nach R. H. Busey, W. F. Giauque (*l. c.*) ein systemat. Fehler vorgelegen haben, da auf andere Weise die erheblich höheren $C_p$-Werte (um 60% bei 15°K, um etwa 10% oberhalb 40°K) nicht zu erklären sind. — Aus dem Red.-Gleichgew. wird $S_{298} = 26.10$ berechnet, K. Sano (*Sci. Rep. Tohoku Univ. First. Ser.* **37** [1953] 1/8, 7). Für $NiCl_2$-Dampf gibt K. K. Kelley (*U.S. Bur. Mines Bull.* Nr. 383 [1935] 1/132, 73) auf Grund der Messungen von C. G. Maier (*U.S. Bur. Mines Tech. Papers* Nr. 360 [1925] 1/54, 32) $C_p = 14$ an. Geschätzte Werte für die freie Energie zwischen 298 und 1500°K s. bei L. Brewer, G. R. Somayajulu, E. Brackett (*Chem. Rev.* **63** [1963] 111/21, 115). — Über eine empir. Beziehung zwischen Standardentropie und Molvol. s. E. T. Turkdogan, J. Pearson (*J. Appl. Chem.* [*London*] **3** [1953] 495/501, 498).

**Optische Eigenschaften. Farbe.** $NiCl_2$ ist hellgelb oder goldgelb bis braungelb und glänzt metallisch, s. beispielsweise W. N. Hartley (*Sci. Trans. Roy. Dublin Soc.* [2] **7** [1900] 253/302, 302), A. Potilitzin (*Ber. Deut. Chem. Ges.* **17** [1884] 1308/24, 1309), W. Fischer, R. Gewehr (*Z. Anorg. Allgem. Chem.* **222** [1935] 303/11, 310). Die Färbung rührt von einer Lichtabsorption her, die sich erst bei bestimmter Schichtdicke bemerkbar macht, H. Fesefeldt (*Z. Physik* **64** [1930] 741/8, 746). *Optical Properties. Color*

**Reflexionsvermögen.** Im Bereich zwischen 10000 und 30000 $cm^{-1}$ liegen Reflexionsmax. bei 12900 und 22100 $cm^{-1}$, R. W. Asmussen, O. Bostrup (*Acta Chem. Scand.* **11** [1957] 745/6). *Reflectivity*

**Absorptionsspektrum.** Ein Absorptionsmax. von kristallinem wasserfreiem $NiCl_2$ liegt bei 444 mμ, S. Datta, M. Deb (*Phil. Mag.* [7] **20** [1935] 1121/36, 1126). Im UV liegt ein Absorptionsmax. bei ~255 mμ, H. Fesefeldt (*l. c.* S. 747). — In Ggw. von überschüssigem Ni werden breite, verwaschene Banden (Halbwertsbreite ~10 mμ) mit den Max. 330.0, 275.0, 255.0 und 242.5 mμ beobachtet, die dem Metall zugeschrieben werden können, P. N. Kochanenko (*Zh. Eksperim. i Teor. Fiz.* **26** [1954] 120/3). Ältere Angaben über die Durchlässigkeit s. bei J.-L. Soret (*Arch. Sci. Phys. Nat.* **61** [1878] 322/59, 329). Die Verschiebung der bei 7550, 12560 und 22570 $cm^{-1}$ liegenden Absorptionsmax. bei Einw. von Druck auf das untersuchte $NiCl_2$-Pulver entspricht einer Zunahme der Kristallfeldstärke, J. C. Zahner, H. G. Drickamer (*J. Chem. Phys.* **35** [1961] 1483/90). — Das zwischen 3500 und 38000 $cm^{-1}$ untersuchte Absorptionsspektrum von $NiCl_2$-Dampf weist im Bereich von 2800 bis 3600 Å starke Absorption auf, die der monomeren Molekel (vgl. S. 537) zugeschrieben wird. Bei Temp.-Erhöhung um 150° erfolgt keine Veränderung des Spektrums, J. T. Hougen, G. E. Leroi, T. C. James (*J. Chem. Phys.* **34** [1961] 1670/7), E. Miescher (*Helv. Phys. Acta* **11** [1938] 463/8). — Das Absorptionsmax. von $NiCl_2$ (0.004 bis 0.01 Gew.-%) in $MgCl_2$-KCl-NaCl-Eutektikum im Bereich von 230 bis 400 mμ liegt bei 430°C bei 295 mμ, N. W. Silcox, H. M. Haendler (*J. Phys. Chem.* **64** [1960] 303/6). *Absorption Spectrum*

**Fluorescenz** wird an $NiCl_2$ im Licht des Eisenbogens nicht beobachtet, M. Haitinger, F. Feigl, A. Simon (*Mikrochemie* **10** [1931/32] 117/28, 126). *Fluorescence*

**Elektrische und magnetische Eigenschaften. Suszeptibilität.** Wegen der Isomorphie mit $CoCl_2$ und wegen der Ähnlichkeit des $Ni^{2+}$- und des $Co^{2+}$-Ions verhält sich $NiCl_2$ sehr ähnlich wie $CoCl_2$ (vgl. „*Kobalt*" *Tl.* A *Erg.-Bd.*, S. 542/4). Ein auffallender Unterschied gegenüber $CoCl_2$ ist die Isotropie; Einkristalle haben parallel zur dreizähligen Achse die gleiche Susz. wie senkrecht dazu, H. Bizette, C. Terrier, Belling Tsai (*Compt. Rend.* **243** [1956] 1295/7). In Feldern bis zu 500 kOe bleibt die Susz. konst., R. Stevenson (*Can. J. Phys.* **40** [1962] 1385/93, 1388). *Electric and Magnetic Properties. Susceptibility*

$NiCl_2$ ist oberhalb ~50°K paramagnetisch; bei gewöhnl. Temp. liegt die spezif. Susz. $\chi$ (in $10^{-6}$ $cm^3/g$) zwischen 46 und 48, die Molsusz. $\chi_{mol}$ (in $10^{-3}$ $cm^3/mol$) zwischen 6.1 und 6.3. Das Curie-Weisssche Gesetz $1/\chi_{mol} = (T - \Theta_p)/C_{mol}$ gilt oberhalb ~140°K; zwischen 140 und 50°K verläuft die $1/\chi_{mol}$-T-Kurve oberhalb der Geraden nach Curie-Weiss. — Ausgewählte Werte für $\chi$: 46.7 bei 18.1°C, K. Honda, T. Ishiwara (*Sci. Rep. Tohoku Imp. Univ. First Ser.* **4** [1915] 215/70, 232), 46.87 (umgerechnet aus $\chi_{mol} = 6.074$) bei 296.0°K, A. Serres (*Ann. Phys.* [*Paris*] [10] **20** [1933] 441/77, 462), 48.05 (umgerechnet aus $\chi_{mol} = 6.227$) bei 292.0°K, P. Laurent (*J. Phys. Radium* [7] **9** [1938] 331/6, 335), 48.2 bei 293°K, W. Klemm, W. Schüth (*Z. Anorg. Allgem. Chem.* **210** [1933] 33/56, 45). In älteren Arbeiten werden kleinere $\chi$-Werte angegeben; s. beispielsweise T. Ishiwara (*Sci. Rep. Tohoku Imp. Univ. First Ser.* **3** [1914] 303/19, 313), P. Théodoridès (*Compt. Rend.* **171** [1920] 948/50; *J. Phys. Radium* [6] **3** [1922] 1/19, 12), H. R. Woltjer (*Koninkl. Ned. Akad. Wetenschap. Verslag Gewone Vergader. Afdel. Nat.* **34** [1925] 494/501, 497). — Wird die Abscheidung von $NiCl_2$ aus alkohol. Lsg. im Magnetfeld von 18500 Oe vorgenommen, so ist die Susz. der so erhaltenen Probe um 0.42% größer als die einer ohne Feld krist. Probe, L. A. Welo (*Phys. Rev.* [2] **34** [1929] 296/9).

Nach Unterss. an wss. Lsgg. (Konz. 4.11 und 10.14 Gew.-%) ist der Beitrag des gelösten $NiCl_2$ zur Susz. der Lsgg. nur $\chi = 33.97$ bei gewöhnl. Temp., H. P. ISKENDERIAN (*Phys. Rev.* [2] **52** [1937] 1244/5).

Parameter der CURIE-WEISSschen Gleichung ($\Theta_p$ in °K, $C_{mol}$ in °K cm³/mol):

| $\Theta_p$ | $C_{mol}$ | Literatur |
|---|---|---|
| 67 | 1.33 | H. BIZETTE u. a. (*l. c.*) |
| 67 ± 2 | 1.34 | K. KIDO, T. WATANABE (*J. Phys. Soc. Japan* **14** [1959] 1217/24, 1219) |
| 68.2 | 1.36 | C. STARR, F. BITTER, A. R. KAUFMANN (*Phys. Rev.* [2] **58** [1940] 977/83, 981) |
| 68.6 | — | B. CABRERA, A. DUPERIER (*Anales Real Soc. Espan. Fis. Quim.* [*Madrid*] **29** [1931] 5/14, 10) |
| 67 | 1.062 | H. R. WOLTJER (*l. c.* S. 498) |

Die $1/\chi_{mol}$-T-Kurve verläuft oberhalb 540°K flacher; unterhalb 510°K gilt $\Theta_p = 71$°K, $C_{mol} = 1.317$, oberhalb 540°K ist $\Theta_p = 28$°K, $C_{mol} = 1.503$, P. LAURENT (*l. c.*). Auch von P. THÉODORIDÈS (*l. c.*) wird die $1/\chi_{mol}$-T-Kurve durch 2 Geraden approximiert, jedoch für die Bereiche 0 bis 130°C und 150 bis 500°C. Auf eine einzige Gerade lassen sich die Meßdaten zurückführen, wenn für $\chi_{mol}$ der Term $(\chi_{mol} - 0.284) \times 10^{-3}$ cm³/mol gesetzt wird; mit der so modifizierten Formel erhält A. SERRES (*l. c.* S. 465, 462) aus den Ergebnissen von P. THÉODORIDÈS (*l. c.*) $\Theta_p = 93.1$°K, aus eigenen Meßwerten im Bereich von 296 bis 732°K den Wert $\Theta_p = 95.4$°K. Aus den Meßreihen von T. ISHIWARA (*l. c.*) und K. HONDA, T. ISHIWARA (*l. c.*) ermittelt A. SERRES (*l. c.*) $\Theta_p = 96$°K, während B. CABRERA (*J. Chim. Phys.* **16** [1918] 442/501, 464; *Anales Real Soc. Espan. Fis. Quim.* [*Madrid*] **16** [1918] 436/49, 445) aus denselben Ergebnissen (ohne den Zusatzterm) $\Theta_p = 73$°K erhält. — Zusammenfassung älterer Daten s. bei C. J. GORTER (*Arch. Musée Teyler* [3] **7** [1933] 183/294, 272). Zur Temp.-Abhängigkeit von $\chi$ zwischen 14 und 80°K s. L. W. SCHUBNIKOW, S. S. SCHALYT (*Physik. Z. Sowjetunion* **11** [1937] 566/70). Über die Susz. von an Holzkohle und Silikagel adsorbiertem $NiCl_2$ s. S. S. BHATNAGAR, K. N. MATHUR, P. L. KAPUR (*Indian J. Phys.* **3** [1928] 53), M. T. ROGERS, R. VANDER VENNEN (*J. Am. Chem. Soc.* **75** [1953] 1751/2).

*Magnetic Transformation*

**Magnetische Umwandlung.** Bei ~50°K findet in $NiCl_2$ eine magnet. Umwandlung statt, die sich durch ein Max. der Susz. $\chi$ bemerkbar macht. Unterhalb 50°K hängt $\chi$ von der Feldstärke ab. Wie bei $CoCl_2$ (vgl. „*Kobalt*" *Tl.* A *Erg.-Bd.*, S. 542) ist die Frage, in welchen Zustand $NiCl_2$ dann übergeht, nicht ohne weiteres entscheidbar. Hinzu kommt die ungewöhnliche Tatsache, daß auf das Max. von $\chi$, das je nach der Feldstärke zwischen 52°K (bei 4500 Oe) und 46°K (bei 24500 Oe) liegt, ein Minimum bei 33°K folgt, H. BIZETTE, C. TERRIER, BELLING TSAI (*Compt. Rend.* **243** [1956] 1295/7). Da im übrigen die magnet. Eigg. von $NiCl_2$ unterhalb des Umwandlungspunktes denen von $CoCl_2$ sehr ähnlich sind, wird von L. LANDAU (*Physik. Z. Sowjetunion* **4** [1933] 675/9) das Modell der schichtweise antiparallel ausgerichteten Spins der paramagnet. Ionen auch für $NiCl_2$ vorgeschlagen; zur Weiterentw. dieses Modells s. B. H. SCHULTZ (*Physica* [*den Haag*] **7** [1940] 413/31). Eine Gruppe von sog. „metamagnetischen" Stoffen, in die nach C. STARR (*Phys. Rev.* [2] **58** [1940] 984/92, 987) und H. BIZETTE (*Ann. Phys.* [*Paris*] [12] **1** [1946] 233/334, 327; *J. Phys. Radium* [8] **12** [1951] 161/9, 167) auch $NiCl_2$ gehört, sollte nach G. FOËX (*Cahiers Phys.* Nr. 18 [1943] 1/14) und J. BECQUEREL (*Mém. Sci. Phys.* Nr. 49 [1947] 1/77, 22) nicht gebildet werden; vielmehr handelt es sich bei diesen Stoffen um Antiferromagnetika besonderer Art. Dementsprechend wird $NiCl_2$ von A. B. LIDIARD (*Rept. Progr. Phys.* **17** [1954] 201/44, 240), T. NAGAMIYA, K. YOSIDA, R. KUBO (*Advan. Phys.* **4** [1955] 1/112, 16) und J. A. HOFFMANN, A. PASKIN, K. J. TAUER, R. J. WEISS (*Phys. Chem. Solids* **1** [1956] 45/60, 56) zu den Antiferromagnetika gezählt. Demgegenüber gibt L. NÉEL (*Compt. Rend.* **242** [1956] 1549/54; *Izv. Akad. Nauk SSSR Ser. Fiz.* **21** [1957] 890/903) für die Besonderheiten der „metamagnetischen" Stoffe eine theoret. Deutung, wonach für diese Verbb. ein besonderer Terminus gerechtfertigt ist; vgl. auch J. KANAMORI (*Progr. Theoret. Phys.* [*Kyoto*] **20** [1958] 890/908), M. E. LINES (*Phys. Rev.* [2] **131** [1963] 546/55). Antiferromagnetisch im üblichen Sinne kann $NiCl_2$ vor allem deswegen nicht sein, weil zwischen den beiden Schichten von Cl-Ionen, die sich zwischen je 2 Schichten von Ni-Ionen befinden (vgl. S. 543), keine chem. Bindung besteht, so daß die zur antiparallelen Ausrichtung des Spins in benachbarten Ni-Schichten notwendige Austauschwechselwrkg. nach keinem der sonst bekannten Modelle zustande kommen kann, J. W. LEECH, A. J. MANUEL (*Proc. Phys. Soc.* [*London*] B **69** [1956] 220/30, 223).

Aus der Feldabhängigkeit der molaren Magnetisierung ergibt sich die Anfangssusz. bei 13.9 und 20.4°K zu $\chi_a = 0.0700$, die Max.-Susz. zu $\chi_{mol} = 0.0981$ (13.9°K) bzw. 0.0961 (20.4°K), C. STARR, F. BITTER, A. R. KAUFMANN (*Phys. Rev.* [2] **58** [1940] 977/83, 981). Weitere Angaben zur Feldabhängigkeit von $\chi$ s. bei H. R. WOLTJER (*Koninkl. Ned. Akad. Wetenschap. Verslag Gewone Vergader. Afdel. Nat.* **34** [1925] 494/501, 498), H. R. WOLTJER, H. KAMERLINGH ONNES (*Koninkl. Ned. Akad. Wetenschap. Verslag Gewone Vergader. Afdel. Nat.* **34** [1925] 502/7), O. N. TRAPEZNIKOWA, L. W. SCHUBNIKOW (*Physik. Z. Sowjetunion* **7** [1935] 66/81; *Nature* **134** [1934] 378/9).

**Hysterese. Thermoremanenz.** Eine remanente Magnetisierung beobachten L. W. SCHUBNIKOW, S. S. SCHALYT (*Physik. Z. Sowjetunion* **11** [1937] 566/70) nach Aufmagnetisieren mit 22000 Oe bei 20.4 und 14.1°K. Bei Messungen in Feldern bis 5300 Oe ergibt sich bei 20.4°K auch eine geringe Remanenz, die jedoch erst durch starke Gegenfelder ($H_c \approx 3500$ Oe nach Aufmagnetisieren mit 5300 Oe) beseitigt werden kann. Wird die Abkühlung auf 20°K in einem Magnetfeld von 5100 Oe vorgenommen, so bleibt nach dem Abschalten des Feldes eine etwa 6mal größere Remanenz bestehen, die durch ein Gegenfeld von 5300 Oe nicht ganz beseitigt werden kann, W. J. DE HAAS, B. H. SCHULTZ, J. KOOLHAAS (*Physica [den Haag]* [2] **7** [1940] 57/69).

*Hysteresis. Thermoremanence*

**Elektrischer Widerstand.** Nach Widerstandsbestt. an Schmelzen, die 29 und 54 mg $NiCl_2$ in je 112 g KCl-LiCl-Schmelze enthalten, wirkt sich die Konz.-Änderung in einer der Verschiebung des Gleichgew.-Potentials entsprechenden Verschiebung des Widerstandes aus, H. A. LAITINEN, R. A. OSTERYOUNG (*J. Electrochem. Soc.* **102** [1955] 598/604, 601).

*Electric Resistance*

**Elektronen- und Ionenemission.** Über die räumliche Verteilung der aus $NiCl_2$-Filmen ausgelösten Röntgenelektronen s. E. C. WATSON, J. A. VAN DEN AKKER (*Proc. Roy. Soc. [London]* A **126** [1929] 138/43). — Beim Erhitzen von $NiCl_2$ im Inneren zweier ineinandersteckender Cu-Rohre, zwischen denen ein Vak. von $10^{-6}$ Torr und eine Spannung von 80 V herrscht, werden positive und negative Ionen emittiert, T. PECZALSKI, J. CHICHOCKI (*Compt. Rend.* **188** [1929] 699/701).

*Electron and Ionic Emission*

## Elektrochemisches Verhalten

*Electrochemical Behavior*

**Zersetzungsspannung** E in V. Für geschmolzenes $NiCl_2$ bei 700°C: 1.03, YU. K. DELIMARSKII (*Zh. Fiz. Khim.* **29** [1955] 28/38, 29). E = 0.695 in einer Lsg. von 5 Gew.-% $NiCl_2$ in einer KCl-LiCl-Schmelze von eutekt. Zus.; mit abnehmender $NiCl_2$-Konz. steigt die Zers.-Spannung, R. MEHL, G. DERGE (NYO-827 [1951] 1/9, 3, *N.S.A.* **6** [1952] Nr. 599). E = 1.13, 1.04 und 0.94 bei 300, 400 und 500°C in einer gesätt. Lsg. von $NiCl_2$ in geschmolzenem $NaCl-BeCl_2$ (51 Mol-% $BeCl_2$). Temp.-Koeff. $dE/dt \times 10^3 = 0.95$ V/grad, I. N. SHEIKO, YU. K. DELIMARSKII (*Ukr. Khim. Zh.* **25** [1959] 295/300). E = 0.78 in $NaCl-SrCl_2$-Schmelze bei der Temp. der Schmelze, YU. K. DELIMARSKII (*Ukr. Khim. Zh.* **16** [1950] 414/37, 424); E = 1.02 bei 700°C, YU. K. DELIMARSKII (*Zh. Fiz. Khim.* **29** [1955] 28/38, 29), 0.82 bei 1000°C in $NaCl-KCl-SrCl_2$-Schmelze, YU. K. DELIMARSKII, F. F. GRIGORENKO (*Ukr. Khim. Zh.* **22** [1956] 567/73, 570). E = 0.78 bei 300°C, YU. K. DELIMARSKII, E. M. SKOBETS, L. S. BERENBLYUM (*Zh. Fiz. Khim.* **22** [1948] 1108/15, 1113), 0.80 bei 700°C, YU. K. DELIMARSKII (*Zh. Fiz. Khim.* **29** [1955] 28/38, 29), 0.60 bei der Schmelztemp. einer $NaCl-AlCl_3$-Schmelze von äquiv. Zus., YU. K. DELIMARSKII (*Ukr. Khim. Zh.* **16** [1950] 414/37, 424). E = 1.00, 0.93 und 0.86 bei 300, 400 und 500°C, YU. K. DELIMARSKII, L. S. BERENBLYUM, I. N. SHEIKO (*Zh. Fiz. Khim.* **25** [1951] 398/403). E = 1.25 bei 156°C, R. G. VERDIECK, L. F. YNTEMA (*J. Phys. Chem.* **46** [1942] 344/52, 349), s. auch W. H. WADE, G. O. TWELLMEYER, L. F. YNTEMA (*Trans. Electrochem. Soc.* **78** [1940] 77/89, 83), E = 1.22 bei 218°C in einer Lsg. von ~1 Mol-% $NiCl_2$ in einer Schmelze aus (in Mol-%) 66 $AlCl_3$, 20 NaCl und 14 KCl, E. E. MARSHALL, L. F. YNTEMA (*J. Phys. Chem.* **46** [1942] 353/8).

*Decomposition Voltage*

**Ketten.** Aus thermodynam. Daten ber. Standard-EK der reversiblen galvan. Zelle Ni | $NiCl_2$ | $Cl_2$ mit festem oder geschmolzenem $NiCl_2$:

*Cells*

| t in °C. . . . . | 25° | 100° | 200° | 300° | 350° | 400° |
|---|---|---|---|---|---|---|
| EK in V . . . | 1.412 ± 0.04 | 1.1355 | 1.282 | 1.210 | 1.174 | 1.139 |

| t in °C. . . . . | 450° | 500° | 550° | 600° | 800° | 1000° |
|---|---|---|---|---|---|---|
| EK in V . . . . | 1.104 | 1.070 | 1.036 | 1.003 | 0.875 | 0.763 |

W. J. HAMER, M. S. MALMBERG, B. RUBIN (*J. Electrochem. Soc.* **103** [1956] 8/16).

*Chemical Reactions*

## Chemisches Verhalten

*On Heating*

**Beim Erhitzen.** Bei 640, 730 und 800°C verflüchtigen sich 1, 10 bzw. 100% der $NiCl_2$-Einwaage, G. G. Urazov, I. S. Morozov, G. V. Ustashchikova (*Tsvetn. Metal.* **1** [1935] 109/30, 115). Unterhalb 300° ist $NiCl_2$ nur wenig, oberhalb 500° merklich flüchtig. Bei 700° ist die Flüchtigkeit so groß, daß auf Ni befindliche $NiCl_2$-Schichten gegen $Cl_2$ durchlässig werden, Ch. L. Cejtlin (*Zh. Prikl. Khim.* **27** [1954] 953/8).

Dissoziationsdruck $p_{Cl_2}$ in atm für die Rk. $NiCl_2 = Ni + Cl_2$, berechnet aus den Gleichgew.-Konstt. der Red. mit $H_2$ (s. S. 549) im Temp.-Bereich von 300 bis 550°C:

| t in °C . . . . . | 300° | 350° | 420° | 450° | 470° | 500° | 550° |
|---|---|---|---|---|---|---|---|
| $\lg p_{Cl_2}$ . . . . . | —19.59 | —17.47 | —15.00 | —14.10 | —13.55 | —12.74 | —11.71 |

S. A. Shchukarev, T. A. Tolmacheva, M. A. Oranskaya (*Zh. Obshch. Khim.* **24** [1954] 2093/109, 2098). Bei 400°C nimmt der Dissoz.-Druck in der Reihenfolge $NiF_2$, $NiCl_2$, $NiBr_2$, $NiJ_2$ zu, S. A. Shchukarev, M. A. Oranskaya (*Zh. Obshch. Khim.* **24** [1954] 2109/19, 2115). Die Dissoz.-Energie der Rk. $NiCl_{2\,fest}$ oder $NiCl_{2\,gasf} \rightarrow Ni^{2+}_{gasf} + 2\,Cl_{gasf}$ beträgt 830 bzw. ~78 kcal, R. A. Berg, O. Sinanoglu (*J. Chem. Phys.* **32** [1960] 1082/7).

$NiCl_2$ wird in der Flamme eines Ca-Bogens zersetzt. Die absol. Konz. der dabei im Bogenzwischenraum entstehenden Ni-Atome steht in linearer Beziehung zu der in beide Elektroden eingeführten $NiCl_2$-Menge und ist von der Flüchtigkeit des Salzes abhängig, M. A. Alekseev (*Tr. Sibirsk. Fiz.-Tekhn. Inst. pri Tomsk. Gos. Univ.* Nr. 32 [1953] 21/31, *C. A.* **1956** 12632).

*With Electrons*

**Gegen Elektronen.** Bei Elektronenbeschuß von $NiCl_2$ im Massenspektrographen treten im Spektrum Linien der negativen Ionen $Ni^-$, $Cl^-$, $Cl_2^-$, $NiCl^-$ und $NiCl_2^-$ auf, V. M. Dukel'skii, V. M. Sokolov (*Zh. Eksperim. i Teor. Fiz.* **35** [1958] 820).

*With Air and Steam*

**Gegen Luft und Wasserdampf.** In trockner Luft ist $NiCl_2$ beständig, A. Potilitzin (*Ber.* **17** [1884] 1308/24, 1309); es zersetzt sich bei 720°C merklich an der Luft, H. J. Bliksläger (*Rec. Trav. Chim.* **46** [1927] 305/27, 306). Beim Glühen geht es in amorphes NiO über, H. Schulze (*J. Prakt. Chem.* [2] **21** [1880] 407/43, 412), O. L. Erdmann (*J. Prakt. Chem.* **7** [1836] 249/68, 252). An feuchter Luft ist sublimiertes $NiCl_2$ relativ beständig, die $H_2O$-Aufnahme erfolgt nur langsam, G. Brauer (*Handbuch der präparativen anorganischen Chemie, Stuttgart* 1954, S. 1154). In mit $H_2O$-Dampf gesätt. Luft werden 6 mol $H_2O$ je mol $NiCl_2$ aufgenommen, H. F. Priest, C. F. Swinehart (in: L. F. Audrieth, *Inorganic Syntheses, Bd.* 5, *New York-Toronto-London* 1950, S. 154); dabei tritt Farbänderung nach Grün auf, G. Brauer (*l. c.*). Nach A. Seyewitz, Brissaud (*Compt. Rend.* **190** [1930] 1131/3) ist $H_2O$-Aufnahme vom Feuchtigkeitsgehalt der Luft abhängig und kann zum Zerfließen des Salzes führen. — Im Gegensatz zu feinverteiltem $NiCl_2$, das gegen $H_2O$ äußerst empfindlich ist, bleiben größere $NiCl_2$-Blättchen selbst bei mehrtägigem Liegen an der Luft unverändert, B. Sarry (*Z. Anorg. Allgem. Chem.* **280** [1955] 65/77, 68). Auf der Oberfläche von MgO wird $NiCl_2$ bei 720°C unter einem $H_2O$-Dampfdruck von 25 Torr unter Bldg. von NiO-Einkristallen zersetzt, R. E. Cech, E. I. Alessandrini (*Trans. Am. Soc. Metals* **51** [1959] 150/7, 152). Die therm. Hydrolyse von $NiCl_2$ durch $H_2O$-Dampf zwischen 400 und 480°C in $N_2$-Atm. wird durch Leitfähigkeitsmessungen verfolgt. Hydrolysengrad $\alpha$ in diesem Temp.-Bereich nach verschiedener Einw.-Dauer des $H_2O$-Dampfes (Zeit in Min.):

| Temp. (in°C) . . | 400° | 400° | 435° | 435° | 435° | 450° | 450° | 450° | 450° | 450° | 450° | 480° | 480° |
|---|---|---|---|---|---|---|---|---|---|---|---|---|---|
| Rk.-Zeit in Min. . | 142 | 118 | 100 | 73 | 76 | 132 | 147 | 79 | 127 | 97 | 91 | 61 | 106 |
| $\alpha$ in % . . . . . | 32.1 | 39.6 | 34.8 | 35.3 | 41.9 | 6.92 | 32.0 | 42.8 | 43.8 | 65.1 | 81.4 | 59.8 | 87.3 |

Die Aktivierungsenergie der hydrolyt. Rk. wird zu 18.6 kcal/val berechnet, A. Glasner, I. Mayer (*Bull. Res. Council Israel Sect.* A 8 [1959] 24/40, 34). Über die Einw. von überhitztem $H_2O$-Dampf bei 250° bis 450° s. V. P. Ivantsov (*Tr. Tomsk. Univ.* **126** [1954] 73/82, *C. A.* **1958** 850).

*With Elements. Hydrogen*

**Gegen Elemente. Wasserstoff.** Während $NiCl_2$ durch atomares H nicht reduziert wird, gelingt die Red. mit in einer Entladungsröhre dissoziierendem $H_2O$-Dampf, H. C. Urey, G. I. Lavin (*J. Am. Chem. Soc.* **51** [1929] 3290/3). Bei starker Hitze bildet sich im $H_2$-Strom kompaktes Ni, C. Winkler (*Z. Anal. Chem.* **6** [1867] 18/21). Bei Behandlung von reinem, im $N_2$-Strom sublimierten $NiCl_2$ mit trocknem $H_2$ bei Rotglut dürfte entgegen der Annahme von P. Schützenberger (*Compt. Rend.* **113** [1891] 177/9) lediglich Sublimation des $NiCl_2$ erfolgen. — Molverhältnis $r = Ni/NiCl_2$, Partialdrucke $p_{H_2}$ und $p_{HCl}$ in Torr und Gleichgew.-Konst. $K_p = p^2_{HCl}/p_{H_2}$ (in atm) für das zwischen 630 und 738°K mittels einer stat. Meth. untersuchte Gleichgew. $NiCl_2 + H_2 \rightleftharpoons Ni + 2\,HCl$ (Werte in Auswahl):

| T in °K . . . . | 630.18 | 645.33 | 661.67 | 676.18 | 692.14 | 707.11 | 722.73 | 737.89 | 738.02 |
|---|---|---|---|---|---|---|---|---|---|
| r . . . . . . . . | 0.614 | 0.069 | 0.045 | 0.072 | 0.148 | 0.078 | 0.211 | 0.215 | 0.134 |
| $p_{H_2}$ . . . . . . | 41.26 | 39.19 | 9.81 | 35.67 | 33.56 | 30.61 | 24.02 | 21.21 | 21.55 |
| $p_{HCl}$ . . . . . . | 16.54 | 21.05 | 13.66 | 32.57 | 39.84 | 47.18 | 50.96 | 58.12 | 59.13 |
| $K_p$ . . . . . . | 0.0872 | 0.1488 | 0.2503 | 0.3913 | 0.6223 | 0.9568 | 1.423 | 2.095 | 2.135 |

Die Geschw. der Gleichgew.-Einstellung hängt von der Partikelgröße ab. Änderung des Wärmeinhalts: $\Delta H_0 = 29.075$ kcal/mol bei 0°K, $\Delta H_{298.16} = 28.888$ kcal/mol; $\Delta G_{298.16} = 16.400$ kcal/mol, R. H. Busey, W. F. Giauque (*J. Am. Chem. Soc.* **75** [1953] 1791/4). Aus den mit einer stat. Meth. unter Verwendung einer semipermeablen Pd-Membran erhaltenen Meßergebnissen im Temp.-Bereich 661 bis 792°K werden die Werte $\Delta H_{298} = 28.321$ kcal/mol, $\Delta G^\circ_{298} = 16.487$ kcal/mol und $\Delta S_{298} = 39.71$ cal·mol⁻¹·grd⁻¹ berechnet, K. Sano (*Sci. Rep. Tohoku Univ. First. Ser.* **37** [1953] 1/8, 3, 7). Nach den mittels einer Zirkulationsmeth. zwischen 300 und 550°C erhaltenen Resultaten wird bei 300°C der Gleichgew.-Zustand nicht erreicht. Das Gleichgew. stellt sich in 6 bis 10 Std. erst bei 420°C ein. Im untersuchten Temp.-Bereich beträgt $\Delta H = 25.14$ kcal/mol, $\Delta S = 35.2$ cal·mol$^{-1}$·grd$^{-1}$. Berechnung des Dissoz.-Drucks $p_{Cl_2}$ aus den Gleichgew.-Konstt. s. S. A. Shchukarev, T. A. Tolmacheva, M. A. Oranskaya (*Zh. Obshch. Khim.* **24** [1954] 2093/109, 2098, 2104); s. auch S. 548. Ältere Unterss. des Red.-Gleichgew. s. bei K. Jellinek, R. Uloth (*Z. Physik. Chem.* **119** [1926] 161/200, 167), G. Crut (*Bull. Soc. Chim. France* [4] **35** [1924] 550/84, 558, 729/41, 733), E. Berger, G. Crut (*Compt. Rend.* **173** [1921] 977/9).

*Oxygen, Ozone*

**Sauerstoff, Ozon.** Die Ox. von $NiCl_2$ mit $O_2$ verläuft im Temp.-Bereich 400 bis 650°C in einer Stufe. Chlorpartialdruck p in Atm, auf die Strömungsgeschw. Null extrapoliert, bei verschiedenen Tempp. t und 1 atm Gesamtdruck:

| t in °C. . . . . | 400° | 450° | 500° | 550° | 600° | 650° |
|---|---|---|---|---|---|---|
| p . . . . . . . . | 0.0013 | 0.0090 | 0.029 | 0.052 | 0.091 | 0.172 |

Die Ox. von 1 Mol $NiCl_2$ bei 550°C erfordert 16.700 kcal; aus den Bldg.-Wärmen ber. Wert: 16.600 kcal, K. Jellinek, A. Rudat (*Z. Anorg. Allgem. Chem.* **155** [1926] 73/83, 80). Durch 1std. Überleiten von $O_2$ (Strömungsgeschw. 6 l/Std.) über $NiCl_2$ bei 500, 550, 600 und 650°C werden 1.60, 5.04, 11.30 bzw. 22.60 Gew.-% $NiCl_2$ unter NiO-Bldg. zersetzt. Die Aktivierungsenergie der Rk. $2NiCl_2 + O_2 \rightleftharpoons 2NiO + 2Cl_2$ beträgt 24.400 kcal/mol, A. I. Tikhonov, V. I. Smirnov, I. T. Sryvalin (*Ural'sk. Politekhn. Inst. Sb. Statei* Nr. 58 [1957] 167/76, 169). Ableitung von Berechnungsformeln für die Gleichgew.-Konst. in Abhängigkeit von der Temp. s. bei V. I. Smirnov, A. I. Tikhonov (*Izv. Akad. Nauk SSSR Otd. Tekhn. Nauk* **7** [1956] 48/54, 50, *C.* **1958** 10880). Von Ozon wird $NiCl_2$ langsam angegriffen, Mailfert (*Compt. Rend.* **94** [1882] 860/3).

*Fluorine, Bromine, Sulfur, Phosphorus*

**Fluor, Brom, Schwefel, Phosphor.** Mit $F_2$ reagiert $NiCl_2$ unter Bldg. von $NiF_2$, vgl. S. 527. Die freie Enthalpie der Rk. $NiCl_2 + F_2 = NiF_2 + Cl_2$ beträgt −82.2, −81.8 und −81.4 kcal/mol bei 25, 500 bzw. 1000°C, H. H. Kellogg (*J. Metals* **3** [1951] *Trans.* **191** 137/41). $Br_2$ verdrängt 3.62 Gew.-% $Cl_2$ aus $NiCl_2$, A. Potilitzin (*Ber. Deut. Chem. Ges.* **17** [1884] 1308/24, 1310). — Beim Zusammenschmelzen mit Schwefel tritt keine Rk. ein; dagegen bildet sich beim Schmelzen mit Phosphor Ni-Phosphid neben P-Chlorid, H. Rose (*Ann. Physik* [2] **27** [1833] 107/18, 117).

*Sodium, Potassium*

**Natrium, Kalium.** Die durch Hammerschlag verursachte Rk. von $NiCl_2$ mit Na verläuft schwach explosiv, mit K unter heftiger Explosion, J. Cueilleron (*Bull. Soc. Chim. France* [5] **12** [1945] 88/9).

*Aluminum*

**Aluminium.** Die Red. von $NiCl_2$ durch Al verläuft zwischen 1000 und 1400°K gemäß $3NiCl_2 + 2Al = 2AlCl_3 + 3Ni$. Änderung der freien Enthalpie $\Delta G$ in kcal je g-Atom Cl bei der Temp. T, aus thermodynam. Daten berechnet:

| T in °K . . . . | 1000° | 1100° | 1200° | 1300° | 1400° |
|---|---|---|---|---|---|
| $\Delta G$ . . . . . . | −21.1 | −22.3 | −23.1 | −23.2 | −22.3 |

$\Delta G$-Werte für die oberhalb 1500°K nach $NiCl_2 + 2Al = 2AlCl + Ni$ erfolgende Red.:

| T in °K . . . . | 1500° | 1600° | 1700° | 1800° | 1900° | 2000° |
|---|---|---|---|---|---|---|
| $\Delta G$ . . . . . . | −21.0 | −22.0 | −23.1 | −24.1 | −25.2 | −26.2 |

H. Balduin (*Monatsh. Chem.* 88 [1957] 1038/47, 1040).

*Nickel, Iron, Copper*

**Nickel, Eisen, Kupfer.** Geschmolzenes $NiCl_2$ löst beträchtliche Mengen Ni. Nach kryoskop. Messungen bildet sich bei 977.5°C ein Eutektikum mit 9 Mol-% Ni. Aktivitätskoeff. $f_a$ von $NiCl_2$ in Ni–$NiCl_2$-Schmelze und Schmp. $t_f$ bei verschiedenen Konzz.:

| Mol-% $NiCl_2$ . . | 1.000 | 0.9908 | 0.9816 | 0.9575 | 0.9390 | 0.9258 |
|---|---|---|---|---|---|---|
| $f_a$ . . . . . . | 1.000 | 0.992 | 0.980 | 0.959 | 0.944 | 0.929 |
| $t_f$ . . . . . . . | 1009.1 | 1006.1 | 1002.2 | 994.3 | 988.1 | 983.5 |

J. W. JOHNSON, D. CUBICCIOTTI, C. M. KELLEY (*J. Phys. Chem.* **62** [1958] 1107/9). Beim Überleiten von $NiCl_2$-Dampf über Ni bei 1010°C und 0.05 Torr erfolgt kein Ni-Transport, M. F. LEE (*J. Phys. Chem.* **62** [1958] 877/8). Beim Erhitzen von $NiCl_2$ im Fe-Rohr auf 800°C bilden sich nadelförmige und kub. Kristalle von Ni-Fe-Verbb., T. PECZALSKI (*Compt. Rend.* **182** [1926] 516/7). Wird ein von $NiCl_2$ umgebener Cu-Stab im Fe-Rohr in $O_2$-freier Atm. auf 800°C erhitzt, so lagert sich schwammiges, Ni und Cu enthaltendes Fe zwischen Stab und Rohrwand ab, T. T. PECZALSKI (*Compt. Rend.* **181** [1925] 463/5). Nach 6std. Erhitzen eines im Fe-Rohr befindlichen Cu-Stabes in $NiCl_2$-Dampf auf 850°C setzen sich Ni und Cu an den Rohrwänden ab. Die Poren des porös gewordenen Cu-Stabes sind mit grünlichem $NiCl_2$ gefüllt, das mit heißem $H_2O$ herausgelöst werden kann, T. PECZALSKI (*Compt. Rend.* **206** [1938] 1728/9). Erhitzt man Cu in einer Atm. von sublimierendem $NiCl_2$, so diffundiert Ni in das Cu, T. PECZALSKI (*Phys. Rev.* [2] **50** [1936] 785; *Compt. Rend.* **184** [1927] 1159/61). Nach 6std. Erhitzen eines Cu-Stabes im Porzellanrohr mit $NiCl_2$ schlägt sich Ni auf dem Cu-Stab nieder, diffundiert in das Cu und bildet an der Oberfläche NiCu, T. PECZALSKI (*Compt. Rend.* **206** [1938] 1728/9).

*With Inorganic Nonmetallic Compounds. Nitrogen Compounds*

**Gegen anorganische, nichtmetallische Verbindungen. Stickstoffverbindungen.** $NiCl_2$ reagiert mit gasf. *$NH_3$* unter Bldg. von $NiCl_2 \cdot 6NH_3$, G. BÖDTKER-NAESS, O. HASSEL (*Z. Anorg. Allgem. Chem.* **211** [1933] 21/7, 21), F. EPHRAIM (*Z. Physik. Chem.* **81** [1913] 513/38, 519). — In 1 ml wasserfreiem *$N_2H_4$* lösen sich 0.08 g $NiCl_2$, T. W. B. WELSH, H. J. BRODERSON (*J. Am. Chem. Soc.* **37** [1915] 816/24, 820). Mit *NO* bildet $NiCl_2$ bei 200°C Spuren der Verb. Ni(NO)Cl, in einem Gemisch mit Ni-Pulver schon bei 150 bis 200°C, W. HIEBER, R. NAST (*Z. Anorg. Allgem. Chem.* **244** [1940] 23/47, 24). — $NiCl_2$ reagiert mit wasserfreiem *$HNO_3$* unter Bldg. von $Ni(NO_3)_2 \cdot 2H_2O$ und $N_2O_5$, B. J. HATHAWAY, A. E. UNDERHILL (*J. Chem. Soc.* **1960** 648/54, 649).

*Halogen Compounds*

**Halogenverbindungen.** Zwischen —6.7 und —17.8°C ist $NiCl_2$ in wasserfreiem Fluorwasserstoff unlösl., G. GORE (*J. Chem. Soc.* **22** [1869] 368/406, 394). Die Rk. $^1/_2 NiCl_{2\,fest} + HF_{gasf} \rightleftharpoons {}^1/_2 NiF_{2\,fest} + HCl_{gasf}$ wird mittels einer dynam. Meth. im Temp.-Bereich 477 bis 833°K untersucht, wobei a) mit $N_2$ verd. HF bei konst. Temp. über $NiCl_2$, b) wasserfreies HCl über $NiF_2$ geleitet wird. Aus der Zus. des resultierenden Gasgemisches erhaltene Werte für die Änderung der freien Energie $\Delta G$ und die Gleichgew.-Konst. K:

| T in °K . . . . | a) 477 | b) 520 | a) 589 | b) 623 | a) 684 | b) 735 | a) 801 | b) 833 |
|---|---|---|---|---|---|---|---|---|
| $\Delta G$ in cal . . . | 1410 | 1380 | 1390 | 1410 | 1380 | 1430 | 1420 | 1400 |
| K . . . . . . . | 0.2262 | 0.2633 | 0.3055 | 0.3197 | 0.3620 | 0.3755 | 0.4093 | 0.4288 |

Nach Röntgenanalyse werden keine festen Lsgg. gebildet. Für die mittlere Temp. 680°K werden $\Delta G = 1400 \pm 56$ cal/mol, $\Delta H = 1390$ cal/mol und $\Delta S = -0.02$ cal/mol·grad errechnet, G. C. HOOD, M. M. WOYSKI (*J. Am. Chem. Soc.* **73** [1951] 2738/41). Bei der Behandlung von $NiCl_2$ mit gasf. Chlorwasserstoff erfolgt keine Rk., P. SCHÜTZENBERGER (*Compt. Rend.* **113** [1891] 177/9). — Mit wasserfreiem $HClO_4$ keine Rk., B. J. HATHAWAY, A. E. UNDERHILL (*l. c.* S. 648).

*Sulfur and Selenium Compounds*

**Schwefel- und Selenverbindungen.** Durch Überleiten eines Schwefelwasserstoff-Stickstoff-Stromes (Strömungsgeschw. 20 l/Std.) bei 500°K werden $5 \cdot 10^{-2}$Mol $NiCl_2$ in 1 Std. in NiS übergeführt. Bei 723°K wird ein Gemisch aus $NiS_{1+x}$ und $NiS_2$ erhalten. Mit unvollständig entwässertem $NiCl_2$ bildet sich $NiS_2$, D. DELAFOSSE, P. BARRET (*Compt. Rend.* **251** [1960] 2964/6). In wasserfreiem fl. $H_2S$ ist $NiCl_2$ bei —78.5°C sowie bei gewöhnl. Temp. unter Druck unlösl., W. BILTZ, E. KEUNECKE (*Z. Anorg. Allgem. Chem.* **147** [1925] 171/87, 172). Bei Einw. von $H_2S$ auf $NiCl_2$ nach $NiCl_2 + H_2S = 2HCl + NiS$ bei ~200°C werden bis zu 60 Vol.-% HCl erhalten, K. JELLINEK, G. v. PODJASKI (*Z. Anorg. Allgem. Chem.* **171** [1928] 261/70, 267). — $NiCl_2$ ist bei 0.6°C in fl. Schwefeldioxid unlösl., M. WERTH (*Diss. Greifswald* 1939, S. 32), nur wenig lösl. in Thionylchlorid, H. SPANDAU, E. BRUNNECK (*Z. Anorg. Allgem. Chem.* **270** [1952] 201/14, 203). In 100 g wasserfreiem Seleninylchlorid lösen sich bei 25°C 0.15 g $NiCl_2$. Mit steigender Temp. nimmt die Löslichkeit zu, C. R. WISE (*J. Am. Chem. Soc.* **45** [1923] 1233/7).

*Boron Nitride*

**Borstickstoff.** Eine Rk. zwischen $NiCl_2$ und BN kann weder analytisch noch röntgenographisch nachgewiesen werden, W. RÜDORFF, E. STUMP (*Z. Naturforsch.* **13b** [1958] 459).

*Carbon Compounds*

**Kohlenstoffverbindungen.** $NiCl_2$ reagiert mit Kohlenstoffmonoxid unter 200 atm Anfangsdruck bei 250°C unter Bldg. von 2.0 Gew.-% $Ni(CO)_4$. In Ggw. von Ag-Pulver (Molverhältnis $NiCl_2$ : Ag

= 1 : 3) werden bei 200 und 250°C bei 200 atm 2.8 bzw. 3.5 Gew.-% $Ni(CO)_4$, in Ggw. von Cu-Pulver (Molverhältnis $NiCl_2$ : Cu = 1 : 4) 4.9 bzw. 9.2 Gew.-% $Ni(CO)_4$ gebildet, W. HIEBER, H. BEHRENS, U. TELLER (*Z. Anorg. Allgem. Chem.* **249** [1942] 26/42, 34). Beim Überleiten eines CO-Stroms über wasserfreies $NiCl_2$ bei 450 bis 550°C wird gemäß $NiCl_2 + CO = Ni + COCl_2$ Phosgen gebildet; dabei erfolgt teilweise Zers. des CO in C und $CO_2$, das ebenfalls mit $NiCl_2$ Phosgen bildet. Beim Überleiten von Kohlenstoffdioxid über $NiCl_2$ bei 550°C erhält man 1.7 Vol.-% Phosgen im entstehenden Gasgemisch, L. BELLADEN, M. NOLI, A. SOMMARIVA (*Gazz. Chim. Ital.* **58** [1928] 443/9, 447, 449). — Bei 15.6°C ist $NiCl_2$ in fl. Dicyan unlösl., G. GORE (*Proc. Roy. Soc.* [*London*] **20** [1872] 67/70).

**Phosphor(V)-sulfid.** Beim Erhitzen reagiert $NiCl_2$ mit $P_2S_5$ unter Bldg. von $Ni_3P_2S_8$, E. GLATZEL (*Z. Anorg. Allgem. Chem.* **4** [1893] 186/226, 200). *Phosphorus (V) Sulfide*

**Gegen Metallverbindungen.** In $NiCl_2$-Alkalichloridschmelzen werden nach elektrochem. Messungen neben wenig $Ni^{2+}$-Ionen komplexe $[NiCl_3]^-$- und $[NiCl_4]^{2-}$-Ionen vermutet, H. J. BLIKSLAGER (*Rec. Trav. Chim.* **46** [1927] 305/27, 309). *With Metal Compounds*

Mit einer Lsg. von $LiBH_4$ in wasserfreiem Äther reagiert $NiCl_2$ bei —80°C unter Bldg. einer stabilen Lsg. von $Ni(BH_4)_2$, J. AUBRY, G. MONNIER (*Bull. Soc. Chim. France* **1955** 482), G. MONNIER (*Bull. Soc. Chim. France* **1955** 1138/9). — Die in $NiCl_2$-$Na_2SO_4$-Schmelze erfolgende Rk. $NiCl_2 + Na_2SO_4 \rightarrow NiSO_4 + 2NaCl$ ist trotz der geringen freien Energie ($\Delta F = -3.06$ kcal/mol) irreversibel, K. A. BOL'SHAKOV, P. I. FEDEROV (*Zh. Neorgan. Khim.* **5** [1960] 469/73; *Russ. J. Inorg. Chem.* **5** [1960] 224/6, *C. A.* **1961** 21767). Die mit $NaH_2PO_4$ gebildete rötliche glasartige Phosphorsalzperle enthält Metaphosphat. Bei der gleichen Rk. unter Zusatz von $Na_2CO_3$ entsteht eine gelblichbraune, Polyphosphat enthaltende Perle, M. KOHN (*Anal. Chim. Acta* **9** [1953] 226/8). Beim Erhitzen von $NiCl_2$ mit $Na_2P_2O_6$ bildet sich eine braune glasartige Masse, aus der beim Abkühlen gelbe Nadeln kristallisieren, R. S. HISAR (*Bull. Soc. Chim. France* **1956** 1259/62). — Die Schmelze von $NiCl_2$ mit $KClO_3$ ergibt schwarzes $Ni_2O_3$, H. SCHULZE (*J. Prakt. Chem.* [2] **21** [1880] 407/43, 426). — In geschmolzenem $TiCl_4$ ist $NiCl_2$ bei 1001°C unlösl., L. N. EINHORN (*Ukr. Khim. Zh.* **16** [1950] 404/13, 406), P. EHRLICH, G. DIETZ (*Z. Anorg. Allgem. Chem.* **305** [1960] 158/68, 164). $NiCl_2$ reagiert mit $WO_3$ beim Glühen im $CO_2$-Strom unter Bldg. von $NiWO_3$, H. SCHULZE (*l. c.* S. 441). Beim Erhitzen einer Mischung von feingepulvertem Fe-haltigem Enstatit und $NiCl_2$ auf 800°C in $N_2$-Atm. findet ein Austausch von Ni gegen Fe statt, E. THILO (*Ber. Deut. Chem. Ges.* **70** [1937] 2267/72).

**Gegen Laugen und Säuren.** In der Kälte und beim Erwärmen ist sublimiertes $NiCl_2$ in konz. Ammoniak unlösl., G. BREIL (*Diss. Stuttgart T.H.* 1952, S. 47). *With Alkaline Solutions and Acids*

In wss. $HNO_3$ Zers. unter $Cl_2$-Entw., O. L. ERDMANN (*J. Prakt. Chem.* **7** [1836] 249/68, 253). In einem bei 0°C mit HCl gesätt. Gemisch aus gleichen Vol. Äther und $H_2O$ beträgt die Löslichkeit 0.028 g Ni/l, W. FISCHER, W. SEIDEL (*Z. Anorg. Allgem. Chem.* **247** [1941] 333/66, 347). — In konz. $H_2SO_4$ ist sublimiertes $NiCl_2$ nur in geringen Mengen beim Erwärmen lösl., G. BREIL (*l. c.*).

**Gegen wäßrige Salzlösungen.** Die Rk. mit einer wss. 0.01 n-$Na_2S$-Lsg. ergibt ein kolloides Ni-Sulfidsol, E. M. NANOBASHVILI, L. P. BERUCHASHVILI (*Trudy Pervogo Vsesoyuz. Soveshchaniya Radiatsion. Khim., Moscow* 1957 [1958], S. 78/81 nach *C.A.* **1959** 11950); s. auch S. 654. — Ältere Angaben über die Umsetzung von $NiCl_2$ mit $NaHCO_3$-Lsg. oder $CaCO_3$ beim Erhitzen im Einschmelzrohr s. H. DE SÉNARMONT (*Ann. Chim. Phys.* [3] **30** [1850] 129/46, 138), s. hierzu auch „Darstellung von $NiCl_2 \cdot 3Ni(OH)_2$" S. 591. Mit einer heißen $KJO_4$-Lsg. entsteht ein schmutziggrüner Nd. von $Ni_5(JO_6)_2 \cdot 13H_2O$, R. K. BAHL, S. SINGH, N. K. BALI (*J. Indian Chem. Soc.* **20** [1943] 227/8). — Bei Einw. einer wss. K-Silicatlsg. auf einen $NiCl_2$-Kristall scheidet sich Ni-Silicat in eigentümlichen Wachstumsformen („chemischer Garten") aus, T. KOFMAN (*Bull. Soc. Chim. Biol.* **17** [1935] 106/17, 107, 115). Über die Löslichkeit von $NiCl_2$ in Meerwasser bei 18 bis 23°C s. K. B. KRAUSKOPF (*Geochim. Cosmochim. Acta* **9** [1956] 1/32, 6, 10). *With Aqueous Salt Solutions*

**Gegen organische Verbindungen. Kohlenwasserstoffe.** Gesätt. Lsgg. von $NiCl_2$ in n-Heptan und Benzol enthalten bei 25°C 0.07 bzw. 0.03 Gew.-% $NiCl_2$, L. GARWIN, A. N. HIXSON (*Ind. Eng. Chem.* **41** [1949] 2298/303). *With Organic Compounds. Hydrocarbons*

**Substituierte Kohlenwasserstoffe.** In Nitromethan ist $NiCl_2$ unlöslich. In Dichloräthylen lösen sich bei 25°C 0.04 Gew.-% $NiCl_2$, L. GARWIN, A. N. HIXSON (*l. c.*). Über die Rk. mit Polychlorotrifluoroäthylen in Ggw. von Isoamylnaphthalin bei 225°C s. M. T. GLADSTONE (*Ind. Eng. Chem.* **45** [1953] 1555/8). Bei Einw. von $NiCl_2$ und $H_2O_2$ auf o-Phenylendiamin bildet sich das violette Ni-Salz des o-Benzochinondiimins, Z. BARDODEJ (*Chem. Listy* **48** [1954] 1779/81 nach *C.A.* **1955** 14670). *Substituted Hydrocarbons*

Bei 25°C gesätt. Lsgg. in Nitrobenzol und Chlorbenzol enthalten 0.03 Gew.-% $NiCl_2$, L. GARWIN, A. N. HIXSON (*l. c.*). In Benzonitril ist $NiCl_2$ schwer lösl., A. NAUMANN (*Ber. Deut. Chem. Ges.* **47** [1914] 1369/76, 1369). Bei der Bldg. von p-Nitrorhodanbenzol aus p-Nitrobenzoldiazoniumchlorid und KSCN entsteht bei Zusatz von $NiCl_2$ eine gelbe Additionsverb. des diazotierten Prod. mit $NiCl_2$, A. KORCZYNSKI (*Bull. Soc. Chim. France* [4] **29** [1921] 283/90, 287). In o-Nitrotoluol ist $NiCl_2$ unlösl., A. T. LINCOLN (*J. Phys. Chem.* **3** [1899] 457/94, 460).

*Methanol, Ethanol*

**Methanol, Äthanol.** In Methanol löst sich $NiCl_2$ nur langsam, H. OLLIVER (*Compt. Rend.* **191** [1930] 130/2). — Wasserfreies $NiCl_2$ ist in Äthanol leicht lösl., R. TUPPUTI (*Ann. Chim. Phys.* **78** [1811] 133/76, 156), M. BOBTELSKY, R. D. LARISCH (*J. Chem. Soc.* **1950** 3612/5). Bei gewöhnl. Temp. lösen sich 10.05 g $NiCl_2$ in 100 g absol. Äthanol, E. BÖDTKER (*Z. Physik. Chem.* **22** [1897] 505/14, 511). Die Löslichkeit von wasserfreiem $NiCl_2$ in Äthanol ist geringer als die der hydratisierten Verbb., H. BARBER, D. ALI (*Mikrochemie* **35** [1950] 542/52, 547). $NiCl_2$ und Äthanol bilden auch bei längerem Sieden keine Verb., F. BOURION (*Compt. Rend.* **134** [1902] 555/7).

*Other Alcohols*

**Weitere Alkohole.** Löslichkeit in Gew.-% $NiCl_2$ bei 25°C in n-Butanol 6.1, n-Amylalkohol 7.25, Isohexylalkohol (2-Äthyl-1-butanol) 1.49, Isooctanol (2-Äthyl-1-hexanol) 0.74, handelsüblichem sekundären Octanol (2-Octanol, sekundärer Caprylalkohol) 0.16, ketonfreiem Octanol 0.26, L. GARWIN, A. N. HIXSON (*Ind. Eng. Chem.* **41** [1949] 2298/303). — In Glykol lösen sich 16.1 bis 16.3 Gew.-% $NiCl_2$, W. OECHSNER DE CONINCK (*Bull. Classe Sci. Acad. Roy. Belg.* **1905** 359). — In Glycerin-α-monochlorhydrin ist $NiCl_2$ unter Bldg. der komplexen Verb. $[NiC_3H_7ClO_2]Cl_2$ lösl., A. GRÜN, E. BOEDECKER (*Ber. Deut. Chem. Ges.* **43** [1910] 1051/62, 1057).

*Esters*

**Ester.** Bei 25°C gesätt. Lsgg. in Essigsäureäthylester und Isopropylacetat enthalten 0.02 bzw. 0.03 Gew.-% $NiCl_2$, L. GARWIN, A. N. HIXSON (*l. c.*). $NiCl_2$ ist unlösl. in Äthylcyanacetat, Äthylacetoacetat, Äthylmonochloracetat, Äthyloxalat, Äthylnitrat und Amylnitrit, A. T. LINCOLN (*J. Phys. Chem.* **3** [1899] 457/94, 460). In Urethan ist das wasserfreie Salz kaum lösl., G. BRUNI, A. MANUELLI (*Z. Elektrochem.* **10** [1904] 601/4).

*Ether*

**Äther.** Nach L. GARWIN, A. N. HIXSON (*l. c.*) ist $NiCl_2$ in Diäthyläther unlösl., nach G. JANDER, K. KRAFFCZYK (*Z. Anorg. Allgem. Chem.* **282** [1955] 121/40, 123) schwer löslich.

Das wasserfreie, sublimierte $NiCl_2$ ist in Dioxan unlösl., H. RHEINBOLDT, A. LUYKEN, H. SCHMITTMANN (*J. Prakt. Chem.* [2] **149** [1937] 30/54, 52). Wird handelsübliches $NiCl_2$ mehrere Tage mit Dioxan behandelt, so scheiden sich nach Dekantieren der überstehenden Fl. beim Stehen über konz. $H_2SO_4$ hellgelbe Kristalle der Zus. $NiCl_2 \cdot C_4H_8O_2$ aus, die zwischen Filtrierpapier getrocknet werden, R. JUHASZ, L. F. YNTEMA (*J. Am. Chem. Soc.* **62** [1940] 3522).

*Aldehydes, Ketones*

**Aldehyde, Ketone.** Löslichkeit bei 25°C in Benzaldehyd und Furfurol: 0.13 Gew.-% $NiCl_2$, L. GARWIN, A. N. HIXSON (*l. c.*). — Die Löslichkeit in Aceton ist sehr gering, E. RIMBACH, K. WEITZEL (*Z. Physik. Chem.* **79** [1912] 279/302, 291). Bei 35°C löst sich 1 g $NiCl_2$ in 16000 g Aceton, M. M. TILLU (*J. Indian Chem. Soc.* **20** [1943] 139/40). Gesätt. Lsgg. in Methyläthylketon, Methyl-n-propylketon und Methylisobutylketon enthalten bei 25°C 0.01, in Acetophenon 0.05 Gew.-% $NiCl_2$, L. GARWIN, A. N. HIXSON (*l. c.*).

*Acids and Acid Derivatives*

**Säuren und Säurederivate.** Bei 20.5°C lösen sich 5.9 g $NiCl_2$ in 100 g 95%iger Ameisensäure, O. ASCHAN (*Chemiker Ztg.* **37** [1913] 1117/8). Löslichkeit in Isovaleriansäure bei 25°C: 0.42 Gew.-%, L. GARWIN, A. N. HIXSON (*l. c.*). — In Acetamid ist wasserfreies $NiCl_2$ kaum lösl., G. BRUNI, A. MANUELLI (*Z. Elektrochem.* **10** [1904] 601/4). Beim Erhitzen mit Maleinsäuredinitril, Harnstoff, Nitrobenzol und $(NH_4)_2MoO_4$ auf 125°C bildet sich Ni-Tetrazaporphin, R. P. LINSTEAD, M. WHALLEY (*J. Chem. Soc.* **1952** 4839/46, 4845). Bei 30°C unlösl. in Benzoylchlorid, R. C. PAUL, M. S. BAINS, G. SINGH (*J. Indian Chem. Soc.* **35** [1958] 489/92).

*Heterocyclic Compounds*

**Heterocyclische Verbindungen.** In Pyridin ist $NiCl_2$ unlösl., A. T. LINCOLN (*J. Phys. Chem.* **3** [1899] 457/94, 460), dagegen gut lösl. in geschmolzenem Pyridiniumchlorid, L. F. AUDRIETH, A. LONG, R. E. EDWARDS (*J. Am. Chem. Soc.* **58** [1936] 428/9), und in Chinolin, E. BECKMANN (*Z. Anorg. Allgem. Chem.* **51** [1906] 236/44, 243). Löslich in Morpholin, V. GUTMANN, E. NEDBALEK (*Monatsh. Chem.* 88 [1957] 320/4). Beim Kochen von Tetracyclohexenotetrazaporphin in o-Dichlorbenzol mit wasserfreiem $NiCl_2$ bildet sich Ni-Tetracyclohexenotetrazaporphin, G. E. FICKEN, R. P. LINSTEAD (*J. Chem. Soc.* **1952** 4846/54, 4852).

*With Metal-organic Compounds*

**Gegen metallorganische Verbindungen.** Bei gewöhnl. Temp. reagiert wasserfreies $NiCl_2$ mit o-Dilithiumbenzol in Äther unter Bldg. von Octaphenylen, Biphenyl, Triphenylen und Tetraphenylen,

wobei das Salz zu Ni reduziert wird. Bei —70°C wird keine Umsetzung beobachtet. Bei —60°C färbt sich der Bodenkörper dunkel. Nach langsamem Erwärmen und 2tägigem Schütteln bei gewöhnl. Temp. werden Biphenyl, o-Sexiphenyl, Triphenylen, Tetraphenylen und Octaphenylen erhalten, G. WITTIG, F. BICKELHAUPT (*Chem. Ber.* **91** [1958] 883/94, 893). Durch Phenylmagnesiumbromid und n-Hexylmagnesiumbromid wird $NiCl_2$ zu Ni reduziert, A. A. BALANDIN, B. V. EROFEEV, K. A. PECHERSKAYA, M. S. STAKHANOVA (*Acta Physicochim. URSS* **18** [1943] 300/10, 301). Die Umsetzung von wasserfreiem $NiCl_2$ mit äther. $C_6H_5MgBr$-Lsg. in $H_2$-Atm. geht unter Dunkelfärbung der Lsg. vor sich, wobei sich ein aus $NiH_2$ und nicht umgesetzten $NiCl_2$ bestehender schwarzer Bodenkörper abscheidet, B. SARRY (*Z. Anorg. Allgem. Chem.* **280** [1955] 65/77). Bei Anwendung von sehr fein verteiltem $NiCl_2$ erfolgt die $H_2$-Aufnahme zunächst rasch und wird gegen Ende der Rk. langsamer. Nach beendeter $H_2$-Aufnahme scheidet sich unter einer gelben bis orangebraunen klaren Lsg. ein dunkles Öl ab, das nach Abgießen der oberen Lsg. mit Äther ausgewaschen und im $H_2$-Strom von Ätherresten befreit wird. Das resultierende graue Pulver enthält neben $NiH_2$ organ. Subst. und $MgCl_2$, B. SARRY (*Z. Anorg. Allgem. Chem.* **280** [1955] 78/99), s. auch R. B. N. SAHAI, R. C. RAY (*J. Indian Chem. Soc.* **20** [1943] 213/7), A. A. BALANDIN, B. V. EROFEEV, K. A. PECHERSKAYA, M. S. STAKHANOVA (*Acta Physicochim. URSS* **18** [1943] 156/66, 300/10, 301), A. A. BALANDIN, B. V. EROFEEV (*Acta Physicochim. URSS* **18** [1943] 494/8), W. SCHLENK, T. WEICHSELFELDER (*Ber. Deut. Chem. Ges.* **56** [1923] 2230/4), T. WEICHSELFELDER, B. THIEDE (*Liebigs Ann. Chem.* **447** [1926] 64/77), T. WEICHSELFELDER, M. KOSSODO (*Ber. Deut. Chem. Ges.* **62** [1929] 769/71). Über Rkk. von $NiCl_2$ mit RMgX oder $R_2Mg$ ($R = C_6H_5$, $C_6H_{11}$ oder $C_{10}H_7$, X = Cl oder Br) auch in Ggw. von $H_2$ s. V. P. MARDYKIN (*Vestsi Akad. Navuk Belarusk. SSR Ser. Fiz.-Tekhn. Navuk* **1960** 50/4, *C. A.* **1962** 8282). Wird Cyclopentadienyl-Na mit $NiCl_2$ in fl. $NH_3$ 2 Std. bei —33°C behandelt, $NH_3$ verdampft und der Rückstand mit Hexan extrahiert, so wird beim Eindampfen des Extraktes Dicyclopentadienyl-Ni erhalten, das durch Sublimation bei 100°C und 2 Torr gereinigt wird, CALIFORNIA RESEARCH CORP. (*B.P.* 768345 [1952/57] nach *C. A.* **1957** 15593/4).

## Das System $NiCl_2$–$H_2O$

*The $NiCl_2$–$H_2O$ System Review*

**Übersicht.** Im System $NiCl_2$–$H_2O$ treten die in der Lit. vielfach beschriebenen Hydrate $NiCl_2 \cdot 6H_2O$, $NiCl_2 \cdot 4H_2O$ und $NiCl_2 \cdot 2H_2O$ auf. Außerdem soll nach P.-A. FAVRE, C. A. VALSON (*Compt. Rend.* **79** [1874] 968/76, 972) ein 7-Hydrat und nach F. RÜDORFF (*Ann. Physik* [2] **145** [1872] 599/622, 615) ein 12-Hydrat existieren.

In **Fig. 213** ist das System nach E. BOYE (*Z. Anorg. Allgem. Chem.* **216** [1933] 29/32) wiedergegeben. Die gestrichelten Tl. der Kurve sind nach Unterss. von H. BENRATH (*Z. Anorg. Allgem. Chem.* **205** [1932] 417/24, 421), M. ÉTARD (*Ann. Chim. Phys.* [7] **2** [1894] 503/74, 539), H. W. FOOTE (*J. Am. Chem. Soc.* **45** [1923] 663/7) und Y. OSAKA, T. YAGINUMA (*Z. Physik. Chem.* **130** [1927] 480/1) gezeichnet. — In K, dem Endpunkt der Eiskurve, scheidet sich das Kryohydrat Eis + $NiCl_2 \cdot 7H_2O$ ab. Im Kurvenbereich K bis A scheidet sich $NiCl_2 \cdot 7H_2O$ ab, längs AB $NiCl_2 \cdot 6H_2O$, längs BC $NiCl_2 \cdot 4H_2O$ und zwischen C und S, dem Sdp. der gesätt. Lsg., $NiCl_2 \cdot 2H_2O$. Am Punkt C geht die Kurve in eine Gerade mit geringer Steigung über. Die Konz. c der noch Bodenkörper enthaltenden Lsg. nimmt je Grad Temp.-Anstieg um ~1.5 Gew.-% zu und kann für das Kurvengebiet zwischen t = 46.1° und 117.9°C nach c = 45.14 + 0.015 t berechnet werden, E. BOYE (*l. c.*).

Fig. 213.

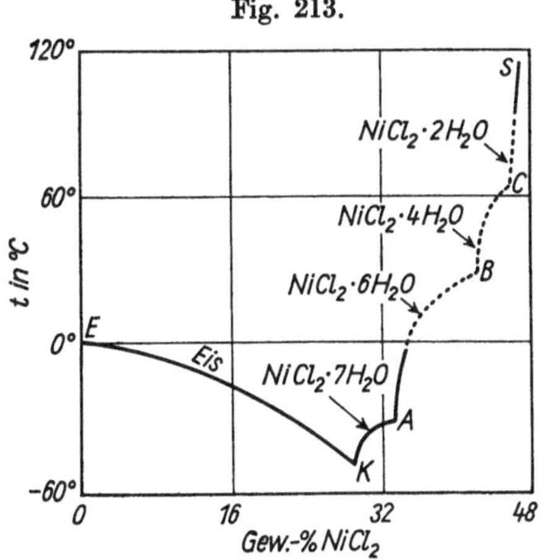


Das System $NiCl_2$–$H_2O$.

Da die Löslichkeitskurve mit den Umwandlungspunkten A, B und C vier Hydrate erwarten läßt, ist nach E. BOYE (*l.c.*) nur noch die Existenz des 7-Hydrats möglich. — Nach dem Verlauf der Entwässerungskurve von $NiCl_2 \cdot 6H_2O$ wird auf Bldg. von $NiCl_2 \cdot 5.5H_2O$, $NiCl_2 \cdot 5H_2O$, $NiCl_2 \cdot 4H_2O$ und $NiCl_2 \cdot 2H_2O$ geschlossen, W. S. CASTOR, F. BASOLO (*J. Am. Chem. Soc.* **75** [1953] 4804/7). Die den Verbb. $NiCl_2 \cdot 5.5H_2O$ und $NiCl_2 \cdot 5H_2O$ zugeschriebenen Minima sind jedoch so wenig ausgeprägt, daß die Existenz dieser beiden Hydrate in Frage gestellt wird. Nach eigenen Unterss. wird pulver-

förmiges $NiCl_2 \cdot 6H_2O$ im Luftstrom bei 30 bis 60°C in zwei Stufen (6-Hydrat→4-Hydrat und 4-Hydrat →2-Hydrat) entwässert. Dagegen erfolgt die Entwässerung eines $NiCl_2 \cdot 6H_2O$-Einkristalls im Vak. bei 35 bis 77.5°C ohne Zwischenstufe unter Bldg. von $NiCl_2 \cdot 2H_2O$, I. G. MURGULESCO, E. I. SEGAL (*Acad. Rep. Populare Romine, Studii Cercetari Chim.* **7** [1959] 447/59, 448, 449, 455).

*Transition Points*

**Übergangspunkte.** Konzz. der gesätt. Lsgg. in Gew.-% $NiCl_2$ bei den Übergangstempp. t:

| t in °C | −45.3° | −33.3° | +28.8° | +64.3° |
|---|---|---|---|---|
| Gew.-% $NiCl_2$ | 29.9 | 33.8 | 41.6 | 46.1 |
| Punkt in Fig. 213. | K | A | B | C |
| Bodenkörper | Eis + $NiCl_2 \cdot 7H_2O$ | $NiCl_2 \cdot 7H_2O$ + $NiCl_2 \cdot 6H_2O$ | $NiCl_2 \cdot 6H_2O$ + $NiCl_2 \cdot 4H_2O$ | $NiCl_2 \cdot 4H_2O$ + $NiCl_2 \cdot 2H_2O$ |

E. BOYE (*Z. Anorg. Allgem. Chem.* **216** [1933] 29/32), N. V. SIDGWICK (*The Chemical Elements and Their Compounds, Bd.* 2, *Oxford* 1950, S. 1433). Aus dem Verlauf der Löslichkeitskurve extrapolierte Werte: ~29°C für die Umwandlung $NiCl_2 \cdot 6H_2O \rightarrow NiCl_2 \cdot 4H_2O$, ~64°C für die Umwandlung $NiCl_2 \cdot 4H_2O \rightarrow NiCl_2 \cdot 2H_2O$, H. BENRATH (*Z. Anorg. Allgem. Chem.* **205** [1932] 417/24, 421). Ältere Bestt. mit höheren Werten s. bei I. H. DERBY, V. YNGVE (*J. Am. Chem. Soc.* **38** [1916] 1439/51, 1448), s. auch J. BELL (*J. Chem. Soc.* **1937** 459/61). Nach Unterss. liegt der kryohydrat. Punkt bei −53.4°C und entspricht einem $NiCl_2$-Gehalt von 33.1 Gew.-%. Der Bodenkörper besteht aus Eis und $NiCl_2 \cdot 6H_2O$, L. A. OZEROV (*Tr. Voronezhsk. Gos. Univ.* **57** [1959] 11/18).

*Ice Curve*

**Eiskurve.** $NiCl_2$-Konz. c in Gew.-% bei t°C (vgl. hierzu „Gefrierpunktserniedrigung" S. 567:

| t in °C | −0.5° | −1.5° | −3.6° | −4.4°* | −7.7° | −8.85°* | −11.3° |
|---|---|---|---|---|---|---|---|
| c | 2.17 | 3.54 | 7.88 | 9.09* | 12.0 | 14.5* | 15.6 |
| t in °C | −17.1°* | −19.0° | −22.7° | −26.7° | −35.3° | −41.0° | −44.5° |
| c | 20.4* | 20.6 | 22.0 | 24.2 | 26.9 | 29.0 | 29.6 |

E. BOYE (*l. c.*), s. auch A. SEIDELL (*Solubilities of Inorganic and Metalorganic Compounds, Bd.* 1, *New York* 1940, S. 1341). Mit * bezeichnete Werte nach F. RÜDORFF (*Ann. Physik* [2] **145** [1872] 599/622, 615), umgerechnet von R. KREMANN (in: LANDOLT-BÖRNSTEIN, 5. *Aufl.*, 1923, S. 676). Abweichende Angaben s. M. ÉTARD (*Ann. Chim. Phys.* [7] **2** [1894] 503/74, 539).

*Solubility*

**Löslichkeit.** $NiCl_2$ löst sich vollständig in $H_2O$, H. F. PRIEST, C. F. SWINEHART (in: L. F. AUDRIETH, *Inorganic Syntheses, Bd.* 5, *New York-Toronto-London* 1950, S. 154). Die Auflösung erfolgt sehr langsam, L. R. v. FELLENBERG (*Ann. Physik* [2] **50** [1840] 61/80, 75), unter Wärmeentw., J. THOMSEN (*Thermochemische Untersuchungen, Bd.* 3, *Leipzig* 1883, S. 23). Sublimiertes $NiCl_2$ ist schwerer lösl. als das durch Eindampfen einer wss. Lsg. erhaltene Salz, O. L. ERDMANN (*J. Prakt. Chem.* **7** [1836] 249/68, 251).

Löslichkeitsbestt. bei verschiedenen Tempp. t in °C, teilweise umgerechnet (vgl. Fig. 213, Kurve KABCS, S. 553):

*Solid Phase $NiCl_2 \cdot 7H_2O$*

**Bodenkörper $NiCl_2 \cdot 7H_2O$.**

| t in °C | −44.0° | −40.8° | −38.0° | −36.1° | −34.2° | −33.5° |
|---|---|---|---|---|---|---|
| Gew.-% $NiCl_2$ | 29.9 | 30.0 | 30.1 | 30.3 | 31.3 | 32.7 |

E. BOYE (*Z. Anorg. Allgem. Chem.* **216** [1933] 29/32).

*Solid Phase $NiCl_2 \cdot 6H_2O$*

**Bodenkörper $NiCl_2 \cdot 6H_2O$.**

| t in °C | −32.4° | −29.1° | −20.2° | −14.9° | −9.8° | −5.4° | 0° | 0° | 0° | 0° |
|---|---|---|---|---|---|---|---|---|---|---|
| Gew.-% $NiCl_2$ | 33.8 | 33.8 | 33.9 | 34.0 | 34.1 | 34.3 | 34.8 | 34.08 | 35 | 35.27 |
| Lit. | 1) | 1) | 1) | 1) | 1) | 1) | 1), 2) | 3) | 4) | 5) |

| t in °C | 10° | 17.5° | 18° | 25° | 25° | 25° ± 0.01° | 26° | 26.3° | 27.9° | 28.5° |
|---|---|---|---|---|---|---|---|---|---|---|
| Gew.-% $NiCl_2$ | 37.3 | 37.07 | 38.5 | 39.58 | 38.88 | 38.9 ± 0.02 | 40.4 | 40.4 | 41.3 | 41.5 |
| Lit. | 6) | 3) | 6) | 3) | 7) | 8) | 9) | 1), 2) | 1) | 1) |

1) E. BOYE (*Z. Anorg. Allgem. Chem.* **216** [1933] 29/32). — 2) G. BRAUER (*Handbuch der präparativen anorganischen Chemie, Stuttgart* 1954, S. 1154). — 3) H. BENRATH (*Z. Anorg. Allgem. Chem.* **205** [1932] 417/24, 421). — 4) G. W. C. KAYE, T. H. LABY (*Physical and Chemical Constants and Some Mathematical Functions, London-New York-Toronto* 1948, S. 145). — 5) H. W. FOOTE (*J. Am. Chem. Soc.* **45** [1923] 663/7). — 6) M. ÉTARD (*Ann. Chim. Phys.* [7] **2** [1894] 503/74, 539). — 7) Y. OSAKA, T. YAGINUMA (*Z. Physik. Chem.* **130** [1927] 480/1). — 8) J. N. PEARCE, H. C. ECKSTROM (*J. Phys. Chem.* **41**

[1937] 563/5). — 9) N. V. SIDGWICK (*The Chemical Elements and Their Compounds, Bd. 2, Oxford* 1950, S. 1433). — Die Berechnung der molalen Löslichkeit m von $NiCl_2 \cdot 6H_2O$ in $H_2O$ nach $m = m_0 + 0.60$ ($m_0$ = molale Löslichkeit von $CoCl_2 \cdot 6H_2O$) für die Tempp. −20, 0, 20 und 40°C ergibt befriedigende Übereinstimmung mit den für die Löslichkeit von $NiCl_2$ experimentell erhaltenen Werten, S. S. TSIN (*Zh. Fiz. Khim.* **26** [1952] 960/9, 963). Über den Temp.-Koeff. der Löslichkeit von $NiCl_2 \cdot 6H_2O$ s. S. S. TSIN (*Zh. Fiz. Khim.* **26** [1952] 1225/32, 1228).

**Bodenkörper $NiCl_2 \cdot 4H_2O$.**

*Solid Phase $NiCl_2 \cdot 4H_2O$*

| t in °C | 29.5° | 31.2° | 35.0° | 38.0° | 40.5° | 50° | 59° | 60° | 61.3° | 61.6° | 63.8° | 64.0° |
|---|---|---|---|---|---|---|---|---|---|---|---|---|
| Gew.-% $NiCl_2$ | 41.6 | 41.7 | 42.0 | 41.9 | 42.2 | 43.17 | 45.0 | 44.84 | 45.3 | 45.3 | 45.9 | 46.0 |
| Lit. | 1) | 1) | 1) | 2) | 3) | 3) | 2) | 3) | 1) | 1) | 1) | 1) |

1) E. BOYE (*Z. Anorg. Allgem. Chem.* **216** [1933] 29/32). — 2) M. ÉTARD (*Ann. Chim. Phys.* [7] **2** [1894] 503/74, 539). — 3) H. BENRATH (*Z. Anorg. Allgem. Chem.* **205** [1932] 417/24, 421).

**Bodenkörper $NiCl_2 \cdot 2H_2O$.**

*Solid Phase $NiCl_2 \cdot 2H_2O$*

| t in °C | 65.8° | 67.6° | 73.2° | 75° | 78° | 96° | 99.5° | 100° | 100.2° | 110.4° | 112.2° | 117.9° |
|---|---|---|---|---|---|---|---|---|---|---|---|---|
| Gew.-% $NiCl_2$ | 46.1 | 46.1 | 46.3 | 46.32 | 46.6 | 46.7 | 46.71 | 46.7 | 46.7 | 46.8 | 46.8 | 46.9 |
| Lit. | 1) | 1) | 1) | 2) | 3) | 3) | 2) | 4) | 1) | 1) | 1) | 1) |

1) E. BOYE (*Z. Anorg. Allgem. Chem.* **216** [1933] 29/32). — 2) H. BENRATH (*Z. Anorg. Allgem. Chem.* **205** [1932] 417/24, 421). — 3) M. ÉTARD (*Ann. Chim. Phys.* [7] **2** [1894] 503/74, 539). — 4) G. BRAUER (*Handbuch der präparativen anorganischen Chemie, Stuttgart* 1954, S. 1154). — Berechnung der molalen Sättigungskonz. m von $NiCl_2 \cdot 2H_2O$ nach $m = m_0 - 1.0$ ($m_0$ = mol $CoCl_2 \cdot 2H_2O$/1 $H_2O$) bei 80 und 100°C s. bei S. S. TSIN (*Zh. Fiz. Khim.* **26** [1952] 960/9, 964).

**Dampfdruck** p in Torr der gesätt. Lsg. von $NiCl_2 \cdot 6H_2O$ bei verschiedenen Tempp.:

*Vapor Pressure*

| t in °C | 15° | | 19.8° | 20° | | 24.1° | 25° | | 30° |
|---|---|---|---|---|---|---|---|---|---|
| p | 7.09 | 8.2* | 9.6 | 8.0 | 9.7* | 12.0 | 12.55 | 12.6* | 16.5* |
| Lit. | 1) | 1), 2) | 2) | 3) | 1) | 2) | 1) | 1) | 1) |

| t in °C | 31.0° | 35.05° | 36.25° | 39.80° | 40.0° | 45.0° | 45.22° | 50.0° |
|---|---|---|---|---|---|---|---|---|
| p | 17.5 | 21.5 | 22.5 | 26.6 | 26.8* | 33.1* | 33.3 | 39.7* |
| Lit. | 2) | 2) | 2) | 2) | 2) | 2) | 2) | 2) |

1) W. JAHN-HELD, K. JELLINEK (*Z. Elektrochem.* **42** [1936] 401/21, 413). — 2) I. H. DERBY, V. YNGVE (*J. Am. Chem. Soc.* **38** [1916] 1439/51, 1448). — 3) H. LESCOEUR (*Ann. Chim. Phys.* [6] **19** [1890] 533/56, 545). Die mit * bezeichneten Werte sind aus den experimentell erhaltenen Kurven abgelesen oder extrapoliert, I. H. DERBY, V. YNGVE (*l. c.*).

Dampfdruck der gesätt. Lsg. von $NiCl_2 \cdot 4H_2O$ bei den Tempp. t:

| t in °C | 36.25° | 40.0° | 40.57° | 45.0° | 45.22° | 48.34° | 50.0° | 54.1° | 55.0° |
|---|---|---|---|---|---|---|---|---|---|
| p | 22.5 | 28.1* | 28.9 | 36.3* | 36.7 | 42.6 | 46.5* | 56.4 | 58.9 |

Werte mit * sind aus experimentell bestimmten Kurven abgelesen oder extrapoliert, I. H. DERBY, V. YNGVE (*l. c.*).

Der Dampfdruck einer gesätt. Lsg. von $NiCl_2 \cdot 2H_2O$ beträgt bei 100° 240 Torr, H. LESCOEUR (*Ann. Chim. Phys.* [6] **19** [1890] 533/56, 546).

**Dissoziationsdruck** p in Torr von festen Nickelchloridhydraten bei verschiedenen Tempp. t:

*Dissociation Pressure*

**Bodenkörper $NiCl_2 \cdot 6H_2O + NiCl_2 \cdot 4H_2O$.**

*Solid Phase $NiCl_2 \cdot 6H_2O + NiCl_2 \cdot 4H_2O$*

| t in °C | 15.0° | 19.8° | 20.0° | 20.6° | 24.1° | 24.6° | 25.0° | 30.0° | 30.3° |
|---|---|---|---|---|---|---|---|---|---|
| p | 6.5*) | 7.3 | 7.6*) | 7.8 | 10.1 | 10.4 | 10.5*) | 14.9*) | 15.2 |

| t in °C | 30.7° | 31.0° | 35.0° | 35.05° | 36.25° | 45.22° | 48.34° | 54.1° |
|---|---|---|---|---|---|---|---|---|
| p | 15.2 | 16.1 | 20.9*) | 20.9 | 22.5 | 36.7 | 42.6 | 56.4 |

*) Aus experimentellen Daten extrapolierte Werte, I. H. DERBY, V. YNGVE (*J. Am. Chem. Soc.* **38** [1916] 1439/51, 1448). Daraus für 0° graphisch extrapoliert p = 1.5, H. SCHÄFER (*Z. Anorg. Allgem. Chem.* **258** [1949] 69/76, 76).

Angaben für den Übergang $NiCl_2 \cdot 6H_2O \rightarrow NiCl_2 \cdot 2H_2O$, der bei 30 bis 40°C über konz. $H_2SO_4$ ohne intermediäre Bldg. von $NiCl_2 \cdot 4H_2O$ erfolgen soll, s. bei H. LESCOEUR (*Ann. Chim. Phys.* [6] **19** [1890] 533/56, 546; *Compt. Rend.* **103** [1886] 1260/3).

*Solid Phase $NiCl_2 \cdot 4H_2O + NiCl_2 \cdot 2H_2O$*

**Bodenkörper $NiCl_2 \cdot 4H_2O + NiCl_2 \cdot 2H_2O$.**

| t in °C | 15.0° | 20.0° | 25.0° | 25.95° | 26.00° | 30.0° | 32.31° | 35.0° | 38.20° | 40.0° | |
|---|---|---|---|---|---|---|---|---|---|---|---|
| p | 4.9*) | 5.2*) | 5.9*) | 6.0 | 6.1 | 7.6*) | 8.9 | 11.0*) | 14.2 | 16.3*) | |
| t in °C | 45.0° | 47.69° | 50.0° | 54.50° | 54.63° | 55.0° | 59.63° | 60.0° | 65.0° | 66.34° | 79.06° |
| p | 22.7*) | 26.4 | 29.8*) | 40.4 | 40.7 | 39.2*) | 56.3 | 58.3*) | 78.3*) | 84.1 | 108.1 |

*) Aus experimentell bestimmten Daten extrapolierte Werte, I. H. Derby, V. Yngve (*l. c.*). Für 0°C wird durch graph. Extrapolation ermittelt: p = 0.7, H. Schäfer (*Z. Anorg. Allgem. Chem.* **258** [1949] 69/76, 76).

*The $NiCl_2$–$D_2O$ System*

## Das System $NiCl_2$–$D_2O$

Das zur Unters. verwendete schwere Wasser enthält 99.95% $D_2O$. — Dissoziationsdruck p in Torr von festen Nickelchloriddeuteraten bei verschiedenen Tempp. t, Bodenkörper $NiCl_2 \cdot 6D_2O + NiCl_2 \cdot 4D_2O$:

| t in °C | 24.8° | 30° | 34.3° | 38° | 42.3° | 46.2° |
|---|---|---|---|---|---|---|
| p | 7.8 | 12.2 | 17.4 | 21.8 | 26.4 | 30.9 |

Aus der graph. Darst. von log p gegen $10^6/T$ bestimmter Übergangspunkt für $NiCl_2 \cdot 6D_2O \rightarrow NiCl_2 \cdot 4D_2O$: 35.9°C. Das Verhältnis $p_{D_2O}/p_{H_2O}$ nimmt von 0.75 bei 25°C bis 0.88 bei 35°C stetig zu, J. Bell (*J. Chem. Soc.* **1937** 459/61).

*Nickel Chloride Hydrates*

## *Nickelchloridhydrate.*

*$NiCl_2 \cdot 6H_2O$*

***$NiCl_2 \cdot 6H_2O$*** oder $[Ni(H_2O)_6]Cl_2$. Dem Hexahydrat können auf Grund seines Verhaltens bei der Entwässerung (s. S. 559) die Konstitutionsformeln $H[Ni(OH)Cl_2(H_2O)_5]$ oder $H_2[Ni(OH)_2Cl_2(H_2O)_4]$ zugeordnet werden, W. S. Castor, F. Basolo (*J. Am. Chem. Soc.* **75** [1953] 4804/6, 4807/10).

*Formation. Preparation*

**Bildung und Darstellung.** Kristallisiert bei gewöhnl. Temp. aus wss. $NiCl_2$-Lsg., P. Sabatier (*Bull. Soc. Chim. France* [3] **1** [1889] 88/91), H. Lescoeur (*Ann. Chim. Phys.* [6] **19** [1890] 533/56, 544), O. Mügge (*Neues Jahrb. Mineralog.* **1906** I 91/112, 109). Das Salz wird durch Zusatz von 1 Tl. Na- oder K-Lactat auf 120 Tl. Hexahydrat beim Eindampfen von wss. $NiCl_2$-Lsgg. frei von unlösl. Rückständen erhalten, E. Färber (*U.S.P.* 2284861 [1939/42]). Während aus wss. Lsgg. mit ~8 Gew.-% $NH_4Cl$ und 38 Gew.-% $NiCl_2$ neben $NiCl_2 \cdot 6H_2O$ Mischkristalle der Zus. $NH_4Cl \cdot NiCl_2 \cdot 2H_2O$ auskristallisieren, bildet sich bei einem Gehalt von 0 bis 7.51 Gew.-% $NH_4Cl$ und 37.19 bis 37.5 Gew.-% $NiCl_2$ reines $NiCl_2 \cdot 6H_2O$, H. W. Foote (*J. Am. Chem. Soc.* **34** [1912] 880/6), s. auch A. Johnsen (*Neues Jahrb. Mineral.* **1903** II 93/138, 106). In mit Wasserdampf gesätt. HCl-Atm. korrodiert Ni unter $NiCl_2 \cdot 6H_2O$-Bldg. bei einem HCl-Partialdruck von 0.4 bis 2 Torr, W. Feitknecht (*1st Intern. Conf. Surface Reactions, Pittsburgh* 1948, S. 212/21, 216; *Helv. Chim. Acta* **29** [1946] 1801/15, 1806; *Chimia* [*Aarau*] **6** [1952] 3/13, 4), A. K. Bürgi (*Diss. Bern* 1939, S. 69). Entsteht beim Erwärmen einer Lsg. von Ni in wss. HCl, R. Tupputi (*Ann. Chim. Phys.* **78** [1811] 133/76, 155), beim Einleiten von HCl-Gas unter 0.5 bis 3.5 atm bei Tempp. < 28.8°C in eine Aufschlämmung von $NiSO_4$ in gesätt. $NiSO_4$-Lsg., O. Ruthner (*Ö.P.* 176205 [1950/53]). Bei der Rk. von $BaCl_2$ mit $NiSO_4$ in wss. Lsg. kristallisiert $NiCl_2 \cdot 6H_2O$ aus dem neutralen Filtrat beim Einengen über konz. $H_2SO_4$, A. Wächter (*J. Prakt. Chem.* **30** [1843] 321/34, 327). Über die Bldg. besonders großer $NiCl_2 \cdot 6H_2O$-Kristalle im Magnetfeld s. G. Roasio (*Z. Krist.* **59** [1923] 88/9). — Reinigung durch wiederholtes Umkristallisieren aus reinem dest. $H_2O$, J. N. Pearce, H. C. Eckstrom (*J. Phys. Chem.* **41** [1937] 563/5). Reinheitsprüfung s. *Brit. Stand. Specification* Nr. 558 und Nr. 564 [1953] 20.

*Thermodynamic Data of Formation. Heat of Formation*

**Thermodynamische Daten der Bildung. Bildungswärme** Q in kcal/mol: 505.8 nach Messungen anderer Autoren für die Bldg. von festem $NiCl_2 \cdot 6H_2O$ aus den Elementen unter Standardbedingungen, F. D. Rossini, D. D. Wagman, W. H. Evans, S. Levine, I. Jaffe (*Nat. Bur. Stand. Circ.* Nr. 500 [1952] 246); Q = 505.6 bei 18°C, ebenfalls für die Bldg. aus den Elementen, F. R. Bichowski, F. D. Rossini (*The Thermochemistry of the Chemical Substances, New York* 1952, S. 85); Q = 94.860 bei 18°C, ber. aus calorimetr. Messungen für die Rk. $Ni_{fest} + Cl_{2\,gasf} + 6H_2O_{fl} = NiCl_2 \cdot 6H_2O_{fest}$, J. Thomsen (*Systematische Durchführung thermochemischer Untersuchungen, Stuttgart* 1906, S. 247; *Thermochemische Untersuchungen, Bd.* 3, *Leipzig* 1883, S. 307). Q = 91.346 bei 25°C, ber. aus elektrochem. Messungen, W. Jahn-Held, K. Jellinek (*Z. Elektrochem.* **42** [1936] 401/21, 413). Q = 20.330 für die Bldg. nach $NiCl_{2\,fest} + 6H_2O_{fl} = NiCl_2 \cdot 6H_2O_{fest}$ bei 18 bis 20°C, ber. aus den Lsg.-Wärmen des wasserfreien Salzes und des 6-Hydrats, J. Thomsen (*l. c.* S. 25; *l. c.*). Q = 5.9 für die Rk. $NiCl_2 \cdot 2H_2O_{fest} + 4H_2O_{fl} = NiCl_2 \cdot 6H_2O_{fest}$, P. Sabatier (*Bull. Soc. Chim. France* [3] **1** [1889] 88/91).

**Freie Bildungsenergie** $\Delta G$ in kcal/mol, **Entropieänderung** $\Delta S$ in cal/mol·grd. Aus EK-Messungen für die Rk. $Ni_{fest} + Cl_{2\,gasf} + 6\,H_2O_{fl} = NiCl_2 \cdot 6\,H_2O_{fest}$ thermodynam. ber. Werte: $\Delta G_{288} = -73.225$, $\Delta G_{298} = -72.596$, $\Delta S_{298} = 62.9$, W. JAHN-HELD, K. JELLINEK (*l. c.*). $\Delta G_{298} = -410.5$ bei Bldg. aus den Elementen, F. D. ROSSINI u. a. (*l. c.*).

*Free Energy and Entropy of Formation*

**Physikalische Eigenschaften. Kristallform. Gitterstruktur.** $NiCl_2 \cdot 6\,H_2O$ kristallisiert in monoklinen Prismen; Raumgruppe C2m–$C^3_{2h}$, J. MIZUNO (*J. Phys. Soc. Japan* **16** [1961] 1574/80), O. MÜGGE (*Neues Jahrb. Mineral.* **1906** I 91/112, 109). Gitterkonstt.: a = 10.23, b = 7.05, c = 6.57 Å, $\beta = 122°10'$; Z = 2; a : b : c = 1.45 : 1 : 0.932, J. MIZUNO (*l. c.*); hiermit sind die Angaben von O. MÜGGE (*l. c.*) für das Verhältnis a : b : c überholt. — Weitere Angaben s. bei E. V. STROGANOV, I. I. KOZHINA, S. N. ANDREEV (*Vestn. Leningr. Univ. Ser. Fiz. i Khim.* **15** Nr. 3 [1960] 109/12, *C. A.* **1961** 1135). — Das 6-Hydrat ist isomorph mit $CoCl_2 \cdot 6\,H_2O$, C. MARIGNAC (*Mem. Soc. Phys.* **14** [1855] 201/88, 215), J. MIZUNO (*l. c.*). J. MIZUNO, K. UKEI, T. SUGAWARA (*J. Phys. Soc. Japan* **14** [1959] 383). — Jedes $Ni^{2+}$ ist von 4 in einer Ebene liegenden $H_2O$-Molekeln und von $2\,Cl^-$ auf der zu dieser Ebene senkrechten Achse umgeben, T. HASEDA, H. KOBAYASHI, M. DATE (*J. Phys. Soc. Japan* **14** [1959] 1724/7). Die $[NiCl_2 \cdot 4\,H_2O]$-Gruppen sind parallel zur b-Achse durch O...H–O-Bindungen zwischen $O_I$ und $O_{II}$ (vgl. Fig. im Original) verbunden. Das Gitter setzt sich aus || (001) liegenden Atomschichten zusammen (Atomabstände und Winkel s. Original), J. MIZUNO (*l. c.*). — Reguläre Oktaeder, A. WÄCHTER (*J. Prakt. Chem.* **30** [1843] 321/34, 327), Zwillingsbildung nach c. Vollkommene Spaltbarkeit nach (001), O. MÜGGE (*l. c.*), C. MARIGNAC (*l. c.*), geringe Spaltbarkeit nach (110), O. MÜGGE (*l. c.*). — Netzebenenabstände und relative Intensitäten der Röntgenreflexe s. J. D. HANAWALT, H. W. RINN, L. K. FREVEL (*Ind. Eng. Chem. Anal. Ed.* **10** [1938] 457/512, 496).

*Physical Properties. Crystal Form. Lattice Structure*

**Gitterenergie** $U_{kr}$ in kcal/mol. Aus experimentellen Daten unter Annahme eines HABER-BORNschen Kreisprozesses sowie aus den Hydratisierungswärmen der Ionen und der Lösungswärme in $H_2O$ berechnet: $U_{kr} = 383$. Aus Zahl, Radien und den Ladungen der Ionen nach A. F. KAPUSTINSKII (*Zh. Obshch. Khim.* **13** [1943] 487) berechnet: $U_{kr} = 385$, K. B. YATSIMIRSKII (*Zh. Obshch. Khim.* **17** [1947] 2019/23). $U_{kr} = 388.6$, aus den Bldg.-Wärmen des kristallinen Hydrats und der gasf. Ionen berechnet, YA. A. UGAI (*Trudy Voronezh. Univ.* **42** [1956] 35/6).

*Lattice Energy*

**Paramagnetische Resonanzabsorption.** Unterss. der paramagnet. Resonanzabsorption bei 20°C in stat. Feldern von 0 bis 5000 Oe ergeben bei der Frequenz 9620 MHz keine meßbaren Werte, B. M. KOZYREV, S. G. SALIKHOV, YU. YA. SHAMONIN (*Zh. Experim. i Teor. Fiz.* **22** [1952] 56/61 nach *C. A.* **1953** 11838). Bei 9800 und 18000 MHz werden keine Resonanzlinien beobachtet, T. HASEDA, M. DATE (*J. Phys. Soc. Japan* **13** [1958] 175/8 [engl.]). In Magnetfeldern bis zu 15000 Gauß (Frequenz 35452 MHz) erscheint bei gewöhnl. Temp. kein Absorptionsmax., F. W. LANCASTER, W. GORDY (*J. Chem. Phys.* **19** [1951] 1181/91, 1188, 1190). Die bei gewöhnl. Temp. auftretenden Resonanzlinien besitzen keine Asymmetrie, S. YANO, S. SASAKI (*J. Phys. Soc. Japan* **13** [1958] 227/8 [engl.]). Die Kernresonanzlinien verschwinden bei der für $NiCl_2 \cdot 6\,H_2O$ charakterist. Temp. von ~8°K, P. H. KIM, T. SUGAWARA (*J. Phys. Soc. Japan* **13** [1958] 968 [engl.]). Das Spektrum besteht unterhalb 6°K wie beim isomorphen $CoCl_2 \cdot 6\,H_2O$ aus mehreren schwachen, nahezu symmetr. um die Zentralfrequenz liegenden Linien, T. SUGAWARA (*J. Phys. Soc. Japan* **14** [1959] 1248 [engl.]).

*Paramagnetic Resonance Absorption*

**Dichte** D in g/cm³. $D^{23.1} = 1.921$, P.-A. FAVRE, C. A. VALSON (*Compt. Rend.* **79** [1874] 968/76, 972). D ~1.84, A. NEUHAUS (*Chem. Erde* **5** [1930] 554/624, 579). D = 1.91, pyknometrisch in Benzol und Chloroform bestimmt, E. V. STROGANOV u. a. (*l. c.*). Röntgendichte 1.92, J. MIZUNO (*J. Phys. Soc. Japan* **16** [1961] 1574/80).

*Density*

**Schmelzpunkt** 80°C, A. WÄCHTER (*J. Prakt. Chem.* **30** [1843] 321/34, 327).

*Melting Point*

**Wärmekapazität** $C_p$ in cal/mol·grd im Temp.-Bereich 1.6 bis 20°K (ausgewählte Werte):

*Molar Heat Capacity*

| T in °K | 1.6104° | 3.1500° | 4.0222° | 4.9088° | 4.9848° | 5.0452° | 5.0743° | 5.1764° | 5.1828° | 5.2652° |
|---|---|---|---|---|---|---|---|---|---|---|
| $C_p$ | 0.0842 | 0.7126 | 1.543 | 3.219 | 3.415 | 3.626 | 3.811 | 4.365 | 4.453 | 7.845 |
| T in °K | 5.3095° | 5.3122° | 5.4142° | 5.5198° | 6.6360° | 10.109° | 12.358° | 15.172° | 17.372° | 19.976° |
| $C_p$ | 5.119 | 5.952 | 2.293 | 1.936 | 1.206 | 0.842 | 1.01 | 1.45 | 1.95 | 2.71 |

Bei 5.34°K wird das Auftreten einer Anomalie ($\lambda$-Typ) beobachtet, die der antiferromagnet. Umwandlung (s. S. 558) entspricht, W. K. ROBINSON, S. A. FRIEDBERG (*Bull. Am. Phys. Soc.* [2] **4** [1959] 183; *Phys. Rev.* [2] **117** [1960] 402/8, 403).

**Farbe. Lichtabsorption.** Kristallisiertes $NiCl_2 \cdot 6\,H_2O$ ist hellgrün bis dunkelgrün, s. beispielsweise A. JOHNSEN (*Neues Jahrb. Mineral.* **1903** II 93/138, 106), A. WÄCHTER (*l. c.*). — In $NiCl_2 \cdot 6\,H_2O$

*Color. Optical Absorption*

sowie in wss. $NiCl_2$-Lsgg. ist das komplexe Ion $[Ni(H_2O)_6]^{2+}$ als Absorptionszentrum anzusehen, D. M. Bose, P. K. Raha (*Z. Phys.* **80** [1933] 361/75, 361), s. auch G. Joos (*Ann. Physik* [4] **81** [1926] 1076/85, 1076, 1083).

Im UR wird eine Bande bei 810 $cm^{-1}$ beobachtet, die dem koordinativ gebundenen $H_2O$ zugeordnet wird, J. Fujita, K. Nakamoto, M. Kobayashi (*J. Am. Chem. Soc.* **78** [1956] 3963/5). Weitere Banden im UR bei 803, 1018, 1089 und 1481 $cm^{-1}$, R. Duval, C. Duval, J. Lecomte (*Bull. Soc. Chim. France* **1947** 1048/56, 1052). Im Reflexionsspektrum von pulverförmigem 6-Hydrat werden bei ~13600, 14800 und 24800 $cm^{-1}$ intensive Absorptionsmax. beobachtet, E. Plsko (*Acta Univ. Szeged. Acta Phys. Chem.* **5** [1959] 58/66, 64). Bei der Unters. von $NiCl_2 \cdot 4H_2O$-haltigen 6-Hydratkriställchen im sichtbaren Spektralgebiet werden bei 77°K schwache Banden zwischen 18000 und 19000 $cm^{-1}$ beobachtet, T. S. Piper, N. Koertge (*J. Chem. Phys.* **32** [1960] 559/61). Über Beziehungen zwischen Wellenzahl und Bindungsfestigkeit der $H_2O$-Molekeln s. C. Duval, J. Lecomte (*J. Chim. Phys.* **50** [1953] C 64/71, C 65).

*Magnetic Properties*

**Magnetische Eigenschaften.** Die Molsusz. $\chi_{mol}$ von $NiCl_2 \cdot 6H_2O$-Einkristallen wird bei 1.3 bis 4.2, 14, 21 und 78°K in Richtung der b-, c- und a'-Achse gemessen. a' liegt ⊥ zu b und c und weicht von der a-Achse um 32° ab. Die in **Fig. 214** wiedergegebenen Meßdaten zeigen, daß zwischen 1.3 und 4.2°K die $\chi_{mol\,b}$- und $\chi_{mol\,c}$-Werte auf einer Kurve liegen, während $\chi_{mol\,a'}$ stark abweicht. Die an $NiCl_2 \cdot 6H_2O$-Pulver bestimmten Molsuszz. stimmen mit den aus $\chi_{mol\,b}$, $\chi_{mol\,c}$ und $\chi_{mol\,a'}$ gemittelten Werten (gestrichelte Kurve) gut überein. Oberhalb 14°K wird keine Anisotropie beobachtet, R. B. Flippen, S. A. Friedberg (*J. Appl. Phys. Suppl.* **31** [1960] 338/9 S). $\chi_{mol}$ in $cm^3$/mol von $NiCl_2 \cdot 6H_2O$-Pulver im Temp.-Bereich 1.54 bis 290°K:

| T in °K. . . . | 1.54° | 2.50° | 4.20° | 14.6° | 18.1° | 20.4° | 78° | 290° |
|---|---|---|---|---|---|---|---|---|
| $\chi_{mol} \cdot 10^3$ . . . | 67.8 | 67.8 | 67.0 | 51.1 | 44.5 | 41.3 | 14.2 | 4.01 |

T. Haseda, M. Date (*J. Phys. Soc. Japan* **13** [1958] 175/8 [engl.]). Weitere Angaben bei T. Haseda (*Nippon Kagaku Zasshi* **81** [1960] 187/91, *C.A.* **1960** 10433).

Aus $\chi_{mol}$-Bestt. an Einkristallen wird die Curie-Temp. zu 10°K berechnet. Dieser Wert ist wahrscheinlicher als der von T. Haseda, M. Date (*l. c.*) angegebene Wert von 7°K, T. Haseda, H Kobayashi, M. Date (*J. Phys. Soc. Japan* **14** [1959] 1724/7 [engl.]). Bei Tempp. bis ~5°K läßt der ebene Verlauf der Kurve ($1/\chi_{mol}$: T in °K) auf Abweichung der Susz. vom Curieschen Gesetz schließen, T. Haseda, M. Date (*l. c.*). Nach J. Mizuno, K. Ukei, T. Sugawara (*J. Phys. Soc. Japan* **14** [1959]

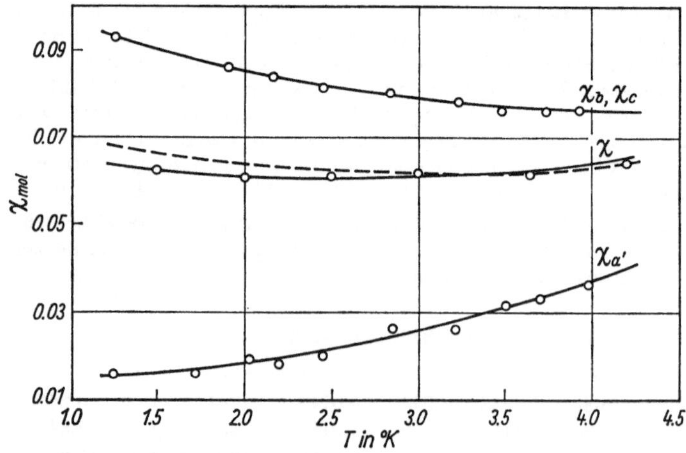


Fig. 214.

Molsusz. von $NiCl_2 \cdot 6H_2O$-Einkristallen und -Pulver bei tiefen Tempp.

383) verhält sich pulverförmiges $NiCl_2 \cdot 6H_2O$ unterhalb 6 bis 8°K magnetisch anomal. — Die unterhalb 4.2°K auftretende magnet. Anisotropie deutet auf einen Übergang der paramagnet. Verb. zum ferromagnet. Zustand hin, R. B. Flippen, S. A. Friedberg (*l. c.*). Unterhalb 6.2°K ist das Hydrat antiferromagnetisch, T. Haseda, H. Kobayashi, M. Date (*l. c.*). Nach Bestt. der spezif. Wärme von W. K. Robinson, S. A. Friedberg (*Bull. Am. Phys. Soc.* [2] **4** [1959] 183; *Phys. Rev.* [2] **117** [1960] 402/8, 403) beträgt die Umwandlungstemp. $T_u$ 5.34°K, R. B. Flippen, S. A. Friedberg (*l. c.*). Aus der Verschiebung der Kernresonanzlinie ergibt sich $T_u$ 5.8 ± 0.1°K, T. Sugawara (*J. Phys.*

*Soc. Japan* **14** [1959] 1248 [engl.]). $T_u$ ~6°K wird aus dem Verhältnis $T_u/\Theta$ ~0.6 erhalten ($\Theta$ = CURIE-Temp.), T. HASEDA, H. KOBAYASHI, M. DATE (*l. c.*).

Die Magnetisierung erfolgt in Richtung der c-Achse am leichtesten. Daher ist anzunehmen, daß die Ni-Spins ⊥ zur c-Achse ausgerichtet sind, T. HASEDA, H. KOBAYASHI, M. DATE (*l. c.*). Damit übereinstimmend wird als bevorzugte Richtung für die Ausrichtung der Ionenmomente die a'-Achse bezeichnet, R. B. FLIPPEN, S. A. FRIEDBERG (*l. c.*). Diese Annahme wird dadurch gefestigt, daß mit ihrer Hilfe das Kernresonanzspektrum von $NiCl_2 \cdot 6H_2O$ qualitativ gedeutet werden kann, T. SUGAWARA (*l. c.*).

*Chemical Reactions. On Heating*

**Chemisches Verhalten. Beim Erhitzen.** Beim Erwärmen von pulverförmigem 6-Hydrat auf 303 bis 333°K im Luftstrom bildet sich das 4-Hydrat. Geschw.-Konst. k = m/t (m = $H_2O$-Menge, die in der Zeit t entfernt wird) bei verschiedenen Tempp. (relative Werte):

| T in °K . . . . | 303° | 308° | 313° | 323° | 333° |
|---|---|---|---|---|---|
| $k \cdot 10^5$ . . . . | 82 | 130 | 215 | 396 | 710 |

Die Entwässerung eines Einkristalls im Vak. von $7 \cdot 10^{-2}$ Torr bei Tempp. zwischen 308 und 350.5°K erfolgt ohne Zwischenstufe gemäß $NiCl_2 \cdot 6H_2O_{fest} \rightarrow NiCl_2 \cdot 2H_2O_{fest} + 4H_2O_{gasf}$. Geschw.-Konst. k in diesem Temp.-Bereich:

| T in °K . . . . | 308° | 319° | 329° | 350.5° |
|---|---|---|---|---|
| $k \cdot 10^5$ . . . . | 33.3 | 62.4 | 131 | 301 |

Zwischen k und der Kristallmasse m besteht die Beziehung $k = k_0 \cdot m^{2/3}$, I. E. MURGULESCU, E. I. SEGAL (*Acad. Rep. Populare Romine, Studii Cercetari Chim.* **7** [1959] 447/59, 450, 453, 456). Durch Entwässerung bei 25°C über $Mg(ClO_4)_2$ sollen nacheinander die Hydrate $NiCl_2 \cdot 5.5H_2O$ (?), $NiCl_2 \cdot 5H_2O$(?), $NiCl_2 \cdot 4H_2O$ und $NiCl_2 \cdot 2H_2O$ entstehen (vgl. S. 553), W. S. CASTOR, F. BASOLO (*J. Am. Chem. Soc.* **75** [1953] 4804/7, 4807/10). Nach 1std. Erwärmen auf 30°C bildet sich das 2-Hydrat, A. JOHNSEN (*Neues Jahrb. Mineral.* **1903** II 93/138, 106). Entgegen Angaben von A. WÄCHTER (*J. Prakt. Chem.* **30** [1843] 321/34, 327) über die bei 140°C beginnende Zers. unter Bldg. von schwarzem $Ni_2O_3$ und $NiCl_2$ wird beim Erwärmen des 6-Hydrats auf 200°C in 1 bis 2 sec ein Farbumschlag von Hellgrün nach Gelb beobachtet, der wahrscheinlich dem Übergang $NiCl_2 \cdot 6H_2O \rightarrow NiCl_2 \cdot 2H_2O$ entspricht. Diese Rk. ermöglicht die Verwendung von $NiCl_2 \cdot 6H_2O$ als Temp.-Indicator, S. P. GVOZDOV, A. A. ERUNOVA (*Izv. Vysshikh Uchebn. Zavedenii Khim. i Khim. Tekhnol.* Nr. 5 [1958] 154/9). Bei Rotglut erfolgt Zers. unter NiO-Bldg., R. TUPPUTI (*Ann. Chim.* [*Paris*] **78** [1811] 133/76, 158). Nach Elektronenbeugungsunterss. entsteht bei der therm. Zers. von $NiCl_2 \cdot 6H_2O$ zwischen 20 und 200°C im Vak. durch innere Hydrolyse primär ein bas. Chlorid der Zus. $Ni(OH)_xCl_{(2-x)}$, L. LECUIR, R. LECUIR (*Compt. Rend.* **237** [1953] 1415/7).

*With Inorganic Substances*

**Gegen anorganische Stoffe.** In trockner Luft verwittert $NiCl_2 \cdot 6H_2O$ unter $H_2O$-Verlust, es zerfließt an feuchter Luft, O. MÜGGE (*Neues Jahrb. Mineralog.* **1906** I 91/112, 109), P. SABATIER (*Bull. Soc. Chim. France* [3] **1** [1889] 88/91), R. TUPPUTI (*l. c.* S. 157), A. WÄCHTER (*l. c.*).

Mit atomarem Wasserstoff oberflächliche Red., H. KROEPELIN, E. VOGEL (*Z. Anorg. Allgem. Chem.* **229** [1936] 1/15, 8). — Die durch Wasserdampf bei 400°C erfolgende therm. Hydrolyse steigt nach Leitfähigkeitsbestt. anfänglich rasch an und verläuft nach ~10 Min. weniger steil und linear, A. GLASNER, I. MAYER (*Bull. Res. Council Israel Sect.* A **8** [1959] 27/40, 34). — Über die Entwässerung des Hexahydrats mit $SOCl_2$ und $COCl_2$ s. S. 538. — Durch das im Hexahydrat enthaltene Kristallwasser wird Diboran hydrolysiert, C. NACCACHE, B. IMELIK (*Compt. Rend.* **250** [1960] 2019/21). Beim Verreiben äquimolarer Mengen von $NiCl_2 \cdot 6H_2O$ und $Na_2B_4O_7 \cdot 10H_2O$ entsteht ein grünes Gel, das nach einigen Stunden hart wird, T. KATSURAI (*Sci. Papers Inst. Phys. Chem. Res.* [*Tokyo*] **35** [1939] 191/227, 221).

*With Organic Substances*

**Gegen organische Stoffe.** In äther. Lsg. wirkt $NiCl_2 \cdot 6H_2O$ auf $SiCl_4$ hydrolysierend unter Bldg. von $Si_2OCl_6$, $Si_2OCl_5OH$, $Si_3O_2Cl_8$ und $Si_4O_3Cl_{10}$, J. GOUBEAU, R. WARNCKE (*Z. Anorg. Allgem. Chem.* **259** [1949] 109/20, 116). — Eine durch 4std. Kochen in Methanol unter Rückfluß hergestellte gesätt. Lsg. enthält bei 5°C 376 g $NiCl_2$/l, H. BARBER, D. ALI (*Mikrochemie* **35** [1950] 542/52, 546). — In Äthanol ist $NiCl_2 \cdot 6H_2O$ sehr leicht lösl., R. TUPPUTI (*Ann. Chim.* [*Paris*] **78** [1811] 133/76, 156), A. WÄCHTER (*J. Prakt. Chem.* **30** [1843] 321/34, 327), M. BOBTELSKY, R. D. LARISCH (*J. Chem. Soc.* **1950** 3612/5). Bei gewöhnl. Temp. lösen sich 53.71 g $NiCl_2 \cdot 6H_2O$ in 100 g absol. Äthanol, E. BÖDTKER (*Z. Physik. Chem.* **22** [1897] 505/14, 511). Die größenordnungsmäßige Best. der Löslichkeit bei gewöhnl. Temp. in Glykol, Glycerin und Aceton ergibt Werte zwischen $10^{-1}$ bis $10^3$ g $NiCl_2 \cdot 6H_2O$/l. Die Löslichkeit steigt um das 10- bis 1000fache bei Sättigung der Lsgmm. mit $NH_3$, H. BARBER,

D. Ali (*Mikrochemie* 38 [1951] 194/211, 200). — In Dimethylformamid ist $NiCl_2 \cdot 6H_2O$ bei gewöhnl. Temp. leicht lösl., R. T. Pflaum, A. I. Popov (*Anal. Chim. Acta* 13 [1955] 165/71, 166).

*$NiCl_2 \cdot 5.5H_2O$ (?), $NiCl_2 \cdot 5H_2O$ (?)*

***$NiCl_2 \cdot 5.5H_2O$ (?), $NiCl_2 \cdot 5H_2O$ (?).*** Beim Entwässern von $NiCl_2 \cdot 6H_2O$ bei 25°C über $Mg(ClO_4)_2$ soll sich primär $NiCl_2 \cdot 5.5H_2O$ bilden, das bei weiterer Entwässerung wahrscheinlich in das 5-Hydrat übergeht. Die für das Hexahydrat angenommene neue Konstitutionsformel $H_2[Ni(H_2O)_4(OH)_2Cl_2]$ (s. S. 556) führt für das 5-Hydrat zu der angenommenen Formulierung $H_4[Cl_2(OH)(H_2O)_3Ni(OH)_2Ni(H_2O)_3(OH)Cl_2]$, W. S. Castor, F. Basolo (*J. Am. Chem. Soc.* 75 [1953] 4804/7, 4807/10).

*$NiCl_2 \cdot 4H_2O$*

***$NiCl_2 \cdot 4H_2O$.*** Nach kristallograph. Unterss. (s. unten) wird für das Tetrahydrat eine Konstitutionsformel mit dreifachem Molekulargew. $[Ni(H_2O)_6]_2NiCl_6$ angenommen, E. V. Stroganov, I. I. Kozhina, S. N. Andreev, A. B. Kolyadin (*Vestn. Leningr. Univ. Ser. Fiz. i Khim.* Nr. 4 [1960] 130/7, 136). Das Verhalten von $NiCl_2 \cdot 6H_2O$, das durch die Formel $H_2[Ni(H_2O)_4(OH)_2Cl_2]$ wiedergegeben werden kann, führt beim Entwässern zu der dem Tetrahydrat entsprechenden Formulierung $H_4[Cl_2(H_2O)_2Ni(OH)_4Ni(H_2O)_2Cl_2]$, W. S. Castor, F. Basolo (*J. Am. Chem. Soc.* 75 [1953] 4804/6, 4807/10).

*Formation. Preparation*

**Bildung und Darstellung.** $NiCl_2 \cdot 4H_2O$ scheidet sich bei 80°C aus gesätt. $NiCl_2$-Lsgg. ab, M. Étard (*Ann. Chim. Phys.* [7] 2 [1894] 503/74, 539). Aus der wss. Lsg. von dreimal aus zweifach dest. $H_2O$ umkrist. $NiCl_2 \cdot 6H_2O$ fällt in ~5 Tagen bei 8 bis 10°C reines 4-Hydrat aus, E. V. Stroganov, I. I. Kozhina, S. N. Andreev, A. B. Kolyadin (*l. c.* S. 130). Herst. von feuchtigkeitsbeständigen $NiCl_2 \cdot 4H_2O$-Pillen der Dichte 1.4 bis 1.8 durch Entwässerung des 6-Hydrats s. W. J. Harsham (*U.S.P. Appl.* 739259 [1951] nach *C.A.* 1952 3717). Wird $NiCl_2 \cdot 2H_2O$ mit 96%igem Alkohol 3 Std. unter Rückfluß gekocht, so kristallisiert aus dem Extraktionsfiltrat nach 2 Tagen $NiCl_2 \cdot 4H_2O$, A. Neuhaus (*Chem. Erde* 5 [1930] 554/624, 579). Bei der Korrosion von Ni in wasserdampfgesätt. HCl-Atm. bildet sich das Tetrahydrat beim HCl-Druck ≧2 Torr, W. Feitknecht (*Chimia* [*Aarau*] 6 [1952] 3/13, 4). Darst. durch Einleiten von HCl-Gas unter 0.3 bis 3.5 atm Druck oberhalb 28.8°C in eine Aufschlämmung von $NiSO_4$ in gesätt. $NiSO_4$-Lsg., O. Ruthner (*Ö.P.* 176205 [1950/53]).

*Heat of Formation*

**Bildungswärme** in kcal/mol. Krist. $NiCl_2 \cdot 4H_2O$ unter Standardbedingungen: 364.7, F. D. Rossini, D. D. Wagman, W. H. Evans, S. Levine, I. Jaffe (*Natl. Bur. Stand. Circ.* Nr. 500 [1952] 246), bei 18°C 363.5, F. R. Bichowski, F. D. Rossini (*The Thermochemistry of the Chemical Substances, New York* 1952, S. 85).

*Crystal Form. Lattice Structure*

**Kristallform. Gitterstruktur.** Monokline Prismen, A. Neuhaus (*Chemie der Erde* 5 [1930] 554/624, 580), M. Étard (*Ann. Chim. Phys.* [7] 2 [1894] 503/74, 539), und rechteckige Parallelepipede, E. V. Stroganov, I. I. Kozhina, S. N. Andreev, A. B. Kolyadin (*l. c.* S. 130). Raumgruppe P4/mmm–$D_{4h}^1$. Gitterkonstt. in Å für die tetragonale (pseudokub.), 3 Molekeln enthaltende Elementarzelle: $a = 6.62 \pm 0.03$, $c = 13.23 \pm 0.06$. (Atomlagen s. Original). Die Elementarzelle besteht aus 2 Würfeln, deren Ecken mit $[Ni(H_2O)_6]^{2+}$-Ionen besetzt sind, in denen Ni oktaedrisch von $6H_2O$-Molekeln umgeben ist. Der Abstand $Ni \leftrightarrow H_2O$ in den Oktaedern beträgt 2.13 Å. Die Würfelflächen sind von $Cl^-$-Ionen zentriert. Im Zentrum eines der beiden Würfel liegt $Ni^{2+}$, das 2. Würfelzentrum ist unbesetzt. Die Aquokomplexe sind von 12 $Cl^-$-Ionen in gleichem Abstand umgeben. In Richtung der vierzähligen Achse wechseln Leerstellen enthaltende Schichten mit solchen Schichten ab, bei denen die Oktaederzentren durch $Ni^{2+}$ besetzt sind. $^2/_3$ aller $Ni^{2+}$-Ionen sind von $H_2O$-Molekeln, $^1/_3$ von $Cl^-$-Ionen umgeben, E. V. Stroganov, I. I. Kozhina, S. N. Andreev, A. B. Kolyadin (*Vestn. Leningr. Univ. Ser. Fiz. i Khim.* Nr. 4 [1960] 130/7, 131). — Gitterenergie $U_{kr} = 471.5$ kcal/mol, aus den Bldg.-Wärmen des kristallinen Tetrahydrats und der gasförmigen Ionen berechnet, Ya. A. Ugai (*Tr. Voronezhsk. Gos. Univ.* 42 [1956] 35/6).

*Density*

**Dichte** D = 1.72 nach pyknometr. Messungen in Benzol und $CCl_4$, E. V. Stroganov, I. I. Kozhina, S. N. Andreev, A. B. Kolyadin (*l. c.*), nach der Schwebemeth.: $D^{22} = 2.217 \pm 0.002$, A. Neuhaus (*Chem. Erde* 5 [1930] 554/624, 579).

*Color*

**Farbe.** Gelblichgrün bis Hellgrün, A. Neuhaus (*l. c.*), E. V. Stroganov, I. I. Kozhina, S. N. Andreev, A. B. Kolyadin (*l. c.* S. 130).

**Chemisches Verhalten.** Beim Erwärmen im Luftstrom auf Tempp. zwischen 303 und 333°K wird $NiCl_2 \cdot 2H_2O$ gebildet. Geschw.-Konstt. $k_1$ und $k_2$ der Entwässerung von 4-Hydrat, das durch Entwässerung des 6-Hydrats (1) oder durch Krist. aus wss. Lsg. (2) hergestellt worden ist: *Chemical Reactions*

| T in °K . . . | 308° | 313° | 318° | 323° | 333° |
|---|---|---|---|---|---|
| $k_1 \cdot 10^4$ . . . . | 189 | 252 | — | 417 | 537 |
| $k_2 \cdot 10^4$ . . . . | 6.6 | — | 11.3 | 17.3 | — |

Berechnung der Tabellenwerte nach $k = (\lg\frac{m}{a-m} - C)/t$; m ist die in der Zeit t entfernte $H_2O$-Menge, a die Gesamtmenge des abgespaltenen $H_2O$, C = konst. Die niedriger liegenden $k_2$-Werte werden vermutlich dadurch verursacht, daß sich das Kristallgitter des 4-Hydrats beim Krist. aus der Lsg. verfestigt, I. E. MURGULESCU, E. I. SEGAL (*Acad. Rep. Populare Romine, Studii Cercetari Chim.* **7** [1959] 447/59, 450, 453).

***$NiCl_2 \cdot 2H_2O$.*** Für das Dihydrat, das bei Entwässerung des Tetrahydrats unter Farbänderung von Grün nach Gelb entsteht, wird die Konstit.-Formel $H_4[Cl_2Ni(OH)_4NiCl_2]$ vorgeschlagen. Die Tatsache, daß sich die Verb. schwer entwässern läßt, ist mit dieser Struktur vereinbar, W. S. CASTOR, F. BASOLO (*J. Am. Chem. Soc.* **75** [1953] 4804/6, 4807/10). *$NiCl_2 \cdot 2H_2O$*

**Bildung und Darstellung.** Die Darst. von $NiCl_2 \cdot 2H_2O$ erfolgt aus dem Hexahydrat durch 1std. Erwärmen auf 30°C, A. JOHNSEN (*Neues Jahrb. Mineral.* **1903** II 93/138, 106), bei ~55°C unter wiederholtem Durchfeuchten des 6-Hydrats mit Methanol, A. NEUHAUS (*Z. Krist.* **98** [1937] 112/42, 121), durch Trocknen bei 30 bis 40°C über konz. $H_2SO_4$, H. LESCOEUR (*Ann. Chim. Phys.* [6] **19** [1890] 533/56, 544), durch Entwässerung im Vak. über konz. $H_2SO_4$, P. SABATIER (*Bull. Soc. Chim. France* [3] **1** [1889] 88/91), durch Überleiten von gasf. HCl bei erhöhter Temp., A. NEUHAUS (*Chem. Erde* **5** [1930] 554/624, 580). Die Entwässerung gelingt nicht bei gewöhnl. Temp. im Vak. über geschmolzenem $CaCl_2$; der $H_2O$-Gehalt des gebildeten Hydrats ist noch nach 7 Tagen höher als dem Dihydrat entspricht. $NiCl_2 \cdot 2H_2O$ kann jedoch durch Einleiten von gasf. HCl in eine gesätt. $NiCl_2$-Lsg., Abtrennen der ausfallenden Kristalle und Waschen mit Methanol hergestellt werden, B. B. BOSE, M. H. KHUNDKAR (*J. Indian Chem. Soc. Ind. News Edit.* **14** [1951] 39/40). Wird gebildet beim Überleiten eines trocknen HCl-Stromes über NiO in Ggw. von Wasserdampf bei 95°C, C. CHALÉROUX (*Ann. Chim.* [*Paris*] [13] **5** [1960] 1069/104, 1081), oder durch Behandlung von $Ni_3O_4$ mit sd. wss. HCl; der Nd. wird bei 100°C getrocknet, H. BAUBIGNY (*Compt. Rend.* **87** [1878] 1082/4). *Formation. Preparation*

Zur Reindarst. von $NiCl_2 \cdot 2H_2O$ wird eine nahezu gesätt. wss. Lsg. von $NiCl_2 \cdot 6H_2O$ (Co-Gehalt 0.17%) mit dem vierfachen Vol. Aceton versetzt. Unter Erhitzen der Fl. auf dem Dampfbad auf eine dicht unter dem Sdp. von Aceton liegende Temp. wird in die wss. Schicht HCl-Gas eingeleitet, bis das Dihydrat in feinen Kristallen ausfällt. Die überstehende Fl. wird dekantiert, der Rückstand abgesaugt und mit Aceton gewaschen. Nach viermaliger Fällung in der beschriebenen Weise kann Co im Endprod. weder chemisch noch spektroskopisch nachgewiesen werden. Gleichzeitig wird der Gehalt an Al, Cu und Fe (alle Mengenangaben in $10^{-3}$%, bezogen auf $NiCl_2 \cdot 2H_2O$) von 0.4 auf 0.1, von 1.6 auf 0.04 bzw. von 0.1 auf 0.01 reduziert. Das in ~85%iger Ausbeute entstehende reine Hydrat enthält ferner je 0.1 bis 1 Ca und Mg; der P- und Si-Gehalt beträgt insgesamt < 0.1, W. S. CLABAUGH, J. W. DONOVAN, R. GILCHRIST (*J. Res. Nat. Bur. Stand.* **52** [1954] 73/4).

**Bildungswärme** Q in kcal/mol. 220.8 nach Messungen anderer Autoren für die Bldg. aus den Elementen unter Standardbedingungen, F. D. ROSSINI, D. D. WAGMAN, W. H. EVANS, S. LEVINE, I. JAFFE (*Nat. Bur. Stand. Circ.* Nr. 500 [1952] 246); Q = 220.6 bei 18°C, F. R. BICHOWSKI, F. D. ROSSINI (*The Thermochemistry of the Chemical Substances, New York* 1952, S. 85); Q = 5.95 für die Rk. $NiCl_{2\,fest} + 2H_2O_{fl} = NiCl_2 \cdot 2H_2O_{fest}$, P. SABATIER (*l. c.*). *Heat of Formation*

**Kristallographische Eigenschaften.** Bildet je nach Darst. mikroskopisch feinste Nädelchen oder parallel- und radialfasrige Aggregate mit makroskop. Einzelfaser. Habitus: fasrig, nadlig, säulig nach c. Bldg. fast rechtwinkliger Durchkreuzungszwillinge, wahrscheinlich nach (0kl). Gute Spaltbarkeit nach (110), in mikroskop. Präpp. vermutlich nach (001). Bei geringem Druck Zerfaserung parallel zur c-Achse mit starken Verbiegungen und Verdrillungen der Faserbündel oder Einzelfasern, A. NEUHAUS (*Z. Krist.* **98** [1937] 112/42, 121). *Crystallographic Properties*

$NiCl_2 \cdot 2H_2O$ gehört zu einer Gruppe nichtisomorpher Verbb. $MeCl_2 \cdot 2H_2O$ (Me = Mn, Ni, Co, Fe, Cu) mit ähnlichen Strukturen und Elementarzellen; Raumgruppe wahrscheinlich I 2/m–$C_{2h}^3$. Gitterkonstt. der pseudorhomb. Elementarzelle mit Z = 4: $a = 6.97_0 \pm_{10}$, $b = 6.90_0 \pm_{10}$, $c = 8.81_8 \pm_{12}$ kX; $\beta = 91°30' \pm 10'$, B. K. VAINSHTEIN (*Zh. Fiz. Khim.* **26** [1952] 1774/84, 1774, 1776). Ältere An-

gaben für die Gitterkonstt. s. A. NEUHAUS (*l. c.*); *Structure Rep., Bd.* 8, 1940/41, S. 133. Die Elementarzelle kann in 2 Pseudozellen mit b = 3.45 kX aufgeteilt werden. Lage der Atome und $H_2O$-Molekeln: 4 Ni in 0, 0, 0; 0, $^1/_2$, 0; 4 Cl (I) in x, $^3/_4$, y; $\bar{x}$, $^1/_4$, $\bar{y}$; 4 Cl (II) in x, $^1/_4$, y; $\bar{x}$, $^3/_4$, $\bar{y}$; 8 $H_2O$ in x, y, z; $\bar{x}$, $\bar{y}$, $\bar{z}$; x, $^1/_2$—y, z; $\bar{x}$, $^1/_2$ + y, z. Atomabstände im Oktaeder: Ni↔Cl (I) 2.43; Ni↔Cl (II) 2.43; Ni↔$H_2O$ 2.04; Cl (I)↔Cl (II) vertikal 3.47, horizontal 3.41; Cl (I)↔$H_2O$ 3.13, 3.26; Cl (II)↔$H_2O$ 3.17, 3.22; zwischen den Oktaederketten Cl (I)↔Cl (II) 3.61; Cl (I)↔Cl (I) 3.62; Cl (II)↔Cl (II) 4.32; Cl (I)↔$H_2O$ 3.34, 3.61; Cl (II)↔$H_2O$ 3.35, 3.53. Die räumliche Anordnung der Ionen und $H_2O$-Molekeln zeigt **Fig. 215.**

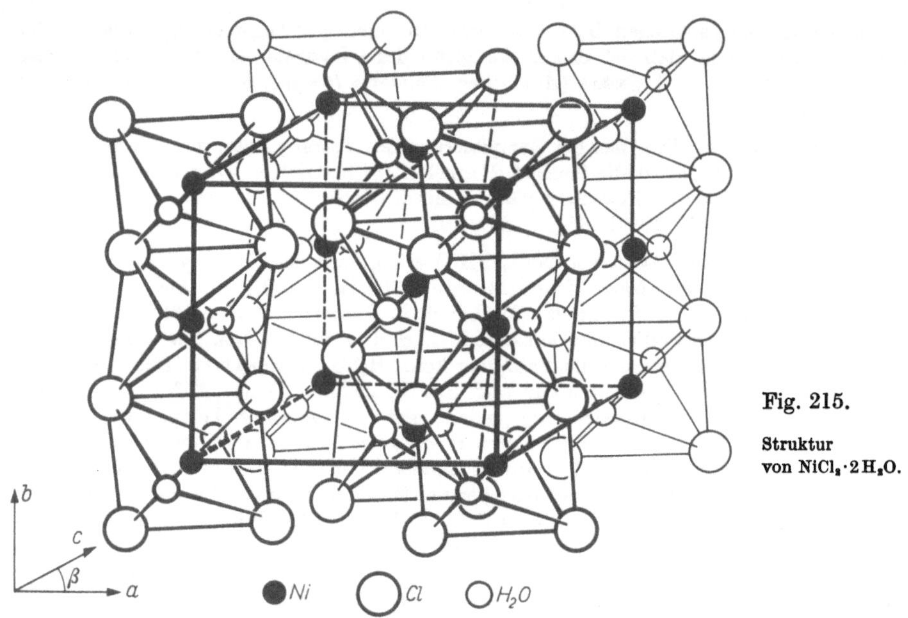


Fig. 215.

Struktur von $NiCl_2 \cdot 2H_2O$.

Das $Ni^{2+}$-Ion ist von 4 $Cl^-$-Ionen in einem leicht verzerrten Quadrat umgeben, auf dessen zur Zeichenebene senkrechter Achse die $H_2O$-Molekeln liegen. Die Oktaeder sind in zickzackförmigen Ketten angeordnet, B. K. VAINSHTEIN (*l. c.* S. 1779; *Nuovo Cimento* [10] **3** [1956] *Suppl.* S. 773/97, 790).

Gitterenergie $U_{kr}$ = 553.6 kcal/mol, aus den Bldg.-Wärmen des kristallinen Dihydrats und der gasf. Ionen berechnet, YA. A. UGAI (*Trudy Voronezh. Univ.* **42** [1956] 35/6).

*Density*

**Dichte.** $D^{20}$ = 2.56, nach der Schwebemeth. in Acetylentetrabromid und Benzol bestimmt, A. NEUHAUS (*l. c.* S. 122). Röntgendichte 2.585; daraus ber. Molvol. 64.1, A. NEUHAUS (*l. c.* S. 123, 136).

*Optical Properties*

**Optische Eigenschaften.** Blaßgelb bis bräunlichgelb, A. NEUHAUS (*l. c.* S. 122; *Chemie der Erde* **5** [1930] 554/624, 579), W. N. HARTLEY (*Sci. Trans. Roy. Dublin Soc.* [2] **7** [1900] 253/302, 258), A. JOHNSON (*Neues Jahrb. Mineral.* **1903** II 93/138, 106). Optisch zweiachsig negativ; nach der Einbettungsmeth. bestimmte Brechungszahlen bei 20°C für die D-Linie des Na: $n_\alpha = 1.620 \pm 0.002$, $n_\beta = 1.723 \pm 0.002$, $n_\gamma = 1.783 \pm 0.003$ (Angaben über Pleochroismus des reinen und Co-haltigen Dihydrats s. Original), A. NEUHAUS (*l. c.* S. 121). Im Reflexionsspektrum von pulverförmigem Dihydrat treten bei ~12400, 14200 und 23600 $cm^{-1}$ intensive Absorptionsmax. auf, E. PLŠKO (*Acta Univ. Szeged. Acta Phys. Chem.* **5** [1959] 58/66, 64).

*Chemical Reactions*

**Chemisches Verhalten.** An der Luft unbeständig, A. NEUHAUS (*Z. Krist.* **98** [1937] 112/42, 121); wird beim Erhitzen auf ~300°C zerstört, A. NEUHAUS (*Chem. Erde* **5** [1930] 554/624, 580). Im trocknen $O_2$-Strom wird bei 350°C an der Oberfläche eine schwärzliche Verfärbung festgestellt; bei 440°C bildet sich unter $Cl_2$-Entw. $Ni_3O_4$. Mit feuchtem $O_2$ geht die Rk. rascher und unter HCl-Entw. vor sich, H. BAUBIGNY (*Compt. Rend.* **87** [1878] 1082/4). Da beim Auskristallisieren aus überwiegend $CoCl_2$-haltigem Lsg.-Gemisch in Methanol $NiCl_2 \cdot 2H_2O$-Kristalle mit nur sehr geringem Co-Gehalt entstehen, wird auf geringe Mischbarkeit der beiden Dihydrate geschlossen, A. NEUHAUS (*Z. Krist.* **98** [1937] 112/42, 121).

## Wäßrige Lösung von Nickel(II)-chlorid

*Aqueous Solution of Nickel(II) Chloride*

*Purification*

**Reinigung.** Entfernung kleiner Mengen Cu, Pb und Zn aus konz. $NiCl_2$-Lsgg. durch Ionenaustauschmethh., N. P. Kolonina (*Zh. Prikl. Khim.* **33** [1960] 2475/80).

*Heat of Formation*

**Bildungswärme** Q in kcal/mol. Q einer verd. wss. $NiCl_2$-Lsg. bei Bldg. der Verb. aus den Elementen unter Standardbedingungen (25°C, 1 at), Molverhältnis $n H_2O/n_{NiCl_2} = r$:

| r . . . | 25 | 50 | 100 | 200 | 500 | 800 | 1000 | 2000 | 5000 | 10000 |
|---|---|---|---|---|---|---|---|---|---|---|
| Q . . . | 93.20 | 93.88 | 94.20 | 94.44 | 94.70 | 94.8 | 94.84 | 94.96 | 95.08 | 95.13 |

F. D. Rossini, D. D. Wagman, W. H. Evans, S. Levine, I. Jaffe (*Natl. Bur. Stand. Circ.* Nr. 500 [1952] 246); bei 18°C und 1 at:

| r . . . | 20 | 50 | 100 | 200 | 400 | 800 |
|---|---|---|---|---|---|---|
| Q . . . | 92.48 | 93.55 | 93.86 | 94.06 | 94.17 | 94.23 |

F. R. Bichowski, F. D. Rossini (*The Thermochemistry of the Chemical Substances, New York* 1952, S. 85).

Q = 94.2, berechnet aus der Lsg.-Wärme von $NiCl_2 \cdot 6H_2O$ in $H_2O$ bei 25°C, K. B. Yatsimirskii, V. V. Kharitonov (*Zh. Fiz. Khim.* **27** [1953] 799/804). Q = 93.7, berechnet aus der Lsg.-Wärme von $NiCl_2$ in stark verd. HCl bei 18°C, J. Thomsen (*Thermochemische Untersuchungen, Bd.* 3, *Leipzig* 1883, S. 298), s. auch F. R. Bichowsky (in: *Int. Crit. Tables, Bd.* 5, 1929, S. 192), Q = 87.7, berechnet aus der Lsg.-Wärme von $NiCl_2 \cdot 6H_2O$ in wss. 6.24 m- HCl-Lsg. bei 25°C, K. B, Yatsimirskii, V. V. Kharitonov (*l. c.*). Eine additive Berechnung der molaren Bldg.-Wärme in stark verd. wss. Lsg. (94.4 kcal) ergibt befriedigende Übereinstimmung mit dem experimentellen Wert (94.3 kcal), R. Lautié (*Bull. Soc. Chim. France* [5] **6** [1939] 178/83, 181).

*Integral Heat of Solution*

**Integrale Lösungswärme** $L_i$ in kcal/mol (Definition s. „*Kalium*" S. 294). Beim Auflösen von 1 Mol $H_2O$-freiem $NiCl_2$ in 400 Mol $H_2O$ bei 18°C und 1 at: $L_i = 19.170$, J. Thomsen (*Systematische Durchführung thermochemischer Untersuchungen, Stuttgart* 1906, S. 247), F. R. Bichowski, F. D. Rossini (*l. c.*). $L_i = 19.79$ (Mittelwert aus 10 Messungen) beim Lösen von 0.002 bis 0.01 Mol $NiCl_2$ in 950 ml $H_2O$, C. N. Muldrow (*Diss. Univ. Virginia* 1958, S. 30). — $L_i$ für $NiCl_2$-Hydrate: beim Auflösen von a) 1 Mol $NiCl_2 \cdot 2H_2O$, b) 1 Mol $NiCl_2 \cdot 6H_2O$ in 400 Mol $H_2O$ bei 18°: a) 10.3, b) −1.16, F. R. Bichowski, F. D. Rossini (*l. c.*), J. Thomsen (*Thermochemische Untersuchungen, Bd.* 3, *Leipzig* 1883, S. 202), beim Auflösen von 1 Mol $NiCl_2 \cdot 2H_2O$ in 300 bis 600 Mol $H_2O$ bei 19.5° und 21.5°C: 10.3 bzw. 10.45, P. Sabatier (*Bull. Soc. Chim. France* [3] **1** [1889] 88/91).

*Heat of Dilution*

**Verdünnungswärme.** Intermediäre Verd.-Wärme Q in cal/mol (Definition s. „*Kalium*" S. 295) beim Verd. einer Lsg. von 1 Mol $NiCl_2$ in n Mol $H_2O$ mit $\Delta$n Mol $H_2O$:

| n . . . | 20 | 20 | 20 | 20 | 50 | 50 | 50 | 100 | 100 | 200 |
|---|---|---|---|---|---|---|---|---|---|---|
| $\Delta$n . . | 30 | 80 | 180 | 380 | 50 | 150 | 350 | 100 | 300 | 200 |
| Q . . . | 1068 | 1380 | 1584 | 1697 | 312 | 516 | 629 | 204 | 317 | 113 |

J. Thomsen (*l. c.* S. 39, 113).

### Physikalische Eigenschaften

*Physical Properties*

*Mechanical and Thermal Properties. Density*

**Mechanische und thermische Eigenschaften. Dichte** D in g/cm³. Krit. Prüfung der Angaben von A. Heydweiller (*Z. Anorg. Allgem. Chem.* **116** [1921] 42/4), L. Brant (*Phys. Rev.* [2] **17** [1921] 678/99, 697), J. Wagner (*Z. Physik. Chem.* **5** [1890] 31/52, 39) ergibt folgende auf Vak. reduzierte und interpolierte Werte bei 18, 20 und 25°C ($NiCl_2$-Gehalt w in Gew.-%):

| w . . . . | 1 | 2 | 4 | 6 | 8 | 10 | 12 | 16 | 20 | 25 | 30 |
|---|---|---|---|---|---|---|---|---|---|---|---|
| $D_4^{18}$ . . . | $1.008_2$ | $1.017_9$ | $1.037_5$ | $1.057_7$ | $1.078_5$ | $1.099_8$ | $1.121_7$ | $1.167_4$ | $1.216_3$ | — | — |
| $D_4^{20}$ . . . | $1.007_8$ | $1.017_5$ | $1.037_0$ | $1.057_1$ | $1.077_7$ | $1.099_0$ | $1.120_9$ | $1.166_5$ | $1.215_0$ | $1.280_0$ | $1.352_5$ |
| $D_4^{25}$ . . . | $1.006_0$ | $1.015_2$ | $1.034_5$ | $1.054_5$ | — | — | — | — | — | — | — |

W. C. Schumb (in: *Int. Crit. Tables, Bd.* 3, 1928, S. 69). Weitere Dichtebestt. s. bei H. Becquerel (*Ann. Chim. Phys.* [5] **12** [1877] 5/87, 65), W. Biltz (*Z. Physik. Chem.* **40** [1902] 185/221, 200), P.-A. Favre, C. A. Valson (*Compt. Rend.* **79** [1874] 968/76, 972), B. Franz (*J. Prakt. Chem.* [2] **5** [1872] 274/308, 285), G. T. Gerlach (*Z. Anal. Chem.* **28** [1889] 466/524, 468), H. C. Jones, F. H. Getman, H. P. Basset (in: *Carnegie Inst. Washington Publ.* Nr. 60 [1907] 17/145, 77), S. Lussana, G. Bozzola (*Atti Ist. Veneto Sci. Lettere Arti Classe Sci.-Mat. Nat.* [7] **4** [1892/93] 785/803, 791), L. Mond, R. Nasini

(*Z. Physik. Chem.* 8 [1891] 150/7, 155), W. W. NICOL (*Phil. Mag.* [5] 18 [1884] 179/93, 183), G. QUINCKE (*Ann. Physik* [2] 24 [1885] 347/416, 371).

Pyknometrisch bestimmte Dichte bei verschiedenen Tempp. und Konzz.:

| $g\ NiCl_2/l$ . . . . | 1.7 | 3.4 | 6.9 | 13.7 | 27.4 |
|---|---|---|---|---|---|
| $D^{17.2}$ . . . . . | 1.001 | 1.003 | 1.006 | 1.013 | 1.024 |

A. E. OXLEY (*Proc. Cambridge Phil. Soc.* 16 [1912] 421/7, 424).

| Gew.-% $NiCl_2$ . | 5.261 | 12.96 | 14.05 | 15.90 | 23.15* | 34.23* |
|---|---|---|---|---|---|---|
| $D_4^{20}$ . . . . . . | 1.0500 | 1.1302 | 1.1425 | 1.1627 | 1.255* | 1.415* |

G. SPACU, E. POPPER (*Bull. Soc. Stiinte Cluj* 8 [1934/37] 5/128, 17); mit * bezeichnete Werte von H. R. NETTLETON, S. SUGDEN (*Proc. Roy. Soc.* [*London*] *Ser.* A 173 [1939] 313/23, 320).

| Gew.-% $NiCl_2$ . | 0.290 | 0.570 | 1.140 | 2.250 | 4.410 |
|---|---|---|---|---|---|
| $D_4^{25}$ . . . . . . | 0.99991 | 1.00270 | 1.00748 | 1.01848 | 1.03974 |

F. E. DOLIAN, H. T. BRISCOE (*J. Phys. Chem.* 41 [1937] 1129/38, 1132). $D^{12.8} = 1.0615$ bei 6.20 Gew.-% $NiCl_2$, M. ISHINO, S. KAWATA (*Mem. Sci. Kyoto Univ.* 10 [1928] 311/6).

| Mol-% $NiCl_2$ . . | 0.1 | 0.2 | 0.4 | 0.6 | 0.8 | 1.0 |
|---|---|---|---|---|---|---|
| $D_4^{25}$ . . . . . . | 1.009105 | 1.020930 | 1.044193 | 1.067009 | 1.089483 | 1.111579 |
| Mol-% $NiCl_2$ . . | 1.5 | 2.0 | 2.5 | 3.0 | 4.0 | 4.9116 |
| $D_4^{25}$ . . . . . . | 1.165334 | 1.216740 | 1.266389 | 1.314339 | 1.406068 | 1.485417 |

J. N. PEARCE, H. C. ECKSTROM (*J. Phys. Chem.* 41 [1937] 563/5).

| Mol-% $NiCl_2$ . . | 0.0010 | 0.0020 | 0.0030 | 0.0040 | 0.0050 | |
|---|---|---|---|---|---|---|
| $D^{35}$ . . . . . . | 0.994146 | 0.994264 | 0.994404 | 0.994506 | 0.994614 | |
| Mol-% $NiCl_2$ . . | 0.0100 | 0.0150 | 0.0200 | 0.0250 | 0.0300 | |
| $D^{35}$ . . . . . . | 0.995214 | 0.995813 | 0.996408 | 0.997078 | 0.997724 | |
| Mol-% $NiCl_2$ . . | 0.0400 | 0.0500 | 0.0750 | 0.1000 | 0.1250 | 0.2000 |
| $D^{35}$ . . . . . . | 0.998794 | 0.999960 | 1.002851 | 1.005715 | 1.008601 | 1.017147 |

A. S. CHACRAVARTI, B. PRASAD (*Trans. Faraday Soc.* 35 [1939] 1466/71).

Temp. der max. Dichte $t_{max}$ nach Angaben von F. DREYER (*Izv. St. Peterburgsk. Politekhn. Inst. Otd.* 11 [1909] 662, 12 [1909] 32, 14 [1910] 197), L. LUSSANA, G. BOZZOLA (*Nuovo Cimento* [3] 35 [1894] 31/5; *Atti Ist. Veneto Sci. Lettere Arti Classe Sci. Mat. Nat.* [7] 4 [1892/93] 785/803, 791) für Lsgg. mit 0.5, 1.0 und 2.0 Gew.-% $NiCl_2$: 3.34, 2.69 bzw. 1.40°C, L. J. GILLESPIE (in: *Intern. Crit. Tables, Bd.* 3, 1928, S. 107), vgl. W. BEIN (in: LANDOLT-BÖRNSTEIN, 5. *Aufl.*, 1923, S. 439).

*Volume Change on Solution*

**Volumenänderung beim Lösen.** Beim Auflösen von $^2/_3$ Mol $NiCl_2$ in 1000 g $H_2O$ verringert sich das Vol. bei 20°C um 17.8 $cm^3$, I. I. ZASLAVSKII (*Zh. Obshch. Khim.* 9 [1939] 1094/1100, 1096). Eine Vol.-Zunahme, die sich mit zunehmender Konz. einem konst. Wert nähert, wird beim Auflösen von $NiCl_2$ in $H_2O$ bei 23.1°C beobachtet, P.-A. FAVRE, C. A. VALSON (*Compt. Rend.* 79 [1874] 968/76, 972).

*Molecular Volume*

**Molvolumen.** Scheinbares Molvol. $\Phi$ in $cm^3$ bei 35°, berechnet nach $\Phi = M/D_{H_2O} - 10^3\ (D_{Lsg} - D_{H_2O})/D_{H_2O} \cdot c$, worin M das Molgew. von $NiCl_2$, c die Konz. in mol/l und D die Dichte bedeuten (Werte in Auswahl):

| $c \cdot 10^2$ . . . | 0.10 | 0.20 | 0.30 | 0.40 | 0.50 | 1.00 | 2.00 | 3.00 | 5.00 | 10.00 | 20.00 |
|---|---|---|---|---|---|---|---|---|---|---|---|
| $\Phi$ . . . . | 41.87 | 26.78 | 14.37 | 17.72 | 18.53 | 14.12 | 12.19 | 7.47 | 11.65 | 13.13 | 14.26 |

Bei $c > 0.0400$ gilt $\Phi = 10.0 + 9.6\sqrt{c}$, A. S. CHACRAVARTI, B. PRASAD (*Trans. Faraday Soc.* 35 [1939] 1466/71). Experimentell bestimmtes scheinbares Molvol. $\Phi$ und mit der Gleichung von F. T. GUCKER (*J. Phys. Chem.* 38 [1934] 307/17, 315) ber. partielles Molvol. $\bar{V}$ bei 25° (Werte in Auswahl):

| c . . . . | 0.1 | 0.2 | 0.6 | 1.0 | 1.5 | 2.0 | 3.0 | 4.0 | 4.9116 |
|---|---|---|---|---|---|---|---|---|---|
| $\Phi$ . . . . | 8.861 | 9.769 | 11.96 | 13.281 | 14.675 | 15.984 | 17.909 | 19.242 | 20.119 |
| $\bar{V}$ . . . . | 9.957 | 11.197 | 14.328 | 16.494 | 18.639 | 20.420 | 23.361 | 25.627 | 27.391 |

Im Konz.-Bereich 0.2 bis 3.0 mol/l gilt die Gleichung $\Phi = 7.0164 + 6.1267\ c^{1/2} + 0.2103\ c$, J. N. PEARCE, H. C. ECKSTROM (*J. Phys. Chem.* 41 [1937] 563/5).

*Velocity of Sound. Compressibility*

**Schallgeschwindigkeit u. Kompressibilität ϰ.** Für eine Lsg. vom Molenbruch $x = 0.004117$ ist bei 25°C und 1015.24 kHz $u = 1516.04$ m/s; hieraus ergibt sich $\varkappa = 42.500 \times 10^{-12}$ $cm^2/dyn$. Zwischen 23 und 26°C nimmt u um 272 cm/s je grd zu, V. B. COREY (*Phys. Rev.* [2] 64 [1943] 350/7, 352).

*Surface Tension*

**Oberflächenspannung.** Messungen der Grenzflächenspannung von 0.00001 bis 1.5m-$NiCl_2$-Lsgg. gegen n-Butylacetat ergeben bei den Konzz. 0.0005, 0.008, 0.25, 0.7 und 1.2 mol/l 5 Max., die durch

die Bldg. komplexer Anionen in den Lsgg. erklärt werden, H. KAZI (*J. Indian Chem. Soc.* **33** [1956] 513/8).

**Viscosität** $\eta$, gemessen mit dem Ostwald-Viscosimeter bei 25.00 ± 0.05°C in Abhängigkeit vom $NiCl_2$-Gehalt der Lsg.: *Viscosity*

| Gew.-% $NiCl_2$ . | 0.290 | 0.570 | 1.140 | 2.250 | 4.410 |
|---|---|---|---|---|---|
| $\eta$ in cP . . . . | 0.91 | 0.92 | 0.93 | 0.97 | 1.03 |

F. E. DOLIAN, H. T. BRISCOE (*J. Phys. Chem.* **41** [1937] 1129/38, 1132).

Relative Viscosität $\eta/\eta_{H_2O}$ bei 25°C:

| c in val/l . . . . | 0.125 | 0.25 | 0.5 | 1.0 |
|---|---|---|---|---|
| $\eta/\eta_{H_2O}$ . . . . . | 1.0210 | 1.0443 | 1.0968 | 1.2055 |

Nach der Exponentialgleichung $\eta/\eta_{H_2O} = A^c$ von S. ARRHENIUS (*Z. Physik. Chem.* **1** [1887] 285/98, 287) mit der aus Messungen an 0.5 und 1.0n-Lsgg. erhaltenen Konst. A ber. Werte zeigen geringe Abweichungen von den experimentellen Daten, J. WAGNER (*Z. Physik. Chem.* **5** [1890] 31/52, 39). Mittelwerte für $\eta/\eta_{H_2O}$ aus mehreren Einzelmessungen bei 35°C, Konz. c in mol/l:

| $c \cdot 10^2$ . . | 0.10 | 0.20 | 0.30 | 0.40 | 0.50 | 1.00 | 1.50 | 2.00 |
|---|---|---|---|---|---|---|---|---|
| $\eta/\eta_{H_2O}$ . . | 1.0008 | 1.0021 | 1.0027 | 1.0033 | 1.0037 | 1.0062 | 1.0083 | 1.0100 |
| $c \cdot 10^2$ . . | 2.50 | 3.00 | 4.00 | 5.00 | 7.50 | 10.00 | 12.50 | 20.00 |
| $\eta/\eta_{H_2O}$ . . | 1.0121 | 1.0146 | 1.0178 | 1.0226 | 1.0327 | 1.0431 | 1.0536 | 1.0833 |

In der Gleichung $\eta/\eta_{H_2O} = 1 + A\sqrt{c} + Bc$ von G. JONES, M. DOLE (*J. Am. Chem. Soc.* **51** [1929] 2950/64, 2961) sind für c ≤ 0.03 die Parameter A = 0.028 und B = 0.316 einzusetzen; bei c > 0.03 liegen die gemessenen Werte meist höher als die hiernach berechneten, A. S. CHACRAVARTI, B. PRASAD (*Trans. Faraday Soc.* **35** [1939] 1466/71, 1467). $\eta/\eta_{H_2O}$, bezogen auf $\eta_{H_2O} = 100$ bei 0°C, für verschiedene Tempp.:

| Gew.-% $NiCl_2$ \ t in °C | 15° | 25° | 35° | 45° |
|---|---|---|---|---|
| 11.449 | 90.40 | 70.30 | 57.46 | 48.25 |
| 22.690 | 140.20 | 109.70 | 87.84 | 72.71 |
| 30.400 | 229.50 | 171.80 | 139.20 | 111.94 |

J. WAGNER (*Ann. Physik* [2] **18** [1883] 259/89, 269). Nomogramm zur Best. der relativen Viscosität von $NiCl_2$-Lsgg. bei 25°C im Konz.-Bereich zwischen 0.1n und 1n s. S. D. DAVIS (*Chem. Met. Eng.* **43** [1936] 485).

**Diffusion.** Diffusionskoeff. D gegen reines Wasser bei verschiedenen Tempp. t: *Diffusion*

| c in val/l . . . . | 0.1 | 0.25 | 0.5 | 0.5 | 0.5 | 1.0 | 2.0 | 2.0 | 4.0 |
|---|---|---|---|---|---|---|---|---|---|
| t in °C . . . . . | 21.0° | 21.0° | 15.2° | 20.0° | 24.4° | 24.4° | 15.0° | 24.4° | 24.4° |
| D in $cm^2/d$ . . . | 0.817 | 0.809 | 0.684 | (0.753) | 0.860 | 0.860 | 0.677 | 0.858 | 0.867 |

Nach NERNST ber. Grenzwert für 20°C und unendliche Verd.: D = 1.88 $cm^2/d$, L. ÖHOLM (*Finska Kemistsamfundets Medd.* **45** [1936] 133/41, 137), vgl. hierzu auch „*Kobalt*" *Tl.* B *Erg.-Bd.*, S. 554. Beim Überleiten von reinem Wasser über eine 1n-$NiCl_2$-Lsg. (Strömungsgeschw. 40 $cm^3/h$) diffundieren in 24 Std. bei 14 bis 16°C 0.0394 g $NiCl_2$, J. H. LONG (*Phil. Mag.* [5] **9** [1880] 413/32, 417; *Ann. Physik* [2] **9** [1880] 613/41, 630). Diffusionsverss. an 0.05m-$NiCl_2$-Lsgg. ergeben bei Zusatz eines indifferenten Fremdelektrolyten und bei verschiedener H-Ionenkonz. für das Ni-Ion den Diffusionskoeff. D ~0.42 $cm^2/d$, der offenbar dem hydratisierten Ion zuzuschreiben ist, G. JANDER, H. MÖHR (*Z. Physik. Chem.* A **190** [1942] 81/100, 87). Durch den Querschnitt von 1 $cm^2$ diffundieren stündlich aus einer 7.2%igen $NiCl_2$-Lsg. bei 0, 20 und 40°C in einen mit Agar-Agar gefüllten Zylinder 0.91, 1.24 bzw. 1.59 mg $NiCl_2$. Aus den diffundierten Mengen mit der STEFANschen Formel ber. Diffusionskoeff.: $D_0$ = 0.454, $D_{20}$ = 0.84, $D_{40}$ = 1.48 $cm^2/d$, F. VOIGTLÄNDER (*Z. Physik. Chem.* **3** [1889] 316/35, 333).

Unterss. über den Einfluß von Neutralsalzen auf die Dialysegeschw. und auf die Bldg. hydratisierter Komplexe wie $Ni(H_2O)_6^{2+}$ und $Ni(H_2O)_4^{2+}$ s. bei M. GEGÖ (*Magy. Kem. Folyoirat* **45** [1939] 1/12 [ungar.] nach *C.* **1939** II 1625), krit. Unterss. zur Dialysemeth. bei G. JANDER, H. SPANDAU (*Z. Physik. Chem.* A **185** [1939] 325/66).

*Sorption*

**Sorption.** Aus wss. $NiCl_2$-Lsgg. wird eine beträchtliche Menge $NiCl_2$ an $\gamma$-$Al_2O_3$ adsorbiert, H. SCHÄFER, W. NEUGEBAUER (*Naturwissenschaften* **38** [1951] 561). Dabei werden $Ni^{2+}$- und $Cl^-$-Ionen in äquiv. Mengen adsorbiert. Durch Eluieren mit $H_2O$ wird der größere Teil der Ionen in nicht äquiv. Mengen herausgelöst; auf dem Adsorbens bleibt ein größerer $Ni^{2+}$- und ein geringerer $Cl^-$-Rest zurück, W. FISCHER, A. KULLING (*Z. Elektrochem.* **60** [1956] 680/8, 683). Unters. der Kationenadsorption an $Al_2O_3$-Säulen zur Isolierung von $NiCl_2$ aus wss. Lsgg. von Chloriden der Ammoniumsulfidgruppe s. bei G.-M. SCHWAB, A. N. GHOSH (*Angew. Chem.* **52** [1939] 666/8). Aus dem Verlauf der bei der Adsorption von $NiCl_2$ an Ca-haltigem $Al_2O_3$ erhaltenen Adsorptionsisotherme wird geschlossen, daß der Austausch von $Ni^{2+}$ gegen $Ca^{2+}$ quantitativ und unabhängig von der Elektrolytkonz. erfolgt. Äquiv. Mengen $Ni^{2+}$ und $Cl^-$ werden nur aus verd. Lsgg. adsorbiert. Dagegen wird bei hohen Konzz. eine „Mehradsorption" des Anions beobachtet, die von der Haftfestigkeit des Kations bestimmt wird, F. UMLAND (*Z. Elektrochem.* **60** [1956] 689/700, 695, 699). Bei der nicht äquiv. Adsorption von $NiCl_2$ wird eine den mehradsorbierten $Cl^-$-Ionen äquiv. Menge $OH^-$-Ionen frei, die durch eine Sekundärreaktion in der Lsg. weggefangen werden, F. UMLAND (*Z. Elektrochem.* **60** [1956] 701/11, 705). Entw. einer formalen Ionenaustauschtheorie für die Adsorption von Elektrolyten in wss. Lsg. an $\gamma$-$Al_2O_3$ s. bei F. UMLAND (*Z. Elektrochem.* **60** [1956] 711/21). — Über die Adsorption von $NiCl_2$ aus wss. 0.1 n-Lsg. bei der Koagulation von $MnO_2$-Solen s. N. SCHILOW, L. ORLOWA (*Z. Physik. Chem.* **100** [1922] 425/62, 441). — Die Adsorption zweiwertiger Chloride aus 0.01 n-Lsgg. bei der Koagulation von $Sb_2S_3$-Solen nimmt in der Reihenfolge $CdCl_2$–$MnCl_2$–$NiCl_2$–$MgCl_2$ ab, N. SCHILOW, A. IWANITZKAJA, L. ORLOWA (*Z. Physik. Chem.* **100** [1922] 425/62, 440). — An krist. $BaSO_4$-Oberflächen ist die Adsorption reversibel und entspricht bei geringen Konzz. der FREUDNLICHschen Adsorptionsisotherme. $Ni^{2+}$ und $Cl^-$ werden in äquiv. Mengen adsorbiert, L. DE BROUCKÈRE (*J. Chim. Phys.* **26** [1929] 250/75, 268). — Bei Adsorption an Holzkohle ergibt sich die Reihenfolge $CdCl_2$–$NiCl_2$–$MnCl_2$–$MgCl_2$. Aus den Unters.-Ergebnissen wird geschlossen, daß hauptsächlich undissoziierte Molekeln adsorbiert werden, N. SCHILOW, L. LEPIN (*Z. Physik. Chem.* **94** [1920] 25/71, 42). Bei gewöhnl. Temp. werden aus einer 0.025 n-Lsg. 8.4% des gelösten $NiCl_2$ an Holzkohle adsorbiert, N. SCHILOW (*Z. Physik. Chem.* **100** [1922] 425/62, 426). — Über die Adsorption aus 0.1 n-Lsg. an Wolle s. N. SCHILOW, S. WOSNESSENSKY (*Z. Physik. Chem.* **100** [1922] 425/62, 434), an Mastixsol s. N. SCHILOW, A. IWANITZKAJA (*Z. Physik. Chem.* **100** [1922] 425/62, 436). — Bei Adsorption von verschieden konz. $NiCl_2$-Lsgg. an einem organ. Ionenaustauscher (sulfoniertes Kunstharz) wird keine $Cl^-$-Adsorption beobachtet; demnach scheinen undissoziierte $NiCl_2$-Molekeln und nicht $[NiCl]^+$-Ionen adsorbiert zu werden, O. SAMUELSON (*Ing. Vetenskaps Akad.* **17** [1946] 17/22). Unterss. der Adsorption an Ammoniumpermutit ergeben dagegen sowohl $Ni^+$- als auch $Cl^-$-Adsorption, A. GÜNTHER-SCHULZE (*Z. Elektrochem.* **28** [1922] 387/9). Die Verteilung verschiedenwertiger Metallionen aus $NiCl_2$- u. a. Chloridlsgg. an einer Ionenaustauschersäule hängt möglicherweise mit der Bldg. von Solvaten und ihrer unterschiedlichen Stabilität zusammen, C. ROCCHICCIOLI (*Mikrochim. Acta* **1958** 124/36, 129, 134).

*Vapor Pressure*

**Dampfdruck** p in Torr. Über Dampfdrucke von gesätt. $NiCl_2$-Lsgg. s S. 555. Mit einer dynam. Meth. bei 25°C bestimmte Dampfdrucke p von Lsgg. der Molalität m in mol je kg $H_2O$:

| m . | 0.0 | 0.1 | 0.2 | 0.4 | 0.6 | 0.8 | 1.0 | 1.5 | 2.0 | 3.0 | 4.0 | 4.9116 |
|---|---|---|---|---|---|---|---|---|---|---|---|---|
| p . | 23.752 | 23.648 | 23.541 | 23.312 | 22.063 | 22.788 | 22.485 | 21.598 | 20.548 | 18.044 | 15.209 | 12.579 |

J. N. PEARCE, H. C. ECKSTROM (*J. Phys. Chem.* **41** [1937] 563/5). Dampfdruck p und Dampfdruckerniedrigung $\Delta p = p_{H_2O} - p$ in Torr bei 0°C; $\Delta p$ in Klammern:

| m . . . . . | 0.994 | 2.006 | 2.572 |
|---|---|---|---|
| p, $\Delta$p . . . | 4.324 (0.255) | 3.922 (0.657) | 3.538 (1.041) |

C. DIETERICI (*Ann. Physik* [4] **70** [1923] 617/21). Auf Atm.-Druck reduzierte Messungen bei 100°C:

| m . . . . . . . . | 0.498 | 0.905 | 1.590 | 2.170 | 2.182 | 2.625 | 2.785 | 3.619 | 3.766 | 4.925 |
|---|---|---|---|---|---|---|---|---|---|---|
| p . . . . . . . . | 743.9 | 728.5 | 677.3 | 664.7 | 665.0 | 638.8 | 624.0 | 574.7 | 561.3 | 489.9 |
| $\Delta$p . . . . . . . | 16.1 | 31.5 | 62.7 | 95.3 | 95.0 | 121.2 | 136.0 | 185.3 | 198.7 | 270.1 |

G. TAMMANN (*Mém. Acad. Imp. Sci. St.-Petersbourg* [7] **35** Nr. 9 [1887] 1/172, 118). Aus diesen Werten durch Interpolation erhaltene Dampfdrucke p und relative Dampfdruckerniedrigung $p_{H_2O}/p$ für 0°C:

| m . . . . . . . . | 0.000 | 0.498 | 0.903 | 1.588 | 2.167 |
|---|---|---|---|---|---|
| p . . . . . . . . | 4.579 | 4.473 | 4.335 | 4.105 | 3.804 |
| $p_{H_2O}/p$ . . . . . . | — | 1.024 | 1.051 | 1.115 | 1.192 |

C. DIETERICI (*l. c.*). Über Beziehungen zwischen Molgew. und Dampfdruckerniedrigung bei 100° s. M. PRUD'HOMME (*Bull. Soc. Chim. France* [4] **39** [1926] 1703/8).

**Siedepunkt** s. „Das System $NiCl_2$–$H_2O$“ S. 553. *Boiling Point*

**Siedepunktserhöhung** $\Delta T_v$ und molale Siedepunktserhöhung $\Delta T_v/m$ bei Atm.-Druck, Molalität m in mol/kg $H_2O$. Die Meßgenauigkeit bei den höheren Konzz. bis m = 0.0065 beträgt 1%, bei m = 0.0008 10 bis 12%: *Boiling Point Elevation*

| | | | | | | | | | |
|---|---|---|---|---|---|---|---|---|---|
| $m \cdot 10^2$ | 0.0809 | 0.162 | 0.324 | 0.647 | 1.58 | 3.28 | 6.49 | 16.1 | 31.5 |
| $\Delta T_v \cdot 10^2$ | 0.126 | 0.236 | 0.466 | 0.900 | 2.13 | 4.28 | 8.49 | 20.9 | 41.2 |
| $\Delta T_v/m$ | 1.541 | 1.463 | 1.440 | 1.391 | 1.35 | 1.306 | 1.307 | 1.299 | 1.308 |

E. Plake (*Z. Physik. Chem.* A **172** [1935] 113/28, 114, 121). Ältere Angaben s. bei R. Salvadori (*Gazz. Chim. Ital.* **26** I [1896] 237/54, 249).

**Gefrierpunkt.** Siehe hierzu „Das System $NiCl_2$–$H_2O$“ S. 553. *Freezing Point*

**Gefrierpunktserniedrigung.** Molale Gefrierpunktserniedrigung $\Delta T_f/m$, Molalität m in mol/kg $H_2O$, nach Angaben von W. Biltz (*Z. Physik. Chem.* **40** [1902] 185/221, 200), F. Guthrie (*Phil. Mag.* [5] **6** [1878] 35/44, 44), F. Rüdorff (*Ann. Physik* [2] **145** [1872] 599/622, 615): *Freezing Point Depression*

| | | | | | | | | |
|---|---|---|---|---|---|---|---|---|
| m | 0.02 | 0.05 | 0.10 | 0.20 | 0.50 | 1.0 | 1.5 | 2.0 |
| $\Delta T_f/m$ | 5.58 | 5.41 | 5.38 | 5.43 | 5.69 | 6.22 | 7.34 | 8.67 |

R. E. Hall, M. S. Sherrill (in: *Intern. Crit. Tables, Bd.* **4**, 1928, S. 256).

| | | | | | | | | | |
|---|---|---|---|---|---|---|---|---|---|
| m | 0.037 | 0.074 | 0.149 | 0.223 | 0.297 | 0.372 | 0.446 | 0.521 | 0.743 |
| $\Delta T_f/m$ | 5.54 | 5.11 | 5.15 | 5.25 | 5.34 | 5.46 | 5.51 | 5.65 | 6.12 |

H. C. Jones, F. H. Getman (*Am. Chem. J.* **31** [1904] 303/59, 317), H. C. Jones, H. P. Bassett (*Am. Chem. J.* **33** [1905] 534/86, 570).

| | | | | | | | | |
|---|---|---|---|---|---|---|---|---|
| m | 0.800 | 0.900 | 1.000 | 1.500 | 2.000 | 2.500 | 3.000 | 3.483 |
| $\Delta T_f/m$ | 6.10 | 6.38 | 6.58 | 7.95 | 10.00 | 12.60 | 16.60 | 21.20 |

F. H. Getman, H. P. Bassett (*Carnegie Inst.* Nr. 60 [1907] 17/145, 77); s. auch W. A. Roth (in: Landolt-Börnstein, 5. *Aufl., Bd.* 2, 1923, S. 1454), R. Salvadori (*Gazz. Chim. Ital.* **26** I [1896] 237/54, 250).

**Spezifische Wärme** $c_p$ in $cal \cdot g^{-1} \cdot grd^{-1}$ zwischen 24 und 55°C. Molverhältnis r in mol $H_2O$/mol $NiCl_2$: *Specific Heat*

| | | | | | | |
|---|---|---|---|---|---|---|
| r | 10 | 15 | 25 | 50 | 100 | 200 |
| $c_p$ | 0.6176 | 0.6824 | 0.7351 | 0.8310 | 0.9017 | 0.9451 |

C. Marignac (*Arch. Sci. Phys. Nat.* [2] **55** [1876] 113/35, 119; *Ann. Chim. Phys.* [5] **8** [1876] 410/30, 416); s. auch B. L. Vanzetti (in: *Intern. Crit. Tables, Bd.* **5**, 1929, S. 123).

Scheinbare Molwärme $\Phi_c$ und partielle Molwärme $C_p'$ in $cal \cdot mol^{-1} \cdot grd^{-1}$ (Definition s. „*Kalium*“ S. 425) von 0.3 bis 2 molalen $NiCl_2$-Lsgg. bei 25°C (Genauigkeit ± 0.03%):

| | | | | | | |
|---|---|---|---|---|---|---|
| m | 0.3520 | 0.5400 | 0.7527 | 1.1922 | 1.6213 | 2.0380 |
| $\Phi_c$ | −51.4 | −47.8 | −44.9 | −41.1 | −36.9 | −32.5 |
| $C_p'$ | −44.8 | −40.2 | −35.8 | −28.5 | −22.7 | −17.5 |

Aus den Meßdaten extrapolierter Wert für unendliche Verd.: $C'_{p_\infty} = -63.8$. Zwischen $\Phi_c$ und der Molalität der Lsg. besteht die lineare Beziehung $\Phi_c = -63.8 + 21.5\sqrt{m}$, A. F. Kapustinskii, B. M. Yakushevskii, S. I. Drakin (*Zh. Fiz. Khim.* **27** [1953] 588/95, 592).

**Optische Eigenschaften. Farbe.** $NiCl_2$ löst sich in $H_2O$ mit intensiv grüner Farbe, M. Étard (*Ann. Chim. Phys.* [7] **2** [1894] 503/74, 539), O. L. Erdmann (*J. Prakt. Chem.* **7** [1836] 249/68, 251), W. N. Hartley (*Sci. Trans. Roy. Dublin Soc.* [2] **7** [1900] 253/302, 258). Konz. Lsgg. sind gelblichgrün, verdünnte grün, E. Müller (*Ann. Physik* [4] **12** [1903] 767/86, 783), H. C. Jones, J. A. Anderson (*Am. Chem. J.* **41** [1909] 163/208, 193). Beim Erhitzen auf Tempp. > 100°C erfolgt Farbumschlag von Grün nach Gelbgrün. Die Farbänderung ist reversibel, T. Katsurai, K. Sone (*Kolloid Z.* **163** [1959] 70/1). *Optical Properties. Color*

**Lichtbrechung.** Brechungszahl n, spezif. Refraktion R (Lorentz-Lorenz) und Molrefraktion $R_{mol}$. Brechungszahl $n_D$ für die D-Linie des Na ($\lambda = 589.3\,m\mu$) bei 25°C und daraus abgeleitete spezif. Refraktion für Lsgg., Konz. in Gew.-% $NiCl_2$: *Optical Refraction*

| | | | | | | |
|---|---|---|---|---|---|---|
| Konz. | 0 | 0.290 | 0.570 | 1.140 | 2.250 | 4.410 |
| $n_D$ | 1.332607 | 1.333309 | 1.333894 | 1.335235 | 1.337780 | 1.342910 |
| R | — | 0.1396 | 0.1280 | 0.1463 | 0.1397 | 0.1397 |

F. E. DOLIAN, H. T. BRISCOE (*Proc. Indian Acad. Sci.* **45** [1936] 110/5, 113). $n_D$ für verschiedene Tempp. und Konzz. in Gew.-%:

| Konz. \ t in °C | 15° | 20° | 25° | 30° |
|---|---|---|---|---|
| 0.26 | 1.3362 | 1.3357 | 1.3351 | 1.3344 |
| 0.65 | 1.3372 | 1.3367 | 1.3362 | 1.3357 |
| 1.31 | 1.3385 | 1.3379 | 1.3373 | 1.3368 |

Aus den $n_D$-Werten für 15°C und Konz. = 0.26, 0.65 und 1.31 ber. R-Werte: 0.2067, 0.2064 bzw. 0.2059, L. M. BLANC (*An. Asoc. Quim. Argent.* **4** [1916] 294/314, 296, 299).

Bei 20°C und $\lambda = 587.0\,m\mu$ gem. Werte für n und $R_{mol}$, Konz. in Gew.-%:

| Konz. | 2.58 | 4.44 | 5.261 | 8.546 | 11.12 | 12.96 | 14.05 | 15.90 |
|---|---|---|---|---|---|---|---|---|
| n | 1.33865 | 1.34302 | 1.34510 | 1.35327 | 1.35995 | 1.36479 | 1.36771 | 1.37276 |
| $R_{mol}$ | — | — | 18.16 | — | — | 18.54 | 18.43 | 18.43 |

G. SPACU, E. POPPER (*Bull. Soc. Stiinte Cluj* 8 [1934/37] 5/128, 17). Differenz der Brechungszahlen $N\lambda = (n-n_{H_2O})10^5$ für 18°C bei verschiedenen Wellenlängen $\lambda$ in $m\mu$ und verschiedenen Konzz.:

| $\lambda$ \ $c_{val}$ | 0.4960 | 1.002 | 2.037 | 4.014 |
|---|---|---|---|---|
| 231.4 | 1055 | 2094 | 4140 | — |
| 257.4 | 956 | 1899 | 3756 | 7167 |
| 274.9 | 915 | 1817 | 3596 | 6849 |
| 298.1 | 878 | 1739 | 3445 | 6553 |
| 325.6 | 847 | 1679 | 3325 | 6329 |
| 340.5 | 835 | 1655 | 3276 | 6232 |
| 467.9 | 783 | 1548 | 3064 | 5799 |

A. HEYDWEILLER, O. GRUBE (*Ann. Physik* [4] **49** [1916] 653/70, 658); entsprechende Angaben für den sichtbaren Bereich bei 18°C:

| $\lambda$ \ $c_{val}$ | 0.5 | 1 | 2 | 4 |
|---|---|---|---|---|
| 434.1 | 801 | 1557*) | 3001*) | — |
| 486.1 | 784 | 1536 | 2996 | 5770 |
| 589.3 | 765 | 1501 | 2918 | 5640 |
| 656.3 | 759 | 1487 | 2905*) | — |

*) unsichere Werte, G. LIMANN (*Z. Physik* 8 [1922] 13/9, 14).

Ältere Bestt. von n s. bei J. H. GLADSTONE (*Phil. Trans. Roy. Soc.* **160** [1870] 9/32, 31), L. MOND, R. NASINI (*Z. Physik. Chem.* 8 [1891] 150/7, 155), H. JONES, F. H. GETMAN (*Am. Chem. J.* **31** [1904] 303/59, 317).

Refraktionsmessungen an wss. 0.1- bis 1.2 m-$NiCl_2$-Lsgg. zur Best. des $NiCl_2$-Gehalts von Lsgg. unbekannter Konz. s. bei P. CSOKAN (*Z. Anal. Chem.* **121** [1941] 29/38).

*Dispersion*

**Dispersion.** Mittelwerte für die Dispersion bei Konzz. in Äquiv./l von 0.5 bis 4 bei 18°: $(\Delta n_D - \Delta n_{656.3})/C_{val} = 13.0$; $(\Delta n_{486.1} - \Delta n_D)/C_{val} = 36.0$. $\Delta n$ ist die Differenz $(n_{Lsg} - n_{H_2O})$ bei den entsprechenden Linien, G. LIMANN (*Z. Physik* 8 [1922] 13/19, 14). Dispersion einer 1n-Lsg. bei 18°C im Wellenlängenbereich 656.5 bis 231.4 $m\mu$ s. bei A. HEYDWEILLER, O. GRUBE (*Ann. Physik* [4] **49** [1916] 653/70, 665). Bei $NiCl_2$-Lsgg. nimmt die Dispersion im UV mit steigender Konz. ab, A. KRUIS, W. GEFFCKEN (*Z. Physik. Chem.* B **34** [1936] 70/81, 74).

*Emission*

**Emission.** Bei flammenspektroskop. Unterss. von wss. $NiCl_2$-Lsgg. im UR (1 bis 15 $\mu$) wird keine Emission beobachtet, A. LAGERQUIST, L. HULDT (*Arkiv Fysik* **12** [1957] 491/4 [engl.]).

*Optical Absorption. Transparency*

**Lichtabsorption. Durchlässigkeit.** In Analogie zu den Lsgg. anderer Ni-Salze ($Ni(NO_3)_2$, $NiF_2$, $NiBr_2$, $NiJ_2$, $NiSO_4$) besitzen wss. $NiCl_2$-Lsgg. Gebiete starker Absorption an der Grenze zwischen UV- und

sichtbarem Spektrum bei ~400 mμ, im Rot des sichtbaren Lichts bei ~700 mμ und im UR bei ~1.2 μ. — Im Gegensatz zu H. C. JONES, J. A. ANDERSON (*Carnegie Inst. Publ.* Nr. 110 [1909] 1/110, 39), die die Absorption dem Ni-Atom zuschreiben, werden die $[Ni(H_2O)_6]^{2+}$-Ionen als Absorptionszentren angesehen, Á. v. KISS, P. BOÉR, M. GERENDÁS (*Acta Univ. Szeged. Acta Chem. Mineral. Phys.* **3** [1934] 259/71). Aus Beobachtungen an wss. Alkalihalogenidlsgg. im UV wird analog geschlossen, daß auch die paramagnet. Chloride in wss. Lsg. vorwiegend dissoziiert sind und die UV-Absorption für $Cl^-$-Ionen charakteristisch ist, S. DATTA (*Sci. and Culture* **2** [1936/37] 58), S. DATTA, M. M. DEB (*Phil. Mag.* [7] **23** [1937] 1005/17, 1013).

Bei 30°C liegt die kurzwellige Absorptionsgrenze für 0.25n-, 0.5n-, 1.0n- und 2.0n-Lsgg. bei 217, 218, 222 bzw. 232 mμ, S. DATTA, M. M. DEB (*l. c.* S. 1009), s. auch S. DATTA (*l. c.*), für 0.01 m- und 0.05 m-Lsgg. bei 217 bzw. 235 mμ, S. KATO (*Sci. Papers Inst. Phys. Chem. Res.* [*Tokyo*] **13** [1930] 49/58, 51). Die Extinktionskurve einer 2.0 m-$NiCl_2$-Lsg., s. **Fig. 216**, weist an der Grenze von UV und sichtbarem Gebiet eine Absorptionsbande auf, deren Max. bei 398 mμ liegt, Á. v. KISS, P. CSOKÁN (*Z. Anorg. Allgem. Chem.* **245** [1941] 355/64, 356). Wellenlänge des Absorptionsmax. in diesem Bereich für verschieden konz. Lsgg.: 392 mμ in 0.05 m-Lsg., S. KATO (*l. c.*), 395, 400 und 407 mμ in 0.2 m-, 2.0 m- bzw. 4.5 m-Lsgg., E. MAJOR (*Acta Univ. Szeged. Acta Chem. Phys.* **1** [1942/43] 14/34, 18), 407 mμ für eine Lsg. der Konz. 11 g/l, S. DATTA, M. DEB (*Phil. Mag.* [7] **20** [1935] 1121/36, 1125), ~405 mμ für eine ~$^1/_3$n-Lsg., R. A. HOUSTOUN (*Physik. Z.* **14** [1913] 424/9; *Proc. Edinburgh Soc.*

Fig. 216.

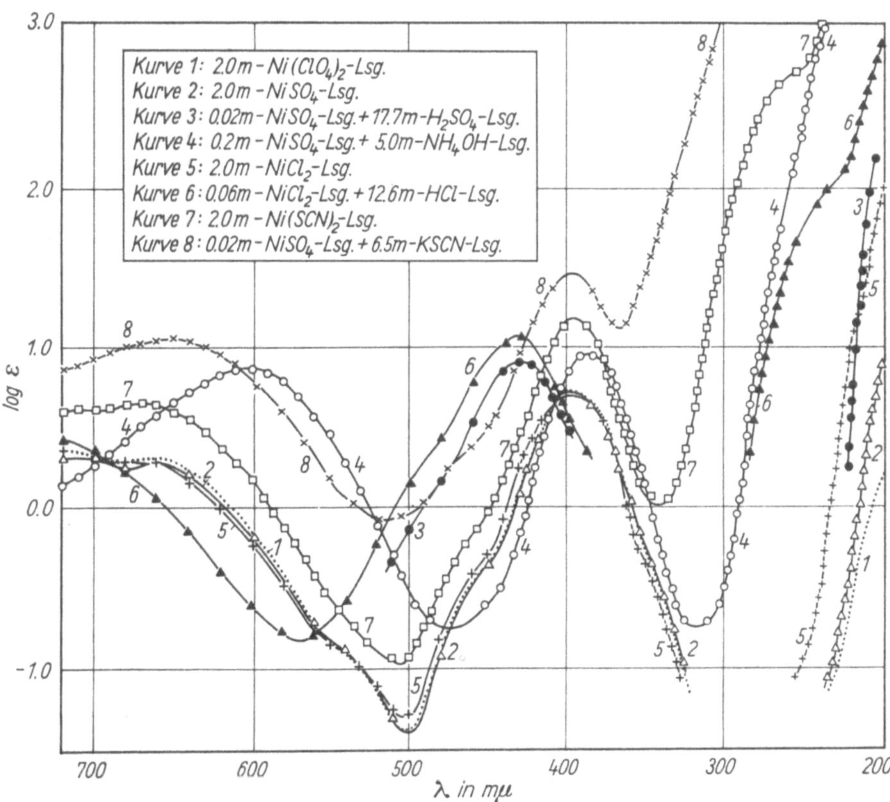


Extinktionskurven von Ni-Salzlsgg.

**31** [1910/11] 547/58, 554). Messungen an 0.1 m- und 0.02 m-Lsgg. ergeben Max. bei 4013 bzw. 4012 Å, mit 0.5 m- und 1 m-Lsgg. werden vergleichbare Werte erhalten, J. v. KOCZKÁS (*Z. Physik* **59** [1930] 274/88, 278).

Wss. $NiCl_2$-Lsgg. sind im grünen Spektralbereich durchlässig. Das Durchlässigkeitsmax. einer 2.74n-Lsg. liegt bei 520 mμ, J. S. Guy, H. C. Jones (*Am. Chem. J.* **50** [1913] 257/308, 292), Max. von 0.2 m- und 1.76 m-Lsgg. bei 499 bzw. 505 mμ, Á. v. Kiss, P. Boér, M. Gerendás (*l. c.*), von 0.926n-, 4.63n- und 9.26n-Lsgg. bei ~510 mμ, W. V. Bhagwat (*J. Indian Chem. Soc.* **17** [1940] 53/59, 58), s. auch W. W. Coblentz (*Bull. Bur. Stand.* **7** [1911] 619/63, 658). — Molarer Extinktionskoeffizient $\varepsilon = \frac{1}{d \cdot c} \lg I_0/I$ in 1 $mol^{-1} \cdot cm^{-1}$ (d = Schichtdicke) bei verschiedenen Wellenlängen λ in mμ für eine 0.2m-$NiCl_2$-Lsg. (Werte in Auswahl):

| | | | | | | | | | |
|---|---|---|---|---|---|---|---|---|---|
| λ . . . . . . . . | 440 | 460 | 480 | 490 | 500 | 510 | 540 | 570 | 600 |
| ε . . . . . . . . | 0.660 | 0.339 | 0.117 | 0.0059 | 0.0039 | 0.0460 | 0.120 | 0.260 | 0.677 |
| λ . . . . . . . . | 620 | 640 | 650 | 660 | 670 | 690 | 700 | 710 | 720 |
| ε . . . . . . . . | 1.14 | 1.64 | 1.81 | 1.86 | 1.84 | 1.91 | 2.00 | 2.09 | 2.10 |

Á. v. Kiss (*Acta Univ. Szeged. Acta Chem. Mineral. Phys.* **3** [1934] 259/71, 260). ε für verschieden konz. Lsgg. im Bereich 480 bis 620 mμ, Konz. in $C_{val}$:

| $c_{val}$ \ λ | 480 | 500 | 520 | 540 | 560 | 580 | 600 | 620 |
|---|---|---|---|---|---|---|---|---|
| 0.926 | 0.23 | 0.16 | 0.16 | 0.18 | 0.22 | 0.27 | 0.36 | 0.57 |
| 4.63 | 0.58 | 0.37 | 0.40 | 0.46 | 0.60 | 0.88 | 1.38 | 2.0 |
| 9.26 | 2.0 | 1.04 | 0.77 | 0.84 | 1.02 | 1.36 | 2.0 | — |

W. V. Bhagwat (*J. Indian Chem. Soc.* **17** [1940] 53/9, 58). Weitere Bestt. des Extinktionskoeff. von 0.2m-, 2m- und 4.5m-Lsgg. zwischen 200 und 700 mμ s. E. Major (*Acta Univ. Szeged. Acta Chem. Phys.* **1** [1942/43] 17/34, 18), einer 2m-Lsg. bei 200 bis ~725 mμ s. Á. v. Kiss, P. Csokán (*Z. Anorg. Allgem. Chem.* **245** [1941] 355/64, 357), von 0.02m-, 0.1m-, 0.5m- und 1m-Lsgg. zwischen 322 und 497 mμ s. J. v. Koczkás (*Z. Physik* **59** [1930] 274/88, 281), einer 0.633n-Lsg. bei 460, 602 und 622 mμ s. G. Poma (*Gazz. Chim. Ital.* **40** [1910] 176/93, 189).

Absorptionsmax. im sichtbaren Spektralgebiet für verschieden konz. Lsgg.: 660 und 722 mμ in 2.0m-Lsg., Á. v. Kiss, P. Csokán (*l. c.*) (vgl. Fig. 216), 720 mμ in 1m-Lsg., T. Dreisch (*Z. Physik* **40** [1927] 714/24, 722), 650 und 720 mμ in 0.05m-Lsg., S. Kato (*Sci. Papers Inst. Phys. Chem. Res.* [*Tokyo*] **13** [1930] 49/58, 51), 718 mμ in 0.25m-Lsg., T. Dreisch, W. Trommer (*Z. Physik. Chem.* B **37** [1937] 37/59, 41), 652 und 715 mμ in 0.2m-Lsg., Á. v. Kiss, P. Boér, M. Gerendás (*Acta Univ. Szeged. Acta Chem. Mineral. Phys.* **3** [1934] 259/71, 260); ~690 mμ in ~$^1/_3$n-Lsg., R. A. Houstoun (*Physik. Z.* **14** [1913] 424/9; *Proc. Edinburgh Soc.* **31** [1910/11] 538/46, 539, 543).

Im UR zeigt $NiCl_2$ in 1m-Lsg. eine Absorptionsbande, deren Max. bei 1.2 μ liegt, T. Dreisch (*Z. Physik* **40** [1927] 714/24, 722). In ~$^1/_3$n-Lsg. wird ein Absorptionsmax. bei ~1.228 μ beobachtet, R. A. Houstoun (*Physik. Z.* **14** [1913] 424/9). An einer 0.25m-Lsg. sind 4 einzelne Maxima bei 1.125, 1.162, 1.190 und 1.233 μ zu unterscheiden, T. Dreisch, W. Trommer (*Z. Physik. Chem.* B **37** [1937] 37/59, 43). Bei 900 mμ besitzt eine 1m-Lsg. starke Durchlässigkeit, T. Dreisch (*l. c.*). Die Durchlässigkeit einer 2.74n-Lsg. von max. 53% nimmt mit zunehmender Wellenlänge ab und erreicht bei 1000 mμ den Wert 0, J. S. Guy, H. C. Jones (*Am. Chem. J.* **50** [1913] 257/308, 292), s. auch W. W. Coblentz (*Bull. Bur. Stand.* **7** [1911] 619/63, 658). — Zwischen 1.4 und 1.9 μ ist keine Absorption nachzuweisen, T. Dreisch (*l. c.*).

Einfluß der Konzentration. Für 0.02 bis 1m-$NiCl_2$-Lsgg. gilt im Wellenlängenbereich von 322.2 bis 497.5 mμ das Lambert-Beersche Gesetz, J. v. Koczkás (*Z. Physik* **59** [1930] 274/88). Zwischen 480 und 620 mμ ist das Beersche Gesetz für 0.926 bis 9.26n-Lsgg. ungültig, W. V. Bhagwat (*J. Indian Chem. Soc.* **17** [1940] 53/59, 59). Über die Absorptionszunahme und die Verbreiterung der Absorptionsbanden im UV und Sichtbaren bei Konz.-Erhöhung s. H. C. Jones, J. A. Andersen (*Carnegie Inst. Publ.* Nr. 110 [1909] 1/110, 39).

Einfluß der Temperatur. Temp.-Erhöhung hat eine Verbreiterung der Absorptionsbanden zur Folge, H. C. Jones, W. W. Strong (*Physik. Z.* **10** [1909] 499/503), s. hierzu Durchlässigkeitsbestt. bei 20° und 100°C, W. N. Hartley (*Sci. Trans. Roy. Dublin Soc.* [2] **7** [1900] 253/302, 258). Die nach thermokinet. Betrachtungen von D. M. Bose, S. Datta (*Z. Physik* **80** [1933] 376/94) bei Temp.-Erniedrigung erwartete Verschiebung des Absorptionsspektrums in Richtung kürzerer Wellen wird durch Unterss. von S. Datta, M. Deb (*Phil. Mag.* [7] **23** [1937] 1005/17, 1012) bestätigt.

Einfluß von Zusätzen. Über den Einfluß von wss. HCl s. S. 580. — Im Absorptionsspektrum einer Lsg. von $NiCl_2$ in wss. m-$HClO_4$ werden bei 25°C Banden bei 390 mμ (Halbwertsbreite 60 mμ) und 710 mμ (Halbwertsbreite 190 mμ) beobachtet, D. M. GRUEN (*J. Inorg. Nucl. Chem.* **4** [1957] 74/6). Die opt. Dichte von 0.033 m-$NiCl_2$-Lsgg. in wss. 1.17 bis 10.5 m-$HClO_4$ ist konst., R. H. HERBER, J. W. IRVINE (*J. Am. Chem. Soc.* **78** [1956] 905/7).

Eine Verschiebung der im UV und im Sichtbaren liegenden Absorptionsbanden in Richtung längerer Wellen wird durch Erhöhung der $Cl^-$-Konz. bewirkt, beispielsweise durch Zusätze von LiCl, E. MAJOR (*Acta Univ. Szeged. Acta Chem. Phys.* **1** [1942/43] 17/34, 23), Á. v. KISS, P. BOÉR, M. GERENDÁS (*Acta Univ. Szeged. Acta Chem. Mineral. Phys.* **3** [1934] 259/71, 260) von NaCl, $MgCl_2$ und $CaCl_2$, Á. v. KISS (*l. c.*). Bei Zusatz von $CaCl_2$ und $AlCl_3$ wird eine Verbreiterung der Banden auf der langwelligen Seite festgestellt, H. C. JONES, J. A. ANDERSON (*Carnegie Inst. Publ.* Nr. 110 [1909] 1/110, 39), H. C. JONES, W. W. STRONG (*Phys. Z.* **10** [1909] 499/503). Dieselbe Wrkg. zeigt sich bei $Na_2S_2O_3$-Zusatz, Á. v. KISS (*l. c.*), während durch Äthylendiamin die Absorptionsmax. nach kürzeren Wellen verschoben werden, E. MAJOR (*l. c.*). Opt. Dichte d von LiCl-haltigen 0.033 m-$NiCl_2$-Lsgg. bei 400 mμ, gegen eine rein wss. $NiCl_2$-Lsg. als Bezugslsg. gemessen (LiCl-Konz. in mol/l):

| $C_{mol}$ . . . . . | 0.775 | 2.325 | 3.875 | 5.425 | 6.975 |
|---|---|---|---|---|---|
| d . . . . . . | 0.165 | 0.175 | 0.185 | 1.97 | 0.22 |

R. H. HERBER, J. W. IRVINE (*J. Am. Chem. Soc.* **78** [1956] 905/7). Über die Lichtdurchlässigkeit von 0.1 n- und 1.0 n-$NiCl_2$-Lsgg. bei Zugabe von $CoCl_2$-Lsgg. gleicher Konz. s. O. RUFF, L. HECHT (*Z. Physik. Chem.* **76** [1911] 21/57, 54). — Die UR-Absorption wird durch Erhöhung der Cl-Konz. nicht beeinflußt. Dagegen bewirken Zusätze von Äthylendiamin und Pyridin mit wachsender Konz. einen kontinuierlichen Anstieg der Absorption bis zu einem Max., wonach die Absorption konst. bleibt, S. D. CHATTERJEE, N. N. GHOSH, A. M. NAHA (*J. Chem. Phys.* **20** [1952] 344/5).

Zum Vergleich der Absorptionsspektren von wss. $NiCl_2$-Lsgg. und Ni-Gläsern s. W. WEYL (*Beih. Angew. Chem. Chem. Fabrik* Nr. 18 [1935] 1/34, 24). Über die Eignung von wss. $NiCl_2$-Lsgg. als Lichtfilter für UV s. A. M. SEVCHENKO (*Optiko-Mekhan. Prom.* 11 Nr. 3 [1941] 6/9).

*Absorption of X-Rays*

**Absorption von Röntgenstrahlen.** Über die Absorption inhomogener Röntgenstrahlen durch wss. $NiCl_2$-Lsgg. s. T. É. AUREN (*Phil. Mag.* [6] **33** [1917] 471/87, 481, **37** [1919] 165/207, 179).

*Magnetic Rotation of Polarization Plane*

**Magnetische Drehung der Polarisationsebene.** Das magnet. Drehungsvermögen von $NiCl_2$ ist positiv und von der gleichen Größenordnung wie bei Zn- und Sn-Salzen, M. VERDET (*Ann. Chim. Phys.* [3] **52** [1858] 129/63, 152), s. auch H. BECQUEREL (*Ann. Chim. Phys.* [5] **12** [1877] 5/87, 65). Nach Unterss. einer 4.8 g Ni/l enthaltenden $NiCl_2$-Lsg. zwischen 462.5 und 600 mμ ist die magnet. Drehung bei Wellenlängen $\lambda < 503$ mμ positiv, zwischen 503 und 600 mμ negativ, bei $\lambda > 687$ mμ (Absorptionsmax. vgl. S. 570) wieder positiv (im Original Berechnung der spezif. magnet. Drehung $[\omega']$ aus Messungen des FARADAY-Effekts nach $\omega = \Sigma[\omega'] \cdot g_m$, wobei $\omega$ die VERDETsche Konst., $g_m$ die Menge des vorhandenen $H_2O$ und $NiCl_2$ in g/ml Lsg. bedeuten). Aus der Art der Abhängigkeit der spezif. magnet. Drehung von der Wellenlänge wird auf Feinstruktur der Absorptionsbanden in bestimmten Gebieten geschlossen, A. K. BOSE (*Indian J. Phys.* **18** [1944] 199/208). Additive Berechnung ergibt für eine Lsg. mit 107.48 g/l für die D-Linie des Na $[\omega'] = 1.5333$, R. WACHSMUTH (*Ann. Physik* [3] **44** [1891] 377/82). Über die magnet. Drehung einer 0.216 m-Lsg. im UV s. R. W. ROBERTS, J. H. SMITH, S. S. RICHARDSON (*Phil. Mag.* [6] **44** [1922] 912/5). — Zwischen 0 und 70°C ist die magnet. Drehung konst., bei höheren Tempp. nimmt sie zu, H. OLLIVIER (*Compt. Rend.* **191** [1930] 130/2; in: CENTRE NATIONAL DE LA RECHERCHE SCIENTIFIQUE, *Le Magnétisme, Bd.* 1, *Paris* 1940, S. 141/82, 176).

*Magnetic Properties. Volume Susceptibility*

**Magnetische Eigenschaften. Volumensuszeptibilität** $\varkappa$ von wss. $NiCl_2$-Lsgg. nach der modifizierten KELVIN-WILLS-Meth. bei 20°C bestimmt; daraus ber. Molsusz. $\chi_{mol}$ in $cm^3$/mol von $NiCl_2$:

| $C_{mol}$ . . . . . | 0.001 | 0.010 | 0.100 | 1.00 | 2.00 | 3.765 |
|---|---|---|---|---|---|---|
| $\varkappa \cdot 10^6$ . . . . . | −0.71361 | −0.67426 | −0.27963 | 3.6948 | 8.0621 | 15.826 |
| $\chi_{mol} \cdot 10^6$ . . . | 4388 | 4369 | 4379 | 4405 | 4380 | 4379 |

L. BRANT (*Phys. Rev.* [2] **17** [1921] 678/99, 697). Werte für 17.2°C:

| $NiCl_2$ in g/l Lsg. | 1.7 | 3.4 | 6.9 | 13.7 |
|---|---|---|---|---|
| $\varkappa \cdot 10^6$ . . . . . | −0.686 | −0.623 | −0.495 | −0.252 |

A. E. OXLEY (*Proc. Cambridge Phil. Soc.* **16** [1912] 421/7, 424). Nach der „Zylinder-Methode" von GOUY (*Compt. Rend.* **109** [1889] 935/7) wird für eine 1.4437 m-Lsg. bei 290.9°K $\varkappa = 5.933 \times 10^{-6}$,

für eine 2.907 m-Lsg. bei 292.6°K $\varkappa = 12.530 \times 10^{-6}$ erhalten; hieraus ergibt sich für $NiCl_2$ bei 20°C: $\chi_{mol} \cdot 10^6 = 4579$ bzw. 4553, S. S. Shaffer, N. W. Taylor (*J. Am. Chem. Soc.* **48** [1926] 843/53, 848). Aus der mit Hilfe der Rankine-Waage bei 20°C bestimmten relativen Vol.-Susz. $\varkappa/\varkappa_{H_2O}$ ber. Werte ($\varkappa_{H_2O} = -0.7186 \times 10^{-6}$): $\varkappa = 0.7302 \times 10^{-6}$ für eine 4.105%ige Lsg., $\varkappa = 3.081 \times 10^{-6}$ für eine 10.14%ige Lsg., H. P. Iskenderian (*Phys. Rev.* [2] **52** [1937] 1244/5). Molsusz. $\chi_{mol}$ von $NiCl_2$, berechnet aus Susz.-Messungen in der Nähe von 291°K, s. B. Cabrera, E. Moles, J. Guzman (*Arch. Sci. Phys. Nat.* [4] **37** [1914] 324/34, 330).

Durch Auflösen von 25.74 g $NiCl_2$ oder 47.2 g $NiCl_2 \cdot 6H_2O$ je 1 $H_2O$ werden Lsgg. mit $\chi = 0$ erhalten, C. Salceanu (*Z. Physik* **108** [1938] 439/43). Zur Theorie solcher Lsgg. vgl. O. v. Auwers (*Z. Physik* **110** [1938] 267/70).

*Specific Susceptibility*

**Spezifische Suszeptibilität** $\chi$ in $cm^3/g$. Bei einer Lsg. der Konz. 21.650 g $NiCl_2$ je 1 Lsg. nimmt $\chi \cdot 10^6$ (nach der Gouyschen Meth. bestimmt) zwischen 290.0 und 294.8°K von 4.095 auf 4.017 ab, W. R. Angus, W. K. Hill (*Trans. Faraday Soc.* **39** [1943] 185/90). Werte für eine 23.15%ige (I) und eine 34.23%ige Lsg. (II):

| | | | | | | | |
|---|---|---|---|---|---|---|---|
| I) | t in °C . . . . | 19.1° | 19.6° | 19.7° | 19.8° | 20.2° | | |
| | $\chi \cdot 10^6$ . . . . | 7.406 | 7.338 | 7.364 | 7.364 | 7.362 | | |
| II) | t in °C . . . . | 13.9° | 14.2° | 14.4° | 14.5° | 16.8° | 17.4° | 17.7° |
| | $\chi \cdot 10^6$ . . . . | 11.470 | 11.440 | 11.457 | 11.460 | 11.387 | 11.383 | 11.370 |

H. R. Nettleton, S. Sugden (*Proc. Roy. Soc.* [*London*] *Ser.* A **173** [1939] 313/23, 321). Messungen von R. Oppermann (*Diss. Rostock* 1920, S. 40) nach der verbesserten Meth. von A. Heydweiller (*Boltzmann-Festschr., Leipzig* 1904, S. 4) ergeben im Konz.-Bereich 0.27 bis 3.4 mol/l bei 14°C: $\chi = 36.4 \times 10^{-6}$ und $\chi_{mol} = 4700 \times 10^{-6}$. Hieraus mit dem mittleren $\chi_{mol}$-Wert von $Mn(NO_3)_2$ umgerechnete Werte: $\chi = 34.8 \times 10^{-6}$ und $\chi_{mol} = 4500 \times 10^{-6}$, G. Falckenberg (*Z. Physik* **5** [1921] 70/6, 74). Für 20° ± 1°C aus der Verschiebung der Kernresonanzlinien einer 2% tertiäres Butanol enthaltenden wss. $NiCl_2$-Lsg. gegenüber den entsprechenden Linien der reinen wss. Lsg. ber. Werte: $\chi \cdot 10^6 = 34.00 \pm 0.2$ und $34.14 \pm 0.3$ für eine 0.162 bzw. 0.081 m-Lsg., D. F. Evans (*J. Chem. Soc.* **1959** 2003/5). $\chi_{mol}$ einer 2.17%igen $NiCl_2$-Lsg. bei 18°C nach der Nullmeth. von H. du Bois (*Ann. Physik* [2] **35** [1888] 137/67, 154, **65** [1898] 138/40): $4470 \cdot 10^{-6}$, O. Liebknecht, A. P. Wills (*Ann. Physik* [4] **1** [1900] 178/88, 186). — Ältere Angaben s. bei G. Quincke (*Ann. Physik* [3] **24** [1885] 347/416, 371), G. Jäger, S. Meyer (*Sitz-Ber. Akad. Wiss. Wien Math.-Naturwissensch. Kl.* **106** IIa [1897] 623/53, 645).

Einfluß der Konzentration. Die Susz. von wss. $NiCl_2$-Lsgg. ist eine lineare Funktion der Konz. und kann durch die Gleichung $\chi \cdot 10^6 = 81.7C - 0.750$ ausgedrückt werden, wobei C die Konz. der Lsg. in g Ni/ml bedeutet, A. E. Oxley (*Proc. Cambridge Phil. Soc.* **16** [1912] 421/7, 424). Aus der Linearität dieser Beziehung folgt, daß die Molsusz. des $NiCl_2$ von der Konz. der Lsg. unabhängig ist. Im Konz.-Bereich 0.001 bis 3.765 mol/l ist bei 20°C das Wiedemannsche Additionsgesetz anwendbar, L. Brant (*Phys. Rev.* [2] **17** [1921] 678/99, 697), ebenfalls für Lsgg. mit $NiCl_2$-Gehalten von 0.6 bis 23 Gew.-%, P. Weiss, E. D. Bruins (*Proc. Koninkl. Ned. Akad. Wetenschap.* **18** [1915/16] 246/53, 248). Die Konz.-Abhängigkeit der spezif. Susz. von wss. $NiCl_2$-Lsgg. wird bei 20°C durch $\chi = [34.21p - 0.720(1-p)] \cdot 10^{-6}$ wiedergegeben (p = Gewichtsanteil von $NiCl_2$), P. W. Selwood (*Magnetochemistry, New York* 1956, S. 25). Widersprechende Angaben von A. Quartaroli (*Gazz. Chim. Ital.* **48** [1918] 79/101, 89) über die Abnahme der Molsusz. von $NiCl_2$ mit zunehmender Verd. ohne Annäherung an einen Grenzwert und von J. Alameda (*Anales Fis. y Quim.* [*Madrid*] **43** [1947] 689/734, 699) über die Ungültigkeit des Wiedemannschen Gesetzes mindestens für verd. Lsgg. werden durch neuere Bestt. von J. Veprek-Siska (*Chem. Listy* **49** [1955] 1721/3 [tschech.]) widerlegt, wonach für Lsgg. mit 0.05419, 0.2168, 0.8670 und 3.468 g $Ni^{2+}$/l Lsg. die kaum unterschiedlichen Werte $\chi_{mol} \cdot 10^6 = 4470$, 4440, 4420 bzw. 4450 erhalten werden.

Einfluß der Temperatur. Lsgg. mit 5.17, 15.1 und 29.2 Gew.-% $NiCl_2$ folgen auch nach mäßigem Erwärmen (< 100°C) dem Weissschen Gesetz. Bei weiterer Temp.-Erhöhung geht die Curie-Temp. $\Theta_p$ gegen 0°K; beispielsweise beträgt $\Theta_p$ für die 15.1%ige Lsg. nach gelindem Erwärmen −27°K, nach Erwärmung auf 120°C −3°K, G. Foëx, B. Kessler (*Compt. Rend.* **192** [1931] 1638/40). — Der Temp.-Koeff. der Susz. von Lsgg. der Konz. 1.07 und 1.97 mol/l beträgt zwischen 2 und 81°C −0.00272, G. Jäger, S. Meyer (*Ann. Physik* [3] **63** [1897] 83/90, 88; *Sitz-Ber. Akad. Wiss. Wien Math.-Naturwissensch. Kl.* **106** IIa [1897] 623/53, 645).

Einfluß der Feldstärke. Die Susz. von 0.001 bis 3.765m-$NiCl_2$-Lsgg. ist bis 14000 Oe von der Feldstärke unabhängig, L. BRANT (*Phys. Rev.* [2] **17** [1921] 678/99, 696).

Verschiedene Einflüsse. Werden bei Zugabe von diamagnet. Verbb. zu $NiCl_2$-Lsgg. komplexe Ionen gebildet, so wird die Susz. der Lsgg. erniedrigt. Aus der Susz.-Verminderung kann auf die Stabilität der gebildeten Verb. geschlossen werden (Unters. der Wrkg. von KCl, KCN, $NH_4OH$, $K_2Cr_2O_4$, $CH_3NH_2$ und verschiedenen Mischungen von KCN und $NH_4OH$ s. Original), S. S. SCHAFFER, N. W. TAYLOR (*J. Am. Chem. Soc.* **48** [1926] 843/53, 848). Über den Einfluß von HCl-Zusätzen s. S. 581.

Über den Einfluß der Alterung der Lsgg., der Herst.-Meth. von $NiCl_2$ und verschiedener therm. Behandlungen s. J. M. ALAMEDA (*Anales Fís. y Quím.* [*Madrid*] **43** [1947] 689/734, 699).

Bei Adsorption von $NiCl_2$ aus wss. Lsg. an Zuckerkohle oder Silicagel bleibt nach Bestt. der spezif. Susz. das Ni-Ion paramagnetisch, M. T. ROGERS, R. V. VENNEN (*J. Am. Chem. Soc.* **75** [1953] 1751/2).

## Elektrochemisches Verhalten

*Electrochemical Behavior*

*Conductance*

**Elektrische Leitfähigkeit.** Spezifische Leitfähigkeit $\varkappa$ in $cm^{-1}\,\Omega^{-1}$ bei 25°C:

| $C_{val}$ | 0.125 | 0.25 | 0.50 | 1.00 | 2.00 | 4.00 | 5.00 |
|---|---|---|---|---|---|---|---|
| $\varkappa\cdot 10^4$ | 117.6 | 218.2 | 398.0 | 699.2 | 1135 | 1517 | 1523 |

H. DRECHSEL (*Diss. Dresden T.H.* 1936, S. 12).

Äquivalentleitfähigkeit $\Lambda$ in $cm^2\cdot\Omega^{-1}\cdot val^{-1}$ bei 0, 6.3, 25, 35, 50 und 65°C; molare Verd. V in l/mol:

| t \ V | 2 | 4 | 8 | 16 | 32 | 128 | 512 | 1024 | 2048 | Lit. |
|---|---|---|---|---|---|---|---|---|---|---|
| 0° | 36.54 | — | 44.76 | 47.90 | 51.1 | 56.0 | 60.0 | 60.4 | — | 1) |
| 6.3° | 43.25 | — | 53.2 | 57.2 | 61.0 | 67.4 | 72.3 | 72.7 | — | 1) |
| 25° | 65.9 | — | 82.4 | 88.7 | 95.3 | 105.8 | 113.6 | 114.5 | — | 1) |
| 35° | — | 87.5 | 97.3 | — | 112.8 | 125.7 | 135.3 | — | 143.1 | 2) |
| 50° | — | 109.0 | 123.7 | — | 144.1 | 160.7 | 172.2 | — | 184.0 | 2) |
| 65° | — | 133.0 | 150.8 | — | 177.4 | 199.2 | 213.1 | — | 227.8 | 2) |

1) H. C. JONES, A. P. WEST (*Am. Chem. J.* **34** [1905] 357/422, 406). — 2) A. P. WEST, H. C. JONES (*Am. Chem. J.* **44** [1910] 508/44, 534). $\Lambda$-Werte bei 0°C für V = 0.287 bis 27.0 s. bei H. C. JONES, F. H. GETMAN (*Am. Chem. J.* **31** [1904] 303/59, 317). Bestt. von $\Lambda$ bei 25°C:

| $C_{val}\cdot 10^4$ | 2.1550 | 4.4397 | 6.7205 | 7.9681 | 10.852 | 12.691 | 13.710 | 17.259 | 21.883 | 42.223 |
|---|---|---|---|---|---|---|---|---|---|---|
| $\Lambda$ | 127.58 | 126.41 | 125.44 | 125.20 | 124.35 | 123.74 | 123.72 | 122.96 | 121.68 | 119.62 |

H. W. JONES, C. B. MONK, C. W. DAVIES (*J. Chem. Soc.* **1949** 2693/5). Interpolierte Werte für $\Lambda$ bei 18°C:

| $C_{val}$ | 0.5 | 1 | 2 | 3 | 4 |
|---|---|---|---|---|---|
| $\Lambda$ | 70.8 | 62.1 | 50.6 | 41.0 | 33.3 |

A. HEYDWEILLER (*Z. Anorg. Allgem. Chem.* **116** [1921] 42/4). Mittelwerte aus je zwei Bestt. bei 25°C; molare Verd. V in l/mol:

| V | 20 | 40 | 80 | 160 | 320 | 640 | 1280 | 2560 | 5120 |
|---|---|---|---|---|---|---|---|---|---|
| $\Lambda$ | 96.48 | 101.71 | 107.82 | 112.48 | 115.80 | 118.72 | 121.48 | 123.58 | 125.23 |

Die von E. FRANKE (*Z. Physik. Chem.* **16** [1895] 463/77, 472) gemessenen Werte liegen etwas höher, W. ALTHAMMER (*Diss. Halle a. d. S.* **1913**, S. 27).

Grenzleitfähigkeit bei unendlicher Verd., graphisch extrapoliert: bei 0°C $\Lambda_\infty$ = 60.4, H. C. JONES, H. P. BASSETT (*Am. Chem. J.* **33** [1905] 534/86, 571), bei 18°C $\Lambda_\infty$ = 110, A. HEYDWEILLER (*Z. Physik. Chem.* **89** [1915] 281/6, 284), bei 25° $\Lambda_\infty$ = 130.05, H. W. JONES, C. B. MONK, C. W. DAVIES (*l. c.*).

Durch $NH_4Cl$-Zusatz in äquiv. Mengen wird die spezif. Leitf. von $NiCl_2$-Lsgg. um mehr als 100% erhöht, bleibt aber unter dem additiv ber. Wert $\varkappa_{ber}$; Meßwerte für 25°C:

| $C_{val}$ | 0.25 | 0.50 | 1.00 |
|---|---|---|---|
| $\varkappa\cdot 10^4$ | 492.4 | 891.8 | 1552 |
| $\varkappa_{ber}\cdot 10^4$ | 533.2 | 1016 | 1863 |

H. Drechsel (*Diss. Dresden T. H.* 1936, S. 12). Nach Unterss. zwischen 20 und 80°C wird die Leitf. durch NaCl-Zusätze ebenfalls erhöht, dagegen durch Zusätze von $H_3BO_3$ unerheblich vermindert, s. N. P. Fedot'ev, Z. I. Dmitreshova (*Zh. Prikl. Khim.* **30** [1957] 221/32, 224). Unter Einw. horizontaler Magnetfelder nimmt die elektr. Leitf. von $H_3BO_3$-haltigen $NiCl_2$-Lsgg. bei hohen Feldstärken (~2600 Gauß) ab und wächst bei niedrigen Feldstärken (~1600 Gauß), A. G. Potter (*Diss. Cornell Univ.* 1955, S. 47).

*Transference Number*

**Überführungszahl** des Anions $n_a$ bei 18°C:

| V in l/mol . . . . | 48.18 | 97.01 | 175.4 |
|---|---|---|---|
| $n_a$ in $\Omega^{-1}\cdot cm^{-1}\cdot val^{-1}$ | 0.6144 | 0.6063 | 0.6053 |

W. Althammer (*Diss. Halle a. d. S.* 1913, S. 16).

Über den elektroosmot. $H_2O$-Transport durch eine Ionenaustauschermembran (Amberplex) bei der Elektrolyse einer $NiCl_2$-Lsg. an Ag-AgCl-Elektroden s. A. G. Winger, R. Ferguson, R. Kunin (*J. Phys. Chem.* **60** [1956] 556/8).

*Cells*

**Ketten.** Bei 25°C gem. EK-Werte für die Kette Pt, $H_2$ | $NiCl_2$-Lsg. | gesätt. KCl-Lsg. | 0.1 nKCl-Lsg., $HgCl_2$ | Hg: E = 0.576 V für eine 0.05 m-, 0.579 V für eine 0.01 m-$NiCl_2$-Lsg.; Konstanz der EK wird nach 15 bis 30 Min. erreicht, W. Althammer (*Diss. Halle a. d. S.* 1913, S. 32). EK der Kette Pt, $H_2$ | $NiCl_2$-Lsg. | gesätt. $NH_4NO_3$-Lsg. | n-KCl-Lsg., $HgCl_2$ | Hg für Lsgg. der Verd. $V_{mol}$ in l/mol:

| $V_{mol}$ . . . . . | 4.4 | 8.8 | 17.6 | 35.2 |
|---|---|---|---|---|
| E in V . . . . | 0.4927 | 0.5032 | 0.5109 | 0.5229 |

H. G. Denham (*J. Chem. Soc.* **93** [1908] 41/63, 62). Aus thermodynam. Daten wird für die EK der galvan. Zelle Ni | wss. $NiCl_2$-Lsg. | $Cl_2$ bei 25°C 1.610 V errechnet, W. J. Hamer, M. S. Malmberg, B. Rubin (*J. Electrochem. Soc.* **103** [1956] 8/16, 11).

*Chemical Reactions of Aqueous Solution*

## Chemisches Verhalten der wäßrigen Lösung

*Nature of Solution*

### Konstitution

In gesätt. wss. $NiCl_2$-Lsgg. treten neben $Ni^{2+}$ und $[NiCl]^+$ höhere Komplexe in größerer Menge auf. In konz. Lsgg. erfolgt Dissoz. nach $NiCl_2 \rightleftharpoons [NiCl]^+ + Cl^-$. Diese Dissoz.-Stufe tritt bei zunehmender Verd. gegenüber der vollständigen Dissoz. in $Ni^{2+}$ und $Cl^-$ zurück. Bei einer n-Lsg. beträgt der Anteil der $[NiCl]^+$-Ionen nur noch ~1/3 der Gesamtmenge, A. Günther-Schulze (*Z. Elektrochem.* **28** [1922] 387/9). Übereinstimmend wird aus der UV-Absorption einer 0.05 m-Lsg. geschlossen, daß $NiCl_2$ vorwiegend in $Ni^{2+}$ und $Cl^-$ dissoziiert ist, S. Datta, M. M. Deb (*Phil. Mag.* [7] **23** [1937] 1005/17, 1014). Die an verd. Lsgg. beob. Abweichungen vom Beerschen Gesetz werden nach E. Müller (*Ann. Physik* [4] **12** [1903] 767/86, 785) ebenfalls auf die Dissoz. in $Ni^{2+}$ und $Cl^-$ zurückgeführt, nach W. V. Bhagwat (*J. Indian Chem. Soc.* **17** [1940] 53/9, 59) jedoch der Bldg. der Komplexe $[NiCl_3]^-$ und $[NiCl_4]^{2-}$ zugeschrieben. — Auf Grund von Extinktionsbestt. wird die Existenz neutraler $NiCl_2$-Molekeln in gesätt. Lsgg. angenommen, E. Major (*Acta Univ. Szeged. Acta Chem. Phys.* **1** [1942/43] 17/34, 18). Absorptions- und Ramanspektren von sauren und alkohol. Lsgg. weisen darauf hin, daß die Ni-Ionen bei höheren Tempp. in Form der homöopolaren Verb., bei niedrigen Tempp. jedoch als hydratisierte bzw. alkohol. Komplexe vorhanden sind, S. Datta (*Phil. Mag.* [7] **17** [1934] 585/602; *Sci. Cult.* [*Calcutta*] **1** [1935/36] 113/4). Da das feste Hydrat $NiCl_2\cdot 6H_2O$ dieselbe Farbe hat wie verd. $NiCl_2$-Lsgg., nimmt G. Poma (*Gazz. Chim. Ital.* **40** [1910] 176/93, 189) an, daß die $Ni^{2+}$-Ionen in diesen Lsgg. hydratisiert sind. — Aus dem Einfluß der Lichtabsorption auf die Susz. von wss. $NiCl_2$-Lsgg. wird auf das Vorhandensein von $[Ni(H_2O)_6]^{2+}$-Ionen geschlossen, D. M. Bose, P. K. Raha (*Z. Physik* **80** [1933] 361/75, 374). Aus der Dialysegeschw. folgt, daß ein Zusatz von 2 mol/l $NaNO_3$ oder $NaClO_4$ die Bldg. von $[Ni(H_2O)_6]^{2+}$ bewirkt; Zugabe von 3 mol/l eines neutralen Salzes führt zur Bldg. von $[Ni(H_2O)_4]^{2+}$, M. Gegö (*Magyar Kem. Folyoirat* **45** [1939] 1/12, *C.* **1939** II 1625). Nach Messungen der opt. Dichte liegen in perchlorsauren 0.033 m-$NiCl_2$-Lsgg. im Konz.-Bereich von 1.17 bis 10.53 mol $HClO_4$ je 1 $[Ni(H_2O)_6]^{2+}$-Ionen vor. Aus der Änderung der opt. Dichte von 0.033 m wss. $NiCl_2$-Lsgg. bei LiCl-Zusatz wird auf die Bldg. von $NiCl^+$- und $Ni^{2+}$-Ionen geschlossen, R. H. Herber, J. W. Irvine (*J. Am. Chem. Soc.* **78** [1956] 905/7). In Ggw. überschüssiger komplexbildender Ionen entsteht der gesätt. Komplex $[NiCl_4]^{2-}$, E. Major (*l. c.*).

**Dissoziationsgrad** $\alpha$ in % von wss. $NiCl_2$-Lsgg. bei verschiedenen Tempp., aus Leitfähigkeitsdaten ermittelt; Verd. $V_{mol}$ in l/mol:

*Degree of Dissociation*

| $V_{mol}$ | 2 | 8 | 16 | 32 | 128 | 512 | 1024 |
|---|---|---|---|---|---|---|---|
| $\alpha$ (0°) | 65.0 | 74.2 | 79.4 | 84.6 | 92.8 | 99.3 | 100 |
| $\alpha$ (6.3°) | 59.5 | 73.1 | 78.7 | 83.9 | 92.6 | 99.4 | 100 |
| $\alpha$ (25°) | 57.5 | 72.0 | 77.5 | 83.1 | 92.4 | 99.2 | 100 |
| $\alpha$ (35°) | 56.6 | 71.2 | 77.1 | 82.7 | 91.9 | 99.1 | 100 |

H. C. Jones, A. P. West (*Am. Chem. J.* **34** [1905] 357/422, 407).

| $V_{mol}$ | 4 | 8 | 32 | 128 | 512 | 2048 |
|---|---|---|---|---|---|---|
| $\alpha$ (35°) | 61.1 | 67.9 | 78.8 | 87.8 | 94.5 | 100 |
| $\alpha$ (50°) | 59.3 | 67.2 | 78.3 | 87.4 | 93.6 | 100 |
| $\alpha$ (65°) | 58.4 | 66.2 | 77.9 | 87.5 | 93.5 | 100 |

A. P. West, H. C. Jones (*Am. Chem. J.* **44** [1910] 508/44, 534). Weitere Werte für $\alpha$ bei 0° im Konz.-Bereich 0.287 bis 27.0 l/mol $NiCl_2$ s. H. C. Jones, H. P. Bassett (*Am. Chem. J.* **33** [1905] 534/86, 571). Die Verringerung der Dissoz. bei steigender Temp. ist auf die Verminderung der DK von $H_2O$ zurückzuführen, H. C. Jones, A. P. West (*l. c.* S. 421). — Kryoskopisch bestimmte Dissoz.-Konstt. von $NiCl_2$ in gesätt. $KClO_4$- und $KClO_3$-Lsgg. s. bei J. Kenttämaa (*Suomen Kemistilehti* **32** B [1959] 68/70).

**Aktivitätskoeffizient** $f_a$. Aus isopiest. Messungen für 25°C; Molalität m in mol/kg $H_2O$:

*Activity Coefficient*

| m | 0.1 | 0.2 | 0.3 | 0.4 | 0.5 | 0.6 | 0.7 | 0.8 | 0.9 | 1.0 | 1.2 |
|---|---|---|---|---|---|---|---|---|---|---|---|
| $f_a$ | 0.522 | 0.479 | 0.463 | 0.460 | 0.464 | 0.471 | 0.482 | 0.496 | 0.515 | 0.536 | 0.586 |

| m | 1.4 | 1.6 | 1.8 | 2.0 | 2.5 | 3.0 | 3.5 | 4.0 | 4.5 | 5.0 | 5.8 |
|---|---|---|---|---|---|---|---|---|---|---|---|
| $f_a$ | 0.647 | 0.720 | 0.805 | 0.906 | 1.236 | 1.692 | 2.26 | 2.96 | 3.76 | 4.69 | 6.43 |

Fehlergrenze $\pm$0.2%, R. H. Stokes (*Trans. Faraday Soc.* **44** [1948] 295/307, 302), R. A. Robinson, R. H. Stokes (*Electrolyte Solutions, London* **1955**, S. 484). Diese Werte sind nach neuen Berechnungen, mit dem Faktor 1.002 zu multiplizieren, E. A. Guggenheim, R. H. Stokes (*Trans. Faraday Soc.* **54** [1958] 1646/9). Ältere, um 0.7 bis 3.2% höher liegende Werte für den Konz.-Bereich 0.1 bis 2.0 mol $NiCl_2$/kg $H_2O$ s. R. A. Robinson, R. H. Stokes (*Trans. Faraday Soc.* **36** [1940] 1137/8), R. A. Robinson, H. S. Harned (*Chem. Rev.* **28** [1941] 419/76, 446). Die Abweichungen von der Debye-Hückelschen Grenzgleichung werden durch Hydratationseffekte erklärt. Die mit Hilfe einer 1-Parameter-Gleichung unter Annahme der Hydratation des Kations und Nichthydratation des Anions ber. Werte stimmen mit den experimentellen Ergebnissen im Konz.-Bereich 0.1 bis 1.4 mol/l gut überein, R. A. Robinson, R. H. Stokes (*Ann. New York Acad. Sci.* **51** [1948/51] 593/604, 597), R. H. Stokes, R. A. Robinson (*J. Am. Chem. Soc.* **70** [1948] 1870/8, 1874). Die Berechnung der Aktivitätskoeff. von 0.1 bis 1.2 m-$NiCl_2$-Lsgg. mit Hilfe der Ladungen, Konz. und Anzahl der Ionen, der Konz. der Lsg. und des Molgew. von $H_2O$ ergibt ebenfalls gute Übereinstimmung mit den experimentellen Werten, D. G. Miller (*J. Phys. Chem.* **60** [1956] 1296/9). Aus Bestt. der Gefrierpunktserniedrigung für Tempp. in der Nähe des Gefrierpunkts der Lsgg. ber. Werte:

| m | 0.001 | 0.002 | 0.005 | 0.01 | 0.02 | 0.05 | 0.1 | 0.2 |
|---|---|---|---|---|---|---|---|---|
| $f_a$ | 0.900 | 0.865 | 0.807 | 0.753 | 0.695 | 0.619 | 0.567 | 0.530 |

P. Rosenfeld (in: Landolt-Börnstein, 5. *Aufl., Erg.-Bd.* 2, *Tl.* 2, 1931, S. 1127); s. hierzu auch W. Öholm (*Finska Kemistsamfundets Medd.* **45** [1936] 133/41, 136). Über die Abhängigkeit der Minima der mittleren Aktivitätskoeff. von der entsprechenden Molalität der Lsg. für $NiCl_2$ u. a. 2-1-Elektrolyte s. M. Moriyama (*Naturwissenschaften* **43** [1956] 515). Ableitung einer halbempir. Gleichung zur Berechnung von Aktivitätskoeff., M. Moriyama (*Z. Physik. Chem.* [*Frankfurt*] [2] **25** [1960] 310/20).

Ionenaktivitätskoeff. $f_a$ ($Ni^{2+}$) und $f_a$ ($Cl^-$), aus EK-Messungen bei 25°C ermittelt:

| $C_{molal}$ | 0.0323 | 0.0819 | 0.1541 | 0.2945 | 0.726 | 1.503 | 3.021 |
|---|---|---|---|---|---|---|---|
| $f_a$ ($Ni^{2+}$) | 0.63 | 0.58 | 0.61 | 0.69 | 1.04 | — | — |
| $f_a$ ($Cl^-$) | 0.68 | 0.58 | 0.51 | 0.45 | 0.41 | 0.38 | 0.39 |

K. Hass, K. Jellinek (*Z. Physik. Chem.* A **162** [1932] 153/73, 160); vgl. hierzu krit. Betrachtungen von S. v. Náray-Szabó, Z. Szabó (*Z. Physik. Chem.* A **173** [1935] 103/5).

*Osmotic Coefficient*

**Osmotischer Koeffizient** $f_0$ bei 25°C, ber. aus isopiest. Dampfdruckbestt.; Konz. in mol/1000 g $H_2O$:

| $C_{molal}$ . . | 0.1 | 0.2 | 0.3 | 0.4 | 0.5 | 0.6 | 0.7 | 0.8 | 0.9 | 1.0 | 1.2 |
|---|---|---|---|---|---|---|---|---|---|---|---|
| $f_0$ . . . . | 0.857 | 0.868 | 0.885 | 0.907 | 0.934 | 0.960 | 0.987 | 1.016 | 1.048 | 1.082 | 1.150 |
| $C_{molal}$ . . | 1.4 | 1.6 | 1.8 | 2.0 | 2.5 | 3.0 | 3.5 | 4.0 | 4.5 | 5.0 | 5.8 |
| $f_0$ . . . . | 1.221 | 1.293 | 1.336 | 1.442 | 1.663 | 1.816 | 1.696 | 2.100 | 2.202 | 2.292 | 2.407 |

R. H. Stokes (*Trans. Faraday Soc.* **44** [1948] 295/307, 299), s. auch R. A. Robinson, R. H. Stokes (*Trans. Faraday Soc.* **36** [1940] 1137/8; *Electrolyte Solutions, London* 1955, S. 472). Aus Messungen der Gefrierpunktserniedrigung und Siedepunktserhöhung ermittelter osmot. Koeff. $f_{0S}$ und $f_{0F}$; Konz. C in g $NiCl_2$/100 g $H_2O$:

| $C \cdot 10^2$ . . | 1.05 | 2.10 | 4.19 | 8.39 | 20.5 | 42.5 | 84.1 | 208 | 408 |
|---|---|---|---|---|---|---|---|---|---|
| $f_{0S}$ . . . . | 0.995 | 0.99 | 0.98 | 0.965 | 0.93 | 0.905 | 0.88 | 0.88 | 0.915 |
| $f_{0F}$ . . . . | 0.988 | 0.938 | 0.923 | 0.892 | 0.864 | 0.837 | 0.838 | 0.833 | 0.839 |

E. Plake (*Z. Physik. Chem.* A **172** [1935] 113/28, 121).

*Hydration*

**Hydratation.** Die Hydratation des $Ni^{2+}$-Ions in wss. Lsg. wird mit Hilfe der an sauren, neutralen und ammoniakal. $NiCl_2$-Lsgg. bestimmten Diffusionskoeff. zu ~10 mol Hydratwasser berechnet, G. Jander, H. Möhr (*Z. Physik. Chem.* A **190** [1942] 81/100, 94). Aus den Aktivitätskoeff. nach R. A. Robinson, H. S. Harned (*Chem. Rev.* **28** [1941] 419/76, 446) wird für $NiCl_2$ in gesätt. Lsg. die Hydratationszahl 22 errechnet, T. Ikeda (*Bull. Chem. Soc. Japan* **24** [1951] 101/5). Hydratation H (mol $H_2O$/mol $NiCl_2$), für 0° aus Messungen der Leitfähigkeit und Gefrierpunktserniedrigung ermittelt; Konz. C in mol/l:

| $C_{mol}$ . . . | 0.074 | 0.149 | 0.223 | 0.297 | 0.372 | 0.446 | 0.521 | 0.743 |
|---|---|---|---|---|---|---|---|---|
| H . . . . | 36.9 | 39.2 | 35.2 | 31.7 | 32.2 | 28.2 | 27.4 | 24.9 |
| $C_{mol}$ . . . | 0.800 | 0.900 | 1.00 | 1.500 | 2.00 | 2.500 | 3.00 | 3.483 |
| H . . . . | 26.2 | 25.7 | 24.4 | 21.4 | 19.0 | 17.2 | 15.6 | 13.8 |

H. C. Jones, H. P. Bassett (*Am. Chem. J.* **33** [1905] 534/86, 572). In konz. Lsgg. bilden sich Hydrate neben verhältnismäßig wenigen, durch Dissoz. entstandenen Ionen, H. C. Jones, F. H. Getman (*Am. Chem. J.* **31** [1904] 303/59, 357).

*Hydrogen Ion Concentration. Hydrolysis*

**Wasserstoff-Ionenkonzentration. Hydrolyse.** $NiCl_2$ gehört zu den Salzen, die in verd. Lsg. neutral ($p_H$ ~6.5), in konz. Lsg. sauer reagieren (in ~3 m Lsg. $p_H$ ~4.5). Zur Erklärung dieser Erscheinung wird Bldg. von Oxoniumsalzen in konz. Lsg. und Übergang zu neutral reagierenden Aquosalzen durch Einlagerung von $H_2O$-Molekeln bei der Verd. angenommen, etwa nach $[Ni(OH)Cl_2(H_2O)_n]H \rightarrow [NiCl_2(H_2O)_{n+1}]$. Auf elektrometr. Wege bestimmte $p_H$-Werte zahlreicher wss. Halogenidlsgg., darunter $NiCl_2$, im Konz.-Bereich von ~0.1 m bis zur gesätt. Lsg. (s. auch „*Kobalt*“ *Tl.* B *Erg.-Bd.*, Fig. 104, S. 563), F. Reiff (*Z. Anorg. Allgem. Chem.* **208** [1932] 321/47, 326). Aus Diffusionsmessungen folgt, daß in hydrolisierenden $NiCl_2$-Lsgg. die Kationen monomolekular verteilt sind, G. Jander, H. Möhr (*Z. Physik. Chem.* A **190** [1942] 81/100, 87). Der Hydrolysengrad ist auch bei starker Verd. nur gering, H. C. Jones, A. P. West (*Am. Chem. J.* **34** [1905] 537/422, 406). Hydrolysengrad α in % und $H^+$-Konz. $[H^+]$ in Mol $H^+$/l bei 25°C, elektrometrisch bestimmt, Verd. in l/mol:

| $V_{mol}$ . . . . . . . . | 4.4 | 8.8 | 17.6 | 35.2 |
|---|---|---|---|---|
| α . . . . . . . . . | 0.127 | 0.16 | 0.23 | 0.30 |
| $[H^+] \times 10^3$ . . . . . | 0.290 | 0.184 | 0.132 | 0.086 |

H. G. Denham (*J. Chem. Soc.* **93** [1908] 41/63, 62). Unter der Annahme, daß die Hydrolyse nach $NiCl_2 + H_2O \rightleftharpoons NiClOH + HCl$ erfolgt, wird mit Hilfe elektrometr. $p_H$-Messungen für eine 0.05 m-Lsg. α = 0.14, für eine 0.01 m-Lsg. α = 0.61% erhalten, W. Althammer (*Diss. Halle a. d. S.* 1913, S. 32). Mit der Inversionsmeth. bei 100 bzw. 85°C ermittelte Werte s. bei C. Kullgren (*Z. Physik. Chem.* **85** [1913] 466/80, 473). Die Hydrolysenkonst. für $Ni^{2+} + H_2O \rightleftharpoons [Ni(OH)]^+ + H^+$ beträgt bei 25°C $2.3 \times 10^{-11}$, K. H. Gayer, L. Woontner (*J. Am. Chem. Soc.* **74** [1952] 1436/7). Die Hydrolyse einer wss. 0.5n-$NiCl_2$-Lsg. beim Erwärmen auf 120 bis 200°C ist nach Trübungsmessungen so gering, daß kaum ein Unterschied gegenüber dem Anfangszustand festzustellen ist, T. Katsurai (*Sci. Papers Inst. Phys. Chem. Res.* [*Tokyo*] **35** [1938/39] 191/227, 195).

*Coagulation*

**Koagulation.** Best. des Koagulationswertes von $NiCl_2$-Lsgg. s. bei H. Freundlich, K. Joachimsohn, G. Ettisch (*Z. Physik. Chem.* A **141** [1929] 249/69, 260); über die Koagulation einer Tonsuspension durch eine $NiCl_2$-Lsg. s. P. Tuorila (*Kolloidchem. Beih.* **27** [1928] 44/188, 116). Der Zusatz einer

$8.96 \cdot 10^{-3}$ g $NiCl_2$ enthaltenden wss. Lsg. zu 10 $cm^3$ einer kolloiden $MnO_2$-Lsg. mit 3.377 g $MnO_2$/l $H_2O$ bewirkt $MnO_2$-Ausfällung, A. STEOPOE (*Bul. Chim. Pura Apl. Soc. Romaine Stiinte* **29** [1926] 11/5).

## Reaktionen

*Reactions*

Über die Bldg. bas. Chloride aus $NiCl_2$-Lsgg. s. S. 590.

*With Elementary Particles*

**Mit Elementarteilchen.** Vernichtung von Positronen in wss. $NiCl_2$-Lsg., G. TRUMPY (*Phys. Rev.* [2] **118** [1960] 668/74).

*With Elements*

**Mit Elementen.** Wasserstoff. Bei Einw. von $H_2$ auf eine 0.2n-$NiCl_2$-Lsg. bei 230° bis 240°C bilden sich geringe Mengen gut ausgebildeter Ni-Kristalle, W. IPATIEW (*Ber. Deut. Chem. Ges.* **44** [1911] 3452/9, 3458). Bei 200°C und 68 atm werden in 0.2m-Lsgg. nur 5% des Metalls reduziert. Durch das während der Rk. entstehende, vollständig dissoziierende HCl wird der $p_H$-Wert der Lsg. so stark herabgesetzt ($p_H = 1.9$ bei gewöhnl. Temp.), daß keine weitere Red. erfolgt, F. A. SCHAUFELBERGER (*J. Metals* 8 [1956] *Trans.* **206** 695/704, 697).

Halogene. Beim Einleiten von $Cl_2$ scheidet sich aus einer gesätt. jodhaltigen $NiCl_2$-Lsg. $NiCl_2 \cdot 2JCl_3 \cdot 8H_2O$ (vgl. S. 626) ab, R. F. WEINLAND, F. SCHLEGELMILCH (*Z. Anorg. Allgem. Chem.* **30** [1902] 134/43, 138).

Metalle und Legierungen. 5- bis 20%ige $NiCl_2$-Lsgg. greifen Ti und Zr bei 35° bis 100°C kaum an. In 20%iger Lsg. beginnt rostfreier Stahl bei 60°C zu korrodieren, L. B. GOLDEN, I. R. LANE, W. L. ACHERMAN (*Ind. Eng. Chem.* **44** [1952] 1930/39, 1936, 1938). Durch Na-Amalgam wird aus konz. Lsgg. ein Teil des $NiCl_2$ durch das unter $H_2$-Entw. entstehende NaOH ausgefällt. Daneben findet doppelte Umsetzung unter Bldg. von Ni-Amalgam und NaCl statt. Mit Zn-Amalgam werden analoge Resultate erhalten, H. MOISSAN (*Compt. Rend.* 88 [1879] 180/3; *Bull. Soc. Chim. France* [2] **31** [1879] 149/51).

*With Inorganic Nonmetal Compounds*

**Mit anorganischen Nichtmetallverbindungen.** Die beim Mischen von wss. $NiCl_2$-Lsgg. mit wss. $NH_3$ bei 25°C auftretende Mischungswärme steigt mit zunehmender $NH_3$-Konz. bis zu einem Grenzwert von ~26 kcal, der der Bildungswärme von 1 mol des $[Ni(NH_3)_6]^{2+}$-Ions aus Ni und $NH_3$ entspricht, K. B. YATSIMIRSKII, Z. M. GRAFOVA (*Zh. Obshch. Khim.* **22** [1952] 1726/31). Beim Fällen einer $NiCl_2$-Lsg. mit sd. $NH_3$ bei 105°C entsteht eine Verb., deren UR-Spektrum auf eine $OH^-$-Gruppe und Spuren von $H_2O$ schließen läßt, C. OTT (*Compt. Rend.* **240** [1955] 68/70). Über Bldg. LIESEGANGscher Ringe bei der Rk. von wss. $NiCl_2$-Lsgg. mit $NH_4OH$ in einer Agar-Agarsäule s. D. O. ZEILIGER (*Kolloidn. Zh.* **17** [1955] 347/52). Bei Zusatz einer $NiCl_2$-Lsg. zu verd. wss. $N_2H_4$-Lsg. wird ein Doppelsalz mit 37% $N_2H_4$ erhalten, ÉTAT FRANÇAIS, J. BARLOT, S. MARSAULE (*F.P.* 1263207 [1955], *C.A.* **56** [1962] 8296). Mit $N_2H_4 \cdot HCl$ reagieren wss. $NiCl_2$-Lsgg. beim Erhitzen unter Bldg. von Additionsverbb. der Zus. $NiCl_2 \cdot N_2H_4$, $2NiCl_2 \cdot 4(N_2H_4 \cdot HCl) \cdot N_2H_4$ und $2NiCl_2 \cdot 4(N_2H_4 \cdot HCl) \cdot 5H_2O$, A. FERRATINI (*Gazz. Chim. Ital.* **42 I** [1912] 138/78, 167). Beim Versetzen einer konz. $N_2H_4 \cdot HCl$-Lsg. mit einer $NiCl_2$-Lsg. und Hydrazin bilden sich mit zunehmender $N_2H_4$-Konz. bei 20° Verbb., die auf 1 mol $NiCl_2$ 1.01 bis 2.88 mol $N_2H_4$ enthalten, G. SCHWARZENBACH, A. ZOBRIST (*Helv. Chim. Acta* **35** [1952] 1291/1300, 1293, 1300). — Aus einer $NiCl_2$ und $NH_2OH$ enthaltenden wss. Lsg. (Molverhältnis 1:4) scheiden sich beim Verdampfen über $CaCl_2$ Kristalle der Zus. $[Ni(NH_2OH)_4]Cl_2$ aus, A. V. BABAEVA, I. E. BUKOV (*Izv. Sektora Platiny i Drug. Blagorodn. Metal.* **31** [1955] 67/70).

Beim Einleiten von *HCl*-Gas in eine gesätt. $NiCl_2$-Lsg. bei 12°C bildet sich ein hellgrünes Hydrat des $NiCl_2$, A. DITTE (*Ann. Chim. Phys.* [5] **22** [1881] 551/66, 563; *Compt. Rend.* **92** [1881] 242/4). — Die bei Einw. von gasf. $H_2S$ auf $NiCl_2$-Lsgg. erfolgende NiS-Bldg. hängt von der Temp., der Einw.-Dauer des $H_2S$, der $H_2S$-Tension und dem Verhältnis der gasf. und fl. Vol. im Rk.-Gefäß ab, H. BAUBIGNY (*Compt. Rend.* **95** [1882] 34/6).

*With Oxides and Hydroxides*

**Mit Oxiden und Hydroxiden.** Bei Zugabe der ber. Menge n-*NaOH* zu einer n-$NiCl_2$-Lsg. wird $Ni(OH)_2$ ausgefällt, C. TSANGARAKIS, R. SIBUT-PINOTE (*J. Chim. Phys.* **51** [1954] 446/50). Die Fällung einer 0.1m-$NiCl_2$-Lsg. durch 0.1n-NaOH erfolgt bei $p_H = 8.25$, G.-M. SCHWAB, K. POLYDOROPOULOS (*Z. Anorg. Allgem. Chem.* **274** [1953] 234/49, 237). Nach konduktometr. und potentiometr. Titrationen 0.07m-$NiCl_2$-Lsg. mit wss. NaOH bei 25°C wird der Äquivalenzpunkt bei Zugabe von 1.98 mol NaOH je mol $NiCl_2$ erreicht. Bei 10facher Konz. der $NiCl_2$-Lsg. sind 1.86 mol NaOH je mol $NiCl_2$ erforderlich. Bei unzureichendem NaOH-Zusatz bilden sich bas. Chloride, Z. KSANDR, M. HEJTMANEK (*Sborn. 1. Konf. Celostatni Pracovni anal. Chemiku, Praha* 1952 [1953], S. 42/5). Unters. der $Ni(OH)_2$-Fällung aus 0.025m-$NiCl_2$-Lsg. durch 0.967n-NaOH mittels elektrometr. Titrationen bei 17°C s. bei H. T. S. BRITTON (*J. Chem. Soc.* **127** [1925] 2110/20, 2115). Beim Versetzen einer auf 70°C erhitzten 0.1m-

$NiCl_2$-Lsg. mit Bromnatronlauge bilden sich je nach dem $Br_2$-Gehalt der Lauge Verbb. der Zus. $Ni(OH)_2$, $4Ni(OH)_2 \cdot NiOOH$, $Ni_3O_2(OH)_4$ und $\beta$-NiOOH, W. FEITKNECHT, H. R. CHRISTEN, H. STUDER (*Z. Anorg. Allgem. Chem.* **283** [1956] 88/95, 89). — Bei Titration einer Lsg. von $NiCl_2$ in Chlorwasser mit n-NaOH bildet sich schwarzes $Ni_2O_3 \cdot nH_2O$, K. AZUMA, H. KAMETANI, I. OKEDA (*Nippon Kogyo Kaishi* **70** [1954] 259/63 nach *C.A.* **1954** 13362). — Über die Fällung von bas. Nickelchloriden (s. S. 590) aus 3n- bis 4n-$NiCl_2$-Lsgg. mit wss. *KOH* bei konst. $p_H$ s. W. J. SINGLEY, J. T. CARRIEL (*J. Am. Chem. Soc.* **75** [1953] 778/81). Im UR-Spektrum der beim Fällen einer $NiCl_2$-Lsg. mit wss. KOH bei 206° gebildeten Verb. werden Banden von $OH^-$ und $H_2O$ gefunden, C. OTT (*Compt. Rend.* **240** [1955] 68/70). Die Fällung mit wss. KOH kann durch Zusatz von Glykol, Glyzerin, Erythrit, Mannit, Oxyhydrochinon, Glykolsäure, Milchsäure, Glyzerinsäure und Saccharinsäure verhindert werden, J. ROSZKOWSKI (*Z. Anorg. Allgem. Chem.* **14** [1897] 1/20, 12).

Wird eine 1m-$NiCl_2$-Lsg. 14 Tage lang mit alkalihaltigem $Al_2O_3$ unter Rückfluß gekocht, so enthält der Bodenkörper neben ausgefälltem bas. Chlorid physikalisch adsorbiertes Nickelchlorid. Durch *MgO* erfolgt ebenfalls die Ausfällung von bas. Salzen. Nach 15std. Kochen mit $\gamma$-*AlO(OH)* werden im Bodenkörper nur $Ni^{2+}$-Spuren gefunden, H. SCHÄFER, W. NEUGEBAUER (*Z. Anorg. Allgem. Chem.* **274** [1953] 114/40, 130, 136; *Naturwissenschaften* **38** [1951] 561). In einer wss. Rk.-Mischung mit äquimolaren Mengen von $^{63}NiCl_2$ und unlöslichem $Ni(OH)_2$ beträgt der zwischen den beiden Verbb. erfolgende $Ni^{2+}$-Ionenaustausch bei 25°C in 20, 40 und 60 Min. 33, 50 bzw. 70%, G. K. SCHWEITZER, P. B. BAUM (*J. Am. Chem. Soc.* **74** [1952] 6131/2).

*With Salts. Halogenides*

**Mit Salzen. Halogenide.** Über Komplexbldg. beim Mischen wss. Lsgg. von $NiCl_2$ und $BeCl_2$ oder $ThCl_4$ s. H. KAZI (*J. Indian Chem. Soc.* **33** [1956] 513/8). In $SnCl_2 \cdot 2H_2O$, Ni-Chlorid und $NH_4F$ enthaltenden wss. Lsgg. bildet sich bei hoher Ni-Konz. $NiSnF_4$, P. A. BROOK, A. E. DAVIES, J. W. PRICE (*J. Appl. Chem.* [*London*] **5** [1955] 81/4). Die Neutralisationswärme der Rk. $2AgF + NiCl_2 = NiF_2 + 2AgCl$ in wss. Lsg. bei 21.7°C beträgt 31.706 kcal/mol, E. PETERSEN (*Z. Physik. Chem.* **4** [1888] 384/412, 395).

*Sulfides*

**Sulfide.** Durch KHS wird $NiCl_2$ in wss. Lsg. zu Ni reduziert, J. MYERS (*Ber. Deut. Chem. Ges.* **6** [1873] 439/44).

*Borates*

**Borate.** In Konzz. $\geqq 0.1$ mol/l reagiert $NiCl_2$ in wss. Lsg. mit $Na_2B_4O_7 \cdot aq$ gemäß $2NiCl_2 + 2Na_2B_4O_7 \cdot aq \rightarrow Ni_2B_6O_{11}aq + 4NaCl + 2H_3BO_3$, A. D. KESAH, L. P. KRYMOVA (*Izv. Acad. Nauk Latv. SSR* **1** [1956] 131/8, 132 nach *C.A.* **1956** 14427).

*Carbonates and Cyanides*

**Carbonate und Cyanide.** Wird eine Mischung von $NiCl_2$- und $AlCl_3$-Lsgg. mit $Na_2CO_3$ gefällt, so bildet sich ein $Ni(OH)_2$- und $Al(OH)_3$-haltiges Gel, das nach Trocknen neben $Al_2O_3$ die Verb. $Al_2O_3 \cdot 2NiO \cdot xH_2O$ bildet, J. LONGUET (*Compt. Rend.* **226** [1948] 579/80). Bei tropfenweisem Zusatz einer $NaHCO_3$-Lsg. (0.18 mol $NaHCO_3$/100 cm³ $H_2O$) zu einer mit wss. HCl angesäuerten $NiCl_2$-Lsg. (0.12 mol $NiCl_2$/100 cm³ $H_2O$) bei 250°C unter 120 kg/cm² $CO_2$-Druck entsteht grünes $NiCO_3$. Gelbes $NiCO_3$ bildet sich bei 180°C aus Lsgg., die 0.38 mol $NaHCO_3$ und 88 mol $NiCl_2$ je 100 cm³ $H_2O$ enthalten, H. BIZETTE, B. TSAI (*Compt. Rend.* **241** [1955] 546/8). Beim Erhitzen einer $NiCl_2$-Lsg. mit $CaCO_3$ im Einschmelzrohr bilden sich feste Lsgg. von $NiCl_2$ in $NiCO_3$, deren $NiCl_2$-Gehalt mit der Konz. der verwendeten $NiCl_2$-Lsg. zunimmt, J. KRUSTINSONS (*Z. Anorg. Allgem. Chem.* **212** [1933] 45/8). — Über Bldg. LIESEGANGscher Ringe bei der Rk. zwischen einer $NiCl_2$- und einer NaCN-Lsg. in einer Agar-Agarsäule s. D. O. ZEILIGER (*Kolloidn. Zh.* **17** [1955] 347/52). Mit $Hg(CN)_2$ reagiert $NiCl_2$ in wss. Lsg. unter $Ni(CN)_2 \cdot 3H_2O$-Bldg., L. GUPTA (*J. Chem. Soc.* **117** [1920] 67/73, 69).

*Silicates*

**Silicate.** Die sauer reagierenden $NiCl_2$-Lsgg. werden durch $Na_2O \cdot SiO_2$, $Na_2O \cdot 2SiO_2$ und $Na_2O \cdot 3SiO_2$ bei erhöhtem Druck und erhöhter Temp. quantitativ neutralisiert, während die Rkk. bei gewöhnl. Temp. sowie beim Erwärmen auf 110°C nur mit einem Überschuß an Metasilicat vollständig verlaufen, P. N. GRIGORJEW (*Z. Anorg. Allgem. Chem.* **167** [1927] 137/44, 141). Über die Fällung von $Na_2SiO_3$-Lsgg. durch $NiCl_2$-Lsgg. und den Einfluß des Fällungsmittels auf die Struktur des gebildeten Silicagels s. D. O. ZEILIGER (*Kolloidn. Zh.* **17** [1955] 347/52).

*Other Salts*

**Weitere Salze.** Beim Versetzen von $NiCl_2$-Lsgg. mit $K_2CrO_4$ wird bei gewöhnl. Temp. nur Opalescenz beobachtet; erst beim Erwärmen werden bas. Chromate ausgefällt, H. T. S. BRITTON (*J. Chem. Soc.* **1926** 125/47, 126, 129). — Unters. des $Ni^{2+}$-Austauschs zwischen unlösl. Ni-Verbb. (Sulfid, Ortho- und Pyrophosphat, Hexacyanoferrat(II), organ. Ni-Komplexe) und wss. $NiCl_2$-Lsg. bei 25° in Rk.-Mischungen, die äquimolare Mengen von $^{63}NiCl_2$ und der unlösl. Verb. enthalten, s. bei G. K. SCHWEITZER, P. B. BAUM (*J. Am. Chem. Soc.* **74** [1952] 6131/2).

*With Organic Compounds*

**Mit organischen Verbindungen.** Über die Rk. einer wss. $NiCl_2$-Lsg. mit Äthylendiamin in Ggw. von $KHSO_3$ s. R. Cernatescu, M. P. Poni (*Bull. Sect. Sci. Acad. Roumaine* **25** [1943] 453/8). Eine 10%ige $NiCl_2$-Lsg. reagiert mit Monoäthanolamin unter Bldg. eines grünblauen Nd., der sich im Überschuß von Monoäthanolamin in der Kälte mit smaragdgrüner Farbe löst. Der beim Erwärmen der Lsg. unter Gelbfärbung entstehende Nd. löst sich bei Zusatz von $NH_4Cl$ mit blauer Farbe, V. Roberti (*Boll. Chim. Farm.* **89** [1950] 94/6). Wird eine konz. $NiCl_2$-Lsg. mit wasserfreiem Triäthanolamin auf dem Wasserbad erwärmt, so bilden sich beim Abkühlen der Lsg. blaue glänzende Kristalle der Zus. $NiCl_2 \cdot 2N(C_2H_4OH)_3$, A. Tettamanzi, B. Carli (*Gazz. Chim. Ital.* **63** [1933] 566/70). Beim Eindampfen einer Lsg. von $NiCl_2 \cdot 6H_2O$ und Hydrazincarbonsäure $CH_4N_2O_2$ auf dem Wasserbad scheidet sich die blauviolette Verb. $(N_2H_3COO)_2Ni \cdot N_2H_4$ ab, P. V. Gogrishvili, M. G. Tsgitishvili (*Soobshch. Akad. Nauk Gruz.* **23** [1959] 281/6 nach *C.A.* **1960** 7403). Aus Mischungen von $NiCl_2$-Lsg. mit wss. Lsgg. der Na-Salze von Glykokoll, Alanin und Leucin werden $Ni(NH_2CH_2COO)_2 \cdot 2H_2O$, $Ni(CH_3CHNH_2COO)_2 \cdot 2H_2O$ und $Ni[(CH_3)_2CHCH_2CHNH_2COO]_2$ als Chelatverbb. erhalten, A. Rosenberg (*Acta Chem. Scand.* **10** [1956] 840/51, 842). Bei Zugabe äquiv. Mengen des 2-, 3- oder 4-Na-Salzes der Äthylendiamintetraessigsäure in wss. NaOH zu einer wss. $NiCl_2$-Lsg. bilden sich stabile Ni-Komplexe, R. C. Plumb, A. E. Martell, F. C. Bersworth (*J. Phys. Chem.* **54** [1950] 1208/15, 1209). Mit Morpholin entsteht ein grüngelber Nd., der in der Wärme unlösl. ist, sich jedoch bei $NH_4Cl$-Zusatz mit blauer Farbe löst, V. Roberti (*l. c.*). Über die Bldg. von $[Ni(C_7H_9NO)_2](SO_3H)_2$ und $[Ni(C_8H_{11}NO)_2](SO_3H)_2$ ($C_7H_9NO$ = p-Anisidin, $C_8H_{11}NO$ = p-Phenetidin) bei der Rk. einer $NiCl_2$ und $KHSO_3$ enthaltenden Lsg. mit einer alkohol. p-Anisidin- oder p-Phenetidinlsg. unter Alkoholzusatz s. R. Cernatescu, M. P. Poni (*l. c.*). Aus einer wss. Lsg. von 1 Mol $NiCl_2$ und mindestens 6 Mol o-Phenylendiamin kristallisiert $NiCl_2 \cdot 6C_6H_4(NH_2)_2$, W. Hieber, C. Schlieszmann, K. Ries (*Z. Anorg. Allgem. Chem.* **180** [1929] 89/104, 99). Bei Zusatz einer ammoniakal. Lsg. von $NiCl_2 \cdot 6H_2O$ zu einer wss. o-Phenylendiaminlsg. fällt unter Farbvertiefung nach Blauviolett amorphes Ni-o-Phenylendiamid aus, F. Feigl, F. Fürth (*Monatsh. Chem.* **48** [1927] 445/50). Mit Imidazol reagiert $NiCl_2$ in wss. Lsg. unter Komplexbldg., N. C. Li, T. L. Chu, C. T. Fujii, J. M. White (*J. Am. Chem. Soc.* **77** [1955] 859/61). Aus einer Thioharnstoff $CH_4N_2S$ im Überschuß enthaltenden $NiCl_2$-Lsg. kristallisiert die Verb. $Ni_2[(CH_4N_2S)_7]Cl_4$, A. Rosenheim, V. J. Meyer (*Z. Anorg. Allgem. Chem.* **49** [1906] 13/27, 22). Gehalt von $NiCl_2$ und Thioharnstoff in bei 35° gesätt. wss. Lsgg. (ausgewählte Werte):

| | | | | | | |
|---|---|---|---|---|---|---|
| Gew.-% $NiCl_2$ . | 2.91 | 5.39 | 7.68 | 10.18 | 12.81 | 12.78 |
| Gew.-% $CS(NH_2)_2$ | 18.86 | 17.98 | 17.76 | 17.89 | 17.21 | 16.98 |
| Bodenkörper . . | $CH_4N_2S$ | | | | $CH_4N_2S + 2NiCl_2 \cdot 7CH_4N_2S$ | |
| Gew.-% $NiCl_2$ . | 12.98 | 25.28 | 39.21 | 40.05 | 41.37 | 41.24 |
| Gew.-% $CS(NH_2)_2$ | 17.13 | 5.62 | 1.72 | 1.68 | 0.94 | 1.06 |
| Bodenkörper . . | $2NiCl_2 \cdot 7CH_4N_2S$ | | | $2NiCl_2 \cdot 7CH_4N_2S + NiCl_2 \cdot 6H_2O$ | | |

S. K. Siddhanta, K. Swaminathan (*Proc. Symp. Chem. Co-ord. Compounds Agra, India* 1959 [1960], *Tl.* 2, S. 101/4). Beim Versetzen einer ammoniakal. $NiCl_2$-Lsg. mit Äthylmerkaptan $C_2H_6S$ wird $Ni(C_2H_5S)_2$ ausgefällt, P. Claesson (*J. Prakt. Chem.* [2] **15** [1877] 193/218, 203). Über die Bildung von Proteinkomplexen aus 0.1 m-$NiCl_2$-Lsg. und Proteinlsgg. s. J. Lewin (*J. Am. Chem. Soc.* **73** [1951] 3906/11). Bei Behandlung einer äthanol. Pheophytinlsg. mit wss. oder alkohol. $NiCl_2$-Lsgg. erfolgt keine Komplexbldg., I. L. Kukhtevich (*Ukr. Khim. Zh.* **20** [1954] 257/63, 260). Über den Austausch von $Ni^{2+}$-Ionen zwischen $^{63}NiCl_2$ und in $H_2O$ unlösl. organ. Ni-Komplexen s. G. K. Schweitzer, P. B. Baum (*J. Am. Chem. Soc.* **74** [1952] 6131/2).

## Das System $NiCl_2$-HCl-$H_2O$

*The $NiCl_2$–HCl–$H_2O$ System*

*Solubility*

**Löslichkeit.** Gehalt der Lsgg. an $NiCl_2$ bei 0°C und 1 Atm., Konzz. $C_{HCl}$ und $C_{NiCl_2}$ in Gew.-%:

| | | | | | | | | | | |
|---|---|---|---|---|---|---|---|---|---|---|
| $C_{HCl}$ . . . . . | — | 6.53 | 14.09 | 18.62 | 21.70 | 23.03 | 25.74 | 26.16 | 25.90 | 26.11 |
| $C_{NiCl_2}$ . . . . . | 35.27 | 26.71 | 15.67 | 9.68 | 6.15 | 5.30 | 3.65 | 4.02 | 4.64 | 4.47 |
| Bodenkörper . . | $NiCl_2 \cdot 6H_2O$ | | | | | | | | $NiCl_2 \cdot 6H_2O + NiCl_2 \cdot 4H_2O$ | |

| | | | | | | | | | |
|---|---|---|---|---|---|---|---|---|---|
| $C_{HCl}$ . . . . . | 26.23 | 28.82 | 34.57 | 35.03 | 33.96*) | 34.70*) | 36.00 | 37.22 | 40.61 |
| $C_{NiCl_2}$ . . . . . | 4.45 | 2.92 | 1.37 | 1.40 | 2.29*) | 1.57*) | 1.06 | 0.82 | 0.43 |
| Bodenkörper . . | $NiCl_2 \cdot 4H_2O$ | | | $NiCl_2 \cdot 4H_2O + NiCl_2 \cdot 2H_2O$ | $NiCl_2 \cdot 2H_2O$ | | | | |

*) Instabile, mit $NiCl_2 \cdot 4H_2O$ übersätt. Systeme, H. W. Foote (*J. Am. Chem. Soc.* **45** [1923] 663/7).

Löslichkeitsbestt. bei 20°C:

| | | | | | | | | | | |
|---|---|---|---|---|---|---|---|---|---|---|
| $C_{HCl}$ . . . . . | — | 4.20 | 11.25 | 16.22 | 20.51 | 21.20 | 22.07 | 24.01 | 24.34 | 30.74 |
| $C_{NiCl_2}$ . . . . . | 38.29 | 32.15 | 22.78 | 16.24 | 12.04 | 11.60 | 9.58 | 7.38 | 7.16 | 2.73 |

Bei 20°C besteht der Bodenkörper im Konz.-Bereich 0 bis 21.2 Gew.-% HCl aus $NiCl_2 \cdot 6H_2O$, oberhalb $C_{HCl} = 21.2$ existiert nur das 4-Hydrat. Löslichkeit bei 80°C:

| | | | | | | | | | | | | |
|---|---|---|---|---|---|---|---|---|---|---|---|---|
| $C_{HCl}$ . . . . . | — | 1.00 | 3.82 | 5.40 | 6.64 | 11.54 | 15.07 | 19.54 | 22.13 | 23.20 | 24.40 | 26.20 |
| $C_{NiCl_2}$ . . . . . | 45.96 | 44.00 | 39.29 | 36.80 | 34.86 | 28.09 | 22.79 | 16.40 | 12.85 | 11.12 | 10.10 | 8.63 |

Als Bodenkörper liegt bei allen Konzz. $NiCl_2 \cdot 4H_2O$ vor, A. V. BABAEVA, T. A. ARTSAKOVA (*Zh. Obshch. Khim.* **5** [1935] 216/9). Eine mit HCl gesätt. Lsg. enthält bei 10°C max. 40 g $NiCl_2$ je l, A. DITTE (*Ann. Chim. Phys.* [5] **22** [1881] 551/66, 563). Die Abnahme der Löslichkeit mit steigender HCl-Konz. wird auf einen durch HCl-Solvatation verursachten Aussalzeffekt zurückgeführt. Durch Zusatz von Äther wird die Löslichkeit stark verringert, W. FISCHER (*Z. Anorg. Allgem. Chem.* **247** [1941] 384/91, 385, 387), s. auch W. SCHRÖDER (in: *FIAT Review, Bd.* 27, Tl. 5 [1948] 138).

*Heat of Solution*

**Lösungswärme.** Bei Herstellung einer ~1%igen Lsg. von $NiCl_2 \cdot 6H_2O$ in wss. 6.24m- HCl bei 25°C auftretende Lösungswärme: 7.76 kcal/mol, K. B. YATSIMIRSKII, V. V. KHARITONOV (*Zh. Fiz. Khim.* **27** [1953] 799/804).

*Physical Properties*

## Physikalische Eigenschaften

*Vapor Pressure*

**Dampfdruck.** Best. des $H_2O$-Dampfdruckes über salzsauren $NiCl_2$-Lsgg. bei konst. Chloridkonz. von 10 Mol je 1 Lsgm. und $NiCl_2$-Konzz. von Null bis zur Sättigung s. T. E. MOORE, F. W. BURTCH, C. E. MILLER (*J. Phys. Chem.* **64** [1960] 1454/8).

*Optical Properties. Color*

**Optische Eigenschaften. Farbe.** Lsgg. von 19.4 Gew.-% $NiCl_2$ in 30%igem HCl und 22.5 Gew.-% $NiCl_2$ in 7%igem HCl sind zwischen −80 und −17 bzw. −80 und +54°C grün, zwischen 17 und 108 bzw. zwischen 54 und 113°C gelblichgrün gefärbt, S. DATTA (*Phil. Mag.* [7] **17** [1934] 585/602, 592), s. hierzu auch D. C. CHAKRABARTTI (*Sci. Cult.* [*Calcutta*] **1** [1935/36] 158).

*Optical Density*

**Optische Dichte** d von 0.033 m-$NiCl_2$-Lsgg. mit verschiedenem HCl-Gehalt (HCl-Konz. in mol/l) bei der Wellenlänge 400 m$\mu$, gegen eine wss. $NiCl_2$-Bezugslsg. gemessen:

| | | | | | |
|---|---|---|---|---|---|
| $C_{mol}$ . . . . . | 1.185 | 3.555 | 5.925 | 8.295 | 10.665 |
| d . . . . . . | 0.16 | 0.18 | 0.21 | 0.25 | 0.25 |

R. H. HERBER, J. W. IRVINE (*J. Am. Chem. Soc.* **78** [1956] 905/7).

*Absorption Spectra*

**Absorptionsspektren.** Das im UV und im sichtbaren Gebiet beob. Absorptionsspektrum von wss. $NiCl_2$-Lsgg. verschiebt sich bei Erhöhung der $Cl^-$-Konz. durch wss. HCl in Richtung längerer Wellen, Á. v. KISS, P. BOÉR, M. GERENDÁS (*Acta Univ. Szeged. Acta Chem. Mineral. Phys.* **3** [1934] 259/71, 268). Mit zunehmender HCl-Konz. nimmt die Absorption im blauen und violetten Bereich stark zu und vermindert sich im roten und gelben Gebiet, G. POMA (*Gazz. Chim. Ital.* **40** [1910] 176/93, 189). Die kurzwellige Absorptionsgrenze von 0.5m-$NiCl_2$-Lsgg. mit steigendem HCl-Gehalt (HCl-Konz. in mol/l) liegt bei 30°C bei folgenden Wellenlängen $\lambda$ in Å:

| | | | | | |
|---|---|---|---|---|---|
| $C_{mol}$ . . . . . . | 0 | 2.74 | 4.11 | 5.48 | 8.22 |
| $\lambda$ . . . . . . . | 2180 | 2240 | 2290 | 2305 | 2565 |

S. DATTA, M. M. DEB (*Phil. Mag.* [7] **23** [1937] 1005/17, 1009, 1014), S. DATTA (*Sci. Cult.* [*Calcutta*] **2** [1936/37] 58). An einer Lsg. mit 0.06 mol $NiCl_2$ und 12.6 mol HCl je l wird die Entstehung einer Bande bei 238 m$\mu$ beobachtet, Á. v. KISS, P. CSOKÁN (*Z. Anorg. Allgem. Chem.* **245** [1941] 355/64, 358). Wellenlänge $\lambda$ im m$\mu$ für das Absorptionsmax. von 0.2m-Lsgg. mit verschiedenem HCl-Gehalt bei gewöhnl. Temp.:

| | | | | | |
|---|---|---|---|---|---|
| $C_{mol}$ . . . . . . | 0 | 5.0 | 7.5 | 10.0 | 12.5 |
| $\lambda$ . . . . . . . | 395 | 400 | 408 | 422 | 430 |

E. MAJOR (*Acta Univ. Szeged. Acta Chem.-Phys.* **1** [1942/43] 17/34, 19, 23). Das Absorptionsmax. einer 0.06 mol $NiCl_2$ und 12.6 mol HCl je l enthaltenden Lsg. bei ~20°C liegt nach Extinktionsbestt. bei 429 bis 430m$\mu$, Á. v. KISS, P. CSOKÁN (*l. c.* S. 356), L. GYULAI (*Acta Univ. Szeged Acta Chem. Mineral. Phys.* **5** [1937] 210/37, 230). Eine Lsg. von 8.8 mol $NiCl_2$ in 1 l 30%igem HCl weist ebenfalls ein Max. bei 430 m$\mu$ auf, S. DATTA, M. DEB (*Phil. Mag.* [7] **20** [1935] 1121/36, 1125). Absorptionsminima liegen bei 570 m$\mu$ für eine Lsg. mit 0.06 mol $NiCl_2$ und 12.6 mol HCl je l, L. GYULAI (*l. c.*), bei 548m$\mu$ (graphisch extrapoliert) für eine Lsg. der Konz. 0.2 mol $NiCl_2$ und 10 mol HCl je l, Á. v. KISS, P. BOÉR, M. GERENDÁS (*l. c.* S. 266). An einer 0.6 mol $NiCl_2$ und 12.6 mol HCl enthaltenden

Lsg. wird ein weiteres Max. bei 720 m$\mu$ beobachtet, Á. v. Kiss, P. Csokán (*l. c.* S. 358). Bei einer Lsg. von 8.8 mol $NiCl_2$ in 1 l 30%igem HCl wird eine Reihe von Absorptionsbanden oberhalb 600 m$\mu$ gefunden, S. Datta, M. Deb (*l. c.*). — Bei Temp.-Erhöhung werden die Absorptionsbanden nach dem langwelligen Gebiet verschoben. Die kurzwellige Absorptionsgrenze einer Lsg. mit 0.5 mol $NiCl_2$ und 6. 85 mol HCl je l bei 60° und —115°C liegt bei 2605 bzw. 2390 Å, S. Datta, M. M. Deb (*Phil. Mag.* [7] **23** [1937] 1005/17, 1010). Absorptionsmax. einer 19.4%igen Lsg. von $NiCl_2$ in 30%igem HCl bei 80 und —40°C : 4.16 bzw. 396 m$\mu$, S. Datta, M. Deb (*Phil. Mag.* [7] **20** [1935] 1121/36, 1128, 1132), S. Datta (*Sci. Cult.* [*Calcutta*] **1** [1935/36] 113/4). Absorptionsminima einer Lsg. von 0.2 mol $NiCl_2$ und 7.5 mol HCl je l bei verschiedenen Tempp. t:

| t in °C | 0° | 25° | 50° | 75° |
|---|---|---|---|---|
| $\lambda$ in m$\mu$ | 517 | 524 | 533 | 546 |

L. Gyulai (*l. c.* S. 230).

**Magnetische Drehung der Polarisationsebene.** Bestt. der spezif. magnet. Rotation einer Lsg. der Konz. 6.26 g $NiCl_2$ und 17.7 g HCl je l im Bereich von 4625 bis 6000 Å ergeben einen ähnlichen Verlauf der Rotations-Dispersionskurve wie bei wss. Lsgg.; die im Vergleich zur wss. Lsg. schwächere Rotation der HCl enthaltenden Lsg. ist auf der langwelligen Seite der von S. Datta, M. Deb (*Phil. Mag.* [7] **20** [1935] 1121/36) beob. Absorptionsbereiche bei 4370 und oberhalb 6000 Å positiv, zwischen ~5080 und ~6000 Å negativ, A. K. Bose (*Indian J. Phys.* 18 [1944] 199/208, 201).

*Magnetic Rotation of Polarization Plane*

**Magnetische Eigenschaften.** In 0.1 m-$NiCl_2$-Lsg. steigt die Molsusz. mit Zusätzen von 0 bis 7 mol HCl je l Lsg. zunächst etwas an und nimmt dann bei Zusätzen bis 11 mol HCl deutlich ab, J. A. Dixmier (*Compt. Rend.* **234** [1952] 99/101). Bei Zusatz von 1.635 bis 17.80 mol HCl je mol $NiCl_2$ fällt $\chi_{mol}$ von 4450 auf $4310 \times 10^{-6}$, J. Vepřek-Šiška (*Chem. Listy* **49** [1955] 1721/3 [tschech.]). Für eine 19.4 Gew.-% $NiCl_2$ enthaltende Lsg. in 30%igem HCl wird zwischen —80° und +54°C die Curie-Temp. $\Theta_p = 5°K$, zwischen 54 und 113°C $\Theta_p = 42°K$ erhalten. Für eine Lsg. von 22.5 Gew.-% $NiCl_2$ in 7%igem HCl im Temp.-Bereich von —80 bis +17°C ist $\Theta_p = 15°K$, zwischen 17 und 108°C beträgt $\Theta_p = 36°K$. Bei niedrigen Tempp. ist $\Theta_p$ relativ klein und kann mit dem Wert für hydratisierte Kristallpulver verglichen werden; in höheren Temp.-Bereichen nähert sich die Curie-Temp. dem Wert für das wasserfreie Kristallpulver, S. Datta (*Phil. Mag.* [7] **17** [1934] 1160/8, 1162; *Phil. Mag.* [7] **17** [1934] 585/602), s. auch S. Datta, M. Deb (*Phil. Mag.* [7] **20** [1935] 1121/36, 1128).

*Magnetic Properties*

## Chemisches Verhalten

*Chemical Reactions*

**Konstitution der salzsauren Lösung.** Die in verd. salzsauren $NiCl_2$-Lsgg. beob. Absorption wird auf $[Ni(H_2O)_6]^{2+}$-Ionen zurückgeführt. Dagegen wird die starke Verschiebung des Spektrums von Lsgg. hoher HCl-Konz. mit Chlorosalzbldg. und Dehydratation gemäß $[Ni(H_2O)_6]Cl_2 \rightarrow [Ni(H_2O)_4]Cl_2 + 2H_2O$ und $[Ni(H_2O)_4]Cl_2 + 2Cl^- \rightarrow [Ni(H_2O)_2Cl_4]^{2-} + 2H_2O$ gedeutet. Dabei ist nicht geklärt, ob die Chlorosalzbldg. in zwei Stufen oder ohne Zwischenglied erfolgt oder bei der Zwischenstufe stehen bleibt, Á. v. Kiss, P. Boér, M. Gerendás (*Acta Univ. Szeged. Acta Chem. Mineral. Phys.* **3** [1934] 259/71, 268). Die Abnahme der Molsusz. in Lsgg. mit höherem HCl-Gehalt wird auf die Bldg. komplexer Ionen zurückgeführt, J. A. Dixmier (*Compt. Rend.* **234** [1952] 99/101). Aus der Abhängigkeit der Durchlässigkeit von der HCl-Konz. wird geschlossen, daß in Lsgg. mit bis zu 11 mol HCl je l $Ni^{2+}$- und $NiCl^+$-Ionen vorhanden sind, R. H. Herber, J. W. Irvine (*J. Am. Chem. Soc.* **78** [1956] 905/7). Die mit zunehmender HCl-Konz. erfolgende Verschiebung der kurzwelligen Absorptionsgrenze nach längeren Wellen wird durch die Bldg. undissoz. $NiCl_2$-Molekeln verursacht, S. Datta, M. M. Deb (*Phil. Mag.* [7] **23** [1937] 1005/17, 1009, 1014), s. auch S. Datta (*Sci. Cult.* [*Calcutta*] **2** [1936/37] 58). Die Verschiebung des Absorptionsmax. im Sichtbaren bei Erhöhung der HCl-Konz. wird durch Annahme von $[NiCl_4]^{2-}$-Komplexen gedeutet, E. Major (*Acta Univ. Szeged. Acta Chem. Phys.* **1** [1942/43] 17/34, 19, 23). Die Temp.-Abhängigkeit des Spektrums läßt sich durch Gleichgew.-Verschiebungen zwischen in der Lsg. vorliegenden Komplexen erklären, deren Aufbau nicht geklärt ist, L. Gyulai (*Acta Univ. Szeged. Acta Chem. Mineral. Phys.* **5** [1937] 210/37, 217, 230). Bei der durch Temp.-Erhöhung verursachten Verschiebung der Absorptionsbanden nach längeren Wellen werden die undissoz. $NiCl_2$-Molekeln als Absorptionszentren angesehen, wogegen die bei tiefen Tempp. beob. Verschiebung nach kürzeren Wellen auf die Dissoz. des gelösten Salzes in Ionen zurückgeführt wird, S. Datta, M. M. Deb (*l. c.* S. 1010). Aus Bestt. der Curie-Temp. wird ebenfalls auf das Vorhandensein undissoz. $NiCl_2$-Molekeln geschlossen, S. Datta (*Phil. Mag.* [7] **17** [1934] 1160/8, 1162), S. Datta, M. Deb (*Phil. Mag.* [7] **20** [1935] 1121/36, 1121). Aus dem Verh. salzsaurer Lsgg. (0.5 bis 12 m-HCl) gegen Anionenaustauscher wird geschlossen, daß selbst bei hohen HCl-Konzz. keine

*Nature of Hydrochloric Acid Solution*

negativ geladenen Komplexe gebildet werden, G. E. MOORE, K. A. KRAUS (*J. Am. Chem. Soc.* **74** [1952] 843/4).

*Activity Coefficients*

**Aktivitätskoeffizienten** $f_{a_1}$ und $f_{a_2}$ von $NiCl_2$ in 4.69 und 8.86 molaler HCl-Lsg. bei 30°C, berechnet aus Bestt. der Partialdrucke von HCl und $H_2O$, Auswertung durch Integration der GIBBS-DUHEMschen Gleichung für 3 Komponenten ($NiCl_2$-Konz. c in Mol/l Lsgm.):

| c | 0.5 | 0.6 | 0.7 | 0.8 | 0.9 | 1.0 | 1.1 | 1.2 | 1.3 | 1.4 | 1.5 | 1.6 | 1.7 | 1.8 |
|---|---|---|---|---|---|---|---|---|---|---|---|---|---|---|
| $f_{a_1}$ | 2.71 | 2.79 | 2.87 | 2.99 | 3.12 | 3.28 | 3.45 | 3.64 | 3.84 | 4.05 | 4.29 | 4.53 | 4.79 | 5.04 |
| $f_{a_2}$ | 5.03 | 5.30 | 5.57 | 5.86 | 6.17 | 6.47 | 6.80 | 7.12 | 7.44 | 7.77 | 8.12 | 8.46 | 8.80 | 9.17 |

| c | 1.9 | 2.0 | 2.1 | 2.13 | 2.2 | 2.3 | 2.4 | 2.5 | 2.6 | 2.7 | 2.8 | 2.9 | 3.0 |
|---|---|---|---|---|---|---|---|---|---|---|---|---|---|
| $f_{a_1}$ | 5.30 | 5.59 | 5.90 | — | 6.20 | 6.48 | 6.79 | 7.08 | 7.38 | 7.69 | 8.00 | 8.31 | 8.41 |
| $f_{a_2}$ | 9.55 | 9.92 | 10.30 | 10.40 | — | — | — | — | — | — | — | — | — |

T. E. MOORE, E. A. GOOTMAN, P. C. YATES (*J. Am. Chem. Soc.* **77** [1955] 298/304, 302). Gegenüberstellung der Aktt. von $NiCl_2$ bei 30°C und von $CuCl_2$ und $MnCl_2$ bei 25°C in salzsauren Lsgg. s. T. E. MOORE, F. W. BURTCH, C. E. MILLER (*J. Phys. Chem.* **64** [1960] 1454/8).

*Reactions*

**Reaktionen.** Aus einer mit wss. HCl angesäuerten $NiCl_2$-Lsg. wird bei Jodzugabe $Ni(JCl_4)_2 \cdot 8H_2O$ (s. S. 626) ausgefällt, M. GUTIERREZ DE CELIS (*Anales Real Soc. Espan. Fis. Quim.* [*Madrid*] **33** [1935] 203/24, 210). Bei Titration mit 0.1 n-NaOH bildet sich zunächst $Ni(OH)_2$, bei höherem $p_H$ entsteht $NiO \cdot H_2O$, K. AZUMA, H. KAMETANI, I. OKEDA (*Nippon Kogyo Kaishi* **70** [1954] 259/63 [japan.] nach *C.A.* **1954** 13362/3). Bei Zusatz von NaF oder $NH_4F$ zu einer 0.075 mol $NiCl_2$ und 0.10 mol HCl je 1 enthaltenden Lsg. bilden sich keine stabilen Ni-F-Komplexe, G. SERRAVALLE (*Met. Ital.* **49** [1957] 99/106, 102). Aus 100 ml einer Lsg. von 2.2 g $NiCl_2$ in 10%igem wss. HCl werden beim Schütteln mit 100 ml Äther 0.01% $NiCl_2$ extrahiert, F. MYLIUS (*Z. Anorg. Allgem. Chem.* **70** [1911] 203/31, 211).

Elektrochem. Best. der Acidität einer salzsauren $NiCl_2$-Lsg. s. A. B. DRANOVSKII (*Zavodsk. Lab.* **14** [1948] 43/5, *C.* **1949** II 788). Der Gehalt an freier Säure in salzsauren Lsgg. kann durch elektrometr. Titration wegen der Bldg. von schwerlösl. bas. Salzen nur zu 99% bestimmt werden, F. ČŮTA, Z. KSANDR, M. HEJTMÁNEK (*Chem. Listy* **48** [1954] 1341/5).

*Nonaqueous Solution of Nickel(II) Chloride*

## Nichtwäßrige Lösung von Nickel(II)-chlorid

*Inorganic Solvents*

### Anorganische Lösungsmittel

*Hydrazine*

**Hydrazin.** Löslichkeit von $NiCl_2$ in $N_2H_4$ s. S. 550. — Die Lsg. von $NiCl_2$ in $N_2H_4$ ist violett und leitet den elektrischen Strom, T. W. B. WELSH, H. J. BRODERSON (*J. Am. Chem. Soc.* **37** [1915] 816/24, 820).

*Thionyl Chloride*

**Thionylchlorid.** Löslichkeit von $NiCl_2$ in $SOCl_2$ s. S. 550. — Die elektr. Leitfähigkeit einer Lsg. von $NiCl_2$ in $SOCl_2$ ist gering, H. SPANDAU, E. BRUNNECK (*Z. Anorg. Allgem. Chem.* **270** [1952] 201/14, 203).

*Fused Salts. Constitution*

**Salzschmelzen. Konstitution.** Nach Messungen der Potentialunterschiede zwischen den Ni-Elektroden in äquimolaren Schmelzen von LiCl + NaCl + KCl, in welchen bis zu 17.2 Mol $NiCl_2$/Mol Alkalichlorid aufgelöst werden, liegen in diesen Schmelzen vermutlich neben sehr wenig $Ni^{2+}$-Ionen ein hoher Anteil $NiCl_3^-$-Ionen und ein geringer Anteil $NiCl_4^{2-}$-Ionen vor, H. J. BLIKSLAGER (*Rec. Trav. Chim.* **46** [1927] 305/27, 309, 325 [dtsch.]). Auf das Vorhandensein eines komplexen Ni-Halogen-Ions deuten die in verschiedenen Chlorid-Schmelzen gemessenen Spektren von $NiCl_2$ hin, vgl. Fig. 217, H. M. HAENDLER (BNL-599 [1960] 1/13, 6, *N.S.A.* **14** [1960] Nr. 18886). Durch Vergleich der Spektren D, E und F mit dem Spektrum G, das von dem an sich instabilen, jedoch durch die feste Lsg. in $Cs_2ZnCl_4$ stabilisierten $Cs_2NiCl_4$ herrührt, wird versucht, die relativen Lagen und Intensitäten der Maxima mit der Annahme eines deformierten $NiCl_4$-Ions, als dem am meisten lichtabsorbierenden Teilchen, zu erklären, D. M. GRUEN, R. L. MCBETH (*J. Phys. Chem.* **63** [1959] 393/7); diese Deutung wird bestätigt, C. K. JØRGENSEN (*Mol. Phys.* **1** [1958] 410/2). Die Bande bei ~510 mμ wird der Anwesenheit deformierter $NiCl_4^{2-}$-Ionen, die anderen Banden tetraedr. $NiCl_4^{2-}$-Ionen zugeschrieben. Dieser Wechsel der relativen Intensitäten der verschiedenen Banden ist auf die abnehmende Stärke des effektiven Kristallfeldes des Solvents mit steigender Temp. zurückzuführen, wobei die tetraedr. $NiCl_4^{2-}$-Ionen auf Kosten der deformierten $NiCl_4^{2-}$-Ionen zunehmen, D. M. GRUEN, R. L. MCBETH (*l. c.*), B. R. SUNDHEIM, G. HARRINGTON (*J. Chem. Phys.* **31** [1959] 700/1), G. HARRINGTON, B. R. SUNDHEIM (*Ann. N. Y. Acad. Sci.* **79** [1960] 950/70, 961), H. M. HAENDLER (*l. c.*). Unter Benutzung einer Ligandenfeldkonst. $D_q = 500\ cm^{-1}$ läßt sich gute

Übereinstimmung für ber. und beob. Werte im Termschema zeigen, B. R. SUNDHEIM, G. HARRINGTON (*l. c.*), G. HARRINGTON, B. R. SUNDHEIM (*l. c.*).

**Lichtabsorption.** In $LiNO_3$-$KNO_3$-Schmelze werden bei 160° Absorptionsmax. bei 775 und 422 mμ beobachtet, D. M. GRUEN, R. L. MCBETH (*J. Phys. Chem.* **63** [1959] 393/7). Einige von verschiedenen Autoren bei verschiedenen Tempp. gemessene Spektren sind in **Fig. 217** zusammengestellt. Die $NiCl_2$-Spektren sind gemessen in eutektischer Schmelze von NaCl–KCl–$MgCl_2$ bei 430°C (Kurve A), eutekt. Schmelze von LiCl–KCl bei 364°C (Kurve B), eutektischer Schmelze von LiCl–KCl bei 446°C (Kurve C), LiCl bei 700°C (Kurve D), CsCl bei 700°C (Kurve E), Pyridin-hydrochlorid bei 160°C (Kurve F), fester Lsg. von $Cs_2NiCl_4$ in $Cs_2ZnCl_4$ nach der KBr-Einbettungsmeth. bei gewöhnl. Temp. (Kurve G), H. M. HAENDLER (BNL-599 [1960] 1/13, 6, *N.S.A.* **14** [1960] Nr. 18886). Die in Kurve D zwischen 500 bis 580 mμ auftretende Bande wird auch in den Spektren der Kurven C und B gefunden, C. R. BOSTON, G. P. SMITH (*J. Phys. Chem.* **62** [1958] 409/14), s. auch D. M. GRUEN (*J. Inorg. Nucl. Chem.* **4** [1957] 74/76), sowie im Spektrum der mit A bezeichneten Kurve, H. M. HAENDLER (*l. c.*). Lsgg. von $NiCl_2$ im LiCl-KCl-Eutektikum sind violett. Im Absorptionsspektrum werden bei 398°C Max. bei 698, 628, 590, 510 und 260 mμ beobachtet. Bei Temp.-Erhöhung auf 446°C verbreitert sich die bei 698 mμ liegende Bande, das Max. bei 628 mμ wird intensiver, die bei 590 mμ liegende Bande wird breiter und intensiver, die 510 mμ-Bande verschwindet, und das bei 260 mμ liegende Max. verschiebt sich nach 265 mμ, G. HARRINGTON, B. R. SUNDHEIM (*l. c.*), B. R. SUNDHEIM, G. HARRINGTON (*l. c.*); hiermit übereinstimmende Angaben bei C. R. BOSTON, G. P. SMITH (*J. Phys. Chem.* **62** [1958] 409/14). Vergleich der Absorptionsspektra von $NiCl_2$ in CsCl- und $Cs_2ZnCl_4$-Schmelze bei ~1000°K, von festem $Cs_2(Zn, Ni)Cl_4$ (im $Cs_2ZnCl_4$-Gitter ist Zn teilweise durch Ni ersetzt) bei 300°K und von Lsgg. von $NiCl_2$ in Pyridiniumchlorid bei 460°K s. D. M. GRUEN, R. L. MCBETH (*l. c.*). — Absorption von $NiCl_2$ in NaCl–KCl–$MgCl_2$-Eutektikum bei 430° im Sichtbaren und UV s. H. M. HAENDLER (*l. c.*).

*Optical Absorption*

Fig. 217.

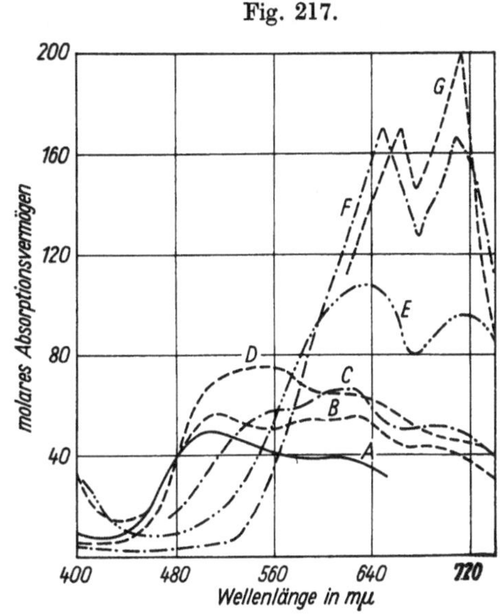


$NiCl_2$-Spektren in Salzschmelzen verschiedener Zus.

**Elektrochemisches Verhalten.** Polarograph. Unterss. an verd. Lsgg. von $NiCl_2$ in LiCl–KCl-Eutektikum bei 400 bis 413°C s. bei E. D. BLACK, T. DE VRIES (*Anal. Chem.* **27** [1955] 906/9).

*Electrochemical Behavior*

## Organische Lösungsmittel

*Organic Solvents*

**Methanol. Siedepunktserhöhung** von methanol. $NiCl_2$-Lsgg. s. bei R. SALVADORI (*Gazz. Chim. Ital.* **26** I [1896] 237/54, 245).

*Methanol. Boiling Point Elevation*

**Optische Eigenschaften.** Im Gegensatz zu wss. Lsgg. ist die Lsg. von wasserfreiem $NiCl_2$ in absol. Methanol gelblich, H. OLLIVIER (*Compt. Rend.* **191** [1930] 130/2). Brechungszahl n für die D-Linie des Na ($\lambda = 589.3$ mμ) bei 25°C, daraus abgeleitete spezif. Refraktion R (LORENTZ-LORENZ) von Lsgg. in absol. Methanol, $NiCl_2$-Konz. c in Gew.-%:

*Optical Properties*

| c . . . | 0.000 | 0.940 | 1.870 | 3.650 | 6.990 |
|---|---|---|---|---|---|
| n . . . | 1.328207 | 1.330404 | 1.332873 | 1.337933 | 1.347498 |
| R . . . | — | 0.1193 | 0.1189 | 0.1182 | 0.1230 |

F. E. DOLIAN, H. T. BRISCOE (*Proc. Indian Acad. Sci.* **45** [1936] 110/5, 113).

Die magnetische Drehung der Polarisationsebene ist positiv. Zwischen 0° und 70°C bleibt sie konst. und nimmt oberhalb 70°C etwas ab, H. OLLIVIER (*l. c.*).

**Suszeptibilität.** Eine 17.05 g $NiCl_2$ je l Methanol enthaltende Lsg. hat die Susz. 0. Aus Bestt. der spezif. Susz. von methanol. $NiCl_2$-Lsgg. bei Feldstärken zwischen $158 \cdot 10^7$ und $320 \cdot 10^7$ Gauß ber. Molsusz. $\chi_{mol}$; $NiCl_2$-Konz. c in Gew.-%:

*Susceptibility*

| c | 9.27 | 9.27 | 18.55 | 18.55 | 37.10 | 74.20 |
|---|---|---|---|---|---|---|
| $\chi_{mol} \cdot 10^6$ | 50.93 | 50.64 | 50.41 | 50.86 | 48.85 | 47.17 |

A. QUARTAROLI (*Gazz. Chim. Ital.* **46** I [1916] 371/403, 384).

*Electrochemical Behavior*

**Elektrochemisches Verhalten.** Molare Leitfähigkeit $\Lambda$ in $cm^2 \cdot \Omega^{-1} \cdot mol^{-1}$ von methanol. $NiCl_2$-Lsgg. bei 0° bis 45°C, molare Verd. V in l/mol bei 15°C:

| V | 9.988 | 20.02 | 40.12 | 66.20 | 132.50 | 265.6 | 532.0 | 1068.6 | 1873.0 | 3750 | 7512 |
|---|---|---|---|---|---|---|---|---|---|---|---|
| $\Lambda_0$ | 17.58 | 21.52 | 25.58 | 28.65 | 33.19 | 37.78 | 42.60 | 64.88 | 47.73 | 48.44 | 49.33 |
| $\Lambda_{15}$ | 20.51 | 25.00 | 29.49 | 33.17 | 38.71 | 45.04 | 50.90 | 57.02 | 58.63 | 61.21 | 63.32 |
| $\Lambda_{30}$ | 23.21 | 28.14 | 33.16 | 37.32 | 43.45 | 50.14 | 58.11 | 66.31 | 70.63 | 74.76 | 77.59 |
| $\Lambda_{45}$ | 25.77 | 31.11 | 36.71 | 41.15 | 47.72 | 54.89 | 63.95 | 73.54 | 81.01 | 87.36 | 92.12 |

E. RIMBACH, K. WEITZEL (*Z. Physik. Chem.* **79** [1912] 279/302, 288, 299).

Die Elektrolyse wss.-methanol. Lsgg. verläuft in Analogie zu wss.-äthanol. Lsgg., vgl. S. 585. Wird während der Elektrolyse eine direkte Berührung der Lsg. mit den Elektroden verhindert, so bildet sich an der Kathode unter $H_2$-Entw. das gelatineartige Alkoholat $Ni(CH_3O)_2$, während das an der Anode entstehende freie Radikal $(CH_3O)^-$ unter $Cl_2$-Entw. zu $CH_3OH$ oxydiert wird, C. CHARMETANT, R. PÂRIS (*Compt. Rend.* **220** [1945] 314/6).

*Chemical Reactions*

**Chemisches Verhalten.** Dissoziationsgrad aus Bestt. der Siedepunktserhöhung s. bei R. SALVADORI (*Gazz. Chim. Ital.* **26** I [1896] 237/54, 245). Bei Zusatz von >2 Mol $NaOCH_3$ je Mol $NiCl_2$ zu einer methanol. Lsg. bildet sich eine Trübung, bei Überschuß von $NaOCH_3$ ein weißlich-grüner Nd. eines bas. Ni-Methylats. Die Bldg. der bas. Verb. wird durch einen Knick in der Leitfähigkeitskurve angezeigt, W. L. GERMAN, T. W. BRANDON (*J. Chem. Soc.* **1942** 526/8).

Eine wasserfreie methanol. $NiCl_2$-Lsg. reagiert mit $S_4N_4$ bei 8std. Erhitzen unter Rückfluß in $N_2$-Atm. unter Bldg. von $NiS_4N_4H_2$, $NiS_5N_3H$ und $NiS_6N_2$, T. S. PIPER (*J. Am. Chem. Soc.* **80** [1958] 30/2), T. S. PIPER (*Chem. Ind.* [*London*] **1957** 1101/2). Aus einer gesätt. methanol. Lsg. kristallisiert bei Zusatz des doppelten Vol. Dioxan $C_4H_8O_2$ gelborange gefärbtes $NiCl_2 \cdot 2(C_4H_8O_2)$, H. RHEINBOLDT, A. LUYKEN, H. SCHMITTMANN (*J. Prakt. Chem.* [2] **149** [1937] 30/54, 52). Über die Rk. von $NiCl_2$ mit chelatbildenden Verbb. (Dimethylglyoxim, 8-Chinolinol, 1-Nitroso-2-naphthol, Dithizon) in methanol. Lsg. s. B. D. BRUMMET, R. M. HOLLWEG (*Anal. Chem.* **28** [1956] 448/50).

*Ethanol. Solubility. Heat of Solution*

**Äthanol. Löslichkeit** s. S. 552. **Lösungswärme** L von 1 Mol $NiCl_2 \cdot 6H_2O$ in 1000 ml wss. Äthanol, berechnet aus der spezif. Wärme der Lsgg.:

| Gew.-% Äthanol | 0 | 20 | 30 | 40 | 60 | 70 | 80 | 90 | 93.8 |
|---|---|---|---|---|---|---|---|---|---|
| L in kcal | −1.45 | −2.68 | −2.66 | −2.22 | −1.10 | −0.55 | −0.14 | −0.41 | −0.61 |

M. BOBTELSKY, R. D. LARISCH (*J. Chem. Soc.* **1950** 3612/5).

*Density. Viscosity*

**Dichte. Viscosität.** Dichte D in $g/cm^3$ von äthanol. $NiCl_2$-Lsgg., bei $25 \pm 0.05$°C pyknometrisch bestimmt, relative Viscosität $\eta$, bezogen auf $\eta_{H_2O} = 0.00894$, $NiCl_2$-Konz. c in Gew.-%:

| c | 0.000 | 0.192 | 0.382 | 0.757 | 1.492 |
|---|---|---|---|---|---|
| $D^{25}_4$ | 0.78533 | 0.78849 | 0.79145 | 0.79811 | 0.81012 |
| $\eta$ | 0.0110 | 0.0112 | 0.0114 | 0.0120 | 0.0134 |

F. E. DOLIAN, H. T. BRISCOE (*J. Phys. Chem.* **41** [1937] 1129/38, 1131), dort auch Diskussion der Ergebnisse auf Grund verschiedener Theorien.

*Refractive Index*

**Brechungszahl** n bei 25°C für die D-Linie des Na ($\lambda = 589.3$ m$\mu$) und daraus abgeleitete spezif. Refraktion R (LORENTZ-LORENZ) für Lsgg. in absol. Äthanol:

| c | 0.000 | 0.192 | 0.382 | 0.757 | 1.492 |
|---|---|---|---|---|---|
| n | 1.359820 | 1.360710 | 1.361427 | 1.362860 | 1.365841 |
| R | — | 0.0183 | 0.0000 | −0.0385 | −0.0226 |

Die extrem niedrigen R-Werte sind vermutlich auf die Bldg. einer Verb. zwischen $NiCl_2$ und Äthanol zurückzuführen, F. E. DOLIAN, H. T. BRISCOE (*Proc. Indian Acad. Sci.* **45** [1936] 110/5, 113).

*Color, Optical Absorption*

**Farbe, Lichtabsorption.** Äthanol. $NiCl_2$-Lsgg. sind grün; mit zunehmender $NiCl_2$-Konz. wird die Färbung intensiver, R. TUPPUTI (*Ann. Chim.* [*Paris*] 78 [1811] 133/76, 156), D. C. CHAKRABARTTI (*Sci. Cult.* [*Calcutta*] **1** [1935/36] 158). — In äthanol. Lsgg. ist die Absorption stärker als in wss. Lsgg., R. A. HOUSTOUN (*Physik. Z.* **14** [1913] 424/9). Das im sichtbaren Gebiet untersuchte Absorptionsspektrum einer äthanol. $NiCl_2$-Lsg. ist gegenüber der wss. Lsg. nach längeren Wellen verschoben, vgl. **Fig. 218**, (Kurve I: wss. Lsg., 0.011 g/ml; II: äthanol. Lsg., 0.009 g/ml; III: Lsg. in konz. HCl, 0.0088

g/ml), bei gewöhnl. Temp. liegt das Absorptionsmax. der Lsg. von $NiCl_2$ in Äthanol bei 420 m$\mu$. Ein Vergleich mit dem Absorptionsmax. von wasserfreiem $NiCl_2$ und $NiCl_2 \cdot 6H_2O$ läßt den Schluß zu, daß $NiCl_2$ in äthanol. Lsg. als undissoziierte Molekel vorliegt, S. DATTA, M. DEB (*Phil. Mag.* [7] **20** [1935] 1121/36, 1124, 1132), S. DATTA (*Sci. Cult.* [*Calcutta*] **1** [1935/36] 113/4), s. auch D. C. CHAKRABARTTI (*l. c.*). Die kurzwellige Absorptionsgrenze liegt im Vergleich zur wss. Lsg. ebenfalls bei längeren Wellen, S. DATTA (*Sci. Cult.* [*Calcutta*] **2** [1936/37] 58). Bei 20°C existieren außer einer breiten Bande bei ~400 m$\mu$ schmale Banden bei ~592, 613, 621 und 662 m$\mu$. Bei −70° rückt die bei 400 m$\mu$ liegende Bande nach 391 m$\mu$; von den vier schmalen Banden erscheint nur noch die 662 m$\mu$-Bande, Y. SHIBATA, K. HARAI (*J. Chem. Soc. Japan* **56** [1935] 1/18, 10 [japan.]).

*Magnetic Properties*

**Magnetische Eigenschaften.** Eine Lsg. mit der Susz. 0 wird durch Lösen von 17.44 g $NiCl_2$ in 1 l Äthanol erhalten, A. QUARTAROLI (*Gazz. Chim. Ital.* **46** [1916] 371/403, 374). — Die Best. der CURIE-Temp. einer 22.5%igen äthanol. $NiCl_2$-Lsg. mit geringem $H_2O$-Gehalt ergibt im Temp.-Bereich von −182 bis +95°C den Wert $\Theta_p = 29$°K, S. DATTA (*Phil. Mag.* [7] **17** [1934] 1160/8, 1162). Betrachtungen über die Abhängigkeit der magnet. Eigg. von der Art des Lsgm. und der Temp. sowie über den Zusammenhang zwischen magnet. und opt. Eigg. s. bei S. DATTA (*l. c.*; *Phil. Mag.* [7] **17** [1934] 585/602).

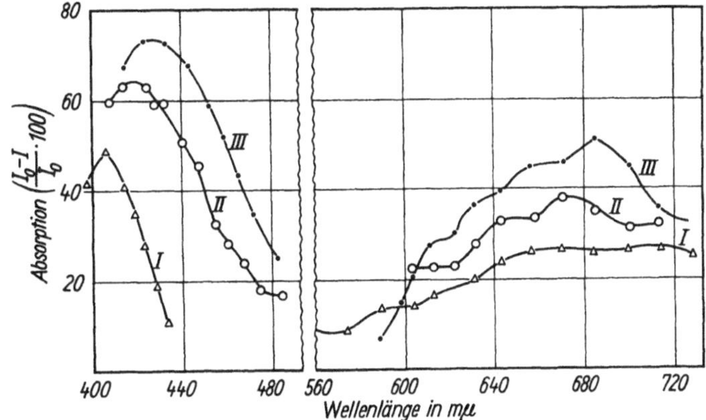


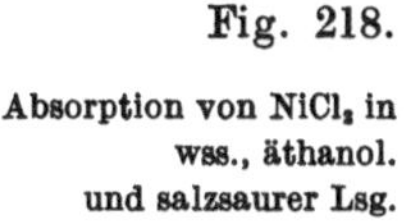

Fig. 218.

Absorption von $NiCl_2$ in wss., äthanol. und salzsaurer Lsg.

*Molar Conductance*

**Molare Leitfähigkeit** $\Lambda$ in $cm^2 \cdot \Omega^{-1} \cdot mol^{-1}$ von äthanol. $NiCl_2$-Lsgg. bei 0 bis 45°C, molare Verd. V in l/mol bei 15°C:

| V . . . | 10.164 | 20.32 | 40.66 | 81.32 | 162.82 | 325.6 | 651.2 | 1302.6 |
|---|---|---|---|---|---|---|---|---|
| $\Lambda_0$ . . . | 2.659 | 3.400 | 4.271 | 5.371 | 6.165 | 7.389 | 8.561 | 9.819 |
| $\Lambda_{15}$ . . | 3.277 | 4.184 | 5.277 | 6.642 | 7.792 | 9.372 | 10.87 | 12.41 |
| $\Lambda_{30}$ . . | 3.865 | 4.930 | 6.246 | 7.962 | 9.530 | 11.49 | 13.44 | 15.40 |
| $\Lambda_{45}$ . . | 4.368 | 5.553 | 7.055 | 9.131 | 10.98 | 13.46 | 16.13 | 18.72 |

E. RIMBACH, K. WEITZEL (*Z. Physik. Chem.* **79** [1912] 279/302, 290).

*Electrolysis*

**Elektrolyse.** Bei der Elektrolyse einer wss.-äthanol. Lsg. von 80 g $NiCl_2$ je l entwickelt sich bei niedrigem Alkoholgehalt an der Anode eine geringe Menge Chlor, der Rest reagiert mit dem Lsgm. unter Bldg. von HCl und Aldehyd. Bei höheren Äthanolkonzz. (>150 g/l) entsteht neben Aldehyd lediglich HCl. An der Kathode scheidet sich im Gegensatz zum Verhalten von $CoCl_2$ unter $H_2$-Entw. ein hydratisiertes Nickeloxid ab. Diese Verb. wird durch die Salzsäure gelöst, worauf sich an der freien Elektrode Ni abscheidet. Die Ni-Ausbeute nimmt mit der Zeit, der Stromdichte und steigender Alkoholkonz. ab. Bei der Äthanol-Konz. 450 g/l wird kein Nd. mehr erhalten, C. CHARMETANT (*Compt. Rend.* **201** [1935] 43/45). Kommt die Lsg. während der Elektrolyse nicht in direkte Berührung mit den Pt-Elektroden, so wird an der Kathode unter $H_2$-Entw. ein gelatineartiges Alkoholat der Zus. $Ni(C_2H_5O)_2$ abgeschieden, während sich an der Anode HCl und Acetaldehyd bilden, C. CHARMETANT, R. PÂRIS (*Compt. Rend.* **220** [1945] 314/6; *Bull. Soc. Chim. France* **1946** 203).

*Chemical Reactions*

**Chemisches Verhalten.** Äthanol. $NiCl_2$-Lsgg. brennen mit blaßblauer Flamme. Gegen Ende der Verbrennung ist beim Rühren der Lsg. starke Szintillation zu beobachten, die auf eine Umsetzung zwischen dem gebildeten HCl und Äthanol zurückgeführt wird und durch $NH_3$-Zusatz verhindert werden kann, R. TUPPUTI (*Ann. Chim.* [*Paris*] **78** [1811] 133/76, 156). Beim Versetzen einer konz. alkohol. $NiCl_2$-Lsg. mit alkohol. $H_2SO_4$ bildet sich unter HCl-Entw. $NiSO_4$, A. HANTZSCH, H. CARLSON (*Z. Anorg. Allgem. Chem.* **160** [1927] 5/26, 11). Bei Zusatz von $NaOC_2H_5$ zu einer äthanol. $NiCl_2$-Lsg. fällt ein

hellgrünes, flockiges bas. Ni-Alkoholat von unbestimmter Zus. aus, W. L. GERMAN, T. W. BRANDON (*J. Chem. Soc.* **1942** 526/8).

Äthanol. Lsgg. von $H_2O$-freiem $NiCl_2$ und Hexamethylentetramin $C_6H_{12}N_4$ reagieren unter Bldg. von gelbgrünen $NiCl_2 \cdot C_6H_{12}N_4$-Kristallen, G. SCAGLIARINI, G. TARTARINI (*Atti Accad. Naz. Lincei Rend. Classe Sci. Fis. Math. Nat.* [6] **4** [1926] 387/9). Aus Lsgg. von $NiCl_2$ und o-Phenylendiamin in absol. Alkohol (Molverhältnis 1:2 und 1:4) scheiden sich Kristalle der Zus. $NiCl_2 \cdot 2C_6H_4(NH_2)_2$ bzw. $NiCl_2 \cdot 4C_6H_4(NH_2)_2$ aus, W. HIEBER, C. SCHLIESZMANN, K. RIES (*Z. Anorg. Allgem. Chem.* **180** [1929] 89/104, 99). Beim Mischen einer Lsg. von $NiCl_2 \cdot 6H_2O$ in 96%igem Äthanol mit Bromwasser und einer alkal. Lsg. von Dimethylglyoxim $C_4H_8N_2O_2$ (D) im Verhältnis Ni:D = 1:1 und 1:2 bildet sich das bas. Salz $C_4H_7N_2O_3 \cdot Ni(OH) \cdot H_2O$. Ist das Verhältnis Ni:D = 1:3, so entsteht eine Verb., die Ni, N und $H_2O$ im Verhältnis 1:3.47:0.93 enthält, M. KURAŠ, E. RUŽIČKA (*Chem. Listy* **45** [1951] 100/2). Mit Tetramethylammoniumchlorid in absol. Alkohol entsteht $[(CH_3)_4N]_2[NiCl_4]$, C. FURLANI, G. MORPURGO (*Z. Phys. Chem. [Frankfurt]* [2] **28** [1961] 93/111, 106), mit Tetraäthylammoniumchlorid $[(C_2H_5)_4N]_2[NiCl_4]$, N. S. GILL, R. S. NYHOLM (*J. Chem. Soc.* **1959** 3997/4007, 4006), mit Trimethylbenzylammoniumchlorid und Tetraphenylarsoniumchlorid bilden sich $[(CH_3)_3C_6H_5CH_2N]_2[NiCl_4]$ bzw. $[(C_6H_5)_4As]_2[NiCl_4]$, C. FURLANI, G. MORPURGO (*l. c.*). Aus wss.-alkohol. Lsg. von überschüssigem $NiCl_2$ und N.N'-Äthylenthioharnstoff $C_3H_6N_2S$ kristallisiert im Vak. bei gewöhnl. Temp. $Ni[SC(NHCH_2)_2]_4Cl_2$, M. NARDELLI, I. CHIERICI, A. BRAIBANTI (*Gazz. Chim. Ital.* **88** [1958] 37/42, 39). Mit Lsgg. von substituierten Phenyldialkylphosphinen in Äthanol entstehen Komplexverbb., die auf 1 mol $NiCl_2$ je 2 mol der organ. Liganden enthalten, R. C. CASS, G. E. COATES, R. G. HAYTER (*J. Chem. Soc.* **1955** 4007/16, 4013). Mit Triphenylmethylarsoniumchlorid bildet sich in äthanol. Lsg. $[(C_6H_5)_3CH_3As]_2[NiCl_4]$, N. S. GILL, R. S. NYHOLM (*l. c.*). Bei Zusatz einer gesätt. alkohol. $NiCl_2$-Lsg. zu einer gesätt. alkohol. Lsg. von Nicotinsäureamid $C_6H_6N_2O$ wird ein hellgrüner Nd. von $NiCl_2 \cdot 2C_6H_6N_2O$ erhalten, M. A. AZIZOV, K. M. GERSHTEIN (*Dokl. Akad. Nauk Uzb. SSR* **1954** Nr. 1, S. 33/5 nach *C. A.* **1956** 6239). Eine Lsg. von $NiCl_2$ in absol. Alkohol reagiert mit Zn-haltigem Insulin unter Bldg. von $NiCl_2$ (Insulin·0.5 Zn·1.5 Ni), K. MARCKER (*Acta Chem. Scand.* **13** [1959] 2036/8).

*Other Alcohols*

**Weitere Alkohole.** Löslichkeit in Butanol, Amylalkohol, Hexylalkohol und Glykol s. S. 552. Mit 2-Octanol kann $NiCl_2$ aus wss. Lsg. nicht extrahiert werden, L. GARWIN, A. N. HIXSON (*Ind. Eng. Chem.* **41** [1949] 2298/2303). Trennung von Ni-, Co- und Fe-Chloriden mit Isoamylalkohol s. F. S. KULIKOV (*Chistye Metal. i Poluprovodh. Tr. 1-oi [Pervoi] Mezhvuz. Konf., Moscow* 1957, S. 283/95, *C.A.* **1961** 7770). Die geringen Unterschiede in den Verteilungskoeff. von $NiCl_2$ und $CoCl_2$ zwischen $H_2O$ und 2-Octanol bei 30°C sind auf Wechselwrkgg. zwischen $NiCl_2$ und $CoCl_2$ zurückzuführen, T. E. MOORE, J. R. LARAN, P. C. YATES (*J. Phys. Chem.* **59** [1955] 90/1). Bestt. des Verteilungskoeff. von $NiCl_2$ zwischen 4.69 n-HCl und 2-Octanol s. T. E. MOORE, R. W. GOODRICH, E. A. GOOTMAN, B. S. SLEZAK, P. C. YATES (*J. Phys. Chem.* **60** [1956] 564/7). Zusätze von HCl oder LiCl zu Lsgg. von $NiCl_2$ in 2-Octanol bewirken Blaufärbung. Im Absorptionsspektrum erscheinen zwei symmetr. Banden bei 650 und 720 mμ, die mit zunehmender LiCl-Konz. intensiver werden. Die Einfachheit des Spektrums läßt die Bldg. von nur einem Chlorkomplex vermuten. Aus der raschen Abnahme des Extinktionskoeff. bei relativ kleinen Änderungen der $NiCl_2$-Konz. wird auf Bldg. von polymerisiertem Nickelchlorid geschlossen, W. D. BEAVER, L. E. TREVORROW, W. E. ESTILL, P. C. YATES, T. E. MOORE (*J. Am. Chem. Soc.* **75** [1953] 4556/60). Über die Trennung von $CoCl_2$ und $NiCl_2$ durch Verteilung zwischen Caprylalkohol und $H_2O$ bei Zusatz verschiedener Elektrolyte s. L. GARWIN, A. N. HIXSON (*Ind. Eng. Chem.* **41** [1949] 2303/10); vgl. auch „*Kobalt*" *Tl.* A *Erg.-Bd.*, S. 573. Verteilung von $CoCl_2$ und $NiCl_2$ zwischen Caprylalkohol und $H_2O$ in Ggw. von HCl s. R. L. KYLANDER, L. GARWIN (*Chem. Eng. Progr.* **47** [1951] 186/90). Verteilung von $NiCl_2$ zwischen Butanol, Isoamylalkohol, Isooctanol (2-Äthylhexanol), höheren Alkoholfraktionen von $C_{11}$ bis $C_{19}$ und Salzsäure, wss. und salzsaurer $CaCl_2$-Lsg. s. L. M. GINDIN, I. F. KOPP, A. M. ROZEN, P. I. BOBIKOV, E. F. KOUBA, N. A. TER-OGANESOV (*Zh. Neorgan. Khim.* **5** [1960] 149/59, 150; *Russ. J. Inorg. Chem.* **5** [1960] 71/75, 72). Das im Absorptionsspektrum einer Lsg. von $NiCl_2$ in tertiärem Butanol bei 217 mμ beob. Max. wird dem $Cl^-$-Ion zugeschrieben, L. I. KATZIN (*J. Chem. Phys.* **23** [1955] 2055/60). — Eine als Lichtfilter für UV geeignete Lsg. von 0.2 g $NiCl_2$ in 1 $cm^3$ Glycerin besitzt zwei Absorptionsgebiete bei 256 bis 350 und 360 bis 480 mμ, A. N. SEVCHENKO (*Optiko-Mechan. Prom.* **11** Nr. 3 [1941] 6/9).

*Ethyl Carbamate*

**Urethan** $C_3H_7NO_2$. Löslichkeit s. S. 552. Bestt. der Gefrierpunktserniedrigung von Urethan bei Zusatz von $NiCl_2 \cdot 6H_2O$ ergeben, daß in der Lsg. ein Teil des Kristallwassers an $NiCl_2$ gebunden bleibt, G. BRUNI, A. MANUELLI (*Z. Elektrochem.* **10** [1904] 601/4).

**Diäthyläther** $C_4H_{10}O$. Löslichkeit s. S. 552. Über die Hydrolyse von $SiCl_4$ durch äther. $NiCl_2 \cdot 6H_2O$-Lsgg. s. J. GOUBEAU, R. WARNCKE (*Z. Anorg. Allgem. Chem.* **259** [1949] 109/20, 116, 119). Red. von wasserfreiem $NiCl_2$ in äther. Suspension durch äther. $LiC_6H_5$-Lsg. s. B. SARRY, W. HANKE (*Z. Anorg. Allgem. Chem.* **296** [1958] 229/40). *Diethyl Ether*

**Isoamylacetat.** Verteilung von $NiCl_2$ zwischen Isoamylacetat und Salzsäure, wss. und salzsaurer $CaCl_2$-Lsg. s. L. M. GINDIN u. a. (*l. c.*). *Isoamyl Acetate*

**Methylglykol** $C_3H_8O_2$ (Handelsname: Methylcellosolve). Der Ni-Austausch zwischen einer $^{63}NiCl_2$-Lsg. in Methylcellosolve und ~0.01 m Lsgg. von 4-koordinierten Ni-Komplexen in Pyridin oder Methylcellosolve erfolgt bei gewöhnl. Temp. zu 97 bis 100% bei Komplexen, die im festen Zustand paramagnetisch sind, zu 0 bis 100% bei in festem Zustand diamagnet. Komplexen, N. F. HALL, B. R. WILLEFORD (*J. Am. Chem. Soc.* **73** [1951] 5419/23). *Methyl Cellosolve*

**Dioxan** $C_4H_8O_2$. Die Löslichkeit von $NiCl_2$ in $H_2O$ wird mit steigendem Dioxangehalt vermindert. In reinem Dioxan ist $NiCl_2$ unlöslich (vgl. S. 552). Feuchtigkeitsspuren bewirken geringe Löslichkeit. Bei hohen Dioxankonzz. tritt eine Mischungslücke auf. Die dabei gebildete Dioxanschicht enthält wenig $H_2O$ und sehr wenig $NiCl_2$. Bei sehr niedrigen Dioxankonzz. besteht der Bodenkörper aus $NiCl_2 \cdot 6H_2O$, bei sehr hohem Dioxangehalt aus Monodioxanat. Bei den übrigen Konzz. liegt vorwiegend $NiCl_2 \cdot 2H_2O \cdot C_4H_8O_2$ als Bodenkörper vor, H. SCHOTT (*Thesis Univ. of Delaware* 1958, S. 1/206 nach *Diss. Abstr.* **19** [1958] 969/70). Wird $NiCl_2$ einige Tage bei gewöhnl. Temp. mit wasserfreiem Dioxan behandelt, so scheidet sich aus der dekantierten Fl. über konz. $H_2SO_4$ eine blaßgelbe kristalline Verb. der Zus. $NiCl_2 \cdot C_4H_8O_2$ aus, R. JUHASZ, L. F. YNTEMA (*J. Am. Chem. Soc.* **62** [1940] 3522). *Dioxane*

Über die Bldg. von Chelaten aus $NiCl_2$ und β-Diketonen in wss. Dioxanlsg. (75 Vol.-% Dioxan) s. L. G. VAN UITERT, W. C. FERNELIUS (*J. Am. Chem. Soc.* **75** [1953] 3862/4), L. G. VAN UITERT, W. C. FERNELIUS, B. E. DOUGLAS (*J. Am. Chem. Soc.* **75** [1953] 457/60).

**Aldehyde.** Löslichkeit von $NiCl_2$ in Benzaldehyd und Furfurol s. S. 552. — $NiCl_2$-Lsgg. in Salicylaldehyd und Furfurol leiten nicht den elektr. Strom, A. T. LINCOLN (*J. Phys. Chem.* **3** [1899] 457/94, 460). *Aldehydes*

**Ketone.** Löslichkeit in verschiedenen Ketonen, s. S. 552. Die Lichtabsorption einer Lsg. von $NiCl_2$ in Aceton ist stärker als die einer wss. Lsg., R. A. HOUSTOUN (*Physik. Z.* **14** [1913] 424/9). Elektr. Leitfähigkeit einer stark verd. Lsg. s. bei E. RIMBACH, K. WEITZEL (*Z. Physik. Chem.* **79** [1912] 279/302, 291). *Ketones*

Verteilung von $NiCl_2$ zwischen Methylisobutylketon und 7n-HCl: ~1% Ni in der organ. Phase, ~99% in der salzsauren Lösung. Aus der organ. Phase kann $NiCl_2$ durch wss. HCl vollständig extrahiert werden. Wird HCl durch eine 7n-LiCl-Lsg. ersetzt, so bleibt $NiCl_2$ zu 100% in der wss. Phase, H. SPECKER (*Arch. Eisenhüttenwesen* **29** [1958] 467/70), W. DOLL, H. SPECKER (*Z. Anal. Chem.* **161** [1958] 354/62, 357). Verteilung von $NiCl_2$ zwischen Methyläthylketon, Dicyclohexanon und wss. und salzsaurer $CaCl_2$-Lsg. s. L. M. GINDIN, I. F. KOPP, A. M. ROZEN, P. I. BOBIKOV, E. F. KOUBA, N. A. TER-ORGANESOV (*Zh. Neorgan. Khim.* **5** [1960] 149/159, 150; *Russ. J. Inorg. Chem.* **5** [1960] 71/75, 72).

**Formamid** $CH_3NO$. Beim Lösen von $NiCl_2$ in Formamid bildet sich ein weißgrüner, fein verteilter Bodenkörper der Zus. $Ni(CH_2NO)_2 \cdot 2CH_3NO$, H. RÖHLER (*Z. Elektrochem.* **16** [1910] 419/36, 433). *Formamide*

**Acetamid** $C_2H_5NO$. Löslichkeit s. S. 552. — Nach Bestt. der Gefrierpunktserniedrigung liegt in Lsgg. von $NiCl_2 \cdot 6H_2O$ in Acetamid die wasserfreie $NiCl_2$-Molekel vor, G. BRUNI, A. MANUELLI (*Z. Elektrochem.* **10** [1904] 601/4). *Acetamide*

**Dimethylformamid** $C_3H_7NO$. Die Lsg. von $NiCl_2 \cdot 6H_2O$ in Dimethylformamid ist grün. Im Absorptionsspektrum einer 0.53 m-Lsg. werden bei 25°C Max. bei 420 und 620 mμ beobachtet. Die durch Zusatz von $LiCH_3COO$, LiCl, $NaNO_3$ und $KClO_4$ bewirkte Verschiebung der Max. nimmt in der Reihenfolge $Cl^-$, $CH_3COO^-$, $NO_3^-$, $ClO_4^-$ ab, R. T. PFLAUM, A. I. POPOV (*Anal. Chim. Acta* **13** [1955] 165/71, 166, 169). *Dimethylformamide*

**Harnstoff** $CH_4N_2O$. Im Absorptionsspektrum einer 0.05 m-Lsg. von $NiCl_2$ in geschmolzenem Harnstoff werden bei 135 bis 145°C Absorptionsbanden bei 391, 662 und 757 mμ beobachtet, Y. SHIBATA, T. NAKAI (*J. Chem. Soc. Japan* **57** [1936] 166/72, 170). *Urea*

*Hydroquinone*

**Hydrochinon** $C_6H_6O_2$. Lsgg. von $NiCl_2$ in methanol. oder hexanol. Hydrochinonlsgg. sind als Lichtfilter für UV geeignet, A. N. SEVCHENKO (*Optiko-Mechan. Prom.* **11** Nr. 3 [1941] 6/9).

*Benzonitrile*

**Benzonitril** $C_7H_5N$. Die Lsg. von $NiCl_2$ in Benzonitril ist grünlich, A. NAUMANN (*Ber.* **47** [1914] 1369/76, 1369).

*Dichlorobenzene*

**Dichlorbenzol** $C_6H_4Cl_2$. In o-Dichlorbenzol gelöstes $NiCl_2$ reagiert mit Tetrazaporphin beim Erhitzen unter Rückfluß unter Bldg. von Ni-Tetrazaporphin, R. P. LINSTEAD, M. WHALLEY (*J. Chem. Soc.* **1952** 4839/46, 4845).

*Pyridine*

**Pyridin** $C_5H_5N$. Löslichkeit s. S. 552. — Das Absorptionsspektrum einer Lsg. von $NiCl_2$ in Pyridin weist Max. bei 405 und 635 m$\mu$ auf. Aus der Verschiebung des langwelligen Max. bei $NH_4SCN$-Zusatz nach 585 m$\mu$ und aus analogen Unterss. an den entsprechenden Cr-, Co-, Fe- und Cu-Salzen wird geschlossen, daß Thiocyanate stabilere Komplexe bilden als Chloride, D. G. SCHWEITZER (*Diss. Syracuse Univ.* 1956, S. 48, 53).

*Quinoline*

**Chinolin** $C_9H_7N$. Löslichkeit s. S. 552. Siedepunktserhöhung s. E. BECKMANN (*Z. Anorg. Allgem. Chem.* **51** [1906] 236/44, 243). Lsgg. von $NiCl_2$ in Chinolin leiten nicht den elektr. Strom, A. T. LINCOLN (*J. Phys. Chem.* **3** [1899] 457/94, 460).

*Tributyl Phosphate*

**Tributylphosphat** $C_{12}H_{27}O_4P$. Die Verteilung von $NiCl_2$ zwischen $H_2O$ und Tributylphosphat ist temperaturabhängig. Bei 50°C enthält die organ. Phase weniger $NiCl_2$ als bei 25°C. Aus der Abhängigkeit der Verteilungskonstt. vom $NiCl_2$-Gehalt in der organ. Phase wird geschlossen, daß das Salz in wss. Lsg. vollständig dissoziiert ist, von Tributylphosphat jedoch als monomeres $NiCl_2$ extrahiert wird, M. CHATELET, C. NICAUD (*Compt. Rend.* **242** [1956] 1891/3). Spektrophotometr. Unterss. der Verteilung von $NiCl_2$ zwischen 3.10 m- bis 9.60 m-HCl und Tri-n-butylphosphat bei 21°C s. bei H. IRVING, D. N. EDDINGTON (*J. Inorg. & Nucl. Chem.* **10** [1959] 306/18, 307, 311, 313).

*Chloronickel and Chloroniccolate Complex Ions*

## Chloronickel- und Chloroniccolat-Komplex-Ionen

Komplexbldg.-Konstt. für $[NiCl_n]^{2-n}$ (n = 1, 2, 3, 4, 6) bei 25°C und Ionenstärke 2: $K_1 = 0.56$, $K_2 = 0.90$, P. KIVALO, R. LUOTO (*Suomen Kemistilehti* B **30** [1957] 163/7, *C.A.* **1958** 3480). $K_1 = 0.508$, 0.569 und 0.620 bei 12, 25 und 40°C, M. W. LISTER, P. ROSENBLUM (*Can. J. Chem.* **38** [1960] 1827/36, 1834). $K_1 = 26$, $K_2 = 10$ in $LiNO_3$-$KNO_3$-Schmelze bei 180°C, J. H. CHRISTIE, R. A. OSTERYOUNG (*J. Am. Chem. Soc.* **82** [1960] 1841/4). Dissoz.-Konst. $k_1 = 4.6 \pm 0.1$ bei Ionenstärke $\sim$1.5, B. TRÉMILLON (*Bull. Soc. Chim. France* **1958** 1483/7; *Ann. Chim. [Paris]* [13] **4** [1959] 1055/1113, 1087). $k_3 \sim 3$ bei $Cl^-$-Überschuß, E. KISELEVA, S. M. KHODEEVA (*Tr. Mosk. Khim.-Tekhnol. Inst.* **1956** 89/96 nach *C.A.* **1957** 16183).

*[NiCl]+*

**$[NiCl]^+$**. Bildet sich bei Elektronenbeschuß von $NiCl_2$-Dampf bei 767°K durch Dissoz. und Ionisierung, R. C. SCHOONEMAKER, A. H. FRIEDMAN, R. F. PORTER (*J. Chem. Phys.* **31** [1959] 1586/9). Nach EK-Messungen der Kette Ag, AgCl | NaCl + $Ni(ClO_4)_2$ + $NaClO_4$ | NaCl + $NaClO_4$ | AgCl, Ag ist die Bldg. von $[NiCl]^+$ bei sehr geringer $Cl^-$- und hoher $Ni^{2+}$-Konz. als wahrscheinlich anzunehmen, M. W. LISTER, P. ROSENBLUM (*l. c.*). Aus der Änderung der opt. Dichte einer 0.033 m-$NiCl_2$-Lsg. bei Zusatz von LiCl wird auf $[NiCl]^+$-Bldg. geschlossen, R. H. HERBER, J. W. IRVINE (*J. Am. Chem. Soc.* **78** [1956] 905/7). — Bldg.-Wärme 1.25 kcal, berechnet aus den Komplexbldg.-Konstt. bei 12, 25 und 40° C bei Bldg. gemäß $Ni^{2+} + Cl^- \rightleftharpoons [NiCl]^+$, M. W. LISTER, P. ROSENBLUM (*l. c.*).

*[NiCl3]−*

**$[NiCl_3]^-$**. Wird nach Löslichkeitsunterss. im System $NiCl_2$–LiCl–Octanol bei hohen LiCl-Konzz. gebildet, P. C. YATES, T. E. MOORE (AECU-1669 [1951] 18, *N.S.A.* **5** [1951] Nr. 7043). Das Absorptionsspektrum von octanol. $NiCl_2$-Lsgg. läßt bei hohen HCl- oder LiCl-Konzz. auf $[NiCl_3]^-$-Bldg. schließen, W. D. BEAVER, L. E. TREVORROV, W. B. ESTILL, P. C. YATES, T. E. MOORE (*J. Am. Chem. Soc.* **75** [1953] 4556/60).

*[NiCl4]2−*

**$[NiCl_4]^{2-}$**. Bildet sich in $NO_3^-$- und $Cl^-$-haltiger wss. 3.6 m-$NiCl_2$-Lsg., E. V. KISELEVA, S. M. KHODEEVA (*l. c.*), in alkohol. $NiCl_2$-Lsgg. bei LiCl-Zusatz, C. FURLANI, G. MORPURGO (*Z. Physik. Chem.* [*Frankfurt*] [2] **28** [1961] 93/111, 103). Wird aus äthanol. Lsg. an einem Anionenaustauscher (Dowex-2) absorbiert, T. NORTIA (*Suomen Kemistilehti* B **34** [1961] 172/4, *C.A.* **56** [1962] 15040). Bildet sich in $NiCl_2$-$KNO_3$-$LiNO_3$-Schmelzen bei Zusatz von KCl, D. M. GRUEN (*J. Inorg. Nucl. Chem.* **4** [1957] 74/6), in $NiCl_2$-Alkalichlorid-Schmelzen, G. HARRINGTON, B. R. SUNDHEIM (*Ann. N.Y. Acad. Sci.* **79** [1960] 950/70, 967), B. R. SUNDHEIM, G. HARRINGTON (*J. Chem. Phys.* **31** [1959] 700/1). — Die Bldg.-

Wärme, 2.500 bis 2.600 kcal/mol, ist der $Cl^-$-Konz. direkt proportional, E. V. KISELEVA, S. M. KHODEEVA (*l. c.*). — Isomorph mit $[MnCl_4]^{2-}$, $[CoCl_4]^{2-}$ und $[ZnCl_4]^{2-}$. Nach röntgenograph. Unterss. von $[(C_6H_5)_3CH_3As]_2[NiCl_4]$ liegen die Ni-Atome auf einer dreizähligen Symmetrieachse. Das Ion bildet ein nahezu regelmäßiges Tetraeder. Der kovalente Anteil an der Ni–Cl-Bindung ist beträchtlich, R. S. NYHOLM (*Croat. Chem. Acta* **33** [1961] 157/68, *C.A.* **57** [1962] 1838). Nach C. FURLANI, G. MORPURGO (*l. c.* S. 93) ist die tetraedr. Struktur verzerrt. — Die $[NiCl_4]^{2-}$-Ionen sind blau, C. FURLANI, G. MORPURGO (*l. c.* S. 103). Das Absorptionsspektrum ist den Spektren anderer tetraedr. Komplexe ähnlich und weist Max. bei 700 und 600 mμ auf, R. S. NYHOLM (*l. c.*). Die Unters. einer 0.0005m-Lsg. von $[(C_6H_5)_3CH_3As]_2[NiCl_4]$ in Nitromethan ergibt ein dem $[NiCl_4]^{2-}$ entsprechendes Max. bei 610 mμ, N. S. GILL, R. S. NYHOLM (*J. Chem. Soc.* **1959** 3997/4007, 3998). Im Spektrum zwischen nahem UV und nahem UR der Tetraalkylammonium- und Tetraphenylarsoniumsalze von $[NiCl_4]^{2-}$ in Nitromethan treten bei gewöhnl. Temp. 2 intensive Banden mit Max. bei 7380 und 14240 $cm^{-1}$, weitere Banden bei 11620, 15250 und 20000 $cm^{-1}$ auf, C. FURLANI, G. MORPURGO (*l. c.* S. 97); hier auch Unterss. von Lsgg. in Acetonitril und Dimethylformamid. In geschmolzenem CsCl ist auch der $^3T_1$–$^3T_2$-Übergang bei ~4000 $cm^{-1}$ zu beobachten, der ein eindeutiger Beweis für die tetraedr. Symmetrie von $[NiCl_4]^{2-}$ ist, C. R. BOSTON, G. P. SMITH (*J. Am. Chem. Soc.* **85** [1963] 1006/7).

Durch $H_2O$ wird $[NiCl_4]^{2-}$ zerstört, C. FURLANI, G. MORPURGO (*l. c.* S. 103). In Ggw. von $Cd^{2+}$ erfolgt Zers. unter Bldg. von $[CdCl_4]^{2-}$, E. V. KISELEVA, S. M. KHODEEVA (*Tr. Mosk. Khim.-Tekhnol. Inst.* **1956** 89/96 nach *C.A.* **1957** 16183).

*$[NiCl_6]^{4-}$*

***$[NiCl_6]^{4-}$.*** Bei gewöhnl. Temp. werden im Absorptionsspektrum von $[NiCl_6]^{4-}$ (Konzz. zwischen 0.05 und 0.001 mol/l, $Cl^-$-Überschuß) Banden bei 1450, 1120, 780 und 425 mμ beobachtet, aus denen auf die Symmetrie $D_{4h}$ geschlossen wird. Bei 210 mμ tritt eine weitere Bande auf, die dem Elektronenübergang $Ni^{2+}(Cl^-)_6 + h\nu \rightarrow Ni^+(Cl^-)_5Cl$ entspricht, Á. KISS, J. CSÁSZÁR, E. HORVÁTH (*Acta Chim. Acad. Sci. Hung.* **15** [1958] 151/61, 153, 158).

*Other Complex Ions*

***Weitere komplexe Ionen.***

*$[NiCl_2]^+$*

***$[NiCl_2]^+$.*** Wird durch Elektronenbeschuß bei 767°C durch einfache Ionisierung von $NiCl_2$ gebildet und massenspektrographisch nachgewiesen, R. C. SCHOONMAKER, A. H. FRIEDMAN, R. F. PORTER (*J. Chem. Phys.* **31** [1959] 1586/9).

*$[NiCl_4]^{4-}$(?)*

***$[NiCl_4]^{4-}$ (?).*** Bei der elektrolyt. Red. von $Ni^{2+}$ in 12m-LiCl-Lsg. entsteht ein oxydierbarer Komplex im Ox.-Zustand $<2$, dessen Zus. wahrscheinlich $[NiCl_4]^{4-}$ ist; Lebensdauer $>10^{-2}$ sec, A. A. VLČEK (*Z. Elektroch.* **61** [1957] 1014/9).

*$[NiCl_6]^{2-}$*

***$[NiCl_6]^{2-}$.*** Aus dem Absorptionsspektrum einer verd. Lsg. von $Ni(ClO_4)_2$ in Aceton oder Tributylphosphat wird auf Bldg. des oktaedr. Komplexes $[NiCl_6]^{2-}$ geschlossen, L. I. KATZIN (*Nature* **182** [1958] 1013/4). Anwendung der Ligandenfeldtheorie auf oktaedr. Komplexe s. bei J. OWEN (*J. Proc. Roy. Soc. London* A **227** [1955] 183/200). Berechnung des Ligandenfeldparameters für $[NiCl_6]^{2-}$ s. O. BOSTRUP, K. JØRGENSEN (*Acta Chem. Scand.* **10** [1956] 1501/3).

*$[Ni_2Cl]^{3+}$(?)*

***$[Ni_2Cl]^{3+}$ (?).*** Nach EK-Bestt. der Kette Ag, AgCl | NaCl + $Ni(ClO_4)_2$ + $NaClO_4$ | NaCl + $NaClO_4$ | AgCl, Ag bilden sich bei geringer $Cl^-$- und hoher Ni-Konz. neben $[NiCl]^+$ wahrscheinlich $[Ni_2Cl]^{3+}$-Ionen. Komplexbldg.-Konstt. bei 12, 25 und 40°C: 0.426, 0.407 bzw. 0.409. Die Bldg.-Wärme ist vermutlich sehr klein, M. W. LISTER, P. ROSENBLUM (*Can. J. Chem.* **38** [1960] 1827/36, 1834).

## *Nickel(III)-chlorid $NiCl_3$*

*Nickel(III) Chloride*

Über die Existenz von gasförmigem $NiCl_3$ ist bisher nichts bekannt. Die oberhalb 800° bei Verwendung von $Cl_2$ und HCl als Trägergas der nach der Mitführungsmeth. bestimmten Dampfdrucke über $NiCl_2$ können auf Bldg. von $NiCl_3$ nach $NiCl_{2\,gasf} + {}^1/_2Cl_2 = NiCl_{3\,gasf}$ zurückgeführt werden, H. SCHÄFER, G. BREIL (*Z. Anorg. Allgem. Chem.* **283** [1956] 304/313, 307), G. BREIL (*Diss. Stuttgart T.H.* 1952, S. 63).

*Formation. Preparation*

**Bildung und Darstellung.** Beim Eindampfen einer Lsg. von $Ni_2O_3$ in wss. HCl der Dichte 1.19 bei −15 bis −20°C und Trocknen über $CaCl_2$, $P_2O_5$ sowie NaOH bei etwa −20°C bilden sich grüne $NiCl_3$-Kristalle. Möglichst tiefe Arbeitstemp. ist erforderlich, um eine Zers. des $NiCl_3$ in $NiCl_2$ und $Cl_2$ zu vermeiden. Bei der Elektrolyse einer kalten Lsg. von 0.3 g $NiCl_2$ in 3 bis 4 ml wss. HCl wird der Elektrolyt zunächst blaugrün. Wird die Elektrolyse bei −70°C in Ggw. von überschüssigem $Cl_2$-Gas in der Lsg. fortgesetzt, so wird die Farbe des Elektrolyten heller. Bei weiterem Durchleiten von $Cl_2$ sammelt sich unterhalb der $NiCl_2$-Lsg. fl. $Cl_2$, das in dünnen Schichten rötlich erscheint, in dickeren

aber weißer als reines fl. $Cl_2$ wirkt. Diese Erscheinung wird auf die Bldg. von $NiCl_3$ zurückgeführt, das unter den herrschenden Bedingungen wahrscheinlich beständig ist. Die Darst. von $NiCl_3$ durch Behandlung von $NiCl_2$ mit fl. $Cl_2$ gelingt nicht, C. SCHALL, H. MARKGRAF (*Trans. Am. Electrochem. Soc.* **45** [1924] 161/72, 170). Die bei Dampfdruckmessungen an $NiCl_2$ nach der Mitführungsmeth. unter Verwendung von HCl oder $Cl_2$ als Trägergas auftretenden Differenzen werden der Bldg. von $NiCl_3$ durch Rk. von $NiCl_2$ mit $Cl_2$ bei Temppp. >800°C zugeschrieben, G. BREIL (*Diss. Stuttgart T.H.* 1952, S. 63).

*Enthalpy of Formation*

**Bildungsenthalpie.** Für die Enthalpie der Rk. $NiCl_{2\,gasf} + {}^1/_2Cl_2 = NiCl_{3\,gasf}$ wird $\Delta H \geqq -10$ kcal berechnet, H. SCHÄFER, G. BREIL (*Z. Anorg. Allgem. Chem.* **283** [1956] 304/13, 307).

*Chemical Reactions*

**Chemisches Verhalten.** $NiCl_3$ setzt aus Jodstärkelsg. $J_2$ in Freiheit, C. SCHALL, H. MARKGRAF (*l. c.*).

## *Basische Nickel (II)-chloride*

*Basic Nickel(II) Chlorides*

*Review*

**Übersicht.** Es existieren 5 verschiedene bas. Nickelchloride, die nach ihrem Hydroxidgehalt und den Bldg.-Bedingungen nach der Normenklatur von FEITKNECHT mit Hydroxidchlorid I bis V bezeichnet werden. Sie gehören zu den Festkörper- oder Kristallverbb. und kristallisieren in Einfach- oder Doppelschichtengittern. Wie auch andere bas. Nickelsalze bilden sie hochdisperse Gele, die geringes Kristallisationsvermögen besitzen und äußerst reaktionsträge sind. Diese Verbb. haben keine konst. und stöchiometr. Zus. und sind nur innerhalb bestimmter Konz.-Bereiche beständig, W. FEITKNECHT, A. COLLET (*Helv. Chim. Acta* **22** [1939] 1428/44). Die Bldg.-Rkk. können als Hydrolyse neutraler Salze betrachtet werden. Für die Kennzeichnung der Präparate ist die genaue Angabe der Bldg.-Rk. notwendig, W. FEITKNECHT (*Fortschr. Chem. Forsch.* **2** [1951/53] 670/757, 674).

Zusammenfassende Betrachtungen über die festen Hydroxidsalze zweiwertiger Metalle mit umfassenden Lit.-Angaben s. bei W. FEITKNECHT (*l. c.*). Über topochem. Umsetzungen von bas. Salzen s. W. FEITKNECHT (*Angew. Chem.* **52** [1939] 202/8). Gleichgew.-Beziehungen bei den schwer lösl. bas. Salzen s. W. FEITKNECHT (*Helv. Chim. Acta* **16** [1933] 1302/15). Über laminardisperse Hydroxide und bas. Salze zweiwertiger Metalle, die Sekundärstruktur der Primärteilchen und den Einfluß von Fremdsubstt. auf die Bldg. und Umsetzung von Hydroxiden und bas. Salzen s. W. FEITKNECHT (*Kolloid-Z.* **92** [1940] 247/76, **93** [1940] 66/86). Allgemeine Gesichtspunkte zur Chemie und Morphologie der bas. Salze zweiwertiger Metalle s. W. FEITKNECHT (*Helv. Chim. Acta* **18** [1935] 28/40). Über die Konstit. von bas. Salzen zweiwertiger Metalle s. W. FEITKNECHT (*Angew. Chem.* **49** [1936] 24). Lichtabsorption von Hydroxiden, Halogeniden und Hydroxidhalogeniden s. W. FEITKNECHT, A. LUDI (*Chimia [Aarau]* **15** [1961] 533/4).

*General Method of Preparation*

**Allgemeine Darstellungsweise.** Bei der unvollständigen Fällung von $NiCl_2$-Lsgg. mit Natronlauge bildet sich bei allen Konzz. als einziger Nd. eine mit Hydroxidchlorid Va bezeichnete, stark laminardisperse Form des Hydroxidchlorids V, das sich bei Alterung unter verschiedenen Bedingungen in die Hydroxidchloride I bis V (s. dort) umwandelt, W. FEITKNECHT, A. COLLET (*Helv. Chim. Acta* **22** [1939] 1428/44, 1431, 1433), A. COLLET (*Diss. Bern* 1939, S. 1428/55, 1433). Nach elektrometr. Unterss. von H. T. S. BRITTON (*J. Chem. Soc.* **127** [1925] 2110/20, 2115) beginnt die Fällung aus einer 0.025 m-$NiCl_2$-Lsg. durch Zusatz von wss. 0.0967 n-NaOH bei einem $p_H$-Wert von 6.66. Bei weiterem Laugenzusatz steigt das $p_H$ zunächst langsam, oberhalb 80% der äquiv. Laugenmenge rasch an. Bei 83% der äquiv. Laugenmenge ist die Ausfällung vollständig; der Bodenkörper hat die Zus. $NiCl_2 \cdot {\sim}5\,H_2O$. Nach eigenen Unterss. steigt bei der Fällung einer 0.25 m-Lsg. der $p_H$-Wert von 7.8 bei 30% Laugenzusatz auf 8.1 bei 90% und nimmt oberhalb 90% rasch zu. Die gegenüber den BRITTONschen Angaben höher liegenden Werte sind wahrscheinlich durch Unterschiede in der Arbeitsweise zu erklären. Bis zu 80% Laugenzusatz werden Ndd. der Zus. 6 bis 7 $Ni(OH)_2 \cdot NiCl_2$ erhalten. Oberhalb 80% nimmt der Hydroxidgehalt rasch zu. In konz. Lsgg. werden beträchtliche Mengen des frischgefällten Nd. gelöst, möglicherweise unter Bldg. von Aquosäuren, vgl. H. MEERWEIN (*Liebigs Ann. Chem.* **455** [1927] 227/53). Aus diesen Lsgg. fällt das feste bas. Salz bei gewöhnl. Temp. allmählich, beim Erwärmen rasch aus. Auch aus verd. Lsgg. (beispielweise m-Lsg.) scheidet sich nach Abfiltrieren des ersten Fällungsprod. beim Erwärmen weiterhin das bas. Chlorid Va aus, W. FEITKNECHT, A. COLLET (*l. c.* S. 1431). Das Äquiv.-Verhältnis Hydroxid: Ni in bas. Nickelchloriden, die bei gewöhnl. Temp. durch Zusatz von $NiCl_2$-Lsgg. zu wss. KOH ausgefällt werden, steigt annähernd linear von ~0.9 bei $p_H$ ~8.5 auf ~1 bei $p_H$ ~12.5, W. J. SINGLEY, J. T. CARRIEL (*J. Chem. Soc.* **75** [1953]

778/81); hier auch graph. Darst. und Unterss. über die Änderung der Zus. mit der Temp., Zeit und $Cl^-$-Konz. der Rk.-Lösung.

***$NiCl_2 \cdot Ni(OH)_2$*** oder Ni(OH)Cl (Hydroxidchlorid I). *$NiCl_2 \cdot Ni(OH)_2$*

**Bildung und Darstellung.** Die Verb. wird durch 24std. Erhitzen einer Mischung von 14 g $NiCl_2 \cdot 6H_2O$ und 5 ml 4n-NaOH auf 200°C hergestellt, W. FEITKNECHT, A. COLLET (*Helv. Chim. Acta* **19** [1936] 831/41, 835). Durch 18std. Erhitzen von $NiCl_2 \cdot 3Ni(OH)_2$ (s. unten) in gesätt. $NiCl_2$-Lsg. auf 230°C entsteht ebenfalls Hydroxidchlorid I, A. FERRARI R. CURTI (*Gazz. Chim. Ital.* **66** [1936] 104/14, 107). Hydroxidchlorid Va wandelt sich in 2.5 m-$NiCl_2$-Lsg. bei 200°C im Einschmelzrohr in $NiCl_2 \cdot Ni(OH)_2$ um, W. FEITKNECHT, A. COLLET (*Helv. Chim. Acta* **22** [1939] 1428/44 1437). Die in einer Aufschlämmung von $Ni(OH)_2$ in wss. $NiCl_2$-Lsgg. sich bildende feste Phase zeigt Gelstruktur und enthält nach Auswaschen mit Aceton 1 mol Ni je mol Cl. Die krist. Verb. wird auch nach 2wöchiger Rk.-Dauer nach dieser Meth. nicht erhalten, E. HAYEK (*Z. Anorg. Allgem. Chem.* **210** [1933] 241/6). Beim Erhitzen im Einschmelzrohr auf 320 bis 350°C kristallisiert Ni(OH)Cl in goldgelben, hexagonalen Plättchen, H. R. OSWALD, W. FEITKNECHT (*Helv. Chim. Acta* **44** [1961] 847/58, 854). *Formation. Preparation*

**Kristallographische Eigenschaften.** Ni(OH)Cl gehört dem C 19-Typ an und besitzt ein Schichtengitter mit unverzerrten Schichten. Die Ni-Schichten sind derart gegeneinander verschoben, daß erst in jeder vierten Schicht die Ni-Ionen senkrecht übereinander liegen, W. FEITKNECHT (*Kolloid-Z.* **92** [1940] 257/76, 264). Die OH- und Cl-Ionen sind, wie in analogen Verbb. mit Metallionenradius $r \leq 0.8$ Å ($r_{Ni} = 0.69$ Å), in gemischten Anionenschichten angeordnet, H. R. OSWALD, W. FEITKNECHT (*l. c.* S. 857), s. auch W. FEITKNECHT, F. HELD (*Helv. Chim. Acta* **27** [1944] 1480/95, 1490). Die hexagonale Elementarzelle, die derjenigen von β-Mn(OH)Cl vollständig entspricht, enthält 6 übereinandergelagerte Ni(OH)Cl-Schichten. Raumgruppe $C_3^2$ oder $D_3^4$. Gitterkonstt. a = 3.258, c = 34.01 Å; Schichtenabstand c' = c/6 = 5.668 Å; c'/a = 1.740, H. R. OSWALD, W. FEITKNECHT (*l. c.* S. 850), s. auch W. FEITKNECHT, H. R. OSWALD, H. E. FORSBERG (*Chimia [Aarau]* **13** [1959] 113). Durch diese Angaben überholte Werte s. bei A. FERRARI, R. CURTI (*Gazz. Chim. Ital.* **66** [1936] 104/14, 110). *Crystallographic Properties*

**Dichte.** Die von A. FERRARI, R. CURTI (*l. c.* S. 111) angegebene Röntgendichte 5.71 kann durch den von H. R. OSWALD, W. FEITKNECHT (*l. c.* S. 848) neu ber. Wert D = 3.55 als überholt gelten. — Nach der Verdrängungsmeth. in Decalin bei 20°C experimentell bestimmte Dichte 3.57 (Mittelwert aus 2 Bestt.); daraus ber. Vol. der Formeleinheit V = 51.6 Å. Aus den Gitterdimensionen wird V = 52.3 Å errechnet, W. FEITKNECHT, A. COLLET (*Helv. Chim. Acta* **19** [1936] 831/41, 835). *Density*

**Chemisches Verhalten.** Ni(OH)Cl ist beständig an der Luft und in $H_2O$, für einige Zeit auch in verd. HCl. Beim Kochen unter Rückfluß in 1 m-$NiCl_2$-Lsg. erfolgt nach mehreren Tagen Umwandlung in Hydroxidchlorid II bei gleichzeitiger Bldg. von Spuren des Hydroxidchlorids IV, H. R. OSWALD, W. FEITKNECHT (*l. c.* S. 854). *Chemical Reactions*

***$NiCl_2 \cdot 3Ni(OH)_2$*** oder α- und β-$Ni_2(OH)_3Cl$ (Hydroxidchlorid II). *$NiCl_2 \cdot 3Ni(OH)_2$*

Die Zus. schwankt je nach der Darst.-Meth. um den Idealwert $Ni(OH)_{1.5}Cl_{0.5}$ innerhalb der Grenzen $Ni(OH)_{1.32}Cl_{0.68}$ und $Ni(OH)_{1.62}Cl_{0.38}$, W. FEITKNECHT (*Fortschr. Chem. Forsch.* **2** [1951/53] 670/757 683). Die von A. FERRARI, R. CURTI (*Gazz. Chim. Ital.* **66** [1936] 104/14 106) irrtümlich auf Verunreinigungen zurückgeführten Schwankungen in der Zus. sind eine Folge der strukturellen Eigg. der Verb. (s. S. 592), W. FEITKNECHT, A. COLLET (*Helv. Chim. Acta* **19** [1936] 831/41, 834).

**Bildung und Darstellung.** Im Gegensatz zu den Angaben von H. DE SÉNARMONT (*Ann. Chim. Phys.* [3] **30** [1850] 129/46, 138) und J. KRUSTINSONS (*Z. Anorg. Allgem. Chem.* **212** [1933] 45/48) wird beim Erhitzen von $NiCl_2$-Lsgg. mit $CaCO_3$-Lsgg. oder mit an $CO_2$ gesätt. $NaHCO_3$-Lsgg. auf 140 bis 160°C im Einschmelzrohr weder die Bldg. von neutralem $NiCO_3$ noch einer festen Lsg. von $NiCl_2$ in $NiCO_3$ beobachtet, A. FERRARI, C. COLLA (*Atti. Accad. Naz. Lincei Rend. Classe Sci. Fis. Mat. Nat.* [6] **10** [1929] 594/9). Nach der Darst.-Meth. von H. DE SÉNARMONT (*l. c.*) bildet sich das bas. Chlorid $NiCl_2 \cdot 3Ni(OH)_2$, das auch durch 18std. Erhitzen von 2 g $Ni(OH)_2$ und 12 g $NiCl_2 \cdot 6H_2O$ in 40 ml $H_2O$ auf 180°C unter $CO_2$-Ausschluß im Einschmelzrohr hergestellt werden kann. Bei niedrigerem Chloridgehalt (3 g $Ni(OH)_2$ und 3 g $NiCl_2 \cdot 6H_2O$ in 40 ml $H_2O$) und 4std. Erhitzen auf 180°C entsteht eine Cl-ärmere Verb., A. FERRARI, R. CURTI (*l. c.* S. 107). Aus einer mit $Ni(OH)_2$ übersätt. konz. $NiCl_2$-Lsg. scheidet sich beim Erwärmen das Hydroxidchlorid II, von H. R. OSWALD, W. FEITKNECHT (*Helv. Chim. Acta* **47** [1964] 272/89, 280) als α-$Ni_2(OH)_3Cl$ bezeichnet, in laminardisperser Form aus, W. FEITKNECHT, A. COLLET (*Helv. Chim. Acta* **22** [1939] 1428/44, 1437). Durch Alterung in 0.5- bis 3.3 m-$NiCl_2$-Lsgg. bei *Formation. Preparation*

100°C (vgl. S. 593) wandelt sich Hydroxidchlorid Va (s. S. 590) in gelblichgrünes bas. Chlorid II um. Bei Erhöhung der Konz. der überstehenden Lsg. auf 3.3 mol $NiCl_2$ je l sinkt der Hydroxidgehalt der Verb. von 4.27 auf 1.93 mol $Ni(OH)_2$ je mol $NiCl_2$, W. FEITKNECHT, A. COLLET (*Helv. Chim. Acta* **19** [1936] 831/41, 832). Beim Erhitzen von Hydroxidchlorid Va in 0.25 m-$NiCl_2$-Lsg. auf 200°C im Einschmelzrohr wird $NiCl_2 \cdot 3Ni(OH)_2$ in disperser Form erhalten, W. FEITKNECHT, A. COLLET (*Helv. Chim. Acta* **22** [1939] 1428/44, 1437). Hexagonale Plättchen der Verb. entstehen bei Fällung einer $NiCl_2$ und $CuCl_2$ enthaltenden Lsg. mit Natronlauge, W. FEITKNECHT, K. MAGET (*Helv. Chim. Acta* **32** [1949] 1667/74 1668). $\alpha$-$Ni_2(OH)_3Cl$ wird auch durch 24std. Behandlung von 14 g $NiCl_2 \cdot 6H_2O$ mit 5 ml 4n-NaOH bei 200°C in gelbgrünen, hexagonalen Plättchen erhalten, H. R. OSWALD, W. FEITKNECHT (*l. c.*).

$\beta$-$Ni_2(OH)_3Cl$ entsteht durch 2monatiges Kochen von 1 g Ni-Schwamm (kathodisch aus $NiCl_2$-Lsg. abgeschieden) in 1.5m-$NiCl_2$-Lsg. unter Rückfluß als hellgrünes Salz. Mit $\alpha$-$Ni_2(OH)_3Cl$ und höher bas. Hydroxidchloriden verunreinigte $\beta$-Verb. wird durch 48std. Erhitzen von 500 mg NiO mit 30 ml 1m-$NiCl_2$-Lsg. auf 220°C erhalten, H. R. OSWALD, W. FEITKNECHT (*l. c.*).

*Crystallographic Properties*

**Kristallographische Eigenschaften.** $\alpha$-$Ni_2(OH)_3Cl$ besitzt wie $Ni(OH)_2$ C6-Struktur und gehört zu den Verbb. mit Einfachschichtengitter, in dem die $OH^-$-Ionen teilweise durch $Cl^-$-Ionen ersetzt sind. Die unregelmäßige Verteilung der $Cl^-$-Ionen verursacht die Schwankungen in der Zus. innerhalb des Homogenitätsbereichs, W. FEITKNECHT (*Fortschr. Chem. Forsch.* **2** [1951/53] 670/757, 702; *Kolloid-Z.* **92** [1940] 257/76, 263). Raumgruppe $P\bar{3}m1$-$D_{3d}^3$ unter Gleichsetzung der statistisch verteilten $Cl^-$-Ionen mit den $OH^-$-Ionen, H. R. OSWALD, W. FEITKNECHT (*Helv. Chim. Acta* **47** [1964] 272/89, 280).

Gitterkonstt. der hexagonal indizierten Elementarzelle: a = 3.15, c = 5.36 Å, c/a = 1.70, A. FERRARI, R. CURTI (*Gazz. Chim. Ital.* **66** [1936] 104/14, 110), a = 3.16 bis 3.19, c = 5.44 bis 5.55, c/a = 1.72 bis 1.74, W. FEITKNECHT, A. COLLET (*Helv. Chim. Acta* **19** [1936] 831/41, 835), W. FEITKNECHT (*Fortschr. Chem. Forsch.* **2** [1951/53] 670/757, 703), a = 3.19, c = 5.51 Å, c/a = 1.73; Schichtenabstand 5.51 Å; Z = 1/2, Vol. der Elementarzelle: 48.5 $Å^3$, H. R. OSWALD, W. FEITKNECHT (*l. c.*). — Röntgendichte 4.90, A. FERRARI, R. CURTI (*l. c.*).

$\beta$-$Ni_2(OH)_3Cl$ kristallisiert im Einfachschichtengitter. Jedes 4. Ni-Atom liegt zwischen den Schichten, so daß die reine Netzstruktur in Raumgitterstruktur übergeht. Die Anionen bilden geordnete Schichten mit schwach deformierter hexagonaler Kugelpackung. Rhombisch. Raumgruppe Pnam-$D_{2h}^{16}$, H. R. OSWALD, W. FEITKNECHT (*l. c.* S. 274, 283).

Gitterkonstt.: a = 6.176, b = 9.074, c = 6.707 Å; a:b:c = 0.681:1:0.740. Schichtenabstand $5.39_2$ Å. Z = 4, Vol. der Elementarzelle: 375.9 $Å^3$, H. R. OSWALD, W. FEITKNECHT (*l. c.* S. 274, 283).

*Chemical Reactions*

**Chemisches Verhalten.** $NiCl_2 \cdot 3Ni(OH)_2$ ist wie die meisten Hydroxidchloride mit C6-Struktur instabil. Beim Erwärmen in gesätt. $NiCl_2$-Lsg. auf 230°C wandelt es sich in das stabilere Hydroxidchlorid I um, A. FERRARI, R. CURTI (*l. c.* S. 108).

*$NiCl_2 \cdot 2Ni(OH)_2 \cdot 3$ to $4H_2O$*

***$NiCl_2 \cdot 2Ni(OH)_2 \cdot 3$ bis $4H_2O$*** (Hydroxidchlorid III).

*Formation. Preparation*

**Bildung und Darstellung.** Entsteht durch Alterung des Hydroxidchlorids Va (s. S. 590) bei gewöhnl. Temp. in 1.5 m-$NiCl_2$-Lsg. oder bei 50°C in konz. $NiCl_2$-Lsgg., W. FEITKNECHT, A. COLLET (*Helv. Chim. Acta* **22** [1939] 1428/44, 1435). Bei der Korrosion von Ni-Blech in HCl-haltiger Atm. kondensieren sich bei HCl-Partialdrucken von ~0.002 bis 0.02 Torr auf den angegriffenen Metallstellen Tröpfchen einer $NiCl_2$-Lsg., aus denen sich nach einiger Zeit Hydroxidchlorid III ausscheidet. Die in den kathod. Zonen und in den anod. Zentren getrennt stattfindenden Rkk. können durch die Gleichung $3Ni + {}^3/_2O_2 + 2HCl + 4H_2O = NiCl_2 \cdot 2Ni(OH)_2 \cdot 3H_2O$ zusammengefaßt werden, W. FEITKNECHT (*Chimia* [*Aarau*] **6** [1952] 3/13, 4, 11), s. auch A. K. BÜRGI (*Diss. Bern* 1939, S. 69), W. FEITKNECHT (*Helv. Chim. Acta* **29** [1946] 1801/15, 1807; *1st Intern. Conf. Surface Reactions, Pittsburg* 1948, S. 212/21, 216).

*Properties*

**Eigenschaften.** Hellgrün; wird in hochdisperser Form als amorpher Nd. oder in Aggregationen von Nadeln oder Faserbündeln erhalten. Aus dem Röntgendiagramm wird auf ein kompliziert gebautes Gitter mit großer Elementarzelle geschlossen, W. FEITKNECHT, A. COLLET (*l. c.* S. 1439).

*Chemical Reactions*

**Chemisches Verhalten.** In $H_2O$ werden geringe Mengen $NiCl_2$ aus der Verb. herausgelöst. Bei längerem Lagern unter $H_2O$ bleibt $Ni(OH)_2$ ungelöst zurück. Die $NiCl_2$-Konz. der überstehenden Lsg. ist viel niedriger als die zur Bldg. notwendige Konz. In verd. HCl löst sich das bas. Chlorid III nur langsam, W. FEITKNECHT, A. COLLET (*l. c.* S. 1439). Beständigkeitsgrenzen und Löslichkeitsprod. sind wegen der außerordentlich langsamen Einstellung des Gleichgew. zwischen der bas. Verb. und der $NiCl_2$-Lsg. noch nicht ermittelt worden, W. FEITKNECHT (*Chimia* [*Aarau*] **6** [1952] 3/13, 10).

***$NiCl_2 \cdot 3$ bis $4\,Ni(OH)_2 \cdot 5$ bis $7\,H_2O$*** (Hydroxidchlorid IV). Je nach Herstellungsart kann die Zus. der Verb. zwischen 3 und 4 mol $Ni(OH)_2$ je mol $NiCl_2$ schwanken. Durch $H_2O$ können beträchtliche Mengen $NiCl_2$ ausgelaugt werden, so daß die Zus. sich der von G. Gire, A. M. de Narbonne (*Compt. Rend.* **198** [1934] 2250/2) und G. André (*Compt. Rend.* **106** [1888] 936/9) beschriebenen Verb. $NiCl_2 \cdot 8NiO \cdot nH_2O$ nähert. Das $H_2O$ ist zum großen Teil adsorptiv gebunden, W. Feitknecht, A. Collet (*Helv. Chim. Acta* **22** [1939] 1428/44, 1441). *$NiCl_2 \cdot 3$ to $4\,Ni(OH)_2 \cdot 5$ to $7\,H_2O$*

**Bildung.** Durch Alterung des Hydroxidchlorids Va (s. S. 590) bei gewöhnl. Temp. in 0.25- bis 1.5m-$NiCl_2$-Lsgg. oder bei 50°C in 0.75m- und höher konz. Lsgg. wird Hydroxidchlorid IV erhalten, das auch aus Hydroxidchlorid V (s. unten) beim Stehen in 1.5m-$NiCl_2$-Lsg. gebildet wird, W. Feitknecht, A. Collet (*l. c.* S. 1434). Das bei Fällung eines Gemischs von $NiCl_2$- und $CuCl_2$-Lsgg. mit Natronlauge entstehende stark fehlgeordnete bas. Chlorid V wandelt sich in 1 bis 2 Std. bei 100°C in Hydroxidchlorid IV um, W. Feitknecht, K. Maget (*Helv. Chim. Acta* **32** [1949] 1667/74, 1669). *Formation*

**Eigenschaften.** Kristallisiert in Nadeln, W. Feitknecht, K. Maget (*l. c.* S. 1670). Das nicht vollständig zu indizierende Röntgendiagramm läßt doppelschichtengitterartige Struktur vermuten. Abstand der Gitterebenen: 7.3 bis 7.8 Å, Abstand Ni↔Ni innerhalb der Schichten: ~3.05 Å. — Die gelbstichig-hellgrüne Verb. löst sich nur langsam in 2n-HCl, W. Feitknecht, A. Collet (*l. c.* S. 1434, 1441). *Properties*

***$NiCl_2 \cdot 6$ bis $7\,Ni(OH)_2 \cdot nH_2O$*** (Hydroxidchlorid V). *$NiCl_2 \cdot 6$ to $7\,Ni(OH)_2 \cdot nH_2O$*

**Bildung.** Durch Alterung bei 50°C in 0.25 m- bis 0.5 m-$NiCl_2$-Lsgg. wird Hydroxidchlorid Va (s. S. 590) unter Kornvergrößerung und Gitterausheilung in Hydroxidchlorid V übergeführt; bei 100°C bildet sich neben dem bas. Chlorid V Hydroxidchlorid II und $Ni(OH)_2$. Nach 4 bis 8 Std. liegen die drei Verbb. zu etwa gleichen Teilen vor. Nach 30std. Erwärmen erfolgt die Umwandlung $Ni(OH)_2$ →Hydroxidchlorid V. In reinerer Form wird die Verb. durch Umsetzung einer 0.37 m-$NiCl_2$-Lsg. mit MgO erhalten. Die Fällung einer 0.5 m-$NiCl_2$-Lsg. mit MgO ergibt ebenfalls bas. Chlorid V, jedoch mit unvollkommen ausgebildetem Gitter, W. Feitknecht, A. Collet (*Helv. Chim. Acta* **22** [1939] 1428/44, 1435). Stark fehlgeordnetes Hydroxidchlorid V bildet sich in feindisperser Form bei der Fällung einer $CuCl_2$ enthaltenden m-$NiCl_2$-Lsg. mit einer ber. Menge von n-Natronlauge, wenn die Endkonz. an $NiCl_2$ 0.75 mol/l beträgt, W. Feitknecht, K. Maget (*Helv. Chim. Acta* **32** [1949] 1667/74, 1668). Wird auf eine Anionenaustauschersäule (Lewatit M I oder M II) eine 0.1 m- oder 0.25 m-$NiCl_2$-Lsg. gegeben, so entsteht im oberen Teil der Säule eine graugrüne Zone, die nach Debye-Scherrer-Diagrammen Hydroxidchlorid V enthält. Bei 14tägigem Kochen einer m-$NiCl_2$-Lsg. mit alkalihaltiger Tonerde reagieren nur die dem Alkaligehalt entsprechenden Basenäquivv. unter Bldg. des bas. Chlorids, H. Schäfer, W. Neugebauer (*Z. Anorg. Allgem. Chem.* **274** [1953] 114/40, 122, 136). *Formation*

**Kristallographische Eigenschaften.** Die Gitterstruktur leitet sich vom C19-Typ ab, W. Feitknecht (*Kolloid-Z.* **93** [1940] 66/86, 80). Röntgendiagramme von Hydroxidchlorid V und Va lassen auf Doppelschichtengitter mit rhomboedrisch gegeneinander verschobenen, geordneten Hydroxidschichten und ungeordneten Schichten von bas. Chlorid bzw. auf Zusammenlagerung dünner, parallel gegeneinander verschobener Schichtenpakete mit konst. Abstand schließen. Gitterkonstt. bei hexagonaler Indizierung: a = 3.05, c = 24.0 Å; Schichtenabstand 8Å. Der Abstand Ni↔Ni in den Hydroxidschichten ist um ~0.07 Å kleiner als bei $Ni(OH)_2$. Hydroxidchlorid V ist isomorph mit den grünen bas. Co-Halogeniden (vgl. „*Kobalt*" *Tl.* A *Erg.-Bd.*, S. 577), W. Feitknecht, A. Collet (*l. c.* S. 1442). *Crystallographic Properties*

**Chemisches Verhalten.** Bei 100°C wandelt sich Hydroxidchlorid V mit fehlgeordnetem Gitter in bas. Chlorid IV um, W. Feitknecht, K. Maget (*l. c.* S. 1669). *Chemical Reactions*

**Mischkörper von Hydroxidchlorid II und V.** Bei der Alterung des Hydroxidchlorids Va bei 100°C bilden sich $Ni(OH)_2$ und die Hydroxidchloride II und V (vgl. oben). Dabei werden dünne Schichtenpakete des bas. Chlorids V in das II-Gitter unter Bldg. eines Mischkörpers eingelagert. Die Einlagerung wird dadurch begünstigt, daß sich die Schichtenabstände der Hydroxidchloride II und V wie $^2/_3$:1 verhalten, W. Feitknecht, A. Collet (*l. c.* S. 1436). *Mixed Compound of Hydroxide Chlorides II and V*

***Weitere basische Nickel(II)-chloride.*** *Other Basic Nickel(II) Chlorides*

Die Bldg. der Verb. $NiCl_2 \cdot nNi(OH)_2$ mit 2% Chlorgehalt wird bei der Rk. zwischen $NiCl_2$ und NaOH oder $NH_3$ in wss. Lsg. beobachtet. Nach Röntgenunterss. leitet sich die Struktur des Hydroxidchlorids vom $Ni(OH)_2$-Gitter ab, J. Longuet (*Compt. Rend.* **223** [1946] 150/1).

Ein mit Alkalilauge aus $NiCl_2$-Lsg. gefälltes hellgrünes bas. Chlorid ist in $H_2O$ unlösl., nimmt $CO_2$ auf und bläut rotes Lackmuspapier, J. HABERMANN (*Monatsh. Chem.* **5** [1884] 432/50, 442).

Bei der unvollständigen Fällung einer $NiCl_2$-Lsg. mit wss. $NH_3$ schlägt sich eine grüne Verb. nieder, die nach Auswaschen mit kaltem $H_2O$ und Trocknen bei 100°C die Zus. $NiCl_2 \cdot 8NiO \cdot 13H_2O$ hat, G. ANDRÉ (*Compt. Rend.* **106** [1888] 936/9). Die gleiche Verb. bildet sich in der Kälte aus $Ni(OH)_2$ und einer gesätt. $NH_4Cl$-Lsg., E. MONTIGNE (*Bull. Soc. Chim. France* [5] **3** [1936] 1388/9). Diese Verb. wird auch in der Kälte durch 10tägiges Schütteln einer n-$NiCl_2$-Lsg. mit HgO erhalten. Dabei erfolgt zunächst Umsetzung zu $HgCl_2$ und NiO, das mit überschüssigem $NiCl_2$ unter Bldg. des bas. Chlorids reagiert, E. MONTIGNIE (*Bull. Soc. Chim. France* [5] **1** [1934] 697/8). Ein grüner Nd. von $NiCl_2 \cdot 8NiO \cdot nH_2O$ bildet sich bei der unter $H_2$-Entw. erfolgenden Rk. zwischen Mg und $NiCl_2$ in wss. Lsg., G. GIRE, A. M. DE NARBONNE (*Compt. Rend.* **198** [1934] 2250/2). Läßt man n-$CuCl_2$- oder $ZnCl_2$-Lsgg. auf $Ni(OH)_2$ einwirken, so wird bei Konzz. $>0.02$ mol $Ni(OH)_2$ je l neben bas. Cu- bzw. Zn-Chlorid $NiCl_2 \cdot 8Ni(OH)_2 \cdot 5H_2O$ gebildet, E. MONTIGNIE (*Bull. Soc. Chim. France* [5] **3** [1936] 2319/20). Über die Bldg. eines bas. Chlorids bei der Zers. von $NiCl_2 \cdot 6H_2O$ s. A. WÄCHTER (*J. Prakt. Chem.* **30** [1843] 321/34, 327).

*Nickel(II) Chlorites*

## Nickel(II)-chlorite $Ni(ClO_2)_2$

Bei Einw. einer $Cl_2$-freien $ClO_2$-Lsg. auf feinverteiltes Ni-Pulver bei 16 oder 25°C entsteht $Ni(ClO_2)_2$ in ~100%iger Ausbeute. In Ggw. von freiem $Cl_2$ wird das Chlorit zersetzt, M. BIGORGNE (*Compt. Rend.* **226** [1948] 1197/9). Die Rk. zwischen mit $H_2O_2$ vorbehandeltem $Ni(OH)_2$ und $ClO_2$ in wss. Lsg. erfolgt ebenfalls quantitativ unter $Ni(ClO_2)_2$-Bldg., E. BARBIERI MELARDI (*Ann. Chim.* [*Rome*] **44** [1954] 20/27, 27). — Bei 45°C zersetzt sich die Verb. gemäß $3Ni(ClO_2)_2 \rightarrow 2Ni(ClO_3)_2 + NiCl_2$, M. BIGORGNE (*l. c.*).

*$Ni(ClO_2)_2 \cdot 2H_2O$*

***$Ni(ClO_2)_2 \cdot 2H_2O$.*** Äquiv. Mengen von wss. 2m- $NiSO_4$- und $Ba(ClO_2)_2$-Lsgg. werden durch fraktioniertes Einfrieren auf die Hälfte ihres Vol. eingeengt und mit absol. Äthanol fraktioniert gefällt. Die beiden ersten Fraktionen bestehen aus einer bas. Verb., die dritte Fällung aus reinem $Ni(ClO_2)_2 \cdot 2H_2O$. — Das Salz ist in $H_2O$ leicht lösl. und zersetzt sich beim Erwärmen auf dem Wasserbad explosionsartig unter $Cl_2$-Entwicklung. In wss. Lsg. wird $Ni(ClO_2)_2 \cdot 2H_2O$ schon bei mäßigem Erwärmen unter $Cl_2$-Entw. und Bldg. von Nickelperoxid zersetzt, G. R. LEVI (*Atti Accad. Naz. Lincei Rend. Classe Sci. Fis. Mat. Nat.* [5] **32** [1923] 165/9).

*Nickel(II) Chlorate*

## Nickel(II)-chlorat $Ni(ClO_3)_2$

Die wasserfreie Verb. ist nicht bekannt.

*The $Ni(ClO_3)_2$–$H_2O$ System. Hydrates*

### Das System $Ni(ClO_3)_2$–$H_2O$ · Hydrate

Das 6-Hydrat geht bei ~39°C in das 4-Hydrat über. Bei 80°C wandelt sich das 4-Hydrat in eine $H_2O$-ärmere Verb. um, die infolge gleichzeitig eintretender Zers. nicht als 2-Hydrat identifiziert werden kann (Angaben über Löslichkeit und Bodenkörper bei —18 bis + 79.5°C s. Tabelle im Original), A. MEUSSER (*Ber. Deut. Chem. Ges.* **35** [1902] 1414/24, 1419). Löslichkeit bei 16°C: 156 g $Ni(ClO_3)_2$ in 100 g $H_2O$, B. CARLSON (*Festskr. P. Klason, Stockholm* 1910, S. 247/99, 259). Die Berechnung der Löslichkeit nach $c_{Ni(ClO_3)_2} = c_{Ni(NO_3)_2} + 0.62$ mit der Sättigungskonz. c in mol je kg $H_2O$ der entsprechenden Verbb. ergibt gute Übereinstimmung mit den experimentellen Daten, S. S. CHIN (*Zh. Fiz. Khim.* **26** [1952] 960/9, 963). Der Temp.-Koeff. der Löslichkeit ist für ähnliche Verbb. identisch; z. B. gilt dc/dt ~0.039 für $Ni(ClO_3)_2 \cdot 6H_2O$, $Ni(NO_3)_2 \cdot 6H_2O$ und die entsprechenden Co-Salze, S. S. CHIN (*Zh. Fiz. Khim.* **26** [1952] 1225/32, 1228).

*$Ni(ClO_3)_2 \cdot 6H_2O$*

***$Ni(ClO_3)_2 \cdot 6H_2O$*** tritt als Bodenkörper in der gesätt. Lsg. unterhalb 40°C auf, vgl. „Das System $Ni(ClO_3)_2$–$H_2O$". Pulverförmig wird es durch Eindampfen einer alkohol. Lsg. auf NaCl- oder Sylvinplatten dargestellt, N. DUVEAU (*Bull. Soc. Chim. France* [5] **10** [1943] 374/8). Chloratbldg. durch Disproportionierung von $Ni(ClO_2)_2$ in wss. Lsg. s. oben. Kristallisiert aus einer Mischung von $NiSO_4$- und $Ba(ClO_3)_2$-Lsgg. beim Eindampfen über konz. $H_2SO_4$, A. WÄCHTER (*J. Prakt. Chem.* **30** [1843] 321/34, 327), s. auch B. CARLSON (*l. c.* S. 248). Das leicht zerfließliche Salz wird unter Luftabschluß getrocknet, C. ROCCHICCIOLI (*Compt. Rend.* **242** [1956] 2922/4).

Bildungswärme Q in kcal/mol: 473.28, berechnet aus der bei 25°C calorimetrisch ermittelten Lsg.-Wärme. Aus Radien und Bldg.-Wärmen der Ionen ergibt sich Q = 476.4, K. B. YATSIMIRSKII (*Izv. Akad. Nauk SSSR Otd. Khim. Nauk* **1947** 453/7).

Die Verb. kristallisiert in dunkelgrünen, regelmäßigen Oktaedern, A. WÄCHTER (*l. c.*). Rhomb. Kristalle, A. MEUSSER (*l. c.*), grüne hexagonale Täfelchen, N. DUVEAU (*l. c.*). Nach Röntgenunterss. und Ramanspektren sind die Atome des Chlorat-Ions pyramidenförmig angeordnet, wobei das Cl-Atom nicht genau auf der senkrechten Achse zu der aus den O-Atomen gebildeten Ebene liegt, C. ROCCHICCIOLI (*l. c.*). — Dichte D = 2.07 g/cm³, B. CARLSON (*l. c.* S. 259). — Der von A. WÄCHTER (*l. c.*) bestimmte Schmp. von 80°C ist dem 4-Hydrat zuzuordnen, A. MEUSSER (*l. c.*). — Im UR-Spektrum von pulverförmigem $Ni(ClO_3)_2 \cdot 6H_2O$ werden für das Chlorat-Ion charakterist. Absorptionsmax. beobachtet; der Einfluß des Kations ist gering, N. DUVEAU (*l. c.*), vgl. auch C. ROCCHICCIOLI (*l. c.*; *Ann. Chim.* [*Paris*] [13] **5** [1960] 999/1036, 1002). Über die durch Ni-Chlorat-Verunreinigungen bewirkte Frequenzverschiebung der reinen Quadrupolresonanzen von $KClO_3$ s. Y. IMAEDA (*J. Phys. Soc. Japan* **15** [1960] 1699).

Zerfließt an der Luft, A. WÄCHTER (*l. c.*), N. DUVEAU (*l. c.*). Beim Erhitzen auf 140°C erfolgt Zers., A. WÄCHTER (*l. c.*). In Alkohol und Äther leicht lösl., N. DUVEAU (*l. c.*), A. WÄCHTER (*l. c.*).

***$Ni(ClO_3)_2 \cdot 4H_2O$*.** Kristallisiert bei ~40°C aus der gesätt. Lsg., vgl. „Das System $Ni(ClO_3)_2$–$H_2O$" S. 594. — Schmp.: 80°C, A. MEUSSER (*Ber. Deut. Chem. Ges.* **35** [1902] 1414/24, 1419). *$Ni(ClO_3)_2 \cdot 4H_2O$*

**Wäßrige Lösung. Integrale Lösungswärme** $L_i$ (Definition s. „*Kalium*" S. 294): 6.370 und 6.464 kcal/mol bei 25°C und der Verd. 3540 bzw. 2450 mol $H_2O$ je mol $Ni(ClO_3)_2 \cdot 6H_2O$, K. B. YATSIMIRSKII (*Izv. Akad. Nauk SSSR Otd. Khim. Nauk* **1947** 453/7). *Aqueous Solution. Integral Heat of Solution*

**Dichte** D in g/cm³ für Lsgg. der Konz. in val/l bei 18°C, auf Vak. reduziert: *Density*

| $C_{val}$ | 0.5 | 1 | 2 | 3 | 4 |
|---|---|---|---|---|---|
| $D^{18}_{18}$ | 1.04512 | 1.0895 | 1.1772 | 1.2630 | 1.3470 |

A. HEYDWEILLER (*Z. Anorg. Allgem. Chem.* **116** [1921] 42/44). Dichte einer Lsg. von 304 g $Ni(ClO_3)_2$ je l Lsg.: $D^{20} = 1.229$, R. W. ROBERTS (*Phil. Mag.* [6] **49** [1925] 397/422, 415). Für gesätt. Lsgg. $D^{18} = 1.661$, A. MEUSSER (*Ber. Deut. Chem. Ges.* **35** [1902] 1414/24, 1419), $D^{16} = 1.76$, B. CARLSON (*Festskr. P. Klason, Stockholm* 1910, S. 247/99, 259).

**Brechungszahl** n einer 304 g $Ni(ClO_3)_2$ je l enthaltenden Lsg. für verschiedene Wellenlängen λ in mμ bei 20°C: *Refractive Index*

| λ | 312.8 | 334.2 | 435.8 | 491.6 | 546.1 | 578.0 |
|---|---|---|---|---|---|---|
| n | 1.3967 | 1.3919 | 1.3789 | 1.3750 | 1.3723 | 1.3713 |

R. W. ROBERTS (*l. c.*). Aus der Brechungsdifferenz $\Delta n = 10^5(n - n_{H_2O})$ für die $H_\alpha$-, D-, $H_\beta$- und $H_\gamma$-Linie ber. n-Werte (18°C, Konz. in val/l):

| $C_{val}$ | 0 | 0.5 | 1 | 2 | 4 |
|---|---|---|---|---|---|
| $n_\alpha$ | 1.33139 | 1.33897 | 1.34633 | 1.36058 | — |
| $n_D$ | 1.33322 | 1.34086 | 1.34823 | 1.36255 | 1.38959 |
| $n_\beta$ | 1.33737 | 1.34512 | 1.35259 | 1.36711 | 1.39461 |
| $n_\gamma$ | 1.34060 | 1.34842 | 1.35599 | 1.37063 | — |

G. LIMANN (*Z. Phys.* 8 [1922] 13/19, 15).

**Weitere optische Eigenschaften.** An wss. $Ni(ClO_3)_2$-Lsgg. tritt im Gebiet der stärksten Absorption anomale Rotationsdispersion auf. Magnetische Drehung ω (VERDETsche Konstante) in Winkelmin. bei 20°C und verschiedenen Wellenlängen λ in mμ (Konz. 304 g/l Lsg., Schichtdicke 1 cm, Feldstärke 1 Gauß): *Other Optical Properties*

| λ | 312.8 | 334.2 | 435.8 | 491.6 | 546.1 | 578.0 |
|---|---|---|---|---|---|---|
| $\omega \times 10^2$ | 6.74 | 5.69 | 3.01 | 2.26 | 1.79 | 1.59 |

R. W. ROBERTS (*l. c.*).

**Molare Leitfähigkeit** Λ in $cm^2 \cdot \Omega^{-1} \cdot mol^{-1}$ bei 18°C, Konz. in mol/l: *Molar Conductance*

| $C_{mol}$ | 0.25 | 0.5 | 1.0 | 1.5 | 2.0 |
|---|---|---|---|---|---|
| Λ | 62.0 | 54.3 | 43.67 | 34.7*) | 27.5 |

*) interpolierter Wert, A. HEYDWEILLER (*l. c.*). $\Lambda_\infty = 99$, G. LIMANN (*l. c.* S. 18).

**Chemisches Verhalten.** Hydrolysenkonst. bei 25°: $0.502 \times 10^{-9}$, Z. KSANDR, M. HEJTMÁNEK (*Sb. 1st Celost. Pracovni Konf. Anal. Chemiku, Prague* 1952 [1953], S. 42/5 nach *C.A.* **1956** 3150). Beim Einleiten von gasf. $NH_3$ in konz. $Ni(ClO_3)_2$-Lsgg. fällt $Ni(ClO_3)_2 \cdot 6NH_3$ in blauen Kristallen aus, F. EPHRAIM, A. JAHNSEN (*Ber. Deut. Chem. Ges.* **48** [1915] 41/56, 47). *Chemical Reactions*

*Nickel(II) Perchlorate*

# *Nickel(II)-perchlorat* $Ni(ClO_4)_2$

Die wasserfreie Verb. wird durch tropfenweise Zugabe einer überschüssigen, 2m-Lsg. von $HClO_4$ in $CF_3COOH$ zu einer 0.1m-Lsg. von $Ni(CF_3COO)_2$ in $CF_3COOH$ bei 25 bis 26°C erhalten. Der Nd. wird durch Zentrifugieren von der Lsg. abgetrennt, mit $CF_3COOH$ gewaschen und bei 105°C getrocknet. Die Rk. ist unvollständig, G. S. Fujioka, G. H. Cady (*J. Am. Chem. Soc.* **79** [1957] 2451/4). Durch Dehydratation kann völlig wasserfreies $Ni(ClO_4)_2$ nicht erhalten werden, da das Perchlorat $H_2O$ so stark bindet, daß es nur unter Zers. des Komplexes abgespalten werden kann (vgl. „*Kobalt*" *Tl.* A *Erg.-Bd.*, S. 581), C. Smeets (*Natuurw. Tijdschr.* [*Ghent*] **15** [1933] 105/23, 123). — Die wasserfreie Verb. ist hellgrün, G. S. Fujioka, G. H. Cady (*l. c.*).

*The $Ni(ClO_4)_2$–$H_2O$ System. Hydrates*

## Das System $Ni(ClO_4)_2$–$H_2O$ · Hydrate

In der Lit. finden sich Angaben über Hydrate des $Ni(ClO_4)_2$ mit 9, 7, 6, 5, 4 und 2 mol $H_2O$. Von C. D. West (*Z. Krist.* **91** [1935] 480/93, 488) wird mikroskopisch und röntgenographisch nur die Existenz des 6-Hydrates nachgewiesen. Nach tensiometr. Messungen von R. Salvadori (*Gazz. Chim. Ital.* **42** I [1912] 458/94, 471) wandelt sich 6-Hydrat oberhalb 137°C in 4-Hydrat um. — A. A. Zinov'ev, V. I. Naumova (*Zh. Neorgan. Khim.* **4** [1959] 2009/13) erhalten 4-Hydrat und 2-Hydrat durch Entwässerung des 6-Hydrats. — Aus Löslichkeitsbestt. schließen nur H. Goldblum, F. Terlikowski (*Bull. Soc. Chim. France* [4] **11** [1912] 146/59, 147) auf die Existenz von 9- und 5-Hydrat. Die dem 5-Hydrat zugeschriebenen Eigg. entsprechen denen des 6-Hydrats. Das von B. Carlson (*Festskr. P. Klason, Stockholm* 1910, S. 247/99, 291) beschriebene 7-Hydrat ist offensichtlich auch mit dem 6-Hydrat identisch. — Nach 36std. Erhitzen auf 110°C bei Atm.-Druck oder nach 66std. Erhitzen auf 70°C im Vak. (1 Torr) geht 6-Hydrat in 4-Hydrat über. Die Umwandlung 4-Hydrat 2-Hydrat erfolgt unter Atm.-Druck bei 130°C in 42 Std., im Vak. bei 100°C in 72 Std., A. A. Zinov'ev, V. I. Naumova (*l. c.*). Beim Erhitzen auf 100 bis 140°C im Vak. geht das 6-Hydrat direkt in das 2-Hydrat über, A. L. Chaney, C. A. Mann (*J. Phys. Chem.* **35** [1931] 2289/2314, 2292). Nach tensiometr. Unterss. ist zwischen 26 und 137°C das 6-Hydrat, zwischen 187 und 232°C das 4-Hydrat beständig. Danach liegt der Übergangspunkt oberhalb 137°C, R. Salvadori (*l. c.* S. 471).

*Solubility*

**Löslichkeit** von $Ni(ClO_4)_2$ in $H_2O$ bei Tempp. t zwischen 0 und 60°C, Konz. c in g $Ni(ClO_4)_2 \cdot 6H_2O$ je 100 g $H_2O$:

| t in °C | 0° | 10° | 20° | 25° | 30° | 35° | 40° | 45° | 50° | 55° | 60° |
|---|---|---|---|---|---|---|---|---|---|---|---|
| c | 217 | 236 | 245 | 259 | 267 | 280 | 273 | 295 | 311 | 295 | 280 |

Das spitze Löslichkeitsmax. bei 50°C (s. Fig. im Original), das dem Dichtemax. der gesätt. Lsg. entspricht, wird auf eine Phasenumwandlung im festen Zustand zurückgeführt, A. A. Zinov'ev, V. I. Naumova (*l. c.*). Die in diesem Temp.-Bereich niedrigeren Werte von H. Goldblum, F. Terlikowski (*Bull. Soc. Chim. France* [4] **11** [1912] 146/59, 147), vgl. auch A. Seidell (*Solubilities of Inorganic and Metalorganic Compounds, Bd.* 1, *New York* 1940, S. 1343), können durch diese Angaben als überholt betrachtet werden. — Die Konz. einer bei 18°C gesätt. Lsg. beträgt c = 267, R. Salvadori (*l. c.* S. 461).

*$Ni(ClO_4)_2 \cdot 9H_2O$ (?)*

***$Ni(ClO_4)_2 \cdot 9H_2O$ (?).*** Nach H. Goldblum, F. Terlikowski (*l. c.*), vgl. auch A. Seidell (*l. c.*), scheidet sich das 9-Hydrat im Temp.-Bereich von —30.7 bis —21.3°C aus der gesätt. Lsg. aus.

*$Ni(ClO_4)_2 \cdot 7H_2O$ (?)*

***$Ni(ClO_4)_2 \cdot 7H_2O$ (?)*** ist vermutlich identisch mit dem 6-Hydrat. Angaben über Darst. und Eigg. der Verb. s. bei $Ni(ClO_4)_2 \cdot 6H_2O$.

*$Ni(ClO_4)_2 \cdot 6H_2O$. Formation. Preparation*

***$Ni(ClO_4)_2 \cdot 6H_2O$.*** **Bildung und Darstellung.** Nickelperchlorat wurde erstmalig von P. Groth (*Ann. Physik* [2] **133** [1868] 193/228, 227) durch doppelte Umsetzung von $NiSO_4$ und $Ba(ClO_4)_2$ in wss. Lsg. dargestellt. — Auf dieselbe Art wird von B. Carlson (*Festskr. P. Klason, Stockholm* 1910, S. 247/99, 248, 291), die als $Ni(ClO_4)_2 \cdot 7H_2O$ bezeichnete Verb. in langen grünen Nadeln erhalten. — Nach der Meth. von R. Salvadori (*Gazz. Chim. Ital.* **42** I [1912] 458/94, 470) wird frischgefälltes NiO oder $NiCO_3$ in wss. $HClO_4$ auf dem Wasserbad gelöst und überschüssiges $NiCO_3$ von der Lsg. abfiltriert. Aus dem bei ~110°C bis zu sirupartiger Konsistenz eingedampften Filtrat kristallisiert über konz. $H_2SO_4$ oder im Vak. über $CaCl_2$ das 6-Hydrat, das aus $H_2O$ umkristallisiert wird, s. beispielsweise K. Veeraiah, M. Qureshi (*J. Indian Chem. Soc.* **21** [1944] 127/30), A. A. Zinov'ev, V. I. Naumova (*Zh. Neorgan. Khim.* **4** [1959] 2009/13), A. Benrath, P. Hartung, M. Wilden (*J. Prakt. Chem.* [2] **143** [1935] 298/304, 302). Darst. durch Einw. von wss. $HClO_4$ auf

$Ni(OH)_2$, Umkristallisieren des Nd. aus $HClO_4$-Lsg., Waschen mit Chloroform und Trocknen über 96%igem $H_2SO_4$, S. D. Ross (*Spectrochim. Acta* **18** [1962] 225/8). Durch Abrauchen von $NiCO_3$ oder $Ni(NO_3)_2 \cdot 6H_2O$ mit Perchlorsäure entsteht wahrscheinlich auch das 6-Hydrat, H. Freund, C. R. Schneider (*J. Am. Chem. Soc.* **81** [1959] 4780/3). Zur Darst. von $^{66}$Ni-haltigem Perchlorat wird $Bi_2O_3$-Pulver durch Protonenbeschuß in $^{66}$Ni umgewandelt, das mit gewöhnl. Ni vermischt, nach Standardmeth. gereinigt und mit Dimethylglyoxim gefällt wird. Nach Auflösen des Nd. in heißem konz. $HNO_3$ wird die Lsg. bis zur Trockne eingedampft und mit konz. $HClO_4$ behandelt. Aus der perchlorsauren Lsg. kristallisiert beim Eindampfen Nickelperchlorat mit bestimmtem $^{66}$Ni-Gehalt, R. H. Sanborn, E. F. Orlemann (*J. Am. Chem. Soc.* **77** [1955] 3726).

*Physical Properties*

**Physikalische Eigenschaften.** $Ni(ClO_4)_2 \cdot 6H_2O$ kristallisiert aus wss. Lsg. in gutgeformten hexagonalen Prismen, die an Luft mit geringem Feuchtigkeitsgehalt nicht zerfließen, C. D. West (*Z. Krist.* **91** [1935] 480/93, 480), K. Veeraiah, M. Qureshi (*l. c.*). Aus Laue-, Schwenk- und Pulveraufnahmen wird auf eine hexagonale Struktur geschlossen; möglicherweise ist diese Struktur durch Zwillingsbldg. vorgetäuscht und die wahre Zelle rhombisch. Raumgruppe bei hexagonaler Indizierung Pmn-$C_{2v}^7$. Gitterkonstt. a = 15.46, c = 5.17 kX; Z = 4 Molekeln. Die Verb. ist isomorph mit den 6-Hydraten von Mg-, Zn- Mn-, Co-, und Fe-Perchlorat, C. D. West (*l. c.* S. 489), vgl. T. Ernst (in: Landolt-Börnstein, 6. *Aufl.*, *Bd.* 1, *Tl.* 4, 1955, S. 147). Über die Ableitung der Struktur vom $LiClO_4 \cdot 3H_2O$-Gitter vgl. „*Kobalt*" *Tl.* A *Erg.-Bd.*, S. 581.

Die nach der Schwebemeth. bestimmte Dichte 2.252 stimmt mit dem aus den Gitterkonstt. ber. Wert D = 2.25 überein, C. D. West (*l. c.* S. 489), und wird durch die Angabe $D_4^{20} = 2.25$ von A. A. Zinov'ev, V. I. Naumova (*l. c.*) bestätigt. — Für $Ni(ClO_4)_2 \cdot 7H_2O$ wird D = 2.15 erhalten, B. Carlson (*l. c.* S. 291).

Schmp. 209°C beim Erhitzen im geschlossenen Rohr, A. Benrath, P. Hartung, M. Wilden (*l. c.* S. 303), 200°C, K. Veeraiah, M. Qureshi (*l. c.*). Schmilzt an der Luft unter Gew.-Verlust bei 125°C, R. Salvadori (*l. c.* S. 471).

Blaugrüne Kristalle, K. Veeraiah, M. Qureshi (*l. c.*). Brechungszahlen $n_\omega = 1.518$, $n_\varepsilon = 1.498 \pm 0.005$ für weißes Licht, mit der Immersionsmeth. bestimmt, C. D. West (*l. c.* S. 489). Im UR-Spektrum werden keine für koordinativ gebundenes $H_2O$ charakterist. Banden beobachtet, J. Fujita, K. Nakamoto, M. Kobayashi (*J. Am. Chem. Soc.* **78** [1956] 3963/5). Bandenlagen in $cm^{-1}$: 628, 633, 942 und 1105, S. D. Ross (*l. c.*).

*Chemical Reactions*

**Chemisches Verhalten.** Das 6-Hydrat ist sehr hygroskopisch, R. Salvadori (*l. c.* S. 470), P. Groth (*l. c.*). Beim Stehen über konz. $H_2SO_4$ nimmt der $H_2O$-Gehalt der Verb. allmählich ab, R. Salvadori (*l. c.* S. 471), während sich die Zus. über $CaCl_2$ und $P_2O_5$ nicht ändert, A. Benrath, P. Hartung, M. Wilden (*l. c.* S. 303). Verhalten beim Erhitzen auf 100 bis 140°C s. S. 596. Die von B. Carlson (*l. c.* S. 291) als 7-Hydrat (?) bezeichnete Verb. zersetzt sich bei 150°C. — Löslichkeit in $H_2O$ s. S. 596. Im System $Ni(ClO_4)_2 \cdot 6H_2O$–$Ni(NO_3)_2 \cdot 6H_2O$ tritt bei ~10% $Ni(ClO_4)_2 \cdot 6H_2O$ ein einfaches Eutektikum bei 53°C auf. Mit den entsprechenden Mg-, Zn-, Mn- und Co-Perchloraten erfolgt unbegrenzte Mischkristallbldg., A. Benrath, P. Hartung, M. Wilden (*l. c.* S. 303). — Lösl. in Alkohol und Aceton, K. Veeraiah, M. Qureshi (*l. c.*). Bei gewöhnl. Temp. leicht lösl. in Dimethylformamid, R. T. Pflaum, A. I. Popov (*Anal. Chim. Acta* **13** [1955] 165/71, 166). Löslichkeit in Furfurol und Cellosolve (Handelsname für Äthylenglykoläther): 60 bzw. > 100 g $Ni(ClO_4)_2 \cdot 6H_2O$ in 100 ml Lsgm., A. L. Chaney, C. A. Mann (*J. Phys. Chem.* **35** [1931] 2289/2314, 2292). Aus einer Lsg. von Perchlorat in sd. Pyridin $C_5H_5N$ kristallisieren beim Abkühlen $Ni(ClO_4)_2 \cdot 6C_5H_5N$ und $Ni(ClO_4)_2 \cdot 4C_5H_5N$, P. C. Sinha (*J. Indian Chem. Soc.* **35** [1958] 865/8), s. auch P. C. Sinha, R. C. Ray (*J. Indian Chem. Soc.* **20** [1943] 32/36).

*$Ni(ClO_4)_2 \cdot 5H_2O$ (?)*

***$Ni(ClO_4)_2 \cdot 5H_2O$* (?).** Aus den Angaben von H. Goldblum, F. Terlikowski (*Bull. Soc. Chim. France* [4] **11** [1912] 103/11, 146/59), R. Sabot (*Bull. Soc. Franc. Mineral.* **34** [1911] 144/8) über Darst. und Eigg. kann geschlossen werden, daß die als $Ni(ClO_4)_2 \cdot 5H_2O$ bezeichnete Verb. mit dem 6-Hydrat identisch ist.

*$Ni(ClO_4)_2 \cdot 4H_2O$*

***$Ni(ClO_4)_2 \cdot 4H_2O$*** bildet sich bei der Entwässerung des 6-Hydrats, vgl. S. 596. Beim Schmelzen von $Ni(ClO_4)_2 \cdot 6H_2O$ an der Luft wird unter Verlust von $2H_2O$ das 4-Hydrat als gelbgrüne, kristalline Masse erhalten, R. Salvadori (*Gazz. Chim. Ital.* **42** I [1912] 458/94, 471). Dichte $D_4^{20} = 2.31$, A. A. Zinov'ev, V. I. Naumova (*Zh. Neorgan. Khim.* **4** [1959] 2009/13). Dampfdruck im Temp.-Bereich 187 bis 232°C: 36.6 Torr. Die Verb. ist außerordentlich hygroskopisch und zersetzt sich oberhalb 240°C unter Bldg. von $NiCl_2$ und Oxid, R. Salvadori (*l. c.*).

*$Ni(ClO_4)_2 \cdot 2H_2O$*

***$Ni(ClO_4)_2 \cdot 2H_2O$.*** Bldg. durch Entwässerung des 4- und 6-Hydrats, vgl. S. 596. — Dichte $D_4^{20}$ = 2.68. Das 2-Hydrat wird unter Atm.-Druck bei 170°C, im Vak. (1 Torr) bei 150°C unter Bldg. von $Ni_2O_3$, $O_2$, $Cl_2$ und Chloroxiden zersetzt, A. A. Zinov'ev, V. I. Naumova (*l. c.*). Die Löslichkeit in Furfurol und Cellosolve (Handelsname für Äthylenglykoläther) beträgt 20 bzw. 35 g $Ni(ClO_4)_2 \cdot 2H_2O$ je 100 ml Lsgm., A. L. Chaney, C. A. Mann (*J. Phys. Chem.* **35** [1931] 2289/2314, 2295).

*Aqueous Solution of Nickel(II) Perchlorate*

## Wäßrige Lösung von Nickel(II)-perchlorat

*Preparation*

**Darstellung.** Durch Abrauchen von $Ni(NO_3)_2$ mit überschüssigem wss. $HClO_4$, F. A. Cotton, F. E. Harris (*J. Phys. Chem.* **59** [1955] 1203/8), aus $NiCO_3$ und wss. $HClO_4$, T. E. Moore, R. J. Laran, P. C. Yates (*J. Phys. Chem.* **59** [1955] 90/91). Eine 0.05 m-$Ni(ClO_4)_2$-Lsg. wird durch Behandlung einer Kationenaustauschersäule (Amberlite I R 120) mit einer 0.1 m-$NiSO_4$- oder $NiCl_2$-Lsg., Eluieren der überschüssigen Ni-Salzlsg. mit $H_2O$ und Durchleiten einer 0.052 m-$Ba(ClO_4)_2$-Lsg. dargestellt. Infolge der stärkeren Affinität der Ba-Ionen zum Kationenaustauscher wird Ni durch Ba ersetzt. Die Ba-freien Fraktionen der Eluate bestehen aus reiner $Ni(ClO_4)_2$-Lsg., E. P. Serjeant (*Nature* **186** [1960] 963).

*Heat of Solution*

**Lösungswärme.** Integrale Lsg.-Wärme $L_i$ in kcal/mol (Definition s. „*Kalium*" S. 294), Verd. V in mol $H_2O$ je mol $Ni(ClO_4)_2 \cdot 6H_2O$, Temp. 25°C:

<table>
<tr><td>V . . .</td><td>1000</td><td>700</td><td>500</td><td>400</td><td>300</td><td>200</td><td>100</td><td>50</td><td>30</td><td>20</td><td>13</td><td>10</td><td>8.75</td></tr>
<tr><td>L<sub>i</sub> . .</td><td colspan="4">2.00</td><td>2.20</td><td colspan="3">2.30</td><td>2.34</td><td>2.49</td><td>2.95</td><td>3.30</td><td>3.64</td></tr>
</table>

S. A. Shchukarev, Z. U. Borisova, G. M. Orlova (*Zh. Obshch. Khim.* **30** [1960] 1053/5), vgl. auch S. N. Andreev, V. G. Khaldin, E. V. Stroganov (*Zh. Obshch. Khim.* **29** [1959] 1798/1801; *J. Gen. Chem. USSR* **29** [1959] 1770/3). Die in konz. Lsgg. ($V \leq 30$) erfolgende starke Zunahme der Lsg.-Wärme ist bei den Perchloraten von Ni, Co, Zn und Mg gleich. Dagegen unterscheiden sich bei größerer Verd. ($V > 30$) die Lsg.-Wärmen derselben Salze erheblich, S. A. Shchukarev, Z. U. Borisova, G. M. Orlova (*l. c.*).

*Density*

**Dichte** D von bei t°C gesätt. Lsgg. (vgl. Fig. im Original):

| t in °C | 0° | 10° | 20° | 25° | 35° | 40° | 45° | 50° | 55° | 60° |
|---|---|---|---|---|---|---|---|---|---|---|
| D. . | 1.570 | 1.572 | 1.583 | 1.584 | 1.590 | 1.597 | 1.606 | 1.646 | 1.599 | 1.597 |

A. A. Zinov'ev, V. I. Naumova (*Zh. Neorgan. Khim.* **4** [1959] 2009/13), s. auch H. Goldblum, F. Terlikowski (*Bull. Soc. Chim. France* [4] **11** [1912] 146/59, 149).

*Optical Absorption*

**Lichtabsorption.** Das Absorptionsspektrum einer 2.0 m-$Ni(ClO_4)_2$-Lsg. (vgl. Fig. 219, S. 599) weist Absorptionsmax. bei 395, 660 und 720 m$\mu$ auf. Das Absorptionsminimum liegt bei 499 m$\mu$; starke Durchlässigkeit zwischen 220 und 350 m$\mu$, Á. v. Kiss, P. Csokán (*Z. Anorg. Allgem. Chem.* **245** [1941] 355/64, 356, **247** [1941] 205/10), Á. v. Kiss, P. Csokán, G. Nyiri (*Z. Physik. Chem.* **190** [1942] 65/80, 68), Á. v. Kiss, R. Szabó (*Z. Anorg. Allgem. Chem.* **252** [1943] 172/84, 173), vgl. auch E. Major (*Acta Univ. Szeged. Acta Chem.-Phys.* **1** [1942/43] 17/34, 18, 23). Bei 30°C wird im sichtbaren Violett kontinuierliche Absorption und im sichtbaren Rot ein Max. bei 715 m$\mu$ beobachtet, K. Veeraiah, M. Qureshi (*J. Indian Chem. Soc.* **21** [1944] 127/30). Absorptionsmessungen zwischen 1000 und 300 m$\mu$ (s. **Fig. 219**) ergeben Max. bei 25.5 (1178), 41.1 (730), 45.2 (664) und $75.8 \times 10^{13}$ $sec^{-1}$ (396 m$\mu$), die außer dem Max. bei $25.5 \times 10^{13}$ $sec^{-1}$ konzentrationsabhängig sind (zum Vergleich sind Absorptionskurven für Perchlorate und Sulfate von Nickel-Äthylendiaminkomplexen mit eingezeichnet), H. Ito (*Nippon Kagaku Zasshi* **77** [1956] 1383/8). Der Verlauf der Extinktionskurven von Lsgg. verschiedener Konzz. ist zwischen 200 und 700 m$\mu$ gleich; in diesem Gebiet ist die Lichtabsorption unabhängig von der Konz., Á. v. Kiss, P. Csokán (*Z. Anorg. Allgem. Chem.* **245** [1941] 355/64, 357). Bei zunehmender Verd. wird eine Erhöhung des Extinktionskoeff. im sichtbaren Gebiet und eine Verschiebung des bei ~715 m$\mu$ liegenden Max. nach kürzeren Wellen beobachtet, K. Veeraiah, M. Qureshi (*l. c.*). Mathemat. Analyse des zwischen 1500 und 300 m$\mu$ beob. Bandenspektrums einer 0.2 m-Lsg. s. L. Lehotai (*Acta Chim. Acad. Sci. Hung.* **25** Nr. 1 [1960] 25/32; *Magy. Tud. Akad. Kem. Tud. Oszt. Kozlemen.* **14** [1960] 261/70). Die Absorptionsspektren einer wss. 0.1 m-$Ni(ClO_4)_2$-Lsg., einer 0.1 m-Lsg. von $Ni(ClO_4)_2$ in wss. m-$H_3PO_4$ und von $8.62 \times 10^{-6}$ bis $8.62 \times 10^{-5}$ m-Lsgg. in 0.02 m-KCN-Lsg. sind identisch, H. Freund, C. R. Schneider (*J. Am. Chem. Soc.* **81** [1959] 4780/3). Durch Zusätze von Äthylendiamin zu einer 0.2 m-Lsg. wird eine Verschiebung der bei 395 und 660 m$\mu$ liegenden Absorptionsmax. in Richtung kürzerer Wellen bewirkt,

E. Major (*l. c.* S. 24). Im UR-Spektrum einer 0.2 m-Lsg. werden Banden bei 627 und 1109 $cm^{-1}$ beobachtet, S. D. Ross (*Spectrochim. Acta* **18** [1962] 225/8). Unters. des UR-Spektrums s. auch S. A. Shchukarev, S. N. Andreev, T. G. Balicheva, L. N. Nechaeva (*Vestn. Leningr. Univ. Ser. Fiz. i Khim.* **16** Nr. 3 [1961] 120/4, *C. A.* **1962** 1066).

**Magnetische Suszeptibilität.** Molsusz. von $Ni(ClO_4)_2$ in einer 0.3189 mol $Ni(ClO_4)_2$ und 0.5910 mol $HClO_4$ je l enthaltenden wss. Lsg.: $\chi_{mol} = 5.90 \times 10^{-3}$ $cm^3$/mol. Bei Verd. der Lsg. auf 0.1594 mol $Ni(ClO_4)_2$ je l und Neutralisierung der Perchlorsäure mit Natronlauge bleibt $\chi_{mol}$ drei Std. lang *Magnetic Susceptibility*

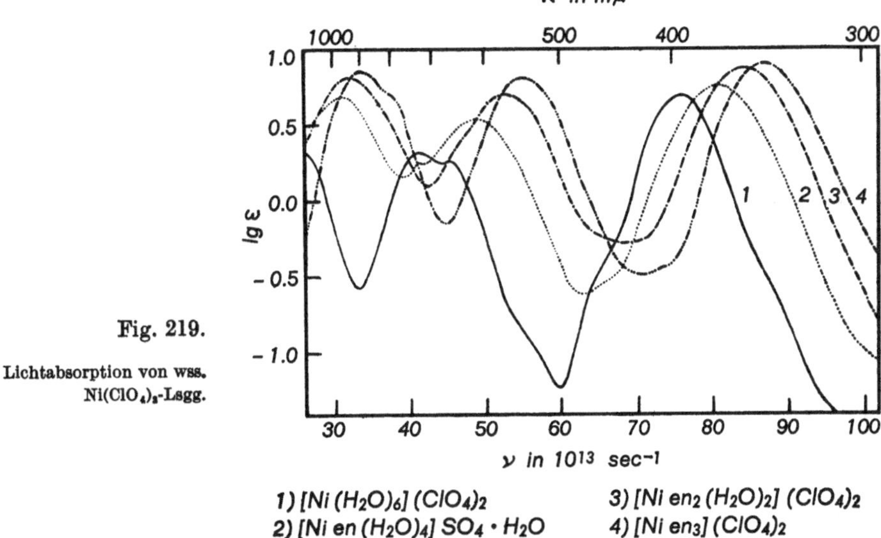


Fig. 219.

Lichtabsorption von wss. $Ni(ClO_4)_2$-Lsgg.

konst. und sinkt im Verlauf von 14 Tagen auf $4.55 \times 10^{-3}$ $cm^3$/mol, J. Vepřek-Šiška (*Chem. Listy* **49** [1955] 10/16, 12).

**Elektrische Leitfähigkeit.** Bei Einw. von Licht nimmt die Leitf. von wss. $Ni(ClO_4)_2$-Lsgg. zu. Die molare Leitf. einer unbelichteten und einer dem Licht ausgesetzten 0.1 m-Lsg. beträgt nach 88.5 Std. 224.7 bzw. 237.6 $cm^2 \cdot \Omega^{-1} \cdot mol^{-1}$. Nach 140std. Belichten einer 0.25 m-Lsg. steigt die molare Leitf. von 175.8 auf 186.6 $cm^2 \cdot \Omega^{-1} \cdot mol^{-1}$, K. Veeraiah, M. Qureshi (*J. Osmania Univ. Sci. Fac.* **11** [1943] 43/46). *Conductance*

**Konstitution der wäßrigen Lösung.** Absorptionsunterss. lassen auf die Ggw. von $[Ni(H_2O)_6]^{2+}$ in verd. Lsgg. schließen, Á. v. Kiss, P. Csokán (*Z. Anorg. Allgem. Chem.* **245** [1941] 355/64, 361), Á. v. Kiss, P. Csokán, G. Nyiri (*Z. Phys. Chem.* **190** [1942] 65/80, 74), E. Major (*Acta Univ. Szeged. Acta Chem.-Phys.* **1** [1942/43] 17/34, 28). Die Zunahme des Extinktionskoeff. mit der Verd. wird ebenfalls auf die Bldg. komplexer hydratisierter Ionen zurückgeführt. Möglicherweise werden die Ni-Ionen ähnlich wie bei dem $Ni(CH_3COO)_2$ einer fortschreitenden Hydratisierung unterworfen, K. Veeraiah, M. Qureshi (*J. Indian Chem. Soc.* **21** [1944] 127/30). Aus der Erhöhung des $p_H$-Wertes von mit wss. NaOH neutralisierten Lsgg. mit zunehmender Verd. wird auf die Bldg. eines bas. Perchlorats geschlossen. Das für die bas. Verb. charakterist. Ion $[Ni(OH)]^+$ polymerisiert in konzentrierteren Lsgg. möglicherweise unter Bldg. von $[Ni_7(OH)_{10}]^{4+}$- oder $[Ni_8(OH)_{10}]^{6+}$-Ionen, die beim Verd. in $[Ni(OH)]^+$-Ionen zerfallen und unter $Ni^{2+}$- und $(OH)^-$-Bldg. dissoziieren, F. Čůta, Z. Ksandr, M. Hejtmánek (*Chem. Listy* **50** [1956] 1064/71, 1067). Auch die Abhängigkeit der magnet. Susz. des $Ni^{2+}$ von Konz., $p_H$ und Alterung von $Ni(ClO_4)_2$-Lsgg. wird auf die Bldg. von bas. Perchloraten in den Lsgg. zurückgeführt, J. Vepřek-Šiška (*Chem. Listy* **49** [1955] 10/16, 11). *Nature of Aqueous Solution*

**Reaktionen.** In der Bunsenflamme zersetzen sich $Ni(ClO_4)_2$-Lsgg. unter schwachen Detonationen, H. Goldblum, F. Terlikowski (*Bull. Soc. Chim. France* [4] **11** [1912] 103/11, 104). Aus einer Lsg. *Reactions*

mit $p_H = 5.37$ wird bei Zusatz von Natronlauge bei 90°C $Ni(OH)_2$ quantitativ ausgefällt, F. Čůta, Z. Ksandr, M. Hejtmánek (*Chem. Listy* **48** [1954] 1341/5). Bei Zugabe einer NaF-Lsg. zu einer $Ni(ClO_4)_2$-Lsg. bei 20°C und konst. $p_H$ wird die Bldg. des monomolekularen Komplexes $[NiF]^+$ beobachtet, S. Ahrland, K. Rosengren (*Acta Chem. Scand.* **10** [1956] 727/34, 733). In $Ni(ClO_4)_2$ und $NaCH_3COO$ enthaltenden wss. Lsgg. bilden sich $Ni(CH_3COO)^+$ und $Ni(CH_3COO)_2$ bei $CH_3COO^-$-Konzz. bis 0.5 mol/g, S. Fronæus (*Acta Chem. Scand.* **6** [1952] 1200/11). — Die Löslichkeit von n-Butanol in $H_2O$ wird durch Perchloratzusätze stark erhöht. In 2.6 n-$Ni(ClO_4)_2$-Lsg. ist Butanol unbegrenzt lösl., A. Durand-Gasselin, J. Duclaux (*J. Chim. Phys.* **37** [1940] 89/94). Eine Lsg. der Konz. 0.275 val/l ist mit Butanon vollständig mischbar, J. Duclaux, A. Durand-Gasselin (*J. Chim. Phys.* **35** [1938] 189/92). Über die Rk. von $Ni(ClO_4)_2$ mit Acetylaceton in wss. Lsg. s. R. M. Izatt, W. C. Fernelius, B. P. Block (*J. Phys. Chem.* **59** [1955] 235/7), R. M. Izatt, C. G. Haas, B. P. Block, W. C. Fernelius (*J. Phys. Chem.* **58** [1954] 1133/6). Chelatbldg. bei der Rk. zwischen $Ni(ClO_4)_2$ in wss. Lsg. und Äthylen- oder Trimethylendiamin s. bei F. A. Cotton, F. E. Harris (*J. Phys. Chem.* **59** [1955] 1203/8). Mit Pyridin bilden sich in wss. Lsg. blaue Kristalle der Zus. $[Ni(C_5H_5N)_6](ClO_4)_2 \cdot 4H_2O$, R. Weinland, K. Effinger, V. Beck (*Arch. Pharm.* **265** [1927] 352/79).

*Nonaqueous Solution of Nickel(II) Perchlorate*

## Nichtwäßrige Lösung von Nickel(II)-perchlorat

*Alcohols*

**Alkohole.** Das Absorptionsspektrum einer $Ni(ClO_4)_2$-Lsg. in Äthanol weist Absorptionsmax. bei ~400, 670 und 720 mμ auf. Durch Zusatz von $LiNO_3$ wird die Absorption stark erhöht, L. I. Katzin, E. Gebert (*Nature* **175** [1955] 425/6). — Über den Einfluß von LiCl, LiBr, LiCNS und Tetrabutylammoniumjodid auf die im Bereich von 210 bis 350 mμ liegende Absorptionsbande von $Ni(ClO_4)_2$-Lsgg. in Isopropanol s. L. I. Katzin (*J. Chem. Phys.* **20** [1952] 1165/9; *Nature* **182** [1958] 1013/4). — $Ni(ClO_4)_2$ kann durch Butanol aus wss. 0.1 m-Lsg. extrahiert werden. Der Verteilungskoeff. beträgt $7.7 \pm 0.5$ und entspricht annähernd den Werten für Mg-, Ca-, Sr-, Zn-, Mn-, Co- und Cu-Perchlorat-lsgg. gleicher Anfangskonz., W. Libuś, M. Siekierska, Z. Libuś (*Roczniki Chem.* **31** [1957] 1293/1302, 1300). — Eine wasserfreie Lsg. von $Ni(ClO_4)_2$ in 2-Octanol wird bei der Umsetzung von äquiv. Mengen $AgClO_4$ und $NiCl_2$ in wasserfreiem Octanol unter quantitativer Ausfällung von AgCl erhalten, W. D. Beaver, L. E. Trevorrow, W. E. Estill, P. C. Yates, T. E. Moore (*J. Am. Chem. Soc.* **75** [1953] 4556/60). Eine Mischung von wss. 1.3 m- bis 3.8 m-$Ni(ClO_4)_2$-Lsg. mit 2-Octanol wird 24 Std. bei gewöhnl. Temp. geschüttelt und zur Phasentrennung 6 Std. bei 30°C stehen gelassen. Das vom 2-Octanol extrahierte Perchlorat enthält 10 mol Hydratwasser, P. C. Yates, R. Laran, R. E. Williams, T. E. Moore (*J. Am. Chem. Soc.* **75** [1953] 2212/5). Die Verteilungskoeff. von $Ni(ClO_4)_2$ und $Co(ClO_4)_2$ zwischen $H_2O$ und 2-Octanol sind bei 30°C nahezu gleich und erheblich größer als der für $NiCl_2$ gefundene Wert. Vermutlich liegen in der alkohol. Phase die Perchlorate als hydratisierte Ionen und Ionenpaare vor, T. E. Moore, R. J. Laran, P. C. Yates (*J. Phys. Chem.* **59** [1955] 90/91).

*Ether*

**Äther.** Eine gelbe Lsg. von $Ni(ClO_4)_2$ in Diäthyläther $C_4H_{10}O$ wird durch Einw. einer äther. $AgClO_4$-Lsg. auf $NiBr_2$-Pulver dargestellt. Beim Eindampfen im trocknen Luftstrom bildet sich gelbes $Ni(ClO_4)_2 \cdot C_4H_{10}O$. Mit Dioxan $C_4H_8O_2$ reagiert das Perchlorat in äther. Lsg. unter Bldg. von gelbem $Ni(ClO_4)_2 \cdot 2C_4H_8O_2$, G. Monnier (*Ann. Chim.* [*Paris*] [13] **2** [1957] 14/57, 46). — Für die elektr. Leitf. von $Ni(ClO_4)_2 \cdot 2H_2O$-Lsgg. in Cellosolve (Handelsname für Äthylenglykoläther) werden bei höheren Konzz. relativ niedrige Werte erhalten. Bei Konzz. $< 0.01$ n nimmt die Leitf. rasch mit der Verd. zu, A. L. Chaney, C. A. Mann (*J. Phys. Chem.* **35** [1931] 2289/2314, 2298). — Über Chelatbldg. in Dioxan mit β-Diketonen s. D. M. Ericson, W. C. Fernelius (NYO-7711 [1956] 1/5, *N.S.A.* [1956] Nr. 8182), mit $NH_3$ und verschiedenen organ. Verbb. s. L. G. van Uitert, W. C. Fernelius (*J. Am. Chem. Soc.* **76** [1954] 375/9, 379/83).

*Acetone*

**Aceton.** Stark verd. Lsgg. von $Ni(ClO_4)_2$ in Aceton ($\sim 2 \times 10^{-4}$ m) sind grün und haben ein charakterist. Absorptionsmax. bei 410 mμ. Durch LiCl-Zusatz (bis zu 2 val/l) wird das Max. intensiver und verschiebt sich nach ~423 mμ. Weitere Erhöhung der $Cl^-$-Konz. hat eine Abschwächung dieses Max. zur Folge, das bei der Konz. 4 mol $Cl^-$ je mol Ni verschwindet. Gleichzeitig werden die Max. bei größeren Wellenlängen verstärkt. Die Lsgg. mit hoher $Cl^-$-Konz. sind tiefblau und ergeben ähnliche Spektren wie $[CoCl_4]^{2-}$, L. I. Katzin (*Nature* **182** [1958] 1013/4).

*Furfural*

**Furfurol.** Bestt. der Äquivalentleitf. von $Ni(ClO_4)_2 \cdot 6H_2O$- und $Ni(ClO_4)_2 \cdot 2H_2O$-Lsgg. in Furfurol ergeben, daß die Hydratationszahl die Leitf. nicht beeinflußt, A. L. Chaney, C. A. Mann (*J. Phys. Chem.* **35** [1931] 2289/2314, 2298).

**Dimethylformamid.** Im Absorptionsspektrum einer 0.1 m-Lsg. von $Ni(ClO_4)_2 \cdot 6H_2O$ in Dimethylformamid treten bei 25°C Absorptionsmax. bei 400 und 670 mμ auf. Die durch Zusatz von $LiCH_3COO$, LiCl, $NaNO_3$ und $KClO_4$ bewirkte Verschiebung der Max. nimmt in der Reihenfolge $Cl^-$, $CH_3COO^-$, $NO_3^-$, $ClO_4^-$ ab, R. T. PFLAUM, A. I. POPOV (*Anal. Chim. Acta* **13** [1955] 165/71, 167, 169). *Dimethylformamide*

**Tributylphosphat.** Bei Absorptionsunterss. an Lsgg. in Tributylphosphat werden ähnliche Ergebnisse wie mit aceton. Lsgg. (vgl. S. 600) erhalten, L. I. KATZIN (*Nature* **182** [1958] 1013/4). *Tributyl Phosphate*

### *Nickel(II)-nitrosylchlorid Ni(NO)Cl (?).*

*Nickel(II) Nitrosylchloride*

Bei Behandlung einer Mischung von wasserfreiem $NiCl_2$ und Ni-Pulver mit NO bei 150° bis 200° bildet sich im kälteren Tl. des Rk.-Rohres ein schwacher grüner Anflug, der vermutlich aus Ni(NO)Cl besteht und nicht isoliert werden kann. Die Darst. durch Einw. von $Cl_2$ auf Ni(NO)Br (s. S. 615) und Ni(NO)J (s. S. 626) bei gewöhnl. Temp. oder durch Behandlung von feinverteiltem Ni mit einem $NO$-$Cl_2$-Gemisch bei 200° gelingt nicht, W. HIEBER, R. NAST (*Z. Anorg. Allgem. Chem.* **244** [1940] 23/47, 40).

### *Nickel(II)-fluorochlorat $NiClO_3F \cdot 7H_2O$.*

*Nickel(II) Fluorochlorate*

Zur Darst. wird einem Gemisch von $NiF_2$ und $Ni(ClO_3)_2$-Lsg. nach 15 Min. langem Schütteln auf dem Wasserbad tropfenweise konz. $HNO_3$ zugesetzt, bis eine klare Lsg. entsteht. Die Lsg. wird 1 Std. auf dem Wasserbad geschüttelt und auf gewöhnl. Temp. abgekühlt. Aus dem Filtrat scheidet sich über konz. $H_2SO_4$ die krist. Verb. ab, die abgesaugt, mit $H_2O$, dann mit Äthanol gewaschen und an der Luft getrocknet wird. Bei 30° erfolgt Umwandlung in das Hexahydrat. Leicht lösl. in $H_2O$ Zersetzt sich beim Schmelzen mit Alkalicarbonaten. Mit Alkalisulfaten und Alkalifluoroberyllaten Bldg. von Doppelsalzen. Beim Versetzen mit $BaCl_2$-, $CaCl_2$-, $Sr(NO_3)_2$- und $Pb(NO_3)_2$-Lsgg. fallen die entsprechenden Fluorochlorate aus. Mischkristallbldg. mit Ni-Sulfat, Ni-Oxyfluoroborat und Ni-Fluoroberyllat. In wss. Lsg. ist die sekundäre Dissoz. des Anions in $F_2$ und $ClO_3^-$ sehr gering. Fällung der Lsg. durch $CaCl_2$ erst beim Sieden, A. RAY, G. MITRA (*J. Indian Chem. Soc.* **37** [1960] 781/4), G. MITRA, A. RAY (*Sci. Cult.* [*Calcutta*] **21** [1956] 379/80).

***$NiClO_3F \cdot 6H_2O$*** entsteht bei 30° aus dem 7-Hydrat. Es ist isomorph mit $ZnAsO_3F \cdot 6H_2O$, A. RAY, G. MITRA (*l. c.*). *$NiClO_3F \cdot 6H_2O$*

# Nickel und Brom

*Nickel and Bromine*

**Die NiBr-Molekel.** Gasf. NiBr bildet sich in der Flamme eines mit einer flüchtigen Br-haltigen Fl. teilweise gesätt. Gasstroms beim Einsprühen einer verd. wss. $Ni^{2+}$-Salzlsg. (Flammentemp. 1500 bis 2600°K). Flammenphotometr. Unterss. ergeben für die Dissoz.-Energie bei 0°K $D_0 = 85 \pm 3$ kcal/mol, E. M. BULEWICZ, L. F. PHILLIPS, T. M. SUGDEN (*Trans. Faraday Soc.* **57** [1961] 921/31, 921, 929). Wie beim NiCl (s. S. 537) ist auch über die Elektronenterme von NiBr keine sichere Aussage möglich. Das Bandenspektrum besteht aus mindestens 6 Systemen (Nullinien zwischen 21792 und 24326 $cm^{-1}$), von denen 3 aus Q- und R-Zweigen bestehen, 3 nur einen Bandenkopf haben, S. P. REDDY, P. TIRUVENGANNA RAO (*Proc. Phys. Soc.* [*London*] **75** [1960] 275/9). Infolge geringeren Auflösungsvermögens registriert V. G. KRISHNAMURTY (*Current Sci.* [*India*] **21** [1952] 98; *Indian J. Phys.* **26** [1953] 429/41) nur 3 Bandensysteme; auch von P. MESNAGE (*Compt. Rend.* **204** [1937] 1929/31; *Ann. Phys.* [*Paris*] [11] **12** [1939] 5/87, 42) werden nur 3 Systeme gefunden. *The NiBr Molecule*

## *Nickel(II)-bromid $NiBr_2$*

*Nickel(II) Bromide*

**Die $NiBr_2$-Molekel.** Im Dampfzustand liegt $NiBr_2$ als monomere Molekel vor. Obwohl dimeres $Ni_2Br_4$ im Dampf nicht nachgewiesen werden kann, wird auf Grund der für die Dissoz. von 1 Mol gasf. $Ni_2Br_4$ in 2 Mol gasf. $NiBr_2$ aus Dampfdruckdaten von H. SCHÄFER, L. BAYER, G. BREIL, K. ETZEL, K. KREHL (*Z. Anorg. Allgem. Chem.* **278** [1955] 300/9), H. SCHÄFER, H. JACOB (*Z. Anorg. Allgem. Chem.* **286** [1956] 56/7) ber. Werte für die Rk.-Enthalpie ($\Delta H^\circ < 38.2$ kcal) und die freie Rk.-Enthalpie ($\Delta G^\circ < 14.1$ kcal) angenommen, daß $Ni_2Br_4$ nicht weniger stabil ist als andere dimere Halogenide, R. C. SCHOONMAKER, A. H. FRIEDMAN, P. F. PORTER (*J. Chem. Phys.* **31** [1959] 1586/9). *The $NiBr_2$ Molecule*

Das zwischen 640 und 660°C bei 353 mμ auftretende Absorptionsmax. soll nach K. BUTKOV, I. WOJCIECHOWSKA (*Z. Phys. Chem.* B **49** [1941] 131/44, 132) der Dissoz. der $NiBr_2$-Molekel in NiBr +

Br zuzuordnen sein. — Die Bindungsenergie berechnet T. L. ALLEN (*J. Chem. Phys.* **26** [1957] 1644/7) zu 73.0 kcal/mol. — Der ionische Anteil der Bindung beträgt 48%, K. B. YATSIMIRSKII (*Izv. Akad. Nauk SSSR, Otd. Khim. Nauk* **1948** 590/7), K. YAMAMOTO, K. SATO (*Bull. Chem. Soc. Japan* **27** [1954] 496/501).

*Formation. Preparation*

## Bildung und Darstellung

*By Thermal Decomposition of Ni Compounds*

**Durch thermische Zersetzung von Ni-Verbindungen.** Die Entwässerung von $NiBr_2 \cdot 6H_2O$ zur Darst. der wasserfreien Verb. erfolgt im $CO_2$-Strom, E. BECKMANN (*Z. Anorg. Allgem. Chem.* **51** [1906] 236/44, 243), durch Erhitzen in Luft und Vak.-Sublimation, W. FISCHER, R. GEWEHR (*Z. Anorg. Allgem. Chem.* **222** [1935] 303/11, 310), N. V. SIDGWICK (*The Chemical Elements and their Compounds, Bd.* 2, *Oxford* 1950, S. 1433), in HBr-Atm. bei ~200°C, G. MONNIER (*Ann. Chim.* [*Paris*] [13] **2** [1957] 14/57, 30), A. FERRARI, F. GIORGI (*Atti Accad. Naz. Lincei Rend. Classe Sci. Fis. Mat. Nat.* [6] **9** [1929] 1134/40, 1135), durch Erhitzen im $N_2$-Strom, M. J. RICE, T. R. P. GIBB, E. G. MELONI (NYO-7542 [1955/56] 1/19, 3, *N.S.A.* **12** [1958] Nr. 4075), s. auch M. J. RICE (NYO-3919 [1955] 1/35, 23, *N.S.A.* **10** [1956] Nr. 1641). Entwässerung durch 10 Min. langes Erhitzen von ~1 g $NiBr_2 \cdot 6H_2O$ in 10 ml Benzoylbromid unter Rückfluß. Das gebildete $NiBr_2$ wird dekantiert, mit Benzoylbromid gewaschen, einige Min. mit absol. $CCl_4$ unter Rückfluß erhitzt und im Vak. bei 100°C getrocknet, V. GUTMANN, K. UTVARY (*Monatsh. Chem.* **90** [1959] 751/61, 760).

$NiBr_2$ wird durch Abbau von $NiBr_2 \cdot 6NH_3$ unter langsamer Steigerung der Temp. von 60° auf 235° dargestellt, W. BILTZ, E. BIRK (*Z. Anorg. Allgem. Chem.* **127** [1923] 34/42, 35). Das aus $NiBr_2$ und $NH_3$-Gas bei 80 bis 120°C gebildete Ammin zerfällt bei weiterem Erhitzen in $NH_3$-Atm. unter Bldg. sehr feiner $NiBr_2$-Kristalle, R. JUZA, W. SACHSZE (*Z. Anorg. Allgem. Chem.* **251** [1943] 201/12, 203). — Das in äther. $Br_2$-Lsg. mit Ni gebildete $NiBr_2 \cdot (C_2H_5)_2O$ zersetzt sich beim Erhitzen unter $NiBr_2$-Bldg., F. DUCELLIEZ, A. RAYNAUD (*Compt. Rend.* **158** [1914] 2002/3).

*From the Elements*

**Aus den Elementen.** Entsteht durch langsames Erhitzen von feinverteiltem Ni und trocknem $Br_2$ im Vak. auf 700°. Die Rk. beginnt bei Rotglut, K. V. BUTKOV, I. A. VOITSEKHOVSKAYA (*Zh. Fiz. Khim.* 18 [1944] 409/18, 409; *Z. Phys. Chem.* B **49** [1941] 131/44, 132), s. auch T. W. RICHARDS, A. S. CUSHMAN (*Z. Anorg. Allgem. Chem.* **16** [1898] 167/83, 169). Bromierung beim Überleiten eines brombeladenen $N_2$-Stroms über Co-freies Ni, W. FISCHER, R. GEWEHR (*l. c.*), R. JUZA, W. SACHSZE (*l. c.* S. 202). Von fl. $Br_2$ wird Ni bei gewöhnl. Temp. kaum angegriffen; die Bromierung setzt erst beim Sdp. von $Br_2$ ein, F. DUCELLIEZ, A. RAYNAUD (*Bull. Soc. Chim. France* [4] **15** [1914] 727/8). Bldg. bei Zusatz von überschüssigem $Br_2$ zu einer ~0.1 Mol Ni-Pulver in 100 ml Methanol enthaltenden Suspension, D. S. CROCKET, H. M. HAENDLER (*J. Am. Chem. Soc.* **82** [1960] 4158/62). Durch Red. von $NiCl_2$ bei 400°C im $H_2$-Strom erhaltenes Ni wird mit wasserfreiem Äther überschichtet und mit über $CoBr_2$ getrocknetem $Br_2$ 12 Std. unter Rückfluß gekocht. Nach mehrmaligem Waschen mit trocknem Äther und Entfernung der letzten Ätherreste im Vak. wird der gelbliche Rückstand pulverisiert und im Vak. auf 130° erhitzt, G. CRUT (*Bull. Soc. Chim. France* [4] **35** [1924] 550/84, 583), G. BRAUER (*Handbuch der präparativen anorganischen Chemie, Stuttgart* **1954**, S. 1155). Entgegen der Angabe von J. NICKLÈS (*Compt. Rend.* **52** [1861] 869/71), daß eine äther. $Br_2$-Lsg. Ni selbst bei längerer Einw. nur wenig angreift, wird unter Ausschluß von Luftfeuchtigkeit zwischen der äther. $Br_2$-Lsg. und Ni bei gewöhnl. Temp. eine lebhafte Rk. beobachtet, bei der eine pulverförmige Verb. der Zus. $NiBr_2 \cdot (C_2H_5)_2O$ entsteht, die sich beim Erhitzen auf 150°C unter Bldg. von wasserfreiem $NiBr_2$ zersetzt. Die $NiBr_2$-Bldg. wird durch die Additionsverb. begünstigt, F. DUCELLIEZ, A. RAYNAUD (*l. c.*). Beim Einleiten eines mit $Br_2$ beladenen $CO_2$-Stromes in eine in $CO_2$-Atm. befindliche Suspension von ~3 g feinverteiltem Ni in 100 ml wasserfreiem Äthyläther unter Schütteln fällt quantitativ $NiBr_2$ aus. Es wird unter Luftabschluß abfiltriert, gewaschen und über konz. $H_2SO_4$ getrocknet, J. R. MASAGUER FERNANDEZ, A. BUSTELO DURAN (*Anales Real Soc. Espan. Fis. Quim.* [*Madrid*] *Ser.* B **55** [1959] 823/34, 826, 830).

*By Bromination of Ni and Ni Compounds*

**Durch Bromierung von Ni und Ni-Verbindungen.** Frisch red. Nickel reagiert bei gewöhnl. Temp. nur in Ggw. von $O_2$ mit gasf. HBr unter Bldg. von $NiBr_2$ und $H_2$; vermutlich wird HBr durch $O_2$ aktiviert, Y. URUSHIBARA, O. SIMAMURA (*Bull. Chem. Soc. Japan* **13** [1938] 407). $NiBr_2$ wird durch Überleiten von HBr über Ni bei Rotglut dargestellt, R. C. SCHOONMAKER, A. H. FRIEDMAN, R. F. PORTER (*J. Chem. Phys.* **31** [1959] 1586/8). — Ni-Pulver reagiert mit geschmolzenem Jodbromid beim Erwärmen unter $NiBr_2$-Bldg. Die Schmelze wird mit $CCl_4$ extrahiert, $NiBr_2$ im $N_2$-Strom abfiltriert

und im Vak. von anhaftendem $CCl_4$ befreit, V. GUTMANN (*Monatsh. Chem.* **82** [1951] 280/6, 285). — Bei der Elektrolyse einer Lsg. von $CuBr_2$ in Acetonitril in $N_2$-Atm. mit Ni-Anode und Pt-Kathode entsteht bei gewöhnl. Temp. eine Lsg. von $NiBr_2$ in Acetonitril. Sie wird im Vak. unter Ausschluß von Luftfeuchtigkeit eingedampft, wobei das Salz wahrscheinlich als Acetonitrilsolvat zurückbleibt. Durch vorsichtiges Erhitzen im Vak. wird es in solvatfreies $NiBr_2$ übergeführt, H. SCHMIDT (*Z. Anorg. Allgem. Chem.* **271** [1953] 305/20, 319).

Nickeloxid reagiert schon bei unter Rotglut liegenden Tempp. mit gasf. HBr unter $NiBr_2$-Bldg.; Rk.-Geschw. und Ausbeute werden durch Zugabe kleiner Mengen $S_2Cl_2$ erhöht. Bei zu raschem Überleiten von HBr verläuft die Bromierung unvollständig, F. BOURION (*Compt. Rend.* **145** [1907] 243/6). Die Rk. zwischen NiO und $S_2Br_2$ beginnt bei ~250°C; bei 500°C wird langsame, bei 700°C rasche und vollständige Bromidbldg. beobachtet, BARRE (*Bull. Soc. Chim. France* [4] **11** [1912] 433/40, 437).

Nickelchlorid setzt sich im HBr-Strom zu $NiBr_2$ um, G. CRUT (*l. c.* S. 575).

Die Darst. aus Nickelacetat und Acetylbromid in Benzollsg. entspricht der $NiCl_2$-Darst. aus dem Acetat und Acetylchlorid, G. W. WATT, P. S. GENTILE, E. P. HELVENSTON (*J. Am. Chem. Soc.* **77** [1955] 2752/3), s. S. 540.

*From Nickel Bromide Solution*

**Aus Nickelbromidlösung.** Nach Absorptionsmessungen zwischen 700 und 500 mμ an 0.1 m-Lsgg. von $NiSO_4$ in wss. HBr bilden sich $NiBr_2$ und $[NiBr_4]^{2-}$. Gehalt der Lsgg. an $NiSO_4$, $NiBr_2$ und $[NiBr_4]^{2-}$ (HBr-Konz. in mol/l):

| $C_{mol}$ | 4 | 5 | 6 | 7 | 8 | 9 | 10 | 11 |
|---|---|---|---|---|---|---|---|---|
| % $NiSO_4$ | 90 | 63.2 | 31.6 | 10.8 | 1.9 | — | — | — |
| % $NiBr_2$ | 10 | 36.4 | 65.2 | 76 | 60.6 | 24 | 5 | 1 |
| % $[NiBr_4]^{2-}$ | — | — | 3.2 | 13.2 | 37.5 | 76 | 95 | 99 |

P. JOB (*Compt. Rend.* **200** [1935] 831/2).

Eindampfen von $NiCO_3$- oder $Ni(OH)_2$-Lsgg. in wss. HBr auf dem Wasserbad bis zur Trockne, Umkristallisieren des Rückstands aus Alkohol und Trocknen bei 140°C, J. A. A. KETELAAR (*Z. Krist.* **88** [1934] 26/34, 26), s. auch W. HIEBER, R. NAST (*Z. Anorg. Allgem. Chem.* **244** [1940] 23/47, 39). Die Lsg. von $NiCO_3$ in wss. HBr kann auch im Vak. eingedampft und der aus $NiBr_2$ bestehende Rückstand bei ~250° im $HBr$-$H_2$-Strom getrocknet werden, S. A. SHCHUKAREV, T. A. TOLMACHEVA, M. A. ORANSKAYA (*Zh. Obshch. Khim.* **24** [1954] 2093/2109, 2096).

*Preparation in Pure State*

**Reindarstellung.** Als Ausgangsmaterial für die Reindarst. von $NiBr_2$ für Atomgew.-Bestt. von Ni wird $NiCl_2$ verwendet, das durch Behandlung mit wss. $HNO_3$ in $Ni(NO_3)_2$ übergeführt wird. Beim Sättigen der wss. Nitratlsg. mit dest. $NH_3$ bildet sich Ni-Ammoniumnitrat, das viermal aus heißer, mit $NH_3$ gesätt. Lsg. umkristallisiert wird. Durch Kochen der mit $H_2O$ verd. Lsg. bis zum Aufhören der $NH_3$-Entw. wird das Ni-Ammoniumnitrat unter $Ni(OH)_2$-Bldg. hydrolysiert. Nach Auswaschen und Trocknen wird das Hydroxid durch Erhitzen in NiO umgewandelt und in wss. $HNO_3$ unter Nitratbldg. gelöst. Die Zers. des dreimal aus konz. $HNO_3$ umkrist. $Ni(NO_3)_2$ ergibt NiO, das in reinem wss. HBr gelöst wird. Es bildet sich ein wasserhaltiges Bromid, das viermal umkristallisiert und über geschmolzenem KOH bei gewöhnl. Temp. entwässert wird. Die letzten $H_2O$-Reste werden bei ~360° im $N_2$-HBr-Strom abgespalten. Alle Rkk. werden in Pt- oder Quarzgefäßen durchgeführt. Das so erhaltene $NiBr_2$ wird 3mal in $N_2$-HBr-Atm. sublimiert, um das in geringen Mengen vorhandene Si zu entfernen. Das Endprod. wird über geschmolzenem KOH aufbewahrt, G. P. BAXTER, S. ISHIMARU (*J. Am. Chem. Soc.* **51** [1929] 1729/35, 1731). Über die Reindarst. aus meteorit. Ni für vergleichende Atomgew.-Bestt. s. G. P. BAXTER, S. ISHIMARU (*l. c.* S. 1732). Über Tiegel- und Rohrmaterialien sowie Reinigung der Ausgangssubstt. zur Reindarst. von $NiBr_2$ s. T. W. RICHARDS, A. S. CUSHMAN (*Proc. Am. Acad. Arts Sci.* **34** [1899] 327/48, 328). — Die Reinigung von $NiBr_2$ erfolgt durch Sublimation im Vak., W. FISCHER, R. GEWEHR (*Z. Anorg. Allgem. Chem.* **222** [1935] 303/11, 310), R. JUZA, W. SACHSZE (*Z. Anorg. Allgem. Chem.* **251** [1943] 201/12, 202), durch Sublimation bei 900° in einem trocknen $CO_2$-freien Strom von $N_2$ und HBr, G. CRUT (*Bull. Soc. Chim. France* [4] **35** [1924] 550/84, 583), G. BRAUER (*Handbuch der präparativen anorganischen Chemie, Stuttgart* 1954, S. 1155).

*Preparation of Single Crystals*

**Darstellung von Einkristallen.** In einer von I. TSUBOKAWA (*J. Phys. Soc. Japan* **15** [1960] 1664/8) beschriebenen App. werden beim Überleiten von $Br_2$-Dampf (99.9%ig) über Ni-Pulver (99.9%ig) bei ~720°C $NiBr_2$-Einkristalle erhalten, I. TSUBOKAWA (*J. Phys. Soc. Japan* **15** [1960] 2109).

*Thermodynamic Data of Formation*

## Thermodynamische Daten der Bildung

Bildungswärme Q in kcal/mol: 54.2, nach Messungen anderer Autoren für die Bldg. von $NiBr_2$ aus den Elementen unter Standardbedingungen berechnet, F. D. ROSSINI, D. D. WAGMAN, W. H. EVANS, S. LEVINE, I. JAFFE (*Circ. Nat. Bur. Stand.* Nr. 500 [1952] 247), W. M. LATIMER (*The Oxidation States of the Elements and their Potentials in Aqueous Solutions, 2. Aufl., New York* 1952, S. 199); 53.4 bei 18°C, 1 atm, F. R. BICHOWSKI, F. D. ROSSINI (*The Thermochemistry of the Chemical Substances, New York* 1952, S. 85); 61.5 bei gewöhnl. Temp., 63.5 bei 0°K, P. MESNAGE (*Ann. Phys.* [*Paris*] [11] **12** [1939] 5/87, 29); 59 ± 2, berechnet für $Ni_{fest} + Br_{2\,gasf} = NiBr_{2\,fest}$, L. BREWER, L. A. BROMLEY, P. W. GILLES, N. L. LOFGREN (*Nat. Nucl. Energy Ser. Div.* IV **19** B [1950] 76/192, 110). Q = 61.5, aus der Rk. von $NiBr_2$ mit $H_2$ berechnet, G. CRUT (*Bull. Soc. Chim. France* [4] **35** [1924] 729/41, 740), 55.48 im Temp.-Bereich 623 bis 790°K, ~50 zwischen 790 und 928°K, S. A. SHCHUKAREV, T. A. TOLMACHEVA, M. A. ORANSKAYA (*Zh. Obshch. Khim.* **24** [1954] 2093/2109, 2104, *C.A.* **1956** 5439), s. auch S. A. SHCHUKAREV, M. A. ORANSKAYA (*Zh. Obshch. Khim.* **24** [1954] 2109/19, 2116). Q = 52.79, aus den Bldg.-Wärmen zweier anderer Halogenverbb. des Ni (vgl. S. 529) berechnet, H. W. ANDERSON, L. A. BROMLEY (*J. Phys. Chem.* **63** [1959] 1115/8). Q = 3.1 ± 0.03 eV (71.3 ± 6.9 kcal/mol) und 2.7 ± 0.03 eV (62.1 ± 6.9 kcal/mol), bei gewöhnl. Temp. calorimetrisch bestimmt bzw. nach dem HABER-BORNschen Kreisprozeß für 0°K berechnet, E. THILO (*Die Valenz der Metalle Fe, Co, Ni, Cu und ihre Verbindungen mit Dioximen, Stuttgart* 1932, S. 17). Die Rk. $Ni_{gasf} + 2\,Br_{gasf} = NiBr_{2\,gasf}$ ergibt Q = 160, P. MESNAGE (*l. c.*).

Über konst. Differenzen der Bldg.-Wärmen von Verbb. mit gleichem Anionenpaar, z. B. $NiCl_2$-$NiBr_2$ und $CoCl_2$-$CoBr_2$, s. K. B. YATSIMIRSKII (*Zh. Neorgan. Khim.* **3** [1958] 2244/52, 2250). Abhängigkeit der Bldg.-Wärme zweiwertiger Metallhalogenide von den Nullpunktsvol. der freien Halogene s. O. SCHÜTZ, F. EPHRAIM (*Helv. Chim. Acta* **9** [1926] 920/3).

Freie Bildungsenergie in kcal/mol: $\Delta G^\circ_{298} = -50.8$, W. M. LATIMER (*l. c.*). Die Berechnung eines Näherungswertes nach $\Delta G^\circ_{298} = A \cdot \Delta H^\circ_{298} + B$ mit den für Bromide zweiwertiger Metalle angegebenen Konstt. A = 0.983 und B = 2.20 ergibt nach Anwendung einer graph. Korrektur nach M. KH. KARAPET'YANTS (*Zh. Fiz. Khim.* **28** [1954] 186/7) $\Delta G^\circ_{298} = -48$, M. KH. KARAPET'YANTS (*Zh. Fiz. Khim.* **28** [1954] 353/8).

Bildungsentropie $\Delta S = -32.45$ cal/mol·grd im Temp.-Bereich 623 bis 790°K, S. A. SHCHUKAREV u. a. (*l. c.*). Der Wert $(\Delta G - \Delta H^\circ_{298})/T$ in cal/grd berechnet sich für 298.1°K zu 36, für 500 und 1000°K zu 35, für $NiBr_{2\,fl}$ bei 1500°K zu 28, L. BREWER u. a. (*l. c.*).

*Modifications*

## Zustandsformen

Bei gewöhnl. Temp. kann $NiBr_2$ in 2 verschiedenen Formen existieren, von denen eine metastabil ist; das Gitter der einen Form ist dem des $CdCl_2$ gleich (C 19-Typ), das der anderen ist aus 2 Schichtengruppen abwechselnd zusammengesetzt („Wechselstruktur"), die die Symmetrie des $CdCl_2$ bzw. eines der $CdJ_2$-Gitter (C6-Typ) haben. Beim Erhitzen auf 600°C erfolgt der irreversible Umbau von der Wechselstruktur zum C19-Gitter, J. A. A. KETELAAR (*Z. Krist.* **88** [1934] 26/34, 27).

Für den Dampfdruck zwischen 1073 und 1193°K gilt (p in atm) $\lg p = 16.6805 - 13111.9/T - 1.7112 \lg T - 0.3497 \times 10^{-3}\,T$; daraus ergibt sich der Sublimationspunkt bei 1 atm zu $T_S = 1192$°K, die Sublimationswärme bei dieser Temp. zu $L_S = 53.67$ kcal/mol; Umrechnung auf 298°K ergibt für die Modifikation mit C 19-Gitter $L_S = 58.84$ kcal/mol, H. SCHÄFER, H. JACOB (*Z. Anorg. Allgem. Chem.* **286** [1956] 56/7). Aus dem Red.-Gleichgew. zwischen $NiBr_2$ und $H_2$ berechnen K. JELLINEK, R. ULOTH (*Z. Anorg. Allgem. Chem.* **151** [1926] 157/84, 175) den Br-Druck bei 683, 773 und 833°K. — Der von K. V. BUTKOV, I. A. VOITSEKHOVSKAYA (*Zh. Fiz. Khim.* **18** [1944] 409/18, 413; *Z. Physik. Chem.* B **49** [1941] 131/44, 137) angegebene Wert 2.50 eV entspricht $L_S = 57.50$ kcal/mol.

Unter erhöhtem Druck schmilzt $NiBr_2$ bei 1236°K, W. FISCHER, R. GEWEHR (*Z. Anorg. Allgem. Chem.* **222** [1935] 303/11, 308). Die Schmelzwärme schätzt L. BREWER (*Nat. Nucl. Energy Ser. Divis.* IV **19** B [1950] 192/275, 202), der für die Sublimationswärme $L_S = 36$ kcal/mol angibt, zu 10 kcal/mol.

*Physical Properties*

## Physikalische Eigenschaften

*Crystallographic and Structural Properties. Crystal Form*

**Kristallographische und strukturelle Eigenschaften. Kristallform.** Kristallisiert in schillernden Blättchen, J. A. A. KETELAAR (*Z. Krist.* 88 [1934] 26/34, 27). Das durch Abbau des Hexammins hergestellte Salz bildet Pseudomorphosen nach den regulären Oktaedern der Ausgangsverb., W. BILTZ, E. BIRK (*Z. Anorg. Allgem. Chem.* **127** [1923] 34/42, 35).

**Gitterstruktur.** Sublimiertes $NiBr_2$ hat ein rhomboedr. Schichtengitter mit der Schichtenfolge ...Br–Ni–Br–Br–Ni–Br...mit $CdCl_2$-Struktur. Gittertyp: C 19, Raumgruppe R $\bar{3}$ m–$D_{3d}^5$. Atomlagen: Ni in 0, 0, 0, 2 Br in ± u, u, u mit u = 0.255 ± 0.003. Das Gitter der anderen $NiBr_2$-Modifikation ist hexagonal und hat dieselbe Elementarzelle wie die erste Wechselstruktur von $CdBr_2$ (s. „*Cadmium*" *Erg.-Bd.*, S. 522; es hat demnach möglicherweise die Symmetrie $C_{6v}^4$–$P6_3$ mc), nämlich eine solche, die nur $^1/_3$ Molekel umfaßt. Atomlagen: $^1/_3$ Ni in 0, 0, 0, $^2/_3$ Br in ± 0, 0, u mit u = 0.258 ± 0.005, J. A. A. KETELAAR (*Z. Krist.* **86** [1933] 26/34). *Lattice Structure*

Bei hexagonaler Indizierung sind die Gitterkonstt. der C 19-Modifikation a = $3.71_5$ ± 0.01, c = 18.30 ± 0.04 Å, Z = 3, bei rhomboedr. Indizierung a = 6.465 ± 0.02 Å, α = 33°20', Z = 1, J. A. A. KETELAAR (*l. c.*), T. ERNST (in: LANDOLT-BÖRNSTEIN, 6. *Aufl.*, *Bd.* 1, *Tl.* 4, 1955, S. 147). Atomabstände r (in Å): r(Ni–Br) = 2.58, r(Br–Br) = $3.71_5$ (innerhalb einer Schicht), 3.95 Å (zwischen benachbarten Schichten). Entsprechende Daten für die Modifikation mit Wechselstruktur: a = 2.11 ± 0.005, c = 6.08 ± 0.01 Å; Z = $^1/_3$ oder a = 3.65 ± 0.01, c = 18.24 ± 0.03 Å; Z = 3, r(Ni–Br) = 2.57, r(Br–Br) = 3.65 bzw. 3.78, J. A. A. KETELAAR (*l. c.*).

**Gitterenergie** $U_{kr}$ in kcal/mol. „Empirische" Werte aus thermochem. Daten nach dem Modell des HABER-BORNschen Kreisprozesses: $U_{kr}$ = 645, L. H. AHRENS, D. F. C. MORRIS (*J. Inorg. & Nucl. Chem.* **3** [1956] 270/80, 271), 643, M. KH. KARAPET'YANTS (*Zh. Fiz. Khim.* **28** [1954] 1136/52, 1151), 620, K. B. YATSIMIRSKII (*Izv. Akad. Nauk SSSR Otd. Khim. Nauk* **1948** 590/8, 593; *Zh. Neorgan. Khim.* **3** [1958] 2244/52, 2246). Die Berechnung nach einer Formel von A. F. KAPUSTINSKII (*Zh. Obshch. Khim.* **13** [1943] 497/502; *Acta Physicochim. URSS* 18 [1943] 370/7) ergibt $U_{kr}$ = 550. Mit Hilfe quantenmechan. Vorstellungen berechnet K. B. YATSIMIRSKII (*l. c.*) nach einer aus der KAPUSTINSKIIschen Formel entwickelten Gleichung $U_{kr}$ = 619. *Lattice Energy*

Die Kristallfeld-Stabilisierungsenergie (s. S. 530) beträgt 32 kcal/mol, K. B. YATSIMIRSKII (*Zh. Neorgan. Khim.* **3** [1958] 2244/52, 2246; *Russ. J. Inorg. Chem.* **3** Nr. 10 [1958] 26/36, 28).

**Austauschwechselwirkung.** Unterhalb der magnet. Umwandlungstemp. (s. S. 606) ist die durch die Br-Atome in $NiBr_2$ vermittelte Austauschwechselwrkg. zwischen Ni-Atomen verschiedener Gitterschichten stärker als die analoge Wrkg. in $NiCl_2$, I. TSUBOKAWA (*J. Phys. Soc. Japan* **15** [1960] 2109). *Exchange Interaction*

**Paramagnetische Resonanzabsorption.** Wie bei $NiCl_2$ (s. S. 543) ergibt sich eine breite Absorptionslinie, Halbwertsbreite: 2150 Oe, effektiver g-Faktor: 2.27, Y. TING, D. WILLIAMS (*Phys. Rev.* [2] **82** [1951] 507/10). *Paramagnetic Resonance Absorption*

**Mechanische und thermische Eigenschaften. Dichte** D in $g/cm^3$. Röntgendichte: 5.45, J. A. A. KETELAAR (*l. c.*). Ältere, pyknometrisch bestimmte Werte für die beiden Formen: D = 5.098 bzw. 5.042, W. BILTZ, E. BIRK (*Z. Anorg. Allgem. Chem.* **127** [1923] 34/42, 37, 40). Der von T. W. RICHARDS, A. S. CUSHMAN (*Z. Anorg. Allgem. Chem.* **16** [1898] 167/83, 172) angegebene Wert $D^{28}$ = 4.64 dürfte zu tief liegen. *Mechanical and Thermal Properties. Density*

Dampfdruck und Schmelzpunkt s. unter „Zustandsformen" S. 604. — Entropie $S_{298}^{\circ}$ = 32.8 cal·mol$^{-1}$·°K$^{-1}$, geschätzter Wert, W. M. LATIMER (*The Oxidation States of the Elements and their Potentials in Aqueous Solutions*, 2. *Aufl.*, *New York* 1952, S. 199).

**Optische Eigenschaften.** $NiBr_2$ ist blaßgelb bis dunkelbraun, s. beispielsweise T. W. RICHARDS, A. S. CUSHMAN (*Z. Anorg. Allgem. Chem.* **16** [1898] 167/83, 169), W. BILTZ, E. BIRK (*Z. Anorg. Allgem. Chem.* **127** [1923] 34/42, 35). Aufgedampfte $NiBr_2$-Schichten sind farblos. Die Lichtabsorption macht sich erst in dickeren Schichten bemerkbar. Zwischen 600 und 180 mμ liegen 2 Absorptionsmax. bei ~350 und ~240 mμ, H. FESEFELDT (*Z. Physik* **64** [1930] 741/8, 746). Die bei 7280 und 12000 cm$^{-1}$ beob. Absorptionsmax. werden bei Einw. von Druck auf das untersuchte pulverförmige $NiBr_2$ infolge Zunahme der Kristallfeldstärke zu höheren Wellenzahlen verschoben, J. C. ZAHNER, H. G. DRICKAMER (*J. Chem. Phys.* **35** [1961] 1483/90). Ein weiteres Max. liegt bei 20700 cm$^{-1}$, R. W. ASMUSSEN, O. BOSTRUP (*Acta Chem. Scand.* **11** [1957] 745/6). *Optical Properties*

**Elektrische und magnetische Eigenschaften.** Aus Susz.-Messungen zwischen 4 und 300°K ergibt sich die molare CURIE-Konst. im Bereich oberhalb 60°K zu $C_{mol}$ = 1.12°K cm$^3$/mol (daraus ber. effektives Moment: 3.0 $\mu_B$) und die paramagnet. CURIE-Temp. zu $\Theta_p$ = —20°K, I. TSUBOKAWA (*J. Phys. Soc. Japan* **15** [1960] 2109). Die Susz.-Werte, die für den Bereich von 285.5 bis 536.7°K von B. CABRERA, A. DUPERIER (*Anales Real. Soc. Espan. Fis. Quim.* [*Madrid*] **29** [1931] 5/14, 12) *Electric and Magnetic Properties*

angegeben werden, lassen sich nach A. SERRES (*Ann. Phys.* [*Paris*] [10] **20** [1933] 441/77, 467, 477) durch die Formel $(\chi_{mol}-0.284)\cdot 10^{-3} = C/(T-\Theta_p)$ erfassen, wobei C = 1.30°K cm³/mol, $\Theta_p = 51.9$°K ist und $\chi_{mol}$ in $10^{-3}$ cm³/mol einzusetzen ist. $\chi_{mol}$-Werte für einzelne Tempp. zwischen 90 und 673°K s. bei W. KLEMM, W. SCHÜTH (*Z. Anorg. Allgem. Chem.* **210** [1933] 33/56, 45). — Aus der Susz. von wss. Lsgg. bei 291 bzw. 293°K ber. Werte für $\chi$ s. bei O. LIEBKNECHT, A. P. WILLS (*Ann. Physik* [4] **1** [1900] 178/88, 184), S. S. SHAFFER, N. W. TAYLOR (*J. Am. Chem. Soc.* **48** [1926] 843/53, 849).

Bei 60°K geht $NiBr_2$ in den antiferromagnet. Zustand über, I. TSUBOKAWA (*l. c.*).

*Electrochemical Behavior*

## Elektrochemisches Verhalten

Die Zersetzungsspannung E (in V) beträgt 0.76 in einer Lsg. von 10 Mol-% $NiBr_2$ in einer NaBr-KBr-Schmelze bei 700°, YU. K. DELIMARSKII, E. M. SKOBETS, V. D. RYABOKON' (*Zh. Fiz. Khim.* **21** [1947] 843/8), YU. K. DELIMARSKII (*Zh. Fiz. Khim.* **29** [1955] 28/38, 29), YU. K. DELIMARSKII, A. A. KOLOTTI (*Zh. Fiz. Khim.* **23** [1949] 339/41); E = 0.71 in einer NaBr-$AlBr_3$-Schmelze bei 700°, YU. K. DELIMARSKII (*l. c.*), 0.55 bei der Schmelztemp., YU. K. DELIMARSKII (*Ukr. Khim. Zh.* **16** [1950] 414/37, 424). E = 0.70 in einer Lsg. von ~8.21 Gew.-% $NiBr_2$ in geschmolzenem $ZnBr_2$ bei 400°, W. ISBEKOW (*Z. Anorg. Allgem. Chem.* **185** [1930] 324/32, 327).

*Chemical Reactions*

## Chemisches Verhalten

*With Electrons*

**Gegen Elektronen.** Bei Elektronenbeschuß von $NiBr_2$-Dampf bei 754°K treten die für die Ionen $[Ni]^+$, $[NiBr]^+$ und $[NiBr_2]^+$ typ. Massenspektra auf, R. C. SCHOONMAKER, A. H. FRIEDMAN, R. F. PORTER (*J. Chem. Phys.* **31** [1959] 1586/9).

*With Elements. Hydrogen*

**Gegen Elemente. Wasserstoff.** Aus dem Gleichgew. der Rk. $NiBr_2 + H_2 \rightleftharpoons Ni + 2HBr$ für verschiedene Tempp. ber. Werte für den Dissoz.-Druck $p_{Br_2}$:

| t in °C | 350° | 410° | 450° | 475° | 500° |
|---|---|---|---|---|---|
| $p_{Br_2}$ in atm | $3.0\times10^{-13}$ | $1.6\times10^{-11}$ | $1.5\times10^{-10}$ | $5.7\times10^{-10}$ | $1.9\times10^{-9}$ |

| t in °C | 550° | 600° | 655° |
|---|---|---|---|
| $p_{Br_2}$ in atm | $1.6\times10^{-8}$ | $9.8\times10^{-8}$ | $5.4\times10^{-7}$ |

Das Red.-Gleichgew. wird zwischen 350 und 655°C mittels einer Zirkulationsmeth. untersucht. Gleichgew.-Konst. $K_p$ und daraus ber. Änderung der freien Energie $\Delta G$ in cal:

| t in °C | 350° | 410° | 450° | 475° | 500° | 550° | 600° | 655° |
|---|---|---|---|---|---|---|---|---|
| $K_p$ | (0.0012) | $0.011_6\pm1$ | 0.04 | $0.08_4\pm4$ | 0.165 | $0.5_0\pm1$ | $1.3_3\pm1$ | (3.1) |
| $\Delta G$ | 8324 | 6061 | 4630 | 3696 | 2758 | 1129 | −479 | −2080 |

S. A. SHCHUKAREV, T. A. TOLMACHEVA, M. A. ORANSKAYA (*Zh. Obshch. Khim.* **24** [1954] 2093/109, 2098). Mit der Strömungsmeth. erhält man nach Extrapolation auf die Strömungsgeschw. Null bei 410, 500 und 560°C für das Verhältnis der Partialdrucke in der Gasphase $p_{HBr}/p_{H_2} = 0.0710 \pm 1\%$, $0.52 \pm 1\%$ bzw. $1.10 \pm 5\%$ (Gesamtdruck 1 atm), K. JELLINEK, R. ULOTH (*Z. Anorg. Allgem. Chem.* **151** [1926] 157/84, 175, 178). Die Rk.-Wärme des Systems wird für 15°C zu 36.9 kcal/mol berechnet, G. CRUT (*Bull. Soc. Chim. France* [4] **35** [1924] 550/84, 578, 729/41, 740).

*Oxygen and Air*

**Sauerstoff und Luft.** Sublimiertes $NiBr_2$ ist hygroskopisch; in 10 Min. nimmt 1 g $NiBr_2$ an der Luft ~0.1 mg $H_2O$ auf, T. W. RICHARDS, A. S. CUSHMAN (*Z. Anorg. Allgem. Chem.* **16** [1898] 167/83, 170). Zersetzt sich bei starkem Glühen an der Luft unter Bldg. von NiO und Brom, H. SCHULZE (*J. Prakt. Chem.* [2] **21** [1880] 407/43, 419). In $O_2$-Atm. Zers. bei Rotglut, T. W. RICHARDS, A. S. CUSHMAN (*l. c.* S. 172).

*Bromine*

**Brom.** Bei 20° und 250° erfolgt zwischen festem $NiBr_2$ und fl. $Br_2$ weder ein Bromaustausch noch die Bldg. eines höheren Bromids, R. A. FIALKOV, YU. P. NAZARENKO (*Izv. Akad. Nauk SSSR Otd. Khim. Nauk* **1950** 590/8, 594, 596).

*Sodium and Potassium*

**Natrium und Kalium.** Die durch Schlag ausgelöste Red. von $NiBr_2$ durch Na oder K verläuft unter starker Explosion, J. CUEILLERON (*Bull. Soc. Chim. France* [5] **12** [1945] 88/9).

*With Nonmetal Compounds. Ammonia*

**Gegen Nichtmetallverbindungen. Ammoniak.** Bei 20std. Erhitzen von $NiBr_2$ im $NH_3$-Strom bei 80° bis 120° bildet sich ein Ammoniakat. Durch Zerfall dieser Verb. entstandene fein verteilte $NiBr_2$-Kriställchen reagieren bei 420° mit $NH_3$ unter Bldg. von $Ni_3N$, R. JUZA, W. SACHSZE (*Z. Anorg. Allgem. Chem.* **251** [1943] 201/12, 203).

**Stickstoffmonoxid.** Nach längerer Einw. von gasf. NO auf $NiBr_2$ bildet sich oberhalb 150° Ni(NO)Br, s. S. 615, W. HIEBER, R. NAST (*Z. Anorg. Allgem. Chem.* **244** [1940] 23/47, 24). *Nitrogen Monoxide*

**Kohlenmonoxid.** Bei Einw. von CO mit einem Anfangsdruck von 200 atm auf $NiBr_2$ bei 200° bis 250° entsteht nach 15std. Rk.-Dauer $Ni(CO)_4$ in 1%iger Ausbeute. In Ggw. von Ag oder Cu (Molverhältnis Ag:$NiBr_2$ = 3:1 bzw. Cu:$NiBr_2$ = 4:1) beträgt die Ausbeute an $Ni(CO)_4$ unter gleichen Bedingungen 19.2 bzw. 52.8%, W. HIEBER, H. BEHRENS, U. TELLER (*Z. Anorg. Allgem. Chem.* **249** [1942] 26/42, 27, 31). *Carbon Monoxide*

**Gegen Metallverbindungen.** Bei Zusatz von $NiBr_2$ zu einer Schmelze von $HgBr_2$ und $HgSO_4$ bilden sich $NiSO_4$ und $HgBr_2$, G. JANDER, K. BRODERSEN (*Z. Anorg. Allgem. Chem.* **261** [1950] 261/78, 270). Die vorherrschende Rk. bei der Red. von $NiBr_2$ durch $AlH_3$ verläuft bei gewöhnl. Temp. gemäß $3NiBr_2 + 2AlH_3 = 3Ni + 2AlBr_3 + 3H_2$. Daneben kann sich $Ni(AlBr_4)_2$ bilden. Bei —35°C enthält das Rk.-Prod. möglicherweise neben Ni ein Ni-Hydrid, M. J. RICE (NYO-3919 Sect. III [1955] 23/5). *With Metal Compounds*

**Gegen organische Verbindungen. Methanol.** Löslichkeit in reinem Methanol im Temp.-Bereich von 10 bis 70°C, $NiBr_2$-Gehalt in g je 100 g Methanol: *With Organic Compounds. Methanol*

| t in °C | 10° | 20° | 30° | 40° | 50° | 60° | 70° |
|---|---|---|---|---|---|---|---|
| $NiBr_2$ | 33.0 | 35.1 | 38.1 | 43.3 | 49.1 | 53.7 | 59.6 |
| Bodenkörper | $NiBr_2 \cdot 6CH_3OH$ | | | | $NiBr_2$ | | |

Umwandlungspunkt $NiBr_2 \cdot 6CH_3OH \rightarrow NiBr_2$: 48°C, E. LLOYD, C. B. BROWN, D. G. R. BONNELL, W. J. JONES (*J. Chem. Soc.* **1928** 658/66, 662).

**Äthanol.** $NiBr_2$ ist in Äthanol lösl., G. BRAUER (*Handbuch der präparativen anorganischen Chemie, Stuttgart* **1954**, S. 1155). Die Löslichkeit entspricht etwa derjenigen in Methanol, N. V. SIDGWICK (*The Chemical Elements and their Compounds, Bd.* 2, *Oxford* 1950, S. 1433). *Ethanol*

**Äther.** In Diäthyläther ist $NiBr_2$ unlösl., G. MONNIER (*Ann. Chim.* [*Paris*] [13] **2** [1957] 14/57, 29). — Nach mehrtägiger Einw. von Dioxan $C_4H_8O_2$ auf $NiBr_2$ scheiden sich beim Stehen über konz. $H_2SO_4$ hellorange gefärbte Kristalle der Zus. $NiBr_2 \cdot C_4H_8O_2$ aus der fl. Phase ab, R. JUHASZ, L. F. YNTEMA (*J. Am. Chem. Soc.* **62** [1940] 3522). *Ether*

**Aceton.** Löslichkeit von $NiBr_2$ (Reinheitsgrad 99.7%) in absol. Aceton bei Tempp. zwischen 0° und 50°, $NiBr_2$-Gehalt in g je 100 g Aceton: *Acetone*

| t in °C | 0° | 10° | 20° | 30° | 40° | 50° |
|---|---|---|---|---|---|---|
| $NiBr_2$ | 1.66 | 1.66 | 0.81 | 0.55 | 0.36 | 0.27 |

Der Bodenkörper besteht im untersuchten Temp.-Bereich aus $NiBr_2$, W. R. G. BELL, C. B. ROWLANDS, I. J. BAMFORD, W. G. THOMAS, W. J. JONES (*J. Chem. Soc.* **1930** 1927/31).

**Weitere organische Verbindungen.** In Toluol ist $NiBr_2$ unlösl., G. BRAUER (*l. c.*). Ebenfalls unlösl. in Benzolybromid bei 20°, V. GUTMANN, K. UTVARY (*Monatsh. Chem.* **90** [1959] 751/61, 752). Aus der Schmelze von feingepulvertem $NiBr_2$ mit Butylen-1.4-dipyridiniumdichlorid wird die blaugrüne Verb. $[C_5H_5N \cdot (CH_2)_4 \cdot C_5H_5N]_2[NiCl_2Br_2]$ erhalten, BADISCHE ANILIN- & SODAFABRIK, W. REPPE, H. FRIEDERICHS, W. SCHWECKENDIEK (*D.P.* 878352 [1951/53]). $NiBr_2$ ist in Chinolin lösl., E. BECKMANN (*Z. Anorg. Allgem. Chem.* **51** [1906] 236/44, 236). Beim Mischen von $NiBr_2$ mit Triphenylphosphin bei 240°, Erhitzen der Mischung auf 285° und raschen Abkühlen mit $CO_2$-Schnee bildet sich grünes $NiBr_2 \cdot 2(C_6H_5)_3P$. Zwischen 285° und 330° entsteht eine weitere Verb. von noch ungeklärter Zus., I. G. FARBENINDUSTRIE A.-G., BADISCHE ANILIN- & SODAFABRIK (*F. P.* 961010 [1946/49]). Über Rkk. von $NiBr_2$ mit RMgX und $R_2Mg$ (R = $C_6H_5$, $C_6H_{11}$ oder $C_{10}H_7$, X = Cl oder Br), auch in Ggw. von $H_2$, s. V. P. MARDYKIN (*Vestsi Akad. Navuk Belarusk. SSR Ser. Fiz.-Tekhn. Navuk* **1960** 50/4, *C.A.* **1962** 8282). *Other Organic Compounds*

## Das System $NiBr_2$–$H_2O$ · Hydrate

*The $NiBr_2$–$H_2O$ System. Hydrates*

**Löslichkeit** von $NiBr_2$ in $H_2O$ zwischen —20° und +140° in Gew.-% $NiBr_2$ nach Werten von M. ÉTARD (*Ann. Chim. Phys.* [7] **2** [1894] 503/74, 542): *Solubility*

| t in °C | —20° | —10° | 0° | 10° | 20° | 30° | 40° | 50° | 60° | 80° | 100° | 120° | 140° |
|---|---|---|---|---|---|---|---|---|---|---|---|---|---|
| Gew.-% $NiBr_2$ | 47.7 | 50.5 | 53 | 55 | 56.7 | 58 | 59.1 | 60 | 60.4 | 60.6 | 60.8 | 60.9 | 61 |

A. SEIDELL (*Solubilities of Inorganic and Metalorganic Compounds, Bd.* 1, *New York* 1940, S. 1337). Die Löslichkeitskurve besteht aus zwei Geraden, von denen eine fast parallel zur Temp.-Achse verläuft. Die beiden Geraden schneiden sich bei ~29°. Da nach I. N. BOL'SHAKOV (*Zh. Obshch. Khim.* **29** [1897] 326/30) die Umwandlung des 6-Hydrats in das 3-Hydrat bei 28.5° erfolgt, kann unterhalb dieser Temp. als Bodenkörper $NiBr_2 \cdot 6H_2O$, oberhalb $NiBr_2 \cdot 3H_2O$ angenommen werden, ABEGG (*Bd.* 4, *Abt.* 3, *Tl.* 4, *Leipzig* 1939, S. 513). Nach $C_{NiBr_2} = C_{CoCl_2} + 2.00$ mit den bei 0° und 20° experimentell bestimmten $CoCl_2$-Konzz. 3.20 bzw. 3.95 mol je kg $H_2O$ werden für $NiBr_2$ Löslichkeitswerte

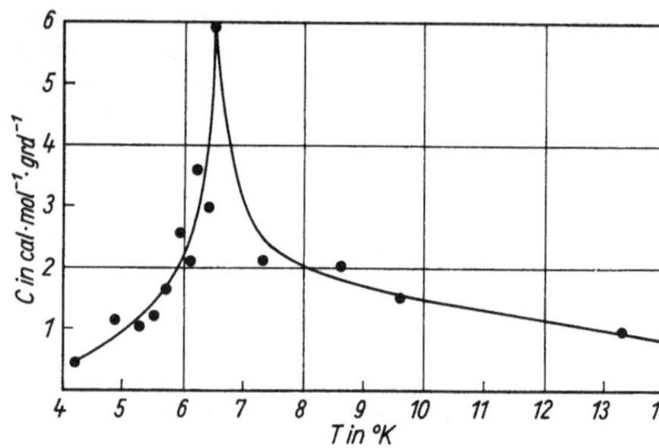


Fig. 220.

Temp.-Abhängigkeit der molaren Wärmekapazität von $NiBr_2 \cdot 6H_2O$.

von 5.20 bzw. 5.95 mol je kg $H_2O$ berechnet, die mit den experimentell erhaltenen Werten 5.10 und 6.10 mol je kg $H_2O$ übereinstimmen, S. S. CHIN (*Zh. Fiz. Khim.* **26** [1952] 1225/32, 1228).

*$NiBr_2 \cdot 9H_2O$ (?)*

***$NiBr_2 \cdot 9H_2O$ (?).*** An der Oberfläche einer eingedampften $NiBr_2$-Lsg. scheiden sich in der Kälte hellgrüne prismat. Kristalle ab, die sich von den nadelförmigen $NiBr_2 \cdot 6H_2O$-Kristallen unterscheiden und nach I. N. BOL'SHAKOV (*l. c.*) die Zus. des 9-Hydrats besitzen sollen. Die erhaltene Verb. ist nicht hygroskopisch und schmilzt unzersetzt bei —2.5°.

*$NiBr_2 \cdot 8H_2O$ (?)*

***$NiBr_2 \cdot 8H_2O$ (?).*** Soll im System $NiBr_2$–$H_2O$ nach M. ÉTARD (*Ann. Chim. Phys.* [7] **2** [1894] 503/74, 542) als Bodenkörper zwischen ~30° und 140° auftreten.

*$NiBr_2 \cdot 6H_2O$. Preparation*

***$NiBr_2 \cdot 6H_2O$.*** **Darstellung.** Aus einer bis zur beginnenden Kristallabscheidung eingedampften wss. $NiBr_2$-Lsg. kristallisiert beim Abkühlen das 6-Hydrat, das aus Alkohol umkristallisiert wird, G. BRAUER (*Handbuch der präparativen anorganischen Chemie, Stuttgart* 1954, S. 1155). Die beim Kochen von Ni, $Br_2$ und $H_2O$ gebildete grüne Lsg., s. M. BERTHEMOT (*Ann. Chim. Phys.* **44** [1830] 382/96, 390), wird filtriert und eingedampft. Beim Stehen über konz. $H_2SO_4$ bilden sich $NiBr_2 \cdot 6H_2O$-Kristalle, die zwischen Filterpapier getrocknet werden, W. N. HARTLEY (*Sci. Trans. Roy. Dublin Soc.* [2] **7** [1900] 253/301, 258), s. auch I. N. BOL'SHAKOV (*Zh. Obshch. Khim.* **29** [1897] 326/30). Das 6-Hydrat entsteht aus einer Lsg. von NiO in wss. HBr, s. C. RAMMELSBERG (*Ann. Physik* [2] **55** [1842] 237/53, 243), aus Lsgg. von $Ni(OH)_2$ oder $NiCO_3$ in wss. HBr beim Eindampfen auf dem Wasserbad bis zur Trockne, J. A. A. KETELAAR (*Z. Krist.* 88 [1934] 26/34, 26). Die Rk. zwischen $BaBr_2$ und $NiSO_4$ in wss. Lsg. führt ebenfalls zum 6-Hydrat, das durch Einengen der Lsg. über konz. $H_2SO_4$ erhalten wird, C. RAMMELSBERG (*Ann. Physik* [2] **55** [1842] 63/88, 69).

*Physical Properties*

**Physikalische Eigenschaften.** Kristallisiert in regelmäßigen Oktaedern, deren Ecken durch Würfelflächen abgestumpft sind, H. MARBACH (*Ann. Physik* [2] **94** [1855] 412/26, 414), in nadelförmigen Kristallen, I. N. BOL'SHAKOV (*l. c.*). — Aus Lsgg. gezüchtete Kristalle sind tafelig nach (001); Punktsymmetrie 2/m, Raumgruppe nicht bekannt, R. D. SPENCE, H. FORSTAT, G. A. KHAN, G. TAYLOR (*J. Chem. Phys.* **31** [1959] 555/6).

**Fig. 220** zeigt die molare Wärmekapazität C von $NiBr_2 \cdot 6H_2O$ zwischen 4.0 und 13.0°K; die Kurve hat ein Max. bei 6.50°K, R. D. SPENCE u. a. (*l. c.*); dort auch Angaben über Änderungen der Gesamtentropie und der magnet. Entropie. — Grüne, glänzende, durchsichtige Kristalle, H. MARBACH (*l. c.*), W. N. HARTLEY (*l. c.* S. 303). Über Unterss. im polarisierten Licht s. H. MARBACH (*l. c.*). — Oberhalb 6.50°K ist $NiBr_2 \cdot 6H_2O$ nach Unterss. der molaren Wärmekapazität und des Kernresonanzspektrums paramagnetisch, unterhalb 6.50°K antiferromagnetisch, R. D. SPENCE u. a. (*l. c* ).

**Chemisches Verhalten.** Bei gewöhnl. Temp. ist das 6-Hydrat beständig, H. MARBACH (*l. c.*). Nach I. N. BOL'SHAKOV (*l. c.*) ist das Salz nicht hygroskopisch, nach C. RAMMELSBERG (*Ann. Physik* [2] **55** [1842] 237/53, 243) zerfließt es an der Luft. — Bei ~28.5° erfolgt Zers. unter Bldg. des 3-Hydrats, I. N. BOL'SHAKOV (*l. c.*), G. BRAUER (*l. c.*). Entwässerung über konz. $H_2SO_4$ bei 11° bis 16° führt ebenfalls zur Bldg. des 3-Hydrats, W. N. HARTLEY (*l. c.* S. 258), s. auch C. RAMMELSBERG (*l. c.*). *Chemical Reactions*

***$NiBr_2 \cdot 3H_2O$.*** Über die Bldg. aus $NiBr_2 \cdot 6H_2O$ s. oben und S. 608. *$NiBr_2 \cdot 3H_2O$*

Bldg.-Wärme von festem $NiBr_2 \cdot 3H_2O$ bei 18° und 1 atm aus den Elementen: 277.3 kcal/mol, F. R. BICHOWSKI, F. D. ROSSINI (*The Thermochemistry of the Chemical Substances, New York* 1952, S. 85). — Gelb bis schmutziggelb, W. N. HARTLEY (*Sci. Trans. Roy. Dublin Soc.* [2] **7** [1900] 253/301, 258), I. N. BOL'SHAKOV (*Zh. Obshch. Khim.* **29** [1837] 326/30). Beim Erwärmen auf 200°C wird es unter Bldg. der wasserfreien Verb. allmählich entwässert, C. RAMMELSBERG (*Ann. Physik* [2] **55** [1842] 237/53, 243).

***$NiBr_2 \cdot 2H_2O$ (?).*** Beim Abkühlen einer bis zur Hautbldg. eingedampften wss. $NiBr_2$-Lsg. bilden sich nadelförmige, sehr hygroskop. Kristalle, die nach P. I. KUZNETSOV (*Izv. Alekseevsk. Donsk. Politechn. Inst. v Novocerkasske* **1** [1912] 389/98, 397, *C.* **1913** I 765) die Zus. $NiBr_2 \cdot 2H_2O$ haben. Sie werden durch sorgfältiges Zentrifugieren bei ~50° getrocknet. *$NiBr_2 \cdot 2H_2O$ (?)*

## Wäßrige Lösung von Nickel(II)-bromid

*Aqueous Solution of Nickel(II) Bromide*

**Thermodynamische Daten. Bildungswärme** Q in kcal/mol. Der für eine verd. wss. $NiBr_2$-Lsg. aus den Bldg.-Wärmen der Ionen additiv ber. Wert Q = 72.4 stimmt mit der von C. FABRE (*Ann. Chim. Phys.* [6] **10** [1887] 472/550, 526) angegebenen Bldg.-Wärme der wss. Lsg. aus Ni, $Br_2$ und $H_2O$ bei 19° überein, F. R. BICHOWSKI, F. D. ROSSINI (*The Thermochemistry of the Chemical Substances, New York* 1952, S. 85), s. auch R. LAUTIÉ (*Bull. Soc. Chim. France* [5] **6** [1939] 178/83). Q = 71.82 für die Bldg. nach $Ni_{fest} + Br_{2\,fl} + aq = NiBr_2 \cdot aq$, J. THOMSEN (*Systematische Durchführung thermochemischer Untersuchungen, Stuttgart* 1906, S. 249). Q = 79.7 für die Rk. $Ni_{fest} + Br_{2\,gasf} + aq = NiBr_2 \cdot aq$, G. CRUT (*Bull. Soc. Chim. France* [4] **35** [1924] 550/84, 579). *Thermodynamic Data. Heat of Formation*

**Lösungswärme.** Integrale Lsg.-Wärme $L_i$ in kcal/mol (Definition s. „*Kalium*" S. 294): 18.2, ber. aus den Bldg.-Wärmen der wss. Lsg. und des wasserfreien $NiBr_2$, G. CRUT (*l. c.*). Calorimetrisch bestimmter Wert: $L_i$ = 19.9, G. CRUT (*Bull. Soc. Chim. France* [4] **35** [1924] 729/41, 740). $L_i$ = 0.2 beim Auflösen von $NiBr_2 \cdot 3H_2O$ in $H_2O$, F. R. BICHOWSKI, F. D. ROSSINI (*l. c.*). Für die Lsg.-Wärme von $NiBr_2 \cdot 6H_2O$ ergibt die calorimetr. Messung $L_i$ = 0, G. CRUT (*l. c.*). *Heat of Solution*

**Mechanische Eigenschaften. Dichte** D in $g/cm^3$. Interpolierte und auf Vak. reduzierte Werte für die relative Dichte bei 18°C nach Angaben von A. HEYDWEILLER (*Z. Anorg. Allgem. Chem.* **116** [1921] 42/4): *Mechanical Properties. Density*

| Gew.-% $NiBr_2$ | 1 | 2 | 4 | 6 | 8 | 10 | 12 |
|---|---|---|---|---|---|---|---|
| $D_4^{18}$ | 1.0078 | 1.0170 | 1.0359 | 1.0555 | 1.0785 | 1.0969 | 1.1188 |

| Gew.-% $NiBr_2$ | 14 | 16 | 18 | 20 | 25 | 30 |
|---|---|---|---|---|---|---|
| $D_4^{18}$ | 1.1414 | 1.1648 | 1.1889 | 1.2140 | 1.2815 | 1.3565 |

W. C. SCHUMB (in: *Intern. crit. Tables, Bd.* 3, 1928, S. 69). Die Dichte einer 0.5385 mol $NiBr_2$ je 1000 g $H_2O$ enthaltenden Lsg. beträgt bei 19.6° 1.1053, S. S. SHAFFER, N. W. TAYLOR (*J. Am. Chem. Soc.* **48** [1926] 843/53, 849).

**Volumenänderung beim Lösen.** Beim Auflösen von $^2/_3$ mol $NiBr_2$ in 1000 g $H_2O$ bei 18° verringert sich das Vol. um 13.2 ml, I. I. ZASLAVSKII (*Zh. Obshch. Khim.* **9** [1939] 1094/100, 1097). *Change of Volume on Dissolving*

**Optische Eigenschaften. Farbe.** Verd. $NiBr_2$-Lsgg. sind grün, W. N. HARTLEY (*Sci. Trans. Roy. Dublin Soc.* [2] **7** [1900] 253/301, 258), konzentriertere Lsgg. braun, E. MÜLLER (*Ann. Physik* [4] **12** [1903] 767/86, 783). Beim Erhitzen einer 0.5-m-Lsg. auf Tempp. > 100°C schlägt die Farbe nach Gelbgrün um. Die Farbänderung ist reversibel, T. KATSURAI, K. SONE (*Kolloid-Z.* **163** [1959] 70/1). *Optical Properties. Color*

**Brechungszahl** n einer 0.133 g $NiBr_2$ je $cm^3$ Lsg. enthaltenden Lsg. bei 20° für verschiedene Wellenlängen λ in mμ: *Refractive Index*

| λ | 578.0 | 546.1 | 491.6 | 435.8 | 365.2 | 334.2 |
|---|---|---|---|---|---|---|
| n | 1.3550 | 1.3569 | 1.3599 | 1.3641 | 1.3721 | 1.3776 |

R. W. ROBERTS (*Phil. Mag.* [6] **49** [1925] 397/422, 415). Aus Messungen von G. LIMANN (*Z. Physik* 8 [1922] 13/9, 14) bei 18°C werden folgende n-Werte berechnet (Konz. c in val/l):

| λ \ c | 0.5 | 1 | 2 | 4 |
|---|---|---|---|---|
| 656.3 | 1.34084 | 1.35009 | 1.36828 | — |
| 589.3 | 1.34280 | 1.35214 | 1.37053 | 1.40599 |
| 486.1 | 1.34723 | 1.35687 | 1.37583 | 1.41255 |
| 434.1 | 1.35069 | 1.36063 | — | — |

ABEGG (*Bd.* 4, *Abt.* 3, *Tl.* 4, *Leipzig* 1939, S. 513).

*Molecular Refraction*

**Molrefraktion** R = 25.64, nach der Formel von LORENTZ-LORENZ berechnet, G. LIMANN (*l. c.*).

*Dispersion*

**Dispersion.** Mittelwerte für die Dispersion im Konz.-Bereich 0.5 bis 4 val/l bei 18°:

$(\Delta n_{589.3} - \Delta n_{656.3})/c = 23.0$ $(\Delta n_{434.1} - \Delta n_{589.3})/c = 106.5$

$\Delta n$ bedeutet die Differenz ($n_{lsg} - n_{H_2O}$) bei der als Index angegebenen Wellenlänge in mμ, G. LIMANN (*l. c.*).

*Optical Absorption*

**Lichtabsorption.** Das Absorptionsspektrum von $NiBr_2$-Lsgg. weist außer den auch bei anderen Ni-Salzlsgg. beob. Absorptionsmax. bei ~400, ~700 und ~1200 mμ ein weiteres Max. im UV auf, R. A. HOUSTOUN (*Physik. Z.* **14** [1913] 424/9). Nach Unterss. von 0.04m- bis 0.4m-Lsgg. liegen die im UV beob. Max. bei 285 und 405 mμ, R. A. HOUSTOUN (*Proc. Roy. Soc. Edinburgh* **31** [1910/11] 547/58, 554). Für 0.2m- und 3.694 m-Lsgg. werden Max. bei 278 und 395 bzw. 304 und 398 mμ gefunden, E. MAJOR (*Acta Univ. Szeged. Acta. Phys. Chem.* **1** [1942] 17/34, 23). Im Sichtbaren liegt des Absorptionsmax. von 0.07m- bis 1.4m-Lsgg. bei 690 mμ. Im UR ergibt sich für eine 0.303m-Lsg. ein Max. bei 1210 mμ. Durch Konz.-Erhöhung wird die im UR liegende Bande verbreitert. Bei Temp.-Erhöhung werden die im Sichtbaren und im UR liegenden Max. flacher und nach längeren Wellen verschoben, R. A. HOUSTOUN (*Proc. Roy. Soc. Edinburgh* **31** [1910/11] 538/46, 539, 544); eine Verschiebung der im UV liegenden Banden nach größeren Wellenlängen erfolgt bei Erhöhung der Br-Konz. durch NaBr-Zugabe, E. MAJOR (*l. c.*). — Durchlässigkeit von $NiBr_2$-Lsgg. s. bei W. N. HARTLEY (*Sci. Trans. Roy. Dublin Soc.* [2] **7** [1900] 253/301, 258).

*Magnetic Properties. Rotation of Polarization Plane*

**Magnetische Eigenschaften. Drehung der Polarisationsebene.** Spezif. magnet. Drehung [ω'] in Winkelmin. (Schichtdicke 1 cm, Feldstärke 1 Gauß) einer 0.133 g $NiBr_2$ je $cm^3$ $H_2O$ enthaltenden Lsg. (D = 1.110) bei 20°C für verschiedene Wellenlängen λ in mμ:

| λ | 578 | 546.1 | 491.6 | 435.8 | 365.2 | 334.2 |
|---|---|---|---|---|---|---|
| [ω'] | 0.0169 | 0.0192 | 0.0241 | 0.0322 | $0.0488_5$ | 0.0623 |

R. W. ROBERTS (*Phil. Mag.* [6] **49** [1925] 397/422, 415).

*Susceptibility*

**Suszeptibilität.** Eine 3.57%ige $NiBr_2$-Lsg. ist unmagnetisch. Bei dieser Konz. beträgt die Molsusz. des gelösten $NiBr_2$ bei 18° $4420 \cdot 10^{-6}$, O. LIEBKNECHT, A. P. WILLS (*Ann. Physik* [4] **1** [1900] 178/88, 184, 186). $\chi_{mol} = 4349 \cdot 10^{-6}$ in einer Lsg. der Konz. 0.5385 mol/kg $H_2O$ bei 19.6°C, S. S. SCHAFFER, N. W. TAYLOR (*J. Am. Chem. Soc.* **48** [1926] 843/53, 849).

*Electric Properties. Conductance*

**Elektrische Eigenschaften. Elektrische Leitfähigkeit.** Äquivalentleitf. Λ in $cm^2 \cdot \Omega^{-1} \cdot val^{-1}$ bei 18°C; molare Verd. V in l/mol:

| V | 0.5 | 1 | 2 | 4 | 10 | 20 |
|---|---|---|---|---|---|---|
| Λ | 37.48 | 54.54 | 65.8 | 73.4 | 81.1 | 86.3 |

A. HEYDWEILLER (*Z. Anorg. Allgem. Chem.* **116** [1921] 42/4). Mittelwerte aus je zwei Bestt. bei 25°:

| V | 20 | 40 | 80 | 160 | 320 | 640 | 1280 | 2560 | 5120 |
|---|---|---|---|---|---|---|---|---|---|
| Λ | 99.8 | 105.20 | 110.29 | 114.64 | 118.82 | 121.70 | 124.31 | 126.64 | 127.61 |

W. ALTHAMMER (*Diss. Halle a.d.S.* 1913, S. 27).

*Electrochemical Behavior. Transference Number*

**Elektrochemisches Verhalten. Überführungszahl.** Bei 18° und einer Verd. von 50.36, 98.72 und 194.8 beträgt die Überführungszahl des Anions 0.6122, 0.6057 bzw. 0.6068, W. ALTHAMMER (*l. c.* S. 17).

*Cells*

**Ketten.** Die EK der Kette Pt, $H_2$ | $NiBr_2$-Lsg. | gesätt. KCl-Lsg. | 0.1 nKCl, $Hg_2Cl_2$ | Hg mit 0.01 und 0.05 mol $NiBr_2$-Lsgg. beträgt bei 25° 0.570 bzw. 0.560 V. Nach 15 bis 30 Min. bleibt die EK der Kette konstant, W. ALTHAMMER (*l. c.* S. 32).

**Chemisches Verhalten. Hydrolyse.** Aus elektrometr. Messungen der $H^+$-Konz. ergeben sich unter Annahme, daß die Hydrolyse nach $NiBr_2 + H_2O \rightleftharpoons NiBrOH + HBr$ erfolgt, für den Hydrolysegrad $\alpha$ in 0.01 und 0.05 m-Lsgg. Werte von 0.82 bzw. 0.22%, W. Althammer (*l. c.* S. 32). *Chemical Reactions. Hydrolysis*

**Reaktionen.** Entgegen der Angabe von Berthemot (*Ann. Chim. Phys.* [2] **44** [1830] 382/96, 389), daß $NiBr_2$-Lsgg. in Ggw. von Luft unter NiO-Abscheidung zersetzt werden, sind reine $NiBr_2$-Lsgg. an der Luft beständig, T. W. Richards, A. S. Cushman (*Z. Anorg. Allgem. Chem.* **16** [1898] 167/83, 170; *Proc. Am. Acad. Arts Sci.* **33** [1898] 98/111, 99). — $NiBr_2$ wird in wss. Lsg. durch Cu und Ag reduziert. Ein eingetauchtes Cu-Blech bedeckt sich mit einer schwammigen Ni-Schicht unter gleichzeitiger CuBr-Abscheidung. Auf Ag-Blech bildet sich eine fest haftende Ni-Schicht. Die anfänglich dunkelbraune Lsg. wird während der Rk. allmählich heller. Nach vollständiger Ni-Ausscheidung ist die AgBr enthaltende Lsg. hellgrün, W. Isbekow (*Z. Anorg. Allgem. Chem.* **185** [1930] 324/32, 331). — Beim Versetzen mit wss. $NH_3$-Lsg. fällt $NiBr_2 \cdot 6NH_3$ in violetten Kristallen aus, T. W. Richards, A. S. Cushman (*l. c.* S. 104). — Mit $HgBr_2$ reagiert $NiBr_2$ in wss. Lsg. unter Bldg. der Doppelsalze $2HgBr_2 \cdot NiBr_2 \cdot xH_2O$ und $HgBr_2 \cdot NiBr_2 \cdot xH_2O$, R. Varet (*Compt. Rend.* **123** [1896] 497/500). *Reactions*

Über Rkk. von $NiBr_2$ mit Pyridiniumverbb. in wss. Lsg. s. Badische Anilin- & Sodafabrik, W. Reppe, H. Friedrich, W. Schweckendiek (*D.P.* 878352 [1952/53]).

### HBr-haltige wäßrige Lösung von Nickel(II)-bromid

*Aqueous Solution of Nickel(II) Bromide Containing HBr*

Dichte D von Lsgg. der Konz. 0.6097 mol $NiBr_2$ und 2.11 mol HBr sowie 0.6080 mol $NiBr_2$ und 4.25 Mol HBr je 1 $H_2O$ bei 294.3 und 291.9°K: D = 1.2323 bzw. 1.3523 g/cm³, S. S. Shaffer, N. W. Taylor (*J. Am. Chem. Soc.* **48** [1926] 843/53, 849). — Im Absorptionsspektrum einer Br-Ionen im Überschuß enthaltenden Lsg. von $NiBr_2$ in wss. HBr werden für das komplexe Ion $[NiBr_6]^{4-}$ charakteristische Banden bei 216, 393, 720, 1150 und 1600 m$\mu$ beobachtet, Á. v. Kiss, J. Császár, E. Horvath (*Acta Chim. Acad. Sci. Hung.* **15** [1958] 151/61, 153). — Die Suszeptibilität nimmt mit wachsender HBr-Konz. zu. Bei ~20°C werden für die Molsuz. von $NiBr_2$ aus Messungen an ~0.609 m-$NiBr_2$-Lsgg. mit einem Gehalt von 2.11 und 425 mol HBr je l $H_2O$ die Werte $\chi_{mol} \cdot 10^6$ = 4423 bzw. 4495 erhalten, S. S. Shaffer, N. W. Taylor (*l. c.*). Weitere Messungen s. bei J. A. Dixmier, M. Nortz (*Compt. Rend.* **237** [1953] 994/6).

### Nichtwäßrige Lösung von Nickel(II)-bromid

*Nonaqueous Solution of Nickel(II) Bromide*

**Methanol.** Eine methanol. $NiBr_2$-Lsg. wird durch Zusatz von $Br_2$ zu einer gekühlten Suspension von feinverteiltem Ni in absol. Methanol und Abfiltrieren des unlösl. Rückstands dargestellt, H. M. Haendler, F. A. Johnson, D. S. Crocket (*J. Am. Chem. Soc.* **80** [1958] 2662/4). *Methanol*

In metanol. Lsg. reagiert $NiBr_2$ mit überschüssiger gesätt. $NH_4F$-Lsg. unter $(NH_4)_2[NiF_4]$-Bldg. Intermediär entsteht $NH_4[NiF_3]$, H. M. Haendler u. a. (*l. c.*). Beim Versetzen einer methanol. $NiBr_2$-Lsg. mit konz. methanol. K-, Rb- oder Cs-Fluoridlsgg. bilden sich entsprechende Alkalifluoroniccolate, D. S. Crocket, H. M. Haendler (*J. Am. Chem. Soc.* **82** [1960] 4158/62). Aus einer bei Siedetemp. gesätt. Lsg. von $NiBr_2$ in absol. Methanol fällt bei Zugabe von Dioxan sofort gelblichgrünes $NiBr_2 \cdot 2C_4H_8O_2$ aus; die Kristallabscheidung aus nicht gesätt. Lsgg. dauert einige Stunden, H. Rheinboldt, A. Luyken, H. Schmittmann (*J. Prakt. Chem.* [2] **149** [1937] 30/54, 53).

**Äthanol.** Dünne Schichten von alkohol. $NiBr_2$-Lsgg. sind gelblichgrün, W. N. Hartley (*Sci. Trans. Roy. Dublin Soc.* [2] **7** [1900] 253/301, 258). — Bei der Elektrolyse einer wss.-äthanol. Lsg. an Pt-Elektroden bildet sich an der Anode freies Brom, das in der Fl. gelöst wird und allmählich in das kathod. Gebiet diffundiert. Teilweise reagiert das gebildete Brom mit dem Alkohol unter HBr- und Aldehyd-Bldg. An der Kathode scheidet sich unter $H_2$-Entw. hydratisiertes Nickeloxid ab. In schwach saurer Lsg. (0.01n- bis 0.02n-HBr) werden dieselben anod. Erscheinungen beobachtet, während an der Kathode gut haftendes reines Ni niedergeschlagen wird. Da die Acidität der Lsg. dabei allmählich abnimmt, wird nach einiger Zeit an der Kathode Nickeloxid abgeschieden, C. Charmetant (*Compt. Rend.* **201** [1935] 1174/6). *Ethanol*

Aus einer äthanol. Lsg. von sublimiertem $NiBr_2$ kristallisiert bei Dioxanzusatz $NiBr_2 \cdot 2C_4H_8O_2$, A. Luyken (*Diss. Bonn* **1933**, S. 36). Über die Rk. mit Diäthylentriamin s. J. G. Breckenridge (*Can. J. Chem.* B **26** [1948] 11/9, 16). Mit Tetraäthylammoniumbromid reagiert $NiBr_2$ in äthanol. Lsg. unter Bldg. von $[(C_2H_5)_4N]_2[NiBr_4]$, N. S. Gill, R. S. Nyholm (*J. Chem. Soc.* **1959** 3997/4007, 4006). Beim Mischen äquimolarer Lsgg. von $NiBr_2$ und Phenylendiamin in absol. Alkohol entsteht

$NiBr_2 \cdot 2C_6H_4(NH_2)_2$. Bei Überschuß von Phenylendiamin (4 bis 6 mol Amin je mol $NiBr_2$) bildet sich $NiBr_2 \cdot 4C_6H_4(NH_2)_2$, W. HIEBER, C. SCHLIESZMANN, K. RIES (*Z. Anorg. Allgem. Chem.* **180** [1929] 89/104). Bei Zusatz äthanolischer Lsgg. von p-Dimethylaminophenyldimethylphosphin, Phenyldimethylphosphin und p-Dimethylaminophenyldimethylarsin zu äthanol. $NiBr_2$-Lsgg. entstehen Komplexe, die 2 mol der organ. Verb. auf 1 mol $NiBr_2$ enthalten, R. C. CASS, G. E. COATES, R. G. HAYTER (*J. Chem. Soc.* **1955** 4007/16, 4014).

*Propanol*

**Propanol.** Im Absorptionsspektrum einer Lsg. von $NiBr_2$ in Isopropanol tritt ein Max. bei ~228 mμ auf, L. I. KATZIN (*J. Chem. Phys.* **23** [1955] 2055/60).

*Ether*

**Äther.** Aus $NiBr_2$ und $AlH_3$ bildet sich in äther. Lsg. nach Röntgenunterss. möglicherweise Nickelhydrid oder eine Äthoxyverb., M. J. RICE, T. R. P. GIBB, E. G. MELONI (NYO-7542 [1955/56] 1/14, 8, 14).

*Acetone*

**Aceton.** Spektrophotometr. Unters. der Komplexbldg. in Lsgg. von $NiBr_2$ in Aceton bei Zusatz von LiBr s. bei S. A. SHCHUKAREV, O. A. LOBANEVA (*Dokl. Akad. Nauk SSSR* **105** [1955] 741/3).

*Quinoline*

**Chinolin.** Löslichkeit s. S. 607. — Siedepunktserhöhung s. E. BECKMANN (*Z. Anorg. Allgem. Chem.* **51** [1906] 236/44, 244).

*Bromonickel and Bromoniccolate Complex Ions*

## *Bromonickel- und Bromoniccolat-Komplex-Ionen*

*[NiBr]+*

**[NiBr]⁺** bildet sich bei Elektronenbeschuß von $NiBr_2$-Dampf bei 754°K durch Dissoz. und Ionisierung von monomerem $NiBr_2$, R. C. SCHOONMAKER, A. H. FRIEDMAN, R. F. PORTER (*J. Chem. Phys.* **31** [1959] 1586/9).

*[NiBr4]2−*

**$[NiBr_4]^{2-}$** entsteht in 0.1 m-Lsgg. von $NiSO_4$ in wss. HBr, s. P. JOB (*Compt. Rend.* **200** [1935] 831/2). Wird nach Unterss. des Reflexionsspektrums und der magnet. Momente aus äthanol. Lsg. am Anionenaustauscher Dowex-2 adsorbiert, T. NORTIA (*Suomen Kemistilehti* B **34** [1961] 172/4, *C. A.* **56** [1962] 15040). — Die im sichtbaren Spektrum einer 0.0007 m-Lsg. von $[(C_2H_5)_4N]_2[NiBr_4]$ in Nitromethan bei 750, 698, 652 und 608 mμ beob. Absorptionsmax. werden dem $[NiBr_4]^{2-}$-Ion zugeschrieben. Bei Zugabe von $Br^-$ zu einer 0.0008 m-Lsg. werden die bei 750 und 698 mμ liegenden Max. stark erhöht, während die übrigen Max. fast verschwinden, N. S. GILL, R. S. NYHOLM (*J. Chem. Soc.* **1959** 3997/4007, 4001). Im Absorptionsspektrum (zwischen nahem UV und nahem UR) von Tetraalkylammoniumsalzen des $[NiBr_4]^{2-}$ in Nitromethan treten bei gewöhnl. Temp. 2 intensive Banden bei 13260 und 14200 $cm^{-1}$, weitere Banden bei 7000, 10720, 18200 und 21400 $cm^{-1}$ auf, C. FURLANI, G. MORPURGO (*Z. Physik. Chem.* [*Frankfurt*] [2] **28** [1961] 93/111, 97). — Magnet. Moment: 3.79 BOHRsche Magnetonen, R. S. NYHOLM (*Croat. Chem. Acta* **33** [1961] 157/68).

*[NiBr6]4−*

**$[NiBr_6]^{4-}$**. Im Absorptionsspektrum von $[NiBr_6]^{4-}$ (Konz. 0.05 bis 0.001 mol/l) werden bei $Br^-$-Überschuß bei gewöhnl. Temp. Banden bei 1600, 1150 und 393 mμ beobachtet, die auf $D_{4h}$-Symmetrie schließen lassen, Á. KISS, J. CSÁSZÁR, E. HORVÁTH (*Acta Chim. Acad. Sci. Hung.* **15** [1958] 151/61, 153, 158).

*Other Complex Ions*

***Weitere komplexe Ionen.***

*[NiBr2]+*

**$[NiBr_2]^+$** bildet sich durch einfache Ionisierung bei Elektronenbeschuß von $NiBr_2$-Dampf bei 754°K im Massenspektrographen, R. C. SCHOONMAKER, A. H. FRIEDMAN, R. F. PORTER (*J. Chem. Phys.* **31** [1959] 1586/9).

*[NiBr6]2−*

**$[NiBr_6]^{2-}$**. Mit Hilfe einer Näherungsgleichung wird für $[NiBr_6]^{2-}$ der Ligandenfeldparameter $\Delta = 6500\ cm^{-1}$ erhalten, O. BOSTRUP, C. K. JØRGENSEN (*Acta Chem. Scand.* **10** [1956] 1501/3).

*Basic Nickel(II) Bromides*

## *Basische Nickel(II)-bromide*

*Review*

**Übersicht.** Nach vorliegenden Unterss. existieren sechs strukturell verschiedene bas. Nickelbromide, von denen vier mit den entsprechenden Chlorverbb. (s. S. 590) isomorph sind. Die Hydroxidbromide werden nach den Entstehungsbedingungen mit I bis VI bezeichnet. Beim Fällen einer $NiBr_2$-Lsg. mit Natronlauge bildet sich ein voluminöser, schleimiger und leicht peptisierbarer Nd. von Hydroxidbromid VIa, das entsprechend dem Hydroxidchlorid V a (s. S. 590) 6 bis 7 Mol $Ni(OH)_2$ je Mol $NiBr_2$ enthält, einen ebenso geringen Ordnungsgrad zeigt und durch Alterung unter verschiedenen

Bedingungen in die Hydroxidbromide I bis VI übergeführt werden kann, W. Feitknecht, A. Collet (*Helv. Chim. Acta* **22** [1939] 1444/55, 1444). — Zusammenstellung allgemeiner Arbeiten über bas. Salze s. in der Übersicht S. 590.

***NiBr₂·3Ni(OH)₂*** oder $Ni_2(OH)_3Br$ (Hydroxidbromid I). Das Homogenitätsgebiet reicht von 2.85 bis 3.28 $Ni(OH)_2$ je $NiBr_2$, ist also viel enger als bei der entsprechenden Chlorverb. (vgl. S. 591). Hydroxidbromid I enthält nach Vak.-Trocknung über $P_2O_5$ noch 1 bis 3% Wasser, das wahrscheinlich adsorptiv gebunden ist, W. Feitknecht, A. Collet (*Helv. Chim. Acta* **19** [1936] 831/41, 838). — Wird durch Erhitzen von $NiBr_2$-Lsgg. und Natronlauge im Einschmelzrohr auf 200° erhalten, wenn die $NiBr_2$- Konz. nach erfolgter Umsetzung 0.5 bis 2.5 mol/l beträgt, W. Feitknecht, A. Collet (*l. c.*). Bei 7std. Erhitzen von 0.05m- $NiBr_2$- und $NiCO_3$-Lsgg. im Einschmelzrohr auf 180° oder einer 0.05m-$NiBr_2$-Lsg. mit einer 0.025m-$NiCO_3$-Lsg. auf 210° bilden sich Hydroxidbromide mit ~4.6 bis 5.0 Mol $Ni(OH)_2$ je Mol $NiBr_2$. Ein Gemisch der so erhaltenen Verbb. wird nach Auswaschen mit $H_2O$ durch 80std. Erhitzen mit der ~15fachen Menge von wasserhaltigem $NiBr_2$ auf 180° in $NiBr_2 \cdot 3Ni(OH)_2$ übergeführt, A. Ferrari, R. Curti (*Gazz. Chim. Ital.* **66** [1936] 104/14, 111). Wird durch 24std. Erhitzen von 0.5 g $Ni(OH)_2$ in 20 ml 4n-$NiBr_2$-Lsg. auf 300° bei 400 atm Druck unter $N_2$ als gelbgrüne Verb. erhalten, H. R. Oswald, W. Feitknecht (*Helv. Chim. Acta* **47** [1964] 272/89, 280).

*NiBr₂ ·3Ni(OH)₂*

Nach Röntgenunterss. ist Hydroxidbromid I hexagonal und isomorph mit Hydroxidchlorid II (vgl. S. 591), W. Feitknecht, A. Collet (*l. c.*). Die vollständige Indizierung des Röntgendiagramms ergibt, daß $Ni_2(OH)_3Br$ im Schichtengitter mit geordneten Anionenschichten (Botalackit-Typ) kristallisiert. Die Deformation der pseudohexagonalen Metallschichten ist fast unmeßbar klein. Monoklin; Raumgruppe $P2_1/m-C_{2h}^2$, H. R. Oswald, W. Feitknecht (*l. c.* S. 274, 280). Gitterkonstt. in Å bei hexagonaler Indizierung: a = 3.17 bis 3.19, c = 5.79 bis 5.82, c/a ~1.83, W. Feitknecht, A. Collet (*l. c.* S. 838), W. Feitknecht (*Kolloid-Z.* **92** [1940] 257/76, 263), a = 3.17, c = 5.82, c/a = 1.84, A. Ferrari, R. Curti (*l. c.* S. 112), bei monokliner Indizierung: a = $5.50_2$, b = $6.35_2$, c = $5.83_9$, $\beta$ = 90°47'; a:b:c = 0.866:1:0.920. Schichtenabstand 5.839 Å; Z = 2, Vol. der Elementarzelle: 204.0 Å³, H. R. Oswald, W. Feitknecht (*l. c.* S. 274, 282).

Röntgendichte 5.42 (unter der Annahme ber., daß die Elementarzelle 1 Molekel $NiBr_2 \cdot 3Ni(OH)_2$ enthält), A. Ferrari, R. Curti (*l. c.* S. 113). Experimentell bestimmte Dichte 3.904 bis 4.014, W. Feitknecht, A. Collet (*l. c.* S. 838).

***NiBr₂·2Ni(OH)₂·4H₂O*** (Hydroxidbromid II). In einer 3m-$NiBr_2$-Lsg. löst sich das bei Zusatz geringer NaOH-Mengen zunächst gebildete Hydroxidbromid VI a wieder auf; aus dieser Lsg. scheidet sich bei gewöhnl. Temp. allmählich Hydroxidbromid II aus. Durch Alterung bei 50° in 2m-$NiBr_2$-Lsg. wird bas. Bromid VI a in Hydroxidbromid VI umgewandelt. Aus der überstehenden Lsg. kristallisiert Hydroxidbromid II, das auch bei 100° aus Hydroxidbromid VIa unter ~2.5m- bis 3m-$NiBr_2$-Lsgg. erhalten wird, W. Feitknecht, A. Collet (*Helv. Chim. Acta* **22** [1939] 1444/55, 1446). In HBr-haltiger Atm. korrodiert Ni-Blech unter Bldg. von bas. Bromid II bei HBr-Partialdrucken unterhalb 0.004 Torr, A. K. Bürgi (*Diss. Bern* 1939, S. 84), vgl. auch W. Feitknecht (*Helv. Chim. Acta* **29** [1946] 1801/15, 1806).

*NiBr₂ ·2Ni(OH)₂ ·4H₂O*

Kristallisiert hauptsächlich in langen, feinen, teilweise kugelförmig aggregierten Nadeln. Es ist isomorph mit Hydroxidchlorid III (s. S. 592). Das Röntgendiagramm läßt auf eine komplizierte Struktur schließen. Aus der gelblichgrünen Verb. wird eine kleine Menge $NiBr_2$ durch $H_2O$ herausgelöst. In verd. HCl wird Hydroxidbromid II nur langsam gelöst, W. Feitknecht, A. Collet (*l. c.* S. 1450).

***NiBr₂·7Ni(OH)₂·8H₂O*** (Hydroxidbromid III). Wird durch Alterung des Hydroxidbromids VIa in 1.5m-$NiBr_2$-Lsg. bei 100° in 3 bis 5 Tagen erhalten. Die Zus. von zwei in 120 Std. bzw. 18 Tagen unter gleichen Bedingungen hergestellten Präparaten schwankt zwischen $NiBr_2 \cdot 7.18Ni(OH)_2 \cdot 7.63H_2O$ und $NiBr_2 \cdot 6.85Ni(OH)_2 \cdot 8.67H_2O$. Ein Tl. des in der Verb. enthaltenden $H_2O$ ist möglicherweise nur adsorptiv gebunden. Das bas. Bromid III ist hellgrün und kristallisiert in sehr kleinen, meist kugelförmig aggregierten Nadeln. Auf Grund des Röntgendiagramms besitzt Hydroxidbromid III ein Doppelschichtengitter mit dem Schichtenabstand 8 Å; Abstand der $Ni^{2+}$-Ionen in den Hydroxidschichten 3.05 Å. In verd. HCl löst sich die Verb. nur langsam unter intermediärer Bldg. geringer Mengen von schwarzem Nickeloxid, W. Feitknecht, A. Collet (*Helv. Chim. Acta* **22** [1939] 1444/55, 1448, 1451).

*NiBr₂ ·7Ni(OH)₂ ·8H₂O*

***NiBr₂·5Ni(OH)₂·8H₂O*** (Hydroxidbromid IV). Bei 10monatiger Alterung von Hydroxidbromid VIa bei gewöhnl. Temp. unter 1.8m-$NiBr_2$-Lsgg. oder durch 50tägiges Erhitzen auf 50° unter 1 bis

*NiBr₂ ·5Ni(OH)₂ ·8H₂O*

1.5m-Lsg. werden hellgrüne, hochdisperse, voluminöse Bodenkörper der mittleren Zus. $NiBr_2 \cdot 5Ni(OH)_2 \cdot 8H_2O$ erhalten. Ein Teil des in der Verb. enthaltenen $H_2O$ ist möglicherweise nur adsorptiv gebunden. Nach Röntgenaufnahmen liegt wahrscheinlich ein Doppelschichtengitter vor. Die Struktur der Verb. leitet sich vom C 19-Typ ab. Schichtenabstand ~8.3 Å, Abstand der $Ni^{2+}$-Ionen in den Hauptschichten 3.06 Å. Hydroxidbromid IV ist mit Hydroxidchlorid IV (s. S. 593) isomorph; der Schichtenabstand ist jedoch beim Bromid infolge des größeren Br-Radius merklich größer als beim Chlorid. In verd. HCl löst sich Hydroxidbromid IV schneller als das bas. Bromid III, W. Feitknecht, A. Collet (*l. c.* S. 1446, 1451), vgl. auch W. Feitknecht (*Kolloid-Z.* **92** [1940] 257/76, 266).

*$NiBr_2 \cdot 5Ni(OH)_2 \cdot 7H_2O$*

***$NiBr_2 \cdot 5Ni(OH)_2 \cdot 7H_2O$*** (Hydroxidbromid V) wird durch 10monatige Alterung von Hydroxidbromid VIa bei gewöhnl. Temp. unter 0.2m- bis 1.2m-$NiBr_2$-Lsgg. dargestellt. Die Verb. gleicht in Farbe, äußerer Form und chem. Verh. ganz dem Hydroxidbromid IV. Zus. und Struktur beider Verbb. sind sehr ähnlich. Die Röntgendiagramme zeigen trotz auffallender Ähnlichkeit charakteristische Unterschiede. Danach handelt es sich um polymorphe Formen, die sich bei gleichem Bauprinzip durch verschiedene Anordnung der Atome in den Zwischenschichten, möglicherweise auch in den Hauptschichten, unterscheiden; Abstand der Schichten 8.3 Å, $Ni^{2+} \leftrightarrow Ni^{2+}$ in den Hydroxidschichten 3.07 Å, W. Feitknecht, A. Collet (*l. c.* S. 1446, 1452).

*$NiBr_2 \cdot 6$ to $7Ni(OH)_2 \cdot nH_2O$*

***$NiBr_2 \cdot 6$ bis $7Ni(OH)_2 \cdot nH_2O$*** (Hydroxidbromid VI). Die frischgefällte, als bas. Bromid VIa bezeichnete Verb. wandelt sich in 2m-$NiBr_2$-Lsg. bei 50tägigem Erhitzen auf 50° unter Kornvergrößerung und Gitterausheilung in Hydroxidbromid VI um. Zwischen beiden Verbb. existieren Zwischenstufen. Ein Tl. des verhältnismäßig großen $H_2O$-Gehalts ist wahrscheinlich adsorptiv gebunden. Röntgenograph. Unterss. ergeben Isomorphie mit Hydroxidchlorid V (vgl. S. 593); Gitterkonstt. bei hexagonaler Indizierung: a = 3.05, c = 24.2 Å; daraus ber. Abstand der Hauptschichten: 8.1 Å. Hydroxidbromid VI gleicht in Farbe, Ausbildungsform und chem. Verh. den bas. Bromiden IV und V (s. oben), W. Feitknecht, A. Collet (*l. c.* S. 1447, 1453).

*Nickel(II) Bromates*

## *Nickel(II)-bromat $Ni(BrO_3)_2$ · Hydrate · Deuterate*

Wasserfreies $Ni(BrO_3)_2$ wird durch Entwässerung von $Ni(BrO_3)_2 \cdot 6H_2O$ im Vak. in Ggw. von $P_2O_5$ bei 50° bis 60° erhalten, C. Rocchiccioli (*Ann. Chim.* [*Paris*] [13] **5** [1960] 999/1036, 1007).

*$Ni(BrO_3)_2 \cdot 6H_2O$ and $Ni(BrO_3)_2 \cdot 6D_2O$. Preparation*

***$Ni(BrO_3)_2 \cdot 6H_2O$ und $Ni(BrO_3)_2 \cdot 6D_2O$.*** **Darstellung.** Bildet sich durch doppelte Umsetzung von $Ba(BrO_3)_2$ mit $NiSO_4$ in wss. Lsg. beim langsamen Eindampfen des Filtrats, C. Rammelsberg (*Ann. Physik* [2] **55** [1842] 63/88, 69), C. Belderbos (*Natuurw. Tijdschr.* [*Ghent*] **19** [1937] 189/96, 189). Züchtung von Einkristallen aus der gesätt. Lsg., J. C. Burgiel (*Diss. Massachusetts Inst. Technol.* 1959, S. 47). — Die deuterierte Verb. wird durch wiederholtes Eindampfen von $Ni(BrO_3)_2 \cdot 6H_2O$ mit $D_2O$ im Vak. erhalten. Isotop. Reinheit: 94 Atom-% Deuterium, T. S. Piper, N. Koertge (*J. Chem. Phys.* **32** [1960] 559/61). Teilweise entwässertes 6-Hydrat wandelt sich in $D_2O$-Dampf in 6-Deuterat um, C. Rocchiccioli (*l. c.*).

*Crystallographic Properties*

**Kristallographische Eigenschaften.** Das 6-Hydrat bildet kub. Kristalle mit Hexaeder- und Oktaederflächen und ist isomorph mit $Co(BrO_3)_2 \cdot 6H_2O$. Die aus Laue-Aufnahmen in Richtung der c-Achse ber. Gitterkonst. wird durch Drehkristallaufnahmen um die c-Achse und Pulveraufnahmen bestätigt: a = 10.272 ± 0.002 Å; Z = 4 Molekeln. Raumgruppe Pa3–$T_h^6$. Pyknometrisch bestimmte Dichte 2.6, C. Belderbos (*l. c.* S. 194).

*Optical Properties*

**Optische Eigenschaften.** $Ni(BrO_3)_2 \cdot 6H_2O$-Kristalle sind grün und durchsichtig. Über die Wrkg. auf polarisiertes Licht s. H. Marbach (*Ann. Physik* [2] **94** [1855] 412/26, 414). — Im sichtbaren Absorptionsspektrum von $Ni(BrO_3)_2 \cdot 6H_2O$-Einkristallen werden bei 77°K intensive Max. bei 15674, 15813, 16167 und 16287 $cm^{-1}$ beobachtet. In einer weiteren Serie schwacher Banden liegt das deutlichste Max. bei 18680 $cm^{-1}$, Halbwertsbreite 170 $cm^{-1}$. Das UR-Spektrum weist eine Bande mit der Halbwertsbreite 520 $cm^{-1}$ bei 3250 $cm^{-1}$ auf, die der Streckfrequenz von H–O zugeordnet wird. Bei Deuterierung der Verb. werden die intensiven Banden im Sichtbaren nicht merklich verschoben. Die schwachen Banden verschieben sich um ~790 $cm^{-1}$ nach niedrigeren Wellenzahlen, während die im UR auftretende Bande nach 2440 $cm^{-1}$ rückt, T. S. Piper, N. Koertge (*l. c.*). Unterss. im Bereich von 300 bis 4000 $cm^{-1}$ ergeben Banden bei 357, 430, 779, 796 und 820 $cm^{-1}$, die den Grundschwingungen des Bromat-Ions zugeschrieben werden können. Von drei weiteren, wahrscheinlich für $H_2O$ charakterist. Banden verschwindet die bei 492 $cm^{-1}$ liegende bei Deuterierung; die bei 695 und 872 $cm^{-1}$

beob. Banden verschieben sich bei Einführung von $D_2O$ in die Verb. nach 535 bzw. 600 $cm^{-1}$. Bei Entwässerung verschwindet die 872 $cm^{-1}$ Bande. Im Bereich der Deformationsschwingungen erfolgt starke Absorption bei 1680 $cm^{-1}$, im Gebiet der Valenzschwingungen bei 3280 $cm^{-1}$, C. ROCCHICCIOLI (*Compt. Rend.* **249** [1959] 236/8).

**Magnetische Eigenschaften.** Im Mikrowellenspektrum von $Ni(BrO_3)_2 \cdot 6H_2O$ werden bei 17° und —78° Kernresonanzlinien von $^{79}Br$ bei 177.62 bzw. 179.51 MHz gefunden, K. SHIMOMURA, T. KUSHIDA, N. INOUE, Y. IMAEDA (*J. Chem. Phys.* **22** [1954] 1944/5). Temp.-Abhängigkeit der Kernresonanzfrequenzen zwischen 1.3 und 290°K s. J. C. BURGIEL, V. JACCARINO, A. L. SCHAWLOW (*Phys. Rev.* **122** [1961] 429/36, 435), J. C. BURGIEL (*Diss. Massachusetts Inst. Technol.* 1959, S. 51). *Magnetic Properties*

Nach Kernresonanzunterss. ist $Ni(BrO_3)_2 \cdot 6H_2O$ oberhalb 1.3°K nicht antiferromagnetisch. Vermutlich werden die paramagnet. Ionen durch die sie umgebenden $H_2O$-Oktaeder gegeneinander abgeschirmt, J. C. BURGIEL u. a. (*l. c.*), J. C. BURGIEL (*l. c.* S. 45).

**Chemisches Verhalten.** $Ni(BrO_3)_2 \cdot 6H_2O$ wird beim Erhitzen auf 130°C teilweise entwässert. Oberhalb 130° erfolgt lebhafte Zers. unter $O_2$- und $Br_2$-Entw. und NiO-Bldg., C. RAMMELSBERG (*l. c.* S. 70). Bei langsamem Erhitzen bildet sich das Dihydrat, C. ROCCHICCIOLI (*Ann. Chim.* [*Paris*] [13] **5** [1960] 999/1036, 1007). — In 100 g kaltem $H_2O$ lösen sich bei gewöhnl. Temp. 27.6 g $Ni(BrO_3)_2 \cdot 6H_2O$. Der Bodenkörper der gesätt. Lsg. besteht aus 6-Hydrat, A. SEIDELL (*Solubilities of Inorganic and Metalorganic Compounds, New York* 1940, S. 1338), s. auch C. RAMMELSBERG (*Ann. Physik* **55** [1842] 63/88, 70). — Das Bromat ist in wss. $NH_3$ lösl., C. RAMMELSBERG (*l. c.*). *Chemical Reactions*

***$Ni(BrO_3)_2 \cdot 2H_2O$ und $Ni(BrO_3)_2 \cdot 2D_2O$.*** Das Dihydrat wird durch langsames Erhitzen (50° bis 100° je Std.) des Hexahydrats erhalten. Zur Darst. von $Ni(BrO_3)_2 \cdot 2D_2O$ wird das 6-Deuterat in einer Std. auf 100° erhitzt. $Ni(BrO_3)_2 \cdot 2H_2O$ zersetzt sich beim Erhitzen unter $O_2$- und $Br_2$-Entw., bevor die addierten $H_2O$-Molekeln völlig entfernt sind. Im UR-Spektrum des Dihydrats werden neben den bei 358, 429, 779 und 829 $cm^{-1}$ liegenden charakterist. Bromatbanden zusätzliche Banden bei 486 und 625 $cm^{-1}$ beobachtet, die durch Kopplung der 358 $cm^{-1}$-Bande mit einer Gitterschwingungsbande bzw. durch gestörte Rotationen der $H_2O$-Molekeln gedeutet werden, C. ROCCHICCIOLI (*Ann. Chim.* [*Paris*] [13] **5** [1960] 999/1036, 1007, 1012; *Compt. Rend.* **249** [1959] 236/8). *$Ni(BrO_3)_2 \cdot 2H_2O$ and $Ni(BrO_3)_2 \cdot 2D_2O$*

**Wässrige Lösung von Nickel(II)-bromat.** Aus einer mit $NH_3$ gesätt. konz. wss. $Ni(BrO_3)_2$-Lsg. wird durch Zusatz einer alkohol. $NH_3$-Lsg. $Ni(BrO_3)_2 \cdot 6NH_3$ ausgefällt, F. EPHRAIM, A. JAHNSEN (*Ber.* **48** [1915] 41/56, 50), s. auch C. RAMMELSBERG (*l. c.* S. 70). *Aqueous Solution of Nickel(II) Bromate*

### *Nitrosylnickel(I)-bromid $(Ni(NO)Br)_4$.*

*Nickel(I) Nitrosyl Bromide*

**Molekel.** Das Stickoxid wirkt in dieser Verb. wie in den entsprechenden Co- und Fe-Verbb. als Elektronendonator (vgl. „*Kobalt*" *Tl.* A *Erg.-Bd.*, S. 583). Unter der Annahme der KZ 4 für das Zentralatom liegt die Molekel in Analogie zu $Cu^I$-Verbb., die anstelle des NO neutrale Liganden enthalten wie beispielsweise $[Cu(As(C_2H_5)_3)J]_4$, im tetrameren Zustand vor, F. SEEL (*Z. Anorg. Allgem. Chem.* **249** [1942] 308/24, 320). *Molecule*

**Darstellung.** Durch Erhitzen eines Gemisches von $NiBr_2$ und Carbonylnickel im NO-Strom auf 150° bis 190°. Bei langsamem Überleiten von NO beginnen bei 150° lange schwarzglänzende, im durchfallenden Licht dunkelgrüne Kristalle zu sublimieren. Bei höherer Strömungsgeschw. entstehen hellgrüne, verfilzte Nadeln, W. HIEBER, R. NAST (*Z. Anorg. Allgem. Chem.* **244** [1940] 23/47, 39). *Preparation*

**Eigenschaften.** An der Luft ist $(Ni(NO)Br)_4$ unbeständig. In trockner $N_2$-Atm. erfolgt erst nach einigen Tagen Zers. unter $Br_2$-Entwicklung. Bei Einw. von $Cl_2$ bildet sich bei gewöhnl. Temp. an der Oberfläche eine $NiCl_2$-Schicht. Selbst beim Erhitzen auf 200° wird neben $NiCl_2$ noch unzersetztes $(Ni(NO)Br)_4$ gefunden. In feuchtem $CO_2$ erfolgt rasche Zersetzung. Die Verb. ist stark hygroskopisch und in $H_2O$ nur wenig löslich. In verd. Mineralsäuren löst sie sich unter heftiger Gasentwicklung. Verhalten in gesätt. KCN- und $K_2S_2O_3$-Lsgg. analog $(Ni(NO)J)_4$ (s. S. 626). Die blaue alkohol. Lsg. fällt aus einer ammoniakal. $AgNO_3$-Lsg. Ag neben AgBr aus. Bei langsamer Zugabe einer o-Phenanthrolinlsg. in absol. Äthanol zu einer äthanol. $(Ni(NO)Br)_4$-Lsg. erfolgt keine Fällung. Aus der mit zunehmendem Phenanthrolingehalt schmutzigbraun, blaugrün, farblos und schließlich schwachrot werdenden Lsg. kristallisiert beim Eindampfen im Vak. $NiBr_2 \cdot 3C_{12}H_8N_2 \cdot 6C_2H_5OH$, W. HIEBER, R. NAST (*l. c.* S. 40). *Properties*

*Nickel and Iodine*

# Nickel und Jod

*The NiI Molecule*

**Die NiJ-Molekel.** Gasf. NiJ bildet sich in der Flamme eines teilweise mit Methylenjodid gesätt. Gasstroms beim Einsprühen von verd. wss. $Ni^{II}$-Salzslgg. (Flammentemp. 1500 bis 2600°K). Nach flammenphotometr. Unterss. beträgt die Dissoz.-Energie von NiJ 69 ± 5 kcal/mol, E. M. BULEWICZ, L. F. PHILLIPS, T. M. SUGDEN (*Trans. Faraday Soc.* **57** [1961] 921/31, 922, 929). — Während bei der Zers. von $NiF_2$, $NiCl_2$ und $NiBr_2$ die zweiatomigen Monohalogenide entstehen, ist über $NiJ_2$ nur das $J_2$-Spektrum zu beobachten, jedoch kein der NiJ-Molekel zuzuordnendes Bandensystem, P. MESNAGE (*Compt. Rend.* **204** [1937] 1929/31; *Ann. Phys.* [*Paris*] [11] **12** [1939] 5/87, 35).

*Nickel(II) Iodide*

## *Nickel(II)-jodid $NiJ_2$*

*The $NiI_2$ Molecule*

**Die $NiJ_2$-Molekel.** Für die hypothet. $NiJ_2$-Molekel läßt sich analog wie für $NiF_2$ (s. S. 527) der Kernabstand zu 2.43 Å abschätzen; Wellenzahlen der Molekelschwingungen: 150, 35, 348 $cm^{-1}$, L. BREWER, G. R. SOMAYAJULU, E. BRACKETT (*Chem. Rev.* **63** [1963] 111/21, 114). Daraus abgeleitete Amplituden der Molekelschwingungen zwischen 1000 und 1500°K s. bei G. NAGARAJAN (*J. Mol. Spectry* **13** [1964] 361/92, 372).

*Formation. Preparation*

### Bildung und Darstellung

*From Ni Iodides Containing $H_2O$ and $NH_3$*

**Aus $H_2O$- und $NH_3$-haltigen Ni-Jodiden.** Wasserfreies $NiJ_2$ wird aus handelsüblichem wasserhaltigem Nickeljodid durch Trocknen und Vak.-Dest. in Ggw. von $P_2O_5$ erhalten, K. BUTKOW, I. WOJCIECHOWSKA (*Z. Physik. Chem.* B **49** [1941] 131/44, 132). Bldg. aus $NiJ_2 \cdot 6H_2O$ s. M. ÉTARD (*Ann. Chim. Phys.* [7] **2** [1894] 503/74, 546). — Durch therm. Abbau von $NiJ_2 \cdot 6NH_3$ bei Tempp. > 100° entsteht unter $NH_3$-Entw. $NiJ_2$, C. RAMMELSBERG (*Ann. Physik* [2] 48 [1839] 151/84, 159), s. auch W. BILTZ, E. BIRK (*Z. Anorg. Allgem. Chem.* **127** [1923] 34/42, 35).

*From the Elements*

**Aus den Elementen.** Aus dem beim Überleiten von Joddampf über Ni-Pulver an der Luft entstehenden Gemisch von $NiJ_2$ und NiO sublimiert bei starkem Glühen $NiJ_2$, O. L. ERDMANN (*J. Prakt. Chem.* **7** [1878] 249/68, 254), s. auch G. TAMMANN (*Nachr. Kgl. Ges. Wiss. Göttingen, II. Math. Physik Kl.* **1919** 225/34, 226). Ein Abschmelzrohr, das an einem Ende mit bei 500° entgastem Ni-Draht, am entgegengesetzten Ende mit Jod gefüllt ist, wird auf der Ni-Seite auf 500°, auf der Jodseite auf 180° erhitzt. Das verdampfende Jod reagiert mit dem heißen Ni-Draht unter Bldg. von $NiJ_2$, das leicht sublimiert und sich im kälteren Tl. des Rohres absetzt. Bei Ni-Überschuß wird alles Jod umgesetzt, M. GUICHARD (*Compt. Rend.* **145** [1907] 807/8), P. MESNAGE (*Thèse Paris* 1938, S. 32), s. auch J. P. LASSAIGNE (*J. Pharm.* **9** [1823] 49/53). Über die $NiJ_2$-Bldg. beim Sublimieren von Jod über auf 1000° erhitztes Ni im Vak. s. H. SCHÄFER, H. JACOB, K. ETZEL (*Z. Anorg. Allgem. Chem.* **286** [1956] 42/55, 44). In fl. Jod überzieht sich Ni mit einer $NiJ_2$-Schicht, die die weitere Auflösung des Metalls verhindert, H. SPANDAU (in: *FIAT Rev., Bd.* 28, S. 285/310, 301). An der Oberfläche eines von Ni-Blättchen umgebenen Jodkristalls bildet sich in 15 Min. eine diffuse Zone von stahlgrauem $NiJ_2$, E. MONTIGNIE (*Bull. Soc. Chim. France* **1947** 747). In alkohol. Medium reagieren Jod und Ni schon bei gewöhnl. Temp. unter $NiJ_2$-Bldg., K. YAMAMOTO (*Bull. Chem. Soc. Japan* **27** [1954] 491/5).

*By Iodizing of Ni and Ni Compounds*

**Durch Jodierung von Ni und Ni-Verbindungen.** Aus ~0.0033 m-NaJ-Lsg. ($^{131}J$) werden an der Oberfläche eines Ni-Blechs 1.67 γ Jod je $cm^2$ adsorbiert. Aus der hohen Akt. des behandelten Blechs wird auf die Bldg. von $NiJ_2$ geschlossen, K. SCHWABE, K. WAGNER, C. WEISZMANTEL (*Z. Phys. Chem.* [*Leipzig*] **206** [1957] 309/20, 310, 318).

Durch 24std. Erhitzen von $Ni_2O_3$ und $AlJ_3$ in äquiv. Mengen auf 230° im verschlossenen Rohr bildet sich $NiJ_2$ neben geringen Mengen eines bas. Ni-Jodids. Durch Sublimation im Vak. bei 800° wird $NiJ_2$ rein erhalten, M. CHAIGNEAU (*Bull. Soc. Chim. France* [5] **1957** 886/8; *Compt. Rend.* **242** [1956] 263/5). Beim Eindampfen einer Lsg. von $Ni(OH)_2$ oder $NiCO_3$ in wss. HJ bildet sich $NiJ_2$, das aus Alkohol umkristallisiert, bei 140° getrocknet und im Vak. bei 500° bis 600° sublimiert wird, G. BRAUER (*Handbuch der präparativen anorganischen Chemie, Stuttgart* 1954, S. 1156), s. auch W. HIEBER, R. NAST (*Z. Anorg. Allgem. Chem.* **244** [1940] 23/47, 33), J. A. A. KETELAAR (*Z. Krist.* 88 [1934] 26/34, 31), O. L. ERDMANN (*l. c.*). Bei der Einw. von Jod auf $Ni(CO)_4$ entsteht $NiJ_2$, K. YAMAMOTO (*l. c.*).

*Electrochemical Method*

**Elektrochemisches Verfahren.** Eine Lsg. von $Cu_2J_2$ in Acetonitril wird unter Verwendung einer Pt-Kathode und einer Ni-Anode bei gewöhnl. Temp. in $N_2$-Atm. unter Ausschluß von Luftfeuchtig-

keit elektrolysiert. Die Umsetzung zwischen Ni und $Cu_2J_2$ ist vollständig, sobald sich Ni an der Kathode abzuscheiden beginnt. Aus der Acetonitril-Lsg. wird durch Verdampfen des Lsgm. im Vak. $NiJ_2$ rein oder in Form eines Acetonitrilsolvats erhalten, das durch vorsichtiges Erhitzen im Vak. in das solvatfreie Salz übergeführt wird. Ausbeute 96 bis 98%, H. SCHMIDT (*Z. Anorg. Allgem. Chem.* **271** [1953] 305/20, 319).

## Thermodynamische Daten der Bildung

*Thermodynamic Formation Data*

Die Bildungswärme Q in kcal/mol beträgt nach Messungen anderer Autoren 20.5 bei der Bldg von $NiJ_2$ aus den Elementen unter Standardbedingungen (25°, 1 atm), F. D. ROSSINI, D. D. WAGMAN, W. H. EVANS, S. LEVINE, I. JAFFE (*Circ. Nat. Bur. Stand.* Nr. 500 [1952] 247), W. M. LATIMER (*The Oxidation States of the Elements and their Potentials in Aqueous Solutions, New York* 1952, S. 199); Q = 22.4 bei 18°, 1 atm, F. R. BICHOWSKI, F. D. ROSSINI (*The Thermochemistry of Chemical Substances, New York* 1952, S. 85), $32.2 \pm 6.9$ (aus der Angabe $1.4 \pm 0.03$ eV im Original in kcal umgerechnet), bei gewöhnl. Temp. calorimetrisch bestimmt. Derselbe Wert wird bei Berechnung nach dem BORN-HABERschen Kreisprozeß für 0°K erhalten, E. THILO (*Die Valenz der Metalle Fe, Co, Ni, Cu und ihre Verbindungen mit Dioximen, Stuttgart* 1932, S. 17). Der aus dem Gleichgew. der Red. mit $H_2$ erhaltene Wert Q = 38.6 wird für zuverlässiger als der aus der Lsg.-Wärme bestimmte Wert Q = 35.9 gehalten, L. BREWER, L. A. BROMLEY, P. W. GILLES, N. L. LOFGREN (*Nat. Nucl. Energy Ser. Div.* IV **19 B** [1950] 76/192, 110, 135), s. auch S. A. SHCHUKAREV, M. A. ORANSKAYA (*Zh. Obshch. Khim.* **24** [1954] 2109/19, 2116, *C. A.* **1956** 6110). Die Berechnung aus den Bldg.-Wärmen ähnlicher Verbb. nach

$$(Q_{NiCl_2}-Q_{NiBr_2}):(Q_{NiBr_2}-Q_{NiJ_2}) = (Q_{MgCl_2}-Q_{MgBr_2}):(Q_{MgBr_2}-Q_{MgJ_2})$$

ergibt $Q_{NiJ_2} = 26.2$, V. V. FOMIN (*Zh. Fiz. Khim.* **27** [1953] 1689/92). Q = 22.35, aus den Bldg.-Wärmen zweier anderer Halogenide des Ni berechnet (vgl. S. 529), H. W. ANDERSON, L. R. BROMLEY (*J. Phys. Chem.* **63** [1959] 1115/8). Q = 16.7 für die Bldg. von gasf. $NiJ_2$ bei 1200°K, H. SCHÄFER, H. JACOB, K. ETZEL (*Z. Anorg. Allgem. Chem.* **286** [1956] 42/55, 48). — Über konst. Differenzen der Bldg.-Wärmen von Verbb. mit gleichem Anionenpaar, z. B. $NiCl_2$–$NiJ_2$ und $CoCl_2$–$CoJ_2$, s. K. B. YATSIMIRSKII (*Zh. Neorgan. Khim.* **3** [1958] 2244/52, 2250, *C. A.* **1960** 21973).

Die Freie Bildungsenergie in kcal/mol $\Delta G^\circ_{298}$ beträgt −21.3, W. M. LATIMER (*l. c.*). Der Näherungswert $\Delta G^\circ_{298} = -21.1$ wird nach $\Delta G^\circ_{298} = A \cdot \Delta H^\circ_{298} + B$ mit den für Jodide zweiwertiger Metalle angegebenen Konstt. A = 0.982 und B = −1.12 erhalten, M. KH. KARAPET'YANTS (*Zh. Fiz. Khim.* **28** [1954] 353/8, *C. A.* **1955** 5953).

Bildungsentropie $\Delta S$ in cal/mol·grd: $\Delta S_{1200} = 16.11$ für die Bldg. von gasf. $NiJ_2$, H. SCHÄFER u. a. (*l. c.*). — Der Wert von $-(\Delta G - \Delta H_{298})/T$ in $cal \cdot mol^{-1} \cdot grd^{-1}$ berechnet sich für 298.1 und 500°K zu 35, für 1000°K zu 36 und für $NiJ_{2\,fl}$ bei 1500°K zu 28, L. BREWER u. a. (*l. c.* S. 110).

## Physikalische Eigenschaften

*Physical Properties*

*Crystallographic Properties. Crystal Form*

**Kristallographische Eigenschaften. Kristallform.** Beim Sublimieren entstehen metallisch glänzende Blättchen, O. L. ERDMANN (*J. Prakt. Chem.* **7** [1878] 249/68, 254), oder bronzeartige, taflige Kristalle, P. MESNAGE (*Thèse Paris* 1938, S. 32). Aus wss. $NiJ_2$-Lsgg. kristallisieren jodähnliche Schuppen, W. HIEBER, R. NAST (*Z. Anorg. Allgem. Chem.* **244** [1940] 23/47, 33), J. A. A. KETELAAR (*Z. Krist.* 88 [1934] 26/34, 31). Bei Abbau von $NiJ_2 \cdot 6NH_3$ bilden sich Pseudomorphosen nach den Oktaedern der Ausgangssubst., W. BILTZ, E. BIRK (*Z. Anorg. Allgem. Chem.* **127** [1923] 34/42, 35).

*Lattice Structure*

**Gitterstruktur.** $NiJ_2$ besitzt wie $NiCl_2$ und $NiBr_2$ (vgl. S. 542, 605) $CdCl_2$-Struktur, Gittertyp C 19, Raumgruppe $R\bar{3}m$–$D^5_{3d}$ (s. „*Cadmium*" *Erg.-Bd.*, S. 467). Gitterkonst. der eine Molekel enthaltenden rhomboedr. Elementarzelle: $a = 6.92 \pm 0.02$ Å, $\alpha = 32°40'$, der drei Molekeln enthaltenden hexagonalen Elementarzelle: $a = 3.895 \pm 0.01$ Å, $c = 19.63 \pm 0.04$ Å, c/a = 5.04; Jodparameter $u = 0.250 \pm 0.005$. Atomabstände r (in Å): r(Ni–J) = 2.78, r(J–J) = 3.895 (innerhalb einer Schicht) bzw. 3.97 (beiderseits einer Ni-Schicht), J. A. A. KETELAAR (*l. c.*). Nicht ausgewertete Röntgendiagramme s. bei A. FERRARI, F. GIORGIO (*Atti Accad. Naz. Lincei Rend. Classe Sci. Fis. Mat. Nat.* **10** [1929] 522/7). — Über den J–J-Abstand in $NiJ_2$ und anderen Jodiden s. A. F. WELLS (*Phil. Mag.* [7] **37** [1946] 217/36, 233).

*Type of Bond*

**Bindungsart.** Der Anteil der kovalenten Bindung läßt sich zu 61% abschätzen; er ist größer als beim Bromid und Chlorid (52 bzw. 47%), K. B. YATSIMIRSKII (*Izv. Akad. Nauk SSSR Otd. Khim.*

*Nauk* **1948** 590/8, *C. A.* **1949** 2829). Zum Vergleich mit den im $CdJ_2$-Gitter kristallisierenden Jodiden von Fe und Co s. H. KREBS (*Z. Anorg. Allgem. Chem.* **278** [1955] 82/92, 89).

*Lattice Energy*

**Gitterenergie** $U_{kr}$ in kcal/mol. Aus thermochem. Daten nach dem Modell eines HABER-BORNschen Kreisprozesses erhaltene „experimentelle" Werte: $U_{kr} = 623$, L. H. AHRENS, D. F. C. MORRIS (*J. Inorg. Nucl. Chem.* **3** [1956] 270/80, 271), 621, M. KH. KARAPET'YANTS (*Zh. Fiz. Khim.* **28** [1954] 1136/52, 1151), 601, K. B. YATSIMIRSKII (*Izv. Akad. Nauk SSSR Otd. Khim. Nauk* **1948** 590/8, 593). Zur Berechnung erweist sich die von A. F. KAPUSTINSKII (*Zh. Obshch. Khim.* **13** [1943] 497/502; *Acta Physicochim. URSS* 18 [1943] 370/7) angegebene Formel, nach der $U_{kr} = 511$ ist, als wenig geeignet; durch ihre Weiterentw. mit Hilfe quantenmechan. Vorstellungen gelangt K. B. YATSIMIRSKII (*l. c.*) zu einer Formel, nach der sich $U_{kr} = 605$ ergibt. — Die Kristallfeld-Stabilisierungsenergie (vgl. S. 530) beträgt 28 kcal/mol, K. B. YATSIMIRSKII (*Zh. Neorgan. Khim.* **3** [1958] 2244/52, 2246; *Russ. J. Inorg. Chem.* **3** Nr. 10 [1958] 26/36, 28).

Über Beziehungen zwischen Gitterenergie, Bindungstyp und Kristallstruktur von Metallhalogeniden s. D. F. C. MORRIS, L. H. AHRENS (*J. Inorg. Nucl. Chem.* **3** [1956] 263/9).

*Mechanical and Thermal Properties. Density*

**Mechanische und thermische Eigenschaften. Dichte** D in g/cm³. Bei 25° ist D = 5.834, W. BILTZ, E. BIRK (*Z. Anorg. Allgem. Chem.* **127** [1923] 34/42, 37, 40). Aus den Gitterkonstt. berechnet J. A. A. KETELAAR (*Z. Krist.* 88 [1934] 26/34, 31) D = 6.36.

*Vapor Pressure*

**Dampfdruck.** Aus dem Red.-Gleichgew. zwischen $NiJ_2$ und $H_2$ bei 510°, 610° und 710° werden durch Extrapolation auf die $H_2$-Strömungsgeschw. Null die Werte $p_{HJ}/p_{H_2} = 0.326 \pm 1\%$, $1.25 \pm 1\%$ bzw. $11.0 \pm 10\%$ erhalten, K. JELLINEK, R. ULOTH (*Z. Anorg. Allgem. Chem.* **151** [1926] 157/84, 159). Da keine weiteren Messungen vorliegen, werden die Sublimationstemp. und die Sublimationswärme nur geschätzt; s. hierzu L. BREWER (*Nat. Nucl. Energy Ser. Div.* IV **19** B [1950] 193/275, 202), H. SCHÄFER, H. JACOB, K. ETZEL (*Z. Anorg. Allgem. Chem.* **286** [1956] 42/55, 54), K. V. BUTKOV, I. A. VOITSEKHOVSKAYA (*Zh. Fiz. Khim.* **18** [1944] 409/18; *Z. Physik. Chem.* B **49** [1941] 131/44, 138).

*Melting Point*

**Schmelzpunkt.** Mittelwert aus 6 Messungen: $T_f = 1070$°K, W. FISCHER, R. GEWEHR (*Z. Anorg. Allgem. Chem.* **222** [1935] 303/11, 308).

*Entropy*

**Entropie.** Geschätzte Werte für 298°K: 37.7 cal·mol⁻¹·°K⁻¹, W. M. LATIMER (*The Oxidation States of the Elements and their Potentials in Aqueous Solutions, New York* 1952, S. 199), 31 cal·mol⁻¹°K⁻¹, H. SCHÄFER u. a. (*l. c.*). — Für Tempp. von 298 bis 1500°K wird $(G° - H°_{298.16})/T$ für kondensiertes und gasf. $NiJ_2$ abgeschätzt von L. BREWER, G. R. SOMAYAJULU, E. BRACKETT (*Chem. Rev.* **63** [1963] 111/21, 112, 115).

*Color. Absorption*

**Farbe. Absorption.** $NiJ_2$ ist stahlgrau bis schwarz gefärbt, s. beispielsweise M. GUICHARD (*Compt. Rend.* **145** [1907] 807/8), W. N. HARTLEY (*Sci. Trans. Roy. Dublin Soc.* [2] **7** [1900] 253/301, 258). Das Absorptionsspektrum von festem $NiJ_2$ zeigt ein Max. bei ~410, ein Minimum bei ~275 mμ, H. FESEFELDT (*Z. Physik* **64** [1930] 741/8). — Das Absorptionsspektrum von $NiJ_2$-Dampf ist nur bei Zusatz von überschüssigem metall. Ni zu beobachten; das zwischen 610° und 630° bei 4150 Å auftretende Absorptionsmax. kann der Dissoz. der $NiJ_2$-Molekel (Abspaltung eines Jodatoms) zugeschrieben werden, K. BUTKOV, I. VOITSEKHOVSKAYA (*Zh. Fiz. Khim.* **18** [1944] 409/18; *Z. Physik. Chem.* B **49** [1941] 131/44; *Nature* **159** [1947] 570/1).

*Magnetic Properties. Susceptibility*

**Magnetische Eigenschaften. Suszeptibilität** $\chi_{mol}$ in $10^{-3}$ cm³/mol. $\chi_{mol}$ zwischen 83 und 603°K:

| T in °K . . . . . | 83° | 195° | 293° | 493° | 603° |
|---|---|---|---|---|---|
| $\chi_{mol}$ . . . . . . . | 8.090 | 5.490 | 3.960 | 2.380 | 2.020 |

W. KLEMM, W. SCHÜTH (*Z. Anorg. Allgem. Chem.* **210** [1933] 33/56, 45). Aus der Susz. einer wss. Lsg. bei 291°K wird $\chi_{mol} = 4.36$ berechnet, O. LIEBKNECHT, A. P. WILLS (*Ann. Physik* [4] **1** [1900] 178/88, 186).

*Electrochemical Behavior*

## Elektrochemisches Verhalten

Die Zersetzungsspannung E in V bei verschiedenen Tempp. in Lsgg. von 5 mol-% $NiJ_2$ in Jodidschmelzen beträgt 0.44 (extrapolierter Wert), 0.36 und 0.29 bei 600°, 700° und 800° in geschmolzenem NaJ; Temp.-Koeff. dE/dt = 0.0008 V/grd, YU. K. DELIMARSKII, A. A. KOLOTTI (*Zh. Fiz. Khim.* **23** [1949] 97/100). In NaJ-Schmelze unter $CO_2$ wird bei 380° E = 0.20 erhalten. E = 0.38,

0.34, 0.30 und 0.26 bei 400°, 500°, 600° und 700° in NaJ-$AlJ_3$-Schmelze mit 5 mol-% $NiJ_2$. In diesem Temp.-Bereich beträgt der Temp.-Koeff. dE/dt = 0.0004 V/grd, YU. K. DELIMARSKII, A. A. KOLOTTI (*Zh. Fiz. Khim.* **23** [1949] 437/40).

## Chemisches Verhalten

*Chemical Reactions*

*On Heating and in the Air*

**Beim Erhitzen und an der Luft.** Im Vak. zersetzt sich $NiJ_2$ schon beim Sublimieren, P. MESNAGE (*Compt. Rend.* **204** [1937] 1929/31; *Thèse Paris* 1938, S. 32). — Sehr hygroskopisch, K. V. BUTKOV, I. A. VOITSEKHOVSKAYA (*Zh. Fiz. Khim.* **18** [1944] 409/18; *Z. Physik. Chem.* B **49** [1941] 131/44, 132). An der Luft zerfließt es schon in kurzer Zeit unter Bldg. einer grünen Lsg.; beim Erhitzen an der Luft findet Zers. statt, G. BRAUER (*Handbuch der präparativen anorganischen Chemie, Stuttgart* 1954, S. 1156); beim Glühen bildet sich NiO und Jod, O. L. ERDMANN (*J. Prakt. Chem.* **7** [1878] 249/68, 254). Aus dem Red.-Gleichgew. ergeben sich für den Zers.-Druck $p_{J_2}$ bei 510°, 610° und 710° die Werte 0.002, 0.023 und 0.289 atm, K. JELLINEK, R. ULOTH (*Z. Anorg. Allgem. Chem.* **151** [1926] 157/84, 159). Bei 400° beträgt lg $p_{J_2}$ (in atm) —4.6, S. A. SHCHUKAREV, M. A. ORANSKAYA (*Zh. Obshch. Khim.* **24** [1954] 2109/19, 2116).

*With Elements. Hydrogen*

**Gegen Elemente. Wasserstoff.** Bei 510° bis 710° wird $NiJ_2$ durch $H_2$ unter Bldg. von feinverteiltem, schwarzem Ni reduziert. Aus Unterss. des Red.-Gleichgew. $NiJ_2 + H_2 \rightleftharpoons Ni + 2HJ$ werden mittels der Strömungsmeth. für das Verhältnis der Partialdrucke in der Gasphase $p_{HJ}/p_{H_2}$ (Gesamtdruck 1 atm) nach Extrapolation auf die Strömungsgeschw. Null bei 510°, 610° und 710° Werte von $0.326 \pm 1\%$, $1.25 \pm 1\%$ bzw. $11.0 \pm 10\%$ erhalten, K. JELLINEK, R. ULOTH (*l. c.* S. 157, 159).

*Sodium and Potassium*

**Natrium und Kalium.** Die durch Schlag ausgelöste Red. von $NiJ_2$ mit Na oder K erfolgt mit schwacher bzw. heftiger Explosion, J. CUEILLERON (*Bull. Soc. Chim. France* [5] **12** [1945] 88/9).

*With Inorganic Compounds. Ammonia*

**Gegen anorganische Verbindungen. Ammoniak.** Durch Addition von gasf. $NH_3$ an wasserfreies $NiJ_2$ bildet sich $NiJ_2 \cdot 6NH_3$, F. EPHRAIM (*Z. Physik. Chem.* **81** [1913] 513/42, 533). Die nach C. RAMMELSBERG (*Ann. Physik* [2] **48** [1839] 151/84, 161) erfolgende Bldg. des Tetrammins beim Erhitzen von $NiJ_2$ in $NH_3$ ist unwahrscheinlich, da beim systemat. Abbau des Hexammins die Verb. $NiJ_2 \cdot 4NH_3$ nicht erhalten wird, W. BILTZ, B. FETKENHEUER (*Z. Anorg. Allgem. Chem.* **83** [1913] 163/76, 171).

*Hydroxylamine*

**Hydroxylamin.** Bei Behandlung von $NiJ_2$ mit überschüssigem $NH_2OH$ entstehen lange, violettrote Nadeln der Zus. $[Ni(NH_2OH)_6]J_2$, A. V. BABAEVA, I. E. BUKOLOV (*Izv. Sektora Platiny i Drug. Blagorodn. Metal. Inst. Obshch. i Neorgan. Khim. Akad. Nauk SSSR* **31** [1955] 67/70).

*Nitrogen Monoxide*

**Stickstoffmonoxid.** Mit NO bildet $NiJ_2$ in sehr träge verlaufender Rk. Ni(NO)J (s. S. 626). Zur Isolierung wägbarer Mengen wird die Rk. in Ggw. von Zn-Staub durchgeführt, W. HIEBER, R. NAST (*Z. Anorg. Allgem. Chem.* **244** [1940] 23/47, 23).

*Carbon Monoxide*

**Kohlenmonoxid.** Bei 15std. Einw. von CO (Anfangsdruck 200 atm) auf $NiJ_2$ bei 250° im Cu-Autoklaven bildet sich $Ni(CO)_4$ in 100%iger Ausbeute, W. HIEBER, H. BEHRENS, U. TELLER (*Z. Anorg. Allgem. Chem.* **249** [1942] 26/42, 27, 38).

*Sulfur Dioxide*

**Schwefeldioxid.** In fl. $SO_2$ ist $NiJ_2$ unlöslich, M. WERTH (*Diss. Greifswald* 1939, S. 32).

*Sulfuric Acid*

**Schwefelsäure.** Mit 1.6n äther. $H_2SO_4$ reagiert $NiJ_2$ kaum; merkliche Rk. erfolgt erst mit 7n-$H_2SO_4$, A. HANTZSCH, H. CARLSOHN (*Z. Anorg. Allgem. Chem.* **160** [1927] 5/26, 12).

*With Organic Compounds. Ethanol*

**Gegen organische Verbindungen. Äthanol.** Sublimiertes $NiJ_2$ löst sich in absol. Alkohol nur langsam, rascher in wasserhaltigem Alkohol. Die Auflösung wird durch Siedehitze beschleunigt, O. L. ERDMANN (*J. Prakt. Chem.* **7** [1878] 249/86, 254).

*Dioxane*

**Dioxan.** $NiJ_2$ löst sich merklich in Dioxan. Wird Dioxan mit einem Überschuß von feingepulvertem $NiJ_2$ versetzt und die überstehende Lsg. nach einiger Zeit dekantiert, so scheiden sich beim Stehen über konz. $H_2SO_4$ gelbe Kristalle der Zus. $NiJ_2 \cdot 2C_4H_8O_2$ ab, R. JUHASZ, L. F. YNTEMA (*J. Am. Chem. Soc.* **62** [1940] 3522).

*Acetone*

**Aceton.** Die Löslichkeit von $NiJ_2$ in Aceton wird durch NaJ-Zusatz merklich erhöht. Die Lsg. färbt sich unter Bldg. des Doppelsalzes $NiJ_2 \cdot 2NaJ \cdot 9C_3H_6O$ intensiv rot, L. CAMBI (*Gazz. Chim. Ital.* **39** I [1909] 361/70, 367).

*The $NiI_2$–$H_2O$ System. Hydrates*

## Das System $NiJ_2$–$H_2O$ · Hydrate

*Solubility*

**Löslichkeit** von $NiJ_2$ in $H_2O$ zwischen —20° und + 90° nach Bestt. von M. ÉTARD (*Ann. Chim. Phys.* [7] **2** [1894] 503/74, 546):

| t in °C . . . . . | —20° | 0° | 10° | 20° | 25° | 30° | 40° | 50° | 60° | 70° | 80° | 90° |
|---|---|---|---|---|---|---|---|---|---|---|---|---|
| Gew.-% $NiJ_2$ . . . | 52 | 55.4 | 57.5 | 59.7 | 60.7 | 61.7 | 63.5 | 64.7 | 64.8 | 65 | 65.2 | 65.3 |

Zwischen —20° und + 43° besteht der Bodenkörper aus $NiJ_2 \cdot 6H_2O$, oberhalb dieser durch Interpolation erhaltenen Umwandlungstemp. aus $NiJ_2 \cdot 4H_2O$, A. SEIDELL (*Solubilities of Inorganic and Metalorganic Compounds, Bd.* 1, *New York* 1940, S. 1345). Löslichkeit bei 25°: 144 g $NiJ_2$ je 100 g $H_2O$, N. V. SIDGWICK (*The Chemical Elements and their Compounds, Bd.* 2, *Oxford* 1950, S. 1433). Die für 0°, 20° und 40° nach $C_{NiJ_2} = C_{CoCl_2} + 0.7$ (s. S. 555) ber. Löslichkeit 3.90, 4.65 bzw. 5.73 Mol $NiJ_2$ je kg $H_2O$ stimmt mit den experimentell erhaltenen Werten 4.0, 4.7 bzw. 5.6 überein, S. S. CHIN (*Zh. Fiz. Khim.* **26** [1952] 960/9, 963). Der für ähnliche Salze gleiche Temp.-Koeff. der Löslichkeit beträgt bei 0° für $NiJ_2 \cdot 6H_2O$, $NiBr_2 \cdot 6H_2O$ und $NiCl_2 \cdot 6H_2O$ ~0.033 Mol je kg $H_2O$ und grd, S. S. CHIN (*Zh. Fiz. Khim.* **26** [1952] 1225/32, 1228).

*$NiI_2$ $7H_2O$ (?)*

***$NiJ_2 \cdot 7H_2O$ (?).*** Die von W. N. HARTLEY (*Sci. Trans. Roy. Dublin Soc.* [2] **7** [1900] 253/301, 258) als $NiJ_2 \cdot 7H_2O$ bezeichnete Verb. ist wahrscheinlich mit dem 6-Hydrat identisch. Nach W. N. HARTLEY (*l. c.*) soll das 7-Hydrat aus der in Ggw. von wss. HJ aus Ni, $J_2$ und $H_2O$ gebildeten zunächst braunen, nach Abkühlung moosgrünen Lsg. über konz. $H_2SO_4$ in dunkelgrünen hexagonalen Prismen kristallisieren. Die an der Luft zerfließenden Kristalle werden zwischen Filterpapier getrocknet. Durch Erhitzen auf 100° über konz. $H_2SO_4$ wird die Verb. entwässert.

*$NiI_2 \cdot 6H_2O$*

***$NiJ_2 \cdot 6H_2O$.*** Aus der zur Sirupkonsistenz eingedampften Lsg. von $NiJ_2$ in $H_2O$ kristallisiert das 6 Hydrat, G. BRAUER (*Handbuch der präparativen anorganischen Chemie, Stuttgart* 1954, S. 1156), s. auch W. RIEDEL (*Diss. Halle a. d. S.* 1913, S. 31). $NiJ_2 \cdot 6H_2O$ entsteht beim Eindampfen von $Ni(OH)_2$- oder $NiCO_3$-Lsgg. in wss. HJ bis zur Trockne, J. A. A. KETELAAR (*Z. Krist.* 88 [1934] 26/34, 26), s. auch G. BRAUER (*l. c.*).

Das 6-Hydrat bildet säulen- oder prismenförmige Kristalle von blaugrüner Farbe, W. RIEDEL (*l. c.*). — An der Luft zerfließt die Verb. und färbt sich unter Jodabscheidung braun, G. BRAUER (*l. c.*), M. ÉTARD (*Ann. Chim. Phys.* [7] **2** [1894] 503/74, 546). Beim Erhitzen auf dem Wasserbad entsteht wasserfreies $NiJ_2$, G. BRAUER (*l. c.*).

*$NiI_2 \cdot 4H_2O$*

***$NiJ_2 \cdot 4H_2O$*** tritt im System $NiJ_2$–$H_2O$ oberhalb 43° auf, A. SEIDELL (*Solubilities of Inorganic and Metalorganic Compounds, Bd.* 1, *New York* 1940, S. 1345).

*Aqueous Solution of Nickel(II) Iodide*

## Wäßrige Lösung von Nickel(II)-jodid

*Thermodynamic Data. Heat of Formation*

**Thermodynamische Daten. Bildungswärme** Q in kcal/mol von $NiJ_2$ in verd. wss. Lsg. unter Standardbedingungen (25°, 1 Atm): 42.0, F. D. ROSSINI, D. D. WAGMAN, W. H. EVANS, S. LEVINE, I. JAFFE (*Circ. Nat. Bur. Stand.* Nr. 500 [1952] 247); Q = 41.8 bei 18° und 1 Atm, F. R. BICHOWSKI, F. D. ROSSINI (*The Thermochemistry of the Chemical Substances, New York* 1952, S. 85). Älterer Wert: Q = 41.4 bei 18°, J. THOMSEN (*Systematische Durchführung thermochemischer Untersuchungen, Stuttgart* 1906, S. 250). Die additive Berechnung der Bldg.-Wärme der stark verd. Lsg. ergibt völlige Übereinstimmung mit dem experimentellen Wert 41.8, R. LAUTIÉ (*Bull. Soc. Chim. France* [5] **6** [1939] 178/83, 181).

*Optical Properties. Color*

**Optische Eigenschaften. Farbe.** $NiJ_2$ löst sich in $H_2O$ mit grüner Farbe, J.-P. LASSAIGNE (*J. Pharm.* **9** [1823] 49/53), C. RAMMELSBERG (*Ann. Physik* [2] **48** [1839] 151/84, 159).

*Optical Absorption*

**Lichtabsorption.** Im Absorptionsspektrum von wss. $NiJ_2$-Lsgg. treten analog zu anderen Ni-Salzlsgg. Max. bei ~692 und ~1170 mμ auf, R. A. HOUSTOUN (*Physik. Z.* **14** [1913] 424/9). Die an der Grenze zwischen UV und sichtbarem Gebiet bei ~400 mμ liegende Bande wird von Jodbanden überlagert. Zwei bei 292 und 355 mμ beob. Max. werden dem $Ni^{2+}$-Ion zugeschrieben, R. A. HOUSTOUN (*Proc. Roy. Soc. Edinburgh* **31** [1910/11] 538/46, 539, 543, 547/58, 554). Für 0.0748 und 0.3343 m-Lsgg. werden die entsprechenden Max. bei 290 und 358 bzw. 288 und 372 mμ gefunden, E. MAJOR (*Acta Univ. Szeged. Acta Phys. Chem.* **1** [1942/43] 17/34, 23). Ältere Angaben über Durchlässigkeit s. bei W. N. HARTLEY (*Sci. Trans. Roy. Dublin Soc.* [2] **7** [1900] 253/301, 258).

**Magnetische und elektrische Eigenschaften. Suszeptibilität.** Die Unters. einer ~5%igen $NiJ_2$-Lsg. bei 18° nach der Tropfenmeth. ergibt $\chi_{mol} = 4360 \cdot 10^{-6} cm^3/mol$, O. LIEBKNECHT, A. P. WILLS (*Ann. Physik* [4] **1** [1900] 178/88, 184, 186).

*Magnetic and Electric Properties. Susceptibility*

**Elektrische Leitfähigkeit.** Äquiv.-Leitf. $\Lambda$ in $\Omega^{-1} \cdot cm^{-1}$ bei 25° (Mittelwerte aus je zwei Bestt.); Verd. V in l/mol:

*Conductance*

| V | 20 | 32 | 40 | 80 | 160 | 320 | 640 | 1024 | 1280 | 2560 | 5120 |
|---|---|---|---|---|---|---|---|---|---|---|---|
| $\Lambda$ | 100.29 | 103.09 | 104.96 | 109.51 | 113.73 | 117.22 | 120.33 | 121.76 | 122.72 | 125.83 | 130.20 |

Daraus extrapolierter Grenzwert für unendliche Verd.: $\Lambda_\infty = 128.99$, W. RIEDEL (*Diss. Halle a. d. S.* 1913, S. 44, 53).

**Dissoziationsgrad** $\alpha = \Lambda/\Lambda_\infty$ von wss. $NiJ_2$-Lsgg. aus Leitf.-Messungen, Verd. V in l/mol:

*Degree of Dissociation*

| V | 20 | 40 | 80 | 160 | 320 | 640 | 1280 | 2560 | 5120 |
|---|---|---|---|---|---|---|---|---|---|
| $\alpha$ | 0.7775 | 0.8137 | 0.8525 | 0.8825 | 0.8817 | 0.9089 | 0.9329 | 0.9514 | 0.9755 |

W. RIEDEL (*l. c.* S. 53).

**Elektrochemisches Verhalten. Überführungszahl** des Anions $n_a$ in Abhängigkeit von der Verdünnung V bei ~18°:

*Electrochemical Behavior. Transference Number*

| V | 20.2 | 21.5 | 197 | 269 | 300 |
|---|---|---|---|---|---|
| $n_a$ | 0.6373 | 0.6384 | 0.6063 (19.9°) | 0.6010 | 0.6040 |

W. RIEDEL (*l. c.* S. 48). Grenzwert der Überführungszahl für unendliche Verd.: $n_a = 0.6035$, W. ALTHAMMER (*Diss. Halle a. d. S.* 1913, S. 23).

**Ketten.** Die EK der Kette Pt, $H_2$ | $NiJ_2$-Lsg. | gesätt. KCl-Lsg. | 0.1 n-KCl, $Hg_2Cl_2$ | Hg beträgt bei den $NiJ_2$-Konzz. 0.01 und 0.05 mol/l 0.681 bzw. 0.675 V. Die EK bleibt nach 15 bis 30 Min. konstant, W. ALTHAMMER (*l. c.* S. 32).

*Cells*

**Chemisches Verhalten. Hydrolyse.** Der $p_H$-Wert von 0.01 und 0.05 m-Lsgg. beträgt 5.81 bzw. 5.72, W. RIEDEL (*l. c.* S. 43). Für den Hydrolysengrad dieser Lsgg. ergeben sich aus elektrometr. Messungen unter der Annahme, daß die Hydrolyse nach $NiJ_2 + H_2O = Ni(OH)J + HJ$ erfolgt, Werte von 0.15 bzw. 0.04%, W. ALTHAMMER (*l. c.* S. 32).

*Chemical Reactions. Hydrolysis*

**Reaktionen.** Bei Zusatz von wss. $NH_3$ oder einem Überschuß von $NH_4Cl$ zu wss. $NiJ_2$-Lsgg. wird $NiJ_2 \cdot 6NH_3$ ausgefällt, C. RAMMELSBERG (*Ann. Physik* [2] **48** [1839] 151/84, 159), R. W. G. WYCKOFF (*J. Am. Chem. Soc.* **44** [1922] 1239/45, 1239). Aus einer $N_2H_5J$ enthaltenden $NiJ_2$-Lsg. kristallisieren bei Zugabe von $N_2H_4$ Komplexverbb. der Zus. $NiJ_2 \cdot (0.67$ bis $1.80) N_2H_4$, G. SCHWARZENBACH, A. ZOBRIST (*Helv. Chim. Acta* **35** [1952] 1291/1300, 1293, 1300). Über die Bldg. von Polyjodiden (vgl. S. 622) beim Schütteln der wss. Lsg. mit Jod s. W. RIEDEL (*Diss. Halle a. d. S.* 1913, S. 33). Die Verteilung von Jod zwischen wss. $NiJ_2$-Lsgg. und $CS_2$ bei 25° ist normal, d. h. die Gleichgew.-Konst. für $NiJ_2$ entspricht derjenigen der Alkalijodide, R. G. VAN NAME, W. G. BROWN (*Am. J. Sci.* [4] **44** [1917] 105/23, 108). — Beim Versetzen einer m-Lsg. mit äquimolarer Menge Phenylendiamin kristallisiert $NiJ_2 \cdot 2C_6H_4(NH_2)_2$; mit überschüssigem Phenylendiamin bildet sich $NiJ_2 \cdot 4C_6H_4(NH_2)_2$, W. HIEBER, C. SCHLIESZMANN, K. RIES (*Z. Anorg. Allgem. Chem.* **180** [1929] 89/104, 99).

*Reactions*

## Nichtwäßrige Lösung von Nickel(II)-jodid

*Nonaqueous Solution of Nickel(II) Iodide*

**Salzschmelzen.** Zersetzungsspannung von $NiJ_2$ in geschmolzenem NaJ (5 Mol-% $NiJ_2$) bei 700° und 800°: 0.36 bzw. 0.29 V; für 600° extrapolierter Wert: 0.44 V, YU. K. DELIMARSKII, A. A. KOLOTTI (*Zh. Fiz. Khim.* **23** [1949] 97/100).

*Fused Salts*

Leitfähigkeit einer Lsg. von $NiJ_2$ in $AlJ_3$-Schmelze s. V. IZBEKOV, A. NIZHNIK (*Zh. Obshch. Khim.* **7** [1937] 1268/79, 1269). — Zersetzungsspannung von $NiJ_2$ in geschmolzenem $AlJ_3$ (5 Mol-% $NiJ_2$) in $CO_2$-Atm. zwischen Graphitelektroden bei 380°: 0.20 V. Eine Lsg. der gleichen Konz. in geschmolzenem $NaAlJ_4$ ergibt bei 400°, 500°, 600° und 700° die Werte 0.39, 0.35, 0.30 und 0.24 V, YU. K. DELIMARSKII, A. A. KOLOTTI (*Zh. Fiz. Khim.* **23** [1949] 437/40).

**Organische Lösungen. Methanol.** Beim Versetzen einer gesätt. Lsg. von $NiJ_2$ in absol. Methanol mit dem 1.5fachen Vol. Dioxan und Einengen bei gewöhnl. Temp. unter vermindertem Druck bildet sich $NiJ_2 \cdot 2C_4H_8O_2$, H. RHEINBOLDT, A. LUYKEN, H. SCHMITTMANN (*J. Prakt. Chem.* [2] **149** [1937] 30/54, 53), H. RHEINBOLDT (*J. Am. Chem. Soc.* **63** [1941] 2535).

*Organic Solutions. Methanol*

*Ethanol*

**Äthanol.** Bei der Elektrolyse einer wss.-alkohol. 0.5m-$NiJ_2$-Lsg. an Pt-Elektroden bildet sich an der Anode freies Jod, das in Lsg. bleibt. An der Kathode setzt sich unter $H_2$-Entw. $Ni(OH)_2$ ab. In schwach saurer Lsg. (0.025n-HJ) wird an der Anode ebenfalls Jod frei, während an der Kathode unter $H_2$-Entw. gut haftendes, sehr reines Ni abgeschieden wird. Nach einiger Zeit wird jedoch Nickeloxid niedergeschlagen, da die Acidität der Lsg. allmählich abnimmt, C. CHARMETANT (*Compt. Rend.* **201** [1935] 1174/6).

$NiJ_2$ reagiert mit CO (Anfangsdruck 70 atm) in äthanol. Lsg. bei 120° bis 150° unter Bldg. von $Ni(CO)_4$, K. YAMAMOTO, K. SATO (*Bull. Chem. Soc. Japan* **27** [1954] 496/501) s. „Nickel" Tl. B, Lfg. 3. — Aus gesätt. äthanol. $NiJ_2$-Lsg. wird bei Dioxanzusatz $NiJ_2 \cdot 2C_4H_8O_2$ ausgeschieden, A. LUYKEN (*Diss. Bonn* 1933, S. 36), H. RHEINBOLDT u. a. (*l. c.*), H. RHEINBOLDT (*l. c.*). Werden konz. Lsgg. von wasserfreiem $NiJ_2$ und Phenylendiamin (Molverhältnis 1 : 3) in absol. Alkohol gemischt, so entsteht $NiJ_2 \cdot 3C_6H_4(NH_2)_2$, W. HIEBER, C. SCHLIESZMANN, K. RIES (*Z. Anorg. Allgem. Chem.* **180** [1929] 89/104). Mit Triphenylmethylarsoniumjodid reagiert $NiJ_2$ in äthanol. Lsg. unter Bldg. von $[(C_6H_5)_3CH_3As]_2[NiJ_4]$, N. S. GILL, R. S. NYHOLM (*J. Chem. Soc.* **1959** 3997/4007, 4006). Mit äthanol. Lsgg. von p-Dimethylaminophenyldimethylphosphin und -arsin werden Komplexverbb. gebildet, die 2 Mol der organ. Verb. auf 1 Mol $NiJ_2$ enthalten, R. C. CASS, G. E. COATES, R. G. HAYTER (*J. Chem. Soc.* **1955** 4007/16, 4013). Zwischen $NiJ_2$ und Tricyclohexylphosphinoxid erfolgt in alkohol. Lsg. selbst bei längerem Stehen und Eindampfen der Lsg. keine Komplexbldg., K. ISSLEIB, A. BRACK (*Z. Anorg. Allgem. Chem.* **277** [1954] 258/70, 266). — In einer Mischung gleicher Vol. Alkohol und Chloroform reagiert $NiJ_2$ mit Tetramethylthiuramdisulfid unter Bldg. von $NiJ_2 \cdot (CH_3)_2NC(=S)–S–S–C(=S)N(CH_3)_2$, S. PRASAD, P. D. SHARMA (*J. Proc. Inst. Chemists [India]* **30** [1958] 259/63).

*Propanol*

**Propanol.** Im Absorptionsspektrum einer Lsg. von $NiJ_2$ in Isopropanol werden Absorptionsmax. bei 292 und 358 m$\mu$ beobachtet, L. I. KATZIN (*J. Chem. Phys.* **23** [1955] 2055/60).

*Diethyl Ether*

**Diäthyläther.** Bei Zusatz von äther. Aminlsgg. zu äther. $NiJ_2$-Lsgg. werden Verbb. erhalten, die 4 Mol 1- oder 2-Naphthylamin, p-Toluidin oder Benzylamin und 2 Mol o-Dianisidin, o-Phenylendiamin, o-Toluidin oder Phenylhydrazin je Mol $NiJ_2$ enthalten, S. PRASAD, V. KRISHNAN (*J. Indian Chem. Soc.* **35** [1958] 352/4).

*Acetone*

**Aceton.** Beim Verdampfen einer Lsg. von $NiJ_2$ und Acetoxim in Aceton im Vak. über konz. $H_2SO_4$ bilden sich braune Kristalle, die 2 bis 3 Acetoxim je $NiJ_2$ addiert enthalten, W. HIEBER, F. LEUTERT (*Ber. Deut. Chem. Ges.* **60** [1927] 2310/7, 2315).

*Dimethylformamide*

**Dimethylformamid.** Aus einer bei 100° hergestellten Lsg. von $NiJ_2$ in Dimethylformamid kristallisiert $NiJ_2 \cdot 5HCON(CH_3)_2$, W. REPPE, H. FRIEDERICH, H. LAUTENSCHLAGER (*U.S.P.* 2854458 [1955/58]).

*Nickel Polyiodides*

### *Nickel-Polyjodide.*

Darst. durch Schütteln von wss. $NiJ_2$-Lsgg. mit feinverteiltem Jod. Verd. Lsgg. mit $<0.1$ Mol $NiJ_2$ je l nehmen auf 1 $NiJ_2$ 2 Jod auf, so daß für das gebildete Polyjodid die Zus. $NiJ_4$ angenommen werden kann. Die Jodaufnahme in konz. Lsgg. nimmt mit wachsender $NiJ_2$-Konz. zu. Sättigung wird sehr langsam erreicht. Die Zus. der in höher konz. Lsgg. erhaltenen Polyjodide beträgt $\sim NiJ_{5.3 \text{ bis } 5.5}$.

Äquivalentleitfähigkeit $\Lambda$ in $\Omega^{-1} \cdot cm^{-1}$ und Dissoz.-Grad $\alpha = \Lambda/\Lambda_\infty$ von wss. $NiJ_4$-Lsgg. bei 25° (Verd. V in l/mol):

| V | 20 | 40 | 80 | 160 | 320 | 640 | 1280 | 2560 | 5120 | $\infty$ |
|---|---|---|---|---|---|---|---|---|---|---|
| $\Lambda$ | 88.85 | 93.81 | 98.50 | 104.83 | 106.55 | 110.13 | 114.04 | 114.25 | 115.00 | 119.03 |
| $\alpha$ | 0.7467 | 0.7881 | 0.8280 | 0.8813 | 0.8954 | 0.9254 | 0.9580 | 0.9604 | 0.9664 | — |

W. RIEDEL (*Diss. Halle a.d.S.* 1913, S. 33, 53).

*Iodonickel and Iodoniccolate Complex Ions*

## *Jodonickel- und Jodoniccolat-Komplex-Ionen*

*[NiI]⁺*

**[NiJ]$^+$.** Die im Absorptionsspektrum einer Lsg. von $NiJ_2$ in Isopropanol bei 295 und 360 m$\mu$ beob. Max. werden der Bldg. von $[NiJ]^+$ zugeschrieben, L. I. KATZIN (*J. Chem. Phys.* **20** [1952] 1165/9), **23** [1955] 2055/60, 2057).

*$[NiI_4]^{2-}$*

**$[NiJ_4]^{2-}$.** Die von L. CAMBI (*Gazz. Chim. Ital.* **39** I [1909] 361/70, 367) beob. Rotfärbung beim Lösen von $NiJ_2$ und NaJ in Aceton wird auf die Bldg. von $[NiJ_4]^{2-}$ zurückgeführt, N. S. GILL, R. S.

Nyholm (*J. Chem. Soc.* **1959** 3997/4007). Nach Unters. der Reflexionsspektren und magnet. Momente werden aus äthanol. Lsgg. am Anionenaustauscher Dowex-2 $[NiJ_4]^{2-}$-Ionen adsorbiert, T. Nortia (*Suomen Kemistilehti* B **34** [1961] 172/4, *C. A.* **56** [1962] 15040). — Das Absorptionsspektrum ist dem Spektrum anderer tetraedr. Komplexe ähnlich, R. S. Nyholm (*Croat. Chem. Acta* **33** [1961] 157/68, *C. A.* **57** [1962] 1838). Im sichtbaren Spektrum einer 0.00025 m-Lsg. des Triphenylmethylarsonium-salzes in Nitromethan werden für $[NiJ_4]^{2-}$ charakterist. Banden bei ~725 und 530 mμ beobachtet. Durch Erhöhung der $J^-$-Konz. wird das bei 530 mμ liegende Max. stark erhöht, N. S. Gill, R. S. Nyholm (*l. c.*). — Magnet. Moment: 3.49 Bohrsche Magnetonen, R. S. Nyholm (*l. c.*).

## Basische Nickel(II)-jodide

*Basic Nickel(II) Iodides*

*$NiI_2 \cdot 3\,Ni(OH)_2$*

***$NiJ_2 \cdot 3\,Ni(OH)_2$*** oder $Ni_2(OH)_3J$. Wird durch 24std. Erhitzen von $Ni(OH)_2$ in 2 m-$NiJ_2$-Lsg. auf 300°C in $N_2$ bei 400 atm Druck in olivgrünen, aggregierten Plättchen von ~1 mm Länge erhalten. Isomorph mit $Ni_2(OH)_3Br$ (s. S. 613). Kristallisiert monoklin; Raumgruppe $P2_1/m–C^2_{2h}$; Gitterkonstt. in Å: $a = 5.54_7$, $b = 6.38_8$, $c = 6.41_7$, $\beta = 94°32'$; a:b:c = 0.869:1:1.003; Schichtenabstand 6.398 Å; Z = 2. Vol. der Elementarzelle 226.6 Å³, H. R. Oswald, W. Feitknecht (*Helv. Chim. Acta* **47** [1964] 272/89, 274, 280, 282).

*Other Basic Nickel Iodides*

***Weitere basische Nickeljodide.*** Beim Eindampfen wss. $NiJ_2$-Lsg. bildet sich neben stark hygroskop. $NiJ_2$ rotbraunes, nicht hygroskop. bas. Jodid. Dieselbe Verb. entsteht beim Erhitzen von $NiCO_3$ in wss. $NiJ_2$-Lsg. unter $CO_2$-Entw., beim Verreiben von frisch gefälltem $Ni(OH)_2$ mit alkohol. Jodlsg. und beim Schütteln einer jodhaltigen $NiJ_2$-Lsg. mit $Ni(OH)_2$. Mittlere Zus. der Verb.: $24.0\,NiJ_2 \cdot 53.7\,NiO \cdot 22.3\,H_2O$, O. L. Erdmann (*J. Prakt. Chem.* **7** [1878] 249/68, 258). $J_2$ und HJ reagieren mit $Ni(OH)_2$ in 7 bis 8 Tagen unter Bldg. eines Gemisches von NiO und einem bas. Jodid, E. Montignie (*Bull. Soc. Chim. France* [5] **3** [1936] 704/5).

## Nickel(II)-jodate

*Nickel(II) Iodates*

Wasserfreies $Ni(JO_3)_2$ existiert in einer hellgrünen (I) und einer gelben Form (II).

*$Ni(IO_3)_2$ (I)*

***$Ni(JO_3)_2$ (I)*** entsteht durch Entwässern des Dihydrats im trocknen Luftstrom bei 170° bis 180°. Dichte $D^{25}_4 = 4.61$; daraus ber. Molvol. 88.4 cm³/mol, J. Martinez-Cros, L. le Boucher (*Anales Real Soc. Espan. Fis. Quim.* [*Madrid*] **33** [1935] 229/40, 233, 239).

*$Ni(IO_3)_2$ (II)*

***$Ni(JO_3)_2$ (II)*** wird durch Erhitzen von $Ni(NO_3)_2$ und $HJO_3$ in 40%iger Salpetersäure auf dem Wasserbad oder im Einschlußrohr bei 120° dargestellt, A. Meusser (*Ber. Deut. Chem. Ges.* **34** [1901] 2432/42, 2439), s. auch W. E. Dasent, T. C. Waddington (*J. Chem. Soc.* **1960** 2429/32). Nach der Meusserschen Meth. werden die besten Resultate durch Erhitzen einer Mischung von 20 g $HJO_3$ in 37 ml $H_2O$ und 16.5 g $Ni(NO_3)_2$ in 25 ml $HNO_3$ (D = 1.2) auf dem Wasserbad unter Rückfluß erhalten. Das dabei auskristallisierende gelbe $Ni(JO_3)_2$ wird gewaschen und bei 170° bis 180° getrocknet, J. Martinez-Cros, L. le Boucher (*l. c.* S. 234). — Bildungswärme 124.5 kcal/mol bei Bldg. aus den Elementen unter Standardbedingungen (25°, 1 atm), F. D. Rossini, D. D. Wagman, W. H. Evans, S. Levine, I. Jaffe (*Circ. Nat. Bur. Stand.* Nr. 500 [1952] 247). Freie Bildungsenergie −86.7 kcal/mol bei 25°; geschätzte Bildungsentropie 54.5 cal·mol⁻¹·grd⁻¹, W. M. Latimer (*The Oxidation States of the Elements and their Potentials in Aqueous Solutions, New York* 1952, S. 199).

Dichte $D^{25}_4 = 5.02$; daraus ber. Molvol. 81.4 cm³/mol, J. Martinez-Cros, L. le Boucher (*l. c.* S. 239). D = 5.07; $V_{mol} = 80.6$, F. Ephraim, A. Jahnsen (*Ber. Deut. Chem. Ges.* **48** [1915] 41/56, 45). — Im UR-Spektrum von gelbem $Ni(JO_3)_2$ werden im Bereich von 400 bis 4000 cm⁻¹ ein starkes Max. bei 765 cm⁻¹ und zwei schwächere Max. bei 407 und 440 cm⁻¹ beobachtet, W. E. Dasent, T. C. Waddington (*l. c.*).

### Das System $Ni(JO_3)_2$–$H_2O$ · Hydrate

*The $Ni(IO_3)_2$–$H_2O$ System. Hydrates*

Löslichkeit von $Ni(JO_3)_2$ in $H_2O$ im Temp.-Bereich von 0° bis 90° (Molverhältnis r in Mol $Ni(JO_3)_2$ je 100 Mol $H_2O$) s. **Fig. 221**. Die Lsg.-Gleichgeww. stellen sich erst nach langem Schütteln ein. Auch die Umwandlung der einzelnen Bodenkörper ineinander erfolgt sehr langsam. Das 4-Hydrat und α-2-Hydrat besitzen kein stabiles Existenzgebiet. Unterhalb ~74° besteht der stabile Bodenkörper aus β-2-Hydrat, oberhalb dieser Temp. liegt wasserfreies $Ni(JO_3)_2$ als stabiler Bodenkörper vor, A. Meus-

SER (*Ber. Deut. Chem. Ges.* **34** [1901] 2432/42, 2440), s. auch ABEGG (*Bd.* 4, *Abt.* 3, *Tl.* 4, *Leipzig* 1939, S. 561).

Von den in der Lit. erwähnten Hydraten existieren wahrscheinlich nur das 4-Hydrat und zwei Formen des 2-Hydrats. Das von F. W. CLARKE (*Am. J. Sci.* [3] **14** [1877] 280/6, 281) beschriebene 6-Hydrat kann nach der angegebenen Vorschrift nicht erhalten werden. Die Meth. von A. DITTE (*Ann. Chim. Phys.* [6] **21** [1890] 145/88, 160) zur Darst. des 3-Hydrats ergibt bei Tempp. >20° das 2-Hydrat, unterhalb 20° das 4-Hydrat. Das von C. RAMMELSBERG (*Ann. Physik* [2] **44** [1838] 545/91, 562) erstmalig hergestellte Nickeljodat soll die Zus. $Ni(JO_3)_2 \cdot H_2O$ haben; nach der dort beschriebenen Darst.-Meth. wird jedoch immer 2-Hydrat erhalten, A. MEUSSER (*Ber. Deut. Chem. Ges.* **34** [1901] 2432/42, 2437). Auch für das von C. ROCCHICCIOLI (*Ann. Chim.* [*Paris*] [13] **5** [1960] 999/1036, 1013/7) hergestellte hydratisierte Jodat wird die Zus. $Ni(JO_3)_2 \cdot H_2O$ angegeben.

Fig. 221.

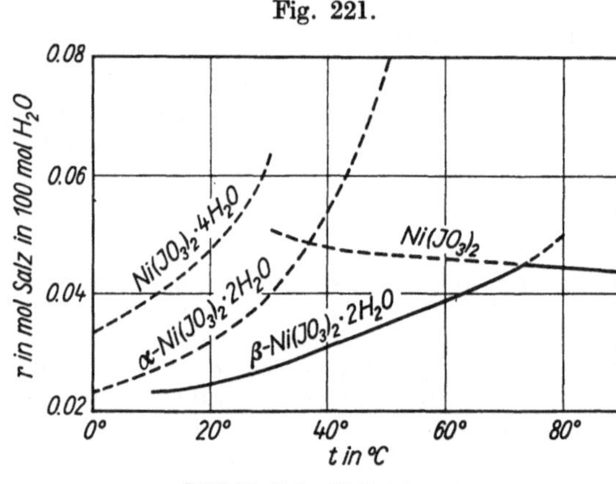


Löslichkeit der Ni-Jodate in $H_2O$.

$Ni(IO_3)_2 \cdot 4H_2O$

***$Ni(JO_3)_2 \cdot 4H_2O$*** kristallisiert bei 0° bis 10° aus verd. wss. Lsgg. von äquiv. Mengen $NaJO_3$ oder $HJO_3$ und $Ni(NO_3)_2$, A. MEUSSER (*l. c.* S. 2438). — Bildungswärme 401.7 kcal/mol bei Bldg. aus den Elementen unter Standardbedingungen (25°, 1 atm), F. D. ROSSINI, D. D. WAGMAN, W. H. EVANS, S. LEVINE, I. JAFFE (*Circ. Nat. Bur. Stand.* Nr. 500 [1952] 247). — $Ni(JO_3)_2 \cdot 4H_2O$ bildet grüne Prismen mit sechsseitigen Flächen und abgestumpften Ecken und Kanten. Unterhalb 100° zersetzt sich das 4-Hydrat beim Erwärmen langsam unter Abgabe von $H_2O$, $J_2$ und $O_2$, A. MEUSSER (*l. c.* S. 2438).

$\alpha$-$Ni(IO_3)_2 \cdot 2H_2O$

***$\alpha$-$Ni(JO_3)_2 \cdot 2H_2O$*** scheidet sich aus einer $Ni(NO_3)_2$ und Jodsäure enthaltenden Lsg. bei 25° bis 30° in grünen, voluminösen, blumenkohlartigen Massen ab, die nach einigen Tagen in strahlig kristalline Krusten übergehen, A. MEUSSER (*l. c.* S. 2438). — Bildungswärme 264.9 kcal/mol bei Bldg. aus den Elementen unter Standardbedingungen (25°, 1 atm), F. D. ROSSINI u. a. (*l. c.*).

$\beta$-$Ni(IO_3)_2 \cdot 2H_2O$

***$\beta$-$Ni(JO_3)_2 \cdot 2H_2O$.*** Durch 34std. Schütteln einer Lsg. von $\alpha$-Dihydrat in $H_2O$ bei 50° oder beim Versetzen einer $Ni(NO_3)_2$-Lsg. mit $HJO_3$ bei 50° bis 70° bildet sich die $\beta$-Form des Dihydrats, A. MEUSSER (*Ber. Deut. Chem. Ges.* **34** [1901] 2432/42, 2438). Eine Lsg. von 20 g $Ni(NO_3)_2$ in 40 ml Salpetersäure (1 Tl. $HNO_3$ der Dichte 1.2 auf 2 Tl. $H_2O$) wird mit 70 ml wss. $HJO_3$ (86 g $HJO_3$ je l) vermischt. Beim Eindampfen der Mischung auf dem Wasserbad scheidet sich die $\beta$-Verb. in grünen Kristallen ab, J. MARTINEZ-CROS, L. LE BOUCHER (*Anales Real Soc. Espan. Fis. Quim.* [*Madrid*] **33** [1935] 229/40, 232). In Anlehnung an die Meth. von A. MEUSSER (*l. c.* S. 2439) wird das Salz aus einer $NiCO_3$-Lsg. mit $HJO_3$ gefällt. Der Nd. wird in $H_2O$ aufgelöst. Durch langsames Eindampfen der Lsg. wird $\beta$-Dihydrat in dünnen Kristallen erhalten, J. C. BURGIEL, V. JACCARINO, A. L. SCHAWLOW (*Phys. Rev.* [2] **122** [1961] 429/36, 431). — Bildungswärme 263.9 kcal/mol bei Bldg. aus den Elementen unter Standardbedingungen (25°, 1 atm), F. D. ROSSINI u. a. (*l. c.*).

Die Kristallform des $\beta$-Dihydrats ist derjenigen des Tetrahydrats ähnlich: kurze Prismen mit glänzenden Flächen, A. MEUSSER (*l. c.* S. 2439). Die Elementarzelle ist rhombisch; Z = 4; Raumgruppe wahrscheinlich Pbca–$D_{2h}^{15}$; Gitterkonstt. in Å: a = 9.18 ± 0.05, b = 12.20 ± 0.05, c = 6.60 ± 0.05. Alle Jodatome haben physikalisch äquiv. Lagen. Anordnung der Atome s. **Fig. 222**. Nach Unterss. der kernmagnet. Resonanz und der magnet. Susz. sind die Ni-Spins antiferromagnetisch ausgerichtet und weichen von der Parallelstellung um 1.5° ab, J. C. BURGIEL u. a. (*l. c.* S. 431). — Dichte $D_4^{25}$ = 4.01, pyknometrisch in Toluol ($D_4^{25}$ = 0.8606) bestimmt; daraus ber. Molvol. 111.0 cm³/mol, J. MARTINEZ-CROS, L. LE BOUCHER (*l. c.* S. 239). — UR-Spektrum eines hydratisierten Jodats (angegebene Zus. $Ni(JO_3)_2 \cdot H_2O$) s. bei C. ROCCHICCIOLI (*Ann. Chim.* [*Paris*] [13] **5** [1960] 999/1036, 1013/7). — Bestt. der magnet. Susz. bei 60 kHz und im Gleichfeld ergeben übereinstimmende Werte. Für die NÉEL-Temp. wird aus Messungen der Molsusz. bei 60 kHz zwischen 0 und 80°K, vgl. **Fig. 223**, $T_N$ = 3.077 ± 0.003°K erhalten. Kernresonanzunterss. ergeben $T_N$ = 3.08°K. Das auf 0°K extra-

polierte spontane magnet. Moment beträgt 1.45 emE/g. Die Einführung von $^{58}Ni$, $^{60}Ni$ oder $D_2O$ in die Verb. hat nur sehr geringen Einfluß auf $T_N$, J. C. BURGIEL u. a. (*l. c.* S. 433), vgl. auch J. C. BURGIEL (*Diss. Massachusetts Inst. Technol.* 1959, S. 60/73).

Fig. 222.

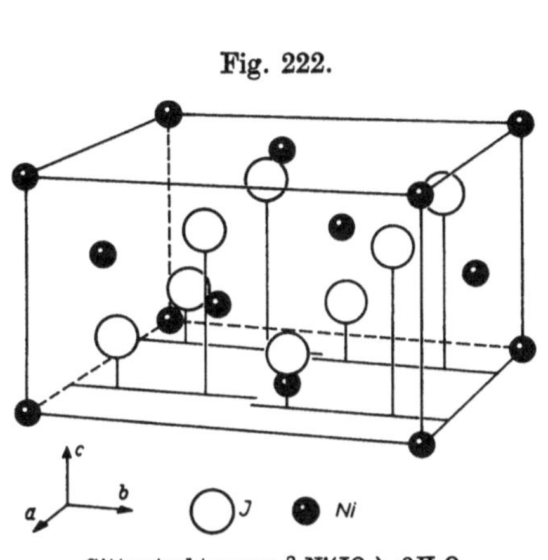


Gitterstruktur von β-$Ni(JO_3)_2 \cdot 2H_2O$.

Fig. 223.

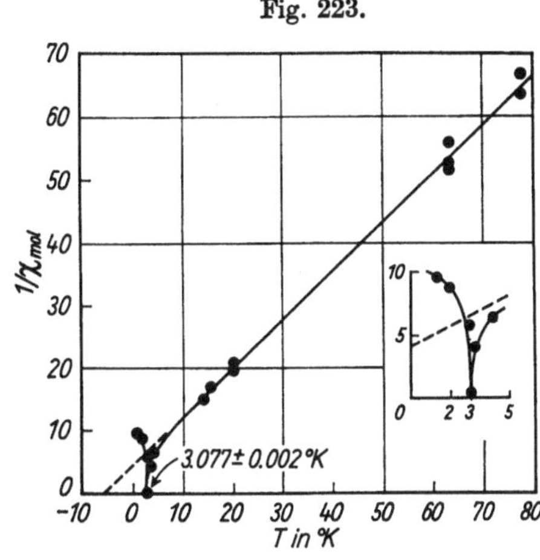


Temp.-Abhängigkeit der Molsusz. von $Ni(JO_3)_2 \cdot 2H_2O$.

Im trocknen Luftstrom wird β-$Ni(JO_3)_2 \cdot 2H_2O$ bei 170 bis 180° entwässert; lösl. in konz. $NH_3$-Lsg., J. MARTINEZ-CROS, L. LE BOUCHER (*l. c.* S. 233).

### Wäßrige Lösung von Nickel(II)-jodat

*Aqueous Solution of Nickel(II) Iodate*

$Ni(JO_3)_2$-Lsgg. sind grün; aus der Farbe wird auf die Anwesenheit hydratisierter Ionen geschlossen, A. MEUSSER (*Ber.* **34** [1901] 2432/42, 2442). — Bildungswärme bei Bldg. einer verd. wss. Lsg. unter Standardbedingungen (25°, 1 atm): 125.1 kcal/mol, F. D. ROSSINI, D. D. WAGMAN, W. H. EVANS, S. LEVINE, I. JAFFE (*Circ. Nat. Bur. Stand.* Nr. 500 [1952] 247).

## *Nickel(II)-perjodate*

*Nickel(II) Periodates*

In der älteren Lit. werden Ni-Perjodate beschrieben, deren Zus. nicht geklärt ist. Erstmalig wird ein Perjodat durch Eindampfen einer wss. Lsg. von Na-Perjodat und überschüssigem $NiSO_4$ bis zur Trockne als schwarzes Pulver von C. G. LAUTSCH (*J. Prakt. Chem.* **100** [1867] 65/100, 92) erhalten. Eine Verb. der Zus. $Ni_7J_8O_{35}$ mit 49 bis 63 $H_2O$ soll bei Einw. von Perjodsäure auf frischgefälltes $NiCO_3$ entstehen. Die hellgrünen, prismat. Kristalle sind in $H_2O$ unlöslich und zersetzen sich beim Erhitzen mit $H_2O$ unter Bldg. von $Ni_2O_3$ und Ni-Jodat, C. RAMMELSBERG (*Ann. Physik* [2] **134** [1868] 499/536, 514). Zwei weitere Perjodate $Ni(JO_5)_2$ und $Ni_2J_2O_9$ sollen sich durch Einw. von $NiSO_4$ auf $Na_2H_3JO_6$-Lsg. bei Siedetemp. und bei Behandlung von $K_4J_2O_9$-Lsg. mit $NiSO_4$ bilden, C. W. KIMMINS (*J. Chem. Soc.* **55** [1884] 148/54, 151).

*$Ni_5(IO_6)_2 \cdot 13H_2O$*

***$Ni_5(JO_6)_2 \cdot 13H_2O$***, nach der Nomenklatur von R. C. SAHNEY, S. L. AGGARWAL, S. M. SINGH (*J. Indian Chem. Soc.* **23** [1946] 177) als Paraperjodat bezeichnet, wird durch Einw. einer wss. $Na_2H_3JO_6$-Lsg. auf $NiSO_4$ dargestellt. Der hellgrüne Nd. wird mit $H_2O$ gewaschen und bei 45° getrocknet, R. K. BAHL, S. SINGH, N. K. BALI (*J. Indian Chem. Soc.* **20** [1943] 227/8). Spezif. magnet. Susz. mit $NiSO_4 \cdot 7H_2O$ als Bezugssubst. ergibt bei 32° $\chi = 20.744 \times 10^{-6}$ $cm^3/g$. Daraus berechnet sich unter Berücksichtigung des Diamagnetismus des $H_2O$ und des Perjodat-Ions das magnet. Moment des Ni-Ions zu 3.174 BOHRsche Magnetonen. Aus den magnet. Messungen wird geschlossen, daß die Verb. ein einfaches Salz der Perjodsäure ist, R. C. SAHNEY, S. L. AGGARWAL, M. SINGH (*J. Indian Chem. Soc.* **24** [1947] 193/6).

*$NiO \cdot 2I_2O_7 \cdot 25H_2O$ (?)*

***$NiO \cdot 2J_2O_7 \cdot 25H_2O$ (?)*** soll bei der Rk. einer heißen $KJO_4$-Lsg. mit $NiCl_2$ entstehen. Der sich bildende Nd. wird abfiltriert, mit $H_2O$ gewaschen und bei 45° getrocknet, R. K. BAHL u. a. (*l. c.*).

*Other Nickel Iodine Compounds*

## *Weitere Nickel-Jod-Verbindungen*

*Nickel(I) Nitrosyl Iodide*

### *Nitrosylnickel(I)-jodid $(Ni(NO)J)_4$.*

*Preparation*

**Darstellung.** Ein Gemisch von ~1 g wasserfreiem $NiJ_2$ mit ~1 g Zn-Staub wird durch Erhitzen auf 130° im $N_2$-Strom getrocknet. Nach Erkalten und Verdrängung des $N_2$ durch NO wird auf 120° erhitzt. Im Verlauf mehrerer Std. wird die Temp. auf 200° gesteigert. Die Rk. beginnt bei 140° bis 150°. Im kälteren Tl. des Rk.-Rohres bildet sich zunächst ein grüner Anflug, bei steigender Temp. sublimiert $(Ni(NO)J)_4$ in Form von kleinen, schwarzglänzenden Kristallen. Nach ~3 Std. ist die Rk. beendet. Nach dem Erkalten wird NO durch $N_2$ ersetzt und das Sublimat unter $N_2$ aufbewahrt. — Wird mit Joddampf beladenes NO bei 200° über feinverteiltes Ni geleitet, so sublimiert $(Ni(NO)J)_4$ in kleinen Mengen in den kälteren Tl. des Rk.-Rohres. — Geringe Mengen der Verb. entstehen auch bei Behandlung von $NiJ_2$ oder $SnJ_4$ mit NO in Ggw. von Ni-Pulver bei 200°, W. Hieber, R. Nast (*Z. Anorg. Allgem. Chem.* **244** [1940] 23/47, 28, 33, 46).

*Molecule*

**Molekel.** Vgl. $(Ni(NO)Br)_4$, S. 615, s. auch „*Kobalt*" *Tl.* A *Erg.-Bd.*, S. 583.

*Properties*

**Eigenschaften.** Die schwarzen, im durchfallenden Licht dunkelgrünen Kristalle zersetzen sich an der Luft nach einem Tag unter Braunfärbung. Beim Erhitzen entwickelt sich zunächst NO, dann $J_2$. In $N_2$-Atm. tritt die Zers. erst nach einigen Tagen ein. Durch $Cl_2$ wird $(Ni(NO)J)_4$ schon bei gewöhnl. Temp. zersetzt. Bei erhöhter Temp. sublimiert $JCl_3$, der Rückstand besteht aus $NiCl_2$. Die Verb. löst sich in $H_2O$ nur wenig mit blauer Farbe, in Ammoniak sehr leicht unter intensiver Blaufärbung. Mit wss. NaOH bildet sich unter Gasentw. $Ni(OH)_2$. In verd. Mineralsäuren erfolgt Auflösung unter $N_2$-, $N_2O$- und NO-Entwicklung. Mit gesätt. $K_2S_2O_3$-Lsg. entsteht $K_3[Ni^{I}(S_2O_3)_2(NO)]$ unter Blaufärbung. In gesätt. KCN-Lsg. löst sich $(Ni(NO)J)_4$ unter Bldg. von $K_2[Ni^{I}(CN)_3(NO)]$ mit weinroter Farbe, W. Hieber, R. Nast (*l. c.* S. 34, 37).

*Aqueous and Nonaqueous Solution*

**Wäßrige und nichtwäßrige Lösung.** Die blaue wss. Lsg. zersetzt sich langsam unter Gasentw. und Grünfärbung. Bei Zusatz von $H_2O_2$ erfolgt der Farbumschlag augenblicklich. Die ammoniakal. Lsg. ist gegen Luft und $H_2O_2$ beständiger als die wss. Lösung. Die mit heißem Eisessig gebildete blaugrüne Lsg. zersetzt sich rasch unter Braunfärbung und NO-Entwicklung. Methanol. und äthanol. Lsgg. werden an der Luft langsam grün; unter $N_2$ sind sie beständig. Mit $H_2O_2$ tritt sofort Farbumschlag ein. Alkohol. Lsgg. fällen aus ammoniakal. $AgNO_3$-Lsg. Ag neben AgJ. Nach 12std. Durchleiten von CO durch eine alkohol. Lsg., Zugabe einiger Tropfen NaOH und weiterem 6std. Durchleiten von CO fällt allmählich $Ni(OH)_2$ aus. Das gebildete $Ni(CO)_4$ bleibt im Alkohol gelöst. Vermutlich reagiert CO nicht mit $(Ni(NO)J)_4$, sondern mit dem durch NaOH gefällten $Ni(OH)_2$. Läßt man zu einer Lsg. von $(Ni(NO)J)_4$ in absol. Äthanol eine äthanol. o-Phenanthrolinlsg. zutropfen, so fällt grünes kristallines $(Ni(NO)J)\cdot 2C_{12}H_{18}N_2$ aus, wobei die anfänglich blaue Lsg. farblos wird, W. Hieber, R. Nast (*l. c.* S. 34, 37).

*Nickel(II) Fluoroiodate*

### *Nickel(II)-fluorojodat $NiJO_3F$.*

Äquimolare Mengen von $HJO_3$, $NiF_2$ und frisch bereitetem $Ni(OH)_2$ werden mit $H_2O$ in einer Pt-Schale 30 Min. bei ~80° geschüttelt. Durch langsames Zusetzen von Eisessig wird eine trübe Lsg. erhalten, die durch Filtrieren im Vak. klar wird und aus der sich das leicht lösl. $NiJO_3F$ nach einigen Tagen in Kristallen abscheidet. Bldg.-Rk.: $NiF_2 + Ni(OH)_2 + 2HJO_3 = 2NiJO_3F + 2H_2O$, A. Ray, G. Mitra (*J. Indian Chem. Soc.* **35** [1958] 211/2).

*$Ni(ICl_4)_2 \cdot 8H_2O$*

### *$Ni(JCl_4)_2 \cdot 8H_2O$.*

Zur Darst. der Verb. wird eine salzsaure Lsg. von 10 g $NiCl_2$ mit 15 g Jod versetzt und in diese Mischung Chlor bei 60° bis zur vollständigen Jodauflösung eingeleitet, Gutierrez de Celis (*Anales Real Soc. Espan. Fis. Quim.* [*Madrid*] **33** [1935] 203/24, 210). Bei gewöhnl. Temp. wird die als Doppelsalz $NiCl_2 \cdot 2JCl_3 \cdot 8H_2O$ bezeichnete Verb. gleicher Zus. in grünen Nadeln erhalten, R. F. Weinland, F. Schlegelmilch (*Z. Anorg. Allgem. Chem.* **30** [1902] 134/43, 138). — Gasvolumetrisch bestimmte Dichte bei −10°: 2.368 (der gleiche Wert wird für die Dichte von $Ni(JCl_4)_2 \cdot 4H_2O$ bei −80° im Original angegeben), Molvol. 312.6; Schmp. im abgeschmolzenen Rohr 96.8°. Der Komplex wird nach Werner als $\mathrm{Ni}\left[\begin{matrix}\mathrm{Cl} & & \mathrm{Cl}\\ & \mathrm{J} & \\ \mathrm{Cl} & & \mathrm{Cl}\end{matrix}\right]_2$ formuliert, Gutierrez de Celis (*l. c.* S. 216/24).

# Nickel und Schwefel

*Nickel and Sulfur*

## Das System Ni–S

*The Ni–S System*

**Fig. 224** gibt das unter Auswertung von Schrifttum bis 1954 aufgestellte Zustandsdiagramm wieder. Meßwerte aus Abkühlungskurven von K. BORNEMANN (*Metallurgie* **5** [1908] 13/19, 16, **7** [1910] 667/74, 671) sind durch liegende Kreuze, aus $H_2S$-$H_2$-Gleichgew.-Bestt. über Ni-Sulfiden von T. ROSENQVIST (*J. Iron Steel Inst.* [*London*] **176** [1954] 37/57, 49) durch Punkte und nicht gesichert erscheinende Phasengrenzen durch gestrichelte Linien dargestellt. Als unsicher muß auch die Lage der zwischen 40 und 50 At.-% S auftretenden Phasen $\beta$, $\gamma$ und $\gamma'$ gelten, solange nicht ihre Strukturaufklärung gelingt, M. HANSEN (*Constitution of Binary Alloys*, 2. *Aufl.*, *New York-Toronto-London* 1958, S. 1034/6).

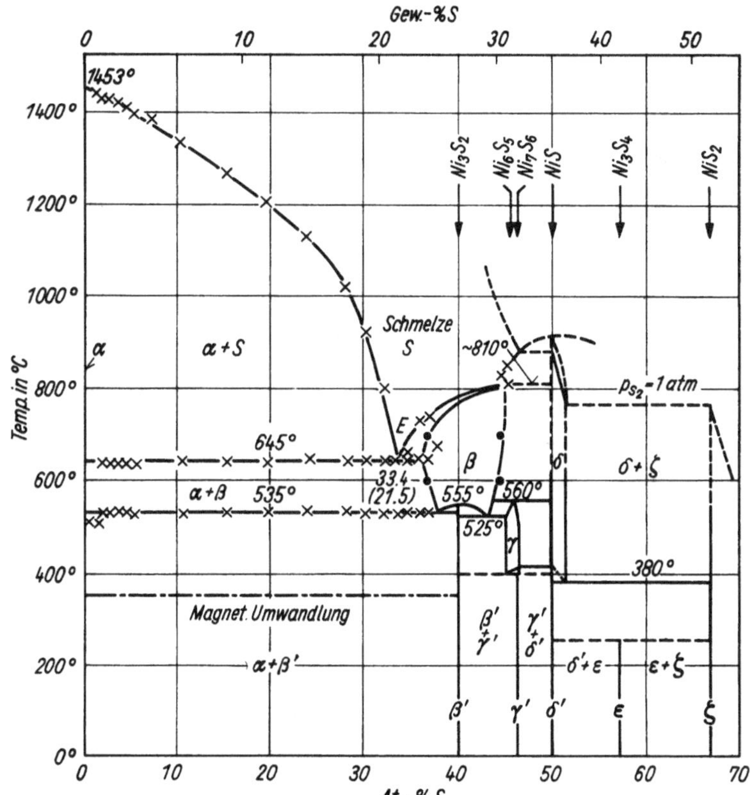


Fig. 224.

**Ni–S-Zustandsdiagramm.**

Die im Schrifttum für die Phasen $\gamma$ und $\gamma'$ diskutierten möglichen Zuss. $Ni_6S_5$ und $Ni_7S_6$ sind zu eng benachbart, als daß Thermoanalyse, Gefüge-Unterss. und $H_2S$-$H_2$-Gleichgew.-Bestt. über Ni-Sulfiden eine eindeutige Entscheidung erlauben, G. PEYRONEL, E. PACILLI (*Atti Reale Accad. Italia Rend. Classe Sci. Fis. Mat. Nat.* [7] **3** [1941] 278/88, 279). Abweichend von M. HANSEN (*l. c.*) sind in Fig. 224 und im folgenden Text die beob. festen Phasen in Anlehnung an das vorläufige Ni–S-Zustandsdiagramm von D. LUNDQVIST (*Arkiv Kemi Mineral. Geol.* **24** A Nr. 21 [1947] 1/11, 10) und die von T. ROSENQVIST (*l. c.*) gewählte Bezeichnungsweise durch griech. Buchstaben unterschieden. Von den Zweiphasenbereichen sind der Deutlichkeit halber nur die größeren benannt worden.

Abkühlungs- und Erhitzungskurven, Gefüge- und Gitterstrukturunterss. sowie Bestt. von Dichte, Fließgrenze und elektr. Leitf. bestätigen für den Bereich von 30 bis 50 At.-% S im wesentlichen die in Fig. 224 dargestellten Einzelheiten. Die $\gamma'$-Phase wird bei der Zus. $Ni_9S_8$ (nicht $Ni_7S_6$) angenommen, M. A. SOKOLOVA (*Zh. Neorgan. Khim.* **1** [1956] 1440/54, 1444; *Russ. J. Inorg. Chem.* **1** Nr. 6 [1956] 337/56, 342); hiernach berichtigtes Zustandsdiagramm s. auch V. G. KUZNETSOV, A. A. ELISEEV, Z. S. SHPAK, K. K. PALKINA, M. A. SOKOLOVA, A. V. DMITRIEV (in: AKADEMIYA NAUK SSSR,

*Voprosy Metallurgii i Fisiki Poluprovodnikov, Moskva* 1961, S. 159/73, 164, *C.A.* **56** [1962] 5444). Die Liquiduskurve im Teilsystem NiS–S ist in Fig. 224, S. 627, nach differentialthermoanalyt. und röntgenograph. Unterss. folgendermaßen zu ergänzen: Im Gleichgew. mit S-Dampf bildet die bei 992° ± 3° kongruent schmelzende δ-Phase ein zweites Eutektikum bei 982° ± 3° und ~39.8 Gew.-% S mit der bei ~1010° schmelzenden ζ-Phase der Zus. $NiS_2$. Für Schmelzen mit mehr S, als der Zus. $NiS_2$ entspricht, sinkt die Liquiduskurve auf 998° bei ~55 Gew.-% S. Im Konz.-Bereich 55 bis >97 Gew.-% S wird nach Bestt. der Erstarrungstempp. Gleichgew. zwischen ζ-Phase der Zus. $NiS_2$, zwei Schmelzen und S-Dampf bei ~1000° angenommen. Ein im älteren Schrifttum (vgl. S. 631) für die ζ-Phase vermuteter größerer Existenzbereich $NiS_{2+x}$ läßt sich röntgenographisch nicht bestätigen, G. Kullerud, R. A. Yund (*Yearbook Carnegie Inst.* **58** [1958/59] 139/42; *J. Petrol.* **3** [1962] 126/75, 168). Von diesen Autoren aus ihren Unterss. gefolgerte Berichtigungen und Bestätigungen des Teilsystems Ni–NiS s. bei den einzelnen Phasen.

*Melt*

**Schmelze.** Zur vermuteten Entmischung der Schmelze im S-reichen Tl. des Systems s. oben. — Im Gegensatz zu der in Fig. 224, S. 627, dargestellten vollständigen Mischbarkeit Ni-reicher Schmelzen, gefolgert aus Unterss. an Proben mit 0.5 bis 31 Gew.-% S von K. Bornemann (*Metallurgie* **5** [1908] 13/9, 14, **7** [1910] 667/74, 671), wird nahezu völlige Unlöslichkeit von Ni-Sulfid in fl. Ni beobachtet. Nur ein geringfügiger Tl. des flüssig vorliegenden Ni-Sulfids bildet das eutekt. Gemisch E mit Ni, G. K. Burgess (*Circ. Bur. Std.* Nr. 100 [1924] 43). Gestützt wird die Annahme einer Mischungslücke im fl. Zustand durch das Auftreten tropfenförmiger Gebilde im Gefüge erstarrter Schmelzen mit 0.02 und 0.1 Gew.-% S, G. Masing, L. Koch (*Wiss. Veröffentl. Siemens-Konzern* **5** Nr. 2 [1926/27] 170/4). Aus nur wenigen Messungen des $H_2S$-$H_2$-Gleichgew. über Metallsulfidschmelzen ableitbare Aktt. des in den Schmelzen gelösten S deuten an, daß die Neigung zur Bldg. zweier fl. Phasen in Schmelzen des Teilsystems Ni–NiS weniger ausgeprägt ist als in entsprechenden Fe-, Cu- und Ag-Sulfidschmelzen, T. Rosenqvist (*J. Iron Steel Inst.* [*London*] **176** [1954] 37/57, 55), vgl. auch elektrochemisch ermittelte Akt.-Koeff., S. 638. — Bestt. des $H_2S$-$H_2$-Gleichgew. bei 1540° über Ni-Sulfidschmelzen mit 1 bis 7 At.-% S ergeben Gültigkeit des Henryschen Gesetzes unter diesen Bedingungen; daraus abgeleitete freie Lsg.-Enthalpie für S in fl. Ni —26.8 kcal, wobei 1 At.-% als Standardbedingung für S in der Rk. $H_{2\,gasf} + S_{gelöst} \rightarrow H_2S_{gasf}$ gewählt ist. Die Lsg.-Enthalpie von S in fl. Ni wird zu —30 ± 3 kcal/g-Atom geschätzt, C. B. Alcock, L. L. Cheng (*J. Iron Steel Inst.* [*London*] **195** [1960] 169/73). Über Schmelzen mit 4 bis 28 Gew.-% S in Ggw. von $H_2$ zwischen 800° und 1200° gem. Partialdrucke (vgl. S. 641) lassen vermuten, daß Ni, $S_2$, $Ni_3S_2$ und NiS nebeneinander auftreten. Doch können die Gleichgeww. zwischen diesen Komponenten aus den Verss. nicht abgeleitet werden, A. N. Vol'skii, R. A. Agrecheva (*Yubileinyi Sb. Nauchn. Tr. Inst. Tsvetn. Metal. i Zolota* **1940** Nr. 9, S. 502/13, 512, *C.A.* **1943** 5344). Nach röntgenograph. Unterss. an Präpp. mit 18, 21.5 (eutekt. Gemisch) und 24.9 Gew.-% S im festen und fl. Zustand enthalten Schmelzen dieser Zuss. 50 bis 100 grd oberhalb ihrer Erstarrungstemp. metall. Ni neben $Ni_3S_2$. Beide Komponenten sind in heterogenen Mikrobereichen angereichert. Die bisher nur aus der Form der Liquiduskurve des Systems zu vermutende Existenz einer Verb. der Zus. $Ni_3S_2$ in der Schmelze wird durch diese Verss. bestätigt, S. E. Lyumkis, B. M. Mimukhin, L. L. Chermak (*Tsvetn. Metal.* **32** Nr. 3 [1959] 29/32, *C.A.* **1959** 14894). — Für das Teilsystem Ni–NiS tabellierte Erstarrungstempp. s. K. Bornemann (*Metallurgie* **7** [1910] 667/74, 671), M. A. Sokolova (*Zh. Neorgan. Khim.* **1** [1956] 1440/54, 1443; *Russ. J. Inorg. Chem.* **1** Nr. 6 [1956] 337/56, 341).

*α Phase*

**α-Phase,** Ni-reichste Mischkristalle in einem äußerst engen, in Fig. 224, S. 627, nicht darstellbaren Konz.-Bereich. Sättigungkonz. 0.25 Gew.-% S bei 1000°, 0.5 Gew.-% S bei 650° nach Gefügeunterss. und Abkühlungskurven, K. Bornemann (*l. c.* S. 670). Die Löslichkeit von S in festem Ni muß kleiner als die genannten Werte sein, da die Gitterkonst. des Ni im S-gesätt. kubisch-flächenzentrierten Mischkristall an einer von 850°C abgeschreckten Probe um nur 0.002 kX größer als für reines Ni, in von 650°C und tieferen Tempp. abgeschreckten Präpp. unverändert ist, D. Lundqvist (*Arkiv Kemi Mineral. Geol.* **24** A Nr. 21 [1947] 1/12, 5). Sättigungskonz. 0.02 Gew.-% S nach mikroskop. Unterss. an einer unter $H_2$ erschmolzenen Probe, G. Masing, L. Koch (*Wiss. Veröffentl. Siemens-Konzern* **5** Nr. 2 [1926/27] 170/4), <0.005 Gew.-% S, abgeleitet aus Gefügeunterss. in Übereinstimmung mit dem Beginn der Sprödigkeit von Ni bei einem S-Gehalt zwischen 0.005 und 0.008 Gew.-%, P. D. Merica, R. G. Waltenberg (*Trans. AIME* **71** [1925] 709/19, 712; *Technol. Pap. Bur. Std.* **19** [1925] 155/82, 164). Aus Sprödigkeitsunterss. an Ni mit max. 0.01% S in Abhängigkeit von der Wärmebehandlung wird vertikaler Verlauf der α-Phasengrenze bei 0.002% S bis 800°, Ausweitung des Feldes bis max. 0.004% S bei 1100° und allmähliche Einengung bei noch höheren Tempp. vermutet, I. L. Rogel'berg, E. S. Shpichinetskii (*Tsvetn. Metal.* **28** Nr. 5 [1955] 63/6, *C.A.* **1960** 7482). — Physikal. Eigg. von Ni-S-

Präpp. mit sehr geringen S-Gehalten s. bei den Eigg. des Metalls unter „Einfluß von Beimengungen" in „*Nickel*" *Tl.* A.

Das auf Grund der Verss. von J. A. Arfvedson (*Ann. Physik* [2] **1** [1824] 49/74, 66), H. Rose (*Ann. Physik* [2] **20** [1860] 120/42, 132) durch O. Dammer (*Handbuch der anorganischen Chemie, Bd.* **3**, *Stuttgart* 1893, S. 505) als Verb. beschriebene $Ni_2S$ ist durch Abkühlungskurven, Gefügeunterss. und Dichtemessungen nicht als Phase des Systems Ni–S nachweisbar. Seine Zus. entspricht nahezu der des bei 644° erstarrenden Eutektikums E, bestehend aus Ni-Mischkristallen und Ni-reicher β-Phase mit 21.5 Gew.-% S, K. Bornemann (*Metallurgie* **5** [1908] 13/9, 15). Widerlegung der Existenz einer festen Phase $Ni_2S$ durch Gefügeunters. an einem Präp. dieser Zus. s. H. Le Chatelier, Ziegler (*Bull. Soc. Encour. Ind. Nat.* **1902** II 368/93, 392), an Ni-Sulfiden mit 21.5 bis 24.0 Gew.-% S, aus den Elementen dargestellt bei 200 bis 636°C, G. Kullerud, R. A. Yund (*J. Petrol.* **3** [1962] 126/75, 136). Schmelze der Zus. $Ni_2S$ erstarrt bei 645°. Bestätigung von E durch Gefüge-Unterss. an unterschiedlich erkalteten Präpp. der Zus. $Ni_2S$ s. K. Friedrich, C. Mousset (*Metall u. Erz* **11** [1914] 160/7, 163), an Sulfid mit 20.0 Gew.-% S, G. Peyronel, E. Pacilli (*Atti Reale Accad. Italia Rend. Classe Sci. Fis. Mat. Nat.* [7] **3** [1941] 278/88, 281). Weitere Angaben für E: ~625°, G. K. Burgess (*Circ. Bur. Std.* Nr. 100 [1924] 43), 635°, M. A. Sokolova (*Zh. Neorgan. Khim.* **1** [1956] 1440/54, 1444; *Russ. J. Inorg. Chem.* **1** Nr. 6 [1956] 337/56, 342), 635° ± 3° zwischen 20.0 und 23.0 Gew.-% S, G. Kullerud, R. A. Yund (*l. c.* S. 137).

**β-Phase** der Zus. $Ni_{3\pm x}S_2$ kristallisiert primär aus Schmelzen mit 21.5 bis 29.8 Gew.-% S. Bei 810° steht an S gesätt. β-Phase mit 30.6 Gew.-% S im Gleichgew. mit 29.8 Gew.-% S enthaltender Schmelze und Ni-reicher δ-Phase, K. Bornemann (*Metallurgie* **5** [1908] 13/9, 15, **7** [1910] 667/74, 671). Bestätigung der peritekt. Zers. von β bei 805° s. M. A. Sokolova (*l. c.*), bei 806 ± 3°C, G. Kullerud, R. A. Yund (*Yearbook Carnegie Inst.* **58** [1958/59] 139/42). Die β-Phase besitzt einen breiten, über ~250 grd reichenden Homogenitätsbereich. Für ihre Umwandlung in die bei gewöhnl. Temp. stabile β'-Phase gem. Tempp.: 554° für Mischkristalle der Zus. $Ni_3S_2$, 532° für den Grenzmischkristall mit 25.5 Gew.-% S, 520° für den Grenzmischkristall mit 29.7 Gew.-% S, K. Bornemann (*l. c.* S. 16); max. Umwandlungstemp. 550° zwischen 26.5 und 29.0 Gew.-% S; eutektoide Tempp.: 525° für den Ni-gesätt. β-Mischkristall, 518° für den S-gesätt. β-Mischkristall, M. A. Sokolova (*l. c.* S. 1443; *l. c.* S. 341). Aus $H_2S$-$H_2$-Gleichgew.-Messungen über Ni-Sulfiden werden die beiden eutektoiden Punkte der β-Phase zu 535° bei 24.5 Gew.-% S und zu 525° bei 29.3 Gew.-% S ermittelt, T. Rosenqvist (*J. Iron Steel Inst.* [*London*] **176** [1954] 37/57, 49). Bestätigung des bei ~650° von K. Bornemann (*l. c.*) zu 24.2 bis 30.0 Gew.-% S ermittelten Homogenitätsbereichs durch Unterss. des $H_2S$-$H_2$-Gleichgew. über Ni-Sulfiden bei 600°, R. Schenck, P. von der Forst (*Z. Anorg. Allgem. Chem.* **241** [1939] 145/55, 146), bei 600° und 700°, T. Rosenqvist (*l. c.*). Differentialthermoanalyt. Messungen ergeben einen Bereich von 23.5 bis 30.5 Gew.-% S bei 600°, G. Kullerud, R. A. Yund (*l. c.*). Homogenitätsbereich 23.9 bis 30.0 Gew.-% S bei 550° und 620°, ber. aus der Konz.-Abhängigkeit des Fließdrucks, M. A. Sokolova (*l. c.* S. 1449; *l. c.* S. 351). — An Präpp. der Zus. $Ni_3S_2$ gem. Erstarrungstemp. 787°, K. Bornemann (*l. c.* S. 671), 794°, C. R. Hayward (*Bull. Am. Inst. Mining Engrs.* **85** [1914] 45/56, 50). Schmelzbeginn zwischen 783° und 785°, G. Kullerud, R. A. Yund (*J. Petrol.* **3** [1962] 126/75, 137). Erstarrungstemp. 790°, β→β'-Umwandlung bei 545°, K. Friedrich, C. Mousset (*Metall u. Erz* **11** [1914] 160/7, 161), Umwandlungstemp. 546°, C. R. Hayward (*Trans. AIME* **48** [1914] 141/52, 143), ~500°, G. K. Burgess (*Circ. Bur. Std.* Nr. 100 [1924] 43). — Die β-Phase läßt sich durch Abschrecken nicht in metastabilem Zustand bei gewöhnl. Temp. erhalten, G. Kullerud, R. A. Yund (*Yearbook Carnegie Inst.* **58** [1958/59] 139/42).

*β Phase*

**β'-Phase.** Zus. $Ni_3S_2$ (26.70 Gew.-% S); ist auf Grund von Abkühlungskurven zur Aufnahme von max. 1 Gew.-% S oberhalb 445° befähigt, K. Bornemann (*l. c.* S. 17). Der sehr enge Homogenitätsbereich bei der Zus. $Ni_3S_2$ wird durch $H_2S$-$H_2$-Gleichgew.-Messungen über Ni-Sulfiden bei 400° und 500° bestätigt, R. Schenck, P. von der Forst (*l. c.*), T. Rosenqvist (*l. c.*). Phasenbreite 26.5 bis 27.35 Gew.-% S, röntgenographisch an 14 Tage bei 380° getemperten und langsam erkalteten Präpp. ermittelt, M. A. Sokolova (*l. c.* S. 1446; *l. c.* S. 345). Der max. Überschuß über die Zus. $Ni_3S_2$ beträgt 0.5 Gew.-% Ni oder S bei 500° nach Röntgenbeugungsaufnahmen, G. Kullerud, R. A. Yund (*l. c.*), weniger als 0.3 Gew.-% Ni oder S nach Gefügeunterss. an von 520° abgeschreckten Präpp. mit 25.0 bis 27.5 Gew.-% S, G. Kullerud, R. A. Yund (*J. Petrol.* **3** [1962] 126/75, 150). — Temp. der β'→β-Umwandlung 526°, G. K. Burgess (*l. c.*), 550° ± 10°, G. Kullerud, R. A. Yund (*Yearbook Carnegie Inst.* **58** [1958/59] 139/42), 555° ± 5°, T. Rosenqvist (*l. c.*).

*β' Phase*

*γ Phase, γ′ Phase*

**γ-Phase, γ′-Phase.** Hoch- und Tieftemp.-Phasen im Gebiet der Zuss. $Ni_6S_5$ (45.45 At.-% S, 31.28 Gew.-% S) und $Ni_7S_6$ (46.15 At.-% S, 31.90 Gew.-% S) oder $Ni_9S_8$ (47.06 At.-% S, 32.60 Gew.-% S). — Röntgenograph. Unterss. ergeben $\gamma' \rightleftharpoons \gamma$-Umwandlung bei ~400°C und Homogenitätsbereich zwischen 45 und 46 At.-% S; die γ′-Phase enthält ~46 At.-% S, D. LUNDQVIST (*Arkiv Kemi Mineral. Geol.* **24** A Nr. 21 [1947] 1/12, 6). γ-Phase der Zus. $Ni_6S_5$ bildet sich bei 575° aus S-reicher β-Phase und Ni-reicher δ-Phase; zerfällt bei 400° in β′- und γ′-Phase, M. A. SOKOLOVA (*Zh. Neorgan. Khim.* **1** [1956] 1440/54, 1444; *Russ. J. Inorg. Chem.* **1** Nr. 6 [1956] 337/56, 342). Aus der 500°C-Isotherme des tensimetr. Abbaus von NiS mit scharfem Knick bei 31.3 Gew.-% S wird ebenfalls $Ni_6S_5$ als Zus. der mit NiS bei dieser Temp. im Gleichgew. stehenden S-ärmeren Phase gefolgert, R. SCHENCK, P. VON DER FORST (*Z. Anorg. Allgem. Chem.* **241** [1939] 145/57, 146). Die von denselben Autoren veröffentlichte 400°-Isotherme mit Knick bei 31.7 Gew.-% S spricht jedoch eher für die Zus. $Ni_7S_6$. Röntgenograph. Unterss. an Präpp. mit 31.25 bis 34.2 Gew.-% S (vgl. S. 644) schließen $Ni_6S_5$ und $Ni_9S_8$ als mögliche Zuss. aus, G. PEYRONEL, E. PACILLI (*Atti Reale Accad. Italia Rend. Classe Sci. Fis. Mat. Nat.* [7] **3** [1941] 278/88, 282). Für $Ni_9S_8$ als Zus. der γ′-Phase sprechen aber röntgenograph. Unterss. zur Phasenbreite und die Abhängigkeit der an Sulfiden dieses Konz.-Bereichs gem. elektr. Leitf. von der Zus., M. A. SOKOLOVA (*l. c.* S. 1452; *l. c.* S. 353). Der aus $H_2S$-$H_2$-Gleichgew.-Bestt. über Ni-Sulfiden errechnete Homogenitätsbereich der bis 560° ± 5° beständigen γ-Phase von 45.1 bis 46.4 At.-% S schließt die Zuss. $Ni_6S_5$ und $Ni_7S_6$ ein, T. ROSENQVIST (*J. Iron Steel Inst.* [*London*] **176** [1954] 37/57, 49). Existenz beider Phasen mit engen, aber meßbaren Homogenitätsbereichen mit Abweichungen von der Zus. $Ni_7S_6$ nur zur Ni-reicheren Seite des Systems hin, $\gamma' \rightarrow \gamma$-Umwandlung bei 399° ± 2°, äußerst träge verlaufender und daher bis ~320° verzögerter $\gamma \rightarrow \gamma'$-Umwandlung und Zerfall von γ-Phase in β- und δ-Phase bei 573° ± 2° beobachten G. KULLERUD, R. A. YUND (*Yearbook Carnegie Inst.* **58** [1958/59] 139/42; *J. Petrol.* **3** [1962] 126/75, 154).

*δ Phase*

**δ-Phase.** Zus. $Ni_{1-x}S$, entspricht der Hochtemp.-Modifikation β-NiS (s. S. 658) und existiert innerhalb eines meßbaren Konz.-Bereichs infolge unvollständiger Besetzung des Ni-Teilgitters (s. S. 659). — Schmelz- und Erstarrungskurven von $Ni_{1.00}S$ unter $N_2$ ergeben 797° ± 2° als Schmelztemp.; Zus. des Präp. nach der Schmp.-Best. $NiS_{0.92}$ infolge S-Verdampfung, W. BILTZ (*Z. Anorg. Allgem. Chem.* **59** [1908] 273/84, 280). δ-Phase der Zus. $Ni_{1.00}S$ schmilzt inkongruent bei 800.5° ± 1.0°, H. P. EUGSTER, G. KULLERUD (*Yearbook Carnegie Inst.* **55** [1955/56] 179/80), wenn das Präp. aus 99.8% Ni mit 0.1% Co-Gehalt dargestellt ist. Für $Ni_{1.00}S$ aus 99.99%igem Ni liegt die Zers.-Temp. 7 grd höher. Aus 99.99%-igem Ni erhältliche δ-Phase mit 37.7 Gew.-% S ($Ni_{0.90}S$) schmilzt kongruent bei 992 ± 3°C, G. KULLERUD, R. A. YUND (*l. c.*). Ein Homogenitätsbereich von ~1 At.-% S zwischen 400 und 680° ergibt sich aus der Vol.-Abnahme der Elementarzelle der δ-Phase mit steigendem S-Gehalt, wenn dafür die von G. HÄGG, I. SUCKSDORFF (*Z. Physik. Chem.* [*Leipzig*] B **22** [1933] 444/52, 448) an der entsprechenden FeS-Phase beob. Konz.-Abhängigkeit angenommen wird, D. LUNDQVIST (*Arkiv Kemi Mineral. Geol.* **24** A Nr. 21 [1947] 1/12, 8). Röntgenographisch ermittelte Phasenbreite von $Ni_{0.97}S$ bis $Ni_{0.83}S$ nahe 400°, W. BILTZ, A. VOIGT, K. MEISEL, F. WEIBKE, P. EHRLICH (*Z. Anorg. Allgem. Chem.* **228** [1936] 275/96, 293); Homogenitätsbereich 49.8 bis 51.4 At.-% S ($Ni_{1.008}S$ bis $Ni_{0.946}S$) bei 400 und 510°, abgeleitet aus $H_2S$-$H_2$-Gleichgeww. über Ni-Sulfiden unter Berücksichtigung der tensimetr. Unterss. von W. BILTZ u. a. (*l. c.* S. 280) an $NiS_2$, T. ROSENQVIST (*l. c.* S. 51). Röntgenographisch wird die Phasengrenze zur Ni-Seite hin unabhängig von der Temp. bei der Zus. $Ni_{1.00}S$ ermittelt. Auf der S-Seite entspricht die Begrenzung zwischen 480° und 780° der Zus. $Ni_{0.943}S$. Oberhalb 780° nimmt der S-Gehalt der an S gesätt. Mischkristalle allmählich, unterhalb 480° rasch ab, M. LAFFITTE, J. BÉNARD (*Compt. Rend.* **242** [1956] 518/21), M. LAFFITTE (*Bull. Soc. Chim. France* **1959** 1211/22, 1216). Experimentelle Bestätigung dieser Ergebnisse s. V. G. KUZNETSOV, A. A. ELISEEV (*Zh. Strukt. Khim.* **2** [1961] 578/84 nach *J. Struct. Chem.* [*USSR*] **2** [1961] 534/9, 535). $Ni_{0.9}S$ als Zus. der an S gesätt. δ-Phase bei 600° folgt aus der Konz.-Abhängigkeit der (100)- und (120)-Netzebenenabstände, ARNOLD, G. KULLERUD (*Yearbook Carnegie Inst.* **55** [1955/56] 178/9). Nach Gefügeunterss., deren Ergebnis sich für Veränderungen der Präpp. während des Abschreckens besser korrigieren läßt als das aus Röntgenaufnahmen, enthalten die mit ζ-Phase koexistierenden δ-Grenzmischkristalle 38.6 Gew.-% S ($Ni_{0.87}S$) bei der eutekt. Temp. 982 ± 3°C, 38.5% bei 972 ± 2°C, 38.0% bei 890 ± 10°C und 37.5% ($Ni_{0.91}S$) bei 745 ± 3°C. Bezüglich der Phasengrenze zur Ni-Seite hin ist an $Ni_{1.00}S$ röntgenographisch nachweisbar, daß sie die stöchiometr. Zus. NiS bei 600° noch einschließt, bei 797° aber bei geringfügig höherer S-Konz. liegt, G. KULLERUD, R. A. YUND (*Yearbook Carnegie Inst.* **58** [1958/59] 139/42; *J. Petrol.* **3** [1962] 126/75, 164). — Die δ-Phase wandelt sich unterhalb 400° in δ′-Phase um. Die an Milleriten und synthet. $Ni_{1.00}S$ differentialthermoanalytisch bei 396° ermittelte $\delta' \rightleftharpoons \delta$-Umwandlung wird in Richtung $\delta \rightarrow \delta'$ oft erst bei er-

heblich tieferer Temp. beobachtet, wenn die Präpp. mehr S enthalten, als der Zus. $Ni_{1.00}S$ entspricht, Gangart enthalten oder Quarzmehl als chemisch indifferent anzusehender Fremdstoff beigemengt ist, W. BILTZ u. a. (*l. c.* S. 287). Weitere Angaben zur Abhängigkeit der Temp. der $\delta \rightarrow \delta'$-Umwandlung von der Zus. der δ-Phase s. G. KULLERUD, R. A. YUND (*l. c.* S. 158). Bestätigung der ohne Rk.-Verzögerung bei 396°C ablaufenden $\delta' \rightarrow \delta$-Umwandlung an einem Millerit s. J.-E. HILLER, K. PROBSTHAIN (*Geologie [Berlin]* **5** [1956] 607/16, 609). Bei 374° ± 3° beobachtet man die Umwandlung $\delta' \rightleftharpoons \delta$ röntgenographisch an unterschiedlich getemperten, dann abgeschreckten Präpp. der Zus. $Ni_{1.00}S$, H. P. EUGSTER, G. KULLERUD (*Yearbook Carnegie Inst.* **55** [1955/56] 179/80), wenn zur Darst. 99.8%iges Ni mit 0.1% Co-Gehalt benutzt wird. Aus 99.99%igem Ni hergestelltes $Ni_{1.00}S$ besitzt eine um 5 grd höhere Umwandlungstemp. Für die S-reichen Grenzmischkristalle beträgt die $\delta' \rightleftharpoons \delta$-Umwandlungstemp. 280° ± 5°, G. KULLERUD, R. A. YUND (*Yearbook Carnegie Inst.* **58** [1958/59] 139/42). Auch bei ~2000 atm Druck liegt die Umwandlungstemp. von $Ni_{1.00}S$ noch unter 400°, H. P. EUGSTER, G. KULLERUD (*l. c.*). Nachweis der Phasenumwandlung durch Differential-Thermoanalyse und Messung des elektr. Widerstands s. K. SHIMOMURA (*J. Sci. Hiroshima Univ.* A **16** [1952/53] 319/23).

**δ'-Phase.** Zus. NiS, entspricht der Tieftemp.-Modifikation γ-NiS (s. S. 656). Zur $\delta' \rightleftharpoons \delta$-Umwandlung s. oben. — Besitzt nach röntgenograph. Unterss. einen zwischen 200° und 400° temperaturunabhängigen, <0.1 At.-% S umfassenden Homogenitätsbereich, D. LUNDQVIST (*Arkiv Kemi Mineral. Geol.* **24** A Nr. 21 [1947] 1/12, 8), keine durch Pulveraufnahmen nachweisbare Phasenbreite, G. KULLERUD, R. A. YUND (*J. Petrol.* **3** [1962] 126/75, 158). *δ' Phase*

**ε-Phase.** Zus. $Ni_3S_4$; besitzt kubisch-flächenzentrierte Gitterstruktur vom $Co_3S_4$-Typ und existiert wohl nur bei Tempp. bis max. ~300°, denn weder tensimetr. noch röntgenograph. Unterss. der bei höheren Tempp. dargestellten Ni-Sufide dieses Konz.-Bereichs von W. BILTZ, A. VOIGT, K. MEISEL, F. WEIBKE, P. EHRLICH (*Z. Anorg. Allgem. Chem.* **228** [1936] 275/96, 280, 284) deuten die Existenz der ε-Phase an. ε-Phase zeichnet sich durch äußerst langsame Bldg. aus, D. LUNDQVIST (*l. c.* S. 9); für Zerfall bei 303° ± 3° in δ- und ζ-Phase sprechen Pulveraufnahmen nach Tempern bei 302 und 305°, G. KULLERUD, R. A. YUND (*Yearbook Carnegie Inst.* **58** [1958/59] 139/42). Bei der scheinbaren Zers. dürfte es sich aber um eine Bldg. der bei dieser Zus. metastabilen Phasen ζ und δ' bzw. δ handeln, denn in den aus den Elementen im Atomverhältnis Ni:S = 3:4 bei ~300° dargestellten Präpp., die diese Phasen neben ε enthalten, wächst der ε-Anteil auf Kosten der anderen Phasen durch mehrmaliges Tempern bei max. 353° nach Zerkleinern. Die Temp. der peritektoiden Zers. von ε beträgt 356° ± 3°, da bei $Ni_3S_4$-Darst. aus den Elementen ab 358° keine ε-Phase mehr entsteht, G. KULLERUD, R. A. YUND (*J. Petrol.* **3** [1962] 126/75, 165). Übereinstimmend hiermit ergeben $H_2S$-$H_2$-Gleichgew.-Bestt. keinen Hinweis auf die Existenz der ε-Phase oberhalb 400°, T. ROSENQVIST (*J. Iron Steel Inst. [London]* **176** [1954] 37/57, 52). Gegenteilige Auffassung auf Grund von Dissoz.-Druckmessungen vertreten YA. I. GERASIMOV, N. I. PIRTSKHALOV, V. V. STEPIN (*Zh. Obshch. Khim.* **6** [1936] 1736/43, 1743, *C.A.* **1937** 2073), vgl. S. 674. *ε Phase*

**ζ-Phase.** Zus. $NiS_2$, W. F. DE JONG, H. W. V. WILLEMS (*Z. Anorg. Allgem. Chem.* **160** [1927] 185/9); schmilzt in Gleichgew. mit S-Dampf kongruent bei ~1010°, wie Differentialthermoanalysen ergeben, G. KULLERUD, R. A. YUND (*Yearbook Carnegie Inst.* **58** [1958/59] 139/42). Zur Bldg. des Eutektikums mit δ und über das Gleichgew. mit 2 S-reicheren Schmelzen s. S. 627. — Über Sulfiden der Zus. NiS bis $NiS_4$ gem. Dissoz.-Drucke sprechen für die Existenz eines breiten Mischkristallbereichs beiderseits der Zus. $NiS_2$, etwa bis $NiS_{1.1}$ oberhalb 650° und bis $NiS_{\sim 4}$ bei 390°, W. BILTZ u. a. (*l. c.* S. 281). Doch gelingt es nicht, an bei 700 und 900° hergestellten Präpp. wechselnder Zus. röntgenographisch einen die experimentelle Fehlerbreite überschreitenden Homogenitätsbereich der ζ-Phase nachzuweisen oder neben ihr eine andere Phase als δ-Mischkristalle zu erkennen, G. KULLERUD, R. A. YUND (*l. c.*). *ζ Phase*

## *Nickelsulfide*

*Nickel Sulfides*

Zur Unterteilung der innerhalb eines weiten Konz.-Bereichs in jedem Mischungsverhältnis Ni:S darstellbaren Ni-Sulfide werden im folgenden diejenigen Präpp. als Verbb. beschrieben, deren Zuss. intermediären Phasen des Systems Ni–S entsprechen. Ni-Sulfide, die ihrer Zus. nach einem Inhomogenitätsbereich des Systems angehören, sind einer der beteiligten Phasen zugeordnet, z. B. das früher als Verb. angesehene Sulfid der Zus. $Ni_2S$ dem $Ni_3S_2$.

***$Ni_3S_2$*** (26.70 Gew.-% S).

Zus. der β- und β'-Phase des Systems Ni–S, s. S. 627 — Kommt in der Natur als Mineral Heazlewoodit vor, s. „*Nickel*“ *Tl.* A. *$Ni_3S_2$*

*Formation. Preparation*

**Bildung und Darstellung.** Bedingungen zur Bldg. von $Ni_3S_2$ als Gefügebestandteil von Ni-S-Präpp. durch Abkühlen von Schmelzen oder Tempern fester Präpp. geeigneter Zus. s. Fig. 624, S. 627. Zur Bldg. und Darst. als Zwischenprod. bei der Verhüttung von Ni-Erzen s. „*Nickel*" *Tl.* A.

*From the Components*

**Aus den Komponenten.** Entsteht durch Erhitzen des stöchiometr. Gemisches von Ni mit S im evakuierten Quarzröhrchen bis zum Schmelzen. Zwecks Homogenisierung wird das Präp. zerkleinert und erneut im evakuierten Quarzröhrchen erhitzt, D. Lundqvist (*Arkiv Kemi Mineral. Geol.* **24** A Nr. 21 [1947] 1/12, 3), oder die erste Schmelze wird nach Erstarren nochmals aufgeschmolzen, ohne das Röhrchen zu öffnen, M. A. Peacock (*Univ. Toronto Studies Geol. Ser.* Nr. 51 [1946] 59/69, 65). Diese Meth. dient zur Darst. aller Ni-S-Präpp. mit beliebigem Mischungsverhältnis innerhalb des Teilsystems Ni–NiS (vgl. auch S. 646). Zur Vermeidung von S-Verlusten ist der Leerraum des Rk.-Gefäßes möglichst klein zu halten und ein Temp.-Gefälle bei der Wärmebehandlung zu verhindern, D. Lundqvist (*l. c.*), G. Kullerud, R. A. Yund (*J. Petrol.* **3** [1962] 126/75, 131); geeignete Dauer und Temp. für das erste Erhitzen 24 Std. und 900°C, zum Homogenisieren 5 Std. und 1100°, K. Nishihara, Y. Kondo (*Mem. Fac. Eng. Kyoto Univ.* **23** [1961] 242/63, 245). Auch einmalige 24- bis 48std. Wärmebehandlung im Vak. bei 500° bis 600° reicht zur vollständigen Rk. aus, T. Rosenqvist (*J. Iron Steel Inst.* [*London*] **176** [1954] 37/57, 38). Unter Normaldruck sind Präpp. mit S-Gehalten bis max. 32 Gew.-% durch Erhitzen von Ni-S-Gemischen im $N_2$-Strom erhältlich, G. Peyronel, E. Pacilli (*Atti. Reale Accad. Italia Rend. Classe Sci. Fis. Mat. Nat.* [7] **3** [1941] 278/88, 280). Darst. durch Vermahlen des stöchiometr. Gemisches aus Ni- und S-Pulver mit Porzellankugeln bei Tempp. oberhalb des Schmp. von S im evakuierten Gefäß aus Pyrexglas. Der Mahlvorgang beschleunigt die Gleichgew.-Einstellung beträchtlich, A. Dravnieks (*J. Electrochem. Soc.* **102** [1955] 435/9). Quantitative Umsetzung der Elemente zu $Ni_3S_2$ gelingt durch elektr. Zünden ihres pulverförmigen, stöchiometr. Gemisches im Bombenkalorimeter unter $N_2$ bei Normaldruck, V. A. Vanyukov, N. A. Kisileva (*Yubileinyi Sb. Tr. Kafedry i Lab. Tyazhelykh Metallov Moskov. Inst. Tsvetnykh Metal. i Zolota* **1939** Nr. 7, S. 304/26, 315, *C.A.* **1942** 1234). $Ni_3S_2$ bildet sich als Schicht auf kompaktem Ni, wenn das Metall mit S im kalt verschlossenen Gefäß einige Std. bei 650° bis 750° erhitzt wird. Bei 570 bis 600° entsteht unter sonst gleichen Bedingungen eine $Ni_2S$-Schicht, I. P. Podol'skii, N. M. Zarubin (*Vestn. Metalloprom.* **11** Nr. 5 [1931] 57/62, 58, *C.A.* **1932** 4015). Zur Bldg. als Schicht auf Ni durch Einw. von S-Dampf unter vermindertem Druck s. beim NiS, S. 647. — Bldg. von Ni-Sulfid (Zus. nicht genannt) in einem pulverförmigen Gemisch aus 2 Mol Ni und 1 Mol S durch Drillung bei Drucken $\geqq 4600$ kg/cm² wird aus der Abhängigkeit der Scherkraft vom Druck zwischen 1000 und 7500 kg/cm² gefolgert, E. V. Zubova, L. A. Korotaeva (*Zh. Fiz. Khim.* **32** [1958] 1576/9, *C.A.* **1959** 1974).

*From Nickel and Sulfur Compounds*

**Aus Nickel und Schwefelverbindungen.** Entsteht aus Ni und $H_2S$ in fein verteilter Form, wenn bei 420° über Ni auf Bimsstein ein $H_2$-Strom mit einer Geschw. von ~14 l/h (0.5 ft³/h) geleitet wird, der mehr als 0.55 g $H_2S$ je m³ (24 grains/100 ft³) enthält, E. V. Evans, H. Stanier (*Proc. Roy. Soc.* [*London*] A **105** [1924] 626/41, 631). Gleichgew.-Messungen ergeben für die Bldg. aus festem Ni und gasf. $H_2S$ unter 1 atm Druck die thermodynam. Größen (in kcal/mol $Ni_3S_2$) $\Delta H_{1000} = -36.1$, $\Delta G_{1000} = -20.7$ für die Tieftemp.-Modifikation der Verb., $\Delta H_{1000} = -25.4$, $\Delta G_{1000} = -22.9$ für die Hochtemp.-Modifikation, T. Rosenqvist (*J. Iron. Steel Inst.* [*London*] **176** [1954] 37/57, 54). Über das Gleichgew. dieser Bldg.-Rk. s. S. 641. Darst. von Sulfiden mit 10 bis 32 Gew.-% S durch 1½std. Einw. von $H_2S$-S-Gemisch bei 900° auf Ni, A. N. Vol'skii, R. A. Agrecheva (*Yubileinyi Sb. Nauch. Trudov Inst. Tsvetnykh Metal. i Zolota* **1940** Nr. 9, S. 502/13, 503, *C.A.* **1943** 5344).

Rasche Bldg. neben viel NiO sowie etwas neutralem und bas. Ni-Sulfat durch Einw. von gasf. $SO_2$ auf Ni unter vermindertem Druck ab 460° bis 470°, bevorzugt bei 600°, wird aus Messungen der Druckänderung im Rk.-Verlauf bei allmählich gesteigerten und bei konst. Tempp. sowie aus dem Gehalt des festen Rk.-Prod. an wasserlösl., säurelösl. und sulfid. S gefolgert. Dabei dient der Gehalt an Sulfid-S als Nachweis für die Bldg. von $Ni_3S_2$. Der gesamte S-Gehalt nach Rk. bei 600° erreicht mit 11.7% nahezu den für die Bldg.-Rk. $7Ni + 2SO_2 \rightarrow Ni_3S_2 + 4NiO$ theoret. Wert von 12%, Yu. V. Rumyantsev, D. M. Chizhikov (*Izv. Akad. Nauk SSSR, Otd. Tekhn. Nauk* **1955** Nr. 10, S. 147/51, *C.A.* **1956** 3859). Zum Gleichgew. der zum $Ni_3S_2$ führenden Rk. s. „*Nickel*" *Tl.* A.

Aus dem Schmelzfluß erstarrtes Sulfid der ungefähren Zus. $Ni_2S$ erhält man neben NiS und Ni-Carbid durch Umsetzung von Ni mit $CS_2$ bei Weißglut, A. Gautier, L. Hallopeau (*Compt. Rend.* **108** [1889] 1111/3). — Über Bldg. von $Ni_3S_2$ aus Ni und S-reicheren Ni-Sulfiden s. unten.

*From Nickel Sulfides*

**Aus Nickelsulfiden.** $Ni_3S_2$ bildet sich in fl. Zustand aus S-reicheren Nickelsulfiden durch Schmelzen im $H_2$-Strom oder durch Zusammenschmelzen mit Ni in ber. Menge, K. Bornemann (*Metallurgie* **5**

[1908] 13/9, 14, 61/8, 62). Auf letztere Art sind Ni-reiche Sulfide jeder beliebigen Zus. erhältlich, E. SCHÜTZ (*Metallurgie* **4** [1907] 659/67, 665), K. BORNEMANN (*l. c.* S. 14). Darst. von $Ni_3S_2$ aus $Ni_7S_6$ durch Red. bei 487° im $H_2$-Strom, K. SUDO (*Sci. Rep. Res. Inst. Tohoku Univ.* A **4** [1952] 182/90, 187), aus NiS durch Schmelzen im Kohlerohrofen, N. ALSÉN (*Geol. Foren. Stockholm Forh.* **47** [1925] 19/72, 25 [dtsch.]), durch 35std. Schmelzen bei 1000° unter einer Holzkohleschicht, C. R. HAYWARD (*Trans. AIME* **48** [1914] 141/52, 144). Halbstd. Schmelzen von NiS im elektr. Widerstandsofen ergibt Sulfid der Zus. $\sim Ni_2S$, A. MOURLOT (*Compt. Rend.* **124** [1897] 768/71; *Ann. Chim. Phys.* [*Paris*] [7] **17** [1899] 510/74, 546). Ni-Sulfidschmelze, die nach Erstarren röntgenographisch nur die $Ni_3S_2$-Tieftemp.-Modifikation enthält, bildet sich beim Erhitzen mit $N_2$ als Schutzgas und 11 grd/min Temp.-Steigerung exotherm aus festem NiS oberhalb 885°, J.-E. HILLER, K. PROBSTHAIN (*Geologie* [*Berlin*] **5** [1956] 607/16, 609). — Darst. aus NiS bei 300° durch 3std. Red. im trocknen $H_2$-Strom und Erkalten im $N_2$-Strom. Der Rk.-Verlauf wird durch $H_2S$-Bestt. im Abgas überwacht, R. H. GRIFFITH, S. G. HILL (*J. Chem. Soc.* **1938** 717/20). Ein nach dem gleichen Verf. bei 360° hergestelltes Präp. zeigt die Struktur der $Ni_3S_2$-Tieftemp.-Modifikation. An erhöhter magnet. Susz. erkennbare Verunreinigung durch Ni wird durch Red. mit $H_2$ bei 200° zur Entfernung von adsorbiertem $O_2$ und anschließende Behandlung mit CO bei 115° beseitigt, E. H. M. BADGER, R. H. GRIFFITH, W. B. S. NEWLING (*Proc. Roy. Soc.* [*London*] A **197** [1949] 184/93, 188). In fein verteilter Form entsteht $Ni_3S_2$ während der ersten Min. beim Überleiten von $H_2$ über NiS auf Bimsstein bei 420°, E. V. EVANS, H. STANIER (*Proc. Roy. Soc.* [*London*] A **105** [1924] 626/41, 631). Über das Gleichgew. der Bldg.-Rk. s. S. 643, der zum Ni führenden Red. s. S. 641.

*From Other Ni Compounds*

**Aus weiteren Ni-Verbindungen.** Aus NiO durch wiederholte Umsetzung bei 200° bis 525°, bis das Rk.-Prod. den theoret. S-Gehalt nahezu erreicht hat, und 20std. Rk. mit der noch fehlenden S-Menge bei 400° im Einschmelzröhrchen, W. W. WELLER, K. K. KELLEY (*U.S. Bur. Mines Rept. Invest.* Nr. 6511 [1964] 1/7, 2, *C. A.* **61** [1964] 12709). — Die erst nach einigen Std. beginnende Red. von $NiSO_4$ zu $Ni_3S_2$ im $H_2$-Strom bei 300 bis max. 340° verläuft unabhängig von der eingesetzten Menge $NiSO_4$ bei 325° innerhalb von 12 Std. vollständig. Wird $NiSO_4$-Hydrat als Ausgangsprod. verwendet, müssen Entwässerungs- und Red.-Prozeß sorgfältig getrennt durchgeführt werden, G. PANNETIER, J.-L. ABEGG, A. CHATALIC (*Compt. Rend.* **251** [1960] 1784/6), J.-L. ABEGG (*Bull. Soc. Chim. France* **1960** 1891/2); zur Reindarst. von $Ni_3S_2$ nach dieser Meth. geeignete App. s. G. PANNETIER, J.-L. ABEGG (*Acta Chim. Acad. Sci. Hung.* **30** [1962] 127/46, 146). Darst. in fein verteilter Form durch Tränken von Porzellankugeln mit einer sd. Lsg. von 10 Tl. $NiSO_4 \cdot 6.5H_2O$ in 15 Tl. $H_2O$, 1std. Trocknen bei 100° und 2std. Red. bei 350° in strömendem Leuchtgas, THE GAS LIGHT & COKE COMPANY, R. H. GRIFFITH, J. H. G. PLANT (*B.P.* 529711 [1939/40]; *U.S.P.* 2295653 [1940/42]). Analoge Darst. von Preßlingen ohne Zusatz von Trägersubst. oder Bindemittel, THE GAS LIGHT & COKE COMPANY, R. H. GRIFFITH, W. B. S. NEWLING, J. H. G. PLANT (*B.P.* 600787 [1945/48]). Entsteht bei höherer Temp. aus $NiSO_4$ und $H_2S$. Berechnung des zur Bldg. bei 227° und 450° zu beachtenden $H_2S$-$H_2$-Partialdruckverhältnisses s. D. DELAFOSSE, P. BARRET (*Compt. Rend.* **252** [1961] 888/90); dafür gültige Rk.-Gleichung s. S. 685.

Sulfid der annähernden Zus. $Ni_2S$ entsteht intermediär beim Niederschmelzen eines $NiSO_4$-C-Gemisches im elektr. Widerstandsofen zu C-haltigem Metall, A. MOURLOT (*Compt. Rend.* **124** [1897] 768/71; *Ann. Chim. Phys.* [*Paris*] [7] **17** [1899] 510/74, 546), ferner durch Red. von $NiSO_4$ mit $H_2$ bei Rotglut, J. A. ARFVEDSON (*Ann. Physik* [2] **1** [1824] 49/74, 66), L. PLAYFAIR, J. P. JOULE (*Mem. Proc. Chem. Soc. London* **3** [1845/48] 57/103, 88), oder im Tiegel mit Kohlefutter, P. BERTHIER (*Ann. Chim. Phys.* [*Paris*] **25** [1824] 94/9, 98). Bildet sich intermediär beim langsamen Erhitzen von $[Ni(NH_3)_6](SCN)_2$ unter $NH_3$-Gas, R. PARIS (*Ann. Chim.* [*Paris*] [12] **10** [1955] 353/88, 385).

*By Electrolysis of Aqueous Ni Salt Solutions*

**Durch Elektrolyse wäßriger Ni-Salzlösungen.** Präpp. der annähernden Zus. $Ni_3S_2$ werden aus heißer, überschüssiges $S_2O_3^{2-}$ enthaltender wss. $NiS_2O_3$-Lsg. durch Elektrolyse mit 2 V Spannung und Ni-Anode auf der Pt-Kathode niedergeschlagen, E. BEUTEL, A. KUTZELNIGG (*Monatsh. Chem.* **58** [1931] 295/306, 306). Dabei bestimmt der $S_2O_3^{2-}$-Gehalt des Elektrolyten den S-Gehalt der Ndd. mit 0 bis 26 Gew.-% S und somit auch das Mischungsverhältnis der erst nach Erhitzen der Präpp. auf 300° im Vak. röntgenographisch nachweisbaren Komponenten Ni und $Ni_3S_2$, R. BRILL, F. HALLE (*Angew. Chem.* **48** [1935] 785/95, 788). $Ni_3S_2$ (röntgenographisch identifiziert) entsteht als grüner, sehr spröder Überzug mit 25 bis 27 Gew.-% S auf einer Kathode aus nichtrostendem Stahl durch Elektrolyse einer 100 g $Ni(NH_4)_2(SO_4)_2 \cdot 6H_2O$, 10 g $Na_2S_2O_3 \cdot 7H_2O$ und als Puffer 15 g Na-Citrat-5-hydrat je l enthaltenden wss. Lsg. vom Anfangs-pH-Wert 6.4 mit der Stromdichte 0.02 bis 0.17 A/dm² bei 30° und Pb-Anode. Mit höheren Stromdichten unter sonst gleichen Bedingungen entstehen S-ärmere Präpp., W. T. YOUNG, H. KERSTEN (*Trans. Electrochem. Soc.* **71** [1937] 225/9), H. KERSTEN, W. T. YOUNG (*J. Appl. Phys.* **8** [1937] 133/4). Die An-

gaben von R. Brill, F. Halle (*l. c.*), H. Kersten, W. T. Young (*l. c.*) zur Bldg. von $Ni_3S_2$ werden an Präpp. mit 9, 13, 17 und 25 Gew.-% S durch Unterschiede in den Röntgendiagrammen nach vorhergehendem Erhitzen der Präpp. auf verschiedene Tempp. sowie durch die Temp.-Abhängigkeit des elektr. Widerstandes bestätigt. Schon 180°C reichen zur Erzielung des krist. Zustandes in zunächst amorph erscheinenden Präpp. aus, M. Sawada, K. Tsutsumi, T. Shiraiwa, M. Obashi (*J. Phys. Soc. Japan* **10** [1955] 459/63). Bedingungen der elektrolyt. Abscheidung aus $Co^{II}$-Salz enthaltenden wss. Ni-Salzlsgg., denen S-Pulver zugesetzt ist, sowie aus frisch bereiteten wss. Aufschlämmungen von CoS-NiS-Gemischen s. bei R. Breckpot (*Compt. Rend 31<sup>e</sup> Congr. Intern. Chim. Ind., Liège* 1958 [1959], *Bd.* 1, S. 697/703, 699, *C.A.* **1960** 2042).

*Formation Data. From the Solid Elements*

**Bildungsgrößen** in kcal/mol $Ni_3S_2$ und cal · $mol^{-1}$ · $°K^{-1}$. **Aus den festen Elementen.** $\Delta H_{298} = -43.4$, von V. A. Vanyukov, N. A. Kiseleva (*Yubileinyi Sb. Trudov Kafedry i Lab. Tyazhelykh. Metallov Moskov. Inst. Tsvetnykh Metal. i Zolota* **1939** Nr. 7, S. 304/26, 315, *C.A.* **1942** 1234) im Bombenkalorimeter bestimmt, F. D. Rossini, D. D. Wagman, W. H. Evans, S. Levine, I. Jaffe (*Circ. Bur. Std.* Nr. 500 [1952] 247). $\Delta H_{298} = -47.5 \pm 2.5$ aus den von T. Rosenqvist (*J. Iron Steel Inst.* [*London*] **176** [1954] 37/57, 49) durchgeführten $H_2$-$H_2S$-Gleichgew.-Messungen über Ni-Sulfiden, O. Kubaschewski, E. L. Evans (*Metallurgical Thermochemistry*, 3. *Aufl.*, *London-New York-Paris-Los Angeles* 1958, S. 262). $\Delta S_{298} = -4.7$ aus experimentellen thermochem. Daten der Verb. und ihrer Elemente, W. W. Weller, K. K. Kelley (*U.S. Bur. Mines Rept. Invest.* Nr. 6511 [1964] 1/7, 7, *C.A.* **61** [1964] 12709).

*From Solid Ni and Gaseous $S_2$*

**Aus festem Ni und gasförmigem $S_2$.** $\Delta H_{298} = -74.4$, aus dem für Bldg. aus den festen Elementen von V. A. Vanyukov, N. A. Kiseleva (*l. c.*) gem. Wert, berechnet von L. Brewer, L. A. Bromley, P. W. Gilles, N. L. Lofgren (*Nat. Nucl. Energy Ser. Div.* IV **19** B [1950] 40/59, 44). $\Delta S_{298} = -43.9$, W. W. Weller, K. K. Kelley (*l. c.*). $\Delta H_{1000} = -79.3$, $\Delta G_{1000} = -40.2$ für die Tieftemp.-Modifikation des $Ni_3S_2$, $\Delta H_{1000} = -68.6$, $\Delta G_{1000} = -42.4$ für die Hochtemp.-Modifikation, T. Rosenqvist (*l. c.* S. 54). Für 650 bis 800°K ergeben die Messungen von T. Rosenqvist (*l. c.* S. 49) die Temp.-Abhängigkeit $\Delta G_T = -79.24 + 0.03901T$, Genauigkeit $\pm 2$ kcal/mol, O. Kubaschewski, E. L. Evans (*l. c.* S. 341). Vgl. auch die thermodynam. Größen zur therm. Zers. von $Ni_3S_2$, S. 641. — Für $Ni_3S_2$-Schmelze ist $\Delta H_{298} = -62.86$, ber. aus Dissoz.-Drucken von fl. Ni-Sulfiden, A. N. Vol'skii, R. A. Agrecheva (*Yubileinyi Sb. Nauch. Trudov. Inst. Tsvetnykh Metal. i Zolota* **1940** Nr. 9, S. 502/13, 506, *C.A.* **1943** 5344).

*Physical Properties*

## Physikalische Eigenschaften

*Crystallographic Properties*

### Kristallographische Eigenschaften

Festes $Ni_3S_2$ ist dimorph, vgl. beim System Ni–S, S. 629.

*Lattice Structure. Low-temperature Modification*

**Gitterstruktur. Tieftemperaturmodifikation** ($\beta'$-Phase des Systems Ni–S). Die nach Debye-Scherrer-Aufnahmen von N. Alsén (*Geol. Foren. Stockholm Forh.* **47** [1925] 19/72, 53 [dtsch.]) als kubisch mit a = 4.08 kX beschriebene Verb. besitzt auf Grund von Pulveraufnahmen an elektrolytisch abgeschiedenen, im Vak. auf 300°C erhitzten Ni-S-Präpp. pseudokub., vermutlich hexagonale Struktur mit 3 Molekeln je Elementarzelle, R. Brill (*Trans. Electrochem. Soc.* **71** [1937] 230/1); Röntgendiagramme dieser Präpp. s. auch R. Brill, F. Halle (*Angew. Chem.* **48** [1935] 785/95, 788), M. Sawada, K. Tsutsumi, T. Shiraiwa, M. Obashi (*J. Phys. Soc. Japan* **10** [1955] 459/63). Bei Anwendung einer fokussierenden Meth. ergibt sich aus Pulveraufnahmen ein eigener rhomboedr. Gittertyp, Raumgruppe $R32-D_3^7$; Z = 1, A. Westgren (*Z. Anorg. Allgem. Chem.* **239** [1938] 82/4); Bestätigung des Gittertyps, M. A. Peacock (*Univ. Toronto Studies Geol. Ser.* **51** [1946] 59/69, 65).

Gitterkonstanten (z. T. umgerechnet aus Werten für hexagonale Indizierung oder aus Angaben in Å): a = 4.041 kX, $\alpha = 90°18'$ aus Pulveraufnahmen mit CrK-Strahlung nach einer fokussierenden Meth., A. Westgren (*l. c.*). In Übereinstimmung mit A. Westgren (*l. c.*) ermittelte Werte sind unabhängig davon, ob aus den Elementen dargestellte Proben an Ni oder an S gesättigt sind und vor dem Abschrecken bei 200°, 400°, 600° oder 800° getempert werden, D. Lundqvist (*Arkiv Kemi Mineral. Geol.* **24** A Nr. 21 [1947] 1/12, 5). Neuberechnung aus den von A. Westgren (*l. c.*) angegebenen $\sin^2\Theta$-Werten ergibt a = 4.072 kX, $\alpha = 89°25'$ und wird durch Pulveraufnahmen mit $CuK\alpha$-Strahlung an Heazlewoodit und aus den Elementen erschmolzenem $Ni_3S_2$ bestätigt, M. A. Peacock (*l. c.*); a = 4.07 kX, $\alpha = 90°24'$ aus Pulveraufnahmen an elektrolytisch abgeschiedenen, im Vak. bei 300° gehaltenen Ni-Sulfiden mit 12 bis 25.7 Gew.-% S, R. Brill (*l. c.*). Pulveraufnahmen mit $CuK\alpha$-Strahlung und $CaF_2$ als Eichsubst. an synthet., von ~600° abgeschreckten Präpp. ergeben a = 4.074 kX, $\alpha$ =

89°28′ und bestätigen, daß der Homogenitätsbereich der $Ni_3S_2$-Tieftemp.-Modifikation nicht über die Meßgenauigkeit der Röntgenbeugungsaufnahmen hinausgeht, G. KULLERUD, R. A. YUND (*J. Petrol.* **3** [1962] 126/75, 151). LAUE-Aufnahmen von elektrolytisch aus wss. Lsg. abgeschiedenen, dann auf 300° erhitzten sowie von aus den Elementen bei 600° dargestellten $Ni_3S_2$-Präpp. s. W. T. YOUNG, H. KERSTEN (*Trans. Electrochem. Soc.* **71** [1937] 225/9).

Atomlagen: 3 Ni in $^1/_2$, x, $\bar{x}$; $\bar{x}$, $^1/_2$, x; x, $\bar{x}$, $^1/_2$ und 2 S in $\pm$(x, x, x) mit x = $^1/_4$, A. WESTGREN (*l. c.*). Unter Verschiebung des Koordinatenanfangspunktes um $^1/_4$, $^1/_4$, $^1/_4$ ist in **Fig. 225** das $Ni_3S_2$-Gitter nach den Unterss. von A. WESTGREN (*l. c.*) dargestellt. In dem nahezu kub., aus den S-Atomen gebildeten raumzentrierten Elementarrhomboeder ist jedes S-Atom von 6 Ni-Atomen umgeben. Um jedes Ni-Atom bilden 4 S-Atome ein verzerrtes Tetraeder, in dem der von 2 Ni–S-Bindungen gebildete Winkel 127° beträgt, M. A. PEACOCK (*l. c.*). Mit den von M. A. PEACOCK (*l. c.*) ermittelten Gitterkonstt. (s. S. 634) errechnen sich die Ni↔S-Abstände für je zwei S-Atome des Tetraeders zu 2.25 und 2.28 kX. Die Ni-Atome sind um dreizählige Schraubenachsen parallel zur c-Achse der im Original dargestellten hexagonalen Elementarzelle angeordnet. Ni↔Ni = 2.51 kX innerhalb jeder Schraubenkette. Der kürzeste Ni↔Ni-Abstand 2.46 kX besteht zwischen zwei Atomen benachbarter Ketten, J.-E. HILLER (*Fortschr. Mineral.* **33** [1954/55] 155/75, 168). Vom $Cr_3Si$-Gitter (s. „*Chrom*" *Tl.* B, S. 431) ausgehend läßt sich das $Ni_3S_2$-Gitter erklären, indem man sich unter leichter Deformierung alle Si-Gitterplätze von S-Atomen eingenommen und nur die Hälfte der Cr-Atomlagen mit Ni besetzt denkt, N. L. SMIRNOVA (*Zh. Strukt. Khim.* **1** [1960] 342/5 nach *J. Struct. Chem.* [*USSR*] **1** [1960] 317/20). Für die Valenzelektronen im $Ni_3S_2$-Gitter, das auch als lückenhaft besetztes $Cu_2O$-Gitter angesehen werden kann, wird gitterartige Ortskorrelation vom kubisch-raumzentrierten W-Typ diskutiert, K. SCHUBERT (*Z. Naturforsch.* **8a** [1953] 30/8, 36). — Isomorphe Vertretbarkeit von Ni durch Fe im Gitter ist röntgenographisch nicht festzustellen, D. LUNDQVIST (*Arkiv Kemi Mineral. Geol.* **24** A Nr. 22 [1947] 1/12, 8).

Fig. 225.

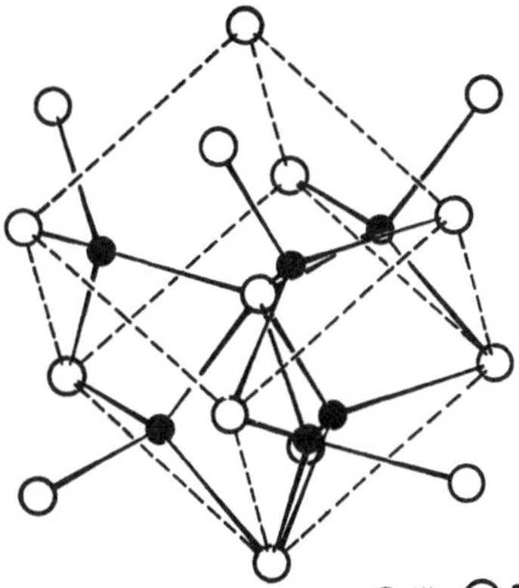

Gitterstruktur der Tieftemp.-Modifikation von $Ni_3S_2$.

**Hochtemperaturmodifikation** (β-Phase des Systems Ni–S). Die aus anderen Unterss. gefolgerte Existenz dieser Modifikation des $Ni_3S_2$ (vgl. S. 629) wird durch Hochtemp.-Röntgenaufnahmen bestätigt. Die Phase besitzt tetragonalen oder pseudotetragonalen Gitterbau. Durch Abschrecken ist die Struktur unterhalb ihrer Umwandlungstemp. (s. S. 629) nicht metastabil zu erhalten, doch weisen auch Entmischungsstrukturen im Schliffbild und starke differentialthermoanalyt. Effekte auf ihre Existenz hin, G. KULLERUD, R. A. YUND (*Yearbook Carnegie Inst.* **58** [1958/59] 139/42; *J. Petrol.* **3** [1962] 126/75, 135, 149). Auch im Zweiphasenpräp. mit 20 Gew.-% S nach Abschrecken von 535° nicht metastabil, G. PEYRONEL, E. PACILLI (*Atti Reale Accad. Italia Rend. Classe Sci. Fis. Mat. Nat.* [7] **3** [1941] 278/88, 285). Aus Pulveraufnahmen mit CuKα-Strahlung bei 650°C an Ni-Sulfid mit 26.7 und 29.0 Gew.-% S für die $Ni_3S_2$-Hochtemp.-Modifikation ber. Netzebenenabstände und zugehörige Intensitäten s. G. KULLERUD, R. A. YUND (*l. c.* S. 153). *High-temperature Modification*

**Schmelze.** Etwa 50 bis 100 grd oberhalb der Erstarrungstemp. (vgl. Fig. 224, S. 627) treten an Schmelzen mit 18, 21.5 und 24.9 Gew.-% S die nach einer Rückstrahlmeth. an den entsprechenden festen Präpp. bei gewöhnl. Temp. und 500° beob., dem Metall und der $Ni_3S_2$-Phase zugeschriebenen Röntgeninterferenzen mit nur geringer Intensitätsminderung ebenfalls auf, S. E. LYUMKIS, B. M. MIMUKHIN, L. L. CHERMAK (*Tsvetn. Metal.* **32** Nr. 3 [1959] 29/32, *C. A.* **1959** 14894). *Melt*

**Gefüge.** Schliffbilder mit Beschreibung von 17 Präpp. mit 1.3 bis 30.0 Gew.-% S, Ätzmittel konz. $HNO_3$-Lsg., K. BORNEMANN (*Metallurgie* **5** [1908] 13/9, 18, **7** [1910] 667/74, 670), Gefüge von Präpp. mit 20.0 Gew.-% S, konz. $HNO_3$-Lsg. als Ätzmittel, und 26.0 Gew.-% S, Ätzmittel aus 33 g $CrO_3$, 35 ml konz. $H_2SO_4$ und 65 ml $H_2O$, G. PEYRONEL, E. PACILLI (*l. c.* S. 281), von Präpp. mit 21.3 bis 29.3 Gew.-% S, Ätzmittel $HNO_3$-Lsg., M. A. SOKOLOVA (*Zh. Neorgan. Khim.* **1** [1956] 1440/54, 1445; *Russ. J. Inorg. Chem.* **1** Nr. 6 [1956] 337/56, 342), G. KULLERUD, R. A. YUND (*l. c.* S. 137, 153). — Gefügebeschreibung für unterschiedlich erkaltete Präpp. der Zus. $Ni_2S$, K. FRIEDRICH, C. MOUSSET (*Metall u. Erz* **11** [1914] 160/7, 163), für ein elektrolytisch geätztes Präp. gleicher Zus., H. LE CHATELIER, ZIEGLER (*Bull. Soc. Encour. Ind. Nat.* **1902** II 368/93, 392). *Structure*

*Mechanical Properties*

## Mechanische Eigenschaften

*Density*

**Dichte** D in g/cm³. Die an langsam erkalteten Ni-Sulfiden gem. Dichte sinkt linear mit steigendem S-Gehalt von 8.01 für das Präp. mit 5.7 Gew.-% S auf 5.86 für die Probe mit 26.6 Gew.-% S ($\sim Ni_3S_2$). D-Werte für von 600° abgeschreckte Proben sinken von 7.74 bei 5.7 Gew.-% S auf 5.85 bei 26.6 Gew.-% S, K. BORNEMANN (*Metallurgie* **5** [1908] 13/9, 17). Diese Werte streben mit sinkendem S-Gehalt der Präpp. dem für kub. Ni aus röntgenograph. Daten ber. Wert zu, G. PEYRONEL, E. PACILLI (*Atti Reale Accad. Italia Rend. Classe Sci. Fis. Mat. Nat.* [7] **3** [1941] 278/88, 286). Angaben für S-reichere Präpp. als $Ni_3S_2$ und ihre Abhängigkeit vom S-Gehalt s. S. 645. Nach der Auftriebmeth. an Sulfiden mit 21 bis 30 Gew.-% S bestimmte Werte s. M. A. SOKOLOVA (*Zh. Neorgan. Khim.* **1** [1956] 1440/54, 1453; *Russ. J. Inorg. Chem.* **1** Nr. 6 [1956] 337/56, 354). An Sulfid der Zus. $\sim Ni_2S$ (21.4 Gew.-% S) gem.: $D^{4.4} = 6.05$, L. PLAYFAIR, J. P. JOULE (*Mem. Proc. Chem. Soc. London* **3** [1845/48] 57/103, 88), $D^{\circ} = 5.66$, A. GAUTIER, L. HALLOPEAU (*Compt. Rend.* **108** [1889] 1111/3), D = 5.52, A. MOURLOT (*Ann. Chim. Phys.* [7] **17** [1899] 510/74, 547). Weitere Werte für $Ni_3S_2$: 5.85 pyknometrisch, N. ALSÉN (*Geol. Foren. Stockholm Forh.* **47** [1925] 19/72, 53), 5.87 aus röntgenograph. Daten, A. WESTGREN (*Z. Anorg. Allgem. Chem.* **239** [1938] 82/84), 5.87 pyknometrisch. Heazlewoodit ergibt 5.82 pyknometrisch, 5.87 röntgenographisch, M. A. PEACOCK (*Univ. Toronto Studies Geol. Ser.* **51** [1946] 59/69, 63).

*Hardness. Flow Pressure*

**Härte. Fließdruck.** Die Mikrohärte wird mit dem Gerät PMT-2 nach einem Eindruckverf. mit Diamantpyramide bei 20 g Vorlast zu 226 und 286 kg/mm² an reinen $Ni_3S_2$-Präpp. bestimmt. Für $Ni_3S_2$ als Gefügebestandteil in langsam erkalteten Cu-Ni-S-Schmelzen wechselnder Zus. werden Werte zwischen 154 und 292 kg/mm² ermittelt, E. F. GULYANITSKAYA, D. M. CHIZHIKOV, N. N. BOGOVAROVA (*Tr. Inst. Met. im. A. A. Baikova, Akad. Nauk. SSSR* Nr. 3 [1958] 165/70, 166, *C. A.* **1959** 13016). Sulfid der Zus. $\sim Ni_2S$ läßt sich feilen und pulvern, A. GAUTIER, L. HALLOPEAU (*l. c.*). Mikrohärtebestt. bei gewöhnl. Temp., ferner Fließdruckbestt. mit Belastungen von 270 bis 760 kg/mm² bei 550° und von 85 bis 258 kg/mm² bei 620° an 21 bis 30 Gew.-% S enthaltenden Ni-Sulfiden s. M. A. SOKOLOVA (*l. c.* S. 1448; *l. c.* S. 347).

*Surface Tension*

**Oberflächenspannung** einer Ni-Sulfidschmelze der Zus. 96.1% $Ni_3S_2$, 3.9% Ni: bei 1200° ~450 erg/cm², Genauigkeit 10 bis 15%, I. T. SRYVALIN, O. A. ESIN, YU. P. NIKITIN (*Tr. Ural'sk. Politekhn. Inst.* Nr. 49 [1954] 95/103, 98), s. auch V. V. KHLYNOV, O. A. ESIN (*Dokl. Akad. Nauk SSSR* **120** [1958] 134/6; *Proc. Acad. Sci. USSR, Phys. Chem. Sect.* **118/23** [1958] 313/6). Nimmt auf Zusatz von Ni zu, von Fe oder FeS ab, A. B. SHEININ, V. L. KHEIFETS (*Tr. Proektn. Nauchn.-Issled. Inst. Gos. Inst. Nikel. Prom.* **1958** Nr. 1, S. 130/49 nach *Ref. Zh. Khim.* **1959** Nr. 34375, *C. A.* **1960** 15154). Einer Schmelze mit 18% S gegen $N_2$ bei 1300° nach der Blasendruckmeth.: ~570 erg/cm²; Einfluß von Fe-Zusätzen bis 60 At.-%, V. L. KHEIFETS, A. B. SHEININ (*Zh. Prikl. Khim.* **32** [1959] 1039/42; *J. Appl. Chem. USSR* **32** [1959] 1062/4).

*Interfacial Tension*

**Grenzflächenspannung.** Für eine aus 96.1% $Ni_3S_2$ und 3.9% Ni bestehende Schmelze gegen Schlacke der Zus. 25% CaO, 12% $Al_2O_3$, 63% $SiO_2$ bei 1350° bis 1400° ergibt sich ~510 erg/cm² aus der Elektrocapillarkurve, YU. P. NIKITIN, O. A. ESIN (*Dokl. Akad. Nauk SSSR* **107** [1956] 847/9, *C. A.* **1957** 977).

*Sorption*

**Sorption.** Die Adsorption anorgan. Substt. an $Ni_3S_2$ wird bei den adsorbierten Stoffen behandelt. — Adsorptionsverss. mit gasf. $CS_2$, COS, $CH_3SH$ bei Tempp. von 20 bis 350° s. R. H. GRIFFITH, S. G. HILL (*J. Chem. Soc.* **1938** 717/20), mit gasf. Furan, Tetrahydrofuran, Thiophen und Tetrahydrothiophen bei 0° bis 300° und Drucken um 25 Torr, E. H. M. BADGER, R. H. GRIFFITH, W. B. S. NEWLING (*Proc. Roy. Soc.* [*London*] A **197** [1949] 184/93, 190); vgl. auch die Lit.-Übersicht von W. J. KIRKPATRICK (*Advan. Catalysis* **3** [1951] 329/39, 332).

*Thermal Properties*

## Thermische Eigenschaften

Schmelz-, Erstarrungs- und Umwandlungstempp. s. beim System, S. 629. Schmelzenthalpie 5.8 ± 0.1 kcal/mol für $Ni_3S_2$, 3.0 kcal /mol für $Ni_2S$, aus Unterss. von K. FRIEDRICH, C. MOUSSET (*Metall u. Erz* **11** [1914] 160/7, 163) an verschiedenen ternären Sulfidsystemen abgeleitet, K. K. KELLEY (*U.S. Bur. Mines Bull.* Nr. 393 [1936] 81/2). Für die Umwandlung $\beta' \rightarrow \beta$ beträgt $\Delta H \sim 11$ kcal/mol, $\Delta S \sim 13$ cal·mol⁻¹·°K⁻¹, T. ROSENQVIST (*J. Iron Steel Inst.* [*London*] **176** [1954] 37/57, 54).

Molwärme $C_p = (20.78 + 10.2 \times 10^{-3}T)$ cal·mol⁻¹·grd⁻¹ für $Ni_3S_2$ zwischen 273 und 904°K, aus einer für NiS vorliegenden Angabe geschätzt, K. SUDO (*Sci. Rep. Res. Inst. Tohoku Univ.* A **4** [1952] 182/90, 186). Zwischen 52 und 297°K tritt keine Anomalie der Wärmekapazität auf, wie $C_p$-Bestt. bei 29 verschiedenen Tempp. T in °K ergeben; interpolierte Werte:

| T . . . . | 50° | 75° | 100° | 125° | 150° | 175° | 200° | 225° | 250° | 275° | 298° |
|---|---|---|---|---|---|---|---|---|---|---|---|
| $C_p$ . . . . | 4.50 | 9.39 | 13.89 | 17.59 | 20.46 | 22.64 | 24.29 | 25.58 | 26.61 | 27.45 | 28.12 |

Bei Anwendung von DEBYE- und EINSTEIN-Funktionen entspricht die Wärmekapazität von $Ni_3S_2$ zwischen 50 und 175°K der Summe $C_p = D(190/T) + 2E(292/T) + 2E(440/T)$ mit $\pm 1.5\%$ Genauigkeit, W. W. WELLER, K. K. KELLEY (*U.S. Bur. Mines Rept. Invest.* Nr. 6511 [1964] 1/7, 4, *C.A.* **61** [1964] 12709).

Entropie $S_{298} = 36.6 \pm 3.0$ cal·mol$^{-1}$·°K$^{-1}$ für $Ni_3S_2$ aus dem von T. ROSENQVIST (*l. c.*) für 1000°K ber. Wert, O. KUBASCHEWSKI, E. L. EVANS (*Metallurgical Thermochemistry*, 3. *Aufl., London-Paris-New York-Los Angeles* 1958, S. 262), $S_{1000} = 74.2$ für die Tieftemp.-Modifikation des $Ni_3S_2$, 87.1 für die Hochtemp.-Modifikation, Genauigkeit 2 cal·mol$^{-1}$·°K$^{-1}$, T. ROSENQVIST (*l. c.*). $S_{298} - S_{51} = 29.93$ aus $C_p$-Bestt., daraus $S_{51} = 2.06$, extrapoliert, und $S_{298} = 32.0 \pm 0.2$, W. W. WELLER, K. K. KELLEY (*l. c.* S. 6).

Wärmeleitfähigkeit $\lambda \sim 0.02$ cal·cm$^{-1}$·s$^{-1}$·grd$^{-1}$ für festes $Ni_3S_2$, nimmt auf Zusatz von $Cu_2S$ linear dem $Cu_2S$-Gehalt ab, D. M. CHIZHIKOV, Z. F. GULYANITSKAYA, N. N. BOGOVAROVA (*Izv. Akad. Nauk SSSR, Otd. Tekhn. Nauk* **1955** Nr. 6, S. 109/13, *C.A.* **1956** 1440). Für Schmelze der Zus. $Ni_2S$ ergeben Messungen zwischen Erstarrungstemp. und 815°C $\lambda = 0.050$ cal·cm$^{-1}$·s$^{-1}$·grd$^{-1}$, Genauigkeit 19 bis 24 %, M. VEERABURUS (*Thesis Carnegie Inst. Technol., Pittsburgh, Pa.*, 1962) laut W. O. PHILBROOK (TID-17767 [1962/63] 1/39, 16, *N.S.A.* **17** [1963] Nr. 8010). Beziehungen zur elektr. Leitf. s. S. 638.

## Optische und magnetische Eigenschaften

*Optical and Magnetic Properties*

Aus den Elementen erschmolzenes $Ni_3S_2$ ist bronzegelb und zeigt dieselben Polarisationseffekte wie Heazlewoodit, M. A. PEACOCK (*Univ. Toronto Studies Geol. Ser.* Nr. 51 [1946] 59/69, 65). Elektrolytisch abgeschiedenes $Ni_3S_2$ erscheint grün, W. T. YOUNG, H. KERSTEN (*Trans. Electrochem. Soc.* **71** [1937] 225/9). — Spezif. magnet. Susz. $4.3 \times 10^{-6}$ cm³/g nach der GOUYschen Meth. für ein durch Behandeln mit $H_2$ und CO (vgl. S. 633) von metall. Ni gereinigtes $Ni_3S_2$-Präp., E. H. M. BADGER, R. H. GRIFFITH, W. B. S. NEWLING (*Proc. Roy. Soc.* [*London*] A **197** [1949] 184/93, 188). Mit der Kettenbldg. der Ni-Atome im $Ni_3S_2$-Gitter (s. S. 635) wird der am Mineral Heazlewoodit leicht beobachtbare Magnetismus erklärt, J.-E. HILLER (*Fortschr. Mineral.* **33** [1954/55] 155/75, 164, 168).

Sulfid der ungefähren Zus. $Ni_2S$ erscheint metallisch gelb oder weißgrau und ist magnetisch, wenn es aus $NiSO_4$ hergestellt wird, J. A. ARFVEDSON (*Ann. Physik* [2] **1** [1824] 49/74, 66), P. BERTHIER (*Ann. Chim. Phys.* [2] **25** [1824] 94/9, 98), aber unmagnetisch bei Darst. aus Ni und $CS_2$, A. GAUTHIER, L. HALLOPEAU (*Compt. Rend.* **108** [1889] 1111/3). Die an Proben mit 45 ,75, 95 und 100 Gew.-% $Ni_3S_2$ (aus den Elementen dargestellt) gem. Magnetisierung sinkt mit steigendem S-Gehalt linear auf Null für reines $Ni_3S_2$. Der Ferromagnetismus wird deshalb dem Gehalt an metall. Ni zugeschrieben. Ferromagnet. CURIE-Temp. $\sim$355°C, K. NISHIHARA, Y. KONDO (*Mem. Fac. Eng. Kyoto Univ.* **23** [1961] 242/63, 248). Nach Messungen an einem Ni-Feinstein mit 75.5% Ni, 18% S geht der ab 350° beob. Paramagnetismus bei 635°, der eutekt. Temp. im Teilsystem Ni–NiS, in Diamagnetismus über, L. N. STARKOV, M. I. KOCHNEV (*Tsvetn. Metal.* **33** Nr. 8 [1960] 75/6, *C.A.* **1961** 10251).

## Elektrische Eigenschaften

*Electric Properties*

Spezif. elektr. Leitf. $\varkappa = 6.5 \times 10^4$ $\Omega^{-1}$·cm$^{-1}$ für $Ni_3S_2$ bei 20°, nimmt auf Zusatz von $Cu_2S$ beträchtlich ab, D. M. CHIZHIKOV, Z. F. GULYANITSKAYA, N. N. BOGOVAROVA (*Izv. Akad. Nauk SSSR Otd. Tekhn. Nauk* **1955** Nr. 6, S. 109/13, *C.A.* **1956** 1440). An unterschiedlich erkalteten Ni-Sulfiden mit 21 bis 30 Gew.-% S bei gewöhnl. Temp. und 107° gem. elektr. Leitf. s. M. A. SOKOLOVA (*Zh. Neorgan. Khim.* **1** [1956] 1440/54, 1450; *Russ. J. Inorg. Chem.* **1** Nr. 6 [1956] 337/56, 352). An Preßlingen sowie aus der Schmelze erstarrten Proben mit 37.0 und 40.33 At.-% S zwischen 20° und 400° gem. $\varkappa$-Werte der Größenordnung $10^4$ nehmen mit steigender Temp. ab, V. G. KUZNETSOV, A. A. ELISEEV, Z. S. SHPAK, K. K. PALKINA, M. A. SOKOLOVA, A. V. DMITRIEV (in: AKADEMIYA NAUK SSSR, *Voprosy Metallurgii i Fisiki Poluprovodnikov, Moskva* 1961, S. 159/73, 169, *C.A.* **56** [1962] 5444). Änderung des elektr. Widerstands der aus wss. Lsg. elektrolytisch entstehenden Ni-S-Präpp. mit 9, 13 und 17 Gew.-% S infolge Bldg. der $Ni_3S_2$-Phase beim allmählichen Erhitzen von 25° auf 220° s. H. KERSTEN, W. T. YOUNG (*J. Appl. Phys.* **8** [1937] 133/4), M. SAWADA, K. TSUTSUMI, T. SHIRAIWA, M. OBASHI (*J. Phys. Soc. Japan* **10** [1955] 459/63). — Nach einer kontaktlosen Meth. an Ni-Sulfid mit 27.5 Gew.-% S (Schmelztemp. $\sim$780°C nach Fig. 224, S. 627) bei hohen Tempp. gem. Leitf. t in °C:

| t . . . . . . . . | 600° | 700° | 800° | 900° | 1000° | 1100° | 1200° |
|---|---|---|---|---|---|---|---|
| $\varkappa$ in $\Omega^{-1}\cdot cm^{-1}$ . . | 6800 | 6650 | 6300 | 6200 | 6100 | 6000 | 5900 |

Yu. A. Yablonskii, V. I. Smirnov (*Izv. Vysshykh Uchebn. Zavedenii Tsvetn. Met.* **4** [1958] 44/55, 54, *C.A.* **1959** 18573). An $Ni_3S_2$-Schmelze zwischen 800° und 1100° gem. $\varkappa$-Werte liegen um 7500 $\Omega^{-1}\cdot cm^{-1}$ und ergeben einen kleinen, für metall. Leiter charakterist. negativen Temp.-Koeff., R. F. Mehl, G. Derge (NYO-3698 [1954] 1/10, 5, *N.S.A.* **8** [1954] Nr. 4217). Ni-S-Schmelzen mit 20 bis 30 Gew.-% S stehen hinsichtlich ihrer elektr. Eigg. den Legg. erheblich näher als elektr. Halbleitern, denn ihre zwischen 800° und 1200° zu 4500 bis 5500 $\Omega^{-1}\cdot cm^{-1}$ gem. elektr. Leitf. wird weder durch Temp. noch durch S-Akt. wesentlich beeinflußt, und sie besitzen nur eine niedrige differentielle Thermokraft. Bei konst. Temp. durchläuft $\varkappa$ als Funktion des S-Gehalts ein Minimum nahe der Zus. $Ni_3S_2$. Diskussion eines hiernach für $Ni_3S_2$ denkbaren Leitungsmechanismus, E. A. Dancy, G. J. Derge (*Trans. AIME* **227** [1963] 1034/8), G. Derge (TID-6382 [1960] 1/18, *N.S.A.* **14** [1960] Nr. 23304).

Die Wiedemann-Franz-Lorenzsche Zahl (in W$\Omega$/grd²) einer Schmelze der Zus. $Ni_2S$ ergibt sich aus Messungen zu $2.8 \times 10^{-8}$ bis $4.2 \times 10^{-8}$ in befriedigender Übereinstimmung mit dem theoret. Wert für metall. Leitung ($2.45 \times 10^{-8}$), M. Veeraburus (*Thesis Carnegie Inst. Technol., Pittsburgh, Pa.,* 1962) laut W. O. Philbrook (TID-17767 [1962/63] 1/39, 16, *N.S.A.* **17** [1963] Nr. 8010).

*Electrochemical Behavior*

## Elektrochemisches Verhalten

*Electrochemical Series*

**Spannungsreihe.** Aus Messungen der EK der Kette Nr. 1, s. unten, und entsprechender Ketten, in denen $Ni_3S_2$ durch andere Metalle oder Sulfide und $NiCl_2$ durch das jeweilige Chlorid ersetzt wird, ergibt sich für 690° bis 700° die Spannungsreihe:

— Zn, ZnS, FeS, Fe, Co, Cu, Pb, Ag, PbS, **$Ni_3S_2$**, Bi, Ni, $Cu_2S$, CoS +

S. I. Rempel, I. N. Ozeryanaya (*Zh. Fiz. Khim.* **25** [1951] 1181/5, 1183).

*Potentials*

**Potentiale.** Die Pott. sind in V angegeben. Das mit $E_h$ bezeichnete Pot. bezieht sich auf die Normalwasserstoffelektrode, das mit $E_c$ bezeichnete auf die Normalkalomelelektrode.

1) $Ni_3S_2$ | n-$NiSO_4$
Es werden keine beständigen Werte erreicht; $Ni_3S_2$ hergestellt durch Zusammenschmelzen von Ni mit S, A. I. Zhurin (*Tr. Leningr. Politekhn. Inst.* **1953** Nr. 6, S. 38/47, 40). — $E_c = 0.235$ für synthet. Ni-Sulfid, Zus. (in %) wohl 79.83 Ni, 18.37 S, B. Z. Ustinskii, D. M. Chizhikov (*Zh. Prikl. Khim.* **22** [1949] 1249/52, 1250).

2) $Ni_3S_2$ | 200 $NiSO_4\cdot 7H_2O$, 40 $Na_2SO_4$, 20 $H_3BO_3$, 3 NaCl . . . . . . . . . . . . $E_h = 0.07$
Angaben in g/l, 60°. $Ni_3S_2$ synthetisch hergestellt mit 27.5% S. Das Pot. wird in ~10 Min. erreicht und ist negativer als das von $Cu_2S$ in demselben Elektrolyten, A. A. Bulakh, O. A. Khan (*Zh. Prikl. Khim.* **27** [1954] 166/70; *J. Appl. Chem. USSR* **27** [1954] 155/8).

3) $Ni_3S_2$ | 100 g/l $H_2SO_4$ . . . . . . . . . . . . . . . . . . . . . . . . . . $E_c = 0.202$
vgl. Pot. Nr. 1, B. Z. Ustinskii, D. M. Chizhikov (*l. c.*).

*Cells*

**Ketten.**

1) $Ni_3S_2$ | 0.1 n–$NiCl_2$ in äquimolarer Schmelze von NaCl, KCl | $Cl_2$
690°. $Ni_3S_2$ hergestellt durch Schmelzen des Metalls mit Überschuß an S, S. I. Rempel, I. N. Ozeranaya (*Zh. Fiz. Khim.* **25** [1951] 1181/5, 1183).

2) Ni-Sulfid-Schmelze c | $NiCl_2$-$BaCl_2$-Schmelze | Ni-Sulfid-Schmelze mit 80.5 At.-% Ni

| c . . . . . . | 79.8 | 78.5 | 75.5 | 73.5 | 71.4 | 68.7 | 65.6 | 63.8 | 59.6 | 58.4 |
|---|---|---|---|---|---|---|---|---|---|---|
| E (mV) . . . . | 2 | 6 | 22 | 40 | 58 | 86 | 112 | 127 | 164 | 182 |
| $f_{Ni}$ . . . . . . | 0.976 | 0.935 | 0.755 | 0.586 | 0.455 | 0.335 | 0.235 | 0.174 | 0.104 | 0.080 |
| $f_S$ . . . . . . | 1.10 | 1.32 | 2.67 | 5.60 | 10.9 | 27.8 | 63.7 | 85.4 | 198 | 289 |

c in At.-% Ni. Temp. 1200°. Tabelle in Auswahl. Zur Stromzuführung dienen Graphitstäbe. Aus der EK ber. Akt.-Koeff. $f_{Ni}$ und $f_S$ (s. oben), L. L. Chermak (*Tsvetn. Metal.* **31** Nr. 9 [1958] 37/9, *C.A.* **1959** 4963).

3) Schmelze mit (in Mol-%) 88 $Ni_3S_2$, 12 Ni | Glasschmelze, $Na_2S$ | $Cu_2S$-Schmelze . . E = 0.197 V
1180°. Messungen auch mit Gemischen von $Ni_3S_2$ und $Cu_2S$ als Elektroden. Die gem. EK stimmt überein mit der aus dem Gleichgewichtsdruck des S berechneten, I. T. Sryvalin, O. A. Esin (*Zh. Fiz. Khim.* **26** [1952] 371/υ, 371).

*Electrocapillarity*

**Elektrocapillare Erscheinungen.** $Ni_3S_2$-Tropfen, Durchmesser 0.5 bis 3 mm, bewegen sich im Pot.-Gefälle bei 1370° bis 1500° entlang der Oberfläche der Schmelzen von Schlacken in Richtung Anode.

Zus. der Schlacke (in %) 52 CaO, 41 $Al_2O_3$, 7 $SiO_2$. Die Tatsache, daß diese Bewegung nicht mit festgewordenen Tropfen beobachtet wird, und die Geschw. des fl. Tropfens selber zeigen, daß es sich um Elektrocapillar-Bewegung handelt. Die Wanderungsgeschw. ändert sich proportional dem Pot.-Gefälle E und hängt von Zus. und Größe des Tropfens ab und von der umgebenden Atmosphäre. Spezif. Beweglichkeit v in $cm \cdot sec^{-1} \cdot V^{-1}$, d. h. auf das Pot.-Gefälle 1 V und den Radius r = 1 cm bezogene Wanderungsgeschw., in oxydierender Atm.:

| r (cm) . . . . . | 0.05*) | 0.025 | 0.05 | 0.075 | 0.16 |
|---|---|---|---|---|---|
| v . . . . . . . | 42 | 46 | 46 | 30 | 5.7 |

*) Messung bei E = 2.3 V/cm, die übrigen Messungen bei E = 6.6 V/cm.

Die Übereinstimmung der gem. mit der aus Viscosität, Leitf., spezif. Ladung und Kapazität der Doppelschicht ber. Beweglichkeit befestigen die Ansicht, daß es sich um elektrocapillare Bewegung der $Ni_3S_2$-Tropfen handelt, V. V. Khlynov, O. A. Esin (*Dokl. Akad. Nauk SSSR* **120** [1958] 134/6; *Proc. Acad. Sci. USSR Phys. Chem. Sect.* **118/23** [1958] 313/6). — In eisenfreier Schlacke mit (in %) 42 bis 56 $SiO_2$, 48 bis 30 CaO, 10 bis 14 $Al_2O_3$ ist die Beweglichkeit umgekehrt proportional der Viscosität der Schmelze. Anwesenheit von Fe setzt die Beweglichkeit des $Ni_3S_2$ herab, bei 8% FeO erreicht sie den Wert Null. Bei weiterer Erhöhung des FeO-Zusatzes wird die Richtung geändert, $Ni_3S_2$ wandert dann zur Kathode. Es dürfte unmöglich sein, bemerkenswerte Mengen von $Ni_3S_2$-Einschlüssen aus der geschmolzenen Schlacke durch elektrocapillare Bewegung zu extrahieren, V. V. Khlynov, O. A. Esin (*Dokl. Akad. Nauk SSSR* **123** [1958] 320/3; *Proc. Acad. Sci. USSR Phys. Chem. Sect.* **118/23** [1958] 795/8). In Schmelze mit $B_2O_3$, 27% $Na_2O$ bewegt sich ein Tropfen von $Ni_3S_2$ bei 1100° zur Anode. Ersatz kleiner Mengen $Ni_3S_2$ durch Cu setzt die Beweglichkeit weniger herab als Ersatz durch CuS. Senkung des S-Gehalts verringert die Beweglichkeit, bei 13.5% S bewegen sich die Tropfen nicht, V. V. Khlynov, O. A. Esin, Yu P. Nikitin (*Izv. Vyssikh Uchebn. Zavedenii, Khim. Khim. Tekhnol.* **4** [1961] 53/6). Kathod. Zweige der Elektrocapillar-Kurve von Ni-Sulfid mit 96.1% $Ni_3S_2$ und 3.9% Ni bei 1350° bis 1400° in Schmelze von Schlacken aus (in %) 14.6 $Na_2O$, 8.3 CaO, 5.6 $Al_2O_3$, 71.5 $SiO_2$ im Pot.-Bereich + 0.3 bis —0.4 V bei Stromdichten unter 50 $mA/cm^2$. Ohne elektr. Feld ist die Oberfläche im Kontakt mit der Schlacke negativ geladen, und zwar beträgt die Ladung $15 \cdot 10^{-6}$ $Coul/cm^2$ bei E = 0, Yu. P. Nikitin, O. A. Esin (*Dokl. Akad. Nauk SSSR* **107** [1956] 847/9, *C.A.* **1957** 977), vgl. auch Yu. P. Nikitin (*Tr. Urals'sk. Politekhn. Inst.* **1957** Nr. 67, S. 51/3 nach *C.A.* **1960** 22098).

**Verhalten von $Ni_3S_2$ als Anode.** Stromdichte-Pot.-Kurven in 2n-$NiCl_2$- und 2n-$NiSO_4$-Lösung. Die anod. Auflösung des $Ni_3S_2$, hergestellt durch Schmelzen von Ni mit S, findet unter erheblicher Polarisation statt. Bei Pott. von ~0.5 V beginnt wahrscheinlich die Auflösung des Sulfids unter Bldg. von Ni-Ionen und elementarem S, bei Pott. > 0.9 V, gegen gesätt. Kalomelelektrode gemessen, findet neben Bldg. von Ni-Ionen bei der Auflösung Bldg. von $SO_4^{2-}$-Ionen statt. Die anod. Auflösungspott. sind in Chlorid-Lsg. negativer als in Sulfat-Lsg. Das Auflösungspot. von $Ni_3S_2$ ist positiver als das von CuS, A. I. Zhurin (*Tr. Leningr. Politekhn. Inst.* **1953** Nr. 6, S. 38/47, 41, 46, 47). **Fig. 226,** S. 640, zeigt Abhängigkeit der anod. $Ni_3S_2$-Polarisation im Elektrolyt mit n $NiCl_2$, 0.25 n $H_3BO_3$, pH 5, von der Polarisationszeit bei verschiedenen Stromdichten bei 25° und bei 40°. Vor und während der Polarisation wird $H_2$ durch den Elektrolyten geleitet. Anode in Zylinderform, hergestellt durch wiederholtes Schmelzen von Ni mit S bis die Zus. 73.2% Ni, 26.8% S beträgt. Bei der Polarisation bildet sich auf der Anode ein Film aus S, dessen hoher Ohmscher Widerstand bei hohen Stromdichten kontinuierlich mit der Zeit wächst. Der primäre Prozeß bei der Auflösung des $Ni_3S_2$ besteht in Entladung von $OH^-$-Ionen, die durch $Ni_3S_2$ depolarisiert werden unter Bldg. von $Ni^{2+}$-, $SO_3^{2-}$- und $SO_4^{2-}$-Ionen sowie S, also Prodd., die gewöhnlich bei der anod. Auflösung von $Ni_3S_2$ beobachtet werden. Gemessen wird gegen eine gesätt. Kalomelelektrode, A. G. Loshkarev, G. V. Loshkareva (*Zh. Prikl. Khim.* **27** [1954] 865/72, 867, 870; *J. Appl. Chem. USSR* **27** [1954] 809/15, 811, 813). *Behavior of $Ni_3S_2$ as Anode*

Bei 240 Min. langer anod. Polarisation von synthetisch hergestelltem $Ni_3S_2$ mit 27.5% S in einer Lsg. mit (in g/l) 200 $NiSO_4 \cdot 7H_2O$, 40 $Na_2SO_4$, 20 $H_3BO_3$, 3 NaCl bei 60° mit 200 $A/m^2$ ist das Anodenpot. des $Ni_3S_2$ positiver als das von $Cu_2S$ in demselben Elektrolyten. Die mit 400 $A/m^2$ aufgenommene Kurve des Anodenpot. als Funktion der Zeit stimmt fast mit der mit 200 $A/m^2$ aufgenommenen überein. In beiden Fällen wird bei der anod. Auflösung des $Ni_3S_2$ Bldg. von S-haltigem Schlamm beobachtet. Die Auflösung scheint zu erfolgen nach: $Ni_3S_2 - 6\ominus \rightarrow 3\,Ni^{2+} + 2S$, A. A. Bulakh, O. A. Khan (*Zh. Prikl. Khim.* **27** [1954] 166/70; *J. Appl. Chem. USSR* **27** [1954] 155/8), O. A. Khan (*Tr. Altaisk. Gorno-Met. Nauchn.-Issled. Inst., Akad. Nauk Kaz. SSR* **1** [1954] 63/6, *C.A.* **1957** 14442).

In Lsg. mit (in g/l) 30 $Ni^{2+}$, 70 $H_2SO_4$ steigt das Anodenpot. des Ni-Sulfids bei 50° und 15 Min. langer Polarisation mit 200 $A/m^2$ von 0.8 V auf 1.2 V, nach 2 Std. auf 1.4 V, bei Polarisation mit 400 $A/m^2$

innerhalb 2 Std. von 1.16 V auf 1.48 V. Pott. gegen n-Kalomelelektrode gemessen, D. M. Chizhikov, B. Z. Ustinskii (*Zh. Prikl. Khim.* **29** [1956] 1129/31; *J. Appl. Chem. USSR* **29** [1956] 1219/21).

In Lsg. mit 100 g/l $H_2SO_4$ erreicht das anfängliche Anodenpot. $E_c = 1.26$ V bei Polarisation mit 400 A/m² nach 4 Std. den Wert $E_c = 1.50$ V infolge Bldg. eines S-Films auf der Anode. Nach Entfernung des Films ist $E_c = 0.84$ V. Pott. gemessen gegen n-Kalomelelektrode, B. Z. Ustinskii, D. M. Chizhikov (*Zh. Prikl. Khim.* **22** [1949] 1249/52).

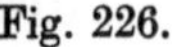

Fig. 226.

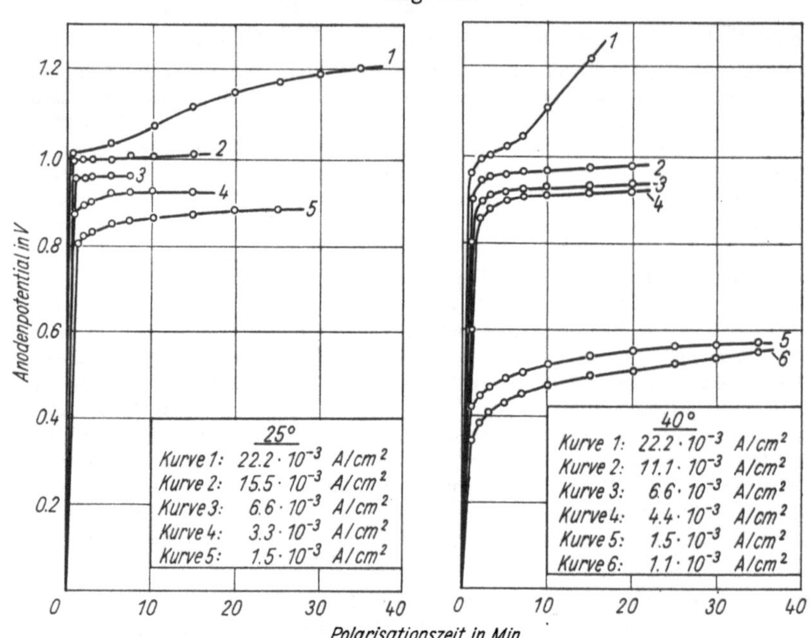


Anod. Polarisation von $Ni_3S_2$ in Abhängigkeit von der Polarisationszeit.

Bei der anod. Auflösung von Ni-Sulfid mit 79.83% Ni, 18.37% S bildet sich in Lsg. mit 100 g/l $H_2SO_4$, an der Kathode nur Wasserstoff. Stromausbeute, $Ni^{2+}$-Gehalt des Elektrolyten und Zus. des Anodenschlamms nach 12 Std. langer Auflösung bei 35° bis 40° mit verschiedenen Stromdichten:

| Stromdichte in A/m² | Strom-ausbeute in % | $Ni^{2+}$-Gehalt der Lsg. in g/l | Anodenschlamm | | |
|---|---|---|---|---|---|
| | | | Ni-Gehalt in g/l | freies S in g/l | als Sulfid gebundenes S in g/l |
| 100 | 63 | 23 | 33.8 | 37.8 | 10.5 |
| 200 | 66 | 48 | 21.9 | 48.7 | 5.1 |
| 300 | 60 | 61 | 16.3 | 56.4 | 3.5 |

D. M. Chizhikov, B. Z. Ustinskii (*Izv. Akad. Nauk SSSR Otd. Tekhn. Nauk* **1948** 229/34, *C. A.* **1948** 6675).

*Chemical Reactions*

## Chemisches Verhalten

*Activity Coefficients of Ni-S Melts*

**Aktivitätskoeffizienten $f_{Ni}$, $f_S$ von Ni-S-Schmelzen.** Für $Ni_3S_2$-Schmelze wird $f_S$ zu 22.5 bei 1180° aus elektrochemisch ermittelten $f_S$-Werten von Cu-Ni-S-Schmelzen extrapoliert, I. T. Sryvalin, O. A. Esin (*Zh. Fiz. Khim.* **26** [1952] 371/6, 371, *C. A.* **1953** 4703). Aus EK-Messungen bei 1200° für Schmelzen mit 79.8 bis 58.4 At.-% Ni ber. Akt.-Koeff. s. S. 638. Rückschlüsse aus Aktt. auf Neigung zur Entmischung von Ni-S-Schmelze s. S. 628.

*On Heating*

**Beim Erhitzen.** Umwandlungen im festen Zustand s. beim System Ni–S, S. 629, Stabilitätsbereich im System Ni–S–O im Gleichgew. mit der Gasphase s. S. 677. — Für den Dissoz.-Druck $p_{S_2}$ in

atm über festem $Ni_3S_2$ gemäß der Rk. $Ni_3S_2 \rightleftharpoons 3Ni + S_2$ ergibt sich aus dem Dissoz.-Gleichgew. von $H_2S$ und dem Gleichgew. der Red. von $Ni_3S_2$ durch $H_2$ die für 587° bis 727° gültige Beziehung lg $p_{S_2} = -16540/T + 7.830$. Daraus folgt $\Delta G_T = (75650 - 35.81\,T)$ cal/mol $S_2$ in Übereinstimmung mit einer weiteren, aus anderen thermodynam. Daten abgeleiteten Temp.-Funktion für die freie Dissoz.-Enthalpie, K. Sudo (*Sci. Rep. Res. Inst. Tohoku Univ.* A **4** [1952] 182/90, 189). Vgl. auch die thermodynam. Bldg.-Größen S. 634.

$Ni_3S_2$-Schmelze gibt nur wenig S ab, K. Bornemann (*Metallurgie* **5** [1908] 13/9, 19). Unter $N_2$ als Schutzgas sind bei 1200° von 15 g $Ni_3S_2$-Schmelze 0.8% nach 1 Std., 1.35% nach 2 Std. und 2.0% nach 3 Std. unter Bldg. von Ni-Reguli zersetzt, V. A. Vanyukov, N. A. Kiseleva (*Yubileinyi Sb. Tr. Kafedry i Lab. Tyazhelykh Metallov Moskov. Inst. Tsvetnykh Metal. i Zolota* **1939** Nr. 7, S. 304/26, 315, *C. A.* **1942** 1234). Der Zers.-Druck von $Ni_3S_2$-Schmelze, interpoliert aus Werten für Ni-Sulfide mit 24 bis 28 Gew.-% S, ist zwischen 1073 und 1473°K durch die Beziehung lg $p_{S_2} = -13752/T + 6.43$ gegeben. Die zur Interpolation benutzten Zers.-Drucke (s. Original) sind aus den $H_2S$-$H_2$-Gleichgeww. berechnet, die sich über den Ni-Sulfiden bei konst. Temp. im zirkulierenden $H_2$-Strom einstellen, A. N. Vol'skii, R. A. Agrecheva (*Yubileinyi Sb. Nauch. Tr. Inst. Tsvetnykh Metal. i Zolota* **1940** Nr. 9, S. 502/13, 512, *C. A.* **1943** 5344).

**Gegen Elemente. Wasserstoff** reduziert $Ni_3S_2$ bei höherer Temp. unter Bldg. von $H_2S$ und Ni. Nach Überleiten von $H_2$ mit Strömungsgeschww. von 7 bis 13.7 ml/min besteht lineare Abhängigkeit des Vol.-Verhältnisses $H_2S/H_2$ im Abgas von der Geschw. v; durch Extrapolation ergibt sich für v = 0 das Vol.-Verhältnis $1.51 \times 10^{-3}$ bei 582°, $2.67 \times 10^{-3}$ bei 631°, $3.75 \times 10^{-3}$ bei 679° und $6.40 \times 10^{-3}$ bei 727°, K. Sudo (*Sci. Rep. Res. Inst. Tohoku Univ.* A **4** [1952] 182/90, 188). Im Gleichgew.-Zustand (durch Susz.-Messungen kontrolliert) beträgt der $H_2S$-Gehalt der Gasphase 50 ppm bei 350° und 128 ppm bei 450°, E. H. M. Badger, R. H. Griffith, W. B. S. Newling (*Proc. Roy. Soc.* [*London*] A **197** [1949] 184/93, 189). Wird auf Bimsstein fein verteiltes $Ni_3S_2$ bei 420° im $H_2$-Strom der Geschw. 14 l/h reduziert, beträgt die $H_2S$-Konz. im Abgas 0.14 g/m³ für das von beiden Seiten leicht erreichbare Rk.-Gleichgew., E. V. Evans, H. Stanier (*Proc. Roy. Soc.* [*London*] A **105** [1924] 626/41, 631). Unterss. nach anderen Methh. bestätigen dieses Ergebnis, W. J. Kirkpatrick (*Advan. Catalysis* **3** [1951] 329/39, 331). Rk.-Beginn bei 350°, erkennbar am geringen Ferromagnetismus des Rk.-Prod., J.-L. Abegg (*Bull. Soc. Chim. France* **1960** 1891/2); die Temp. wird thermogravimetrisch, Ni als festes Rk.-Prod. der Red. röntgenographisch bestätigt, G. Pannetier, J.-L. Abegg (*Acta Chim. Acad. Sci. Hung.* **30** [1962] 127/46, 133). Als Maß der Rk.-Geschw. an 1 g-Proben nach 10 Min. Einw. von $H_2$ mit 370 Torr Anfangsdruck zwischen 450° und 800° gem. Gew.-Abnahmen zeigen starken Anstieg der Red.-Geschw. zwischen ~550° und 580°. Dies wird auf Phasenumwandlung des festen $Ni_3S_2$ (vgl. Fig. 224, S. 627) zurückgeführt. Bei 700° hat die Verringerung der Korngröße des $Ni_3S_2$ von 0.64 bis 0.85 mm auf <0.09 mm nur sehr geringen Einfluß auf die Rk.-Geschw., L. N. Starkov, M. I. Kochnev (*Tr. Inst. Met. Akad. Nauk SSSR Ural'sk. Filial* **4** [1958] 35/8, *C. A.* **1960** 16318). — $Ni_3S_2$-Schmelze gibt nur sehr langsam S an strömendes $H_2$ ab, K. Bornemann (*Metallurgie* **5** [1908] 61/8, 62). Über Ni-Sulfiden mit 4 bis 28 Gew.-% S stellt sich im zirkulierenden $H_2$-Strom ein konst. Partialdruckverhältnis $K_p = p_{H_2S}/p_{H_2}$ oberhalb 800° in 3 bis 3.5 h ein. Bei 800°, 900°, 1000°, 1100° und 1200° über 82 Sulfiden des genannten Konz.-Bereichs gem. (im Original tabellierte) $K_p$-Werte sind bei graph. Darst. als Funktion der Zus. der Sulfide in Mol-% NiS bei gegebener Temp. so lange konstant, wie sie nach dem Zustandsdiagramm Ni–S (s. S. 627) für feste Sulfide gelten. Über Ni-S-Schmelzen nehmen die $K_p$-Werte mit steigendem S-Gehalt um mehrere Zehnerpotenzen zu, ohne daß der Kurvenverlauf die Existenz von $Ni_3S_2$ in den Schmelzen andeutet, A. N. Vol'skii, R. A. Agrecheva (*l. c.* S. 508); Aussagen dieser Autoren zur Konstit. der Schmelzen unter Annahme von $Ni_3S_2 \rightleftharpoons 3Ni + S_2$, $2NiS \rightleftharpoons 2Ni + S_2$ und $6NiS \rightleftharpoons 2Ni_3S_2 + S_2$ als mögliche Dissoz.-Rk. s. S. 628.

*With Elements. Hydrogen*

Für die Rk. $^1/_2 Ni_3S_2 + H_2 \rightleftharpoons {}^3/_2 Ni + H_2S$ aus $H_2S$-$H_2$-Gleichgew.-Bestt. abgeleitete thermodynam. Daten: lg $K_p = -3577/T + 1.365$ bei 582° bis 727°; daraus $\Delta G_T$ (in cal/mol $H_2$) = $16361 - 6.244\,T$ in Übereinstimmung mit einer aus thermodynam. Daten von $H_2$, $H_2S$, Ni und $Ni_3S_2$ abgeleiteten Temp.-Funktion. Für $\Delta H_T$ (in cal/mol $H_2$) gilt $15395 + 0.76\,T - 0.29 \times 10^{-3}T^2 + 4.5 \times 10^5 T^{-1}$ im gleichen Temp.-Bereich, K. Sudo (*l. c.*). $\Delta G_T = 18040 - 7.70\,T$ bei 400° bis 535°, $\Delta G_T = 11950 + 3.23\,T$ bei 535° bis 650°, T. Rosenqvist (*J. Iron Steel Inst.* [*London*] **176** [1954] 37/57, 52).

**Sauerstoff.** Aus den beim Erhitzen von $Ni_3S_2$ in oxydierender Atm. erst ab 500° beob. Gew.-Änderungen und aus differentialthermoanalyt. Unterss. wird die Bldg. von $NiSO_4$ und NiO beim Rösten von $Ni_3S_2$ in sich überlagernden Rkk. gefolgert. Ein bei 690° gem. exothermer Effekt wird der Rk. $Ni_3S_2 + 5NiSO_4 + O_2 \rightarrow 8NiO + 7SO_2$ zugeschrieben; die bei 750° einsetzende, bis 900° rasch verlau-

*Oxygen*

fende Gew.-Abnahme wird auf NiO-Bldg. zurückgeführt. Unters. des Einflusses der Korngröße von $Ni_3S_2$ auf die Ox.-Geschw., I. KUSHIMA, N. ASANO (*Nippon Kogyo Kaishi* **73** [1957] 103/8, 377/82 nach *C.A.* **1957** 14213, 15354). Analyse des Röstrückstandes auf Ni und S in Abhängigkeit von der Rk.-Temp. schließt Bldg. von metall. Ni aus. Sie spricht für überwiegend $NiSO_4$-Bldg. unterhalb 650°, während bei höheren Temp. zunächst entstehendes $NiSO_4$ durch therm. Dissoz. und durch Rk. mit unzersetztem $Ni_3S_2$ zerfällt. Bei 800° bleibt nach 5std. Rösten ausschließlich NiO zurück, I. KUSHIMA, N. ASANO (*Nippon Kogyo Kaishi* **73** [1957] 239/42 nach *C.A.* **1957** 17115). Aus Bestt. der Gew.-Zunahme von $Ni_3S_2$ verschiedener Korngröße nach 10 Min. Lufteinw. bei Tempp. zwischen 350° und 750° wird außer eindeutiger Abhängigkeit der Ox.-Geschw. von der Korngröße auch ein Einfluß der Dimorphie des $Ni_3S_2$ abgeleitet, L. N. STARKOV, M. I. KOCHNEV (*Tr. Inst. Met. Akad. Nauk SSSR Ural'sk. Filial* **4** [1958] 39/44, *C.A.* **1960** 7477). Dagegen wird an $Ni_3S_2$, das aus $NiSO_4$ durch Red. mit $H_2$ dargestellt ist (Präp. I), thermogravimetrisch der Rk.-Beginn im $O_2$-Strom von 1 atm bereits bei 230° beobachtet. Die bei 300° gem., konst. Werte erreichende Gew.-Zunahme entspricht der Rk. $Ni_3S_2 + {}^1/_2 O_2 \rightarrow NiO + 2NiS$ (Rk. 1). Im Abgas ist durch Rk. mit wss. $H_2O_2$-Lsg. kein S nachweisbar. Röntgendiagramme der bei 250° bis 300° erhältlichen Ox.-Prodd. belegen die Bldg. von kubisch flächenzentriertem NiO und hexagonalem NiS, das sich z. T. in rhomboedr. NiS umwandelt. Oberhalb 250° verläuft die Gew.-Zunahme anfangs rasch und nähert sich dann asymptotisch dem der Rk. 1 entsprechenden Wert bei 296°C in ~20 Std. Unterhalb 250° verringert sich die Rk.-Geschw. stark; vollständige Umsetzung gemäß Rk. 1 ist nach Tagen noch nicht erreicht. Bestimmend für die Geschw. v der Rk. 1 ist der Diffusionsvorgang; denn bei konst. Tempp. zwischen 247° und 296° gilt $v = kD\alpha^{1/3}/(1-\alpha^{1/3})$, worin D = Diffusionskoeff. und $\alpha$ das Verhältnis von umgesetzter zu nicht umgesetzter Menge $Ni_3S_2$ bedeutet. Hieraus nach ARRHENIUS abgeleitete Aktivierungsenergie 30 kcal/mol. Ab 300° überlagert sich der Rk. 1 bis 700° hauptsächlich die Umsetzung des primär gebildeten NiS zu NiO und $NiSO_4$ (s. S. 666). Hinzu treten ab 650°C die Rkk. zwischen den festen Phasen $Ni_3S_2$ und NiO (s. S. 643), $Ni_3S_2$ und $NiSO_4$ sowie NiS und $NiSO_4$ (s. S. 685). Die im Vak. beob. Rk. von NiS mit NiO (s. S. 667) als Gegenrk. zur Rk. 1 wirkt sich im $O_2$-Strom von 1 atm nicht aus. Ab 700° ist bei ausreichender Rk.-Zeit NiO das einzige feste Ox.-Prod. von $Ni_3S_2$. Aus den Elementen erschmolzenes $Ni_3S_2$ (Präp. II), ein graues, metallisch glänzendes Pulver, verhält sich bei gleicher Korngröße (40 bis 63 $\mu$) wie Präp. I (ein schwarzes, feines Pulver) im $O_2$-Strom von 1 atm erheblich anders als Präp. I, nämlich sehr ähnlich den Angaben von I. KUSHIMA, N. ASANO (*l. c.*). Durch Mahlen von Präp. II im Kugelmörser bzw. durch Schmelzen von Präp. I im Vak. und Zerkleinern läßt sich gleiches Verh. gegen $O_2$ bei gleicher Korngröße erreichen. Als Ursache der beob. Unterschiede wird daher die spezif. Oberfläche angesehen, deren Größenordnung 0.5 $m^2$/g für Präp. II, 5 $m^2$/g für Präp. I beträgt, G. PANNETIER, J.-L. ABEGG (*Compt. Rend.* **252** [1961] 1613/5, 2724/6), G. PANNETIER, J.-L. ABEGG, J. GUENOT (*Bull. Soc. Chim. France* **1961** 2126/31), G. PANNETIER, J.-L. ABEGG, J. GUENOT, L. DAVIGNON (*Bull. Soc. Chim. France* **1962** 1143/9, 1145). Nach analogen Methh., aber unter $O_2$-Drucken von 18 bis 80 Torr zwischen ~200° und 370° durchgeführte Unterss. sprechen dafür, daß sich die Rk. 1 aus den Tl.-Rkk.

$$Ni_3S_2 + O_2 \rightarrow 2NiO + NiS_2 \quad \text{und} \quad NiS_2 + Ni_3S_2 \rightarrow 4NiS$$

zusammensetzt. Mit sinkender Temp. verzögert sich der Rk.-Beginn bis zu einigen Std. bei 200°. Oberhalb 275° überlagert sich der Rk. 1 die auf S. 675 diskutierte Ox. des $NiS_2$, kenntlich an der mit der Temp. rasch zunehmenden $SO_2$-Abgabe, D. DELAFOSSE, J.-C. COLSON, P. BARRET (*Compt. Rend.* **254** [1962] 3210/2). — Zur technisch wichtigen Ox. von $Ni_3S_2$, insbesondere in Ggw. von anderen Metallsulfiden und von Schlackenbildnern, s. auch unter „Röstreaktion" in „*Nickel*" *Tl.* A. Verh. gegen $O_2$-$H_2S$-Gemische s. S. 643. — Ni-Sulfid mit 28 Gew.-% S wird als Aufschlämmung in heißer wss.-ammoniakal. $(NH_4)_2SO_4$-Lsg. unter $O_2$-Druck zu lösl. Rk.-Prodd. zersetzt. Über Einfluß von Korngröße, Zus. der Aufschlämmung und $O_2$-Druck auf den Rk.-Ablauf bei 125° und daraus erkennbare Bedingungen zur vollständigen Umsetzung in wenigen Std. und einem Arbeitsgang s. A. YA. NAUMOV, A. A. TSEIDLER (*Izv. Vysshikh Uchebn. Zavedenii Tsvetn. Met.* **1958** Nr. 4, S. 83/90, 86, *C.A.* **1959** 8979).

*Chlorine* **Chlor.** Chlorierungsverss. an „Schwefelnickel" des Handels (wohl $Ni_3S_2$) ergeben Beginn der Umsetzung von 1 g Subst. im $Cl_2$-Strom zu $NiCl_2$ und $S_2Cl_2$ bei ~150°, 50%igen Umsatz bei 430° und vollständige Rk. bei 550° in 1 Std., E. ZIELINSKI (*Arch. Erzbergbau Erzaufbereit. Metallhüttenw.* **1** [1931] 31/41, 35). Rk. von 5.7 g $Ni_3S_2$ mit strömendem $Cl_2$ innerhalb von 2.5 Std. zu 69% bei 420°, vollständig bei 640° beobachten G. G. URAZOV, I. S. MOROZOV, G. V. USTAVSHCHIKOVA (*Tsvetn. Metal.* **10** Nr. 6 [1935] 109/30, 111, *C.A.* **1936** 8109). Hiermit stimmen Verss. an feinpulverigem Sulfid der ungefähren Zus. $Ni_3S_2$, bei denen das Gas die Probe durchströmt und der Rk.-Raum nur 20 ml beträgt,

im wesentlichen überein. Überschuß an $Cl_2$ und längere Rk.-Zeit beeinflussen bei optimaler Temp. den Umsatz kaum, bei tieferen Tempp. nur wenig, S. I. DENISOV (*Izv. Vysshikh Uchebn. Zavedenii, Tsvetn. Met.* **2** Nr. 2 [1959] 58/68, *C.A.* **1959** 17814). Sowohl $Cl_2$-$O_2$- als auch $Cl_2$-$H_2O$-Gemische mit 50 bis 100 Vol.-% $Cl_2$ ergeben 90- bis 95%ige Umsetzung in 1std. Rk. bei 600°, S. I. DENISOV (*Nauchn.-Tekhn. Inform. Byul. Leningr. Politekhni. Inst.* **1959** Nr. 10, S. 18/27, 25, *C.A.* **1961** 16091). Vgl. auch „Chlorierende Röstung" in „*Nickel*" *Tl.* A.

**Kohlenstoff.** Beim Erhitzen von 300 g $Ni_3S_2$ im Kohletiegel verflüchtigen sich unter Rk. mit dem Tiegelmaterial und Bldg. von Reguli bei 1600° bis 2000° in 35 Min. 87 g Subst., die Ni, S und C im Molverhältnis 0.17:2.43:2.20 enthalten, H. v. ALLWÖRDEN, E. J. KOHLMEYER (*Metall u. Erz* **36** [1939] 578/84, 582). *Carbon*

**Metalle.** Gegenseitige Löslichkeit von $Ni_3S_2$ und Metall im fl. und festen Zustand sowie Bldg. intermediärer Phasen aus $Ni_3S_2$ und Metall s. bei den entsprechenden ternären Systemen. *Metals*

**Gegen Verbindungen.** Verh. von $Ni_3S_2$ gegen Metalloxide und -sulfide sowie deren technisch wichtige Gemische im fl. und festen Zustand s. auch bei den entsprechenden ternären Systemen sowie unter „Steinschmelzen" und „Röstreaktion" in „*Nickel*" *Tl.* A. *With Compounds*

**Schwefelwasserstoff.** Setzt sich bei höherer Temp. mit $Ni_3S_2$ zu S-reicheren Sulfiden um. Für die Rk. $Ni_3S_2 + H_2S \rightleftharpoons 3\,NiS + H_2$ wird die Gleichgew.-Konst. $K_p = p_{H_2}/p_{H_2S}$ zu $1.85 \times 10^3$ bei 500°K und zu $1.2 \times 10^2$ bei 723°K aus Lit.-Angaben zum $H_2S$-$H_2$-Gleichgew. über Ni-Sulfiden berechnet, D. DELAFOSSE, P. BARRET (*Compt. Rend.* **252** [1961] 280/1). Zu 44.5% $H_2S$ bei 633°K wird die annähernde Gleichgew.-Konz. dagegen durch sehr langsames Überleiten von $H_2$ über viel NiS bestimmt, E. H. M. BADGER, R. H. GRIFFITH, W. B. S. NEWLING (*Proc. Roy. Soc.* [*London*] A **197** [1949] 184/93, 189). $H_2S$-$H_2$-Gleichgew.-Bestt. über Ni-Sulfiden ergeben für diese Rk. im Temp.-Bereich 560° bis 810° die Beziehungen $\Delta G_T$ (in cal/mol $H_2S$) $= -16600 + 16.8\,T$, T. ROSENQVIST (*J. Iron Steel Inst.* [*London*] **176** [1954] 37/57, 52), $\Delta G_T = (-9470 + 8.47\,T)$ cal/mol $H_2S$, $\Delta S_T$ (in cal·mol$^{-1}$·°K$^{-1}$) $= 27080/T - 13.48$, M. LAFFITTE (*Bull. Soc. Chim. France* **1959** 1223/33, 1227). — Für die Rk. $2\,Ni_3S_2 + H_2S = Ni_6S_5 + H_2$ zwischen 400° und 525° ergeben die Gleichgew.-Bestt. $\Delta G_T$ (in cal/mol $H_2S$) $= -3050 - 1.85\,T$, T. ROSENQVIST (*l. c.*). Thermodynam. Daten für die Umsetzung zu $Ni_7S_6$ s. S. 646. *Hydrogen Sulfide*

Weniger als 4% $H_2S$ enthaltende $H_2S$-$O_2$-Gemische mit $N_2$ als Trägergas führen $Ni_3S_2$ unter den Bedingungen der Wirbelschichtmeth. bei 200° intermediär in rhomboedr. NiS über, vermutlicher Rk.-Verlauf $Ni_3S_2 + H_2S + {}^1/_2\,O_2 \rightarrow 3\,NiS + H_2O$, D. DELAFOSSE, P. BARRET, M. ABON, A. LAVIER (*Compt. Rend.* **252** [1961] 3250/2). Längere Rk.-Zeit bewirkt Umsetzung des $Ni_3S_2$ zu $Ni_3S_4$, $NiS_2$ und $NiSO_4$, s. S. 667, 675.

**Dischwefeldichlorid.** $S_2Cl_2$ als Gasstrom setzt 5 g Sulfid mit 21.3 Gew.-% S bei 400° in 2 Std. vollständig zu $NiCl_2$ und S um, G. G. URAZOV, I. S. MOROZOV, G. V. USTAVSHCHIKOVA (*Tsvetn. Metal.* **10** Nr. 6 [1935] 109/30, 113, *C.A.* **1936** 8109). *Disulfur Dichloride*

**Gips.** Reagiert mit $Ni_3S_2$ unter $N_2$ als Schutzgas ab 600°. Die zur Bldg. von NiO, CaO und $SO_2$ führende Rk. verläuft zu ~5% bei 700° bis 900°, zu ~25% bei 1000° bis 1100°, s. D. I. LISOVSKII (*Tsvetn. Metal.* **31** Nr. 7 [1958] 44/50, 46, *C.A.* **1958** 19803). *Gipsum*

**Nickeloxid.** NiO zeigt beim Zusammenschmelzen mit 79 Gew.-% Ni enthaltendem Ni-Sulfid eine an $SO_2$-Entw. erkennbare Rk. erst bei ~1380°. Rückschlüsse aus Schmelzverss. mit Gemischen wechselnder Zus. bei 1400° bis 1500° auf den in 20 bis 40 Min. nach der Rk. $Ni_3S_2 + 4\,NiO \rightarrow 7\,Ni + 2\,SO_2$ erzielbaren Umsatz unter Beachtung der gegenseitigen Löslichkeit der Rk.-Partner, YU. A. YABLONSKII, V. I. SMIRNOV (*Tr. Ural'sk. Politekhn. Inst.* Nr. 58 [1957] 145/52, 148, *C.A.* **1958** 16107). Im Vak. von ~0.05 Torr reagiert NiO mit $Ni_3S_2$ im Gew.-Verhältnis NiO:$Ni_3S_2$ ~2:1 schon ab 800°. Die entsprechend dem Rk.-Verlauf $Ni_3S_2 + 4\,NiO \rightarrow 7\,Ni + 2\,SO_2$ durch $SO_2$-Entw. bedingte, für die Anfangsgeschw. der Rk. charakterist. Druckänderung $\Delta P$ in Torr/min befolgt nach 3 Min. Rk.-Zeit bei Tempp. T von 1173 bis 1473°K die Beziehung $\Delta P = 0.9969 \times 10^{-21} \cdot T^{7.05}$, YU. V. RUMYANTSEV, D. M. CHIZHIKOV (*Izv. Akad. Nauk SSSR Otd. Tekhn. Nauk* **1955** Nr. 10, S. 147/51, *C.A.* **1956** 3859). Annähernd dieselbe reaktionsfördernde und damit niedrigere Rk.-Tempp. erlaubende Wrkg. wie durch Vak. von 0.2 und 4 Torr wird durch $N_2$-Strom unter Normaldruck erzielt. Umsetzungsgrad in Abhängigkeit von Druck, Temp. und Rk.-Dauer s. N. A. FILIN, A. M. ZYKOV, N. G. MIRONOV (*Nauchn.-Tekhn. Inform. Byul. Leningr. Politekhni. Inst.* **1959** Nr. 10, S. 9/17, *C.A.* **56** [1962] 159). In Bestätigung des Rk.-Verlaufs und der erforderlichen Temp. ergeben thermogravimetr. Unterss. im $O_2$-freien $N_2$-Strom von $10^{-5}$ Torr an dem im Kugelmörser bereiteten Gemisch 4 NiO + *Nickel Oxide*

$Ni_3S_2$ bei Tempp. oberhalb 800° nach ausreichender Rk.-Zeit einen Gew.-Verlust von ~24%. Als festes Rk.-Prod. liegt nach röntgenograph. Unters. Ni vor. Unterhalb 800° kommt dagegen die Rk. schon nach 2 bis 4% Gew.-Verlust rasch zum Stillstand. Vermutlich wird ihre Geschw. oberhalb 800° durch Suspension des feinpulvrigen NiO im dann fl. $Ni_3S_2$ begünstigt, G. Pannetier, J.-L. Abegg (*Compt. Rend.* **252** [1961] 2724/6).

*Nickel Sulfate*

**Nickelsulfat.** Über Rkk. mit $Ni_3S_2$ in Ggw. von $O_2$ s. S. 641.

*With Aqueous Solutions*

**Gegen wäßrige Lösungen.** Feinpulvriges $Ni_3S_2$ wird durch sd. 10%ige $H_2SO_4$-Lsg. vollständig zersetzt. 25%ige $NH_3$-Lsg. löst nur sehr langsam und unvollständig. Heiße konz. Lsg. von $NH_4F$ und $NH_4$-Citrat im Gew.-Verhältnis 5:1 löst in 4 Std. ~5%. Vollständige Zers. durch 6std. Einw. einer 60° warmen Mischung aus 80 ml Eisessig, 80 ml $H_2O$ und 40 ml 3%iger $H_2O_2$-Lsg., G. A. Shakhov, M. M. Voskresenskaya (*Zavodsk. Lab.* **13** [1947] 156/60 nach *C.A.* **1948** 485). — Als Ätzmittel für Ni-Sulfide mit 1.3 bis 30 Gew.-% S geeignete Säuren und Gemische s. S. 635; Verh. von $Ni_3S_2$ gegen wss. $NH_3$-$(NH_4)_2SO_4$-Lsg. in Ggw. von $O_2$ unter Druck s. S. 642.

*$Ni_6S_5$. $Ni_7S_6$*

## $Ni_6S_5$. $Ni_7S_6$.

Hinsichtlich der Zugehörigkeit dieser Sulfide mit 45.45 At.-% (31.28 Gew.-%) bzw. 46.15 At.-% (31.90 Gew.-%) S zum Homogenitätsbereich der $\gamma$- und $\gamma'$-Phase des Systems werden z. T. sich widersprechende Auffassungen vertreten, s. S. 630.

*Preparation*

**Darstellung** analog $Ni_3S_2$ (s. S. 632) aus den Elementen, D. Lundqvist (*Arkiv Kemi Mineral. Geol.* **24** A Nr. 21 [1947] 1/12, 3), T. Rosenqvist (*J. Iron Steel Inst.* [*London*] **176** [1954] 37/57, 38), K. Nishihara, Y. Kondo (*Mem. Fac. Eng. Kyoto Univ.* **23** [1961] 242/63, 245), A. Dravnieks (*J. Electrochem. Soc.* **102** [1955] 435/9), G. Kullerud, R. A. Yund (*J. Petrol.* **3** [1962] 126/75, 131). $Ni_6S_5$ entsteht durch $H_2S$-Einw. auf $Ni_3S_2$ bei höherer Temp.; hierfür abgeleitete thermodynam. Daten s. S. 643. — Ein Präp. mit 0.65 Gew.-% mehr S, als der Zus. $Ni_7S_6$ entspricht, entsteht aus dem mit $H_2S$-Gas aus $NH_3$-haltiger wss. $NiSO_4$-Lsg. fällbaren Nd. durch Trocknen im $CO_2$-Strom bei ~200° und einstd. Erhitzen des zerkleinerten Präp. unter ständigem Evakuieren bei 388°, K. Sudo (*Sci. Rep. Res. Inst. Tohoku Univ.* A **4** [1952] 182/90, 184). Sehr dünne, nadelförmige, gelbe Kristalle, die der Hochtemp.-Modifikation zugeordnete Röntgeninterferenzen ergeben (s. unten), entstehen in geringer Ausbeute durch 18std. Red. von NiS mit einem 85 Vol.-% $H_2S$ enthaltenden $H_2S$-$H_2$-Gemisch bei 500°, D. Lundqvist (*l. c.* S. 4). $Ni_7S_6$ entsteht bei höherer Temp. aus $NiSO_4$ und $H_2S$. Berechnung des zur Bldg. bei 227° und 450° zu beachtenden $H_2S$-$H_2$-Partialdruckverhältnisses, D. Delafosse, P. Barret (*Compt. Rend.* **252** [1961] 888/90); dafür glütige Rk.-Gleichung s. S. 685.

Für die Bldg. von $Ni_6S_5$ aus festem Ni und gasf. $S_2$ bei 1000°K gilt (in kcal/mol $Ni_6S_5$) $\Delta H = -182.9$, $\Delta G = -94.9$, aus $H_2S$-$H_2$-Gleichgeww. über Ni-Sulfiden berechnet, T. Rosenqvist (*l. c.* S. 54).

*Physical Properties. Lattice Structure*

**Physikalische Eigenschaften. Gitterstruktur.** Debye-Scherrer-Aufnahmen mit FeK-Strahlung an Präpp. mit 31.25 bis 34.20 Gew.-% S enthalten Interferenzen einer Gitterstruktur niederer Symmetrie. Frei von Linien des $Ni_3S_2$ sowie des hexagonalen und rhomboedr. NiS ist nur das linienreiche Pulverdiagramm des Sulfids mit 31.90 Gew.-% S, ohne jedoch Strukturaufklärung zu ermöglichen. Da das Diagramm dem des $Co_9S_8$ nicht ähnelt und Präpp. mit 31.25 und 32.85 Gew.-% S bereits Linien des $Ni_3S_2$ bzw. des $\gamma$-NiS zeigen, erscheinen $Ni_6S_5$ und $Ni_9S_8$ (32.60 Gew.-% S) als mögliche Zuss. der unbekannten Phase ausgeschlossen, G. Peyronel, E. Pacilli (*Atti Reale Accad. Italia Rend. Classe Sci. Fis. Mat. Nat.* [7] **3** [1941] 278/88, 284). Aufnahmen von Präpp. mit 43 bis 48 At.-% S enthalten je nach Wärmebehandlung Röntgeninterferenzen, die sich überwiegend einer in diesem Konz.-Bereich existierenden Hochtemp.-Modifikation ($\gamma$-Phase des Systems, im Original als $Ni_6S_5$ bezeichnet) oder einer Tieftemp.-Modifikation ($\gamma'$-Phase, im Original $Ni_7S_6$ genannt) zuordnen lassen. Da die Präpp. oberhalb 500° wegen Rk. mit dem Quarzröhrchen nur einige Tage getempert werden können und bei 380° bis 390° die Phasenumwandlung $\gamma \rightarrow \gamma'$ sehr langsam verläuft, sind zur Strukturaufklärung durch Pulveraufnahmen geeignete, völlig reine Präpp. beider Phasen nicht erhältlich. Drehkristall- und Weissenberg-Aufnahmen um [001] an Kristallen der Hochtemp.-Modifikation (Darst. s. oben) ergeben rhomb. Gitterstruktur mit den Gitterkonstt. (in kX) a = 11.22, b = 16.56, c = 3.27; Z = 4. Mögliche Raumgruppen Cmcm-$D_{2h}^{17}$, Cmc$2_1$-$C_{2v}^{12}$ und A ma2-$C_{2v}^{16}$. Der Gitterbau der Tieftemp.-Modifikation scheint der Pentlanditstruktur sehr nahe zu stehen, wie ein Vergleich der Pulveraufnahmen mit denen von synthet. $(Fe, Ni)_9S_8$ ergibt, D. Lundqvist (*Arkiv Kemi Mineral. Geol.*

**24** A Nr. 21 [1947] 1/12, 6). Unterss. an Präpp. des Konz.-Bereichs $Ni_3S_2$ bis NiS, die aus den Elementen bei Tempp. von 1000 bis 200°C in Rk.-Zeiten von einigen Std. bis 8 Monaten entstehen, bestätigen die Existenz einer Hochtemp.- und einer Tieftemp.-Modifikation der Zus. $Ni_7S_6$, ohne die Strukturaufklärung zu erlauben, G. KULLERUD, R. A. YUND (*Yearbook Carnegie Inst.* **58** [1958/59] 139/42). Die aus Pulveraufnahmen mit CuK$\alpha$-Strahlung für beide Modifikationen abgeleiteten Netzebenenabstände mit zugehörigen Intensitäten (Tabelle s. Original) zeigen keine Übereinstimmung mit dem von G. PEYRONEL, E. PACILLI (*l. c.*) erhaltenen Pulverdiagramm. Mit den Angaben von D. LUNDQVIST (*l. c.*) für die Elementarzelle der Hochtemp.-Modifikation sind die für die Tieftemp.-Modifikation ermittelten Daten vereinbar. Vermutlich hat D. LUNDQVIST (*l. c.*) die Phasenbezeichnungen versehentlich vertauscht, G. KULLERUD, R. A. YUND (*J. Petrol.* **3** [1962] 126/75, 156). Auch durch Vermahlen der Elemente (vgl. S. 632) im Vak. bei 340°C dargestelltes Sulfid der Zus. $Ni_7S_6$ zeigt wider Erwarten die von D. LUNDQVIST (*l. c.*) der Hochtemp.-Modifikation zugeordneten Röntgeninterferenzen, A. DRAVNIEKS (*J. Electrochem. Soc.* **102** [1955] 435/9). Am Präp. der Zus. $Ni_6S_5$ mit CuK$\alpha$-Strahlung beob., wohl der $\gamma$- oder $\gamma'$-Phase zuzuordnende $\sin^2\Theta$-Werte mit Intensitäten s. I. TSUBOKAWA (*J. Phys. Soc. Japan* **13** [1958] 1432/8, 1433). Homogenitätsbereiche und Umwandlungstempp. beider Phasen s. S. 630. — Isomorphe Vertretbarkeit von Ni durch Fe in den Phasen ist nicht festzustellen, D. LUNDQVIST (*Arkiv Kemi Mineral. Geol.* **24** A Nr. 22 [1947] 1/12, 8).

*Structure*

**Gefüge.** Schliffbilder mit Beschreibung eines Präp. mit 31.0 Gew.-% S, K. BORNEMANN (*Metallurgie* **7** [1910] 667/74, 670), von 5 Präpp. mit 30.6 bis 31.9 Gew.-% S, Ätzmittel konz. $HNO_3$-Lsg. oder aus 33 g $CrO_3$, 35 ml konz. $H_2SO_4$ und 65 ml $H_2O$ bereitete Lsg., G. PEYRONEL, E. PACILLI (*Atti Reale Accad. Italia Rend. Classe Sci. Fis. Mat. Nat.* [7] **3** [1941] 278/88, 281), von Präpp. mit 31.3 und 31.5 Gew.-% S, M. A. SOKOLOVA (*Zh. Neorgan. Khim.* **1** [1956] 1440/54, 1445; *Russ. J. Inorg. Chem.* **1** Nr. 6 [1956] 337/56, 343).

*Mechanical and Thermal Properties*

**Mechanische und thermische Eigenschaften.** Dichte D in g/cm³, an 8 pulverförmigen Präpp. mit steigendem S-Gehalt, pyknometrisch bestimmt, sinkt von 5.80 bei 26.90 Gew.-% S auf 5.52 für $Ni_7S_6$. Bei graph. Darst. von D als Funktion des S-Gehalts in Gew.-% (s. Original) liegen die Werte zusammen mit denen S-reicherer Präpp. (s. S. 660, 671) bei nur geringer Streuung auf einer Geraden, die aus den Röntgendichten für $Ni_3S_2$, rhomboedr. NiS und $NiS_2$ gebildet wird und im Gegensatz zu D-Werten S-ärmerer Präpp. (s. S. 636) auf den aus röntgenograph. Daten für eine hexagonale Form des Ni (vgl. „*Nickel*“ *Tl.* A) ber. D-Wert zuläuft, G. PEYRONEL, E. PACILLI (*l. c.* S. 287). D = 5.60 für $Ni_6S_5$ folgt aus den für die Hochtemp.-Modifikation dieser Zus. aufgestellten Strukturdaten, D. LUNDQVIST (*Arkiv Kemi Mineral. Geol.* **24** A Nr. 21 [1947] 1/12, 6). Nach der Auftriebmeth. an Ni-Sulfiden mit 30 bis 33 Gew.-% S gem. Dichte, M. A. SOKOLOVA (*l. c* S. 1453; *l. c.* S. 354). Mikrohärte und Fließdruck unter den beim $Ni_3S_2$ (s. S. 636) genannten Vers.-Bedingungen für 30 bis 32 Gew.-% S enthaltende Präpp., M. A. SOKOLOVA (*l. c.* S. 1448; *l. c.* S. 347). — Molwärme in cal·mol⁻¹·grd⁻¹: $C_p = 9.25 + 6.40 \times 10^{-3}T$ für $Ni_7S_6$ zwischen 273 und 597°K, aus einer für NiS vorliegenden Angabe geschätzt, K. SUDO (*Sci. Rep. Res. Inst. Tohoku Univ.* A **4** [1952] 182/90, 186). Entropie $S_{1000} =$ 170.7 $cal \cdot mol^{-1} \cdot {}^\circ K^{-1}$ für festes $Ni_6S_5$, Genauigkeit 5 $cal \cdot mol^{-1} \cdot {}^\circ K^{-1}$, T. ROSENQVIST (*J. Iron Steel Inst.* [*London*] **176** [1954] 37/57, 54).

*Electric Conductivity*

**Elektrische Leitfähigkeit** $\varkappa$ (in $k\Omega^{-1} \cdot cm^{-1}$) einer Ni-Sulfidschmelze mit 30.9 Gew.-% S vor der Messung, 28.6 Gew.-% S nach der Messung mit Graphitelektroden bei der Temp. t in °C:

| t . . . . . . . | 800° | 825° | 850° | 875° | 900° | 925° | 950° | 975° | 1000° |
|---|---|---|---|---|---|---|---|---|---|
| $\varkappa$ . . . . . . . | 5.07 | 4.73 | 4.67 | 4.59 | 4.54 | 4.48 | 4.42 | 4.38 | 4.34 |

Die Werte für ln $\varkappa$ sind linear abhängig von 1/T. Größenordnung von $\varkappa$ und negativer Temp.-Koeff. sprechen für vorwiegend Elektronenleitf., YU. K. DELIMARSKII, A. A. VELIKANOV (*Zh. Neorgan. Khim.* **3** [1958] 1075/8; *Russ. J. Inorg. Chem.* **3** Nr. 5 [1958] 15/20, 17). — An unterschiedlich erkalteten Ni-Sulfiden mit 30 bis 33 Gew.-% S bei gewöhnl. Temp. und 107° gem. elektr. Leitf. s. M. A. SOKOLOVA (*l. c.* S. 1450; *l. c.* S. 352).

*Chemical Reactions*

**Chemisches Verhalten.** Für den Dissoziationsdruck $p_{S_2}$ in atm gemäß der Rk. $^3/_2 Ni_7S_6 \rightarrow$ $^7/_2 Ni_3S_2 + S_2$ berechnet sich aus dem Dissoz.-Gleichgew. von $H_2S$ und dem Gleichgew. der Red. von $Ni_7S_6$ durch $H_2$ zu $Ni_6S_5$ die für 342° bis 390° gültige Beziehung $\lg p_{S_2} = -13966/T + 9.012$. Daraus folgt $\Delta G_T$ (in cal/mol $S_2$) = 63880−41.22T in Übereinstimmung mit einer weiteren, aus anderen thermodynam. Daten abgeleiteten Temp.-Funktion für die freie Dissoz.-Enthalpie, K. SUDO (*l. c.*). Stabilitätsbereich von $Ni_6S_5$ im System Ni–S–O bei Gleichgew. mit der Gasphase s. S. 676.

Wasserstoff reduziert unter $H_2S$-Entw. je nach Vers.-Bedingung zu niederem Sulfid oder zum Metall. Zum Gleichgew. der Red. von $Ni_6S_5$ zu $Ni_3S_2$ s. S. 643. — Für die Rk. $^1/_5 Ni_6S_5 + H_2 \rightleftharpoons {}^6/_5$ Ni + $H_2S$ gilt $\Delta G_T$ (in cal/mol $H_2$) = 15040—5.79T, aus $H_2S$-$H_2$-Gleichgew.-Bestt. über Ni-Sulfiden berechnet, T. Rosenqvist (*l. c.* S. 52). — Messungen des Vol.-Verhältnisses $H_2S/H_2$ im Abgas beim Überleiten von $H_2$ mit der Strömungsgeschw. v von 7 bis 13.7 ml/min ergeben lineare Abhängigkeit des Vol.-Verhältnisses von v und durch Extrapolation für v = 0 das Vol.-Verhältnis 0.0170 bei 342°, 0.0240 bei 366°, 0.0316 bei 390° und 0.0345 bei 414°. Aus den unterhalb 400° gem. Werten folgt für die Gleichgew.-Konst. $K_p$ der Rk. $^3/_4 Ni_7S_6 + H_2 \rightleftharpoons {}^7/_4 Ni_3S_2 + H_2S$ die Beziehung lg $K_p$ = —2290/T + 1.956. Daraus $\Delta G_T$ (in cal/mol $H_2$) = 10474—8.947T in Übereinstimmung mit einer weiteren, thermodynamisch abgeleiteten Temp.-Funktion für die freie Rk.-Enthalpie. Für $\Delta H$ in cal/mol $H_2$ gilt im gleichen Temp.-Bereich die Beziehung $\Delta H_T = -11937 + 29.97T + 7.78 \times 10^{-3}T^2$, K. Sudo (*Sci. Rep. Res. Inst. Tohoku Univ.* A **4** [1952] 182/90, 185).

Mit Schwefelwasserstoff setzen sich $Ni_6S_5$ und $Ni_7S_6$ bei höherer Temp. zu S-reicheren Sulfiden um. Aus $H_2S$-$H_2$-Gleichgew.-Bestt. für die Rk. $Ni_6S_5 + H_2S \rightleftharpoons 6NiS + H_2$ abgeleitete, zwischen 400° und 560° gültige Temp.-Beziehungen von Rk.-Größen: $\Delta G_T$ (in cal/mol $Ni_6S_5$) = —5220 + 3.46T, T. Rosenqvist (*J. Iron Steel Inst.* [*London*] **176** [1954] 37/57, 54), $\Delta G_T$ (in cal/mol $Ni_6S_5$) = —13640 + 13.48T, $\Delta S_T$ (in cal·mol⁻¹·°K⁻¹) = 18460/T—8.47, M. Laffitte (*Bull. Soc. Chim. France* **1959** 1223/33, 1227). — Für die Rk. $Ni_7S_6 + H_2S \rightleftharpoons 7NiS + H_2$ wird die Gleichgew.-Konst. $K_p = p_{H_2}/p_{H_2S}$ zu $7.1 \times 10^4$ bei 500°K und zu $1.2 \times 10^4$ bei 723°K aus Lit.-Angaben zum $H_2S$-$H_2$-Gleichgew. über Ni-Sulfiden berechnet, D. Delafosse, P. Barret (*Compt. Rend.* **252** [1961] 280/1).

Säuren und deren Gemische, die sich als Ätzmittel für Ni-Sulfide mit 30 bis 32 Gew.-% S eignen, s. S. 645.

*Nickel Monosulfide*

## *Nickelmonosulfid NiS*

(35.33 Gew.-% S)

In den folgenden Abschnitten werden mit NiS als Sammelbegriff Präpp. vornehmlich des älteren Schrifttums bezeichnet, deren Zus. ohne genauere Angabe nahe dem Atomverhältnis Ni:S = 1:1 liegt. Wenn in der Lit. durch Angabe von Gitterstruktur oder genauer Zus. die Tatsache berücksichtigt ist, daß bei Darst. von Ni-Sulfiden auf trocknem Wege makroskopisch homogen erscheinende Präpp. jeder beliebigen Zus. innerhalb des Teilsystems Ni–$NiS_{\sim 4}$ erhältlich sind, wird dies durch Formeln mit Indices für S oder durch Angabe des Kristallsystems der betreffenden Phase ausgedrückt. — Bldg. und Darst. von Ni-Sulfidpräpp. durch Fällung aus wss.-alkal. Lsg. in Ggw. von Luft sowie Eigg. dieser Präpp. sind nach Unterss. von A. W. Middleton, A. M. Ward (*J. Chem. Soc.* **1935** 1459/66, 1462) und E. Dönges (*Z. Anorg. Allgem. Chem.* **253** [1947] 345/51, 346) beim bas. Ni-Sulfid, S. 676, behandelt. Doch läßt sich an Hand der Lit. nicht stets eindeutig entscheiden, ob an gefällten Präpp. beob. Eigg. für reines NiS oder sein bei Lufteinw. entstehendes Gemisch mit bas. NiS und S gelten, so daß die Zuordnung der Angaben zu einer der beiden Verbb. bisweilen willkürlich ist.

Der Zus. $NiS_{1.00}$ am nächsten liegen die Homogenitätsbereiche der hexagonalen δ-Phase und der rhomboedr. δ'-Phase, s. S. 630. In der Natur kommt NiS als Millerit mit rhomboedr. Gitterbau vor, s. „*Nickel*" *Tl.* A.

*Formation. Preparation*

### Bildung und Darstellung

Definition der bei Anwendung einiger Darst.-Methh. bevorzugt entstehenden polymorphen Formen α-, β- und γ-NiS s. S. 655. — Bldg. besonderer Formen des NiS und deren Eigg. s. S. 653.

*From the Elements*

**Aus den Elementen.** Darst. durch Erhitzen des stöchiometr. Gemisches der Elemente im evakuierten Röhrchen analog den beim $Ni_3S_2$ auf S. 632 genannten Vers.-Bedingungen, W. Klemm, W. Schüth (*Z. Anorg. Allgem. Chem.* **210** [1933] 33/56, 40), D. Lundqvist (*Arkiv Kemi Mineral. Geol.* **24** A Nr. 21 [1947] 1/12, 3), K. Nishihara, Y. Kondo (*Mem. Fac. Eng. Kyoto Univ.* **23** [1961] 242/63, 245); erforderliche Rk.-Zeit bei 500° bis 600° mehrere Tage, T. Rosenqvist (*J. Iron Steel Inst.* [*London*] **176** [1954] 37/57, 38), bei 900° 6 Std., wobei β-NiS entsteht, O. Glemser in: G. Brauer (*Handbuch der präparativen anorganischen Chemie*, 2. *Aufl.*, *Stuttgart* 1962, S. 1351). Zur ausreichenden Entgasung des pulverförmigen Gemisches von Ni und S ist ganztägige Vak.-Behandlung bei $10^{-4}$ Torr erforderlich, M. Laffitte, J. Bénard (*Compt. Rend.* **242** [1956] 518/21), M. Laffitte (*Bull. Soc. Chim. France* **1959** 1211/22, 1213). Explosion des Rk.-Röhrchens durch den S-Dampfdruck beim allmählichen Erhitzen auf die 24std. Rk.-Temp. 900° wird für die Darst. von Präpp. der Zuss. $Ni_6S_5$ bis

$NiS_{1.3}$ durch einwöchiges Tempern bei 380° verhindert. So dargestelltes $NiS_{1.0}$ liefert nach Zerkleinern und erneutem Glühen im Vak. bei 900° mindestens 15 mm lange, 6 mm dicke Einkristalle, wenn mit der Geschw. 0.5 grd/min abgekühlt wird, I. Tsubokawa (*J. Phys. Soc. Japan* **13** [1958] 1432/8, 1435). Werden die Elemente unter Vak. vermahlen (vgl. S. 632), entsteht unterhalb 360° reines $\gamma$-NiS, oberhalb 430° reines $\beta$-NiS, A. Dravnieks (*J. Electrochem. Soc.* **102** [1955] 435/9). Nach diesen Verff. lassen sich Präpp. jeder Zus. innerhalb des Konz.-Bereichs NiS–$NiS_2$ herstellen, s. beispielsweise D. Lundqvist (*l. c.*), T. Rosenqvist (*l. c.*) und beim $NiS_2$, S. 671. — NiS bildet sich nach der Meth. von R. Tupputi (*Ann. Chim. [Paris]* **78** [1811] 133/76, 148) bei einmaligem Zusammenschmelzen von Ni mit überschüssigem S im bedeckten Tiegel, ferner im Verbrennungsrohr bei 450° bis 500° im $CO_2$-Strom nach mehrmaliger S-Zugabe, R. Scheuer (*Diss. Hannover T.H.* 1921, S. 47).

Als leicht ablösbare Schicht bildet sich röntgenographisch reines $\gamma$-NiS beim Eintauchen eines Ni-Bleches in S-Schmelze bei 260°, $\beta$-NiS oberhalb 340°, A. Dravnieks (*l. c.*). $\beta$-NiS entsteht durch Einw. von S-Dampf auf Ni-Blech unter stat. Bedingungen bei 630° und $10^{-2}$ bis 1 Torr, K. Hauffe, A. Rahmel (*Z. Physik. Chem. [Leipzig]* **199** [1952] 152/69, 165). Der S-Gehalt einer bei 620° und $p_S$ = 0.1 Torr in einigen Std. auf kompaktem Ni entstandenen Schicht spricht für bevorzugte NiS-Bldg. nur auf ihrer Außenseite. In der Nähe der Grenzfläche Metall-Sulfid bildet sich vornehmlich $Ni_3S_2$, I. Pfeiffer (*Z. Metallk.* **49** [1958] 267/75, 272); Bestätigung der von K. Hauffe, A. Rahmel (*l. c.*) beob. Zus. NiS für die bei $p_S$ = 1 Torr und 580° bis 630° gebildete Zunderschicht s. S. Mrowec, T. Werber (*Naturwissenschaften* **46** [1959] 73). NiS mit einem sehr dünnen Überzug von $NiS_2$ entsteht auf kompaktem Ni bei $p_S$ ~1 atm und 400° bis 650°, V. I. Arkharov, E. B. Blankova (*Fiz. Metal. i Metalloved.* 8 [1959] 452/4 nach *Phys. Metals Metallog. [USSR]* 8 Nr. 3 [1959] 119/21). Kinetik und Mechanismus dieser Bldg.-Rkk. s. „*Nickel*" *Tl.* A. Darst. auf Kieselgur sowie ohne Trägersubst. aus pyrophorem Ni durch Rk. mit S in organ. Lsgmm. unterhalb 150°, z. T. im Autoklaven, s. E. I. du Pont de Nemours, F. K. Signaigo (*U.S.P.* 2402683 [1940/46]).

**Aus Nickel und Schwefelverbindungen.** Bldg. einer NiS-Schicht auf Ni-Blech durch 5std. $H_2S$-Einw. bei 300° folgt aus Elektronenbeugungsaufnahmen, S. Yamaguchi, T. Kwan (*J. Chem. Soc. Japan* **65** [1944] 378/80 nach *C.A.* **1947** 3352). Als Schicht auf Ni-Draht entsteht Ni-Sulfid durch Rk. mit $H_2S$ bei Tempp. zwischen 800 und 1400°K. Bei Verwendung eines 1% $H_2S$ enthaltenden $H_2S$-CO-Gemisches verläuft die Bldg. bei 1000 und 1400°K doppelt so schnell wie mit einem 1%igen $H_2S$-$N_2$-Gemisch, M. Farber, D. M. Ehrenberg (*J. Electrochem. Soc.* **99** [1952] 427/34, 433). Bldg. aus Ni und $H_2S$ in organ. Lsgm. unterhalb 150°, E. I. du Pont de Nemours, F. K. Signaigo (*l. c.*). Geringe Mengen NiS erhält man beim Überleiten von gasf. $SO_2$ über Ni bei gewöhnl. Temp., P. Neogi, B. B. Adhicáry (*Z. Anorg. Allgem. Chem.* **69** [1911] 209/14, 213), bei 600° bis 800° auf kompaktem Ni als Gemisch mit NiO, V. V. Ipat'ev, D. V. Zheltuchin (*Zh. Prikl. Khim.* **30** [1957] 1281/6, 1285; *J. Appl. Chem. USSR* **30** [1957] 1355/60, 1359). — NiS bildet sich zu ~6% neben 94% $NiCl_2$ bei 8std. Umsetzung von 1 g Ni-Pulver mit 5 ml $S_2Cl_2$ bei 400° im Bombenrohr, H. Funk, K.-H. Berndt, G. Henze (*Wiss. Z. Martin-Luther-Univ. Halle-Wittenberg* **6** [1956/57] 815/22, 818). — Entsteht als schwarzes, sprödes Rk.-Prod. neben messinggelbem, aus der Schmelze erstarrtem Sulfid der Zus. ~$Ni_2S$ und Ni-Carbid durch Einw. von $CS_2$ auf Ni bei Weißglut, A. Gautier, L. Hallopeau (*Compt. Rend.* **108** [1889] 1111/3). Ein etwas S-reicheres Präp., als der Zus. NiS entspricht, mit ~5% C erhält man bei 350° aus Ni-Pulver durch mehrstd. Überleiten eines $CS_2$-$N_2$-Gemisches, R. H. Griffith, S. G. Hill (*J. Chem. Soc.* **1938** 717/20). — Zur Bldg. aus Ni in Schmelzgleichgeww. des Systems Ni–Sb–S s. bei dem entsprechenden System.

*From Nickel and Sulfur Compounds*

Eine in verd. wss. HCl-Lsg. leicht lösl. Form von Ni-Sulfid bildet sich bei der unter reichlicher $H_2$-Entw. verlaufenden Einw. einer wss. Aufschlämmung von Raney-Nickel (vgl. S. 366, 372) auf kalte wss. $Na_2S_2O_3$-Lsg. und sd. wss. $Na_2SO_3$-Lsg., J. Aubry (*Bull. Soc. Chim. France* [5] **5** [1938] 1333/8, 1336). Ähnlich verlaufen Rkk. von Raney-Nickel mit kalten wss. Lsgg. von $Na_2S$, $Na_2SO_3$, $Na_2S_2O_4$, $Na_2S_4O_6$, wss.-natronalkal. Lsgg. von $As_2S_3$, $Sb_2S_3$, SnS und $SnS_2$ und verschiedenen organ. S-Verbb. In den Gleichungen der Rkk. mit den anorgan. Verbb. (s. Original) wird das gebildete Sulfid als NiS formuliert, J. Bougault, E. Cattelain, P. Charbier (*Bull. Soc. Chim. France* [5] **7** [1940] 781/9, 782).

**Aus Nickel-Schwefelverbindungen.** Aus Nickelsulfiden. Aus $Ni_3S_2$ entsteht NiS im Gemisch mit NiO quantitativ nach der Rk.-Gleichung $Ni_3S_2 + {}^1/_2 O_2 \rightleftharpoons NiO + 2NiS$ beim Rösten von $Ni_3S_2$ zwischen 250° und 300°, wie Gew.-Zunahme und Röntgendiagramme der Rk.-Prodd. beweisen, G. Pannetier, J.-L. Abegg (*Compt. Rend.* **252** [1961] 1613/5). NiS bildet sich aus S-ärmeren Ni-Sulfiden durch Zusammenschmelzen mit S im evakuierten Quarzröhrchen, G. Peyronel, E. Pacilli (*Atti Reale*

*From Ni–S Compounds*

*Accad. Italia Rend. Classe Sci. Fis. Mat. Nat.* [7] **3** [1941] 278/88, 280). Darst. von β-NiS durch Glühen von $Ni_3S_2$, Millerit und aus wss. Lsg. gefälltem Ni-Sulfid unter $H_2S$-Gas s. N. ALSÉN (*Geol. Foren. Stockholm Forh.* **47** [1925] 19/72, 25). Für die NiS-Bldg. aus S-ärmeren Ni-Sulfiden durch $H_2S$-Einw. bei höherer Temp. abgeleitete thermodynam. Daten s. S. 643, 646. Intermediäre Bldg. von γ-NiS aus $Ni_3S_2$ und $H_2S$-$O_2$-Gemisch bei 200° s. S. 643. Zur Bldg. aus $Ni_3S_2$ und NiSbS in Schmelzgleichgeww. s. das System Ni–Sb–S. — $NiS_{1.00}$ aus gefälltem Ni-Sulfid durch Erhitzen im $N_2$-Strom, W. BILTZ (*Z. Anorg. Allgem. Chem.* **59** [1908] 273/84, 280). Durch Abtrennen des mit $H_2S$-Gas aus wss.-ammoniakal. $NiCl_2$-Lsg. gefällten Sulfids von der Mutterlauge unter $CO_2$ als Schutzgas, 8std. Trocknen im Vak. unter langsamer Temp.-Steigerung auf 150° und 4std. Trocknen über NaOH im Vak. bei 180° hergestellte Präpp. haben nach 5std. Trocknen und Entgasen im Hochvak. bei 400° die Zus. $NiS_{1.02}$ bis $NiS_{1.035}$, nach 12std. Hochvak.-Behandlung bei 400° die Zus. $NiS_{0.98}$ bis $NiS_{1.00}$. Sie stellen ein Gemisch von überwiegend β-NiS mit γ-NiS dar, W. BILTZ, A. VOIGT, K. MEISEL, F. WEIBKE, P. EHRLICH (*Z. Anorg. Allgem. Chem.* **228** [1936] 275/96, 278, 288). Durch Trocknen ähnlich dargestellter, überwiegend $Ni(SH)_2$ enthaltender Ndd. (vgl. S. 676) entsteht NiS bereits bei 110° in um so reinerem Zustand, je vollständiger beim gesamten Prozeß die Einw. von Luft ausgeschaltet wird, A. W. MIDDLETON, A. M. WARD (*J. Chem. Soc.* **1935** 1459/66, 1460). Herst. von $NiS_{1.03}$ bis $NiS_{1.04}$ sowie S-reicheren Präpp. durch tensimetr. Abbau von $NiS_2$ bei 650° bis 760° s. W. BILTZ u. a. (*l. c.* S. 280). Ein Gemisch von β- mit γ-NiS entsteht exotherm aus $NiS_2$ bei der Differentialthermoanalyse mit $N_2$ als Schutzgas und Temp.-Steigerung von 11 grd/min oberhalb 730°, J.-E. HILLER, K. PROBSTHAIN (*Geologie [Berlin]* **5** [1956] 607/16, 608); β-NiS aus $NiS_{1.95}$ bei 400° bis 500° im Vak. von $10^{-5}$ Torr, G. PANNETIER, L. DAVIGNON (*Bull. Soc. Chim. France* **1961** 2131/4).

Bldg. aus Nickelsulfat, $NiSO_4 \cdot 7H_2O$ und $NiSO_4$, bei gewöhnl. Temp. durch Einw. von durch stille Entladung angeregtem Wasserstoff, S. MIYAMOTO (*J. Chem. Soc. Japan* **53** [1932] 914/24 nach *C.A.* **1933** 1829; *J. Sci. Hiroshima Univ.* A **3** [1932/33] 99/115, 105). — Von niederen Ni-Sulfiden freies NiS entsteht durch Red. von $NiSO_4$ mit reichlich $H_2S$ enthaltendem $H_2$ oder Leuchtgas. Die bei 165° einsetzende Rk. verläuft bei 200° bis 250° vollständig, E. H. M. BADGER, R. H. GRIFFITH, W. B. S. NEWLING (*Proc. Roy. Soc. [London]* A **197** [1949] 184/93, 185). Berechnung des zur Bldg. bei 227 und 450° zu beachtenden $H_2S$-$H_2$-Partialdruckverhältnisses s. D. DELAFOSSE, P. BARRET (*Compt. Rend.* **252** [1961] 888/90). — Ein Gemisch der Zus. $NiS_{1.35}$, bestehend aus β-NiS und $NiS_2$, entsteht aus 0.1 Mol $NiSO_4$, das im $N_2$-Strom bei 400° entwässert ist, durch 1std. Rk. mit 20 l 50%igem $H_2S$-$N_2$-Gemisch je Std. bei 450° nach der Wirbelschichtmeth., D. DELAFOSSE, P. BARRET (*Compt. Rend.* **251** [1960] 2964/6).

Bei der therm. Zers. von Nickelthiosulfat $NiS_2O_3 \cdot 6H_2O$ verbleibt NiS als gelber, gesinterter Rückstand im verschlossenen Gefäß, C. RAMMELSBERG (*Ann. Physik* [2] **56** [1842] 295/323, 307). — Bildet sich als intermediäres Zers.-Prod. beim langsamen Erhitzen von Nickelhexamminsulfat $[Ni(NH_3)_6]SO_4$ und Nickelhexamminthiocyanat $[Ni(NH_3)_6](SCN)_2$ unter $NH_3$-Gas, R. PARIS (*Ann. Chim. [Paris]* [12] **10** [1955] 353/88, 385). — Darst. aus Nickeltetrathiophosphat $Ni_3(PS_4)_2$ durch Glühen unter Luftausschluß vor dem Gebläse in gut krist. Zustand, E. GLATZEL (*Z. Anorg. Allgem. Chem.* **4** [1893] 186/226, 201).

*From Other Nickel Compounds*

**Aus weiteren Nickelverbindungen.** Aus Nickeloxiden. In heißer verd. $HNO_3$-Lsg. lösl. Ni-Sulfid bildet sich aus NiO und NiO-haltigen techn. Metalloxidgemischen beim Schmelzen mit der doppelten Gew.-Menge S im bedeckten Tiegel, G. W. POWEL (*Chemist-Analyst* **19** Nr. 1 [1930] 10/1). Reines γ-NiS der Zus. $Ni_{1.0}S$ mit 0.12% in Säure unlösl. Rückstand entsteht aus Ni-Oxid und S (im Überschuß) durch mehrwöchige Rk. bei 530° bis 580° unter Rückfluß, Entfernen von überschüssigem S durch Erhitzen im He-Strom, 3std. Tempern bei 400° im Vak. und langsames Abkühlen auf gewöhnl. Temp., W. W. WELLER, K. K. KELLEY (*U.S. Bur. Mines Rept. Invest.* Nr. 6511 [1964] 1/7, 2, *C.A.* **61** [1964] 12709). Aus NiO durch Überleiten von S-Dampf in 10fachem Überschuß mit $N_2$ als Trägergas (100 ml/min) in 2 Std. bei 700° und 800° entsteht NiS mit mehr als 95% Ausbeute. Bei 600° hergestelltes Präp. enthält neben ~90% NiS noch ~5% $NiSO_4$, D. M. CHIZHIKOV, R. M. SEREBRYONAYA (*Izv. Akad. Nauk SSSR Otd. Tekhn. Nauk* **1949** 1660/5, 1663, *C.A.* **1950** 2349). Ni-Sulfidbldg. aus natürlichem Ni-Oxid durch 1/4std. Einw. von S-Dampf bei 1150°, N. G. MOLEVA, P. S. KUSAKIN (*Tr. Inst. Met. Akad. Nauk SSSR, Ural'sk. Filial* **5** [1960] 105/8, *C.A.* **1961** 1345). Darst. von NiS durch Rk. von rotglühendem NiO mit strömendem $H_2S$, J. A. ARFVEDSON (*Ann. Physik* [2] **1** [1824] 49/74, 67), vgl. auch M. HALE (*Chemist-Analyst* **19** Nr. 5 [1930] 10/1). Bei tieferer Temp. entsteht nach dieser Meth. ein tiefschwarzes, oxidhaltiges Präp., dessen S-Gehalt der Zus. 2NiS·NiO entspricht, O. SCHUMANN (*Liebigs Ann. Chem.* **187** [1877] 286/321, 313). Im $N_2$-Strom bei 400° entwässer-

tes NiO (0.1 Mol) liefert bei $2^1/_2$std. Umsetzung mit 20 l 50%igem $H_2S$-$N_2$-Gemisch je Std. nach der Wirbelschichtmeth. bei 450° ein durch etwas NiO verunreinigtes Gemisch von überwiegend β-NiS mit $NiS_2$, Atomverhältnis Ni:S = 1:1.1, D. DELAFOSSE, P. BARRET (*Compt. Rend.* **251** [1960] 2964/6). Bldg. bei der Rk. von festem NiO mit festen Metallsulfiden über die Gasphase s. S. 428. — NiS aus Oxid der Zus. $Ni_2O_3$ (vgl. S. 430) und $H_2S$, O. SCHUMANN (*l. c.*).

Darst. aus grobkörnigem Nickelhydroxid $Ni(OH)_2$ durch Umsetzung mit strömendem $H_2S$ unter Normaldruck, das bei gewöhnl. Temp. durch ein trocknes Gas stark verdünnt, bei 100° nur wenig verdünnt sein muß. Bei Darst. durch stat. Einw. von $H_2S$ auf die genannten Ausgangsprodd. soll das unverdünnte Gas unter vermindertem Druck stehen. Stets muß gebildetes $H_2O$ rasch entfernt werden und $O_2$ wegen seiner zersetzenden Wrkg. auf $H_2S$ ausgeschaltet sein, E. H. M. BADGER, R. H. GRIFFITH, W. B. S. NEWLING (*Proc. Roy. Soc.* [*London*] A **197** [1949] 184/93, 185).

Schwarzes Ni-Sulfid entsteht aus Nickelfluorid $NiF_2$ beim Erhitzen mit S, gelbes Ni-Sulfid aus $NiF_2$ und $H_2S$ bei Rotglut, C. POULENC (*Compt. Rend.* **114** [1892] 1426/9). — Darst. von γ-NiS mit Ni:S = 1:1 aus Nickelchlorid durch $2^1/_2$std. Umsetzung von 0.1 Mol $NiCl_2$, das zuvor im HCl-Strom bei 270° völlig entwässert ist, mit 20 l 50%igem $H_2S$-$N_2$-Gemisch je Std. nach der Wirbelschichtmeth. bei 227°. Unvollständig entwässertes $NiCl_2$ ergibt nach dieser Meth. bei 450° und 1std. Rk.-Zeit durch $NiS_2$ verunreinigtes β-NiS der Zus. $NiS_{1.2}$, D. DELAFOSSE, P. BARRET (*l. c.*). — Darst. von schwarzem, unlösl. NiS in $NiCl_2$ enthaltender eutekt. LiCl-KCl-Schmelze bei ~500° durch Eintragen von $Na_2S \cdot 9H_2O$ sowie analog aus $Na_2SO_3$ durch Zugabe von $NiCl_2$, G. DELARUE (*Bull. Soc. Chim. France* **1960** 906/10).

Bldg. von schwarzem Nd. der Zus. NiS durch Rk. von Nickelcarbonyl mit $H_2S$ in alkohol. Lsg., J. DEWAR, H. O. JONES (*J. Chem. Soc.* **85** [1904] 203/12, 211), von schwarzen und bronzefarbenen Ni-Sulfiden (vermutlich NiS) durch Rk. von Ni-Carbonyl mit fl. und gasf. $CS_2$, J. DEWAR, H. O. JONES (*J. Chem. Soc.* **97** [1910] 1226/38, 1228). Vgl. „*Nickel*" *Tl.* B, Lfg. 3. — Darst. von NiS aus bas. Nickelcarbonat durch Rk. mit $H_2S$-Gas unter den bei der Herst. aus $Ni(OH)_2$ und $H_2S$ oben beschriebenen Vers.-Bedingungen, E. H. M. BAGDER, R. H. GRIFFITH, W. B. S. NEWLING (*Proc. Roy. Soc.* [*London*] A **197** [1949] 184/93, 185), von β-NiS aus Ni-Carbonat durch 10std. Überleiten von $H_2S$ bei 450°, HUAN YU-MEI, N. P. KEIER, S. Z. ROGINSKII (*Dokl. Akad. Nauk SSSR* **133** [1960] 413/6; *Proc. Acad. Sci. USSR Phys. Chem. Sect.* **130/35** [1960] 643/6).

*From Solutions*

**Aus Lösungen.** Krit. Lit.-Zusammenstellung, E. BRENNECKE (*Schwefelwasserstoff als Reagens in der quantitativen Analyse, Stuttgart* 1939, S. 142/51). Weitere Lit.-Übersicht über vorwiegend für analyt. Zwecke ausgearbeitete Fällungsvorschriften, ferner über Methh. zur Bldg. gut filtrierbarer Präpp. durch Zugabe organ. Stoffe (z. B. Pyridin) oder durch $H_2S$-Bldg. in der Lsg. durch Zers. S-haltiger organ. Verbb. wie Thioacetamid s. „*Nickel*" *Tl.* A. Zur bevorzugten Bldg. einzelner polymorpher Formen des NiS geeignete Vers.-Bedingungen bei Fällung aus wss. Lsg. s. S. 650/1. Bldg. zwecks Ni-Abtrennung aus Betriebslaugen s. „*Nickel*" *Tl.* A. Bldg. durch Elektrolyse von wss. Lsgg. mit Ni-Elektroden s. beim elektrochem. Verh. von Ni als Kathode und als Anode in „*Nickel*" *Tl.* A.

*From Acid and Neutral Aqueous Solutions*

**Aus saurer und neutraler wäßriger Lösung.** NiS bildet sich nur in geringer Menge als Nd. beim Einleiten von $H_2S$-Gas in Lsgg. anorgan. Ni-Salze, nahezu vollständig in Lsgg. von Ni-Salzen organ. Säuren, z. B. von Essigsäure. Verzögert und schließlich verhindert wird die NiS-Bldg. durch steigenden Gehalt an freier Säure. Höhere Temp. begünstigt die Bldg., R. TUPPUTI (*Ann. Chim.* [*Paris*] **79** [1811] 153/98, 178). Durch quantitative Verss. über Beginn und Vollständigkeit der NiS-Fällung aus neutralen und mit $H_2SO_4$ und Essigsäure versetzten $NiSO_4$-Lsgg. sowie aus essigsauren Ni-Acetatlsgg. werden diese Beobachtungen bestätigt, wenn man die Lsgg. mit gasf. $H_2S$ bei 0° sättigt und im verschlossenen Gefäß bei gewöhnl. Temp. und 100° stehen läßt. Die Bldg. verzögernd und schließlich verhindernd wirken steigende Zusätze von $H_2SO_4$ bei gewöhnl. Temp. und 100°, von Essigsäure nur bei gewöhnl. Temp. Auch das Mengenverhältnis von freier Säure zu Ni-Salz ist hierfür maßgebend. Begünstigt wird die NiS-Bldg. durch Temp.-Erhöhung und steigenden $H_2S$-Gehalt, H. BAUBIGNY (*Compt. Rend.* **94** [1882] 961/3, 1183/6, 1473/5, 1595/8, 1715/7). Best. des aus Ni-Acetat- und Ni-Dichloracetatlsgg. in Ggw. von freier Essigsäure, Dichloressigsäure oder HCl-Lsg. fällbaren NiS-Anteils, J. L. R. MORGAN, A. H. GOTTHELF (*J. Am. Chem. Soc.* **21** [1899] 494/502, 500). Ähnlich fällungshindernd wie Essigsäure wirken schwach angesäuerte wss. Lsgg. von Alkali- und Erdalkaliphosphat, Alkaliformiat, -tartrat, -citrat, -lactat, -malat und -succinat, A. TERREIL (*Bull. Soc. Chim. Paris* [3] **6** [1891] 913/6). In neutraler und mit HCl angesäuerter $NiCl_2$-Lsg. bildet sich NiS unter den genannten Vers.-Bedingungen merklich schwerer als in vergleichbaren neutralen und schwefelsauren $NiSO_4$-Lsgg., H. BAUBIGNY (*Compt. Rend.* **95** [1882] 34/36). Bestätigung der verzögernden

Wrkg. von freier Säure und der Begünstigung der NiS-Bldg. bei Temp.-Steigerung durch Umsetzung von $H_2S$-Wasser mit Ni-Acetat-Essigsäure- sowie $NiCl_2$-HCl-Lsgg. s. A. THIEL, H. OHL (*Z. Anorg. Allgem. Chem.* **61** [1909] 396/412, 405). Keine Fällung aus verd. salzsaurer Lsg. mit $H_2S$ bei 60° innerhalb 45 Min., wenn ihr $p_H$-Wert unter 2.8 liegt, A. KLING, A. LASSIEUR (*Compt. Rend.* **180** [1925] 517/9). Fällungsbeginn bei $p_H = 3.42$, wenn in mit HCl-Lsg. auf $p_H = 0.11$ angesäuerte 0.04n-$Ni(NO_3)_2$-Lsg. bei gewöhnl. Temp. $H_2S$-Gas eingeleitet und durch Zugabe von 0.04n-$Ni(NO_3)_2$-Lsg. die Acidität allmählich verringert wird, P. J. GALMÉS, C. MATAIX (*Afinidad* **26/27** [1949/50] 401/2). Fällungen mit $H_2S$-Gas unter geringem Überdruck aus mit Na-Acetat gepufferten $NiSO_4$-Lsgg. mit 10 g Ni/l und $p_H$-Werten von 2.5 bis 6.3 bei gewöhnl. Temp. und 90° belegen, daß Vollständigkeit der Fällung nicht durch Einhalten eines Mindest-$p_H$-Wertes der Lsg. vor Fällungsbeginn gewährleistet ist, der an mit $NH_4$-Acetat gepufferten Lsgg. bei 90° zu ~4.4 von M. M. HARING, B. B. WESTFALL (*J. Am. Chem. Soc.* **52** [1930] 5141/5) ermittelt ist, sondern vom $p_H$-Wert nach beendeter $H_2S$-Einw. abhängt, H. KATÔ (*Sci. Rep. Tohoku Imp. Univ.* I **26** [1937] 714/32, 719). — $H_2S$-Einw. unter Druck (~16 atm) löst NiS-Bldg. bei gewöhnl. Temp. in konz. $NiCl_2$-Lsg. noch bei HCl-Gehalten aus, die unter Normaldruck Nd.-Bldg. verhindern, G. BRUNI, M. PADOA (*Atti Accad. Naz. Lincei Rend. Classe Sci. Fis. Mat. Nat.* [5] **14** II [1905] 525/8). Best. des in der Druckflasche bei 100° aus neutralen, schwefelsauren sowie $H_2SO_4$ und $NH_4$-Acetat enthaltenden, an $H_2S$ kalt gesätt. $NiSO_4$-Lsgg. verschiedener Konz. fällbaren NiS-Anteils s. L. MOSER, M. BEHR (*Z. Anorg. Allgem. Chem.* **134** [1924] 49/74, 59). Auf dieselbe Weise gelingt teilweise NiS-Fällung aus mit Na-Acetat gepufferter $NiSO_4$-Lsg. (5 g Ni/l) noch beim Anfangs-$p_H$-Wert von 2.0 und End-$p_H$-Wert von 1.2 bis 1.3, H. KATÔ (*l. c.* S. 723). Ultraschall der Frequenz 880 bis 1000 kHz fördert die Fällung aus $H_2S$-gesätt., acetatgepufferten Lsgg. des $p_H$-Bereichs 3 bis 5, jedoch entgegen der Beobachtung von G. WAGNER (*Mitt. Chem. Forsch.-Inst. Ind. Österreichs* **3** [1949] 63/5) nicht mehr bei $p_H = 2$ mit KCl-HCl-Puffer, K. EITER, H. MICHL, O. VOGL (*Monatsh. Chem.* **83** [1952] 1208/9). — Aus Thioacetamid und $Ni^{2+}$ in angesäuerter wss. Lsg. entsteht NiS als Nd. auch noch bei $p_H$-Werten, bei denen die Fällung mit $H_2S$ unterbleibt. Fällungen in 0.01m- und 0.04m-$Ni(NO_3)_2$-Lsg. mit Thioacetamid der zehnfachen Konz. bei $H^+$-Konzz. von $10^{-7}$ bis 0.3 mol/l ergeben für die Bldg.-Geschw. Gültigkeit des Zeitgesetzes $-d[Ni^{2+}]/dt = k[Ni^{2+}]\cdot[CH_3CSNH_2]\cdot[H^+]^{-1/2}$ mit k (in $l^{1/2}\cdot mol^{-1/2}\cdot min^{-1}$) $= 8.95 \times 10^{-5}$ bei 70°, $1.45 \times 10^{-4}$ bei 80° und $2.2 \times 10^{-4}$ bei 90°; Aktivierungsenergie $20.8 \pm 0.8$ kcal/mol (Diskussion des Bldg.-Mechanismus s. Original), D. F. BOWERSOX, D. M. SMITH, E. H. SWIFT (*Talanta* **2** [1959] 142/53, 146).

In angesäuerten $NiSO_4$-Lsgg., deren Gehalt an $H_2SO_4$ nach Sättigen mit $H_2S$-Gas bei 0° die NiS-Bldg. bei gewöhnl. Temp. oder 100° bereits stark verzögert oder ganz verhindert, wird durch Zugabe von gefälltem amorphem NiS und Cu-Sulfid, nicht aber von ZnS, die NiS-Fällung ausgelöst, H. BAUBIGNY (*Compt. Rend.* **94** [1882] 1251/3, 1595/8). Bestätigung der selbstinduzierten Fällung an HCl-haltiger $NiSO_4$-Lsg. s. R. FLAT (*Bull. Soc. Chim. France* [4] **41** [1927] 143/4), an acetatgepufferten $NiSO_4$-Lsgg., H. KATÔ (*l. c.* S. 722). Durch Cu-Sulfid und noch stärker durch Hg-Sulfid wird NiS-Fällung aus 0.004 bis 0.05 Mol HCl/l enthaltender 0.05m-$NiCl_2$-Lsg. induziert. Auch ZnS zeigt diese Eig., sofern die $NiCl_2$-Lsg. bis 0.02 molar, nicht aber 0.05 molar an HCl ist, I. M. KOLTHOFF, F. S. GRIFFITH (*J. Phys. Chem.* **42** [1938] 541/5). Erklärung der induzierten Fällung mit der z. T. schon im älteren Schrifttum (s. unten) diskutierten Existenz verschiedener Modifikationen des NiS, H. KATÔ (*Sci. Rep. Tohoku Univ.* I **26** [1937] 733/42, 739, **28** [1939] 588/94, 593), sowie durch Oberflächeneffekte des Nd. in Verb. mit starken Übersättigungserscheinungen in den Lsgg. s. I. M. KOLTHOFF, D. R. MOLTZAU (*Chem. Rev.* **17** [1935] 293/35, 304). Weitere Veröff. zum mutmaßlichen Rk.-Mechanismus der NiS-Bldg. in wss. Lsg. und über die Ursache der Abhängigkeit der Löslichkeit in verd. Säuren (vgl. S. 668) von Herst. und Alter der Präpp.: F. FEIGL (*Z. Anal. Chem.* **65** [1924/25] 25/46, 30), A. THIEL, H. OHL (*Z. Anorg. Allgem. Chem.* **61** [1909] 396/412, 406), L. BRUNER (*Anz. Akad. Wiss. Krakau* **1906** 603/11, 604), J. L. R. MORGAN, A. H. GOTTHELF (*J. Am. Chem. Soc.* **21** [1899] 494/502), W. OSTWALD (*Die wissenschaftlichen Grundlagen der analytischen Chemie*, 2. *Aufl.*, *Leipzig* 1897, S. 145), A. VILLIERS (*Compt. Rend.* **119** [1894] 1208/10), H. BAUBIGNY (*Compt. Rend.* **94** [1882] 1417/9).

Zur Darst. von $\gamma$-NiS nach einer von A. THIEL, H. GESSNER (*Z. Anorg. Allgem. Chem.* **86** [1914] 1/57, 41) entwickelten Meth. wird eine 0.25 Mol $NiSO_4 \cdot 7H_2O$ und 0.025 Mol $H_2SO_4$ je l enthaltende Lsg. bei 0° mit $N_2$ gesättigt. Man leitet $1^1/_2$ Std. ein $H_2S$-$N_2$-Gemisch hindurch und erhitzt in der Druckflasche 2 Std. bei 100°. Trocknen des mit ausgekochtem $H_2O$ sulfatfrei, dann mit Alkohol und Äther gewaschenen Nd. bei 110°, J. C. RÖHNER laut N. H. KOLKMEIJER, A. L. T. MOESVELD (*Z. Krist.* **80** [1931] 91/102, 91), vgl. auch J. C. RÖHNER (*Proefschr. Utrecht* 1929, S. 9). Fällung mit $H_2S$-

Gas aus n-$NiSO_4$-Lsg., die mit verd. $H_2SO_4$-Lsg. sehr schwach angesäuert ist, unter $N_2$ als Schutzgas in der von E. DÖNGES (*Z. Anorg. Allgem. Chem.* **253** [1947] 345/51, 346) angegebenen App. und Trocknen des Präp. im Vak. zunächst bei gewöhnl. Temp., dann über NaOH bei 150° und im Hochvak. bei 300° bis 400° empfiehlt O. GLEMSER (in: G. BRAUER, *Handbuch der präparativen anorganischen Chemie*, 2. *Aufl.*, *Stuttgart* 1962, S. 1351). Etwas $NiS_2$ enthaltendes, gut krist. $\gamma$-NiS entsteht aus der Lsg. von 2 g $NiSO_4 \cdot 7H_2O$ in 15 ml 1%iger $H_2SO_4$-Lsg. durch Sättigen mit gasf. $H_2S$ bei 0°, Zugabe von 0.5 g Schwefelblüte und 1wöchige Wärmebehandlung bei 105° im Einschmelzrohr, D. LUNDQVIST (*Arkiv Kemi Mineral. Geol.* **24** A Nr. 23 [1947] 1/7, 3). Nadelförmige NiS-Kristalle erhält man aus einer Lsg. mit 0.2 g Ni-Sulfat und 3 g Essigsäure je 140 ml durch Sättigen mit $H_2S$-Gas bei 0° und mehrwöchiges Stehen bei gewöhnl. Temp. im verschlossenen Gefäß, H. BAUBIGNY (*Compt. Rend.* **94** [1882] 1715/7), schneller in Form messinggelber Kristalle durch $H_2S$-Einw. unter hohem Druck, wenn essigsaure $NiSO_4$-$NH_4SCN$-Lsg. (Molverhältnis Ni:SCN = 1:2) im zu $^2/_3$ gefüllten Einschmelzrohr 4 bid 6 Std. bei 230° bis 250° belassen wird, E. WEINSCHENK (*Z. Krist.* **17** [1890] 486/504, 496). — Über Darst. von röntgenographisch nur $\beta$-NiS enthaltendem Präp. durch Fällen von essigsaurer Ni-Acetatlsg. mit $H_2S$-Gas, Waschen mit $H_2O$ und kurzes Absaugen der Waschfl. berichten G. R. LEVI, A. BARONI (*Z. Krist.* **92** [1935] 210/5, 211), E. DÖNGES (*Z. Anorg. Allgem. Chem.* **253** [1947] 345/51, 347), doch läßt sich die Angabe von G. R. LEVI, A. BARONI (*l. c.*) nicht experimentell bestätigen und wird als Täuschung der Autoren infolge Erwärmens des Präp. während der Elektronenbeugungsaufnahme auf Tempp. oberhalb der Umwandlungstemp. $\gamma$-NiS$\rightarrow\beta$-NiS (vgl. S. 630/1) angesehen, G. LUNDQVIST (*l. c.* S. 2). Bestätigung der Bldg. von $\gamma$-NiS bei Fällung aus angesäuerter, mit $H_2S$-Gas kalt gesätt. $NiSO_4$-Lsg. im zugeschmolzenen Gefäß während 12 bis 48 Std. bei 60° bis 80°. Gleichzeitig bildet sich etwas $NiS_2$ als Schicht an der Grenzfläche Lsg.–Gas, G. S. GRITSAENKO, N. N. SLUDSKAYA, N. K. AIDINYAN (*Izv. Akad. Nauk SSSR Ser. Geol.* **1950** Nr. 2, S. 112/29, 116, *C.A.* **1951** 56). Wird ein aus heißer essigsaurer Ni-Acetatlsg. unter Luftausschluß gefällter Nd. einige Std. mit der Mutterlauge gekocht, um gleichzeitig entstandenes $\alpha$-NiS in $\beta$-NiS überzuführen, ist das Präp. infolge weitergehender Umwandlung stets durch $\gamma$-NiS verunreinigt, A. THIEL, H. GESSNER (*Z. Anorg. Allgem. Chem.* **86** [1914] 1/57, 41).

NiS bildet sich in heißen Ni-Salzlsgg., die $Na_2S_2O_4$ oder $Na_2S_2O_3$ enthalten, vgl. „*Schwefel*" *Tl.* B, S. 392, 936.

*From Aqueous Alkaline Solution*

**Aus wäßrig-alkalischer Lösung.** Derart gefällte Ndd. bestehen unmittelbar nach der Bldg. zumindest teilweise wohl aus $Ni(SH)_2$, vgl. S. 676. Außer H enthalten sie auch O, sobald sie feucht mit $O_2$ in Berührung gekommen sind, s. S. 676. — NiS bildet sich als Nd. nach Zugabe von Alkalimonosulfidlsg. zu neutralen und ammoniakal. Ni-Salzlsgg. unter Paraffin (als Schutzschicht gegen Luft). Durch Erhöhung der Temp. sowie der $Ni^{2+}$- und $S^{2-}$-Konz. wird die Bldg. gefördert, während steigende Gehalte an freiem $NH_3$ die Fällung verzögern. Einige als Fremdelektrolyt zu $NH_3$-haltigen Lsgg. zugefügte $NH_4$-Salze wirken bei gewöhnl. Temp. z. T. reaktionshemmend, A. THIEL, H. OHL (*Z. Anorg. Allgem. Chem.* **61** [1909] 396/412, 401). Zur Darst. von vorwiegend $\alpha$-NiS enthaltendem Präp. wird entsprechend der von A. THIEL, H. OHL (*l. c.* S. 42) empfohlenen Meth. 0.4n-$NiCl_2$-Lsg., die 0.8 Val $NH_4Cl$/l enthält, unter $N_2$ als Schutzgas in geeigneter App. (s. Original) mit luftfrei entwickeltem $NH_3$-Gas behandelt und mit zur vollständigen Fällung unzureichender Menge luft- und $CO_2$-freiem $H_2S$-Gas versetzt. Reinigen des Nd. in der App. durch 15- bis 20maliges Dekantieren mit $H_2O$ und Absaugen der Waschfl., E. DÖNGES (*Z. Anorg. Allgem. Chem.* **253** [1947] 345/51, 346). Trocknen des nach dieser Meth. dargestellten Präp. im Vak., O. GLEMSER (in: G. BRAUER, *Handbuch der präparativen anorganischen Chemie*, 2. *Aufl.*, *Stuttgart* 1962, S. 1351). Darst. von $\alpha$-NiS unter $N_2$ aus $NiSO_4$-Lsg. in $\sim$0.1n-NaOH-Lsg., J. C. RÖHNER (*Proefschr. Utrecht* 1929, S. 23). Um das Arbeiten mit Schutzgas zu vermeiden, entwickeln A. THIEL, H. OHL (*l. c.*) eine Meth. unter Verwendung frisch bereiteter, weitgehend luftfreier Na-Sulfid- und Ni-Salzlsg. — Die Röntgeninterferenzen des $\beta$-NiS zeigt der durch Thioacetamid aus $NH_4NO_3$ und 0.4 bis 1.2 Mol $NH_4OH$/l enthaltender Ni-Salzlsg. der Ionenstärke 0.5 bei 50° bis 80° fällbare Nd. (Unters. des Rk.-Mechanismus s. Original), S. WASHIZUKA (*Bunseki Kagaku* **12** [1963] 20/6 nach *C.A.* **58** [1963] 10707).

Luftbeständiges NiS entsteht in wss. Lsg. bei 160° im Einschlußrohr aus $NiCl_2$ und $K_2S$, H. DE SENARMONT (*Ann. Chim. Phys.* [*Paris*] [3] **30** [1850] 129/46, 142), aus $NiCl_2$ und K-Polysulfid in Ggw. von viel Alkalihydrogencarbonat, H. DE SENARMONT (*Ann. Chim. Phys.* [*Paris*] [3] **32** [1851] 129/75, 164).

*From Non-aqueous Solution*

**Aus nichtwäßriger Lösung.** In methanol. und äthanol. $NiCl_2$-Lsg. entstehen schwarze Rk.-Prodd. unbestimmter Zus. bei Zugabe von alkohol. $Na_2S$-Lsg. Nach beendeter Fällung enthalten die Ndd.

Cl und mehr Ni, als der Zus. NiS entspricht, W. L. GERMAN, T. W. BRANDON (*J. Chem. Soc.* **1940** 1329/33). Bldg. als Überzug auf metall. und anorgan. nichtmetall. Stoffen aus Ni-Acetat und $H_2S$ in $H_2O$-freiem Medium, ISRAELI PRIME MINISTER'S OFFICE, P. PERLMAN (*Isr. P.* 13997 [1961] nach *C. A.* **56** [1962] 7464).

*Formation Data*

**Bildungsgrößen** in kcal/mol NiS für 298 K°, wenn nicht anders angegeben.

*From the Solid Elements*

**Aus den festen Elementen.**

| $-\Delta H$ | $-\Delta G$ | Bemerkungen und Literatur |
|---|---|---|
| 17.5 | — | für krist. NiS } ber. unter Benutzung der von J. THOMSEN |
| 18.6 | — | für gefälltes krist. NiS } (*Thermochemische Untersuchungen, Bd.* 3, *Leipzig* 1883, S. 451) gem. Rk.-Wärme der Bldg. aus $NiSO_4$ und $Na_2S$ in wss. Lsg., der Gasgleichgew.-Bestt. von R. SCHENCK, E. RAUB (*Z. Anorg. Allgem. Chem.* **178** [1929] 225/51, 248) über den aus Ni und $SO_2$ entstehenden festen Phasen und den von W. M. LATIMER (*The Oxidation States of the Elements and Their Potentials in Aqueous Solutions, New York* 1952, S. 199) ber. $\Delta G$-Werten, F. D. ROSSINI, D. D. WAGMAN, W. H. EVANS, S. LEVINE, I. JAFFE (*Circ. Nat. Bur. Std.* Nr. 500 [1952] 247). |
| 20.2 | 20.6 | aus $\Delta G_T$-Funktionen, die für Rkk. von $Ni_3S_2$, $Ni_6S_5$ und NiS mit $H_2$ sowie $H_2S$ experimentell ermittelt sind, T. ROSENQVIST (*J. Iron Steel Inst.* [*London*] **176** [1954] 37/57, 53). |
| 20.4 | — | für krist. NiS und 291°K aus den Messungen von J. THOMSEN (*l. c.*) ber., F. R. BICHOWSKY, F. D. ROSSINI (*The Thermochemistry of the Chemical Substances, New York* 1936, S. 85). |
| 20.7 | 21.3 | aus Gleichgew.-Bestt. von K. JELLINEK, J. ZAKOWSKI (*Z. Anorg. Allgem. Chem.* **142** [1925] 1/53, 39) zur Rk. des NiS mit $H_2$ bei 630°C, K. K. KELLEY (*U.S. Bur. Mines Bull.* Nr. 406 [1937] 55). |
| 22.2 $\pm$1.4 | — | für $\beta$-NiS bei Berücksichtigung der $H_2S$-$H_2$-Gleichgew.-Bestt. von T. ROSENQVIST (*l. c.* S. 49) über Ni-Sulfiden, O. KUBASCHEWSKI, E. L. EVANS (*Metallurgical Thermochemistry,* 3. *Aufl., London - New York - Paris - Los Angeles* 1958, S. 262). |
| — | 17.7 | für $\alpha$-NiS } aus den von A. THIEL, H. GESSNER (*Z. Anorg. Allgem. Chem.* |
| — | 27.3 | für $\gamma$-NiS } **86** [1914] 1/57, 48) durchgeführten Löslichkeitsbestt., W. M. LATIMER (*l. c.*). |
| — | 19.08 | für $\alpha$-NiS aus seinem Löslichkeitsprod. ber., N. P. ZHUK (*Zh. Fiz. Khim.* **28** [1954] 1523/7). |
| — | 24.0 | aus Löslichkeitsbestt. von L. MOSER, M. BEHR (*Z. Anorg. Allgem. Chem.* **134** [1924] 49/74, 51) an $\gamma$-NiS, K. K. KELLEY (*l. c.*). |

Für $\gamma$-NiS berechnet sich $\Delta S_{298}$ zu $-2.1$ cal·mol$^{-1}$·°K$^{-1}$ aus experimentellen thermochem. Daten der Verb. und ihrer Komponenten, W. W. WELLER, K. K. KELLEY (*U.S. Bur. Mines Rept. Invest.* Nr. 6511 [1964] 1/7, 7, *C.A.* **61** [1964] 12709). Die aus den Unterss. zur Rk. von Ni mit $SO_2$ von R. SCHENCK, E. RAUB (*l. c.*) erhältlichen Werte für die Bldg.-Größen von NiS sind mit den auf Verss. von A. THIEL, H. GESSNER (*l. c.*) und L. MOSER, M. BEHR (*l. c.*) beruhenden Daten nicht vereinbar, K. K. KELLEY (*l. c.*), vgl. hierzu beim Verh. von NiS gegen NiO, S. 668. Die Übereinstimmung der Angabe von F. R. BICHOWSKY, F. D. ROSSINI (*l. c.*) mit dem aus den Messungen von K. JELLINEK, J. ZAKOWSKI (*l. c.*) ableitbaren Wert wird als zufällig angesehen, F. WEIBKE, O. KUBASCHEWSKI (*Thermochemie der Legierungen, Berlin* 1943, S. 290). — Mit Hilfe der Messungen von J. THOMSEN (*l. c.*) wird $\Delta G_{1000}$ zu $-22.9$ berechnet, E. V. BRITZKE, A. F. KAPUSTINSKY (*Z. Anorg. Allgem. Chem.* **213** [1933] 71/6, 73).

*From Solid Ni and Gaseous $S_2$*

**Aus festem Ni und gasförmigem $S_2$.** $\Delta H_{298} = -29$, $\Delta G_{298} = -25$ für $\alpha$-NiS, $\Delta H_{298} = -37$, $\Delta G_{298} = -32$ für $\beta$-NiS, $\Delta H_{298} = -39$, $\Delta G_{298} = -34$ für $\gamma$-NiS, wobei aus Löslichkeitsdaten von A. THIEL, H. GESSNER (*l. c.*) die $\Delta G$-Werte und daraus mit Hilfe der für FeS bekannten Bldg.-Entropie die $\Delta H$-Werte berechnet sind, L. BREWER, L. A. BROMLEY, P. W. GILLES, N. L. LOFGREN (*Natl. Nucl. Energy Ser. Div.* IV **19** B [1950] 40/59, 44). $\Delta S_{298} = -21.7$ cal·mol$^{-1}$·°K$^{-1}$ für $\gamma$-NiS, W. W. WELLER, K. K. KELLEY (*l. c.*). $\Delta H_{1000} = -35.0$, $\Delta G_{1000} = -17.78$ aus $H_2S$-$H_2$-Gleichgew.-Bestt. über Ni-Sulfiden für $\beta$-NiS, T. ROSENQVIST (*J. Iron Steel Inst.* [*London*] **176** [1954] 37/57, 54). Zwischen 670 und 850°K gilt für $\beta$-NiS nach den Messungen von T. ROSENQVIST (*l. c.* S. 49) die Beziehung $\Delta G_T = -34.98 + 0.017205\,T$, Ge-

nauigkeit $\pm 1.5$ kcal/mol, O. KUBASCHEWSKI, E. L. EVANS (*Metallurgical Thermochemistry, 3. Aufl., London-New York-Paris-Los Angeles* 1958, S. 341). Für $T < 670°K$, den Existenzbereich von $\gamma$-NiS, wird $\Delta G_T = -35.66 + 0.01823T$ unter Benutzung von bekannten thermodynam. Daten des $\gamma$-NiS abgeleitet, T. ROSENQVIST (*l. c.* S. 53). — $\Delta H_0 = -36.4$ aus dem Dissoz.-Druck von $Ni_{<1}S$ bei 630°C nach der NERNSTschen Näherungsformel ber., K. JELLINEK, J. ZAKOWSKI (*Z. Anorg. Allgem. Chem.* **142** [1925] 1/53, 52).

## Besondere Formen der Nickelsulfide

*Special Forms*

Da die Zus. der untersuchten Sulfide nicht immer feststeht, werden Darst. und Eigg. dieser Präpp. hier zusammenfassend behandelt. Angaben zu den im Schrifttum überwiegend als polymorphe Modifikation aufgefaßten Formen s. bei den einzelnen Ni-Sulfiden.

*Thin Films*

**Dünne Schichten.** Über die auf kompaktem Ni, seinen Legg. oder Verbb. durch Einw. von S oder S-haltigen Verbb. entstehenden krustenähnlichen Sulfidschichten s. beim chem. Verh. der Ausgangsstoffe und bei den einzelnen Ni-Sulfiden. Elektrolyt. Abscheidung von Ni-Sulfid enthaltenden metall. Überzügen und deren Eigg. s. „*Nickel*" *Tl.* A. — Darst. als Film auf Ni-Matrizen in der Galvanoplastik durch Behandeln mit 1%iger wss. $Na_2S$-Lsg. s. E. MEHL (*Metal Ind.* [*London*] **74** [1949] 268/9). Nickelsulfidhaltige, dunkle Überzüge entstehen auf Zn-, Fe-, Cu- und Messingblech durch Einw. von sd. wss. $NiS_2O_3$-Lsg., die überschüssiges $S_2O_3^{2-}$ enthält, E. BEUTEL, A. KUTZELNIGG (*Monatsh. Chem.* **58** [1931] 295/306, 305). Herst. von überwiegend Ni-Sulfid enthaltenden dunkelgrauen bis mattschwarzen Überzügen auf Cd und Zn zur Erzielung von Farbeffekten oder Steigerung der Korrosionsbeständigkeit durch Behandeln mit Ni-Salzlsgg., die $S_2O_3^{2-}$ oder $SCN^-$ enthalten und denen zahlreiche Substt. als Puffer und Beschleuniger beigegeben werden können, s. E. F. FOLEY (*Metal Ind.* [*London*] 88 [1956] 227/9). Eine mehrere 100 Molekeln dicke Sulfidschicht läßt sich auf der Oberfläche von Cd-Ni-Lagerlegg. durch Reiben mit einem mit wss. $(NH_4)_2S$-Lsg. getränkten Tuch erzeugen und durch Polieren mit Baumwolle verfestigen. Das Sulfid setzt den Koeff. der Gleitreibung von Stahl auf der Lagerleg. um $\sim 1/3$ herab. Beständigkeit der Schicht in Abhängigkeit von der Belastung, T. P. HUGHES, G. WHITTINGHAM (*Trans. Faraday Soc.* **38** [1942] 9/27, 14).

*Hydrosols. Formation. Preparation*

**Hydrosole. Bildung und Darstellung.** Als kolloide Lsgg. von NiS sind die braun bis schwarz gefärbten Fll. aufzufassen, die aus wss. Ni-Salzlsg. durch Rk. mit $NH_4$-Polysulfidlsg., s. U. ANTONY, G. MAGRI (*Gazz. Chim. Ital.* **31** II [1901] 265/74, 267), und bei Luftausschluß auch aus ammoniakal. und neutraler Ni-Salzlsg. mit polysulfidfreier $(NH_4)_2S$- und $Na_2S$-Lsg. entstehen, bevor Nd.-Bldg. eintritt. Auch in schwach sauren Ni-Salzlsgg. beobachtet man Bldg. kolloider NiS-Lsgg. bei Einw. von $H_2S$-Wasser. In ammoniakal. Lsg. wird die Bldg. bei konst. $NH_3$-Konz. durch wachsende $Ni^{2+}$- und $S^{2-}$-Gehalte begünstigt, durch steigenden $NH_3$-Gehalt erheblich verzögert. In sauren Lsgg. wirkt steigende Acidität hemmend. Erhöhte Temp. fördert in allen Fällen die Rk. Die im älteren, vorwiegend analyt. Schrifttum und auch von U. ANTONY, G. MAGRI (*l. c.*) vertretene Auffassung, daß in diesen Lsgg. Ni-Amminsulfide oder Ni-Polysulfide vorlägen, wird durch den Nachweis der Bldg. von NiS-Sol in $NH_3$-freien und polysulfidfreien Lsgg. widerlegt, A. THIEL, H. OHL (*Z. Anorg. Allgem. Chem.* **61** [1909] 396/412, 402). Ältere Lit. zur Bldg. kolloider Lsgg. in alkal. Medium: A. VILLIERS (*Compt. Rend.* **119** [1894] 1263/6), A. TERREIL (*Compt. Rend.* **45** [1857] 652/5), J. J. BERZELIUS (*Lehrbuch der Chemie, 5. Aufl., Bd. 2, Dresden-Leipzig* **1844**, S. 667), R. TUPPUTI (*Ann. Chim.* [*Paris*] **79** [1811] 153/98, 182), F. P. TREADWELL (*Kurzes Lehrbuch der analytischen Chemie, 1. Aufl., Bd. 1, Leipzig-Wien* 1899, S. 114, 4. *Aufl., Bd.* I, *Leipzig-Wien* 1906, S. 129), L. L. DE KONINCK (*Compt. Rend.* **120** [1895] 735/7), A. LECRENIER (*Chemiker-Ztg.* **13** [1889] 449/50).

Darst. von max. 1 Tag beständigem Sol aus sehr verd. Ni-Salzlsg. durch Zugabe von etwas $H_2S$ und einigen Tropfen $NH_3$-Lsg., C. WINSSINGER (*Bull. Acad. Roy. Sci. Lettres Beaux Arts Belgique* [3] **15** [1888] 390/406, 403). Bis zu mehreren Monaten unter Luftausschluß beständige NiS-Sole lassen sich aus frisch gefälltem, gründlich gewaschenem Ni-Aquoxid und wss. $NH_3$-Lsg. durch Sättigen mit $H_2S$-Gas darstellen; geeignete Konzz. 0.01 bis 2 g Ni/l, 100 g $NH_3$/l. Bei Anwendung von Ni-Konzz. über 1 g/l bleiben jedoch größere Mengen Nd. zurück. Als wesentlich für die Bldg. beständiger Sole wird $NH_3$-Überschuß und Sättigung an $H_2S$ angesehen. Vertreiben des überschüssigen $H_2S$ mit $H_2$ nach der Darst. erhöht die Beständigkeit. Bei Umsetzung von $NiSO_4$-Lsg. nach der Meth. von F. EPHRAIM (*Ber. Deut. Chem. Ges.* **56** [1923] 1885/6) mit einer an $H_2S$ gesätt. $NH_3$-Lsg., in der Schwefelblüte gelöst ist (100 g $NH_3$ und 17.5 g Gesamt-S je l), wird keine Solbldg. vor Einsetzen der Sulfidfällung beobachtet, P. C. L. THORNE, E. W. PATES (*Kolloid-Z.* **38** [1926] 155/8).

Darst. durch Kondensation in 0.01 m-$Ni(NO_3)_2$-Lsg. in Ggw. von Gummi arabicum als Schutzkolloid, indem die ber. Menge 4.3%iger $Na_2S$-Lsg. portionsweise in einer schnellaufenden Mühle zugefügt wird. Präpp. mit max. 0.3 g NiS/l sind bei gewöhnl. Temp. mindestens 24 Std. beständig. Reinigung und Konz. in Ultrafilterpressen, MASCHINENBAU-ANSTALT HUMBOLDT (*D.P.* 416062 [1921/25], *C.* **1926** I 467). Umsetzung von 0.01 n-$Na_2S$-Lsg. mit 0.01 n-$NiCl_2$-Lsg. und Reinigung durch Dialyse ergibt NiS-Sol vom $p_H$-Wert ~8 mit 300 bis 600 mg NiS/l, E. M. NANOBASHVILI, L. P. BERUCHASHVILI (*Tr. Pervogo Vses. Soveshch. Radiatsion. Khim., Moskva* 1957, S. 78/81, *C.A.* **1959** 11950; *Radiation Chemistry of Aqueous Solutions [Inorganic and Organic Systems], New York* 1959, S. 69/72 nach *N.S.A.* **13** [1959] Nr. 22095). — NiS-Sol geringer Beständigkeit entsteht bei Einw. von $H_2S$-Gas auf alkal. Ni-Tartratlsg., wie TYNDALL-Effekt und Verh. gegen Gummi arabicum bestätigen. Ein Gehalt von 5 Val NaOH/Val Ni verhindert mit Sicherheit Nd.-Bldg. bei Herst. des Sols, wenn kein Fremdelektrolyt zugegen ist, O. F. TOWER (*J. Am. Chem. Soc.* **22** [1900] 501/22, 518). Unterss. zur Abhängigkeit der Bldg. von NiS-Sol in $NH_4$-Tartrat enthaltender Lsg. von der Konz. der Ausgangssubstt. (Ni-Aquoxid, Weinsäure und $NH_3$) ergeben bis zu 2 Monate beständige Sole, belegen gleichzeitig aber auch die Begünstigung der Bldg. durch steigende $NH_3$-Konz. und sinkenden Tartratgehalt. Ggw. von $NH_4$-Tartrat wird deshalb nicht als wesentliche Voraussetzung zur Solbldg. angesehen, A. DUMANSKII, A. BUNTIN (*Zh. Russ. Fiz.-Khim. Obshchestva* **61** [1929] 279/314, 304, *C.A.* **1929** 3841).

Ziemlich beständiges NiS-Sol entsteht aus frisch unter $O_2$-Ausschluß gefälltem NiS durch Dispersion in $H_2O$ mit $H_2S$, wobei das Gas merklich adsorbiert und das Molverhältnis S:Ni ≈ 2 im Sol erreicht wird, W. H. CONE, M. M. RENFREW, H. W. EDELBLUTE (*J. Am. Chem. Soc.* **57** [1935] 1434/6). Bldg. aus dem in schwach $NH_3$-haltiger $NiSO_4$-Lsg. mit $H_2S$ unvollständig gefällten Nd. durch Peptisation in $NH_3$-Lsg. mit $H_2S$-Gas, P. C. L. THORNE, E. W. PATES (*l. c.*).

*Properties*

**Eigenschaften.** Beständigkeit einzelner Präpp. bei gewöhnl. Temp. s. bei ihrer Darst., S. 653. — Aus sehr verd. Ni-Salzlsg. bereitetes Sol ist grünlichbraun, besitzt im sichtbaren Bereich eine starke Absorptionsbande vom äußersten Violett bis zum Grün sowie geringe Absorption im äußersten Rot, C. WINSSINGER (*l. c.* S. 404). Farbe von NiS-Sol hellbraun bei der Ni-Konz. 0.065 g/l, schwarz bei 0.3 g/l und 1 cm Schichtdicke, P. C. L. THORNE, E. W. PATES (*Kolloid-Z.* **38** [1926] 155/8). Lichtabsorption in relativen Einheiten von NiS-Hydrosolen mit $1 \cdot 10^{-4}$ bis $4 \cdot 10^{-4}$ Gew.-% Ni s. A. MICKWITZ (*Z. Anorg. Allgem. Chem.* **196** [1931] 113/9, 115). In Bestätigung der Auffassung von A. THIEL, H. OHL (*Z. Anorg. Allgem. Chem.* **61** [1909] 396/412, 398), daß das Ni-Sulfid als Kolloid vorliegt, wird es bei Filtration mit Kollodiummembran zurückgehalten; der BROWNschen Bewegung unterworfene Teilchen sind im Ultramikroskop erkennbar. NiS-Sol ist negativ geladen, P. C. L. THORNE, E. W. PATES (*l. c.*). Die an $NH_4$-Sulfid enthaltendem NiS-Sol gem. elektr. Leitf. stimmt mit der Leitf. reiner $(NH_4)_2S$-Lsg. gleicher Konz. überein, U. ANTONY, G. MAGRI (*Gazz. Chim. Ital.* **31** II [1901] 265/74, 273). Durch Dialyse gereinigtes Sol mit 300 bis 600 mg NiS/l besitzt die ungefähre Leitf. $3 \cdot 10^{-4}\ \Omega^{-1} \cdot cm^{-1}$. Einw. von γ-Strahlung löst Nd.-Bldg. aus, E. M. NANOBASHVILI, L. P. BERUCHASHVILI (*l. c.*). Keine Ausflockung durch Entzug von $NH_3$ im Vak. über $H_2SO_4$, durch Dialyse gegen 10%ige $NH_3$-Lsg. und durch Fremdsalze, die gegen $NH_3$ und $H_2S$ beständig sind. Koagulierend wirken Dialyse gegen $H_2O$, ~$^1/_2$std. Sieden und Luftsauerstoff, P. C. L. THORNE, E. W. PATES (*l. c.*). Starke Koagulation durch Fremdsalze in alkal. Tartratlsg., O. F. TOWER (*l. c.*). Unters. der Ox. von NiS-Sol durch $O_2$ zu $SO_4^{2-}$ bei 35° s. T. I. DOBRASHEVA (*Tr. Novocherk. Politekhn. Inst.* **1957** Nr. 44/58, S. 225/46 nach *C.A.* **1959** 19709). Aus NiS-Hydrosol läßt sich das Sulfid mit $C_6H_6$ extrahieren, wobei es sich an der Grenzfläche der Lsgmm. ansammelt, S. G. MOKRUSHIN, V. I. BORISIKHINA (*Tr. Ural'sk. Politekhn. Inst.* Nr. 69 [1957] 4/8, *C.A.* **1961** 4219).

*Organosols*

**Organosole.** In Eisessig entsteht NiS-Sol beim Einleiten von gasf. $H_2S$ in eine Lsg. von Ni-Acetat. Mit Mastix als Schutzkolloid ist es nicht ganz so stabil wie die analog dargestellten, ~1 Monat beständigen Sulfidsole von As, Co und Cu, A. L. ELDER, P. N. BURKARD (*J. Phys. Chem.* **41** [1937] 621/4). Auf gleiche Weise erhält man NiS-Sol aus sehr verd. $Ni(NO_3)_2$-Lsgg. in Methanol, Aceton, Dioxan (Schutzkolloid Cellulosenitrat) sowie Benzol und Diäthyläther (Schutzkolloid Kautschuk). Zweckmäßig werden die Kautschuk enthaltenden Sole 24 Std. nach ihrer Darst., die übrigen nach 2 bis 4 Tagen filtriert. Die Präpp. erscheinen im reflektierten Licht schwarz. In der Durchsicht sind die Organosole in Diäthyläther und Aceton grau, in den übrigen Dispersionsmitteln schwarz gefärbt. Die Stabilität des Sols nimmt in der Reihenfolge Methanol > Dioxan > Benzol > Diäthyläther > Aceton ab, A. A. VERNON, H. A. NELSON (*J. Phys. Chem.* **44** [1940] 12/20, 16, 20/5, 23). Darst. von schwarzem, mehr als 1000 Std. beständigem NiS-Sol in absol. oder 96%igem Äthanol

oder in Äthanol-Äther-Gemisch durch Umsetzung von $Ni(NO_3)_2$ oder $NiCl_2$ in Lsg. mit gasf. $H_2S$ oder $Na_2S$-Lsg., Schutzkolloid Nitrocellulose, R. N. KAGAN, I. S. LAVROV (*Tr. Leningr. Tekhnol. Inst. im. Lensoveta* Nr. 37 [1957] 154/8, *C.A.* **1959** 2898). In Glycerin, $C_3H_8O_3$, als Dispersionsmittel wird das Sol dargestellt aus einer Mischung von 20 ml $C_3H_8O_3$ mit 1 ml 2.5%iger wss. Lsg. von $Ni(NO_3)_2$-Hydrat durch Schütteln mit 20 ml einer Mischung von $NH_4$-Polysulfid mit $C_3H_8O_3$, bereitet aus 25 ml wss. $(NH_4)_2S_x$-Lsg. und 130 ml $C_3H_8O_3$. Die tief dunkelbraune, in dünner Schicht gelbbraune, zähe Fl. ist bei gewöhnl. Temp. im verschlossenen Gefäß mehrere Wochen beständig; keine Nd.-Bldg. beim Sieden. Verd. mit dem mehrfachen Vol. $H_2O$ bewirkt Koagulation nach 1 bis 2 Tagen, A. MÜLLER (*Chemiker-Ztg.* **28** [1904] 357/8).

*Vitreosols*

**Vitreosole.** Ziehproben weicher $Na_2O$-CaO-$SiO_2$-Gläser enthalten Ni-Sulfid gelöst, wenn in ihrer Schmelze $NiSO_4$ äußerst geringer Konz. durch Al-Pulver reduziert wird. Die Proben erscheinen lackschwarz. Wird die Schmelze nicht rasch genug abgekühlt oder ist die $NiSO_4$-Konz. zu hoch, flockt braunschwarzes Sulfid aus, H. HEINRICHS (*Glastech. Ber.* **6** [1928/29] 51/4).

*Precipitation in Hydrogels*

**Fällung in Hydrogelen.** Ni-Sulfid wird schichtenförmig in Gelatine gefällt, wenn diese mit farbloser wss. $(NH_4)_2S$-Lsg. getränkt ist und $Ni^{2+}$ aus wss. Ni-Salzlsg. aufsteigend hineindiffundiert (sog. rhythm. Fällung). In mit $Na_2S$-Lsg. getränkter Gelatine entsteht unter sonst gleichen Bedingungen eine schwarze, im unteren Tl. der Gelatinesäule undurchsichtige, im oberen Tl. durchscheinende kolloide Suspension, J. HAUSMANN (*Z. Anorg. Allgem. Chem.* **40** [1904] 110/45, 123). Fällung in dünner Gelatineschicht mit konz. $Na_2S$-Lsg. in Ggw. anderer sulfidbildender Kationen s. S. M. KUZMENKO (*Ukr. Khim. Zh.* **3** Nr. 2 [1928] 231/5 nach *C.A.* **1929** 557). Rhythm. Ni-Sulfidfällung wird nicht mit $(NH_4)_2S$ in Gelatine, aber in Agar-Agar beobachtet, das mit wss. 0.4n- bis 0.6n-$Na_2S$-Lsg. getränkt und mit wss. 0.7n- bis 2.0n-$NiCl_2$- oder $NiSO_4$-Lsg. überschichtet ist, O. F. TOWER, E. E. CHAPMAN (*J. Phys. Chem.* **35** [1931] 1474/6). Starke Beschleunigung der Fällung in $(NH_4)_2S$-haltiger Gelatine durch Anlegen eines elektr. Feldes, S. I. D'YACHKOVSKII, N. BORISOVA (*Kolloidn. Zh.* **12** [1950] 112/3, *C.* **1951** I 2128).

## Physikalische Eigenschaften

*Physical Properties*

*Crystallographic Properties. Polymorphism*

**Kristallographische Eigenschaften. Polymorphie.** Auf Grund von Bldg.-Bedingung, mikroskop. Aussehen und der Löslichkeit in Säuren existieren zwei als β- und γ-NiS unterschiedene Modifikationen sowie eine amorphe Form (α-NiS). Die α-Form ist kein Hydrat des NiS, wie Trocknungsverss. nach Waschen mit Äthanol und Äther beweisen, A. THIEL, H. GESSNER (*Z. Anorg. Allgem. Chem.* **86** [1914] 1/57, 29, 46), vgl. Lit.-Übersicht von I. M. KOLTHOFF, D. R. MOLTZAU (*Chem. Rev.* **71** [1935] 293/335, 310). Unterss. der Gitterstruktur bestätigen diese Polymorphie. β-NiS entspricht der δ-Phase, γ-NiS der δ'-Phase des Systems Ni–S. Die als α-NiS bezeichnete Form erscheint auch röntgenographisch amorph, G. R. LEVI, A. BARONI (*Z. Krist.* **92** [1935] 210/5). Die Existenz von nur 2 Modifikationen, I-NiS und II-NiS, wird auf Grund von quantitativ verfolgten $H_2S$-Fällungen in schwach sauren $NiSO_4$-Lsgg. angenommen. Nur das I-NiS steht im Gleichgew. mit den Ionen in der Lsg. und ist daher die allein aus Lsgg. fällbare Modifikation. Es geht allmählich in das stabilere II-NiS über. Die in der Lit. als α-NiS bezeichnete Form soll mit I-NiS in kolloidem Zustand, β-NiS mit einem Gemisch von I-NiS und II-NiS, γ-NiS mit II-NiS identisch sein, H. KATÔ (*Sci. Rep. Tohoku Univ. First Ser.* **26** [1937] 733/42, 739). Nach analyt. Unterss. wird die α-Form als Gemisch aus $Ni(SH)_2$ und wenig NiS angesehen, A. W. MIDDLETON, A. M. WARD (*J. Chem. Soc.* **1935** 1459/66); Unterss. der Gitterstruktur an gefällten Ni-Sulfiden bekräftigen diese Auffassung, D. LUNDQVIST (*Arkiv Kemi Mineral. Geol.* **24** A Nr. 13 [1947] 1/7, 4); Näheres s. S. 676.

γ-NiS ist die bei gewöhnl. Temp. stabile Modifikation. Bei Bldg. unter Luftausschluß entsteht in alkal. Lsg. primär die unter dieser Bedingung verhältnismäßig beständige α-Form. Sie wandelt sich jedoch in essigsaurer Lsg. über β-NiS in γ-NiS um, so daß gefällte Präpp. von α-NiS und β-NiS stets durch die stabileren Modifikationen verunreinigt sind, γ-NiS aber aus sd. Lsg. geeigneter Acidität (vgl. S. 650) rein erhältlich ist. Übereinstimmend hiermit nimmt die Löslichkeit in Säuren von α- NiS über β- zum γ-NiS hin beträchtlich ab, A. THIEL, H. GESSNER (*l. c.* S. 41). Bei hoher Temp. ($>400°$) ist β-NiS die stabile Modifikation; Näheres zum Stabilitätsbereich von β- und γ-NiS s. bei der δ- und δ'-Phase des Systems Ni–S, S. 630.

*Crystal Form*

**Kristallform.** Nadelförmige, oberflächlich dunkelgrüne, samtglänzende, im Bruch metallisch hellgelbe Kristalle, z. T. in büschelförmigen Aggregaten, bei sehr langsamer Bldg. aus essigsaurer Lsg., H. BAUBIGNY (*Compt. Rend.* **94** [1882] 1715 Fußnote). Aus heißer Lsg. unter hohem Druck erhältliche

Einzelkristalle mit stark glänzenden Flächen gleichen in Form und Farbe dem Millerit, E. WEINSCHENK (*Z. Krist.* **17** [1890] 486/504, 500). Bei Krist. aus 60° bis 80° warmer Lsg. unter Druck meist dendrit. und kuglige Aggregate, gelegentlich lange, stäbchenförmige, auch radialstrahlige Verwachsungen, G. S. GRITSAENKO, N. N. SLUDSKAYA, N. KH. AIDINYAN (*Izv. Akad. Nauk SSSR Ser. Geol.* **1950** Nr. 2, S. 112/29, 116, *C.A.* **1951** 56).

*Lattice Structure*

**Gitterstruktur.** *γ-NiS* entspricht der δ'-Phase des Systems Ni–S, s. S. 631. — Rhomboedrisch, eigener Gittertyp (Milleritttyp) der Raumgruppe R3m–$C_{3v}^5$ mit Z = 3, nach Drehkristall-, LAUE- und DEBYE-SCHERRER-Aufnahmen an Millerit von Wissen (Sieg), N. ALSÉN (*Geol. Foren. Stockholm Forh.* **47** [1925] 19/72, 65). Bestätigung des Gittertyps durch Pulveraufnahmen an Millerit, H. W. V. WILLEMS (*Physica* [*Eindhoven*] **7** [1927] 203/7), sowie an einem nach der auf S. 650 beschriebenen Meth. bei ~100° hergestellten Präp. s. N. H. KOLKMEIJER, A. L. T. MOESVELD (*Z. Krist.* **80** [1931] 91/102, 95).

Gitterkonstanten in kX für die rhomboedr. Elementarzelle mit Z = 3 und die hexagonale Elementarzelle mit Z = 9; aus Daten der anderen Indizierung umgerechnete oder zusätzlich ber. Werte in Kursivdruck (zum Vergleich Werte für Millerit):

| rhomboedrisch | | hexagonal | | | Darst. des Präp. | Lit. |
|---|---|---|---|---|---|---|
| a | α | a | c | c/a | | |
| *5.633* | *116°38'* | 9.587 | 3.145 | 0.3281 | S-reicher Grenzmischkristall, aus den Elementen im Vak., bei 200° bis 400° getempert | 1) |
| *5.636* | *116°38'* | 9.591 | 3.145 | *0.3279* | Millerit von Altenkirchen | 1) |
| 5.636 | 116°35.0' | *9.590* | *3.162* | *0.330* | aus schwach schwefelsaurer Lsg. gefällt | 2) |
| *5.639* | *116°38'* | 9.596 | 3.145 | 0.3278 | Ni-reicher Grenzmischkristall. Darst. analog dem an S gesätt. Präp. | 1) |
| 5.64 | 116°36' | 9.60 | 3.15 | 0.328 | Millerit von Wissen (Sieg) | 3) |
| | | | | | aus angesäuerter $NiSO_4$-Lsg. in Ggw. von elementarem S bei 105° mit $H_2S$ gefällt | 4) |
| *5.641* | *116°38'* | 9.601 | 3.143 | *0.327* | Millerit bei 25° | 5) |
| *5.647* | *116°38'* | 9.61 | 3.155 | 0.329 | Millerit | 6) |
| *5.65* | *116°36'* | 9.61 ±0.01 | 3.16 ±0.01 | 0.32 | aus schwach schwefelsaurer Lsg. gefälltes γ-NiS | 7) |
| 5.655 | 116°35' | 9.62 | 3.17 | 0.330 | Millerit | 8) |
| *5.675* | *116°48'* | 9.66 | 3.145 | 0.326 | Millerit von Wissen/Sieg | 9) |

1) Pulveraufnahmen, D. LUNDQVIST (*Arkiv Kemi Mineral. Geol.* **24** A Nr. 21 [1947] 1/12, 8); Bestätigung der Werte s. G. KULLERUD, R. A. YUND (*J. Petrol.* **3** [1962] 126/75, 161). — 2) DEBYE-SCHERRER-Aufnahmen mit CuKα-Strahlung, N. H. KOLKMEIJER, A. L. T. MOESVELD (*l. c.*). — 3) Pulveraufnahmen mit FeKα-Strahlung, N. ALSÉN (*l. c.* S. 66). — 4) D. LUNDQVIST (*Arkiv Kemi Mineral. Geol.* **24** A Nr. 23 [1947] 1/7, 5). — 5) Pulveraufnahmen mit $CuK\alpha_1$-Strahlung und W als Eichsubst., H. E. SWANSON, M. C. MORRIS, R. P. STINCHFIELD, E. H. EVANS (*U. S. Nat. Bur. Std. Monograph* Nr. 25 [1962] 37). — 6) Drehkristallaufnahmen, H. OTT (*Z. Krist.* **63** [1926] 222/30, 223). — 7) Elektronenbeugungsaufnahmen, G. R. LEVI, A. BARONI (*Z. Krist.* **92** [1935] 210/5, 212). — 8) DEBYE-SCHERRER-Aufnahmen mit FeK- und CuKα-Strahlung, H. W. V. WILLEMS (*l. c.*). — 9) Drehkristallaufnahmen senkrecht zur c-Achse, N. ALSÉN (*Geol. Foren. Stockholm Forh.* **45** [1923] 606/9, **47** [1925] 19/72, 62). — Abstände für 32 Netzebenen und relative Intensitäten ihrer Reflexionen aus Pulveraufnahmen mit CuK-Strahlung an einem Millerit von Sudbury, Ontario, G. A. HARCOURT (*Am. Mineralogist* **27** [1942] 63/113, 91), desgl. für 31 Netzebenen aus Aufnahmen mit FeK-Strahlung an γ-NiS in Abhängigkeit von Darst. und Zerkleinerung des Präp. sowie aus Unterss. anderer Autoren ber. Werte für Millerit verschiedener Herkunft, G. S. GRITSAENKO, N. N. SLUDSKAYA, N. KH. AIDINYAN (*Izv. Akad. Nauk SSSR Ser. Geol.* **1950** Nr. 2, S. 112/29, 124, *C. A.* **1951** 56). Angaben in Å für 36 Netzebenen aus Pulveraufnahmen mit $CuK\alpha_1$-Strahlung an Millerit, H. E. SWANSON u. a. (*l. c.*).

Gitterbau. In dem sehr flachen Elementarrhomboeder besetzen Ni und S die Atomlagen x, x, z; z, x, x; x, z, x mit den Parametern $x_{Ni} = 0$, $z_{Ni} = 1/3$, $x_S = 0.70$, $z_S = 0.43$, N. ALSÉN (*Geol.*

*Foren. Stockholm Forh.* **47** [1925] 19/72, 65). Parameter $x_{Ni} = 0$, $z_{Ni} = 0.265$, $x_S = 0.75$, $z_S = 0.41$ aus DEBYE-SCHERRER-Aufnahmen mit FeK- und CuKα-Strahlung an Millerit, H. W. V. WILLEMS (*l. c.*). Pulveraufnahmen mit CuKα-Strahlung an einem nach der auf S. 650 beschriebenen Meth. bei ~100°C hergestellten Präp. ergeben bessere als von N. ALSÉN (*l. c.*) beob. Übereinstimmung zwischen gem. und ber. Intensitäten mit den Parametern $x_{Ni} = 0$, $z_{Ni} = 0.264$, $x_S = 0.714$, $z_S = 0.361$, N. H. KOLKMEIJER, A. L. T. MOESVELD (*Z. Krist.* **80** [1931] 91/102, 102). In dem mit den von N. ALSÉN (*l. c.*) gem. Parametern konstruierten Milleritgitter, s. **Fig. 227**, sind die Atome in röhrenförmigen Ketten um die dreizähligen Achsen der Raumgruppe angeordnet. Jedes Atom hat 5 nächste Nachbarn der anderen Art im ungefähren Abstand 2.3 kX, von denen 4 der gleichen Kette und eines einer Nachbarkette angehört. Mit den Parametern nach H. W. V. WILLEMS (*Physica*

Fig. 227.

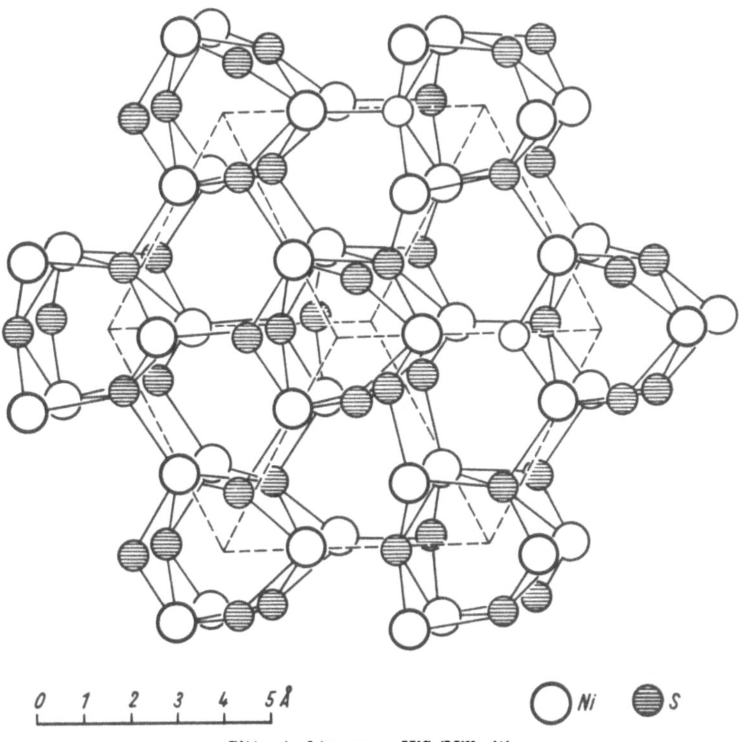


Gitterstruktur von γ-NiS (Millerit).

[*Eindhoven*] **7** [1927] 203/7) ist jedes Atom von 6 Nachbarn der anderen Art umgeben, und zwar von drei in 2.24 kX, zwei in 2.43 kX und einem in 3.45 kX Abstand, P. P. EWALD, C. HERMANN (*Strukturbericht, Bd.* 1, 1931, S. 739/40, 772). Bei Anwendung der Parameter nach N. H. KOLKMEIJER, A. L. T. MOESVELD (*l. c.*) stellt die Milleritstruktur eher ein Molekelgitter dar. Die Nachbarschaftsbeziehungen werden dann nahezu durch obige Fig. wiedergegeben, wenn dort Ni und S ihre Gitterplätze tauschen, C. HERMANN, O. LOHRMANN, H. PHILIPP (*Strukturbericht, Bd.* 2, 1937, S. 6, 234). Jedes Atom hat jetzt 3 nächste Nachbarn der anderen Art. Die Ni-Atome befinden sich mit den zugehörigen S-Atomen nicht in einer Ebene. Kürzester Abstand Ni↔S = 2.17 kX. Zwei weitere Ni sind symmetrisch um jedes S im Abstand 2.36 kX angeordnet. Jedes S-Atom ist von 6 S-Atomen in dreimal zwei gleichen, untereinander wenig verschiedenen Abständen umgeben, N. H. KOLKMEIJER, A. L. T. MOESVELD (*l. c.*). — Ältere Beiträge zur Strukturaufklärung s. N. ALSÉN (*Geol. Foren. Stockholm Forh.* **45** [1923] 606/9, H. OTT (*Z. Krist.* **63** [1926] 222/30, 223).

Gitterenergie in kcal/mol für NiS, nach dem BORN-HABERschen Kreisprozeß berechnet, z. T. ohne Modifikations- und Temp.-Angabe:

859.3 K. B. Yatsimirskii (*Zh. Obshch. Khim.* **17** [1947] 169/74, 172, *C.A.* **1948** 25);
863 L. H. Ahrens, D. F. C. Morris (*J. Inorg. Nucl. Chem.* **3** [1956/57] 270/80, 271);
876.6 für β-NiS und 298°K, P. George, D. S. McClure (*Progr. Inorg. Chem.* **1** [1959] 381/463, 391);
±1.4
883 für 298°K, K. B. Yatsimirskii (*Zh. Neorgan. Khim.* **3** [1958] 2244/52, 2247; *Russ. J. Inorg. Chem.* **3** Nr. 10 [1958] 26/36, 29).

Kristallfeldtheoret. Überlegungen zur Gitterenergie von NiS und anderen Verbb. der Übergangselemente Mn bis Zn s. K. B. Yatsimirskii (*l. c.*; *l. c.* S. 30), P. George, D. S. McClure (*l. c.* S. 401).

*β-NiS*. Entspricht der δ-Phase des Systems Ni–S, s. S. 630. — Hexagonale Gitterstruktur vom NiAs-Typ, Raumgruppe P6/mmc–$D_{6h}^4$ mit Z = 2, nach Pulveraufnahmen mit FeK-Strahlung an NiS-Präpp., hergestellt durch Glühen von Ni mit überschüssigem S bei Luftausschluß, ferner durch Glühen von aus wss. Lsg. gefälltem NiS und Millerit in $H_2S$-Gas, N. Alsén (*Geol. Foren. Stockholm Forh.* **45** [1923] 606/9, **47** [1925] 19/72, 47). Elektronenbeugungsaufnahmen an NiS-Pulver entsprechen der NiAs-Struktur bei 497° sowie zwischen 47° und —188°, sofern man das aus den Elementen erschmolzene Präp. nach Tempern oberhalb 350° auf gewöhnl. Temp. abschreckt. Bei langsamer Abkühlung deuten die Diagramme ab 347° die Koexistenz zweier Phasen an, J. T. Sparks, T. Komoto (*J. Appl. Phys.* **34** [1963] 1191/2).

Gitterkonstanten in kX; aus Å-Angaben des Originals umgerechnete oder zusätzlich ber. Werte in Kursivdruck:

| a | c | c/a | Zus. und Darst. des Präp. | Lit. |
|---|---|---|---|---|
| 3.39 | 5.30 | 1.56 | $Ni_{1.0}S$, aus den Elementen im Vak. bei 900° dargestellt | 1) |
| 3.420 | 5.315 | 1.554 | S-reicher Grenzmischkristall, aus den Elementen im Vak., bei 400° bis 680° getempert | 2) |
| 3.419 ±0.005 | 5.30 ±0.01 | 1.550 | $Ni_{0.84}S$, tensimetr. Abbau eines S-reicheren Präp. und Abschrecken von 530° sowie für den in Präpp. der Zus. $NiS_{1.42}$ und $NiS_{1.84}$ vorliegenden Anteil an hexagonaler Phase | 3) |
| 3.42 | 5.30 | 1.55 | aus den Elementen bei geringem S-Überschuß durch Glühen unter Luftausschluß sowie durch Glühen von Millerit und gefälltem NiS in $H_2S$-Gas | 4) |
| 3.42 | 5.30 | 1.55 | durch Altern von α-NiS entstanden | 5) |
| 3.428 | 5.340 | 1.553 | Ni-reicher Grenzmischkristall, aus den Elementen im Vak., bei 400° bis 680° getempert | 2) |
| *3.4248* | *5.3016* | *1.548* | $Ni_{0.943}S$ und S-reichere Präpp. } aus den Elementen im Vak. erschmolzen, bei 485° getempert und in kaltem $H_2O$ abgeschreckt | 6) |
| *3.4267* | *5.3126* | *1.550* | $Ni_{0.961}S$ | |
| *3.4294* | *5.3256* | *1.553* | $Ni_{0.980}S$ | |
| *3.4322* | *5.3375* | *1.555* | $Ni_{1.000}S$ und Ni-reichere Präpp. | |
| *3.431* | *5.337* | *1.555* | $Ni_{1.00}S$, aus den Elementen bei 700° | 7) |
| 3.435 ±0.005 | 5.34 ±0.01 | 1.555 | in Präpp. der Zus. $NiS_{1.00}$ und $NiS_{1.02}$ beob. Anteil an hexagonaler Phase und $Ni_{0.97}S$, Erhitzen von Millerit auf mindestens 400° | 3) |
| 3.436 | 5.351 | 1.557 | $Ni_{1.00}S$, aus den Elementen im Vak. erschmolzen, bei 600° getempert und abgeschreckt | 8) |
| *3.437* | *5.31* | *1.545* | bei 25°; aus den Elementen im Vak. erschmolzenes NiS, bei 707° getempert und abgeschreckt | 9) |

1) Pulveraufnahmen mit CuKα-Strahlung, I. Tsubokawa (*J. Phys. Soc. Japan* **13** [1958] 1432/8, 1434). — 2) Pulveraufnahmen, D. Lundqvist (*Arkiv Kemi Mineral. Geol.* **24** A Nr. 21 [1947] 1/12, 8). — 3) Pulveraufnahmen mit CuKα-Strahlung, W. Biltz, A. Voigt, K. Meisel, F. Weibke, P. Ehrlich (*Z. Anorg. Allgem. Chem.* **228** [1936] 275/96, 295). — 4) Pulveraufnahmen mit FeKα-Strahlung, N. Alsén (*Geol. Foren. Stockholm Forh.* **45** [1923] 606/9, **47** [1925] 19/72, 47). — 5) Pulveraufnahmen mit CuK-Strahlung und Elektronenbeugungsaufnahmen, G. R. Levi, A. Baroni (*Z. Krist.* **92** [1935] 210/5, 211). — 6) Guinier-Aufnahmen mit $CuK\alpha_1$-Strahlung, Eichsubst. NaCl, M. Laf-

FITTE, J. BÉNARD (*Compt. Rend.* **242** [1956] 518/21), M. LAFFITTE (*Compt. Rend.* **243** [1956] 58/61; *Bull. Soc. Chim. France* **1959** 1211/22, 1215). — 7) Pulveraufnahmen mit CuK$\alpha$-Strahlung, G. KULLERUD, R. A. YUND (*J. Petrol.* **3** [1962] 126/75, 161). Gitterkonstt. für weitere Einphasenpräpp. mit S-Gehalten bis 37.35 Gew.-% s. Original. — 8) Pulveraufnahmen, K. NISHIHARA, Y. KONDO (*Mem. Fac. Eng. Kyoto Univ.* **23** [1961] 242/63, 249). — 9) Elektronenbeugungsaufnahmen an Pulver, J. T. SPARKS, T. KOMOTO (*l. c.*), aus graph. Darstt. entnommene Werte. — An 18 Präpp. mit 47.58 bis 57.42 At.-% S nach Abschrecken von 450°, 470° oder 600° gem. Gitterkonstt. stimmen mit den Werten von M. LAFFITTE, J. BÉNARD (*l. c.*) gut überein, V. G. KUZNETSOV, A. A. ELISEEV (*Zh. Strukt. Khim.* **2** [1961] 578/84 nach *J. Struct. Chem.* [*USSR*] **2** [1961] 534/9, 537). Die von N. ALSÉN (*l. c.*) und G. R. LEVI, A. BARONI (*l. c.*) gem. Gitterkonstt. dürften wegen der von den Autoren angewandten Darst.-Meth. nicht für $NiS_{1.0}$, sondern für den S-reichen Grenzmischkristall gelten, W. BILTZ u. a. (*l. c.*). — Für 27 Netzebenen von $\beta$-NiS ber. und an Präp. der Zus. $NiS_{1.0}$ mit CuK$\alpha$-Strahlung beob. $\sin^2\Theta$-Werte und Intensitäten s. I. TSUBOKAWA (*J. Phys. Soc. Japan* **13** [1958] 1432/8, 1433), Abstände der Netzebenen (100) und (102) für bei 600° dargestellte Präpp. der Zus. $Ni_{1.0}S$ bis $Ni_{0.9}S$ s. ARNOLD, G. KULLERUD (*Yearbook Carnegie Inst.* **55** [1955/56] 178/9). — Die übliche Temp.-Abhängigkeit der Gitterkonstt. wird nach Elektronenbeugungsaufnahmen an $\beta$-NiS-Pulver bei langsamer Abkühlung von 47 auf −188° bei −10° durch Vergrößerung innerhalb 3 bis 4 grd von a um $^1/_3$% und c um 1% unterbrochen. Die Intensität der (10$\bar{1}$1)-Interferenz nimmt in demselben Temp.-Intervall um ~90% zu. Beim Erwärmen verläuft die Umwandlung mit therm. Hysterese, J. T. SPARKS, T. KOMOTO (*J. Appl. Phys.* **34** [1963] 1191/2); Deutung der Erscheinung und Vergleich mit abweichenden Ergebnissen aus magnet. Unterss. s. S. 663.

Gitterbau, Atomlagen s. bei der Grundsubst. NiAs, „*Nickel*" B, Lfg. 3. — Da das röntgenographisch ermittelte Mol-Vol. von $\beta$-NiS mit steigendem S-Gehalt sinkt (vgl. S. 660), beruht die Existenz dieser Modifikation mit variabler Zus. auf der Bldg. von Subtraktionsmischkristallen. Zur Angabe der Zus. von $\beta$-NiS ist deshalb die Schreibweise $Ni_{1-x}S$ zu bevorzugen, W. BILTZ u. a. (*l. c.*). Theorie zur Existenz von $\beta$-NiS mit nichtstöchiometr. Zus. s. J. S. ANDERSON (*Proc. Roy. Soc.* [*London*] A **185** [1946] 69/89, 86). Bestätigung von $\beta$-NiS als Subtraktionsphase mit Ni-Leerstellen an Hand des Verlaufs von Gitterkonstt. sowie röntgenographisch und pyknometrisch ermittelten Dichtewerten s. W. KLEMM (*Naturwissenschaften* **37** [1950] 150/6, 154), ARNOLD, G. KULLERUD (*l. c.*), M. LAFFITTE, J. BÉNARD (*l. c.*), M. LAFFITTE (*l. c.*), V. G. KUZNETSOV, A. A. ELISEEV (*l. c.*). — Kürzeste Atomabstände in kX aus den von N. ALSÉN (*l. c.*) ermittelten Strukturdaten: Ni↔S = 2.38, Ni↔Ni = 2.65, S↔S = 3.30. Weitere Nachbarschaftsbeziehungen s. P. P. EWALD, C. HERMANN (*Strukturbericht, Bd.* 1, 1931, S. 86). Von W. BILTZ, A. VOIGT, K. MEISEL, F. WEIBKE, P. EHRLICH (*Z. Anorg. Allgem. Chem.* **228** [1936] 275/96, 295) gem. Gitterkonstt. ergeben Ni↔S = 2.39, S↔S = 3.33, K.-H. IMHAGEN (*Diss. Göttingen* 1956, S. 18). Aus eigenen Unterss. folgt Ni↔S = 2.39, Ni↔Ni = 2.66, S↔S = 3.43 für $Ni_{0.992}S$; im Präp. der Zus. $Ni_{0.972}S$ ist jeder Abstand um 0.01 kleiner, V. G. KUZNETSOV, A. A. ELISEEV (*l. c.* S. 539). Aus unterschiedlich abgeleiteten Atom- und Ionenradien sowie aus elektronentheoret. Daten vorwiegend für Ni↔S ber. Werte s. N. ALSÉN (*l. c.*), I. I. ZASLAVSKII (*Zh. Obshch. Khim.* 8 [1938] 1008/21, 1016, *C. A.* **1939 4844**), E. S. SARKISOV (*Dokl. Akad. Nauk SSSR* [2] **58** [1947] 1645/8, *C. A.* **1951** 7842), R. BENOIT (*J. Chim. Phys.* **52** [1955] 201/12, 206), A. S. POVARENNYKH (*Dokl. Akad. Nauk SSSR* **109** [1956] 1167/70, *C. A.* **1957** 6243), V. G. KUZNETSOV, A. A. ELISEEV (*l. c.*). — Aus $Ni(OH)_2$ durch Rk. mit reinem $H_2S$ bei 100° dargestellte Präpp. zeigen geringe Gittervergrößerung nach Berührung mit Luft infolge adsorptiver Sättigung mit $O_2$ und $N_2$, E. H. M. BADGER, R. H. GRIFFITH, W. B. S. NEWLING (*Proc. Roy. Soc.* [*London*] A **197** [1949] 184/93, 186). Präpp. mit $Li_2S$- und $In_2S_3$-Gehalten bis 1 Mol-% lassen geringe Vergrößerung der Konstt. des $\beta$-NiS-Gitters durch $In_2S_3$, aber keinen Einfluß von $Li_2S$ erkennen, HUAN YU-MEI, N. P. KEIER, S. Z. ROGINSKII (*Dokl. Akad. Nauk SSSR* **133** [1960] 413/6; *Proc. Acad. Sci. USSR Phys. Chem. Sect.* **130/135** [1960] 643/6). Mit $\beta$-CoS bildet $\beta$-NiS nach Elektronenbeugungsaufnahmen eine vollständige Mischkristallreihe, A. BARONI (*Atti X° Congr. Intern. Chim., Roma* 1938, *Bd.* 2, S. 586/92, 591).

Zur Frage der Bindungsart im $\beta$-NiS vgl. die für NiAs und die in diesem Gittertyp kristallisierenden binären Verbb. von Übergangsmetallen getroffenen Feststellungen des dort zitierten Schrifttums, ferner R. BENOIT (*l. c.*), L. H. AHRENS, D. F. C. MORRIS (*J. Inorg. Nucl. Chem.* **3** [1956/57] 270/80, 272), M. LAFFITTE (*Bull. Soc. Chim. France* **1959** 1211/22, 1222). — Gitterenergie s. beim $\gamma$-NiS, S. 657.

Strukturunterss. mittels Elektronenbeugungsaufnahmen an NiS-Schichten auf Ni-Blechen, S. YAMAGUCHI, T. KWAN (*J. Chem. Soc. Japan* **65** [1944] 378/80 nach *C. A.* **1947** 3352).

*Structure*

**Gefüge.** Schliffbilder und Beschreibung von Präpp. mit 33.2 bis 34.2 Gew.-% S, Ätzmittel konz. $HNO_3$-Lsg. oder aus 33 g $CrO_3$, 35 ml konz. $H_2SO_4$ und 65 ml $H_2O$ bereitete Lsg., G. PEYRONEL, E. PACILLI (*Atti Reale Accad. Italia Rend. Classe Sci. Fis. Mat. Nat.* [7] **3** [1941] 278/88, 282), von Präpp. mit 34.9 und 35.5 Gew.-% S, M. A. SOKOLOVA (*Zh. Neorgan. Khim.* **1** [1956] 1440/54, 1445; *Russ. J. Inorg. Chem.* **1** Nr. 6 [1956] 337/56, 343). Unbearbeitetes Gefüge eines 14 Tage bei 485° getemperten Präp. der Zus. $Ni_{0.95}S$, M. LAFFITTE (*l. c.* S. 1214).

*Mechanical Properties. Density. Molar Volume*

**Mechanische Eigenschaften. Dichte** D in g/cm³, **Molvolumen** $V_{mol}$ in cm³/mol. *γ-NiS* enthaltende Präpp. mit verschiedenem S-Gehalt ergeben pyknometrisch von 5.50 bei 32.85 Gew.-% S auf 5.32 bei 36.20 Gew.-% S sinkende D-Werte. Sie erfüllen die bei Präpp. der ungefähren Zus. $Ni_6S_5$ auf S. 645 beschriebene Abhängigkeit vom S-Gehalt, s. G. PEYRONEL, E. PACILLI (*l. c.* S. 287). $D_4^{30} = 5.34$, pyknometrisch in Xylol gem., J. C. RÖHNER (*Proefschr. Utrecht* 1929, S. 36), s. auch N. H. KOLKMEIJER, A. L. T. MOESVELD (*Z. Krist.* **80** [1931] 91/102, 95). Pyknometr. Dichte von Milleriten s. „*Nickel*" *Tl.* A. — Aus Gitterstrukturdaten von Präpp. unterschiedlicher Herkunft (vgl. S. 657) für γ-NiS und gewöhnl. Temp. ber. D-Werte: 5.25 (Millerit), H. W. V. WILLEMS (*Physica* [*Eindhoven*] **7** [1927] 203/7), 5.30, 5.31 (Millerit-Minerale von Wissen/Sieg), N. ALSÉN (*Geol. Foren. Stockholm Forh.* **45** [1923] 606/9, **47** [1925] 19/72, 66), 5.348 (aus schwach saurer Lsg. gefälltes Präp.), N. H. KOLKMEIJER, A. L. T. MOESVELD (*l. c.*), 5.374 (Millerit), H. E. SWANSON, M. C. MORRIS, R. P. STINCHFIELD, E. H. EVANS (*U.S. Nat. Bur. Std. Monograph* Nr. 25 [1962] 37), 5.41 für den Ni-reichen, 5.42 für den S-reichen γ-NiS-Grenzmischkristall in aus den Elementen erschmolzenen Präpp., ber. aus den von D. LUNDQVIST (*Arkiv Kemi Mineral. Geol.* **24** A Nr. 21 [1947] 1/12, 8) gem. Gitterkonstt., C. S. BARRETT, J. M. BIJVOET, J. M. ROBERTSON (*Structure Reports, Bd.* 11, 1951, S. 235). — Von N. H. KOLKMEIJER, A. L. T. MOESVELD (*l. c.*) gem. Gitterkonstt. ergeben $V_{mol} = 17.0$, W. BILTZ, A. VOIGT, K. MEISEL, F. WEIBKE, P. EHRLICH (*Z. Anorg. Allgem. Chem.* **228** [1936] 275/96, 283).

Für *β-NiS* enthaltende Präpp. pyknometrisch ermittelte D-Werte liegen mit 5.46 bei einem S-Gehalt von 34.1 Gew.-% ($Ni_{1.06}S$) und 5.40 bei 36.0 Gew.-% ($Ni_{0.97}S$) etwas höher als die Dichte entsprechender Präpp. mit rhomboedr. Struktur, aber merklich unter den für β-NiS aus röntgenograph. Daten ber. D-Werten. Dies wird auf die Unbeständigkeit der hexagonalen Struktur bei gewöhnl. Temp. zurückgeführt, G. PEYRONEL, E. PACILLI (*l. c.*). $D_4^{21.5}$, pyknometrisch in Diäthylphthalat an pulverförmigen Präpp. gem.: 5.400 für $Ni_{1.000}S$, 5.383 für $Ni_{0.981}S$, 5.339 für $Ni_{0.962}S$ und 5.276 für $Ni_{0.943}S$. Die Messungen bestätigen, daß sich pyknometrisch durchweg niedrigere Werte als aus Gitterkonstt. ergeben (vgl. unten), doch wird dies nicht auf verschieden krist. Modifikationen zurückgeführt. Vermutlich liegen submikroskop. Poren oder auch unbesetzte S-Gitterplätze in den Präpp. vor, M. LAFFITTE (*Compt. Rend.* **243** [1956] 58/61; *Bull. Soc. Chim. France* **1959** 1211/22, 1219). An 11 Präpp. mit S-Gehalten von 47.84 bis 56.29 At.-% S nach Abschrecken von 600° oder 470° pyknometrisch in Toluol bei 20° gem. Werte reichen von 5.53 für Sulfid mit 48.81 At.-% S bis 5.11 für Sulfid mit 56.29 At.-% S (beide von 470° abgeschreckt), V. G. KUZNETSOV, A. A. ELISEEV (*Zh. Strukt. Khim.* **2** [1961] 578/84 nach *J. Struct. Chem.* [*USSR*] **2** [1961] 534/9, 537). Mit röntgenograph. Daten für β-NiS als Subtraktionsphase gut übereinstimmende pyknometr. D-Werte für Präpp. der Zus. $Ni_{1.0}S$ bis $Ni_{0.9}S$ ermitteln ARNOLD, G. KULLERUD (*Yearbook Carnegie Inst.* **55** [1955/56] 178/9). — $V_{mol} = 16.8$ für $Ni_{0.98}S$ nach pyknometr. Messungen, W. BILTZ u. a. (*l. c.*).

Aus röntgenograph. Daten für β-NiS-Präpp. und gewöhnl. Temp. ber. Werte: D = 5.00, $V_{mol} = 16.25$ für $Ni_{0.84}S$, D = 5.38, $V_{mol} = 16.5$ für $Ni_{0.97}S$, W. BILTZ u. a. (*l. c.* S. 295), N. C. BAENZIGER, J. M. BIJVOET, J. M. ROBERTSON (*Structure Reports, Bd.* 8, 1956, S. 129). D beträgt 5.55 für den Ni-gesätt., 5.69 für den S-gesätt. Mischkristall, ber. aus den von D. LUNDQVIST (*Arkiv Kemi Mineral. Geol.* **24** A Nr. 21 [1947] 1/12, 8) gem. Gitterkonstt., C. S. BARRETT, J. M. BIJVOET, J. M. ROBERTSON (*Structure Reports, Bd.* 11, 1951, S. 235/6). D = 5.58, N. ALSÉN (*Geol. Foren. Stockholm Forh.* **45** [1923] 606/9). D = 5.61, ber. aus Daten einer von N. ALSÉN (*Geol. Foren. Stockholm Forh.* **47** [1925] 19/72, 48) durchgeführten Unters. der Gitterstruktur, W. F. DE JONG, H. W. V. WILLEMS (*Physica* [*Eindhoven*] **7** [1927] 74/9, 76). D = 5.60, $V_{mol} = 16.2$ aus Lit.-Angaben, I. I. ZASLAVSKII (*Zh. Obshch. Khim.* 8 [1938] 1008/21, 1016, *C.A.* **1939** 4844). Aus den Netzebenenabständen (100) und (102) von Präpp. der Zus. $Ni_{1.0}S$ bis $Ni_{0.9}S$ für β-NiS als Subtraktions- sowie als Substitutionsmischkristall ber. D-Werte in graph. Darst. unter Vergleich mit pyknometr. Werten s. ARNOLD, G. KULLERUD (*l. c.*).

Die Konst. der Volumenkontraktion bei der Bldg. aus den Elementen, ber. als $(V_{Ni} + V_S)/V_{\beta\text{-NiS}}$ beträgt 0.73 bei gewöhnl. Temp., I. I. ZASLAVSKII (*Zh. Obshch. Khim.* **10** [1940] 369/79, 374, *C.A.* **1941** 359).

*Sorption*

**Sorption.** Die Sorption anorgan. Substt. an NiS wird bei den sorbierten Stoffen behandelt. — Adsorptionsverss. mit gasf. $CS_2$ bei 20° bis 350° s. R. H. GRIFFITH, S. G. HILL (*J. Chem. Soc.* **1938** 717/20).

Adsorption von Acetylen an $\beta$-NiS und bis 1 Mol-% $Li_2S$ und $In_2S_3$ enthaltenden Präpp. bei 100°, 125° und 150° sowie daraus ber. Aktivierungsenergie in Abhängigkeit von der Bedeckung der Oberfläche s. Huan Yu-mei, N. P. Keier, S. Z. Roginskii (*Dokl. Akad. Nauk SSSR* **133** [1960] 641/4; *Proc. Acad. Sci. USSR Phys. Chem. Sect.* **130/135** [1960] 683/7).

**Thermische Eigenschaften.** Schmelz- und Umwandlungstempp. s. bei der $\delta$-Phase des Systems, S. 630. Nach therm. Analysen geschätzte Wärmeeffekte: $\Delta H \sim 7$ cal/g für die $\delta' \rightarrow \delta$-Umwandlung, $\sim -4$ cal/g für die Gegenrk., W. Biltz, A. Voigt, K. Meisel, F. Weibke, P. Ehrlich (*Z. Anorg. Allgem. Chem.* **228** [1936] 275/96, 287); $\Delta H = 12$ cal/g für die Umwandlung $\delta' \rightarrow \delta$, gem. an einem Millerit, J.-E. Hiller, K. Probsthain (*Geologie* [*Berlin*] **5** [1956] 607/16, 609). — Festes NiS ist schwerflüchtig. Sein Dampfdruck erreicht zwischen 600 und 800°C noch nicht 10% des für diese Tempp. bestimmten Gesamtdrucks, C. M. Hsiao, A. W. Schlechten (*J. Metals* **4** [1952] 65/9), s. S. 665. *Thermal Properties*

**Wärmekapazität.** Mittlere spezif. Wärme $\bar{c}_p$ in $cal \cdot g^{-1} \cdot grd^{-1}$, calorimetrisch bestimmt: 0.1281 zwischen 15 und 98°C für geschmolzenes NiS, V. Regnault (*Ann. Chim. Phys.* [3] **1** [1841] 129/207, 150; *Ann. Physik* [2] **23** [1841] 60/94, 243/75, 74), 0.0972 von —180 bis +15°C, 0.1248 von 15 bis 100°C, 0.1333 von 15 bis 324°C für ein nach Fällung mit $H_2S$ aus wss. Lsg. und Trocknen mit überschüssigem S geschmolzenes Präp., W. A. Tilden (*Phil. Trans. Roy. Soc. London* A **201** [1903] 37/43, 42). Hieraus für die Molwärme $C_p$ in $cal \cdot mol^{-1} \cdot grd^{-1}$ abgeleitete Temp.-Funktion $C_p = 9.25 + 6.40 \times 10^{-3}T$, mit ±3% Genauigkeit zwischen 273 und 597°K gültig, K. K. Kelley (*U. S. Bur. Mines Bull.* Nr. 371 [1934] 37). $C_p = 9.25 + 12.80 \times 10^{-3}T$, K. K. Kelley (*U.S. Bur. Mines Bull.* Nr. 476 [1949] 122). Berechnung der Wärmekapazität aus der Dichte der Verb. und den Ionenradien unter Berücksichtigung der KZ des $\beta$-NiS-Gitters, E. N. Dobrotsvetov (*Glasnik Hem. Drustva Beograd* **13** [1948] 5/15, 9, **14** [1949] 229/31, *C.A.* **1949** 6499, **1952** 4289). — Die Wärmekapazität von Präpp. der Zus. $NiS_{0.9}$, $NiS_{1.0}$, $NiS_{1.1}$ und $NiS_{1.2}$ (aus 99.9%igem Ni und S dargestellt) zeigt zwischen 100 und 750°C keine Anomalie. Zwischen 100 und 200°K tritt in der $c_p$-T-Kurve von $NiS_{1.0}$ mit $\beta$-NiS als einziger Phase eine Anomalie bei 148°K auf. Sie entspricht einer Wärmeaufnahme bei steigender Temp. von ~12 cal/mol und wird mit dem Übergang vom antiferromagnet. zum paramagnet. Zustand erklärt (s. S. 662). Vergleich des Befundes mit quantentheoretisch ber. Daten der Anomalie s. I. Tsubokawa (*J. Phys. Soc. Japan* **13** [1958] 1432/8, 1434). An reinem $\gamma$-NiS der Zus. $Ni_{1.0}S$ wird dagegen keine Anomalie von $C_p$ zwischen 51 und 297°K beobachtet; aus Bestt. bei 29 verschiedenen Tempp. interpolierte Werte bei der Temp. T in °K: *Heat Capacity*

| T | 50° | 75° | 100° | 125° | 150° | 175° | 200° | 225° | 250° | 275° | 298° |
|---|---|---|---|---|---|---|---|---|---|---|---|
| $C_p$ | 1.72 | 3.71 | 5.54 | 7.04 | 8.19 | 9.05 | 9.71 | 10.24 | 10.67 | 11.01 | 11.26 |

Bei Anwendung von Debye- und Einstein-Funktionen ist die Wärmekapazität von $\gamma$-NiS durch die Summe $C_p = D(294/T) + E(435/T)$ zwischen 50 und 125°K mit ±1.5% Genauigkeit gegeben, W. W. Weller, K. K. Kelley (*U.S. Bur. Mines Rept. Invest.* Nr. 6511 [1964] 1/7, 4, *C.A.* **61** [1964] 12709).

**Wärmeinhalt** H in kcal/mol. **Entropie** S in $cal \cdot mol^{-1} \cdot °K^{-1}$. — $H_T - H_{273}$ für 373, 473 und 573°K s. K. K. Kelley (*U. S. Bur. Mines Bull.* Nr. 371 [1934] 57). Für 400, 500 und 600°K ber. $(H_T - H_{298})$-Werte (s. Original) ergeben die Beziehung $(H_T - H_{298}) = 9.25 \times 10^{-3}T + 6.40 \times 10^{-6}T^2 - 3.327$ für 298 bis 600°K, Genauigkeit ±5%. $(S_T - S_{298})$ beträgt 4.03 bei 400°K, 7.37 bei 500°K und 10.34 bei 600°K, K. K. Kelley (*U.S. Bur. Mines Bull.* Nr. 476 [1949] 122). $S_{298} = 16.1 \pm 1.2$, O. Kubaschewski, E. L. Evans (*Metallurgical Thermochemistry*, 3. *Aufl.*, *London - New York - Paris - Los Angeles* 1958, S. 262), $S_{1000} = 31.3$, Genauigkeit 1 Einheit, T. Rosenqvist (*J. Iron Steel Inst.* [*London*] **176** [1954] 37/57, 54). Beziehung zwischen Entropie und Molvol. von Monosulfiden der Fe-Gruppe s. E. T. Turkdogan, J. Pearson (*J. Appl. Chem.* [*London*] **3** [1953] 495/501, 498). — Für $\gamma$-NiS: $S_{298} - S_{51} = 11.95$ aus $C_p$-Bestt., daraus $S_{51} = 0.71$ (extrapoliert) und $S_{298} = 12.66 \pm 0.08$, W. W. Weller, K. K. Kelley (*l. c.* S. 6). Für $\alpha$-NiS wird $S_{298} = 16.5$ aus dem Löslichkeitsprod. in $H_2O$ abgeleitet, N. Zhuk (*Zh. Fiz. Khim.* **28** [1954] 1523/7). *Heat Content. Entropy*

**Optische Eigenschaften.** Angaben für Millerit-Minerale s. „*Nickel*" *Tl.* A, „Mineralien". — Aus den Elementen dargestellte Präpp. sind stahlgrau bis bronzegelb, R. Tupputi (*Ann. Chim.* [*Paris*] **78** [1811] 133/76, 148), weißglänzend, W. Biltz (*Z. Anorg. Allgem. Chem.* **59** [1908] 273/84, 280), messinggelb, M. Laffitte (*Bull. Soc. Chim. France* **1959** 1211/22, 1213). Abhängigkeit der Farbe der bei ~900° aus den Elementen erhältlichen Präpp. vom S-Gehalt im Konz.-Bereich $NiS_{1.0}$ bis $NiS_{1.3}$ s. I. Tsubokawa (*J. Phys. Soc. Japan* **13** [1958] 1432/8, 1433). Aus wss. Lsg. gefällte Ndd. sind *Optical Properties*

dunkelbraun, beinahe schwarz, J. J. BERZELIUS (*Lehrbuch der Chemie*, 5. *Aufl.*, *Bd.* 2, *Dresden-Leipzig* 1844, S. 667), langsam gewachsene Kristalle metallisch hellgelb, H. BAUBIGNY (*Compt. Rend.* **94** [1882] 1715 Fußnote). Durch Einw. von sd. 2n-HCl-Lsg. auf NiS-Ndd. dargestelltes $\gamma$-NiS ist grau mit pyritähnlichem Glanz, J. S. DUNN, E. K. RIDEAL (*J. Chem. Soc.* **123** [1923] 1242/51, 1243). Farbangaben s. auch bei einigen Bldg.-Weisen ab S. 647 und der Kristallform, S. 655. — NiS reflektiert vorherrschend Licht der Wellenlänge 480 bis 490 m$\mu$, H. MAJIMA, M. WADA (*Suiyokwai Shi* **13** [1957] 241/4, *C.* **1958** 13158). An NiS beob. Emission und Absorption von Röntgenstrahlung s. „*Schwefel*" *Tl.* A, S. 666 und „*Nickel*" *Tl.* A.

*Magnetic Properties*

**Magnetische Eigenschaften.** Aus den Elementen dargestelltes NiS ist nicht ferromagnetisch, R. TUPPUTI (*l. c.*). Die unter Luftausschluß aus $Ni(OH)_2$ und $H_2S$ bei 100° dargestellte Verb. hat bei gewöhnl. Temp. die spezif. magnet. Susz. $\chi = 2.1 \times 10^{-6}$ cm³/g. Nach adsorptiver Sättigung des Präp. mit $O_2$ ist $\chi = 6.0 \times 10^{-6}$ cm³/g, E. H. M. BADGER, R. H. GRIFFITH, W. B. S. NEWLING (*Proc. Roy. Soc.* [*London*] A **197** [1949] 184/93, 187). Molsusz. $\chi_{mol}$ in cm³/mol bei gewöhnl. Temp. $\geqq 2.0 \times 10^{-3}$ für $\alpha$-NiS, $\chi_{mol} = 0.19 \times 10^{-3}$ für $\beta$-NiS, $\chi_{mol} \leqq 0.09 \times 10^{-3}$ für $\gamma$-NiS. Vergleich der Werte mit dem Spinanteil der Susz. von freiem gasf. $Ni^{2+}$ sowie elektronentheoret. Diskussion der Unterschiede zwischen den Susz.-Werten für die 3 NiS-Formen s. J. D. CURET-CUEVAS (*Diss. Univ. of Michigan* 1949 nach *Microfilm Abstr.* **9** Nr. 1 [1949] 14/5, *C. A.* **1949** 4911). Für NiS (ohne Modifikationsangabe) bei gewöhnl. Temp.: $\chi_{mol} = 0.096 \times 10^{-3}$; das effektive magnet. Moment ist daher Null, R. BENOIT (*J. Chim. Phys.* **55** [1955] 119/32, 125). An $\beta$-NiS bei gewöhnl. Temp. und der Feldstärke 9 kOe gem. $\chi_{mol}$ sinkt mit steigendem S-Gehalt der Präpp. nahezu linear von $0.2245 \times 10^{-3}$ für $Ni_{0.998}S$ auf $0.175 \times 10^{-3}$ für $Ni_{0.949}S$, M. LAFFITTE (*l. c.* S. 1221). Hiermit stimmen von W. KLEMM, W. SCHÜTH (*Z. Anorg. Allgem. Chem.* **210** [1933] 33/56, 41) an 4 $\beta$-NiS-Präpp. gem. Werte zufriedenstellend überein, M. LAFFITTE, J. BÉNARD (*16th Intern. Congr. Pure Appl. Chem. Sect. Inorg. Chem., Paris* 1957 [1958], S. 193/200, 199). Bei verschiedenen Feldstärken zwischen 6.2 und 10.7 kOe an $\beta$-NiS der Zus. $Ni_{0.990}S$ gem. Susz.-Werte differieren um $\sim\pm 1\%$, M. LAFFITTE (*l. c.*). Etwas größere Abhängigheit der Susz. einiger $\beta$-NiS-Präpp. von der Feldstärke wird bei Messungen im Magnetfeld von 2.04 und 3.63 kOe beobachtet. Sie wird ebenso wie Einzelwerte der sehr geringen paramagnet. Susz. von NiS und deren geringfügige Temp.-Abhängigkeit zwischen 400 und —100°C stark von der therm. Vorbehandlung der Präpp. beeinflußt, W. KLEMM, W. SCHÜTH (*l. c.* S. 42).

Die an pulverförmigem $\beta$-NiS der Zus. $NiS_{1.0}$ bei der Feldstärke 3.5 kOe für 750 bis 4°K aufgestellte $\chi$-T-Kurve (s. Original) zeigt für $\chi$ der Größenordnung $3 \cdot 10^{-6}$ cm³/g nur geringfügige, lineare Zunahme mit sinkender Temp. zwischen 750 und $\sim$300°K. Es gilt das CURIE-WEISSsche Gesetz mit den Konstt. $C_{mol} = 0.89$ cm³·°K/mol und $-\Theta \approx 3000$°K; daraus ber. effektives magnet. Moment 2.66$\mu_B$. Unterhalb 300°K durchläuft die $\chi$-T-Kurve ein Max. von $\sim 5.5 \times 10^{-6}$ cm³/g bei 150°K und ein Minimum von $\sim 4.7 \times 10^{-6}$ cm³/g bei 120°K; dann steigt sie mit weiter sinkender Temp. steil an. Mit der Feldstärke 4.7 kOe werden unterhalb $\sim$200°K geringere Suszz. als mit 3.5 kOe gemessen. Sämtliche Susz.-Werte sind um $-0.72 \times 10^{-6}$ cm³/g für den diamagnet. Anteil von $Ni^{2+}$ und $S^{2-}$ korrigiert. Bei 150°K wird $\beta$-NiS eindeutig magnetisch anisotrop. Wie Torsionsmessungen ergeben, ändert sich das am Einkristall durch ein äußeres Magnetfeld in der $(01\bar{1}0)$-Ebene erzeugte Drehmoment mit der Feldrichtung nahezu proportional sin $2\alpha$, wobei $\alpha$ den Winkel zwischen kristallograph. c-Achse und magnet. Feldrichtung bezeichnet. Die bei $\alpha = \pi/4$ auftretenden max. Werte des Drehmoments steigen bei der konst. Feldstärke 13.6 kOe mit sinkender Temp. auf $\sim$35 dyn·cm bei 77°K. Bei konst. Temp. wachsen sie linear mit dem Quadrat der angelegten Feldstärke (s. graph. Darstt. im Original). Aus den Torsionsmessungen ber. Werte für $\chi_{II} - \chi_{\perp}$ (Differenz der Suszz. in Richtung der kristallograph. c-Achse und senkrecht dazu) nehmen ab 4°K mit steigender Temp. allmählich ab, ohne bei 120°K eine Unstetigkeit erkennen zu lassen, und werden bei 150°K plötzlich nahezu Null. Deshalb ist $\beta$-NiS als antiferromagnet. Subst. anzusehen, in der unterhalb 150°K, der NÉEL-Temp., noch paramagnet. Bezirke existieren. Diese tragen zu einem kleinen Tl. zur magnet. Anisotropie bei und bewirken die an pulverförmigen Proben beob. Abhängigkeit der Susz. von der Feldstärke unterhalb 150°K und die Susz.-Zunahme unterhalb 120°K. Ferromagnet. Verunreinigungen als Ursache dafür scheinen durch die Ergebnisse der Torsionsmessungen im Magnetfeld ausgeschlossen. Im antiferromagnet. Anteil der Verb. sind die Spinmomente des $Ni^{2+}$ in der Ebene senkrecht zur c-Achse orientiert, I. TSUBOKAWA (*J. Phys. Soc. Japan* **13** [1958] 1432/8, 1435). Hinweis auf die NÉEL-Temp. durch Messungen der Wärmekapazität s. S. 661, Vergleich der experimentellen Befunde mit der für die magnet. Anisotropie von Verbb. mit NiAs-Gitter entwickelten Theorie s. K. ADACHI (*J. Phys. Soc.*

*Japan* **16** [1961] 2187/206, 2200). Temperaturbedingte Unterschiede in den Elektronenbeugungsdiagrammen von β-NiS (s. S. 659) zeigen dagegen keinen NÉEL-Übergang bei ~150°K, sondern eine Anomalie bei 263°K mit mehreren Merkmalen einer Umwandlung 1. Art, die ebenfalls als Übergang vom paramagnet. in den antiferromagnet. Zustand gedeutet wird. Doch läßt die beträchtliche Intensitätsänderung der (10$\bar{1}$1)-Interferenz und das Feblen zusätzlicher Interferenzen unterhalb 263°K darauf schließen, daß die ungesättigten Spinmomente einer hexagonalen Ni-Schicht ferromagnetisch gekoppelt in Übereinstimmung mit der Theorie von K. ADACHI (*l. c.*) in Richtung der c-Achse weisen und die unabgesättigten Spinmomente benachbarter Ni-Schichten antiparallel gerichtet sind. Demnach fallen magnet. Struktur und kristallograph. Gitterbau zusammen. Das beim Abkühlen unmittelbar unterhalb der Umwandlungstemp. zu 2.1 BOHRschen Magnetonen gem. magnet. Moment spricht für plötzliche und vollständige Sättigung der magnet. Unterstruktur bei der Umwandlung, J. T. SPARKS, T. KOMOTO (*J. Appl. Phys.* **34** [1963] 1191/2).

*Electric Properties. Review*

**Elektrische Eigenschaften. Übersicht.** Preßlinge aus NiS-Pulver leiten bei gewöhnl. Temp. den elektr. Strom schlecht, F. STREINTZ (*Ann. Physik* [4] **9** [1902] 854/85, 867). Gleiches gilt für den natürlichen γ-NiS-Kristall, T. W. CASE (*Phys. Rev.* [2] **9** [1917] 305/10, 306). β-NiS zeigt geringen, mit steigender Temp. zunehmenden elektr. Widerstand wie ein metall. Leiter, W. HITTORFF (*Ann. Physik* [2] **84** [1851] 1/28, 27). Dies ist nach einer Theorie zum Leitungsmechanismus in Verbb. mit NiAs-Struktur für derartig krist. Ni-Verbb. zu erwarten, wenn ihr Achsenverhältnis c/a unter dem Idealwert 1.63 liegt und dem Wert 1.50 nahekommt, W. B. PEARSON (*Can. J. Phys.* **35** [1957] 886/91, 889). Auch das Verhältnis des im β-NiS beob. Abstandes Ni↔Ni zu dem für Ni im NiAs-Gitter gültigen Atomradius spricht für metall. Leitf., L. D. DUDKIN (*Dokl. Akad. Nauk SSSR* **127** [1959] 1203/6; *Soviet Phys.-Dokl.* **4** [1959/60] 903/6). Da es sich beim β-NiS um Subtraktionsmischkristalle mit unbesetzten Ni-Gitterplätzen handelt (s. S. 659) und körnige NiS-Präpp. (im $H_2S$-Strom bei 100° aus gefälltem Ni-Sulfid dargestellt) sich hinsichtlich der Adsorption von $H_2$ und $O_2$ zwischen −183° und +200° wie der Defekthalbleiter $Cu_2O$ verhalten, wird angenommen, daß die Oberfläche von NiS defekthalbleitend ist. Ihre elektr. Eigg. werden aber von denen eines mehr stöchiometrisch zusammengesetzten, vielleicht sogar weniger S als Ni enthaltenden Inneren des Präp. mit halbmetall. Charakter überlagert, F. S. STONE (*Trabajos 3° Reunion Intern. Reactividad Solidos, Madrid* 1956 [1957], *Bd.* 1, S. 641/56, 651, *C.A.* **1958** 1721), vgl. auch K. HAUFFE, H. G. FLINDT (*Z. Phys. Chem.* [*Leipzig*] **200** [1952] 199/209, 208). Jedoch wird der für metall. Leitung charakterist. positive Temp.-Koeff. des elektr. Widerstands zwischen 20° und 400° für röntgenographisch reines β-NiS nur an gepreßten Proben beobachtet, während die Leitf. eines aus der Schmelze erstarrten Präp. bis 300° temperaturunabhängig ist und dann erst mit steigender Temp. sinkt. Da Messungen an Preßlingen weniger verläßlich erscheinen, wird β-NiS als Halbleiter und damit als Ausnahme der von W. B. PEARSON (*l. c.*) aufgestellten Regel angesehen. Temp.-Abhängigkeit der an Preßlingen und aus Schmelzen erstarrten Sulfiden mit 48.5 bis 51.0 At.-% S zwischen 20° und 400° in der Größenordnung $5 \cdot 10^4 \Omega^{-1} \cdot cm^{-1}$ gem. elektr. Leitf. s. V. G. KUZNETSOV, A. A. ELISEEV, Z. S. SHPAK, K. K. PALKINA, M. A. SOKOLOVA, A. V. DMITRIEV (in: AKADEMIYA NAUK SSSR, *Voprosy Met. i Fiz. Poluprovod., Moskva* 1961, S. 159/73, 169, *C.A.* **56** [1962] 5444). Deutung der metall. Leitf. von NiS durch Orbitalüberlappung, F. J. MORIN (*Proc. Intern. Conf. Semicond. Phys. Prague* **1960** [1961] 858/63, 862). Diskussion des Leitungsmechanismus in β-NiS bei Temppp. ≧400° an Hand eines mit den Leitf.-Bestt. von K. HAUFFE, H. G. FLINDT (*l. c.* S. 205) im Einklang stehenden Fehlordnungsmodells, abgeleitet aus Messungen an Festkörperketten, s. S. MROWEC, H. RICKERT (*Z. Physik. Chem.* [*Frankfurt*] **36** [1963] 329/46, 341), Y. V. P. R. ROW, H. RICKERT (*Z. Physik. Chem.* [*Frankfurt*] **43** [1964] 115/8).

*Electric Conductivity*

**Elektrische Leitfähigkeit.** An einem natürlichen γ-NiS-Kristall bei gewöhnl. Temp. gem. Dunkelwiderstand >1 MΩ bei 110 V Spannung und 1 mm Schichtdicke, T. W. CASE (*Phys. Rev.* [2] **9** [1917] 305/10, 306). Für aus den Elementen dargestelltes NiS mit eingeschmolzenen Pt-Elektroden beträgt bei gewöhnl. Temp. der spezif. Widerstand $\sim 7 \cdot 10^{-4} \Omega \cdot cm$ und nimmt bis 600° entsprechend einem Temp.-Koeff. von $\sim 10^{-3} grd^{-1}$ zu. Bei langsamer Temp.-Erhöhung treten in der Widerstand-Temp.-Kurve durch Phasenumwandlungen im festen Zustand bedingte Abweichungen von der Linearität auf, K. SHIMOMURA (*J. Sci. Hiroshima Univ. Ser.* A **16** [1952/53] 319/23). An NiS-Draht (hergestellt aus Ni-Draht und S-Dampf von ~2 Torr bei 580°) wird zwischen 250° und 700° lineare Zunahme des Widerstandes mit steigender Temp. gefunden. Bei 700° ist der Widerstand unabhängig vom S-Druck zwischen $10^{-3}$ und ~100 Torr; oberhalb 150 Torr steigt er infolge Aufschwefelung von NiS zu $NiS_2$ langsam an, K. HAUFFE, H. G. FLINDT (*l. c.* S. 205). Aus NiS-Pulver mit 4000 atm hergestellte Preßlinge haben einen spezif. Widerstand der Größenordnung 1 Ω·cm, der zwischen −195° und +300°

nur geringfügig mit steigender Temp. zunimmt. Gehalte bis zu 1 Mol-% $Li_2S$ oder $In_2S_3$ beeinflussen ihn kaum, HUAN YU-MEI, N. P. KEIER, S. Z. ROGINSKII (*Dokl. Akad. Nauk SSSR* **133** [1960] 413/6; *Proc. Acad. Sci. USSR Phys. Chem. Sect.* **130/135** [1960] 643/6). Keine merkliche Beeinflussung der elektr. Leitf. dieser Präpp. zwischen 25° und 65° durch Adsorption von $O_2$ und Acetylen, HUAN YU-MEI, N. P. KEIER, S. Z. ROGINSKII (*Dokl. Akad. Nauk SSSR* **133** [1960] 641/4; *Proc. Acad. Sci. USSR Phys. Chem. Sect.* **130/135** [1960] 683/7). Widerstand und Temp.-Koeff. bei Drucken bis 300 kbar s. S. MINOMURA, H. G. DRICKAMER (*J. Appl. Phys.* **34** [1963] 3043/8).

Supraleitf. ist nach magnet. Meth. an NiS oberhalb 1.28°K nicht erkennbar, B. T. MATTHIAS, J. K. HULM (*Phys. Rev.* [2] **87** [1952] 799/806, 802).

*Thermoelectric Power*

**Thermokraft.** Differentielle Thermokraft dE/dt $= -6.6 \times 10^{-6}$ V/grd für NiS gegen Pt bei 700°, unabhängig vom S-Dampfdruck p zwischen $10^{-5}$ und 30 Torr. Mit steigendem p wird dE/dt weniger negativ und erreicht Null bei p $\approx 110$ Torr. Bei p $= 200$ Torr wird dE/dt $\approx +5 \cdot 10^{-6}$ V/grd, vermutlich infolge Bldg. von $NiS_2$. Positives Vorzeichen bedeutet Elektronenfluß vom Pt zum NiS an der heißen Lötstelle, K. HAUFFE, H. G. FLINDT (*Z. Phys. Chem.* [*Leipzig*] **200** [1952] 199/209, 207).

*Photoconductivity*

**Photoeffekte.** Ein innerer Photoeffekt (Photoleitf.) wird an natürlichen $_\gamma$-NiS-Kristallen nicht beobachtet, T. W. CASE (*l. c.*). — Den äußeren Photoeffekt zeigt gefälltes NiS bei Einw. des Lichtes einer Funkenentladung; an Pulver und Preßling gem. Intensität des Effekts in relativen Einheiten, O. ROHDE (*Ann. Physik* [4] **19** [1906] 935/59, 954).

*Electrochemical Behavior*

## Elektrochemisches Verhalten

Über das Normalpot. des Vorgangs $Ni + S^{2-} = NiS + 2\ominus$ s. unter „Normalpotential" in „*Nickel*" *Tl.* A.

*Potential. Cells*

**Potentiale. Ketten.**

NiS | gesätt. NaCl . . . . . . . . . . . . . . . . . . . . . . . E $= -0.330$ V

E gegen gesätt. Kalomelelektrode gemessen bei 20°. NiS-Elektrode hergestellt durch Fällen aus Chloridlsg. mit $Na_2S$ und anschließendem Schmelzen unter Vak., N. S. FORTUNATOV, V. I. MIKHAILOVSKAYA (*Ukr. Khim. Zh.* **16** [1951] 667/81, 680).

—NiS | n-$H_2SO_4$ oder 0.1 n-KCl oder $H_2O$ | Stahl +

Extraweicher Stahl, Vergleich mit der EK bei Verwendung anderer Schwermetallsulfide, E. HERZOG (*Archiv Hem. i Farm.* **12** [1938] 8/12).

*Behavior at the Dropping Mercury Electrode*

**Verhalten an der Quecksilbertropfelektrode.** Frisch durch $Na_2S$-Lsg. gefälltes, in 0.5 m-$NH_4Cl$-Lsg. suspendiertes NiS liefert an der Quecksilbertropfelektrode einen durch Abscheidung von Wasserstoff bedingten katalyt. Strom in Form eines scharfen Max. bei —1.47 bis —1.54 V, gegen Normalkalomelelektrode gemessen. Die Größe des Stroms hängt von der seit der Herst. der Suspension verflossenen Zeit ab. Der Augenblick der Entstehung des Reduktionsstroms entspricht dem Anfang der Veränderung des Kolloids, wahrscheinlich dem Koagulationsbeginn, K. MICKA (*Chem. Listy* **51** [1957] 233/42; *Collection Czech. Chem. Commun.* **22** [1957] 1400/10).

*Behavior as Cathode*

**Verhalten als Kathode.** Wird mit einer Kathode aus Ni-Sulfid-Pulver, das auf einer Pb-Elektrode aufgeschichtet ist, in 2%iger $H_2SO_4$-Lsg. mit 0.5 bis 20.0 mA/cm² elektrolysiert, so findet Red. des NiS statt, ein Tl. des Metalls geht in Lsg., es entsteht $H_2S$, während der Elektrolyt sich grün färbt. Der auf die Red.-Arbeit bezogene Nutzeffekt beträgt zu Beginn 100% und sinkt später. Das Sulfid wird hergestellt durch Fällen von $NiSO_4$-Lsg. in der Kälte, K. FISCHBECK, E. EINECKE (*Z. Anorg. Allgem. Chem.* **175** [1928] 341/2).

*Behavior as Anode*

**Verhalten als Anode.** Bei der anod. Auflösung von NiS in gesätt. NaCl-Lsg. stellt sich sowohl bei ~20° als auch bei 60° ein beständiges Anodenpot. ein, das Ni geht nur als $Ni^{2+}$ in Lösung. Abscheidung von $Cl_2$ findet nicht statt. Anscheinend wird bei der anod. Auflösung des Sulfids ein Ionengitter und kein Metallgitter zerstört. Es entsteht elementares S. Die Sulfid-Elektrode bedeckt sich mit harter S-Schicht, die als elektr. Diaphragma wirkt. Über Herst. der NiS-Elektrode s. unter „Potential" oben, N. S. FORTUNATOV, V. I. MIKHAILOVSKAYA (*Ukr. Khim. Zh.* **16** [1951] 667/81, 672).

*Chemical Reactions On Heating*

## Chemisches Verhalten

**Beim Erhitzen.** Umwandlungen im festen Zustand s. beim System Ni–S auf S. 630, Stabilitätsbereich im System Ni–S–O im Gleichgew. mit der Gasphase s. S. 676. — Präpp. der ungefähren Zus.

NiS zersetzen sich bei hohen Temppp. allmählich unter $Ni_3S_2$-Bldg., s. beispielsweise K. BORNEMANN (*Metallurgie* **5** [1908] 61/8, 62), C. R. HAYWARD (*Trans. AIME* **48** [1914] 141/52, 144), N. ALSÉN (*Geol. Foren. Stockholm Forh.* **47** [1925] 19/72, 25). Halbstündiges Schmelzen von NiS im elektr. Widerstandsofen ergibt Sulfid der ungefähren Zus. $Ni_2S$, A. MOURLOT (*Compt. Rend.* **124** [1897] 768/71). Bestätigung der Dissoz. von NiS in $Ni_3S_2$ und gasf. S bei 750°, 850° und 900° durch Best. der im $N_2$-Strom mitgeführten Menge S und der Zus. des Rk.-Rückstands s. D. N. TARASENKOV, A. V. BOGOSLOVSKAYA (*Zh. Obshch. Khim.* **5** [1935] 836/8, *C.A.* **1936** 941). Beim Erhitzen unter $N_2$ mit 11 grd/min Temp.-Steigerung setzt sich aus $NiS_2$ entstandenes β-NiS bei 885° endotherm zu einer Schmelze um, die nach Erstarren röntgenographisch nur die Tieftemp.-Modifikation von $Ni_3S_2$ erkennen läßt, J.-E. HILLER, K. PROBSTHAIN (*Geologie* [*Berlin*] **5** [1956] 607/16, 609). NiS gehört in einer Reihe untersuchter Metallsulfide zu den im Kohle-Gleichstrombogen schwerflüchtigen Verbb., A. K. RUSANOV (*Tr. Vses. Konf.* **2** [1943] 211/7, 212). — Durch therm. Zers. von $NiS_{1.95}$ im Vak. von $10^{-5}$ Torr dargestelltes β-NiS ändert bei 500° und $10^{-5}$ Torr in 12 Std. sein Gew. nicht, G. PANNETIER, L. DAVIGNON (*Bull. Soc. Chim. France* **1961** 2131/4). Dissoz.-Druck $ps_2$ in atm, ber. aus der durch $H_2S$-$H_2$-Gleichgew.-Bestt. über Ni-Sulfid mit anfänglich 33.8 Gew.-% S ermittelten Bldg.-Wärme nach NERNST: lg $ps_2 = -6.24$ bei 1108°K, $-5.28$ bei 1183°K, $-3.3$ bei 1373°K, K. JELLINEK, J. ZAKOWSKI (*Z. Anorg. Allgem. Chem.* **142** [1925] 1/53, 48). Etwas höhere Werte erhält man für den Gesamtdruck P über NiS aus der an einer festen Probe mit bekannter Oberfläche im Vak. gem. Verdampfungsgeschw.; zwischen 873 und 1073°K gilt die Beziehung lg $P = -9213/T + 5.84$ für P in Torr. Chem. Unters. des Verdampfungsrückstandes deutet an, daß noch nicht $^1/_{10}$ des gem. Gesamtdrucks auf den Dampfdruck der Verb. entfällt, C. M. HSIAO, A. W. SCHLECHTEN (*J. Metals* **4** [1952] 65/9). Aus $H_2S$-$H_2$-Gleichgew.-Bestt. über Ni-Sulfiden für $NiS_{1.000}$ ber. Dissoz.-Drucke in atm ergeben im Bereich 670 bis 1000°K lineare Abhängigkeit des lg $ps_2$ von 1/T mit lg $ps_2 = -11.18$ bei 677°K und lg $ps_2 = -4.23$ bei 1006°K, M. LAFFITTE (*Bull. Soc. Chim. France* **1959** 1223/33, 1227).

**Gegen Nichtmetalle. Wasserstoff.** Durch stille elektr. Entladung bei gewöhnl. Temp. angeregter Wasserstoff ruft Farbänderung von NiS hervor; vermutlich wird ein Tl. des Sulfids zum Metall reduziert, KH. S. BAGDASAR'YAN, V. K. SEMENCHENKO (*Zh. Fiz. Khim.* **6** [1935] 1033/8, 1034, *C.A.* **1936** 7428). Dabei wird $H_2S$ gebildet, S. MIYAMOTO (*J. Chem. Soc. Japan* **53** [1932] 914/24 nach *C.A.* **1933** 1829; *J. Sci. Hiroshima Univ. Ser.* A **3** [1932/33] 99/115, 103).

*With Nonmetals. Hydrogen*

Durch Glühen im $H_2$-Strom wird aus wss. Lsg. gefälltes, mit S vermengtes Ni-Sulfid im Tiegel unter $H_2S$-Entw. nur unvollständig reduziert; der S-Gehalt des Red.-Prod. kommt der Zus. $Ni_2S$ nahe, H. ROSE (*Ann. Physik* [4] **20** [1860] 120/42, 131), F. GAUHE (*Z. Anal. Chem.* **4** [1865] 188/91). Zu einem nur ~2 At.-% S enthaltenden metall. Präp. führende Red. von gefälltem, im $CO_2$-Strom bei 110° getrocknetem wie auch von erschmolzenem NiS im Tiegel bei nur gelindem Erhitzen beobachten I. BELLUCCI, L. BELLUCCI (*Gazz. Chim. Ital.* **38** I [1908] 635/48, 645 Fußnote). Die Red. setzt bereits ein, wenn der Gasstrom $H_2S$ im Vol.-Verhältnis $H_2S:H_2 = 2:1$ enthält, L. MOSER, E. NEUSSER (*Chemiker-Ztg.* **47** [1923] 581/2). Im Abgas der Rk. von NiS (im $CO_2$-Strom vorgeglüht) mit strömendem $H_2$ bei 630° und 515° gem. Vol.-Verhältnisse $H_2S/H_2$ deuten intermediäre Bldg. eines niederen Sulfids an, K. JELLINEK, J. ZAKOWSKI (*Z. Anorg. Allgem. Chem.* **142** [1925] 1/53, 39). Auf Bimsstein fein verteiltes NiS wird durch einen $H_2$-Strom der Geschw. 14 l/h bei 420° in wenigen Min. zu $Ni_3S_2$ reduziert, E. V. EVANS, H. STANIER (*Proc. Roy. Soc.* [*London*] A **105** [1924] 626/41, 631). Bei 350° verläuft nach thermogravimetr. Unters. die Red. von NiS durch $H_2$ zu $Ni_3S_2$ 5mal langsamer als die entsprechende Red. des $NiSO_4$, G. PANNETIER, J.-L. ABEGG (*Acta Chim. Acad. Sci. Hung.* **30** [1962] 127/46, 134). Bei 300° reduziert ein $H_2$-Strom der Geschw. 100 ml/min aus Ni und $CS_2$ dargestelltes und daher C enthaltendes NiS in ~3 Std., bei 250° erheblich langsamer zu $Ni_3S_2$, R. H. GRIFFITH, S. G. HILL (*J. Chem. Soc.* **1938** 717/20). Red. bis zum Metall wird erst oberhalb 360° beobachtet. Mit $O_2$-freiem NiS setzt die Red. unterhalb 100°, mit Präpp. die durch Berührung mit Luft $O_2$ adsorbiert haben, erst ab 130° ein, E. H. M. BADGER, R. H. GRIFFITH, W. B. S. NEWLING (*Proc. Roy. Soc.* [*London*] A **197** [1949] 184/93, 187). Bestätigung der Red. bei 200° durch Verss. zur Adsorption von $H_2$ an NiS zwischen −183 und +200°C s. F. S. STONE (*Trabajos 3° Reunion Intern. Reactividad Solidos, Madrid* 1956 [1957], *Bd.* 1, S. 641/56, 652, *C.A.* **1958** 1721). Gefälltes und bei 200° bis 300° im $CO_2$-Strom getrocknetes Präp. zeigt im zirkulierenden $H_2$-Strom Rk.-Beginn bei 110° und unter gleichmäßiger $H_2S$-Entw. vollständige Red. zum Metall bei 150° in 86 Std., bei 400° in 40 Min., wenn gebildetes $H_2S$ fortlaufend durch $Na_2O$ absorbiert wird, G. GALLO, M. DEL GUERRA (*Ann. Chim.* [*Rome*] **41** [1951] 51/60, 54). Ende der $H_2S$-Bldg. eines bei 450° im Vak. entgasten Präp. mit strömendem $H_2$ nach 45 Std. bei 450° bis 530° beobachten M. W. ROBERTS, K. W. SYKES (*Proc. Roy. Soc.* [*London*] A **242** [1957] 534/43, 540).

Für die bis zur Metallbldg. verlaufende Gesamtrk. ergibt sich die Beziehung $\Delta G_T$ (in cal/mol NiS) $= 13400 - 5.40\,T$ durch Kombination der für geeignete Tl.-Rkk. der S-ärmeren Ni-Sulfide aus $H_2S$-$H_2$-Gleichgew.-Bestt. bekannten thermodynam. Daten, T. ROSENQVIST (*J. Iron Steel Inst.* [*London*] **176** [1954] 37/57, 52), vgl. hierzu auch Angaben in „*Nickel*" *Tl.* A. Zum Gleichgew. der zu $Ni_3S_2$ sowie $Ni_6S_5$ und $Ni_7S_6$ führenden Tl.-Rkk. s. S. 643, 646.

*Oxygen*

**Sauerstoff.** Im $O_2$-Strom von 1 atm wird thermogravimetrisch und röntgenographisch zwischen 300° und 650° Umsetzung von NiS zu NiO und $NiSO_4$ nachgewiesen, vollständige Rk. ab 500°. Änderung von Menge und Korngröße des NiS sowie von Druck und Geschw. des $O_2$ beeinflussen das Verhältnis NiO:$NiSO_4$ im Rk.-Prod. kaum. Wird aber NiS bei höherer Temp. von $O_2$ sehr rasch durchströmt, so daß gasf. Rk.-Prodd. mit NiS oder festen Rk.-Prodd. nicht reagieren können, entsteht nur NiO. Demnach verläuft bei diesen Tempp. die Ox. nur nach $NiS + {}^3/_2O_2 \rightarrow NiO + SO_2$. Die beob. $NiSO_4$-Bldg. beruht auf Umsetzung des NiO mit $SO_3$. Als Katalysator der $SO_3$-Bldg. aus $O_2$ und $SO_2$ wird NiO experimentell erkannt, G. PANNETIER, J.-L. ABEGG, J. GUENOT, L. DAVIGNON (*Bull. Soc. Chim. France* **1962** 1143/9, 1147). Obige Rk.-Gleichung wird thermogravimetrisch und röntgenographisch auch als Gesamtrk. der Ox. im $O_2$-Strom von 80 Torr zwischen 350° und 450° gefunden. Als Zwischenprodd. lassen sich $Ni_3S_2$ sowie in geringer Menge $NiS_2$ und $NiSO_4$ nachweisen. Dies wird damit erklärt, daß NiS primär zu $NiSO_4$ oxydiert wird, $NiSO_4$ durch Rk. mit NiS unter Bldg. von NiO, $Ni_3S_2$ und $SO_2$ zerfällt und der Zerfall des $Ni_3S_2$ sowie die vorübergehende Existenz von $NiS_2$ auf der Ox. des $Ni_3S_2$ nach den Angaben auf S. 642 beruht. Voraussetzung der Bldg. von NiO als Ox.-Prod. von NiS ist bei Gültigkeit dieses Rk.-Verlaufs, daß wegen der notwendigen Rk. von $NiSO_4$ mit NiS ein bestimmter $SO_2$-Partialdruck nicht überschritten wird. Für 350° berechnet er sich zu 2 Torr, D. DELAFOSSE, J.-C. COLSON, P. BARRET (*Compt. Rend.* **254** [1962] 3685/7). — Differentialthermoanalyse von synthet. NiS beim Erhitzen im Luftstrom bis ~800°, K. CAZAFURA (*Rudarsko-Met. Zbornik* **1957** 345/61, 352, *C.A.* **1959** 4667). Weiteres zum Verh. von NiS gegen $O_2$ bei hohen Tempp. s. unter „Röstreaktion" in „*Nickel*" *Tl.* A.

Millerit der Korngröße 0.1 mm als wss. Suspension setzt sich bei 140° bis 180° unter $O_2$-Drucken von 10 bis 60 at zu $NiSO_4$-Lsg. um. Nur im Druckintervall 10 bis 20 at $O_2$ beschleunigt Temp.-Steigerung den Rk.-Ablauf erheblich. Nahezu vollständiger Umsatz bei 180° und $p_{O_2} > 20$ at innerhalb einer Std., E. DISCHER, F. PAWLEK (*Z. Erzbergbau Metallhuettenw.* **10** [1957] 158/66, 161). Auch aus den Elementen bei 850° dargestelltes NiS, Korngröße max. 0.1 mm, läßt sich derart aufschließen, ohne daß elementares S als Nebenprod. entsteht. Mit $p_{O_2} = 10$ at und 100 Min. Vers.-Dauer setzt die Rk. bei ~80° ein. Der Umsatz steigt linear mit der Temp. auf 85% bei 160° an und ist ab 170° nahezu vollständig. Zusatz von $CuSO_4$ wirkt kaum reaktionsbeschleunigend, E. HIRSCH (*Diss. Karlsruhe T.H.* 1960, S. 30, 66), F. A. HENGLEIN, E. HIRSCH (*Z. Erzbergbau Metallhuettenw.* **14** [1961] 172/7, 174). Umsetzung von NiS mit $O_2$ zu Ni-Oxid und elementarem S in wss. Suspension unter Drucken bis 60 at $O_2$ bei Tempp. zwischen 120° und 150° gelingt im Gegensatz zum FeS nicht, F. PAWLEK, H. PIETSCH (*Z. Erzbergbau Metallhuettenw.* **10** [1957] 373/83, 379).

Mit Luft reagiert Millerit unter den Vers.-Bedingungen der Differentialthermoanalyse bei 750°. Ein Tl. des S wird als Oxid verflüchtigt. Der Rückstand zeigt die Röntgeninterferenzen von $Ni_3S_2$ und $Ni_7S_6$, aber nicht von $NiSO_4$, C. MAUREL (*Compt.-Rend.* **257** [1963] 2647/9).

Ozon oxydiert in Ggw. von $H_2O$ zunächst zu lösl. $NiSO_4$; später setzt Nd.-Bldg. ein, MAILFERT (*Compt. Rend.* **94** [1882] 1186/7), vgl. „*Sauerstoff*" S. 1181.

*Halogens*

**Halogene.** Fluor reagiert bei gewöhnl. Temp. heftig; durch weitere $F_2$-Einw. auf das Rk.-Prod. bei 350° entsteht reines $NiF_2$, H. M. HAENDLER, W. L. PATTERSON, W. J. BERNARD (*J. Am. Chem. Soc.* **74** [1952] 3167/8). — Gasf. Chlor reagiert mit NiS nicht bei gewöhnl. Temp., langsam und unvollständig in der Hitze, H. ROSE (*Ann. Physik* [2] **42** [1837] 517/46, 540). Zur Rk. von NiS mit $Cl_2$ in Ggw. von $O_2$ vgl. unter „Chlorierende Röstung" in „*Nickel*" *Tl.* A. — Brom reagiert mit NiS bei gewöhnl. Temp. mit geringer Wärmeentw. unter Bldg. von $NiBr_2$ und $S_2Br_2$, E. MONTIGNIE (*Bull. Soc. Chim. France* [5] **9** [1942] 654/8).

*Sulfur*

**Schwefel** in ausreichendem Überschuß bildet mit NiS beim Zusammenschmelzen S-reichere Ni-Sulfide, die sich je nach Rk.-Temp. hinsichtlich Zus. und Löslichkeit in sd. konz. Salzsäure unterscheiden. Ein völlig unlösl. Präp. der Zus. $NiS_2$ entsteht bei 175 bis 200° in 90 Min., während bei höheren Tempp. bis ~600° in der Säure z. T. lösl. Rk.-Prodd. anfallen, die deshalb als Gemische aus NiS und $NiS_2$ angesehen werden, R. SCHEUER (*Diss. Hannover T.H.* 1921, S. 48). Geschw. und damit

Ausmaß der Aufschwefelung nehmen beträchtlich ab, wenn die NiS-Präpp. bei steigenden Tempp. (bis 600°) thermisch vorbehandelt sind, W. BILTZ, A. VOIGT, K. MEISEL, F. WEIBKE, P. EHRLICH (*Z. Anorg. Allgem. Chem.* **228** [1936] 275/96, 279). Mit dem auf Ni-Blech durch Einw. von fl. S entstehenden NiS reagiert S-Schmelze nur langsam unter $NiS_2$-Bldg., vollständig erst nach ~300 Std. bei **444°**, wie sich aus der Änderung der elektr. Leitf. ergibt, A. DRAVNIEKS (*J. Electrochem. Soc.* **102** [1955] 435/9). Auf Ni-Blech durch S-Einw. gebildetes NiS (s. S. **647**) setzt sich mit S-Dampf bei 700°C und p = 400 Torr nur sehr langsam zu $NiS_2$ um; Rk.-Geschw.-Konst. $3 \cdot 10^{-9}$ $g^2 \cdot cm^{-4} \cdot sec^{-1}$, K. HAUFFE, H. G. FLINDT (*Z. Physik. Chem.* [*Leipzig*] **200** [1952] 199/209, 205), Vers.-Ausführung s. K. HAUFFE, A. RAHMEL (*Z. Physik. Chem.* [*Leipzig*] **199** [1952] 152/69, 155).

**Gegen Metalle.** Heftige Rk. beim Eintragen in Al-Schmelze unter Bldg. von Ni-Al-Legg., N. PARRAVANO, P. AGOSTINI (*Gazz. Chim. Ital.* **49** I [1919] 103/15, 112). Exotherme Rk. setzt beim langsamen Erhitzen eines pulverförmigen Gemisches von NiS mit Cd bei 460°, mit Sn bei 410° und mit Cu bei 640° ein, G. TAMMANN, H. O. v. SAMSON-HIMMELSTJERNA (*Z. Anorg. Allgem. Chem.* **216** [1934] 288/302, 300). Rk. von NiS mit kompaktem Ni bei 1000° in Ggw. von $H_2$, $N_2$ und CO s. K. J. IRVINE (*J. Iron Steel Inst.* [*London*] **171** [1952] 142/7, 142).

*With Metals*

**Gegen Nichtmetallverbindungen. Wasser.** Löslichkeit in $H_2O$ s. S. 669. Bei 3std. Einw. von $H_2O$-Dampf auf NiS bei Rotglut im Glasrohr wird ~$^1/_{15}$ des S-Gehalts an den Dampfstrom abgegeben, V. REGNAULT (*Ann. Chim. Phys.* [*Paris*] [2] **62** [1836] 337/88, 380).

*With Nonmetal Compounds. Water*

**Schwefelverbindungen.** Für die Rk. $NiS + H_2S = NiS_2 + H_2$ wird die Gleichgew.-Konst. $K_p = p_{H_2}/p_{H_2S}$ zu $7 \cdot 10^{-3}$ bei 500°K und zu $7.2 \times 10^{-4}$ bei 723°K aus Lit.-Angaben zum $H_2S$-$H_2$-Gleichgew. über Ni-Sulfiden berechnet, D. DELAFOSSE, P. BARRET (*Compt. Rend.* **252** [1961] 280/1). Zwischen 673 und 1073°K gilt für diese Rk. die aus $H_2S$-$H_2$-Gleichgew.-Bestt. über Ni-Sulfiden abgeleitete Beziehung $\Delta G_T$ (in cal/mol NiS = —4700 + 13.34T), T. ROSENQVIST (*J. Iron Steel Inst.* [*London*] **176** [1954] 37/57, 52). — Mit $H_2S$-$O_2$-Gemisch setzt sich γ-NiS (aus $NiCl_2$ und $H_2S$ nach der Wirbelschichtmeth. hergestellt, s. S. **649**) bei 200°C unter den auf S. **643** genannten Rk.-Bedingungen zu $NiS_2$ um, wie Röntgenaufnahmen des Rk.-Prod. zeigen; vermutlicher Rk.-Verlauf $NiS + H_2S + {}^1/_2O_2 \rightarrow NiS_2 + H_2O$. Wird das γ-NiS erst unter den Vers.-Bedingungen intermediär aus $Ni_3S_2$ und $H_2S$-$O_2$-Gemisch gebildet, beobachtet man $Ni_3S_4$-Bldg. aus NiS und $NiS_2$ als Nebenrk., D. DELAFOSSE, P. BARRET, M. ABON, A. LAVIER (*Compt. Rend.* **252** [1961] 3250/2).

*Sulfur Compounds*

Mit strömendem $SO_2$ reagiert NiS bei 500°C unter Bldg. von $NiSO_4$. Bei 600 bis 800°C enthält das feste Rk.-Prod. infolge Dissoz. von $NiSO_4$ zunehmend NiO, J. MILBAUER, J. TUČEK (*Chemiker-Ztg.* **50** [1926] 323/5); weitere Angaben s. unter „Röstreaktion" in „*Nickel*" *Tl.* A. — Keine Rk. zwischen strömendem $SO_2Cl_2$ und NiS bei gewöhnl. Temp., allmähliche Zers. unter Bldg. von $NiCl_2$, $SO_2$ und S bei 300 bis 350°C, H. DANNEEL, F. SCHLOTTMANN (*Z. Anorg. Allgem. Chem.* **212** [1933] 225/32, 227).

**Selenchlorid** $Se_2Cl_2$ setzt sich mit NiS unter allmählicher Bldg. von $NiCl_2$, Se und S nur in der Wärme um, V. LENHER, C. H. KAO (*J. Am. Chem. Soc.* 48 [1926] 1550/6, 1554).

*Selenium Chloride*

**Kohlenstoffmonoxid** reagiert mit frisch bereiteter wss.-alkal. NiS-Suspension bei gewöhnl. Druck und Temp. unter Bldg. von $Ni(CO)_4$. Diese von W. MANCHOT, H. GALL (*Ber. Deut. Chem. Ges.* **62** [1929] 678/81) als Rk. des $Ni(SH)_2$ formulierte Umsetzung verläuft nach Unterss. von H. BEHRENS und Mitarbeiter bei sorgfältigem Ausschluß von $O_2$ annähernd quantitativ, W. HIEBER, R. NAST, J. SEDLMEIER (*Angew. Chem.* **64** [1952] 465/70, 469); weitere Einzelheiten der Rk. s. beim $Ni(CO)_4$.

*Carbon Monoxide*

**Gegen Metallverbindungen.** Zum Verh. von NiS gegen Metalloxide und -sulfide sowie deren technisch wichtige Gemische im festen und fl. Zustand s. auch bei den entsprechenden Systemen sowie unter „Röstreaktion" und „Steinschmelzen" in „*Nickel*" *Tl.* A. — Ein inniges Gemisch von NiO mit NiS, wie es im Molverhältnis 1:2 aus $Ni_3S_2$ und $O_2$ bei 250° bis 300° entsteht (s. S. 643), ist nach thermogravimetr. und röntgenograph. Unterss. bis zu 350° beständig, selbst im Vak. von $10^{-5}$ Torr. Bei höherer Temp. setzt im Vak. und im $N_2$-Strom die Rk. $NiO + 2NiS \leftrightarrow Ni_3S_2 + {}^1/_2O_2$ (Rk. 1) ein. Dies bleibt bis ~750° die einzige Umsetzung, wenn man von der therm. Dissoz. des NiS oberhalb 600° absieht. An mechan. NiO-NiS-Gemischen sind Beginn und Verlauf der beschriebenen Rk. nur bei sehr guter Zerkleinerung und Durchmischung ebenso zu beobachten. Gröbere Präpp. reagieren erst bei höheren Tempp. und auch dann sehr unvollständig. Der $Ni_3S_2$-Bldg. im innigen Gemisch überlagert sich merklich erst ab 800° die zu metall. Ni führende Rk. von NiO mit $Ni_3S_2$ (s. S. 643).

*With Metal Compounds*

Deshalb sind die auf Tensionsmessungen bei 500° bis 700° über der aus Ni-Pulver und $SO_2$ entstehenden festen Phase beruhenden Aussagen zur Rk. des NiO mit NiS von R. SCHENCK, E. RAUB (*Z. Anorg. Allgem. Chem.* **178** [1929] 225/51, 236) als überholt anzusehen, G. PANNETIER, J.-L. ABEGG (*Compt. Rend.* **252** [1961] 1613/5, 2724/6). Im $O_2$-Strom von 1 atm liegt das Gleichgew. der Rk. 1 so weit auf der Seite der NiS-Bldg., daß oberhalb 300° nicht Ablauf der Rk. 1, sondern Rkk. von NiS mit $O_2$ und Anschlußrkk. beobachtet werden, G. PANNETIER, J.-L. ABEGG, J. GUENOT, L. DAVIGNON (*Bull. Soc. Chim. France* **1962** 1143/9, 1148), vgl. S. **666.**

Durch die Chloride von $Hg^{2+}$, $Fe^{3+}$ und $Cu^{2+}$ wird in eutekt. LiCl-KCl-Schmelze von ~500° nach den Angaben auf S. **649** dargestelltes, im reinen eutekt. Gemisch unlösl. NiS zersetzt. Primär entstehen $Ni^{2+}$, elementares, in der Schmelze lösl. S und mit $HgCl_2$ Quecksilberdampf; mit $FeCl_3$ und $CuCl_2$ fällt zunächst FeS bzw. $Cu_2S$ aus, doch werden beide Ndd. rasch durch überschüssiges Metallchlorid ebenfalls oxydierend zersetzt, G. DELARUE (*Bull. Soc. Chim. France* **1960** 906/10, 1654/9, 1658).

Mit $K_2CO_3$ in Ggw. von S bildet NiS beim Glühen $K_2Ni_3S_4$, sofern Alkalicarbonat im Überschuß zugegen ist, I. BELLUCCI, L. BELLUCCI (*Gazz. Chim. Ital.* **38** I [1908] 635/48, 643). $In_2S_3$ setzt sich als Gemisch mit NiS (Molverhältnis 1:1) bei 900° im evakuierten Quarzgefäß innerhalb 12 Std. zu schwarzem $NiIn_2S_4$ mit Spinellstruktur um, H. HAHN, W. KLINGLER (*Z. Anorg. Allgem. Chem.* **263** [1950] 177/90). Bedingungen der Umsetzung von NiS mit $NiS_2$ zu $Ni_3S_4$ s. beim chem. Verh. von NiS gegen $H_2S$, S. 667. Verh. gegen $NiSO_4$ s. S. 685. — Unterss. zu den Schmelzgleichgeww. $PbSiO_3 + NiS \rightleftharpoons NiSiO_3 + PbS$, $FeSiO_3 + NiS \rightleftharpoons NiSiO_3 + FeS$ und $Cu_2SiO_3 + NiS \rightleftharpoons NiSiO_3 + Cu_2S$ bei 1700° s. W. JANDER, K. ROTHSCHILD (*Z. Anorg. Allgem. Chem.* **172** [1928] 129/46, 138); über die Rk. Fe-Silicat + NiS $\rightleftharpoons$ Ni-Silicat + FeS bei 1250 bis 1600° s. W. JANDER, H. ZWEYER, H. SENF (*Z. Anorg. Allgem. Chem.* **217** [1934] 417/26).

*With Acids*

**Gegen Säuren.** Aus den Elementen dargestelltes NiS wird durch $HNO_3$-Lsg. und Königswasser zersetzt, R. TUPPUTI (*Ann. Chim.* [*Paris*] **78** [1811] 133/76, 148), und im Gegensatz zu $NiS_2$ auch durch sd. konz. HCl-Lsg. unter $H_2S$-Entw. zerlegt, R. SCHEUER (*Diss. Hannover T.H.* 1921, S. 47). Aus gefällten Präpp. durch Glühen entstandenes NiS wird weder durch starke $H_2SO_4$-Lsg. noch durch sd. starke HCl-Lsg. merklich zersetzt, W. GIBBS (*Am. J. Sci.* [2] **37** [1864] 346/50). — Wie unter sorgfältigem Luftausschluß durchgeführte Extraktionen mit kalter und sd. 2n-HCl-Lsg. zeigen, enthält gefälltes NiS drei deutlich unterschiedene Anteile, deren Mischungsverhältnis stark von Darst. und Alter der Präpp. abhängt. Dies stützt wesentlich die Annahme der Existenz von 3 NiS-Modifikationen und ihrer Umwandlungen, vgl. S. **655**, und erklärt den schon in der älteren Lit. diskutierten scheinbaren Widerspruch zwischen Bldg. von NiS in wss. Lsg. und seinem Verh. gegen Säuren. Die Löslichkeit in kalter, an $H_2S$ gesätt. 2n-HCl-Lsg. beträgt ~1 mg Ni/l für $\gamma$-NiS und ~40 mg Ni/l für $\beta$-NiS. Zum Auflösen der $\alpha$-Form bei gewöhnl. Temp. reicht bereits die HCl-Konz. 0.01 mol/l aus, A. THIEL, H. GESSNER (*Z. Anorg. Allgem. Chem.* **86** [1914] 1/57, 17, 48). — Die Löslichkeit in 2n-$H_2SO_4$-Lsg. bei 20°C beträgt $1.03 \times 10^{-4}$ mol/l für ein aus ~60° warmer neutraler $NiSO_4$-Lsg. mit $H_2S$ gefälltes und mit 2n-$H_2SO_4$-Lsg. gewaschenes Präp., L. MOSER, M. BEHR (*Z. Anorg. Allgem. Chem.* **134** [1924] 49/74, 51). Weitere Auflösungsverss. mit gefälltem NiS in verd. Säuren s. A. W. MIDDLETON, A. M. WARD (*J. Chem. Soc.* **1935** 1459/66, 1461), E. DÖNGES (*Z. Anorg. Allgem. Chem.* **253** [1947] 345/51, 348). Verh. gegen sehr verd. Säuren s. bei der pH-Abhängigkeit der Löslichkeit in $H_2O$, S. 670. — Teilweise Rk. mit $H_2TeO_4$ unter Bldg. von $NiTeO_4$, Te, S und $H_2O$, E. MONTIGNIE (*Bull. Soc. Chim. France* **1946** 174/5).

*With Aqueous Metal Salt Solutions*

**Gegen wäßrige Metallsalzlösungen.** Keine Rk. mit heißer konz. $NH_4Cl$-Lsg., E. MONTIGNIE (*Bull. Soc. Chim. France* [5] **3** [1936] 2321/2). Unter Luftausschluß setzt sich frisch gefälltes NiS bei längerem Sieden in 0.1 m-Lsg. des Nitrats oder Sulfats unter Sulfidbldg. vollständig mit $Cd^{2+}$ und $Pb^{2+}$, teilweise mit $Zn^{2+}$, $Co^{2+}$ und $Fe^{2+}$ um; keine Rk. in $TlNO_3$-Lsg., E. SCHÜRMANN (*Ann. Chem.* **249** [1888] 326/50, 341). Sulfidbldg. auch mit Cu- und Ag-Sulfat, nicht aber mit $Co(NO_3)_2$ und $MnSO_4$ beobachtet E. F. ANTHON (*J. Prakt. Chem.* **10** [1837] 353/6). Mit kalter $HgJ_2$-Lsg. reagiert nur $\alpha$-NiS, nicht $\beta$- oder $\gamma$-NiS, und zwar unvollständig unter HgS-Fällung und $Ni^{2+}$-Bldg., E. MONTIGNIE (*Bull. Soc. Chim. France* [5] **8** [1941] 198/202). NiS reagiert sofort mit 5wertigem V in schwefelsaurer Lsg. unter Bldg. von $Ni^{2+}$, $V^{3+}$ und $SO_4^{2-}$. Eine aus $AgNO_3$, $NH_3$ und NaOH erhältliche Lsg. bildet mit NiS lösl. $Ag_2SO_4$ und Ni-Amminverb., E. MONTIGNIE (*Bull. Soc. Chim. France* [5] **9** [1942] 654/8). Gegen $Ni^{2+}$ tauscht gefälltes NiS sein Metall aus. Halbwertszeit 26 Min. bei 25° nach Verss. mit durch $^{63}Ni$ markierter $NiCl_2$-Lsg., G. K. SCHWEITZER, P. B. BAUM (*J. Am. Chem. Soc.* **74** [1952] 6131/2).

Durch polysulfidfreies Sulfid und Hydrogensulfid von $Na^+$ und $NH_4^+$ im Überschuß wird mit diesen Verbb. unter Luftausschluß gefälltes NiS nur bei Luftzutritt gelöst, A. VILLIERS (*Compt.

*Rend.* **119** [1894] 1263/6). Zur Rk. mit Alkalipolysulfiden s. bei der Bldg. von NiS-Hydrosolen, S. 653. — Schwach saure Alkalipersulfatlsg. greift bei gewöhnl. Temp. α-NiS rasch, β- und γ-NiS nur langsam an. Die durch Temp.-Steigerung begünstigte Rk. mit β-NiS wird von der $S_2O_8^{2-}$-Konz. nicht beeinflußt. In neutraler und alkal. Lsg. ist für die Zers. der gefällten NiS-Modifikationen die $S_2O_8^{2-}$-Konz. geschwindigkeitsbestimmend, A. THIEL, H. GESSNER (*Z. Anorg. Allgem. Chem.* **86** [1914] 1/57, 45). Zers. durch verd. KCN-Lsg. bereits in der Kälte; mit KSCN-Lsg. setzt Rk. erst beim Erwärmen ein, A. GUYARD (*Bull. Soc. Chim. Paris* [2] **25** [1876] 509/10). Kalte alkal. $K_3[Fe(CN)_6]$-Lsg. zersetzt unter $[Fe(CN)_6]^{4-}$-Bldg. und S-Abscheidung, E. MONTIGNIE (*l. c.*).

*With Organic Substances*

**Gegen organische Stoffe.** Mit sd. Dimethylsulfat und Diäthylsulfat reagiert feinpulvriges, bei möglichst tiefer Temp. hergestelltes NiS in Abwesenheit von Feuchtigkeit unter Bldg. von $NiSO_4$ und dem entsprechenden Thioäther, R. LAUTIÉ (*Bull. Soc. Chim. France* **1947** 508/12).

## Löslichkeit in Wasser

*Solubility in Water*

*Solubility Product. Solubility*

**Löslichkeitsprodukt** $K_L$ in $mol^2 \cdot l^{-2}$. **Löslichkeit** L in mol/l. Sofern nichts Gegenteiliges angegeben, sind bei der Berechnung der Werte die Hydrolysegleichgeww. des $S^{2-}$ von den Autoren nach dem jeweiligen Erkenntnisstand berücksichtigt. Angaben ohne Bezeichnung der Modifikation sind in der Tabelle zu dem bei gewöhnl. Temp. beständigen γ-NiS gestellt.

| $K_L$ | L | Bestimmungsmethode und Literatur |
|---|---|---|
| für γ-NiS: | | |
| $2 \cdot 10^{-28}$ | $10^{-14}$ | bei gewöhnl. Temp.; aus Löslichkeitsbestt. in $H_2S$-gesätt. wss. HCl-Lsg. geschätzte Größenordnung, A. THIEL, H. GESSNER (*Z. Anorg. Allgem. Chem.* **86** [1914] 1/57, 48) |
| $1.1 \times 10^{-27}$ | $10^{-9.40}$ | bei 18°; aus Löslichkeitsbestt. von L. MOSER, M. BEHR (*Z. Anorg. Allgem. Chem.* **134** [1924] 49/74, 51) in $H_2S$-gesätt. wss. $H_2SO_4$-Lsg., I. M. KOLTHOFF (*J. Phys. Chem.* **35** [1931] 2711/21, 2720) |
| $10^{-25.7 \pm 1.2}$ | — | bei 25°; mit neueren Werten für Löslichkeit und Dissoz.-Konstt. des $H_2S$ ber., A. RINGBOM (*Solubilities of Sulfides, Preliminary Report on Physico-Chemical Data of Analytical Interest*, IUPAC 1953, S. „NiS“) |
| $1.4 \times 10^{-24}$ | $1.2 \times 10^{-12}$ | bei 18°; der L-Wert ist aus dem angegebenen, von L. BRUNER, J. ZAWADZKI (*Z. Anorg. Allgem. Chem.* **67** [1910] 454/5) unter Vernachlässigung der $S^{2-}$-Hydrolyse aus der Bldg.-Enthalpie von NiS und den Abscheidungspott. seiner Ionen in Lsgg. ermittelten $K_L$-Wert berechnet, I. M. KOLTHOFF (*l. c.* S. 2712) |
| $2 \cdot 10^{-21}$ | — | bei 25°; aus den freien Bldg.-Enthalpien von NiS, $Ni^{2+}$ und $S^{2-}$ unter Benutzung neuer Lit.-Werte, J. R. GOATES, M. B. GORDON, N. D. FAUX (*J. Am. Chem. Soc.* **74** [1952] 835/6) |
| für β-NiS: | | |
| $10^{-26}$ | $10^{-13}$ | wie für γ-NiS ber., A. THIEL, H. GESSNER (*l. c.*) |
| $10^{-24.0 \pm 1.2}$ | — | wie für γ-NiS ber., A. RINGBOM (*l. c.*) |
| $3.4 \times 10^{-19}$ | — | bei gewöhnl. Temp.; aus quantitativ verfolgten Fällungen mit $H_2S$ in $NiSO_4$-Lsgg. vom $p_H = 6$ bis 3 geschätzt, H. KATÔ (*Sci. Rep. Tohoku Univ. First Ser.* **26** [1937] 733/42, 738) |
| für α-NiS: | | |
| $3 \cdot 10^{-21}$ | $5 \cdot 10^{-11}$ | wie für γ-NiS ber., A. THIEL, H. GESSNER (*l. c.*) |
| $10^{-18.5 \pm 1.2}$ | — | wie für γ-NiS ber., A. RINGBOM (*l. c.*) |

L $\sim 10^{-6}$ bei Extrapolation aus der Lichtabsorption von NiS-Hydrosolen verschiedener Konz., A. MICKWITZ (*Z. Anorg. Allgem. Chem.* **196** [1931] 113/9, 116). Die aus Messungen der elektr. Leitf. der gesätt. Lsgg. von gefälltem sowie bei 1800° geglühtem Ni-Sulfid von O. WEIGEL (*Z. Physik. Chem.* [*Leipzig*] **58** [1907] 293/300, 294) angegebenen Löslichkeiten der Größenordnung $10^{-5}$ mol/l sind falsch, da bei der extremen Schwerlöslichkeit von NiS und anderen untersuchten Metallsulfiden die gem. Leitff. im wesentlichen durch geringe Verunreinigungen bedingt sein dürften und bei der Be-

rechnung beteiligte Hydrolysegleichgeww. unrichtig abgeschätzt sind, I. M. KOLTHOFF (*l. c.*), s. auch A. RINGBOM (*l. c.* S. „S 3"). — Vers. einer Schätzung der Größenordnung von $K_L$ des NiS im Vergleich zur $K_L$ anderer Metallsulfide aus Lit.-Angaben über EK-Messungen an Metallsalzlsgg. s. J. L. R. MORGAN, A. H. GOTTHELF (*J. Am. Chem. Soc.* **21** [1899] 494/502, 501).

Lsg.-Enthalpie $\Delta H = 14.2$ kcal/mol, für gewöhnl. Temp. aus Bldg.-Enthalpie und Gitterenergie berechnet, K. B. YATSIMIRSKII (*Zh. Obshch. Khim.* **17** [1947] 169/74, 173, *C.A.* **1948** 25). $\Delta H = 15.4$ kcal/mol, aus der Lit. entnommen. Kristallfeldtheoret. Betrachtungen zur Lsg.-Enthalpie von NiS und anderen Verbb. der Übergangselemente Mn bis Zn s. K. B. YATSIMIRSKII (*Dokl. Akad. Nauk SSSR* **129** [1959] 354/6; *Proc. Acad. Sci. USSR, Chem. Sect.* **124/129** [1959] 1001/3). Freie Lsg.-Enthalpie $\Delta G_{298} = 36.77$ kcal/mol, aus dem von I. M. KOLTHOFF (*l. c.* S. 2720) ber. Löslichkeitsprod., K. K. KELLEY (*U. S. Bur. Mines Bull.* Nr. 406 [1937] 55).

Verschiedene Einflüsse. Aus den Löslichkeitsbestt. von L. MOSER, M. BEHR (*Z. Anorg. Allgem. Chem.* **134** [1924] 49/74, 51) berechnet sich L für $\gamma$-NiS bei 18° in mit $CO_2$ unter Normaldruck gesätt. $H_2O$ zu $10^{-8.37}$. Die Abhängigkeit der Löslichkeit von der $H^+$- und $H_2S$-Konz. bei 18° ist durch die Beziehung $[Ni^{2+}] = 1.0 \times 10^{-5}[H^+]^2 \cdot [H_2S]^{-1}$ gegeben. Für die an $H_2S$ unter Normaldruck bei 18° gesätt. Lsg. gilt $1.0 \times 10^{-4}[H^+]^2$, I. M. KOLTHOFF (*l. c.* S. 2720). Mit Hilfe neuerer Angaben über Löslichkeit und Dissoz.-Konstt. von $H_2S$ in $H_2O$ berechnet sich für die Rk. $NiS_{fest} + 2H^+ \rightleftharpoons Ni^{2+} + H_2S_{gasf}$ bei 25° die Gleichgew.-Konst. zu $10^{-4.7\pm1}$ für $\gamma$-NiS, $10^{-3.0\pm1}$ für $\beta$-NiS und $10^{+2.5\pm1}$ für $\alpha$-NiS, A. RINGBOM (*Solubilities of Sulfides, Preliminary Report on Physico-Chemical Data of Analytical Interest,* IUPAC 1953, S. „NiS"). — Aus thermodynam. Daten nach der Meth. von J. VERHOOGEN (*Econ. Geol.* **33** [1938] 34/51) ber. Löslichkeit von $\gamma$-NiS und, in Kursivdruck, für $\alpha$-NiS:

| pH \ Temp. | 25° | 100° | 200° | 300° | 400° |
|---|---|---|---|---|---|
| 3 | $1.10 \times 10^{-4}$<br>*$5.18 \times 10^{-3}$* | $3.24 \times 10^{-4}$<br>*$2.23 \times 10^{-2}$* | $5.41 \times 10^{-4}$<br>*$3.71 \times 10^{-2}$* | $1.24 \times 10^{-3}$<br>*$8.75 \times 10^{-2}$* | $2.17 \times 10^{-3}$<br>*$1.52 \times 10^{-1}$* |
| 5 | $1.11 \times 10^{-6}$<br>*$5.24 \times 10^{-5}$* | $1.71 \times 10^{-6}$<br>*$1.18 \times 10^{-4}$* | $5.67 \times 10^{-6}$<br>*$3.89 \times 10^{-4}$* | $1.35 \times 10^{-5}$<br>*$8.80 \times 10^{-4}$* | $3.66 \times 10^{-5}$<br>*$1.69 \times 10^{-3}$* |
| 7 | $1.62 \times 10^{-8}$<br>*$7.6 \times 10^{-7}$* | $3.90 \times 10^{-8}$<br>*$2.70 \times 10^{-6}$* | $1.77 \times 10^{-7}$<br>*$1.21 \times 10^{-5}$* | $5.29 \times 10^{-7}$<br>*$3.49 \times 10^{-5}$* | $1.11 \times 10^{-6}$<br>*$7.71 \times 10^{-5}$* |
| 9 | $1.19 \times 10^{-9}$<br>*$5.59 \times 10^{-8}$* | $5.32 \times 10^{-9}$<br>*$3.73 \times 10^{-7}$* | $1.71 \times 10^{-8}$<br>*$1.17 \times 10^{-6}$* | $5.13 \times 10^{-8}$<br>*$3.39 \times 10^{-6}$* | $1.09 \times 10^{-7}$<br>*$7.59 \times 10^{-6}$* |
| 11 | $1.18 \times 10^{-10}$<br>*$5.56 \times 10^{-9}$* | $3.53 \times 10^{-10}$<br>*$2.44 \times 10^{-8}$* | $1.68 \times 10^{-9}$<br>*$1.15 \times 10^{-7}$* | $5.14 \times 10^{-9}$<br>*$3.39 \times 10^{-7}$* | $1.09 \times 10^{-8}$<br>*$7.59 \times 10^{-7}$* |

V. I. BIRYUKOV (*Zap. Vses. Mineralog. Obshchestva* **85** [1956] 333/43, 339, *C.A.* **1957** 3381).

*Trinickeltetrasulfide*

## *Trinickeltetrasulfid* $Ni_3S_4$

(42.14 Gew.-% S)

Zus. der ε-Phase des Systems Ni–S, s. S. 631. Kommt als Mineral Polydymit sowie als vorherrschender Bestandteil der Minerale Siegenit und Violarit in der Natur vor, s. „*Nickel*" *Tl.* A.

*Formation. Preparation*

**Bildung und Darstellung.** In Ni-Sulfiden der ungefähren Zus. $Ni_3S_4$ ist die Ausbildung der für eine Phase des Systems Ni–S bei der Zus. $Ni_3S_4$ charakterist. Gitterstruktur (s. S. 671) nur bei Tempp. unterhalb 300° zu erwarten. Aus den Elementen nach den für Ni-Sulfide des Konz.-Bereichs NiS bis $NiS_2$ geeigneten Methh. (vgl. S. 647) bei höheren Tempp. dargestellte Präpp. mit 52 bis 61 At.-% S erfordern sehr langes Tempern bei ~200°, ehe sich in ihnen die $Ni_3S_4$-Struktur neben NiS und $NiS_2$ durch Pulveraufnahmen nachweisen läßt, D. LUNDQVIST (*Arkiv. Kemi Mineral. Geol.* **24** A Nr. 21 [1947] 1/12, 9). Bei Darst. aus dem stöchiometr. Gemisch der Elemente oder von NiS mit S durch 10- bis 50tägiges Tempern bei 240° bis 302° wird die Ausbildung der $Ni_3S_4$-Struktur durch mehrmaliges Zerkleinern des Rk.-Prod. gefördert. Doch besteht auch nach 8monatigem Tempern des stöchiometr. Gemisches der Elemente bei 300° das Sulfid nur zu 80% aus $Ni_3S_4$, Rest NiS und $NiS_2$, G. KULLERUD, R. A. YUND (*Yearbook Carnegie Inst.* **58** [1958/59] 139/42; *J. Petrol.* **3** [1962] 126/75, 139), vgl. auch bei der ε-Phase, S. 631. Die äußerst langsame Bldg. aus den Elementen bestätigen auch erfolglose Verss. zur Darst. von $Ni_3S_4$ mit charakterist. Struktur durch monatelanges Tempern

von Preßlingen bei Tempp. des Existenzbereichs von $\gamma$-NiS sowie durch langes Vermahlen im Vak. bei 210°, A. DRAVNIEKS (*J. Electrochem. Soc.* **102** [1955] 435/9). — $Ni_3S_4$ bildet sich intermediär bei 200° aus $\gamma$-NiS und $NiS_2$ in Nebenrk. bei der Umsetzung von $Ni_3S_2$ mit $H_2S$-$O_2$-Gemisch zu $NiS_2$ im Wirbelschichtverf., D. DELAFOSSE, P. BARRET, M. ABON, A. LAVIER (*Compt. Rend.* **252** [1961] 3250/2), vgl. S. 643. — Entsteht in röntgenographisch nahezu reinem Zustand, wenn in verd. wss. Lsg. aus $Na_2S_2O_3$ und überschüssigem $NiSO_4$ frisch gebildetes $Ni(SH)_2$ in der Mutterlauge 1 Std. unter Rühren bei Luftzutritt gekocht wird, D. LUNDQVIST (*Arkiv Kemi Mineral. Geol.* **24** A Nr. 23 [1947] 1/7, 5).

Ältere Angaben zur Darst. von lediglich nach dem Verhältnis Ni:S als Verb. angesehenen Präpp. der ungefähren Zus. $Ni_3S_4$: Rk. von Ni sowie NiO mit wss. $SO_2$-Lsg. bei 200° im Einschmelzrohr ergibt rhomboedr., fast würfelförmige Kristalle, C. GEITNER (*Liebigs Ann. Chem.* **129** [1864] 350/65, 354). $NiCl_2$ und K-Polysulfid in wss. Lsg. bilden bei 160°C im Einschmelzrohr ein grauschwarzes Pulver und einen metallisch gelben Beschlag auf dem Glas, H. DE SENARMONT (*Ann. Chim. Phys.* [*Paris*] [3] **30** [1850] 129/46, 142); so hergestellte Präpp. zeigen ein dem $NiS_2$ ähnliches Röntgendiagramm, W. F. DE JONG, H. W. V. WILLEMS (*Z. Anorg. Allgem. Chem.* **161** [1927] 311/5). — Sulfid der Zus. $Ni_2S_3$ entsteht aus trocknem S und $Ni(CO)_4$, L. MOND (*Chem. News* **64** [1891] 108/10), aus denselben Stoffen unter CO-Entw. als schwarzer Nd. in $CS_2$ als Lsgm. bei Luftausschluß, J. DEWAR, H. O. JONES (*J. Chem. Soc.* **85** [1904] 203/12, 211).

**Eigenschaften.** Schwarzgrau, auch metallisch gelb, je nach Art der Bildung. — Kristallisiert kubisch-flächenzentriert im $Co_3S_4$-Gittertyp, Raumgruppe Fd3m-$O_h^7$ mit $Z = 8$ nach Vergleich mit dem Röntgendiagramm von $Co_3S_4$. Zur genaueren Strukturbest. reicht die Güte der Pulveraufnahmen jedoch nicht aus. Gitterkonst. 9.457 kX, D. LUNDQVIST (*Arkiv Kemi Mineral. Geol.* **24** A Nr. 21 [1947] 1/12, 9), 9.65 kX mit FeK$\alpha$-Strahlung an einem Polydymit, W. F. DE JONG, H. W. V. WILLEMS (*l. c.*), $9.480 \pm 0.001$ Å mit CuK$\alpha$-Strahlung an einem aus den Elementen im stöchiometr. Verhältnis bei 290° dargestellten Mehrphasenpräp., G. KULLERUD, R. A. YUND (*l. c.* S. 165). Näheres zum $Co_3S_4$-Gittertyp s. „*Kobalt*" *Tl.* A *Erg.-Bd.*, S. 622. Weitere Netzebenenabstände und Intensitäten aus Pulveraufnahmen mit CoK-Strahlung an einem Polydymit s. G. A. HARCOURT (*Am. Mineralogist* **27** [1942] 63/113, 94). Über Mischkristallbldg. von $Ni_3S_4$ in Mineralien s. „*Nickel*" *Tl.* A „Kristallchemische Grundlagen". — Dichte 4.28 g/cm³, ber. aus obigen Gitterstrukturdaten, C. S. BARRETT, J. M. BIJVOET, J. M. ROBERTSON (*Structure Reports, Bd.* 11, 1951, S. 288). Aus den von W. BILTZ, A. VOIGT, K. MEISEL, F. WEIBKE, P. EHRLICH (*Z. Anorg. Allgem. Chem.* **228** [1936] 275/96, 283) graphisch als Funktion des S-Gehalts dargestellten Molvol. von Ni-Sulfiden errechnete Dichtewerte für Präpp. mit 42 bis 52 Gew.-% S ($\sim Ni_3S_4$ bis $NiS_2$, bei mindestens 350° dargestellt) folgen der auf S. 645 für Sulfide der ungefähren Zus. $Ni_6S_5$ diskutierten Abhängigkeit der Dichte vom S-Gehalt, G. PEYRONNEL, E. PACILLI (*Atti Reale Accad. Italia Rend. Classe Sci. Fis. Mat. Nat.* [7] **3** [1941] 278/88, 286). — Zur magnet. Susz. eines Präp. der Zus. $Ni_3S_4$ s. die Angabe für Präpp. des Konz.-Bereichs NiS bis $NiS_2$ auf S. 674, zur therm. Beständigkeit von $Ni_3S_4$ s. beim System, S. 631.

*Properties*

## *Nickeldisulfid* $NiS_2$

(52.22 Gew.-% S)

*Nickel Disulfide*

Zus. der $\zeta$-Phase des Systems Ni–S, s. S. 631. Kommt als Mineral Vaesit sowie als vorherrschender Bestandteil des Minerals Bravoit in der Natur vor, s. „*Nickel*" *Tl.* A.

**Bildung und Darstellung.** Entsteht aus den pulverförmigen Elementen durch Erhitzen ihres stöchiometr. Gemisches im evakuierten Quarzröhrchen auf 900°, Tempern des zerkleinerten Präp. im Vak. bei 860° bis 200° während max. 2 Monaten und Abschrecken, D. LUNDQVIST (*Arkiv Kemi Mineral. Geol.* **24** A Nr. 21 [1947] 1/12, 3), in einem Arbeitsgang durch mehrwöchiges Zusammenschmelzen bei 500° bis 600° unter sonst gleichen Bedingungen, T. ROSENQVIST (*J. Iron Steel Inst.* [*London*] **176** [1954] 37/57, 38). Unters. über den Einfluß der Rk.-Temp. auf die Bldg. verschiedener Phasen des Systems Ni–S in derart hergestelltem Sulfid der Zus. $NiS_2$ s. G. KULLERUD, R. A. YUND (*J. Petrol.* **3** [1962] 126/75, 141, 166). Darst. aus dem stöchiometr. Gemisch der Elemente durch 200std. Rk. in LiCl-KCl-Schmelze bei $400° \pm 4°$ in Glasampulle, D. D. KLEMM (*Neues Jahrb. Mineral. Monatsh.* **1962** 32/41, 33). Aus dem unter Normaldruck in Glasröhrchen eingeschmolzenen stöchiometr. Gemisch der Elemente durch 19std. Rk. bei 260° und anschließende 3.5std. Wärmebehandlung bei 550°, J.-E. HILLER, K. PROBSTHAIN (*Geologie* [*Berlin*] **5** [1956] 607/16, 608). Durch Vermahlen der Elemente bei 210° unter den beim $Ni_3S_2$ auf S. 632 genannten Bedingungen, A. DRAVNIEKS (*J. Electrochem. Soc.* **102** [1955] 435/9). — $NiS_2$-Bldg. aus Ni als Film auf Bleiglanz durch Erhitzen auf 300° bis 450° ist

*Formation. Preparation*

aus Elektronenbeugungsdiagrammen ersichtlich, S. MIYAKE, M. KUBO (*J. Phys. Soc. Japan* **2** [1947] 15/9).

Darst. durch 30- bis 40std. Einw. von S-Schmelze auf pulverförmiges NiS unter Normaldruck bei ~170°. Nach Entfernen von überschüssigem S durch Waschen mit $CS_2$ und 24std. Vak.-Behandlung bei 150° hat das Präp. die Zus. $NiS_{2.18}$. Pulveraufnahmen ergeben nur dem $NiS_2$ zuzuordnende Interferenzen, W. F. DE JONG, H. W. V. WILLEMS (*Z. Anorg. Allgem. Chem.* **160** [1927] 185/9). Darst. nach dieser Meth. gelingt nicht YA. I. GERASIMOV, N. I. PIRTSKHALOV, V. V. STEPIN (*Zh. Obshch. Khim.* **6** [1936] 1736/43, 1737). $NiS_2$ bildet sich nach der von R. SCHEUER (*Diss. Hannover T.H.* 1921, S. 48) angegebenen Meth. (vgl. S. 666) aus NiS-Pulver und dem Vier- bis Fünffachen der theoret. Menge S im Einschmelzrohr bei minestens 350°. Das eingesetzte NiS soll zweckmäßig nicht oberhalb 400° thermisch vorbehandelt sein, W. BILTZ, A. VOIGT, K. MEISEL, F. WEIBKE, P. EHRLICH (*Z. Anorg. Allgem. Chem.* **228** [1936] 275/96, 278). Analoge Darst. bei 508° unter anfänglichem Vak., YA. I. GERASIMOV u. a. (*l. c.* S. 1738). Aus NiS und S im stöchiometr. Verhältnis im evakuierten Quarzröhrchen durch erstmalige Rk. bei 500° bis 600° und mehrmaliges Glühen des jeweils zerkleinerten Rk.-Prod. bei Tempp. bis 800° während insgesamt ~100 Std., T. LEEGAARD, T. ROSENQVIST (*Z. Anorg. Allgem. Chem.* **328** [1964] 294/8). Darst. nach W. BILTZ u. a. (*l. c.*) mit 5std. Rk.-Zeit bei 450° und anschließender S-Extraktion durch $CS_2$ im Soxhlet-App. empfiehlt O. GLEMSER (in: G. BRAUER, *Handbuch der präparativen anorganischen Chemie, 2. Aufl., Bd. 2, Stuttgart* 1962, S. 1352). Erforderliche Rk.-Temp. und -Zeit für die Herst. von Ni-Sulfid mit $NiS_2$-Struktur als einziger binärer Phase aus NiS und S im stöchiometr. Verhältnis sowie bei S-Überschuß s. G. KULLERUD, R. A. YUND (*J. Petrol.* **3** [1962] 126/75, 141). Zur allmählichen Bldg. aus NiS als Schicht auf kompaktem Ni durch Einw. von fl. und gasf. S s. S. **647**. — Entgegen der Annahme von L. R. v. FELLENBERG (*Ann. Physik* [2] **50** [1840] 61/80, 75) und R. SCHNEIDER (*Ann. Physik* [2] **151** [1874] 437/50, 442) wird beim Schmelzen von NiO mit S und $K_2CO_3$ kein $NiS_2$ gebildet, I. BELLUCCI, L. BELLUCCI (*Gazz. Chim. Ital.* **38** I [1908] 635/48, 644), vgl. auch beim $K_2Ni_3S_4$. — Bldg. von $NiS_2$ aus γ-NiS und $H_2S$-$O_2$-Gemisch s. S. 667.

Aus $NiSO_4$ entsteht $NiS_2$ bei 500 und 723°K durch Überleiten eines $H_2S$-$H_2$-Gemisches mit sehr geringem $H_2S$-Gehalt, D. DELAFOSSE, P. BARRET (*Compt. Rend.* **252** [1961] 888/90), vgl. auch P. BARRET, J. LEFÈBVRE, G. WATELLE-MARION (*Compt. Rend.* **249** [1959] 2204/6). — Darst. durch 3½std. Rk. von 0.1 Mol $NiSO_4$, das im $N_2$-Strom bei 400° völlig entwässert ist, mit 20 l $H_2S$-$N_2$-Gemisch (1:1) je Std. bei 227° nach der Wirbelschichtmeth., D. DELAFOSSE, P. BARRET (*Compt. Rend.* **251** [1960] 2964/6). — Aus wss. $NiSO_4$-Lsg. lassen sich in unvollständig verlaufenden 24std. Rkk. bei 280° bis 300° im Einschmelzrohr meist gut krist., nach Pulveraufnahmen nur durch wenig γ-NiS verunreinigte $NiS_2$-Präpp. darstellen: 1) aus kalt mit $H_2S$ gesätt. Lsg. von 2 g $NiSO_4 \cdot 7H_2O$ in 15 ml 1%iger $H_2SO_4$-Lsg. und 0.5 g S-Pulver, 2) aus neutraler, an $H_2S$ kalt gesätt. $NiSO_4$-Lsg. und S-Pulver, 3) aus Na-Polysulfid oder $Na_2S_2O_3$ enthaltender $NiSO_4$-Lsg., D. LUNDQVIST (*Arkiv Kemi Mineral. Geol.* **24** A Nr. 23 [1947] 1/7, 3). Zur $NiS_2$-Bldg. während der Druckfällung von γ-NiS aus saurer $NiSO_4$-Lsg. s. S. 651. — Durch 3std. therm. Zers. von $NiS_2O_3 \cdot 6H_2O$ bei 100° unter Normaldruck oder bei 150° im Einschmelzrohr sowie von wss. $NiS_2O_3$-Lsg. im sd. Wasserbad erhältliche Ndd. haben nach Extraktion mit wss. $SO_2$- und $NH_3$-Lsg., $H_2O$ und organ. Lsgmm. die Zus. $NiS_{\sim 1.9}$. Sie ergeben nur dem $NiS_2$ zugehörige Röntgeninterferenzen, D. GHIRON (*Gazz. Chim. Ital.* **68** [1938] 559/66, 562).

Aus Ni-Acetat und $H_2S_2$ entsteht ein Präp. der Zus. $NiS_2$ durch Versetzen einer Lsg. des $H_2O$-freien Salzes in Eisessig mit wenig Benzol (zur Gefrierpunktserniedrigung) und Umsetzung bei 0° mit $H_2S_2$ in geringem Unterschuß als Lsg. in $CS_2$. Waschen des schwarzen Nd. mit etwas $C_6H_6$ enthaltendem Eisessig und $CS_2$-$C_6H_6$-Gemisch (1:1); Trocknen im Vak. über $H_2SO_4$ in der Kälte, C. B. RIOLO, T. SOLDI (*Gazz. Chim. Ital.* **86** [1956] 1162/7, 1166).

*Formation Data*

**Bildungsgrößen** in kcal/mol $NiS_2$. Tensiometr. Abbauverss. an $NiS_2$ von W. BILTZ, A. VOIGT, K. MEISEL, F. WEIBKE, P. EHRLICH (*Z. Anorg. Allgem. Chem.* **228** [1936] 275/96, 280) und $H_2S$-$H_2$-Gleichgew.-Bestt. über Ni-Sulfiden von T. ROSENQVIST (*J. Iron Steel Inst. [London]* **176** [1954] 37/57, 51) ergeben $\Delta H_{298} = 34 \pm 4$ für Bldg. aus den festen Elementen, O. KUBASCHEWSKI, E. L. EVANS (*Metallurgical Thermochemistry, 3. Aufl., London-New York-Paris-Los Angeles* 1958, S. 262). Für Bldg. aus festem Ni und gasf. $S_2$ gilt $\Delta H_{1000} = -61.6$, $\Delta G_{1000} = -19.0$, ber. aus $H_2S$-$H_2$-Gleichgeww. über Ni-Sulfiden, T. ROSENQVIST (*l. c.* S. 54).

*Physical Properties*

**Physikalische Eigenschaften.** Glänzend grau wie das zur Darst. benutzte NiS-Pulver. Nur bei starker Vergrößerung winzige, dunkelgelbbraune Kristallaggregate erkennbar, W. F. DE JONG, H. W. V. WILLEMS (*Z. Anorg. Allgem. Chem.* **160** [1927] 185/9); stahlgrau bei Bldg. aus $NiSO_4$-Lsgg.

als Schicht an der Grenzfläche Lsg./Gasphase, G. S. GRITSAENKO, N. N. SLUDSKAYA, N. KH. AIDINYAN (*Izv. Akad. Nauk SSSR Ser. Geol.* **1950** Nr. 2, S. 112/29, 116), vgl. S. 651.

**Kristallographische Eigenschaften.** Pulveraufnahmen mit FeK-Strahlung ergeben für synthet. Präp. kubisch-flächenzentrierte Gitterstruktur vom Pyrittyp. Raumgruppe Pa3–$T_h^6$ mit Z = 4, W. F. DE JONG, H. W. V. WILLEMS (*l. c.*). Keine Polymorphie an abgeschreckten, zwischen 200° und 1000° dargestellten Präpp. nachweisbar, G. KULLERUD, R. A. YUND (*Yearbook Carnegie Inst.* **58** [1958/59] 139/42; *J. Petrol.* **3** [1962] 126/75, 167). *Crystallographic Properties*

Gitterkonstante:

5.66787 kX ± 0.00008 Vaesit mit 41.24 Gew.-% Ni, Pulveraufnahmen mit FeK-Strahlung nach der Rückstrahlmeth., P. F. KERR, R. J. HOLMES, M. S. KNOX (*Am. Mineralogist* **30** [1945] 498/504, 503);

5.676 kX an Ni gesätt.,
5.678 kX an S gesätt., } aus den Elementen dargestellte und bei 200° bis 800° getemperte Präpp., Pulveraufnahmen nach Abschrecken, D. LUNDQVIST (*Arkiv Kemi Mineral. Geol.* **24** A Nr. 21 [1947] 1/12, 9);

5.74 kX aus NiS und S dargestelltes Präp. der Zus. $NiS_{2.18}$, Pulveraufnahmen mit FeK-Strahlung, W. F. DE JONG, H. W. V. WILLEMS (*l. c.*);

5.677 Å synthet. Präp. mit stöchiometr. Zus., Pulveraufnahmen mit CuK-, FeK- und CrK-Strahlung, NaCl als Eichsubst., N. ELLIOTT (*J. Chem. Phys.* **33** [1960] 903/5);

5.682 Å aus den Elementen unter Vak. in LiCl-KCl-Schmelze dargestellt, GUINIER-Aufnahmen mit CuKα-Strahlung und $SnO_2$ als Eichsubst., D. D. KLEMM (*Neues Jahrb. Mineral. Monatsh.* **1962** 32/41, 34);

5.6893 Å im Gleichgew. mit β-NiS,
5.6890 Å mit S-Überschuß, } bei 700° getempert;

5.6882 Å unabhängig von der Zus., bei 900° getempert, Pulveraufnahmen an abgeschreckten Präpp., G. KULLERUD, R. A. YUND (*l. c.*).

Aus wss. Lsgg. gefälltes $NiS_2$ besitzt dieselbe Gitterkonst. wie ein an S gesätt., bei hoher Temp. dargestelltes Präp., D. LUNDQVIST (*Arkiv Kemi Mineral. Geol.* **24** A Nr. 23 [1947] 1/7, 5). Die scheinbare Abhängigkeit der Gitterkonst. von der Zus. des Präp. bei 900° liegt innerhalb der Fehlerbreite. Auch durch Messungen an Präpp. mit erheblich variierter Zus. läßt sich die Existenz von $NiS_2$ innerhalb einer röntgenographisch meßbaren Phasenbreite nicht bestätigen, G. KULLERUD, R. A. YUND (*l. c.*). — Aus DEBYE-SCHERRER-Aufnahmen an Vaesit mit 41.24 Gew.-% Ni ber. Abstände von 19 Netzebenen und photometrisch bestimmte Intensitäten der Reflexionen s. P. E. KERR (*Am. Mineralogist* **30** [1945] 483/97, 488). Für 32 Netzebenen von $NiS_2$ ber. und an einem β-NiS enthaltenden Zweiphasenpräp. beob. $\sin^2\Theta$-Werte und Intensitäten s. I. TSUBOKAWA (*J. Phys. Soc. Japan* **13** [1958] 1432/8, 1433).

Strukturbeschreibung und Atomlagen s. bei der Grundsubst. in „*Eisen*" *Tl.* A, S. 150, *Tl.* B, S. 379. Der für den Parameter u der Atomlagen des $NiS_2$ von W. F. DE JONG, H. W. V. WILLEMS (*Z. Anorg. Allgem. Chem.* **160** [1927] 185/9) ermittelte Wert 0.395 wird bestätigt, D. LUNDQVIST (*Arkiv Kemi Mineral. Geol.* A **24** Nr. 21 [1947] 1/12, 9), seine Genauigkeit beträgt ± 0.002 nach Auswertung von Aufnahmen mit Strahlung verschiedener Wellenlänge, N. ELLIOTT (*J. Chem. Phys.* **33** [1960] 903/5). — Kürzeste Atomabstände: S↔S = 2.08, Ni↔S = 2.43, aus Kovalenzradien der Atome berechnet, L. PAULING, M. L. HUGGINS (*Z. Krist.* **87** [1934] 205/38, 222). Die Strukturunterss. von W. F. DE JONG, H. W. V. WILLEMS (*l. c.*) ergeben S↔S = 2.09, Ni↔S = 2.42, Ni↔Ni = 4.06, P. P. EWALD, C. HERMANN (*Strukturbericht, Bd.* 1, 1931, S. 153), hiervon abweichend Ni↔Ni = 3.95, H. HARALDSEN (*IX Nord. Kemikermoede, Aarhus* 1956, *Bd.* 2, S. 83/104, 101); S↔S = 2.065, Ni↔S = 2.396 aus eigenen Messungen, N. ELLIOTT (*l. c.*). — Diskussion der Bindungsart im $NiS_2$ unter Berücksichtigung der an isotypen Verbb. gewonnenen Erkenntnisse s. L. PAULING, M. L. HUGGINS (*l. c.* S. 228), H. HARALDSEN, W. KLEMM (*Z. Anorg. Allgem. Chem.* **223** [1935] 409/16, 415), H. HARALDSEN (*Avhandl. Norske Videnskaps-Akad. Oslo, I. Mat.-Naturv. Kl.* **1947** Nr. 4, S. 1/11, 1), R. BENOIT (*J. Chim. Phys.* **52** [1955] 201/12, 203), L. NÉEL, R. BENOIT (*Compt. Rend.* **237** [1953] 444/7), N. ELLIOTT (*l. c.*; *J. Am. Chem. Soc.* **59** [1937] 1958/62), F. HULLIGER (*Helv. Phys. Acta* **32** [1959] 615/54, 633), L. D. DUDKIN (*Dokl. Akad. Nauk SSSR* **127** [1959] 1203/6; *Soviet Phys.-Dokl.* **4** [1959/60] 903/6). — Zusammenstellung der mit $NiS_2$ isotypen Verbb. s. beispielsweise K. SCHUBERT (*Z. Krist.* **108** [1957] 276/95, 288). Zur Ortskorrelation der Valenzelektronen im $NiS_2$-Gitter s. K. SCHUBERT (*l. c.*; *Z. Naturforsch.* **8a** [1953] 30/8, 34). $NiS_2$ ist mit $FeS_2$ nach Verss. bei 550° und 729° in

begrenzten Konz.-Bereichen isomorph, G. KULLERUD (*Yearbook Carnegie Inst.* **55** [1955/56] 179), L. A. CLARK, G. KULLERUD (*Yearbook Carnegie Inst.* **58** [1958/59] 142/5). Se kann das S im $NiS_2$-Gitter in jedem Mischungsverhältnis unter Gitteraufweitung vertreten, D. D. KLEMM (*l. c.* S. 35).

*Mechanical and Thermal Properties*

**Mechanische und thermische Eigenschaften.** Aus Gitterstrukturdaten für die auf S. 673 näher bezeichneten Präpp. ber. Dichte in g/cm³: 4.31, W. F. DE JONG, H. W. V. WILLEMS (*Z. Anorg. Allgem. Chem.* **160** [1927] 185/9). Die Unterss. von D. LUNDQVIST (*Arkiv Kemi Mineral. Geol.* A **24** Nr. 21 [1947] 1/12, 9) ergeben 4.46 für die an Ni, 4.45 für die an S gesätt. $NiS_2$-Phase, C. S. BARRETT, J. M. BIJVOET, J. M. ROBERTSON (*Structure Reports, Bd.* 11, 1951, S. 256). Molvol. in cm³/mol: 28.6 aus den von W. F. DE JONG, H. W. V. WILLEMS (*l. c.*) an einem Präp. der Zus. $NiS_{2.18}$ ermittelten Strukturdaten berechnet, 28.2 an einem Sulfid der Zus. $NiS_{2.02}$ pyknometrisch bestimmt, hieraus 28.0 für $NiS_2$ extrapoliert, W. BILTZ, A. VOIGT, K. MEISEL, F. WEIBKE, P. EHRLICH (*Z. Anorg. Allgem. Chem.* **228** [1936] 275/96, 283). — Entropie $S_{1000} = 38.2$ cal·mol⁻¹·°K⁻¹, Genauigkeit 2 Einheiten, T. ROSENQVIST (*J. Iron Steel Inst.* [*London*] **176** [1954] 37/57, 54). Schmp. s. beim System Ni–S auf S. 631.

*Magnetic and Electric Properties*

**Magnetische und elektrische Eigenschaften.** Susz.-Messungen bei den Feldstärken 1060, 2050 und 3640 Oe ergeben mit steigender Feldstärke etwas abnehmende Werte. Für unendliche Feldstärke extrapolierte spezif. Susz. $\chi$ in cm³/g, daraus ber., für diamagnet. Anteile korr. Molsusz. $\chi_{mol}$ in cm³/mol bei verschiedenen Tempp. T in °K für je ein Präp. der Zus. $NiS_2$ (in gewöhnl. Druck) und $NiS_{2.04}$ (in Kursivdruck):

| T | 435° | 428° | 293° | 195° | 90° |
|---|---|---|---|---|---|
| $\chi \cdot 10^6$ | *5.15* | 4.5 | 5.1, *5.50* | 5.5, *5.82* | 6.1, *6.3* |
| $\chi_{mol} \cdot 10^6$ | *710* | 620 | 700, *750* | 750, *790* | 820, *850* |

H. HARALDSEN, W. KLEMM (*Z. Anorg. Allgem. Chem.* **223** [1935] 409/16, 414). Die Werte entsprechen dem CURIE-WEISSschen Gesetz mit der Konst. $\Theta = -1025$°K bei einem effektiven magnet. Moment $\mu_{eff} = 2.71$ BOHRsche Magnetonen, N. ELLIOTT (*J. Am. Chem. Soc.* **59** [1937] 1958/62). Experimentelle Bestätigung der Gültigkeit des Gesetzes im bis ~1000°K erweiterten Temp.-Bereich mit den Konstt. $C = 1.27$ cm³·°K/mol und $\Theta = -1500$°K; $\mu_{eff} = 3.19$, L. NÉEL, R. BENOIT (*Compt. Rend.* **237** [1953] 444/7). — Die bei gewöhnl. Temp. gem. Molsusz. von Präpp. der Zus. $NiS_2$ bis NiS, die aus NiS und S bei mindestens 350°C hergestellt sind, nimmt mit sinkendem S-Gehalt der Präpp. linear ab, W. BILTZ, A. VOIGT, K. MEISEL, F. WEIBKE, P. EHRLICH (*l. c.* S. 282).

Nach der für $NiS_2$ postulierten Bindungsart zu erwartende Halbleitereigg. werden bei Leitf.-Messungen beobachtet. Mit steigender Temp. wächst die elektr. Leitf. $\varkappa$ (in $\Omega^{-1} \cdot cm^{-1}$) von $\lg \varkappa \approx 0.1$ bei $T \approx 290$°K auf $\lg \varkappa \approx 1.0$ bei $T \approx 600$°K. Die $\lg\varkappa$–1/T-Kurve besteht in diesem Temp.-Bereich aus zwei linearen Ästen mit scharfem Knick bei $\lg\varkappa \approx 0.34$, $1/T \approx 0.0022$. Nach der Halbleitertheorie ber. Aktivierungsenergie $\Delta E = 0.5$ eV, F. HULLIGER (*Helv. Phys. Acta* **32** [1959] 615/54, 635). Analogen Kurvenverlauf mit den ungefähren $\lg\varkappa$-Werten 2.0 bei gewöhnl. Temp. und 2.6 bei 400°C ergeben Leitf.-Messungen an Sulfid mit 65.5 At.-% S, das nach Pulveraufnahmen außer $NiS_2$ noch $\beta$-NiS enthält, V. G. KUZNETSOV, A. A. ELISEEV, Z. S. SHPAK, K. K. PALKINA, M. A. SOKOLOVA, A. V. DMITRIEV (in: AKADEMIYA NAUK SSSR. *Voprosy Met. i Fiz. Poluprovod., Moskva* 1961, S. 159/73, 169, *C. A.* **56** [1962] 5444). Einfluß der Adsorption von $SO_2$ mit dem Partialdruck 20 Torr auf die elektr. Leitf. von $NiS_2$ zwischen 20 und 180°C s. J.-P. BUDELOT, D. DELAFOSSE (*Compt. Rend.* **259** [1964] 385/8). Nach Messungen an Ni-Sulfid in Abhängigkeit vom S-Druck bei 700°C besitzt $NiS_2$ positive differentielle Thermokraft gegen Pt (vgl. S. 664), weshalb vorwiegend Elektronendefektleitung angenommen wird, K. HAUFFE, H. G. FLINDT (*Z. Physik. Chem.* [*Leipzig*] **200** [1952] 199/209, 208).

*Chemical Reactions*

**Chemisches Verhalten.** Dissoz.-Druck $p_{S_2}$ in Torr, über Präpp. der ungefähren Zus. $NiS_2$ mit Quarzspiralmanometer gemessen; Temp. t in °C:

| t | 390° | 650° | 700° | 720° | 730° | 760° |
|---|---|---|---|---|---|---|
| $p_{S_2}$ | 0 | 42.5 | 154 | 260 | 324 | 649 |
| Zus. des Bodenkörpers | $NiS_{2.03}$ | $NiS_{2.02}$ | | $NiS_{2.01}$ | | $NiS_{1.99}$ |

An Vak. unterhalb des Dissoz.-Drucks gibt ein Bodenkörper der anfänglichen Zus. $NiS_2$ bei den höheren Tempp. so lange S ab, bis er nahezu die Zus. NiS erreicht hat. Dabei sinken die bei 650 bis 760°C gem. Zers.-Drucke (s. Tabelle im Original) zunächst allmählich und linear mit abnehmendem S-Gehalt des Bodenkörpers, fallen aber plötzlich auf Null ab, wenn die Zus. der festen Phase $NiS_{1.03}$ bis $NiS_{1.04}$ beträgt. Die gem. Drucke stellen sich rasch und von beiden Seiten des Gleichgew. her ein, W. BILTZ, A. VOIGT, K. MEISEL, F. WEIBKE, P. EHRLICH (*Z. Anorg. Allgem. Chem.* **228** [1936] 275/96, 280). Plötzlichen und beträchtlichen Abfall der bei 750° gem. Dissoz.-Drucke bei der Zus. $Ni_3S_4$ beobachten dagegen YA. I. GERASIMOV, N. I. PIRTSKHALOV, V. V. STEPIN (*Zh. Obshch. Khim.*

**6** [1936] 1736/43, 1742, *C.A.* **1937** 2073). Dissoz.-Druckmessungen über $NiS_2$ mit dem Manometer nach W. H. Rodebush, W. F. Henry (*J. Am. Chem. Soc.* **52** [1930] 3159/61) bestätigen die Angaben von W. Biltz u. a. (*l. c.*) und die aus $H_2S$-$H_2$-Gleichgew.-Messungen über Ni-Sulfiden von T. Rosenqvist (*J. Iron Steel Inst.* [*London*] **176** [1954] 37/57, 51) ableitbaren $p_{S_2}$-Werte (s. graph. Darst. im Original). Danach gilt zwischen 400 und 800°C für $p_{S_2}$ in atm über $NiS_2$ und β-NiS als feste Phasen die Beziehung $\lg p_{S_2} = -10900/T + 10.2$, T. Leegaard, T. Rosenqvist (*Z. Anorg. Allgem. Chem.* **328** [1964] 294/8). Für die therm. Zers. von $NiS_2$ unter Bldg. von β-NiS differentialthermoanalytisch mit 600 mg Subst., $N_2$ als Schutzgas und Temp.-Steigerung von 11 grd/min ermittelter Rk.-Beginn bei 730°, Rk.-Enthalpie $\Delta H = -16 \pm 2$ kcal/mol, J.-E. Hiller K. Probsthain (*Geologie* [*Berlin*] **5** [1956] 607/16, 608). Beginn reversibler Dissoz. von $NiS_2$ bei Tempp. um 700° deutet der Verlauf der Susz.-Temp.-Kurve an, R. Benoit (*J. Chim. Phys.* **52** [1955] 119/32, 125). Zers.-Beginn bei ~400° im Vak. von $10^{-5}$ Torr ist an Sulfid der Zus. $NiS_{1.95}$ thermogravimetrisch nachweisbar. Zwischen 400° und 500° entsprechen Betrag und Ablauf des Gew.-Verlusts der Rk. $NiS_2 \rightarrow NiS + {}^1/_2S_2$. Teilweise zersetztes Sulfid enthält nach Pulveraufnahmen hexagonales NiS und $NiS_2$. Die Rk.-Ordnung der therm. Dissoz. von $NiS_2$ beträgt $^2/_3$ für 25 mg Pulver in sehr dünner Schicht, $^1/_2$ bei ~4facher Schichtdicke. Nach Arrhenius ber. Aktivierungsenergie 58.4 bzw. 56.9 kcal/mol. Bestt. der Rk.-Geschw. an stärkeren Schichten erlauben keine Aussage über die Rk.-Ordnung, G. Pannetier, L. Davignon (*Bull. Soc. Chim. France* **1961** 2131/4). — $NiS_2$ wird durch $H_2$ bei höherer Temp. zu NiS reduziert, s. Rk.-Gleichgew. auf S. 667. — An Luft zersetzt sich auch trocknes $NiS_2$ bei gewöhnl. Temp. allmählich unter Entw. von $SO_2$, das z. T. adsorbiert wird, W. Biltz u. a. (*l. c.* S. 279). Im $O_2$-Strom von 40 Torr setzt die Ox. von $NiS_2$-Pulver in dünner Schicht unter $SO_2$-Bldg. ab 280° ohne Verzögerung ein. Ab ~400° überlagert sich ihr die therm. Dissoz. des $NiS_2$ (s. S. 674), wobei sich der gebildete S-Dampf entzündet. Zwischen 280° und 370° verläuft die Rk. $NiS_2 + O_2 \rightarrow NiS + SO_2$ nach der Ordnung $^2/_3$ bezüglich $NiS_2$; daraus nach Arrhenius abgeleitete Aktivierungsenergie $32 \pm 2$ kcal/mol für Umsetzungen bis 66%. Bei konst. Temp. ist die Rk. unabhängig vom $O_2$-Druck zwischen 15 und 80 Torr, J.-C. Colson, D. Delafosse (*Compt. Rend.* **255** [1962] 1612/4). Unter $O_2$-Drucken von 0.25 bis 15 Torr bei konst. Temp. 340° folgt die Rk. einem Geschw.-Gesetz der Ordnung $^1/_2$ bezüglich $O_2$. Oberhalb 80 Torr und 328° tritt mit steigendem $O_2$-Druck zunehmend Verzögerung gegenüber dem bei 12 bis 80 Torr beob. Rk.-Verlauf ein. Da man dasselbe auch in strömenden $N_2$-$O_2$-Gemischen mit $O_2$-Partialdrucken von 15 bis 80 Torr beobachtet, wenn der Gesamtdruck mehr als 100 Torr beträgt, wird als Ursache in Übereinstimmung mit Verss. unter weiter variierten Bedingungen (s. Original) Bldg. einer $SO_2$-Schicht in der festen Phase angenommen, wodurch die Diffusion des $O_2$ zum $NiS_2$ hin beeinträchtigt wird, J.-C. Colson, D. Delafosse, P. Barret (*Bull. Soc. Chim. France* **1964** 687/93, 691). Stabilitätsbereich von $NiS_2$ im System Ni–S–O bei Gleichgew. mit der Gasphase s. S. 676. — Mit $H_2S$-$O_2$-Gemisch bei 200° unter den auf S. 643 genannten Vers.-Bedingungen reagiert $NiS_2$ unter Bldg. von $NiSO_4$ und $NiSO_4$-Hydrat sowie gasf. $H_2O$ und $SO_2$, vermutlich infolge Gleichgew. zwischen den Rkk. $NiS_2 + 3\,O_2 \rightarrow NiSO_4 + SO_2$ und $NiSO_4 + 2\,H_2S \rightarrow NiS_2 + SO_2 + 2\,H_2O$, D. Delafosse, P. Barret, M. Abon, A. Lavier (*Compt. Rend.* **252** [1961] 3250/2). — Gasf. S wird bei 390° von $NiS_2$ bis zur ungefähren Zus. $NiS_4$ aufgenommen, ehe der Zers.-Druck des Rk.-Prod. den Dampfdruck von elementarem S bei dieser Temp. erreicht, W. Biltz, A. Voigt, K. Meisel, F. Weibke, P. Ehrlich (*Z. Anorg. Allgem. Chem.* **228** [1936] 275/96, 281). — Rk. von $NiS_2$ mit NiS zu $Ni_3S_4$ s. beim chem. Verh. von NiS gegen $H_2S$ auf S. 667. — $NiS_2$ ist unlösl. in sd. konz. HCl-Lsg., R. Scheuer (*Diss. Hannover T.H.* 1921, S. 47); wird durch $HNO_3$-Lsg. der Dichte 1.4 g/ml zersetzt, Ya. I. Gerasimov u. a. (*l. c.* S. 1738).

Aus Ni-Acetat und $H_2S_2$ entstehendes $NiS_2$ verhält sich dem entsprechend dargestellten $NiS_3$ analog, C. B. Riolo, T. Soldi (*Gazz. Chim. Ital.* **86** [1956] 1162/7, 1167), s. unten.

## *Nickelsulfide der Zusammensetzung* $NiS_{>2}$

*Nickel Sulfides of Composition* $NiS_{>2}$

*$NiS_3$*

***$NiS_3$*.** Ein schwarzes Sulfid dieser Zus. entsteht aus Ni-Acetat und $H_2S_3$ unter den beim analog darstellbaren $NiS_2$-Präp. oben beschriebenen Bedingungen. In der Kälte und bei Ausschluß von Feuchtigkeit beständig; reagiert augenblicklich mit konz. $HNO_3$-Lsg. unter Bldg. von elementarem S, $SO_4^{2-}$ und nitrosen Gasen; wird durch konz. HCl-Lsg. bei −20° unter Abscheidung von $H_2S_3$ als Öl zersetzt; unlösl. in $NH_4$-Polysulfidlsg.; mit $(NH_4)_2S$-Lsg. entsteht NiS unter Gelbfärbung der Lsg. Langsame Zers. beim Waschen mit $CS_2$ ohne $C_6H_6$-Zusatz, C. B. Riolo, T. Soldi (*Gazz. Chim. Ital.* **86** [1956] 1162/7, 1167).

*$NiS_{\sim 4}$*

***$NiS_{\sim 4}$.*** Sulfide mit beliebigen S-Gehalten bis zur Zus. $NiS_{\sim 4}$ lassen sich durch Rk. von $NiS_2$ mit S bei 390° sowie durch tensimetr. Abbau S-reicherer Präpp. darstellen. Die Abhängigkeit ihrer Zers.-Drucke von der Zus. spricht für die Existenz einer intermediären Mischkristallphase bei diesen Konzz., W. BILTZ, A. VOIGT, K. MEISEL, F. WEIBKE, P. EHRLICH (*Z. Anorg. Allgem. Chem.* **228** [1936] 275/96, 281). An $NiS_4$, hergestellt aus $NiS_2$ und S im stöchiometr. Verhältnis bei 200° bis 900° im evakuierten Quarzröhrchen, ist röntgenographisch und durch Gefügeunters. nur die $NiS_2$-Struktur zu erkennen und kein Einbau von S in dieses Gitter nachweisbar, G. KULLERUD, R. A. YUND (*Yearbook Carnegie Inst.* **58** [1958/59] 139/42; *J. Petrol.* **3** [1962] 126/75, 142). — Der aus wss. $NiCl_2$-Lsg. mit Na-Polysulfidlsg. (kalt an S gesätt.) fällbare schwarze Nd. enthält Ni und S entsprechend der Formel $NiS_{4.4}$, wenn er rasch von der Mutterlauge getrennt und unter Luftausschluß mit $H_2O$ gewaschen wird. Merklich lösl. in $Na_2S$-Lsg., kaum lösl. in Na-Polysulfidlsg., G. CHESNEAU (*Compt. Rend.* **123** [1896] 1068/71). Nach Waschen mit $CS_2$ hat ein so hergestellter, sehr luftempfindlicher Nd. die Zus. $NiS_4$. Dasselbe Verhältnis Ni:S wird in den bei NiS-Fällung aus Lsgg. mit Alkalipolysulfid entstehenden dunkel gefärbten Mutterlaugen beobachtet, deren Konstit. sich nicht mit Sicherheit deuten läßt, U. ANTONY, G. MARGI (*Gazz. Chim. Ital.* **31** II [1901] 265/74, 267); vgl. hierzu bei der Bldg. von NiS-Hydrosol, S. 653.

*Nickel Hydrogen Sulfide*

## *Nickelhydrogensulfid $Ni(SH)_2$*

Aus Verss., die zur Annahme der Existenz von bas. Ni-Sulfid führen (s. unten), wird gleichzeitig geschlossen, daß bei Einw. von $H_2S$ als Gas oder wss. Lsg. unter sorgfältigem Luftausschluß auf ammoniakal. $Ni^{2+}$-Salzlsg. der Nd. anfänglich nicht aus reinem NiS besteht, sondern erhebliche Mengen $Ni(SH)_2$ enthält. Dieses zersetzt sich bei gewöhnl. Temp. nur allmählich, beim Erhitzen unter Luftausschluß schon bei 110°C rasch unter NiS-Bldg. und wird im feuchten Zustand durch $O_2$ äußerst leicht zu bas. Ni-Sulfid oxydiert, A. W. MIDDLETON, A. M. WARD (*J. Chem. Soc.* **1935** 1459/66, 1460). Vgl. hierzu die Adsorption von gasf. $H_2S$ durch NiS-Hydrosol, S. 654. Für die Bldg. aus den Elementen wird $\Delta H_{298}$ zu $5 \pm 15$ kcal/mol $Ni(SH)_2$ mittels einer aus experimentellen thermodynam. Daten zahlreicher anorgan. Verbb. abgeleiteten Funktion geschätzt, D. E. WILCOX, L. A. BROMLEY (*Ind. Eng. Chem.* **55** Nr. 7 [1963] 32/937). — Der Verb. $Ni(SH)_2$ werden die kubisch mit der Gitterkonst. 5.61 kX identifizierbaren, jedoch nur schwach und diffus ausgebildeten Röntgeninterferenzen zugeordnet, die Pulveraufnahmen an dem aus elementarem S, $H_2S$ und $NiSO_4$ in $H_2O$ nach 2monatigem Stehen bei gewöhnl. Temp. gebildeten geringfügigen Nd. ergeben. Entsprechende Reflexionen treten auch an dem aus $NiSO_4$ und $Na_2S_2O_3$ in sd. $H_2O$ bei Ggw. von Luft erhältlichen Präp. und gelegentlich an dem aus $NiSO_4$ und überschüssigem Na-Polysulfid in $H_2O$ bei 130° entstehenden Nd. auf. Vermutlich ist die in der Lit. als α-NiS beschriebene röntgenographisch amorphe Form des NiS (vgl. S. 655) mit der von A. W. MIDDLETON, A. M. WARD (*l. c.*) diskutierten Verb. $Ni(SH)_2$ identisch, D. LUNDQVIST (*Arkiv Kemi Mineral. Geol.* **24** A Nr. 23 [1947] 1/7, 4).

*The Ni–S–O System*

## Das System Ni-S-O

**Fig. 228** zeigt die Stabilitätsbereiche der kondensierten Phasen im Gleichgew. mit der Gasphase ($p^*$ = Fugazität) bei 400, 600 und 800°K, ber. nach den Angaben von O. KUBASCHEWSKI, E. L. L. EVANS (*Metallurgical Thermochemistry*, 2. *Aufl.*, *London* 1955, S. 262) über die freien Bldg.-Enthalpien der kondensierten Phasen. Die Phasenbezeichnungen sind in die für 400°K gültigen Flächen eingetragen. Durch Numerierung von Phasengrenzen ist die Ausdehnung der einzelnen Felder bei höheren Tempp. erkennbar. Die Grenzen des zwischen den Feldern NiS und $NiS_2$ auftretenden $Ni_3S_4$-Feldes sind nicht bekannt. Für jede Isotherme endet die Ordinate lg $p^*_{S_2}$ an der mit 5 bezeichneten Linie, von der ab $p^*_{S_2}$ infolge Kondensation von $S_2$ konst. bleibt, H. D. HOLLAND (*Econ. Geol.* **54** [1959] 184/233, 209). Experimentelle Ergebnisse zu Teilgleichgeww. s. beim Verh. der Verbb.

*Basic Nickel Sulfide*

***Basisches Nickelsulfid.*** Bildung. Aus ammoniakal. $NiCl_2$-Lsg. durch $H_2S$ gefällte, mit $H_2O$, Äthanol und Äther gewaschene und unter $N_2$ bei 110° getrocknete Präpp. enthalten mehr als 1 g-Atom S je g-Atom Ni, nähern sich aber um so mehr der Zus. NiS, je vollständiger $O_2$-Einw. während der Darst. verhindert werden kann. Außerdem enthalten bei Luftzutritt hergestellte Präpp. merkliche, mit der Darst.-Meth. wechselnde Mengen O und H. Analytisch ermittelte Gehalte an Ni, S, O und H ergeben annähernd die Zus. $NiS_{1.2}O_{1.2}H_{1.8}$ nach Trocknen an der Luft; die Zus. $NiS_{1.2}O_{1.6}H_{1.5}$ wird gefunden, wenn die gesamte Darst. in Ggw. von Luft erfolgt. Als Erklärung wird angenommen, daß

primär gebildetes $Ni(SH)_2$ rasch $O_2$ an die SH-Gruppe anlagert. Dabei bilden sich teilweise oxydierte Ni-Sulfide unbestimmter Zus., die weiterer Ox. zugänglich sind, A. W. MIDDLETON, A. M. WARD (*J. Chem. Soc.* **1935** 1459/66, 1462). Die genannten O-Gehalte erscheinen wegen der angewandten Analysenmethh. zu hoch; doch bestätigen auch Bestt. der aus bas. Ni-Sulfid nach Mischen mit S im Überschuß bei 400°C entwickelten $SO_2$-Mengen, daß ein Tl. des von alkalisch gefälltem Ni-Sulfid aufgenommenen $O_2$ tatsächlich gebunden wird, vermutlich als OH-Gruppe an NiS unter Ox. des $Ni^{II}$ zu $Ni^{III}$. Je Mol NiS enthält ein Präp. ~0.4 g-Atom O, wenn es in Ggw. von Luft aus neutraler $NiCl_2$-Lsg. mit $Na_2S$-Lsg. gefällt und mit $H_2O$ gewaschen wird, aber $<0.1$ g-Atom O bei Fällung mit Na-Polysulfid- oder $(NH_4)_2S$-Lsg., E. DÖNGES (*Z. Naturforsch.* **1** [1946] 221/2; *Z. Anorg. Allgem. Chem.* **253** [1947] 337/44, 340). Gleiche Zus. wird auch für die aus schwach alkal. NiS-Hydrosolen (s. S. 653) allmählich ausfallenden Ndd. auf Grund der Hydrolysegleichgeww. von $S^{2-}$ angenommen, A. MICKWITZ (*Z. Anorg. Allgem. Chem.* **196** [1931] 113/9, 118).

Fig. 228.

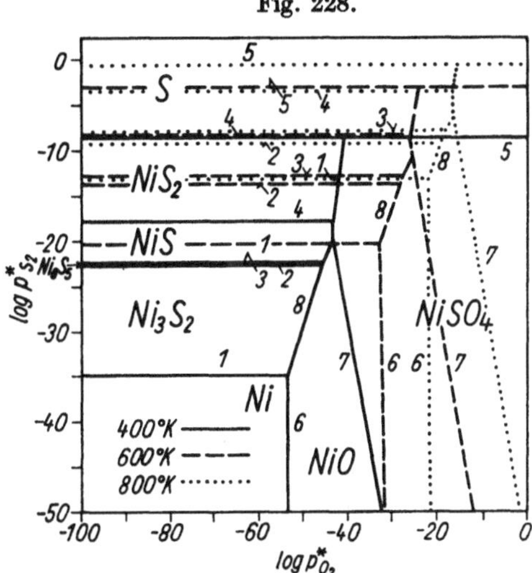


Isothermen des Systems Ni–S–O.

Eigenschaften. Zus. nach Trocknen bei 110° s. oben. Verh. beim Glühen im $H_2$- und $H_2S$-$H_2$-Strom s. beim NiS auf S. 665. — Bas. Ni-Sulfid ist pyrophor nach Extrahieren mit organ. Lsgmm. und Trocknen bei 25° oder 40° im $N_2$-Strom bei 15 Torr, E. DÖNGES (*l. c.* S. 342). Frisch gefällt schwarz. Wird im feuchten Zustand durch Lufteinw. bei gewöhnl. Temp. unter starker Erwärmung allmählich grün infolge teilweiser Ox. bis zum Sulfat, R. TUPPUTI (*Ann. Chim.* [*Paris*] **79** [1811] 153/98, 182), P. DE CLERMONT, H. GUIOT (*Compt. Rend.* **84** [1877] 714), W. HERZ (*Z. Anorg. Allgem. Chem.* **28** [1901] 342/5). Beim Erhitzen auf der Thermowaage in Ggw. von $O_2$ werden keine reproduzierbaren Kurven erhalten, R. DUVAL, C. DUVAL (*Anal. Chim. Acta* **5** [1951] 71/83, 74). Unterss. zum Rk.- Mechanismus des sulfatisierenden Röstens von basisch gefälltem Ni-Sulfid, J. LEMMERLING, A. VAN TIGGELEN (*Bull. Soc. Chim. Belges* **64** [1955] 470/83, 478), M. GERMAIN-LEFÈVRE, J. RYGAERT, W. ZAZULAK, A. VAN TIGGELEN (*Bull. Soc. Chim. Belges* **67** [1958] 717/25, 719). Bas. Ni-Sulfid wird als schwach ammoniakal. wss. Suspension in Ggw. von $(NH_4)_2SO_4$ oder $NH_4Cl$ durch Luft bei gewöhnl. Temp. zu $Ni^{2+}$ und hauptsächlich elementarem S neben wenig $S_2O_3^{2-}$ und $SO_4^{2-}$ oxydiert, W. GLUUD, W. MÜHLENDYCK (*Ber. Deut. Chem. Ges.* **56** [1923] 899/901). Steigerung von Temp. oder $NH_3$-Konz. begünstigt die $S_2O_3^{2-}$-Bldg. auf Kosten der S-Abscheidung, W. GLUUD, R. SCHÖNFELDER (*Ber. Deut. Chem. Ges.* **57** [1924] 628/9). Wird durch frisch bereitetes gesätt. $Cl_2$-Wasser unter S-Abscheidung in der Kälte in wenigen Sek., in der Wärme sofort zersetzt, E. G. MALEEVA (*Zh. Analit. Khim.* **6** [1951] 383/4, *C. A.* **1952** 2960). Reagiert mit Al-Schmelze noch heftiger als erschmolzenes NiS, N. PARRAVANO, P. AGOSTINI (*Gazz. Chim. Ital.* **49** I [1919] 103/15, 112). — Langsame Zers. durch sd. $H_2O$ unter $H_2S$-Entw., P. DE CLERMONT, J. FROMMEL (*Ann. Chim. Phys.* [*Paris*] [5] **18** [1879] 189/208, 190, 203); Einfluß von fl. $H_2O$ bei Tempp. bis 210°C auf magnet. Eigg. von basisch gefälltem Ni-Sulfid s. S. VEIL (*Compt. Rend.* **186** [1928] 80/1). Oxydiert im feuchten Zustand CO bei gewöhnl. Temp. allmählich zu $CO_2$, E. DÖNGES (*Z. Naturforsch.* **1** [1946] 221/2; *Z. Anorg. Allgem. Chem.* **254** [1947] 133/6). — Außer Königswasser wirken $H_2O_2$-haltige verd. HCl-Lsg. und Essigsäure unter S-Abscheidung zersetzend, A. S. KOMAROWSKY (*Z. Anal. Chem.* **72** [1927] 293/5), ferner kalte HCl-Lsg. auf Zusatz von N-Chlor-p-toluolsulfonamid (Chloramin T), E. G. MALEEVA (*Zh. Analit. Khim.* **10** [1955] 380/1; *J. Anal. Chem. USSR* **10** [1955] 375/6). Löslichkeitsbestt. in Mineralsäuren verschiedener Konz., meist zur Ermittlung der Zus. der Präpp. und Unters. der durch Luft bewirkten Ox., s. P. DE CLERMONT (*Compt. Rend.* **117** [1893] 229/31), W. HERZ (*l. c.*), W. H. CONE, M. M. RENFREW, H. W. EDELBLUTE (*J. Am. Chem. Soc.* **57** [1935] 1434/6), A. W. MIDDLETON, A. M. WARD (*l. c.* S. 1461), E. DÖNGES (*Z. Naturforsch.* **1** [1946] 221/2; *Z. Anorg. Allgem. Chem.* **253** [1947] 345/51, 348), M. P. BABKIN (*Zh. Analit. Khim.* **2** [1947] 118/21, *C. A.* **1949** 5700). — Extraktionsverss. mit $CS_2$ und Äthanol, E. JORDIS, E. SCHWEIZER (*Z. Angew. Chem.* **23** [1910] 577/91, 582).

*Nickel Sulfites*
*$NiSO_3$*

## Nickelsulfite.

***$NiSO_3$***. $\Delta H_{298} = -157.2 \pm 1.5$ kcal/mol für die Bldg. aus $Ni_{fest}$, $S_{fest}$ und $O_{2gasf}$, berechnet aus einer zur Abschätzung der Bldg.-Enthalpie von Sulfiten entwickelten Funktion. Der Zers.-Druck $p_{SO_2}$ in atm bei therm. Dissoz. $NiSO_3 \rightarrow NiO + SO_2$ ist zwischen 273 und 573°K durch die aus ber. thermodynam. Größen der Rk. abgeleiteten Beziehung lg $p_{SO_2} = -6072/T + 9.444$ gegeben, E. ERDÖS (*Collection Czech. Chem. Commun.* **27** [1962] 1428/37, 1434, 2273/83, 2279).

*$NiSO_3 \cdot 6H_2O$*

***$NiSO_3 \cdot 6H_2O$***. Darstellung. In eine wss. Suspension von Ni, frisch gefälltem Ni-Aquoxid oder Ni-Carbonat wird gasf. $SO_2$ eingeleitet, bis alles gelöst ist; Krist. durch Einengen der grünen Lsg. bei gewöhnl. Temp. oder auf dem Wasserbad, M.-J. FORDOS, A. GÉLIS (*Compt. Rend.* **16** [1843] 1069/73; *J. Pharm. Chim.* [3] **4** [1843] 333/47, 333), J. S. MUSPRATT (*Liebigs Ann. Chem.* **50** [1844] 259/92, 281; *Phil. Mag.* [3] **30** [1847] 414/20, 417), C. RAMMELSBERG (*Ann. Physik* [2] **67** [1846] 391/408, 391), A. RÖHRIG (*J. Prakt. Chem.* [2] **37** [1888] 217/53, 245). Präpp., deren UR-Absorptionsspektrum frei von $SO_4^{2-}$-Banden ist, erhält man nach der genannten Meth., wenn man zwecks Luftausschluß mit ausgekochtem $H_2O$ unter $N_2$ als Schutzgas arbeitet, der Lsg. Alkohol zusetzt und im Vak. einengt, C. ROCCHICCIOLI (*Ann. Chim.* [*Paris*] [13] **5** [1960] 999/1036, 1018). — $NiSO_3 \cdot 6H_2O$ bildet sich allmählich in Form kleiner Kristalle, wenn der durch Zugabe von Alkohol zur sauren wss. Lsg. erhältliche voluminöse Nd. längere Zeit steht, A. RÖHRIG (*l. c.* S. 246).

Eigenschaften. $NiSO_3 \cdot 6H_2O$ ist dimorph. Aus mit $SO_2$ gesätt. wss. $NiSO_3$-Lsg. kristallisiert bei gewöhnl. Temp. unter allmählichem Entweichen von $SO_2$ nach H. A. KLASENS, W. G. PERDOK, P. TERPSTRA (*Z. Krist.* **94** [1936] 1/6) hexagonales 6-Hydrat. Doch wird bei Wiederholung dieser Krist.-Meth. nur eine tetragonale Modifikation mit geringerer Dichte in reinem Zustand erhalten. Lediglich einmal ist in einer Vers.-Reihe ein Gemisch beider Modifikationen kristallisiert, D. WEIGEL, B. IMELIK, M. PRETTRE (*Bull. Soc. Chim. France* **1962** 1427/34, 1432).

*Hexagonal $NiSO_3 \cdot 6H_2O$*

**Hexagonales $NiSO_3 \cdot 6H_2O$.** Smaragdgrüne, trigonal-hemimorphe Kristalle. Sehr häufig bilden sich sternförmige Zwillinge, die aus zwei um dasselbe Symmetriezentrum symmetrisch angeordneten enantiomorphen Kristallen bestehen. Raumgruppe R 3–$C_3^4$, Gitterkonstt.[1]) in Å: $a_{hex} = 8.791$, $c_{hex} = 9.031$, c/a = 1.012, Z = 3 für die hexagonale Elementarzelle; $a_{rhd} = \mathit{5.901}$, $\alpha = 96°18'$, Z = 1 bei rhomboedr. Indizierung, ermittelt aus Drehkristallaufnahmen um [001], [100], [1$\bar{1}$0], [111] und Pulveraufnahmen mit CuK$\alpha$-Strahlung. Hiervon vermutlich infolge schlechten Kristallwachstums abweichende Werte aus goniometr. Messungen: c/a = 1.012, $\alpha = 96°47'$, H. A. KLASENS u. a. (*l. c.* S. 4); $a_{hex} = \mathit{8.69}$, $c_{hex} = \mathit{8.96}$; $a_{rhd} = 5.84 \pm 0.02$ $\alpha = 96°10 \pm 8'$ mit CuK$\alpha$-Strahlung. Der für $NiSO_3 \cdot 6H_2O$ und die isostrukturellen Salze $MgSO_3 \cdot 6H_2O$ und $CoSO_3 \cdot H_2O$ von H. A. KLASENS u. a. (*l. c.*) vermutete Gitterbau (s. „*Kobalt*" *Tl.* A *Erg.-Bd.*, S. 628) wird durch weiterführende Strukturanalyse bestätigt. In der rhomboedr. Elementarzelle besetzen je 1 Ni und S die Punktlagen x, x, x mit $x_{Ni} = 0, 0, 0$ und $x_S = 0.496$. Auf den allgemeinen Punktlagen x, y, z; z, x, y; y, z, x der Raumgruppe befinden sich 3 O mit $x_O = 0.532$, $y_O = 0.500$, $z_O = 0.254$, $3H_2O_I$ mit $x_I = 0.683$, $y_I = 0.861$, $z_I = 0.076$ und $3H_2O_{II}$ mit $x_{II} = 0.337$, $y_{II} = 0.132$, $z_{II} = 0.943$. Kürzeste Atomabstände in Å: Ni$\leftrightarrow H_2O_I$ 2.05 $\pm$ 0.02, Ni$\leftrightarrow H_2O_{II}$ 2.11 $\pm$ 0.02, S$\leftrightarrow$O 1.45 $\pm$ 0.03, O$\leftrightarrow$O 2.30 $\pm$ 0.03, O$\leftrightarrow H_2O_{II}$ 2.72 $\pm$ 0.03. Zwischen den 3 O-Atomen der pyramidenförmigen $SO_3^{2-}$-Gruppe und den $3H_2O_{II}$-Molekeln bestehende H-Brückenbindungen werden als Ursache für die Verzerrung des aus je 3 $H_2O_I$ und $H_2O_{II}$ um Ni gebildeten Oktaeders angesehen, D. GRAND-JEAN, R. WEISS, R. KERN (*Compt. Rend.* **255** [1962] 964/6). Dichte nach der Schwebemeth. 2.027, aus röntgenograph. Daten 2.034. Optisch einachsig und negativ doppelbrechend; Brechungszahlen für grünes Hg-Licht: $n_\omega = 1.552$, $n_\varepsilon = 1.509$. Stark piezoelektrisch, H. A. KLASENS u. a. (*l. c.* S. 3), mäßig piezoelektrisch, P. H. EGLI (*Am. Mineralogist* **33** [1948] 622/33, 632).

*Tetragonal $NiSO_3 \cdot 6H_2O$*

**Tetragonales $NiSO_3 \cdot 6H_2O$.** Nach Pulver- und Drehkristallaufnahmen mit CoK-Strahlung Raumgruppe P 4/nbm–$D_{4h}^3$; Z = 4. Gitterkonstt. a = 8.78 Å, c = 11.65 Å, c/a = 1.327 (weitere 16 indizierte Netzebenenabstände mit zugehörigen relativen Intensitäten s. Original). Dichte 1.828 g/cm³ aus Strukturdaten, 1.825 g/cm³ pyknometrisch in Cyclohexan. Wandelt sich bei 22° im Vak. über konz. $H_2SO_4$ unter Gew.-Abnahme in eine Subst. von konst. Gew. um. Die gem. Gew.-Differenz entspricht dem Verlust von 2.5 Mol $H_2O$/mol 6-Hydrat. Doch dürfte ein bas. Sulfit entstanden sein, da das Rk.-Prod. röntgenographisch amorph ist, D. WEIGEL, B. IMELIK, M. PRETTRE (*Bull. Soc. Chim. France* **1962** 1427/34, 1432).

---

[1]) Kursiv gedruckte Werte sind aus den in anderer Indizierungsweise vorliegenden Daten des Originals umgerechnet.

**$NiSO_3 \cdot 6H_2O$ ohne Modifikationsangabe.** Festes Salz in Vaseline zeigt von den im Bereich 300 bis 1800 $cm^{-1}$ an anderen Metallsulfiten in 3 Tl.-Bereichen beob., für $SO_3^{2-}$ charakterist. Absorptionsbanden nur einige im Gebiet 930 bis 1000 $cm^{-1}$, C. ROCCHICCIOLI (*Ann. Chim.* [*Paris*] [13] **5** [1960] 999/1036, 1019).

*$NiSO_3 \cdot 6H_2O$ of Unspecified Modification*

Gibt beim Erhitzen zunächst $H_2O$, dann $SO_2$ ab. Der Rückstand enthält Ni-Oxid, -Sulfid und -Sulfat, J. S. MUSPRATT (*Liebigs Ann. Chem.* **50** [1844] 259/92, 282), C. RAMMELSBERG (*Ann. Physik* [2] **67** [1846] 391/408, 392), A. RÖHRIG (*J. Prakt. Chem.* [2] **37** [1888] 217/53, 245). Unlösl. in kaltem und warmem $H_2O$, lösl. in wss. $SO_2$-Lsg. und Mineralsäuren, J. S. MUSPRATT (*l. c.* S. 281), C. RAMMELSBERG (*l. c.*). Bldg. von Doppelsalzen mit $Na^+$, $K^+$, $NH_4^+$ s. die entsprechenden Systeme.

***$NiSO_3 \cdot 4H_2O$.*** Bildet sich als geringer Rückstand beim Sättigen einer wss. Aufschlämmung von frisch gefälltem Ni-Aquoxid oder Ni-Carbonat mit $SO_2$-Gas, J. S. MUSPRATT (*l. c.* S. 281; *Phil. Mag.* [3] **30** [1847] 414/20, 417), sofern nicht mit zuviel $H_2O$ suspendiert wird. Darst. durch rasches Einengen der nach Angaben beim Hexahydrat hergestellten $SO_2$-haltigen wss. Lsg. bei 150°C, A. RÖHRIG (*l. c.*).

*$NiSO_3 \cdot 4H_2O$*

***Basisches Nickelsulfithydrat $2NiSO_3 \cdot Ni(OH)_2 \cdot 6H_2O$.*** Äquimolare, an $CO_2$ gesätt. wss. Lsgg. von $NiSO_4 \cdot 7H_2O$ und $Na_2SO_3$ werden unter Durchleiten von $CO_2$ zusammengegossen, wobei der zunächst gebildete Nd. sich löst. Anschließend wird $H_2$ unter gelindem Erwärmen eingeleitet, bis ein hellgrünes Rohpräp. ausfällt. Filtrieren und Waschen des Nd. unter $H_2$ als Schutzgas mit $H_2O$, dann mit äthanolhaltigem $H_2O$ und Trocknen bei gewöhnl. Temp. im Vak. über $H_2SO_4$ ergibt ein Sulfithydrat, dessen Gehalt an Ni und $SO_3$ der angegebenen Zus. entspricht, K. SEUBERT, M. ELTEN (*Z. Anorg. Allgem. Chem.* **4** [1893] 44/95, 91).

*Basic Nickel Sulfite Hydrate*

# *Nickel(II)-sulfat $NiSO_4$*

*Nickel(II) Sulfate*

Wasserfreies $NiSO_4$ tritt im System $NiSO_4$–$H_2SO_4$–$H_2O$ bei höheren $H_2SO_4$-Konzz. als Bodenkörper auf, s. S. 726. Aus wss. Lsg. kann $NiSO_4$ nicht erhalten werden, da es im System $NiSO_4$–$H_2O$, s. S. 685, bei keiner Temp. als Bodenkörper auftritt.

## Bildung und Darstellung

*Formation. Preparation*

**Durch Entwässern der Hydrate.** Abgabe der ersten 6 Mol $H_2O$ von $NiSO_4 \cdot 7H_2O$ erfolgt unterhalb 130°, die Abgabe des letzten Mol $H_2O$ größtenteils bis 270°, die der letzten Spuren $H_2O$ erst über 330°. Aus pulverisiertem $NiSO_4 \cdot 6H_2O$ bildet sich beim Erhitzen an Luft $NiSO_4$ als schwefelgelbes Pulver, s. beispielsweise N. DEMASSIEUX, B. FEDOROFF (*Compt. Rend.* **206** [1938] 1649/51), C. MARIGNAC (*Mem. Soc. Phys. Hist. Nat.* **14** [1855] 201/86, 240). Bldg. bei 2- bis 3std. Entwässern von $NiSO_4 \cdot 7H_2O$ bei 500°, A. S. BOROVIK-ROMANOV, V. R. KARASIK, N. M. KREINES (*Zh. Eksperim. Teor. Fiz.* **31** [1956] 18/24, 18; *Soviet Phys. JETP* **4** [1957] 109/14). Nach differentialthermoanalyt. Messungen genügen zum vollständigen Entwässern der Hydrate 331°, R. FRUCHART, A. MICHEL (*Compt. Rend.* **246** [1958] 1222/4), während gravimetr. bei 400° noch 0.641% $H_2O$ gefunden werden, H. O. HOFMAN, W. WANJUKOW (*Bull. Min. Eng.* **1912** 889/943, 924; *Trans. AIME* **43** [1913] 523/77, 558). $NiSO_4$ wird erhalten durch Überleiten von getrockneter Luft (konz. $H_2SO_4$, $P_2O_5$) bei 260° über ein $NiSO_4$-Hydrat, E. MOLES, M. CRESPI (*Anales Fis. Quim.* [*Madrid*] **25** I [1927] 549/66, 551; *Z. Phys. Chem.* **130** [1928] 337/44, 339), oder durch 24std. Erhitzen eines $NiSO_4$-Hydrats auf 350° in Ar-Atm., vor und nach Pulverisieren, B. C. FRAZER, P. J. BROWN (*Phys. Rev.* [2] **125** [1962] 1283/91, 1285). Erhitzen im Vak. bei 250° bis zur Gew.-Konstanz, H. CHIHARA, S. SEKI (*Bull. Chem. Soc. Japan* **30** [1957] 673/4), bei 300° über $P_2O_5$ während 4 Tagen, F. HAMMEL (*Ann. Chim.* [11] **11** [1939] 247/358, 293; *Compt. Rend.* **202** [1936] 57/59), oder mehrtägiges Entwässern bei 110° im Vakuum, Pulverisieren und 4std. Erhitzen auf 370°, A. G. OSTROFF (*Thesis Univ. of Iowa* 1957, S. 158). Bei einer Erhitzungsgeschw. von 50°/Std. wird unter einem Druck von $10^{-1}$ bis $10^{-2}$ Torr schon bis etwa 150° alles $H_2O$ abgegeben, J. CUEILLERON, O. HARTMANSHENN (*Bull. Soc. Chim. France* **1959** 168/72). — Ältere Angaben: T. GRAHAM (*Phil. Mag.* [3] **6** [1835] 327/34; *Liebigs Ann. Chem.* **13** [1835] 144/6), T. E. THORPE, J. I. WATTS (*J. Chem. Soc.* **37** [1880] 102/17, 111).

*By Dehydration of Hydrates*

**Aus metallischem Nickel.** Entsteht bei $SO_2$-Einw. auf metall. Ni neben NiS, $NiSO_3$ und $NiS_2O_3$, P. SCHWEITZER (*Am. Chemist* **1** [1871] 296/8), bei Einw. konz. $H_2SO_4$ oder mäßig verd. $H_2SO_4$-Lsg. auf Ni-Metall zwischen 100° bis 200° als dünne Schicht auf dem Metall, A. DITTE (*Ann. Chim. Phys.*

*From Metallic Nickel*

[6] **19** [1890] 68/92, 80), bei der Elektrolyse 75%iger $H_2SO_4$-Lsg. an der Ni-Anode, L. McCulloch (*Trans. Elektrochem. Soc.* **56** [1929] 325/28). Wird bei Wechselstromelektrolyse von verd. $H_2SO_4$-Lsg. (4 bis 40%) an Ni-Elektroden bei einer Stromdichte von über 50 Amp./$dm^2$ als grünlichweißer Nd. abgeschieden, A. Coppadora (*Gazz. Chim. Ital.* **36** II [1906] 693/723, 704). Entsteht beim anodischen Polieren von Ni in verd. $H_2SO_4$-Lsg. (1 : 1) als nahezu weißes Kristallpulver, T. P. Hoar, J. A. S. Mowat (*Nature* **165** [1950] 64/5).

Durch atm. Korrosion entsteht bei einer relativen Luftfeuchtigkeit von mindestens 70% an metall. Ni-Flächen ein schmieriger Film, der aus Ni-Sulfat und Schwefelsäure besteht, C. P. Larrabee (*Corrosion* **15** [1959] 526/9t).

*From Ni Compounds*

**Aus Ni-Verbindungen.** Bildet sich beim Verreiben von NiO mit $NaHSO_4$ und kann aus der Mischung herausgelöst werden, W. Oechsner de Coninck (*Bull. Acad. Belg.* **1904** 833). Bldg. aus frisch gefälltem Ni-Hydroxid bei innigem Kontakt mit S oder beim Überleiten von $SO_2$ in Ggw. von Feuchtigkeit bei 500°, W. Savelsberg (*F.P.* 688491 [1930/30]), auch beim Überleiten von $SO_3$ über aus $Ni^{III}$-Aquoxid gebildetes NiO, A. Ievinš (*Z. Anal. Chem.* **102** [1935] 412/18, 417). Unter der Einw. von $O_3$ wird bei Ggw. von Feuchtigkeit Ni-Sulfid in $NiSO_4$ umgewandelt, Mailfert (*Compt. Rend.* **94** [1882] 1186/7). Intermediäre Bldg. beim Rösten von Ni-Sulfid, K. Cazafura (*Rudarsko-Met. Zbornik* **1957** 345/61, 351), zwischen 500° und 750°, I. Kushima, N. Asano (*Nippon Kogyo Kaishi* **73** [1957] 103/8, 104), G. Pannetier, J.-L. Abegg, J. Guenot, L. Davignon (*Bull. Soc. Chim. France* **1962** 1143/9, 1147), D. Delafosse, J.-C. Colson, P. Barret (*Compt. Rend.* **254** [1962] 3685/7). Die $NiSO_4$-Bldg. aus im Vak. unter $N_2$ getrocknetem NiS und über $P_2O_5$ getrocknetem $O_2$ verläuft bei gewöhnl. Temp. langsam, zwischen 150° bis 300° mit meßbarer Geschw., J. Lemmerling, A. van Tiggelen (*Bull. Soc. Chim. Belg.* **64** [1955] 470/83, 471). $NiSO_4$ bildet sich aus NiS im $SO_2$-Strom bei höherer Temp., J. Milbauer, J. Tuček (*Chemiker-Ztg.* **50** [1926] 323/25), beim Durchleiten von Luft durch 2%ige $NH_3$-Lsg., die frisch gefälltes NiS suspendiert enthält, W. Gluud, W. Mühlendyck (*Ber.* **56** [1923] 899/901; *Ber. Ges. Kohlentechn.* **1921/26** 172/5). Kann aus dem geschmolzenen Rückstand vom Eindampfen einer wss. $NiSO_3$-Lsg. nach Entweichen von $H_2O$ und $SO_2$ herausgelöst werden, C. Rammelsberg (*Ann. Physik* [2] **67** [1846] 391/408, 392). Bildet sich beim Zugeben von $NiCl_2$ zur eutekt. Schmelze von LiCl/KCl, die $Na_2SO_3$ gelöst enthält, neben Ni-Sulfid, G. Delarue (*Bull. Soc. Chim. France* **1960** 906/10). Bldg. beim Erhitzen von $(NH_4)_2Ni(SO_4)_2 \cdot 6H_2O$ auf dunkle Rotglut, C. Lepierre, M. Lachaud (*Compt. Rend.* **115** [1892] 115/7); aus $NiS_2O_6 \cdot 6H_2O$ entsteht es beim Erhitzen neben $H_2SO_3$ und $H_2O$, C. Rammelsberg (*Ann. Physik* [2] **58** [1843] 295/9). Beim Zusammengeben gleicher Vol. von gesätt., wss. $NiSO_4$-Lsg. und 2-Methyl-pentanol-(2)-on-(4) (Diacetonalkohol) bei gewöhnl. Temp. fällt $NiSO_4$ aus, J. Duclaux, C. Cohn (*J. Chim. Phys.* **53** [1956] 278/83, 281). Aus einer Lsg. von $NiCl_2$ in Ameisensäure läßt sich mit $Na_2SO_4$ ein nur wenig verunreinigtes $NiSO_4$-Präp. ausfällen, A. G. Ostroff (*Thesis Univ. of Iowa* 1957, S. 156). In Trifluoressigsäure gelöstes Ni-Trifluoracetat bildet bei Zugabe von $H_2SO_4$ etwa 55 Mol-% $NiSO_4$ und etwa 45 Mol-% $Ni(HSO_4)_2$, G. S. Fujioka, G. H. Cady (*J. Am. Chem. Soc.* **79** [1957] 2451/4).

*Preparation of Crystals*

**Darstellung von Kristallen.** Beim Zusammenschmelzen von $NiSO_4 \cdot 7H_2O$ und $(NH_4)_2SO_4$ im Verhältnis 1:4 und anschließendem, vorsichtigem Abrauchen des $(NH_4)_2SO_4$ fällt $NiSO_4$ als feines gelbes, A. S. Borovik-Romanov, V. R. Karasik, N. M. Kreines (*Zh. Eksperim. Teor. Fiz.* **31** [1956] 18/24, 18), als grünes, braungelbliches krist. Pulver, teilweise in Oktaedern an, P. Klobb (*Compt. Rend.* **114** [1892] 836/8), und wird bei unvollständigem Abrauchen und anschließendem Auslaugen des $(NH_4)_2SO_4$ mit $H_2O$ in zeisiggelben Oktaedern erhalten, C. Lepierre, M. Lachaud (*l. c.*). Zum gleichen Ergebnis führt Zusammenschmelzen von Ni-Oxid oder Ni-Carbonat mit der 6- bis 7fachen Menge $NH_4HSO_4$, teilweises Abrauchen sowie Auswaschen des $(NH_4)_2SO_4$, M. Lachaud, C. Lepierre (*Bl. Soc. Chim. France* [3] **7** [1892] 600/3), oder Zusammenschmelzen von $NiSO_4 \cdot 6H_2O$ mit der doppelten Menge $NH_4HSO_4$ und Abrauchen des Ammoniumsalzes bei Rotglut; bei Zusatz von etwas konz. $H_2SO_4$ werden linsenförmige Kristalle gebildet, R. W. Cairns, E. Ott (*J. Am. Chem. Soc.* **55** [1933] 527/33, 528). Beim Erhitzen von 1 Gew.-Tl. $NiSO_4$-Hydrat mit 2 Gew.-Tl. $(NH_4)_2SO_4$ und 2 Gew.-Tl. $H_2SO_4$-Lsg. (66%ig) werden prismatische, in Spindeln auslaufende, hellgelbe $NiSO_4$-Kristalle erhalten, C. Lepierre, M. Lachaud (*l. c.*), M. Lachaud, C. Lepierre (*l. c.*). Eindampfen einer Lsg. von $NiSO_4$-Hydrat in konz. $H_2SO_4$ bis zum starken Rauchen führt zu etwa 3 mm langen $NiSO_4$-Kristallen, P. I. Dimaras (*Acta Cryst.* **10** [1957] 313/5), s. auch L. McCulloch (*Trans. Electrochem. Soc.* **56** [1929] 325/8). In konz. $H_2SO_4$ aufgelöstes $NiSO_4$ setzt sich beim Kochen in zitronengelben, bipyramidalen Prismen ab, A. Étard (*Compt. Rend.* **87** [1878] 602/4).

**Reindarstellung.** Aus wasserfreien, fein gepulverten Ni-Verbb., wie Oxid, Nitrit, Nitrat, Halogenid, Sulfid, Formiat oder Acetat durch Umsetzung mit Dimethylsulfat bei tiefer Temp. unter Feuchtigkeitsausschluß. Unter Rühren wird langsam auf 160° bis 189° erhitzt. Während der Umsetzung soll Dimethylsulfat stets in geringem Überschuß zugegen sein und vor allem gegen Ende der Rk. eine Temp. über 189° vermieden werden. Der entstandene Nd. wird nach Filtration und Waschen mit absol. Äther unter Luftausschluß im Exsiccator über $H_2SO_4$ oder im Trockenschrank getrocknet, R. LAUTIÉ (*Bl. Soc. Chim. France* **1947** 508/12). Über die Abtrennung von Fe und Co mit organ. Lsg.-Mitteln s. C. S. SCHLEA (*Thesis Univ. of Iowa* **1955**, S. 115). Ältere Meth. zur Entfernung von Cu, Ca, Fe aus $NiSO_4$ s. E. J. MILLS, J. J. SMITH (*Chem. News* **40** [1879] 15/17), E. J. MILLS, J. H. BICKET (*Phil. Mag.* **13** [1882] 169/77, 170), BAUBIGNY (*Chem. News* **48** [1883] 257/8). Darst. mit Verunreinigungen von höchstens $10^{-5}$ bis $10^{-6}$%, Reinheitsprüfung mit Hilfe von Isotopen s. G. I. GORSHTEIN (*Radioaktivn. Izotopy i Yadernye Izlucheniya v Nar. Khoz. SSSR, Tr. Vses. Soveshch., Riga* 1960, *Bd.* 1, S. 298/301).

*Preparation in Pure State*

**Thermodynamische Daten der Bildung.** Bildungsenthalpie $\Delta$H und freie Bildungsenthalpie $\Delta$G in kcal/Mol, sowie Bldg.-Entropie $\Delta$S in cal·Mol$^{-1}$·grad$^{-1}$ für die Bldg. aus den Elementen unter Standardbedingungen bei 298°K:

*Thermodynamic Formation Data*

| $-\Delta$H | $-\Delta$G | $-\Delta$S | Literatur |
|---|---|---|---|
| 213.6 | 186.9 | 17.4 | K. K. KELLEY (*Bull. Bur. Mines* Nr. 406 [1937] 103/4) |
| 213.0 | 184.9 | 18.6 | F. D. ROSSINI, D. D. WAGMAN, W. H. EVANS, S. LEVINE, I. JAFFE (*Circ. Nat. Bur. Std.* Nr. 500 [1952] 248) |

Sämtlich errechnet aus Dissoz.-Druckmessungen für $2NiSO_4 = 2NiO + 2SO_2 + O_2$ von G. MARCHAL (*J. Chim. Phys.* **22** [1925] 559/82, 563). Der von R. SCHENCK, E. RAUB (*Z. Anorg. Allgem. Chem.* **178** [1929] 225/51, 251) aus Dampfdruckmessungen über $NiSO_4$-NiS-Gemisch unter Zugrundelegung der Rk. $3NiSO_4 + NiS = 4NiO + 4SO_2$ errechnete Wert für $\Delta$H = —232.0 für die Bldg. aus den Elementen erscheint unwahrscheinlich, K. K. KELLEY (*l. c.*).

## Physikalische Eigenschaften

*Physical Properties*

**Kristallographische und strukturelle Eigenschaften.** Rhombisch, P. I. DIMARAS (*Acta Cryst.* **10** [1957] 313/5), R. J. POLJAK (*Acta Cryst.* **11** [1958] 306), F. HAMMEL (*Ann. Chim.* [11] **11** [1939] 247/358, 295; *Compt. Rend.* **202** [1936] 57/59), existiert nach Pulveraufnahmen an bis zu 800° erhitzten Proben im Gegensatz zu $CoSO_4$ (s. „*Kobalt*" *Tl.* A *Erg.-Bd.*, S. 629) nur in einer Modifikation, F. HAMMEL (*l. c.* S. 293), während H. CHIHARA, S. SEKI (*Bull. Chem. Soc. Japan* **30** [1957] 673/4) nach 10std. Erhitzen auf 110° abweichende Pulveraufnahmen erhält, Näheres s. unten. Dicke Platten mit schmalen Flächen parallel den Rhomboederkanten, P. I. DIMARAS (*l. c.*), bipyramidale Prismen mit kurvigen Streifungen, A. ÉTARD (*Compt. Rend.* **87** [1878] 602/4). Beob. Formen: vorherrschend {001}, daneben {110}, {111}, {112}, selten Prismen längs {110}. Achsenlängen nach Drehkristall- und WEISSENBERG-Aufnahmen a = 5.155 ± 0.001, b = 7.842 ± 0.001, c = 6.338 ± 0.002 Å, P. I. DIMARAS (*l. c.*), bestätigt von R. J. POLJAK (*l. c.*), ältere abweichende Werte, F. HAMMEL (*l. c.*). Raumgruppe Cmcm–$D_{2h}^{17}$; Punktlagen:

*Crystallographic and Structural Properties*

4 Ni in 0,0,0; 0,0,$^1/_2$; $^1/_2$,$^1/_2$,0; $^1/_2$,$^1/_2$,$^1/_2$;

4 S in 0,y,$^1/_4$; 0,$\bar{y}$,$^3/_4$; $^1/_2$,$^1/_2$ + y,$^1/_4$; $^1/_2$,$^1/_2$—y,$^3/_4$, P. I. DIMARAS (*l. c.*). Die von vorstehendem Autor annähernd festgelegten Parameter werden mittels Fourieranalyse genau bestimmt zu: y = 0.350;

8 $O_I$ wie S mit y = 0.25, z = 0.02 bis 0.03;

8 $O_{II}$ wie S mit x = 0.25, y = 0.472, R. J. POLJAK (*l. c.*). Jedes Ni-Atom ist von 6 O-Atomen umgeben, wobei 2 $O_I$ 1.99 und 4 $O_{II}$ 2.06 Å Abstand zum Ni-Atom haben. Der Abstand der S-Atome, die im Zentrum von $SO_4$-Tetraedern liegen, beträgt zu 2 $O_I$ 1.53 und zu 2 $O_{II}$ 1.60 Å. Anordnung der Ni-Atome und $SO_4$-Tetraeder s. **Fig. 229**, S. 682. Z = 4, P. I. DIMARAS (*l. c.*), R. J. POLJAK (*l. c.*), F. HAMMEL (*l. c.*). Nach Pulveraufnahmen (FeK$\alpha$-Strahlung) isostrukturell mit den wasserfreien Sulfaten des zweiwertigen Mg, Zn, Mn, Fe, Cu und mit I-$CoSO_4$, F. HAMMEL (*l. c.* S. 343; *l. c.*), s. auch P. C. RÂY (*Nature* **126** [1930] 310/1), J. COING-BOYAT (*Acta Cryst.* **12** [1959] 939). Gitterenergie von $NiSO_4$ 757 kcal/Mol, ber. mit der Bildungsenthalpie des gasförmigen Metall-Ions und Anions nach A. F. KAPUSTINSKII, K. B. YATSIMIRSKII (*Zh. Obshch. Khim.* **26** [1956] 941/8; *J. Gen. Chem. USSR* **26** [1956] 1069/76), K. B. YATSIMIRSKII (*Zh. Obshch. Khim.* **26** [1956] 2376/80; *J. Gen. Chem. USSR* **26**

[1956] 2655/60) und der Bldg.-Wärme nach F. D. ROSSINI, D. D. WAGMAN, W. H. EVANS, S. LEVINE, I. JAFFE (*Circ. Nat. Bur. Std.* Nr. 500 [1952] 248) von K. B. YATSIMIRSKII (*Zh. Neorgan. Khim.* **3** [1958] 2244/52, 2247; *Russ. J. Inorg. Chem.* **3** Nr. 10 [1958] 26/36, 29). Gitterenergie 662.4 kcal/Mol, ber. aus den von V. M. GOLDSCHMIDT (*Ber. Deut. Chem. Ges.* **60** [1927] 1263/96) gegebenen Ionenradien nach der Formel von A. F. KAPUSTINSKII, K. B. YATSIMIRSKII (*Zh. Obshch. Khim.* **19** [1949] 2191/2200) von A. YA. ZVORYKIN (*Zh. Prikl. Khim.* **33** [1960] 1019/24).

Weitere Modifikationen. Bei höherem Druck bis 140 kbar werden im Bereich von 300° bis 750° außer dem rhomb. $NiSO_4$ (im folgenden mit I bezeichnet) röntgenographisch 8 weitere Modifikationen nachgewiesen. Übergänge zwischen diesen Modifikationen (Werte dem Phasendiagramm im Original entnommen):

| | | | | | | | | |
|---|---|---|---|---|---|---|---|---|
| t in °C | ~320° | 750° | ~320° | 750° | 300° | 750° | ~320° | 750° |
| p in kbar | 25 | 10 | 25 | 34 | 37 | 47 | 67 | 62 |
| Übergang | I↔II | | II↔III | | III↔IV | | IV↔V | |
| t in °C | ~320° | ~670° | ~330° | ~660° | ~340° | ~660° | 350° | ~740° |
| p in kbar | 81 | 108 | 106 | 108 | 117 | 108 | 130 | 112 |
| Übergang | V↔VI | | VI↔VII | | VII↔VIII | | VIII↔IX | |

(Angaben zu den Tripelpunkten s. Original), C. W. F. T. PISTORIUS (*Z. Krist.* **116** [1961] 220/50, 231/6). — Aus $NiSO_4 \cdot 6H_2O$ durch 4std. Erhitzen bei 130° und einstd. Erhitzen bei 250° erhaltenes $NiSO_4$ zeigt nach vierstd. Erhitzen bei 100° in Pulveraufnahmen diffuse Ringe, nach sechsstd. Erhitzen bei 110° werden scharfe Pulveraufnahmen erhalten. Das Diagramm stimmt nicht mit dem von F. HAMMEL (*Ann. Chim.* [11] **11** [1939] 247/358, 294) gefundenen überein. Es wird eine neue Struktur mit einfacher tetragonaler Elementarzelle mit a = 9.54, c = 3.25 Å oder rhomb. Zelle mit a = 10.8, b = 7.93, c = 4.77 Å für möglich gehalten, H. CHIHARA, S. SEKI (*Bull. Chem. Soc. Japan* **30** [1957] 673/4).

Fig. 229.

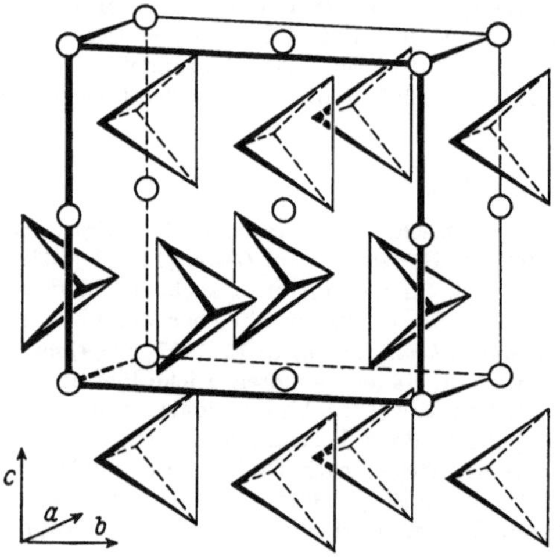

Struktur des $NiSO_4$.

*Mechanical and Thermal Properties. Density*

**Mechanische und thermische Eigenschaften.**

**Dichte.** Röntgendichte 4.01, direkte Dichtemessungen geben verfälschte Werte, da die Kristalle Hohlräume zeigen, P. I. DIMARAS (*Acta Cryst.* **10** [1957] 313/5); $D_4^{25} = 3.543$, pyknometr. bestimmt, E. MOLES, M. CRESPI (*Anales Fis. Quim.* [*Madrid*] **25** I [1927] 549/66, 553; *Z. Phys. Chem.* **130** [1928] 337/44, 340). Weitere Best., C. PAPE (*Ann. Physik* [2] **30** [1863] 337/84, 369), H. SCHRÖDER (*J. Pr. Chem.* [2] **19** [1879] 266/94, 289), T. E. THORPE, J. I. WATTS (*J. Chem. Soc.* **37** [1880] 102/17, 111), C. LEPIERRE, M. LACHAUD (*Compt. Rend.* **115** [1892] 115/7), M. LACHAUD, C. LEPIERRE (*Bull. Soc. Chim. France* [3] **7** [1892] 600/3), G. MESLIN (*Compt. Rend.* **140** [1905] 782/4; *Ann. Chim. Phys.* [8] **7** [1906] 145/94, 183). Molvolumen aus der Dichtebest. von E. MOLES, M. CRESPI (*l. c.*) ber.: $V_m = 43.7$; Nullpunktsvol. 43.0 $cm^3$, W. BILTZ (*Raumchemie der festen Stoffe, Leipzig* 1934, S. 77). $V_m = 39$ $cm^3$, nach röntgenograph. Best. ber. unter Annahme von 4 Molekeln in der Elementarzelle, F. HAMMEL (*l. c.* S. 309), vorläufige Mitteilung mit abweichender Angabe, F. HAMMEL (*Compt. Rend.* **202** [1936] 57/59, 2147/49).

*Thermal Expansion*

**Thermische Ausdehnung.** Unter gewöhnl. Druck bei 715° sind die Achsenlängen a = 5.185 ± 0.01, b = 7.881 ± 0.01, c = 6.451 ± 0.01 Å, bestimmt mit CoKα-Strahlung. Die mittleren Koeff. der linearen Ausdehnung zwischen 25° und 715° sind in a-Richtung $8.4(\pm 2) \cdot 10^{-6}$ $grd^{-1}$, in b-Richtung $7.2(\pm 2) \cdot 10^{-6}$ $grd^{-1}$, in c-Richtung $2.58(\pm 2) \cdot 10^{-5} grd^{-1}$; Koeff. der Vol.-Ausdehnung $4.14(\pm 0.6) \cdot 10^{-5}$ $grd^{-1}$, C. W. F. T. PISTORIUS (*Z. Krist.* **116** [1961] 220/50, 233).

*Specific Heat*

**Spezifische Wärme.** $c_p = 0.216$ $cal \cdot g^{-1} \cdot grad^{-1}$ für 16° bis 100°, C. PAPE (*l. c.*). Aus thermodynam. Daten für die Rk. $2NiSO_4 = 2NiO + 2SO_2 + O_2$ abgeleitete Molwärme $C_p$ in $cal \cdot Mol^{-1} \cdot grad^{-1}$: Beziehung zur Berechnung der $C_p = 30.1 + 9.92$ $10^{-3}$ T, K. K. KELLEY (*Bull. Bur. Mines* Nr. 406

[1937] 103/4), zwischen 298 und 1200°K, Genauigkeit ± 5%, O. KUBASCHEWSKI, E. L. EVANS (*Metallurgical Thermochemistry, 3. Aufl., London-New York-Paris-Los Angeles* 1958, S. 320). $C_{p(298°K)}$ = 33, N. A. LANDIYA (*Zh. Fiz. Khim.* **27** [1953] 495/501, 498).

**Entropie** in cal·Mol$^{-1}$·grad$^{-1}$. Standardentropie (geschätzter Wert) $S_{298.1°K}$ = 23.2, K. K. KELLEY (*l. c.*). *Entropy*

**Sorption.** Messung der Desorptionswärme von CO an $NiSO_4$ mit steigender Temp. mit und ohne Licht eines Cd-Bogens. Vergleich der energet. Verhältnisse zeigt, daß es sich um Chemisorption des Radikals CO handelt. Ergebnisse in graph. Darst., A. N. TERENIN (*Probl. Kinetiki i Kataliza Akad. Nauk SSSR* 8 [1955] 17/33, 21). *Sorption*

**Optische Eigenschaften.** Hellgelb, H. LEY, W. HEIDBRINK (*Z. Anorg. Allgem. Chem.* **173** [1928] 287/96, 294), A. ÉTARD (*Compt. Rend.* 87 [1878] 602/4), H. SCHRÖDER (*J. Pr. Chem.* [2] **19** [1879] 266/94, 289), M. LACHAUD, C. LEPIERRE (*Bl. Soc. Chim. France* [3] **7** [1892] 600/3), F. FEIGL, L. I. MIRANDA, H. A. SUTER (*Anais Acad. Brasil. Cienc.* **15** [1943] 151/86 nach *J. Chem. Educ.* **21** [1944] 18/24, 18). Zeigt negative Doppelbrechung, P. I. DIMARAS (*Acta Cryst.* **10** [1957] 313/5). — Im UR-Spektrum erfährt die Absorptionsbande des $SO_4^{2-}$-Ions zwischen 9200 und 8800 mμ bei 8900 mμ durch das $Ni^{2+}$-Ion eine charakteristische Verschiebung, H. TAL, A. L. UNDERWOOD (*Anal. Chem.* **29** [1957] 1430/3). Das dem $SO_4^{2-}$-Ion zuzuordnende Reflexionsmax. für polarisiertes Licht bei 905 mμ wird durch das $Ni^{2+}$-Ion etwas verschoben, H. PFUND (*Astrophys. J.* **24** [1906] 19/41, 36). Im Absorptionsspektrum werden zwischen 600 und 220 mμ Max. bei 430 und 350 mμ und ein Minimum bei 400 mμ gefunden, M. KIMURA, M. TAKEWAKI (*Sci. Pap. Inst. Tokyo* **9** [1928/29] 57/64, 63). Über den Einfluß der chem. Bindung im $NiSO_4$ auf Wellenlänge und Struktur der Röntgenemissionslinien und der Röntgenabsorptionskanten von Ni und S s. „*Schwefel*" *Tl.* A, S. 667, 671. *Optical Properties*

**Magnetische Eigenschaften.** Einzelwerte der mittleren spezif. Susz. $\overline{\chi}$, gem. an pulverförmigem $NiSO_4$ (Werte in Auswahl): *Magnetic Properties*

| T in °K | 14.5 | 16.7 | 20.3 | 77.4 | 110.5 | 150.6 | 169.2 | 200.5 | 245.7 | 279.3 | 289.0 |
|---|---|---|---|---|---|---|---|---|---|---|---|
| $\overline{\chi}\cdot 10^6$ | 80.9 | 79.7 | 82.0 | 62.8 | 58.0 | 46.3 | 39.9 | 38.3 | 32.0 | 28.5 | 26.7 |
| Lit. | 1) | 1) | 1) | 1) | 2) | 2) | 1) | 2) | 2) | 2) | 1) |

| T in °K | 291.5 | 297.5 | 376.3 | 435.6 | 537.5 | 616.5 | 709.9 | 839.4 | 906.7 | 1035.9 |
|---|---|---|---|---|---|---|---|---|---|---|
| $\overline{\chi}\cdot 10^6$ | 27.5 | 21.1 | 22.0 | 19.8 | 16.8 | 15.0 | 13.5 | 12.0 | 11.2 | 10.2 |
| Lit. | 3) | 2) | 3) | 3) | 3) | 3) | 3) | 3) | 3) | 3) |

1) gem. nach der GOUY-Meth., L. C. JACKSON (*Phil. Trans.* **224** A [1924] 1/48, 9). — 2) gem. nach der FARADAYschen Meth., T. ISHIWARA (*Sci. Rep. Tohoku* I **3** [1914] 303/19, 310). — 3) gem. nach der FARADAYschen Meth., K. HONDA, T. ISHIWARA (*Sci. Rep. Tohoku* I **4** [1915] 215/60, 233). Vergleichbare Werte der mittleren Molsusz. in Abhängigkeit von der Temp., gem. nach der Meth. von FARADAY, korrigiert für die diamagnet. Anteile, A. SERRES (*Ann. Phys.* [*Paris*] [10] **20** [1933] 441/77, 447), ohne Angabe der Meth., R. A. FEREDAY (*Proc. Phys. Soc.* **46** [1934] 214/30, 227); nach der Meth. von FARADAY gem. Werte, B. CABRERA, A. DUPERIER (*Anales Fiz. Quim.* [*Madrid*] **29** [1931] 5/14, 9), umgerechnet von A. SERRES (*l. c.* S. 456); Einzelwerte bei jeweils nur einer Temp. s. H. SOLING (*Acta Chem. Scand.* **12** [1958] 1005/14, 1011), A. S. BOROVIK-ROMANOV, V. R. KARASIK, N. M. KREINES (*Zh. Eksperim. i Teor. Fiz.* **31** [1956] 18/24, 23; *Soviet Phys. JETP* **4** [1957] 109/14), G. MESLIN (*Compt. Rend.* **140** [1905] 782/4; *Ann. Chim. Phys.* [8] **7** [1906] 145/94, 182), E. COTTON-FEYTIS (*Ann. Chim.* [*Paris*] [10] **4** [1925] 9/78, 58), W. SUCKSMITH (*Phil. Mag.* [7] 8 [1929] 158/65, 164), E. F. HERROUN (*Proc. Phys. Soc.* [*London*] **46** [1934] 872/81, 877). — Die Temp.-Abhängigkeit der mittleren Molsusz. zeigt Abweichungen vom CURIE-WEISSschen Gesetz, B. CABRERA, A. DUPERIER (*l. c.* S. 13), und folgt einem Gesetz $(\overline{\chi}_{mol} - 425\cdot 10^{-6})(T-\Theta) = C_{mol}$ mit $C_{mol} = 1.228$, $\Theta = -44$°K zwischen 91.7°K und 250°K und $C_{mol} = 1.136$, $\Theta = -20$°K zwischen 288 und 790°K, der Schnittpunkt beider Geraden liegt bei 278°K, A. SERRES (*l. c.*). Zwischen 294 und 554°K wird gute Näherung durch diese Beziehung bestätigt, R. A. FEREDAY (*l. c.*). Vgl. hierzu auch die Messungen von T. ISHIWARA (*l. c.*), K. HONDA, T. ISHIWARA (*l. c.*). Nach Susz.-Messungen zwischen 12 und 300°K ist $NiSO_4$ unterhalb der Umwandlungstemp. $T_c = 37.21$°K antiferromagnetisch; die Temp.-Abhängigkeit der Susz. unterhalb $T_c$ läßt sich in Übereinstimmung mit den theoret. Vorstellungen von P. W. ANDERSON (*Phys. Rev.* [2] **79** [1950] 350/6, 705/10) und R. KUBO (*Phys. Rev.* [2] **87** [1952] 568/80) darstellen durch die Gleichung $\overline{\chi}_{mol} = a + b(T/T_c)^2$ mit $a \approx {}^2/_3\overline{\chi}_{mol}T_c$, $b \approx {}^1/_3\,\overline{\chi}_{mol}T_c$, A. S. BOROVIK-ROMANOV u. a. (*l. c.*). Im Bereich von 14 bis 20°K zeigt die mittlere Susz. von $NiSO_4$

bei 20°K ein Max. und bei 16.6°K ein Minimum, L. C. JACKSON, H. KAMMERLINGH ONNES (*Proc. Roy. Soc.* [*London*] A **102** [1923] 678/9, 680/1), L. C. JACKSON (*l. c.*).

Folgerungen zur magnet. Struktur aus Neutronenbeugungsunterss. bei der Temp. von flüssigem He und bei gewöhnl. Temp. an polykristallinem $NiSO_4$, B. C. FRAZER, P. J. BROWN (*Phys. Rev.* [2] **125** [1962] 1283/91, 1288).

*Chemical Reactions*

## Chemisches Verhalten

*On Heating*

**Beim Erhitzen.** Beim Erhitzen unter Bestrahlung mit $\alpha$-Teilchen oder Elektronen finden sich Max. für die Elektronenemission bei solchen Temgpp., bei denen die einzelnen Hydrate ihr Hydratwasser abgeben, W. HANLE, A. SCHARMANN, G. SEIBERT (*Z. Physik* **171** [1963] 497/504, 502). $NiSO_4$ zersetzt sich bei Tempp. zwischen $\sim$600° und $\sim$900° gemäß $NiSO_4 = NiO + SO_3$; $2SO_3 = 2SO_2 + O_2$, s. beispielsweise G. MARCHAL (*J. Chim. Phys.* **22** [1925] 559/82, 563), C. MARIGNAC (*Mem. Soc. Phys. Hist. Nat.* **14** [1855] 201/86, 240), R. W. CAIRNS, E. OTT (*J. Am. Chem. Soc.* **55** [1933] 527/33, 528). Bei dieser Rk. entstehen keine bas. Ni-Sulfate, A. G. OSTROFF (*Thesis Univ. of Iowa* 1957, S. 50), L. WÖHLER, K. FLICK (*Ber.* **67** [1934] 1679/83), B. DUDLEY (*Met. Chem. Eng.* **13** [1915] 303/8). Gleichgew.-Gesamtdrucke p in Torr für die Zers. (Werte in Auswahl):

| t in °C . . . . | 700° | 720° | 740° | 760° | 780° | 800° | 820° | 840° | 860° | 880° | 895° |
|---|---|---|---|---|---|---|---|---|---|---|---|
| p . . . . . . . | 12.6 | 19.7 | 26.5 | 56 | 78 | 114 | 195 | 298 | 460 | 660 | 905 |

G. MARCHAL (*l. c.*), ähnliche, graph. angegebene Werte, H. H. WILLARD, R. D. FOWLER (*J. Am. Chem. Soc.* **54** [1932] 496/516, 497), abweichende Werte, L. WÖHLER, K. FLICK (*l. c.*). Für die Temp.-Abhängigkeit von p in Torr (aus eigenen Messungen) wird die Beziehung $\log p = -11454.5/T + 12.907$ mit T in °K ermittelt, I. KUSHIMA, N. ASANO (*Nippon Kogyo Kaishi* **73** [1957] 103/8). Mit Hilfe der aus den Gleichgew.-Drucken errechneten $SO_3$-Partialdrucke (Einzelwerte s. Original) wird die Rk.-Wärme zwischen 800° und 840° mit 62.3, zwischen 870° und 900° mit 63.3, G. MARCHAL (*l. c.*), und hieraus für 25° mit 61.43 kcal/Mol berechnet, K. K. KELLEY (*Bull. Bur. Mines* Nr. 406 [1937] 103/4). Differentialthermoanalyt. Messungen für 25° ergeben 63.21 kcal/Mol, K. CAZAFURA (*Rudarsko-Met. Zbornik* **1957** 345/61, 351), Messungen des Dissoziationsdruckes dagegen 48 kcal/Mol, L. WÖHLER, K. FLICK (*l. c.*). Die Temp.-Angaben über den Beginn der Zers. sind sehr unterschiedlich. Vergleich von differentialthermoanalyt. und gravimetr. Unterss. s. S. 690. Temp. des Zers.-Beginns 690°. tensimetr. gem. im Gleichgew. gemäß obiger Rk., G. MARCHAL (*l. c.* S. 559), 675°, thermogravimetr. und differentialthermoanalyt. bestimmt, A. G. OSTROFF (*l. c.* S. 54), A. G. OSTROFF, R. T. SANDERSON (*J. Inorg. & Nucl. Chem.* **9** [1959] 45/50), 680°, gravimetrisch und differentialthermoanalytisch bestimmt, I. KUSHIMA, N. ASANO (*l. c.*), 702°, thermoanalytisch und gravimetrisch, H. O. HOFMAN, W. WANJUKOW (*Bull. Mining Eng.* **1912** 889/943, 924; *Trans. AIME* **43** [1913] 523/77, 558; *Z. Krist.* **55** [1915] 111/2), 705°, differentialthermoanalyt. gem., K. CAZAFURA (*l. c.* S. 352), etwa 730°, R. FRUCHART, A. MICHEL (*Compt. Rend.* **246** [1958] 1222/4). Ältere gravimetr. Unterss. ergeben 688°, O. BARTH (*Met.* **9** [1912] 199/216, 202), $\sim$710°, B. DUDLEY (*l. c.*), s. auch K. FRIEDRICH, A. BLICKLE (*Met.* **7** [1910] 323/32, 327), K. FRIEDRICH (*Stahl Eisen* **31** [1911] 1909/17, 1915). Weitere gravimetr. Messungen der Zers. s. F. WARLIMONT (*Metallurgie* **6** [1909] 127/34, 132), J. MILBAUER, J. TUČEK (*Chemiker-Ztg.* **50** [1926] 323/5), sowie die tensimetr. Messungen von R. SCHENK, E. RAUB (*Z. Anorg. Allgem. Chem.* **178** [1929] 225/51, 247), vgl. auch S. 676. Nach DEBYE-SCHERRER-Aufnahmen ist $NiSO_4$ im zugeschmolzenen Quarzrohr bis 800° stabil, F. HAMMEL (*Ann. Chim.* [*Paris*] [11] **11** [1939] 247/358, 293). Unter einem Druck von $10^{-1}$ bis $10^{-2}$ Torr beginnt die Zers. bei 400° und ist bei 680° beendet, J. CUEILLERON, O. HARTMANSHENN (*Bull. Soc. Chim. France* **1959** 168/72). Beim Erhitzen auf 1200° wird es gemäß $4NiSO_4 = 2Ni_2O_3 + 4SO_2 + O_2$ zersetzt, W. SAVELSBERG (*F. P.* 688491 [1930/30]). — Über die Temp.-Abhängigkeit der Acidität der $NiSO_4$-Oberfläche, die bei 350° ein auffälliges Max. zeigt, s. K. TANABE, M. KATAYAMA (*J. Res. Inst. Catalysis, Hokkaido Univ.* **7** [1959] 106/13, 112).

*With Air and Water*

**Gegen Luft und Wasser.** Ist an Luft mehrere Tage beständig, wird nach längerer Zeit durch $H_2O$-Aufnahme opak und zerfällt schließlich unter Grünfärbung zu feinem, kristallinem Hexahydratpulver, P. I. DIMARAS (*Acta Cryst.* **10** [1957] 313/5), s. auch H. SCHRÖDER (*J. Prakt. Chem.* [2] **19** [1879] 266/94, 289), T. GRAHAM (*Phil. Mag.* [3] **6** [1835] 327/34, 329; *Liebigs Ann. Chem.* **13** [1835] 144/6). Zersetzt sich im $H_2O$-Dampfstrom bei 600° in NiO und $H_2SO_4$, A. B. SUCHKOV, B. A. BOROK, Z. I. MOROZOVA (*Zh. Prikl. Khim.* **32** [1959] 1616/8; *J. Appl. Chem. USSR* **32** [1959] 1646/8). Löst sich in $H_2O$ nur sehr langsam, A. ÉTARD (*Compt. Rend.* **87** [1878] 602/4), C. MARIGNAC (*Mem. Soc. Phys.*

**14** [1855] 201/86, 240). Unlösl. in kaltem, langsam und schwer in kochendem $H_2O$, P. KLOBB (*Compt. Rend.* **114** [1892] 836/8).

**Gegen Elemente.** $NiSO_4$ wird von Wasserstoff zu NiS reduziert, G. P. SCHWEDER (*Berg-Huettenmaenn. Ztg.* **37** [1878] 393/5), s. auch E. DONATH (*Dinglers Polytechn. J.* **236** [1880] 327/36, 328). Die Red. von feinst verteiltem $NiSO_4$, gewonnen aus $NiSO_4 \cdot 7H_2O$ durch Entwässern im $N_2$-Strom bei 300° bis 340°, verläuft im $H_2$-Strom bei 300° bis 340° ohne Zwischenstufen gemäß $3NiSO_4 + 10H_2 \rightarrow Ni_3S_2 + SO_2 + 10H_2O$, J. L. ABEGG (*Bull. Soc. Chim. France* **1960** 1891/2), G. PANNETIER, J. L. ABEGG, A. CHATALIC (*Compt. Rend.* **251** [1960] 1784/6). Aktivierungsenergie dieser Rk.: 18.6 kcal/mol $NiSO_4$. Die Feststellung von E. H. M. BADGER, R. H. GRIFFITH, W. B. S. NEWLING (*Proc. Roy. Soc.* [*London*] A **197** [1949] 184/93), daß bei der Red. mit $H_2$ um 350° NiS entsteht, trifft nicht zu, es entsteht eine Mischung von Ni-Metall und $Ni_3S_2$, G. PANNETIER u. a. (*l. c.*), G. PANNETIER, J.-L. ABEGG (*Acta Chim. Acad. Sci. Hung.* **30** [1962] 127/46, 131).

*With Elements*

Ozon greift nur langsam an, MAILFERT (*Compt. Rend.* **94** [1882] 860/3). Wird durch Glühen mit Kohle zu NiS, dem etwas NiO beigemischt ist, reduziert, G. P. SCHWEDER (*Berg-Huettenmaenn. Ztg.* **38** [1878/79] 79/82). Red. bis zu metall., mit sehr wenig Ni-Sulfid verunreinigtem Ni, GAY-LUSSAC (*Ann. Chim. Phys.* **63** [1836] 431/9, 435; *J. Prakt. Chem.* **11** [1837] 65/71, 68).

**Gegen nichtmetallische Verbindungen.** Absorbiert gasförmiges Ammoniak heftig unter Erwärmung und starker Vol.-Zunahme, H. ROSE (*Ann. Physik* [2] **20** [1830] 147/64, 151). Wird durch trocknes Hydrogenchlorid bis 100° nicht angegriffen, C. HENSGEN (*Rec. Trav. Chim.* **2** [1883] 124/5). — Läßt sich bei 250° im Schwefelwasserstoff-Strom zu $NiS_2$ reduzieren, P. BARRET, J. LEFÈBVRE, G. WATELLE-MARION (*Compt. Rend.* **249** [1959] 2204/6), P. BARRET, J. LEFÈBVRE (*Bull. Soc. Chim. France* **1960** 5). Die Red. mit $H_2S$ verläuft gemäß

*With Nonmetal Compounds*

$3NiSO_4 + 4H_2S \rightarrow Ni_3S_2 + 4SO_2 + 4H_2O + {}^1/_2S_2$ $\quad$ $7NiSO_4 + 10H_2S \rightarrow Ni_7S_6 + 10H_2O + 9SO_2 + S_2$

$3NiSO_4 + 4H_2S \rightarrow 3NiS + 4SO_2 + 4H_2O$ $\quad$ $NiSO_4 + 2H_2S \rightarrow NiS_2 + SO_2 + 2H_2O$

(Zum Ablauf der einzelnen Rkk. erforderliche $H_2$-$H_2S$-Partialdruckverhältnisse bei 500°K und 723°K s. im Original), D. DELAFOSSE, P. BARRET (*Compt. Rend.* **252** [1961] 888/90). Ist in fl. $SO_2$ bei 0°C unlösl., M. WERTH (*Diss. Greifswald* **1939**, S. 32).

Kohlenoxid reduziert $NiSO_4$ zu NiS, G. P. SCHWEDER (*Berg-Huettenmaenn. Ztg.* **37** [1878] 393/5).

**Gegen Metallverbindungen.** Wird beim Zusammenschmelzen mit äquimolaren Mengen $Na_2CO_3$ bei schwacher Rotglut zu braunem, kompaktem NiO zersetzt, G. P. SCHWEDER (*Berg-Huettenmaenn. Ztg.* **38** [1878/79] 79/82); lösl. in der eutekt. Schmelze von LiCl mit KCl, G. DELARUE (*Bull. Soc. Chim. France* **1960** 906/10). Beim Erhitzen und ständigem Rühren von pulvrigem $NiSO_4$ in großem, fein verteiltem MgO-Überschuß wird neben $MgSO_4$ grauschwarzes $Ni_2O_3$ gebildet, F. FEIGL, L. I. MIRANDA, H. A. SUTER (*Anais Acad. Brasil. Cienc.* **15** [1943] 151/86 nach *J. Chem. Educ.* **21** [1944] 18/24, 18). $NiSO_4$ ist in geschmolzenem $HgBr_2$ mäßig lösl., G. JANDER, K. BRODERSEN (*Z. Anorg. Allgem. Chem.* **261** [1950] 261/78, 268). Reagiert mit NiS oder $Ni_3S_2$ unter Vak. bei 510° unter Bldg. von NiO und $SO_2$, G. PANNETIER, J.-L. ABEGG (*Compt. Rend.* **254** [1962] 305/7), s. auch D. DELAFOSSE, J.-C. COLSON, P. BARRET (*Compt. Rend.* **254** [1962] 3685/7).

*With Metal Compounds*

**Gegen Säuren und organische Lösungsmittel.** Über Löslichkeit in $H_2SO_4$-Lsgg. verschiedener Konz. s. S. 726, Löslichkeiten und Verteilungskoeff. in verschiedenen organ. Lsgmm. s. S. 725/6.

*With Acids and Organic Solvents*

## Das System $NiSO_4$–$H_2O$

*The $NiSO_4$–$H_2O$ System*

**Übersicht.** Im Gleichgew. mit wss. $NiSO_4$-Lsg. treten bei etwa 700 Torr im Temp.-Bereich —4.15° bis 99.0° die Bodenkörper Eis, $NiSO_4 \cdot 7H_2O$ (im folgenden abgekürzt Ni·7), α-$NiSO_4 \cdot 6H_2O$ (α-Ni·6) und β-$NiSO_4 \cdot 6H_2O$ (β-Ni·6) auf, B. D. STEELE, F. M. G. JOHNSON (*J. Chem. Soc.* **85** [1904] 113/20, 114; *Proc. Chem. Soc.* [*London*] **19** [1903] 275), s. auch F. C. VILBRANDT, J. A. BENDER (*Ind. Eng. Chem.* **15** [1923] 967/9), A. BENRATH, W. THIEMANN (*Z. Anorg. Allgem. Chem.* **217** [1934] 347/52, 348). Diese Bodenkörper werden als stabile Phasen bestätigt, zusätzlich wird das stabile Hydrat $NiSO_4 \cdot H_2O$ (Ni·1) sowie die oberhalb 98° auftretenden metastabilen Hydrate $NiSO_4 \cdot 5H_2O$ (Ni·5), $NiSO_4 \cdot 4H_2O$ (Ni·4), $NiSO_4 \cdot 3H_2O$ (Ni·3), $NiSO_4 \cdot 2H_2O$ (Ni·2) als Bodenkörper gefunden, R. ROHMER (*Ann. Chim.* [*Paris*] [11] **11** [1939] 611/725, 615), vgl. vorläufige abweichende Angaben von

*Review*

A. Chrétien, R. Rohmer (*Compt. Rend.* **198** [1934] 92/94) sowie die danach hergestellte graph. Darst. des Systems von A. Benrath (*Z. Anorg. Allgem. Chem.* **247** [1941] 147/60, 158). Die nach den Löslichkeitsbestt. von R. Rohmer (*l. c.* S. 615, 620) konstruierten Polythermen sind in **Fig. 230** wiedergegeben. Danach scheidet sich beim Abkühlen auf Tempp. unterhalb 0° bis zum kryohydrat. Punkt E aus $NiSO_4$-Lsg. mit 0 bis 26.6 g $NiSO_4$/100 g $H_2O$ primär Eis, aus Lsgg. mit 26.6 bis 28.1 g $NiSO_4$/100 g $H_2O$ primär Ni·7 als stabiler Bodenkörper aus. Zwischen 0° und 107.7° stehen mit gesätt. Lsg. als stabile Phasen im Gleichgew.: Ni·7 zwischen 0° und 30.7° (Punkt F), α-Ni·6 zwischen 30.7° und 53.8° (Punkt G), β-Ni·6 zwischen 53.8° und 84.8° (Punkt H). Oberhalb 84.8° ist nur Ni·1 stabil, doch stellt sich Gleichgewicht selbst bei Zugabe von Impfkristallen erst nach einigen Monaten Rührdauer ein. β-Ni·6 tritt oberhalb 84.8° metastabil auf. Über 98° findet stufenweise Dehydratation des

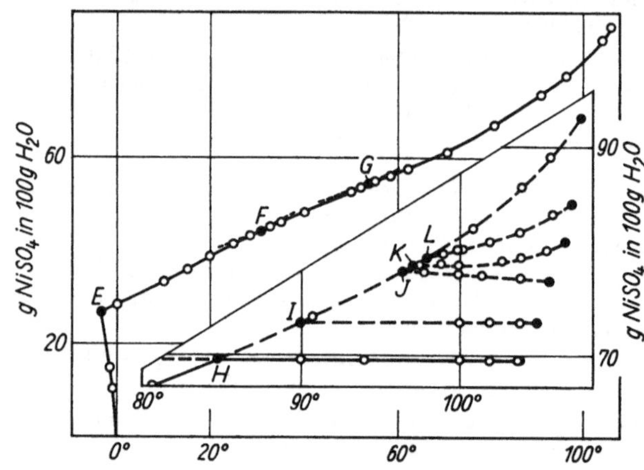


Fig. 230.

Löslichkeitspolythermen von $NiSO_4$.

β-Ni·6 statt, die sich durch Löslichkeits-, Dichte-, Farb- und Sdp.-Änderungen bemerkbar macht. Es treten der Reihe nach die Hydrate Ni·5 (Punkt L), Ni·4 (Punkt K), Ni·3 (Punkt J), Ni·2 (Punkt I) auf, bis die Dehydratation zu Ni·1 bei 84.8° (Punkt H) abgeschlossen ist, R. Rohmer (*l. c.* S. 620). Die den Punkten E bis L der Fig. 230 entsprechenden $NiSO_4$-Konzz. der Lsgg. sind aus den Löslichkeitsdaten unten und S. 687 ersichtlich. Über das Auftreten der genannten $NiSO_4$-Hydrate im System $NiSO_4$–$H_2SO_4$–$H_2O$ s. S. 726. — Vergleich der Löslichkeit, der Kristallwassergehalte und der Existenzbereiche der Bodenkörper in den $H_2O$-haltigen Systemen der Sulfate und Selenate von Ni und anderen Metallen der sog. Mg-Reihe, s. A. Klein (*Ann. Chim.* [*Paris*] [11] **14** [1940] 263/317, 310).

Nach dem Verlauf der Ausscheidungskurve (Temp. spontaner Krist. als Funktion der $NiSO_4$-Konz. der Lsgg., s. S. 688) oberhalb 150° erreicht die Löslichkeit des Ni·1 bei ~210° den Wert Null. Die fl. Phase verschwindet bei der krit. Temp. der Lsg., ohne daß eine Umwandlung des Ni·1 in das wasserfreie Salz stattfindet, A. Benrath (*l. c.* S. 157), vgl. hierzu auch Étard (*Ann. Chim. Phys.* [7] **2** [1894] 503/74, 552; *Compt. Rend.* **106** [1888] 206/8).

*Solubility*

**Löslichkeit.** Gehalt der Lsg. in Gew.-% $NiSO_4$ (c) und g $NiSO_4$/100 g $H_2O$ (c') bei verschiedenen Tempp. und zugehörige Bodenkörper; ausgezeichnete Punkte des Systems $NiSO_4$–$H_2O$ unter Angabe ihrer Symbole in Fig. 230. Aus anderen Konz.-Maßen umgerechnete Werte in Kursivdruck, aus Diagrammen entnommene Werte in Klammern.

*Invariant Equilibria*

**Invariante Gleichgewichte** (Übergangspunkte; gesätt. Lsg. und 2 feste Phasen):

| Symbol . . . . . . | | E | | |
|---|---|---|---|---|
| t in °C . . . . . . | −3.35° | −4.15° | −4.15° | −1.5° |
| c . . . . . . . . | 21.0 | 20.6 | (*20.4*) | (*17.4*) |
| c' . . . . . . . . | 26.6 | *25.9* | (25.6) | (21) |
| Bodenkörper . . . | | Eis + Ni·7 | | |
| Lit. . . . . . . . . | 1) | 2) | 3) | 4) |

1) thermometr. bestimmt, R. ROHMER (*Ann. Chim.* [*Paris*] [11] **11** [1939] 611/725, 616), vorläufige Mitteilung mit abweichender Angabe, A. CHRÉTIEN, R. ROHMER (*Compt. Rend.* **198** [1934] 92/94). — 2) M. A. KLOCHKO (*Dokl. Akad. Nauk SSSR* [2] **82** [1952] 261/4). — 3) thermometr. bestimmt, B. D. STEELE, F. M. G. JOHNSON (*J. Chem. Soc.* **85** [1904] 113/20, 120; *Proc. Chem. Soc.* [*London*] **19** [1903] 275). — 4) durch Best. der Dichte-Änderung (Schwimmermeth.), F. C. VILBRANDT, J. A. BENDER (*Ind. Eng. Chem.* **15** [1923] 967/9). Nach kryoskop. Unterss. zur Mischkristallbldg. zwischen Sulfaten der Mg-Reihe und $NiSO_4$ bei tiefen Tempp. liegt der kryohydrat. Punkt E bei —3.4°, für ein metastabiles kryohydrat. Gleichgew. bei —6.6°, M. LEHNÉ (*Bull. Soc. Chim. France* [5] **5** [1938] 956/7).

| Symbol | | | F | | | G | |
|---|---|---|---|---|---|---|---|
| t in °C | 30.7° | 31.5° | 31.5° | 31.55° | 31.8° | 53.8° | 53.3° |
| c | 30.7 | (*30.5*) | (30.6) | — | — | 35.3 | (*35*) |
| c′ | 44.3 | (44) | (*44.1*) | — | — | 54.6 | (54) |
| Bodenkörper | | | Ni·7 + α–Ni·6 | | | α–Ni·6 + β–Ni·6 | |
| Lit. | 1) | 2) | 3) | 4) | 5) | 1) | 2) |

1) Punkt F dilatometr. bestimmt, Punkt G durch Polarisationsmikroskop beob., da hier dilatometr. und thermometr. Messungen zu ungenau, R. ROHMER (*l. c.* S. 617), vorläufige Mitteilung mit abweichenden Angaben s. A. CHRÉTIEN, R. ROHMER (*l. c.*). — 2) dilatometr. und graph. aus Löslichkeitskurve bestimmt, B. D. STEELE, F. M. G. JOHNSON (*l. c.* S. 117; *l. c.*), Punkt G durch Löslichkeitsbestt. bestätigt, B. F. MARKOV (*Ukr. Khim. Zh.* **23** [1957] 706/12, 711). — 3) graph. aus Löslichkeitskurven ermittelt, A. BENRATH, W. THIEMANN (*Z. Anorg. Allgem. Chem.* **217** [1934] 347/52). — 4) N. V. TANTZOV (*Zh. Russk. Fiz.-Khim. Obshch.* **55** [1924] 335/41, 340). — 5) an gesätt. Lsg. viskosimetr. bestimmt, M. MATSUI, S. OGURI (*J. Soc. Chem. Ind. Japan* **32** [1929] 43/8, 46; *J. Soc. Chem. Ind. Japan Suppl.* **32** [1929] 16/18B).

Viscosimetr. gefundener, offenbar durch Verunreinigungen verfälschter Wert für Punkt F s. N. H. HARTSHORNE (*J. Chem. Soc.* **125** [1924] 2096/9). Der von N. V. TANTZOV (*l. c.*) angegebene Umwandlungspunkt G bei 36.7° ist nicht zuverlässig, da er sich nur auf je 2 Punkte beider Kurven stützt, A. BENRATH, W. THIEMANN (*l. c.*). Ni·7 und α-Ni·6 zeigen bei Punkt F Übersättigungserscheinungen, so daß in gesätt. Lsgg. der Umwandlungspunkt überschritten werden kann. Selbst in Ggw. von Impfkristallen findet die Umwandlung nur langsam statt, R. ROHMER (*l. c.* S. 616), B. D. STEELE, F. M. G. JOHNSON (*J. Chem. Soc.* **85** [1904] 113/20, 115). Nach Dichtemessungen an 15.4%iger $NiSO_4$-Lsg. in Abhängigkeit von der Temp. soll Punkt G bei 42° liegen, C. MONTEMARTINI, L. LOSANA (*Notiziario Chim. Ind.* **1** [1926] 205/7). Dagegen wird am Verlauf der Viskositätsänderung mit der Temp. zwischen 30° und 60° an 57- und 60%iger $NiSO_4$-Lsg. keine Änderung der Struktur der Lsg. erkannt, obwohl Punkt G überschritten wird, D. S. R. RAO (*J. Indian Chem. Soc.* **36** [1959] 188/90). Bei 55° können α-Ni6 und β-Ni·6 nebeneinander erhalten werden, B. GOSSNER (*Ber. Deut. Chem. Ges.* **40** [1907] 2373/6).

| Symbol | H | I*) | J*) | K*) | L |
|---|---|---|---|---|---|
| t in °C | 84.8° | 90.3° | 96.4° | 97.2° | 98° |
| c | 40.9 | 42.2 | 43.8 | 44.0 | 44.2 |
| c′ | 69.3 | 73.1 | 78.0 | 78.5 | 79.2 |
| Bodenkörper | β-Ni·6 + Ni·1 | β-Ni·6 + Ni·2 | β-Ni·6 + Ni·3 | β-Ni·6 + Ni·4 | β-Ni·6 + Ni·5 |

*) metastabiles Gleichgewicht.

Festlegung der Punkte H bis L durch Löslichkeitsbestt., der Punkte K und L auch durch therm. Analyse, R. ROHMER (*l. c.* S. 624), vorläufige Mitteilung mit abweichenden Angaben s. A. CHRÉTIEN, R. ROHMER (*l. c.*).

Löslichkeit im System $NiSO_4$–$H_2O$ zwischen 120° und 220°:

| t in °C | 120° | 140° | 160° | 180° | 190° | 200° | 220° |
|---|---|---|---|---|---|---|---|
| g $NiSO_4$/100 g $H_2O$ | 64.1 | 45.8 | 24.0 | 9.5 | 4.1 | 1.4 | 0.6 |

Die Werte schließen gut an die von R. ROHMER (*l. c.*) an, weichen aber stark von denen von A. BENRATH, W. THIEMANN (*l. c.*) ab (graph. Darst. im Original), G. BRUHN, J. GERLACH, F. PAWLEK (*Z. Anorg. Allgem. Chem.* **337** [1965] 68/79, 70, 72).

*Monovariant Equilibria*

**Monovariante Gleichgewichte** (gesätt. Lsg. und 1 feste Phase), Werte in Auswahl:

| t in °C | −1.6° | −0.9° | 0° | 5° | 10° | 15° | 20° | 25° | 30° | 35° | 40° |
|---|---|---|---|---|---|---|---|---|---|---|---|
| c | 12.7 | 9.1 | 21.9 | 23.3 | 24.9 | 26.3 | 27.7 | 29.2 | 30.6 | 31.5 | 32.5 |
| c′ | 14.6 | 10.0 | 28.1 | 30.4 | 33.0 | 35.6 | 38.4 | 41.2 | 44.1 | 46.0 | 48.2 |
| Rührdauer in d | — | — | 2 | 2 | 2 | 2 | 4 | 4 | 6 | 2 | 2 |
| Bodenkörper | Eis | | Ni·7 | | | | | | | α-Ni·6 | |

| t in °C | 45° | 50° | 55° | 60° | 65° | 70° | 75° | 80.5° | 90°*) | 94° | 100° | 104° |
|---|---|---|---|---|---|---|---|---|---|---|---|---|
| c | 33.4 | 34.6 | 35.5 | 36.3 | 37.1 | 37.9 | 38.9 | 40.1 | 40.9 | 40.9 | 40.9 | 40.9 |
| c′ | 50.2 | 52.8 | 55.0 | 56.9 | 58.9 | 61.0 | 63.6 | 67.0 | 69.3 | 69.3 | 69.5 | 69.3 |
| Rührdauer in d | 2 | 2 | 2 | 2 | 2 | 2 | 2 | 2 | 40 | 60 | 41 | 28 |
| Bodenkörper | α-Ni·6 | | β-Ni·6 | | | | | | Ni·1 | | | |

*) zuvor 8 Tage bei 104° gerührt.

R. Rohmer (*Ann. Chim.* [*Paris*] [11] **11** [1939] 611/725, 629). — Von B. D. Steele, F. M. G. Johnson (*J. Chem. Soc.* **85** [1904] 113/20, 116) angegebene Werte liegen wegen zu geringer Spannung bei der elektrolyt. Ni-Abscheidung zu tief. Bei eigenen Bestt. ist dies berücksichtigt, A. Benrath, W. Thiemann (*Z. Anorg. Allgem. Chem.* **217** [1934] 347/52, 347). Alle diese Werte wie auch die von F. C. Vilbrandt, J. A. Bender (*Ind. Eng. Chem.* **15** [1923] 967/9) liegen zu tief, weil wegen zu kurzer Rührdauer kein Gleichgew. erreicht wird, R. Rohmer (*l. c.* S. 626). — A. Benrath, W. Thiemann (*l. c.* S. 348) geben bis 60° mit den bei R. Rohmer (*l. c.*) angeführten gut übereinstimmende Werte, finden aber bei höheren Tempp. wegen mangelnder Gleichgew.-Einstellung zu niedrige Werte, R. Rohmer (*l. c.*). Weitere Angaben s. E. Tobler (*Liebigs Ann. Chem.* **95** [1855] 193/9, 198), K. v. Hauer (*Ber. Wien. Akad.* **53** II [1866] 221/34, 230), Étard (*Ann. Chim. Phys.* [7] **2** [1894] 503/74, 552; *Compt. Rend.* **106** [1888] 206/8), N. V. Tantzov (*Zh. Russk. Fiz.-Khim. Obshch.* **55** [1924] 335/41, 340), R. W. Gerlach, H. M. Louderback (*J. Am. Chem. Soc.* **64** [1942] 2379).

Metastabile Gleichgewichte.

| t in °C | 90.7° | 100.8° | 107.8° | 98.8° | 105° | 106° | 98.8° |
|---|---|---|---|---|---|---|---|
| c | 42.4 | 45.1 | 48.1 | 44.3 | 45.2 | 45.4 | 44.0 |
| c′ | 73.6 | 82.0 | 92.5 | 79.5 | 82.5 | 83.3 | 78.6 |
| Rührdauer | 1d | 3h | 0.5h | 3d | 3d | 7h | 10d |
| Bodenkörper | β-Ni·6 | | | Ni·5 | | | Ni·4 |

| t in °C | 104° | 106° | 100° | 104° | 106° | 100° | 104° |
|---|---|---|---|---|---|---|---|
| c | 44.2 | 44.4 | 43.6 | 43.6 | 43.5 | 42.2 | 42.2 |
| c′ | 79.2 | 80.1 | 77.3 | 77.2 | 76.8 | 73.1 | 73.0 |
| Rührdauer in d | 5 | 2 | 19 | 9 | 2 | 32 | 20 |
| Bodenkörper | Ni·4 | | Ni·3 | | | Ni·2 | |

R. Rohmer (*l. c.* S. 630).

Das Lösen des 7-Hydrates in $H_2O$ verläuft in Abhängigkeit von Zeit, Temp. und Rührgeschw. als reiner Diffusionsvorgang im heterogenen System, K. Jablczynski, J. Gutman, A. Walczuk (*Z. Anorg. Allgem. Chem.* **202** [1931] 403/17, 409). Theoret. Betrachtungen des Zusammenhanges von Temp. und Löslichkeit in $H_2O$ s. auch S. S. Chin (*Zh. Fiz. Khim.* **26** [1952] 1225/32). Beeinflussung der Löslichkeit von $NiSO_4$ im Bereich von 0° bis 90° und von 150° bis 300° durch $H_2SO_4$ (s. S. 727) und in anderen Temp.-Bereichen durch Sulfate des Na, K, Rb, Cd, $Tl^I$ s. bei den entsprechenden Systemen. — Löslichkeitsuntersuchungen zwischen 120° und 230° zeigen, daß übereinstimmende Werte nicht erhalten werden können, weil sich an den Wandungen der geschlossenen Gefäße Ni·2 abscheidet. Die Löslichkeit nimmt mit steigender Temp. ab, bis sie bei 230° fast auf Null sinkt, Étard (*l. c.*). Oberhalb 150° nimmt die wegen starker Übersättigungserscheinungen nicht bestimmbare Löslichkeit des 1-Hydrates weiter ab und erreicht bei ~210° den Wert Null. Temp. spontaner Krist. aus übersättigter Lsg. in Abhängigkeit von der Konz. (Ausscheidungskurve):

| t in °C | 150° | 170° | 195° | 195° | 203° | 203° | 205° | 205° | 205° |
|---|---|---|---|---|---|---|---|---|---|
| Gew.-% $NiSO_4$ | 55.2 | 50 | 44.2 | 40 | 35 | 25 | 30 | 10 | 1 |

A. Benrath (*Z. Anorg. Allgem. Chem.* **247** [1941] 147/60, 157). Extrapolation der Löslichkeit von $NiSO_4$ im System $NiSO_4$–$H_2SO_4$–$H_2O$ auf die $H_2SO_4$-Konz. Null zeigt, daß $NiSO_4$ bei 225° in $H_2O$ nahezu unlösl. ist, W. L. Marshall, J. S. Gill, R. Slusher (*J. Inorg. Nucl. Chem.* **24** [1962] 889/97,

894), W. L. MARSHALL, J. S. GILL, G. M. HEBERT, E. V. JONES, R. SLUSHER (ORNL-2561 [1959] 307/12, *N.S.A.* **13** [1959] Nr. 5955), J. S. GILL, R. SLUSHER, W. L. MARSHALL (ORNL-2584 [1958] 49/51, *N.S.A.* **13** [1959] Nr. 1122).

**Dampfdruck.** Der Dampfdruck gesätt. $NiSO_4$-Lsg. bei 20° mit einem Bodenkörper der ursprünglichen Zus. $NiSO_4 \cdot 5.26\ H_2O$ fällt von ~14 Torr während der allmählich verlaufenden Dehydratation des Bodenkörpers zu Ni·1 auf den konst. Wert von 2 Torr. Bei 60° ähnliches Verh. der Lsg., Enddruck ~25 Torr, H. LESCOEUR (*Ann. Chim. Phys.* [7] **4** [1895] 213/34, 227; *Ber. Deut. Chem. Ges.* **28** [1895] Ref. S. 272). Er erreicht 760 Torr bei 107.2°, 106.6°, 105.9°, 105.1°, (104.1°), (103.9°), wenn der Bodenkörper einer jeweils frisch angesetzten Lsg. aus β-Ni·6, Ni·5, Ni·4, Ni·3, Ni·2, Ni·1 besteht (unsichere Werte in Klammern), R. ROHMER (*Ann. Chim.* [*Paris*] [11] **11** [1939] 611/725, 621), vgl. auch A. CHRÉTIEN, R. ROHMER (*Compt. Rend.* **198** [1934] 92/94).

*Vapor Pressure*

## Hydrate des $NiSO_4$

*Hydrates of $NiSO_4$*

*General*

**Allgemeines.** Die Hydrate $NiSO_4 \cdot nH_2O$ mit n = 7, 6, 5, 4, 3, 2 und 1 bilden sich als Bodenkörper verschiedener $NiSO_4$-haltiger wss. Systeme und treten teilweise als Entwässerungsprodd. in therm. Abbaureihen auf. Die Darst. von niederen Hydraten erfolgt meist durch Entwässerung von $NiSO_4 \cdot 7H_2O$ oder $\alpha$-$NiSO_4 \cdot 6H_2O$, die im System $NiSO_4$–$H_2O$ (s. S. 685) die im Gleichgew. mit der wss. Lsg. stabilen Hydrate sind. Infolge des Einflusses verschiedener Faktoren auf den Verlauf der Entwässerung durch Erhitzen weichen die Angaben über die Tempp. der Haltepunkte für die einzelnen Hydratstufen stark voneinander ab. Für präparative Zwecke läßt sich aus diesen Angaben entnehmen, daß nur das 1-Hydrat durch trocknes Entwässern bei Tempp. zwischen 100° und 200° erhalten werden kann. — Über die Darst. der Hydrate mit 2, 3, 4 und 5 Mol $H_2O$/Mol $NiSO_4$ durch Kochen von gesätt. wss. $NiSO_4$-Lsgg. bei bestimmten Tempp. s. R. ROHMER (*Ann. Chim.* [*Paris*] [11] **11** [1939] 611/725, 646), A. CHRÉTIEN, R. ROHMER (*Compt. Rend.* **198** [1934] 92/94). — Calorische Unters. zur Kinetik der Hydratisierung an Suspensionen von $NiSO_4$ und seinen Hydraten in $H_2O$ (Molverhältnis $H_2O:NiSO_4 \approx 1$) s. O. I. LUK'YANOVA, P. A. REBINDER, G. M. BELOUSOVA (*Dokl. Akad. Nauk SSSR* **130** [1960] 816/9; *Proc. Acad. Sci. USSR, Phys. Chem. Sect.* **130/132** [1960] 111/4). — Algebraische Beziehung zur Vorausberechnung der Ausbeute an $NiSO_4$-Hydrat bei der Krist., G. N. DOBROKHOTOV (*Zh. Prikl. Khim.* **23** [1950] 1118/20). — Zwischen 15° und 20° kristallisiert aus gesätt. wss. $NiSO_4$-Lsgg. rhomb. $NiSO_4 \cdot 7H_2O$ aus; beim Animpfen werden erhalten: mit $FeSO_4 \cdot 7H_2O$ monoklines $NiSO_4 \cdot 7H_2O$, mit $CuSO_4 \cdot 5H_2O$ monoklines $\beta$-$NiSO_4 \cdot 6H_2O$, ebenso mit $\beta$-$NiSO_4 \cdot 6H_2O$, LECOQ DE BOISBAUDRAN (*Ann. Chim. Phys.* [4] **9** [1866] 173/215, 18 [1869] 288/246; *Bull. Soc. Chim. France* 8 [1867] 3/6, 65/71; *Compt. Rend.* **64** [1867] 1249/52, **65** [1867] 111/3, **66** [1868] 497/9; *Bull. Soc. Franc. Mineral Crist.* **12** [1889] 55/6).

Weitere Angaben über die Darst. s. bei den einzelnen Hydraten.

**Wasser-Abgabe und -Aufnahme.** $NiSO_4 \cdot 7H_2O$ verwittert an Luft (s. S. 697) und zeigt in trockener Luft bei gewöhnl. Temp. Tendenz zur Bldg. von $\alpha$–$NiSO_4 \cdot 6H_2O$, M. A. RAKUSIN, D. A. BRODSKI (*Z. Angew. Chem.* **40** [1927] 110/15). Dampfdruck p in Torr, ausgehend von $NiSO_4 \cdot 7H_2O$:

*Water Uptake and Dehydration*

| t in °C . . . . . . . . | 20.2° | 25° | 30° | 35° | 40° | 45.2° | 50° | 56° |
|---|---|---|---|---|---|---|---|---|
| p . . . . . . . . . . . | 16.5 | 19.3 | 26.3 | 36.4 | 46.9 | 60.1 | 81.4 | 108.2 |
| t in °C . . . . . . . . | 60° | 65° | 70° | 75° | 80.1° | 85.2° | 90° | |
| p . . . . . . . . . . . | 130.6 | 163.8 | 204.3 | 249.6 | 306.9 | 368.5 | 436.8 | |

G. WIEDEMANN (*J. Pr. Chem.* [2] **9** [1874] 338/56, 348; *Ann. Physik* [2] *Erg.-Bd.* **6** [1874] 474/91, 483).

| t in °C . . . . . . . . | 10° | 15° | 20° | 20° | 25° | 25° | 25° | 30° |
|---|---|---|---|---|---|---|---|---|
| p . . . . . . . . . . . | 6.87 | 10.34 | 14.78 | 14.8 | 20.7 | 21.15 | 20.69 | 27.9 |
| Lit. . . . . . . . . . | 1) | 1) | 1) | 2) | 2) | 1) | 3) | 2) |

1) D. G. R. BONNELL, L. W. BURRIDGE (*Trans. Faraday Soc.* **31** [1935] 473/8). — 2) J. BELL (*J. Chem. Soc.* **1940** 72/74). — 3) gemessen über $NiSO_4 \cdot 7H_2O + \alpha$-$NiSO_4 \cdot 6H_2O$, W. C. SCHUMB (*J. Am. Chem. Soc.* **45** [1923] 342/54, 351).

Tensimetr. Messungen des isobaren Abbaues von $NiSO_4 \cdot 7H_2O$ bei 11 Torr zeigen die Umwandlung von $NiSO_4 \cdot 7H_2O$ in $\alpha$–$NiSO_4 \cdot 6H_2O$ bei 65°, von $\alpha$–$NiSO_4 \cdot 6H_2O$ in $NiSO_4 \cdot 4H_2O$ bei 67°; $\beta$–$NiSO_4 \cdot$

$6H_2O$ zeigt bei 67° einen Druck von 7.1, wobei es nach 7 Tagen plötzlich in $NiSO_4 \cdot 4H_2O$ übergeht. Oberhalb 70° zerfällt auch $NiSO_4 \cdot 4H_2O$, A. SIMON, H. KNAUER (*Z. Anorg. Allgem. Chem.* **242** [1939] 375/92, 383). Weitere Angaben über den Dampfdruck von $NiSO_4 \cdot 7H_2O$ s. W. MÜLLER-ERZBACH (*Ann. Physik* [3] **26** [1885] 409/23, 414). — Die Entwässerung auf trockenem Wege ist sehr weit von einer Gleichgew.-Einstellung entfernt, R. ROHMER (*Ann. Chim.* [*Paris*] [11] **11** [1939] 611/725, 628), G. PANNETIER, J.-L. ABEGG (*Acta Chim. Acad. Sci. Hung.* **30** [1962] 127/46, 138). Daher werden beim trockenen Erhitzen für die einzelnen Hydratstufen sehr unterschiedliche Bldg.-Tempp. gefunden, die zudem von der Meßmeth. abhängig sind. Vergleichende differentialthermoanalyt. und thermogravimetr. Unterss. zeigen, daß selbst bei langsamer Temp.-Steigerung (0.6° je Min.) die therm. Haltepunkte bei differentialthermoanalyt. Unterss. wegen der engen Meßgefäße, die die Diffusionsgeschw. der Gase herabsetzen, höher liegen als nach thermogravimetr. Messungen, R. FRUCHART, A. MICHEL (*Compt. Rend.* **246** [1958] 1222/4). Gravimetr. Entwässerungsunterss. zeigen, daß nichtganzzahlige Restmolbeträge von $H_2O$ auftreten können, die nach Röntgenaufnahmen auf die Koexistenz zweier Dehydratationsstufen zurückzuführen sind. Die einzelnen Hydratationsstufen sind in bestimmten Temp.-Bereichen beständig; diese Bereiche können sich überschneiden, K. KOHLER (*Fortschr. Mineral.* **38** [1960] 131/2). Durch isobaren Abbau bei 20 Torr entstehen bei 26° bis 45° $NiSO_4 \cdot 6H_2O$, bei 59° bis 70° $NiSO_4 \cdot 4H_2O$, bei 96° bis 109° $NiSO_4 \cdot 2H_2O$, bei 175° bis 182° $NiSO_4 \cdot H_2O$ und oberhalb 308° $NiSO_4$, röntgenographisch nachgewiesen, K. KOHLER, P. ZÄSKE (*Z. Anorg. Allgem. Chem.* **331** [1964] 1/6, 4). Mit Hilfe von DEBYE-SCHERRER-Aufnahmen werden folgende Hydratstufen nachgewiesen: $NiSO_4 \cdot 7H_2O$, $\alpha$–$NiSO_4 \cdot 6H_2O$, H. CHIHARA, S. SEKI (*Bull. Chem. Soc. Japan* **26** [1953] 88/92), F. HAMMEL (*Ann. Chim.* [*Paris*] [11] **11** [1939] 247/358, 351), B. FEDOROFF (*Ann. Chim.* [*Paris*] [11] **16** [1941] 154/214, 213), N. DEMASSIEUX, B. FEDOROFF (*Compt. Rend.* **206** [1938] 1649/51), R. C. WHEELER, G. B. FROST (*Can. J. Chem.* **33** [1955] 546/61, 547), $\beta$–$NiSO_4 \cdot 6H_2O$, H. CHIHARA, S. SEKI (*l. c.*), F. HAMMEL (*l. c.*), $NiSO_4 \cdot 4H_2O$, F. HAMMEL (*l. c.*), $NiSO_4 \cdot H_2O$, F. HAMMEL (*l. c.*), R. C. WHEELER, G. B. FROST (*l. c.*), $NiSO_4$, F. HAMMEL (*l. c.*), B. FEDOROFF (*l. c.*), N. DEMASSIEUX, B. FEDOROFF (*l. c.*). — Mit differentialthermoanalyt. und thermogravimetr. Unterss. werden gefunden:

| Hydratstufe | $NiSO_4 \cdot 7H_2O$ | $\alpha$-$NiSO_4 \cdot 6H_2O$ | $\beta$-$NiSO_4 \cdot 6H_2O$ | $NiSO_4 \cdot 5H_2O$ | |
|---|---|---|---|---|---|
| Lit. | 1)2)3)4)5)6) | 1) | 1) | 2)3) | |
| Hydratstufe | $NiSO_4 \cdot 4H_2O$ | $NiSO_4 \cdot 3H_2O$ | $NiSO_4 \cdot 2H_2O$ | $NiSO_4 \cdot H_2O$ | $NiSO_4$ |
| Lit. | 1)2)3)4) | 2)3) | 1)2)3)5)6) | 1)3)4)5) | 1)4)5) |

1) R. FRUCHART, A. MICHEL (*l. c.*). — 2) mit Angaben der für die einzelnen Dehydrationen ber. Aktivierungsenergien, M. MORI, R. TSUCHIYA, H. OKUNO (*Nippon Kagaku Zasshi* **77** [1956] 1797/1804, 1798). — 3) Für $NiSO_4 \cdot 5H_2O$ und $NiSO_4 \cdot 3H_2O$ ergeben sich, unter Berücksichtigung der Dehydrationsgeschw., nur Hinweise, B. N. GHOSH (*J. Indian Chem. Soc.* **18** [1941] 472/76). — 4) v. RECHENBERG nach M. A. RAKUSIN, D. A. BRODSKI (*Z. Angew. Chem.* **40** [1927] 110/5). — 5) P. CHEVENARD (*Dechema Monogr.* **26** [1956] 361/76). — 6) M. A. RAKUSIN, D. A. BRODSKI (*Z. Angew. Chem.* **40** [1927] 836/40).

Dehydratationsverss. über verschieden konz. $H_2SO_4$-Lsgg. im Vak. führen zu 6-, 4- und 1-Hydrat, I. N. PLAKSIN (*Izv. Sektora Fiz.-Khim. Analiza* **9** [1936] 271/8, 276, *C.A.* **1936** 8060). — $NiSO_4 \cdot 7H_2O$ wird bei Dest. mit Cyclohexan (80° in 3 Std.), Heptan (100° in 2 Std.), oder Leichtpetroleum (110° in 1 Std.) in 4-Hydrat übergeführt. Mit Leichtpetroleum vom Sdp. 120° erfolgt die Abgabe von etwa $3H_2O$ sehr schnell, in etwa 15 Min.; die Geschw. der $H_2O$-Abgabe nimmt dann rasch ab. Der Gesamtverlust nach 10 Std. beträgt 37% $H_2O$ (theoret. für 6 $H_2O$: 38.4%), F. G. H. TATE, L. A. WARREN (*Trans. Faraday Soc.* **35** [1939] 1192/1200, 1198). Die Hydrate von $NiSO_4$ gehören zu den Salzen, die nach Dehydratation durch Erhitzen an der Luft wieder Feuchtigkeit als Hydratwasser aufnehmen, A. SEYEWETZ, BRISSAUD (*Compt. Rend.* **190** [1930] 1131/3; *Bull. Soc. Chim. France* [4] **47** [1930] 690/7, 692).

$NiSO_4 \cdot 10H_2O$-Kristalle zeigen beim Zerbrechen wenige mittelgroße Impulse von Triboluminescenz-Blitzen (Dauer $10^{-4}$ Sek.), G. WOLFF, G. GROSS, J. N. STRANSKI (*Z. Elektrochem.* **56** [1952] 420/8, 425). Kristallwasserhaltige Ni-Sulfate werden an Luft im Hochfrequenz-Glimmlicht unter Abscheidung von Ni-Metall oder -Oxid zersetzt, H. RHEINBOLDT, A. HESSEL (*Ber. Deut. Chem. Ges.* **63** [1930] 84/7). Ni-Sulfathydrat nimmt beim Überleiten von trockenem HCl-Gas unter Wärmeentw. bis zu einem halben Mol HCl/Mol $NiSO_4$ auf. An Luft wird das aufgenommene HCl bei gewöhnl. Temp. langsam, beim Erhitzen schnell abgegeben. In $H_2O$ scheidet das HCl-haltige Prod. Ni-Sulfat ab, HCl geht in Lsg., R. KANE (*Liebigs Ann. Chem.* **19** [1836] 1/7,5; *Phil. Mag.* [3] **8** [1836] 353/7).

## *Nickel(II)-sulfat-7-hydrat $NiSO_4 \cdot 7H_2O$*

*Nickel(II) Sulfate Hepta-hydrate*

Über $NiSO_4 \cdot 7D_2O$ s. S. 698.
Kommt in der Natur als Mineral Morenosit vor und tritt als stabile Phase im System $NiSO_4$-$H_2O$ auf, vgl. S. 685.

**Darstellung.** *Preparation* Krist. aus gesätt. wss. Lsg. unterhalb 15°, H. LESCOEUR (*Ann. Chim. Phys.* [7] **4** [1895] 213/34, 226), bei gewöhnl. Temp., s. beispielsweise H. G. K. WESTENBRINK (*Proc. Acad. Amsterdam* **29** [1926] 1223/32, 1223; *Koninkl. Ned. Akad. Wetenschap. Verslag Gewone Vergader. Afdel. Nat.* **35** [1926] 913/22, 913), C. MARIGNAC (*Mem. Soc. Phys.* **14** [1855] 201/86, 238; *Liebigs Ann. Chem.* **97** [1856] 294/5), H. HAGA, F. M. JAEGER (*Koninkl. Ned. Akad. Wetenschap. Vergader. Afdel. Nat.* **24** [1916] 1403/09, 1407; *Proc. Akad. Sci. Amsterdam* **18** [1916] 1350/7, 1354). Durch Animpfen mit $NiSO_4 \cdot 7H_2O$-Kristallen wird Krist. von $\alpha$-$NiSO_4 \cdot 6H_2O$ vermieden, F. HAMMEL (*Ann. Chim.* [*Paris*] [11] **11** [1939] 247/358, 269). Zusatz von 0.06 Gew.-% Borax bewirkt Krist. in langen Prismen, A. A. VORONKOV (*Kristallografiya* **3** [1958] 240/3). Wird durch Alkohol aus gesätt. wss. Lsg. bei gewöhnl. Temp. in Form kleiner, körniger, grüner Kristalle, B. D. STEELE, F. M. G. JOHNSON (*J. Chem. Soc.* **85** [1904] 113/20, 113), oder in Form langer Nadeln gefällt, J. E. GORDON (*Nature* **179** [1957] 1270/2). Darst. von Einkristallen s. V. A. KOPTSIK (*Kristallografiya* **4** [1959] 235/8).

**Bildungswärme** *Heat of Formation* Q für festes $NiSO_4 \cdot 7H_2O$ nach $Ni_{fest} + O_{2\,gasf} + SO_{2\,gasf} + 7H_2O_{fl} = NiSO_4 \cdot 7H_2O$ bei 18° bis 20°: Q = 162.53 kcal/Mol, J. THOMSEN (*J. Prakt. Chem.* [2] **14** [1876] 413/42, 418, [2] **21** [1880] 46/77, 65; *Thermochemische Untersuchungen, Bd.* 3, *Leipzig* 1883, S. 307; *Systematisk Gennemförte Termokemiske Undersögelsers Numeriske og Teoretiske Resultater, København* 1905, S. 314). Hieraus wird für die Standard-Bildungsenthalpie $\Delta H$ aus den Elementen und fl. $H_2O$ entsprechend $Ni_{fest} + S_{rhomb} + 2O_{2\,gasf} + 7H_2O_{fl} = NiSO_4 \cdot 7H_2O$ ber.: $\Delta H° = -233.470$ kcal/Mol, K. K. KELLEY (*Bull. Bur. Mines* Nr. 406 [1937] 103), aus den Elementen entsprechend $2\,Ni_{fest} + 2\,S_{rhomb} + 14\,H_{2\,gasf} + 11O_{2\,gasf} = 2NiSO_4 \cdot 7H_2O$ ber.: $\Delta H_{298°K} = -712.9$ kcal/Mol, F. D. ROSSINI, D. D. WAGMAN, W. E. EVANS, S. LEVINE, I. JAFFE (*Circ. Nat. Bur. Std.* Nr. 500 [1952] 248). Für die Rk. $NiSO_{4\,fest} + 7H_2O_{fl} = NiSO_4 \cdot 7H_2O$ ergibt sich: $\Delta H = -19.880$ kcal/Mol. Auf Grund von Dampfdruckmessungen von D. G. R. BONNELL, L. W. BURRIDGE (*Trans. Faraday Soc.* **31** [1935] 473/78, 476) und W. C. SCHUMB (*J. Am. Chem. Soc.* **45** [1923] 342/54, 351) ber. Werte für $\Delta H$ und für die freie Rk.-Enthalpie $\Delta G$ der Rk. $\alpha$-$NiSO_4 \cdot 6H_2O + H_2O_{fl} = NiSO_4 \cdot 7H_2O$ ergeben sich: $\Delta H_{298°K} = -2.080$ und $\Delta G_{298°K} = -65$ kcal/Mol, K. K. KELLEY (*l. c.*). — Intermediäre Krist.-Wärme in leicht übersätt. Lsg.: $Q_{16°} = 4.45$ kcal/Mol, J. PERREU (*Compt. Rend.* **198** [1934] 1767/9, **199** [1934] 48/51).

### Physikalische Eigenschaften

*Physical Properties*

**Kristallographische und strukturelle Eigenschaften.** *Crystallographic and Structural Properties* Tritt in rhomb. und monokliner Modifikation auf, isodimorph mit $MgSO_4 \cdot 7H_2O$, $MgCrO_4 \cdot 7H_2O$, $ZnSO_4 \cdot 7H_2O$, C. A. BEEVERS, C. M. SCHWARTZ *Z. Krist.* **91** [1935] 157/69, 157), sowie mit $FeSO_4 \cdot 7H_2O$, J. W. RETGERS (*Z. Physik. Chem.* **16** [1895] 577/658, 578). Weitere Angaben über Isomorphiebeziehungen s. C. MARIGNAC (*Mem. Soc. Phys.* **14** [1855] 201/86, 238; *Liebigs Ann. Chem.* **97** [1856] 294/5), H. J. BROOKE (*Ann. Phil. Thomson* [2] **6** [1823] 437/9), H. DUFET (*Bull. Soc. Franc. Mineral. Crist.* **1** [1878] 58/62; *Compt. Rend.* **86** [1878] 881/4), E. BLASIUS (*Z. Krist.* **10** [1885] 221/39, 229), J. W. RETGERS (*Z. Physik. Chem.* **15** [1894] 529/87, 558), H. LESCOEUR (*Ann. Chim.* [7] **4** [1895] 213/34, 226), B. D. STEELE, F. M. G. JOHNSON (*J. Chem. Soc.* **85** [1904] 113/20, 113), F. M. JAEGER, H. HAGA (*Koninkl. Ned. Akad. Wetenschap. Verslag Gewone Vergader. Afdel. Nat.* **24** [1916] 1410/6, 1416; *Pr. Akad. Sci. Amsterdam* 18 [1916] 1357/64, 1363), E. GORNEC, M. LEHNÉ (*Compt. Rend.* **208** [1939] 1816/8). Bildet mit der monoklinen Form von $CuSO_4 \cdot 7H_2O$ Mischkristalle, H. DUFET (*Bl. Soc. Franc. Mineral. Crist.* **11** [1889] 215/20, 217). $NiSO_4 \cdot 7H_2O$ ist isomorph mit $NiPO_3F \cdot 7H_2O$, P. C. RÂY (*Nature* **126** [1930] 310/1).

**Keimbildung und Kristallwachstum.** *Nucleation and Crystal Growth* Beim Eindampfen der wss. Lsg. beob. period. Abscheidungen von $NiSO_4 \cdot 7H_2O$, die von Diffusion und Temp. abhängig sind, werden auf alternierende Übersättigung und Abscheidung zurückgeführt, N. F. ERMOLENKO, S. LEVINA (*Zh. Obshch. Khim.* **9** [1939] 965/70, 965). Period. Krist. beim Eindunsten, P. F. MICHALEW (*Zh. Fiz. Khim.* **10** [1937] 157/9; *Kolloidn. Zh.* **4** [1938] 373/6). Die bei Krist. des $NiSO_4 \cdot 7H_2O$ entstehenden Kristallkeime bilden Halbellipsen. Vor dem Erscheinen der Keime verstreicht eine Induktionsperiode, deren Dauer mit steigender Temp. abnimmt. Der Temp.-Koeff. der Induktionsperiode ist dem der Wachstumsgeschw. gleich. Die Zahl der Keime N nimmt mit der Zeit t nach der Induktionsperiode $t_i$ entsprechend $N = k\,(t - t_i)^2$ zu, wobei $k \approx 2$, W. E. GARNER, W. R. SOUTHON (*J. Chem. Soc.* **1935** 1705/9), W. E. GARNER

(*J. Colloid Sci.* **5** [1935] 33/44). Unter dem Ultramikroskop werden beim Auflösen von $NiSO_4 \cdot 7H_2O$-Kristallen wenige bewegliche Submikronen und vereinzelt Kügelchen beobachtet. Unter Einfluß von Wärme nehmen die Kristalle ovale Form an, P. KLEIN bei J. TRAUBE, W. v. BEHREN (*Z. Physik. Chem.* A **138** [1928] 85/101, 89). Auf Glimmer wachsen die Kristalle so auf, daß ihre [001]-Achse mit der [100]-Achse des Glimmers Winkel von 19°6′, 40°54′ oder 79°6′ bildet und parallel zu [150], [$1\bar{5}0$], [120], [$1\bar{2}0$], [310] oder [$3\bar{1}0$] des Glimmers liegt, L. ROYER (*Compt. Rend.* **194** [1932] 1088/90). Aus übersätt. $NiSO_4$-Lsg. erfolgt beim Durchgang eines schwachen Gleichstroms (Ni-Elektroden, 20°) Abscheidung und Wachstum von Kristallen fast ausschließlich an der Anode. Stromdurchgang ist zur Keimbildung Voraussetzung. Die Menge der Keime nimmt mit steigender Stromdichte (Größenordnung $10^{-3}$ A/cm$^2$) zu, wenn auch nicht proportional. Bei Verwendung von Wechselstrom (50 Hz) erfolgt Abscheidung gleichmäßig auf beiden Elektroden, A. R. UBBELOHDE (*Trans. Faraday Soc.* **36** [1940] 863/7).

Bei der Krist. im Magnetfeld werden Konz.-Ströme beobachtet. Die Kristalle setzen sich in größter Nähe der Pole an der Gefäßwand ab. Die Krist.-Geschw. ist im Magnetfeld mit und ohne Keim etwas über dreimal so groß wie außerhalb des Magnetfeldes, D. SAMURACAS (*Compt. Rend.* **194** [1932] 1225/7), s. auch E. W. R. STEACIE, C. F. B. STEVENS (*Can. J. Res.* **10** [1934] 483/5). Bei der Krist. im Magnetfeld findet teilweise Ausrichtung der Kristalle statt, die sich an der magnet. Anisotropie der polykristallinen Masse erkennen läßt, G. MAYR (*Z. Naturforsch.* **6a** [1951] 467; *Rend. Ist. Lombardo Sci. Lettere* A I **78** [1944/45] 459/71, 464, **79** [1945/46] 261/72, 267). Beim Krist. auf einer Glasplatte im Magnetfeld entstehen längliche, prismat. Kristalle, deren Längsrichtung senkrecht zu den magnet. Feldlinien steht, J. BLANDIN (*Compt. Rend.* **228** [1949] 1718/20). Ältere Angabe S. MEYER (*Ber. Wien. Akad.* **108** IIa [1899] 513/5).

*Rhombic Modification*

**Rhombische Modifikation.** Krist. in Prismen, s. beispielsweise R. PHILLIPS (*Schweiggers J.* **42** [1824] 87/98, 88), A. SCACCHI (*Atti Accad. Sci. Fis. Mat. Soc. Reale Napoli* **1** Nr. 11 [1863] 105), L. HACKSPILL, A. P. KIEFFER (*Ann. Chim.* [*Paris*] [10] **14** [1930] 227/82, 267). Beob. Formen {110}, {010}, {111}, {$1\bar{1}1$}, {101}, {120}, {011}, {201}, {211}, {$2\bar{1}1$}, C. MARIGNAC (*Mem. Soc. Phys.* **14** [1855] 201/86, 243), s. auch F. v. KOBELL (*J. Prakt. Chem.* **69** [1856] 217/50, 221). Leicht spaltbar parallel (100), (010), H. J. BROOKE bei W. HAIDINGER (*Ann. Physik* [2] **6** [1826] 191/8, 195), H. J. BROOKE (*Ann. Phil. Thomson* [2] **6** [1823] 437/9), C. MARIGNAC (*l. c.*). Achsenverhältnis a:b:c = 0.9815:1:0.5656, C. MARIGNAC (*l. c.*), F. M. JAEGER, H. HAGA (*Koninkl. Ned. Akad. Wetenschap. Verslag Gewone Vergader. Afdel. Nat.* **24** [1916] 1410/6, 1416; *Proc. Akad. Sci. Amsterdam* **18** [1916] 1357/64, 1363), J. FORREST (*Trans. Edinb. Soc.* **54** [1926] 601/53, 622), nach Pulver- und Drehkristallaufnahmen (FeK$\alpha$-Strahlung): a = 11.7, b = 11.8, c = 6.83 kX, a:b:c = 0.99:1:0.58, F. HAMMEL (*Ann. Chim.* [*Paris*] [11] **11** [1939] 247/358, 270), nach Drehkristallaufnahmen um die a-, b- und c-Achse, Eichung mit NaCl, a = 11.86, b = 12.08, c = 6.81 kX, a:b:c = 0.9804:1:0.5631, H. G. K. WESTENBRINK (*Koninkl. Ned. Akad. Wetenschap. Verslag Gewone Vergader. Afdel. Nat.* **35** [1926] 913/22, 918; *Proc. Akad. Sci. Amsterdam* **29** [1926] 1223/32, 1228), a = 11.8, b = 12.0, c = 6.80 kX, C. A. BEEVERS, C. M. SCHWARTZ (*Z. Krist.* **91** [1935] 157/69, 157). Eigener Gittertyp, Raumgruppe $P2_12_12_1-D_2^4$, C. A. BEEVERS, C. M. SCHWARTZ (*l. c.*), H. G. K. WESTENBRINK (*l. c.*). PATTERSON-Analyse mit geschätzten Intensitäten und Vergleich der Intensitätsunterschiede zwischen $NiSO_4 \cdot 7H_2O$ und dem rhomb. $MgSO_4 \cdot 7H_2O$ ergibt die allgemeinen Atomlagen (a) x, y, z; $\bar{x}$, $\bar{y}$, $^1/_2$ + z; $^1/_2$ + x, $^1/_2$ − y, $\bar{z}$; $^1/_2$ − x, $^1/_2$ + y, $^1/_2$ − z mit dem Parameter Ni: x = 0.170, y = 0.110, z = 0.04; S: x = 0.475, y = 0.185, z = 0.49;
$O_I$: x = 0.44, y = 0.08, z = 0.37; $O_{II}$: x = 0.61, y = 0.19, z = 0.48; $O_{III}$: x = 0.44, y = 0.19, z = 0.69; $O_{IV}$: x = 0.43, y = 0.28, z = 0.37; $H_2O_I$: x = 0.01, y = 0.17, z = 0.01; $H_2O_{II}$: x = 0.21, y = 0.25, z = 0.19; $H_2O_{III}$: x = 0.21, y = 0.18, z = 0.21; $H_2O_{IV}$: x = 0.32, y = 0.04, z = 0.05; $H_2O_V$: x = 0.11, y = 0.04, z = 0.09; $H_2O_{VI}$: x = 0.11, y = 0.03, z = 0.29; $H_2O_{VII}$: x = 0.23, y = 0.44, z = 0.07, C. A. BEEVERS, C. M. SCHWARTZ (*l. c.* S. 163); Z = 4, C. A. BEEVERS, C. M. SCHWARTZ (*l. c.*), F. HAMMEL (*l. c.* S. 302). Atomabstände in kX:

$Ni \leftrightarrow H_2O_I$ 2.03, $Ni \leftrightarrow H_2O_{II}$ 2.02, $Ni \leftrightarrow H_2O_{III}$ 1.96, $Ni \leftrightarrow H_2O_{IV}$ 1.97, $Ni \leftrightarrow H_2O_V$ 2.13, $Ni \leftrightarrow H_2O_{VI}$ 2.08,

$S \leftrightarrow O_I$ 1.56, $S \leftrightarrow O_{II}$ 1.59, $S \leftrightarrow O_{III}$ 1.43, $S \leftrightarrow O_{IV}$ 1.50,

$O_I \leftrightarrow O_{II}$ 2.52, $O_I \leftrightarrow O_{III}$ 2.54, $O_I \leftrightarrow O_{IV}$ 2.40, $O_{II} \leftrightarrow O_{III}$ 2.46, $O_{II} \leftrightarrow O_{IV}$ 2.50, $O_{III} \leftrightarrow O_{IV}$ 2.44, $O_I \leftrightarrow H_2O_{IV}$ 2.64, $O_I \leftrightarrow H_2O_{VII}$ 2.94, $O_{II} \leftrightarrow H_2O_{II}$ 2.64, $O_{II} \leftrightarrow H_2O_{III}$ 2.68, $O_{II} \leftrightarrow H_2O_{IV}$ 2.92, $O_{III} \leftrightarrow H_2O_I$ 2.77, $O_{III} \leftrightarrow H_2O_{III}$ 2.80, $O_{IV} \leftrightarrow H_2O_I$ 2.82, $O_{IV} \leftrightarrow H_2O_{II}$ 2.89, $O_{IV} \leftrightarrow H_2O_V$ 2.67,

$H_2O_V \leftrightarrow H_2O_{VI}$ 2.73, $H_2O_V \leftrightarrow H_2O_{VII}$ 3.00, $H_2O_{VI} \leftrightarrow H_2O_{VII}$ 2.89, $H_2O_{II} \leftrightarrow H_2O_{VII}$ 2.90.

Jeweils 6 $H_2O$-Molekeln sind in fast regulären Oktaedern um ein Ni-Atom und jeweils 4 O-Atome in fast regulären Tetraedern um ein S-Atom gruppiert; die siebente $H_2O$-Molekel ist den $SO_4$-Tetraedern zugeordnet und hat losen Kontakt zu je drei $[Ni(H_2O)_6]$-Gruppen, C. A. BEEVERS, C. M. SCHWARTZ (*l. c.* S. 166). Auf leichte Deformation der $SO_4$-Tetraeder, die auf Bindungskräfte zwischen $H_2O$ und $SO_4^{2-}$ zurückgeführt wird, ist aus den Absorptionsmax. im Bereich von 15000 bis 6000 m$\mu$ zu schließen, C. DUVAL, J. LECOMTE (*Compt. Rend.* **227** [1948] 1153/4). Die siebente $H_2O$-Molekel trägt wesentlich zur Stabilisierung des Gitters bei. Da bei ihrer Entfernung die Gitterstruktur zerstört wird, kann sie nicht zeolytischer Natur sein, F. J. LLEWELLYN (*J. Soc. Chem. Ind.* **59** [1940] 707/12). Die Anordnung

Fig. 231.

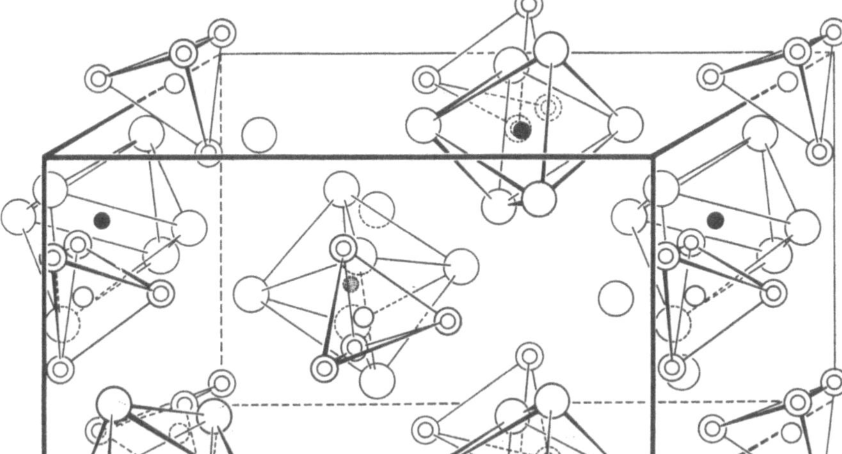


Anordnung der Baugruppen im $NiSO_4 \cdot 7H_2O$-Gitter.

der Baugruppen im Gitter ist in **Fig. 231** nach *Strukturber., Bd.* 3, 1933/35, S. 105/8, 453/4 wiedergegeben. — Eine von L. C. JACKSON, H. KAMERLINGH ONNES (*Proc. Roy. Soc.* [*London*] A **102** [1923] 678/9, 680/1) aus magnet. Messungen abgeleitete Struktur erscheint sehr unwahrscheinlich, EWALD, HERMANN (in: *Strukturber., Bd.* I, 1913/28, S. 390). — Nach $NH_3$-Extraktionsverss. ist in $NiSO_4 \cdot 7H_2O$ eine $H_2O$-Molekel erheblich fester als die übrigen gebunden, vermutlich koordinativ an das $SO_4^{2-}$-Ion, A. SIMON, H. KNAUER (*Z. Anorg. Allgem. Chem.* **242** [1939] 375/92, 381), in Übereinstimmung mit der aus dem unterschiedlichen Raumbedarf des $H_2O$ in $NiSO_4 \cdot 7H_2O$ und $NiSO_4 \cdot H_2O$ von E. MOLES, M. CRESPI (*Z. Physik. Chem.* **130** [1928] 337/44, 341; *Anales Fiz. Quim.* [*Madrid*] **25** I [1927] 549/66, 554) gefolgerten Konstitutions-Formel $[Ni(H_2O)_6][SO_4H_2O]$, vgl. auch S. 709. — Gravimetr. und röntgenograph. Unterss. über die Bindungsart des letzten $H_2O$ in $NiSO_4 \cdot 7H_2O$ und den entsprechenden Sulfaten von $Fe^{II}$ und Mg s. K. KOHLER (*Fortschr. Mineral.* **38** [1960] 131/2).

*Mechanical and Thermal Properties. Density*

**Mechanische und thermische Eigenschaften. Dichte.** Röntgendichte 1.882, H. G. K. WESTENBRINK (*l. c.*), $D_4^{25} = 1.936$, pyknometr. Best. in Toluol, E. MOLES, M. CRESPI (*l. c.* S. 340; *l. c.* S. 553), $D_{15}^{15} = 1.949$, pyknometr. Best., T. E. THORPE, J. I. WATTS (*J. Chem. Soc.* **37** [1880] 102/17, 111), $D_4^{30} = 1.972$, A. MOOKHERJI (*Indian J. Phys.* **20** [1946] 9/20, 11). Weitere, z. T. hiervon abweichende Angaben, F. M. JAEGER, H. HAGA (*Koninkl. Ned. Akad. Wetenschap. Verslag Gewone Vergader. Afdel. Nat.* **24** [1916] 1403/9, 1416; *Proc. Akad. Sci. Amsterdam* **18** [1916] 1357/64, 1363), B. GOSSNER (*Ber. Deut. Chem. Ges.* **40** [1907] 2373/6), G. T. GERLACH (*Z. Anal. Chem.* **28** [1889] 466/524, 468), R. FULDA

(*Liebigs Ann. Chem.* **131** [1864] 213/21, 215), C. PAPE (*Ann. Physik* [2] **30** [1863] 337/84, 373), H. SCHIFF (*Liebigs Ann. Chem.* **107** [1858] 64/93, 72). — Molvolumen in ml, aus röntgenograph. Daten ber.: $V_{mol} = 144.4$, F. HAMMEL (*l. c.* S. 302), Messungen der Vol.-Änderung zwischen 20° und 95° im Dilatometer s. E. WIEDEMANN (*Ann. Physik* [3] **17** [1882] 561/76, 574).

*Scratch Hardness*

**Ritzhärte** nach MARTENS 4.0 bis 5.0, A. REIS, L. ZIMMERMANN (*Z. Physik. Chem.* **102** [1922] 298/358, 325). Über die Bedeutung des Kristallwassers für die Mikrohärte s. K. M. KEVROLEVA (*Izv. Tomsk. Politekhn. Inst.* **95** [1958] 105/16).

*Specific Heat*

**Spezifische Wärme** $c_p$ in $cal \cdot g^{-1} \cdot grad^{-1}$ zwischen 16° und 100°: 0.341, C. PAPE (*l. c.*). — Molwärme $C_p$ in $cal \cdot Mol^{-1} \cdot grad^{-1}$:

| T in °K | 1.345 | 2.080 | 2.412 | 2.850 | 3.439 | 4.563 | 5.708 | 6.903 | 7.032 | 9.072 | 10.28 | 12.05 | 14.20 | 16.10 |
|---|---|---|---|---|---|---|---|---|---|---|---|---|---|---|
| $C_p$ | 1.045 | 1.206 | 1.144 | 1.057 | 0.942 | 0.697 | 0.517 | 0.433 | 0.439 | 0.421 | 0.492 | 0.698 | 1.05 | 1.42 |

Ein Max. von $C_p$ erscheint nahe 18°K, J. W. STOUT, W. F. GIAUQUE (*J. Am. Chem. Soc.* **63** [1941] 714/22, 716). — Wärmeleitfähigkeit 0.0011 bis 0.0012 $cal \cdot cm^{-1} \cdot grad^{-1} \cdot sec^{-1}$, C. H. LEES (*Mem. Proc. Manchester Lit. Phil. Soc.* **42** Nr. 5 [1898]).

*Optical Properties. Color*

**Optische Eigenschaften. Farbe.** Smaragdgrün, s. beispielsweise H. LESCOEUR (*Ann. Chim. Phys.* [7] **4** [1895] 213/34, 226), grün, L. LONGCHAMBON (*Bull. Soc. Franc. Mineral. Crist.* **45** [1922] 161/252, 239; *Thèse Paris* 1923, S. 79), M. H. BELZ (*Phil. Mag.* [6] **44** [1922] 479/501, 497), H. LEY, W. HEIDBRINK (*Z. Anorg. Allgem. Chem.* **173** [1928] 287/96, 294), bei —190° hellblau und trüb, M. BAMBERGER, R. GRENGG (*Centr. Mineral. Geol.* **1921** 65/74, 69), s. auch S. V. GRUM-GRZHIMAILO, N. A. BRILLIANTOV, R. K. SVIRIDOVA, O. N. SUKHANOVA (*Kristallografiya* **5** [1960] 288/94, 291; *Soviet Phys.-Cryst.* **5** [1960] 268/73, 270). Optisch negativ, H. TOPSØE, C. CHRISTIANSEN (*Ann. Physik* [2] *Erg.-Bd.* **6** [1874] 499/585, 549; *Ann. Chim. Phys.* [5] **1** [1874] 5/99, 61).

*Optical Absorption*

**Lichtabsorption.** Im UR-Spektrum s. L. PASSERINI (*Gazz. Chim. Ital.* **65** [1935] 502/17, 513), ON MATUMURA (*Mem. Fac. Sci. Kyusyu Univ.* 1 B [1951] 1/3), M. FREYMANN, R. FREYMANN (*Compt. Rend.* **232** [1951] 401/3), C. DUVAL, J. LECOMTE (*J. Chim. Phys.* **50** [1953] C64/71, C67; *Compt. Rend.* **227** [1948] 1153/4), J. FUJITA, K. NAKAMOTO, M. KOBAYASHI (*J. Am. Chem. Soc.* **78** [1956] 3963/5), S. N. ANDREEV, S. A. SHCHUKAREV, T. G. BALICHEVA (*Zh. Strukt. Khim.* **1** [1960] Nr. 2, S. 183/8; *J. Struct. Chem. USSR* **1** [1960] 168/72). Die Reflexionsbande bei 9050 mμ stimmt nicht mit der der wss. Lsg. überein, W. W. COBLENTZ (*Carnegie Inst. Wash. Publ.* Nr. 65 [1906] 101). Vergleich der Ramanspektren von $NiSO_4 \cdot 7H_2O$ und von $\alpha$-$NiSO_4 \cdot 6H_2O$ s. D. KRISHNAMURTI (*Pr. Indian Acad. Sci.* **42** A [1955] 77/80), s. dagegen P. KRISHNAMURTI (*Indian J. Phys.* **5** [1930] 587/91). Die Ramanfrequenzen können Gitterschwingungen und Schwingungen des $SO_4^{2-}$-Ions sowie des $H_2O$ zugeordnet werden; graph. Darst. mit tabellar. Übersicht, D. KRISHNAMURTI (*Pr. Indian Acad. Sci.* **48** A [1958] 355/63, 358), vgl. hierzu „*Schwefel*" *Tl.* B, S. 647. — Weitere Messung mit Zuordnungsvers. s. H. NISI (*Japan. J. Phys.* **7** [1931] 1/32, 17).

Das Absorptionsspektrum im sichtbaren Bereich ist dem der wss. Lsg. sehr ähnlich, s. Fig. 234, S. 716, und zeigt etwas niedrigere Max., O. G. HOLMES, D. S. MCCLURE (*J. Chem. Phys.* **26** [1957] 1686/94, 1693), D. S. MCCLURE (*Phys. Chem. Solids* **3** [1957] 311/7), C. FURLANI (*Z. Physik. Chem.* [*Frankfurt*] [2] **10** [1957] 291/305, 297), R. TRÉHIN (*Compt. Rend.* **216** [1943] 558/60; *Ann. Phys.* [*Paris*] [11] **20** [1945] 372/90, 388). Die Reflexionsspektren von $NiSO_4 \cdot 7H_2O$ sind denen der wss. Lsg. und denen von $\alpha$-$NiSO_4 \cdot 6H_2O$ sehr ähnlich, O. BOSTRUP, C. K. JØRGENSEN (*Acta Chem. Scand.* **11** [1957] 1223/31, 1224), s. auch R. W. ASMUSSEN, O. BOSTRUP (*Acta Chem. Scand.* **11** [1957] 1097/1102). Im Bereich von 2000 mμ bis 250 mμ unterscheidet sich das Absorptionsspektrum von $NiSO_4 \cdot 7H_2O$ nur wenig von dem von $\alpha$-$NiSO_4 \cdot 6H_2O$, dessen Max. bei etwas kürzeren Wellenlängen liegen, C. FURLANI (*l. c.*), s. auch S. V. GRUM-GRZHIMAILO u. a. (*l. c.*), bestätigt im Bereich von 450 mμ bis 320 mμ, R. TRÉHIN (*l. c.*). Der Vergleich der Reflexionsspektren von $NiSO_4 \cdot 7H_2O$ mit denen der wss. Lsg. und mit $\alpha$-$NiSO_4 \cdot 6H_2O$ zeigt, daß die 1. Koordinationsphäre des $Ni^{2+}$ in allen 3 Fällen nahezu gleich ist, O. BOSTRUP, C. K. JØRGENSEN (*l. c.*), s. auch R. W. ASMUSSEN, O. BOSTRUP (*l. c.*). Die Banden bei 670 mμ und 390 mμ werden dem Komplex $[Ni(H_2O)_6]^{2+}$ zugeordnet, H. LEY, W. HEIDBRINK (*l. c.*). Vergleich der im Bereich von 910 bis 240 mμ gem. Absorptionsspektren bei gewöhnl. Temp. sowie bei —206° mit quantenmechan. Berechnungen zeigt, daß der $[Ni(H_2O)_6]^{2+}$-Komplex im Kristall mit nahezu oktaedr. Symmetrie vorliegt. Die Abweichung von der oktaedr. Symmetrie äußert sich in der Aufspaltung der Hauptbanden, H. HARTMANN, H. MÜLLER (*Discussions Faraday Soc.* Nr. 26 [1958] 49/52). Mit Hilfe der Ligandenfeldtheorie wird Zahl und Lage der Banden des $[Ni(H_2O)_6]^{2+}$

errechnet und ein Deutungsvers. für die Aufspaltung des Max. bei 650 m$\mu$ gegeben. Vollständige Deutung ist nicht möglich, da selbst bei der Temp. von sd. $N_2$ keine Auflösung der Banden, sondern nur eine Verringerung der Bandenbreite erreicht wird. Die hierbei beob. Verschiebung der intensiveren Banden nach kleineren Wellenlängen wird auf Abstandsverminderung zwischen Zentral-Ion und Liganden im $[Ni(H_2O)_6]^{2+}$-Komplex zurückgeführt, C. Furlani (*l. c.*), vgl. auch D. S. McClure (*l. c.*). Die schwache, bei 77°K gemessene Bande bei 18690 cm$^{-1}$ (535 m$\mu$) wird nach Vergleich mit der Bande des entsprechenden Deuterats einer Translationsschwingung zwischen H und O mit einer Oszillatorstärke von $4 \cdot 10^{-8}$ zugeordnet, T. S. Piper, N. Koertge (*J. Chem. Phys.* **32** [1960] 559/61). Deutung der bei gewöhnl. Temp. bis hinab zu 90°K erhaltenen Absorptionsspektren von $NiSO_4 \cdot 7H_2O$ mit Hilfe der Kristallfeldtheorie erklärt die unerwartet hohe Hydratationswärme von $Ni^{2+}$ in der Reihe $Fe^{2+}$, $Co^{2+}$, $Ni^{2+}$, $Cu^{2+}$, O. G. Holmes, D. S. McClure (*l. c.* S. 1687).

Die Absorption im Röntgengebiet ist ähnlich der der wss. Lsg., Y. Cauchois (*Compt. Rend.* **224** [1947] 1556/8), vgl. auch „*Nickel*" *Tl.* A.

**Optische Drehung** im Sichtbaren s. L. Longchambon (*Compt. Rend.* **173** [1921] 89/91; *Bl. Soc. Franc. Mineral. Crist.* **45** [1922] 161/252, 239; *Thèse Paris* 1923, S. 79). *Optical Rotation*

**Pleochroismus.** Ausführliche Messungen zwischen 440 und 346 m$\mu$ s. R. Tréhin (*Compt. Rend.* **216** [1943] 558/60, **220** [1945] 85/87; *Ann. Phys.* [*Paris*] [11] **20** [1945] 372/90, 385). Die Anisotropie entlang der kristallograph. Hauptachsen a, b, c ist in der Reihenfolge steigender Absorption bei den Max. 650 m$\mu$ und 390 m$\mu$ b < a < c, bei dem Max. bei 1146 m$\mu$ a < c < b, O. G. Holmes, D. S. McClure (*J. Chem. Phys.* **26** [1957] 1686/94, 1692), ähnliche Beobachtungen beim Max. 390 m$\mu$ s. R. Tréhin (*Compt. Rend.* **220** [1945] 85/87; *Ann. Phys.* [*Paris*] [11] **20** [1945] 372/90, 385). Die b-Max. sind jeweils (bei 1146 m$\mu$ zu längeren, bei den anderen Max. zu kürzeren Wellenlängen) um etwa 200 cm$^{-1}$ verschoben, O. G. Holmes, D. S. McClure (*l. c.* S. 1693). *Pleochroism*

**Brechungszahl** n und Winkel 2V der opt. Achsen für die Fraunhoferschen Linien D und F: *Refractive Index*

| Lichtart | $n_\alpha$ | $n_\beta$ | $n_\gamma$ | 2V | Lit. |
|---|---|---|---|---|---|
| D | 1.4693 | 1.4893 | 1.4923 | 41°54′ | 1) |
| D | 1.4669 | 1.4888 | 1.4921 | 41°56′ | 2) |
| F | 1.4729 | 1.4949 | 1.4981 | — | 2) |

1) H. Dufet (*Bl. Soc. Min.* **1** [1878] 58/62; *Compt. Rend.* **86** [1878] 881/4). — 2) H. Topsøe, C. Christiansen (*Ann. Physik* [2] *Erg.-Bd.* **6** [1874] 499/585, 549; *Ann. Chim. Phys.* [5] **1** [1874] 5/99, 61), vgl. P. Groth (*Chemische Krystallographie, Bd.* 2, *Leipzig* 1908, S. 435). Optisch negativ, H. Topsøe, C. Christiansen (*l. c.*).

**Magnetische Eigenschaften.** Das rhomb. $NiSO_4 \cdot 7H_2O$ ist paramagnetisch und zeigt magnet. Anisotropie. Die 3 Hauptsuszz. $\chi^a$, $\chi^b$, $\chi^c$ verlaufen parallel den kristallograph. Achsen a, b und c, K. S. Krishnan, N. C. Chakravorty, S. Banerjee (*Phil. Trans. Roy. Soc. London* A **232** [1934] 99/115, 107). *Magnetic Properties*

Mittlere Molsuszeptibilität $\overline{\chi}_{mol}$ für 14 bis 304°K (zum besseren Vergleich z. T. aus spezif. Susz. umgerechnet):

| T in °K | 304.4° | 288.0° | 261.9° | 249.6$_5^\circ$ | 234.4° | 216.0° | 201.6$_5^\circ$ | 195.5° | 189.0° | 170.0° |
|---|---|---|---|---|---|---|---|---|---|---|
| $\overline{\chi}_{mol} \cdot 10^6$ | 4160 | 4386 | 4810 | 5013 | 5370 | 5892 | 6162 | 6513 | 6610 | 7337 |
| Lit. | 1) | 2) | 1) | 2) | 1) | 3) | 2) | 3) | 1) | 2) |

| T in °K | 160.6° | 137.3° | 102.3° | 91.5° | 77.52° | 64.16° | 20.41° | 17.29° | 14.35° |
|---|---|---|---|---|---|---|---|---|---|
| $\overline{\chi}_{mol} \cdot 10^6$ | 7918 | 8970 | 11800 | 13774 | 16059 | 19380 | 61174 | 72498 | 87700 |
| Lit. | 3) | 1) | 1) | 3) | 2) | 2) | 2) | 2) | 2) |

1) Berechnet aus den an Einkristallen nach Torsionsmeth. gem. Hauptsuszz., B. C. Guha (*Proc. Roy. Soc.* [*London*] A **206** [1951] 353/73, 360). — 2) An Kristallpulver gem., C. J. Gorter, W. J. de Haas, J. van den Handel (*Proc. Acad. Sci. Amsterdam* **34** [1931] 1254/8; *Commun. Phys. Lab. Univ. Leiden* Nr. 218 [1931] 29/34), W. J. de Haas, E. C. Wiersma (*Commun. Phys. Lab. Univ. Leiden Suppl.* Nr. 74b [1932] 36/70, 52). — 3) An Kristallpulver gem., A. Serres (*Ann. Phys.* [*Paris*] [10] **20** [1933] 441/77, 450). Weitere Einzelwerte bei gewöhnl. Temp. s. M. H. Belz (*Phil. Mag.* [6] **44** [1922] 479/501, 497), W. Sucksmith (*Phil. Mag.* [7] 8 [1929] 158/65, 164), E. F. Herroun (*Proc. Phys. Soc.* [*London*] **46** [1934] 872/81, 877), H. Soling (*Acta Chem. Scand.* **12** [1958] 1005/14, 1011), K. S. Krishnan u. a. (*l. c.* S. 111), A. Mookherji (*Indian J. Phys.* **20** [1946] 9/20, 11).

Die Temp.-Abhängigkeit von $\overline{\chi}_{mol}$ im Bereich von 91 bis 293°K folgt dem CURIE-WEISSschen Gesetz, A. SERRES (*l. c.*). CURIE-Temp. $\Theta = -62.6$°K, L. C. JACKSON, H. KAMERLINGH ONNES (*Proc. Roy. Soc.* [*London*] A **102** [1923] 678/79).

$\overline{\chi}_{mol}$ für 1.23bis 15°K im Null-Feld (Werte in Auswahl):

| T in °K | 15.0° | 13.9° | 11.1° | 9.7° | 6.9° | 6.21° | 5.07° | 4.04° | 3.10° | 2.32° | 1.94° | 1.23° |
|---|---|---|---|---|---|---|---|---|---|---|---|---|
| $\overline{\chi}_{mol} \cdot 10^{3}$ | 9 | 10 | 13 | 13 | 18 | 20 | 24 | 30 | 36 | 45 | 47 | 57 |

bestimmt nach der Meth. entgegengesetzter, ident. Induktionsspulen. Die Werte schließen an den niedersten der mit größerer Genauigkeit ermittelten Werte von C. J. GORTER, W. J. DE HAAS, J. VAN DEN HANDEL (*l. c.*) (s. vorhergehende Tabelle) an. Die aus $C_p$ und der Temp.-Änderung bei adiabat. Entmagnetisierung erhaltenen Werte stimmen mit obigen gut überein. Das CURIEsche Gesetz ist für $T < 4$°K nicht mehr erfüllt (Temp.-Änderung bei adiabat. Entmagnetisierung s. Fig. im Original), J. W. STOUT, W. F. GIAUQUE (*J. Am. Chem. Soc.* **63** [1941] 714/22, 716). Die Aussage von L. C. JACKSON (*Phil. Trans. Roy. Soc. London* **224** A [1924] 1/48, 41), nach der das CURIE-WEISSsche Gesetz nur bis 160°K befolgt wird und darunter die Susz. weniger zunehmen soll, als diesem Gesetz entspricht, wird kritisiert bei G. FOËX (*Trans. Am. Electrochem. Soc.* **55** [1929] 97/103, 100; *J. Phys. Radium* [7] **2** [1931] 353/75, 360), C. J. GORTER u. a. (*l. c.*), K. S. KRISHNAN u. a. (*l. c.* S. 100). In diesem Temp.-Bereich wird aus dem Fehlen eines Haltepunktes in der Erhitzungskurve geschlossen, daß keine Änderung im magnet. Verhalten vorliegen kann, D. S. KOTHARI (*Proc. Cambridge Phil. Soc.* **28** [1932] 338/40).

Hauptmolsuszeptibilitäten: $\chi^{a}_{mol}$, $\chi^{b}_{mol}$, $\chi^{c}_{mol}$ (z. T. aus spezif. Suszz. umgerechnet):

| T in °K | 304.4° | 288° | 261.9° | 234.4° | 189.0° | 169.5° | 137.3° |
|---|---|---|---|---|---|---|---|
| $\chi^{a}_{mol} \cdot 10^{6}$ | 4240 | 4400 | 4900 | 5470 | 6740 | 7447 | 9170 |
| $\chi^{b}_{mol} \cdot 10^{6}$ | 4070 | 4364 | 4700 | 5240 | 6440 | 7559 | 8710 |
| $\chi^{c}_{mol} \cdot 10^{6}$ | 4190 | 4376 | 4840 | 5400 | 6650 | 7362 | 9030 |
| Lit. | 1) | 2) | 1) | 1) | 1) | 2) | 1) |
| T in°K | 102.3° | 78.1° | 77.29° | 64.5° | 20.33° | 16.65° | 14.6° |
| $\chi^{a}_{mol} \cdot 10^{6}$ | 12200 | 15840 | 16340 | 19600 | 62944 | 77837 | 89077 |
| $\chi^{b}_{mol} \cdot 10^{6}$ | 11480 | 14800 | 15877 | 18953 | 59572 | 71374 | 82895 |
| $\chi^{c}_{mol} \cdot 10^{6}$ | 11970 | 15500 | 16115 | 19277 | 60696 | 73060 | 85143 |
| Lit. | 1) | 1) | 2) | 2) | 2) | 2) | 2) |

1) An Einkristallen nach Torsionsmeth. gem., B. C. GUHA (*Proc. Roy. Soc.* [*London*] A **206** [1951] 353/73, 360). — 2) Aus den Angaben von L. C. JACKSON (*l. c.* S. 40) mit Hilfe eigener Messungen der mittleren Susz. berichtigte Werte, C. J. GORTER, W. J. DE HAAS, J. VAN DEN HANDEL (*Proc. Acad. Sci. Amsterdam* **34** [1931] 1254/8; *Commun. Phys. Lab. Univ. Leiden* Nr. 218 [1931] 29/34). Weitere Einzelwerte bei gewöhnl. Temp. s. K. S. KRISHNAN, N. C. CHAKRAVORTY, S. BANERJEE (*Phil. Trans. Roy. Soc. London* A **232** [1934] 99/115, 111), A. MOOKHERJI (*l. c.*), W. FINKE (*Ann. Physik* [4] **31** [1910] 149/68, 165).

Magnetische Anisotropie. Durch Messungen an Einzelkristallen nach der KRISHNANschen Schwingungsmeth. erhaltene Differenzen der Hauptsuszz. für 30°: $\chi^{a}_{mol} - \chi^{b}_{mol} = 169 \cdot 10^{-6}$, $\chi^{a}_{mol} - \chi^{c}_{mol} = 49 \cdot 10^{-6}$, K. S. KRISHNAN u. a. (*l. c.* S. 107), $\chi^{a}_{mol} - \chi^{b}_{mol} = 163 \cdot 10^{-6}$, $\chi^{c}_{mol} - \chi^{b}_{mol} = 124 \cdot 10^{-6}$, A. MOOKERJI (*l. c.* S. 10), $\chi^{a}_{mol} - \chi^{b}_{mol} = 159.6 \cdot 10^{-6}$, $\chi^{a}_{mol} - \chi^{c}_{mol} = 31.9 \cdot 10^{-6}$ bei 300°K, S. DATTA (*Indian J. Phys.* **28** [1954] 239/49, 246), in guter Übereinstimmung mit den nach einer Gleichung von J. H. E. GRIFFITHS, J. OWEN (*Proc. Roy. Soc.* [*London*] A **213** [1952] 459/73) ber. Werten $\chi^{a}_{mol} - \chi^{b}_{mol} = 170 \cdot 10^{-6}$, $\chi^{a}_{mol} - \chi^{c}_{mol} = 60 \cdot 10^{-6}$ und $\chi^{c}_{mol} - \chi^{b}_{mol} = 110 \cdot 10^{-6}$, K. ONO (*J. Phys. Soc. Japan* 8 [1953] 802/3). Angaben für Tempp. von 304 bis 78°K s. B. C. GUHA (*l. c.*). Dagegen wird auf Grund der theoret. Vorstellungen von W. PEDDIE (*Proc. Edinburgh Soc.* **32** [1911/12] 216) die kristallograph. c-Achse für die Richtung der geringsten Magnetisierung gehalten, J. FORREST (*Trans. Edinburgh Soc.* **54** [1926] 601/53, 622). Magnet. Anisotropie von 2 bis 4% zeigt sich an der im Magnetfeld krist. polykristallinen Masse. Die Susz. ist größer, wenn in der bei der Krist. angewandten Feldrichtung gemessen wird, senkrecht dazu kleiner als diejenige von außerhalb des Magnetfeldes krist. polykristalliner Masse, G. MAYR (*Z. Naturforsch.* **6a** [1951] 467). Die hierbei gem. mittlere Susz. zeigt gute Übereinstimmung mit Lit.-Werten, G. MAYR (*Rend. Ist. Lombardo Sci. Lettere* A I **78** [1944/45] 459/71, 464, **79** [1945/46] 261/72, 267). Im Magnetfeld krist. Einzelkristalle haben ihre größte magnet. Achse senkrecht zur Richtung des größten Wachstums, J. BLANDIN (*Compt. Rend.* **228** [1949] 1718/20). Über die Zunahme der Susz. in Abhängigkeit von der Belichtung mit Hg-Dampflicht s. D. M. BOSE, P. K. RAHA (*Phil. Mag.* [7] **20** [1935] 145/66, 152).

Paramagnetische Resonanzabsorption. $NiSO_4 \cdot 7H_2O$ zeigt zwischen 0 und 15000 Gauss im Wechselfeld mit $9 \cdot 10^9$ bis $5 \cdot 10^{10}$ Hz keine paramagnet. Resonanzabsorptionsmax., F. W. LANCASTER, W. GORDY (*J. Chem. Phys.* **19** [1951] 1181/91, 1190), s. auch S. G. SALIKHOV (*Zh. Eksperim. i Teor. Fiz.* **17** [1947] 1070/5). Vgl. auch B. M. KOZYREV, S. G. SALIKHOV, YU. YA. SHAMONIN (*Zh. Eksperim. i Teor. Fiz.* **22** [1952] 56/61, 57). Aus Messungen der paramagnet. Resonanz wird der LANDÉ-Faktor zu 2.20 (Genauigkeit $\pm 10\%$) sowie der Richtungskosinus der rhombischen Achsen des magnet. Kristallfeldes ermittelt. Einzelheiten s. Original. Im Frequenzbereich von $0.2 \cdot 10^6$ bis $5 \cdot 10^6$ Hz in konst. Feldern von 800 bis 3200 Oe wird zwischen 64°K bis zur Temp. des fl. Heliums keine paramagnet. Dispersion gefunden, P. TEUNISSEN, C. J. GORTER (*Physica* [2] **6** [1939] 145/55, 153, **7** [1940] 33/44, 34), s. auch C. J. GORTER, R. KRONIG (*Le Magnétisme. III Paramagnétisme, Réunion Strasbourg 1938, Paris* 1940, S. 65/101, 68). Zwischen ~81 und 291°K wird bei Feldstärken bis zu 1300 Oe geringere Verminderung der paramagnet. Resonanzabsorption als bei $CuSO_4 \cdot 5H_2O$, $MnSO_4$ und $MnSO_4 \cdot 7H_2O$ gefunden, S. AL'TSHULER, E. ZAVOYSKII, V. KOZYREV (*Zh. Eksperim. i Teor. Fiz.* **14** [1944] 407/9). Die aus den Messungen der paramagnet. Dispersion und Absorption bei 77°K nach der Formel von CASIMIR und DU PRÉ errechneten spezif. Wärmen des Spinsystems sind niedriger und die Relaxationskonst. höher als zu erwarten ist, L. J. F. BROER, L. J. DIJKSTRA, C. J. GORTER (*Physica* [2] **10** [1943] 324/30, 326). — Zeigt keinen magnetoelektrischen Richteffekt, A. HUBER (*Physik. Z.* **27** [1926] 619/27, 624).

*Electric Properties*

**Elektrische Eigenschaften.** DK = 5.33 bei 19°, gem. an Kristallpulver, K. KAMIYOSHI (*Sci. Rep. Res. Inst. Tohoku Univ.* A **2** [1950] 180/92, **1** [1949] 305/11). — Kleine Kristalle von $NiSO_4 \cdot 7H_2O$ werden beim Ausschütten aus einem Glasgefäß auf isolierte Glasscheibe oder Cu-Mulde negativ geladen, R. SCHNURMANN (*Proc. Phys. Soc.* [*London*] **53** [1941] 547/53, 549). Stark piezoelektrisch, V. A. KOPTSIK, K. A. MINAEVA, A. A. VORONKOV, A. F. SOLOV'EV, A. N. IZRAILENKO, E. G. POPKOVA, G. I. KOZLOVA (*Vestn. Mosk. Univ., Ser. Mat. Mekhan. Astron., Fiz. Khim.* **13** Nr. 6 [1958] 91/98, 97), s. auch P. H. EGLI (*Am. Mineralogist* **33** [1948] 622/33, 632), S. B. ELINGS, P. TERPSTRA (*Z. Krist.* **67** [1928] 279/84). Piezoelektr. Strukturparameter s. V. A. KOPTSIK (*Izv. Akad. Nauk SSSR Ser. Fiz.* **20** [1956] 219/25; *Bull. Acad. Sci. USSR Phys. Ser.* **20** [1956] 201/7, 203), CHUMAKOV, V. A. KOPTSIK (*Kristallografiya* **4** [1959] 235/8; *Soviet Phys. Cryst.* **5** [1959] 212/5).

## Chemisches Verhalten

*Chemical Reactions*

*In the Air and on Heating*

**An Luft und beim Erhitzen.** Verwittern an Luft, wird hellgrün und opak, L. HACKSPILL, A. P. KIEFFER (*Ann. Chim.* [*Paris*] [10] **14** [1930] 227/82, 267). Das Verwittern wird durch Aufbewahren in geschlossenem Gefäß unter eigenem Dampfdruck verhindert, A. A. VORONKOV (*Kristallografiya* **3** [1958] 240/3; *Soviet Phys. Cryst.* **3** [1958] 243/6). Die Annahme von C. MARIGNAC (*Mem. Soc. Phys.* **14** [1855] 201/86, 241), E. MITSCHERLICH (*Ann. Physik* [2] **11** [1827] 323/32, 326) und K. v. HAUER (*Ber. Wien. Akad.* **39** [1860] 229/307, 305), daß bei der Verwitterung das Sonnenlicht von Einfluß ist, wird durch eingehende Unterss. widerlegt, D. DOBROSERDOV (*Zh. Russk. Fiz.-Khim. Obshch.* **32** [1900] 300/1), s. auch J. R. MOURELO (*Chem. News* **120** [1920] 289/91). Weitere, meist ältere Angaben über Verwittern an Luft s. R. PHILLIPS (*Schweiggers J.* **42** [1824] 87/98, 89), C. MARIGNAC (*Liebigs Ann. Chem.* **97** [1856] 294/5), B. D. STEELE, F. M. G. JOHNSON (*J. Chem. Soc.* **85** [1904] 113/20, 113), M. A. RAKUSIN, D. A. BRODSKI (*Z. Angew. Chem.* **40** [1927] 110/5, 113), M. A. RAKUSIN (*Centr. Mineral. Geol.* A **1929** 332/50, 334), H. NISI (*Japan J. Phys.* **7** [1931] 1/32, 17), D. KRISHNAMUTRI (*Proc. Indian Acad. Sci.* **42** A [1955] 77/80). Die Dehydratation beginnt bei gewöhnl. Temp., bei 100° sind nur noch 2 Mol $H_2O$/Mol $NiSO_4$ vorhanden, bei 300° völlige Entwässerung, L. HACKSPILL, A. P. KIEFFER (*l. c.*), s. auch K. v. HAUER (*l. c.*). — Backt beim Erhitzen auf 85° zusammen, die Kristalle erscheinen feucht und bröcklig, ohne zu schmelzen, G. WIEDEMANN (*J. Prakt. Chem.* [2] **9** [1874] 338/56, 348; *Ann. Physik* [2] *Erg.-Bd.* **6** [1874] 474/91, 483); ähnliche Beobachtung im geschlossenen Gefäß, über 150° Lösung im Kristallwasser, L. A. WELO (*Nature* **124** [1929] 575/6). Beim Erhitzen auf 98° bis 100° wird vor dem Schmelzen ähnliche teilweise Verflüssigung und Bldg. eines niederen Hydrats beob., W. A. TILDEN (*J. Chem. Soc.* **45** [1884] 266/70). Beim langsamen Erhitzen im geschlossenen Gefäß bildet sich zwischen ~135° und 150° langsam eine quasiflüssige, smaragdgrüne und eine hellgrüne feste Phase. Bei Anwendung eines Magnetfeldes ist der Anteil der fl. Phase größer, und diese bleibt beim Abkühlen längere Zeit (manchmal bis zu einem Monat) erhalten. Beim Erhitzen an der Luft über 200° wird eine pulvrige, gelbe, feste Phase erhalten. $NiSO_4 \cdot 7H_2O$ schmilzt nicht, sondern gibt beim Erhitzen sein Kristallwasser stufenweise unter Bldg. niederer Hydrate ab. Beim Abkühlen auf gewöhnl. Temp. ist die Rückbldg. von $NiSO_4 \cdot 7H_2O$ verzögert, G. MAYR (*Rend. Ist. Lombardo Sci. Lettere* A I

79 [1945/46] 261/72, 264). — Wird beim Erhitzen auf 150° gelb, S. P. GVOZDOV, A. A. ERUNOVA (*Izv. Vysshykh Uchebn. Zavedenii, Khim. i Khim. Tekhnol.* **1958** Nr. 5, S. 154/8). — Im Vak. wird es über $P_2O_5$ bis zu etwa $NiSO_4 \cdot H_2O$, über BaO bei 190° zu $NiSO_4$ entwässert, F. KRAFFT (*Ber.* **40** [1907] 4770/4). — Beim Abkühlen auf —190° wird $NiSO_4 \cdot 7H_2O$ rissig, M. BAMBERGER, R. GRENGG (*Centr. Mineral. Geol.* **1921** 65/74, 69), oder trüb und gibt leicht $H_2O$ ab, S. V. GRUM-GRZHIMAYLO, N. A. BRILLIANTOV, R. K. SVIRIDOVA, O. N. SUKHANOVA (*Kristallografiya* **5** [1960] 288/94, 291; *Soviet. Phys. Cryst.* **5** [1960] 268/73, 270). — Weitere Angaben über $H_2O$-Abgabe s. S. 689.

Gegen Elemente. Wird durch einen $H_2$-Strom von 2 l/Std. im Entladungsrohr bei einer Spannung von 15 kV unter Bldg. von $H_2O$ zu NiS reduziert, S. MIYAMOTO (*J. Chem. Soc. Japan* **53** [1932] 914/24, 918; *J. Sci. Hiroshima Univ.* A **3** [1932/33] 99/115, 105), experimentelle Angaben, S. MIYAMOTO (*J. Chem. Soc. Japan* **53** [1932] 724/36, 725; *J. Sci. Hiroshima Univ.* A **2** [1931/32] 217/42, 220).

Im $H_2$-Strom bei 270° Red. zu $Ni_3S_2$. Bei Tempp. über 270° werden bas. Sulfate oder Mischungen von Anhydrid und Oxid erhalten, J. L. ABEGG (*Bull. Soc. Chim. France* **1960** 1891/2). — In einem Gemisch von Al-Pulver und NiS reagiert das Al unter $H_2$-Entw. bei 100° mit 2.4, bei 200° mit 2.7% des Kristallwassers, V. I. SEMISHIN (*Zh. Obshch. Khim.* **1940** 319/27, 324).

Gegen anorganische Verbindungen. Durch Einw. von fl. $NH_3$ lassen sich $6H_2O$ des $NiSO_4 \cdot 7H_2O$ verdrängen unter Bldg. von $[Ni(NH_3)_6]SO_4 \cdot H_2O$, A. SIMON, H. KNAUER (*Z. Anorg. Allgem. Chem.* **242** [1939] 375/92, 381). — Über die Löslichkeit in organ. Lsgmm. s. S. 725. — Bei Einw. von $H_2S$ in Alkohol oder einer Mischung von Alkohol und Äther tritt Ni-Sulfidbldg. zuerst an den Kristallkanten auf. Die Rk. geht langsam auf die Kristallflächen über. Eine Fläche geringerer Wachstumsgeschw., die eine Fläche größerer Wachstumsgeschw. schneidet, reagiert bevorzugt vor dieser, E. PIETSCH, A. KOTOWSKI, G. BEHREND (*Z. Phys. Chem.* B **5** [1929] 1/13, 8; *Z. Elektrochem.* **35** [1929] 582/6). Wird $NiSO_4 \cdot 7H_2O$ mit $PCl_3$ im Molverhältnis 1:2.3 gemischt, so reagieren bei 15° 19.52% des Kristallwassers unter Entw. von HCl. Mit $CaC_2$ im Molverhältnis 1:3.5 gemischt, reagieren bei 100° etwa 24%, V. I. SEMISHIN (*Zh. Obshch. Khim.* **16** [1946] 523/30, 527).

Gegen organische Stoffe. Mit 95%igem Alkohol bei gewöhnl. Temp. keine Rk., M. A. RAKUSIN, D. A. BRODSKI (*Z. Angew. Chem.* **40** [1927] 110/5, 112), beim Kochen unter Rückfluß teilweise Dehydratisierung unter Farbänderung und Zerstörung der Kristallform, M. A. RAKUSIN, D. A. BRODSKI (*Z. Angew. Chem.* **40** [1927] 836/40); s. auch S. 726. Reagiert $NiSO_4 \cdot 7H_2O$ mit Essigsäureanhydrid unter Bldg. von zitronengelbem $NiSO_4 \cdot H_2O \cdot 2C_4H_{12}O_3$, A. RECOURA (*Compt. Rend.* **178** [1924] 2217/21), mit $CH_3COCl$ im Molverhältnis 1:7 gemischt, reagieren bei 15° 26% des Kristallwassers unter Entw. von HCl, V. I. SEMISHIN (*l. c.*). — Mit Dimethylglyoxim in alkohol. Lsg. reagiert $NiSO_4 \cdot 7H_2O$ unter Bldg. von Bis(dimethylglyoximato)-nickel(II). Dieses tritt in Form haarförmiger Nadeln auf den Kristallkanten, zuweilen auch als homogene, durchsichtige rote Färbung an den Kanten oder an den Stellen mechan. Beanspruchung zuerst auf, E. PIETSCH u. a. (*l. c.*). Über Löslichkeit in organ. Stoffen s. S. 725/6.

*Nickel(II) Sulfate Hepta-deuterate*

### *Nickel(II)sulfat-7-deuterat* $NiSO_4 \cdot 7D_2O$

Dissoz.-Druck bei 20°: p = 11.6, bei 25°: p = 20.7 Torr. Der Dissoz.-Druck läßt sich für diesen Temp.-Bereich durch die Formel log p = 12.36—3310/T wiedergeben. Aus der hieraus zu 15.15 kcal/mol ber. Dissoz.-Wärme folgt, daß die zur Entfernung des $D_2O$ aus dem Deuterat erforderliche Arbeit größer ist als die zur Entfernung des $H_2O$ aus dem entpsrechenden Hydrat, J. BELL (*J. Chem. Soc.* **1940** 72/4). — Absorptionsmessungen an 0.525n-$NiSO_4$-Lsg. in 88.6%igem $D_2O$ im Wellenbereich 603.0 bis 435.8 mμ (Extinktionswerte im Original) ergeben durchweg etwas schwächere Lichtabsorption als in $H_2O$. Die Absorptionsbande in $D_2O$ soll gegenüber der in wss. Lsg. bei unveränderter Lage der Max. ähnlich wie bei der Lsg. von $CoSO_4$ in 96.6%igem $D_2O$ geringfügig symmetrisch zusammengedrückt sein, A. A. ZAN'KO, A. I. BRODSKII (*Zh. Fiz. Khim.* **11** [1938] 733/6).

*Nickel(II) Sulfate Hexa-hydrate*

## *Nickel(II)-sulfat-6-hydrat* $NiSO_4 \cdot 6H_2O$

Tritt im System $NiSO_4$–$H_2O$ in zwei stabilen Phasen, α–$NiSO_4 \cdot 6H_2O$ und β–$NiSO_4 \cdot 6H_2O$, auf, vgl. S. 685.

*α $NiSO_4 \cdot 6H_2O$*

### α-$NiSO_4 \cdot 6H_2O$

Kommt in der Natur als Mineral Retgersit vor, C. FRONDEL, C. PALACHE (*Am. Mineralogist* **34** [1949] 188/94, 189).

## Bildung und Darstellung

*Formation. Preparation*

Bildet sich durch Verwittern von $NiSO_4 \cdot 7H_2O$ an Luft, C. Marignac (*Mem. Soc. Phys.* **14** [1855] 201/86, 241; *Liebigs Ann. Chem.* **97** [1856] 294/5), M. Rakusin (*Centr. Mineral. Geol.* A **1929** 332/50, 334), B. D. Steele, F. M. G. Johnson (*J. Chem. Soc.* **85** [1904] 113/20, 113), oder durch teilweise Entwässerung von $NiSO_4 \cdot 7H_2O$ im Exsikkator über konz. $H_2SO_4$, M. A. Rakusin, D. A. Brodski (*Z. Angew. Chem.* **40** [1927] 110/5, 114), als Zwischenstufe zu niederen Hydraten, A. Simon, H. Knauer (*Z. Anorg. Allgem. Chem.* **242** [1939] 375/92, 381), H. Chihara, S. Seki (*Bull. Chem. Soc. Japan* **26** [1953] 88/92), bei einem Druck von 4 bis 12 Torr, I. N. Plaksin (*Izv. Sektora Fiz.-Khim. Analiza* **9** [1936] 271/78, 276). Krist. aus wss. Lsg. zwischen 30.7° und 53.8°, R. Rohmer (*Ann. Chim.* [*Paris*] [11] **11** [1939] 611/725, 646), B. D. Steele, F. M. G. Johnson (*l. c.* S. 114), F. Hammel (*Ann. Chim.* [*Paris*] [11] **11** [1939] 247/358, 275), s. auch B. F. Markov (*Ukr. Khim. Zh.* **23** [1957] 706/12, 711), G. Tammann, H. Elsner v. Gronow (*Z. Anorg. Allgem. Chem.* **200** [1931] 57/73, 66), zwischen 36.5° und 40°, A. Schoep (*Natuurw. Tijdschr.* [*Ghent*] **17** [1936] 233/42, 237), zwischen 30° und 40°, C. Marignac (*l. c.* S. 238; *l. c.*), H. Haga, F. M. Jaeger (*Koninkl. Ned. Akad. Wetenschap. Verslag Gewone Vergader. Afdel. Nat.* **24** [1916] 1403/9, 1407; *Proc. Akad. Sci. Amsterdam* **18** [1916] 1350/7, 1354), R. Pulou (*Ann. Fac. Sci. Univ. Toulouse Sci. Math. Sci. Phys.* [4] **11** [1947] 1/73, 52), bei 40°, H. Chihara, S. Seki (*l. c.*), L. Borghijs (*Natuurw. Tijdschr.* [*Ghent*] **19** [1937] 115/48, 117), oberhalb 40°, T. E. Thorpe, J. I. Watts (*J. Chem. Soc.* **37** [1880] 102/17, 111). Bis 35.5° sind die Kristalle oft durch rhomb. $NiSO_4 \cdot 7H_2O$ verunreinigt, A. Schoep (*Natuurw. Tijdschr.* [*Ghent*] **17** [1936] 233/42, 237). Durch vorsichtiges, langsames Eindunsten werden Einkristalle erhalten, R. W. Parsons (*Diss. Univ. of Illinois* 1958, S. 53, *Diss. Abstr.* **18** [1958] 1750/1). Über die Beständigkeit von $\alpha$–$NiSO_4 \cdot 6H_2O$ im System $NiSO_4$–$H_2O$ s. S. 687. — Kristallisiert aus $H_2SO_4$-haltiger gesätt. $NiSO_4$-Lsg. bei gewöhnl. Temp., A. Scacchi (*Atti Accad. Sci. Fis. Mat. Soc. Reale Napoli* **1** Nr. 11 [1863] 108), C. Marignac (*Mem. Soc. Phys.* **14** [1855] 201/86, 243), wenn der $H_2SO_4$-Gehalt 1 bis 2%, L. Déverin (*Schweiz. Mineral. Petrog. Mitt.* **37** [1957] 255/66, 260), $<2\%$ ist, R. Phillips (*Ann. Phil. Thomson* [2] **6** [1823] 439/40), s. auch H. J. Brooke (*Ann. Phil. Thomson* [2] **6** [1823] 437/9), Brooke bei W. Haidinger (*Ann. Physik* [2] **6** [1826] 191/8, 195), H. Haga, F. M. Jaeger (*l. c.*). Krist. gelingt jedoch auch in Ggw. größerer Mengen von $H_2SO_4$, H. Topsøe, C. Christiansen (*Ann. Chim. Phys.* [5] **1** [1874] 5/99, 36; *Ann. Physik* [2] *Erg.-Bd.* **6** [1874] 499/585, 530), C. A. Lobry de Bruyn (*Rec. Trav. Chim.* **22** [1903] 406/20, 412), z. B. 30% $H_2SO_4$, B. D. Steele, F. M. G. Johnson (*l. c.* S. 114), bei zu großen Gehalten wird jedoch $NiSO_4 \cdot H_2O$ erhalten, H. Lescoeur (*Ann. Chim. Phys.* [7] **4** [1895] 213/34, 214). Zugabe eines Impfkristalles von $\alpha$–$NiSO_4 \cdot 6H_2O$ begünstigt bei geringeren $H_2SO_4$-Konzz. die Krist. gut ausgebildeter Kristalle, L. Déverin (*l. c.*). Zur Entfernung von $H_2SO_4$ werden die Kristalle mit gesätt. wss. $NiSO_4$-Lsg. gewaschen, B. D. Steele, F. M. G. Johnson (*J. Chem. Soc.* **85** [1904] 113/20, 115). Über die Beständigkeit von $\alpha$–$NiSO_4 \cdot 6H_2O$ im System $NiSO_4$–$H_2SO_4$–$H_2O$ s. S. 727. — An Stelle von $H_2SO_4$ kann auch HCl verwendet werden, C. v. Hauer (*J. Prakt. Chem.* **80** [1860] 214/31, 220; *Ber. Wien. Akad.* **39** [1860] 438/47, 438). — Beim Behandeln von reinem NiO mit reiner $H_2SO_4$-Lsg. im Überschuß werden bei 15° tetragonale $\alpha$–$NiSO_4 \cdot 6H_2O$-Oktaeder erhalten, J. I. Pierre (*Ann. Chim. Phys.* [3] **16** [1846] 239/55, 252). Bldg. bei der Elektrolyse von übersätt. $NiSO_4$-Lsg. an vernickelten Pt-Elektroden bei kleinen Stromstärken und gewöhnl. Temp., N. V. Tantzov (*Zh. Russk. Fiz-Khim. Obshch.* **55** [1924] 335/41, 340). Fällt als Nd., wenn zu warmer wss. $NiSO_4$-Lsg. Alkohol zugegeben wird, E. Franke (*Z. Phys. Chem.* **16** [1895] 463/92, 465). Entsteht durch teilweise Entwässerung von $NiSO_4 \cdot 7H_2O$ mit 98%igem Methanol, H. Barber, D. Ali (*Mikrochemie* **35** [1950] 542/52, 546).

*Formation Data*

**Bildungsgrößen.** Aus Dampfdruckmessungen von D. G. R. Bonnell, L. W. Burridge (*Trans. Faraday Soc.* **31** [1935] 473/78, 476) und W. C. Schumb (*J. Am. Chem. Soc.* **45** [1923] 342/54, 351) ergeben sich für Bildungsenthalpie und freie Bildungsenthalpie bei Bldg. durch Abbau gemäß $NiSO_4 \cdot 7H_2O = \alpha$–$NiSO_4 \cdot 6H_2O + H_2O_{gasf}$ die Werte $\Delta H_{298°K} = -12.600$ kcal/Mol, $\Delta G_{298°K} = 2.119$ kcal/Mol, K. K. Kelley (*Bull. Bur. Mines* Nr. 406 [1937] 104); $\Delta H_{293°K} = -12.48$ kcal/Mol, aus eigenen Dampfdruckmessungen, J. Bell (*J. Chem. Soc.* **1940** 72/74). $\Delta H = -10.5$ kcal/Mol, ber. aus isobaren tensimetr. Abbauverss. nach der Nernstschen Näherungsformel, A. Simon, H. Knauer (*Z. Anorg. Allgem. Chem.* **242** [1939] 375/92, 392). Für die Rk. $NiSO_{4\,fest} + 6H_2O_{fl} = \alpha$–$NiSO_4 \cdot 6H_2O_{fest}$ ist $\Delta H_{298°K} = -17.800$ kcal/Mol, geschätzt aus obigen Werten, K. K. Kelley (*l. c.*).

## Physikalische Eigenschaften

*Physical Properties*

*Crystallographic Properties*

**Kristallographische Eigenschaften.** Tetragonale, tafelförmige Kristalle, L. Borghijs (*Natuurw. Tijdschr.* [*Ghent*] **19** [1937] 115/48, 117), A. Schoep (*Natuurw. Tijdschr.* [*Ghent*] **17** [1936] 233/42, 233),

parallel [001], C. A. BEEVERS, H. LIPSON (*Z. Krist.* **83** [1932] 123/35, 123), H. TOPSØE, C. CHRISTIANSEN (*Ann. Chim. Phys.* [5] **1** [1874] 5/99, 39; *Ann. Physik* [2] *Erg.-Bd.* **6** [1874] 499/585, 530), oder Oktaeder, C. MARIGNAC (*Mem. Soc. Phys.* **14** [1855] 201/86, 238; *Compt. Rend.* **42** [1856] 288/90). Über narbige Höhlungen, die von Gas- oder Flüssigkeitseinschlüssen herrühren und rechenartige Markierungen, die bei der Bruchflächenmikroskopie gefunden werden, s. C. A. ZAPFFE, C. O. WORDEN (*Acta Cryst.* **2** [1949] 377/82, 379). Beim Auskrist. im starken Magnetfeld wird die kristallograph. Hauptachse so ausgerichtet, daß sie senkrecht zu den magnet. Feldlinien steht, G. ROASIO (*Z. Krist.* **59** [1923/24] 88/89). Bildet enantiomorphe Formen, A. JOHNSEN (*Neues Jahrb. Mineral. Beilagebd.* **23** [1907] 237/344, 254), A. SCHOEP (*l. c.*), N. UNDERWOOD, F. G. SLACK, E. B. NELSON (*Phys. Rev.* [2] **54** [1938] 355/7), wie bereits vorausgesagt von C. A. BEEVERS, H. LIPSON (*l. c.* S. 124). Bei linkszirkular polarisiertem Licht werden unter violettem Filter Linkskristalle (definiert nach $Na_D$-Linie), unter Rotfilter vorwiegend Rechtskristalle erhalten, L. BORGHIJS (*l. c.* S. 139). Beob. Formen: häufig {001}, {111}, C. A. BEEVERS, H. LIPSON (*l. c.* S. 123), daneben auch {101}, {100}, H. BAUMHAUER (*Die Resultate der Ätzmethode, Leipzig* 1894, S. 57), {112}, R. PULOU (*Ann. Fac. Sci. Univ. Toulouse, Sci. Math. Sci. Phys.* [4] **11** [1947] 1/73, 52), {113}, A. JOHNSEN (*Neues Jahrb. Mineral. Beilagebd.* **23** [1907] 237/344, 254; *Z. Krist.* **47** [1910] 649/62, 659), s. auch L. DÉVERIN (*Schweiz. Mineral. Petrog. Mitt.* **37** [1957] 255/66, 259). Leicht spaltbar, REUSCH (*Ann. Physik* [2] **91** [1854] 317/8), H. TOPSØE, C. CHRISTIANSEN (*l. c.*), parallel (001), R. PULOU (*l. c.*), C. A. BEEVERS, H. LIPSON (*l. c.* S. 123), L. BORGHIJS (*l. c.* S. 119), H. HAGA, F. M. JAEGER (*Koninkl. Ned. Akad. Wetenschap. Verslag Gewone Vergader. Afdel. Nat.* **24** [1916] 1403/9, 1407; *Proc. Akad. Sci. Amsterdam* **18** [1916] 1350/7, 1354), E. BLASIUS (*Z. Krist.* **10** [1885] 221/39, 227), A. SCACCHI (*Atti Accad. Sci. Fis. Mat. Soc. Reale Napoli* **1** Nr. 11 [1863] 105), s. auch L. DÉVERIN (*l. c.*), spaltbar auch parallel (100), (010), H. J. BROOKE (*Ann. Phil. Thomson* [2] **6** [1823] 437/9); BROOKE bei W. HAIDINGER (*Ann. Physik* [2] **6** [1826] 191/8, 196). Isomorph mit $NiSeO_4 \cdot 6H_2O$ (s. S. 752), F. M. JAEGER, H. HAGA (*Koninkl. Ned. Akad. Wetenschap. Verslag Gewone Vergader. Afdel. Nat.* **24** [1916] 1410/6), und $ZnSeO_4 \cdot 6H_2O$, H. KOPP (*Ber. Deut. Chem. Ges.* **12** [1879] 868/924, 903), C. MARIGNAC (*Ann. Mines* [5] **9** [1856] 1/52, 28). Achsenverhältnis goniometr. gem.: a:c = 1:1.9119, J. FORREST (*Trans. Edinburgh Soc.* **54** [1926] 601/53, 624), 1:1.9061, H. HAGA, F. M. JAEGER (*l. c.*), 1:1.9113, A. SCACCHI (*l. c.*), s. auch L. DÉVERIN (*l. c.* S. 259). Nach Drehkristallaufnahmen um [100], [001], [010], [110] a = 6.80, c = 18.3 kX, c : a = 2.69, C. A. BEEVERS, H. LIPSON (*l. c.* S. 123), bestätigt durch Pulveraufnahmen mit FeKα-Strahlung, F. HAMMEL (*Ann. Chim.* [*Paris*] [11] **11** [1939] 247/358, 276), a = 6.776 ± 0.003, c = 18.249 ± 0.009 kX, Pulveraufnahme nach WYCKOFF mit Ag-Pulver als Standard, L. BORGHIJS (*Natuurw. Tijdschr.* [*Ghent*] **19** [1937] 115/48, 146). Eigener Gittertyp, Raumgruppe $P4_12_1-D_4^4$ (für die enantiomorphe $P4_32_1-D_4^8$).

Punktlagen:

4 Ni und 4 S in x, x, o; $\bar{x}$, $\bar{x}$, ½; ½−x, ½+x, ¼; ½+x, ½−x, ¾; $x_{Ni} = 0.71$; $x_S = 0.21$.

8 $O_I$ in x, y, z; $\bar{x}$, $\bar{y}$, ½+z; ½−y, ½+x, ¼+z; ½+y, ½−x, ¾+z; y, x, $\bar{z}$; $\bar{y}$, $\bar{x}$, ½−z; ½−x, ½+y, ¼−z; ½+x, ½−y, ¾−z; $x_0' = 0.12$, $y_0' = 0.12$, $z_0' = 0.068$.

8 $O_{II}$ in $x_0'' = 0.43$, $y_0'' = 0.17$, $z_0'' = 0.000$.

$8H_2O_I$ in $x_W' = 0.67$, $y_W' = 0.45$, $z_W' = 0.054$,
$8H_2O_{II}$ in $x_W'' = 0.97$, $y_W'' = 0.75$, $z_W'' = 0.054$,
$8H_2O_{III}$ in $x_W''' = 0.56$, $y_W''' = 0.86$, $z_W''' = 0.077$,

Z = 4, C. A. BEEVERS, H. LIPSON (*Z. Krist.* **83** [1932] 123/35, 124), F. HAMMEL (*l. c.* S. 305), L. BORGHIJS (*Natuurw. Tijdschr.* [*Ghent*] **19** [1937] 115/48, 146). Atomabstände: S↔O 1.52, Ni↔$H_2O_I$ und Ni↔$H_2O_{II}$ 2.04, Ni↔$H_2O_{III}$ 2.02 kX. Baugruppen sind $SO_4$-Gruppen in fast regulären Tetraedern und $[Ni(H_2O)_6]$-Gruppen in fast regulären Oktaedern. Die Abstände der Zentralatome der Baugruppen sind recht gleichmäßig. Zusammenfassung dieser Baugruppen in Schichten parallel (001) ist möglich. Nur sehr wenige und durchweg recht lange O-$H_2O$- und $H_2O$-$H_2O$-Verbindungen verknüpfen benachbarte Schichten. Projektion der unteren Hälfte der Elementarzelle auf (001) s. **Fig. 232**, S. 739; die obere Hälfte entsteht aus der unteren durch Drehung um 180° um die Zellkanten (durch x angedeutet) und Verschiebung um [00½]. In Übereinstimmung mit der 4zähligen Schraubenachse ist der Kristall optisch aktiv, C. A. BEEVERS, H. LIPSON (*l. c.* S. 132), vgl. auch *Strukturber.*, *Bd.* 2, 1928/32, S. 95/96, 433/4.

*Mechanical and Thermal Properties. Density*

**Mechanische und thermische Eigenschaften. Dichte.** $D_4^{30} = 2.080$, A. MOOKHERJI (*Indian J. Phys.* **20** [1946] 9/20, 11), $D_4^{24} = 2.080$, S. K. DUTTA ROY (*Indian J. Phys.* **29** [1955] 429/45, 440), weitere Angaben s. F. M. JAEGER, H. HAGA (*Koninkl. Ned. Akad. Wetenschap. Verslag Gewone Vergader. Afdel.*

*Nat.* **24** [1916] 1410/6, 1414; *Proc. Akad. Sci. Amsterdam* 18 [1916] 1357/64, 1361), B. GOSSNER (*Ber. Deut. Chem. Ges.* **40** [1907] 2373/6). Röntgendichte 2.0742, L. BORGHIJS (*l. c.* S. 146), Molvolumen aus röntgenograph. Daten: 128 ml, F. HAMMEL (*Ann. Chim.* [*Paris*] [11] **11** [1939] 247/358, 304).

**Kompressibilität.** Die lineare Kompressibilität ist in der z-Richtung bis zu 30000 kg·cm$^{-2}$ nahezu linear vom Druck abhängig und nimmt in der x-Richtung bis 20000 kg·cm$^{-2}$ linear zu. Von diesem Druck an zeigt sich sehr steiler Kompressibilitätsanstieg. In der Vol.-Kompressibilität zeigt sich die Anomalität bei 20000 kg·cm$^{-2}$ in schwächerem Maße. Einzelwerte (Genauigkeit ±2%); Druck p in kg·cm$^{-2}$, Länge in x-Richtung $l_x$, in z-Richtung $l_z$, Volumen V: *Compressibility*

| p | 0 | 5000 | 10000 | 15000 | 20000 | 22500 | 25000 | 27500 | 30000 |
|---|---|---|---|---|---|---|---|---|---|
| $l_x$ | 1.00000 | 0.99661 | 0.99331 | 0.99005 | 0.98685 | 0.97216 | 0.96284 | 0.95653 | 0.95122 |
| $l_z$ | 1.00000 | 0.99014 | 0.98104 | 0.97291 | 0.96575 | 0.96263 | 0.95991 | 0.95738 | 0.95511 |
| V | 1.00000 | 0.98345 | 0.96796 | 0.95365 | 0.94050 | 0.90978 | 0.88990 | 0.87594 | 0.86420 |

P. W. BRIDGMAN (*Proc. Am. Acad. Arts Sci.* **76** [1948] 71/87, 89/99, 93).

**Mittlere spezifische Wärme** $\bar{c}_p$ in cal·g$^{-1}$·grad$^{-1}$ zwischen 18° und 52°: $\bar{c}_p = 0.313$, H. KOPP (*Phil. Trans.* **155** [1865] 71/202, 155), zwischen 0° und 100°: $\bar{c}_p = 0.313$, H. KOPP (*Liebigs Ann. Chem., Suppl.-Bd.* **3** [1864/65] 289/342, 297). Die Molwärme $C_p$ in cal·Mol$^{-1}$·grad$^{-1}$ ist in **Fig. 233** gegen die Temp. aufgetragen. Die ausgezogene Kurve ist die ber. Elektronen-Wärmekapazität, die gestrichelte Kurve gibt die gemessenen Werte wieder. Das Max. liegt bei 2.6°K, J. W. STOUT, W. B. HADLEY (*Bull. Inst. Intern. Froid, Annexe* **1955** 162/5). *Mean Specific Heat*

Fig. 233.

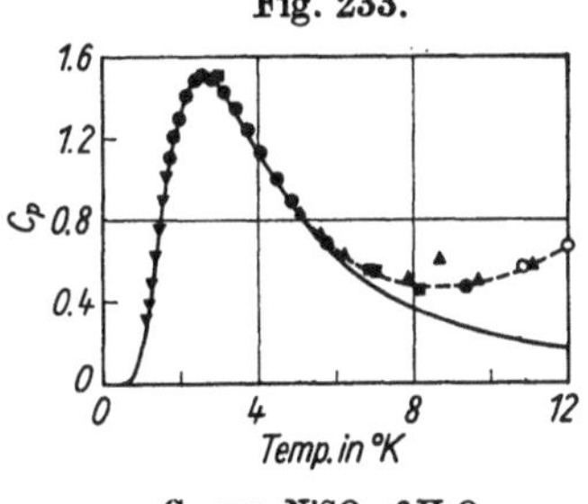


$C_p$ von $NiSO_4 \cdot 6H_2O$.

**Wärmeleitfähigkeit.** Die bei der Wärmeleitf. bei gewöhnl. Temp. gefundenen Achsenverhältnisse sind 1:0.96 bzw. 1:0.91 gem. mit der Plattenmeth., V. v. LANG (*Ber. Wien. Akad.* **54** II [1866] 163/75, 169; *Ann. Physik* [2] **135** [1868] 29/42, 36). *Thermal Conductivity*

**Optische Eigenschaften. Farbe.** Die Beschreibungen wechseln von dunkelgrün, J. I. PIERRE (*Ann. Chim. Phys.* [3] **16** [1846] 239/55, 252), über grün, E. COTTON-FEYTIS (*Ann. Chim.* [*Paris*] [10] **4** [1925] 9/78, 58), grünlichgelb, A. SIMON, H. KNAUER (*Z. Anorg. Allgem. Chem.* **242** [1939] 375/92, 381), moosgrün, L. BORGHIJS (*Natuurw. Tijdschr.* [*Ghent*] **19** [1937] 115/48, 117), smaragdgrün mit Stich ins Blaue, P. GROTH (*Chemische Krystallographie, Bd.* 2., *Leipzig* 1908, S. 424), A. SCACCHI (*Atti Acad. Sci. Fis. Mat. Soc. Reale Napoli* **1** Nr. 11 [1863] 105), blaugrün, F. HAMMEL (*Ann. Chim.* [*Paris*] [11] **11** [1939] 247/358, 272), M. LÉVY (*Ann. Phys.* [*Paris*] [12] **5** [1950] 153/256, 310/78, 223), bis zu blau, R. ROHMER (*Ann. Chim.* [*Paris*] [11] **11** [1939] 611/725, 618), B. D. STEELE, F. M. G. JOHNSON (*J. Chem. Soc.* **85** [1904] 113/20, 114; *Proc. Chem. Soc.* [*London*] **19** [1903] 275), M. A. RAKUSIN, D. A. BRODSKI (*Z. Angew. Chem.* **40** [1927] 110/5, 114), J. R. MOURELO (*Chem. News* **120** [1920] 289/91). *Optical Properties. Color*

**Lichtabsorption.** Über Deformationsschwingungen im UR-Spektrum im Zusammenhang mit der Bindung des Kristallwassers s. E. HARTERT (*Naturwissenschaften* **43** [1956] 275/6), S. N. ANDREEV, S. A. SHCHUKAREV, T. G. BALICHEVA (*Zh. Strukt. Khim.* **1** [1960] Nr. 2, S. 183/8; *J. Struct. Chem. USSR* **1** [1960] 168/72). α-$NiSO_4 \cdot 6H_2O$ zeigt Reflexionsmax. bei 3200 mμ, C. SCHAEFER, M. SCHUBERT (*Ann. Physik* [4] **50** [1916] 339/45, 343), K. BRIEGER (*Ann. Physik* [4] **57** [1918] 287/320, 304).—$NiSO_4 \cdot 6H_2O$ ist ein ausgezeichnetes Fenster für Ultrarotstrahlen und zeigt in Kristallen mit Geww. von 25 bis 200 g Laser-Eigg., anonyme Veröff. (*Chem. Eng.* **68** Nr. 18 [1961] 82; *Nachrichten Chemie Techn.* **10** [1962] 19). Undurchlässigkeit von α-$NiSO_4 \cdot 6H_2O$ für Wärmestrahlen s. REUSCH (*Ann. Physik* [2] **91** [1854] 317/8). — Die Frequenzen im Ramanspektrum können Gitterschwingungen sowie Schwingungen des $SO_4^{2-}$-Ions und des $H_2O$ zugeordnet werden, graph. Darst. mit tabellar. Übersicht der gem. Verschiebungen, D. KRISCHNAMURTI (*Proc. Indian Acad. Sci.* **48** A [1958] 355/63). Vergleich der Ramanfrequenzen von α-$NiSO_4 \cdot 6H_2O$ und von $NiSO_4 \cdot 7H_2O$ s. D. KRISCHNAMURTI (*Proc. Indian Acad. Sci.* **42** A [1955] 77/80). — Die Absorption von α-$NiSO_4 \cdot 6H_2O$ im Bereich von 2000 mμ bis 250 mμ ist ähnlich der von $NiSO_4 \cdot 7H_2O$ (s. S. 694) und von wss. $NiSO_4$-Lsg., s. S. 716, jedoch sind die Max. etwas nach kürzeren Wellenlängen verschoben, C. FURLANI (*Z. Physik. Chem.* [*Frankfurt*] [2] **10** [1957] 291/305, 297). Lage der Absorptionsmax. s. T. DREISCH, W. TROMMER (*Z. Phys. Chem.* B **37** [1937] 37/59, 43), S. V. GRUM-GRZHIMAJLO, N. A. BRILLIANTOV, R. K. SVIRIDOVA, O. N. SUKHANOVA (*Kristallografiya* **5** [1960] 288/94, 289; *Soviet Phys.-Cryst.* **5** [1960] 268/73, 269). Zur Deutung der Lage der Banden *Optical Absorption*

s. S. 694. — α-$NiSO_4 \cdot 6H_2O$ zeigt Reflexionsmax. bei 1163 mμ, 720 mμ, 649 mμ und 389 mμ, O. BOSTRUP, C. K. JØRGENSEN (*Acta Chem. Scand.* **11** [1957] 1223/31, 1224). Zur Deutung der auffälligen Ähnlichkeiten der Reflexionsmax. von α-$NiSO_4 \cdot 6H_2O$ und den Max. der wss. Lsg. s. S. 716. — Dekadischer Extinktionskoeff. ε, gem. parallel der opt. Achse mit polarisiertem Licht in Abhängigkeit von der Wellenlänge λ in mμ unter Berücksichtigung der Lichtverluste durch Streuung und Reflexion (Werte in Auswahl):

| λ . . . . . | 2200 | 1980 | 1900 | 1800 | 1600 | 1500 | 1450 | 1400 | 1350 | 1200 | 1175 |
|---|---|---|---|---|---|---|---|---|---|---|---|
| ε . . . . . | 2.9 | 8.8 | 3.2 | 1.5 | 2.2 | 2.5 | 2.3 | 1.9 | 2.0 | 3.3 | 3.4 |

| λ . . . . . | 1155 | 1100 | 1000 | 900 | 850 | 750 | 700 | 675 | 650 | 600 | 500 | 430 |
|---|---|---|---|---|---|---|---|---|---|---|---|---|
| ε . . . . . | 3.3 | 3.1 | 2.1 | 0.9 | 0.7 | 2.3 | 3.4 | 3.5 | 3.4 | 1.8 | 0.1 | 1.0 |

L. R. INGERSOLL, P. RUDNICK, F. G. SLACK, N. UNDERWOOD (*Phys. Rev.* [2] **57** [1940] 1145/53, 1148), vorläufige Mitteilungen hierzu N. UNDERWOOD, F. G. SLACK, E. B. NELSON (*Phys. Rev.* [2] **54** [1938] 355/7), F. G. SLACK, P. RUDNICK (*Phil. Mag.* [7] **28** [1939] 241/7), L. R. INGERSOLL, P. RUDNICK, F. G. SLACK (*Bull. Am. Phys. Soc.* **14** Nr. 1 [1939] 5), L. R. INGERSOLL, P. RUDNICK (*Bull. Am. Phys. Soc.* **14** Nr. 5 [1939] 9; *Phys. Rev.* [2] **57** [1940] 70). Bestätigt für den Bereich von 473 mμ bis 393 mμ, G. VULDY (*Compt. Rend.* **228** [1949] 1414/6). Bei —188° ist der Absorptionskoeff. bis auf das Max. bei 1980 mμ meist 10 bis 20% kleiner als bei gewöhnl. Temp., P. RUDNICK, L. R. INGERSOLL (*J. Opt. Soc. Am.* **32** [1942] 622/6). Beim Abkühlen auf 77°K erscheinen im Bereich der breiten Bande diskrete Linien, C. FURLANI (*l. c.*). Ihre Zahl nimmt nach Unterss. mit polarisiertem Licht mit weiter sinkender Temp. zu, S. V. GRUM-GRZHIMAJLO u. a. (*l. c.*). — Über die Struktur der Max. bei 700 bis 650 mμ und 350 mμ s. H. HARTMANN, H. MÜLLER (*Discussions Faraday Soc.* Nr. 26 [1958] 49/52). Die Max. bei 700 und 400 mμ verschieben sich unter Anwendung von Drucken von 1 bis 130000 Atm; bei ~65000 Atm treten Diskontinuitäten auf, die mit Hilfe der Kristallfeldtheorie auf einen Strukturwandel im Kristall zurückgeführt werden, R. W. PARSONS (*Diss. Univ. Illinois* 1958, S. 77, *Diss. Abstr.* **18** [1958] 1750/1), R. W. PARSONS, H. G. DRICKAMER (*J. Chem. Phys.* **29** [1958] 930/7, 931).

$NiSO_4 \cdot 6H_2O$ zeigt keine durch Strahlung induzierte Thermoluminescenz, L. E. MOORE (*J. Phys. Chem.* **61** [1957] 636/9).

*Optical Activity*

**Optische Aktivität.** Rechts- und Links-Form (definiert nach $Na_D$-Linie) von α-$NiSO_4 \cdot 6H_2O$ zeigen bei gleichen Wellenlängen gleiches Drehvermögen mit umgekehrten Vorzeichen, E. B. NELSON (*Phys. Rev.* [2] **53** [1938] 849/50), A. SCHOEP (*Natuurw. Tijdschr.* [*Ghent*] **17** [1936] 233/42, 241), L. BORGHIJS (*Natuurw. Tijdschr.* [*Ghent*] **19** [1937] 115/48, 123), N. UNDERWOOD, F. G. SLACK, E. B. NELSON (*Phys. Rev.* [2] **54** [1938] 355/7), F. G. SLACK, P. RUDNICK (*Phil. Mag.* [7] **28** [1939] 241/7, 241). Allgemein liegen in der krist. Subst. Rechts- und Links-Form in gleichen Mengen vor. Für die $Na_D$-Linie beträgt das Drehvermögen $\rho = 1.55$ grad·$mm^{-1}$ bei gewöhnl. Temp., E. B. NELSON (*l. c.*), J. VERHAEGE bei A. SCHOEP (*l. c.*), L. BORGHIJS (*l. c.* S. 123). Völlig Co-freies α-$NiSO_4 \cdot 6H_2O$ zeigt unter gleichen Bedingungen $\rho = 1.50$, L. BORGHIJS (*l. c.* S. 132). Bei 503.0 mμ ist $\rho = 0$, E. B. NELSON (*l. c.*), W. C. KNOPF, W. C. GILMORE (*J. Opt. Soc. Am.* **32** [1942] 619/21). Werte im Bereich von 2200 bis 253 mμ bei 24° in Auswahl:

| λ in mμ . . . | 2200 | 1350 | 1305 | 1200 | 1155 | 1100 | 1050 | 1020 | 1000 |
|---|---|---|---|---|---|---|---|---|---|
| ρ . . . . . . | 0.65 | 5.90 | 6.40 | 3.50 | 0.00 | —4.50 | —6.70 | —7.05 | —6.95 |

| λ in mμ . . . | 950 | 800 | 740 | 700 | 650 | 630 | 600 | 550 | 500 | 450 | 265.4 | 253.7 |
|---|---|---|---|---|---|---|---|---|---|---|---|---|
| ρ . . . . . . | —5.90 | —2.25 | —1.65 | —1.75 | —2.15 | —2.20 | —1.85 | —0.9 | 0.05 | 1.20 | 14.8 | 18.4 |

L. R. INGERSOLL, P. RUDNICK, F. G. SLACK, N. UNDERWOOD (*Phys. Rev.* [2] **57** [1940] 1145/53, 1148), vorläufige Mitteilungen hierzu, N. UNDERWOOD u. a. (*l. c.*), F. G. SLACK, P. RUDNICK (*l. c.*), L. R. INGERSOLL, P. RUDNICK, F. G. SLACK (*Bull. Am. Phys. Soc.* **14** [1939] Nr. 1, S. 5), L. R. INGERSOLL, P. RUDNICK (*Bull. Am. Phys. Soc.* **14** [1939] Nr. 5, S. 9; *Phys. Rev.* [2] **57** [1940] 70). Mit obigem übereinstimmende Werte im Bereich von 420 bis 360 mμ, J. P. MATHIEU, G. VULDY (*Compt. Rend.* **222** [1946] 223/4), 640 bis 330 mμ, L. BORGHIJS (*l. c.* S. 127). Mit fallender Temp. steigt das Drehvermögen, gem. mit Hilfe der Hg-Linien 578, 546 und 436 mμ (Werte in Auswahl):

| T in °K . . | 294.1° | 77.4° | 70.0° | 64.5° | 20.3° | 14.2° | 4.23° | 2.03° | 1.36° |
|---|---|---|---|---|---|---|---|---|---|
| 578 mμ . . | 1.44 | 2.63 | 2.64 | 2.67 | 2.79 | 2.83 | 2.87 | 2.87 | 2.90 |
| 546 mμ . . | 0.85 | 2.08 | 2.11 | 2.12 | 2.21 | 2.24 | 2.30 | 2.30 | 2.37 |
| 436 mμ . . | —1.75 | — | — | +0.08 | +0.19 | +0.21 | +0.29 | +0.29 | +0.32 |

M. Lévy (*Compt. Rend.* **227** [1948] 1218/20; *Ann. Phys.* [*Paris*] [12] **5** [1950] 153/256, 310/78, 235). Nach Messungen bei Tempp. von fl. Luft tritt die Zunahme des Drehvermögens mit fallender Temp. im gesamten Wellenbereich von 2200 bis 253 mμ auf, wobei eine geringe Verschiebung der Max. zu kürzeren Wellenlängen eintritt, P. Rudnick, L. R. Ingersoll (*J. Opt. Soc. Am.* **32** [1942] 622/6), P. Rudnick, F. G. Slack, J. O'Connor (*Phys. Rev.* [2] **58** [1940] 1003), s. auch W. C. Knopf, W. C. Gilmore (*l. c.*).

**Zirkulardichroismus.** Angegeben als Elliptizität $\varphi$ in grd·mm$^{-1}$, gem. parallel der opt. Achse (Werte in Auswahl): *Circular Dichroism*

| λ in mμ | 1600 | 1400 | 1300 | 1200 | 1155 | 1100 | 1000 | 850 | 750 | 690 | 650 | 600 |
|---|---|---|---|---|---|---|---|---|---|---|---|---|
| $\varphi$ | 0.10 | 1.70 | 4.9 | 10.2 | 11.5 | 9.7 | 3.7 | 0.35 | 1.05 | 1.45 | 1.30 | 0.45 |

L. R. Ingersoll, P. Rudnick, F. G. Slack, N. Underwood (*Phys. Rev.* [2] **57** [1940] 1145/53, 1148), vorläufige Mitteilung hierzu L. R. Ingersoll, P. Rudnick (*Bull. Am. Phys. Soc.* **14** [1939] Nr. 5, S. 9; *Phys. Rev.* [2] **57** [1940] 70).

| λ in mμ | 426.0 | 411.0 | 398.0 | 380.0 | 368.8 | 357.0 | 349.0 |
|---|---|---|---|---|---|---|---|
| $\varphi$ | 0.6 | 1.8 | 3.0 | 3.1 | 1.9 | 0.7 | 0.3 |

J. P. Mathieu, G. Vuldy (*Compt. Rend.* **222** [1946] 223/4). Bei —188° zeigt der Zirkulardichroismus bei den Hauptmax. einen um 8% schmaleren Bereich und um 50% höheren Wert als bei gewöhnl. Temp., P. Rudnick, L. R. Ingersoll (*J. Opt. Soc. Am.* **32** [1942] 622/6). Über die Beziehungen zwischen Absorption, Drehvermögen und Zirkulardichroismus s. L. R. Ingersoll u. a. (*l. c.*). — Zwischen 1000 mμ und 720 mμ und zwischen 420 mμ und 360 mμ wird Pleochroismus beobachtet, S. V. Grum-Grzhimailo, N. A. Brilliantov, R. K. Sviridova, O. N. Sukhanova (*Kristallografiya* **5** [1960] 288/94, 289; *Soviet Phys.-Cryst.* **5** [1960] 268/73, 269). Die Messungen des Pleochroismus von R. Tréhin (*Ann. Phys.* [*Paris*] [11] **20** [1945] 372/90, 384; *Compt. Rend.* **220** [1945] 40/41, 85/87) sind wegen der nicht berücksichtigten Verluste von Reflexion und Streuung ungenau, G. Vuldy (*Compt. Rend.* **228** [1949] 1414/6).

**Magnetorotation.** Verdetsche Konst. [ω] in Winkelminuten·Oe$^{-1}$·cm$^{-1}$. Rechts- und Links-Kristalle geben bei gleicher Feldstärke und gleicher Wellenlänge gleiche Änderung des natürlichen Drehvermögens, J. J. O'Connor, C. Beck, N. Underwood (*Phys. Rev.* [2] **60** [1941] 173, 443/7), F. G. Slack, P. Rudnick (*Phil. Mag.* [7] **28** [1939] 241/7, 242). Zwischen 600 und 450 mμ ist [ω] proportional $1/\lambda^2$, F. G. Slack, R. T. Lageman, N. Underwood (*Phys. Rev.* [2] **51** [1937] 685, [2] **54** [1938] 358/60). Werte der Verdetschen Konst. in Auswahl: *Magneto-rotation*

| λ in mμ | 605.0 | 589.3 | 550.0 | 500.0 | 450.0 | 404.7 | 347.0 | 296.7 | 253.7 |
|---|---|---|---|---|---|---|---|---|---|
| [ω] | 0.0207 | 0.0221 | 0.0255 | 0.0312 | 0.0392 | 0.0685 | 0.0775 | 0.1167 | 0.1925 |
| Lit. | 3) | 3) | 3) | 3) | 3) | 1) | 2) | 1) | 1) |

1) J. J. O'Connor u. a. (*l. c.*). — 2) F. G. Slack, P. Rudnick (*l. c.* S. 244). — 3) F. G. Slack, R. T. Lageman, N. Underwood (*Phys. Rev.* [2] **54** [1938] 358/60). Messungen zwischen 2000 und 600 mμ zeigen deutliche Anomalien der Magnetorotation bei etwa 1160 und 690 mμ, L. R. Ingersoll, P. Rudnick, F. G. Slack (*Bull. Am. Phys. Soc.* **14** Nr. 1 [1939] 5), die bei —125° noch stärker sind, S. Breen, J. N. Humphrey, L. R. Ingersoll (*Phys. Rev.* [2] **64** [1943] 75/77). Messungen im Bereich von —10° bis 30° zwischen 600 und 450 mμ zeigen, daß [ω] proportional 1/T ist, F. G. Slack, R. T. Lageman, N. Underwood (*Phys. Rev.* [2] **51** [1937] 685, **54** [1938] 358/60). Verdetsche Konst. im longitudinalen Feld in Abhängigkeit von Temp. und Wellenlänge:

| T in °K | 294.1 | 77.4 | 70.0 | 64.9 | 64.5 | 20.3 | 17.5 | 14.2 | 4.23 | 2.03 | 1.36 |
|---|---|---|---|---|---|---|---|---|---|---|---|
| $[\omega]_{578}\cdot10^4$ | 0.374 | 0.591 | 0.624 | 0.654 | 0.656 | 1.55 | 1.75 | 2.08 | 5.04 | 6.09 | 6.22 |
| $[\omega]_{546}\cdot10^4$ | 0.423 | 0.665 | 0.701 | 0.737 | — | 1.74 | 1.97 | 2.34 | 5.66 | 6.86 | 6.98 |
| $[\omega]_{436}\cdot10^4$ | 0.686 | 1.066 | — | — | 1.184 | 2.79 | — | 3.74 | 9.05 | 10.93 | 11.17 |

M. Lévy, J. van den Handel (*Physica* [2] **17** [1951] 737/47, 740). Die Magnetorotation steigt bei Feldstärken zwischen 0 und 35000 Oe bei Tempp. zwischen 1.33°K und 20°K für die beiden gelben Hg-Linien 578 und 546 mμ nahezu linear mit der Feldstärke. Diese Steigerung ist bei 1.33°K etwa 5 mal so groß wie bei 20.39°K, J. Becquerel, J. van den Handel, H. A. Kramers (*Physica* [2] **17** [1951] 717/36, 728). Das Verhältnis der Verdetschen Konst. bei 90°K zu der Verdetschen Konst. bei gewöhnl. Temp. ist für 578.0 mμ 1.54, für 546.1 mμ 1.69 und für 435.8 mμ 1.64, P. Rudnick, F. G. Slack, J. O'Connor (*Phys. Rev.* [2] **58** [1940] 1003). Messungen zwischen 1.36°K und 20°K bei 546 mμ zeigen im longitudinalen Feld eine Zunahme des Drehvermögens mit der Temp. Im transversalen Feld verläuft die bei 1.36°K und 546 mμ beob. Änderung des Dreh-

vermögens in Abhängigkeit von der Feldstärke zunächst im negativen Bereich. Sie hängt außerdem vom Winkel ab, den die Schwingungsebene des Lichtes mit der Richtung des Magnetfeldes bildet und ist bei 90° am kleinsten, bei 0° am größten. Die Kurven, welche die Änderung des Drehvermögens in Abhängigkeit von der magnet. Feldstärke wiedergeben, haben für longitudinales wie für transversales Feld etwa die gleiche Form, doch werden die Max. für transversales Feld bei kleineren Feldstärken erreicht, M. LÉVY (*Compt. Rend.* **227** [1948] 1218/20). Theoret. Behandlung unter Zugrundelegung der Theorie von PENNEY und SCHLAPP s. M. LÉVY (*Ann. Phys.* [*Paris*] [12] **5** [1950] 153/256, 310/78, 344/60).

*Light Refraction*

**Lichtbrechung.** Doppelbrechung negativ, H. TOPSØE, C. CHRISTIANSEN (*Ann. Chim. Phys.* [5] **1** [1874] 5/99, 39; *Ann. Physik* [2] *Erg.-Bd.* **6** [1874] 499/585, 530), s. auch C. FRONDEL, C. PALACHE (*Am. Min.* **34** [1949] 188/94, 189), Brechungszahlen n für die FRAUNHOFERschen Linien C, D, F und G:

| | C | D | F | G |
|---|---|---|---|---|
| $n_\omega$ . . . . | 1.5078 | 1.5109 | 1.5173 | 1.5228 |
| $n_\varepsilon$ . . . . | 1.4844 | 1.4873 | 1.4930 | — |

H. TOPSØE, C. CHRISTIANSEN (*l. c.*), für Na-Licht bei 24°: $n_\omega = 1.5099$, $n_\varepsilon = 1.4860$, F. KOHLRAUSCH (*Ann. Physik* [3] **4** [1878] 1/33, 29), für weißes Licht $n_\omega = 1.513$, $n_\varepsilon = 1.485$, REUSCH (*Ann. Physik* [2] **91** [1854] 317/8), s. auch C. FRONDEL, C. PALACHE (*l. c.*). — Elasto-optische Konstanten: $q_{66} \sim 0$, $q_{11} - q_{12} = 5.93 \cdot 10^{-13}$ CGS-Einheiten, bestimmt durch Kompensation des durch stat. Druck hervorgerufenen Doppelbrechungseffekts mittels BABINETschen Kompensator. In dem Bereich des sichtbaren Spektrums, in dem der Kristall transparent ist, wird keine Dispersion der Spannungsdoppelbrechung beobachtet, B. DEVIOT (*J. Phys. Radium* [8] **16** [1955] 162).

*Magnetic Properties*

**Magnetische Eigenschaften.** Paramagnetisch. Die kristallograph. c-Achse ist die Achse der kleinsten magnet. Induktion, J. FORREST (*Trans. Edinburgh Soc.* **54** [1926] 601/53, 624). Die beiden anderen magnet. Achsen liegen in der (001)-Ebene, sind gleich groß und stehen senkrecht zueinander, A. BOZE (*Izv. Akad. Nauk SSSR, Ser. Fiz.* **21** [1957] 802/16, 806). Mittlere Molsuszeptibilität $\overline{\chi}_{mol}$ in Abhängigkeit von der Temp., aus spezif. Susz. umgerechnete Werte in Kursivdruck:

| T in °K . . . . . | 80.6° | 82.2° | 111.3° | 143.6° | 169.0° | 199.4° | 205.3° | 230.1° | 298.5° | 303.1° |
|---|---|---|---|---|---|---|---|---|---|---|
| $\overline{\chi}_{mol} \cdot 10^6$ . . . . | 15080 | *14835* | 10970 | 8600 | 7235 | 6280 | *5981* | *5349* | *4101* | 4160 |
| Lit. . . . . . . . | 1) | 2) | 1) | 1) | 2) | 1) | 2) | 2) | 2) | 1) |

1) Gemessen nach der KRISHNANschen Torsionsmeth. an Einkristallen, B. C. GUHA (*Proc. Roy. Soc.* [*London*] A **206** [1951] 353/73, 360). — 2) Gemessen nach der GOUY-Meth. an Kristallpulver, R. B. JANES (*Phys. Rev.* [2] **48** [1935] 78/83, 79), als sehr genaue Messungen durch magneto-opt. Messungen bestätigt, J. BECQUEREL, J. VAN DEN HANDEL, H. A. KRAMERS (*Physica* [2] **17** [1951] 717/36, 719); für diamagnet. Anteile korr. Werte (in Auswahl), gem. an Kristallpulver nach der Meth. von FOËX-FORRER:

| T in °K . . . . . | 91.6° | 102.1° | 131.5° | 163.9° | 191.8° | 208.2° | 221.5° | 245.0° | 290.4° | 314.1° |
|---|---|---|---|---|---|---|---|---|---|---|
| $\overline{\chi}^*_{mol} \cdot 10^6$ . . . . | 13092 | 12309 | 9641 | 7712 | 6622 | 6118 | 5784 | 5231 | 4482 | 4167 |

A. SERRES (*Ann. Phys.* [*Paris*] [10] **20** [1933] 441/77, 449); bei 20.2°C $\overline{\chi}^*_{mol} = 4389 \cdot 10^{-6}$, an Kristallpulver gem. nach einer modifizierten CURIEschen Meth., E. F. HERROUN (*Proc. Phys. Soc.* [*London*] **46** [1934] 872/81, 877), bei 30°C $\overline{\chi}_{mol} = 4035 \cdot 10^{-6}$ aus Anisotropieunterss. an Einzelkristallen errechnet, K. S. KRISHNAN, N. C. CIAKRAVORTY, S. BANERJEE (*Phil. Trans.* A **232** [1934] 99/115, 111). Weitere Einzelwerte bei gewöhnl. Temp., E. COTTON-FEYTIS (*Ann. Chim.* [*Paris*] [10] **4** [1925] 9/78, 58), A. MOOKHERJI (*Indian J. Phys.* **20** [1946] 9/20, 11). Die Temp.-Abhängigkeit von $\overline{\chi}_{mol}$ folgt zwischen 91.6°K und 314.1°K dem CURIE-WEISSschen Gesetz mit $\Theta = +6$°K, A. SERRES (*l. c.*).

Hauptmolsuszeptibilitäten $\chi^{\parallel}_{mol}$, $\chi^{\perp}_{mol}$:

| T in °K . . . . . | 80.6° | 111.3° | 143.6° | 199.4° | 303.1° | 303.2° | 307.0° | 303.2° |
|---|---|---|---|---|---|---|---|---|
| $\chi^{\perp}_{mol} \cdot 10^6$. . . . . | 15290 | 11090 | 8690 | 6340 | 4200 | 4071 | — | 4068 |
| $\chi^{\parallel}_{mol} \cdot 10^6$. . . . . | 14660 | 10710 | 8410 | 6160 | 4090 | — | 3824 | — |
| Lit. . . . . . . . . | 1) | 1) | 1) | 1) | 1) | 2) | 3) | 4) |

1) Nach der KRISHNANschen Torsionsmeth. an Einkristallen gem., B. C. GUHA (*l. c.*). — 2) Nach der Meth. von I. I. RABI an Einzelkristallen gem., K. S. KRISHNAN u. a. (*l. c.*). — 3) An Einzelkristallen nach der CURIEschen Meth. gem., S. K. DUTTA ROY (*Indian J. Phys.* **29** [1955] 429/45, 440). — 4) Aus Anisotropiemessungen nach der Schwingungsmeth. von KRISHNAN an Einzelkristallen ber., A. MOOKHERJI (*l. c.*).

Magnetische Anisotropie $\chi_{mol}^{\perp} - \chi_{mol}^{\parallel}$, gem. nach der KRISHNANschen Schwingungsmeth. an Einzelkristallen, wenn keine andere Meth. angegeben ist:

| T in °K | 13.96° | 16.00° | 20.37° | 59.40° | 77.58° | 90° | 90.51° | 120° | 122.25° |
|---|---|---|---|---|---|---|---|---|---|
| $(\chi_{mol}^{\perp}-\chi_{mol}^{\parallel})10^6$ | 9640 | 7440 | 4870 | 743 | 490 | 396.0 | 385.9 | 258.0 | 248.6 |
| Lit. | 1) | 1) | 1) | 1) | 1) | 2) | 1) | 2) | 1) |
| T in °K | 160° | 185.14° | 200° | 240° | 280° | 291.81° | 293.69° | 300° | 320° |
| $(\chi_{mol}^{\perp}-\chi_{mol}^{\parallel})10^6$ | 173.1 | 143.6 | 129.7 | 104.1 | 87.2 | 85.2 | 84.2 | 80.8 | 75.5 |
| Lit. | 2) | 1) | 2) | 2) | 2) | 1) | 1) | 2) | 2) |

1) Nach der KRISHNANschen Torsionsmethode gem.; in guter Übereinstimmung mit den nach der Theorie von SCHLAPP und PENNEY ber. Werten, J. W. STOUT, M. GRIFFEL (*J. Chem. Phys.* **18** [1950] 1449/54, 1453). — 2) A. BOSE, S. C. MITRA, S. K. DATTA (*Proc. Roy. Soc.* [*London*] Ser. A **248** [1958] 153/68)[1]), gleicher Wert bei 300°K, S. DATTA (*Indian J. Phys.* **28** [1954] 239/49, 246). $\chi_{mol}^{\perp}-\chi_{mol}^{\parallel} = 109 \cdot 10^{-6}$ bei 303.2°K, K. S. KRISHNAN u. a. (*l. c.* S. 107). $\chi_{mol}^{\perp}-\chi_{mol}^{\parallel} = 83 \cdot 10^{-6}$ bei 30°C, gem. nach der KRISHNANschen Schwingungsmeth. an Einzelkristallen, A. MOOKHERJI (*Indian J. Phys.* **20** [1946] 9/20, 10). Die Anisotropie ist bei −183° 4.8 mal größer als bei 23°. Berechnungen auf Grund der Vorstellungen von SCHLAPP und PENNEY zeigen gute Übereinstimmung zwischen Experiment und Theorie, Einzelwerte s. Original, K. S. KRISHNAN, A. MOOKHERJI, A. BOSE (*Phil. Trans.* A **238** [1939] 125/48, 136), K. S. KRISHNAN, A. BOSE (*Nature* **141** [1938] 329). Beziehungen zwischen Molwärme und magnet. Anisotropie, J. W. STOUT, W. B. HADLEY (*Bull. Inst. Intern. Froid. Annexe* **1955** 162/5).

Ein unsymmetr. Protonen-Resonanzsignal wird bei gewöhnl. Temp. und 4200 Gauß beobachtet, S. YANO, S. SASAKI, T. SIDEL (*J. Phys. Soc. Japan* **13** [1958] 227/8).

*Electric Properties*

**Elektrische Eigenschaften.** Zeigt die dielektrischen Hauptkonstanten $\varepsilon_{\parallel} = 6.30$ und $\varepsilon_{\perp} = 5.80$, also eine schwache dielektr. Anisotropie $\varepsilon_{\parallel} - \varepsilon_{\perp} = 0.50$. Da von der tetraedr. Gruppierung des $SO_4^{2-}$-Ions ebensowenig wie von der oktaedr. des $[Ni(H_2O)_6]^{2+}$-Ions ein dielektr. Effekt zu erwarten ist, müßte hierfür die Ni-$SO_4$-Bindung von Bedeutung sein, die senkrecht zur Hauptachse liegt, R. PULOU (*Ann. Fac. Sci. Univ. Toulouse, Sci. Math. Sci. Phys.* [4] **11** [1947] 1/73, 54), s. auch W. A. WOOSTER (*J. Chim. Phys.* **50** [1953] C19/C25, C24), s. auch N. A. RODINOVA (*Fiz. Dielektrikov Sbornik* **1960** 203/10, 215/9). — α-$NiSO_4 \cdot 6H_2O$ zeigt piezoelektr. Effekt, nachgewiesen mit einer opt. Meth., E. GIEBE, A. SCHEIBE (*Z. Phys.* **33** [1925] 760/6, 765), s. auch M. v. LAUE (*Z. Krist.* **63** [1926] 312/15). Piezoelektr. Kopplungskonst. s. P. H. EGLI (*Am. Mineralogist* **33** [1948] 622/33, 632).

## Chemisches Verhalten

*Chemical Reactions*

Bei gewöhnl. Temp. an Luft beständig, F. HAMMEL (*Ann. Chim.* [*Paris*] [11] **11** [1939] 247/358, 272), s. auch C. A. LOBRY DE BRUYN (*Rec. Trav. Chim.* **22** [1903] 406/20, 413), A. SCACCHI (*Atti Acad. Sci. Fis. Mat. Soc. Reale Napoli* **1** [1863] Nr. 11, S. 105), beständig nur unterhalb 40°, L. DÉVERIN (*Schweiz. Mineral. Petrog. Mitt.* **37** [1957] 255/66, 260), dagegen stellt D. KRISHNAMURTI (*Proc. Indian Acad. Sci.* **42** A [1955] 77/80) fest, daß es an der Luft verwittert. — Beim Erhitzen an Luft wird es bei 200° bis 250° zunächst grünlichgelb, dann opak und gibt sein gesamtes $H_2O$ ab, J. I. PIERRE (*Ann. Chim. Phys.* [3] **16** [1846] 239/55, 252), s. auch C. MARIGNAC (*Mem. Soc. Phys.* **14** [1855] 201/86, 241). Nach DEBYE-SCHERRER-Aufnahmen ist es beim Erhitzen an Luft (Temp.-Steigerung 30°/Std.) bis zwischen 65° und 85° beständig und geht oberhalb 85° in das Monohydrat über, B. FEDOROFF (*Ann. Chim.* [*Paris*] [11] **16** [1941] 154/214, 213), N. DEMASSIEUX, B. FEDOROFF (*Compt. Rend.* **206** [1938] 1649/51). — Beim schnellen Abkühlen auf 77 bis 1.7°K zerbricht es entlang den Spaltebenen, beim langsamen Abkühlen nicht, S. V. GRUM-GRZHIMAILO, N. A. BRILLIANTOV, R. K. SVIRIDOVA, O. N. SUKHANOVA (*Kristallografiya* **5** [1960] 288/94, 289; *Soviet Phys.-Cryst.* **5** [1960] 268/73, 269). — Mit Hilfe von DEBYE-SCHERRER-Aufnahmen wird nachgewiesen, daß es unter einem Druck von 1 bis 8 Torr bei gewöhnl. Temp. nur bis zum Monohydrat entwässert wird, R. C. WHEELER, G. B. FROST (*Can. J. Chem.* **33** [1955] 546/61, 547). — Beim Behandeln mit fl. $NH_3$ bildet sich ein lichtblaues Hexamminsalz, A. SIMON, H. KNAUER (*Z. Anorg. Allgem. Chem.* **242** [1939] 375/92, 382).

Nach maßanalyt. Unterss. mit Karl Fischer-Reagenz gibt es beim Suspendieren in absol. Methanol sein $H_2O$ quantitativ an den Alkohol ab, W. M. D. BRYANT, J. MITCHELL, D. M. SMITH, E. C. ASHBY (*J. Am. Chem. Soc.* **63** [1941] 2924/7). Ätzen gelingt mit Methanol, L. BORGHIJS (*Natuurwetensch. Tijdschr.* **19** [1937] 115/48, 140), durch Eintauchen (2 min.) bei 17° und Trocknen auf Filtrierpapier,

[1]) Einzelwerte einer schriftlichen Mitteilung der Royal Society entnommen.

A. SCHOEP (*Natuurwetensch. Tijdschr.* **17** [1936] 233/42, 239), oder mit Alkohol (Verd. 1:2) bei 16°, A. JOHNSEN (*Z. Krist.* **47** [1910] 649/62, 659; *Neues Jahrb. Mineral. Beilagebd.* **23** [1907] 237/344, 254). — Über die Löslichkeit in organ. Lsgm. s. S. 725.

*β-NiSO₄· 6H₂O*

## β-$NiSO_4 \cdot 6H_2O$

*Formation. Preparation*

**Bildung und Darstellung.** Krist. aus gesätt. wss. Lsg. oberhalb 53.3°, B. F. MARKOV (*Ukr. Khim. Zh.* **23** [1957] 706/12, 711), oberhalb 54°, B. D. STEELE, F. M. G. JOHNSON (*J. Chem. Soc.* **85** [1904] 113/20, 115), zwischen 50° und 70°, C. MARIGNAC (*Mem. Soc. Phys.* **14** [1855] 201/86, 239; *Liebigs Ann. Chem.* **97** [1856] 294/5), H. HAGA, F. M. JAEGER (*Kongl. Ned. Akad. Wetenschap. Verslag Gewone Vergader. Afd. Nat.* **24** [1916] 1403/9, 1407; *Pr. Akad. Sci. Amsterdam* **18** [1916] 1350/7, 1354), s. auch L. DÉVERIN (*Schweiz. Mineral. Petrog. Mitt.* **37** [1957] 255/66, 260), N. V. TANTZOV (*Zh. Russk. Fiz.-Khim. Obshch.* **55** [1924] 335/41, 340), A. SCACCHI (*Atti Acad. Sci. Fis. Mat. Soc. Reale Napoli* **1** [1863] Nr. 11, S. 108). Abscheidung in „gestörter Kristallisation" bei 45°, A. SIMON, H. KNAUER (*Z. Anorg. Allgem. Chem.* **242** [1939] 375/92, 272). Wird durch langsames Verdampfen der gesätt. Lsg. bei 60°, D. KRISHNAMURTI (*Pr. Indian Acad. Sci.* **48** A [1958] 355/63, 355), bzw. bei 95° in transparenten Kristallen mit 5.9 Mol $H_2O$/Mol $NiSO_4$ erhalten, F. HAMMEL (*Ann. Chim.* [*Paris*] [11] **11** [1939] 247/358, 272). Über die Beständigkeit von β-$NiSO_4 \cdot 6H_2O$ im System $NiSO_4$–$H_2O$ s. S. 686. — Bildet sich beim Zerreiben von $NiSO_4 \cdot 7H_2O$, wie röntgenographisch nachgewiesen wird, A. SIMON, H. KNAUER (*l. c.* S. 387). Krist. innerhalb etwa einer halben Stunde aus konz. wss. $NiSO_4$-Lsg., wenn diese mit $^3/_4$ ihres Vol. an Methanol versetzt wird, C. A. LOBRY DE BRUYN (*Rec. Trav. Chim.* **22** [1903] 406/20, 412). Bildet sich bei gewöhnl. Temp. beim Eindampfen einer wss. $NiSO_4$ und Dinatrium-adenosintriphosphat enthaltenden Lsg., D. J. SUTOR (*Acta Cryst.* **12** [1959] 72).

*Physical Properties*
*Crystallographic Properties*

**Physikalische Eigenschaften. Kristallographische Eigenschaften.** Monokline Prismen, isomorph mit $MgSO_4 \cdot 6H_2O$, C. MARIGNAC (*Mem. Soc. Phys.* **14** [1855] 201/86, 239), D. J. SUTOR (*Acta Cryst.* **12** [1959] 72), mit $NiBeF_3OH \cdot 6H_2O$, G. MITRA (*J. Indian Chem. Soc.* **33** [1956] 45/48). β-$NiSO_4 \cdot 6H_2O$ ist isostrukturell mit den entsprechenden Sulfaten von Mg, Zn und Co, F. HAMMEL (*Ann. Chim.* [*Paris*] [11] **11** [1939] 247/358, 343), s. auch C. MARIGNAC (*Liebigs Ann. Chem.* **97** [1856] 294/5). Beob. Formen: meist {001}, {110}, {111}, {22$\bar{1}$}, {11$\bar{2}$}, {100}, {10$\bar{1}$}, {20$\bar{1}$}, seltener {101}, {201}, {30$\bar{2}$}, {11$\bar{1}$}, {223}, {22$\bar{3}$}, C. MARIGNAC (*Mem. Soc. Phys.* **14** [1855] 201/86, 243). Die von A. SCACCHI (*Atti Acad. Sci. Fis. Mat. Soc. Reale Napoli* **1** [1863] Nr. 11, S. 105) angegebenen Formen {112} und {101} stimmen mit der von ihm angegebenen Figur nicht überein, P. GROTH (*Chemische Krystallographie, Bd.* 2, *Leipzig* 1908, S. 425). Achsenverhältnis, goniometrisch gem. a:b:c = 1.3723: 1:1.6763, β = 98°17′, C. MARIGNAC (*l. c.*). Nach DEBYE-SCHERRER-Aufnahmen (FeKα-Strahlung), indiziert mit Hilfe bekannter kristallograph. Daten für $MgSO_4 \cdot 6H_2O$, betragen a = 9.90, b = 7.07, c = 23.8 kX, a:b:c = 1.39:1:3.36, F. HAMMEL (*l. c.* S. 273); nach WEISSENBERG- und Drehkristall-aufnahmen a = 9.84, b = 7.17, c = 24.0 Å, β = 97.5°, a:b:c = 1.372:1:3.347, D. J. SUTOR (*l. c.*). Z = 8, F. HAMMEL (*l. c.* S. 273), D. J. SUTOR (*l. c.*). Raumgruppe C2/c–$C^6_{2h}$, D. J. SUTOR (*l. c.*).

*Mechanical and Thermal Properties*

**Mechanische und thermische Eigenschaften.** Röntgendichte 2.07, D. J. SUTOR (*l. c.*), $D^{15}_{15}$ = 2.031, T. E. THORPE, J. I. WATTS (*J. Chem. Soc.* **37** [1880] 102/17, 111), D = 2.036, bestimmt mit Mohrscher Waage und mit Schwebemeth., B. GOSSNER (*Ber. Deut. Chem. Ges.* **40** [1907] 2373/6). Molvolumen, aus röntgenograph. Daten: 125 ml, F. HAMMEL (*l. c.* S. 304). — Mittlere spezifische Wärme $\bar{c}_p$ in $cal \cdot g^{-1} \cdot grad^{-1}$ zwischen 0° und 100°: 0.313, H. KOPP (*Liebigs Ann. Chem., Suppl.-Bd.* **3** [1864/65] 289/342, 297).

*Optical Properties*

**Optische Eigenschaften.** Grün, R. ROHMER (*Ann. Chim.* [*Paris*] [11] **11** [1939] 611/725, 647), F. HAMMEL (*l. c.*), B. D. STEELE, F. M. G. JOHNSON (*l. c.*), A. SIMON, H. KNAUER (*l. c.*); smaragdgrün, P. GROTH (*l. c.* S. 425), A. SCACCHI (*l. c.*). — Die Frequenzen des Ramanspektrums können Gitterschwingungen sowie Schwingungen des $SO_4^{2-}$-Ions und des $H_2O$ zugeordnet werden; graph. Darst. mit tabellar. Übersicht der gem. Frequenzen, D. KRISHNAMURTI (*Pr. Indian Acad. Sci.* **48** A [1958] 355/63). — Doppelbrechung negativ, Achsenebene ist (010), Winkel der opt. Achsen 2 V = 19°25′, G. WYROUBOFF (*Bull. Soc. Franc. Mineral. Crist.* **12** [1889] 366/78, 374).

*Chemical Reactions*

**Chemisches Verhalten.** An Luft nur oberhalb 40°, C. MARIGNAC (*Mem. Soc. Phys.* **14** [1855] 201/86, 244; *Liebigs Ann. Chem.* **97** [1856] 294/5), zwischen 60° und 85° beständig, F. HAMMEL (*Ann. Chim.* [*Paris*] [11] **11** [1939] 247/358, 272). Bei gewöhnl. Temp. wird es ohne Gew.-Verlust opak und wandelt sich in α-$NiSO_4 \cdot 6H_2O$ um, C. MARIGNAC (*l. c.*), F. HAMMEL (*l. c.*), s. auch C. A. LOBRY DE

Bruyn (*Rec. Trav. Chim.* **22** [1903] 406/20, 413), A. Scacchi (*Atti Acad. Sci. Fis. Mat. Soc. Reale Napoli* **1** [1863] Nr. 11, S. 105). Die Umwandlungs-Geschw. von $\beta$-$NiSO_4 \cdot 6H_2O$ in $\alpha$-$NiSO_4 \cdot 6H_2O$ ist von der Kristallgröße abhängig. Spontaner Zerfall von $\beta$-$NiSO_4 \cdot 6H_2O$ führt zur teilweisen Umwandlung in $\alpha$-$NiSO_4 \cdot 6H_2O$ und $NiSO_4 \cdot 4H_2O$, A. Simon, H. Knauer (*Z. Anorg. Allgem. Chem.* **242** [1939] 375/92, 388). — Beim Erhitzen im zugeschmolzenen Glasrohr schmilzt es bei ~130° im eigenen Kristallwasser, B. D. Steele, F. M. G. Johnson (*J. Chem. Soc.* **85** [1904] 113/20, 115). — Über die Löslichkeit in organ. Lsgmm. s. S. 725.

## *Nickel(II)-sulfat-5-hydrat $NiSO_4 \cdot 5H_2O$*

*Nickel(II) Sulfate Pentahydrate*

Tritt metastabil in den Systemen $NiSO_4$–$H_2O$ und $NiSO_4$–$H_2O$–$H_2SO_4$ auf, s. S. 687, 726. Aus $H_2SO_4$-freier konz. wss. $NiSO_4$-Lsg. kann $NiSO_4 \cdot 5H_2O$ oberhalb 98.0° erhalten werden, R. Rohmer (*Ann. Chim. [Paris]* [11] **11** [1939] 611/725, 647). Ein nach privater Mitteilung von R. Rohmer durch Rühren von 20 ml $H_2O$ mit 88 g $NiSO_4 \cdot 6H_2O$ bei 100° hergestelltes Präp. der Zus. $NiSO_4 \cdot 5.1H_2O$ erwies sich nach einer Debye-Scherrer-Aufnahme als $NiSO_4 \cdot 4H_2O$, F. Hammel (*Ann. Chim. [Paris]* [11] **11** [1939] 247/358, 280). Ein Hinweis auf die Existenz von $NiSO_4 \cdot 5H_2O$ ergibt sich aus Entwässerungskurven, B. N. Ghosh (*J. Indian Chem. Soc.* **18** [1941] 472/6). Beim Verdünnen methanol. $NiSO_4$-Lsg. mit $H_2O$ scheiden sich kleine $NiSO_4 \cdot 5H_2O$-Kristalle aus, die beim Erhitzen auf 110° in Monohydrat übergehen, C. A. Lobry de Bruyn (*Rec. Trav. Chim.* **11** [1892] 112/56, 132). $NiSO_4 \cdot 5H_2O$ ist grün, A. V. Babaeva, E. I. Danilushkina (*Wiss. Ber. Mosk. Staatsuniv.* **6** [1936] 49/54, 52; *Z. Anorg. Allgem. Chem.* **226** [1936] 338/40).

## *Nickel(II)-sulfat-4-hydrat $NiSO_4 \cdot 4H_2O$*

*Nickel(II) Sulfate Tetrahydrate*

*Formation. Preparation*

**Bildung und Darstellung.** Bildet sich beim Erhitzen von $NiSO_4 \cdot 7H_2O$ im trocknen Luftstrom bei 40°, v. Rechenberg laut M. A. Rakusin, D. A. Brodski (*Z. Angew. Chem.* **40** [1927] 110/15, 112), bei 71° nach 2.5 Std., H. O. Hofman, W. Wanjukow (*Bull. Am. Inst. Mining Eng.* **1912** 889/943, 923; *Trans. AIME* **43** [1913] 523/77, 557). Wird beim trocknen Erhitzen höherer Hydratstufen erhalten, B. N. Ghosh (*J. Indian Chem. Soc.* 18 [1941] 472/6), und mit Differentialthermoanalyse nachgewiesen, H. Chihara, S. Seki (*Bull. Chem. Soc. Japan* **26** [1953] 88/92), R. Fruchart, A. Michel (*Compt. Rend.* **246** [1958] 1222/4). Beim Erhitzen auf 82° einer Mischung von $NiSO_4 \cdot 7H_2O$ und $NiSO_4 \cdot 2.5H_2O$ wird nach 70 Min. $NiSO_4 \cdot 4H_2O$ erhalten, F. Hammel (*Ann. Chim. [Paris]* [11] **11** [1939] 247/358, 280). Wird aus gesätt. wss. $NiSO_4$-Lsg. zwischen 102° und 104° abgeschieden, R. Rohmer (*Ann. Chim. [Paris]* [11] **11** [1939] 611/725, 623), A. Chrétien, R. Rohmer (*Compt. Rend.* **198** [1934] 92/94). Soll aus gesätt. wss. Lsg. oberhalb 118° abgeschieden werden, B. D. Steele, F. M. G. Johnson (*Proc. Chem. Soc. [London]* **19** [1903] 275). Entsteht bisweilen durch teilweise Entwässerung von $NiSO_4 \cdot 7H_2O$ über konz. $H_2SO_4$, C. A. Lobry de Bruyn (*Rec. Trav. Chim.* **22** [1903] 406/20, 414). Bildet sich beim 3std. Kochen von $NiSO_4 \cdot 7H_2O$ in Cyclohexan, F. G. H. Tate, L. A. Warren (*Trans. Faraday Soc.* **35** [1939] 1192/1200, 1198). Über den Existenzbereich von $NiSO_4 \cdot 4H_2O$ in den Systemen $NiSO_4$–$H_2O$ und $NiSO_4$–$H_2SO_4$–$H_2O$ s. S. 687, 726. — Die Bildungswärme von $NiSO_4 \cdot 4H_2O$ gemäß der Rk. $\alpha$-$NiSO_4 \cdot 6H_2O = NiSO_4 \cdot 4H_2O + 2H_2O_{gasf}$, ber. aus isobaren tensimetr. Abbauverss. nach der Nernstschen Näherungsformel, beträgt 21.8 kcal/Mol, A. Simon, H. Knauer (*Z. Anorg. Allgem. Chem.* **242** [1939] 375/92, 392).

*Properties*

**Eigenschaften.** Bei rhomb. Indizierung von Debye-Scherrer-Aufnahmen (FeK$\alpha$-Strahlung), mit Hilfe bekannter kristallograph. Daten für $ZnSO_4 \cdot 4H_2O$ ergibt sich: a = 5.80, b = 13.2, c = 7.75 kX; Z = 4, F. Hammel (*l. c.* S. 281, 354). — Molvolumen, aus röntgenograph. Daten ermittelt: 89 ml, F. Hammel (*l. c.* S. 307).

Blaßhimmelblau, H. O. Hofman, W. Wanjukow (*l. c.* S. 924; *l. c.* S. 558), hellgrün, R. Rohmer (*l. c.* S. 625).

Mittlere magnetische Molsuszeptibilität $\bar{\chi}_{mol}^{korr}$, gem. an Kristallpulver nach der Meth. von Foëx-Forrer:

| T in °K | 92.0° | 118.3° | 124.5° | 133.4° | 139.7° | 142.5° | 153.5° | 198.0° |
|---|---|---|---|---|---|---|---|---|
| $\bar{\chi}_{mol}^{korr} \cdot 10^6$ | 13942 | 10893 | 10346 | 9684 | 9286 | 9106 | 8300 | 6533 |
| T in °K | 212.2° | 220.0° | 244.5° | 256.0° | 261.5° | 265.9° | 281.4° | 293.8° |
| $\bar{\chi}_{mol}^{korr} \cdot 10^6$ | 6105 | 5882 | 5312 | 5089 | 4990 | 4904 | 4637 | 4459 |

korrigiert nur für die diamagnet. Anteile von $H_2O$ und $SO_4^{2-}$. Die Temp.-Abhängigkeit von $\bar{\chi}_{mol}^{korr}$ wird im untersuchten Temp.-Bereich durch das Curie-Weisssche Gesetz wiedergegeben mit Curie-

Temp. $\Theta = +1.9°K$ für 92.0°K bis 133.4°K und $\Theta = +10.6°K$ für 139.7°K bis 293.8°K, A. SERRES (*Ann. Phys.* [*Paris*] [10] **20** [1933] 441/77, 449).

Wird nach einigen Tagen Lagern an Luft dunkler grün, nach DEBYE-SCHERRER-Aufnahmen geht es in $\alpha$-$NiSO_4 \cdot 6H_2O$ über, F. HAMMEL (*l. c.* S. 280).

*Nickel(II) Sulfate Trihydrate*

### *Nickel(II)-sulfat-3-hydrat* $NiSO_4 \cdot 3H_2O$

Metastabil; scheidet sich aus gesätt. wss. $NiSO_4$-Lsgg. bei 100° ab, R. ROHMER (*Ann. Chim.* [*Paris*] [11] **11** [1939] 611/725, 623), A. CHRÉTIEN, R. ROHMER (*Compt. Rend.* **198** [1934] 92/94). Über den metastabilen Existenzbereich in den Systemen $NiSO_4$–$H_2O$ und $NiSO_4$–$H_2SO_4$–$H_2O$ s. S. 687, 726. — Farbe grünlichgelb, R. ROHMER (*l. c.* S. 625).

*Nickel(II) Sulfate Dihydrate*

### *Nickel(II)-sulfat-2-hydrat* $NiSO_4 \cdot 2H_2O$

Bildet sich beim trockenen Erhitzen höherer Hydrate bei etwa 117°, nachgewiesen durch Differentialthermoanalyse, R. FRUCHART, A. MICHEL (*Compt. Rend.* **246** [1958] 1222/4), bei 25° im Exsikkator über 50%iger $H_2SO_4$-Lsg. und 4 bis 12 Torr, I. N. PLAKSIN (*Izv. Sektora Fiz.-Khim. Analiza* **9** [1936] 271/8, 276), beim isobaren Abbau höherer Hydrate bei 20 Torr zwischen 96° und 109° und wird durch mehrtägiges Tempern bei 105° bis 125° röntgenographisch nachweisbar kristallin, K. KOHLER, P. ZÄSKE (*Z. Anorg. Allgem. Chem.* **331** [1964] 1/6, 4). Wird durch mehrmaliges Erhitzen von Hexahydrat auf 131° im zugeschmolzenen Rohr und jeweiliges Abtrennen der fl. Phase nach Trocknen auf Tonscherben als Pulver erhalten, B. D. STEELE, F. M. G. JOHNSON (*J. Chem. Soc.* **85** [1904] 113/20, 115; *Proc. Chem. Soc.* **19** [1903] 275). Tritt als Bodenkörper im Gleichgew. mit einer Lsg. auf, die in 100 g bei 20° 68.01 g $H_2SO_4$ und 0.77 g $NiSO_4$, bei 40° zwischen 40.91 und 58.16 g $H_2SO_4$ und 13.24 bis 2.44 g $NiSO_4$ enthält, A. V. BABAEVA, E. I. DANILUSHKINA (*Wiss. Ber. Mosk. Staatsuniv.* **6** [1936] 49/54, 50; *Z. Anorg. Allgem. Chem.* **226** [1936] 338/40). Krist. in monoklinen Lamellen bei 12.5° aus einer wss. Lsg. mit 0.87 Gew.-% $NiSO_4$ und 63.32 Gew.-% $H_2SO_4$, C. MONTEMARTINI, L. LOSANA (*Ind. Chimico* **4** [1929] 199/205, 201). Über die metastabilen Existenzbereiche in den Systemen $NiSO_4$–$H_2O$ und $NiSO_4$–$H_2SO_4$–$H_2O$ s. S. 687, 726. — Blaßgrün, A. ÉTARD (*Compt. Rend.* 87 [1878] 602/4), rein gelb, R. ROHMER (*Ann. Chim.* [*Paris*] [11] **11** [1939] 611/725, 625).

*Nickel(II) Sulfate Monohydrate*

### *Nickel(II)-sulfat-1-hydrat* $NiSO_4 \cdot H_2O$

*Formation. Preparation*

**Bildung und Darstellung.** Entsteht durch trockenes Erhitzen höherer Hydrate bei 100° bis zur Gew.-Konstanz, T. E. THORPE, J. I. WATTS (*J. Chem. Soc.* **37** [1880] 102/17, 111). 1.33 Mol $H_2O$/Mol $NiSO_4$ erhält jedoch bei dieser Temp. E. COTTON-FEYTIS (*Ann. Chim.* [*Paris*] [10] **4** [1925] 9/78, 58; *Compt. Rend.* **153** [1911] 668/71). 1-Hydrat bei 110° bis 220°, E. MOLES, M. CRESPI (*Anales Fis. Quim.* [*Madrid*] **25** I [1927] 549/66, 551; *Z. Phys. Chem.* **130** [1928] 337/44, 339), bei 120° A. SEYEWETZ, BRISSAUD (*Bull. Soc. Chim. France* [4] **47** [1930] 690/97, 692), s. auch v. RECHENBERG laut M. A. RAKUSIN, D. A. BRODSKI (*Z. Angew. Chem.* **40** [1927] 110/5, 112), bei 132°, nachgewiesen durch thermogravimetr. und differentialthermoanalyt. Unterss., R. FRUCHART, A. MICHEL (*Compt. Rend.* **246** [1958] 1222/4), bei 180° bis 185°, C. A. LOBRY DE BRUYN (*Rec. Trav. Chim.* **22** [1903] 406/20, 414), 200°, thermogravimetr. nachgewiesen, H. TANABE (*J. Pharm. Soc. Japan* **77** [1957] 54/62, 55), bei 210° bis 250°, thermogravimetr. und röntgenograph. nachgewiesen, B. FEDOROFF (*Ann. Chim.* [*Paris*] [11] **16** [1941] 154/214, 213), s. auch N. DEMASSIEUX, B. FEDOROFF (*Compt. Rend.* **206** [1938] 1649/51); bei 250° nach Thermoanalyse, H. O. HOFMAN, W. WANJUKOW (*Bull. Am. Inst. Mining Eng.* **1912** 889/943, 924; *Trans. AIME* **43** [1913] 523/77, 558), vgl. auch differential-thermoanalyt. Unterss. von H. CHIHARA, S. SEKI (*Bl. Chem. Soc. Japan* **26** [1953] 88/92). Die Beobachtung verschiedener Autoren, daß beim Erhitzen etwas mehr als 1 Mol $H_2O$/Mol $NiSO_4$ festgehalten wird, ist auf Spuren von $H_2SO_4$ zurückzuführen. Bei Hydraten, aus neutraler Lsg. kristallisiert, ist dies nicht der Fall, H. LESCOEUR (*Ann. Chim. Phys.* [7] **4** [1895] 213/34, 216). Bldg. beim Entwässern unter vermindertem Druck (1 bis 8 Torr), röntgenographisch nachgewiesen, R. C. WHEELER, G. B. FROST (*Can. J. Chem.* **33** [1955] 546/61, 547), sowie über 50%iger $H_2SO_4$-Lsg. oder $P_2O_5$ bei 25° und 4 bis 12 Torr, I. N. PLAKSIN (*Izv. Sektora Fiz.-Khim. Analiza* **9** [1936] 271/8, 276), sowie im Vak. über $P_2O_5$ bei gewöhnl. Temp., F. KRAFFT (*Ber. Deut. Chem. Ges.* **40** [1907] 4770/4). Mehrmonatiges Entwässern eines Hydrates im Vak. über $P_2O_5$ führt, wie DEBYE-SCHERRER-Aufnahmen zeigen, zu einem amorphen Pulver, das nach 10std. Erhitzen auf 150° bis 200° eine langsame Ausbildung zu einem Präp. mit einem gleichen DEBYE-SCHERRER-Diagramm erfährt, wie es durch Erhitzen eines Hydrates oder Ein-

dunsten der wss. Lsg. bei 95° erhaltene Präpp. zeigen, F. HAMMEL (*Ann. Chim.* [*Paris*] [11] **11** [1939] 247/358, 288; *Compt. Rend.* **202** [1936] 2147/9). Abscheidung aus sd. gesätt. wss. $NiSO_4$-Lsg. s. R. ROHMER (*Ann. Chim.* [*Paris*] [11] **11** [1939] 611/725, 621), A. CHRÉTIEN, R. ROHMER (*Compt. Rend.* **198** [1934] 92/94). Scheidet sich aus wss. 0.5 n-$NiSO_4$-Lsg. bei einem Druck von 100 Atm unter $H_2$, $N_2$ oder Luft zwischen 186° bis 226° innerhalb von 18 bis 28 Std. kristallin aus, W. IPATIEW (*Zh. Russk. Fiz.-Khim.* **43** [1911] 1746/54, 1750; *Ber. Deut. Chem. Ges.* **44** [1911] 3452/9, 3457). Bei 100° in 45 Min. aus 7-Hydrat gewonnenes, extrem schlecht krist. 1-Hydrat wandelt sich unter einem Druck von 15000 bar bei 450° in 30 Min. in ein gut krist. Prod. um, C. W. F. T. PISTORIUS (*Bull. Soc. Chim. Belg.* **69** [1960] 570/4). Bildet sich beim Vermischen gleicher Vol. gesätt. $NiSO_4$-Lsg. mit konz. $H_2SO_4$ in der Kälte, H. LESCOEUR (*l. c.* S. 214), als pulverförmiger, weißer Nd. beim anodischen Polieren von Ni-Metall in wss. $H_2SO_4$-Lsg. (1:1) gemeinsam mit $NiSO_4$, T. P. HOAR, J. A. S. MOWAT (*Nature* **165** [1950] 64/65).

Über die Existenzbereiche von $NiSO_4 \cdot H_2O$ in den Systemen $NiSO_4$–$H_2O$ und $NiSO_4$–$H_2SO_4$–$H_2O$ s. S. 687, 726. — Über die Löslichkeit des $NiSO_4 \cdot D_2O$ in $D_2SO_4$-haltigem $D_2O$ s. S. 729.

*Crystallographic Properties*

**Kristallographische Eigenschaften.** Nach Pulveraufnahmen an kristallinem Präp. (CoKα-Strahlung) bei 20° monoklin mit a = 7.398, b = 7.591, c = 6.831 (alle ±0.004) Å, $\beta$ = 166°59.5′ ± 1′, a:b:c = 0.9746:1:0.9000, Z = 4. Wahrscheinliche Raumgruppe A2/a–$C_{2h}^6$[1]), vielleicht aber auch $C_s^4$–Aa, C. W. F. T. PISTORIUS (*l. c.*). Bei rhombisch angenommener Elementarzelle: a = 6.57, b = 7.80, c = 13.0 kX, a:b:c = 0.84:1:1.67, Z = 8, ermittelt aus DEBYE-SCHERRER-Aufnahmen mit FeKα-Strahlung von in der Hitze dargestellten Präpp. bei rhomb. Indizierung mit Hilfe bekannter kristallograph. Daten des $MgSO_4 \cdot H_2O$, F. HAMMEL (*l. c.* S. 288, 345; *l. c.*). Nach Pulveraufnahmen mit CoKα-Strahlung in einer Heizkamera (Ausgangssubst. $NiSO_4 \cdot 6.6H_2O$) erscheinen mit steigender Temp. die Linien des 1-Hydrates erstmalig bei 210° und sind bei 230° vollkommen ausgebildet, B. FEDOROFF (*Ann. Chim* [*Paris*] [11] **16** [1941] 154/214, 213), N. DEMASSIEUX, B. FEDOROFF (*Compt. Rend.* **206** [1938] 1649/51). $NiSO_4 \cdot H_2O$ ist isostrukturell mit den entsprechenden Sulfathydraten des Mg, Zn, $Mn^{II}$, $Co^{II}$, $Fe^{II}$, $Cu^{II}$, F. HAMMEL (*l. c.*), s. C. W. F. T. PISTORIUS (*l. c.*).

*Mechanical and Thermal Properties*

**Mechanische und thermische Eigenschaften.** Dichte $D_4^{25}$ = 2.885, pyknometr. bestimmt, E. MOLES, M. CRESPI (*Anales Fis. Quim.* [*Madrid*] **25** I [1927] 549/66, 553; *Z. Phys. Chem.* **130** [1928] 337/44, 340), D = 2.89, O. M. VOZNESENSKAYA, I. I. ZASLAVSKII (*Zh. Obshch. Khim.* **16** [1946] 1189/98, 1197). Röntgendichte bei 20° 3.357, C. W. F. T. PISTORIUS (*l. c.*). Molvolumen 50 ml, ermittelt aus röntgenograph. Daten, F. HAMMEL (*Ann. Chim.* [*Paris*] [11] **11** [1939] 247/358, 309), vorläufige Mitteilung mit abweichender Angabe, F. HAMMEL (*Compt. Rend.* **202** [1936] 2147/9). Nach dem aus der gem. Dichte errechneten Molvol. von 60 ml bildet $NiSO_4 \cdot H_2O$ mit seinem hohen Molvol.-Anteil für $H_2O$ eine Ausnahme gegenüber anderen Vitriolbildnern, E. MOLES, M. CRESPI (*l. c.* S. 554; *l. c.* S. 341). Dagegen wird aus dem Vergleich der Molvol. von $NiSO_4$ und $H_2O$ in den verschiedenen Hydraten des $NiSO_4$ geschlossen, daß $H_2O$ in $NiSO_4 \cdot H_2O$ ein kleineres Molvol. als in anderen Hydraten des $NiSO_4$ besitzt, S. S. BATSANOV, V. I. PAKHOMOV (*Zh. Fiz. Khim.* **30** [1956] 142/54, 143). Demgegenüber wurde festgestellt, daß sich die erste vom $NiSO_4$ aufgenommene $H_2O$-Molekel weder im 1-Hydrat noch in den höheren Hydraten hinsichtlich ihres Raumbedarfs von den übrigen $H_2O$-Molekeln unterscheidet, F. HAMMEL (*Ann. Chim.* [*Paris*] [11] **11** [1939] 247/358, 346). Über die Bindung der $H_2O$-Molekel im $NiSO_4 \cdot H_2O$ s. H. R. OSWALD (*Helv. Chim. Acta* **48** [1965] 590/600, 600/8).

Die Oberfläche eines $NiSO_4 \cdot H_2O$-Präp., das durch Dehydratation eines höheren Hydrates im Vakuum bei 40° dargestellt ist, wird nach der Adsorptionsisotherme von Ar bei 85°K mit der Meth. von F. G. HÜTTIG (*Monatsh.* **78** [1948] 177/84) zu 17.6 $m^2 \cdot g^{-1}$ ber., H. W. QUINN, R. W. MISSEN, G. B. FROST (*Can. J. Chem.* **33** [1955] 286/97, 292). Spezifische Wärme $c_p$ zwischen 16° und 100°: 0.224 $cal \cdot g^{-1} \cdot grad^{-1}$, C. PAPE (*Ann. Physik* [2] **30** [1863] 337/84, 370).

*Optical Properties*

**Optische Eigenschaften.** Olivgrün, F. HAMMEL (*l. c.* S. 289), rein gelb, R. ROHMER (*Ann. Chim.* [*Paris*] [11] **11** [1939] 611/725, 625), H. LESCOEUR (*Ann. Chim. Phys.* [7] **4** [1895] 213/34, 214), grün, W. IPATIEW (*Zh. Russk. Fiz.-Khim. Obshch.* **43** [1911] 1746/54, 1750; *Ber. Deut. Chem. Ges.* **44** [1911] 3452/9, 3456), graugelb, I. N. PLAKSIN (*Ann. Secteur Analyse phys.-chim.* [russ.] **9** [1936] 271/8, 276). — UR-Spektrum im Bereich von 715 bis 5000 $cm^{-1}$ s. H. TANABE (*J. Pharm. Soc. Japan* **77** [1957] 54/62, 55) zwischen 670 und 4000 $cm^{-1}$ s. H. R. OSWALD (*Helv. Chim. Acta* **48** [1965] 600/8).

---

[1]) Im Original $D_{2h}^6$–A2/a.

*Mean Molar Susceptibility*

**Mittlere Molsuszeptibilität.** $\overline{\chi}_{mol} = 4198 \cdot 10^{-6}$, bei 20.2° gem. an Kristallpulver nach einer modifizierten CURIE-Meth., E. F. HERROUN (*Proc. Phys. Soc.* [*London*] **46** [1934] 872/81, 877). An Kristallpulver der Zus. $NiSO_4 \cdot 1.12 H_2O$ nach der Meth. von FOËX-FORRER gem. Molsusz. $\overline{\chi}^{*}_{mol}$, korrigiert für die diamagnet. Anteile (Werte in Auswahl):

| T in °K . . . . | 91.5° | 99.0° | 109.2° | 120.6° | 132.1° | 141.9° | 163.0° | 181.6° |
|---|---|---|---|---|---|---|---|---|
| $\overline{\chi}^{*}_{mol} \cdot 10^6$ . . . | 12199 | 11413 | 10460 | 9614 | 8921 | 8399 | 7417 | 6691 |
| T in °K . . . . | 191.8° | 207.7° | 243.8° | 288.0° | 337.6° | 396.5° | 434.9° | |
| $\overline{\chi}^{*}_{mol} \cdot 10^6$ . . . | 6397 | 5941 | 5155 | 4437 | 3850 | 3311 | 3044 | |

Die Temp.-Abhängigkeit von $\overline{\chi}_{mol}$ wird im untersuchten Temp.-Bereich durch das abgewandelte CURIE-WEISSsche Gesetz $(\overline{\chi}_{mol} - a)\,(T - \Theta) = C_{mol}$ mit $\Theta = -12$°K für 91.5°K bis 207.7°K und $\Theta = +5$°K für 243.8°K bis 434.9°K und der Konst. $a = 425 \cdot 10^{-6}$ für den gesamten Temp.-Bereich wiedergegeben, A. SERRES (*Ann. Phys.* [*Paris*] [10] **20** [1933] 441/77, 448). Mittlere spezif. Susz. $\overline{\chi}_g = 24.09 \cdot 10^{-6}$, gem. an einem Kristallpulver der Zus. $NiSO_4 \cdot 1.33 H_2O$ nach der CURIEschen Meth. bei gewöhnl. Temp., E. COTTON-FEYTIS (*Ann. Chim.* [*Paris*] [10] **4** [1925] 9/78, 58).

*Chemical Reactions*

**Chemisches Verhalten.** An der Luft zwischen ~50° und ~150° stabil, F. HAMMEL (*Ann. Chim.* [*Paris*] [11] **11** [1939] 247/358, 286). Gibt sein Kristallwasser ab beim Erhitzen auf 250°, T. E. THORPE, J. I. WATTS (*J. Chem. Soc.* **37** [1880] 102/17, 111), 279°, H. O. HOFMAN, W. WANJUKOW (*Bull. Am. Inst. Mining. Eng.* **1912** 889/943, 924; *Trans. AIME* **43** [1913] 523/77, 558), 331°, R. FRUCHART, A. MICHEL (*Compt. Rend.* **246** [1958] 1222/4), 350°, N. DEMASSIEUX, B. FEDOROFF (*Compt. Rend.* **206** [1938] 1649/51), B. FEDOROFF (*Ann. Chim.* [*Paris*] [11] **16** [1941] 154/214, 213), oder im Vak. über $P_2O_5$ bei 300°, F. HAMMEL (*l. c.* S. 293). Aus $NiSO_4 \cdot 7 H_2O$ durch Erhitzen auf 120° erhaltenes $NiSO_4 \cdot H_2O$ nimmt als feines Pulver in mit Feuchtigkeit nahezu gesätt. Luft bei gewöhnl. Temp. wieder 6 Mol $H_2O$/Mol $NiSO_4$ auf, A. SEYEWETZ, BRISSAUD (*Bull. Soc. Chim. France* [4] **47** [1930] 690/7, 692).

## Wäßrige Lösung von Nickel(II)-sulfat

*Aqueous Solution of Nickel(II) Sulfate*

*Preparation of Solutions*

**Herstellung von Lösungen.** Zur Reindarst. von wss. $NiSO_4$-Lsg. für UV-Absorptionsmessungen wird ein kleiner Tl. der Lsg. zur Entfernung von Fe- und Cu-Ionen mit NaOH versetzt. Das ausgefällte $Ni(OH)_2$ wird nach Abfiltrieren und mehrmaligem Waschen wieder der ursprünglichen Lsg. zugesetzt und der hierbei entstehende schleimige Nd. mit Membranfilter beseitigt. Aus dem Filtrat wird $NiSO_4$ 2mal mit Alkohol gefällt, wobei Chlorid und Nitrat im Filtrat bleiben, in $H_2O$ gelöst und restlicher Alkohol durch Kochen entfernt, H. L. J. BÄCKSTRÖM (*Ark. Kem. Min.* **13** A [1939/40] Nr. 24, S. 3). Reindarst. von $NiSO_4$-Lsg. durch Auflösen von Ni-Metall oder einer Ni-Leg. in einer Mischung von $H_2SO_4$- und $HNO_3$-Lsg. (bei Abwesenheit von Fe und Cr genügt $HNO_3$), wodurch Sn, Mo, W, Ti als Oxide abgetrennt werden. Der Säureüberschuß wird in der Kälte mit $CaCO_3$ neutralisiert, wobei durch Hydrolyse Fe, Cr, Al abgeschieden werden. Mit ber. Menge von KCN wird Pb ausgefällt, mit $K_2S$ Zn und Cd quantitativ und Mn nahezu vollständig. Durch Oxydation mit NaOCl wird NiO und CuO gefällt, während Co in Lsg. bleibt. Der Nd. wird in verd. $H_2SO_4$-Lsg. bei 2 V elektrolisiert, wobei Cu an der Kathode, der Rest des Mn als MnO an der Anode niedergeschlagen wird und Ni in Lsg. bleibt, J. BESSON (*Ann. Chim.* [12] **2** [1947] 527/98, 594). Analyt. Unterss. zur Entfernung von $Al^{3+}$, $Cd^{2+}$, $Cr^{3+}$, $Cr^{4+}$, $Cu^{2+}$, $Fe^{2+}$, $Fe^{3+}$, $Zn^{2+}$ durch Fällung mit $NH_4OH$ oder NaOH sowie über Einfluß von Puffersubstt., Rührzeit und Absetzzeit bei gewöhnl. Temp. und bei 100° s. H. J. WIESNER (*Diss. Michigan State College* 1943, S. 1/84, *C.A.* **1944** 3532). Durch anodisches Auflösen von Ni-Metall in 1 bis 4n-$H_2SO_4$-Lsg. zwischen 50° bis 80° wird reine $NiSO_4$-Lsg. erhalten. Einzelheiten s. im Original, SOCIÉTÉ D'ÉLECTRO-CHIMIE, D'ÉLECTRO-METALLURGIE ET DES ACIÉRIES ÉLECTRIQUES D'UGINE (*F.P.* 983071 [1949/51]). Zn läßt sich mit Sulfid beladenem Anionenaustauscher Wofatit MD unter Druck aus $NiSO_4$-Lsg. quantitativ entfernen, K. ECKSTEIN (*Diss. Freiberg/Sa.* 1955, S. 31). Ältere Angaben zur Reindarst. von $NiSO_4$ in Lsg. s. A. TERREIL (*Compt. Rend.* **79** [1874] 1495/6; *Bull. Soc. Chim. France* [2] **23** [1875] 6/8), H. BAUBIGNY (*Compt. Rend.* **97** [1883] 951/4), H. LESCOEUR (*Ann. Chim. Phys.* [7] **4** [1895] 213/34, 214). — Über die Anwendung des Clusiusschen Trennrohres zur Konzentrierung von wss. $NiSO_4$-Lsg. auf Grund von Thermodiffusion s. D. G. ALKHAZOV, A. N. MURIN, A. P. RATNER (*Bull. Acad. URSS Ser. Chim.* **1943** 3/7).

*Heat of Formation*

**Bildungswärme.** Die für die Rk. $Ni_{fest} + S_{fest} + 2\,O_{2\,gasf} + aq = NiSO_{4\,gelöst}$ ber. Bldg.-Wärme für praktisch unendliche Verd. bei 18° und 1 Atm beträgt 226.5 kcal/Mol $NiSO_4$ und stimmt mit dem aus der Lit. bekannten experimentellen Wert 227.1 gut überein, R. LAUTIÉ (*Bull. Soc. Chim. France*

[5] **6** [1939] 178/83, 181). Bildungsenthalpie $\Delta$H gemäß obiger Rk., ber. aus der von E. PLAKE (*Z. Phys. Chem.* A **162** [1932] 257/80, 262) gem. intermediären Verd.-Wärme und der Neutralisationswärme, gem. von J. THOMSEN (*Ber. Deut. Chem. Ges.* **4** [1871] 586/9; *Bull. Soc. Chim. France* [2] **16** [1871] 63/7; *Ann. Physik* [2] **143** [1871] 354/96, 383, 497/534, 529; *J. Prakt. Chem.* [2] **14** [1876] 413/42, 417, [2] **21** [1880] 46/77, 61), für unendliche Verd.: $\Delta H_{298°K} = -232.2$ kcal/Mol mit weiteren Angaben für Verdd. von 200 bis 50000 Mol $H_2O$/Mol $NiSO_4$, F. D. ROSSINI, D. D. WAGMAN, W. H. EVANS, S. LEVINE, I. JAFFE (*Circ. Nat. Bur. Std.* Nr. 500 [1952] 248); $\Delta H_{291°K} = -231.1$ kcal/mol für eine Lsg. mit 1 Mol $NiSO_4$ in 200 Mol $H_2O$, F. R. BICHOWSKY, F. D. ROSSINI (*The Thermochemistry of the Chemical Substances, New York* 1936, S. 85). Über Hydratationswärme von $NiSO_4$ in 10- und 20%iger Lsg. s. W. MÜLLER-ERZBACH (*Repert. Phys. Exner* **22** [1886] 538/46, 543).

**Lösungswärmen und Verdünnungswärmen.** Differentiale Lösungswärme $\Delta$H von $NiSO_4 \cdot 7H_2O$ in kcal/Mol $NiSO_4$ bei 14° und 17°; Konz. C in Mol $NiSO_4$/Mol $H_2O$ (Werte in Auswahl): *Heats of Solution and Dilution*

| C | 0 | 0.00613 | 0.0118 | 0.0217 | 0.0262 | 0.0303 | 0.0341 | 0.0377 | *) |
|---|---|---|---|---|---|---|---|---|---|
| $\Delta$H (14°) | −4.24**) | −4.27 | −4.30 | −4.23 | −4.28 | −4.34 | −4.39 | −4.42 | −4.42***) |
| $\Delta$H (17°) | −4.21**) | −4.30 | −4.36 | −4.38 | −4.46 | −4.50 | −4.52 | −4.56 | −4.59***) |

*) gesättigt; **) erste Lösungswärme; ***) letzte Lösungswärme (extrapoliert), J. PERREU (*Compt. Rend.* **198** [1934] 1767/9); für $NiSO_4 \cdot 7H_2O$ bei 18° und der Verd. 800 Mol $H_2O$/Mol $NiSO_4$ ist $\Delta H = 4.250$, J. THOMSEN (*Ber. Deut. Chem. Ges.* **6** [1873] 710/7, 712; *J. Prakt. Chem.* [2] **14** [1876] 413/42, 418, **17** [1878] 165/83, 177, **21** [1880] 46/77, 65; *Thermochemische Untersuchungen, Bd.* **3**, *Leipzig* 1883, S. 202; *Systematisk Gennemførte Termokemiske Undersøgelsers Numeriske og Teoriske Resultater, Kobenhavn* 1905, S. 314), s. auch P. A. FAVRE, C. A. VALSON (*Compt. Rend.* **73** [1871] 1144/52, 1147). Erste Lösungswärme von $NiSO_4$, theoret. ber. für gewöhnl. Temp.: $\Delta H = -15.1$ kcal/Mol, K. B. YATSIMIRSKII (*Dokl. Akad. Nauk SSSR* **129** [1959] 354/6; *Proc. Acad. Sci. USSR, Chem. Sect.* **129** [1959] 1001/3).

Letzte Lösungswärme $\Delta$H für die von B. D. STELLE, F. M. G. JOHNSON (*J. Chem. Soc.* **85** [1904] 113/20, 116) angegebenen invariante Gleichgeww. (s. S. 686):

| t in °C | −4.15° | | +31.5° | | +53.3° | |
|---|---|---|---|---|---|---|
| Bodenkörper | $NiSO_4 \cdot 7H_2O$ + Eis | | $NiSO_4 \cdot 7H_2O$ + $\alpha NiSO_4 \cdot 6H_2O$ | | $\alpha NiSO_4 \cdot 6H_2O$ + $\beta NiSO_4 \cdot 6H_2O$ | |
| $\Delta$H | 3.19 | 5.41 | 3.93 | | 3.97 | 1.49 |

$\Delta$H nimmt für die einzelnen Salze mit steigender Temp. zu, für $NiSO_4 \cdot 7H_2O$ ist bei 1°, 14°, 17° und 31° $\Delta H = 3.7$, 4.427, 5.59 bzw. 4.8, J. PERREU (*l. c.*), bei 12° und 19° beträgt $\Delta H = 4.15$ bzw. 4.85, J. PERREU (*Compt. Rend.* **199** [1934] 48/51).

Intermediäre Verdünnungswärme $\Delta$H in cal/Mol $NiSO_4$ beim Verd. einer Lsg. von der Anfangskonz. $C_a$ auf die Endkonz. $C_e$, jeweils in Mol $NiSO_4$/l Lsg. bei 25°:

| $C_a \times 10^4$ | 50.9 | 50.9 | 61.8 | 61.8 | 100 | 100 | 198 | 198 | 245.5 | 245.5 | 666 | 666 |
|---|---|---|---|---|---|---|---|---|---|---|---|---|
| $C_e \times 10^4$ | 1.21 | 2.39 | 1.20 | 0.60 | 2.38 | 4.71 | 4.72 | 9.33 | 2.31 | 4.61 | 2.38 | 4.75 |
| $\Delta$H | −405 | −392 | −544 | −560 | −525 | −465 | −610 | −548 | −770 | −705 | −880 | −818 |

E. LANGE, W. MIEDERER (*Z. Elektrochem.* **60** [1956] 34/6). — $\Delta$H beim Verd. einer Lsg. von der Anfangskonz. x Mol $NiSO_4$/l Lsg. auf die Endkonz. x Mol $NiSO_4$/25 l Lsg. und $\Delta$H′ beim Verd. auf die Endkonz. x Mol $NiSO_4$/50 l Lsg. bei verschiedenen Tempp.:

| x | 0.025 | 0.1 | 0.025 | 0.1 | 0.01 | 0.025 | 0.05 | 0.1 | 0.25 |
|---|---|---|---|---|---|---|---|---|---|
| t in °C | 0.20° | 0.95° | 12.64° | 12.50° | 20.73° | 20.79° | 20.96° | 21.02° | 21.10° |
| $\Delta$H | −66 | −15 | −298 | −250 | −383 | −449 | −469 | −439 | −399 |
| $\Delta$H′ | −80 | −37 | −332 | −315 | −413 | −491 | −539 | −528 | −503 |

E. PLAKE (*l. c.*). — Weitere Angaben s. J. PERREU (*Compt. Rend.* **198** [1934] 1767/9).

## Physikalische Eigenschaften

*Physical Properties*

**Mechanische Eigenschaften. Dichte** D. $D_0^0$, pyknometr. ermittelt: *Mechanical Properties. Density*

| Gew.-% $NiSO_4$ | 0.8327 | 1.6131 | 2.5043 | 3.2845 | 3.9591 | 4.2930 |
|---|---|---|---|---|---|---|
| $D_0^0$ | 1.0089 | 1.0173 | 1.0271 | 1.0357 | 1.0431 | 1.0522 |

C. CHARPY (*Ann. Chim. Phys.* [6] **29** [1893] 5/68, 26). $D_4^{15}$, bestimmt mit Mohrscher Waage, Konz. c in g $NiSO_4$/100 g Lsg.:

| c . . . . . . . . | 0.32 | 0.77 | 1.55 | 1.588 | 4.11 | 5.84 | 9.40 | 15.30 | 22.80 |
|---|---|---|---|---|---|---|---|---|---|
| $D_4^{15}$ . . . . . . | 1.0041 | 1.0098 | 1.0183 | 1.01636 | 1.04420 | 1.06276 | 1.10425 | 1.17816 | 1.28750 |
| Lit. . . . . . . . | 1) | 1) | 1) | 2) | 2) | 2) | 2) | 2) | 2) |

1) L. M. Blanc (*Anales Asoc. Quim. Arg.* **4** [1916] 294/314, 296). — 2) B. Cabrera (*Anales Fiz. Quim.* [*Madrid*] **12** [1914] 284/95, 293). $D_4^{18}$, Konz. $C_{mol}$ in Mol $NiSO_4$/l Lsg.:

| $C_{mol}$ . . . . . . | 0.5 | 1 | 2 | 3 |
|---|---|---|---|---|
| $D_4^{18}$ . . . . . . | 1.0379 | 1.0759 | 1.1503 | 1.2219 |

E. Klein (*Ann. Physik* [3] **27** [1886] 151/78, 159), s. auch F. Kohlrausch, L. Holborn (*Das Leitvermögen der Elektrolyte, Leipzig-Berlin* 1916, S. 153). $D_4^{20}$, bestimmt mit Mohrscher Waage:

| Gew.-% $NiSO_4$ . . | 1.2512 | 1.871 | 2.0799 | 3.9633 | 5.098 |
|---|---|---|---|---|---|
| $D_4^{20}$ . . . . . . | 1.01155 | $1.009_6$ | 1.02046 | 1.04064 | $1.053_3$ |
| Lit. . . . . . . . | 1) | 2) | 1) | 1) | 2) |

1) Morrison bei J. G. McGregor (*Proc. Trans. Roy. Soc. Can.* **9** III [1892] 15/7). — 2) A. Bromer (*Ber. Wien. Akad.* **110** IIa [1901] 929/46, 941). $D_4^{13.5}$, pyknometr. ermittelt, Konz. $C_{mol}$ in Mol $NiSO_4$/l Lsg.:

| $C_{mol}$ . . . . . . | 0.5 | 1 | 1.5 | 2 | 2.5 | 3 |
|---|---|---|---|---|---|---|
| $D_4^{13.5}$ . . . . . | 1.079 | 1.153 | 1.224 | 1.292 | 1.358 | 1.421 |

P. A. Favre, C. A. Valson (*Compt. Rend.* **79** [1874] 968/76, 972), s. auch G. T. Gerlach (*Z. Anal. Chem.* **28** [1889] 466/524, 468). $D_4^{25}$, pyknometr. bestimmt, Konz. $C_{mol}$ in Mol $NiSO_4$/l Lsg.:

| $C_{mol}$ . . . . . . | 0.025 | 0.050 | 0.06343 | 0.0875 | 0.100 | 0.150 | 0.34504 |
|---|---|---|---|---|---|---|---|
| $D_4^{25}$ . . . . . . | 1.0010 | 1.0051 | 1.00758 | 1.0109 | 1.0132 | 1.0209 | 1.05250 |
| Lit. . . . . . . . | 1) | 1) | 2) | 1) | 1) | 1) | 2) |
| $C_{mol}$ . . . . . . | 0.74331 | 1.1612 | 1.6448 | 2.0538 | 2.3467 | 2.5246 | |
| $D_4^{25}$ . . . . . . | 1.11332 | 1.17592 | 1.24685 | 1.30646 | 1.34889 | 1.37460 | |
| Lit. . . . . . . . | 2) | 2) | 2) | 2) | 2) | 2) | |

1) M. M. Haring, E. G. Vanden Bosche (*J. Phys. Chem.* **33** [1929] 161/78, 173). — 2) R. W. Gelbach, H. M. Louderback (*J. Am. Chem. Soc.* **64** [1942] 2379). $D_4$ bei verschiedenen Tempp., bestimmt mit Mohrscher Waage, Konz. c in Gew.-% $NiSO_4$:

| c \ Temp. | 20° | 30° | 40° | 50° | 60° | 70° | 80° | 90° | 100° | 106° |
|---|---|---|---|---|---|---|---|---|---|---|
| 17 | 1.1928 | 1.1871 | 1.1822 | 1.1774 | 1.1718 | 1.1656 | 1.1600 | 1.1521 | 1.1430 | |
| 18 | 1.2055 | 1.2000 | 1.1951 | 1.1900 | 1.1845 | 1.1783 | 1.1723 | 1.1645 | 1.1554 | |
| 19 | 1.2185 | 1.2130 | 1.2080 | 1.2030 | 1.1973 | 1.1911 | 1.1850 | 1.1771 | 1.1680 | |
| 20 | 1.2315 | 1.2260 | 1.2210 | 1.2157 | 1.2102 | 1.2040 | 1.1978 | 1.1897 | 1.1805 | |
| 21 | 1.2445 | 1.2389 | 1.2340 | 1.2286 | 1.2230 | 1.2170 | 1.2104 | 1.2024 | 1.1932 | |
| 22 | 1.2570 | 1.2517 | 1.2465 | 1.2414 | 1.2355 | 1.2296 | 1.2231 | 1.2150 | 1.2057 | |
| 23 | 1.2696 | 1.2642 | 1.2590 | 1.2540 | 1.2482 | 1.2420 | 1.2356 | 1.2272 | 1.2181 | |
| 24 | 1.2824 | 1.2771 | 1.2720 | 1.2667 | 1.2607 | 1.2548 | 1.2481 | 1.2400 | 1.2306 | |
| 25 | 1.2955 | 1.2900 | 1.2845 | 1.2794 | 1.2736 | 1.2675 | 1.2609 | 1.2526 | 1.2431 | |
| 26 | 1.3084 | 1.3026 | 1.2971 | 1.2920 | 1.2862 | 1.2800 | 1.2734 | 1.2651 | 1.2558 | |
| 28 | 1.3350 | 1.3288 | 1.3232 | 1.3179 | 1.3121 | 1.3060 | 1.2992 | 1.2908 | 1.2815 | |
| 30 | | 1.3580 | 1.3520 | 1.3468 | 1.3410 | 1.3347 | 1.3281 | 1.3194 | 1.3104 | |
| 32 | | | 1.3817 | 1.3767 | 1.3706 | 1.3642 | 1.3581 | 1.3493 | 1.3405 | |
| 34 | | | | 1.4075 | 1.4020 | 1.3959 | 1.3896 | 1.3810 | 1.3715 | |
| 36 | | | | | 1.4336 | 1.4277 | 1.4207 | 1.4130 | 1.4040 | |
| 38 | | | | | | 1.4593 | 1.4534 | 1.4461 | 1.4380 | |
| 40 | | | | | | | 1.4880 | 1.4810 | 1.4734 | 1.4676 |
| 42 | | | | | | | | 1.5157 | 1.5087 | 1.5030 |
| 44 | | | | | | | | | 1.5445 | 1.5382 |
| 46 | | | | | | | | | | 1.5743 |

G. N. Dobrokhotov (*Zh. Prikl. Khim.* **23** [1950] 1118/20; *J. Appl. Chem. USSR* **23** [1950] 1191/3). Weitere Bestt., F. Fouqué (*Ann. Observ. Paris* **9** [1868] 172/251, 240), W. W. J. Nicol (*Phil. Mag.*

[5] **16** [1883] 121/31, 122, [5] 18 [1884] 179/93, 182), G. QUINCKE (*Ann. Physik* [3] **24** [1885] 347/416, 396), J. TRAUBE (*J. Prakt. Chem.* [2] **31** [1885] 177/218, 207), J. WAGNER (*Ann. Physik* [3] **18** [1883] 259/89, 272; *Z. Phys. Chem.* **5** [1890] 31/52, 39), L. MOND, R. NASINI (*Z. Phys. Chem.* 8 [1891] 150/7, 155), F. DREYER (*Ann. Inst. Polyt. Petersburg* **11** [1909] 627/62, **12** [1909] 31/48, 47), C. MONTEMARTINI, L. LOSANA (*Notiz. Chim. Ind.* **1** [1926] 205/7), J. N. RAKSHIT (*Z. Elektrochem.* **33** [1927] 578/81), F. FLÖTTMANN (*Z. Anal. Chem.* **73** [1928] 1/39, 33), H. L. J. BÄCKSTRÖM (*Ark. Kem. Min.* **13** A Nr. 24 [1939/40] 6). Die Änderung der Dichte mit der Temp. t in °C läßt sich nach der Gleichung $D_4^t = D_4^{15}[1-\alpha \cdot 10^{-6}(t-15)-\beta \cdot 10^{-6}(t-15)^2]$ berechnen, Parameter $D_4^{15}$, $\alpha$ und $\beta$ in Abhängigkeit von der Konz. (Werte in Auswahl):

| Gew.-% $NiSO_4$ | 2.0 | 6.0 | 10.0 | 14.0 | 18.0 | 20.0 | 24.0 |
|---|---|---|---|---|---|---|---|
| $D_4^{15}$ | 1.0202 | 1.0528 | 1.1110 | 1.1612 | 1.2160 | 1.2450 | 1.3056 |
| $-\alpha \cdot 10^6$ | 172 | 213 | 250 | 278 | 298 | 308 | 323 |
| $-\beta \cdot 10^6$ | 49 | 39 | 30 | 23 | 17 | 15 | 12 |

B. CABRERA (*Anales Fis. Quim.* [*Madrid*] **12** [1914] 284/95, 293).

Volumenänderung beim Auflösen. Beim Lösen von wasserfreiem $NiSO_4$ in $H_2O$ bei gewöhnl. Temp. tritt Kontraktion ein, wenn die entstehenden Lsgg. < 7.4 Gew.-% $NiSO_4$ enthalten; max. Kontraktion zeigt eine 3.5%ige $NiSO_4$-Lsg., J. G. MCGREGOR (*Proc. Trans. Roy. Soc. Can.* **9** III [1892] 15/17). Einzelangaben über die Vol.-Änderung wss. $NiSO_4$-Lsg. bei 15° in Abhängigkeit von der Konz. im Vergleich mit den wss. Lsgg. von $NiCl_2$ und $Ni(NO_3)_2$ s. B. CABRERA (*l. c.*). Die Vol.-Kontraktion ist unter Annahme vollständiger Dissoz. des Salzes für $NiSO_4$-Lsg. erheblich größer als für die Lsgg. von $NiCl_2$ und $NiBr_2$, I. I. ZASLAVSKII (*Zh. Obshch. Khim.* **9** [1939] 1094/1100, 1099). — Weitere Angaben über Vol.-Kontraktion, P. A. FAVRE, C. A. VALSON (*Compt. Rend.* **79** [1874] 968/76, 972), H. SCHRÖDER (*J. Prakt. Chem.* [2] **19** [1879] 266/94), W. W. J. NICOL (*Phil. Mag.* [5] **16** [1883] 121/31, 122, 18 [1884] 179/93, 182), C. MONTEMARTINI, L. LOSANA (*l. c.*), J. N. RAKSHIT (*l. c.*), O. M. VOZNESENSKAYA, I. I. ZASLAVSKII (*Zh. Obshch. Khim.* **16** [1946] 1189/98, 1197).

*Apparent and Partial Molar Volume*

**Scheinbares und partielles Molvolumen.** Scheinbares Molvol. in ml/Mol von $NiSO_4$ in wss. Lsg., ber. aus Dichtewerten bei 25°, Konz. in Mol/l Lsg.:

| $C_{mol}$ | 0.06343 | 0.34504 | 0.74331 | 1.1612 | 2.0538 | 2.5246 |
|---|---|---|---|---|---|---|
| scheinbares Molvol. | −10.98 | −5.92 | −1.64 | +0.77 | +4.12 | +5.22 |

Hieraus wird das partielle Molvol. für die Konz. 0 zu −14.88 ml/Mol extrapoliert, R. W. GELBACH, H. M. LOUDERBACK (*J. Am. Chem. Soc.* **64** [1942] 2379).

*Compressibility*

**Kompressibilität.** Aus Messungen der Schallgeschw. wird für steigende Konz. eine Abnahme der adiabat. Kompressibilität rechnerisch nachgewiesen, K. TAMM, H. G. HADDENHORST (*Acustica* **4** [1954] 653/7). Ber. Werte der molaren Kompressibilität k aus Messungen von Dichte und Ultraschallgeschw. (einer graph. Darst. des Originals entnommene Werte); Konz. $C_{mol}$ = Mol/l Lsg.:

| t in °C | 25° | 25° | 40° | 40° | 60° | 60° |
|---|---|---|---|---|---|---|
| $\sqrt{C_{mol}}$ | 0.5 | 1.0 | 0.5 | 1.0 | 0.5 | 1.0 |
| k | −116 | −102 | −111 | −96 | −105 | −90 |

Die Neigung der in der graph. Darst. erhaltenen Geraden ist geringer, als nach der Theorie von DEBYE-HÜCKEL erwartet wird, C. G. BALACHANDRAN (*J. Indian Inst. Sci.* **38** A [1956] 211/6, 215).

*Velocity of Sound*

**Schallgeschwindigkeit.** Die Geschw. v in m/sec steigt nahezu linear mit der Konz. $C_{mol}$ in Mol/l Lsg. (einer graph. Darst. des Originals entnommene Werte):

| $C_{mol}$ | 0.5 | 1.0 | 1.5 | 2.0 | 2.5 |
|---|---|---|---|---|---|
| v | 1510 | 1533 | 1560 | 1590 | 1620 |

Frequenzabhängigkeit der Geschw. wird bis zu 1000 MHz nicht beobachtet, es wird jedoch eine Temp.-Abhängigkeit gefunden, die mit der Annahme von Assoziaten gedeutet wird, K. TAMM, H. G. HADDENHORST (*l. c.*). Die Ultraschallabsorption steigt linear mit der Konz.; Messungen zwischen 1.5 bis 2.5 MHz an 0.025 bis 0.25 m-Lsgg., A. VAN ITTERBEEK, L. VERHAEGEN (*Cooloquium over Ultrasonore Trillingen, Bruxels* 1951, S. 220/33, 228), zwischen 2 bis 10 MHz an 0.1 bis 0.6 m-Lsgg., S. TOGAWA (*Oyo Butsuri* **20** [1951] 237/9), zwischen 3 bis 82.8 MHz an 0.1 bis 1.0 m-Lsgg., G. KURTZE (*Nachr. Akad. Wiss. Göttingen, Math.-Physik. Klasse* IIa **1952** 57/79, 67), zwischen 2 bis 100 MHz an 0.001 bis 0.1 m-Lsgg., M. EIGEN, G. KURTZE, K. TAMM (*Z. Elektrochem.* **57** [1953] 103/18, 105), bis 3 MHz an 0.05 bis 1.00 m-Lsgg., S. K. KOR (*Current Sci.* [*India*] **27** [1958] 339/40); für den Bereich

5 kHz bis 300 MHz wird in erster Näherung lineare Abhängigkeit der Ultraschallabsorption von der Konz. gefunden. Dämpfung in Dezibel (db) von 0.1 m-$NiSO_4$-Lsg. bei 20° und im Vergleich hierzu die von $H_2O$ bei verschiedenen Frequenzen:

| Frequenz . . . . | 10 kHz | 100 kHz | 1 MHz | 10 MHz | 100 MHz |
|---|---|---|---|---|---|
| $NiSO_4$-Lsg. . . . | 0.31 | 0.86 | 0.48 | 39 | 2900 |
| $H_2O$ . . . . . . | 0.0217 | 2.17 | 0.217 | 0.217 | 21.7 |

K. Tamm, G. Kurtze, R. Kaiser (*Acustica* **4** [1954] 380/6, 386).

Der Frequenzgang der Ultraschallabsorption läßt sich als Überlagerung zweier Relaxationskurven deuten, deren tiefer Bereich dem Kation und deren hoher Bereich dem Anion zugeordnet werden, M. Eigen u. a. (*l. c.* S. 106), G. Kurtze, K. Tamm (*Acustica* **3** [1953] 33/48, 41), s. auch K. Tamm (*Nachr. Akad. Wiss. Göttingen, Math.-Physik. Klasse* IIa **1952** 81/110, 97), K. Tamm, G. Kurtze (*Nature* **168** [1951] 346). Die Verschiebung der Relaxationsfrequenzen mit steigender Temp. zu höheren Werten wird auf die Dissoz. des $NiSO_4$ in Lsg. zurückgeführt, M. Eigen u. a. (*l. c.* S. 106), G. Kurtze, K. Tamm (*l. c.* S. 44).

*Surface Tension*

**Oberflächenspannung** $\gamma$ in dyn/cm, gem. mit der Kapillar-Meth. bei 15°, Konz. C in Mol $NiSO_4$/1000 g $H_2O$: C = 0.354, $\gamma = 0.80 \pm 0.3$, C = 0.707, $\gamma = 1.54 \pm 0.3$, aus den Messungen von J. Traube (*J. Prakt. Chem.* [2] **31** [1885] 177/218, 207) umgerechnet, T. Fraser Young, W. D. Harkins (in: *Int. Crit. Tables, Bd.* **4**, 1928, S. 446/75, 465).

*Viscosity*

**Innere Reibung.** Relative Viskosität $\eta/\eta_{H_2O}$ bei 25°, Konz. $C_{mol}$ = Mol/l Lsg.:

| $C_{mol}$ . . . . . . . . . | 0.05 | 0.063 | 0.1 | 0.125 | 0.25 | 0.5 |
|---|---|---|---|---|---|---|
| $\eta/\eta_{H_2O}$ . . . . . . . . | 1.0175 | 1.0323 | 1.069 | 1.0751 | 1.1615 | 1.3615 |
| Lit. . . . . . . . . . . | 1) | 2) | 3) | 2) | 2) | 2) |

1) K. Murata (*Bull. Chem. Soc. Japan* **3** [1928] 47/53, 52). — 2) J. Wagner (*Z. Phys. Chem.* **5** [1890] 31/52, 39). — 3) C. N. Fawsitt, R. W. Stanhope (*J. Proc. Roy. Soc. New South Wales* **71** [1937/38] 230/41, 237). Von 0.05 m-$NiSO_4$-Lsg. bei 18°: $\eta/\eta_{H_2O}$ = 1.0209, K. Murata (*l. c.*). — Reibungskoeff. $\eta$ in $cm^{-1} \cdot g \cdot sec^{-1} \cdot 10^{-2}$ bei verschiedenen Tempp., Konz. C = Mol $NiSO_4$/1000 g $H_2O$:

| C \ Temp. | 30° | 35° | 40° | 45° | 50° | 55° | 60° |
|---|---|---|---|---|---|---|---|
| 0.1547 | 0.8888 | 0.7695 | 0.7091 | 0.6433 | 0.5930 | 0.5445 | 0.4977 |
| 0.3032 | 0.9561 | 0.8228 | 0.7580 | 0.6779 | 0.6241 | 0.5753 | 0.5243 |
| 0.4366 | 1.0340 | 0.8820 | 0.8054 | 0.7174 | 0.6609 | 0.6073 | 0.5513 |
| 0.5917 | 1.1100 | 0.9464 | 0.8714 | 0.7660 | 0.7000 | 0.6397 | 0.5830 |
| 0.7042 | 1.1920 | 1.0030 | 0.9147 | 0.8072 | 0.7461 | 0.6761 | 0.6115 |
| 0.8337 | 1.2740 | 1.0730 | 0.9679 | 0.8515 | 0.7839 | 0.7112 | 0.6430 |
| 0.9526 | 1.3700 | 1.1390 | 1.0340 | 0.9028 | 0.8221 | 0.7516 | 0.6816 |
| 1.0840 | 1.4740 | 1.2230 | 1.0980 | 0.9610 | 0.8682 | 0.7939 | 0.7134 |
| 1.2190 | 1.5670 | 1.3010 | 1.1590 | 1.0240 | 0.9247 | 0.8310 | 0.7541 |
| 1.3130 | 1.6700 | 1.3900 | 1.2480 | 1.0820 | 0.9795 | 0.8824 | 0.7918 |
| 1.5250 | 1.8940 | 1.5930 | 1.4140 | 1.2120 | 1.0940 | 0.9809 | 0.8736 |
| 1.7340 | 2.1580 | 1.8280 | 1.5890 | 1.3770 | 1.2190 | 1.0980 | 0.9670 |
| 1.9510 | 2.3300 | 1.9370 | 1.6910 | 1.4690 | 1.2960 | 1.1490 | 1.0030 |
| 2.2100 | 2.5110 | 2.0820 | 1.8430 | 1.5730 | 1.3780 | 1.2390 | 1.0690 |
| 2.477 | 2.7120 | 2.2910 | 1.9630 | 1.6860 | 1.4800 | 1.3000 | 1.1520 |

S. Alamelu, C. V. Suryanarayana (*Acta Chim. Acad. Sci. Hung.* **20** [1959] 339/44, 342). Graph. Angabe von $\eta$ für 57.40%ige und 60.42%ige Lsg. zwischen 30° und 60° s. D. S. R. Rao (*J. Indian Chem. Soc.* **36** [1959] 188/90). Angabe der Viskosität in Ausflußzeiten in Sek. s. N. H. Hartshorne (*J. Chem. Soc.* **125** [1924] 2096/9), zwischen 29° und 38° für gesätt. Lsgg., M. Matsui, S. Oguri (*J. Soc. Chem. Ind. Japan* **32** [1929] 43/8, 46; *J. Soc. Chem. Ind. Japan Suppl.* **32** [1929] 16B/18B). Angaben über die spezif. Zähigkeit in Abhängigkeit von der Temp. s. J. Wagner (*Ann. Physik* [3] **18** [1883] 259/89, 272). Nach alten Lit.-Werten konstruiertes Nomogramm für $\eta/\eta_{H_2O}$ von wss. 0.1 bis 1 n-Lsgg. des $NiSO_4$ und 39 weiterer, industriell wichtiger Salze bei 25° s. D. S. Davis (*Chem. Met. Eng.* **43** [1936] 485). Unter Wechselspannung (1 kHz) steigt die Viskosität von 0.00036, 0.0025, 0.0065 und 0.0129 m-Lsgg. beinahe quadratisch mit der elektr. Feldstärke (0 bis 80 V/cm). Hierbei

nimmt die Viskosität mit steigender Konz. nahezu linear zu, Y. BJÖRNSTÅHL, K. O. SNELLMAN (*Kolloid-Z.* **78** [1937] 258/72, 266). Bei Zugabe bis zu 0.186 Äquival. Äthylendiamin wird die Viskosität erniedrigt, steigt jedoch bei weiterer Äthylendiaminzugabe, C. N. FAWSITT, R. W. STANHOPE (*J. Proc. Roy. Soc. New South Wales* **71** [1937/38] 230/41, 237). Über die in solchen Lsgg. entstehenden Äthylendiamin-Nickel-Komplexe s. „*Nickel*" *Tl.* C.

Diffusion. Für die Diffusion wss. $NiSO_4$-Lsgg. der Konz. $C_{val}$ in $H_2O$ nach refraktometr. und interferometr. Meth. ermittelte Diffusionskoeff. $\Delta$ in $cm^2$/24 Std. bei 20°:

| $C_{val}$ | 0.1 | 0.25 | 0.5 | 1 | 2 | 3 |
|---|---|---|---|---|---|---|
| $\Delta$ | 0.480 | 0.446 | 0.435 | 0.397 | 0.354 | 0.320 |

Hieraus nach NERNST für unendliche Verd. ber.: $\Delta_\infty = 1.206$. Die Diffusionskoeff. liegen erheblich niedriger und nehmen mit der Verd. verhältnismäßig stärker zu als entsprechende Werte für $NiCl_2$- und $Ni(NO_3)_2$-Lsgg. Für den Bereich 15° bis 20° beträgt der Temp.-Koeff. 0.034 $grad^{-1}$, L. W. ÖHOLM, A. HIETANEN (*Finska Kemistsamfundets Medd.* **45** [1936] 133/41, 139). Der spezielle Diffusionskoeff. für die Ni-haltigen Teilchen ist in Ni-Sulfatlsgg. bei Ggw. eines großen Überschusses von $Na_2SO_4$ wesentlich kleiner als in entsprechenden Lsgg. von Ni-Nitrat oder Ni-Chlorid. Als Grund hierfür wird teilweise Sulfatokomplexbldg. angenommen, G. JANDER, H. MÖHR (*Z. Physik. Chem.* A **190** [1942] 81/100, 87). — Opt. Meth. zur Beobachtung des SORET-Effekts s. C. C. TANNER (*Trans. Faraday Soc.* **23** [1927] 75/95, 92).

Adsorption. Zur Adsorption des $NiSO_4$ aus seiner Lsg. an $BaSO_4$-Pulver s. P. P. VON WEIMARN (*Chem. Rev.* **2** [1926] 217/42, 230). Über den Einfluß der Konz. verschiedener Kationen (z. B. $Cu^{2+}$ und $Fe^{2+}$) auf die an frisch gefälltem $MnO_2$ in saurer und ammoniakalischer Lsg. adsorbierte $NiSO_4$-Menge s. L. S. LÉVY (*Ann. Chim.* [*Paris*] [10] **15** [1931] 85/200). Durch Gleichstrom-Einw. kann an Kohle adsorbiertes $NiSO_4$ wieder abgetrennt werden, S. L. BHATIA (*Kolloid-Z.* **50** [1930] 55/58).

**Thermische Eigenschaften. Dampfdruck** von wss. $NiSO_4$-Lsg. bei 0°C, Konz. C in Mol $NiSO_4$/1000 g $H_2O$: *Thermal Properties. Vapor Pressure*

| C | 0 | 0.467 | 0.731 | 0.870 | 1.289 | 1.516 |
|---|---|---|---|---|---|---|
| p in Torr | 4.579 | 4.553 | 4.537 | 4.529 | 4.499 | 4.482 |
| Lit. | 2) | 2) | 1) | 2) | 1) | 2) |

1) JUBITZ bei C. DIETERICI (*Ann. Physik* [4] **70** [1923] 617/21). — 2) C. DIETERICI (*l. c.*).

Erniedrigung des Dampfdruckes $\Delta p$ in Torr bei den Konzz. $c_1 = 52.72$ und $c_2 = 105.84$ g $NiSO_4 \cdot 6H_2O$/100 g $H_2O$, bezogen auf den Sättigungsdruck p in Torr von reinem $H_2O$ (Werte in Auswahl):

| p | 24.7 | 61.9 | 107.6 | 188.1 | 220.5 | 296.8 | 399.6 | 459.1 | 528.6 | 604.9 | 682.4 | 763.1 |
|---|---|---|---|---|---|---|---|---|---|---|---|---|
| $\Delta p$ ($c_1$) | 0.5 | 1.4 | 2.6 | 5.3 | 6.7 | 8.0 | 10.8 | 12.8 | 14.2 | 16.4 | 16.8 | 20.2 |
| $\Delta p$ ($c_2$) | 2.1 | 4.6 | 7.2 | 12.5 | 16.0 | 18.9 | 24.4 | 28.2 | 32.1 | 35.5 | 39.0 | 40.0 |

G. TAMMANN (*Ann. Physik* [3] **24** [1885] 523/69, 555), hieraus berechnete, auf Temp. bezogene Werte s. J. W. C. FRAZER, R. K. TAYLOR, A. GROLLMAN (in: *Int. Crit. Tables, Bd.* 3, 1928, S. 292/300, 294).

**Siedepunktserhöhung.** $\Delta_s$ und molare Sdp.-Erhöhung $\Delta_{s,mol}$ in °C bei Atm.-Druck von verschieden konz. $NiSO_4$-Lsgg.; Konz. C in Mol $NiSO_4$/1000 g $H_2O$: *Boiling Point*

| C | 0.000849 | 0.00170 | 0.00339 | 0.00679 | 0.0168 | 0.0347 | 0.0690 | 0.170 | 0.333 |
|---|---|---|---|---|---|---|---|---|---|
| $\Delta_s$ | 0.000721 | 0.00140 | 0.00258 | 0.00492 | 0.0111 | 0.0211 | 0.0385 | 0.0842 | 0.148 |
| $\Delta_{s,mol}$ | 0.849 | 0.827 | 0.760 | 0.725 | 0.662 | 0.609 | 0.558 | 0.494 | 0.444 |

E. PLAKE (*Z. Physik. Chem.* A **172** [1935] 113/28, 116).

**Gefrierpunktserniedrigung.** $\Delta_g$ in °C, Konz. C in Mol $NiSO_4$/1000 g $H_2O$, Werte in Auswahl: *Freezing Point Depression*

| C | 0.000166 | 0.000444 | 0.000936 | 0.002350 | 0.003315 | 0.005285 | 0.009160 |
|---|---|---|---|---|---|---|---|
| $\Delta_g$ | 0.000613 | 0.001583 | 0.003194 | 0.007499 | 0.010313 | 0.01561 | 0.02588 |

H. HAUSRATH (*Ann. Physik* [4] **9** [1902] 522/54, 545).

| C | 0.00924 | 0.02363 | 0.03012 | 0.03880 | 0.05025 | 0.07214 | 0.07892 | 0.09307 |
|---|---|---|---|---|---|---|---|---|
| $\Delta_g$ | 0.0258 | 0.0596 | 0.0741 | 0.0928 | 0.1168 | 0.1609 | 0.1734 | 0.2006 |

P. G. M. BROWN, J. E. PRUE (*Proc. Roy. Soc.* [*London*] A **232** [1955] 320/36, 329). Weitere Messungen, F. RÜDORFF (*Ann. Physik* [2] **145** [1872] 599/622, 612), A. SIEMENS (*Diss. Göttingen* 1904, S. 38).

Werte für die molare Gefrierpunktserniedrigung $\Delta_{g,mol}$ nach krit. Prüfung der Bestt. von H. HAUSRATH (*l. c.*), Konz. in Äquival. $NiSO_4$/1000 g $H_2O$:

| Konz. | 0.005 | 0.006 | 0.010 | 0.020 |
|---|---|---|---|---|
| $\Delta_{g,mol}$ | 3.220 | 3.192 | 3.036 | 2.832 |

A. A. NOYES, K. G. FALK (*J. Am. Chem. Soc.* **32** [1910] 1011/30, 1025). $\Delta_{g,mol}$ aus eigenen Messungen, Konz. $C_{mol}$ in Mol $NiSO_4$/l Lsg.:

| $C_{mol}$ | 0.048 | 0.097 | 0.145 | 0.290 | 0.386 | 0.483 | 0.579 | 0.869 | 0.965 |
|---|---|---|---|---|---|---|---|---|---|
| $\Delta_{g,mol}$ | 2.70 | 2.34 | 2.21 | 1.90 | 1.87 | 1.81 | 1.77 | 1.76 | 1.79 |

H. C. JONES, F. H. GETMAN (*Am. Chem. J.* **31** [1904] 303/59, 318).

*Specific Heat*

**Spezifische Wärme.** Mittlere spezif. Wärme $\bar{c}_p$ in $cal \cdot g^{-1} \cdot grad^{-1}$ bei verschiedenen Tempp., Verd. $V_{mol}$ in Mol $H_2O$/Mol $NiSO_4$ (Werte in Auswahl):

| Temp. | 18° bis 21° | | | | | | 25° bis 56° | | |
|---|---|---|---|---|---|---|---|---|---|
| $V_{mol}$ | 24.327 | 32.991 | 45.986 | 58.981 | 84.972 | 162.44 | 50 | 100 | 200 |
| $\bar{c}_p$ | 0.739 | 0.776 | 0.813 | 0.840 | 0.874 | 0.926 | 0.8371 | 0.9102 | 0.9510 |
| Lit. | 1) | 1) | 1) | 1) | 1) | 1) | 2) | 2) | 2) |

1) J. PERREU (*Compt. Rend.* **198** [1934] 1767/9). — 2) C. MARIGNAC (*Ann. Chim. Phys.* [5] 8 [1876] 410/30, 418; *Arch. Phys. Nat.* [2] **55** [1876] 113/35, 121).

*Optical Properties. Color*

**Optische Eigenschaften. Farbe.** Wss. $NiSO_4$-Lsg. ist grün, T. DREISCH, W. TROMMER (*Z. Physik. Chem.* B **37** [1937] 37/59, 42). — Über colorimetr. Messungen zur Beschreibung der Farbe wss. $NiSO_4$-Lsgg. mit Hilfe des Farbdreiecks s. R. A. HOUSTOUN, A. J. YOUNGER (*Phil. Mag.* [7] **23** [1937] 49/63).

*Optical Absorption*

**Lichtabsorption.** Die Absorption der wss. $NiSO_4$-Lsg. ist im wesentlichen durch $[Ni(H_2O)_6]^{2+}$ bedingt, s. beispielsweise E. PLŠKO (*Acta Univ. Szeged. Acta Phys. Chem.* **5** Nr. 314 [1959] 58/66), im übrigen s. „*Nickel*“ *Tl.* C. — Zur Verwendung von wss. $NiSO_4$-Lsg. als Filter für Ultrarot-Strahlen s. H. L. J. BÄCKSTRÖM (*Ark. Kem. Min.* **13** A Nr. 24 [1939/40] 6). — Die Wärmeabsorption von 0.1 m-$NiSO_4$-Lsg. steigt mit zunehmender Schichtdicke in Form einer Exponentialfunktion, bis sie bei einer Schichtdicke von nahezu 10 cm einen konst. Wert erreicht, P. L. SARMA (*J. Univ. Bombay* **17** A Nr. 3 [1948/49] 48/52). — Ramanfrequenzen beob. an 2 und 0.5 m-Lsgg. s. H. NISI (*Japan. J. Phys.* **7** [1931] 1/32, 17). Im Bereich von 1100 bis 800 mμ gehorcht verd. wss. Lsg. dem BEERschen Gesetz, S. D. CHATTERJEE, N. N. GHOSH, A. M. NAHA (*J. Chem. Phys.* **20** [1952] 344/5). — Beim Vergleich der Absorptionsspektren der wss. Lsgg. von $NiSO_4$ mit denen von Ni-Fluorid, -Chlorid, -Bromid, -Jodid und -Nitrat zeigt sich, daß die Lage der Absorptionsmax. im Bereich von 1200 bis 200 mμ im wesentlichen vom Ni-Ion abhängt, R. A. HOUSTOUN (*Phys. Z.* **14** [1913] 424/9, 427; *Proc. Roy. Soc. Edinburgh* **31** [1910/11] 538/46). — Die zwischen 950 und 900 mμ auftretenden Reflexionsmax. bei 950 und 915 mμ werden auf die Anwesenheit der Ni-Isotope $^{58}_{28}Ni$ und $^{60}_{28}Ni$ zurückgeführt, E. K. PLYLER (*Phys. Rev.* [2] **28** [1926] 284/90, 289). — Spektralphotometrisch gem. Absorptionsspektrum s. **Fig. 234** nach O. G. HOLMES, D. S. MCCLURE (*J. Chem. Phys.* **26** [1957] 1686/94, 1693). Die Lage des ersten Max. wird spektralphotometr. bei ~8000 $cm^{-1}$ (~1250 mμ) gefunden, C. FURLANI (*Z. Physik. Chem.* **10** [1957] 291/305, 303). Das zweite Max. ist in 2 Teilbanden aufgespalten mit Schwerpunkt bei ~15000 $cm^{-1}$ (~670 mμ), C. FURLANI (*l. c.*), P. THOMSON, R. C. STILLMAN (*J. Am. Oil Chemists Soc.* **26** [1949] 45/51, 48), bei ~700 mμ, M. BOBTELSKY, C. HEITNER (*Bull. Soc. Chim. France* **1951** 494/502). Das dritte und höchste Max. liegt bei ~25000 $cm^{-1}$ (400 mμ), C. FURLANI (*l. c.*), bei 390 bis 400 mμ, M. BOBTELSKY, C. HEITNER (*l. c.*), bei 395 mμ, R. TRÉHIN (*Ann. Phys.* [*Paris*] [11] **20** [1945] 372/90, 379; *Compt. Rend.* **216** [1943] 558/60). Im UV befindet sich nach spektrograph. Messungen bei ~300 mμ ein Minimum, C. FURLANI (*l. c.*). Weitere Angaben zur Lage der Absorptionsmax. und Minima s. E. MÜLLER (*Ann. Physik* [4] **21** [1906] 515/34, 521), R. A. HOUSTOUN (*Proc. Roy. Soc. Edinburgh* **31** [1910/11] 538/46,

Fig. 234.

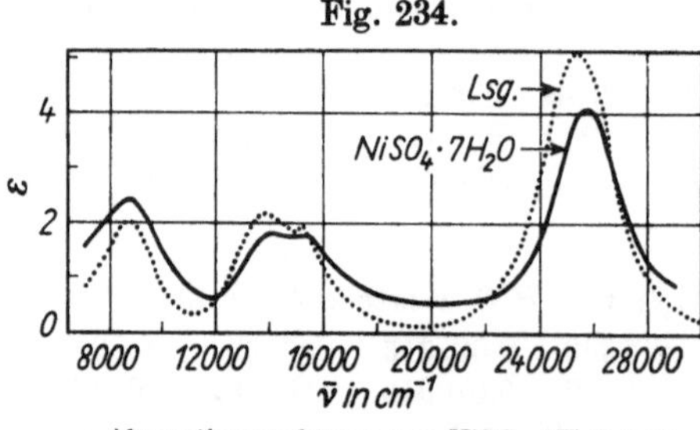


Absorptionsspektrum von $NiSO_4 \cdot 7H_2O$ und wss. $NiSO_4$-Lsg.

547/58, 553; *Physik. Z.* **14** [1913] 424/9, 427), MASSOL, FAUCON (*Compt. Rend.* **157** [1913] 332/3; *Bull. Soc. Chim. France* [4] **15** [1914] 147/8), J. S. GUY, H. C. JONES (*Am. Chem. J.* **50** [1913] 257/308, 293), H. C. JONES, J. S. GUY (*Carnegie Inst. Wash. Publ.* Nr. 190 [1913] 1/93, 79; *Ann. Physik* [4] **43** [1914] 555/604, 589), H. C. JONES, W. W. STRONG (*Am. Chem. J.* **43** [1910] 97/135, 114), H. C. JONES (*Carnegie Inst. Wash. Publ.* Nr. 260 [1918] 1/144, 58), W. W. COBLENTZ, W. B. EMERSON, M. B. LONG (*Bull. Bur. Std.* **14** [1918/19] 653/73, 658), H. LEY (*Z. Anorg. Allgem. Chem.* **164** [1927] 377/406, 395), P. BOVIS (*Ann. Phys.* [*Paris*] [10] **10** [1928] 232/344, 284), S. KATO (*Sci. Pap. Inst. Tokyo* **13** [1930] 49/58, 51), T. DREISCH, W. TROMMER (*Z. Physik. Chem.* B **37** [1937] 37/59, 42), L. GYULAI (*Acta Univ. Szeged. Acta Chem. Mineral. Phys.* **5** [1937] 210/37, 224), A. A. ZAN'KO, A. I. BRODSKII (*Acta physicochim. URSS* **8** [1938] 309/14; *Zhurnal Fiz. Khim.* **11** [1938] 733/6), W. V. BHAGWAT (*J. Indian chem. Soc.* **11** [1934] 5/11, 9, **17** [1940] 53/59, 58), A. v. KISS, P. CSOKÁN (*Z. Anorg. Allgem. Chem.* **245** [1941] 355/64, 356), E. MAJOR (*Acta Univ. Szeged. Acta Phys. Chem.* 1 [1942] 17/34, 26), K. SCHLOSSMACHER (*Neues Jahrb. Mineral. Abhandl.* A **79** [1948] 297/316, 314), T. F. FRANSEVICH-ZABLUDOVSKAYA, A. I. ZAYATS, V. T. BARCHUK (*Zh. Prikl. Khim.* **32** [1959] 842/7; *J. Appl. Chem. USSR* **32** [1959] 859/63), W. H. WAGGONER, M. E. CHAMBERS (*Talanta* **5** [1960] 121/6, 130). Versuche einer theoret. Deutung der Aufspaltung des Absorptionsmax. bei 670 m$\mu$ s. C. FURLANI (*Z. Physik. Chem.* **10** [1957] 291/305, 297), s. auch S. 694. Der Vergleich der Absorptionsspektren der wss. Lsg. mit denen von $\alpha$-$NiSO_4 \cdot 6H_2O$- und $NiSO_4 \cdot 7H_2O$-Kristallen im Bereich von 450 bis 320 m$\mu$ zeigt, daß bei einer Temp. von 14.2° das Max. der wss. Lsg. bei 395 m$\mu$, bei den Kristallen bei etwa 399 m$\mu$ liegt, s. auch Fig. 234, S. 716. Bei gleicher Konz. der Ni-Ionen in gleichen Vol.-Tl. zeigen die Kristalle größere Transparenz als die wss. Lsg., R. TRÉHIN (*Ann. Phys.* [*Paris*] [11] **20** [1945] 372/90, 388). — Im UV ist der aufsteigende Ast des Absorptionsspektrums von $NiSO_4$-Lsg. gegenüber anderen Ni-Salzlsgg. etwas nach größeren Wellenlängen verschoben, A. v. KISS, P. CSOKÁN (*Z. Anorg. Allgem. Chem.* **245** [1941] 355/64, 358). Über die Kombination von UV-Filtern aus $NiSO_4$-Lsg. und anderen Substt. s. A. N. SEVCHENKO (*Opt.-Mekhan. Ind.* **11** Nr. 3 [1941] 6/9), L. MAZZA (*Ann. Chim. Appl.* **30** [1940] 43/47). — Die Röntgenabsorptionsspektren der wss. Lsg. von Ni-Sulfat, -Chlorid und -Bromid sind ähnlich. Alle zeigen Diskontinuitäten bei 1483, 1478, 1466 und 1450 kX, Y. CAUCHOIS (*Compt. Rend.* **224** [1947] 1556/8). Nach E. MÜLLER (*Ann. Physik* [4] **12** [1903] 767/86, 783), H. C. JONES, W. W. STRONG (*Physik. Z.* **10** [1909] 499/503) soll für verd. wss. Lsgg. das BEERsche Gesetz im sichtbaren Bereich Gültigkeit haben, jedoch zeigen spektralphotometr. Messungen, daß dies nur für den Bereich von 450 bis 320 m$\mu$ gilt, R. TRÉHIN (*Ann. Phys.* [*Paris*] [11] **20** [1945] 372/90, 381; *Compt. Rend.* **216** [1943] 558/60), während zwischen 640 und 460 m$\mu$ schon bei Konzz. zwischen 1.15 bis 2.64 Mol $NiSO_4$/l Lsg. eine geringe, mit steigender Konz. aber zunehmende Abweichung vom BEERschen Gesetz beob. wird, W. V. BHAGWAT (*J. Indian Chem. Soc.* **17** [1940] 53/59, 58), s. auch A. v. KISS, P. CSOKÁN (*l. c.* S. 358), H. LEY (*Z. Anorg. Allgem. Chem.* **164** [1927] 377/406, 395).

Temperatureinfluß. Temp.-Steigerung von 0° auf 75°, gem. an 0.2 und 2.0 m-$NiSO_4$-Lsg., bewirkt eine geringfügige Verschiebung und Verbreiterung der Absorptionsmax. bei 720 und 400 m$\mu$, L. GYULAI (*Acta Univ. Szeged. Acta Chem. Mineral. Phys.* **5** [1937] 210/37 [dtsch. Auszug]), s. auch H. C. JONES, W. W. STRONG (*l. c.*). Diese Verschiebung des Absorptionsmax. wird einer Änderung der Hydratationsenergie des Kations zugeschrieben, L. GYULAI (*l. c.*). Die Verschiebung des Absorptionsmax. bei 395 m$\mu$ beträgt bei 1.93 m-$NiSO_4$-Lsg. bei einer Temp.-Steigerung von 11.1° auf 90.1° 2 m$\mu$ zu längeren Wellenlängen, R. TRÉHIN (*l. c.*). Aus den bei tieferen Tempp. erhaltenen Spektren von wss. $NiSO_4$-Lsg. wird geschlossen, daß die Temp.-Abhängigkeit der Spektren zum größten Teil auf schwingungsinduzierten elektr. Dipolumwandlungen beruht, O. G. HOLMES, D. S. MCCLURE (*J. Chem. Phys.* **26** [1957] 1686/94, 1689). — Die im Sichtbaren in verd. Lsg. gem. Absorptionsbanden werden auf Grund von Messungen zwischen 0° und 75° den Elektronen zugeordnet, die die koordinative Bindung zwischen den Ni-Ionen und den $H_2O$-Molekeln vermitteln, L. GYULAI (*l. c.* S. 235).

Molarer dekadischer Extinktionskoeffizient $\varepsilon$ für Lsgg. verschiedener Konzz. $C_{mol}$ = Mol $NiSO_4$/l Lsg. bei verschiedenen Wellenlängen $\lambda$ in m$\mu$ bei 14.2° (Werte in Auswahl):

| $\lambda$ . . . . . . | 450 | 422.5 | 395 | 379 | 361 | 346 | 320 |
|---|---|---|---|---|---|---|---|
| $C_{mol}$ = 1.93 . | 0.656 | 3.733 | 9.300 | 6.400 | 1.666 | 0.553 | 0.253 |
| $C_{mol}$ = 0.965 . | 0.330 | 1.866 | 4.650 | 3.200 | 0.832 | 0.276 | 0.128 |
| $C_{mol}$ = 0.12 . | 0.040 | 0.232 | 0.578 | 0.402 | 0.103 | 0.034 | 0.015 |

spektralphotometr. gem., R. TRÉHIN (*Ann. Phys.* [*Paris*] [11] **20** [1945] 372/90, 379), bei gewöhnl. Temp., Werte in Auswahl:

| λ. . . . . . | 640 | 600 | 580 | 540 | 500 | 480 | 460 |
|---|---|---|---|---|---|---|---|
| $C_{mol} = 2.64$ . | — | 1.65 | 1.05 | 0.50 | 0.27 | 0.48 | 0.90 |
| $C_{mol} = 1.15$ . | 1.70 | 0.70 | 0.42 | 0.20 | 0.10 | 0.17 | 0.32 |
| $C_{mol} = 0.465$ . | 0.70 | 0.30 | 0.17 | 0.10 | 0.05 | 0.08 | 0.10 |

W. V. Bhagwat (*J. Indian Chem. Soc.* **17** [1940] 53/59, 58).

| λ. . . . . . | 660 | 600 | 580 | 540 | 500 | 480 | 460 |
|---|---|---|---|---|---|---|---|
| $C_{mol} = 0.05$ . | 0.099 | 0.030 | 0.0179 | 0.006 | 0.0023 | 0.0058 | 0.0178 |

Spektralphotometr. gem., P. Bovis (*Ann. Phys.* [*Paris*] [10] **10** [1928] 232/344, 284). — Einzelwerte der Extinktionskoeff. in Abhängigkeit von der Wellenlänge für Lsgg. verschiedener Konzz., z. T. in graph. Darst. s. L. Gyulai (*l. c.*), G. Poma (*Gazz. Chim. Ital.* **40** I [1910] 176/93, 182), A. v. Kiss, P. Csokán (*Z. Anorg. Allgem. Chem.* **245** [1941] 355/64, 356), E. Müller (*Ann. Physik* [4] **21** [1906] 515/34, 521), A. A. Zan'ko, A. I. Brodskii (*Acta Physicochim. URSS* 8 [1938] 309/14; *Zh. Fiz. Khim.* **11** [1938] 733/6). Im Bereich von 450 bis 320 mμ steigt der Extinktionskoeff. linear mit der Temp., R. Tréhin (*Ann. Phys.* [*Paris*] [11] **20** [1945] 372/90, 381; *Compt. Rend.* **216** [1943] 558/60).

Einfluß von Zusätzen. $NH_3$ in Konzz. bis zu 2 Mol/l Lsg. bewirkt bei 0.2m-$NiSO_4$-Lsg. noch keine Verschiebung der Absorptionsmax., jedoch zeigt eine 0.2m-$NiSO_4$-Lsg. mit 5 Mol $NH_3$/l eine Verschiebung des Absorptionsmax. im Bereich von 700 bis 200 mμ um etwa 30 mμ nach kürzeren Wellenlängen. Diese Verschiebung ändert sich auch bei 12.5 Mol $NH_3$/l nicht, E. Major (*Acta Univ. Szeged. Acta Phys. Chem.* **1** [1942] 17/34, 28). Während für die Max. bei 720 und 660 mμ das gleiche Ergebnis erhalten wird, wird für das Max. bei 400 mμ bei Konz. über 5 Mol $NH_3$/l eine Verschiebung nach längeren Wellenlängen beob., A. v. Kiss, P. Csokán (*Z. Anorg. Allgem. Chem.* **245** [1941] 355/64, 358), s. auch G. Poma (*l. c.* S. 186). Angaben über die Beeinflussung der Absorptionsspektren bei $NH_3$-Überschuß, H. Ley (*Z. Anorg. Allgem. Chem.* **164** [1927] 377/406, 396), durch $NH_3$, K-Na-Tartrat und Na-Citrat, T. F. Frantsevich-Zabludovskaya, A. I. Zayach, V. T. Barchuk (*Zh. Prikl. Khim.* **32** [1959] 842/7; *J. Appl. Chem. USSR* **32** [1959] 859/63), durch Na-Citrat und Na-Tartrat, M. Bobtelsky, C. Heitner (*Bl. Soc. Chim. France* **1951** 494/502). — Über die in $NH_3$-haltigen $NiSO_4$-Lsgg. auftretenden Komplexe $[Ni(NH_3)_n]^{2+}$ s. „*Nickel*“ *Tl.* C. — Über Citrato- und Tartrato-Komplexe s. „*Nickel*“ *Tl.* B, *Lfg.* 3.

Verschiedene Einflüsse. Der Einfluß der Alterung auf wss. 0.1 n-$NiSO_4$-Lsg. ist sehr gering. Spektralphotometr. nach 1 Std., 5 Tagen oder 2 Monaten gem. Extinktionskoeff. unterscheiden sich von solchen, die nach 3 Jahren und 7 Monaten an der gleichen Lsg. gem. werden, nur in der 3. Dezimale, P. Bovis (*Ann. Phys.* [*Paris*] [10] **10** [1928] 232/344, 284). — Das Absorptionsvermögen einer 0.5 n-Lsg. für weißes Licht wird durch ein senkrecht zum Lichtweg angelegtes, nahezu homogenes Magnetfeld von 13000 Oe erhöht. Hierbei ist die Absorptionssteigerung nicht für alle Wellenlängen gleich. Das Max. bei 432.5 mμ wird um 5.8 mμ nach größerer Wellenlänge verschoben, A. K. Banerjea (*Indian J. Phys.* **18** [1944] 264/8).

*Optical Refraction*

**Lichtbrechung.** Brechungszahl n für Na-Licht (λ = 5890 Å) bei 17.5°, Konz. c in g $NiSO_4$/100 ml Lsg. (Werte in Auswahl):

| c. . . | 0.00 | 0.98 | 1.98 | 2.99 | 4.00 | 5.01 | 6.03 | 7.07 |
|---|---|---|---|---|---|---|---|---|
| n . . | 1.33320 | 1.33513 | 1.33705 | 1.33896 | 1.34086 | 1.34275 | 1.34463 | 1.34650 |
| c. . . | 7.91 | 8.96 | 10.04 | 12.00 | 13.98 | 15.97 | 17.98 | 19.35 |
| n . . | 1.34798 | 1.34984 | 1.35169 | 1.35497 | 1.35822 | 1.36145 | 1.36464 | 1.36675 |

B. Wagner (*Tabellen zum Eintauchrefraktometer*, 2. *Aufl.*, *Sondershausen* **1928**, S. **49**). n bei verschiedenen Tempp., Konz. c in g $NiSO_4$/100 g Lsg. (Werte in Auswahl):

| c | 15° | 18° | 20° | 25° | 30° | Lit. |
|---|---|---|---|---|---|---|
| 0.32 | 1.3361 | 1.3358 | 1.3356 | 1.3351 | 1.3343 | 1) |
| 0.77 | 1.3369 | 1.3366 | 1.3364 | 1.3359 | 1.3354 | 1) |
| 1.0 | 1.33540 | — | 1.33497 | 1.33451 | — | 2) |
| 1.55 | 1.3379 | 1.3376 | 1.3374 | 1.3369 | 1.3363 | 1) |

1) L. M. Blanc (*Anales Asoc. Quim. Arg.* **4** [1916] 294/314, 299). — 2) F. Flöttmann (*Z. Anal. Chem.* **73** [1928] 1/39, 33). — Brechungszahl n für die Fraunhoferschen Linien C, D, F bei 20°, Konz. in g $NiSO_4$/100 g Lsg.:

| c | $n_C$ | $n_D$ | $n_F$ | Lit. |
|---|---|---|---|---|
| 5.098 | 1.34004 | 1.34314 | 1.34379 | A. BROMER (*Ber. Akad.* **110** IIa [1901] |
| 1.871 | 1.33232 | 1.33540 | 1.33579 | 929/46, 941) |

Brechungszahl n bzw. n′ von $NiSO_4$-Lsgg. mit den Dichten $D_4^{22} = 1.30794$ bzw. 1.15192 sowie Molrefraktion R bei verschiedenen Wellenlängen λ in Å und 20°, Werte in Auswahl:

| λ | 5769.6 | 4916.04 | 4358.3 | 3663.27 | 3341.47 | 3131.70 | 2803.5 | 2482.72 |
|---|---|---|---|---|---|---|---|---|
| n | 1.38721 | 1.39129 | 1.39493 | Absorption | 1.40817 | 1.41279 | 1.42291 | 1.43846 |
| n′ | 1.36113 | 1.36486 | 1.36850 | 1.37578 | 1.38084 | 1.38516 | 1.39463 | 1.40918 |
| R | $15.77_5$ | $15.91_5$ | $15.98_5$ | 16.21 | 16.39 | $16.49_5$ | $16.77_5$ | 17.15 |

R. W. ROBERTS, S. F. ADAMS (*Phil. Mag.* [7] **28** [1939] 601/13, 606). Weitere Angaben über Lichtbrechung, H. C. JONES, F. H. GETMAN (*Am. Chem. J.* **31** [1904] 303/59, 319), F. FOUQUÉ (*Ann. Observ. Paris* **9** [1868] 172/251, 240), J. H. GLADSTONE (*Phil. Trans.* **160** [1870] 9/32, 31), L. MOND, R. NASINI (*Z. Physik. Chem.* 8 [1891] 150/7, 155). — Zwischen der Molrefraktion $R = (n^2-1): D(n^2+2)$ nach LORENTZ-LORENZ (Brechungszahl n für die $Na_D$-Linie, Dichte D bei 20°) und dem $H_2O$-Gehalt in Gew.-% der Hydrate und der wss. Lsg. von $NiSO_4$ besteht eine lineare Beziehung, V. ROSICKY, J. KOKTA (*Publ. Fac. Sci. Univ. Masaryk* Nr. 210 [1935] 1/17, 14).

*Magnetorotation*

**Magnetorotation.** VERDETsche Konst. [ω] und [ω]′ in $min \cdot cm^{-1} \cdot Oe^{-1}$ für wss. $NiSO_4$-Lsgg. mit den Dichten $D_4^{22} = 1.30794$ und 1.15192 bei 22° und den Wellenlängen λ in Å:

| λ | 5780 | 5461 | 4916 | 4354.6 | 4046.6 | 3653.5 | 3128.9 | 2803.4 | 2652.3 | 2482.5 |
|---|---|---|---|---|---|---|---|---|---|---|
| $[\omega] \cdot 10^3$ | 16.61 | 18.72 | 23.78 | 31.55 | Absorption | 46.52 | 69.59 | 94.62 | 111.50 | 137.10 |
| $[\omega]' \cdot 10^3$ | — | 17.04 | 21.51 | 28.36 | 33.74 | 42.35 | 62.83 | 84.77 | 99.68 | 122.16 |

In Übereinstimmung mit der Theorie von VAN VLECK und SERBER über die Temp.-Abhängigkeit der paramagnet. Drehung ist die Dispersionskurve der magnet. Drehung in der Nachbarschaft von 3950 Å asymmetr., R. W. ROBERTS, S. F. ADAMS (*l. c.* S. 604). Graph. Darst. der magnet. Drehung für das Licht der $Na_D$-Linie s. R. W. ROBERTS, J. H. SMITH, S. S. RICHARDSON (*Phil. Mag.* [6] **44** [1922] 912/15).

*Magnetic and Electric Properties. Magnetic Susceptibility*

**Magnetische und elektrische Eigenschaften. Magnetische Suszeptibilität.** Sie steigt bei gewöhnl. Temp. mit der Konz. linear an, gem. im Konz.-Bereich von 0.950 bis 22.040 g $NiSO_4$/100 g Lsg. zwischen 20° und 25°, B. CABRERA, E. MOLES, J. GUZMAN (*Anales Real. Soc. Espan. Fis. Quim.* [*Madrid*] **12** [1914] 131/42, 138; *Arch. Phys. Nat.* [4] **37** [1914] 324/34, 322), 0.07 bis 1.11 g $NiSO_4$/100 ml Lsg. bei 17.1°, A. E. OXLEY (*Pr. Cambridge Phil. Soc.* **16** [1912] 421/7, 423), 3.116 bis 24.154 g $NiSO_4$/100 g Lsg., P. WEISS, E. D. BRUINS (*Acad. Amsterdam Versl.* **24** [1915] 310/7, 313; *Pr. Akad. Amsterdam* **18** [1916] 246/53, 248). Bei einer Konz. von 2.594 g $NiSO_4$/100 ml $H_2O$ ist die magnet. Susz. Null, C. SALCEANU (*Z. Phys.* **108** [1938] 439/43). Spezif. Susz. χ bei verschiedenen Konzz. und Tempp., bestimmt mit einer Curie-Cheneveauschen Waage, Konz. c in g $NiSO_4 \cdot 7H_2O$/100 g Lsg. (Werte in Auswahl):

| c | 1.75 | 5.66 | 11.40 | 21.89 | 31.34 | 1.15 | 7.14 | 17.79 | 25.9 | 31.42 |
|---|---|---|---|---|---|---|---|---|---|---|
| T in °K | 286° | 286° | 285° | 286° | 285° | 290° | 290° | 290° | 290° | 290° |
| $\chi 10^6$ | −0.41 | +0.23 | +1.36 | +3.41 | +5.97 | −0.51 | +0.55 | +2.10 | +3.29 | +4.70 |
| c | 0.89 | 2.80 | 11.84 | 27.26 | 36.71 | 0.27 | 1.17 | 5.03 | 10.20 | 15.25 |
| T in °K | 296° | 296° | 295.5° | 296° | 295.5° | 299.5° | 298.8° | 299.5° | 300° | 301° |
| $\chi 10^6$ | −0.59 | −0.22 | +1.30 | +3.57 | +5.95 | −0.61 | −0.50 | +0.09 | +0.97 | +1.79 |

J. M. ALAMEDA (*Anales Real. Soc. Espan. Fis. Quim.* [*Madrid*] **43** [1947] 689/734, 692), s. auch J. M. ALAMEDA (*Anales Real. Soc. Espan. Fis. Quim.* [*Madrid*] **42** [1946] 17/34, 27). Ältere Messungen, G. QUINCKE (*Ann. Physik* [3] **24** [1885] 347/416, 396), J. KOENIGSBERGER (*Ann. Physik* [3] **66** [1898] 698/734, 721), O. LIEBKNECHT, A. P. WILLS (*Ann. Physik* [4] **1** [1900] 178/88, 186). Zugabe von $H_2SO_4$-Lsg. oder $(NH_4)_2SO_4$ zur wss. $NiSO_4$-Lsg. sind ohne Einfluß auf deren magnet. Verhalten, P. WEISS, E. D. BRUINS (*l. c.* S. 315; *l. c.* S. 252). Die magnet. Eigg. der wss. $NiSO_4$-Lsg. sind unabhängig vom Altern, von der Darst.-Meth. und von der Zugabe von HCl-Lsg. Zumindest auf verd. Lsgg. ist das WIEDEMANNsche Additivitätsgesetz nicht anwendbar, J. M. ALAMEDA (*Anales Real. Soc. Espan. Fis. Quim.* [*Madrid*] **43** [1947] 689/734). — Korrigierte spezif. Susz. χ* bei verschiedenen Tempp., gem. an einer Lsg. mit 9.20 g $NiSO_4$/100 g Lsg.:

| t in °C | 23.3° | 31.35° | 40.1° | 49.25° | 59.8° | 67.4° | 75.7° |
|---|---|---|---|---|---|---|---|
| $\chi^* \cdot 10^6$ | 75.93 | 73.93 | 72.02 | 70.10 | 68.05 | 66.73 | 65.19 |

mit den diamagnet. Korrekturen $\chi = -72 \cdot 10^{-6}$ für $H_2O$ und $\chi = -0.42 \cdot 10^{-6}$ für das $SO_4^{2-}$-Ion, A. NICOLAU (*Compt. Rend.* **205** [1937] 557/8). Ältere Messungen zwischen 2° und 80° an wss. 1 und

2 m-$NiSO_4$-Lsg. s. G. JÄGER, S. MEYER (*Ber. Wien. Akad.* **106** IIa [1897] 623/53, 647). Durch Lichteinw. wird die Susz. von verd. wss. $NiSO_4$-Lsg. erhöht, D. M. BOSE, P. K. RAHA (*Phil. Mag.* [7] **20** [1935] 145/66, 154).

*Dielectric Constant*

**Dielektrizitätskonstante** $\varepsilon$. Messungen nach einer modifizierten DRUDEschen Meth. bei 15.7° von H. HELLMANN, H. ZAHN (*Ann. Physik* [4] **81** [1926] 711/56, 742) ergeben für wss. 0.11, 0.175 und 0.25 m-$NiSO_4$-Lsg. $\varepsilon = 83.1$, 90.1 und 87.7 nach Korrektur für die Hochfrequenzleitf., H. RIECKHOFF (*Ann. Physik* [5] **2** [1929] 577/616, 604).

*Electrochemical Behavior*

**Elektrochemisches Verhalten.** Becquerel-Effekt. Beim Bestrahlen einer mit im $N_2$-Strom ausgekochten $H_2O$ hergestellten 0.1 n-Lsg. im Quarzrohr mit UV-Licht bei 19° unter Durchleiten von $N_2$ treten gegenüber einer unangreifbaren Elektrode, z. B. Pt, Pot.-Änderungen auf. Die EK sinkt in 15 Min. um 0.0846 V und scheint während der Belichtung nicht wieder zu steigen; nach Abbruch der Belichtung steigt sie jedoch wieder, T. SWENSSON (*Arkiv Kemi Mineral. Geol.* **7** Nr. 19 [1919] 1/142, 30, 49). Bei dieser Pot.-Änderung ist kein $H_2O_2$ nachweisbar. Wird $H_2O_2$ in solchen Mengen zugefügt, daß es chemisch gerade nachgewiesen werden kann, so erhöht sich das Pot. der $NiSO_4$-Lsg. um 0.0022 V; beträgt die $H_2O_2$-Konz. ungefähr 485 mg/l Lsg., erhöht es sich um 0.0520 V, T. SWENSSON (*Arkiv Kemi Mineral. Geol.* **7** Nr. 25 [1921] 1/7). — Auftreten einer Potentialdifferenz zwischen in $NiSO_4$-Lsg. eintauchenden Elektroden bei Einw. von UV-Licht s. I. LIFSCHITZ (*Chem. Weekblad* **24** [1927] 143/7). Keinen Effekt beobachtet W. ZIMMERMANN (*Ann. Physik* [4] **80** [1926] 329/48, 335).

*Conductance*

**Elektrische Leitfähigkeit.** Spezifische Leitfähigkeit $\varkappa$ in $\Omega^{-1}\cdot cm^{-1}$ bei 18° und 25°, Konz. $C_{val}$ in Äquiv./l Lsg.:

| $C_{val}$ | 0.0001 | 0.0002 | 0.0005 | 0.001 | 0.002 | 0.005 | 0.01 |
|---|---|---|---|---|---|---|---|
| $\varkappa_{18°}\cdot 10^6$ | 10.870 | 21.074 | 50.50 | 96.31 | 179.87 | 397.4 | 708.9 |
| $\varkappa_{25°}\cdot 10^6$ | 12.690 | 24.827 | 59.331 | 113.05 | 210.98 | 465.8 | 826.9 |

| $C_{val}$ | 0.02 | 0.05 | 0.1 | 0.2 | 0.5 | 1 |
|---|---|---|---|---|---|---|
| $\varkappa_{18°}\cdot 10^6$ | 1240.4 | 2550.4 | 4383.3 | 7519 | 15185 | 25066 |
| $\varkappa_{25°}\cdot 10^6$ | 1445.1 | 2958.0 | 5075.5 | 8717 | 17611 | 29091 |

K. MURATA (*Bull. Chem. Soc. Japan* **3** [1928] 47/53, 50).

Best. bei 25°:

| $C_{val}$ | 0.05 | 0.10 | 0.20 | 0.25 | 0.50 | 1.00 | 2.00 | 4.00 |
|---|---|---|---|---|---|---|---|---|
| $\varkappa\cdot 10^6$ | 3080 | 5260 | 9070 | 10340 | 17770 | 29800 | 45850 | 55290 |

H. DRECHSEL (*Diss. Dresden T.H.* 1936, S. 10).

Best. bei 18°:

| $C_{val}$ | 0.000 | 0.0001 | 0.0002 | 0.0005 | 0.001 | 0.002 | 0.005 | 0.01 | 0.02 |
|---|---|---|---|---|---|---|---|---|---|
| $\varkappa\cdot 10^6$ | 0.000 | 11.04 | 21.8 | 51.9 | 97.2 | 182 | 402.5 | 708 | 1260 |

| $C_{val}$ | 0.03 | 0.05 | 0.1 | 0.2 | 0.3 | 0.5 | 1 | 2 | 3 |
|---|---|---|---|---|---|---|---|---|---|
| $\varkappa\cdot 10^6$ | 1765 | 2590 | 4510 | 7810 | 10750 | 15750 | 26000 | 38500 | 45300 |

W. PFANHAUSER (*Z. Elektrochem.* **7** [1900/01] 698/710, 702). — Weitere Angaben über spezif. Leitf. oder spezif. Widerstand von $NiSO_4$-Lsgg. s. E. BOUTY (*Ann. Chim. Phys.* [6] **3** [1884] 433/500, 447), D. KONOVALOV (*Zh. Russk. Fiz.-Khim. Obshch.* **31** [1899] 910/27, 925), G. POMA (*J. Chim. Phys.* **10** [1912] 177/92, 190), L. D. HAMMOND (*Trans. Am. Electrochem. Soc.* **45** [1924] 219/27, 221), B. B. BANERJI (*Trans. Faraday Soc.* **22** [1926] 111/33, 129), N. R. DHAR, D. N. CHAKRAVARTI (*Kolloid-Z.* **42** [1927] 120/4), M. A. KLOCHKO (*Dokl. Akad. Nauk SSSR* [2] **82** [1952] 261/4). Über die graph. Ermittlung des spezif. elektr. Widerstandes von wss. $NiSO_4$-Lsg. s. L. FEKETE (*Acta Techn. Acad. Sci. Hung.* **4** [1952] 245/54).

Äquivalentleitfähigkeit $\Lambda$ in $\Omega^{-1}\cdot cm^2$ bei 18° und 25°, Konz. $C_{val}$ = Äquival./l Lsg.:

| $C_{val}$ | 0.0001 | 0.0002 | 0.0005 | 0.001 | 0.002 | 0.005 | 0.01 |
|---|---|---|---|---|---|---|---|
| $\Lambda_{18°}$ | 108.70 | 105.37 | 101.00 | 96.31 | 89.94 | 79.48 | 70.89 |
| $\Lambda_{25°}$ | 129.90 | 124.14 | 118.66 | 113.05 | 105.49 | 93.16 | 82.69 |

| $C_{val}$ | 0.02 | 0.05 | 0.1 | 0.2 | 0.5 | 1 |
|---|---|---|---|---|---|---|
| $\Lambda_{18°}$ | 62.02 | 51.008 | 43.833 | 37.595 | 30.370 | 25.066 |
| $\Lambda_{25°}$ | 72.254 | 59.160 | 50.755 | 43.585 | 35.222 | 29.091 |

K. MURATA (*l. c.; J. Soc. Chem. Ind. Japan Suppl.* **31** [1928] 153B).

Best. bei 18°:

| $C_{val}$ | 0.000 | 0.0001 | 0.0002 | 0.0005 | 0.001 | 0.002 | 0.005 | 0.01 | 0.02 |
|---|---|---|---|---|---|---|---|---|---|
| $\Lambda$ | 116.0 | 110.4 | 109.0 | 103.9 | 97.2 | 91.0 | 80.5 | 70.8 | 63.0 |
| $C_{val}$ | 0.03 | 0.05 | 0.1 | 0.2 | 0.3 | 0.5 | 1 | 2 | 3 |
| $\Lambda$ | 58.9 | 51.7 | 45.1 | 39.1 | 35.5 | 31.5 | 26.0 | 19.25 | 15.1 |

W. PFANHAUSER (*l. c.*).

Best. bei 25°:

| $C_{val}$ | 0.0002 | 0.0005 | 0.001 | 0.002 | 0.005 | 0.01 | 0.02 |
|---|---|---|---|---|---|---|---|
| $\Lambda$ | 125.0 | 120.0 | 114.2 | 106.5 | 93.15 | 82.7 | 72.25 |
| $C_{val}$ | 0.05 | 0.1 | 0.2 | 0.5 | 1.0 | 1.3 | 2.0 |
| $\Lambda$ | 59.25 | 50.75 | 43.6 | 35.25 | 29.0 | 26.5 | 22.35 |

B. FEDOROFF (*Ann. Chim. [Paris]* [11] **16** [1941] 154/214, 176). — Durch F. KOHLRAUSCH, L. HOLBORN (*Das Leitvermögen der Elektrolyte, Leipzig-Berlin* 1916, S. 174) aus SIEMENS-Einheiten in $\Omega_{int}$ umgerechnete Werte für 25°, Verd. $V_{val}$ in l Lsg./Äquival.:

| $V_{val}$ | 32 | 64 | 128 | 256 | 512 | 1024 |
|---|---|---|---|---|---|---|
| $\Lambda$ | 66.7 | 77.4 | 88.2 | 98.9 | 109.3 | 117.4 |

E. FRANKE (*Z. Physik. Chem.* **16** [1895] 463/92, 472).

Werte für 0° und 95°:

| $V_{val}$ | 0.5 | 1 | 2 | 4 | 8 | 16 | 32 |
|---|---|---|---|---|---|---|---|
| $\Lambda_{0°}$ | 13.1 | 17.8 | 21.6 | 25.3 | 28.9 | 33.9 | 39.0 |
| $\Lambda_{95°}$ | — | 70.8 | 84.5 | 98.7 | 114.2 | 133.4 | 157.7 |
| $V_{val}$ | 64 | 128 | 256 | 512 | 1024 | 2048 | 4096 |
| $\Lambda_{0°}$ | 44.8 | 50.8 | 56.0 | 59.6 | 63.0 | 64.6 | 65.9 |
| $\Lambda_{95°}$ | 183.2 | 213.0 | 253.4 | 298.6 | 316.8 | 359.6 | — |

L. KAHLENBERG (*J. Phys. Chem.* **5** [1900/01] 339/92, 348). — Weitere Angaben s. G. POMA (*J. Chim. Phys.* **10** [1912] 177/92, 190), R. W. MONEY, C. W. DAVIES (*Trans. Faraday Soc.* **28** [1932] 609/14, 610), L. BRÚ VILLASECA, C. GÓMEZ HERRERA (*Anales Fis. Quim. [Madrid]* **42** [1946] 723/48, 731).

Molare Leitfähigkeit $\mu$ in SIEMENS-Einheiten bei verschiedenen Tempp., Verd. $V_{mol}$ in l Lsg./Mol:

| $V_{mol}$ | 2 | 4 | 8 | 16 | 32 | 128 | 512 | 1024 | 2048 |
|---|---|---|---|---|---|---|---|---|---|
| $\mu_{0°}$ | 28.77 | — | 40.58 | 47.78 | 54.78 | 73.95 | 93.12 | 100.4 | 108.3 |
| $\mu_{10°}$ | 38.37 | — | 54.42 | 64.00 | 73.23 | 99.92 | 124.7 | 134.8 | 145.5 |
| $\mu_{25°}$ | 54.58 | — | 77.06 | 90.44 | 103.5 | 140.3 | 177.5 | 193.8 | 208.7 |
| $\mu_{35°}$ | 64.38 | — | 90.95 | 106.9 | 123.0 | 168.4 | 213.5 | 234.6 | 253.9 |
| $\mu_{50°}$ | — | 95.5 | 115.5 | — | 158.2 | 215.6 | 278.9 | — | 341.3 |
| $\mu_{65°}$ | — | 111.8 | 135.7 | — | 187.8 | 259.8 | 339.7 | — | 425.7 |

H. C. JONES, C. A. JACOBSON, H. H. HOSFORD (*Carnegie Inst.* Nr. 170 [1912] 1/148, 52), s. auch H. C. JONES, C. A. JACOBSON (*Am. Chem. J.* **40** [1908] 355/410, 390), H. H. HOSFORD, H. C. JONES (*Am. Chem. J.* **46** [1911] 240/78, 263), H. C. JONES, F. H. GETMAN (*Am. Chem. J.* **31** [1904] 303/59, 319), H. C. JONES, B. P. CALDWELL (*Am. Chem. J.* **25** [1901] 349/90, 378). — Ältere Angabe s. E. KLEIN (*Ann. Physik* [3] **27** [1886] 151/78, 159).

Grenzwert der Äquivalentleitfähigkeit $\Lambda_\infty \cdot$ in $\Omega^{-1} \cdot cm^2$, graph. ermittelt nach der Meth. von A.A. NOYES, J. JOHNSTON (*J. Am. Chem. Soc.* **31** [1909] 987/1010), A.A. NOYES, K. G. FALK (*J. Am. Chem. Soc.* **34** [1912] 454/85), für 18° und 25°: $\Lambda_\infty = 113.6$ bzw. 133.0, K. MURATA (*Bull. Chem. Soc. Japan* **3** [1928] 47/53, 52; *J. Soc. Chem. Ind. Japan Suppl.* **31** [1928] 153B), nach der Meth. von SHEDLOVSKY für 25° graph. bestimmt: $\Lambda_\infty = 131.6$, B. FEDOROFF (*Ann. Chim. [Paris]* [11] **16** [1941] 154/214, 176).

Temperaturkoeffizient. Tabelle der ber. mittleren Temp.-Koeff. für verschiedene Konzz. zwischen 0° und 10°, 10° und 25°, 25° und 35°, 35° und 50°, 50° und 65° s. H. C. JONES u. a. (*l. c.*), s. auch H. C. JONES, C. A. JACOBSON (*l. c.*), H. H. HOSFORD, H. C. JONES (*l. c.*). Tabelle der ber. mittleren Temp.-Koeff. zwischen 18° und 26° für verschiedene Konzz. s. F. KOHLRAUSCH, L. HOLBORN (*Das Leitvermögen der Elektrolyte, Leipzig-Berlin* 1916, S. 153). — Die elektr. Leitf. einer bei 53.3°

gesätt. Lsg. ändert sich zwischen 35° und 70° linear mit der Temp., B. F. MARKOV (*Ukr. Khim. Zh.* **23** [1957] 706/12, 711).

Wirkung verschiedener Einflüsse. Die spezif. elektr. Leitf. einer frisch bereiteten 0.001 m-Lsg. steigt nach dreimonatiger Lagerung um $1.2 \times 10^{-6}$, N. R. DHAR, D. N. CHAKRAVARTI (*Kolloid-Z.* **42** [1927] 120/4). — Elektr. Leitf. von $NiSO_4$-Lsg. verschiedener Konz. in Abhängigkeit vom $p_H$-Wert und der Temp. s. H. STROW (*Proc. Am. Electroplaters' Soc.* **1947** 201/7, 203). — Der spezif. Widerstand $\rho$ einer 1 n-$NiSO_4$-Lsg. beträgt bei 25°: $\rho = 34.4\,\Omega \cdot$cm. $\rho$ von 1 n-$NiSO_4$-Lsgg., welche die angegebenen Zusätze, Konz. $C_{val}$ in Äquiv./l, enthalten:

| $C_{val}$ | $Na_2SO_4$ | $K_2SO_4$ | $(NH_4)_2SO_4$ | $MgSO_4$ | NaF | NaCl | $NH_4Cl$ | $NiCl_2$*) | $H_3BO_3$**) |
|---|---|---|---|---|---|---|---|---|---|
| 0.1 | 29.4 | 28.1 | 28.0 | 31.5 | 28.8 | 27.0 | 26.0 | — | 33.9 |
| 0.2 | 26.2 | 24.2 | 24.0 | 29.4 | 25.5 | 22.5 | 21.1 | 27.2 | 34.1 |
| 0.4 | — | — | 18.8 | — | — | — | 15.3 | — | — |
| 0.5 | 20.0 | — | — | 25.3 | — | 15.4 | — | 20.5 | 35.0 |
| 1.0 | 15.0 | — | — | 21.1 | — | 10.5 | — | — | — |

*) In dieser Lsg. ist die Ni-Gesamtkonz. 1.0. — **) Konz. in Mol $H_3BO_3$/l Lsg., L. D. HAMMOND (*Trans. Am. Electrochem. Soc.* **45** [1924] 219/27, 223). — Beim Mischen von 0.1 n-$NiSO_4$-Lsg. mit NaCl-Lsg. gleicher elektr. Leitf. im Vol.-Verhältnis 1:1 nimmt die Niederfrequenzleitf. um ~4.3% zu, A. DEUBNER, A. DOBENZIG (*Physik. Z.* **36** [1935] 139/42). — Die spezif. Leitf. $\varkappa$ einer 2 n-$NiSO_4$-Lsg. ist im Frequenzbereich 350 bis 5500 Hz konst. und beträgt: $\varkappa = 0.042$ bei 18°, B. B. BANERJI (*Trans. Faraday Soc.* **22** [1926] 111/33, 129). — Dispersionseffekt (Näheres hierüber s. „*Magnesium*" *Tl.* B, S. 261); Leitf.-Änderung in Prozenten der Niederfrequenzleitf. $\Lambda_0$ nach $\Delta\Lambda = 100\,(\Lambda_\omega - \Lambda_0)/\Lambda_0$, wobei $\Lambda_\omega$ die Hochfrequenzleitf. bei der Wellenlänge $\omega$ ist, für verschiedene Konzz. und gewöhnl. Temp. bei einer Wellenlänge 1 m unter Benutzung der Dekrementmeth. mit KCl als Bezugselektrolyt. Für $C_{mol}$ 0.0012, 0.011 und 0.11 ist $\Delta\Lambda$ 6.6(5.4), 11.9(11.7) bzw. 10.3, ber. Werte in Klammern, H. RIECKHOFF (*Ann. Physik* [5] **2** [1929] 577/616, 590).

*Transference Number*

**Überführungszahl** des Kations in 0.1 n-$NiSO_4$-Lsg. bei 40°: $n_K = 0.366$, C. J. B. ZITEK, H. J. MCDONALD (*Trans. Electrochem. Soc.* **89** [1946] 433/42, 441), in 0.038 m-Lsg., vermutlich bei gewöhnl. Temp.; $n_K = 0.428$, H. J. MCDONALD, M. C. URBIN, M. B. WILLIAMSON (*Science* **112** [1950] 227/9).

*Electrolysis*

**Elektrolyse.** Makroskop. Raumladungen werden während der Elektrolyse von wss. 0.0024 n-$NiSO_4$-Lsg. bei konst. Potentialdifferenz von 8 V zwischen 40 cm entfernten Elektroden festgestellt. Ganz in der Nähe der Kathode wird positive, ganz in der Nähe der Anode negative Raumladung beobachtet, während etwa 3/4 des dazwischen liegenden Tl. konst. Potential zeigen, C. A. REED, W. SCHRIEVER (*J. Chem. Phys.* **17** [1949] 935/44, 942; *Phys. Rev.* [2] **76** [1949] 197), W. SCHRIEVER, C. A. REED (*Nature* **165** [1950] 108/9). Elektrolyse von wss. $NiSO_4$-Lsg. bei Pufferung mit Acetat, Phosphat oder Borat s. J. B. O'SULLIVAN (*Trans. Faraday Soc.* **24** [1928] 298/300). Bei der Elektrolyse verd. Lsgg. bis zur Konz. von 0.1 n-$NiSO_4$ werden an der Kathode nichthaftende hellgrüne bis gelbliche Häutchen von bas. Nisulfat gebildet, A. NICOL (*Compt. Rend.* **222** [1946] 1034/5; *Ann. Chim.* [*Paris*] [12] **2** [1947] 670/738, 686), s. auch A. MUTA (*J. Electrochem. Soc. Japan* **17** [1949] 74/6). Über Zusammenhänge zwischen der Art des abgeschiedenen Nd. und der Spannung sowie der Konz. und über Zersetzungspotentiale von Lsgg. verschiedener Konzz. zwischen 0.7 und 5.5 Gew.-% $NiSO_4$ s. O. KUDRA, E. GITMAN (*Zh. Prikl. Khim.* **21** [1948] 372/7). Abscheidung von Ni als $Ni(OH)_2$ oder Ni-Metall bei der Elektrolyse von $NiSO_4$-Lsg. s. S. 443 und „*Nickel*" *Tl.* A. — Bei der Elektrochromatographie der Lsg. kann im Adsorbens eine grüne Zone auftreten, wenn der $p_H$-Wert im Bereich zwischen den Elektroden unterschiedlich ist, S. A. NAPOL'SKII (*Akad. Nauk SSSR Issled. v Obl. Khromatogr., Tr. Vses. Soveshch. po Khromatogr.* **1950** 147/54, 150). — Zersetzungsspannung: Die Stromdichte-Potentialkurve einer 1 n-Lsg. hat einen Knick bei 1.788 V, bei 1.848 V setzt $O_2$-Entw. ein, A. COEHN, M. GLÄSER (*Z. Anorg. Allgem. Chem.* **33** [1902] 9/24, 14).

*Chemical Reactions Under Radiation*

## Chemisches Verhalten

**Gegen Strahlung.** Wss. $NiSO_4$-Lsg. zeigt im UV keine Zers., D. BERTHELOT, H. GAUDECHON (*Compt. Rend.* **152** [1911] 376/8).

*Nature of Solution*

**Konstitution der Lösung.** Beim Erhitzen bis zum Sdp. ändert sich die grüne Farbe der Lsg. nach Gelbgrün, E. J. HOUSTON (*Chem. News* **24** [1871] 177/80, 188/9, 179). Die Farbänderung ist reversibel; bei gewöhnl. Temp. liegt das $[Ni(H_2O)_6]^{2+}$-Ion vor, das bei Temp.-Erhöhung die koordinierten $H_2O$-

Molekeln ganz oder teilweise verliert, T. KATSURAI, K. SONE (*Kolloid-Z.* **163** [1959] 70/1). Aus Messungen der Lichtabsorption wird geschlossen, daß das $Ni^{2+}$-Ion als $[Ni(H_2O)_6]^{2+}$- und $[Ni(H_2O)_4]^{2+}$-Ion vorliegt, H. LEY (*Z. Anorg. Allgem. Chem.* **164** [1927] 377/406, 395), E. MAJOR (*Acta Univ. Szeged., Acta Phys. Chem.* **1** [1942] 17/34, 32), s. auch G. POMA (*Gazz. Chim. Ital.* **40** I [1910] 176/93, 190), L. GYULAI (*Acta Univ. Szeged. Acta Chem. Mineral. Phys.* **5** [1937] 210/37), C. FURLANI (*Z. Physik. Chem.* [2] **10** [1957] 291/305, 297). Messungen der Absorption von $NO_2$ durch wss. $NiSO_4$-Lsg. führen zu dem Schluß, daß 1 Mol $NiSO_4$ in 1 l Lsg. mit etwa 32 Mol $H_2O$ assoziiert ist. Dieser Wert nimmt mit steigender Konz. und Temp. ab, W. MANCHOT, M. JAHRSTORFER, H. ZEPTER (*Z. Anorg. Allgem. Chem.* **141** [1924] 45/81, 52). — Vergleich des aus ebullioskop. Messungen ber. osmot. Koeff. $f_0$ (Einzelwerte s. unten) mit solchen, die nach dem DEBYE-HÜCKELschen Grenzgesetz berechnet wurden, ergibt, daß im Konz.-Bereich von 0.0008 bis 0.03 Mol $NiSO_4$/1000 g $H_2O$ keine Ionenassoziation vorliegt; aus den Verd.-Wärmen folgt, daß $NiSO_4$ prakt. vollständig dissoziiert ist, E. PLAKE (*Z. Physik. Chem.* A **172** [1935] 113/28, 120). — Die 0.1 n-Lsg. zeigt beim Zentrifugieren mit 4000 Umdrehungen je Min. Konz.-Änderungen, A. QUARTAROLI (*Gazz. Chim. Ital.* **48** I [1918] 79/101, 91).

**Dissoziationsgrad** $\alpha = \Lambda/\Lambda_\infty$ (im Sinne der klass. Theorie von ARRHENIUS) und „wahrer" Dissoziationsgrad $\Theta = F \cdot \Lambda/\Lambda_\infty$ (F ber. nach der Meth. von SHEDLOVSKY) bei 25°, Konz. $C_{val}$ in Äquiv./l Lsg., entsprechende Werte für $\Lambda$ und $\Lambda_\infty$ s. S. 721: *Degree of Dissociation*

| $C_{val}$ | 0.0002 | 0.0005 | 0.001 | 0.002 | 0.005 | 0.01 | 0.02 |
|---|---|---|---|---|---|---|---|
| $\alpha$ | 0.950 | 0.912 | 0.868 | 0.809 | 0.708 | 0.631 | 0.549 |
| $\Theta$ | 0.9843 | 0.9626 | 0.9335 | 0.8930 | 0.8161 | 0.7603 | 0.6969 |
| $C_{val}$ | 0.05 | 0.1 | 0.2 | 0.5 | 1.0 | 1.3 | 2.0 |
| $\alpha$ | 0.450 | 0.386 | 0.331 | 0.268 | 0.221 | 0.201 | 0.170 |
| $\Theta$ | 0.6238 | 0.5804 | 0.5506 | 0.5223 | 0.4849 | 0.4663 | 0.4243 |

B. FEDOROFF (*Ann. Chim.* [*Paris*] [11] **16** [1941] 154/214, 196). Weitere Einzelangaben für 25° s. R. W. MONEY, C. W. DAVIES (*Trans. Faraday Soc.* **28** [1932] 609/14, 610), für 18° und 25° s. K. MURATA (*Bull. Chem. Soc. Japan* **3** [1928] 47/53, 52). — $\alpha$ für verschiedene Tempp. und Verdd. $V_{val}$ in l Lsg./Äquiv., aus Leitf.-Messungen:

| $V_{val}$ | 2 | 8 | 16 | 32 | 128 | 512 | 1024 | 2048 |
|---|---|---|---|---|---|---|---|---|
| $\alpha_{0°}$ | 0.266 | 0.375 | 0.441 | 0.506 | 0.683 | 0.860 | 0.927 | 0.1000 |
| $\alpha_{10°}$ | 0.258 | 0.374 | 0.440 | 0.503 | 0.687 | 0.857 | 0.926 | 0.1000 |
| $\alpha_{25°}$ | 0.262 | 0.369 | 0.433 | 0.496 | 0.672 | 0.851 | 0.929 | 0.1000 |

H. C. JONES, C. A. JACOBSON, H. H. HOSFORD (*Carnegie Inst.* Nr. 170 [1912] 1/148, 52), H. C. JONES, C. A. JACOBSON (*Am. Chem. J.* **40** [1908] 355/410, 390), weitere Einzelangaben s. L. KAHLENBERG (*J. Phys. Chem.* **5** [1900/01] 339/92, 357).

**Assoziationsgrad.** Der „scheinbare" Assoziationsgrad $1-\alpha$ (im Sinne der klass. Theorie von ARRHENIUS), ber. aus Leitf.-Werten für 25°, hat die Werte 0.738, 0.49 und 0.06 für 0.5, 0.025 bzw. 0.0025 m-Lsg. Aus Werten der Gefrierpunktserniedrigung ergibt sich für 0.0025 m-Lsg. $(1-\alpha) = 0.341$, aus der Sdp.-Erhöhung für 0.3 m-Lsg. $(1-\alpha) = 0.98$, E. PLAKE (*Z. Physik. Chem.* A **162** [1932] 257/80, 265). *Degree of Association*

**Osmotischer Koeffizient** $f_0$. Ber. aus der Sdp.-Erhöhung; Konz. C in Mol/1000 g $H_2O$. Unter $f_0'$ sind nach in der Lit. vorliegenden Gefrierpunktsangaben ber. Werte angegeben: *Osmotic Coefficient*

| C | 0.000849 | 0.00170 | 0.00339 | 0.00679 | 0.0168 | 0.0347 | 0.0690 | 0.170 | 0.333 |
|---|---|---|---|---|---|---|---|---|---|
| $f_0$ | 0.817 | 0.795 | 0.731 | 0.697 | 0.637 | 0.586 | 0.537 | 0.475 | 0.427 |
| $f_0'$ | 0.92 | 0.895 | 0.855 | 0.81 | — | — | — | — | — |

E. PLAKE (*Z. Physik. Chem.* A **172** [1935] 113/28, 116). $f_0$ ber. aus der Gefrierpunktserniedrigung, Konz. C in Mol/1000 g $H_2O$:

| $C \cdot 10^2$ | 0.495 | 0.540 | 0.710 | 0.924 | 1.184 | 1.530 | 1.785 | 2.363 | 2.810 | 3.012 |
|---|---|---|---|---|---|---|---|---|---|---|
| $f_0 \cdot 10$ | 8.050 | 7.904 | 7.664 | 7.501 | 7.327 | 7.091 | 7.014 | 6.776 | 6.635 | 6.611 |
| $C \cdot 10^2$ | 3.788 | 3.880 | 4.324 | 5.025 | 5.860 | 5.902 | 7.214 | 7.892 | 9.090 | 9.307 |
| $f_0 \cdot 10$ | 6.444 | 6.426 | 6.364 | 6.247 | 6.139 | 6.123 | 5.994 | 5.908 | 5.810 | 5.795 |

P. G. M. BROWN, J. E. PRUE (*Proc. Roy. Soc.* [*London*] A **232** [1955] 320/36, 329).

Die mit Hilfe einer modifizierten Form der BJERRUMschen Gleichung theoretisch ber. Werte stimmen mit obigem gut überein, E. A. GUGGENHEIM (*Discussions Faraday Soc.* Nr. 24 [1957] 53/82, 61). — $f_0$ aus isopiestischen Dampfdruckmessungen für 25° und verschiedene Konzz. C in Mol/1000 g $H_2O$, Werte in Auswahl:

| C | 0.1 | 0.3 | 0.5 | 0.7 | 1.0 | 1.2 | 1.4 | 1.6 | 1.8 | 2.0 | 2.2 | 2.4 | 2.6 |
|---|---|---|---|---|---|---|---|---|---|---|---|---|---|
| $f_0 \cdot 10$ | 5.81 | 5.08 | 4.75 | 4.59 | 4.60 | 4.73 | 4.92 | 5.17 | 5.51 | 5.89 | 6.32 | 6.80 | 7.36 |

R. A. Robinson, R. S. Jones (*J. Am. Chem. Soc.* 58 [1936] 959/61). Hiermit übereinstimmende Werte bei R. A. Robinson, R. H. Stokes (*Trans. Faraday Soc.* 45 [1949] 612/24, 618).

*Activity Coefficient*

**Aktivitätskoeffizient** $f_a$ (stöchiometr. Aktivitätskoeff.). Bei einer Temp. in der Nähe des Gefrierpunktes der Lsg., ber. nach in der Lit. vorliegenden kryoskop. Daten, Konz. C in Mol/1000 g $H_2O$:

| C | 0.001 | 0.002 | 0.005 | 0.01 | 0.02 | 0.05 | 0.1 | 0.2 | 0.5 | 1 |
|---|---|---|---|---|---|---|---|---|---|---|
| $f_a$ | 0.764 | 0.687 | 0.561 | 0.455 | 0.356 | 0.246 | 0.180 | 0.124 | 0.078 | 0.056 |

O. Redlich, P. Rosenfeld (in: Landolt-Börnstein, V, *Erg.-Bd.* 2, 1931, S. 1128). — Nach isopiest. Dampfdruckmessungen für 25° neu ber. Werte, Konz. C in Mol/1000 g $H_2O$:

| C | 0.2 | 0.3 | 0.4 | 0.5 | 0.6 | 0.7 | 0.8 | 0.9 |
|---|---|---|---|---|---|---|---|---|
| $f_a$ | 0.150 | 0.084 | 0.071 | 0.063 | 0.056 | 0.052 | 0.047 | 0.044 |
| C | 1.0 | 1.2 | 1.4 | 1.6 | 1.8 | 2.0 | 2.5 | |
| $f_a$ | 0.042 | 0.039 | 0.036 | 0.035 | 0.034 | 0.034 | 0.035 | |

R. A. Robinson, R. H. Stokes (*l. c.* S. 622), s. auch R. A. Robinson, R. S. Jones (*l. c.*). — Für 25° nach der Nernstschen Formel aus polarograph. Daten ber. Werte für $f_a$ sowie Angabe der Ionenstärke $\Gamma$ in Äquiv./l Lsg., ber. nach $\Gamma = 4 \cdot C_{val} \cdot \Theta$ mit $C_{val}$ in Äquiv./l Lsg. und dem „wahren" Dissoz.-Grad $\Theta$ (s. S. 723):

| $C_{val}$ | 0.0002 | 0.0005 | 0.001 | 0.002 | 0.005 | 0.01 | 0.02 |
|---|---|---|---|---|---|---|---|
| $\Gamma$ | 0.00079 | 0.00193 | 0.00347 | 0.00714 | 0.0163 | 0.0304 | 0.0558 |
| $f_a$ | 0.865 | 0.815 | 0.760 | 0.682 | 0.572 | 0.457 | 0.365 |
| $C_{val}$ | 0.05 | 0.1 | 0.2 | 0.5 | 1.0 | 1.3 | 2.0 |
| $\Gamma$ | 0.125 | 0.232 | 0.440 | 1.050 | 1.940 | 2.430 | 3.400 |
| $f_a$ | 0.262 | 0.193 | 0.143 | 0.088 | 0.062 | 0.054 | 0.043 |

B. Fedoroff (*Ann. Chim. Paris* [11] **16** [1941] 154/214, 196). — Ionenaktivitätskoeffizienten $f_{a(Ni^{2+})}$ und $f_{a(SO_4^{2-})}$, in Abhängigkeit von Temp. und Konz. $C_{mol}$:

| | $C_{mol}$ | 0.5000 | 0.2500 | 0.1250 | 0.0625 | 0.0313 | 0.0156 |
|---|---|---|---|---|---|---|---|
| 15° | $-\log f_{a(Ni^{2+})}$ | 6.320 | 5.970 | 4.697 | 3.133 | 2.487 | 1.700 |
| | $-\log f_{a(SO_4^{2-})}$ | 1.780 | 1.507 | 1.273 | 1.043 | 0.793 | 0.543 |
| 20° | $-\log f_{a(Ni^{2+})}$ | 6.690 | 6.267 | 5.130 | 3.467 | 2.680 | 1.867 |
| | $-\log f_{a(SO_4^{2-})}$ | 1.753 | 1.497 | 1.290 | 1.060 | 0.787 | 0.550 |
| 25° | $-\log f_{a(Ni^{2+})}$ | 7.000 | 6.637 | 5.530 | 3.850 | 2.863 | 2.033 |
| | $-\log f_{a(SO_4^{2-})}$ | 1.717 | 1.473 | 1.250 | 1.000 | 0.763 | 0.540 |
| 30° | $-\log f_{a(Ni^{2+})}$ | 7.380 | 6.827 | 5.843 | 4.220 | 2.993 | 2.177 |
| | $-\log f_{a(SO_4^{2-})}$ | 1.637 | 1.383 | 1.160 | 0.930 | 0.717 | 0.493 |

bestimmt mit Hilfe von EK-Messungen an der Kette Ni-Amalgam | $NiSO_4$-Lsg. | gesätt. KCl; $Hg_2Cl_2$ | Hg, C. Gómez Herrera, P. Muñoz González (*Anales Fis. Quim.* [*Madrid*] **43** [1947] 357/66, 361). — Graph. Darst. der Konz.-Abhängigkeit des Aktivitätskoeff. s. M. Eigen (*Discussions Faraday Soc.* Nr. 24 [1957] 25/36, 35), M. Moriyama (*Naturwissenschaften* **43** [1956] 515).

*Dissociation Constant*

**Dissoziationskonstante.** „Wahre" Dissoz.-Konz. $K = f_a^2 \cdot C_{mol}/(1-\Theta)$, wobei $f_a$ der stöchiometr. Akt.-Koeff. und $\Theta$ der „wahre" Dissoz.-Grad (vgl. S. 723) ist; ferner Dissoz.-Konst. $K' = \alpha^2 \cdot C_{mol}/(1-\alpha)$ ($\alpha = \Lambda/\Lambda_\infty$ nach Arrhenius). Temp. 25°; Konz. $C_{val}$ in Äquiv./l Lsg. (entsprechende Werte für $\Lambda$ und $\Lambda_\infty$ s. S. 721):

| $C_{val}$ | 0.0002 | 0.0005 | 0.001 | 0.002 | 0.005 | 0.01 | 0.02 |
|---|---|---|---|---|---|---|---|
| $K \cdot 10^3$ | 4.74 | 4.45 | 4.34 | 4.35 | 4.46 | 4.35 | 4.37 |
| $K' \cdot 10^3$ | 1.80 | 2.36 | 2.85 | 3.43 | 4.29 | 5.41 | 6.68 |
| $C_{val}$ | 0.05 | 0.1 | 0.2 | 0.5 | 1.0 | 1.3 | 2.0 |
| $K \cdot 10^3$ | 4.55 | 4.41 | 4.53 | 4.03 | 3.76 | 3.54 | 3.14 |
| $K' \cdot 10^3$ | 9.22 | 12.0 | 16.4 | 24.5 | 31.4 | 33.1 | 34.2 |

B. Fedoroff (*Ann. Chim.* [*Paris*] [11] **16** [1941] 154/214, 196). Unter Zuhilfenahme der Onsagerschen Leitf.-Gleichung aus Leitf.-Messungen ber. „wahre" Dissoz.-Konst. für $9.768 \times 10^{-4}$ Äquiv. $Ni^{2+}$/l

Lsg. bei 25°: K = 0.0040, R. W. MONEY, C. W. DAVIES (*Trans. Faraday Soc.* **28** [1932] 609/14, 610). Bei Berechnung der Dissoz.-Konst. aus Leitf.-Messungen ergibt sich, daß die Lsg. bis zu einer Ionenstärke von 0.1 Gramm-Atom/1000 g $H_2O$ der Theorie der Ionen-Assoziation von DEBYE-HÜCKEL folgt, P. G. M. BROWN, J. E. PRUE (*Proc. Roy. Soc.* A **232** [1955] 320/36, 331), rechnerisch bestätigt, E. A. GUGGENHEIM (*Discussions Faraday Soc.* Nr. **24** [1957] 53/82, 61). — Nach kryoskop. Messungen in gesätt. Eis-$H_2O$-$KClO_4$-Mischung betragen die Dissoz.-Konstt. $K_1 = [Ni^{2+}] \cdot [SO_4^{2-}]/[NiSO_4]$ und $K_2 = [NiSO_4] \cdot [SO_4^{2-}]/[Ni(SO_4)_2^{2-}]$ bei −0.163° zwischen 0.0237 und 0.0735 Mol/1000 g $H_2O$: $K_1 = 0.0198$, $K_2 = 0.313$, J. KENTTÄMAA (*Suomen Kemistilethi* **29** B [1956] 59/64, 61). Ausführliche Angaben s. J. KENTTÄMAA (*Acta Chem. Scand.* **12** [1958] 1323/9, 1325). — Aus der Verschiebung der Relaxationsfrequenz von Ultraschall mit steigender Temp. zu höheren Werten wird die Aktivierungsenergie für den in Lsg. verlaufenden Prozeß $NiSO_4 = Ni^{2+} + SO_4^{2-}$ zu 8.6 kcal/Mol ber., M. EIGEN, G. KURTZE, K. TAMM (*Z. Elektrochem.* **57** [1953] 103/18, 107).

*Hydrolysis*

**Hydrolyse** einer 0.5n-Lsg. beträgt bei 55.5° ~0.048%, aus dem Vergleich der Geschw. der Zuckerinversion in Ggw. von $NiSO_4$ mit derjenigen in Ggw. von 0.01n-HCl-Lsg., L. KAHLENBERG, D. J. DAVIS, R. E. FOWLER (*J. Am. Chem. Soc.* **21** [1899] 1/23, 19). — Verd. wss. Lsgg. zeigen nach Messungen der EK von Tag zu Tag auffällige Veränderungen der H-Ionenkonz., die auf Hydrolyse zurückgeführt werden, H. G. DENHAM (*Proc. Chem. Soc.* **23** [1907] 260/1). Die Hydrolyse von Lsgg. mit den Verdd. $V_{mol}$ in 1 $H_2O$/Mol beträgt bei 25° 0.013% für $V_{mol} = 4$, 0.056% für $V_{mol} = 64$. Die zur Hydrolysengleichung $Ni^{2+} + 2H_2O = Ni(OH)_2 + 2H^+$ gehörende Hydrolysen-Konst. beträgt $K = 0.11 \times 10^{-12}$, H. G. DENHAM (*J. Chem. Soc.* **93** [1908] 41/63, 60).

*Reactions with Various Materials*

**Verhalten gegen verschiedene Stoffe.** Allgemeine Rkk. wss. $NiSO_4$-Lsg. auf Grund der Anwesenheit von $Ni^{2+}$-Ionen s. beim chem. Verhalten des Ni-Ions. Das Lösevermögen von wss. $NiSO_4$-Lsgg. für $H_2$ bei 19° nimmt streng linear mit steigender $NiSO_4$-Konz. im Bereich von 0 bis 1 Mol/l Lsg. ab. Extrapolation ergibt, daß 1.4m-$NiSO_4$-Lsg. 50% der von reinem $H_2O$ aufgenommenen $H_2$-Menge löst, H. SACHSSE (*Z. Physik. Chem.* B **24** [1934] 429/36). — Über Ausscheidung von metall. Ni aus $NiSO_4$-Lsg. bei Einw. von $H_2$ unter Druck bei erhöhter Temp. s. „*Nickel*" *Tl.* A. — Wss. $NiSO_4$-Lsg. wird durch $H_2O_2$-Lsg. nicht angegriffen, $H_2O_2$ zersetzt sich jedoch in $NiSO_4$-Lsg. leichter als in $H_2O$, G. WATSON (*Chem. News* **46** [1882] 9). — Über die Änderung des $p_H$-Wertes von 0.1m-$NiSO_4$-Lsg. bei Titration mit 0.005m-$HNO_3$-Lsg. s. P. K. MIGAL', A. YA. SYCHEV (*Zh. Neorg. Khim.* **1** [1956] 1008/12; *Russ. J. Inorg. Chem.* **1** Nr. 5 [1956] 137/41). — Polyisobutylen wird von verd. $NiSO_4$-Lsg. unterhalb 60°, von gesätt. Lsg. bis zu 100° nicht angegriffen. Polyvinylchlorid-Hart ist gegen gesätt. Lsg. bis 60°, gegen verd. Lsg. bis 40° beständig, K. EIFFLAENDER (*Chem. Ing. Tech.* **24** [1952] 555/63, 560). — Über die kontrahierende Wrkg. von $NiSO_4$-Lsg. auf Agar-Agar s. E. A. LUSTER (*J. Dental Res.* **30** [1951] 281/9).

## Nichtwäßrige Lösung von Nickel(II)-sulfat

*Nonaqueous Solution of $NiSO_4$*

*Methanol*

**Methanol.** 98%iges Methanol löst $NiSO_4 \cdot 7H_2O$ bei 5° bis zu einer Konz. von 115 g $NiSO_4$/1000 ml, H. BARBER, D. ALI (*Mikrochem.* **35** [1950] 542/52, 546). Qualitative Angaben über die Löslichkeit s. H. BARBER, D. ALI (*Mikrochem.* **38** [1951] 194/211, 200). Löslichkeit von $NiSO_4$ in $H_2O$-freiem Methanol:

| Temp. | 15° | 25° | 35° | 45° | 55° |
|---|---|---|---|---|---|
| g $NiSO_4$/100 g Methanol | 0.061 | 0.081 | 0.110 | 0.157 | 0.222 |

G. C. GIBSON, J. O'L. DRISCOLL, W. J. JONES (*J. Chem. Soc. London* **1929** 1440/3). Löslichkeit $c_1$, $c_2$ und $c_3$ in g $NiSO_4$/100 g Lsg. von $NiSO_4 \cdot 7H_2O$, α-$NiSO_4 \cdot 6H_2O$ und β-$NiSO_4 \cdot 6H_2O$ in wss. Methanol bei 14° in Abhängigkeit vom Methanolgehalt in Gew.-% (Werte in Auswahl):

| Gew.-% Methanol | 100 | 97.5 | 95 | 92.5 | 90 | 85 | 80 | 60 | 40 | 20 | 0 |
|---|---|---|---|---|---|---|---|---|---|---|---|
| $c_1$ | 16.8 | 13.9 | 11.6 | 8.12 | 5.78 | 1.52 | 0.653 | 0.805 | 2.78 | 13.7 | 26.4 |
| $c_2$ | 12.4 | 10.6 | 6.5 | 3.06 | 1.18 | 0.315 | 0.25 | 0.46 | 2.43 | 14.7 | 26.0 |
| $c_3$ | 15.7 | 12.4 | 10.0 | 5.61 | 2.35 | 0.61 | 0.415 | 0.75 | 3.11 | 14.1 | 27.2 |

Die Zeit vom Auflösen bis zur Konz.-Best. betrug bei $NiSO_4 \cdot 7H_2O$ und α-$NiSO_4 \cdot 6H_2O$ 5 bis 6, bei β-$NiSO_4 \cdot 6H_2O$ 24 Std. Die Lsgg. von $NiSO_4 \cdot 7H_2O$ sind instabil, nach über 6 Std. fällt eine Verb. der Zus. $NiSO_4 \cdot 3H_2O \cdot 3CH_3OH$ aus. Weitere Angaben über die Löslichkeit von $NiSO_4 \cdot 4H_2O$ und $NiSO_4 \cdot H_2O$ s. im Original. $NiSO_4$ löst sich bei 8 bis 9 monatlichem Kontakt mit reinem Methanol zu 1.34 Gew.-%, C. A. LOBRY DE BRUYN (*Rec. Trav. Chim.* **22** [1903] 406/20, 411), vorläufige, z. T. abweichende Angaben, C. A. LOBRY DE BRUYN (*Rec. Trav. Chim.* **11** [1892] 112/56; *Z. Physik. Chem.* **10** [1892] 782/9).

*Ethanol*

**Äthanol.** Löslichkeit von $NiSO_4$ in $H_2O$-freiem Äthanol:

| Temp. in °C . . . . . . | 15° | 35° | 45° | 55° |
|---|---|---|---|---|
| g $NiSO_4$/100 g Äthanol . | 0.017 | 0.020 | 0.022 | 0.025 |

G. C. Gibson u. a. (*l. c.*). $NiSO_4$ soll in Äthanol unlösl. sein, M. Lachaud, C. Lepierre (*Bull. Soc. Chim. France* [3] 7 [1892] 600/3). Löslichkeit von $NiSO_4 \cdot 7H_2O$ in $H_2O$-freiem Äthanol bei 4° 1.3, bei 17° 2.2 g Salz in 100 g Äthanol, C. A. Lobry de Bruyn (*l. c.* S. 156; *l. c.* S. 786).

*Other Solvents*

**Weitere Lösungsmittel.** Löslichkeit von $NiSO_4$ bei 25° in aliphat. und aromat. Kohlenwasserstoffen, Alkoholen, Esthern, Äthern, Ketonen, Halogenverbb., Aminen und Nitroverbb., organ. Phosphaten und Phosphiten sowie weiteren Verbb.; Dichte dieser Lsgg. sowie Verteilungskoeff. bei 25° von $NiSO_4$ zwischen $H_2O$ und diesen Lsg.-Mitteln bei Zugabe von $H_2SO_4$, $Na_2SO_4$ u. a. Zusätzen, C. S. Schlea (*Diss. Ohio State Univ.* 1955, S. 78/89, 90/93). — In $H_2O$-freiem Aceton ist $NiSO_4$ bei 18° unlösl., A. Naumann (*Ber. Deut. Chem. Ges.* **37** [1904] 4328/41, 4329). In $H_2O$-freiem Glykol löst sich $NiSO_4$ bis zu etwa 9.8 Gew.-%, W. Oechsner de Coninck (*Bull. Classe Sci. Acad. Roy. Belg.* **1905** 359). In $H_2O$-freiem Methylacetat ist $NiSO_4$ bei 18° unlösl., A. Naumann (*Ber. Deut. Chem. Ges.* **42** [1909] 3789/96, 3790), ebenso in $H_2O$-freiem Äthylacetat, A. Naumann (*Ber. Deut. Chem. Ges.* **37** [1904] 3600/5, **43** [1910] 313/21, 314). In 100 g $H_2O$-freier Trifluoressigsäure lösen sich $<0.1$ g $NiSO_4$, R. Hara, G. H. Cady (*J. Am. Chem. Soc.* **76** [1954] 4285/7). Über den Verteilungskoeff. von $NiSO_4$ zwischen mit $H_2SO_4$ angesäuerter wss. 0.1m-$NiSO_4$-Lsg. und 0.05m-Lsg. von Di-(2-äthyl-hexyl)-orthophosphat in Petroleum s. D. C. Madigan (*Australian J. Chem.* **13** [1960] 58/66, 60). — Löslichkeit von $NiSO_4 \cdot 7H_2O$ (in g/l): in Glycerin $10^2$ bis $10^3$, in Glykol 10 bis 100, in Aceton oder in einer Lsg. von HCl in Aceton 1 bis 10, in einer Lsg. von $NH_3$ in Glykol oder in Glycerin wie auch in einer Lsg. von HCl in Dioxan 0.1 bis 1, in einer Lsg. von $NH_3$ in Äthanol, von HCl in Benzol oder Trichloräthylen $10^{-3}$, in einer Lsg. von $NH_3$ in Aceton oder Amylalkohol $10^{-10}$ bis $10^{-3}$, H. Barber, D. Ali (*Mikrochem.* **35** [1950] 542/52, 546). — Über den Einfluß von 0.01 bis 0.05 Mol $NiSO_4$/1000 g Lsg. auf die kritische Lsg.-Temp. im System Phenol–$H_2O$ s. J. H. Carrington, L. R. Hickson, W. H. Patterson (*J. Chem. Soc.* **127** [1925] 2544/9).

*The $NiSO_4$–$H_2SO_4$–$H_2O$ System*

## Das System $NiSO_4$–$H_2SO_4$–$H_2O$

*Partial System between 0° and 90°*

**Teilsystem zwischen 0° und 90°.** Die Löslichkeit von $NiSO_4$ nimmt mit steigender Temp. zu und mit steigender $H_2SO_4$-Konz. ab.—$NiSO_4$ löst sich in verd. $H_2SO_4$-Lsg. nur langsam auf, L. McCulloch (*Trans. Electrochem. Soc.* **56** [1929] 325/8). — Die Lit.-Angaben über die Löslichkeit von $NiSO_4$ bei den Isothermen von 0° und 25° stimmen recht gut überein. Jedoch weichen die Angaben über die den einzelnen Löslichkeiten zuzuordnenden Bodenkörper voneinander ab. Der Wassergehalt der Bodenkörper nimmt ab mit steigender $H_2SO_4$-Konz. in den Lsgg. — Für jede Temp. erreicht die $H_2SO_4$-Konz. einen Grenzwert, von dem ab nur noch $NiSO_4$ (im folgenden abgekürzt: Anh.) als Bodenkörper auftritt. Die Löslichkeit des 6-Hydrates nimmt mit steigender $H_2SO_4$-Konz. ab, bis sie ein Minimum erreicht und nimmt dann wieder etwas zu, ehe die Umwandlung in das 1-Hydrat eintritt, R. Rohmer (*Ann. Chim.* [*Paris*] [11] **11** [1939] 611/725, 645). — Alle auftretenden stabilen und metastabilen Bodenkörper sowie die Grenzwerte $c_H$ der $H_2SO_4$-Konz. in Gew.-%, über denen nur noch Anh. als Bodenkörper auftritt, sind in nachfolgender Tabelle zusammengestellt. Es bedeuten: Ni·7: $NiSO_4 \cdot 7H_2O$, α-Ni·6: α-$NiSO_4 \cdot 6H_2O$, β-Ni·6: β-$NiSO_4 \cdot 6H_2O$, Ni·5: $NiSO_4 \cdot 5H_2O$, Ni·4: $NiSO_4 \cdot 4H_2O$, Ni·3: $NiSO_4 \cdot 3H_2O$, Ni·2: $NiSO_4 \cdot 2H_2O$, Ni·1: $NiSO_4 \cdot H_2O$.

| Temp. | stabile Bodenkörper | metastabile Bodenkörper | $c_H$ | Lit. |
|---|---|---|---|---|
| 0° | Ni·7, α-Ni·6 | — | — | 1) |
| 0° | Ni·7, Ni·6, Ni·1, Anh. | Ni·4, Ni·2 | ~93 | 2)*) |
| 0° | Ni·7, Ni·6, Ni·1, $H_2SO_4 \cdot H_2O$ | — | — | 3)*) |
| 12.5° | Ni·7, β-Ni·6, Ni·2, Anh. | — | — | 4) |
| 20° | Ni·7, α-Ni·6, Ni·2 | — | — | 1) |
| 25° | Ni·7, Ni·6, Ni·1, Anh. | Ni·4 | 91.2 | 2)*) |
| 25° | Ni·7, Ni·6, Ni·1, Anh. | — | ~92 | 3)*) |
| 40° | α-Ni·6, Ni·2 | Ni·5 | — | 1) |
| 50° | Ni·6, Ni·1, Anh. | Ni·4, Ni·2 | 90.3 | 2)*) |
| 80° | β-Ni·6, Ni·2 | — | — | 1) |
| 90° | Ni·1, Anh. | β-Ni·6, Ni·4, Ni·3, Ni·2 | 88.8 | 2) |

*) Für das 6-Hydrat wird die Modifikation nicht angegeben.

1) Best. durch Einzelanalysen von Lsgg. und Bodenkörper, A. V. BABAEVA, E. I. DANILUSHKINA (*Wiss. Ber. Moskauer Staatsuniv.* **6** [1936] 49/54; *Z. Anorg. Allgem. Chem.* **226** [1936] 338/40). Bei den Messungen von A. V. BABAEVA, E. I. DANILUSHKINA (*l. c.*) scheint das Gleichgew. wegen der kurzen Rührdauer von 5 Std. nicht erreicht worden zu sein. Die angegebenen Hydrate Ni·5 und Ni·2 dürften Ni·4 und Ni·1 sein, R. ROHMER (*l. c.* S. 649). — 2) Best. nach der Restmeth., zur Identifizierung der metastabilen Bodenkörper werden zusätzlich Dichtebestt. benutzt, R. ROHMER (*l. c.* S. 631), vorläufige Mitteilung hierzu, R. ROHMER (*Compt. Rend.* **201** [1935] 672/4). — 3) Lsgg. analyt. bestimmt. Zus. der Bodenkörper graph. aus den Löslichkeitskurven ermittelt, J. A. ADDLESTONE (*J. Phys. Chem.* **42** [1938] 437/40). — 4) Lsg. und Bodenkörper getrennt analysiert, C. MONTEMARTINI, L. LOSANA (*Ind. Chim.* [*Roma*] **4** [1929] 199/205, 201). Bei der Isotherme von 90° tritt β-Ni·6 nur noch metastabil auf. Die Dehydratisierung von β-Ni·6 erfolgt bei dieser Temp. stufenweise, wobei nacheinander die metastabilen Gleichgeww. β-Ni·6–Ni·4, β-Ni·6–Ni·3, β-Ni·6–Ni·2, β-Ni·6–Ni·1 auftreten. Für die mögliche Existenz eines metastabilen Gleichgew. β-Ni·6–Ni·5 werden Hinweise gefunden, R. ROHMER (*Ann. Chim.* [*Paris*] [11] **11** [1939] 611/725, 632).

**Monovariante Gleichgewichte** (mit 2 Bodenkörpern gesätt. Lsgg.). *Monovariant Equilibria*

| t in °C | 0° | | 0° | | 0° |
|---|---|---|---|---|---|
| Gew.-% $NiSO_4$ | 4.0 | 9.47 | 3.7 | 5.42 | 0 |
| Gew.-% $H_2SO_4$ | 33.6 | 20.10 | 48.6 | 52.88 | 92 bis 94 |
| Bodenkörper | Ni·7 + α-Ni·6 | | α-Ni·6 + Ni·1 | | Ni·1 + Anh. |
| Lit. | 2) | 1) | 2) | 3) | 2) |

| t in °C | 0° | 12.5° | | 20° |
|---|---|---|---|---|
| Gew.-% $NiSO_4$ | 0.18 bis 0.11 | 2.62 | 0.22 | 20.60 |
| Gew.-% $H_2SO_4$ | 79.83 bis 86.67 | 53.20 | 72.61 | 10.20 |
| Bodenkörper | Ni·1 + $H_2SO_4 \cdot H_2O$ | β-Ni·6 + Ni·2 | Ni·2 + Anh. | Ni·7 + α-Ni·6 |
| Lit. | 3) | 4) | | 1) |

| t in °C | 25° | 25° | | 25° | 40° |
|---|---|---|---|---|---|
| Gew.-% $NiSO_4$ | 23.4 | 9.6 | 12.8 | 0 | 17.75 |
| Gew.-% $H_2SO_4$ | 7.4 | 42.0 | 45.12 | 91.0 | 33.75 |
| Bodenkörper | Ni·7 + α-Ni·6 | α-Ni·6 + Ni·1 | | Ni·1 + Anh. | α-Ni·6 + Ni·2 |
| Lit. | 2) | 2) | 3) | 2) | 1) |

| t in °C | 50° | 50° | 80° | 90° |
|---|---|---|---|---|
| Gew.-% $NiSO_4$ | 21.4 | 0 | 34.65 | 0 |
| Gew.-% $H_2SO_4$ | 26.1 | 90.3 | 17.75 | 88.8 |
| Bodenkörper | α-Ni·6 + Ni·1 | Ni·1 + Anh. | β-Ni·6 + Ni·2 | Ni·1 + Anh. |
| Lit. | 2) | 2) | 1) | 2) |

1) A. V. BABAEVA, E. I. DANILUSHKINA (*Wiss. Ber. Moskauer Staatsuniv.* **6** [1936] 49/54; *Z. Anorg. Allgem. Chem.* **226** [1936] 338/40). — 2) R. ROHMER (*Ann. Chim.* [*Paris*] [11] **11** [1939] 611/725, 650). — 3) J. A. ADDLESTONE (*J. Phys. Chem.* **42** [1938] 437/40). — 4) C. MONTEMARTINI, L. LOSANA (*Ind. Chim.* [*Roma*] **4** [1929] 199/205, 201).

**Löslichkeit von $NiSO_4$** bei verschiedenen Tempp. und $H_2SO_4$-Konzz. $c_H$ in Gew.-% $H_2SO_4$, angegeben als Konz. $c_{Ni}$ in Gew.-% $NiSO_4$, Werte in Auswahl: *Solubility of $NiSO_4$*

| | | | | | | | | | | | | | |
|---|---|---|---|---|---|---|---|---|---|---|---|---|---|
| 0° $c_{Ni}$ | 21.87 | 21.8 | 21.17 | 19.22 | 16.30 | 14.5 | 13.86 | 13.40 | 11.96 | 10.50 | 9.41 | 8.99 | 7.6 |
| 0° $c_H$ | 0 | 0 | 0 | 2.63 | 7.75 | 9.1 | 10.06 | 11.69 | 14.32 | 16.75 | 18.36 | 21.32 | 22.0 |
| Lit. | 1) | 2) | 3) | 3) | 1) | 2) | 3) | 1) | 1) | 1) | 3) | 1) | 2) |

| | | | | | | | | | | | | |
|---|---|---|---|---|---|---|---|---|---|---|---|---|
| 0° $c_{Ni}$ | 6.1 | 5.06 | 4.0 | 3.0 | 2.62 | 3.7 | 4.68 | 5.21 | 5.42 | 2.3 | 0.8 | 0.24 |
| 0° $c_H$ | 26.8 | 30.10 | 33.6 | 39.0 | 42.88 | 48.6 | 50.72 | 50.92 | 52.88 | 53.6 | 60.0 | 75.19 |
| Lit. | 2) | 3) | 2) | 2) | 3) | 2) | 3) | 1) | 3) | 2) | 2) | 3) |

| | | | | | | | | | | | | |
|---|---|---|---|---|---|---|---|---|---|---|---|---|
| 12.5° $c_{Ni}$ | 24.06 | 18.91 | 13.62 | 8.56 | 6.84 | 5.20 | 4.51 | 2.62 | 0.87 | 0.22 | 0.17 | 0.11 |
| 12.5° $c_H$ | 0 | 10.25 | 18.16 | 23.42 | 32.10 | 40.82 | 45.02 | 53.20 | 63.32 | 72.61 | 81.80 | 98.91 |
| Lit. | 4) | 4) | 4) | 4) | 4) | 4) | 4) | 4) | 4) | 4) | 4) | 4) |

| | | | | | | | | | | | |
|---|---|---|---|---|---|---|---|---|---|---|---|
| 20° $c_{Ni}$ | 27.53 | 24.13 | 22.64 | 20.60 | 18.60 | 15.53 | 13.72 | 8.56 | 6.71 | 9.56 | 0.77 |
| 20° $c_H$ | 0 | 4.28 | 5.92 | 10.20 | 11.85 | 16.50 | 19.86 | 30.46 | 40.67 | 52.45 | 68.01 |
| Lit | 1) | 1) | 1) | 1) | 1) | 1) | 1) | 1) | 1) | 1) | 1) |

| | | | | | | | | | | | | | |
|---|---|---|---|---|---|---|---|---|---|---|---|---|---|
| 25° $c_{Ni}$ | 29.2 | 28.13 | 27.2 | 27.16 | 26.15 | 24.2 | 23.71 | 23.4 | 22.26 | 19.8 | 17.1 | 16.51 | 15.64 |
| 25° $c_H$ | 0 | 0 | 2.4 | 3.86 | 4.92 | 6.1 | 6.85 | 7.4 | 7.93 | 12.6 | 16.8 | 16.52 | 19.34 |
| Lit. | 2) | 3) | 2) | 3) | 3) | 2) | 3) | 2) | 3) | 2) | 2) | 3) | 3) |

| | | | | | | | | | | | | | |
|---|---|---|---|---|---|---|---|---|---|---|---|---|---|
| 25° $c_{Ni}$ | 14.2 | 13.4 | 11.23 | 8.1 | 9.4 | 10.56 | 12.80 | 9.65 | 4.0 | 2.1 | 1.0 | 0.3 | 0.23 |
| 25° $c_H$ | 21.1 | 23.7 | 34.48 | 35.3 | 41.9 | 45.68 | 44.12 | 48.46 | 50.4 | 54.6 | 59.1 | 61.0 | 72.38 |
| Lit. | 2) | 2) | 3) | 2) | 2) | 3) | 3) | 3) | 2) | 2) | 2) | 2) | 3) |

1) A. V. Babaeva, E. I. Danilushkina (*l. c.*). — 2) R. Rohmer (*l. c.* S. 650). — 3) J. A. Addlestone (*l. c.*). — 4) C. Montemartini, L. Losana (*l. c.*).

| | | | | | | | | | | | | | |
|---|---|---|---|---|---|---|---|---|---|---|---|---|---|
| 40° $c_{Ni}$ | 32.06 | 28.89 | 20.22 | 16.48 | 17.75 | 18.53 | 15.01 | 13.24 | 12.33 | 6.00 | 4.29 | 2.44 | 0.55 |
| 40° $c_H$ | 0 | 4.03 | 17.35 | 29.14 | 33.75 | 35.57 | 39.39 | 40.91 | 41.63 | 51.35 | 56.50 | 58.16 | 59.51 |

A. V. Babaeva, E. I. Danilushkina (*l. c.*).

| | | | | | | | | | | | | | |
|---|---|---|---|---|---|---|---|---|---|---|---|---|---|
| 50° $c_{Ni}$ | 34.6 | 29.0 | 26.0 | 22.2 | 21.6 | 21.4 | 19.4 | 14.6 | 11.8 | 5.4 | 1.6 | 0.4 | 0 |
| 50° $c_H$ | 0 | 7.1 | 12.3 | 21.7 | 25.0 | 26.1 | 28.0 | 32.9 | 36.0 | 44.2 | 51.8 | 55.6 | 61.5 |

R. Rohmer (*l. c.*).

| | | | | | | | | | | | | | |
|---|---|---|---|---|---|---|---|---|---|---|---|---|---|
| 80° $c_{Ni}$ | 40.51 | 35.47 | 34.39 | 33.63 | 34.65 | 31.13 | 25.28 | 18.04 | 10.50 | 6.33 | 2.40 | 1.44 | 0.22 |
| 80° $c_H$ | 0 | 7.12 | 13.64 | 15.53 | 17.75 | 18.89 | 21.10 | 26.25 | 36.75 | 45.96 | 52.54 | 55.62 | 66.05 |

A. V. Babaeva, E. I. Danilushkina (*l. c.*).

| | | | | | | | | | | |
|---|---|---|---|---|---|---|---|---|---|---|
| 90° $c_{Ni}$ | 40.9 | 30.0 | 28.5 | 25.0 | 19.0 | 17.0 | 11.8 | 7.0 | 0.8 | 0 |
| 90° $c_H$ | 0 | 9.6 | 11.5 | 15.1 | 23.9 | 27.4 | 35.1 | 43.1 | 57 | 61 |

R. Rohmer (*l. c.*). Einzelangaben zur Löslichkeit bei gewöhnl. Temp. s. J. Kendall, A. W. Davidson (*J. Am. Chem. Soc.* **43** [1921] 979/90, 984).

*Partial System between 150° and 350°*

**Teilsystem zwischen 150° und 350°.** Als Bodenkörper werden die bekannten Bodenkörper Ni·1 und $Ni(OH)_2$ sowie I, II, III und IV, s. **Fig. 235**, durch Debye-Scherrer-Aufnahmen nachgewiesen.

Fig. 235.

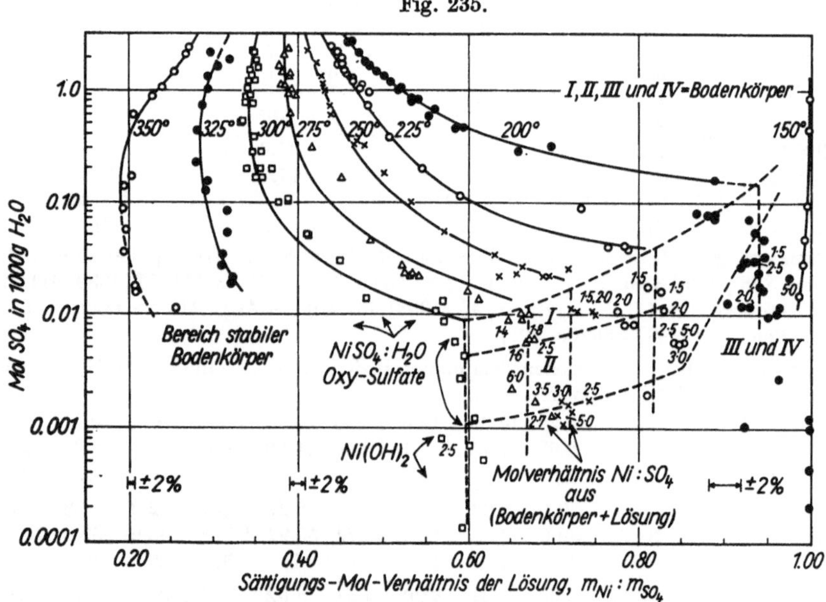


Das System NiO–$SO_3$–$H_2O$ für 150 bis 350°C.

Letztere sind vermutlich Ni-Hydroxidsulfate. Den Bodenkörpern I und II könnte die Zus. $NiSO_4 \cdot NiO$ bzw. $NiSO_4 \cdot 4NiO$ zukommen. Für die Existenzbereiche der einzelnen Phasen s. Fig. 235, in welcher die Abszisse den Ni-Gehalt als Molverhältnis $m_{Ni}/m_{SO_4}$ und die Ordinate den Gehalt an

$H_2SO_4$ in Mol $H_2SO_4$/1000 g $H_2O$ in den Lsgg. angibt. Genaue Löslichkeitsdaten im Gebiet des $Ni(OH)_2$ und der Bodenkörper I, II, III, IV lassen sich nicht angeben. Die Fig. zeigt, daß $H_2SO_4$-haltige $NiSO_4$-Lsgg. im untersuchten Konz.-Bereich oberhalb 200° nicht mehr stabil sind. Je nach Konz. wird entweder Ni·1 oder eines der Hydroxidsulfate oder $Ni(OH)_2$ ausgeschieden. Durch die Ausscheidung der Hydroxidsulfate bzw. des $Ni(OH)_2$ steigt die Konz. des $H_2SO_4$ in der Lsg., wodurch die Hydrolyse der ausgeschiedenen Phasen begünstigt wird, W. L. Marshall, J. S. Gill, R. Slusher (*J. Inorg. Nucl. Chem.* **24** [1962] 889/97), vorläufige Mitteilungen, W. L. Marshall, J. S. Gill, G. M. Hebert, E. V. Jones, R. Slusher (ORNL-2561 [1959] 307/12, *N.S.A.* **13** [1959] Nr. 5955), J. S. Gill, R. Slusher, W. L. Marshall (ORNL-2584 [1958] 49/51, *N.S.A.* **13** [1959] Nr. 1122).

Die Löslichkeit von Ni·1 in $H_2SO_4$-haltiger wss. Lsg. nimmt mit steigender Temp. ab und bei konst. Temp. mit steigender $H_2SO_4$-Konz. nahezu linear zu. Sie läßt sich durch die Beziehung $m_{NiSO_4} = a_0 + a_1 m_{H_2SO_4} + a_2(m_{H_2SO_4})^2 + a_3(m_{H_2SO_4})^3$ mit m in Mol/1000 g $H_2O$ beschreiben und ist in **Fig. 236** dargestellt. Einzelwerte der Konstt. $a_0$, $a_1$, $a_2$, $a_3$ bei den in der Fig. angegebenen Tempp. s. im Original, W. L. Marshall, J. S. Gill, R. Slusher (*l. c.*), W. L. Marshall, J. S. Gill, G. M. Hebert, E. V. Jones, R. Slusher (*l. c.*), J. S. Gill, R. Slusher, W. L. Marshall (*l. c.*).

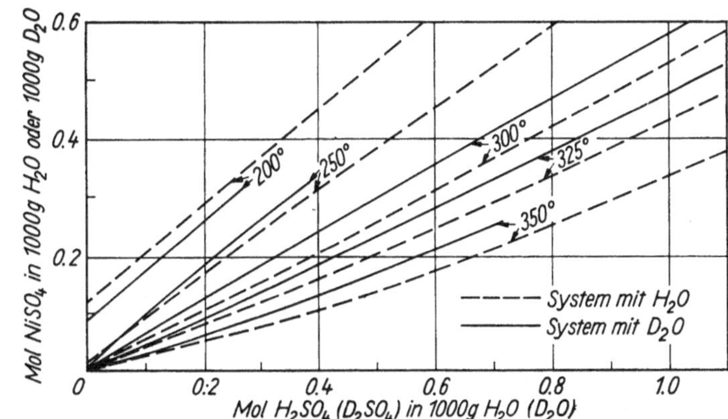


Fig. 236.

Löslichkeit von $NiSO_4 \cdot H_2O$ in $H_2O$ und $NiSO_4 \cdot D_2O$ in $D_2SO_4$–$D_2O$-Lsgg. bei 200 bis 350°C.

Im **hyperkritischen Flüssigkeitsgebiet** zwischen 375° und 450° wird kein Bereich der Flüssigkeit-Flüssigkeit-Nichtmischbarkeit gefunden. Es erscheint eine feste Phase (keine Angabe der Zus.), deren Löslichkeitsgrenze festgelegt wird, W. L. Marshall, J. S. Gill, R. Slusher[1]) (*l. c.*). *Hypercritical Liquid Region*

Löslichkeit von $NiSO_4 \cdot D_2O$ in $D_2SO_4$-haltigem $D_2O$. Es wird 95%iges $D_2O$ verwendet. $NiSO_4 \cdot D_2O$ zeigt dem $NiSO_4 \cdot H_2O$ analoges Verhalten, doch liegen die Werte höher, s. Fig. 236. Die Löslichkeit folgt der Gleichung $m_{NiSO_4} = a_0 + a_1(m_{D_2SO_4}) + a_2(m_{D_2SO_4})^2$ mit m in Mol/1000 g $D_2O$ (Einzelwerte der Konstt. $a_0$, $a_1$ und $a_2$ s. im Original), W. L. Marshall, J. S. Gill, R. Slusher (*J. Inorg. Nucl. Chem.* **24** [1962] 889/97, 896).

**Eigenschaften der schwefelsauren $NiSO_4$-Lösung.** Dichten D für 12.5°, Konz. $c_{Ni}$ in Gew.-% $NiSO_4$, Konz. $c_H$ in Gew.-% $H_2SO_4$: *Properties of Sulfuric Acid Solution of $NiSO_4$*

| | | | | | | | | | | | |
|---|---|---|---|---|---|---|---|---|---|---|---|
| $c_{Ni}$ . . . . | 24.06 | 18.91 | 13.62 | 8.56 | 6.84 | 5.20 | 4.51 | 2.62 | 0.87 | 0.22 | 0.11 |
| $c_H$ . . . . | — | 10.25 | 18.16 | 23.42 | 32.10 | 40.82 | 45.02 | 53.20 | 63.32 | 72.61 | 98.91 |
| $D^{12.5}$ . . . | 1.3208 | 1.2988 | 1.2958 | 1.3992 | 1.3236 | 1.3598 | 1.4076 | 1.4721 | 1.5450 | 1.6465 | 1.8430 |

C. Montemartini, L. Losana (*Ind. Chim.* [*Roma*] **4** [1929] 199/205, 201). D für 25° ± 1°, Konz. C in Mol $NiSO_4$/1000 g $H_2O$, C′ in Mol $H_2SO_4$/1000 g $H_2O$:

| | | | | | | | |
|---|---|---|---|---|---|---|---|
| C . . . . . . | 0.274 | 0.330 | 0.404 | 0.459 | 0.522 | 0.574 | 0.627 |
| C′ . . . . . . | 0.745 | 0.745 | 0.744 | 0.744 | 0.747 | 0.745 | 0.745 |
| $D^{25}$ . . . . . . | 1.0895 | 1.0986 | 1.1095 | 1.1167 | 1.1266 | 1.1344 | 1.1419 |
| C . . . . . . | 0.548 | 0.660 | 0.808 | 0.918 | 1.045 | 1.148 | 1.254 |
| C′ . . . . . . | 1.491 | 1.491 | 1.488 | 1.488 | 1.494 | 1.491 | 1.491 |
| $D^{25}$ . . . . . . | 1.1709 | 1.1875 | 1.2086 | 1.2243 | 1.2412 | 1.2560 | 1.2705 |

[1]) Gemeinsam mit F. J. Smith.

Dichten D für 25° ± 1°, Konz. C in Mol $NiSO_4$/1000 g $D_2O$, C' in $D_2SO_4$/1000 g $D_2O$ (95%ig):

| | | | | | | | |
|---|---|---|---|---|---|---|---|
| C . . . . . . | 0.274 | 0.330 | 0.404 | 0.459 | 0.522 | 0.574 | 0.627 |
| C' . . . . . . | 0.745 | 0.745 | 0.747 | 0.748 | 0.748 | 0.748 | 0.744 |
| $D^{25}$ . . . . . . | 1.1923 | 1.2009 | 1.2112 | 1.2171 | 1.2266 | 1.2336 | 1.2422 |
| C . . . . . . | 0.548 | 0.660 | 0.808 | 0.918 | 1.045 | 1.148 | 1.254 |
| C' . . . . . . | 1.491 | 1.491 | 1.494 | 1.496 | 1.496 | 1.496 | 1.488 |
| $D^{25}$ . . . . . . | 1.2714 | 1.2870 | 1.3083 | 1.3238 | 1.3421 | 1.3561 | 1.3713 |

W. L. Marshall, J. S. Gill, R. Slusher (*l. c.*).

*Optical Properties*

**Optische Eigenschaften.** Wss. schwefelsaure 0.45m-$NiSO_4$-Lsg. zeigt bis hinauf zur Konz. von 2.5 Mol $H_2SO_4$/l Lsg. zwischen 622 und 460 m$\mu$ die gleiche Lichtabsorption wie die $H_2SO_4$-freie Lsg. (s. S. 716). Bei starkem Erhöhen der $H_2SO_4$-Konz. nimmt die Absorption im roten und gelben Bereich ab, im blauen und violetten Bereich sehr stark zu, G. Poma (*Gazz. Chim. Ital.* **40** I [1910] 176/93, 182, 190), s. auch A. v. Kiss, P. Csokán (*Z. Anorg. Allgem. Chem.* **245** [1941] 355/64, 358). In wss. 0.2m-$NiSO_4$-Lsg. mit 15 Mol $H_2SO_4$/l Lsg. sind im Bereich von 700 bis 200 m$\mu$ die Max. und Minima der Absorptionskurve nach längeren Wellenlängen hin verschoben, E. Major (*Acta Univ. Szeged. Acta Phys. Chem.* **1** [1942] 17/34, 26), s. auch A. v. Kiss, P. Csokán (*l. c.*), wodurch sich die max. Durchlässigkeit nach Gelb verlagert, H. Ley, W. Heidbrink (*Z. Anorg. Allgem. Chem.* **173** [1928] 287/96, 294). Durch Temp.-Erhöhung werden die Absorptionsmax. von $H_2SO_4$-haltigen wss. $NiSO_4$-Lsgg. nach längeren Wellenlängen hin verschoben, L. Gyulai (*Acta Univ. Szeged. Acta Chem. Mineral. Phys.* [*Szeged*] **5** [1937] 210/37).

In $H_2O$-freier $H_2SO_4$-Lsg. gehorcht $NiSO_4$ dem Beerschen Gesetz, G. Poma (*l. c.* S. 190).

Elektrische Leitfähigkeit. Die spezif. elektr. Leitf. einer wss. 0.25m-$NiSO_4$-Lsg., die 0.25 Mol $H_2SO_4$/l Lsg. enthält, beträgt bei 20° 0.0517 $\Omega^{-1}\cdot cm^{-1}$, Ya. A. Fialkov, Z. A. Sheka (*Zh. Neorg. Khim.* **1** [1956] 1238/42; *Russ. J. Inorg. Chem.* **1** Nr. 6 [1956] 120/5).

*Nature of Solution*

**Konstitution der Lösung.** Zunehmende $H_2SO_4$-Konz. soll nach Deutung der Lichtabsorptionskurven auf das in wss. Lsg. vorliegende $[Ni(H_2O)_6]^{2+}$-Ion wasserentziehend wirken, H. Ley, W. Heidbrink (*Z. Anorg. Allgem. Chem.* **173** [1928] 287/96, 294), s. auch G. Poma (*Gazz. Chim. Ital.* **40** I [1910] 176/93, 190). — Das $H_2O$-freie $Ni^{2+}$-Ion ist gelb, G. Poma (*l. c.*). Die Verschiebung der Lichtabsorptionsmax. durch Temp.-Erhöhung wird auf eine Änderung der Hydratationsenergie des $Ni^{2+}$-Ions zurückgeführt. Bei mittleren $H_2SO_4$-Konzz. ist mit Dehydrations- und Deformationseinflüssen zu rechnen. In hochkonz. $H_2SO_4$-Lsg. beginnt die Bldg. von Sulfatokomplexen, L. Gyulai (*Acta Univ. Szeged. Acta Chem. Mineral. Phys.* [*Szeged*] **5** [1937] 210/37). — Aus potentiometr. Messungen und dem Vergleich der gem. elektr. Leitf. mit der additiv ber. Leitf. äquimolarer Mischungen von wss. $NiSO_4$- und $H_2SO_4$-Lsgg. bei 20° wird geschlossen, daß in $H_2SO_4$-haltigen wss. $NiSO_4$-Lsgg. bei Konzz. von 0.25 bis 0.5 Mol/l Lsg. das komplexe Anion $[Ni(SO_4)_2]^{2-}$ vorliegt, Ya. A. Fialkov, Z. A. Sheka (*l. c.*), bestätigt durch Messungen der Dichte, der Viskosität und der Vol.-Änderung bei 20° und 30°, A. Ya. Deich (*Zh. Neorg. Khim.* **3** [1958] 1465/7; *Zh. Fiz. Khim.* **34** [1960] 1382/3; *Russ. J. Phys. Chem.* **34** [1960] 662/3), sowie durch Ergebnisse von kryoskop. und Leitf.-Messungen an $H_2SO_4$-haltigen $NiSO_4$-Lsgg., G. Poma (*J. Chim. Phys.* **10** [1912] 177/92, 186).

*Basic Nickel(II) Sulfates Review*

## Basische Nickel(II)-sulfate

**Übersicht.** Im Gegensatz zu den bas. Sulfaten anderer Metalle, die meist kristallisiert sind, werden bei der Fällung von $Ni^{2+}$ aus wss. $NiSO_4$-Lsg. mit NaOH gallertige Ndd. erhalten. Sie sind schwer zu filtrieren und auszuwaschen. Unter dem Mikroskop sind bei 500facher Vergrößerung noch keine Kristallite zu erkennen. Die gelartige Beschaffenheit der Ndd. dürfte mit ein Grund sein für die unterschiedlichen Lit.-Angaben über die Zus. der bas. Nickel(II)-sulfate. Es ist anzunehmen, daß viele dieser beschriebenen Substt. Gemische aus bas. Salz und Hydroxid oder Gemische aus verschiedenen bas. Salzen sind, G. Denk, W. Dewald (*Z. Anorg. Allgem. Chem.* **266** [1951] 83/90, 84). Die bas. Nickel(II)-sulfate sind metastabil, W. J. Singley, J. T. Carriel (*J. Am. Chem. Soc.* **75** [1953] 778/81), J. Besson, H. Berger (*Bull. Soc. Chim. France* **1955** 1286/9). Beim Herausnehmen aus der Mutterlauge kann sich die Zus. dieser bas. Salze ändern, B. Chandra Haldar (*J. Indian Chem. Soc.* **25** [1948] 445/7), indem sich der $Ni(OH)_2$-Anteil erhöht, A. L. Rotinyan, V. L. Kheifets, E. S. Kozich, E. N. Kalnina (*Zh. Obshch. Khim.* **24** [1954] 1294/1302, 1294; *J. Gen. Chem. USSR* **24** [1954] 1277/83, 1277). Der $NiSO_4$-Anteil der bas. Salze läßt sich mit $H_2O$ weitgehend auswaschen,

aber selbst beim Fällen aus sehr verd. $NiSO_4$-Lsg. und bei Anwendung von 2 Mol NaOH je 1 Mol $Ni^{2+}$ ist im Ni-Hydroxid-Nd. noch $SO_4^{2-}$ nachweisbar, J. HEUBEL (*Ann. Chim.* [*Paris*] [12] **4** [1949] 699/744, 714), s. auch I. LAMURE (*Compt. Rend.* **220** [1945] 601/3), C. S. SHAW, S. GHOSH (*J. Indian Chem. Soc.* **27** [1950] 679/82). Dies wird zum Tl. auf die gallertige Beschaffenheit der Ndd. zurückgeführt, zum Tl. auf die Erscheinung, daß bas. Salze die letzten Reste des im Gitter eingebauten Anions sehr hartnäckig festhalten und selbst mit einem größeren Überschuß von Alkali nur sehr schwer in das reine Hydroxid übergehen, G. DENK, W. DEWALD (*l. c.* S. 85). Nach einer anderen Vorstellung soll sich zunächst leicht lösl. Hydroxid gemeinsam mit $NiSO_4$ als bas. Salz ausscheiden. Durch Alterung geht das leichtlösl. Hydroxid in schwerlösl. Hydroxid unter Zerfall des bas. Salzes über, wobei Reste von $NiSO_4$ in das schwerlösl. Hydroxid mit eingebaut werden, J. HEUBEL (*l. c.* S. 715), s. auch I. LAMURE (*l. c.*). Bei potentiometr. Titration von wss. 0.0025 und 0.25m-$NiSO_4$-Lsg. mit NaOH-Lsg. zeigt sich kontinuierliche Abnahme des Alkaliverbrauchs bis zu 90% der für Hydroxid theoret. benötigten Menge, was vielleicht befriedigender durch Neutralsalzabsorption an Ni-Hydroxid gedeutet werden kann, als durch Annahme bestimmter bas. Nickel(II)-sulfate, G. M. SCHWAB, K. POLYDOROPOULOS (*Z. Anorg. Allgem. Chem.* **274** [1953] 234/49, 243). — Nach potentiometr., konduktometr. und amperometr. Titration von wss. $NiSO_4$-Lsg. mit NaOH-Lsg. und mit Hilfe polarisierter Mikroelektroden werden Beweise für die Bldg. bas. Nickel(II)-sulfate gefunden, J. E. DUBOIS, M. ASHWORTH, W. WALISH (*Compt. Rend.* **242** [1956] 1452/5). — Im System $NiSO_4$–$H_2SO_4$–$H_2O$ (s. S. 728) werden 4 verschiedene, nicht analysierte bas. Nickel(II)-sulfate zwischen 150° und 350° gefunden, W. L. MARSHALL, J. S. GILL, R. SLUSHER (*J. Inorg. Nucl. Chem.* **24** [1962] 889/97), W. L. MARSHALL, J. S. GILL, G. M. HEBERT, E. V. JONES, R. SLUSHER (ORNL-2561 [1959] 307/12, *N.S.A.* **13** [1959] Nr. 5955), J. S. GILL, R. SLUSHER, W. L. MARSHALL (ORNL-2584 [1958] 49/51, *N.S.A.* **13** [1959] Nr. 1122). — Bei Messungen des Zers.-Druckes von $NiSO_4$ zwischen 775° und 846° lassen sich bas. Nickel(II)-sulfate nicht nachweisen, L. WÖHLER, K. FLICK (*Ber. Deut. Chem. Ges.* **67** [1934] 1679/83, 1681). — Das DEBYE-SCHERRER-Diagramm eines bas. Nickel(II)-sulfates nicht ermittelter Zus. zeigt nur einen Teil der Reflexe des Ni-Hydroxids. Hieraus wird auf ein Schichtgitter ähnlich dem des Ni-Hydroxid-Gitters (s. S. 451) geschlossen, das jedoch unvollkommen ausgebildet ist, W. FEITKNECHT (*Helv. Chim. Acta* **16** [1933] 427/54).

*Formation Conditions. Equivalency Points*

**Bildungsbedingungen. Äquivalenzpunkte.** Bei Titration von wss. $NiSO_4$-Lsg. mit wss. Alkalihydroxid-Lsg. zeigen die potentiometr. und konduktometr. Titrationskurven 2 Knicke, Z. KSANDR, M. HEJTMÁNEK (*Sb. Celostatni Pracovni Konf. Anal Chemiku 1st Prague* 1953, S. 42/5). Bei kalorimetr. Meth. wird bei Zugabe von 1.5 Äquiv. 0.5156 und 1.059 m-NaOH-Lsg. zu 0.06445 bis 0.20375m-$NiSO_4$-Lsg. ein Knickpunkt erhalten, B. CHANDRA HALDAR (*J. Indian Chem. Soc.* **25** [1948] 445/7), bei potentiometr. Titration mit 2n-NaOH-Lsg. bei Zugabe von 1.5 Äquiv. NaOH zu 0.05, 0.2 und 0.5m-$NiSO_4$-Lsg. Auch eine Erhöhung der $SO_4^{2-}$-Konz. verändert die Lage. des Knickes nicht, G. DENK, W. DEWALD (*Z. Anorg. Allgem. Chem.* **266** [1951] 83/90, 89). Der von G. DENK, W. DEWALD (*l. c.*) gefundene Wert könnte wegen ungenügenden Rührens und damit verbundenem Absetzen eines fest haftenden Nd. von bas. Salz auf den Elektroden zu tief liegen. Kalorimetr. und potentiometr. Titrationskurven zeigen Knicke bei ~1.6 Äquiv. NaOH an 0.5 bis 2m-$NiSO_4$-Lsgg. mit 0.25 bis 4m-NaOH-Lsgg., J. BESSON, H. BERGER (*Bull. Soc. Chim. France* **1955** 1286/9). Bei schneller konduktometr. Titration innerhalb weniger Min. wird je ein Kurvenknick bei 1.55 und 2 Äquiv. NaOH an 0.5m-$NiSO_4$-Lsg. erhalten. Bei langsamer Titration über mehrere Stunden verschiebt sich der Knick bei 1.55 mehr nach 2 Äquiv. NaOH, J. HEUBEL (*Ann. Chim.* [*Paris*] [12] **4** [1949] 699/744, 713). Ähnliche Ergebnisse mit potentiometr. und konduktometr. Meth. während 5 bis 75 Min. Titrationsdauer, Z. KSANDR, M. HEJTMÁNEK (*l. c.*). Dagegen wird bei kalorimetr. Titrationen von 0.5 und 2m-$NiSO_4$-Lsg. mit 0.5 bis 4m-NaOH-Lsg. nach 1 und 20 Min. Dauer Knicke bei Zugabe von 1.70 bzw. 1.62 Äquiv. NaOH gefunden. Die potentiometr. Titrationskurven zeigen geringere Unterschiede, doch werden bei verdünnteren $NiSO_4$-Lsgg. etwas höhere NaOH-Mengen benötigt, J. BESSON, H. BERGER (*l. c.*).

Bei Titration von wss. Alkali-Lsg. mit wss. $NiSO_4$-Lsg. zeigt die potentiometr. Titrationskurve nur einen Knick bei 1.5 Äquiv. NaOH, G. DENK, W. DEWALD (*l. c.*), bei 1.66 Äquiv. NaOH nach potentiometr. und kalorimetr. Meth., J. BESSON, H. BERGER (*l. c.*). — Nur bei 2 Äquiv. NaOH wird ein Knick in den Titrationskurven an 0.1262 und 0.1710m-NaOH-Lsg. mit 0.6445m-$NiSO_4$-Lsg. nach kalorimetr. Unters. gefunden, B. CHANDRA HALDAR (*l. c.*). Analoge Ergebnisse nach konduktometr. Meth., J. HEUBEL (*l. c.* S. 714), nach potentiometr. und konduktiometr. Meth., wobei der Bodenkörper noch $NiSO_4$ enthält, Z. KSANDR, M. HEJTMÁNEK (*l. c.*). Da bei der potentiometr. Titration von

wss. KOH-Lsg. mit wss. $NiSO_4$-Lsg. keine definierten bas. Nickel(II)-sulfate gefunden werden, wird angenommen, daß sich um kleinste Tröpfchen von $NiSO_4$-Lsg. eine undurchlässige Schicht von Ni-Hydroxid bildet und dadurch das eingeschlossene Salz nicht mehr reagieren kann, W. J. SINGLEY, J. T. CARRIEL (*J. Am. Chem. Soc.* **75** [1953] 778/81).

*pH Value*

**$p_H$-Wert.** Die Zus. der Ndd. ist vom $p_H$-Wert abhängig, J. HEUBEL (*l. c.* S. 735), W. J. SINGLEY, J. T. CARRIEL (*l. c.*). Mit steigendem $p_H$-Wert wird im Nd. der Ni-Hydroxidanteil größer. Zwischen $p_H = 8$ bis 14 reagieren die bas. Salze mit dem Fällungsmedium, und ihre Zus. nähert sich der von $Ni(OH)_2$. Hierbei werden $SO_4^{2-}$-Ionen frei, wodurch die Basizität geringer wird. Zur Fällung mit konst. $p_H$-Wert wird nach Versetzen der KOH-Lsg. mit wss. $NiSO_4$-Lsg. erneut bis zum ursprünglichen $p_H$-Wert mit KOH-Lsg. zurücktitriert. Jedoch stellt sich hierbei kein Gleichgew. zwischen Bodenkörper und Mutterlauge ein, selbst bei einem Überschuß von $SO_4^{2-}$-Ionen reagiert der Nd. mit dem Fällungsmedium, W. J. SINGLEY, J. T. CARRIEL (*l. c.*). — Der $p_H$-Wert, bei dem die erste sichtbare Fällung durch Zugabe von NaOH-Lsg. zu $NiSO_4$-Lsg. beobachtet wird, nimmt mit zunehmender $NiSO_4$-Konz. ab, G. N. DOBROKHOTOV (*Zh. Prikl. Khim.* **27** [1954] 1056/66; *J. Appl. Chem. USSR* **27** [1954] 995/1004, 1000). — Der Endpunkt der Fällung von bas. Salzen aus wss. $NiSO_4$-Lsg. erfordert bei gewöhnl. Temp. einen höheren $p_H$-Wert als bei $NiCl_2$- oder $Ni(NO_3)_2$-Lsgg., W. J. SINGLEY, J. T. CARRIEL (*l. c.*), bei $NiCl_2$-, $Ni(NO_3)_2$- oder $Ni(ClO_3)_2$-Lsgg., Z. KSANDR, M. HEJTMÁNEK (*Sb. Celostatni Pracovni Konf. Anal. Chemiku 1st Prague* 1953, S. 42/5), bei $Ni(NO_3)_2$- oder $Ni(ClO_4)_2$-Lsgg., F. ČŮTA, Z. KSANDR, M. HEJTMÁNEK (*Chem. Listy* **48** [1954] 1341/5).

*Effect of Temperature*

**Temperatureinfluß.** Bei gewöhnl. Temp. fallen bas. Nickel(II)-sulfate ab $p_H \sim 7$ aus, J. HEUBEL (*Ann. Chim.* [*Paris*] [12] **4** [1949] 699/744, 735), ab $p_H$ 6.6, H. T. S. BRITTON, W. L. GERMAN (*J. Chem. Soc.* **1931** 1429/35, 1430). Mit steigender Temp. verschiebt sich der $p_H$-Wert, bei einander entsprechenden Konzz. nahezu parallel nach niedrigeren $p_H$-Werten, G. N. DOBROKHOTOV (*l. c.*; *l. c.* S. 1003), z. B. wird an der konduktometr. Titrationskurve bei 20° zwischen $p_H$ 6.7 und 6, bei 50° zwischen $p_H$ 5.9 und 5 jeweils ein Knick bei 1.33 Äquiv. NaOH beob., A. L. ROTINYAN, V. L. KHEIFETS, E. S. KOZICH, E. N. KALNINA (*Zh. Obshch. Khim.* **24** [1954] 1294/1302; *J. Gen. Chem. USSR* **24** [1954] 1277/83, 1278). Durch Temp.-Erhöhung wird die Umwandlung von bas. Salz zu einer Zus., die sich der von Ni-Hydroxid nähert, begünstigt, W. J. SINGLEY, J. T. CARRIEL (*J. Am. Chem. Soc.* **75** [1953] 778/81). Nach potentiometr. und konduktiometr. Titration bei 25°, 50° und 90° von wss. 0.0025 bis 0.25 m-$NiSO_4$-Lsgg. mit wss. 0.2 und 1 m-NaOH-Lsgg. stimmen die Kurvenknickpunkte nicht mit den stöchiometr. NaOH-Mengen überein. Der Ni-Hydroxid-Anteil im Nd. ist nach Fällung bei 25° geringer als bei 90°. Definierte bas. Salze können wegen der Temp.-Abhängigkeit der Zus. der Bodenkörper nicht gefunden werden. Dagegen sind große Konz.-Änderungen nur von geringem Einfluß auf die Verschiebung des Kurvenknickpunktes, Z. KSANDR, M. HEJTMÁNEK (*l. c.*). Bei 90° hydrolysieren die bas. Salze noch nicht vollständig, während sie sich bei 100° und genügend langsamer Titration lösen und das Anion direkt mit NaOH bestimmt werden kann, F. ČŮTA u. a. (*l. c.*). — Fällung bas. Nickel(II)-sulfate durch Titration von wss. $NiSO_4$-Lsg. mit wss. $Ba(OH)_2$-Lsg. ist bei gewöhnl. Temp., jedoch nicht in der Wärme möglich, H. S. HARNED (*J. Am. Chem. Soc.* **39** [1917] 252/66, 262).

*$9NiO \cdot SO_3 \cdot nH_2O$*

***$9NiO \cdot SO_3 \cdot nH_2O$*** oder $NiSO_4 \cdot 8NiO \cdot nH_2O$. Zu einer wss. Lsg. von $(NH_4)_2SO_4 \cdot NiSO_4$ ($\sim$1 Gew.-%) wird das Doppelte der für die $Ni(OH)_2$-Fällung benötigten Menge an $NH_3$-Lsg. gegeben. Nach Aufkochen wird der hellgrüne Nd. abfiltriert, gewaschen und bei 110° getrocknet, Zus. $NiSO_4 \cdot 8NiO \cdot 16H_2O$, A. MARSHALL (*Analyst* **24** [1899] 202/5). Zeigt in der Erhitzungskurve zwischen 91° und 172° eine gut ausgebildete Waagerechte. Dehydration erfolgt zwischen 172° und 200°. Bis 815° (Erhitzungsende) ist die wasserfreie Verb. stabil, ohne daß Abgabe von $SO_4^{2-}$ beobachtet wird, R. DUVAL, C. DUVAL (*Anal. Chim. Acta* **5** [1951] 71/83, 74). — $NiSO_4 \cdot 8NiO \cdot nH_2O$ oder $NiSO_4 \cdot 8Ni(OH)_2$ fällt bei der Elektrolyse wss. 0.055 bis 0.082 m-$NiSO_4$-Lsg. mit Pt-Anode und durch Flüssigkeitsheber verbundenen Elektrodenräumen von der gekühlten Ni-Kathode ab. Die Zus. der Ndd. ist von der Konz. der $NiSO_4$-Lsg. abhängig. Wird die Kathode nicht gekühlt, entsteht vorwiegend $Ni(OH)_2$, A. MUTA (*J. Electrochem. Soc. Japan* **17** [1949] 74/76).

*$7NiO \cdot SO_3 \cdot nH_2O$*

***$7NiO \cdot SO_3 \cdot nH_2O$*** oder $NiSO_4 \cdot 6NiO \cdot nH_2O$. Neutrale wss. $NiSO_4$-Lsg. wird bei gewöhnl. Temp. mit wss. verd. $NH_3$-Lsg. bis zur deutlich bleibenden Trübung versetzt. Unter kräftigem Umrühren wird zum Sieden erhitzt, die Lsg. abdekantiert, der Nd. abgenutscht und über CaO getrocknet; Zus. $NiSO_4 \cdot 6NiO \cdot 10H_2O$. Mikroskopisch ist an dem gelblichgrünen Pulver kristallines Aussehen kaum erkennbar. Das Salz ist in $H_2O$ schwer lösl., reagiert alkalisch, zieht an Luft energisch $CO_2$ an, verliert beim Trocknen unter etwa 12 Torr bis 100° 7 Gew.-% (3 Mol $H_2O$/Mol Salz), bei wesentlich höherer

Temp. 15 bis 16 Gew.-% $H_2O$ (7 Mol $H_2O$/Mol Salz), J. HABERMANN (*Monatsh. Chem.* **5** [1884] 432/50, 440). — $NiSO_4 \cdot 6\,Ni(OH)_2$ fällt bei der Elektrolyse wss. 0.021 bis 0.041 m-$NiSO_4$-Lsg. an (Einzelheiten zur Elektrolyse s. bei $9\,NiO \cdot SO_3 \cdot nH_2O$), A. MUTA (*l. c.*). — $7\,NiO \cdot SO_3 \cdot nH_2O$ entsteht durch Umwandlung von zunächst gebildetem $NiSO_4 \cdot 4\,Ni(OH)_2$ in wss. 0.01 m-$NiSO_4$-Lsg., Nachweis durch potentiometr. und konduktometr. Titration, I. V. TANANAEV, M. YA. BOKMEL'DER (*Zh. Neorgan. Khim.* **2** [1957] 2700/8, 2701; *Russ. J. Inorg. Chem.* **2** [1957] 19/33, 21).

***5 NiO · SO₃ · nH₂O*** oder $NiSO_4 \cdot 4\,NiO \cdot nH_2O$. Zu wss. $NiSO_4$-Lsg. mit 15 bis 25 g $NiSO_4$ in 100 g Lsg. wird wss. $NH_3$-Lsg. in großem Überschuß gegeben. Der hellgrüne Nd. hat etwa die Zus. $NiSO_4 \cdot 4\,NiO \cdot 14\,H_2O$, läßt sich auf Ton gut trocknen und gibt über konz. $H_2SO_4$ 4 Mol $H_2O$ je Mol Salz, bei 100° 5 Mol $H_2O$ ab, H. FUCHS (*Diss. Aachen T.H.* 1928, S. 33). — Beim Auflösen von Mg-Pulver in wss. $NiSO_4$-Lsg. bildet sich unter $H_2$-Entw. ein intensiv grüner Nd. der Zus. $NiSO_4 \cdot 4\,NiO \cdot nH_2O$. Die Rk. verläuft in der Wärme schneller als bei gewöhnl. Temperatur. Die verwendete Mg-Menge ist $^1/_6$ Äquiv. des vorhandenen $Ni^{2+}$, G. GIRE (*Compt. Rend.* **197** [1933] 1646, **200** [1935] 1213/5, **202** [1936] 1182/4; *Bull. Soc. Chim. France* [5] **1** [1934] 1241/7, 1243), I. LAMURE (*Compt. Rend.* **220** [1945] 601/3). Das Salz ist stark hydratisiert, verwittert an Luft, wird dabei blasser und hat dann etwa 18 Mol Hydratwasser je Mol Salz, G. GIRE (*Compt. Rend.* **197** [1933] 1646; *Bull. Soc. Chim. France* [5] **1** [1934] 1241/7, 1243). Nach Trocknen bei 100° hat es 10 Mol $H_2O$, G. GIRE (*l. c.*), I. LAMURE (*l. c.*). Wird das Salz längere Zeit gewaschen, so lösen sich äquiv. Mengen $NiSO_4$ und $Ni(OH)_2$ in geringem Umfang, und es fällt die entsprechende Menge unlösl. $Ni(OH)_2$ aus, während $NiSO_4$ in Lsg. bleibt, G. GIRE (*Compt. Rend.* **202** [1936] 1182/4). In der Wärme in Säuren lösl., G. GIRE (*Compt. Rend.* **197** [1933] 1646; *Bull. Soc. Chim. France* [5] **1** [1934] 1241/7, 1243). *5 NiO · SO₃ · nH₂O*

Die Fällung von $NiSO_4 \cdot 4\,Ni(OH)_2$ wird durch potentiometr. und konduktometr. Titration von wss. $NiSO_4$-Lsg. mit wss. NaOH-Lsg. und durch Löslichkeitsmessungen, I. V. TANANAEV, M. YA. BOKMEL'DER (*l. c.*), wie auch durch Titration von wss. $NiSO_4$-Lsg. mit wss. NaOH- und $Ca(OH)_2$-Lsg. nachgewiesen, S. U. PICKERING (*J. Chem. Soc.* **91** [1907] 1981/88, 1985; *Proc. Chem. Soc.* **23** [1907] 261). Beim schnellen konduktometr. Titrieren von wss. 0.1 bis 0.5 m-$NiSO_4$-Lsg. mit wss. NaOH-Lsg. erscheint in der Titrationskurve ein Knick beim Molverhältnis $OH^-/Ni^{2+}$ von 1.55 bis 1.63, woraus auf Bldg. des bas. Salzes $NiSO_4 \cdot 4\,Ni(OH)_2$ geschlossen wird. Der grüne Nd. zersetzt sich in $H_2O$ langsam in seine Komponenten, jedoch läßt sich $NiSO_4$ niemals völlig entfernen. Das bas. Salz entsteht nur beim schnellen Titrieren, beim langsamen Titrieren entstehen $Ni(OH)_2$-reichere bas. Salze, J. HEUBEL (*Ann. Chim.* [*Paris*] [12] **4** [1949] 699/744, 713). Diese Angaben werden bestätigt. Nach röntgenograph. Unterss. besitzt das schlecht kristallisierende $NiSO_4 \cdot 4\,NiO \cdot nH_2O$ entsprechend den Vorstellungen von W. FEITKNECHT die Schichtstruktur des $Ni(OH)_2$ mit mehr oder weniger geordnetem partiellen Ersatz bestimmter $OH^-$-Schichten durch $SO_4^{2-}$-Schichten, J. BESSON, H. BERGER (*Bull. Soc. Chim. France* **1955** 1286/9).

***4 NiO · SO₃ · nH₂O*** oder $NiSO_4 \cdot 3\,NiO \cdot nH_2O$. Beim Fällen von Ni-Hydroxid aus wss. 0.2 m-$NiSO_4$-Lsg. mit wss. 4 m-NaOH-Lsg. bei Molverhältnissen $NaOH:NiSO_4$ von 0.25 bis 1.25 wird ein nicht kristalliner bas. Nd. der ungefähren Zus. $NiSO_4 \cdot 3\,Ni(OH)_2 \cdot 6\,H_2O$ erhalten. Beim Erhitzen dieses Nd. mit wss. 1 m-$NiSO_4$-Lsg., wobei sich in Lsg. doppelt so viel $Ni^{2+}$ wie im Nd. befinden soll, entstehen im Bombenrohr bei 120° nach ~6 Wochen dünne, lange, stäbchenförmige Kristalle der Zus. $NiSO_4 \cdot 3\,Ni(OH)_2 \cdot nH_2O$, G. DENK, W. DEWALD (*Z. Anorg. Allgem. Chem.* **266** [1951] 83/90, 84). Durch potentiometr. Titration von 0.05 bis 0.5 m wss. $NiSO_4$-Lsg. mit wss. 2 n-NaOH-Lsg. bei 20° wird ein scharfer Knick in der Titrationskurve beim Molverhältnis $NaOH:NiSO_4 = 1.5$ ebenso wie bei der umgekehrten Titration beob., was einer Verb. der Zus. $NiSO_4 \cdot 3\,Ni(OH)_2$ entspricht. Auch eine Erhöhung der $SO_4^{2-}$-Ionenkonz. durch Zugabe von $K_2SO_4$ verändert die Lage des Knickes nicht, G. DENK, W. DEWALD (*l. c.* S. 89). Beim Behandeln von frisch gefälltem $Ni(OH)_2$ mit wss. 0.1 bis 0.5 n-$NiSO_4$-Lsg. wird das $Ni(OH)_2$ zunächst aufgelöst. Es fällt jedoch bald ein Nd., dessen Zus. stets ein Verhältnis $Ni:SO_4$ nahe 4 aufweist, was der Zus. $NiSO_4 \cdot 3\,NiO$ entspricht. Dieser Nd. hält bis 120° 4 Mol $H_2O$ je Mol Salz fest. Über 150° verliert er nochmals 1 $H_2O$; bei höherer Temp. schwarz, zersetzt sich, enthält aber noch immer 3 Mol $H_2O$, I. LAMURE (*Compt. Rend.* **220** [1945] 601/3). $NiSO_4 \cdot 3\,Ni(OH)_2$ fällt bei der Elektrolyse von wss. 0.013 m-$NiSO_4$-Lsg. an. Einzelangaben zur Elektrolyse s. bei $9\,NiO \cdot SO_3 \cdot nH_2O$, S. 732, A. MUTA (*J. Electrochem. Soc. Japan* **17** [1949] 74/6). *4 NiO · SO₃ · nH₂O*

Bei kalorimetr. Titration von wss. $NiSO_4$-Lsg. mit wss. NaOH-Lsg. wird in der Temp.-Konz.-Kurve beim Molverhältnis $NaOH:NiSO_4$ von 1.5 und 2 jeweils ein scharfer Knick gefunden. Da bei der Rücktitration nur beim Molverhältnis $NaOH:NiSO_4 = 2$ ein scharfer Knick gefunden wird, wird angenommen, daß $NiSO_4 \cdot 3\,Ni(OH)_2$ nur im Überschuß von $NiSO_4$-Lsg. beständig ist, B. CHANDRA

HALDAR (*J. Indian Chem. Soc.* **25** [1948] 445/7). Bei potentiometr. Titration von wss. $NiSO_4$-Lsg. mit wss. NaOH-Lsg. bei 75° wird ein Nd. der Zus. $NiSO_4 \cdot 3Ni(OH)_2 \cdot nH_2O$ ausgefällt. Das Salz ist instabil. In verd. Lsg. hydrolysiert es leicht in $Ni(OH)_2$, ebenso in alkal. Lösung. Ionenprodukt: $[Ni^{2+}]^4 \cdot [OH^-]^6 \cdot [SO_4^{2-}] = 10^{-53.4}$, G. N. DOBROKHOTOV (*Zh. Prikl. Khim.* **27** [1954] 1056/66, 1001; *J. Appl. Chem. USSR* **27** [1954] 995/1004, 997).

*$3NiO \cdot SO_3 \cdot 10H_2O$*

***$3NiO \cdot SO_3 \cdot 10H_2O$*** oder $NiSO_4 \cdot 2Ni(OH)_2 \cdot 8H_2O$. Entsteht beim mehrtägigen Schütteln von unter $N_2$ frisch gefälltem $Ni(OH)_2$ mit 8 gewichtsprozentiger $NiSO_4$-Lsg. als fester Bodenkörper, H. FUCHS (*Diss. Aachen T.H.* 1928, S. 34). Ein Nd. ähnlicher Zus. ($Ni(OH)_2 : NiSO_4 = 29.6 : 14.7$) fällt bei lang dauernder Elektrolyse wss. 1n-$NiSO_4$-Lsg. als gelbliches Pulver von der Kathode ab, A. NICOL (*Ann. Chim.* [*Paris*] [12] **2** [1947] 670/738, 689).

*$5NiO \cdot 2SO_3 \cdot nH_2O$*

***$5NiO \cdot 2SO_3 \cdot nH_2O$*** oder $2NiSO_4 \cdot 3Ni(OH)_2 \cdot xH_2O$. Beim Erhitzen eines aus wss. 0.2m-$NiSO_4$-Lsg. mit wss. 4m-NaOH-Lsg. bei einem Molverhältnis $NaOH : NiSO_4$ zwischen 0.25 bis 1.5 gefällten Nd. mit wss. 2m-$NiSO_4$-Lsg., wobei die Lsg. doppelt soviel $Ni^{2+}$ wie der Nd. enthalten soll, im Bombenrohr bei 120° kristallisiert nach über 6 Wochen ein Salz der Zus. $2NiSO_4 \cdot 3Ni(OH)_2 \cdot 5H_2O$ in dicken gedrungenen Stäbchen. Gegen $H_2O$ nicht beständig, bei gewöhnl. Temp. lassen sich nach 1std. Kontakt ~10%, nach 144 Std. ~80% des $NiSO_4$ auswaschen, G. DENK, W. DEWALD (*Z. Anorg. Allgem. Chem.* **266** [1951] 83/90, 86). Bei der Titration von wss. höchstens 0.01m-$NiSO_4$-Lsg. mit wss. NaOH- oder $Ca(OH)_2$-Lsg. wird bei ~0.6 Äquiv. Umschlag gegen Phenolphthalein beobachtet, woraus auf Bldg. des genannten Salzes geschlossen wird, S. U. PICKERING (*J. Chem. Soc.* **91** [1907] 1981/88, 1985; *Proc. Chem. Soc.* **23** [1907] 261). Bldg. dieses Salzes bei dieser Verd. und bei gewöhnl. Temp. wird für wahrscheinlich gehalten. Analoge Fällung in 0.01 m wss. $NiSO_4$-Lsg. mit wss. 0.02m-NaOH-Lsg. ergibt bei 1 Äquiv. NaOH-Lsg. einen Nd. der Zus. $NiSO_4 \cdot 3.76Ni(OH)_2 \cdot nH_2O$, bei 2 Äquiv. NaOH-Lsg. einen Nd. der Zus. $NiSO_4 \cdot 15.7Ni(OH)_2$, G. DENK, W. DEWALD (*l. c.*).

*$6NiO \cdot 5SO_3 \cdot 4H_2O$*

***$6NiO \cdot 5SO_3 \cdot 4H_2O$*** oder $5NiSO_4 \cdot NiO \cdot 4H_2O$. 5 g $NiSO_4$ werden in 100 g $H_2O$ gelöst, 6 bis 8 Std. mit 1 bis 2 g $NiCO_3$ oder $BaCO_3$ gekocht und die Rk.-Mischung auf 30 bis 40 ml eingeengt. Nach heißem Filtrieren wird der Rückstand im verschlossenen Rohr auf 240° erhitzt. Hellgrünes Pulver aus mikrokristallinen feinen Nadeln, unlösl. und unzersetzbar in $H_2O$, ATHANASESCO (*Compt. Rend.* **103** [1886] 271/2).

*Other Basic Salts*

***Weitere basische Salze.*** *$11NiO \cdot SO_3 \cdot 10H_2O$* oder $NiSO_4 \cdot 10Ni(OH)_2$ fällt bei der Elektrolyse von wss. 0.204 bis 0.210m-$NiSO_4$-Lsg. an. Einzelangaben zur Elektrolyse s. bei $9NiO \cdot SO_3 \cdot nH_2O$ auf S. 732, A. MUTA (*J. Electrochem. Soc. Japan* **17** [1949] 74/76). — *$10NiO \cdot SO_3 \cdot 9H_2O$* oder $NiSO_4 \cdot 9Ni(OH)_2$. Gibt man zu einer Mischung von wss. NaOH-Lsg. mit wss. $NiSO_4$-Lsg. im Molverhältnis 2:1 einen Überschuß von $NiSO_4$-Lsg. entsprechend 0.022 Mol, so wird nach 1std. Rühren ein Teil des $NiSO_4$ absorbiert, so daß der Nd. obige Zus. hat. Dieser Nd. kann von $SO_4^{2-}$ vollständig befreit werden entweder durch Zugabe von 0.02 Mol NaOH in wss. Lsg. oder durch einfaches Auswaschen mit $H_2O$, I. V. TANANAEV, M. YA. BOKMEL'DER (*Zh. Neorgan. Khim.* **2** [1957] 2700/8, 2703; *Russ. J. Inorg. Chem.* **2** [1957] 19/33, 22). — *$7NiO \cdot 3SO_3 \cdot 4H_2O$* oder $3NiSO_4 \cdot 4Ni(OH)_2$. Aus Messungen der elektr. Leitf. während der Titration von wss. 0.1 bis 1m-$NiSO_4$-Lsg. mit wss. NaOH-Lsg. wird auf Bldg. dieses Salzes geschlossen. Freie Bldg.-Enthalpie für die Bldg. dieses Salzes aus den Ionen: $\Delta G° = -96.0$ kcal/mol, für die Bldg. aus $3NiSO_4$ und $4Ni(OH)_2$: $\Delta G° = -20.4$ kcal/mol, A. L. ROTINYAN, V. L. KHEIFETS, E. S. KOZICH, E. N. KALNINA (*Zh. Obshch. Khim.* **24** [1954] 1294/1302, 1295; *J. Gen. Chem. USSR* **24** [1954] 1277/83, 1278). — *$6NiO \cdot SO_3 \cdot nH_2O$* oder $NiSO_4 \cdot 5Ni(OH)_2 \cdot xH_2O$. Bei schneller Zugabe von wss. $NiSO_4$-Lsg. zu wss. NaOH-Lsg. wird bei konduktometr. Titration für die annähernde Zus. dieser Verb. ein scharfer Knick in der Leitf.-Kurve gefunden. Bei langsamer Titration verschiebt sich der Knick mehr zum $Ni(OH)_2$, J. HEUBEL (*Ann. Chim.* [*Paris*] [12] **4** [1949] 699/744, 714). $NiSO_4 \cdot 4Ni(OH)_2$ (s. S. 733) wandelt sich in wss. 0.2m-$NiSO_4$-Lsg. in $NiSO_4 \cdot 5Ni(OH)_2$ um, I. V. TANANAEV, M. YA. BOKMEL'DER (*l. c.* S. 2702; *l. c.* S. 21). — *$5NiO \cdot 3SO_3 \cdot nH_2O$* oder $3NiSO_4 \cdot 2NiO \cdot nH_2O$. Auf Existenz dieses Salzes wird geschlossen aus Verss. zur vollständigen Ni-Fällung aus höchstens wss. 0.01m-$NiSO_4$-Lsg. mit wss. NaOH- oder $Ca(OH)_2$-Lsg., wobei ~0.42 Äquiv. verbraucht werden, S. U. PICKERING (*J. Chem. Soc.* **91** [1907] 1981/88, 1985; *Proc. Chem. Soc.* **23** [1907] 261). — *$4NiO \cdot 3SO_3 \cdot H_2O$* oder $3NiSO_4 \cdot Ni(OH)_2$ entsteht bei atmosphär. Korrosion auf metall. Ni-Flächen nach 88 Tagen, C. P. LARRABEE (*Corrosion* **15** [1959] 529/33t).

*Compounds of Undefined Composition*

***Verbindungen undefinierter Zusammensetzung.*** Ein bas. $Ni^{II}$-Sulfat in Form nicht haftender gelblicher Häutchen bildet sich bei der Elektrolyse von wss. 0.1n-$NiSO_4$-Lsg. an der Pt-Kathode, A. NICOL (*Compt. Rend.* **222** [1946] 1034/5), mit der ungefähren Zus. $2NiSO_4 \cdot Ni(OH)_2$.

Aus 1n-Lsg. wird bei der Elektrolyse ein gelbliches Pulver der ungefähren Zus. $NiSO_4 \cdot 2Ni(OH)_2$, bei Verwendung von 0.005n-Lsg. ein granulöser hellgrüner Nd. mit Spuren von $SO_4^{2-}$, aus 0.001n-Lsg. aber sulfatfreies Ni-Hydroxid, s. S. 443, abgeschieden, A. Nicol (*Ann. Chim.* [*Paris*] [12] **2** [1947] 670/738, 687). Ein körniges, hellgrünes bas. Nickel(II)-sulfat scheidet sich aus wss. 0.1n-$NiSO_4$-Lsg. im Kathodenraum bei der Funkenelektrolyse unter $N_2$-Strom ab, P. de Beco (*Bull. Soc. Chim. France* **12** [1945] 795/808, 798). — Beim Überleiten von mit $SO_2$ beladener Luft über frisch gefälltes $Ni(OH)_2$ soll ein bas. Nickel(II)-sulfat entstehen, W. Böttger, E. Thomä (*J. Prakt. Chem.* [2] **147** [1937] 11/21, 16). Frisch gefälltes Nickelsulfid wird in Ggw. von Luft zu bas. Nickel(II)-sulfat oxydiert, J. S. Dunn, E. K. Rideal (*J. Chem. Soc.* **123** [1923] 1242/51, 1250), P. de Clermont (*Compt. Rend.* **117** [1893] 229/31). Aus wss. 0.051 bis 0.152n-$NiSO_4$-Lsg. wird mit wss. NaOH-Lsg. ein hellgrüner Nd. der ungefähren Zus. $6.3NiO \cdot SO_3$ gefällt, D. Strömholm (*Arkiv Kemi Mineral.* **2** Nr. 16 [1905/07] 1/13, 12).

## Weitere Salze mit Schwefel und Sauerstoff

*Other Salts with Sulfur and Oxygen*

*Nickel Disulfate*

***Nickeldisulfat*** $NiS_2O_7$. Beim Einleiten von gasf. $SO_3$ bei 25°C in 0.1molale Lsg. von Ni-Trifluoracetat in $H_2O$-freier Trifluoressigsäure entsteht allmählich ein blaßgrüner Nd., der nach Waschen mit $CF_3CO_2H$ und Trocknen bei 105° in seiner wss. Lsg. $Ni^{2+}$ und $SO_4^{2-}$ im Molverhältnis 1:2 enthält und deshalb als Ni-Disulfat angesehen wird, G. S. Fujioka, G. H. Cady (*J. Am. Chem. Soc.* **79** [1957] 2451/4).

*Nickel Thiosulfate Hexahydrate*

***Nickelthiosulfathexahydrat*** $NiS_2O_3 \cdot 6H_2O$. Darst. durch Verreiben von $CaS_2O_3 \cdot 6H_2O$ mit der äquimolaren Menge $NiSO_4 \cdot 7H_2O$ in konz. wss. Lsg., Abtrennen der Lsg. vom ausgeschiedenen Ca-Sulfat und Einengen, A. Ara Blesa (*Anales Real Soc. Espan. Fis. Quim.* [*Madrid*] **43** [1947] 1135/40, 1136). Aus wss. $(NH_4)_2S_2O_3$-Lsg. durch Erwärmen mit $Ba(OH)_2$, bis $NH_3$ vertrieben ist, Versetzen des Filtrats mit der ber. Menge $NiSO_4$ und Einengen der vom $BaSO_4$ abgetrennten Lsg., N. A. Brunt (*Proefschr. Leiden* 1946, S. 3). Durch Umsetzung von $SrS_2O_3$ mit $NiSO_4$ in wss. Lsg., Abtrennen vom Sr-Sulfat und Einengen bei gewöhnl. Temp. über $H_2SO_4$, wobei nur wenig NiS als Zers.-Prod. nebenher entsteht, C. Rammelsberg (*Ann. Physik* [2] **56** [1842] 295/323, 306); Einengen im Vak. über $H_2SO_4$ empfiehlt E. A. Letts (*J. Chem. Soc.* **23** [1870] 424/31, 428). Aus $NiSO_4$ und $BaS_2O_3$ durch Rk. in wss. Lsg., Abtrennen vom $BaSO_4$ und Eindampfen bei 30°, A. Fock, K. Klüss (*Ber. Deut. Chem. Ges.* **22** [1889] 3310/6, 3313). Zur Darst. aus einer nach der Meth. von R. Usón Lacal (s. S. 736) frisch bereiteten $NiS_2O_3$-Lsg. sowie zur Umkrist. der infolge beginnender Zers. bei Darst. nach anderen Methh. stets verunreinigten Präpp. wird eiskalte wss. 1.3n-$NiS_2O_3$-Lsg. unter Eiskühlung und Rühren tropfenweise mit dem 1- bis 1.2fachen Vol. eiskaltem Äthanol gefällt. Nach 12std. Stehen bei 0° wäscht man mit einem der wss.-alkohol. Mutterlauge entsprechenden Äthanol-$H_2O$-Gemisch, dann mit 96%igem Äthanol und saugt mit Luft kurz und scharf ab; Ausbeute 85%, V. Palacio Otal (*Univ. Rev. Cultura y Vida Universitaria* [*Zaragoza*] **27** [1950] 485/94, 490). Die bei der Darst. von $NiSO_3 \cdot 6H_2O$ nach der auf S. 678 beschriebenen Meth. anfallende Mutterlauge liefert beim Einengen etwas Salz, vermutlich $NiS_2O_3$-Hydrat, denn sie gibt beim Erhitzen und mit Säuren die für $S_2O_3^{2-}$ charakterist. Rkk., M.-J. Fordos, A. Gélis (*Compt. Rend.* **16** [1843] 1069/73; *J. Pharm. Chim.* [3] **4** [1843] 333/47, 333). — Darst. eines $NiS_2O_3$-Präp., das in wss. Lsg. nicht das für $S_2O_3^{2-}$ charakterist. Verh. gegen Jod zeigt, durch Umsetzung von wss. $Ni(ClO_4)_2$-Lsg. mit $K_2S_2O_3$-Lsg. in Ggw. von festem Ni-Carbonat, Einengen im Vak. zur Trockne, Extraktion mit Alkohol und Verdampfen des Lsgm., O. v. Deines, E. Christoph (*Z. Anorg. Allgem. Chem.* **213** [1933] 209/39, 234). Nach neueren Verss. gelingt die Darst. dieses Präp. weder durch Wiederholung der angegebenen Meth. noch durch Hydrolyse einer aus reinem $NiS_3O_6 \cdot 6H_2O$ bereiteten wss. Lsg. in Ggw. von Ni-Carbonat oder durch Umsetzung von Ni-Salzen mit K- oder Ba-Thiosulfat in Lsg., A. Meuwsen, G. Heinze (*Z. Anorg. Allgem. Chem.* **269** [1952] 86/91, 87).

Dunkelgrüne, 1 bis 2 cm lange Kristalle, C. Rammelsberg (*l. c.*), A. Ara Blesa (*l. c.*). Hellgrün; dunkelgrüne Farbe weist auf Verunreinigung durch Zers.-Prodd. hin, V. Palacio Otal (*l. c.*). Nach Messungen von A. Fock, K. Klüss (*l. c.*) bis 10 mm lange, 5 mm breite, 0.5 mm dicke, nach der c-Achse verlängerte Tafeln parallel zu {100}; vollkommen spaltbar nach {010}; durch {100} und {010} keine Achsenbilder sichtbar. Rhombisch bipyramidal, a:b:c = 0.7668:1:0.7290, P. Groth (*Chemische Krystallographie, Bd.* 2, *Leipzig* 1908, S. 676). Drehkristallaufnahmen mit CuKα-Strahlung um die 3 kristallograph. Hauptachsen ergeben a:b:c = 1.548:1:0.738, rhomb. Gitterstruktur vom $MgS_2O_3 \cdot 6H_2O$-Typ, Raumgruppe P nma–$D_{2h}^{16}$, Z = 4, Gitterkonstt. (in kX): a = 14.48, b = 9.37, c = 6.90, Genauigkeit ±0.01 kX, N. A. Brunt (*l. c.* S. 9, 45). Strukturanalyse an Pulver mit CoK-Strahlung bestätigt die Kristallklasse; a = 14.50, b = 9.32, c = 6.82. Weitere, z. T. indizierte Netzebenenabstände und zugehörige relative Intensitäten s. D. Weigel, B. Imelik, M. Prettre (*Bull. Soc. Chim. France*

**1962** 1427/34, 1433). In diesen Angaben sind zur Angleichung an die in International Tables for X-Ray Crystallography, Birmingham 1952 übliche Bezeichnungsweise a und b zu vertauschen, C. S. BARRETT, J. M. BIJVOET, J. M. ROBERTSON (*Struct. Rep.*, *Bd.* 10, 1953, S. 149). Näheres zur Gitterstruktur der Grundsubst. nach der Unters. von N. A. BRUNT (*l. c.* S. 9, 29) s. C. S. BARRETT u. a. (*l. c.* S. 148). — Dichte $D^{24} = 2.02$, $D^{27} = 1.97$ g/cm³, pyknometrisch in $C_6H_6$ bestimmt, V. PALACIO OTAL (*l. c.* S. 492), D = 1.965 röntgenographisch, N. A. BRUNT (*l. c.* S. 9).

Bei gewöhnl. Temp. an der Luft monatelang beständig, C. RAMMELSBERG (*l. c.*), sofern völlig trocken und unter Verschluß aufbewahrt, V. PALACIO OTAL (*l. c.* S. 489); im Vak. allmähliche Zers., E. A. LETTS (*l. c.*). Beim Erhitzen entweichen $H_2O$, S und $SO_2$, schließlich verbleibt NiS als gesinterter gelber Rückstand, C. RAMMELSBERG (*l. c.* S. 307). Der bei 100°C unter Normaldruck in einigen Std. entstehende Rückstand enthält ebenso wie das bei 150°C im Einschlußrohr gebildete Zers.-Prod. nach Extraktion mit $H_2O$, Alkohol, Äther und $CS_2$ auf Grund seines Ni- und S-Gehalts sowie der beob. Röntgeninterferenzlinien vorwiegend $NiS_2$, D. GHIRON (*Gazz. Chim. Ital.* **68** [1938] 559/66, 562). — Bildet Doppelsalz mit $K^+$. Mit $Ag^+$ in wss. Lsg. entsteht durch Alkohol fällbares $Ag_2Ni(S_2O_3)_2 \cdot xH_2O$, A. ARA BLESA (*Anales Real Soc. Espan. Fis, Quim.* [*Madrid*] **43** [1947] 1135/40, 1139).

*Aqueous Solution*

**Wäßrige Lösung.** Zur Reindarst. von 1n- bis 1.5n-wss. $NiS_2O_3$-Lsg. aus wss. $NiSO_4$-Lsg. und festem $BaS_2O_3 \cdot H_2O$ in 10%igem Überschuß ist inniges Verreiben des wenig lösl. Ba-Salzes mit der $NiSO_4$-Lsg. unbedingt erforderlich. Die Rk.-Zeit kann durch Verwendung eines im Original beschriebenen, einer Kugelmühle ähnlichen Geräts statt einer gewöhnl. Reibschale auf ~2 Std. verkürzt werden, R. USÓN LACAL (*Rev. Acad. Cienc. Exact. Fis. Quim. Nat. Zaragoza* **6** Nr. 2 [1951] 7/14, 9). — In wss. $NiS_2O_3$-Lsg. liegen wegen der Beeinflussung der Lichtabsorption von $NiCl_2$-Lsg. durch $Na_2S_2O_3$-Zusätze vermutlich Thiosulfatokomplexe des $Ni^{II}$ vor, Á. v. KISS, P. BOÉR, M. GERENDÁS (*Acta Univ. Szeged. Acta Chem. Mineralog. Phys.* **4** [1935] 259/71, 270). Für die Bldg. von $[Ni(S_2O_3)_4]^{6-}$ in wss. Lsg. aus $Ni^{2+}$ und $S_2O_3^{2-}$ ergibt sich aus EK-Messungen an $NiSO_4$-$Na_2S_2O_3$-Lsgg. verschiedener Konz. von H. EULER (*Ber. Deut. Chem. Ges.* **37** [1904] 1704/14, 1707) die Gleichgew.-Konst. zu $< 100\ l^4/mol^4$. Für die Gleichgew.-Konst. K (in l/mol) der analogen Bldg. von $[NiS_2O_3]^0$ in wss. Lsg. der Ionenstärke Null wird aus der Löslichkeit von $BaS_2O_3$ in 0.01m- bis 0.024m-$NiCl_2$-Lsg. von T. O. DENNEY, C. B. MONK (*Trans. Faraday Soc.* **47** [1951] 992/8, 998) der Wert lg K = 2.06 berechnet, J. BJERRUM, G. SCHWARZENBACH, L. G. SILLÉN (*Stability Constants, Bd.* 2, *London* 1958, S. 75). Unterss. nach der Dialysemeth. an wss. 0.1m-Ni-Salzlsg. bei 18° sprechen für die Existenz von $[Ni(S_2O_3)_3]^{4-}$ in Lsgg. mit 2 Mol $S_2O_3^{2-}$/l, H. BRINTZINGER, W. ECKARDT (*Z. Anorg. Allgem. Chem.* **227** [1936] 107/11). Doch können nach dieser Meth. ermittelte Ionengeww. und daraus abgeleitete Zuss. von Komplexen infolge spezif. Behinderung der Dialyse durch die Membran je nach Art der benutzten Membran sehr verschieden ausfallen, Á. v. KISS, V. ÁCS (*Z. Anorg. Allgem. Chem.* **247** [1941] 190/204, 202). Auf Grund der Abhängigkeit des an der Hg-Tropfelektrode gem. Halbwellenpot. des $Ni^{2+}$, vgl. „*Nickel*“ *Tl.* A, von der $S_2O_3^{2-}$-Konz. (0.6 bis 1.0 mol/l) existieren in wss. Lsg. die Komplexe $[Ni(S_2O_3)_2]^{2-}$, $[NiS_2O_3]^0$ und ein mehr $Ni^{2+}$ als $S_2O_3^{2-}$ enthaltender Komplex, vermutlich $[Ni_3(S_2O_3)_2]^{2+}$, D. G. DAVIS (*Anal. Chem.* **30** [1958] 1729/32). — Lichtabsorptionskurven von wss. Lsgg. mit $Ni^{2+}$ und $S_2O_3^{2-}$ in wechselnden Konz.-Verhältnissen für den Bereich 710 bis 450 mμ, Á. v. KISS, P. BOÉR, M. GERENDÁS (*Acta Univ. Szeged. Acta Chem. Mineralog. Phys.* **4** [1935] 259/71, 267), für 700 bis 270 mμ, E. MAJOR (*Acta Univ. Szeged. Acta Chem. Phys.* **1** [1942] 17/34, 27). — Bei der Elektrolyse von heißer, überschüssiges $S_2O_3^{2-}$ enthaltender Lsg. mit Pt-Kathode, Ni-Anode und 2 V Spannung wird dunkles Ni-Sulfid der Zus. $Ni_3S_2$ kathodisch abgeschieden, E. BEUTEL, A. KUTZELNIGG (*Monatsh. Chem.* **58** [1931] 295/306, 306). Bedingungen der elektrolyt. Metallabscheidung aus $Ni^{2+}$ und $S_2O_3^{2-}$ enthaltenden Lsgg. sowie zum Reaktionsmechanismus der Red. von Ni-Thiosulfatkomplexen in wss. Lsg. an der Hg-Elektrode s. „*Nickel*“ *Tl.* A. — Bei gewöhnl. Temp. ist wss. $NiS_2O_3$-Lsg. 2 Monate beständig, dann fällt allmählich S aus, A. ARA BLESA (*l. c.* S. 1136); über den Einfluß von Konz. der Lsg. und Temp.-Erniedrigung auf diesen Zers.-Vorgang s. V. PALACIO OTAL (*Univ. Rev. Cultura y Vida Universitaria* [*Zaragoza*] **27** [1950] 485/94, 490). Rasche Zers. analog dem festen Hexahydrat (s. oben) bei 100°, D. GHIRON (*l. c.*). Beim Erhitzen im Bombenrohr auf 200° fällt zunächst ein als bas. Salz bezeichneter Nd. aus. Allmählich bilden sich rhomboedr. Kristalle der Zus. $Ni_3S_4$, C. GEITNER (*Liebigs Ann. Chem.* **129** [1864] 350/65, 354). Auf Zn-, Fe-, Cu- und Messingblech erzeugt überschüssiges $S_2O_3^{2-}$ enthaltende sd. $NiS_2O_3$-Lsg. dunkle, S-haltige Überzüge, E. BEUTEL, A. KUTZELNIGG (*l. c.* S. 305). Reine wss. $NiS_2O_3$-Lsg. (Darst. s. oben) setzt sich mit $Cu(NO_3)_2 \cdot 3H_2O$ im Molverhältnis Ni-Salz : Cu-Salz = 2:1 in 24 Std. zu einer in $H_2O$ lösl. Komplexverb. um; Zus. $Ni[Cu(S_2O_3)]_2 \cdot 4H_2O$ nach Isolierung durch Zugabe von viel Äthanol,

R. Usón Lacal (*l. c.* S. 11). — Weitere Eigg. der aus Ni-Salz und $Na_2S_2O_3$ hergestellten wss. Lsgg. s. „*Schwefel*" *Tl.* B, S. 936).

***Nickeldithionathydrate*** $NiS_2O_6 \cdot nH_2O$.

*Nickel Dithionate Hydrates*

Als Bodenkörper von wss. $NiS_2O_6$-Lsg. tritt bei gewöhnl. Temp. das Hexahydrat auf, C. Rammelsberg (*Ann. Physik* [2] **58** [1843] 295/9). Die Existenz von Tetra- und Dihydrat belegen gravimetr. Entwässerungsverss. mit Hexahydrat im Luftstrom bei gleichmäßig um 15 grd/h auf 350° steigender Temp. sowie bei konst. Temp. von 100° und 109°, J. Schreiber (*Ann. Chim.* [*Paris*] [11] **1** [1934] 129/80, 162).

*$NiS_2O_6 \cdot 6H_2O$*

$NiS_2O_6 \cdot 6H_2O$. Darst. nach der Meth. von C. Rammelsberg (*l. c.*) durch Rk. von $BaS_2O_6$ mit $NiSO_4$ in wss. Lsg. und Krist. bei gewöhnl. Temp., J. Schreiber (*l. c.* S. 161), Waschen des Nd. mit Toluol, Trocknen auf der Filterplatte im $H_2O$- und $CO_2$-freien Luftstrom, A. Angoso, B. Alpansequé, M. M. Martin (*Acta Salmanticensia, Ser. Cienc.* **3** Nr. 2 [1962] 59/67, 63). Mit Hilfe des für die Lsg.-Enthalpie bekannten Wertes (s. unten) ber. Bldg.-Enthalpie $\Delta H_{291} = -708.1$ kcal/mol für die Bldg. aus den Elementen, F. R. Bichowsky, F. D. Rossini (*The Thermochemistry of the Chemical Substances, New York* 1936, S. 85). — Lange, dünne, prismenförmige, grüne Kristalle, C. Rammelsberg (*l. c.*). Nach Messungen von H. Topsöe (*Sitz. Ber. Akad. Wiss. Wien* **66** II [1872] 5/45, 24) triklin pinakoidal, $a:b:c = 0.6968:1:1.0184$, $\alpha = 89°29'$, $\beta = 118°15^1/_2'$, $\gamma = 93°37'$. Die prismat. Kristalle sind vollkommen nach {110} und {1$\bar{1}$0}, gut nach {010} spaltbar, P. Groth (*Chemische Krystallographie, Bd.* 2, *Leipzig* 1908, S. 710). Dichte $D = 1.908$ g/cm³, H. Topsöe (*l. c.* S. 25), $D^{25} = 1.85$ g/cm³, pyknometrisch in Toluol gemessen, A. Angoso u. a. (*l. c.* S. 67). Zeigt die dem $S_2O_6^{2-}$ zuzuordnenden 5 Hauptabsorptionsbanden im UR, vgl. „*Schwefel*" *Tl.* B, S. 964, bei 565, 992, 1027, 1212 und 1660 cm⁻¹, C. Duval, J. Lecomte (*Bull. Soc. Chim. France* [5] **11** [1944] 376/84, 383). — An bei 15° mit $H_2O$ gesätt. Luft zerfließlich bei 17.5°C, beständig zwischen 29° und 75°. Im Vak. über $H_2SO_4$ bei gewöhnl. Temp. ~20 Std. beständig, J. Schreiber (*l. c.* S. 162). Leicht lösl. in $H_2O$, C. Rammelsberg (*l. c.*), Lsg.-Enthalpie $\Delta H_{291} = 2.42$ kcal/mol beim Lösen in 400 Mol $H_2O$, calorimetrisch bestimmt, J. Thomsen (*J. Prakt. Chem.* [2] **17** [1878] 165/83, 177). Leicht lösl. in Methanol, lösl. in Äthanol. Wird durch Propanol unter Bldg. einer grünen Lsg. zersetzt. Unlösl. in Essigsäure, Butanol, Pentanol, Äther, $CCl_4$, $C_6H_6$ und Toluol, A. Angoso u. a. (*l. c.* S. 66). Zur Doppelsalzbldg. mit $NH_4^+$ und $Tl^+$ s. „*Nickel*" *Tl.* B, *Lfg.* 3.

*$NiS_2O_6 \cdot 4H_2O$*

$NiS_2O_6 \cdot 4H_2O$. Entsteht aus Hexahydrat bei gewöhnl. Temp. im Vak. über $H_2SO_4$ innerhalb einer Woche, über $P_2O_5$ innerhalb von 4 Tagen, oder durch 6- bis 8std. Entwässern bei 87° im bei 15° an $H_2O$ gesätt. Luftstrom, bis erstmals Gew.-Konstanz erreicht ist. Gibt im Vak. über $H_2SO_4$ oder $P_2O_5$ bei gewöhnl. Temp. nur sehr langsam $H_2O$ ab, verliert aber $H_2O$ bei 87° im Luftstrom bereits $2^1/_2$ Std. nach Erreichen der Gew.-Konstanz während seiner Bldg., bei höherer Temp. so rasch, daß es oberhalb 100° nicht mehr rein darstellbar ist. Zersetzt sich bei langsamem Erhitzen (15 grd/h) ab 140°C unter Bldg. von $SO_2$ und $NiSO_4 \cdot H_2O$, J. Schreiber (*Ann. Chim.* [*Paris*] [11] **1** [1934] 129/80, 164).

*$NiS_2O_6 \cdot 2H_2O$*

$NiS_2O_6 \cdot 2H_2O$. Darst. durch Erhitzen von Hexahydrat im trocknen Luftstrom bei 100°, bis sich nach ~40 Min. erstmals Gew.-Konstanz einstellt. Längeres Belassen bei 100° bewirkt bald Zers. zu $NiSO_4 \cdot H_2O$ und $SO_2$, J. Schreiber (*l. c.* S. 165).

*Aqueous Solution of $NiS_2O_6$*

**Wäßrige Lösung von $NiS_2O_6$.** $\Delta H_{291} = -295.5$ kcal/mol $NiS_2O_6$ für die Bldg. aus den Elementen und viel Lsgm., ber. aus Werten für die Ionen, F. R. Bichowsky, F. D. Rossini (*The Thermochemistry of the Chemical Substances, New York* 1936, S. 385). Lichtabsorptionskurve von wss. $NiS_2O_6$-Lsgg. zwischen 700 und 220 mμ s. E. Major (*Acta Univ. Szeged. Acta Chem. Phys.* **1** [1942] 17/34, 21).

***Nickelpolythionate.***

*Nickel Polythionates*

*$NiS_3O_6 \cdot 6H_2O$*

$NiS_3O_6 \cdot 6H_2O$. Zur Darst. wird die aus 7.5 g $Ni(ClO_4)_2 \cdot 6H_2O$ und möglichst wenig $H_2O$ bei gewöhnl. Temp. hergestellte Lsg. tropfenweise in frisch bereitete gesätt. wss. Lsg. von 7.7 g $K_2S_3O_6$ gegeben und das Rk.-Gemisch auf 0° abgekühlt. Man trennt vom $KClO_4$-Nd. ab, dampft die Lsg. bei 20° bis 25° im Hochvak. in ~$1^1/_2$ Std. zur Trockne ein, gibt 30 ml absol. Aceton hinzu, hebt das Vak. mit getrockneter Luft auf und verrührt, bis die Verunreinigungen feinpulvrig zurückbleiben. Der Lsg. wird durch Vak. unter Feuchtigkeitsausschluß das Lsgm. entzogen. Das dann ölförmige Prod. verreibt man mit absol. Äther bis zur Krist., dekantiert und trocknet im Vak. über konz. $H_2SO_4$, etwas KOH und Paraffinschnitzeln. Ausbeute 50 bis 60%. Die Zus. der Verb. wird analytisch durch das Atomverhältnis Ni:S = 0.33 nach Ox. von $S_3O_6^{2-}$ zu $SO_4^{2-}$ und durch das aus der Polythionatbest. nach W. Feld (*Z. Anorg. Allgem. Chem.* **24** [1911] 290/4) ermittelte Verhältnis $Ni^{2+}:S_3O_6^{2-} = 1$ nachgewiesen. Die grüne, nur bei

Feuchtigkeitsausschluß einige Zeit beständige Verb. ist hygroskopisch, an der Luft unter $SO_2$-Entw. zersetzlich, mit grüner Farbe in reinem Zustand vollständig lösl. in Alkohol, Äthylacetat und Aceton. Frisch bereitete wss. Lsg. zeigt das für $S_3O_6^{2-}$ charakterist. Verh. (vgl. „*Schwefel*" *Tl.* B, S. 988, 990) gegen Jod, $BaCl_2$ und $HgNO_3$, A. MEUWSEN, G. HEINZE (*Z. Anorg. Allgem. Chem.* **269** [1952] 86/91, 90).

*$NiS_4O_6 \cdot 7H_2O$*

***$NiS_4O_6 \cdot 7H_2O$.*** Entsteht durch Umsetzung von wss. $NiSO_4$-Lsg. mit $PbS_4O_6$-Lsg. und Eindampfen im Vak., F. KESSLER (*Ann. Physik* [2] **74** [1848] 249/74, 256). Darst. durch Zusammengießen der wss. Lsgg. von 11.4 g $Ni(ClO_4)_2 \cdot 7H_2O$ und 9.0 g $K_2S_4O_6$, Eindampfen zur Trockne, Aufnehmen mit Alkohol und Verdampfen des Lsgm., O. v. DEINES, E. CHRISTOPH (*Z. Anorg. Allgem. Chem.* **213** [1933] 209/39, 224). — An der Luft sehr zerfließlich, F. KESSLER (*l. c.*). Haltbarer als andere Schwermetalltetrathionate, leicht lösl. in $H_2O$, Alkohol und Aceton; verliert beim Verreiben mit absol. Äther alles $H_2O$ unter Bldg. eines hellgrünen, staubfeinen, beständigen Pulvers. Die wss. Lsg. ist an der Luft mehrere Wochen beständig, ergibt mit Natronlauge Ni-Aquoxid als Nd., mit $HgNO_3$-Lsg. eine gelbe Fällung. Die alkohol. Lsg. des $NiS_4O_6 \cdot 7H_2O$ ist etwas beständiger als die leicht zersetzlichen alkohol. Lsgg. anderer Schwermetalltetrathionate, O. v. DEINES, E. CHRISTOPH (*l. c.*).

*$NiS_5O_6 \cdot 7H_2O$*

***$NiS_5O_6 \cdot 7H_2O$.*** Darst. analog der beim $NiS_4O_6 \cdot 7H_2O$ beschriebenen Meth. aus 7.5 g $Ni(ClO_4)_2 \cdot 7H_2O$ und 7.0 g $K_2S_5O_6$. In trocknem Zustand beständig. Wird beim Verreiben mit absol. Äther zu feinem, hellgrünem Pulver entwässert. Lösl. in $H_2O$ und Alkohol. Die wss. Lsg. zeigt die Rkk. des $S_5O_6^{2-}$; beim Sieden fällt S aus, O. v. DEINES, E. CHRISTOPH (*l. c.* S. 218).

*Nickel Amidosulfate*

### *Nickelamidosulfat $Ni(SO_3NH_2)_2$.*

Entsteht im Gemisch mit $Ni(NH_4)_2(SO_4)_2$ durch allmähliches Erhitzen von $Ni(SO_3NH_2)_2 \cdot 4H_2O$ auf 200°. Das Mischungsverhältnis ist von den Darst.-Bedingungen abhängig, da sich Entwässerung und Rk. von freigesetztem $H_2O$ mit $Ni(SO_3NH_2)_2$-Hydrat überlagern (s. beim $^2/_3$-Hydrat, S. 739). Ein Gemisch aus 2 Mol $Ni(SO_3NH_2)_2$ und 1 Mol $Ni(NH_4)_2(SO_4)_2$ erhält man durch langsames Erhitzen von $Ni(SO_3NH_2)_2 \cdot {}^2/_3H_2O$ auf 200°. Es setzt sich bei weiterem Erhitzen allmählich zu $NiSO_4$ und $Ni_2(NH_4)_2(SO_4)_3$ um. Wird es im trocknen Gasstrom mit der Temp.-Steigerung 150 grd/h erhitzt, enthält es bei 380° annähernd 2 Mol $Ni_2(NH_4)_2(SO_4)_3$ je Mol $NiSO_4$, wie chem. Analyse und Röntgendiagramm ergeben, M. CAPESTAN (*Ann. Chim.* [*Paris*] [13] **5** [1960] 204/37, 226).

An einem als magnetisch rein bezeichneten wasserfreien Präp. wird die Molsusz. zu $3256 \cdot 10^{-6}$ $cm^3$/mol bei 289.2°K nach der FARADAYschen Meth. mit $Ni(NH_4)_2(SO_4)_2 \cdot 6H_2O$ als Eichsubst. bestimmt. Mit den bei 274.4, 250, 210 und 84°K gem. Werten ergibt sich nach Korrektur für den diamagnet. Anteil des Anions die Gültigkeit des CURIE-WEISSschen Gesetzes mit den Konstt. $C = 0.965 \pm 0.005$ $cm^3 \cdot$ °K/mol und $\Theta = 0$°K. Hieraus für $Ni^{2+}$ ber. magnet. Moment 2.79 BOHRsche Magnetonen, N. PERAKIS, T. KARANTASSIS (*Compt. Rend.* **234** [1952] 1267/8, **240** [1955] 1407/9).

*Hydrates*

### *$Ni(SO_3NH_2)_2$-Hydrate.*

*$Ni(SO_3NH_2)_2 \cdot 4H_2O$*

***$Ni(SO_3NH_2)_2 \cdot 4H_2O$.*** Darst. durch Umsetzung von Ni-Sulfat mit Ba-Amidosulfat in wss. Lsg., E. BERGLUND (*Acta Univ. Lundensis* III **13** Nr. 4 [1876/77] 1/27, 25), durch Suspendieren von Ni-Carbonat in wss. $H(SO_3NH_2)$-Lsg. und Abscheiden des Salzes aus dem Filtrat durch Fällen mit Alkohol oder Einengen über $H_2SO_4$ im Vak., A. CALLEGARI (*Gazz. Chim. Ital.* **36** II [1906] 63/7). Auch bei ~45° und 60° kristallisiert aus der wss. Lsg. das Tetrahydrat, M. ODEHNAL (*Chem. Listy* **49** [1955] 1571/3), M. CAPESTAN (*l. c.* S. 225). Darst. aus frisch gefälltem Ni-Aquoxid durch Umsetzung mit wss. $H(SO_3NH_2)$-Lsg. unter genauer Neutralisation der Lsg. und Einengen im Vak., F. OBERHAUSER B., H. E. URBINA C. (*An. Fac. Fil. Educ. Univ. Chile, Seccion Quim.* **3** [1946] 109/17, 116). Als Waschfl. eignen sich Alkohol und Äther, M. ODEHNAL (*l. c.*).

Mikrokristallines Pulver, A. CALLEGARI (*l. c.*). Nadelförmige, smaragdgrüne Kristalle, E. BERGLUND (*l. c.*). Prismat., grüne Kristalle, F. OBERHAUSER B., H. E. URBINA C. (*l. c.*). Vermutlich hexagonale Struktur; Gitterkonstt. a = 6.81 Å, c = 16.11 Å; Z = 3. Ergebnisse der magnet. Unterss. von N. PERAKIS, T. KARANTASSIS (s. oben) sprechen für vorwiegend Ionenbindung des Ni im Kristall, L. BICELLI, A. LA VECCHIA (*Acta Cryst.* **9** [1956] 536/7). — Lichtabsorption im UR zwischen 25 und 2 $\mu$, gem. am 4-Hydrat in Paraffinöl und Hexachlorbutadien, Bandenmax. in $cm^{-1}$ und ihre relativen Intensitäten (st = stark, m = mittel, schw = schwach): 539 m, 565 st, 590 st, 722 schw, 785 st, 1064 st, 1106 m, 1177 m, 1228 st, 1257 st, 1563 m, 1662 schw, 3053 schw, 3147 st, 3167 st, 3333 st. Vergleich des Spektrums mit dem der freien Säure und 6 weiterer Metallamidosulfate, Einfluß des Kristallwassergehalts auf das Spektrum sowie Zuordnung von beob. Banden zu Schwingungsarten eines für das freie

Anion diskutierten Schwingungsmodells der Punktgruppe $C_s$, L. BICELLI (*Istit. Lombardo Sci. Lettere Rend.* **91** [1957] 76/86, 78), L. PERALDO BICELLI (*Ann. Chim.* [*Rome*] **47** [1957] 1380/7, 1381).

$Ni(SO_3NH_2)_2 \cdot 4H_2O$ ist leicht lösl. in $H_2O$, E. BERGLUND (*l. c.*), unlösl. in Alkohol und Äther. Schmilzt im Schmp.-Röhrchen bei 125°C, F. OBERHAUSER B., H. E. URBINA C. (*l. c.*); geht beim langsamen Erhitzen in ein $H_2O$-ärmeres Hydrat über, wenn das freigesetzte $H_2O$ entweichen kann, s. unten.

***Ni(SO₃NH₂)₂·³/₂H₂O, Ni(SO₃NH₂)₂·H₂O.*** *Ni(SO₃NH₂)₂·³/₂ H₂O or H₂O* Auf Grund der mit 4-Hydrat bei Temp.-Steigerung von 150 grd/h im trocknen Gasstrom erhältlichen Gew.-Verlustkurve liegt im Entwässerungsprod. wenig beständiges ³/₂-Hydrat zwischen 100° und 150° vor, das schon bei seiner Bldg. teilweise zum ²/₃-Hydrat entwässert wird, M. CAPESTAN (*Ann. Chim.* [*Paris*] [13] **5** [1960] 207/34, 225). — Das aus dem 4-Hydrat durch 3std. Erhitzen bei 130° erhältliche Präp. wird auf Grund seines Ni-Gehalts und des gem. Gew.-Verlusts als 1-Hydrat angesehen, A. CALLEGARI (*Gazz. Chim. Ital.* **36** II [1906] 63/7).

***Ni(SO₃NH₂)₂·²/₃H₂O.*** *Ni(SO₃NH₂)₂·²/₃ H₂O* Entsteht dem beob. Gew.-Verlust zufolge durch teilweise Entwässerung von langsam erhitztem 4-Hydrat bei 150°. Dieses Präp., in dem N nicht als $NH_3$ nachweisbar ist, ver-

Fig. 232.

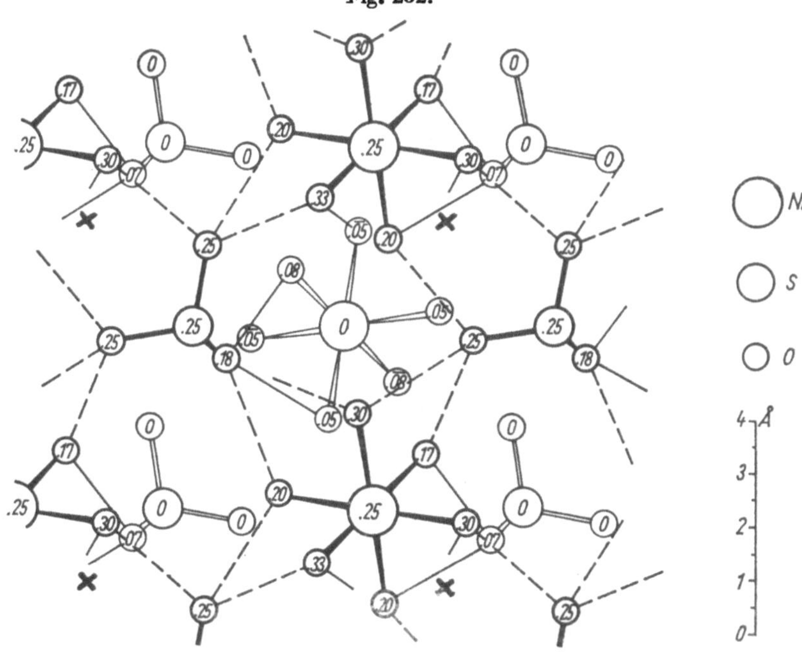


Projektion der unteren Hälfte der Elementarzelle von $\alpha$-$NiSO_4 \cdot 6H_2O$ nach [001].

liert beim allmählichen Erhitzen auf 200° nicht an Gew., enthält danach aber ¹/₃ des Gesamt-N in Form von $NH_3$. Hieraus wird in Übereinstimmung mit Thermogrammen von $Ni(SO_3NH_2)_2 \cdot 4H_2O$ und $Ni(NH_4)_2(SO_4)_2 \cdot 6H_2O$ die Umsetzung $3Ni(SO_3NH_2)_2 \cdot {}^2/_3H_2O \rightarrow 2Ni(SO_3NH_2)_2 + Ni(NH_4)_2(SO_4)_2$ gefolgert, M. CAPESTAN (*l. c.*).

**Wäßrige Lösung von Ni(SO₃NH₂)₂.** *Aqueous Solution of Ni (SO₃NH₂)₂* Mit Pt-Elektroden aufgenommene Strom-Spannungskurven ergeben für 0.1 m-Lsg. bei 25° je nach angewandter graph. Auswertungsmeth. als Zers.-Pot. 2.15 bzw. 2.17 V. Dabei wird kathodisch Ni abgeschieden und anodisch $O_2$ entwickelt, H. S. CHOGUILL, F. J. SHELL (*Trans. Kansas Acad. Sci.* **57** [1954] 386/90). Weitere Angaben zur elektrolyt. Metallabscheidung aus $Ni^{2+}$ und $(SO_3NH_2)^-$ enthaltenden Bädern s. „*Nickel*" *Tl.* A.

***Nickelhydrazidosulfattetrahydrat Ni(SO₃N₂H₃)₂·4H₂O.*** *Nickel Hydrazidosulfate Tetrahydrate*

Darst. mit 85% Ausbeute durch Lösen von 20 mMol $Ba(SO_3N_2H_3)_2 \cdot H_2O$ in 20 ml $H_2O$, Zugabe einer Lsg. von 20 mMol $NiSO_4$-Hydrat in 30 ml $H_2O$, Abtrennen vom $BaSO_4$-Nd. und Einengen zur Krist. des Salzes. Hellblau; Löslichkeit in kaltem $H_2O$ ~1.4%; bildet ein grünes Anhydrid, A. MEUWSEN, H. TISCHER (*Z. Anorg. Allgem. Chem.* **294** [1958] 282/93, 288).

*Nickel Chlorodisulfate*

***Nickelchlorodisulfat*** $Ni(S_2O_6Cl)_2$.

Diese Zus. hat der durch Rk. von gepulvertem, $H_2O$-freiem $NiCl_2$ mit fl. $SO_3$ in einigen Std. entstehende grünlichgelbe Nd. nach Trocknen im Vak. Zersetzt sich beim Erhitzen sowie bei $H_2O$-Einw.; in $SO_2Cl_2$ und $CHCl_3$ unlösl., G. P. LUCHINSKII (*Zh. Obshch. Khim.* 8 [1938] 1864/9, 1865, *C.A.* **1939** 5312).

*Nickel and Selenium*

# Nickel und Selen

*The Ni–Se System*

## Das System Ni-Se

Allgemeine Literatur:

M. HANSEN, *Constitution of Binary Alloys*, 2. *Aufl.*, *New York-Toronto-London* 1958, S. 1083/9. Im folgenden zitiert als: HANSEN.

W. B. PEARSON, *A Handbook of Lattice Spacings and Structure of Metals and Alloys, London-New York-Paris-Los Angeles* 1958, S. 785/6).

*Phase Diagram*

### Zustandsdiagramm

Das in **Fig. 237** gezeigte Zustandsdiagramm beruht auf thermoanalyt., mikroskop. und röntgenograph. Unterss. von Z. S. SHPAK, V. G. KUZNETSOV, M. A. SOKOLOVA (*VIII. Mendeleev. S'ezde po Obshch. i Prikl. Khim., Ref. Dokl. Soobshch. Sektsiya Metallov i Splavov Akad. Nauk SSSR* 1958, Nr. 14, S. 81/2) sowie auf Messungen der elektr. Leitf. über das gesamte System bei Tempp. zwischen 20° und 440° von V. G. KUZNETSOV, A. A. ELISEEV, Z. S. SHPAK, K. K. PALKINA, M. A. SOKOLOVA, A. V. DMITRIEV (*Akad. Nauk SSSR Vopr. Met. i Fiz. Poluprov., Moscow* 1961, S. 159/73).

Die Löslichkeit von Se in Ni ist geringer als 0.3 At.-%. Die Gitterkonst. des kub. Ni-Gitters wird bei der Aufnahme von Se vergrößert. Die Ni-reichste Verb. $Ni_3Se_2$ bildet sich in peritekt. Rk. bei 800°. Sie hat keine meßbare Phasenbreite und bildet mit Ni ein Eutektikum bei 750°, Z. S. SHPAK u. a. (*l. c.*). Im Bereich von 20 bis 50 At.-% Se wird röntgenographisch $Ni_3Se_2$ als einzige definierte Phase aufgefunden, R. P. AGARWALA, A. B. P. SINHA (*Z. Anorg. Allgem. Chem.* **289** [1957] 203/6). Die Phase zeigt nach der peritekt. Bldg. bei 800° eine Hochtemp.-Modifikation ($\beta$-$Ni_3Se_2$), die bei 620° in $\alpha$-$Ni_3Se_2$ (s. S. **744**) übergeht. Die Natur der therm. Effekte bei 590° ist bislang ungeklärt, es wird angenommen, daß sich hier eine polymorphe Umwandlung $\alpha$-$Ni_3Se_2 \rightleftharpoons \alpha'$-$Ni_3Se_2$ vollzieht, V.G. KUZNETSOV u. a. (*l. c.* S. 166). Im untersuchten Temp.-Bereich (gewöhnl. Temp. bis ~400°) wird die $Ni_3Se_2$-Phase ebenfalls röntgenographisch gefunden von J.-E. HILLER, W. WEGENER (*Neues Jahrb. Mineral. Abhandl.* **94** [1960] 1147/59, 1149). Nach Unterss. des Systems durch therm. Abbau dünner Schichten im Vak. bildet sich zuletzt $Ni_3Se_2$ als Ni-reichste Phase, G. A. EFENDIEV, I. V. IVANOVA (*Dokl. Akad. Nauk SSSR* **143** [1962] 95/6), vgl. auch H. FONZES-DIACON (*Compt. Rend.* **131** [1900] 556/8).

Die Phase $Ni_6Se_5$ wird nur von V. G. KUZNETSOV u. a. (*l. c.* S. 163) erwähnt. Sie entsteht angeblich beim Abschrecken von $\beta$-$Ni_3Se_2$ neben $\alpha$-$Ni_3Se_2$ und ist hexagonal. Unterhalb 375° tritt nach diesen Autoren in dem fraglichen Bereich von 40 bis 50 At.-% Se eine weitere Phase $Ni_{21}Se_{20}$ auf. Demgegenüber finden J.-E. HILLER, W. WEGENER (*l. c.* S. 1155) zwischen $Ni_3Se_2$ und NiSe nur unterhalb 320° eine weitere Phase $\gamma$-NiSe, s. S. **745**. Z. S. SHPAK u. a. (*l. c.*) nehmen bei 760° eine peritektoid entstehende Phase $Ni_9Se_8$ an. — Nach röntgenograph. und magnet. Unterss. von F. GRØNVOLD, E. JACOBSEN (*Acta Chem. Scand.* **10** [1956] 1440/54) existiert im Bereich von 50 bis 57 At.-% Se nur eine NiSe-Phase mit Homogenitätsbereich von $NiSe_{1.02}$ bis $NiSe_{1.30}$, s. S. **746**. Messungen der magnet. Susz. $\chi_g$ bei −183° bis +450° in Abhängigkeit von der Zus. (s. Fig. 238 S. 742) werden von F. GRØNVOLD, E. JACOBSEN (*l. c.*) als Bestätigung hierfür angesehen.

J.-E. HILLER, W. WEGENER (*l. c.* S. 1158) postulieren für dieses Gebiet zwei Phasen, NiSe und $Ni_3Se_4$ ($=NiSe_{1.33}$) und zwischen diesen ein lückenloses Mischkristallgebiet. — Ab $NiSe_{\geq 1.09}$ wird die Bldg. einer Überstruktur des NiAs-Typs mit verdoppelten a- und c-Achsen beobachtet. Das verwaschene Max. der Liquiduskurve der NiSe-Phase bei 980° ist nach einem Se-Gehalt von 52.7 At.-% verschoben, Z. S. SHPAK, V. G. KUZNETSOV, M. A. SOKOLOVA (*VIII. Mendeleev. S'ezde po Obshch. i Prikl. Khim, Ref. Dokl. Soobshch., Sektsiya Metallov i Splavov Akad. Nauk SSSR* 1958, Nr. 14, S. 81/2). Die Ni-reiche Seite der Phase ($NiSe_{1.0}$ bis $NiSe_{\sim 1.1}$) wird mit $\beta$-NiSe, die Ni-arme Seite der Phase, bei der Überstruktur auftritt ($NiSe_{\sim 1.1}$ bis $NiSe_{\sim 1.3}$), mit $\beta'$-NiSe bezeichnet, V. G. KUZNETSOV, A. A. ELISEEV, Z. S. SHPAK, K. K. PALKINA, M. A. SOKOLOVA, A. V. DMITRIEV (*Akad. Nauk SSSR Vopr. Met. i Fiz. Poluprov., Moscow* 1961, S. 159/73, 163). Weiteres über diese breite Phase s. S. **746**.

Der Homogenitätsbereich der Phase $NiSe_2$ (s. S. 749) reicht von etwa $NiSe_{1.95}$ bis $NiSe_{2.00}$, F. GRØNVOLD, E. JACOBSEN (*l. c.*). Eine Abgrenzung des Einphasengebietes von $NiSe_2$ nach der Se-reichen Seite ist nicht möglich, da überschüssiges Se beim Abkühlen glasig erstarrt und keine Röntgenreflexe erzeugt. Es kann jedoch angenommen werden, daß nur unwesentliche Mengen von überschüssigem Se im Pyritgitter des $NiSe_2$ aufgenommen werden, J.-E. HILLER, W. WEGENER (*Neues Jahrb. Mineral Abhandl.* **94** [1960] 1147/59, 1155). Die Phase $NiSe_2$ bildet keine festen Lsgg. merklicher Konz.-Breite und stellt eine Verb. konst. Zus. dar, Z. S. SHPAK u. a. (*l. c.*). Die Löslichkeit von $NiSe_2$ in Se muß, wie auch die Lage des Eutektikums β-NiSe + $NiSe_2$, noch geklärt werden. Es wird angenommen, daß sich die Verb. weder in festem noch in fl. Se löst. Die Schmelz- und die Siedetemp. von Se (220° bzw. 680°) sind im Diagramm der Fig. 237 der Orientierung halber eingezeichnet, V. G. KUZ-

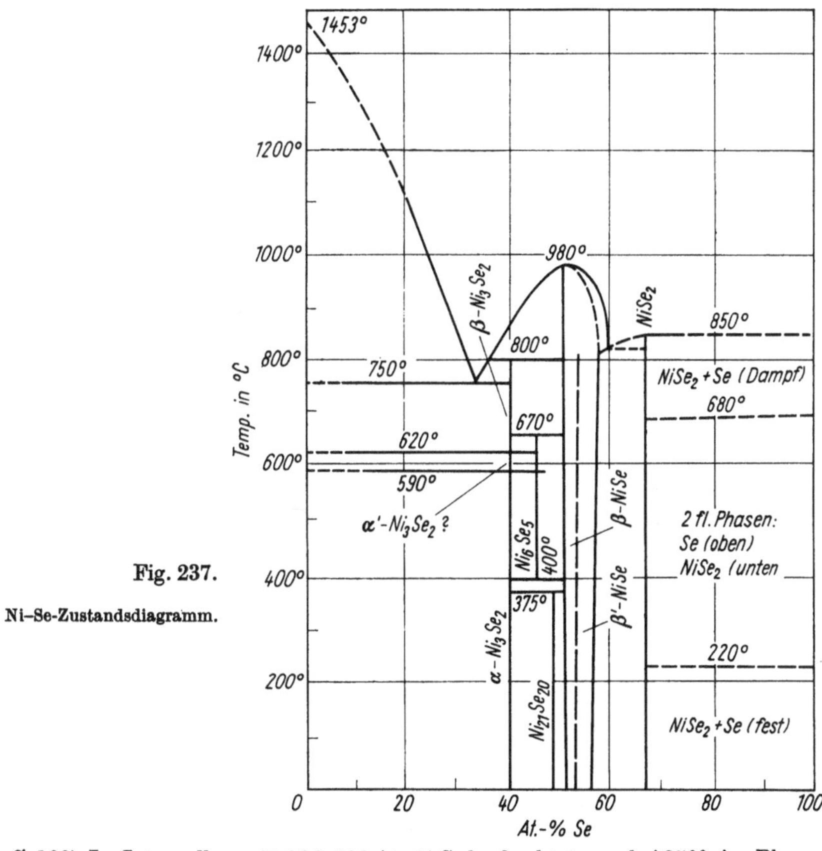


Fig. 237.

Ni–Se-Zustandsdiagramm.

NETSOV u. a. (*l. c.* S. 166). Im Intervall von 66.6 bis 100 At.-% Se beobachtet man bei 850° eine Phasentrennung zu Se (obere Schicht) und $NiSe_2$ (untere Schicht). In getemperten Legg. dieses Konz.-Bereiches liegt das Se bei 120° in Form hexagonaler Kristalle vor, die kein Ni enthalten, Z. S. SHPAK u. a. (*l. c.*). — Vgl. auch die Angaben über die einzelnen binären Ni-Se-Phasen ab S. 744. Außer NiSe erhält H. FONZES-DIACON (*Compt. Rend.* **131** [1900] 556/8) je nach den präparativen Bedingungen angeblich die Verbb. $Ni_2Se$, $Ni_2Se_3$ (oder $Ni_3Se_4$) sowie $NiSe_2$, von denen jedoch bisher nur die letztere bestätigt wurde, HANSEN. Davon würde $Ni_3Se_4$ (= $NiSe_{1.33}$) ebenso wie die auf S. 748 beschriebene Verb. $Ni_5Se_6$ (= $NiSe_{1.20}$) in den oben angegebenen Homogenitätsbereich von $NiSe_{1.0}$ bis $NiSe_{1.3}$ fallen.

Eine von E. S. MAKAROV (*Izv. Akad. Nauk SSSR Otd. Khim. Nauk* **1945** 569/80) aufgestellte, für Verbb. von Elementen der 3. bis 6. Hauptgruppe des Periodensystems mit Übergangsmetallen gültige Theorie, nach der Größe und Lage der Homogenitätsbereiche eines Systems aus der Stellung der beiden betreffenden Elemente im Periodensystem hergeleitet werden können, ergibt innerhalb des Teilsystems NiSe–$NiSe_2$ einen lückenlosen Homogenitätsbereich. Dieses Einphasengebiet ist

jedoch nach HANSEN wegen der verschiedenen Kristallgitter von NiSe und $NiSe_2$ unwahrscheinlich. Vgl. hierzu auch L. CASTELLIZ, F. HALLA (*Z. Metallk.* **35** [1943] 222/4).

*Preparation*

**Darstellung.** In der Mehrzahl der Fälle, insbesondere für Systemunterss. werden Ni-Se-Legg. durch Zusammenschmelzen der Elemente in Quarzampullen dargestellt. Siehe beispielsweise F. GRØNVOLD, E. JACOBSEN (*Acta Chem. Scand.* **10** [1956] 1440/54, 1442). Als Rk.-Temp. erweist sich nur der Bereich von 225° bis 250° als brauchbar, der wenig über dem Schmp. des Se (220°) liegt. Nach 10 Std. erhält man je nach der Zus. graugrüne bis schwarze Sinterprodd. Bei dieser Temp. hergestellte Präpp. können dann ohne weitere Vorsichtsmaßnahmen in Glasampullen auf 600° erhitzt werden, J.-E. HILLER, W. WEGENER (*Neues Jahrb. Mineral. Abhandl.* **94** [1960] 1147/59, 1149). Darst. durch allmähliche Temperaturerhöhung in evakuierten Quarzampullen bis zum Schmelzen der Mischung, V. G. KUZNETSOV, A. A. ELISEEV, Z. S. SHPAK, K. K. PALKINA, M. A. SOKOLOVA, A. V. DMITRIEV (*Akad. Nauk SSSR Vopr. Met. i Fiz. Poluprov., Moscow* 1961, S. 159/73, 160), einmonatiges Tempern bei 120°, Z. S. SHPAK u. a. (*l. c.*).

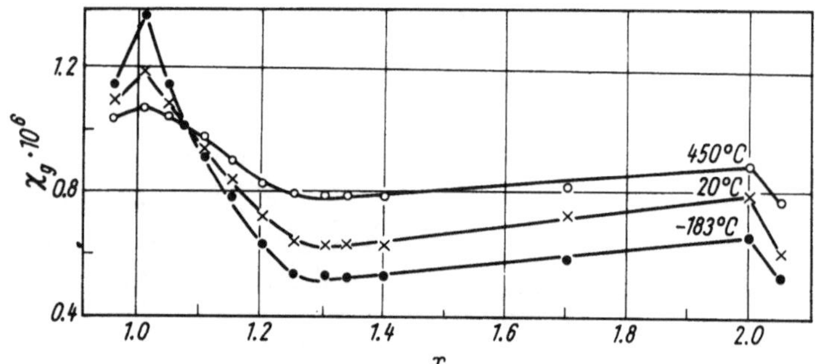


Fig. 238.

Spezif. Susz. in Abhängigkeit von der Zus. der Ni-Selenide $NiSe_x$.

Darst. von dünnen $NiSe_2$-Filmen durch gleichzeitige oder aufeinander folgende Sublimation der beiden Elemente im Hochvak. auf eine Platte und anschließender Abbau bis zum $Ni_3Se_2$ durch Temperatursteigerung, G. A. EFENDIEV, I. V. IVANOVA (*Dokl. Akad. Nauk SSSR* **143** [1962] 95/6, *C.A.* **57** [1962] 1943; *Fiz. Tverd. Tela* **5** [1963] 2854/8; *Soviet Phys.-Solid State* **5** [1963] 2087/90, *C.A.* **59** [1963] 14692). Bei der Diffusions-Rk. zwischen Ni und Se werden von 400° bis 700° drei Schichten verschiedener Ni-Se-Phasen gebildet ($Ni_3Se_2$, NiSe und $NiSe_2$), die durch Elektronenbeugungsaufnahmen nachgewiesen werden, V. A. ARKHANOV, E. B. BLANKOVA (*Fiz. Metal. i Metalloved.* **8** [1959] 569/73, *N.S.A.* **14** [1960] Nr. 12961; *Phys. Metals Metallog.* [*USSR*] **8** Nr. 4 [1959] 87/92). Über die Bldg. von Ni-Se-Schichten durch Wärmebehandlung von Se auf Ni-Platten zwecks Darst. von Se-Gleichrichtern s. P. C. DURAND (*F.P.* 1324031 [1962/63], *C.A.* **59** [1963] 3429).

Darst. von Ni-Se-Schichten durch 0.5 bis 5 Min. langes Eintauchen einer vernickelten Trägerelektrode bei 60° bis 100° in eine 30- bis 80%ige wss. Hydrazinhydratlsg., die je Liter 30 bis 100 g Se enthält, LICENTIA PATENT-VERWALTUNGS-G. m. b. H., J. MUSCHAWECK, W. BRUCKHOFF (*D. P.* 1141028 [1961/62], *C.A.* **58** [1963] 6315).

Elektrochem. Aufbringung von Ni-Se-Schichten auf angerauhte Stahlplatten innerhalb von 3 Min. aus Bädern mit 50 g $NiCl_2$ und 200 g $SeO_2$ je Liter $H_2O$ (pH 1.5) bei 50° bis 80° Stromdichte 1 mAmp./$cm^2$, Anode C-Elektrode oder gesintertes Ni-Selenid, NIPPON ELECTRIC Co., LTD. (*B. P.* 892400 [1959/62], *C.A.* **57** [1962] 5716).

Nach empir. Formeln von KAPUSTINSKII ber. Enthalpien und andere energet. Daten für verschiedene Phasen des Systems Ni–Se s. G. J. MOODY, J. D. R. THOMAS (*J. Chem. Soc.* **1964** 1417/22).

*Physical Properties*

**Physikalische Eigenschaften.** Siehe auch unter „Nickelselenide“ S. 744.

*Crystallographic Properties*

**Kristallographische Eigenschaften.** Kristallchem. Angaben und Überlegungen für das Teilsystem NiSe–$NiSe_2$ s. F. GRØNVOLD, E. JACOBSEN (*Acta Chem. Scand.* **10** [1956] 1440/54, 1451), für das Teilsystem von 20 bis 50 At.-% Se s. R. P. AGARWALA, A. P. B. SINHA (*Z. Anorg. Allgem. Chem.* **289** [1957] 203/6).

*Magnetic Properties*

**Magnetische Eigenschaften.** Bei allen Zuss. zwischen NiSe und $NiSe_2$ wird schwacher Paramagnetismus beobachtet. Die spezif. Susz. $\chi$ in Abhängigkeit vom Se-Gehalt ist für 3 Tempp. in **Fig. 238** wieder-

gegeben. Danach steigt $\chi$ bei höherem Se-Gehalt als $NiSe_{1.07}$ langsam mit steigender Temp. an, bei geringerem Se-Gehalt fällt es ab. Effektives magnet. Moment des Ni-Atoms in Abhängigkeit von der Temp. in °K s. **Fig. 239**, F. GRØNVOLD, E. JACOBSEN (*Acta Chem. Scand.* **10** [1956] 1440/54, 1442).

*Electric Properties*

**Elektrische Eigenschaften.** Aus halbempir. Regeln für die Bldg. von Halbleiterphasen in binären Systemen mit Übergangselementen ergibt sich, daß sowohl NiSe als auch $NiSe_2$ metall. Leitf. zeigen müssen, was auch mit dem Experiment übereinstimmt, L. D. DUDKIN (*Vysokotemperaturnye Metallokeram. Materialy Akad. Nauk Ukr. SSR Inst. Metallokeram. i Spets. Splavov* **1962** 87/95 nach *C.A.* **58** [1963] 6300). $NiSe_2$ zeigt metall. Leitf. auf Grund des anormal hohen Atomabstandes Se↔Se. Versuch einer Erklärung der hohen Leitf. durch Annahme von Überschußelektronen, B. LEWIS, N. E. ELLIOTT (*J. Am. Chem. Soc.* **62** [1940] 3180/1). Die Verb. NiSe ist kein Halbleiter, sondern zeigt metall. Leitf., weil das Achsenverhältnis der hexagonalen Phase c/a mit 1.46 klein genug ist, um die Ausbildung eines d-Bandes (direkte Me↔Me-Bindung) zuzulassen, W. B. PEARSON (*Can. J. Phys.* **35** [1957] 886/891).

Fig. 239.

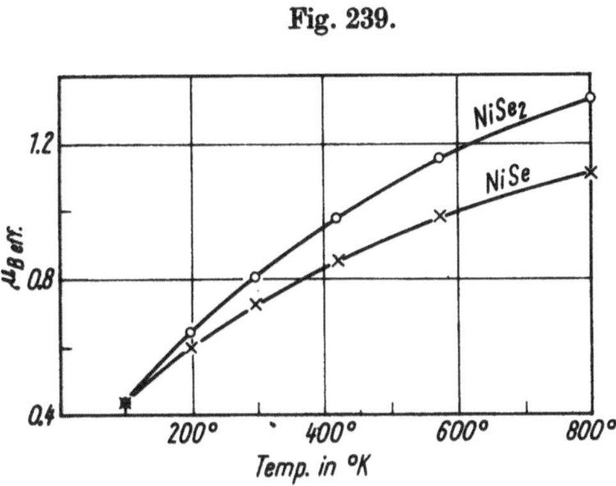


Effektives magnet. Moment in Abhängigkeit von der Temp. für NiS und $NiSe_2$.

Fig. 240.

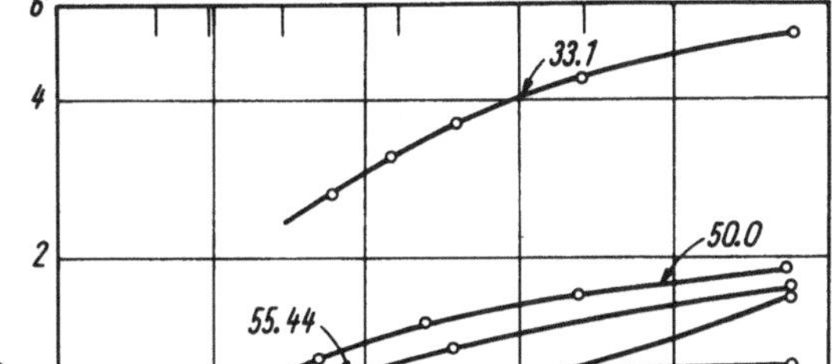
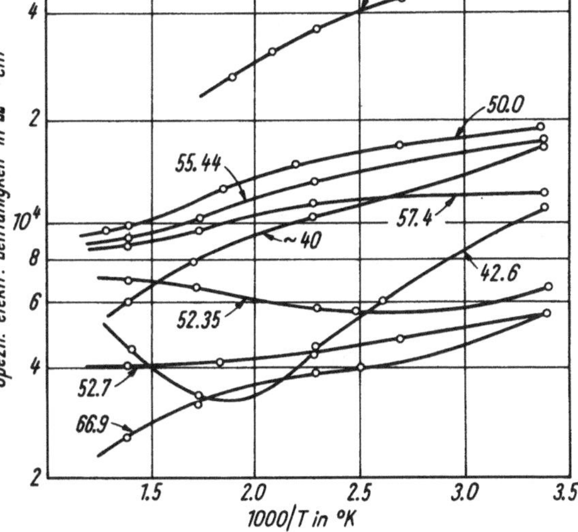


Spezif. elektr. Leitfähigkeit für Ni-Selenide mit verschiedenem Se-Gehalt in At.-% in Abhängigkeit von der Temp.

In **Fig. 240** ist die Temperaturabhängigkeit einer Reihe von Phasen des Systems dargestellt. Als Proben dienten Platten, die aus Barren ausgeschnitten waren. Die Barren, mit 40 bis 52.7 At.-% Se waren bei 680° getempert und dann abgeschreckt worden. Die Barren mit 55.5 bis 66.9 At.-% Se waren bei 750° getempert und in Eiswasser abgeschreckt worden. Obwohl nach dem Temperaturverlauf der elektr. Leitf. sich die Phasenzus. der Legg. vermutlich nicht ändert, konnten, wie im Falle von Ni-S-Legg., die Werte für die elektr. Leitf. beim Abkühlen und Wiedererhitzen der Proben in $N_2$-Atm. nicht reproduziert werden. In Fig. 240 sind die beim ersten Erhitzen erhaltenen Werte aufgetragen, V. G. KUZNETSOV, A. A. ELISEEV, Z. S. SHPAK, K. K. PALKINA, M. A. SOKOLOVA, A. V̌. DMITRIEV (*Akad. Nauk SSSR Vopr. Met. i Fiz. Poluprov., Moscow* 1961, S. 159/73, 171).

Wie aus der Fig. 240 ersichtlich, zeigen Legg., die die Phase $\alpha$-$Ni_3Se_2$ mit geringen Beimengungen von Ni oder $Ni_6Se_5$ enthalten, metall. Leitfähigkeit. Auch die Phase $NiSe_2$ (66.9 At.-% Se) verhält sich in Übereinstimmung mit den Angaben von B. LEWIS, N. E. ELLIOTT (*l. c.*) wie ein Metall, obwohl ihre Leitf. etwa 5mal geringer ist als die von $\alpha$-$Ni_3Se_2$. Die Phasen mit NiAs-Struktur ($\beta$-NiSe mit 50 At.-% Se) und NiAs-Überstruktur ($\beta'$-NiSe mit 52.3, 52.7, 55.4 und 57.4 At.-% Se) verhalten sich bis zu einer Temp. von 150° wie Halbmetalle, während bei höheren Tempp. dieser Typ nur beibehalten wird für die Legg. mit 52.3 und 52.7 At.-% Se, wobei für $\beta'$-NiSe mit 52.3 At.-% Se eine Tendenz zum Halbleitertyp der elektr. Leitf. beobachtet wird. Die elektr. Leitf. der Legg. mit 50, 55.4 und 57.4 At.-% Se nimmt bei Tempp. über 150° dagegen metall. Charakter an, V. G. KUZNETSOV u. a. (*l. c.*).

*Nickel Selenides*

**_Nickelselenide._**

Über die magnet. und elektr. Eigg. der einzelnen Selenidphasen s. auch beim System auf S. 742.

*$Ni_2Se$(?)*

**_$Ni_2Se$ (?)._** Nach wiederholtem mehrstd. Erhitzen von NiSe oder $NiSe_2$ bei heller Rotglut im $H_2$-Strom entsteht schließlich eine goldgelbe Schmelze der Zus. $Ni_2Se$, die durch weitere Einw. von $H_2$ bei hoher Temp. zu Ni reduziert wird, H. Fonzes-Diacon (*Compt. Rend.* **131** [1900] 556/8). Die Existenz der Verb. ist jedoch nach Hansen nicht bestätigt.

*$Ni_3Se_2$*

**_$Ni_3Se_2$._** Zur Bldg. im System s. S. 740. Entsteht beim therm. Abbau dünner $NiSe_2$-Filme über $\beta$-NiSe bei 300° im Vak., G. A. Efendiev, I. V. Ivanova (*Dokl. Akad. Nauk SSSR* **143** [1962] 95/6, *C.A.* **57** [1962] 1943; *Fiz. Tverd. Tela* **5** [1963] 2854/8, *C.A.* **59** [1963] 14692; *Soviet Phys.-Solid State* **5** [1963] 2087/90).

Zur Darst. s. auch S. 742. — Die Elemente werden im Atomverhältnis 3:2 in evakuierten Ampullen aus Pyrexglas auf 350° bis 400° erhitzt und abgeschreckt. Die Rk. ist nach einigen Std. im Sinne vollständiger Bldg. von $Ni_3Se_2$ verlaufen, R. P. Agarwala, A. P. B. Sinha (*Z. Anorg. Allgem. Chem.* **289** [1957] 203/6).

Fig. 241.

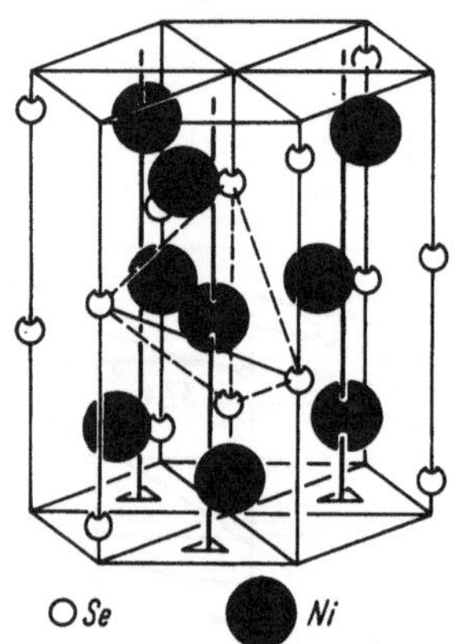


Gitterstruktur des $Ni_3Se_2$.

Nach V. G. Kuznetsov, A. A. Eliseev, Z. S. Shpak, K. K. Palkina, M. A. Sokolova, A. V. Dmitriev (*Akad. Nauk SSSR Vopr. Met. i Fiz. Poluprov., Moscow* 1961, S. 159/73, 171) existiert neben der im folgenden beschriebenen Niedertemperaturphase ($\alpha$-$Ni_3Se_2$) eine Hochtemperaturmodifikation ($\beta$-$Ni_3Se_2$) die selbst beim Abschrecken nicht beständig bleibt und in die $\alpha$-Modifikation und möglicherweise etwas $Ni_6Se_5$ zerfällt. Über die Struktur der $\beta$-Form ist nichts bekannt.

Sämtliche Linien der Röntgendiagramme von $\alpha$-$Ni_3Se_2$ können einem rhomboedr. (pseudokub.) Gitter zugeordnet werden (FeK$\alpha$-Strahlung). Isostrukturell mit $Ni_3S_2$ (Heazlewoodit), s. S. 634. Gitterkonstt. bei rhomboedr. Indizierung: a = 4.2375 Å, $\alpha$=90°42′, Z = 1, Vol. der Elementarzelle 76.1 Å$^3$; bei hexagonaler Indizierung: a = 6.029, c = 7.249 Å, c/a = 1.202, Z = 3, Vol. der Einheitszelle 228.2 Å$^3$, J.-E. Hiller, W. Wegener (*Neues Jahrb. Mineral. Abhandl.* **94** [1960] 1147/59, 1149). Gitterkonstt. bei rhomboedr. Indizierung: a = 4.24 Å, $\alpha$=90°38.6′, Vol. der Elementarzelle 76.2 Å$^3$; bei hexagonaler Indizierung: a = 6.03, c = 7.26 Å, c/a = 1.204, Vol. der Elementarzelle 228.6 Å$^3$, R. P. Agarwala, A. P. B. Sinha (*l. c.* S. 204). Rhomboedr. Gitter mit a = 4.200 kX, $\alpha$ = 90°44′, Z. S. Shpak, V. G. Kuznetsov, M. A. Sokolova (*VIII. Mendeleev. S'ezde po Obshch. i Prikl. Khim., Ref. Dokl. Soobshch., Sektsiya Metallov i Splavov Akad. Nauk SSSR* 1958, Nr. 14, S. 81/2). Raumgruppe R 32–$D_3^7$. Atomlagen: 2 Se in (c) x, x, x; $\bar{x}\,\bar{x}\,\bar{x}$ mit $x_{Se}$ = 0.26 ± 0.005, 3 Ni in (d) 0, x, $\bar{x}$; $\bar{x}$, 0, x; x, $\bar{x}$, 0 mit $x_{Ni}$ = 0.25 ± 0.005. Kürzeste Atomabstände: Se↔Se 3.48 Å, Ni↔Ni 2.57 Å, Se↔Ni 2.36 Å. In **Fig. 241** ist die Struktur des $Ni_3Se_2$ hexagonal dargestellt, wobei wegen der Übersichtlichkeit eine kleinere als die Elementarzelle zugrunde gelegt und auch das Atomradienverhältnis verkleinert wurde. Jedes Se ist von 6 Ni umgeben, jedes Ni liegt inmitten eines verzerrten Tetraeders von 4 Se-Atomen, J.-E. Hiller, W. Wegener (*l. c.* S. 1150/1). Gleiche Atomlagen mit $x_{Se}$ = 0.25 und Atomabstände, R. P. Agarwala, A. P. B. Sinha (*l. c.*). Alle Autoren schließen aus den Atomabständen auf vorwiegend kovalenten Bindungscharakter.

Röntgenographisch ber. Dichte $D_r$ = 7.287 g/cm$^3$, pyknometrisch gem. Dichte $D_p$ = 7.20 g/cm$^3$, J.-H. Hiller, W. Wegener (*l. c.* S. 1149), $D_r$ = 7.28, $D_p$ = 7.04 g/cm$^3$, R. P. Agarwala, A. P. B. Sinha (*l. c.*).

*$Ni_6Se_5$*

**_$Ni_6Se_5$._** Diese in Fig. 237, S. 741, eingezeichnete Phase entsteht möglicherweise beim Abschrecken von $\beta$-$Ni_3Se_2$ neben $\alpha$-$Ni_3Se_2$ bei ~670° und ist beständig bis ~400°. Es wird hexagonale Struktur vermutet, V. G. Kuznetsov, A. A. Eliseev, Z. S. Shpak, K. K. Palkina, M. A. Sokolova, A. V. Dmitriev (*Akad. Nauk SSSR Vopr. Met. i Fiz. Poluprov., Moscow* 1961, S. 159/73).

*$Ni_9Se_8$(?)*

**_$Ni_9Se_8$ (?)._** Diese nach Z. S. Shpak u. a. (*l. c.*) bei 760° in peritektoider Rk. entstehende und in ihrer Struktur unbekannte Phase wird in einer späteren Arbeit der gleichen Autoren, s. V. G. Kuznetsov u. a. (*l. c.*), über das System Ni–Se nicht mehr erwähnt. Damit dürften die diesbezüglichen Angaben als überholt gelten.

***$Ni_{20}Se_{19}$.*** Entsteht bei 375°, s. Fig. 237, S. 741. Vermutlich hexagonal, V. G. Kuznetsov u. a. (*l. c.*). *$Ni_{20}Se_{19}$*

***NiSe.*** Über diese Phase finden sich in der Lit. sehr unterschiedliche Angaben. Es kann als sicher gelten, daß sie eine Phasenbreite bis zur Zus. $Ni_3Se_4$ (= $NiSe_{1.33}$) aufweist, wobei nach J.-E. Hiller, W. Wegener (*Neues Jahrb. Mineral. Abhandl.* **94** [1960] 1147/59, 1151) zwischen den Zuss. NiSe und $Ni_3Se_4$ ein lückenloses Mischkristallgebiet zu finden ist. Jedoch läßt sich in der Gitterstruktur ab 54.6 At.-% Se eine Symmetrieerniedrigung feststellen, die von Z. S. Shpak, V. G. Kuznetsov, M. A. Sokolova (*VIII. Mendeleev. S'ezde po Obshch. i Prikl. Khim., Ref. Dokl. Soobshch., Sektsiya Metallov i Splavov Akad. Nauk SSSR* 1958, Nr. 14, S. 81/2) als NiAs-Überstruktur mit verdoppelter a- und c-Achse gedeutet wird. Nach H. Haraldsen (*16. Intern. Congr. Pure Appl. Chem., Paris* 1957, S. 9/29, 12/13) umfaßt die homogene Phase vom NiAs-Typ den Bereich 50.5 bis 54.6 At.-% Se, also nicht die Zus. NiSe mit 50 At.-%, während von 54.6 bis 56.5 At.-% eine niedriger symmetr., wahrscheinlich monokline Phase auftritt. — Alle oben angeführten Autoren schließen auf weitgehend kovalenten Bindungscharakter der Phase. *NiSe*

Die Beschreibung der breiten Ni-Se-Phase wird unter den Überschriften NiSe, $Ni_5Se_6$ (?), $NiSe_{>1.00 \text{ bis } 1.33}$ und $Ni_3Se_4$ aufgeteilt. Vgl. auch die Angaben zum Zustandsdiagramm auf S. 740.

**Darstellung.** Siehe dazu auch beim System, S. 742. — Entsteht durch Erhitzen von Ni in dünner Schicht auf Rotglut im Se-Dampf; Rk. unter Feuererscheinung, G. Little (*Ann. Chem.* **112** [1859] 211/4). Die hierbei erhaltene kristalline Masse wird unter Borax geschmolzen; der Se-Überschuß entweicht bei Eintritt der Rk., C. Fabre (*Ann. Chim. Phys.* [6] **10** [1887] 472/550, 525). Man läßt stark mit $N_2$ verd. Se-Dampf bei Rotglut auf dünne Ni-Streifen einwirken, H. Fonzes-Diacon (*Compt. Rend.* **131** [1900] 556/8). Sehr reines Ni wird mit 99.983%igem Se (mit 0.01% S-Gehalt) in stöchiometr. Mengen im evakuierten Glasrohr zusammengeschmolzen und die Prodd. nach verschieden langem Tempern bei verschiedenen Tempp. langsam abgekühlt, F. Grønvold, E. Jacobsen (*Acta Chem. Scand.* **10** [1956] 1440/54). Durch Glühen der gepulverten Elemente im $H_2$-Strom erhält man NiSe, das sich jedoch bei der Röntgenunters. nicht als reine Phase erweist, N. Alsén (*Geol. Fören. Förh. Stockholm* **47** [1925] 19/72, 53). Man erhitzt $NiCl_2$ im $H_2Se$-Strom auf helle Rotglut, H. Fonzes-Diacon (*l. c.*). — β-NiSe entsteht beim therm. Abbau dünner $NiSe_2$-Filme im Vak. bei 150°, G. A. Efendiev, I. V. Ivanova (*Dokl. Akad. Nauk SSSR* **143** [1962] 95/6, *C.A.* **57** [1962] 1943; *Fiz. Tverd. Tela* **5** [1963] 2854/8, *C.A.* **59** [1963] 14692; *Soviet Phys. Solid State* **5** [1963] 2087/90). *Preparation*

Amorphes NiSe entsteht durch Einw. von $Na_2Se$ auf wss. $NiSO_4$-Lsg., C. Fabre (*l. c.* S. 526). Beim Einleiten von $H_2Se$ oder Zugabe von $K_2Se$ zu acetatgepufferter, essigsaurer Ni-Salzlsg. entsteht es als schwarzer, metall. Nd., M. Reeb (*J. Pharm. Chim.* [4] **9** [1869] 173/6). Dieser enthält jedoch stets einen Überschuß von 1.4 bis 2.8 Gew.-% Se. Dagegen erhält man bei Rk. von Ni-Salz mit überschüssigem $H_2Se$ in alkohol. Lsg. unter Luftausschluß ($H_2$-Atm.) das schwarze, amorphe Selenid in stöchiometr. Zus., L. Moser, K. Atynski (*Monatsh. Chem.* **45** [1924] 235/50, 239). Unter Luftabschluß (Inertgas-Atm.) fällt

α-NiSe (amorph) aus neutraler, wss. Ni-Salzlsg. mit $(NH_4)_2Se$,
β-NiSe (hexagonal) aus essigsaurer Ni-Acetatlsg. mit $H_2Se$,
γ-NiSe (rhomboedrisch) aus schwefelsaurer Ni-Sulfatlsg. mit $H_2Se$,

G. R. Levi, A. Baroni (*Z. Krist.* **92** [1935] 210/5). γ-NiSe tritt nur unterhalb 32.0° und neben β-NiSe und $Ni_3Se_2$ auf. Letzteres kann durch Kochen mit konz. HCl abgetrennt werden, J.-E. Hiller, W. Wegener (*Neues Jahrb. Mineral. Abhandl.* **94** [1960] 1147/59, 1155).

Eine Lsg. von 0.5902 g Ni in 4 ml wss. $HNO_3$-Lsg. (1:1) wird mit 0.7930 g Se in 4.5 ml wss. $HNO_3$-Lsg. (2:1) vermischt und in einer sd. Lsg. von 5 g $N_2H_4 \cdot 2HCl$, 1 g Weinsäure und 15 ml $NH_4OH$ in 100 ml $H_2O$ 2.5 Std. reduziert, S. M. Kulifay (*J. Inorg. Nucl. Chem.* **25** [1963] 75/8), Monsanto Chemical Co., S. M. Kulifay (*U.S.P.* 3058802 [1958/62], *C.A.* **58** [1963] 6479), ähnliche Darst.-Meth. Monsanto Chemical Co., S. M. Kulifay (*U.S.P.* 3023079 [1958/62], *C.A.* **56** [1962] 13675).

**Bildungsenthalpie** bei gewöhnl. Temp. für die Rkk. $Ni_{fest} + Se_{fest} \rightarrow NiSe_{krist}$: $\Delta H = -9.21$ kcal/mol; $Ni_{fest} + Se_{fest} \rightarrow NiSe_{amorph}$: $\Delta H = -7.20$ kcal/mol, ermittelt aus calorimetr. Best. von Lsg.- und Rk.-Wärme, C. Fabre (*Compt. Rend.* **103** [1886] 345/7; *Ann. Chim. Phys.* [6] **10** [1887] 472/550, 525/7). $Ni_{fest} + Se_{fest} \rightarrow NiSe_{krist}$: $\Delta H^\circ_{298} = -10$ kcal/mol, neu berechnet, F. D. Rossini, D. D. Wagman, W. H. Evans, S. Levine, I. Jaffe (*Natl. Bur. Std.* [*U.S.*] *Circ.* Nr. 500 [1952] 249), $\Delta H^\circ_{298} = -14.0$ kcal/mol. Halbempirisch ber. Bldg.-Entropie $\Delta S^\circ_{298} = 15.7$ cal/mol·grd, E. A. Buketov, N. Z. Ugorets, A. S. Pashiuskin (*Zh. Neorgan. Khim.* **9** [1964] 526/9, *C.A.* **60** [1964] 12723). *Enthalpy of Formation*

*Physical Properties*

**Physikalische Eigenschaften.**

Silberweiß, metallglänzend, spröde, unmagnetisch. Graue Kristalle mit bläulichen Reflexen, H. FONZES-DIACON (*Compt. Rend.* **131** [1900] 556/8). Schwarzer, amorpher Nd., M. REEB (*J. Pharm. Chim.* [4] **9** [1869] 173/6), L. MOSER, K. ATYNSKI (*Monatsh.* **45** [1924] 235/50, 239), C. FABRE (*Compt. Rend.* **103** [1886] 345/7).

*Crystallographic Properties*

**Kristallographische Eigenschaften.** *α-NiSe* ist amorph und weitgehend instabil, G. R. LEVI, A. BARONI (*Z. Krist.* **92** [1935] 210/5). NiSe kristallisiert in Tetraedern, Oktaedern und Würfeln, G. LITTLE (*Ann. Chem.* **112** [1859] 211/4), H. FONZES-DIACON (*l. c.*), und ist wie NiS polymorph. Es bildet mit den entsprechenden Modifikationen des CoSe lückenlose Mischkristallreihen, G. R. LEVI, A. BARONI (*l. c.*).

*β-NiSe.* Pulveraufnahmen mit CuKα-Strahlung an der Ni-reichen Phasengrenze zwischen $NiSe_{1.00}$ und $NiSe_{1.04}$ ergeben ein hexagonales Gitter vom NiAs-Typ. Raumgruppe $P6_3/mmc–D^4_{6h}$. Gitterkonstt., bestimmt an einem in Luft von 550° auf 20° ± 2° abgekühlten Präp.: a = 3.6613, c = 5.3562 Å; Z = 2, F. GRØNVOLD, E. JACOBSEN (*Acta Chem. Scand.* **10** [1956] 1440/54), J.-E. HILLER, W. WEGENER (*Neues Jahrb. Mineral. Abhandl.* **94** [1960] 1147/59, 1151). Ältere Messungen mit FeK-Strahlung ergeben a = 3.66, c = 5.33 kX, c/a = 1.46; Atomlagen: 2 Ni in 0, 0, 0; 0, 0, 1/2; 2 Se in 1/3, 2/3, 1/4; 2/3, 1/3, 3/4, N. ALSÉN (*Geol. Fören. Förh. Stockholm* **47** [1925] 19/72, 53, 71), vgl. auch *Strukturbericht, Bd.* 1, 1913/28, S. 138, G. R. LEVI, A. BARONI (*l. c.*), V. M. GOLDSCHMIDT (*Skrifter Norske Videnskaps-Akad. Oslo Mat. Naturw. Kl.* **1926** Nr. 8, S. 1/156). Atomabstand Ni↔Se 2.50 Å, N. ALSÉN (*l. c.*), theoret. berechnet, E. S. SARKISOV (*Dokl. Akad. Nauk SSSR* [2] **58** [1947] 1645/8). — Es liegt eindeutig heteropolare Bindung vor, L. CASTELLIZ, F. HALLA (*Z. Metallk.* **35** [1943] 222/4).

*γ-NiSe.* Ist nur durch Elektronenbeugung nachzuweisen, da es innerhalb weniger Std. in die β-Modifikation übergeht, G. R. LEVI, A. BARONI (*l. c.*). Ein aus schwefelsaurer $NiSO_4$-Lsg. gefälltes Prod. weist nach Elektronenbeugungsaufnahmen ein rhomboedr. Gitter vom Millerittyp aus. Raumgruppe $R3m–C^5_{3v}$; a = 9.84, c = 3.18 kX, c/a = 0.32, Z = 3, G. R. LEVI, A. BARONI (*l. c.*). Gitterkonstt. nach Pulveraufnahmen bei rhomboedr. Indizierung: a = 5.8834 Å, α = 116°31′, Z = 3; bei hexagonaler Beschreibung: a = 10.007, c = 3.333 Å, Z = 9. Röntgenographisch ermittelte Dichte 7.114 $g/cm^3$. Wahrscheinlichste Raumgruppe $R3m–C^5_{3v}$. Isotop mit γ-NiS, s. S. 656, J.-E. HILLER, W. WEGENER (*l. c.* S. 1155). Zur Raumgruppe des Millerit s. N. H. KOLKMEIJER, A. L. T. MOESVELD (*Z. Krist.* **80** [1931] 91/102, 96).

*Density*

**Dichte.** D = 8.462, G. LITTLE (*Ann. Chem.* **112** [1859] 211/4), 7.36, I. I. ZASLAVSKI (*Zh. Obshch. Khim.* 8 [1938] 1008/21). — Molvol. 18.7 $cm^3$. Das Verhältnis des Molvol. der Verb. zur Summe der Atomvol. beträgt 0.82 (Abhängigkeit der Gittereigg. der Selenide vom Atomvol., s. Original), I. I. ZASLAVSKI (*Zh. Obshch. Khim.* **10** [1940] 369/79).

*Chemical Reactions*

**Chemisches Verhalten.** Bei gewöhnl. Temp. an der Luft beständig. Bei starkem Erhitzen Abgabe von Se-Dämpfen, G. LITTLE (*l. c.*). In trocknem Zustand langsame Ox. zu $NiSeO_3$, L. MOSER, K. ATYNSKI (*Monatsh. Chem.* **45** [1924] 235/50, 240). — Beim Erhitzen auf helle Rotglut im $H_2$-Strom findet langsame Red. zu metall. Ni statt. Beim Erhitzen im $O_2$-Strom entsteht NiO und $SeO_2$, H. FONZES-DIACON (*Compt. Rend.* **131** [1900] 556/8). Lösl. in $Br_2$, C. FABRE (*Compt. Rend.* **103** [1886] 345/7; *Ann. Chim. Phys.* [6] **10** [1887] 472/549, 525/7). Beim Schmelzen mit Borax im Hessischen Tiegel erhält man eine goldgelbe, metall. Masse mit streifiger Oberfläche, G. LITTLE (*l. c.*).

Löslichkeitsprod. in $H_2O$: $2.0 \times 10^{-33}$, E. A. BUKETOV, N. Z. UGORETS, A. S. PASHIUSKIN (*Zh. Neorgan. Khim.* **9** [1964] 526/9, *C.A.* **60** [1964] 12723). Unlösl. in $H_2O$, verd. oder konz. HCl-Lsg., langsam lösl. in $HNO_3$, vollständig lösl. in Königswasser, G. LITTLE (*l. c.*). Unlösl. in Alkalien, Ammonsulfid, Essigsäure und HCl, lösl. in $HNO_3$-Lsg. (1:10) sowie Königswasser, M. REEB (*J. Pharm. Chim.* [4] **9** [1869] 173/6). Wird durch sd. konz. HCl kaum angegriffen, aber durch HCl-Gas oder $Cl_2$ bei hohen Tempp. zu $NiCl_2$ umgesetzt. $HNO_3$ oxydiert zu $NiSeO_3$, H. FONZES-DIACON (*l. c.*). Auch beim Erhitzen unlösl. in verd. Mineralsäuren. Mit konz. HCl langsame $H_2Se$-Entw. Keine Neigung zu kolloidaler Auflösung wie beim Sulfid, L. MOSER, K. ATYNSKI (*l. c.*). Lösl. in wss. $Br_2$-Lsg., C. FABRE (*l. c.*).

*$NiSe_{>1.00}$ to $_{1.33}$. Preparation*

**$NiSe_{>1.00 \text{ bis } 1.33}$. Darstellung.** Zur Herst. der verschiedenen Zuss. werden ber. Mengen der Elemente in evakuierten Quarzampullen 2 Std. bei 950° bis 1050° geschmolzen, abgekühlt, gemahlen 5 Tage bei 550° getempert und über einen Zeitraum von 2 Tagen langsam abgekühlt, F. GRØNVOLD, T. THURMANN-MOE (*Acta Chem. Scand.* **14** [1960] 634/40, 635).

**Thermodynamische Daten der Bildung.** Aus der Temperaturabhängigkeit der molaren Wärmekapazität $C_p^\circ$ bezogen auf je ein Mol von drei $Ni_xSe_y$-Phasen ber. Standardentropien $S^\circ - S_0^\circ$ und Standardenthalpiefunktionen $(H^\circ - H_0^\circ)/T$ (in cal·mol$^{-1}$°K$^{-1}$) für 10 bis 350°K (Werte in Auswahl): *Thermodynamic Formation Data*

| T in °K | $Ni_{0.4872}Se_{0.5128}$ Molgew. 69.09 g | | | $Ni_{0.4667}Se_{0.5333}$ Molgew. 69.51 g | | | $Ni_{0.4444}Se_{0.5556}$ Molgew. 69.96 g | | |
|---|---|---|---|---|---|---|---|---|---|
| | $Cp^\circ$ | $S^\circ - S_0^\circ$ | $\frac{H^\circ - H_0^\circ}{T}$ | $Cp^\circ$ | $S^\circ - S_0^\circ$ | $\frac{H^\circ - H_0^\circ}{T}$ | $Cp^\circ$ | $S^\circ - S_0^\circ$ | $\frac{H^\circ - H_0^\circ}{T}$ |
| 10 | 0.028 | 0.0110 | 0.0080 | 0.029 | 0.0110 | 0.0080 | 0.027 | 0.0100 | 0.0073 |
| 15 | 0.093 | 0.0330 | 0.0241 | 0.093 | 0.0331 | 0.0242 | 0.090 | 0.0311 | 0.0229 |
| 20 | 0.218 | 0.0754 | 0.0556 | 0.217 | 0.0754 | 0.0556 | 0.215 | 0.0726 | 0.0540 |
| 25 | 0.406 | 0.1431 | 0.1059 | 0.401 | 0.1425 | 0.1054 | 0.398 | 0.1392 | 0.1036 |
| 30 | 0.647 | 0.2376 | 0.1753 | 0.634 | 0.2355 | 0.1734 | 0.628 | 0.2314 | 0.1712 |
| 40 | 1.233 | 0.5018 | 0.3645 | 1.195 | 0.4926 | 0.3568 | 1.177 | 0.4852 | 0.3523 |
| 50 | 1.862 | 0.8446 | 0.6012 | 1.803 | 0.8246 | 0.5852 | 1.765 | 0.8111 | 0.5761 |
| 60 | 2.459 | 1.238 | 0.8618 | 2.388 | 1.206 | 0.8376 | 2.327 | 1.183 | 0.8216 |
| 70 | 2.994 | 1.658 | 1.1290 | 2.914 | 1.614 | 1.0976 | 2.840 | 1.581 | 1.0739 |
| 80 | 3.455 | 2.088 | 1.3917 | 3.368 | 2.034 | 1.3538 | 3.297 | 1.991 | 1.3239 |
| 90 | 3.842 | 2.518 | 1.6432 | 3.752 | 2.453 | 1.5996 | 3.692 | 2.403 | 1.5657 |
| 100 | 4.161 | 2.940 | 1.8795 | 4.074 | 2.866 | 1.8314 | 4.022 | 2.809 | 1.7953 |
| 120 | 4.652 | 3.745 | 2.3030 | 4.575 | 3.656 | 2.2492 | 4.523 | 3.590 | 2.2107 |
| 140 | 5.013 | 4.491 | 2.6657 | 4.941 | 4.390 | 2.6089 | 4.895 | 4.316 | 2.5687 |
| 160 | 5.277 | 5.178 | 2.9765 | 5.213 | 5.068 | 2.9182 | 5.182 | 4.989 | 2.8784 |
| 180 | 5.472 | 5.811 | 3.2433 | 5.418 | 5.694 | 3.1850 | 5.387 | 5.612 | 3.1464 |
| 200 | 5.630 | 6.396 | 3.4743 | 5.579 | 6.274 | 3.4167 | 5.546 | 6.188 | 3.3786 |
| 220 | 5.764 | 6.939 | 3.6765 | 5.712 | 6.812 | 3.6195 | 5.683 | 6.723 | 3.5820 |
| 240 | 5.886 | 7.446 | 3.8556 | 5.823 | 7.314 | 3.7986 | 5.791 | 7.223 | 3.7618 |
| 260 | 5.997 | 7.922 | 4.0161 | 5.921 | 7.784 | 3.9581 | 5.883 | 7.690 | 3.9215 |
| 270 | 6.043 | 8.149 | 4.0904 | 5.971 | 8.008 | 4.0317 | 5.928 | 7.913 | 3.9950 |
| 273.15 | 6.057 | 8.219 | 4.1130 | 5.988 | 8.078 | 4.0542 | 5.942 | 7.982 | 4.0173 |
| 280 | 6.085 | 8.369 | 4.1609 | 6.026 | 8.226 | 4.1020 | 5.969 | 8.129 | 4.0648 |
| 290 | 6.124 | 8.584 | 4.2279 | 6.085 | 8.439 | 4.1693 | 6.004 | 8.339 | 4.1310 |
| 298.15 | 6.154 | 8.754 | 4.2801 | 6.133 | 8.608 | 4.2224 | 6.037 | 8.506 | 4.1826 |
| 300 | 6.160 | 8.792 | 4.2917 | 6.143 | 8.646 | 4.2342 | 6.044 | 8.543 | 4.1941 |
| 350 | 6.300 | 9.724 | 4.5689 | 6.288 | 9.610 | 4.5225 | 6.270 | 9.464 | 4.4742 |

Der mögliche Fehler in den $C_p^\circ$-Werten beträgt 1% bei 10°K und 0.1% oberhalb 25°K, in den Entropie- und Enthalpiefunktionswerten 0.1% oberhalb 100°K. Der Temp.-Verlauf von $C_p^\circ$ zeigt bei $Ni_{0.95}Se$ ($NiSe_{1.053}$) keine Anomalien, während bei $Ni_{0.875}Se$ ($NiSe_{1.143}$) und $Ni_{0.80}Se$ ($NiSe_{1.25}$) ein etwas stärkerer Anstieg oberhalb 250°K auf beginnende Umwandlungen schließen läßt, F. Grønvold, T. Thurmann-Moe (*l. c.* S. 638). Berechnung der Bldg.-Enthalpie bei 775°C aus Werten der Wärmekapazität als Funktion der Zus. der Phase s. F. Grønvold (*16. Intern. Congr. Pure Appl. Chem., Paris* 1957, S. 270).

**Physikalische Eigenschaften.** Aus Pulveraufnahmen bei 20° mit FeK- und CuK-Strahlung ermittelte Änderungen der Gitterkonst. in Å und des Achsenwinkels β mit der Zus. von Präpp., die in diesem Homogenitätsbereich durch Zusammenschmelzen der reinen Elemente bei 400° im evakuierten Quarzrohr erhalten und einen Tag bei 800° sowie fünf Tage bei 550° getempert und dann langsam abgekühlt worden sind: *Physical Properties*

| Zus. | a, (b $\sqrt{3}$) | b, (b′) | c, (c′) | β |
|---|---|---|---|---|
| $NiSe_{0.90}$ | — | 3.6610 | 5.3566 | (90°) |
| $NiSe_{1.00}$ | — | 3.6613 | 5.3562 | (90°) |
| $NiSe_{1.04}$ | — | 3.6564 | 5.3484 | (90°) |
| $NiSe_{1.07}$ | — | 3.6493 | 5.3407 | (90°) |

| Zus. | a, (b $\sqrt{3}$) | b, (b') | c, (c') | β |
|---|---|---|---|---|
| $NiSe_{1.10}$ | — | 3.6426 | 5.3331 | (90°) |
| $NiSe_{1.15}$ | (6.2932) | (3 × 3.6336) | (3 × 5.3190) | (90°) |
| $NiSe_{1.175}$ | — | 3.6279 | 5.3038 | (90°) |
| $NiSe_{1.20}$ | — | 3.6241 | 5.2951 | (90°) |
| $NiSe_{1.225}$ | 6.235 | 3.631 | 2 × 5.277 | 90.2° |
| $NiSe_{1.25}$ | 6.224 | 3.635 | 2 × 5.260 | 90.52° |
| $NiSe_{1.275}$ | 6.206 | 3.635 | 2 × 5.250 | 90.63° |
| $NiSe_{1.30}$ | 6.196 | 3.634 | 2 × 5.232 | 90.78° |
| $NiSe_{1.40}$ | 6.199 | 3.635 | 2 × 5.230 | 90.77° |

Die hexagonale NiAs-Struktur bleibt erhalten bis zur Zus. $NiSe_{1.20}$; von $NiSe_{1.10}$ aufwärts treten jedoch zahlreiche zusätzliche Linien schwacher Intensität auf, die auf eine Überstruktur hinweisen. WEISSENBERG-Aufnahmen an Einkristallen von $NiSe_{1.15}$ ergeben eine rhomb. Überstruktur mit $a' = b\sqrt{3} = 6.2932$, $b' = 3b = 10.901$, $c' = 3c = 15.957$ Å. Bei höherem Se-Gehalt als $NiSe_{1.20}$ tritt ein monoklines Gitter mit verdoppelter c-Achse auf, A. GRØNVOLD, E. JACOBSEN (*Acta Chem. Scand.* **10** [1956] 1440/54, 1443). Ab $NiSe_{1.09}$ beobachtet man eine Überstruktur des NiAs-Typs mit verdoppeltem a und c, Z. S. SHPAK, V. G. KUZNETSOV, M. A. SOKOLOVA (*VIII. Mendeleev S'ezde po Obshch. i Prikl. Khim. Ref. Dokl. Soobshch. Sektsiya Metallov i Splavov Akad. Nauk SSSR* 1958, Nr. 14, S. 81/2).

Im Vak.-Pyknometer bei 25° bestimmte Dichten $D_p$ und röntgenographisch bei 20° ermittelte Dichten $D_r$ in Abhängigkeit von der Zus. unter Angabe der Anlaßtempp. t in °C:

| Zus. | t | $D_p$ | $D_r$ | Zus. | t | $D_p$ | $D_r$ |
|---|---|---|---|---|---|---|---|
| $NiSe_{1.00}$ | 550° | 7.269 | — | $NiSe_{1.20}$ | 550° | 6.974 | 7.051 |
| $NiSe_{1.00}$ | 300° | 7.217 | — | $NiSe_{1.20}$ | 300° | 6.980 | 7.051 |
| $NiSe_{1.04}$ | 300° | 7.219 | 7.260 | $NiSe_{1.225}$ | 550° | 6.915 | 7.052 |
| $NiSe_{1.07}$ | 550° | 7.169 | 7.214 | $NiSe_{1.25}$ | 550° | 6.890 | 7.027 |
| $NiSe_{1.10}$ | 550° | 7.132 | 7.170 | $NiSe_{1.25}$ | 300° | 6.927 | 7.027 |
| $NiSe_{1.10}$ | 300° | 7.127 | 7.170 | $NiSe_{1.275}$ | 550° | 6.894 | 7.009 |
| $NiSe_{1.15}$ | 300° | 7.052 | 7.098 | $NiSe_{1.30}$ | 300° | 6.918 | 6.997 |
| $NiSe_{1.175}$ | 550° | 6.993 | 7.080 | $NiSe_{1.333}$ | 300° | 6.914 | — |

Hiernach ist die feste Lsg. von Se in der NiSe-Phase als Entfernung der Ni-Atome von ihren Gitterplätzen zu verstehen, denn die Dichten fallen mit steigendem Se-Gehalt schneller als die für das stabile Gitter berechneten, F. GRØNVOLD, E. JACOBSEN (*l. c.* S. 1446). Die Abnahme der Gitterkonstt., Dichte und Anzahl der Atome je Elementarzelle mit Zunahme des Se-Gehaltes beweist eine Defektstruktur der Phase im Sinne einer Subtraktion von Ni-Atomen, Z. S. SHPAK u. a. (*l. c.*).

Magnet. und elektr. Eigg. s. beim System, S. 742.

*$Ni_5Se_6$ (?)*

***$Ni_5Se_6$ (?).*** Der durch Schmelzen von gepulvertem Ni und $K_2CO_3$ mit einem beträchtlichen Überschuß an Se bei 1250° erhaltene Regulus löst sich bis auf einen harten Kern, der kein Kalium enthält, in $H_2O$ auf. Die Analyse ergibt eine Zus. $Ni_5Se_6$, deren Analogon auch mit Co erhalten wurde. Nach einem rein spekulativen Strukturvorschlag wird die Verb. als ein Abkömmling des hypothet. $Ni^{III}(SeH)_3$ angesehen, in dem der Wasserstoff durch $Ni^{2+}$ substituiert ist. An der Luft völlig beständig, unlösl. in $H_2O$ und in Königswasser, J. MEYER, H. BRATKE (*Z. Anorg. Allgem. Chem.* **135** [1924] 289/312, 306).

*$Ni_3Se_4$*

***$Ni_3Se_4$.*** Darst. s. beim System, S. 742. — Aus Drehkristall- und WEISSENBERG-Aufnahmen ergeben sich die folgenden kristallograph. Daten: monoklin-prismat. Gitter; Raumgruppe $C2/m-C_{2h}^3$; Gitterkonstt. $a_0 = 12.15$, $b_0 = 3.633$, $c_0 = 10.45$ Å, $\beta = 149°22'$. Atomlagen: (0, 0, 0; 1/2, 1/2, 0) +

4 Se in (i) x, 0, z; $\bar{x}$, 0, $\bar{z}$ mit x = 0.333, z = 0.458
4 Se in (i) x, 0, z; $\bar{x}$, 0, $\bar{z}$ mit x = 0.333, z = 0.958
4 Ni in (i) x, 0, z; $\bar{x}$, 0, $\bar{z}$ mit x = 0.00, z = 0.25
2 Ni in (a) 0, 0, 0

Kürzeste Atomabstände Se↔Se = 3.33, Ni↔Ni = 2.61, Se↔Ni = 2.47 Å. Die Struktur steht in enger Beziehung zum β-NiSe-(NiAs)Typ, wobei gegenüber diesem jede vierte Ni-Position unbesetzt bleibt und eine Gitterdeformation eintritt, J.-E. HILLER, W. WEGENER (*Neues Jahrb. Mineral. Abhandl.* **94** [1960] 1147/59, 1153). Die durch die Subtraktion von Ni-Atomen entstehenden Leerstellen sind bei gewöhnl. Temp. regelmäßig auf jede zweite mit Ni besetzte Ebene verteilt, wobei die verblei-

benden Atome etwas verschoben werden, H. Haraldsen (*16. Intern. Congr. Pure Appl. Chem., Paris* 1957, S. 9/29, 12/3). Vgl. auch M. Chevreton, F. Bertaut (*Compt. Rend.* **255** [1962] 1275/7). Ältere Angaben zur Darst. durch Erhitzen von $NiCl_2$ im $H_2Se$-Strom auf dunkle Rotglut. Graue, anscheinend kub. Kristalle von gleichem chem. Verh. wie NiSe, die bei Weißglut in $Ni_2Se$ übergehen (keine analyt. Angaben), H. Fonzes-Diacon (*Compt. Rend.* **131** [1900] 556/8).

*$NiSe_2$. Preparation*

***$NiSe_2$.* Darstellung.** Die Elemente werden in einer evakuierten Quarzampulle einen Tag auf 800° erhitzt, 2 Tage bei 400° getempert, zermahlen und das graue Pulver in einer neuen Ampulle eine Woche bei 400° getempert. Wegen des Vorhandenseins kleiner Mengen nicht umgesetzten Selens wird nochmals eine Woche auf 500° erhitzt, erneut zermahlen, eine Woche bei 300° getempert und innerhalb einer Woche auf Normaltemp. abgekühlt, F. Grønvold, E. F. Westrum (*Inorg. Chem.* **1** [1962] 36/48, 37), s. auch S. Tengnér (*Z. Anorg. Allgem. Chem.* **239** [1938] 126/32, 127). Durch 48std. Schmelzen von NiSe mit geringem Überschuß an Se im Vak. bei ~230° erhält man das $NiSe_2$ als braunschwarze Masse, die noch freies, glasartiges Se enthält, W. F. de Jong, H. W. V. Willems (*Z. Anorg. Allgem. Chem.* **170** [1928] 241/5), bei Einw. von $H_2Se$ auf $NiCl_2$ oder NiO bei 300° als glanzlose, grauschwarze, bröcklige Masse, H. Fonzes-Diacon (*l. c.*). Entsteht nach den auf S. 745 für $\alpha$-, $\beta$- und $\gamma$-NiSe angegebenen Darst.-Meth. bei Ggw. von Luft, G. R. Levi, A. Baroni (*Z. Krist.* **92** [1935] 210/5, 214). Bildet sich beim gleichzeitigen oder aufeinander folgenden Aufdampfen von Ni und Se bei gewöhnl. Temp. auf eine Metallplatte in dünner Schicht, G. A. Efendiev, I. V. Ivanova (*Dokl. Akad. Nauk SSSR* **143** [1962] 95/6, *C.A.* **57** [1962] 1943; *Fiz. Tverd. Tela* **5** [1963] 2854/8, *C.A.* **59** [1963] 14692; *Soviet Phys.-Solid State* **5** [1963] 2087/90).

*Thermodynamic Formation Data*

**Thermodynamische Daten der Bildung.** Aus der Temperaturabhängigkeit der molaren Wärmekapazität $C_p$ von $NiSe_2$ ber. Standardentropie $S°-S°_0$, Funktion der freien Energie $-(G°-H°_0)/T$ sowie Enthalpie $H°-H°_0$ (in $cal \cdot mol^{-1} \cdot °K^{-1}$ bzw. $cal \cdot mol^{-1}$, Werte in Auswahl):

| T in °K | $C_p$ | $S°-S°_0$ | $H°-H°_0$ | $-(G°-H°_0)/T$ |
|---|---|---|---|---|
| 5 | (0.015) | (0.005) | (0.019) | (0.001) |
| 10 | 0.063 | 0.027 | 0.194 | 0.006 |
| 15 | 0.181 | 0.072 | 0.760 | 0.021 |
| 20 | 0.440 | 0.155 | 2.24 | 0.044 |
| 25 | 0.873 | 0.297 | 5.46 | 0.079 |
| 30 | 1.481 | 0.508 | 11.28 | 0.132 |
| 40 | 3.059 | 1.141 | 33.67 | 0.299 |
| 50 | 4.847 | 2.014 | 73.14 | 0.551 |
| 60 | 6.610 | 3.055 | 130.51 | 0.880 |
| 70 | 8.213 | 4.197 | 204.80 | 1.272 |
| 80 | 9.620 | 5.388 | 294.14 | 1.711 |
| 90 | 10.81 | 6.592 | 396.42 | 2.187 |
| 100 | 11.81 | 7.784 | 509.7 | 2.687 |
| 120 | 13.39 | 10.085 | 762.6 | 3.730 |
| 140 | 14.55 | 12.240 | 1042.5 | 4.794 |
| 160 | 15.40 | 14.241 | 1342.4 | 5.851 |
| 180 | 16.05 | 16.093 | 1657.0 | 6.888 |
| 200 | 16.55 | 17.811 | 1983.2 | 7.895 |
| 220 | 16.97 | 19.409 | 2318.5 | 8.870 |
| 240 | 17.31 | 20.900 | 2661.3 | 9.811 |
| 260 | 17.58 | 22.296 | 3010.3 | 10.718 |
| 270 | 17.71 | 22.962 | 3186.8 | 11.160 |
| 273.15 | 17.75 | 23.17 | 3242 | 11.30 |
| 280 | 17.83 | 23.609 | 3364.4 | 11.593 |
| 290 | 17.95 | 24.237 | 3543.4 | 12.018 |
| 298.15 | 18.04 | 24.74 | 3690 | 12.36 |
| 300 | 18.06 | 24.847 | 3723.4 | 12.435 |
| 350 | 18.51 | 27.665 | 4637.8 | 14.414 |

Der mögliche Fehler oberhalb 100°K beträgt $<0.1\%$, F. GRØNVOLD, E. F. WESTRUM (*Inorg. Chem.* 1 [1962] 36/48, 39).

*Physical Properties*

**Physikalische Eigenschaften.** Kub. Kristallgitter vom Pyrittyp; Raumgruppe Pa3–$T_h^6$; a = 5.9604 Å; Z = 4; Atomabstände: Ni↔Se = 2.49 Å, Se↔Se = 2.40 Å, ermittelt aus Pulverdiagrammen mit CuKα-Strahlung, F. GRØNVOLD, E. JACOBSEN (*Acta Chem. Scand.* 10 [1956] 1440/54, 1446). Nach Pulverdiagrammen mit Cr-Strahlung a = 5.948 kX, S. TENGNÉR (*Z. Anorg. Allgem. Chem.* 239 [1938] 126/32, 131), s. auch *Strukturbericht, Bd.* 6, 1938, S. 167. Nach Pulverdiagrammen mit FeK-Strahlung a = 6.022 ± 0.003 kX, Ni↔Se = 2.47 kX, W. F. DE JONG, H. W. V. WILLEMS (*Z. Anorg. Allgem. Chem.* 170 [1928] 241/5, 245), vgl. auch *Strukturbericht, Bd.* 1, 1913/28, S. 780 und V. G. KUZNETSOV, A. A. ELISEEV, Z. S. SHPAK, K. K. PALKINA, M. A. SOKOLOVA, A. V. DMITRIEV (*Akad. Nauk SSSR Vopr. Met. i Fiz. Poluprov., Moscow* 1961, S. 159/73). Wiedergabe einer Elektronenbeugungsaufnahme von $NiSe_2$ s. G. R. LEVI, A. BARONI (*Z. Krist.* 92 [1935] 210/5, 213). — Wie allgemein bei Verbb. von Übergangselementen mit Pyritstruktur, liegt auch bei $NiSe_2$ kovalent-metall. Bindung vor, C. W. STILLWELL (*J. Chem. Educ.* 13 [1936] 566/75, 569).

Änderung der Gitterkonst. a in Å (bei 20°) und der pyknometrisch bei 25° bestimmten Dichte mit der Zus. im Bereich der $NiSe_2$-Phase:

| Zus. | $NiSe_{1.95}$ | $NiSe_{1.975}$ | $NiSe_{2.00}$ | $NiSe_{2.025}$ | $NiSe_{2.05}$ |
|---|---|---|---|---|---|
| a | 5.9628 | 5.9626 | 5.9604 | 5.9605 | 5.9603 |
| $D^{25}$ | 6.730 | 6.724 | 6.720 | 6.703 | 6.693 |

Danach hat die $NiSe_2$-Phase nur einen sehr schmalen Homogenitätsbereich (feste Lsg.) zur Ni-reichen Seite hin. Ein Vergleich der für verschiedene Typen von festen Lsgg. ber. mit den gem. Dichten führt zu der Annahme, daß die Ni-Atome in diesem Bereich in Gitterlücken eingelagert sind (vgl. hierzu Fig. 247, S. 761). Die röntgenographisch bestimmte Dichte beträgt für $NiSe_{2.00}$ 6.792, F. GRØNVOLD, E. JACOBSEN (*l. c.* S. 1447), vgl. auch J. E. HILLER, W. WEGENER (*Neues Jahrb. Mineral. Abhandl.* 94 [1960] 1147/59, 1155). Ältere Angabe: D = 6.69 (röntgenographisch ermittelt), W. F. DE JONG, H. W. V. WILLEMS (*l. c.*).

Magnet. und elektr. Eigg. dieser Phase s. beim System, S. 742.

Für das chem. Verh. von $NiSe_2$ gilt das gleiche wie für NiSe (s. S. 746), H. FONZES-DIACON (*Compt. Rend.* 131 [1900] 556/8).

*Nickel Selenites*

## *Nickelselenite.*

*$NiSeO_3$*

***$NiSeO_3$*.** Bildet sich nach thermogravimetr. Messungen intermediär beim Abbau von $NiSeO_4 \cdot 6H_2O$ zu NiO. Vgl. dazu Fig. 242, S. 751, N. DESMASSIEUX, C. MALARD (*Compt. Rend.* 248 [1958] 805/6). Fällung aus wss. 0.1 n-$NiSO_4$-Lsg. mit der 5fachen Menge wss. 0.1 n-$Na_2SeO_3$-Lsg. Der Nd. wird nach 24 Std. abzentrifugiert und bei 40° getrocknet. Löslichkeitsprod. bei 20° in $H_2O$: $(1.0 \pm 0.1) \cdot 10^{-5}$, V. G. CHUKHLANTSEV, G. P. TOMASHEVSKII (*Zh. Analit. Khim.* 12 [1957] 296/301, *C.A.* 1958 1732). Wird dargestellt entweder durch Überleiten von $SeO_2$-Dampf über erhitztes NiO oder durch kurzes Erhitzen von NiO mit geringem $SeO_2$-Überschuß im geschlossenen Rohr auf 360°. Nach der Auflösung des überschüssigen $SeO_2$ in absol. Äthanol erhält man das amorphe Selenit. Erhitzt man dagegen mit großem Überschuß an $SeO_2$ auf dessen Schmp. (390°), so erhält man das Selenit bei langsamem Abkühlen in Form gelber Kristalle, die beim Erhitzen das $SeO_2$ vollständig abgeben. Unlösl. in $H_2O$, lösl. in $NH_4OH$ und Säuren. Geht an der Luft in das 2-Hydrat über, R.-L. ESPIL (*Compt. Rend.* 152 [1911] 378/80).

*$NiSeO_3 \cdot 2H_2O$*

***$NiSeO_3 \cdot 2H_2O$*.** Bei Verss. das 6-Hydrat darzustellen, wurde stets das 2-Hydrat erhalten, A. FERRARI, L. CAVALCA, M. MORETTI (*Gazz. Chim. Ital.* 80 [1950] 151/60, 152). Darst. aus stöchiometr. Mengen von Ni-Acetat und $H_2SeO_3$ in wss. Lsg. bei Tempp. zwischen 20° und 90° oder aus $NiCl_2$ und $H_2SeO_3$ (pH = 5.5) bei 130° unter hydrothermalen Bedingungen, G. GATTOW, O. J. LIEDER (*Naturwissenschaften* 50 [1963] 222/3), durch doppelte Umsetzung von $Ni(NO_3)_2$ mit $Na_2SeO_3$ bei 25° in verd., wss. Lösung. Kristallisiert schwer, N. M. SELIVANOVA, Z. L. LESHCHINSKAYA, A. I. MAIER, I. S. STREL'TSOV, E. YU. MUZALEV (*Zh. Fiz. Khim.* 37 [1963] 1563/7, *C.A.* 59 [1963] 10813; *Russ. J. Phys. Chem.* 37 II [1963] 837/9). Darst. durch doppelte Umsetzung von $K_2SeO_3$ mit $NiSO_4$ in wss. Lsg., S. MUSPRATT (*J. Chem. Soc.* 2 [1849] 52/70, 64), durch Einw. von seleniger Säure auf $NiCO_3$, L.-F. NILSON (*Bull. Soc. Chim. France* [2] 23 [1875] 353/9, 356). Durch Ox. aller Ni-Selenide mit $HNO_3$, H. FONZES-DIACON (*Compt. Rend.* 131 [1900] 556/8). — Grünlich, amorph, im trocknen Zustand weiß, S. MUSPRATT (*l. c.*). Durch Digerieren von $NiCO_3$ mit kalter, wss. $H_2SeO_3$-Lsg. und Erhitzen der auf das doppelte Vol. verd. Lsg. im geschlossenen Rohr auf 200° erhält man grüne,

kurze Prismen in strahlenförmiger Anordnung. Bei Zugabe von wenig $Na_2SeO_3$ zur anfänglichen Lsg. erhält man gelbe Kristalle (Doppelsalze ?), M. BOULZOUREANO (*Bull. Soc. Chim. France* [2] **48** [1887] 209/10).

Die Standardbldg.-Enthalpie $\Delta H^\circ_{298}$ (der amorphen Form der Verb.) wird calorimetrisch zu —267.92 kcal/mol bestimmt. Freie Standardbldg.-Enthalpie $\Delta G^\circ_{298} = -221.65$ kcal/mol, Standardentropie $\Delta S^\circ_{298} = 47.0$ cal/mol·grd, N. M. SELIVANOVA u. a. (*l. c.*). Für die kristalline Form beträgt $\Delta H^\circ_{298} = -275.0 \pm 0.2$ kcal/mol, Umwandlungswärme amorph↔kristallin $7.1 \pm 0.4$ kcal/mol, N. M. SELIVANOVA, Z. L. LESHCHINSKAYA (*Zh. Neorgan. Khim.* **9** [1964] 259/63, *C.A.* **60** [1964] 9984).

Monokline oder trikline Gitterstruktur. Isostrukturell mit den analogen Seleniten von Co, Zn, Mg. Optisch negativ. Experimentelle Dichte $D_4^{25} = 3.416 \pm 0.004$ g/cm³. Beginnt sich an der Luft bei 140° zu zersetzen, G. GATTOW, O. J. LIEDER (*l. c.*). Löst sich in $H_2SeO_3$ mit grüner Farbe; beim Verdampfen der Lsg. hinterbleibt ein gummiartiges, saures Salz, S. MUSPRATT (*l. c.* S. 65).

***$NiSeO_3 \cdot H_2SeO_3 \cdot 2H_2O$.*** Kleine, smaragdgrüne, quadrat. Prismen. Wenig lösl. in $H_2O$, luftbeständig, L. F. NILSON (*Bull. Soc. Chim. France* [2] **23** [1875] 353/9, 356). *$NiSeO_3 \cdot H_2SeO_3 \cdot 2H_2O$*

***$NiSeO_3 \cdot 3SeO_2 \cdot H_2O$.*** Schräge Tafeln, wenig lösl. in kaltem $H_2O$, besser in der Wärme. Bei 100° verliert das Salz sein Kristallwasser, L.-F. NILSON (*l. c.*). *$NiSeO_3 \cdot 3SeO_2 \cdot H_2O$*

***$3NiSeO_3 \cdot Ni(OH)_2 \cdot 4H_2O$.*** Der beim Erhitzen einer wss. Lsg. von $H_2SeO_3$ mit 100%igem Überschuß an Ni-Acetat entstehende Nd. wird in einer Nutsche mit lauwarmem Wasser gewaschen, bis das Filtrat farblos ist und neutral reagiert, und im Exsiccator getrocknet. Geht bei 100° in $3NiSeO_3 \cdot Ni(OH)_2$ über, R. DOLIQUE, M. T. LACOMBE (*Trav. Soc. Pharm. Montpellier* 8 [1948] 45/7). *$3NiSeO_3 \cdot Ni(OH)_2 \cdot 4H_2O$*

### *Nickel(II)-selenat $NiSeO_4$.* 

*Nickel(II) Selenate*

Tritt nach thermogravimetr. Messungen beim Abbau des 6-Hydrates zu NiO als definierte Zwischenstufe auf, s. dazu **Fig. 242**, N. DESMASSIEUX, C. MALARD (*Compt. Rend.* **248** [1959] 805/6). Darst. durch 1std. Erhitzen des 6-Hydrates bei 450°. Eine Nachbehandlung unter 15000 Atm.-Druck bei 570° bewirkt eine wesentlich verbesserte Krist., H. C. SNYMAN, C. W. F. T. PISTORIUS (*Z. Anorg. Allgem. Chem.* **324** [1963] 157/61).

Fig. 242.

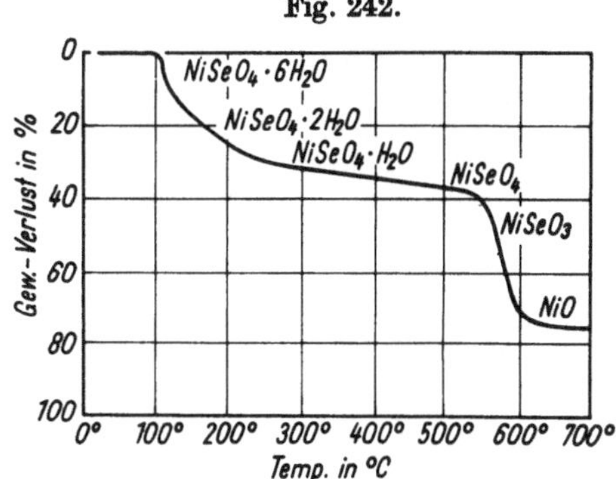


Verh. von $NiSeO_4 \cdot 6H_2O$ beim Erhitzen.

Die freie Bldg.-Enthalpie und Standardentropie werden nach verschiedenen Näherungsmethh. berechnet. Vorgeschlagener Wert $\Delta G^\circ_{298} = -112$ kcal/mol, N. M. SELIVANOVA (*Zh. Neorgan. Khim.* 8 [1963] 1826/30, *C.A.* **59** [1963] 12248; *Russ. J. Inorg. Chem.* 8 [1963] 950/3), $\Delta S^\circ_{298} = 18.8$ cal/mol·grd, N. M. SELIVANOVA (*Zh. Fiz. Khim.* **37** [1963] 850/5, *C.A.* **59** [1963] 3372; *Russ. J. Phys. Chem.* **37** [1963] 440/3).

Pulveraufnahmen mit CoKα-Strahlung ergeben rhomb. Gitter. Isomorph mit $NiSO_4$, s. S. 681. Wahrscheinliche Raumgruppe Cmcm–$D_{2h}^{17}$. Gitterkonstt. (in Å) in Abhängigkeit von der Temp. (Fehlerbereich 0.005 Å):

| t in °C | 24° | 80° | 135° | 202° | 264° | 374° | 414° |
|---|---|---|---|---|---|---|---|
| a | 5.399 | 5.400 | 5.402 | 5.408 | 5.412 | 5.423 | 5.428 |
| b | 8.089 | 8.092 | 8.095 | 8.100 | 8.105 | 8.113 | 8.118 |
| c | 6.376 | 6.383 | 6.389 | 6.395 | 6.404 | 6.423 | 6.430 |

Daraus sich ergebende Temp.-Gleichungen:

$$a = 5.398\,(1 + 3.56 \times 10^{-6}t + 2 \cdot 10^{-8}\,t^2)$$
$$b = 8.088\,(1 + 5.27 \times 10^{-6}t + 9 \cdot 10^{-8}\,t^2)$$
$$c = 6.374\,(1 + 1.39 \times 10^{-6}t + 2 \cdot 10^{-8}\,t^2)$$

Z = 4. Röntgenographisch für 25° ber. Dichte 4.808 g/cm³ (Relative Intensitäten und d-Werte s. Original). Anzeichen für eine Gitterumwandlung sind bis zur Zers.-Temp. nicht zu beobachten, H. C.

Snyman, C. W. F. T. Pistorius (*l. c.*). — Gitterenergie von $NiSeO_4$, N. M. Selivanova, M. Kh. Karapet'yants (*Izv. Vysshikh Uchebn. Zavedenii Khim. i Khim. Tekhnol.* **6** Nr. 6 [1963] 891/5 nach *C. A.* **61** [1964] 1332).

*The $NiSeO_4$–$H_2O$ System*

## Das System $NiSeO_4$–$H_2O$

Aus der Löslichkeit ergibt sich die Existenz eines 6-Hydrats mit einem Stabilitätsbereich zwischen —3.0° und 82.2° und eines oberhalb 82.2° stabilen 4-Hydrats. Therm. Abbauverss. zeigen bei 105° den Übergang in das 2-Hydrat an. Ein Monohydrat (s. S. 754/5) liegt bei 170° vor. Der Verlust des letzten Hydratwassers oberhalb 180° ist mit der Zers. des Selenats verbunden, A. Klein (*Ann. Chim.* [*Paris*] [11] **14** [1940] 263/317, 289/94).

Löslichkeiten und Dichten D im System bei verschiedenen Tempp. t (Werte in Auswahl):

| t in °C . . . . | −1.2° | −2.1° | −3.0° | 0° | 15° | 30° | 50° | 80° | 90° | 85.2° | 95° | 100° |
|---|---|---|---|---|---|---|---|---|---|---|---|---|
| Gew.-% $NiSeO_4$ | — | 16.09 | 21.01 | 21.65 | 25.06 | 26.58 | 33.77 | 42.79 | 46.54* | 43.88 | 44.85 | 45.65 |
| D . . . . . . | 1.1300 | — | — | 1.2675 | 1.3134 | 1.3651 | 1.4473 | 1.6154 | 1.6863 | 1.6332 | 1.6448 | 1.6641 |
| Bodenkörper . | Eis | Eis | Eis + 6-Hydrat | $NiSeO_4 \cdot 6H_2O$ | | | | | | $NiSeO_4 \cdot 4H_2O$ | | |

* Metastabil.

Danach besteht die Löslichkeitskurve aus 3 Ästen mit einem eutekt. Punkt bei —3.0° (21.01 Gew.-% $NiSeO_4$) und einem Peritektikum bei 82.2° und 43.4 Gew.-% $NiSeO_4$, dem Übergang vom 6- zum 4-Hydrat, A. Klein (*l. c.* S. 291).

*$NiSO_4$ Hydrates*

## Hydrate des $NiSeO_4$

*$NiSeO_4 \cdot 6H_2O$. Preparation*

***$NiSeO_4 \cdot 6H_2O$*. Darstellung.** Durch Auflösen von reinem $NiCO_3$ oder frisch gefälltem Hydroxid in $H_2SeO_4$ und Verdunstenlassen der Lsg., C. Ritter v. Hauer (*J. Prakt. Chem.* **80** [1860] 214/31, 216). $H_2SeO_4$ wird mit $NiCO_3$ in wss. Lsg. neutralisiert, wobei zur Vermeidung der Bldg. des sauren Salzes das $NiCO_3$ in geringem Überschuß angewendet wird. Die Mutterlauge wird auf dem Wasserbad eingeengt. Das beim Erkalten ausfallende Salz wird zweimal aus $H_2O$ zu gut ausgebildeten Kristallen umkristallisiert, A. Klein (*Ann. Chim.* [*Paris*] [11] **14** [1940] 263/317, 265/6). Anwendung von festem $NiCO_3$ und 1 m-$H_2SeO_4$-Lsg., C. S. Rohrer, H. R. Froning (*J. Am. Chem. Soc.* **72** [1950] 4656/9). $NiCO_3$ setzt sich mit salzsaurer $H_2SeO_4$-Lsg. zu einem Gemisch von Selenat und Chlorid um, aus dem das $NiCl_2$ mit Äthanol oder Aceton extrahiert wird. Das verbleibende $NiSeO_4$ wird in $H_2O$ gelöst und mit Äthanol oder Aceton in großer Reinheit gefällt, V. Lenher, C. H. Kao (*J. Am. Chem. Soc.* **47** [1925] 1521/2). $NiSeO_3$ wird mit 30%iger wss. $H_2O_2$-Lsg. 3 Std. am Rückfluß erhitzt. Das nicht aufoxydierte Selenit bleibt ungelöst und wird abfiltriert. Aus dem Filtrat erhält man das Selenat in gut ausgebildeten Kristallen, E. R. Huff, C. R. McCrosky (*J. Am. Chem. Soc.* **51** [1929] 1457/8).

*Physical Properties. Crystallographic Properties*

**Physikalische Eigenschaften. Kristallographische Eigenschaften.** Quadrat. Kristalle, A. Klein (*Ann. Chim.* [*Paris*] [11] **14** [1940] 263/317, 289), die hart, durchsichtig und stark glänzend sind, C. Ritter v. Hauer (*J. Prakt. Chem.* **80** [1860] 214/31, 218), smaragdgrüne, tetragonale Kristalle, C. S. Rohrer, H. R. Froning (*l. c.*). Achsenverhältnis goniometrisch bestimmt a : c = 1 : 1.8364; vollkommen spaltbar nach (001), H. Topsøe, C. Christiansen (*Kgl. Danske Videnskab. Selskab. Skrifter* [5] **9** [1873] 622/769, 668, 748; *Ann. Chim. Phys.* [5] **1** [1874] 5/99, 38); a : c = 1 : 1.8365; Pyramiden; beob. Formen: {112}, {111}, {001}, {203}, {101} und {100}, H. Haga, F. M. Jaeger (*Koninkl. Ned. Akad. Wetenschap. Verslag Gewone Vergader. Afdel. Nat.* **24** [1916] 1403/9, 1407; *Proc. Koninkl. Ned. Akad. Wetenschap.* **18** [1916] 1350/7, 1354). Ältere Angaben über beob. Kristallformen und Isomorphie s. Groth (*Bd.* 2, 1908, S. 426) nach Messungen von H. Topsøe (*Diss. Kopenhagen* 1870, S. 30), E. Mitscherlich (*Ann. Physik* [2] **11** [1827] 323/32, 326, **12** [1828] 137/46, 144), C. de Marignac (*Ann. Mines* [5] **9** [1856] 1/52, 27/8).

Pulveraufnahmen (CoKα-Strahlung) bei 25° ergeben tetragonale Gitterstruktur mit a = 6.914 ± 0.004, c = 18.420 ± 0.008 Å. Raumgruppe wahrscheinlich $P4_12_1$–$D_4^4$; Z = 4. Isomorph mit α-$NiSO_4 \cdot 6H_2O$ (s. S. 700), H. C. Snyman, C. W. F. T. Pistorius (*Z. Krist.* **119** [1964] 465/7), vgl. auch A. Bose, S. C. Mitra, S. K. Datta (*Proc. Roy. Soc.* [*London*] A **248** [1958] 153/68, 156). Laue-Diagramme, F. M. Jaeger, H. Haga (*Koninkl. Ned. Akad. Wetenschap. Verslag Gewone Vergader. Afdel. Nat.* **24** [1916] 1410/6, 1413; *Proc. Koninkl. Ned. Akad. Wetenschap.* **18** [1916] 1357/64, 1361).

*Density*

**Dichte.** D = 2.3336 (röntgenographisch ermittelt), D = 2.314 (pyknometrisch bestimmt), H. C. Snyman, C. W. F. T. Pistorius (*l. c.*). D = 2.314, H. Topsøe (*l. c.*), F. M. Jaeger, H. Haga (*l. c.*).

$D^{25.5} = 2.328$, $D^{26.5} = 2.329$, K. S. KRISHNAN, A. MOOKHERJI (*Phil. Trans. Roy. Soc. London* A **237** [1938] 135/59, 144).

**Optische Eigenschaften.** UR-Messungen im Gebiet von 2 bis 150 $\mu$, Zuordnung der Absorptionsbanden. Das Ion $SeO_4^{2+}$ hat reguläre tetraedr. Struktur, V. LORENZELLI, F. GESMUNDO, J. LECOMTE (*J. Chim. Phys.* **62** [1965] 320/2). Optisch einachsig. Zeigt parallel und senkrecht zur opt. Achse völlig verschiedenes Reflexionsvermögen im UR. Das beob. Reflexionsmaximum liegt in beiden Fällen bei $\sim 3.2\mu$, K. BRIEGER (*Ann. Physik* [4] **57** [1918] 287/320, 306/7). — Der Extinktionskoeff. an einem senkrecht zur opt. Achse gespalteten Kristall ist bei Wellenlängen zwischen 3300 und 4600 Å etwa gleich dem des Ni-Sulfats (s. S. 683). Das Max. liegt bei 3897 Å. Die max. Durchlässigkeit eines Kristallplättchens von 0.45 mm Dicke beträgt bei 3000 Å 83%, G. VULDY (*Compt. Rend.* **228** [1949] 1414/6). — Die opt. Akt. von krist. $NiSeO_4 \cdot 6H_2O$ ist frequenzabhängig: bei $\lambda = 5893$ Å ist $\alpha = 2°35'$ je mm (Dispersionskurve von 3342 bis 6442 Å im Original), L. BORGHIJS (*Natuurw. Tijdschr.* **19** [1937] 115/48). — Die Brechungsindices für die Linien des H-Spektrums betragen senkrecht ($n_\omega$) und parallel ($n_\varepsilon$) zur opt. Achse:

Optical Properties

| $n_\omega$ | | | | $n_\varepsilon$ | | | |
|---|---|---|---|---|---|---|---|
| C | D | F | G' | C | D | F | G' |
| 1.5357 | 1.5393 | 1.5473 | 1.5539 | 1.5089 | 1.5125 | 1.5196 | 1.5258 |

H. TOPSØE, C. CHRISTIANSEN (*Kgl. Danske Videnskab. Selskab. Skrifter* [5] **9** [1873] 622/769, 668/9; *Ann. Chim. Phys.* [5] **1** [1874] 5/99, 38/9). Mittlerer Brechungsindex $n_D = 1.5259$, daraus ber. Molrefraktion $R_D = 41.09$ $cm^3$. Für das Ion $SeO_4^{2+}$ werden $R_D$ und $R_\infty$ zu 18.10 bzw. 17.12 $cm^3$ berechnet, N. M. SELIVANOVA, V. A. SHNEIDER (*Zh. Fiz. Khim.* **38** [1964] 1822/4, *C.A.* **61** [1964] 10162; *Russ. J. Phys. Chem.* **38** II [1964] 990/1).

**Magnetische Eigenschaften.** Die spezif. Susz. in Richtung der Kristallachse bei 26° beträgt 4.26 $(\pm 0.01) \times 10^{-6}$, K. S. KRISHNAN, A. MOOKHERJI (*Phil. Trans. Roy. Soc. London* A **237** [1938] 135/59, 144). Die Kristalle des 6-Hydrats zeigen eine geringe magnet. Anisotropie (< 3% der mittleren Susz. bei gleicher Temp.), die von 294.1 bis 145.0°K zunimmt, K. S. KRISHNAN, A. MOOKHERJI, A. BOSE (*Phil. Trans. Roy. Soc. London* A **238** [1939] 125/48, 137/8). Die Kristalle haben eine magnet. Symmetrieachse, die sich in der Struktur des tetragonalen Gitters nicht auszeichnet. Molsusz. parallel ($\chi_{\parallel}$) und senkrecht ($\chi_{\perp}$) zu dieser Achse bei verschiedenen Tempp. T in °K und die daraus ber. magnet. Momente $\mu$ in BOHRschen Magnetonen, Molsusz. $\chi$ in $10^{-6}$ $cm^3$/mol:

Magnetic Properties

| T in °K | $\chi_{\perp}$ | $\chi_{\parallel}$ | $\overline{\chi}$ | $\mu_{\perp}^2$ | $\mu_{\parallel}^2$ | $\overline{\mu}^2$ |
|---|---|---|---|---|---|---|
| 80.6° | 15290 | 14660 | 15080 | 9.94 | 9.52 | 9.80 |
| 111.3° | 11090 | 10710 | 10970 | 9.95 | 9.61 | 9.84 |
| 143.6° | 8690 | 8410 | 8600 | 10.06 | 9.74 | 9.95 |
| 199.4° | 6340 | 6160 | 6280 | 10.19 | 9.90 | 10.09 |
| 303.1° | 4200 | 4090 | 4160 | 10.24 | 9.98 | 10.15 |

B. C. GUHA (*Proc. Roy. Soc.* [*London*] A **206** [1951] 353/73). Die magnet. Anisotropie $\chi_{\perp}$-$\chi_{\parallel}$, gemessen an den paramagnet. Einkristallen der Verb. beträgt nach Abzug der diamagnet. Anteile $86.6 \times 10^{-6}$ $cm^3$/mol. Der Winkel $\delta$ der magnet. Achsen zu den Kristallachsen beträgt 45.6° (über die Beziehungen der magnet. zur kristallograph. Anisotropie in Abhängigkeit von der Temp. im Bereich von 90 bis 380°K s. Original), A. BOSE, S. C. MITRA, S. K. DATTA (*Proc. Roy. Soc.* [*London*] A **248** [1958] 153/62, 156). Paramagnet. Verh. und Temp.-Abhängigkeit der magnet. Anisotropie zwischen 90 und 300°K s. auch A. BOSE (*Izv. Akad. Nauk SSSR Ser. Fiz.* **21** [1957] 802/16, *C.A.* **1958** 20; *Bull. Acad. Sci. USSR Phys. Ser.* **21** [1957] 804/15). — Die Einkristalle des Hexahydrats sind paramagnetisch, zeigen aber bis zu einer Feldstärke von 10000 Gauss keinen magnetoelektr. Richteffekt, A. HUBER (*Physik. Z.* **27** [1926] 619/27, 626).

**Chemisches Verhalten.** Unter gewöhnl. Bedingungen an der Luft beständig, A. KLEIN (*Ann. Chim.* [*Paris*] [11] **14** [1940] 263/317, 294). Nach thermogravimetr. Messungen verliert die Verb. ab 100° Hydratwasser und geht ohne weitere definierte Hydratstufen in $NiSeO_4$ über, s. dazu Fig. 242, S. 751, N. DESMASSIEUX, C. MALARD (*Compt. Rend.* **248** [1959] 805/6), vgl. dagegen H. C. SNYMAN, C. W. F. T. PISTORIUS (*Z. Anorg. Allgem. Chem.* **324** [1963] 157/61). Beim Erhitzen auf 100° werden die grünen Kristalle rasch blaßgelb und undurchsichtig und geben dabei $\sim 4$ Mol $H_2O$ ab. Vollständige

Chemical Reactions

Entwässerung ist ohne Zers. nicht möglich, C. RITTER v. HAUER (*J. Prakt. Chem.* **80** [1860] 214/31, 218). Beim langsamen Erhitzen des 6-Hydrats (Geschw. 12° je Std.) in einem bei 20° mit $H_2O$-Dampf gesätt. Luftstrom tritt oberhalb 80° rasche $H_2O$-Abgabe ein. Bei 105° findet im Verlaufe einiger Std. Übergang zum 2-Hydrat, bei 160° zum 1-Hydrat statt, A. KLEIN (*l. c.* S. 292/3). Weit unterhalb von dunkler Rotglut findet Zers. zu NiO und $SeO_2$ statt, H. FONZES-DIACON (*Compt. Rend.* **131** [1900] 556/8). — Beim Erhitzen im trocknen $H_2$-Strom entweicht anfänglich $H_2O$ und $SeO_2$. Bereits unterhalb von Rotglut bildet sich je nach der Rk.-Dauer ein verschieden zusammengesetztes Gemisch aus Ni-Oxiden und -Seleniden; bei Rotglut liegt ein Gemisch aus Ni und Selenid, bei Weißglut schließlich nur noch reduziertes Ni mit geringem Se-Gehalt vor, H. FONZES-DIACON (*l. c.*). — Wird von Kohlenstoff im Elektroofen bei 50 V und 1000 A quantitativ zu metall. Ni reduziert, H. FONZES-DIACON (*l. c.*).

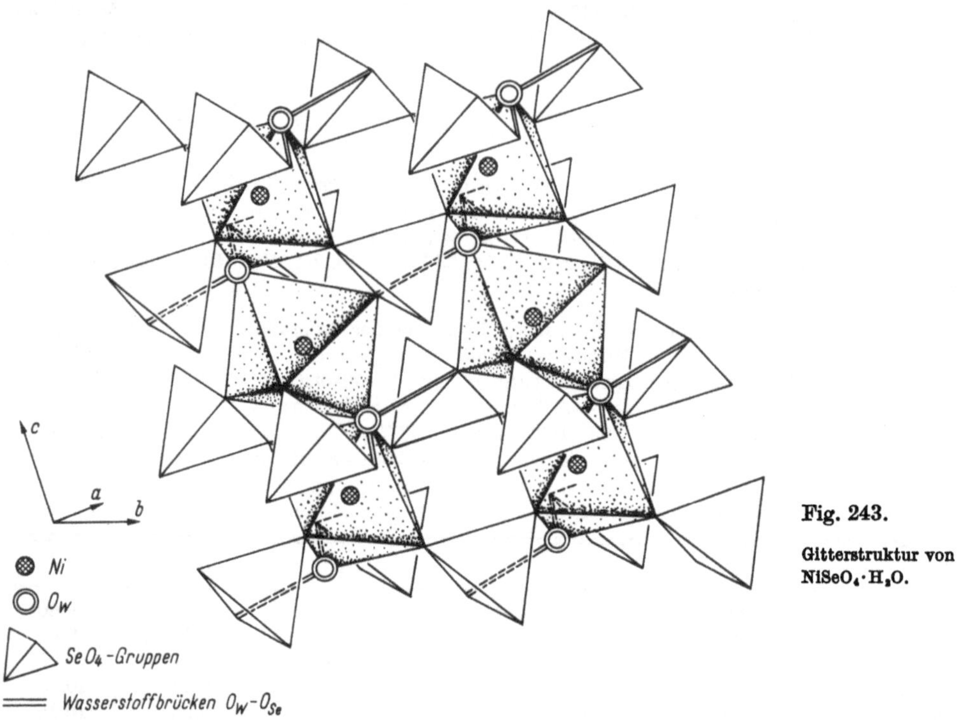


**Fig. 243.**

**Gitterstruktur von $NiSeO_4 \cdot H_2O$.**

Sehr leicht lösl. in $H_2O$, C. RITTER v. HAUER (*l. c.*). Siedepunkt der gesätt. Lsg.: 103.6° bei 745 Torr, A. KLEIN (*Ann. Chim.* [*Paris*] [11] **14** [1940] 263/317, 291). — Bildet mit Anilin einen Komplex $NiSeO_4 \cdot 2C_6H_5NH_2$, C. H. KAO, T.-L. CHANG (*J. Chin. Chem. Soc.* **1** [1933] 116/9), mit Piperazinselenat eine Additionsverb., R. RIPAN, G. CIUHANDU (*Bull. Sect. Sci. Acad. Roumaine* **26** [1943] 238/46).

*$NiSeO_4 \cdot 4H_2O$* **$NiSeO_4 \cdot 4H_2O$.** Entsteht innerhalb von 30 Min. beim Erhitzen des fein pulverisierten 6-Hydrates auf 100° (Netzebenenabstände und relative Intensitäten für CoKα-Strahlung und 25° s. Original), H. C. SNYMAN, C. W. F. T. PISTORIUS (*Z. Anorg. Allgem. Chem.* **324** [1963] 157/61), Erhitzen des Hexahydrats auf 90°. Blaßgrüne Kristalle, beständig unter der gesätt. Lsg. oberhalb 82.2° bis zum Sdp., A. KLEIN (*l. c.* S. 290).

*$NiSeO_4 \cdot 2H_2O$* **$NiSeO_4 \cdot 2H_2O$.** Darst. durch Erhitzen des Hexahydrats an der Luft auf 105°, A. KLEIN (*l. c.* S. 294), 30 Min. auf 200°, H. C. SNYMAN, C. W. F. T. PISTORIUS (*l. c.*).

*$NiScO_4 \cdot H_2O$* **$NiSeO_4 \cdot H_2O$.** Darst. durch Erhitzen der höheren Hydrate auf 170°, A. KLEIN (*l. c.* S. 293/4), durch 30 Min. Erhitzen des fein pulverisierten 6-Hydrates auf 300°. Durch eine 30 Min. lange Nachbehandlung bei 15000 Atm und 450° wird ein besser krist. Prod. erhalten, H. C. SNYMAN, C. W. F. T.

Pistorius (*l. c.*). Darst. durch Erhitzen des 6-Hydrats während 12 Std. auf 120° bis 150° an trockner Luft, H. Roswald (*Helv. Chim. Acta* **48** [1965] 590/600, 591).

Pulveraufnahmen (CoKα-Strahlung) ergeben ein monoklines Gitter mit a = 7.534, b = 7.951, c = 6.975 (± 0.004) Å, β = 116°48′ ± 2′. Wahrscheinlichste Raumgruppe A2/a–$C_{2h}^6$. Isomorph mit $NiSO_4 \cdot H_2O$, s. S. 709; Z = 4. Aus röntgenograph. Daten für 25° ber. Dichte 3.932 g/cm³ (d-Werte und relative Intensitäten im Original), H. C. Snyman, C. W. F. T. Pistorius (*l. c.*). Nach Pulveraufnahmen monoklin mit a = 6.96₃, b = 7.94₃, c = 7.55₅, β = 117°35′. Raumgruppe C2/c–$C_{2h}^6$ (andere Koordinatenwahl als bei H. C. Snyman, C. W. F. T. Pistorius (*l. c.*)). Vol. der Elementarzelle 370.3 A³. Röntgenographisch ermittelte Dichte 3.93₉. Isotyp mit Kieserit $MgSO_4 \cdot H_2O$ und den Monohydraten der Sulfate und Selenate von Co, Zn, Fe und Mn. Sie baut sich aus $SO_4$-Tetraedern und deformiert

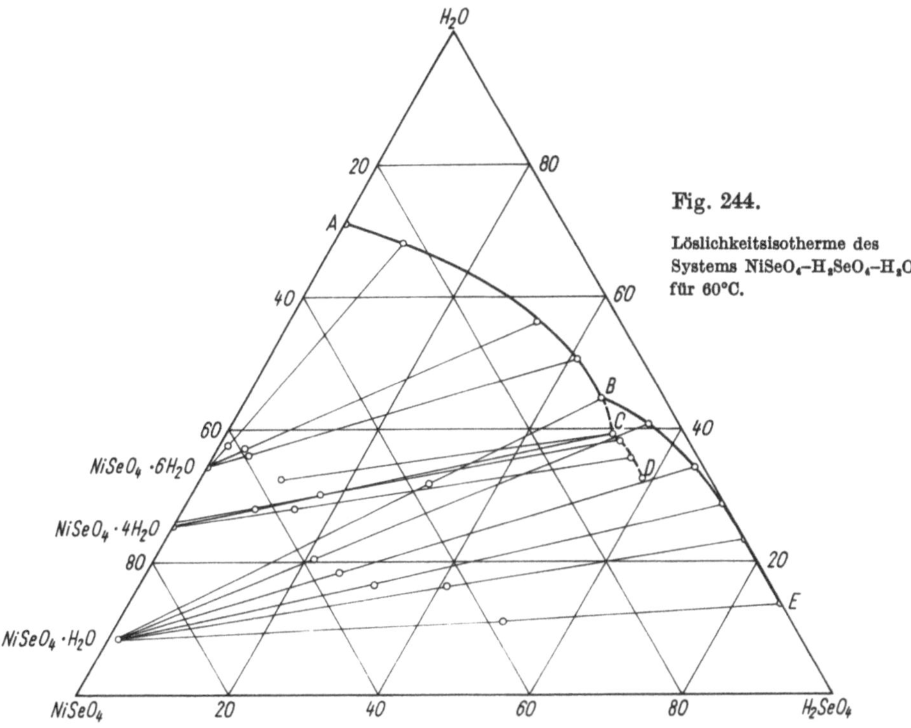


Fig. 244.

Löslichkeitsisotherme des Systems $NiSeO_4$–$H_2SeO_4$–$H_2O$ für 60°C.

oktaedrisch koordinierten Metallatomen auf. Nach **Fig. 243** sind die leicht hervorgehobenen Koordinationsoktaeder über die, zwei gegenüberliegende Ecken besetzenden, $O_w$ des Hydratwassers zu geknickten Oktaederketten längs [001] verknüpft. Die übrigen vier Ecken besetzen Sulfatsauerstoffatome, wobei jedes einem anderen $SO_4$-Tetraeder angehört (Atomlagen, -abstände und Winkel für das Beispiel $CoSO_4 \cdot H_2O$ im Original), H. Roswald (*l. c.* S. 592, 596).

Die Auffassung, daß die starke Bindung des $H_2O$ in der Verb. für ein Salz $NiH_2SeO_5$ spräche, ist mit der Strukturunters. widerlegt. Die Formulierung als $Ni(OH)HSeO_4$ kann ohne zusätzliche UR- und NMR-Messungen nicht ausgeschlossen werden, jedoch wird angenommen, daß die $O_w$-Atome in der Fig. 243 einer realen $H_2O$-Molekel zugehören, H. Roswald (*l. c.* S. 598). Zersetzt sich bei 180°, A. Klein (*l. c.* S. 293/4). Die fahlgrünen, körnigen Aggregate sind in $H_2O$ sehr langsam löslich, C. S. Rohrer, H. R. Froning (*J. Am. Chem. Soc.* **72** [1950] 4656/9).

## Das System $NiSeO_4$–$H_2SeO_4$–$H_2O$

*The $NiSeO_4$–$H_2SeO_4$–$H_2O$ System*

*Solubility*

**Löslichkeit.** Gehalt und Dichte der Lsgg. bei 30°, zugehörige Bodenkörper, zur Gleichgewichtseinstellung notwendige Rührdauer in Tagen und Symbole der in **Fig. 244** dargestellten ausgezeichneten Punkte:

*Monovariant Equilibria*

**Monovariante Gleichgewichte** (mit 2 Salzen gesätt. Lsgg.):

| Punkt | A | B | E | B | C | D |
|---|---|---|---|---|---|---|
| Gew.-% $NiSeO_4$ | 28.87 | 8.03 | 0.03 | 8.03 | 9.36 | 8.91 |
| Gew.-% $H_2SeO_4$ | 0.11 | 47.22 | 86.22 | 47.22 | 51.18 | 58.84 |
| Dichte | 1.365 | 1.646 | 2.294 | 1.646 | 1.756 | 1.893 |
| Bodenkörper | 6-Hydrat | 1-Hydrat | | 6-Hydrat*) | | 4-Hydrat* |
| Rührdauer | 0.2 | 0.2 | >60 | 0.2 | — | — |

*Bivariant Equilibria*

**Bivariante Gleichgewichte** (mit 1 Salz gesätt. Lsgg.) Werte in Auswahl:

| | | | | | | |
|---|---|---|---|---|---|---|
| Gew.-% $NiSeO_4$ | 16.12 | 8.68 | 9.37 | 3.28 | 0.27 | 0.15 |
| Gew.-% $H_2SeO_4$ | 20.26 | 49.64 | 51.16 | 57.58 | 70.98 | 76.46 |
| Dichte | 1.415 | 1.723 | 1.761 | 1.720 | 1.923 | 2.071 |
| Bodenkörper | 6-Hydrat | 6-Hydrat*) | 4-Hydrat*) | 1-Hydrat | | |

*) metastabil.

C. S. ROHRER, H. R. FRONING (*J. Am. Chem. Soc.* **72** [1950] 4656/9).

*Basic Nickel(II) Selenates*

### Basische Nickel(II)-selenate

*$7NiO\cdot SeO_3\cdot nH_2O$ (?)*

***$7NiO\cdot SeO_3\cdot nH_2O$ (?).*** Aus einer 0.1 n-$NiSeO_4$-Lsg. wird durch Mg Pulver (etwas mehr als $^1/_2$ Mol je Mol Ni) in der Kälte ein grünes Salz der angegebenen Zus. ausgefällt, G. GIRE, F. FOUASSON (*Compt. Rend.* **206** [1938] 351/3).

*$NiSeO_4\cdot 3Ni(OH)_2\cdot nH_2O$*

***$NiSeO_4\cdot 3Ni(OH)_2\cdot nH_2O$*** (n = 5 bis 7). Darst. durch Fällung einer wss. m-$NiSeO_4$-Lsg. mit wss. 4m-NaOH-Lsg. Der gelartige Nd. wird abgesaugt mit kaltem $H_2O$ gewaschen und im Exsiccator über Na-Kalk getrocknet. Die Existenz der Verb. ergibt sich auch aus dem Verlauf der potentiometr. Titration von m-$H_2SeO_4$-Lsg. mit 2m-NaOH-Lsg., G. DENK, W. DEWALD (*Z. Anorg. Allgem. Chem.* **266** [1951] 83/90, 87, 90).

*$2NiSeO_4\cdot 3Ni(OH)_2\cdot 5H_2O$*

***$2NiSeO_4\cdot 3Ni(OH)_2\cdot 5H_2O$.*** Entsteht bei 6wöchiger, hydrothermaler Behandlung äquimolarer Mengen von $NiSeO_4$ und $NiSeO_4\cdot 3Ni(OH)_2$ bei 120°. Hellgrüne, mikroskopisch kleine Kriställchen, G. DENK, W. DEWALD (*l. c.* S. 80).

*The $NiS_2$–$NiSe_2$ System*

### Das System $NiS_2$–$NiSe_2$

Ni-, S- und Se-Pulver werden im gewünschten stöchiometr. Verhältnis vermischt und in evakuierten Glasampullen in einer LiCl-KCl-Schmelze 200 Std. auf 400° erhitzt. Die homogenen gelbschwarzen bis schwarzen Pulver können durch 500std. Rk.-Dauer nicht besser kristallisiert erhalten werden. Röntgenograph. Aufnahmen ergeben eine lückenlose Reihe von Mischkristallen mit Pyritstruktur über das gesamte System. Die Gitterkonst. a steigt linear von 5.682 Å ($NiS_2$) auf $5.96_9$ Å ($NiSe_2$) an. Werden die Mischkristalle ohne Alkalizusatz durch eine 1000std. Festkörperrk. bei 500° dargestellt, so tritt bei $NiS_{1.2}Se_{0.8}$ bis $NiS_{1.0}Se_{1.0}$ eine Mischungslücke mit einer nicht einwandfrei bestimmten Zwischenphase (γ-Ni(S,Se)?) auf, D. D. KLEMM (*Neues Jahrb. Mineral. Monatsh.* **1962** 32/41, 33).

*Nickel and Tellurium*

# Nickel und Tellur

*The Ni–Te System*

### Das System Ni–Te

Ein vollständiges Zustandsdiagramm des anscheinend sehr komplizierten Systems existiert nicht. Im System treten folgende Phasen angenäherter Zus. auf: a) eine Hochtemperaturphase der Zus. $NiTe_{0.6}$ (s. S. 757), b) eine Phase der Zus. $NiTe_{0.66\ bis\ 0.82}$ (s. S. 758), c) eine Phase $NiTe_{0.9}$ (s. S. 758) und d) der am meisten untersuchte Homogenitätsbereich $NiTe_{>1\ bis\ 2}$ (s. S. 759), R. B. KOK, G. A. WIEGERS, F. JELLINEK (*Rec. Trav. Chim.* **84** [1965] 1585/8). Unterss. des Systems nach einer isopiest. Meth. bei 900° zeitigen annähernd die gleichen Ergebnisse, S. A. SHCHUKAREV, M. S. APURINA (*Zh. Neorgan. Khim.* **5** [1960] 2410/3; *Russ. J. Inorg. Chem.* **5** [1960] 1167/9). — Ein aus Messungen der Dissoz.-Drucke bei verschiedenen Tempp. im Bereich von 50 bis 100 At.-% Te erstelltes Zustandsdiagramm, s. **Fig. 245**, zeigt ein Eutektikum zwischen $NiTe_2$ und Te bei ~0.3 At.-% Ni und 448.7° und die als feste Lsg. bezeichnete Phase $NiTe_{>1\ bis\ 2}$. Dissoz.-Drucke für die Zuss. $NiTe_x$ (x = 1.5, 1.7, 1.9, 2.0 und 9) s. **Fig. 246**, E. F. WESTRUM, R. E. MACHOL (*J. Chem. Phys.* **29** [1958] 824/8).

Eine von E. Uchida, H. Kondo (*J. Phys. Soc. Japan* **11** [1956] 21/7, *C.A.* **1956** 10465) auf Grund magnet. Unterss. vermutete ferromagnet. Phase $\sim NiTe_{0.4}$ existiert nicht. Vielmehr wird der in diesem Bereich festgestellte Ferromagnetismus auf metall. Ni zurückgeführt, R. B. Kok u. a. (*l. c.*). Vgl. auch H. F. Spengler (*Metall* **12** [1958] 105/13, 109).

Te ist in Ni bei gewöhnl. Temp. kaum, am Schmp. der gesätt. Phase beschränkt löslich, I. I. Kornilov (*Izv. Akad. Nauk SSSR Otd. Khim. Nauk* **1950** 475/84, 476). — Bei der Diffusionsrk. zwischen Ni und Te bei Tempp. zwischen 400° und 950° werden die zwei Phasen $NiTe_x$ und $NiTe_y$ beobachtet, V. A. Arkharov, E. B. Blankova (*Fiz. Metal. i Metalloved.* **8** [1959] 569/73, *N.S.A.* **14** [1960] Nr. 12961; *Phys. Metals Metallog.* [*USSR*] **8** [1959] Nr. 4, S. 87/92).

Fig. 245.

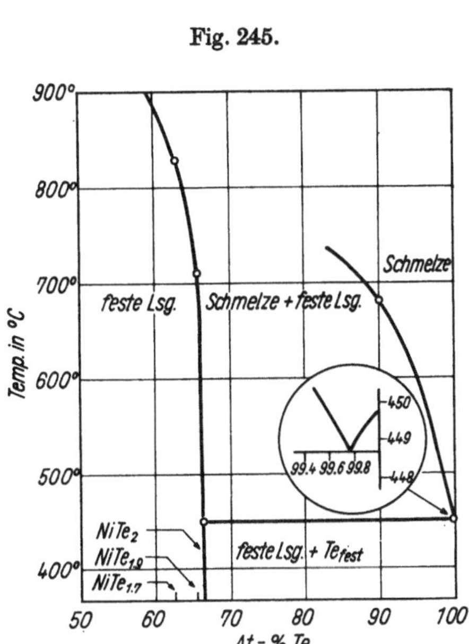


Ni–Te-Teilzustandsdiagramm.

Fig. 246.

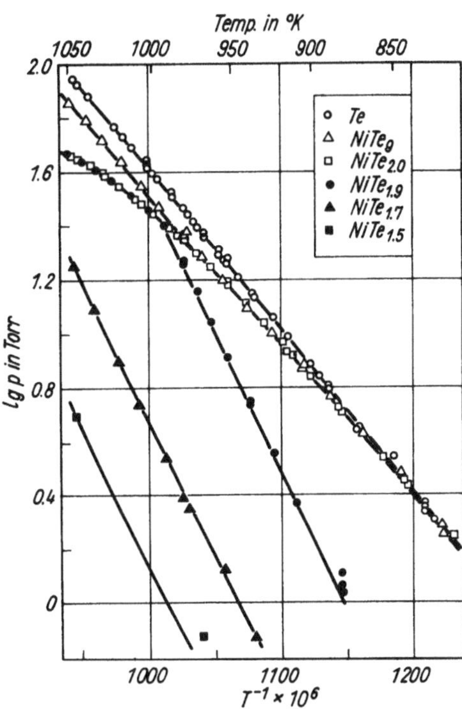


Dissoz.-Drucke von Ni-Telluriden in Abhängigkeit von der Temp.

**Darstellung.** Durch 6tägiges Tempern entsprechender Gemische von Ni- und Te-Pulver in evakuierten Quarzampullen bei 900°, S. A. Shchukarev, M. S. Apurina (*l. c.*). *Preparation*

Nach empir. Formeln von Kapustinskij ber. Bldg.-Enthalpien und andere energet. Daten für verschiedene Phasen des Systems s. G. J. Moody, J. D. R. Thomas (*J. Chem. Soc.* **1964** 1417/22). Partielle molare Entropien und freie Energien bei verschiedenen Tempp. für die Zuss. $NiTe_x$ (x = 1.5, 1.7, 1.9, 2.0 und 9) s. E. F. Westrum, R. E. Machol (*l. c.*).

### *Nickeltelluride.*

*Nickel Tellurides*

*$NiTe_{\sim 0.6}$*

***$NiTe_{\sim 0.6}$***. Diese Ni-reichste Phase ($NiTe_{0.62}$) des Systems wird durch isopiest. Messungen bei 900° gefunden, S. A. Shchukarev, M. S. Apurina (*Zh. Neorgan. Khim.* **5** [1960] 2410/3; *Russ. J. Inorg. Chem.* **5** [1960] 1167/9). Sie ist oberhalb $\sim$700° stabil. Tetragonales Gitter mit a = 2.865 und c = 6.62 Å (bei 730°). Die kurze a-Achse dieser Hochtemperaturphase läßt auf einen geringen Ordnungsgrad der Te-Atome schließen, R. B. Kok, G. A. Wiegers, F. Jellinek (*Rec. Trav. Chim.* **84** [1965] 1585/8). Zur Existenz der Phase vgl. auch die magnet. Messungen von E. Uchida, H. Kondo (*J. Phys. Soc. Japan* **11** [1956] 21/7, *C.A.* **1956** 10465).

*$NiTe_{0.66}$ to 0.83*

***$NiTe_{0.66\ \text{bis}\ 0.83}$*** (auch als $Ni_3Te_2$ bezeichnet). Nach isopiest. Messungen hat die Phase bei 900° einen Homogenitätsbereich von $NiTe_{0.66\ \text{bis}\ 0.83}$, S. A. SHCHUKAREV, M. S. APURINA (*l. c.*). Sie steht auf der Ni-reichen Seite mit Ni, oberhalb 700° mit $NiTe_{\sim 0.6}$ im Gleichgewicht, auf der Ni-armen Seite mit $NiTe_{0.9}$. Oberhalb 140° bis 250° wird ein tetragonales Gitter mit der Raumgruppe $P4/nmm-D_{4h}^7$ gefunden. Gitterkonstt. für $Ni_{2.86}Te_2$ ($NiTe_{0.7}$): a = 3.782, c = 6.062 Å (Atomlagen und genaue Strukturbeschreibung s. Original). Unterhalb des Temp.-Bereiches von 140° bis 250° bildet sich auf der Ni-reichen Seite der Phase eine Modifikation mit einem monoklinen Gitter mit der Raumgruppe $P2_1/m-C_{2h}^2$ aus Gitterkonstt. für $Ni_{3.3}Te_2$ ($NiTe_{0.61}$): a = 7.540, b = 3.799, c = 6.089 Å, $\beta$ = 91.2° (Atomlagen s. Original). Auf der Ni-armen Seite wird im Bereich von 75° bis ~250° eine niedrigsymmetr. Überstruktur, bei Tempp. < 75° eine tetragonale Überstruktur mit der Raumgruppe $P\bar{4}m2-D_{2d}^5$ nachgewiesen. Gitterkonstt. für $Ni_{2.86}Te_2$ ($NiTe_{0.7}$): a = 7.564, c = 6.062 Å. Alle Strukturübergänge sind reversibel, R. B. KOK u. a. (*l. c.*). Elektronenbeugungsaufnahmen an $Ni_3Te_2$ s. G. G. DVORYANKINA, Z. G. PINSKER (*Kristallografiya* 8 [1963] 556/60, *C.A.* **59** [1963] 12256; *Soviet Phys.-Cryst.* 8 [1963] 448/51).

*$NiTe_{\sim 0.9}$*

***$NiTe_{\sim 0.9}$***. Eine Phase der Zus. $NiTe_{0.88}$ wird bei 900° durch isopiest. Messungen nachgewiesen, S. A. SHCHUKAREV, M. S. APURINA (*Zh. Neorgan. Khim.* **5** [1960] 2410/3; *Russ. J. Inorg. Chem.* **5** [1960] 1167/9). $NiTe_{\sim 0.9}$ hat ein rhomb. Gitter mit a = 6.863, b = 3.914, c = 12.36 Å. Die Te-Atome liegen in hexagonal dichtester Packung vor, die Anordnung der Ni-Atome ist unbekannt, R. B. KOK, G. A. WIEGERS, F. JELLINEK (*Rec. Trav. Chim.* **84** [1965] 1585/8).

*NiTe*

***NiTe.*** Obwohl ein Tellurid dieser Zus. nach den neueren Systemunterss. nicht existiert, sondern als Gemisch von $NiTe_{\sim 0.9}$ und der Phase $NiTe_{>1\ \text{bis}\ 2}$ angesehen werden muß, werden in der Lit. zahlreiche Angaben über diese vermeintliche Verb. gemacht.

*Preparation*

**Darstellung.** Analog dem NiSe, s. S. 745, S. M. KULIFAY (*J. Inorg. Nucl. Chem.* **25** [1963] 75/8, *C.A.* **58** [1963] 9860). Durch Zusammenschmelzen äquival. Mengen von Ni- und Te-Pulver in evakuierten Quarzglasröhren und Abkühlen in Luft, M. A. PEACOCK, R. M. THOMPSON (*Univ. Toronto Studies Geol. Ser.* Nr. 50 [1945] 63/73, 66). Erhitzen eines Gemischs von Te-Pulver und Ni-Feilspänen in $N_2$-Atm., MARGOTTET (*Thèse Paris* 1871). Sintern eines Gemischs mit je 50 At.-% Ni und Te in Form von gepreßten Pulverpastillen im Vak., F. M. GAL'PERIN, T. M. PEREKALINA (*Dokl. Akad. Nauk SSSR* [2] **69** [1949] 19/22). Erhitzen der Komponenten im $H_2$-Strom, V. M. GOLDSCHMIDT (*Skrifter Norske Videnskaps-Akad. Oslo Mat.-Naturv. Kl.* **1926** Nr. 8, S. 1/156, 38), vgl. auch I. OFTEDAL (*Z. Physik. Chem.* **128** [1927] 135/53, 136). Überleiten von Te-Dampf über rotglühendes Ni im $H_2$-Strom, MARGOTTET (*l. c.*) nach C. FABRE (*Compt. Rend.* **105** [1887] 277/80; *Ann. Chim. Phys.* [6] **14** [1888] 110/20, 110). Durch Erhitzen des bei doppelter Umsetzung von $Na_2Te$ mit $Ni(CH_3CO_2)_2$ in essigsaurer Lsg. erhaltenen Nd. im $H_2$-Strom, C. A. TIBBALS (*J. Am. Chem. Soc.* **31** [1909] 902/13, 909). — Weitere Angaben s. beim Teilsystem $NiTe_{>1\ \text{bis}\ 2}$, S. 759.

*Thermodynamic Formation Data*

**Thermodynamische Daten der Bildung.** Bildungsenthalpie $\Delta H$ für die Rk. $Ni_{fest} + Te_{krist} = NiTe_{krist}$, ermittelt aus Messungen der Lösungswärmen von NiTe in $Br_2$ und wss. $Br_2$-Lsg.: $\Delta H_{285} = -7.05$ kcal/mol, C. FABRE (*Ann. Chim. Phys.* [6] **14** [1888] 110/20, 113/5, 120). $\Delta H_{298.16} = -9$ kcal/mol, aus dem vorstehenden Wert umgerechnet, F. ROSSINI, D. D. WAGMAN, W. H. EVANS, S. LEVINE, I. JAFFE (*Nat. Bur. Std.* [*U.S.*] *Circ.* Nr. 500 [1952] 249). Die Bildungsenthalpie $\Delta H$ bei 900° bis 1000° beträgt −12.8 kcal/mol, M. S. SOBOLEVA, YA. V. VASILEV (*Vestn. Leningr. Univ.* **17** Nr. 16 [1962] *Ser. Fiz. Khim.* Nr. 3, S. 153/5 nach *C.A.* **58** [1963] 981). Halbempirisch ber. Bildungsentropie $\Delta S_{298}^{\circ} = 18.7$ $cal \cdot mol^{-1} \cdot grd^{-1}$, $\Delta H_{298}^{\circ} = -11.0$ kcal/mol, E. A. BUKETOV, M. Z. UGOREIS, A. S. PASHIUSKIN (*Zh. Neorgan. Khim.* **9** [1964] 526/9, *C.A.* **60** [1964] 12723).

*Physical Properties*

**Physikalische Eigenschaften.** Kleine rötlich-graue Kristalle, C. FABRE (*l. c.* S. 113). Sprödes metallartiges Prod. von grauer Farbe, I. OFTEDAL (*Z. Physik. Chem.* **128** [1927] 135/53, 136), V. M. GOLDSCHMIDT (*Skrifter Norske Videnskaps-Akad. Oslo Mat. Naturv. Kl.* **1926** Nr. 8, S. 1/156, 38/9). Weiße, spröde Subst., M. A. PEACOCK, R. M. THOMPSON (*l. c.*).

NiTe hat hexagonale NiAs-Struktur. Raumgruppe $P6_3/mmc-D_{6h}^4$, V. M. GOLDSCHMIDT (*l. c.*). Aus Pulverdiagrammen mit CuK$\alpha$-Strahlung ermittelte Gitterkonstt. in kX:

| a | c | c/a | |
|---|---|---|---|
| 3.957 ± 0.003 | 5.354 ± 0.005 | 1.353 | I. OFTEDAL (*l. c.* S. 141, 152). |
| 3.975 ± 0.004 | 5.370 ± 0.005 | 1.351 | W. KLEMM, N. FRATINI (*Z. Anorg. Allgem. Chem.* **251** [1943] 222/32, 227). |
| 3.956 ± 0.003 | 5.365 ± 0.005 | 1.356 | V. M. GOLDSCHMIDT (*l. c.* S. 145) nach Bestt. von I. OFTEDAL (*l. c.*). |

Z = 2, I. OFTEDAL (*l. c.* S. 146). Atomlagen: 2 Ni in 0, 0, 0; 0, 0, 1/2; 2 Te in 1/3, 2/3, 1/4; 2/3, 1/3, 3/4, I. OFTEDAL (*l. c.* S. 149), s. auch E. S. MAKAROV (*Izv. Akad. Nauk SSSR, Otd. Khim. Nauk* **1944** 114/21, 201/9, **1945** 569/80; *Structure Reports, Bd.* 10, 1945/46, S. 26/9). Kleinster Atomabstand Ni↔Te 2.649 kX, I. OFTEDAL (*l. c.* S. 151), nach eigener Beziehung errechnet 2.64 kX, E. S. SARKISOV (*Dokl. Akad. Nauk SSSR* [2] **58** [1947] 1645/8). — Dichte: aus röntgenographischen Daten 8.50, I. OFTEDAL (*l. c.* S. 146), 8.37, W. KLEMM, N. FRATINI (*l. c.*), nach theoret. Überlegungen berechnet 8.46, I. I. ZASLAVSKII (*Zh. Obshch. Khim.* 8 [1938] 1008/21, 1016), pyknometrisch bestimmt 8.08. Molvol. 23.1 $cm^3$, W. KLEMM, N. FRATINI (*l. c.*); 22.0 $cm^3$, I. I. ZASLAVSKII (*Zh. Obshch. Khim.* **10** [1940] 369/79, 375). — Verhältnis des Molvol. der Verb. zur Summe der Atomvol.: 0.81, I. I. ZASLAVSKII (*l. c.*). — Berechnung der Gitterenergie von NiTe mit Hilfe der Ligandenfeldtheorie, G. C. A. SCHUIT (*Rec. Trav. Chim.* **81** [1962] 481/94, 489). Über kristallchem. Beziehungen zwischen NiTe und NiSe, NiP, NiAs, NiBi s. G. S. ZHDANOV, V. P. GLAGOLEVA (*Tr. Inst. Kristallogr. Akad. Nauk SSSR* Nr. 9 [1954] 211/20, 213, *C.A.* **1954** 13326).

Die Temp.-Abhängigkeit der molaren Wärmekapazität $C_p$ in $cal \cdot mol^{-1} \cdot grd^{-1}$ wird zwischen 298 und 700°K mit 2% Genauigkeit wiedergegeben durch $C_p = 11.57 + 3.30 \cdot 10^{-3}$ T, K. K. KELLEY (*U.S. Bur. Mines Bull.* Nr. 476 [1949] 124). Ältere Angaben $C_p = 11.00 + 4.33 \times 10^{-3}$ T, gültig zwischen 273 und 700°K, ber. aus den Messungen des Wärmeinhalts bei 373.1 und 673.1°K (1.240 bzw. 5.220 cal) von W. A. TILDEN (*Phil. Trans. Roy. Soc. London* A **203** [1904] 139), K. K. KELLEY (*U.S. Bur. Mines Bull.* Nr. 371 [1934] 37, 57). Die Quadrupolaufspaltung $\Delta E_Q$ wird bei 4.2°K mittels des MÖSSBAUER-Effektes zu 0 cm/sec, die Isomerieverschiebung gegenüber Te zu —0.10 cm/sec bestimmt, A. B. BUYRN, L. GRODZINS (*Bull. Am. Phys. Soc.* 8 [1963] 43).

NiTe zeigt schwachen Paramagnetismus. Die Vol.-Susz. fällt linear von etwa $1.4 \times 10^{-4}$ bei 300°K auf $0.9 \times 10^{-4}$ bei 600°K und ist damit nahezu temperaturunabhängig. Es wird daher angenommen, daß die je zwei unpaarigen d- bzw. p-Elektronen des Ni und des Te Atombindungen eingehen und daß der Paramagnetismus auf der Existenz freier Elektronen beruht, F. M. GAL'PERIN, T. M. PEREKALINA (*Dokl. Akad. Nauk SSSR* [2] **69** [1949] 19/22). — Die Molsusz. beträgt bei 293°K $\sim 600 \cdot 10^{-6}$ bei 90°K $\sim 400 \cdot 10^{-6}$, W. KLEMM, N. FRATINI (*l. c.* S. 231). NiTe ist kein Halbleiter, sondern zeigt metall. Leitf., weil das Achsenverhältnis c/a klein genug ist, um die Ausbildung eines d-Bandes (direkte Ni–Ni-Bindung) zuzulassen, W. B. PEARSON (*Can. J. Phys.* **35** [1957] 886/91).

*Chemical Reactions*

**Chemisches Verhalten.** Wird von feuchter Luft langsam angegriffen, C. FABRE (*Ann. Chim. Phys.* [6] **14** [1888] 110/20, 113/5, 110). Die Verb. zersetzt sich bei Tempp. zwischen 600° und 900° bei 1 bis $2 \cdot 10^{-4}$ Torr. Der Dissoz.-Druck steigt zwischen 650° und 800° von 0.008 auf 0.7 Torr. Im Vak. geht bei 750° bis 800° das gesamte Te in die Gasphase über, wobei der geschwindigkeitsbestimmende Schritt die Te-Diffusion im Reaktionsprod. ist, YU. RUMYANTSEV, G. M. ZHITENEVA, F. M. BOLONDZ (*Tr. Vost. Sibirsk. Filialia Akad. Nauk SSSR* Nr. **41** [1962] 114/20 nach *C.A.* **58** [1963] 4141). Löslichkeitsprod. bei 25° in $H_2O$: $7.9 \times 10^{-39}$, E. A. BUKETOV, M. Z. UGORETS, A. S. PASHIUSKIN (*Zh. Neorgan. Khim.* **9** [1964] 526/9, *C.A.* **60** [1964] 12723). In $HNO_3$ erfolgt schnelle Ox., C. A. TIBBALS (*J. Am. Chem. Soc.* **131** [1909] 902/13, 909). Feingepulvert löst es sich leicht in wss. $Br_2$-Lsg. unter Bldg. von $NiBr_2$, HBr und $H_2TeO_3$. Ziemlich stabil in kalter, verd. HCl oder $H_2SO_4$, C. FABRE (*l. c.* S. 110).

*$NiTe_{>1\ to\ 2}$*

***$NiTe_{>1\ bis\ 2}$*.** Diese Te-reichste Phase des Systems hat bei der Zus. $NiTe_2$ ein Schichtengitter des $Cd(OH)_2$-Typs, in das zusätzliche Ni-Atome eingelagert werden können und zwar in den oktaedr. Zwischenräumen zwischen den Te-Ni-Te-Dreifachschichten. Die Grenzzus. NiTe, die NiAs-Struktur haben würde, wird jedoch nicht erreicht. Die Phasengrenze wird bei $NiTe_{1.1\ bis\ 1.2}$ gefunden, R. B. KOK, G. A. WIEGERS, F. JELLINEK (*Rec. Trav. Chim.* **84** [1965] 1585/8), vgl. auch G. G. DVORYANKINA, Z. G. PINSKER (*Kristallografiya* **7** [1962] 458/61; *Soviet Phys. Cryst.* **7** [1962] 364/7). Für Präpp., die bei 450° getempert werden, liegt die Phasengrenze bei $NiTe_{1.08}$, E. F. WESTRUM, C. CHOU, R. E. MACHOL, F. GRØNVOLD (*J. Chem. Phys.* **28** [1958] 497/503, 497). Der Homogenitätsbereich erstreckt sich von 52.4 bis 66.7 At.-% Te ($= NiTe_{1.1\ bis\ 2.0}$); eine intermediäre, niedrigersymmetr. Phase wie im System Ni–Se tritt nicht auf, H. HARALDSEN (*16th Intern. Congr. Pure Appl. Chem., Paris* 1957, S. 9/29, 14). Während der Gittertyp im gesamten Homogenitätsbereich erhalten bleibt, ändern sich mit dem Te-Gehalt die Dichte, die Anzahl der Atome in der Elementarzelle, deren Vol. und damit die Gitterkonstt. Siehe hierzu die Zahlentabelle S. 762, E. S. MAKAROV (*Izv. Akad. Nauk SSSR, Otd. Khim. Nauk* **1944** 114/21, 201/9, **1945** 569/80; *Structure Reports, Bd.* 10, 1945/46, S. 26/9). — Über den Zusammenhang zwischen der Besetzung der p-Elektronenniveaus und der Lage der Homogenitätsbereiche s. H. HARALDSEN (*Tidsskr. Kjemi Bergvesen Met.* **5** [1945] 117/22). Zur Begründung des

breiten Homogenitätsbereiches s. auch S. M. ARIYA, E. VOL'F, G. GROSSMANN (*Zh. Obshch. Khim.* **26** [1956] 2102/6, *C.A.* **1957** 6265).

*Preparation*

**Darstellung.** Durch Zusammenschmelzen gepulverter Gemische von Ni und Te im Vak. in Quarzröhren mit anschließender verschiedenartiger Wärmebehandlung im Vak., teilweise Abschrecken von 800°, S. TENGNÉR (*Z. Anorg. Allgem. Chem.* **239** [1938] 126/32, 127), 20stündiges Tempern der Rk.-Prodd. bei 750°, K. H. IMHAGEN (*Diss. Göttingen* 1956, S. 1/60, 5), 10 Tage Tempern bei 650°, V. P. ZHUZE, A. R. REGEL (*Zh. Tekh. Fiz.* **25** [1955] 978/83, *C.A.* **1956** 2275), 30 Tage im Vak. bei 500°. $NiTe_2$ wird noch 2 Wochen bei 300° bis 500° gehalten, um Spuren nicht umgesetzten Tellurs zu beseitigen, E. F. WESTRUM, C. CHOU, R. E. MACHOL, F. GRØNVOLD (*J. Chem. Phys.* **28** [1958] 497/503, 498). Entsprechende Mengen $Ni(CO)_4$ und zuvor im Vak. dest. Te werden in evakuierten Quarzröhrchen mit freier Flamme unter gutem Durchschütteln erhitzt und anschließend im elektr. Ofen 4 bis 12 Std. lang bei ~600° getempert, da bereits bei 700° Rk. mit dem Gefäßmaterial eintritt. Nach dem Abkühlen und Pulvern der Präpp. wird das 4- bis 12std. Tempern noch ein- oder zweimal wiederholt, W. KLEMM, N. FRATINI (*Z. Anorg. Allgem. Chem.* **251** [1943] 222/32, 225).

*Thermodynamic Formation Data*

**Thermodynamische Daten der Bildung.** Aus der Temperaturabhängigkeit der Wärmekapazität $C_p^\circ$ bezogen auf je ein Mol $Ni_yTe_x$-Phase werden die Standardentropien $S^\circ - S_0^\circ$ und Standardenthalpiefunktionen $(H^\circ - H_0^\circ)/T$ in cal·mol⁻¹·grd⁻¹ für Temp. von 10 bis 350°K berechnet (Werte in Auswahl):

| $T$ in °K | $Ni_{0.4762}Te_{0.5238}$ (Molgew. 94.79 g) | | | $Ni_{0.4}Te_{0.6}$ (Molgew. 100.0₄ g) | | | $Ni_{0.3333}Te_{0.6667}$ (Molgew. 104.64 g) | | |
|---|---|---|---|---|---|---|---|---|---|
| | $C_p^\circ$ | $S^\circ - S_0^\circ$ | $(H^\circ - H_0^\circ)/T$ | $C_p^\circ$ | $S^\circ - S_0^\circ$ | $(H^\circ - H_0^\circ/T)$ | $C_p^\circ$ | $S^\circ - S_0^\circ$ | $(H^\circ - H_0^\circ)/T$ |
| 10 | 0.038 | 0.013 | 0.010 | 0.049 | 0.016 | 0.012 | 0.061 | 0.020 | 0.015 |
| 15 | 0.138 | 0.044 | 0.033 | 0.175 | 0.056 | 0.043 | 0.200 | 0.068 | 0.051 |
| 20 | 0.327 | 0.108 | 0.081 | 0.400 | 0.135 | 0.102 | 0.442 | 0.156 | 0.116 |
| 25 | 0.594 | 0.208 | 0.156 | 0.692 | 0.255 | 0.190 | 0.754 | 0.287 | 0.212 |
| 30 | 0.918 | 0.345 | 0.256 | 1.029 | 0.411 | 0.301 | 1.103 | 0.455 | 0.331 |
| 35 | 1.276 | 0.513 | 0.376 | 1.380 | 0.596 | 0.430 | 1.455 | 0.652 | 0.466 |
| 40 | 1.643 | 0.707 | 0.511 | 1.726 | 0.803 | 0.571 | 1.795 | 0.869 | 0.612 |
| 45 | 2.001 | 0.921 | 0.657 | 2.060 | 1.025 | 0.718 | 2.114 | 1.099 | 0.761 |
| 50 | 2.347 | 1.150 | 0.809 | 2.379 | 1.259 | 0.868 | 2.415 | 1.337 | 0.912 |
| 60 | 2.974 | 1.635 | 1.118 | 2.961 | 1.745 | 1.170 | 2.953 | 1.826 | 1.208 |
| 70 | 3.490 | 2.134 | 1.422 | 3.447 | 2.240 | 1.461 | 3.412 | 2.317 | 1.491 |
| 80 | 3.917 | 2.628 | 1.708 | 3.858 | 2.727 | 1.736 | 3.799 | 2.799 | 1.756 |
| 90 | 4.266 | 3.111 | 1.973 | 4.198 | 3.202 | 1.991 | 4.133 | 3.266 | 2.002 |
| 100 | 4.540 | 3.575 | 2.217 | 4.469 | 3.659 | 2.226 | 4.400 | 3.716 | 2.229 |
| 120 | 4.950 | 4.441 | 2.640 | 4.885 | 4.512 | 2.636 | 4.809 | 4.556 | 2.626 |
| 140 | 5.246 | 5.227 | 2.992 | 5.191 | 5.290 | 2.980 | 5.120 | 5.322 | 2.961 |
| 160 | 5.459 | 5.942 | 3.288 | 5.411 | 5.998 | 3.271 | 5.347 | 6.021 | 3.246 |
| 180 | 5.615 | 6.595 | 3.538 | 5.575 | 6.645 | 3.518 | 5.514 | 6.660 | 3.489 |
| 200 | 5.737 | 7.193 | 3.752 | 5.703 | 7.240 | 3.731 | 5.646 | 7.248 | 3.698 |
| 220 | 5.834 | 7.744 | 3.937 | 5.802 | 7.788 | 3.915 | 5.752 | 7.791 | 3.880 |
| 240 | 5.919 | 8.256 | 4.099 | 5.888 | 8.297 | 4.076 | 5.846 | 8.296 | 4.040 |
| 260 | 6.002 | 8.733 | 4.242 | 5.966 | 8.771 | 4.218 | 5.924 | 8.767 | 4.182 |
| 270 | 6.052 | 8.960 | 4.308 | 6.002 | 8.997 | 4.283 | 5.959 | 8.991 | 4.247 |
| 273.15 | 6.069 | 9.030 | 4.328 | 6.013 | 9.066 | 4.303 | 5.970 | 9.060 | 4.267 |
| 280 | 6.106 | 9.181 | 4.371 | 6.036 | 9.216 | 4.345 | 5.992 | 9.208 | 4.309 |
| 290 | 6.153 | 9.396 | 4.432 | 6.067 | 9.428 | 4.404 | 6.024 | 9.420 | 4.368 |
| 298.15 | 6.184 | 9.567 | 4.479 | 6.091 | 9.597 | 4.450 | 6.049 | 9.586 | 4.413 |
| 300 | 6.191 | 9.606 | 4.490 | 6.096 | 9.634 | 4.460 | 6.054 | 9.624 | 4.423 |
| 350 | 6.327 | 10.571 | 4.743 | 6.223 | 10.584 | 4.703 | 6.183 | 10.567 | 4.666 |

Aus der Stetigkeit der Funktionen kann auf die Homogenität der Phase $NiTe_{1.1\ \text{bis}\ 2.0}$ geschlossen werden, E. F. WESTRUM u. a. (*l. c.*). Die Enthalpien für die Bldg. von $NiTe_{1.10}$, $NiTe_{1.18}$, $NiTe_{1.25}$, $NiTe_{1.30}$, $NiTe_{1.35}$, $NiTe_{1.40}$ und $NiTe_{1.50}$ aus den Elementen bei 900° bis 1000° betragen 13.9, 14.1, 15.3, 15.6, 15.7, 16.2 bzw. 17.3 kcal/mol und erweisen sich damit als lineare Funktion des Te-Gehaltes, M. S. SOBOLEVA, YA. V. VASILEV (*Vestn. Leningr. Univ.* **17** Nr. 16 [1962] *Ser. Fiz. Khim.* Nr. 3, S. 153/5, *C.A.* **58** [1963] 981).

**Physikalische Eigenschaften.** Die aus $Ni(CO)_4$ dargestellten Präpp. (s. S. 760) zeigen durchweg metall., silberweißes Aussehen, W. KLEMM, N. FRATINI (*Z. Anorg. Allgem. Chem.* **251** [1943] 222/32, 226). — DEBYE-Diagramme, aufgenommen mit CrK-Strahlung, erweisen ein Homogenitätsgebiet von NiTe (mit NiAs-Struktur) bis $NiTe_2$ (mit $CdJ_2$-Struktur). Beiden Grenzzuss. sowie allen dazwischen liegenden Legg. ist hexagonal dichteste Kugelpackung des Te-Teilgitters gemeinsam. Der übergang von NiTe in $NiTe_2$ erfolgt kontinuierlich unter Gitterkontraktion und ist bildlich darstellbar durch zunehmende Reduzierung der Anzahl der Ni-Atome in 0, 0, $^1/_2$ des $CdJ_2$-Gittertyps. Die entstehenden Leerstellen sind bei höheren Te-Gehalten vermutlich weitgehend regelmäßig verteilt. Letztlich verbleibt das NiAs-Gitter s. dazu **Fig. 247**. Bei genaueren Unterss. könnten sich möglicherweise Abweichungen von der linearen Änderung der Gitterkerngrößen ergeben, die auf einen sprunghaften Übergang der anfänglich statist. Verteilung der Leerstellen in eine streng geometr. Anordnung deuten würden, S. TENGNÉR (*Z. Anorg. Allgem. Chem.* **239** [1938] 126/32, 129; *Naturwissenschaften* **26** [1938] 429; *Strukturbericht, Bd.* 6, 1938, S. 166/7). Der Übergang vollzieht sich ohne abrupte Änderung der Eigg., A. J. CORNISH (*Acta Met.* **6**, [1958] 371/4, *C.A.* **1958** 12478). Abhängigkeit der Gitterkonstt. a und c (in Å) von der Temp. (in °C):

Physical Properties

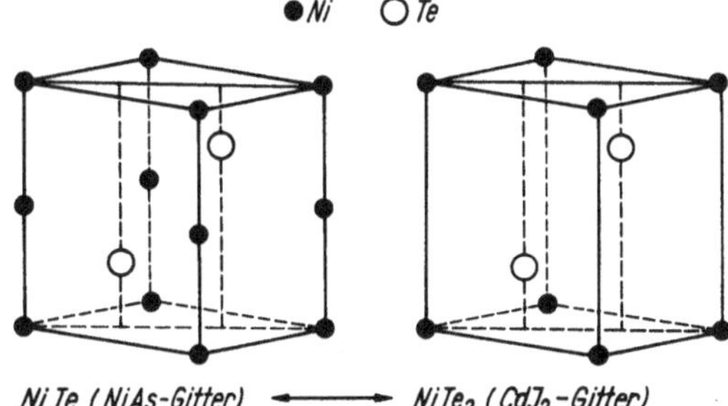


Fig. 247.

Subtraktionsgitter der $NiTe_{>1\ \text{bis}\ 2}$-Phase.

| Zus. | 20° | | 500° | | 600° | | 700° | | 800° | |
|---|---|---|---|---|---|---|---|---|---|---|
| | a | c | a | c | a | c | a | c | a | c |
| NiTe | $3.96_3$ | $5.36_5$ | $3.98_2$ | $5.45_2$ | $3.99_9$ | $5.47_5$ | $4.00_3$ | $5.49_9$ | $4.00_1$ | $5.51_4$ |
| $NiTe_{1.1}$ | $3.96_3$ | $5.36_5$ | $3.99_5$ | $5.45_2$ | $3.99_9$ | $5.47_5$ | $4.00_6$ | $5.49_9$ | $4.00_1$ | $5.51_4$ |
| $NiTe_{1.2}$ | $3.95_1$ | $5.35_4$ | $3.97_8$ | $5.43_3$ | $3.98_7$ | $5.46_0$ | $3.99_1$ | $5.48_7$ | $3.99_5$ | $5.51_4$ |
| $NiTe_{1.3}$ | $3.93_6$ | $5.35_4$ | $3.95_1$ | $5.43_3$ | $3.95_9$ | $5.46_0$ | $3.95_9$ | $5.48_7$ | $3.96_3$ | $5.51_4$ |
| $NiTe_{1.4}$ | $3.91_7$ | $5.35_4$ | $3.94_0$ | $5.43_3$ | $3.94_8$ | $5.44_6$ | $3.95_1$ | $5.48_7$ | $3.95_5$ | $5.51_4$ |
| $NiTe_{1.5}$ | $3.90_9$ | $5.33_9$ | $3.93_2$ | $5.38_7$ | $3.93_6$ | $5.46_0$ | $3.94_4$ | $5.48_7$ | $3.95_1$ | $5.51_4$ |
| $NiTe_{1.6}$ | $3.89_8$ | $5.32_8$ | $3.91_7$ | $5.40_6$ | $3.92_0$ | $5.41_8$ | $3.92_4$ | $5.45_2$ | $3.92_8$ | $5.47_1$ |
| $NiTe_{1.7}$ | $3.88_3$ | $5.31_7$ | $3.90_5$ | $5.38_0$ | $3.91_3$ | $5.41_8$ | $3.92_0$ | $5.44_6$ | $3.92_4$ | $5.47_1$ |
| $NiTe_{1.8}$ | $3.87_3$ | $5.31_7$ | $3.89_8$ | $5.36_5$ | $3.91_3$ | $5.38_0$ | $3.92_0$ | $5.40_6$ | $3.92_8$ | $5.46_0$ |
| $NiTe_{1.9}$ | $3.87_1$ | $5.30_2$ | $3.89_0$ | $5.35_1$ | $3.91_4$ | $5.38_0$ | $3.92_4$ | $5.40_6$ | $3.93_6$ | $5.44_6$ |
| $NiTe_{2.0}$ | $3.87_1$ | $5.29_1$ | $3.90_5$ | $5.36_9$ | $3.92_0$ | $5.39_1$ | $3.92_8$ | $5.41_8$ | $3.93_6$ | $5.44_6$ |

K. H. IMHAGEN (*Diss. Göttingen* 1956, S. 1/60, 49; vgl. auch die daraus gezogenen Schlußfolgerungen bei A. SCHNEIDER, K. H. IMHAGEN (*Naturwissenschaften* **44** [1957] 324/5). Im Bereich $NiTe_{1.0\ \text{bis}\ 1.95}$ erweisen sich die Gitterkonstt. als eine stetige Funktion der Zus., S. A. SHCHUKAREV, M. S. APURINA (*Zh. Neorgan. Khim.* **5** [1960] 2410/3; *Russ. J. Inorg. Chem.* **5** [1960] 1167/9).

Verlauf der Gitterkonstt. a und c in Å nach Pulverdiagrammen mit CuKα-Strahlung sowie der röntgenographisch und pyknometrisch bestimmten Dichten $D_r$ bzw. $D_p$ in Abhängigkeit vom Te-Gehalt x der Legg. $NiTe_x$ im Bereich x = 1 bis 2; Werte in Auswahl:

| x | 1.0 | 1.1 | 1.2 | 1.3 | 1.4 | 1.5 | 1.6 | 1.7 | 1.8 | 2.0 |
|---|---|---|---|---|---|---|---|---|---|---|
| a | $3.97_5$ | $3.95_4$ | $3.93_3$ | $3.91_3$ | $3.90_1$ | $3.89_1$ | $3.87_0$ | $3.87_5$ | $3.86_4$ | $3.83_5$ |
| c | $5.37_0$ | $5.37_0$ | $5.36_0$ | $5.36_0$ | $5.33_5$ | $5.33_0$ | $5.32_0$ | $5.31_0$ | $5.30_0$ | $5.25_0$ |
| $D_r$ | 8.37 | 8.22 | 8.12 | 8.03 | 7.96 | 7.87 | 7.82 | 7.75 | 7.72 | 7.74 |
| $D_p$ | 8.08 | 8.10 | 8.08 | 7.91 | 7.68 | 7.64 | 7.72 | 7.75 | 7.70 | 7.65 |

Eine weitere Vers.-Reihe mit in gleicher Weise dargestellten Präpp. im Bereich x = 1.4 bis 2 ergibt ohne erkennbare Ursache durchweg höhere a- und c-Werte, niedrigere $D_r$-Werte und teils gleichgroße, teils höhere $D_p$-Werte. Die Gesamtheit der Verss. ergibt einen nahezu linearen Abfall der Gitterkonstt. a und c von NiTe nach $NiTe_2$. Aus dem Verlauf des Quotienten $D_p/D_r$ kann vielleicht auf teilweise und unregelmäßige Besetzung von Ni-Gitterplätzen durch Te-Atome und zwar in der im $CdJ_2$-Gitter freien Ebene in Höhe der halben c-Achse (vgl. Fig. **247**, S. **761**) geschlossen werden, W. Klemm, N. Fratini (*Z. Anorg. Allgem. Chem.* **251** [1943] 222/32, 226; *Structure Reports, Bd.* **9**, 1942/44, S. 113/4).

Im ganzen Phasenbereich wird ein temperaturunabhängiger Paramagnetismus festgestellt, E. Uchida, H. Kondo (*J. Phys. Soc. Japan* **11** [1956] 21/7, *C.A.* **1956** 10465). Der in der gesamten Mischkristallreihe von NiTe bis $NiTe_2$ beob. schwache Paramagnetismus deutet auf Ni-Atombindungen und weitgehenden metall. Charakter der Phasen, W. Klemm, N. Fratini (*l. c.* S. 231). Beim Übergang von $NiTe_2$ nach NiTe wird der anfängliche partiell-homöopolare Bindungscharakter mehr und mehr vom metall. Bindungstyp überlagert, E. S. Makarov (*Izv. Akad. Nauk SSSR Otd. Khim. Nauk* **1944** 114/21). — Aus den Ni-Te-Abständen kann auf metall. Charakter der Phase geschlossen werden, F. Grønvold, O. Hagberg, H. Haraldsen (*Acta Chem. Scand.* **12** [1958] 971/82, 980). Siehe auch die Messungen der elektr. Leitf., der Wärmeleitf. und der Thermokraft über die gesamte Phase bei V. P. Zhuse, A. R. Regel (*Zh. Tekhn. Fiz.* **25** [1955] 978/83, *C.A.* **1956** 2275).

*$NiTe_{1.5}\cdot 4H_2O$(?)*

***$NiTe_{1.5}\cdot 4H_2O$ (?).*** Wird unter Luftausschluß aus essigsaurer Ni-Acetatlsg. durch wss. $Na_2Te$-Lsg. als schwarzer Nd. gefällt, der dekantiert, mit heißem $H_2O$ gewaschen, im $H_2$-Strom abgesaugt und im heißen $H_2$-Strom getrocknet wird. Beständig gegen kalte HCl- oder $H_2SO_4$-Lsg., leicht oxydierbar durch $HNO_3$. Beim Erhitzen in $H_2$ wird $H_2O$ und Te abgegeben, bis die Zus. NiTe erreicht ist, C. A. Tibbals (*J. Am. Chem. Soc.* **31** [1909] 902/13, 907, 909).

*$NiTe_2$*

***$NiTe_2$.*** Obwohl $NiTe_2$ in fast allen Systemunterss. als Grenzzus. der Phase $\sim NiTe_{>1\text{ bis }2}$ erkannt wurde, s. dazu S. 756, finden sich in der Lit. zahlreiche Arbeiten in denen $NiTe_2$ als eindeutig stöchiometrisch zusammengesetzte Verb. angesehen wird. — Kommt in der Natur als Melonit vor, s. „*Nickel*" *Tl.* A, „Vorkommen".

*Preparation*

**Darstellung.** Durch Zusammenschmelzen entsprechender Mengen von Ni- und Te-Pulver in evakuierten Quarzglasröhren und Abkühlen in Luft, M. A. Peacock, R. M. Thompson (*Univ. Toronto Studies Geol. Ser.* Nr. 50 [1945] 63/73, 66), ferner wie $NiTe_{>1\text{ bis }2}$ (s. S. 759) angegeben mit entsprechendem Verhältnis der beiden Komponenten.

*Physical Properties*

**Physikalische Eigenschaften.** Das synthet. $NiTe_2$ hat eine schwache, rötliche Färbung und eine bevorzugte Spaltrichtung. Es ist dem natürlich vorkommenden Melonit sehr ähnlich, M. A. Peacock, R. M. Thompson (*l. c.* S. 67). $NiTe_2$ kristallisiert hexagonal im $CdJ_2$-Typ und ist damit der Tieftemperaturmodifikation des $CoTe_2$ isomorph. Selbst bei monatelangem Tempern über 250° geht es nicht, wie $CoTe_2$, in den Markasittyp über. Raumgruppe $P\bar{3}m-D^3_{3d}$; Gitterkonstt. ermittelt aus Pulverdiagrammen mit CrK-Strahlung: a = 3.861, c = 5.297 kX; Z = 1, S. Tengnér (*Z. Anorg. Allgem. Chem.* **239** [1938] 126/32, 127, 129), a = 3.835 ± 0.004 (3.882), c = 5.250 ± 0.005 (5.275) kX. Die Werte in Klammern beziehen sich jeweils auf ein zweites, unter völlig gleichen Bedingungen dargestelltes Präp., W. Klemm, N. Fratini (*Z. Anorg. Allgem. Chem.* **251** [1943] 222/32, 226). Atomlagen: 1 Ni in 0, 0, 0; 2 Te in ±(1/3, 2/3, z) mit z = 0.25 ± 0.01 nach Drehkristallaufnahmen mit CuK-Strahlung, S. Tengnér (*l. c.* S. 129), z = 0.250 ± 0.005. Kleinste Atomabstände: Ni↔Te 2.58, Te↔Te 3.44 kX, ermittelt aus Pulveraufnahmen mit CuKα-Strahlung von mineral. Melonit dessen strukturelle Identität mit synthet. $NiTe_2$ bewiesen wird, M. A. Peacock, R. M. Thompson (*l. c.* S. 69). — Dichtewerte nach röntgenograph. ($D_r$) und nach pyknometr. ($D_p$) Bestt.: $D_r$ = 7.74 (7.52), $D_p$ = 7.65 (7.80), Molvol.

V = 41.4 (40.2) cm³, W. Klemm, N. Fratini (*l. c.*), $D_p = 7.75$ angegeben bei W. B. Pearson (*A Handbook of Lattice Spacings and Structures of Metals and Alloys, London-New York-Paris-Los Angeles* 1958, S. 202). Über den Einfluß homöopolarer Bindungsanteile auf die $CdJ_2$-Struktur des $NiTe_2$ s. H. Krebs (*Acta Cryst.* **9** [1956] 95/108, 103).

$NiTe_2$ ist schwach paramagnetisch, bei 293°K beträgt die Molsusz. $\chi = 470 \cdot 10^{-6}$. Sie wird durch Temperung kaum beeinflußt, W. Klemm, N. Fratini (*l. c.* S. 231). Die Verb., die eine stark deformierte $CdJ_2$-Struktur zeigt, hat metall. Charakter, einen schwachen Paramagnetismus und eine sehr kleine Thermospannung, F. Hulliger (*Helv. Phys. Acta* **33** [1960] 959/61), vgl. auch C. H. L. Goodman (*J. Electrochem. Soc.* **107** [1960] 564/5). Aus halbempir. Regeln für die Bldg. von Halbleiterphasen, die auf Strukturdaten beruhen, ergibt sich für $NiTe_2$ metall. Leitf., was mit dem experimentellen Befund übereinstimmt, L. D. Dudkin (*Vysokotemperaturnye Metallokeram. Materialy Akad. Nauk Ukr. SSSR Inst. Metallokeram. i Spets. Splavov* **1962** 87/95 nach *C.A.* **58** [1963] 6300).

Elektrochem. Verh. von $NiTe_2$ in 1 m-Perchloratlsg. bei pH 0.04 und 10.8 gegen eine Wasserstoffelektrode s. A. K. M. Shamsul Huq, A. J. Rosenberg (*J. Electrochem. Soc.* **111** [1964] 270/8).

### *Nickeltellurit.*

*Nickel Tellurite*

NiO und $TeO_2$ reagieren zu $NiTeO_3$, E. Montignie (*Bull. Soc. Chim. France* **1946** 175/6). Bei der doppelten Umsetzung von Alkalitelluriten mit Ni-Salzen in wss. Lsg. beobachtet man vollständige Fällung von neutralem $NiTeO_3$, E. Montignie (*Bull. Soc. Chim. France* [5] **7** [1940] 681/5). Aus wss. Lsg. von $NiCl_2$ fällt mit wss. $Na_2TeO_3$-Lsg. $NiTeO_3 \cdot 2H_2O$ als heller amorpher Nd. von grünlichgelber Farbe, die beim Erhitzen unter Wasserverlust in ein helles Braun umschlägt. Unlösl. in $H_2O$. Beim Erhitzen an der Luft tritt langsame Ox. zu $NiTeO_4$ ein. Nach 70 Std. bei 450° beträgt der Gehalt an aktivem O jedoch erst 0.46%, V. Lehner, E. Wolesensky (*J. Am. Chem. Soc.* **35** [1913] 718/33, 719, 728, 732). In kalter wss. $Na_2CO_3$-Lsg. findet Umsetzung zu $NiCO_3$ und $Na_2TeO_3$ statt, E. Montignie (*l. c.*). Ältere Angaben s. bei J. J. Berzelius (*Ann. Physik* [2] **32** [1834] 1/32, 577/627, 607; *Ann. Chim. Phys.* [2] **58** [1835] 113/50, 225/81, 259).

### *Nickeltellurate.*

*Nickel Tellurates*

Bei der Fällung aus wss. $Na_2TeO_4$-Lsg. mit $NiSO_4$-Lsg. erhält man bei großem Überschuß an $Na_2TeO_4$ Neutralsalz, bei Überschuß von $NiSO_4$ bas. Prodd. die bei >5fachem $NiSO_4$-Überschuß etwa der Zus. $2NiO \cdot TeO_3 \cdot nH_2O$ entsprechen. Erniedrigung des pH der Fällungslsg. durch Zusatz von $H_2SO_4$ begünstigt gleichermaßen die Bldg. bas. Ndd., G. Gire, F. Fouasson (*Compt. Rend.* **206** [1938] 351/3), F. Fouasson (*Bull. Soc. Chim. France* [5] **5** [1938] 1380/5), vgl. auch E. Montignie (*Bull. Soc. Chim. France* [5] **6** [1939] 672/6). In einer wss. Lsg. von $H_2TeO_4$ und NiS bildet sich neben elementarem S und Te auch $NiTeO_4$, E. Montignie (*Bull. Soc. Chim. France* **1946** 174/5). Ältere Angaben s. bei J. J. Berzelius (*Ann. Physik* [2] **32** [1834] 577/627, 595; *Ann. Chim. Phys.* [2] **58** [1835] 225/81, 245). — Gitterenergie von $NiTeO_4$, s. N. M. Selivanova, M. Kh. Karapet'yants (*Izv. Vysshikh. Uchebn. Zavedenii Khim. i Khim. Tekhnol.* **6** [1963] 891/5 nach *C.A.* **61** [1964] 1332).

### *Nickel-hexahalogenotellurate(IV).*

*Nickel Hexahalogenotellurates (IV)*

***$Ni[TeCl_6] \cdot 6H_2O$.*** Eine Lsg. von $NiCl_2$ in verd. wss. HCl-Lsg. wird mit $TeCl_4$ vermischt und die erhaltene Lsg. im Vak. eingedampft. Trocknen der Kristalle im Vak. Pyknometrisch bestimmte Dichte 2.768. Die Verb. zersetzt sich in der Hitze, wird in $H_2O$ hydrolysiert und löst sich in Alkalien, A. Angoso y Catalina (*Acta Salmanticensia Ser. Cienc.* [2] **3** Nr. I [1961] 77/103 nach *C.A.* **57** [1962] 12093). Aus absol. Äthanol wird das Chlorotellurat als farbiges $NiTeCl_6 \cdot 5C_2H_5OH$ isoliert, Sarju Prasad, Bishan lal Khandelwal (*J. Proc. Inst. Chemists [India]* **34** Nr. 3 [1962] 138/41 nach *C.A.* **57** [1962] 14689). *$Ni[TeCl_6] \cdot 6H_2O$*

***$Ni[TeBr_6] \cdot 6H_2O$.*** Zur Darst. werden 8.5 g $NiBr_2$ in 50 ml 10%iger wss. HBr-Lsg. mit 4 g Te gemischt und bis zur vollständigen Ox. des Te mit überschüssigem $Br_2$ versetzt. Nach Beendigung der Rk. wird die Lsg. auf dem Wasserbad eingedampft und der Rückstand im Exsiccator über $H_2SO_4$ der Krist. überlassen. Die roten, unstabilen, hygroskop. Kristalle werden bei 0° und trockner Atm. in Toluol gewaschen. Hydrolysierbar in $H_2O$, lösl. in Methyl-, Äthyl- und Amylalkohol, unlösl. in $CS_2$, Benzol, Toluol, Xylol und Glycerin. Beim Erhitzen findet Zers. unter Bldg. eines oxid. Rückstandes statt, M. Gutierrez de Celis, J. A. Quiros (*Acta Salmanticensia Ser. Cienc.* [2] **1** Nr. 6 [1956] 1/14, 9). *$Ni[TeBr_6] \cdot 6H_2O$*

*Nickel and Polonium*
*The Ni–Po System*

# Nickel und Polonium

## Das System Ni–Po

Im System Ni–Po scheint, ähnlich wie im System Ni–Te, s. S. 756, eine homogene Phase mit den Grenzzuss. NiPo und $NiPo_2$ vorzuliegen. Der Übergang von einer Grenze zur anderen ist auch in diesem Teilsystem wie bei NiTe-$NiTe_2$ mit einem kontinuierlichen Übergang von einer Gitterstruktur in eine andere verbunden (NiAs↔$Cd(OH)_2$-Struktur), W. G. WITTEMAN, A. L. GIORGI, D. T. VIER (*J. Phys. Chem.* **64** [1960] 434/40; AECD-4237 [1953] 1/23, 13/4, 21/3, *N.S.A.* **11** [1957] Nr. 3413). Po ist in festem Ni unlöslich, I. I. KORNILOV (*Izv. Akad. Nauk SSSR Otd. Khim. Nauk* **1950** 475/84, 476/7, *C.* **1951** I 3309).

*Preparation*

**Darstellung.** Dünner Ni-Draht wird im Vak. bei 300° bis 600° mit Po-Dampf behandelt, dabei bilden sich oberflächlich Ni-Po-Legg., deren analyt. Zus. zwischen NiPo und $NiPo_2$ schwankt. Sie lassen sich bei ~500° sublimieren und wachsen im kühleren Tl. der als Rk.-Gefäß benutzten Capillare als stark metallglänzende Kristallplättchen auf, W. G. WITTEMAN u. a. (*l. c.*). Zur Darst. von radioaktiven Ni-Po-Legg. mit <0.001% Po geht man von einem mit Po-Überzug versehenem verkupferten Nickelblech aus, das durch Eintauchen der verkupferten Bleche in eine salzsaure Po enthaltende Lsg. von Radium D erhalten wird. Das mit Po überzogene Metall wird dann, gegebenenfalls unter Zusatz weiterer Mengen Ni, in einem MgO-Tiegel zu einer Leg. mit dem gewünschten Gehalt an dem radioaktiven Element verschmolzen, FIRESTONE TIRE & RUBBER Co. (*F.P.* 867172 [1940/41], *C.* **1942** II 951).

*Properties*

**Eigenschaften.** Röntgenograph. Unterss. (Pulverdiagramm mit CuKα-Strahlung) ergeben hexagonal dichteste Kugelpackung. Proben, die verschieden lange oberhalb des Schmp. erhitzt werden und dabei Po in die Dampfphase abgeben, zeigen mit fallender Po-Konz. wachsende Gitterkonstt., und zwar steigt a von 3.95 bis 3.98, c von 5.68 bis 5.71 Å, W. G. WITTEMAN, A. L. GIORGI, D. T. VIER (*J. Phys. Chem.* **64** [1960] 434/40; AECD-4234 [1953] 1/23, 13/4, 21/3, *N.S.A.* **11** [1957] Nr. 3413), vgl. auch J. M. GOODE (MLM-677 [1952] 1/22, 10/1, *N.S.A.* **10** [1956] Nr. 176), H. V. MOYER (TID-5221 [1956] 1/392, 91). — Schmp. ~625. Der Dampfdruck bei 500° beträgt 0.1 Torr, W. G. WITTEMAN u. a. (*l. c.*).

# Key to the Gmelin System of Elements and Compounds

| System Number | Symbol | Element |
|---|---|---|
| 1 | | Noble Gases |
| 2 | H | Hydrogen |
| 3 | O | Oxygen |
| 4 | N | Nitrogen |
| 5 | F | Fluorine |
| **6** | **Cl** | **Chlorine** |
| 7 | Br | Bromine |
| 8 | I | Iodine |
| 8a | At | Astatine |
| 9 | S | Sulfur |
| 10 | Se | Selenium |
| 11 | Te | Tellurium |
| 12 | Po | Polonium |
| 13 | B | Boron |
| 14 | C | Carbon |
| 15 | Si | Silicon |
| 16 | P | Phosphorus |
| 17 | As | Arsenic |
| 18 | Sb | Antimony |
| 19 | Bi | Bismuth |
| 20 | Li | Lithium |
| 21 | Na | Sodium |
| 22 | K | Potassium |
| 23 | $NH_4$ | Ammonium |
| 24 | Rb | Rubidium |
| 25 | Cs | Caesium |
| 25a | Fr | Francium |
| 26 | Be | Beryllium |
| 27 | Mg | Magnesium |
| 28 | Ca | Calcium |
| 29 | Sr | Strontium |
| 30 | Ba | Barium |
| 31 | Ra | Radium |
| **32** | **Zn** | **Zinc** |
| 33 | Cd | Cadmium |
| 34 | Hg | Mercury |
| 35 | Al | Aluminium |
| 36 | Ga | Gallium |

HCl — $ZnCl_2$ — $CrCl_2$ — $ZnCrO_4$

| System Number | Symbol | Element |
|---|---|---|
| 37 | In | Indium |
| 38 | Tl | Thallium |
| 39 | Sc, Y La–Lu | Rare Earth Elements |
| 40 | Ac | Actinium |
| 41 | Ti | Titanium |
| 42 | Zr | Zirconium |
| 43 | Hf | Hafnium |
| 44 | Th | Thorium |
| 45 | Ge | Germanium |
| 46 | Sn | Tin |
| 47 | Pb | Lead |
| 48 | V | Vanadium |
| 49 | Nb | Niobium |
| 50 | Ta | Tantalum |
| 51 | Pa | Protactinium |
| **52** | **Cr** | **Chromium** |
| 53 | Mo | Molybdenum |
| 54 | W | Tungsten |
| 55 | U | Uranium |
| 56 | Mn | Manganese |
| 57 | Ni | Nickel |
| 58 | Co | Cobalt |
| 59 | Fe | Iron |
| 60 | Cu | Copper |
| 61 | Ag | Silver |
| 62 | Au | Gold |
| 63 | Ru | Ruthenium |
| 64 | Rh | Rhodium |
| 65 | Pd | Palladium |
| 66 | Os | Osmium |
| 67 | Ir | Iridium |
| 68 | Pt | Platinum |
| 69 | Tc | Technetium[1] |
| 70 | Re | Rhenium |
| 71 | Np, Pu... | Transuranium Elements |

*Material presented under each Gmelin System Number includes all information concerning the element(s) listed for that number plus the compounds with elements of lower System Number.*

*For example, zinc (System Number 32) as well as all zinc compounds with elements numbered from 1 to 31 are classified under number 32.*

[1] A Gmelin volume titled "Masurium" was published with this System Number in 1941.

**A Periodic Table of the Elements with the Gmelin System Numbers is given on the Inside Front Cover**